The Living World | George B. Johnson | 7th Edition

Johnson 제 7판

생명과학

대표역자 김 영 민

McGraw Hill Education

드림플러스 DREAM PLUS

McGraw-Hill Education
Korea

Living World, 7th Edition.

1 2 3 4 5 6 7 8 9 10 Dreamplus 20 13

Original: Living World, 7th Edition.
By George Johnson.
ISBN 978-0-07-802417-7

This book is exclusively distributed by Dreamplus.

When ordering this title, please use ISBN 978-89-97564-08-8 93470

Printed in Korea

지은이 머리말

오늘날 생물학을 가르치는 사람이라면, 이 과목이 우리의 현대 사회에서 얼마나 중요한지를 깨닫지 않을 수 없다. 지구 온난화에서부터 줄기세포 연구, 그리고 강의실에서 지적 설계(intelligent design)를 가르치는 것까지, 생물학은 뉴스에 침투하고 있으며 넓은 범위에서 우리 학생들의 미래를 결정할 것이다. 선생으로서, 나는 30년 이상 강의를 했으며 의문을 가지거나 흥미가 없는 학생들에게 생물학을 설명하기 위해 노력해 왔다. 그 경험은 즐겁기도 했으나, 한편 실망스러울 때도 있었다. 즐거웠던 이유는 생물학이 가르치기에 즐거운 학문이며 다양한 개념과 흥미로운 주제들을 담고 있을 뿐만 아니라 많은 사회적 문제에 있어서 해결책으로 떠올랐기 때문이다. 실망스러웠던 것은 매 강의마다 언제나 잘 따라오지 못 하는 학생들이 있었다. 그들은 생물학이 주는 즐거움의 기회를 놓쳤을 뿐만 아니라 그들의 미래에 필수적인 도구를 갖출 기회마저 잃었기 때문이었다.

〈*The living world*〉라는 이 책은 이러한 문제점들을 해결하고자하는 나의 시도이다. 이 책은 한 학기 교재로 사용할 분량 정도로 적당히 짧으며, 생물학에 대해 겁먹은 학생들을 어렵게 할만한 기술적인 세부사항도 많이 담고 있지 않다. 나는 이 책을 일상적이고 친근한 방식으로 쓰려고 노력했으며 가르치는 것만큼이나 학생들을 즐겁게 하고자 하였다. 이 책은 21세기에 살고 있는 교육받은 시민으로서 개개인의 학생들이 알아야만 할 생물학에 초점을 맞추었다. 나는 모든 단계에서 세부적인 정보보다는 아이디어(ideas)와 개념(concepts)을 화두로 삼았으며, 단순히 어떤 것을 이름 짓거나 규정짓기보다는 왜 어떤 일들이 발생하고 어떤 방식으로 발생하는지에 관해 설명하고자 시도하였다.

필수적인 개념에 초점을 맞추어

대부분의 다른 과목들보다 생물학은 훨씬 더 개념 이해가 중심이 되고, 학생들이 이런 기초적인 개념들을 완전히 익히기만 한다면 그 나머지는 쉬워진다. 불행하게도, 오늘날의 학생들 대부분이 생물학에 매우 흥미가 있음에도 불구하고, 전문용어 때문에 흥미를 잃곤 한다. 만일 여러분들이 어떤 개념에 대해서, 그것이 실제로 단순하고 이해하기 쉬우며 생각하기 즐거운 것임에도 그 단어의 뜻을 모른다면, 그 문제가 어려운 것이라고 생각해 버리기 쉽다. 전문용어야말로 바로 학생들과 과학 사이에 가로막힌 서있는 벽이다. 이 책을 통해 나는 그 벽을 창문으로 바꾸고자 했으며, 그로 인해 독자들이 그 내부를 응시하고 즐거움을 누릴 수 있게 되길 바란다.

유추 유추(analogies)가 바로 내가 쓴 방법이다. 〈*The living world*〉를 쓰면서 나는 우리와 가까운 곳에 있는 문제들을 우리가 모두 알고 있는 것과 연결시키려고 단순한 유추를 찾아 헤맸다. 과학이기 때문에 유추는 정확한 방법이 아니지만, 나는 타협하지 않기로 했다. 유추는 명확성(clarity)을 위해 정확성(precision)과 맞바꾼 것이다. 만일 내가 내 직업대로 하고자 한다면, 주요 개념을 설명하기 위해 유추를 사용하여 설명하기보다는 직접적으로 밝혔을 것이다.

핵심적인 생물학 이해 상자 생물학의 중요한 일부 개념들이 복잡하다는 사실은 부정할 수 없다. 광합성이라는 말을 처음 접한 그 어떤 학생도 한 번에 광합성을 이해하지는 못한다. 더 어려운 것을 배우는 데 도움을 주기 위해, 광합성이나 삼투현상처럼 생물학의 핵심을 구성하는 주요 개념이나 과정들을 특별히 주목했다. 생물학의 필수적인 과정들은 선택적으로 배우는 것이 아니다. 모든 학생들이 과학으로서 생물학을 숙달하려면 그것들 하나하나를 이해해야만 한다. 한 학생이 갖는 배움의 목표는 용어 리스트를 단순히 외우는 것이 아니라, 어떤 일들이 벌어지는지를 볼 수 있어야 하고 이해하는 것이어야 한다. 이러한 목표를 마음에 새기고, 나는 "이게 바로 원리다"라는 48개의 '핵심 생물학 과정'을 준비했다. 이것들은 학생들이 기초 생물학에서 접하게 될 중요한 개념들과 과정을 설명한다. 각각의 상자들은 학생들을 복잡한 과정 속으로 한 번에 한 걸음씩 걷도록 하고, 그로 하여금 중심적인 개념이 세부사항에 묻히지 않도록 돕는다.

진화 여행으로서 생물학 가르치기

본 책의 지침서인 〈*Essential of The Living World*〉는 진화와 다양성을 계속되는 이야기로 조합해 놓은 최초의 글이었다. 전통적으로 학생들이 동물문(animal phyla)에 대해 구체적으로 배우는 여행을 떠나기 전에, 몇 주 동안 진화에 관해 배워왔다. 그리고 이 두 가지 분야는 서로 관련이 전혀 없는 것처럼 보인다. 그러나 생물학적 다양성을 진화 여행(Evolutionary Journey)을 통해 보여줌으로써, 동물종과 진화를 연결하고자 하였다. 이는 생물학에서 진화의 역할을 가르치는 아주 유용한 방법으로 판단되었고, 또한 오늘날 독자들에게 아마도 이와 같은 내용을 다른 방법으로 정리한 교재를 찾기란 상당히 어려울 것이다.

진화의 설명 진화는 생물학을 정리할 뿐만 아니라 생물학을 설명하기도 한다. 개구리가 물고기와 파충류 사이의 과도기적 양서류라고 설명하는 것은 충분하지 않다. 이는 진화의 스펙트럼상에서는 정확한 정리이지만, 왜 개구리가 이렇게 생겼는지를 올챙이 단계와 축축한 피부만으로 설명하지는 못한다. 양서류가 조랑말만큼이나 큰 육상 동물로 아주 성공적으로 발전해왔다는 것은, 양서류의 37가지 친족 중에서 물에서 살았던 두 종류(개구리와 도마뱀)를 제외한 모든 종족이 파충류의 출현으로 멸종을 맞이했다는 사실을 배웠을 때에만 비로소 이해할 수 있다. 개구리는 물로부터 도망치지 않고, 물을 침범하도록 진화해 왔다. 이것이 바로 진화가 생물학을 설명하는 방식이며, 이 책에서 진화를 설명하기 위해 사용한 방식이다.

진화의 비판론자들에 맞서기 대중에게 있어서 진화가 논쟁적인 주제로 남게 됨에 따라, 비판론자들에 의해 제기된 반대 의견에 대해 학생들이 분명하게 숙고할 것을 제안했으며, 소위 "지적 설계"라고 불리는 주장에 초점을 맞췄다. 생물학에서 그 어떤 학생도 이 지속적인 문제에 대해 솔직한 토론 없이는 생물학 교육이 완성될 수 없다고 굳게 믿는다.

생물학을 일상생활과 연결 짓기

생물학 비전공자를 위한 강의의 주요 역할 중 하나는 학식 있는 시민을 배출하는 것이다. 〈*The living world*〉를 집필하면서 나는 학생들이 배우는 것을 그들의 일상생활과 연결시키고자 노력하였다.

연결 〈*The living world*〉는 전체를 통틀어 각 장(chapter)의 내용이 일상생활과 연결되도록 쓰여 졌다. '생명과학과 건강 유지'라는 꼭지는 모든 학생들에게 영향을 미치는 건강 문제에 대해 논의한다. '오늘날의 생명과학'은 생물학이 사회에 중요하게 영향을 미쳐 향후 나아가야할 방향에 대해 알아보고자 한다. '자세히 관찰하기'는 흥미로운 요점들을 더욱 세부적으로 연구한다. 그리고 '저자코너'는 과학이 우리의 생활과 어떻게 관련되는지에 대하여 나의 개인적 견해를 더 드러내주고 있다. 이에 대한 예시는 제9장과 제10장을 참고하면 될 것이다.

생명과학과 건강 유지

운동선수와 아나볼릭 스테로이드

최근에 가장 악명 높은 지질은 아나볼릭 스테로이드(anabolic steroid, 단백동화스테로이드)로 알려진 합성 호르몬 종류이다. 1950년대 이후 일부 운동선수가 이 약물을 복용하여 근육을 키우고 운동능력을 증진시키고자 하였다. 본질적으로 불공정하고, 건강에 위험하다는 이유로 아나볼릭 스테로이드 사용은 금지되었다. 프로야구 선수가 이 약물을 사용한 것에 대한 논쟁이 최근에 뜨거운 화두가 되었다.

아나볼릭 스테로이드는 1930년대에 생식샘저하증 치료 목적으로 개발되었다. 이 병은 정소에서 테스토스테론을 정상적인 성장과 성적 발달에 필요한 만큼 충분하게 생산하지 못해 나타난다. 과학자들은 곧 테스토스테론의 화학구조를 약간 변형하여, 실험동물의 골격근을 성장시킬 수 있는 물질을 합성해낼 수 있음을 발견하였다. '아나볼릭(anabolic)'은 성장을 의미한다. 이 새로운 약물을 성적 발달에 대한 영향이 줄어들도록 개선하였다. 100종이 넘는 아나볼릭 스테로이드가 개발되어 있으며, 대부분 주사제이다. 모두 처방을 받아야 하며, 프로운동선수는 물론 대학이나 고교 운동에 사용하는 것이 금지되어 있다.

신체의 테스토스테론 수치를 높이는 다른 방법은 아나볼릭 스테로이드는 아니지만 체내에서 테스토스테론으로 전환되는 화학물질을 이용하는 것이다. 그중 하나가 4-안드로스테네디온(4-androstenedione)으로, 흔히 '안드로(andro)'라고 부른다. 이 약물은 1970년대에 동독의 과학자들이 올림픽 출전 선수의 능력을 향상시킬 목적으로 최초로 개발한 것이다. 안드로는 아나볼릭 스테로이드의 부작용을 나타내지 않기 때문에 2004년까지는 합법적으로 사용되었다. Mark McGwire도 이 약물을 사용하였다. 그러나 지금은 모든 운동경기에서 금지되었으며, 안드로를 소지하는 것은 범죄행위이다.

아나볼릭 스테로이드는 근육세포에서 단백질을 많이 만들어내도록 신호를 보낸다. 이 신호는 근육조직에 있는 '안드로겐 수용체' 단백질과 결합한다. 이로 인해 근육조직 단백질 합성과 관련된 유전자가 활성화되어 단백질 합성이 시작된다. 동시에 아나볼릭 스테로이드 분자가 '코르티솔 수용체' 단백질과 결합하여 이 수용체가 단백질 분해를 유도하는 일, 즉 세포가 염증을 억제하고 운동하는 동안 단백질을 에너지원으로 사용하도록 하는 방법을 하지 못하도록 한다. 근육세포에서 단백질 합성을 증가시키고 분해를 억제하여 아나볼릭 스테로이드는 운동선수의 근육 양을 상당히 증가시킨다.

신체에 대한 아나볼릭 스테로이드의 효과가 단지 근육 양을 늘려 운동능력을 향상시키는 것뿐이라 해도, 이 약물을 사용하는 것은 여전히 아주 단순하고 중요한 한 가지 이유 때문에 옳지 않다. 아나볼릭 스테로이드를 몰래 사용['도핑'(doping)]하여 경쟁에서 이로움을 얻는 것은 사기이다. 따라서 운동경기에서 이 약물의 사용을 금지하는 것이다.

아나볼릭 스테로이드를 사용하는 것은 옳지 않을 뿐만 아니라 불법이다. 그 이유는 이 약물의 효과가 단지 근육의 양을 늘리는 것만이 아니기 때문이다. 청소년기에 아나볼릭 스테로이드를 사용하면 성장기가 일찍 멈추게 되어 작은 키로 일생을 살아야 한다. 스테로이드는 또한 청소년과 어른에게 많은 영향을 준다. 아나볼릭 스테로이드는 간(혈액의 독성을 해독하는 기관)에서 치명적인 간낭종과 간암을 일으킬 수 있으며, 콜레스테롤 변화와 고혈압(모두 심장마비와 뇌졸중을 일으킬 수 있음), 여드름 등을 유발할 수 있다. 스테로이드 남용으로 남자에게서 나타나는 다른 증후로는 고환 크기 감소, 대머리, 유방의 발달 등이 있으며, 여자에게서는 얼굴의 털 성장, 목소리의 저음화, 월경 중지 등이 나타난다.

2003년 가을, 경기조직위원회는 일부 운동선수가 표준반도핑검사로 탐지할 수 없는 새로운 아나볼릭 스테로이드인 테트라하이드로게스트리논(THG)이라는 약물을 사용하였음을 알게 되었다. THG 사용은 익명의 한 코치가 이 약물을 사용한 주사기를 미국반도핑협회에 보내어 드러났다. THG의 화학구조는 골반염증 치료용 약물인 게스트리논과 비슷하며, 수소 원자 4개만 첨가하면 화학적으로 쉽게 만들어진다. THG는 표준방식으로 분석하면 분해되기 때문에 반도핑검사로는 탐지할 수 없다. 2004년에 개발된 새로운 THG 소변검사를 통해 몇 명의 유명한 운동선수가 적발되었다. 육상선수인 Marion Jones와 야구선수인 Rafael Palmeiro, Barry Bonds, Mark McGwire가 스테로이드 복용에 연루되었다.

홈런타자 Barry Bonds는 2006년에 스테로이드 논쟁에 휘말렸다.

제3장 생명의 분자 71

미술로 가르치기

오늘날의 학생들은 시각적인 학습을 해왔기 때문에, 미술은 이 책의 중요한 요소이다. 학생들이 배우는 것을 돕기 위해 〈*The living world*〉는 주제에 초점을 둔 명백하고 단순한 그림 스타일을 통해 세부사항을 최소화 하고자 하였다. 이번 판에서 설명하고 있는 글과 삽화의 내부적 내용을 직접 연결시킴으로써 삽화의 힘을 증폭시키고자 했다.

통합적 그림 광합성에 대한 소개(136-139쪽에서 다루어지는 내용)에서와 같이, 많은 주제들은 여러 가지 서로 다른 상호적으로 연관된 과정을 보여주며, 이들은 각각의 삽화에 의해 설명된다. 이러한 예시들에서 삽화와 글 사이를 왔다갔다 하는 것은 학생들로 하여금 시각적으로 이해하기 어렵게 만든다. 따라서 나는 이러한 예시들에서 삽화를 글 속으로 직접 투입하기로 했다. 독자들은 이 책을 보는 내내 이러한 "삽입 그림(intergrated art)"을 발견할 수 있을 것이다. 이와 같이, 글 속으로 미술을 집어넣는 작업은 수정 단계에서 내 주요한 업무 중의 하나가 되었다.

동그라미 숫자 많은 내용을 포함하는 복잡한 도표에서, 나는 핵심 위치들에 숫자를 배치해놨는데 (색칠된 공 모양), 이와 같은 "동그라미 숫자(Bubble Number, ❶, ❷, ❸...)"들을 삽화의 내용이 설명되고 있는 글의 특정 지점에 배치했다. 이는 학생들이 복잡한 삽화를 더 쉽게 읽을 수 있도록 도와주고, 부분들 간의 관계가 어떻게 진행되는지도 볼 수 있도록 하였다.

학생들의 학습 돕기

제0장 강의를 해 온 30년 동안, 학생들이 잘하는 것을 보았고 못하는 것도 보았다. 어떤 학생이 잘 할 것이라고 예측하는 최고 요소는 "그 학생이 얼마나 배울 준비가 되어 있는가?"라는 것을 알게 되었다. "1학년 수업을 처음 듣는 신입생들은 과연 필기하는 방법을 알까? 그 학생은 과연 교재와 함께 이 필기들을 효과적으로 사용하는 법을 알까? 심지어 그래프를 읽는 법은 알까?" 이번 판에서 나는 이러한 문제점들에 정면으로 부딪칠 것이며, 학생들이 아주 기초적이지만 필수적인 학습 도구를 익힐 수 있도록 교재의 시작 부분에 제0장을 추가하였다. 강의 시간에 효과적인 필기방법 배우기, 이 필기들을 정확하게 다시 써보기, 공부할 때 효율적인 복습을 위해 교재에 필기들을 달아놓기 등은 수업에서뿐만 아니라 대학 경험을 통틀어 그 학생의 학습 능력을 향상시켜줄 기술들이다. 또한 그래프를 읽는 방법을 배우는 것은 학생들

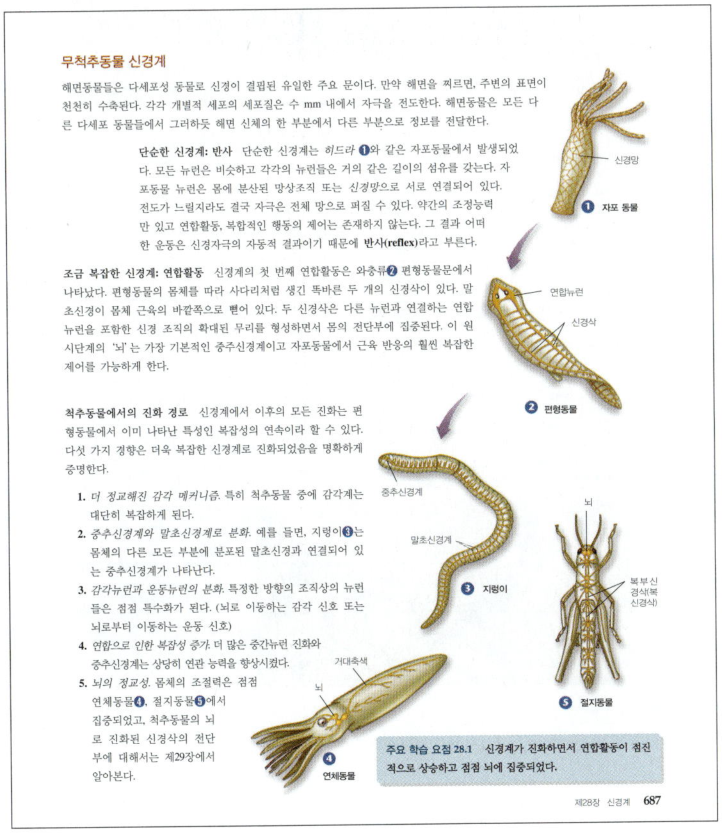
무척추동물 신경계

해면동물들은 다세포성 동물로 신경이 결핍된 유일한 주요 문이다. 만약 해면을 찌르면, 주변의 표면이 천천히 수축된다. 각각 개별적 세포의 세포질은 수 mm 내에서 자극을 전도한다. 해면동물은 모든 다른 다세포 동물들에서 그러하듯 해면 신체의 한 부분에서 다른 부분으로 정보를 전달한다.

단순한 신경계: 반사 단순한 신경계는 *히드라* ❶와 같은 자포동물에서 발생되었다. 모든 뉴런은 비슷하고 각각의 뉴런들은 거의 같은 길이의 섬유를 갖는다. 자포동물 뉴런은 몸에 분산된 망상조직 또는 *신경망*으로 서로 연결되어 있다. 전도가 느릴지라도 결국 자극은 전체 망으로 퍼질 수 있다. 약간의 조정능력만 있고 연합활동, 복합적인 행동의 제어는 존재하지 않는다. 그 결과 어떠한 운동은 신경자극의 자동적 결과이기 때문에 **반사(reflex)**라고 부른다.

조금 복잡한 신경계: 연합활동 신경계의 첫 번째 연합활동은 와충류❷ 편형동물문에서 나타났다. 편형동물의 몸체를 따라 사다리처럼 생긴 똑바른 두 개의 신경삭이 있다. 말초신경이 몸체 근육의 바깥쪽으로 뻗어 있다. 두 신경삭은 다른 뉴런과 연결하는 연합뉴런을 포함한 신경 조직의 확대된 무리를 형성하면서 몸의 전단부에 집중된다. 이 원시단계의 '뇌'는 가장 기본적인 중추신경계이고 자포동물에서 근육 반응의 훨씬 복잡한 제어를 가능하게 한다.

척추동물에서의 진화 경로 신경계에서 이후의 모든 진화는 편형동물에서 이미 나타난 특성인 복잡성의 연속이라 할 수 있다. 다섯 가지 경향은 더욱 복잡한 신경계로 진화되었음을 명확하게 증명한다.

1. *더 정교해진 감각 메커니즘.* 특히 척추동물 중에 감각계는 대단히 복잡하게 된다.
2. *중추신경계와 말초신경계로 분화.* 예를 들면, 지렁이❸는 몸체의 다른 모든 부분에 분포된 말초신경과 연결되어 있는 중추신경계가 나타난다.
3. *감각뉴런과 운동뉴런의 분화.* 특정한 방향의 조직상의 뉴런들은 점점 특수화가 된다. (뇌로 이동하는 감각 신호 또는 뇌로부터 이동하는 운동 신호)
4. *연합으로 인한 복잡성 증가.* 더 많은 중간뉴런 진화와 중추신경계는 상당히 연관 능력을 향상시켰다.
5. *뇌의 정교성.* 몸체의 조절력은 점점 연체동물❹, 절지동물❺에서 집중되었고, 척추동물의 뇌로 진화된 신경삭의 전단부에 대해서는 제29장에서 알아본다.

주요 학습 요점 28.1 신경계가 진화하면서 연합활동이 점진적으로 상승하고 점점 뇌에 집중되었다.

제28장 신경계 687

0

생물학 공부하기

학습단원

학습하기

0.1 어떻게 공부할 것인가
1. 생물학을 성공적으로 공부하기 위해 필요한 6가지 원칙
2. 강의 노트에 신속하게 옮겨 적는 것이 중요한 이유
3. 잊는 속도를 늦추기 위해 할 수 있는 두 가지 사실에 이름 붙이기
저자 코너: 밤샘 공부하기

0.2 교재 활용하기
1. 강의에서 배운 것을 명확하게 보충하기 위한 교재 활용 방법
2. 내용을 완전히 익힐 수 있도록 교재가 제공하는 평가도구 복습

배운 것을 연구에 적용하기

0.3 과학은 생각하는 방법이다
1. 생물학자들이 공적으로 중요한 주요 문제와 부딪혔을 때 어떻게 결론에 이르는지에 대해 네 가지 주요 사례를 통해 분석
2. 분석을 확장시켜, 미래에 그런 어려움에 처했을 시 그 과학적 난제를 해결하기 위한 접근 방법

0.4 그래프 읽는 법
1. 독립 변수 정의
2. 상관관계가 원인을 증명하지 못하는 이유
3. 산술 측정 등급과 대수 측정 등급 구분
4. 그래프를 분석하기 위해 과학자들이 사용하는 네 단계 논의

마치 금방이라도 뛰어오를 태세를 갖춘 것처럼 보이는 이 불안해 보이는 표범은, 불확실한 미래를 마주하여 곧바로 점프할 것 같다. 그러나 이 책의 밖에 있는 그 미래는 뛰어 넘는다고 해서 피할 수 있는 미래가 아니다. 한때는 표범이 아프리카와 남아시아 전역에 퍼져 있었지만, 환경 파괴와 사냥으로 인해 표범의 서식 범위가 지난 세기 동안 급격히 감소하였다. 이제 아시아에 남아 있는 일부를 제외한다면, 표범은 사하라 사막 이남의 아프리카에서만 발견되고 있으며, 이들은 '거의 멸종위기에 처한' 종이다. 표범의 운명, 그리고 살아 있는 세계에 살아가는 모든 다른 생명들의 운명은 위태롭게도 인간이 자신들의 기후와 자원을 지키고 보존하기 위해 나아갈 한걸음 한걸음에 의존할 것이다. 생물학을 공부하는 여러분에게 생물학 공부는 이에 대하여 도움이 되는 중요한 도구를 제공할 것이다. 지금 여러분은 분자, 세포 그리고 진화 및 생태 변화에 따라 신체에서 일어나는 복잡한 과정들을 공부하기 위해 뛰어들 준비를 하고 있을 것이다. 생물학은 여러분 대다수가 모르는 새로운 개념들이 많은 희망으로 가득 찬 과학 수업이다. 이 짧은 '제0장'은 여러분의 도약을 보다 강하고, 더 많은 자신감을 주는 방법을 제시할 것이다. 행운을 비는 바이다.

1

의 일상생활에 있어서도 크게 도움이 될 만한 기술이다.

학습목표 및 학습결과 학생들에게는 그들이 배워야 할 무엇인가가 명백하게 주어졌을 때, 학습효과가 최고조에 달한다. 이를 명심하고, 이번 판에서 나는 모든 장에서 특정한 학습 목표의 목차와 함께 시작했고, 이를 그 장의 번호가 매겨진 하위 항목들에 맞게 정리하였다. **학습목표(learning objective)**란 학습을 해야 하는 목표이며, 그 장에서 다루어진 소재를 완벽하게 익혔을 때, 그 학생들이 할 수 있는 것을 구체적으로 기술한 것이다. 학습목표는 전형적으로 개별적이며 꽤 구체적으로 요약하였다. 즉, 학생들이 이해라는 건물을 짓기 위해 쌓는 작은 벽돌들과 같다.

번호가 매겨진 각 장의 부분들의 끝에서, 나는 핵심 학습결과를 하나 혹은 그 이상으로 배치했다. **학습결과(learning outcome)**란 학생들이 공부 후에 얻은 결과로서, 그 장을 성공적으로 완벽하게 익힌 후에 알아야만 하거나, 혹은 알도록 기대되는 것에 대한 구체적인 진술이다. 간단히 말하자면, 학습결과는 학습목표가 실현된 것이다.

학습목표 및 학습결과는 학생들에게 강력한 학습 도구를 제공한다. 학습목표는 학생들이 각 장의 부문들을 읽으면서 중요한 핵심 내용에 초점을 맞출 수 있도록 도와준다. 그리고 핵심 학습결과의 복습은 학습 대상이었던 목표를 얼마만큼 완수했는가를 잘 보여주는 지표를 제공할 것이다.

평가 과정 각 장의 끝에서 학생들은 그 장의 초반에 주어졌던 학습목표가 자신의 노력에 따라 얼마나 학습결과로 잘 바뀌었는지를 보여주는 강력한 평가도구를 제공할 것이다. 나는 블룸(Bloom)의 분류 체계에 따라 질문들을 세 가지 단계로 점점 정교해지도록 설계했다. '이해력 확인 문제' 질문들은 지식과 이해도를 평가하며, '응용력 확인문제' 질문들은 학생들이 글의 삽화를 사용하여 응용과 분석을 수행하도록 제시하였으며, '종합 학습' 질문들은 이해도에 대한 종합 및 평가에 대한 것이다.

커넥트 〈*The living world*〉의 각 장들은 내가 각 장의 초반에서 강조한 학습목표에 초점을 둔, 할당 가능하며 자동으로 채점되는 평가 시스템과 연결되어 있다. 선생님들은 이 내용들을 숙제나 퀴즈, 온라인 테스트를 출제하는 데 사용할 수 있으며, 동시에 학생들에게는 각자의 수준과 스케줄에 맞춰 중요한 기술을 연습할 수 있도록 도와 줄 것이다. 커넥트(connect) 사의 커넥트 플러스 버전은 학생들이 역동적이고, 미디어로 가득 찬 e-book으로서의 교재를 접할 수 있도록 하며, 어디서든지 그리고 언제든지 그들의 일이 완벽하게 완수되도록 돕는다.

과정으로서 과학 학습

질문 & 분석 생물학과에서 한 학생이 배울 수 있는 가장 유용한 것 중 하나는, 그들이 대학 생활을 마친 후에 한 시민으로서 접할 과학적 주장들을 판단할 수 있는 능력이다. 그런 중요한 기술을 가르치는 방법으로서, 나는 이전 판에서도 소개한 적이 있는 '질문 & 분석' 특집을 크게 확장시켰다. 이제 모든 장의 마지막 페이지에는 학생들이 데이터를 분석하고 결론에 도달하는 데 필요한 실제적인 과학적 연구에 대한 예시로 가득 채워질 것이다. 이 글의 일부 페이지는 앞선 내용과 연결되는 학습으로서 '본전을 뽑는 것(bang for the buck)' 이상을 제공할 것이다.

질문 & 분석

섬에 사는 뮛종다리 개체군은 밀도 의존적인가?

섬에 사는 개체군이 고립되어 다른 개체군으로부터 어떠한 방문도 받지 않을 때, 개체군의 생장 속도가 크기에 의해서 영향을 받는 정도를 시험해 볼 기회를 가질 수 있다. 개체군 내의 개체수가 증가하면 이용가능한 자원을 고갈시키고 사망으로 이르게 되는 위험이 커지기 때문에, 개체군의 크기는 개체군의 생장 속도에 영향을 줄 수 있다. 또한 포식자는 흔한 피포식자에 관심을 두게 되어 개체군이 생장함에 따라 사망률이 증가하게 된다. 그러나 단순히 개체군의 수적 감소가 개체군의 크기에 의한 감소인지를 구별할 수는 없다. 심각한 기후, 화산 폭발, 인간에 의한 교란과 같은 여러 가지 요소들이 섬에 사는 개체군 크기에 영향을 줄 수 있다.

오른쪽 그래프는 Mandarte Island (아래 지도 참조)에 사는 13개의 뮛종다리 개체군에서 수집한 데이터를 보여주고 있다. 이 개체군들의 진화적 성공에 대한 개체군의 크기 영향을 알아보기 위해서, 각 개체군은 전수조사가 이루어졌고 유년기의 사망률이 추정되었다. 그래프에서, 유년기 사망속도가 번식 성체의 수에 대해 나타나 있다. 데이터가 알려져 있지만, "최상 적합" 회귀선이 통계학적으로 유의하다(통계학적으로 유의한의 의미는 실제적으로 종속 변수와 독립 변수 사이에 상관관계가 없을 확률이 5% 이하이다 라는 것이다).

1. 개념 적용
   a. 변수 그래프에서 종속 변수는 무엇인가?
   b. 분산 자료 분석 뮛종다리 개체군의 크기는(번식 성체에 비해서) 최하의 유년기 사망률을 가진 집단에서와 최고의 유년기 사망률을 가진 집단에서 각각 얼마인가?
2. 자료 분석
   a. 그래프에서 추정하기로는, 모든 13개 개체군에서 평균 유년기 사망률은 얼마인가?
   b. 유년기 사망률이 전체 평균값 이하의 수치를 나타내는 개체군은 몇 개인가? 이러한 개체군들의 평균 크기는 얼마인가?
   c. 유년기 사망률이 전체 평균값 이상의 수치를 나타내는 개체군은 몇 개인가? 이러한 개체군들의 평균 크기는 얼마인가?
3. 추론하기 유년기 사망률이 낮은 개체군의 유년기 사망률이 높은 개체군보다 더 큰 가? 또는 작은가?
4. 결론 도출 뮛종다리 개체군 크기는 밀도 의존성을 나타내는가?
5. 심층 분석
   a. 낮은 유년기 사망률을 가진 뮛종다리 개체군과 높은 유년기 사망률을 가진 뮛종다리 개체군의 크기는 다르다는 사실이 그 자체로는 통계학적 의미 있는 차이라고 할 수 없다. 유년기 사망률과 개체군 크기 사이의 관계가 실제로 있다면, 이러한 데이터를 검증할 방법은 어떤 것이 있는가?
   b. 연구자들이 새들에게 이용 가능한 먹이를 제공한다면 어떤 일이 발생할지 예상할 수 있는가? 설명하시오.
   c. 연구자들이 100마리 이상의 번식 성체를 가진 개체군에서 개체들을 제거하여 100마리의 번식 성체를 가지도록 한다면, 어떤 일이 발생하겠는가?

870 Unit 8 살아 있는 환경

감사의 글

몇 년 동안, 하버드 대학교의 조나단 로서스(Jonathan Losos)와 함께 일하며 많은 것을 얻었고 또 이를 즐겨왔다. 그는 나의 오랜 친구이자 함께 일하는 기쁨이기도 하다. 이전 판의 공동저자이기도한 조나단은 이번 판에서 함께 하지 못했다. 그는 '*생물학*(biology)' 공동저자이자 강사이며, 그리고 활동적인 연구가로서 얼마나 많은 것을 줄 수 있는지에 대하여, 이 책을 통해 입증해왔다. 그와 함께 일했던 즐거움을 그리워한다.

모든 작가들은 자신이 많은 다른 사람들의 힘을 빌린다는 것을 알고 있다; 독자들이 보고 있는 교재는 "무대 뒤의" 편집자, 철자와 문법을 교정해 주는 사람, 사진 연구가, 우리의 원고에서 마술을 부리는 예술가 군단에 의한 엄청난 노력의 결과이다; 심지어 이러한 원고를 완성된 책으로 바꿔주는 프로덕션 매니저와 스태프라는 훨씬 더 큰 군단 덕분이기도 하다. 그들 모두에게 감사의 말을 전하고 싶다. 나의 편집자였던 앤 윈치(Anne Winch)는 나와 매일 함께 일했다. 때때로 짜증내고 항상 초조한 필자에게, 그녀는 소중한 조언과 지원을 아끼지 않았다. 편집자인 마이클 해켓(Michael Hackett)은 이번과 같이 중요한 개정판을 적극적으로 후원해 주었다; 그가 해냈다는 사실이 지독하게 기쁘다! 부사장인 동시에 편집장인 마티 랑에(Marty Lange)는 지나치게 열심인 필자가 무심코 일으킨 문제점들을 유머와 끊임없는 지지로 감독해 주었다. 쉴라 프랭크(Sheila Frank)는 우리 출판 팀의 선봉장이었으며, 모든 규칙을 위반하는 이상하고도 새로운 "통합적 그림" 프로그램으로 기적을 만들어냈다. 그 사진 프로그램은 로리 핸콕(Lori Hancock)에 의해 수행되었으며, 그는 항상 최고로 일을 잘했다. (책 표지만 보아도 알 수 있다!) 로리 젠슨(Laurie Jassen)은 훌륭한 디자인 작업을 해주었으며, 저자의 수많은 "창의적인" 변화를 믿을 수 없을 정도로 잘 참아주었다. 이 책은 Electronic Publishing Services Inc.에 의해 출판되었다.

오랜 기간 동안 원격으로 일한 나의 개발 편집장이자 오른손인 메간 버델만(Megan Berdelman)은 다시 한 번 이 복잡한 개정판의 모든 세부사항을 감독하는 데 있어서 소중한 역할을 해 주었다. 통틀어 일곱 판을 거치는 동안, 그녀의 지성과 인내는 이 책의 품질을 높이는데 중요한 공헌을 했다. 앞의 여섯 판에서 그녀는 내가 〈*The living world*〉를 수정하고 쓰는 복잡한 업무에서 나를 돕기 위해 고용했던 두 명의 원격 편집자 중 하나였다. 다른 한 명인 리즈 시버스(Liz Sievers)는 함께 일하는 동안 완벽한 즐거움을 주었고, 책 자체에 있어서도 메간 버델만(Megan Berdelman) 만큼이나 중요한 존재였다. 리즈는 〈*The living world*〉의 저자보다는 출판인으로서 일하게 됐다; 메간과 나는 모두 그녀를 무척이나 그리워한다.

가장 최근에 출판된 성공적인 세 판에서, 〈The living world〉의 마케팅은 타매라 머리(Tamara Maury)에 의해 계획되고 감독되었다. 그녀는 전쟁에 해박한 장교였으며 강사들에게 책을 소개하는 많은 판매 담당자와 함께 전쟁터에서 싸우는 것을 두려워하지 않았다. 이번 판 또한 그녀가 책임질 것임을 알려드리게 되어 매우 기쁘게 생각한다. 7판은 또한 Life Science의 마케팅 디렉터인 미쉘 왜트닉(Michelle Watnick)의 기술적인 보조로부터 많은 도움을 받게 될 것이다.

과거에도 또한 현재에도, 편집자들의 강력한 도움 없이 7판은 절대 출간될 수 없었다. 나는 초기 판에서 많은 역경을 넘도록 도와준 Life Sciences의 수석 마케팅 매니저 팻 레이디(Pat Reidy)에게 특별한 감사의 말을 전하고 싶다. 또한 편집 디렉터이자, 부사장인 마이클 랑에게도, 이 프로젝트를 처음부터 그리고 지금까지 꾸준히 지원해 준 것에 대해 감사하고 싶다.

조지 존슨(Geroge Johnson)

비평가들

다른 책들도 집필했으며, 글을 발전시키는 데 있어서 내 모든 집필의 노력들과 함께 비평가들의 소중함을 깨닫게 되었다. 전국에서 과학자 동료들이 7판의 내용을 어떻게 발전시킬 것인지에 대하여 수많은 조언을 해 주었고, 6판을 사용했던 많은 강사와 학생들이 설명을 명확히 하는 법, 설명을 개선하는 법, 그리고 중요한 주제들에 대해 더 상세히 말하는 법에 관해 조언을 해 주었다. 아래 기재된 강사들은 보다 상세한 논평을 제공하였다. 나는 모든 사람에게 귀 기울이려고 노력했다. 모든 사람들에게 감사드린다!

역자 머리말

현재 우리는 생명과학 시대의 한 가운데에 살고 있다. 21세기에 살고 있는 교육받은 시민으로서, 생명과학은 이미 우리 곁에 아주 가까이에 있다는 것을 누구나 잘 알고 있다. 생명과학은 의학, 식품, 농업, 수산업, 환경, 생태 등 우리의 생활과 직접적인 관계가 있으며, 이제 전공과목에서는 물론, 공과대학, 인문 · 사회과학대학에서도 교양과목으로 자리매김을 하고 있다. 오늘날 생명과학을 배우는 사람이라면, 이 과목이 우리의 현대 사회에서 얼마나 중요한지를 깨닫지 않을 수 없다. 지구 온난화에서부터 돌리(Dolly)의 탄생, 유전자치료, 줄기세포 연구까지, 생명과학은 아주 넓은 범위에서 우리의 미래를 결정할 것이다.

원저자는 30년 이상 강의를 했으며, 생명과학에 많은 의문을 갖고 있거나, 흥미가 없는 학생들에게 생명과학을 쉽게 설명하기 위해 끈임 없는 노력을 해 왔다. 따라서 이 책은 생명과학 수업에 흥미를 잃고 잘 따라오지 못 하는 학생들의 문제점들을 해결하고자 집필되었다. 특히 이 책은 생명과학을 어렵게 느끼는 학생들과 생명과학 비전공자를 위해 일상생활에서 일어나는 일들을 사례로 들어 친근한 방식으로 쓰려고 노력했다. 또한 모든 단계에서 세부적인 지식과 정보를 전달하기보다는 아이디어(ideas)와 개념(concepts)을 주제로 삼았으며, 왜 어떤 일들이 발생하고 또한 어떤 방식으로 진행하는지에 관해 설명하고자 시도하였다.

이 책은 George B. Johnson 저자의 원서 〈*The living world*〉 제 7판(2012)을 처음 번역한 것이다. 통틀어 일곱 판을 거치는 동안, 앞선 문제점들을 계속 수정 보완하여 오늘에 이르렀다. 이 책은 각각 독립적으로 8단원에 총 38장으로 구성되어 있고, 세포에서 생활환경에 이르기까지의 주요 내용을 일상생활에서의 예를 들어 쉽게 설명하였다. 1부에서는 과학으로서 생명과학의 개념, 2부에서는 생명체의 기초로써의 화학적 개념, 세포의 세계, 에너지와 생활, 광합성, 식품으로부터 에너지의 획득을 쉽게 설명하고 있다. 3부에서는 유전양식의 원리를 다루면서 유전자와 분자생물학에 대한 새로운 생명과학을 소개하고 있다. 4부에서는 진화와 생명의 기원, 생물체의 분류를 다루었고, 5부에서는 동물, 척추동물, 인간의 진화를 세부적으로 소개하였다. 6부에서는 동물의 생리, 발생, 환경에의 적응 등을 설명하였다. 7부에서는 식물의 진화 및 발생에 대하여 소개하였고, 끝으로 8부에서는 집단의 다양성, 생태계, 행동과 학습, 인간과 환경의 주제로 설명하였다. 특히 48개의 핵심 생물학 과정을 준비하여, 독자들이 기초 생명과학에서 접하게 될 중요한 개념들과 과정을 설명하였다.

지금까지 이 책의 공동번역을 위해 애써주신 모든 교수님들의 노력에 진심으로 감사드린다.

또한 이 책을 출간하기까지 적극적으로 지원해주신 드림플러스사의 강성관 사장님께 진심으로 경의와 사의를 표하며, 편집부 직원들의 열정적인 노고에 깊은 감사를 드린다.
이 책의 오 · 탈자 또는 독자들의 다양한 의견들은 E-mail (kym@hnu.kr)을 통해, 다음 출판에 적극 반영하여 수정 및 보완할 것을 다짐한다. 우리 번역진은 이 책을 통해 독자들이 생명 현상을 이해하고, 생명과학의 기본 지식을 넓히는데 많은 도움이 되기를 바란다.

2013년 1월
대표역자 김영민

차례

0

생물학 공부하기

학습단원

학습하기

0.1 어떻게 공부할 것인가?

1. 생물학을 성공적으로 공부하기 위해 필요한 6가지 원칙
2. 강의 노트에 신속하게 옮겨 적는 것이 중요한 이유
3. 잊는 속도를 늦추기 위해 할 수 있는 두 가지 사실에 이름 붙이기

저자 코너: 밤샘 공부하기

0.2 교재 활용하기

1. 강의에서 배운 것을 명확하게 보충하기 위한 교재 활용 방법
2. 내용을 완전히 익힐 수 있도록 교재가 제공하는 평가도구 복습

배운 것을 연구에 적용하기

0.3 과학은 생각하는 방법이다

1. 생물학자들이 공적으로 중요한 주요 문제와 부딪혔을 때 어떻게 결론에 이르는지에 대해 네 가지 주요 사례를 통해 분석
2. 분석을 확장시켜, 미래에 그런 어려움에 처했을 시 그 과학적 난제를 해결하기 위한 접근 방법

0.4 그래프 읽는 법

1. 독립 변수 정의
2. 상관관계가 원인을 증명하지 못하는 이유
3. 산술 측정 등급과 대수 측정 등급 구분
4. 그래프를 분석하기 위해 과학자들이 사용하는 네 단계 논의

마치 금방이라도 뛰어오를 태세를 갖춘 것처럼 보이는 이 불안해 보이는 표범은, 불확실한 미래를 마주하여 곧바로 점프할 것 같다. 그러나 이 책의 밖에 있는 그 미래는 뛰어 넘는다고 해서 피할 수 있는 미래가 아니다. 한때는 표범이 아프리카와 남아시아 전역에 퍼져 있었지만, 환경 파괴와 사냥으로 인해 표범의 서식 범위가 지난 세기 동안 급격히 감소하였다. 이제 아시아에 남아 있는 일부를 제외한다면, 표범은 사하라 사막 이남의 아프리카에서만 발견되고 있으며, 이들은 '거의 멸종위기에 처한' 종이다. 표범의 운명, 그리고 살아 있는 세계에 살아가는 모든 다른 생명들의 운명은 위태롭게도 인간이 자신들의 기후와 자원을 지키고 보존하기 위해 나아갈 한걸음 한걸음에 의존할 것이다. 생물학을 공부하는 여러분에게 생물학 공부는 이에 대하여 도움이 되는 중요한 도구를 제공할 것이다. 지금 여러분은 분자, 세포 그리고 진화 및 생태 변화에 따라 신체에서 일어나는 복잡한 과정들을 공부하기 위해 뛰어들 준비를 하고 있을 것이다. 생물학은 여러분 대다수가 모르는 새로운 개념들이 많은 희망으로 가득 찬 과학 수업이다. 이 짧은 '제0장'은 여러분의 도약을 보다 강하고, 더 많은 자신감을 주는 방법을 제시할 것이다. 행운을 비는 바이다.

0.1 어떻게 공부할 것인가?

어떤 학생들은 수업을 잘 이해하겠지만, 다른 학생들은 그렇지 못할 수도 있다. 여러분이 수업을 얼마나 잘 따라가느냐를 예측하는 요인 중 하나는 얼마나 배울 준비가 되었는지에 달려 있다. 이 수업처럼 개론으로서의 과학 수업에 참여할 때 강의 노트를 작성하는 방법은 알고 있는가? 이 강의 노트를 교재와 함께 효율적으로 사용하는 방법은 알고 있는가? 또한 그래프를 읽는 방법은 알고 있는가? 〈The living World〉의 이번 판은 교재 초반에 '제0장'을 제시하여 이러한 문제들을 정면으로 해결하고자 하였다. 이는 아주 기본적인 것들을 다루고 있지만, 그러나 필수적인 학습 방법을 완벽하게 익히도록 돕기 위해 의도적으로 만든 장이다.

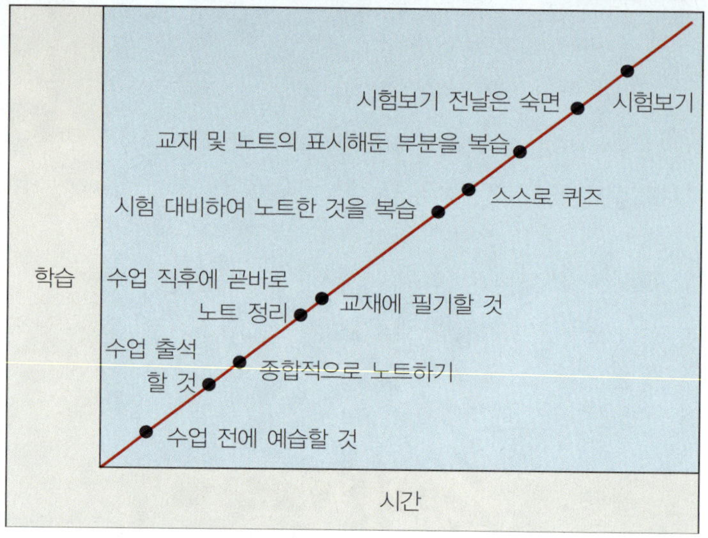

그림 0.1 학습 스케줄

강의 노트 작성 방법

강의를 듣고 교재를 읽는 것은 단지 과학 수업을 잘 따라가기 위한 배움의 첫 단계에 불과하다. 여러분이 마주할 개념과 정보의 산을 정복하는 열쇠는 필기를 잘 하는 것이다. 이리저리 흩어져 있고, 정리되지 않았으며, 거의 이해할 수 없는 낮은 수준의 노트로 공부하는 것은 시험을 준비하기 위한 생산적인 방법이 아니다.

노트의 질을 개선하기 위한 간단한 세 가지 방법을 여기에 소개하고자 한다.

1. **할 수 있는 한 많이 필기하라** 언제나 수업 시간 동안 가장 완벽한 필기를 할 수 있도록 노력하라. 만약 수업을 못 들을 경우, 가능하다면 강의를 녹음하여 스스로 필기할 수 있어야 한다. 학습 효과를 증진시키는 것은 필기하는 과정에 달려 있다. 하지만 다른 사람의 필기를 사용하는 것은 빈약한 대체물에 불과하며, 다른 사람 역시 필기를 하는 순간에 최대로 학습하려는 경향이 있다.
2. **다른 말로 바꾸어 필기하라** 알아볼 수 있는 형태의 요약된 필기법을 개발하라. 물론 다른 말로 바꾸기(더 간단한 방법으로 설명하기) 쉽지 않은 내용들이 분명히 있을 것이다. 그러나 약어(줄임말)를 사용하고, 다른 말로 바꾸는 것은 더 포괄적인 필기를 하는 데 도움을 준다. 완벽하게 정리된 문장으로 필기하려고 시도하려면 좌절이 따르게 되며, 너무 많은 시간이 걸린다. 왜냐하면, 사람들의 말은 매우 빠르기 때문이다!
3. **필기를 수정하라** 수업이 끝나자마자 가능한 빨리, 여러분이 필기한 뜻을 파악하고 수정해야 한다. 학습 과정에서 이보다 중요한 것은 없다. 왜냐하면 학습의 대부분이 바로 이 과정을 통해 이루어지기 때문이다. 필기를 수정함으로써, 여러분이 얻은 정보들을 이해할 수 있는 맥락에 집어넣고, 모든 정보를 혼합해낼 수 있게 된다. 또한 각각의 블록을 식별하는 간단한 '머릿단어' 들로 이루어진 정보의 주요 블록들이 정리될 것이다. 교재와 노트를 읽음으로써 이해한 개념들을 다른 강의에도 연결하라. 이렇게 정렬된 방식으로 강의 개념들을 생각하는 것은 그 개념들을 확고하게 할 것이며, 이것이야말로 학습에서 가장 중요한 과정이다.

암기하기 그리고 잊어버리기

학습이란 여러분의 기억장치에 정보를 저장하는 과정이다. 컴퓨터에서처럼 기억에는 두 가지 종류가 있다. 첫 번째는 *단기 기억*(short-term memory)이란 컴퓨터의 램(RAM)에 비유될 수 있는데, 이는 정보를 짧은 기간 동안만 저장한다. 이러한 기억은 컴퓨터에서처럼 정보가 새로 투입됨에 따라 계속 '덧씌워'진다. 두 번째 종류의 기억은 *장기 기억*(long-term memory)인데, 이는 마치 컴퓨터의 파일이 하드 드라이브에 저장되는 것과 같이, 여기에서는 훗날의 회수를 위해 기억은행에 저장된 정보를 담고 있다. 가장 간단한 맥락에서 설명하자면, 학습은 정보를 하드 드라이브로 옮기는 과정과도 같다.

잊어버리기란 기억장치에 저장되어 있던 정보를 상실하는 것이다. 대개 우리가 시험을 볼 때 무언가를 까먹는다는 것은 단기 기억이 장기 기억으로 효율적으로 전달되지 못한 것의 자연스러운 결과이다. 잊어버리기는 상당히 급속도로 발생하며, 학습 이후 1시간 이내에 정보의 보유 정도가 50% 미만으로 떨어진다. 또한 24시간 후에는 정보가 20% 정도로 유지된다.

여러분은 잊어버리는 과정을 늦추기 위해 여러 가지 방법들을 사용할 수 있다(**그림 0.1**). 여기에 두 가지 중요한 방법들을 소개한다.

1. **수업이 끝난 직후 가능한 빨리 필기를 옮겨 적어라** 1시간 이내에 50% 정도의 기억 손실이 일어난다는 것을 기억하라. 가장 최상의 방법은 필기를 옮겨 적는 동안 교재도 함께 사용하는 것이다.
2. **읽는데 있어서 목표를 설정하라** 앉아서 교재를 읽을 때는 특정한 개념을 학습하기 위한 목표를 명확하게 두어야 한다. 각 장은 주요 개념이 지침서가 될 수 있도록 그것을 예습함으로써 시작하자! 단 한 번에 그 장의 전체 주요 개념들을 학습하려고 노력해서는 안 된다. 즉 '잘 소화되도록' 작은 부분들로 쪼개서 공부하자.

학습하기

학습은 여러분의 단기 기억을 장기 기억으로 변환시키는 가장 효율적인 방법일 수도 있다. 이러한 변환은 학습 전략에 의한 *리허설*(rehearsal)이라고 일컫는다. 리허설이라는 이름이 설명하듯이 언제나 반복의 형태를 포함한다. 리허설의 일반적인 방법에는 세 가지가 있는데, 이를 교육 용어로는 '비판적으로 사고하는 법' 이라고 한다(**그림 0.2**).

반복 리허설의 가장 명백한 형태는 '반복(repeating)' 이다. 어떤 사실, 어떤 과정에서 일어나는 사건들의 배열, 또는 어떤 것들을 지칭하는 이름 등을 배울 때, 여러분은 그것들을 써보기도 하고, 큰 소리로 말해 보기도 하는 등, 정신적으로 완전히 '암기할(memorized)' 때까지 그것을 반복하고 또 반복한다. 이는 흔히 학습하기 위한 길의 첫걸음이다. 그런데 많은 학생들이 이것을 오직 한 단계의 일이라고 오해한다. 이해하는 대신 기계적인 암기만을 해서는 안 된다. 이 과정에서 여러분이 하는 것이 어떤 사실을 외우는 것뿐이라면, 결코 성공할 수 없다.

정리하기 학습하려고 하는 정보를 '정리(organizing)' 하는 것은 매우 중요하다. 분류와 정리 과정은 기억력을 증진시키기 때문이다. 예를 들어, 여러분이 일련의 사건들을 체세포분열의 단계처럼 순서대로 정리했을 때, 정리의 시작부분만 기억해내면 전체적인 내용을 회상할 수 있을 것이다.

연결하기 배운 것을 자신에 관한 세계와 '연결(connecting)' 시킨다면, 생물학을 훨씬 더 효율적으로 학습할 수 있을 것이다. 오늘날의 세계에서 살아갈 때 겪는 많은 어려움들은 이 강의를 통해 제공할 정보들과 관련이 있고, 그리고 이런 관계를 이해하는 것은 학습에 도움이 된다. 여러분은 이 교재의 각 장에서 한 페이지로 가득 찬 연결 에세이를 접할 수 있으며, 그것들은 학습하는 것과 관련된 '실제 세계(real world)' 의 소재들을 간단히 살펴볼 수 있게 할 것이다. 5쪽에 한 가지가 제시되어 있다. 이 에세이를 읽어보라. 이 에세이는 시험문제에 출제되지는 않겠지만, 이것들을 읽음으로써 앞으로 시험 치르게 될 내용에 대해 도움을 줄 또 다른 '연결고리(hook)' 가 제공된다.

학습을 위한 학습법

한 번만 더 들으면, 수천 번 쯤 될 만한 말이 있다. "아, 존슨 교수님. 저 꼬박 20시간이나 공부했는데 성적이 여전히 D예요." 이쯤에서, 여러분은 한 내용에 시간을 쏟아 붓는 게 반드시 호의적인 결과를 불러오지 않는다는 사실을 알아차려야 한다.

간단히 공부를 정의하면, 여러분의 학습 방법을 현장에 투입하는 것이다. 이 문제에 어떻게 대처할 것인지에 대해서 더 이상 고민해서는 안 된다. 여기에 공부시간을 더 효과적으로 만들어 줄 세 가지 간단한 전략을 소개하고자 한다.

1. **간격을 두고 공부하라** 공부에 투자하는 시간의 길이와 공부 중간 중간에 쉬는 시간의 길이는 학습에 직접적으로 영향을 미친다. 만약 10시간 동안 공부한다면, 이를 한꺼번에 10시간하기보다는 1시간짜리 공부로 10번을 나누어 하는 게 훨씬 낫다. 이렇게 해야 하는 두 가지 이유가 있다:

   첫째, 우리가 형식적인 인지 연구를 통해(또는 일상생활의 경험을 통해서도) 이미 알고 있는 바와 같이, 우리는 '초반' 과 '후반' 은 잘 기억하지만 '중간' 은 잘 잊어버리는 경향이 있다. 따라서 학습 과정은 많은 '초반' 과 '후반' 이 있을 때 이득을 볼 수 있다.

   둘째, 여러분이 비상한 사람이 아니라면, 30분 또는 1시간 후에 집중력이 사라진다. 집중은 학습에 있어서 아주

그림 0.2 학습은 작업이다
학습은 직접 해야 일어나는 것이지, 저절로 일어나는 일이 아니다.

중요한 요소이다. 여러 번의 짧고 주제에 초점을 맞춘 공부시간만이 효율적으로 집중할 수 있는 능력을 최대화시킬 수 있을 것이다.

2. **집중을 흩트리는 요소를 피하라** 여러분이 어디서 공부하느냐는 엄청난 양의 변화를 만들 수 있다. 왜 그럴까? 그 이유는 효율적인 공부는 집중력을 요하기 때문이다. 대부분의 사람들에게 효율적으로 집중하기 위해서는 시끄러운 음악이나 대화 등의 외부적인 방해 요소가 없는 편하고 조용한 환경이 필요하다. 이 때문에 시끄러운 텔레비전이나 스테레오 또는 분주한 카페 앞에서 공부하는 게 실패의 지름길이다. 조용한 방, 도서관 책상, 햇살 좋은 날의 바깥 등, 이 모든 공부 장소는 조용하고, 방해요소를 최소로 제공하며 여러분이 배우려고 노력하는 것에 집중할 수 있게 해준다. 휴대폰을 꺼두도록 하라. 공부하는 중에 문자를 보내는 것은 운전 중 문자를 보내는 것만큼이나 집중력을 흐리게 하므로 마찬가지로 피해야 할 행위이다.
3. **스스로 보상하라** 매 공부시간이 끝난 후에는 공부로부터 잠시 탈피하기 위해 무언가 재미있는 것을 계획하라. 이 '당근과 채찍' 의 접근방식이 다음 공부시간을 더 감칠맛 나게 만들어줄 것이다.

학습은 적극적인 과정이다

생물학을 배우는 것은 수동적으로 할 수 있는 일이 아니라는 것을 알아야 한다. 많은 학생들이 단순히 강의 비디오나 강의 노트를 갖고 있으면, 강의 내용을 이해하게 될 것이라고 생각한다. 그들 사이에서는 비디오나 필기가 마치 운동선수의 노틸러스 머신(Nautilus machine; 웨이트트레이닝 기구)만큼 중요한 것이다. 그런데 사실 중요한 것은 그 머신 자체가 아니라 그것을 효과적으로 사용했을 때 무슨 일이 일어나느냐 하는 것이다.

그림 0.3 중요한 학습은 수업 시간에 이루어진다
학습은 적어도 뚜렷이 구분되는 네 단계를 통해 이루어진다. 즉, 수업에 참여하고, 수업 내용을 미리 읽어가며, 강의 시간 동안 필기와 함께 수업을 잘 듣고, 강의가 끝난 직후 필기를 다시 옮겨 적는 것이다. 만약 여러분이 이 단계를 부지런하게 해 낸다면, 강의 노트를 통해 시험 범위를 공부하는 것이 훨씬 효율적일 것이다. 이 중 한 가지라도 빠트리면 성공적인 학습과는 거리가 멀어지게 된다.

대부분의 삶에서 노력이 그렇듯, 생물학을 학습하는 데 있어서 상식은 여러분의 성공을 크게 좌우할 것이다. 이 성공은 간단하고, 명백한 몇 가지를 하느냐에 달려 있다(**그림 0.3**).

- *수업에 참여하라.* 모든 수업에 참여하고 수업 시간에 늦지 않도록 하라.
- *강의 전에 수업 내용을 미리 읽어라.* 만일 그렇게 한다면, 친숙한 것이 더 많이 들릴 테고, 학습 강화의 중요한 형태인 '인식(recognition)' 이 일어난다. 수업 후에 여러분은 상세 내용을 확인하기 위해 교재를 확인하면 될 것이다.
- *종합적인 내용이 담긴 노트를 작성하라.* 강의의 요점을 이해하고 필기하는 것은 인식과 수업 향상에 도움이 된다. 나중에 시험을 위해 공부할 때, 여러분은 기록하지 않은

밤샘 공부하기

여러분은 앞으로 몇 달 안의 어느 시점에 무서운 의식을 치르게 될 것이다. 바로 이번 학기의 첫 시험인 것이다. 대학 교수로서, 나는 시험을 치르기보다는 출제하는 입장에 있지만, 내가 시험을 치러야 했던 때를 아주 선명하게 기억하고 있다. 학생으로서의 나는 시험을 별로 좋아하지 않았다. 사실 시험 보는 것을 좋아하는 학생들이 있을까? 하지만 내 경우에는 종종 두려움으로 얼어붙기까지 했다. 시험에 대해 내가 두려워했던 점은 예측하지 못한 질문들 때문이었다. 내가 얼마나 시험 준비를 했었는 지와는 상관없이, 항상 내가 모르는 문제가 나왔고, 교수님은 내가 대답할 기회조차 없는 방향으로 질문을 던졌다.

나는 죽기 살기로 밤샘 공부를 했다. 블랙커피는 시험 기간에 가장 친한 친구였고, 잠은 감당하기 힘든 사치였다. 부모님은 내게 더 자라고 권유했지만, 내가 마주칠 수 있는 가능성이 있는 어떤 질문에라도 대비하기 위해 머릿속에 가능한 한 정보를 구겨 넣었다. 따라서 잠으로 시간을 낭비할 순 없었다.

이제 와서야 나는 내가 전부 틀렸었다는 걸 알았다. 지난 몇 년간 출간된 책이 말해 주듯이, 하버드 의과대학에서는 사람은 최소한 6시간을 잔 후에야 새롭게 배운 정보를 더 발달시킬 수 있음을 증명했다. 내가 기말고사를 잘 치루고 싶었다면, 내가 택한 방법은 시험 대비에 가장 최악이었던 것이다. 신은 나처럼 멍청한 길을 걷는 바보들을 좀 돌봐야 할 필요가 있다.

가장 기본적인 의미에서, 학습이란 기억을 형성하는 것이다. 하버드 연구자들의 실험은 무언가를 학습하려는 사람이 최소 6시간(권장하기로는 8시간)을 잔 후에야 지식을 증진시킬 수 있음을 보여주었다. 이는 우리의 뇌가 새로운 정보와 기술을 적합한 자리가 쌓아올리고 후에 정보를 꺼내기 위해서는 시간이 필요함을 보여준다. 이 정보 저장을 위해서, 충분한 잠 없이 새로운 정보는 뇌의 기억 회로에 적절하게 부호화되지 못한다. 학습에서 잠의 역할을 알아보기 위해, 하버드 의과대학 연구자들은 하버드 학부생들을 기니피그처럼 사용했다. 학부생들은 컴퓨터 스크린에 뜨는 특정한 시각적 목표물을 보도록 훈련받았고, 목표물을 봤다는 확신이 들면 버튼을 눌러야 했다. 처음에, 반응은 상대적으로 느렸다. 학생들이 의식적으로 목표물을 눈치 채기까지 전형적으로 0.4초가 걸렸다. 하지만, 한 시간의 훈련 후에, 학생들은 버튼을 정확히 0.075초 만에 눌렀다.

얼마나 잘 학습했을까? 그들이 같은 날 3시간에서 12시간 후에 다시 테스트를 받았을 때도, 훈련 기간 중 낸 최고 기록에서 더 나아진 바는 없었다. 연구자들이 그들에게 6시간 미만의 적은 잠을 자게하고, 다음 날 재검사를 했다면, 학생들은 전혀 발전을 보이지 못했을 것이다. 하지만 6시간 이상을 잔 학생들의 경우, 이야기는 완전히 달랐다. 잠은 수행능력을 엄청나게 발전시켰다. 훈련 기간 동안 0.075초를 기록했던 학생들은 잠을 푹 잔 후에 목표물을 알아보는 데 불과 0.062초밖에 안 걸렸다! 충분한 숙면을 며칠 취한 후, 그들은 종종 더 높은 효율을 보였다.

그렇다면 왜 4, 5시간이 아니라 6시간 또는 8시간일까? 밤에 잠을 잘 때 초반에 자는 잠의 종류와 마지막에 자는 잠의 종류는 다르며, 둘 다 효율적인 학습에 필요하다.

처음 2시간의 잠은 깊이 잠드는 데 소요되는데, 정신과 의사들은 이를 서파수면(slow wave sleep)이라고 일컫는다. 이 시간 동안, 특정한 뇌의 화학물질이 사용되는데, 이는 낮 동안 모아졌던 정보들을 뇌의 기억장치, 해마, 뇌의 바깥을 둘러싸고 있는 피질로 흘러나가도록 한다. 그리고 이곳에는 기억들이 저장되어 있다. 컴퓨터에서 활성메모리로부터 하드 드라이브로 정보가 움직이는 것처럼, 이 처리과정은 앞으로 참조하기 위한 경험을 보존한다. 이것 없이, 장기 기억 학습을 일어날 수 없다.

그 후의 몇 시간 동안, 피질은 받은 정보를 분류해내고, 다양한 위치와 네트워크로 분배한다. 신경세포들 사이의 특정한 연결은 기억이 보존됨에 따라 강화되는데, 이 과정은 새로운 단백질의 제조를 위해 시간을 필요로 한다.

여러분이 이 처리과정이 완료되기 전에 이를 멈춘다면, 그 날의 기억은 완전히 '전달되지(transcribed)' 못한다. 그리고 여러분은 그 과정이 완료되도록 지속하길 허락했다 할지라도, 그 사실마저 기억하지 못할 것이다. 그 작업을 마치는 데 두세 시간만으로는 충분하지 않다. 하버드 연구자들이 추정하기로는 최소한 몇 시간이 요구된다고 한다.

방해받지 않는 밤잠의 마지막 두 시간은 급속안구운동(rapid-eye-movement, REM) 수면에 사용된다. 이게 바로 꿈을 꾸는 시점이다. 뇌는 해마와의 연결을 끊어버리고, 전의 몇 시간동안 저장했던 정보를 흘려보낸다. 이 과정 또한 학습에 중요한데, 새로운 기억을 구성하는 신경 세포 사이의 많은 연결을 강화하기 때문이다. 아이들이 무언가를 외우기 위해 반복구를 반복하는 것처럼, 뇌는 완벽을 위해 끊임없이 연습한다.

이게 바로 내가 대학 시절 잠을 서너 시간밖에 안자고 12시간 동안 주말에 벼락치기를 했던 시스템이 효과가 없었던 까닭이다. 며칠도 안 되서, 내가 '밤샘' 기간 동안 외웠던 모든 것이 날아가 버렸다. 물론 그럴 수밖에 없었다. 나는 그들에게 내 기억 회로로 적절하게 통합될 기회조차 주지 않았기 때문이다.

나의 과거를 되돌아봄에 따라, 이제는 내가 시험을 얼마나 잘 쳤느냐는 공부를 얼마나 많이 했느냐와 상관없이 잠을 얼마나 잤느냐에 달려 있다는 것을 깨달았다. 정말이지, 불공평하다.

강의 내용을 이미 잊었을지도 모른다. 따라서 여러분이 열심히 공부한다고 할지라도, 내용에서 시험 문제를 놓칠 수도 있다.

- *수업이 끝난 직후에 필기를 수정하라.* 단기 기억 속에 수업 내용을 아직 많이 보유하고 있을 때, 강의 노트와 적극적으로 교류하는 것은 아마도 가장 강한 형태로 학습을 향상시키는 방법이 될 것이며, 성공의 열쇠가 될 수도 있다.

강의 노트를 수정하는 과정은 강력한 학습 방법이 될 수 있으며, 또한 그렇게 되어야 한다. 최상의 결과를 얻기 위해서는, 여러분이 수업에서 급하게 필기한 내용들을 단순히 알아보기 쉽게만 옮겨서는 안 된다. 강의가 어떻게 구성되어 있었는지에 초점을 맞추고 그 체계를 수정된 강의 노트를 만드는 데 사용하라. 대부분의 강의들은 각 장이 교재에 있는 그대로 구성되어 있고, 3개나 4개의 주요 주제를 갖고 있으며, 이들은 단계별로 이루어진 시리즈를 통해 다루어진다. 강의 노트를 효율적으로 수정하기 위해서, 여러분은 강의에서 들은 바를 개요로 작성해 보아야 한다. 첫 번째로, 서너 개 되는 중심 내용을 적은 후에, 각 중심 내용 아래에 그 주제를 다루고 있는 강의 내용을 배치하라.

아마 여러분이 깨달은 것보다 훨씬 더 생물학 강의는 아이디어의 네트워크와도 같다. 강의 노트를 훑어보고 중심 주제를 규명하는 것은 마음속에서 개념들을 정리하는 강력한 첫걸음이다. 두 번째, 각 주제의 내용들을 논리적인 순서(바라는 바로는 원래 제시된 순서대로)에 맞도록 구성하는 것은 내용들을 연결시켜 줄 개념을 분명하게 해줄 수 있다. 그리고 마지막 분석을 통해 학습하려는 바를 얻을 수 있게 된다.

이 교재와 함께 진도가 나아가는 동안, 위압적일 정도로 많은 단어와 개념의 폭풍우에 부딪히게 될 것이다. 생물학은 개념과 그것들을 설명해줄 기술적인 용어로 가득한 분야이다. 여러분은 이 교재를 사용한 강의를 통해 생물학의 핵심을 발견하게 될 것이다. 이 교재에서 여러분이 공부한 것과 강의에서 배운 내용을 것과 합친다면, 생물학의 기초를 성공적으로 마스터하기 위한 가장 강력한 방법이 될 것이다. 이 외에 남은 것은, 그저 열심히 공부하는 것뿐이다.

> **주요 학습 요점 0.1 생물학을 성공적으로 공부하려면 적극적인 과정이 필요하다. 잘 하기 위해서 수업에 참여해야 하고, 수업 내용을 미리 읽어가야 하며, 완벽한 강의 노트를 만들어야 한다. 또한 수업이 끝나자마자 강의 노트를 수정하고, 또한 짧고 집중력 있는 시간을 통해 시험에 대비해야 한다.**

0.2 교재 활용하기

교재는 훌륭한 도구이다

교재를 통해 모든 것을 배울 수 없기 때문에 생물학 입문 강의 수업을 신청한다. 교재는 강의에서 배운 것을 설명하고 확장시킬 도구이다. 그 어떤 교재라도 수업, 노트 필기, 그리고 그것을 공부하는 것을 대체할 수는 없다. 생물학 수업에서의 성공이란, 다리가 셋 달린 의자와도 같다. 강의, 노트 필기, 교재 읽기가 그 다리이다. 이 모든 세 가지가 필수적이다. 함께 시행했을 경우, 여러분은 성공에 훨씬 가까운 곳에 다다를 것이다.

교재를 언제 사용해야 할까 여러분은 갑자기 마음속에 떠오르는 질문에 답을 하거나 기억을 상기시키기 위해서 언제라도 교재를 들여다볼 수 있다. 그런데 교재를 학습도구로 사용하려면, 성공의 또 다른 두 '다리(legs)'를 지탱하는 데 초점을 맞추어야 한다. 바로 강의와 강의 노트이다.

수업 범위를 미리 읽어라. 많은 교수들은 교재에서 읽을 부분을 과제로 내준다. 그 부분은 강의 전에 읽어져야 마땅하다. 여기서의 타이밍이 매우 중요하다. 여러분이 만약 강의에서 다루어질 내용에 대한 기본적인 상식을 미리 갖고 있다면, 수업을 더 잘 따라가고 노트 필기도 잘 할 수 있을 것이다.

교재를 강의와 직결시켜라. 아주 적은 수의 강의만이 교재에 있는 것을 정확하게모두 다루며, 교재에 있는 대부분은 강의를 통해 다루어지지 않는다. 즉, 여러분이 강의에서 듣는 대부분은 교재에서 다루어진다는 얘기다. 즉 교재는 여러분이 강의에서 마주치게 될 개념이나 정보를 강화하는 강력한 도구이다. 교재

의 삽화와 자세한 설명을 통해 강의에서 대강 눈치 챈 개념을 이해할 수 있을 뿐만 아니라, 논쟁의 주제가 될 수 어떤 질문에라도 답할 수 있다. 따라서 여러분이 강의 노트를 옮겨 적으면서 교재에 중요한 부분을 표기하는 등 교재를 함께 읽는 것은 분명히 필수적이다. 이런 식으로 필기를 주석으로 다는 것은 후에 시험을 대비하기 위해 매우 좋은 학습 도구이다.

시험을 위해 복습하라. 시험에 대비하기 위해 옮겨 적은 강의 노트를 공부해야 하는 것은 두말 하면 잔소리다. 하지만 그게 전부는 아니다. 시험 준비를 할 때 우리가 종종 빠트리는 것은 똑같은 내용을 다루고 있는 교재를 복습하는 일이다. 그 장을 다시 읽어보고, 마지막으로 한 번 더 읽는 것은 여러분의 강의 노트를 전체적인 시야에서 보도록 돕는다. 그로 인해 시험지에 갑자기 어떤 주제가 등장하면, 핵심 내용을 기억해 내기 훨씬 쉬워질 것이다.

어떻게 교재를 사용할 것인가 교재를 사용하는 가장 중요한 방법 중의 하나는 그것은 읽는 것이다. 생물학 수업에서 진도를 나가고 여러분이 교재를 통해 수업을 따라감에 따라, 책상에 앉아서 진도 나간 부분을 한 번에 막힘없이 읽어야 한다. 이를 통해 여러분은 귀중한 관점을 얻게 될 것이다. 그리고 강의 필기를 따라, 그때 다루었던 장으로 돌아가서 필기를 옮겨 적으면서 그 주제를 배우는 데 집중하라. 앞서 설명했듯이, 교재와 강의 노트를 연결시키는 작업은 매우 강력한 학습 방법이다. 단, 기억해야 할 것은 여러분의 필기나 교재가 시험을 대신 쳐주지는 않을 거라는 점이다. 시험은 여러분이 치르는 것이며, 여러분이 마음속에서 교재와 강의 노트를 통합시켜 공부하는 학습은 시험을 잘 보는 길로 안내할 것이다.

학습방법을 배워라

학습 목표 모든 장은 그 장의 각 절들이 여러분에게 무엇을 가르치려 하는지 설명하는 것으로 시작한다. "학습 목표"라고 하는 항목들은 그 절을 공부하여 무엇을 알고자 하는지를 설명한다. 따라서 학습 목표들을 잘 이용하라. 학습 목표는 성공적인 수강을 위한 로드 맵이다.

스스로 질문하라 교재의 한 장에 대한 공부를 마친 후에, 여러분이 스스로 얼마나 공부했는지 평가할 능력을 가질 수 있다는 것은 매우 중요한 일이다. 그 장의 요점을 완수했는가 알아보기 위해 시험 날까지 기다리는 것은 불필요할 뿐만 아니라 현명하지 못한 처사이다.

여러분이 어떻게 하고 있는지 체크하기 위해, 세 가지 종류의 질문들을 각 장의 끝에 제시하고자 한다.

이해력 확인 문제. 각 장의 마지막 장 가장 윗부분에 '이해력 확인 문제' 단락이 제시되는데, 이는 10개의 객관식 문제로 구성되어 있다. 이 문제들은 어렵지 않을 뿐만 아니라 여러분이 핵심 개념과 규정된 필수 정보들을 이해했는지를 빠르게 체크하기 위한 것이다.

응용력 확인 문제. 가운데에 있는 '응용력 확인 문제'라는 추가적인 문항을 두 개 이상 찾게 될 것이다. 한 장을 공부하는 데 있어서 범하기 쉬운 실수 중 하나는, 첨부된 그림들을 단순히 장식이라 생각하고 대충 넘겨보는 것이다. 사실, 그림들은 종종 핵심 개념과 과정들을 정리하여 보여주곤 한다. 이 질문들은 여러분이 배운 것을 그 그림이 여러분에게 뭘 가르치려 하는지에 적용하도록 돕는다.

종합 학습. 가장 아래에 '종합 학습'이라는 문항들의 묶음을 보게 될 것이다. 이 질문들은 기억력을 시험하는 것이라기보다, 이해 정도를 측정한다. 쉬운 문항은 없다. 모든 문항들은 생각을 요한다.

삽화를 통해 배워라 모든 생물학 입문 교재는 풍부하고 다채로운 사진과 도표를 포함하고 있다. 이것들은 장식용이 아니라 개념과 주제에 대하여 여러분의 이해를 돕기 위한 설정이다. 교재가 특정한 그림을 가리킬 때 그것을 주목해야 한다. 그 시각적인 연결은 여러분이 딱딱한 글만 읽었을 때보다 어떤 개념을 훨씬 더 잘 기억하도록 도울 것이다.

특히 강한 학습 향상을 제공할 세 종류의 삽화를 소개하고자 한다.

핵심 생물학 과정. 여러분이 이 수업에서 많은 기술적 용어들을 배워야 하는 것은 사실이지만, 사물의 이름만을 배우는 것은 최종 목표가 아니다. 여러분의 목표는 일련의 주제들을 완벽히 학습하는 것이다. 수십 개나 되는 생물학 과정들은 유기체가 어떤 방식으로 작동하며 살아가는지 보여준다. 이 과정들을 이해한다면, 생물학을 배우는 데 있어 무거운 짐의 대부분을 덜어

버릴 수 있다. 교재에서 이런 핵심 생물학 과정을 마주하게 될 때마다, 여러분은 여러분의 이해를 도울 삽화들을 제공받을 것이다. 이 삽화들은 각각의 단계들을 쉽게 이해하기 위해 각 과정을 분해한다. 이를 통해 상세한 것들의 더미에서 여러분이 길을 잃지 않고도 전체적인 과정이 어떻게 흘러가는지 이해하도록 한다(**그림 0.4*a***).

버블 링크. 삽화들은 간단할 때 가장 도움이 된다. 불행하게도, 일부 삽화로 그려지는 어떤 구조나 과정들은 전혀 단순하지가 않다. 여러분이 교재에서 복잡한 도표를 볼 때마다, 이것들은 여러분이 '잘 소화할 수 있도록' 도와 줄 것이다. 즉, 도표의 각 요소들은 색칠된 원이나 버블(방울)로 나타날 것이다. 이와 똑같은 숫자들이 교재의 줄 글에서도 나타날 것인데, 바로 그 요소를 다루고 있는 부분에 배치될 것이다. 이러한 버블 링크들은 각각의 단계에서 어떤 일이 일어나는지 설명하는 삽화를 볼 수 있도록 여러분을 유도할 것이다. 그 삽화는 여러분이 한 번에 한 입으로 먹어 삼킬 잔치음식이다.

Phylum Facts 여러분은 개념들만 배우는 게 아니다. 때때로 여러분은 엄청난 양의 정보를 흡수해야 하고, 모든 것은 사실적인 정보들이다. 동물의 종류만큼이나 사실적인 영역 또한 없다. 제19장에서 여러분은 무조건 익숙해져야만 하는 일련의 생물문(phyla) (phylum은 phyla의 복수형)을 배우게 될 것이다. 그런 정보의 바다에서, 여러분은 무엇을 학습해야 할까? 제19장에서 종족에 관해 배울 때마다, 여러분은 Phylum Facts 삽화를 보게 될 텐데 이를 통해 그 동물의 신체나 생활 방식에 관한 주요 정보들을 알 수 있을 것이다(**그림 0.4*b***). 여러분이 거기에서 강조된 항목들을 이해한다면, 여러분은 알아야 할 필요가 있는 정보들의 대부분을 배우게 된 것이다.

주요 학습 요점 0.2 여러분의 교재는 여러분이 강의에서 무엇을 배울지 학습을 향상시키고 명확하게 하는 도구이다. 다시 옮겨 적은 강의 노트와 함께 이용했을 때만 교재의 사용 효과를 발휘한다.

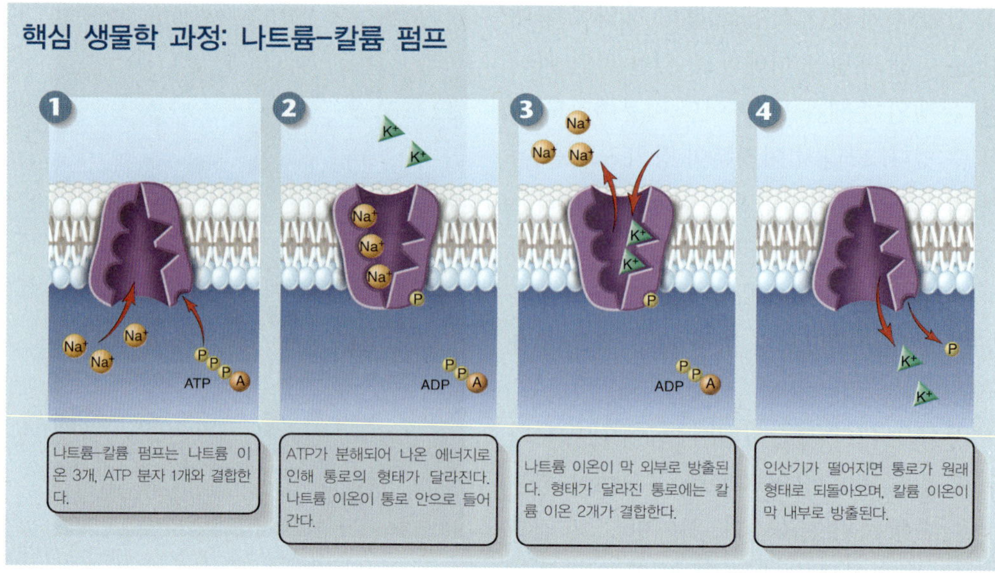

(a)

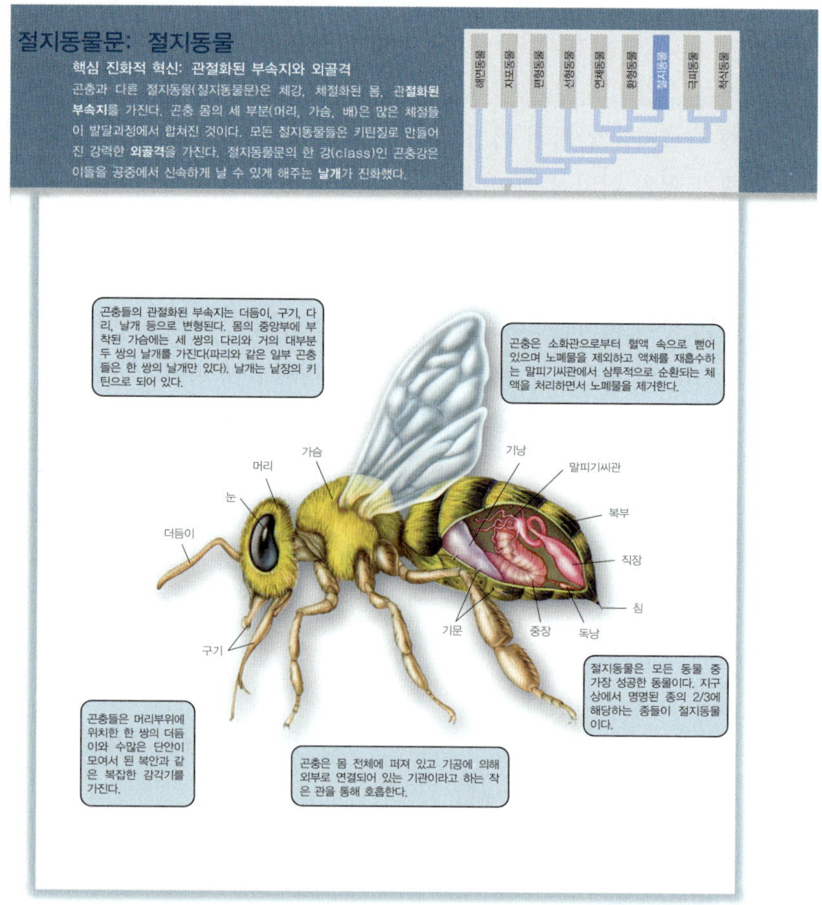

(b)

그림 0.4 시각 교육 도구

(a) 핵심 생물학 과정 삽화의 예. *(b)* 문(phylum)의 한 예

0.3 과학은 생각하는 방법이다

여러분이 생물학 수업에서 배우는 것들 중 가장 중요한 하나는 "과학적인 주장들을 어떻게 평가할 것인가?" 하는 것이다. 오랜 시간 후, 즉 이 수업이 종강한 후에 여러분은 생물학에 포함된 여러 가지 결정들을 내리게 될 것이다. 그때, 여러분이 과학적인 주장들을 스스로 평가할 수 있는 방법을 습득했다면, 그 결정들은 훨씬 더 나은 많은 정보가 될 수 있는 결정들이 될 것이다. 신문에 인쇄되거나 웹사이트에 인용되었다고 해서 과학적인 주장이 유효해지는 것은 아니다. **그림 0.5**에서는 여러분이 오늘날 마주하는 생물학적 주제들을 보여준다. 그리고 이것들은 극히 적은 예시에 불과하다. 그 모든 것들은 여러분의 생활에 영향을 미칠 중요한 화두들이다. 여러분은 어떻게 하면 그것에 관해 정보가 될 수 있는 의견에 도달할 수 있을까?

여러분은 이런 질문을 던질 것이다. "우린 이걸 어떻게 아는 걸까?" 이 교재에서 여러분은 엄청난 양의 정보와 설명을 보게 될 것이다. 또한 여러분이 배운 것이 '사실' 이며 현실을 정확히 반영한다는 것을 인정하도록 요구받을 것이다. 사실, 이것이 정확히 반영하는 것은 현실 자체가 아니라 우리가 현실에 관해 무얼 아는지이다. 우리가 현재 알고 있는 것의 일부는 미래의 과학자들이 더 많이 연구함에 따라 바뀔지도 모른다. 그렇다면 그들은 그들이 맞았다는 것을 어떻게 알까? 과학은 증거를 보이도록 요구하고, 모든 주장의 타당성에 도전하는 생각하는 방식이다. 여러분이 이렇게 하는 걸 배울 수 있다면, 그리고 이 기술을 훗날 여러분의 삶에 영향을 미칠 생물학에 관한 결정을 하는 데 적용할 수 있다면, 여러분은 이 수업으로부터 귀중한 교훈을 얻은 셈이다.

우리가 현재 아는 것들을 어떻게 알게 된 것일까?

과학자들이 생각하는 방법, 그리고 그들이 알고 있는 바에 대해 끊임없이 확인하고 질문하는 방법을 배우는 유용한 길은 실제 사례를 들여다보는 것이다. 앞으로 보여줄 것은 과학자들이 어느 시점에서 결론에 이르는지를 보여주는 네 가지 사례이다. 이 결론들은 교재에서 다루어지며, 과학이 할 수 있는 한 최선을 다해 결정하는 우리의 세계를 반영한다. 네 가지 사례는 모두 뒤에 나올 장들에서 충분히 다루어질 것이다. 따라서 여기서는 과학적인 질문 방식에 대한 소개에서 그치기로 한다.

흡연이 폐암을 유발하는가? 미국 암협회는 2009년에 암으로 사망한 미국인이 562,340명이라고 추정하고 있다. 이 교재를 사용하는 학생의 1/4이 암으로 죽을 수 있다는 얘기다. 암 희생자 중 29%, 즉 거의 1/3이 폐암으로 죽는다.

여러분이 상상하듯이, 엄청난 수의 사람을 죽이는 무언가는 연구의 대상이 되기 마련이다. 생물학자들이 취한 첫 번째 단계는 단순한 질문을 던지는 것이었다. "누가 폐암에 걸리는가?" 그 답은 명료하고도 큰 소리로 돌아온다. "폐암으로 사망한 사람들의 87%가 흡연자이다!" 더 깊게 파고 들어가 보면, 연구자들은 폐암이라는 사건(즉 인구 10만 명 가운데 얼마나 많은 사람이 폐암으로 사망하는가?)이 어떤 사람이 매일 얼마나 많은 담배를 피느냐에 의해 예측될 수 있는지를 살펴보았다. 여러분

그림 0.5 뉴스에서 다루어지는 생물학

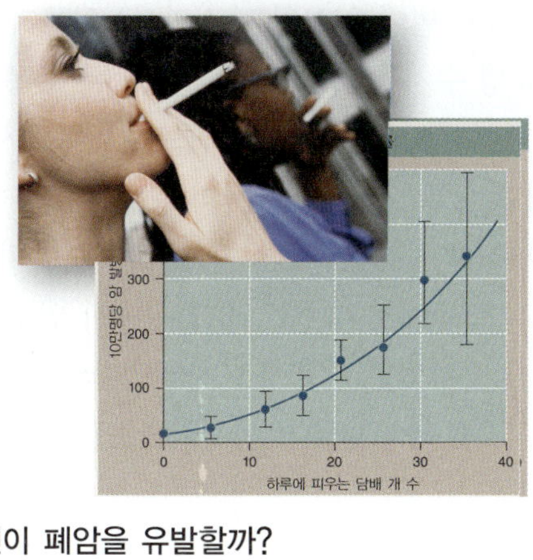

그림 0.6 흡연이 폐암을 유발할까?

이 **그림 0.6**의 그래프에서 볼 수 있듯이(744쪽에서도 다시 등장한다.), 담배를 더 많이 피울수록, 폐암을 유발할 확률이 높아졌다. 265쪽과 611쪽에서 더 자세히 다루어지겠지만, 이 연구와 비슷한 수많은 연구들에 기초해서, 과학자들은 흡연이 폐암을 유발한다는 결론을 내릴 수 있었다.

이산화탄소가 지구온난화를 일으킬까? 지구가 점점 더워지고 있다. 이 원인을 찾기 위해, 대기 과학자들은 곧 첫 눈에 보기에는 원인일 것 같지 않은 것부터 의심하기 시작했다: 이산화탄소는 우리가 숨을 쉬는 대기의 극소한 부분(0.03%)만을 차지한다. 여러분이 이 수업에서 배우게 되겠지만, 석탄과 다른 화석 연료들은 대기 중으로 이산화탄소를 배출한다. 문제는 이산화탄소가 열을 가두기 때문에 발생하는데, 현대 사회가 산업화됨에 따라, 더 많은 이산화탄소가 방출되고 있다. 이것이 지구를 뜨겁게 만드는 것일까? 답을 찾기 위해, 연구자들은 지구의 기온이 상승하는 현상이 대기 중의 이산화탄소의 양이 상승하는 것을 반영하는지를 알아보았다. **그림 0.7**의 그래프에서 볼 수 있듯이 (932쪽에도 다시 나온다), 이것은 사실이다. 이런 여러 조심스러운 연구 끝에 과학자들은 이산화탄소의 수치가 상승하는 것이 진짜로 지구 온난화의 원인이었다고 결론지었다. 이에 대한 상세한 내용은 932쪽과 952쪽에서 볼 수 있다.

비만이 2형 당뇨병을 유발하는가? 미국은 비만의 유행으로 몸살을 앓는 중이다. 지난 16년 동안, 비만인 미국인 비율이 12%에서 34% 이상으로 거의 3배 증가했다. 우연히도(아니, 그런데 정말 이게 우연일까?) 2형 당뇨병(몸이 혈액 속의 포도당 수치를 조절할 능력을 잃게 되고, 종종 실명하며 수족을 절단해야 할 경우까지 온다)을 앓는 미국인의 숫자도 같은 시기동안 3배 이상 증가했다. 700만 명이었던 것이 2,300만 명으로 증가한 것이다(무려 미국인 14명 중 한 명 꼴이다!).

대체 무슨 일이 벌어지고 있는 것일까? 연구자들이 비만 수치와 2형 당뇨병 수치를 비교했을 때, 그들은 주목할 만한 상관관계를 발견했는데, **그림 0.8**의 그래프(738쪽에서 다시 볼 수 있다)를 통해 확실히 나타나 있다. 더 자세한 조사를 통해, 과학자들은 2형 당뇨병을 앓는 사람 중에서 80%가 비만이라는 것을 발견했다. 738쪽에서 다루는 보다 상세한 연구는 초기의 연구들이 넌지시 비추었던 관계성을 확신했다: 과식이 몸에서 변화를 초래하고 2형 당뇨병을 발생시킨다는 것이다.

오존홀은 왜 생기는가? 25년 전에, 대기 과학자들은 처음으로 남극 대기권 높이 분포하는 자외선을 흡수하는 오존(O_3) 가스가 손실되고 있다고 보고했다. 이런 '오존홀(ozone hole)'의 이유를 이해하기 위해, 연구자들은 CFC 또는 클로로플루오로탄소(chlorofluorocarbons)라고도 하는 화학물질을 의심하기 시작했다. CFC는 주로 에어컨의 열 교환 물질(냉매제)로 사용되는 이른바 불활성 화학물질이다. 그러나 25~26쪽에서 더 자세하게 다루듯, 후기 연구들은 CFC가 전혀 불활성 물질이 아님을 밝혀냈다. 남극 상공에 집중된 추운 온도에서, CFC가 오존을 산소로 바꾼다는 것이다. 과학자들은 사실 CFC가 남극 주위에 오존홀이 생기게 한다고 결론 내렸다. **그림 0.9**의 그래프에서 볼 수 있듯이, 오존홀의 크기는 CFC 생산이 제한된 이후로 팽창을 멈췄다.

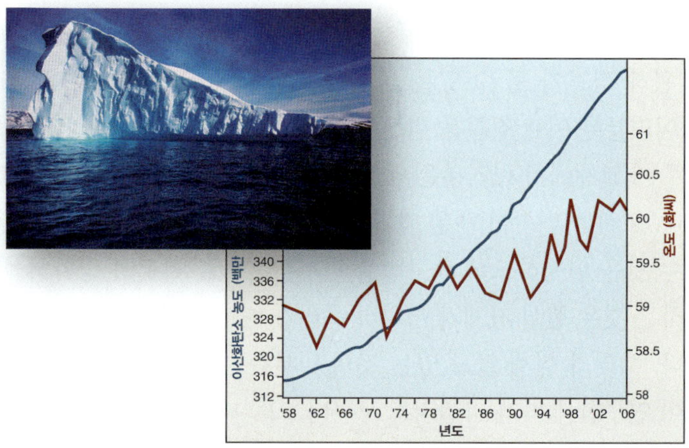

그림 0.7 이산화탄소가 지구온난화를 일으킬까?

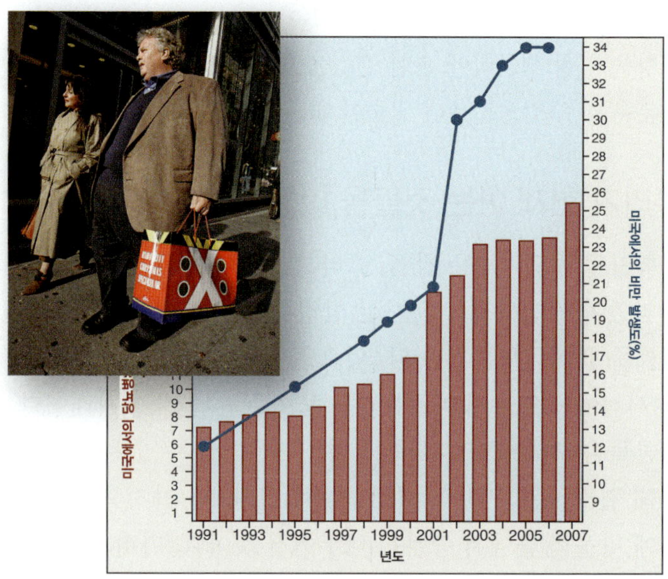

그림 0.8 비만이 2형 당뇨병을 유발하는가?

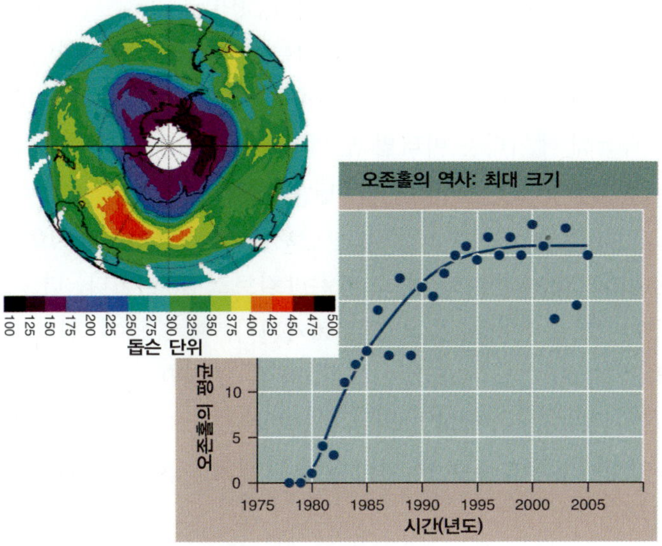

그림 0.9 오존홀은 왜 생기는가?

증거 들여다보기

이 네 가지 사례의 공통점은 모든 사례들에서 과학자들은 우선 문제를 자세히 들여다본 후에 가능한 설명들을 테스트해서 결론에 도달한 것이지, 이미 세워진 규칙을 적용하여 결론을 도출한 것이 아니라는 점이다. 즉, 그들은 데이터를 모으고 그것을 분석했다. 만약 여러분이 훗날 과학적인 문제에 대해 혼자서 생각을 하게 될 경우, 여러분은 데이터를 어떻게 분석하고 그 데이터가 무엇을 말하고 있는지를 이해해야 할 필요가 있다. 앞서 제시한 각각의 사례에서, 데이터는 그래프의 형태로 제시되어 있다. 간단히 말해서, 그래프 읽는 법을 배울 필요가 있다는 뜻이다.

주요 학습 요점 0.3　과학자들은 데이터를 모으고 분석하여 테스트가 가능한 이론을 만든다.

0.4 그래프 읽는 법

변수와 그래프

이전 절에서 여러분은 대기 중의 이산화탄소라는 변수가 변화했을 때, 지구의 기온이라는 변수에 무슨 일이 생기는지를 설명해준 네 개의 그래프를 보았다. **변수(variable)**는 그 이름이 암시하듯이, 변할 수 있다. 변수는 과학의 도구이며, 여러분은 이 교재에서 진도가 나아감에 따라 많은 여러 종류의 변수들을 보게 될 것이다. 생물학자들이 연구하는 많은 변수들은 여러분이 앞서 보았던 그래프를 통해 검토된다. **그래프(graph)**는 한 변수가 변하면 다른 변수에 어떤 일이 생기는지를 보여 준다.

변수에는 두 가지 종류가 있다. 첫 번째로 **독립 변수(independent variable)**는 연구자가 고의적으로 변화시키는 변수이다. 예를 들어, 용액에서 화학물질의 농도 또는 하루에 피우는 담배의 개수 등이다. 두 번째 종류는 **종속 변수(dependent variable)**인데, 독립 변수가 변함에 따라 달라지는 변수이다. 예를 들어, 용액 색깔의 농도라든지 폐암의 발생 정도 등이다. 중요한 것은 실험에서 측정되는 종속 변수의 변화가 연구원에 의해 미리 정해지지 않는다는 점이다.

과학에서 모든 그래프들은 일관적인 방식으로 제시된다. 독립 변수는 항상 x축(x axis)이라고 하는 하단에 제시된다. 종속 변수는 언제나 측면에(주로 왼쪽) 제시되며 이 축은 y축(y axis)이라 불린다(**그림 0.10**).

일부 연구에서는 고의적으로 변수를 조작하기보다는 일련의 변수들 사이의 상관관계를 조사한다. 예를 들어, 비만과 당뇨 수치 모두를 측정하는(앞 절에서 보여줬듯이) 연구원은 사실 두 개의 종속 변수를 비교한다. 그러나 그런 비교가 상관관계를 밝혀내고 잠재적인 관계를 암시할지는 몰라도, ***상관관계는 인과관계를 입증하지 못한다*(correlation does not prove causation)**. 한 변수에 일어나고 있는 일은 사실 다른 변수에 일어나고 있는

그림 0.10 그래프의 두 축

독립 변수는 주로 항상 x축을 따라 표기되고, 종속 변수는 대개 y축을 따라 나타난다.

일과 관계가 없을 수도 있다. 오직 한 변수(독립 변수)를 조작하는 방법만으로 인과관계를 증명해낼 수 있다. 단지 비만인 사람이 당뇨를 가지는 경향이 높다는 이유만으로 비만이 당뇨를 초래한다고 말할 수는 없다. 즉 인과관계를 결정하기 위해서는 다른 실험들이 필요하다.

적절한 측정 등급과 단위 사용하기

그래프에서 데이터를 제시할 때 핵심적인 것은 적당한 측정 등급의 선택이다. 표에 제시된 데이터는 여러 가지 측정 등급을 이용할 수 있는데, 초 단위에서 세기 단위까지 문제없이 사용 가능하다. 하지만 그래프는 전형적으로 *x*축와 *y*축에 각각 하나의 측정 등급만을 사용한다. 그리고 이 측정 등급은 미세한 단위(예를 들어, 나노미터, 마이크로리터, 마이크로그램)나 거시적인 단위(예를 들어, 피트, 인치, 리터, 일수, 밀리그램 등)로 구성되어 있다. 각각의 경우에서, 측정 등급은 반드시 측정되는 대상에 맞게 선택되어야 한다. 센티미터에서의 차이는 킬로미터 단위로 측정된 그래프에서 눈에 띄는 변화를 보여주지 못한다. 또한, 변수가 실험이 진행됨에 따라 엄청나게 변한다면, 종종 이는 측정 등급을 확대하는 데 도움이 된다. **로그(log)**나 **로그 스케일(logarithmic scale)**은 대부분의 선형 그래프(2,000, 4,000, 6,000...)에서 볼 수 있는 숫자의 진행보다는 10의 거듭제곱으로 나타나는(1, 10, 100, 1,000...) 숫자의 진행을 보여준다. **그림 0.11**에 나타나 있는 두 그래프를 볼 때, 선형 그래프에서는 y축이 왼쪽에 나타났다면 로그 그래프에서는 오른쪽에 나타난다. 여러분은 로그 스케일이 독립 변수(*x*축, 값 2, 3, 4)의 상부값에 대해 종속 변수(*y*축)의 변화를 더 명확히 보여준다는 것을 알 수 있다. 또한 각각의 *y*축 숫자들의 간격이 선형적이지 않다는 것도 알 수 있다. 각 숫자 자체의 간격은 로그 스케일로 세분화되어 있다. 따라서 50 (10에서 100 사이의 네 번째 눈금표시)은 10보다는 100에 더 가깝게 표시된 것이다.

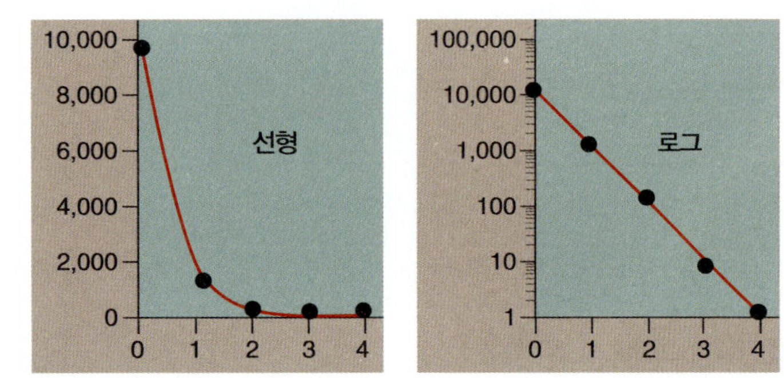

그림 0.11 선형 및 로그 스케일: 같은 데이터를 표기하는 두 가지 방법

각각의 그래프는 다른 측정단위를 사용하고, 실험 데이터를 가장 잘 나타낼 수 있는 단위를 선택한다. 국제적인 관습에 의해, 과학적 데이터는 **미터법 단위(metric unit)**로 제시되며, 이는 10의 제곱에 따라 표현되는 단위 체계이다. 예를 들어, 무게는 *그램*(gram, *g*)이라고 불리는 단위에 의해 표기된다. 10그램은 데카그램(dg)이고, 1천 그램은 1킬로그램(kg)이다. 더 적은 무게는 그램을 나눈 부분으로 표기된다. 예를 들어, 센티그램(cd)은 1/100 그램이고, 밀리그램(mg)은 1/1000 그램이다. 그래프에 사용되는 측정의 단위는 관습적으로 *x*축의 독립 변수 이름 옆이나 *y*축의 종속 변수 이름 옆에 괄호를 쳐 표기한다.

선 그리기

여러분이 이 교재에서 보게 될 대부분의 그래프는 **선형 그래프(line graph)**이며, 이는 데이터를 나타내는 점들과 하나 이상의 선으로 구성되어 있다. 선형 그래프는 전형적으로 *연속적인 데이터*를 제시하는 데 사용된다. 즉 데이터는 연속적인 과정에서 별개의 샘플들을 뽑은 것이다. 그 예로서 매년 8월과 9월에 남극의 오존홀이 얼마나 급속도로 커지는가를 측정하는 데이터를 말할 수 있겠다. 이론상으로 여러분은 매일같이 오존홀의 영역을 측정할 수 있지만, 그 작업을 시간과 자원 면에서 더 쉽게 처리하기 위해서는, 1주일에 한 번만 측정하는 편이 나을 것이다. 측정은 오존홀이 수축하기 전에 6주간 그 구역에서 급속도로 증가함을 밝혀내고, 우리는 오존홀이 팽창하는 기간 동안 6개의 데이터 포인트를 산출해낼 수 있다. 이 6개의 데이터 점들은 영화 한 편의 독립적인 프레임들과 같다. 즉, 시간 속에서 멈춰진 순간들이다. 그 6개의 데이터 포인트는 아주 일관적인 패턴을 나타낼 수도 있고, 그렇지 않을 수도 있다.

그림 0.12의 그래프에 나타난 가상의 데이터를 생각해 보자. 왼쪽 그래프에 나타난 데이터 포인트들은 굉장히 일관적인 방법으로 변화하고 있고, 직선(빨간색 선)이 예측하는 방향에서 거의 벗어나지 않은 모양을 띤다. 중간에 있는 그래프는 보다

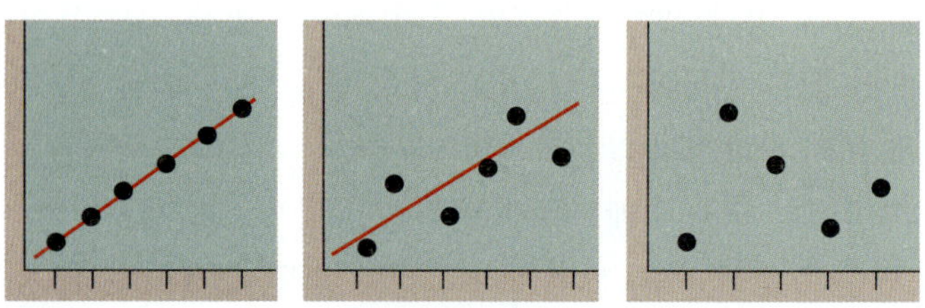

그림 0.12 선형 그래프: 가상으로 본 오존홀 크기의 성장 속도

실험적인 변화 양상을 보이지만, 직선은 여전히 데이터가 변하는 전체적인 양상을 잘 보여준다. 이러한 직선 '최적 선(best-fit line)'은 **회귀 직선(regression line)**이라고 하며, 값을 추가하고 가장 낮은 값을 갖는 선을 선택하여 각각의 점에서 가능한 선까지의 거리를 측정한다. 오른쪽 그래프의 데이터 포인트들은 무작위로 분포하고 있으며 전체적인 양상도 보여주지 않는다. 이는 독립 변수와 종속 변수 사이에 아무런 관계도 없음을 시사한다.

데이터를 다른 종류의 그래프로 제시하기

때때로 데이터 세트의 독립 변수는 연속적이지 않으며 오히려 별개의 데이터 세트를 대표한다. 연속성을 상정하는 선형 그래프의 경우, 어느 지점에서 데이터 세트들이 서로 비교되는지 등 별개의 데이터 세트에서 일어나는 변화를 정확히 보여주지 못한다. 이런 경우에, 막대그래프인 **히스토그램(histogram)**을 통한 제시 방법이 선호된다. 예를 들어, 여러분이 공원의 소나무들의 높이를 조사할 때, 여러분은 그들의 높이(독립 변수)를 0에서 5미터, 5에서 10미터, 또는 그 이상 등의 별개의 '카테고리' 안에 그룹지어 넣을 것이다. 이러한 카테고리들은 x축에 놓인다. 그 다음에 여러분은 **그림 0.13**에서처럼 각각의 카테고리에 속하는 나무의 수를 세서 그 종속 변수를 y축에 제시할 것이다.

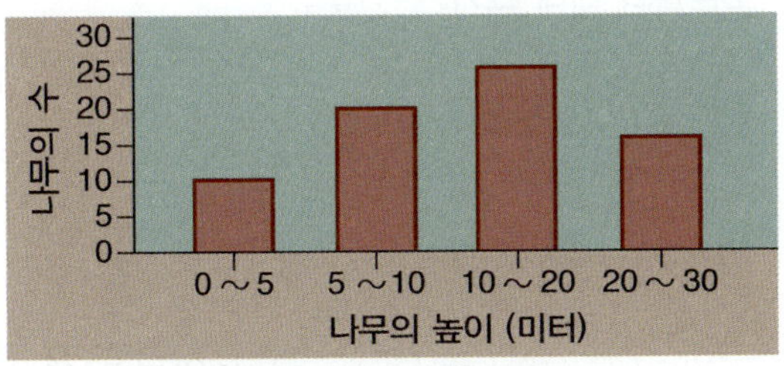

그림 0.13 **히스토그램: 높은 나무의 빈도**

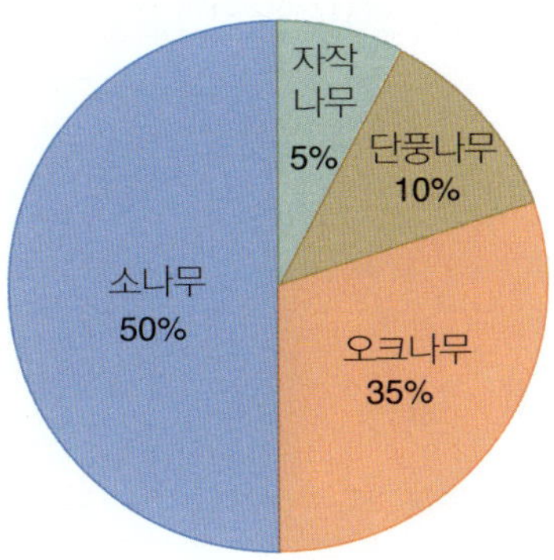

그림 0.14 **원 그래프(파이그래프): 숲의 구성도**

어떤 데이터는 전체 데이터 세트의 부분을 대표하는데, 예를 들어 공원에 있는 모든 종류의 나무에서 각기 다른 종류의 나무를 퍼센트로 보여주는 것이다. 이런 종류의 데이터는 종종 **원 그래프(pie chart**, 파이그래프)로 나타난다(**그림 0.14**).

그래프 읽는 기술을 실전에 적용하라

여러분이 이 짧은 소개말에서 본 그래프의 종류들은 종종 과학자들이 실험 결과를 분석하고 제시하는 데 사용된다. 그리고 여러분은 이 그래프들은 진도가 나아감에 따라 더 자주 보게 될 것이다.

그래프를 읽고 그래프가 무엇을 뜻하는지 이해하도록 학습하는 것만으로는 생물학 수업에서 가장 중요한 것을 얻을 수가 없다. 이 기술을 발달시키기 위해, 이 교재의 모든 장은 한 페이지를 가득 채운 ***질문 & 분석*(Inquiry & Analysis)** 특집으로 끝날 것이다. 모든 장이 끝날 때 주어지는 특집은 실제적인 과학적 연구를 보여줄 것이다. 여러분은 질문을 소개 받고, 연구자가 그 질문에 답하기 위한 가설(가설은 설명의 한 종류이다)을 제시할 것이다. 그런 뒤, 그 특집은 연구자가 어떻게 자신의 가설을 실험을 통해 평가하고 얻은 데이터를 그래프를 통해 제시하는지를 보여줄 것이다. 그러면 여러분은 그 데이터를 분석하고 그 가설의 타당성에 대한 결론에 도달하라는 도전 과제를 받는다.

예를 들어, 제1장에서 나중에 다시 논하게 될 오존홀에 관한 연구를 한다고 가정하자. 여러분은 어떤 종류의 그래프가 나올 거라고 예상해야 하는가? 오존홀의 크기가 매년 어떻게 변하는지를 보여줄 때에는 선형 그래프가 사용될 수 있겠다. 종속 변수가 한 계절 내내 연속적으로 측정된 오존홀의 크기이기 때문에, 실제 일어나고 있는 일은 부드러운 곡선으로 묘사될 수 있다. 이 경우에, 회귀선은 직선이라기보다 곡선의 형태를 띤다(**그림 0.15**).

선형 그래프와 히스토그램을 통해 같은 데이터를 보여주는데 사용할 수 있을까? 어떤 경우에는 가능하다. 데이터를 제시하는 방법이 데이터를 바꾸지는 않는다. 단지 연구 중인 부분을 강조할 수 있을 뿐이다. **그림 0.16**에 나타난 히스토그램은 오존홀의 최대크기가 지난 26년간 2년 간격으로 어떻게 변했는지에 관한 데이터를 보여준다. 하지만, 이 똑 같은 데이터가 선형 그래프로도 제시될 수 있다. 이는 **그림 0.9**를 참고하면 된다.

'*질문 & 분석*'에 나와 있는 연구에 의해 얻어진 데이터들의 그래프에서, 여러분이 해야 할 일은 이를 분석하는 것이다. 모든 그래프에 대한 분석은 네 단계를 통해 이루어질 것이고, 어떤 단계는 다른 단계보다 복잡할 수 있지만 모두 필수적인 과정들이다.

개념 적용 여러분의 첫 임무는 여러분이 변수의 특성과 그래프에서 변수가 제시되는 스케일을 이해하는 것이다. 자가 진단으로, 스스로에게 종속 변수가 무엇인지 질문하는 것은 좋은 방법이다.

자료 분석 그래프를 보자. 무엇이 변화하고 있는가? 얼마나 변화하고 있는가? 얼마나 빨리 변화하고 있는가? 변화는 연속적인가? 꾸준한 변화인가? 대체 어떤 일이 벌어지고 있는가?

추론하기 어떤 일이 일어났는지 보면서, 여러분은 독립 변수가 종속변화에 보이는 변화를 유발했다고 논리적으로 추론할 수 있는가?

결론 도출 여러분이 내릴 수 있었던 결론이 실험의 가설을 뒷받침하는가?

'질문 & 분석' 과정은 과학에서는 너트와 볼트의 관계와도 같다. 그러므로 이를 마스터한다면 여러분은 과학자들이 어떻게 생각하는지에 한 걸음 더 다가설 수 있게 될 것이다. 이 수업이 끝나고 나서 오랜 후에, 여러분은 시민으로서 마주하게 될 과학적인 논쟁들에 대해 스스로 판단을 내려야 함을 느낄 날이 오게 될 것이다. 정부는 플라스틱 병의 화학 BPA를 금지해야 하는가? 여러분은 공장의 탄소 배출에 찬성표를 던져야 하는가? 돼지 인플루엔자 예방접종은 코를 통해(살아 있는 독감 바이러스를 사용) 분무식 접종을 하는 것이 나은가, 아니면 주사를 맞는 것(죽은 독감 바이러스를 사용)이 나은가? 이 교재의 몇몇 페이지는 학습에 있어서 오래 지속될 이득을 제공할 것이다.

주요 학습 요점 0.4 과학자들은 종종 데이터를 표준화된 그래프를 통해 제시하는데, 이 그래프들은 독립 변수가 변함에 따라 종속 변수가 어떻게 변하는지를 보여준다.

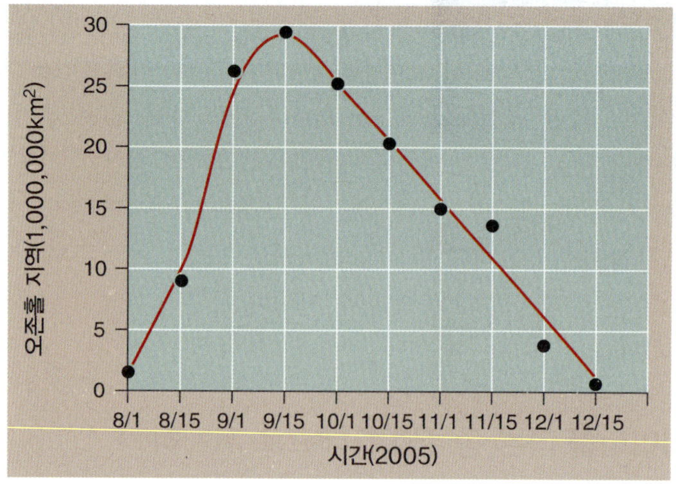

그림 0.15 매년 오존홀의 크기 변화

이 그래프는 오존홀의 크기가 시간이 지남에 따라 어떻게 변화하는지를 보여준다. 처음에는 팽창했다가 그 후에는 점점 작아진다.

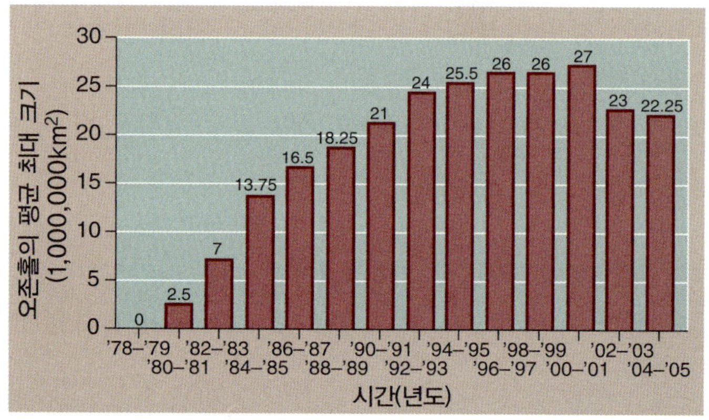

그림 0.16 오존홀의 최대 크기

이 히스토그램은 오존홀이 수축하기 바로 전 20년 동안 오존홀의 크기가 (최대 크기에 의해 결정된다) 어떻게 증가했는지 보여준다.

1 생물학이란

학습단원

생물학과 생물의 세계

1.1 생물의 다양성
1. 6가지 생물의 계 목록
2. 사람이 속한 계 구분

1.2 생물의 특성
1. 생물이 공유한 5가지 기본 특성
2. 무생물도 복잡하고, 이동하며, 자극에 대해 반응하는 이유

1.3 생물의 구성
1. 생물 구성의 13개 체제 목록
2. 복잡성에 따라 3가지 수준으로 나누는 요소
3. 창발적 특징의 정의, 복잡성에 따라 나타나는 3가지 수준

1.4 생물학의 주제
1. 생물을 과학으로 여기는 일반적인 5가지 주제
2. 생물 사이의 에너지 흐름
3. 공생의 정의
4. 우리의 몸이 항상성을 유지하기 위한 주요 기능

과학적 과정

1.5 과학자들은 어떻게 생각하는가?
1. 연역적 추리법과 귀납적 추리법의 차이
2. 과학적 연구에서 이용하는 사고의 형태 구분

1.6 실천하는 과학: 사례 연구
1. 남극의 오존구멍 형성기작
2. 오존 결핍이 사람에게 미치는 위험

1.7 과학적 탐구의 단계
1. 과학적 탐구의 6단계

1.8 학설과 확실성
1. 가설의 정의
2. 가설과 학설의 관계
3. 과학자와 일반인이 사용하는 학설이라는 용어의 차이
4. 과학적 방법의 평가

저자 코너: 내 양말은 모두 어디로 갔을까?

생물학의 핵심 개념

1.9 생물학을 과학으로서 통합시키는 4가지 학설
1. 생물학을 과학으로서 통합시키는 4가지 학설
2. 세포설의 정의
3. 유전자의 정의
4. 유전의 염색체설을 멘델의 개념까지 확장하여 파악
5. Darwin의 진화론을 유전자 설과 연관 지어 설명

질문 & 분석: 한 종이 다른 종의 집단 크기를 제한시킬 수 있는가?

남극에 사는 Gentoo 펭귄은 사람과 같이 살아 있는 생물의 특징을 갖고 있다. 이 펭귄의 몸은 사람과 마찬가지로 세포로 이루어져 있다. 사람이 부모와 닮은 것처럼 그들도 부모와 닮은 새끼로 가족이 구성되어 있다. 비록 펭귄의 먹이는 남극의 차가운 물속의 물고기와 새우로 한정되어 있지만, 사람처럼 먹으면서 자란다. 펭귄이 자라는 하늘 위에는 햇빛에서 나오는 해로운 자외선을 차단하는 보호막이 있으며, 이는 우리가 서 있는 하늘 위에 보호막이 있는 것과 같다. 여름에만 한정된 것이 아니라 하더라도, 펭귄이 있는 남극의 여름에는 '오존구멍'이 나타나는데, 오존이 고갈되어 자외선의 위험에 노출된다. 과학자들은 이런 상황을 관찰과 실험의 과정을 통해 분석하여 그들의 연구 결과와 맞지 않는 개념은 받아들이지 않고 있다. 이 방법의 과정에서 과학자들은 앞으로 일어날 일에 대하여 더 많은 것을 알 수 있게 된다. 생물학은 주의 깊게 관찰하고 의문점을 갖게 된다. 그 의문점에 대한 가능한 답(과학자들은 이것을 가설이라 하였다)이 제안되고 남극에서 오존의 파괴는 대기 중에 염소를 포함한 공업용 화학약품의 누출이 원인이라는 것이 제안되었고, 과학자들은 이 가설이 잘못되었다는 것을 증명하기 위하여 실험과 더 많은 관찰을 수행한다. 그러나 아직까지 그 가설을 부정할 수 있는 것은 아무것도 없다. 이것은 사람의 활동 영역이 북쪽까지 미쳐 이런 펭귄의 환경에 심각한 영향을 준 것이다. 제1장에서는 펭귄 및 사람과 같은 생명의 과학인 생물학 연구를 시작하게 된다. 이 학문은 우리자신, 우리의 세계 그리고 이것에 미치는 영향력을 더욱 잘 이해할 수 있도록 도와줄 것이다.

1.1 생물의 다양성

가장 넓은 관점에서 생물학은 생물을 연구하는 생물의 과학이다. 생물 세계는 숨 쉬는 다양한 창조물인 고래, 나비, 버섯과 모기 등을 일컫는다. 이 모든 것은 6가지 생물 그룹 또는 **계(kingdoms)**로 나뉜다. 각 계로부터 하나씩 예를 들어 **그림 1.1**에 나타내었다. 모든 생물은 동일한 계에 속한 다른 생물과 비슷한 특성을 가지고 있으며 이는 다른 계에 속한 생물과는 특성이 아주 다르다.

생물학자들은 다양한 방법으로 생물의 다양성을 연구한다. 그들은 고릴라와 함께 살기도 하고, 화석을 모으고, 고래의 소리를 듣는다. 또한 세균을 분리하고, 버섯을 키우며, 초파리의 구조를 연구한다. 그리고 유전 분자에 암호화되어 있는 메시지를 읽으며 1초에 벌새가 얼마나 많이 날갯짓을 하는지 세어본다. 이 모든 다양성 가운데 생물이 많은 공통점을 가지고 있다는 생물학의 주요점을 잊어버리기 쉽다.

주요 학습 요점 1.1 생물 세계는 매우 다양하나 많은 공통점을 가지고 있다.

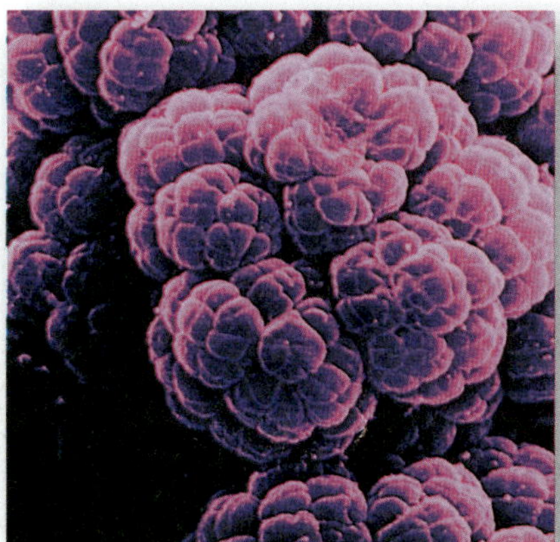

고세균계 원핵생물의 이 계에는 (핵을 갖지 않는 가장 단순한 세포) 메탄생성균이 포함되는데 이 메탄생성균은 신진대사활동의 결과로 메탄을 생성한다.

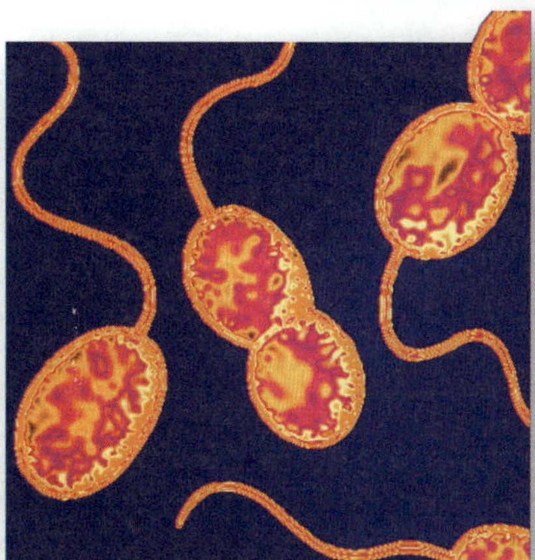

박테리아계 이 분류군은 원핵생물의 두 계 중 두 번째 그룹이다. 이 그림에 나타난 세균은 보라유황박테리아로 이 균은 빛에너지를 화학에너지로 전환시킬 수 있다.

원생생물계 단세포성 진핵생물의 대부분(하나의 핵을 가진 세포들)은 이 원생생물계로 분류되며 이 사진은 다세포성 조류이다.

균계 균계는 광합성을 하지 않는 생물체로, 대부분 다세포이며, 버섯과 같이 외부 소화를 하는 생물체가 해당된다.

식물계 식물계는 광합성을 하는 다세포 생물체로 육지에 서식하며, 이 사진은 현화식물이다.

동물계 동물계에 해당되는 생물체는 광합성을 하지 않는 다세포성 생물체로 양과 같이 내부 소화를 한다.

그림 1.1 생물의 6계

생물학자는 모든 생물을 6가지 주요 분류군 *계*(kingdom)로 지정 분류한다. 각 계는 다른 계와는 구분 지을 수 있는 독특한 특성을 가지고 있다.

1.2 생물의 특성

생물학은 생명을 연구한다. 그러나 살아 있다는 것은 무슨 의미일까? 살아 있는 생물을 정의하면 어떤 특성을 가지고 있을까? 생물의 가장 명확한 특성의 일부는 많은 무생물의 특성이기도 하기 때문에 이것은 단순한 의문점이 아니라고 여겨진다. 예를 들면, *복잡성*(컴퓨터도 복잡하다), *이동*(구름도 하늘에서 이동한다), *자극*에 대한 반응(비눗방울도 만지면 터진다)이 있다. 생물 사이에 이 세 가지 특성이 무척 일반적인 것으로 알려져 있지만 우리가 생물을 정의하는 데 도움이 되지 않는데. 버섯이 텔레비전 옆에 서 있는 것을 상상하자. 텔레비전은 버섯보다 더 복잡하게 보이고, 텔레비전 스크린 위에 있는 영상은 움직이지만 그 옆에 서 있는 버섯은 움직이지 않으며, 텔레비전은 리모콘에 반응하지만 버섯은 그 옆에 단지 서 있기만 한다. 하지만 버섯은 살아 있다.

모든 살아 있는 생물은 다섯 가지 기본적인 특성을 공유하며 수백만 년 전에 지구상의 첫 번째 생물체로부터 전해져 진화된다: *세포의 구성*, *신진대사*, *항상성*, *성장과 생식*, *유전*.

1. **세포의 구성** 모든 살아 있는 생물은 한 개 또는 그 이상의 세포로 구성되어 있다. 세포는 막이라는 얇은막으로 둘러싸여 있는 매우 작은 구획이다. 일부 세포는 단순한 내부를 가지고 있고, 다른 세포는 복잡하게 구성되어 있지만, 모든 생물은 생장하고 생식할 수 있다. 대부분 생물체들은 **그림 1.2**에 있는 짚신벌레처럼 오직 하나의 세포를 가지고 있고 사람의 몸은 몸의 크기에 따라 100억~1조 개의 세포를 가지고 있다. 이것은 지구를 1,600번 감을 수 있는 긴 실과 같은 길이이다.
2. **신진대사** 살아 있는 세포는 에너지를 이용한다. 움직이고, 성장하고, 생각하는 우리가 하는 모든 것은 에너지를 필요로 한다. 이런 모든 에너지는 어디에서 오는가? 이 에너지는 식물과 조류가 광합성을 통해 햇빛으로부터 얻은 것이다. 우리 삶의 원동력인 에너지를 얻기 위하여, 우리는 식물이나 식물을 먹는 동물로부터 에너지를 끌어낸다. **그림 1.3**에서 물총새가 조류를 먹은 물고기를 먹는 행동이 바로 그런 이유이다. 세포 내에서 한 형태에서 다른 형태로 에너지가 전달되는 것이 *신진대사*(metabolism)의 예이다. 모든 생물체는 성장하기 위하여 에너지를 필요로 하고, 세포내에서 ATP 분자라고 하는 에너지를 가지고 있는 분자를 이용하여 한 곳에서 다른 곳으로 에너지를 전달한다.

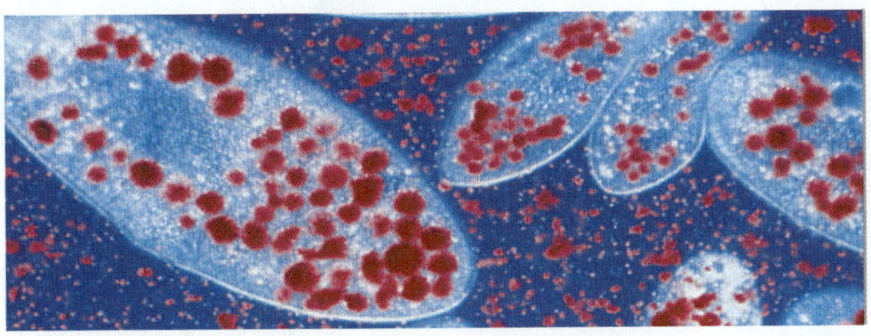

그림 1.2 세포의 구성
이 짚신벌레는 복잡한 단세포의 원생생물로 몇 개의 효모 세포를 섭취한다. 이 짚신벌레와 같이 많은 생물체가 단지 하나의 세포로 이루어져 있는 것이 있는 반면, 다른 나머지 생물체는 수십억 개의 세포로 이루어져 있다.

그림 1.3 신진대사
이 물총새는 이들이 움직이고 성장하며 물고기를 먹는 것과 같은 과정을 수행하는 데 필요한 에너지를 얻는다. 이것은 세포내에서 일어나는 화학적 과정을 이용하여 음식물을 신진대사시킨다.

3. **항상성** 모든 생물체는 그들의 복잡한 과정을 좀 더 조화롭게 하여 안정된 내부 상태를 유지한다. 환경은 무척 다양한 반면에 생물체들은 비교적 그 내부 상태가 일정하게 유지되는데 이 과정을 *항상성*(homeostasis)이라고 한다. 우리 몸은 날씨가 덥거나 춥거나에 상관없이 체온을 37°C (98.6°F)로 유지한다.
4. **성장과 생식** 모든 생물은 성장하고 생식한다. 박테리아는 크기가 증가하고 15분마다 단순하게 쪼개어지지만 좀 더 복잡한 생물체는 세포수를 늘려 성장하고 유성생식을 한다(일부 캘리포니아의 강털소나무와 같은 경우는 4,600년 후에 생식한다).
5. **유전** 모든 생물체는 복제의 견지에서 *DNA*(deoxyribonucleic acid)라고 하는 긴 분자를 복사하는 유전 체계를 가지고 있다. 그 정보는 각각의 개체가 DNA 분자를 구성하는 하위분자의 순서에 의해 지시되어 있는 코드에 의해 결정되는데, 마치 이것은 이 페이지에 있는 글자의 순서가 여러분이 읽는 것의 의미를 결정하는 것과 같다. DNA 안에 있는 각 지시사항을 유전자라 한다. 이 유전자들이 함

께 그 생물체가 어떤 것이 될 지를 결정한다. DNA는 한 세대에서 다음세대로 정확하게 복제하기 때문에 유전자 내에 어떤 변화도 보관되었다가 다음세대에 전달된다. 부모로부터 자손에게 형질이 전달되는 과정을 *유전*(heredity)이라고 한다.

주요 학습 요점 1.2 모든 생물은 세포를 가지고 있으며 이 세포는 신진대사를 수행하고, 안정된 내부 상태를 유지하며, 스스로 생식하고, DNA를 이용하여 유전 정보를 자손에게 전달한다.

1.3 생물의 구성

생물세계의 각 개체는 각자 역할을 하고, 매우 작고 단순한 것에서부터 매우 크고 복잡한 여러 수준에서 서로 상호작용 한다.

복잡성을 증가시키는 체계

이런 상호작용을 구성하는데 주요 요소는 복잡한 정도이다. 세가지 세포, 개체, 개체군의 수준에서 이 복잡성을 살펴보게 될 것이다.

세포 수준 **그림 1.4**의 첫 번째 상자에서 아래로 따라가면 좀 더 복잡해지는 구조를 보게 된다. 그 곳에는 세포내에서 복잡성이 증가되는 *체계*가 있다.

❶ **원자(atom)** 물질의 가장 기본적인 요소는 원자이다.

❷ **분자(molecule)** 원자가 함께 모여 분자라고 하는 복잡한 무리를 형성한다.

❸ **거대분자(macromolecule)** 크고 복잡한 분자를 거대분자라 한다. 모든 생물체의 DNA는 유전정보를 저장하는 거대분자이다.

❹ **세포소기관(organelle)** 복잡한 생물 분자들은 세포 안에 작은 구획에 모이게 되는데 이를 세포소기관이라 하며 이 곳에서 각 세포의 활성을 체계화하게 된다. 핵은 세포 안에서 세포의 DNA를 저장하는 세포소기관이다.

❺ **세포(cell)** 세포소기관과 다른 요소는 막에 둘러싸여 합쳐

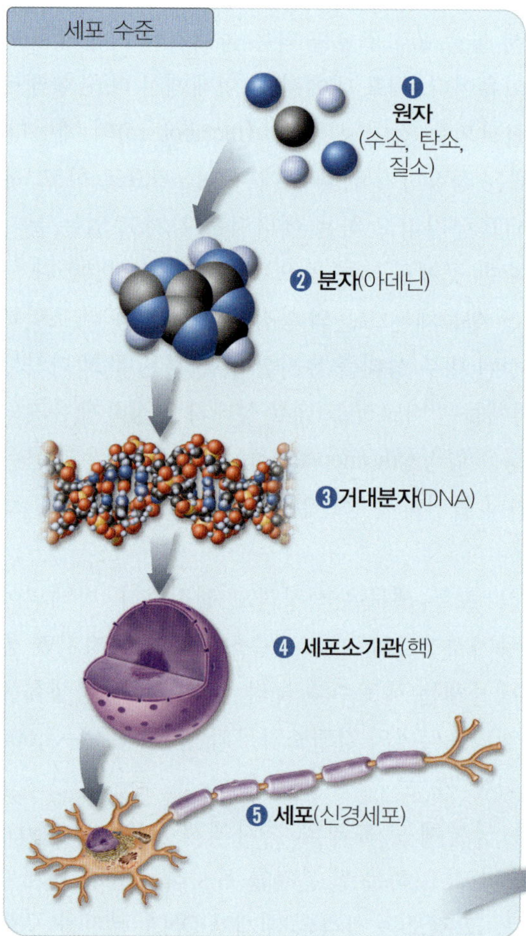

그림 1.4 구성의 체계

서로 상호작용하는 생물의 세계를 구성하는 생물체를 나누는 여러 가지 방법 중에서 전통적이고 매우 유용한 방법은 구성의 수준에 따라 가장 작고 단순한 것에서부터 크고 복잡한 것에 따라 그들을 나누는 것이다. 여기에서 우리는 세포, 개체, 개체군 수준에서 체계를 알아본다.

지는데, 이것을 세포라 한다. 세포는 살아 있는 상태를 생각할 수 있는 구성의 가장 작은 수준이다.

개체수준 **그림 1.4**의 두 번째 상자에는 개체 수준에서 다루었는데 세포는 복잡한 정도에 따라 4가지 수준으로 구성된다.

❻ **조직(tissue)** 가장 기본적인 수준은 조직인데 이는 비슷한 세포들이 모여 한 가지 기능을 하는 단위이다. 신경조직은 조직의 한 종류로 몸의 한 곳에서 다른 곳으로 전기 신호를 전달하는 특수한 뉴런이라 하는 세포로 구성되어 있다.

❼ **기관(organ)** 조직들이 모여서 기관을 이루는데 이것은 구조와 기능의 단위가 되는 여러 가지 다른 조직들이 함께 몸을 구성한다. 뇌는 신경세포로 이루어진 한 기관이며, 다양한 결합조직은 방어역할을 하며 혈액 내에 분포되어 있다.

❽ **기관계(organ system)** 구성의 세 번째 수준에서, 기관은 모여 기관계를 이룬다. 예를 들어, 신경계는 감각 기관, 뇌와 중추, 그들로부터 신호를 전달하는 뉴런, 그리고 지지세포로 이루어져 있다.

❾ **개체(organism)** 기관계는 따로 기능을 수행하고 함께 모여 개체를 형성한다.

개체군 수준 개체는 **그림 1.4**의 세 번째 상자에서 볼 수 있는 것과 마찬가지로 생물 세계 안에서 좀 더 체계화된 여러 가지 수준으로 나뉜다.

❿ **개체군(population)** 이 단계에서 가장 기본적인 것은 개체군으로 이것은 동일한 서식지에 살고 있는 동일한 종의 개체들의 무리이다. 같은 연못에 함께 살고 있는 거위 떼는 한 개체군이다.

⓫ **종(species)** 한 종을 형성하는 특별한 종류의 개체 집단은 이 들 구성원들이 형태가 유사하고 그들 사이에 내교배를 할 수 있다. 모든 캐나다 거위는 캐나다, 미네소타 또는 미주리에서 발견되어지는데 이들은 기본적으로 *Branta canadensis* 종의 무리들이다. *Sandhill cranes*는 다른 종이다.

⓬ **군집(community)** 생물 체계의 높은 구성 수준에서 군집은 동일한 서식지에 함께 살고 있는 다른 종의 모든 개체군이다. 예를 들어 거위는 오리, 물고기, 풀과 많은 종류의 곤충과 함께 연못을 공유하고 있다. 이것은 한 연못의 군집에서 상호작용한다.

⓭ **생태계(ecosystem)** 생물 구성의 가장 높은 단계는 생물 군집과 토양 그리고 수중 안에서 함께 살고 있는 구성성분으로 생태적 체계 또는 생태계를 구성한다.

창발적 특징

생물의 체계는 각각의 높은 수준에서 현저한 특징이 나타나는데 그 특성은 좀 더 단순한 수준에는 존재하지 않는 것이다. 이러한 **창발적 특징(emergent property)**은 각 구성요소들이 상호작용하는 방법에 의해 생겨난 것이며, 대개 각 부분만을 살펴보았을 때는 예측할 수 없다. 예를 들어, 한 마리 기린의 세포는 같은 배열을 갖고 있다. 하지만 각각의 세포를 모아서 조사하면 사람의 몸과 무엇이 같은지 알 수 있는 실마리는 거의 없다.

생명체의 창발적 특징은 마술도 아니고 놀랄만한 것도 아니다. 그 특징은 체계의 연속성 또는 구조의 체제와 같은 것이 생물의 특징이다. 물은 체중의 50~75%를 이루고 있으며, 얼음과 함께 H_2O 분자로 구성되어 있으나, 하나는 액체이고 다른 하나는 고체

로 얼음 속의 H_2O 분자가 좀 더 조직적이다.

기능적 특성은 좀 더 복잡한 체제에서 나타난다. 신진대사는 생물에서 나타나는 특성이다. 한 세포내에서 일어나는 화학적 반응은 세포 내부의 체계화된 환경 안에서 분자들 사이에 조화로운 상호작용에 의하여 일어난다. 예를 들어 의식은 뇌의 서로 다른 부분에 있는 많은 뉴런의 상호작용에 의하여 뇌에서 나타나는 특성이다.

주요 학습 요점 1.3 세포, 다세포성 생물체 그리고 생태계는 복잡성을 증가시키는 방향으로 체제가 구성되어 있다. 생명체의 체제 구성은 많은 관점에서 생물계의 특징을 부여하는 특성을 반영한다.

1.4 생물학의 주제

대부분의 모든 집이 침실, 주방, 목욕실과 같이 주요 부분으로 나누어지는 것처럼 생물계도 생물계 내에서 에너지 흐름이 한 곳에서 다른 곳으로 어떻게 일어나는지와 같은 주요 주제에 의하여 구성된다. 이 책에서 생물학을 연구함에 따라 5가지 일반 주제가 반복되어 나타나고 주제들이 통합되어서 과학으로서 생물학을 설명하는 데 공헌하게 될 것이다(**표 1.1**).

1. 진화
2. 에너지의 흐름
3. 협동 작업
4. 기능을 결정하는 구조
5. 항상성

진화

진화는 한 종에서 시간이 거듭함에 따라 유전적 변화가 생기는 것이다. 1859년 Charles Darwin은 영국의 박물학자로 **자연선택(natural selection)**이라는 과정의 결과로 이런 변화의 개념을 제안하였다. 간단하게 말하자면, 이런 생물체는 그들의 환경에 도전하여 생존하고 생식하여 그들의 유리한 형질을 다음세대에 전달한다. Darwin은 가축에서도 철저히 이런 과정을 통해 흔한 변이를 갖게 되고(길들여지지 않은 많은 동물까지 포함하여), 이미 알고 있는 바와 같이 비둘기의 다양성도 사육가들이 원하는 형질을 갖는 방향으로 선택되었고 이런 과정을 **인위적 선택(artificial selection)**이라 하였다. 이런 극도의 외형을 갖은 비둘기를 **표 1.1**의 '진화'의 표제 밑에 있는 사진에서 볼 수 있다. 현재 우리는 선택받은 형질은 세대를 통해 전달된다고 알고 있으며, 이는 DNA가 부모로부터 자손에게 전달되기 때문이다. Darwin은 비둘기가 변이를 갖게 되는 것과 마찬가지로 자연에서 어떻게 선택이 일어날지를 보여 주었다. 그래서 오늘날 우리는 지구상에 있는 다양한 형태의 생물을 볼 수 있으며, 우리 자신이 만들어져 기능을 하는 것은 자연선택의 오래된 역사를 반영한다. 진화는 제14장에서 좀 더 세밀하게 알아볼 것이다.

에너지의 흐름

몸을 만들거나 일을 하고 생각하는 모든 생물체는 생명 활동을 수행하는 데 에너지를 필요로 한다. 생물체들이 이용하는 그 에너지는 태양으로부터 와서 생태계를 통하여 한 방향으로 흐른다. 생물계에서 에너지의 흐름을 이해할 수 있는 가장 간단한 방법은 누가 이 에너지를 이용하는지 살펴보는 것이다. 에너지 여행의 첫 번째 단계는 녹색 식물과 조류 그리고 일부 박테리아가 광합성 과정에 의하여 에너지를 획득하는 단계이다. 이 과정은 햇빛으로부터 당을 합성하고 식물과 같은 광합성 생물은 체내에 이를 저장한다. 식물은 동물이 이를 먹고 에너지를 이용할 수 있는 생명현상의 근원 역할을 한다. **표 1.1**에서 그 다음에 독수리와 같은 다른 동물은 초식동물을 먹을 수 있다. 그 각 단계에서 일부 에너지는 생명활동의 과정에 이용되고 일부는 전달되며, 많은 양이 열의 형태로 손실된다. 에너지의 흐름은 생태계를 형성하는 중요한 요소이며, 한 군집 안에 사는 동물이 얼마나 많은지 어떤 종류가 사는지에 영향을 주게 된다.

협동 작업

표 1.1 위 오른쪽 사진에서 보는 것과 같이 개미는 협동 작업을 하며 그들이 사는 서식처인 식물을 포식자로부터 보호하고, 다른 식물이 형성하는 그늘로부터 방어하며, 반면에 이 식물은 개미에게 양식(식물 잎의 끝에 있는 노란 구조물)을 제공하는 것으로 보상한다. 다른 생물 사이의 이런 협동 작업의 유형은 지구상에 생물의 진화에 중요한 역할을 한다. 예를 들어, 개미와 그들이 사는 식물처럼 서로 다른 두 종의 생물이 직접 접촉하며 **공생(symbiosis)**이라는 관계를 형성한다. 동물세포는 공생하는

표 1.1 생물학의 주제

진화 Charles Darwin의 비둘기에서 나타난 인위적 선택은 그의 진화 이론에서 예측된 것처럼 변화가 선택에 의해 생겨난다는 주요 증거를 제시한다. 인위적 선택에 의하여 얻어진 차이로 인해 야생의 유럽산 비둘기(*위*)와 가축 품종인 붉은색 공작비둘기(*중간*) 그리고 발 주위에 깃털 뭉치를 가지고 있는 애완용 비둘기의 일종(*아래*)이 얻어졌고 실제로 이런 큰 차이는 분류 시 서로 다른 분류군으로 나눌 만큼 크다.

협동 작업 라틴 아메리카 개미는 어떤 아카시아 나무의 빈 가시 속에 산다. 나뭇잎 기저부분의 과즙과 잎의 끝부분에 먹이가 제공된다. 개미는 나무에게 유기 영양분을 공급하고 방어의 역할을 해준다.

에너지의 흐름 에너지는 태양으로부터 식물, 초식동물로 그리고 독수리와 같은 육식동물로 전달된다.

항상성 항상성은 수분 균형을 이루는 것에서 혈액의 화학적 구성을 유지하는 것까지 포함된다. 모든 복잡한 생물체는 물을 필요로 하며 하마와 같은 일부 생물은 물속에서 이를 즐긴다. 캥거루쥐와 같은 다른 생물들은 물이 없는 건조한 환경에서 살며 물을 음식으로부터 섭취하며 실제로 물을 마시지는 않는다.

기능을 결정하는 구조 긴 혀를 가지고 있는 이 나방은 꽃 속의 깊은 곳에 있는 과즙까지 닿을 수 있다.

박테리아의 후손인 세포소기관을 가지며, 공생한 균류는 바다로부터 육지에 처음으로 침략한 식물을 도왔다. 현화식물과 곤충의 공진화는 꽃의 변화가 곤충의 진화에 영향을 주었고 반대로 곤충의 변화가 꽃의 진화에 영향을 주었다. 이것은 생명의 다양성을 증가시키는 데 크게 공헌하였다.

기능을 결정하는 구조

생물학에서 가장 분명한 가르침 중에 하나는 생물의 구조가 그 기능에 알맞게 형성되어 있다는 것이다. 각 수준에서 이러한 사실을 알게 될 것이다. 세포내에서는 세포가 화학반응을 하는 데 이용하는 단백질인 효소의 구조는 화학물이 효소에 꼭 맞도록 만들어져 있다. 생물계에 존재하는 많은 유형의 생물체에서는 몸의 구조가 그들의 기능을 수행할 수 있도록 세심하게 디자인되어 있다. 예를 들어 **표 1.1**에서 나방은 긴 혀를 가지고 있어서 꽃 안의 깊은 곳에 있는 과즙을 빨아들이는 것이 한 예이다. 생물계에서 기능에 맞는 가장 최고의 구조는 우연한 일이 아니다. 생명은 20억 년 전부터 지구상에 존재해 왔고, 오래된 진화의 과정 속에 생물체가 도전을 맞아 좀 더 나은 구조로 변화해 왔다. 이것은 우리가 놀랄만한 일이 아니며, 모든 것이 조절되고 변화되어 생물의 구조가 그들의 기능을 잘 수행하게 되었다.

항상성

복잡한 생물체에서 고도로 전문화된 것은 이런 생물체들이 비교적 안정된 내부 환경을 유지할 때만 가능하며, 이런 과정은 일찍부터 항상성이라고 하였다. 이런 지속성이 없으면 생물체 안에서 복잡한 상호작용이 불가능한데, 이는 마치 한 도시에서 법없이 질서를 유지할 수 없는 것과 같다. 몸에서 항상성을 유지하는 것은 **표 1.1**에서 보는 바와 같이 사람의 몸이나 하마의 몸에서도 매우 복잡하여 세포 사이에 여러 가지 신호를 필요로 한다.

이미 언급한 바와 같이, 이러한 생물의 주제를 앞으로 이 책에서 반복하게 될 것이다. 그러나 신진 건축가는 건물의 각 부분보다 더 많은 것을 배워야만 하는 것 같이 생물학 연구도 주제, 개념들, 생물체의 부분 외에 더 많은 것에 대하여 배워야만 한다. 생물학은 역동적인 과학으로 여러 가지 방법으로 여러분의 인생에 영향을 줄 것이며, 배워야 할 가장 중요한 것 중의 하나이다. 이것은 또한 매우 흥미로운 것을 다루게 될 것이다.

> **주요 학습 요점 1.4** **생물학의 일반적인 5가지 주제는 (1) 진화, (2) 에너지의 흐름, (3) 협동 작업, (4) 기능을 결정하는 구조, (5) 항상성 이다.**

과학적 과정

1.5 과학자들은 어떻게 생각하는가?

연역적 추리법

과학은 조사, 관찰, 실험, 추리하는 과정이다. 모든 조사가 과학적이지는 않다. 예를 들어 St. Louis에서 Chicago까지 어떻게 가야 하는지 알고 싶을 때 과학적 조사를 하지 않고 대신에 여행 경로를 결정하기 위하여 지도를 보게 된다. 이와 같이 다른 조사에서 일반적으로 받아들여진 원칙에 의하여 가이드를 적용하여 개인적으로 결정한다. 이런 것을 **연역적 추리법 (deductive reasoning)**이라 한다. 연역적 추리법은 일반 원칙을 이용하여 특별한 상황을 설명하는 수학적 사고, 철학, 정치학, 윤리학이며, 이러한 연역적 추리법은 또한 컴퓨터 작업과 같은 것이다. 대부분의 사람들은 연역적 추리법에 의존하여 일상을 결정한다. **그림 1.5**에서처럼 도시의 거리를 따라 운전하는 동안 천천히 운전해야 할 필요가 있다. 일반적 원칙을 기본으로 어떤 결정을 내리고 가치를 결정한다.

귀납적 추리법

이러한 일반적 원칙은 어디에서 올까? 종교적이고 윤리적인 원칙은 대개 종교 원리를 가지고 있다. 정치적 원리는 사회 체계를 반영한다. 일부 일반적 원리는 종교나 정치에서 파생된 것이 아니고, 우리 주위의 물리적 세계를 관찰하여 얻어진다. 만약에 사과를 떨어뜨렸다면 이것은 원하는 곳에 또는 원하지 않는 곳에 떨어질 수 있는 것이다. 어쩌면 법을 무시하고, 해서는 안 되는 금기사항을 지나쳤을지도 모른다. 과학은 물리적 세계의 운영을 지배하는 일반 원칙을 발견하는 데 열중하는 것이다.

어떻게 과학자들은 이런 일반 원칙을 발견할까? 과학자들은, 특히 관찰자이다. 그들은 이것이 어떻게 운영되는지 이해하기 위해서 세상을 자세히 본다. 이것은 과학자들이 우리의 물리적 세계를 지배하는 원리를 결정하는 관찰에서부터 얻을 수 있다.

특별한 경우에 주의 깊게 시험하여 일반적 원리를 발견하는 방법을 **귀납적 추리법(inductive reasoning)**이라 한다. 귀납적 추리법이 처음으로 대중화된 것은 약 400년 전 쯤 이다. Isaac Newton, Francis Bacon과 다른 사람들이 실험을 시도하기 시작하고 그 결과로부터 세상이 어떻게 운영되는지에 대한 일반적 원리를 추측하였다. 그 실험은 때때로 매우 단순했다. Newton은 손에 쥐고 있던 사과를 던져서 사과가 땅에 떨어지는 것을 보는 것과 같은 단순한 실험을 하였다. 이 단순한 관찰은 과학의 본질이다. 특별한 관찰의 한 예로부터 사과가 떨어지는 것보다 더 복잡한 각각의 경우까지, 모든 물체는 지구의 중심을 향해 떨어진다는 일반적 원리를 추측한 것이다. 이 원리는 설명이 가능하여 세상이 어떻게 운행되는지 알려주는 가설이다. 여러분 또한 관찰을 하고 관찰한 내용에 근거하여 **그림 1.5**에서 신호등의 시간에 대한 것처럼 일반적 원리를 만들게 된다. Newton과 같이 과학자들은 가설을 세우고 시험을 통해서 일을 하며 관찰은 가설을 세우는 재료이다.

주요 학습 요점 1.5 과학은 귀납적 추리법을 이용하여 세심한 관찰로부터 일반 원리를 설정한다.

그림 1.5 연역적 추리법 및 귀납적 추리법

운전자는 연역적 추리법에 의해 교통신호는 시간이 정해져 있다고 추측하고, 교차로에서 예측한대로 신호등이 바뀔 거라고 기다린다. 이와는 대조적으로, 교통신호의 일반적인 조절이나 프로그램을 알지 못하는 운전자는 귀납적 추리법으로 신호등의 시간은 여러 개의 교차로에서와 비슷한 시간이 소요될 거라고 생각한다.

1.6 실천하는 과학: 사례 연구

1985년 남극에서 연구하던 영국의 지구과학자인 Joseph Farman은 기대하지 않았던 발견을 하였다. 남극의 하늘을 분석한 결과, 오존(O_3, 산소 가스의 한 형태)이 있어야 할 양보다 적은 것이었다. 남극에서 5년 전 기록에 남아 있는 양보다 30% 정도 줄어든 것을 발견하였다.

처음에 이것은 오존이 얇아진 것이라고 주장되었던 것(곧 '오존구멍' 이라고 하였다)은 아직 그런 기후 현상을 설명하지 못하였다. 곧 증거들이 제시되었고 합성물이 주범임이 알려졌다. 남극의 대기 중에 있는 화학물질에 대한 상세한 분석에 의하여 놀랍게도 오존을 파괴하는 것으로 알려져 있는 화학물질

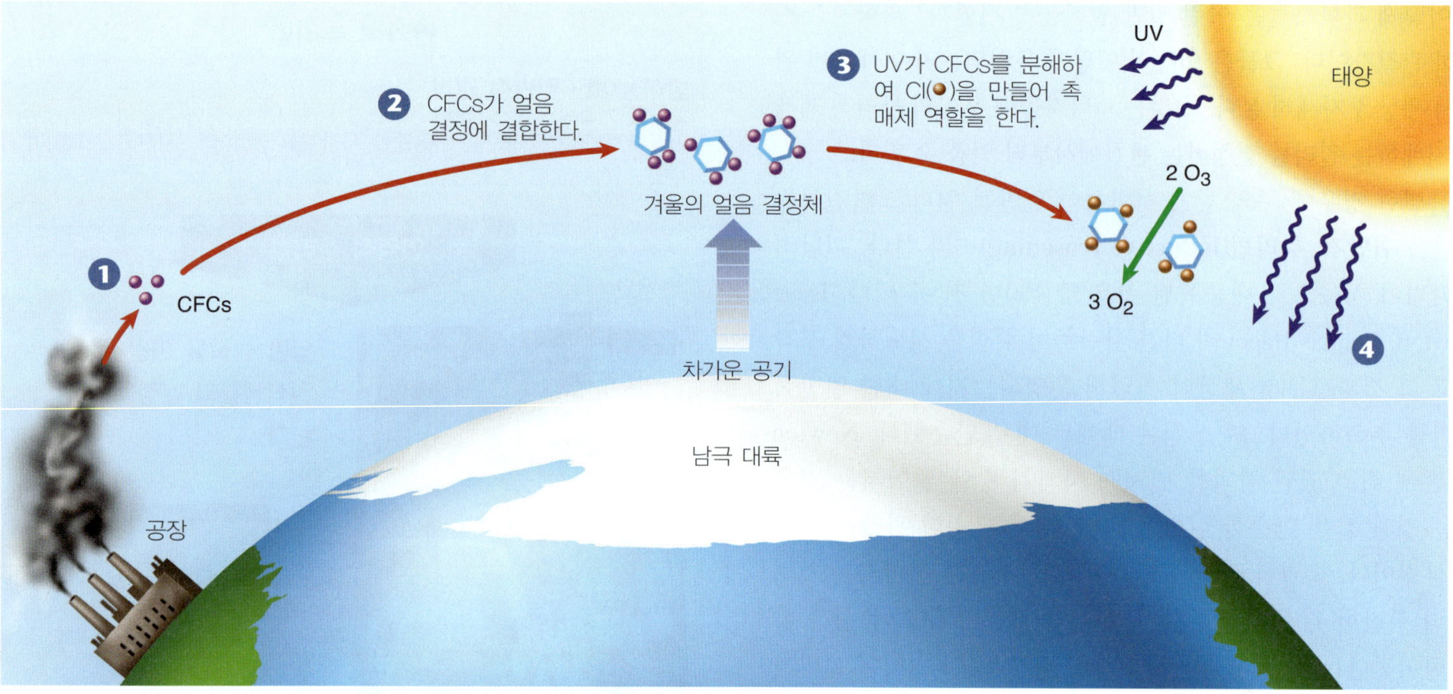

그림 1.6 염화불화탄소(프레온 가스)는 어떻게 오존을 공격하고 파괴하는가

❶ 염화불화탄소(CFCs)는 안전한 화합물이며 공업산업의 산물로 대기 중에 축적된다. ❷ 남극의 강추위에서는 이 염화불화탄소가 대기상층에서 작은 얼음 결정체에 결합한다. ❸ 자외선은 염화불화탄소를 분해하여 염소(Cl)를 만들며, 이 염소는 O_3를 O_2로 전환시키는 촉매제 역할을 한다. ❹ 그 결과 더 해로운 자외선이 지구의 표면에 닿게 된다.

은 염소 농도가 매우 높은 것으로 나타났다. 염소의 주요요인은 **염화불화탄소(chlorofluorocarbons, CFCs)**라고 하는 화합물 종류이다. 염화불화탄소(❶ **그림 1.6**에서 보라색 공 모양)는 1920년대에 발명된 이래에 에어컨에서 냉각제로, 에어로졸에서 추진제로, 스티로폼을 만드는 거품제로 이용하기 위하여 많은 양이 제조되었다. 염화불화탄소는 일반적인 조건에서는 화학적으로 반응이 되지 않기 때문에 유해함에도 불구하고 널리 사용되어 왔다. ❷ 그러나 남극의 대기에는 봄에도 염화불화탄소가 작은 얼음 결정체에 압축되고 ❸ 분해되어 염소를 형성하고 이 염소는 촉매제로 오존과 반응하여 오존을 파괴하여 염소가 없는 산소가스로 전환하는 데 사용된다.

지구 표면으로부터 25~40km 대기상층이 얇은 오존층으로 된 것은 매우 심각한 일이다. 오존층은 태양이 지구로 끊임없이 쏘아대는 유해한 자외선으로부터 생명체를 방어한다. 선글라스처럼 오존층은 이러한 해로운 광선을 여과한다. 오존층이 산소 가스로 전환될 때, 자외선은 지구를 관통할 수 있다. ❹ 자외선이 피부 세포의 DNA에 손상을 주면 이는 피부암으로 이르게 한다. 대기 중 오존의 농도가 1% 정도 낮아질 때마다 피부암이 6% 정도 증가한다고 추정된다.

전 세계적으로 CFCs는 1986년 1.1백만 톤 수준에서 최근에 매해 20만 톤씩 생산되고 있다. 과학적 관찰이 널리 알려짐에 따라 정부는 이런 상황을 바로 잡으려고 서두르고 있다. 1990년에 전 세계는 이 세기말까지 CFCs의 생산을 단계적으로 줄이기로 동의하고 서명했다. CFCs의 생산은 10년 내에 86% 정도 급감했다.

하지만 아직도 대부분의 CFCs는 발명된 이래로 에어컨과 에어로졸에 이용되고 대기까지 아직 이르지 않았다는 이유로 제조된다. 이 CFCs는 천천히 대기를 통해 위쪽으로 이동하며 그 문제는 계속 될 것으로 예상된다. 오존의 결핍은 여전히 남극 위에 더 큰 오존구멍을 생산하고 있다.

그러나 전 세계적으로 CFCs 생산을 줄이는 것이 주요 효과가 있었다. 오존 고갈의 최대한 허용 기간은 앞으로 몇 년 내에 최고조에 달 할 것이고, 연구가들의 모델에 의하여 이런 상황이 점점 증진된다면 21세기 중반 정도에 오존층이 회복될 거라고 예측한다. 분명한 것은 지구의 환경 문제는 협동해야만 해결될 수 있다는 것이다.

> **주요 학습 요점 1.6** **공업적으로 생산된 CFCs는 촉매제로서 상부대기층에서 오존을 파괴한다.**

1.7 과학적 탐구의 단계

과학은 어떻게 수행되는가

과학자들은 많은 일 중에서 일반적 원리가 진리라는 것을 어떻게 설정할까? 그들은 이러한 일은 제안을 바꿔가며 시험하는 체계적인 방법으로 수행한다. 만약에 이런 제안이 실험 관찰과 일치하지 않으면, 과학자들은 이는 거짓이므로 받아들이지 않는다. 과학의 특별한 영역에 관련된 세심한 관찰을 한 후, 과학자들은 가설을 만들고, 가설은 관찰을 근거로 설명될 수 있어야 한다. 가설은 진실일 수 있는 계획안이다. 이런 증명되지 않은 가설은 보류된다. 그 가설은 사실로 알려지게 되면 유용하나 만약에 새로운 정보의 발견으로 인하여 그들이 잘못된 것으로 발견된다면 그 후에는 받아들여지지 않을 수도 있다.

가설을 시험하는 것을 실험이라 한다. 앞에 어두운 방이 나타난다고 가정해 보자. 왜 방이 어두운지 알기 위하여 여러 가지 가설을 제안하게 된다. 첫 번째 가설은 '조명을 꺼서 어두울 것이다' 라고 생각할 수 있다. 두 번째 가설로는 '조명등이 파손되어 어두울 것이다'라고 여길 수 있다. 다른 가설로는 '내가 볼 수 없다' 고 생각해 본다. 이 가설을 평가해 보면, 그 가설 중 하나 또는 더 많은 것을 제외하기 위하여 실험을 설계하게 될 것이다.

예를 들면, 조명등 스위치를 반대로 해 볼 수 있다. 만약에 그렇게 했을 때 불이 들어오지 않는다면, 첫 번째 가설은 증명할 수 없게 된다. 조명등 스위치가 아닌 다른 무엇인가가 어두운 이유를 설명할 수 있어야만 한다. 다른 가설이 맞는 것을 증명할 수 없는 실험은 주의하라. 이것은 단지 그들 중 하나가 아니라는 것만을 증명하는 것이다. 하나 또는 그 이상의 가설 중에 성공적인 실험은 그 결과가 일치하지 않아 받아들여지지 않는 것을 증명해야만 한다.

이 책을 통해 계속 공부하게 됨에 따라 주로 설명에 의하여 많은 정보를 접하게 될 것이다. 이런 설명은 실험의 과정을 통해서 얻어진 가설이다. 많은 사람들이 이런 과정을 지속적으로 해 나갈 것이다. 다른 사람들은 이미 얻어진 것을 새로운 관찰에 의해 바꿀 수도 있다. 모든 과학과 마찬가지로, 생물학은 오래된 것에 대하여 새로운 개념이 나타나고 대치되면서 계속 변화하는 상태이다.

과학적 과정

가장 처음 오존구멍을 보고한 Joseph Farman은 현재에도 활동하고 있는 과학자이며, 남극에서 그가 수행하고 있는 일은 과학이다. 과학은 만물을 특별한 방법으로 관찰하고 특별한 상황에서 관찰한 것에 의하여 왜 그런 일들이 일어나는지에 관한 일반 법칙을 만드는 것이다. Farman과 같은 과학자는 관찰가로서 세상이 어떻게 운영되어지는지 이해하기 위하여 세상을 바라본 사람들 중의 한 사람이다.

과학적 관찰은 **그림 1.7**에서 나타난 바와 같이 여섯 단계로

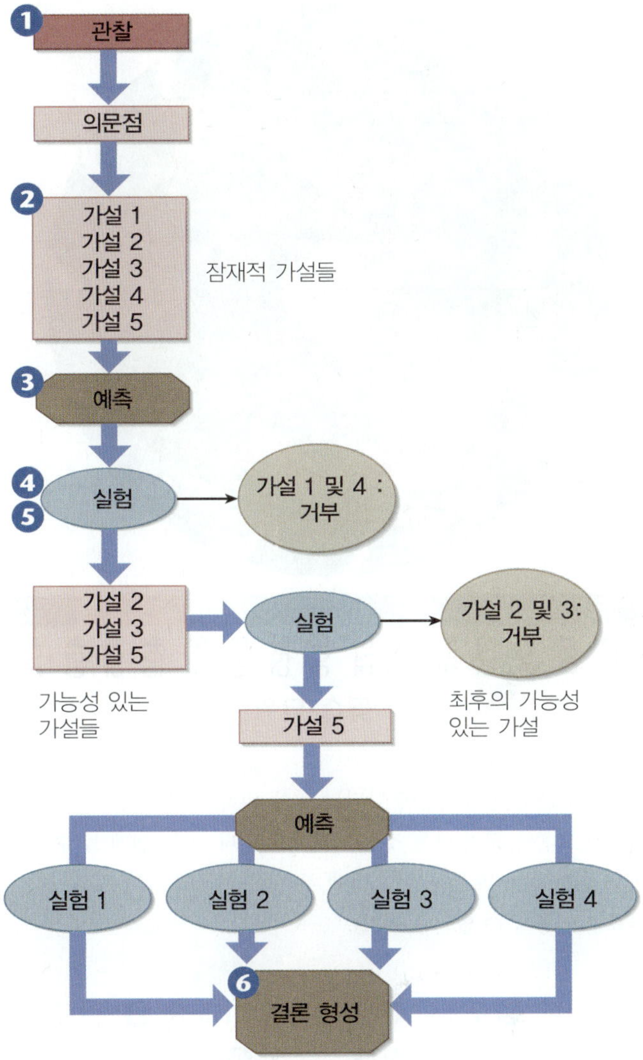

그림 1.7 과학적 과정
이 그림은 과학적 관찰의 단계를 설명한다. 첫째, 특별한 의문점이 떠오르게 되면 관찰을 하게 된다. 그리고 그 의문점에 대한 답을 얻기 위해 몇 가지 가능한 설명(가설들)이 제시된다. 다음에, 그 가설에 근거를 둔 예측과 몇 번의 실험(대조군 실험을 포함하여)이 한 개 또는 그 이상의 가설을 줄이기 위해 수행된다. 마침내, 배제되지 않은 어떤 가설이 계속 남아 있게 된다. 더 많은 예측이 다른 가설에 근거하여 만들어지고 실험을 통해 맞는지 확인한다. 만약에 많은 실험에 의해 입증되고 반복되어지면 그 가설은 학설이 될 수 있다.

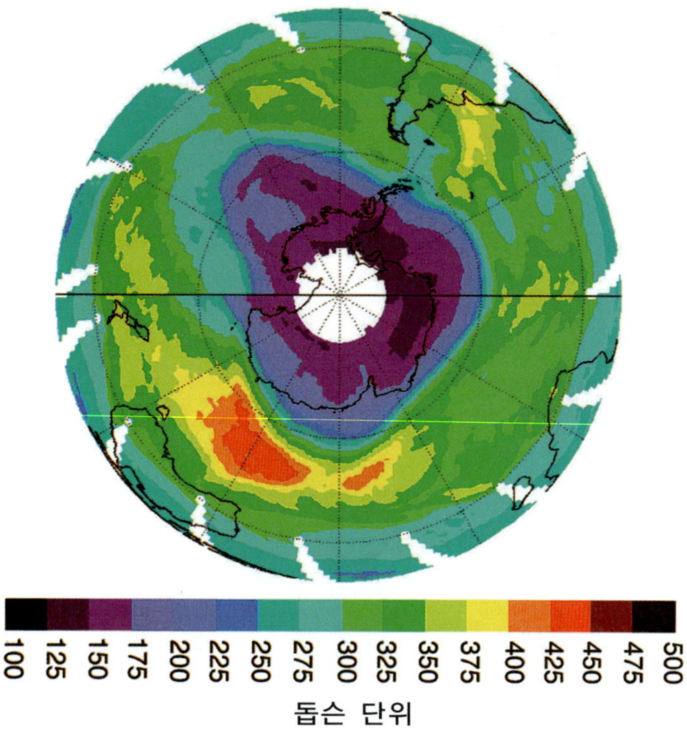

그림 1.8 오존구멍

2001년 9월 15일 인공위성에 나타난 바에 의하면, 소용돌이치는 색깔은 남극 위의 오존 농도가 다른 것을 나타내고 있다. 이는 쉽게 볼 수 있는데, 남극 위에 보이는 '오존구멍'(보라색 부근)은 미국의 크기 정도이다(흰색은 자료로 이용할 수 없는 곳이다).

말할 수 있다. ❶ 무엇이 진행되고 있는지 관찰, ❷ 가설을 설정, ❸ 예측하는 과정, ❹ 시험하는 단계, ❺ 한 개 또는 그 이상의 가설을 제외시킬 때까지 대조 실험을 수행하는 단계, ❻ 남은 가설에 기초하여 결론을 짓는 단계

1. **관찰** 성공적인 과학적 탐구의 핵심은 면밀한 **관찰(observation)**이다. Farman과 다른 과학자들이 수년 동안 남극의 하늘에 대하여 연구해 왔고, 온도, 빛, 화학물질의 수준 등에 대한 세부사항에 대하여 주목하였다. **그림 1.8**에서 한 예를 볼 수 있는데, 보라색은 과학자들이 기록한 오존의 양을 나타낸다. 과학자들이 관찰한 내용을 주의 깊게 계속 기록하지 않았더라면, Farman은 오존의 수준이 떨어진 것을 알아채지 못했을지도 모른다. 관찰은 대개, 오존의 양이 왜 줄어들었을까? 와 같은 의문을 생기게 한다.
2. **가설** 오존이 예상치 않게 줄어들었다는 것이 보고되어 의문점을 갖게 되었을 때, 환경 과학자들은 그들의 의문점에 답하기 위한 아마도 무언가 오존을 파괴하고 있을 것이며 어쩌면 범인은 CFCs 일지도 모른다는 추측을 해본다. 물론 이것은 진정한 의미에서 추측이 아닐 수도 있다. 과학자들은 CFCs에 관한 지식과 대기 상층에서 무엇을 하는지 연구하게 된다. 이러한 추측을 **가설(hypothesis)**이라고 한다. 가설은 진실일 수 있는 추측이다. 과학자들이 추측한 것이 CFCs로부터 나온 염소였고 남극의 오존과 화학적으로 반응하여 오존(O_3)을 산소 가스(O_2)로 전환시키는 과정에서 지구의 대기로부터 오존 방어막이 제거된 것이다. 대부분, 과학자들은 그들이 관찰한 것에 대하여 한 개 이상의 추측을 하게 되어 **대체 가설(alternative hypo- thesis)**을 형성한다. 이런 경우에 오존구멍을 설명하는 앞선 여러 가지 다른 가설이 있었다. 그 중 하나는 복사의 결과로 설명되었다. 마치 세탁기의 중앙에서 더 많은 물이 회전되는 것과 같이 오존이 극 지역으로부터 회전되는 것으로 설명되었다. 다른 가설은 오존구멍이 아마도 흑점에 의한 일시적인 현상으로 곧 다시 사라진다는 것이다.
3. **예측** 만약에 CFC 가설이 맞는다면, 여러 가지 결과가 논리적으로 예상된다. 우리는 이러한 예상된 결과를 예측이라 한다. **예측(prediction)**은 가설이 맞을 경우 일어날 거라 예상되는 것들이다. CFC 가설은 만약에 CFCs가 오존구멍 형성에 관여 한다면 남극의 대기 상층에 CFCs로부터 방출되어 오존을 공격한 염소는 물론 CFCs가 탐지되어야한다고 예측한다.
4. **시험** 과학자들은 예측을 증명하기 위한 시도로 CFC 가설에 대한 시험을 착수한다. 우리는 가설을 시험(testing)하는 것을 **실험(experiment)**이라고 한다. 가설을 시험하기 위해서 성층권으로부터 9km 위의 높은 고도에 풍선을 띄워 대기 표본을 모은다. 표본을 분석하여 예측한대로 CFCs를 얻는다. CFCs가 오존과 상호작용하였나? 그 표본에는 자유 염소와 불소가 있고, CFC 분자가 분해된 것이 확인된다. 이 실험의 결과는 CFCs 가설을 지지한다.
5. **대조군** 대기 상층권에서 일어나는 사건은 많은 요소에 의하여 영향을 받을 수 있다. 우리는 이와 같은 과정에 영향을 주는 각 요소를 **변수(variable)**라고 한다. 한 변수에 대한 다른 가설을 평가하기 위하여, 모든 다른 변수는 일정하게 유지하여야만 다른 영향력에 의한 잘못된 판단이나 혼동을 갖지 않게 된다. 이와 같은 것은 두 가지 실험을 동시에 수행하여 완성할 수 있다: 첫째, 실험은 우리가 알고 있는 한 개의 변수를 바꾸어 행하는 것이다. 둘째, **대조군 실험(control experiment)**이라 하는 것은 그 변수를 바꾸지 않고 그대로 실험하는 것이다. 다른 견지에서 보면 두 가지 실험은 동일한 것이다. CFC 가설을 더 자세하게 시

험해보기 위하여, 과학자들은 대조군 실험을 실시하고 이 때 주요 변수는 대기층의 CFCs의 양이 된다. 실험실에서 연구를 할 때 과학자들은 대기층의 조건, 태양의 폭격, 남극에서 멀리 떨어져 있는 대기의 극한 온도 등의 조건을 복원해야 한다. 만약에 실험 장치에 CFCs가 첨가되지 않아 오존 수준이 떨어지게 되면, CFCs가 오존을 공격하는 요소가 되지 못할 수도 있다. 과학자들은 CFCs가 없으면 오존 수준이 떨어지지 않음에도 불구하고, 주의 깊게 실험 장치를 살펴야 한다.

6. **결론** 가설이 시험되고 시험 결과와 일치하면 그 가설은 수락된다. CFCs가 대기 중에 방출되어 지구의 오존 방어막을 파괴한다는 가설은 현재는 많은 실험적 증거가 뒷받침해주며 널리 받아 들여져 있다. 반면에 다른 요소들도 오존 고갈에 관련될 수 있고, CFCs에 의한 파괴는 가장 유력한 현상임이 분명하다. 연관성 있는 가설들을 모아서 여러 번 시험하고 받아들여지는 것을 **학설(theory)**이라 한다. 과학에서 확실한 것은 아무것도 없음에도 불구하고 학설은 확실성이 높은 것을 의미한다. 대기 상층에 있는 오존은 유해한 자외선을 흡수하여 지구 표면을 방어한다는 오존 방어막에 관한 학설은 많은 관찰과 실험에 의하여 지지되고 넓게 받아들여져 있다. 하지만 이 방어막의 파괴에 대한 설명은 아직 가설의 단계에 있다.

주요 학습 요점 1.7 과학적 방법은 관찰과 일치하지 않는 잠정적 가설을 체계적으로 배제시킨다.

1.8 학설과 확실성

학설은 넓은 범위의 관찰에 대하여 단일화되어 설명된 것이다. 그래서 중력의 학설, 진화의 학설, 원자의 학설이라고 한다. 학설은 과학의 단단한 기초로, 가장 확실하게 여기는 것이다. 불확실성의 정도가 매우 다양하지만 과학에는 완전한 진리는 없다. 미래에 증거에 의하여 학설이 될 만한, 그 가능성은 항상 남아 있다. 학설에 대한 과학자들의 수용은 항상 일시적인 것이다. 예를 들어 다른 과학자의 실험에서 학설에 일치하지 않는 증거가 나타날지도 모른다. 과학자의 세계에서 정보를 공유하여 앞선 가설과 학설은 변형되어지기도 하며, 과학자들은 새로운 개념을 내세울 수도 있다.

매우 활발한 과학 분야는 과학자들이 새로운 것을 찾아내고 도전함에 따라 논쟁이 끊임없이 이어진다. 이런 불확실성은 과학에 대한 무관심한 신호가 아니라 오히려 과학적 과정에서 의욕을 불러일으킨다. 사람이 과잉생산한 이산화탄소에 의하여 기후가 점점 더워진다는 가설을 예로 들면, 이것은 가설을 뒷받침해주는 증거의 비중이 증가하지만 여전히 논쟁적이다.

학설이라는 단어는 일반인보다는 과학자들에게 매우 다르게 사용된다. 과학자에게 학설은 그들이 가장 확실한 것을 나타내며 일반인들에게 학설이란 지식의 결여 또는 추측을 의미한다. 얼마나 자주 누군가가 "이것은 오직 학설에 불과해!" 라는 말을 얼마나 자주 듣는가? 생각하는 것에 따라 혼란스럽다. 이 책에서 학설이라는 단어는 일반적으로 과학적 원칙에 의하여 받아들여진 것과 관련하여 과학적 관점에서 사용된다,

과학적 '방법'

과학적 과정은 **과학적 방법(scientific method)**이라고 하는 일련의 단계를 적용한 결과라고 여겨진다; 그래서 학문의 연속성은 '둘 중 하나/또는' 이어서 예측은 실험에 의하여 시험되어 둘 중 하나는 받아들일 수 없다. 시행과 오차에 의한 시도는 항상 느린 과학적 과정인 불확실성의 미로를 통과하여 불가피하게도 그 중 하나에 이르게 된다. 만약에 이것이 실제로 맞다면 컴퓨터는 좋은 과학자를 만들게 된다. 그러나 과학은 이런 방법으로 수행되지 않는다! 만약에 Farman과 같은 성공적인 과학자들이 어떻게 그들의 업적을 수행했는지 물어본다면 예외 없이 그들이 어떻게 결과가 나오게 될지 예상하고 실험을 설계한다는 것을 발견하게 될 것이다. 환경 과학자들은 그들이 CFC 가설을 세웠을 때, 염소와 오존의 화학반응을 이해했고, 그들은 CFCs에서 염소가 어떻게 오존 분자를 공격하는지 상상할 수 있었다. 성공한 과학자들이 시험한 가설은 단지 가설만이 아니다. 이것은 과학자인 그가 또는 그녀가 알고 있는 모든 것을 통합한 '직감' 또는 근거가 있는 추측이다. 그 과학자는 맞을지도 모르는 그 무엇인가를 찾으려는 시도에 그의 또는 그녀의 상상력을 총 동원한다. 일부 과학자들의 통찰력과 상상력이 다른 분야보다 탁월한 것은 마치 Beethoven과 Mozart가 작곡가들 사이에서

그림 1.9 노벨상 수상자

1995년 Sherwood Rowland는 Mario Molina와 Paul Crutzen과 함께 남극에서 '오존구멍'을 만드는 화합물인 CFCs가 성층권에서 어떻게 대기 중의 오존을 촉매 분해하는지 발견하여 노벨 화학상을 수상하였다.

탁월한 것처럼 오히려 과학 분야에서 더 중요한 역할을 하기 때문이다(**그림 1.9**).

과학의 한계

과학적 연구는 우리가 관찰하고 측정할 수 있는 생물체와 과정에 한정되어 있다. 초자연적이고 종교적인 현상은 과학적으로 연구되거나, 분석되거나 설명될 수 없기 때문에 과학적 분석의 영역에 미치지 못한다. 초자연적 설명은 어떤 결과를 설명하는데 이용될 수 있지만 실험이나 관찰에 의해 증명할 수 없다. 과학자들은 그들의 연구과정에서 관찰한 현상의 객관적 해석에 한계를 갖게 된다.

과학이 완성되는데 실제적 한계를 인식 하는 것 또한 중요하다. 반면에 과학적 연구는 우리의 세계에 급격한 변화를 가져오고, 모든 문제점을 해결하는데 의지하지 않을 수 없다. 예를 들면, 우리는 미래에 과학이 어떻게 해서든지 이 모든 것을 적절한 시기에 만들어낼 수 있다는 맹목적인 기대 속에서, 오늘날 환경을 오염시키거나 자원을 낭비할 수 없다. 과학은 멸종하는 종을 복원할 수 없다. 과학은 해결점이 있을 때는 문제를 해결하기 위한 해결책을 찾아내지만, 그런 해결책이 없을 때 창조할 수는 없다.

주요 학습 요점 1.8 과학자는 가설을 세우기 위해 고정된 방법을 따르지는 않지만, 판단과 직감에 의지한다.

생물학의 핵심 개념

1.9 생물학을 과학으로서 통합시키는 4가지 학설

세포설: 생명체의 구성

첫 부분에서 언급한 바와 같이, 모든 생물체는 생명체의 기본 단위인 세포로 구성되어 있다. 세포는 1665년 영국의 Robert Hooke에 의해 발견되었다. Hooke는 30배까지 확대할 수 있는 최초의 현미경을 이용하였다. 코르크의 얇은 조각을 살펴보면서 그는 수도원의 수도사의 방을 생각나게 하는 많은 작은 방을 관찰하였다. 얼마 되지 않아 독일의 과학자 Antony van Leeuwenhoek가 300배까지 확대할 수 있는 현미경을 이용하여 **그림 1.10**에서 보는 연못물 한 방울 안에 있는 단세포 생명체의 경이로운 세계를 발견하였다. 그는 '미극 동물'을 보고 박테리아와 원생생물 세포라 불렀다. 생물학자들이 이 중요성을 완전히 이해하는 데는 거의 2세기가 걸렸다. 1839년에 독일의 생물학자 Matthias Schleiden과 Theodor Schwann이 그들과 다른 학

그림 1.10 연못물 한 방울 안에 있는 생명체

모든 생물체는 세포로 이루어져 있다. 원생생물과 같은 일부 생물체는 단세포로 이루어져 있고, 식물, 동물, 균류와 같은 생물체는 많은 세포로 이루어져 있다.

내 양말은 모두 어디로 갔을까?

내 모든 인생에서 기억할 수 있을 때까지 되돌아보면 나는 양말을 계속 잃어버렸다. 여러분이 생각하는 것처럼 양말이 짝지어 있지 않고, 한 짝만 남아 있다. 처음에 이 이상한 현상이 나타난 때는 청년시절로 대학시절의 첫 해 추수감사절 즈음이었다. 큰 빨래가 든 배낭을 가지고 집 세탁실에 갔다. 어머니는 나를 대신해 빨래를 세탁기에 넣으시고 또 건조기에 넣으셨다. 그리고는 내 양말 중 일부가 더 이상 짝을 이루지 않는다는 내가 알아채지 못한 것을 발견하셨다.

그것은 지금으로부터 40년 전이었고 어제까지도 잘 알지 못하였던 것이다. 내 인생에서 나는 계속 양말을 잃어 버렸었다. 올해 지난 크리스마스에 양말 서랍에 가득 찬 양말 중 짝지어 있지 않은 것을 버리고, 세일하는 양말 12쌍을 사서 넣어 두었다. 지난 주, 양말을 세었을 때 새것 중 3개는 한 짝밖에 없었다!

맙소사!!! 나는 양말을 잃어버리는 수수께끼를 풀기로 했다. 어떻게? 그 방법은 Sherlock Holmes가 하는 방법으로 과학적인 것이다. Holmes는 진실이 발견되지 않는 가능성을 제외시키는 방법으로 일을 처리한다. 과학자들은 이를 가능성이라고 한다. Holmes와 같이 '가설' 은 사실에 맞지 않는 것은 받아들여지지 않는다. Holmes는 그 중에 거부되지 않고 남는 오직 하나의 가능성이 남을 때 이것은 진리임에 틀림없다고 말한다.

가설 1: 문제는 양말이다. 나는 크리스마스 선물로 산 양말 4쌍을 최근까지 잊지 않고 갖고 있었다. 내 양말 서랍은 깊어서 5개월 동안 흩어지지 않고 남아 있었다. 만약에 양말이 본질적인 특성에 의하여 없어졌다면 (제조자가 그 것을 어떻게 디자인하여 새로운 양말들이 없어지도록 하였는지), 나는 지금쯤 흩어진 것 중에 적어도 한쪽은 남아 있을 거라고 기대했다. 그럼에도 불구하고 내가 찾아보았을 때 4쌍이 모두 완벽했다. 흩어지지 않은 양말은 사라지지 않았다. 그래서 나는 양말 자신에 의한 문제라는 가설은 제외한다.

가설 2: 변신, 과학적 소설가 Avram Davidson이 1958년에 쓴 그의 책 <Or All the seas with oysters>에서와 같이 기발한 제안으로, 나는 내 마음의 변덕스러운 부분을 탈피할 수 없다. 옷장에 있는 세탁바구니에 매일 밤 신었던 양말을 집어 던졌다. 수년에 걸쳐서 양말 다루는 것을 조심하였으나 늘 옷장에서 없어졌다. 그렇게 오랜기간에 걸쳐 내 양말은 없어졌으며 옷장에는 무엇인가가 쌓여졌다. 옷걸이였다! 양말은 유충 껍데기와 같은 옷걸이가 되었을 것이다! 이 희귀한 가설을 시험하기 위하여 옷장에 있던 세탁 바구니를 옮겼다. 몇 달 후에도 여전히 양말을 잃어버려서 이 가설은 받아들여지지 않았다.

가설 3: 정전기에 의한 부착. 잃어버린 한 짝의 양말은 스웨터나 자켓의 소매 안, 바지 다리의 안 또는 잘 입지 않는 긴 웃옷에 말려진 채로 숨겨져 있을 수 있다. 건조기 주위에 마찰이 되면 양말은 정전기가 발생하여 쉽게 다른 옷에 달라붙는다. 셔츠의 바깥 부분 또는 바지의 다리 부분에 달라붙은 양말은 쉽게 떨어지나 소매나 다리 안에 있거나 또는 접혀져 있는 것은 잃어버리는 것은 아니지만 눈에 띄지 않는 곳에 있게 된다. 애써서 찾았지만 예전에 잃어버린 양말이 내 겨울 웃옷의 소매 안에 숨겨져 있지 않아서 나는 이 가설도 배제시킨다.

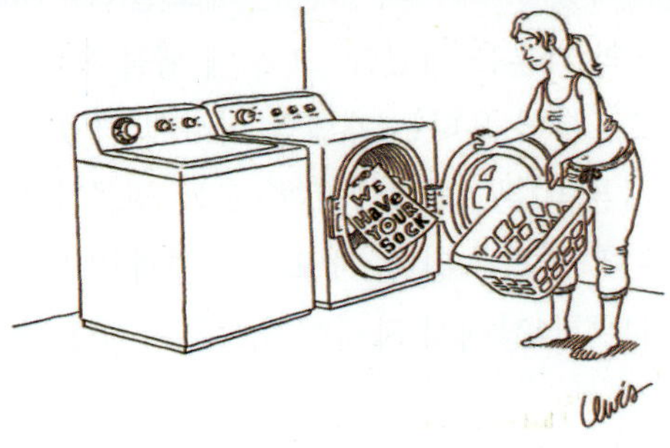

가설 4: 세탁실에 오가는 도중에 양말을 잃어버렸다. 아마도 세탁 바구니에서 세탁기/건조기로 양말을 옮기고 양말 서랍장에 넣으면서 양말을 때때로 잃어버릴 수 있다. 이 가설을 시험하기 위하여 세탁실에서 세탁기를 훑어 보았다. 한 짝의 양말은 나오지 않았다. 아마도 양말은 세탁 후에 접거나 세탁실에서 양말 서랍에 넣는 동안, 잃어버릴 수도 있다. 만약에 그렇다면, 건조기에서 한 짝만 나와서는 안 된다. 그러나 한 짝만 나오는 경우가 있지 않은가! 한 짝의 양말은 접기 전에 세탁실 건조기에서 발견되었다. 그래서 그 세탁실에서 잘못 다루어 한 짝의 양말이 발견된다는 가설도 배제되었다. 그 문제는 세탁실인 것으로 보인다.

가설 5: 양말을 세탁하는 동안에 잃어버린다. 아마도 세탁기는 때때로 내 양말을 '먹는다'. 양말이 세탁기 안에 걸려 있는지 아니면 기계에 의하여 파괴되었는지 알아보기 위해서 세탁기를 살펴보았으나, 그럴 가능성은 없어 보인다. 세탁물은 폐쇄된 금속 통 안에서 움직이고 물이 연필보다 가는 작은 구멍을 통하여 이동한다. 이와 같은 구멍을 통해서는 양말이 미끄러져 다닐 수 없다. 회전하는 실린더와 세탁기의 상부 사이에는 가는 틈이 있어 잘 못 들어간 양말은 이곳을 빠져 나올지도 모른지만 내 양말은 그 곳으로 들어가기에는 너무 부피가 크다. 그래서 나는 세탁기가 범인이라는 가설은 배제시킨다.

가설 6: 건조시키는 동안에 양말을 잃어버린다. 아마도 건조 과정 어디에선가 양말을 잃어버리는 것 같다. 건조기 안에 머리를 집어넣고 양말이 있는지 살폈으나 찾을 수 없었다. 열심히 찾아보던 중에 양말이 갈 만한 곳을 알게 되었다. 건조기 뒤쪽의 바퀴이다! 세탁 건조기는 기본적으로 중앙에 건조한 바람이 나오는 돌아가는 큰 실린더를 가지고 있다. 회전하는 실린더의 가장자리는 기계의 옆쪽을 강하게 밀지 못한다. 그래서 한번 씩은 잠시 동안 양말이 이곳을 통해 밀려나서 기계 뒤쪽에 밀리게 된다.

이 가설을 시험하기 위하여 건조기의 뒷부분을 떼어내고 그 안에 잃어버린 양말이 싸여 있는 것을 보았다. 내 서툰 기계 다루는 솜씨를 잘 아는 아내는 이 시험을 별로 좋아하지 않았다. 그래서 우리 집 건조기를 더 이상 사용할 수 없을 때까지 기다렸다가 분리하느라, 가설 6을 배제시킬 수 없었다. 다른 그럴듯한 가설이 없어서 Sherlock Holmes의 충고에 따라 건조기가 범인이라는 실험적인 결론을 내린다.

자들에 의하여 수많은 관찰에 의하여 모든 생물은 세포로 구성되어 있다고 결론지었다. 그들의 결론은 **세포설(cell theory)**이라고 알려진 이론의 기본을 세웠다. 그 후에 생물학자들은 모든 세포는 다른 세포로부터 온다는 개념을 더하게 되었다. 세포설은 생물학에서 기본 이론 중 하나이며, 모든 생물체의 생식과 성장을 이해하는 데 기초가 된다. 세포의 특성과 세포가 어떻게 기능을 행하는지는 제4장에서 자세하게 토론하게 된다.

유전자설: 유전의 분자적 기초

가장 단순한 세포라도 믿을 수 없을 만큼 복잡하고, 컴퓨터 보다 더 복잡하게 얽혀 있다. 한 세포와 같은 것을 결정하는 데 필요한 정보는 매우 세밀한 계획으로 긴 가닥과 같은 **DNA (deoxyribonucleic acid)**라고 하는 분자에 암호화되어 있다. 1953년 연구자인 James Watson과 Francis Crick은 각 DNA 분자는 뉴클레오티드라고 하는 단위 입자가 두 개의 긴 사슬을 형성하여 서로 나선형을 이룬다는 것을 발견하였다. **그림 1.11**에서 볼 수 있는 것과 같이 마치 사람이 손을 잡고 있는 것과 같이 두 사슬은 서로 마주보고 있다. 문장은 글자가 연속적으로 정렬되어 의미를 나타내는 것과 같이, 그 사슬은 정보를 가지고 있다. DNA에는 4개의 다른 뉴클레오티드(그림에서 A, T, C, G로 나타냄)가 있으며 그들이 배열되어 정보를 암호화하고 있다. 수백 개의 배열에서 많게는 수천 개의 뉴클레오티드가 유전 정보의 단위인 *유전자*(gene)를 이룬다. 유전자는 특정한 단백질 또는 다른 종류의 RNA 분자를 암호화하거나 또는 다른 유전자를 조절하게 된다. DNA의 보급은 **유전자설(gene theory)**을 발달하게 하였다. **그림 1.12**에서와 같이 유전자설은 단백질과 RNA 분자가 생물체의 유전자에 의하여 암호화되어 있으며 이 유전자는 그 생물체가 어떤 것이 될 것인지를 결정한다. 세포를 결정하는 세포 안의 전체 DNA 암호를 **유전체(genome, 게놈)**라고 한다. 사람 유전체의 배열은 30억 개의 뉴클레오티드로 구성되어 있으며, 2001년에 해독되어졌는데 과학 연구의 큰 업적이다. 유전자 기능은 어떻게 수행되는지 제12장에서 다루게 된다. 제13장에서 우리는 유전자에 관한 정보가 어떻게 생물학을 혁신시키고 우리의 삶에 얼마나 큰 영향력을 갖는지 알게 된다.

유전의 학설: 생명의 불변성

유전자에 유전 정보의 저장은 DNA로 구성되어 있는데 이는 모든 살아 있는 생물체에 공통적이다. **유전의 학설(theory of heredity)**은 1865년 처음으로 Gregor Mendel에 의해 고안되었으며, 한

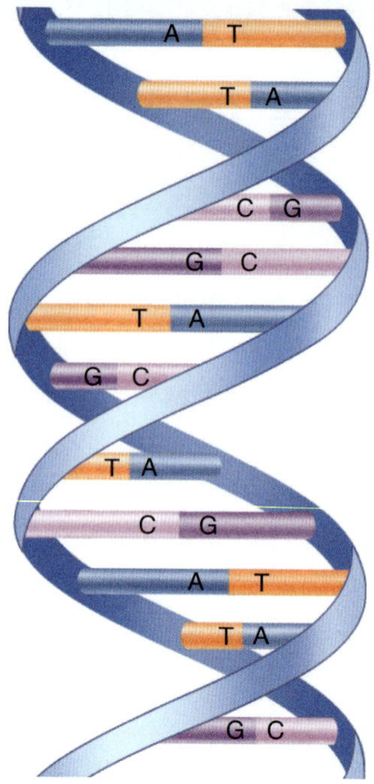

그림 1.11 유전자는 DNA로 만들어진다
나선 계단이 철도 모양으로 서로 감싸고 있는 것 같이, DNA 분자의 두 가닥은 이중나선구조를 형성한다. 크기와 모양으로 인하여 A라고 하는 뉴클레오티드는 오직 T라고 하는 뉴클레오티드와 결합하는데 이는 G가 오직 C와 결합하는 것과 같다.

생물체의 유전자는 별개의 단위로 유전된다고 주장하였다. 실험과학의 시도는 유전자와 DNA를 이해하기 훨씬 오래전에 발달하였다. Mendel의 유전 이론은 제10장에서 다루기로 한다. Mendel의 이론이 유전학 분야에 떠오른 후에 다른 생물학자들이 **유전의 염색체설(chromosomal theory of inheritance)**이라 하는 것이 제안되었다. 이는 간단하게 이야기하면 Mendel의 이론에서 서술된 유전자가 염색체상에 존재하며 염색체는 Mendel의 일정한 유전 양식을 나타내며, 생식하는 동안에 일정한 방법으로 분배된다. 현대 용어로 두 개의 학설은 유전자는 세포의 염색체 안에 존재하고(**그림 1.13**에서 보는 바와 같이 사람 염색체는 23쌍), 유성생식하는 동안 이 염색체의 복제는 Mendel의 분리라고 하는 유전 양상에 의한 것이다. 때때로 형질이 먼 후손까지 오랫동안 변화하지 않고 보존되어지는 것은 생물학에서 생물이 기본적인 기능을 하는 것을 의미하며, 한 번 적응되면 쉽게 변화하지 않는다. 다른 형질은 DNA의 변화에 따라 변형될 수도 있다.

진화론: 생명의 다양성

생명의 불변성은 많은 연관성 있는 생명체 사이에 중요한 형질을 보유하고 있는 것을 볼 수 있는데, 이는 지구의 다양한 환경

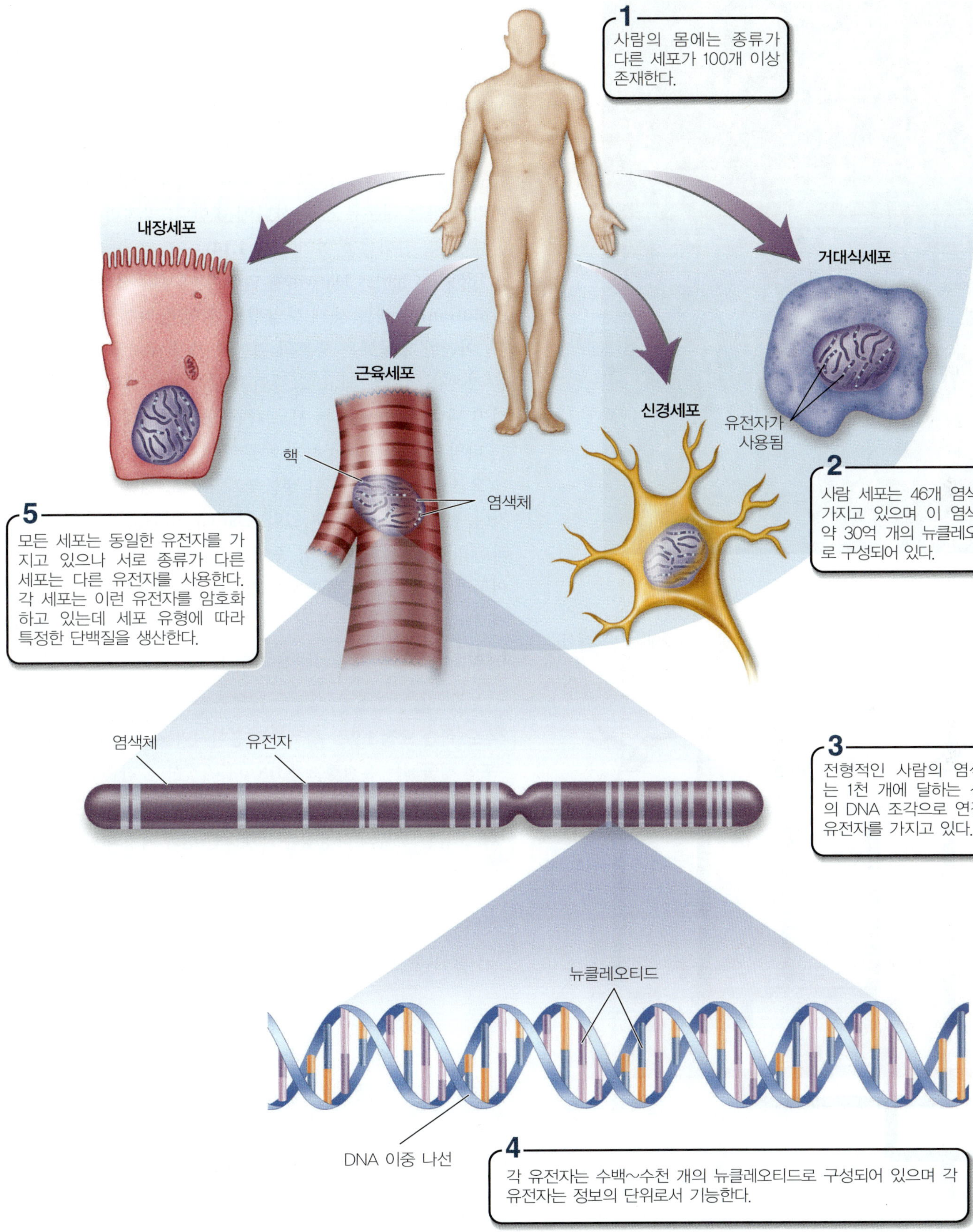

그림 1.12 유전자설

유전자설은 한 생물체가 어떤 것이 될 지를 결정하는 것은 유전자에 의하여 결정된다는 학설이다. 이곳에서 우리의 몸에 얼마나 많은 종류의 세포가 결정되는지 볼 수 있는데, 이는 각 특정한 종류의 세포를 만드는 유전자가 사용된다.

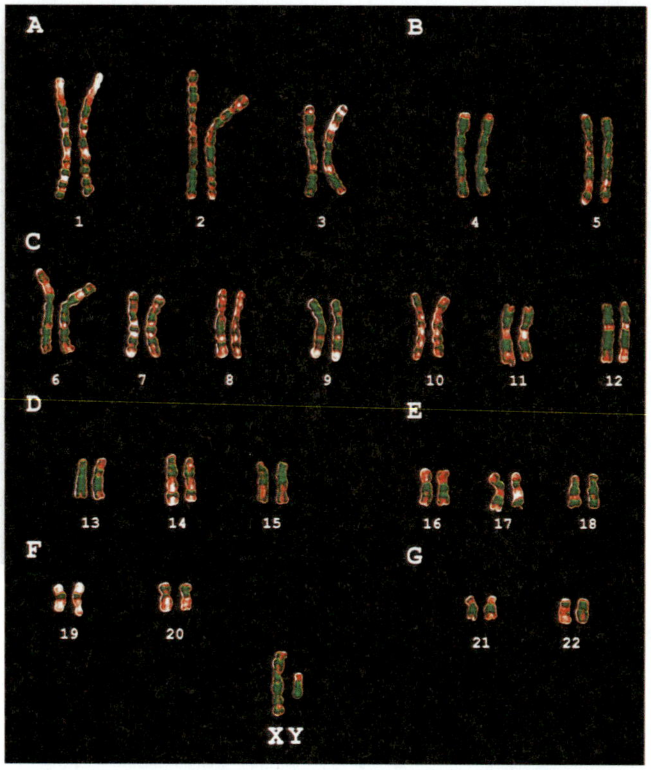

그림 1.13 사람 염색체

유전의 염색체설은 유전자는 염색체 상에 놓여 있다는 것이다. 이 사람의 핵형(염색체를 순서대로 정렬한 것)은 유전자 다발을 나타내는 염색체의 띠 유형을 보여준다.

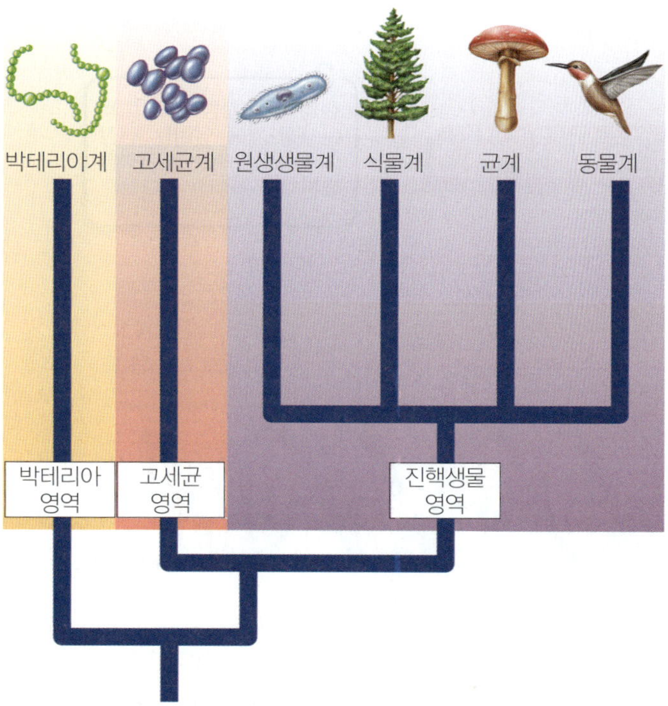

그림 1.14 생명체의 세 영역

생물학자들은 모든 생물을 영역이라 하는 3개의 큰 무리로 나눈다. 박테리아 영역, 고세균류 영역과 진핵생물 영역이다. 박테리아 영역은 박테리아계가 해당되며, 고세균 영역은 고세균계가 해당된다. 진핵생물 영역은 원생생물계, 식물계, 균계와 동물계로 이루어져 있다.

에 서식하기 위하여 진화한 생물체의 믿기 어려운 다양성과는 대조적이다. 이러한 다양한 생물체는 1.1절에서 배운 것처럼 생물학자들에 의해 6가지 계로 분류되었다. 같은 계에 놓여 있는 생물체는 공통적으로 일부 동일한 특성을 가지고 있다. 최근에 생물학자들은 세포 구조의 기본적인 차이에 따라 계보다 높은 분류 수준을 더하였다. 그 6가지 계는 이제 3개의 *영역*(domain)이라고 하는 대분류군 중 하나에 속한다. 박테리아 영역, 고세균류 영역, 진핵생물 영역(**그림 1.14**).

1859년 Charles Darwin에 의하여 제시된 **진화론(theory of evolution)**은 생물 세계 다양성의 원인을 자연선택에 두고 있다. 이러한 생물체는 생존의 위험에 가장 대처를 잘 하고 더 많은 자손을 남기게 되고, 그들의 형질이 집단 내에 더 많이 존재하게 된다. 생물 세계는 서로 다른 생물의 형태가 존재할 수 있는 다양한 기회를 제공하기 때문이다.

오늘날 과학자들은 한 생물체가 가지고 있는 수천 개의 유전자(유전체)를 분석할 수 있다. Darwin 이래로 반세기 지난 후 과학의 가장 위대한 업적 중에 하나는 Darwin의 진화 학설이 어떻게 유전 학설과 연관성을 갖는지, 각 유전자의 변화가 어떻게 생명체의 다양성을 형성했는지 이해하게 된 것이다(**그림 1.15**).

주요 학습 요점 1.9 **생물학을 통합시키는 학설에 의하면 세포성 생물체는 유전정보를 DNA에 저장한다. 간혹 DNA는 변화되어지는데 이것이 보존되었을 때는 결과적으로 진화가 된다. 오늘날 생물의 다양성은 오랫동안 진화 여행의 산물이다.**

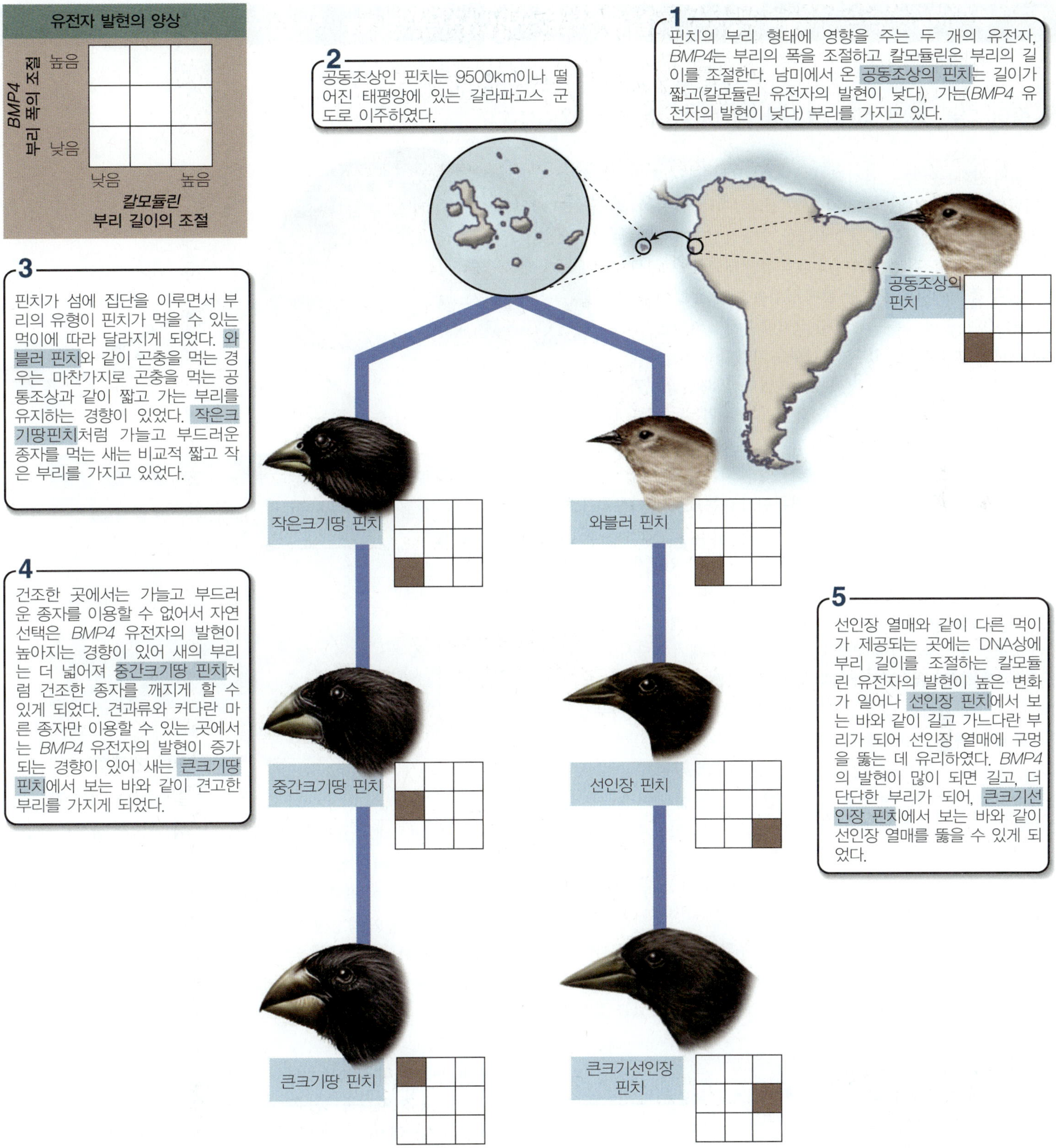

그림 1.15 진화설

Darwin의 진화설은 집단을 구성하는 개체들 사이에 한 유전자의 여러 가지 형태가 존재하여 한 형태를 가진 개체가 다른 형태를 가진 개체보다 유리해서 더 성공적으로 생식하고, 그들의 형질은 집단 내에 더 많이 남기게 되는 과정을 '자연선택'이라 제안하였다. 여기에서 우리는 1831년 HMS Beagle호를 타고 세계 일주를 하는 동안 Darwin이 방문 한 Galápagos 섬에 사는 핀치의 중요한 두 개 유전자가 어떻게 작용하여 다양성을 형성했는지 생각해 볼 수 있다.

질문 & 분석

한 종이 다른 종의 집단 크기를 제한시킬 수 있는가?

Darwin의 진화론이 주는 암시적인 개념은 자연 상태에서 종들은 자원이 제한되어 서로 경쟁한다는 것이다. 실제로 이런 일들이 일어날까? 실험실 연구에서 종 사이에 경쟁에 대한 가장 잘 알려진 증거는 실험실 내에서 유도된 것이 아니라 자연 집단 내에서 수행된 것이다. 두 종 내에서 따로 또는 함께 실험을 하였으며, 과학자들은 한 종이 다른 종의 집단 크기에 부정적 영향을 준다는 것을 결정할 수 있었다. 그 실험은 다양한 종자를 먹는 북미 사막에 사는 설치류에 대해 논의하였다. 1988년 연구자들은 50m ×50m 사육장 내에서 캥거루쥐가 작은 종자를 먹는 설치류에게 미치는 영향을 조사하였다. 사육장 중의 반 정도에서 캥거루쥐를 빼내고 나머지 반은 그대로 놓아두었다. 모든 사육장의 벽은 구멍을 뚫어 설치류들이 이동할 수 있도록 하였으나, 캥거루쥐가 없는 곳은 캥거루쥐가 들어갈 수 없을 정도로 작았다.

오른쪽에 나타낸 그래프는 3년 동안 모은 자료로 연구자들이 사육장 안에 있는 작은 설치류의 숫자를 모니터한 것이다. 집단 크기를 추정하기 위하여 연구자들은 작은 설치류들이 일정한 간격을 두고 얼마나 많이 잡히는지 조사하였다. 1988년에 캥거루쥐를 제거한 당시, 그리고 그 후 3개월 간격으로 직접 각 사육장에서 자료를 모았다. 그래프는 상대적인 집단의 크기를 나타내는데 이는 전체 포획된 숫자를 사육장의 숫자로 나눈 평균값이다(**평균**은 수적인 의미를 가지고 있으며 목록의 가치를 더하고 나서 이 합계를 목록에 있는 항목의 수로 나눈 것이다. 만약에 3개의 사육장에서 전체 30마리 설치류가 잡혔다면, 평균은 10마리이다). 그래프에서 보듯이 두 개의 사육장 안에 있는 쥐의 숫자가 똑 같지 않았다.

캥거루쥐가 작은 설치류에게 미치는 영향

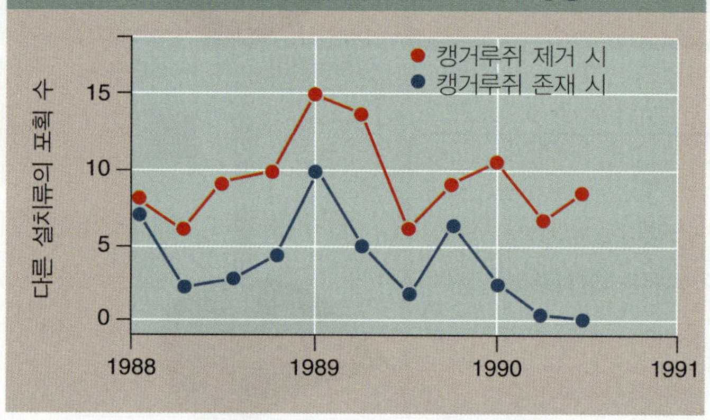

1. **개념 적용**
   - **a. 변수** 그래프에서 무엇이 변수에 좌우되는가?
   - **b. 상대적 중요도** 두 가지 사육장에서 무엇이 작은 쥐 집단의 크기를 가장 높게 유지하는가? 캥거루쥐가 가지고 있는 것인가 또는 없어졌는가?
2. **자료 분석**
   - **a.** 두 개 곡선에서 캥거루쥐를 제거한 직후 작은 쥐의 평균값은? 1년 후에는? 2년 후에는?
   - **b.** 어느 시점에 두 개 사육장에서 차이가 가장 크게 나타났는가?
3. **추론하기**
   - **a.** 캥거루쥐가 작은 쥐의 집단 크기에 영향력을 주는 것이 무엇인가?
   - **b.** 두 곡선에서 작은 쥐 숫자에 차이가 나타나는 정도를 조사해 보시오. 어떤 경향이 있는가?
4. **결론 도출** 이 결과는 집단 크기의 제한에 따라 캥거루쥐가 다른 작은 설치류와 경쟁했다는 가설을 뒷받침하는가?
5. **심층 분석**
   - **a.** 경쟁 외의 다른 것이 이 결과를 설명하는 원인이 될 수 있는가? 다른 가설을 배제하거나 확인할 수 있는 실험을 제시해 보시오.
   - **b.** 두 종류의 사육장 집단이 일 년의 과정 동안에 동시에 변화 되었는가(이것은, 동시에 성장하고 몰락하는 것)? 만약에 그렇다면, 왜 이러한 일이 일어나는가? 어떻게 이 가설을 시험하는가?

단원 복습

생물학과 생물의 세계

1.1 생물의 다양성

- 생물학은 생물의 학문이다. 모든 살아 있는 생물체는 공통 특성을 가지고 있으나 그들 또한 다양하고 계라고 하는 6개 분류군으로 나뉜다. 여섯 가지 계에는 박테리아계, 고세균계, 원생생물계, 균계, 식물계, 동물계가 있다(**그림 1.1**).

1.2 생물의 특성

- 모든 살아 있는 생물체는 5개의 기본적인 특성을 가지고 있는데, 세포 체계, 신진대사, 항상성, 성장과 생식, 유전이다. 세포 체계는 모든 생물이 세포로 구성되어 있다는 것을 나타낸다. 신진대사는 **그림 1.3**에서 물총새와 같은 모든 생물체들이 에너지를 이용한다는 것이다. 항상성은 모든 살아 있는 생물체가 안정된 내부 조건을 유지하는 과정이다. 성장과 생식의 특성은 모든 살아 있는 생물체가 크고 생식하는 것을 의미한다. 유전의 특성은 모든 살아 있는 생물체가 DNA안에 유전 정보를 가지고 있어 각 생물체의 형태와 기능을 어떻게 수행하는지 알려주고, 이 정보는 다음세대에 전달된다.

1.3 생물의 구성

- 생물체는 복잡한 정도가 증가되어지는 것에 따라 세포 내에서(세포 수준), 개체 내에서(개체 수준), 생태계 내에서(개체군 수준) 나타낸다(**그림 1.4**).
- 전형적인 특성은 생명체의 각 체제에서 나타나며 창발적 특징이라 한다.

1.4 생물학의 주제

- 생물학의 연구에서 5가지 주제가 나타난다: 진화, 에너지 흐름, 협동, 기능을 결정하는 구조, 항상성. 이 주제는 개체들 사이에 유사성과 차이점을 시험하는 데 이용된다(**표 1.1**).

과학적 과정

1.5 과학자들은 어떻게 생각하는가?

- 과학자는 사고를 이용하는데, 연역적 추리법은 일반 원칙을 이용하여 각각의 관찰한 것을 설명하는 과정이다. 귀납적 추리법은 특별한 관찰을 이용하여 일반 원칙으로 공식화하는 과정이다(**그림 1.5**).

1.6 실천하는 과학: 사례 연구

- 과학자들은 남극의 오존층이 얇아지고 있는 것을 관찰하였다. 그들의 '오존구멍'에 대한 과학적 관찰은 지구 대기에서 오존층이 얇아지는 원인인 CFCs는 산업과정에서 생산된 것으로 나타났다(**그림 1.6**).

1.7 과학적 탐구의 단계

- 과학자들은 가설을 설정하기 위하여 관찰한다. 가설은 예측을 만들기 위하여 이용되는 실현 가능성 있는 설명이다. 이런 예측은 실험적으로 시험된다. 일부 가설은 실험 결과에 근거하여 받아들여지지 않을 수 있으나 다른 가설은 실험적으로 받아들여진다.
- 과학적 탐구는 과학현상에 대한 의문점을 연구하기 위하여 과학적 과정이라고 하는 일련의 단계를 거친다. 이 단계는 관찰, 가설을 설정하고, 예측하며, 시험하고, 대조군을 설정하며 결론을 맺는다(**그림 1.7**).
- 오존구멍을 발견한 것은 대기로부터 수집한 자료를 주의 깊게 관찰하여 가능하였다. 과학자들은 남극의 오존이 감소하는 원인이 무엇인지 설명하기 위하여 가설을 설정하였다. 그러고 나서 예측을 세웠으며 대조군에 대한 가설을 시험하였다.

1.8 학설과 확실성

- 여러 번에 걸쳐 실험하여 같은 결과를 얻은 가설은 학설이라 한다. 과학 분야에서 완전한 학설이란 없지만, 학설은 확실성의 정도가 높은 것이다.
- 과학은 실험을 통하여 실험되는 학문이다. 가설은 과학을 통하여 설정될 수 있으나 만약에 실험하여 잠재적으로 증명되지 않을 수도 있다.

생물학의 핵심 개념

1.9 생물학을 과학으로서 통합시키는 4가지 학설

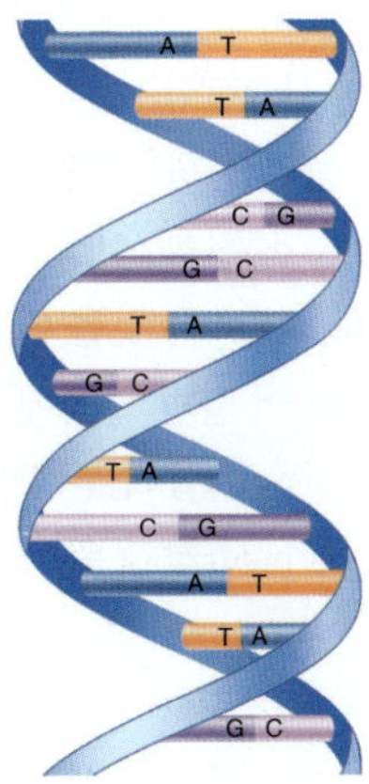

- 생물학에는 4가지 통합된 학설이 있다: 세포설, 유전자설, 유전의 법칙과 진화론
- 세포설은 모든 생물체가 세포로 이루어져 있으며, 다른 세포를 형성하기 위하여 성장하고 생식한다(**그림 1.10**).
- 유전자설은 DNA의 긴 분자가 세포 구성성분을 형성하기 위한 정보를 가지고 있다는 학설이다. 이 정보는 **그림 1.11**의 DNA 부분과 같이, DNA 가닥 내에 뉴클레오티드에 암호화되어 있다. 뉴클레오티드는 유전자라고 하는 단위로 구성되어 있고, 이 유전자는 생물체가 어떤 형태를 갖고 어떻게 기능할지를 결정한다(**그림 1.12**).
- 유전의 법칙은 한 생물체의 유전자는 분리된 단위로서 부모로부터 자손에게 전달된다는 학설이다(**그림 1.13**).
- 생물체는 유사한 형질에 근거를 두어 계로 나뉜다. 계는 세포의 특성에

기초하여 좀 더 큰 체제인 영역이라 하는 세 개의 무리로 나눈다. 세 개 영역은 세균영역, 고세균영역, 진핵생물영역이다(**그림 1.14**).

- 진화론은 부모로부터 자손에 전달되는 유전자가 변형되어 다음세대에는 변화 된다는 학설이다. 이 변화는 시간이 지나면서 개체들 사이에 다양성이 증가하게 된다(**그림 1.15**).

이해력 확인 문제

1. 생물학자들이 모든 생물을 연관성 있는 형질에 기초하여 분류군으로 나누어 무엇이라 하는가?
a. 계 c. 집단
b. 종 d. 생태계

2. 생물은 무생물과는 구분될 수 있는데 다음과 같은 특성을 갖고 있기 때문이다.
a. 복잡성 c. 세포의 구성
b. 이동 d. 자극에 대한 반응

3. 생물은 체계화되어 있다. 이 구성을 가정해 볼 때 가장 작은 것부터 큰 것으로 배열해 놓은 것은?
a. 세포, 원자, 분자, 조직, 세포소기관, 기관, 기관계, 개체, 개체군, 종, 군집, 생태계
b. 원자, 분자, 세포소기관, 세포, 조직, 기관, 기관계, 개체 개체군, 종, 군집, 생태계
c. 원자, 분자, 세포소기관, 세포, 조직, 기관, 기관계, 개체, 군집, 개체군, 종, 생태계
d. 원자, 분자, 세포벽, 세포, 기관, 세포소기관, 개체, 종, 개체군, 군집, 생태계

4. 생물 체계의 각 수준에서 낮은 수준에서는 나타나지 않던 특성이 나타나게 된다. 이런 특성은?
a. 허구적 특징 c. 점진적 특징
b. 복합적 특징 d. 창발적 특징

5. 일반적인 생물학의 5가지 주제는 무엇인가?
a. 진화, 에너지 흐름, 경쟁, 기능을 결정하는 구조, 항상성
b. 진화, 에너지 흐름, 협동 작업, 기능을 결정하는 구조, 항상성
c. 진화, 성장, 경쟁, 기능을 결정하는 구조, 항상성
d. 진화, 성장, 협동 작업, 기능을 결정하는 구조, 항상성

6. 새로운 것을 이해하려고 할 때, 관찰하고, 관찰한 것을 논리에 맞추어 일반 원칙에 적용한다. 이런 방법은?
a. 귀납적 추리법 c. 학설 설정
b. 법칙 상승 d. 연역적 추리법

7. 관찰한 내용을 설명하려고 할 때 일어날 만한 일련의 가설을 설정한다. 그러면 어떤 상황이 일어날지 예측하고 만약에 각 가설이 맞는다면, 그 다음에는 무엇을 해야 하는가?
a. 가설이 맞는지 결정하기 위하여 적절한 대조군을 이용하여 각 가설을 시험한다.
b. 가능한 많이 배제시키기 위하여 적절한 대조군을 이용하여 각 가설을 시험한다.
c. 가설이 거의 맞지 않다는 것을 결정하기 위하여 논리를 이용한다.
d. 비슷하지 않아 보이는 것을 배제한다.

8. 가설에 대해 다음에 서술한 내용 중 맞는 것은?
a. 충분히 시험한 후, 맞는다고 결론지을 수 있다.
b. 만약에 관찰한 내용을 설명할 수 있다면, 이것은 시험해 볼 필요가 없다.
c. 충분히 시험한 후, 나중에 의견이 바뀌거나 거절된다 하더라도 충분히 가능하다고 받아들일 수 있다
d. 너무 많은 변수가 있기 때문에 이것이 맞는다고 절대로 확신할 수 없다.

9. 세포설에 대한 설명으로 옳은 것은?
a. 모든 생물체는 세포벽을 가지고 있고 모든 세포벽은 다른 세포로부터 형성되었다.
b. 모든 세포의 생물은 유성생식을 한다.
c. 모든 생물은 에너지를 생산하기 위하여 세포를 이용하며, 그 자신이나 다른 생물체의 세포를 섭취한다.
d. 모든 생물체는 세포로 이루어져 있으며, 모든 세포는 다른 세포로부터 형성되었다.

10. 유전자설은 무엇에 관한 모든 정보를 가지고 있는가?
a. 개체 내에 있는 각기 다른 세포유형에 관한 것
b. 부모로부터 자손에게 변화하지 않고 전해 내려온 것
c. DNA라고 하는 긴 분자 내에 보관되어 있는 것
d. 모두 옳음

응용력 확인 문제

1. 두 세기에 걸쳐서 지구 기온은 따뜻해지고 있는데, 같은 시기에 해적선의 공격 횟수가 점점 줄어들고 있다. 이 그래프는 해적선 공격 횟수가 줄어드는 것은 날씨가 따뜻해지기 때문이라는 결론을 지지 할 수 있는가? 설명하시오.

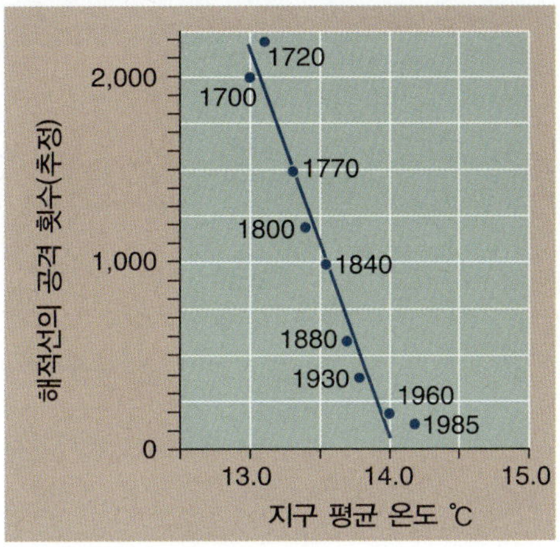

2. **그림 1.5** 구름 낀 날 사람들이 우산을 접거나 또는 가방에 넣어 가지고 다닌다는 것을 알 수 있다. 그리고 우산을 폈을 때 교통사고가 많이 발생한다는 것을 알 것이다. 펼친 우산이 교통사고의 원인이라는 결론을 내린다. 그림 1.5를 참고로 하여 이 결론이 이르게 될 때 이용한 사고의 유형을 설명하시오. 그리고 이것이 왜 가끔 문제가 될 수 있는가?

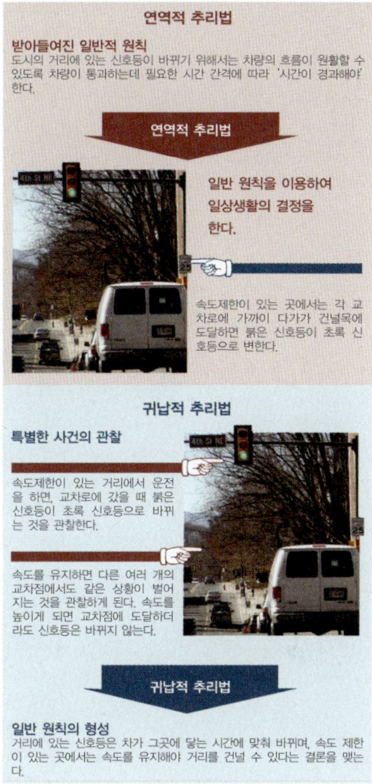

종합 학습

1. 여러분은 먼 행성까지 여행하여 그곳에 착륙한 과학자들 중의 한 사람으로 생물학자이다. 행성에서 깜짝 놀랄만한 외형과 형태의 배열을 본다. 지구에 돌아오기 전에 생물체를 자료로 가지고 오는데 3일 소요된다. 살아 있는 것을 어떻게 결정할 것인가?

2. St. John' s 풀은 약용식물로 수백 년 동안 경미한 우울증 치료제로 사용하였다. 현대에서 과학자는 이것의 효능을 어떻게 연구하여야 하는가?

Unit 2 | 살아 있는 세포

2

생명의 화학

이 나무들은 산성비로 인해 심각하게 손상되었다. 이 숲이 죽으면 이곳에 서식하는 동물에게 재앙이 될 것임에 틀림없다. 가시도치류(porcupine)는 화학을 전혀 모르며, 무슨 일이 왜 일어날 것인지 이해하지 못한다. 이 장의 후반부에서 산성비 또는 산성눈이 발생하는 원인과 산으로 인해 숲이 어떻게 죽는지에 대해 공부할 것이다. 한 유명한 자연보호론자는 다음과 같이 말했다. "이해하지 못한다면 보호할 수 없다." 산성비를 이해하려면, 먼저 몇 가지 간단한 것, 자연에서 일어나는 현상을 이루고 있는 구성성분들에 대해 이해하여야 한다. 위 사진에서 볼 수 있는 살아 있는 모든 것은 원자라는 작은 입자로 만들어지며, 이들이 함께 조립되어 분자를 형성한다. 위 사진의 숲에서 일어나는 현상을 이해하고자 한다면, 여기에서 출발해야 한다. 분자를 이해한 후에는 비에 대해 특별한 것을 알아야 하고, 비의 본성에 대해 고려할 것이다. 비와 눈은 무엇으로 만들어질까? 물이다. 물에 대해 매우 진지하게 살펴볼 필요가 있다. 그러면 물에 일부 화학물질을 첨가하면 화학적으로 활성이 높은, 산이라는 혼합물이 만들어지는 것을 알게 될 것이다. 산성비는 이러한 화학물질이 포함되어 있는 물이다. 이러한 사실을 이해하면 이 숲에서 일어나는 문제를 해결하고, 어떻게 멈추게 할 것인지에 대한 생각의 도구를 얻게 된다. 이런 방식으로 화학은 생명과학에서 우리가 배워야 할 많은 부분의 바탕을 이루고 있다.

학습단원

약간의 간단한 화학

2.1 원자

1. 물질의 정의
2. 3종류의 아원자 입자 측면에서 원자의 기본 구조
3. 무게와 질량의 구분
4. 원자의 화학적 행동을 결정하는 아원자는 무엇인지 확인하고 그 이유 설명
5. 전자가 에너지를 운반하는 방법
6. 전자껍질과 전자궤도의 차이

2.2 이온과 동위원소

1. 이온과 동위원소의 차이
2. 방사성 붕괴과정
3. ^{14}C 동위원소 연대법과 이 방법을 공룡 화석에 적용하지 못하는 이유

2.3 분자

1. 분자의 정의
2. 3종류의 주요 화학결합 나열
3. 공유결합과 달리, 이온결합에 의해서 결정이 만들어지는 이유
4. 극성 공유결합과 비극성 공유결합의 구별
5. 공유결합과 달리, 수소결합은 스스로 안정한 분자를 형성하지 못하는 이유
6. 화학결합과 반 데르 발스 힘의 구별

물: 생명의 요람

2.4 물에 고유한 성질을 부여하는 수소결합

1. 물의 일반적인 5가지 성질
2. 얼음이 물 위에 뜨는 이유
3. 땀을 흘리면 시원해지는 이유
4. 곤충이 물 위를 걸을 수 있는 이유
5. 소금은 물에 녹고, 야채 기름은 녹지 않는 이유

2.5 물의 이온화

1. pH 정의
2. pH 척도 1이 달라지면 수소이온 농도가 어떻게 달라질 것인지 예측
3. 산과 염기의 구분
4. 완충액이 pH를 일정하게 유지하는 이유
5. 사람 혈액의 주 완충액은 무엇이며, 혈액 pH를 일정하게 유지하는 방법

오늘날의 생명과학: 산성비

질문 & 분석: 방사성 붕괴를 이용한 얼음인간의 연대 측정

2.1 원자

그림 2.1 전해질 보충하기
운동선수는 격렬하게 운동하는 도중에 흔히 '전해질'이 포함된 음료수를 마신다. 전해질은 칼슘, 칼륨, 나트륨 등의 화학물질로 근육 수축에 중요하다. 전해질은 다양한 탈수에 의해 고갈될 수 있다.

생명과학은 생명체에 관한 과학이며, 모든 생명체, 실제로는 모든 비생명체도 물질로 이루어져 있다. **화학(chemistry)**은 이들 물질의 성질에 관해 연구하는 학문이다. 따라서 생명과학 책에서 화학을 공부하는 것은 싫증나고 무관한 것으로 보이기도 하지만, 필수적인 것이다. 생명체는 화학적 기계(**그림 2.1**)이기 때문에, 이를 이해하려면 약간의 화학을 배워야 한다.

질량을 가지고 부피를 차지하는 우주에 존재하는 것은 그 무엇이든 **물질(matter)**로 정의한다. 물질은 모두 **원자(atom)**라는 아주 작은 입자들로 구성된다. 원자는 자신의 화학적 성질을 유지한 채로 쪼갤 수 있는 가장 작은 입자이다.

원자들은 모두 동일한 기본 구조를 갖는다(**그림 2.2**). 원자의 중심에는 작고 매우 조밀한 핵이 있는데, 핵은 두 종류의 아원자(subatomic) 입자인 **양성자(proton**, 보라색 공)와 **중성자(neutron**, 분홍색 공)로 이루어진다. 세 번째 아원자인 **전자(electron**, 동심원의 노란색 공) 구름은 핵 주위를 돌고 있다. 중성자는 전하를 갖지 않으며, 양성자는 양전하 1개를, 전자는 음전하 1개를 갖는다. 원자의 핵에 있는 양성자마다 전자를 1개씩 가진다. 전자의 음전하가 양성자의 양전하와 균형을 이룬다. 이 원자는 전기적으로 중성이다.

원자는 핵에 있는 양성자 수나 원자 전체의 질량으로 표시한다. *질량*(mass)과 *무게*(weight)는 흔히 혼용하여 사용하지만, 약간 다른 의미를 갖고 있다. 질량은 물질의 양이고, 무게는 물질에 대한 중력의 힘을 의미한다. 따라서 어떤 물체의 질량은 지구에서나 달에서나 동일하지만, 무게는 지구에서 더 무겁다. 왜냐하면 지구의 중력이 달의 중력보다 크기 때문이다. 예를 들어, 지구에서 78kg인 우주비행사의 체중은 달에서는 13kg이 된다. 달까지 여행하는 동안에 질량을 잃은 것이 아니라, 질량에 대한 중력이 감소하였기 때문이다.

원자의 핵에 있는 양성자의 수는 **원자번호(atomic number)**라고 한다. 예를 들어 탄소의 원자번호는 6인데, 이는 양성자를 6개 가지고 있기 때문이다. 원자번호가 동일한(즉, 양성자의 수가 동일한) 원자는 동일한 화학적 성질을 가지며, 동일한 **원소**

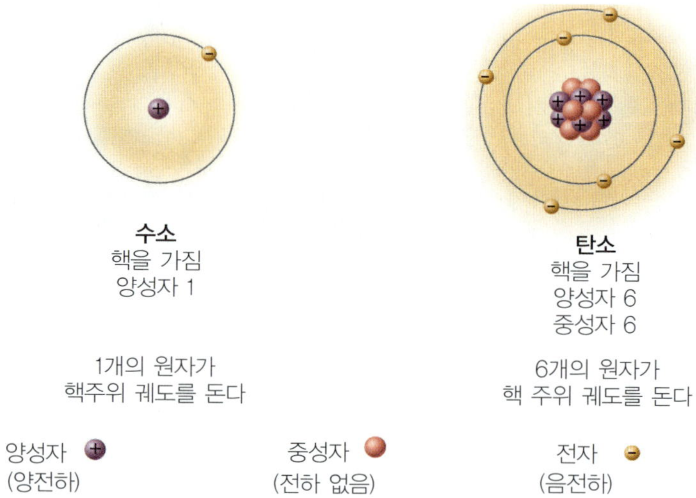

그림 2.2 원자의 기본 구조
모든 원자(수소만 제외)는 양성자와 중성자로 이루어진 핵을 가지고 있다. 가장 작은 원자인 수소는 중성자가 없으며, 양성자만 1개 있다. 예를 들어 탄소는 양성자 6개와 중성자 6개를 가진다. 전자는 핵에서 멀리 떨어진 궤도를 이루어 핵 주위를 돌고 있다. 전자로 인해 원자가 서로 어떻게 반응할 것인지 결정된다.

(element)에 속한다. 정확하게 표현한다면, 원소는 통상적인 화학적 수단으로는 다른 물질로 바꿀 수 없는 물질이다.

중성자는 양성자와 질량이 비슷하며, 양성자와 중성자의 수를 더해 **질량수(mass number)**라고 한다. 탄소 원자는 양성자 6개와 중성자 6개를 가지므로 질량수는 12이다. 원자의 전체 질량수에서 전자의 질량은 무시한다. 가장 흔한 원소 일부의 원자번호와 질량수를 **표 2.1**에서 볼 수 있다.

전자에 의해 원소의 특성이 결정된다

전자의 질량은 매우 작아서 양성자의 약 1/1,840에 지나지 않는다. 여러분의 체중에 대해 전자가 기여하는 바는 속눈썹 무게보

표 2.1 생명체에서 일반적인 원소

원소	기호	원자번호	질량수
수소	H	1	1.008
탄소	C	6	12.011
질소	N	7	14.007
산소	O	8	15.999
나트륨	Na	11	22.989
인	P	15	30.974
황	S	16	32.064
염소	Cl	17	35.453
칼륨	K	19	39.098
칼슘	Ca	20	40.080
철	Fe	26	55.847

다도 작다. 그러나 전자는 원자의 한 부분으로서 다른 전자들과 상호작용하기에 충분히 가깝게 접근할 수 있기 때문에 원자의 화학적 행동을 결정한다. 원자의 부피는 거의 빈 공간이다. 양성자와 중성자는 이 공간의 중심핵에 놓여 있으며, 궤도를 이루는 전자는 핵에서 매우 멀리 떨어져 있다. 원자의 핵 크기를 사과에 비유한다면, 가장 가까운 전자의 궤도도 1.5km 이상이나 떨어져 있게 된다!

전자는 에너지를 운반한다

전자는 음전하를 지니고 있기 때문에, 양전하를 띤 핵에 이끌리며, 전자끼리는 서로 밀어낸다. 전자들을 궤도에 유지하려면, 손에 든 사과가 중력에 의해 땅에 떨어지지 않도록 해야 하는 것과 마찬가지로 일을 해야 한다. 손으로 들고 있는 사과는 그 위치로 인해 **에너지(energy**, 일할 수 있는 능력)를 갖고 있다. 사과를 놓는다면 땅으로 떨어질 것이다. 이와 유사하게 전자들도 *위치에너지*(potential energy)를 갖는다. 핵의 이끄는 힘과 반대로 일해야 한다. 따라서 전자를 핵에서 바깥으로 더 멀리 이동시키려면(**그림 2.3**의 오른쪽 화살표) 에너지가 투입되어야 하며, 그 결과로 전자가 더 큰 위치에너지를 갖게 된다. 전자를 핵 쪽으로 이동시키면 반대효과(왼쪽 화살표)가 나타난다. 즉, 에너지가 방출되며 전자의 위치에너지가 감소한다. 손에 들고 있는 사과에 대해 다시 생각해 보자. 사과를 들고 2층으로 올라가 떨어뜨리면 1층에서 떨어뜨렸을 때보다 더 큰 위치에너지를 갖게 된다. 땅에서 15cm 정도 높이로 사과를 낮추면 위치에너지가 줄어든다. 세포는 원자의 위치에너지를 이용하여 화학반응을 일으키며, 이에 대해서는 제5장에서 설명한다.

원자의 에너지수준은 흔히 **그림 2.2**처럼 중심의 핵 주변에 둥근 궤도로 나타내기도 하지만, 정확한 것이 아니다. 이들 에너지수준은 *전자껍질*(electron shell)이라고 하는데, 흔히 복잡한 3-차원 구조로 이루어지며 특정 시기에 전자 각각의 정확한 위치를 특정 짓는 것은 불가능하다. 그러나 어떤 위치는 다른 곳에 비해 전자가 있을 가능성이 높으며, 전자가 위치할 확률이 가장 높은 곳을 지정할 수 있다. 전자가 발견될 확률이 가장 높은 핵 주위 공간을 그 전자의 **궤도(orbital)**라고 한다.

각 전자껍질은 특정한 수의 전자궤도를 가지며, 각 궤도는 전자를 2개까지 가질 수 있다. 원자의 첫 번째 껍질은 궤도를 1개 가진다. 헬륨(**그림 2.4*a***)은 에너지수준이 가장 낮은 궤도 1개

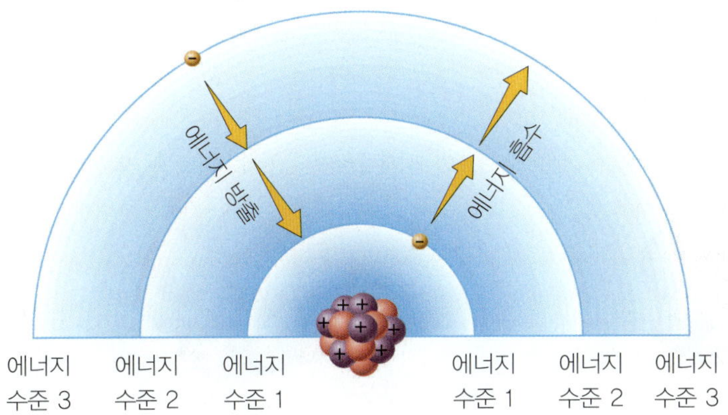

그림 2.3 원자의 전자는 위치에너지를 간직하고 있다

핵 주위를 빠르게 회전하는 전자는 에너지를 간직하고 있으며, 핵에서 떨어진 거리에 따라 많거나 적은 에너지를 가지게 된다. 에너지수준 1은 핵과 가장 가깝기 때문에 위치에너지 수준이 가장 낮다. 전자가 에너지를 흡수하면 다음 단계의 높은 에너지수준(수준 1에서 수준 2로) 이동한다. 전자가 에너지를 잃으면 핵과 더 가까운 낮은 에너지수준으로 떨어진다.

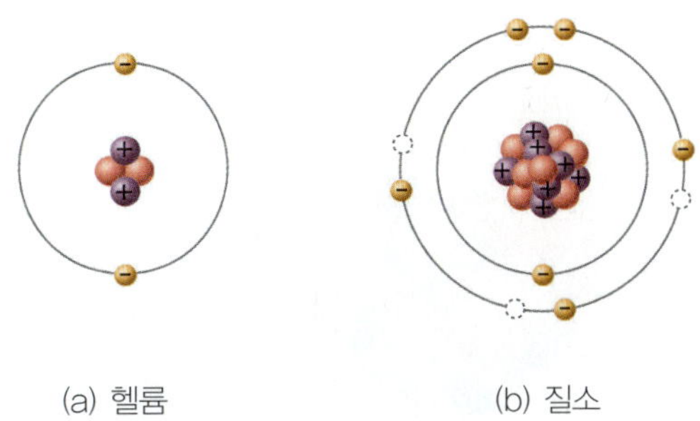

그림 2.4 전자껍질에 있는 전자들

(a) 헬륨 원자는 양성자 2개, 중성자 2개, 전자 2개를 가진다. 전자는 가장 낮은 에너지수준의 전자껍질 1개를 채운다. (b) 질소 원자는 양성자 7개, 중성자 7개, 전자 7개를 가진다. 전자 2개는 최내각 전자껍질의 궤도를 채우며, 나머지 5개는 두 번째 전자껍질(두 번째 에너지수준)의 궤도를 차지한다. 두 번째 전자껍질에 있는 궤도들은 전자를 8개까지 가질 수 있다. 따라서 질소 원자의 최외각 전자껍질에는 3개의 자리가 빈다.

를 가지는 전자껍질 1개를 갖고 있다. 궤도에는 전자 2개가 있는데, 핵의 위와 아래에 표시하였다. 전자껍질이 1개보다 많은 원자에서는 두 번째 껍질은 궤도를 4개 가지며, 전자를 8개까지 가질 수 있다. 질소(**그림 2.4*b***)는 전자껍질을 2개 갖는다. 첫 번째 껍질은 전자 2개로 완전히 채워져 있으나, 질소의 두 번째 껍질은 전자를 5개만 갖고 있기 때문에 두 번째 전자껍질에 있는 궤도 4개 가운데 3개는 완전하게 채우지 못한다(빈 전자는 점선으로 그린 원으로 표시). 전자껍질이 3개 이상인 원자에서는 그 다음 전자껍질 역시 궤도 4개를 가지며, 전자를 최대 8개까지 가질 수 있다. 전자를 완전히 채우지 못한 궤도는 자신의 최외각 전자껍질을 채우기 위해 전자를 잃거나 얻거나, 또는 공유하기 때문에 반응성이 높다. 이렇게 전자를 잃거나 얻거나 공유하는 것은 원자 사이에 화학결합을 이루는 화학반응의 기본이다. 화학결합에 대해서는 이 장의 뒷부분에서 설명한다.

주요 학습 요점 2.1 **물질을 쪼갤 수 있는 가장 작은 입자인 원자는 양성자와 중성자로 이루어진 핵과 핵을 돌고 있는 전자로 이루어진다. 전자에 의해 원자의 화학적 성질이 결정된다.**

2.2 이온과 동위원소

이온

원자는 때때로 최외각 껍질에 있는 전자를 얻거나 잃을 수 있다. 1개 이상의 전자를 얻거나 잃어서 전자의 수와 양성자의 수가 같지 않은 원자를 **이온(ion)**이라고 한다. 이온은 모두 전하를 지니고 있다. 예를 들어, 나트륨 원자(**그림 2.5**의 왼쪽)는 전자를 1개 잃어 전하 균형을 이루지 못한 양성자가 1개 남게 되어(양전하 양성자 11개와 음전하 전자 10개), 양전하를 띤 이온(*양이온*, cation)이 된다. 원자가 다른 원자에게서 전자를 얻으면 음전하를 띤 이온(*음이온*, anion)이 형성된다.

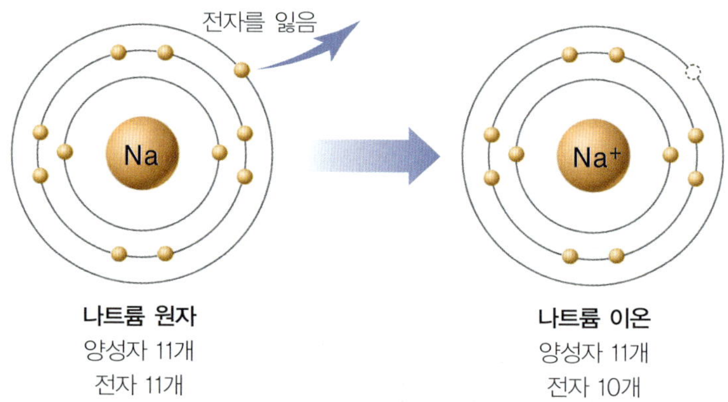

그림 2.5 나트륨 이온 생성
전기적으로 중성인 나트륨 원자는 양성자 11개와 전자 11개를 가진다. 나트륨 이온은 이온화될 때 전자 1개를 잃어 양전하 1개를 지니게 된다. 나트륨 이온은 양성자 11개와 전자 10개를 가진다.

그림 2.6 탄소의 동위원소
탄소의 동위원소로 가장 일반적인 것은 탄소-12, 탄소-13, 탄소-14이다. 그림의 노란 '구름'은 궤도를 도는 전자이며, 3종의 동위원소 모두 전자의 수는 같다. 양성자는 보라색으로, 중성자는 분홍색으로 표시하였다.

동위원소

특정 원소의 원자에 있는 중성자 수는 그 원소의 화학적 성질을 변화시키지 않으며, 다양하게 나타난다. 양성자 수는 같지만 중성자 수가 다른 원자를 **동위원소(isotopes)**라고 한다. 원자의 동위원소들은 원자번호는 같지만 질량수는 다르다. 자연에서 대부분의 원소는 동위원소들이 혼합된 상태로 존재한다. 예를 들어 탄소는 3종의 동위원소가 있으며, 모두 양성자(**그림 2.6**의 보라색 공)를 6개씩 가진다. 가장 흔한 탄소의 동위원소(모든 탄소의 99%)는 중성자(분홍색 공)를 6개 가진다. 이 경우 질량수가 12(양성자 6+중성자 6)이므로, 탄소-12라고 한다. 동위원소 탄소-14(오른쪽)는 희귀하며(탄소 원자의 1조분의 1), 불안정해서 원자번호가 낮은 입자로 분해되기 쉽다. 이 과정을 **방사성 붕괴(radioactive decay)**라고 한다. 방사성 동위원소는 의학용이나 화석 연대측정 등에 이용된다.

방사성 동위원소의 의학적 이용

대부분의 사람들은 '방사성' 이라는 말을 들으면 버섯구름을 만들며 폭발하는 핵폭탄과 그로 인한 재앙을 연상한다. 방사성 동위원소에서 방출되는 방사선이 사람 세포에 상해를 입힐 수 있는 것은 사실이지만, 의학적 용도로도 많이 사용할 수 있다. 반감기가 짧아서 매우 빠르게 붕괴되어 무해한 물질로 변하는 동위원소가 대개 인체 내의 추적자로 사용된다. **추적자(tracer)**는 방사성 물질로 인체에 흡수시켜 사용한다. 방사성 동위원소 추적자에서 나오는 방사선을 특수한 실험장비로 검출하여 신체의 기능에 대해 주요 진단 정보를 얻을 수 있다. 예를 들어, PET와 PET/CT (양전자방출단층촬영/컴퓨터단층촬영) 영상처리 기술로 암에 걸린 영역을 확인할 수 있다. 먼저 방사성 추적자를 신체에 주입한다. 이 추적자는 모든 세포에 흡수되는데, 암세포처럼 대사활성이 높은 세포에는 더 많이 흡수된다. 이후 신체를 촬영하여 추적자에서 나오는 방사선 양이 많은 부위를 볼 수 있다. 예를 들어 **그림 2.7**에서 방사선을 방출하는 암의 위치는 왼쪽 사진에서는 검은 영역으로, 오른쪽 사진에서는 노랗게 빛나는 영역으로 나타난다. 이 밖에도 질병을 찾아내고 치료하는 의학 용도로 방사성 동위원소를 많이 활용하고 있다.

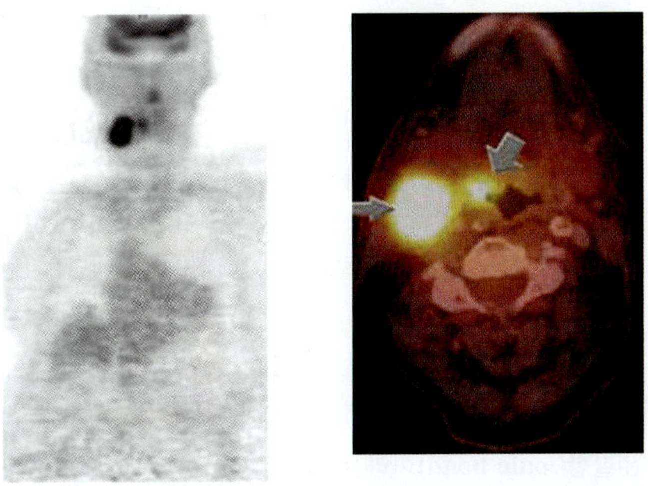

그림 2.7 방사성 추적자를 이용한 암 확인

어떤 의학영상처리기술에서는 환자에게 먹이거나 정맥주사를 하여 암세포에 더 많이 흡수되는 방사성 추적자를 투입한다. 추적자는 방사능을 방출하며, 이를 PET와 PET/CT 장비로 검출한다. 목에서 암으로 의심되는 영역이 왼쪽 사진에서는 짙은 검은 영역으로, 오른쪽 사진에서는 노랗게 빛나는 밝은 영역으로 보인다.

화석의 연대측정

화석(fossil)은 생명체의 잔존물이나 발자국 등의 흔적이 모래나 퇴적물에 묻혀 생성된다. 오랜 시간이 지남에 따라 퇴적물이 바위로 되고, 뼈를 비롯한 단단한 조직에서 칼슘이 광물화된다. 화석은 일반적으로 1만 년 이전의 선사시대의 기록이다. 화석이 들어 있는 바위의 연대를 측정하면 그 화석이 얼마나 오래된 것인지 알 수 있다. 대개 바위를 형성하는 광물질에 있는 특히 방사성 동위원소의 방사성 붕괴 정도를 측정하여 암석의 연대를 추정한다. 방사성 동위원소는 핵이 불안정하여 결국 서로 분해되어 더욱 안정한 다른 원소에 속하는 원자로 바뀐다. 방사성 원소의 붕괴속도(1분당 붕괴되는 동위원소의 비율)는 일정하므로 방사성 붕괴 양을 이용하여 화석의 연대를 측정한다. 화석이 오래되었을수록 붕괴된 방사성 동위원소의 비율이 높다.

5만 년 이하의 화석 연대 측정은 탄소-14(^{14}C) **방사성 동위원소 연대측정법(radioisotopic dating)**을 널리 이용한다(**그림 2.8**). 탄소 원자의 대부분의 질량수는 12(^{12}C)이다. 그러나 대기에 있는 탄소에는 질량수 14(^{14}C)인 탄소 원자가 극소량이지만 일정한 비율로 존재한다. 이 탄소 동위원소는 질소-14 원자와 우주선이 충돌하여 만들어진다. 일정 비율의 ^{14}C(**그림 2.8**에서 *A*로 표시)가 광합성을 통해 식물에게 포획되며, 식물을 먹는 동물(이 경우는 토끼)의 체내에 있는 탄소 분자 중에 같은 비율로 존재한다. 식물이나 동물이 죽으면 더 이상 탄소를 축적하지 못하며, 죽은 당시의 ^{14}C는 시간에 따라 점차 붕괴되어 다시 질소-14(^{14}N)로 전환된다. 따라서 ^{14}C(*A*)의 양은 감소하지만, ^{12}C의 양은 일정하다. 생명체의 잔존물이나 화석화한 바위에 있는 $^{14}C/^{12}C$의 비율을 측정하면 죽은 지 얼마나 오래 지났는지 알

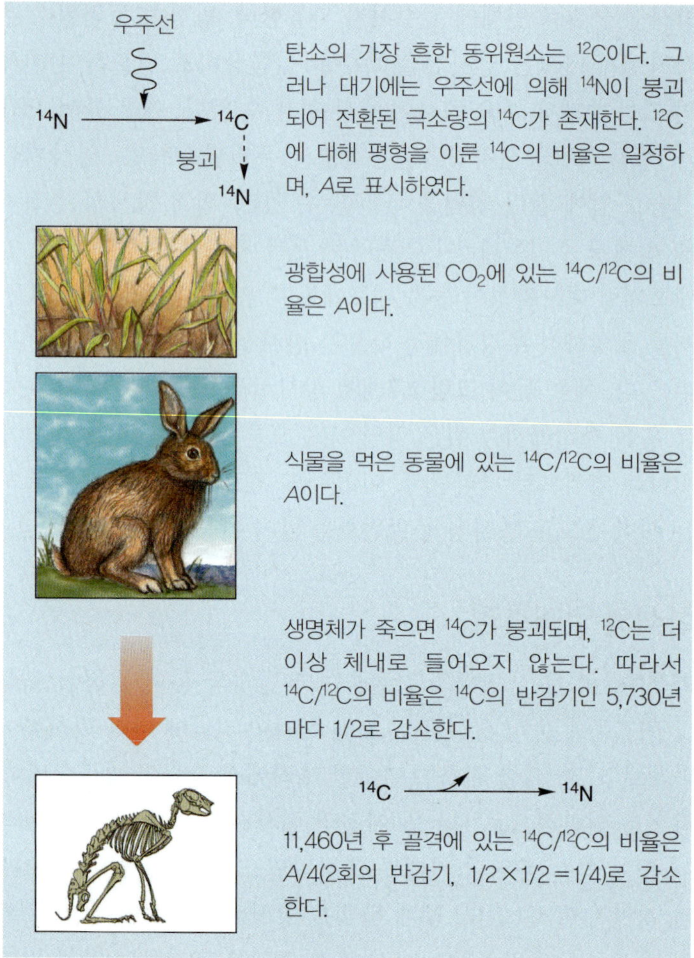

그림 2.8 방사성 동위원소 연대측정
이 그림은 반감기가 짧은 동위원소인 탄소-14를 이용한 방사성 연대측정의 예이다.

수 있다. 시간이 지나면 $^{14}C/^{12}C$의 비율이 감소한다. 이 과정을 통해 시료 속에 있는 ^{14}C의 양이 반(1/2 *A* 또는 *A*/2)이 ^{14}N으로 전환되는데 5,730년이 걸린다. 이 시간을 이 동위원소의 **반감기(half-life)**라고 한다. 동위원소의 반감기는 일정하며, 결코 달라지지 않기 때문에 방사성 붕괴 정도로 시료의 연대를 알 수 있다. 따라서 원래 ^{14}C 비율의 1/4(1/4 *A* 또는 *A*/4)만 남아 있는 시료는 약 11,460년 지난 것으로 계산할 수 있다(두 번의 반감기—원래 ^{14}C의 반이 *A*/2로 되는 데 필요한 5,730년과 나머지 ^{14}C가 *A*/4로 되는 데 필요한 5,730년).

5만 년 이상 된 화석에는 ^{14}C가 거의 남아 있지 않다. 따라서 반감기가 13억 년이나 되는 칼륨-40(^{40}K)이 아르곤-40(^{40}Ar)으로 붕괴되는 과정을 이용하여 측정한다.

주요 학습 요점 2.2 원자가 1개 이상의 전자를 얻거나 잃으면 이온이라고 한다. 원소의 동위원소들은 중성자의 수는 서로 다르지만, 모두 같은 화학적 성질을 가진다.

2.3 분자

분자(molecule)는 에너지에 의해 결합한 원자들의 집단이다. 에너지는 '풀'처럼 작용하여 다양한 원자가 서로 붙어 있도록 한다. 두 원자를 함께 묶는 에너지 또는 힘을 **화학결합(chemical bond)**이라고 한다. 화학결합으로 인해 큰 생물학적 분자의 형태가 결정되며, 이에 대해서는 제3장에서 설명한다. 중요한 화학결합으로는 3종류가 있다. 상반된 전하를 띤 이온의 인력에 의해 힘이 만들어지는 이온결합, 전자를 공유함으로써 힘이 만들어지는 공유결합, 그리고 상반된 부분적인 전하의 인력에 의해 힘이 만들어지는 수소결합이다. 또 다른 종류의 화학적 인력으로는 나중에 설명할 반 데르 발스 힘이 있다. 하지만, 이런 종류의 상호작용은 화학결합으로 간주하지 않는다.

이온결합

이온결합(ionic bond)이라는 화학결합은 상반된 전기적 전하에 의해 원자가 끌려서 만들어진다. 자석의 양극이 다른 자석의 음극에 끌리는 것처럼, 원자도 상반된 전하를 지닌 다른 원자와 강한 결합을 이룰 수 있다. 전기적 전하를 지닌 원자는 이온이기 때문에 이러한 결합을 이온결합이라고 한다.

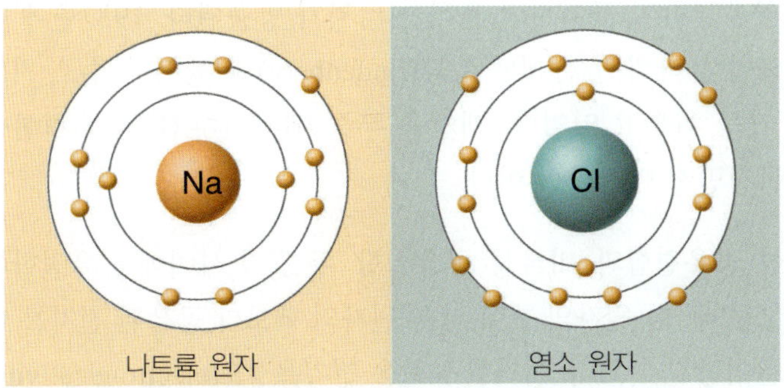

소금은 이온결합으로 만들어진다. 소금의 나트륨 원자와 염소 원자는 이온이다. 왼쪽에 있는 나트륨은 최외각 껍질(아래의 껍질은 전자 8개를 가지고 있다)에 있는 전자 1개를 잃고, 오른쪽에 있는 염소는 전자 1개를 얻어 최외각 껍질을 완전히 채운다. 2.1절에서 최외각 전자껍질이 채워졌을 때(최내각 껍질에서는 전자 2개, 핵에서 멀리 떨어진 껍질에서는 전자를 8개씩 가질 때) 그 원자가 더욱 안정하게 된다는 사실을 배운 바 있음을 상기하자.

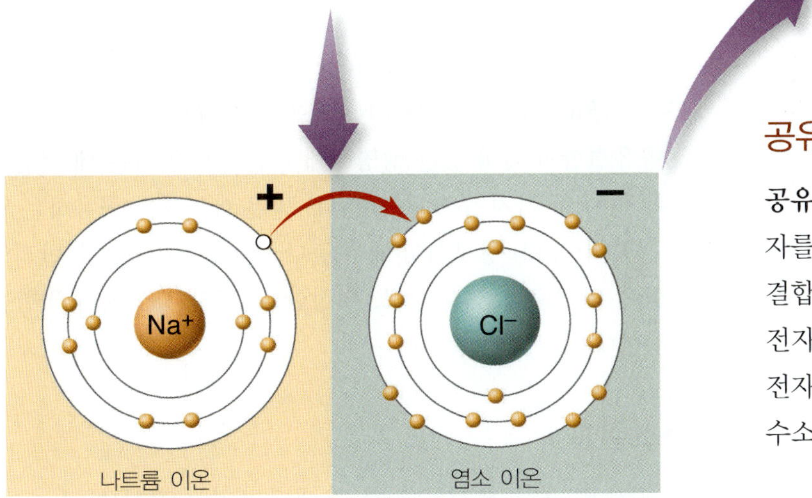

이러한 안정성을 이루기 위해 원자는 다른 원자와 전자를 주거나 받는다. 그 결과 소금의 나트륨 원자는 양이온이 되고, 염소 원자는 음이온이 된다.

각 이온은 주위에 있는 상반된 전하를 지닌 이온에 전기적으로 끌린다. 따라서 나트륨과 염소 이온결합의 정교한 결정을 형성하게 된다. 그림의 소금 결정은 나트륨(노란색)과 염소(연녹색) 이온이 엇갈려 만들어낸 구조이다. 이러한 이유로 소금은 가루가 아닌 작은 결정을 이루는 것이다.

결정체를 이루도록 하는 이온결합의 두 가지 주요 특성은 이 결합이 매우 강하고(공유결합만큼 강하지는 않지만) 방향성이 없다는 것이다. 전하를 띤 원자는 근처에 있는 상반된 전하를 지닌 모든 원자에 의해 형성되는 전기장에 끌린다. 이온결합은 방향성을 갖지 않기 때문에 대부분 생물학적 분자로서는 중요한 역할을 하지 않는다. 복잡하고 안정한 형태를 이루려면 방향성이 있는 결합에 의해 가능하게 되는 더욱 특별한 연결이 필요하다.

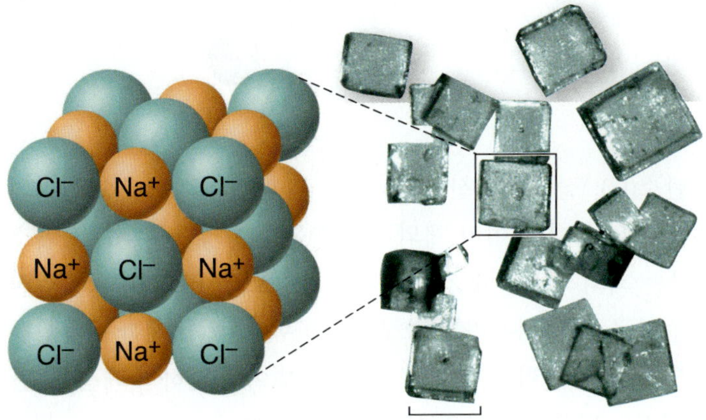

NaCl 결정

공유결합

공유결합(covalent bond)이라는 강한 화학결합은 두 원자가 전자를 공유하여 만들어진다. 신체에 있는 대부분의 원자는 공유결합을 통해 다른 원자와 연결되어 있다. 분자 내의 원자는 왜 전자를 공유하는 것일까? 모든 원자는 자신의 최외각 껍질을 전자로 채우려 한다는 사실을 기억하자. 최외각 껍질에는 (작은 수소와 헬륨을 제외한) 모든 원자가 전자를 8개씩 가질 수 있다.

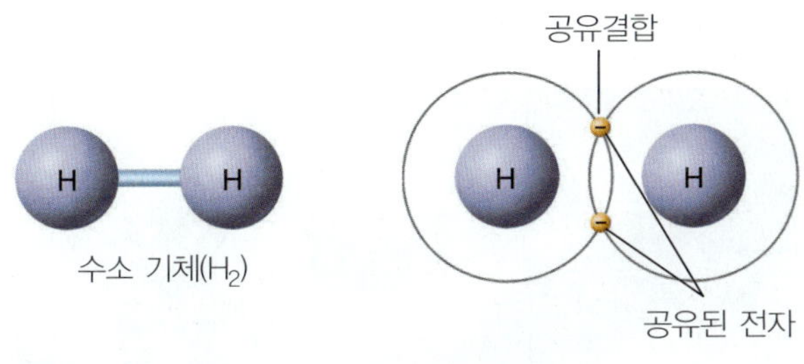

공유결합은 두 원자가 전자를 공유하여 형성된다. 전자를 공유하는 원자는 같은 원소의 것이거나 다른 원소의 것일 수 있다. 수소(H)와 같은 일부 원자는 단지 1개의 공유결합만 형성할 수 있는데, 수소는 자신의 최외각 껍질을 채우기 위해 단 1개의 전자만 필요로 하기 때문이다.

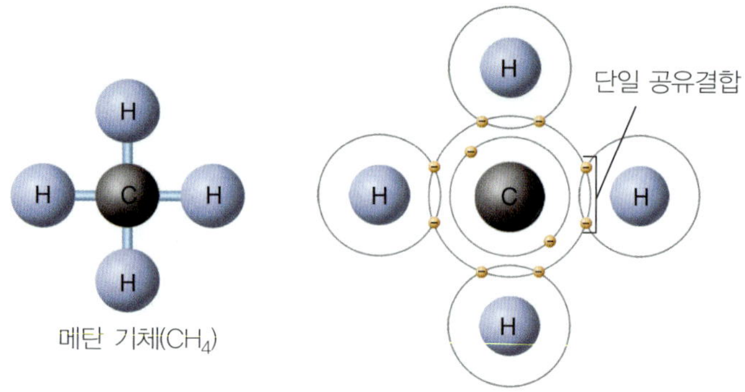

탄소(C), 질소(N), 산소(O) 등의 원자는 최외각 전자껍질의 공간 여유에 따라 여러 개의 공유결합을 형성할 수 있다. 탄소 원자는 최외각 껍질에 전자를 4개 가지고 있어서, 최외각 껍질을 전자로 모두 채우려는 과정에서 공유결합을 4개까지 형성할 수 있다. 공유결합을 4개 형성하는 방법이 다양하기 때문에, 탄소 원자는 다양한 종류의 분자를 형성한다.

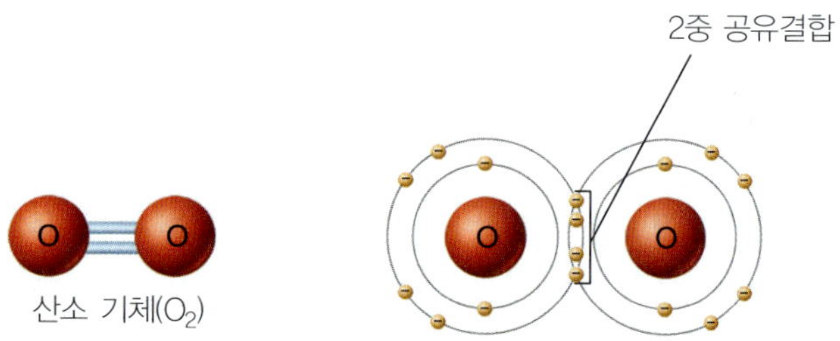

대부분의 공유결합은 *단일결합*(single bond)으로, 전자 2개를 공유한다. 그러나 전자 4개를 공유하는 *2중결합*(double bond) 역시 일반적이다. 전자 6개를 공유하는 *3중결합*(triple bond)은 흔하지 않지만, 질소 기체(N_2) 등의 일부 화합물에서 볼 수 있다.

공유결합이 끊어지면 흔히 에너지가 방출된다. 1937년에 폭발하여 불타버린 *힌덴베르크*(Hindenberg) 비행선은 수소 기체를 가득 채우고 있었다. 재앙을 부른 에너지는 H_2 공유결합이 끊어지면서 발생한 것이다.

극성 공유결합과 비극성 공유결합 두 원자 사이에 공유결합이 형성될 때, 한 원자의 핵이 다른 원자의 핵보다 공유된 전자를 더 잘 끌어당길 수 있다. 이러한 능력을 *전기음성도*(electronegativity)라고 한다. 예를 들어, 물에서는 공유된 전자가 수소 원자보다 산소 원자에게 더 강하게 끌린다. 즉, 산소의 전기음성도가 더 높다. 이렇게 되면 공유된 전자가 산소 원자 주위에서 더 오래 머물게 되어 약간의 음전하가 나타나게 되며, 수소 주위에서는 덜 머물게 되므로 약간의 양전하가 나타나게 된다. 이들 전하는 이온처럼 완전한 전하가 아니라 약한 *부분 전하*(partial charge)이며, 그리스어 델타(δ)로 표시한다(다음 쪽 참조). 그 결과, 일종의 분자 자석—양극과 음극, 또는 "극성"을 지닌—이 된다. 이런 분자를 **극성 분자(polar molecule)**라고 하며, 원자 사이의 결합을 *극성 공유결합*(polar covalent bond)이라고 한다. 메탄의 탄화수소 결합처럼 원자 사이에 전기음성도 차이가 크지 않은 분자는 **비극성 분자(nonpolar molecule)**라고 하며, *비극성 공유결합*(nonpolar covalent bond)을 가지고 있다.

공유결합이 살아 있는 생명체에서 분자를 만드는 데 적합하도록 하는 두 가지 주요 특성은 (1) 많은 에너지를 공유하는 강한 결합이며, (2) 방향성이 매우 높다—이웃한 원자와 일반적인 인력에 의해 결합하지 않고, 특정한 두 원자 사이에서 결합을 형성한다—는 점이다.

수소결합

물과 같은 극성 분자는 서로 끌어당겨 **수소결합(hydrogen bond)**이라는 특별한 종류의 약한 화학결합을 이룬다. 수소결합은 한 극성 분자의 양성 말단이 다른 분자의 음성 말단과 이끌려 결합하여 만들어지며, 마치 자석 2개가 서로 달라붙는 것과 같다.

수소결합에서는 한 극성 분자의 전기양성 원자인 수소(H)가 다른 극성 분자의 산소(O)나 질소(N) 등의 전기음성 원자와 서로 이끌려 결합한다.

물 분자의 산소 원자가 수소 원자보다 더 전기음성이므로 물 분자는 극성이다. 물 분자는 서로 강한 수소결합을 형성하여 액체인 물에 고유한 성질을 부여한다. 각 산소는 부분적인 음전하(δ^-)를 지니며, 각 수소는 부분적인 양전하(δ^+)를 지닌다. 수소

결합(점선으로 표시)은 한 극성 분자의 양성 말단과 다른 극성 분자의 음성 말단 사이에서 형성된다. 부분 전하 사이의 인력으로 인해 물 분자는 서로 이끌린다.

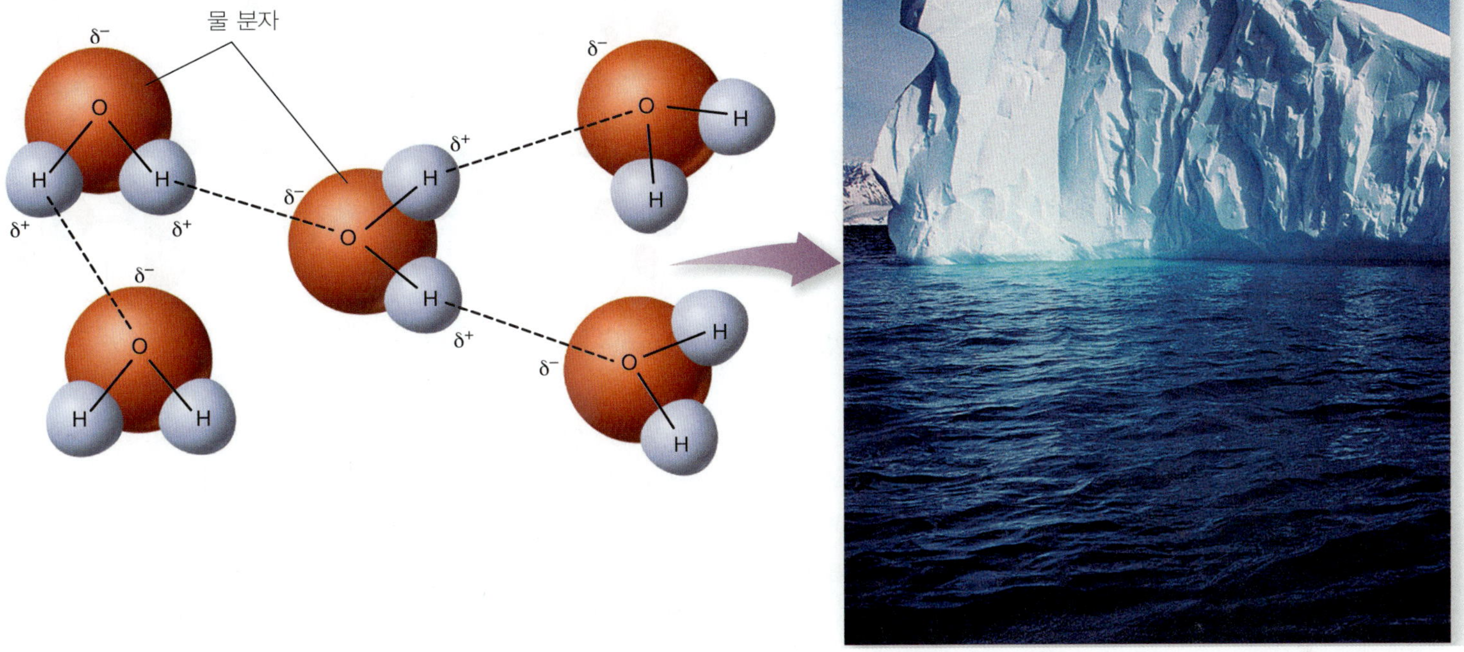

두 가지 중요한 성질로 인해 수소결합이 생명체의 분자로서 중요한 역할을 한다. 첫째, 이 결합은 약하다. 따라서 공유결합이나 이온결합과 달리 먼 거리에서는 효과를 나타내지 못한다. 수소결합은 약해서 스스로는 안정한 분자를 형성하지 못한다. 그 대신에 벨크로처럼 작용하여 많은 약한 상호작용의 효과가 더해져 강한 결합을 형성한다. 둘째, 수소결합은 방향성이 매우 높다. 제3장에서 단백질과 DNA 등의 큰 생물학적 분자의 구조를 유지하는 데 있어서 수소결합의 역할에 대해 설명할 것이다.

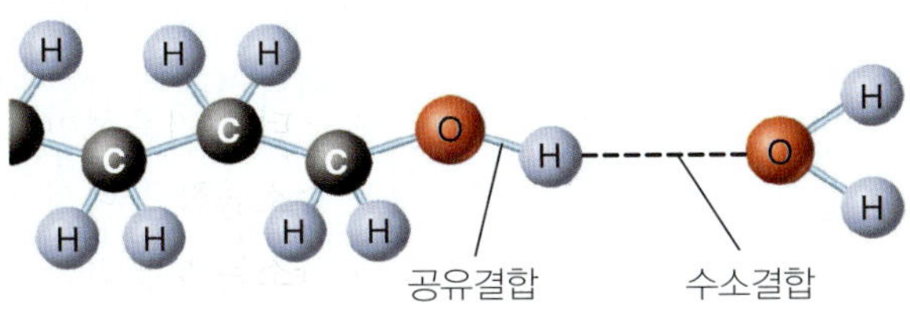

반 데르 발스 힘

또 다른 종류의 중요한 약한 화학결합은 방향성이 없는 인력인 *반 데르 발스 힘*(van der Waals force)이다. 반 데르 발스 상호작용이라고도 하며, 두 원자가 서로 매우 가깝게 접근했을 때에만 작용한다. 이 힘은 너무 약해서 두 원자가 약간만 멀어져도 사라진다. 이 힘은 한 분자 내에서 많은 원자가 동시에 다른 분자의 많은 원자와 가깝게 놓여야 즉, 분자의 형태가 정확하게 맞아야 작용이 나타난다. 예를 들어, 이 상호작용은 혈액 내의 항체가 침입한 바이러스의 형태를 외래의 것으로 인식할 때에 그 중요성이 생긴다.

주요 학습 요점 2.3 분자는 원자들이 화학결합에 의해 서로 연결된 것이다. 이온결합, 공유결합, 수소결합은 3가지의 중요한 결합이며, 반 데르 발스 힘은 약한 상호작용이다.

2.4 물에 고유한 성질을 부여하는 수소결합

지구 표면의 3/4은 물로 덮여 있다. 우리 몸의 약 2/3는 물이며, 물 없이는 오래 살 수 없다. 다른 모든 생명체 역시 물을 필요로 한다. 열대우림에서는 생명체가 번성하지만, 건조한 사막에서 비가 온 직후를 제외하고는 거의 생명체가 살지 못하는 것은 우연한 일이 아니다. 따라서 생명의 화학은 물의 화학이다.

물은 산소 원자 1개가 수소 원자 2개와 단일 공유결합으로 연결되어 있는 단순한 원자 수준의 구조를 갖고 있으며, 화학구조식은 H_2O이다. 공유된 전자에 대한 인력은 수소 원자보다 산소 원자가 더 강하기 때문에 물은 *극성 분자*(polar molecule)이며, 따라서 *수소결합*(hydrogen bond)을 형성한다. 물은 수소결합을 형성할 수 있기 때문에 막 구조에서 단백질의 접힘 방식에 이르기까지 생명체의 화학에 많은 부분을 기여한다.

물 분자 사이의 약한 수소결합으로 인해 물속에서 수소결합의 격자가 만들어진다. 이들 결합 각각은 매우 약하며, 수명도 짧아 겨우 1/100,000,000,000초만 지속된다. 그러나 해변의 모래알과 같이 이들 결합이 대량으로 축적된 효과는 거대하여 물의 중요한 많은 성질을 나타낸다(**표 2.2**).

열 저장

물질의 온도는 그 물질의 분자가 얼마나 빠르게 움직이는가에 대한 척도이다. 물 분자는 서로 수소결합을 많이 형성하여 물을 조성하기 때문에, 이를 끊어내고 온도를 올리려면 많은 열에너지가 유입되어야 한다. 이로 인해 물은 거의 모든 다른 화합물보다 천천히 가열되며, 오랫동안 온도를 유지한다. 이것이 우리 몸이 체온을 비교적 일정하게 유지할 수 있는 이유이다.

표 2.2 물의 성질

성질	설명
열 저장	수소결합이 끊어지려면 상당한 열을 필요로 하기 때문에 온도 변화가 최소화된다.
얼음 형성	얼음 결정 속의 물 분자는 수소결합으로 인해 상대적으로 더 멀리 떨어져 있게 된다.
높은 기화열	물이 기화하려면 수소결합이 많이 끊어져야만 한다.
응집	수소결합은 물 분자가 서로 붙어 있도록 한다.
높은 극성	물 분자는 이온과 극성 화합물에 이끌린다.

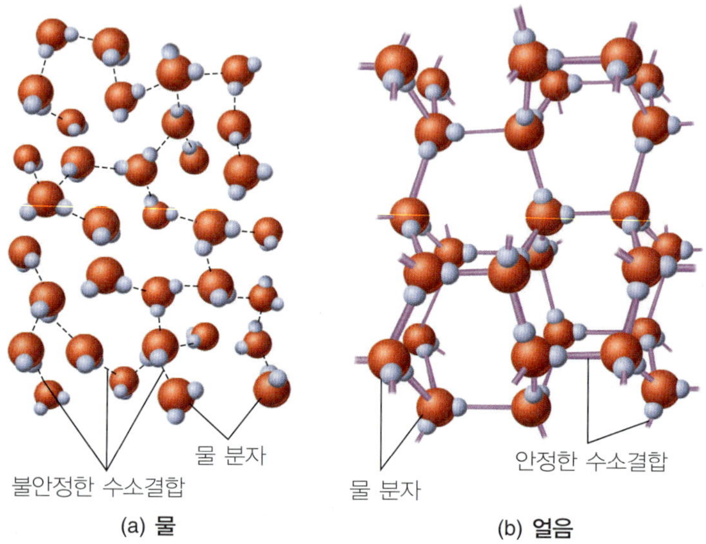

그림 2.9 얼음 형성

물(*a*)이 0°C 아래로 차갑게 되면 규칙적인 결정구조(*b*)가 형성되어 물 위에 뜬다. 각각의 물 분자는 멀리 떨어져 수소결합을 이루어 형태를 유지한다.

얼음 형성

온도가 충분히 낮아지면 물의 수소결합은 거의 끊어지지 않으며, 그 대신에 수소결합으로 이루어진 격자가 결정처럼 단단한 구조를 형성하여 얼음이 만들어진다. 흥미롭게도, 얼음은 물보다 밀도가 낮다. 따라서 빙산과 얼음조각이 물 위에 뜬다. 얼음의 밀도가 낮은 이유는 무엇일까? **그림 2.9**에서 물과 얼음의 분자구조를 비교하면 잘 이해할 수 있다. 결빙온도(0°C)보다 높은 온도에서, 물 분자(**그림 2.9*a***)는 수소결합의 끊김과 이어짐을 반복하면서 다른 물 분자 주위를 이동한다. 온도가 낮아지면 물 분자의 이동이 감소하여 수소결합이 안정하게 되며, 분자가 서로 멀리 떨어지게 되므로 얼음 구조(**그림 2.9*b***)의 밀도가 낮아진다.

높은 기화열

온도가 충분히 높으면 물의 수소결합이 많이 끊어지며, 그 결과 액체가 기체로 변화된다. 이런 일이 일어나려면 상당한 양의 열에너지가 필요하다—피부에서 증발되는 물 1g마다 2,452J의 열을 빼앗는데, 이것은 586g의 물의 온도를 1°C 낮출 때 방출되는 에너지의 양과 같다. 이로 인해 땀을 흘리면 시원해진다. 땀이

(a)

(b)

그림 2.10 응집

(a) 응집으로 인해 물 분자가 서로 들러붙어 물방울을 형성한다. *(b)* 표면장력은 응집에서 비롯된 성질이다. 즉, 물은 수소결합의 힘으로 인해 '강력한' 표면을 만든다. 소금쟁이 같은 일부 곤충은 말 그대로 물 위를 걷는다.

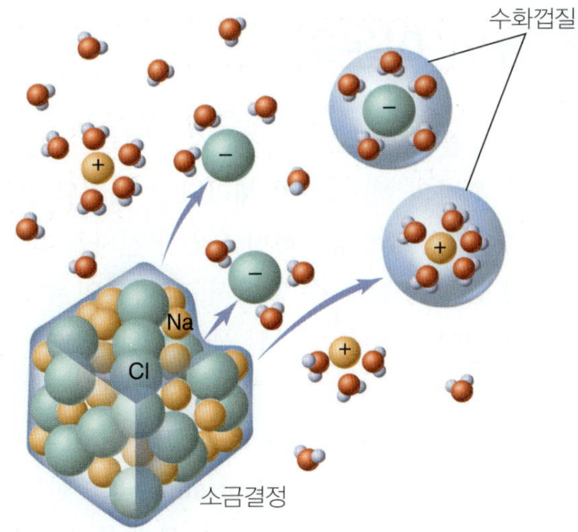

그림 2.11 물에서 소금이 녹는 원리

소금이 물에 녹는 것은 물 분자의 부분 전하가 전하를 띤 나트륨 이온과 염소 이온에 이끌리기 때문이다. 물 분자가 이온을 에워싸서 수화껍질을 형성한다. 이온이 모두 결정에서 분리되면 소금이 물에 녹았다고 한다.

증발할 때 열의 형태로 에너지를 빼앗아가므로 시원해지는 것이다.

응집

물 분자는 매우 극성이므로 다른 극성 분자에 이끌린다. 수소결합은 극성 분자를 서로 연결한다. 이때 상대 극성 분자가 물 분자라면, 이러한 끌림을 **응집(cohesion)**이라고 한다. 물의 표면장력은 응집에 의해 나타나며, 물이 거미줄에 맺힌 구슬처럼 되게 하거나 소금쟁이의 체중을 지탱할 수 있도록 하는 힘이다(**그림 2.10**). 상대 극성 분자가 물이 아닌 다른 물질이라면, 이러한 끌림을 **부착(adhesion)**이라고 한다. 물이 종이수건을 따라 올라가는 현상과 같은 모세관 작용은 부착에 의해 나타난다. 물은 종이의 섬유질 등의 물질에 들러붙어 수소결합을 형성할 수 있다. 어떤 물질을 물에 담그면 '젖는' 것은 부착현상 때문이다. 비극성 분자로 구성된 밀랍 등의 물질은 물 분자와 수소결합을 이루지 않기 때문에 젖지 않는다.

높은 극성

용액 속의 물 분자는 항상 최대한으로 많은 수소결합을 이루려고 한다. 극성 분자는 수소결합을 형성하고 물 분자에 이끌린다. 극성 분자는 **친수성(hydrophilic**, 그리스어 *hydros* '물', *philic* '좋아하는' 의미) 분자라고 한다. 전기적 전하를 지닌 물질은 완전한 전하(이온)이든 부분 전하(극성 분자)이든 그 어느 것이라도 물 분자를 둘러싼다. 소금 결정을 물에 녹이면(**그림 2.11**), 결정을 이루었던 이온이 분리되어 각각 물 분자에게 둘러싸인다. 물의 수소 원자(파란색)는 염소 이온의 음전하에 이끌리고, 산소 원자(빨간색)는 나트륨 이온의 양전하에 이끌린다. 물 분자는 각 이온 주위를 마치 벌떼가 꿀에 몰려들듯 에워싸는데, 이러한 물 분자의 껍질을 *수화껍질*(hydration shell)이라고 하며, 이로 인해 이온이 다시 결합하여 결정을 이루지 못하게 된다. 모든 극성 분자에서 이와 비슷한 수화껍질이 만들어지며, 이런 방식으로 물에 녹은 극성 분자는 **수용성(soluble in water)**이라고 한다.

기름 등의 비극성 분자는 수소결합을 이루지 않으며, 따라서 수용성이 아니다. 비극성 분자를 물에 넣으면 물 분자가 다른 물 분자와 수소결합을 이루는 대신 회피한다. 비극성 분자는 물의 수소결합을 끊는 것을 최소화하면서 자신들끼리 한 곳에서 뭉쳐진다. 마치 비극성 분자가 물과 접촉하는 것을 꺼리는 듯이 보이며, 이런 이유로 **소수성(hydrophobic**, 그리스어 *hydros* '물', *phobos* '싫어하는' 의미)이라고 한다. 많은 생명체 구조가 이러한 소수성 힘에 의해 형태를 이루며, 이에 대해서는 제3장에서 설명한다.

주요 학습 요점 2.4 액체 상태의 물 분자는 수소결합의 그물망을 형성하며, 다른 극성 분자를 녹인다. 물의 주요 성질은 대개 수용액 상태의 물에 있는 수많은 수소결합을 끊는데 상당한 에너지가 필요하기 때문에 나타난다.

2.5 물의 이온화

물 분자 내의 공유결합은 때로는 저절로 끊어진다. 이때 분자에서 양성자(수소 원자의 핵) 하나가 해리된다. 해리된 양성자는 산소와 이룬 공유결합에서 공유하던 음전하 전자를 갖고 있지 않으므로 전하 균형을 맞출 수 없어서, 양이온인 **수소 이온(hydrogen ion, H^+)**이 된다. 해리된 물 분자의 나머지 부분은 공유결합에서 공유하던 전자를 간직하고 있기 때문에 음전하를 지니며, **수산화 이온(hydroxide ion, OH^-)**이 된다. 이러한 자발적인 이온 형성과정을 **이온화(ionization)**라고 한다. 이 과정은 간단한 화학식으로 표현할 수 있다. 물과 두 이온의 화학식을 쓰고, 화살표로 해리되는 방향을 나타낸다.

$$\underset{\text{물}}{H_2O} \longleftrightarrow \underset{\text{수산화 이온}}{OH^-} + \underset{\text{수소 이온}}{H^+}$$

공유결합은 강력하므로, 자발적인 이온화 과정이 자주 일어나지 않는다. 물 1리터에 있는 분자 5억 5천만 개 중 단 1개꼴로 이온화되며, 이것은 수소 이온 1몰의 1/10,000,000(10^{-7})에 해당한다. (몰은 무게의 척도이다. 어떤 물질의 1몰은 그 물질 6.022×10^{23} 단위의 무게이다.) 물에 있는 H^+의 농도는 분모에 있는 숫자 "1" 다음에 있는 0의 수효를 세면 더 간단하게 표현할 수 있다.

$$[H^+] = \frac{1}{10,000,000}$$

pH

용액의 수소 이온 농도를 표현하는 편리한 방법은 pH 척도(**그림 2.12**)를 이용하는 것이다. pH는 용액에 있는 수소 이온 농도의 '음의 로그' 값으로 정의한다.

$$pH = -\log [H^+]$$

수소 이온 농도의 로그 값은 H^+ 몰농도의 지수이므로, pH는 지수에 −1을 곱한 것과 같다. 따라서 $[H^+]$가 10^{-7}mole/L인 순수한 물의 pH는 7이다. 물이 해리되어 수소 이온이 형성될 때마다 수산화 이온도 역시 함께 형성된다. 즉, 물이 해리되면 H^+와 OH^-가 같은 양으로 만들어진다. 그러므로 pH 7은 H^+와 OH^-가 균형을 이룬 pH 척도의 중립이라는 것을 의미한다.

pH 척도는 *로그*(logarithmic) 값이므로 단위가 1 달라지면 수소 이온 농도는 10배가 달라진다. 즉, pH 4인 용액에는 pH 5인 용액에 비해 *10배* 많은 수소 이온이 존재한다.

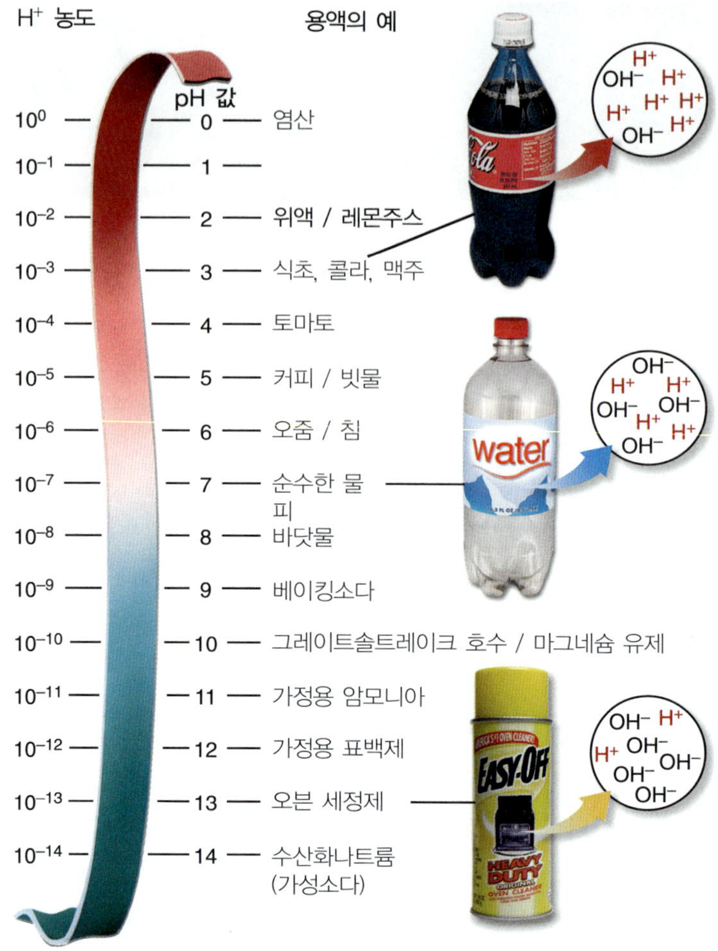

그림 2.12 pH 척도

용액마다 그 용액 1리터에 있는 수소 이온의 수에 따라 값이 정해진다. 척도는 로그 값이므로 단위가 1 변하면 수소 이온 농도는 10배씩 변한다. 따라서 pH 2인 레몬주스는 pH 4인 토마토보다 100배 더 산성이며, 바닷물은 순수한 물보다 10배 더 염기성이다.

산 물에서 해리되어 H^+ 농도를 증가시키는 물질을 **산(acid)**이라고 한다. 산성 용액의 pH 값은 7보다 작다. 산성이 강할수록 더 많은 H^+가 만들어지며, pH가 낮아진다. 예를 들어, 염산(HCl)은 물에서 완전하게 해리된다. 즉, 10^{-1}mole/L의 HCl이 해리되면 10^{-1}mole/L의 H^+가 형성되며, 용액의 pH 값은 1이 된다. 탄산이 녹아 있어서 거품이 생기는 샴페인의 pH는 약 3이다.

염기 물에 용해되면 수소 이온과 결합하는 물질을 **염기(base)**라고 한다. 염기는 H^+와 결합하여 용액 내의 H^+ 농도를 낮추어 준다. 따라서 염기성(또는 알칼리성) 용액의 pH 값은 7보다 크다. 수산화나트륨(NaOH) 등 매우 강한 염기의 pH 값은 12 이상이다.

완충액

거의 모든 살아 있는 세포 내부와 다세포생물의 세포외액의 pH

산성비

생명과학을 공부하면, 수소 이온이 생명의 화학에 있어서 많은 역할을 한다는 사실을 알게 된다. 산성도가 높아지는, 즉 수소 이온이 많아지는 조건이 되면 때로 생명체가 심각한 상해를 입게 된다. 한 가지 중요한 예로 산성 강하물이 있는데, 일반적으로는 **산성비(acid rain)**라고 한다. 산성 강하물은 말 그대로 비나 눈에 산이 섞여 있는 것이다. 이 산은 어디에서 온 것일까? 화력발전소의 65m나 되는 거대한 굴뚝에서 매연을 대기로 뿜는다. 굴뚝에서 내뿜는 매연에는 높은 농도의 이산화황(SO_2)이 포함되는데, 공장에서 태우는 석탄에 황이 많이 들어 있기 때문이다. 황이 풍부한 매연은 바람을 타고 흩어져 희석된다. 1950년대 이후에 이러한 거대한 굴뚝이 미국과 유럽에 많이 생겼으며, 현재는 미국에만 800개가 넘는다.

굴뚝이 생기기 시작하고 20년이 지난 1970년대에 생태학자들은 이들 거대한 굴뚝이 황과 연관된 문제점을 배제하지 못하며, 폐해를 확산시킨다는 증거를 보고하기 시작하였다. 북동부의 호수와 숲에서는 생물다양성이 급격하게 감소하였고, 숲이 죽어가며 호수에서는 생명체가 사라져갔다. 굴뚝에 의해 대기 상층부로 올라간 이산화황이 수증기와 결합하여 황산(H_2SO_4)으로 되는 사실이 밝혀졌다. 이 물이 비나 눈이 되어 내릴 때 황산을 품고 오는 것이다. 1989년에 전국적인 조사사업의 하나로 학생들이 빗물의 pH를 측정한 결과 북동부의 비와 눈의 pH는 2~3 정도로 낮았는데, 이는 식초보다 산성도가 높은 것이다.

토양에 50년 이상 축적된 결과 산성비의 효과는 이제 너무도 뚜렷하다. 숲에 대한 산성비의 영향은 북동부에서 최초로 명백하게 드러났다. 뉴잉글랜드에 있는 호수의 약 15%는 점차 산성화하였으며, pH가 5.0 아래로 감소함에 따라 생물학적으로 죽어가고 있다. 미국과 캐나다 북동부의 많은 숲 역시 심각한 상해를 입고 있다. 옆의 사진과 이 장의 서론에 있는 사진에 있는 나무들은 산성 강하물의 폐해를 보여준다. 지난 수십 년 동안 숲의 토양에 추가된 산으로 인해 토양에서 중요한 식물 영양 성분인 칼슘과 마그네슘이 절반 이상 소실되었다. 연구자들은 풍화된 암석이 이온을 재보충하는 것보다 훨씬 빠르게 과량의 산이 Ca^{2+}와 Mg^{2+}를 녹여서 하수로 용출시킨다고 주장한다. 이들 이온이 없으면 나무가 성장을 멈추고 죽는다.

약 30년이 지난 현재, 산성비의 효과는 남동부에서도 뚜렷하게 드러나기 시작하였다. 연구자들은 남쪽 토양은 일반적으로 북부지역보다 비옥하므로 더 많은 산을 흡수할 수 있기 때문에 산성비 효과가 지연된 것으로 추정하였다. 그러나 현재 남부 숲의 토양도 포화되기 시작하였으며, 역시 죽기 시작하였다. 조사된 남동부에 있는 개울의 1/3에서 물고기들이 감소하거나 이미 사라졌다.

해법은 분명하다. 대기로 배출하는 대신에 포집하여 제거하는 것이다. 지난 30년 동안 점진적으로 강화되는 공해법(progressively tougher pollution law)으로 미국의 이산화황 배출량은 1973년의 28.8톤을 정점으로 40% 정도 감소되었다. 이러한 상당한 성과에도 불구하고 아직 해야 할 일이 많이 있다. 연구자들은 규제한도를 더 높이지 않는다면 수백 년 동안 숲을 회복시키지 못할 수 있다고 추정한다.

대중에게 널리 알리는 것이 중요하다. '북미에 있는 숲의 대부분은 산성 강하물로부터 사실상 나쁜 영향을 받지 않았다' 와 같은 이 문제의 나쁜 영향력을 최소화시키는 경향이 있었다. 중요한 것은 이 문제를 광장으로 끌고나와 마주해야 하며, 이 문제의 심각성을 알리려는 노력을 꾸준하게 지원해야 한다는 것이다.

는 거의 7에 가깝다. 대사과정을 조절하는 많은 단백질은 pH에 매우 민감하다. pH가 약간만 변화해도 분자의 형태가 달라져 활성이 사라진다. 따라서 세포는 pH 수준을 일정하게 유지하는 것이 중요하다. 예를 들어, 혈액의 pH는 7.4이며, 7.0으로 떨어지거나 7.8로 올라가면 단 몇 분밖에 살지 못한다.

그러나 생명체의 화학반응을 통해 세포 내에 산과 염기가 끊임없이 만들어진다. 더욱이 동물은 산성이거나 염기성인 물질을 먹는다. 예를 들어 콜라는 산성이고, 계란 흰자는 염기성이다. 생명체는 pH를 어떻게 일정하게 유지하는 것일까? 세포에는 완충액이라는 물질이 있어서 H^+과 OH^-의 농도 변화를 최소화한다.

완충액(buffer)은 용액의 수소 이온 농도가 변화함에 따라 수소 이온을 용액에서 받아들이거나 용액으로 내놓는 물질이다. 수소 이온 농도가 낮아지면 수소 이온을 내놓고, 농도가 높아지면 받아들인다. **그림 2.13**의 그래프에서 완충액이 어떻게 작용하는지 볼 수 있다. 파란 선은 pH의 변화를 의미한다. 용액에 염기를 첨가하면 H^+ 농도가 감소하고 pH가 가파르게 상승해야 한다. 그러나 완충액이 H^+를 용액에 제공하여 pH를 일정한 범위(완충범위)에서 유지한다. 완충 수용력을 초과해야 비로소 pH가 상승하기 시작한다. 어떤 종류의 물질이 이런 방식으로 작용할까? 생명체에서 대부분의 완충액은 짝을 이룬 두 물질이 하나는 산, 또 하나는 염기로 구성된다.

사람 혈액에 있는 주요 완충액은 *탄산*(carbonic acid, 산)과 *중탄산염*(bicarbonate, 염기)으로 이루어진 산-염기 짝이다. 이 두 물질은 짝을 이룬 가역반응으로 상호반응한다. 먼저 이산화탄소(CO_2)와 H_2O가 반응하여 탄산(H_2CO_3)으로 되며(**그림 2.14**의 ❷), 두 번째 반응에서 해리되어 중탄산 이온(HCO_3^-)과 H^+로 된다(❸). 만약 어떤 산이나 물질에 의해 혈액에 H^+가 첨가되면, HCO_3^-가 염기로 작용하여 H^+와 작용하여 H_2CO_3를 형성함으로써 과량의 H^+를 제거한다. 이와 비슷하게 어떤 염기성 물질이 혈액의 H^+를 제거하면, H_2CO_3가 해리되어 H^+를 혈액에 제공한다. 따라서 H_2CO_3와 HCO_3^-가 상호전환되는 정반응과 역반응에 의해 혈액의 pH가 안정하게 유지된다.

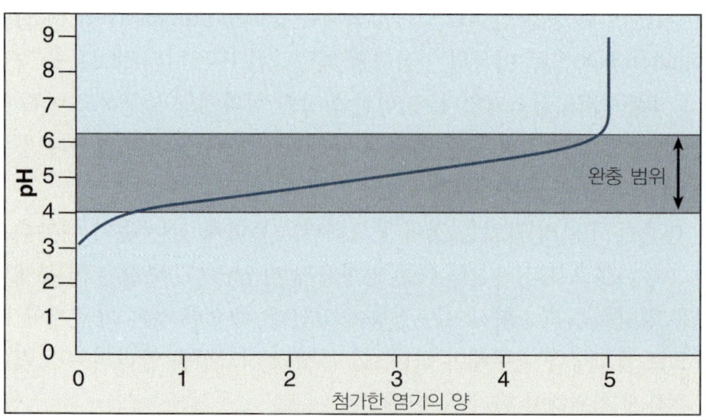

그림 2.13 완충액은 pH 변화를 최소화한다
용액에 염기를 첨가하면 존재하는 산의 일부가 중화되어 pH가 높아진다. 따라서 곡선이 오른쪽으로 이동하는데, 갈수록 더 염기성이 되며 pH 값도 높아진다. 완충액의 역할은 그 완충액의 '완충 범위'에서 곡선의 상승 또는 하강이 매우 천천히 일어나도록 하는 것이다.

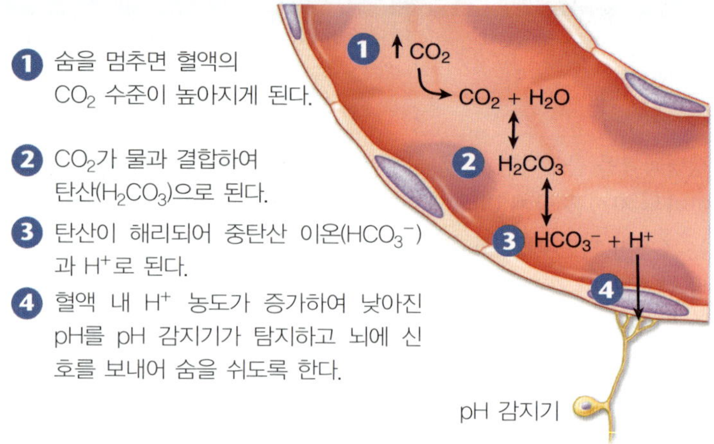

그림 2.14 숨 멈추기
숨을 멈추면 혈액에 CO_2가 축적되며, 물과 결합하여 탄산을 형성한다. 탄산은 해리되어 중탄산염과 H^+를 내놓아 pH를 낮춘다. 낮아진 pH를 센서가 탐지하고 뇌를 자극하여 숨을 쉬도록 한다.

예를 들어, 숨을 들이마시면 신체는 대기에서 산소를 받아들이고, 숨을 내쉬면 이산화탄소를 내보낸다. 숨을 멈추면 CO_2가 혈액에 축적되어 **그림 2.14**의 화학반응을 일으키며, 탄산이 생성된다. 숨을 무한히 멈출 수 있을까? 그렇지 않다. 그러나 그 이유는 산소 부족 때문이 아니다. 숨을 쉬도록 하는 것은 산소 부족이 아니라 지나치게 많은 이산화탄소이다. 매우 오랫동안 숨을 멈추고 있으면 혈액에 CO_2가 축적되어(**그림 2.14**의 ❶) 탄산이 형성되며(❷), 탄산이 해리되어 HCO_3^-와 H^+로 된다(❸). 이렇게 H^+가 많아지면 혈액이 산성으로 된다. 혈액의 pH가 너무 낮아지면 신체의 주요 혈관 일부에 있는 pH 센서가 변화를 탐지하고(❹), 뇌에 신호를 보낸다. 다른 감각과정들과 함께 이 신호에 의해 호흡을 조절하는 뇌 영역이 자극을 받아 호흡률이 높아지게 된다. 과호흡(hyperventilating, 매우 잦은 호흡)은 혈액의 CO_2 수준을 낮추는 반대 효과를 가진다. 따라서 과호흡 상태가 되면 봉투로 입과 코를 막고 숨을 쉬게 하여 CO_2 흡수를 높이도록 해야 한다.

주요 학습 요점 2.5 **아주 적은 양의 물 분자는 저절로 이온화되어 H^+와 OH^-를 생성한다. pH는 용액의 H^+ 농도를 측정한 척도이다. pH 값이 작으면 H^+ 농도가 높은(산성) 용액이고, pH 값이 크면 H^+ 농도가 낮은(염기성) 용액이다.**

질문 & 분석

방사성 붕괴를 이용한 얼음인간의 연대 측정

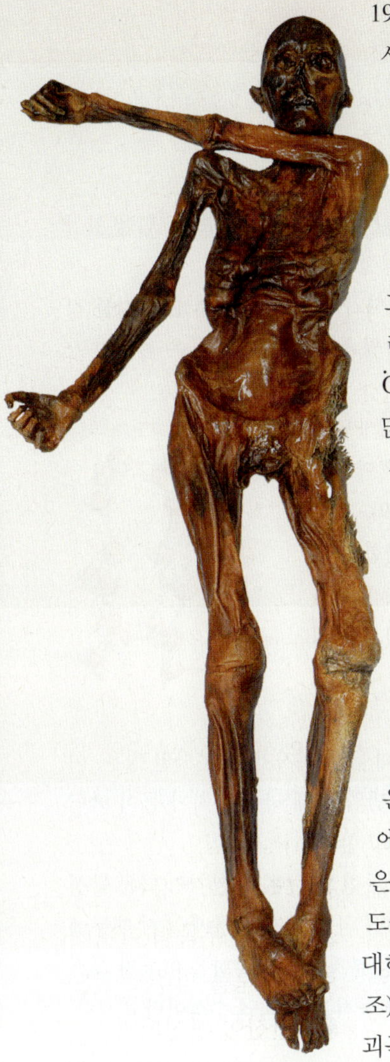

1991년 가을에 이탈리아와 오스트리아 사이에 있는 산악 접경 근처의 산마루에서 오스트리아 등산가 2명이 녹은 눈에서 삐죽이 나온 시체를 발견하였다. 이 시체는 매우 오래된 것으로, 당시 대피소를 찾다가 얼음 도랑에 빠져 냉동되었다가 얼음이 녹으면서 그제야 발견된 것으로 밝혀졌다. 이 놀라운 발견 이후 몇 년 안에 과학자들은 Ötzi라고 명명한 이 죽은 사람에 대해 많은 것을 알게 되었다. 그의 나이와 건강, 신발과 입었던 옷, 먹은 음식, 그리고 등에 화살을 맞고 죽었다는 사실을 알아냈다. 화살촉은 여전히 등의 왼쪽 어깨에 박혀 있었다. 그의 치아와 뼈에 있는 화학물질의 분포를 분석한 결과 그가 죽은 곳에서 60km 이내의 지역에서 살았음도 알아냈다.

이 얼음인간은 얼마나 오래 전에 죽은 것일까? 과학자들은 이 중요한 질문에 대해 Ötzi의 사체에 있는 반감기가 짧은 탄소의 동위원소인 ^{14}C가 붕괴된 정도를 측정하여 답을 알아냈다. 이 과정에 대해서는 앞에서 설명하였다(**그림 2.8** 참조). 그래프는 탄소-14 (^{14}C)의 방사성 붕괴곡선이다. 시료에 존재하는 ^{14}C의 절반이 질소-14 (^{14}N)로 붕괴되려면 5,730년이 지나야 한다. Ötzi의 탄소 동위원소를 분석한 결과, Ötzi의 사체에 있는 ^{12}C에 대한 ^{14}C의 비율(비율(ratio)은 다른 변인에 대한 어떤 변인의 상대적인 크기이다. $^{14}C/^{12}C$처럼 분수로 나타내기도 한다.)은 최근에 죽은 사람의 조직에서 발견되는 값의 0.435이었다.

1. **개념 적용**
   - **a. 변수** 그래프에서 종속변수는 무엇인가?
   - **b. 비율** 사망 당시 Ötzi의 몸에 있던 ^{14}C 가운데 오늘날에도 여전히 남아 있는 비율(비율은 어떤 변인의 전체에 대한 상대적인 크기)은 얼마인가?
2. **자료 분석** 이 비율을 위의 ^{14}C 방사성 붕괴곡선 위에 그리시오. 몇 번의 반감기가 지났는가?

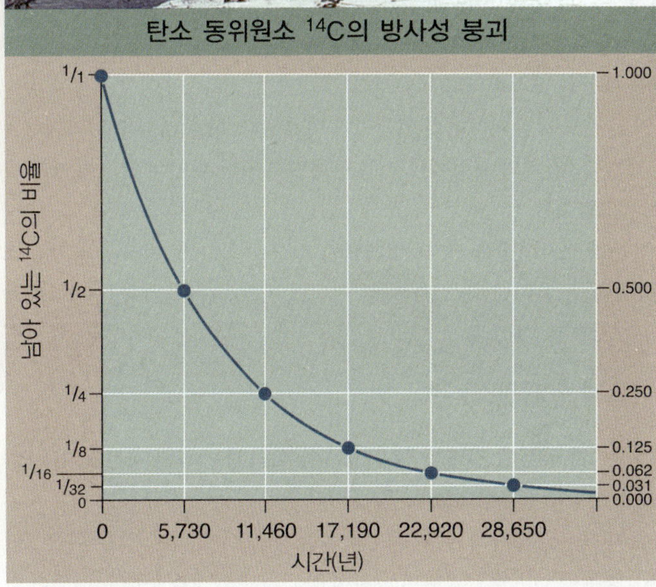

3. **추론하기** 만약 Ötzi가 최근에 죽었지만 고산지대의 험한 기후로 인해 오래된 것처럼 보이는 것이라면, 우리 몸과 비교하여 $^{14}C/^{12}C$ 비율은 얼마일 것으로 추정할 수 있을까?
4. **결론 도출** 얼음인간 Ötzi의 사체는 얼마나 오래 된 것일까?
5. **심층 분석**
   - **a.** 방사성 요오드의 동위원소인 ^{131}I의 반감기는 8일이다. 위의 그래프에 그린다면, ^{131}I의 방사성 붕괴곡선은 ^{14}C의 곡선의 위와 아래 중 어디에 놓이게 될까?
   - **b.** 과학자들은 흔히 칼륨-40(^{40}K)가 아르곤-40(^{40}Ar)으로 전환되는 동위원소의 방사성 붕괴를 이용하여 오래된 물질의 연대를 측정한다. ^{40}K의 반감기는 13억 년이다. Ötzi의 연대를 측정할 때에 ^{14}C보다 ^{40}K를 이용하는 것이 더 나을까, 아니면 좋지 않을까?

단원 복습

약간의 간단한 화학

2.1 원자

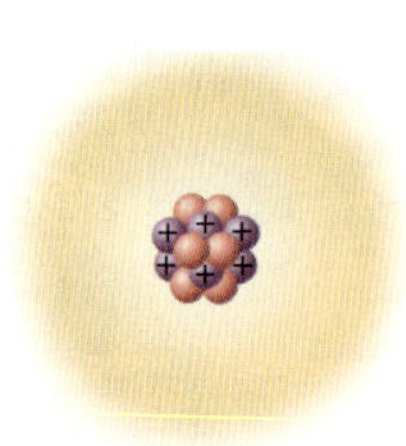

- 원자는 그 물질의 화학적 성질을 유지하는 가장 작은 입자이다. **그림 2.2**의 탄소 원자처럼, 원자는 양성자와 중성자로 이루어진 핵, 그리고 그 핵 주위를 회전하는 전자를 갖고 있다. 한 원자에 있는 전자의 수는 양성자의 수와 같다.
- 한 원자에 있는 양성자의 수를 원자번호라고 한다. 양성자와 중성자를 합한 질량은 원자의 질량수라고 한다. 동일한 원자번호를 갖는 원자는 모두 같은 원소이다.
- 양성자는 양전하를 띤 입자이고, 중성자는 전하를 띠지 않는다. 전자는 음전하를 띤 입자이며 핵 주위를 에너지 수준이 다른 궤도에서 회전한다. 아원자 입자인 전자는 다른 원자와 상호작용하기 때문에 원자의 화학적 행동을 결정한다.
- 전자를 궤도에 유지하려면 에너지가 필요하다. 이 에너지를 위치에너지라고 한다. 전자의 위치에너지 양은 핵에서 떨어져 있는 거리에 따라 다르다(**그림 2.3**).
- 대부분의 전자껍질은 전자를 8개까지 가질 수 있으며, 원자는 최외각 전자껍질을 채우기 위해 전자를 얻거나 잃거나, 또는 공유하는 화학반응을 수행한다(**그림 2.4**).

2.2 이온과 동위원소

- 이온은 1개 이상의 전자를 얻거나(음이온), 1개 이상의 전자를 얻은(양이온) 원자이다(**그림 2.5**).
- 동위원소는 양성자의 수는 같지만 중성자의 수가 다른 원자이다(**그림 2.6**). 동위원소는 불안정하여 방사성 붕괴라는 과정을 통해 분해되어 다른 원소로 변화된다. 일부 동위원소는 의학(**그림 2.7**)이나 화석 연대측정(**그림 2.8**) 용도로 이용된다.

2.3 분자

- 분자는 원자들이 에너지에 의해 결합하여 형성된다. 원자를 함께 잡아두는 힘을 화학결합이라고 한다. 주요 화학결합은 3가지 종류가 있다.
- 이온결합은 상반된 전하를 지닌 이온이 서로 끌어당겨 형성된다. 소금은 양성 나트륨 이온과 음성 염소 이온 사이의 이온결합으로 만들어진 것이다(**삽입 그림, 45쪽**).
- 공유결합은 두 원자가 비어 있는 전자껍질을 채우기 위해 전자를 공유하여 형성된다(**삽입 그림, 45쪽**). 공유결합은 전자를 많이 공유할수록 더 강력하다.

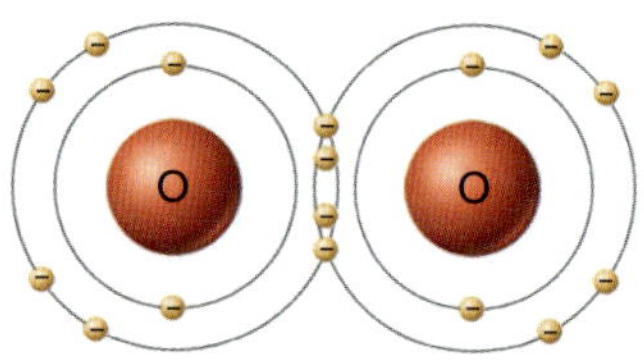

- 극성 분자 사이의 공유결합에서는 공유된 전자가 두 핵 주위에 균등하지 않게 분포한다. 따라서 분자의 한쪽 말단은 약한 양성, 다른 말단은 약한 음성을 지닌다. 수소결합은 한 극성 분자의 양성 말단이 다른 분자의 음성 말단에 이끌려 형성된다(**삽입 그림, 47쪽**).

물: 생명의 요람

2.4 물에 고유한 성질을 부여하는 수소결합

- 물 분자는 극성 분자이며, 서로 또는 다른 극성 분자와 수소결합을 형성한다. 수소결합으로 인해 물의 많은 성질이 나타난다.
- 수소결합으로 결합된 물 분자는 분리하기 어렵다. 따라서 물 분자를 서로 떼어놓으려면 상당한 열에너지가 필요하다. 따라서 물은 천천히 가열되며, 오래 온도를 유지한다.
- 물 분자를 결합시킨 수소결합은 온도가 낮으면 더욱 안정해진다. 따라서 물 분자가 단단한 얼음 결정구조를 이루게 된다(**그림 2.9**).

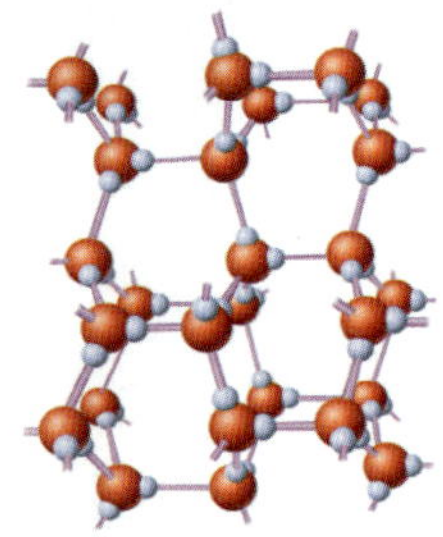

- 물이 기화하여 기체로 되려면 수소결합을 깨뜨리기 위해 상당한 열에너지 유입이 필요하다. 이러한 물의 높은 기화열로 인해 신체의 체온을 조절할 수 있다.
- 물 분자는 극성 분자이기 때문에 다른 극성 분자와 수소결합을 형성할 수 있다. 상대 극성 분자가 물 분자일 경우, 이 과정을 응집(**그림 2.10**)이라고 한다. 만약 상대 극성 분자가 물이 아닌 다른 물질이라면, 이 과정은 부착이라고 한다.
- 물 분자가 다른 극성 분자와 수소결합을 형성할 때, 물 분자가 다른 극성 분자를 에워싸서 수화껍질을 형성한다. 극성 분자는 물에 녹기 때문에 친수성이라고 한다(**그림 2.11**). 비극성 분자는 수소결합을 이루지 않으며 물속에서 한데 뭉친다. 이들은 물에 녹지 않으며, 소수성이라고 한다.

2.5 물의 이온화

- 물 분자가 해리되면 음전하 수산화 이온(OH^-)과 양전하 수소 이온(H^+)이 만들어진다. 물의 이러한 성질은 용액의 수소 이온 농도에 의해 pH가 결정되므로 매우 중요하다.
- 수소 이온 농도가 높은 용액은 특정한 화학적 성질을 가지는 산이다. 수소 이온 농도가 낮은 용액은 염기이다(**그림 2.12**).
- 완충액은 H^+를 용액에서 받아들이거나 용액으로 내보내어 pH 변화를 조절하며, 완충 범위 내에서 pH를 조절한다(**그림 2.13**).
- 완충액은 탄산과 중탄산염으로 구성된 산-염기 짝을 이루어 인체 내에서 기능을 나타낸다. 이 완충과정은 두 가역반응으로 이루어진다. 한 반응에서는 수소 이온을 만들어 pH를 감소시키며, 역반응에서는 용액에서 수소 이온을 받아들여 pH를 높인다(**그림 2.14**).
- 이러한 탄산-중탄산염 완충액으로 혈액의 pH를 조절한다(**그림 2.14**).

이해력 확인 문제

1. 어떤 물질의 화학적 성질을 모두 유지한 채로 쪼갤 수 있는 가장 작은 입자는?

a. 물질

b. 원자

c. 분자

d. 질량

2. 1개 이상의 전자를 얻거나 잃은 원자는?

a. 동위원소

b. 중성자

c. 이온

d. 방사성

3. 원자는 결합이라는 힘으로 연결되어 있다. 결합의 세 종류는?

a. 양성, 음성, 중성

b. 소수성, 친수성, 반 데르 발스 상호작용

c. 자기력, 전기력, 방사성

d. 이온, 공유, 수소

4. 탄소는 최외각 전자껍질에 전자 4개를 가지고 있다. 그러므로

a. 최외각 전자껍질을 완전히 채우고 있다.

b. 단일 공유결합을 4개 형성할 수 있다.

c. 다른 원자와 반응하지 않는다.

d. 양전하를 가진다.

5. 물 분자에서 부분적으로 분리된 전하는

a. 전자가 산소 원자에 강하게 끌린 결과이다.

b. 이 분자가 양성 끝과 음성 끝을 가지고 있다는 것을 의미한다.

c. 물 분자가 극성 분자임을 의미한다.

d. 모두 옳음

6. 물은 일부 매우 이례적인 성질을 가지고 있다. 이런 성질이 나타나는 이유는?

a. 물 분자 사이의 수소결합

b. 물 분자 사이의 공유결합

c. 물 분자 내부의 수소결합

d. 물 분자 사이의 이온결합

7. 수소결합을 깨뜨리려면 상당한 열에너지가 필요한 사실과 관련되어 있는 성질은?

a. 응집과 부착

b. 소수성과 친수성

c. 열 저장과 기화열

d. 얼음 형성과 높은 극성

8. 물 분자가 다른 물 분자에 이끌리는 현상은?

a. 응집

b. 모세관 작용

c. 용해성

d. 부착

9. 물은 때로 이온화되어 한 분자가 수소 이온 1개와 수산화 이온 1개로 분리된다. 다른 물질이 물에 용해되면, 그 결과로 용액 내의 (1) 수소 이온이 증가하거나 (2) 수소 이온이 감소된다. 이들을 무엇이라고 하는가?

a. (1) 산, (2) 염기

b. (1) 염기, (2) 산

c. (1) 중성 용액, (2) 중성자 용액

d. (1) 수소 용액, (2) 수산화 용액

10. 다음 중 완충액에 대해 사실이 아닌 것은?

a. 완충액은 용액에서 H^+를 받아들인다.

b. 완충액은 pH를 상대적으로 일정하게 유지한다.

c. 완충액은 물이 이온화되는 것을 정지시킨다.

d. 완충액은 용액으로 H^+를 내놓는다.

응용력 확인 문제

1. **그림 2.8** 이 그림을 보고 탄소-14를 이용하여 1억 년 전의 공룡 연대를 측정하는 것이 어려운 이유를 설명하시오.

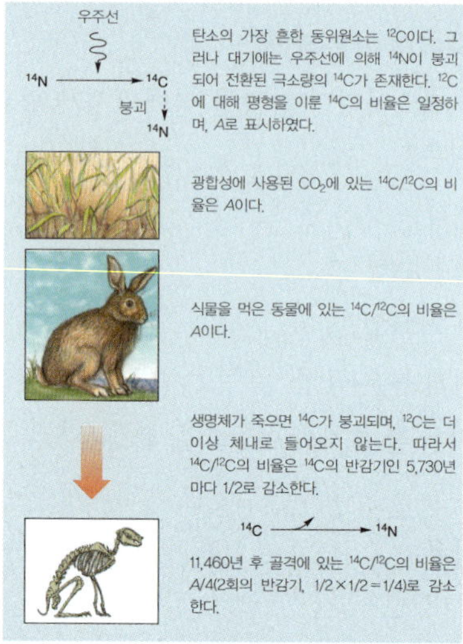

2. 이 그림은 산소 원자 1개와 수소 원자 2개가 공유결합을 형성한 것이다. 산소처럼 탄소 원자도 최내각 껍질에 전자를 2개 있지만, 최외각 껍질에는 단 4개만 가진다. 이 물 분자와 45~46쪽을 참고하여 탄소가 산소 원자 2개와 공유결합을 형성하여 이산화탄소(CO_2) 분자를 만드는 방식을 그림을 그려 설명하시오.

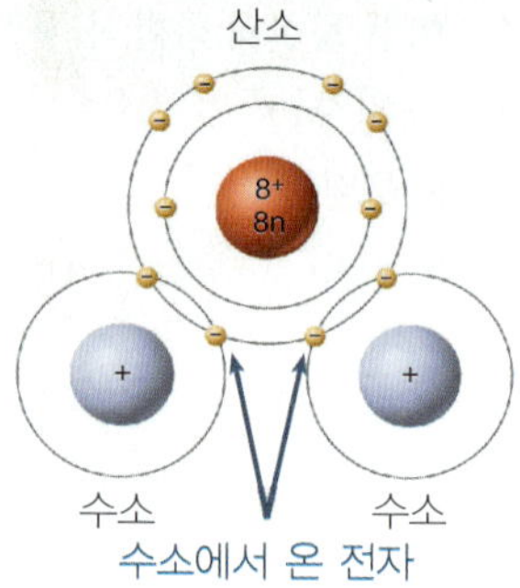

3. **그림 2.10** 이 곤충은 물 위를 걷는다. 가라앉지 않는 이유는 무엇인가?

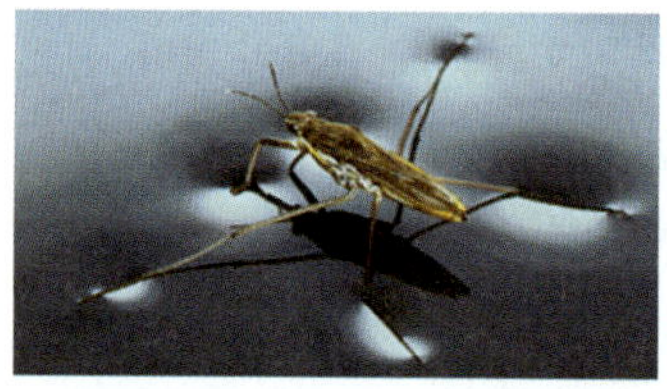

종합 학습

1. 오늘날 지구 대기에 존재하는 탄소-14 양의 1/8을 가지는 화석동물의 뼈를 찾았다고 가정하자. 이 동물은 죽은 후 얼마나 지났을까?
2. 어떤 세균은 N_2 기체의 3중 공유결합을 분해할 수 있지만, 동물은 그럴 수 없는 이유를 설명하시오.
3. 친구들과 10일 동안 무전여행을 하고 있는 중이다. 영희는 물병을 세제로 세척하였다. 목이 몹시 마른 철수는 미처 헹구지 않은 물병을 집어 물을 마신 후 질식하였다. 철수의 문제는 무엇이며, 어떻게 도와주어야 할까?

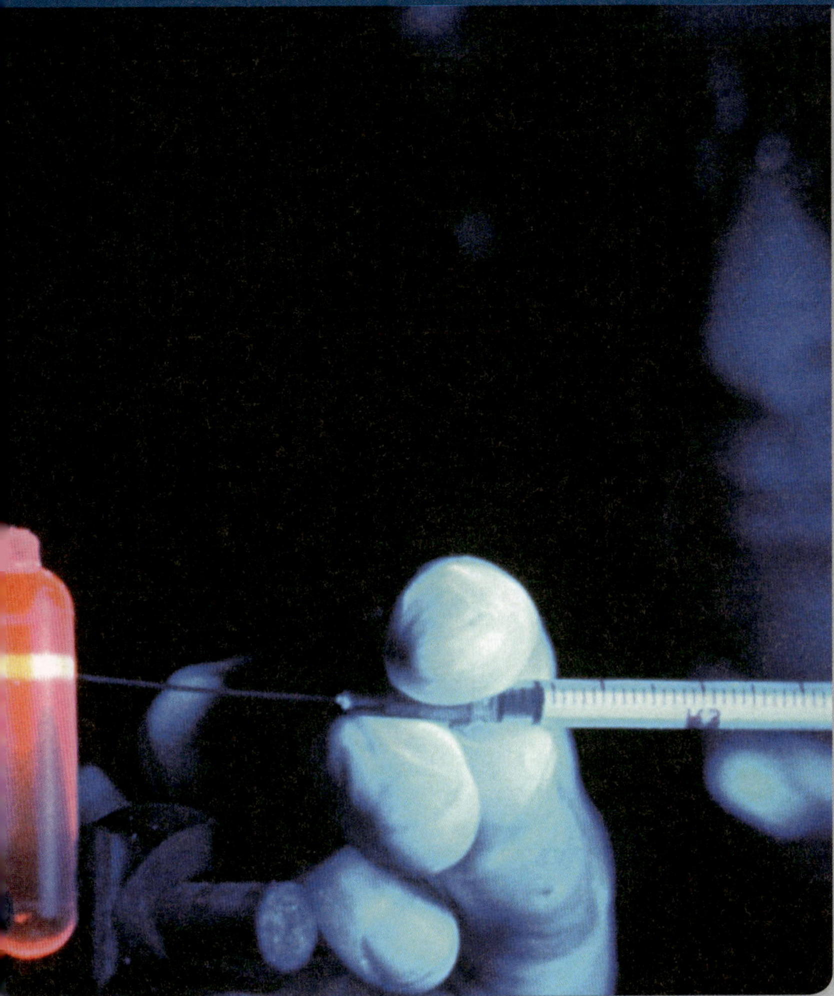

3

생명의 분자

학습단원

거대 분자의 형성

3.1 단량체로 만들어진 중합체

1. 중합체와 단량체의 구별
2. 유기 분자와 무기 분자의 구별
3. 생물학적 거대 분자 4종류의 이름
4. 가수분해와 탈수합성의 비교

거대 분자의 종류

3.2 단백질

1. 단백질의 6가지 기능별 집단 목록
2. 아미노산의 구조와 두 아미노산 사이의 펩티드결합 형성과정 그리기
3. 단백질의 1차, 2차, 3차, 4차 구조
4. 물의 극성이 단백질 접힘에 미치는 영향
5. 프리온의 정의

3.3 핵산

1. 뉴클레오티드의 구성요소 세 부분의 명칭
2. 5종류의 뉴클레오티드
3. DNA와 RNA의 주요 화학적 차이
4. DNA 분자에서 형성되는 2개의 염기쌍은 무엇이며, 다른 4가지의 가능한 염기쌍은 대개 형성되지 않는 이유

자세히 관찰하기: DNA 구조 밝혀내기

3.4 탄수화물

1. 탄수화물 정의
2. 단당류, 2당류, 다당류의 구별 및 예
3. 녹말과 글리코겐의 구별
4. 사람은 셀룰로오스를 소화시키지 못하지만 개미는 소화시키는 이유

3.5 지질

1. 지질 정의
2. 지방의 기본 구조 그리기
3. 포화지방과 불포화지방을 구별 및 각각 고체와 액체인 이유
4. 트랜스-지방이 건강에 해로운 이유
5. 인지질은 극성이고 중성지방은 비극성인 이유
6. 생체막에서 콜레스테롤의 정상적인 기능
7. 콜레스테롤이 과다하면 건강에 위험한 이유

생명과학과 건강 유지: 운동선수와 아나볼릭 스테로이드

저자 코너: 콜레스테롤을 줄이기 위한 나의 투쟁

질문 & 분석: pH는 단백질의 기능에 어떻게 영향을 주는가?

이 연구자는 바늘을 이용하여 밝게 빛나는 DNA 밴드를 추출하여 유전학 연구에 이용하려 한다. 유전자의 운반자인 DNA는 모든 생명체에서 발견되는 몇 개의 아주 큰 분자 중의 하나이다. 이 분자는 아주 작은 원자들이 서로 연결된 것이다. 원자는 기본적인 화학적 요소이다. 생명체에서 상당한 양으로 발견되는 것은 몇 종류에 지나지 않는다. 생명에 필수적인 원자는 탄소이다. 탄소는 DNA를 비롯한 아주 큰 분자로 조립될 수 있다. 이들 긴 탄소 사슬은 물과 상호 반응하여 꼬이거나 접혀서 치밀한 물질로 된다. 생명체에서 진행되는 대부분의 화학반응으로 인해 각 개체가 어떤 모습을 갖출 것인지 결정되는데, 이는 단백질이라는 큰 접힌 분자의 활동에 따라 달라진다. 단백질은 특정 화학반응을 촉진시켜서 탄수화물 등의 구조 물질과 지질 등의 에너지 저장 분자를 만들어낸다. DNA가 생명체에 있는 각각의 단백질을 만드는 데 필요한 정보를 지정하기 때문에, DNA는 생명의 도서관이다.

3.1 단량체로 만들어진 중합체

생명체의 신체는 수천 종류의 분자와 원자를 갖고 있다. 이들 분자는 대개 주위 환경과 먹이에서 얻는다. **그림 3.1**의 양양성분표에서 이런 물질의 일부를 본 적이 있을 것이다. 그렇지만 이 성분표가 의미하는 것은 무엇일까? 이들 일부는 칼슘과 철 등의 무기물(원자, 제2장 참조)의 이름이다(제22, 24, 33장 등에서도 논의함). 비타민도 있으며, 이에 대해서는 뒤에서 논의한다(제25장 참조). 그리고 나머지는 이 장에서 논의하는 단백질, 탄수화물(당 포함), 지질(지방, 트랜스지방, 포화지방, 콜레스테롤 포함) 등의 큰 분자로, 생명체의 신체를 만들며 식품에 포함되어 있다. 이러한 분자를 **유기 분자(organic molecules)**라고 하는데, 생명체가 만들어낸 것이며, 탄소-기반 핵심 부위에 특별한 원자 집단들이 결합해 있다. 이들 원자의 집단은 특별한 화학적 성질을 가지므로 *기능기*(functional group)라고 한다. 기능기는 화학반응이 일어나는 동안 단위체(unit)처럼 행동하며, 속한 분자에게 특별한 화학적 성질을 부여한다. **그림 3.2**는 다섯 가지의 주요 기능기와 각 기능기를 가진 유기 분자의 종류이다.

생명체의 신체는 수천 가지의 유기 분자를 갖고 있지만, 신체 대부분은 단 4종류의 물질인 *단백질*(proteins), *핵산*(nucleic acids), *탄수화물*(carbohydrates), *지질*(lipids)로 이루어진다. 이들은 매우 크기 때문에 **거대 분자(macromolecule)**라고 하며, 세포의 몸체와 그 내부에서 작동하는 기구를 만드는 세포의 벽돌과 시멘트 같은 건축자재이다.

거대 분자는 **단량체(monomer)**라고 하는 작은 조각을 이어 붙여 조립되는데, 마치 열차를 편성하는 것과 같다. 유사한 소단위의 긴 사슬로 만들어진 분자를 **중합체(polymer)**라고 한다. **표 3.1**은 많은 세포구조의 기초가 되는 중합체와 이를 만드는 단량체이다.

그림 3.1 영양성분표에 있는 것은 무엇일까?
지방, 콜레스테롤, 탄수화물, 당, 단백질은 팝콘에 있는 분자 가운데 일부일 뿐이다.

기능기	구조식	공-막대 모형	존재하는 분자
히드록실기	—OH	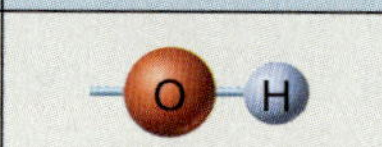	탄수화물
카르보닐기	>C=O	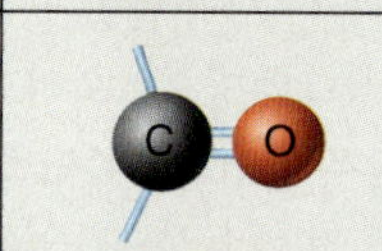	지질
카르복실기	—C(=O)OH	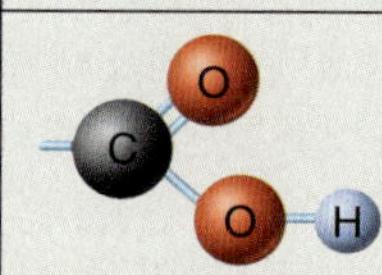	단백질
아미노기	—N(H)H	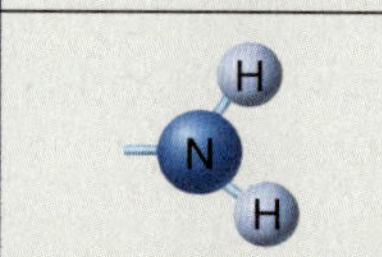	단백질
인산기	—O—P(=O)(O⁻)—O⁻	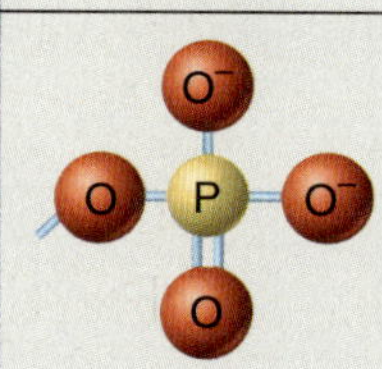	DNA, ATP

그림 3.2 다섯 가지의 주요 기능기
기능기는 다른 분자로 전달될 수 있으며, 유기 분자에 일반적으로 존재한다.

표 3.1 거대 분자

단량체	중합체
아미노산	단백질
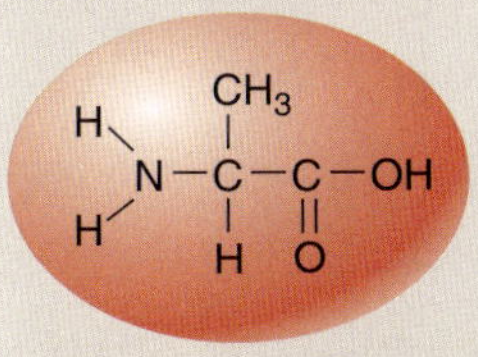 알라닌	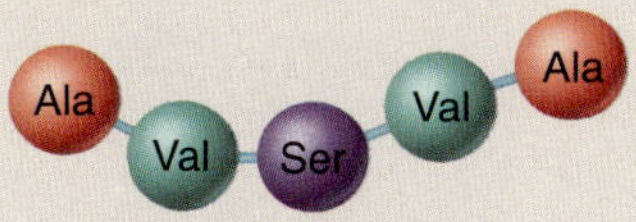
뉴클레오티드	핵산(DNA)
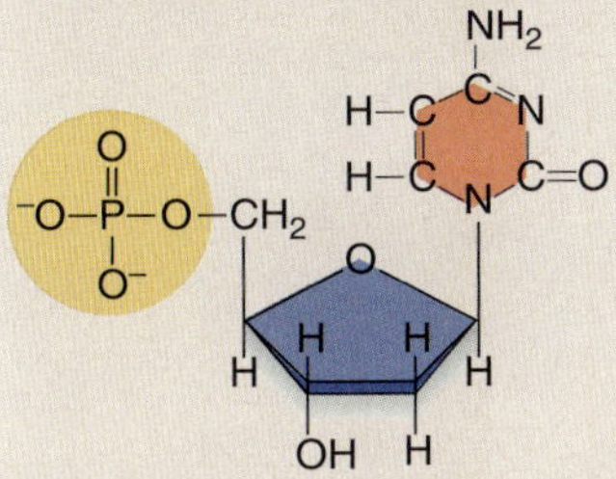	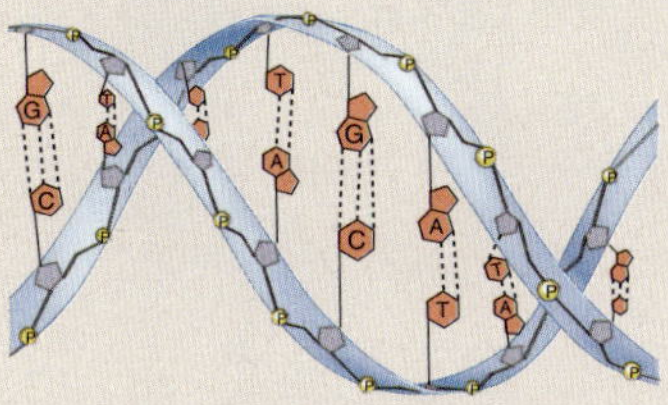
단당류	탄수화물(녹말)
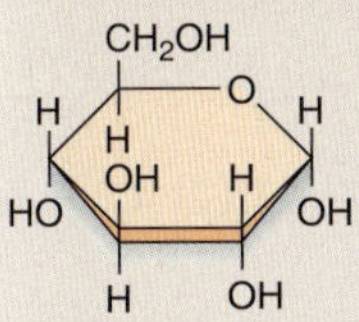	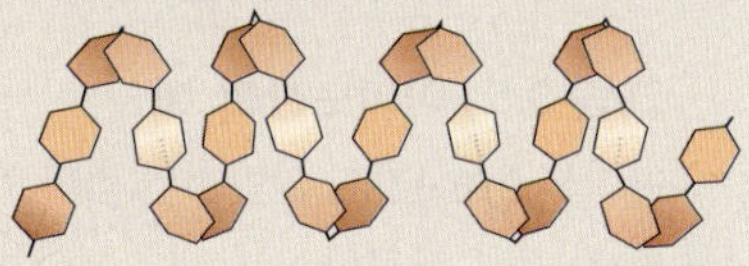
지방산	지질(지방 분자)
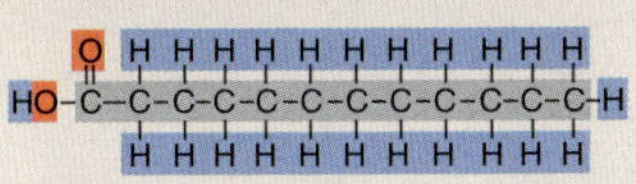	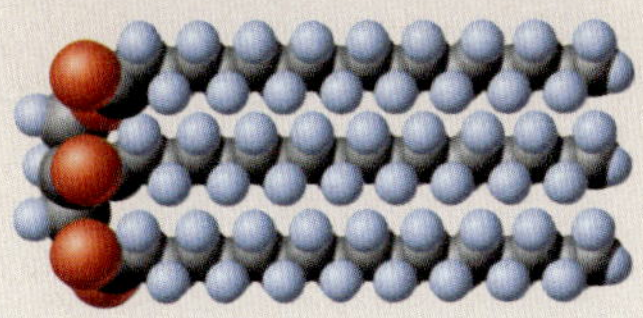

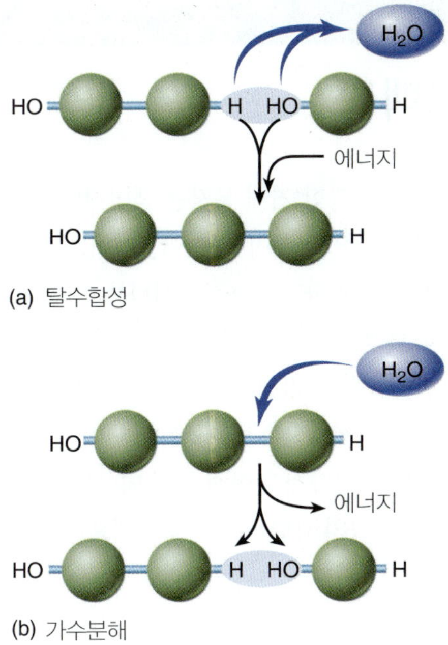

그림 3.3 탈수와 가수분해

(*a*) 생물학적 분자들은 소단위를 연결하여 형성된다. 소단위 사이의 공유결합은 탈수합성 과정에서 형성되며, 이 과정에서 물 분자가 제거된다. (*b*) 이 결합을 분해하려면 물 분자가 첨가되어야 하며, 이 반응을 가수분해라고 한다.

거대 분자 만들기와 분해하기

거대 분자(단백질, 뉴클레오티드, 탄수화물, 지질)는 모두 같은 방식으로 만들어진다. 두 소단위 사이에서 공유결합이 형성되는데, 한 소단위에서는 히드록실기(OH)가 제거되고 다른 소단위에서는 수소(H)가 제거된다. 이 과정(**그림 3.3*a***)을 **탈수합성(dehydration synthesis)**이라고 하는데, (파란색 타원으로 표시한) OH와 H가 제거되면 물 분자가 제거되는 효과가 있기 때문이다. *탈수*(dehydration)는 "물을 제거한다"는 의미이다. 이 과정에는 **효소(enzyme)**라는 특수한 단백질의 도움이 필요하다. 효소는 분자가 위치를 잡는 것을 도와서 화학결합이 정확한 위치에서 끊어지도록 한다. 섭취한 음식물에 있는 단백질이나 지방 등의 분자를 분해하는 과정은 본질적으로 탈수합성의 역반응이다. 즉, 물 분자를 제거하는 대신에 물 분자를 첨가한다. 물 분자가 첨가되면 **그림 3.3*b***처럼 한 소단위에는 수소가 결합하고 다른 소단위에는 히드록실이 결합하며, 따라서 공유결합이 끊어진다. 이런 방식으로 중합체가 분해되는 것을 **가수분해(hydrolysis)**라고 한다.

> **주요 학습 요점 3.1** **거대 분자는 소단위가 연결되어 긴 사슬을 이룬 것으로, 연결을 이룰 때마다 물 분자 1개가 제거된다. 거대 분자는 가수분해 반응에 의해 소단위로 분해되며, 이때 물 분자가 첨가된다.**

3.2 단백질

단백질(protein)이라는 복합 거대 분자는 생명체의 신체에 있는 생물학적 거대 분자의 주요 집단이다. 아마도 가장 중요한 단백질은 *효소*이며, 세포에서 특정 화학반응을 개시하는 데 요구되는 에너지를 낮추어주는 핵심 역할을 한다. 다른 단백질들은 구조적 역할을 한다. 연골, 뼈, 건은 모두 콜라겐이라는 구조 단백질을 가지고 있다. 또 다른 구조 단백질인 케라틴은 털, 코뿔소의 뿔, 깃털 등을 만든다. 그 밖에도 뇌와 신체 전반에서 화학적 전령 역할을 하는 단백질들이 있다. **그림 3.4**에 단백질의 광범위한 기능의 개요를 정리하였다.

아미노산

비록 그 기능은 다양하지만, 단백질은 모두 같은 기본 구조를 가지고 있다. 즉, 아미노산이라는 소단위로 만들어진 긴 중합체 사슬이다. **아미노산(amino acids)**은 단순한 기본 구조를 가진 작은 분자이다. 즉, 중심 탄소 원자에 아미노기(—NH_2), 카르복실기(—COOH), 수소 원자(H), 'R'로 표시하는 기능기가 하나씩 결합한 것이다.

20종류의 아미노산이 있으며, 이들은 R 기능기가 서로 다르다. 이들은 4가지의 일반적인 집단으로 구분하며, **그림 3.5**는 대표적인 아미노산이다(R 기능기를 하얀색으로 강조함). 비극성인 아미노산은 6종류이며, 주로 크기가 다르다. 가장 부피가 큰 것은 고리 구조(위 왼쪽의 페닐알라닌 참조)를 가지며, 이런 아미노산을 *방향족*(aromatic)이라고 한다. 극성이지만 전하를 지니지 않은 아미노산은 6종류이며(위 오른쪽의 아스파라긴 참조), 이들은 서로 극성의 세기가 다르다. 극성이며 이온화될 수 있는 아미노산은 5종류이다(아래 왼쪽의 아스파르트산 참조). 나머지 3종류는 특별한 기능기를 가지고 있으며(아래 오른쪽의 프롤린에서 하얀색으로 강조한 부분 참조), 단백질 사슬 사이에서 연결을 형성하거나 단백질 형태를 꼬이게 하는 중요한 역할을 한다. R 기능기의 극성은 단백질이 기능을 발휘할 수 있는 형태로 적절하게 접히도록 하는 데 있어서 중요하며, 이에 대해서는 나중에 설명한다.

아미노산 연결하기

각 단백질은 특정한 아미노산들이 특정 순서로 연결되어 만들어지는데, 마치 특정한 글자를 특정 순서로 연결해 단어를 만드는 것과 같다. 두 아미노산을 연결하는 공유결합을 **펩티드결합**

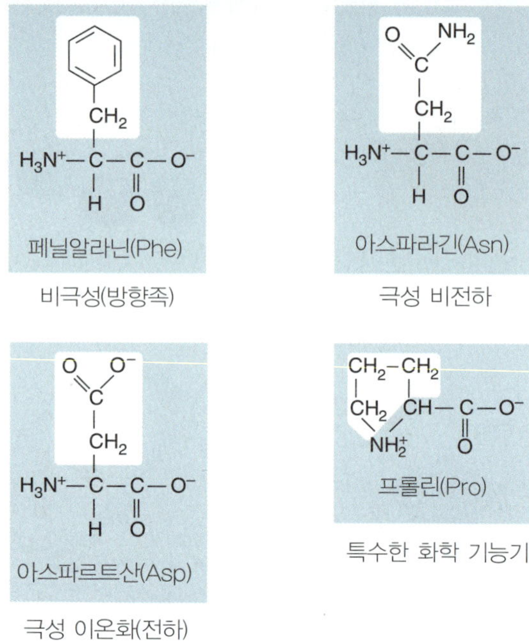

그림 3.5 아미노산의 예
아미노산은 4가지 일반적인 집단으로 나누며, 이들은 기능기(흰색으로 강조)가 서로 다르다.

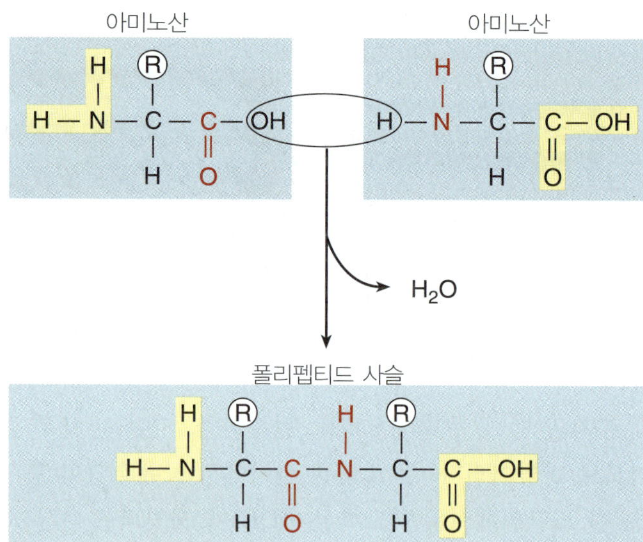

그림 3.6 펩티드결합의 형성
아미노산의 기본구조는 동일하다. 아미노산 분자의 한 끝에는 아미노기(—NH_2), 다른 끝에는 카르복실기(—COOH)를 가지며, 기능기인 'R'만 서로 다르다. 아미노산은 탈수합성에 의해 연결되어 펩티드결합을 형성한다. 이런 방식으로 연결된 아미노산 사슬을 폴리펩티드라고 하며, 단백질의 구조를 이루는 기본적인 구성 성분이다.

(peptide bond)이라고 하며, 탈수합성에 의해 형성된다. 3.1절에서 탈수합성 반응의 부산물로 물이 생성된다는 사실을 알아

본 바 있다. **그림 3.6**에서 펩티드결합이 형성되면 물 분자가 빠져나오는 것을 볼 수 있다. 펩티드결합에 의해 연결된 아미노산의 긴 사슬을 **폴리펩티드(polypeptide)**라고 한다. 기능을 나타내는 폴리펩티드는 일반적으로 단백질이라고 부른다.

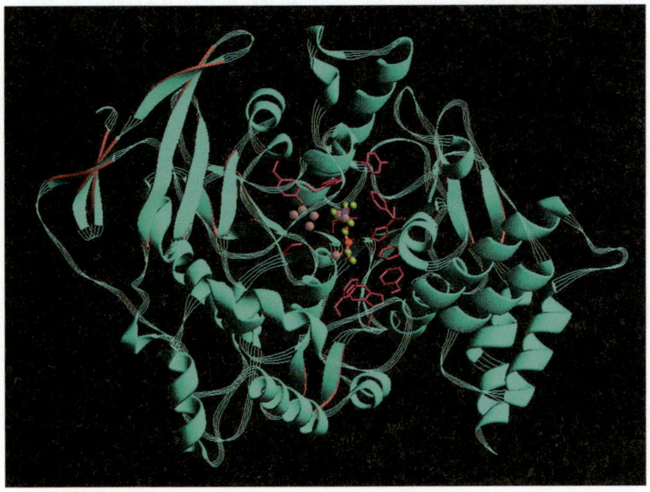

(a) **효소:** 효소라는 구형 단백질은 많은 화학반응에서 핵심 역할을 한다.

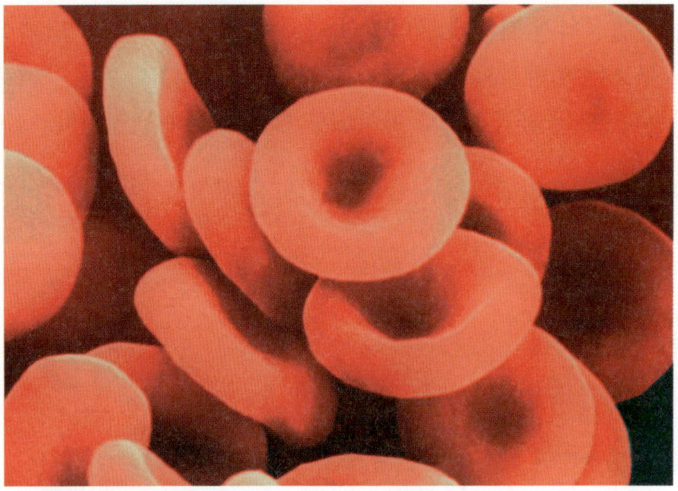

(b) **수송 단백질:** 적혈구에 있는 헤모글로빈이라는 단백질은 산소와 이산화탄소를 신체로 운반한다.

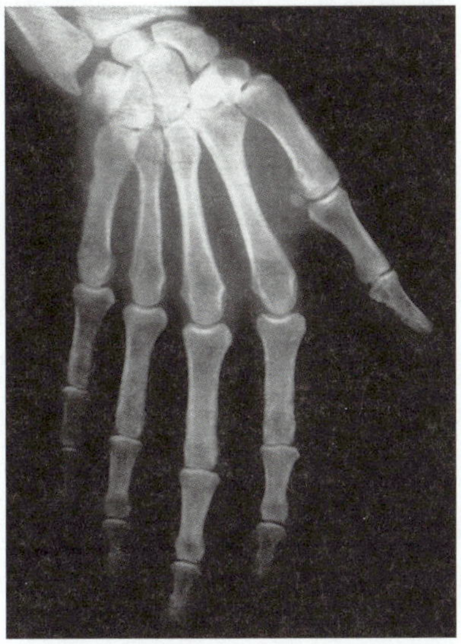

(c) **구조 단백질(콜라겐):** 콜라겐은 뼈, 건(힘줄), 연골에 있다.

(d) **구조 단백질(케라틴):** 케라틴은 털, 손톱, 깃털을 형성하며, 뿔의 구성 성분이다.

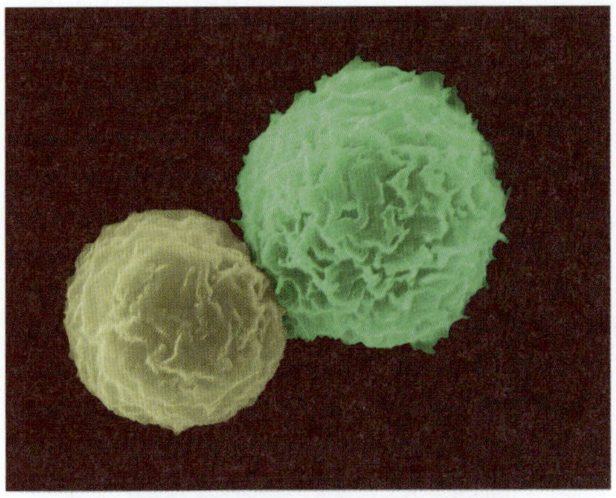

(e) **방어 단백질:** 백혈구는 침입자를 공격하는 항체 단백질을 만들어낸다.

(f) **수축 단백질:** 액틴과 미오신이라는 단백질은 근육에 있다.

그림 3.4 여러 종류의 단백질

단백질의 구조

일부 단백질은 가늘고 긴 섬유 모양이다. 반면 어떤 것들은 공 모양이며, 스스로 꼬이고 접힌다. 단백질은 그 형태에 따라 기능이 결정되기 때문에 단백질의 형태는 매우 중요하다. 단백질의 구조는 일반적으로 네 가지 수준, 1차, 2차, 3차, 4차 구조로 나눈다. 모두 궁극적으로 아미노산 서열에 의해 결정된다.

1차 구조 폴리펩티드 사슬의 아미노산 서열을 그 폴리펩티드의 **1차 구조(primary structure)**라고 한다. 아미노산이 펩티드 결합에 의해 연결되어 "실에 꿴 구슬" 같은 긴 사슬을 형성한다. 단백질의 1차 구조는 아미노산의 서열이며, 다른 수준의 단백질 구조가 어떻게 될 것인지를 결정한다. 아미노산은 어떤 순서로도 조립될 수 있으므로, 아주 다양한 단백질을 만들어낼 수 있다.

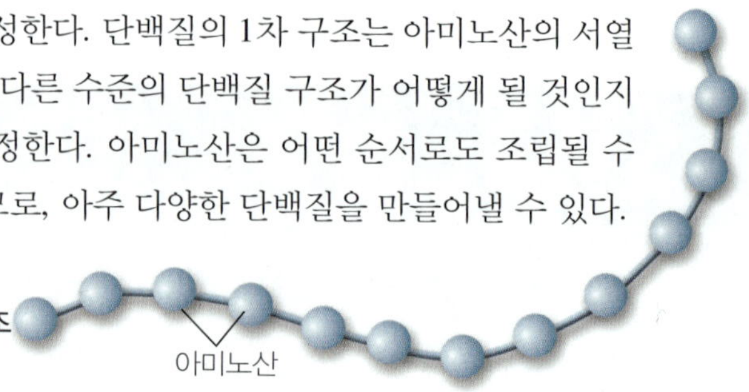

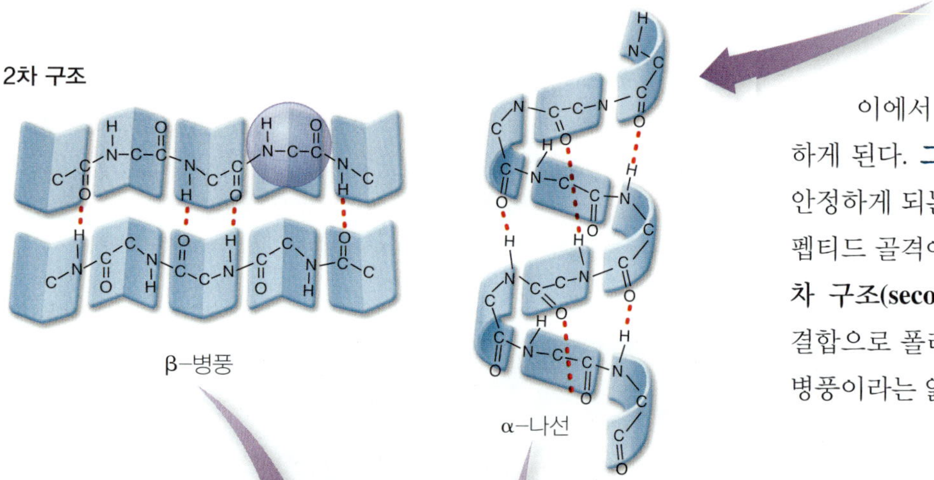

2차 구조 폴리펩티드 사슬의 다른 부위 사이에서 수소결합이 형성되면 폴리펩티드의 접힘이 안정하게 된다. **그림**에서 빨간 점선으로 표시한 수소결합에 의해 안정하게 되는 현상은 R 기능기에서는 일어나지 않으며 폴리펩티드 골격에서 일어난다. 이러한 초기의 접힘을 단백질의 **2차 구조(secondary structure)**라고 한다. 2차 구조 안의 수소결합으로 폴리펩티드가 접혀서 α-나선이라는 감긴 형태나 β-병풍이라는 얇은 판 형태를 이룰 수 있다.

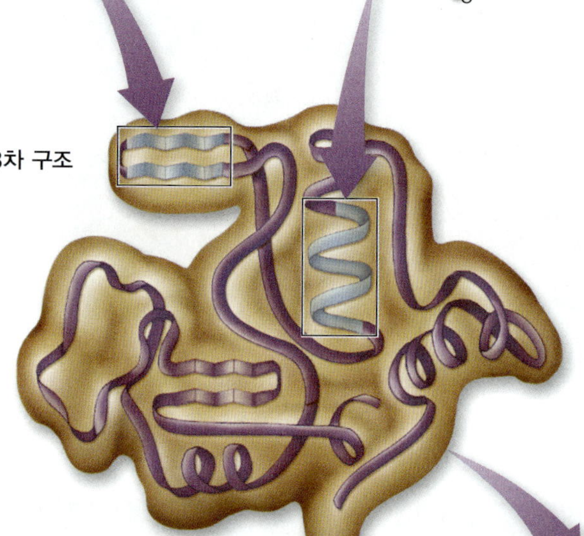

3차 구조 일부 아미노산은 비극성이므로 극성이 매우 강한 폴리펩티드 사슬은 물속에서 접혀서 아미노산의 비극성 기능기를 수용성 환경에서 밀어낸다. 그 결과, 만들어진 구형 단백질의 경우처럼 접히고 꼬인 3차원 형태를 단백질의 **3차 구조(tertiary structure)**라고 하며, 그 최종 형태는 폴리펩티드 사슬에서 비극성 아미노산이 어디에 있는가에 따라 결정된다.

4차 구조 단백질이 2개 이상의 폴리펩티드 사슬로 이루어진 경우, 이들 사슬의 공간적 배열을 단백질의 **4차 구조(quaternary structure)**라고 한다. 예를 들어 헤모글로빈 단백질의 4차 구조는 4개의 소단위로 이루어진 것이다.

단백질이 기능적인 형태로 접히는 방법

세포 내 수용성 환경의 극성 성질은 폴리펩티드가 기능성 단백질로 접히는 방식에 영향을 준다. 단백질은 기능을 나타낼 수 있도록 하는 방식으로 접혀진다.

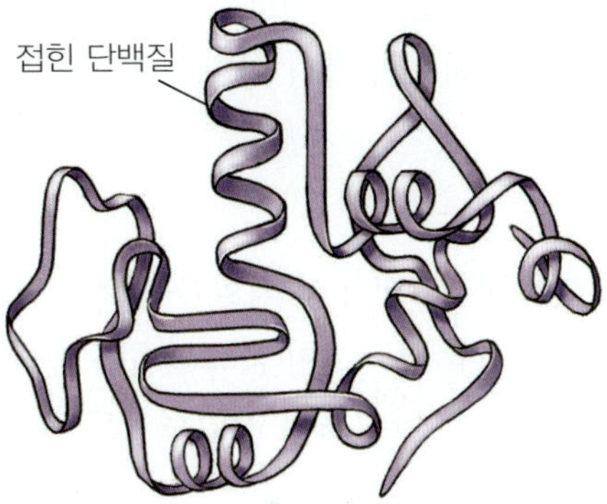

온도를 높이거나 pH를 낮춤에 따라 단백질 환경의 극성 성질이 변화되면, 수소결합이 달라지고 단백질의 접힘이 풀리게 된다 (**아래 오른쪽 그림**). 이런 상태가 되면 단백질이 **변성(denatured)**되었다고 한다.

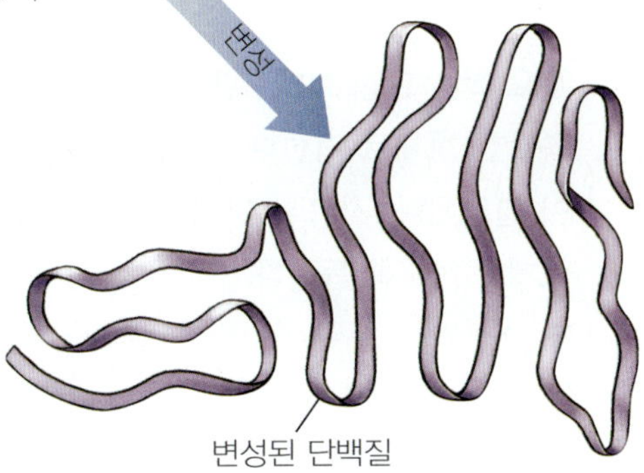

용매의 극성 성질이 다시 회복되면, 일부 단백질은 저절로 다시 접힌다. 단백질은 변성되면 대개 적절하게 기능하지 못하게 된다. 이것이 식품을 소금으로 절여 보존하는 전통 방식의 원리이다. 냉장고나 냉동고가 등장하기 전에는 식품에서 미생물이 자라지 못하도록 하는 방법은 소금이나 식초의 농도가 높은 용액에 담가두는 것뿐이었다. 이렇게 하면 미생물의 단백질이 변성되어 자라지 못하게 된다.

단백질의 구조로 인해 기능이 결정된다

단백질의 구조로 인해 기능이 결정된다. 단백질의 아미노산 서열인 1차 구조로 인해 어떤 형태로 접힐 것인지가 결정되므로, 아미노산이 1개라도 달라지면 단백질의 기능이 심각하게 영향을 받을 수 있다.

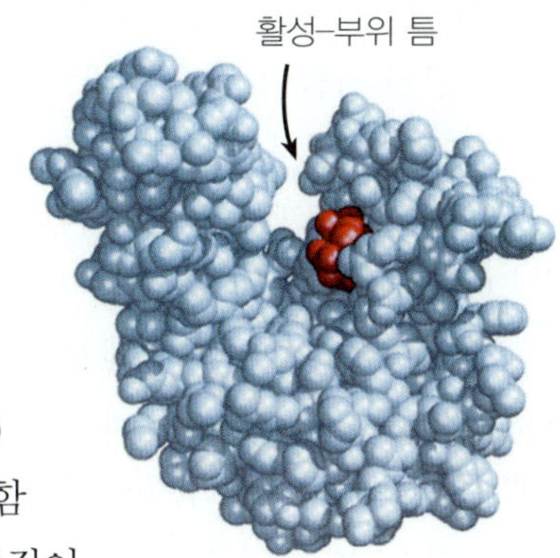

효소는 3차원 형태를 지닌 구형 단백질이다. 효소가 기능을 제대로 발휘하려면 정확하게 접혀져야 한다. 효소는 특정한 당이나 화학물질(**오른쪽 그림**의 효소에 결합한 빨간색 분자)과 정밀하게 꼭 맞는 홈 또는 함몰부위를 가지고 있다. 화학물질이 홈 안으로 들어오면 반응을 일으키게 되는데, 흔히 이 화학물질의 화학결합 중 1개가 효소의 의해 구부러져 압박을 받게 된다. 이렇게 화학반응이 증진되는 과정을 **촉매작용(catalysis)**이라고 하며, 단백질은 세포의 촉매제로서 어떤 화학반응이 어디에서 언제 일어날 것인가를 결정한다.

많은 구조 단백질은 긴 케이블 형태를 이루어 세포에게 내구력을 주고 형태를 지탱하도록 하는 역할을 한다. 제4장에서 보겠지만, 세포는 형태와 세포내 물질을 수송하는 기능을 유지하는 단백질 망을 가지고 있다(**그림 3.7**). 수축 단백질은 근육이 짧아지도록 하여 근육을 수축시킨다. 근섬유의 반대쪽에 각각 고정되어 있는 두 단백질이 서로 스쳐 미끄러져 섬유의 양 끝이 가깝도록 하면 근육이 짧아진다(제22장에서 자세하게 설명).

샤프론 단백질

단백질은 어떻게 하여 특정 형태로 접히는 것일까? 비극성 아미노산이 중요한 역할을 한다. 최근까지만 해도 연구자들은 새로 만들어진 단백질은 소수성 상호작용에 의해 물이 비극성 아미노산을 단백질 내부로 밀어 넣기 때문에 저절로 접힌다고 생각하였다. 그러나 지금은 이러한 생각이 너무 단순한 것이라는 것이 알려졌다. 단백질은 아주 다양한 방식으로 접힐 수 있으므로,

그림 3.7 단백질의 구조로 인해 기능이 결정된다
형광물질로 표지한 세포의 구조 단백질.

단순히 시행착오에 의한다면 시간이 너무 오래 걸릴 것이다. 더욱이 열린 사슬이 최종 형태로 접혀지는 중간 단계에서 비극성인 '접착성' 내부 영역이 노출된다. 이런 중간 단계 형태를 세포 안과 동일한 단백질 환경의 시험관에 넣으면, 이들은 제 짝이 아닌 다른 단백질들과 엉겨 붙어 끈적끈적한 덩어리를 형성한다.

세포는 이런 현상을 어떻게 피해가는 것일까? 핵심 단서는 세균 안에서 바이러스가 복제하지 못하도록 하는 특별한 돌연변이 연구에서 나타났다. 바이러스 단백질이 적절하게 접히지 않은 것이다! 추가 연구를 통해 정상 세포는 새로운 단백질이 적절하게 접히도록 돕는 특수한 **샤프론 단백질(chaperone protein)**을 갖고 있다는 사실이 밝혀졌다. 세균의 샤프론 단백질 유전자를 돌연변이시켜 기능을 없애면 그 세균은 정확하지 않게 접힌 단백질 덩어리로 인해 죽는다. 세균 단백질의 30%가 올바른 형태로 접혀지지 않았다.

분자생물학자들은 지금까지 분자 샤프론 작용을 하는 단백질을 17종 이상 확인하였다. 대부분 열충격 단백질로, 세포가 높은 온도에 노출되면 대량으로 만들어진다. 높은 온도에 의해 단백질의 접힘이 풀리면, 열충격 샤프론 단백질이 다시 접히도록 도와준다.

샤프론의 기능을 이해하기 위해 **그림 3.8**을 자세하게 살펴보자. 잘못 접혀진 단백질이 샤프론 내부로 들어간다. 여기에서 아직 분명하게 밝혀지지 않은 방식으로 단백질의 접힘이 풀린 후, 다시 접힌 다음 밖으로 나간다. **그림 3.8**의 세 번째 단계에서 단백질의 접힘이 풀려 긴 폴리펩티드 사슬로 된 것을 볼 수 있다. 네 번째 단계에서는 폴리펩티드 사슬이 다시 접혀 다른 형태로 된다. 샤프론 단백질은 이런 방식으로 잘못 접혀진 단백질을 '구조' 하여 올바르게 접힐 수 있는 기회를 제공한다. 이러한 구조 능력을 검증하기 위해 연구자들은 일부러 잘못 접히도록 한 말산 탈수소화효소 단백질을 샤프론 단백질에 '공급' 하였다. 이 효소는 구조되었으며, 다시 접혀져서 활성 형태로 바뀌었다.

단백질 접힘과 질병

샤프론 단백질의 결핍이 알츠하이머병에서 역할을 할지도 모른다는 추정이 기대를 모으고 있다. 샤프론이 없으면 주요 단백질의 복잡한 접힘을 돕지 못하므로 뇌세포에 아밀로이드 단백질 덩어리가 생기게 되는데, 이것은 이 병의 특성이다. 광우병과 변형인 크로이츠펠트-야콥(Creutzfeldt-Jacob, vCJD)은 모두 **프리온(prion)**이라는 잘못 접힌 뇌 단백질로 인해 발병한다. 이 잘못 접힌 프리온은 다른 뇌 프리온 단백질이 잘못 접히도록 유도하며, 더욱 많은 뇌세포를 죽게 하는 연쇄반응이 일어나게 한다. 이로 인해 뇌기능이 점차 소실되며, 결국 죽음에 이른다.

> 주요 학습 요점 3.2 **단백질은 아미노산 사슬로 만들어지며, 복잡한 형태로 접힌다. 아미노산 서열로 인해 단백질의 기능이 결정된다. 샤프론 단백질은 새로 만들어진 단백질이 올바르게 접히도록 돕는다.**

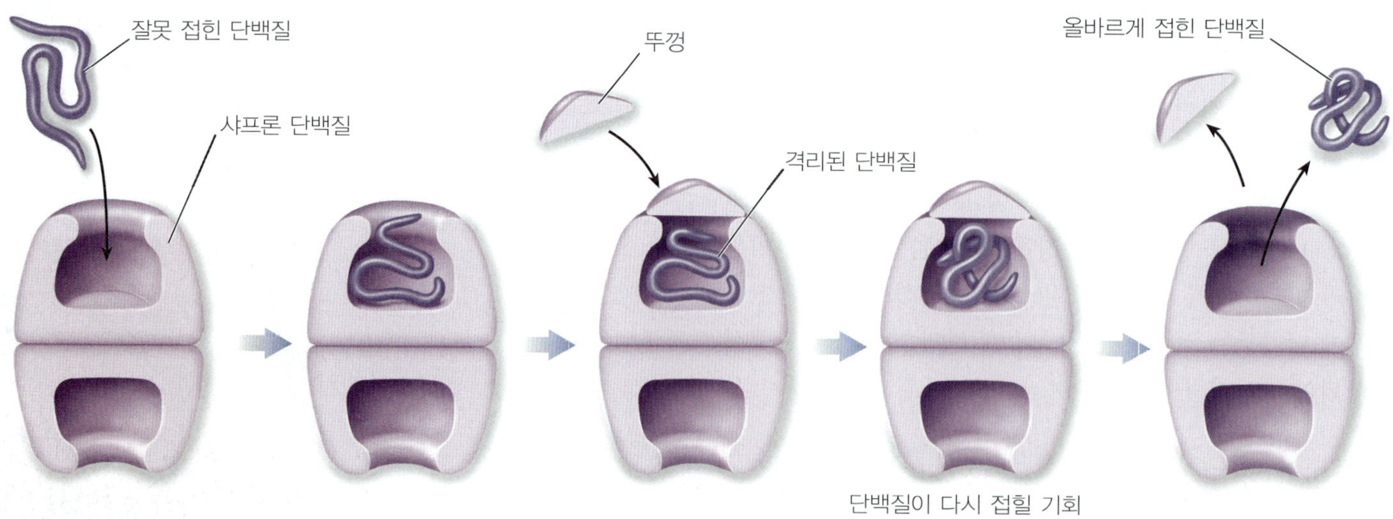

그림 3.8 샤프론 단백질 작용의 예
샤프론 단백질은 열충격 단백질로, 높은 온도에서 대량으로 만들어진다. 잘못 접힌 단백질이 안으로 들어가면 뚜껑을 덮어 가둔다. 격리된 단백질은 잘못 접힌 다른 단백질과 모일 수 없으며, 올바르게 다시 접힐 기회를 얻는다. 짧은 시간 뒤에 이 단백질은 접히거나 접히지 않은 채 빠져나온다. 이 과정은 반복될 수 있다.

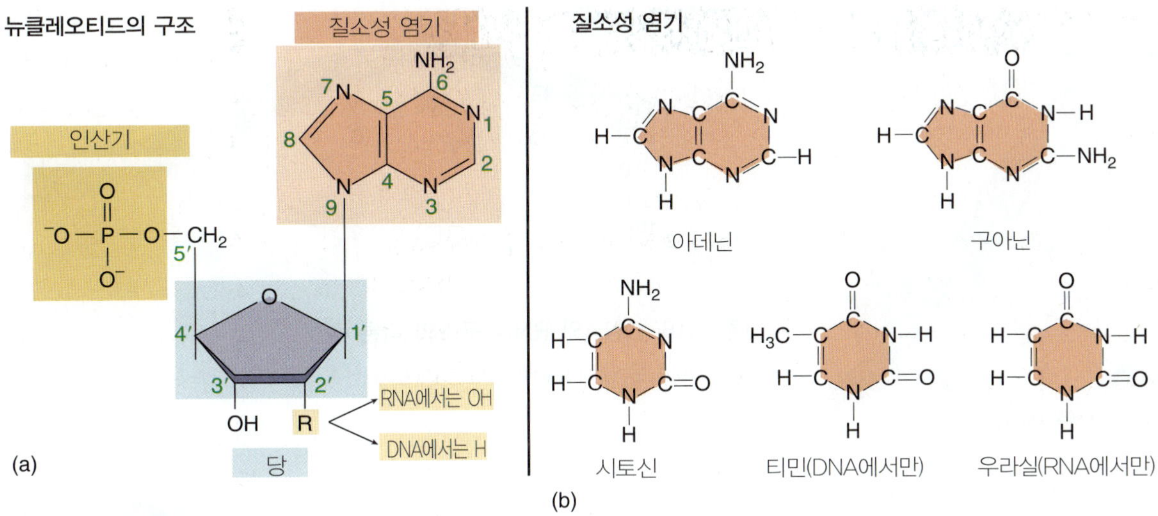

그림 3.9 뉴클레오티드의 구조
(*a*) 뉴클레오티드는 세 부분인 5-탄당, 인산기, 유기질소성 염기로 구성된다. (*b*) 질소성 염기는 5종류가 있다.

3.3 핵산

핵산(nucleic acids)이라는 매우 긴 중합체는 세포의 정보 저장 매체이다. 마치 컴퓨터에서 사용할 정보를 저장한 CD나 하드 디스크와 같다. 핵산은 **뉴클레오티드(nucleotide)**라는 소단위가 반복되어 연결된 긴 중합체이다. 뉴클레오티드는 복잡한 유기 분자로 **그림 3.9*a***처럼 세 부분인 5-탄당(파란색), 인산기(노란색, PO_4), 유기질소-함유 염기(주황색)로 이루어진다. 질소성 염기와 결합한 당이 인산기에 의해 일렬로 연결되어 매우 긴 **폴리뉴클레오티드 사슬(polynucleotide chain)**인 핵산을 형성한다(**오른쪽 그림**).

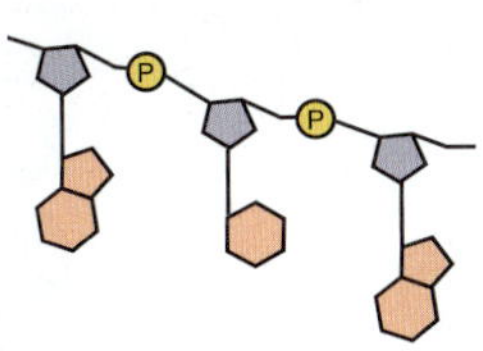

어떻게 핵산의 긴 사슬 같은 구조에 생명체에 필수적인 정보를 저장할 수 있을까? 핵산이 단순하게 되풀이되는 단조로운 중합체라면 생명의 정보를 암호화할 수 없을 것이다. 오직 E라는 글자만 가지고 빈 칸이나 구두점 없이 글을 쓴다고 생각해 보자. 할 수 있는 일은 오직 "EEEEEEE…"일 뿐이다. 의사를 전달하려면 2개 이상의 글자가 필요하다. 영어는 26개의 알파벳을 이용한다. 핵산은 여러 종류의 뉴클레오티드를 가지고 있기 때문에 정보를 암호화할 수 있다. 5종류의 뉴클레오티드가 있다. 큰 분자 2개는 질소성 염기로 아데닌과 구아닌을 가지고 있으며(**그림 3.9*b*, 위**), 작은 분자 3개는 시토신, 티민, 우라실을 가진다(**그림 3.9*b*, 아래**). 핵산은 중합체에서 뉴클레오티드의 배열을 다르게 함으로써 정보를 저장한다.

DNA와 RNA

핵산은 두 종류이다. **디옥시리보핵산(deoxyribonucleic acid, DNA)**과 **리보핵산(ribonucleic acid, RNA)**은 모두 뉴클레오티드의 중합체이며, 약간의 차이가 있다. RNA는 DNA와 비슷하지만 화학적으로 두 가지 큰 차이를 보인다. 먼저, RNA 분자는 당으로서 리보오스를 가지는데, 2′ 탄소(**그림 3.9*a***에서 2′으로 표시한 탄소)에 히드록실기(—OH)가 결합한다. DNA에서는 이 히드록실기가 수소 원자로 바뀌어 있다. 다음으로, RNA 분자는 뉴클레오티드 중 티민을 가지고 있지 않으며, 대신 우라실을 가진다. RNA는 구조적으로도 역시 다르다. RNA는 긴 단일가닥 뉴클레오티드이며, 세포가 DNA에 저장되어 있는 유전정보를 이용해 단백질을 만드는 용도로 사용된다. DNA의 뉴클레오티드 서열에 의해 단백질 1차 구조의 아미노산 순서가 결정된다. DNA는 2개의 폴리뉴클레오티드 사슬이 **이중나선(double helix)**을 이룬다. **그림 3.10**에서 이중가닥 DNA 분자(파란색)와 단일가닥 RNA(녹색)를 비교하면 이러한 차이를 볼 수 있다.

이중나선

DNA는 왜 *이중나선*인가? 과학자들은 DNA 이중나선 구조를 자세하게 살펴본 후 각 사슬의 염기가 서로 마주보며 안쪽으로 향하고 있음(**그림 3.11**)을 발견하였다. 두 사슬의 염기는 분자 중앙에서 수소결합(두 가닥 사이의 점선)을 이루어 연결된다. DNA가 왜 이중나선인지를 이해하는 핵심은 염기 사이에서 나타난다: *오직 2종류의 염기쌍만 가능하다.* 두 가닥 사이의 거리는 일정하기 때문에, 큰 염기 2종류는 서로 짝을 이룰 수 없다. 이 경우, 차지하는 공간이 너무 크다. 마찬가지로 작은 염기 종류 역시 짝을 이루지 못하여 나선이 안쪽으로 너무 좁아진다. 이중나선을 이루려면 큰 염기와 작은 염기가 짝을 이루어야만

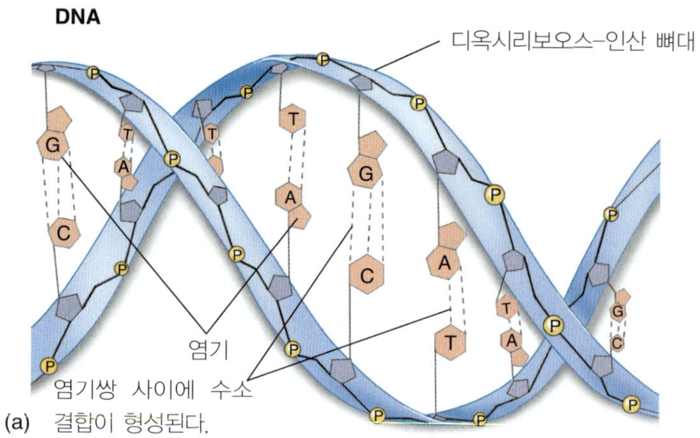

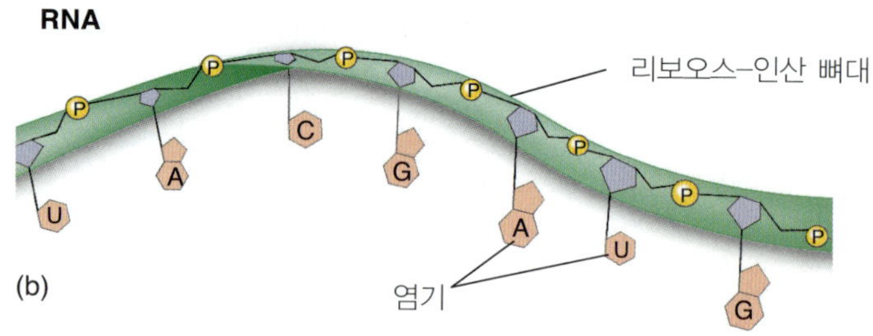

그림 3.10 DNA와 RNA 구조의 다른 점

(*a*) DNA는 두 폴리뉴클레오티드 가닥이 서로 감겨 있지만, (*b*) RNA는 단일가닥이다.

한다. *모든 DNA 이중나선에서 아데닌*(A)*은 티민*(T)*과, 구아닌*(G)*은 시토신*(C)*과 짝을 이룬다.* A가 C와, G가 T와 짝을 이루지 않는 이유는 이들 염기 짝은 적절한 수소결합을 이루지 못하기 때문이다. 즉, 전자를 공유하는 원자들이 정렬되지 않는다.

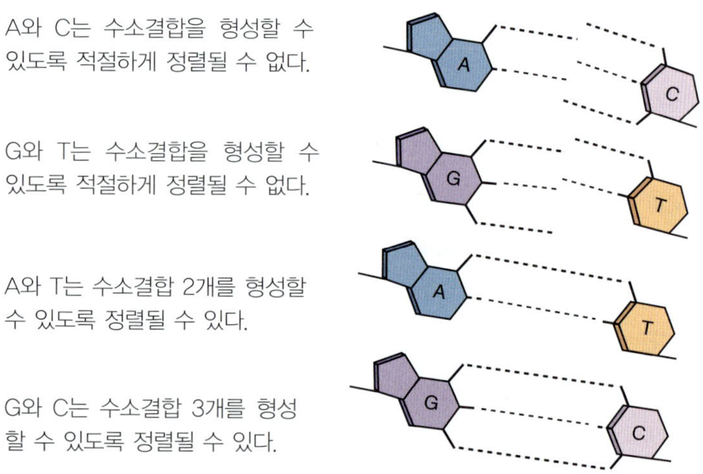

DNA 이중나선에 있는 A-T, G-C 염기쌍이 단순하기 때문에 세포는 정보를 매우 간단한 방식으로 복사한다. 그저 나선을 풀어낸 후 각각의 새로운 가닥에 상보적인 염기를 추가하면 된다! 이것은 이중나선의 큰 장점이다. 실제로 정보의 사본을 2개 가지고 있으며, 하나는 다른 것의 거울상이다. 만약에 사슬 하나의 서열이 ATTGCAT라면, 이중나선에 있는 짝 사슬의 서열은 *반드시* TAACGTA여야만 한다. 유전정보가 한 세대에서 다음 세대로 충실하게 전달되는 것은 이러한 단순한 이중-등록 장부를 갖추고 있기 때문이며, 이로 인해 유전정보를 정확하게 복사할 수 있게 된다.

주요 학습 요점 3.3 DNA 등의 핵산은 뉴클레오티드의 긴 사슬로 구성된다. 뉴클레오티드의 서열은 단백질의 아미노산 서열을 특정하여 지정한다.

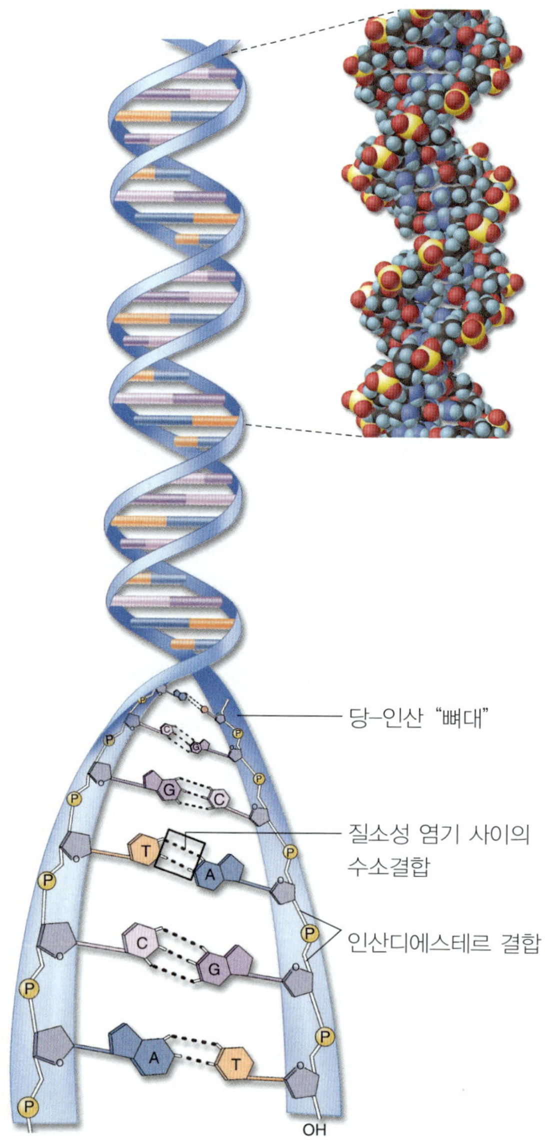

그림 3.11 DNA 이중나선

DNA 분자는 서로 감겨 이중나선을 형성하는 폴리뉴클레오티드 사슬 2개로 구성된다. 이중나선의 두 사슬은 A-T와 G-C 염기쌍 사이의 수소결합에 의해 연결된다. 삽입 그림은 DNA의 공간-채움 모형이며, 원자마다 다른 색의 공으로 표시하였다.

자세히 관찰하기

DNA 구조 밝혀내기

지난 세기의 중반에 생물학자들은 점차 DNA가 유전정보를 담고 있는 분자라고 확신하게 되었지만, 이렇게 단순해 보이는 분자가 어떻게 복잡한 기능을 수행할 수 있는지에 대해서는 당혹스러워 하였다.

제2차 세계대전 직후 화학자인 Erwin Chargaff는 중요한 사실을 관찰하였다. DNA 분자에 있는 아데닌(A)의 양은 항상 티민(T)의 양과 같으며, 구아닌(G)의 양은 시토신(C)의 양과 같았다. Chargaff 법칙으로 알려진 이 내용(A=T, G=C)은 DNA가 규칙적인 구조를 가지고 있음을 강력하게 시사하였으나, 그것이 무엇인지는 밝혀지지 않았다.

Chargaff가 지적한 규칙성의 의미는 즉시 밝혀지지 않았지만, X-선 회절법으로 DNA를 분석한 영국의 젊은 화학자인 Rosalind Franklin에 의해 드러나기 시작하였다. X-선 회절법은 분자에 X-선을 쪼여준 후, 원자와 마주친 X-선의 경로가 굽어지거나 분산되는 회절 양상을 사진으로 기록하는 것이다. DNA의 회절 양상은 마치 고요한 호수에 돌을 던져 넣었을 때 만들어지는 잔물결과 같았다. 이것을 자세하게 분석하여 이 분자의 3차원 구조에 대한 정보를 얻을 수 있었다.

X-선 회절법은 완벽한 규칙성을 가지는 결정성 배열을 갖출 수 있는 물질에서 가장 효력을 나타낸다. 그러나 Franklin이 분석하던 당시에는 천연 DNA의 진정한 결정을 얻을 수 없었으며, 따라서 섬유 형태의 DNA를 이용할 수밖에 없었다. Franklin과 같은 연구실에서 함께 일하던 Oxford 대학교의 생화학자인 Maurice Wilkins는 균일한 방향성을 갖춘 DNA 섬유를 그 누구보다도 잘 만들 수 있었다. 이 DNA 섬유를 이용하여 Franklin은 천연 DNA에 대한 초기 회절 정보를 얻는 데 성공하였다. 이 회절 양상은 DNA 분자가 α-나선이라고 하는 마치 꼬인 용수철이나 코르크 따개 같은 형태를 가지고 있음을 암시하였다.

Franklin의 결과를 비공식적으로 알게 된 Cambridge 대학교의 젊은 연구원인 James Watson과 Francis Crick은 재빨리 가능성이 있는 DNA 분자의 구조를 만들었고, 1953년에 이를 발표하였다. 이 구조는 본질상 정확하였다. DNA 구조를 이해하게 된 핵심은 DNA 분자는 뉴클레오티드 사슬 2개로 구성되며, 이들이 감겨 α-이중나선을 이루고 있다고 생각한 Watson과 Crick의 통찰력이었다.

1953년 Watson과 Crick의 역사적인 모형(사진, Crick이 가리키는 모형을 Watson이 바라보고 있다)에서, 각각의 DNA 분자는 *α*-이중나선을 이루는 두 상보적인 폴리뉴클레오티드로 구성된다. 이들의 염기는 나선의 내부로 돌출되어 있다. 이것은 나선형 계단과 유사하며, 이중나선의 두 가닥은 계단의 난간에 대응된다.

그렇다면 두 가닥을 결합하고 있는 힘은 무엇일까? Watson과 Crick은 염기가 반대쪽 가닥의 염기와 수소결합을 형성하여 상보적인 가닥을 이룬다고 추정하였다. 각각의 염기쌍은 에너지가 적지만, 수많은 염기쌍의 에너지를 합하면 분자를 매우 안정하게 유지하기에 충분하다. 다시 계단에 비유해보면, 뼈대는 난간이고 염기쌍은 계단 자체이다.

원자마다 크기와 위치가 다르기 때문에 이중나선에서는 단 두 가지의 수소결합 쌍만 가능하다. 아데닌(A)은 티민(T)과, 구아닌(G)은 시토신(C)과 각각 수소결합을 이룰 수 있다. Watson-Crick 모형은 이처럼 매우 직접적이고 단순한 방식으로 그때까지 남아 있던 DNA의 가장 큰 비밀인 Chargaff가 관찰한 DNA 분자에서 아데닌의 양은 티민의 양과, 구아닌의 양은 시토신의 양과 언제나 동일한 이유를 설명하였다.

Watson-Crick의 DNA 모형의 핵심은 단순해 보이지만 심오한 영향력을 가진 개념이다. 단 두 종류의 염기쌍만 가능하기 때문에, 한 가닥의 염기서열을 안다면 다른 가닥의 서열도 저절로 알 수 있다. 한 가닥에 A나 G가 있으면 다른 가닥에는 반드시 T나 C가 있어야 한다. 이러한 거울상 상관관계 개념을 *상보성(complementarity)*이라고 한다. 이 개념은 중요하다. 만약에 염기쌍이 두 종류보다 많은 것이 가능하다면, 한 DNA 가닥의 서열로서 다른 가닥의 서열을 확신할 수 없게 된다. 이 기본적인 통찰로 인해 Watson과 Crick의 발견은 20세기의 가장 심오한 발견으로 되었다.

Watson과 Crick은 DNA 연구를 계속하였으나, Franklin은 37세에 암으로 사망하였다.

3.4 탄수화물

탄수화물(carbohydrates)이라는 중합체는 세포의 구조적 뼈대를 형성하며 에너지를 저장하는 중요한 역할을 한다. 탄수화물은 탄소, 수소, 산소를 1:2:1의 비율로 가지고 있는 분자 모두를 지칭한다. 작은 단량체 또는 2량체인 탄수화물은 **단순탄수화물(simple carbohydrates)**이라고 하며, 긴 중합체인 탄수화물은 **복합탄수화물(complex carbohydrates)**이라고 한다. 탄수화물은 많은 탄소-수소(C—H) 결합을 가지고 있으므로, 에너지를 저장하기에 적절하다. 이러한 C—H 결합은 생명체가 에너지를 얻기 위해 가장 많이 분해하는 것이다. **표 3.2**는 탄수화물의 몇 가지 예이다.

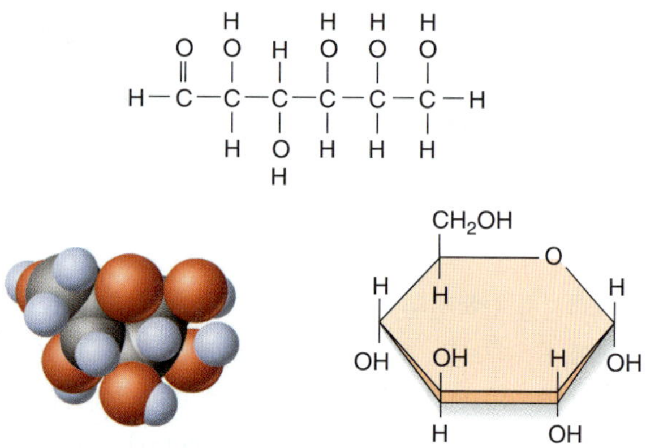

그림 3.12 포도당의 구조

포도당은 단당류이며, 선형 6-탄소 분자는 물을 첨가하면 고리형으로 바뀐다. 포도당 구조를 그림으로 표현하는 3가지 방식.

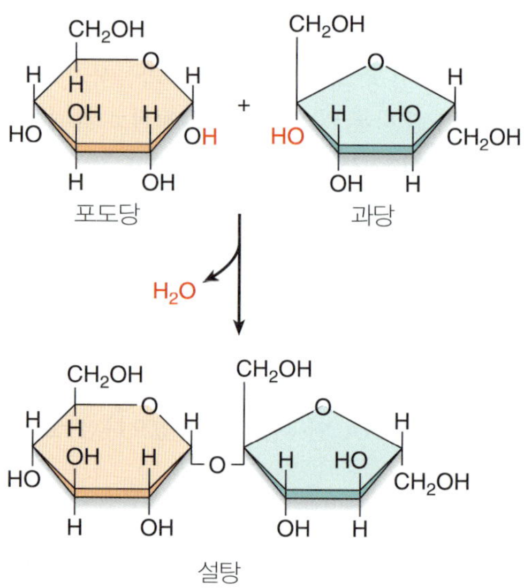

그림 3.13 설탕 형성과정

설탕은 2당류이며, 포도당과 과당이 탈수반응을 통해 연결되어 형성된다.

단순탄수화물

단순당(simple sugar) 또는 **단당류(monosaccharides**, 그리스어 *monos* '단일', *saccharon* '달콤한' 의미)는 가장 단순한 탄수화물이며, 소단위 1개로 이루어진다. 예를 들어 포도당은 체내에서 세포에서 에너지를 운반하는 당인데, 탄소 6개로 만들어지며 화학식은 $C_6H_{12}O_6$이다. **그림 3.12**는 포도당 분자를 여러 방식으로 나타낸 것이다. 탄소 원자의 긴 사슬(위)은 공식적인 화학구조이다. 이 사슬은 물속에서 접혀져 고리형 구조(아래 오른쪽)로 된다. 공간-채움 모형(아래 왼쪽)은 각 원자를 입체적으로 나타낸 것이다. 다른 종류의 단순탄수화물인 **2당류(disaccharide)**는 단당류 2개가 탈수반응에 의해 연결되어 형성된다. **그림 3.13**은 6-탄당 2개인 각각 포도당(주황색)과 과당(녹색)이 연결되어 2당류인 설탕이 만들어지는 과정이다.

복합탄수화물

생명체는 수용성인 당을 불용성 형태로 바꾸어 신체의 특정 장소에 축적함으로써 대사에너지를 저장한다. 이 일을 위해 당을 연결하여 **다당류(polysaccharide)**라는 긴 중합체 사슬을 만든다. 식물과 동물은 포도당으로 만든 다당류에 에너지를 저장한다. 식물이 에너지 저장에 이용하는 포도당 다당류는 **녹말(starch)**이며, 따라서 감자를 '녹말성' 식품이라고 한다. 동물은 **글리코겐(glycogen)**에 에너지를 저장한다. 글리코겐은 포도당 다당류인 불용성 거대 분자로 매우 길고 가지가 많이 있다. 식물과 동물

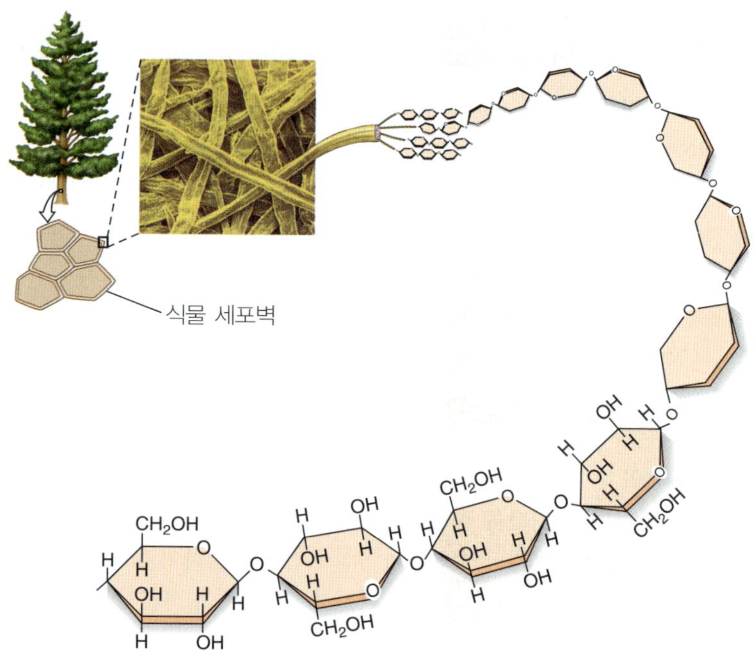

그림 3.14 다당류: 셀룰로오스

다당류인 셀룰로오스는 식물 세포벽에 있으며, 포도당 소단위로 구성된다.

표 3.2 탄수화물의 종류와 기능		
탄수화물	**예**	**설명**
운반 2당류		
	젖당 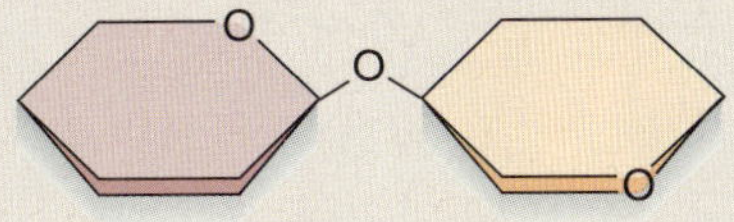	일부 생명체 내에서 포도당은 2당류 형태로 운반된다. 이 형태는 쉽게 대사되지 않는데, 생명체의 정상적인 포도당-대사 효소가 두 단당류를 연결한 결합을 끊지 못하기 때문이다. 젖당은 2당류의 한 예이다. 포유류는 젖에 있는 젖당으로 새끼에게 에너지를 공급한다.
	설탕 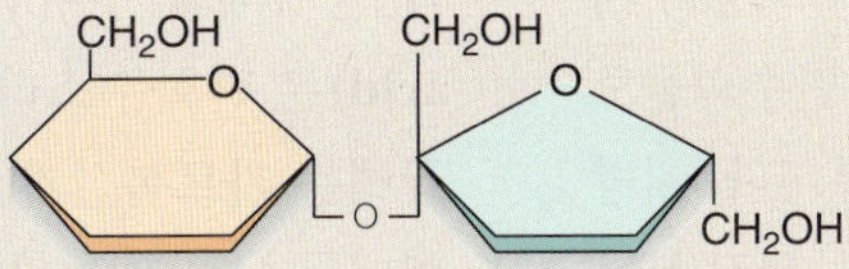	설탕도 운반 2당류이다. 식물은 설탕의 형태로 포도당을 전신으로 운반한다. 설탕은 사탕수수에서 수확한다.
저장 다당류		
	녹말 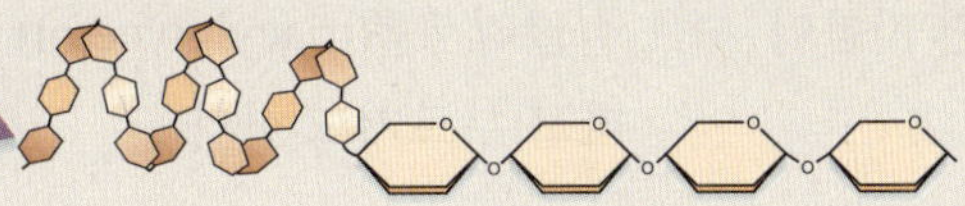	생명체는 다당류라는 긴 포도당 분자 사슬에 에너지를 저장한다. 이 사슬은 물속에서 꼬이므로 불용성이 되어 저장하기에 적당하다. 식물의 저장 다당류는 녹말이라고 하며, 가지를 치기도 한다. 녹말은 감자, 또는 옥수수나 밀 등의 낟알에 있다.
	글리코겐 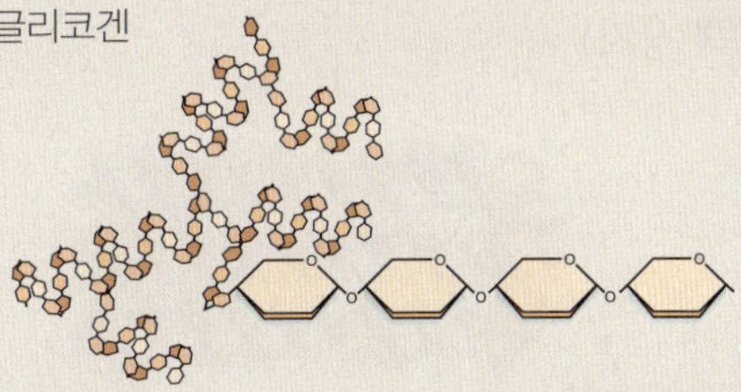	동물은 포도당을 글리코겐으로 저장한다. 글리코겐은 녹말과 비슷하다. 긴 포도당 사슬이며, 물속에서 꼬여 불용성이다. 그러나 글리코겐 사슬이 훨씬 더 길고 가지가 많다. 글리코겐은 근육과 간에 저장된다.
구조 다당류		
	셀룰로오스 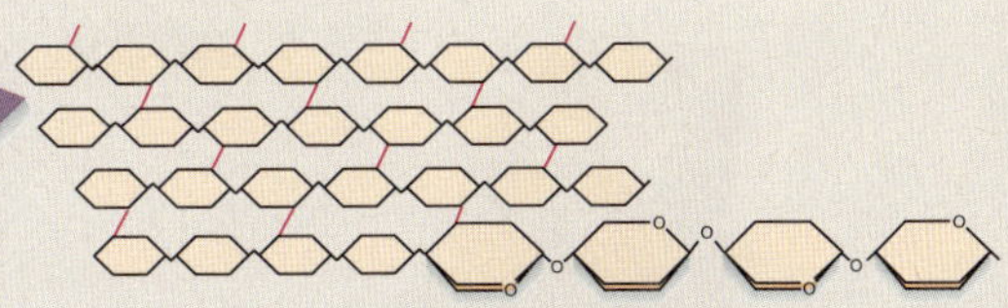	셀룰로오스는 식물 세포벽에 있는 구조 다당류이다. 포도당 소단위가 쉽게 끊어지지 않는 방식으로 연결되어 있다. 대부분의 생명체는 셀룰로오스의 포도당 소단위를 끊는 효소를 가지고 있지 않다. 소 등의 일부 동물은 소화관에서 살고 있는 세균이나 원생생물의 도움을 받아 셀룰로오스를 소화시킬 수 있다.
	키틴 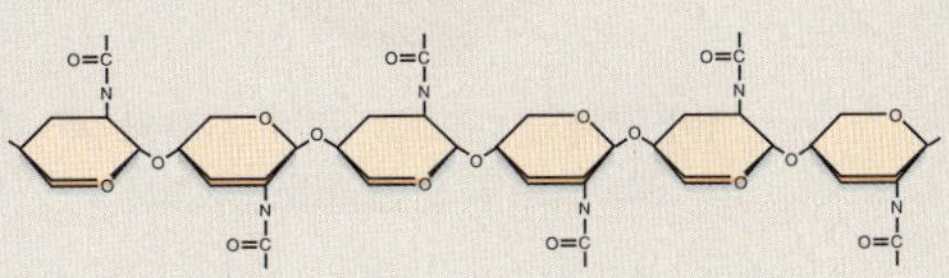	키틴은 곤충과 갑각류 등 무척추동물의 외골격과 곰팡이의 세포벽에 있는 구조 다당류이다. 키틴은 셀룰로오스가 변형된 것으로 포도당 소단위에 질소기가 첨가된 것이다. 단백질에 의해 교차-연결되면 매우 단단한 저항성 표면 물질이 된다.

은 포도당 사슬을 구조물질로 이용하기도 하는데, 소단위가 연결된 방향이 다르기 때문에 대부분의 효소가 인식하지 못한다. 이들 구조 다당류는 동물에서는 **키틴(chitin)**, 식물에서는 **셀룰로오스(cellulose)**이다. 식물 세포벽에 있는 셀룰로오스(**그림 3.14**)는 사람이 소화시킬 수 없으며, 식품의 섬유질이 된다.

> **주요 학습 요점 3.4** **탄수화물은 C, H, O 원자로 이루어진 분자이다. 당으로서는 C—H 결합에 에너지를 저장하며, 긴 다당류 사슬로서는 구조적 지주가 된다.**

3.5 지질

생명체는 에너지를 오랫동안 저장하기 위해 대개 포도당을 지방으로 전환한다. 지방은 다른 종류의 저장 분자로 탄수화물보다 C—H 결합을 많이 가지고 있어서 에너지가 풍부하다. 지방을 비롯하여 물에는 녹지 않지만 기름에는 녹는 생물학적 분자를 **지질(lipids)**이라고 한다. 지질이 물에 녹지 않는 것은 녹말처럼 긴 사슬이기 때문이 아니라 비극성이기 때문이다. 지방 분자는 물속에서 함께 덩어리를 형성하는데, 물 분자와 수소결합을 이루지 못하기 때문이다. 이것이 기름과 물을 섞으면 기름이 물 위에 층을 이루는 이유이다.

지방

지방 분자는 두 종류의 소단위인 지방산(**그림 3.15*a*** 회색 상자)과 글리세롤(주황색 상자)로 구성된 지질이다. **지방산(fatty acid)**은 탄화수소라고 하는 탄소와 수소 원자의 긴 사슬이며, 끝에는 카르복실기(—COOH)가 있다. 글리세롤의 탄소 3개가 뼈대를 이루어 여기에 지방산 3개가 탈수반응으로 결합하여 지방 분자가 된다. 따라서 **그림 3.15*a***의 지방산에서는 글리세롤과 결합하고 있기 때문에 카르복실기가 드러나지 않는다. 이렇게 만들어진 지방 분자는 지방산 3개를 가지고 있으므로, *트리아실글리세롤*(triacylglycerol) 또는 **트리글리세리드(triglyceride)**라고 부르기도 한다.

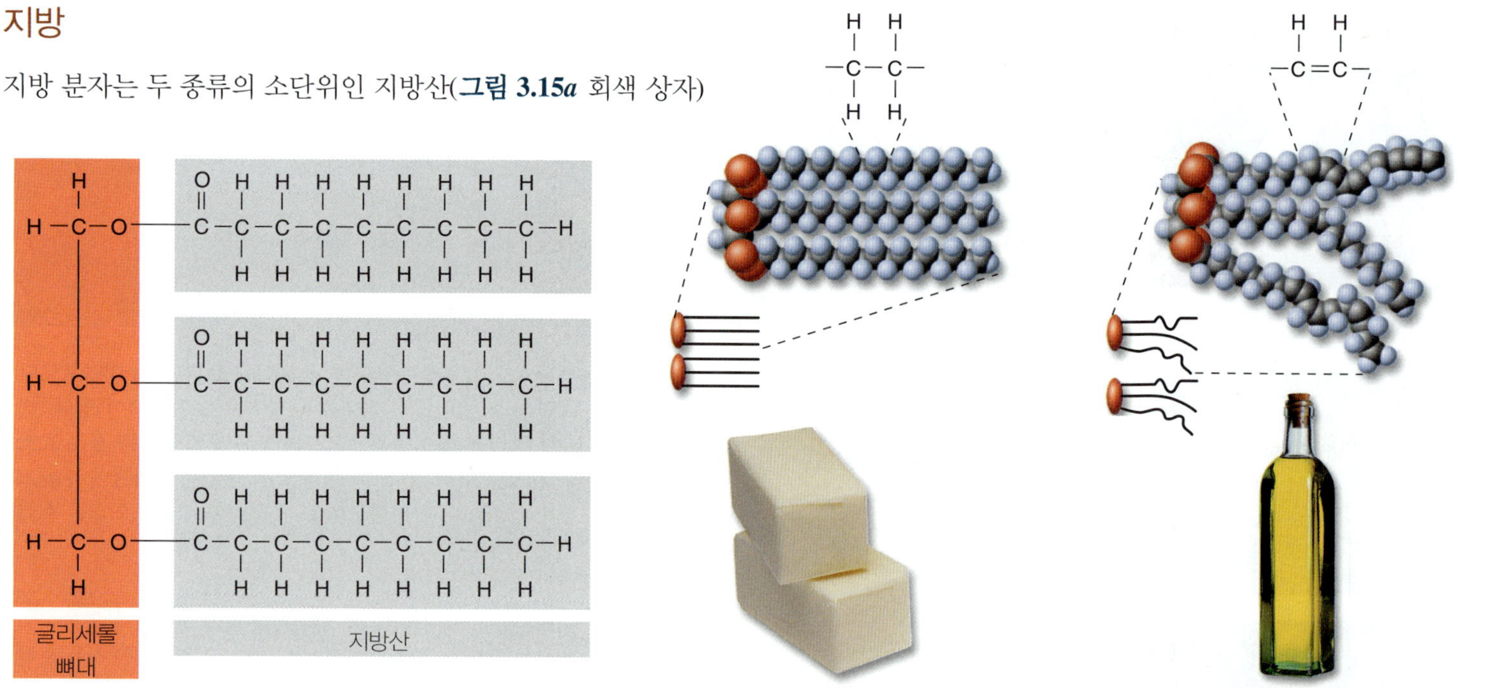

(a) 지방 분자(트리아실글리세롤)

(b) 경화지방(포화): 탄소 원자쌍 사이가 모두 단일결합인 지방산

(c) 기름(불포화): 1개 이상의 탄소 원자 쌍 사이에 2중결합이 있는 지방산

그림 3.15 포화지방과 불포화지방

(*a*) 지방 분자는 3-탄소 글리세롤에 지방산 3개가 결합한 것이다. (*b*) 대부분의 동물 지방은 '포화' 되어 있다(모든 탄소 원자가 최대한의 수소를 가지고 있다). 지방산은 서로 밀집되며, 이러한 트리아실글리세롤은 경화지방이라는 움직이지 않는 층을 형성한다. (*c*) 대부분의 식물 지방은 불포화 지방이며, 트리아실글리세롤이 밀집되지 않아 기름이 된다.

운동선수와 아나볼릭 스테로이드

최근에 가장 악명 높은 지질은 아나볼릭 스테로이드(anabolic steroid, 단백동화스테로이드)로 알려진 합성 호르몬 종류이다. 1950년대 이후 일부 운동선수가 이 약물을 복용하여 근육을 키우고 운동능력을 증진시키고자 하였다. 본질적으로 불공정하고, 건강에 위험하다는 이유로 아나볼릭 스테로이드 사용은 금지되었다. 프로야구 선수가 이 약물을 사용한 것에 대한 논쟁이 최근에 뜨거운 화두가 되었다.

아나볼릭 스테로이드는 1930년대에 생식샘저하증 치료 목적으로 개발되었다. 이 병은 정소에서 테스토스테론을 정상적인 성장과 성적 발달에 필요한 만큼 충분하게 생산하지 못해 나타난다. 과학자들은 곧 테스토스테론의 화학구조를 약간 변형하여, 실험동물의 골격근을 성장시킬 수 있는 물질을 합성해낼 수 있음을 발견하였다. '아나볼릭(anabolic)'은 성장을 의미한다. 이 새로운 약물을 성적 발달에 대한 영향이 줄어들도록 개선하였다. 100종이 넘는 아나볼릭 스테로이드가 개발되어 있으며, 대부분 주사제이다. 모두 처방을 받아야 하며, 프로운동선수는 물론 대학이나 고교 운동에 사용하는 것이 금지되어 있다.

홈런타자 Barry Bonds는 2006년에 스테로이드 논쟁에 휘말렸다.

신체의 테스토스테론 수치를 높이는 다른 방법은 아나볼릭 스테로이드는 아니지만 체내에서 테스토스테론으로 전환되는 화학물질을 이용하는 것이다. 그중 하나가 4-안드로스테네디온(4-androstenedione)으로, 흔히 '안드로(andro)'라고 부른다. 이 약물은 1970년대에 동독의 과학자들이 올림픽 출전 선수의 능력을 향상시킬 목적으로 최초로 개발한 것이다. 안드로는 아나볼릭 스테로이드의 부작용을 나타내지 않기 때문에 2004년까지는 합법적으로 사용되었다. Mark McGwire도 이 약물을 사용하였다. 그러나 지금은 모든 운동경기에서 금지되었으며, 안드로를 소지하는 것은 범죄행위이다.

아나볼릭 스테로이드는 근육세포에서 단백질을 많이 만들어내도록 신호를 보낸다. 이 신호는 근육조직에 있는 '안드로겐 수용체' 단백질과 결합한다. 이로 인해 근육조직 단백질 합성과 관련된 유전자가 활성화되어 단백질 합성이 시작된다. 동시에 아나볼릭 스테로이드 분자가 '코르티솔 수용체' 단백질과 결합하여 이 수용체가 단백질 분해를 유도하는 일, 즉 세포가 염증을 억제하고 운동하는 동안 단백질을 에너지원으로 사용하도록 하는 방법을 하지 못하도록 한다. 근육세포에서 단백질 합성을 증가시키고 분해를 억제하여 아나볼릭 스테로이드는 운동선수의 근육 양을 상당히 증가시킨다.

신체에 대한 아나볼릭 스테로이드의 효과가 단지 근육 양을 늘려 운동능력을 향상시키는 것뿐이라 해도, 이 약물을 사용하는 것은 여전히 아주 단순하고 중요한 한 가지 이유 때문에 옳지 않다. 아나볼릭 스테로이드를 몰래 사용['도핑'(doping)]하여 경쟁에서 이로움을 얻는 것은 사기이다. 따라서 운동경기에서 이 약물의 사용을 금지하는 것이다.

아나볼릭 스테로이드를 사용하는 것은 옳지 않을 뿐만 아니라 불법이다. 그 이유는 이 약물의 효과가 단지 근육의 양을 늘리는 것만이 아니기 때문이다. 청소년기에 아나볼릭 스테로이드를 사용하면 성장기가 일찍 멈추게 되어 작은 키로 일생을 살아야 한다. 스테로이드는 또한 청소년과 어른에게 많은 영향을 준다. 아나볼릭 스테로이드는 간(혈액의 독성을 해독하는 기관)에서 치명적인 간낭종과 간암을 일으킬 수 있으며, 콜레스테롤 변화와 고혈압(모두 심장마비와 뇌졸중을 일으킬 수 있음), 여드름 등을 유발할 수 있다. 스테로이드 남용으로 남자에게서 나타나는 다른 증후로는 고환 크기 감소, 대머리, 유방의 발달 등이 있으며, 여자에게서는 얼굴의 털 성장, 목소리의 저음화, 월경 중지 등이 나타난다.

2003년 가을, 경기조직위원회는 일부 운동선수가 표준반도핑검사로 탐지할 수 없는 새로운 아나볼릭 스테로이드인 테트라하이드로게스트리논(THG)이라는 약물을 사용하였음을 알게 되었다. THG 사용은 익명의 한 코치가 이 약물을 사용한 주사기를 미국반도핑협회에 보내어 드러났다. THG의 화학구조는 골반염증 치료용 약물인 게스트리논과 비슷하며, 수소 원자 4개만 첨가하면 화학적으로 쉽게 만들어진다. THG는 표준방식으로 분석하면 분해되기 때문에 반도핑검사로는 탐지할 수 없다. 2004년에 개발된 새로운 THG 소변검사를 통해 몇 명의 유명한 운동선수가 적발되었다. 육상선수인 Marion Jones와 야구선수인 Rafael Palmeiro, Barry Bonds, Mark McGwire가 스테로이드 복용에 연루되었다.

콜레스테롤을 줄이기 위한 나의 투쟁

나는 잔혹한 운명에 따라 스테이크를 좋아하는 식성을 갖고 태어났다. 두꺼운 비프스테이크는 나를 만족시키는 요리이다. 또한, 프렌치 프라이도 좋아하며, 그 무엇보다도 빅맥 햄버거를 좋아한다. 빅맥에 대한 사랑이 잔혹하다고 여기게 된 것은 10여 년 전에 의사가 내게 혈액내 콜레스테롤 수치가 권장 한계수치인 200을 훨씬 넘었다고 알려주었기 때문이다. 혈액내 콜레스테롤은 동맥 내부에 쌓이기 때문에 내가 아무런 대비를 하지 않는다면 심장마비를 일으킬 위험성이 높아진다.

그래서 10여 년에 걸친 콜레스테롤을 줄이기 위한 투쟁이 시작되었다. 오랜 친구인 빅맥과 프렌치 프라이는 지난 일이 되었고, 스테이크는 그저 그런 사이가 되었다. 아내와 세 딸은 나의 둔감한 성격의 약점을 알기에 식료품 구매에 유의하여 닭고기를 많이 샀다.

그러나 아무 소용없었다. 빅맥과 스테이크를 2년 동안 먹지 않았지만, 내 콜레스테롤 수치는 전보다 높아졌다. 1999년 10월에 나의 총 콜레스테롤은 274로 그 어느 때보다도 높았다. 200 이상에서는 수치가 1% 높아지면 심장질환 위험이 2% 높아진다는 사실을 생각하면 이것은 무서운 일이었다.

나는 내 동생들에게 이 나쁜 사실을 알리고, 그들 또한 같은 싸움을 벌이고 있는지 알아보기 위해 전화했다. 나와 내 동생들 모두 유전적으로 스테이크를 싫어하는 유전자가 결손된 것이 문제였다. 우리는 모두 고-콜레스테롤혈증(hypercholesterolemia) 환자이다. 이 말은 "유전성 고-콜레스테롤"을 의미한다. 부모 중 한 분에게서 손상된 유전자를 물려받은 사람은 혈장내 콜레스테롤 수치가 높으며, 이 수치는 식이제한(스테이크 먹지 않기)으로 줄일 수 없다.

나의 콜레스테롤에 대한 투쟁이 좌절된 것은 유별난 일이 아니다. 고-콜레스테롤혈증으로 고생하는 50만 명 이상의 미국인 대부분은 유전자 이상을 나타낸다. 이 싸움을 하고 있는 유전자 변덕의 희생자 중 그 누구도 식이요법과 운동만으로는 콜레스테롤 수치를 낮추지 못한다. 멘델 유전의 적을 물리치려면 현대 의학의 도움을 받아야만 한다.

콜레스테롤을 생물학적으로 잠깐만 살펴보아도 공격방법을 알 수 있다. 콜레스테롤은 특수한 종류의 지질로 세포막의 유연성을 조절하고 신경을 절연시키는 용도로 사용된다. 간에서는 콜레스테롤을 매일 800mg이나 만들어내며, 이것은 신체 콜레스테롤의 약 80%에 해당한다. 나머지는 스테이크나 다른 지방성 음식을 통해 얻는다.

당신은 왜 식품을 통한 지방(스테이크, 땅콩버터, 튀긴 음식, 초콜릿, 아이스크림—모두 좋은 음식이다) 섭취를 줄여 총콜레스테롤을 낮추려는 내 노력이 실패하였는지 알 수 있다. 식이성 콜레스테롤은 내 몸에 있는 총량의 20%에 지나지 않는다. 대부분은 간에서 만들어내며, 고-콜레스테롤혈증으로 인해 내 간에서는 정상 간보다 두 배나 빠르게 콜레스테롤을 만들어낸다. 이 문제를 해결하려면 내 간이 콜레스테롤을 만드는 열정을 멈추게 할 필요가 있다.

1980년대에 연구자들은 간에서 콜레스테롤 생산하는 과정의 초기에서 6-탄소 분자인 메발론산염이 히드록시메틸글루타릴CoA(HMG-CoA)로 전환되는 단계가 속도-제한 단계임을 밝혀냈다. 콜레스테롤 생산을 늦추려면, 이 단계가 목표지점인 것이다.

지난 20년 동안 HMG-CoA 환원효소를 억제함으로써 콜레스테롤 수치를 낮추는 스타틴 계열의 약물이 개발되었다. 이런 약물로는 플루바스타틴(Lescol), 로바스타틴(Mevacor), 심바스타틴(Zocor), 프라바스타틴(Pravachol) 등이 있다.

1997년 소개된 아토르바스타틴(Lipitor)은 특히 강력한 HMG-CoA 환원효소 억제자로 다른 스타틴에 비해 부작용도 거의 없다. Lipitor는 획기적인 약물이다. 시판 첫해에 44억 달러의 매출을 올렸으며, 2005년에는 100억 달러 이상의 매상을 기록한 세계에서 가장 잘 팔리는 약물이 되었다.

나는 내 장래를 Lipitor에 의지하고 있다. 1999년부터 매일 아침 식사 전에 작은 하얀 알약을 1정씩 복용하고 있다. 내 삶의 나머지 기간 동안 이 일을 받아들여야 할 듯하다.

효과는 얼마나 있을까? 실제로 아주 좋다. Lipitor를 복용한 후 3개월 만에 콜레스테롤 수치는 200 이하로 떨어졌으며, 그 후 몇 년 동안 200 이상으로 올라간 적이 없다. 단 한번도. 2010년 초에 마지막으로 측정한 수치는 158이었다.

시인 T.S. Eliot은 브로드웨이에서 공연한 뮤지컬 〈Cats〉의 원작인 〈The Naming of Cats〉라는 시에서 "고양이는 세 가지 이름을 가져야만 한다"고 읊었다. 나는 내 항콜레스테롤 약도 Eliot의 고양이와 같다고 생각한다. Eliot의 고양이처럼 내 약은 "분별 있는 일상의 이름"으로서 Lipitor라고 부르며, 이 이름은 누구나 사용할 수 있다. Eliot은 고양이는 두 번째 이름인 "특별한 이름", "한 마리의 고양이에게만 붙일 수 있는 이름"을 가져야 한다고 하였다. 아토르바스타틴(Atorvastatin)이 그러한 이름으로, 이것은 제약회사와 과학자가 사용한다.

Eliot에 따르면 고양이는 세 번째로 매우 개인적인 "깊고 헤아릴 수 없는 유일한" 이름을 필요로 한다. Lipitor의 세 번째 화학적 이름은 [R-(R*,R*)]-2-(4-fluorophenyl)-β, δ-dihydroxy-5-(1-methylethyl)-3-phenyl-4-[(phenylamino)carbonyl]-1H-pyrrole-1-heptanoic acid이다.

콜레스테롤 수치가 274에서 116이나 감소한 누군가에게는 아주 멋진 일이다.

내부의 탄소 원자가 모두 수소 원자 2개와 공유결합을 이루는 지방산은 최대한의 수소 원자를 가진다. 이러한 지방산으로 이루어진 지방을 **포화(saturated)**되었다고 한다(**그림 3.15*b***). 포화지방은 실온에서 고체이다. 반면에 탄소 원자 쌍 1개 이상에 2중결합이 있는 지방산으로 구성된 지방은 수소 원자를 최대한으로 가지지 못하며, **불포화(unsaturated)**되었다고 한다(**그림 3.15*c***). 지방산 꼬리에 2중결합이 있으면 꺾임이 형성되며, 이로 인해 불포화지방은 실온에서 대개 액체이다. 많은 식물성 지방은 불포화된 기름이다. 이에 비해 동물성 지방은 대개 포화된 경화지방이다. 식품의 불포화지방을 인위적으로 *수소화*(hydrogenated, 수소를 공업적으로 첨가)시켜 포화상태로 만들어 저장기간을 늘리기도 한다. 이러한 수소화 공정으로 인해 *트랜스지방*(trans fat)이 만들어질 수 있다. 이것은 불포화지방의 한 종류이지만, 천연 불포화지방에 비해 2중결합 일부의 꺾임 정도가 작다. 트랜스지방과 포화지방을 먹으면 심장질환 위험성이 높아진다.

다른 종류의 지질

생명체는 에너지 저장 외에도 중요한 역할을 수행하는 다른 종류의 지질도 가지고 있다. 남성호르몬과 여성호르몬인 테스토스테론과 에스트라디올은 *스테로이드*(steroid)라는 지질이다. **그림 3.15**의 지방과 달리 스테로이드의 구조는 다중 고리 구조를 가지며, 마치 육각형 구멍을 가진 철조망의 일부처럼 보인다. 그 밖의 중요한 생물학적 지질로는 인지질, 콜레스테롤(스테로이드의 일종), 고무, 왁스, 색소(식물의 엽록소 또는 눈에서 빛을 감지하는 레티날) 등이 있다(**그림 3.16**).

그림 3.17은 세포를 둘러싸는 막에서 중요한 역할을 수행하는 두 종류의 지질인 *인지질*(phospholipid)과 *콜레스테롤*(cholesterol)이다. 인지질은 트리아실글리세롤 분자가 변형된 것으로, 글리세롤 뼈대의 탄소 중 1개가 지방산 대신 인산기와 결합한다(**그림 3.15*a***와 **3.16*a*** 비교). 이로 인해 분자 전체는 극성 머리 1개와 비극성 꼬리 2개의 형태로 된다. 물속에서 인지

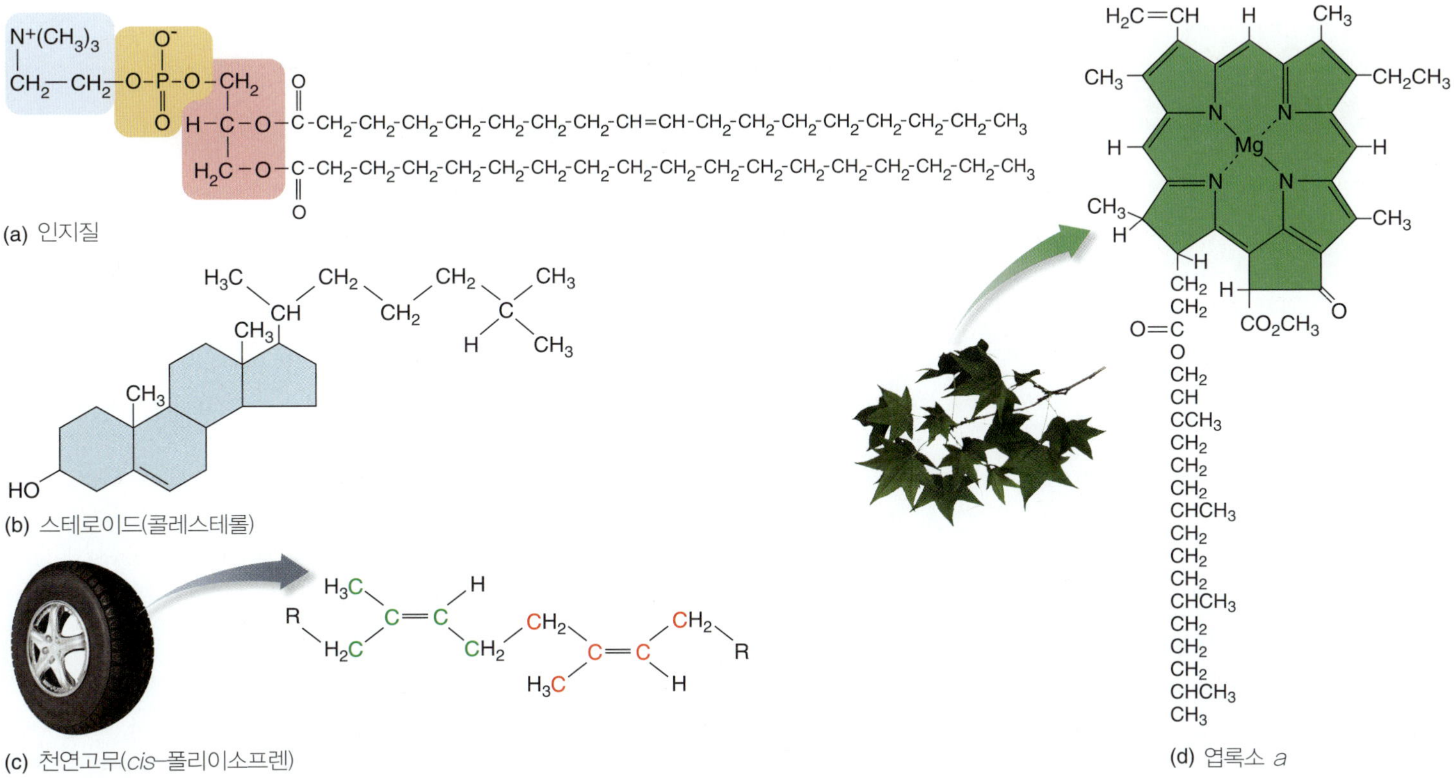

그림 3.16 지질 분자의 종류

(*a*) 인지질은 지방 분자와 비슷하지만, 지방산 꼬리 중 1개는 극성 기능기로 대체되어 인산기에 의해 글리세롤과 연결되어 있다. (*b*) 콜레스테롤 등의 스테로이드는 복합 고리 구조의 지질이다. (*c*) 천연고무는 이소프렌이라는 5-탄소 단위체가 선형으로 연결된 중합체이다. (그림에서는 이소프렌 단위체 2개만 나타내었다. 단위체 각각의 탄소를 녹색과 빨간색으로 구분하였음) 고무는 고무나무에서 채취하며, 자동차의 타이어 등 많은 공산품에 사용된다. (*d*) 엽록소 *a*는 다중고리 영역과 긴 탄화수소 꼬리 1개를 가진다. 엽록소는 광합성의 주 색소이며, 이로 인해 잎이 녹색으로 보이게 된다. 이에 대해서는 제6장에서 설명한다.

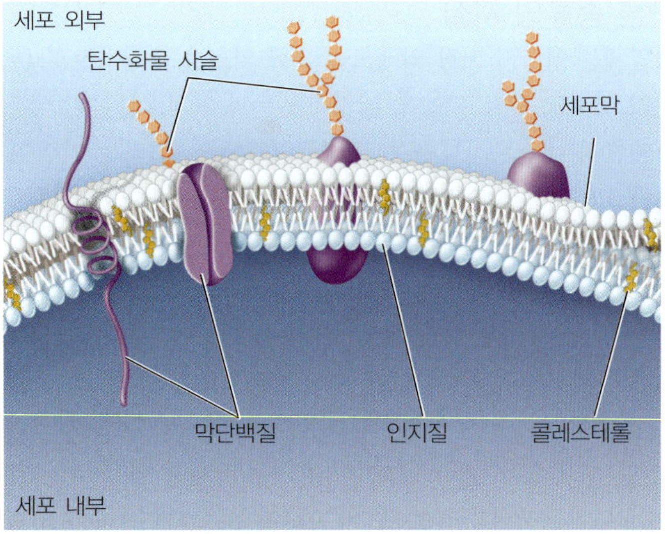

그림 3.17 지질은 생체막의 중요한 구성 성분이다

지질은 인체에서 가장 흔한 분자의 하나인데, 신체를 이루는 무수히 많은 세포의 모든 막은 거의 인지질이라는 지질로 구성되기 때문이다. 막에는 다른 종류의 지질인 콜레스테롤도 포함되어 있다.

질의 비극성 꼬리 부위는 소수성 상호작용을 통해 집단을 이루며, 극성 머리 부위는 물 분자와 상호작용을 한다. 이러한 상호작용으로 인해 비극성 꼬리가 안쪽을 향하는 두 겹의 분자 층—지질2중층이 만들어진다. 세포를 둘러싸거나 세포 내부에 있는 생체막은 모두 이러한 배열을 하고 있다. 대부분의 동물 세포막에는 탄소 고리 4개로 구성된 지질인 스테로이드 콜레스테롤도 존재한다(**그림 3.16*b*** 참조). 콜레스테롤은 막이 유연해지도록 돕는다. 그러나 포화지방을 지나치게 섭취하면 혈관 내에 콜레스테롤 덩어리가 혈관을 막아 고혈압, 뇌졸중, 심장마비 등을 일으킬 수 있다. 막에 대해서는 제4장에서 자세하게 설명한다.

주요 학습 요점 3.5 **지질은 물에 녹지 않는다. 지방은 에너지를 저장하는 지방산 소단위를 가진다. 다른 종류의 지질로는 인지질, 스테로이드, 고무, 색소분자가 있다.**

질문 & 분석

pH는 단백질의 기능에 어떻게 영향을 주는가?

오른쪽 사진의 적혈구는 산소를 신체 곳곳으로 운반한다. 이 세포가 붉은 것은 *헤모글로빈*이라는 철(iron)이 풍부한 큰 단백질로 가득 차 있기 때문이다. 헤모글로빈 분자에 있는 철 원자에 산소 기체 분자가 결합한다. 산소 분압이 높을 때(폐에서)에는 산소 원자가 헤모글로빈에 단단히 결합하며, 세포 내에 산소 원자와 결합한 헤모글로빈 비율이 높다. 산소 분압이 낮을 때(신체의 조직에서)에는 산소와 헤모글로빈이 단단하게 결합하지 못하므로 산소가 떨어져 나와 조직으로 간다. 폐와 조직에서 헤모글로빈이 산소와 결합하거나 분리되거나 하는 차이는 무엇 때문에 생기는 것일까? 산소 분압이 유일한 원인은 아닐 것이다. 예를 들어 혈액 pH(pH는 용액에 존재하는 H^+ 양의 측정 값)도 폐와 신체 조직에서 다르다. 조직은 약간 산성(즉, H^+이 더 많고 pH가 낮음)인데, 대사활성으로 생긴 CO_2가 혈액에 녹아 빠르게 탄산으로 전환되기 때문이다(제2장 참조).

오른쪽의 그래프는 헤모글로빈과 산소의 결합효율을 표시한 "산소 해리곡선"이다. 결합효율이 높을수록 헤모글로빈에 산소가 완전히 결합하는 데 필요한 산소의 양이 적어지며, 해리곡선이 왼쪽으로 더욱 치우치게 된다. 이 과정에 대한 pH의 영향을 알아보기 위해 세 가지 pH 조건에서 해리곡선을 조사하였다. x축은 혈액의 산소 분압이며, y축은 헤모글로빈이 포화된 정도를 백분율(%, 백분율은 분모가 100인 분수의 분자이다. 이 경우에는 산소와 결합한 헤모글로빈에 대한 분수이다)로 나타낸 값이다. 실험에 사용한 pH는 세 가지로, 7.6, 7.4, 7.2이다. 이것은 각각 쉴 때, 운동할 때, 격렬하게 운동할 때 근육조직의 pH로 예측한 값이다.

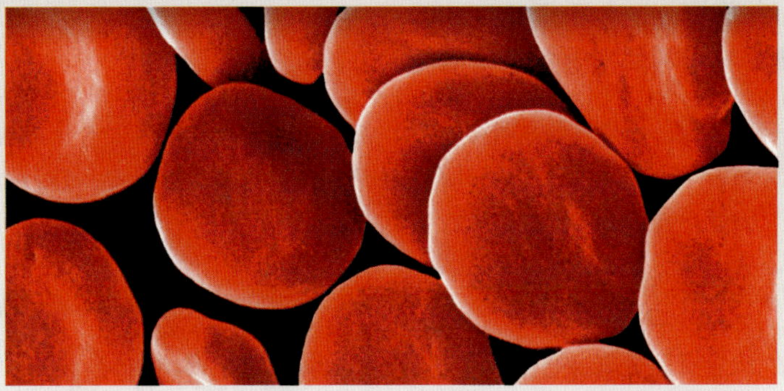

0.8 μm

헤모글로빈과 O_2의 결합에 대한 pH의 효과

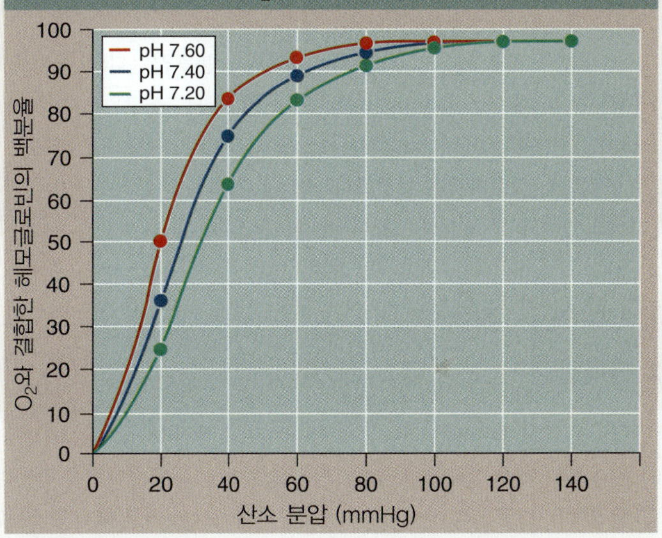

1. 개념 적용

a. 변수 그래프에서 종속변수는 무엇인가?

b. 농도 세 가지 pH 값 가운데 수소 이온 농도가 가장 높은 것(농도는 주어진 부피 내에 존재하는 어떤 물질의 양)은 어떤 것인가? 이 pH 값은 다른 것들에 비해 산성인가 염기성인가?

2. 자료 분석

a. 포화상태일 때 O_2와 결합한 헤모글로빈의 백분율은 세 pH 값 각각에서 얼마인가? 산소 분압이 20mmHg, 40mmHg, 60mmHg일 때는 각각 얼마인가?

b. 혈액내 산소 분압이 산소와 헤모글로빈의 결합에 어떤 영향을 주는지에 관한 일반적인 진술은 무엇이라 할 수 있을까?

c. 산소 분압이 높을 때에 pH 값에 따른 헤모글로빈 포화도에 차이가 나타나는가?

3. 추론하기 산소 분압이 40mmHg일 때, pH 7.8과 7.0 중 어떤 조건에서 헤모글로빈이 산소와 더 잘 결합할까?

4. 결론 도출 pH는 어떻게 하여 헤모글로빈에서 산소가 해리되도록 하는가?

5. 심층 분석

a. 이산화탄소는 혈액의 pH를 낮춘다. 혈액이 신체의 조직을 순환함에 따라 이산화탄소가 혈액 안으로 들어가면 헤모글로빈 해리곡선은 어떻게 변화될까?

b. 허파에서는 산소 분압이 높고 이산화탄소는 호기를 통해 체외로 내보내므로 혈액 내 이산화탄소 분압이 낮아진다. 이 조건에서 헤모글로빈의 해리곡선은 어떻게 변화될까?

단원 복습

거대 분자의 형성

3.1 단량체로 만들어진 중합체

- 살아 있는 생명체들은 거대한 탄소-기반 분자인 유기 거대 분자를 만들어낸다. 이들 분자의 화학적 성질은 핵심 탄소에 결합한 고유한 기능기로 인해 나타난다(**그림 3.2**).
- 거대 분자는 탈수반응에 의해 형성된다(**그림 3.3*a***). 단량체라는 소단위들이 공유결합으로 연결된다. 이 반응에서 물 분자가 만들어지므로 탈수반응이라고 한다.

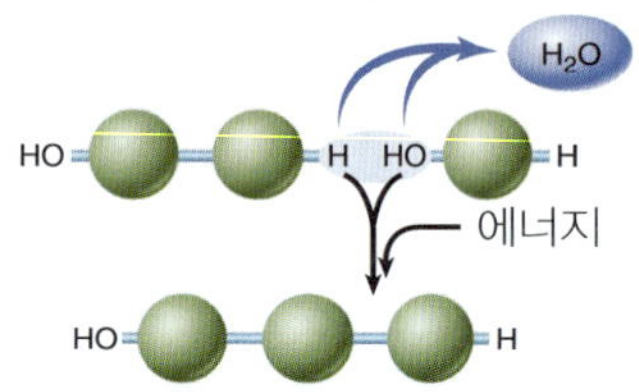

- 거대 분자는 가수분해에 의해 분해되는데, 물 분자가 H^+와 OH^-로 쪼개진다. 이들 이온이 두 단량체 사이의 결합을 끊는다(**그림 3.3*b***).
- 아미노산은 서로 연결되어 폴리펩티드를 형성하는 소단위이다. 뉴클레오티드 단량체는 서로 연결되어 핵산을 형성한다. 단당류 단량체는 서로 연결되어 탄수화물을 형성한다. 지방산은 서로 연결되어 지방이라는 지질의 한 종류를 형성하는 소단위이다(**표 3.1**).

거대 분자의 종류

3.2 단백질

- 단백질은 세포에서 많은 기능을 수행하는 거대 분자이다(**그림 3.4**). 아미노산 소단위가 연결되어 폴리펩티드 사슬을 형성하여 단백질을 만든다.
- 단백질에는 20종류의 아미노산이 있다. 아미노산의 기본 핵심구조는 모두 동일하며, 핵심에 결합한 기능기의 종류만 다르다. 기능기는 R로 표시한다. 일부 기능기는 극성이며, 일부는 비극성이다. 그 밖에 아미노산에게 고유한 화학적 특성을 부여하는 기능기도 있다(**그림 3.5**).
- 아미노산은 공유결합을 연결되어 펩티드결합을 형성한다(**그림 3.6**).
- 폴리펩티드의 아미노산 서열은 단백질의 1차 구조이다(**삽입 그림, 62쪽**). 아미노산 사슬은 비틀려서 2차 구조를 이룰 수 있는데, 수소결합으로 인해 폴리펩티드 일부가 α-나선이나 β-병풍 구조를 이루게 된다. 폴리펩티드가 더욱 구부러지거나 접혀지면 3차 구조가 된다. 2개 이상의 폴리펩티드가 한 단백질 분자를 구성하면, 이들 폴리펩티드 소단위 사이의 상호작용을 4차 구조라고 한다.
- 환경조건이 변화하여 수소결합이 끊어지면, 단백질의 접힘이 풀리게 되어 변성(**삽입 그림, 63쪽**)이 일어난다. 구형 단백질은 변성되면 기능을 잃는다. 일부 변성된 단백질은 다시 접혀서 기능을 갖춘 형태로 될 수 있다. 단백질의 구조로 인해 기능이 결정된다(**그림 3.7**).

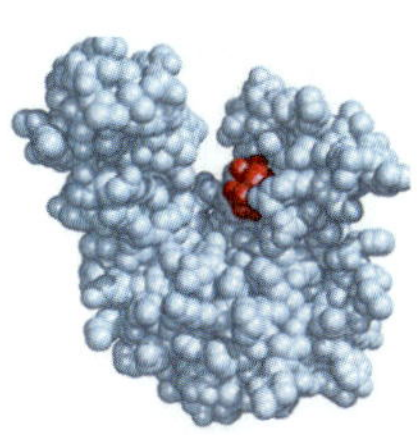

- 샤프론 단백질은 아미노산 사슬이 올바른 형태로 접히도록 돕는다(**그림 3.8**). 일부 질병은 잘못 접혀서 기능을 잃은 단백질로 인해 발병한다.

3.3 핵산

- DNA와 RNA 등의 핵산은 긴 뉴클레오티드 사슬이다. 뉴클레오티드는 세 부분(5-탄당, 인산기, 질소성 염기)으로 이루어져 있다(**그림 3.9**). DNA와 RNA는 세포에서 정보를 저장하는 분자이며, 단백질 합성에 필요한 정보를 담고 있다. 정보는 뉴클레오티드 서열을 변화시켜 저장된다.
- DNA와 RNA는 화학적으로 서로 다르다. 5-탄당은 DNA에서는 디옥시리보오스이고 RNA에서는 리보오스이다. DNA의 질소성 염기는 시토신, 아데닌, 구아닌, 티민이다. RNA에서는 티민을 제외한 나머지는 DNA와 같다. RNA는 티민 대신 우라실을 사용한다.

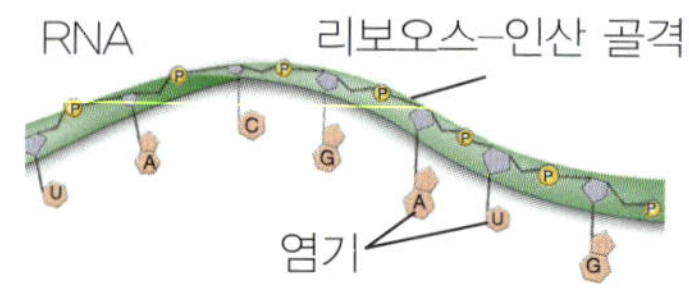

- DNA와 RNA는 구조도 다르다. DNA는 뉴클레오티드 두 가닥이 이중나선을 이룬다. RNA(**그림 3.10**)는 단일가닥이다.
- DNA 이중나선의 뉴클레오티드 가닥 2개는 질소성 염기 사이의 수소결합을 통해 서로 연결되어 있다. 이 수소결합은 아데닌(A)과 티민(T), 시토신(C)과 구아닌(G) 사이에서 형성된다(**그림 3.11**).

3.4 탄수화물

- 탄수화물은 당이라고도 하며, 구조와 에너지 저장이라는 두 가지 중요한 기능을 하는 거대 분자이다.
- 단량체 1~2개로만 이루어진 탄수화물은 단순탄수화물이라고 한다(**그림 3.12, 3.13**). 단량체가 긴 사슬을 이룬 것은 복합탄수화물 또는 다당류라고 한다(**그림 3.14**).

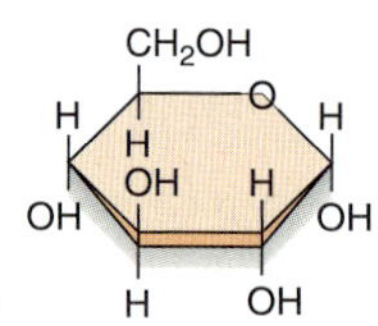

- 녹말이나 글리코겐 등의 다당류는 에너지를 저장하는 수단이다. 세포 안에서 에너지가 필요할 때에 분해된다. 셀룰로오스와 키틴 등의 탄수화물은 구조물질을 만든다(**표 3.2**).

3.5 지질

- 지질은 물에 녹지 않는 큰 비극성 분자이다. 에너지를 장기간 저장하는 지방은 포화지방(**그림 3.15**)과 불포화지방이 있다. 포화지방은 실온에서 고체이며, 동물성이며, 불포화지방은 실온에서 액체(기름)이며, 식물성이다.

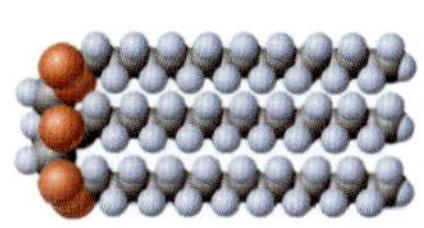

- 그 밖의 지질로는 스테로이드(성호르몬과 콜레스테롤 포함), 고무, 색소(엽록소 등)가 있다. 모두 구조가 매우 다르며, 기능도 매우 다르다(**그림 3.16**).
- 모든 세포는 지질2중층이라는 세포막으로 감싸여 있다. 세포막은 2층의 인지질이라는 변형된 지방으로 구성된다(**그림 3.17**).

이해력 확인 문제

1. 유기 거대 분자 4종류는 무엇인가?
   a. 히드록실기, 카르복실기, 아미노기, 인산기
   b. 단백질, 탄수화물, 지질, 핵산
   c. DNA, RNA, 단순당, 아미노산
   d. 탄소, 수소, 산소, 질소
2. 유기 분자는 단위체로 구성된다. 유기 분자의 단위체가 아닌 것은?
   a. 아미노산 b. 단순당
   c. 폴리펩티드 d. 뉴클레오티드
3. 신체에는 많은 종류의 단백질이 있다. 각각 독특한 아미노산의 서열을 가지고 있는데, 이 서열로 인해 특정한 ______과(와) 특수화된 ______가(이) 결정된다.
   a. 수, 무게 b. 길이, 질량
   c. 구조, 기능 d. 전하, pH
4. 펩티드결합의 형성에 대한 설명으로 옳은 것은?
   a. 물 분자를 제거함에 따라 이루어진다.
   b. 탈수반응에 의해 이루어진다.
   c. 아미노산 2개 사이에서 이루어진다.
   d. 모두 옳음
5. 핵산에 대한 설명으로 옳은 것은?
   a. 신체의 에너지원이다.
   b. 다른 분자를 분해하거나 새로운 분자를 만들어낸다.
   c. 신체의 일부 특정한 장소에서만 발견된다.
   d. 세포에서 정보를 저장한다.
6. DNA 분자의 두 가닥은 뉴클레오티드 염기 사이의 수소결합으로 서로 연결된다. DNA에서 이루는 염기쌍으로 올바른 것은?
   a. 아데닌과 티민 사이의 수소결합
   b. 아데닌과 시토신 사이의 수소결합
   c. 시토신과 티민 사이의 수소결합
   d. 구아닌과 아데닌 사이의 수소결합
7. 탄수화물의 용도는 무엇인가?
   a. 구조와 에너지 b. 정보 저장
   c. 지방 저장과 털 d. 호르몬과 효소
8. 다음 중 식물에서 발견되지 않는 탄수화물은 무엇인가?
   a. 글리코겐 b. 셀룰로오스
   c. 녹말 d. 모두 식물에서 발견된다.
9. 지방 분자의 공통 성질은 무엇인가?
   a. C—H 결합의 긴 사슬을 가진다.
   b. 물에 녹지 않는다.
   c. 글리세롤 뼈대를 가지고 있다.
   d. 모두 지방의 성질이다.
10. 지질의 용도는 무엇인가?
    a. 운동과 방어 b. 정보 저장
    c. 에너지 저장과 일부 호르몬 d. 효소와 일부 호르몬

응용력 확인 문제

1. **그림 3.6과 3.13** 아래 왼쪽의 그림은 아미노산 단량체로 이루어진 펩티드이다. 오른쪽 그림은 단순당 단량체로 이루어진 2당류이다. 이들은 모두 공통적인 화학반응으로 합성된다. 이 화학반응은 무엇이며, 이때 만들어지는 공통된 부산물은 무엇인가?

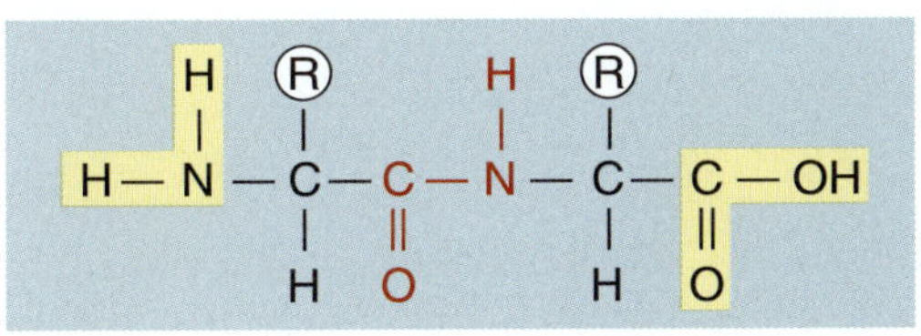

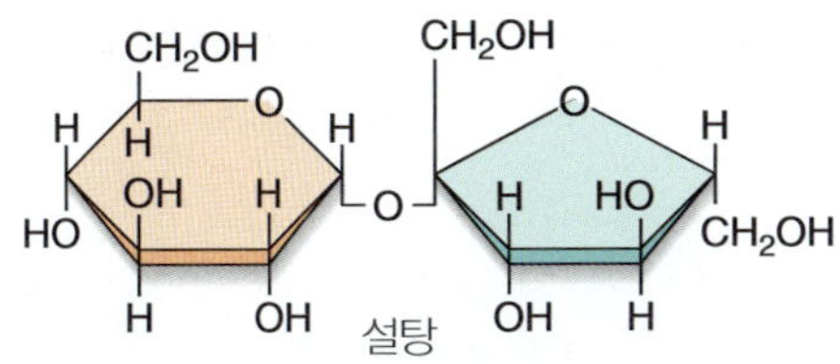

2. **그림 3.15** 다음은 2개의 지질 분자이다. 왼쪽의 지질은 포화지방이며 오른쪽은 불포화지방이다. 이들의 지방산 꼬리의 화학구조는 어떤 차이를 보이는가? 또, 이로 인해 이들의 물리적 특성은 어떻게 달라지는가?

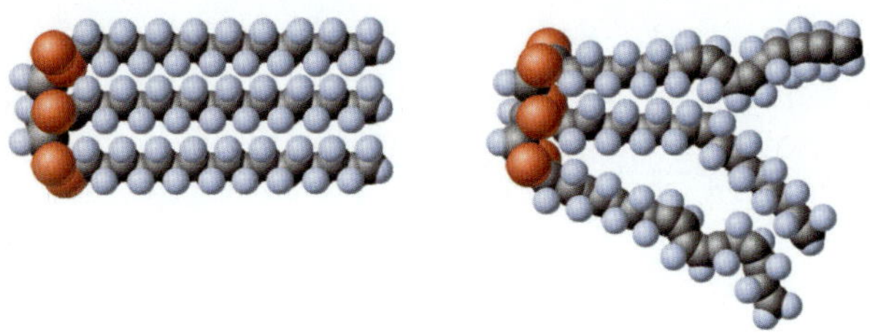

종합 학습

1. 아미노산 15개로 이루어진 폴리펩티드가 분해될 때 물 분자는 몇 개 사용되는가?
2. 효소인 아밀라아제는 녹말에 있는 포도당 단량체 사이의 결합을 분해할 수 있지만, 셀룰로오스에 있는 포도당 단량체 사이의 결합은 분해하지 못한다. 효소는 특이적인 분자하고만 결합한다고 배웠다. **표 3.2**에 있는 녹말과 셀룰로오스의 화학구조를 비교하여, 녹말을 분해하는 동일한 효소가 셀룰로오스를 분해하지 못하는 이유를 설명하시오.

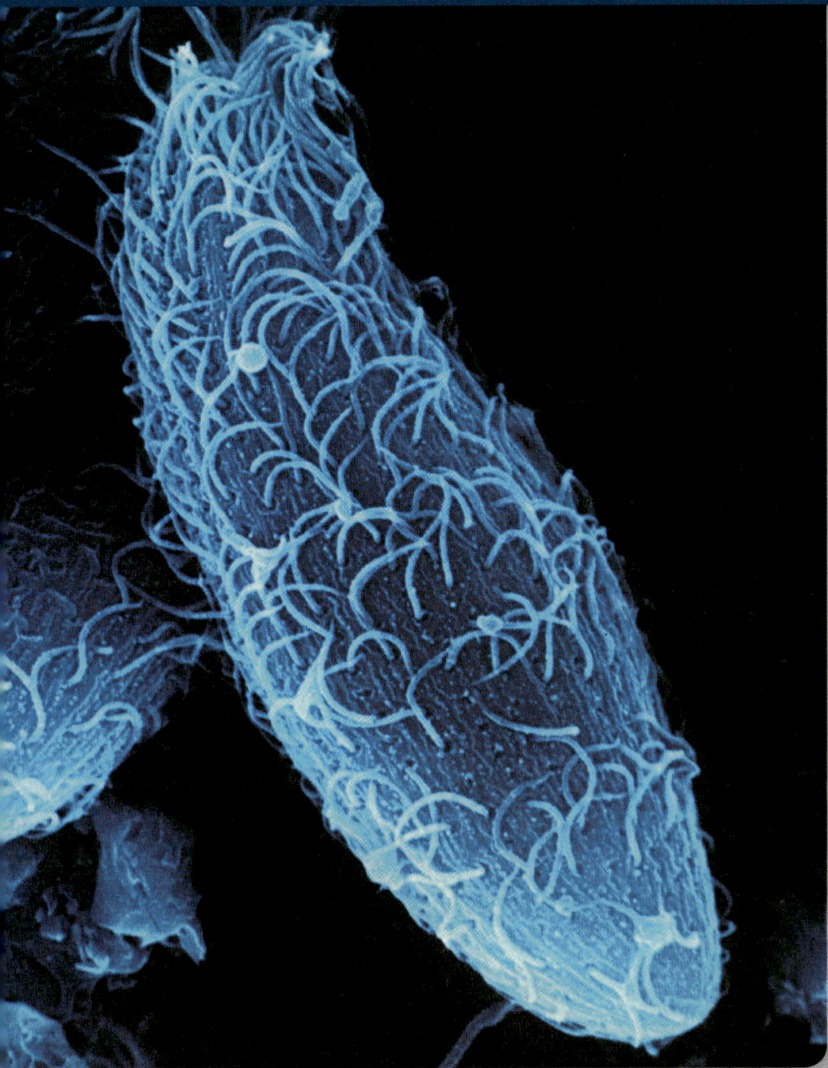

4

세포

학습단원

이 놀라운 생명체는 단세포생물인 *Dileptus*이며, 1천 배 확대한 것이다. 너무 작아 눈으로 볼 수 없는 *Dileptus*는 연못물 한 방울 속에서 살고 있는 수백 종의 생명체 가운데 하나이다. 생명체가 생존하고 번성하기 위해 수행하는 모든 일을 *Dileptus*도 이 작은 세포 하나로 수행해야만 한다. 걷기 위해 다리를 사용하는 것과 마찬가지로, *Dileptus*는 표면을 덮고 있는 섬모라는 머리카락 같은 돌기를 사용해 물속에서 움직인다. 뇌가 신체의 통제센터인 것처럼, *Dileptus*의 내부 깊숙이 자리잡고 있는 핵이 복잡하고 매우 활동적인 세포의 많은 활성을 통제한다. *Dileptus*는 입이 없지만, 표면을 통해 먹이를 비롯한 분자를 섭취한다. 이 다재다능한 원생생물은 그 내부가 구획으로 나누어져 각각 다른 활성을 수행하기 때문에 복잡한 삶을 살아갈 수 있다. 기능이 분화되어 있는 것은 이 세포 내부의 뚜렷한 특징이며, 모든 진핵생물에게서 공통적으로 나타나는 세포조직화에 가까운 것이다.

4.1 세포

손가락을 자세히 들여다 보자. 무엇이 보이는가? 피부가 보인다. 견고하고 부드러워 보이며, 주름져 있고, 탄력이 있다. 그러나 한 조각을 떼어내어 현미경으로 관찰하면 매우 다르게 보일 것이다. 마치 바닥에 깔린 타일처럼 작고 형태가 불규칙한 얇은 판처럼 보인다. **그림 4.1**과 함께 손가락 끝으로 여행을 떠나보자. ❸과 ❹에서 피부세포가 바닥에 깔린 타일처럼 보인다. 내부를 향해 더욱 여행을 계속하면 세포 1개의 내부로 들어가 세포에서 특별한 기능을 수행하는 구조인 소기관을 볼 수 있다. 더 안으로 들어가면 이들 구조를 이루는 분자를 볼 수 있으며, 마침내 ❽과 ❾에서 원자를 만나게 된다. 일부 생명체는 단일 세포로 이루어지지만, 우리 몸은 많은 세포로 구성된다. 사람은 은하계의 별 만큼이나 많은 세포를 가지고 있는데, 그 수는 (체구에 따라) 10조~100조 사이에 이른다. 그러나 세포는 모두 크기가 작다. 이 장에서는 세포를 자세하게 살펴보면서 세포의 내부구조와 세포가 주변 환경과 소통하는 방식에 대해 공부한다.

세포설

세포는 너무 작기 때문에 17세기 중반에 현미경이 개발되기 전까지는 관찰할 수 없었다. 1665년에 Robert Hooke는 자신이 만

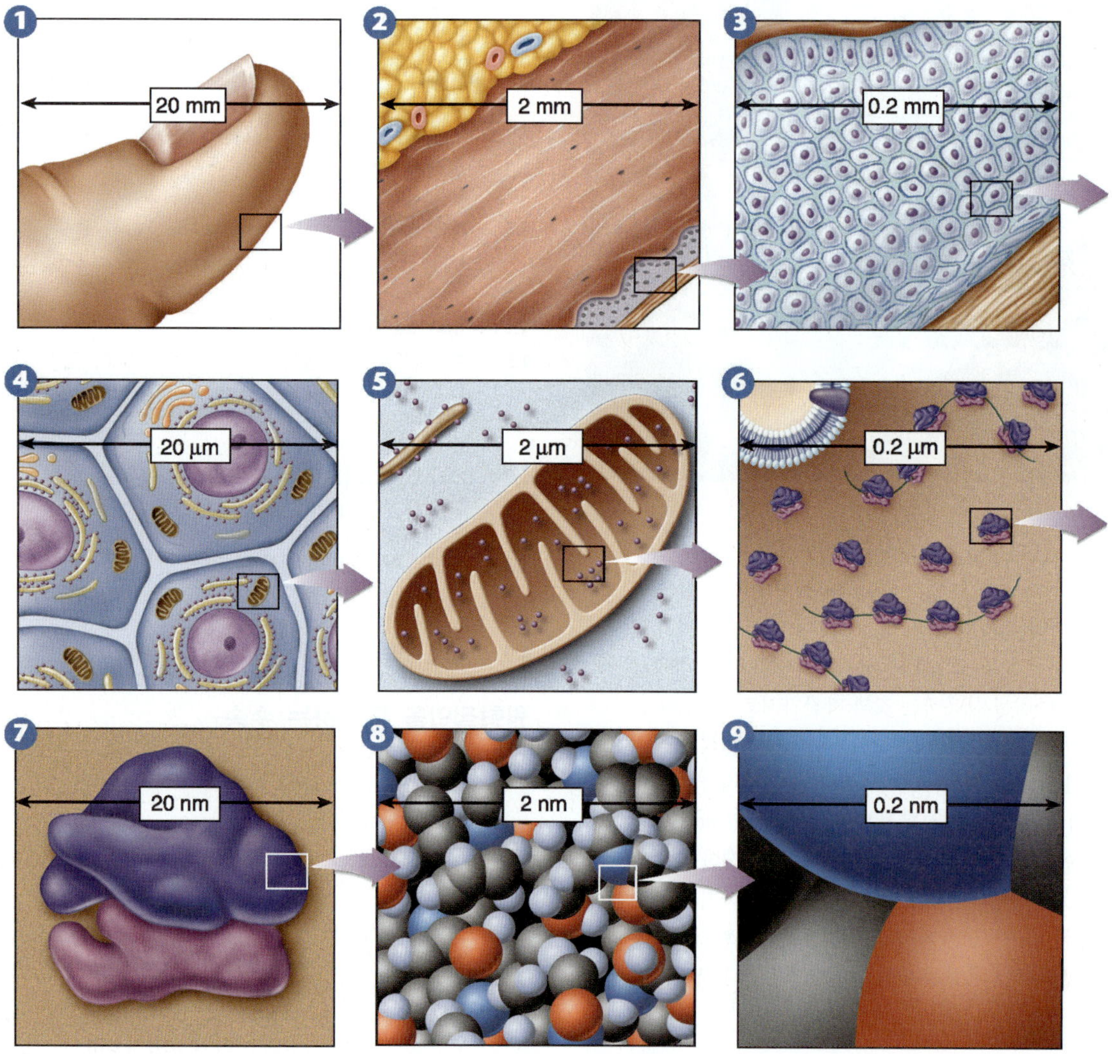

그림 4.1 세포와 그 내용물의 크기

이 그림은 사람 피부세포, 소기관, 분자이다. 일반적으로 사람 피부세포 ❹는 20μm 이하, 미토콘드리아 ❺는 2μm, 리보솜 ❼은 20nm, 단백질 분자 ❽은 2nm, 원자 ❾는 0.2nm 정도의 직경을 가진다.

든 현미경으로 식물의 죽은 조직인 코르크를 관찰하여 최초로 세포에 대해 기술하였다. Hooke는 벌집처럼 생긴 작고 속이 빈(죽은 세포이기 때문) 구획을 관찰하였다. 그는 코르크의 이 구획을 *cellulae*(라틴어, 작은 방)라고 불렀는데, 이것이 **세포(cell)**라는 용어로 발전하였다. 그러나 150년이 지나도록 생물학자들은 세포의 중요성을 인식하지 못하였다. 1838년, 식물학자인 Matthias Schleiden이 식물조직을 자세하게 연구하여 세포설을 최초로 주장하였다. 그는 모든 식물은 "충분히 개체화되고 독립적이며 분리된 것의 집합체로, 다시 말하면 세포들 그 자체이다"라고 하였다. 1839년에는 Theodor Schwann이 모든 동물조직 역시 개별적인 세포들로 구성되어 있다고 보고하였다.

모든 생명체가 세포로 이루어져 있다는 개념을 **세포설(cell theory)**이라고 한다. 현대적인 개념에서 세포설은 다음 세 가지 원리를 포함한다.

1. 모든 생명체는 1개 이상의 세포로 이루어지며, 그 안에서 생명현상이 일어난다.
2. 세포는 가장 작은 생명체이다. 세포보다 작은 것은 살아 있는 것으로 간주하지 않는다.
3. 세포는 오로지 이미 존재하는 세포의 분열에 의해 만들어진다. 생명이 초기 지구환경에서 저절로 진화한 것으로 보이지만, 생물학자들은 저절로 탄생하여 추가되는 세포는 없으며, 지구에 있는 생명은 초기 세포에서 대를 이어 내려온 것이라고 결론지었다.

대부분의 세포는 매우 작다

대부분의 세포는 비교적 작지만, 크기가 모두 같지는 않다. 신체를 이루는 세포의 직경은 대개 5~20μm (μm는 1백만 분의 1미터)로, 너무 작아 눈으로 볼 수 없다. 세균 세포는 더 작아서 두께가 겨우 몇 μm에 지나지 않는다. 그러나 큰 세포도 일부 있다. 예를 들어, 삿갓말 세포의 길이는 5cm에 이르며 새끼손가락 크기와 비슷하다.

세포는 왜 커지지 않을까?

대부분의 세포는 왜 그렇게 작은 것일까? 첫 번째 이유는 세포가 커지면 기능을 효과적으로 수행하지 못하기 때문이다. 모든 세포는 중앙에 있는 명령센터에서 효소의 합성, 이온과 물질의 흡수, 세포의 새로운 부위 조립 등에 관련된 명령을 내린다. 이들 명령은 세포 중앙부에서 나와 세포의 다른 부위로 전달되어

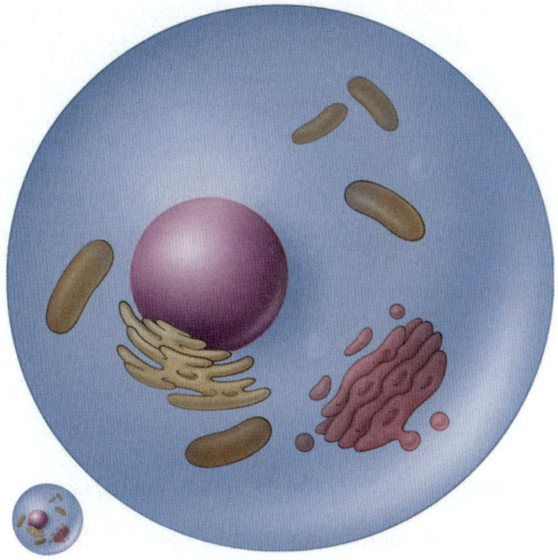

세포 직경(r)	1 단위	10 단위
표면적 ($4\pi r^2$)	12.57 단위^2	1,257 단위^2
부피 ($\frac{4}{3}\pi r^3$)	4.189 단위^3	4,189 단위^3

그림 4.2 표면-부피 비율
세포가 커지면 표면적보다 부피가 더 많이 늘어난다. 세포의 직경이 10배 커지면 표면적은 100배 늘어나지만, 부피는 1,000배 커진다. 세포의 표면적은 부피가 필요로 하는 만큼 충분히 커야 한다.

야 하는데, 세포가 클 경우에는 주변부까지 도달하는 데 시간이 오래 걸리게 된다. 이런 이유로 비교적 작은 세포로 구성된 생명체가 큰 세포로 구성된 세포보다 유리하다.

두 번째 이유는 **표면-부피 비율(surface-to-volume ratio)**이 커야 유리하기 때문이다. 세포의 크기가 커지면 표면적보다 부피가 더 많이 증가한다. 둥근 형태의 세포에서 표면적은 직경의 제곱으로 늘어나는 반면, 부피는 세제곱으로 늘어난다. 이러한 사실을 **그림 4.2**의 두 세포를 비교하여 살펴보자. 오른쪽에 있는 큰 세포의 직경은 작은 세포보다 10배 더 크다. 그러나 표면적은 100(10^2)배 더 큰 반면, 부피는 1,000(10^3)배 더 크다. 세포 표면은 세포 내부가 외부 환경과 상호작용할 수 있는 유일한 곳이다. 물질은 표면을 통해 세포 안팎으로 드나든다. 큰 세포는 작은 세포보다 동일한 부피 대비 표면적이 훨씬 작다.

그러나 일부 큰 세포는 표면적을 증가시키는 구조적 특성을 가지고 있어서 부분적으로는 매우 효율적으로 기능을 발휘한다. 예를 들어 뉴런이라는 신경계의 세포는 길고 날씬하며, 1m 이상인 것도 있다. 이 세포는 길기는 하지만 직경 1μm 이하로 매우 얇아서 내부의 어느 곳이라도 표면에서 멀리 떨어지지 않

기 때문에 외부 환경과 효과적으로 상호작용한다.

세포의 표면적을 늘리는 또 다른 구조적 특성은 미세융모라는 "손가락 같은" 작은 돌기이다. 사람 소화계의 소장 내벽의 세포는 미세융모로 덮여 있어서 세포의 표면적이 엄청나게 증가된다.

그러나 소수의 예외를 제외하면 세포는 대개 50μm 이상으로 자라지 않는다. 생명체는 대개 많은 세포로 몸을 구성하여 큰 몸을 만든다. 이들 다세포 생명체는 작은 세포들을 그룹으로 묶음으로써 전체적인 표면-부피 비율이 엄청나게 늘어난다.

세포 구조의 개관

세포는 모두 섬세한 막으로 둘러싸여 있다. 이 막은 *원형질막*(plasma membrane)이라고 하며, 물과 용해된 물질에 대한 세포의 투과성을 조절한다. 세포 내부는 *세포질*(cytoplasm)이라는 반유동체 기질로 채워져 있다. 세포질은 마치 젤리처럼 균질한 것이라고 생각해왔지만, 지금은 고도로 조직화되어 있다는 사실이 밝혀졌다. 예를 들어 우리 몸의 세포는 내부 구조물을 가지고 있어서 세포의 형태를 유지하고 세포 내용물의 위치를 잡아준다. 뒤에서 모든 세포를 감싸는 막과 그 내부를 자세하게 살펴볼 것이다.

세포의 시각화

눈으로 볼 수 있을 만큼 큰 세포는 얼마나 있을까? 난자 세포를 제외하면 그리 많지 않다(**그림 4.3**). 대부분은 직경 50μm 이하이며, 이 문장 끝에 있는 마침표보다도 작다.

해상력의 한계 세포가 그렇게 작다면 어떻게 세포를 연구할 수 있을까? 요점은 볼 수 없는 이유를 이해하는 것이다. 우리가 작은 물체를 볼 수 없는 이유는 눈의 해상력 한계 때문이다. **해상력(resolution)**은 떨어져 있는 두 점을 각각 인식할 수 있는 두 점 사이의 최소 거리로 정의한다. 가시성 척도(**그림 4.3**)에서 사람 눈의 해상력 한계(파란색 막대 부분)가 약 100μm인 것을 알 수 있다. 이 한계는 두 물체가 100μm보다 가깝게 놓이면 각각의 물체에서 반사된 빛이 망막에 있는 동일한 "탐지" 세포에 감지되기 때문에 나타난다. 두 물체가 100μm보다 멀리 떨어져 있어야 빛이 각각 다른 탐지세포에 감지되어, 두 물체로 인식할 수 있는 것이다.

현미경 해상력을 높이는 한 가지 방법은 작은 물체를 확대하여 크게 보이도록 하는 것이다. Robert Hooke과 Anton van Leeuwenhoek는 유리렌즈로 작은 세포를 확대하여 사람 눈의 해상력 한계인 100μm보다 커 보이도록 하였다. 유리렌즈는 초점능력을 추가로 높여준다. 유리렌즈로 인해 물체가 더 가깝게 보이기 때문에 망막에 맺히는 상은 실제보다 커진다.

현대적인 *광학현미경*(light microscope)은 두 개의 확대렌즈와 다양한 조정렌즈를 사용하여 매우 높은 확대배율과 깨끗한 상을 얻는다. 첫 번째 렌즈로 두 번째 렌즈 위에 물체의 초점을 맞추고, 그 상을 두 번째 렌즈로 다시 확대하여 눈의 망막에 초점을 맞춘다. 이렇게 렌즈를 여러 개 사용하여 확대하는 현미경을 **복합현미경(compound microscope)**이라고 한다. 이 현미경

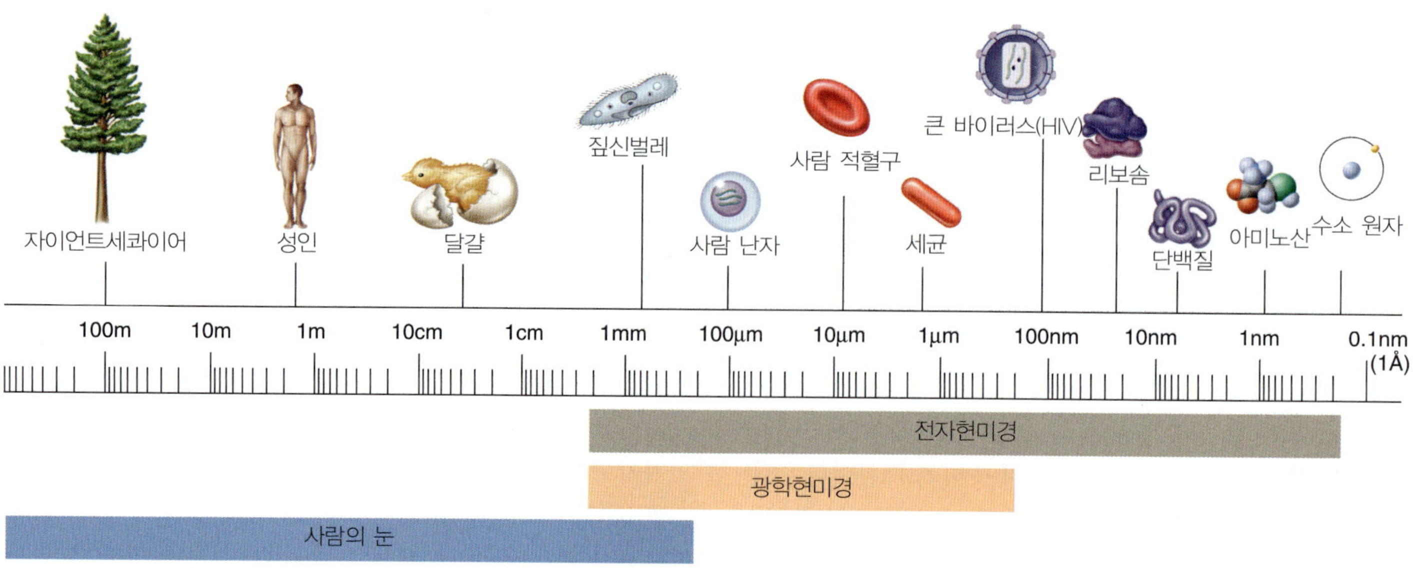

그림 4.3 가시성 척도
척추동물의 알은 대개 맨눈으로 볼 수 있다. 그러나 대부분의 세포는 현미경을 이용해야 볼 수 있다. 원핵생물의 세포 크기는 대개 1~2μm이다.

표 4.1 현미경의 종류

광학현미경

명시야현미경 빛이 단순하게 시료를 투과하며, 대비가 거의 나타나지 않는다. 시료를 염색하면 대비가 개선되지만, 세포를 고정해야 하며 이로 인해 세포가 죽게 되어 내용물이 변형될 수 있다.

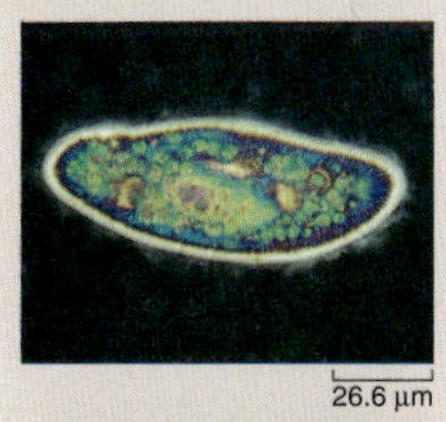

편광현미경 대비의 차이를 만들어내는 위상을 벗어난 파장을 가깝게 이동하는 두 줄기의 빛과 결합시켜 특히 구조의 가장자리에서 대비가 더욱 뚜렷해지도록 한다.

암시야현미경 빛을 시료를 향하는 각도로 비추어준다. 집광렌즈는 시료에서 반사된 빛만 통과시킨다. 시료는 어두운 배경에서 밝게 보인다.

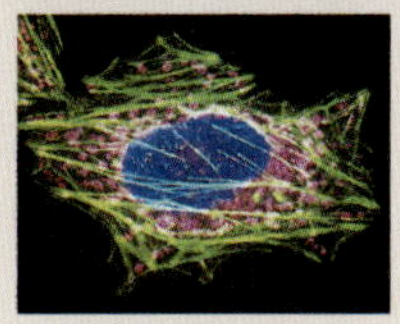

형광현미경 형광으로 염색된 분자나 조직에서 방출된 빛만 통과하는 필터들을 이용한다.

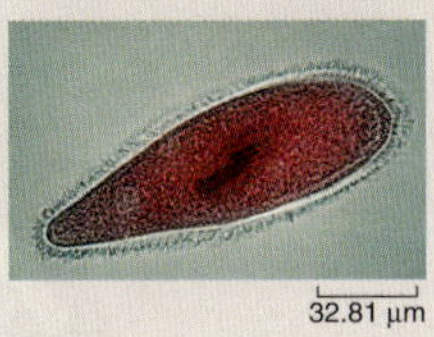

위상차현미경 현미경의 구조에 의해 빛 파장이 위상을 벗어나게 하고, 이들을 다시 합치면 대비와 밝기에 차이가 드러난다.

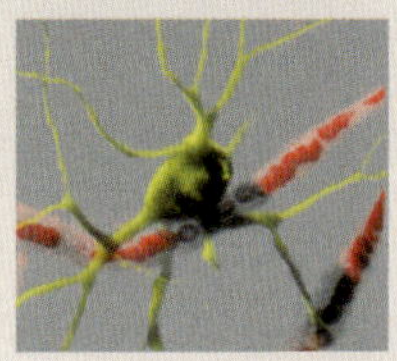

공초점현미경 레이저의 빛을 한 지점에 초점을 맞춘 후 시료를 두 방향으로 주사(scan)한다. 시료 중 한 평면의 깨끗한 상이 나타나며, 다른 평면의 상은 제외되므로 상이 흐려지지 않는다. 형광염료와 인위적 채색을 이용하여 가시성을 높인다.

전자현미경

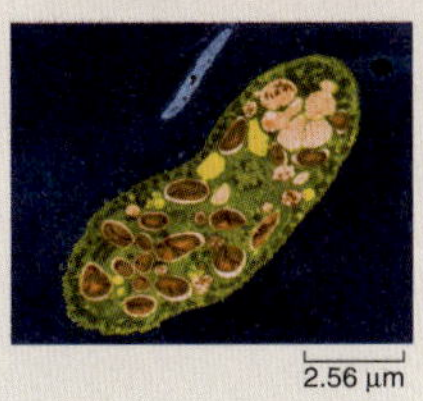

투과전자현미경 전자빔이 시료를 통과하며, 투과된 전자로 상을 맺는다. 전자를 산란시키는 시료부위는 어둡게 보인다. 인위적으로 채색한 상이다.

주사전자현미경 전자빔으로 시료의 표면을 주사하며, 전자가 표면에 충돌한다. 따라서 시료 표면의 지형에 따라 대비와 상이 만들어진다. 인위적으로 채색한 상이다.

의 해상력은 200nm 정도이다. **표 4.1**의 사진은 다양한 현미경 영상이다.

해상력 높이기 광학현미경으로는 해상력의 한계로 인해 세포 내의 많은 구조를 관찰할 수 없다. 예를 들어 막의 두께는 겨우 5nm이다. 현미경에 확대단계를 추가하여 해상력을 높이지 않는 이유는 무엇일까? 두 물체가 수백 nm 이내로 가까이 놓이면 두 상에서 반사된 빛이 겹쳐지기 때문이다. 해상력을 유지한 채 두 빛을 가깝게 하려면 짧은 파장을 이용하는 것이 유일한 방법이다.

겹침 현상을 피하는 한 가지 방법은 빛 대신에 전자빔을 사용하는 것이다. 전자는 파장이 매우 짧아서, 전자빔을 사용하는 현미경은 광학현미경보다 해상력이 1,000배나 높다. **투과전자현미경(transmission electron microscope, TEM)**은 시료를 투과한 전자로 상을 만들어내며, 수소 원자 크기의 정확히 두 배에 해당하는 단 0.2nm 떨어져 있는 물체도 식별할 수 있다! TEM 영상의 예를 **표 4.1**에서 볼 수 있다.

다른 종류의 전자현미경으로 **주사전자현미경(scanning electron microscope, SEM)**이 있다. 시료의 표면에서 반사된 전자가 시료 자체에서 방출되는 전자와 함께 증폭되어 상을 맺고 촬영할 수 있게 된다. 주사전자현미경으로는 놀라운 3차원 영상을 얻을 수 있어서 많은 생물학적, 물리학적 현상을 이해할 수 있다. SEM 영상의 예를 **표 4.1**에서 볼 수 있다.

특정 분자를 염색하여 세포 구조를 시각화하기 세포 구조를 분석하는 좋은 방법은 특정 분자와 결합하는 염료를 사용하는 것이다. 이 방법은 수년 동안 조직학 검사에 이용되던 것이며, 표적 분자구조와 특이성이 매우 높은 항체를 사용함으로써 극적으로 개선되었다. 면역세포화학(immunocytochemistry)이라는 이 과정은 토끼나 쥐에서 생산한 항체를 사용한다. 이들 동물에 특정 단백질을 주사하면 혈액 내에 이 단백질과 특이적으로 결합하는 항체가 만들어진다. 이 항체를 정제한 후 효소나 염료, 또는 형광분자에 결합시킨다. 형광분자는 특정 파장의 빛을 받으면 형광을 낸다. 세포를 항체가 있는 용액에 담그면 항체가 표적 분자를 가진 세포 구조와 결합하며, 이를 광학현미경으로 관찰한다. **표 4.1**의 형광현미경으로 관찰한 영상은 세포골격이다. 이 방법은 세포의 구조와 기능 분석에 광범위하게 사용된다.

> **주요 학습 요점 4.1** **생명체는 모두 한 개 이상의 세포로 구성되며, 각각의 세포에는 원형질막으로 둘러싸인 적은 부피의 세포질이 있다. 대부분의 세포와 그 내용물은 너무 작아서 현미경을 사용해야 관찰할 수 있다.**

4.2 원형질막

원형질막(plasma membrane)이라는 섬세한 얇은 분자층이 세포를 감싸고 있다. 이 층의 두께는 약 5nm이며, 1만 겹을 쌓아야 종이 1장의 두께와 같아진다. 그러나 그 구조는 비누 거품의 막처럼 단순한 것이 아니다. 다양한 단백질이 지질 구조물 안에 떠 있어, 마치 연못에 작은 배가 떠다니는 것과 같다. 세포의 종류에 상관없이 모든 원형질막의 기본구조는 동일하다. 지질층에 단백질이 묻혀 있는 이 구조를 **유동모자이크모형(fluid mosaic model)**이라고 한다.

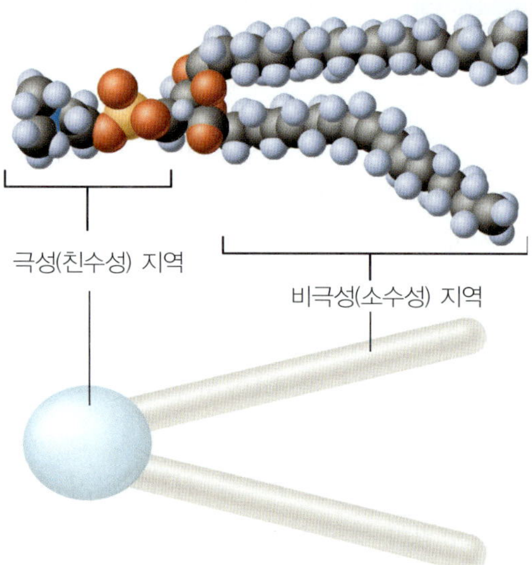

원형질막의 기본이 되는 지질층은 **인지질(phospholipid)**이라는 변형된 지방 분자로 구성된다. 인지질 분자는 그림처럼 비극성 꼬리 두 개를 가진 극성 머리라고 생각할 수 있다. 인지질 분자의 머리는 결합한 인산기로 인해 극성을 나타내며, 따라서 물에 녹는다. 반대쪽은 긴 지방산 사슬 두 개로 구성된다. 제3장에서 지방산은 수소 원자가 결합한 탄소 원자의 긴 사슬이라는 사실을 배웠다. 그림에서 탄소 원자를 회색 공 모양으로 표시하였다. 지방산 꼬리는 강한 비극성을 나타내며, 따라서 물에 녹지 않는다. 인지질은 흔히 꼬리 두 개가 달린 공 모양으로 표시한다.

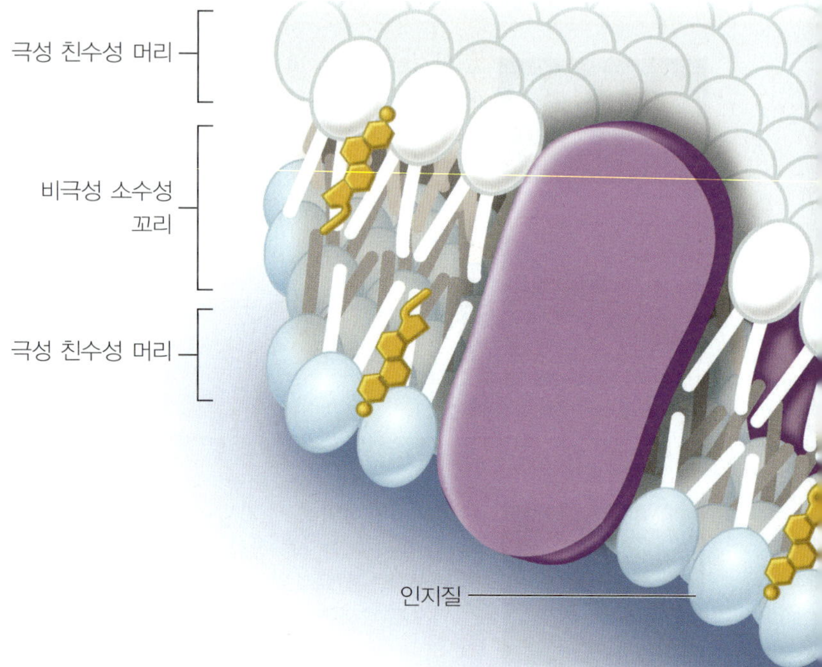

인지질 분자를 물에 넣으면 저절로 **지질2중층(lipid bilayer)**이라는 구조를 이룬다. 어떻게 이런 일이 일어나는 것일까? 인지질 분자의 긴 비극성 꼬리는 주위를 둘러싼 물 분자가 수소결합을 이룰 상대를 찾는 과정에서 옆으로 밀려난다. 이리 저리 밀려난 인지질 분자는 마침내 극성 머리는 물을 향하고 비극성 꼬리는 물에서 멀어지는 형태를 이루게 된다. 그림에서 보듯이 원형질막 안팎 환경의 물로 인해 비극성 꼬리는 2중층 내부로 밀려들어간다. 서로 마주보는 꼬리를 가진 층이 두 개 존재하므로 그 어떤 꼬리도 물과 접촉하지 않게 된다. 이처럼 지질2중층의 내부는 완전한 비극성 환경이며, 그 안을 지나려는 물 분자는 마치 기름층이 물방울을 통과시키지 않듯이 반발된다(오리가 물에 젖지 않는 이유이다).

또 다른 비극성 지질 분자인 콜레스테롤은 2중층 내부에 위치한다. 콜레스테롤은 다중고리 분자로 막의 유동성에 영향을 준다. 콜레스테롤은 원형질막의 상태를 완전하게 유지하는 데 중요하지만, 혈관에 축적되어 덩어리가 되면 심혈관질환을 일으킬 수 있다.

막에 있는 단백질

생체막의 두 번째 주요 구성요소는 지질2중층에 떠 있는 여러 종류의 **막단백질(membrane protein)**이다. 막단백질은 통로, 수용체, 세포표면 표지자의 기능을 가진다. 그림에서 일부 단백질이 지질2중층을 관통하여 분자와 정보의 통로를 형성하는 것을 볼 수 있다. 일부 막단백질은 고정되어 있지만, 자유롭게 이동하는 것도 있다.

많은 막단백질은 원형질막의 표면에 마치 부표처럼 돌출되어 있으며, 흔히 탄수화물 사슬이나 지질이 마치 깃발처럼 그 끝에 붙어 있다. 이들 **세포표면단백질(cell surface protein)**은 그 세포의 종류를 알리는 식별표지자, 또는 특정 호르몬이나 단백질이 그 세포와 결합하도록 하는 표지자 역할을 한다.

단백질 통로가 2중층 곳곳에 있어서 이온과 극성 분자가 세포 안팎으로 통과할 수 있다. 어떻게 이들 **막관통단백질(transmembrane protein)**이 지질층에 떠 있지 않고 막을 관통할 수 있을까? 지질2중층을 통과하는 단백질 부위는 비극성 아미노산이 나선형, 즉 그림의 막관통단백질 중 빨간색으로 감겨 있는 부위를 이루는 특수한 구조를 하고 있다. 물은 이들 비극성 아미노산에 대해서도 비극성 지질 사슬에 대한 것과 똑같이 반응한다. 따라서 물이 이들 비극성 아미노산과 접촉하지 않으려 하는 강한 경향성을 보이고, 이로 인해 나선 구조가 2중층 내부의 지질층에 고정된다.

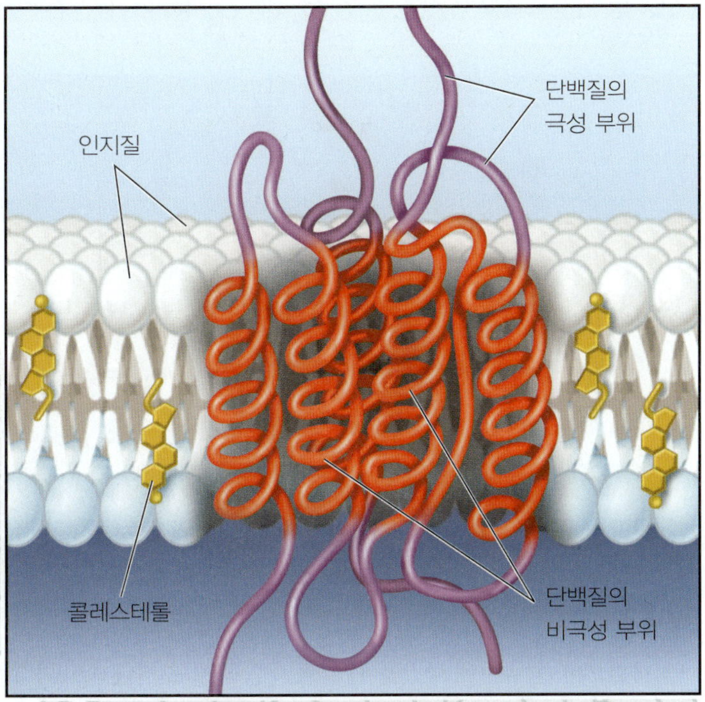

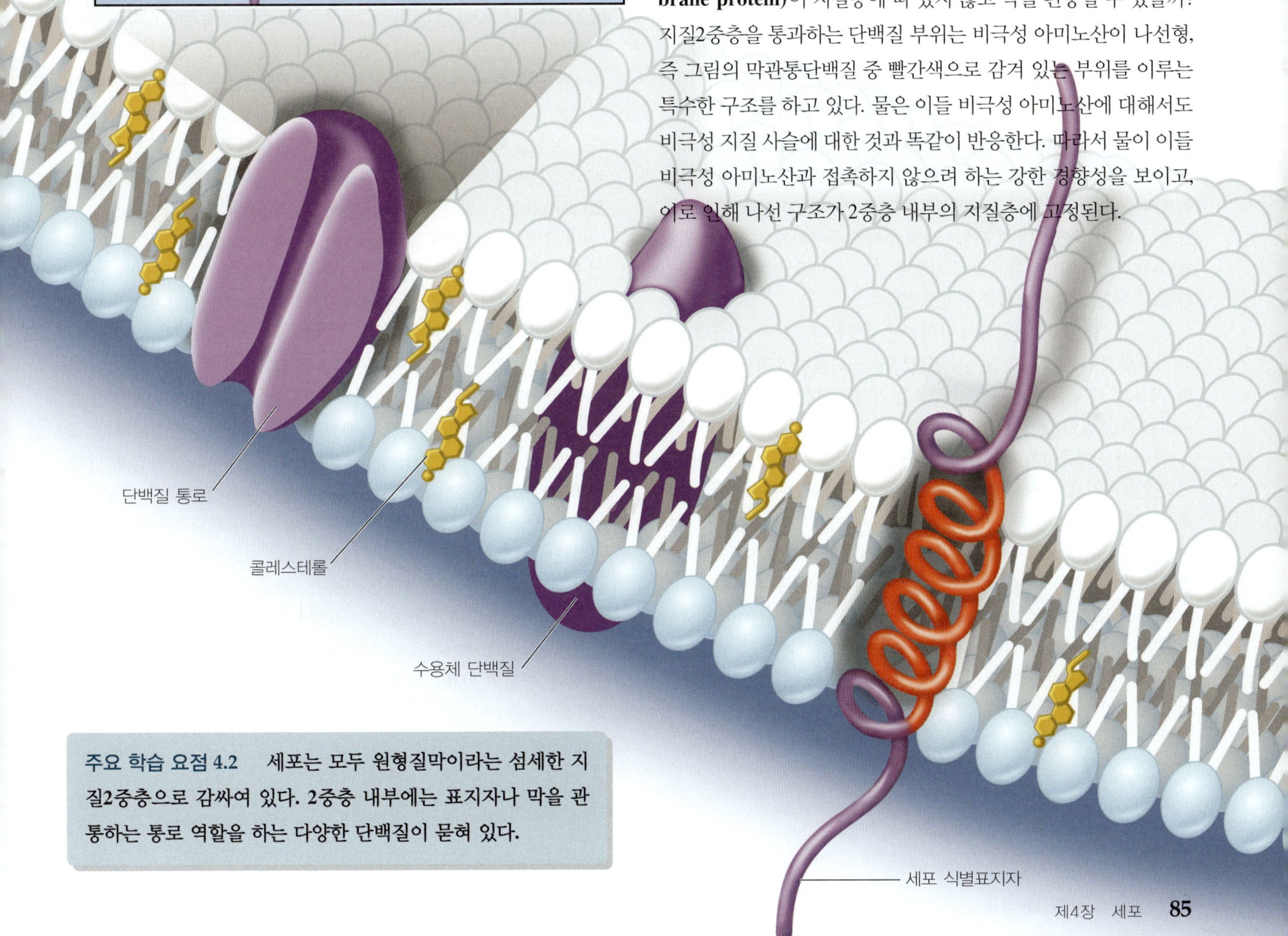

주요 학습 요점 4.2 **세포는 모두 원형질막이라는 섬세한 지질2중층으로 감싸여 있다. 2중층 내부에는 표지자나 막을 관통하는 통로 역할을 하는 다양한 단백질이 묻혀 있다.**

물은 원형질막을 어떻게 통과할까?

세포 안팎으로 물의 자유로운 이동은 세포생물학 분야에서 지속적인 의문 가운데 하나였다. 19세기 중반에는 물이 원형질막을 통과하려면 특별한 방법이 있어야만 한다는 사실을 이해하였다. 1950년대 중반에 원형질막이 지질2중층으로 구성되어 있음이 알려졌는데, 이로 인해 물의 자유로운 이동은 더욱 모호하게 되었다. 극성이 매우 높은 물 분자가 어떻게 2중층을 이루는 지질 부위의 강한 비극성 환경을 통과할 수 있는가?

일부 학자는 2중층의 아주 작은 결함이나 탄화수소 꼬리가 구부러질 때 생기는 작은 틈을 통해 물 분자가 새어나간다고 주장하기도 하였으나, 이 설명으로는 물보다 작은 양성자(수소 이온)의 확산을 막이 어떻게 통제하는지 설명하지 못한다. 세포 소기관 안팎의 양성자 농도 차이가 에너지 대사의 기본이기 때문에 양성자가 막을 통과하지 못하도록 하는 능력은 세포의 삶에 매우 중요하다(제6, 7장 참조).

이 의문에 대한 답은 지질2중층과 연계되어 있는 단백질과 관련되어 있는 것이 분명하다. 30년 동안 연구자들은 물 분자는 자유롭게 통과시키면서 이온은 통과시키지 않는 단백질 기구를 탐색하였다. 1972년에 발표된 유동모자이크모형을 바탕으로, 2중층에 다리처럼 놓인 단백질에 관해 집중적으로 연구하였다. 1980년대 중반, Johns Hopkins 대학교의 Peter Agre는 적혈구 세포 단백질을 연구하여 알려져 있지 않은 단백질을 확인하였다. Agre는 "아무도 이전에는 이것을 알지 못했습니다. 그러나 이것은 세포에서 다섯 번째로 풍부하게 존재하는 단백질입니다"라고 말하였다. "마치 지도에 없는 큰 마을을 가로지르는 것 같았죠. 이 단백질이 당신의 주의를 끕니다."

Agre는 그 미확인 단백질의 아미노산 서열을 분석하여 그 단백질이 긴 비극성 부위를 가지고 있어서 지질2중층을 반복하여 횡단할 수 있으며, 세포의 물 통로가 가져야 할 구조를 가지고 있음을 알았다. 아마도 이것이 가장 많이 탐구된 단백질일 것이다.

이 가설을 검증하기 위해 Agre는 간단한 실험을 수행하였다. 그는 이 단백질을 가지고 있는 정상 적혈구세포와 이 단백질이 결여된 돌연변이 적혈구세포를 비교하였다. 이 세포들을 증류수에 넣었더니 막에 단백질이 있는 세포는 물을 흡수하여 부풀었으나 이 단백질이 없는 세포에서는 아무 변화가 없었다. 물을 흡수하지 못하여 부풀지 않은 것이다.

적혈구 세포 원형질막에서 물이 통과하도록 하는 다른 미확인 막단백질의 존재 여부를 확인하기 위해 Agre는 리포솜을 이용한 시험을 반복하였다. 리포솜은 단백질이 없는 순수한 지질2중층인 인공세포로 본질적으로 비누 거품과 같다. 예측한대로 물은 리포솜 안으로 통과하지 못하였으며, 증류수에 담갔을 때 부풀지 않았다. 그러나 Agre가 2중층에 단백질을 이식한 경우 이 리포솜은 물에 대해 투과성을 나타내었다.

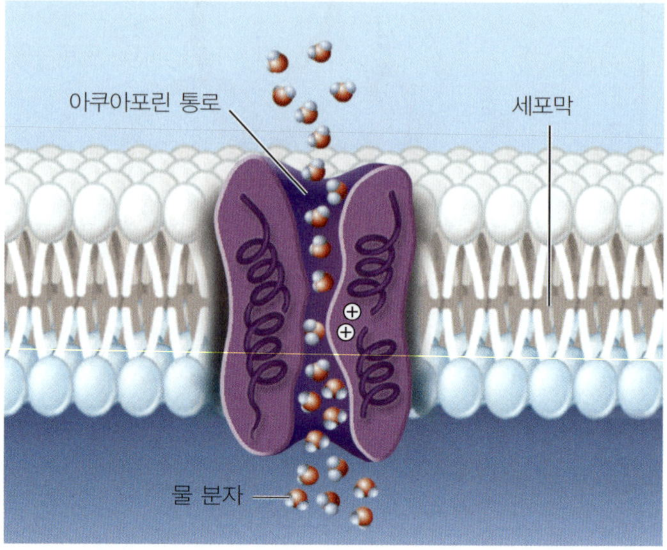

마지막 실험에서 Agre는 수은 이온이 세포가 물을 흡수하고 방출하지 못하도록 하여 독성을 나타낸다는 사실을 알았고, 자신이 발견한 단백질을 가진 리포솜에서도 역시 물의 이동이 수은 이온에 의해 저해된다는 사실을 확인하였다. Agre는 그가 발견한 단백질이 실제로 물 통로라고 결론지었으며, *아쿠아포린*(aquaporin, "물 구멍")이라고 명명하였다. Agre는 이 발견으로 2003년에 노벨상을 수상하였다.

이 흥미로운 발견에 대해 다른 연구진과 함께 Agre는 2000년에 X-선 회절법을 통해 아쿠아포린의 3차원 구조를 원자 수준에서 밝힌 연구 결과를 발표하였다. 지금은 물 통로의 기능을 자세하게 살펴볼 수 있다.

Agre가 설명한 아쿠아포린을 그림에 도해하였다. 각 물 분자가 열린 좁은 통로를 일렬로 지나면서 통로 벽의 원자들이 형성한 국소적인 전기장에서 배열되는 과정에서 꿈틀거리며 나아간다. 이제 통로가 큰 물 분자는 통과시키면서 양성자는 배제시키는 핵심 성질을 살펴보자. 구멍의 중심부위에 주목하자. 구멍을 따라 양전하 아미노산이 뭉쳐 있다. 이들은 부분적 음전하를 가진 물 분자에게는 아무 영향도 주지 않지만, 양전하인 양성자에게는 반발한다. 아쿠아포린 통로의 내부에 있는 양전하는 양성자가 통로 안으로 스며드는 것을 막는 필터 역할을 한다.

지난 10년 동안 연구자들은 아쿠아포린을 다양한 종류의 세균, 식물, 동물에서 찾아내었다. 사람도 최소 11종류를 가지고 있다. 그중 하나인 AQP1은 콩팥에서 소변으로 배출될 물의 상당량을 재흡수하는 일을 한다. 콩팥의 AQP1 통로는 24시간 동안에 약 120리터나 되는 물을 회수한다!

4.3 원핵세포

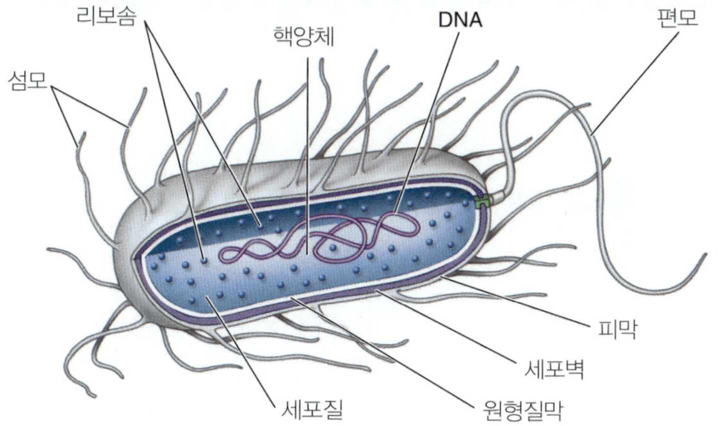

그림 4.4 원핵세포의 구조
원핵세포는 내부 구획이 없다. 편모나 피막은 모든 원핵세포에 있지는 않지만, 핵양체, 리보솜, 원형질막, 세포질, 세포벽은 모두 있다.

원핵생물(prokaryote)은 세포질이 비교적 균질하며 내막으로 분리된 구획이 없다. 예를 들어 *소기관*(organelles)이나 *핵*(nucleus) 등의 막으로 둘러싸인 구획을 가지고 있지 않다. 앞서 설명한 바(제1장의 **그림 1.1**)와 같이, 두 주요 원핵생물 집단은 *세균*(bacteria)과 *고세균*(archaea)이며, 이들을 제외한 생명체는 모두 진핵생물이다.

원핵생물은 가장 단순한 생명체이다. 5,000종 이상 알려져 있으나, 의심할 여지없이 이보다 몇 배나 되는 종이 아직 미기록 상태로 존재한다. 이들은 그 형태는 다양하지만, 조성은 기본적으로 유사하다. 모두 단세포 생명체이며, 작고(대개 1~10μm의 두께), 원형질막이 있으며 내부 구획이 없다(**그림 4.4**). 거의 모든 세균과 고세균의 외부에는 종류가 다른 분자로 구성된 *세포벽*(cell wall)이 있다(**표 15.1**과 16.3절 참조). 일부 세균에는 *피막*(capsule)이라고 하는 세포벽을 감싸는 층이 더 있다. 고세균은 매우 다양한 환경에서 서식하는 매우 다양한 집단이다(**그림 4.5*a***). 세균은 풍부하며, 많은 생물학적 과정에서 중요한 역할을 수행한다. 세균은 막대형과 나선형 등 모양이 매우 다양하다(**그림 4.5*b*,*c***). 이들은 사슬처럼 서로 붙어 있거나 공처럼 덩어리를 이루기도 하는데(**그림 4.5*d***), 각각의 세포는 독립적으로 기능을 나타낸다.

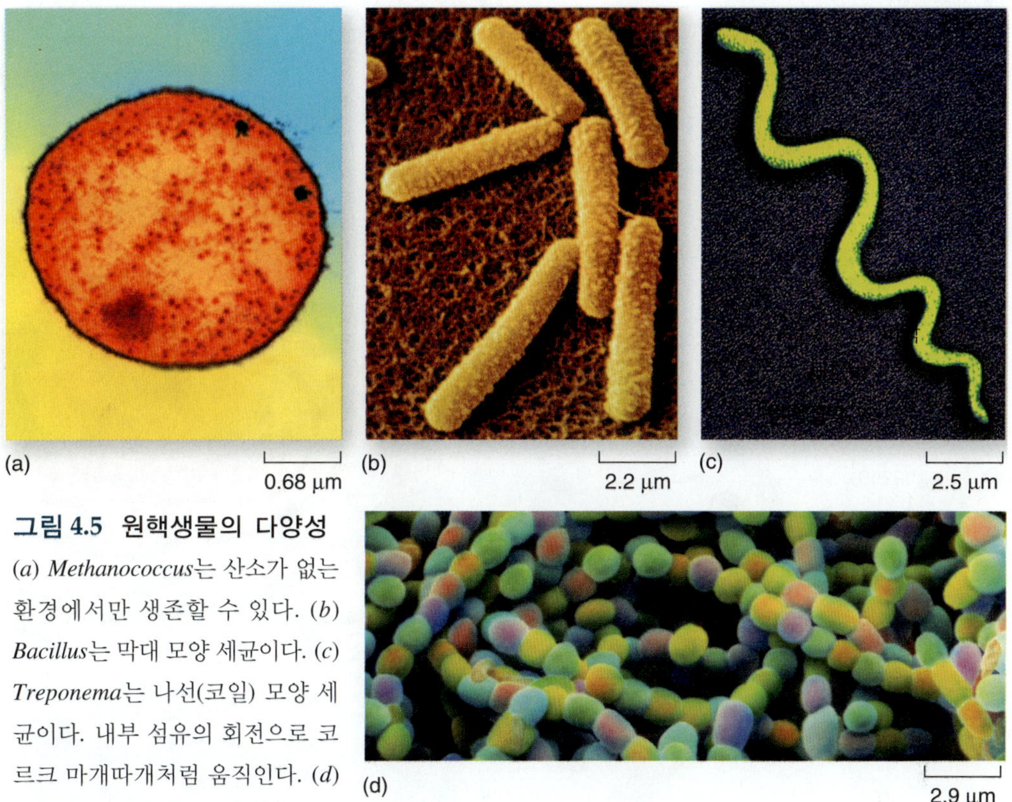

그림 4.5 원핵생물의 다양성
(*a*) *Methanococcus*는 산소가 없는 환경에서만 생존할 수 있다. (*b*) *Bacillus*는 막대 모양 세균이다. (*c*) *Treponema*는 나선(코일) 모양 세균이다. 내부 섬유의 회전으로 코르크 마개따개처럼 움직인다. (*d*) *Streptomyces*는 공 모양 세균으로 개체들이 사슬처럼 붙어 있다.

원핵세포 내부에는 지지하는 구조가 거의 또는 전혀 없고, 세포벽이 세포 형태를 지지한다. 그러나 *리보솜*(ribosome)이라는 작은 구조가 세포질 전체에 흩어져 있다. 리보솜은 단백질을 만드는 장소이지만, 경계막이 없기 때문에 소기관으로 간주하지 않는다. 원핵세포의 DNA는 *핵양체*(nucleoid region)에 있는데, 내막으로 감싸여 있지 않다. 일부 원핵생물은 **편모(flagellum**, 복수 **flagella)**를 이용해 움직인다. 편모는 단백질 섬유로 만들어진 실처럼 긴 구조이며, 세포 표면에 돌출되어 있다. 종에 따라 편모가 없거나, 1개만 있거나, 많이 있다. 세균은 편모를 회전시켜 1초당 세포 직경의 20배에 이르는 거리를 헤엄칠 수 있다. **섬모(pili**, 단수 **pilus)**는 일부 원핵생물이 가지고 있는 짧은 편모

(수 μm 길이, 7.5~10nm 두께)이다. 원핵세포는 섬모를 이용하여 적절한 물체에 부착하고 세포 사이에 유전정보를 교환한다.

주요 학습 요점 4.3　원핵세포에는 핵과 내막계가 없다.

4.4 진핵세포

지구에 생명체가 나타난 초기 10억 년 동안, 생명체는 모두 내부 구조가 매우 단순한 원핵세포였다. 그 후, 약 15억 년 전에 새로운 종류의 세포인 진핵세포가 최초로 나타났다. 진핵세포는 원핵세포와 매우 다르며, 훨씬 크고 복잡한 내부 구조를 가진다. 오늘날 세균과 고세균을 제외한 세포는 모두 이 새로운 종류인 진핵세포이다.

그림 4.6과 **4.7**은 동물과 식물세포 단면의 모식도이다. 진핵세포의 내부는 **그림 4.4**에서 본 원핵세포보다 훨씬 복잡하다. **원형질막(plasma membrane,** ❶)이 **세포질(cytoplasm,** ❷)이라는 반유동성 기질을 감싸고 있다. 세포질에는 핵과 다양한 소기관이라는 세포구조가 있다. **소기관(organelle)**은 특수화된 구조로 그 내부에서 특정 세포과정이 수행된다. **미토콘드리아(mitochondrion,** ❸) 등의 소기관은 진핵세포에서 특수한 기능

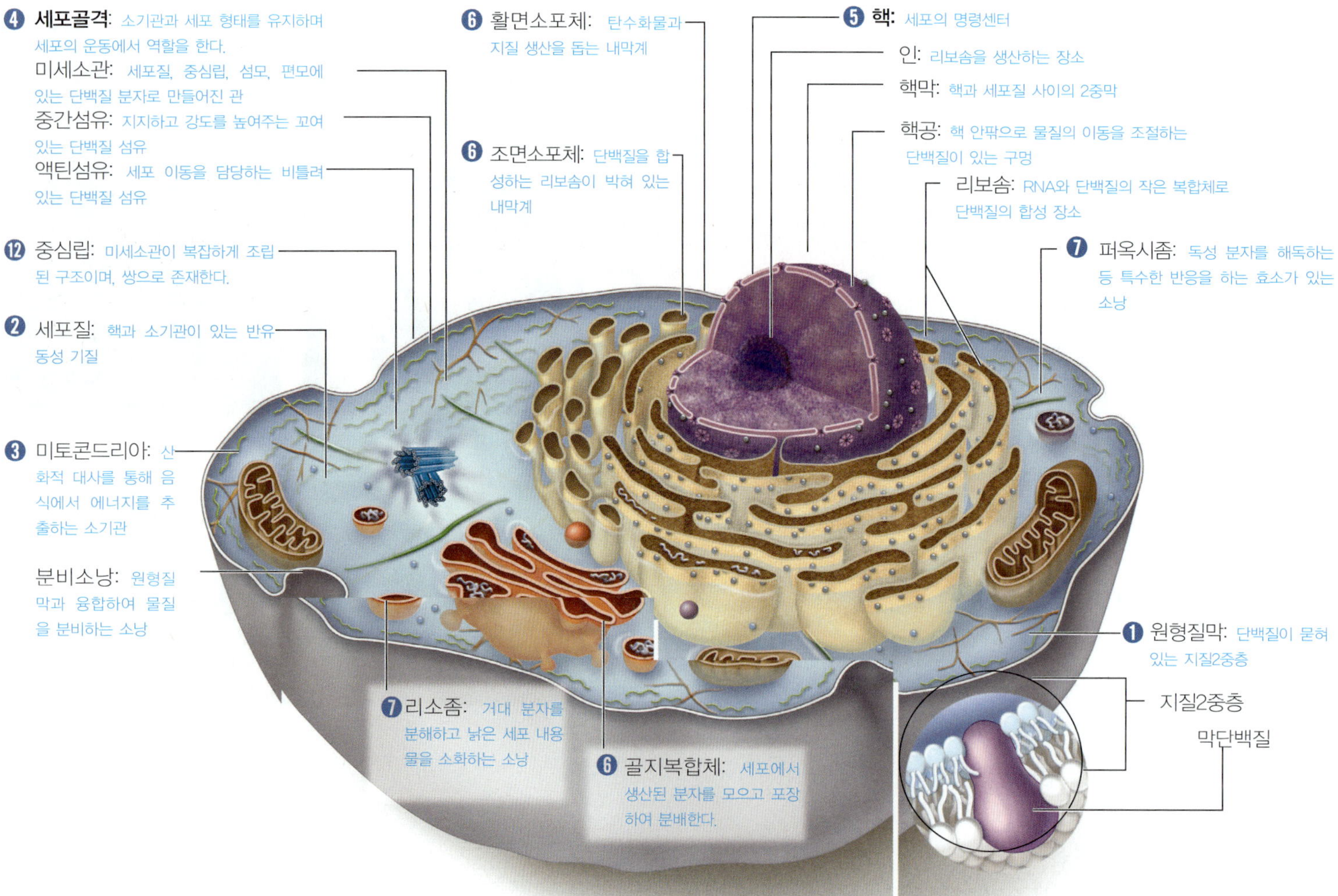

그림 4.6 동물세포의 구조

이 그림은 동물세포를 일반화한 모식도이다. 원형질막이 세포를 감싸고 있으며, 세포골격, 다양한 세포소기관, 내부 구조가 세포질이라는 반유동성 매질에 떠 있다. 어떤 종류의 동물세포는 융모라는 손가락처럼 생긴 돌기를 가진다. 원생생물 같은 종류는 운동을 돕는 편모, 또는 많은 다른 기능을 가진 섬모를 가지기도 한다.

을 수행한다. 소기관은 **세포골격**(**cytoskeleton**, ❹)이라는 단백질 섬유로 만들어진 내부 구조물에 의해 세포질의 특정 장소에 고정된다.

이들 세포를 현미경으로 관찰하면 세포 중심 부위에 있는 소기관 중의 하나가 아주 잘 보인다. 영국 식물학자인 Robert Brown은 1831년에 이 구조를 **핵**(**nucleus**, 복수 nuclei, ❺)이라고 불렀는데, 라틴어로 '핵심(kernel)'이라는 뜻이다. 핵 내부에서는 DNA가 단백질에 단단히 감겨서 염색체라는 치밀한 응축된 구조를 이룬다. 핵이 있기 때문에 **진핵생물**(**eukaryotes**)이라고 하는데, 그리스어로 *eu*는 진짜(true), *karyon*은 핵(nut)을 의미한다. 이에 비해 초기의 세균과 고세균은 *원핵생물*(prokaryotes)이라고 하는데, '핵 이전'이라는 의미이다.

그림 4.6과 **4.7**의 소기관은 대부분 막으로 둘러싸여 세포질에서 분리된 구획을 이루고 있다. *진핵세포의 특징은 구획화이다.* 이러한 내부 구획은 **내막계**(**endomembrane system**, ❻)에 의해 이루어진다. 내막계는 세포 내부를 거미줄처럼 엮어서 수많은 막과 연계된 과정이 일어날 수 있도록 넓은 표면적을 제공한다.

소낭(**vesicles**, ❼)은 물질을 저장하고 수송하는 막으로 감싸인 작은 주머니이며, 내막계에서 출아되거나 세포질에 지질과 단백질이 통합되어 형성된다. 수많은 닫혀 있는 구획으로 인해 다른 과정들이 서로 방해하지 않으며 동시에 진행될 수 있다. *리소좀*(lysosome)은 재활용센터이다. 내부는 산성도가 매우 높아 낡은 소기관을 분해하며, 그 구성분자를 재활용한다. 내부의

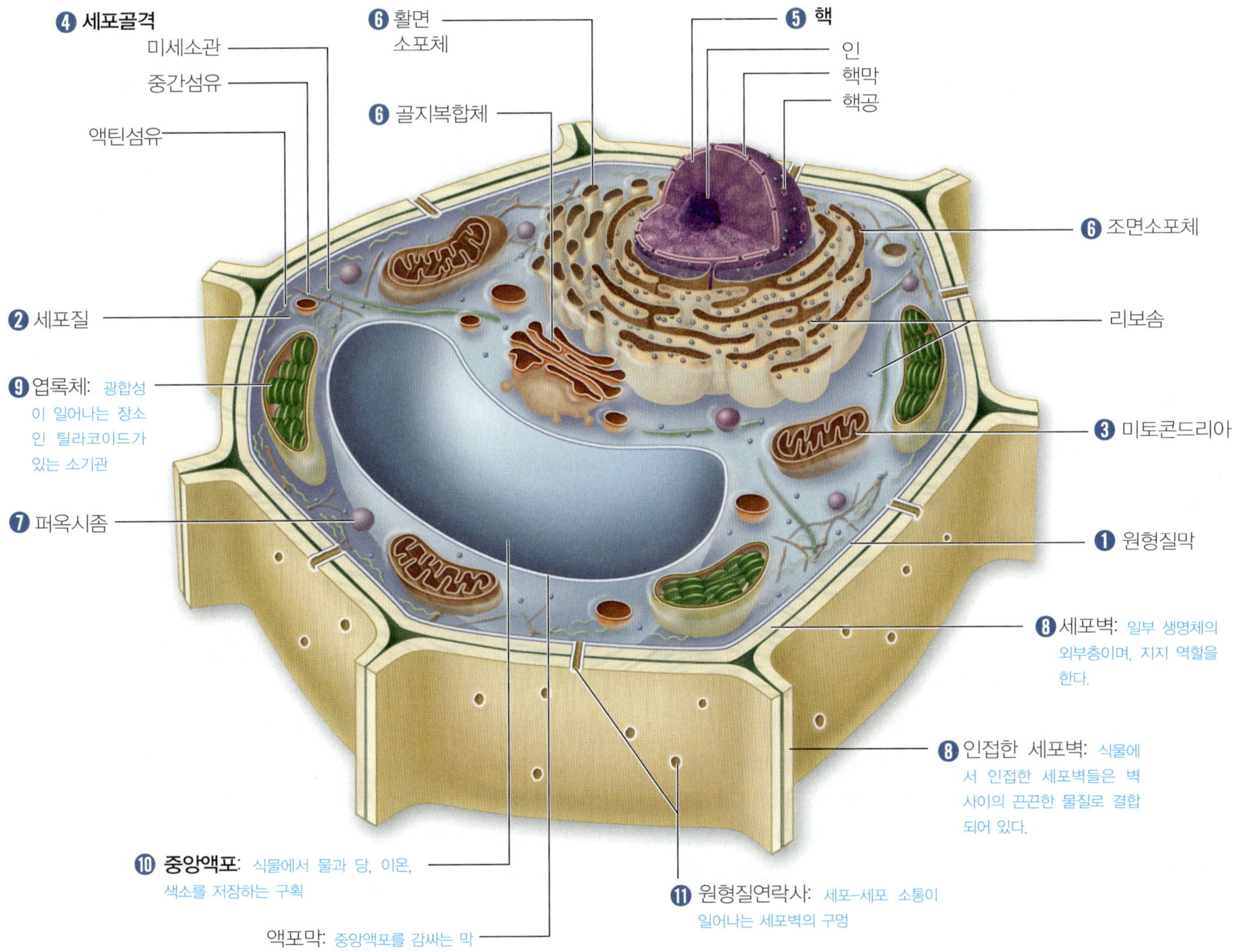

그림 4.7 식물세포의 구조

대부분의 성숙한 식물세포에는 세포 내부의 많은 부분을 차지하는 큰 중앙액포와 광합성을 수행하는 엽록체가 있다. 식물과 균류, 일부 원생생물의 세포는 세포벽을 가지는데, 종에 따라 조성이 다르다. 식물세포는 원형질연락사라는 세포벽의 구멍을 통해 원형질이 서로 연결되어 있다. 일부 식물종의 정자는 편모를 가지기도 하지만, 대부분의 식물과 균류세포의 경우 편모가 없다. 식물과 균류세포 모두 중심립이 없다.

막이 손상되면 병이 생길 수 있다

1993년은 사람 질병 치료에 있어서 중요한 이정표가 되었다. 이 해에 치명적인 유전병인 **낭포성섬유증(cystic fibrosis, CF)** 환자에게 건강한 유전자를 이식하여 치료하는 방법이 최초로 시도되었다. CF는 환자의 체세포가 점성이 높은 점액을 분비하여 폐의 기도를 막는 치명적인 질병이다. 사진의 CF 환자는 폐의 기능을 측정하는 폐활량측정기(Vitalograph)에 숨을 불어넣는 모습이다. 이들 분비물질이 췌장과 간의 관을 막기 때문에 폐질환으로 사망하지 않은 소수의 환자는 간질환으로 사망하게 된다. CF는 대개 청소년 질환으로 간주되는데, 그 이유는 최근까지도 환자가 어른이 될 때까지 오래 살지 못했기 때문이다. 알려진 치료법이 없다.

CF는 부모에게서 아이한테 전해지는 단일 유전자의 결함으로 인해 발병하며, 백인에게 가장 일반적인 치명적 유전병이다. 20명당 1명 비율로 결함이 있는 유전자 사본을 1개 이상 가지고 있다. 이들 대부분은 발병하지 않는다. 부모에게서 각각 결함 유전자 사본을 1개씩 받은 어린이만 발병하며, 유아 약 2,500명당 1명 비율이다.

CF는 연구하기 매우 어렵다. 많은 신체 기관이 영향을 받으며, 최근까지도 이 질환을 일으키는 유전자의 특성을 확인하지 못하였다. 1985년에 최초의 분명한 단서를 얻게 되었다. 연구원인 Paul Quinton은 CF 환자의 땀에 소금기가 비정상적으로 많다는 공통적인 특성을 포착하고 다음과 같은 실험을 수행하였다. 그는 작은 피부조각에서 땀관(sweat duct)을 분리하여 땀관 내부의 NaCl 농도보다 3배 높은 NaCl 용액에 넣은 후 이온의 운동을 관찰하였다. 외부 용액의 농도가 더 높기 때문에 나트륨 이온(Na^+)과 염소 이온(Cl^-) 모두 확산에 의해 관 안으로 이동할 것이다. 정상인에서 분리한 피부에서는 Na^+와 Cl^- 모두 예상한 대로 관 내부로 이동하였다. 그러나 CF 환자에서 분리한 피부에서는 오직 Na^+만 들어갔으며, Cl^-은 들어가지 않았다. CF의 분자적 특성이 최초로 밝혀진 것이다. 물은 염소 이온을 따라 이동하는데, 염소 이온이 관으로 이동하지 않기 때문에 물도 들어가지 않아서 점액의 점성이 높아진다. CF는 Cl^-이 신체 세포로 들어오고 나가는 것을 조절하는 원형질막의 CFTR(*c*ystic *f*ibrosis *t*ransmembrane conductance *r*egulator, 낭포성섬유증 막횡단전도 조절) 단백질에 결함이 생겨 발병한 것이다.

결함이 있는 *cf* 유전자는 1987년에 분리되었으며, 1989년에는 사람 염색체의 특정 위치(7번 염색체)가 밝혀졌다. 흥미롭게도 많은 CF 환자는 정상적인 아미노산 서열을 가지는 CFTR 단백질을 만들어낸다. 이런 경우에서 *cf* 유전자가 돌연변이되면 CFTR 단백질의 접힘이 방해받아 기능을 나타내는 형태를 만들지 못하는 것으로 보인다.

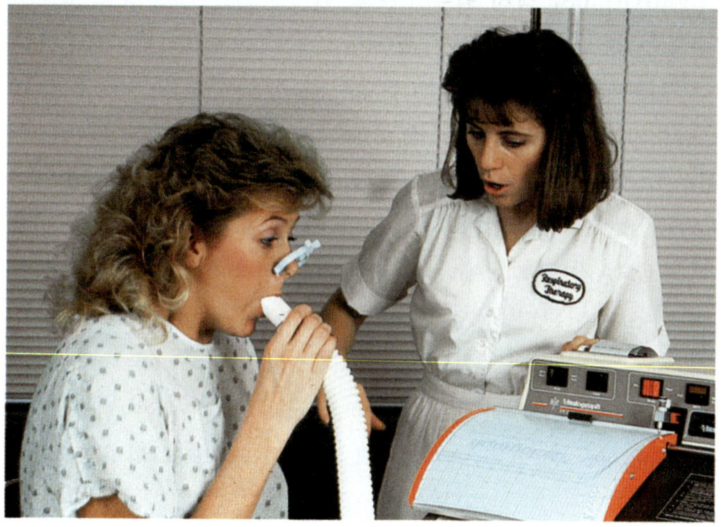

cf 유전자가 분리된 후 얼마 지나지 않아 유전자치료 즉, 환자의 세포에 건강한 *cf* 유전자를 이식하여 CF를 치료하는 가능성을 찾는 연구가 시작되었다. 1990년에 아데노바이러스를 이용하여 조직배양 중인 사람 폐 세포에 건강한 *cf* 유전자를 이식하는 데 성공하였다. CFTR-결함 세포는 '치료'되어 염소 이온을 원형질막에서 수송할 수 있게 되었다. 1991년, 한 연구진은 사람의 정상 *cf* 유전자를 살아 있는 쥐(rat)의 폐 세포로 이식하는 데 성공하였다. 아데노바이러스는 감기바이러스이기 때문에 폐 세포에 쉽게 감염된다. 따라서 *cf* 유전자를 먼저 아데노바이러스의 유전체에 삽입한 후, 쥐에게 흡입시켰다. 바이러스에 실려 쥐의 폐 세포로 들어간 *cf* 유전자는 정상적인 사람 CFTR 단백질을 만들어내기 시작하였다!

이 결과는 매우 고무적이었으며, 처음에는 모든 CF 환자의 미래가 밝아 보였다. 아데노바이러스를 이용하여 CF 환자에게 건강한 *cf* 유전자를 이식하는 임상적 시도는 1993년 요란한 선전과 함께 시작되었다.

하지만 이러한 시도는 성공하지 못하였다. CF 환자에게 *cf* 유전자를 전달하려고 아데노바이러스를 이용하면 극복하기 어려운 문제가 나타난다(제13장 참조). CF 연구자들이 맞은 어려움과 좌절된 시도들은 아직 극복되지 않았다. 임상적 문제에 대한 연구는 흔히 시간이 오래 걸리는 실망스러운 작업이다. 최근에 건강한 *cf* 유전자를 도입하는 새로운 방법이 좋은 결과를 얻고 있다(제13장 참조). 치료를 향한 멀고 더딘 여행은 치료법이 곧 가능한 것처럼 비약하지 말라는 교훈을 준다. 그러나 연구자들은 한결같은 지속성으로 먼 길을 갈 것이다. 그래서 CF 환자의 미래는 밝아 보인다.

산이 세포질로 흘러나오면 파괴성이 매우 높다. *퍼옥시좀*(peroxisome) 역시 필수적으로 내부 화학물질을 격리시킨다. 퍼옥시좀에서는 효소가 전자와 수소 원자를 제거함으로써 독성 화학물질을 분해하고 먹이 분자를 처리한다. 이들 효소가 퍼옥시좀 내부에 격리되어 있지 않다면 세포질 내에서 짧은 화학반응 회로가 일어날 수 있는데, 흔히 분자에 수소 원자를 첨가하는 반응이 포함된다.

그림 4.6과 **4.7**을 비교하면 거의 같지만 흥미로운 예외가 몇 가지 있음을 알 수 있다. 식물, 균류, 많은 원생생물의 세포에는 셀룰로오스나 키틴 섬유로 이루어진 단단하고 두꺼운 **세포벽**(**cell wall**, ⑧)이 있지만, 동물세포에는 없다. 모든 식물과 많은 종류의 원생생물에는 광합성을 수행하는 **엽록체**(**chloroplasts**, ⑨)가 있지만, 동물과 균류에는 없다. 식물세포에는 또한 물을 저장하는 커다란 **중앙액포**(**central vacuole**, ⑩)와 세포벽의 구멍을 통해 세포질을 연결하는 **원형질연락사**(**plasmodesmata**, ⑪)가 있다. **중심립**(**centriole**, ⑫)은 동물세포에는 있지만, 식물과 균류세포에는 없다. 동물세포의 일부 종류는 *미세융모*(microvilli)라는 손가락처럼 생긴 돌기를 가지고 있다. 많은 동물과 균류세포는 운동을 도와주는 *편모*(flagella), 또는 기능이 다양한 *섬모*(cilia)를 가진다. 편모는 일부 식물 종의 정자세포에는 있지만, 나머지 식물과 균류세포에서는 나타나지 않는다.

이제 전형적인 진핵세포 내부로 여행을 떠나 특정 소기관을 도해하여 자세하게 살펴보도록 하자. 이해를 돕기 위해 채색하였지만, 소기관은 실제로는 색채가 없다.

> **주요 학습 요점 4.4** **진핵세포는 내막계를 가지며, 세포 내부를 기능이 다른 구획으로 나눈 소기관들이 있다.**

진핵세포 살펴보기

4.5 핵: 세포의 통제센터

동물세포와 식물세포를 비교해 보면 많은 부분이 비슷하다는 사실을 알 수 있다. 짚신벌레, 페튜니아, 영장류의 세포소기관은 형태가 비슷하며 유사한 기능을 수행한다(**표 4.2** 참조). 세포 중앙부에는 섬세한 섬유 그물의 요람에 싸인 **핵**(**nucleus**)이 있다(**그림 4.8**). 핵은 세포의 모든 활성을 지시하는 명령과 통제센터이며, 또한 유전정보를 저장하고 있는 유전자의 도서관이다.

핵막

핵의 표면은 **핵막**(**nuclear envelope**)이라는 특별한 종류의 막으로 감싸여 있다. 핵막은 실제로는 두 겹이다. 핵막은 핵과 세포질 사이의 울타리 역할을 하지만, 물질이 막을 통과하여야 한다. 물질의 교환은 이 막 표면에 흩어져 있는 구멍을 통해 이루어진다. **핵공**(**nuclear pore**)이라는 이 구멍은 핵막의 두 층이 함께 죄어져 형성된다. 그러나 핵공은 비어 있는 구멍이 아니다. 내부에는 많은 단백질이 묻혀 있어서 단백질과 RNA가 핵 안팎으로 통과하도록 한다.

염색체

원핵생물과 진핵생물 모두, 세포의 구조와 기능을 지정하는 유전정보는 모두 DNA에 암호화되어 있다. 그러나 고리형인 원핵생물 DNA와 다르게, 진핵생물의 DNA는 몇 조각으로 나뉘어 단백질과 함께 **염색체**(**chromosome**)를 이룬다. 염색체의 단백질은 DNA가 단단히 감기도록 하여 세포분열 동안 응축되도록 한다. 분열 중인 세포를 광학현미경으로 관찰하면 진하게 염색된 막대처럼 보이는 응축된 염색체를 쉽게 볼 수 있다. 세포분열이 끝난 후, 진핵생물의 염색체는 응축이 풀려 핵질에서 실 같은 **염색질**(**chromatin**)이라는 가닥으로 펼쳐지는데, 이 상태가 되면 광학현미경으로 더 이상 관찰할 수 없게 된다. 응축이 풀린 염색질은 단백질 합성이 가능하다. 유전자의 RNA 사본은 핵에서 DNA로부터 만들어진다. 이 RNA 분자들은 핵공을 통해 핵에서 세포질로 이동하여 단백질 합성에 참여한다.

인

세포는 수많은 단백질을 만들어내는 특별한 구조인 **리보솜**(**ribosome**)을 가지고 있다. 리보솜은 유전자의 RNA 사본을 읽고 그 정보를 이용하여 단백질 조립을 지시한다. 리보솜은 몇 종류의 특수한 RNA, 즉 *리보솜 RNA*(ribosomal RNA, rRNA)가 수십 종류의 단백질 복합체와 결합한 것이다.

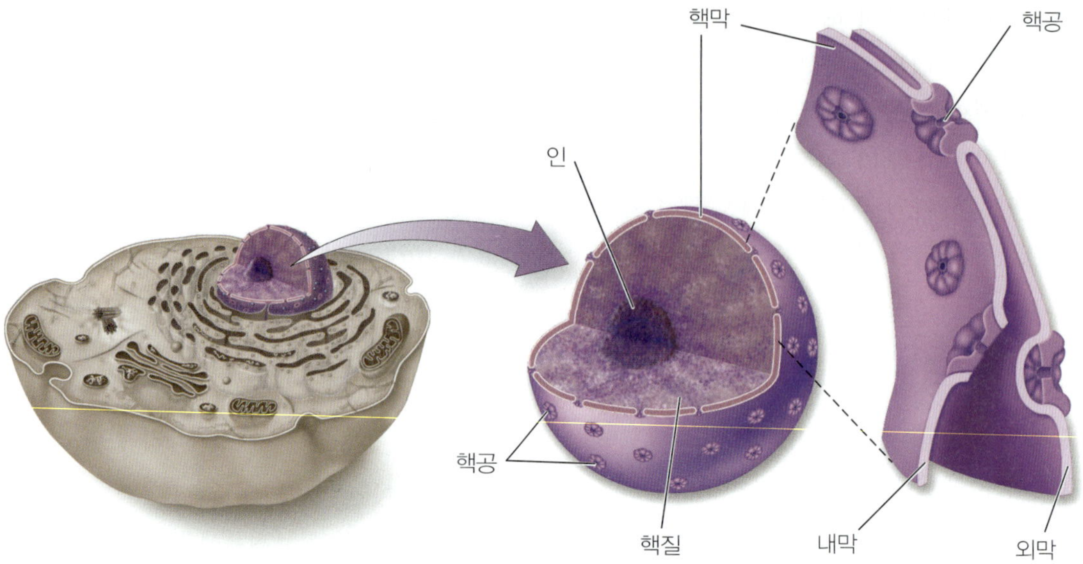

그림 4.8 핵

핵막이라는 2중막이 염색체를 포함한 핵의 내부 공간을 감싸고 있다. 단면도에서 핵막의 두 층에 걸쳐 있는 핵공을 볼 수 있다. 구멍에 덧대어 있는 단백질이 물질의 통과를 통제한다.

그림 4.8에서 핵의 한 부분이 다른 곳보다 어둡게 나타나는데, 이 부위를 **인(nucleolus)**이라고 한다. 여기에서 rRNA를 암호화하는 수백 종류의 유전자가 리보솜 소단위를 조립한다. 이들 소단위는 핵공을 통해 세포질로 이동하여 리보솜으로 조립된다.

주요 학습 요점 4.5 핵은 세포의 명령센터로서 세포 활성을 통제하는 명령을 내린다. 또한 세포의 유전정보를 저장한다.

4.6 내막계

진핵세포 내부에서 핵은 치밀한 막으로 감싸여 있다. 막은 세포를 구획으로 나누고, 세포 안팎으로 물질을 수송하며 효소가 일하는 작업표면을 제공한다. 진핵세포에서 막에 의해 만들어지는 내부 구획들은 진핵생물과 원핵생물을 구분하는 가장 기본적인 차이이다.

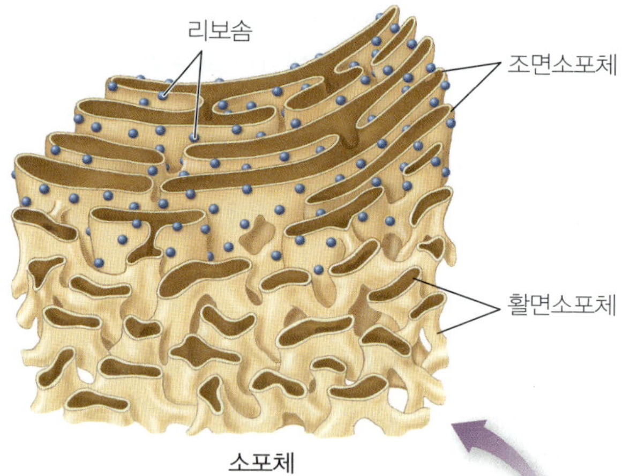

소포체: 수송계

내부 막의 광범위한 체계를 **소포체(endoplasmic reticulum, ER)**라고 한다. ER은 일련의 통로와 상호연결을 만들며, 또한 막으로 감싸인 주머니인 **소포(vesicle)**로 일부 공간을 나눈다. ER의 표면은 세포 밖으로 내보낼 단백질, 예를 들면 세포 표면에서 분비되는 효소 등을 만드는 장소이다. 이런 용도의 ER 표면에는 수많은 리보솜이 박혀 있어서, 전자현

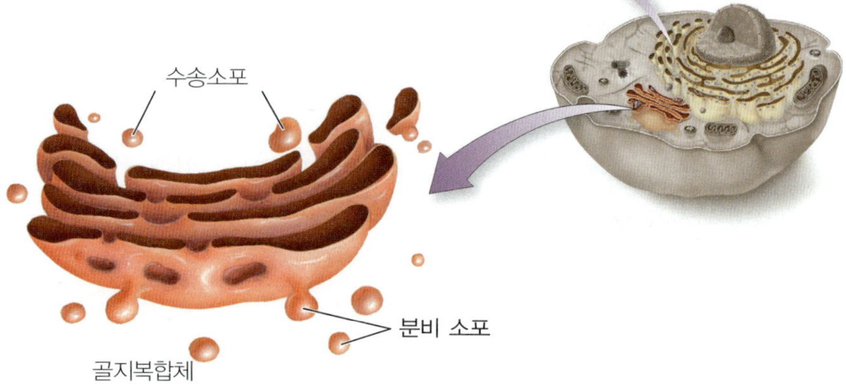

미경으로 관찰하면 마치 사포처럼 보인다. 따라서 **조면소포체(rough ER, rER)**라고 한다. 리보솜이 상대적으로 적은 ER은 **활면소포체(smooth ER, sER)**라고 한다. sER의 표면에는 탄수화물과 지질을 만드는 효소가 묻혀 있다.

골지복합체: 배달체계

ER 표면에서 만들어진 새로운 분자는 ER을 거쳐 납작한 막이 쌓인 **골지체(Golgi body)**로 이동한다. 세포에 있는 골지체의 수는 원생생물에서는 1~수 개, 동물세포에서는 20여 개, 식물세포에서는 수백 개이다. 골지체는 세포 내에서 만들어낸 분자의 수집, 포장, 분배 기능을 한다. 세포질에 흩어져 있는 골지체를 통틀어 **골지복합체(Golgi complex)**라고 한다.

조면소포체, 활면소포체, 골지체는 함께 세포의 수송체계를 이룬다. ER 막에서 만들어진 단백질과 지질은 ER의 통로를 통해 수송된 후 수송소포에 포장되어 출아된다(❶). 이 소포들은 골지체의 막과 융합되어 내용물이 골지체로 들어간다(❷). 골지체 내에서 분자는 화살표로 표시한 경로들 가운데 하나를 따라간다. 많은 분자에 탄수화물 꼬리표가 부착된다. 분자는 골지체 끝 부분에 막이 접혀진 부위에 모이며, 소포로 포장된다. 이들 소포는 분자를 세포의 다른 구획으로 보내거나(❸, ❹), 막의 내부 표면으로 수송하여 바깥으로 분비되도록 한다(❺).

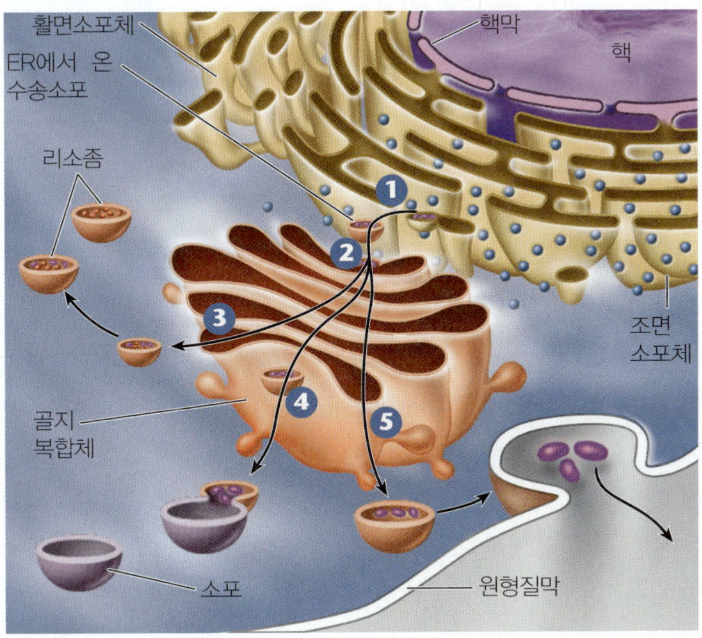

내막계의 작동 방식

리소좀: 재활용센터

리소좀(lysosome)은 골지복합체에서 기원하며(❸에서 출아한 밝은 주황색 소포), 조면소포체에서 만들어져 거대 분자를 분해하는 강력한 효소들이 높은 농도로 혼합되어 있다. 리소좀은 또한 세포의 재활용센터로서 낡은 세포 구성물을 분해한 후, 그 구성성분을 이용하여 구성물을 새로 만들 수 있도록 한다. 사람의 경우 미토콘드리아는 10일마다 대체되는데, 새로 만들어지면 리소좀에서 낡은 것을 분해한다. 리소좀은 세포 내에서 소기관을 비롯한 구조물을 분해할 뿐만 아니라 세포가 삼킨 물질(다른 세포 포함)도 제거한다.

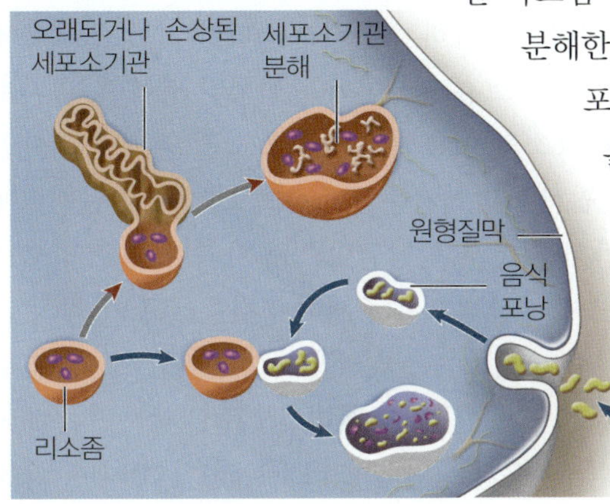

퍼옥시좀: 화학적 전문상점

진핵세포 내부에는 다양한 막으로 감싸인 구형 소기관이 많이 있다. 이들은 ER에서 유래되었으며 특정한 화학적 기능을 가진다. 예를 들어 거의 대부분의 진핵세포에는 퍼옥시좀이 있다. 퍼옥시좀은 구형 소기관이며, 단백질로 이루어진 큰 결정구조를 가진다(그림은 결정을 가지는 퍼옥시좀을 보라색으로 채색한 전자현미경 사진이다). 퍼옥시좀에는 두 세트의 효소가 있다. 식물 씨앗에 있는 한 세트는 지방을 탄수화물로 전환시키며, 다른 세

트는 진핵세포 모두에서 형성되는 다양한 독성 분자인 강력한 산화물질을 해독한다. 이러한 일은 산소 분자를 이용하여 수소 원자를 특정 분자에서 제거하면서 이루어지는데, 이 화학반응을 퍼옥시좀 내부로 한정시키지 않는다면 세포에 매우 해롭다.

내막계와 사람의 건강

내막계의 활성에 이상이 생기면 몇 가지 심각한 사람 질환이 발생한다. 그 가운데 가장 심한 것은 골지복합체가 리소좀으로 가야 할 단백질을 제대로 배달하지 못해서 나타난다. 정상 세포에서 배송 주소는 만노오스-6-인산이라는 변형된 당이며, 골지복합체에서 특수한 효소를 이용해 리소좀으로 갈 단백질에 붙인다. 이 효소가 결핍된 사람에서는 리소좀으로 가야 할 단백질에 만노오스-6-인산이 없어서 원형질막으로 가거나 세포 밖으로 분비된다. 리소좀에 정상적으로 존재해야 하는 효소가 거의 없기 때문에, 이 사람의 리소좀은 분해되지 않은 물질로 인해 부풀어 오르게 된다. 리소좀 내부를 현미경으로 관찰하면 분해되지 않은 물질이 뭉친 수많은 봉입체(inclusion)가 보이며, 따라서 이 질환을 *봉입체세포병*(inclusion-cell disease)이라고 한다. 부풀어 오른 리소좀으로 인해 궁극적으로 발생 중인 사람 배(embryo)의 세포들이 심각한 손상을 입게 되어 안면과 골격의 비정상적 발달과 정신지체가 나타난다.

약 40종류의 사람 질환이 내막계에서 리소좀으로 특정 단백질을 제대로 수송하지 못하여 발생한다. *리소좀축적질환*(lysosome storage disorder)이라는 이들 질환은 봉입체세포병에 뒤이어 나타난다. 필수적인 재활용 효소가 없기 때문에 특정 세포물질이 분해되지 않은 채로 리소좀에 축적되고, 결국 세포가 손상을 입어 사망에 이른다. 이 질환의 환자는 대부분 어린 나이일 때 죽음에 이르게 된다.

폼페병(Pompe' s disease)이라는 리소좀축적질환은 리소좀에 글리코겐을 분해하는 효소가 결핍된 경우이다. 신체가 에너지원으로 사용하는 글리코겐은 근육과 간세포에 저장된 후, 에너지가 필요하면 리소좀에서 글리코겐을 단당류로 분해하여 에너지를 생산할 수 있도록 한다(제7장 참조). 폼페병 환자의 리소좀은 필수적인 효소가 없기 때문에 글리코겐을 분해하지 못한다. 그 결과로 근육과 간세포에 글리코겐이 지나치게 축적되어 독성이 나타난다.

테이-삭스병(Tay-Sachs disease)이라는 리소좀축적질환은 리소좀에 뇌세포의 원형질막에 풍부한 특정 당지질인 강글리오시드를 분해하는 효소가 결핍된 경우이다. 이 환자는 뇌세포에 당지질이 축적되어 부풀게 되며, 결국 터져서 산화효소를 방출하여 뇌세포를 죽인다. 환자는 6~8개월의 나이에 급격한 정신퇴행을 겪게 된다. 생후 1년 이내에 시력을 잃는다. 5년 이내에 마비를 겪고 죽음에 이르게 된다.

주요 학습 요점 4.6 내막의 광범위한 체계로 세포를 기능성 구획으로 나누어 단백질을 만들고 배달하며, 특수한 화학적 과정을 다양하게 수행한다.

4.7 DNA를 가지고 있는 소기관

진핵세포는 몇 종류의 복잡한 세포 같은 소기관을 가지고 있는데, 이들은 자신의 DNA를 가지고 있으며, 먼 옛날 고대 진핵생물에 흡수된 고대 세균에서 유래한 것으로 보인다. 이런 소기관으로는 미토콘드리아(극히 일부의 진핵생물을 제외한 모든 세포에 있음)와 엽록체(동물세포와 균류세포에는 없고, 오직 조류(algae)와 식물에만 있음)가 있다.

미토콘드리아: 세포의 발전소

진핵생물은 **산화적 대사(oxidative metabolism)**라는 복잡한 일련의 화학반응을 거쳐 유기 분자("먹이")에서 에너지를 추출하며, 이 과정은 미토콘드리아에서만 이루어진다. **미토콘드리아(mitochondria, 단수 mitochondrion)**는 소시지처럼 생긴 소기관으로 크기는 세균만 하며, 2중막으로 감싸여 있다. 외막은 매끄러우며, 먼 옛날 세균을 흡수한 숙주세포의 원형질막에서 유래한 것이 분명하다. 미토콘드리아로 변신한 세균의 원형질막에서 유래한 것이 명백한 내막은 많이 접혀서 **크리스타(cristae, 단수 crista)**를 형성하는데, 마치 다양한 세균 집단에서 나타나는 접힌 원형질막과 비슷하다. **그림 4.9**에서 크리스타

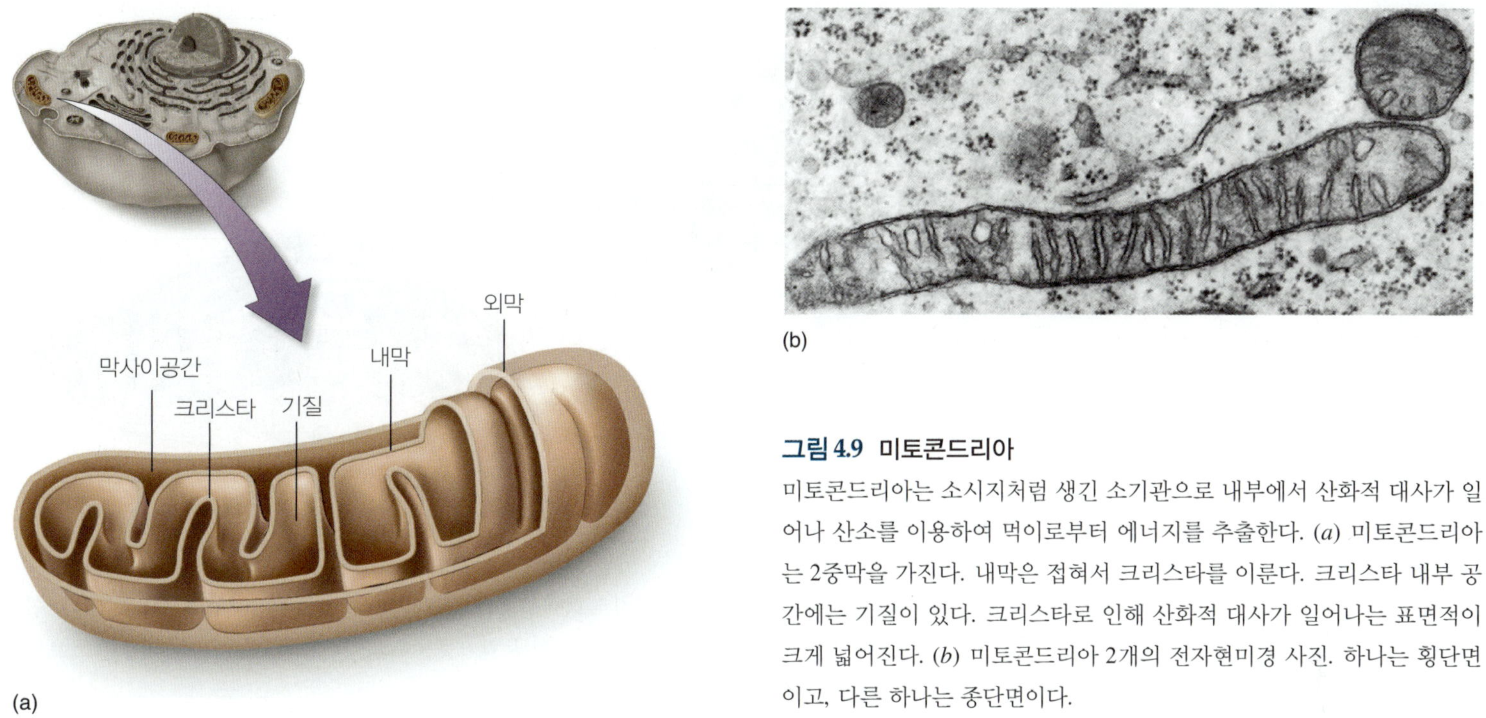

그림 4.9 미토콘드리아

미토콘드리아는 소시지처럼 생긴 소기관으로 내부에서 산화적 대사가 일어나 산소를 이용하여 먹이로부터 에너지를 추출한다. (*a*) 미토콘드리아는 2중막을 가진다. 내막은 접혀서 크리스타를 이룬다. 크리스타 내부 공간에는 기질이 있다. 크리스타로 인해 산화적 대사가 일어나는 표면적이 크게 넓어진다. (*b*) 미토콘드리아 2개의 전자현미경 사진. 하나는 횡단면이고, 다른 하나는 종단면이다.

로 인해 미토콘드리아가 두 구획, 내부의 **기질(matrix)**과 외부의 *막사이공간*(intermembrane space)으로 나뉘어져 있는 것을 볼 수 있다. 이러한 구조는 산화적 대사과정에 매우 중요하다(제7장 참조).

미토콘드리아가 진핵세포 내에 존재한 15억 년 동안, 미토콘드리아의 유전자 대부분은 숙주세포의 염색체로 이전되었다. 그러나 여전히 일부 유전자는 고리형의 *미토콘드리아 DNA*(mitochondrial DNA, mtDNA)에 남아 있는데, 이것은 세균의 고리형 DNA 분자와 매우 비슷하다. 이 mtDNA에 있는 유전자 몇 개는 산화적 대사과정에 필요한 일부 단백질을 만든다. 미토콘드리아와 세균 모두 분열하는 동안에 고리형 DNA 분자가 복제된다. 미토콘드리아가 분열할 때 기질에 있는 자신의 DNA를 복사하여 단순 분열을 통해 둘로 나누는데, 세균의 경우와 매우 유사하다.

엽록체: 에너지-포획센터

식물과 조류의 광합성은 모두 **엽록체(chloroplast, 그림 4.10)**라는 소기관에서 일어난다. 미토콘드리아와 마찬가지로 엽록체도 공생에 의해 세균에서 유래한 것이라는 강력한 증거가 있다. 엽록체도 미토콘드리아처럼 2중막으로 감싸여 있으며, 내막은 세균에서 유래하였고 외막은 숙주세포의 ER과 닮았다. 엽록체는 미토콘드리아보다 크며, 구조가 더 복잡하다. 엽록체 내부에는 또 다른 일련의 막이 융합하여 **틸라코이드(thylakoid)**라는 소포의 더미를 이룬다. 틸라코이드는 **그림 4.10**에서 엽록체 내부의 녹색 원반처럼 보이는 구조물이다. 광합성의 빛-의존 반응이 틸라코이드에서 일어난다. 틸라코이드가 쌓여 만든 원기둥처럼 생긴 구조물을 **그라나(granum**, 복수 **grana)**라고 한다. 엽록체 내부는 **스트로마(stroma)**라는 반유동성 물질로 채워져 있다.

미토콘드리아와 마찬가지로 엽록체도 고리형 DNA를 가진다. 이 DNA에는 광합성을 수행하는 데 필요한 단백질을 암호화하는 몇 가지 유전자가 있다. 식물세포에는 종에 따라 엽록체가 수백 개나 있을 수 있다. 미토콘드리아와 엽록체는 모두 무세포(cell-free) 배양조건에서는 자라지 못한다. 이들은 모두 자신을 품고 있는 세포에 전적으로 의존한다.

내부공생

공생(symbiosis)은 서로 다른 종에 속하는 생명체가 함께 살면서 이루는 밀접한 상호관계이다. **내부공생(endosymbiosis)**설은 오늘날의 진핵생물 일부 소기관이 공생에 의해 진화하였다는 이론으로, 한 원핵생물이 현 진핵생물의 조상인 원핵생물에게 삼켜진 후 내부에서 살게 되었다고 주장한다. **그림 4.11**에서 이러한 일이 어떻게 일어날 수 있는지 볼 수 있다. 많은 세포가 내세포작용(endocytosis)으로 먹이나 다른 물질을 흡수하는데, 이 과정에서 세포의 원형질막으로 물질을 감싸 소포로 만들어

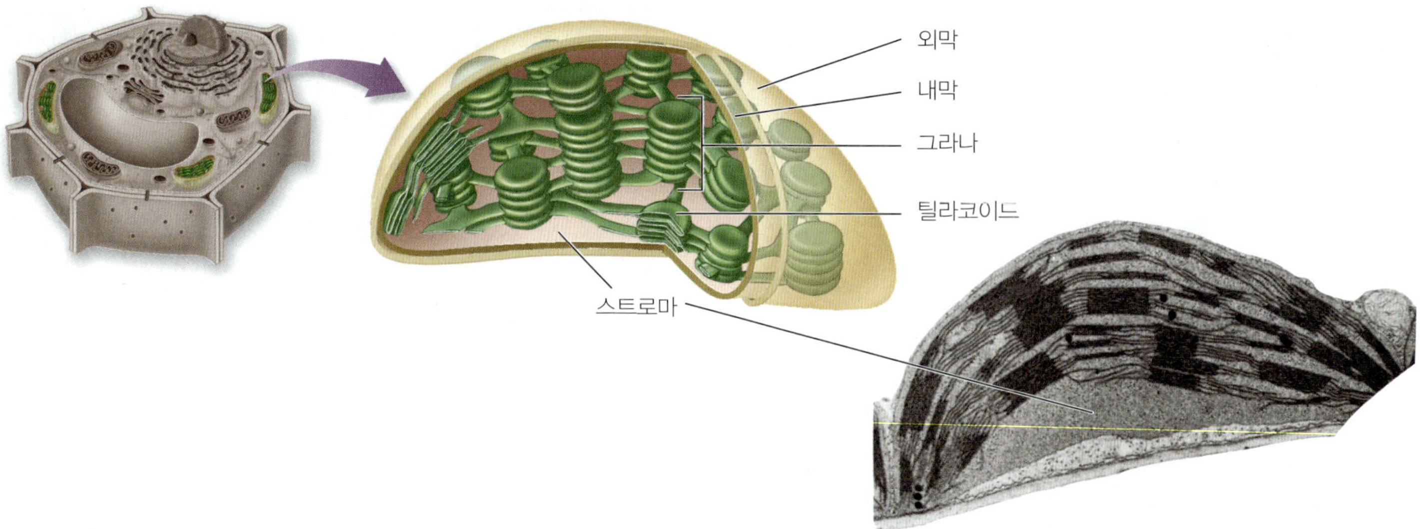

그림 4.10 엽록체

세균과 닮은 엽록체는 진핵세포에서 광합성을 수행하는 곳이다. 미토콘드리아와 마찬가지로 화학반응을 수행하는 복잡한 내막 체계를 갖추고 있다. 엽록체의 내막이 융합하여 틸라코이드를 형성하며, 여기에서 광합성이 일어난다. 틸라코이드가 쌓여 이룬 원기둥을 그라나라고 한다. 엽록체 내부는 스트로마라는 반유동성 물질로 채워져 있다.

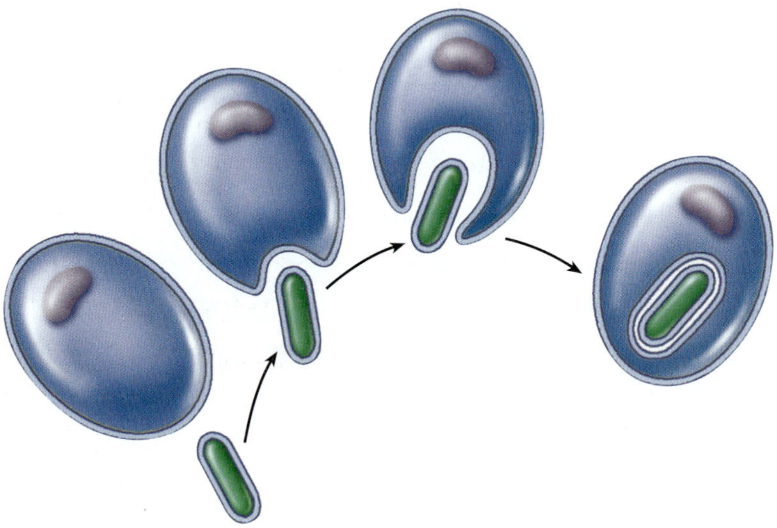

그림 4.11 내부공생

공생과정에서 미토콘드리아나 엽록체의 2중막이 만들어진 것으로 보이는 방식이다.

세포 내에 가둔다. 대개 소포 내의 물질은 소화효소에 의해 분해된다. 내부공생설에 따르면 이런 분해과정이 일어나지 않은 대신에 삼켜진 원핵생물이 숙주의 특정 대사활성에 도움이 되는 이로움을 제공하였다. 앞서 논의한 두 소기관인 미토콘드리아와 엽록체는 이러한 내부공생 원핵세포의 후손이라고 믿어진다. 미토콘드리아는 산화적 대사를 수행할 수 있는 세균에서 유래한 것이고, 엽록체는 광합성 세균에서 유래한 것이 분명하다.

공생설을 지지하는 증거는 풍부하다. 미토콘드리아와 엽록체 모두 2중막으로 싸여 있다. 내막은 삼켜진 세균의 원형질막에서 유래하였으며, 외막은 숙주세포의 원형질막이나 소포체막에서 유래한 것으로 보인다. 미토콘드리아는 대부분의 세균과 크기가 같으며, 내막이 접혀서 형성된 크리스타는 다양한 세균 집단의 접힌 막과 비슷하다. 미토콘드리아의 리보솜 또한 세균의 리보솜과 크기와 구조가 거의 같다. 미토콘드리아와 엽록체의 DNA 모두 고리형이며, 세균의 DNA와 비슷하다. 미토콘드리아는 세균처럼 단순 분열에 의해 두 개로 나뉘며, DNA 복제와 분배 방식도 세균과 동일하다.

> **주요 학습 요점 4.7 진핵세포는 자신의 DNA를 가진 복잡한 소기관을 가지고 있다. 이들은 고대 세균으로부터 내부공생에 의해 유래한 것으로 보인다.**

4.8 세포골격: 세포의 내부 구조물

진핵세포 내부는 그림과 유사한 모습을 보인다. **세포골격(cytoskeleton)**이라는 치밀한 단백질 섬유 그물이 세포의 형태를 지지하는 구조물을 이루며, 또한 미토콘드리아 등의 소기관이 세포 내부의 특정 위치에 고정되도록 한다. 세포골격의 단백질 섬유는 역동적인 체계를 이루어 끊임없이 형성되고 분해된다. 확대한 그림과 **표 4.2**는 세포골격을 이루는 세 종류의 단백질 섬유이다.

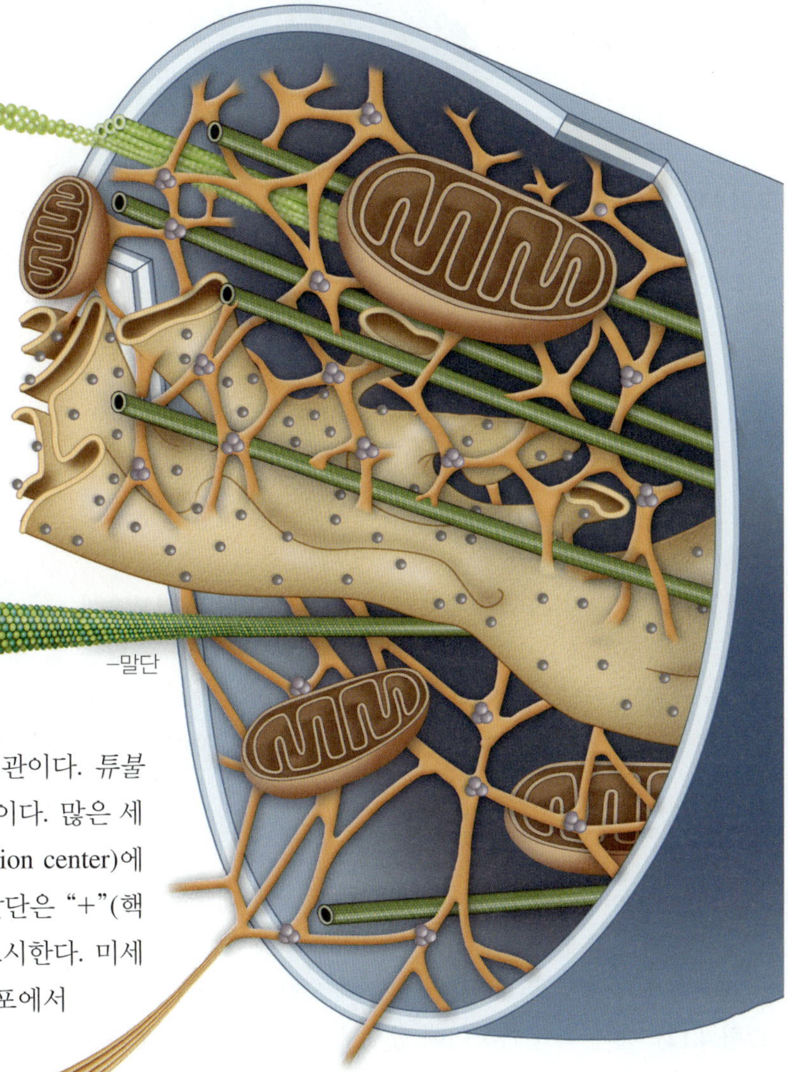

미세섬유(microfilament; 액틴필라멘트, actin filament) 액틴필라멘트는 직경 약 7nm인 긴 섬유이다. 진주 목걸이처럼 서로 느슨하게 꼬인 두 종류의 단백질 사슬로 이루어진다. 사슬을 이루는 각각의 "진주"에 해당하는 소단위는 구형 단백질인 **액틴(actin)**이다. 액틴 섬유는 세포 전체에 있지만 원형질막 바로 안쪽에 가장 많이 존재한다. 액틴필라멘트는 수축, 포복, 분열 중의 "나누기(pinching)", 세포의 확장 형성 등 세포의 운동에 관여한다.

미세소관(microtubule) 미세소관은 직경 약 25nm인 속이 빈 관이다. *튜불린*(tubulin) 단백질 소단위가 나란히 배열되어 관을 형성한 것이다. 많은 세포에서 미세소관은 세포 중앙 가까이 있는 핵형성센터(nucleation center)에서 형성되어 주변으로 방사형으로 뻗어나간다. 미세소관의 말단은 "+"(핵형성센터에서 멀어지는) 또는 "−"(핵형성센터를 향하는)로 표시한다. 미세소관은 비교적 뻣뻣한 세포골격 요소이며, 분열하지 않는 세포에서 대사과정과 세포내 수송과정을 구성하고 세포 구조를 안정화시킨다. 또한 유사분열에서 염색체 이동에도 관여한다.

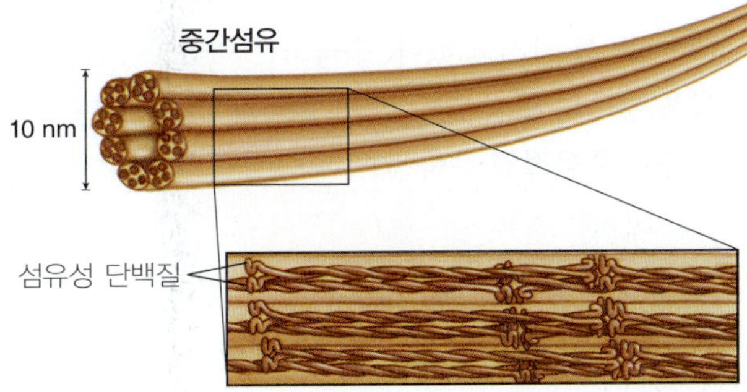

중간섬유(intermediate filament) 중간섬유는 엇갈려 겹쳐진 단백질 4중합체이다. 이들 4중합체는 한데 묶여 밧줄처럼 된다. 이러한 분자 배열로 인해 세포가 엄청난 강도를 가지게 된다. 중간섬유의 직경은 8~10nm로, 액틴필라멘트와 미세소관의 중간 크기이다(따라서 *중간섬유*라고도 한다). 일단 형성된 중간섬유는 안정하여 대개 분해되지 않는다. 이들은 세포와 소기관의 구조를 강화시킨다.

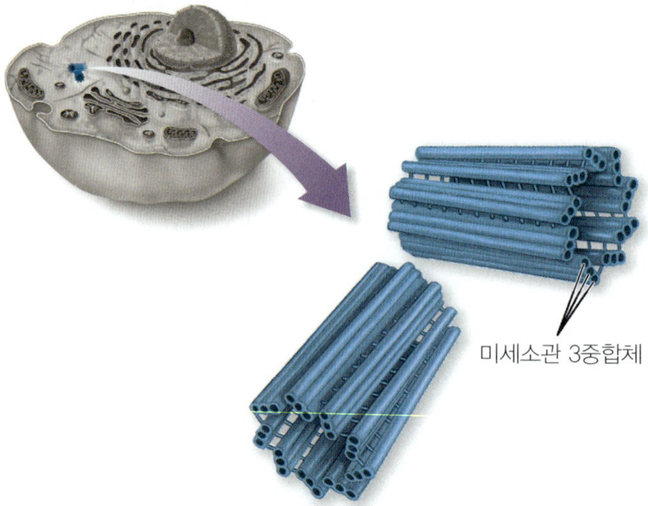

그림 4.12 중심립

중심립은 미세소관을 고정하고 조립한다. 대개 쌍으로 존재하며, 9개의 미세소관 3중합체로 이루어진다.

세포골격은 단단한 세포벽이 없는 동물세포의 형태를 결정하는 중요한 역할을 한다. 필라멘트는 쉽게 형성되고 분해되므로, 동물세포의 형태가 빠르게 변화될 수 있다. 동물세포 표면을 현미경으로 관찰하면, 표면에서 돌기를 내뻗었다가 움츠리며 움직이는 살아 있는 모습을 볼 수 있다.

세포골격은 단지 세포의 형태를 이룰 뿐만 아니라 리보솜이 단백질을 합성하고 효소가 세포질 내의 제 자리에 놓일 수 있는 구조물 역할도 한다. 특정 효소들을 서로 가까이 고정시킴으로써 세포골격은 소기관들과 함께 세포 활성 조성에 참여한다.

중심립

중심립(centriole)이라는 복잡한 구조는 동물과 대부분의 원생생물 세포에서 튜불린 소단위로 미세소관을 조립한다. 중심립은 세포질에 쌍으로 존재하며, 대개 서로 직각을 이루고 있다(**그림 4.12**). 대개 핵막 가까이에 있으며, 세포에서 구조가 가장 복잡한 미세소관 조립체이다. 편모나 섬모를 가지고 있는 세포에서 편모나 섬모는 *기저체*(basal body)라는 중심립의 한 종류에 의해 고정된다. 대부분의 동물과 원생생물 세포는 중심립과 기저체를 모두 가지고 있다. 그러나 고등식물과 균류에는 이들이 없고, 대신에 그런 구조를 가지지 않는 미세소관을 구성한다. 중심립과 기저체는 막이 없지만, 중심립은 스피로헤타 세균과 여러모로 유사하다. 일부 생물학자들은 미토콘드리아와 엽록체처럼, 중심립이 공생세균에서 유래한 것이라고 믿고 있다.

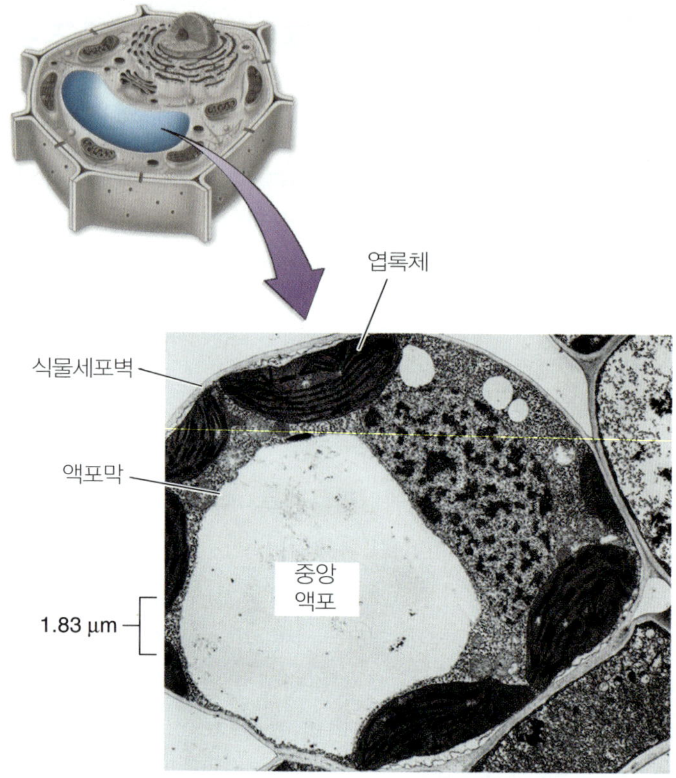

그림 4.13 식물세포의 중앙액포

식물의 중앙액포는 용해된 물질을 저장하고, 식물세포의 표면적 증가에 따라 크기를 늘릴 수 있다.

액포: 저장 구획

식물과 많은 원생생물 세포 내부에서 세포골격은 소기관뿐만 아니라 막으로 감싸인 **액포(vacuole)**라는 저장구획의 위치도 잡아준다. 식물세포의 중앙에는 *중앙액포*(central vacuole)라고 하는 비어 있는 큰 공간이 있다(**그림 4.13**). 이 액포는 실제로 비어 있는 것이 아니다. 여기에는 대량의 물과 당, 이온, 색소 등의 여러 물질이 들어 있다. 중앙액포는 이들 중요한 물질의 저장센터이다.

짚신벌레(*Paramecium*, **그림 4.14**) 등의 어떤 원생생물은 세포표면 가까이에 여분의 물을 축적하는 **수축포(contractile vacuole)**를 가지고 있다. 수축포는 액틴필라멘트로 싸여 있으며 세포 밖으로 열려 있는 작은 구멍을 가지고 있다. ATP 에너지를 이용한 율동적인 수축에 의해 축적된 물을 밖으로 내보낸다.

세포의 운동

기본적으로 세포의 모든 운동은 액틴필라멘트나 미세소관, 또는 이들 모두의 운동과 연계되어 있다. 중간섬유는 세포 사이의 건(tendon)으로 작용하여 세포가 지나치게 늘어나지 않도록 하며, 액

표 4.2 진핵세포의 구조와 그 기능

구조	설명
원형질막 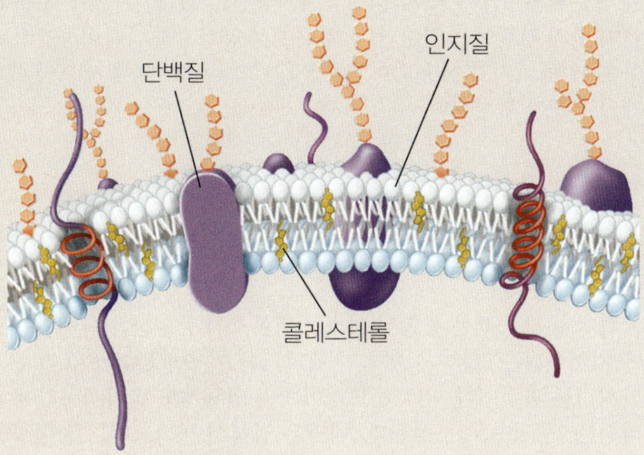	원형질막은 단백질이 묻혀 있는 인지질 2중층이며, 세포를 감싸서 세포 내용물을 주변 환경에서 분리시킨다. 인지질 분자들이 꼬리끼리 맞대어 형성된 2중층이 막을 이룬다. 지질2중층에 묻혀 있는 단백질들은 세포와 주변 환경의 상호작용 대부분에 관여한다. 수송단백질은 분자와 이온이 원형질막을 통과하여 세포 안팎으로 드나드는 통로를 제공한다. 수용체 단백질은 세포가 주변 환경에 있는 특정 분자인 호르몬이나 이웃세포의 표면에 있는 분자 등과 접촉하면 세포 내에 변화가 나타나도록 한다.
핵 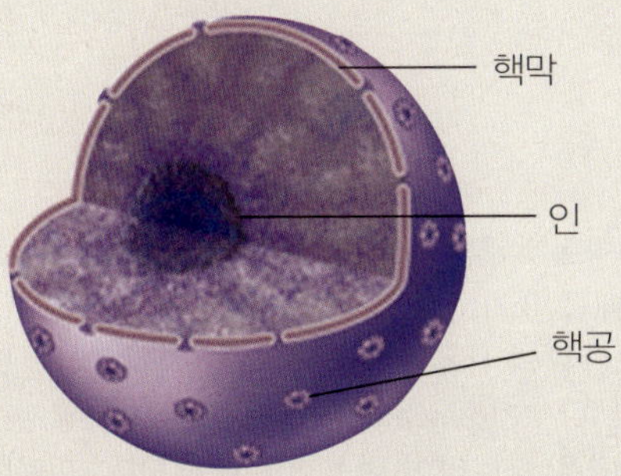	세포는 모두 유전물질인 DNA를 가지고 있다. 진핵생물의 DNA는 핵 안에 분리되어 있다. 핵은 핵막이라는 2중막으로 감싸인 구형 소기관이다. 핵막에는 핵 안팎으로 드나드는 물질의 수송을 통제하는 핵공들이 있다. DNA에는 세포에서 합성되는 단백질들을 암호화하는 유전자들이 있다. DNA는 단백질의 도움을 받아 안정화되어 핵질을 형성한다. 세포가 분열할 때 핵질이 응축되어 염색체로 된다.
소포체 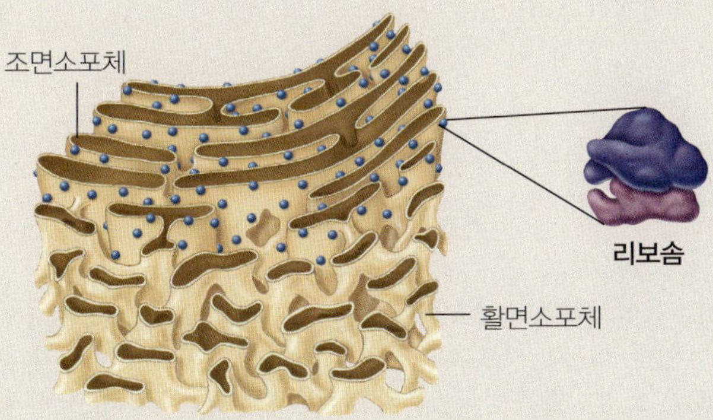	진핵세포의 두드러진 특성인 구획화는 세포 내부를 엮은 광범위한 내막 체계에 의해 이루어진다. 막의 그물조직을 소포체(ER)라고 한다. ER은 핵막에서 시작되어 세포질로 확장된다. 조면소포체는 수많은 리보솜이 있어서 울퉁불퉁해 보인다. 리보솜은 ER이나 세포 내 다른 부위로 보낼 단백질을 만든다. 리보솜이 없는 ER은 활면소포체라고 하며, 유해물질을 해독하거나 지질을 합성한다. 분자들이 ER을 통과하는 동안 당 곁사슬이 덧붙는다. 분자를 세포 내 다른 부위로 보낼 때에는 조면소포체의 가장자리에서 떨어져 나오는 수송소포를 이용해 운반한다.
골지복합체 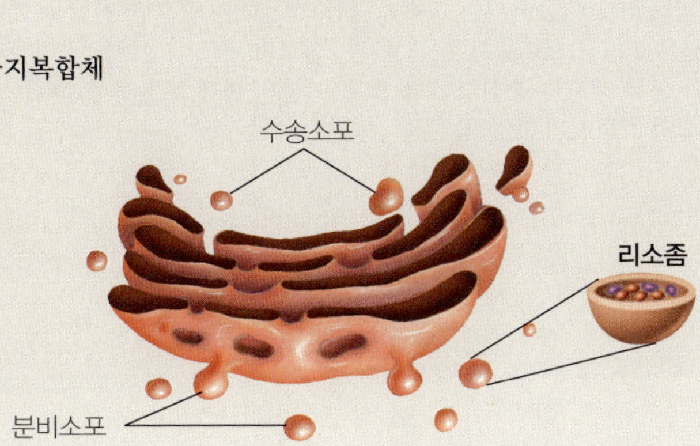	세포질의 다양한 위치에 납작한 막의 더미가 동물세포에는 20여 개, 식물세포에는 수백 개 존재한다. 이들을 통틀어 골지복합체라고 한다. ER에서 만들어진 분자들이 수송소포를 통해 골지복합체로 이동한다. 골지는 이들 분자를 분류하고 포장하며, 탄수화물을 합성하기도 한다. 골지는 분자들이 통과하는 동안 당 곁사슬을 덧붙인 후, 리소좀, 분비소포, 또는 원형질막으로 내보낸다.

구조	설명

미토콘드리아

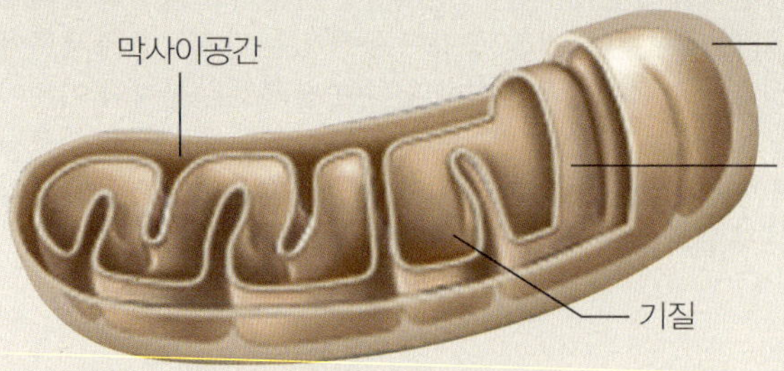

미토콘드리아는 세균 같은 소기관으로 세포의 에너지 대부분을 먹이 분자에서 추출한다. 2중막 사이에 막사이공간이 있다. 주 에너지-수확 반응은 내부의 기질에서 일어난다. 기질에서 양성자를 막사이공간으로 펌프할 때에 에너지가 사용되며, 양성자가 되돌아올 때에 세포의 에너지 화폐인 ATP가 합성된다.

엽록체

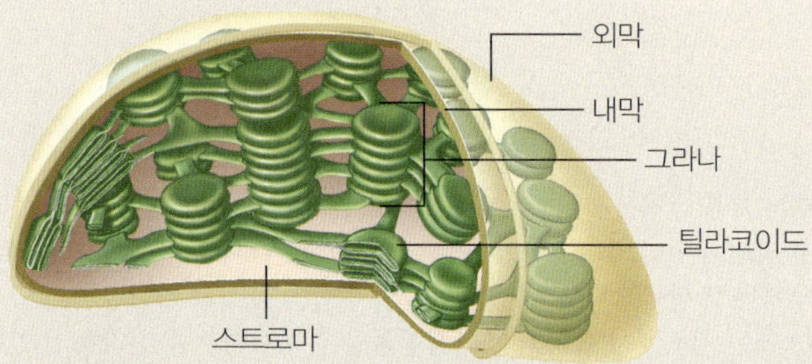

식물과 조류의 녹색은 광합성 색소인 엽록소가 풍부한 엽록체라는 소기관에 기인한다. 광합성은 햇빛의 에너지를 이용해 CO_2를 유기 분자로 전환시키는 과정이다. 미토콘드리아처럼 엽록체도 막사이공간에 의해 분리되는 2중막으로 구성된다. 내막은 접혀서 틸라코이드를 형성하며, 이들이 쌓여 그라나를 이룬다. 광합성의 명반응은 틸라코이드에서 일어난다. 내부의 반유동성 물질은 스트로마라고 한다.

세포골격

모든 진핵세포의 세포질에는 세포골격이라는 단백질 섬유의 연결망이 있어서 세포의 형태를 유지하고 소기관을 고정시킨다. 세포골격은 역동적인 구조이며 세 종류의 섬유로 구성된다. 긴 액틴필라멘트는 수축, 포복, 세포분열 중의 '나누기(pinching)' 등 세포의 운동에 관여한다. 속이 비어 있는 미세소관은 끊임없이 형성되고 분해되며, 세포 운동을 도와주며 세포내 물질의 이동에 관여한다. 특수한 운동단백질은 소기관들이 미세소관 '선로'를 따라 움직이도록 한다. 견고한 중간섬유를 이용하여 세포가 안정된 구조를 이룬다.

중심립

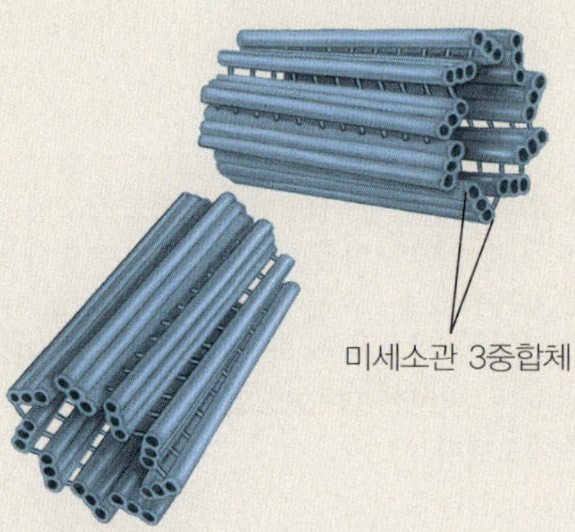

중심립은 통처럼 생긴 소기관으로 동물과 대부분의 원생생물 세포에서 볼 수 있다. 이들은 쌍으로 존재하며, 대개 핵 근처에서 서로 직각을 이루고 있다. 중심립은 동물세포의 미세소관 조립을 도와주며, 세포분열 동안 염색체를 이동시키는 미세소관을 생성하는 중요한 역할을 한다. 중심립은 또한 미세소관으로 구성되는 섬모와 편모 형성에도 관여한다. 식물과 균류 세포는 중심립이 없으며, 이들의 미세소관-형성센터는 아직 특성이 밝혀지지 않았다.

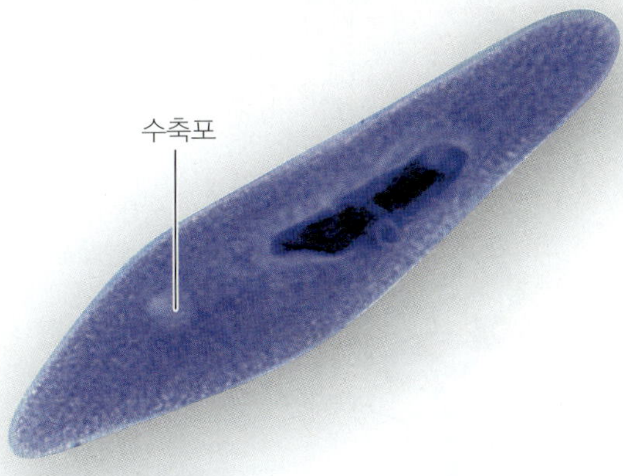

그림 4.14 짚신벌레(*Paramecium*)의 수축포

짚신벌레의 수축포는 세포 내 여분의 물을 수집하여 제거한다. 수축포가 가득 차면 수축하여 구멍을 통해 물을 내보낸다.

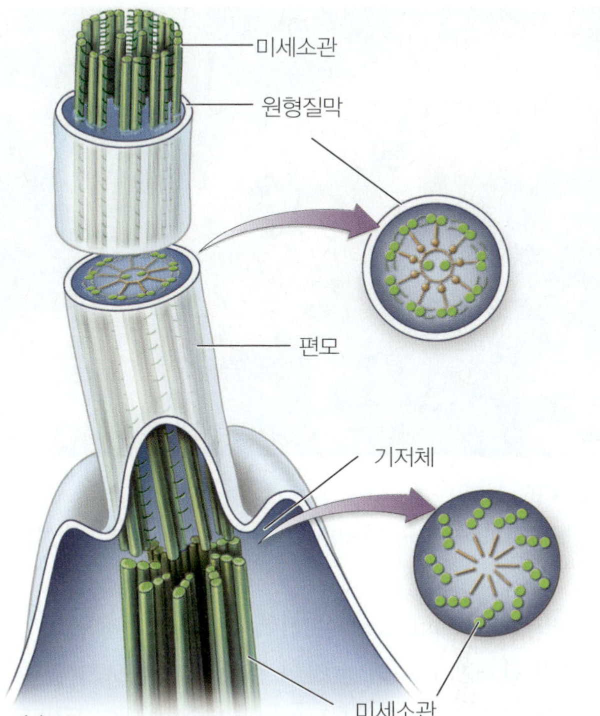

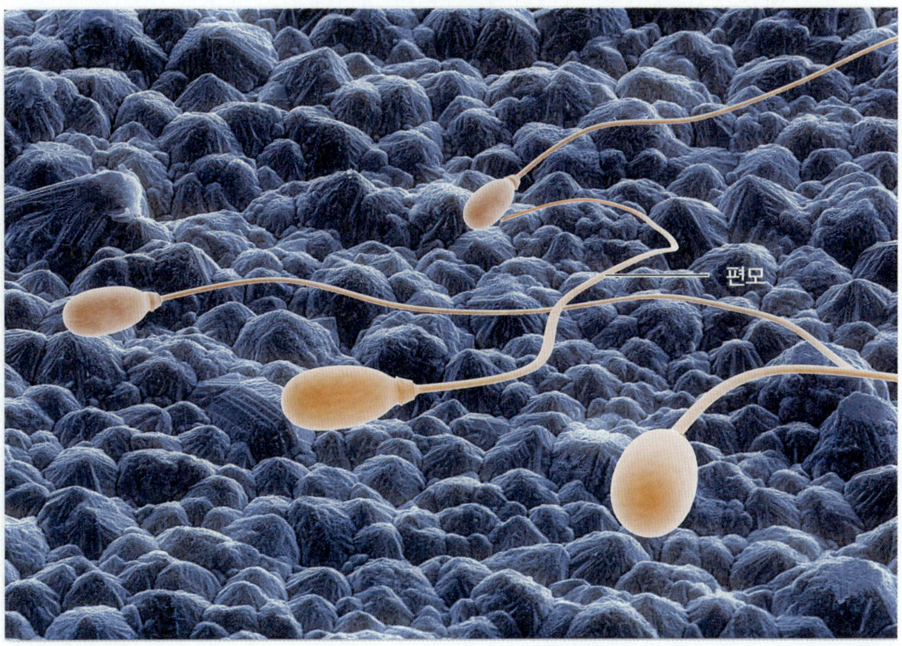

(b) 사람 정자세포

그림 4.15 편모

(a) 진핵생물의 편모는 기저체에서 직접 솟아 있으며, 9쌍의 미세소관이 중심부에 있는 미세소관 2개를 둘러싸고 있다. *(b)* 사람의 정자세포는 편모 1개를 가진다.

틴필라멘트는 세포 형태 결정에 주요 역할을 한다. 액틴필라멘트는 쉽게 형성되고 분해될 수 있기 때문에, 이로 인해 일부 세포는 형태를 빠르게 변형시킬 수 있다. 현미경으로 이러한 세포 표면을 관찰하면 움직이며 형태를 바꾸는 것을 볼 수 있다.

일부 세포의 포복 세포질 내에 있는 액틴필라멘트의 배열로 인해 세포가 말 그대로 "기어간다." 포복은 중요한 세포 현상으로, 염증, 혈액응고, 상처 치유, 암 전이 등의 바탕이다. 특히 백혈구가 이런 능력을 가지고 있다. 골수에서 생성된 백혈구는 순환계로 들어온 후 모세혈관에서 조직으로 기어나가 병원체를 파괴한다. 포복 기작은 세포 간 협조의 훌륭한 예이다.

세포골격 섬유들도 다른 형태의 세포 운동에서 역할을 한다. 예를 들어 동물세포의 생식과정(제8, 9장 참조)에서 염색체들은 분열되는 세포의 반대쪽으로 이동하는데, 미세소관에 부착되어 있기 때문이다. 이 세포는 나중에 액틴필라멘트가 허리띠처럼 수축함에 따라 둘로 나뉜다. 근육세포 또한 세포골격을 수축시킬 때에 액틴필라멘트를 이용한다. 속눈썹을 깜빡이기, 독수리의 비상, 어린아이의 서툰 걸음 모두 근육세포 내 세포골격의 운동에 의존한다.

편모와 섬모를 이용한 수영 일부 진핵세포는 **편모(flagella,** 단수 **flagellum)**라는 세포표면에서 돌출된 가늘고 긴 실처럼 생긴 소기관을 가지고 있다. **그림 4.15**는 **기저체(basal body)**라는 미세소관 구조물에서 편모가 만들어지는 방식이다. 기저체는 그림에서 보듯이 미세소관이 3열로 배열되어 있다. 이들 미세소관의 일부는 편모 내부로 뻗어 있으며, 미세소관 9쌍이 중심에 있는 2개의 미세소관을 둘러싼 구조를 이룬다. 이러한 **9+2**

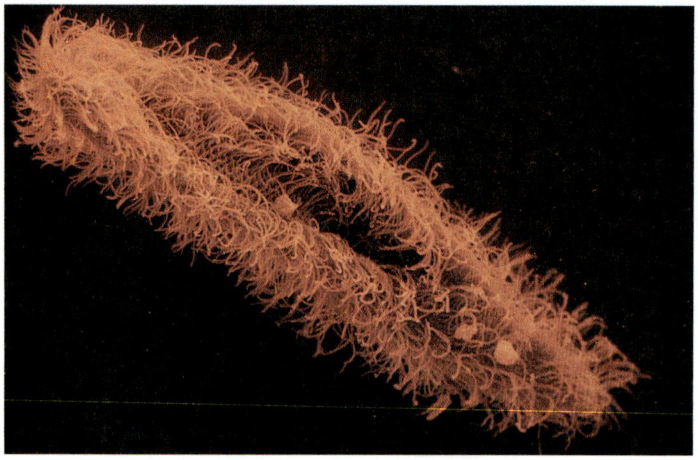

그림 4.16 섬모

짚신벌레(*Paramecium*)의 표면이 밀집된 섬모의 숲으로 덮여 있다.

배열(9+2 arrangement)은 진핵생물의 기본적인 특성이며, 진화 초기 단계에서 나타난 것이 분명하다. 편모가 없는 세포, 예를 들어 사람 귀의 감각모(sensory hair)에서도 동일한 9+2 배열에서 유래한 구조가 흔히 나타난다. 사람의 정자세포도 유영할 수 있도록 하는 긴 편모를 한 개 가진다. 편모의 수가 많고 여러 줄로 밀집되어 있으면 **섬모(cilia)**라고 한다. 섬모의 구조는 편모가 다르지 않지만, 대개 짧다. **그림 4.16**의 짚신벌레(*Paramecium*)는 섬모로 덮여서 모피처럼 보인다. 사람의 호흡관인 기도에 줄지어 있는 세포의 빽빽한 섬모들이 호흡관에 있는 점액과 먼지 입자들을 목구멍으로 보내며, 여기에서 뱉거나 삼켜서 불필요한 오염물질을 제거할 수 있다. 진핵생물의 편모는 원핵생물의 편모와 기능이 유사하지만 구조적으로는 매우 다르다(4.3절 참조).

세포 내부의 운동 물질

모든 진핵세포는 세포질 내의 한 곳에서 다른 곳으로 이동해야만 한다. 대부분의 세포는 내막계를 세포 내의 도로처럼 이용한다. 소포체의 통로를 통해 전달된 물질을 골지복합체에서 소포 내에 포장하여 세포의 먼 곳으로 보낸다(93쪽 참조). 그러나 이 도로는 단지 짧은 거리 내에서만 효율적이다. 세포가 뉴런세포의 축삭처럼 긴 돌출부를 통해 물질을 수송해야 한다면, 내막계 도로는 너무 느리다. 이런 상황에서 진핵세포는 미세소관 선로를 따라 빠르게 달리는 고속열차를 이용한다. 리소좀은 이러한 미세소관 선로를 따라 식포로 이동하며, 미토콘드리아는 긴 축삭의 끝에 이르는 먼 길을 달려간다.

세포내 장거리 수송에는 4종류의 구성성분 (1) 수송되는 소

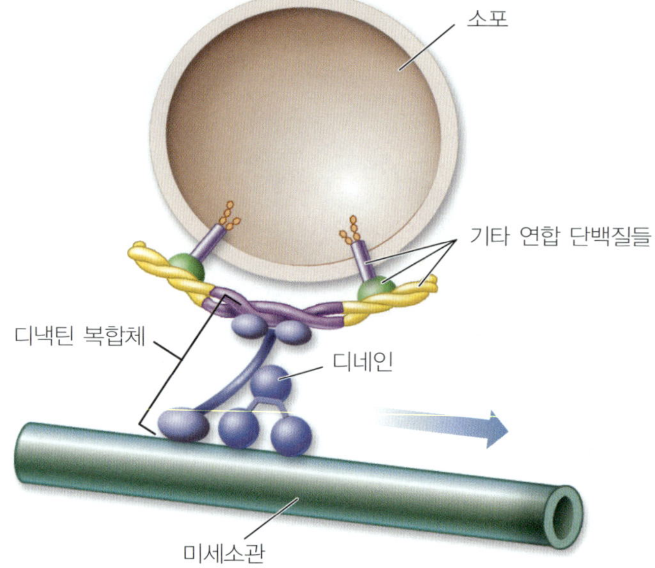

그림 4.17 분자 모터

세포 안에서 수송되는 소포들은 연결 분자(예, 디낵틴 복합체)와 함께 미세소관을 따라 이동하는 운동 분자(예, 디네인)에 결합된다.

포나 소기관(밝은 황갈색 구조), (2) 에너지에 의해 구동되는 운동 분자(디네인), (3) 소포를 운동 분자에 연결해주는 연결 분자(디낵틴 복합체와 기타 연합 단백질들), (4) 열차 선로 역할을 하는 미세소관(녹색 관)이 필요하다(**그림 4.17**). 자연의 가장 작은 모터로서 이들 운동 단백질들은 말 그대로 미세소관 선로를 따라 수송되는 소포를 끌어당긴다.

이 작은 모터는 어떻게 작동하는 것일까? 운동 단백질은 ATP를 이용하여 이동한다. 과학자들은 이들이 춤추듯 걸을 것이라고 제안하였다. 또한 이동하는 방향은 운동 단백질에 따라 다르다고 하였다. **그림 4.17**의 **디네인(dynein)** 운동 단백질은 세포의 중앙을 향해 이동하는데, 미세소관의 '−' 말단을 향해 소포를 끌고 간다. 다른 운동 단백질인 **키네신(kinesin)**은 반대방향인 미세소관의 '+' 말단 쪽으로 이동하여 세포의 주변부로 향하게 한다. 따라서 특정 수송 소포와 그 내용물의 운명은 소포의 막에 있는 연결 단백질의 성격에 따라 결정된다. 마치 두 가지 운명으로 향하는 차표 가운데 한 장을 사는 것과 같다. 키네신에 연결된 소포는 밖으로 향하고, 디네인에 연결된 소포는 안쪽으로 간다.

주요 학습 요점 4.8 **세포골격은 단백질 섬유의 격자로서 세포의 형태를 결정하며, 소기관들이 세포질 내의 특정 위치에 고정되도록 한다. 세포들은 분자 모터를 이용하여 형태를 바꿈으로써 이동할 수 있고, 물질을 세포 주변으로 이동시킬 수 있다.**

4.9 원형질막의 외부

보호와 지지 역할을 하는 세포벽

식물과 균류, 많은 원생생물은 동물세포에서는 나타나지 않는 세균의 특성 한 가지를 공유한다. 즉, 이들은 세포를 보호하고 지지해주는 **세포벽(cell wall)**을 가지고 있다. 진핵생물의 세포벽은 화학적으로나 구조적으로나 세균의 세포벽과 다르다. 식물의 세포벽은 다당류인 셀룰로오스 섬유로 구성되며, 균류의 세포벽은 키틴으로 이루어진다. 식물세포의 **1차 세포벽(primary wall)**은 세포가 여전히 성장하고 있을 때에 만들어지는 세포 바깥쪽의 얇은 벽이다(**그림 4.18**). 인접한 세포벽 사이에는 **중간박막층(middle lamella)**이라는 끈끈한 물질이 있어서 세포를 서로 이어준다. 일부 식물세포는 1차 세포벽 안쪽에 강한 **2차 세포벽(secondary wall)**을 만들기도 한다. 2차 세포벽은 1차 세포벽보다 매우 두꺼우며, 따라서 세포 크기가 완전히 성장한 후에 만들어진다.

동물세포를 감싸는 세포외기질

앞서 논의한 바와 같이 많은 종류의 진핵세포는 원형질막 외부에 세포벽을 가지고 있다. 세포벽은 세포를 보호하고 형태를 유지하며, 과도한 물 흡수를 방지한다. 동물세포는 예외적으로 식물과 균류, 그리고 대부분의 원생생물 세포를 감싸는 세포벽이 없다. 그 대신에 세포 주변 공간에 **당단백질(glycoproteins**, 짧은 당 사슬이 있는 단백질) 혼합물을 분비하여 **세포외기질(extracellular matrix, ECM)**을 형성하는데, 그 기능은 세포벽과 다르다.

세포외기질에는 섬유성 단백질인 콜라겐이 풍부하게 존재한다. 이 단백질은 연골과 인대에 있는 것과 동일한 것이다. 이들 콜라겐 섬유와 섬유성 단백질인 엘라스틴이 프로테오글리칸이라는 당단백질의 복잡한 그물조직 내부에 묻혀서 세포표면 위에 보호층을 형성한다(**그림 4.19**).

세포외기질은 또 다른 종류의 당단백질인 **피브로넥틴(fibronectin)**에 의해 원형질막에 부착된다. 피브로넥틴 분자는 세포외기질의 당단백질뿐만 아니라 원형질막에 내재되어 있는 **인테그린(integrin)**이라는 단백질하고도 결합한다. 인테그린은 세포질 내부로 확장되어 세포골격의 미세섬유에 부착되어 있다. 인테그린에 의해 세포외기질과 세포골격이 연결됨으로써, 세포외기질이 세포에 중요한 영향을 주게 된다. 즉, 신호전달의 기계적, 화학적 경로의 조합을 통해 유전자 발현과 세포 이동양상을

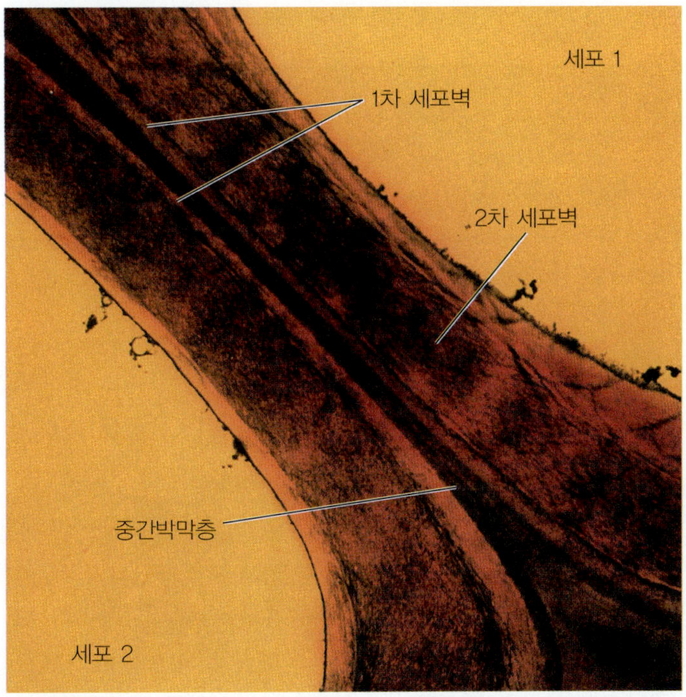

그림 4.18 식물의 세포벽

식물 세포벽은 두껍고 단단하다. 1차 세포벽은 세포가 어릴 때에 만들어진다. 세포가 완전히 성장한 후에 두꺼운 2차 세포벽이 추가되기도 한다. 인접한 세포벽 사이에 있는 중간층으로 인해 세포들이 서로 이어진다.

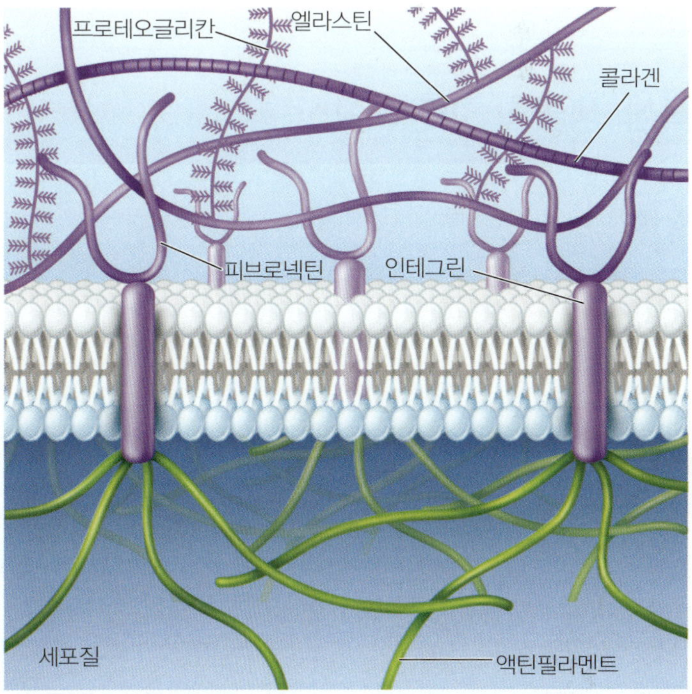

그림 4.19 세포외기질

동물세포는 다양한 당단백질로 이루어진 세포외기질로 감싸여 있다. 세포외기질은 세포의 이동, 유전자 발현, 세포 간 신호전달의 조정 등 세포의 행동에 영향을 주는 다양한 기능을 한다.

변경시켜 세포의 행동에 영향을 준다. 이런 방식으로 세포외기질은 특정 조직에 있는 모든 세포의 행동을 조정할 수 있다.

주요 학습 요점 4.9 **식물과 원생생물의 세포는 단단한 세포벽으로 감싸여 있다. 세포벽이 없는 동물세포에서는 인테그린 단백질에 의해 세포골격이 세포외기질이라는 당단백질의 그물조직과 연결되어 있다.**

원형질막을 통과하는 수송

4.10 확산

세포가 살아가려면 먹이 입자, 물을 비롯한 물질들이 세포 내부로 들어와야 하고, 노폐물은 제거하여야 한다. 원형질막을 통과하는 이러한 모든 이동 방식은 세 가지이다. (1) 물을 비롯한 물질이 막을 통해 확산하는 방식, (2) 막에 있는 단백질이 문처럼 작용하여 특정 분자만 통과시키는 방식, (3) 먹이 입자와 때로는 액체를 막으로 감싸서 방식. 먼저 확산에 대해 살펴보자.

확산

대부분의 분자는 끊임없이 운동하고 있다. 분자의 이동은 완전히 무작위이다. 따라서 두 종류의 분자가 함께 있으면, 곧 혼합된다. 분자들의 무작위 운동으로 인해 항상 균질한 혼합물이 만들어진다. 이러한 사실을 아래의 핵심 생물학 공정: 확산에서 설탕 한 덩어리를 비커의 물에 넣는 간단한 실험을 통해 알아보자. 설탕 덩어리는 천천히 분해되어 설탕 분자로 나누어진 후 무작위로 이동하여 결국 물속에서 균등하게 분포하게 된다 (4). 이러한 분자의 무작위 혼합과정을 **확산(diffusion)**이라고 한다.

선택적 투과성

생체막의 화학적 본성으로 인해 확산이 세포의 삶에 중요한 의미를 가진다. 지질2중층의 비극성 성질로 인해 통과하거나 통

핵심 생물학 과정: 확산

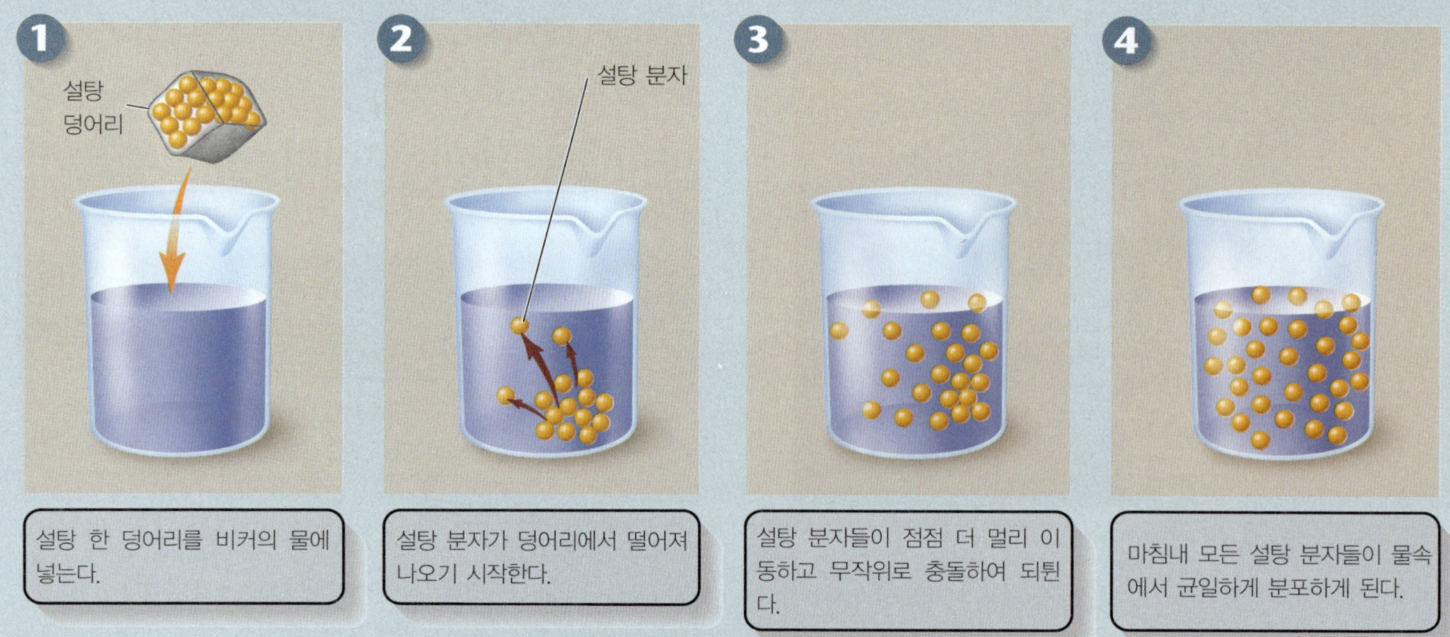

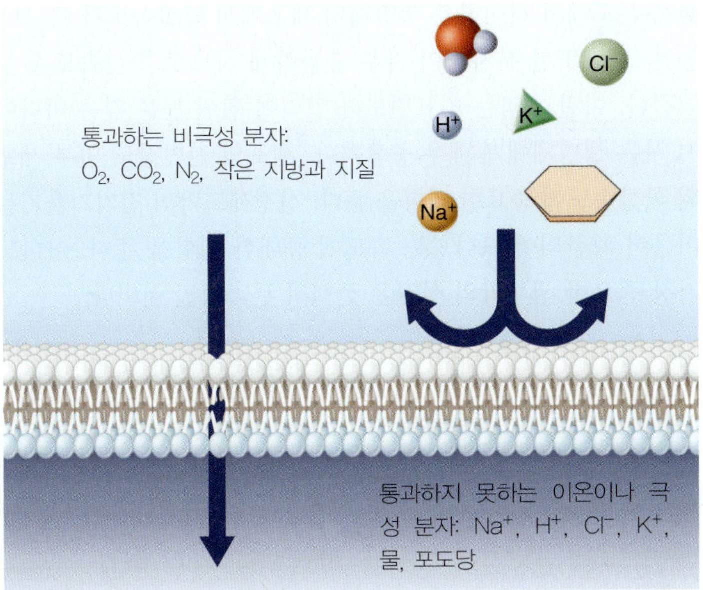

그림 4.20 막의 선택적 투과성

*왼쪽*의 비극성 분자들은 막을 통과할 수 있지만, *오른쪽*의 극성 분자와 이온들은 통과하지 못한다.

과하지 못하는 물질이 결정된다(**그림 4.20**). 산소와 이산화탄소는 2중층에서 반발되지 않으므로 자유롭게 통과할 수 있으며, 작은 비극성 지방과 지질도 역시 통과한다. 그러나 포도당 등의 당과 단백질은 모두 통과하지 못한다. 실제로 극성 분자는 지질 2중층의 확산장벽으로 인해 생체막을 자유롭게 통과하지 못한다. 또한 Na^+, Cl^-, H^+ 등 전하를 가진 이온과 매우 극성이 높은 물 분자도 그러하다. 물 분자는 한때 2중층의 탄화수소 꼬리들이 휘어지고 구부러질 때 그 벌어진 틈으로 어떻게든 누출되어 원형질막을 통과한다고 생각하였다. 그러나 현재 이 생각은 받아들여지지 않는다(86쪽 참조). 이 장의 뒷부분에서 원형질막을 통과하는 물 분자의 이동에 대해 더 살펴볼 것이다.

물질을 구분하여 통과시키는 원형질막의 성질을 **선택적 투과성(selectively permeability)**이라고 한다. 선택적 투과성은 아마 틀림없이 원형질막의 가장 중요한 성질일 것이다. 어떤 세포가 무슨 세포이며, 어떻게 기능을 나타내는가 하는 것은 그 세포가 어떤 분자들을 받아들이고 거부하느냐에 따라 크게 결정된다. 앞으로 특정 세포 종류에 따라 물질을 받아들이는 정책을 통제하는 방법이 다양하다는 사실을 보게 될 것이다.

농도기울기

막의 한쪽에 있는 단위 부피에 존재하는 분자의 수를 농도(concentration)라고 한다. 막의 선택적 투과성으로 인해(**그림 4.20**) 극성이거나 전하를 띤 분자들과 이온들은 흔히 막 양쪽의 농도가 달라진다. 이러한 농도 차이를 **농도기울기(concentration gradient)**라고 한다.

물질이 농도가 높은 지역에서 낮은 지역으로 이동하면, 농도기울기를 *따라*(down) 이동한다고 한다. 분자들은 어떻게 가야 할 방향을 '아는' 것일까? 그렇지 않다. 분자들은 아무 것도 '알지' 못한다. 분자는 어느 방향이든 똑같이 이동하려 하며 무작위로 방향을 끊임없이 바꾼다. 그저 분자 수가 적은 곳보다 많은 곳에서 더 많은 분자가 이동할 수 있는 것이다. 이러한 혼합과정은 단순히 확산의 결과로 이루어진다. 실제로 *확산은 무작위 운동의 결과로 분자들이 농도기울기를 따라 농도가 낮은 지역(분자가 상대적으로 적은 곳)을 향해 움직인 순 이동이라고 정의한다.*

중요한 점은 물질은 자신의 농도기울기에 따른 방향으로 확산되며, 같은 용액 내의 다른 물질에 의해 형성된 농도기울기를 따르지 않는다는 것이다. 따라서 원형질막을 통과하여 식물세포 내부로 들어가는 산소의 확산속도는 그 세포의 대기에 대해 상대적인 산소 농도에 의해 영향을 받으며, 이산화탄소 농도에게서는 영향을 받지 않는다.

운동하는 분자

농도기울기는 에너지의 한 형태이다. 언덕 위에 놓인 돌은 그곳으로 올리는 데 든 에너지를 저장하고, 이 돌이 언덕 아래로 구른다면 에너지를 방출한다. 따라서 막 사이의 농도기울기는 농도가 낮은 쪽으로 막을 가로질러 분자를 이동시킬 수 있다.

분자가 막을 얼마나 빨리 확산되어 통과할 수 있는지(확산속도)는 세포의 두 가지 특성은 물론, 세포를 둘러싸고 있는 환경의 특성에 따라서도 결정된다.

농도기울기의 가파른 정도 농도기울기가 가파를수록 확산이 빠르게 일어난다. 왜 그런지는 다음 사실로 알 수 있다. 농도가 높은 지역에서는 낮은 농도 지역으로부터 들어오는 분자보다 더 많은 분자가 무작위로 빠져나간다. 이 과정이 지속되면 높은 농도 지역의 분자 수가 꾸준하게 감소하며, 떠나는 분자는 적어지고 도착하는 분자는 많아짐에 따라 확산 속도가 느려진다. 결국, 도착하는 수와 같은 수가 떠나게 된다. 이렇게 되면 확산은 멈추게 된다. 분자들은 여전히 이동하고 있지만 두 지역의 상대적인 농도는 더 이상 변화하지 않는 동적평형 상태가 된다.

확산이 일어날 수 있는 막의 면적 산소 등의 일부 기체와 다양한 작은 지용성 분자는 생체막의 지질2중층을 쉽게 통과한다. 이들의 확산속도는 막 표면에서 지질2중층이 차지하는 비율이 높을수록 빠르다. 내재 단백질이 많은 막에서는 확산할 수 있는 면적이 적어지므로 기체와 지질의 확산속도가 느리다. 이와 유사하게, Na^+ 등의 이온, 당과 아미노산 등의 극성 분자는 막에 단백질 통로가 많을수록 확산속도가 빨라진다. 이런 통로들은 흔히 특이성이 매우 높아서 특정 이온이나 분자만 통과시키므로 어떤 물질의 확산속도는 오직 자신이 통과할 수 있는 통로의 수효에 영향을 받으며, 막 표면에서 단백질이 차지하는 전체 비율에 의해서는 영향을 받지 않는다.

세포 환경의 물리적 특성 온도가 높을수록 분자가 더 빠르게 움직이므로 온도는 확산속도에 강력한 영향을 준다. 일반적으로 높은 온도에서 서식하는 생명체의 세포에서 확산속도가 빠르다. 높은 압력 또한 분자들이 자주 충돌하게 하므로 확산속도를 높여준다. 이런 효과는 지표면보다 압력이 훨씬 높은 깊은 바다에서 사는 생명체에게 매우 중요하다. 세포의 전기장도 일부 세포의 확산속도에 중요한 영향을 준다. 신경세포막의 전기기울기는 이온이 확산되어 드나드는 속도에 중대한 영향을 준다. 아마도 가장 중요한 생체막의 성질은 선택적 투과성일 것이다.

주요 학습 요점 4.10 **분자들은 무작위 운동으로 용액 내에서 균일하게 섞이게 되며, 이 과정을 확산이라고 한다. 분자들은 농도기울기를 따라 확산되며, 기울기가 클수록 확산속도가 빨라진다.**

4.11 촉진확산

이온과 극성 분자들은 2중막을 관통하는 단백질 통로를 통해서만 막의 지질층을 통과할 수 있다.

열린 통로

가장 간단한 통로는 *열린 통로*(open channel)라고 하는 것으로,

핵심 생물학 과정: 촉진확산

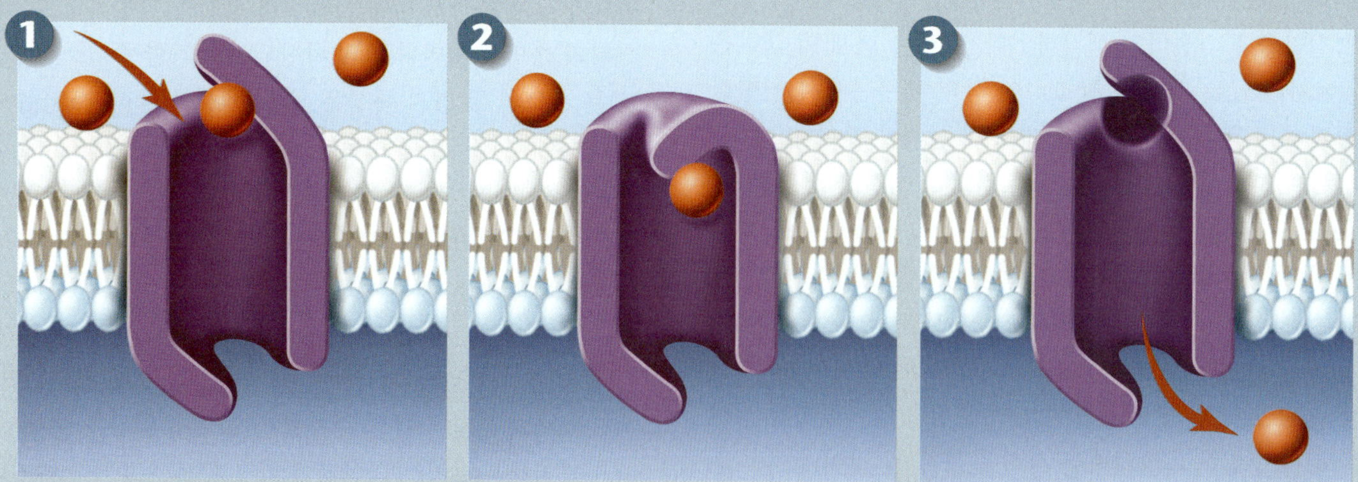

1 원형질막에 있는 특수한 단백질 운반체에 특정 분자가 결합할 수 있다.

2 단백질 운반체는 확산과정을 도와줄(촉진할) 수 있으며, 에너지는 필요하지 않다.

3 분자가 막의 건너편으로 방출된다. 단백질 운반체는 특정 분자만 막을 통과해 수송하지만, 농도기울기를 따라 양방향으로 수송한다.

관 형태를 가지며 열린 문과 같은 기능을 한다. 분자가 통로에 적합하기만 하다면 양 방향으로 자유롭게 통과할 수 있다. 확산을 통해 분자가 적은 쪽으로 이동하여 막 양쪽에 있는 분자들의 농도가 평형을 이루게 된다. 물과 이온 통로 대다수는 열린 통로로서, 단순히 막에 걸쳐 열려 있는 구멍이다. 열린 통로는 구멍 크기에 적당한 이온과 분자들만 양 방향으로 통과하도록 하는 선택성을 나타낸다. 흔히 이 구멍에는 이온이 통과하기 전에 열려야만 하는 '관문(gate)'이 있다. 전하에 반응하여 열리거나 닫히는 관문이 있는 열린 이온 통로는 신경계의 신호전달에서 중요한 역할을 한다.

운반단백질

많은 극성 분자는 크기와 형태, 전하 등이 서로 비슷하기 때문에 열린 통로의 특이성에는 한계가 있다. 세포는 확산되는 분자가 '운반(carrier)' 단백질 표면과 결합해야 하는 복잡한 통로를 이용해 막 수송의 선택성을 높인다. 마치 장갑을 끼는 것과 같은 이러한 결합은 특이성이 매우 높다. 운반단백질은 결합한 수송할 분자를 막 건너편으로 운반해 준다.

각각의 운반단백질은 특정 당이나 아미노산, 또는 이온 등의 특정 분자하고만 결합하여 막 건너편에 내려놓는다. 분자의 순이동방향은 단지 막의 농도기울기에 의존한다. 세포 밖의 농도가 높으면 분자들은 막의 세포 바깥쪽에 있는 운반체와 결합하며(핵심 생물학 과정: 촉진확산의 ❶), 원형질 쪽에서 방출된다(❸). 순 이동은 항상 단순확산의 경우처럼 농도가 높은 쪽에서 낮은 쪽으로 이루어지지만, 운반체로 인해 속도가 촉진된다. 따라서 이런 방식의 수송을 특히 **촉진확산(facilitated diffusion)**이라고 한다.

운반단백질에 의한 수송의 특성은 수송속도가 포화될 수 있다는 것이다. 물질의 농도가 점차 증가하면, 이 물질의 수송속도 역시 증가하지만, 어느 시점에 이르면 더 이상 증가하지 않는다. 막에 있는 운반단백질의 수가 정해져 있으므로, 운반할 물질의 농도가 충분히 높아지면 모든 운반체가 사용 중인 상태로 된다. 이 경우 '포화'되었다고 한다.

> **주요 학습 요점 4.11　촉진확산은 단백질 통로나 운반체를 이용하여 물질을 농도가 낮은 쪽으로 막을 통과하여 선택적으로 수송한다.**

4.12 삼투현상

산소, 이산화탄소, 비극성 지질 등의 분자는 확산을 통해 원형질막을 통과한다. 막에는 물을 자유롭게 통과시키는 아쿠아포린이라는 작은 통로가 많이 있기 때문에 물 분자의 이동은 방해받지 않는다(86쪽 참조).

생물학에서 물은 매우 중요하기 때문에 물 분자가 농도가 높은 곳에서 낮은 쪽으로 확산되는 현상을 특히 **삼투현상(osmosis)**이라고 한다. 그러나 막을 자유롭게 통과하는 물 분자의 수는 그 용액에 녹아 있는 다른 물질들의 농도에 따라 달라진다. 세포 안팎으로 물이 어떻게 이동하는지 이해하기 위해 이미 세포 내부에 존재하는 물 분자에 대해 생각해 보자. 이들 대다수는 당, 단백질 등 세포 내부의 극성 분자와 상호작용을 하고 있다. 물 자체가 극성이 매우 높아서 다른 극성 분자와 쉽게 상호작용한다는 사실을 기억하자. 이들 '사교성이 높은' 물 분자는 세포 밖에서처럼 무작위로 이동하지 않는다. 그 대신에 자신과 상호작용하고 있는 극성 분자 주변에 뭉쳐져 있다. 따라서 물 분자가 무작위 운동에 의해 세포 내부로 들어올 때에 무작위로 다시 바깥으로 나가지 않는다. 나가는 것보다 더 많은 물 분자가 들어오게 되므로 세포 내부로 물의 순 이동이 이루어진다. 핵심 생물학 과정: 삼투현상의 실험에서 어떤 일이 일어나는지 볼 수 있다. 비커의 오른쪽 칸은 세포 내부를, 왼쪽 칸은 세포 외부의 수용성 환경을 의미한다. 세포 내부에 극성 분자인 우레아가 존재하는 경우(❷), 물 분자들이 우레아 분자 각각을 둘러싼 덩어리를 이루어 더 이상 '바깥'을 향해 막을 통과할 수 없게 된다. 이로 인해 극성 용질은 자유 물 분자의 수를 줄이는 효과를 나타낸다. 세포의 '바깥'에는 자유로운 물 분자가 더 많으므로 물 분자가 확산을 통해 세포 내부로(왼쪽 칸에서 오른쪽 칸으로) 이동한다.

어떤 용액에 녹아 있는 입자를 **용질(solute)**이라고 하며, 모든 용질의 농도를 그 용액의 삼투농도라고 한다. 만약 두 용액의 삼투농도가 서로 다를 경우, 용질농도가 높은 용액은 **고장성(hypertonic**, 그리스어, *hyper*, '더 많은' 의미)이라고 하며, 낮은 용액은 **저장성(hypotonic**, 그리스어, *hypo*, '더 적은' 의미)이라고 한다. 두 용액의 삼투농도가 같을 경우에는 **등장성**

(**isotonic**, 그리스어, *iso*, '같은' 의미)이라고 한다.

원형질막이 두 수용액을 세포 내부(세포질)와 세포 외부(세포외 용액)로 분리한다. 이 막을 통과하는 물의 순 이동 방향은 세포 안팎의 삼투농도에 따라 결정된다. 예를 들어, 세포질이 세포외 용액보다 저장성이라면 물은 용질 농도가 높은(따라서 자유 물 분자 농도가 낮은) 세포 밖으로 확산된다. 이렇게 세포질에서 물이 빠져나가면 세포질과 세포외 용액의 삼투농도가 같아질 때까지 세포가 수축된다.

삼투압

세포질이 세포외 용액보다 고장성이라면 어떻게 될까? 물이 세포 내부로 확산되어 세포가 팽창한다. 따라서 세포질이 세포막을 미는 압력, 즉 **정수압(hydrostatic pressure)**이 높아진다. 반면에 물의 삼투현상을 멈추게 하기 위해 필요한 힘인 **삼투압(osmotic pressure)**도 작용하게 된다. 막이 충분히 강하다면 세포는 평형에 이르게 되는데, 이 상태에서는 물을 세포 내부로 들어오게 하는 삼투압이 물을 세포 밖으로 내보내려는 정수압과 정확하게 같아진다. 그러나 원형질막은 큰 내부 압력을 견디지 못하므로, 이런 조건에 놓인 격리된 세포는 풍선처럼 터질 수 있다. 따라서 동물세포에게는 등장성 조건을 유지하는 것이 중요하다.

그림 4.21은 용질에 의해 삼투압이 어떻게 만들어지는지 보여준다. 그림의 상단에 있는 적혈구를 먼저 살펴보자. 바닷물 등의 고장액(왼쪽)에서는 적혈구에서 용질 농도가 높은 외부로 물 분자가 순 이동하여 세포가 오그라든다. 등장액(가운데)에서는 적혈구 막 안팎의 용질농도가 같다. 삼투현상은 여전히 일어나지만, 물이 안팎으로 확산하는 양이 동일하므로 세포의 크기는 변하지 않는다. 저장액(오른쪽)에서는 세포 내부의 용질 농도가 높으므로 세포 내부로 물의 순 이동이 일어난다. 이 상황은 아쿠아포린이 물 통로의 기능을 가진다는 사실을 밝힌 Agre의 실험과 동일하다(86쪽 참조). 적혈구는 닫힌 구조이기 때문에 저장액 속에 놓인 세포로 물이 들어가면 세포막에 압력이 가해져 세포가 부풀어 올라 공처럼 된다. 세포막이 더 이상 늘어날 수 없을 때까지 팽창하면 세포가 터진다.

이제 **그림 4.21** 하단에 있는 식물세포에 대해 살펴보자. 동물세포와는 달리, 삼투현상에 의해 만들어진 정수압은 세포 내부로 물이 유입되는 것을 막는 데 필요한 힘인 삼투압에 의해 균형을 이룬다. 식물세포는 튼튼한 세포벽이 있어서 세포가 파괴되지 않도록 적절한 삼투압을 유지할 수 있다.

삼투균형 유지하기

생명체는 주변 환경보다 고장성일 수밖에 없는 삼투성 딜레마를 해결하기 위한 많은 방법을 가지고 있다.

핵심 생물학 과정: 삼투현상

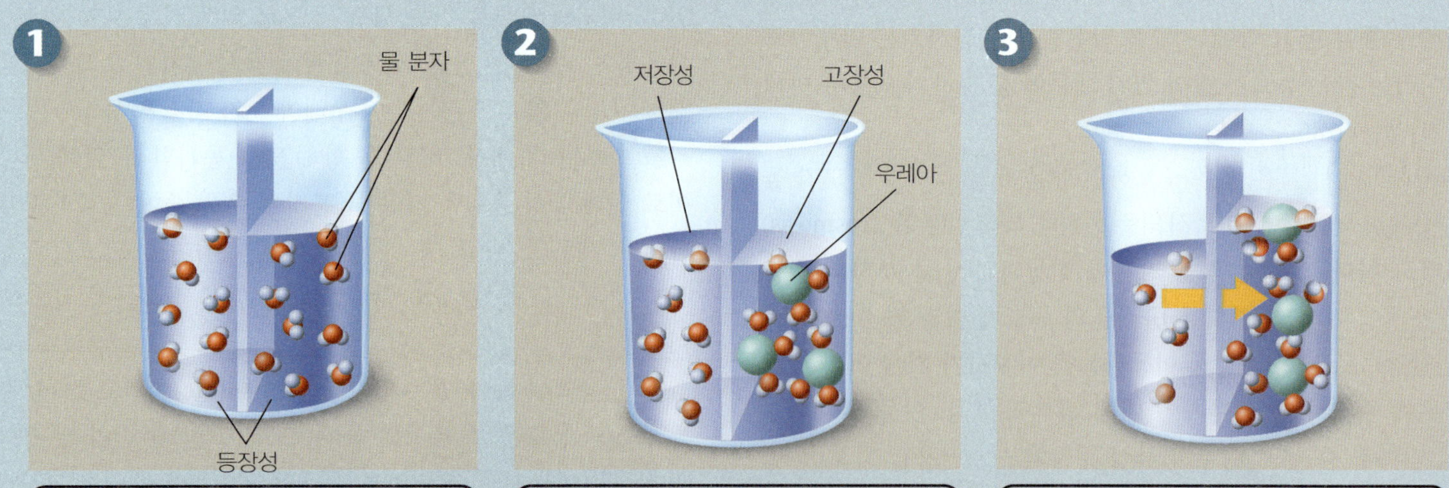

확산으로 인해 반투과성 막의 양쪽에 물 분자가 균등하게 분포하게 된다.

막을 통과하지 못하는 용질 분자를 넣으면, 물 분자가 용질 분자와 결합하므로 자유 물 분자의 수가 줄어든다.

확산으로 인해 자유 물 분자가 농도가 높은 쪽에서 낮은(용질이 있는) 쪽으로 이동한다.

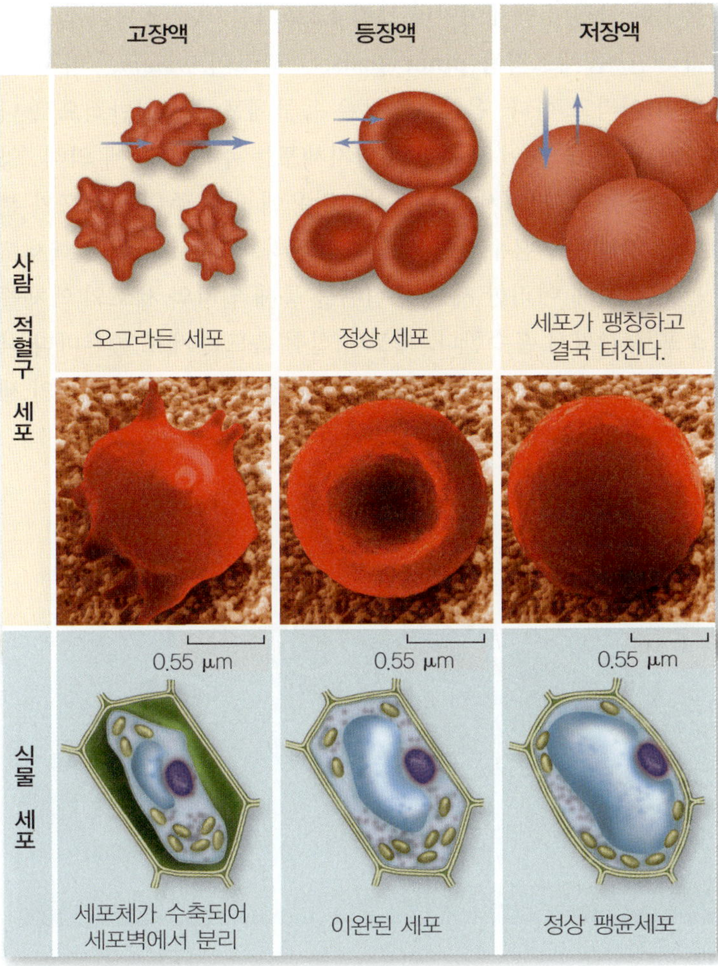

그림 4.21 용질에 의해 삼투압이 만들어지는 방식

세포는 닫힌 구조이므로 저장액에서 세포로 물이 들어가면 원형질막에 압력이 가해져 세포가 파괴된다. 이러한 정수압은 삼투압에 의해 균형을 이루는데, 삼투압은 세포 안으로 들어가는 물의 유입을 멈추게 하는 데 필요한 힘이다. 식물세포는 튼튼한 세포벽이 있어서 세포가 파괴되지 않도록 적절한 삼투압을 유지할 수 있다.

세포외 밀어내기 원생생물인 짚신벌레(*Paramecium*) 등의 일부 단세포 진핵생물은 수축포(contractile vacuole)라는 소기관을 이용하여 물을 제거한다. 각각의 액포에서 세포질 곳곳의 물을 수집하여 표면 가까이에 있는 액포의 중심부로 수송한다. 이 액포에는 세포 밖으로 열려 있는 작은 구멍이 있다. 삼투현상에 의해 끊임없이 세포 내부로 들어오는 물을 액포가 율동적으로 수축하여 이 구멍을 통해 내보낸다.

등삼투성 용액 바다에서 사는 일부 생명체는 내부의 용질농도를 주변의 바닷물 농도와 같아지도록 조정한다. 주변 환경과 등장성을 이루면 물의 순이동이 일어나지 않게 된다. 많은 육상동물도 비슷한 방식으로 문제를 해결한다. 즉, 용액을 체내에서 순환시켜 세포들이 등장액에 잠기게 하는 것이다. 예를 들어, 혈액에는 알부민 단백질이 높은 농도로 들어 있어서 혈액의 용질농도를 높여 신체의 세포와 같아지도록 한다. 상어는 혈액과 체액 내에 우레아 농도가 높아서 바닷물과 등장성을 유지하도록 한다.

팽만 식물세포 내부에 있는 중앙액포는 높은 농도의 용질을 가지고 있으므로, 대부분의 식물세포는 주위 환경에 대해 고장성이다. 이로 인해 **팽압(turgor pressure)**이라는 내부 정수압이 발생하여 원형질막을 세포벽 쪽으로 강하게 밀어 세포가 단단하게 된다(**그림 4.7** 참조). 대부분의 녹색식물은 팽압에 의해 형태를 유지하며, 물이 충분하지 않으면 시든다.

주요 학습 요점 4.12 극성 용질과 결합한 물 분자는 자유롭게 확산하지 못하므로, '자유' 물 분자가 적은 쪽으로 물의 순이동이 일어난다. 삼투현상은 막을 통과하여 물은 확산하며 용질은 확산하지 못하는 현상이다. 세포가 정상적인 기능을 발휘하려면 삼투균형을 유지하여야 한다.

4.13 세포 내외의 대량수송

세포내 섭취와 세포외 배출

많은 진핵생물의 세포는 원형질막을 먹이 분자를 향해 바깥으로 확장시켜 먹이와 액체를 흡수한다. 입자를 삼킨 막은 소포(막으로 감싸여진 주머니)를 형성한다. 이 과정을 **세포내 섭취(endocytosis)**라고 한다(**그림 4.22**).

세포내 섭취의 반대과정을 **세포외 배출(exocytosis)**이라고 하며, 세포 표면에서 소포 내의 물질을 바깥으로 내보낸다. **그림 4.23**의 소포 안에는 세포에서 방출할 물질이 있다. 보라색 입자는 원형질막과 융합될 때 소포 내부에 현탁된 상태이다. 소포를 형성한 막도 인지질로 구성된 것이므로, 원형질막과 접촉하면 두 막이 상호작용하여 구멍이 만들어지고, 이를 통해 소포의 내용물이 밖으로 나간다. 식물세포에서 세포외 배출은 원형질막에서 세포벽 구성성분을 내보내는 중요한 수단이다. 원생생물의 수축포도 세포외 배출의 한 가지 형태이다. 동물세포에서 세포외 배출은 많은 호르몬, 신경전달물질, 소화효소 등의 물질을 분비하는 수단이다.

식세포작용과 음세포작용

세포가 흡수한 물질이 **그림 4.22*a***의 세균처럼 입자이거나 유기물질의 조각이라면, 이 과정을 **식세포작용(phagocytosis**, 그리스어, *phagein*, '먹다', *cytos*, '세포' 의미)이라고 한다. 세포가 흡수한 물질이 액체이거나 **그림 4.22*b***처럼 액체에 녹아 있는 입자라면, **음세포작용(pinocytosis**, 그리스어, *pinein*, '마시다' 의미)이라고 한다. 음세포작용은 동물세포에서 일반적으로 나타난다. 예를 들어 포유류의 난자세포는 주변 세포에 의해 '양육' 된다. 즉, 난자세포는 음세포작용에 의해 주위의 세포가 분비한 영양분을 흡수하여 성숙하게 된다. 실제로 모든 진핵세포는 꾸준하게 이러한 세포내 섭취를 통해 입자와 세포외 액체를 소포로 감싸서 흡수한다. 세포내 섭취 속도는 세포 종류마다 다르다. 이 속도는 매우 빨라서, 일부 백혈구는 시간당 자신의 세포 부피의 25%를 흡수하기도 한다!

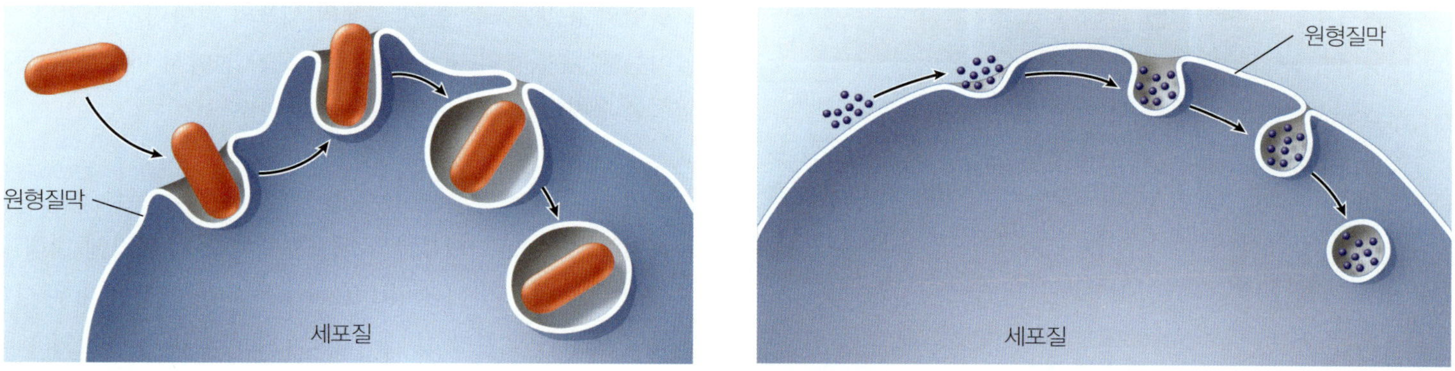

(a) 식세포작용 (b) 음세포작용

그림 4.22 세포내 섭취

세포내 섭취는 물질을 원형질막으로 감싸 소포를 만든 후 삼키는 과정이다. (*a*) 물질이 생명체이거나 유기물질의 큰 조각일 경우, 이 과정을 식세포작용이라고 한다. (*b*) 물질이 액체일 경우, 이 과정을 음세포작용이라고 한다.

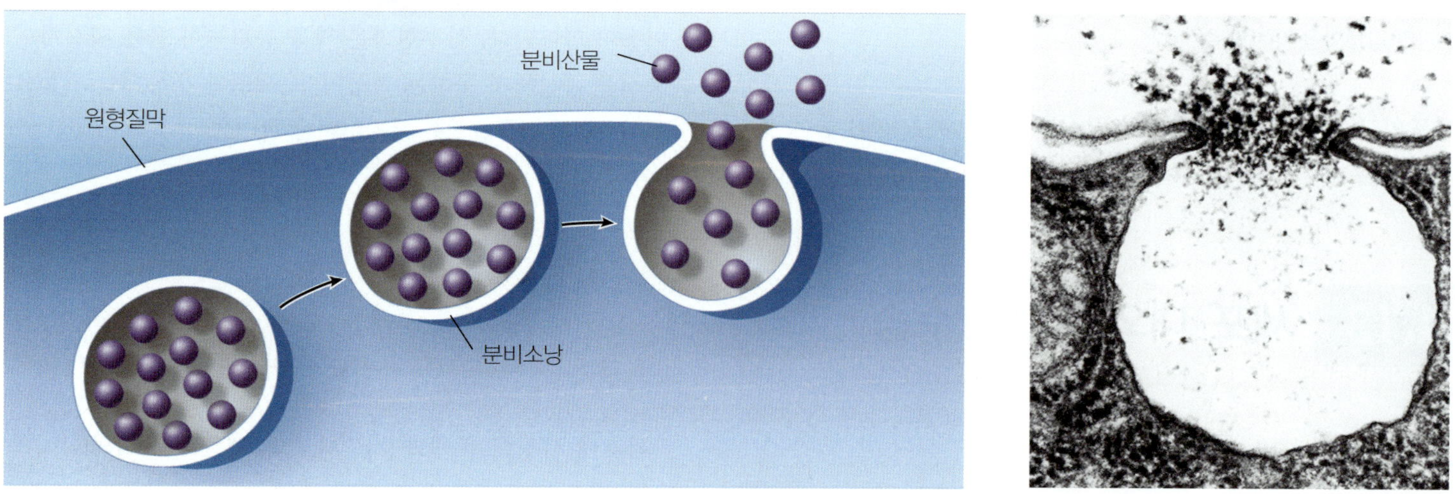

(a) (b)

그림 4.23 세포외 배출

세포외 배출은 세포 표면에서 물질을 내보낸다. (*a*) 단백질 등의 분자는 분비소낭이라는 작은 주머니에 담겨 분비된다. 분비소낭의 막이 원형질막과 융합되어 내부의 내용물이 세포 표면으로 방출된다. (*b*) 세포외 배출에서 분비소낭이 터지는 순간의 전자현미경 사진.

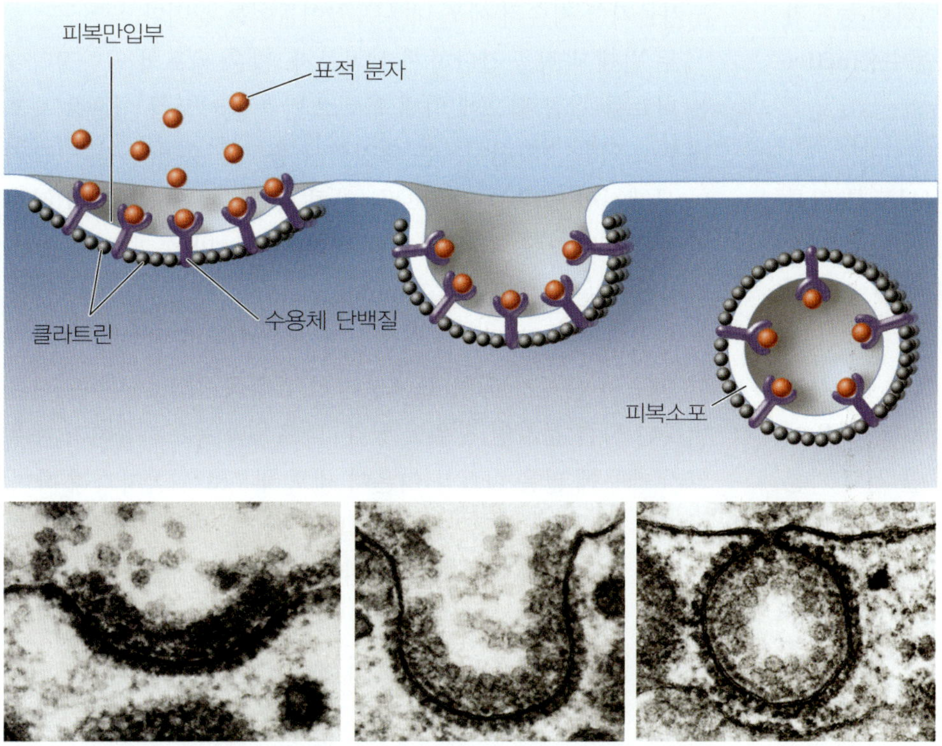

그림 4.24 수용체-매개 세포내 섭취
수용체-매개 세포내 섭취를 하는 세포는 표적 분자가 원형질막에 있는 수용체 단백질과 결합하면 세포내 섭취를 개시하는 클라트린 단백질이 피복된 만입부(pit)를 가지고 있다. 전자현미경 사진은 단백질층으로 덮여 있는 발달 중인 난자세포의 원형질막에 있는 피복만입부(coated pit)이다(80,000배). 피복만입부에 적정량의 단백질이 모이면 만입부가 깊어져, 결국 소포를 이루어 떨어져 나온다.

수용체-매개 세포내 섭취

특수한 분자들이 흔히 **수용체-매개 세포내 섭취(receptor-mediated endocytosis)**에 의해 진핵세포 내부로 수송된다(**그림 4.24**). 세포 내부로 수송될 분자(그림의 빨간색 공)는 먼저 원형질막에 있는 특수한 수용체와 결합한다. 수송과정은 수용체와 잘 맞는 형태를 지닌 분자에게만 특이적으로 일어난다. 특정한 종류의 세포 원형질막에는 각각 서로 다른 종류의 분자와 짝을 이루는 수용체를 여러 종류 가지고 있다.

수용체 단백질의 막 내부 부위는 클라트린 단백질로 피복된 움푹 들어간 만입부(pit)에 갇혀 있다(**그림 4.24** 참조). 만입부는 마치 쥐덫처럼 작용하여 적절한 분자가 안으로 들어오면 감싸서 내부 소포로 만든다. 만입부의 막에 있는 수용체에 적절한 표적 분자가 결합하면 이 덫이 작동된다. 결합이 이루어지면 세포는 세포내 섭취를 개시한다. 이 과정은 매우 특이성이 높으며 매우 빠르다.

수용체-매개 세포내 섭취로 흡수되는 분자의 예로 저밀도 지질단백질(low-density lipoprotein, LDL)이 있다. LDL 분자는 콜레스테롤 분자를 세포 내부로 수송하여 막에 통합되도록 한다. 콜레스테롤은 세포막의 단단함을 결정하는 중요한 역할을 한다. 고-콜레스테롤증이라는 사람의 유전질환은 수용체의 꼬리가 없어서 클라트린-피복만입부에 있을 수 없고, 따라서 세포가 흡수하지 못하여 발생한다. 이 환자의 혈액에 머물게 되는 콜레스테롤이 동맥벽에 붙어 심장마비를 초래한다.

수용체-매개 세포내 섭취는 그 자체로는 물질을 세포질 내부로 직접 운반하지 못한다. 흡수된 물질은 여전히 소포 내부에 있어서 세포질과 격리되어 있다. 이 물질을 분해하거나 방출하려면 또 다른 과정들이 필요하다.

주요 학습 요점 4.13 원형질막은 물질을 막으로 감싸서 소포로 만드는 세포내 섭취를 통해 물질을 흡수할 수 있다. 세포외 배출은 이러한 과정의 역과정으로, 소포를 통해 물질을 배출한다. 수용체-매개 세포내 섭취는 선택된 물질만을 운반한다.

4.14 능동수송

원형질막에 있는 그 밖의 통로들은 닫혀 있는 문이다. 이들 통로는 에너지가 제공되어야만 열린다. 이 통로들은 특정 분자를 세포 밖보다 높거나 낮은 농도로 유지하도록 고안된 것이다. 마치 모터로 움직이는 회전문처럼 이들은 특정 물질을 농도기울기를 거슬러 이동시킨다. 이로 인해 에너지를 소비하여 농도가 높은 곳으로 막을 가로질러 분자를 이동시키는 **능동수송(active transport)**이 일어난다.

나트륨-칼륨 펌프 가장 중요한 능동수송 통로는 **나트륨-칼륨 펌프(sodium-potassium pump, Na^+-K^+ pump)**이다. 이 펌프는 대사에너지를 소비하여 나트륨 이온(Na^+)은 세포 밖으로, 칼륨 이온(K^+)은 세포 내부로 한 방향으로 능동수송한다. 사람 세포에서 소비하는 에너지의 1/3 이상이 Na^+-K^+ 펌프를 구동시키는 데 사용된다. *아데노신3인산*(adenosine triphosphate, ATP)에서 에너지가 유래된다(제5장 참조). 두 종류의 이온을 서로 다른 방향으로 수송하는 것은 막수송 운반체의 형태가 에너지로 인해 변형되기 때문이다. 핵심 생물학 과정: 나트륨-칼륨 펌프는 이 펌프의 작동 1주기를 도해한 것이다. 통로마다 1초당 300개 이상의 나트륨 이온을 이동시킬 수 있다. 그 결과 세포 내부의 나트륨 이온 수가 훨씬 적어진다. 상당한 양의 대사에너지를 소비하여 얻은 이 농도기울기는 세포에서 많은 방식으로 활용된다. 이 가운데 가장 중요한 두 가지는 (1) 신경세포에서 신호를 전달하는 일(제28장 참조)과 (2) 당과 아미노산 등의 귀중한 분자를 농도기울기를 거슬러 세포 내부로 끌어들이는 일이다.

두 번째 과정을 간단하게 살펴보자. 많은 세포의 원형질막에는 나트륨-칼륨 펌프에 의해 외부로 방출된 나트륨 이온을 세포 내부로 되돌려 확산시키는 촉진확산 통로가 흩어져 있다. 그러나 문제점이 있다. 이들 통로는 마치 파트너가 있어야만 입장시키는 무도회처럼, 함께 통과할 짝이 있어야만 통과할 수 있다. 따라서 이들을 **연관통로(coupled channel)**라고 하며, 다른 분자와 함께 해야만 나트륨 이온을 통과시킨다. 어떤 경우에는 당이 파트너 분자가 되며(**표 4.3** 마지막 항목 참조), 아미노산을 비롯한 다른 분자인 경우도 있다. 나트륨의 농도기울기가 매우 크기 때문에 많은 나트륨 이온이 세포 내부로 되돌아가려 하며, 이러한 확산압력으로 인해 파트너 분자가 심지어 세포 내부의 농도가 더 높더라도 함께 세포 안으로 확산되어 들어간다. 이런 방식으로 당을 비롯한 능동적으로 수송되는 분자가 특수한 연관통로를 통해 세포 안으로 들어간다.

주요 학습 요점 4.14 **능동수송은 에너지를 사용하여 농도가 더 높은 곳으로 막을 통과시키는 수송이다.**

핵심 생물학 과정: 나트륨-칼륨 펌프

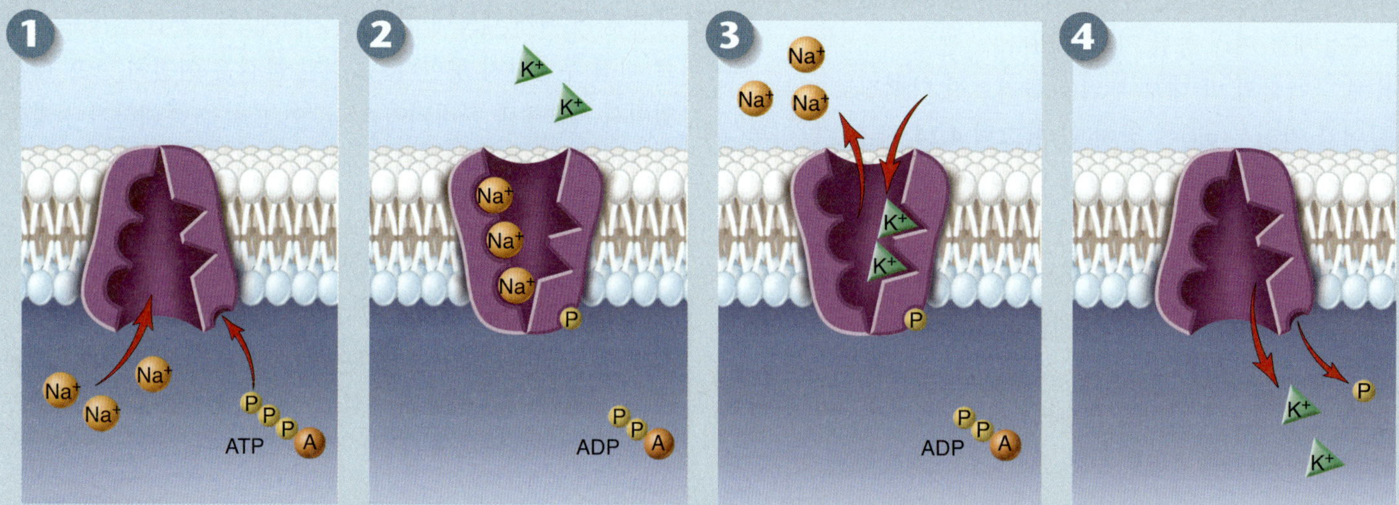

1. 나트륨-칼륨 펌프는 나트륨 이온 3개, ATP 분자 1개와 결합한다.
2. ATP가 분해되어 나온 에너지로 인해 통로의 형태가 달라진다. 나트륨 이온이 통로 안으로 들어간다.
3. 나트륨 이온이 막 외부로 방출된다. 형태가 달라진 통로에는 칼륨 이온 2개가 결합한다.
4. 인산기가 떨어지면 통로가 원래 형태로 되돌아오며, 칼륨 이온이 막 내부로 방출된다.

표 4.3 세포막을 통과하는 기작

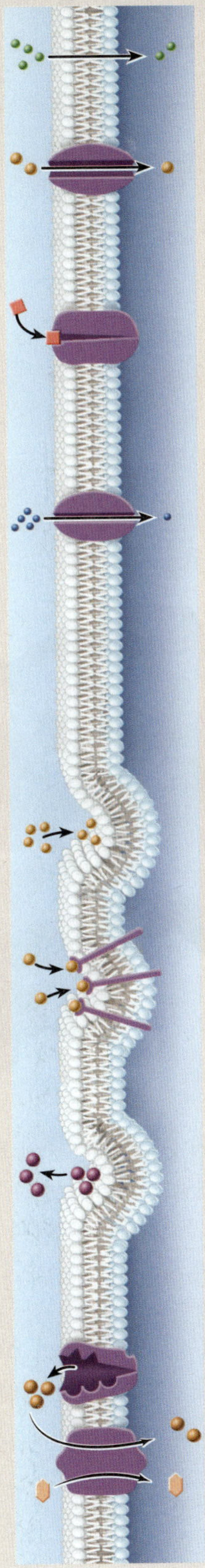

과정	막의 통과	작동 방법	예
수동적 과정			
확산			
직접		무작위 분자운동에 의해 농도가 낮은 쪽으로 분자의 순이동이 일어난다.	세포 안으로 산소 유입
단백질 통로		극성 분자가 단백질 통로를 통과한다.	세포 안팎으로 이온의 이동
촉진확산			
단백질 운반체		분자가 막에 있는 운반단백질과 결합하여 막을 통과한다. 농도가 낮은 쪽으로 순 이동이 일어난다.	세포 안으로 포도당 유입
삼투현상			
아쿠아포린		선택적 투과성 막을 통과하는 물의 확산	저장액 속의 세포 안으로 물의 이동
능동적 과정			
세포내 섭취			
막 소포			
식세포작용		막이 입자를 삼킨 후 감싸서 소포를 형성한다.	백혈구에 의한 세균의 섭취
음세포작용		막이 액체를 삼킨 후 감싸서 소포를 형성한다.	사람 난자 세포의 "양육"
수용체-매개 세포 내 섭취		표적 분자가 특수한 수용체와 결합하면 세포내 섭취가 시작된다.	콜레스테롤 흡수
세포외 배출			
막 소포		소포가 원형질막과 융합되어 내용물을 배출한다.	점액 분비
능동수송			
단백질 운반체			
Na^+-K^+ 펌프		운반체는 에너지를 소비하여 막의 농도기울기를 거슬러 물질을 수송한다.	농도기울기를 거스른 Na^+과 K^+의 이동
연관수송		농도기울기를 따라 이동하는 다른 물질의 수송과 공동으로 이루어지는 농도기울기를 거스른 분자의 수송이다.	농도기울기를 거스른 포도당의 세포내 흡수

질문 & 분석

세포가 손상된 단백질을 처리할 때에 에너지가 소비되는 이유는 무엇인가?

현대생물학은 대부분의 세포가 물질을 만들어내는 과정인 세포가 DNA에 있는 정보를 이용하여 단백질을 만드는 방법을 탐구하는 데 몰두하고 있다. 그렇지만 2004년도 노벨 화학상은 덜 매력적인 반대의 과정인 손상되거나 수명이 다한 단백질을 세포가 어떻게 분해하고 재활용하는가를 연구한 연구진에게 수여되었다.

세포가 단백질을 재활용하는 것은 단순히 '쓰레기통에 넣는 것' 이상이라는 사실이 밝혀졌다. 특정 단백질은 흔히 매우 빠르게 제거되는데, 이러한 표적 제거 방식을 통해 세포가 특정 기능을 수행하거나 분열할 때, 심지어 죽을 때의 시기에 맞추어 수많은 활성이 조절된다. 사람 DNA의 유전자 25,000개 중 약 1,000개가 이러한 단백질 재활용에 관여한다.

이 재활용계의 작동에 대한 연구는 1950년대에 처음으로 시작되었다. 소화효소를 포함하여 단백질을 분해하는 대부분의 효소는 에너지를 필요로 하지 않는다. 그러나 세포가 자신의 단백질을 재활용할 때에는 에너지를 소비한다. 연구자들은 왜 에너지가 필요한지에 대해서 알지 못하였다.

이에 대한 답은 예상하지 못한 곳에서 나타났다. 1975년에 소의 뇌에서 단 76개의 아미노산으로 이루어진 작은 단백질이 발견되었다. 곧 이 단백질이 효모에서 사람에 이르는 모든 진핵세포에 존재한다는 사실이 알려졌으며, '어느 곳에서나 존재한다(ubiquitous)' 는 의미에서 *유비퀴틴*(ubiquitin)이라고 명명되었다. 1980년대 초에 유비퀴틴이 파괴할 단백질에 '죽음의 키스'라는 의미로 붙여지는 표지자 역할을 하는 분자라는 사실이 밝혀졌다. 유비퀴틴을 부착하는 과정에서 에너지가 사용되며, 이로써 단백질 재활용 과정에 에너지가 필요한 이유가 밝혀졌다. 표지된 단백질은 통처럼 생긴 세포질의 *프로테오솜*(proteosome)에 의해 작은 조각으로 분해되며, 이후 새로운 단백질로 재활용된다.

그래프는 유비퀴틴의 주요 역할을 밝히기 위한 단백질 재활용 실험을 나타낸 것이다. 이 실험은 플라스크에서 배양중인 사람 세포의 세포분열에서 특정 단백질('표적' 단백질)의 양을 측정한 것이다. 정상 기능을 나타내는 유비퀴틴 유전자가 있는 배양조건(ubi^+, 빨간색 점)과 없는 배양조건(ubi^-, 파란색 점)에서 각각 실험을 수행하였다. 20분 후 세포가 성장에 사용할 수 있는 에너지를 ATP 형태로 공급하였다.

1. 적용 개념

a. 변수 그래프에서 종속변수는 무엇인가?

b. 농도 100분 후 어떤 배양조건에서 표적 단백질 농도가 높은가?

단백질 분해에 대한 유비퀴틴의 영향

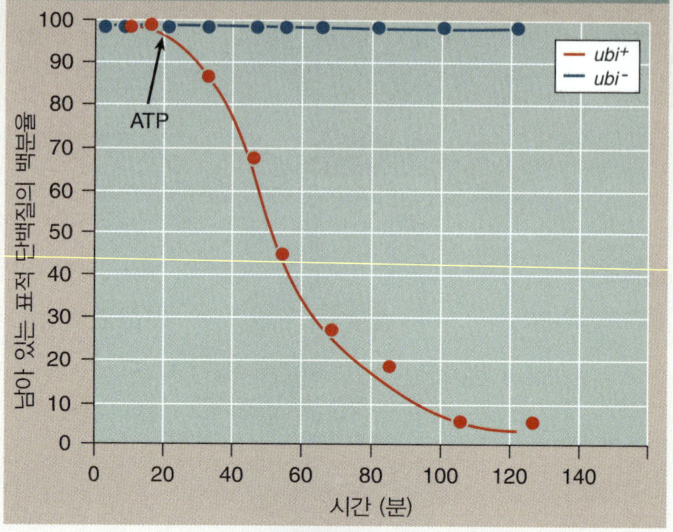

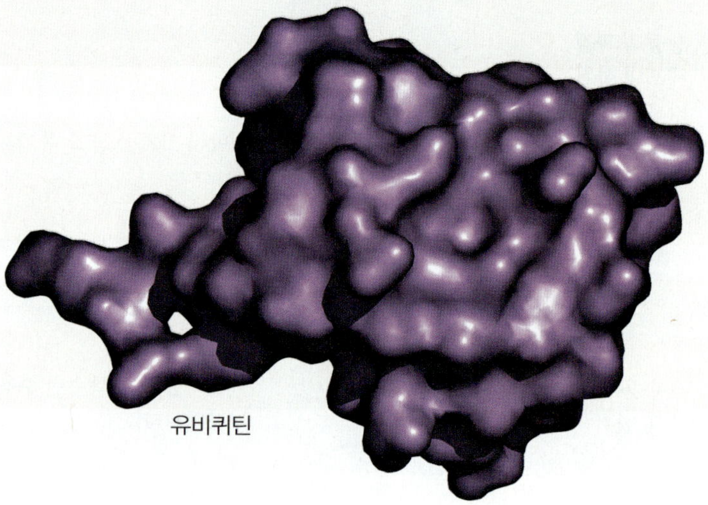

유비퀴틴

2. 자료 분석 ATP를 첨가하면 배양 중인 표적 단백질의 농도에 영향을 주는가? 어떤 배양조건에 영향을 주는가?

3. 추론하기 두 배양조건은 서로 무엇이 다른가? 왜 ATP는 한 배양조건에서는 표적 단백질 제거를 촉진할 수 있는데, 다른 조건에서는 그렇지 않을까?

4. 결론 도출 그래프의 정보를 이용하여 유비퀴틴이 표적 단백질을 효율적으로 제거하기 위해 ATP 에너지를 필요로 하는 이유를 추정하시오.

단원 복습

세포의 세계

4.1 세포

- 세포는 살아 있는 가장 작은 구조이다. 원형질막으로 감싸인 세포질로 구성된다. 생명체는 단세포이거나 다세포일 수 있다.
- 물질은 원형질막을 통과하여 세포 안팎으로 이동한다. 세포가 작을수록 표면-부피 비율이 높아서 물질이 통과할 수 있는 면적이 증가한다(**그림 4.2**). 세포는 매우 작기 때문에(**그림 4.3**), 관찰하고 연구하려면 현미경이 필요하다(**표 4.1**).

4.2 원형질막

- 세포를 감싸는 원형질막은 단백질이 묻혀 있는 지질2중층으로 이루어진다. 원형질막의 구조는 유동모자이크 모델이라고 한다.
- 지질2중층(**삽입 그림, 84~85쪽**)은 인지질이라는 특별한 지질 분자로 이루어져 있다. 인지질은 극성(물에 녹는) 말단과 비극성(물에 녹지 않는) 말단을 가지고 있다. 비극성 말단이 주변의 물로부터 멀어지는 쪽으로 이동하여 두 층을 형성하기 때문에 2중층이 만들어진다. 원형질막에는 다양한 단백질이 연계되어 있다.

세포의 종류

4.3 원핵세포

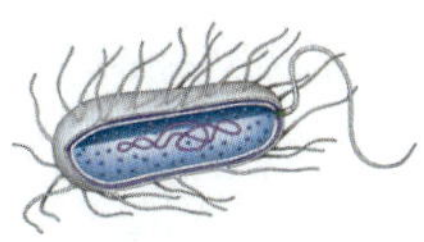

- 원핵세포는 단순한 단세포 생명체이다. 핵과 내부 소기관이 없으며 대개 단단한 세포벽으로 감싸여져 있다(**그림 4.4**). 형태가 다양하며, 외부 구조를 가지기도 한다(**그림 4.5**).

4.4 진핵세포

- 진핵세포는 원핵세포보다 크고 구조가 복잡하다. 핵과 소기관, 내막계를 가진다(**그림 4.6, 4.7**).

진핵세포 살펴보기

4.5 핵: 세포의 통제센터

- 핵은 세포의 명령과 통제센터이다. 핵에는 유전정보를 암호화한 DNA가 있어서 세포가 살아가도록 한다(**그림 4.8**). 인은 리보솜 RNA를 만든다.

4.6 내막계

- 세포 내부를 기능에 따라 조직하고 구분하는 내부 막을 통틀어 내막계(**삽입 그림, 92~93쪽**)라고 한다. 소포체는 ER과 골지복합체에서 생산한 단백질을 비롯한 분자를 변형시키고 운반하는 수송계이다. 조면소포체와 활면소포체의 두 종류가 있다. 골지복합체는 분자를 세포 표면으로 운반하여 세포 밖으로 방출하도록 하는 배달계이다.

4.7 DNA를 가지고 있는 소기관

- 미토콘드리아(**그림 4.9**)는 세포의 발전소라고 하며, 에너지를 추출하는 과정인 산화적 대사과정이 일어나는 곳이다. 엽록체는 광합성이 일어나는 장소이며, 식물과 조류세포에 존재한다(**그림 4.10**). 미토콘드리아와 엽록체는 초기 진핵세포와 공생관계를 이룬 고대 세균에서 유래한 것으로 보이는 소기관이다(**그림 4.11**).

4.8 세포골격: 세포의 내부 구조물

- 세포 내부에는 단백질 섬유의 그물조직으로 이루어진 세포골격(**삽입 그림, 97쪽**)이 있다. 세포골격은 세포의 형태를 지지하고 소기관들이 제자리에 있도록 고정시킨다.
- 중심립에서는 미세소관을 조립한다(**그림 4.12**). 액포는 저장공간이다(**그림 4.13, 4.14**).
- 섬모와 편모는 세포가 주위환경에서 이동하도록 추진한다(**그림 4.15, 4.16**). 운동단백질은 물질을 세포 내부에서 이동시킨다(**그림 4.17**).

4.9 원형질막의 외부

- 식물, 조류, 많은 원생생물의 세포는 세포벽을 가지고 있다. 원핵세포의 세포벽과 기능은 유사하지만, 구성하는 분자는 다르다(**그림 4.18**). 동물세포는 세포벽이 없지만, 세포외기질이라고 하는 당단백질의 외부 층을 가지고 있다(**그림 4.19**).

원형질막을 통과하는 수송

4.10 확산

- 물질은 확산을 통해 수동적으로 세포 안팎으로 이동한다(**핵심 생물학 과정, 104쪽**). 확산은 농도가 높은 곳에서 낮은 곳으로 농도기울기를 따른 물질의 이동이다.

4.11 촉진확산

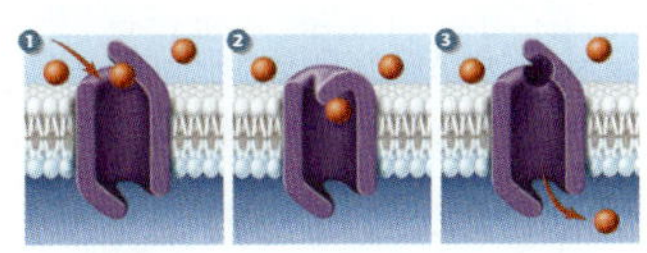

- 촉진확산(**핵심 생물학 과정, 106쪽**)에서는 물질이 농도기울기를 따라 이동한다. 그러나 막을 통과하려면 단백질 운반체와 결합하여야 한다.

4.12 삼투현상

- 삼투현상(**핵심 생물학 과정, 108쪽**)은 용질 농도 차이에 따라 물이 세

포 안팎으로 이동하는 것이다. 물 분자는 용질 농도가 높은 곳으로 이동한다(**그림 4.21**).

4.13 세포 내외의 대량수송

- 구조가 크거나 양이 많은 물질은 각각 세포내 섭취와 세포외 배출을 통해 세포 안팎으로 이동한다(**그림 4.22, 4.23**). 수용체-매개 세포내 섭취는 특수한 수용체와 결합할 수 있는 물질만 이동시키는 선택적 수송과정이다(**그림 4.24**).

4.14 능동수송

- 능동수송은 에너지를 소비하여 물질을 농도기울기를 거슬러(높은 쪽으로) 이동시킨다. 예로 나트륨-칼륨 펌프(**핵심 생물학 과정, 112쪽**)와 연관통로가 있으며, 한 물질이 농도기울기를 따라 이동하면서, 농도기울기를 거슬러 이동하는 다른 물질과 공동수송된다.

이해력 확인 문제

1. 세포설에 포함되는 원리는 무엇인가?

a. 세포는 살아 있는 가장 작은 단위로, 세포보다 더 작은 것은 없다.

b. 모든 세포는 보호하는 세포벽으로 감싸여 있다.

c. 모든 생명체는 특수화된 기능성 단위로 배열된 많은 세포로 구성된다.

d. 모든 세포는 소기관이라는 막으로 감싸인 구조를 가진다.

2. 원형질막의 설명으로 옳은 것은?

a. 세포들을 감싸는 탄수화물 층으로 보호 작용을 한다.

b. 단백질이 삽입되어 있는 지질2중층으로 모든 세포를 개별적으로 감싼다.

c. 세포질을 에워싼 구조단백질의 얇은 층이다.

d. 보호 장벽을 형성하는 단백질로 구성된다.

3. 세포질이 비교적 균질하며 소기관이 없는 세포를 가지는 생명체는 ______(이)라고 하며, 소기관과 핵이 있는 세포를 가지는 생명체는 ______(이)라고 한다.

a. 셀룰로오스, 핵

b. 진핵생물, 원핵생물

c. 편모충, 연쇄구균

d. 원핵생물, 진핵생물

4. 세포의 핵 내부에서 관찰할 수 있는 것은?

a. 인　　　　b. 세포골격

c. 미토콘드리아　　　　d. 모두 옳음

5. 세포의 내막계에 포함되는 것은?

a. 세포골격과 리보솜

b. 원핵생물과 진핵생물

c. 소포체와 골지복합체

d. 미토콘드리아와 엽록체

6. 한 때는 세포의 핵에만 DNA가 있다고 생각하였다. 이 외에도 DNA를 가지고 있는 것은?

a. 세포골격과 리보솜

b. 원핵생물과 진핵생물

c. 소포체와 골지복합체

d. 미토콘드리아와 엽록체

7. 다음 중 옳은 설명은?

a. 모든 세포는 보호와 구조 역할을 하는 세포벽을 가진다.

b. 식물과 균류의 진핵세포와 모든 원핵세포는 세포벽을 가진다.

c. 모든 세포를 감싸는 구조 탄수화물로 구성된 2차막이 있다.

d. 원핵생물과 동물의 모든 세포에는 세포벽이 있다.

8. 식용 색소 방울을 컵 속의 물에 떨어뜨렸을 때 색소 방울의 설명으로 옳은 것은?

a. 내려가 저어주지 않으면 컵 바닥에 가라앉아 있는데, 수소결합 때문이다.

b. 저어주지 않으면 기름처럼 물 위에 떠 있는데, 표면장력 때문이다.

c. 즉시 물 전체로 퍼지는데, 삼투현상 때문이다.

d. 천천히 물 전체로 퍼지는데, 확산 때문이다.

9. 먹이 입자처럼 큰 분자는 원형질막을 쉽게 통과하지 못한다. 따라서 세포 안으로 흡수하려면 어떤 과정으로 막을 통과하여야 하는가?

a. 확산과 삼투현상

b. 세포내 섭취와 식세포작용

c. 세포외 배출과 음세포작용

d. 촉진확산과 능동수송

10. 특정 분자의 능동수송에 필요한 것은?

a. 촉진확산

b. 세포내 섭취와 식세포작용

c. 에너지와 특수한 펌프나 통로

d. 투과성과 농도기울기

응용력 확인 문제

1. **그림 4.3** 최초의 현미경은 1590년경에 사용되었다. 전자현미경은 약 70년 전부터 일반화되었다. 불과 100년 전만 해도 대부분의 외과의사는 심지어 환자가 막 죽거나 병이 매우 위중한 환자를 진료한 후에도 다음 환자를 진료하기 전에 잘 씻지 않았다. 의사들이 손을 반드시 씻어야 한다고 확신하기까지 오랜 시간이 걸렸던 이유는 무엇일까?

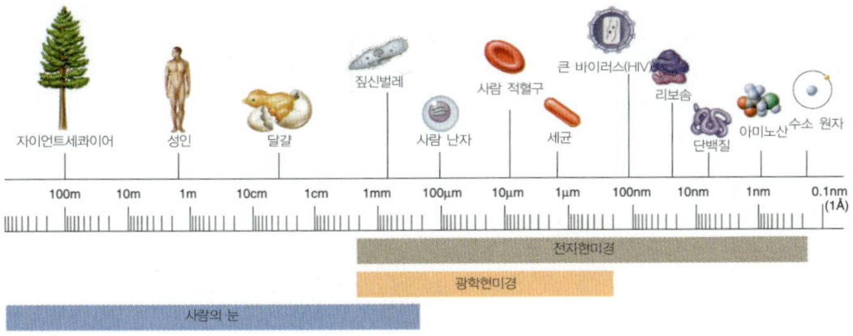

2. 폐에서는 많은 산소와 이산화탄소 분자가 폐 표면 세포의 원형질막을 통과할 수 있을 정도로 산소와 이산화탄소의 가파른 농도기울기가 형성되어 있다. 이들 분자는 단순확산에 의해 원형질막을 통과하며, 이 과정은 빠르고 효과적이다. 이 과정은 산소와 이산화탄소가 촉진확산에 의해 막을 통과하는 것만큼 효율적일까? 그렇거나 그렇지 않은 이유는 무엇일까?

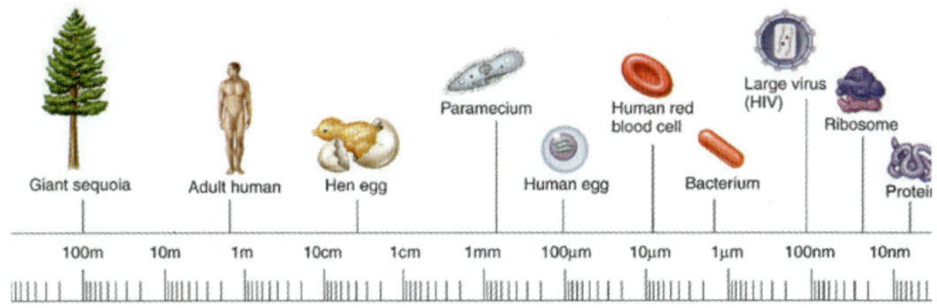

종합 학습

1. 여러분이 새로운 단세포 생명체를 디자인하고 있다고 가정하자. 납작한 접시처럼 생긴 세포가 같은 부피의 둥근 공처럼 생긴 세포보다 물질을 더 효율적으로 수송할 수 있는 이유를 설명하시오.
2. 항생제는 척추동물에서 세균 감염에 사용하는 의약품이다. 항생제인 페니실린이 모든 세균 세포는 죽이면서 척추동물 세포에게는 해롭지 않은 이유는 무엇인가? 힌트: 항생제는 세균 세포의 어느 부위를 표적으로 하는가?
3. 세포소기관을 비롯한 구조를 그리고 비교하시오. 예를 들어 핵은 시청, DNA는 도시의 법률과 규칙에 상응한다.
4. 리보솜은 두 소단위로 구성된다. 리보솜 소단위는 핵에서 조립되지만, 리보솜은 세포질에서 활동한다. 소단위는 어떻게 핵에서 세포질로 빠져나갈 수 있겠는가?

5

에너지와 생명

학습단원

세포와 에너지

5.1 생명체에서의 에너지 흐름

1. 에너지의 정의
2. 위치에너지와 운동에너지의 차이
3. 열역학의 정의
4. 화학반응의 정의

5.2 열역학 법칙

1. 열역학 제1법칙에 대한 서술
2. 열은 운동에너지라는 명제의 옹호
3. 열이 어떻게 일을 할 수 있는지에 대한 설명
4. 열역학 제2법칙에 대한 서술
5. 엔트로피의 정의

세포 화학

5.3 화학반응

1. 반응물과 생성물 사이의 차이점; 흡열반응과 발열반응의 차이
2. 활성화 에너지의 정의
3. 활성화 에너지에 대한 촉매효과의 설명

효소

5.4 효소는 어떻게 일을 하는가?

1. 효소의 생물학적 기능에 대한 설명
2. 활성부위와 결합부위의 구분
3. 효소 촉매의 핵심 생물학 과정 세 단계에 대한 도해
4. 화학반응과 생화학적 경로의 차이점
5. 효소 촉매반응에 미치는 온도의 영향과 영향을 미치는 이유
6. 효소 촉매반응에 미치는 pH의 영향과 영향을 미치는 이유

5.5 세포는 어떻게 효소를 조절하는가?

1. 억제자가 효소의 다른 자리 조절 부위에 결합하는 방식과 그 상호작용의 결과에 대한 설명
2. 되먹임 억제의 정의
3. 효소의 억제가 경쟁적 억제인지 비경쟁적 억제인지를 결정

세포는 어떻게 에너지를 사용하는가

5.6 ATP: 세포의 에너지 화폐

1. ATP 분자의 화학 구조에 대한 도해
2. 3개의 인산기 사슬이 어떻게 위치에너지를 저장하는가에 대한 설명과 생물체가 흡열반응에 어떻게 ATP를 사용하는가에 대한 서술
3. 짝반응의 정의

질문 & 분석: 효소는 기질과 물리적으로 결합하는가?

모든 생명체는 에너지에 의해 작동된다. 그림에서 보듯 쥐들이 밀의 줄기에 오르기 위해서는 에너지를 소모해야 한다. 밀의 줄기 끝에서 보여주는 쥐들이 위험해 보이기도 하고, 몸에서 열도 나고, 콧수염을 움찔거리기도 하는 모든 행동들은 에너지를 소모한다. 에너지는 이 쥐들이 먹는 밀의 낱알이나 다른 음식들로부터 온다. 밀 낱알에 들어있는 탄수화물과 다른 분자들의 화학결합을 깨고, 이 결합에너지를 ATP라고 하는 화폐 분자로 이동시켜 쥐들은 음식물로부터 화학 에너지를 획득하여 일을 할 수 있는 것이다. 세포는 효소의 도움을 받아 이러한 일들을 수행하는데, 효소는 매우 특별한 모양의 거대 분자이다. 각 효소의 표면에는 마치 발에 알맞은 크기의 신발이 들어맞듯이, 세포에 존재하는 특정한 화합물이 정확하게 들어맞는 공간이 존재하는데 이를 활성부위라고 한다. 화합물이 이 안으로 들어오면 효소는 구부러지고 화합물의 특정한 공유결합을 긴장시켜 특이적인 화학반응이 개시할 수 있게 된다. 그러므로 생명체의 화학은 효소 화학이다.

5.1 생명체에서의 에너지 흐름

에너지와 세포 화학에 대한 논의로부터 시작하고자 한다. 이 주제는 처음에는 어려운 듯이 보이지만, 모든 생명체는 에너지에 의해 작동됨을 기억하면 된다. 다음 3개의 장에서 논의되는 주요 개념과 내용은 생명체의 핵심이다. 성공적인 자동차 운전자가 되기 위해서는 자동차의 엔진이 어떻게 작동하는가를 알아야 하는 것처럼, 우리는 모두 화학 에너지로부터 힘을 얻는 화학적 기계이므로 세포 화학에 대하여 알아야 한다. 실제로 우리가 우리들에 대하여 이해하고 싶다면 우리 세포의 화학 공장의 엔진 뚜껑을 열고 그것이 어떻게 작동하지는 살펴보아야 할 것이다.

제2장에서 알아본 것처럼 **에너지(energy)**는 일을 할 수 있는 능력으로 정의한다. 에너지는 두 가지 상태로 존재한다고 여겨지는데, 운동에너지와 위치에너지이다. **운동에너지(kinetic energy)**는 움직임의 에너지이다. 만일 어떤 물체가 움직이고 있지는 않지만 그럴 능력을 갖고 있다면, **위치에너지(potential energy)** 또는 저장에너지를 갖고 있다고 말한다. 이 두 에너지 상태의 차이점은 **그림 5.1**에서 남자가 하는 실험으로 확인할 수 있다. 언덕 꼭대기에 놓여 있는 큰 공은 (**그림 5.1*a***) 위치에너지를 갖고 있다. 공을 밀면 공은 언덕 아래로 굴러 내려가기 시작하며(**그림 5.1*b***), 공이 갖고 있던 위치에너지의 일부가 운동에너지로 바뀌는 것이다. 살아 있는 유기체가 수행하는 모든 일은 위치에너지가 운동에너지로 전환됨과 연관되어 있다.

에너지는 다양한 형태로 존재한다. 기계적 에너지, 열, 소리, 전기, 빛, 방사선 등이 그것이다. 에너지가 다양한 형태로 존재하기 때문에 에너지를 측정하는 많은 방법들이 있다. 가장 편리한 것은 열이라는 개념인데, 그 이유는 모든 형태의 에너지가 열로 전환될 수 있기 때문이다. 그러므로 에너지에 대한 연구를 **열역학(thermodynamics)**이라 하는데, 이는 '열의 변화' 라는 의미이다.

에너지는 지구를 끊임없이 비추고 있는 태양으로부터 생명체의 세계로 유입된다. 태양이 지구에 공급하는 에너지는 일 년에 13×10^{23}칼로리 또는 초당 4경 칼로리 이상으로 계산된다. 식물, 조류 그리고 특정한 종류의 세균들이 광합성이라는 과정을 통해 이 에너지의 일부를 포획한다. 광합성 과정에서 태양으로부터 얻어진 에너지는 작은 분자들을(물과 이산화탄소) 더 큰 분자들(당류)로 결합하는 데 사용된다. 이들 복합 당 분자들은 원자의 배열에 기인하는 위치에너지를 가지고 있다. 이 위치

(a) 위치에너지

(b) 운동에너지

그림 5.1 위치에너지와 운동에너지

물체가 운동하는 능력은 있으나 운동하지 않는 경우 위치에너지를 가지고 있다. 반면에 움직이고 있는 물체는 운동에너지를 가지고 있다. (*a*) 공을 언덕 정상까지 올리기 위해 요구되었던 에너지는 위치에너지의 형태로 공에 저장된다. (*b*) 저장되었던 에너지는 공이 언덕 아래로 굴러 내려감에 따라 운동에너지의 형태로 방출된다.

에너지는 화학에너지의 형태로서 세포 안에서 일을 한다. 제2장에서 원자는 중앙에 핵이 있고 한 개 또는 그 이상의 전자가 핵을 둘러싸고 있으며, 두 원자가 전자를 공유하여 공유결합이 형성된다고 설명했던 것을 상기해 보자. 이러한 결합을 깨뜨려서 핵을 떼어놓기 위해서는 에너지가 요구된다. 실제로 공유결합의 강도는 이것을 깨기 위해서 필요한 에너지의 양으로 계산된다. 예를 들어, 탄소-수소(C-H) 결합 1몰(6.023×10^{23})을 깨기 위해서는 98.8 kcal가 요구된다.

세포 내에서 일어나는 모든 화학 활동은 분자들 사이에서의 일련의 화학반응의 관점으로 볼 수 있다. **화학반응(chemical reaction)**이란 화학결합을 만들거나 깨는 것이다. 원자를 붙여서 새로운 분자를 만들거나 또는 분자를 쪼개어 때로는 쪼개진 한 부분을 다른 분자에 붙이는 과정이다.

주요 학습 요점 5.1 **에너지란 일을 할 수 있는 능력이며, 현재 활동적이거나(운동에너지) 또는 나중에 사용하기 위해 저장되어 있는(위치에너지) 형태이다. 원자들이 서로 연결하는 공유결합이 형성되거나 또는 깨질 때 화학반응이 일어난다.**

5.2 열역학 법칙

달리고, 생각하고, 노래하고, 이 문장을 읽고 있는 지금도 모든 살아 있는 유기체의 활동은 에너지 변화와 연관되어 있다. 우리가 열역학 법칙이라고 하는 한 쌍의 우주적인 법칙이 이러한 에너지 변화와 그리고 우주에서의 모든 에너지의 변화를 지배한다.

열역학 제1법칙

우주적인 법칙의 첫 번째는 **열역학 제1법칙(first law of thermodynamics)**으로 우주의 에너지양에 관련한 것이다. 에너지는 한 형태에서 다른 형태로 변화할 수 있다(예를 들어 위치에너지가 운동에너지로 전환되듯이). 그러나 에너지는 파괴되지도, 또한 새로운 에너지가 만들어지지도 않는다. 그러므로 전 우주의 에너지 총 합은 항상 일정하다.

사자가 기린을 먹는 것은 에너지를 획득하는 과정이다. 사자는 새로운 에너지를 창조하거나 또는 태양에너지를 포획하지 못하고, 기린의 조직 속에 저장되어 있던 위치에너지의 일부를 자신의 몸으로 옮기는 작업을 하고 있을 뿐이다(그것은 기린이 살아 있을 때 식물에 저장되어 있던 위치에너지를 획득한 것과 동일하다). 어떤 살아 있는 유기체 내에서나 이 화학적 위치에너지는 다른 분자로 옮겨지고, 화학결합에 저장되고 또는 운동에너지로 바뀌거나, 빛이나 전기에너지와 같은 또 다른 에너지 형태로 전환된다. 각각의 전환과정에서 에너지의 일부가 **열에너지(heat energy)**의 형태로 주변으로 소모되는데, 분자의 무작위적 운동의 척도가 된다(그러므로 운동에너지 척도의 한 형태이다). 생명계에서 에너지는 한 방향으로 끊임없이 흘러가며, 열로 흩어지는 에너지를 채워 넣기 위해 태양으로부터 상시적으로 에너지가 생명계로 유입된다.

열은 열의 기울기가 있을 때만 일을 할 수 있다. 즉, 두 영역 사이에 온도의 차이가 있을 때만 일을 할 수 있다. 이것이 증기기관이 작동하는 원리이다. **그림 5.2**에서 볼 수 있는 오래된 증기기관차에서 열은 바퀴를 움직이는 데 사용되었다. 우선 보일러(그림에서는 보여 주지 않음)에서 물을 가열해 증기를 만든다. 증기는 증기기관의 실린더 내로 압축되어 들어가고 피스톤을 오른쪽으로 이동시킨다. 이러한 피스톤의 움직임은 레버를 통해 바퀴를 굴림으로써 증기기관이 일을 하게 되는 것이다. 세포는 너무 작아서 내부에 의미 있는 온도 차이를 유지하기 어려워 열에너지는 세포에서 일을 할 수 없다. 그러므로 우주에 존재하는 에너지의 총량은 항상 일정하지만 세포에서 일로 전환될 수 있는 유용한 에너지는 열로 소모되는 에너지가 생김에 따라 감소한다.

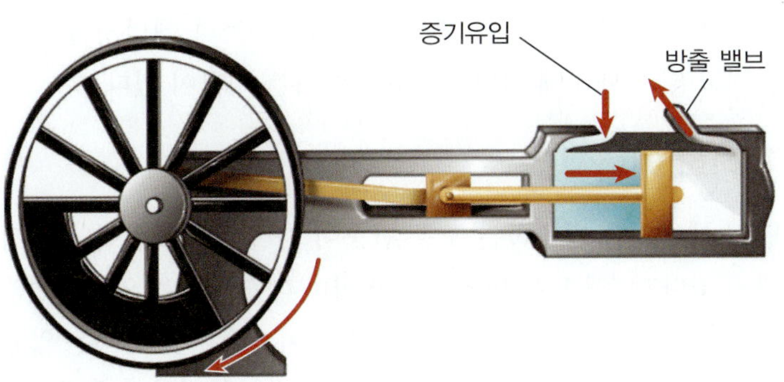

그림 5.2 증기기관
증기기관에서 열은 증기를 생산하는 데 사용된다. 팽창하는 증기는 피스톤을 밀어서 바퀴를 돌리게 된다.

그림 5.3 활동의 무질서도
시간이 경과함에 따라 청소년의 방은 점점 더 어질러진다. 이 방을 정리하려면 에너지가 들어간다.

열역학 제2법칙

열역학 제2법칙(second law of thermodynamics)은 위치에너지가 열로 전환되거나 또는 분자의 무작위적인 운동에 관련한 것이다. 열역학 제2법칙은 우주처럼 닫혀져 있는 계에서는 엔트로피(무질서도)가 지속적으로 증가함을 말하고 있다. 다시 말하면, 무질서함은 질서 있는 것보다 더 일어나기 쉽다. 예를 들어 벽돌 더미가 저절로 쌓여 기둥을 만들기보다는 기둥이 무너져 벽돌 무더기가 만들어지는 것이 더 쉽다. 일반적으로 에너지의 전환은 물질을 더 질서 있는 상태에서 질서가 없는 상태로 자발적으로 진행시킨다. 질서 있는 상태는 덜 안정된 형태이고 질서 없는 상태는 더 안정된 형태이다. 방주인(또는 부모)의 에너지가 더해지지 않는다면 **그림 5.3**에서 보듯 질서 있는 방이 무질서한 방으로 바뀌는 것은 자명하다.

엔트로피

엔트로피(entropy; 무질서도)란 어떤 계의 무질서함에 대한 척도로서 열역학 제2법칙은 단순하게 '엔트로피는 증가한다' 라고도 말할 수 있다. 100억~200억 년 전 우주가 처음 생성될 당시 모든 위치에너지는 한 곳에 모여 있었다. 이 후로 우주는 점진적으로 무질서해져 왔으며, 모든 에너지의 변화는 우주의 엔트로피를 증가시켜 왔다.

주요 학습 요점 5.2 **열역학 제1법칙에서 에너지는 창조되거나 파괴되지 않음을 말한다. 에너지는 한 형태에서 또 다른 형태로 전환될 수 있을 뿐이다. 열역학 제2법칙은 우주의 엔트로피는 증가하려는 경향이 있음을 말하고 있다. 생명체는 태양 에너지를 생명 과정을 작동시키는 또 다른 에너지의 형태로 전환시킨다. 에너지는 상실되지 않고 사용될 뿐이며 점점 더 열로 전환된다.**

세포 화학

5.3 화학반응

화학반응에서 화학반응이 일어나기 전의 원래 분자를 **반응물(reactant)** 또는 때때로는 **기질(substrate)**이라고도 하며, 반응이 일어난 결과로 생성된 물질을 **생성물(product)**이라고 한다. 모든 화학반응이 동일하게 일어나는 것은 아니다. 마치 공이 언덕을 오르기보다는 굴러 내려가기가 쉬운 것처럼, 에너지 공급이 필요한 반응보다는 에너지가 방출되는 반응이 일어나기 쉽다. 화학반응의 진행을 **그림 5.4**에서 고찰해 보자. ❶ 공이 언덕을 오를 때처럼 에너지 공급이 요구된다. 이러한 형태의 반응을 **흡열반응(endergonic)**이라고 하며 자발적으로 일어나기는 어렵다. 반면에 ❷에서 보듯이 **발열반응(exergonic)**은 마치 공이 언덕을 굴러내려 가듯이 생성물이 반응물보다 에너지를 적게 가지고 있기 때문에 자발적으로 일어나는 경향이 있다.

활성화 에너지

만일 에너지를 방출하는 모든 반응이 자발적으로 일어나는 경향이 있다면 "왜 모든 발열반응이 이미 다 일어나지 않았을까?" 라는 질문은 매우 타당하다. 이 반응들이 모두 일어나지는 않았다는 사실은 명확하다. 만일 휘발유에 불을 붙인다면 휘발유는 에너지를 방출하면서 타 버린다. 그렇다면 왜 이 세상의 모든 자동차에 들어 있는 휘발유는 지금 당장 타 버리지 않을까? 그

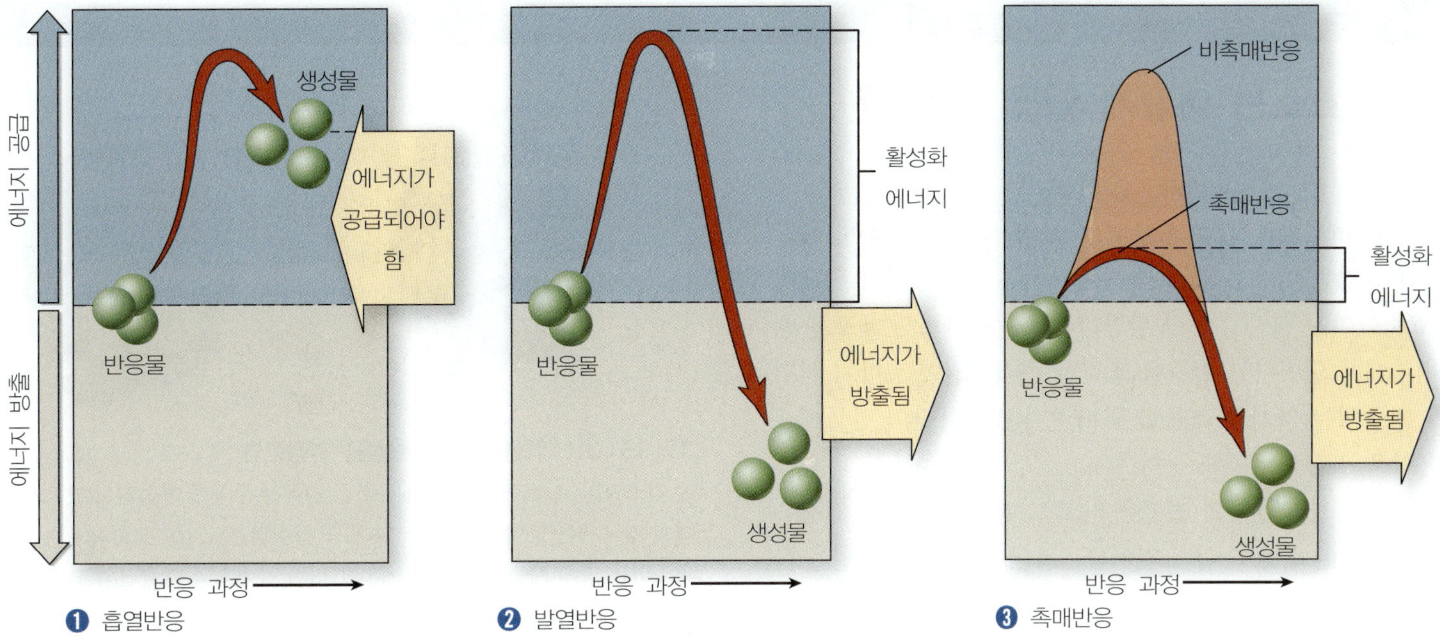

그림 5.4 화학반응과 촉매

❶ 흡열반응의 생성물은 반응물보다 더 많은 에너지를 보유한다. ❷ 발열반응의 생성물은 반응물보다 적은 에너지를 보유한다. 그러나 발열반응이 반드시 빠른 속도로 일어날 필요는 없는데, 그 이유는 반응 진행 과정에서 에너지를 취하기 때문이다. 위 에너지 도형에서 언덕은 기존의 화학결합을 불안정하게 만드는 데 필요한 에너지를 나타낸다. ❸ 촉매반응은 더 빠른 속도로 일어나는데, 그 이유는 반응의 초기에 요구되는 활성화 에너지 양이 (반드시 넘어야 할 에너지 언덕의 높이) 낮아져서, 반응이 종료에 빠르게 도달할 수 있기 때문이다.

이유는 휘발유가 연소한다거나 또는 모든 다른 화학반응들이 시작하기 위해서는 에너지의 유입이 필요하기 때문이다. 즉, 성냥이나 점화 플러그와 같은 것들이 필요하다. 생성물이 반응물에 비하여 적은 에너지를 함유하거나 저장하는 발열반응일지라도 반응물에 있는 화학결합을 깨는 과정이 필요하고, 이것이 에너지를 소모한다. 이미 존재하는 화학결합을 불안정하게 하여 화학반응을 개시시킬 때 요구되는 에너지를 **활성화 에너지(activation energy)**라고 하며 **그림 5.4** ❷와 ❸의 대괄호에 표시되어 있다. 공을 언덕 아래로 굴리기 위해서는 먼저 공을 조금씩 밀어야 할 것이다. 간단히 말해서 활성화 에너지는 화학적인 밀어올리기이다.

촉매

발열반응이 좀 더 일어나기 쉽게 하는 한 가지 방법은 필요한 활성화 에너지를 낮추는 방법이다. 큰 돌 아래 땅을 파내면 쉽게 굴릴 수 있듯이, 활성화 에너지를 낮추면 화학반응의 개시가 쉬워진다. 반응의 활성화 에너지를 낮추는 공정을 **촉매(catalysis)**라고 한다. 촉매는 흡열반응을 자발적으로 일어날 수 있게 하지는 못하나(에너지의 공급이 필요한 것을 피할 수는 없음) 흡열반응이나 발열반응 모두를 매우 빠르게 일어나도록 한다. **그림 5.4**의 ❷와 ❸의 활성화 에너지를 비교해 보라(붉은색 곡선 화살표). 촉매반응에서는 넘어야 할 장벽이 낮아진다.

> **주요 학습 요점 5.3** **흡열반응은 에너지의 유입이 요구된다. 발열반응에서는 에너지가 방출된다. 화학반응의 개시를 위해 필요한 활성화 에너지는 촉매에 의해 낮아질 수 있다.**

5.4 효소는 어떻게 일을 하는가?

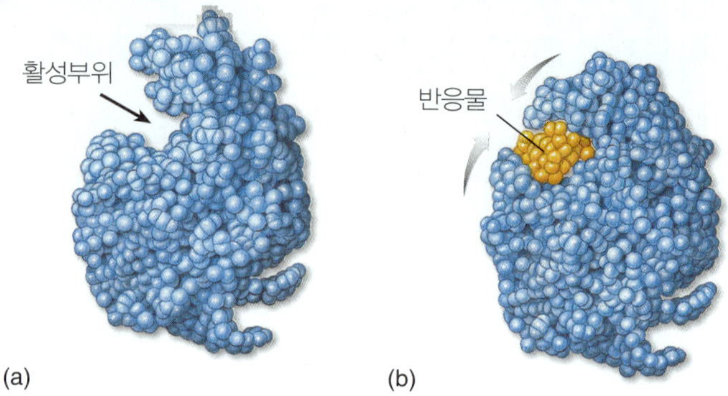

그림 5.5 효소의 형태는 그 활성을 결정한다

(*a*) 리소자임 효소(이 도형에서는 *푸른색*)에는 굴곡이 형성되어 있고 반응물(이 경우에는 당의 사슬)의 모양에 꼭 들어맞는다. (*b*) *노란색*으로 표현되어 있는 당의 사슬이 굴곡 안에 미끄러져 들어오면 단백질의 형태가 미세하게 변형되어 기질을 더욱 친밀하게 품어 들이게 된다. 이러한 유도 적합성(induced fit)은 사슬 내 두 당 분자 사이의 화학결합을 깨뜨리는 원인이 된다.

효소(enzyme)는 단백질이나 핵산으로 만들어져 있으며, 세포 내에서 특정한 반응을 빠르게 진행시키는데 사용되는 촉매이다. 효소들이 존재하고 또한 활발하게 작용함으로써 세포는 세포 내부에서 일어나는 일들을 조절할 수 있다. 이는 마치 지휘자가 연주되는 악기를 조율함에 따라서 관현악단이 만들어내는 음악을 조절하는 것과 같다.

효소는 특정한 분자와 결합을 하고 그 분자의 결합에 긴장을 가하여 특정한 반응이 쉽게 일어나도록 하는 방식으로 일을 한다. 이러한 활성의 핵심은 효소의 모양이다. 효소는 특정한 반응물(또는 기질)에 특이하게 작용하는데, 이는 원하는 반응물의 모양과 꼭 들어맞는 틀이 효소의 표면에 존재하기 때문이다. 예를 들어 **그림 5.5**에서 보듯 푸른색의 리소자임은 특정한 당 분자(노란색의 반응물)가 꼭 들어맞는 홈을 갖고 있다. 이 홈에 완벽하게 들어맞지 않는 다른 분자들은 효소 표면에 결합하지 못한다. 반응물이 들어맞는 효소 표면 부위를 **활성부위(active site)**라고 하며(❶) 효소와 결합하는 반응물의 부위를 **결합부위(binding site)**라고 한다. 효소는 딱딱한 물질이 아니다. 반응물이 결합하게 되면 효소의 모양은 조금 변화하게 된다. **그림 5.5*b***와 핵심 생물학 과정의 ❷에서 보듯이 반응물과 효소는 마치 야구공을 감싸 쥔 손처럼 '유도 적합성(induced fit)' 이라 부르는

핵심 생물학 과정: 효소는 어떻게 일을 하는가

❶ 효소는 복잡한 3차원적인 표면구조를 가지고 있으며, 손에 장갑이 맞듯이, 특정한 반응물(효소의 경우에는 기질이라고 함)이 꼭 들어맞는다.

❷ 효소와 기질은 단단하게 결합해서 효소-기질 복합체를 형성한다. 이러한 결합은 핵심적인 원자들을 가깝게 만들어 핵심 공유결합들을 긴장시킨다.

❸ 결과적으로 활성부위 안에서 화학반응이 일어나 생성물을 형성한다. 생성물은 확산해 나가고 효소는 다시 일을 할 수 있도록 자유로워진다.

감싸 안는 형태로 결합하게 된다.

효소는 특정한 반응의 활성화 에너지를 낮춘다. 사람의 눈물에서 발견되는 리소자임의 경우 세균에 대하여 항균작용이 있는데, 세균의 세포벽을 형성하는 분자의 특정한 화학결합을 깨는 작용이 있다(**그림 5.5**). 효소는 전자를 끌어당겨 결합을 약하게 만든다. 또 다르게는, 아래 ❷에서 푸른색과 붉은색의 분자들처럼 서로 가까이 묶음으로써 두 반응물 사이에 연결이 형성되도록 할 수도 있다. 어떤 형태의 반응이건 효소 자체는 화학반응에 의해 영향을 받지 않고 다시 사용될 수 있다.

생화학적 경로

모든 생명체는 매우 다양한 반응을 촉매할 수 있는 수천 종류의 서로 다른 효소를 함유하고 있다. 이 반응들은 정해진 순서대로 진행되는 경우가 많은데 이를 **생화학적 경로(biochemical pathway)**라고 하며, 앞 반응의 생성물이 다음 반응의 반응물이 된다. **그림 5.6**에서 어떻게 최초의 기질이 효소 1에 의해 변형되어 다음 효소 2의 활성부위에 꼭 들어맞는 기질이 된 후 최종적인 생성물이 만들어지는 것을 볼 수 있다. 이 반응들은 순서대로 진행되기 때문에 관련된 효소들은 보통 세포 내에서 가깝게 위치하고 있다. 예를 들어 그림에서 보는 생화학적 경로에 관련된 효소들은 모두 막에 결합되어 서로 가까운 위치에 있다. 효소 집합체는 세포 소기관이나 세포질에도 존재할 수 있지만 많은 생화학적 경로들은 막에서 진행된다. 효소들이 가깝게 위치하면 생화학적 경로의 반응들이 빠른 속도로 진행될 수 있다. 생화학적 경로는 대사과정의 체계적인 단위이다.

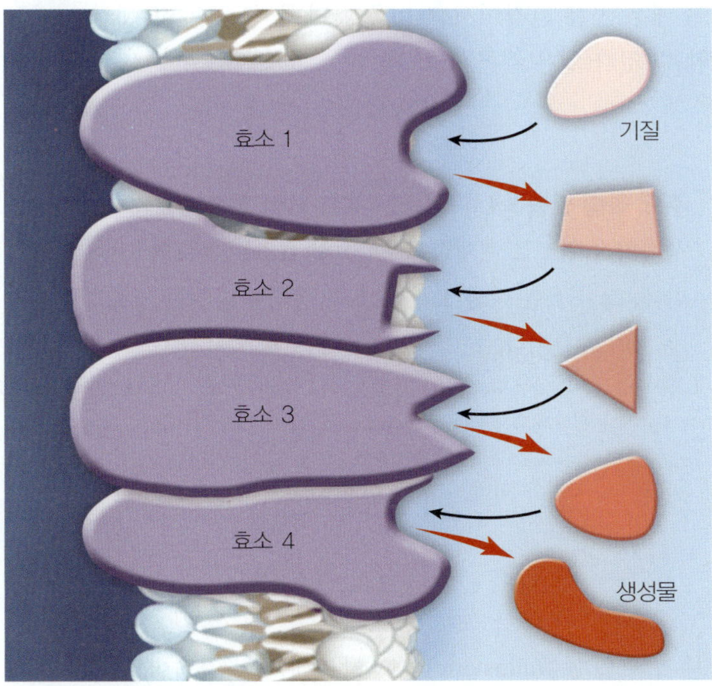

그림 5.6 생화학적 경로

최초의 기질은 효소 1의 작용으로 새로운 형태로 변화하여 효소 2에 인식될 수 있는 기질이 된다. 경로 상에 있는 각 효소는 앞 단계의 생성물에 작용한다.

효소 활성에 영향을 미치는 요인들

온도와 pH는 효소의 활성에 중요한 영향을 미칠 수 있다. 효소 형태의 3차원적 구조를 변경시키는 어떠한 조건 변화에 의해서도 효소 활성은 영향을 받는다.

온도 온도가 증가하면 효소의 형태를 결정해 주는 결합이 약해져서 효소의 정해진 위치에 있는 펩티드 사슬을 유지하기 어려워지게 되며, 따라서 효소는 변성이 된다. 결과적으로 효소는 최적의 온도 범위 내에서 최선의 기능을 발휘하는데, 대부분의 인체 효소는 상대적으로 좁은 범위를 갖는다. 인체 내에서 효소들은 **그림 5.7*a***에서 갈색 곡선으로 표시되는 것처럼 정상 체온인 37°C 정도에서 가장 잘 작동한다. 또한 효소 반응속도가 높

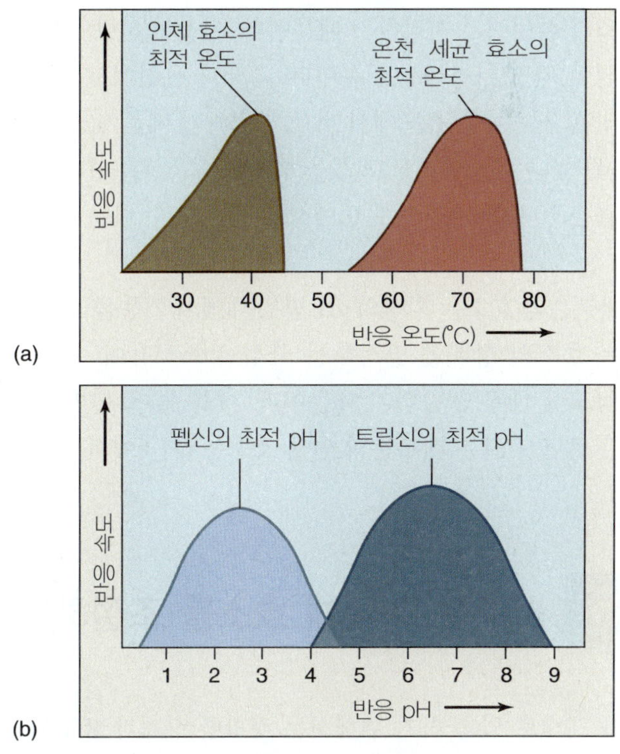

그림 5.7 효소는 그들의 환경 조건에 민감하다

효소의 활성은 (*a*) 온도와 (*b*) pH 조건 모두에 의해 영향을 받는다. 대부분의 인체 효소는 40°C 부근의 온도와 pH 6에서 8 범위에서 가장 작동을 잘한다.

핵심 생물학 과정: 다른 자리 입체성 효소 조절

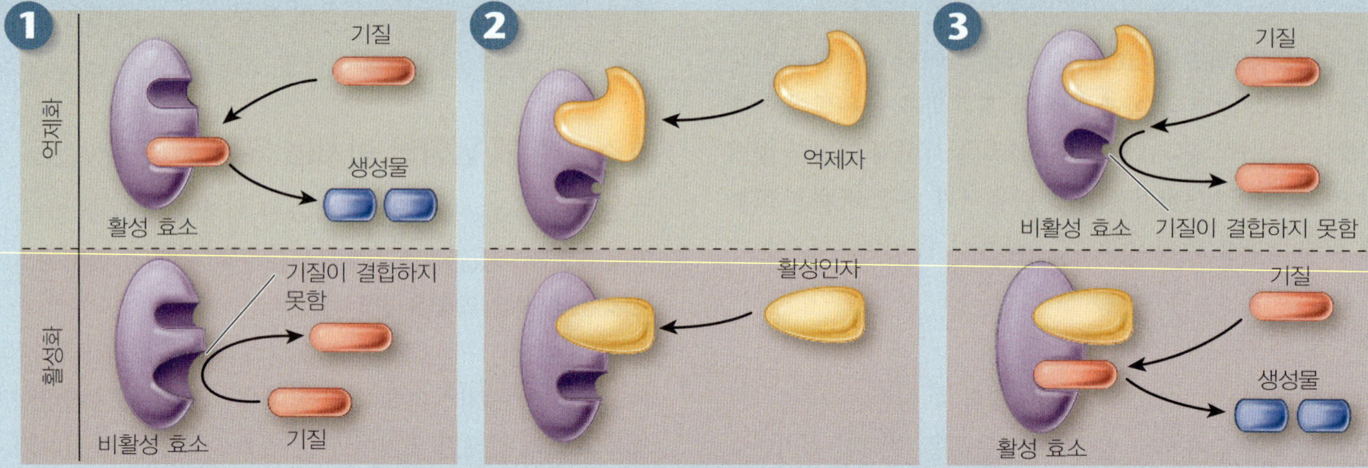

1 억제화되는 효소는 신호 분자가 없을 때 활성이 있는 형태로 존재한다. 반면에 활성화되는 효소는 신호 분자가 없으면 활성이 없는 상태로 존재하게 된다.

2 신호 분자가 다른 자리 입체성 효소에 결합하게 되면 활성부위의 형태가 변하게 된다. 억제자는 활성부위의 형태를 훼손하는 반면에 활성인자는 활성부위의 형태를 복원시킨다.

3 억제화되는 다른 자리 입체성 효소는 신호 분자가 존재하면 활성화되지 못한다. 반면에 활성화되는 다른 자리 입체성 효소는 활성화되기 위하여 신호 분자를 필요로 한다.

은 온도에서는 급격히 감소함을 주목하여야 하는데, 이는 효소의 구조가 풀어지기 시작하기 때문이다. 이것이 사람이 매우 높은 고열이 되면 치명적인 이유이다. 그러나 온천에서 발견되는 세균의 효소는 높은 온도에서 더욱 안정하기 때문에(붉은색 곡선) 훨씬 높은 온도에서도 기능을 발휘할 수 있다. 이러한 이유로 세균은 70°C에 가까운 온도에서도 생존할 수 있는 것이다.

pH 대부분의 효소는 최적의 pH 범위 내에서 기능을 하는데 그 이유는 효소의 형태를 결정하는 극성 상호작용이 수소 이온(H^+) 농도에 매우 민감하기 때문이다. 예를 들어, 단백질 분해 효소인 트립신 같은 대부분의 인체 효소는 pH 6에서 8 사이의 범위에서 최고의 작동을 한다(**그림 5.7*b***의 짙은 푸른색 곡선). 하지만 소화 효소인 펩신과 같은 몇몇 효소들은 위장 내의 산성이 매우 높은 환경에서 기능을 나타내며, 높은 pH에서는 작동할 수 없다(옅은 푸른색 곡선).

주요 학습 요점 5.4 **효소는 세포 내의 화학반응을 촉매하며 생화학적 경로로 체계화될 수 있다. 효소는 온도와 pH에 민감한데, 그 이유는 이들 모두 효소의 형태에 다양한 영향을 미칠 수 있기 때문이다.**

5.5 세포는 어떻게 효소를 조절하는가?

효소가 제대로 일을 하기 위해서는 정확한 형태가 요구되므로 세포가 효소의 형태를 변형시켜 활성을 조절하는 것은 가능한 일이다. 많은 효소들의 표면에 신호 분자(signal molecule)가 결합하면 그 형태의 변형이 일어날 수 있다. 이러한 효소들을 *다른 자리 입체성*(allosteric)이라 하는데 이는 라틴어로 다른 형태라는 뜻이다. 이 효소들은 신호 분자와 결합함으로써 활성화 또는 억제화가 될 수 있다. 위의 핵심 생물학 과정의 옅은 색 도판에서는 억제화되는 효소의 예를 보여주고 있다. **억제자**

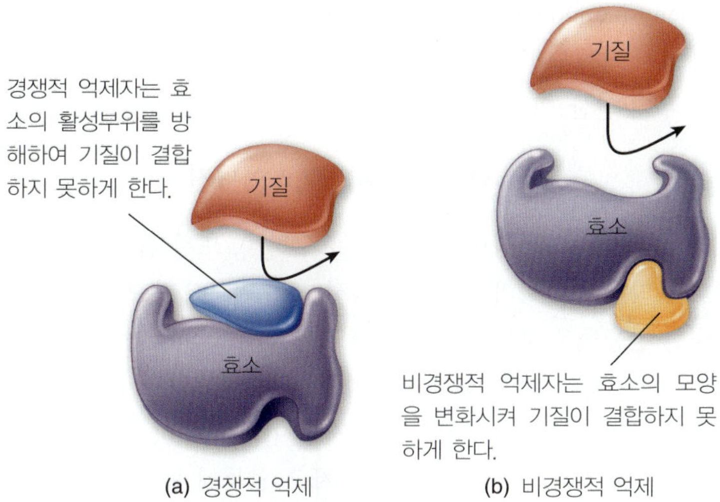

그림 5.8 효소는 어떻게 억제되는가

(*a*) 경쟁적 억제에서는 억제자가 효소의 활성부위를 방해한다. (*b*) 비경쟁적 억제에서는 억제자가 효소의 활성부위와 떨어진 장소에 결합함으로써 효소의 구조에 영향을 미친다. 그래서 기질이 더 이상 결합할 수 없게 된다. 되먹임 억제에서 억제분자는 반응의 생성물이다.

(repressor)라고 하는 신호 분자가 결합하면(**❷**) 효소의 활성부위의 형태가 변형되고, 이런 경우 기질이 더 이상 결합할 수 없게 된다. 또 다른 경우에는 신호 분자가 효소에 결합하지 않는 이상 효소는 반응물과 결합하지 못한다. 패널의 아래쪽은 신호 분자가 **활성인자(activator)**로 작용하는 경우를 보여주고 있다. 붉은색의 기질은 활성인자(노란색 분자)가 효소의 제자리에 결합하여 활성부위의 형태를 변형시키지 않는 한 효소의 활성부위에 결합하지 못한다. 신호 분자가 결합하는 효소 표면의 위치를 **다른 자리 조절 부위(allosteric site)**라고 한다.

효소들은 종종 **되먹임 억제(feedback inhibition)**라고 하는 방법에 의해 조절되는데, 여기서는 반응의 생성물이 억제자로서의 역할을 한다. 되먹임 억제는 두 가지 방법으로 일어 날 수가 있는데 *경쟁적 억제자*(competitive inhibitor)*와 비경쟁적 억제자*(non-competitive inhibitor)에 의한 것이다. **그림 5.8*a***에 있는 푸른색 분자는 경쟁적 억제자로 작동하는 것을 보여주는데, 활성부위를 막아서 기질이 결합하지 못하도록 한다. **그림 5.8*b***에 있는 노란색 분자는 비경쟁적 억제자로서 작동하는 것이다. 억제자는 다른 자리 조절 부위에 결합하여 효소의 형태를 변형시키고 기질이 결합하지 못하도록 한다.

많은 종류의 약물과 항생제들이 효소의 억제 물질로 작용한다. 리피톨(Lipitor)과 같은 스타틴 약물(statin drug)은 콜레스테롤 합성 과정의 핵심 효소를 억제함으로써 콜레스테롤을 낮춘다. 항생제 페니실린은 세균의 세포벽을 합성하는 효소를 억제한다. 사람은 이 효소가 없기 때문에 페니실린에 의해 해를 입지 않는다.

> **주요 학습 요점 5.5　효소의 활성은 신호 분자에 의해 영향을 받을 수 있는데, 신호 분자는 효소에 결합하여 그 형태를 변형시킨다.**

세포는 어떻게 에너지를 사용하는가?

5.6 ATP: 세포의 에너지 화폐

세포는 에너지 소모가 요구되는 모든 일에 에너지를 사용한다. 그렇다면 세포가 태양이나 또는 분자 내 위치에너지의 형태로 저장되어 있는 에너지를 자신의 활동을 위해 어떻게 사용할까? 태양의 방사 에너지나 분자에 저장되어 있는 에너지는 에너지의 원천이다. 그러나 마치 주식이나 신탁 또는 부동산에 투자되어 있는 돈과 같은 것이라서 이 에너지 원천은 세포를 운영하는데 직접적으로 사용될 수 없다. 태양에너지나 음식물 분자의 에너지는 우선 세포가 직접 사용할 수 있는 에너지원으로 전환되어야 사용 가능하며, 이는 주식이나 신탁을 현금으로 전환해야 사용할 수 있는 것과 같다. 생물체 내에서 현금 분자는 **아데노신 삼인산(adenosine triphosphate, ATP)**이다. 즉, ATP는 세포의 에너지 화폐이다.

ATP 분자의 구조

각 ATP 분자는 **그림 5.9**에서 보듯이 세 부분으로 구성되어 있는데 (1) 당(푸른색)은 다른 두 부분이 결합할 수 있게 골격 역할을 하고, (2) 아데닌(분홍색)은 DNA와 RNA에 있는 네 종류의 질소 염기들 중의 하나이며, (3) 3개의 인산기 사슬(노란색)은 고에너지 결합을 함유하고 있다.

그림에서 볼 수 있듯이 인산기는 전기적으로 음성 전하를 갖는데, 그렇기 때문에 ATP 말단 부위에 3개의 인산기가 일렬로 결합되어 있기 위해서는 상당량의 에너지를 취해야 한다. 스프링 용수철처럼 인산기들은 서로 밀어내는 상태로 존재한다. 이런 이유로 인산기를 연결하는 화학결합은 화학적으로 반응성이 강한 결합들이다.

ATP 분자의 가장 말단에 있는 인산기가 끊어져 나가면 ATP가 아데노신 이인산(adenosine diphosphate, ADP)으로 전환되며, 상당량의 에너지가 방출된다. 두 번째 인산기 역시 제거될 수 있는데 추가적인 에너지를 방출하고 아데노신 일인산 (adenosine monophosphate, AMP)이 남는다. 세포 내에서 대부분의 에너지 교환은 ATP 최종 말단의 인산 결합이 끊어져 ADP와 무기 인산으로 전환되는 반응과 연관되어 있다:

$$\textbf{ATP} \leftrightarrow \textbf{ADP} + \textbf{P}_\textbf{i} + \textbf{에너지}$$

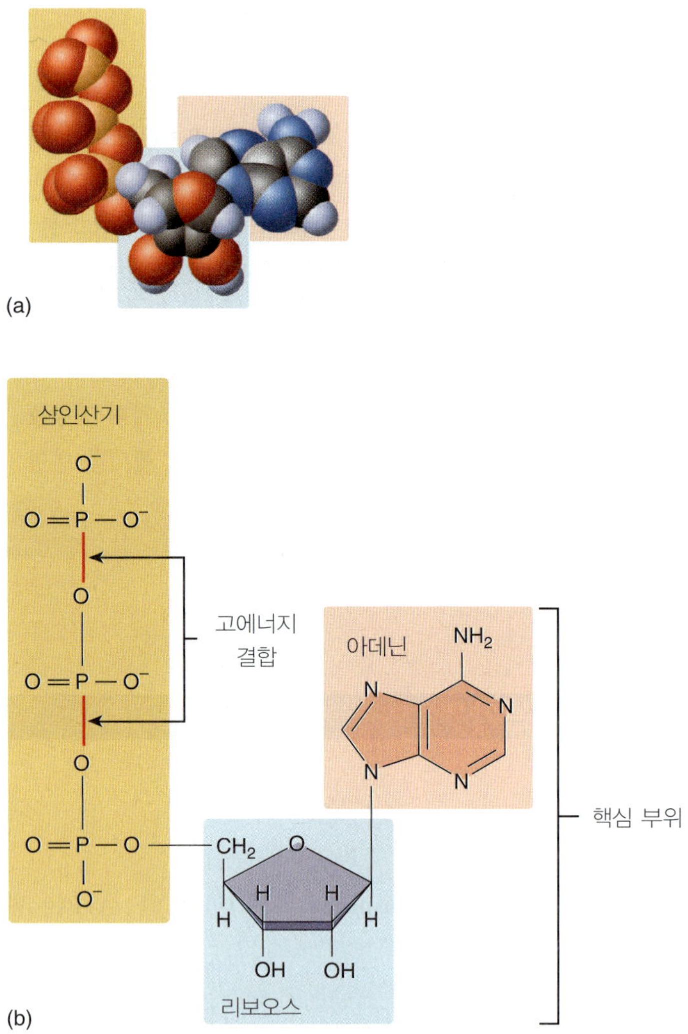

그림 5.9 ATP 분자의 각 부분들

모형(*a*)와 구조 도형(*b*) 모두 ATP가 리보오스(오탄당)에 결합되어 있는 3개의 인산기로 구성되어 있음을 보여주고 있다. 리보오스 분자는 아데닌 분자(DNA와 RNA에 존재하는 4종의 질소 염기 중 하나)에 연결되어 있다. ATP 분자의 최종 말단에 있는 인산기가 떨어져 나가면 상당량의 에너지가 방출된다.

발열반응은 활성화 에너지를 요구하며, 또한 흡열반응에는 더욱 많은 에너지의 유입이 필요하다. 그러므로 세포 내에서 이러한 반응들은 보통 ATP의 인산 결합이 깨어짐과 짝 지어져 있어 *짝반응*(coupled reaction)이라고 한다. 세포 내에서 거의 대부분의 반응들이 요구하는 에너지는 이 반응에서 방출되는 에너지보다 적으므로, ATP는 많은 세포 활동에 동력을 줄 수 있고 부산물로 열을 생산한다. **표 5.1**은 ATP의 깨짐으로 동력이 제공되는 몇몇 핵심적인 세포 활동을 소개하고 있다. ATP는 ATP-ADP 회로를 통해 ADP와 P_i로부터 연속적으로 재생된다.

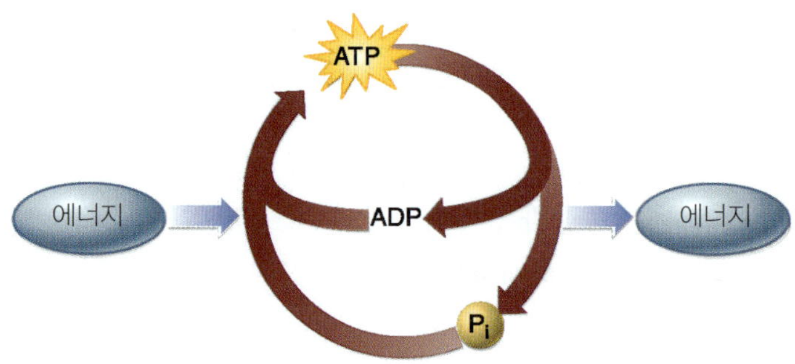

세포는 두 종류의 서로 다른 그러나 보완적인 과정을 통해 태양에너지와 음식물에서 발견되는 위치에너지를 ATP로 전환한다. 몇몇 세포들은 **광합성(photosynthesis)**이라는 과정을 통해 태양에너지를 ATP 분자 에너지로 전환한다. 이 ATP는 설탕 분자를 만드는 데 사용되는데, ATP의 에너지가 당 분자 내의 원자들을 붙잡아 놓는 결합의 위치에너지로 바뀌는 것이다. 모든 세포들은 음식물의 위치에너지를 **세포호흡(cellular respiration)**을 통해 ATP로 전환한다.

주요 학습 요점 5.6 **세포는 화학반응을 작동하기 위하여 ATP 분자에 있는 에너지를 사용한다.**

표 5.1 세포는 일을 하는데 어떻게 ATP 에너지를 동력으로 사용하는가

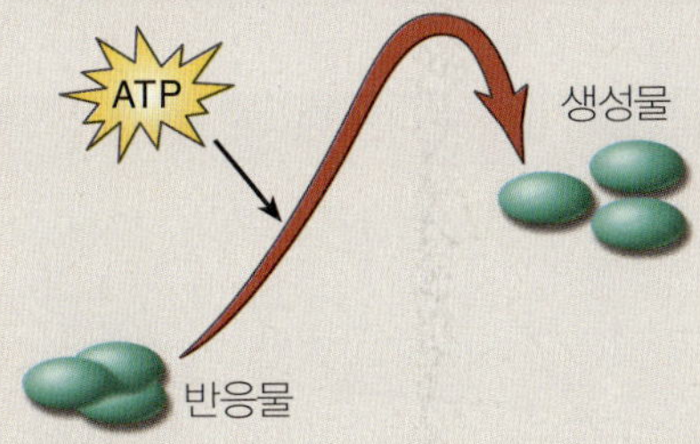

생합성

세포는 ATP의 발열적 가수분해를 통해 방출되는 에너지를 단백질 합성과 같은 흡열반응을 구동하는 데 사용한다. 이런 방식을 에너지 짝반응이라고 한다.

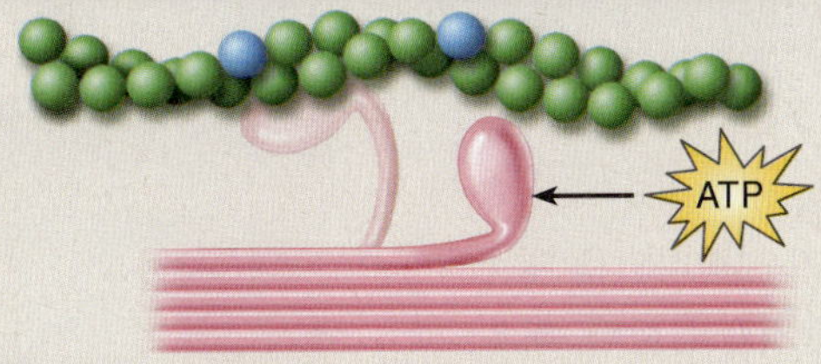

수축

근육 세포 안에서 단백질 필라멘트는 서로를 지나쳐 반복적으로 활강운동을 하여 세포의 수축운동을 실현한다. 필라멘트가 원 위치하여 다시 활강하기 위해서는 ATP의 유입이 요구된다.

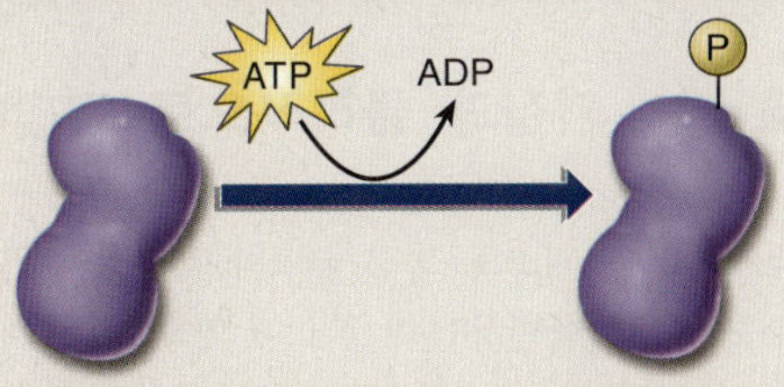

화학적 활성화

단백질은 ATP로부터 고에너지 인산기를 얻어 결합하면 활성화될 수 있다. 다른 종류의 분자들 역시 ATP로부터 인산기를 전달받아 인산화될 수 있다.

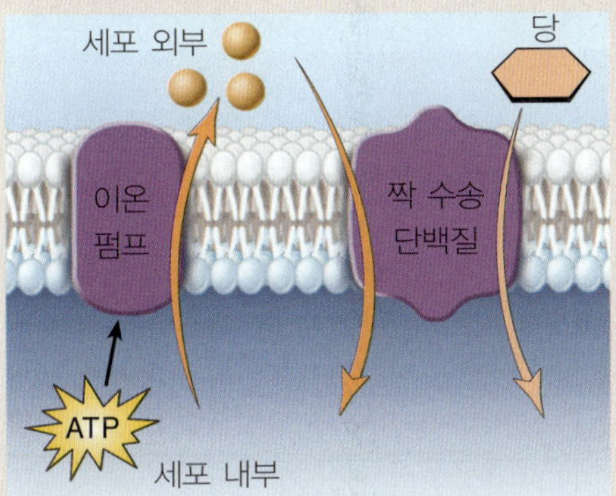

대사물질의 유입

아미노산이나 당과 같은 대사물질들은 세포 외부에서 안으로 농도 기울기를 역행하여 유입될 수 있는데, 어떤 이온들이 농도 기울기를 따라 세포 안으로 유입될 때 그 이온들과 짝 지어져서 들어온다. 이 이온들의 농도 기울기는 ATP를 사용하여 만들어진다.

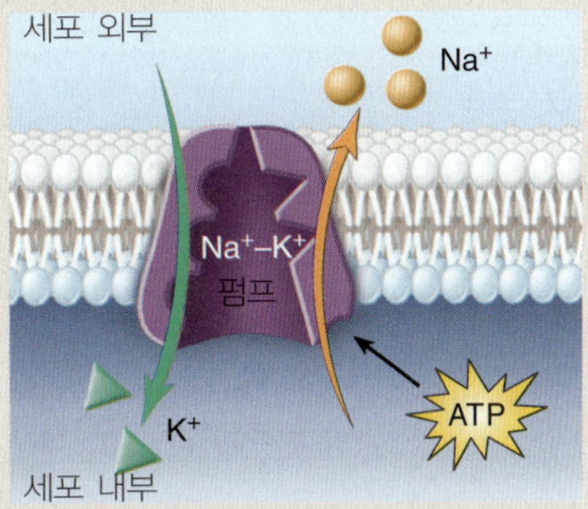

능동 수송: $Na^+ - K^+$ 펌프

대부분의 동물 세포들은 내부의 Na^+ 농도가 외부환경 비하여 상대적으로 낮게 유지되고, K^+는 높게 유지된다. 이는 $Na^+ - K^+$ 펌프라는 단백질에 의해 실행되는데, 이 펌프는 ATP의 에너지를 사용하면서 Na^+를 외부로 K^+는 내부로 능동적인 수송을 한다.

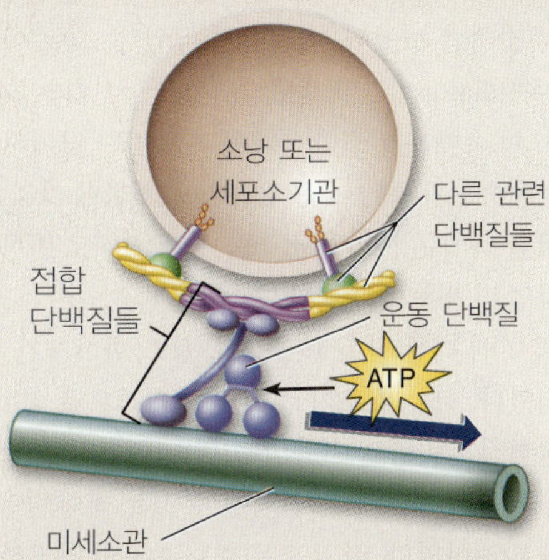

세포질 수송

세포의 세포질 내에서 소낭이나 세포소기관들은 운동 단백질 분자를 사용하여 미세소관을 따라 끌어 당겨질 수 있는데, 운동 단백질 분자는 접합 단백질에 의해 소낭이나 세포소관에 연결되어 있다. 운동 단백질은 그들의 이동을 작동시키기 위해 ATP를 사용한다.

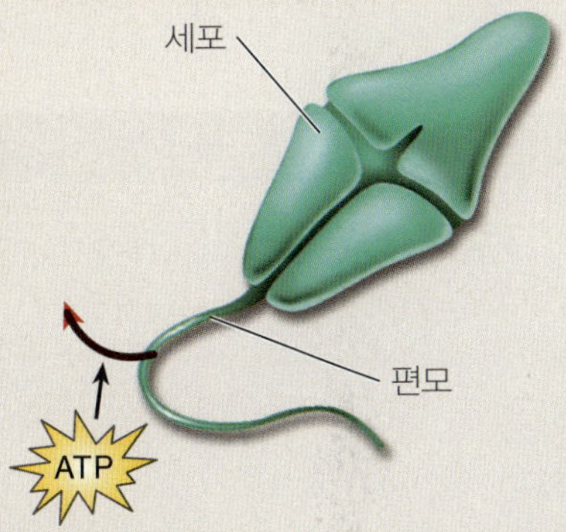

편모 운동

편모 내부의 미세소관은 서로를 지나쳐 활강운동을 하여 편모 운동을 만든다. 미세소관의 활강은 ATP로부터 동력이 제공된다.

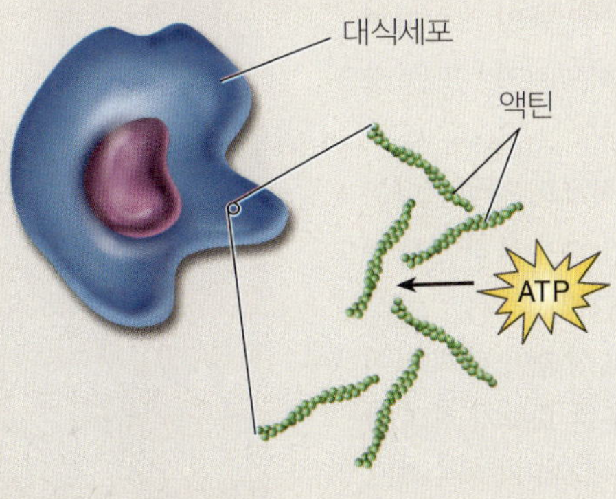

세포 아메바운동

세포의 세포골격에 있는 액틴 필라멘트는 연속적으로 조합되고 해체되면서 세포의 외형을 변화시키고 그로 인해 세포가 아메바 운동을 하여 기질로 다가가고 물질을 삼킬 수 있도록 한다. 이러한 액틴의 역동적인 특성은 액틴 필라멘트에 결합되어 있는 ATP 분자에 의해 조절된다.

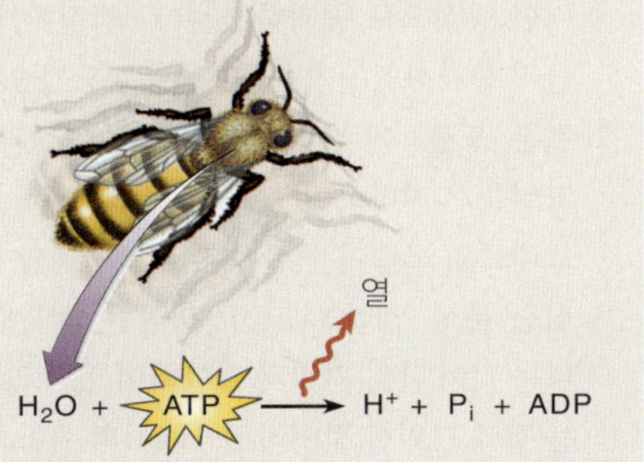

열 생성

ATP 분자의 가수분해는 열을 발생한다. ATP의 가수분해 반응은 종종 미토콘드리아나 수축되는 근육 세포들에서 일어나며 그리고 다른 반응과의 짝 반응으로도 일어날 수 있다. 이런 반응들에서 생성되는 열은 유기체의 온도를 유지하는 데 사용될 수 있다.

질문 & 분석

효소는 기질과 물리적으로 결합하는가?

과학자들이 최초로 생명체의 화학 활성을 연구하기 시작하였을 때는 누구도 생화학반응들이 효소에 의해서 촉매된다는 것을 몰랐다. 최초의 효소는 1833년에 프랑스 화학자 Anselme Payen에 의해 발견되었다. 그는 보리로부터 어떻게 맥주가 만들어지는가에 대해 연구하고 있었다. 그 과정으로는 우선 보리를 압착하여 서서히 가열하면 보리의 녹말이 단순한 이당류로 분해되고, 그리고 나면 효모가 이당류를 에탄올로 전환시킨다. Payen은 초기의 분해 과정에서 생물체가 아닌 어떤 화학적 요소가 필요하다는 것을 알았고, 이 물질은 이 과정에서 소모되지 않는 것처럼 보였다. 이것이 촉매였다. 그는 이 최초의 효소를 *디아스타아제*(diastase)라고 불렀다(현재는 *아밀라아제*라고 부른다).

이 촉매는 인접한 분자들과 얼마간 떨어져서 작동한다. 주변의 모든 반응속도가 증가하듯, 온도가 증가함에 따라 반응속도가 증가할까? 아니면 촉매는 물리적 접촉을 통해 실제로 반응을 촉매하는 분자와 물리적인 결합을 할까(촉매의 '기질')?

이에 대한 답은 1903년 프랑스 화학자인 Victor Henri에 의해 발견되었다. 그는 효소가 기질과 물리적으로 결합한다는 가설이 명확하게 실험적으로 증명 가능함을 예측하였다. 효소와 기질의 용액 내에서 반응이 더 이상 빠르게 진행될 수 없는 최대 반응속도가 반드시 있다는 것을 발견하였다. 만일 모든 효소 분자가 완전히 일을 하고 있는 상태라면 아무리 많은 기질을 그 용액에 더해 주더라도 반응은 더 이상 빨라질 수 없다. 이 예측을 실험하기 위해서 Henri는 서로 다른 농도의 기질(S)에서 디아스타아제의 반응 속도(V)를 측정하는 실험을 하였고, 그 결과를 그래프에서 볼 수 있다.

1. **추론하기** S가 증가함에 따라 V도 증가하였는가? 만일 그렇다면 어떤 방식으로 증가하였는가? 일정하게 증가하였는가? 또는 조금씩 증가하였는가? 최대 반응속도가 있는가?
2. **결론 도출** 이 결과들은 효소가 기질과 물리적으로 결합한다는 가설을 지지하고 있는가? 설명해 보라. 만일 가설이 옳지 않다면 그래프의 모습이 어떨 것이라고 기대할 수 있는가?
3. **심층 분석** 만일 S의 농도가 높은 상태에서 V의 상승이 작게 일어나는 것이 단지 기질과 결합하여 있지 않은 유용한 효소가 거의 없는 것에 기인한 것이라면, Henri의 실험의 곡선에서 V가 지수적으로는 감소해야만 한다. 그리고 수학적으로는 상호역수를 취하여 그린 선은($1/V$ 대 $1/S$) 직선을 나타내어야 한다. 만일 기질의 농도와는 별도로 작용하는 또 다른 요인들이 작동한다면 상호역수 선은 상향 또는 하향의 곡선으로 그려지게 될 것이다. 오른쪽에 있는 표에 상호역수 값을 채워 넣어라. 그리고 아래 그래프에 값에 대한 선을 그려 넣어라(x축에는 $1/S$와 y축에는 $1/V$). Henri의 데이터에 대한 상호역수 선은 직선인가?

기질의 농도가 반응 속도에 어떻게 영향을 미치는가?

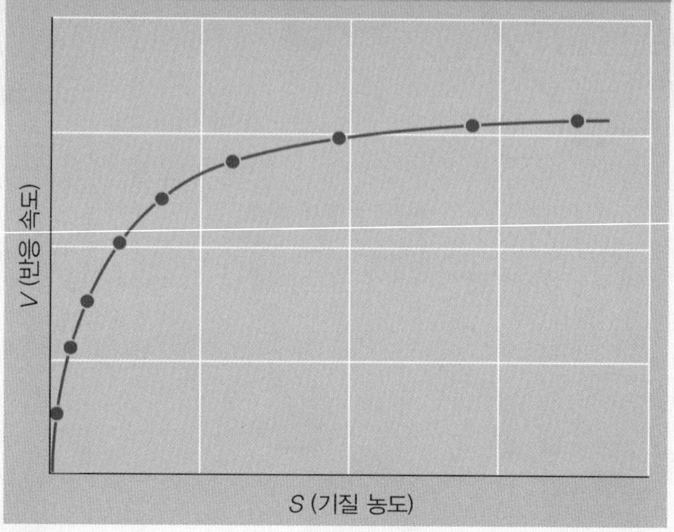

시도	*S*	1/*S*	*V*	1/*V*
1	5	0.200	7.7	0.130
2	10		15.4	
3	25		23.1	
4	50		30.8	
5	75		38.5	
6	125		40.7	
7	200		46.2	
8	275		47.7	
9	350		48.5	

상호 역수 그래프

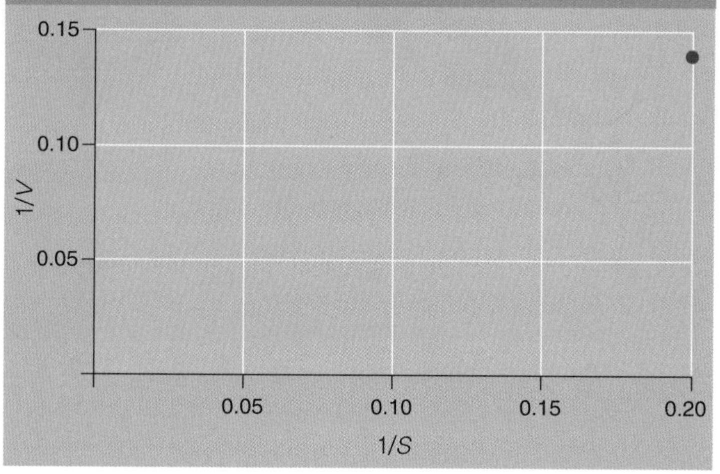

세포와 에너지

5.1 생명체에서의 에너지 흐름

- 에너지는 일을 할 수 있는 능력이다. 에너지는 두 가지의 상태로 존재한다. 운동에너지와 위치에너지이다.
- 운동에너지는 움직이는 에너지이다. 위치에너지는 저장된 에너지이고, 이는 **그림 5.1**에서 보는 것처럼 언덕 꼭대기에 놓여 있는 공과 같이 움직이지는 않지만 움직일 수 있는 능력이 있는 물체에 존재하는 에너지이다. 생명체가 수행하는 모든 일은 위치에너지가 운동에너지로 전환되는 것을 필요로 한다.
- 태양으로부터 지구로 흘러드는 에너지는 광합성 생물체에 의해 포획되어 위치에너지의 형태로 탄수화물에 저장된다. 이 에너지는 화학반응들이 진행되는 과정에서 전달된다.

5.2 열역학 법칙

- 열역학 법칙들은 우리 우주에서 에너지의 변화를 기술하고 있다. 열역학 제1법칙은 에너지가 창조되거나 파괴되지 않고, 오직 한 상태에서 다른 상태로 변화함을 설명하고 있다. 우주의 에너지 총합은 항상 일정하게 유지된다.
- 우주의 에너지는 빛, 전기, 열에너지 등과 같이 다양한 형태로 존재한다. 열에너지와 같은 에너지는 장치를 통해 일을 할 수 있다(**그림 5.2**).
- 열역학 제2법칙은 위치에너지가 무작위적인 분자의 운동으로 전환되는 것이 지속적으로 증가함을 설명하고 있다. 이러한 에너지의 전환은 질서 있지만 덜 안정된 형태에서 무질서하나 더욱 안정된 형태로 진행된다. 엔트로피는 어떤 계의 무질서한 정도의 척도이며 지속적으로 증가하는데, 이는 무질서한 것이 질서 있는 것보다 더욱 일어나기 쉽기 때문이다. 에너지는 질서를 유지하는 데 사용되어야 한다(**그림 5.3**).

세포 화학

5.3 화학반응

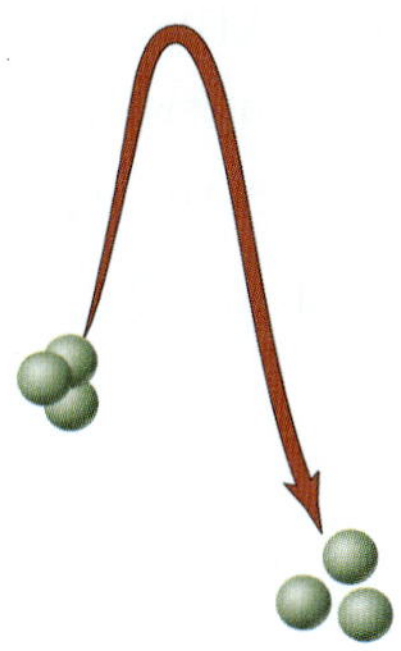

- 화학반응은 공유결합의 깨짐이나 형성을 수반한다. 반응을 시작하는 분자를 반응물이라 하고 반응의 결과로 생산되는 물질을 생성물이라고 한다. 생성물이 반응물보다 더 많은 위치에너지를 갖게 되는 반응들을 흡열반응이라 한다. **그림 5.4**에서 볼 수 있듯이 에너지를 방출하는 화학반응을 발열반응이라 하며, 더 일어나기 쉬운 반응이다.
- 모든 화학반응들은 에너지의 유입을 요구한다. 반응을 개시시키기 위해 요구되는 에너지를 활성화 에너지라고 한다. 활성화 에너지를 낮추면 화학반응은 더 빠르게 일어날 수 있고, 이는 촉매를 통하여 일어날 수 있다.

효소

5.4 효소는 어떻게 일을 하는가?

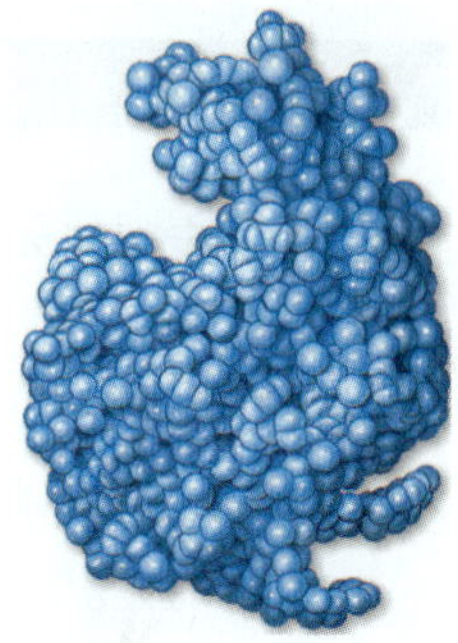

- 효소는 세포 내에서 화학반응들의 활성화 에너지를 낮추는 거대분자이다. 효소는 촉매이다.
- **그림 5.5**에서 보여 주는 리소자임과 같이 효소는 반응물, 또는 기질과 결합한다. 기질은 효소의 활성부위에 결합한다. 효소는 기질과 형태를 만들어 기질의 공유결합에 긴장을 주거나 원자들을 가깝게 근접하도록 작용한다. 효소의 작용은 화학결합이 깨지거나 생성될 가능성을 증가시킨다. 효소는 반응의 활성화 에너지를 낮춘다. 효소는 반응에 의해 영향을 받지 않고 계속 반복하여 사용될 수 있다(**핵심 생물학 과정, 124쪽**).
- 때때로 효소는 생화학적 경로라고 하는 일련의 화학반응에서 작용한다. 한 반응의 생성물은 다음 반응의 반응물이 된다. 여기에 관련된 효소들은 보통 세포 내에서 가까운 위치에 있다(**그림 5.6**).
- 세포 내에서 화학반응들은 효소의 활성을 통제함으로써 조절된다. 온도나 pH와 같은 요인들도 효소의 기능에 영향을 미칠 수 있는데, 그러므로 대부분의 효소는 최적 온도와 pH의 범위를 갖고 있다(**그림 5.7**).
- 높은 온도는 효소의 적절한 형태를 유지하고 있는 결합을 파괴할 수 있어서 효소가 화학반응을 촉매하는 능력을 감소시킨다. 효소의 형태를 유지하는 결합은 수소 이온 농도에 의해서도 영향을 받기 때문에 pH가 증가하거나 감소하면 효소의 기능이 떨어진다.

5.5 세포는 어떻게 효소를 조절하는가?

- 효소는 세포 내에서 효소의 형태가 일시적으로 변형되는 방법으로 억제되거나 활성화될 수 있다(**핵심 생물학 과정, 126쪽**). 효소는 억제인자라고 부르는 분자가 결합하면 억제될 수 있는데 이는 활성부위의 형태가 변형되어서 기질과 결합할 수 없게 되기 때문이다. 활성인자라고 하는 분자가 결합하면 효소의 활성부위 형태가 변형되어서 기질과 결합할 수 있다. 이러한 방식으로 조절되는 효소를 다른 자리 입체성 효소라고 한다.
- 억제 분자는 효소의 활성부위에 결합하여서 활성부위를 막을 수도 있다. 이러한 것을 경쟁적 억제라고 한다. 비경쟁적 억제에서는 억제인자가 효소의 다른 부위에 결합함으로써 활성부위의 형태를 변형시키고 기질과 결합할 수 없도록 한다(**그림 5.8**). 효소는 종종 되먹임 억제에 의한 조절을 받는데, 이는 반응의 생성물이 억제인자로 작용하여서 자신의 합성을 멈춰버리는 공정이다.

세포는 어떻게 에너지를 사용하는가?

5.6 ATP: 세포의 에너지 화폐

- 세포는 일을 하기 위하여 ATP 형태의 에너지를 필요로 한다(**표 5.1**). ATP는 하나의 당과 아데닌 그리고 3개의 인산기 사슬을 함유하고 있으며, **그림 5.9**에서 보는 바와 같다. 세 개의 인산기는 고에너지의 결합으로 함께 묶여 있다. 최종 말단의 인산 결합이 끊어질 때 상당한 양의 에너지가 방출된다. 세포는 ATP의 분해와 다른 화학반응을 짝 지음으로써 반응을 일으키기 위한 에너지로 사용한다.

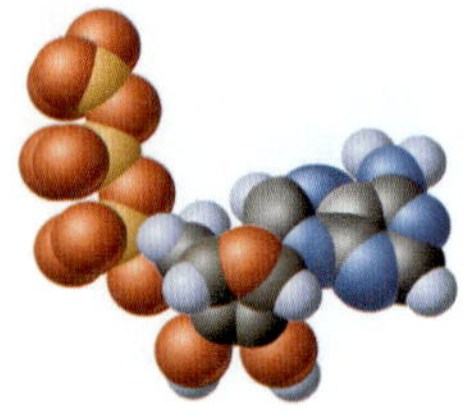

이해력 확인 문제

1. 일을 할 수 있는 능력을 정의하면 무엇이라고 하는가?
a. 열역학 b. 에너지
c. 방사선 d. 엔트로피

2. 열역학 제1법칙에 대한 설명으로 옳은 것은?
a. 에너지는 생명체가 사용하고 또 재사용하듯이 끊임없이 재활용된다.
b. 닫혀져 있는 계에서 엔트로피(또는 무질서도)는 지속적으로 증가한다.
c. 엔트로피를 측정하는 공식이다.
d. 에너지는 형태를 바꿀 수는 있으나 만들어지거나 파괴되지는 않는다.

3. 열역학 제2법칙에 대한 설명으로 옳은 것은?
a. 에너지는 생명체가 사용하고 또 재사용하듯이 끊임없이 재활용된다.
b. 닫혀진 계에서 엔트로피(또는 무질서도)는 지속적으로 증가한다.
c. 엔트로피를 측정하는 공식이다.
d. 에너지는 형태를 바꿀 수는 있으나 만들어지거나 파괴되지는 않는다.

4. 자발적으로 일어나는 화학반응에 대한 설명으로 옳은 것은?
a. 발열반응이며 에너지가 방출된다.
b. 발열반응이며 반응의 생성물들이 더 많은 에너지를 함유한다.
c. 흡열반응이며 에너지를 방출한다.
d. 흡열반응이며 반응의 생성물들이 더 많은 에너지를 함유한다.

5. 생명체들이 필요한 화학반응을 수행하도록 도와주는 촉매의 명칭은 무엇인가?
a. 호르몬 b. 반응물
c. 효소 c. 기질

6. 효소의 활성에 영향을 미치는 요소들은 무엇인가?
a. 펩티드와 에너지
b. 열역학
c. 온도와 pH
d. 엔트로피

7. 효소가 제대로 일을 하기 위한 조건으로 옳은 것은?
a. 특정한 형태를 가져야 한다.
b. 온도가 어떤 제한된 범위 안에 있어야 한다.
c. pH가 어떤 제한된 범위 안에 있어야 한다.
d. 위의 조건이 모두 해당한다.

8. 경쟁적 억제에 대한 설명으로 옳은 것은?
a. 한 효소는 필요한 기질을 사이에 두고 다른 효소와 경쟁하여야 한다.
b. 한 효소는 필요한 에너지를 사이에 두고 다른 효소와 경쟁하여야 한다.
c. 억제 분자는 효소의 활성부위를 두고 기질과 경쟁한다.
d. 두 가지 서로 다른 생성물이 효소의 동일한 결합 부위를 두고 경쟁한다.

9. 다음 중 ATP의 구성 요소가 아닌 것은?
a. 활성부위 b. 아데닌
c. 리보오스 d. 인산기

10. 세포 내에서 흡열반응이 일어날 수 있는데, 그 이유는 무엇인가?
a. ATP의 인산 결합의 깨어짐과 짝지어 일어나기 때문이다.
b. 비촉매적 반응과 짝지어 일어나기 때문이다.
c. 활성인자와 짝지어 일어나기 때문이다.
d. 모두 옳음

응용력 확인 문제

1. **그림 5.7** 여기에 보여 주는 그래프를 검토하시오. 인체의 온도가 50°C까지 올라갔을 때 인체 효소에서 어떤 일이 일어나는지를 설명하시오. (b) 부분을 보시오. 트립신의 주변 환경의 수소 이온 농도가 증가하였을 때 어떤 기능적인 일이 일어났는가? pH가 4에서 3으로 변화하였을 때 펩신 효소는 어떻게 반응할 것으로 예상하는가?

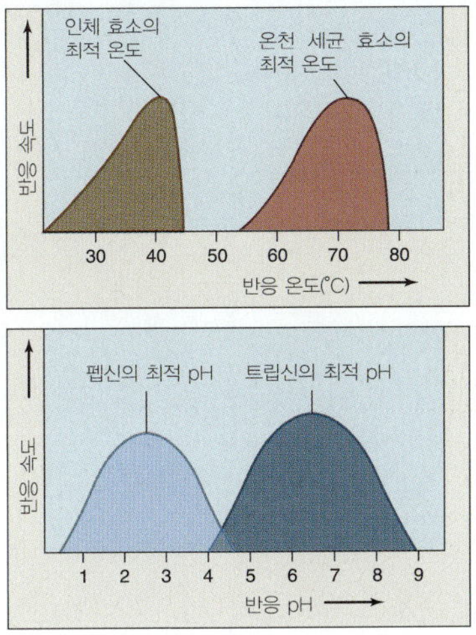

2. **표 5.1** ATP는 주로 글루코오스의 분해로부터 생성된다. 만일 당신의 혈당 수준이 급격히 떨어진다면 당신의 몸에서 어떤 종류의 문제점이 일어난다고 예측할 수 있는가?

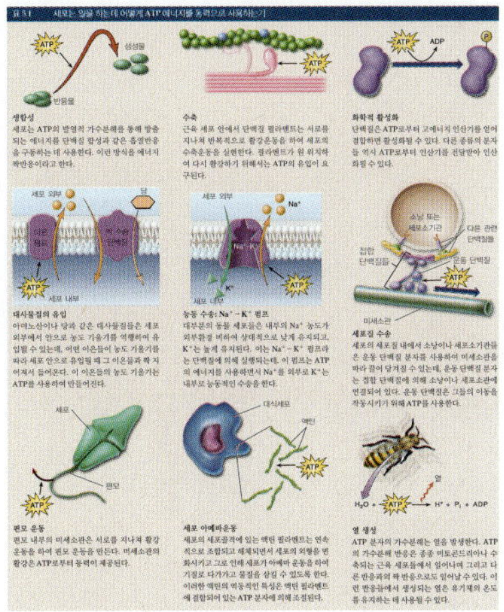

종합 학습

1. 식물, 조류, 세균과 같은 광합성 생물들은 태양에너지를 포획하여 우리와 같은 다른 생명체들이 에너지를 얻을 수 있는 당 분자로 전환시킨다. 이 당 분자들의 어느 곳에 태양에너지가 저장되는지 설명하고, 당을 섭취하는 동물들이 어떻게 에너지를 얻는지를 설명하시오.
2. 제한 효소는 DNA의 GAATTC와 같이 특이하고 특정한 염기서열을 절단하는 효소이다. 특정한 제한 효소가 자신의 목표가 되는 염기 서열을 발견하였을 때 어떻게 그것을 알아낼 수 있는가?
3. 만일 투수가 던진 야구공이 홈런 타자가 휘두른 방망이에 맞았다면, 야구공의 운동에너지에는 무슨 일이 일어났겠는가? 또한 야구 방망이의 운동에너지에는 무슨 일이 일어났겠는가?

6
광합성: 태양으로부터 에너지 획득

학습단원

광합성

6.1 광합성의 개관
1. 광합성을 정의하고 이를 수행하는 3가지 기본 생명체
2. 참나무의 줄기에서는 광합성이 일어나지 않는 이유
3. 빛이 엽록체에 도달하기 위해 통과해야 하는 잎의 3가지 층
4. 엽육조직세포 내부에 있는 엽록체는 빛을 흡수하는 반면, 이 세포의 원형질막이 빛을 흡수하지 않는 이유
5. 엽록체의 구조에 대한 그림을 그리고, 어느 곳에서 엽록소가 발견되는가 설명
6. 어떻게 광계가 광자를 잡는가 설명
7. 광합성의 광의존성 및 광비의존성 반응 비교

6.2 식물은 어떻게 햇빛으로부터 에너지를 포획할까?
1. 광자는 무엇으로 이루어져 있는가를 기술하고 광자의 에너지가 파장의 연관성
2. 색소인 엽록소에 의해 흡수되지 않는 빛의 색
3. 가을에 잎들이 왜 색이 변하는 이유

6.3 색소들로 광계 구성하기
1. 광의존성 반응의 5단계
2. 광중심 엽록소 분자와 광계의 다른 엽록소 분자의 차이

6.4 광계는 어떻게 빛을 화학에너지로 전환시킬까?
1. 전자전달계의 기능
2. 화학삼투의 정의와 ATP 합성효소의 기능
3. 광계 I과 광계 II의 차이

6.5 새로운 분자 만들기
1. 캘빈 회로의 기능 설명 및 ATP와 NADPH가 필요한 이유

광호흡

6.6 광호흡: 광합성의 중지
1. C_3와 C_4 광합성 비교
2. C_4 광합성과 CAM 광합성의 차이

오늘날의 생명과학: 저온에 내성을 가진 C_4 광합성

질문 & 분석: 철이 해양 식물성 플랑크톤의 성장을 제한하는가?

이 숲의 빈터에는 생명의 박동이 한 생태계의 생명체들을 통과하여 흘러내리는 것을 볼 수 있다. 빛의 다발 형태인 광자라고 하는 에너지의 흐름인 태양 빛이 내리 쬐고 있다. 빛이 내리 쬐는 모든 곳에는 나무, 관목, 꽃, 풀과 같은 식물들이 있으며, 이들 모두는 에너지가 내려올 때 에너지를 가로채는 녹색 잎을 가지고 있다. 각 잎의 세포에는 빛을 모으는 색소를 막 안에 포함하고 있는 엽록체라는 소기관이 있다. 이들 색소는 특히 잎이 초록색을 띠게 하는 색소인 엽록소는 빛의 광자를 흡수하며, 물 분자로부터 전자를 떼어내기 위해 에너지를 사용한다. 엽록체는 이들 전자를 사용하여 수소 원자를 첨가하여(수소 원자는 하나의 양성자와 하나의 전자를 가지고 있음을 기억하라) CO_2를 환원시키며, 그렇게 함으로써 유기 분자를 만든다. 태양의 에너지를 포획하여 분자들을 만드는 이 과정을 광합성이라고 하며 '빛을 사용하여 만든다' 라는 의미이다. 이 장에는 광합성을 심도 있게 탐색하며, 어떻게 빛에너지가 포획되는가를 그리고 어떻게 화학에너지로 변환되며 유기 분자로 조립이 되는가를 추적해 나가는 것이다. 뿌리에서 그리고 식물의 다른 조직에서는 반대 과정이 일어난다. 유기 분자는 세포호흡 과정으로 분해되어 세포활동 및 성장에 필요한 에너지를 공급한다. 미토콘드리아라고 하는 또 다른 소기관에서 주로 일어나는 이들 반응은 다음 장의 주제이다. 종합하면, 엽록체와 미토콘드리아는 햇빛의 힘에 의해 추진되는 에너지의 유입 과정을 수행한다.

6.1 광합성의 개관

햇빛에 의해 생명이 힘을 얻는다. 거의 모든 살아 있는 세포가 사용하는 모든 에너지는 궁극적으로 **광합성(photosynthesis)** 과정을 통하여 식물, 조류(algae), 몇몇 박테리아에 의해 태양으로부터 포획된다. 우리가 숨 쉬는 공기 중에 있는 모든 산소는 한때 물 분자의 일부였으며, 이 장에서 알게 되는 바와 같이, 광합성에 의해 물 분자로부터 떨어져 나왔다. 우리가 알고 있는 생명은 오직 태양으로부터 지구에 쏟아져 들어오는 에너지 때문에 가능하다. 매일, 지구에 도달하는 복사에너지(radiant energy)는 히로시마에 투하된 원자탄 대략 100만 개의 에너지에 해당된다. 에너지의 1% 정도가 광합성으로 포획되며, 지구상의 거의 모든 생명체가 살아가는 데 필요한 에너지를 공급한다. 광합성을 통한 태양으로부터 에너지 경로는 현재 쪽부터 세 쪽에 걸쳐 화살표를 따라가면 확인할 수 있다.

나무 여러 종류의 생명체는 광합성을 수행한다. 세상을 초록색으로 만드는 여러 종류의 식물들뿐만 아니라 세균 및 조류도 광합성을 수행한다. 세균에서의 광합성은 어떤 면에서 서로 다르다. 그러나 광합성에 대한 우리의 관심은 주로 식물에서의 광합성에 집중하며, 초록색 잎으로 뒤덮여 있는 단풍나무로부터 시작한다. 후에 단풍나무 아래에서 자라는 잔디에 대하여 볼 것이다. 풀 및 풀과 연관된 식물은 가끔 조건에 따라 광합성에 대하여 서로 다른 접근 방식을 가진다.

잎 어떻게 이 단풍나무가 햇빛으로부터 에너지를 포획하는가를 배우기 위해 빛을 따라가 보자. 빛은 태양으로부터 오며, 지구의 대기를 통과하여 아래로 내려오고 나무의 윗부분을 빛으로 가득 채운다. 단풍나무의 어느 부분이 실제로 빛과 마주하는가? 초록색 잎이 빛과 마주한다. 나무의 윗부분 끝에 있는 각 가지는 나뭇잎으로 펼쳐져 있고 각 잎사귀는 납작하고 얇아서 책의 종잇장과 같다. 이러한 녹색 잎이 광합성이 일어나는 장소이다. 나무껍질로 덮여 있는 나무의 줄기에서나 흙에 덮여 있는 뿌리에서는 빛이 도달하지 않기 때문에 광합성이 일어나지 않는다. 나무는 광합성의 생산물들을 줄기, 뿌리, 그리고 다른 부분들로 수송할 수 있는 매우 효율적인 내부 배관시스템을 가지고 있어서 이들 부분들도 태양 에너지를 포획하여 얻는 이득을 나눌 수 있다.

잎의 표면 이제 잎 안으로 통과한 빛을 따라가 보자. 우선 광선은 큐티클(cuticle)이라고 하는 왁스 성분의 보호층을 만나게 된다. 큐티클은 얇지만 방수 기능, 보호 기능을 위한 놀랍도록 강력한 층을 제공하여 마치 투명한 손톱 매니큐어의 층과 같은 역할을 한다. 빛은 이 투명한 왁스 층을 통과하고, 그 다음에 큐티클 바로 아래에 있는 표피(epidermis)라고 하는 세포의 층을 통과하게 된다. 이 표피는 단지 하나의 세포 두께로 잎의 "피부"로 작용하며, 잎을 손상으로부터 보호하고 보다 중요하게 기체들과 물이 어떻게 잎으로 들어오고 나가는가를 조절한다. 여기까지는 잎은 빛을 거의 흡수하지 않는다. 즉, 큐티클이나 표피는 빛을 많이 흡수하지 않는다.

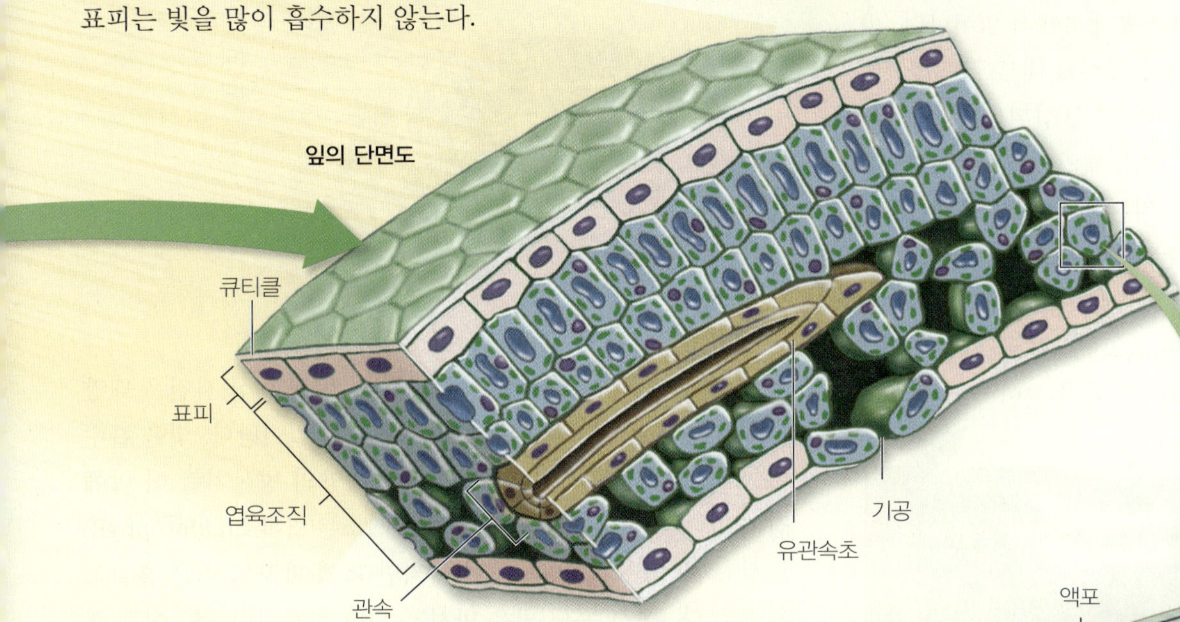

잎의 단면도

엽육조직세포 빛은 표피를 지나면 여러 층의 엽육조직세포들을 곧바로 만나게 된다. 이들 세포는 잎의 내부를 채우고 있다. 제4장에서 배운바와 같이 표피의 세포들과는 달리 엽육세포는 모든 식물 및 조류 세포에서 발견되는 소기관인 *엽록체*(chloroplast)를 여러 개 가지고 있다. 위에 있는 잎의 단면도에서 엽록체는 엽육세포 내에서 초록색 반점으로 나타나 있다. 광선이 투과한 엽육세포 내에서 광합성이 일어난다.

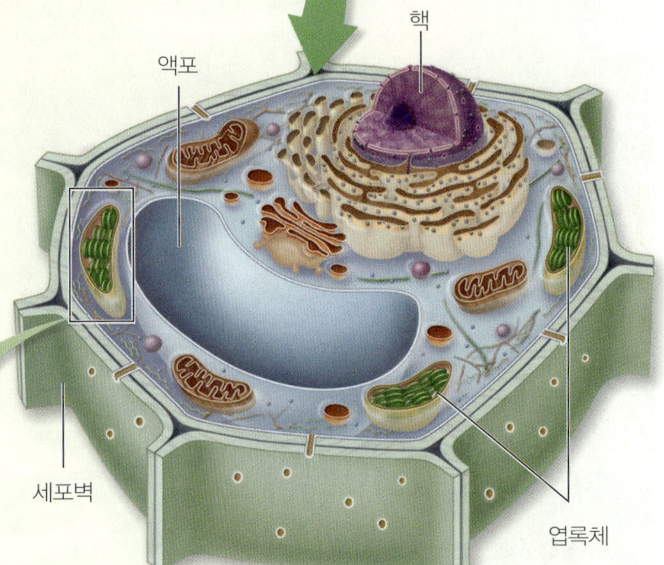

엽육세포

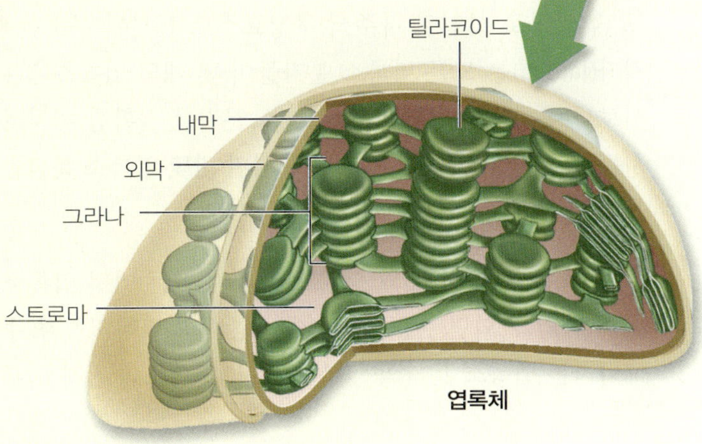

엽록체

엽록체 빛은 엽육세포 안으로 투과된다. 엽육세포의 세포벽은 빛을 흡수하지 않으며, 원형질막이나 핵, 미토콘드리아도 빛을 흡수하지 않는다. 왜 흡수하지 않을까? 엽육세포의 구성요소에는 가시광선을 흡수하는 분자들을 가지고 있지 않다. 표피에서 빛이 바로 통과했던 것과 마찬가지로, 엽육세포에 엽록체가 존재하지 않다면 빛의 대부분은 그대로 통과할 것이다. 그러나 엽육세포에는 엽록체가 대단히 많이 존재한다. 위 그림에서 엽육세포의 한 엽록체를 확대하여 다시 그렸다. 세포로 들어온 빛이 엽록체를 통과하게 된다. 엽록체에 빛이 도달하면 빛은 외막과 내막을 통과하여 엽록체 내부의 틸라코이드 구조에 도달하게 된다. 엽록체를 자른 그림에서 틸라코이드 구조는 녹색 디스크로 나타나 있다.

엽록체의 내부

광합성의 모든 중요한 사건들은 엽록체 내부에서 일어난다. 빛이 엽록체에 다다르는 경로는 광선이 엽록체 내부에 *틸라코이드*(thylakoid)라고 하는 납작한 주머니로 구성된 일련의 내부 막에 도달하게 되면 끝난다. 종종, 여러 개의 틸라코이드가 쌓여서 기둥 모양을 이루는 구조를 가지는데 이를 *그라나*(grana)라고 한다. 아래 그림에서 그라나는 접시를 쌓아 놓은 것처럼 보인다. 각 틸라코이드는 분리된 구획으로 거의 독립적으로 기능을 하는 반면, 각각의 틸라코이드의 막은 모두 서로 연결되어 있으며 하나의 연속적인

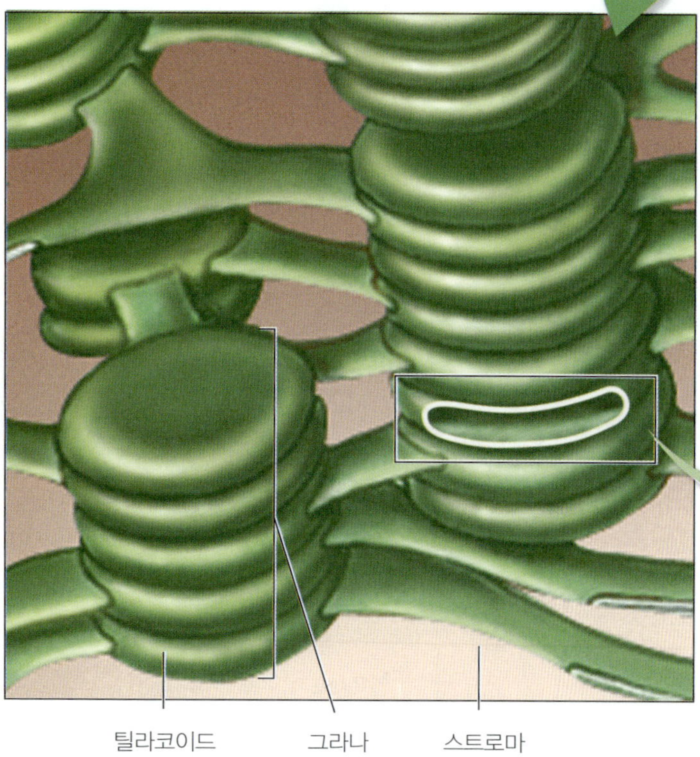

막 시스템의 일부분이다. 엽록체의 내부 대부분을 차지하는 틸라코이드 막 시스템은 *스트로마*(stroma)라 부르는 반액체성 물질 안에 잠겨 있는데, 세포의 내부가 세포질로 채워져 있는 것과 같은 방식으로 스트로마가 엽록체 내부를 채우고 있다. 여러 효소 및 다른 단백질들이 스트로마 안에 있으며, 이 효소들에는 이산화탄소(CO_2)로부터 유기 분자를 조립하는 광합성 과정의 후반부에 작용하는 효소들이 포함되어 있다. 빛을 필요로 하지 않는 이 효소들의 작용은 이후에 논의한다.

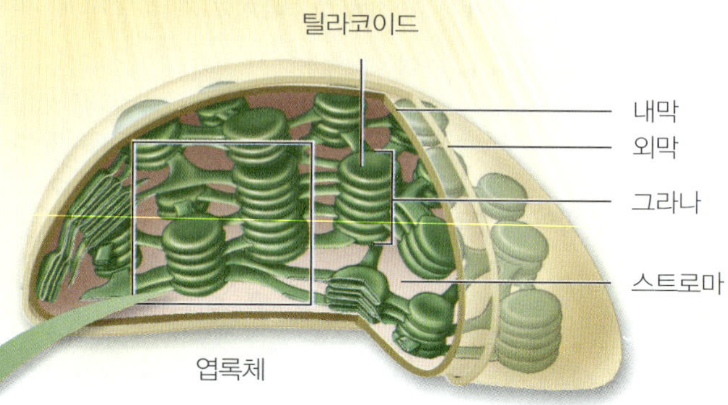

틸라코이드 표면을 통과 광합성의 첫 번째 핵심 사건은 태양 광선이 틸라코이드 막 표면을 두드리면서 일어난다. 빛을 흡수하는 색소들의 무리(cluster)가 마치 대양의 빙산처럼 이 막에 잠겨 있다. 대부분의 광계에서 주된 색소는 **엽록소(chlorophyll)**로서, 적색 및 청색 빛을 흡수하지만 녹색 파장의 빛은 흡수하지 않는다. 대신 녹색 빛은 반사가 되며 틸라코이드와 이를 포함한 엽록체가 강렬한 녹색을 띠게 한다. 식물은 녹색의 엽록체를 많이 가지고 있기 때문에 녹색을 띤다. 나중에 논의할 틸라코이드에 존재하는 또 다른 색소를 제외하고는 식물의 어떤 다른 부분도 가시광선을 그 정도로 강력하게 흡수하지 않는다.

광계를 두드림 각 색소 집단 안에서 엽록소 분자는 *광계*(photosystem)라고 하는 네트워크 형태로 배열되어 있다. 광계의 빛을 흡수하는 엽록소 분자는 광자(빛에너지의 단위)를 포획하는 안테나로서 함께 작용한다. 다음 쪽의 도형에서 틸라코이드 막 안으로 삽입된 자주색 구성요소로 표시된 구조단백질의 격자(lattice)는 모든 엽록소 분자들이 몇 개의 엽록소 분자들과 서로 접촉하도록 광계의 각 엽록소 분자를 정확한 위치로 고정시킨다. 광자가 광계를 두드리게 되면 몇몇 엽록소 분자는 광자를 받을 수 있는 위치에 있게 된다.

에너지 흡수 태양 빛의 광자가 광계에 있는 어떤 엽록소 분자를 두드리게 되면, 엽록소 분자는 광자의 에너지를 흡수한다. 에너지는 엽록소 분자의 일부가 되어, 엽록소의 전자 일부를 더

높은 에너지 수준으로 올린다. 더 많은 에너지를 가진 전자를 소유하게 되면, 엽록소 분자는 이제 "흥분(excited)되었다" 고 즉, 들뜬 상태가 되었다고 말한다. 이 핵심적인 사건으로 생물의 세계는 에너지를 태양으로부터 포획한다.

광계의 들뜸 빛의 흡수가 만들어내는 들뜬 상태는, 마치 한 줄로 늘어선 사람들이 뜨거운 감자를 다음 사람에게 넘겨주는 것과 같이 한 엽록소 분자에서 또 다 또 다른 엽록소 분자로 전달하게 된다. 앞뒤로 들뜬 상태가 왔다갔다하는 것은 전자가 물리적으로 원자 사이에서 오가는 화학적인 반응이 아니다. 대신 한 엽록소 분자에서 이웃하는 엽록소 분자로 에너지가 오가는 것이다. 비슷한 경우가 당구 게임을 처음 시작할 때 에너지를 전달하는 형태와 유사하다. 큐(초구) 당구공이 삼각형으로 배열된 15개의 당구공을 정면으로 정확하게 때리게 되면 삼각형의 양쪽 모서리에 있는 두 공만이 굴러가게 되고 중앙에 있는 공들은 전혀 움직이지 않는다. 운동에너지가 중앙에 있는 공들을 통하여 가장 멀리 떨어진 공들에게 전달된다. 같은 방식으로 광자의 들뜬 에너지는 광계를 통하여 한 엽록소에서 다른 엽록소로 전달된다.

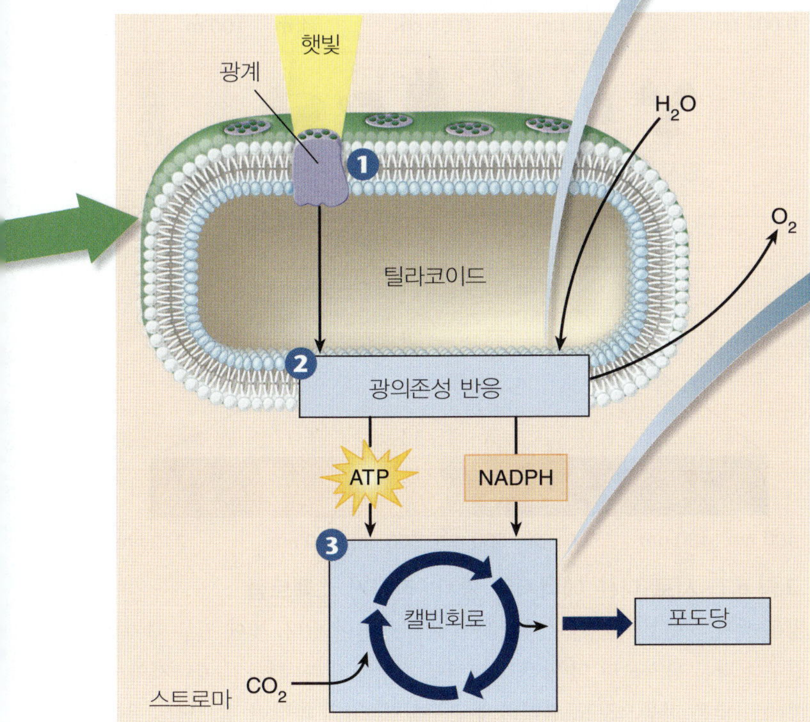

에너지 포획 광계의 네트워크 안에서 한 엽록소 분자에서 다른 엽록소 분자로 에너지가 오고 가게 되면, 에너지는 최종적으로 막과 결합한 단백질과 유일하게 접촉하고 있는 한 핵심 엽록소 분자에 도달하게 된다. 호두 크기 하나의 구멍을 가진 상자 안에 있는 구슬을 흔들게 되면 상자 안에 있는 구슬이 결국은 구멍을 통해 나오게 되는 것처럼, 들뜬 상태의 에너지는 이 특별한 엽록소를 찾아 가게 된다. 특수한 엽록소는 그 다음 들뜬(고에너지) 전자를 엽록소가 접촉하고 있는 인수체(acceptor) 분자에 전달한다.

광의존성 반응 계주 경기에서 한 주자로부터 다른 주자로 바통을 전달하는 것처럼, 전자는 인수체 단백질로부터 막에 있는 일련의 다른 단백질로 전달하여 전자의 에너지가 ATP와 NADPH를 만드는 데 사용될 수 있게 한다. 다음 장에서 상세히 탐색해 볼 것이지만, 이 에너지는 틸라코이드 막을 가로질러 수소 이온을 이동시키는 힘으로 사용되어 ATP와 NADPH를 만들게 한다. 지금까지 살펴본 것은 광합성은 왼쪽 아래에 있는 숫자로 표시된 바와 같이 두 단계로 구성되어 있다는 것이다. ❶ 광계가 수행하는 과정으로 햇빛으로부터 에너지를 포획하는 단계 및 ❷ ATP와 NADPH를 만드는 단계이다. 이러한 광합성의 첫 번째 두 단계는 오직 빛이 있어야만 일어나며, 이를 **광의존성 반응(light-dependent reaction)**으로 부른다. ATP와 NADPH는 에너지가 풍부한 화학물질이며, 이 단계 이후의 나머지 광합성 단계는 화학적 과정이 된다.

광비의존성 반응 광의존성 반응에 의해 생성된 ATP와 NADPH 분자는 엽록체의 스트로마에서 일련의 화학적 반응을 진행시키는 동력으로 이용된다. 각 반응들은 스트로마에 존재하는 효소들에 의해 촉매된다. 제조업 과정에서 조립 라인의 여러 단계가 함께 작용하는 것과 마찬가지로 이러한 반응들로 공기 중의 CO_2로부터 탄수화물의 합성이 이루어진다. ❸ 대기 중 CO_2로부터 포도당과 같은 유기 분자를 형성하는 이러한 광합성의 세

$$6\ CO_2 + 12\ H_2O + \text{빛} \rightarrow C_6H_{12}O_6 + 6\ H_2O + 6\ O_2$$

이산화탄소 물 에너지 포도당 물 산소

번째 단계를 **캘빈회로(Calvin cycle)**라고 하지만, 또한 빛을 직접적으로 필요로 하지 않기 때문에 **광비의존성 반응(light-independent reaction)**이라고도 부른다. 캘빈회로는 이장의 후반부에서 자세하게 검토한다.

이것으로 광합성의 간단한 개관이 완성되었다. 이 장의 나머지 부분에서 각 단계를 다시 살펴보고, 각 구성요소들을 보다 자세하게 살펴볼 것이다. 지금 이 단계에서 광합성의 전체 과정은 다음 간단한 방정식으로 요약할 수 있다.

주요 학습 요점 6.1 **광합성은 공기 중의 CO_2로부터 유기 분자를 합성하는데 햇빛으로부터 에너지를 구동력으로 사용한다. 식물에서 광합성은 엽록체 내 특성화된 구획에서 일어난다.**

6.2 식물은 어떻게 햇빛으로부터 에너지를 포획할까?

빛에서 에너지는 어디에 있을까? 화학결합을 새로 만들기 위해 식물이 사용할 수 있는 햇빛에는 무엇이 있을까? 20세기에 물리학의 혁명은 빛이 입자의 성질과 파동의 성질을 동시에 가지고 있으며, 빛은 실제로 **광자(photon)** 또는 광량자라 하는 에너지의 다발(packet)로 구성되어 있다는 것을 가르쳐준다. 빛이 우리 손을 쪼이면 이러한 광자의 흐름이 피부 표면에 퍼붓게 된다.

햇빛은 여러 에너지 수준의 광자를 포함하고 있으나 우리는 단지 일부만 볼 수 있다. 이러한 광자의 전체 범위를 우리는 **전자기 스펙트럼(electromagnetic spectrum)**이라 한다. **그림 6.1**에서 보는 바와 같이 햇빛의 광자의 일부는, 예를 들어 감마선과 자외선(UV)은 더 짧은 파장을 가지고 있으며(스펙트럼의 왼쪽을 향하고 있음), 더 큰 에너지를 가지고 있다. 라디오파와 같은 광자들은 더 긴 파장(수백에서 수천 미터)을 가지고 있으며 매우 작은 에너지를 가지고 있다. 우리 눈은 중간 정도의 에너지를 가진 광자를 감지하며, 이는 엽록체와는 다른 색소 분자인 망막의 색소 분자가 단지 중간 정도 파장의 광자만을 흡수하기 때문이다. 식물은 더욱 까다로워서, 주로 청색과 적색만을 흡수하며 **가시광선(visible light)**의 나머지 부분을 반사한다. 왜 식물은 녹색인가를 이해하기 위하여 **그림 6.2**에 있는 녹색 나무를 보자. 나무에 있는 잎에 가시광선의 전체 스펙트럼을 비추면, 오직 녹색 파장의 빛만이 흡수되지 않는다. 녹색 빛은 잎으로부터 반사되며, 이것이 우리 눈이 잎을 녹색으로 감지하는 이유이다.

잎 또는 인간의 눈이 어떤 광자를 흡수할 것인가를 어떻게 선택하는가? 이 중요한 질문의 답은 원자의 성질과 관련이 있다. 전자는 원자 핵 주위에 서로 다른 에너지 수준에 있는 특정한 궤도(orbit)를 돌고 있다. 원자는 빛을 흡수하여 전자를 더 높은 에너지 수준으로 올리는데, 광자에 있는 에너지를 사용하여 더 높은 수준으로 전자를 이동시킨다. 사다리를 올라갈 때 발을 정

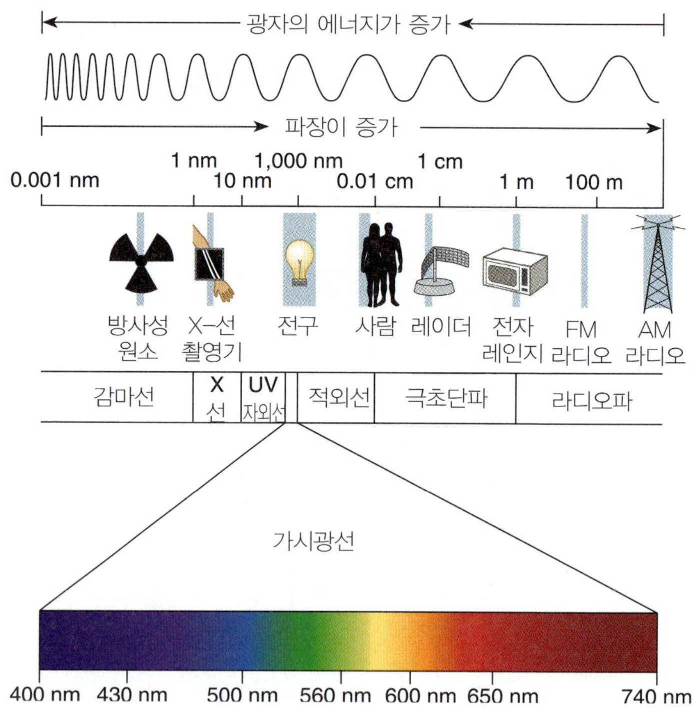

그림 6.1 서로 다른 에너지의 광자: 전자기 스펙트럼
빛은 광자라고 부르는 에너지의 다발로 구성되어 있다. 빛에 있는 광자의 일부는 다른 광자보다 더 많은 에너지를 지니고 있다. 전자기 에너지의 한 형태인 빛은 파동으로도 편리하게 간주한다. 빛의 파장이 짧으면 짧을수록 광자의 에너지는 더 커진다. 가시광선은 전자기 스펙트럼의 작은 부분을 대표하며 대략 400nm와 700nm 사이의 파장을 가진다.

그림 6.2 식물은 왜 초록색인가?

엽록소를 가진 잎은 광범위한 광자를 즉, 500~600nm 주위의 광자를 제외한 모든 색깔의 스펙트럼을 흡수한다. 잎은 이러한 색깔을 반사한다. 이들 반사된 파장은 우리 눈의 시각 색소에 의해 흡수되며, 뇌는 반사된 이 파장을 "녹색"으로 인지한다.

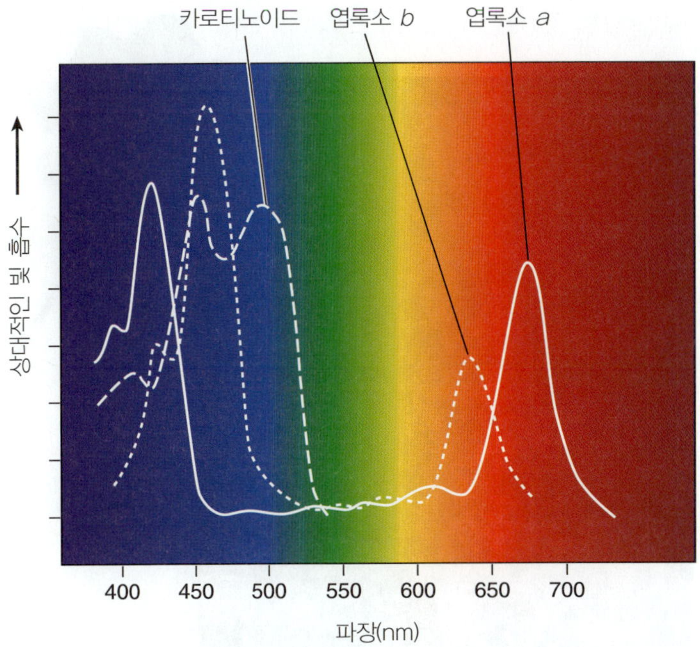

그림 6.3 엽록소와 카로티노이드의 흡수 스펙트럼

피크는 2가지 보편적인 형태의 광합성 색소인 엽록소 *a* 및 엽록소 *b*, 그리고 보조 카로티노이드 색소에 의해 강하게 흡수되는 햇빛의 파장을 대표한다. 스펙트럼에서 2개의 좁은 밴드로 나타난 엽록소는 주로 보라색-청색 및 적색 빛을 주로 흡수하는 반면, 스펙트럼의 중간에 있는 녹색은 반사한다. 카로티노이드는 대부분 청색 및 녹색 빛을 흡수하고 주황색 및 노란색 빛은 반사한다.

확하게 다음 가로 발판까지 올려야 하는 것처럼, 전자를 더 높은 수준으로 올리려면 정확한 양의 에너지가 필요하다. 특정한 종류의 원자는 적절한 양의 에너지를 가진 특정 광자의 빛만을 흡수한다.

색소

앞서 설명한 것처럼 빛에너지를 흡수하는 분자를 **색소(pigment)**라고 한다. 가시광선은 사람 눈에 있는 *레티날*(retinal)이라고 하는 색소가 흡수할 수 있는 대략 380nm(보라색)에서 750nm(적색)의 파장을 가진 빛을 의미한다. 시각을 위해 다른 동물들은 서로 다른 색소를 사용하며, 따라서 전자기 스펙트럼의 서로 다른 부분을 "볼" 수 있다. 예를 들어, 곤충 눈의 색소는 레티날보다 짧은 파장을 흡수할 수 있다. 이것이 벌이 우리가 볼 수 없는 자외선을 볼 수 있지만, 우리가 볼 수 있는 적색은 볼 수 없는 이유이다.

앞서 알아본 바와 같이, 식물에서 빛을 흡수하는 주된 색소는 엽록소이다. 엽록소 *a* 및 엽록소 *b*의 두 가지 형태는 구조적으로 유사하지만, 화학적 "곁 작용기(side group)"의 약간의 차이로 인하여 흡수스펙트럼에서 근소한 차이를 보인다. 흡수스펙트럼은 색소가 얼마나 효과적으로 가시광선의 서로 다른 파장의 빛을 흡수하는가를 지적해주는 그래프이다. 예를 들어, **그림 6.3**에서 보는바와 같이, 엽록소 분자는 가시광선 스펙트럼의 양쪽 말단에서 광자를 흡수할 것이다. 엽록소는 시각 색소 레티날보다 적은 종류의 광자를 흡수하는 반면, 엽록소는 광자를 포획하는 데 훨씬 더 효율적이다. 엽록소 분자는 탄소 고리 복합체의 중심에 자리잡고 있는 금속이온(마그네슘)으로 광자를 포획한다. 광자는 마그네슘 이온의 전자들을 들뜨게 하고, 그 다음 탄소 원자 근처로 들뜬 전자들이 퍼져나간다.

엽록소가 광합성에 관련된 주된 색소인 반면, 식물은 또한 엽록소가 포획하지 않는 파장의 빛을 흡수하는 *보조색소*(accessory pigment)라고 하는 다른 색소들을 가지고 있다. **카로티노이드(carotenoid)**는 보라색으로부터 청-녹색 빛까지 포획하는 보조색소의 집단이다. **그림 6.3**에서 보는 바와 같이, 이러한 파장들의 빛은 엽록소에 의해 효율적으로 흡수되지 않는다.

보조색소는 꽃, 과일, 채소가 색깔을 띠게 할 뿐만 아니라 잎에도 존재하는데, 잎에서 보조색소의 존재는 보통 엽록소에 의해 가려져 있다. 식물이 활발하게 광합성을 통해 음식물을 생산하는 따뜻한 몇 달 동안에는, 식물의 세포는 엽록소를 포함하는

그림 6.4 가을의 색깔은 카로티노이드와 같은 색소들에 의해 생산된다
봄과 여름 동안, 카로티노이드라고 하는 잎의 다른 색소들의 존재를 엽록소가 가리고 있다. 가을의 선선한 온도는 낙엽수의 잎이 엽록소를 만드는 것을 중지시킨다. 초록색을 반사하는 엽록소가 더 이상 존재하지 않으면, 주황색과 노란색을 반사하는 카로티노이드에 의해 가을 잎의 선명한 색깔을 나타낸다.

엽록체로 채워져서 **그림 6.4**의 왼편에 있는 참나무 잎과 같이 잎이 초록색으로 보이게 하는 원인이 된다. 가을에는 날이 짧아지고 서늘해지면, 여러 종에서 잎은 음식물을 만드는 과정을 중지한다. 엽록소 분자는 분해되고 대체되지 않는다. 이것이 일어나면, 보조색소가 반사하는 색깔이 보이게 된다. 잎은 오른쪽에 있는 참나무 잎처럼 노란색, 주황색, 빨간색을 띠게 된다.

주요 학습 요점 6.2 식물은 엽록소와 같은 색소를 사용하여 청색 및 적색 빛의 광자를 흡수하며 녹색 파장의 광자를 반사한다.

6.3 색소들로 광계 구성하기

광합성의 광의존성 반응은 막에서 일어난다. 대부분의 광합성 박테리아에서 광의존성 반응에 관여하는 단백질은 원형질막에 박혀 있다. 조류(algae)에서는 세포내막이 광의존성 반응을 추진하는 단백질을 포함하고 있다. 식물에서는 광합성은 엽록체라고 하는 특성화된 소기관에서 일어난다. 엽록소 분자 및 광의존성 반응에 관여하는 단백질들은 엽록체 내부의 틸라코이드 막에 박혀 있다. **그림 6.5**에 틸라코이드 막 일부가 확대되어 있다. 녹색 공으로 나타낸 엽록소 분자는 틸라코이드 막 안에 보조색소와 함께 단백질의 기질(matrix) 안(자주색 지역)에 박혀 있다. 단백질과 색소의 이러한 복합체가 **광계(photosystem)**를 형성한다.

광의존성 반응은 **그림 6.6**에 그려진 것처럼 5단계로 일어난다. 각 단계는 이 장의 후반부에서 자세하게 논의한다.

1. **빛을 포획** ❶에서 적절한 파장의 빛의 광자는 색소 분자에 의해 포획되고 들뜬 에너지는 한 엽록소 분자에서 다른 엽록소 분자로 전달된다.

2. **전자의 들뜸** ❷에서 들뜬 에너지는 **반응중심(re-action center)**이라고 하는 핵심 엽록소 *a* 분자로 모아진다. 들뜬 에너지가 들뜬 전자를 반응중심으로부터 전자전달사슬 또 다른 분자로 전달시킨다. 반응중심은 이 "잃어버린" 전자를, 즉 전달되어 비어 있는 전자를 물 분자를 분해해서 생긴 전자로 재충전한다. 이 반응의 부산물로 산소가 생산된다.
3. **전자전달** ❸에서 들뜬 전자는 막에 박혀 있는 일련의 전자-운반체 분자들을 따라 전달된다. 이것을 **전자전달계(electron transport system, ETS)**라고 한다. 전자전달계를 따라 전자가 전달될 때, 전자의 에너지가 "사이펀(siphon)"으로 적은 양의 에너지가 흘러나온다. 이 에너지는 청색 화살표로 나타낸 것처럼 수소 이온(양성자)을 막을 가로질러 이동하게하며, 결국 틸라코이드 내부에 수소 이온의 농도를 높게 유지시킨다.
4. **ATP 만들기** ❹에서 높은 농도의 수소 이온은 ATP를 만드는데 에너지원으로 사용될 수 있다. 수소 이온은 댐을 통해 물이 떨어지듯이 특수한 통로를 통하여 막을 가로질러 쏟아져 나갈 수 있다. 수소 이온의 이동으로 방출된 운동에너지는 ADP 분자로부터 ATP 분자를 만드는 데 필요한 위치에너지로 전달된다. **화학삼투(chemiosmosis)**이라고 하는 이러한 과정으로 탄수화물을 만드는 캘빈회로에서 나중에 사용되는 ATP를 만든다.
5. **NADPH 만들기** 전자는 전자전달계를 떠나 또 다른 광계로 들어가며 그 곳에서 전자는 또 다른 광량자의 흡수로 "재에너지화(reenergized)" 된다. ❺에서 에너지화 된 전자는 또 다른 전자전달계로 들어가며, 일련의 전자-운반체 분자를 따라 다시 전달된다. 이러한 전자전달계의 결과는 ATP 합성이 아니라 NADPH의 형성으로 나타난다. 전자는 $NADP^+$ 분자 및 수소 이온에 전달되어 NADPH를 형성한다. 이 분자는 캘빈회로에서 탄수화물을 합성하는 데 중요하다.

광계의 구조

가장 원시적인 박테리아를 제외한 모든 생명체에서 빛은 광계에 의해 포획된다. 정확한 지점으로 빛의 초점을 맞추는 확대경처럼, 광계는 모든 색소들에 의해 모여진 들뜬 에너지가 반응중심 엽록소인 하나의 특수한 엽록소 *a*로 흘러가게 한다. 예를 들어, **그림 6.7**에서 바깥 쪽 가장자리에 있는 엽록소 분자가 광자

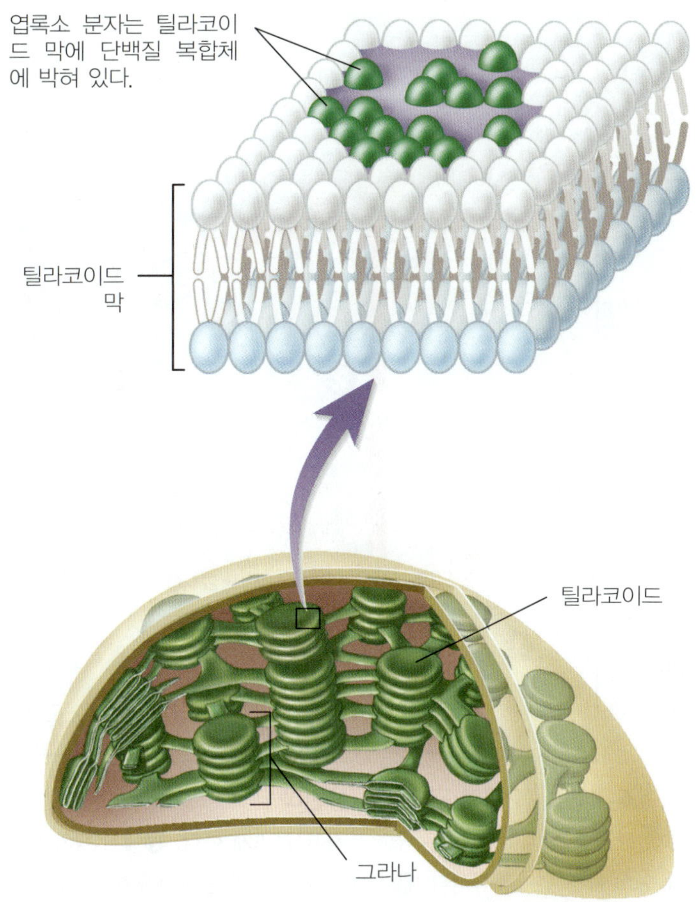

그림 6.5 엽록소는 막에 박혀 있다
엽록소 분자는 색소 분자를 제자리에 붙잡아두는 단백질의 네트워크 안에 박혀 있다. 단백질들은 틸라코이드 막 안에 박혀 있다.

에 의해 들뜨게 되고, 노란색 지그재그 화살표로 표시한 바와 같이 이 에너지는 한 엽록소 분자에서 다른 엽록소 분자로 전달된다. 그 다음 이 엽록소 분자는 ATP 합성과 유기 분자의 합성을 추진하기 위해 들뜬 전자 형태로서 에너지를 광계 밖으로 전달한다.

2개의 광계를 사용하기

그림 6.6에서 2개의 자주색 원통으로 표시한 바와 같이, 식물과 조류는 광계 I과 광계 II의 2개의 광계를 사용한다. 광계 II는 당 분자를 만드는 데 필요한 ATP를 생산하는 데 사용하는 에너지를 포획한다. 광계 II가 포획하는 빛 에너지는 빛의 광량자의 에너지❶를 들뜬 전자❷로 전달하는 데 사용한다. 이 전자의 에너지는 그 다음 전자전달계에 의해 사용되며❸, ATP를 생산❹한다.

광계 I은 CO_2 (수소 원자를 가지고 있지 않음)로부터 당과 그 밖에 다른 유기 분자를 만드는데 필요한 수소 원자를 생산하는 데 동력을 공급한다. 광계 I은 수소 이온(양성자)에 의해 운반되

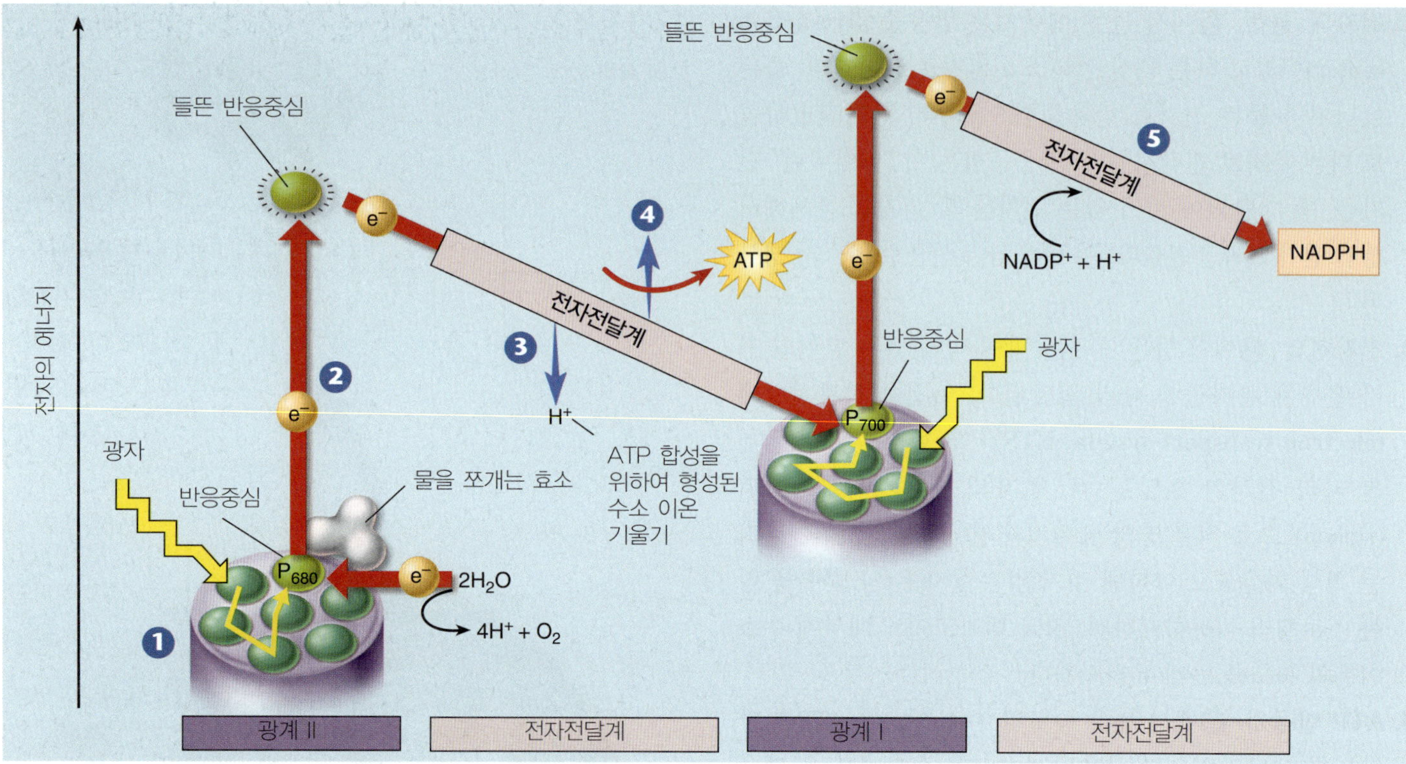

그림 6.6 식물은 2개의 광계를 사용한다

❶에서 광자는 광계 II에 있는 색소 분자를 들뜨게 한다. ❷에서 광계 II로부터의 고에너지 전자는 전자전달계로 전달된다. ❸에서 들뜬 전자는 막을 가로질러 수소 이온을 이동시킨다. ❹에서 수소 이온의 농도기울기는 ATP 분자를 만드는 데 사용된다. ❺에서 방출된 전자는 그 다음 광계 I로 전달되며, 광계 I은 빛에너지의 광자를 가지고 NADPH를 형성을 추진하기 위하여 전자를 사용한다.

며 $NADP^+$로부터 NADPH를 형성하는 전자를 에너지화하는 데 사용된다❺. NADPH는 당이 만들어지는 캘빈회로로 수소 원자를 옮긴다.

광계는 사용되는 순서대로 번호가 붙여진 것이 아니다. 실제로 광계 II가 먼저 작용하고 광계 I이 두 번째로 작용한다. 광계는 발견된 순서대로 번호가 붙여졌으며, 광계 I이 광계 II보다 먼저 발견되었기에 이러한 혼돈이 생겼다.

> **주요 학습 요점 6.3 ATP와 NADPH를 생산하는 화학적 작용을 하기 위해 보내는 전자들을 들뜨게 하는 데 사용되는 색소에 의해 광자 에너지가 포획된다.**

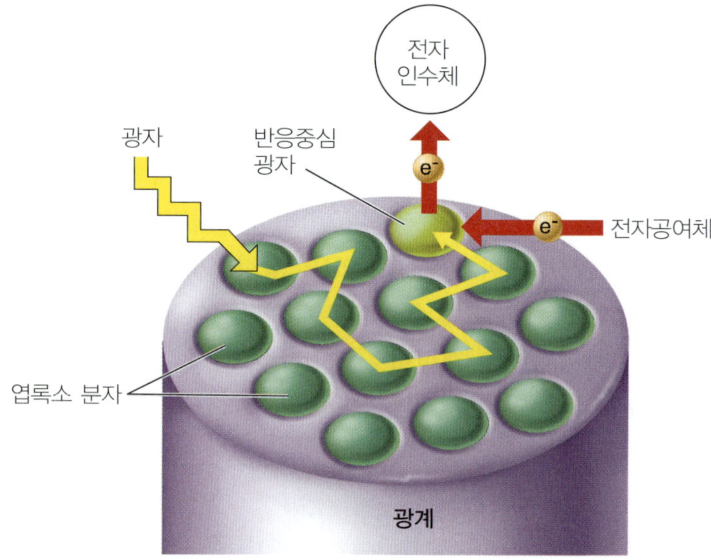

그림 6.7 광계는 어떻게 작동하는가

적당한 파장의 빛이 광계에 있는 어떤 색소 분자를 때리더라도, 그 빛은 흡수된다. 그 다음 들뜬 상태의 에너지는 색소 분자의 집단 안에서 한 분자에서 다른 분자로 반응중심에 도달할 때까지 전달된다. 반응중심에서 고에너지 전자로서의 에너지는 인수체 분자로 전달된다.

6.4 광계는 어떻게 빛을 화학에너지로 전환시킬까?

식물은 ATP와 NADPH를 생산하기 위하여 2개의 광계, 즉 처음에 하나를 그 다음 다른 하나를 사용한다. 전자가 광계에서 방출되어 되돌아오지 않고 NADPH로 전달되기에 전자의 경로가 원을 이루지 않기 때문에, 이러한 2단계 과정을 **비순환적 인산화반응(noncyclic photophosphorylation)**이라고 한다. 그 대신 광계는 물을 쪼개서 얻은 전자로 재충전된다. 초반부에 논의한 바와 같이, 광계 II가 먼저 작용한다. 광계 II에 의해 생성된 고에너지 전자는 ATP를 합성하는 데 사용되며, 그다음 광계 I로 전달되어 NADPH의 생산을 추진한다.

광계 II

광계 II(**그림 6.8**에서 왼편에 자주색으로 그려진 첫 번째 구조로 표시) 안에서 반응중심은 10개 이상의 막관통 단백질 소단위로 구성되어 있다. 모든 색소 분자들을 포함하고 있는 광계의 일부인 *안테나복합체*(antenna complex)는 몇 가지 단백질에 결합된 대략 250개 분자의 엽록소 *a* 및 보조색소들로 구성되어 있다. 안테나 복합체는 광자로부터 에너지를 포획하여 반응중심 엽록소로 에너지가 흘러들어가게 한다. 또한 **그림 6.7**에 그려진 광계에서도 안테나복합체를 볼 수 있다. 반응중심은 들뜬 전자를 전자전달계에 있는 1차 전자인수체에 준다. 들뜬 전자의 경로는 붉은색 화살표로 표시하였다. 반응중심이 전자전달계에 전자를 주면, 전자 오비탈이 비어 있어 다시 채워야 한다. 이 전자는 물 분자로부터 얻은 전자로 대체된다. 광계 II에서 2개의 물 분자의 산소 원자들은 효소 안에 박혀 있으며 반응중심에 결합되어 있는 망간 원자들의 묶음에 결합한다(광계 II에서 왼쪽 밑 부분에 있는 옅은 회색의 물을 쪼개는 효소를 주목하라). 이 효소는 물을 쪼개어 한 번에 하나씩 전자를 제거하고 빛에 의해 에너지화된 전자가 떠나서 비어 있는 반응중심의 구멍을 메우게 한다. 2개의 물 분자로부터 4개의 전자가 제거되자마자 O_2가 방출된다.

전자전달계

광계 II를 떠나온 빛으로 에너지화된 전자를 받는 1차 전자인수체는 들뜬 전자를 *전자전달계*(electron transport system)라고 하는 일련의 전자-운반체 분자들에 전달한다. 이들 단백질은 틸라코이드 막 안에 박혀 있으며, 그 중 하나는 능동수송 통로의 한 유형인 "수소 이온 펌프" 단백질이다. 전자의 에너지가 이 단백질에 의해 스트로마에서 틸라코이드 공간(전자전달계를 관통하는 청색 화살표로 표시)으로 퍼 올린다. 막 안에서 근처에 있는 단백질은 그 다음에 이제는 에너지가 고갈된 전자를 광계 I로 운반한다.

ATP 만들기: 화학삼투

광계 I로 진행되기 전, 전자전달계에 의해 틸라코이드 안으로 퍼

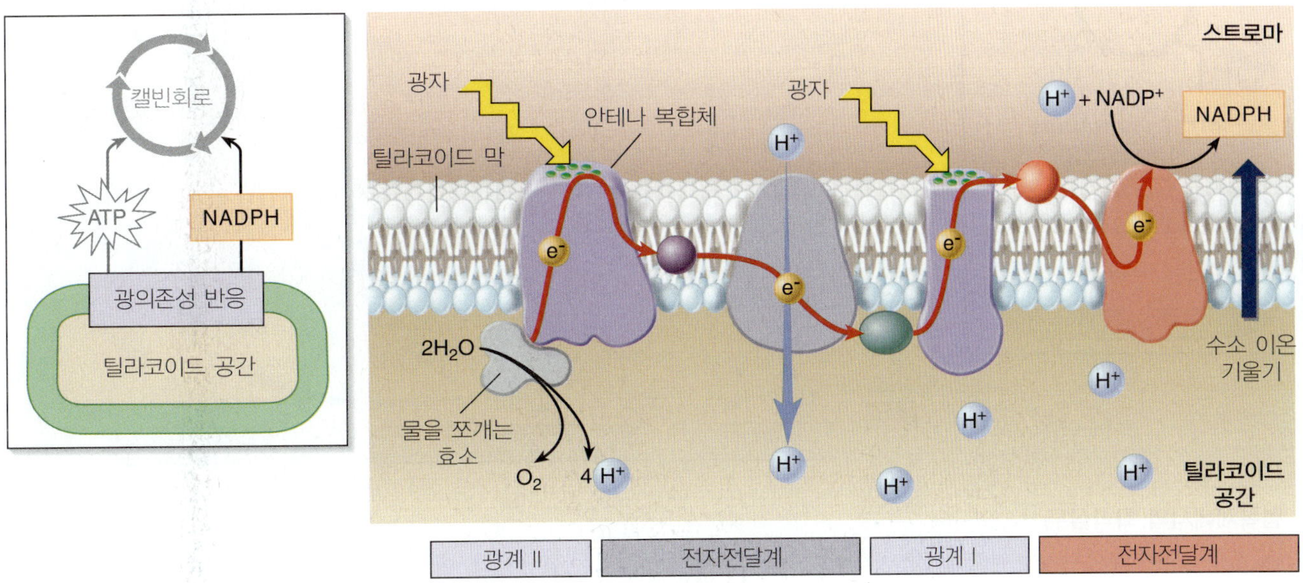

그림 6.8 광합성의 전자전달계

올린 수소 이온에 어떤 일이 일어나는가를 살펴보자. 수소 이온이 수송된 각 틸라코이드는 폐쇄된 구획이다. 틸라코이드 막은 수소 이온이 통과할 수 없기에, 수소 이온이 틸라코이드 공간에 쌓이게 되며 매우 커다란 농도 기울기(gradient)가 생긴다. 제4장에서 배운 것을 기억하는바와 같이, 용액 내에서 분자는 높은 농도 지역에서 낮은 농도의 지역으로 확산된다. 엽록체에서는, 수소 이온이 농도 기울기를 따라 ATP 합성효소라고 하는 특수한 단백질 통로를 통과하여 틸라코이드 공간 밖으로 확산된다. *ATP 합성효소*(ATP synthase)는 ADP로부터 ATP를 합성하는 것을 구동하는데 수소 이온의 농도 기울기를 사용할 수 있는 효소이다. ATP 합성효소 통로는 틸라코이드 막의 바깥 쪽 표면에 손잡이 모양으로 돌출되어 있다(**그림 6.9**). 수소 이온이 ATP 합성효소 통로를 통해 나올 때, ADP는 ATP로 인산화되며 스트로마(엽록체 내부의 액체성 기질)로 방출된다. ATP의 화학적 생성은 삼투현상과 유사한 확산과정에 의해 구동되기 때문에, 이러한 유형의 ATP 생성을 *화학삼투*(chemiosmosis)이라고 한다.

광계 I

이제 형성된 ATP와 우리의 관심을 **그림 6.8**의 오른편 반쪽 부분에 있는 전자전달계로부터 전자를 인수하는 광계 I에 집중해보자. 광계 I의 반응중심은 적어도 13개의 단백질 소단위로 구성된 막 복합체이다. 130개의 엽록소 *a*와 보조색소 분자로 구성된 안테나복합체에 의해 에너지가 공급된다. 첫 번째 전자전달계로부터 도착한 전자는 결코 빛에 의해 들뜬 에너지 모두를 잃어버린 것은 아니며 거의 절반 정도는 남아 있다. 따라서 빛에너지의 또 다른 광자를 흡수하게 되면, 반응중심을 떠나는 전자를 매우 높은 에너지 수준으로 밀어 올리게 된다.

NADPH 만들기

광계 II처럼, 광계 I은 또 다른 전자전달계로 전자를 전달한다. 전자 2개가 이 전자전달계에 도달하게 되면 전자는 $NADP^+$ 분자에 제공되어 NADPH를 형성한다(한 전자가 수소 이온에 전달되어 수소 원자가 된다). 스트로마 쪽의 틸라코이드(**그림 6.8** 참조)에서 일어나는 이 반응은 $NADP^+$, 2개의 전자, 수소 이온이 관련되어 있다. 반응이 스트로마 쪽 막에서 일어나며 NADPH를 형성하는데 수소 이온의 도입이 연관되어 있기 때문에, 광합성의 전자전달 과정 동안에 형성된 수소 이온의 농도 기울기가 더 크게 되는 원인이 된다.

광의존성 반응의 생산물

광의존성 반응은 광합성의 종점이라기보다는 디딤돌로 간주할 수 있다. 광의존성 반응에서 생성된 모든 생산물은 궁극적으로 세포의 여러 곳에서 사용되거나 또는 산소와 같은 노폐물이다. 광의존성 반응에서 생산된 ATP와 NADPH는 엽록체의 스트로마에서 캘빈회로로 전달한다. 스트로마는 광비의존성 반응을 촉매하는 효소들을 포함하고 있으며, ATP는 탄수화물을 만드

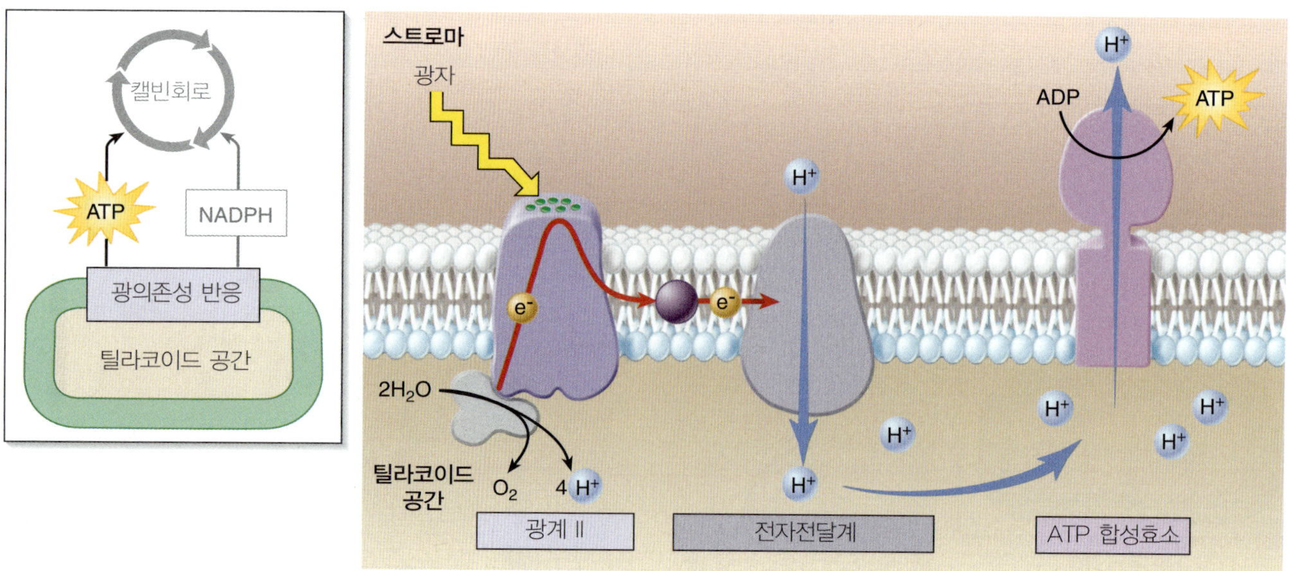

그림 6.9 엽록체에서의 화학삼투

광계 II에 의해 흡수된 전자의 에너지는 틸라코이드 공간으로 수소 이온을 이동시키는 힘이 된다. 이들 수소 이온은 그 다음 ATP 합성효소 통로를 통하여 되돌아가며 수소 이온의 이동이 ATP를 생산하는 힘이 된다.

는 화학반응을 추진하는 힘으로 사용된다. NADPH는 "환원력"의 근원으로서 사용되며 수소와 전자를 공급하여 탄수화물을 만드는 데 사용한다. 다음 절에서는 광합성의 캘빈회로에 대하여 논의한다.

주요 학습 요점 6.4 광합성의 광의존성 반응은 유기 분자를 만드는 데 필요한 ATP와 NADPH를 생산하며 물 분자로부터 수소 원자 및 관련된 전자를 떼어낸 부산물로서 O_2를 방출한다.

6.5 새로운 분자 만들기

캘빈회로

광합성은 이산화탄소로부터 유기 분자를 만드는 방법이다. 유기 분자를 만들기 위해 세포는 광의존성 반응이 제공하는 원료 물질을 사용한다.

1. **에너지** ATP(광계 II의 전자전달계가 제공)가 에너지 유입반응을 추진한다.
2. **환원력** NADPH(광계 I의 전자전달계가 제공)는 수소 원자 및 전자가 탄소 원자에 결합하는 데 필요한 에너지를 가진 전자 및 수소 원자의 근원을 제공한다. 제7장에서 자세하게 논의하는 바와 같이 전자를 받아들이는 분자는 환원되었다 한다.

핵심 생물학 과정: 캘빈 회로

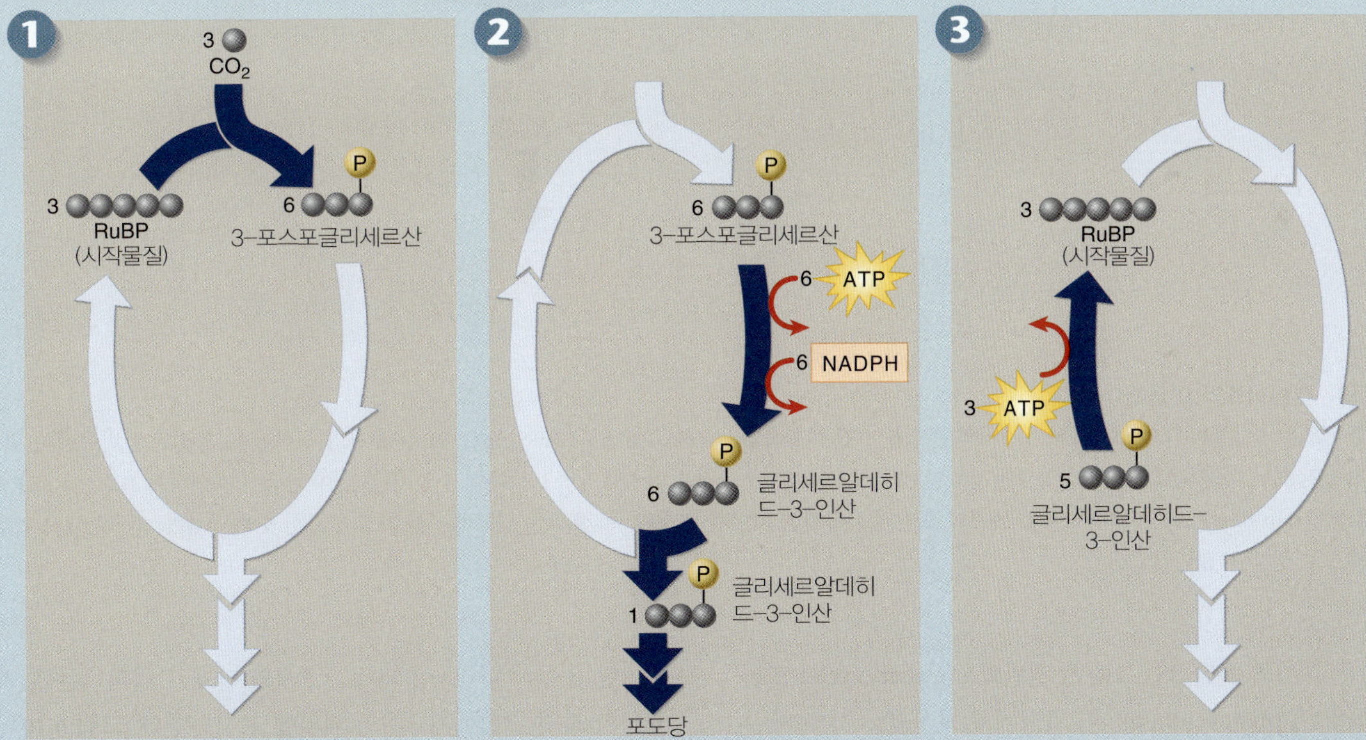

캘빈회로는 CO_2 분자로부터 탄소 원자가 5개의 탄소를 가진 분자(시작물질)에 첨가되면서 시작된다. 그 결과로 생긴 6개의 탄소를 가진 분자는 불안정하여 즉시 3개의 탄소를 가진 분자로 쪼개진다. (회로의 3회 "회전"은 회로에 들어가는 3분자의 CO_2로 여기에 표지하였다.)

그 다음, 일련의 반응을 통하여, ATP의 에너지와 NADPH(광의존성 반응의 산물)로부터 수소가 3개의 탄소를 가진 분자에 첨가된다. 이제 환원된 3개의 탄소를 가진 분자는 결합하여 포도당을 만들거나 다른 분자를 만들기 위해 사용된다.

환원된 3개의 탄소를 가진 분자 대부분은 5개의 탄소를 가진 시작물질을 재생성하는 데 사용되며, 따라서 회로가 끝나게 된다.

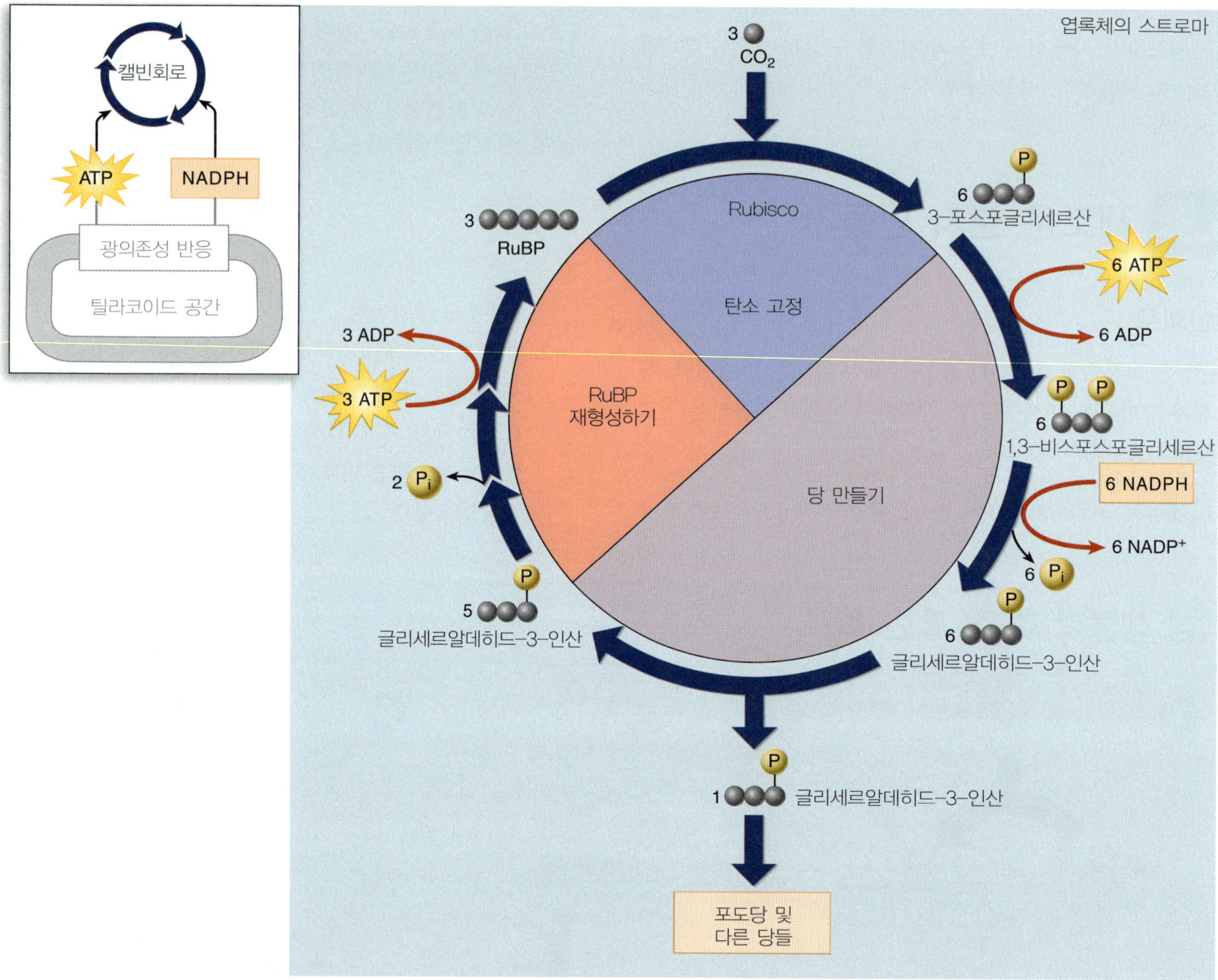

그림 6.10 캘빈회로의 반응들

회로로 들어오는 각 3분자의 CO_2에 대하여, 3개의 탄소를 가진 화합물인 글리세르알데히드-3-인산(G3P) 한 분자가 생산된다. 광의존성 반응에서 생성된 ATP에 저장된 에너지 및 NADPH가 이 과정에 필요한 것을 주목하라. 이 과정은 엽록체의 스트로마에서 일어난다. 이 반응을 촉매하는 효소는 RuBP 카르복실화효소(carboxylase) 또는 **rubisco**로서, 16개의 소단위로 구성된 커다란 효소다. 이 효소는 엽록체에서 가장 풍부한 단백질이며, 지구상에서 가장 풍부한 단백질로 생각된다.

새로운 분자의 실질적인 조립은 **캘빈회로(Calvin cycle)** 또는 **C_3 광합성(C_3 photosynthesis**, 이 과정에서 생성되는 첫 번째 분자가 3개의 탄소를 가진 분자이기 때문에 C_3)라고 하는 과정에서 복잡한 일련의 여러 효소들이 사용된다. 캘빈회로는 엽록체의 스트로마에서 일어난다. 광의존성 반응에서 생성된 ATP와 NADPH는 탄수화물 분자를 만들기 위해 캘빈회로에서 사용된다. 핵심 생물학 과정에서 각 단계에서의 탄소 원자의 숫자는 공의 숫자로 표시하였다. 6개 탄소를 가진 포도당 한 분자를 만들기 위해 회로가 6번 돌아야 한다. 이 과정은 3개의 단계로 일어나는데, 핵심 생물학 과정 그림에서 3개의 패널에 표시하였다. **그림 6.10**에 제시한 캘빈회로에서 이들 3단계는 더욱 자세하게 나타내기 위해 서로 다른 색깔을 가진 파이 모양의 조각으로 표시하였다. 두 그림은 한 분자의 글리세르알데히드-3-인산을 생산하기 위해 회로가 3번 돌아야 한다는 것을 가리킨다. 회로가 한번 돌때마다, 이산화탄소 분자로부터 탄소 원자 하나가 처음에 5개 탄소를 가진 당에 첨가되어 3개의 탄소를 가진 당 분자 2개를 생산한다. 핵심 생물학 과정의 ❶에서 짙은 청색 화살표로 표시되었으며 **그림 6.10**에서 청색 파이조각 지역으로 표시된 이 과정을 *탄소고정*(carbon fixation)이라고 하는데, 이는 기체 상태의 탄소 원자가 유기 분자에 부착되는 과정이기 때문이다.

그 다음으로, 일련의 여러 반응에서 탄소는 여기 저기 옮겨 다닌다. 그 결과로 생긴 분자의 일부는 당을 만들기 위해 최종적으로 흘러들어간다(핵심 생물학 과정 그림의 ❷에 있는 짙은 청색 화살표 및 **그림 6.10**에 있는 자주색 지역 안에 있는 회로의 아랫부분 참조). 다른 분자들은 초기의 5개 탄소를 가진 당(핵심 생물학 과정 그림의 ❸에 있는 짙은 청색 화살표 및 **그림 6.10**에 있는 옅은 빨간색 지역)을 재형성하며, 이것은 그다음 회로를 새로 시작하기 위해 사용된다. 매번 회로가 돌때마다 CO_2로부터 하나의 탄소 원자가 첨가되며 포도당은 6개의 탄소를 가진 당이기 때문에, 회로는 새로운 포도당 분자를 형성하기 위하여 6번 돌아야 한다.

ADP와 $NADP^+$의 재순환

광의존성 반응의 생산물인 ATP와 NADPH는 당 분자를 만들기 위해 캘빈회로의 광비의존성 반응에 공급된다. 광합성이 계속 일어나게 하기 위하여, 세포는 지속적으로 더 많은 ADP와 $NADP^+$를 광의존성 반응에 공급하여야 한다. 이것은 캘빈회로로부터 생성물들을 재순환함으로써 달성된다. ATP에서 인산기 결합이 부서진 후 ADP는 화학삼투 과정에 제공된다. NADPH로부터 수소와 전자가 떨어져 나온 후, $NADP^+$는 광계 I의 전자 전달계로 다시 돌아간다.

주요 학습 요점 6.5　빛이 직접적으로 관여하지 않는 일련의 반응에서 세포는 광계 II 및 광계 I이 제공한 ATP와 NADPH를 사용하여 새로운 유기 분자를 조립한다.

광호흡

6.6 광호흡: 광합성의 중지

날씨가 더울 때, 여러 식물은 C_3 광합성을 수행하는 데 어려움이 있다. 여기 잎의 단면도는 뜨겁고 건조한 날씨에 잎이 어떻게 반응하는가를 보여준다.

뜨겁고 건조한 조건에서 온도가 증가하면 식물은 **기공**(**stomata**, 단수 **stoma**)이라고 하는 잎의 열린 구멍을 물을 보존하기 위해 부분적으로 닫는다. 그 결과로, 위에서 보는 것처럼 CO_2와 O_2는 이들 구멍을 통하여 잎으로 들어가고 나갈 수 없다. 잎에서 CO_2의 농도가 떨어지면, O_2의 농도가 잎 안에서 높아진다. 이러한 조건하에서, 캘빈회로의 첫 번째 단계를 수행하는 효소인 루비스코(rubisco)는 CO_2가 아니라 O_2를 회로에 도입하는 **광호흡(photorespiration)** 과정을 진행한다. 이 과정이 일어나면 CO_2는 부산물로서 궁극적으로 방출된다. 따라서 광호흡은 캘빈회로가 성공적으로 수행되는 것을 방해한다.

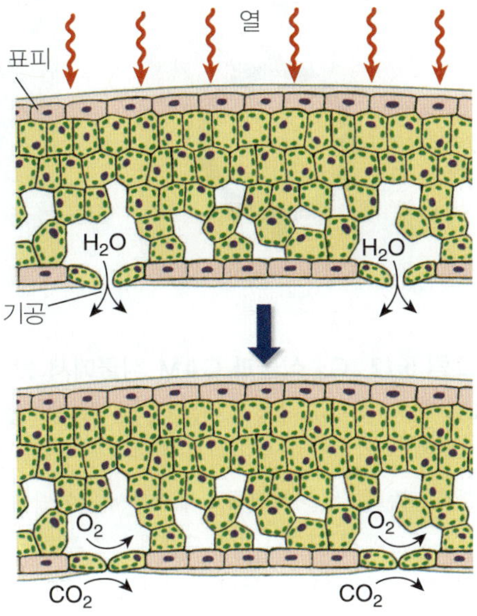

뜨겁고 건조한 조건하에서, 증발에 의해 기공이라고 하는 잎의 구멍을 통해 잎은 물을 잃는다.

기공은 물을 보존하기 위해 닫히지만, 그 결과로 O_2가 잎 내부에 축적되며 CO_2는 잎으로 들어올 수 없다. 이것이 광호흡에 이르게 한다.

C_4 광합성

일부 식물은 **C_4 광합성(C_4 photosynthesis)**을 수행하여 고온의 기후에 적응할 수 있다. 이 과정에서 사탕수수, 옥수수, 여러 잔디 종류들과 같은 식물은 잎 안에서 서로 다른 유형의 세포와 화학반응을 이용하여 탄소를 고정시킬 수 있어 고온으로 인한 광합성의 감소를 피할 수 있다.

C_4 식물의 잎의 단면도가 **그림 6.11**에 나타나 있다. 이를 검

토해보면, 이들 식물이 어떻게 광호흡의 문제점을 해결했는지 알 수 있다. 확대한 그림에서 두 유형의 세포를 볼 수 있다. 녹색 세포는 엽육세포이며 황갈색 세포는 유관속초세포이다. 엽육세포에서 CO_2는 **그림 6.10**에서처럼 RuBP에 결합하는 대신에, 3개의 탄소를 가진 분자에 결합하여 4개의 탄소를 가진 분자(따라서 C_4 광합성이라 명명)인 옥살초산(oxaloacetate)을 생성하며 3개의 탄소를 가진 분자를 생성하지 않는다. C_4 식물은 이 과정을 잎의 엽육조직세포에서 다른 효소를 사용하여 수행한다. 옥살초산은 말산으로 전환되고 잎의 유관속초세포로 전달된다. 유관속초세포에서 말산은 분해되어 CO_2를 생성하며, 이 CO_2는 **그림 6.10**에서 이미 살펴본 캘빈경로로 들어간다. 왜 이러한 번거로운 과정을 거칠까? CO_2는 유관속초세포를 투과하지 못하며, 따라서 유관속초세포 안에 CO_2의 농도가 증가하기에 광호흡의 속도가 충분히 낮아진다.

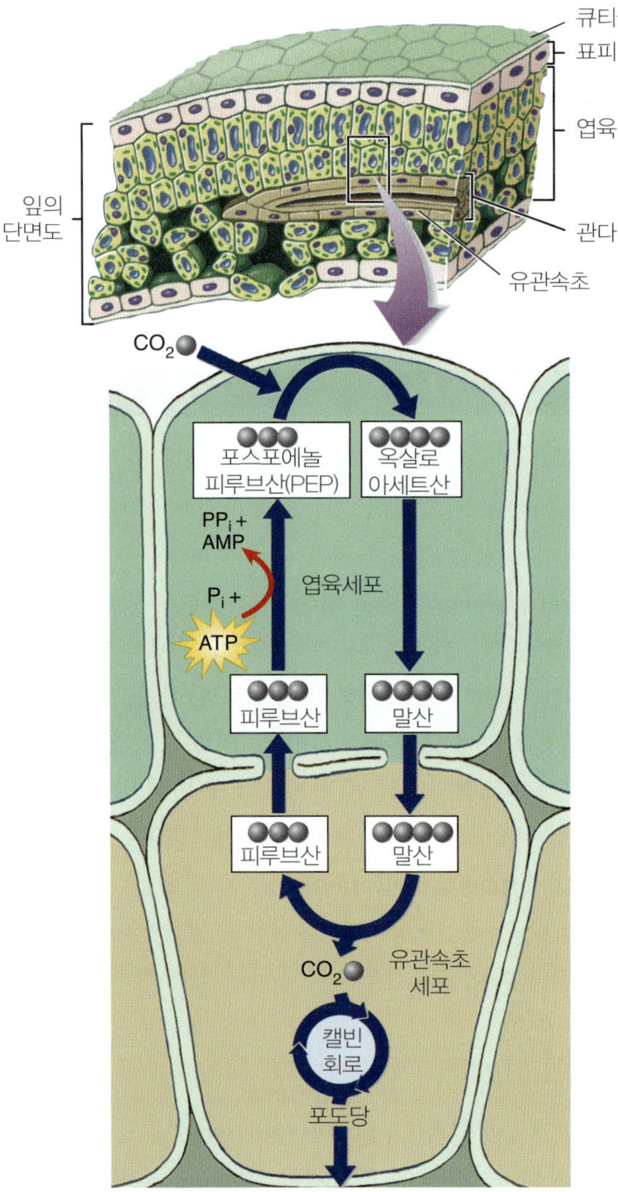

그림 6.11 C_4 **식물에서 탄소 고정**

경로에서 형성된 최초의 분자가 4개의 탄소를 가진 당인 옥살초산이기 때문에 이 과정은 C_4 경로라고 한다. 이 분자는 말산으로 전환되어 유관속초세포로 수송된다. 일단 그곳에서, 말산은 이산화탄소를 생산하는 화학반응을 거친다. 이산화탄소는 유관속초세포에 잡혀서 캘빈회로로 들어간다.

선인장과 파인애플과 같이 여러 다육(succulent; 물을 저장하는) 식물은 광호흡을 줄이기 위한 두 번째 전략을 사용한다. 이러한 초기 탄소 고정 방식이 처음 발견되었던 돌나물(Crassulacease)과의 식물 이름을 따라 **CAM(crassulacean acid metabolism)**이라고 한다. 이러한 식물에서, 기공은 시원해진 밤 동안 열리며 낮 동안에는 닫힌다. CAM 식물은 처음에는 CO_2를 유기화합물에 C_4 경로를 사용하여 밤에 고정시킨다. 이들 유기화합물은 밤에 축적되고 그다음에 다음날 낮 동안 분해되어 CO_2를 방출한다. 이러한 높은 수준의 CO_2가 캘빈회로를 추진하며 광호흡을 감소시킨다. CAM 식물과 C_4 식물에서 광합성이 어떻게 다른가를 이해하기 위해서 **그림 6.12**를 검토하라. C_4 식물(왼쪽)에서는 C_4 경로가 엽육세포에서 일어나는 반면, 캘빈회로는 유관속초세포에서 일어난다. CAM 식물(오른쪽)에서는 C_4경

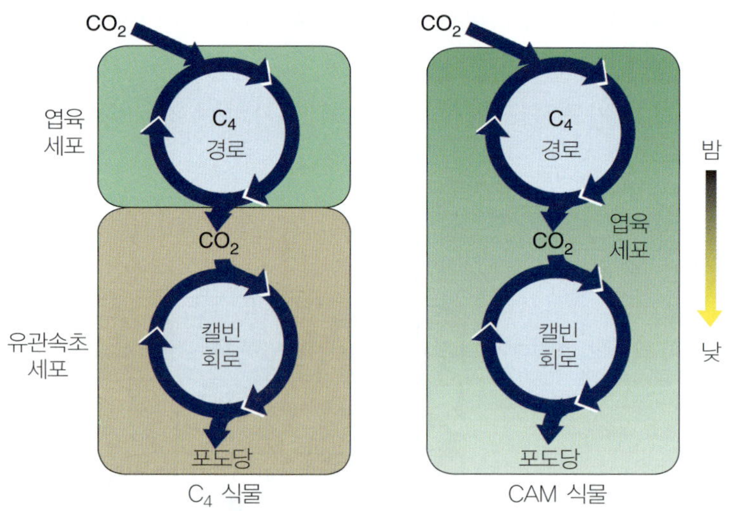

그림 6.12 C_4 **식물과 CAM 식물에서 탄소 고정의 비교**

C_4 식물과 CAM 식물 모두는 C_4 및 C_3 경로를 이용한다. C_4 식물에서 경로들은 공간적으로 분리되어 있다. C_4 경로는 엽육세포에서 일어나며 C_3 경로(캘빈회로)는 유관속초세포에서 일어난다. CAM 식물에서 두 경로는 엽육세포에서 일어나지만 시간적으로 분리되어 있다. C_4 경로는 밤에 사용되고, C_3경로는 낮 동안 일어난다.

오늘날의 생명과학

저온에 내성을 가진 C_4 광합성

인류에게 가장 중요한 농업 작물 중 하나인 옥수수(*Zea mays*)는 따뜻한 온도에서 기르면 높은 생산성을 가진다. 그러나 북부 지역에서 옥수수의 상업적 이용은 저온에서의 훨씬 더 빈약한 생산성 때문에 극도로 제한된다. 옥수수의 높은 생산성은 주로 옥수수가 C_4 광합성 경로를 사용한 결과로서, 지금까지 알려진 작물 중 가장 높은 효율을 가지고 있다. 그러나 이러한 높은 효율의 대부분은 20°C 이하에서 잃어버린다. 5°C에서는 광합성의 80%를 잃어버린다.

옥수수, 사탕수수, 수수, 스위치그래스(switchgrass)와 같은 C_4 종에서 저온에 대한 민감성은 핵심적인 C_4 광합성 효소의 민감성에 의존한다. 특히 **그림 6.11**에 나타낸 마지막 단계를 촉매하는 캘빈회로 효소에 대한 민감성에 의존한다. 이 효소는 pyruvate orthophosphate dikinase라는 이름을 가지고 있으며, 줄여서 약자로 PPDK라 한다. 옥수수 C_4 광합성에서 반응 속도를 결정하는 효소로 보이는 PPDK는 저온에 매우 민감하여, 온도가 10°C 이하로 떨어지면 활성이 거의 남아 있지 않다.

최근에 옥수수의 친척 중 하나가 눈에 띄게 다른 것으로 밝혀졌다. 중국실버그래스(*Miscanthus giganteus*)는 다년생의 풀로서 옥수수와 마찬가지로 같은 C_4 경로를 사용한다. 그러나 옥수수와는 확연히 다르게, 이 풀은 5°C 정도로 낮은 온도에서도 효율적으로 광합성을 한다. 저온에 대하여 커다란 내성 즉, 저항성을 가지고 있어서 찬 온도에서 이 종은 잘 자란다. 이 풀의 각 줄기는 4m까지 자란다. 이 옥수수 속에 속한 다른 풀들은 비슷한 온도에서 C_4 광합성은 극도로 제한된다.

*Miscanthus*의 저온 내성의 원인은 무엇인가? 옥수수의 PPDK 양이 떨어지는 저온에서 *Miscanthus*의 PPDK의 활성은 실제로 높아진다. 연구자들은 현재 이러한 PPDK가 제공하는 저온 내성을 더 잘 이해하기 위해 *Miscanthus* PPDK 유전자를 조사하고 있다. 만일 이러한 초기 결과가 확인되면, 유전공학자들은 옥수수 PPDK 유전자를 *Miscanthus* 형태의 PPDK 유전자로 대체할 가능성을 탐색할 수 있으며, 핵심적인 농업 작물인 옥수수가 북부 지역으로 크게 확장되기 즉, 옥수수 재배의 북방한계가 크게 확장되기를 바라고 있다.

로와 캘빈회로가 같은 세포에서, 즉 엽육세포에서 일어나지만, 이들은 하루 중 서로 다른 시간에 일어나는데, C_4 회로는 밤에 일어나고 캘빈회로는 낮에 일어난다.

주요 학습 요점 6.6　광호흡은 광합성세포에서 산소가 축적되기 때문에 일어난다. C_4 식물은 유관속초세포에서 당을 합성함으로써, 그리고 CAM 식물은 광비의존성 반응을 기공이 열리는 밤까지 지연시켜 광호흡을 우회 또는 피해간다.

철이 해양 식물성 플랑크톤의 성장을 제한하는가?

식물성 플랑크톤은 현미경으로 보아야 볼 수 있는 생명체로 해양에 살고 있으며, 지구의 광합성의 상당 부분을 수행한다. 아래 사진은 식물성 플랑크톤인 *Chaetoceros*이다. 수십 년 전, 과학자들은 광합성이 일어나지 않는 "죽음의 지역(dead zone)"이 해양에 있다는 점을 인지하였다. 자세히 살펴본 결과, 그들은 죽음의 지역 바다에서 수집한 식물성 플랑크톤은 CO_2를 효율적으로 탄수화물로 고정할 수 없는 것을 발견하였다. 왜 할 수 없는가를 이해하기 위한 시도로서, 과학자들은 철(전자전달계가 필요로 함)의 부족이 문제이며, 해양에 철의 비료를 뿌려주면 식물성 플랑크톤이 폭발적으로 빠르게 자라는 것을 유발할 수 있을 것으로 예측하였다.

이 아이디어를 검증하기 위하여 과학자들은 야외실험을 수행하였는데, 식물성 플랑크톤이 살지 않는 한 넓은 지역의 대양 바다에 철 결정을 살포하였다. 식물성 플랑크톤이 살지 않는 유사한 다른 지역의 해양에는 철을 뿌리지 않았으며 대조군으로 설정하였다.

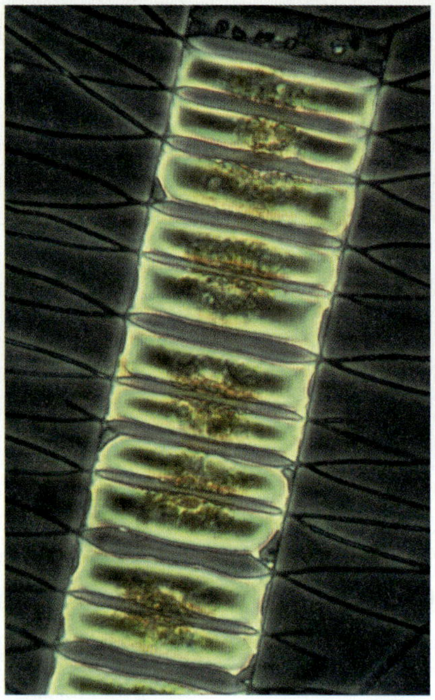

이러한 실험에서의 결과가 오른편 그래프에 제시되어 있다. $72km^2$ 면적의 격자(grid)에 식물성 플랑크톤이 결핍된 해양에 철 결정 및 추적물질(tracer substance)을 뿌렸으며, 그래프의 x축에 있는 화살표로 표시된 것(0, 3, 7일)과 같이 연속적으로 3회 처리하였다. 시간이 지남에 따라 철 결정이 사라지는 효과를 줄이기 위하여 살포 과정을 여러 번 반복하여 수행하였다. $24km^2$의 작은 대조군 격자에는 단지 추적물질만을 살포하였다.

해양에서 광합성을 수행하는 식물성 플랑크톤 생명체의 숫자를 평가하기 위하여, 연구자들은 실제로 생명체의 수를 세지는 않았다. 대신에, 쉽게 측정할 수 있는 지표로서 그들은 해수 시료에 있는 엽록소 a의 양을 추정하였다. **지표(index)**는 쉽게 측정하기 어려운 매개변수(parameter)의 양을 정확하게 반영하는 요소이다. 이 경우에, 액체 시료에 의해 흡수되는 빛의 파장을 측정하여 쉽게 추적되는 엽록소 a의 수준이 식물성 플랑크톤의 적합한 지표이다. 해양에서 어느 곳에서도 식물성 플랑크톤이 아니면 이 색소는 발견되지 않기 때문이다.

엽록소 a 측정은 시험군과 대조군 격자에서 14일 동안 주기적으로 측정하였으며, 그 결과는 그래프에 표시하였다. 붉은색 점들은 철을 뿌린 바다의 엽록소 a의 농도를 가리키며, 청색 점들은 철을 뿌리지 않은 대조군 바닷물의 격자에서의 엽록소 a의 농도를 가리킨다.

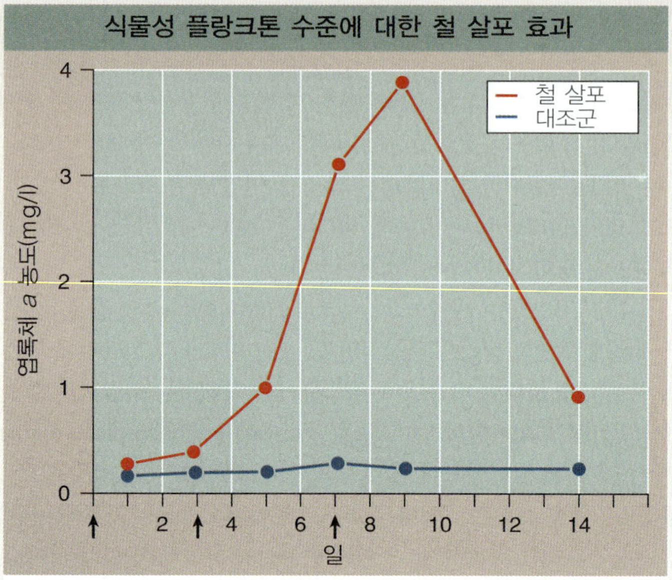

1. 개념 적용

a. 변수 위 그래프에서 종속변수는 무엇인가?

b. 지표 엽록소 a의 수준의 증가는 식물성 플랑크톤의 숫자에 대하여 무엇을 말해 주는가?

c. 대조군 도면에 청색 점으로 표시한 바닷물 시료에는 어떤 물질이 부족하거나 없는가?

2. 자료 분석

a. 해양의 시험 지역에 있는 엽록소 a의 수준(빨간색 점)에 어떤 일이 일어났는가?

b. 대조군 지역에 있는 엽록소 a의 수준(파란색 점)에는 어떤 일이 일어났는가?

c. 적색 선과 청색 선을 비교하면, 철을 뿌린 바닷물의 식물성 플랑크톤은 3회(0, 3, 7일)의 살포 시 각각 몇 배가 더 많은가?

3. 추론하기

a. 식물성 플랑크톤이 없는 지역의 해양에 철을 살포하는 것에 대하여 어떤 일반적인 설명이 가능한가?

b. 왜 엽록소 a의 수준은 14일까지는 떨어지는가?

4. 결론 도출 이러한 결과들이 철이 부족하여 식물성 플랑크톤의 성장을 제한하였으며, 특정 해양 지역의 광합성을 제한하였다는 주장을 지지하는가?

5. 심층 분석 이 실험 결과에 기초하여 판단하면 해양의 광합성 수준을 증가시키기 위해 철을 살포하는 이러한 방법의 잠재적인 단점은 무엇인가?

단원 복습

광합성

6.1 광합성의 개관

- 광합성은 태양으로부터 에너지가 포획되며 CO_2 기체와 물로부터 탄수화물을 만드는 생화학적 과정이다(**삽입 그림, 136~137쪽**).
- 광합성은 두 단계로 일어나는 일련의 화학반응으로 구성되어 있다. 광의존성 반응은 ATP와 NADPH을 생산하며 식물에서는 엽록체의 틸라코이드 막에서 일어나는 반면, 광비의존성 반응(캘빈회로)은 스트로마에서 일어나며 탄수화물을 합성한다(**삽입 그림, 138~139쪽**).

6.2 식물은 어떻게 햇빛으로부터 에너지를 포획할까?

- 색소는 빛에너지를 포획하는 분자이다. 가시광선에 존재하는 에너지는 엽록체에 존재하는 엽록소 및 다른 보조색소에 의해 포획된다(**그림 6.1**).
- 식물은 엽록소 색소 때문에 녹색으로 보인다(**그림 6.2**). 엽록소는 가시광선 스펙트럼의 양쪽 말단의 파장(청색 및 적색 파장)을 흡수하고 녹색 파장을 반사하며, 이것이 잎이 녹색으로 보이는 이유이다.
- 카로티노이드와 같은 보조색소는 엽록소와는 서로 다른 스펙트럼의 지역으로부터 에너지를 포획하며, 꽃, 과일, 그리고 녹색이 아닌 식물의 부분에 서로 다른 색깔을 가지게 한다(**그림 6.4**).

6.3 색소들로 광계 구성하기

- 광의존성 반응은 식물의 엽록체의 틸라코이드 막에서 일어난다. 광합성에 관련된 엽록소 분자와 다른 색소 분자들은 광계라고 하는 막 안의 단백질의 복합체에 박혀 있다(**그림 6.5**).
- 광계에 의해 포획된 빛에너지는 전자를 들뜨게 하여 전자전달계로 전달한다. 전자전달계에서 에너지는 켈빈회로를 추진하는 ATP와 NADPH를 생성하는 데 사용된다. 식물은 연속적으로 일어나는 2개의 광계를 사용한다(**그림 6.6**). 광계 II는 ATP의 형성을 이루며, 광계 I은 NADPH의 형성이 이루어진다.
- 빛의 광자로부터의 에너지는 엽록소 분자에 의해 흡수되며 에너지는 여기 **그림 6.7**에 나타난바와 같이 엽록소 분자들 사이에서 전달된다. 일단 에너지가 반응중심에 전달되면, 전자를 들뜨게 하여 전자전달계로 전자를 전달한다.

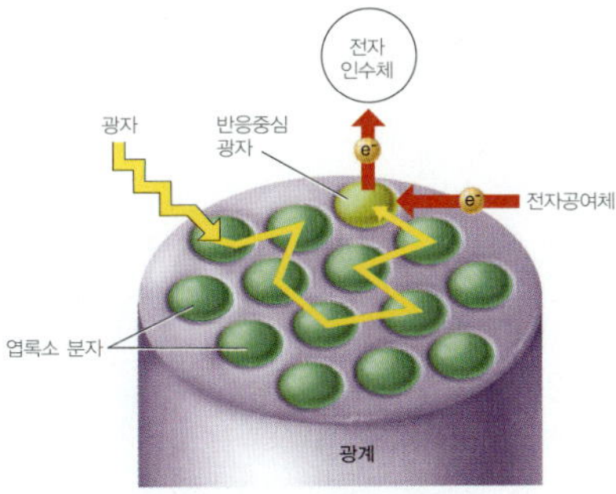

6.4 광계는 어떻게 빛에너지를 화학에너지로 전환시킬까?

- 광계 II의 반응중심을 떠나서 전자전달계로 들어간 들뜬 전자는 물 분자가 분해되어 나온 전자로 재충전된다.
- 들뜬 전자는 전자전달계에서 한 단백질로부터 다른 단백질로 전달되며, 전자전달계에서 전자로부터의 에너지는 농도기울기를 따라 막을 가로질러 수소 이온을 이동시키는 수소 이온 펌프를 작동시키는 데 사용된다(**그림 6.8**).
- 수소 이온 농도기울기는 ATP의 분자를 생성하는 에너지의 근원으로 사용된다. 이 에너지는 막을 가로질러 H^+를 ATP 합성효소라고 부르는 특수한 통로단백질로 통과시키는 구동력으로 사용된다. ATP 합성효소는 **그림 6.9**에 보는 바와 같이 ATP의 형성을 촉매하는 효소이다.

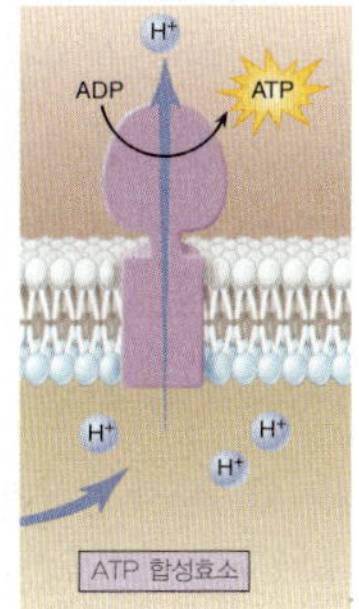

- 전자가 첫 번째 전자전달계를 따라 전달된 후에, 전자는 두 번째 광계인 광계 I로 전달된다. 광계 I에서 전자는 빛의 또 다른 광자를 포획하여 에너지가 위로 올라간다. 이러한 재에너지화된 전자는 또 다른 전자전달계를 따라 전달되며 궁극적인 전자인수체인 $NADP^+$에 전달된다. NADPH와 ATP는 캘빈회로에 제공된다.

6.5 새로운 분자 만들기

- 캘빈회로는 CO_2를 환원시켜 탄수화물 분자를 만들기 위하여, NADPH로부터 전자와 수소 이온을 그리고 ATP로부터 에너지를 사용하는 일련의 효소들에 의해 수행된다(**핵심 생물학 과정, 147쪽 그림 6.10**)
- 캘빈회로 동안에 부산물로 생긴 ADP와 $NADP^+$는 광의존성 반응에 다시 공급되어 재활용된다.

광호흡

6.6 광호흡: 광합성의 중지

- 뜨겁고 건조한 날씨에 식물은 잎에 있는 기공을 물을 보전하기 위해 닫는다. 그 결과 O_2의 수준이 잎에서 증가하며, **149쪽**에 나타낸 것처럼 CO_2의 수준은 떨어진다. 이러한 조건하에서 캘빈회로 또는 C_3 광합성으로 부르는 과정이 중단된다. 산소의 내부 농도가 높아지면, 광호흡이라고 하는 과정에서 CO_2 대신에 O_2가 캘빈회로로 들어간다. 이 경우에, 캘빈회로의 첫 번째 효소인 Rubisco가 이산화탄소 대신에 산소와 결합한다.

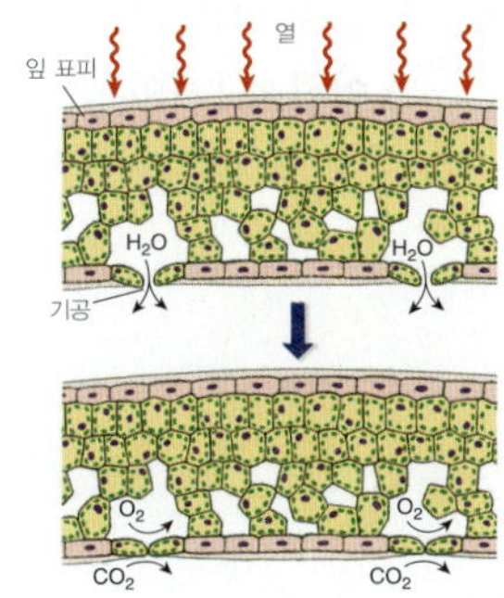

- C_4 식물은 탄소고정 단계를 서로 다른 세포에서 일어나는 두 단계로 나누어 광호흡의 효과를 줄인다. C_4 경로는 엽육세포에서 말산을 생산한다(**그림 6.11**).
- CAM 식물에서, 이산화탄소는 기공이 열려 있는 밤 동안에 C_4 경로를 통하여 중간대사산물 유기 분자로 처리된다(**그림 6.12**).

이해력 확인 문제

1. 지구상에 있는 거의 모든 살아 있는 생명체가 사용하는 에너지는 태양으로부터 나온다. 식물, 조류, 몇몇 박테리아에 의해 에너지를 포획하는 과정을 무엇이라 하는가?

a. 틸라코이드
c. 광합성
b. 엽록체
d. 캘빈회로

2. 식물은 햇빛을 어떻게 포획하는가?

a. 광호흡을 통하여
b. 광자를 흡수하고 광자를 에너지를 사용하는 색소라 부르는 분자를 가지고
c. 광비의존성 반응으로
d. 전자전달계를 가지고

3. 가시광선은 전자기 스펙트럼의 어떤 부분을 차지하는가?

a. 스펙트럼 전체
b. 스펙트럼의 윗부분 반쪽(더 긴 파장을 가진)
c. 스펙트럼의 중간에 있는 작은 부분
d. 스펙트럼의 아랫부분 반쪽(더 짧은 파장을 지닌)

4. 엽록소에 의해 흡수되는 빛의 색깔은 무엇인가?

a. 적색과 청색
b. 녹색과 노란색
c. 적외선과 자외선
d. 모든 색깔이 동등하게 효과적으로 흡수된다.

5. 초기에 식물이 광자의 에너지를 일단 포획하면,

a. 세포의 틸라코이드 막에서 일련의 반응이 일어난다.
b. 에너지는 몇 가지 단계를 거쳐서 ATP 분자로 전달된다.
c. 물 분자는 분해되어 산소를 방출한다.
d. 모두 옳음

6. 식물은 ATP와 NADPH를 생산하는 데 사용하는 에너지를 포획하기 위하여 2개의 광계를 사용한다. 이들 광계에서 전자에 대한 설명으로 옳은 것은?

a. 광자로부터 에너지를 첨가하여 광계를 통하여 지속적으로 재활용된다.
b. 광계를 통하여 몇 차례 재활용된 다음 엔트로피 때문에 소실된다.
c. 광계를 단지 한번만 통과한다; 전자들은 물 분자를 쪼개서 얻는다.
d. 광계를 단지 한번만 통과한다; 전자들은 광자로부터 얻는다.

7. 광합성 동안에, ATP 분자는 어떻게 생성되는가?

a. 캘빈회로
b. 화학삼투
c. 물 분자 쪼개기
d. 엽록소 분자에 의해 흡수되는 빛의 광자

8. NADPH는 광합성 동안 재생된다. NADPH는 어느 과정 동안에 생산되며 어느 곳에서 사용되는가?

a. 광계 I의 전자전달계, 캘빈회로
b. 화학삼투의 과정, 캘빈회로
c. 광계 II의 전자전달계, 광계 I의 전자전달계
d. 광비의존성 반응, 광의존성 반응

9. 캘빈회로의 전체적인 목적은 무엇인가?

a. ATP 분자의 생성이다.
b. NADPH의 생성이다.
c. 당 분자를 만드는 일이다.
d. 산소를 생산하는 일이다.

10. 더운 날씨에 여러 식물들은 전형적인 C_3 광합성을 수행할 수 없기에, 일부 식물은 무엇을 어떻게 하는가?

a. ATP 회로를 사용한다.
b. C_4 광합성 또는 CAM을 사용한다.
c. 광합성을 완전하게 중지시킨다.
d. 서로 다른 식물에서 이들 모두가 사실이다.

응용력 확인 문제

1. 그림 6.3 왜 대부분의 잎은 하나 이상의 유형의 색소를 가지고 있는가?

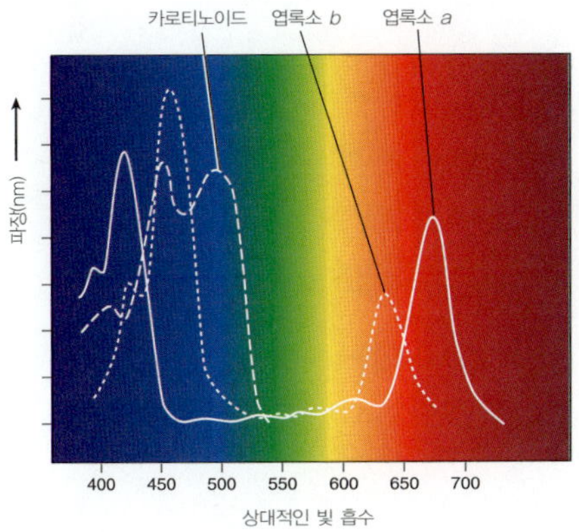

2. 그림 6.9 만일 틸라코이드 막이 수소 이온에 대하여 “새는(leaky)” 즉, 투과성이 있는 상태라면 식물세포는 화학삼투를 통하여 ATP를 생산할 수 있는가? 설명하시오.

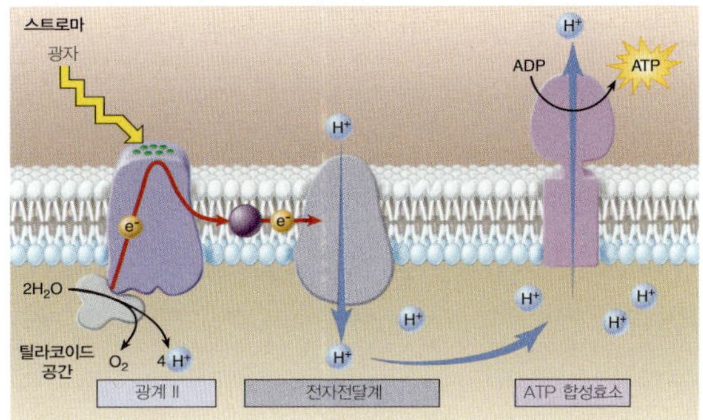

종합 학습

1. 광합성을 통해 6분자의 이산화탄소를 한 분자의 포도당으로 환원시키기 위해, 몇 분자의 NADPH와 ATP가 필요한가?
2. 이론적으로 어떤 분자들을 공급해 준다면 완전한 암흑 속에 둔 식물이 아직도 포도당을 생성할 수 있는가?
3. 만일 애리조나와 뉴멕시코 주에 있는 사막에서 생존할 수 있는 식물을 디자인 한다면, 뜨거운 여름 온도에서 물 손실을 피하야 하는 필요성과 CO_2에 대한 필요성과 어떻게 균형을 맞추겠는가?

7

세포는 음식물로부터 어떻게 에너지를 수확할까?

학습단원

북미산 얼룩다람쥐인 칩멍크(chipmunk)와 같은 동물은 생명의 과정들을 위한 동력을 공급하기 위해 그들이 먹는 음식물에 존재하는 화학결합에 저장된 에너지에 의존한다. 그들의 생명은 에너지에 의해 구동된다. 이 칩멍크가 수행하는 모든 활동인 나무 오르기, 도토리 씹기, 주위 사물의 상황 살펴보기, 냄새 맡기, 듣기, 생각하기 등, 이 모든 활동에 에너지를 사용한다. 칩멍크가 배불리 먹는 견과류를 생산하는 참나무와 달리, 칩멍크의 어느 부분도 녹색이 아니다. 참나무처럼 광합성을 수행할 수 없으며, 나무가 하는 것처럼 태양으로부터 에너지를 수확할 수 없다. 대신에, 칩멍크는 식물에서 생산된 유기 분자를 소비하여 그들의 에너지를 간접적으로 얻어야 한다. 참나무가 유기 분자를 만들기 위하여 투자한 화학에너지를 칩멍크가 세포호흡이라고 하는 과정에서 수확한다. 동일한 과정이 모든 동물이 분자들로부터의 에너지를 수확하는 데 사용되며, 또한 식물에서도 역시 사용된다. 참나무의 뿌리가 뻗어 있는 토양에는 햇빛이 없으므로, 얼룩다람쥐의 세포와 마찬가지로, 이들 식물 뿌리세포는 세포호흡으로부터 에너지를 얻어서 생명의 연료로 이용한다. 이 장에서는, 세포호흡을 자세히 알아볼 것이다. 앞으로 보는바와 같이, 세포호흡과 광합성은 서로 상당히 유사하다.

7.1 음식물에는 에너지가 어디에 있을까?

식물과 동물 모두에서, 그리고 실제로 거의 모든 생명체는 살아가는 데 필요한 에너지를 식물에서 생산된 유기 분자를 분해하여 얻는다. 유기 분자를 만드는 데 투자했던 ATP 에너지와 환원력은 에너지를 가진 전자 즉, 에너지화된 전자를 떼어내어 ATP를 만드는 데 사용하고 회수된다. 화학결합으로부터 전자를 떼어낼 때, 음식물 분자는 산화된다(산화는 전자의 상실이라는 점을 기억하라). 에너지를 얻기 위한 음식물의 산화를 **세포호흡(cellular respiration)**이라고 한다. 우리가 단순히 호흡이라고 하는 폐에서 수행하는 산소 기체를 숨 쉬는 호흡과 세포호흡을 혼동하지 않도록 한다.

식물 세포는 광합성을 통하여 생산하고 세포호흡으로 분해한 당 및 다른 분자들을 가지고 식물 세포의 활동들에 연료로 사용한다. 광합성을 하지 않는 생명체는 식물을 먹고 세포호흡으로 식물 조직으로부터 에너지를 추출한다. **그림 7.1**에 기린의 다리를 뜯어먹는 사자와 같이 다른 동물들은 식물을 먹고 자란 동물을 먹는다.

진핵세포 생명체는 음식물 분자 포도당의 화학결합으로부터 전자를 수확하여 ATP의 대부분을 생산한다. 전자들은 전자전달사슬(광합성의 전자전달계와 유사)을 따라 전달되며, 결국은 전자를 산소 기체에 제공한다. 화학적으로 말하자면, 세포에서 탄수화물의 이러한 산화는 벽난로에서 장작이 타는 것과 차이가 거의 없다. 두 경우 모두에서 반응물은 탄수화물과 산소이며, 생산물은 이산화탄소, 물, 에너지이다.

$$C_6H_{12}O_6 + 6\ O_2 \rightarrow 6\ CO_2 + 6\ H_2O + \text{에너지 (열 또는 ATP)}$$

광합성 및 세포호흡의 여러 반응에서, 전자는 한 원자 또는 분자에서 다른 원자 또는 분자로 전달된다. 원자 또는 분자가 전자를 잃어버리면 이것은 *산화되었다*고 말하며, 이것이 일어나는 과정을 **산화(oxidation)**라고 한다. 생명과학적 시스템에서 전자를 강하게 끌어 잡아당기는 산소는 가장 보편적인 전자 인수체라는 사실이 산화라는 명칭에 반영되어 있다. 역으로, 원자나 분자가 전자를 획득하게 되면 *환원되었다*고 말하며, 이 과정을 **환원(reduction)**이라고 한다. 산화로 인하여 원자가 잃어버린 모든 전자는 몇몇 다른 원자들에 의해 환원을 통하여 얻어져야 하기 때문에, 산화와 환원은 항상 함께 일어난다. 그러므로

그림 7.1 사자의 점심식사
이 사자가 기린으로부터 추출한 에너지는 사자가 으르렁거리며, 뛰어다니는 연료로 사용하며, 더 큰 사자가 되는 데 사용될 것이다.

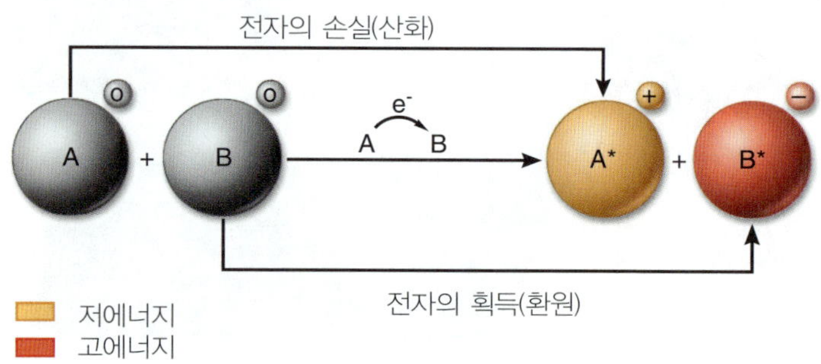

그림 7.2 산화환원 반응
산화는 전자의 상실이며 환원은 전자의 획득이다. 분자 A 및 분자 B의 전하는 여기 각 분자의 위쪽 오른편에 작은 원으로 나타나있다. 분자 A는 전자를 잃어버릴 때 에너지를 잃어버리는 반면, 분자 B는 전자를 얻을 때 에너지를 획득한다.

이러한 종류의 화학반응을 **산화-환원 반응[oxidation-reduction (redox) reactions]**이라고 한다. **그림 7.2**에 나타난 것처럼, 산화환원반응에서 에너지는 전자 이동의 결과로 생긴다.

그림 7.3에서처럼, 세포호흡은 2단계로 수행된다. 첫 번째 단계는 ATP를 만들기 위하여 연계반응을 이용한다. 이 단계는 *해당작용*(glycolysis)으로 세포의 세포질에서 일어난다. 보다 중요한 점은 이 과정이 무산소(anaerobic), 즉 산소를 필요로 하지 않는다는 점이다. 이러한 고대 에너지-추출 과정은 지구 대기에 산소가 없었던 20억 년 전부터 진화되었을 것으로 추정된다.

두 번째 단계는 유산소(aerobic, 산소가 필요) 단계이며, 미토콘드리아에서 일어난다. 이 단계의 초점은 *크렙스회로*(Krebs

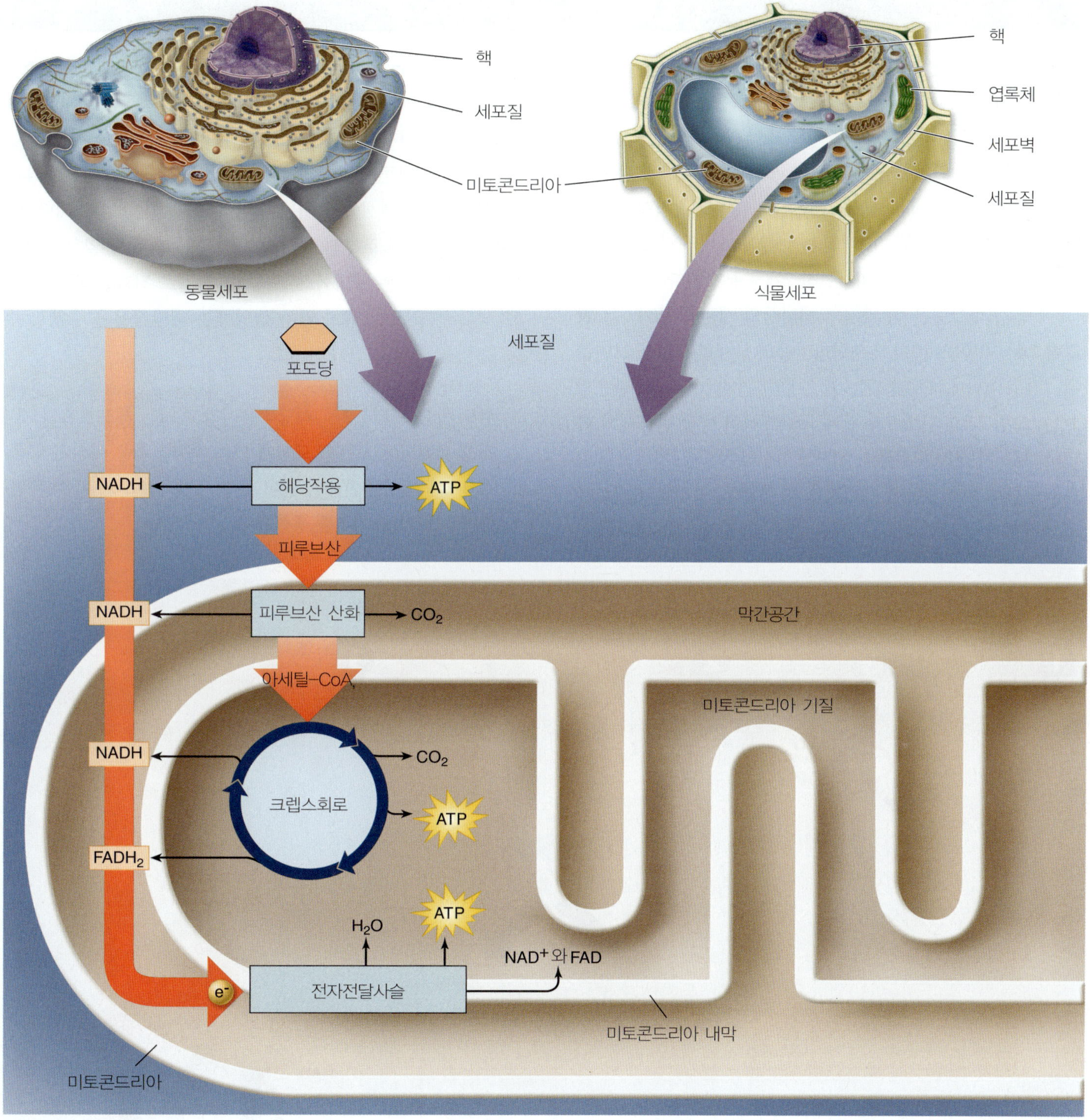

그림 7.3 세포호흡의 개관

cycle)로서, C–H 화학결합으로부터 전자를 수확하여 에너지가 풍부한 전자를 NADH와 $FADH_2$의 운반체 분자에 전달하는 화학 반응의 회로이다. 이들 분자는 전자를 전자전달사슬에 인도하며, ATP 생산을 추진하는 데 전자의 에너지를 사용한다. *산화*(oxidation) 형태의 이러한 전자의 수확은 음식물 분자로부터 전자를 회수하는 해당작용보다 훨씬 더 강력하며, 진핵세포가 사용하는 에너지의 대부분을 음식물 분자로부터 추출하는 방식이다.

주요 학습 요점 7.1 **세포호흡은 음식물 분자를 분해하여 에너지를 얻는 과정이다. 유산소 호흡에서 세포는 해당작용과 산화의 두 단계로부터 에너지를 수확한다.**

7.2 연계반응을 이용한 ATP 만들기

세포호흡의 첫 번째 단계를 **해당작용(glycolysis)**이라 하며, 이 단계는 *생화학적 경로*(biochemical pathway)인 일련의 연속적인 생화학 반응이다. 효소가 촉매하는 10개의 반응에서, 6개의 탄소를 가진 포도당은 3개의 탄소를 가진 피루브산 2개로 분할된다. 아래 주요 생명과학 공정의 그림은 이 과정의 개념상의 개관을 보여주는 반면, **그림 7.4**는 일련의 10가지 생화학반응의 상세한 모양을 보여준다. 에너지는 어디에서 추출되는가? 2개의 "연계(coupled)" 반응의 각각에서(**그림 7.4**의 단계 7과 단계 10), 에너지 방출 반응에서 화학결합이 부서지면 ADP로부터 ATP를 형성하는 반응(에너지 유입 반응)을 구동하기에 충분한 에너지를 방출한다. 이러한 기질로부터 고-에너지 인산기의 전달을 **기질-수준 인산화반응(substrate-level phosphorylation)**이라고 한다. 이 과정에서 전자와 수소 원자는 추출되어 NAD^+로 부르는 운반체 분자에 제공된다. NAD^+는 NADH로서 전자를 운반하며, 다음 절에서 논의하는 산화적 호흡 동안 추출한 다른 전자들과 합류한다. 단지 적은 수의 ATP 분자가 해당작용 자체에서 만들어지지만, 산소가 없을 경우 해당작용은 생명체가 음식물로부터 에너지를 얻을 수 있는 유일한 방법이다. 해당작용은 모든 생화학적 과정 중 최초로 진화한 과정 중 하나로 생각된다. 모든 살아 있는 생명체는 해당작용을 수행할 수 있는 능력을 가지고 있다.

주요 학습 요점 7.2 **해당작용이라고 하는 세포호흡의 첫 번째 단계에서 세포는 포도당에 있는 화학결합을 이리저리 움직여서 2개의 연계반응이 일어날 수 있게 하여, 기질-수준 인산화반응에 의해 ATP를 생산한다.**

핵심 생물학 과정: 해당작용의 개관

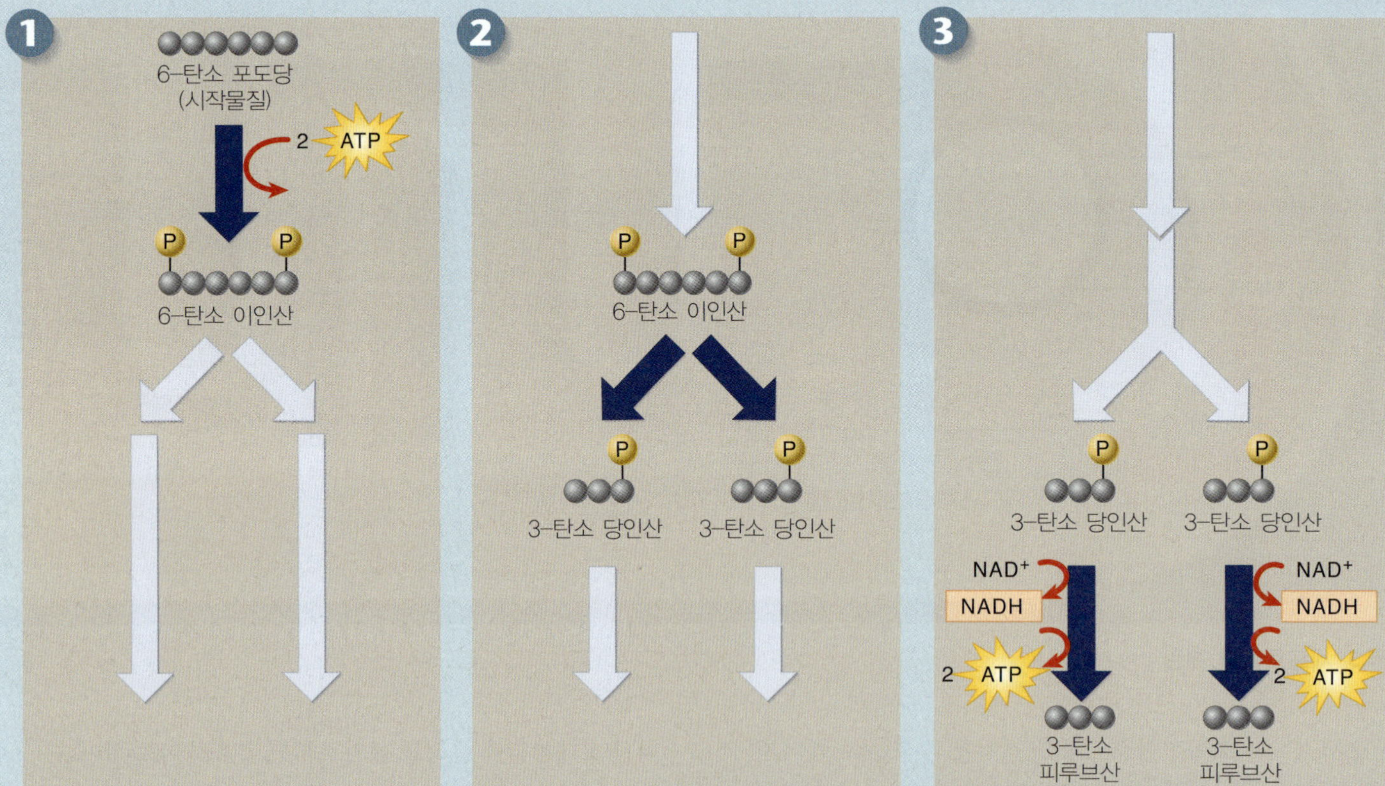

시작반응 해당작용은 에너지를 첨가하면 시작된다. 2개의 ATP 분자에서부터 고-에너지 인산기 2개가 6개의 탄소를 가진 포도당 분자에 첨가되어, 2개의 인산기를 가진 6-탄소 분자가 생산된다.

분할반응 인산화된 6-탄소 분자는 그 다음 둘로 쪼개져서, 3개의 탄소를 가진 당인산 2분자가 형성된다.

에너지-수확 반응 일련의 반응을 통해, 각 3-탄소 당인산 2분자는 최종적으로 피루브산으로 전환된다. 이 과정에서 에너지가 풍부한 수소는 NADH로 수확되며, 각 피루브산으로부터 2개의 ATP 분자가 형성된다.

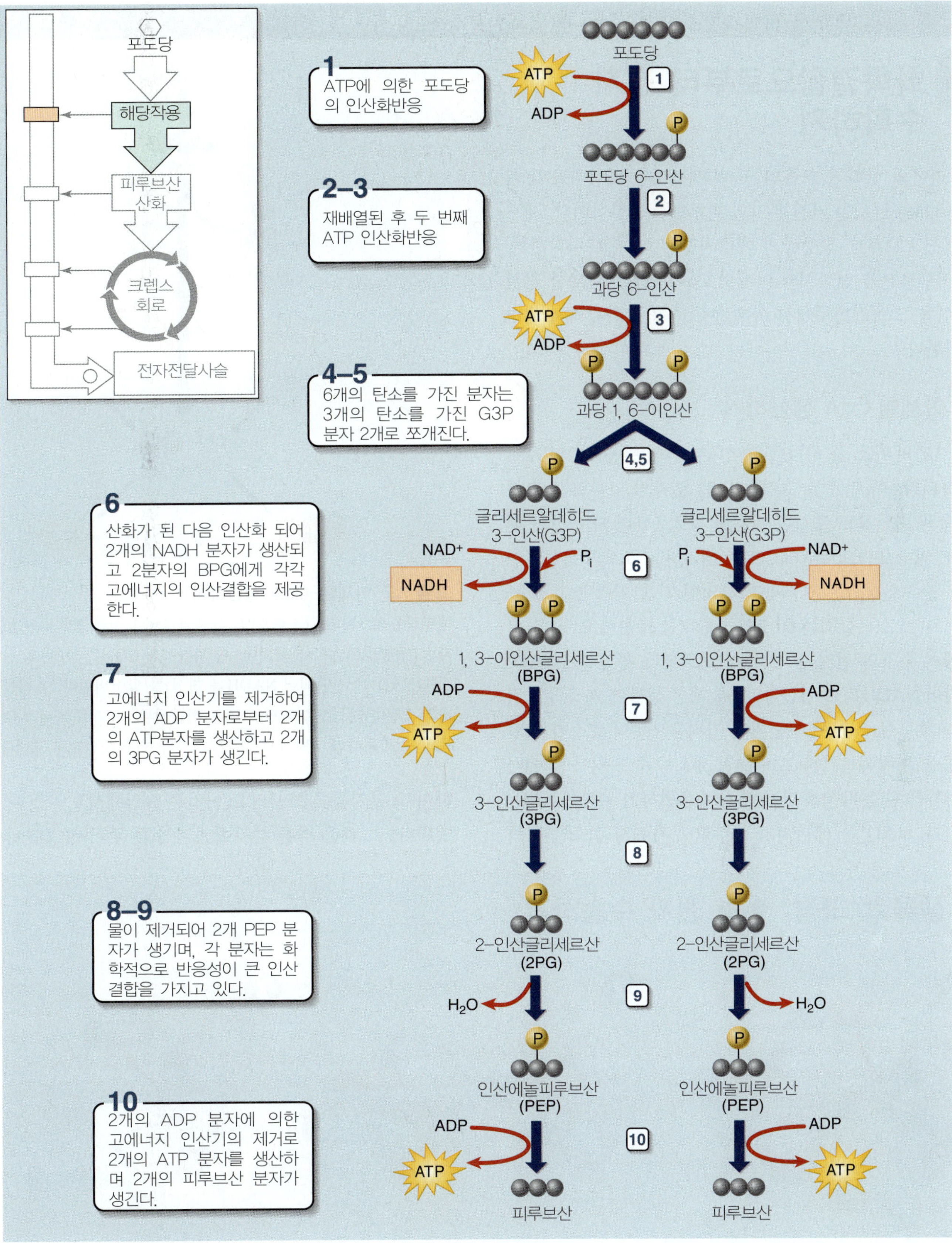

그림 7.4 해당작용의 반응

해당작용의 과정에는 일련의 10개의 효소-촉매 반응이 포함되어 있다.

7.3 화학결합으로부터 전자 수확하기

미토콘드리아의 산화적 호흡의 첫 번째 단계는 해당작용의 최종산물인 3개의 탄소를 가진 분자인 피루브산의 산화이다. 세포는 피루브산으로부터 상당량의 에너지를 두 단계로 수확한다: 첫째로, 피루브산을 산화시켜 아세틸-CoA(acetyl-CoA)를 형성하며, 그다음 크렙스회로에서 아세틸-CoA를 산화시켜서 에너지를 수확한다.

단계 1: 아세틸-CoA 생산하기

피루브산 3개의 탄소 중 하나를 떼어내는 단일 반응으로 피루브산은 산화된다. 이 탄소는 그다음 CO_2 분자의 일부로서 **그림 7.5**에서 녹색 화살표로 표시한 것처럼 경로로부터 빠져 나와 떠나게 된다. 피루브산으로부터 CO_2를 제거하는 효소의 복합체인 피루브산 탈수소효소는 지금까지 알려진 가장 커다란 효소 중 하나이다. 이 효소복합체는 60개의 소단위를 포함하고 있다! 반응 과정에서 수소와 전자는 피루브산으로부터 제거되어 NAD^+에 제공되어 NADH를 형성한다. 아래 핵심 생물학 과정의 그림은 기질(피루브산)을 NAD^+ 근처에 가져옴으로써 효소가 어떻게 이 반응을 촉매하는가를 보여준다. 세포는 수소 원자 및 에너지화된 전자를 한 분자에서 다른 분자로 운반하기 위하여 NAD^+를 사용한다. NAD^+는 에너지가 풍부한 분자에서 수소를 획득하여 그 분자를 산화시키고(이것은 그림에서 1 → 2 → 3으로 진행된다) 그 다음 다른 분자에게 수소를 주어서(그림에서 3 → 2

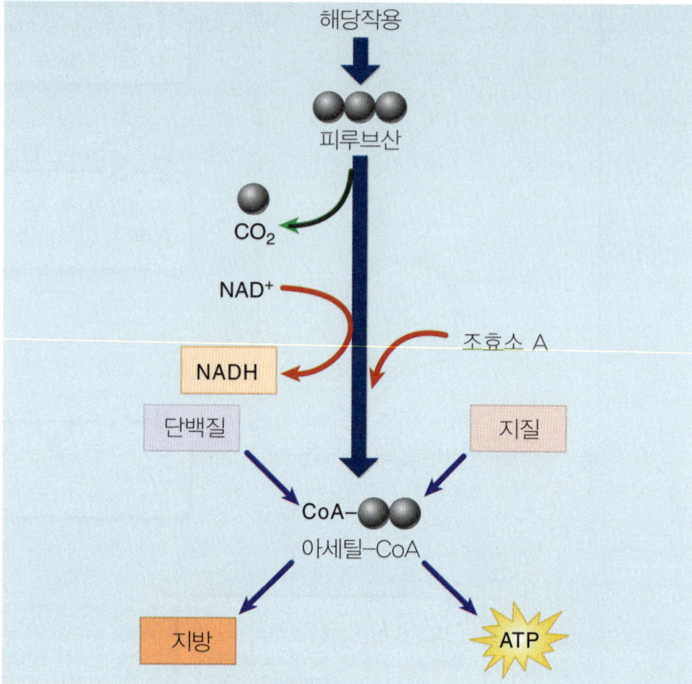

그림 7.5 아세틸–CoA 생산하기

해당작용의 3개의 탄소를 가진 산물인 피루브산은 2개의 탄소를 가진 분자인 아세틸-CoA로 산화되며, 이 과정에서 CO_2로서 하나의 탄소 원자와 전자(NAD^+에 전달되어 NADH를 형성)를 잃어버린다. 음식물로 섭취한 거의 모든 분자들은 아세틸-CoA로 전환되며, 그 다음 아세틸-CoA는 우리 몸의 필요에 따라 지방합성으로 보내거나 ATP 생산으로 보낸다.

핵심 생물학 과정: 수소 원자 수송하기

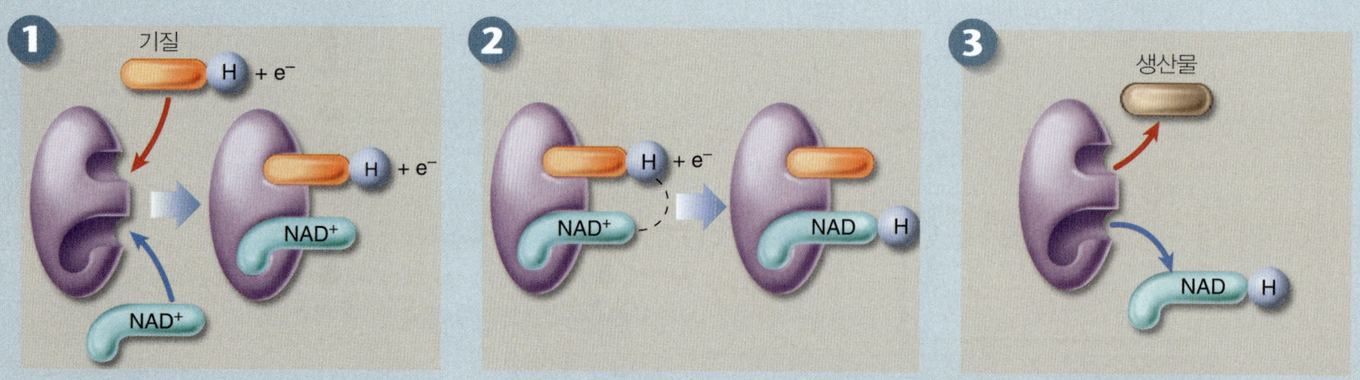

1 수소 원자를 수확하는 효소는 기질 결합 부위 근처에 위치한 NAD^+ 결합 부위를 가지고 있다.

2 산화–환원반응에서, 수소 원자 및 전자는 NAD^+에 전달되어 NADH를 형성한다.

3 NADH는 그다음 확산되어 퍼져 나가고 수소를 다른 분자에 제공한다.

대사효율과 먹이사슬의 길이

지구 생태계에서 광합성을 수행하는 생명체는 종종 다른 생명체의 먹이로 소비된다. 광합성을 하는 생명체를 먹는 생명체를 *종속영양생물*(heterotrophs)라고 한다. 사람은 광합성을 하지 않기 때문에 종속영양생물이다.

최초의 종속영양생물은 광합성이 해양이나 대기에 상당수의 산소가 아직 도입되지 않은 세상에 살았던 원시 세균일 것으로 생각된다. 음식물로부터 화학에너지를 수확하는 그들이 가지고 있는 유일한 메커니즘은 해당작용이다. 산소를 생성하는 광합성이나 세포호흡의 산화적 단계는 아직 출현하지 않았다. 원시 세균이 그랬던 것처럼, 해당작용만 하는 종속영양생물은 그들이 소비하는 음식물에 있는 에너지의 단지 3.5%만을 포획한다. 따라서 만일 그러한 종속영양생물이 소비하는 광합성 생명체에 있는 에너지의 3.5%를 보존한다면, 그다음 첫 번째 종속영양생물을 소비하는 모든 다른 종속영양생물은 그 안에 있는 에너지의 3.5%를 또는 원래 광합성 생명체가 공급한 에너지의 0.12% 만이 광합성을 통하여 포획될 것이다. 따라서 광합성 생명체의 매우 커다란 기반이 작은 수의 종속영양생물체를 지지하는 데 필요하게 된다.

생명체가 다음 페이지에서 논의할 산화적 세포호흡으로 유기 분자에서 에너지를 추출할 수 있게 되었을 때, 산화적 호흡의 효율성은 약 32%로 추정되었기 때문에 이러한 제한은 훨씬 덜 심각하게 되었다. 세포호흡의 증가된 효율성이 해당작용보다 훨씬 더 많은 에너지를 한 영양단계에서 다른 영양단계로 전달하는 결과를 가져왔다(*영양단계*는 어떤 한 생태계를 통하여 에너지가 한 단계 이동하는 과정이다). 산화적 세포호흡의 효율성은 먹이사슬의 진화를 가능하게 만들었으며, 먹이사슬에서 광합성 생명체는 종속영양생물에 의해 소비되며, 그 종속영양생물은 다른 종속영양생물에 의해 연속적으로 소비된다.

매우 효율적인 산화적 물질대사라도 공급된 에너지의 대략 $\frac{2}{3}$는 각 영양단계에서 손실되며, 그것이 얼마나 먹이사슬이 길 것인가를 제한한다. 여기에 그림으로 설명한 동아프리카 초지 생태계처럼, 대부분의 먹이사슬은 단지 3개 또는 드물게 4개의 영양단계가 관련되어 있다. 각 단계로 전달되는 과정에서 너무 많은 에너지가 손실되어 3~4개보다 훨씬 더 긴 사슬이 허락될 수 없다. 예를 들어, 커다란 인구집단이 초지에서 포획한 사자를 먹음으로써 생명을 보존하는 것이 불가능할 것이다. 이용 가능한 초지의 양은 인구집단을 먹이는 데 필요한 사자의 숫자를 유지하기에 충분한 얼룩말과 다른 초식동물을 충분하게 지탱하지 못할 것이다. 따라서 우리 세상의 생태학적 복합성은 산화적 세포호흡의 화학에 의해 근본적인 방식이 고정되었다.

광합성 생명체 이 노란색 아카시아 나무(fever tree) 아래에 있는 풀은 더운 우기 동안 왕성하게 자란다. 풀은 태양의 에너지를 포획하여 포도당 분자의 형태로 에너지를 저장하고, 포도당을 녹말로 전환시키고 저장한다.

초식동물 이들 얼룩말은 풀을 소비하고 풀에 저장된 에너지 중 일부를 자기 몸에 저장한다.

육식동물 사자는 얼룩말 및 다른 동물을 먹는다. 사자는 이들 동물에 저장된 에너지의 일부를 포획하여 자기 몸 안에 저장한다.

청소동물 하이에나와 독수리는 먹이사슬에서 사자와 같은 단계를 차지한다. 그들은 또한 사자가 먹고 버린 죽은 얼룩말을 소비한다.

노폐물 이용자 대부분이 *Precis octavia*인 이들 나비들은 하이에나가 소비한 음식물이 소화관을 통하여 배출된 후, 하이에나가 남긴 물질을 먹는다.

동아프리카의 광활한 초지인 사바나에서 먹이사슬

이들 먹이 사슬의 수준 각각에서 제공된 에너지의 $\frac{1}{3}$ 또는 그 이하만이 수령자가 사용한다.

→ 1로 진행된다) 분자를 환원시킨다. 이제 **그림 7.5**를 다시 주목해 보자. 피루브산으로부터 CO_2를 제거한 후 남아 있는 2개의 탄소 조각(아세틸기로 부름)은 피루브산 탈수소효소에 의해 조효소 A(CoA)라는 공동인자에 연결되어 **아세틸-CoA(acetyl-CoA)**로 알려진 화합물을 형성한다. 만일 세포에 ATP가 충분하게 공급되는 상태라면, 아세틸 CoA는 지방의 합성과정으로 진행되도록 하여 에너지를 가진 전자를 나중에 필요한 때를 위해 보존한다. 세포가 ATP를 필요로 하면, 대신에 아세틸 CoA는 크렙스회로를 통해 ATP 생산으로 향하게 한다.

단계 2: 크렙스회로

산화적 호흡의 다음 단계는 그것을 발견한 사람의 이름을 따서 **크렙스회로(Krebs cycle)**라고 하는 단계이다. 크렙스회로(광합성의 캘빈회로와 혼돈하지 않도록 한다)는 미토콘드리아에서 일어난다. 크렙스회로는 복잡한 과정이지만, 아래 핵심 생물학 과정의 그림에서 제시된 개관에서 지적한 바와 같이 회로의 9개 반응은 세 단계로 나눌 수 있다.

단계 1. 아세틸 CoA는 회로에 합류하여 4개의 탄소를 가진 분자와 결합하여 6개의 탄소를 가진 분자를 생산한다.

단계 2. 2개의 탄소는 CO_2의 형태로서 제거되며, 그들의 전자는 NAD^+에 제공되고, 4개의 탄소를 가진 분자가 남게 된다. 또한 한 분자의 ATP가 생산된다.

단계 3. 더 많은 전자가 추출되어 NADH와 $FADH_2$가 형성되며, 4개의 탄소를 가진 시작 물질이 재생성된다.

크렙스회로를 더 자세히 점검하기 위하여, **그림 7.6**에 그려진 일련의 반응 각각을 따라가 보자. 회로는 피루브산으로부터 생산된 2개의 탄소를 가진 아세틸 CoA 조각이 옥살초산(oxaloacetate)이라고 하는 4개의 탄소를 가진 당에 붙으면서 시작된다. 그 다음에, 빠르게 진행되는 일련의 8개의 추가 반응이 일어난다(단계 2부터 단계 9). 회로가 다 끝났을 때, 2개의 탄소 원자는 CO_2로 방출되었으며, 하나의 ATP 분자가 연계반응에 의해 만들어 졌으며, 에너지화된 전자 8개가 더 수확되어 NADH 또는 NADH와 동일한 기능을 하는 또 다른 전자운반체로 보내지며,

핵심 생물학 과정: 크렙스회로의 개관

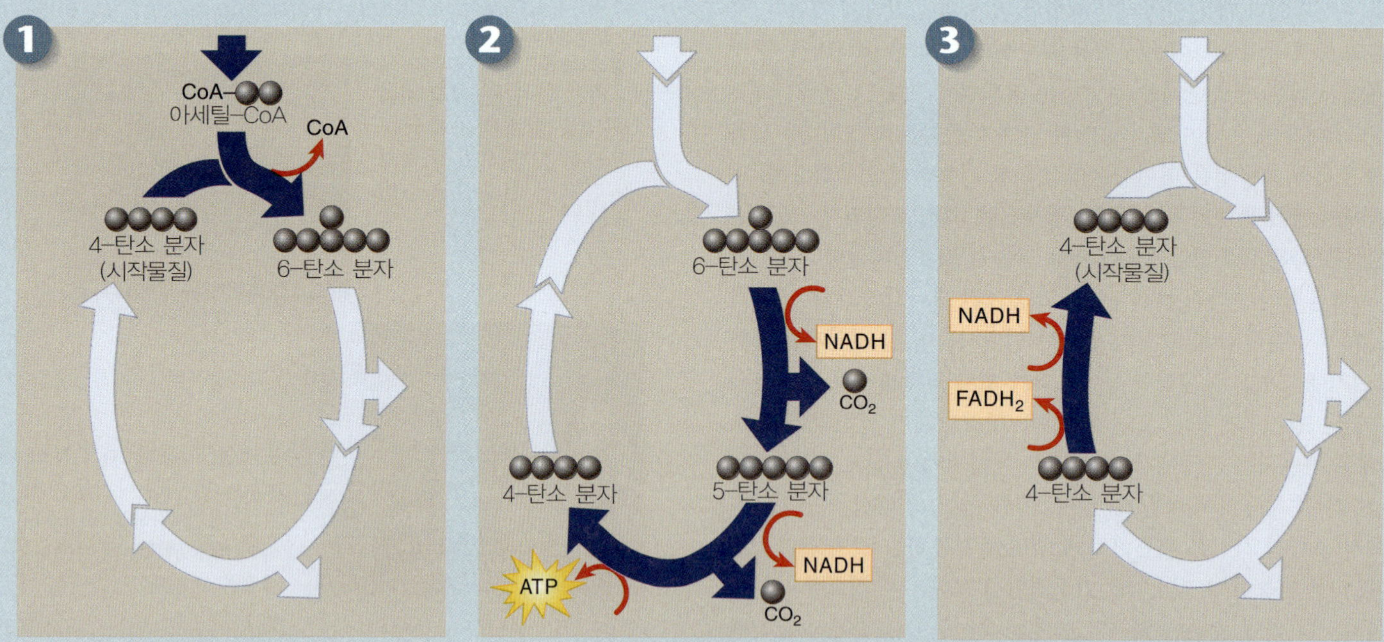

크렙스회로는 아세틸–CoA로부터 2개의 탄소를 가진 조각이 4개의 탄소를 가진 분자(시작물질)로 전달될 때 시작된다.

그 다음, 그 결과로 생긴 분자는 산화(수소가 제거되어 NADH를 형성)되고 탈카르복실화(탄소가 제거되어 CO_2를 형성)된다. 그 다음, 5개의 탄소를 가진 분자는 다시 산화되고 탈카르복실화되며, 연계반응은 ATP를 생성한다.

마지막으로, 그 결과로 생긴 4개의 탄소를 가진 분자는 더 산화(수소가 제거되어 $FADH_2$와 NADH를 형성)된다. 이것은 4개의 탄소를 가진 시작물질을 재생성하고 회로를 마친다.

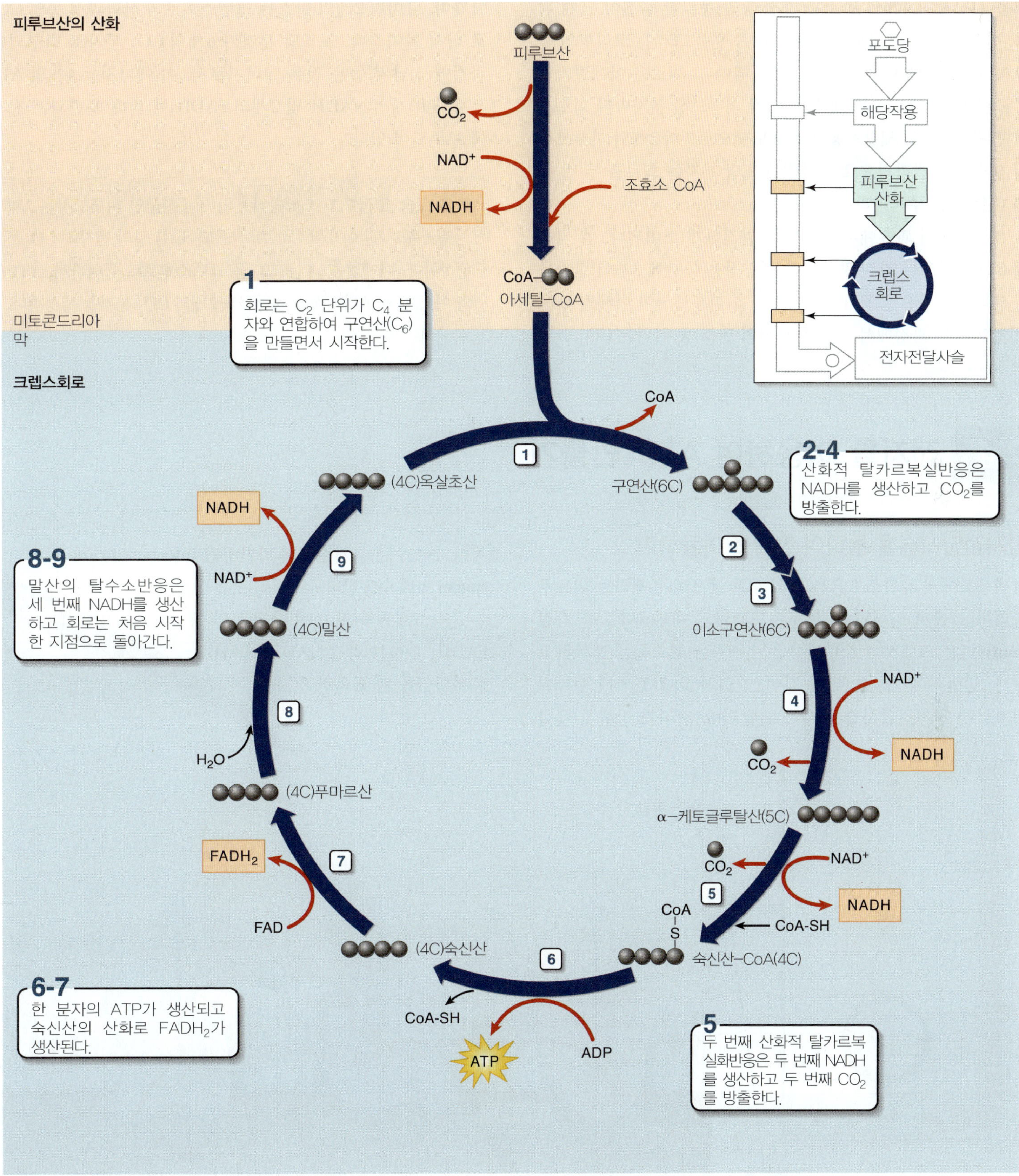

그림 7.6 크렙스회로

일련의 9개 효소가 촉매하는 이 반응은 미토콘드리아에서 일어난다.

처음 시작했던 4개의 탄소를 가진 당과 동일한 물질이 남게 된다. 반응의 과정은 회로(cycle)이다. 즉 원을 그리는 고리형의 반응이라는 의미이다. 회로가 매번 돌때마다, 새로운 아세틸가가 방출된 2분자의 CO_2를 대체한다. 각 피루브산 분자마다 회로가 한 번 돌게 되며, 해당작용으로 포도당으로부터 2개의 피루브산이 생성되어 결과적으로 하나의 포도당 분자는 회로를 두 번 돌게 하는 것을 주목하라.

세포호흡의 과정에서 포도당은 완전하게 소비된다. 맨 처음에 6개의 탄소를 가진 포도당은 해당작용 동안에 3개의 탄소를 가진 피루브산으로 쪼개진다. 그 다음 피루브산이 아세틸 CoA로 전환되는 과정에서 각 피루브산의 탄소 중 하나는 CO_2로 날아가며, 나머지 2개의 탄소는 크렙스회로의 산화과정 동안 CO_2로 다시 날아간다. 포도당 분자가 6개의 CO_2 분자로 변형되는 과정에서 남겨 놓은 것은 에너지로서, 이 에너지는 4개의 ATP 분자와 10개의 NADH 및 2개의 $FADH_2$에 의해 운반되는 전자에 보존되어 있다.

주요 학습 요점 7.3　해당작용의 최종산물인 피루브산은 2개의 탄소를 가진 아세틸 CoA로 산화되어, 한 쌍의 전자와 CO_2를 생성한다. 아세틸-CoA는 그다음 크렙스회로로 들어가서, ATP와 여러 개의 에너지화된 전자들과 2개의 CO_2 분자를 생성한다.

7.4 전자를 이용하여 ATP 만들기

전자전달사슬을 통하여 전자를 이동하기

진핵세포에서 유산소호흡은 거의 모든 세포에 존재하는 미토콘드리아 안에서 일어난다. 미토콘드리아의 내부 구획, 즉 **기질(matrix)**은 크렙스회로의 반응을 수행하는 효소들을 포함하고 있다. 전반부에 기술한 바와 같이, 산화적 호흡에 의해 수확된 전자들은 전자전달사슬을 따라 전달되며, 전자가 방출한 에너지는 수소 이온을기질에서 **막간공간(intermembrane space)**으로 수송한다.

유산소호흡의 첫 번째 단계 동안 생성된 NADH와 $FADH_2$ 분자는 각각 NAD^+와 FAD가 환원되었을 때 획득한 전자

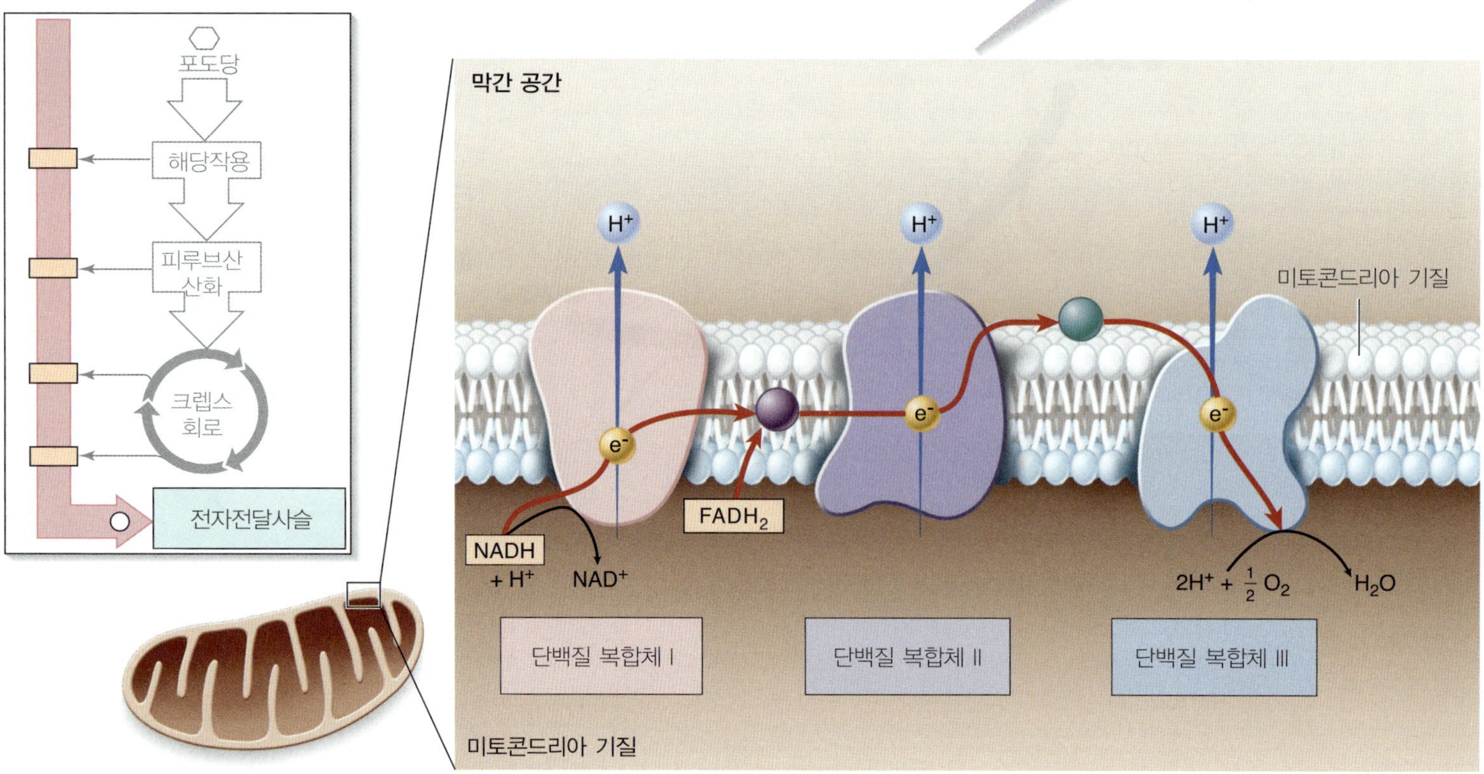

와 수소를 포함하고 있다(**그림 7.3** 참조).

NADH와 $FADH_2$ 분자는 미토콘드리아의 내막(아래 그림에서 확대한 막 부위 참조)으로 전자를 운반하며, 내막에서 이들은 총칭하여 **전자전달사슬(electron transport chain)**이라고 하는 일련의 막과 연관된 분자들에게 NADH와 $FADH_2$ 분자는 전자를 전달한다. 전자전달사슬은 광합성을 공부할 때 접했던 전자전달계와 매우 유사하게 작용한다.

단백질 복합체(위 그림에서 분홍색 구조)는 전자를 받아서, 이동성 운반체를 사용하여 이들 전자를 두 번째 단백질 복합체(자주색 구조)에 전달한다. 사슬 안의 다른 것들과 함께, 이 단백질 복합체는 전자의 에너지를 사용하여 막을 가로질러 수소 이온을 막간공간으로 내보내는 수소 이온의 펌프로 작용한다.

전자는 그다음에 또 다른 운반체에 의해 세 번째 단백질 복합체(옅은 청색 구조)로 운반된다. 이 복합체는 전달된 전자를 산소 원자와 수소 원자를 연결하는 데 사용하여 물 분자를 형성한다. 산소와 같은 전자인수체 분자가 풍부하게 공급되는 점이 산화적 호흡을 가능하게 만든다. 유산소호흡에서 사용되는 전자전달사슬은 광합성에서 사용되는 전자전달계와 유사하며, 전자전달사슬은 전자전달계로부터 진화되었을 것이다. 세포호흡에서는 전자 인수체로서 필요한 산소가 생성되어야 하기 때문에 광합성은 생화학적 경로의 진화 과정에서 세포호흡보다 먼저 생긴 것으로 생각된다. 자연선택은 처음부터 아무것도 없는 상태에서 시작되거나 세포호흡에 대한 생화학적 경로를 새로 고안하지 않는다. 대신에 세포호흡은 이미 존재하고 있던 광합성 경로에 기초하여 만들어졌으며, 동일한 여러 반응들을 이용한다.

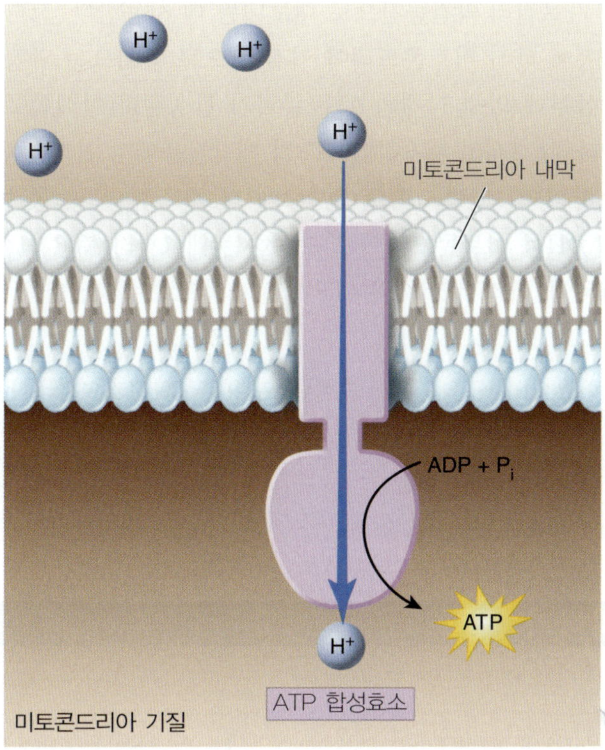

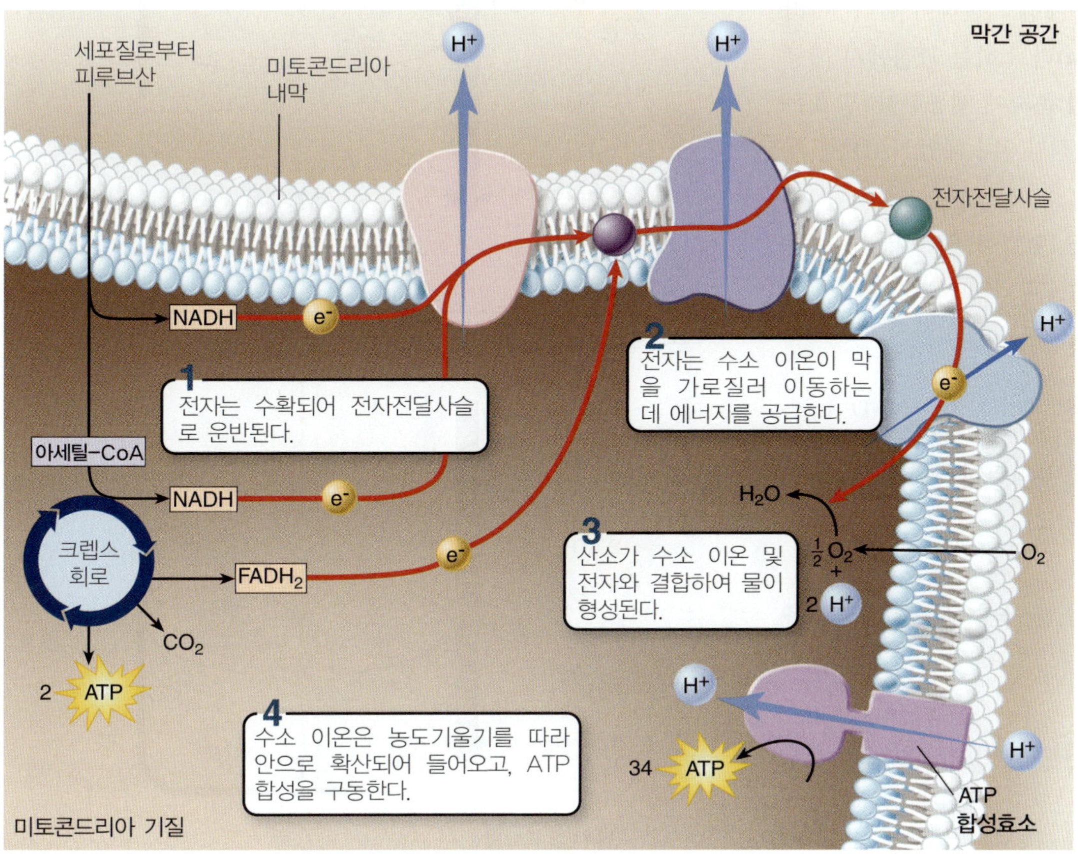

ATP 생산하기: 화학삼투

막간공간에서 수소 이온의 농도가 기질의 농도보다 높아지게 되면, **ATP 합성효소(ATP synthase)**

라는 특수한 수소 이온 통로를 통하여 확산에 의해 농도기울기가 수소 이온을 기질 안으로 다시 들어가도록 유도한다. 앞의 위 그림에서 보는 것처럼, ATP 합성효소 통로는 내막에 박혀 있다. 수소 이온이 통과하게 되면, 이들 통로는 기질 안에서 ADP와 P_i로부터 ATP를 합성한다. ATP는 그다음 촉진확산에 의해 미토콘드리아 밖으로 그리고 세포의 세포질로 수송된다. 이 ATP 합성 과정은 제6장에서 광합성을 공부할 때 접했던 화학삼투 과정과 동일하다.

비록 전자전달과 화학삼투를 서로 독립된 과정으로 논의하였지만, 앞의 아래 그림에서 보는 것처럼 세포에서 전자전달과 화학삼투는 서로 통합되어 있다. 해당작용에서 수확한 2개의 전자와 피루브산 산화에서 수확한 2개의 전자, 그리고 유산소 호흡(붉은색 화살표)에서 수확한 8개의 전자를 전자전달사슬은 여러 개의 수소 이온(위쪽 오른편에 나타냄)을 미토콘드리아 내막을 가로질러 막간공간으로 내보내는 데 사용한다. 그다음 수소 이온이 다시 미토콘드리아 기질 안으로 들어오는 과정에서 화학삼투에 의해 34개의 ATP 분자가 합성된다(아래쪽 오른편에 나타냄). 2개의 추가적인 ATP가 해당작용에서 연계반응에 의해 수확되며, 크렙스회로에서 2개 더 수확된다. 능동수송으로 NADH를 미토콘드리아로 수송하는 데 2개의 ATP가 소모되기 때문에, 따라서 36개의 ATP가 전체적으로 수확된다.

주요 학습 요점 7.4 **음식물 분자를 산화시켜 수확되는 전자는 화학삼투적으로 ATP 생산을 추진하는 수소 이온 펌프를 구동하는 데 사용된다.**

산소 없이 전자 수확하기: 발효

7.5 세포는 산소 없이도 음식물을 대사할 수 있다

발효

산소가 없는 상태에서 유산소대사는 일어날 수 없으며, 세포는 ATP를 생산하기 위해 오직 해당작용에만 의존해야 한다. 이러한 조건 하에서는, **발효(fermentation)**라고 하는 과정에서 해당작용에 의해 생성된 수소 원자가 유기 분자에 제공한다. 발효는 해당작용이 진행되기 위해서 필요한 전자 인수체인 NAD^+를 재활용하기 위한 과정이다.

세균은 수십 정류 이상의 발효를 수행하며, 이들 모두는 NADH로부터 수소 원자를 받아들이는, 따라서 NAD^+를 재생하는 몇몇 유기 분자의 형태를 이용한다.

$$\text{유기 분자} + \text{NADH} \leftrightarrow \text{환원된 유기 분자} + \text{NAD}^+$$

종종 환원된 유기화합물은 아세트산, 부티르산, 프로피온산 또는 젖산과 같은 유기산이거나 알코올이다.

알코올발효 진핵세포는 단지 소수의 몇 가지 유형의 발효만을

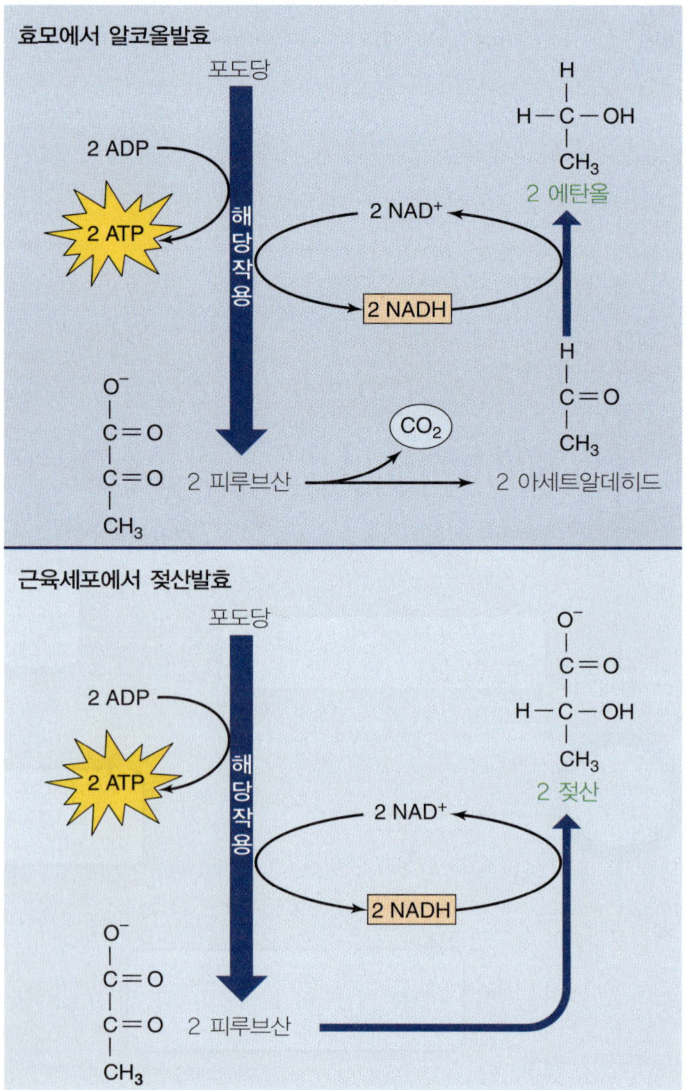

그림 7.7 발효

효모는 피루브산을 에탄올로 전환하는 과정을 수행한다. 근육세포는 피루브산을 에탄올보다는 덜 독성을 가진 젖산으로 전환시킨다. 두 경우 모두에서, NAD^+가 해당작용이 계속 일어나도록 재생성된다.

맥주와 와인-발효의 산물

맥주 발효조

산소가 없는(무산소) 상태에서 당이 알코올로 전환되는 과정인 알코올발효는 인류 역사 이전부터 존재하였다. 다른 여러 천연 과정과 마찬가지로, 인간은 맥주와 와인의 쾌감이 주는 이득을 경험하여 이 과정을 제어하는 방법을 알게 되었다. 기원전 3천 년의 유물은 와인의 잔존물을 포함하고 있으며 경작지에 순화된 포도가 처음으로 그 시대에 풍성하게 재배되었다는 것을 꽃가루 기록으로부터 알고 있다. 맥주의 생산은 더 이전인 기원전 5천 년에 시작되었으며, 맥주는 가장 오래된 인간이 만든 음료 중 하나일 가능성이 크다.

맥주를 만드는 과정을 양조라 한다. 이 과정은 곡물의 발효가 관련되어 있다. 제3장에서 배운 바와 같이, 곡물에는 긴 사슬의 포도당 분자가 서로 연결된 형태인 녹말이 풍부하다. 맨 처음에, 곡물을 갈아서 더운 물에 담가 매시(mash)라고 하는 추출물을 만든다. 녹말 분해 효소(amylase)를 매시에 첨가하여 곡물 안에 있는 녹말을 유리당(free sugar)으로 분해한다. 매시를 여과하면 맥아즙(wort)이라고 하는 검은색의 당분이 풍부한 액체가 생긴다. 사진에서 보이는 바와 같이 발효조(fermentor)라고 하는 커다란 탱크에서 맥아즙을 끓인다. 이 과정은 녹말을 분해하는 것을 도와주고, 당을 먹어치울 수 있는 세균 또는 다른 미생물을 죽인다. 이 끓이는 과정에서 또 다른 식물성 산물인 호프를 첨가한다. 호프는 맥아즙에 있는 당의 단맛을 보완하여 쓴맛을 가진 용액으로 만들어준다.

이제 맥주를 만들 준비가 되었다. 맥아즙의 온도를 낮추고 효모를 첨가한다. 이것이 발효 과정이 시작되게 한다. 발효과정은 두 종류의 기본적인 맥주를 만드는 아래 두 가지 방법 중 하나로 할 수 있다.

라거(Lager) 효모 *Saccharomyces uvarum*은 바닥에서 발효하는 효모로 발효 동안 양조통의 아래에 가라앉는다. 이 효모는 라거라는 말갛고 옅은 색의 맥주를 생산한다. 바닥에서 발효하는 과정은 낮은 온도(5~8°C)에서 일어난다. 발효가 끝난 후 맥주는 0°C까지 더 차게 하여 효모를 여과하여 제거하기 전에 맥주가 성숙되도록 한다.

에일(Ale) 종종 '양조가의 효모'라 불리는 효모 *S. cerevisiae*는 상층부에서 발효하는 효모이다. 발효 동안 이 효모는 위로 떠오르며, 에일(또한 스타우트 즉 흑맥주라고 함)이라 하는 짙은 색의 향이 더 깊은 맥주를 생산한다. 이전 발효과정은 적은 양의 효모를 사용된다. 온도는 15~25℃로 더 높으며, 발효는 더 빨리 일어나지만 더 적은 양의 당이 알코올로 전환되어 맥주가 더 단맛을 가지게 된다.

맥주를 만드는 데 사용되는 대부분의 효모는 단지 약 5% 알코올까지만 내성을 가지고 있으며 이보다 높은 알코올 농도에선 효모가 죽는다. 이것이 상업적인 맥주가 전형적으로 5% 알코올인 이유이다.

이산화탄소가 또한 발효의 산물이며 맥주 윗부분에 거품을 형성한다. 그러나 단지 작은 양의 CO_2가 자연적으로 형성되기 때문에, 대부분의 양조과정에서 마지막 단계는 CO_2 기체를 맥주에 주입하는 인공적인 탄산화(carbonation) 과정이 포함되어 있다.

와인(wine) 당을 알코올로 발효시키는 데 효모를 사용한다는 점에서 와인 발효는 맥주 발효와 유사하다. 그러나 와인 발효는 포도를 사용한다. 녹말이 풍부한 곡물 대신에, 포도는 포도당과 과당이 연결된 이당류인 설탕이 풍부한 과일이다. 포도를 으깨서 통에 넣는다. 녹말을 분해하기 위해 끓일 필요가 없으며, 포도는 자신의 분해효소(amylase)를 가지고 있어 설탕을 포도당과 과당으로 분해할 수 있다. 발효를 시작하기 위해서 으깬 포도에 효모를 직접 넣는다. *Saccharomyces cerevisiae*와 *S. bayanus*가 보편적인 와인 효모이다. 이들은 높은 알코올 내성, 즉 12%까지 내성(몇몇 와인 효모는 더 높은 알코올 내성을 가지고 있다)을 가진 점에서 맥주 발효에 사용되는 효모와 다르다.

와인에 관한 흔한 오해는 와인 색깔은 포도즙의 색깔 때문이라는 것, 즉 적포도주는 적포도의 포도즙을 백포도주는 백포도 즙을 사용한다는 것이다. 이것은 사실이 아니다. 모든 포도의 즙은 옅은 색깔로 서로 비슷하다. 적포도주의 색깔은 발효 동안 붉은색 또는 검은색 포도의 껍질을 그대로 남겨둠으로써 생산된다. 백포도주는 어떤 색깔의 포도로도 모두 만들 수 있으며, 단지 붉은색에 원인이 되는 껍질을 발효 전에 제거하기 때문에 백색이다.

백포도주는 전형적으로 낮은 온도(8~19°C)에서 발효시킨다. 적포도주는 더 높은 열 내성을 가진 효모로 더 높은 온도인 25~32°C에서 발효시킨다. 와인 발효 동안 이산화탄소는 배출시키며, 와인을 탄산화가 안 된 상태로 남겨둔다. 샴페인은 두 단계의 발효과정의 결과로 자연적인 탄산화를 가지고 있다. 첫 번째 발효단계에서는 이산화탄소가 배출되도록 하며, 두 번째 발효단계에서 용기를 봉인하여 이산화탄소가 안에 잡혀있도록 한다. 그러나 맥주 양조와 마찬가지로, 종종 인공적인 탄산화과정으로 자연적인 탄산화과정을 보충한다.

할 수 있다. 그 중 단세포 진균류인 효모에서 일어나는 한 가지 유형에서, NADH로부터 수소를 받아들이는 분자는 해당작용 자체에서 생성된 최종산물인 피루브산이다. 효모의 효소는 탈카르복실화 반응(decarboxylation)을 통하여 피루브산으로부터 CO_2를 제거하여 아세트알데히드라는 2개의 탄소를 가진 분자를 생산한다. 효모로 만든 빵은 방출된 CO_2가 부풀게 하는 반면, 효모 없이 만들어진 빵은 부풀지 않는다. 아세트알데히드는 NADH로부터 수소 원자를 받아서 NAD^+와 에탄올(ethanol)을 생산한다(**그림 7.7**). 이것이 와인과 맥주에 있는 에탄올의 원천이기 때문에 이러한 특정 유형의 발효에 대하여 인간은 큰 관심을 갖고 있다. 발효의 부산물인 에탄올은 실제로 효모에게는 독성물질이다. 에탄올의 농도가 12%에 도달하게 되면 효모가 죽기 시작한다. 이것이 자연에서 발효시킨 와인은 오직 약 12% 에탄올을 포함하고 있는 것을 설명해 준다.

젖산발효 대부분의 동물세포는 탈카복실화반응이 일어나지 않고 NAD^+를 재생한다. 예를 들어, 근육세포는 젖산탈수소효소라는 효소를 이용하여 NADH로부터 수소 원자를 해당작용에 의해 생산된 피루브산에 전달한다. 이 반응은 피루브산을 젖산으로 전환하고 NADH로부터 NAD^+를 재생성한다(**그림 7.7**). 그러므로 이 과정은 대사회로를 폐쇄형으로 만들어서 포도당이 공급되는 한 해당작용이 지속적으로 일어나게 한다. 순환하는 혈액은 과잉으로 생산된 젖산을 근육으로부터 제거한다. 격렬한 운동을 하는 동안, 젖산의 제거가 젖산의 생산과 보조를 맞추지 못할 때 젖산이 축적되어 근육 피로를 유도한다고 한때 생각하였다. 그러나 제22장에서 배울 것과 같이, 근육피로는 실제로 근육 안에서 칼슘 이온이 누출과 같이 아주 다른 원인으로 발생한다.

주요 학습 요점 7.5 **산소가 없는 상태에서 일어나는 발효에서, 포도당의 분해로 인한 결과인 전자는 유기 분자에 전달하여 NADH로부터 NAD^+를 재생성한다.**

다른 에너지원

7.6 포도당만이 유일한 음식물 분자는 아니다

세포호흡에서 단순당인 간단한 포도당 분자의 운명에 대하여 상세하게 숙고하였다. 그러나 우리가 먹는 것 중 얼마만큼이 당일까? 우리가 먹는 음식물의 보다 현실적인 예로서, 패스트푸드인 햄버거의 운명을 고려해 보자. 우리가 먹는 햄버거는 탄수화물, 지방, 단백질, 여러 가지 다른 분자들로 구성되어 있다. 다양한 집합의 복합적인 분자들은 위와 장에서 소화 과정에 의해 간단한 분자로 분해된다. 탄수화물은 단순당으로, 지방은 지방산으로, 단백질은 아미노산으로 분해된다. 이들 분해반응은 에너지를 자체적으로 생산하지 않거나 거의 생산하지 않지만, 세포호흡, 즉 해당작용과 산화적 대사를 위한 길을 준비해 준다. 핵산도 우리가 먹는 음식물에 존재하며 소화과정동안 분해되지만, 이 거대분자는 신체가 실제로 사용할 수 있는 에너지를 거의 가지고 있지 않다.

포도당에 어떤 일이 일어났는지 이미 알아보았다. 아미노산과 지방산에는 어떤 일이 일어날까? 이들 소단위들은 세포호흡 과정으로 공급해 주는 산물로 전환되는 화학적 변형을 거친다.

단백질의 세포호흡

단백질(**그림 7.8**에서 두 번째 부류)은 처음에 각 아미노산으로 분해된다. 일련의 *탈아미노반응*(deamination)은 질소 곁작용기(nitrogen side group; 아미노기라고 함)를 제거하고 아미노산의 나머지 부분을 크렙스회로에 참여하는 분자들로 전환시킨다. 예를 들어, 아미노산 알라닌은 피루브산으로 전환되며, 글루탐산은 α-케토글루탈산으로, 그리고 아스파타르산은 옥살초산으로 전환된다. 크렙스회로의 반응들이 그 다음 이들 분자들로부터 고-에너지 전자를 추출하여 전자들을 ATP를 만드는 데 사용한다.

지방의 세포호흡

지질과 지방(**그림 7.8**에서 네 번째 부류)은 처음에 지방산으로 분해된다. 지방산은 전형적으로 긴 꼬리를 가지고 있으며, 이 긴 꼬리에 있는 여러 개의 수소 원자가 풍성한 에너지 수확이 이루

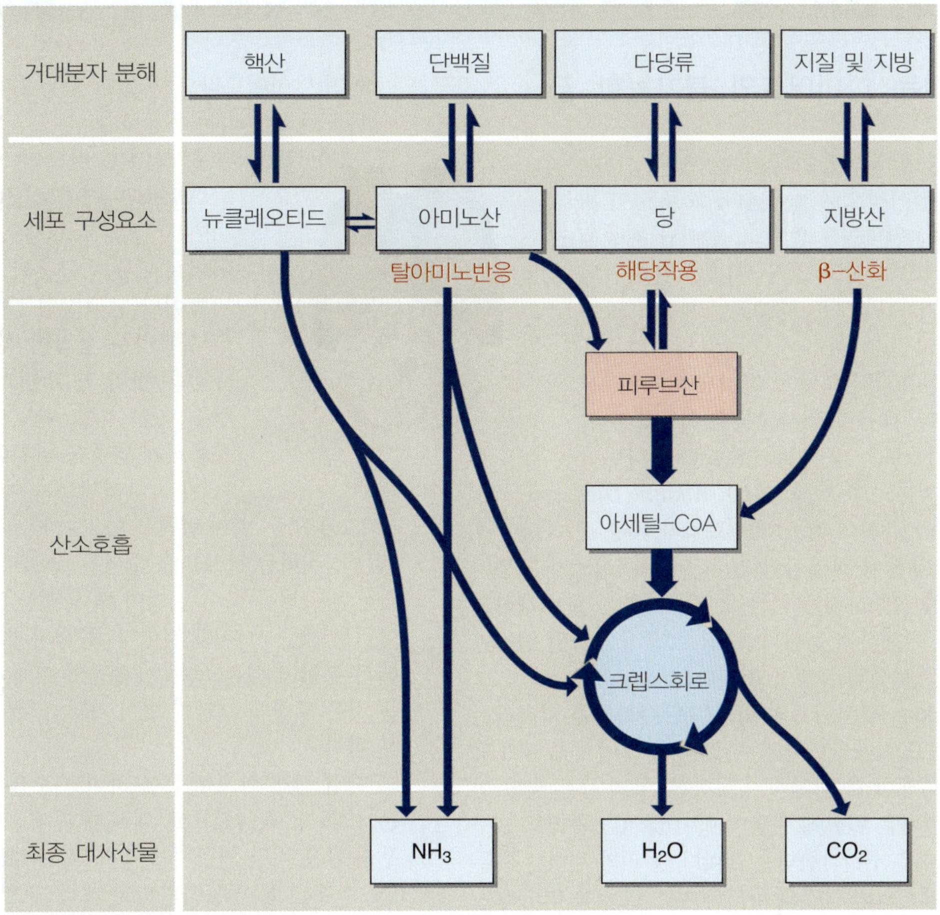

그림 7.8 세포는 음식물로부터 어떻게 에너지를 얻는가

대부분의 생명체는 유기 분자를 산화시켜 에너지를 추출한다. 이 과정의 첫 번째 단계는 거대분자를 소단위로 분해하는 단계로 거의 에너지를 생산하지 않는다. 두 번째 단계인 세포호흡은 주로 고에너지 전자의 행태로 에너지를 추출한다. 탄수화물의 소단위체인 포도당은 쉽게 해당작용으로 들어가고, 산소호흡의 생화학적 경로를 통해 전달한다. 그러나 다른 거대분자의 소단위체는 산소호흡으로 들어갈 수 있는 생화학적 경로로 전환되어야 한다.

어지도록 한다. 미토콘드리아의 기질에 있는 효소가 우선 지방산의 꼬리의 말단으로부터 2개의 탄소를 가진 아세틸기를 제거하고, 그 다음 다시 그리고 또 다시 제거한다. 실제로 2개의 탄소 단위만큼 지방산의 꼬리 길이를 잘라내는 것과 같은 효과를 보인다. 결국에는 지방산 꼬리 전체가 아세틸기로 전환된다. 각 아세틸기는 그다음 조효소 A와 결합하여 아세틸-CoA를 형성하고, 아세틸-CoA는 크렙스회로로 들어간다. 이 과정은 *β-산화*(β-oxidation)로 알려져 있다.

따라서, 탄수화물 외에도 햄버거에 있는 단백질과 지방 또한 중요한 에너지원이 된다.

주요 학습 요점 7.6 **세포는 세포호흡으로 공급되는 생산물로 분해되는 단백질과 지방으로부터 세포는 에너지를 모은다.**

일시적으로 유행하는 다이어트와 불가능한 꿈

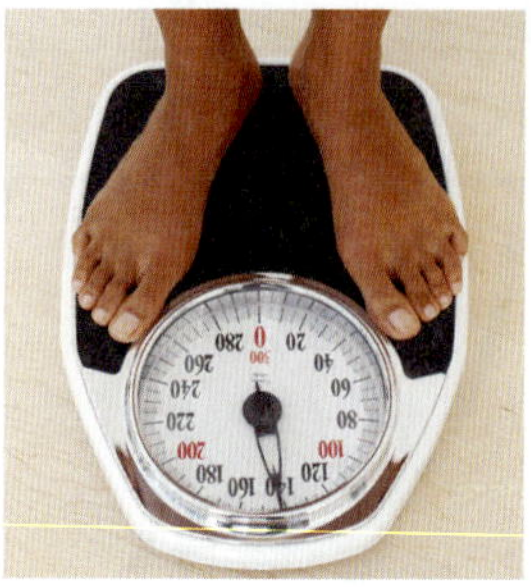

대부분의 미국인들은 중년이 되면 체중이 늘어난다. 15kg 또는 그 이상의 체중이 점진적으로 불어난다. 그들은 이 체중을 요구하지 않았으며, 원하지도 않았고, 늘어난 체중을 줄이려는 방법을 지속적으로 찾고 있다. 이것은 혼자만의 노력이 아니다. 청년기가 지난 모든 사람들이 체중을 줄이려고 노력하는 것처럼 보인다. 여러 사람들은 일시적으로 유행하는 다이어트에 현혹되어 희망을 가지게 되지만, 결국은 좌절을 맛보게 된다. 대부분의 사람들이 시도해본 일시적으로 유행하는 다이어트는 많이 논의된 Atkins 다이어트이다. 〈*앳킨스 박사의 다이어트 혁명*(*Dr. Atkins' Diet Revolution*)〉은 역사상 가장 많이 팔린 베스트셀러 10종 중 하나이며, 지금도 이 책은 서점에 앞줄에 진열되어 있다. 이 다이어트가 고통이 없는 체중 감소의 약속을 실행하지 못하는 이유는 과학은 잘 이해하고 있지만, 일반 대중은 잘 이해하지 못한다. 오직 희망과 과장된 선전만이 이 책을 영구적인 베스트셀러로 만들고 있다.

간단히 말하자면, Atkins 다이어트의 비밀은 탄수화물을 피하라는 것이다. Atkins가 기본적으로 제안한 점은 만일 우리 몸이 혈중 포도당(탄수화물 대사로부터 유래한)을 탐지하지 못하면, 우리 몸은 굶고 있다고 생각하고 이미 순환하는 혈류에 지방이 이미 많이 있음에도 불구하고 우리 몸의 지방을 태우기 시작한다는 것이다. 우리가 원하는 모든 지방과 단백질을, 즉 스테이크와 달걀과 버터와 치즈, 모두를 먹더라도, 지방을 태울 수 있으며, 체중을 줄일 수 있다. 단지 어떤 탄수화물도, 어떤 빵도 파스타도 감자도 과일 또는 사탕을 먹지 말라는 것이다. Atkins 책의 제목에도 불구하고, 이 다이어트는 혁명적이라 할 수 없다. 기초적인 저-탄수화물 다이어트는 1세기보다 전인 1860년 영국의 관 제작자인 윌리엄 밴팅(William Banting)의 베스트셀러 도서인 〈*비만에 대한 서한*(*Letter on Corpulence*)〉에서 최초로 장려되었다. 그 이후로 저탄수화물 다이어트를 장려하는 책들은 지속적으로 베스트셀러가 되었다.

Atkins 다이어트를 시도한 사람들은 2주 내지 3주안에 종종 4.5kg 정도 체중이 감소한다. 그러나 3개월 내에 잃어버린 체중은 다시 모두 돌아오며, 그 다음은 더 증가한다. 그렇다면 어떤 일이 일어났을까? 일시적인 체중 감소는 간단하게 설명할 수 있다. 탄수화물은 몸에서 물먹은 스펀지처럼 작용하며, 몸이 탄수화물이 고갈된 상태로 되면 몸은 물을 잃어버리게 된다. 이 다이어트로 잃어버린 4.5kg은 지방의 무게가 아니고 물의 무게이며, 녹말이 포함된 음식물을 먹자마자 체중은 신속하게 다시 늘어난다.

모든 포화지방과 콜레스테롤 때문에 Atkins 다이어트는 미국심장학회가 하지 말라고 권장하는 다이어트 종류이며, 계속하기가 어려운 다이어트이다. 만일 지속한다면, 단지 적게 먹기 때문에 결과적으로 체중은 감소할 것이다. 비록 Atkins 다이어트보다는 덜 극단적이지만, 오늘날 다른 유명한 다이어트들은 Barry Sears 박사의 '존 다이어트(The Zone diet)', Arthur Agatston 박사의 '사우스비치 다이어트(The South Beach Diet)' 도 또한 저탄수화물 다이어트이다. Atkins 다이어트와 마찬가지로, 이들 다이어트는 주창자들이 주장하는바와 같이 기상천외한 이유로 효과가 있는 것이 아니라, 이들이 단순히 저칼로리 식단이기 때문이다.

어떤 다이어트라도 어길 수 없는 2가지 기본적인 법칙이 있다.

1. 모든 칼로리는 동등하다.
2. (섭취한 칼로리) − (소비한 칼로리) = 지방

Atkins 다이어트, Zone 다이어트, South Beach 다이어트, 그리고 실제로 모든 일시적으로 유행하는 다이어트 모두의 근본적인 오류는 탄수화물의 칼로리는 지방이나 단백질의 칼로리와 어떤 형태로든 간에 서로 다르다는 생각이다. 이것은 과학적으로는 우스꽝스러운 것이다. 우리가 먹은 모든 칼로리는, 이것이 탄수화물, 지방, 단백질에서 온 것일지라도, 체중에 동등하게 영향을 미친다.

이들 다이어트가 어느 정도는 모두 효과를 보이는데, 그들이 두 번째 법칙을 따르기 때문에 효과를 보인다. 이들 다이어트는 섭취하는 칼로리를 줄이는 것으로 지방을 감소시킨다. 만일 섭취하는 칼로리를 줄이는 것이 책에 있는 모든 것이라면, 우리 모두는 다이어트 책을 사야 할 것이다. 불행하게도, 심각하게 체중 감소를 시도해본 경험이 있는 모든 사람들이 이미 알고 있듯이, 체중을 감소시키는 것은 그렇게 간단한 일이 아니다. 문제는 우리 몸이 협조해 주지 않는 점이다.

만일 적게 먹고 운동을 하여 체중을 줄이려고 시도한다면, 우리 몸은 보다 더 효율적으로 대사를 진행하여 보상하려고 시도할 것이다. 우리 몸은 비만 연구가들이 "고정점(set point)"이라고 하는 고정된 체중, 즉 우리 몸이 돌아가려고 계속 시도하는 체중을 가지고 있다. 수년 전에 기념비적인 연구에서, 뉴욕의 록펠러 대학의 연구자들은 만일 우리가 체중을 줄이려고 노력하면, 물질대사는 느려지게 되고 더 효율적으로 되며, 같은 일을 하는 데 더 적은 칼로리를 태운다는 것을, 즉 우리 몸이 잃어버린 체중을 다시 늘려서 원상으로 복구하도록 모든 수단을 다 동원한다는 것을 발견하였다. 유사하게, 만일 체중이 늘었다면, 물질대사는 속도를 높인다. 이러한 방법으로 우리 몸은 고정점에 체중을 유지하도록 하는 자연적인 체중 조절 시스템을 이용한다. 체중을 줄이는 것은 이렇게 어려운 일이다!

명백하게도, 몸은 성인기 전반에 걸쳐 한 체중에 고정되는 것은 아니다. 나이, 음식물 섭취, 그리고 육체적인 활동에 따라 지방 설정(fat thermostat), 즉 고정점을 조정한다. 그러나 조정은 느리고, 몸의 고정점을 올리는 것이 내리는 것보다 훨씬 수월한 것처럼 보인다. 지방의 수준이 높으면 지방을 얼마나 효율적으로 태우는가를 주관하는 호르몬인 렙틴(leptin)에 대한 민감성을 감소시키는 것처럼 보인다. 그것이 신체의 고정점이 체중 증가에 저항함에도 불구하고 우리의 체중이 증가하는 이유이다. 우리 몸은 대사의 속도를 증가시키려고 렙틴, 경보를 발령하지만, 뇌는 한때 그랬던 것처럼 민감하게 반응하지 않는다. 따라서 살이 찌면 찔수록, 체중 조절 시스템은 덜 효과적이 된다.

이것이 체중 조절을 포기하고 지방을 좋아하라는 것을 의미하는 것은 아니다. 오히려 그보다는 지방의 과학을 이해하기 시작하였으며, 2가지 다이어트 법칙의 필요조건을 거를 수 없다는 어렵고 힘든 사실을 받아들여야 한다. 현실적인 비결은 포기하지 않는 것이다. 적게 먹고 운동을 더 많이 하며 오래 지속하는 것이다. 1, 2년 또는 3년 안에, 지속적인 불굴의 노력으로 부여된 새로운 현실을 반영하기 위해 우리 몸은 고정점을 재조정할 것이다. 솔직히 체중 감소에는 쉬운 길이 없다.

질문 & 분석

헤엄치는 물고기는 혈액 pH가 낮아지는 것을 어떻게 피할까?

호수 바닥의 산소가 없는 진흙에서 사는 지렁이와 같이, 산소가 부족한 환경에서 사는 동물은 크렙스회로로부터 근육운동에 필요한 에너지를 얻을 수 없다. 그들의 세포에는 음식물 분자로부터 떼어낸 전자를 받아 주는 데 필요한 산소가 없다. 대신에, 이들 동물은 전자를 피루브산에 제공하여 젖산을 형성함으로써 해당작용에 의존하여 ATP를 얻는다. 해당작용은 크렙스회로보다 훨씬 덜 효과적이지만 산소를 필요로 하지 않는다. 심지어 산소가 충분하여도, 활발하게 움직이는 동물의 근육은 혈류에 의해 공급되는 산소보다 더 빨리 산소를 소모하기에 계속되는 근육수축을 위한 ATP를 생성하기 위하여 일시적으로 해당작용에 의존해야만 한다.

이것은 물고기에게 특별한 문제가 된다. 어류의 혈액은 사람보다 이산화탄소가 훨씬 적으며, 그 결과로 어류 혈액에서 완충용액으로 작용하는 중탄산나트륨의 양 또한 매우 적다. 이제 자기를 송어라 가정하고 먹이 섭취를 위해 하루살이를 잡으려고 갑자기 빨리 헤엄쳐야 하는 경우를 생각해 보자. 격렬하게 헤엄치면 근육이 많은 양의 젖산을 완충작용이 잘 안 되는 혈액으로 방출할 것이다. 이것은 혈액의 산-염기 균형을 심각하게 손상시킬 수 있으며, 먹이를 잡기 전에 헤엄치는 근육의 수축을 방해할 수 있다.

오른편에 제시된 그래프는 송어가 어떻게 이 딜레마를 해결하는지를 탐구하도록 고안된 실험의 결과이다. 이 실험에서, 송어는 실험실 수조에서 15분간 격렬하게 헤엄치도록 만든 다음 하루 동안 회복하도록 하였다. 혈액 내의 젖산 농도는 헤엄치는 기간과 회복기간 동안 주기적으로 추적하였다.

운동 후 젖산 수준이 어떻게 변화하는가

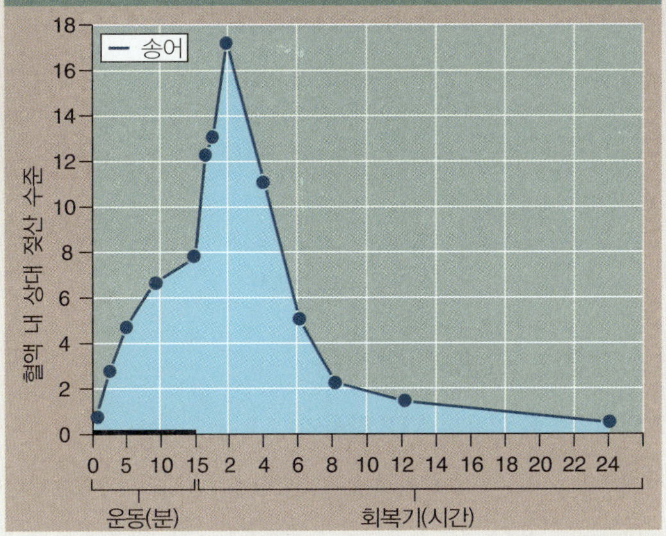

1. 개념 적용
   a. **변수** 종속 변수는 무엇인가?
   b. **자료 기록하기** 헤엄친 기간과 회복 기간의 젖산 수준이 제시되었다. 제시된 헤엄친 기간의 시간 단위는 무엇인가? 회복 기간의 자료의 시간 단위는 무엇인가?
2. 자료 분석
   a. 송어 혈액에서 젖산 수준에 미치는 운동의 효과는 무엇인가?
   b. 운동을 마친 후 젖산의 수준이 변화되었는가? 어떻게 변화되었는가?
3. **추론하기** 이 운동을 중지한 후 격렬한 수영에 의해 만들어진 젖산의 총량은 대략 어느 정도되는가? [힌트: x축의 눈금이 분에서 시간으로 바뀐 점을 주목하여, 모든 점을 분으로 다시 그려서 곡선의 아래 부분 넓이를 비교하시오.]
4. **결론 도출** 이 결과는 물고기가 근육으로부터 젖산의 방출을 지연시켜 혈액의 pH 수준을 유지한다는 가설과 일치하는가? 이것이 왜 물고기에 이득이 될 수 있는가?

단원 복습

세포호흡의 개관

7.1 음식물에는 에너지가 어디에 있을까?

- 광합성을 하지 않는 생명체는 음식물을 저장한 식물을 먹거나 식물을 먹은 동물을 먹어 음식물을 분해하여 에너지를 획득한다(**그림 7.1**). 탄수화물 분자에 저장된 에너지는 세포호흡 과정을 통하여 추출되며 세포에 ATP의 형태로 저장된다.
- 세포호흡은 세포질에서 일어나는 해당작용과 미토콘드리아에서 일어나는 산화과정의 2단계로 실행된다(**그림 7.3**).

산소가 없는 호흡: 해당작용

7.2 연계반응을 이용한 ATP 만들기

- 해당작용은 에너지-추출 과정이다. 해당작용은 포도당이 3개의 탄소를 가진 피루브산 2분자로 분해되는 10개의 일련의 화학반응이다. 에너지는 ATP 생성을 유도하는 에너지유입 반응과 연계된 2개의 에너지방출 반응에 의해 포도당으로부터 추출된다. 이것을 기질-수준 인산화반응이라 부른다.
- 해당작용의 초기 단계는 시작 반응이라 부르며, ATP로부터 에너지의 유입이 필요하다. 시작 반응을 한 후, 포도당 분자는 분할 반응에서 2개의 더 작은 분자로 쪼개진다(**핵심 생물학 과정, 160쪽**). 다음 반응인 에너지를 수확하는 반응은 ATP를 생산하지만, 순 ATP는 거의 생산되지 않는다(**그림 7.4**).

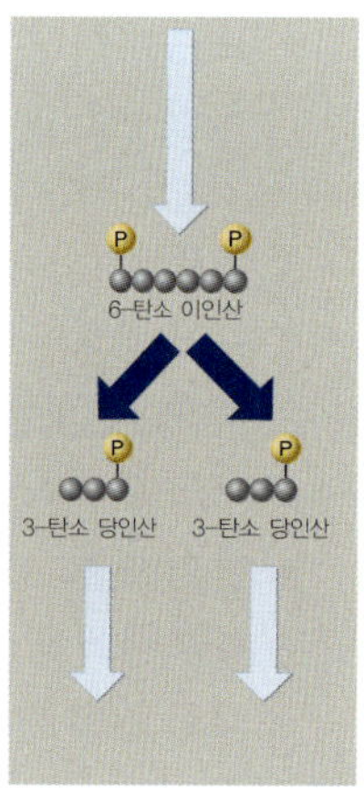

- 포도당에서 추출된 전자는 운반체 분자인 NAD^+에 제공되어, NAD^+는 NADH가 된다. NADH는 산화적 호흡의 후기 단계에서 사용되는 전자와 수소 원자를 운반한다.

산소가 있는 호흡: 크렙스회로

7.3 화학결합으로부터 전자 수확하기

- 해당작용에서 형성된 2분자의 피루브산은 미토콘드리아 안으로 들어가고 그 안에서 아세틸-CoA 2분자로 전환된다(**그림 7.5**). 세포가 아세틸-CoA를 가지고 무엇을 할 것인가는 세포의 필요에 달려 있다. 만일 세포가 충분한 ATP를 가지고 있으면, 아세틸-CoA는 지방 분자를 합성하는 데 사용한다. 만일 세포가 에너지를 필요로 하면, 아세틸-CoA는 크렙스회로로 진행하게 된다.
- NADH는 효소가 촉매하는 반응으로 형성된다(**핵심 생물학 과정, 162쪽**). 효소는 기질과 NAD^+를 서로 가깝게 오도록 한다. 산화환원 반응을 통하여, 수소 원자와 전자는 NAD^+에 전달되어 NADH로 환원된다. NADH는 그다음에 전자와 수소를 산화적 호흡의 후기 단계로 운반한다.

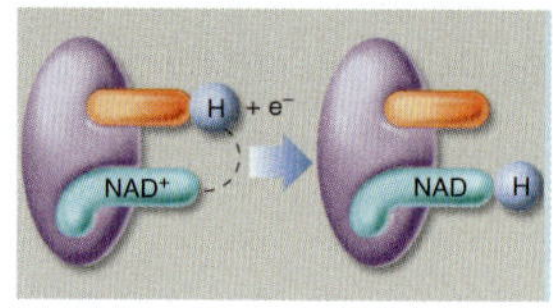

- 아세틸-CoA는 크렙스회로라고 하는 일련의 화학반응으로 들어간다. 크렙스회로에서는 한 분자의 ATP가 연계반응에서 생산된다. 또한, 에너지는 NAD^+분자 및 FAD 분자에 전달되어 각각 NADH와 $FADH_2$를 생산하는 전자의 형태로 수확된다(**핵심 생물학 과정, 164쪽, 그림 7.6**)
- 산화가 되는 포도당 한 분자 당 크렙스회로는 2번 돈다.

7.4 전자를 이용하여 ATP 만들기

- 해당작용과 크렙스회로 동안 생산된 NADH와 $FADH_2$ 분자들은 미토콘드리아 내막으로 전자들을 운반한다. 여기서 그들은 전자전달사슬에 전자를 전해준다. 전자가 가진 에너지와 함께, 전자는 전자전달사슬을 따라 전달된다. 전자로부터의 에너지는, H^+를 기질로부터 막간공간으로 내보내어 H^+의 농도기울기가 생기도록 하는, 수소 이온펌프를 구동한다(**삽입 그림, 166쪽**).
- 전자가 전자전달사슬의 마지막에 도달할 때, 전자는 산소와 수소와 결합하여 물 분자를 형성한다.
- ATP는 미토콘드리아에서 화학삼투를 통하여 생산된다. 막간공간의 H^+ 농도기울기가 ATP 합성효소 통로를 통하여 H^+가 막을 가로질러 기질로 들어가도록 구동한다(**삽입 그림, 167쪽의 윗부분**). 통로를 통한 H^+의 이동으로부터의 에너지는 ATP에서 화학결합으로 전달된다. 따라서 포도당 분자에 저장된 에너지는 해당작용과 크렙스회로를 통하여 NADH와 $FADH_2$의 형성으로 그리고 궁극적으로 ATP 형성으로 수확된다. NADH와 $FADH_2$에 의해 운반되는 에너지는 전자전달사슬로 전달되고 ATP에 저장된다(**삽입 그림, 167쪽의 아래부분**).

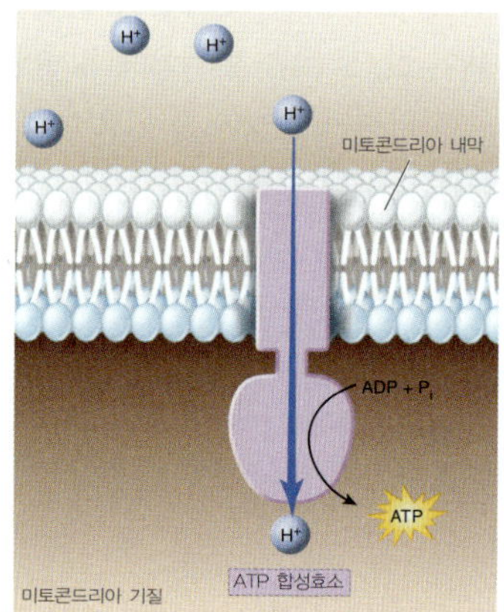

산소 없이 전자 수확하기: 발효

7.5 세포는 산소 없이도 음식물을 대사할 수 있다

- 산소가 존재하지 않은 상태에서, 다른 분자들이 전자 인수체로 사용될 수 있다. 전자 인수체가 유기 분자일 때, 이 과정을 발효라고 한다(**그림 7.7**). 어떤 유형의 유기 분자가 전자를 인수하는가에 따라, 에탄올 또는 젖산이 형성된다.

다른 에너지원

7.6 포도당만이 유일한 음식물 분자는 아니다

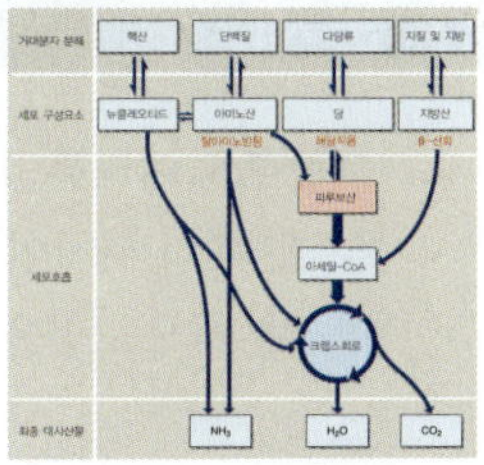

- 포도당이 아닌 음식물 성분도 또한 산화적 호흡에서 사용된다. 단백질, 지방, 핵산과 같은 거대분자는 **그림 7.8**에 나타난 것처럼 서로 다른 반응 단계에서 세포호흡으로 들어가는 중간 산물로 분해된다.

이해력 확인 문제

1. 동물에서, 생명의 에너지는 세포호흡에 의해 얻는다. 세포호흡에는 무엇이 관련되어 있는가?
   a. 소비되는 유기 분자의 분해
   b. 식물로부터 광량자의 포획
   c. 식물로부터 ATP 획득
   d. 식물에 의해 생산된 CO_2의 분해

2. 해당작용 동안, ATP는 어떻게 형성되는가?
   a. 피루브산의 분해
   b. 화학삼투
   c. 기질-수준 인산화반응
   d. NAD^+

3. 다음 과정 중 산소 없이 일어나는 것은 무엇은가?
   a. 크렙스회로
   b. 해당작용
   c. 화학삼투
   d. 모두 옳음

4. 크렙스회로로부터 생성된 전자는 어느 곳으로 전달된 다음 어느 곳으로 운반되는가?
   a. NAD^+, 산소
   b. NAD^+, 전자전달사슬
   c. NADH, 산소
   d. NADH, 전자전달사슬

5. 해당작용 후에, 피루브산 분자는 어디로 가서 무엇을 하는가?
   a. 세포의 핵으로 그리고 에너지를 공급한다.
   b. 세포의 막으로 그리고 더 많은 ATP를 만들기 위해 CO_2 존재하에서 분해된다.
   c. 세포의 미토콘드리아로 그리고 더 많은 ATP를 만들기 위해 O_2 존재하에서 분해된다.
   d. 골지체로 그리고 포장되어 필요할 때까지 저장된다.

7. 세포 안에서 생산되는 거의 대부분의 ATP는 언제 생산되는가?
   a. 피루브산 산화 동안
   b. 해당작용 동안
   c. 크렙스회로 동안
   d. 전자전달사슬 동안

8. NAD^+는 언제 재생되는가?
   a. 해당작용
   b. 발효
   c. 크렙스회로
   d. 아세틸-CoA의 형성

9. 젖산발효에서 최종 전자 인수체는 무엇인가?
   a. 피루브산
   b. NAD^+
   c. 젖산
   d. O_2

10. 세포가 포도당이 아닌 음식물로부터 에너지를 추출할 수 있는 이유는?
   a. 단백질, 지방산, 핵산이 포도당으로 전환된 다음 산화적 호흡으로 들어간다.
   b. 각 유형의 거대분자는 산화적 호흡경로를 자체적으로 가지고 있다.
   c. 각 유형의 거대분자는 소단위로 분해되며, 소단위는 산화적 호흡경로로 들어간다.
   d. 단백질, 지방산, 핵산이 모두 해당작용 경로로 들어간다.

응용력 확인 문제

1. 여기에 내부가 보이도록 미토콘드리아를 절단한 여기 그림에서 미토콘드리아의 구조를 생각해 보라. 만일 미토콘드리아에 구멍을 뚫을 수 있다면, 산화적 호흡을 수행할 수 있다고 생각하는가? 이유를 설명하시오.

2. **그림 7.8** 여러분의 친구인 Yevgeny가 아직도 그가 가지고 있는 '젖살'을 빼기 위하여 저탄수화물 다이어트하기를 원한다. 그 친구가 여러분에게 조언을 구한다면 무엇이라 말할 것인가?

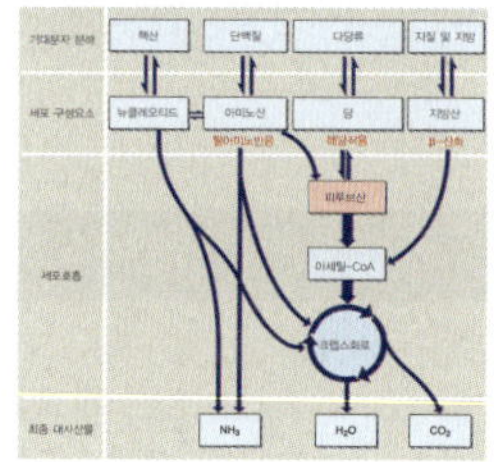

종합 학습

1. 전자운반체 *시토크롬*(cytochrome) *c*는 서로 다른 여러 시토크롬 중 하나이다. 그러나 다른 시토크롬과 달리, 시토크롬 *c*의 아미노산 서열은 모든 종에서 거의 동일하다. 왜 이 시토크롬이 그렇다고 추측하는가? 인간에서 시토크롬 *c*에 영향을 미치는 유전질환은 한 번도 보고된 적이 없다. 왜 그렇다고 추측하는가?
2. 포도당 대신에 피루브산을 섭취한 사람의 세포에서는 ATP가 얼마나 덜 생성되는가? (계산을 위해 각각 한 분자를 사용하시오.)
3. 해당작용, 크렙스회로, 전자전달사슬이 모두 잘 작동하며 음식물을 같은 양을 소비하였다고 가정한다면, 탄수화물, 단백질, 또는 지방 중 어느 것이 가장 많은 ATP를 생성할 것인가? 답을 설명하시오.
4. 청량음료는 거품이 나게 하기 위해 인공적으로 탄산화시킨다. 맥주와 샴페인은 자연적으로 탄산화되어 있다. 천연적인 탄산화는 어떻게 일어나는가?

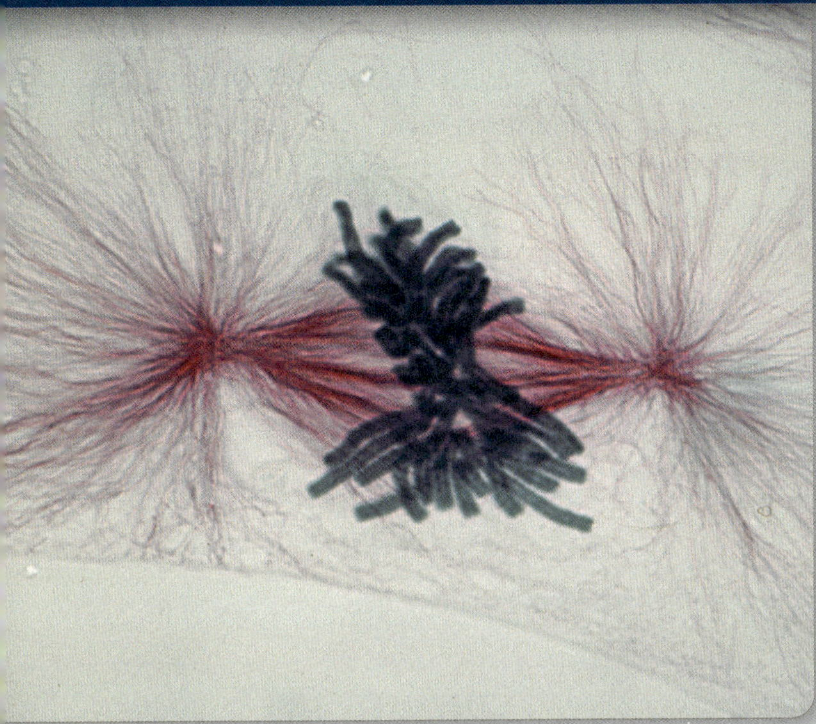

8

체세포분열

이 사진은 오레곤도롱뇽(*Taricha granulosa*)의 세포분열 장면으로 체세포분열 중기를 현미경 사진 촬영한 것이다 파란색으로 염색된 모든 염색체가 중기판에 나열되어 있다. 붉은색으로 염색되어 있는 방추사가 상동염색체의 복제판을 세포의 서로 반대극으로 곧 끌고 갈 것이다. 세포분열이 끝나면 두 개의 딸세포가 생기고 각각은 양친세포와 동일한 DNA양을 가진다. 세포 종류에 따라 분열 속도는 다르다. 어떤 사람 세포, 특히 마모되어 없어지는 세포들은 매우 자주 분열한다. 피부 표피세포는 매우 자주 분열해 피부는 2주마다 새 피부로 바뀐다. 위벽은 수일에 한 번씩 교체된다! 반면 신경세포는 분열 없이 100년 동안 유지한다. 세포는 많은 유전자들을 이용하여 언제 그리고 얼마나 자주 분열할지를 조절한다. 만약 이들 유전자 일부가 망가지면 세포는 끊임없이 분열하게 되어 잘 알고 있는 암이 된다. 담배 연기에 포함되어 있는 성분과 같이 DNA를 손상시키는 화학물질은 연기에 노출된 조직에 이러한 일이 일어날 가능성을 크게 증가시킨다. 이것이 바로 흡연자들이 대장암보다 폐암에 더 잘 걸리게 되는 이유이다.

학습단원

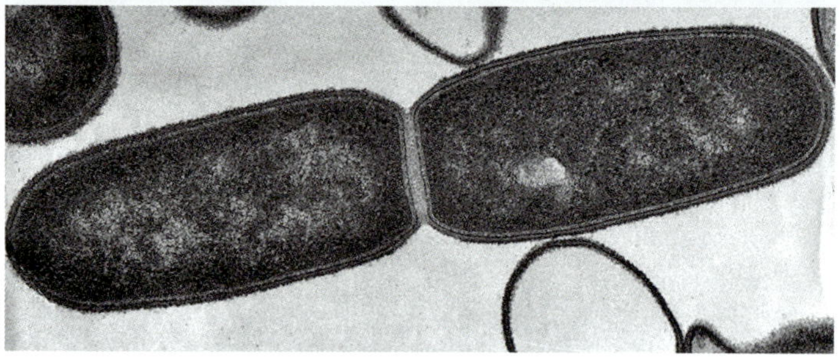

(a)

8.1 원핵생물의 단순한 세포주기

모든 생물은 생식을 통해 그들의 자손에게 유전정보를 전달한다. 이 장에서 세포의 생식이 어떻게 이루어지는지를 살펴보며 유전에 대해 알아볼 것이다. 원핵생물에서 세포분열은 두 단계로 일어나며 이 두 단계가 단순한 세포주기를 이룬다. 먼저 DNA가 복제되고, 그 다음은 **이분법(binary fission)**이라고 하는 과정으로 세포는 반으로 쪼개진다. **그림 8.1*a***는 이분법으로 분열하고 있는 세포를 보여준다.

원핵생물에서 유전정보, 즉 원핵세포 유전자들은 원핵세포 염색체라고 하는 하나의 환상의 DNA에 기록되어 있다. 세포가 분열하기 전에 환상 DNA는 *복제*(replication)라고 하는 과정을 통해 자신과 동일한 또 하나를 만든다. DNA 이중나선은 복제기점(**그림 8.1*b***, 상단에서 DNA 두 가닥이 붙어 있는 지점)인 한 지점에서부터 풀어지기 시작하여 두 가닥으로 된다. **그림 8.1*b*** 우측의 확대된 그림은 DNA 복제가 어떻게 일어나는지 보여준다. 보라색의 가닥은 주형 DNA로부터 온 것이고 붉은색 가닥은 새롭게 형성된 DNA이다. 풀어진 각 가닥의 각 뉴클레오티드에 상보적인 뉴클레오티드(제3장에서 설명한 것처럼 A는 T, C는 G로)가 들어와 새로운 이중나선이 만들어진다. DNA 복제에 대해서는 제11장에서 더욱 자세히 알아볼 것이다. DNA 환 모두가 풀어지는 과정이 끝났을 때 세포는 유전정보의 사본 두 개를 가지게 된다.

DNA 복제가 끝나면 세포는 성장하여 신장된다. 새로이 복제된 DNA 분자는 세포의 양 말단 쪽으로 분할된다. 이러한 분할 과정은 복제기점 부근의 DNA 서열이 관여되는데 이들 서열은 세포막에 부착된다. 세포가 적당한 크기에 도달하면 원핵세포는 균등하게 반으로 분열하기 시작한다. **그림 8.1*b***의 녹색으로 나타나 있는 부분처럼 두 DNA 복사본이 분리

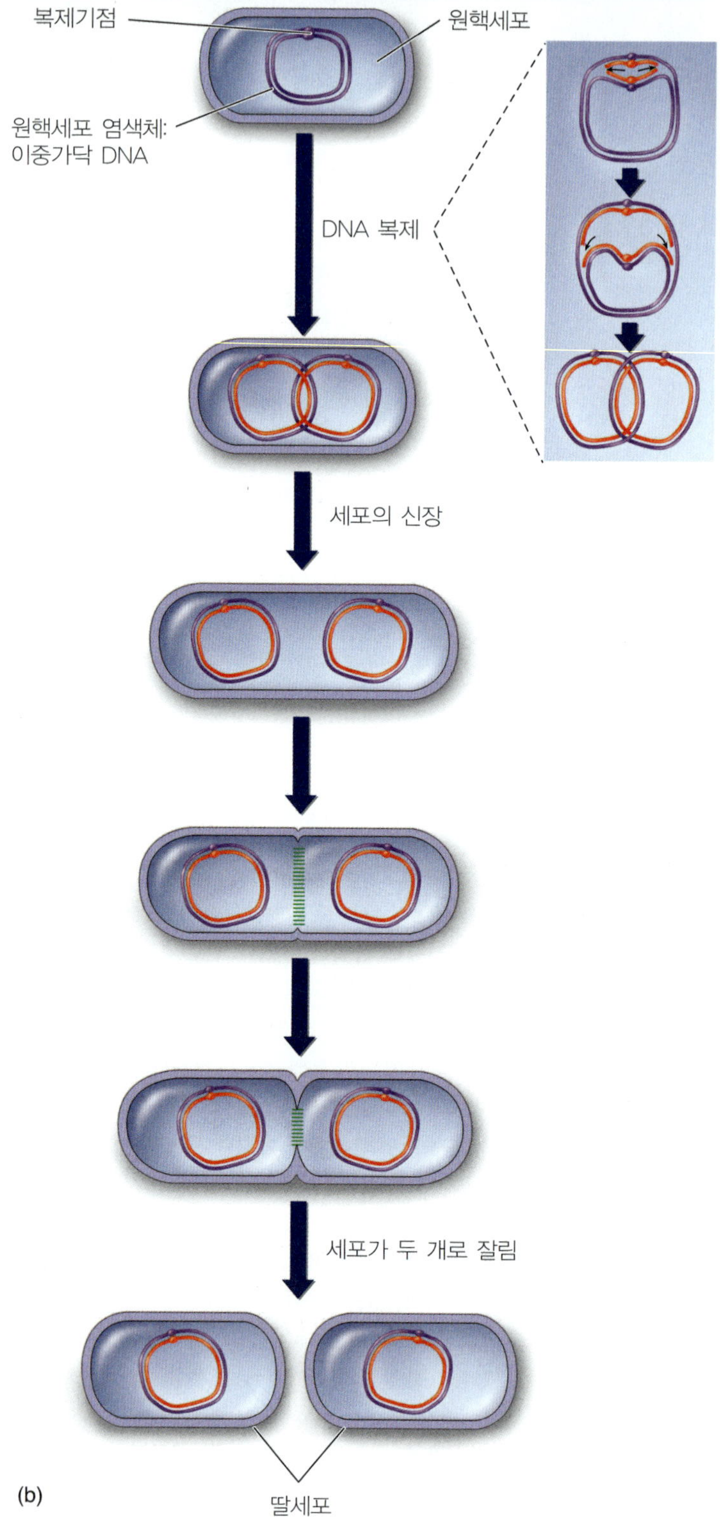

(b)

그림 8.1 원핵생물의 세포분열

(*a*) 원핵생물은 이분법에 의해 분열한다. 한 세포가 두 개로 나뉘어 세포막이 자라면서 잘록해져 분리하려고 한다. (*b*) 세포가 분열하기 전 원핵세포 환상의 DNA 분자는 복제기점이라고 하는 한 지점에서 복제가 시작되어 양 방향으로 전개된다. 전진하는 두 복제점이 반대편에서 만나면 복제가 완성된다. 그 다음 세포는 이분법으로 분리하여 두 개의 딸세포로 나뉜다.

되어 있는 부분 사이에 새로운 세포막과 세포벽이 첨가된다. 새로이 형성되고 있는 세포막이 안쪽으로 밀려들어감에 따라 세포는 가운데가 잘록해지고 결국 두 개의 *딸세포*(daughter cells)가 만들어진다. 딸세포 각각은 하나의 원핵세포 염색체를 가지고 그 자체로 하나의 완전한 살아 있는 세포가 된다.

주요 학습 요점 8.1 원핵생물은 DNA 복제 후 이분법에 의해 분열한다.

8.2 진핵생물의 복잡한 세포주기

진핵생물의 진화는 세포분열의 과정에 몇 가지 추가적인 요소가 부가된다. 진핵세포는 원핵세포보다 훨씬 크며, 훨씬 더 많은 양의 DNA를 가지고 있다. 진핵세포 DNA는 다수의 선형 염색체 안에 들어 있으며 각 염색체의 구조는 원핵생물의 단일의 환상 DNA 분자에 비해 훨씬 더 복잡하다. 진핵세포 **염색체(chromosome)**는 *히스톤*(histones)이라고 하는 단백질 주변을 단단히 감아 치밀한 형태로 뭉쳐 있는 하나의 긴 DNA 분자이다.

진핵세포에서 세포분열은 원핵세포에서 보다 더 복잡한데, 이는 진핵세포가 훨씬 더 많은 DNA를 함유하고 있고 포장 방법도 다르기 때문이다. 진핵세포는 DNA를 분리하기 위해 체세포분열(유사분열)이나 감수분열 중 하나를 거친다. **체세포분열(mitosis)**은 생물체의 비생식세포 혹은 *체세포*(somatic cells)에서 일어나는 세포분열의 기작이다. **감수분열(meiosis)**이라고 하는 또 다른 분열과정은 유성생식에 관여하는 세포, 즉 *생식세포*(germ cell)에서 DNA를 분할하는 과정이다. 감수분열의 결과는 정자나 난자와 같은 배우자를 만들게 되는데 이는 제9장에서 논의된다.

진핵세포의 분열을 위한 준비과정과 분열과정 그 자체는 **복잡한 세포주기(complex cell cycle)**를 이룬다. 아래의 핵심 생물학 과정 그림은 세포주기 각 단계를 차례차례 설명해 보여준다:

핵심 생물학 과정: 세포주기

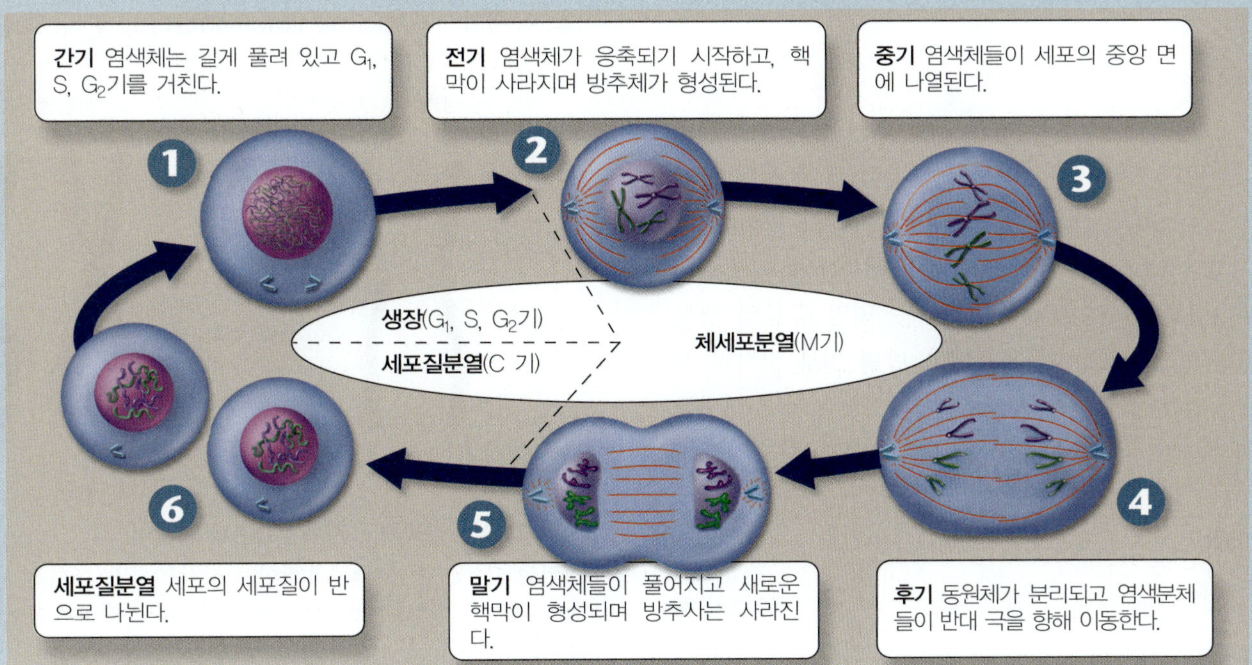

간기(Interphase) 아래 그림의 ❶은 세포주기의 첫 단계이며 일반적으로 휴지기로 간주되지만 세포가 쉬고 있는 것과는 거리가 멀다. 간기는 그 자체만으로도 세 단계로 구성되어 있다:

G_1 기(G_1 phase) 이 "최초 간극" 단계는 세포의 주요 성장단계이다. 대부분의 생물에서 이 단계는 세포 수명의 대부분을 차지한다.

S 기(S phase) 이 "합성" 단계에서 DNA는 복제하여 각 염색체의 두 사본을 만든다.

G_2 기(G_2 phase) 세포분열의 준비는 이 "두 번째 간극"시기에서 미토콘드리아의 복제, 염색체의 응축, 미세소관의 합성 등으로 계속된다.

M 기(M phase) ❷~❺에서 보는 것처럼 체세포분열에서 미세소관 장치가 염색체에 결합해 이들을 서로 반대방향으로 끌고 간다.

C 기(C phase) 세포질분열에서 세포질은 ❻에서처럼 두 개의 딸세포로 나뉜다.

사람의 배양세포는 전형적으로 22시간의 세포주기를 가진다. 대부분의 세포들이 세포분열을 완수하는 데는 이 22시간 중 약 80분 정도가 소요된다: 전기–23분, 중기–29분, 후기–10분, 말기–14분, 세포질분열–4분. 세포주기에서 체세포분열의 한 단계가 차지하는 시간은 조직에 따라 상당히 차이가 있다.

주요 학습 요점 8.2 진핵세포는 복제된 염색체 사본을 각 딸세포로 분리하여 분열한다.

8.3 염색체

염색체는 1879년 독일의 발생학자 Walther Fleming이 빠르게 분열하고 있는 도롱뇽 유충 세포를 관찰하던 중 처음으로 발견하였다. Fleming은 현재로 치자면 매우 원시적인 광학현미경을 통해 세포를 관찰하여 세포의 핵 안에서 가는 실 같은 것을 보았는데 그것은 길이로 분열하는 것처럼 보였다. Fleming은 그러한 분열을 '실'이라는 의미를 가진 그리스어 단어 *mitos*를 본 따 mitosis라고 명하였다.

염색체의 수

염색체가 최초 발견된 이래로 염색체는 모든 진핵생물의 세포에서 발견되었다. 염색체의 수는 종에 따라 크게 차이가 난다. 호주 불독개미(*Myrmecia* spp.); 북미 사막에서 자라는 해바라기 근연종인 국화과 식물 하프로파푸스(*Haplopappus gracilis*); 페니실린 곰팡이(*Penicillium*) 등 몇몇 종류의 생물체는 단 한 쌍의 염색체를 가지고 있다. 반면 일부 고사리 식물은 500쌍이 넘는 염색체를 가지고 있다. 대부분의 진핵생물들은 그들의 체세포에 10에서 50개 사이의 염색체를 가진다.

상동 염색체

염색체는 체세포에 쌍으로 존재하는데, 이를 **상동염색체(homologous chromosome, homologues)**라 한다. 상동염색체는 각 염색체의 같은 위치에 동일한 형질의 정보를 가지고 있지만 이 정보는 상동염색체 간에 다를 수 있는데 이에 대해서는 제10장에서 논의될 것이다. 각 염색체를 두 개씩 가지는 세포를 **이배체 세포(diploid cell)**라 한다. 각 쌍의 한 염색체는 어머니로부터 유전(**그림 8.2**의 녹색)되었고, 다른 하나는 아버지로부터 유전(보라색)된 것이다. 세포분열 이전에 각 상동염색체는 복제되어 두 개의 동일한 사본을 가지는데, 이를 **자매염색분체(sister chromatid)**라고 한다. **그림 8.2**에서

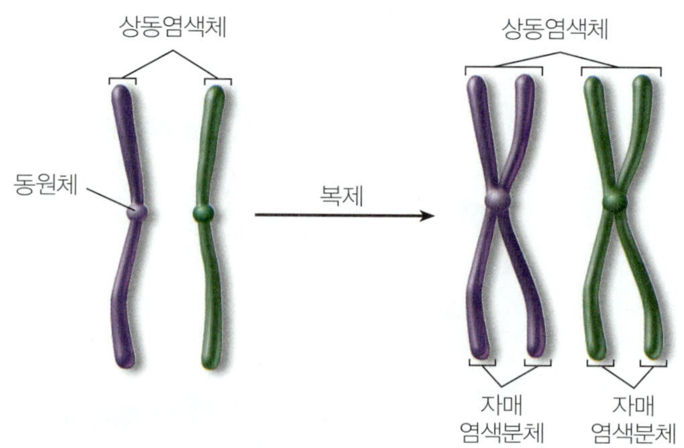

그림 8.2 상동염색체와 자매염색분체의 차이

상동염색체는 동일한 염색체의 쌍이다. 다시 말하면, 16번 염색체는 한 쌍이다. 자매염색분체는 DNA 복제 후 동원체에 의해 함께 묶인 한 염색체의 두 복사본이다. 복제된 염색체는 X자처럼 보인다.

보는 것처럼 자매염색분체는 복제된 다음 각 염색체의 중간에 있는 잘록한 구조인 **동원체(centromere)**라고 하는 특수한 부위에서 결합되어 있다. 사람의 체세포는 모두 46개의 염색체를 가지고 있으며, 이는 23쌍의 상동염색체로 존재한다. 체세포분열 이전 복제되어 있는 상태에서 염색체는 여전히 23쌍으로 존재하지만, 각 염색체는 복제되어 두 개의 자매염색분체로 구성되어 있으므로 총 92개의 염색분체를 가지는 샘이 된다. 복제된 자매염색분체로 인해 한 생물체의 염색체의 수를 셀 때 혼란스러울 수 있지만 복제가 이루어지면서 동원체의 수는 늘어나지 않는다는 것을 명심하라. 따라서 단지 동원체의 수를 세는 것으로 염색체의 수를 확인할 수 있다.

사람의 핵형

사람의 46개 염색체는 크기, 모양, 동원체의 위치 등을 비교하여 상동염색체끼리 짝을 지을 수 있다. 이러한 염색체의 배열을 *핵형*(karyotype)이라고 한다. 사람 핵형의 예가 **그림 8.3**에 나타나 있다. 과학자들이 상동염색체를 짝짓는데 염색체의 크기와 모양이 어떻게 적용되는지를 알 수 있다. 예를 들어 1번 염색체는 14번 염색체보다 훨씬 크며, 동원체는 염색체의 훨씬 중앙에 위치한다. 각 염색체는 신체의 발달과

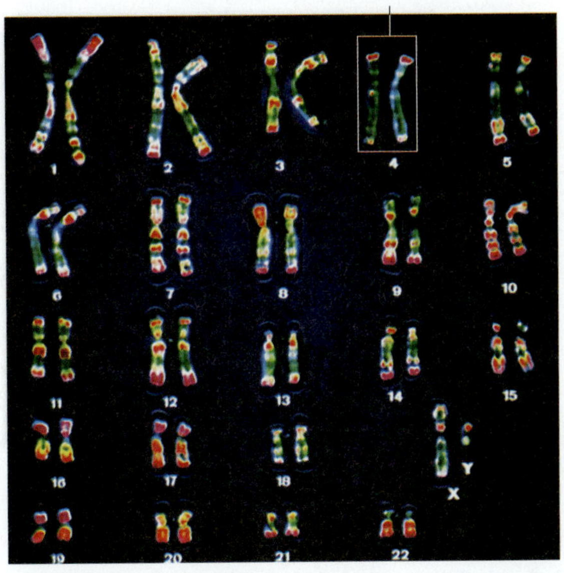

그림 8.3 사람의 46개 염색체

제시된 것은 사람의 한 남성 염색체 사진에서 각 염색체를 잘라내어 상동염색체끼리 짝지어 체계적으로 나열하여 놓은 것인데 이를 *핵형*이라 부른다. 염색체들은 복제된 상태이고, 따라서 여러 상동염색체 쌍에서 실제로 자매염색분체들이 보인다.

발생이 이루어지지 않는다. 또한 한 염색체가 잉여로 존재하는 상태를 삼염색체성(trisomy)이라 하는데 이 또한 배아의 발달이 적절하게 진행되지 못한다. 몇몇 가장 작은 염색체를 제외한 모든 염색체에서 삼염색체성은 치명적이며 작은 염색체인 경우라도 심각한 결과를 초래할 수 있다. 염색체 수의 이상에 대해서 제10장에서 다시 알아볼 것이다.

염색체 구조

염색체는 DNA와 단백질의 복합체인 **염색질(chromatin)**로 구성되어 있다; 대부분의 경우 DNA 40%와 단백질 60%. 염색체는 RNA가 합성되는 부분이기 때문에 RNA의 상당량이 염색체에 포함되어 있다. 염색체 DNA는 길이 전체를 통해 끊이지 않은 채로 늘어진 매우 긴 이중가닥 섬유이다. 전형적인 사람 염색체 DNA는 약 1억4천만(1.4×10^8)개의 뉴클레오티드를 포함한다. 또한 한 염색체의 DNA가닥을 직선으로 풀어 놓으면 약 5cm(2 인치)정도의 길이를 차지한다. 사람의 한 염색체가 지니는 정보의 양은 각 1000페이지의 책 2000권을 채울 수 있는 양이다. 핵에 이 같은 가닥을 넣는 것은 미식축구장 길이의 끈을 배구공에 밀어 넣는 것과 같다. 그런데 그것도 46개 염색체 중에 오직 1개 염색체인 경우다. 세포에서 DNA는 매우 꼬이고 꼬여서 훨씬 더 작은 공간으로 들어갈 수 있게 되어 있다.

염색체 꼬임

그림 8.3에서 보이는 염색체들이 긴 이중나선 DNA 분자처럼 보이지는 않지만 진핵세포 DNA는 여러 개의 염색체에 나뉘어져 있다. 자매염색분체로 복제되어 있는 이들 염색체들은 DNA 가닥이 감기고 비틀리고 해서 훨씬 더 치밀한 구조를 형성한 것이다. DNA의 감김은 흥미 있는 문제를 제기한다. DNA 분자의 인산기는 음전하를 가지고 있고 모든 음전하들은 서로 반발할 것이기 때문에 DNA가 단단히 감기는 것은 불가능하다. **그림 8.4**에서 보듯이 DNA의 이중나선은 **히스톤(histone)**이라 하는 양전하를 띤 단백질 주변을 둘러싼다. 히스톤의 양전하는 DNA의 음전하를 중화시켜 복합체는 순전하는 0이 된다. 이중가닥 DNA는 매 200개의 뉴클레오티드마다 8개의 히스톤 단백질 중심을 감아 **뉴클레오솜(nucleosome)**이라는 복합체를 형성한다. **그림 8.4**에서처럼 실 위에 구슬들이 놓여 있는 것 같은 모양인 뉴클레오솜은 더욱 감겨 원통형을 이루게 된다. 이 원통형으로 감긴 구조

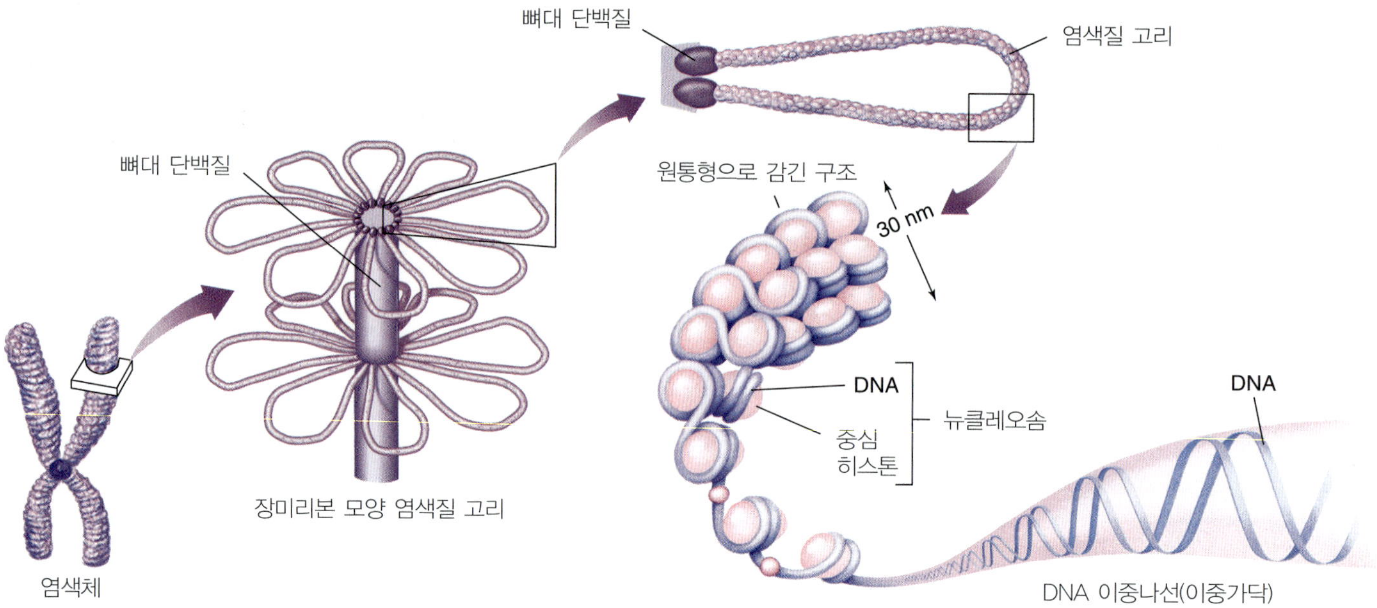

그림 8.4 진핵생물 염색체의 단계적 구조

치밀한 막대 모양의 염색체는 사실상 매우 빽빽하게 감겨 있는 DNA 분자이다. 여기서 그림으로 나타나 있는 순서는 많은 가능한 경우의 하나이다.

는 그 다음으로 고리화된 영역으로 정리된다. 염색체 형성의 최종 단계는 알려져 있지 않지만 이미 존재하는 단백질 뼈대 주위로 장미리본 모양의 방사형 고리가 생기는 것으로 나타난다. 이러한 DNA-히스톤 단백질 복합체가 단단하게 감겨 결국 치밀한 염색체를 형성하게 된다.

주요 학습 요점 8.3 **모든 진핵생물은 염색체에 자신의 유전 정보를 저장한다. 그러나 서로 다른 종의 생물체는 정보를 저장하기 위해 각기 다른 수의 염색체를 가진다. DNA가 염색체로 꼬임으로써 핵 안에 들어갈 수 있다.**

8.4 세포분열

간기

간기에 세포분열이 시작되면 먼저 염색체가 복제되며 **응축(condensation)**이라고 하는 과정을 통해 단단하게 감기기 시작한다. 자매염색분체들은 *코헤신*(cohesin)이라고 하는 단백질 복합체에 의해 부착되어 있게 된다. 간기에는 대개 염색체가 보이지 않으나 일어나고 있는 현상을 보여 주기 위해 **그림 8.5**의 ❶에 염색체가 있는 것처럼 나타내었다.

체세포분열

간기는 체세포분열의 단계는 아니지만 세포분열을 위한 준비 단계이다. 간기 이후에는 *체세포분열*(mitosis)이라고 하는 핵분열이 이어진다. 체세포분열의 과정은 연속적인 과정으로 한 단계에서 다음 단계로 부드럽게 이어지지만, 쉽게 이해할 수 있도록 체세포분열을 대개 4단계, 즉 전기, 중기, 후기, 말기로 나눈다. **그림 8.5**의 각 단계를 살펴보자.

전기: 체세포분열의 시작 **전기(prophase)**에서 시작되는데, ❷의 사진에서 푸른색 구조물로 나타나 있는 것처럼 각 응축된 염색체가 처음으로 광학현미경 하에서 관찰된다. 복제된 염색체가 응축됨에 따라 핵인이 사라지고 세포는 핵막을 붕괴시키며, 복제된 자매염색분체를 세포의 반대 극으로 끌어갈 장치를 조립하기 시작한다. 동물세포의 중심에서는 중심립이 복제되고, 복제된 두 쌍의 중심립은 세포의 반대 극으로 향하여 이동함에 따라 그 사이에 단백질 가닥으로 이루어진 **방추체(spindle)**라고 하는 그물 구조가 생성된다. ❷에서

중심립은 양극에 위치해 있다; 사진과 그림에서 붉은색 구조물들이 방추체를 형성하는 단백질 가닥들이다. 각 가닥을 *방추사*(spindle fiber)라고 하며 길고 속이 빈 단백질 관인 미세소관으로 이루어져 있다. 식물세포는 중심립이 없으며 대신 방추체의 양 말단을 조인다.

염색체의 응축이 진행됨에 따라, 양극으로부터 제2의 미세소관 다발이 염색체의 동원체를 향해 뻗어 나온다. 각각의 미세소관 다발은 동원체의 양 쪽에 있는 *방추사부착점*(kinetochore)이라고 하는 단백질 판에 접할 때까지 자란다. 이 과정이 완료되면 염색분체 쌍의 각 염색분체는 각기 서로 다른 극에서 나온 미세소관에 의해 부착된다.

중기: 염색체의 정렬 체세포분열의 두 번째 단계인 **중기(metaphase)**는 각기 한 쌍의 자매염색분체로 이루어진 염색체들이 적도판이라고 하는 세포를 절반으로 분할하는 가상의 판인 세포의 중앙에 정렬하면서 시작된다. ❸은 염색체가 적도판을 따라 배열하기 시작하는 상황을 보여준다. 동원체의 방추사부착점에 부착한 미세소관이 세포의 양극으로 충분히 뻗어 있다.

후기: 후기에서 염색분체의 분리 **후기(anaphase)**에서는 효소가 자매염색분체를 연결하고 있는 코헤신 연결을 끊고 동원체 부착점이 갈라져 자매염색분체가 서로 자유로워진다. 세포분열은 이제 미세소관의 되감음으로 자매염색분체가 양극으로 끌려가는 것이며 자매염색분체는 딸염색체가 된다. ❹에서는 딸염색체의 동원체가 당겨져 염색체의 완이 뒤로 매달려져 있는 것을 보게 된다. 미세소관의 끝이 조금씩 붕괴되어 관이 점점 짧아짐으로써 반대 쪽 끝에 부착된 염색체는 세포의 양극으로 점점 더 가까워진다. 결국 염색체가 양극에 도달하면, 각각의 극은 완전한 염색체 세트를 갖게 된다.

말기: 핵의 재형성 **말기(telophase)**에서 이제 남은 작업은 이 단계를 해체하고 부산물을 제거하는 것이다. 방추체가 해체되고, 염색체 세트 주위에 핵막이 형성된다. ❺에서 보이듯이 염색체 풀리기 시작하고 핵인이 다시 나타난다.

세포질분열

말기가 끝나면 체세포분열은 완료된다. 세포는 복제된 염색체들을 두 개의 핵으로 분리하였고 두 핵은 세포의 양 끝에 위치하고 있다. 체세포분열은 **핵분열(karyokinesis)**이라고도 한다. 제4장에서 핵을 *karyon* (라틴어 *kernel*, '핵심'의 의미)이라고도 부른다는 것을 기억할 것이다. 따라서 핵분열(karyokinesis)은 핵(nucleus)의 분열이다. 체세포분열의 끝에는 **세포질분열(cytokinesis)**이 일어나고, 세포는 대체로 균등하게 이등분된다. 세포소기관은 이미 복제되어서 분열하여 딸세포가 될 부위에 배치되어 있다. 세포질분열은 **그림 8.5**의 ❻에서 보이듯 세포분열의 마지막을 나타낸다.

세포벽이 없는 동물세포에서는 액틴섬유로 된 수축 띠가 조여져 세포가 둘로 나뉘면서 세포질분열이 이루어진다. 수축이 진행됨에 따라, *분열구*(cleaveage furrow)는 세포 가장자리에 점점 뚜렷해지며 액틴 띠의 직경이 점점 감소함으로써 세포질이 점차 안으로 조여들게 된다. **그림 8.6*a***에서 세포질분열동안 동물세포가 반으로 조여지는 것을 볼 수 있다. 세포가 완전히 두 개로 잘려질 때까지 분열구가 점점 더 깊어지는 것을 상상해 보라.

식물세포는 액틴 섬유의 수축으로는 변형할 수 없는 단단한 세포벽을 가지고 있기 때문에 세포질분열이 다른 방식으로 발전되었다. 식물세포에서는 안쪽에 방추체와 직각 방향으로 막 성분이 모인다. **그림 8.6*b***에서는 딸세포 사이에 소낭들이 융합하여 막이 생성되는 과정을 보여준다. *세포판*(cell plate)이라고 하는 이 칸막이는 계속 바깥쪽을 향해 자라나 세포가 두 개로 나뉜 부분의 세포막 안쪽 면에 도달하여 막과 융합된다. 새로운 세포막 위로 셀룰로오스가 축적됨으로써 두 세포의 세포벽이 형성된다.

세포사

세포는 분열하는 능력이 있음에도 불구하고 그 어떤 세포도 영원히 살지는 못한다. 살아가며 생긴 손상들로 인해 세포의 기구들은 서서히 망가지게 된다. 어느 정도 손상된 부위가 대체될 수는 있으나 완벽하지는 않다. 그리고 가끔은 환경이 개입하기도 한다. 예를 들어, 영양 공급이 중단될 경우 동물세포는 리소좀 막을 유지하는 데 필수적인 에너지를 얻지 못하게 된다. 결국 세포는 죽고 자신의 효소에 의해 내부에서 소화된다.

태아 발생 시 많은 세포들은 죽도록 예정되어 있다. 사람 배아에서 손과 발은 처음에 주걱처럼 생겼지만 뼈 사이의 피부세포들은 발가락과 손가락을 형성하도록 예정대로 죽는다. **그림 8.7**은 주걱처럼 보이는 발생 중인 사람의 손을 보여준다. 뼈 사이에 있는 조직 세포는 이후 사멸하여, 손가락들을

간기 / 체세포분열

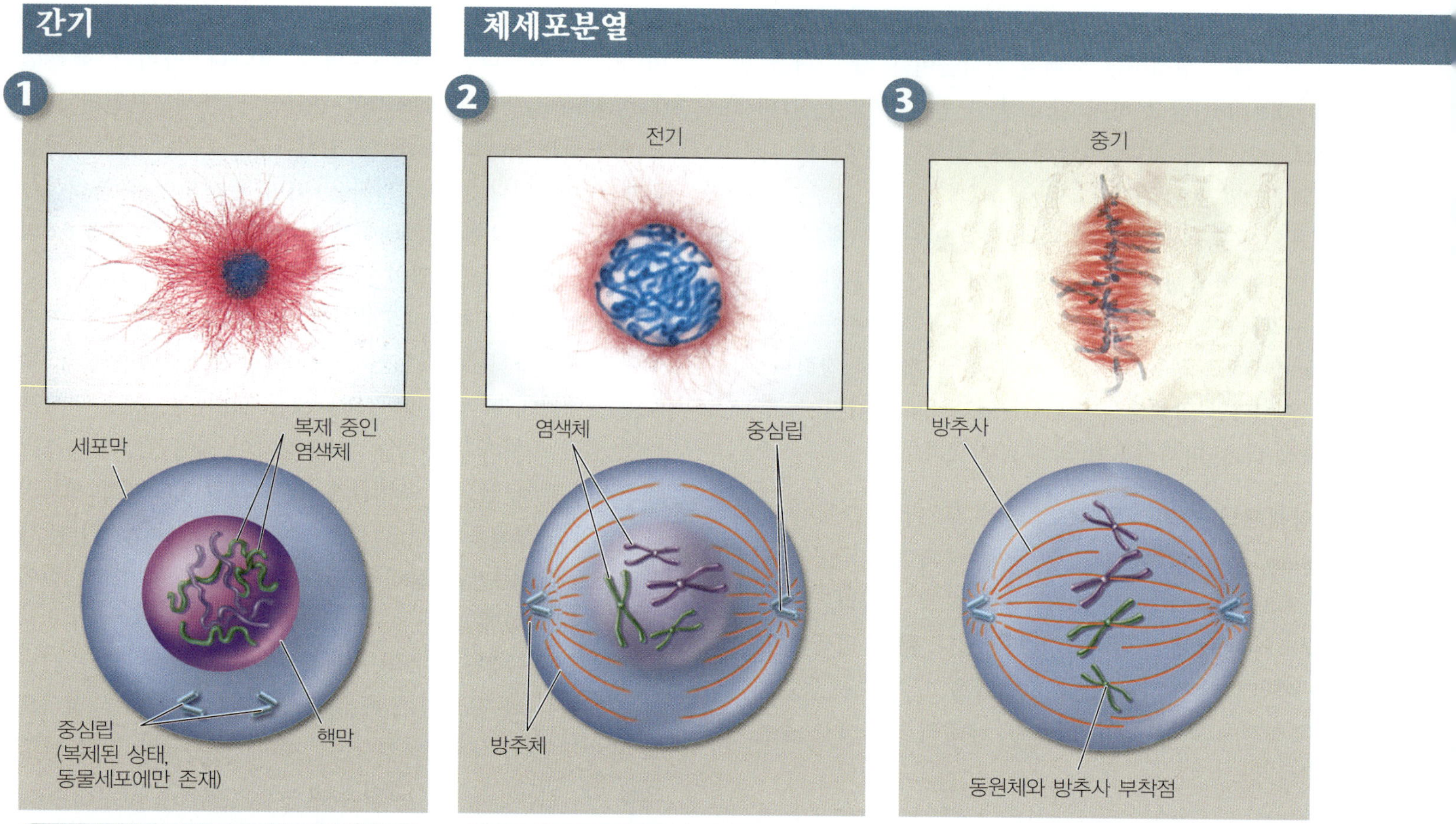

1 DNA가 복제되어 응축되기 시작한다. 중심립이 존재한다면 그 또한 복제되며, 세포는 분열할 준비를 한다.

2 핵막이 사라지기 시작한다. DNA는 염색체의 형태로 더욱 응축된다. 방추체가 형성되기 시작하며 이는 전기가 끝날 때 완성된다.

3 염색체가 세포의 중앙면에 정렬한다. 방추사가 동원체 양쪽 반대편에서 방추사 부착점에 부착한다.

그림 8.5 세포분열의 기작

진핵생물의 세포분열은 간기에서부터 시작하며 체세포분열의 4단계를 거쳐 세포질분열로 마친다. 하단의 모식도 그림에서 보이는 방추체의 여러 특징들은 동물세포분열에서 나타나는 현상이며 상단의 수선속 식물(African blood lily, *Haemanthus katharinae*) 세포인 경우는 아니므로 사진에서는 보이지 않는다(사진에서 염색체는 파란색으로, 미세소관들은 붉은색으로 염색되어 있다).

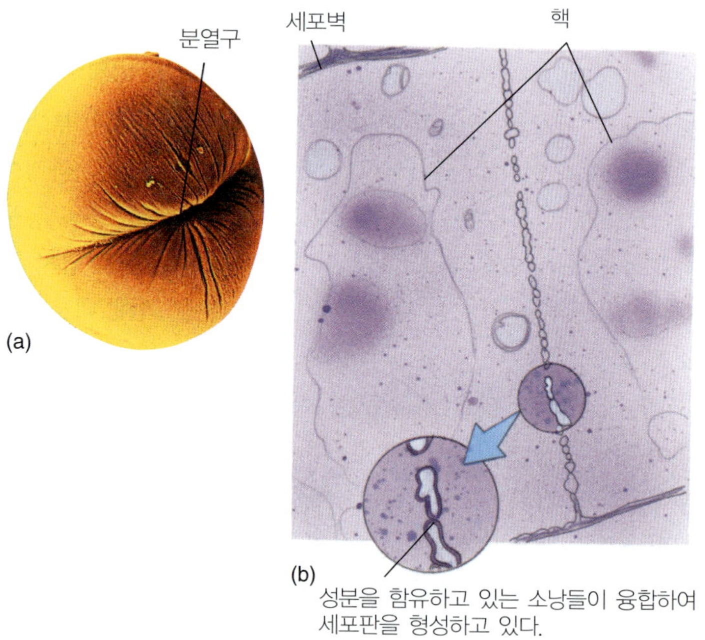

그림 8.6 세포질분열

체세포분열 후 세포질분열로 세포는 대체로 균등하게 이등분된다. (*a*) 여기에서 보이는 성게 수정란처럼 동물세포에서는 분열구가 분열세포 주위에 나타난다. (*b*) 분열 중인 식물세포에서는 새로 생긴 딸세포 사이에 세포판이 형성된다.

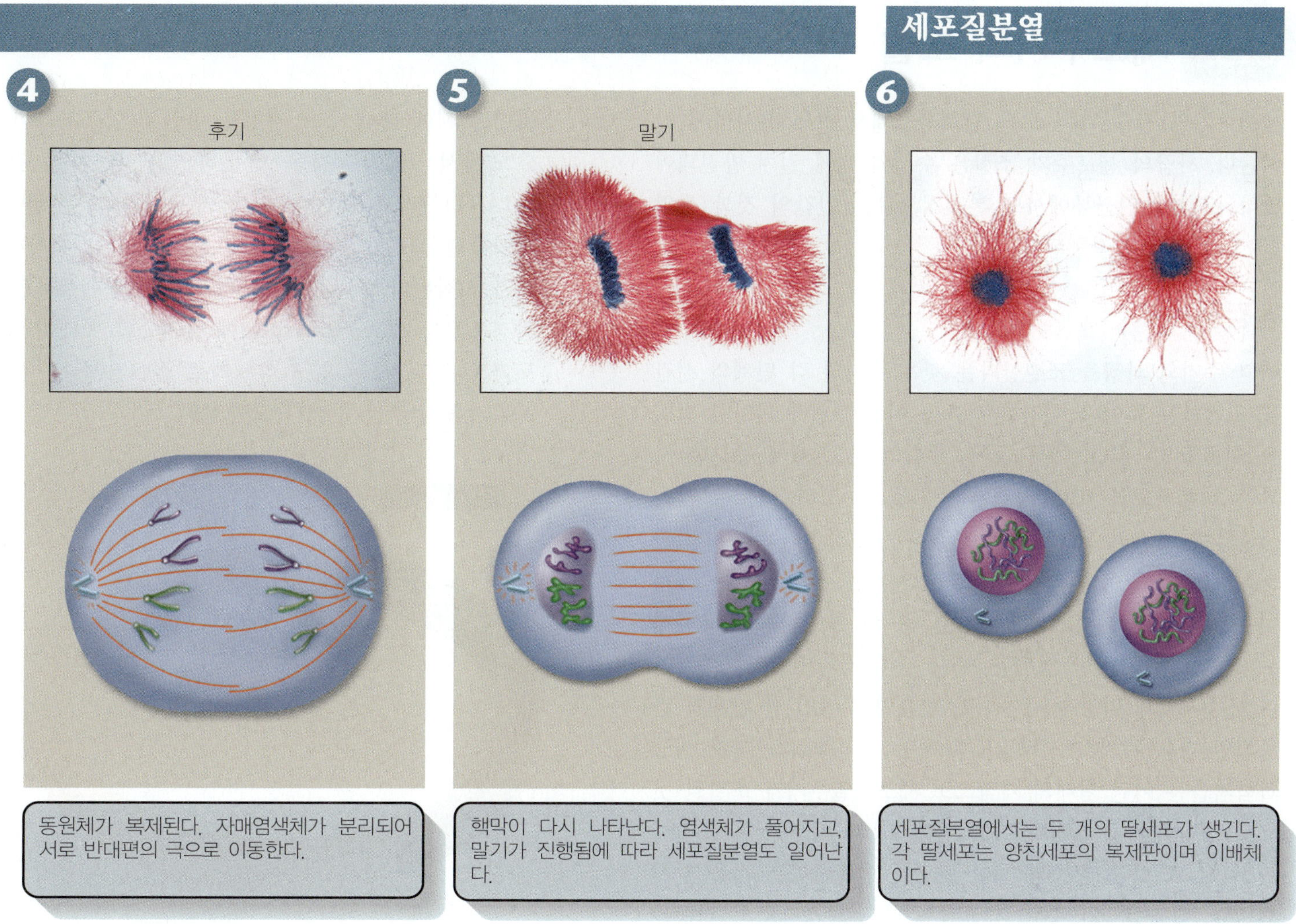

남길 것이다. 오리에서 이 세포사는 예정된 발생과정이 아니기 때문에 물갈퀴를 가진 발을 가지게 되는 것이다.

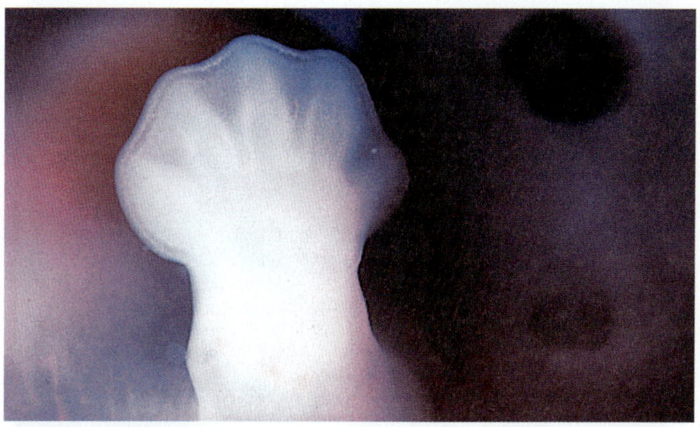

그림 8.7 예정세포사

사람 배아에서 예정세포사로 주걱 모양의 손과 발로부터 손가락과 발가락이 형성된다.

사람의 세포는 유전자에 기록된 계획에 따라 많은 세포분열을 하고 죽도록 예정된 것으로 보인다. 조직배양에서 세포는 약 50회의 분열을 하고 죽는다. 수년간 냉동되어 있던 세포들도 녹이면 냉동할 때의 시점에서 분열을 재개하여 예정대로 죽는다. 암세포들은 이런 지시를 무시하고 끝없이 분열한다. 체내의 다른 모든 세포들은 세포분열 횟수로 시간을 재는 숨은 시계가 있어 알람이 울리면 세포는 죽는다.

주요 학습 요점 8.4 진핵세포의 세포주기는 간기에 복제된 염색체가 응축하기 시작하면서 시작된다; 체세포분열에서 이 염색체들은 미세소관에 이끌려 세포의 양 끝으로 이동한다; 세포질분열에서 세포는 두 개의 딸세포로 쪼개진다.

8.5 세포주기의 조절

세포주기의 각 단계는 모든 진핵생물에서 거의 유사하게 일어난다. 사람의 세포주기 조절은 수십억 년에 걸쳐 발전되어 왔다. 오늘날 진균류에서도 본질적으로는 인간의 것과 동일한 조절 방식이 작동된다.

점검점

어떤 주기의 과정을 조절한다는 것은 주기의 각 단계의 시간을 조절하는 것이다. 이러한 목표를 이루기 위해 다양한 방법을 이용할 수 있다. 예를 들어, 주기의 각 단계에 충분한 시간을 허용하도록 내부 시계가 동원될 수 있다. 이것은 많은 생물들이 매일의 활동주기를 조절하는 방법이다. 세포주기를 조절하는 데 있어 이러한 시계를 활용하는 것의 단점은 그것이 별로 융통성이 없다는 점이다. 좀 더 유연하고 정교하게 주기를 조절하는 한 방법은 마치 경주 경기에서 앞 주자가 다음 주자에게 바통을 넘겨주듯, 단순히 주기의 한 단계가 완료되면 다음 주기가 시작되도록 하는 것이다. 최근까지 생명과학자들은 이런 형태의 기작으로 세포분열주기가 조절될 것으로 생각하였다. 그러나 이제 진핵세포가 이 과정을 조절하기 위해 또 다른 집중식 제어 방법을 이용한다는 것을 알게 되었다. 세포주기의 주요 지점에서 다음 과정으로의 진행은 피드백으로 조절되는 "통과/정지" 스위치에 의해 조절된다.

이 기작은 엔지니어들이 많은 공정을 제어하기 위해 사용하는 것과 같은 것이다. 예를 들어, 겨울에 집을 따뜻하게 하는 난방기는 일반적으로 매일 주기로 작동한다. 일주기가 아침에 "작동(turn on)" 점검점에 오면, 감지기가 집 안 온도가 설정온도보다 낮은지를 보고한다. 만약 낮다면 온도조절기가 난방기를 작동시킨다. 만약 집 안이 이미 그 온도보다 따뜻하면 온도조절기는 난방기를 작동시키지 않을 것이다. 비슷하게 세포주기도 주요 점검점을 가지고 있어서 이 지점에서 세포가 염색체의 크기와 상태를 점검하여 보내는 신호에 따라 진행되는 현 단계를 위한 시간을 더 가질지 혹은 세포주기의 다음 단계를 진행시킬지를 결정한다.

진핵생물에서 세포주기를 조절하는 세 가지 주요한 점검점은 다음과 같다(**그림 8.8**):

1. **세포성장은 G_1 점검점에서 검문받는다** G_1기의 끝 부분과 S기로 들어가기 직전의 시기이며, G_1 점검점은 세포가 분열할지, 분열을 지연해야 할지 혹은 영구 휴지기로 들어갈 지에 대해 주요 결정을 내린다. 연구자들이 처음 효모에서 이 점검점을 연구하였을 때 이를 출발점(START)이라고 불렀다. 만약 세포 상태가 분열하기에 적합하면 세포는 자신의 DNA를 복제하기 시작하여 S기가 시작된다. G_1 점검점은 더 복잡한 진핵생물인 경우 환경조건이 세포분열을 하기에 불가능한 상태이거나 세포가 G_0라고 하는 영구 휴지기로 들어가게 될 경우 세포주기를 멈추는 곳이다(**그림 8.9**).

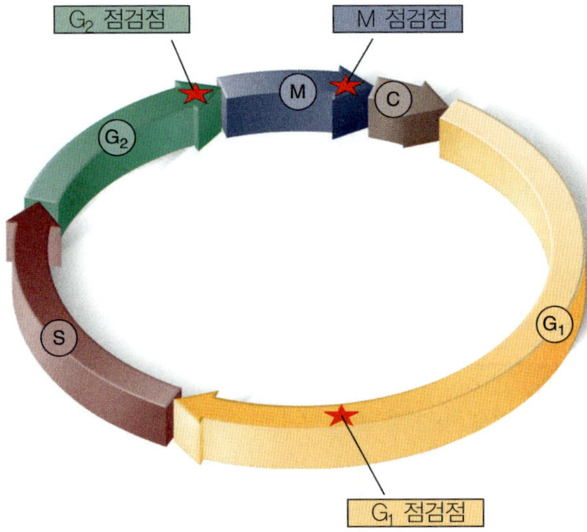

그림 8.8 세포주기의 조절
세포는 세포주기동안 3개의 주요 점검점을 지나기 전 분열에 적합한 상황인지를 검문하기 위해 집중식 제어 방법을 이용한다.

그림 8.9 G_1 점검점
세포는 상황 정보를 받으면 세포주기를 S기로 계속 진행할 것인지, 정지할 것인지, 혹은 G_0의 영구 휴지기로 들어갈 것인지를 결정한다.

2. **DNA 복제는 G_2 점검점에서 검문된다** 두 번째 점검점인 G_2 점검점은 M 기를 시작시킨다. 이 점검점을 통과하면 세포는 체세포분열의 개시를 신호하는 많은 분자적 과정을 진행시킨다.
3. **체세포분열은 M 점검점에서 검문된다** 세 번째 점검점인 M 점검점은 중기에 작동하는데, 체세포분열을 끝내고 세포질분열을 개시하게 하며 G_1기를 시작시킨다.

성장인자는 세포분열을 작동시킨다

세포분열은 **성장인자(growth factor)**라고 하는 작은 단백질에 의해 시작된다. 성장인자는 세포막에 결합하여 세포내 신호체계를 작동시킨다. 섬유아세포는 우리 몸의 결합조직을 구성하는 세포이며 세포막에 처음으로 발견된 성장인자들 중 하나인 혈소판 유래 성장인자(PDGF)가 결합할 수 있는 수용체를 많이 가지고 있다. PDGF가 막수용체에 결합하면 세포분열을 자극하는 세포내 신호 증폭체계가 작동하기 시작한다.

PDGF는 연구자들이 섬유아세포 배양 과정에서 생장배지에 혈청(혈액이 응고한 상태에서 액체 부분)을 첨가하였을 때에만 섬유아세포가 분열하고 혈장(혈액을 응고시키지 않은 상태에서 세포만을 제거한 것)을 넣어주었을 때에는 그렇지 않은 사실을 알게 되면서 발견하게 되었다. 연구자들은 혈전 내의 혈소판이 혈청 속으로 섬유아세포 생장에 필요한 하나 혹은 그 이상의 인자들을 분비할 것이라는 가설을 세웠고, 결국 그 인자를 분리하여 PDGF라고 명명하였다.

PDGF와 같은 성장인자들은 세포분열을 억제시키는 세포 조절을 무효화시킨다. 조직이 손상되면 혈전이 형성되고 PDGF가 분비되어 이웃한 세포들이 분열하도록 활성화되어 상처가 치유된다. 세포분열을 촉진하는 데에는 단지 매우 적은 양의 PDGF(약 10^{-10}M)가 필요하다.

성장인자의 특징 성장인자로 기능하는 단백질들이 50여 종 이상 분리되었으며, 아마 더 많이 존재할 것으로 여겨진다. 세포표면의 특정 수용체가 그 모양에 정확히 일치하는 각 성장인자를 인식한다. **그림 8.10은** 성장인자❶가 그 수용체❷

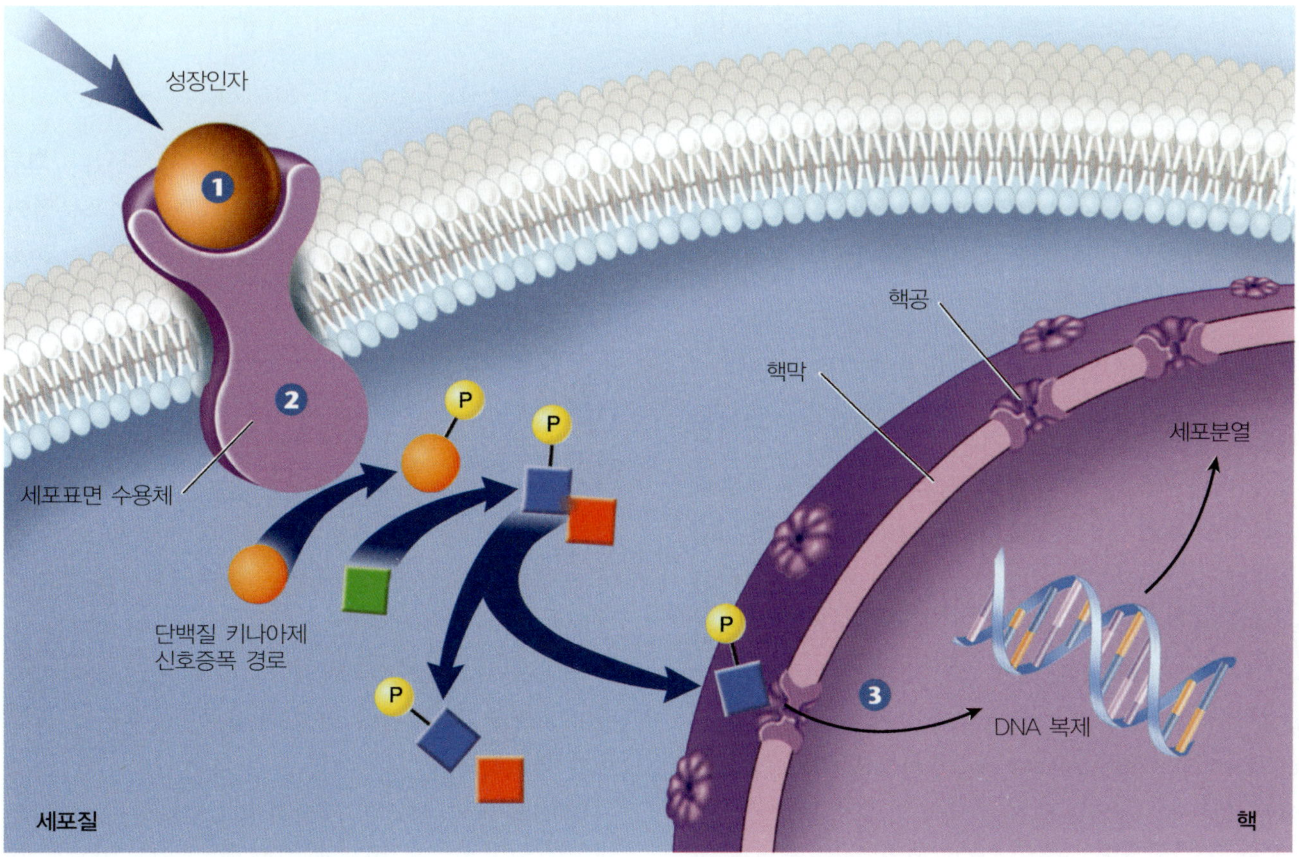

그림 8.10 세포증식의 신호경로

성장인자가 결합하게 되면 세포 내 신호증폭 경로가 작동되며, 이 경로를 통해 세포분열을 개시하는 핵 안의 단백질들이 활성화된다.

에 결합하였을 때 일어나는 상황을 보여준다. 수용체는 활성화되어 화살표로 표시되어 있는 것처럼 세포 내에 일련의 과정을 작동시켜 결국 DNA를 복제하고 세포분열❸이 일어나는 것으로 끝난다. 특정 성장인자가 특정 세포를 선택하는 것은 표적세포가 그 성장인자에 대한 수용체를 가지고 있느냐에 의해 결정된다. PDGF와 표피 성장인자(epidermal growth factor, EGF)와 같은 몇몇 성장인자들은 많은 종류의 세포들에 작용하지만, 다른 성장인자들은 특정 유형의 세포에만 영향을 준다. 예를 들면, 신경 성장인자(nerve growth factor, NGF)는 특정 종류의 신경세포의 생장을 촉진하고, 적혈구 형성인자(erythropoietin)는 적혈구 전구체의 세포분열을 작동시킨다. 대부분의 동물세포에서는 세포분열을 저해하는 다양한 조절을 극복하기 위해 여러 종류의 성장인자들의 조합이 필요하다.

G_0기 만약 세포에 적절한 성장인자가 없으면, 세포는 세포주기의 G_1 점검점에서 정지한다. 세포들은 생장과 분열을 멈추고, 앞에서 언급하였던 G_0기로 들어가게 된다. 이 비생장기는 세포주기의 간기의 단계인 G_1, S, G_2와는 명확히 구분된다.

세포가 G_0기로 들어가는 능력은 서로 다른 조직들 사이에 세포주기의 길이가 매우 다르다는 사실을 잘 설명해 준다. 장기 내부의 표면을 이루는 상피세포는 하루에 2회 이상 분열하여 계속 소화관을 재생한다. 반면 간세포는 단지 1년에 한 번이나 두 번만 분열하며 대부분의 시간을 G_0기에서 보낸다. 성숙한 신경세포와 근육세포는 거의 G_0기에서 벗어나지 않는다.

노화와 세포주기

모든 사람은 죽는다. 각자가 언젠가는 죽는다는 것을 알면서 그 과정을 지연시키고 싶지 않은 사람은 몇 안 된다. 기록된 사람들 중 가장 오래 산 사람은 프랑스의 쟝 깔망(Jeanne Calment) 할머니로 1997년 122세의 나이까지 살았다. 그녀가 보여주는 장수의 가능성은 우리가 노화과정에 그토록 관심을 갖는 이유 중 하나이다. 이에 대해 충분히 안다면 그것을 늦출 수 있을 것이다. 노화를 설명하는 다양한 이론들이 발전되어 왔다. 최근 몇 년간 과학자들은 그 퍼즐을 풀기 위해 함께 해 왔다.

첫 번째 단서는 세포가 마치 대본을 따라 하듯 계획에 맞춰 죽는다는 것에 대한 발견이다. 1961년 한 유명한 실험에서 유전학자인 Leonard Hayflick은 배양 중인 섬유아세포가 어떤 일정한 수의 분열만을 한다고 주장하였다. **그림 8.11**에서 보는 것처럼 약 50세대의 분열 후에 세포분열이 멈추고 세포주기가 DNA 복제 직전에 멈추었다. 세포를 20회의 분열 후 냉동처리 하면, 해빙되었을 때 세포는 그 이후의 30회의 분열을 더 진행한 뒤 멈춘다.

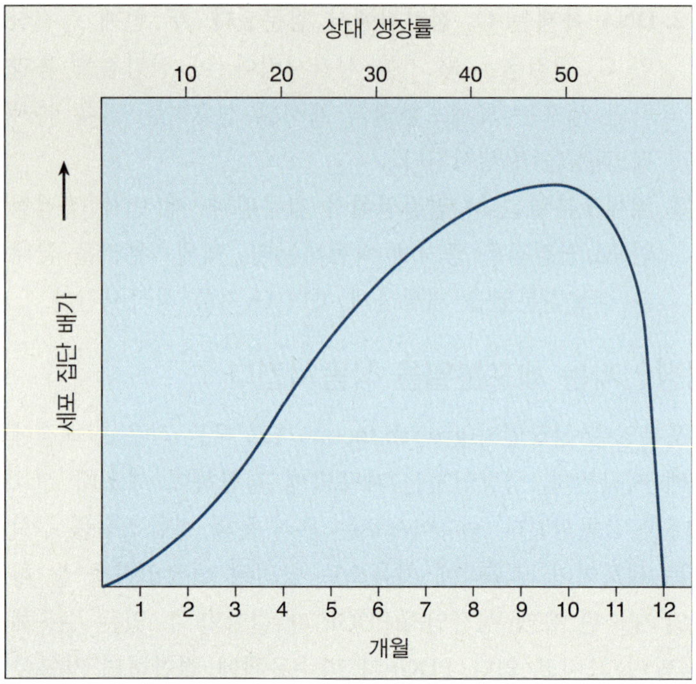

그림 8.11 헤이플릭 한계
사람의 정상 섬유아세포(결합조직)는 배양 후 약 40회의 분열 후에 생장을 멈추고, 그 이후의 10회의 분열 이내에 모든 세포가 죽는다(푸른색 선). 유전공학자들이 섬유아세포에 텔로머라아제가 발현되도록 유도하면, 40회의 분열 후에도 오래도록 증식이 계속된다.

1978년 캘리포니아대학의 Elizabeth Blackburn이 염색체 말단에 잉여의 DNA 길이가 있다는 것을 감지하고 "헤이플릭 한계(Hayflick limit)"를 제안하였다. 약 5,000뉴클레오티드 길이의 말단 부위는 각각 TTAGGG 서열이 수천 번 반복되어 있었다. Blackburn은 체세포 염색체의 말단부위가 난자나 정자와 같은 생식세포보다 상당히 짧아져 있다는 것을 발견하였다. 그녀는 DNA 복제의 각 주기 동안, 염색체의 말단소체(telomere; '텔로미어'라고 부름)의 일부분이 손실되는 것으로 추측하였다.

Blackburn의 생각은 정확하였다. 각 염색체의 DNA를 복제하는 세포기구는 염색체 끝에서 마지막 100단위의 위치에서 복제를 시작하기 때문에 그 만큼은 복제할 수 없게 된다. 그래서 세포가 분열할 때마다 그 염색체의 길이는 조금씩 짧아진다. 결국 50회의 분열 후에는 말단 보호 캡이 다 소모되어 세포는 노화되고 더 이상 증식 할 수 없게 된다.

정자와 난세포는 어떻게 이 올가미를 피해 수십 년간 분열을 계속할 수 있을까? Blackburn과 공동연구자 Jack Szostak은 이들 세포가 텔로미어를 신장시키는 특별한 효소를 가지고 있다고 제안하였다. 1984년 Blackburn의 대학원생인 Carol Greider가 "말단소체중합효소(telomerase; '텔로머라아제'라고 부름)"라고 이름 붙여진 효소를 발견하였다. 이것을 이용하여 난자와 정자는 그들의 염색체의 길이를 일정하게 5,000뉴클레오티드 길이 단위로 유지한다. 반면에 체세포에서는 유전자가 비활성화되어 있다. 이 결과로 Blackburn, Greider, Szostak은 2009년 노벨 생리의학상을 수상하였다.

그 후의 연구에서 텔로미어의 단축과 세포노화 사이의 인과관계에 대한 직접적인 증거가 제시되었다. 1998년, 캘리포니아와 텍사스의 연구팀은 유전 공학기법을 이용하여 인간 체세포 배양액에 텔로머라아제 유전자가 있는 DNA조각을 넣어 주었다. 결과는 매우 확실하였다. 세포의 염색체에 새로운 텔로미어가 생겼고, 이렇게 인위적으로 신장시킨 텔로미어를 가진 세포들은 헤이플릭 한계에서 노화되지 않았으며, 추가적으로 20회 이상 건강하고 활발하게 분열하였다.

이 연구는 텔로미어 DNA의 소실이 결국 사람 세포의 분열 능력을 제한한다는 것을 확실히 보여준다. 그러나 여전히 사람의 모든 세포는 텔로머라아제 유전자를 가지고 있어서 발현된다면 텔로미어를 다시 만들 수 있다는 것을 보여준다. 왜 우리 세포는 필요치 않아도 노화를 허용하는 것일까? 정답은 아마도 암을 피하기 위한 것 같다. 사람 세포에 할당된 분열 횟수를 제한함으로써 몸은 어떤 세포도 무한정 분열할 수 없게 한다. 텔로머라아제 유전자의 억제는 실질적인 의미에서 암의 억제이다. 과학자들이 암세포를 연구해 보면 암세포들은 텔로머라아제 유전자가 활성화되어 있어 텔로미어를 최대 길이로 유지시키는 것을 공통적으로 관찰한다. 따라서 텔로미어의 단축은 몸이 암에 대항하여 가지고 있는 주요 보호 장치 중 하나인 종양 억제기작인 것이다.

주요 학습 요점 8.5 **진핵세포의 복잡한 세포주기는 세 곳의 점검점에서 세포분열을 작동시키는 성장인자라고 하는 단백질 신호에 의해 피드백으로 조절된다. 텔로미어는 세포증식을 제한하는 데 있어 주요한 역할을 한다.**

암과 세포주기

8.6 암이란 무엇인가?

암(cancer)은 세포가 비정상적으로 증식하는 것이다. 암은 정상 세포가 통제되지 않는 상태로 증식하면서 시작되어 신체의 다른 부분으로 퍼져 나가게 된다. 그 결과 **종양(tumor)**이라고 하는 계속 커져가는 세포의 덩어리가 만들어지게 된다. **그림 8.12** 사진에서 분홍색 폐 세포 덩어리는 종양을 형성하기 시작하였다. 양성종양은 정상적인 조직으로 완전히 둘러싸여 있으며 이러한 상태를 피포성이라 한다. 이런 종양은 신체의 다른 부위로 퍼지지 않으므로 비침입성이라 한다. 악성종양은 침입성이며 피포성이 아니다. 악성종양은 정상적인 조직으로 둘러싸여 있지 않기 때문에 세포들이 종양으로부터 떨어져 나와 신체의 다른 부위로 퍼져 나갈 수 있다. **그림 8.12**와 같은 종양을 *상피성 암*(carcinoma)이라 하는데 이는 점점 더 커져 세포가 떨어져 나오면서 결국 혈류 속으로 들어가게 된다. 종양을 떠난 세포들은 신체 전체에 퍼져 멀리 떨어져 있는 부위에서 새로운 종양을 형성하는데 이를 **전이(metastasis)**라고 한다.

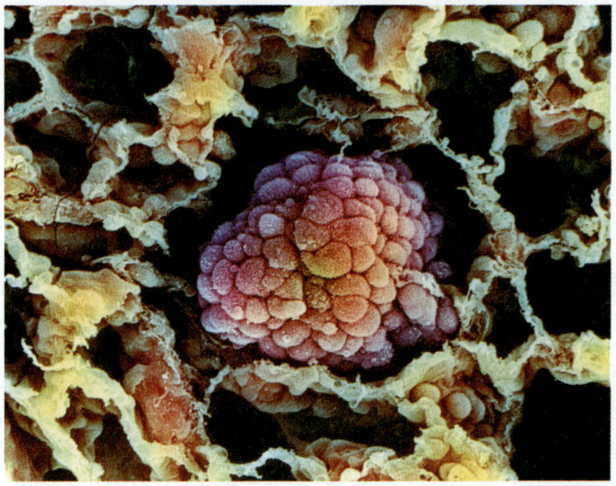

그림 8.12 폐암 세포(X300)
이 세포들은 사람 폐포에 위치한 종양 세포이다.

암은 아마도 가장 위협적이고 치명적인 질병일 것이다. 대다수는 이 질병에 걸린 가족이나 친구들을 가지고 있다. 2010년, 약 150만 명의 미국인 남녀가 암 진단을 받았다. 미국인 2명 중 1명은 그들의 일생동안 어떤 종류의 암이든 암 진단을 받을 것이고, 거의 4명 중 1명은 암으로 죽게 될 것이다.

미국에서 사람에게 가장 치명적인 세 가지 암은 폐암, 결장과 직장암, 유방암이다. 대부분의 암 사망 원인인 폐암은 대개 예방이 가능하다. 대부분의 경우 흡연으로부터 생긴다. 대장암은 미국에서 매우 선호되는 높은 육류식단으로부터 나타난다. 유방암의 원인은 여전히 불명확하다.

연구자들이 암의 원인을 알아내기 위해 엄청난 노력을 쏟고 있는 것은 놀라운 일이 아니다. 과학자들은 지난 30년간 분자생명과학적 기술을 이용하여 상당한 진전을 이루어냈고, 대강의 윤곽이 드러나고 있다. 이제 암이란 손상된 유전자들이 세포의 성장과 분열을 적절히 조절하는데 실패하여 생기는 체세포조직의 유전자 장애임을 알게 되었다. 세포분열 주기는 성장인자(growth factor)라고 하는 일련의 정교한 단백질들에 의해 조절된다. 암은 이러한 단백질을 암호화하는 유전자의 손상에 의해 생긴다. 이런 유전자의 손상과 같은 DNA의 손상을 **돌연변이(mutation)**라 한다.

대개 암과 관련된 성장인자 유전자에는 일반적으로 두 부류가 있다: 원종양유전자와 종양억제유전자. **원종양유전자(proto-oncogene)**로 알려진 유전자는 세포분열을 자극하는 단백질을 암호화한다. 이런 유전자에 돌연변이가 일어나면 세포가 무한히 분열하게 된다. 돌연변이가 일어난 원종양유전자는 **발암유전자(oncogene)**라고 하는 암 유발 유전자가 된다.

암 유발 유전자의 두 번째 부류는 **종양억제유전자(tumor-suppressor gene)**이다. 건강한 세포에서는 종양억제유전자가 암호화하는 단백질들에 의해 세포분열이 정상적으로 멈춘다. 이러한 유전자들에 돌연변이가 일어나면 "제동이 풀려" 돌연변이된 유전자를 가진 세포들이 통제되지 않고 계속 분열하게 된다.

주요 학습 요점 8.6 **암은 세포분열 주기를 제어하는 유전자 손상에 의해 야기된 억제되지 않은 세포의 증식과 분열이다.**

8.7 암과 세포주기의 조절

암은 담배연기에 있는 것과 같은 화학물질이나 DNA에 손상을 입히는 자외선과 같은 환경인자에 의해 유발되며, 어떤 경우에는 세포의 정상적인 성장이나 분열 조절을 방해하는 바이러스에 의해 발생되기도 한다. 그러나 직접적인 원인이 무엇이든 간에 모든 암은 제어되지 않은 세포 성장과 분열에 의해 특징된다.

암은 세포분열 조절을 실패한 손상된 유전자들에 의해 생긴다. 연구자들은 이들 여러 유전자를 확인하였다. 어떤 특정 유전자는 세포주기의 핵심 조절자 역할을 하는 것으로 보인다. 공식적으로 *p53*으로 불리는 (연구자들은 유전자 표식을 단백질 표식과 구분하기 위해 이탤릭체를 사용한다) 이 유전자는 세포분열의 G_1 점검점에서 핵심적인 역할을 한다. **그림 8.13**은 이 유전자의 산물인 p53 단백질이 어떻게 DNA가 성공적으로 복제되었는지, 손상을 입지 않았는지를 점검하면서 DNA 순수성을 모니터링하는지를 보여준다. 만약 p53 단백질이 손상된 DNA를 감지하면 상단 그림에서처럼 세포분열을 정지시키고 DNA 손상을 수선하는 특정 효소들의 활성을 촉진한다. 일단 DNA가 수선되고 나면 p53은 위 화살표 경로에서 보이는 것처럼 세포분열을 계속하도록 허용한다. DNA가 복구될 수 없는 경우에 p53은 아래 화살표 경로로 세포자살을 유도하여 세포가 스스로 죽게 만든다.

*p53*은 손상된 세포의 분열을 정지시켜 종양 형성을 방지한다(물론 이것의 활성이 암 예방에만 한정되지는 않는다). 과학자들은 그들이 조사한 대부분의 사람의 암에서 *p53* 그 자체도 사용을 넘어선 손상이 있는 것을 발견하였다. 이들 암 세포들이 G_1 점검점에서 멈춤이 없이 세포분열을 반복적으로 계속하는 것은 확실히 *p53*이 제 기능을 하지 못하기 때문이다. **그림 8.13** 하단의 그림은 p53이 적절히 기능하지 못하였을 때 일어나는 상황을 보여준다. 비정상적인 p53은 세포분열을 멈추지 못하고 손상된 가닥은 복제되어 결국 손상된 세포가 생긴다. 이들 세포에 점점 더 많은 손상이 생김에 따라 이들은 암이 된다. 이것을 확인하기 위해 과학자들은 페트리 접시에서 빠르게 분열하고 있는 암 세포들에 정상적인 p53을 가하였다: 세포들은 곧 분열을 멈추고 죽었다. 과학자들은 또

한 담배 연기가 *p53* 유전자에 돌연변이를 일으킨다는 보고를 해 흡연과 암이 밀접하게 연관되어 있음을 다시 강조하였으며 이에 대해서는 24.6절에서 다시 배우게 될 것이다.

암의 약 50%인 *p53* 암은 *p53* 유전자 자체가 화학물질이나 방사선에 의해 손상되어 이 유전자가 암호화하는 단백질이 더 이상 제대로 기능을 하지 못함으로써 생긴다. 그러나 다른 50%에서는 다른 유전자들에 결함이 있다. 많은 사례에서 p53 단백질의 강력한 저해제인 MDM2라고 하는 작은 분자의 생성을 억제하는 DNA 부위에 손상이 있다. *MDM2* 유전자에 돌연변이가 일어나 활성이 지나치게 되면 이 유전자의 단백질 산물은 p53의 활성을 억제한다.

암을 막는 매우 유망한 접근법 중 하나는 이 p53 작동의 두 번째 경우에 해당된다. MDM2 단백질을 연구하는 연구원들은 p53 단백질과 접하는 부위로 밝혀진 MDM2 표면에 있는 비교적 움푹 들어간 선명한 주머니를 발견하였다. 그들은 이 부위에 딱 맞게 들어가 p53이 결합하는 것을 방해하는 작은 분자가 있을 것이라고 생각하였다. 이러한 분자는 50%의 암을 막을 수 있을 것이다! 이러한 자물쇠에 맞는 열쇠를 찾으면서, 그들은 "뉴트린(nutlins)"이라고 하는 일단의 합성 화합물들을 발견해냈다. 기능적인 *p53* 유전자를 가지고 있는 종양세포들에 뉴트린을 처리하였을 때 p53 단백질의 수준이 올라가 종양세포들은 죽은 반면, 같은 처리를 한 정상 세포들은 죽지 않았다. 뉴트린은 활발히 연구 중에 있는 새로운 암 치료법 중의 하나이다.

> **주요 학습 요점 8.7** G_1 점검점의 핵심 인자를 불활성화시키는 돌연변이는 많은 암과 관련이 있다.

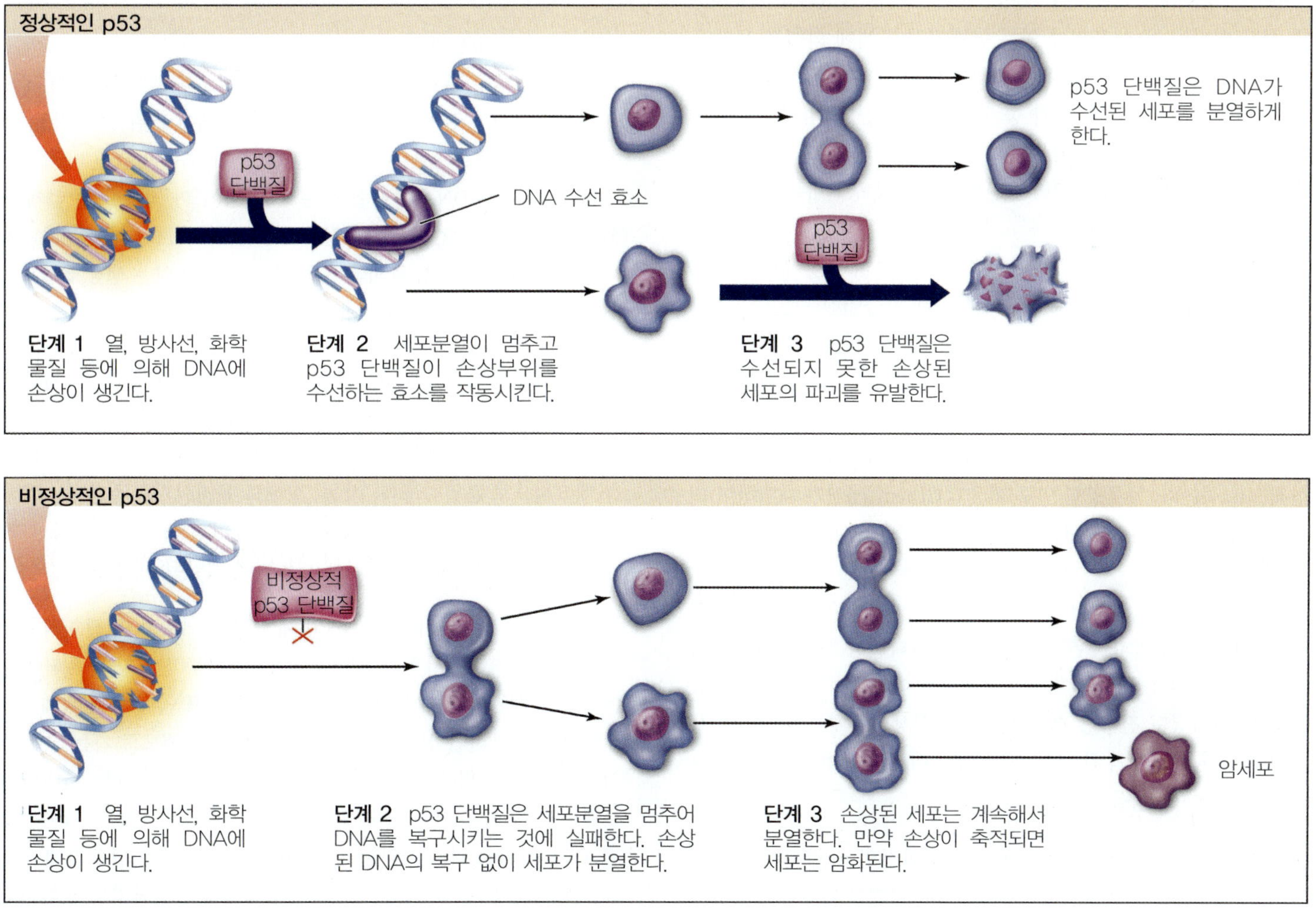

그림 8.13 세포분열과 p53단백질

정상적인 p53 단백질은 DNA를 점검하여 DNA에 회복할 수 없는 손상이 있으면 그 세포를 파괴한다. 비정상적인 p53 단백질은 세포분열을 멈추어 DNA를 수선하는 일에 실패한다. 손상된 세포가 증식하게 되면 암이 발생한다.

암 치료

미국인의 절반 정도는 그들의 일생 중 어느 시점에서 암에 직면하게 될 것이다. 잠재적인 암치료법이 다양한 방법으로 개발되고 있다. 어떤 것은 세포 내에서 암의 시작을 막는 작용을 한다. 또 다른 치료법들은 세포 밖에서 종양이 자라고 퍼지는 것을 막는 작용을 한다. 오른쪽의 그림은 암 치료의 개발을 위한 표적 영역을 보여준다. 다음의 내용은 이런 영역들의 각각을 설명할 것이다.

암의 시작의 방지

많은 유망한 암 치료법들은 잠재적인 암 세포 내에서 세포가 "분열해도 될까?"를 결정하는 과정의 여러 단계들에 초점을 맞추고 있다.

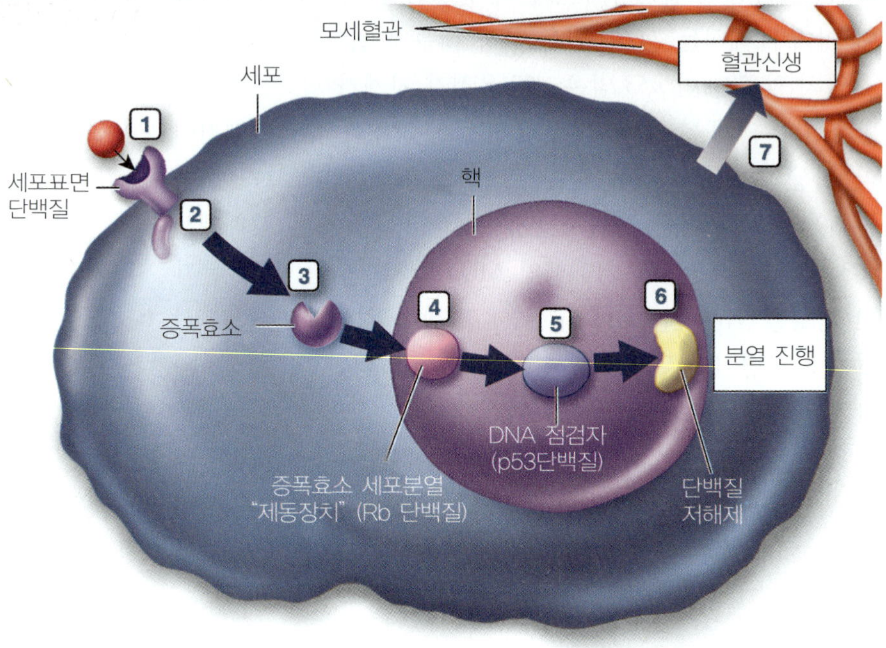

암 발생과정의 7단계

(1) 세포표면에서 분열을 위한 성장인자의 신호가 증가된다. (2) 세포 바로 안쪽에서 분열 신호를 전달하는 단백질 릴레이 스위치가 "작동" 상태가 된다. (3) 세포질에서는 신호를 증폭하는 효소들이 훨씬 더 증폭된다. 핵 내에서는, (4) DNA 복제를 막는 "제동장치"가 작동할 수 없게 되고, (5) DNA 손상을 점검하는 단백질은 불활성화되고, (6) 염색체 말단의 신장을 억제하는 단백질들은 파괴된다. (7) 새로운 종양은 생장에 필요한 새로운 혈관을 형성하는 혈관신생(angiogenesis)을 촉진한다.

1 분열 신호 받기 결정 과정의 첫 번째 단계는 주변 세포로부터 방출된 성장인자라고 하는 작은 단백질 "분열" 신호를 받는 것이다. 그림의 1에 있는 붉은색 공으로 나타낸 성장 인자는 세포 표면에 있는 단백질 수용체에 의해 수용된다. 문을 두드리는 것처럼 단백질이 수용되면 분열할 때라는 것을 알린다. 세포 표면에 있는 수용체의 수가 증가되는 돌연변이가 일어나면 분열 신호가 증폭되어 암이 유발된다. 유방암의 20% 이상은 표피성장인자(EGF) 수용체와 관련된 HER2라는 단백질을 과잉 생산하는 것으로 알려져 있다.

결정과정의 이 단계를 겨냥한 치료법은 사람 면역계를 이용해 암 세포를 공격하게 하는 것이다. 유전공학에 의해 만들어진 *단일클론항체*(monoclonal antibodies)라고 하는 특정 단백질 분자는 이러한 치료 물질이다. 이들 단일클론항체는 HER2를 찾아 결합하도록 설계되어 있다. 붉은 깃발을 흔드는 것처럼 단일클론항체는 면역계에 의해 HER2 세포를 공격하게 된다. 유방암 세포는 HER2를 과잉생산하기 때문에 우선적으로 죽는다. 생물공학 연구 회사인 Genentech사가 개발하여 최근 허가된 herceptin이라는 단일클론항체는 임상시험에서 기대되는 결과를 보여 주었다.

결장암, 전립선암, 폐암, 머리/목 암의 70%는 관련된 수용체인 표피성장인자 1(HER1)이 과잉 존재하는 것으로 나타난다. HER1에 결합하도록 설계된 단일클론항체 C225의 사용으로 이전에는 치료가 불가능한 것으로 여겨졌던 진행성 결장암을 초기 임상실험에서 22% 줄이는데 성공하였다. HER1의 차단은 종양세포들이 화학요법이나 방사선요법에서 생존할 가능성을 확실히 저하시킨다.

2 릴레이 스위치를 통한 신호 전달 결정 과정의 두 번째 단계는 세포 내부인 세포질로 신호를 전달하는 것이다. 이러한 과정은 정상적인 세포에서 그림의 2에서처럼 릴레이 스위치로 작용하는 Ras 단백질에 의해 이루어진다. EGF에서처럼 성장인자가 수용체에 결합하면 인접한 Ras 단백질이 새로운 모양으로 뒤틀리면서 변형된다. 이 새로운 모양은 화학적으로 활성을 가져 "분열" 신호를 핵으로 전하는 연쇄반응을 개시한다. Ras 단백질의 돌연변이 형은 분열하지 않아야 하는 세포를 계속적으로 분열하도록 "작동" 상태로 유지시키는 릴레이 스위치로 작용한다. 모든 암의 30%는 Ras의 돌연변이형으로 인해 나타난다. 지금까지 이 단계를 표적으로 하는 치료법은 개발된 바 없다.

3 신호 증폭 결정과정에서 세 번째 단계는 세포질 내 신호의 증폭이다. 마치 먼 거리에서 TV 신호를 받으려면 TV 신호가 증폭되어야 하는 것처럼 분자 수준에서는 매우 긴 여정인 세포 안에 있는 핵에 "분열" 신호가 도달하려면 신호가 증폭되어져야 한다. 핵으로 가는 모든 길에서 신호를 얻기 위해 세포는 일종의 조랑말 속달(서부 개척시대의 속달 우편수단)을 이용한다. 이 경우의 "조랑말"은 그림의 3의 *티로신 인산화효소*(tyrosine kinase)라는 효소이다. 이 효소들은 단백질에 인산기를 부가하는데, 특히 특정 아미노산인 티로신에 인산기를 결합시킨다. 세포 내의 어떤 효소도 이러한 기능을 할 수 없으므로 티로신 인산화효소는 주변의 무수히 많은 다른 분자들의 활성에 의해 혼돈되지 않는 신

호 전달자로서의 핵심을 이룬다.

세포는 핵을 향해 신호가 이동하는 과정에서 신호를 증폭하기 위한 기발한 기법을 이용한다. Ras는 "작동" 상태일 때 처음 단백질 키나아제를 활성화시킨다. 이 단백질 키나아제는 다른 단백질 키나아제를 활성화시키고 이는 다시 또 다른 단백질들을 순서대로 활성화시킨다. 이 방법은 일단 한 단백질 키나아제가 활성화되면 귀신처럼 작용해 매 초 수많은 다른 단백질들을 활성화시키게 된다. 또한 활성화된 각각은 같은 방식으로 훨씬 더 많은 것을 활성화시켜 점점 증폭되는 폭포효과를 나타내게 된다. 이러한 릴레이의 각 단계마다 신호는 천 배로 증폭된다.

이들 단백질 키나아제 중 어느 하나에 돌연변이가 일어나면 이미 증폭된 신호를 위험할 정도로 증폭시켜 암을 유발할 수 있다. 세포의 32개 내부 티로신 인산화효소 중 약 15개는 암과 관련이 있는 것으로 알려져 있다. 예를 들어, 모든 암의 5%는 단백질 키나아제 Src가 과활성화된 돌연변이형인 것으로 나타난다. 문제는 티로신 인산화효소들 중 하나가 계속 울리도록 눌러져 있는 초인종처럼 "작동" 상태를 유지하는 돌연변이가 일어났을 때 시작된다.

암을 치료하려면 그 초인종을 울리지 않게 하는 방법을 찾아야 한다. 신호전달자의 각각은 다른 역할을 가지고 있으므로 세포가 필요로 하는 모든 다른 신호 경로를 건드리지 않고 그 것만을 억제토록 해야 한다. 단일클론항체 암치료제인 글리벡(Gleevec)은 티로신 인산화효소 표면의 "abl"이라고 하는 움푹 패인 곳에 딱 들어맞는 모양을 가진다. abl이 "작동" 상태로 유지되는 돌연변이는 백혈구 암의 치명적인 형태인 만성 골수성 백혈병과 관련이 있다. 글리벡은 abl을 완전히 불활성화시킨다. 임상실험 결과 90% 이상에서 혈구 수치가 정상으로 회복되었다.

4 제동 풀기 결정과정에서 네 번째 단계는 세포가 세포분열을 억제하는데 사용하는 "제동장치"를 제거하는 것이다. 건강한 세포에서 이 제동장치는 Rb라고 하는 종양억제단백질로 그림의 4에서 보는 것과 같이 E2F라고 하는 단백질의 활성을 억제한다. 억제되지 않는 상태에서 E2F는 세포가 DNA를 복제할 수 있도록 해 준다. 정상적인 세포분열은 Rb가 저해되어 E2F가 작동함으로써 개시하게 된다. Rb가 파괴되는 돌연변이가 일어나면 E2F가 이러한 제동으로부터 완전히 벗어나 끊임없는 세포분열이 일어나게 된다. 암의 40%는 Rb의 결함으로부터 생긴다.

결정과정의 이 단계를 표적으로 한 치료법들이 지금에서야 겨우 시도되고 있다. 비활성 Rb로 인해 생기는 종양의 성장을 저지시키기 위해 E2F를 저해시키는 약 개발에 집중하고 있다. E2F 유전자를 파괴시킨 생쥐 실험은 활발히 연구되고 있는 이러한 약물들을 연구하는 모델 시스템이다.

5 모든 것이 준비되었는지 검토하기 결정과정의 다섯 번째 과정은 세포가 DNA에 손상이 없는지, 분열할 준비가 되었는지를 확인하기 위해 사용하는 기전이다. 건강한 세포에서 이 일은 그림의 5에서처럼 DNA가 완전한 상태인지를 검사하는 종양억제단백질 p53에 의해 수행된다. 손상된 DNA나 외래 DNA가 감지되면 p53은 세포분열을 멈추게 하고 세포의 DNA 수선 시스템을 활성화시킨다. 만약 적절한 시간 내에 손상이 복구되지 못하면 p53은 손을 떼고 세포를 죽이는 과정을 작동시킨다. 이런 식으로 암을 일으키는 돌연변이들은 수선되어 복구되거나 혹은 돌연변이를 가진 세포들이 제거된다. 만약 p53이 돌연변이로 인해 그 자체가 파괴되면 손상은 복구되지 않은 채 축적된다. 이들 손상 중 암을 유발시키는 돌연변이가 있다. 모든 암의 50%는 p53의 결함에 기인한다. 폐암의 70~80%는 비활성 p53 돌연변이를 보인다. 담배 연기에 있는 benzo[*a*]pyrene 화학물질은 p53의 강력한 돌연변이 유발원이다.

6 연료 비우기 세포분열은 DNA 복제로 시작한다. 건강한 세포에서 또 다른 종양 억제인자는 *텔로머라아제*(telomerase)라고 하는 효소의 생성을 저해함으로써 DNA 복제를 위한 "연료 탱크를 거의 비워 둔다." 이 효소가 없으면 세포가 분열할 때 염색체는 *텔로미어*(telomere)라고 하는 염색체 끝부분에서 물질을 잃는다. 염색체가 복제될 때마다 물질이 계속해서 소실된다. 약 30회의 분열 후에는 더 이상 복제가 불가능할 만큼 물질을 잃는다. 성인의 조직 세포는 일반적으로 이미 25회 이상의 분열을 한 상태이다. 5회 밖에 남지 않은 세포분열로는 암은 오래 갈 수 없다. 따라서 텔로머라아제를 저해시키는 것은 그림의 6에서처럼 암 진행에 제동을 거는 매우 효과적인 방법이다. 거의 모든 암은 텔로머라아제 저해제를 파괴시키는 돌연변이로 인해 이 제동장치가 풀려 암 진행이 되는 것으로 생각된다. 이 저해를 재적용함으로써 암을 막는 일이 가능할 수 있을 것이다. 텔로머라아제를 저해하는 암 치료법이 임상실험의 시작 단계에 있다.

암 전이 막기

7 종양의 성장 멈추기 일단 세포가 암화되어 자라기 시작하면 점점 더 확장하여 종양이 된다. 종양이 커져 갈수록 신체의 혈액으로부터 얻는 영양 공급이 점점 더 많이 요구된다. 필요한 영양 공급을 용이하게 받기 위해, 그림의 7에서 보듯이 종양은 주변 조직에 물질을 유출시켜 혈관신생이라고 하는 과정으로 모세혈관의 형성을 촉진시킨다. 이 과정을 저해하는 화학물질을 *혈관신생 억제제*(angiogenesis inhibitor)라고 한다. 두 가지 천연 혈관신생 억제제인 angiostatin과 endostatin은 생쥐 실험에서 종양들을 현미경적 크기로 축소시켰으나 사람을 대상으로 하는 첫 임상실험 결과는 실망스러웠다.

연구실 약품들은 좀 더 기대해 볼만 하다. Avastin이라는 단일클론항체 약품은 혈관내피성장인자(vascular endothelial growth factor, VEGF)라고 하는 혈관생장촉진물질을 표적으로 하여 VEGF의 혈관형성 능력을 파괴시킨다. 방대한 임상실험의 하나로 2003년 수백 명의 진행성 대장암 환자들에게 투여한 결과 avastin은 대장암 환자들의 생존율을 50% 정도 개선시켰다.

질문 & 분석

왜 인간 세포는 노화되는가?

인간 세포는 고유의 수명을 갖고 있다. 앞에서 배웠듯이 세포생명과학자인 Leonard Hayflick은 1961년에 아래 사진의 배양 플라스크에서 처럼 조직배양에서 자라는 피부 세포는 단지 특정 수 만큼만 분열한다는 놀라운 사실을 보고하였다. 약 50개체군이 배가된 후에 세포분열은 멈춘다(배가는 각 분열세포가 두 개의 딸세포를 만들어내는 1회의 세포분열이다; 예를 들어 30개 세포가 60개로 되는 것). 만약 세포가 20회 분열한 뒤 샘플을 취해 얼렸다가 녹였을 때 다시 분열을 시작하여 30회 더 분열을 하고 멈춘다. "헤이플릭 한계"는 1978년 연구자들이 처음으로 염색체 끝에 잉여의 길이의 DNA가 있다는 것을 발견하였을 때 설명할 수 있었다. 단순한 DNA서열인 TTAGGG로 구성된 텔로미어는 거의 천 번이나 반복되어 나타났다. 중요한 것은 텔로미어들이 늙은 신체조직의 세포들 안에서는 대체로 더 짧은 길이로 발견되었다는 것이다. 이러한 사실로부터 일련의 16개의 TTAGGG 서열은 DNA 복제 효소인 *중합효소*(polymerase)가 처음으로 DNA 위에 자리를 잡는 곳(16개

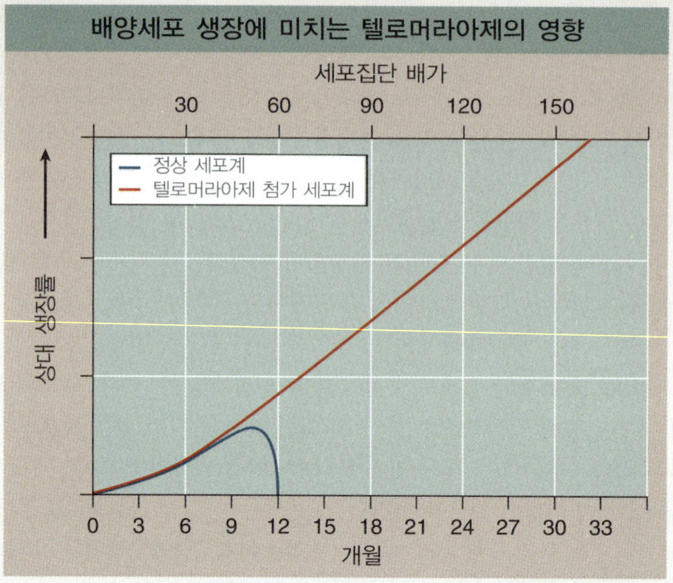

TTAGGG TTAGGG TTAGGG TTAGGG TTAGGG--------

TTAGGG 서열은 효소의 "발자국" 크기이다)이어서 중합효소가 그 만큼은 복제할 수가 없다는 가설을 이끌어내게 되었다. 따라서 텔로미어의 100염기 부위는 DNA가 복제하여 염색체가 배가되는 동안 염색체로부터 소실된다. 결국 약 50회 분열주기 후에는 텔로미어가 전부 소진되어 더 이상 DNA 복제 효소가 자리 잡을 공간이 없게 된다. 이때 세포들은 노화과정에 들어가 더 이상 증식할 수 없게 된다.

이 가설은 1998년에 시험되었다. 유전공학 기술을 이용하여 연구자들은 사람 배양세포 안으로 모든 세포가 지니고 있지만 체세포는 사용하고 있지 않는 *텔로머라아제*(telomerase) 유전자를 넣어 주었다. 이 효소는 TTAGGG 서열을 부가하여 텔로미어의 잃어버린 부분을 원상회복시켜 준다. 실험실 배양 세포계에서 이 유전자를 갖는(텔로머라아제가 부가된) 세포계와 갖지 않는(정상적인) 세포계를 오랜 세대동안 관찰하였더니 아래 그래프와 같은 결과를 보여 주었다.

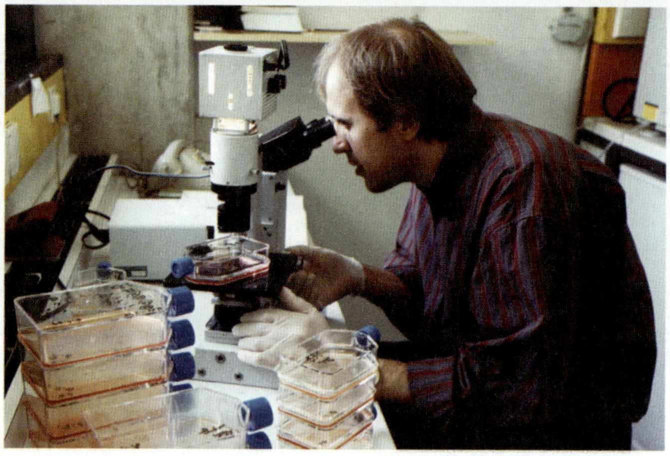

1. **개념 적용**
   - **a. 변수** 그래프에서 무엇이 종속변수인가?
   - **b. 연속적인 과정 비교** 정상 피부 세포들(파란색 선)은 생장이 텔로머라아제 유전자를 넣은 텔로머라아제 첨가 세포들(붉은색 선)과 어떻게 다른가?
2. **자료 분석**
   - **a.** 얼마나 많은 배가 후에 정상적인 세포가 분열을 멈추는가? 이것은 텔로머라아제 가설과 일치하는가?
   - **b.** 이 실험에서 얼마나 많은 배가 후에 텔로머라아제가 첨가된 세포들이 분열을 멈추는가?
3. **추론하기** 세포 집단이 9회 배가된 후에 세포분열 속도가 두 배양세포계 사이에서 달라질 것인가? 15회 후인가? 왜 그런가?
4. **결론 도출** 텔로머라아제 유전자의 추가로 피부 배양세포의 노화에는 어떤 영향이 있었는가? 이 결과는 이 실험이 추구하는 바와 같이 텔로머라아제 가설을 확증해 주는가?
5. **심층 분석**
   - **a.** 암세포는 텔로머라아제 유전자를 꺼지게 하는 세포의 능력에 결함을 주는 돌연변이가 생긴 것으로 생각된다. 어떻게 이 가설을 시험할 것인가?
   - **b.** 정자생성 세포는 성인 남성의 생애 전체에 걸쳐 분열을 계속한다. 어떻게 이것이 가능한가? 이것을 어떻게 시험할 것인가?

단원 복습

세포분열

8.1 원핵생물의 단순한 세포주기

- 원핵세포는 두 가지 단계로 분열한다: DNA 복제와 이분법. DNA는 단일 고리로 존재하며 이를 염색체라 한다. DNA는 복제기점이라고 하는 장소에서 복제를 시작한다. DNA 이중가닥이 풀리고 새로운 가닥이 주형가닥을 따라 형성되어 두 개의 환상의 염색체를 생성한 다음 분리된다. **그림 8.1**에서 보듯이 새로운 세포막과 세포벽이 세포의 중간에 부가되어 세포가 두 개로 쪼개진다. 이분법이라고 하는 이러한 세포분열은 양친세포와 유전적으로 동일한 두 개의 딸세포를 만든다.

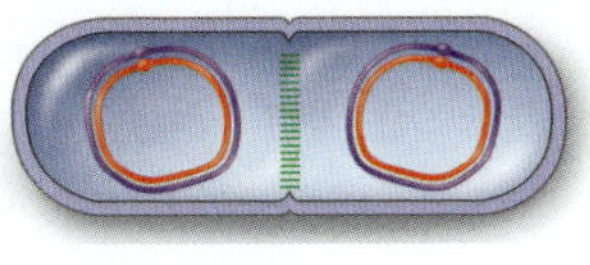

8.2 진핵생물의 복잡한 세포주기

- 진핵생물에서 세포분열은 원핵생물에서보다 더 복잡하다. 진핵세포의 세포주기는 여러 단계로 일어난다: 간기, M기, C기. 간기는 휴지기로 여겨지지만 간기동안 세포는 생장하고 세포분열을 위한 준비를 한다. 간기는 몇 단계로 더욱 세분화된다. G_1기는 생장기이고 세포의 생활 주기의 주요 부분을 차지한다. S기는 합성기이고 DNA가 복제하는 시기이다. G_2기는 세포분열을 위한 마지막 준비 단계이다.
- M기와 C기 동안, 염색체들은 세포의 반대편으로 나뉘고, 세포질이 분열되어 두 개의 딸세포가 된다(**핵심 생물학 과정, 179쪽**).

8.3 염색체

- 진핵세포 DNA는 염색체를 구성하고 있으며 **그림 8.2**에 보이는 것처럼 같은 유전자의 사본을 가진 두 개의 염색체를 상동염색체라 한다. 세포가 분열하기 전에, DNA는 복제하여 각 염색체가 두 개의 동일한 복사본을 가지게 되는데 이를 자매염색분체라 한다. 자매염색분체는 동원체 부위에서 결합되어 있다. 사람의 체세포는 46개의 염색체를 가진다(**그림 8.3**).

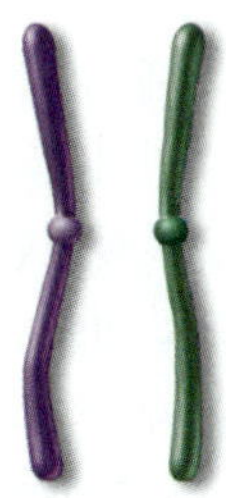

- 한 염색체에 들어 있는 DNA는 염색질이라고 하는 하나의 긴 이중가닥의 실이다. DNA가 복제된 후에 응축이라는 과정으로 꼬이기 시작한다. DNA는 히스톤 단백질 주위를 감아 DNA-히스톤 복합체는 뉴클레오솜을 형성한다. 다음 뉴클레오솜 끈은 접히고 구부러져 치밀한 염색체를 형성한다(**그림 8.4**).

8.4 세포분열

- 간기(**그림 8.5, ❶**)는 세포주기를 시작하여 4단계: 전기, 중기, 후기, 말기로 이루어지는 체세포분열이 이어진다.
- 전기(**그림 8.5, ❷**)는 체세포분열의 시작을 알린다. 간기동안에 복제된 DNA는 염색체로 응축된다. 자매염색분체는 동원체에서 붙어 있다. 핵인과 핵막이 사라진다. 중심립은 세포의 반대편으로 이동해 방추체 형성을 시작한다. 방추체를 형성하는 미세소관이 양극으로부터 뻗어 나와 염색체의 동원체 부분을 차지하고 있는 단백질인 방추사부착점에 부착한다.
- 중기(**그림 8.5, ❸**)에는 적도면을 따라 자매염색분체가 배열한다. 미세소관이 자매염색분체의 방추사부착점과 양 극을 연결한다.
- 후기(**그림 8.5, ❹**)에는 방추사부착점이 갈라지고 효소가 코헤신을 분해해 자매염색분체가 분리된다. 미세소관이 짧아지며 자매염색분체를 서로 반대극으로 잡아당긴다.
- 말기(**그림 8.5, ❺**)는 핵분열의 완성을 나타낸다. 미세소관으로 된 방추체가 붕괴되고, 염색체는 풀리기 시작한다: 핵막과 핵인이 다시 형성된다.
- 체세포분열 이후에 세포는 세포질분열을 통해 두 개의 딸세포로 나뉜다(**그림 8.6**). 동물 세포에서 세포질분열은 세포가 두 개로 나뉠 때까지 적도면 주변에서 세포가 조여진다. 식물세포에서 세포질분열은 두 개의 극 사이에 세포막과 세포벽이 모여들어 결국 두 개의 분리된 세포를 형성하게 된다.
- 많은 세포들은 발생의 한 부분으로(**그림 8.7**) 혹은 일정한 수의 세포분열 이후에 (일반적으로 약 50번의 분열) 죽도록 설계되어 있다. 오직 암세포만이 끊임없이 분열한다.

8.5 세포주기의 조절

- 세포주기는 세 개의 점검점에서 조절된다. G_1과 G_2 점검점은 간기에 나타나고 세 번째는 체세포분열동안 나타난다(**그림 8.8**). G_1 점검점에서 세포는 분열을 시작하거나 혹은 G_0라고 하는 휴지기로 들어간다(**그림 8.9**). 만약 G_1 점검점에서 세포분열이 시작되면, DNA 복제가 시작되고 G_2 점검점에서 점검된다. 체세포분열은 DNA가 정확히 복제된 후 시작된다.
- 세포분열은 성장인자라고 하는 단백질에 의해 시작된다(**그림 8.10**). 세포가 약 50회 배가 되고 나면 텔로미어라고 하는 염색체의 말단 부분이 매우 짧아져 더 이상 세포분열을 할 수 없게 된다. 그로 인해 암이 억제된다(**그림 8.11**).

암과 세포주기

8.6 암이란 무엇인가?

- 암은 세포분열을 제어하는 기능을 상실한 세포의 생장 장애이다. 세포는 종양이라고 하는 세포 덩어리를 형성하면서 무한정 분열하기 시작한다(**그림 8.12**). 종양세포가 세포 덩어리로부터 떨어져 나와 다른 조직으로 퍼져나가는 것을 전이라고 한다. 암은 원종양유전자와 종양억제유전자와 같은 세포주기를 조절하는 단백질 유전자가 손상될 때 일어난다.

8.7 암과 세포주기의 조절

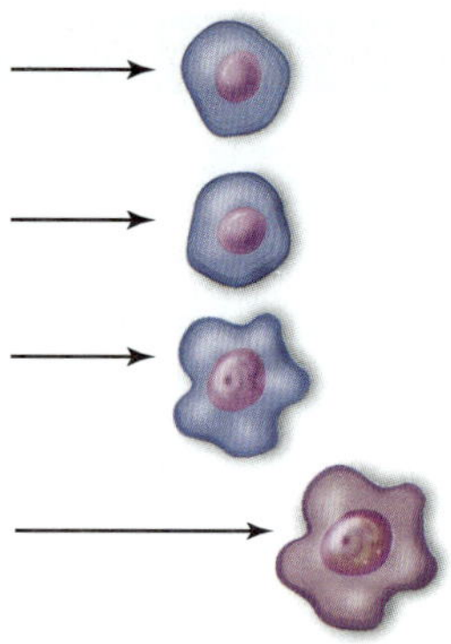

- *p53* 유전자는 DNA의 상태를 점검하는 G_1 점검점에서 중요한 역할을 한다. DNA가 손상되면 p53 단백질은 세포분열을 멈추어 손상된 DNA를 수선할 수 있게 한다. 만약 DNA가 복구되지 않으면 p53단백질은 세포의 파괴를 유도할 것이다. *p53* 유전자가 돌연변이로 인해 손상되면 DNA는 점검되지 못하고, 손상된 DNA를 가지는 세포는 분열하게 된다. 추가적인 DNA 돌연변이가 세포에 축적되고 세포는 결국 암화된다(**그림 8.13**).

이해력 확인 문제

1. 원핵생물이 새로운 세포를 증식하는 방법은?
a. DNA를 복제하고 이분법을 거친다.
b. 반으로 쪼개진다.
c. 체세포분열을 거친다.
d. DNA를 복제하고 M기를 거친다.

2. 진핵세포의 주기가 원핵세포의 세포분열과 다른 점으로 해당되지 않는 것은?
a. 세포에 존재하는 DNA의 양
b. DNA가 포장되는 방법
c. 유전적으로 동일한 딸세포의 생산
d. 미세소관이 관여하는 것

3. 진핵생물에서 유전물질은 염색체에서 발견되고 ______________.
a. 생물체가 복잡할수록 더 많은 염색체 쌍을 가진다.
b. 많은 생물체가 오직 하나의 염색체를 가진다.
c. 대부분의 진핵생물은 10에서 50쌍의 염색체를 가진다.
d. 대부분의 진핵생물은 2에서 10쌍의 염색체를 가진다.

4. 상동 염색체는 ____________.
a. 자매염색분체라고도 한다.
b. 유전적으로 동일하다.
c. 염색체의 같은 위치에 있는 동일한 형질에 대한 정보를 가지고 있다.
d. 동원체에서 서로 연결되어 있다.

5. 진핵세포 염색체를 구성하는 것은?
a. DNA　b. 단백질
c. 히스톤　d. 모두 옳음

6. 체세포분열에서 복제된 염색체들이 세포의 중앙에 정렬될 때 이 단계는?
a. 전기　b. 중기
c. 후기　d. 말기

7. 진핵세포주기에서 세포질이 분열하는 것을 무엇이라 하는가?
a. 간기　b. 체세포분열
c. 세포질분열　d. 이분법

8. 세포주기는 무엇으로 조절하는가?
a. 일련의 점검점들　b. 텔로머라아제
c. G_0기　d. 모두 옳음

9. 세포분열이 조절되지 않고 세포 덩어리가 정상적인 통제를 벗어나 자라기 시작하는 것을 무엇이라 하는가?
a. 돌연변이　b. 암
c. 전이　d. 발암유전자

10. 세포에서 *p53* 유전자의 정상적인 기능은?
a. 종양억제유전자
b. DNA 손상을 점검
c. DNA 수선이 불가능한 세포의 파괴를 유발
d. 모두 옳음

응용력 확인 문제

1. **그림 8.3** 이 핵형도는 한 사람의 완전한 염색체 조성을 보여준다. 세포주기의 어느 단계에서 이와 같은 사진을 찍었을까? 설명하시오.

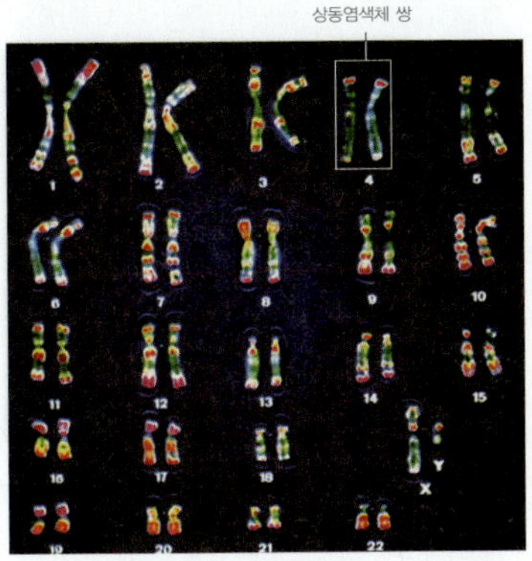

2. **그림 8.4** 간기동안 DNA는 현미경을 통해 보이지 않는다. 간기동안 DNA를 볼 수 없는 이유는 무엇인가? 또 왜 그렇게 생각하는가?

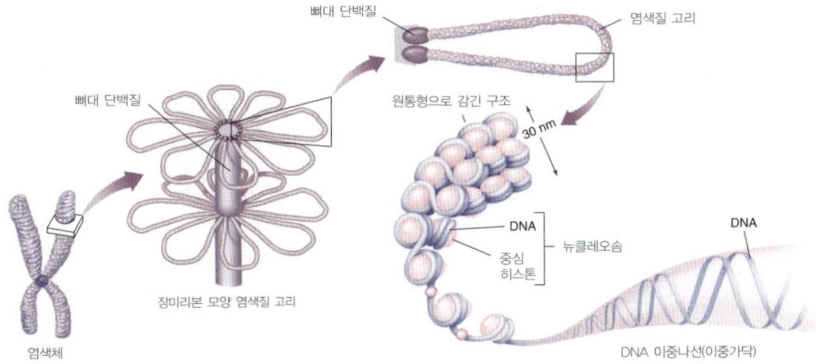

종합 학습

1. 세포의 DNA는 긴 이중나선 염색질 분자에서 치밀하게 감긴 염색체로의 주기적인 변화를 갖는 이유는 무엇인가? 후자 상태에서는 할 수 없는 무엇을 전자 상태에서는 가능한가?

2. 오늘날 우리 모두 암을 알고 있음에도 불구하고 일부 암은 여전히 발병 빈도가 증가하고 있는 현실이다. 여성에 있어서 폐암이 그 중 하나이다. 이런 증가의 요인은 무엇일까? 해결방안을 제시할 수 있는가?

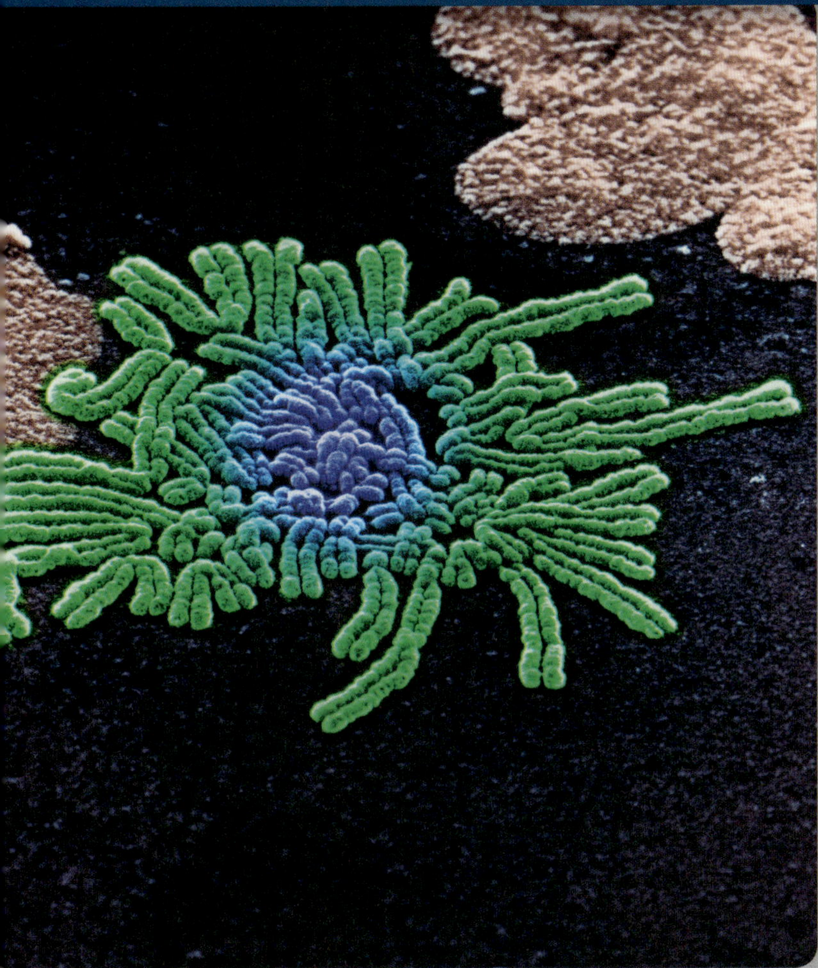

9
감수분열

학습단원

대부분의 동물과 식물처럼 사람도 유성생식을 한다. 이 내용은 여러분이 어떻게 태어나게 되었는지에 대한 이야기다. 여러분의 아버지는 정자를 제공하고 어머니가 생산한 난자와 결합하여 한 세트로 구성된 염색체를 포함한 접합자(zygote)라고 하는 한 개의 세포를 만든다. 체세포분열에 의해 분열을 거듭한 접합자는 약 10조~100만조 개라는 놀랄 만큼 많은 세포로 이루어진 신체를 만든다. 정자와 난자는 원시세포의 형태로 융합하게 되며, 이는 이번 장의 주제인 감수분열이라는 특별한 세포분열을 통해 생성된다. 체세포분열에 비해 훨씬 더 복잡한 감수분열에 대해 아직 완전하게 알려진 것은 아니지만 기본적인 과정은 밝혀져 있다. 감수분열에 의한 세포분열은 두 번의 핵분열을 거치게 되는데, 첫 번째 분열 이전에 DNA 복제를 거치며 첫 번째와 두 번째 분열 사이에서는 DNA 복제 과정을 거치지 않는다. 위의 사진에서 염색체가 정렬하여 미세소관에 의해 세포의 양 끝으로 끌려갈 준비를 하고 있는 것을 볼 수 있다. 두 번의 분열을 모두 마치게 되면 개개의 세포는 원시세포에 비해 오직 반수의 DNA를 갖는 네 개의 세포로 될 것이다. 복잡한가? 생물학자들이 감수분열을 처음 발견했을 당시에도 그러했다. 이 장을 통해 감수분열에 대해 명확하게 이해하기를 바란다. 감수분열과 유성생식은 진화의 기초 소재인 수많은 유전적 다양성을 형성하는 데 매우 중요한 열쇠가 되기 때문에 이를 명확하게 이해하는 것은 매우 중요한 일이다.

9.1 감수분열의 발견

1879년 Walther Fleming이 염색체를 발견한지 얼마 지나지 않아 벨기에의 세포학자 Pierre-Joseph van Beneden은 다른 종류의 세포에는 각기 다른 수의 염색체를 갖고 있음을 회충의 일종인 아스카리스(*Ascaris*) 연구를 통해 밝혀냈다. 특히, 그는 **배우자(gametes**, 난자와 정자)에서는 각각 2개의 염색체를 관찰한 반면 배아의 체세포(비생식세포)와 성숙한 개체에서는 4개의 염색체가 있음을 찾아냈다.

수정

1887년 Beneden은 염색체 수의 절반만을 포함하는 세포인 난자와 정자가 융합하여 **접합자(zygote)**라는 단일 세포를 형성한다고 발표하였다. 모든 다른 체세포와 마찬가지로 이러한 접합자는 염색체마다 두 개의 복사본으로 구성되었다. 이와 같이 배우자의 융합을 통해 한 개의 새로운 세포를 형성하는 것을 **수정(fertilization)**, 또는 **유성생식(syngamy)**이라고 한다.

감수분열

초기 연구자들 역시, 다른 세포에서도 염색체 수가 감소하는 것을 발견했으며 염색체 수를 반으로 줄이는 어떠한 기작이 있다는 것을 알고 있었다. 만일 그렇지 않다면 수정 과정마다 염색체의 수는 두 배가 될 것이고, 몇 세대를 거치게 되면 각 세포가 포함하는 염색체 수는 불가능할 정도로 많아지게 될지도 모른다. 예를 들어, 10세대만 거쳐도 사람 세포에 존재하는 46개의 염색체는 약 47,000(46×2^{10})개를 넘어서게 된다.

그렇지만 배우자가 형성되는 동안에 염색체 수는 반으로 감소하는 것이 정상적이므로 염색체 수는 이런 식으로 증폭되지 않는다. 따라서 염색체 수는 생식세포의 융합을 통해 한 세대로부터 다음 세대까지 일정한 수로 계속 유지된다. 이처럼 **감수분열(meiosis)**로 알려진 염색체 감수분열 과정을 배우는 것이 이번 장의 주제이다.

유성생식의 생활 주기

감수분열은 수정과 함께 생식 주기를 결정한다. 개개인마다 두 세트의 염색체를 갖는 **이배체(diploid**, 그리스어 *di*, '둘' 의 의미) 세포를 갖고 있으나 배우자의 경우 오직 한 세트의 염색체를 갖는 **반수체(haploid**, 그리스어 *haploos*, '하나' 의 의미) 세포 형태를 갖고 있다. **그림 9.1**에서는 아버지로부터 형성된 3개의 염색체를 갖는 정자세포와 어머니로부터 형성된 3개의 염색체를 갖는 난자세포, 즉 반수체 세포가 어떻게 융합하여 6개의 염색체를 갖는 이배체 접합자를 만드는지를 보여주고 있다. 이와 같이 감수분열과 수정이 번갈아가며 나타나는 생식을 **유성생식(sexual reproduction)**이라 하고, 반면에 배우자 간 융합 없이 체세포분열만으로 일어나는 것을 **무성생식(asexual reproduction)**이라고 한다. 제8장에서 보았던 원핵생물의 이분법은 무성생식의 좋은 예이다. 몇몇 종류의 생물체에서는 무성

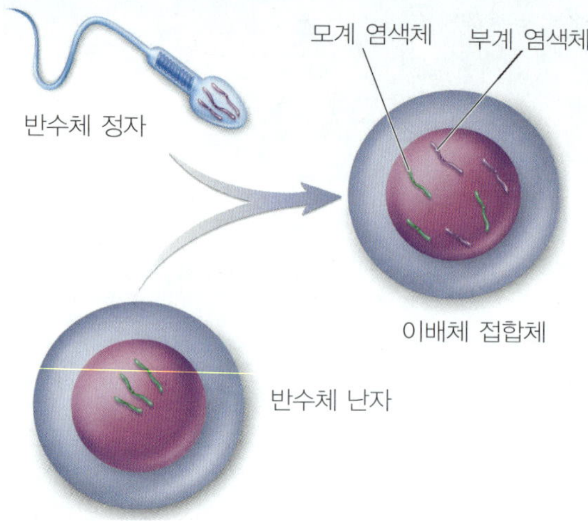

그림 9.1 이배체 세포는 부모의 염색체로부터 만들어진다
이배체 세포는 두 세트의 염색체를 갖는데 모계 염색체는 어머니의 반수체 난자로부터, 부계 염색체는 아버지의 반수체 정자에서 유래된 것이다.

그림 9.2 유성 및 무성생식
한 생물체에서 언제나 유성생식이나 무성생식 둘 중의 하나를 통해 번식이 일어나는 것은 아니다. 딸기의 경우, 무성생식(덩굴)과 유성생식(꽃) 양쪽 다 가능하다.

생식과 유성생식이 모두 가능하다. **그림 9.2**에서와 같이 딸기의 경우에는 꽃에서 수정을 통한 유성생식뿐만 아니라 지면을 따라 덩굴과 같은 줄기를 뻗어 이를 통해 새로운 뿌리 및 새싹을 틔워 유전적으로 동일한 식물을 만들어내는 무성생식도 역시 가능하다.

주요 학습 요점 9.1 **배우자가 형성되는 동안, 세포 안에 있는 염색체 수가 반으로 감소하는 세포분열 과정을 감수분열이라고 한다.**

9.2 유성생식의 생활 주기

체세포 조직

모든 유성생식 생물체의 생활 주기는 이배체 염색체(**그림 9.3**의 파란색 영역)와 반수체 염색체(노란색 영역)가 번갈아 가며 일어나는 기본적인 방식을 따른다. 대부분의 동물들에서는 **그림 9.3*b***에서와 같이 수정을 통해 이배체의 접합자를 형성하며, 이는 체세포분열을 통해 분화하기 시작한다. 그림에서 보이는 것과 같이 한 개의 이배체 세포는 결국 개구리 성체를 구성하는 모든 세포로 분화한다. 이와 같은 세포를 **체세포(somatic cell)**라고 하는데 이는 라틴어 '몸(body)'이란 단어에서 유래되었으며, 개개의 체세포는 접합자와 유전적으로 동일하다.

그림 9.3*a*에서처럼 원생생물(protists)과 같은 단세포 진핵생물에서는 개개의 반수체 세포가 배우자 역할을 하여 다른 배우자 세포와 융합한다. **그림 9.3*c***와 같이 양치식물의 경우 감수분열에 의해 생성된 반수체 세포는 체세포분열을 통해 세포분열을 하며, 그림의 심장 모양과 같은 다세포로 구성된 반수체 단계를 거친다. 이 단계에서 몇몇 세포가 정자 및 난자로 분화하여 결국 융합을 통해 이배체 접합자를 만든다.

생식계열 세포 조직

동물세포의 경우, 배우자를 생산하기 위해 감수분열을 수행할 예정인 세포들은 초기 발생과정에서 체세포들과는 구분되며 이들을 흔히 **생식계열 세포(germ-line cell)**라고 한다. **그림 9.4**의 파란색 화살표가 가리키는 것처럼, 체세포와 배우자를 생산하는 생식세포 양쪽 모두 이배체이다. 체세포는 체세포분열을 통해 유전적으로 동일한 이배체의 딸세포를 생산하지만 노란색 화살표와 같이 생식세포는 감수분열을 통해 반수체의 배우자를 생산한다.

주요 학습 요점 9.2 **유성생식 생활 주기에서는 이배체와 반수체 단계가 번갈아가면서 나타난다.**

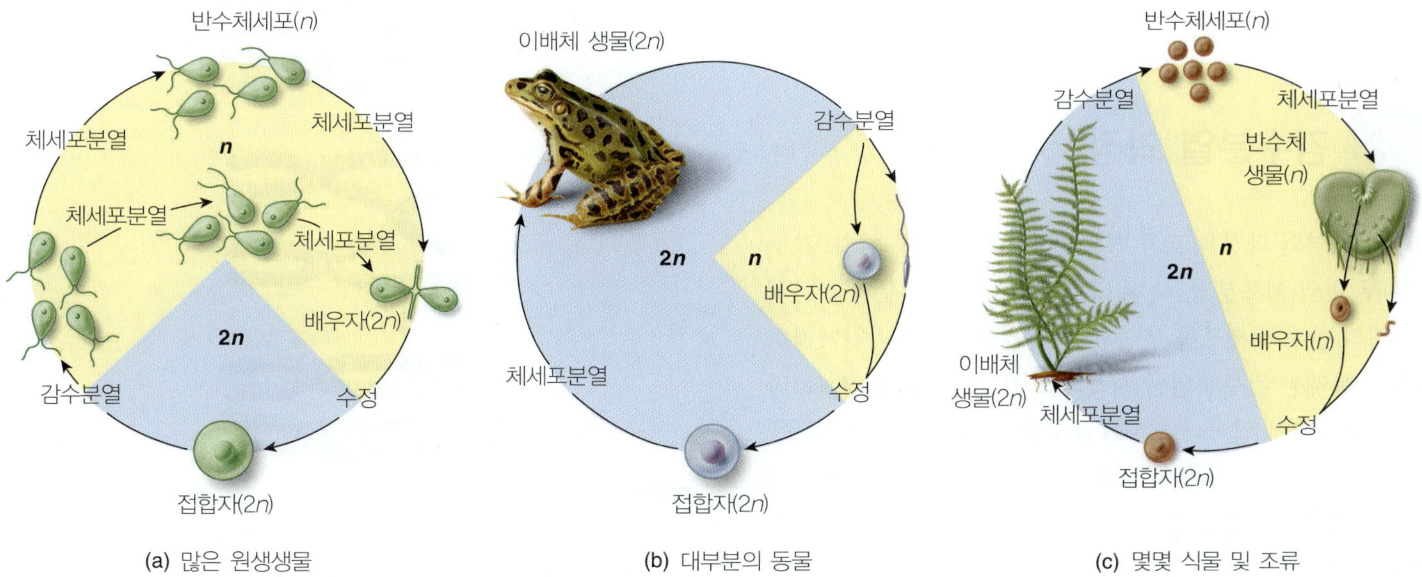

그림 9.3 유성생식 생활 주기의 세 가지 유형

유성생식에서 반수체세포와 이배체세포가 번갈아가며 나타나 생물체를 만든다.

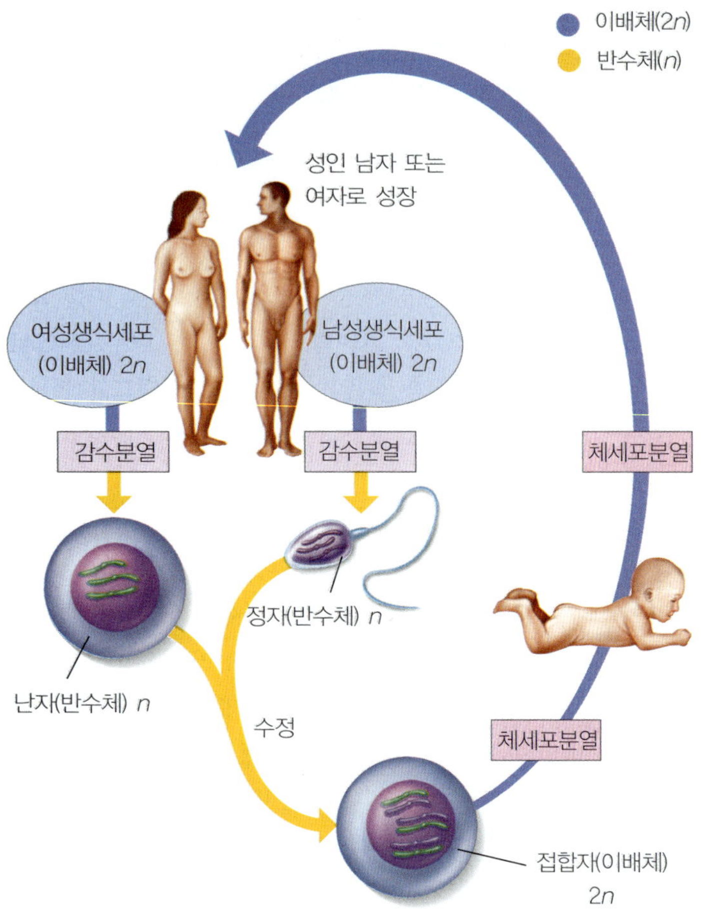

그림 9.4 동물에서의 유성생식 생활 주기

동물에서 수정 후에 곧바로 감수분열이 완료된다. 그러므로 유성생식 생활 주기의 대부분의 시간은 이배체 단계에서 보낸다. 그림에서 n은 반수체, $2n$은 이배체를 표현한 것이다. 생식세포는 발생초기에 세트로 되어 있지만 반수체 배우자(난자 또는 정자)를 만들기 위해 감수분열을 한다. 신체 세포를 구성하는 나머지는 체세포라고 한다.

9.3 감수분열 과정

이제 감수분열의 과정을 조금 더 자세히 살펴보도록 하자. 감수분열은 두 번의 세포분열, 즉 제1감수분열, 제2감수분열을 거쳐 총 네 개의 반수체 세포를 생산한다. 체세포분열과 마찬가지로 염색체의 복제는 감수분열이 시작되기 전인 간기(interphase)라고 하는 시기에서 일어난다. **제1감수분열**('핵심 생물학 과정' 그림의 바깥쪽 원)에서 개개의 염색체가 두 개로 분리된다(상동 염색체). **제2감수분열**(안쪽 원)에서는 개개의 상동 염색체가 분리되어 *자매염색분체*(sister chromatid)를 형성한다. 따라서 감수분열이 완료되면 한 개의 이배체 세포가 네 개의 반수체 세포로 나뉜다. 왜냐하면 DNA 복제는 한 번만 일어나지만 세포는 두 개로 분열하기 때문에 염색체 수는 반으로 감소한다.

제1감수분열

제1감수분열은 다음과 같이 네 단계로 구분한다.

1. **전기 I** 각각 다른 두 개의 염색체(두 개의 상동 염색체)가 쌍을 이루어 일부 단편을 교환한다.
2. **중기 I** 세포의 중기판에 염색체가 배열한다.
3. **후기 I** 두 개의 자매염색분체를 갖는 한 개의 상동염색체가 세포의 한쪽 극으로 이동하고, 다른 상동염색체는 반대쪽 극을 향하여 이동한다.
4. **말기 I** 개개의 염색체가 세포의 양쪽 극에 배열한다.

전기 I(prophase I)에 개개의 DNA는 더욱 더 빈틈없이 감기게 되며 광학현미경을 통해 처음으로 확인이 가능하다. 감수분열이 시작되기 전 염색체는 복제되기 때문에 실제적으로 염색체는 길이가 같은 두 개의 자매염색분체 형태로 존재하며(이는 *자매염색분체 접합*이라고 하는 과정에서 접합 단백질에 의해 유지됨), 체세포분열에서처럼 동원체에 붙어 있다. 그러나 감수분열의 시작은 체세포분열과 약간 차이가 난다. **그림 9.5**에서 보는 바와 같이 전기 I 동안 두 개의 상동염색체는 나란히 배열하여 다른 상동염색체와 물리적으로 인접해 있다. 이 시점에서부터 상동염색체의 비자매염색분체 사이에 DNA 교환이 일어나며 **교**

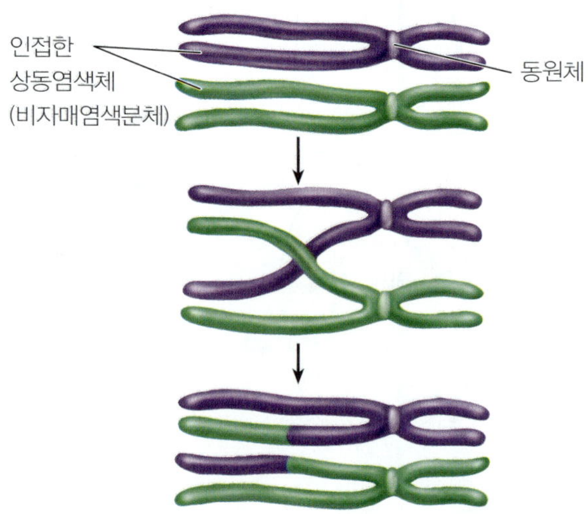

그림 9.5 교차

교차가 일어나는 동안 각각 상동염색체의 일부가 교환된다. 교차 과정에서 비자매염색분체는 다른 쪽 염색체의 염색체 팔 혹은 특정 부위와 교환이 일어난다.

차(crossing over)라고 하는 과정이 시작된다. 실제적으로 양쪽 비자매염색분체의 동일한 위치에 있는 염색체는 쪼개지고 염색체의 절단 부위에서 상동염색체 사이에 교환이 일어나 모계 염색체 일부(보라색 부위)와 부계 염색체 일부(녹색 부위)가 섞인 잡종 염색체를 만든다. 상동염색체는 다음 두 가지 요소에 의해 접합한다: (1) 자매염색분체 간의 접합, (2) 비자매염색분체(상동염색체) 간의 교차. 전기 말에서 핵막이 제거된다.

중기 I(metaphase I)에 방추사가 형성되지만 상동염색체가 교차에 의해 서로 가까이 붙어 있기 때문에, 방추사는 오직 각 동원체의 방추사부착점(kinetochore)의 바깥으로 향하는 표면에만 부착할 수 있다. 각 상동염색체 쌍은 중기판(metaphase plate)에 무작위로 배열된다. 이때, 상동염색체의 배열은 마치 카드를 섞는 것과 같이 다양한 조합이 가능하다(2^n, n=개체의 반수체 염색체 수). 예를 들어, 3개의 염색체 쌍을 갖는 것으로 가정된 세포에서는 8번(2^3)의 배열이 가능하다. 이러한 방식에 의해 부모 염색체와 서로 다른 조합을 갖는 배우자가 생산되며, 이와 같은 과정을 **독립적 분리(independent assortment)**라고 한다. **그림 9.6**에서 보는바와 같이 염색체는 중기판을 따라 배열되지만 모계 염색체(녹색 염색체)가 중기 평판의 왼쪽이든 혹은 오른쪽이든 완전히 무작위로 배열이 이루어진다.

후기 I(anaphase I)에 방추사 부착이 완료되고 상동염색체는 각각 반대 양쪽 극을 향하여 끌려간다. 이 단계에서 자매염색분체는 분리되지 않는다. 상동염색체는 방추사의 적도를 따라 무작위로 배열되므로 각 상동염색체의 쌍을 받은 극에 있는 모든 염색체 역시 무작위적이다. 후기 I 끝에서 각각의 극은 감수분열이 시작될 때와 똑같이 염색체 수의 반이 세포에 존재한다. 염색체들은 감수분열이 시작되기 전에 복제되기 때문에 두 자매염색분체를 포함하고 있는 것을 기억하라. 그러나 자매염색분체들은 분리된 염색체들로 간주되지 않는다. 왜냐하면 체세포분열에서처럼 염색체 수를 결정하는 것은 동원체 수이기 때문이다.

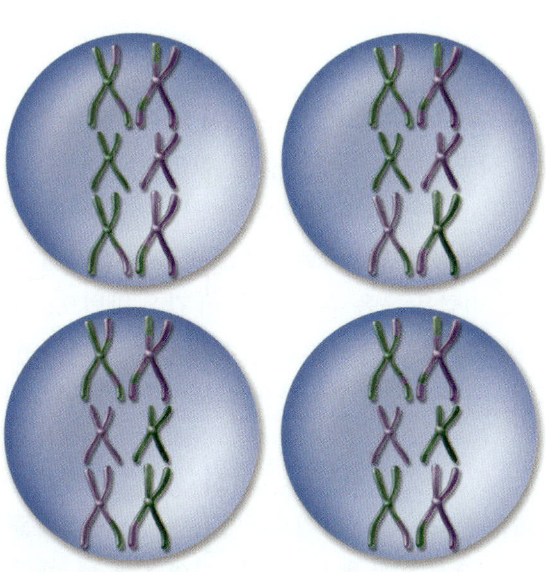

그림 9.6 독립적 분리

중기 평판에서 염색체는 무작위로 배열되기 때문에 독립적 분리가 일어난다. 여기에서는 염색체의 가능한 배열 네 가지를 보여주고 있다. 수많은 가능한 배열에 의해 부모 염색체와는 다른 조합을 가진 배우자가 만들어진다.

말기 I(telophase I)에 염색체는 두 염색체 클러스터(clusters)를 형성하기 위해 양쪽 극으로 모인다. 이때, 염색체의 길이는 다양하게 나타나며, 체세포분열에서처럼 자매염색분체가 분리되는 제2감수분열이 시작된다. '핵심 생물학 과정' 에서와 같이, 감수분열은 두 종류의 연속된 사이클로 생각할 수 있다. 외부 사이클은 제1감수분열 단계이며, 내부 사이클은 다음에 설명될 제2감수분열 단계이다.

제2감수분열

DNA 합성이 일어나지 않는 짧은 간기 후에, 두 번째 감수분열이 시작된다. 제2감수분열은 자매염색분체가 유전적으로 동일하지 않다는 것을 제외한다면 제1감수분열에서의 생산물을 포함하고 있는 간단한 체세포분열 과정이다. 이 같은 사실은 자매염색분체 팔의 일부분이 두 가지의 다른 색을 포함하고 있는 **그림 9.7**을 보면 쉽게 이해할 수 있을 것이다. 후기 I 끝에서 양쪽 극은 염색체의 반수를 가지며 여전히 동원체에 붙어 있는 두 자매염색체로 구성된다. 제1감수분열에서와 같이 제2감수분열 역시 네 단계로 나뉜다.

1. **전기 II** 세포의 양쪽 극에서 염색체 클러스터는 새로운 방추사가 형성되는 짧은 전기 II로 들어간다.
2. **중기 II** 방추사 섬유는 양쪽 동원체에 결합하고 염색체는 중기판을 따라 배열된다.
3. **후기 II** 방추사 섬유는 동원체가 쪼개져 짧아지고 자매염색분체는 반대 극으로 이동한다.
4. **말기 II** 마지막으로, 핵막이 네 개의 딸염색체들을 둘러싸 새로운 세포를 만든다.

제2감수분열 네 단계인 전기 II, 중기 II, 후기 II, 말기 II의 주요 결과는 자매염색분체가 분리되는 것이다. 이 분열의 최종적 산물은 염색체의 반수체를 포함한 네 개의 세포들이다. 전기 I에서는 교차가 일어났기 때문에 두 개의 세포는 동일하지 않다.

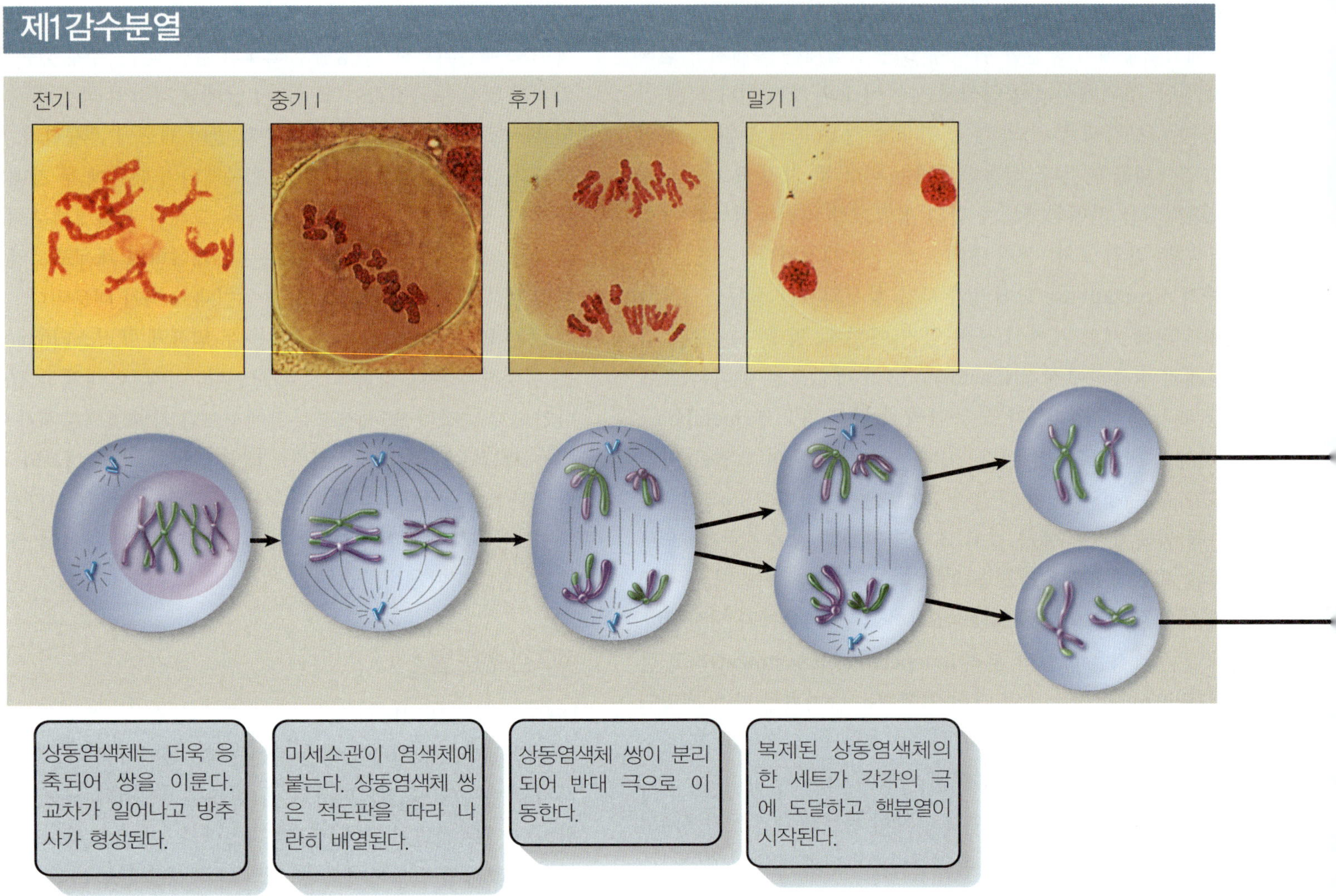

그림 9.7 감수분열

제2감수분열에서 핵은 재조립되고 개개의 반수체 핵을 둘러싼 핵막은 즉시 배우자로 발달할 것이다. 그렇지 않으면 그들은 그 자신을 식물, 균류나 많은 원생생물에서처럼 체세포분열을 하게 되어 결국 매우 많은 수의 배우자를 만든다. 또한 몇몇 식물들과 곤충들의 경우에서는 반수체 개체로 성장하기도 한다.

교차의 중요한 역할

감수분열에서 중요한 것은 개개 염색체의 자매염색분체들이 첫 번째 분열에서 서로 분리되지 않는다는 것이다. 왜 그럴까? 두 번째 감수분열에서는 결국 미세소관이 자매염색분체에 부착되지만, 첫 번째 분열에서는 미세소관이 자매염색분체에 부착하는 것을 방해하는 교차 때문이다. 교차에 의해 두 상동염색체의 일부가 교환되어 그 상동염색체는 DNA의 가닥들로부터 함께 묶인다. 미세소관들이 각 상동염색체의 오직 한 면에만 접근할 수 있기 때문에 그들은 떨어진 두 자매염색분체를 끌어당길 수가 없다. 두 사람이 가까이에서 춤을 추고 있는 것을 상상해 보자. 여러분들은 그 사람들의 벨트를 뒤에서 줄로 묶을 수 있다. 그러나 두 사람이 가까이서 서로 마주보고 춤을 추고 있기 때문에 그들의 벨트 버클을 묶을 수는 없다. 이 같은 방법으로 미세소관은 상동염색체의 안쪽 면에 부착될 수가 없다. 왜냐하면 교차가 함께 춤추는 사람들처럼 상동염색체를 잡고 있기 때문이다.

주요 학습 요점 9.3 **제1감수분열 동안 상동염색체들은 세포의 반대 극으로 이동한다. 제2감수분열 끝에 네 개의 반수체 세포 각각은 모든 염색체 세트의 복사본을 두 개가 아닌 한 개만을 갖고 있다. 교차로 인해 어떤 경우에서라도 두 개의 세포는 똑같지 않다.**

제2감수분열

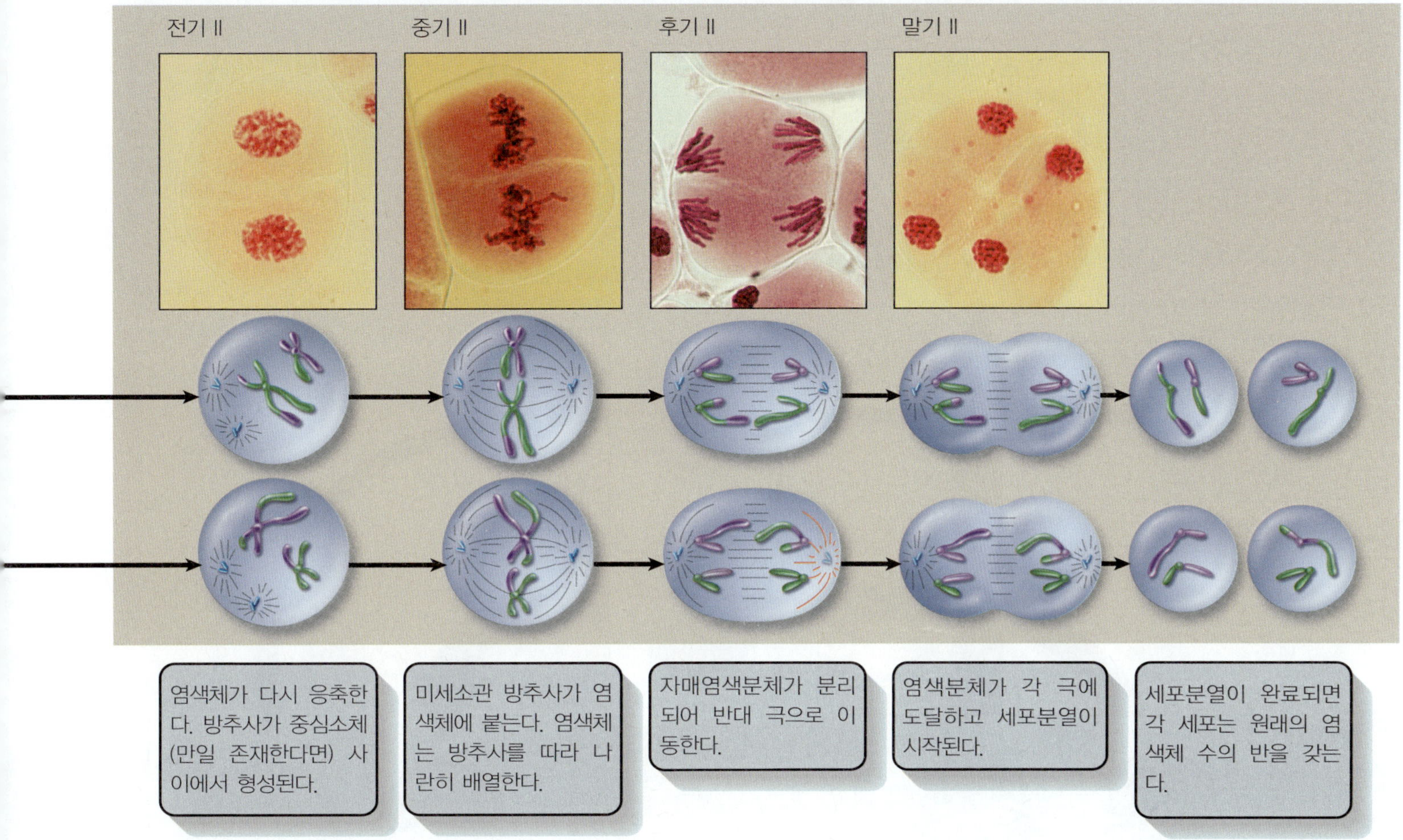

감수분열과 체세포분열의 비교

9.4 감수분열과 체세포분열의 차이

지금까지 살펴본 감수분열의 일반적 특징들이 모든 진핵생물에서 비슷한 반면에, 상세한 기작은 생물체마다 약간씩 차이가 난다. 특히 염색체가 분리되는 기작은 우리가 여기에서 설명하고 있는 동 · 식물과 원생생물 및 균류와는 상당한 차이점을 보인다. 그러나 세부적으로 그러한 차이가 있음에도 불구하고, 두 가지 변함없는 특징이 모든 진핵생물의 감수분열 과정에서 나타나는데 접합과 감수분열이 그것이다. 사실, 이 두 가지의 특징은 제8장에서 배운 체세포분열로부터 감수분열을 구별하는 중요한 열쇠이다.

접합

이 두 가지 특징들의 첫 번째는 처음 핵분열 초기에 나타난다. 상동염색체 또는 그들의 길이가 동일한 염색체는 앞에서 이미 설명한 것처럼 염색체가 복제됨에 따라 코헤신(cohesin)이라는 단백질에 의해 붙어 있다. 상동염색체는 물리적으로 붙어 있어 *그들 사이에서 한 지점 또는 더 많은 지점에서 유전적 교환이 일어난다.* 상동염색체가 이러한 복합체를 형성하는 과정을 **접합(synapsis)**이라고 하고, 쌍을 이룬 상동염색체 간의 교환을 교차(crossing over)라고 한다. **그림 9.8*a***는 상동염색체가 그들의 DNA 일부를 물리적으로 교환할 수 있도록 얼마나 충분히 가까이에 붙어 있는지를 보여주고 있다. 염색체들은 분리된 세포의 적도면을 따라 함께 끌려간다. 그런 다음 상동염색체는 미세소관에 의해 세포의 양쪽 극을 향하여 따로따로 끌려간다. 이 과정이 끝나면 양극에 있는 염색체 클러스터는 각각 염색체의 두 개 상동염색체 중에서 한 개를 포함한다. 양극은 원래 이배체 세포에 존재했던 염색체 수의 절반을 포함하는 반수체이다.

핵심 생물학 과정: 감수분열

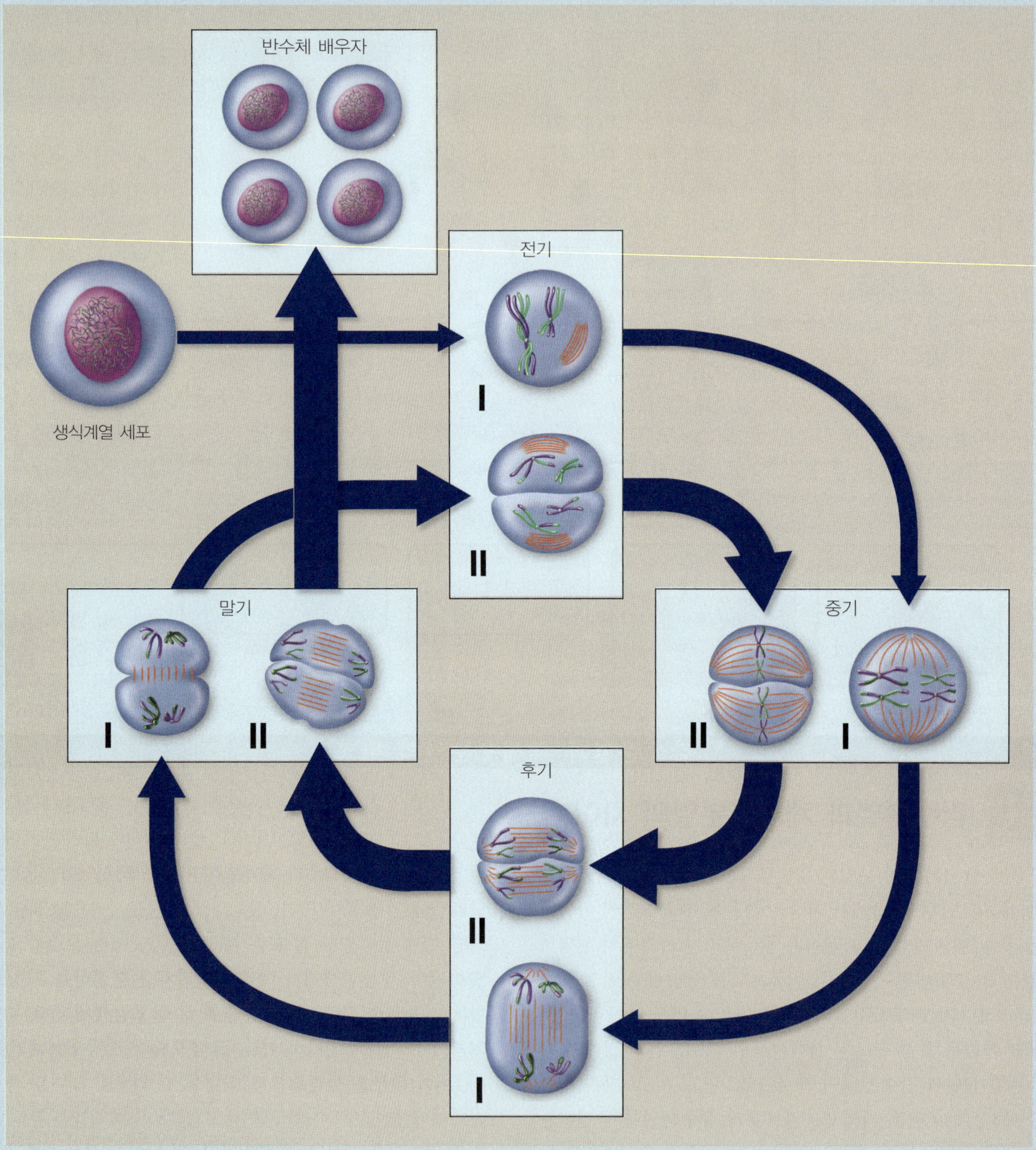

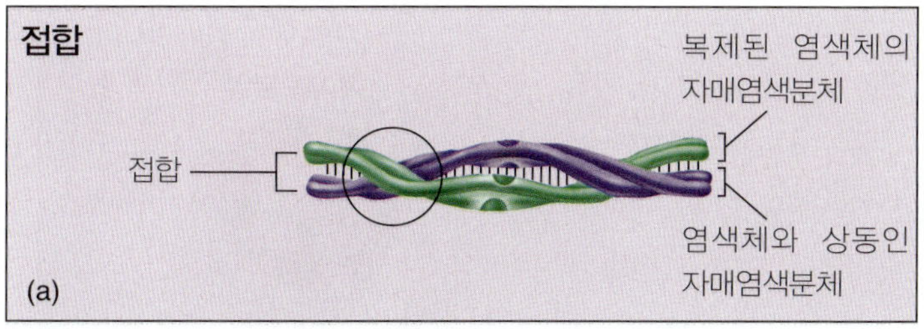

그림 9.8 감수분열의 일반적 특징

(*a*) 접합은 그들의 길이를 따라 상동염색체를 함께 끌어당긴다. 이때, 교차라고 하는 과정을 통해 두 상동염색체 팔의 일부가 물리적으로 교환할 수 있는 상황(원으로 표시함)을 만든다. (*b*) 제2감수분열이 일어나기 전 염색체 복제를 하지 않는 감수분열에 의해 반수체 배우자가 생산되고 따라서 수정 후에 염색체 수는 부모와 동일하게 유지된다.

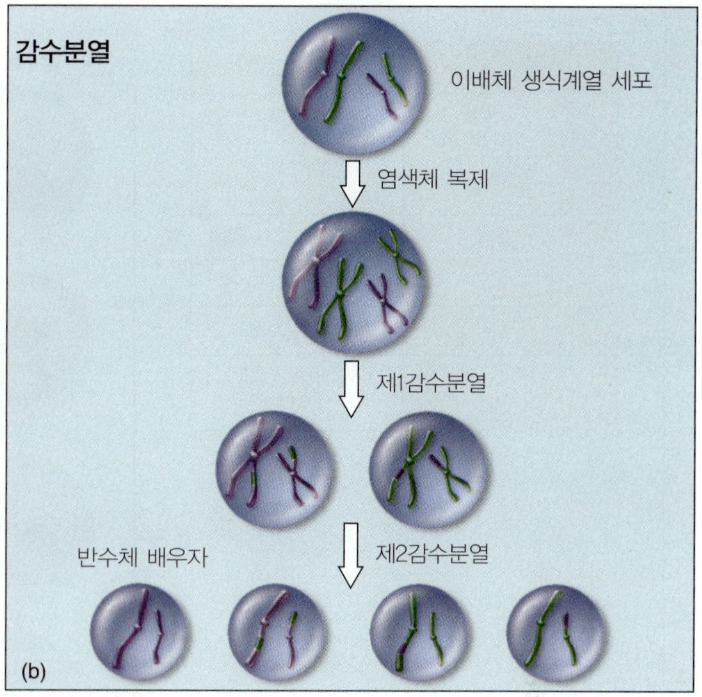

자매염색분체들은 첫 번째 핵분열에서 서로로부터 분리되지 않는다. 따라서 각 상동염색체는 여전히 동원체에 결합된 두 염색분체로 구성되어 있으므로 한 개의 염색체로 간주된다.

감수분열

감수분열(reduction division)의 특이적인 두 번째 특징은 *상동인 염색체가 둘의 핵분열 사이에서 복제를 하지 않는다*는 것이다. 그러므로 두 번째 분열에서는 염색체가 독립하여 각 염색체의 자매염색분체들이 서로 다른 딸세포들로 분리된다.

대부분 두 번째 감수분열은 일반적인 체세포분열과 동일하다. 그러나 첫 번째 분열 동안 일어나는 교차로 인해 제2감수분열에서의 자매염색분체들은 서로 다르며 오로지 절반인 염색체 수를 갖고 있다. **그림 9.8*b***는 감수분열이 어떻게 일어나는지를 보여주고 있다. 이배체 세포들은 네 개의 염색체(두 개 상동염색체 쌍)를 포함한다. 제1감수분열이 끝난 후 세포들은 단지 두 개의 염색체를 포함한다(자매염색분체들은 분리된 염색체로 간주하지 않기 때문에 동원체의 수를 세는 것을 기억할 것). 제2감수분열 동안 자매염색분체들이 분리되지만, 각 배우자는 여전히 많은 생식계열 세포에서처럼 오로지 반수를 가진 두 개의 염색체를 갖고 있다.

체세포분열과 감수분열이 유사한 용어를 사용하기 때문에 두 과정을 혼동하기 쉽다. **그림 9.9**에서는 두 과정을 나란히 비교하였다. 두 과정 모두 이배체 세포로 시작하지만 감수분열에서는 교차가 일어나고, 첫 번째 분열에서 상동염색체 쌍은 중기판을 따라 배열된다. 반면에 체세포분열에서는 동원체가 중기판을 따라 배열된다. 이 두 가지 차이점에 의해 감수분열에서는 반수체 세포가 그리고 체세포분열에서는 이배체 세포가 생산된다.

주요 학습 요점 9.4 감수분열에서 상동염색체가 붙게 되지만 두 핵분열 사이에서 복제는 일어나지 않는다.

9.5 유성생식의 진화적 결과

앞에서 보았듯이 감수분열은 체세포분열보다 훨씬 더 복잡하다. 왜 진화는 그렇게 많은 문제를 계속해서 안고 왔을까? 감수분열과 유성생식이 어떻게 발달했는지는 아직 확실하지 않지만, 그것들이 오늘날까지 종이 진화를 계속해 온 과정에 얼마나 많은 영향을 미쳤는지는 명백하게 알려져 있으며, 이러한 이유는 감수분열과 유성생식이 새로운 유전조합을 만들 수 있는 능력을 갖고 있었기 때문이다. 그들의 기작은 세 가지로 요약되며 독립유전, 교차, 무작위 수정이 바로 그것이다.

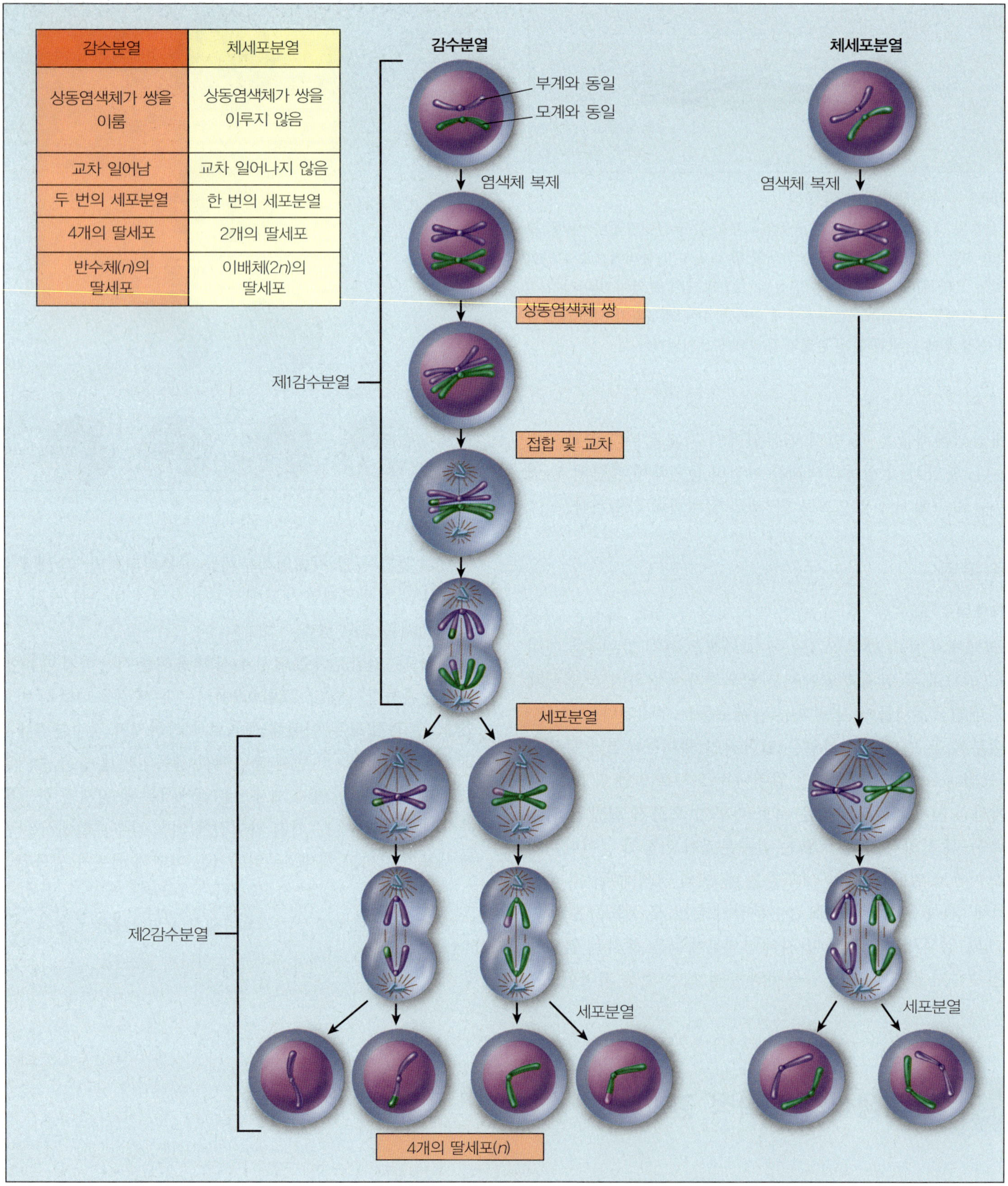

감수분열	체세포분열
상동염색체가 쌍을 이룸	상동염색체가 쌍을 이루지 않음
교차 일어남	교차 일어나지 않음
두 번의 세포분열	한 번의 세포분열
4개의 딸세포	2개의 딸세포
반수체(*n*)의 딸세포	이배체(2*n*)의 딸세포

그림 9.9 감수분열과 체세포분열의 비교

감수분열은 박스(주황색)에 요약한 것과 같이, 체세포분열과 몇 가지 주요 방법에서 차이가 난다. 감수분열에서는 핵분열 동안에 DNA 복제가 일어나지 않으므로 원래 염색체 수의 반에 해당하는 네 개의 딸세포가 생산된다. 또한 감수분열의 전기 I에서는 교차가 일어난다. 체세포분열에서는 DNA가 복제됨에 따라 핵분열이 나타난다. 따라서 원래의 부모 세포와 유전적으로 똑같고 염색체 수도 동일한 두 개의 딸세포가 만들어진다.

독립유전

감수분열 동안 일어나는 유전물질의 재조합은 진핵생물의 진화를 통해 지난 15억 년에 걸쳐 생물체의 모든 다양성을 가능하게 만든 중요한 요인이다. 유성생식은 유전적 다양성을 창조한 생물체의 가장 큰 장점이다. 이를 이해하기 위해서, 대부분 생물체가 한 개 이상의 염색체를 갖고 있다는 것을 기억해 보라. 예를 들면, **그림 9.10**에서 보이는 것처럼 어느 개체가 세 쌍의 염색체를 갖는다면 자손은 각 부모로부터 세 개의 상동염색체를 물려받으며, 여기에서 자주색은 부계, 녹색은 모계의 유전자이다. 그 자손은 교대로 배우자를 생산하지만, 배우자로 상동염색체들이 나누어지는 과정은 왼쪽에 있는 것처럼 완전히 무작위적이다. 한 배우자는 부계의 모든 상동염색체를 물려받을 수 있고, 또는 오른쪽과 같이 한 배우자는 모계의 모든 상동염색체를 물려받을 수 있다. 그렇지 않으면 어떤 조합에 의한 부모의 상동염색체를 물려받을 수 있다. 이러한 독립유전(independent assortment)으로 인해 8개의 배우자가 만들어지는 것이 가능하다. 사람의 경우, 한 배우자는 23개의 염색체를 물려받지만 부모로부터 어떤 염색체를 물려받는지는 무작위로 결정된다. 23쌍의 염색체 하나하나는 독립적으로 이동하므로 생산될 수 있는 가능한 배우자의 종류는 2^{23}(8백만 이상)이다.

이를 설명하기 위해 어떤 교수가 동전을 23번 던져(23개 염색체가 독립적으로 이동하기 때문에) 앞면 또는 뒷면이 나오는 모든 가능한 조합을 기록할 수 있는 학생에게 'A' 학점을 준다고 제안하였다. 그러나 8백만이 넘는 경우의 수 때문에 아무도 'A'를 받은 학생은 없었다.

교차

비자매염색분체 사이에서의 교차 이외에도 많은 재조합에 의해 DNA 교환이 일어난다. 따라서 배우자 사이에서 일어날 수 있는 가능한 유전적 재조합 수는 거의 무한하다.

무작위 수정

게다가 각각 독립적으로 새로이 형성된 두 배우자의 융합에 의해 접합자가 만들어지므로, 수정을 통해 $2^{23} \times 2^{23} = 70$조 개의 접합자 생산이 가능하다.

다양성의 중요성

역설적으로 들릴지 모르지만, 진화 과정은 진보적이면서 보수적인 양면을 갖고 있다. 진화적 변화는 유전적 재조합에 의한 빠르게 진행되었고 그 결과로 유성생식이 나타난 것은 진보적이다. 한편, 대부분의 개체들이 언제나 변화를 선택하지는 않으므로 이미 존재하는 유전자 조합을 보수하려는 경향이 있으며, 이는 보수적이다. 이러한 보수적인 압력은 자유롭게 이동하지 않고 특정 서식지에 사는 몇몇 무성생식 개체들에게서 가장 많이 나타나는 것으로 보인다. 반면에 척추동물에서의 진화적 특권은 다양성을 가진 것이며, 또한 그들에게 유성생식은 가장 우월한 생식 방법이다.

주요 학습 요점 9.5 감수분열 중기 I에서의 독립유전, 감수분열 전기 I에서의 교차, 그리고 무작위 수정을 통해 유성생식의 유전적 다양성이 증가한다.

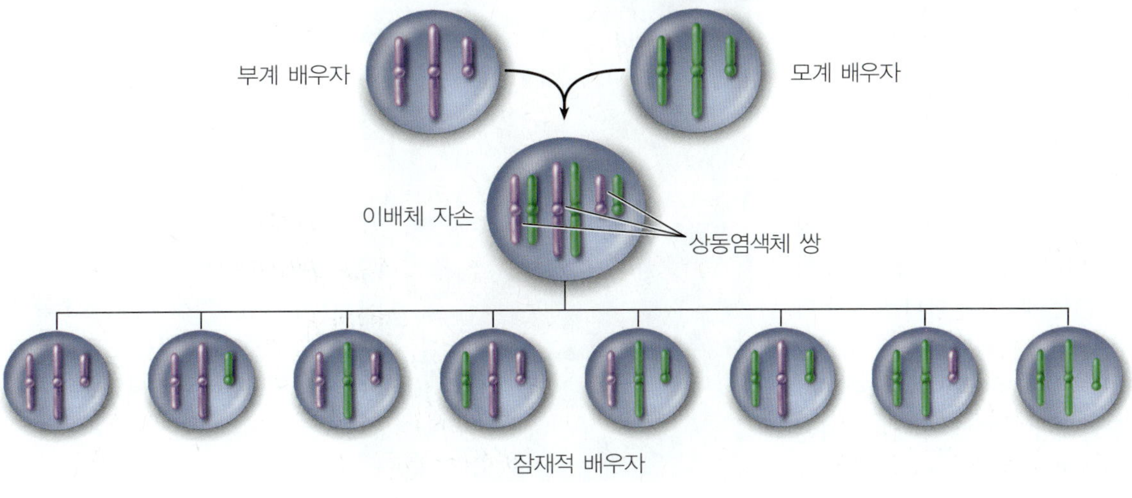

그림 9.10 독립유전은 유전적 다양성을 증가시킨다

감수분열 시 중기판에 염색체들이 무작위로 배열되기 때문에 독립유전은 다음 세대에 새로운 유전자 조합을 갖도록 한다. 위 그림처럼 부계와 모계에서 각각 유래한 두 개의 염색체 쌍으로부터 부모의 염색체와는 다른 조합을 가진 8개의 서로 다른 배우자가 만들어진다.

성관계가 필요한 이유?

모든 생식이 유성생식을 통해 일어나는 것은 아니다. **무성생식(asexual reproduction)**은 하나밖에 없는 부모로부터 염색체를 물려받아 자녀의 유전자와 부모의 유전자가 똑같다. 원핵세포는 무성생식으로 이분법을 진행하여 동일한 유전정보를 가진 두 개의 딸세포를 만든다.

대부분의 원생생물은 스트레스를 받는 상황에서 유성생식이 일어나는 것을 제외하고는 무성생식을 한다. 식물과 곰팡이들은 일반적으로 무성생식을 한다.

동물에서의 무성생식은 흔히 몸에서 발아된 후 체세포분열에 의해 성장하여 새로운 개체를 만든다.

비록 감수분열로 인해 배우자가 생산될지라도, 성관계 없이 번식할 수 있는 경우도 있다. 이와 같이 미수정 난자로부터 성체가 발달하는 것을 **처녀생식(parthenogenesis)**이라고 하며, 절지동물(arthropod)의 일반적인 번식 방법이다. 예를 들어 벌의 경우 수정된 난자는 이배체 암컷으로 발달되고, 미수정 난자는 반수체의 수컷으로 발달한다. 처녀생식은 심지어 척추동물에서도 나타난다. 몇몇 도마뱀, 물고기, 양서류 등은 이러한 방식으로 번식이 가능하다. 미수정 난자는 세포분할 없이 핵의 체세포분열로 인해 이배체가 되어 성체로 성장한다. 조팝나물, 민들레, 블랙베리와 같은 몇몇 식물의 경우에는 *단위생식*(apomixis)이라고 하는 처녀생식과 비슷한 과정이 일어난다.

만일 성관계 없이도 번식이 가능하다면 성관계는 왜 필요할까? 특히 이 질문은 진화학자들 사이에서 상당한 논란거리가 되어왔다. 성관계는 집단이나 종에서, 염색체의 무작위 배열 및 교차에 의한 감수분열로부터 다양성을 만들기 때문에 커다란 진화적 장점을 갖고 있다. 그러나 진화는 집단 수준에서보다 *개개인의* 생존과 번식 수준에서 나타나지만, 유성생식을 행하는 개개인의 자손에게 뚜렷한 장점을 주지는 않는다. 실제로, 유전자 재조합은 진화적 측면에서 생산적이기도 하지만 파괴적일 수도 있다. 감수분열 동안 새롭고 더 나은 유전자 조합이 창조되기보다는 오히려 장점을 가진 염색체의 부분이 파괴되는 경향도 있다. 그 결과 유성생식으로 생산된 몇몇 자손들은 그들의 부모보다 환경에 대하여 적응을 못할 수도 있다. 개개 생물체의 환경에 대한 적응이 어려울수록 유전자 재조합이 이를 개선시키지는 않는 것 같다. 아니 오히려 더 악화시키는 것처럼 보인다. 따라서 환경에 잘 적응하는 개체를 본다면, 그 개체가 유성생식으로 인한 이점을 얻었는지 궁금해진다. 또한 이 개체의 자손들이 단순한 무성생식으로 번식을 계속한다면 그 성공적인 유전자 조합이 내내 유지될 수 있을까?

DNA 수선 가설 일부 유전학자들은 오직 이배체 세포가 어떤 종류의 염색체 손상, 특히 DNA 이중나선 가닥의 손상을 효과적으로 수선할 수 있기 때문에 유성생식이 일어난다고 주장하였다. 이러한 세포의 DNA 손상은 방사선이나 화학물질에 의해 유도된다. 생물체가 점점 더 커지고 수명이 증가함에 따라 유전자 수선 능력의 중요성이 증가해 왔어야만 했다. 상동염색체 쌍이 정확하게 나열되는 초기 감수분열 시기에 일어나는 접합의 경우, DNA 이중나선의 손상을 수선하는 기작으로 진화해 왔을 것이다. 손상되지 않은 상동염색체는 손상된 염색체를 수선하기 위한 주형으로 사용할 수 있었다. 일시적인 이배체 상태는 이러한 수선을 위해 좋은 기회를 제공하는 셈이다. 효모의 경우에는 염색체 이중나선의 손상을 수선하는 시스템에 돌연변이가 생기면 교차, 접합 및 수선을 위한 공동 과정이 방해를 받는다.

뮬러의 래칫 1965년 유전학자인 헤르만 뮬러(Herman Muller)는 무성생식 집단은 일종의 돌연변이성 래칫(ratchet) 기작을 갖고 있다고 다음과 같이 주장하였다. 즉, 일단 해로운 돌연변이가 나타나면 무성생식 집단은 그것을 제거할 수 있는 방법이 없고 마치 래칫을 돌리는 것처럼 오랜 시간에 걸쳐 축적된다. 반면에 유성생식 집단은 돌연변이를 줄이는 개체를 생산하기 위해 재조합을 만들 수 있고, 이는 자연선택에 유리하게 작용할 수 있었다. 유성생식은 돌연변이를 감소시키는 방식으로 진행되어 왔을 것이다.

붉은 여왕의 가설 진화론적인 측면에서 유성생식의 장점은 어떤 집단에 있어서 현재에는 나쁘게 작용하지만 미래에는 재사용할 수 있는 형질을 "저장(store)" 할 수 있도록 하는 것인지도 모른다. 한 집단은 물리적, 생물학적 환경 변화에 노출되기 때문에 집단 속의 개체가 갖는 형질에 대하여 지속적으로 선택이 일어난다. 그러나 유성생식을 하는 종에서 우성 형태의 형질로 보호받는 변이체는 자연선택에 의해 절대로 제거되지 않는다.

대부분의 유성생식 종들은 진화해 온 오랜 시간 동안 항상 변화하는 물리적, 생물학적 제약에 대하여 적당하게 속도를 조절해 왔다. 이와 같은 '트레드밀 진화'를 때때로 '붉은 여왕의 가설(Red Queen hypothesis)'이라고 한다. 이는 Lewis Carroll의 〈거울 나라 엘리스(Through the Looking Glass)〉에서 하트 여왕(Queen of Heart)이 엘리스에게 "같은 장소를 지키기 위해 네가 할 수 있는 모든 것은 무조건 달리는 거야"라고 말한 것으로부터 유래되었다.

질문 & 분석

방추사 형성 시 새로운 미세소관이 형성되는가?

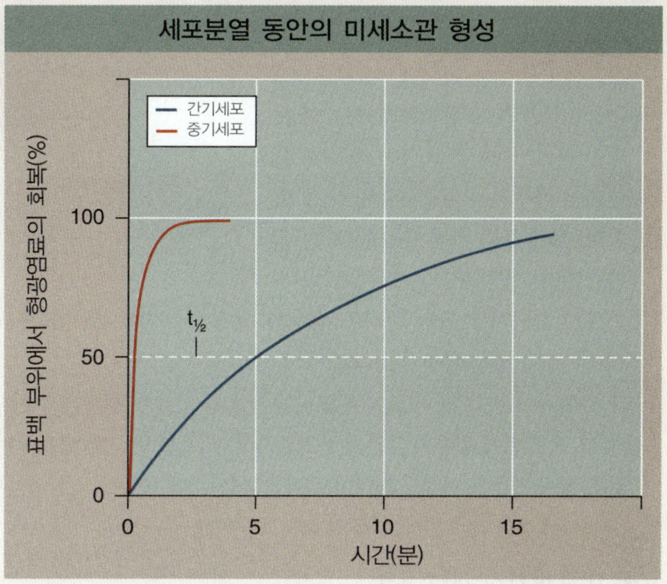

감수분열이 시작되기 전 간기 동안 중심체(미세소관이 배열된 동물세포의 중심체 주위 영역)로부터 몇 개의 상대적으로 기다란 미세소관이 세포 주변을 향하여 늘어난다. 대부분의 미세소관은 재합성을 통해 낮은 비율로 재생된다. 그러나 전기의 늦은 시기에 극적인 변화가 나타난다. 즉, 중심체는 두 개로 나누어지고 커지며 두 개의 딸 중심체 각각에서 방사상의 미세소관을 볼 수 있다. 새로운 미세소관으로 구성된 두 개의 클러스터는 아래에서 보이는 전기의 이른 시기에서 관찰되는 **현미경사진**과 같이 자주색 염색체 세트와 연결된 녹색 섬유를 통해 쉽게 확인된다. 미세소관의 출현은(중기에서의 특징) 방추사 형성 초기에 나타난다. 이것이 세포학자들에게 처음으로 알려졌을 때 그들은 미세소관이 원래 그곳이 존재했었는지, 아니면 중기가 시작되기 바로 전에 미세소관이 새롭게 합성되었는지에 대하여 궁금하게 생각했었다.

이 질문에 대한 답의 실험 결과들을 오른쪽 상단에 그래프로 표시하였다. 배양된 포유동물 세포에(세포 **배양**에 사용된 세포는 실험실의 인공 배지에서 성장함) 형광염료가 표지된 미세소관(tubulin)이 주입되었다(**형광염료**는 자외선이나 파장이 짧은 가시광선에 의해 발광함). 형광염료가 세포의 미세소관에 표지된 후에 세포의 작은 지역 내의 모든 형광은 표백되었는데, 이는 강한 레이저 광선이 미세소관을 파괴함으로써 나타난 것이다. 그런 다음에 표백된 지역에 있는 미세소관을 복구시키기 위해 형광 복구용 염료를 세포에 첨가하였다. 이 그래프에서는 간기와 중기 동안에 세포가 재생하는(기능을 회복) 시간을 보여주고 있다. 점선은 형광이 50% 정도 재생된 시간을 나타낸다($t_{1/2}$) (다시 말하면, $\mathbf{t_{1/2}}$은 미세소관의 절반이 재합성되는 데 필요한 시간).

1. 개념 적용

a. 변수 이 그래프에서 종속변수는 무엇인가?

b. $\mathbf{t_{1/2}}$ 간기 동안에 새로운 미세소관이 합성되는가? 여기에서 $t_{1/2}$은 무엇인가? 중기 동안에 새로운 미세소관이 합성되는가? 여기에서 $t_{1/2}$은 무엇인가?

2. 자료 분석 간기와 중기 동안 합성되는 미세소관의 비율은 얼마나 차이가 나는가? 커다란 차이가 나타나는가? 이것을 어떻게 설명할 수 있는가?

3. 추론하기

a. 감수분열 이전 그리고 감수분열이 진행되는 동안, 미세소관이 생산되는 상대적 비율은 일반적으로 어떻게 설명할 수 있는가?

b. 실험할 때 15분을 추가하여 미세소관을 합성한다면 최종 양은 원래 시간과 얼마나 다른가?

4. 결론 도출 방추사의 미세소관은 언제 배열되는가?

5. 심층 분석 세포분열이 완료된 후에 방추사는 사라진다. 감수분열 후에 방추사 미세소관의 튜불린 서브유닛들이 다른 세포의 구성 물질로 재사용되는지, 아니면 감수분열 후에 파괴되는 것인지에 대한 실험을 설계해 보시오.

감수분열

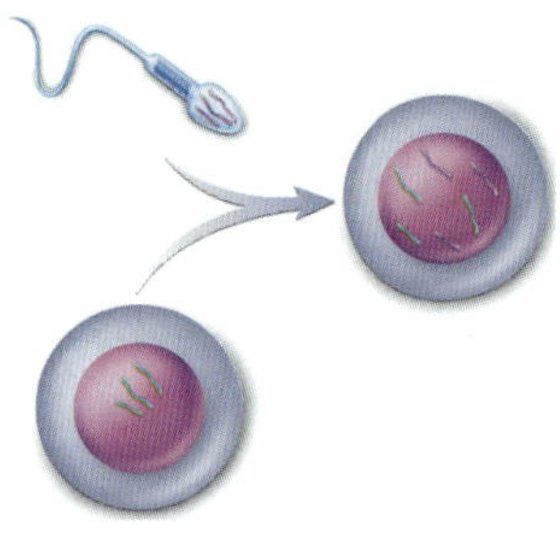

9.1 감수분열의 발견

- 유성생식을 하는 생물체에서는 수정, 또는 유성생식이라고 하는 과정을 통해 수컷배우자와 암컷배우자가 융합한다. 배우자의 염색체 수는 자손에게 정확한 양의 염색체를 주기 위해 반드시 절반이 되어야 한다(**그림 9.1**). 생물체는 감수분열이라고 하는 세포분열을 통해 이를 성취한다.
- 각 염색체에서 두 개의 복사본을 갖는 세포를 이배체 세포라고 한다. 오직 한 개의 복제품만을 갖는 배우자와 같은 세포는 반수체 세포이다.
- 일부 생물체들은 체세포분열이나 이분법을 통해 무성생식을 하지만 유성생식에서는 감수분열이 일어난다(**그림 9.2**).

9.2 유성생식의 생활 주기

- 유성생식의 생활 주기는 이배체와 반수체 단계 사이에서 번갈아가면서 나타나며 각 단계에는 시간의 변화가 따른다. 유성생식의 생활 주기에는 다음과 같은 세 가지 유형이 있다. 대부분의 원생생물은 생활 주기의 대부분을 반수체 단계로 보내고 식물이나 조류에서는 이배체와 반수체 단계를 동등하게 보낸다(**그림 9.3**). 생식세포 계열은 이배체이지만 그러나 반수체 배우자를 생산한다(**그림 9.4**).

9.3 감수분열 과정

- 감수분열(**핵심 생물학 과정, 206쪽**)은 전기, 중기, 후기, 말기를 각각 포함하는 제1감수분열 및 제2감수분열에서 두 번의 핵분열을 거친다. 체세포분열과 마찬가지로 감수분열이 시작되기 전의 간기 동안에 DNA가 복제된다. 핵분열을 두 번 하지만 오직 한 번의 DNA 복제가 일어나기 때문에 네 개의 딸세포는 모세포에 비해 절반의 염색체 수를 갖는다.
- 전기 I에서 교차라고 하는 과정에 의해 상동염색체 사이에서 유전적 물질이 교환된다. 이 과정에서 상동염색체는 그들의 길이에 따라 함께 나란히 배열되고, **그림 9.5**에서 보이는 바와 같이 상동염색체 일부에서 물리적인 교환이 일어난다. 따라서 염색체에 포함된 유전정보의 재조합이 이루어진다.

- 중기 I에서는 방추체 안에 있는 미세소관이 상동염색체에 붙고, 염색체 쌍은 중기판에 나란히 배열된다. 이러한 염색체 배열은 무작위이며 염색체의 독립분리를 거쳐 배우자가 된다(**그림 9.6**).
- 후기 I에서 상동염색체는 분리되어 방추체에 의해 양쪽 극으로 끌려간다. 이러한 면에서 자매염색분체가 후기에서 분리되는 체세포분열 및 제2감수분열과 구별된다.
- 말기 I에서 염색체는 양쪽 극에서 클러스터를 형성하며, 이로 인해 제2감수분열이 시작된다.
- 제2감수분열에서는 전기 II, 중기 II, 후기 II, 말기 II 시기를 거치며 자매염색분체가 분리되고, 제2감수분열이 시작되기 전에 DNA 복제가 일어나지 않는다는 점에서 체세포분열과 다르다. 상동염색체 쌍은 제1감수분열이 진행되는 동안에 분리되고, **그림 9.7**에서 보이는 것처럼 말기 II에서, 각각의 딸세포는 절반의 염색체 수를 갖게 된다. 또한 제2감수분열 말기에 딸세포에 포함된 염색체는 교차로 인해 유전적으로 동일하지 않다.

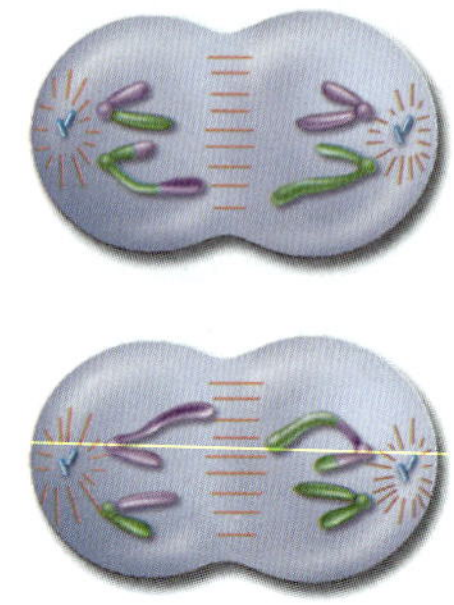

감수분열과 체세포분열의 비교

9.4 감수분열과 체세포분열의 차이

- 감수분열과 체세포분열은 접합 및 감수분열이라는 두 과정을 통한 교차에서 구별된다.
- 전기 I 동안에 상동염색체가 함께 나타나면 그들은 길이에 따라 서로 서로 짝을 맞추어 접합이라고 하는 과정에 들어간다(**그림 9.8*a***). 체세포분열에서는 접합이 일어나지 않는다. 접합이 진행되는 동안 상동염색체의 일부는 교차를 통해 물리적으로 교환되며, 그 결과로서 부모세포와 유전적으로 동일하지 않은 딸세포가 생산된다. 이와는 대조적으로, 체세포분열에서는 부모세포와 유전적으로 동일한 딸세포가 생산된다.
- 감수분열에서 딸세포는 감수분열로 인해 부모세포의 절반인 염색체 수를 가진다. 이와 같은 이유는 **그림 9.8*b***에서와 같이, 감수분열에서는 두 번의 핵분열이 일어나지만 간기에서 오직 한 번만 DNA가 복제되기 때문이다.

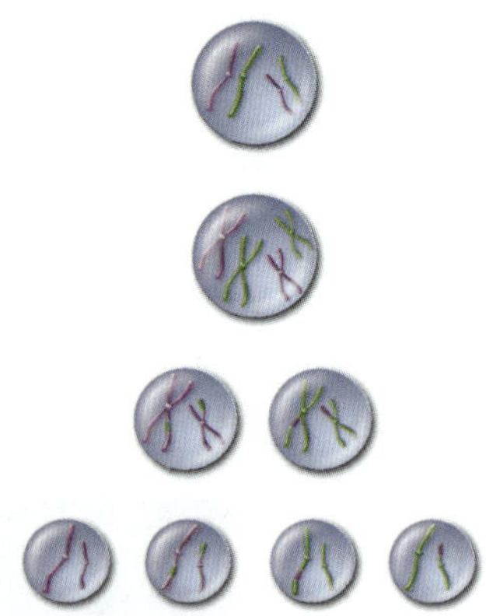

- 감수분열과 체세포분열 간의 가장 중요한 차이점은 전기 I에 나타나는 상동염색체의 접합이다. 접합에 의해 상동염색체의 팔들이 서로 교차하도록 충분히 가까워진다. 또한 접합은 동원체 안쪽에 방추사가 붙는 것을 막는다. 그 결과 제1감수분열에서 자매염색분체는 분리되지 않는 감수분열이 일어난다(**그림 9.9**).

9.5 유성생식의 진화적 결과

- 유성생식은 독립분리, 교차, 무작위 수정을 통해 미래 세대에 유전적 변

이를 물려준다.

- 독립분리에 의해 배우자에게 염색체가 분배되어 수많은 서로 다른 조합을 이끌어낸다(**그림 9.10**).
- 교차는 배우자에게 무제한적인 유전적 조합을 통해 수많은 유전적 다양성을 제공한다.
- 두 배우자의 융합은 무작위적이므로 새로운 유전적 조합이 나타나 미래에도 많은 유전적 다양성을 증가시킬 것이다.

이해력 확인 문제

1. 한 개의 난자와 한 개의 정자는 새로운 생물체를 탄생시키기 위해 하나가 된다. 새로운 생물체의 염색체가 부모 염색체보다 두 배로 되는 것을 막기 위해 ______________________.

a. 염색체 수를 정확하게 유지시키기 위해 새로운 생물체의 절반 염색체가 사라진다.

b. 난자 염색체의 절반과 정자 염색체의 절반이 새로운 세포로부터 나온다.

c. 커다란 난자는 모든 염색체를 갖고 있고, 아주 작은 정자는 오직 일부 DNA를 제공한다.

d. 정자와 난자는 감수분열을 통해 부모에 비해 오직 절반의 염색체 수를 가진다.

2. 사람의 이배체 염색체 수는 46개다. 반수체 염색체 수는?

a. 138 c. 46

b. 92 d. 23

3. 유성생식을 하는 생물체에는 시기가 있다.

a. $2n$ 접합자(이배체)로부터 유래한 $1n$ 배우자(반수체)

b. $1n$ 접합자(이배체)로부터 유래한 $2n$ 배우자(반수체)

c. $1n$ 접합자(반수체)로부터 유래한 $2n$ 배우자(이배체)

d. $2n$ 접합자(반수체)로부터 유래한 $1n$ 배우자(이배체)

4. 제1감수분열 시기에는 무슨 일이 일어나는가?

a. 모든 염색체에서 복제가 일어난다.

b. 상동염색체는 중기판에 무작위로 배열되며, 이를 독립분리라고 한다.

c. 복제된 자매염색분체가 분리된다.

d. 모세포가 4개의 딸세포로 분열한다.

5. 제2감수분열 시기에는 무슨 일이 일어나는가?

a. 모든 염색체에서 복제가 일어난다.

b. 상동염색체가 무작위로 분리되고, 이를 독립분리라고 한다.

c. 복제된 자매염색분체가 분리된다.

d. 유전적으로 동일한 딸세포가 생산된다.

6. 감수분열의 어느 시기에 교차가 시작되는가?

a. 전기 I c. 중기 II

b. 후기 I d. 간기

7. 접합에서 일어나는 과정은 무엇인가?

a. 염색체에서 상동인 쌍이 분리되고 극을 향해 이동한다.

b. 상동염색체가 염색체의 유전물질을 교환시킨다.

c. 상동염색체가 그들의 길이에 따라 가까이 붙게 된다.

d. 딸세포는 부모세포의 절반인 염색체 수를 갖는다.

8. 교차가 일어나는 과정은 무엇인가?

a. 상동염색체들이 세포의 반대쪽을 향하여 교차한다.

b. 상동염색체가 염색체의 유전물질을 교환시킨다.

c. 상동염색체가 그들의 길이에 따라 가까이 붙게 된다.

d. 동원체 섬유가 중심체의 양쪽에 붙는다.

9. 감수분열의 결과, ____________ 가 나타난다. 반면에 체세포분열 결과, ____________ 가 나타난다.

a. 부모세포와 유전적으로 동일한 세포/반수체 세포

b. 반수체 세포/이배체 세포

c. 4개의 딸세포/2개의 딸세포

d. 부모에 비해 절반인 염색체 수/다양한 염색체 수

10. 성관계 및 감수분열의 중요한 결과로서 개개의 종에서 나타나는 변화는 무엇인가?

a. 염색체가 안전하게 복제되어 다음 세대로 전달되기 때문에 개개의 종은 거의 동일하다.

b. 제2감수분열 과정으로 인해 개개의 종은 유전적으로 수많은 다양성을 갖는다.

c. 제1감수분열 과정으로 인해 개개의 종은 유전적으로 수많은 다양성을 갖는다.

d. 말기 II 과정으로 인해 개개의 종은 유전적으로 수많은 다양성을 갖는다.

응용력 확인 문제

1. **그림 9.5** 어떻게 유전적으로 서로 다른 4개의 "딸세포"가 감수분열을 통해 생산되는가?

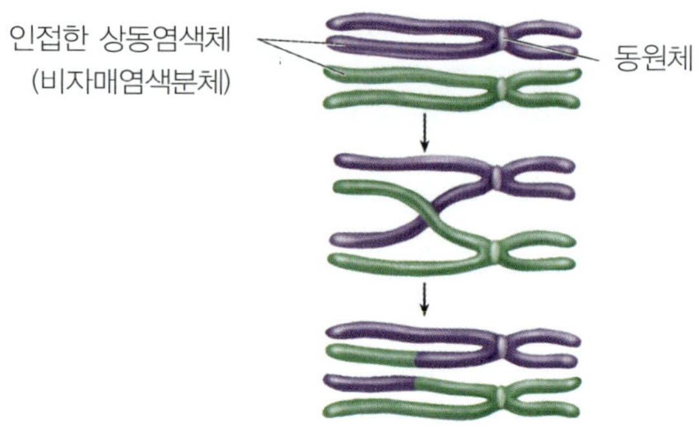

2. **그림 9.8*a*** 상동염색체는 전기 I에서 관찰된다. 그들은 중기 I에서 접합 상태로 머문다. 그런데 체세포분열에서는 자매염색분체가 분리되지 않는다. 왜 그런가?

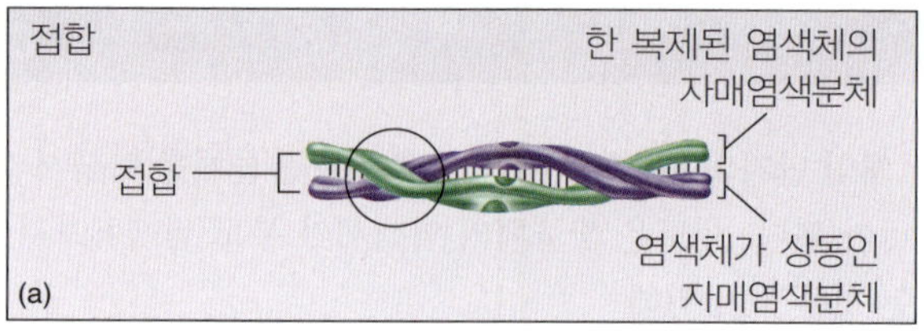

종합 학습

1. 모든 직업을 수행함에 있어서 우리들의 신체는 한 세트의 염색체를 필요로 하는 것으로 보인다. 그렇다면 생물체가 살아가는 데 반수체 염색체는 왜 필요한가?
2. 여러분들 신체의 배우자 세포는 반수체인가 혹은 이배체인가? 왜 선택할 수 없는가?
3. 어떤 생물체가 이배체 단계에서 56개의 염색체를 갖는다. 아래의 각 단계에서 얼마나 많은 염색체가 존재하는지, 그리고 그 이유에 대해 설명하시오.

   a. 체세포
   b. 중기 I
   c. 중기 II
   d. 배우자

10

유전학의 기초

학습단원

Mendel

10.1 Mendel과 완두콩
1. T. A. Knight와 Gregor Mendel의 실험 비교
2. Mendel의 연구를 쉽게 만들었던 완두콩의 특성 4개와 멘델의 실험 설계

10.2 Mendel이 관찰한 것들
1. 두 상반된 형질을 교배하면서 Mendel이 발견한 것
2. F_2 개체가 보이는 열성형질과 이형접합의 퍼센트

10.3 Mendel이 제안한 이론
1. 멘델의 이론 중 5개 가설
2. 유전자와 대립인자, 유전자형과 표현형 구분
3. 검정교배를 통해 한 우성형질의 유전자형의 결정 도표

10.4 Mendel의 법칙
1. 멘델의 첫 번째와 두 번째 법칙
2. 멘델 실험을 설명하는 그의 논문의 운명 되짚기

유전자형에서 표현형까지

10.5 유전자는 어떻게 형질에 영향을 줄까?
1. 유전자형의 표현형 결정 방법

10.6 어떤 형질들은 멘델의 유전양상을 보이지 않는다.
1. 멘델의 분리비를 위장할 수 있는 다섯 가지 요인
2. 다면발현효과, 불완전우성, 상위유전, 공우성에 대한 정의

오늘날의 생명과학: 환경은 I.Q.에 영향을 미치는가?

염색체와 유전

10.7 멘델 유전의 운반체인 염색체
1. Morgan 흰색 눈의 초파리에 대한 놀라운 관찰과 이것의 유전 방법에 대한 염색체 이론의 증명

10.8 사람 염색체
1. 이수성과 비분리, 일염색체와 삼염색체, 클라인펠트 증후군과 터너 증후군 비교

사람의 유전병

10.9 가계도 연구
1. 사람의 가계도 분석에 대한 세 가지 질문

10.10 돌연변이의 역할
1. 혈우병, 낫세포증, 테이삭스병, 헌팅턴병에 대한 설명

10.11 유전상담과 치료
1. 양수검사로 얻어진 세포들에 대한 유전학자들의 검사 세 가지

질문 & 분석: 왜 양털머리가 한 가족 내에서 유전되는가?

이 완두콩 깍지 사진에서 이 식물의 다음 세대의 일부가 될 종자의 그림자처럼 비친 외형이 보인다. 종자가 서로 비슷해 보이지만, 이들로부터 자라게 될 식물체는 확연하게 다를 수 있다. 이는 종자를 만드는 배우자들이 두 부모로부터 온 염색체에 기여하여 마치 '트럼프 한 벌' 이 뒤섞어져 한 자손식물체가 형질의 일부는 한 부모로부터 다른 일부는 다른 부모로부터 물려받기 때문이다. 약 150년 전, Gregor Mendel이 처음으로 이 과정을 설명하였는데, 이는 유전자나 염색체가 무엇인지 밝혀지기 이전이었다. 이제 우리는 유전 과정을 상당히 세밀하게 이해하고 있으며 생식세포계 조직에서 특정유전자가 손상되었을 때, 사람들에 일어나는 질병의 일부를 치료할 수 있는 방법들을 고안할 수 있게 되었다. 이 장에서 여러분은 위의 그림에서 보여지는 완두콩을 가지고 수행한 Mendel의 실험을 보게 될 것이다. Mendel 이전의 과학자들과는 달리 그는 그의 실험을 통해 얻은 완두콩 식물의 각 종류에 대해 개체수를 자세히 세었으며, 그 결과를 통해 하나의 아름다운 단순성을 발견하였다. 이것을 설명하기 위해 그가 제안한 이론은 생물의 핵심적 원칙 중 하나가 되었다.

10.1 Mendel과 완두콩

여러분은 태어나면서 많은 것을 부모와 닮는다. 부모에서 자식으로 전해지는 형질의 이러한 경향을 **유전(heredity)**이라 한다. *형질(traits)*이란 어떠한 성질, 또는 유전되는 특성의 서로 다른 형태이다. 유전은 어떻게 일어날까? 핵산(DNA)과 염색체가 발견되기 전, 이러한 수수께끼는 과학의 가장 중요한 미스터리였다. 유전의 수수께끼를 이해하는 열쇠는 약 1백 년 전 오스트리아의 한 수도원의 정원에서 Gregor Mendel이라는 수도사에 의해 발견되었다. Mendel은 제1장에 설명되는 과학적 과정을 문제분석의 강력한 방법으로 사용하였다. Mendel은 완두콩을 서로 교배하여 유전양식을 예견하는 간단하지만 강력한 가설을 세울 수 있는 관찰을 하였는데, 이는 몇 개의 자손이 한 부모를 닮게되는지, 몇 개의 자손이, 다른 부모를 닮게되는지 하는 것이었다. 제1장에서 소개되듯이 유전이론으로서 멘델의 법칙이 널리 알려졌을 때 전 세계의 과학자들은 이 이론을 뒷받침하는 물리적 기작을 연구하기 시작했다. 유전되는 형질은 아기가 각각의 부모로부터 물려받는 핵산내에 섬세하게 설계되어 있는 지시(명령)임을 알아내었다. 유전이라는 수수께끼에 대한 Mendel의 해답은 이러한 이해의 여정의 첫 발걸음이었으며, 과학 역사상 가장 지적인 성과 중 하나였다.

유전에 대한 초기 생각

Mendel이 완두콩 교배를 통해 유전을 이해하려 했던 최초의 사람은 아니었다. 약 200년 전 영국의 농부들은 비슷한 교배를 수행하였고, Mendel과 유사한 결과를 얻었었다. 그들은 두 형태, 이를 테면 키가 크고 작은 완두콩 식물 간의 교배에서 한 세대에서 한 형태가 사라졌다가 다음 세대에서 다시 나타난다는 것을 관찰하였다. 한 예로서 1790년대에 영국농부 T. A. Knight는 자주색 꽃의 완두콩 한 품종을 흰색 꽃의 다른 완두콩 품종과 교배하였다. 교배로부터 나온 모든 후손은 자주색 꽃을 피웠다. 하지만, 이 후손 중 둘을 교배하면 후손의 일부분은 자주색이고, 다른 일부는 흰색이었다. Knight는 자주색은 흰색에 비해 보다 강력하게 나타나는 경향을 보인다는 것을 인지했지만 각 종류를 지니는 후손 개개의 수는 세어보지 않았다.

멘델의 실험

Gregor Mendel은 한 농부의 가정에서 태어나 한 수도원에서 교육을 받았다. 수도사가 되었고, 비엔나 대학에 입학하여 과학과 수학을 공부하였다. 비록 과학자와 교사가 되려고 하였으나, 교사자격증시험에 실패하고 나서 다시 수도원으로 되돌아와 수도원장까지 지내면서 남은 여생을 보냈다. Mendel이 돌아왔을 때, 그는 마을의 과학에 관심이 있는 농부들과 기타 주민의 비공식적 과학모임에 참여하였다. 한 지역 유지의 후원으로 모임 회원들은 각자 과학적 실험을 수행하고 그 결과들에 대해 모임에서 토론하고 모임 회지에 발표하였다. Mendel은 Knight와 기타 사람들이 수행했던 고전적인 완두콩 교배실험을 재수행하였는데, 그때 그는 숫자가 해답의 실마리가 될 수 있다는 희망에 각 종류의 완두콩 식물 수를 세었다. 측정하고 수를 세는 과학에 대한 양적 접근이 유럽에서 유행이 되고 있던 때였다.

그림 10.1 Gregor Mendel
유전의 수수께끼를 이해하는 열쇠는 오스트리아 브뤼에 위치한 자신의 수도원 정원에서 완두콩을 재배했던 Mendel에 의해 밝혀졌다.

멘델의 실험 체계: 완두콩

Mendel이 완두콩을 연구한 이유는 연구하기가 용이한 이 식물이 지니는 여러 특성 때문이었다.

1. 다양한 품종이 존재하였다. Mendel은 구별이 쉬운 특성을 지닌 7개 계통(60년 전 Knight가 연구했던 흰색 꽃과 자주색 꽃 계통을 포함하여)을 선발하였다.
2. Mendel은 Knight와 타인들의 결과로부터 한세대에 사라졌다가 다음세대에 다시 나타나는 드문 형질을 기대하였다. 즉, 다른 말로 뭔가 셈이 가능한 형질이 있을 것을 알았다.
3. 완두콩 식물은 작고 재배가 쉬우며 많은 수의 후대를 생산하며 성숙이 빠르다.
4. 완두콩의 생식기관은 꽃에 둘러 싸여져 있다. **그림 10.2**는 꽃가루(정세포)를 담고 있는 꽃밥(수술)과 난세포를 지니는 심피(암술)를 보여주는 꽃의 단면도이다. 자연상태에서는 꽃은 열리지 않는다. 자신의 화분(수 배우자)으로 자기 스스로 간단히 수정

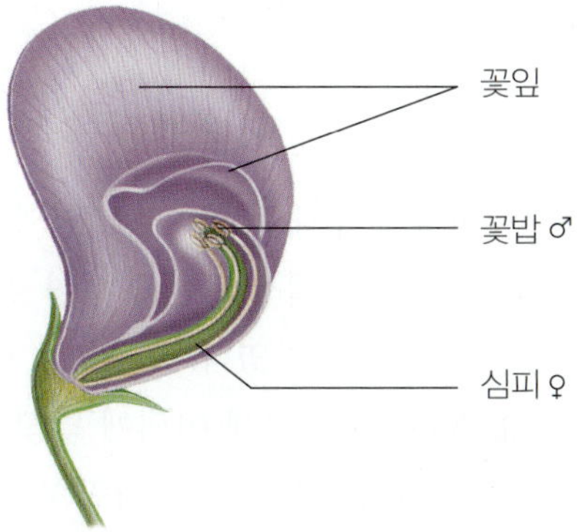

그림 10.2 완두콩
재배가 쉽고 다양한 특성의 품종이 많았던 이유로 완두콩(*Pisum sativum*)은 Mendel의 연구가 시작되기 1세기 이전부터 유전에 대한 연구의 한 실험소재로 인기가 있었다.

된다. Mendel은 교배를 위해 꽃잎을 열어서 가위를 집어넣어 수컷 기관(꽃밥)를 떼어내야 했으며, 이렇게 한 후 또 다른 식물의 꽃가루를 암컷 기관(심피의 정단)에 묻혀 줄 수 있었다.

멘델의 실험 설계

멘델의 실험 설계는 식물의 수를 세었다는 것 외에는 Knight와 같았다. 교배는 **그림 10.3**의 세 개의 상자에서 보여지듯이 세 단계로 이루어졌다.

1. Mendel은 수 세대 동안 각 품종을 자가수정시키면서 시작하였다. 이렇게 하여 각 품종이 타 품종의 특성을 지니지 않게 되었고, 따라서 자가수정되면 동일 품종의 자손만이 생성됨을 의미하는 **순계(true breeding)**가 되게 하였다. 예를 들면, 흰색 품종은 세대마다 단지 흰색 꽃만 피고 자주색 꽃은 피우지 않았다. Mendel은 이들 계통들을 **P 세대(P generation)**라 하였다.
2. 이렇게 한 후, Mendel은 실험을 시작하였다. 그는 흰색 꽃 대 자주색 꽃과 같이 대립되는 특성을 보이는 두 완두콩 품종간에 교배를 하였다. 그는 생성되는 자손들을 **F_1 세대(F_1 generation**; 라틴어로 아들 또는 딸을 의미하는 '첫 번째 후대' 세대)라고 일컬었다.
3. 마지막으로 이렇게 해서 나온 식물체를 두 번째 자가수정하였으며, 이 **F_2 세대(F_2 generation**, 두 번째 후대)에서 나온 후대식물의 수를 각 종류별로 세었다.

주요 학습 요점 10.1 Mendel은 쉽게 관찰 가능한 대립형질에 대해 서로 다른 순계 완두콩 간 교배와 이들 자손을 자가수정시킴으로써 유전에 대해 연구하였다.

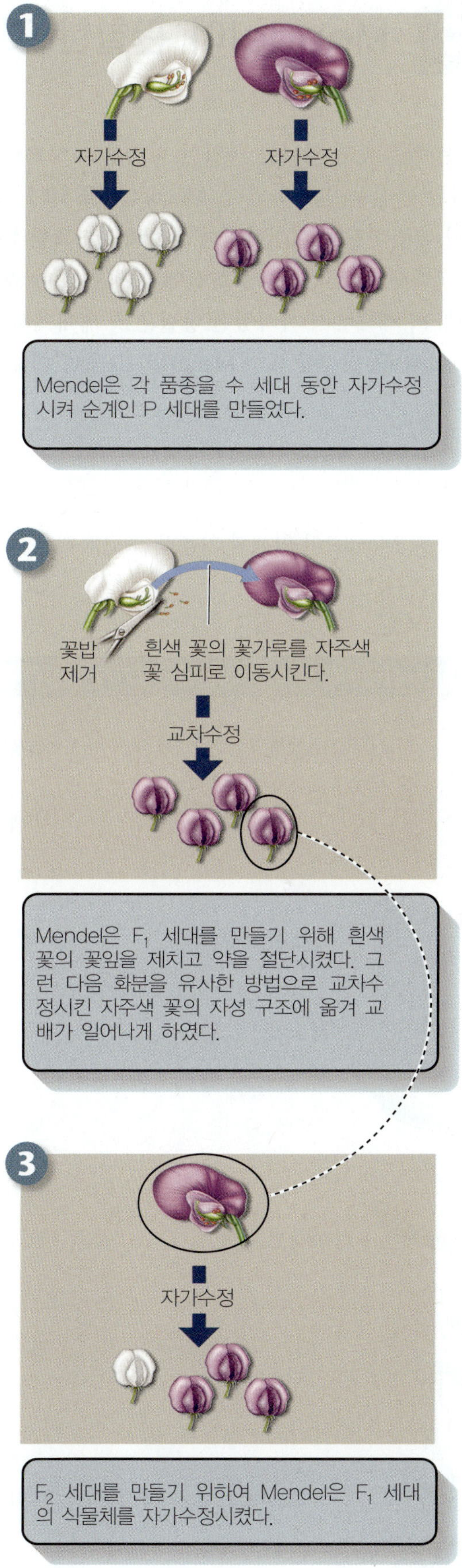

그림 10.3 Mendel의 실험

10.2 Mendel이 관찰한 것들

Mendel은 완두콩이 지니는 다양한 형질을 대상으로 실험했으며, 유사한 관찰을 반복하였다. Mendel은 **표 10.1**에 나오듯이 총 7개의 대립형질을 실험하였다. Mendel은 **그림 10.3**과 같이 자신이 교배했던 각각의 대립형질에 대해 동일한 결과를 관찰하였는데, F_1 세대에서 사라졌던 형질은 F_2 세대에서 꼭 다시 나타났다. 이제 꽃 색깔에 대한 Mendel의 교배에 대해 자세히 알아보자.

F_1 세대

꽃색의 경우, Mendel이 흰색과 자주색을 교배했을 때 관찰된 모든 F_1 세대 식물은 자주색이었으며 대립되는 형질인 흰색은 관찰하지 못하였다. Mendel은 F_1 식물에서 표현되는 이 형질은 우성, 표현되지 않는 형질을 열성이라 하였다. 이 경우, 자주색은 우성, 흰색은 열성이었다. Mendel은 꽃색 이외에 몇몇 다른 형질들을 연구하였으며 그가 관찰한 모든 쌍의 대립형질에서 하나는 우성, 다른 하나는 열성임을 증명하였다. 그가 연구한 각각의 특성에 대한 우성과 열성형질들이 **표 10.1**에 나타나 있다.

F_2 세대

Mendel은 F_2에서 자손이 어떻게 보여질까 관찰하기 위해 각 F_1

표 10.1 Mendel은 자신의 실험에서 7가지 특징을 통한 연구

	특징				F_2 세대	
	우성형	×	열성형		우성:열성	비율
	자주색 꽃	×	흰색 꽃		705:224	3.15:1 (3/4:1/4)
	노란색 종자	×	초록색 종자		6,022:2,001	3.01:1 (3/4:1/4)
	둥근 종자	×	주름진 종자		5,474:1,850	2.96:1 (3/4:1/4)
	초록색 깍지	×	노란색 깍지		428:152	2.82:1 (3/4:1/4)
	매끈한 깍지	×	잘록한 깍지		882:299	2.95:1 (3/4:1/4)
	줄기 옆에서 꽃이 핌	×	줄기 끝에서 꽃이 핌		651:207	3.14:1 (3/4:1/4)
	키큰 식물	×	키작은 식물		787:277	2.84:1 (3/4:1/4)

식물체가 성숙되고 자가수정된 후, 각 식물체로부터 종자를 수확한 후 심었다. Mendel은 (Knight가 그러했듯이) 몇몇 F_2 개체가 열성인 흰색 꽃임을 관찰하였다. 이 열성형질은 F_1 세대에서는 사라졌으나 F_2 세대에서는 다시 나타났다. F_1 세대에서 다소 나타날 수도 있었으나 전혀 그렇지 못하였다.

이 단계에서 Mendel은 실험 설계에 급진적 변화를 주었다. 그는 각 형질의 유형에 속하는 F_2 자손들의 수를 세었다. 그는 F_2 유형의 비율이 유전기작의 실마리를 줄 것이라 믿었다. 자주색 꽃의 F_1 식물체 간 교배에서, 그는 총 929 F_2 개체를 세었다(**표 10.1**). 이 중 705(75.9%)개가 자주색 꽃이었으며 224(24.1%)개가 흰색이었다. 대략 F_2의 1/4이 열성형태의 형질을 보였다. Mendel은 둥근 콩 대 주름진 콩(**그림 10.4**)과 같이 타 형질들에 대한 유사한 실험을 하였으며 동일한 결과를 얻었다. 즉 F_2의 3/4이 우성 형태를 보였으며, 1/4이 열성 형태를 보였다. 다른 말로 F_2 식물체 간 우성:열성의 비는 항상 3:1에 근접하였다.

위장된 1:2:1 비율

Mendel은 F_2 식물체를 한 세대 더 자가수정하였으며, 열성이었던 1/4이 순계임을 알았다. 즉, 다음 세대들은 항상 열성형질만 보였다. 이와 같이 이전에 설명된 흰색의 F_2 개체는 F_3 세대에서 단지 흰색 꽃만 보였다(**그림 10.5**의 우측). F_2 세대에서 우성형질을 보였던 3/4의 식물 중 단 1/3만이 F_3에서 순계였으며(좌측), 나머지는 F_3 세대에서 두 형질 모두를 나타냈다(가운데). 그리고 Mendel이 이들의 수를 세었을 때 우성과 열성의 비가 다시 3:1임을 알았다! 이 결과들로부터 Mendel은 F_2 세대에서 관찰된 3:1 비율은 실제로 1:2:1로 위장된 비율이었다고 결론지었다.

1		2		1
순계 우성	:	비순계 우성	:	순계 열성

주요 학습 요점 10.2 **Mendel이 두 대립 형질 간 교배와 다음 세대에서 자손의 수를 세었을 때, 첫 세대에서는 모든 자손이 한 (우성) 형질을 보였고, 다른 (열성) 형질을 보이는 자손은 없었다. 다음 세대에서는 25%가 우성형질에 대해 순계였으며, 50%는 순계가 아니면서 우성형이었으며, 25%는 열성 형질에 대해 순계였다.**

그림 10.4 둥근 모양 대 주름진 모양의 종자
Mendel이 연구했던 완두콩 품종 간 차이 중 하나는 종자의 모양이었다. 품종 중 일부는 종자가 둥근 반면, 다른 품종에서는 주름이 있었다.

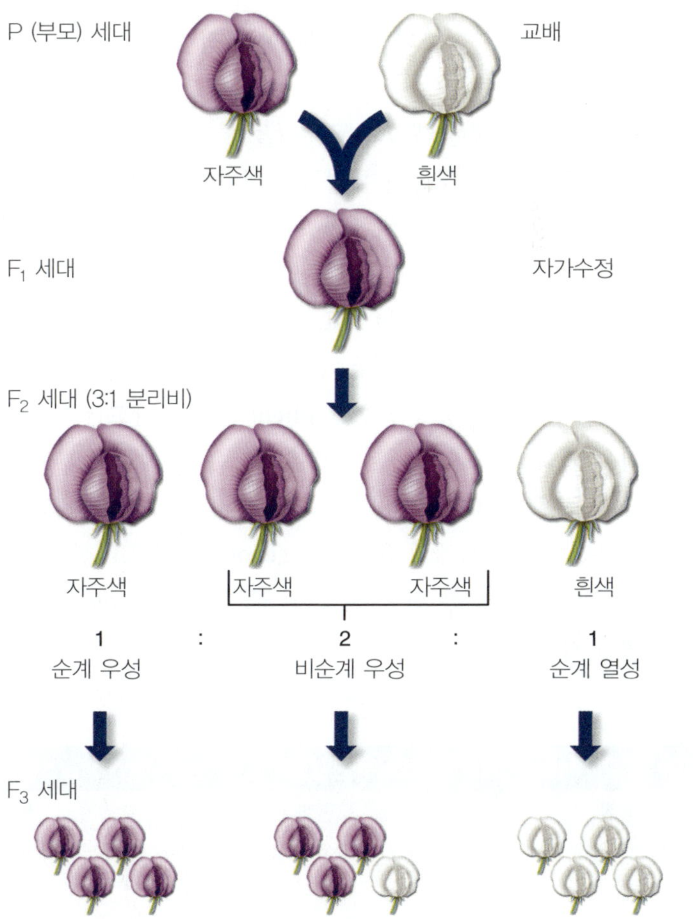

그림 10.5 F_2 세대는 위장된 1:2:1 비율을 보인다
Mendel은 F_2 세대를 자가수정시켜 나온 자손(F_3)에서부터 F_2 식물들의 분리비가 1 우성순계, 2 우성 비순계, 1 열성 순계임을 알았다.

10.3 Mendel이 제안한 이론

Mendel은 자신의 연구결과를 설명하기 위해 그가 관찰하였던 결과들을 충실히 예견할 간단한 가설 한 세트를 제안하였다.

가설 1: *부모는 그들의 자손들에게 형질을 직접적으로 전달하지 않는다.* 이보다는 형질에 대한 정보를 전달하는데 Mendel은 이 정보를 요소(독일어로 'Merkmal')라고 불렀다. 이러한 요소들은 나중에 자손에게서 형질을 만드는것으로 작용한다. 현대용어로 우리는 이러한 Mendel의 요소를 **유전자(gene)**라 한다.

가설 2: *각각의 부모는 각 형질을 지배하는 요소의 두 복사물을 지닌다.* 두 복사물은 같을 수도 다를 수도 있다. 만약 한 요소에 대한 두 복사물이 동일하다면 (예를 들면, 두 개 모두 자주색 또는 흰색을 암호화한다면), 그러한 개체를 **동형접합(homozygous)**이라 한다. 만약 한 요소에 대한 두 복사물이 다르다면 즉 하나는 자주색을, 다른 하나는 흰색을 암호화한다면 그러한 개체를 **이형접합(heterozygous)**이라 한다.

가설 3: *한 요소에 대한 대립되는 유형들은 대립되는 형질을 만든다.* 한 요소의 대립된 유형들을 **대립인자(allele)**라고 한다. Mendel은 열성대립유전자를 소문자로 우성대립유전자는 대문자로 표기하였다. 즉, 자주색 꽃의 경우 우성의 자주색 꽃 대립유전자는 *P*로, 열성의 흰색 꽃 대립유전자는 *p*로 나타내었다. 현대용어로 흰색 꽃을 가지는 것과 같은 한 개체의 외형을 **표현형(phenotype)**이라고 한다. 외형은 꽃색 유전자의 어떤 대립유전자를 그 식물이 부모로부터 물려받느냐에 따라 결정되며, 우리는 그러한 특정 대립유전자들을 개체의 **유전자형(genotype)**이라고 한다. 이와 같이 한 완두콩 식물은 "흰색 꽃" 표현형과 *pp* 유전자형을 가질 수 있다.

가설 4: *한 개체가 지니는 두 대립유전자는 서로에게 영향을 미치지 않는다.* 즉, 우편함 속의 두 개 이상의 문자가 각자의 내용물을 변화시킨다. 개체가 성숙하여 자신의 배우자(난세포와 정세포)를 생성할 때 각 대립유전자는 그대로 변화없이 전달된다. 그 당시 Mendel은 그가 말한 요소가 염색체에 의해 부모에서 자식으로 전달되는지 알지 못했다. **그림 10.6**은 동일한 유전자이지만 반드시 동일한 대립유전자가 아닌 상동염색체를 가지고 어떻게 유전자가 염색체 위에서 운반되는지를 보여주는 현대적 견해이다. 염색체 위의 유전자의 위치를 유전자좌위(locus, 복수 loci)라고 한다.

가설 5: *한 대립유전자가 존재한다고 해서 개체 내에서 그 대립유전자에 대한 형질이 반드시 발현하는 것은 아니다.* 이형접합 개체에서 단지 우성 대립인자만 발현된다. 즉, 열성 대립인자는 존재는 하지만 발현되지 않는다.

이 모든 5가지 가설이 유전과정에 대한 Mendel의 모델을 구성한다. 사람의 많은 형질들이 완두콩에 있어 Mendel이 연구했던 형질들과 유사하게 우성 또는 열성의 유전을 보인다(표 10.2).

멘델 결과의 분석

멘델의 결과를 분석하기 위하여 각 형질은 부모로부터 물려받

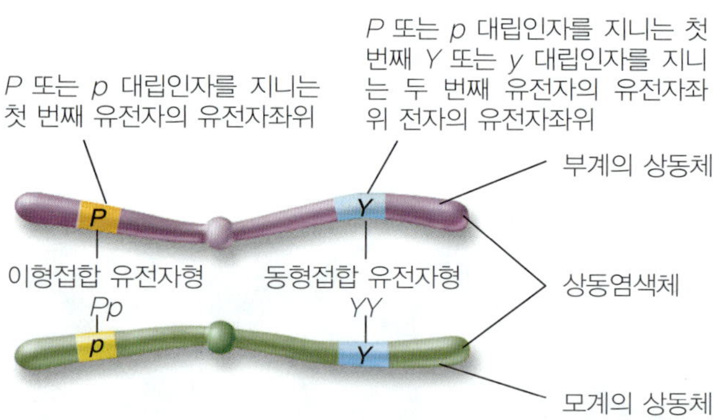

그림 10.6 유전자의 서로 다른 대립인자들은 상동염색체상에 위치한다

표 10.2 사람의 열성형질과 우성형질

열성형질	표현형	우성형질	표현형
일반적인 대머리	나이가 들면서 M-자형 머리선이 후퇴함	중간-손가락 털(mid-digital hair)	손가락 마디 중간에 난 털
백색증	멜라닌 색소 부족	단지증	짧은 손가락
알캅톤뇨증	호모겐티신산의 대사 불가능	페닐치오카바마이드 (phenylthiocarbamide, PTC) 민감성	PTC를 쓴맛으로 느낌
적녹색맹	빛의 파장에서 녹색과 적색의 구분 불가능	수지만곡증	작은손가락을 펼 수 없음
		다지증	여분의 손가락과 발가락

은 대립유전자(한 대립유전자는 어머니로부터 다른 대립유전자는 아버지로부터)에 의해 결정된다고 기억하는 것이 중요하다. 이러한 염색체상에 존재하는 대립유전자들은 감수분열 과정에서 배우자로 분배된다. 각 배우자는 각 염색체의 한 복사본을 받고, 따라서 대립유전자들 중 하나를 받게 된다.

자주색 꽃 식물과 흰색 꽃 식물 간 멘델의 교배에 대해 다시 생각해 보라. 자주색 꽃 형성과 관련된 우성대립유전자를 *P*라고 하고 흰색 꽃 형성과 관련된 열성 대립인자를 *p*라고 하자. 이전에 언급되었듯이 전통적으로 유전적 형질은 좀 더 공통된 형태를 말하는 문자 기호(이 경우에는 자주색 꽃색 *P*)로 일반적으로 표시된다. 우성의 대립유전자는 대문자 *P*로 쓰여지며 열성대립유전자(흰색 꽃 색깔)는 동일한 문자이면서 소문자인 *p*로 쓰여진다.

이 체계에서는 열성 흰색 꽃 형질을 지니는 순계 식물체의 유전자형은 *pp*로 표기된다. 이러한 식물체에서는 이 대립유전자의 두 복사본은 흰색 꽃의 표현형을 의미한다. 이와 유사하게 자주색 꽃의 순계 개체의 유전자형은 *PP*로 표기되고, 이형접합체는 *Pp* (우성대립유전자가 먼저)로 표기된다. 이러한 전통적 표기법을 이용하고 두 계통간 교배를 ×로 나타냄으로써 원래 멘델의 교배를 *pp* × *PP*로 기호화할 수 있다.

퍼네트 사각형

흰색 꽃 식물(*pp*)의 순계와 자주색 꽃 식물(*PP*) 순계 간 교배로부터 나올 수 있는 결과는 **퍼네트 사각형(Punnett square)**으로 가시화할 수 있다. 퍼네트 사격형에서 한 개체의 가능한 배우자들은 사각형의 가로선을 따라 나열된다. 반면에 다른 한 개체의 배우자는 세로선을 따라 나열된다. 나올 수 있는 자손의 유전자형은 사각형 내 칸으로 표시된다. **그림 10.7**을 통해 꽃색에 있어 이형접합(*Pp* × *Pp*)인 두 개체 간 교배에 대한 퍼네트 사각형을 어떻게 작성하는지 배울 수 있다. 부모의 유전자형은 상단과 측면, 나올 수 있는 자손의 유전자형은 칸 안에 표기된다.

자손에서 나올 수 있는 유전자형의 빈도는 일반적으로 **확률(probability)**로 표현된다. 예를 들면 **그림 10.8**의 외쪽 퍼네트 사각형에서 보여지듯이 동형접합의 흰색 꽃 식물(*pp*)과 동형접

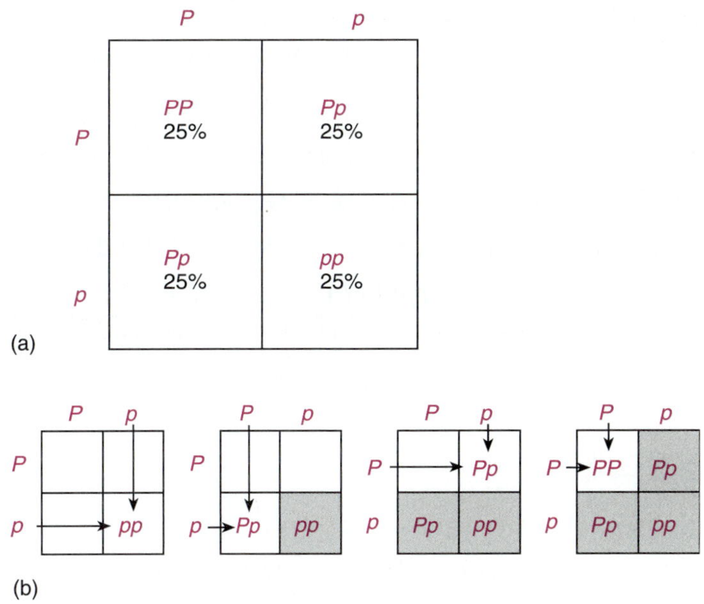

그림 10.7 퍼네트 사각형 분석

(*a*) 각각의 사각형은 교배로부터 생성된 자손의 1/4 또는 25%를 의미한다. (*b*)의 사각형은 모든 가능한 자손들의 유전자형을 어떻게 예견하는지 보여준다.

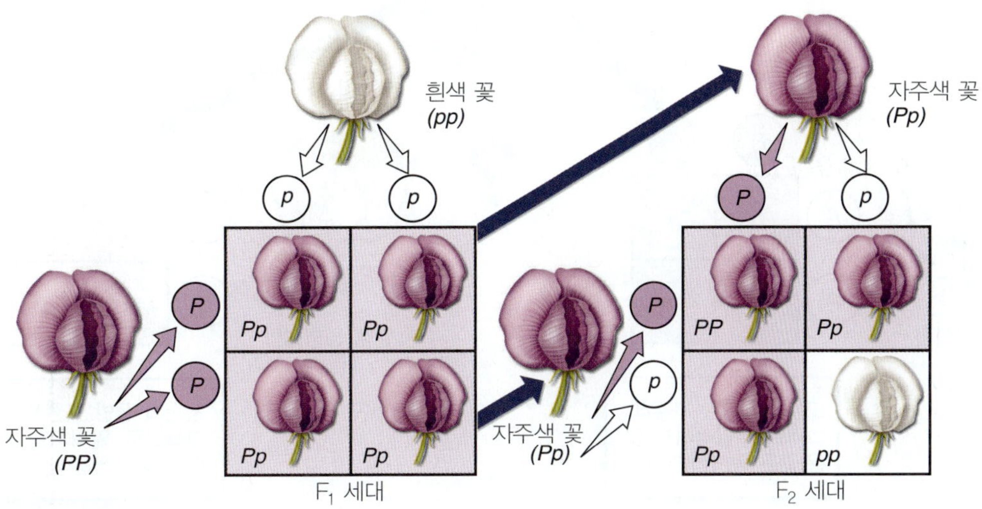

그림 10.8 Mendel이 꽃색을 분석한 방법

첫 번째 교배에서 나올 수 있는 유일한 자손은 자주색 꽃의 *Pp* 이형접합체이다. 이들 개체들이 F_1 세대이다. 두 개의 F_1 개체들을 교배시키면 세 종류의 자손이 나올 수 있다. *PP* 동협접합체(자주색 꽃), 후대에서 두 종류를 만들 수 있는 *Pp* 이형접합체(자주색 꽃), 그리고 *pp* 동형접합체(흰색 꽃). F_2 세대인 이들 개체 중 우성 표현형과 열성 표현형 비는 3:1이다.

합의 자주색 꽃 식물(*PP*) 간 교배에서 *Pp*는 F_1 세대에서 유일하게 나올 수 있는 유전자형이다. *P*가 *p*에 우성이기 때문에 F_1 세대의 모든 개체는 자주색 꽃을 갖는다. F_1 세대의 식물 간 교배에서는 오른쪽 퍼네트 사각형에서 보여지듯이 F_2 세대에서 우성동형접합(*PP*)의 개체가 나올 확률은 25%인데 이는 나올 수 있는 유전자형의 1/4이 *PP*이기 때문이다. 이형접합이 일어날 수 있는 두 가지 경우(*Pp*와 *pP*)가 있기 때문에 사각형 내 칸의 반에서 나타난다. 즉 F_2 세대에서 이형접합 개체(*Pp*)를 얻을 수 있는 확률은 50%(25% + 25%)가 된다.

검정교배

Mendel은 어떻게 F_2 세대에서(또는 *P* 세대에서) 자주색 꽃 개체들이 동형접합체(*PP*)인지 그리고 이형접합체(*Pp*)인지 알 수 있었을까? 단순히 식물체를 쳐다보면서 알기는 불가능하다. 이 때문에 Mendel은 개체들의 실제 유전적 구성을 결정하기 위한 **검정교배(testcross)**라고 하는 단순하고 강력한 과정을 고안하였다. 자주색 꽃을 놓고 생각해 보자. 이러한 간단한 표현형을 보고서는 식물체가 동형접합인지 이형접합인지 알아내기는 불가능하다. 유전자형을 알기 위해서는 몇 개의 다른 식물개체와 교배가 필요하다. 어떠한 종류의 교배가 해답을 제공해 줄 수 있을까? 만약 이 식물체를 우성 동형접합 식물과 교배한다면 검정되는 식물이 동형이든 이형접합이든 간에 모든 자식들이 우성의 표현형을 보일 것이다. 또한 검정되는 식물체를 이형접합체로 교배하여 검정식물이 이형인지 동형인지를 알아내는 것도 전혀 불가능하진 않지만 쉽지 않다. 하지만, 검정식물을 열성 동형접합체로 교배한다면 검정식물이 어떤 유전자형인지에 따라 전혀 다른 결과를 보여 줄 것이다. 이러한 이유를 알기 위해 자주색 꽃 식물을 흰색 꽃식물과 검정교배하는 과정을 보도록 하자. **그림 10.9**는 두 가지 가능한 대안을 보여준다.

대안 1(좌측): 검정식물의 동형접합(*PP*)일 때. *PP* × *pp*: 모든 자식은 네 개의 자주색 상자로 보여지듯이 자주색 꽃(*Pp*)을 갖는다.

대안 2(우측): 검정식물이 이형접합(*Pp*)일 때. *Pp* × *pp*: 두 흰색 상자와 두 자주색 상자로 보여지듯 이 자식의 반은 흰색 꽃(*pp*) 나머지 반은 자주색 꽃(*Pp*)을 갖는다.

Mendel은 자신의 검정교배를 수행하기 위하여 우성형질을 보이는 이형접합 개체들을 열성형질의 동형접합 부모에 다시 교배하였다. 위의 대안 2에서 설명된 바와 같이, 그는 우성과 열성형질이 1:1로 나타날 것이라 예측하였고 그렇게 관찰되었다.

그의 모델에서 예측할 수 있듯이 Mendel은 조사한 각 대립인자쌍에 있어 F_2 표현형비율로 3:1(표 10.1 참조), 검정교배 표현형비율로 1:1에 매우 근접한 비율을 관찰하였다.

검정교배는 또한 두 유전자가 관여할 경우에도 각 개체의 유전자형을 결정하는 데 사용할 수 있다. Mendel은 여러 두-유전자 교배를 수행하였는데, 이 중 몇몇을 논의해 보겠다. 그는 특별하게

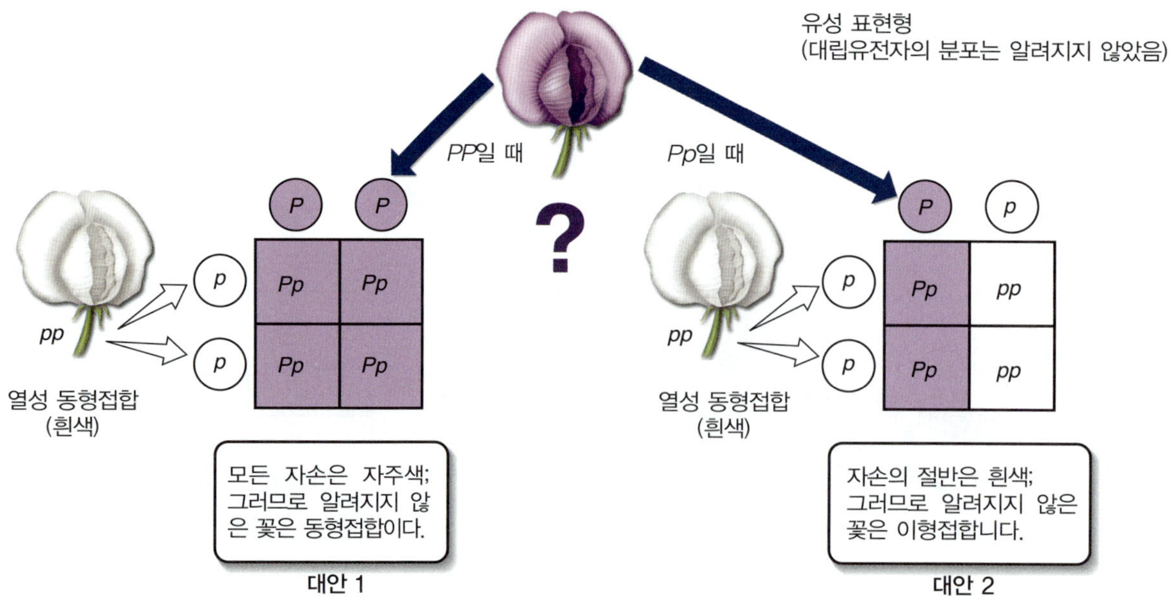

그림 10.9 Mendel이 이형접합체를 판별하기 위해 사용했던 검정교배
한 개체가 자주색 꽃과 같이 우성의 표현형을 보이는 한 개체가 동형접합(*PP*)인지 또는 이형접합(*Pp*)인지 결정하기 위해, Mendel은 검정교배법을 고안하였다. 그는 이 그림의 경우 열성 동형접합이 확실한 개체를 한 흰색 꽃의 개체와 교배하였다.

우성으로 나타나는 F_2 개체들의 유전자형을 밝히기 위해 종종 검정교배를 수행하였다. 이와 같이 두 가지 우성형질(*A_B_*)을 보이는 F_2 개체는 다음의 유전자형 중 하나를 가질 수 있다: *AABB*, *AaBB*, *AABb*, *AABb*, *AaBb*. 우성으로 나타나는 F_2 개체를 열성동형접합체(*A_B_* × *aabb*)로 교배함으로써 Mendel은 두 개 모두 형질 또는 하나의 형질이 자식들 간에 순계인지 아닌지를 결정할 수 있었으며, 그렇게 해서 F_2 부모의 유전자형을 결정할 수 있었다.

AABB	*A* 형질이 순계가 됨	*B* 형질이 순계가 됨
AaBB		*B* 형질이 순계가 됨
AABb	*A* 형질이 순계가 됨	
AaBb		

10.4 Mendel의 법칙

멘델의 첫 번째 법칙: 분리의 법칙

멘델의 모델은 그가 관찰했던 비율에 대해 정돈되고 만족스러운 방식으로 그의 교배 결과를 명석하게 예견할 수 있다. Mendel 이후로 수많은 타 생명체에서 유사한 양상의 유전이 관찰되었다. 이러한 양상의 유전을 보이는 형질들을 *멘델의 형질*(mendelian traits)이라 부른다. 멘델의 이론은 이것의 엄청난 중요성 때문에 멘델의 첫 번째 법칙 또는 **분리의 법칙(law of segregation)**으로 알려져 있다. 현대적 용어로 말하자면 멘델의 첫 번째 법칙은 *한 형질에 대한 두 대립인자는 배우자 형성단계 동안 각각으로부터 분리되어 배우자의 반은 한 대립인자를 지니고 나머지 반은 다른 대립인자를 지니는 것*을 말한다.

멘델의 두번째 법칙: 독립적 유전

Mendel은 꽃의 색깔과 같은 한 요소가 키와 같은 또 다른 요소들에 영향을 줄 수 있을지 자문하였다. 이 질문에 대해 연구하기 위하여, 그는 그가 연구했던 일곱 쌍의 특성 중 두 쌍의 특성에 대해 서로 다른 일련의 완두콩 순계들을 확보하였다. 그런 다음 특성이 서로 대립되는 순계 간 교배를 하였다. **그림 10.10**은 둥글고 황색인 종자의 동형접합체(그림에서 *RRYY*)와 주름지고 녹색인 종자의 동형접합체(*rryy*)를 P 세대로 한 교배실험을 보여준다. 이 교배는 둥글고 황색인 종자이면서 이들 양 형질에 대해 이형접합인 자손(*RrYy*)들을 생성한다. 이렇게 해서 생성된 F_1 개체를 **양성잡종(dihybrid)**이라 한다. 그런 다음 염색체들은 감수분열 동안 배우자에 할당되고 이들 형질에 대해 네 가지 형태의 배우자가 생긴다.

주요 학습 요점 10.3 한 개체가 지닌 유전자들은 유전자형이라 하고 그 개체의 겉으로 드러나는 외형은 표현형이라 한다. 표현형은 부모로부터 유전되는 대립인자에 의해 결정된다. 퍼네트 사각형을 이용한 분석은 한 특정 교배로부터 나올 수 있는 모든 가능한 유전자형을 결정한다. 검정교배는 한 우성형질의 유전자형을 결정한다.

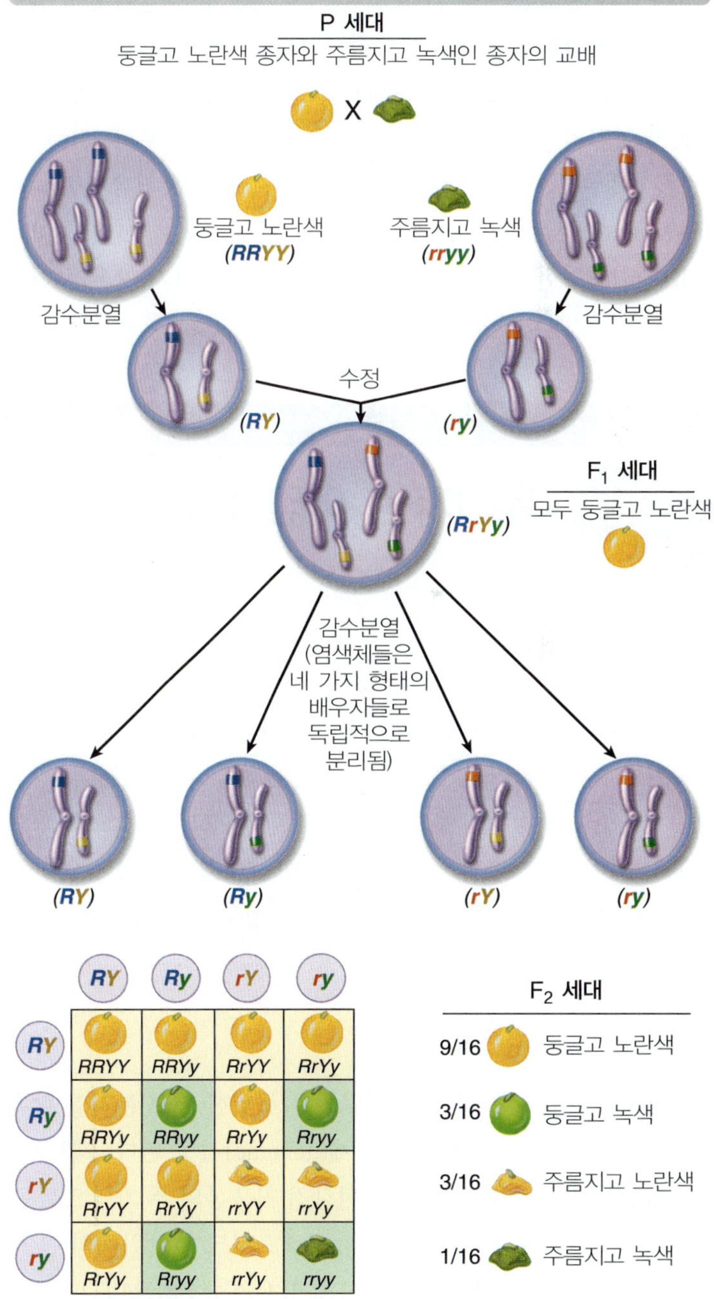

그림 10.10 복교배 분석

이 그림은 둥근(*R*) 종자 대 주름진(*r*) 종자와 노란색(*Y*) 종자 대 녹색(*y*) 종자의 복교배를 보여준다. F_2 세대에서 네 가지의 가능한 표현형의 비는 9:3:3:1로 예견된다.

그 다음 Mendel은 양성잡종 개체를 자가수정시켰다. 만약 종자 모양에 영향을 주는 대립인자와 종자 색깔에 영향을 주는 대립인자가 서로 독립적으로 분리된다면, 한 특정 종자 모양 대립인자쌍이 한 특정 종자 색깔 대립인자쌍과 함께 일어날 확률은 간단히 각 쌍이 분리되어 일어날 두 개별 확률의 결과물일 것이다. 예를 들면 F_2 세대에서 나타나는 주름지고 녹색인 종자를 지닌 개체가 나올 확률은 주름진 종자 개체 확률(1/4)과 녹색 종자 개체 확률(1/4)을 곱한 것과 같아서 1/16이 될 것이다.

자신의 양성잡종에서 Mendel은 F_2 자손에서 표현형의 빈도는 **그림 10.10**의 퍼네트 사각형 분석에 의해 예상되는 비율인 9:3:3:1과 거의 일치함을 알았다. 그는 그가 연구한 형질쌍에 대해 한 형질의 유전은 다른 형질의 유전에 영향을 주지 않는다고 결론지었는데, 이를 멘델의 두 번째 법칙 또는 **독립유전(law of independent assortment)**이라 한다. 이제 우리는 이러한 결과가 단지 동일한 염색체상의 서로 가깝게 위치하지 않은 유전자들에 한해 가능하다는 것을 알고 있다. 현대용어로 멘델의 두 번째 법칙은 다음과 같이 일컬어진다: *서로 다른 염색체상에 위치하는 유전자들은 서로 독립적으로 유전된다.*

자신의 연구결과를 설명하는 Mendel의 논문은 1866년 그의 지역 과학회의 학회지에 발표되었다. 불행히도 그의 논문은 큰 많은 흥미를 일으키지 못하였고, 그의 업적은 잊혀졌다. 그가 타계한 후 16년째인 1900년에 몇몇 과학자들이 서로 독립적으로 자신들의 연구결과를 발표하기 위해 논문들을 검색하는 과정에서 Mendel의 선구자적 논문을 재발견하였고, 이들의 논문은 30년 이전에 Mendel이 조용히 발표하였던 내용과 유사하였다.

주요 학습 요점 10.4 **분리와 독립적 분리와 같은 Mendel의 이론은 '법칙'으로 간주되는 실험적 결과에 의해 잘 증명된다.**

유전자형에서 표현형까지

10.5 유전자는 어떻게 형질에 영향을 줄까?

멘델 유전학을 좀 더 배우기 전에 유전자가 어떻게 작용하는지에 대한 간략한 개관을 얻는 것이 도움이 된다. 이것을 염두에 두고, 어떻게 멘델 형질이 한 특정 유전자에 의해 영향을 받는지 어떻게 유전자가 돌연변이에 의해 변화할 수 있는지, 그리고 이러한 변화의 장기간에 걸친 진화적 결과에 대해 개요적 측면에서 배워보도록 하자. 한 예로서 헤모글로빈 단백질을 알아볼 것이며, **그림 10.11**을 아래에서부터 진행하여 이해해 볼 수 있다.

핵산에서 단백질로

한 개체의 몸을 구성하는 각 세포들은 동일한 핵산 분자를 함유하는데, 이것을 그 개체의 유전체(genome)라고 한다. 제3장에서 배웠듯이 핵산 분자는 서로 휘감긴 거울상의 두 가닥으로 구성된다. 각 가닥은 서로 연결된 뉴클레오티드 부단위체의 긴 사슬이다. 네 종류의 뉴클레오티드(A, T, G, C)가 있으며, 네 문자의 알파벳과 같이 뉴클레오티드의 순서가 한 유전자의 핵산 내에 암호화되어 있는 유전정보를 결정한다

사람의 유전체는 20,000~25,000개의 유전자를 지닌다. 사람 유전체의 핵산은 23쌍의 염색체로 구획화되어 있고, 각 염색체는 1,000~2,000개 정도의 상이한 유전자들을 지닌다. **그림 10.11**의 염색체상의 밴드들은 유전자들이 많이 모여 있는 지역을 뜻한다. 이 그림에서 헤모글로빈 유전자가 11번 염색체에 위치함을 볼 수 있다.

그림의 다음 단계에서 각 유전자들은 뉴클레오티드 서열(T를 대신하는 U를 제외하고)의 RNA 전사체를 만드는 효소들에 의해 염색체적 DNA로부터 '해독'된다. 헤모글로빈(*Hb*) 유전자의 RNA 전사체는 세포내 핵을 떠나 다른 다른 장소에서 단백질을 생성하는 작업명령을 내린다. 그러나, 진핵세포에서의 RNA 전사체는 필요한 것 이상의 정보를 지니므로 핵을 떠나기 전에 먼저 필요 없는 부분들을 제거하는 '교정(edited)'을 거친다. 예를 들어 헤모글로빈 베타 부단위체를 명령하는 초기 RNA 유전자 전사체는 1,660개 뉴클레오티드이지만 '교정'을 거친 후에 만들어지는 '전령체'는 1,000 뉴클레오티드가 된다. 그림에서 Hb mRNA의 길이가 *Hb* 유전자의 RNA 전사체보다 짧다는 것을 알 수 있다.

RNA 전사체가 교정된 후 전령 RNA(mRNA)로서 핵을 떠나고

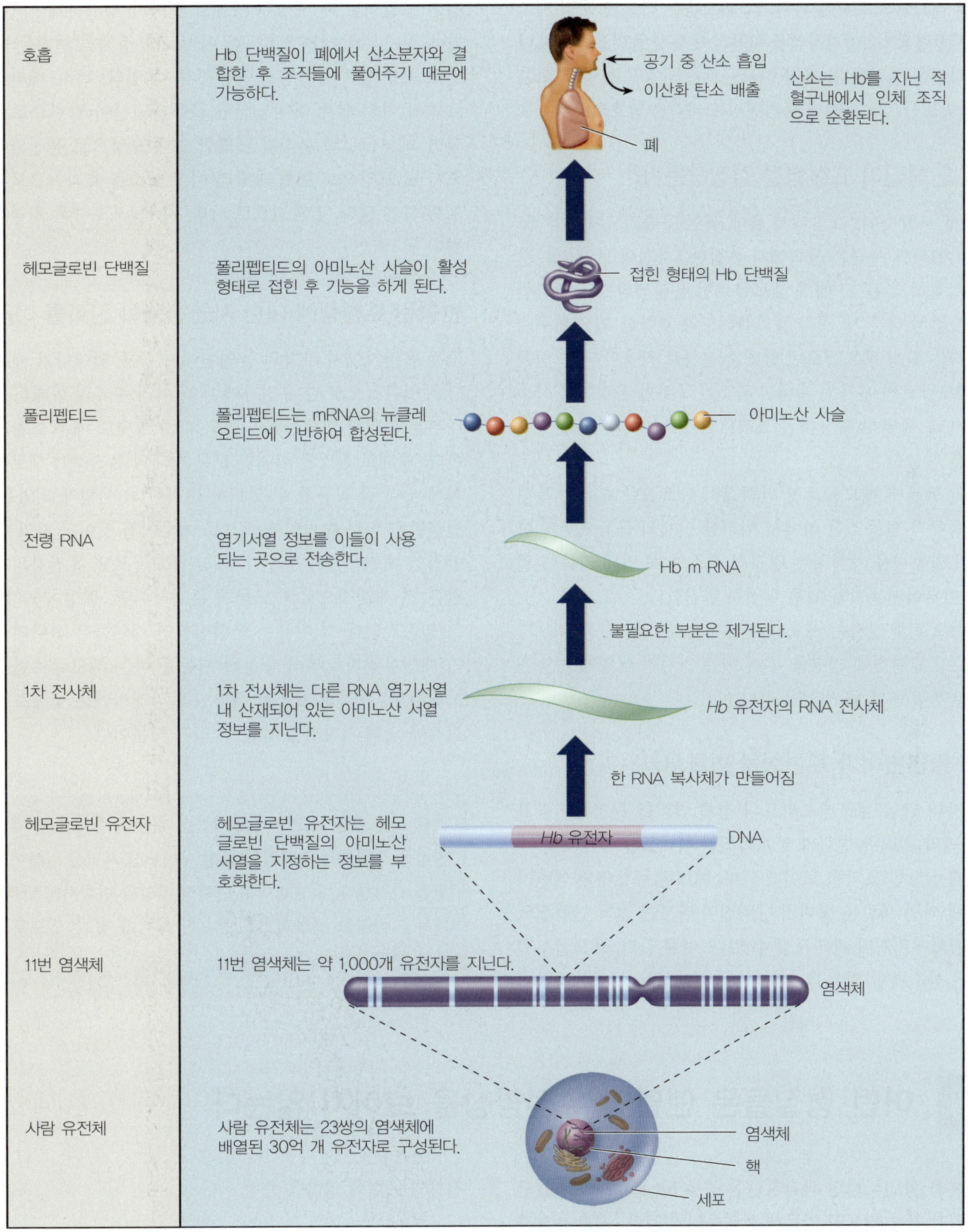

그림10.11 DNA에서 표현형으로의 여정

한 생명체의 특성들은 대부분 유전자들에 의해 결정된다. 사람 유전체의 20,000~25,000개 유전자 중 하나의 유전자가 산소가 인체를 통해 운반되는 데 있어 어떻게 중요한 역할을 하는지 보여준다. 유전자에서 형질까지의 여정 중 많은 단계들이 제11, 12장의 주제이다.

세포질의 리보솜으로 이동한다. 각 리보솜은 작은 단백질 제조 공장으로 전령 RNA 염기서열을 이용하여 특정 폴리펩티드의 아미노산 서열을 결정한다. 베타 헤모글로빈의 경우 전령 RNA는 146개 아미노산으로 구성된 폴리펩티드 가닥을 암호화한다.

어떻게 단백질이 표현형을 결정하는가?

제3장에서 보았듯이, 그림에서 줄에 꿰인 구슬과 같은 아미노산의 폴리펩티드 사슬은 물속에서 복잡한 3차원의 모양으로 자발적으로 접히게 된다. 베타 헤모글로빈 폴리펩티드는 조밀한 덩어리로 접혀 다른 세 개의 폴리펩티드와 결합한 후 적혈구내에 존재하는 활성 헤모글로빈 단백질 분자로 작용한다. 그림에서, 각 헤모글로빈 분자는 폐내의 산소가 풍부한 환경에서 산소와 결합하고, 활발히 활동하는 조직내의 산소가 결핍한 환경에서 산소를 배출한다.

사람의 혈관내 헤모글로빈 단백질의 산소결합 효율은 특히 피곤한 육체적 활동조건 하에서 이러한 인체의 근육으로의 산소운반이 활동력을 제한하는 결정적 요소일 때 인체 기능이 얼마나 잘 이루어지는지와 매우 밀접히 관련한다.

일반적으로 유전자는 세포내 존재하는 단백질의 종류를 명시함으로써 표현형에 영향을 주며 이는 인체가 어떻게 기능을 하는지 결정하는 데 큰 역할을 한다.

어떻게 돌연변이가 표현형을 변화시키는가?

한 유전자내 단일 뉴클레오티드의 정체 변화를 돌연변이라고 하는데, 만약 이러한 변화가 암호화되는 아미노산의 정체를 변화시킬 때 상당한 효과를 보이게 된다. 이러한 종류의 돌연변이가 생기게 되면 새로운 형태의 단백질이 다르게 접혀 단백질의 기능을 변화시키거나 파괴시킬 수 있다. 예를 들면, 헤모글로빈 단백질이 산소결합 임무를 얼마나 잘 수행하는가는 단백질이 접힘이 일어날 때 예정된 형태로 얼마나 정확하게 이루어지는가에 상당부분 달려 있다. 한 아미노산 정체의 변화는 이 단백질의 최종 형태에 결정적 영향을 줄 수 있다. 특히, 베타 헤모글로빈의 여섯 번째 아미노산인 글루타민산이 발린으로 바뀌게 되면, 헤모글로빈 분자가 뻣뻣한 막대 모양으로 응집되어 혈세포가 낫 모양으로 변형되어 더 이상 산소를 효과적으로 운반하지 못하게 된다. 결과적으로 나타나는 낫세포증은 치명적인 질병이 될 수 있다.

변형된 표현형에 대한 자연선택이 진화를 이끈다

모든 유전자에서 무작위 돌연변이가 종종 일어나기 때문에 집단은 일반적으로 한 유전자에 대해 여러 종류의 형태를 가진다. 대부분 동일한 형태이지만 이와 다른 형태도 매우 드물게 존재한다. 때때로 환경은 이러한 드문 형태의 유전자가 새로운 조건하에서 더 잘 작용할 수 있도록 변화한다. 이렇게 되었을 때 자연선발은 드문 대립인자 쪽으로 이루어질 것이고 따라서 더 일반적인 대립유전자가 된다. 베타 헤모글로빈 유전자의 낫세포판은 전 세계적으로는 드물게 존재하지만, 중앙아프리카에서는 일반적인데 그 이유는 이형접합인 개인들은 하나의 정상적인 대립유전자로부터 충분히 기능을 하는 헤모글로빈을 획득하면서 이 지역의 치명적 질병인 말라리아에는 낫세포 대립유전자에 의해 저항성을 가질 수 있기 때문이다.

주요 학습 요점 10.5　유전자들은 기능적 형태가 될 때 세포 활성을 수행하는 단백질의 특정 아미노산 서열을 만들어 표현형을 결정한다. 돌연변이는 단백질 서열을 변화시켜 단백질의 기능을 바꾸고 진화적으로 중요한 의미가 될 수 있도록 표현형을 변화시킨다.

10.6 어떤 형질들은 멘델의 유전양상을 보이지 않는다

멘델 이론을 확인하려던 과학자들은 종종 Mendel이 보고했던 것과 동일한 단순 비율을 얻는데 어려움이 있었다. 종종 유전자형의 표현은 간단하지 않다. 대부분의 표현형은 다수유전자의 활성을 반영하며 표현형은 완전우성이 결여된 대립유전자의 영향을 받을 수 있으며, 복수 유전자가 함께 표현되거나 각 유전자의 표현에 영향을 준다.

연속 변이

복수 유전자가 복합적으로 키, 무게와 같은 형질에 영향을 줄 때 그 형질은 한 범위의 작은 차이들을 보인다. 그러한 표현형을 결정하는 역할을 하는 모든 유전자들이 서로 독립적으로 분리되기 때문에 많은 수의 개체가 조사되면 격차의 정도에 있어 단계적 차이를 보인다. 이러한 종류의 변이에 대한 고전적 설명이 **그림 10.12**에서 보여지는데, 이는 1914년 한 대학수업의 모습이다. 학생들은 그들의 키에 따라 150cm 미만은 좌측을 향해 180cm 이상은 우측을 향해 대열별로 배치되었다. 여기에 있는 학생 집단에서 키에 있어 상당한 변이가 있음을 알 수 있다. 이러한 유전을 **다수유전자(polygenic)**라고 하며 표현형에 있어 이러한 단계적 차이를 **연속변이(continuous variation)**라 한다.

그림 10.12*a*의 개인별 키와 같은 특성에 있어 변이를 어떻게 설명할 수 있을까? 개인들은 매우 작은 키에서 아주 큰 키로 분포하는데, 평균키가 양 극단보다 흔하다. 이러한 변이를 범주로 묶어보자. 인치값의 각 키는 독립된 표현형적 범주이다. 키에 대한 각 범주에 속하는 개인의 수에 대한 그래프를 그려보면 **그림 10.12*b***와 같은 막대그래프가 그려진다. 막대그래프는 이상적인 종 모양의 곡선에 근접하고 변이는 평균값과 곡선의 퍼짐 정도에 의해 특징지어진다. 이것을 멘델 완두콩의 식물체 키 유전양상과 비교하라. 완두콩 식물은 키가 크거나 작지 중간키는 존재하지 않았는데, 그 이유는 이 형질이 단 하나의 유전자에 의해 조절되었기 때문이다.

다면발현 효과

종종 한 대립유전자는 표현형에 대해 하나 이상의 효과를 지닌다. 이러한 대립유전자를 **다면발현(pleiotropic)**이라 한다. 프랑스의 한 선구적 과학자 Lucien Cuenot은 우성인 생쥐의 노란색 털에 대해 연구했는데, 노란색 생쥐들 간 교배를 통해 노란색 순계를 얻으려 했지만 실패하였다. 노란색 대립유전자에 대해 동형접합인 생쥐들은 모두 고사하였는데, 이는 노란색 대립유전자가 다면발현적이었기 때문이다. 즉, 한 효과는 노란색 털이었지만 다른 한 효과는 발육에 치명적인 결함을 주는 것이었다. 다면발현 유전자는 한 표현형적 결과(노란색 털)에 대해 우성일 수도 있고, 다른 결과(치명적 발육 결함)에 대해 열성일 수도 있다. 다면발현에 있어 한 유전자가 다수의 표현형에 영향을 미치는데, 이는 한 특성에 영향을 주는 유전자들이 종종 우리가 알지 못하는 또 다른 기능을 하기 때문이다.

다면발현 효과는 이 장의 후반부에 논의될 낭포성 섬유증과 낫세포증과 같은 여러 유전병의 특징이다. 이러한 유전병에서 복수 증상의 원인을 추적해보면 단일유전자 결함에 의한 것으로 나온다. **그림 10.13**에서 보여지듯이 낭포성 섬유증 환자들은

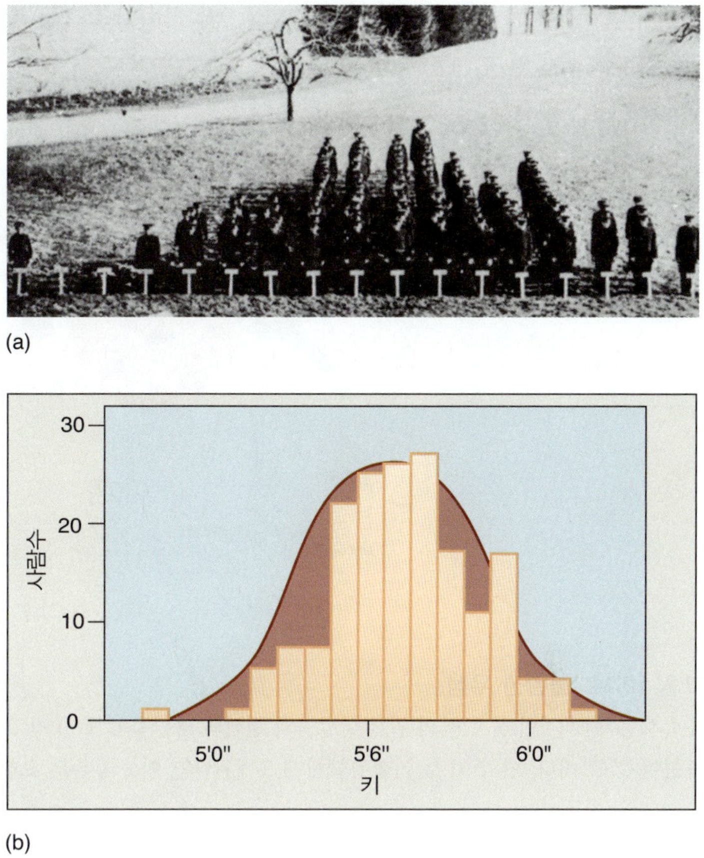

그림 10.12 키는 사람의 연속변이이다

(*a*) 이 사진은 1914년 Connecticut Agricultural 대학의 한 교실 학생들 내 키의 변이를 보여준다. 많은 유전자들이 키에 관여하고 서로 독립적으로 분리하는 경향이 있기 때문에 이러한 유전자들간 다양한 조합이 나올 수 있다. (*b*) 키에 대한 대립유전자들의 상이한 조합의 상가적 기여가 가능한 키의 연속적 범위를 만들게 되는데, 여기서 양극단의 값은 중간치보다 훨씬 드물다. 이것은 Mendel의 F_2 완두콩에서 보여졌던 3:1 비율보다 상당히 상이하다.

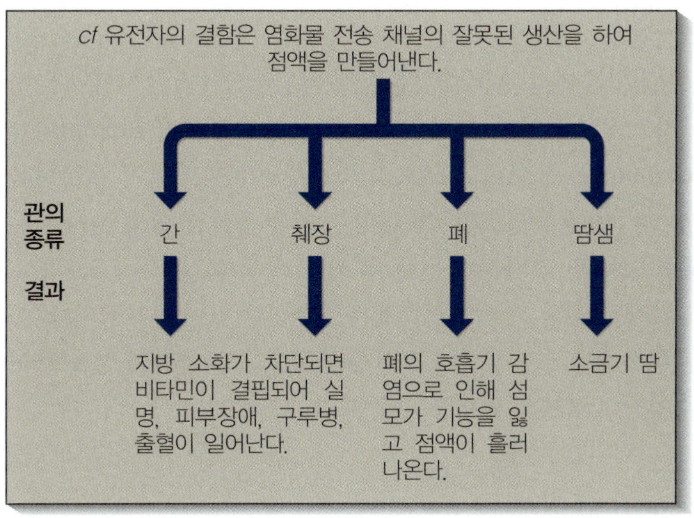

그림 10.13 낭포성섬유증 유전자(*cf*)의 다면발현적 효과

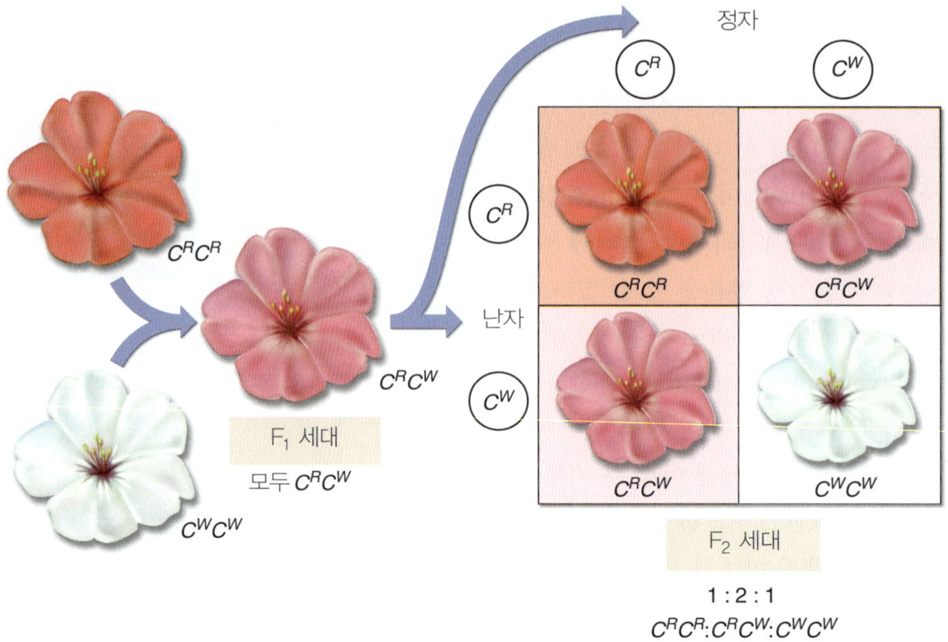

그림 10.14 불완전 우성

유전자형이 C^RC^R인 붉은 꽃의 일본 나팔꽃과 흰색의 나팔꽃(C^WC^W) 간 교배에서 우성인 대립인자는 없다. 이형접합의 자손은 분홍색을 꽃을 가지며 유전자형이 C^RC^W이다. 만약 이 두 이형접합체가 교배된다면 이들 후손의 표현형은 1:2:1(붉은색:분홍색:흰색)의 비율로 일어난다.

지나치게 끈적이는 점액, 소금기 많은 땀, 간과 췌장의 결함, 그리고 일련의 다른 증상들을 보인다. 이 모든 것이 염류 이온 수송막을 암호화하는 한 유전자의 돌연변이라는 단일 결함의 다면발현적 효과들이다. 낫세포증에서 산소운반 헤모글로빈 분자의 결함은 빈혈증, 심장병, 폐렴에 약하거나 신장질환, 비장의 비대 등을 포함하여 많은 다른 증상들을 일으킨다. 이러한 다면발현 효과의 범위로부터 주된 결함의 본성을 추론하는 것은 일반적으로 쉽지 않다.

불완전 우성

이형접합체에서 모든 대립유전자들이 완전히 우성이거나 열성이지는 않다. 어떤 대립인자쌍들은 **불완전우성(incomplete dominance)**을 보이고 부모의 중간형인 이형접합적 표현형을 만든다. 예를 들면 **그림 10.14**와 같이 붉은색과 흰색 꽃의 일본 분꽃 식물 간 교배는 붉은색, 분홍색, 흰색 꽃식물을 1:2:1의 비율로 생성한다. 즉 이형접합체는 꽃색깔에 있어 중간형이다. 이는 이형접합체가 우성의 표현형을 보였고 불완전 우성을 보이지 않았던 멘델의 완두콩 식물 결과와 다르다.

환경적 효과

많은 대립유전자들에 있어 표현되는 정도는 환경에 달려 있다. 예를 들면, 어떤 대립유전자들은 열에 민감하다. 이러한 대립유전자에 영향을 받는 형질들은 다른 대립유전자에 의해 생성되는 생성물에 비해 온도나 빛에 더 민감하다. 예를 들면 **그림 10.15**와 같이 북극여우들은 날씨가 따뜻할 때만 털에 색소체를

(a)

(b)

그림 10.15 한 대립유전자에 대한 환경적 효과

(a) 북극여우는 겨울에 거의 흰색 털을 지녀 눈이 있는 배경에서는 쉽게 눈에 띄지 않는다. *(b)* 여름에 이 여우의 털은 적갈색으로 어두워져 주변 툰드라 지대의 색과 닮게 된다.

만든다. 이러한 형질이 왜 북극여우들에게 이점이 될 수 있을까? 북극여우가 이와 같은 형질을 지니지 않고 한 해 동안 계속해서 흰색이라고 생각해 보자. 여름에는 어두운 배경색과 대조되어 포식자에게 매우 눈에 잘 띄게 될 것이다. 이와 비슷하게 히말라야 토끼와 시아메스 고양이의 *ch* 대립유전자는 열에 민감한 형태의 티로시나아제를 암호화하는데 이는 어두운 색소체인 멜라닌의 생성을 중재하는 효소 중 하나이다. *ch* 형태의 효소는 33°C 이상의 고온에서 불활성화 된다. 주 몸체와 머리의 표면에서 온도는 33°C 이상이 되고 티로시나아제는 불활성화 된다. 하지만, 귀의 끝부분이나 꼬리와 같은 몸체의 말단부분은 33°C 이하로 이러한 효소의 활성도가 훨씬 높다. 이 효소가 생성하는 검은 멜라닌 색소는 귀, 코, 발과 꼬리를 검게 한다.

상위유전

어떤 경우엔 두 개 또는 그 이상의 유전자가 서로 상호반응하는데, 이 경우 한 유전자가 다른 유전자의 발현에 기여하거나 가리게 된다. 상위유전은 이러한 형질들에 대해 복교잡 분석하였을 때 명백해 진다. 두 유전자에 대해 이형접합인 개체들을 교배했을 때 자손이 두 유전자 중 하나의 유전자에 대해 우성 표현형질을 보이거나 두 유전자 모두에서 그렇지 않다는 것을 되새겨보자. 하지만, 때때로 관찰자는 두 개 또는 그 이상의 유전자형들이 동일한 표현형을 발현하기 때문에 네 가지의 표현형을 발견하지 못할 수 있다.

앞에서 언급하였듯이, 한 유전자의 활성에 의해 나타나는 표현형은 드물다. 대부분 표현형들은 다수유전자의 연속적 또는 연대적 활성에 의해 나타난다. **상위유전(epistasis)**은 두 유전자 산물 간 상호작용이며, 이 중 한 유전자는 다른 한 유전자에 의한 표현형의 발현을 조절한다. 예를 들면, 상업용 옥수수 품종(*Zea mays*)은 종피에서 *안토시아닌*(anthocyanin)이라는 자주색 색소를 보이는 것들이 있는 반면 그렇지 않은 것도 있다. 1918년 R. A. Emerson이라는 유전학자는 안토시아닌 색소를 만들지 않는 두 옥수수 순계를 교배하였는데, 놀랍게도 모든 F_1 개체들이 자주색 종자를 생성하였다.

이러한 색소를 만드는 F_1 개체를 교배하여 F_2를 생성하였을 때 56%가 색소를 만들고 44%가 그렇지 않았다. 왜 그럴까? Emerson은 색소 생산에 두 유전자가 관여하고 있고 따라서 두 번째 교배는 Mendel이 수행했던 것과 같은 복교배였다는 것을 정확히 유추하였다. Mendel은 배우자들이 서로 결합될 수 있는 16개의 경우와 그 결과 9:3:3:1(9+3+3+1=16)의 표현형비를

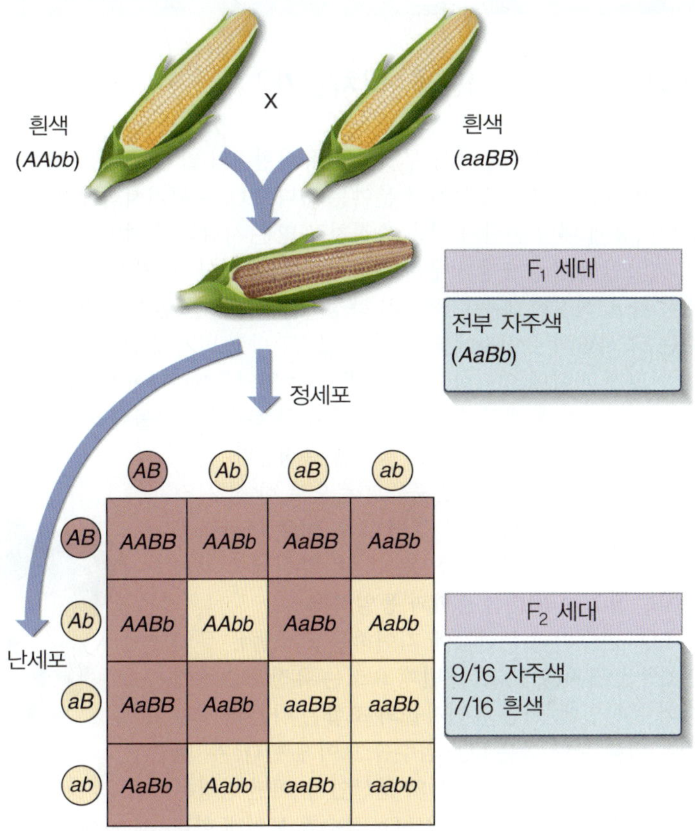

그림 10.16 옥수수알갱이 색에 대한 상위유전 효과
일부 옥수수 품종이 자주색 색소는 두 유전자에 의한 결과이다. 한 우성 대립인자가 두 개 유전자위 각각에 존재하지 않는다면, 색소는 발현되지 않는다.

지니는 유전자형이 나옴을 예측하였다. 이 중 몇 개가 Emerson이 얻었던 각 형태에 속하는 것일까? 그는 색소를 만드는 개체 비율(0.56)을 16으로 곱하여 9를 얻었고, 그렇지 못한 개체비율(0.44)을 16을 곱하여 7이란 값을 얻었다. 즉, Emerson은 일반적인 9:3:3:1 비율 대신에 9:7이라는 **변형된 비율(modified ratio)**을 얻었다. **그림 10.16**은 Emerson이 수행한 복교배의 결과이다. 다시 이 결과를 **그림 10.10**의 멘델의 복교배결과와 비교하여 보면, Emerson의 결과에서 보여지는 F_2 유전자형들이 Mendel이 발견한 것과 동일하다는 것을 알 수 있다. 그러면 왜 표현형비가 달리 나올 수 있을까?

Emerson의 비가 변형된 이유는 무엇일까? 옥수수 식물에서 알갱이 색에 관여하는 두 유전자 중 하나가 다른 유전자의 발현을 가릴 수 있다는 것이 밝혀졌다. 한 유전자(*B*)는 하나의 우성대립유전자가 존재해도(*BB* 또는 *Bb*) 색소생성을 막는 효소를 생성한다. 또 다른 유전자(*A*)는 우성형태에서(*AA* 또는 *Aa*) 종피에 침적되는 색소가 생성되게 하는 효소를 만든다. 이와 같이 *A*라는 유전자에 대한 두 열성대립유전자(색소생성 안

환경은 I.Q.에 영향을 미치는가?

I.Q. 점수에 대한 연구에서 무엇보다 유전형질의 발현에 대한 환경의 영향에 관한 논쟁을 일으켰던 분야는 없다. I.Q.는 필기시험에 기반한 일반지능에 대한 논란이 많은 측정치로 많은 사람들이 백인 중간계급의 미국인에 유리하게 치우쳐 있다고 느끼고 있다. 하지만, I.Q. 점수가 지능을 적절히 또는 부적절히 측정하든지 한동안 한 인간의 I.Q. 점수는 그 사람의 유전자에 의해 크게 결정된다고 믿겨져 왔다.

어떻게 과학에 이러한 결론을 내릴 수 있었을까? 과학자들은 분산이라는 난해한 통계적 수치를 이용하여 한 복수유전자들에 의한 형질에 유전자들이 영향을 미치는 정도를 측정한다. 분산은 표준편차(한 집단 내 평균을 기준으로 한 산포 정도의 측정치)의 제곱으로 정의되며, 아주 바람직한 산가적 특성을 지닌다. 즉, 총분산은 분산에 영향을 미치는 요소들의 분산 총합과 동일하다.

I.Q. 점수의 총분산값에 기여하는 요소들은 무엇인가? 세 가지가 있다. 첫 번째 요소는 유전자 수준에서의 분산인데, 어떤 유전자들의 조합은 다른 유전자들에 비해 보다 높은 I.Q. 점수를 보이게 한다. 두 번째 요소는 환경적 수준에서의 분산인데, 어떤 환경은 다른 환경에 비해 보다 높은 I.Q. 점수를 보이게 한다. 세 번째 요소는 공분산이라 일컫는 것인데, 환경이 유전자에 미치는 영향의 수준이다.

유전자들이 I.Q.와 같은 한 형질에 영향을 주는 정도, 즉 I.Q.의 유전력은 H로 표기하고, 간단히 총분산 중 유전이 차지하는 부분이라고 정의 된다.

그렇다면I.Q.는 어떻게 유전될까? 유전학자들은 I.Q. 점수의 총분산값에 대한 환경적 그리고 유전적 기여도를 측정하여 I.Q.의 유전력을 추정한다. I.Q.의 분산에 대한 환경의 기여도는 함께 양육되거나 떨어져 양육된 일란성 쌍둥이의 I.Q.점수를 비교하여 측정될 수 있다(차이는 분명히 환경적 영향에 의한 것일 것이다). 유전적 기여도는 함께 육양된 일란성 쌍둥이(유전적으로 100% 동일)와 함께 양육된 이란성 쌍둥이(유전적으로 50% 동일)를 비교하여 측정된다. 여기서 나오는 차이는 유전자에 의한 것인데, 쌍둥이는 자궁에서 동일한 태아조건을 공유하고 사실상 동일한 환경상태에서 양육되고 따라서 형질들이 이란성보다 일란성 쌍둥이 사이가 좀 더 공통적으로 공유되기 때문에 I.Q.의 차이는 유전에 의한 것일 수 있다.

이러한 종류의 '쌍둥이 연구'가 과거에 시행되었을 때 과학자들은 I.Q.가 H가 약 0.7(상당히 높은 값임) 정도로 상당한 유전력을 가진다고 한결같이 보고하였다. 당시에는 크게 중요하지 않게 생각되었지만, 수년 동안 연구에 동원된 거의 모든 쌍둥이들이 중산계급이나 부유한 가족에 속했다.

I.Q. 연구는 논란이 많은 것으로 판명되었는데, 그 이유는 I.Q.는 사회적, 인종적 그룹 간 비교 시 종종 달라지기 때문이다. 한 그룹으로서의 가난한 아이들의 I.Q. 점수가 중산층이나 부자집 아이들에 비해 낮다는 관찰을 보이게 하는 이유는 무엇일까? 이러한 차이가 몇몇 학자들로부터 가난한 이들이 유전적으로 열등하다는 제의를 낳게 했다.

왜 이렇게 힘들게 결론을 얻어야 할까? 이러한 판단을 하기위해 잠깐 I.Q. 유전력 측정치들이 한가지 결정적인 가정을 만들었다는 사실에 초점을 두어야 하는데, 이 가정은 이러한 종류의 것에 전문적인 집단유전학자들이 강하게 반대한다. 이 가정은 환경이 유전자 발현에 영향을 주지 않고 따라서 공분산이 I.Q. 점수의 총분산에 아무런 기여를 하지 않는다는 것, 즉 H에 기여하는 공분산은 0이라는 것이다.

이러한 가정에 대한 직접적 평가가 이루어졌으며, 중요하게도 이 가정이 완전히 잘못 된 것임이 증명되었다.

2003년 11월 과학자들은 1960년대에 수행되었던 한 연구로부터 나온 쌍둥이 정보들에 대한 분석에 대해 보고하였다. 국립보건기구에 의해 재정지원을 받았던 National Collaborative Prenatal Project는 미국 주요 도시의 흑인이면서 매우 가난한 50,000명의 임산부를 동원하였다. 과학자들은 많은 양의 정보를 수집하였고, 7년후 아이들에게 I.Q. 시험을 수행하였다. 쌍둥이에 대해 연구 설계된 것은 아니었지만, 연구 규모가 매우 커서 623명의 많은 쌍둥이가 포함되어 있었다. 7년후 320쌍의 쌍둥이를 찾아내어 I.Q. 검사를 하였다.

따라서, 이것은 빈곤자 사이에 I.Q.에 대해 수행된 첫 번째 거대한 '쌍둥이 연구' 였다.

검사결과를 분석하였을 때 결과는 당시까지 알려진 보고들과는 달랐다. I.Q. 유전력은 상이한 환경에 따라 상이하였다. 무엇보다 눈에 띈 것은 I.Q.에 대한 유전자의 영향은 환경적 제한이 유전적 가능성의 발현을 막는 것처럼 보이는 빈곤한 조건에서 훨씬 적었다. 특히 높은 사회경제적 가족에서는 이전 연구결과에서처럼 H=0.72이었지만, 가난한 상황에서 자란 가족의 경우 H=0.10으로 매우 낮았는데, 이는 관찰된 I.Q. 점수에 유전자의 영향은 거의 없다는 것이다. 한 아이의 사회경제적 지위가 낮을수록 유전자의 I.Q.에 주는 영향은 적었다.

이러한 정보는 I.Q.에 대한 유전적 기여는 한 빈곤한 환경에서는 그다지 크지 않다는 것을 분명히 보여준다.

어떻게 유년시절의 가난이 두뇌에 영향을 줄까? 2008년 신경의학자들은 아주 빈곤한 가정에서 자란 많은 어린이들이 영양결핍을 경험하고 스트레스 호르몬 수준이 건강에 영향을 줄 정도로 높아 그들의 신경발달에 손상을 가져온다고 보고하였다. 이러한 것이 이들의 언어발달과 나머지 삶에 있어 기억에 영향을 준다.

분명히, 가난한 아이들의 성장과 학습환경은 이들의 I.Q. 점수에 중요한 영향을 준다고 할 수 있다. 게다가, 이러한 정보들은 보고된 인종간 평균 I.Q. 점수의 논쟁적인 차이는 가난 그 이상을 반영하지 않으며 또한 불가피할 수 있음을 보여준다.

그림 10.17 개의 털색에 대한 상위유전 상호작용의 효과
레브라도 리트리버에서 보여지는 털색은 각각 두 대립인자를 지닌 두 유전자의 상호작용의 예이다. *E* 유전자는 색소가 털에 침적될 것인지를 결정하며 *B* 유전자는 그 색소가 어느 정도로 진하게 될 것인지를 결정한다.

됨)를 가진 한 개체는 *B* 유전자의 우성대립유전자들을 가지고 있어 색소생성이 가능함에도 불구하고 흰색 종피를 만들 것이다. 이와 같이, *A* 유전자에 대한 우성대립유전자들(색소생성)을 지닌 개체는 만약 *B* 유전자에 대해 열성대립인자만 지녀 색소를 만들지 못한다면 흰색 종피를 생성할 것이다.

색소를 만들고 침적하기 위해 한 식물체는 한 효소 유전자(*A_B_*)에 대해 최소 하나의 기능을 하는 복사체를 가져야 한다. 독립유전에 의해 예측되는 16개의 유전자형 중 9개는 두 유전자 중 최소 하나의 대립인자를 지닌다. 이들 유전자형들은 자주색 자손들을 만들며 **그림 10.16**에서 짙은색으로 나타나 있다. 나머지 7개 유전자형들은 하나 또는 두 개의 유전자위(3 + 3 + 1 = 7)에서 우성대립인자가 없고 표현형적으로 동일하여(무색소-퍼네트 사각형에서 밝은색 박스) Emerson이 관찰하였던 9:7의 표현형비를 보인다.

상위유전의 다른 예 많은 동물들에 있어 털색은 유전자 간 상위유전에 의한 상호작용의 결과이다. 개의 한 종인 레브라도 리트라이버의 털색은 원래 두 유전자의 상호작용에 의한 것이다. 털에 어두운 색소가 침적되고 안 되고는 *E* 유전자에 의해 결정된다. 만약 한 개가 *ee* 유전자형을 (**그림 10.17**의 왼쪽의 두 개와 같이) 가진다면 털에 색소가 침적되지 않고 노란색이 될 것이다. 만약 *EE* 또는 *Ee* (*E_*)를 지닌다면 색소가 털에 침적될 것이다(오른쪽의 두 개).

두 번째 유전자 *B*는 색소의 진한 정도를 결정한다. 유전자형 *E_bb*의 개는 갈색 털을 지니며 초콜릿 랩스라고 불린다. 유전자형 *E_B_*의 개는 검은색 털의 블랙 랩스이다. 하지만 노란색 개에서도 *B* 유전자가 어느 정도 영향을 보인다. *eebb*의 노란색 개(가장 왼쪽)는 코, 입술, 눈꺼풀에 갈색 색소를 지니고 반면에, *eeB_*의 노란색 개(왼쪽 두 번째)는 이들 부위에 검은 색소가 생긴다. 이러한 종의 털색 유전자들이 밝혀져 강아지 단계에서의 털색 결정이 유전자테스트를 통해 가능하다.

공우성

한 집단에서 한 유전자는 두 개 이상의 대립인자를 가질 수 있고 사실상 대부분의 유전자들이 여러 개의 상이한 대립인자를 갖는다. 종종 이형접합들에는 하나의 우성 대립인자만 있는 것은 아니다. 대신 양 대립인자의 효과가 발현된다. 이 경우를 **공**

그림 10.18 색 패턴에 있어 공우성

이 혼합색의 말은 털색에 대해 이형접합이다. 흰색 동형접합체와 검은색 동형접합체 간 교배로부터 나온 자손은 두 표현형을 모두 나타낸다. 몸체의 일부 털은 희고 일부는 검다.

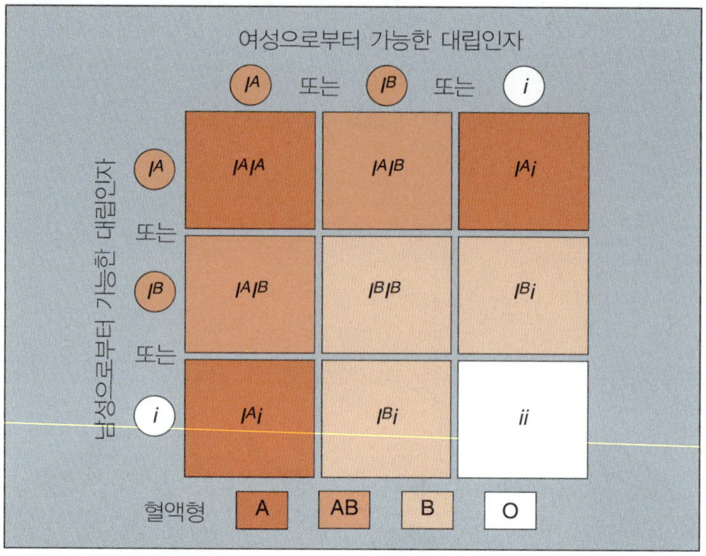

그림 10.19 ABO 혈액형을 조절하는 복대립인자

세 개의 일반적인 대립인자가 ABO 혈액형을 조절한다. 세 대립인자의 서로 다른 조합이 상이한 혈액형 표현형을 만든다: A형(I^AI^A 동형접합체 또는 I^Ai 이형접합체), B형(I^BI^B 동형접합체 또는 I^Bi 이형접합체), AB형(I^AI^B 이형접합체), O(ii 동형접합체).

우성(codominant)이라 한다.

공우성은 몇몇 동물의 색깔 패턴에서 보여진다. 예를 들면, 밤색에 흰색 또는 회색이 섞이는 패턴(론 패턴)은 몇몇 말이나 소에서 나타난다. 이러한 동물들은 신체의 작은 일부분에 흰색 또는 색이 있는 털을 지닌다. 이러한 색의 털이 혼합되어 전체적으로 좀 더 밝은 색을 만들거나 좀 더 밝거나 어두운 색의 패치를 만든다. 이러한 패턴은 흰색의 동형접합체와 색이 있는 동형접합체 간의 교잡과 같은 이형접합의 유전자형 때문에 생긴다. 중간색은 불완전 우성의 결과일까? 아니다. 흰색 대립인자와 유색 대립인자를 물려받는 이형접합체는 두 색이 혼합된 하나의 털을 가지는 것은 아니다. 그보다, 두 대립인자가 다 발현되어 어떤 털은 희고 어떤 털은 색을 지니게 되는 것이다. **그림 10.18**의 회색말은 론 패턴을 보여주고 있다. 회색처럼 보이지만 가죽털을 자세히 들여다 본다면 흰색과 검은색 털을 동시에 지녀 회색처럼 보이게 됨을 알 수 있다.

한 개 이상의 우성 대립인자를 보이는 사람의 유전자는 ABO 혈액형을 결정짓는 유전자이다. 이 유전자는 적혈구의 표면에 있는 지방질에 당 분자를 더하는 효소를 암호화한다. 이러한 당 분자들은 면역체계 내 세포에 있어 인식표지의 역할을 하며 세포표면 항원이라고 한다. 이 효소를 암호화하는 유전자를 I라 하는데, 세 개의 일반적인 대립인자를 갖는다. I^B의 생성물은 갈락토오스 당을 더해주고 I^A의 생성물은 갈락토사민을 더해주고 i는 당을 더하지 않는 단백질을 명명한다.

세 I 유전자 대립인자들의 상이한 조합들이 다른 개인들에서 나타나는데 이는 각 개인이 특정 대립인자에 대해 동형접합이거나 어떤 두 개 인자에 이형접합이기 때문이다. I^A와 I^B 대립인자에 대해 이형접합인 개인은 양 형태의 효소를 만들고 적혈구 세포표면에 갈락토오스와 갈락토사민을 부착시킨다. 두 대립인자가 이형접합에서 동시에 발현되기 때문에 I^A와 I^B는 공우성이다. I^A, I^B 대립인자 모두 당 부착을 일으키고 I 대립인자는 그렇지 않기 때문에 I^A와 I^B 대립인자는 I 대립인자에 우성이 된다. 세 대립인자의 상이한 조합은 네 가지의 표현형을 만든다.

1. A형은 단지 갈락토사민을 부착한다. 이들은 I^AI^A 동형접합체이거나 I^Ai의 이형접합체(**그림 10.19**의 가장 진한 세 칸)이다.
2. B형은 단지 갈락토오스만 부착한다. 이들은 I^BI^B 동형접합이거나I^Bi 이형접합(가장 연한 세 칸)이다.
3. AB형은 두 가지 당을 모두 부착시키며 I^AI^B 이형접합체(중간색의 두 칸)이다.
4. O형은 두 가지 당 모두 부착시키지 않으며 ii 동형접합체(**그림 10.19**의 흰색 한 칸)이다.

이러한 네 가지 세포표면 표현형을 **ABO 혈액형(ABO blood group)**이라 한다. 개인의 면역체계는 이 네 개의 표현형으로 구별된다. 만약 A형인 사람이 B형 혈액을 수혈 받으면 수혈 받는 사람의 면역체계는 B형이 이물질 항원(갈락토오스)을 지녔음을 인지하고 수혈된 혈세포를 공격하여 세포덩어리로 만들거나 응집반응을 일으킨다. 만약 수혈된 피가 AB형이라도 이러한 반응이 일어난다. 하지만, O형이 수혈되면 혈세포에 갈락토오스나 글루코사민 항원이 함유되어 있지 않아 이들 항원에는 어떠한 면역반응이 일어나지 않는다. 이러한 이유로 O형인 사람은 '보편적 기부자'라고 한다. 따라서 일반적으로 어떤 사람의 면역체계라도 O형 혈액의 수혈이 가능하다. AB형의 사람에게는 갈락토오스나 갈락토사민 모두 이물질이 아니므로 이들은 어떤 혈액형도 받을 수 있다.

주요 학습 요점 10.6 다양한 요소들이 대립인자의 Mendel 분리를 보여줄 수 있다. 다수 유전자들이 한 형질에 기여할 때 생겨나는 연속변이, 한 대립인자가 다수 표현형에 영향을 주는 다면발현, 양 부모와는 표현형이 다른 이형접합체를 생성시키는 불완전 우성, 표현형의 발현에 대한 환경적 영향, 그리고 상위유전과 공우성에서 보여지는 두 개 이상의 대립인자 간 상호작용이 이에 속한다.

염색체와 유전

10.7 멘델 유전의 운반체인 염색체

유전의 염색체 이론

20세기 초에는 염색체가 유전정보의 운반체인 것이 확실치 않았다. 유전에 있어 염색체의 중심적 역할은 1900년에 독일 유전학자 Karl Correns가 쓴 멘델 연구의 재발견에 대해 보고하였던 한 논문에 의해 주장되었다. 감수분열 시 상동 염색체 간 짝을 이룬다는 관찰들이 1902년 미국인 Walter Sutton에 의해 정립된 *유전의 염색체적 이론*(chromosomal theory of inheritance)을 이끌었다.

여러 증거들이 Sutton의 이론을 지지하였다. 하나는 두 세포 즉, 정자와 난자 결합으로 생식이 시작된다는 것이다. 만약 멘델의 모델이 옳았다면, 이 두 배우자는 동등한 유전적 기여를 하여야 한다. 하지만 정자는 세포질이 거의 없기 때문에 이는 유전물질이 배우자의 핵내에 존재함을 제시한다. 더욱이 이배체가 상동염색체의 각 쌍에 있어 두 개의 복사본을 지니는 반면, 배우자들은 단지 하나만 지닌다. 이러한 관찰은 각 이배체가 유전되는 유전자에 대해 두 복사본을 지니고, 배우자는 하나만 지닌다는 멘델의 모델과 일치한다. 마지막으로, 염색체는 감수분열 동안 분리되고 각 상동염색체 쌍은 모든 다른 쌍과는 독립적으로 중기 적도판에 배열된다. 분리와 독립유전은 멘델의 모델에 있어 유전자들의 두 가지 특성이다.

염색체적 이론의 문제점

과학자들은 곧 이러한 이론의 문제점 하나를 지적하였다. 만약 멘델의 형질들이 염색체에 존재하는 유전자에 의해 결정된다면, 그리고 멘델 형질의 독립유전이 감수분열 시 염색체들의 독립유전을 반영한다면, 왜 특정 생물체에서 독립적으로 유전하는 형질들의 수가 종종 생물체가 지니는 염색체 쌍의 수를 크게 넘겠는가 하는 것이다. 이는 치명적인 반대 의견이었으며, 많은 초기 과학자들이 Sutton의 이론을 심각하게 유보하였다.

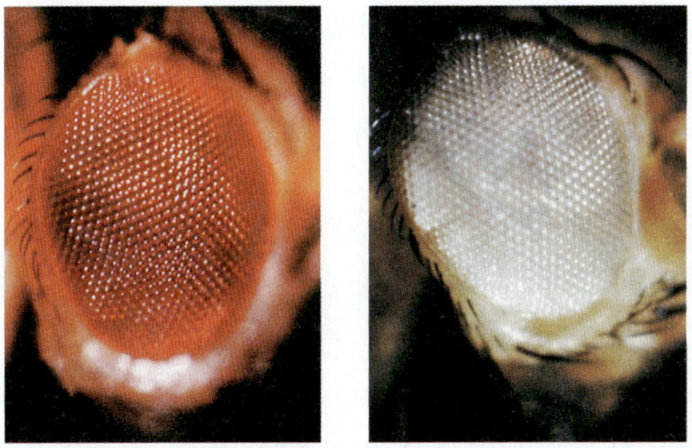

그림 10.20 **붉은색 눈(야생형)과 흰색 눈(돌연변이)의 *Drosophila***
흰색 눈 결함은 유전되는데, X 염색체상에 존재하는 한 유전자의 돌연변이 결과이다. 이 돌연변이를 연구함으로써 Morgan은 유전자들이 염색체상에 있음을 보여주었다.

Morgan의 흰색 눈 파리

유전의 염색체 이론이 본질적으로 정확하다는 가설이 한 작은 초파리에 의해 설명되었다. 1910년 Thomas Hunt Morgan은 *Drosophila melanogaster*라는 초파리를 연구하다가 정상적 초파리보다 두드러지게 다른 돌연변이 수컷 초파리를 발견하였는데, 붉은색 눈 대신 흰색 눈을 갖고 있었다(**그림 10.20**).

Morgan은 즉시 이 새로운 형질이 멘델의 방식으로 유전될 것인가를 결정하기 위한 실험을 하였다. 먼저 돌연변이 수컷을 정상 암컷과 교배하여 적색 또는 백색 중 어느 것이 우성인지 조사하였다. 모든 F_1 자손들은 붉은색 눈이었고 따라서 Morgan은 붉은색 눈이 흰색 눈에 우성이라 결론지었다. 오래 전에 Mendel이 수립했던 실험적 과정을 따라 Morgan은 F_1 세대에서 나온 붉은색 눈 파리들을 서로 교배하였다. Morgan이 관찰한 4,252개 F_2 자손 중 782(18%)가 흰색 눈을 가졌다. 비록 F_2에서 붉은색 대 흰색의 비율이 3:1보다 컸지만 교배 결과는 눈의 색깔이 분리된다는 분명한 증거를 제공하였다. 하지만, 결과에는 Mendel이 이론으로는 절대 예측되지 않는 이상한 점이 있었는데, *이는 모든 흰색 눈 F_2 파리가 수컷이었다*는 것이다.

이렇게 이 결과를 설명할 수 있을까? 아마 흰색 눈 암컷파리는 존재하기가 불가능하였을 것이다. 그러한 개체들은 어떤 이유로 생존이 어려웠을 것이다. 이러한 생각을 검정하기 위해 Morgan은 암컷 F_1 자손을 원래 흰색 눈 수컷과 검정교배하였고 Mendel 이론에서와 같이 흰색과 적색 수컷과 암컷을 1:1:1:1 비율로 얻었다. 이와 같이 한 암컷은 흰색 눈을 가질 수 있었다. 그렇다면 왜 원래의 교배에서 나온 자손 중에는 흰색 눈의 암컷이 없었을까?

성 연관이 염색체 이론을 확인하다

이 수수께끼의 해답은 성과 관련된다. *Drosophila*에서 한 개체의 성은 한 개체가 지니는 X 염색체라는 특정 염색체의 복사체 수에 의해 결정된다. 두 개의 X 염색체를 지닌 초파리는 암컷이며 단 하나의 X 염색체를 지닌 초파리는 수컷이다. 수컷에서 감수분열 중 단일 X 염색체는 Y 염색체라 불리는 크기가 크고 모양이 상이한 염색체 짝과 쌍을 이룬다. 이와 같이 하여 암컷은 단지 X 배우자만 생성하는 반면, 수컷은 X와 Y 배우자 둘 다 생성한다. 수정 시 X 정자가 관여할 때 결과는 하나의 XX 접합체이고, 이것이 암컷으로 발달한다. 수정 시 Y 염색체가 관여하면 결과는 XY 접합체이며, 수컷으로 발달한다.

Morgan 수수께끼의 해답은 *Drosophila*에서 흰색 눈을 일으키는 유전자는 X 염색체에만 존재하고 Y 염색체에는 없다(우리는 초파리의 Y 염색체에는 기능을 하는 유전자들이 거의 없음을 알았다). 성 염색체상의 한 유전자에 의해 결정되는 한 형질을 **성-연관(sex-linked)**되어 있다고 한다. 흰색 눈이 붉은색 눈에 열성이므로 Morgan의 결과가 염색체 멘델 유전의 자연적인 결과임을 알 수 있다. **그림 10.21**은 눈색깔 대립인자와 염색체를 통해 Morgan의 실험을 단계적으로 보여준다. 이 실험에서 F_1 세대는 모두 붉은색 눈을 가지는 반면 F_2 세대는 흰색 눈을 가진 것도 포함되지만 모두 수컷이다. 처음 보기에 놀라운 이 결과는 흰색 눈 형질의 분리가 X 염색체의 분리와 1:1로 상응하기 때문에 일어난다. 다른 말로 흰색 눈 유전자는 X 염색체상에 존재한다. 사람은 색맹과 같은 형질(240쪽과 제29장)과 혈우병(이

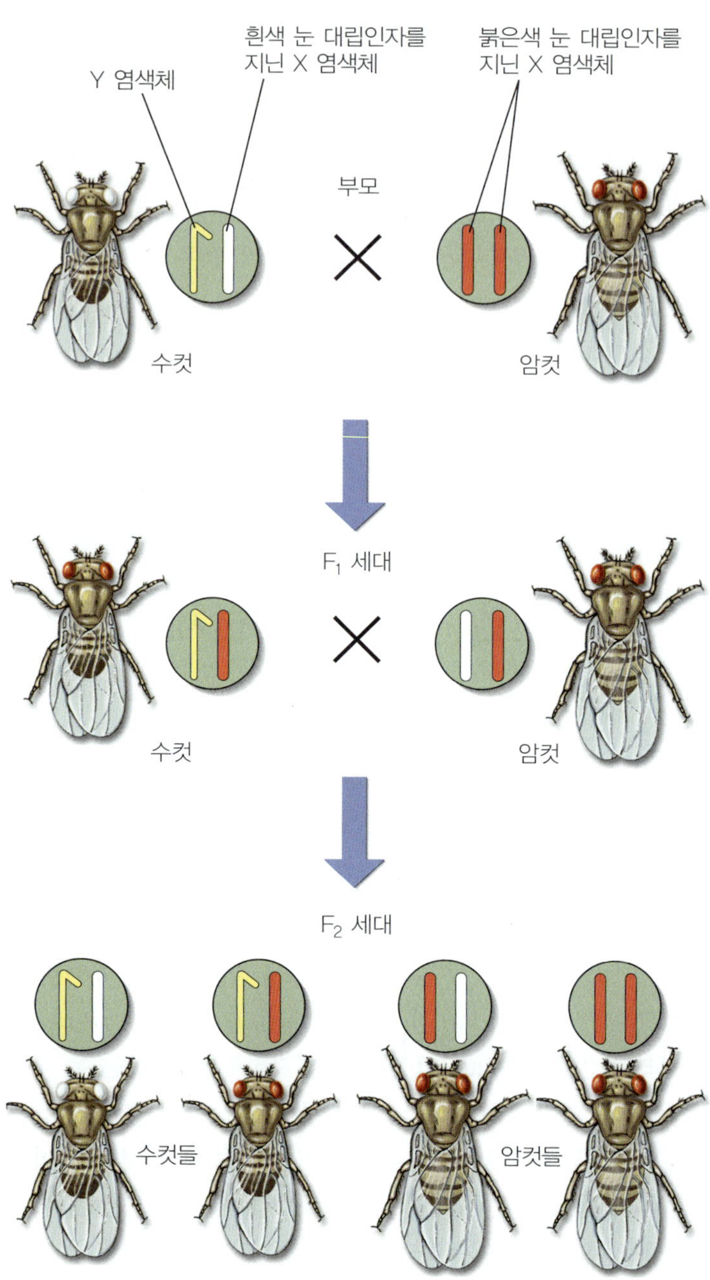

그림 10.21 성 연관의 염색체적 기반을 설명한 Morgan의 실험
흰색 눈의 돌연변이 수컷 초파리를 정상의 암컷과 교배시켰다. F_1 세대의 초파리는 모두 붉은색 눈을 보였고, 이는 한 열성 흰색 눈 대립인자에 대한 이형접합의 초파리들로부터 예상될 수 있다. F_2 세대에서는 모든 흰색 눈 초파리는 수컷이었다.

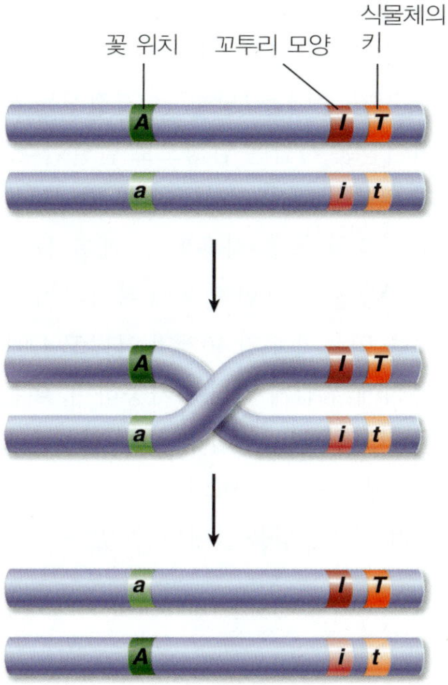

그림 10.22 연관 Mendel의 완두콩의 꽃 위치(A)와 꼬투리 모양(I)에 대한 유전자와 같이 한 염색체상에 멀리 떨어져 위치한 유전자들은 독립적으로 분리되는데, 이는 교차에 의해 이러한 대립인자의 재조합이 일어나기 때문이다. 꼬투리 모양(I)과 식물체의 키(T)는 서로 매우 근접하여 위치하므로 교차가 일반적으로 일어나지 않는다. 이러한 유전자들은 연관되어 있다고 하며 독립적으로 분리되지 않는다.

장의 뒷부분에서 논의될 혈액 응고병)이 성-연관되어 있다.

Morgan의 실험은 Sutton이 제안하였듯이 Mendel의 형질을 결정하는 유전자들이 염색체 상에 존재한다는 첫 번째 분명한 증거를 보여주었다. 이제 우리는 Mendel의 형질이 독립적으로 유전되는 이유가 염색체가 독립적으로 유전되기 때문임을 알 수 있다. Mendel이 완두콩에서 서로 다른 형질의 분리를 관찰하였을 때 그는 염색체의 감수분열에서의 분리가 반영된 현상을 관찰하고 있었던 것이며 이들 염색체가 그가 관찰했던 형질들을 내포하고 있었던 것이다.

만약 유전자들이 염색체 상에 위치 한다면 동일한 염색체상의 두 유전자는 함께 분리될 것이라고 기대할 것이다. 하지만 두 유전자가 **그림 10.22**의 A와 I 유전자와 같이 염색체상에서 각각 매우 멀리 떨어져 위치한다면 이들간 교차가 일어날 빈도는 아주 높고 따라서 독립적 분리가 일어날 수 있다. 반대로, 유전자 I와 T와 같이 염색체 상에서 두 유전자가 근접하면 할수록 이들간 교차가 일어날 확률은 낮아진다. 서로 매우 근접한 유전자들은 거의 항상 같이 분리되며 이는 함께 유전됨을 의미한다. 근접한 유전자들이 함께 분리되는 경향을 **연관(linkage)**이라 한다.

주요 학습 요점 10.7 Mendel의 형질들은 독립적으로 분리되는데, 이는 감수분열에서 독립적으로 분리되는 염색체상에 위치한 유전자들에 의해 이 형질들이 결정되기 때문이다.

10.8 사람 염색체

Mendel에 의해 처음 제안된 유전학의 원칙들은 완두콩 식물이나 초파리에만 적용되는 것이 아니라 사람들에게도 적용된다. 여러분들이 아버지 또는 어머니를 얼마나 닮았느냐는 완두콩에서의 감수분열 과정이 멘델 형질의 분리를 결정하듯, 여러분들이 태어나기 전 부모로부터 받은 염색체들에 의해 주로 설정된다. 그러나 사람 집단에서 발견된 많은 대립인자들은 완두콩의 색깔보다 좀 더 심각하게 생각되어야 한다. 가장 치명적인 사람 질병 중 몇몇은 우리 인체에서 중요한 역할을 하는 단백질에 결함을 가하는 대립인자에 의해 나타난다. 사람의 유전을 연구함으로써 과학자들은 어떠한 질병들이 어떠한 확률로 부모로부터 자식들에게 물려질 것인지 예측할 수 있게 되었다.

비록 사람의 유전자도 다른 생물체와 동일한 방식으로 다음 세대로 전달되지만, 우리는 천성적으로 우리 자신에 대한 특별한 궁금증을 가지고 있다. 어떤 질병들은 유전되고 다른 것은 그렇지 않다는 것을 알기 때문에, 언제 우리 가족 중 한 사람이 질병을 가질 수 있을지 걱정하지 않을 수 없다. 만약 가족 구성원이 뇌졸중이 있을 때 뇌졸중을 앓을 경향이 유전될 수 있다는 사실을 알기 때문에 우리 자신의 미래의 건강에 대해 걱정하게 된다. 선천적 결손증의 가능성을 걱정하지 않으면서 아이를 가지는 부모는 거의 없다. 분명히 당뇨병, 우울증, 알코올중독증과 같은 질병에는 유전자가 관여한다. 유전자가 환경과 어떻게 상호작용하여 상이한 개인적 성격을 만들어내는지 하는 것은 계속되는 활발한 연구의 주제이다. 우리 삶의 방향을 결정하는 유전자의 중요성 때문에 우리 모두가 인류유전학자이며, 유전법칙이 우리 자신과 가족에 대해 무엇을 밝혀낼 수 있을지 관심을 갖게 된다.

사람 염색체

비록 염색체가 1백 년 이상 오래 전에 발견되었지만 사람이 지니는 염색체의 정확한 숫자는 사람(46개)과 다른 포유류의 염

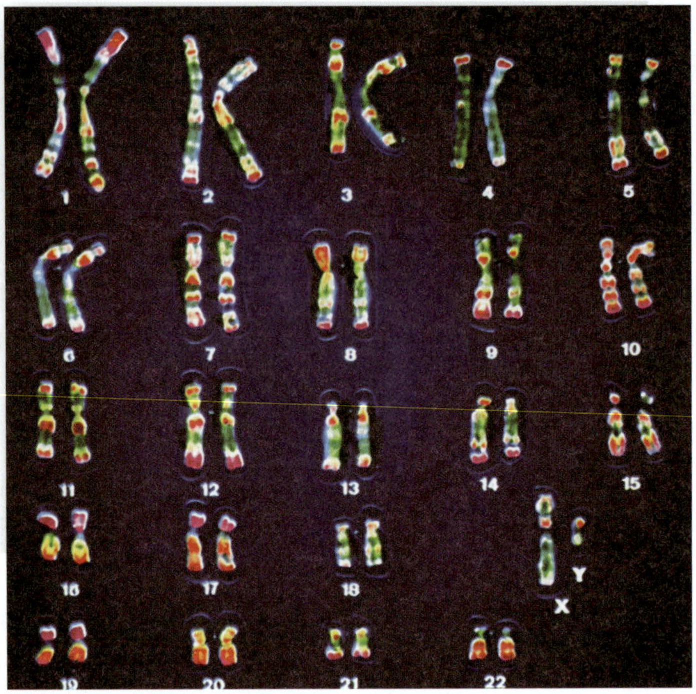

그림 10.23 사람의 핵형

46개 염색체 각각의 사진들이 크기가 큰 순으로 배열되었다. 염색에 의해 밝혀진 밴딩패턴으로 과학자들은 상동염색체들을 알아내고 이들끼리 쌍을 짓는다.

색체의 수와 형태를 정확히 결정할 수 있는 새로운 기술이 개발된 1956년이 되어서야 확실시 되었다.

생물학자들은 사람 염색체를 혈액샘플을 채취하고 혈액이 분열할 수 있도록 샘플 내 백혈구를 유도하는 화학물질을 넣고 (적혈구는 핵이 없어 분열되지 않는다), 세포분열이 중기에 멈출 수 있도록 또다른 화학물질을 첨가함으로써 사람 염색체를 연구한다. 중기는 염색체들이 가장 응집되어 다른 염색체들 간 가장 잘 구별이 가능한 체세포분열 단계이다. 그런 다음, 세포들을 납작하게 짓눌러서 세포 함유물을 축출시키고 개개의 염색체들을 분리시켜 관찰하게 된다. 염색체들은 염색하여 사진을 찍고 핵형이라고 하는 한 염색체의 '초상화' 로 각 염색체별 사진과 함께 준비된다. 사람의 핵형 **그림 10.23**에 나와 있다. 전통적으로 한 핵형의 염색체들은 상동염색체끼리 묶어서 나타내고 염색체들은 크기가 큰 순서부터 나열된다.

그림 10.23에 보이는 사람 염색체의 23쌍 중에, 22개가 남녀 모두에 비슷한 크기와 형태로 존재하는데 이것을 **상염색체(autosome)**라고 한다. 완두콩, 초파리, 사람을 포함하여 많은 동식물에서 **성염색체(sex chromosome)**라고 하는 나머지 두 염색체는 남성에서는 서로 다르지만 여성에서는 비슷하다. 사람에게서 여성은 XX로 남성은 XY로 지칭된다. Y 염색체는 X 염색체보다 훨씬 작고 유전자 수도 단지 X 염색체의 10분의 1만 갖는다. Y 염색체에 있는 유전자 중에는 "남성"을 결정짓는 유전자도 있어 Y 염색체를 이어받은 사람은 남성으로 발달한다.

개인의 핵형은 여분의 혹은 결손된 유전자에 의해 일어나는 유전적 비정상성을 찾아내기 위해 종종 사용된다. 예를 들면, 사람의 선천성 결함인 다운 증후군은 21번 염색체 복사본이 추가로 존재하여 생겨나는데, 총 염색체 수가 46개가 아니고 47개가 존재하기 때문에 핵형 분석에서 쉽게 인식이 가능하며, 여분의 염색체는 밴드패턴을 통해 21번 염색체의 세 번째 복사본으로 쉽게 확인된다. 출산 이전에 검출된 태아의 세포의 핵형 분석으로 이러한 종류의 유전적 비정상성을 알아낼 수 있다.

비분리

사람의 유전병 중 가장 심각한 것들은 감수분열 시기 사람 염색체의 분리에서 생기는 문제에 의해 발생한다.

때때로 감수분열 중 중기에서 쌍을 이루었던 자매염색분체 또는 상동염색체들이 분리되지 않고 그대로 합체된 채 남을 수 있다. 제1감수분열이나 제2감수분열에서 염색체가 제대로 분리되지 않는 경우를 **비분리(nondisjunction)**라 한다. 비분리는 비정상적인 염색체의 수를 뜻하는 **이수성(aneuploidy)**을 만든다. 비분리는 **그림 10.24**에서 보듯이, 크기가 좀 더 큰 염색체들의 상동염색체 쌍이 후기 I에서 서로 분리되지 않기 때문에 일어나다. 이러한 분리에 의해 생기는 배우자는 불균등한 염색체 수를 지니게 된다. 정상적인 감수분열에서 모든 배우자는 두개의 염색체를 지닐 것이지만, 여러분이 알 수 있듯이 이러한 배우자들 중 두 개는 세 개의 염색체를 갖는 반면, 다른 두 개는 단지 하나만 가지게 된다.

동일한 성의 거의 모든 사람들은 동일한 핵형을 지니는데, 그 이유는 간단히 말해 다른 배열들은 잘 맞지 않기 때문이다. 상염색체 중 하나만 잃은 사람(**일염색체 생물, monosomics**)이라도 생존할 수 없다 몇몇 경우를 제외한 대부분의 경우, 여분의 염색체를 얻은 사람(**삼염색체 생물, trisomics**)도 생존하지 못한다. 하지만 염색체 13, 15, 18, 21, 22번과 같은 5개의 제일 작은 크기의 염색체들은 세 개의 복사체로 존재할 수 있고 이러한 사람들은 일정 동안 생존하는 데 지장이 없다. 여분의 13, 15, 18번 염색체가 존재하면 몇 가지 발달장애를 일으키는데, 이러한 유전 조성을 지닌 유아는 수 개월 안에 죽게 된다. 반대로, 21번 염색체를 여분으로 갖거나 드물게는 22번 염색체를 여분으로 갖

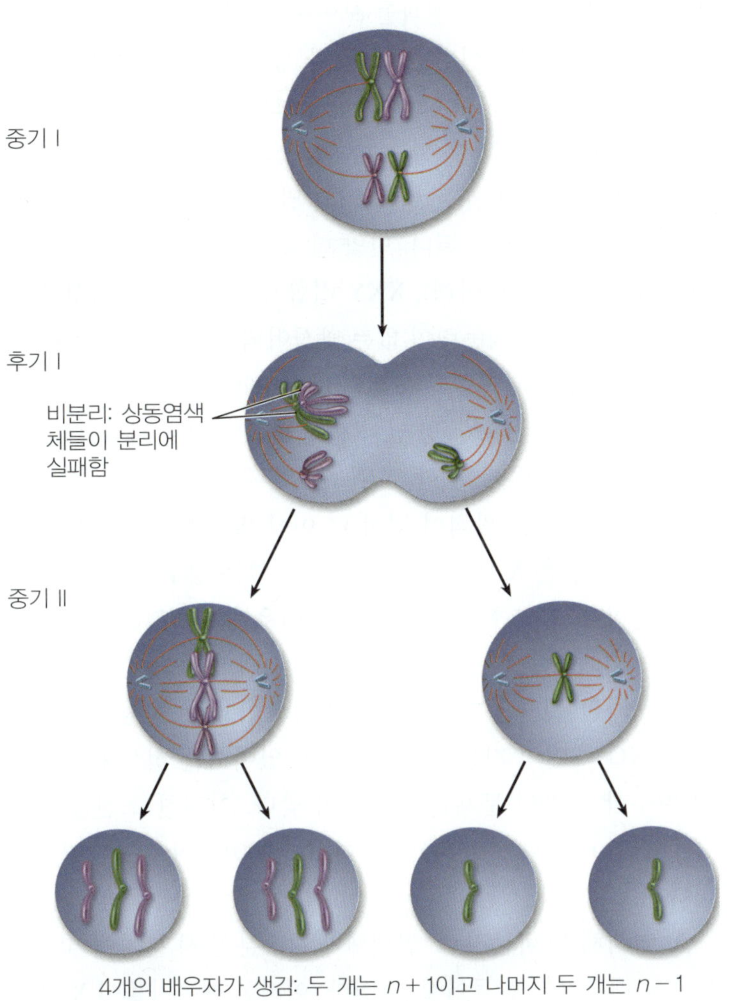

그림 10.24 후기 I에서 나타나는 비분리 현상

제1감수분열에서 일어나는 비분리 현상에서 한 쌍의 상동염색체들이 후기 I에서 분리에 실패하고 이로 인한 배우자들은 하나가 과다하거나 하나가 모자라는 염색체 수를 갖게 된다. 비분리는 제2감수분열에서도 일어날 수 있는데, 이때는 자매염색분체들이 후기 II에서 분리에 실패한다.

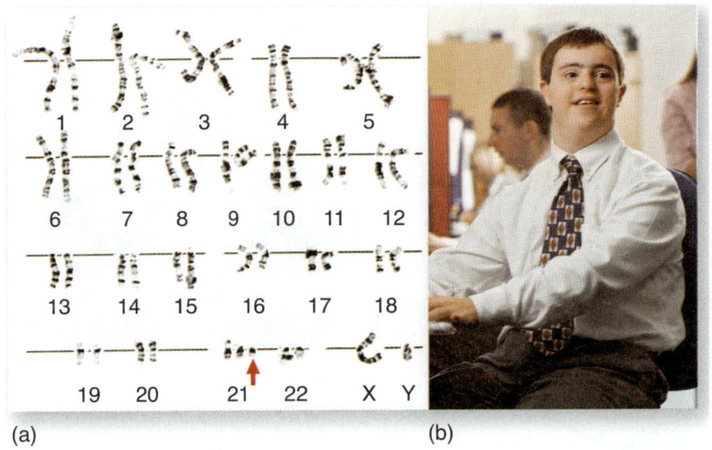

그림 10.25 다운 증후군

(*a*) 다운 증후군을 가진 한 남성의 이 핵형에서 21번의 삼염색체가 확연히 드러난다. (*b*) 다운 증후군의 한 남성.

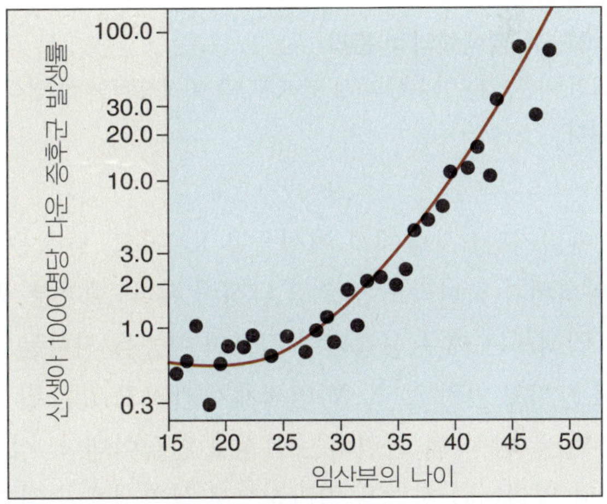

그림 10.26 임산부의 나이와 다운 증후군 발생 간의 상관성

여성이 나이가 들수록 다운 증후군을 지닌 아이를 출산할 확률이 증가한다. 여성이 35세가 되고 나면 다운 증후군의 빈도는 급속하게 증가한다.

는 사람들은 일반적으로 성인이 될 때까지 성장한다. 이러한 사람들은 두개골 체계의 성장이 더뎌져서 일반적으로 키가 작고 근육이 약하다. 정신적 성장장애도 일으키게 된다.

다운 증후군 **그림 10.25**의 21 삼염색체에 의한 발달장애는 1866년 Langdon Down에 의해 알려졌으며, 이 이유로 **다운 증후군(Down syndrome)**이라고 한다. 약 750명 어린이 중 1명꼴로 다운 증후군이 나타나며 이러한 빈도는 모든 인종에서 비슷하다. 노령 임산부의 아이 중에서 이러한 병은 좀 더 흔하게 나타난다. **그림 10.26** 그래프는 임산부의 나이에 따른 다운증후군 발병빈도의 증가율을 보여준다. 30세 이하의 임산부에서는 발병율은 1000분의 단 0.6(1,500번 출산 중 1번) 정도이지만 30~35세의 산모에서는 1,000명 출산 중 1.3명(750명 출산 중 1명)으로 2배가 된다. 45세 이상의 산모에서는 위험률이 1,000명 출산 중 63명(16명 출산 중 1명)으로 높다. 고령의 산모가 다운 증후군 아이를 출산하기 더 쉬운 이유는, 한 여성이 평생 생산하는 난자는 태어날 당시 난소에 이미 존재하며 나이가 들수록 난자의 손상이 집적되어 비분리를 일으킬 수 있기 때문이다.

성염색체에서의 비분리

이미 언급되었듯이, 23개의 염색체 중 22개는 남녀 모두에서 완전히 일치하며 상염색체라고 한다. 나머지 한 쌍은 X와 Y로 불리는 성염색체이다. *Drosophila*에서와 같이 (절대 모든 이배체

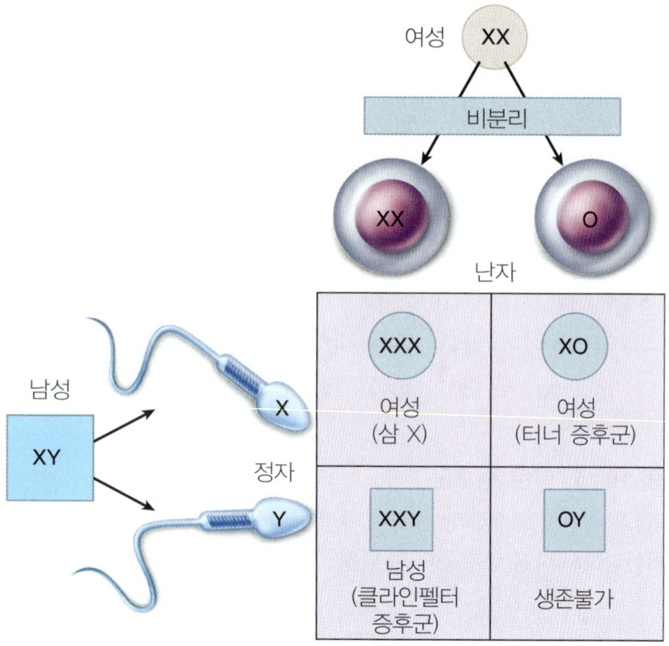

그림 10.27 X 염색체의 비분리

X 염색체의 비분리는 이수성의 성 염색체, 즉 비정상적인 성 염색체 수를 보이게 된다.

에서는 아니지만) 사람에서 여성들은 XX이고, 남성은 XY이다. Y 염색체가 하나라도 있으면 남성이 된다. 대부분 생물 종에서 Y 염색체는 매우 응집되어 있으며 기능을 지니는 유전자를 몇 개 가지고 있지 않다. Y 염색체가 가지고 있는 활성 유전자의 일부는 '남성'과 관련되는 특성을 만들어낸다. 성염색체를 얻거나 잃어버린 사람은 일반적으로 상염색체 수의 변화에 의한 심각한 발달장애를 겪지는 않는다. 이러한 사람들은 완전히 성숙하기는 하지만 다소 비정상적인 특성을 보인다.

X 염색체 비분리 X 염색체가 감수분열에서 분리에 실패하면 생성되는 배우자의 일부는 두 개의 X 염색체를 지니게 되고 따라서 XX 배우자가 된다. 이러한 현상을 거쳐 생겨나는 다른 배우자들은 성염색체를 지니지 않으며 'O'로 표기한다.

그림 10.27은 X 염색체 비분리에서 나온 배우자들이 정세포와 수정될 때 생겨나는 결과를 보여준다. 만약 한 XX 배우자가 한 X 배우자와 수정한다면, 그 결과 생성되는 XXX 접합자(퍼네트 사각형의 왼쪽 위)는 키가 평균보다 크고 다른 증상은 개인 따라 매우 다양할 수 있는 한 여성으로 성장한다. 대부분의 경우 정상이지만, 일부는 글 읽기와 말하기가 잘 안 되며, 일부는 정신적으로 지체가 된다. 만약 한 XX 배우자가 한 Y 배우자와 수정된다면(왼쪽 아래), XXY 접합자가 발달되어 여성 신체적 특성을 지닌 생식능력이 없는 남성이되고, 때로는 지능이 떨어지게 된다. *클라인펠터 증후군*(Klinefelter syndrome)이라고 하는 이러한 조건은 500명 남아 출산 중 1명 꼴로 나타난다.

만약 한 O 배우자가 한 Y 배우자와 융합한다면(오른쪽 아래), OY 접합자는 활력이 없이 더 이상 발달하지 못하게 되는데, 이는 사람은 X 염색체의 유전자가 없는 경우 생존할 수 없기 때문이다. 만약 한 O 배우자가 X 배우자와 수정한다면(오른쪽 위), XO 접합자는 짧은 목에 사춘기 때 변화되지 않은 미성숙 생식기관을 지닌 키가 작고 생식능력이 없는 여성으로 발달한다. XO 개인의 지능은 언어습득에 있어서는 정상이지만 비언어/수학 기반의 문제풀이 능력이 낮다. 이러한 조건을 *터너 증후군*(Turner syndrome)이라 하고 5,000명 여아 중 1명꼴로 나타난다.

Y 염색체의 비분리 Y 염색체가 감수분열 시 분리에 실패하면 YY 배우자가 만들어질 수 있다. 이러한 배우자들이 X 배우자들과 수정되면 XYY 접합자는 정상적 외모에 생식력이 있는 남성으로 발달한다. XYY 유전자형의 빈도는 1,000명 남아 신생아 중 1명꼴이다.

주요 학습 요점 10.8 **한 개체가 지니는 염색체들의 특정 배열을 핵형이라 한다. 사람의 핵형은 일반적으로 23쌍의 염색체를 가진다. 상염색체의 손실은 항상 치명적이며, 여분의 한 상염색체 또한 소수 예를 제외하고 치명적이다.**

10.9 가계도 연구

사람의 유전을 연구하기 위하여 과학자들은 이미 이루어진 교배의 결과를 들여다 본다. 이들은 족보 또는 **가계도(pedigree)**라는 것을 연구하여 한 형질에 대해 친인척 중 누가 이 형질을 나타내는지 알아본다. 그런 다음, 이 형질을 만드는 유전자가 성-연관(즉, X 염색체 위에 존재)되어 있는지 또는 상염색체적인지 그리고 형질의 발현이 우성인지 열성인지를 결정한다. 종종 가계도는 조사관들이 한 가족 내 누가 특정 형질에 관여된 대립인자에 대해 동형접합이고 이형접합인지를 유추하는 데 도움이 된다.

색소결핍증에 대한 가계분석

색소결핍증을 지닌 사람들은 모든 색소가 결핍되어 머리카락과 피부가 완전히 희다. 미국에서는 백인 약 38,000명 중 1명이, 흑인은 22,000명 중 1명이 색소결핍증으로 태어난다. **그림 10.28**에 보여지는 한 호피(Hopi) 인디언 가족 간 색소결핍증에 대한 가계에서 각 기호는 가족 역사 내 한 개인을 뜻하는데, 원은 여성, 사각형은 남성을 의미한다. 이 가계도에서 조사 형질을 보이는 개인들(이 경우, 색소 결핍증)은 채워진 기호로 표시되며, 정상 표현형을 보이는 이형접합의 '보인자'는 반쯤 채워진 기호로 표시된다. 결혼은 원과 사각형을 잇는 수평선으로 나타내었으며, 이 선으로부터 수직선이 내려오는데 이는 자녀를 의미하며, 출생 순서에 따라 왼쪽에서 오른쪽으로 배열된다.

색소결핍증에 대한 가계도를 분석하기 위해 일반적으로 유전학자는 세 가지의 질문을 한다.

1. *색소결핍증은 성-연관되어 있는가 아니면 상염색체적인가?* 만약 이 형질이 성-연관이라면 일반적으로 남성에서만 나타나며 상염색체적일 경우 두 성에서 아주 동등하게 일어난다. 아래의 가계도에서 증상을 지닌 남성의 비율(12명 중 4명, 또는 33%)은 증상을 지닌 여성의 비율(19명 중 8명, 42%)과 유사하다(가계도 내 증상을 지닌 사람의 수를 셀 때 가족 내로 혼인하여 들어 온 '외부인'은 물론이고 I 세대의 부모는 제외하여야 함). 이 결과로부터 형질이 상염색체적이라는 것을 명확히 알 수 있다.
2. *색소결핍증이 우성인가, 열성인가?* 만약 형질이 우성이라면, 모든 색소결핍증 자손의 부모 중 적어도 1명은 색소결핍증 환자일 것이다. 하지만 만약 열성이라면 색소결핍증

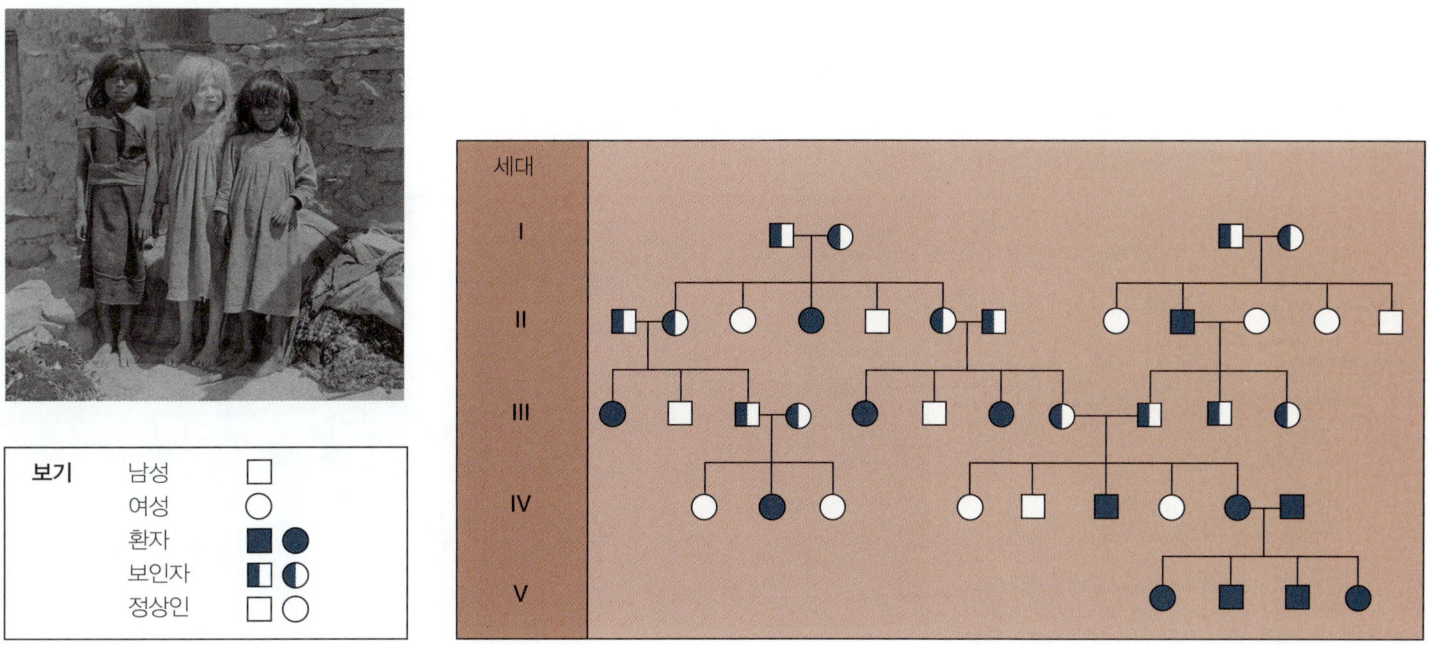

그림 10.28 무색소증에 대한 한 가계도
이 사진에서 한 호피 인디언 가족의 세 자매 중 한 명이(가계도의 IV 세대에서 가장 왼쪽 가족) 무색소증이다. 가계도는 이 가족 내에서 무색소증을 일으키는 유전자의 유전을 보여주는데, 닫힌 청색 기호는 무색소증을 가진 사람을 일컫는다.

자손의 부모는 정상으로 보일 수 있는데 이는 두 부모가 이 형접합의 '보인자' 일 수 있기 때문이다. 아래의 가계도에서 대부분의 색소결핍증 자녀의 부모가 이 형질을 보이지 않으므로 색소결핍증은 열성이라 할 수 있다. 한 가족 내 네 자녀가 색소결핍증이다. 이 대립인자는 이 가계도가 도출된 호피 인디언 사이에 매우 흔하고 따라서 이러한 색소결핍증 부모와 같이 동형접합인 개체들이 호피 족에 많은 수로 존재하여 이들이 종종 결혼하게 된다.

3. *색소결핍증은 단일 유전자 아니면 다수 유전자에 의해 결정될까?* 만약 형질이 단일 유전자에 의해 결정된다면 3:1(정상: 색소결핍증) 비율의 자손이 이형접합의 부모에게서 태어나야 하는데(반쯤 채워진 기호로 제시됨) 이는 한 교잡에 있어 멘델의 분리비를 반영한다. 따라서 자녀의 약 25%가 색소결핍증이어야 한다. 그러나 만약 다수 유전자에 의해 결정된다면 색소결핍증은 단 몇 퍼센트 정도로 존재할 것이다. 이 가계도에서 이형접합으로 태어난 24명의 자녀 중 8명(33%)이 색소결핍증을 보이는데, 이는 단 하나의 유전자가 이들 교잡에서 분리되고 있음을 의미한다.

색맹에 대한 가계도 분석

앞에서 검토해 보았던 색소결핍증 가계도 분석은 색소결핍증이 단일 유전자에 의해 조절되는 상염색체적 열성형질임을 보여준다. 사람의 다른 형질들의 유전도 비슷한 방식으로 연구되는데 때로는 상이한 결과를 보인다. 예로서 하나의 다른 형질에 대해 분석해보자. 적록색맹은 자주는 아니지만 그렇다고 드문 것도 아닌 사람의 유전 형질이며, 약 5~9%의 남성이 이 증상을 보인다. 색맹은 사람이 특정 색깔이나 색조를 구별하지 못하는 시각장애의 한 그룹이다. 이는 이들이 단지 흑백만을 본다는 것이 아니고 색깔을 보지만 어떤 상이한 색깔들이 이들에겐 동일하게 보이는 것이다. 눈의 망막의 특수 세포들은 상이한 빛의 색과 상이한 색조들을 인지한다. 눈에 보이는 빛은 여기 빛의 스펙트럼으로 나타낸 광자의 다양한 파장을 지닌다는 제6장의 전자기 스펙트럼에 대한 논의를 기억해 보자.

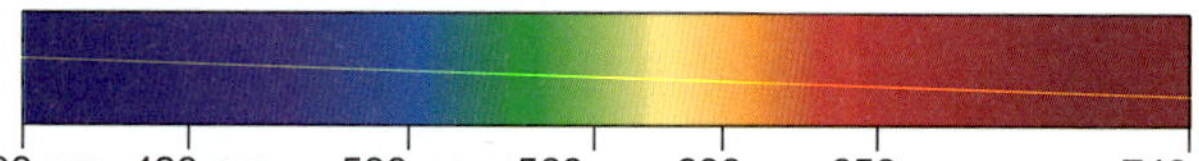

우리의 눈은 세 가지 형태의 색 수용체를 가지고 있다. 하나는 적색광을 흡수하고, 하나는 녹색광, 세 번째 것은 청색광을 흡수한다. 적록색 색맹인 사람들은 적색과 녹색을 구별하는 능력이 떨어지고, 이 색깔들은 이들에게 동일하게 보인다. Ishihara 판이라고 하는 테스트 판은 한 개인이 색맹인지 아니지를 결정하는데 사용된다. 이 테스트 판은 종종 숫자와 같은 형체로 나타나는 상이한 색깔의 점들로 되어 있다. 정상적 시각을 가진 사람들은 그 숫자를 볼 수 있는 반면, 이 색들에 대해 색맹인 자들은 그렇지 못하다. **그림 10.29**는 적록색 색맹에 대한 Ishihara 테스트를 보여준다.

색소결핍증과 같이 색맹의 유전양상을 알아내기 위해 가계도를 활용할 수 있다. 아래의 가계도에서 한 적록색 색맹인 남자는 다섯 명의 자녀가 있고 아내는 대립인자에 대해 이형접합이다. 이전과 같이 색이 채워진 기호는 증상을 지니는 개체를 의미하

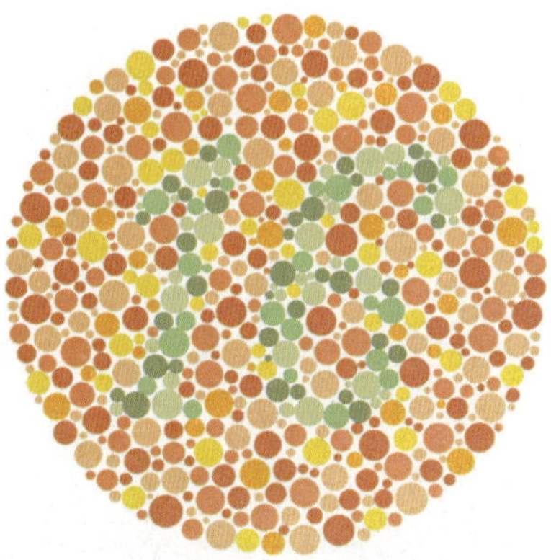

출처: 이 사진은 일본 도쿄의 KANEHARA 출판사에서 발행한 〈색맹에 대한 Ishihara 검사〉에서 재현되었다. 그러나 색맹 검사에는 이 사진을 사용할 수 없다. 정확한 검사를 위해서는 원본 Ishihara 판을 사용해야 한다.

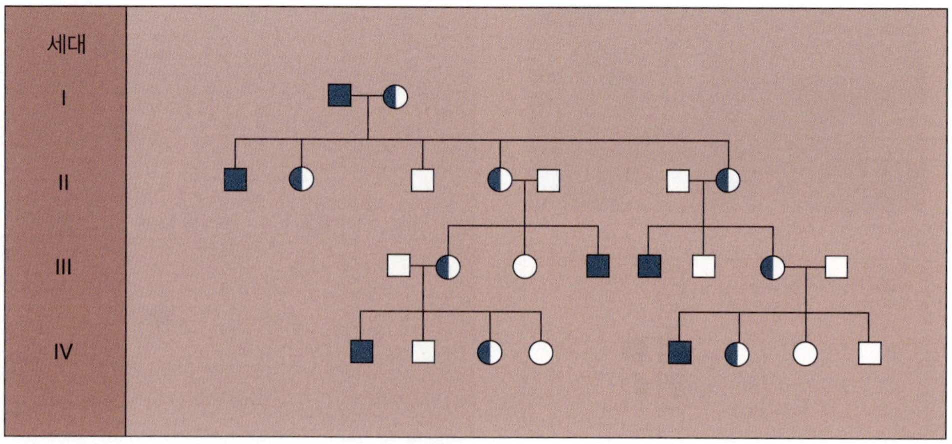

그림 10.29 색맹에 대한 가계도

적록색 색맹인 사람들은 모든 점들이 동일한 색으로 나타나기 때문에 숫자를 볼 수 없다. 가계도는 한 가족의 4세대에 걸쳐 적록색 색맹을 추적한다.

는데, 이 경우에는 적록색 색맹이다. 반만 채워진 기호는 형질을 지니긴 하지만 발현되지는 않는 이형접합의 개체를 의미한다.

이 가계도를 분석하기 위해 이전과 동일한 세 가지 질문을 물을 수 있다.

1. *적록색 색맹은 성-연관되어 있는가 아니면 상염색체적인가?* 증상을 지닌 다섯 명은 모두 남자이다. 이 형질은 분명히 성-연관되어 있다.
2. *적록색 색맹은 우성인가, 열성인가?* 이 형질이 우성이라면 색맹의 모든 자녀들은 색맹의 한 부모를 가져야 한다. 하지만 이 가계도에서 최초 남성 이후의 어떤 가족에서도 그렇지 못하다. 형질은 분명히 열성이다.
3. *적록색 색맹은 단일 유전자에 의해 결정되는가?* 이것이 사실이라면 형질의 3:1 멘델 분리비에 따라 이형접합의 부모들에서 태어난 자녀들은 약 25%가 색맹이어야 한다. 이 가계도에서 이형접합 부모의 자녀 14명 중 4명, 또는 28%가 색맹이며 이는 단일 유전자가 분리됨을 의미한다(첫 세대 부모로부터 태어난 5명의 자녀에 대해서는 셈을 하면 안 되는데, 이 경우 아버지가 형질에 대해 동형접합이기 때문이다).

이 가계도분석의 결과는 색맹이 단일 성-연관 열성유전자에 의해 일어남을 의미한다. 이는 여성들은 색맹이 될 수 없음이 아니라, 한 여성이 색맹이 되려면 두 X 염색체 모두가 색맹 유전자를 지녀야 한다는 것을 의미하는데, 이러한 경우는 여성 중 0.5%에서 일어난다.

주요 학습 요점 10.9 가계도에 대한 연구는 종종 유전되는 한 형질이 단일 유전자에 의한 것인지, 그 유전자가 X 염색체 상에 존재하는 것인지, 그 유전자의 대립인자들이 열성인지 하는 것을 밝혀낼 수 있다.

10.10 돌연변이의 역할

혈우병: 성-연관된 형질

상처가 나면 피가 응고되는데 이는 혈액 속에서 순환하는 단백질 섬유가 중합된 결과이다. 12개의 단백질이 이 과정에 관여하는데 혈액응고에 모두 다 적절히 기능을 하여야 한다. 이들 단백질이 활성을 잃게 하는 돌연변이는 **혈우병(hemophilia)**을 일으키게 되는데, 이는 혈액이 매우 천천히 응고되거나 아예 응고되지 않는 유전적 질환이다.

혈우병은 열성의 장애이며 한 개인이 정상적 대립인자를 하나도 지니지 못하여 응고에 필요한 단백질 중 하나를 생산하지 못할 때 발현된다. 혈액응고 단백질을 암호화하는 대부분의 유전자들은 상염색체 상에 있으나, 두 개(VIII와 IX)는 X 염색체 상에 있다. 이 두 유전자는 성-연관되어 있다(10.7절 참조). 하나의 돌연변이 대립인자를 물려받는 남성은 혈우병에 걸리게 되는데 이는 그의 다른 성염색체는 이러한 유전자들에 대한 어떠한 대립인자도 지니지 않는 Y 염색체이기 때문이다.

혈우병의 가장 잘 알려진 예는 Royal 혈우병이라고 하는데 영국의 왕실에서 생겨난 한 성-연관 형태이다. 이 혈우병은 영국 Victoria 여왕(1819~1901)의 부모 중 한 사람에게 일어난 IX 유전자 내 한 돌연변이가 원인이 되었다. **그림 10.30**의 가계도는 Victoria 여왕 이래 여섯 세대에서 그녀의 남자 자손 중 10명이 혈우병을 앓았음을 보여준다(닫힌 네모). 현재의 영국 왕실은 혈우병 장애에서 벗어날 수 있었는데, 이는 Victoria 여왕의 아들인 에드워드 7세 왕이 결함 대립인자를 전해 받지 않았고, 후대의 모든 영국의 통치자들이 그의 자손들이었기 때문이다. 하지만 Victoria의 9명 자녀 중에 3명은 결함 대립인자를 물려받았고 유럽의 많은 다른 왕실들에 혼인을 통해 이 대립인자를 전하였다. 이 사진에서 영국의 Victoria 여왕이 1894년 그녀의 자손 중 일부에 둘러싸여 있다. Victoria 여왕 뒤에 깃털 달린 보애스(boas)를 입고 서 있는 사람들은 그녀의 손녀, 즉 Alice의 딸들인 페르시아(오른쪽)의 Irene 공주와 곧 러시아의 황후가 된 Alexandra(왼쪽)이다. Irene과 Alexandra 둘 다 혈우병 보인자였다.

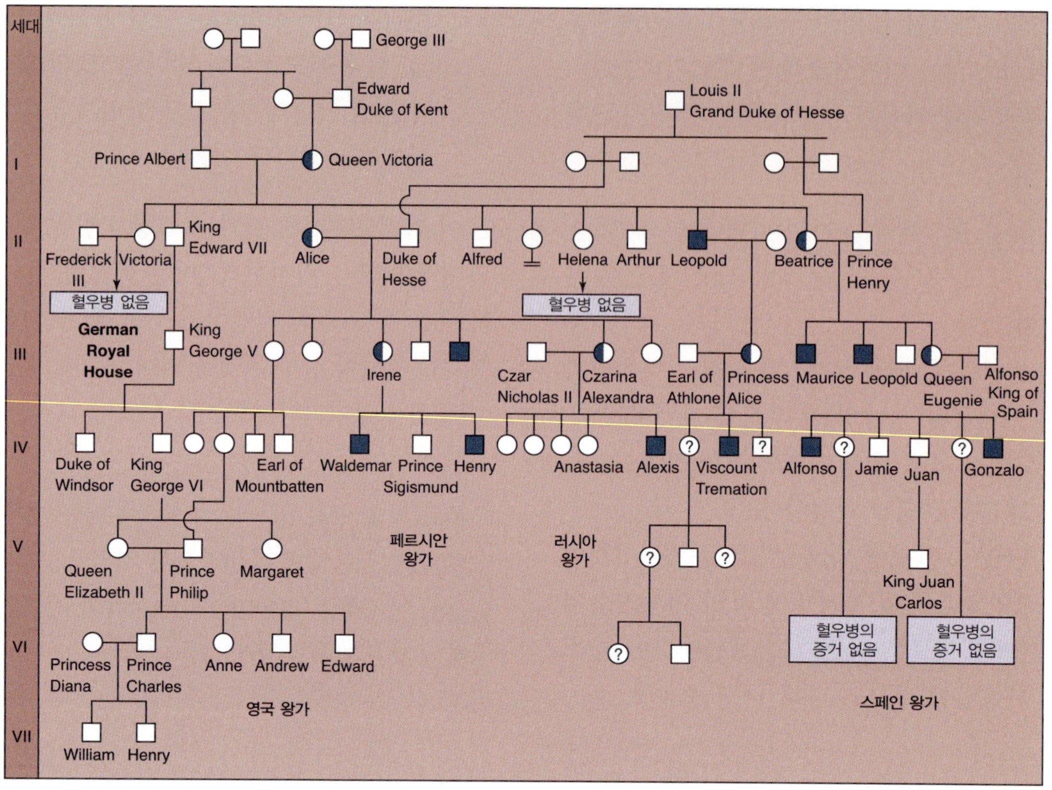

그림 10.30 왕족 혈우병 가계도

Victoria 여왕의 딸 Alice는 혈우병을 러시아와 페르시아 왕가에 가져왔으며 그의 딸인 Beatrice는 이 병을 스페인 왕가에 가져왔다. 또한, Vitoria의 아들 Leopold는 그 자신이 희생자였으며 후손 3대에서 이 병을 전달하였다. 반이 채워진 기호들은 한 정상 대립인자와 한 결함 대립인자를 지닌 보인자를, 완전히 채워진 기호들은 병을 지닌 사람을 나타낸다. 사각형은 남성을, 원은 여성을 나타낸다.

낫세포증: 열성 형질

낫세포증(sickle-cell disease)은 열성의 유전병이다. 이 병의 유전은 **그림 10.31**의 가계도에서 보여지는데, 병에 걸린 사람들은 돌연변이 유전자의 두 대립인자를 지닌 동형접합 때문이다. 환자들은 결손 헤모글로빈 분자를 가지고 있는데 이 분자는 산소를 운반하는 적혈구 내 단백질이다. 그 결과, 이들은 산소를 적절하게 자신들의 신체 조직에 전달하지 못한다. 결손 헤모글로빈 분자들은 서로 결집하여 빳빳해지고, 막대 모양이 되며 낫 모양의 적혈구를 형성하게 된다(**그림 10.31**). 딱딱하고 불규칙적인 모양 때문에 이러한 세포들은 아주 좁은 혈관을 통해 움직이는데 어려움이 있으며, 따라서 이러한 혈관에 축적되어 응고되게 된다. 낫 모양의 적혈구 비율이 높은 사람들은 간헐적으로 질병을 앓고 수명이 짧다.

결함 적혈구 내의 헤모글로빈은 헤모글로빈의 574개 아미노산 중 하나가 다르다는 점에서 정상 적혈구와 차이가 난다. 결함 헤모글로빈에서는 단백질의 한 위치에 아미노산 발린(val)이 글루탐산(glu)으로 치환되어 있다. 흥미롭게도 치환 위치는 철을 지닌 헴(heme) 그룹이 산소와 결합하는 헤모글로빈의 활성부위로부터 멀리 떨어져 있다. 대신에, 단백질의 바깥쪽 말단부위에 치환이 일어난다. 그런데도 왜 치명적일 수 있을까? 낫세포 돌연변이는 헤모글로빈 단백질 표면에 매우 무극성의 아미노산을 배치시켜 끈적이는 작은 일부를 만들며 이러한 일부들이 서로 엉겨 붙게 된다. 무극성의 아미노산은 물과 같은 극성의 주위 환경에서 서로 결합하는 성질이 있다. 한 헤모글로빈이 다른 것에 접착함으로써 헤모글로빈 분자의 사슬이 형성된다.

낫세포 대립인자에 대해 이형접합인 개인은 일반적으로 정상인 개인과 구별이 어렵다. 하지만, 이들 적혈구의 일부는 낮은 수준의 산소에 노출되면 낫 모양으로 변하는 특성을 보인다. 낫세포증을 만드는 대립인자는 특히 아프리카 민족 자손에서 흔한데, 이는 낫세포 대립인자가 아프리카에서 흔하기 때문이다. 흑인미국인의 약 9%가 이 대립인자에 이형접합이며, 약 0.2%가 동형접합이어서 병을 가지게 된다. 아프리카의 일부 민족들은 45%가 이 대립인자에 이형접합이고 6%가 완전히 동형접합이어서 병을 지닌다. 아프리카의 낫세포증의 높은 빈도는

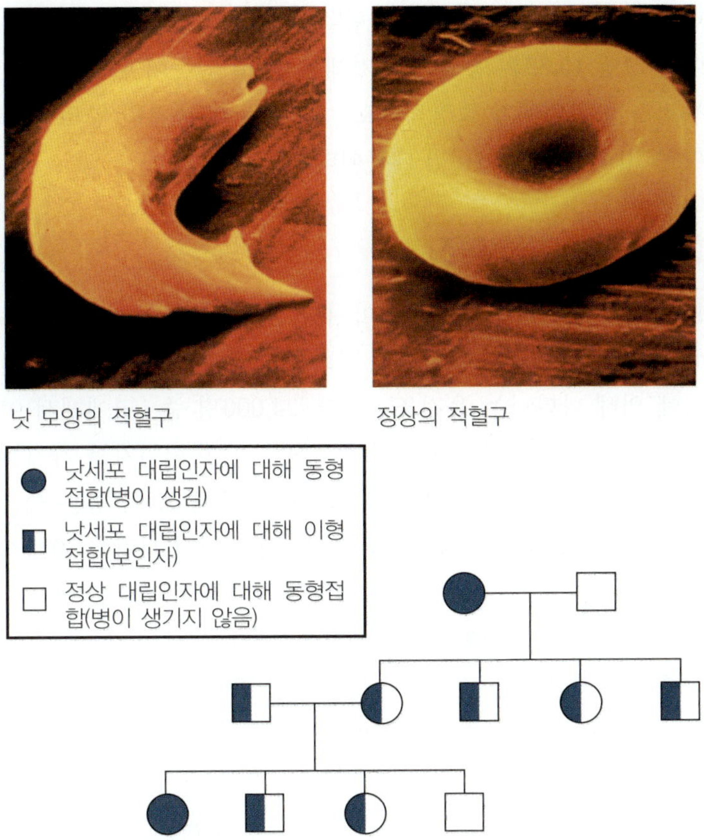

그림 10.31 낫세포증의 유전

낫세포증은 한 열성 상염색체적 질병이다. 만약 부모 중 한 명이 이 열성 형질에 대해 동형접합이면 자손 모두는 멘델의 검정교배의 F_1 세대와 같이 보인자(이형접합체)일 것이다. 정상적인 적혈구는 납작한 원반 모양이다. 낫세포증 형질에 대해 동형접합인 사람들은 많은 적혈구들이 낫의 형태를 지닌다.

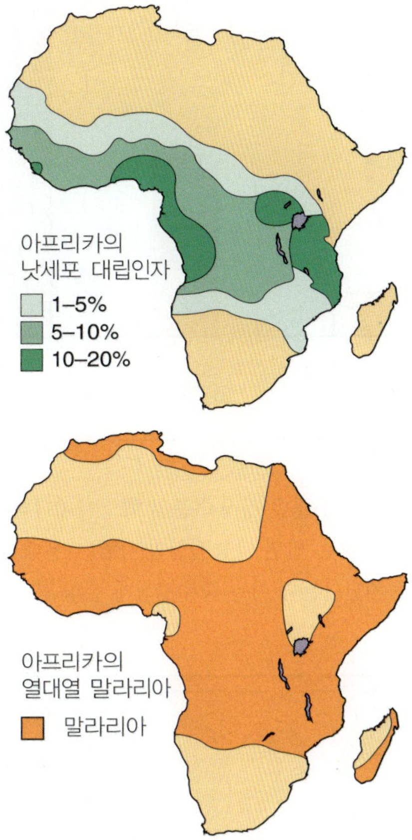

그림 10.32 낫세포 대립인자는 말라리아 병에 저항성을 보인다

중앙 아프리카에서 낫세포증의 분포는 말라리아병의 발생과 거의 일치한다. 이것은 우연의 일치가 아니다. 낫세포 대립인자는 이형접합일 때 매우 심각한 병인 말라리아병에 저항성을 보인다.

어떠한 요인들에 의해 결정될까? 낫세포증 대립인자에 대한 이형접합은 중앙아프리카에서 흔하고 심각한 말라리아병에 대한 저항성을 높이는 것으로 밝혀졌다. **그림 10.32**에 보여지는 두 지도를 비교해 보면 낫세포 형질 지역이 말라리아 발생과 잘 일치한다는 것을 알 수 있다. 낫세포증과 말라리아 간의 상호작용은 제14장에서 좀 더 논의될 것이다.

테이삭스병(흑내장성 백치)

테이삭스병(Tay-Sachs disease)은 두뇌가 악화되는 불치의 유전병이다. 병을 지닌 유아는 태어날 때는 정상으로 나타나며 약 8개월이 될 때까지 아무런 증상을 보이지 않다가, 8개월 후부터 정신적 악화를 보인다. 이러한 유아는 생후 1년 이내에 시력을 잃게 되고 다섯 살이 넘어서까지 생존하는 경우가 드물다.

테이삭스 대립인자는 비기능성적 형태의 헥소사미니다제 A 효소를 만든다. 이 효소는 갱글리오사이드(gangliosides)를 분해하는데 이는 뇌세포의 리소좀 내에서 일어나는 지질의 한 종류이다. 그 결과, 리소좀은 갱글리오사이드로 가득 차게 되어 부풀어 오르고, 결국은 터지게 되어 세포를 죽이는 산화효소를 외부로 분비한다. 이 병에 대해서는 아직 알려진 치료법이 없다.

테이삭스병은 대부분의 인류집단에서 드물게 일어나는데, 미국에서는 300,000명 신생아 중 단지 1명 꼴로 일어난다. 하지만 이 병은 동유럽과 중유럽(Ashkenazi)의 유태인들 사이에 높은 빈도로 일어나며, 조상이 동유럽과 중유럽인 미국유태인들 중에서는 90%로 일어난다. 이들 집단에서는 28명 중 1명이 이 병의 이형접합 보인자로 추정되며 유아 3,500명 중 거의 1명이 병을 앓는다. 이 병은 열성 대립인자에 의해 나타나므로 결합

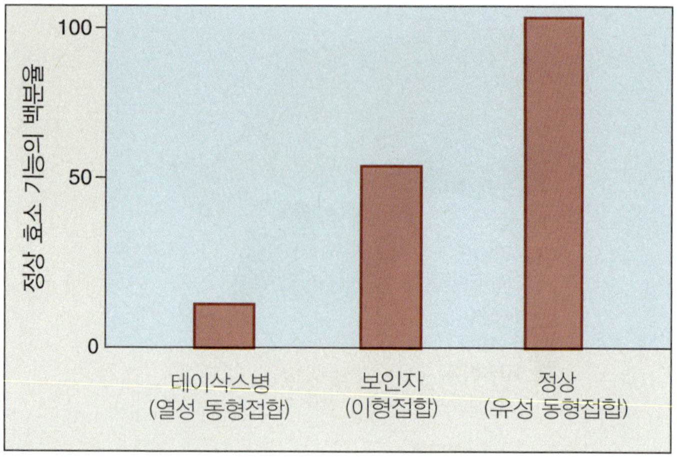

그림 10.33 테이삭스병

동형접합인 사람(왼쪽 막대)들은 정상수준의 헥소사미니다제 A(오른쪽 막대)의 10% 이하를 지니는 반면 이형접합인 사람(가운데 막대)들은 정상 수준의 약 50%를 지닌다는데 이는 중추신경계 손상을 방지하는 데 충분한 수준이다.

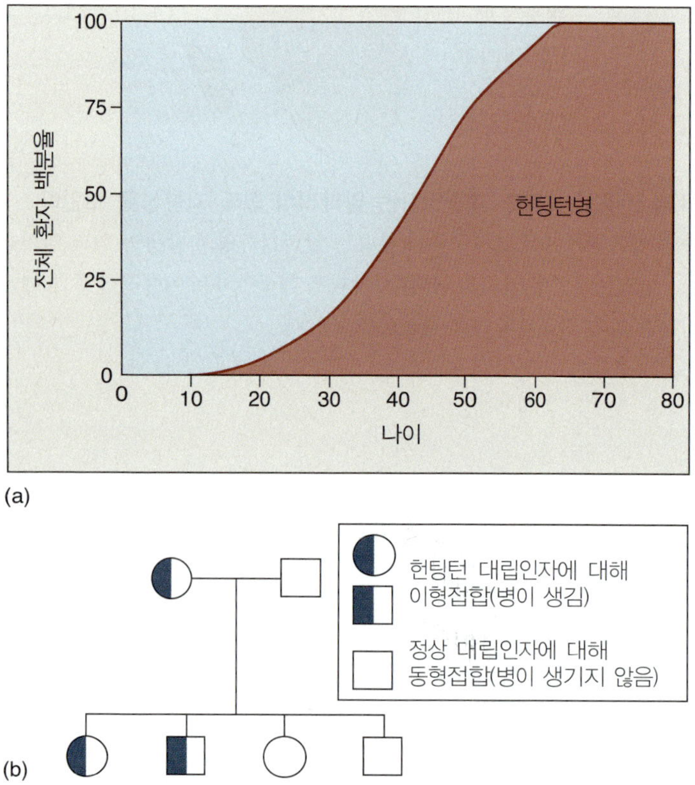

그림 10.34 헌팅턴병은 우성의 유전병이다

(*a*) 헌팅턴병은 나이가 들어서 나타나기 때문에 대립인자가 우성이고 치명적임에도 불구하고 지속적으로 나타난다. (*b*) 가계도는 어떻게 하나의 치명적 우성 대립인자가 한 세대에서 다음세대로 전달되는지 설명한다. 비록 어머니가 병을 지녔어도 우리는 그녀가 이형접합이라고 말할 수 있는데 이는 만약 그녀가 우성 동형접합이었다면 그녀의 모든 자녀가 병에 걸렸을 것이기 때문이다. 하지만, 그녀가 자신이 병을 지녔음을 알아내는 시점에는 이미 그녀가 출산을 했을 가능성이 크다. 이러한 이유로 이 형질은 치명적인 특성에도 불구하고 다음 세대로 전달된다.

대립인자를 지닌 대부분의 사람들은 병증상을 보이지 않으며, 이는 **그림 10.33**의 중간 막대기에서 볼 수 있듯이 이들의 정상 유전자들이 인체가 정상적으로 기능하는 데 충분한 양의 효소 활성(50%)을 만들어내기 때문이다.

헌팅턴병: 우성 형질

모든 유전병이 열성인 것은 아니다. **헌팅턴병(Huntington's disease)**은 뇌세포의 점진적인 악화를 일으키는 한 우성 대립인자에 의해 나타나는 유전조건이다. 24,000명 중 1명에게서 이 병이 발생한다. 대립인자가 우성이므로 이 대립인자를 가지는 모든 사람은 병을 발현한다. 그럼에도 불구하고, 이 병은 사람 집단에 지속적으로 존재하는데, 이는 병을 지닌 사람이 30세가 되어 이미 자식을 가지게 될 때까지 증상이 나타나지 않기 때문이다. 그 결과 **그림 10.34**의 가계도에서 보여지듯이 대립인자는 종종 치명적인 증상이 나타나기 이전에 후대로 전달된다.

> **주요 학습 요점 10.10** 많은 사람의 유전병들은 인가의 집단 속에 돌연변이가 드물게 (때때로는 드물지 않게) 존재함을 암시한다.

10.11 유전상담과 치료

비록 대부분 유전질병이 치료될 수 없다하더라도 우리는 이들 병에 대해 많은 연구를 하고 있으며 성공적 치료를 향한 진전이 많이 이루어지고 있다. 하지만 치료법이 없는 상태에서 그들의 유일한 해결법은 이러한 병을 지니는 아이를 갖지 않도록 노력하는 것이다. 유전적 결함을 지닌 아이를 가질 위험성이 있는 부모를 알아내는 과정, 그리고 초기 배발생 시 유전적 상황을 평가하는 것을 **유전상담(genetic counseling)**이라 한다. 유전상담은 미래 부모가 유전질병을 지닌 아이를 가질 수 있는 위험성을 예측하며, 만약 유전질병이 태아에 존재한다고 판단되었을 때 의학적 치료나 기타 방법들을 충고해줄 수 있다.

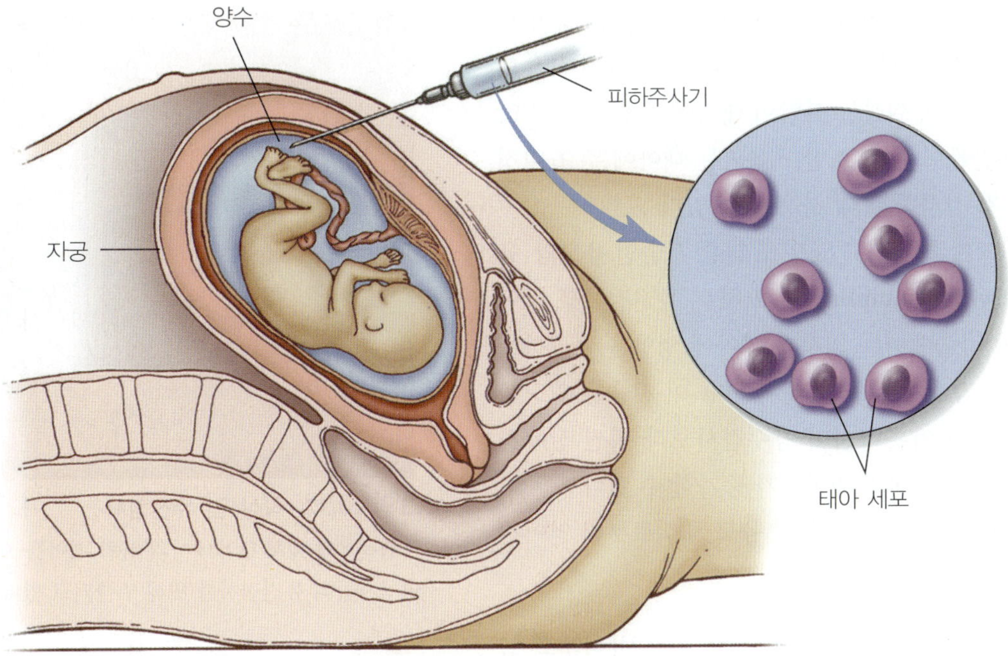

그림 10.35 양수검사
주사바늘을 양막강에 찌르고 태아로부터 나온 자유 세포 일부를 함유한 양수샘플을 주사기에 흡입시킨다. 그 다음 태아세포를 배양시키고 이들의 핵형과 다양한 대사 기능을 검사한다.

고위험성 임신

유전적 결함이 만약 열성 대립인자에 의한 것이라면, 부모가 이 대립인자를 지녔을 가능성을 어떻게 결정할 수 있을까? 한 가지 방법은 가계도 분석이며 유전상담에 보조자료로 종종 사용된다. 이 장에서 이미 설명하였듯이 한 사람의 가계도를 분석해 봄으로써 그 사람이 특정 질병에 대한 보인자일 확률을 추정할 수 있다. 예를 들면, 만약 여러분들의 친척 중 한 사람이 낭포성 섬유증과 같은 열성 유전병에 걸렸다면 여러분은 이 병에 대한 열성 대립인자의 이형접합 보인자일 가능성이 있다. 가계도 분석에서 태아의 두 부모가 심각한 유전병을 일으키는 열성 대립유전자의 이형접합일 가능성이 상당히 높을때, 이러한 임신을 고위험 임신이라 한다. 이러한 경우 이 아이는 임상적인 장애를 보일 가능성이 매우 높다.

고위험 임신의 또 다른 종류는 산모가 35세 이상일 경우이다. 이미 배웠듯이 다운 증후군을 가진 유아의 탄생빈도는 나이가 많은 여성의 임신일수록 증가한다(**그림 10.26** 참조).

유전검사

고위험성 임신이라고 판단될 때 많은 산모들은 **양수검사(amniocentesis)**를 받아보고자 하는데, 이는 다양한 유전병에 대해 부모를 대상으로 하는 진단을 할 수 있는 시술이다. **그림 10.35**는 양수검사가 어떻게 행하여 지는지 보여준다. 임신 4개월 내에 무균의 피하 주사바늘이 산모의 확장된 자궁 속으로 삽입되고 태아가 잠겨 있는 양수를 적은 양으로 채취한다. 양수 내에 태아로부터 나온 자유롭게 떠도는 세포가 있는데 일단 채취되면 이들 세포들은 실험실에서 배지 위에 키울 수 있다. 양수검사 동안 주사바늘과 태아의 위치를 초음파로 관찰한다. **그림 10.36**의 **초음파(ultrasound)** 영상은 자궁 속 태아의 위치를

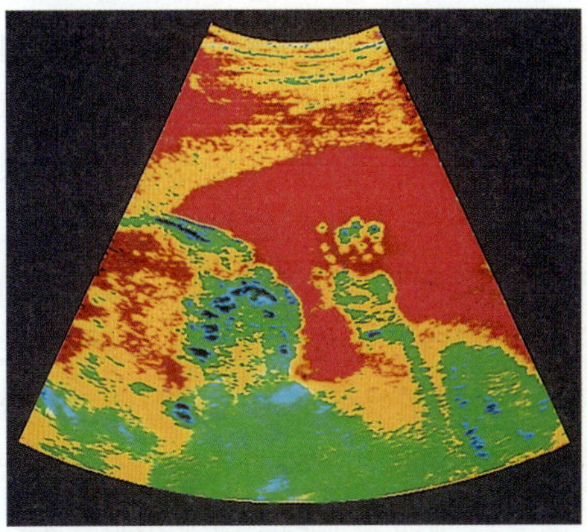

그림 10.36 태아의 초음파 영상
양수검사가 주로 행해지는 임신 4개월째에는 일반적으로 태아가 거의 활동적으로 움직인다. 태아의 머리(녹색으로 보여짐)가 왼쪽에 있다.

명확히 보여준다. 태아의 머리와 한손이 연장되어 있는 것이 보이는데 아마 엄지손가락을 물고 있는 것이다. 초음파에 사용되는 음의 파장은 양수를 채취하는 사람이 태아에 손상을 주지 않도록 실제 영상을 만들어준다. 또한 초음파는 태아에 주요 비정상의 징조가 있는지 검사하는 데 사용될 수 있다

최근 의사들은 크게 확산되고 있는 또 다른 시술인 **융모막 융모검사(chorionic villus sampling)**라고 하는 유전검사를 많이 사용하고 있다. 이 시술에서는 의사가 태아에 영양을 공급하는 태반의 막부위 융모막에서 세포를 떼어낸다. 이 시술은 임신의 조기단계(8주 전까지) 이루어지며 양수검사보다 훨씬 신속히 결과가 나올 수 있으나 낙태의 위험도가 증가할 수 있다.

유전상담가들은 양수검사나 융모막 융모 채취로부터 얻어진 세포배양에서 세 가지를 검사한다.

1. **염색체의 핵형** 핵형 분석은 염색체의 이수성(여분의 염색체가 있거나 모자라는 것)과 염색체의 총체적 변화를 밝힐 수 있다.
2. **효소 활성** 많은 경우 유전병에 관련된 효소의 적절하게 기능을 하는지 직접 검사할 수 있다. 장상적 효소의 활성이 결핍하면 질병이 있다는 신호가 된다. 그리하여 페닐알라닌을 분해하는 효소의 결핍은 PKU(페닐케토뇨증)의 신호가 되며 갱글리오사이드를 분해하는 효소가 없으면 테이삭스병을 의미는 것 등이 되는 것이다.
3. **유전마커** 유전상담가들은 알려진 유전마커와의 상관성을 알아볼 수 있다. 낫세포 빈혈증, 헌팅턴병, 근육위축증의 한 형태(근육이 약화되는 특성의 유전병)에 대해서 과학자들은 이러한 질병의 원인이 되는 돌연변이와 우연히 거의 동일한 위치에 일어나는 동일한 염색체상의 상이한 돌연변이를 찾아내었다. 이러한 상이한 돌연변이의 존재를 검사하여 유전상담사는 질병원인 돌연변이를 소유할 높은 가능성이 있는 개인을 알아낼 수 있다. 첫 단계에서 이러한 돌연변이를 찾는 것은 짚더미에서 바늘을 찾는 것과 같지만, 지속적인 노력을 통해 이 세 질병에 대해서는 성공하였다. 이러한 질병에 연관된 돌연변이는 DNA 절단 효소가 특수부위에서 DNA 나선을 절단할 때 생성되는 DNA 절편의 길이를 바꾸기 때문에 탐지가 가능한데 이러한 접근방식이 제13장에 더욱 자세하게 설명되어 있다.

DNA 검사

유전적 결함을 일으키는 돌연변이는 주요 유전자 내 DNA 뉴클레오티드의 변화에 의해 종종 일어난다. 여러분들과 다른 사람이 지니는 한 유전자에 대한 이러한 상이한 형태 간 특정 지점의 차이를 '단일염기다형성' 또는 SNP(single nucleotide polymorphism)라 한다. 인간 유전체 프로젝트(human genome project)의 완성으로 과학자들은 수십만 개의 SNP들에 대한 거대한 데이터은행을 모으기 시작했다. 우리는 제각기 수천 개의 유전자-변화 SNP에 있어 표준 "형태 염기서열이" 다르다. SNP를 검사하고 이들을 이미 알려진 SNP 데이터은행과 비교함으로써, 유전상담가가 낭포성 섬유증이나 근육위축증과 같은 유전병을 일으키는 유전자의 복사본에 대해 각 환자들을 검사하는 것이 조만간 가능할 것이다.

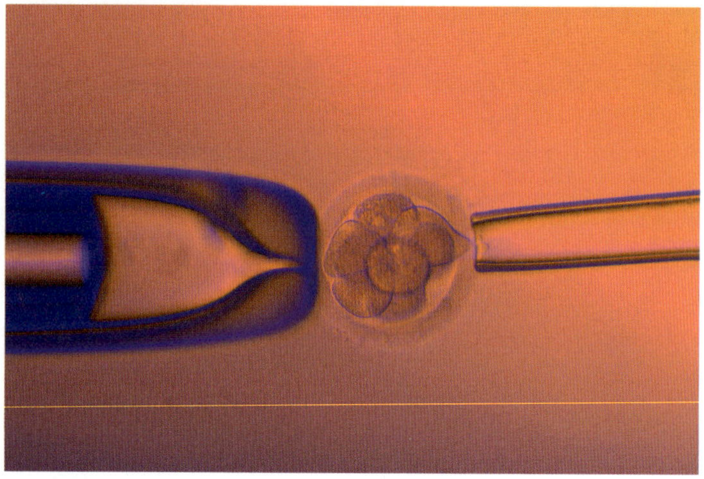

그림 10.37 착상 전 유전검사
사진은 8개 세포 단계에서의 사람 배아를 보여주는데 8개 세포 중 하나가 연구자들의 유전검사를 위해 추출되고 있다.

시험관 수정으로 임신한 부모들은 **착상 전 유전자 검사(preimplantation genetic screening)**로 알려진 체계화된 검사 시술이 가능하다. 이 검사에서는 난소가 산모 밖의 유리관 속에서 수정되고 8개의 세포가 될 때까지 3번 분열시킨다. 8개 세포 중 하나를 이러한 각각의 8개 세포 배들로부터 채취하고(**그림 10.37**) 150가지의 유전적 결함에 대해 검사한다. 나머지 7개 세포들은 각각 정상적인 태아로 자랄 수 있고 부모가 병이 없는 하나의 배를 찾아내서 착상시킬 수 있는 선택을 한다.

주요 학습 요점 10.11 최근 들어 임신 초기에 태아의 유전적 결함 검사가 가능하게 되었는데, 이로 인해 곧 아이를 가질 부모들이 적절히 출산 계획을 세울 수 있다.

질문 & 분석

왜 양털머리가 한 가족 내에서 유전되는가?

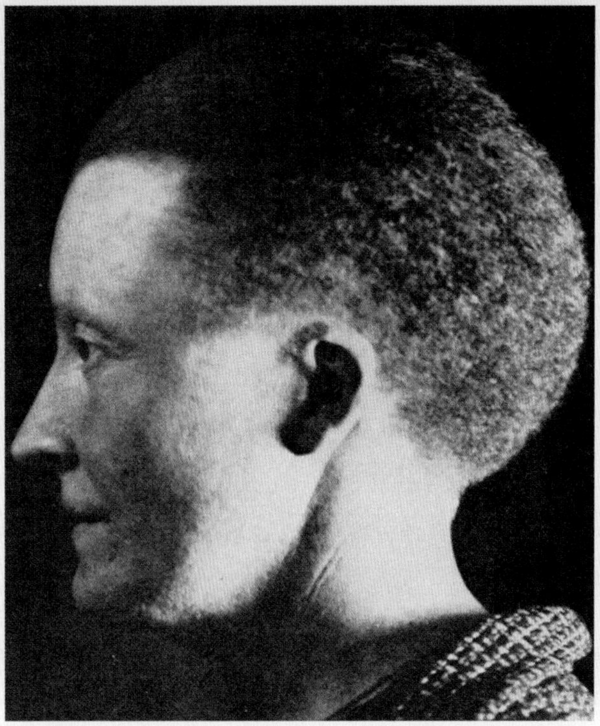

오른쪽 사진의 여성은 이발을 하지 않는다. 이 여성의 머리는 자라나면서 자연적으로 부서져 길이가 늘어나지 않는다. 이 여성의 가족 중 다른 사람들도 동일한 종류의 두발을 지녀 이것이 유전되는 형질임을 알 수 있다. 곱슬이고 보송보송한 질감 때문에 이 형질에 "양털머리"라는 이름이 붙여졌다.

양털머리 형질은 드물지만 특정 가족 내에서 갑작스레 터져나올 수 있다. 아래의 긴 가계도(II 세대와 그 다음 세대들에 의해 생성된 대가족에 공간을 맞추기 위하여 곡선으로 그려졌음)는 한 노르웨이인 가족의 다섯 세대(왼쪽의 로마 숫자)에 걸친 양털머리의 발생을 기록하였다. 전통적인 방법으로 영향을 받은 개인은 닫힌 기호로, 여성은 원, 남성은 네모로 나타낸다. 아래의 가계도는 이 형질이 사람 가족 내에서 어떠한 양식으로 유전되는지 알아내기 위한 정보를 제공한다.

1. **개념 적용** 아래의 그림에서 얼마나 많은 사람이 기록 되었는가? 모든 사람들은 서로 연관되어 있는가?
2. **자료 분석**
   - **a.** 양털머리 형질은 남성과 여성에서 균등하게 나타나는가?
   - **b.** 양털머리 아이들은 모두 양털머리 부모를 지니는가?
   - **c.** 양털머리 부모로부터 나온 자식의 몇 퍼센트가 다시 양털머리인가?
3. **추론하기**
   - **a.** 양털머리는 성-연관되었는가 아니면 상염색체적인가?
   - **b.** 양털머리는 우성인가 열성인가?
   - **c.** 양털머리는 단일 유전자에 의해 결정되는가 아니면 다수 유전자에 의해 결정되는가?
4. **결론 도출**
   - **a.** 한 개인의 머리형 변화가 눈에 띄게 나타나기 위해서는 몇 개의 양털머리 대립인자의 복사본이 필요한가?
   - **b.** 가계도에 양털머리 동형접합의 개인이 존재하는가? 설명하시오.

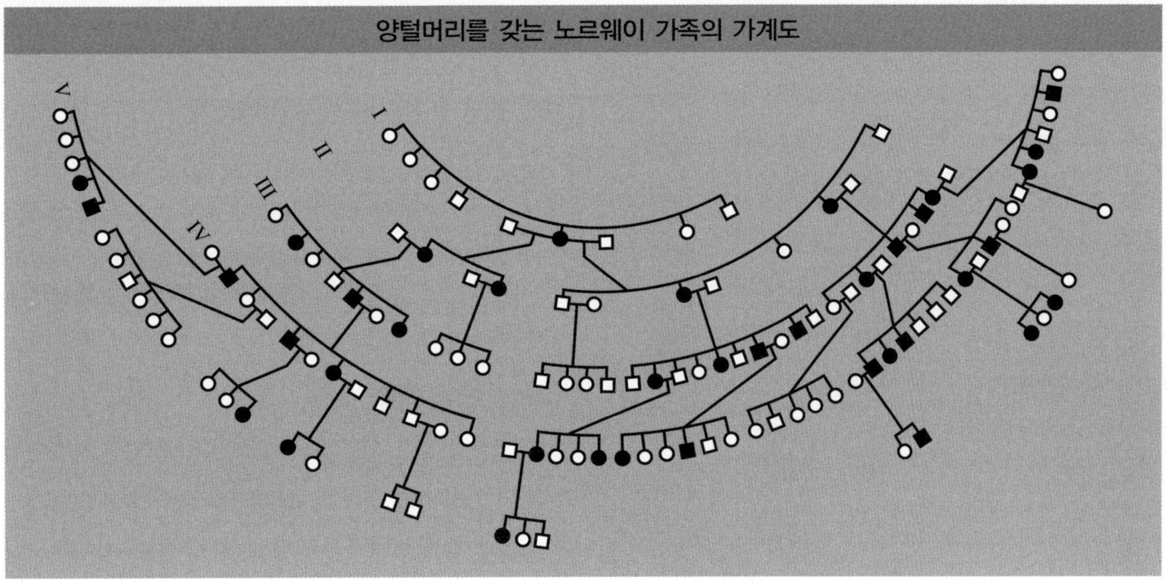

단원 복습

Mendel

10.1 Mendel과 완두콩

- **그림 10.1**에서 보여지듯이 Mendel은 완두콩(**그림 10.2**)과 과학적 방법을 이용하여 유전을 연구하였다.
- Mendel은 특정 특성에 대한 순계 식물을 이용하였다. 이 순계들이 P세대였다. 그런 다음 서로 다른 형질을(한 특성에 대한 상이한 형태) 발현하는 두 P 세대를 교배하였다. 이들 자손을 F_1 세대라 하였다. F_1 세대를 자가수정시켜 F_2세대를 만들었다(**그림 10.3**).

10.2 Mendel이 관찰한 것들

- Mendel의 실험에서 F_1 세대 식물은 모두 동일한 형질을 발현하였으며 이를 우성 형질이라 하였다. F_2 세대에서 자손의 3/4는 우성 형질을 1/4는 열성이라고 하는 다른 한 형질을 발현하였다. Mendel은 그가 연구했던 모든 7개 형질에 대해 F_2 세대에서 이러한 3:1 비율을 관찰하였다(**표 10.1**). Mendel은 3:1 비율이 실제로 1:2:1 비율임(1 순계 우성: 2 비 순계 우성: 1 순계 열성)을 알았다(**그림 10.5**).

10.3 Mendel이 제안한 이론

- Mendel의 유전이론은 특성들이 부모로부터 자손에게 대립인자(한 특성에 대한 상이한 형태), 즉 각 부모로부터 유전되는 한 대립인자로 전해진다는 것을 설명한다. 만약 두 대립인자가 동일하다면 그 개체는 형질에 대해 동형접합이다. 만약 한 개체가 한 우성과 한 열성 대립인자를 지녔다면 그 형질에 대해 이형접합이다. 한 개인의 대립인자들을 유전자형이라 하고 이러한 대립인자들의 표현을 표현형이라 한다.
- 퍼네트 사각형은 자손 검정에서 특정 유전자형과 표현형의 확률을 예측할 수 있다(**그림 10.7, 10.8**).
- 검정교배는 유전자형을 모르는 한 개체와 열성 동형접합인 개체 간의 교배이다. 만약 모르는 유전자형이 우성형질에 대해 동형접합인지 아니면 이형접합인지를 결정하는 데 수행된다(**그림 10.9**).

10.4 Mendel의 법칙

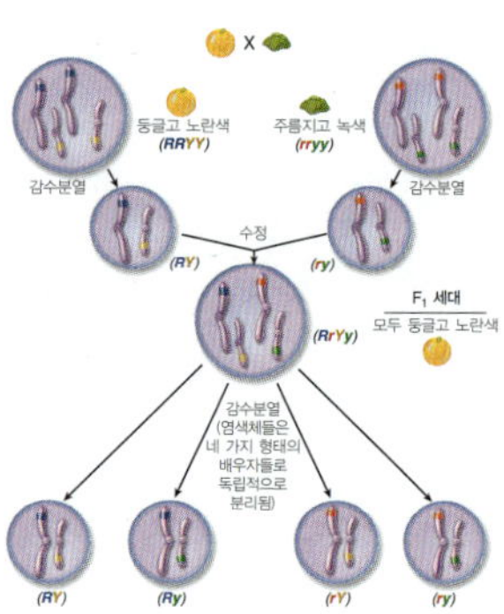

- Mendel 분리의 법칙은 대립인자들이 배우자로 분배되어 배우자의 반은 한 형질에 대한 한 복사체를 지니고 나머지 배우자들은 그 형질의 다른 복사체를 지닐 것이라는 것이다. Mendel의 독립의 법칙은 한 형질의 유전은 다른 형질들의 유전에 영향을 주지않는다는 것이다. 다른 염색체상에 존재하는 유전자들은 서로 독립적으로 유전한다(**그림 10.10**).

유전자형에서 표현형까지

10.5 유전자는 어떻게 형질에 영향을 줄까?

- DNA에 암호화된 유전자들은 표현형을 결정하는데 이는 DNA가 단백질의 아미노산 서열을 암호화하고 단백질은 유전자의 외부로의 표현이기 때문이다(**그림 10.11**). 유전자의 대립 형태들을 대립인자라 하고 돌연변이의 결과이다.

10.6 어떤 형질들은 멘델의 유전양상을 보이지 않는다

- 모든 형질들이 Mendel이 요약한 유전양상을 따르지는 않는다. 연속변이는 하나 이상의 유전자 등이 복합적으로 한 표현형에 기여할 때 생겨나고 표현형에 대한 연속적 배열을 만든다. 이러한 형태의 유전을 다유전자성이라고 한다(**그림 10.12**). 다면발현 효과는 한 유전자가 한 개 이상의 형질에 영향을 줄 때 나타난다(**그림 10.13**). 불완전 우성은 대치하는 대립인자들이 완전히 우성 또는 열성이지 않아 이형접합체들이 우성과 열성 표현형의 중간 형태를 띨 때 나타난다(**그림 10.14**). 몇몇 유전자들의 발현은 환경적 요소에 의해 영향을 받는데(**그림 10.15**), 열 민감성 대립인자에 의해 생겨나는 털의 색깔과 같은 것이다. 상위유전은 두 개 또는 그 이상의 유전자들이 상호작용할 때 일어나며 상가적 또는 가림 효과를 가지거나(**그림 10.16**) 여러 상이한 표현형을 만든다(**그림 10.17**). 공우성은 우성 대립인자가 없을 때 일어나는데 두 대립인자가 발현되어 두 대립인자의 표현형 발현이 동시에 나타난다(**그림 10.18, 10.19**).

염색체와 유전

10.7 멘델 유전의 운반체인 염색체

- 유전자들은 독립적으로 유전하게 되는데 이는 이들이 감수분열 시기 동안 독립적으로 유전하는 염색체상에 존재하기 때문이다. Morgan은 이를 초파리의 한 X-연관 유전자를 통해 설명하였다(**그림 10.21**). 하지만, 염색체상 두 유전자의 거리가 멀수록 교차에 의해 독립적으로 분리될 가능성이 커진다(**그림 10.22**).

10.8 사람 염색체

- 사람은 23쌍의 상동염색체를 지니며 이 중 22쌍은 상염색체들이고 한 쌍은 성염색체들이다. 비분리는 자매염색분체 또는 상동염색체 쌍이 감수분열 시 분리되지 않을 때 일어나며(**그림 10.24**), 과다하거나 부족한 염색체수의 배우자를 만들게 된다(**그림 10.25, 10.26**). 상염색체의 비분

리는 다운 증후군은 예외지만 일반적으로 치명적인데 성염색체의 비분리 효과는 덜 심각하다(**그림 10.27**).

사람의 유전병

10.9 가계도 연구

- 가계도를 봄으로써 과학자들은 한 형질의 유전학에 대한 다양한 측면들을 결정할 수 있다(**그림 10.28, 10.29**).

10.10 돌연변이의 역할

- 돌연변이는 혈우병(**그림 10.30**), 낫세포증(**그림 10.31, 10.32**), 테이삭스병(**그림 10.33**), 헌팅턴병(**그림 10.34**)과 같은 유전병의 원인이 된다.

10.11 유전상담과 치료

- 유전병의 일부는 양수검사나(**그림 10.35**) 융모막 융모 채취와 같은 방법을 통해 임신기간 중 발견 가능하다.

이해력 확인 문제

1. Mendel이 완두를 연구한 이유는 무엇인가?
  a. 완두는 작고, 키우기 쉬우며, 빨리 자란다. 그리고 많은 양의 꽃과 씨앗을 생산한다.
  b. Mendel은 수백 년 동안 완두가 연구되어 왔었다는 사실을 알고 있었고, 완두의 차이점을 계산하고 기록하는 데 수학(math)을 사용함으로써 연구를 계속하기를 원했다.
  c. Mendel은 완두가 명확한 특성들과 함께 많은 다양성이 있다는 것을 알고 있었다.
  d. 모두 옳음

2. Mendel은 꽃 색깔과 같은 7가지 특성을 조사하였다. 뚜렷한 특징을 갖는 2가지의 식물(보라색 꽃과 흰색 꽃)을 교배하였다. 모든 경우에서, F_1세대에는 무엇이 나타날까?
  a. 모두 보라색 꽃
  b. 반은 보라색 꽃, 반은 흰색 꽃
  c. 3/4은 보라색 꽃, 1/4은 흰색 꽃
  d. 모두 흰색 꽃

3. 질문 2에 이어서, 멘델이 F_1세대를 자가수분시켰을 때, F_2세대에서 어떤 색깔의 꽃이 나타날까?
  a. 모두 보라색 꽃
  b. 반은 보라색 꽃, 반은 흰색 꽃
  c. 3/4은 보라색 꽃, 1/4은 흰색 꽃
  d. 모두 흰색 꽃

4. Mendel은 자신의 연구 결과 및 주장을 통해 부모 세대의 유전자 전달에 관한 어떠한 가설을 세웠나?
  a. 형질은 그들의 자손에게 직접 전달되고 발현된다.
  b. 자손에게 전달된 형질에 관한 몇몇 인자 및 정보가 어떤 것을 발현될 수도 있고, 그렇지 않을 수도 있다.
  c. 자손에게 전달된 형질에 관한 몇몇 인자 및 정보가 항상 발현된다.
  d. 자손에게 전달된 형질에 관한 몇몇 인자 및 정보, 그리고 부모의 형질은 "혼합되어(blended)" 모든 세대에서 발현된다.

5. 각기 다른 2개의 식물을 교배한 결과 9:3:3:1을 갖는 4개의 표현형이 나타났다. 이것은 어떠한 교배에 관한 예가 될 수 있을까?
  a. 양성잡종 교배
  b. 검정교배
  c. 단성잡종 교배
  d. 모두 옳지 않음

6. 사람의 신장은 매우 작은 사람부터 매우 큰 사람까지 연속된 변화를 보인다. 이와 같이 신장의 변화를 보이는 가장 주된 이유는 무엇일까?
  a. 상위 유전자의 작용
  b. 환경 요인
  c. 성-연관 유전자의 작용
  d. 다중 유전자의 작용

7. 인간의 ABO식 혈액형은 A, B, O, AB 이렇게 4가지 기본적인 그룹으로 구성된다. 이 중에서 단백질 A와 B는 어떠한 형질에 속할까?
  a. 단순 우성 및 열성
  b. 불완전 우성
  c. 공동 우성
  d. 성-연관

8. 무엇을 통해 유전자가 염색체로 전달되는 것을 최종적으로 발견하였을까?
  a. 털 색깔을 결정하는 열에 민감한 특정 효소
  b. 초파리의 성-연관 눈 색깔
  c. 완전 우성의 발견
  d. 가계도 확립

9. 비분리 현상이란?
  a. 상동 염색체 및 자매 염색체가 감수분열동안 분리되지 않을 때 발생한다.
  b. 다운 증후군을 유발한다.
  c. 비분리 결과, 염색체의 이수성이 유발된다.
  d. 모두 옳음

10. 이수성 염색체의 확인은 어떠한 분석을 통해 이루어지는가?
   a. 효소 활성
   b. 염색체 핵형
   c. 가계도
   d. 유전자 마커

응용력 확인 문제

1. 부드러운 깃털을 가진 닭은 반짝거리는 깃털을 만들어내는 단일 열성 유전자의 작용에 의해 나타난다. 만일 정상적인 깃털을 갖는 새가 있다면, 부드러운 대립유전자를 나타내기 위한 동형 접합자 및 이형 접합자를 만들기 위한 가장 쉬운 교배 방법은 무엇일까?

2. Hereford 소들은 *polled(뿔이 없는)*라 불리는 우성 대립유전자를 갖는다(이러한 대립유전자를 가진 소들은 뿔이 없음). 여러분들이 모두 다 polled를 갖는 소떼를 가지고 있으며, 이들 중 뿔을 갖고 있는 소가 한 마리도 없다고 가정해 보자. 그런데 다음해 송아지가 태어나고 몇몇 송아지들에게서 뿔이 자라기 시작했다. 여러분들은 뿔을 가진 송아지들을 격리시키고, 뿔이 없는 성체 소들만을 목장에 남겨 놓았다. 이러한 노력에도 불구하고, 다음해에 뿔을 가진 송아지가 다시 태어났다. 그렇다면 뿔을 가진 송아지가 태어나는 이유는 무엇일까? 여러분들의 목적이 뿔이 없는 polled 소들만을 키우는 것이라면, 어떻게 해야 할까?

3. 세 번째 손가락이 짧아지는 단지증(Brachydactyly)은 인간에게서 매우 드물게 나타나는 유전 형질이다. 의학 보고서에 따르면 단지증을 갖는 사람과 정상인 사람 간에 아이를 낳을 경우, 최대 절반의 확률로 단지증을 갖는 아이가 태어난다. 만일 양쪽 부모가 단지증을 갖는 경우에는 자손 세대에서 동일 증상을 보일 확률은 어떻게 될까?

4. 여러분들의 교사가 붉은색 눈을 가진 초파리, 흰색 눈을 가진 초파리, 붉은색 눈의 대립유전자에 대한 동형 접합자를 여러분들에게 제시하였다. 흰색 눈의 초파리를 나타내기 위해서는 열성 유전자들만을 갖는 동형접합자를 형성해야 한다는 것을 알고 있다. 그렇다면 붉은색 눈을 가진 초파리를 이용하여 흰색 눈을 가진 초파리를 만들어내려면 해당 초파리의 이형접합체는 어떤 형태로 결정해야 할까?

5. 혈우병은 혈액이 응고되지 않는 성-연관 열성 유전질환이다. 혈우병의 한 종류가 영국 왕가에서 시작되어 유럽의 왕실 가족들을 통해 유럽 전역으로 퍼져나갔다. 이러한 문제의 원인은 Albert 왕자, 아니면 그의 아내인 Victory 여왕에서 유래한 돌연변이에 의한 것으로 추정된다.
   a. Albert 왕자는 혈우병을 갖고 있지 않다. 만일 혈우병이 성-연관 열성 유성 질환이라면, 성-연관 열성 유전질환에 관한 것을 기반으로 하여 남성인 Albert가 어떻게 혈우병의 원인이라고 설명할 수 있을까?
   b. 러시아 황제 Czar Nicholas II와 Victoria의 손녀이자 러시아의 황후인 Alexandra 사이의 아들인 Alexis는 혈우병을 앓았다. 그러나 그의 딸인 Anastasia는 혈우병 증세를 보이지 않았다. Anastasia는 아이를 낳기 전에 러시아 혁명의 희생자가 되어 죽었다. 여러분들은 Anastasia가 혈우병의 보인자(carrier)라고 생각하는가? 만일 Nicholas 및 Alexandra에게 혈우병 증상이 있었다면 여러분들의 대답은 달라질까?

6. 정상적인 피부색을 갖는 남성이 알비노(albino) 증상을 가진 여성과 결혼하였다. 그들에게는 3명의 자녀가 있으며, 그 중 1명이 알비노 증상을 보였다. 그렇다면 남성의 유전자형은 어떻게 나타낼 수 있을까?

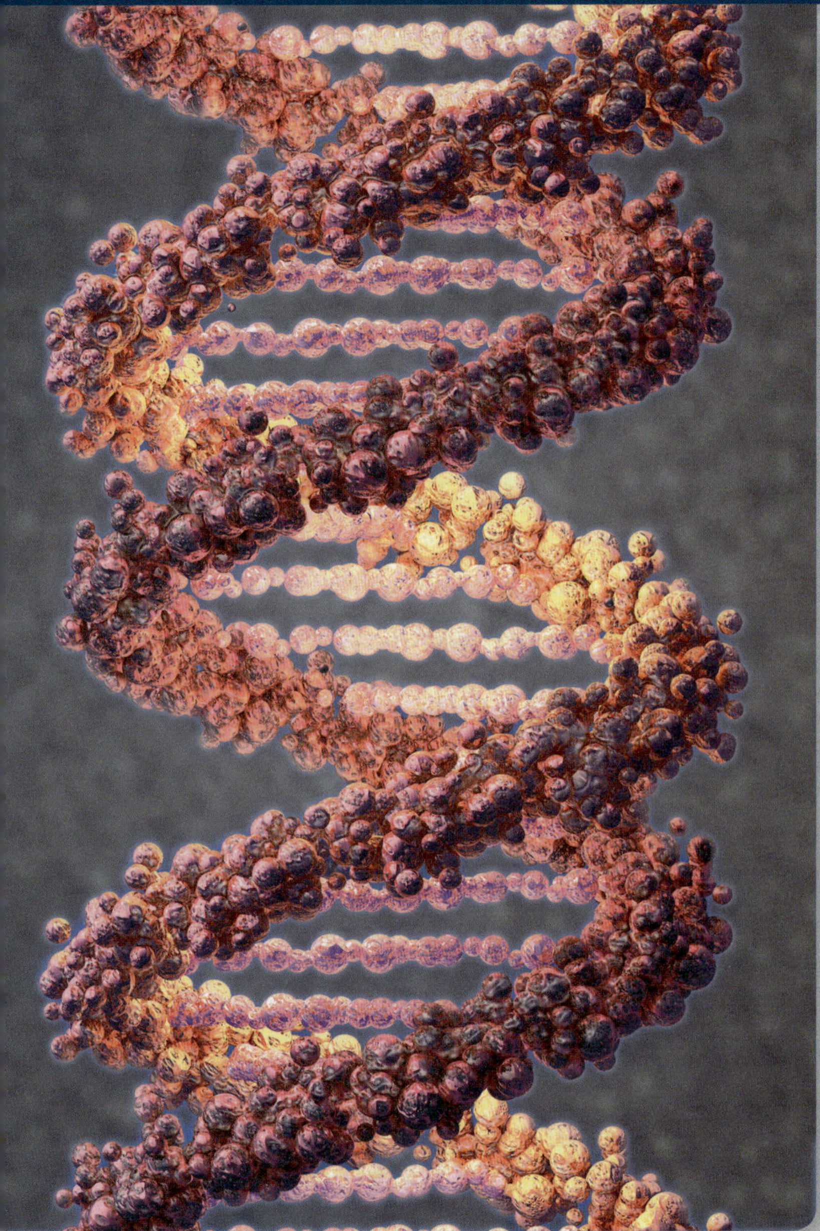

11

DNA: 유전물질

학습단원

자손에게 유전자를 전달하는 현상은 감수분열의 염색체 분리로부터 시작된다. 이에 대한 깨달음은 50년 넘는 생명과학자들의 관심으로 얻어낸 것이다. 유전형질과 염색체에는 어떤 관계성이 존재는 것일까? 이번 장에서는 유전을 분자 메커니즘의 관점에서 이해의 폭을 넓히기 위한 일련의 실험들에 대하여 다룰 것이다. DNA가 유전물질임을 규명한 실험은 매우 훌륭한 과학실험으로 자리매김하였다. 이것은 마치 탐정소설 내용에서 볼 수 있듯이, 밝혀진 사실이 다시 새로운 단서가 되는 과정과 비슷하다. 지름길을 찾기 위해 항상 학문적 지력이 요구되는 것이 아니며, 또한 명백한 정답을 찾기 위해 반드시 좋은 질문이 필요한 것도 아니다. 좌충우돌의 실험 여정에도 불구하고, 유전에 대한 그림이 점점 완성되면서 그 이미지가 더욱 뚜렷하게 나타나고 있다. 우리는 이제 DNA 분자가 어떻게 자신을 스스로 복제하고, 또 돌연변이가 어떻게 자손에게 전달되는지 이해할 것이다.

11.1 형질전환의 발견

Griffith의 실험

제8, 9, 10장에서 살펴본 바와 같이, 염색체는 유전정보, 즉 유전자(gene)를 갖고 있다. Mendel의 연구에서조차도 '유전자란 무엇인가?' 에 대한 정답을 발견할 수 없었다. 생명과학자들이 염색체를 재료로 사용하여 유전자를 찾는 연구를 시작하면서, 제3장에서도 언급하였듯이 염색체는 두 종류의 고분자 물질 즉, **단백질(protein**; *아미노산*들이 서로 연결된 긴 사슬 모양)과 **DNA** (deoxyribonucleic acid; *뉴클레오티드*가 서로 연결된 긴 사슬 모양)로 이루어 졌다는 것을 발견하였다. 유전정보는 이들 중 하나에 저장되었을 것으로 생각해 볼 수 있는데, 즉 정보는 서로 다른 종류의 아미노산 서열에 저장되었거나 아니면 뉴클레오티드 서열에 저장되었을 것이다. 단백질 또는 DNA 중 유전자를 갖고 있는 것은 어느 것일까? 이 의문에 대한 정답은 유사한 여러 실험을 통해 명확하게 도출되었다. 한 개체의 염색체에서 DNA와 단백질을 분리하였을 경우, 이 두 물질 중 어떤 것이 다른 개체의 유전자에 영향을 주는 것일까?

1928년에 영국의 분자생명과학자 Frederick Griffith는 병원성 세균(질병을 유발시키는)을 연구하는 과정에서 우연히 새로운 현상을 발견하였다. **그림 11.1**을 통해 그의 발견을 단계적으로 살펴볼 수 있다. ❶에서 보는 바와 같이, *병원성 Streptococcus pneumoniae* (나중에 *Pneumococcus*로 알려짐)를 생쥐에 주사한 결과, 생쥐는 패혈증으로 죽었다. 그러나 다당류로 구성된 캡슐(polysaccharide capsule)을 생성하지 못하는 병원성 *S. pneumoniae* 균주를 주사하였을 경우, 생쥐는 생존하였다(❷). 즉, 캡슐은 질병을 유발시키는 주요 물질이다. 배양배지에서 이 세균의 전형적인 콜로니 모양이 매끄럽게(smooth colony) 보여 *S형* 이라고 하고, 반대로 다당류 캡슐을 생성하는 효소가 결여된 돌연변이 균주는 콜로니 모양이 거칠게(rough colony) 나타나 *R형* 이라고 한다.

다당류 캡슐에 대한 독성 여부를 실험하기 위해, Griffith는 열처리로 죽인 병원성 S형 균주를 생쥐에 주사한 결과, 생쥐는 건강한 상태를 유지했다(❸). 마지막으로(❹), 죽은 병원성 S형 세균과 캡슐을 생성할 수 없는 살아 있는 R형 균주의 혼합물을 생쥐에 주사하였을 때(각 세균은 질병을 발병시키지 않는다) 생쥐에서 감염증상이 발견되었으며, 그 중 많은 수가 죽었다. 죽의 생쥐의 혈액에서 병원성 S형 *Streptococcus* 세균이 관찰되었고, 이 세균들은 원래 R형 표면단백질을 소유한 비병원성 세균들이었다. 즉, 죽은 병원성 S형 세균으로부터 다당류 캡슐 생성에 관련된 특정 정보가 R형 세균으로 이동되어 병원성 S형으로 형질전환되었음을 시사한다.

주요 학습 요점 11.1 **죽은 세포의 유전정보가 살아 있는 세포로 옮겨와 형질전환에 관여한다.**

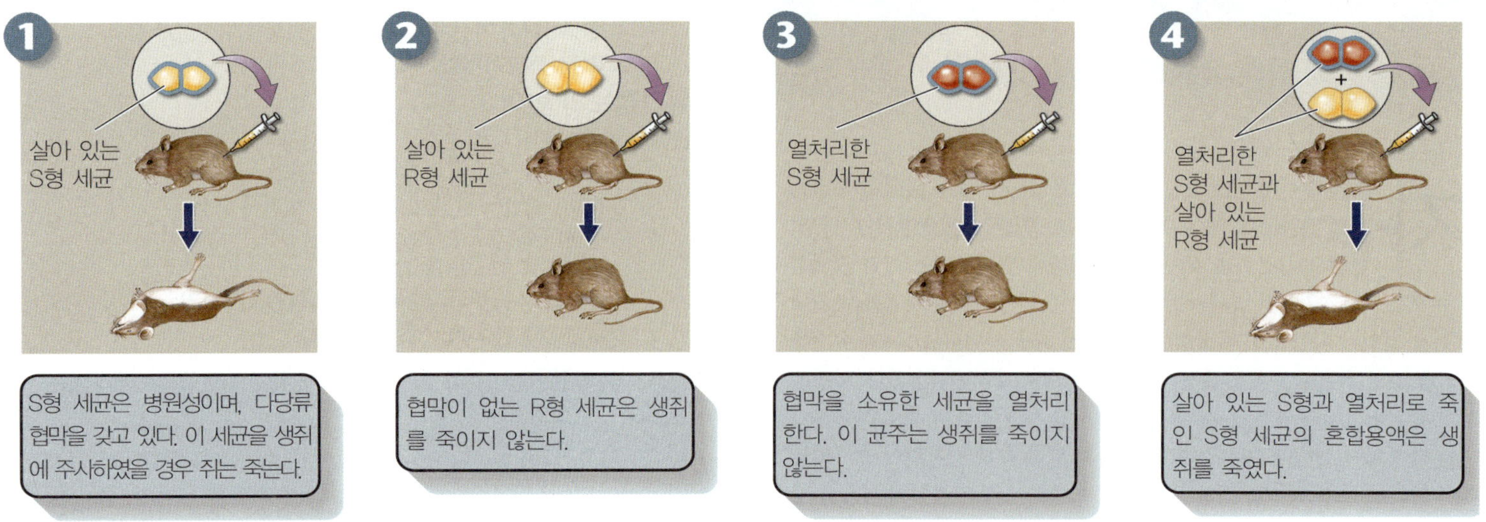

그림 11.1 Griffith의 형질전환 실험

한 생명체에서 다른 생명체로 유전자가 이동되는 작용인 형질전환은 DNA가 유전물질이라는 것을 증명하는 데 결정적인 증거를 제공하였다. Griffith는 죽은 병원성 *Streptococcus pneumoniae* 세균의 추출물이 살아 있는 비병원성 균주를 병원성 세균으로 '형질전환' 시킬 수 있다는 것을 발견하였다.

11.2 DNA가 유전물질이라는 사실을 규명한 실험

Avery의 실험

1944년에 이르기까지 *Streptococcus*에서 형질전환을 일으키는 물질이 무엇인지 밝혀내지 못하였으나, 전통적 실험방법을 사용하여 Osward Avery와 그의 동료 Colin MacLeod 그리고 Maclyn McCarty는 형질전환의 주요 물질이 무엇인지 구별해 냈다. Avery와 그의 동료들은 Griffith의 실험에서처럼 살아 있는 R형 *Streptococcus*와 죽은 S형 *Streptococcus* 혼합액을 사용하였고, 추가로 단백질이 99.98% 제거된 죽은 S형 용액도 처음으로 실험에 적용하였다. 그 결과 죽은 S형 *Streptococcus* 용액에서 대부분의 단백질을 제거하였음에도 불구하고, 형질전환률이 전혀 감소되지 않은 것을 확인되었다. 더욱이 형질전환에 관여하는 요인들이 다음의 몇 가지 이유로 DNA와 유사하다는 것을 발견하였다.

DNA와 동일한 화학적 조성 정제된 물질을 화학적으로 분석한 결과 원소의 배열이 DNA와 매우 유사하였다.

DNA와 동일한 행태 초원심분리를 적용한 실험을 통해, 형질전환 물질은 DNA와 유사하게 분획되었고, 이것은 전기영동 및 물리화학적 처리 과정에서 마치 DNA처럼 작용하였다.

지질과 단백질 추출 실험과정은 형질전환에 영향을 주지 않았음 정제된 형질전환 물질을 대상으로 지질 및 단백질 추출 실험을 수행하였어도 형질전환 효율이 감소되지 않았다.

단백질 또는 RNA 분해 효소로 파괴되지 않았음 단백질 분해 효소와 RNA 분해 효소는 형질전환 물질을 분해하지 못했다.

DNA 분해 효소로 파괴됨 DNA 분해효소는 분리된 형질전환 물질의 모든 작용을 정지시켰다.

이와 같은 놀라운 실험 결과를 통해 그들은 "*Pneumococcus* Type III"의 형질전환 물질은 디옥시리보오스로 구성된 핵산(nucleic acid)이라고 결론지었다. 즉 DNA가 유전물질이라는 것을 증명하였다.

Hershey와 Chase의 실험

유전자는 단백질로부터 만들어진다는 통념 때문에, Avery의 결과는 처음에 생명과학자들의 많은 지지를 받지 못했으나, 1952년 Alfred Hershey와 Martha Chase의 실험을 통해 더 이상은 부인할 수 없게 되었다. 이 연구팀은 세균에 감염하는 바이러스 유전자를 대상으로 연구하였다. 바이러스는 세균의 표면에 붙어서 내부로 유전자를 침투시키는데, 내부에 들어간 유전자는 숙주의 유전 도구를 점령하고, 이것을 이용하여 새로운 바이러스를 만든다. 바이러스 조립이 끝나면 완성된 바이러스는 다른 세포에 감염하기 위해 세균세포를 터트리면서 밖으로 나온다. 세균에 감염하는 바이러스는 그 표면이 단백질로 둘러싸여 있으며, 내부에 DNA가 존재하는 아주 간단한 구조를 가지고 있다.

Hershey와 Chase의 실험은 **그림 11.2**에 보는 바와 같이, DNA와 단백질을 표지하기 위해 방사성동위원소(radioactive isotopes)를 사용하였다. 그림에서 방사성동위원소로 표지된 분자들은 붉은색으로 표시하였다. 그림의 오른쪽, 바이러스 준비 과정에서 DNA는 ^{32}P로 표지되고, 그림의 왼쪽에서 바이러스 표면 단백질은 ^{35}S를 함유한다. Hersey와 Chase는 방사성 동위원소로 표지된

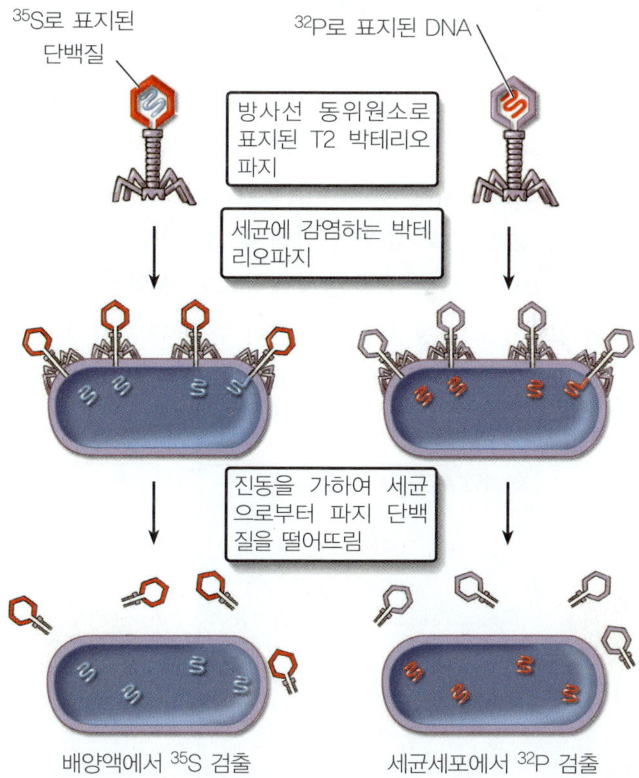

그림 11.2 Hershey와 Chase의 실험
제2차 세계대전 이후 연구자들은 실험에 방사성동위원소를 사용할 수 있었던 것을 계기로 본 실험이 수행되었고, 그 결과 대부분의 생명과학자들이 DNA가 유전물질이라는 확신을 갖게 되었다. Hershey와 Chase는 단백질과 DNA를 추적하기 위해 서로 다른 두 종류의 동위원소를 '표지'하는 방법을 사용하였다. 그들은 세균 바이러스가 증식하려고 세균세포 안으로 유전자를 주입시키는 과정에서, ^{35}S 방사성 물질은 감염된 세포 안으로 못 들어가지만 ^{32}P 방사성 물질은 침투된다는 것을 발견하였다. 새로운 바이러스 생산에 직접 관여하는 것은 바이러스의 단백질이 아닌 DNA라는 것이 명확해졌다.

바이러스를 세균에 감염시키고, 이어서 세균의 표면에 부착된 바이러스를 떨어뜨린 다음, 원심분리하여 세균을 모으고 나서 스스로 질문하였다. 바이러스는 세균 안으로 어떤 물질을 주입시켰을까? 바이러스가 세균세포에 주입한 것은 ^{32}P라는 것을 확인할 수 있었으며, 반면에 세균세포 내부에서는 ^{35}S로 표지된 물질이 발견되지 않았다. 결과는 분명했다. 바이러스 증식을 위해 사용된 유전자는 단백질이 아니라 DNA이다.

주요 학습 요점 11.2 결론적으로 여러 주요한 실험에서 유전물질은 단백질이 아닌 DNA라는 것을 보여주었다.

11.3 DNA 구조의 발견

DNA는 유전정보가 저장된 분자라는 것이 명확하게 이해되기 시작할 즈음에, 과학자들은 핵산이 어떻게 유전과 같이 복잡한 기능을 수행하는지에 대한 의문점을 갖기 시작했는데, 당시 연구자들은 DNA 분자가 어떤 모양인지 알지 못한 상태였다.

현재 우리는 DNA가 뉴클레오티드로 구성된 긴 사슬 모양의 분자라는 것을 알고 있다. **그림 11.3**에서 보는 바와 같이, **뉴클레오티드(nucleotide)**는 세 영역으로 되어 있는데 가운데에 위치하는 당(sugar) 성분인 *디옥시리보오스*(deoxyribose), 인산기(PO_4), 염기(base)로 구성되어 있다. DNA를 구성하고 있는 모든 뉴클레오티드들은 공통적으로 당(보라색의 오각형)과 인산기(노란색의 원형)를 갖고 있다. 반면에 네 종류의 서로 다른 염기는 두 개의 고리 구조로 구성된 상대적으로 큰 염기 두 종류와 한 개의 고리구조로 형성된 작은 염기 두 종류로 각각 구성되었다. 큰 염기 **A**(adenine)와 **G**(gunine)를 **퓨린(purine)**이라고 하며, 작은 염기 **C**(cytosine)와 **T**(thymine)를 **피리미딘(pyrimidine)**이라고 한다. Erwin Chargaff는 DNA에서 퓨린과 피리미딘의 양은 항상 동일하다는 중요한 사실을 발견하다. 실제 실험적 오차로 약간의 편차가 있기는 하지만, A는 T의 양과, G는 C의 양과 각각 동일하다. A = T 및 C = G의 결과를 **Chargaff의 법칙**이라고 하며, 이와 같은 결과는 DNA가 규칙적인 배열을 갖는 구조임을 암시하는 것이다.

Chargaff의 법칙은 1953년 영국의 화학자 Rosalind Franklin의 X-선 회절 분석결과로 더욱 명확하게 이해되었다. 즉, DNA 분자에 X-선 빔으로 조사하였을 경우, 마치 목표물을 향해 던진 공이 튕겨져 나가는 것처럼 빔들은 구성 원자들과 충돌하여 휘거나 회절하게 된다. 개개의 원자에 충돌한 빔의 궤적은 사진 필름에 감광되어 **그림 11.4*a***에서 보는 바와 같이 잔잔한 호수에 돌을 던진 것처럼 잔물결 모양을 만들어낸다. Franklin의 실험 결과는 DNA 분자구조가 코일 스프링 또는 스크류 형 포도주 병따개 모양을 하고 있음을 암시하며, 이와 같은 구조는 **나선(helix)**이라고 한다.

Franklin은 자신의 결과를 발표하기에 앞서 Cambridge 대학

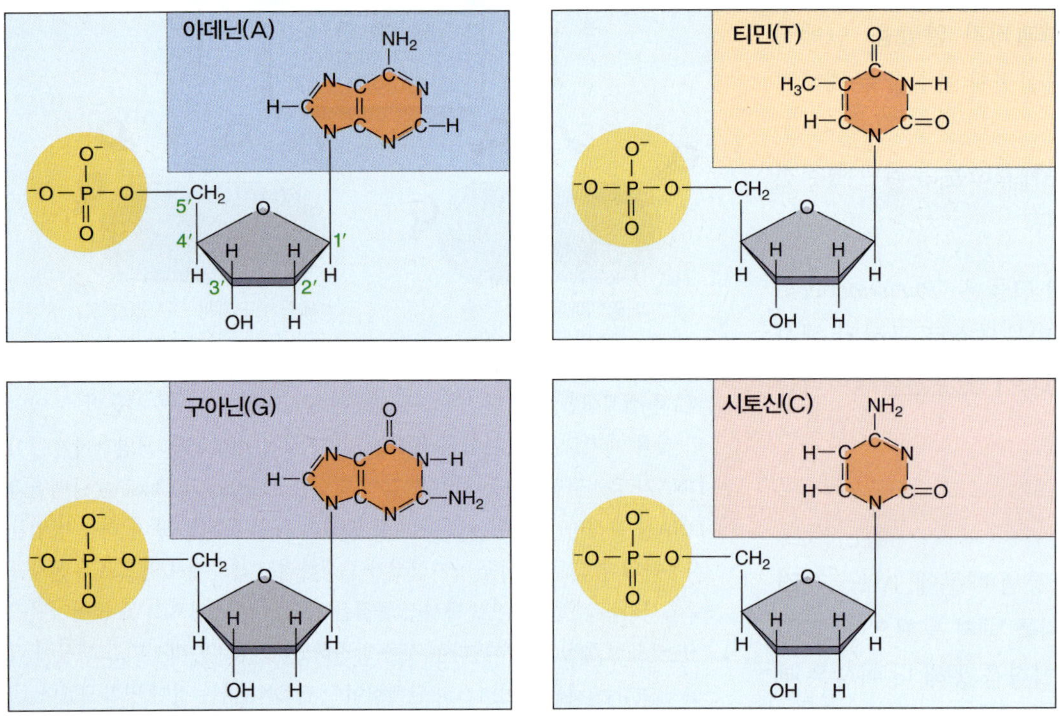

그림 11.3 DNA를 구성하는 네 종류의 뉴클레오티드

뉴클레오티드는 구조적으로 세 부분으로 나뉠 수 있는데, 중앙에 위치하는 5탄당 디옥시리보오스, 인산기 및 질소를 함유한 염기로 구성되어 있다.

의 Francis Crick과 James Watson과 공유하였다. Watson과 Crick은 Tinkertoy 장난감 모델을 사용하여 DNA의 실제 구조(**그림 11.4*b***)를 추론하였다. DNA 분자는 염기들이 서로 마주보면서 배열된 지그재그 계단 형태의 **이중나선(double helix)** 이다(**그림 11.4*c***). 이와 같은 구조는 Chargaff의 법칙과도 정확하게 일치하는데, 즉 DNA 한 가닥에 존재하는 퓨린은 다른 가닥의 피리미딘과 쌍을 형성하는 구조이다. A(파란색)는 T(주황색)와, G(보라색)는 C(분홍색)와 각각 쌍을 이루고 있다. 염기들은 서로 수소결합(점선으로 표시)하면서 **염기쌍(base pair)** 을 형성하여 일정한 두께를 유지한다.

주요 학습 요점 11.3　뉴클레오티드로 구성된 DNA 분자 두 가닥은 염기쌍들의 수소결합으로 단단하게 결합되어 있다. 이때 두 가닥은 알파 나선 구조를 형성한다.

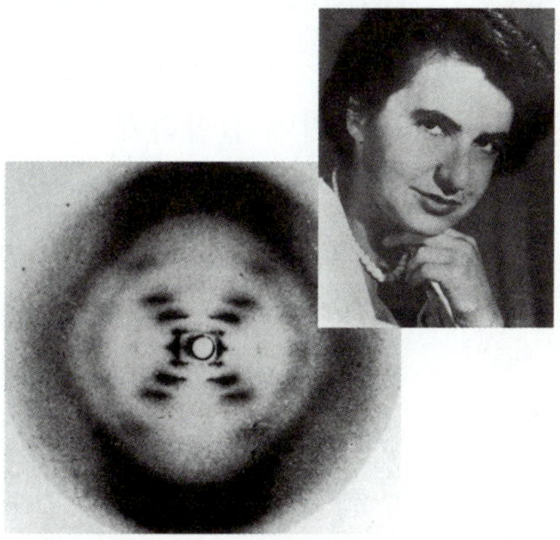

(a)

(b)

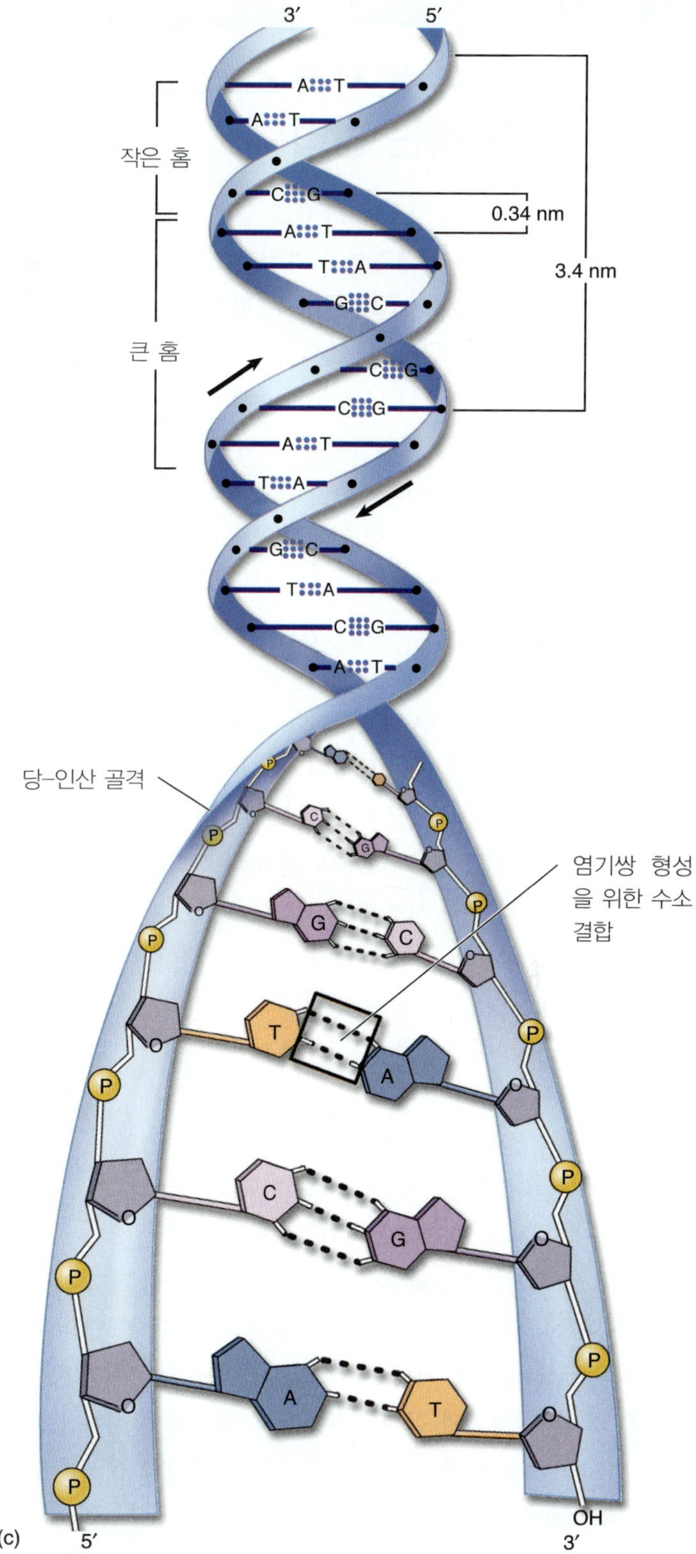

(c)

그림 11.4 DNA 이중나선

(*a*) Maurice Wilkins 박사 연구실의 Rosaline Franklin이 1953년 발표한 X-선 회절 사진. 이 결과로부터 Watson과 Crick은 DNA가 원형계단 모양의 나선구조일 것이라고 제안하였다. (*b*) 1953년 Watson과 Crick은 DNA 구조를 추론하였다. 당시 Jamse Watson (손수 제작한 DNA 모형을 앉아서 응시하고 있는 사람)은 젊은 미국태생 박사후연구생이었으며 Francis Crick (지시하고 있는 사람)은 영국 과학자였다. (*c*) 이중나선구조의 크기는 X-선 회절연구를 통해 대략적으로 결정되었다. DNA 이중구조에서는 오직 두 종류의 염기쌍 결합, 즉 아데닌(A)과 티민(T) 염기쌍과 시토신(C)과 구아닌(G) 결합만이 가능하다. G-C 염기쌍은 세 개의 수소결합으로, A-T 염기쌍은 두 개의 수소결합으로 각각 구성되어 있다.

11.4 DNA 분자가 스스로 복제하는 방법

DNA의 두 가닥이 서로 가까이 마주볼 수 있는 것은 가닥을 구성하고 있는 염기들 사이의 약한 수소결합 때문이다. A는 반드시 T와 수소결합이 가능하고, C와는 결합할 수 없다. 또한 G는 T가 아닌 C와 수소결합을 형성한다. DNA의 Watson-Crick 모델에서 이중나선 구조를 구성하는 두 가닥의 DNA는 서로 *상보적*(complementarity)이라고 일컫는다. 나선 중 한 가닥이 A, T, G, C 염기들의 조합으로 구성된 일련의 서열은 쌍을 이룬 다른 가닥의 염기서열을 완벽하게 상보적으로 결정한다. 만일 한 가닥이 ATTGCAT 서열을 가지고 있을 때, 이중나선의 다른 가닥의 서열은 TAACGTA가 된다. 이중나선의 두 가닥은 상보적 거울상이다. 이와 같은 상보성은 세포분열 중 DNA 분자가 스스로 복제하는 것을 가능하게 한다. 새로운 DNA 분자를 조립하기 위해 세 가지의 주형 사용법을 제안할 수 있다.

첫째, 이중나선 구조의 두 가닥이 서로 떨어지고, 각각의 가닥이 주형으로 작용하면서 A는 T와, G는 C와 염기쌍을 형성하면서 새로운 DNA가 조립된다. **그림 11.5*a***에서 보는 바와 같이, 원본 가닥은 파란색이고, 새롭게 형성된 가닥은 빨간색이다. 복제 후, 원본 DNA 가닥들끼리 서로 쌍을 이루면서 재결합하고, 새롭게 형성된 DNA 가닥들도 자기들끼리 조립되는데, 이것을 *보존적 복제*(conservative replication)라고 한다.

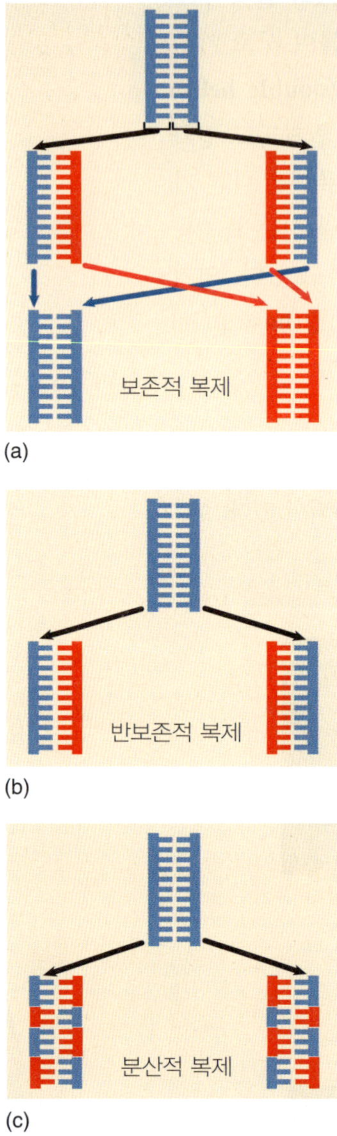

그림 11.5 DNA 복제 모델

둘째, 이중나선 구조는 '두 가닥으로 분리' 되고, 각 단일 가닥을 따라 새로운 상보적 가닥이 조립된다. 이와 같은 복제방법은 원본 DNA의 한 가닥과 이것을 주형으로 새롭게 형성된 상보적 DNA 가닥이 서로 쌍을 이루면서 조립되기 때문에 *반보존적 복제*(semiconservative replication)라고 한다. 즉, 원본 DNA 이중나선 구조에서 각 가닥은 복제된 이중나선 구조의 한 가닥이 된다. **그림 11.5*b***에서 보는 바와 같이 파란색 가닥은 원본 이중나선 구조에서 유래된 것이며, 붉은색 가닥은 새로 형성된 것이다.

셋째, *분산적 복제*(dispersive replication)라는 것인데, 원본 DNA는 새로운 DNA 사슬을 형성하기 위한 주형으로 작용하지만, 조립된 두 개의 딸 DNA 가닥에는 원본 DNA와 새롭게 조립된 DNA가 혼성으로 구성된다. **그림 11.5*c***에서 보는 바와 같이 딸 DNA 가닥은 원본(파란색) 가닥과 새로운(빨간색) 가닥이 혼합된 구조이다.

Meselson-Stahl 실험

캘리포니아공과대학의 Matthew Meselson과 Franklin Stahl은 1958년 DNA 복제에 대한 3가지 가설을 증명하기 위한 실험을 수행하였다. 이 두 과학자들은 세균 DNA의 염기에 결합할 수 있는 무거운 질소 동위원소 ^{15}N을 배양액에 넣고 세균을 증식시켰다(**그림 11.6**의 가장 위 페트리 접시). 몇 세대가 지난 후, 배양액에서 세균만 분리하여 가벼운 질소 동위원소 ^{14}N가 함유된 배양액에 옮기고 다시 증식시켰는데, 이때 ^{14}N는 새로 복제되는 DNA의 염기에 결합하게 된다. 배양하면서 20분 간격으로 (그림의 ❷번에서 ❹번) 세균들을 회수하였고, 대조구인 ❶번 시료와 함께 나머지 3개 시료로부터 DNA를 추출하였다.

Meselson과 Stahl은 분리된 DNA를 염화세슘 용액에 녹인 다음, 초원심분리기로 고속 회전시켜 서로 다른 밀도를 갖는 DNA 가닥들을 분리하였다. 세슘 이온을 원심분리 튜브 바닥으로 이동시키는 원심력 때문에 밀도구배는 자동으로 생성된다. 각각의 DNA 가닥들은 조성된 밀도구배 영역에서 정확히 세슘 밀도와 일치하는 위치에서 도달하여 더 이상 이동되지 않게 된다. ^{15}N가 함유된 가닥은 ^{14}N를 함유한 가닥보다 밀도가 높기 때문에 상대적으로 세슘이 높은 농도로 존재하는 튜브의 아래쪽으로 이동된다.

새로운 배양액에 옮기고 나서 즉시 세균으로부터 회수된 DNA는 ❷번 시험관에서처럼 모두 밀도가 높다. 그러나 ^{14}N 배양액에서 처음으로 DNA 복제를 완료한 세균의 DNA 밀도는 ❸번 시험관에서 보는 바와 같이 ^{14}N-DNA와 ^{15}N-DNA 사이의 중간 값을 갖게 된다. 두 번째 복제가 완료된 다음에는 두 종류의 DNA가 관찰되었는데, 하나는 두 가닥 모두 ^{14}N-DNA로 구성되었고, 다른 하나는 ^{14}N-DNA와 ^{15}N-DNA가 혼성으로 존재하였다.

Meselson과 Stahl은 실험결과로부터 다음과 같은 해석을 유추하였다. 첫 번째 복제로 생성된 DNA는 혼성구조인데, 이것은 무거운 가닥들로 구성된 원본 DNA의 한 가닥과 새롭게 조립된 가벼운 가닥 하나로 구성되어 있다. 혼성구조가 다시 복제될 때, 두 종류의 DNA 이중가닥이 만들어진다. 즉, 무거운 가닥과 가벼운 가닥 각각 한 개로 구성된 이중가닥과 두 개의 가벼운 가닥으로만 구성된 이중가닥이다. 이와 같은 결과로 DNA 복제는 보존적 복제와 분산적 복제 모델은 배제되고, 따라서 Watson-Crick의 DNA 복제 모델은 반보존적 방법으로 진행된다는 것이 확인되었다.

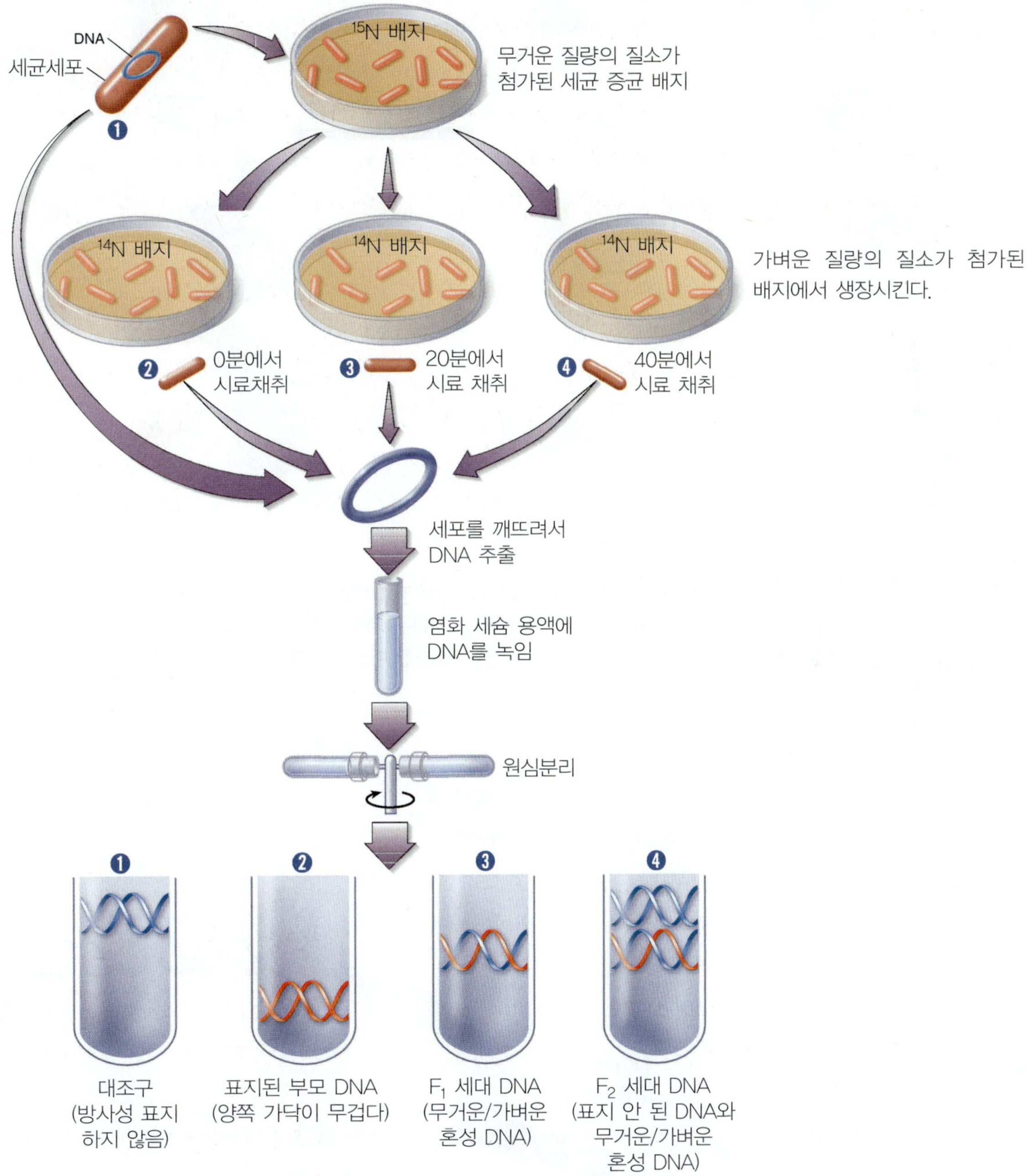

그림 11.6 Meselson-Stahl 실험

무거운 질소 동위원소(^{15}N)가 첨가된 배지에서 여러 세대 생장시킨 세균세포를 가벼운 질소 동위원소(^{14}N)가 첨가된 새로운 배지에 옮겼다. (그림의 세균은 실제 크기가 아니다. 배지에서 매우 작은 점 모양으로 생장된 세균세포들도 실제로 그 수는 수만 개에 이른다.) 여러 시간대에서 세균들을 회수하여 추출한 DNA는 염화세슘 용액에 녹이고, 이어서 빠른 속도로 원심분리 시켰다. DNA 및 방사성 표지 DNA 가닥들은 무게가 서로 다르기 때문에 원심분리 튜브의 구배환경에서 서로 분리된다. DNA가 두 가닥 모두 무거운 질소 동위원소로 조립되었을 경우, 이 DNA는 튜브의 가장 바닥에 모인다. 두 가닥 모두 가벼운 동위원소로 조립된 DNA는 튜브의 가장 위 부분에 존재한다. 두 가닥 중 하나는 무거운 것으로 다른 하나는 가벼운 것으로 조립된 DNA는 다른 두 종류의 DNA 위치의 중간에 존재한다.

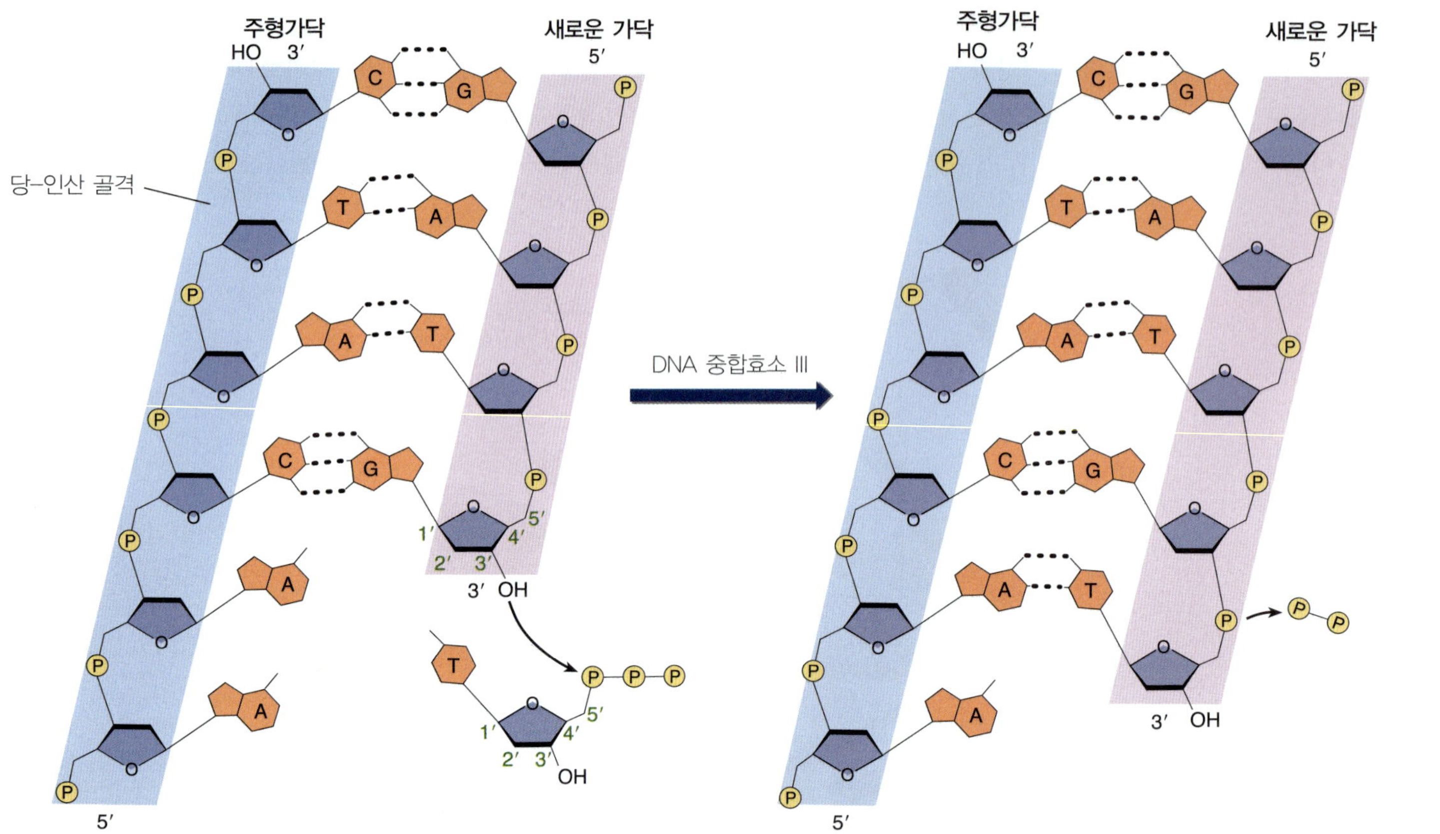

그림 11.7 DNA 복제과정에서 뉴클레오티드가 추가되는 방법
뉴클레오티드에서 인산기는 당의 5′ 탄소 원자와 3′ 탄소 원자의 OH 기에 결합한다. 그러므로 한 가닥 DNA 사슬의 한 쪽 끝은 5′ 인산기이며, 다른 쪽은 3′ OH로 구성된다. DNA 이중나선구조의 경우, 한 가닥은 3′ 에서 5′ 으로 다른 가닥은 5′ 에서 3′ 으로 두 가닥이 서로 반대 방향을 향하면서 쌍을 이루고 있다. DNA 중합효소 III의 중재로 DNA 가닥에 새로운 뉴클레오티드가 첨가될 때, 기존 가닥의 OH기에 추가되는 뉴클레오티드의 인산기가 결합한다.

DNA는 어떻게 스스로 복제될까?

세포분열 이전에 DNA가 복사되는 것을 **DNA 복제(DNA replication)**라고 하며, 원핵생명체에 총 6개의 단백질이 이 과정에 참여한다(진핵생명체에서는 일부 다른 종류의 효소가 사용). 단백질들은 나선형으로 꼬여 있는 DNA 이중가닥을 풀어버리면서 기존 가닥에 상보적 뉴클레오티드를 결합시켜 새로운 상보적 DNA 가닥을 조립한다(**그림 11.7**).

❶ 풀림

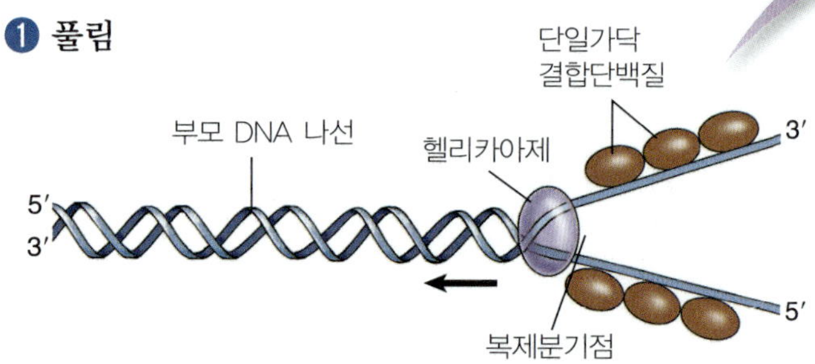

DNA 복제가 개시되기 전, *헬리카아제*(helicase)라는 효소는 부모 DNA의 나선구조를 풀어서 두 가닥으로 분리시키는데 관여한다. 단일가닥 결합단백질(single-strand binding protein)들은 풀려진 DNA의 단일 가닥들을 다시 결합하지 않도록 안정화

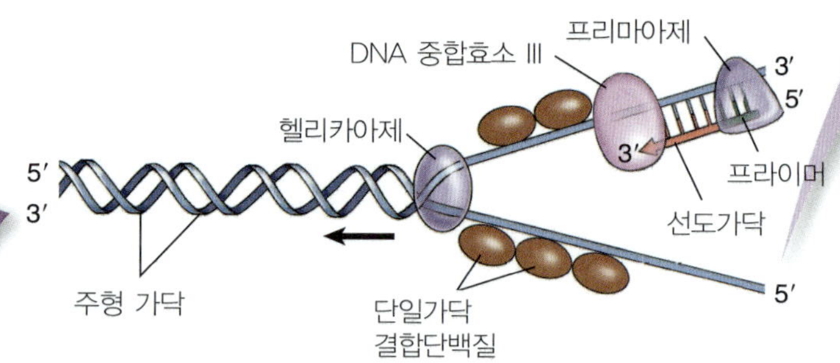

시킨다. 헬리카아제는 DNA 나선구조를 따라 이동하면서 두 가닥을 계속 풀어준다.

❷ 선도가닥에서 프라이머 생성

DNA 중합효소 III(DNA polymerase III) 복합체는 부모 DNA 이중가닥이 풀려져서 분리된 단일 DNA 가닥 주형에 상보적인 뉴클레오티드를 옮겨올 수는 있으나, 처음부터 새롭게 복제되는 가닥을 만들 수는 없다. 즉, DNA 가닥이 미리 존재해야만 이것으로부터 새로운 뉴클레오티드를 조립해 나갈 수 있다. 그러

므로 새로운 DNA 가닥이 만들어지기 전에 단일가닥 DNA 주형에 *프라이머*(primer)라고 하는 상보적 RNA 단편이 제작되어야만 하는데, 이 과정에 관여하는 효소를 *프리마아제*(primase)라고 한다. 이후 DNA 중합효소 III가 프라이머에 결합하여 각 원본 DNA에 상응하는 상보적 DNA를 조립해 나간다. 이때 복제 분기점(replication pork)의 5′ 에서 3′ 방향으로 새롭게 형성되는 DNA 가닥을 *선도가닥*(leading strand)이라고 한다.

❸ 선도가닥 조립

DNA 중합효소 III는 DNA 가닥의 3′ 말단에 뉴클레오티드를 결합시키면서 선도가닥을 조립해 나간다. 즉, 기존 가닥의

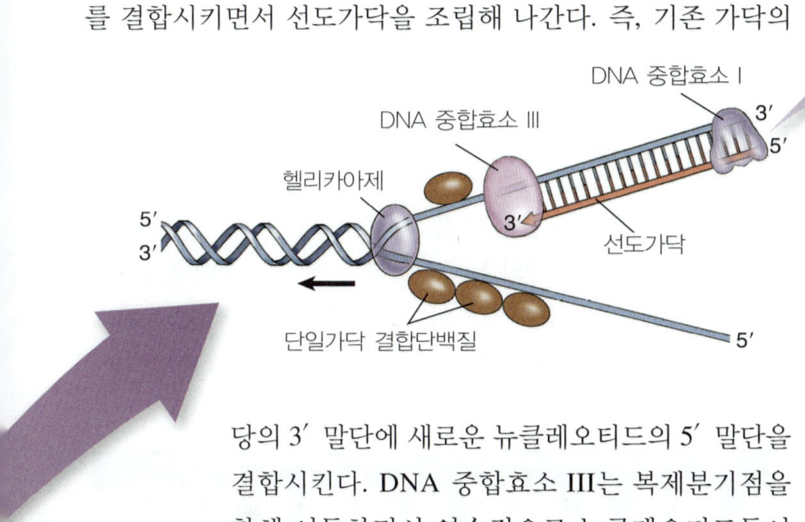

당의 3′ 말단에 새로운 뉴클레오티드의 5′ 말단을 결합시킨다. DNA 중합효소 III는 복제분기점을 향해 이동하면서 연속적으로 뉴클레오티드들이 조립되는 선도가닥을 구축한다. 선도가닥이 최종적으로 완성되기 전에 *DNA 중합효소 I*(DNA polymerase I)이 RNA 프라이머를 제거한 다음, 원본 주형에 상응하는 DNA를 다시 조립한다. 새롭게 합성된 혼성 DNA는 나선구조로 다시 감겨진다.

그림 11.8 염색체의 DNA

염색체는 단백질로 둘러싸인 형태로 보이며, 만일 염색체를 풀어버리면 단백질이 DNA로부터 분리된다. 현미경 사진 왼쪽의 짙은 물질은 접혀 있는 단백질이다.

❹ 프라이머 합성과 지연가닥 조립

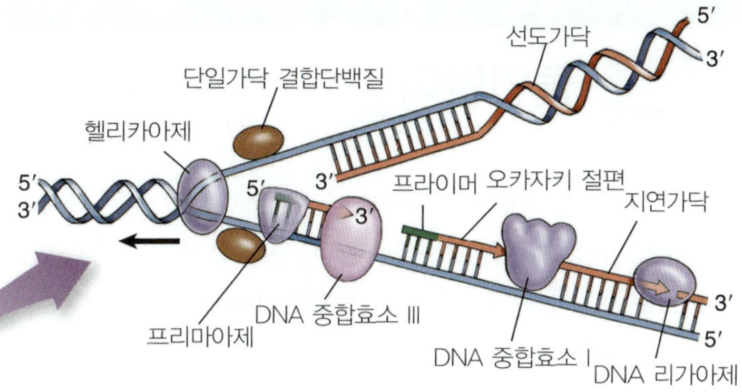

DNA 중합효소 III는 5′ 에서 3′ 방향으로만 새로운 가닥을 조립할 수 있기 때문에, 다른 가닥은 복제분기점이 열리는 방향의 반대쪽으로 짧은 5′ → 3′ 가닥이 조립되며, 이 가닥을 *지연가닥*(lagging strand)이라고 한다. 각각의 지연가닥 절편들 역시 새로운 뉴클레오티드 조립을 위해 RNA 프라이머를 요구한다. DNA 중합효소 III는 복제 분기점으로부터 방금 전 합성된 DNA 절편 위치에 도달할 때까지 새로운 뉴클레오티드를 조립해 나간다. 지연가닥에서 합성된 DNA 절편을 *오카자키 절편*(Okajaki fragment)이라고 한다. 이중나선이 더 열리면서 새로이 RNA 프라이머가 생성되고, 이어서 DNA 중합효소 III의 작용으로 새로운 DNA 절편이 생성된다. 이후 중합효소는 주형으로부터 분리되고, 다시 새롭게 생성된 RNA 프라이머 위치로 이동하여 조립을 계속 진행한다. DNA 중합효소 I은 오카자키 절편들에 결합하여 RNA primer들을 제거시키고, 이어서 *DNA 리가아제*(DNA ligase)라는 효소가 절편들을 이어준다. 지연가닥은 이와 같이 불연속적 방법으로 복제된다.

진핵세포의 염색체들은 각각 단일가닥의 매우 긴 DNA로 구성되어 있기에(**그림 11.8**) 단 1개의 복제 분기점으로부터 전체 DNA를 한 번에 복사하기 어렵다. 진핵세포 염색체는 약 100,000개의 뉴클레오티드 구획들로 복사되며, 각 구획은 고유의 복제 개시점(replication origin)과 분기점을 갖고 있다.

사람의 몸 세포에 존재하는 엄청난 양의 DNA는 수정난 세포 DNA로부터 오랜 기간 동안 복제된 결과이다. 살아 있는 세포들은 DNA 복제과정 중 오류를 방지하고 또한 손상으로부터 DNA를 보호하기 위한 여러 메커니즘을 진화를 통해 발전시켜왔다. **DNA 수선(DNA repair)** 기전은 실수로 손상된 부분을 정확하

게 교정시킨다. 그러나 교정이 항상 완벽하지는 않은데, 만일 수선이 완벽하게 진행되었더라면 돌연변이는 교정되어 유전자 서열 변화가 일어나지 않았을 것이며, 결국 진화는 중단되었을 것이다. 돌연변이는 다음 절과 제14장에서 자세히 논의될 것이다.

주요 학습 요점 11.4 DNA 복제의 정확성은 상보성에 있다. DNA 두 가닥은 상보적 서로 이미지이며, 따라서 두 가닥 중 한 가닥은 다른 가닥을 구성하는 주형으로 작용한다.

유전정보의 변이

11.5 돌연변이

유전정보 변경을 위해서는 돌연변이와 재조합이라는 두 가지 일반적인 방법이 사용된다. 하나 또는 다수의 유전자가 갖고 있는 염기서열 정보가 변화되는 것을 **돌연변이(mutation)**라고 한다. 이전 절에서 언급하였듯이, DNA 이중가닥이 분리되고 그 중 한 가닥에 상보적 가닥을 형성하여 DNA가 복제되는데, 이때 주형가닥 염기서열이 새로운 가닥의 염기서열을 결정한다. 그러나 이러한 복제 과정에 가끔 오류가 발생하는데, 이것을 돌연변이라고 한다. 어떤 경우에는 유전자의 뉴클레오티드가 소실되거나 첨가되는 대신에 특정 뉴클레오티드가 변이되기도 한다. 동일 염색체 내에서 유전자의 일부만이 그 위치가 바뀌는 것을 **재조합(recombination)**이라고 하며, 어떤 경우에서는 염색체간 유전자 재조합이 발생되기도 한다. 많은 양의 DNA를 소유한 진핵생명체의 세포에서 DNA를 보호하고 교정하는 기전은 완벽하지 않으며, 이 기전이 완벽하였다면 어떤 변이도 출현되지 않을 것이다.

잘못된 현상

그림 11.9와 같이 세포는 복제하는 동안 실수가 일어난다. 햇빛 또는 선탠으로부터 방출되는 자외선 및 담배 연기와 같은 화학물질 등은 DNA 변이를 초래하여 돌연변이를 유발시킬 수 있다. 그러나 돌연변이는 드물게 발생한다. 인간 유전자 염기서열을 분석한 결과, 30억 개의 뉴클레오티드 중에서 대략 60개 정도의 유전자만이 각 세대에서 돌연변이된 상태로 발견되었다. 만일 변이가 일반적으로 진행되는 과정이라면, DNA에 내재된 유전 형질들은 곧 의미 없는 무용지물이 될 것이다. 미미하지만 부단히 지속되는 변이는 결국 진화를 유발하는 것이 된다. 생물이 소유한 각각의 유전정보가 서로 다른 것은 유전자 변이 때문이다.

그림 11.9 돌연변이
정상 초파리는 가슴에 한 쌍의 날개를 갖고 있는데, 그림에서 초파리는 두 개의 가슴을 갖고 있는 돌연변이다. 배 발생 과정을 조절하는 매우 중요한 유전자의 돌연변이로 인하여 두 개의 가슴을 갖게 되었으며, 따라서 두 쌍의 날개를 가지게 된다.

돌연변이 종류

DNA 유전자 정보는 단백질 생성 방법이 담겨져 있는 일종의 '명령' 이다. DNA 가닥의 뉴클레오티드 서열은 단백질을 구성하는 아미노산 서열을 결정하며, 이 과정은 224쪽 10.5절에 소개되었고, 제12장에서 자세하게 언급될 것이다. **그림 11.10**에

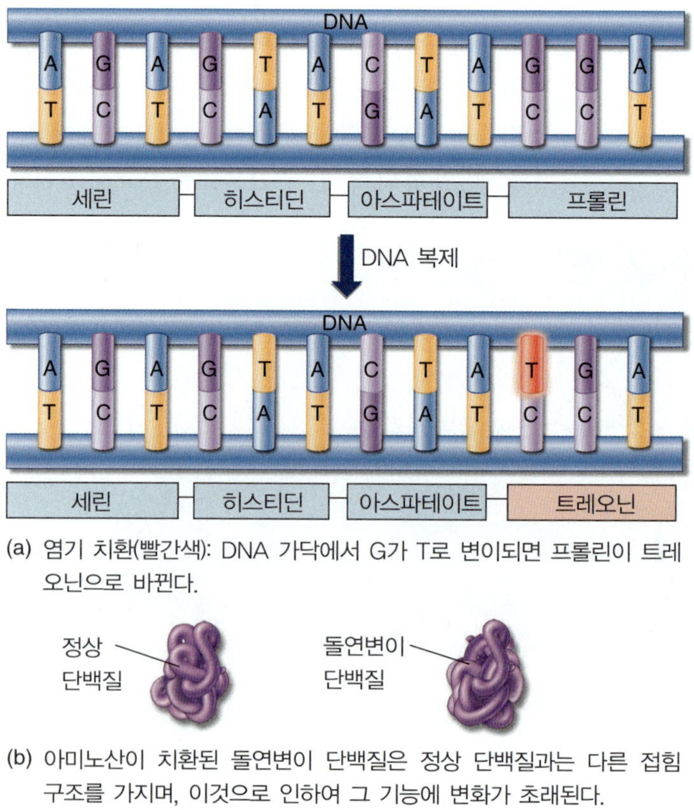

그림 11.10 염기치환 돌연변이
(a) DNA 염기서열 변이는 아미노산 변이를 유발한다. *(b)* 결과적으로 돌연변이 단백질은 본래의 정상 단백질과 동일한 기능을 수행하지 못할 것이다.

DNA 지문

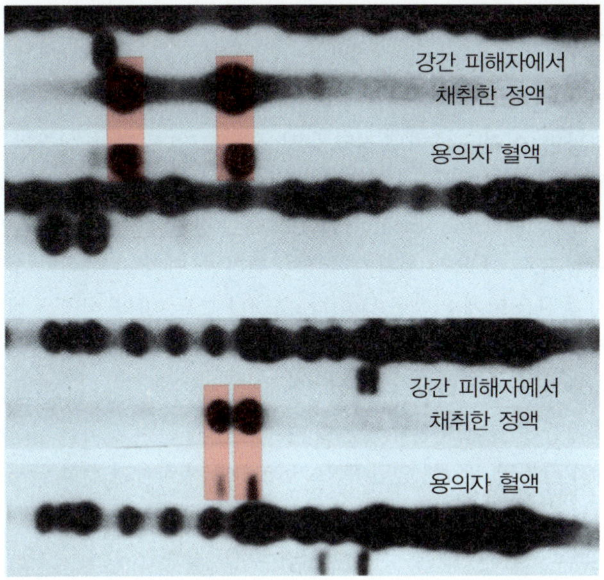

일란성 쌍생아들만이 유일하게 DNA 서열이 똑같다. 그 외의 모든 사람들은 많은 부분에서 서로 다르다. 1985년 영국의 유전학자 Alec Jeffreys는 DNA 지문(DNA fingerprint)을 법의학(범죄현장을 조사하는 학문)의 새로운 도구로 활용하여 큰 혜택을 보았다. 개인의 DNA를 작은 부분으로 쪼개고, 이 과정을 통해 모여진 작은 조각들을 겔에 전개하면 고유의 DNA 밴드 패턴이 펼쳐지는데, 이것이 'DNA 지문' 이다. 위의 사진은 1987년 지방검사가 성폭력범죄 재판에 증거자료로 제출한 DNA 지문이다. X-선 사진에서 평행으로 나열된 밴드들은 해당 지점에 DNA 절편들이 자리하고 있음을 나타내 주는 것이다. DNA 절편을 제작하는 기법은 제13장에서 자세하게 다룰 것이다. 여러 밴드들로 나열된 짙은 가로줄들은 표준화된 대조구들이다. 사진에서 볼 수 있듯이, DNA 절편들은 두 가지 방법을 사용하여 각각 제작하였고, 붉은색으로 강조된 부분들은 특정 DNA 염기서열이 존재한다는 것을 의미한다. 폭행을 당한 후 한 시간 내에 피해자로부터 시료를 채취하여 정액의 DNA 패턴을 분석하였다.

이미 분석된 DNA 지문과 용의자 DNA 지문을 비교해 보자. 사진에서 볼 수 있듯이, 용의자의 두 패턴이 강간범의 패턴이 일치하지만 피해자의 패턴과는 상당히 다르게 나타난다. 강간 피해자에서 채취한 정액과 용의자의 혈액 표본이 동일한 사람의 것이라는 것이 분명하다. 배심원들은 1987년 11월 6일 용의자 Tommie Lee Andrews에 대하여 유죄판결을 내렸다.

Andrews 평결 이후 여러 사건에서 DNA 지문은 증거물로 사용되었다. DNA는 사건현장에서 극소량의 혈액, 머리카락 또는 정액 등의 다양한 시료로부터 분리될 수 있다. Andrews의 DNA를 분석한 사람은 "사건 현장에 DNA를 남겨 놓는 것은 본인의 이름, 주소, 주민등록번호를 남기고 오는 것과 마찬가지다. DNA는 정확하다" 라고 말했다.

DNA 서열의 차이점이 강조된 프로파일을 작성하기 위한 몇 가지 방법들이 많은 사람들에게서 공유되었고, 기타 방법들은 가끔 사용되었다. 여러 가지 방법을 사용함으로써 DNA 지문이 갖고 있는 고유한 특징이 더욱 명확하게 부각되거나 또는 배제될 수 있었다. 아래의 사진은 1995년 미국 전역을 뜨겁게 만들었던 O. J. Simpson 전부인 살인사건 현장에서 발견된 혈액 표본 및 O. J. Simpson의 DNA 표본의 프로파일이다.

DNA 지문은 사건 용의자의 기소를 위해 사용되기도 하지만, 무죄를 증명할 때도 사용될 수 있다. 지난 14년간 무려 120여 명의 기소자들은 그들의 DNA 증거를 Innocence Project 단체에 제출하여 무죄를 입증할 수 있었다.

물론 DNA 지문을 작성하고 분석하는 과정은 공정하게 처리되어야만 한다. 허술하게 작성된 DNA 지문은 잘못된 판결로 이어질 수 있다. DNA 지문을 작성하기 위해 시행되는 실험 방법에 대한 문제점과 의문점 등이 제기된 이후, 국가 표준법이 개발되었다.

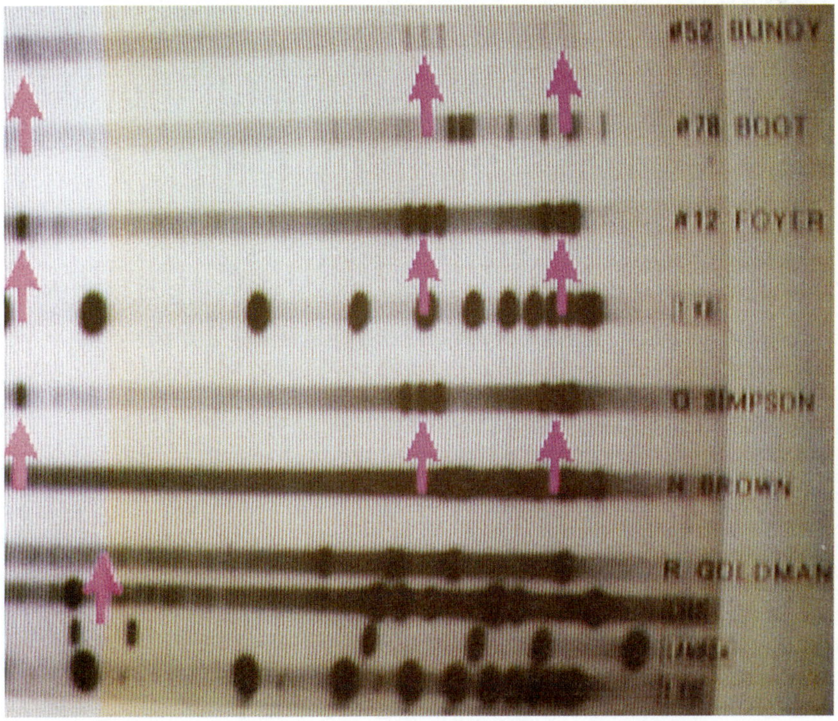

아일랜드 왕족의 DNA 추적

매 순간 돌연변이가 생식세포의 난자와 정자에서 만들어지는 DNA에서 나타나며, 이것은 후대로 전달될 것이다. 그러나 '만약'이라는 전제가 너무 많이 붙게 된다. 예를 들면 만약 DNA 변이가 세포 오류검출 장치(cell error-detecting machinery)를 통해 수정되지 않는다면, 만약 그 특정 난자 또는 그 특정 정자가 수정이 된다면, 만약 그 아이가 성장하여 다시 출산을 하게 된다면 등 이다. 그러나 모든 '만약'이라는 전제조건이 성립해야 하지만 지난 수세기 동안 많은 변이들이 인간의 DNA에 축적되어 왔다. 유전학자들은 '인간 DNA는 역사책이다.'라고 말한다.

과학자들은 현대 유전학 발전에 기여한 분자 분석 장비를 사용하여 지금까지 진행되고 있는 인간 DNA 변이들을 추적하기 위한 역사책을 읽기 시작했다. 예를 들면, National Geographic Society는 북극의 Inuit 에스키모족과 케냐의 Masai족에서 호주 원주민과 북미 Pueblo족에 이르기까지 전 세계 100,000개의 DNA 샘플을 비교하는 Geno-graphic 프로젝트를 수행하였다. 그들은 이 연구를 통해 어떻게 인간이 전 세계로 이동하여 살게 되었는지 이동 경로 그림 제작을 희망하였다.

최대한 명확한 그림을 그리기 위해, 유전자를 연구하는 학자들은 Y 염색체 DNA와 미토콘드리아 DNA에 관심을 기울였다. 남자의 Y 염색체는 다른 염색체들과 재결합하지 않으므로, Y 염색체에 돌연변이가 발생되면 그대로 유지된다. 이와 유사하게 여자의 미토콘드리아 DNA는 유전자 재조합 없이(정자는 수정란 형성 과정에서 어떤 기여도 하지 않는다) 자녀로 직접 전달된다.

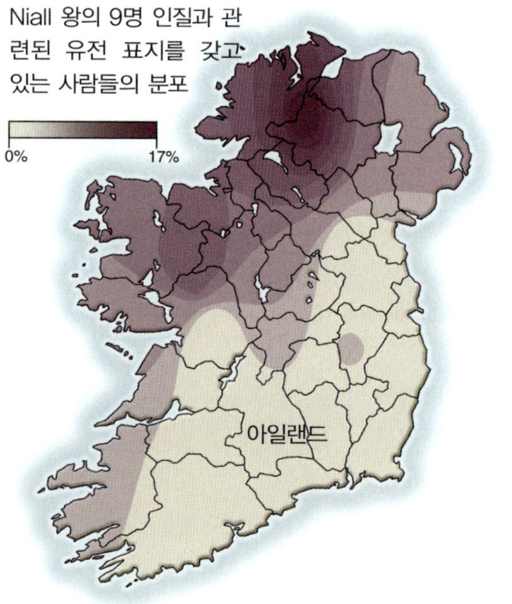

대량의 DNA 시료를 비교분석하기 위해 각 개인의 Y 염색체 DNA 또는 미토콘드리아 DNA의 염기서열을 전부를 확인한다는 것은 실용적이지 않다. 대신에 연구원들은 염색체들 중에서 돌연변이가 가장 많이 일어나는 위치에 있는 수십 개의 DNA 절편만을 조사하였다. DNA 돌연변이는 매우 드물게 나타나는 현상이며, 또한 변이된 위치가 다른 장소로 옮겨지는 재조합이 전혀 발생되지 않는데, 만일 어떤 두 사람의 돌연변이 조합이 동일한 패턴으로 발생했을 경우(유전학자들은 이것을 일배체형이라고 한다), 그 둘은 공통의 조상으로부터 Y 염색체 DNA 또는 미토콘드리아 DNA를 물려받았을 것이며, 따라서 분명 연관이 있을 것이다. 이런 방법을 통해 여러 사람을 살펴보면 어떤 사람이 누가 누구와 연관이 있는지, 우리들의 갖고 있는 현재의 유전자를 통해서 과거의 자화상을 새길 수 있다.

2006년 Daniel Bradley는 아일랜드 Dublin 지역의 Trinity 대학의 동료와 공동 작업을 통해 이런 개념이 실제 연구에서 어떻게 적용되는지 살펴보았다. 두 연구원은 다소 복잡했던 아일랜드 역사를 연구하기 위해 DNA 기법을 적용했다. 아일랜드는 기원 후 600년이 되어서야 문자를 사용하였으며, 따라서 그 이전의 역사는 그리 많이 알려진 것이 없다. 그러나 이런 상황이 당시 아일랜드의 역사적 이야기들을 보존하려는 것을 막지는 못했다.

대다수 영국인들은 Arthur 왕 이야기를 신화로 받아들이고 있고 그가 실존인물이라고 생각하는 사람은 그리 많지 않지만, 본인들이 Arthur 왕의 후손이라 주장하는 몇몇 아일랜드 사람들을 통해 기원 후 5세기 아일랜드 설화 속 왕을 재검토하게 되었다. 아일랜드 군주였던 Niall Noigiallach는 'Niall의 아홉 명의 인질(Niall of the Nine Hostages)'이라는 이름으로 알려져 있는데, 이것은 그가 아일랜드 지역의 다섯 왕족을 인질로 잡아 권력 통합을 이루고 그 외 스코틀랜드, 색슨, 브리튼, 프랭크를 통합하였기 때문이다.

대략 기원후 600년에서 900년까지 아일랜드 북부 지역을 통치한 Ui Neill(Niall의 자손) 왕조가 존재했다는 것이 발견되었다. 기원후 1000년경에 아일랜드 사람들은 이름의 성을 지을 때 Ui Neill 왕조와 연관이 있는 Gallagher, Boyler, Doherty, O' Conner, Reilly, Flynn, Devlin, Donnelly, McLoughlin, Molloy, O' Rourke, O' Neill (종종 O'를 성 앞에 접두사로 붙여 사용하였다) 등을 사용하였다.

Niall의 인질 9명은 실존했던 인물들이었을까? Bradley는 수집한 DNA 증거로 Neill 왕조는 실제 역사라고 주장하였다. 아일랜드 북서 지역의 남성 20%는 그들의 Y 염색체에 수천 년 동안 선조로부터 물려받은 일배체형(haplotype)이란 독특한 DNA 표지를 갖고 있다. 왼쪽의 지도를 살펴보면 Ui Neill 권력의 중심지였던 북서쪽에 일배체형의 특성이 나타나는 것을 알 수 있다.

더욱이 전 세계의 아일랜드 사람들은 살펴보더라도(특히 뉴욕에 거주하는 40만 명 이상의 아일랜드계의 사람들을 살펴보면), 일배체형의 특징은 아일랜드 전체 인구에서 나타나는 비율보다 Ui Neill 계통의 성을 사용하는 사람들 사이에서 보다 자주 나타나는 특징이다.

Niall은 당시 상황으로도 많은 14명의 아들이 있었다고 한다. 만약 정말로 14명의 아들이 있었다고 한다면, 시간이 지난 현재 전 세계적으로 200만 명의 남성이 Niall의 일배체형 Y 염색체를 물려받았을 것이다. Genghis khan은 아시아에 1,600만 명의 자손이 있다고 하는데 Niall 역시 상당한 수의 유전자 발자취를 남겼다고 할 수 있다.

서, G가 T로(붉은색) 바뀌는 돌연변이 작용으로 DNA 정보가 변이되었고, 그 결과 단백질 산물도 변이되었는데, 가끔 바뀐 지점에 존재했던 본래의 기능이 더 이상 유지되지 못할 때도 있다. 돌연변이는 세포 내 DNA에서 무작위로 발생할 수 있기 때문에, 대부분의 돌연변이는 마치 프로그램의 엉킴으로 컴퓨터의 기능이 저하되는 현상처럼 해롭다. 돌연변이가 발생된 유전자의 기능적 중요도에 따라서 그 해로움이 미약할 수도 있으나, 경우에 따라서는 매우 치명적일 수도 있다.

생식 조직의 돌연변이 돌연변이에 대한 효과는 변이가 발생된 세포의 종류에 따라서 결정된다. 모든 다세포 생물에서 배우자(생식세포)를 생성하는 세포와 몸(체세포)을 구성하는 세포는 배아 발달 단계에서 분리된다. 생식세포에 돌연변이가 발생되고, 또 이 세포로부터 배우자가 생성되었을 경우에만 변이 형질이 다음 세대로 전달된다. 자연선택이 진화에 기여하므로 생식 조직의 돌연변이는 생명과학적으로 매우 중요하다.

체세포 돌연변이 대립형질이 새로운 조합으로 구성되었을 경우 형질이 바뀐 돌연변이 생명체가 출현한다. 즉, 돌연변이를 통해 생성된 형질들은 본래의 것과는 다르게 재조합된 것이다. 동물의 경우, 후대로 유전이 되지 않는 체세포 돌연변이와는 달리, 생식세포 변이는 다음 세대로 전달되며, 이것은 진화를 이끈다. 그러나 체세포 돌연변이라 할지라도 당대의 개체에게는 심각한 영향을 주기도 하는데, 그 이유는 돌연변이가 처음 발생된 세포로부터 변이된 형질이 분열된 세포로 계속 전달되기 때문이다. 그러므로 돌연변이 허파세포로부터 증식된 모든 세포들은 돌연변이 형질을 갖게 된다. 다음에 언급하겠지만, 허파세포의 돌연변이는 결국 폐암을 유발한다.

DNA 염기서열의 변이 돌연변이는 원래의 유전정보가 변하는 것, 즉 DNA 뉴클레오티드 서열의 변동이며(**표 11.1**), 단백질을 생산에 관여하는 염기서열 중 한 개 정도의 염기쌍 변이가 발생하였을 때 이것을 **점돌연변이(point mutation)**라고 한다. 또한 다른 종류의 염기로 바뀌거나(*염기치환*) 한 개 또는 두 개의 염기가 추가되거나(*삽입*) 또는 잃어버리는(*결실*) 경우도 있다. 염기의 삽입이나 결손으로 유전정보의 해독 순서가 변경되는 것을 **틀 이동 돌연변이(frame-shift mutation)**라고 한다. **그림 11.10**은 프롤린이 트레오닌으로 변이되는 염기치환 돌연변이(base substitution mutation)를 보여주고 있다. 이것은 아주 사

표 11.1 돌연변이 종류

돌연변이	결과 예시
정상조건 	정상적으로 *B* 유전자 산물 B 단백질이 생성된다.
염기서열 변이	
염기 치환 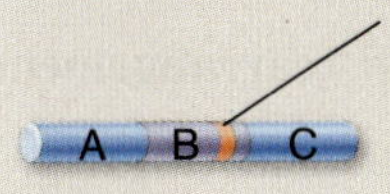	아미노산 서열 변이로 B 단백질 기능이 정상적으로 작동하지 않는다.
삽입 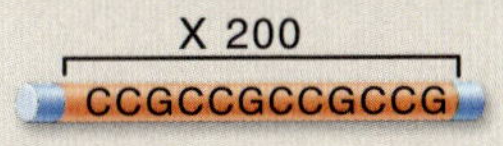	삽입된 염기 때문에 단백질 구조가 정상적으로 형성되지 않기 때문에 B 단백질은 작동하기 않는다.
결손 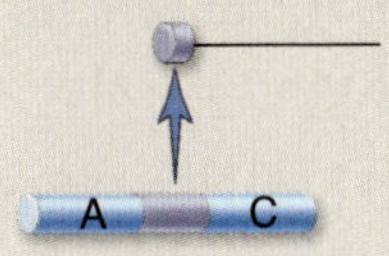	아미노산이 누락된 B 단백질은 작동하지 않는다.
유전자 위치 변이	
염색체 재배열 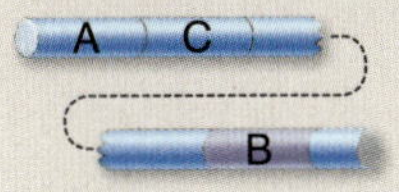	*B* 유전자는 염색체의 다른 위치에 삽입되므로, 작동되지 않거나 다르게 조절된다.
삽입불활성화 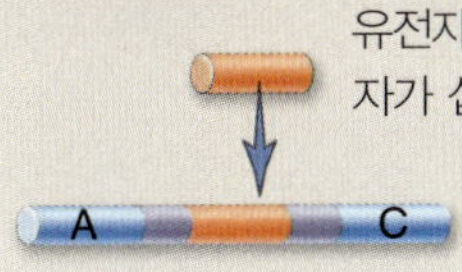	삽입된 유전자가 단백질 번역 또는 단백질 기능을 방해하므로 B 단백질은 작동하지 않는다.

소한 변이일 수도 있으나, 경우에 따라서는 엄청난 장애를 수반할 수도 있다. 이와 같은 현상은 뉴클레오티드가 결실되었을 경우에도 나타나는데, 즉 소실된 부분은 DNA 복제과정에서 읽혀지지 않는다. 결과적으로 DNA 정보가 밀려서 전달되는 문제를 발생시킨다. (예를 들면 다음 문장에서 w가 결손되어 차례로 밀리게 되면 '*This would shift the register of the DNA message*'의 형태로 구성된다). 일반적으로 방사능이나 화학물질 등의 **돌연변이 유발물질(mutagen)**로 인해 DNA에 점돌연변이가 발생된다. 특히 현대 산업사회에서는 돌연변이를 발생시키는 다양한 화학물질들이 환경에 대량 방출되고 있기 때문에 주의를 요한다.

유전자 위치의 변화 어떤 돌연변이는 유전정보의 구성 체계에 영향을 준다. 원핵생물과 진핵생물 모두는 **전좌(transposition)** 방법을 사용하여 유전체(genome)의 한 장소에서 다른 장소로 유전자를 이동시킨다(299쪽 참조) 만약 특정 유전자가 다른 장소로 이동되었을 때, 이 유전자 또는 이웃 유전자의 발현이 전과는 다르게 진행되는 문제점이 발생한다. 더욱이 진핵생물의 경우, 염색체의 상당 부분이 다른 염색체로 이동되거나 또는 복제되기도 하는데, 이같이 **염색체 재배열(chromosomal rearrangement)** 은 종종 유전자 발현에 극적인 결과를 초래한다.

유전자 변이의 중요성

모든 진화는 새로운 대립형질이 만들어지거나 또는 염색체상에서 유전자의 구성 체계를 바꾸는 등의 변이과정을 통해 시작된다. 생식세포에서 발생된 돌연변이 중 어떤 것은 더 많은 자손을 그들의 서식지에서 생존하게 하며, 이런 변이는 미래의 자손으로 전달되는 일종의 유전 자산이다. 어떤 변이는 오히려 자손의 수를 감소시키는 경향을 나타내기도 한다. 진화는 다양한 변이들을 모아 둔 저수지에서 대립형질을 독특한 조합으로 구성하고 또 그 것을 선택하는 과정으로 간주될 수 있다. 궁극적으로 진화 속도는 변이가 발생되는 속도와 상호 관계성이 존재하는데, 돌연변이와 재조합을 통한 유전적 변이는 진화를 동인한다고 할 수 있다.

체세포에서 발생한 유전자 변이는 자손에게 전달되지 않기 때문에 진화에 직접 관여하지는 않는다. 그러나 체세포 유전자 변이라 할지라도 변이된 유전자가 세포분열 또는 성장에 관여하는 유전자라면 심각한 문제를 야기할 수도 있다.

주요 학습 요점 11.5 돌연변이는 드물게 나타나는 현상이며, 체세포에 변이가 발생되었을 경우 이에 대한 뚜렷한 증상이 나타날 수 있다. 만일 생식조직에 변이가 발생되었을 경우에 변이는 후대로 전달된다. 변이된 유전형질은 진화의 도구로 사용된다.

생명과학과 건강 유지

유전자 보호

이번 글은 유전자 변이(돌연변이)가 자손에게 전달되는 것에 초점을 맞추어, DNA에 존재하는 정보가 어떻게 변하고 또 자손에게 어떤 영향을 끼치는지 살펴볼 것이다. 유전되는 돌연변이는 난자나 정자를 생성하는 생식세포에서만 나타나는 현상임을 깨닫는 것은 매우 중요하다. 체조직(somatic tissue)에서 발생된 돌연변이는 유전되지 않지만, 그렇다고 이런 돌연변이가 중요하지 않은 것은 아니다. 실제로 체세포 변이는 암을 유발할 수 있으므로, 체세포 DNA 돌연변이를 방지하기 위한 노력은 일종의 장수비법이라 할 수 있다. 이제 두 가지 잠재된 위험에 대해 살펴볼 것이다.

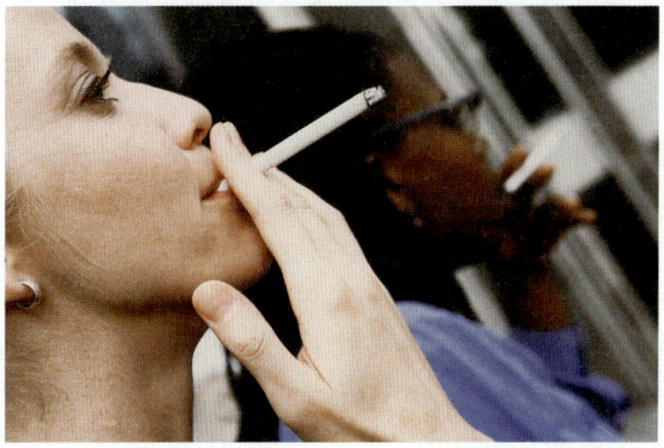

흡연과 폐암

잠재적으로 돌연변이를 유발시키는 화학물질(mutagen)이 함유된 담배연기와 폐암의 관계성에 대하여 연구자들은 특정 화학물질들이 일부 암을 발생시키는 데 영향을 줄 것이라고 의심하였다.

200여 년 전 1761년 영국 의사 John Hill 박사는 담배의 화학물질이 암을 유발한다는 가설을 처음 주장하였다. Hill 박사는 코로 흡입하는 담배(snuff)를 애용하는 사람들의 코에 비정상적인 종양이 발생한다는 것을 확인하였고, 담배가 암을 유발한다고 주장하였다. 1775년 London의 외과 의사인 Sir Percivall Pott는 굴뚝 청소부들에게서 음낭에 암이 발생하는 빈도가 높다는 사실을 확인하였으며, 그 원인으로 그을음과 타르를 지목하였다. 이와 같은 여러 연구를 바탕으로 담배의 타르와 여러 다른 화학성분들이 암을 유발한다는 가설이 대두되었다.

흡연이 암을 유발한다는 가설에 대한 실험은 그로부터 한 세기 후에 진행되었다. 1915년 일본 의사 Katsusaburo Yamagiwa는 타르 추출물을 2~3일에 한 번씩 3개월간 토끼 137마리의 피부에 도포하였고, 그 후 어떤 변화가 나타나는지 지속적으로 관찰하였다. 1년 후 7마리 토끼의 피부조직에서 암이 발견되었다. Yamagiwa는 타르를 사용하여 인공적으로 암을 유발시켰는데, 이것은 화학물질이 암을 유발시킨다는 최초의 실험이었다. 이후 10년간 이와 유사한 연구를 통해 여러 화학물질들이 암을 유발한다는 것을 증명하였다.

이런 실험이 인간에게도 적용될까? 담배연기의 타르가 흡연자에게 폐암을 유발할까? 1949년 미국 의사 Ernst Winder와 영국 역학자 Richard Doll 등은 폐암과 흡연자 사이에는 높은 연관성이 있으며, 이것은 연기에 포함된 타르가 허파 안으로 들어가기 때문인 것으로 서로 보고하였다. 의사 Winder는 684명의 폐암 환자 및 600명의 일반인과 면담하면서 일생동안 흡연한 경험이 있는지 조사하였는데, 중증 흡연자의 암 발병률이 비흡연자의 40배에 달하였다. 이 연구를 통해 적어도 50여 년 전부터 담배연기의 타르와 그 외 화학물질들이 장기흡연자에게 폐암을 유발한다고 믿었다. 담배 산업은 이런 견해에 대하여 강하게 부정하였으나 축적된 연구 증거로 인해 사실임을 부인할 수 없게 되었다. 담배연기에 있는 화학물질은 암을 유발한다.

담배연기의 타르 및 다른 화학물질들은 정상 폐세포의 세포분열 억제 유전자 DNA를 돌연 변이시켜 폐암을 일으킨다는 것은 제24장에서 배우게 될 것이다. 세포분열 억제 기능을 제대로 수행하지 못하면 폐세포의 세포분열이 연속적으로 진행되어 결국 암이 발병하게 된다. 지난 한 해 동안 16만 명이 폐암으로 사망하였으며, 이중 대부분이 흡연자였다.

흡연이 이토록 위험하다면서 왜 그렇게 많은 미국인들이 계속 흡연을 할까? 무려 남성의 23%, 여성의 18%가 흡연자이다. 흡연자들이 그 위험성을 모르는 것일까? 분명 그들 모두는 흡연의 위험성을 인지하고 있다. 그러나 그들은 성공적으로 금연하지 못한다. 알다시피 담배에는 니코틴이라는 화학물질이 포함되어 있으며, 이것은 중독성이 매우 강하다. 중독 성향에 대해서는 제28장에서 자세하게 살펴볼 것이다. 기본적으로 흡연자의 뇌는 니코틴 효과를 상향시키려는 생리적 보상관계를 형성하기 때문에 니코틴이 없을 경우에 뇌는 정상적으로 그 기능을 수행할 수 없다. 니코틴과 신체의 생리학적 관계가 매우 견고하고 또한 불가피적이어서 개인 의지로는 그 중독성을 피할 수 없다.

금연을 시도하는 많은 흡연자들은 니코틴 성분이 들어 있는 패치를 활용하는데, 이것은 니코틴을 흡연이 아닌 다른 방법으로 흡수하여 흡연의 의존도를 줄이는 것이다. 금연패치를 지속적으로 사용한다는 전제하에 흡연에는 성공했다고 말할 수도 있겠지만, 사실 이것은 니코틴 섭취 방법을 달리 한일 것뿐이다. 진정으로 금연을 원한다면 중독된 니코틴의 섭취를 억제하는 길밖에는 없다. 금연의 유일한 방법은 담배를 끊는 것이다.

지금 담배를 피우고 있지 않다면, 향후 절대로 흡연을 시작하지 않는 것이 좋다. 미국인의 건강 증진을 위해서 무엇을 해야 하는지 저명한 의사에게 질문하였는데, 그 의사의 답은 금연, 금연 그리고 금연이었다.

태닝과 피부암

사람 몸에 있는 대부분의 세포는 분열을 통해 오래된 세포를 바꾼다. 성인의 경우 어떤 세포는 분열 주기가 짧은 반면 다른 어떤 세포는 이 주기가 아주 길다. 피부세포는 세포 분열 주기가 짧은 편에 속하며, 보통 27일 주기로 새로운 피부세포가 생성되어 죽거나 손상된 피부를 새로 분열된 세포로 바꾼다. 피부 표면의 죽은 세포조직은 바로 아래에 위치하는 새로 분열 된 피부 세포로 대체된다. 일반 남녀의 경우, 대략 70세에 이를 때쯤이면 피부로부터 떨어져나간 세포는 평균 약 70kg에 달한다.

피부 손상을 유발하는 원인에는 여러 가지가 있으나, 그 중 햇빛에 의한 손상이 가장 오랫동안 지속된다. 피부의 색소세포(melanocyte)는 자외선에 노출되었을 때 멜라닌(melanin)을 생산한다. 멜라닌은 노란색에서 갈색에 이르는 다양한 색을 만들어내는데, 그 종류와 생산량은 유전된다. 피부가 짙은 사람은 보다 많은 색소세포를 갖고 있으며, 진한 갈색의 멜라닌을 생산한다. 자외선을 흡수하는 멜라닌 때문에 햇빛으로부터 피부가 화상을 입지 않도록 보호해 준다. 밝은 피부색을 가진 사람일수록 색소 세포 수가 적으며, 밝은 노란색을 띠는 멜라닌을 생산한다. 이런 피부를 가진 사람들은 쉽게 햇빛 화상을 입으며, 태닝이 쉽지 않다. 심한 햇빛 화상을 경험해 본적이 있는 사람은 이미 알고 있듯이 손상된 피부 조직이 몸에서부터 떨어진다.

20세기 초반까지만 해도 가능하면 태닝을 하지 않으려고 하였다. 일반적으로 검게 그을린 피부는 햇빛 아래에서 일하는 노동자들로 간주되었다. 부자일수록 햇빛을 멀리했으며, 창백한 피부를 선호했다. 1920년대에 들어와 이런 사회적 통념이 변하기 시작했는데, 태닝이 겨울철 따뜻한 곳으로 여행을 갔다 올 수 있다는 부유함을 상징하게 된 것이다. 장시간 햇빛 아래에서 검고 윤기 나는 그을린 피부는 건강함을 나타내는 것이며 매력적인 것으로 여겨지게 되었다.

1970년대 의사들은 아주 위험한 암의 일종인 흑색종(melanoma)이 매년 6% 가량 증가하는 것을 발견하였다. 연구원들은 자외선을 피부암의 원인으로 생각했으며, 사람들에게 가능하면 자외선의 노출을 삼갈 것과 선크림을 바를 것을 권고하였다.

악성 흑색종은 피부암 중 가장 위험한 암으로 초기에 발견하면 치료할 수 있다. 흑색종은 색소세포에 발생하는 암이다. 흑색종 병변은 보통 피부가 그을린 것처럼 갈색이나 검은색을 띠고, 종종 피부의 점에서 또는 점 근처에서 발견된다. 따라서 점의 모양이 변형되는 것은 흑색종의 한 증상이다. 일반적으로 흑색종은 밝은색 피부에서 많이 발견되지만, 다른 피부암들과는 달리 짙은 피부색을 가진 사람에게도 발병한다. 햇빛에 대한 위험성이 확실함에도 불구하고 이것이 대중들에게 빠르게 정착되지 않는 것은 피부에 대한 위험성과 그 해는 천천히 진행되는 반면 태닝의 미용적 효과는 즉각적이기 때문인 것 같다. 그 어느 때보다 태닝으로 그을린 피부를 선호하는 시대이다.

정기적으로 햇빛을 쬐면 좋은 태닝 상태를 유지할 수 있기에, 실내에서 태닝을 할 수 있는 인공태닝 살롱이 대중화되었다. 태닝 부스는 자외선을 양면에서 집중적으로 방출하므로 시간 면에서 효율적이고, 특히 계절과 날씨에 영향 받지 않는다. 미국의 실내 태닝 시장은 매년 2,800백만 명이 인공적으로 태닝 시술을 받는 연간 20억 달러짜리 산업으로 성장하였다.

사람들은 인공부스를 사용하는 것이 햇빛으로 인한 피부 화상을 방지하고 또 자외선에 노출되는 시간을 줄일 수 있기 때문에 피부암 위험이 줄어들 것이라 생각한다. 그러나 최근 연구는 이런 일반인의 추측을 대변하고 있지는 않다. 2003년 10.6만 명의 스칸디나비아 여성을 대상으로 진행된 연구에서, 최대 적게는 한 달에 한번 태닝 부스를 사용하여 자외선에 노출된 여성의 흑색종이 발병할 비율이 그렇지 않은 여성에 비해 55%가 더 증가하였으며, 청소년기에 노출될 경우 그 위험성은 더 높게 나왔다. 20대의 여성의 경우 발병 위험성이 가장 높았는데, 그 비율은 태닝 부스를 사용하지 않는 여성에 비해 발병 위험성이 150%였다. 또한 밝은 피부를 가진 사람이 더 위험하다는 결과도 함께 나왔다. 더욱이 태닝을 자주 하는 사람은 연간 누적된 자외선 노출양이 높기 때문에 피부암 발병률이 높다.

여러분의 유전자를 보호하기 위해서는 태닝을 그만둘 수밖에 없다는 것이 결론이다. 흡연과 마찬가지로 지나친 태닝은 목숨을 담보로 하는 도박이다.

질문 & 분석

돌연변이는 우연일까? 아니면 환경의 영향으로 생성되는 것일까?

생명과학자들은 Mendel의 유전법칙이 돌연변이 때문에 DNA 염기서열이 변동되어 나타나는 변이 현상에 대한 다른 버전이었다는 것에 감사함을 표하며, 이 시점에서 부각되는 매우 중요한 의문점과 그 해답에 대해 생각할 필요가 있다. 돌연변이는 염색체의 DNA 염기서열 어디에서나 발생될 수 있는 임의의 현상인가, 아니면 어느 정도 환경의 영향으로 발생하는 것일까? 예를 들면, 담배에 있는 돌연변이 유발물질은 DNA의 임의의 위치에 손상을 주는 것일까, 아니면 세포주기를 통제하는 특정 위치를 찾아서 돌연변이를 발생시키는 것일까?

이 주요 질문과 답은 두 명의 분자유전학 분야 선구자인 Salvadore Luria와 Max Delbruck이 1943년 실행한 매우 간단하고 명쾌한 연구를 통해 해결되었다. 그들은 실험실에서 사용하는 대장균을 대상으로 돌연변이를 연구 수행했다. T1 바이러스는 대장균에 감염하여 세균세포 안에서 증식한 다음 세균을 죽인다. 10^5개의 세균을 10^{10}개의 T1 바이러스에 노출시킨 다음 배양접시에 접종하였을 경우, 대장균은 생장하지 못하였다. 즉, 모든 대장균 세균이 감염되어 죽었다. 그러나 동일한 실험을 10^9개의 대장균 세포를 사용한다면, 다수의 세균이 생존했을 것인가! 그래서 실험을 수행하였으며, 그 결과 많은 세균들이 생존했다. 이것들은 T1 바이러스에 저항성을 가진 돌연변이 세균으로 밝혀졌다. 여기서 생기는 의문점은 T1 바이러스가 돌연변이를 유발시킨 것인가, 아니면 10^5개는 돌연변이가 발생되기에는 너무 낮은 세균 밀도인 반면 10^9개는 충분한 것이었을까?

이 질문에 답을 찾기 위해, Luria와 Delbruck은 동요실험(fluctuation test)이라고 일컫는 간단한 실험방법을 현재 고안해 냈다. 그림에서 볼 수 있듯이, 4개의 세균 배양액을 각각 5세대까지 배양시켰으며, 모든 세대의 배양액을 대상으로 저항성 조사를 수행하였다. 만일 T1 바이러스가 돌연변이를 유발시켰다면(가장 윗줄), 동요가 발생되므로(즉, 4개 모두에서 변이가 나타남) 각 배양액에서 저항성 세균의 수가 유사하게 발견될 것이다.

반면에 돌연변이가 자연스럽게 발생되며 또한 모든 세대에서 유사하게 나타나는 현상이라면, T1 저항성 돌연변이 균주는 초반 세대에서부터 나타날 것이며, 이후 세대를 거치면서 더욱 그 수가 증가될 것이다. 더욱이 5번째 세대에서는 더욱 강력한 저항성을 가진 돌연변이들의 수가 많아질 것이다. 표는 20개의 배양액을 사용하여 저항성을 실험한 결과이다.

T1 바이러스 저항성 세균 수

배양 번호	저항성 콜로니 수	배양 번호	저항성 콜로니 수
1	1	11	107
2	0	12	0
3	3	13	0
4	0	14	0
5	0	15	1
6	5	16	0
7	0	17	0
8	5	18	64
9	0	19	0
10	6	20	35

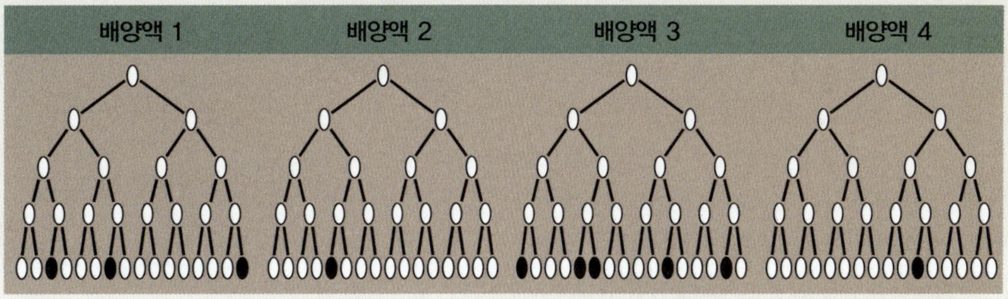

(a)

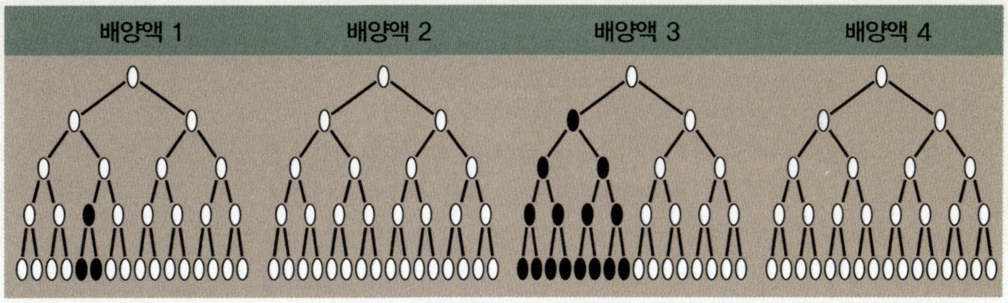

(b)

1. **개념 적용** 이 실험에서 독립된 변수는 무엇인가?
2. **자료 분석** 20개의 배양액에서 관찰된 T1 저항성 콜로니들의 평균값을 구하시오.
3. **추론하기**
   - **a.** 20개의 배양액을 비교하여 T1 저항성 세균들의 수가 유사한 배양액은 어떤 것인가?
   - **b.** 위의 그림 (*a*)와 (*b*) 중에서 Luria와 Delbruck이 실행한 실험 결과와 유사한 것은 어느 것인가?
4. **결론 도출** 이 실험 결과가 '대장균이 T1 바이러스에 저항성을 갖는 돌연변이 균주로 바뀐 것은 T1 바이러스에 노출되었기가 때문이다' 라는 가설에 일치하는가? 이에 대하여 설명하시오.

유전자는 DNA로 이루어져 있다

11.1 형질전환의 발견

- Griffith는 *Streptococcus pneumoniae* 세균을 대상으로, 죽은 세균으로부터 얻은 생물의 신체적 특성을 조절하는 정보가 다른 세균으로 전달될 수 있음을 보여주었다.
- Griffith는 서로 다른 종류의 *S. pneumoniae*를 생쥐에 주사하고, 그 치사여부를 확인하여 병원성을 갖는 세균을 구별할 수 있었으며, 생쥐를 죽인 세균은 병원성을 갖는다. **그림 11.1**의 그림에서 보여 주듯이, 병원성 세균은 다당류 협막을(S 균주) 갖고 있었으나, 다당류로 덮여 있지 않는 세균은(R 균주) 비병원성이었다. 그러나 생쥐를 죽이지 않도록 열처리하여 죽인 병원성 세균(S형)과 살아 있는 비병원성 세균(R형)의 혼합물을 생쥐에 주사했을 경우, 예상과 달리 쥐는 죽었다. 죽은 생쥐에서 살아 있는 S 균주들이 발견되었다.

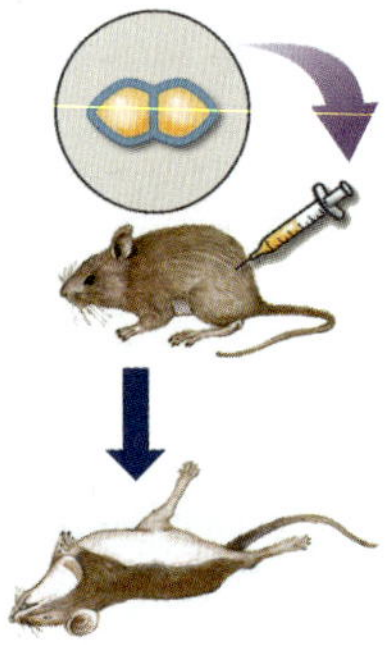

- 죽은 병원성 세균으로부터 살아 있는 비병원성 세균으로 어떤 것이 이동되었고, 그 결과 병원성으로 바뀌었다. Griffith는 이런 '형질전환 원리' 가 단백질에 의한 것인지, 아니면 DNA에 의한 것이지 증명하지는 않았다.

11.2 DNA가 유전물질이라는 사실을 규명한 실험

- Avery와 그의 동료들은 단백질이 형질전환 물질이 아니라는 것을 보여주었다. 그들은 단백질을 제거한 시료를 갖고 Griffith 실험을 재현해 보았다. 효소를 사용하여 모든 단백질을 제거한 병원성 균주 추출액은 여전히 비병원성 세균을 형질전환 일으킬 수 있었다. 이 같은 결과는 형질전환 원리에 관여하는 물질은 단백질이 아닌 DNA라는 가설을 뒷받침하는 것이다.
- Hershy와 Chase는 바이러스를 사용하여 유전자는 단백질이 아닌 DNA로 구성되었다는 것을 밝혀냈다. 서로 다른 두 종류의 방사능 물질을 사용하여 단백질과 DNA에 각각 표지하였다(**그림 11.2**). 방사능으로 표시된 두 물질 세균들에 각각 감염시켰다. 두 종류의 세균 배양액을 조사한 결과, 바이러스에 감염된 세균에서 방사성 물질이 표지된 DNA가 확인되었다.

11.3 DNA 구조의 발견

- DNA구조는 알려지지 않았다. DNA의 기본 화학성분은 **그림 11.3**에서 보는 것과 같이 뉴클레오티드로 확인되었다. 각각의 뉴클레오티드는 서로 비슷한 구조이며, 한개의 디옥시리보오스 당에 인산기와 네 가지 종류의 염기 중 한 개와 결합해 있다.

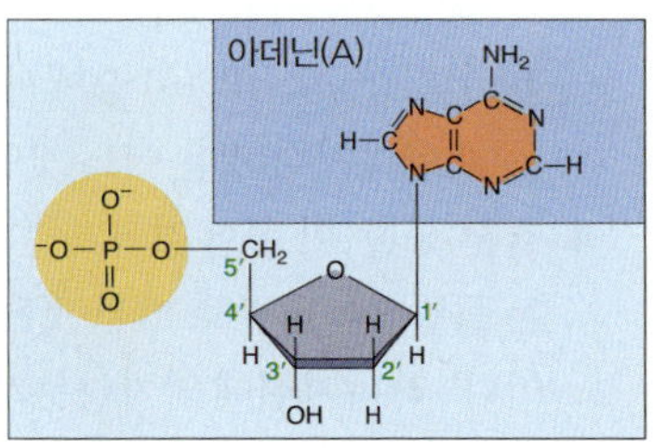

- Erwin Chargaff는 두 쌍의 염기들은 DNA 분자 내에서 항상 같은 양으로 존재한다는 것을 발견하였다. (A 뉴클레오티드 함유량은 T 뉴클레오티드와 동일하고, C 뉴클레오티드 함유량은 G 뉴클레오티드와 동일하다) Chargaff의 법칙이라고 하는 이 실험을 통해 DNA 구조에 대한 이해의 폭을 넓혔으며, DNA는 구조적으로 규칙성을 갖고 물질임이 확인되었다.
- X-선 회절 결과를 토대로 Rosalind Franklin은 DNA '그림' 을 만드는데 기여했다. 즉, DNA 분자의 이미지는 나선형(helix)이라고 일컫는 코일 형태로 추정되었다.
- Chargaff와 Franklin의 연구를 바탕으로 Watson과 Crick은 DNA가 이중나선 구조라는 것을 밝혔는데, 이때 두 가닥은 뉴클레오티드들의 염기쌍 결합으로 서로 연결되어 있다. 한 가닥의 A 뉴클레오티드는 다른 가닥의 T와 쌍을 이루며, G 도 마찬가지로 C 와 쌍을 이루고 있다(**그림 11.4**).

DNA 복제

11.4 DNA 분자가 스스로 복제하는 방법

- DNA의 상보성(A는 T와, C는 G 각각 쌍을 형성함)은 1개의 DNA 가닥이 어떻게 다른 가닥의 염기서열을 결정할 수 있는지에 대한 복제 방법을 나타낸다. 이러한 현상이 나타날 수 있는 몇 가지 방법이 있다(**그림 11.5**).

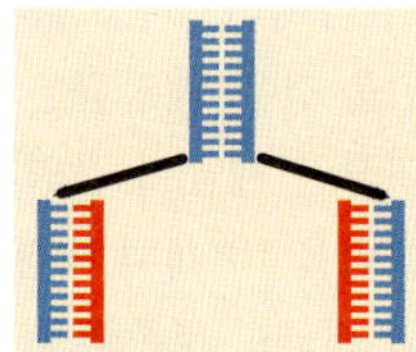

- Meselson과 Stahl은 DNA 복제과정에서 원본 두 가닥 모두가 주형으로 작용하는 반보존적 복제를 밝혀냈다. 반보존적 복제로 생성된 DNA는 주형으로 사용되었던 부모 DNA 중 한 가닥과 새로 합성된 한 가닥의 DNA로 구성되며, 이때 새롭게 조성된 DNA 가닥은 주형 가닥에 상보적이다(**그림 11.6**).
- 복제과정에서 맨 처음 헬리카아제라고 하는 효소작용으로 DNA 분자의 이중나선이 풀린 다음, 각각의 DNA 가닥은 DNA 중합효소의 작용으로 복제되기 시작한다. 2개의 원본 가닥은 새로운 DNA 가닥을 위한 주형으로 작용한다. DNA 중합효소는 기존 DNA 가닥에만 뉴클레오티드를 조립할 수 있으므로, 복제가 시작되기에 전 프라이머라고 일컫는 작은 DNA 절편이 생성되어야만 하며, 이것은 다른 종류의 효소가 합성한다. 5′ 에서 3′ 방향으로 뉴클레오티드가 더해져서 가닥이 길어진다(**그림 11.7**).
- DNA 이중가닥이 분리되는 지점을 복제분기점이라고 한다. 새로운 뉴클레오티드는 오직 신장되는 DNA 가닥의 3′ 말단에만 결합할 수 있다. 새롭게 복제되는 DNA의 한 가닥은 연속적으로 복제가 가능하므로 이것을 선도가닥이라고 하고, 다른 가닥은 불연속적으로 복제가 진행되므로 지연가닥이라고 한다(**삽입 그림, 258쪽**). 지연가닥에서 프라이머들은 복제분기점에서 합성되며, 이것으로부터 뉴클레오티드가 결합된다

(**삽입 그림, 259쪽**). 새로운 DNA 가닥이 나선형으로 꼬이기 전에 프라이머들은 제거되고, 그 결과 생성된 DNA 절편들은 DNA 리가아제라고 하리는 효소 작용으로 서로 연결된다.

- DNA가 복제되는 동안 오류가 발생할 수 있다. 세포는 DNA 복제 도중 발생하는 손상과 실수를 복구하기 위한 여러 가지 교정 메커니즘을 갖고 있는데, 이것은 새롭게 합성된 두 가닥의 상보적 염기서열을 비교하면서 오류를 수정하는 과정이다. 그러나 이 시스템은 완벽하지 않다.

유전정보의 변이

11.5 돌연변이

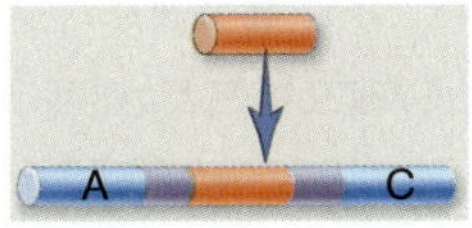

- 돌연변이는 뉴클레오티드 서열의 변경으로 유전정보가 바뀌는 것이다. 하나 또는 몇 개의 뉴클레오티드가 변이되는 돌연변이를 점 돌연변이라고 한다(**그림 11.10**). DNA 가닥의 일부가 어느 한 지점에서 다른 곳으로 이동되어 발생하는 돌연변이를 전좌라고 한다(**표 11.1**).

이해력 확인 문제

1. Frederick Griffth가 그의 실험에서 발견한 것은 무엇인가?
a. 세포 내에서의 유전정보는 변할 수 없다.
b. 세포의 유전정보는 다른 세포로 전달될 수 있다.
c. 살아 있는 R형 세균에 감염된 생쥐는 죽는다.
d. 열처리된 S형 세균에 감염된 생쥐는 죽는다.

2. Alfred Hershey와 Martha Chase의 실험에서 분자 바이러스가 새로운 바이러스를 만들기 위해 사용한 것은 무엇인가?
a. 단백질　b. 탄수화물
c. ATP　d. DNA

3. Erwin Chargaff, Rosalind Franklin, Francis Crick, James Watson의 실험에서 공통된 정보는 무엇인가?
a. DNA의 구조　b. DNA의 기능
c. DNA의 유전　d. DNA의 돌연변이

4. 4개의 DNA 뉴클레오티드 분류의 기준은 무엇인가?
a. 크기
b. 염기쌍을 만드는 수소결합의 수
c. 질소의 종류
d. 당의 종류

5. 다음 중 퓨린 뉴클레오티드 염기를 나열한 것은 무엇인가?
a. 아데닌과 시토신　b. 구아닌과 티민
c. 시토신과 티민　d. 아데닌과 구아닌

6. 만약 DNA 분자 한 가닥의 염기순열이 ATTGCAT일 경우, 이것의 상보적인 가닥의 염기서열은 무엇인가?
a. ATTGCAT　b. TAACGTA
c. GCCATGC　d. CGGTACG

7. DNA 복제에서 이중나선이 어떤 역할을 담당하는지 옳게 설명한 것은 무엇인가?
a. 복제 후에 재결합한다.
b. 중앙에서 2개의 단일 가닥으로 분리되고, 그 후 각 가닥은 상보적인 가닥을 만들기 위한 주형으로 작용한다.
c. 복제되고 또 재조립될 수 있도록 가지고 복제될 수 있도록 작은 조각으로 나뉜다.
d. 위의 보기는 모두는 다른 DNA 유형에 해당되는 사항이다.

8. DNA 중합효소는 기존 가닥이 존재할 때에만 뉴클레오티드를 결합시킬 수 있는데, 따라서 ________를 필요로 한다. 빈칸에 들어갈 단어는 무엇인가?
a. 프라이머　b. 헬리카아제
c. 지연가닥　d. 선도가닥

9. 유전정보는 다음 두 경우일 때 변형 되는데, 이 두 가지는 무엇인가?
a. 반보존적 복제 또는 보존적 복제를 통해
b. 염색체 또는 단백질을 통해
c. 돌연변이 또는 재조합으로 인해
d. 활성화 또는 비활성화로 인해

10. 돌연변이는 어떻게 발생하는가?
a. 생식계열 조직에서 발생되어 다음 세대로 전달된다.
b. 체조직에서 발생되어 다음 세대로 전달된다.
c. 체조직이 아닌 생식계열 조직에서 발생한다.
d. 생식계열 조직이 아닌 체조직에서 발생한다.

응용력 확인 문제

1. **그림 11.4*c*** 빨간색 화살표가 가리키는 C 뉴클레오티드가 실수로 A 뉴클레오티드로 대체 되었을 때 발생할 수 있는 문제점은 무엇인가?

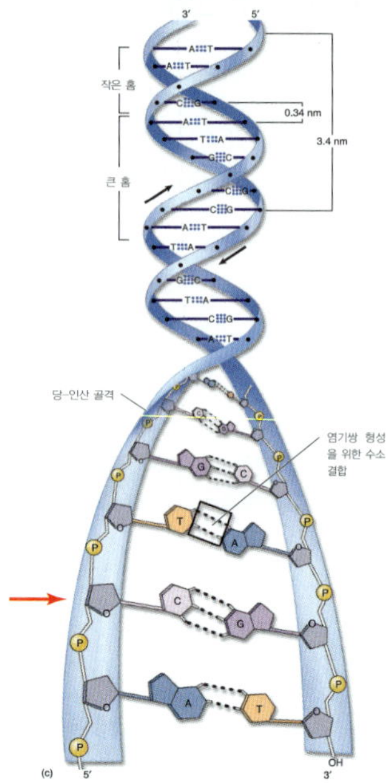

2. **표 11.1** 이 표에 있는 DNA 해독틀이 이동되었을 경우 어떤 종류의 돌연변이가 발생되는가? 설명하시오.

표 11.1 돌연변이 종류

돌연변이	결과 예시
정상조건 A B C	정상적으로 *B* 유전자 산물 B 단백질이 생성된다.
염기서열 변이 **염기 치환** 하나 또는 몇 개의 염기가 바뀜 A B C	아미노산 서열 변이로 B 단백질 기능이 정상적으로 작동하지 않는다.
삽입 3개의 염기로 구성된 반복서열이 DNA 서열에 삽입됨 X 200 CCGCCGCCGCCG	삽입된 염기 때문에 단백질 구조가 정상적으로 형성되지 않기 때문에 B 단백질은 작동하기 않는다.
결손 하나 또는 몇 개의 염기가 빠져나감 A C	아미노산이 누락된 B 단백질은 작동하지 않는다.
유전자 위치 변이 **염색체 재배열** A C B	*B* 유전자는 염색체의 다른 위치에 삽입되므로, 작동되지 않거나 다르게 조절된다.
삽입불활성화 유전자에 전이인자가 삽입됨 A C	삽입된 유전자가 단백질 번역 또는 단백질 기능을 방해하므로 B 단백질은 작동하지 않는다.

종합 학습

1. DNA가 유전물질임을 발견한 것은 통찰력이라기보다는 여러 실험의 여정을 통해서 얻어진 결과라 할 수 있다. 각각의 실험을 간단히 설명하는데, 이것을 1676년 Sir Isaac Newton이 사용한 "만약 내가 더 멀리 보았다면, 그것은 거인들의 어깨 위에 올라섰기 때문이다" 라는 문장에 기반하여 기술하시오(이 문장은 1130년 Bernard of Chartres가 최초로 말했다고 하는 이들도 있음).

2. 어떤 세균은 테트라사이클린(tetracycline) 항생제에 대한 저항성을 갖고 있는 경우도 있으나, 반면에 이 항생제에 감수성을 가진 세균도 있다. 테트라사이클린에 대한 저항성은 이 능력을 가진 세균의 DNA가 갖고 있는 유전형질 때문에 나타나는 현상인지, 아니면 다른 이유때문인지를 확인할 수 있는 실험을 설계해 보시오.

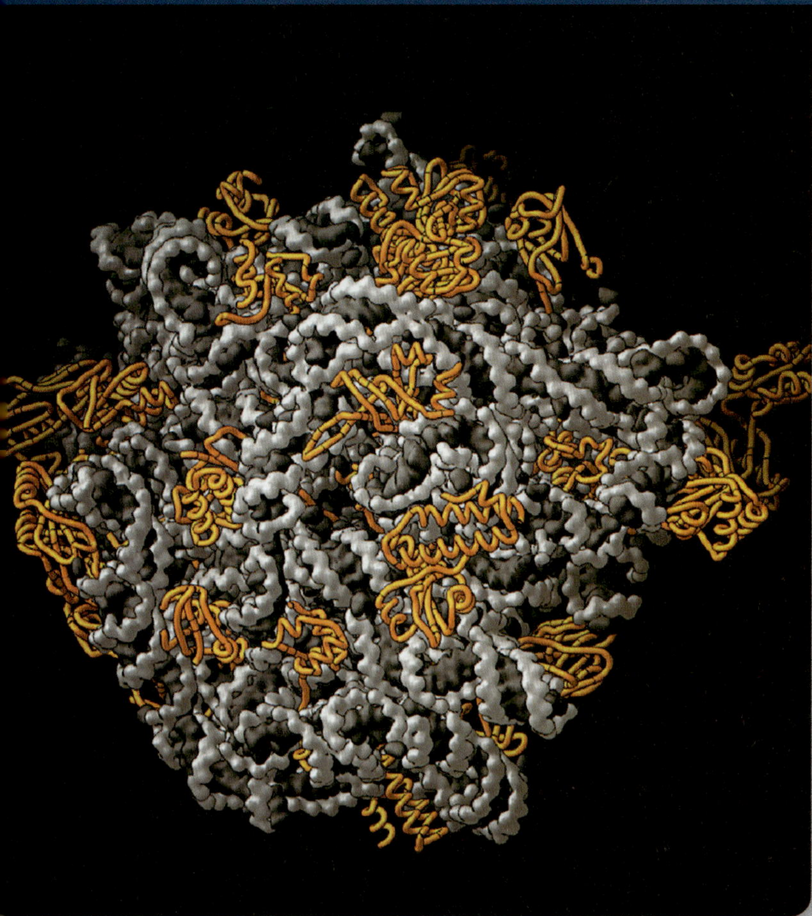

12

유전자 작동 원리

학습단원

리보솜은 유전자로부터 복제된 RNA 분자 정보를 이용하여 단백질의 폴리펩티드 조각을 조립하는 매우 복잡한 세포 기관이다. 리보솜은 이러한 mRNA(전령 RNA) 전사체로 복사된 유전 정보를 읽고, 그것이 조립하는 새로운 폴리펩티드의 아미노산 서열을 결정하기 위해서 mRNA 전사체를 이용한다. 각 리보솜은 3,000개의 뉴클레오티드로 구성된 3개의 RNA 사슬(chain; 회색으로 표시)뿐만 아니라 50개가 넘는 여러 가지 단백질(노란색으로 표시)들로 구성된다. 전통적으로 리보솜에 있는 단백질은 조립과정을 촉진하는 효소로 기능하고, RNA는 단백질을 리보솜 내에 위치하게 하는 골격으로 작용한다고 예측되어 왔다. 그러나 2000년에 앞선 예측의 반대 결과가 사실이라는 것을 알게 되었다. X-선 회절 분석법(X-ray diffraction)을 이용한 연구는 원자 수준에서 완전한 구조를 가진 리보솜의 세부 구조를 보여 주었다. 예측과는 달리 리보솜의 많은 단백질은 크리스마스 트리의 장식품들처럼 리보솜의 표면에 흩어져서 분포하였다. 이러한 단백질들의 기능은 RNA 가닥들 사이에서 용접 접합 부위처럼 작용하는 단백질과 RNA 사슬들의 구조들(구부러짐과 꼬임)을 안정화시키는 것으로 생각된다. 중요하게도, 단백질 합성이 진행되는 리보솜 안에는 RNA 꼬임(twist)은 존재하지만, 어떠한 단백질도 찾아볼 수 없다. 그러므로 아미노산의 연결을 촉진하는 것은 단백질이 아니라 리보솜의 RNA이다! 유전자가 작동하는 원리에 대한 우리의 지식은 현재 계속 증가하고 있으며, 그에 대한 기존의 기본 개념은 이에 따라 재정립되고 있다.

12.1 중심이론

제11장에서 설명한 것처럼, DNA가 유전자로 구성되어 있다는 발견은 DNA 속의 정보가 어떻게 사용되는지에 대한 의문을 여전히 갖게 하였다. 나선형의 분자 안에 뉴클레오티드 연속체가 어떤 머리카락 색깔을 갖게 될지 어떻게 결정할 수 있을까? 현재 우리는 DNA 안의 정보가 마치 사전 속에 존재하는 항목들처럼 작은 블록 안에 배열되어 있고, 각 블록은 하나의 폴리펩티드를 구성하는 아미노산 서열들로 특정화된 유전자임을 알고 있다. 이러한 폴리펩티드들은 특정한 세포로 되기 위한 특정 단백질을 형성한다.

가장 간단한 박테리아로부터 사람에 이르기까지 모든 생물체들은 유전자를 발현시키고 이 정보를 읽기 위해 동일한 기본 메커니즘을 사용한다. 그래서 우리가 아는 것처럼 생명에 대한 기초를 우리는 종종 '중심이론(central dogma)' 이라고 부른다. 유전자(DNA)의 정보는 유전자 복사사슬 RNA로 이동하고, RNA 복사체는 아미노산 사슬들이 순서대로 조립되도록 지휘한다. 따라서 중심이론을 간단히 말하면 **DNA → RNA → 단백질**로 표현할 수 있다.

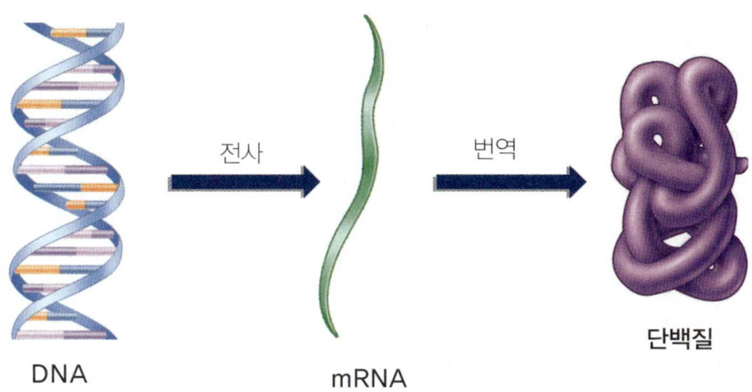

세포는 단백질 합성을 위해 네 가지 종류의 RNA를 사용한다. 이들은 전령 RNA(mRNA), 침묵 RNA(siRNA), 리보솜 RNA(rRNA), 운반 RNA(tRNA)이다. 이러한 종류의 RNA는 이 장의 후반부에 자세하게 설명될 것이다.

특정단백질을 생성하기 위해 DNA의 정보를 이용하는 것을 **유전자 발현(gene expression)**이라고 한다. 유전자 발현은 두 단계로 일어난다. 첫 번째 단계는 *전사*(transcription)로 DNA 내의 유전자로부터 mRNA 분자는 합성된다. 두 번째 단계는 *번역*으로 mRNA가 단백질의 구성 요소인 폴리펩티드를 합성하기 위해 사용된다.

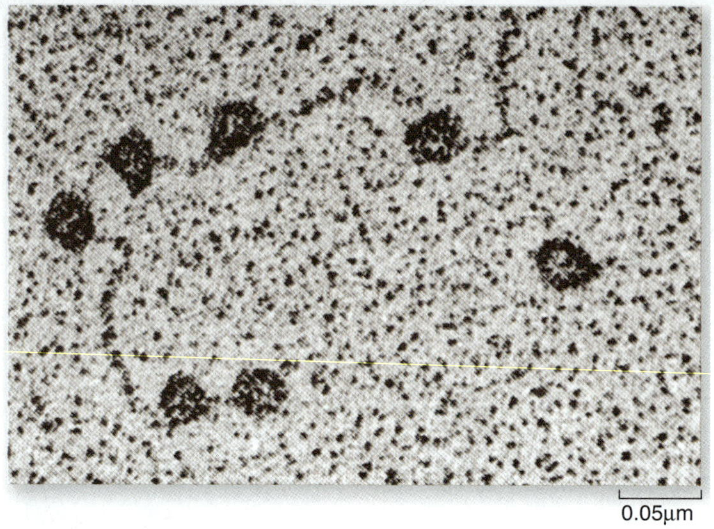

그림 12.1 RNA 중합효소
전자 현미경 사진에서 어두운 색으로 보이는 원형들은 DNA주형으로부터 RNA를 합성하는 RNA 중합효소 분자들이다.

전사: 개요

중심이론의 첫 번째 단계에서는 DNA 내의 정보가 RNA로 운반되며, 이러한 과정은 유전자로부터 RNA의 복사체가 생성될 때 이루어진다. 유전자 내의 DNA 서열이 RNA 서열로 전사되기 때문에 이 과정을 전사라고 한다. 전사는 *RNA 중합효소*가 유전자의 시작 부위에 존재하는 *프로모터*(promoter)라고 불리는 특정 염기 서열에 결합할 때 시작된다. 거기서부터 시작하여 RNA 중합효소는 유전자 가닥을 따라 이동한다(**그림 12.1**). RNA 중합효소가 각 DNA 뉴클레오티드를 만날 때, 그와 부합하는 상보적인 RNA 뉴클레오티드에 자라나고 있는 mRNA 가닥을 첨가시킨다. 그러므로 DNA 내의 구아닌(G), 시토신(C), 티민(T), 아데닌(A)은 전령 mRNA에 C, G, A 그리고, 우라실(U)이 각각 첨가될 것이다.

RNA 중합효소가 유전자의 끝 부위에 위치하는 '정지' 신호를 만나면 DNA로부터 떨어지고, 새로이 합성된 RNA 사슬들은 분리된다. 이 사슬은 유전자로부터 복사된 상보적인 유전자 전사체이다.

번역: 개요

중심이론의 두 번째 단계는 RNA의 정보를 단백질로 전달하는 것이다. 이러한 과정은 전령RNA 전사체가 포함하는 정보가 아미노산 서열을 결정하고, 이에 따라 리보솜이 폴리펩티드의 합성할 때 일어난다. 전령 전사체의 뉴클레오티드 서열이 폴리펩티드의 아미노산 서열로 번역되기 때문에 이러한 과정을 번역이라 한다. 번역은 리보솜 내의 리보솜RNA 분자가 전령RNA의 '개시' 서열에 결합함으로써 일어난다. 이후 리보솜은 한 번에 3개의 뉴클레오티드씩, 전령RNA의 분자를 따라 이동한다. 3개 분자로 구성된 각 그룹은 자라는 폴리펩티드에 어떠한 아미노산을 첨가시킬지 결정하는 특정 암호이며, 특정 운반RNA에 의해서 인식된다. 이러한 방식으로 리보솜은 '정지' 신호를 만날 때까지 번역과정을 계속 수행한다. 정지 신호 이후, 리보솜은 전령RNA로부터 분리되며 완성된 폴리펩티드를 방출한다.

주요 학습 요점 12.1 **유전자에 암호화된 정보는 두 단계로 표현된다. 전사는 유전자의 DNA 정보와 상보적인 전령RNA 분자를 생산한다. 번역은 폴리펩티드를 조립한다.**

12.2 전사

마치 건축가가 그들의 건설 계획을 중요한 곳에 안전하게 보관시키고, 또한 근로자들에게 청사진 복사본을 지급해 주어 건설 계획의 소실이나 파괴로부터 그것을 보호하는 것처럼, 세포도 그들의 DNA 유전자 지령도를 유전자 주요 보관 장소인, 핵에 보관하여 이들을 안전하게 보호한다. 따라서 DNA는 핵 밖을 떠나지 않는다. 대신에 **전사(transcription)** 과정동안 단백질 조립을 위해 내보낼 특정 유전자의 청사진 복사체를 생성하게 된다(**그림 12.2**). 유전자의 활동 복사본들은 DNA라기보다는 리보핵산인 RNA이다. RNA는 RNA의 당에 여분의 산소가 존재하는 것과, 피리미딘 염기 티민(T)대신 피리미딘 염기 우라실

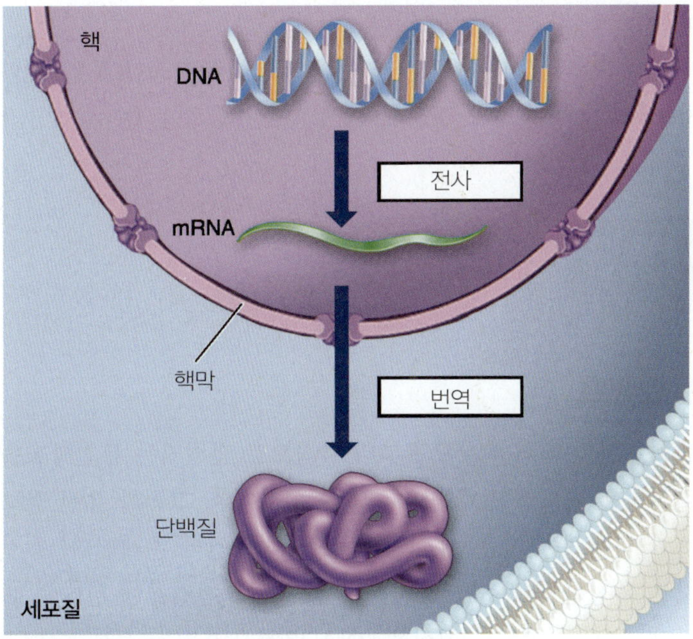

그림 12.2 진핵생물에서 유전자 발현의 개요

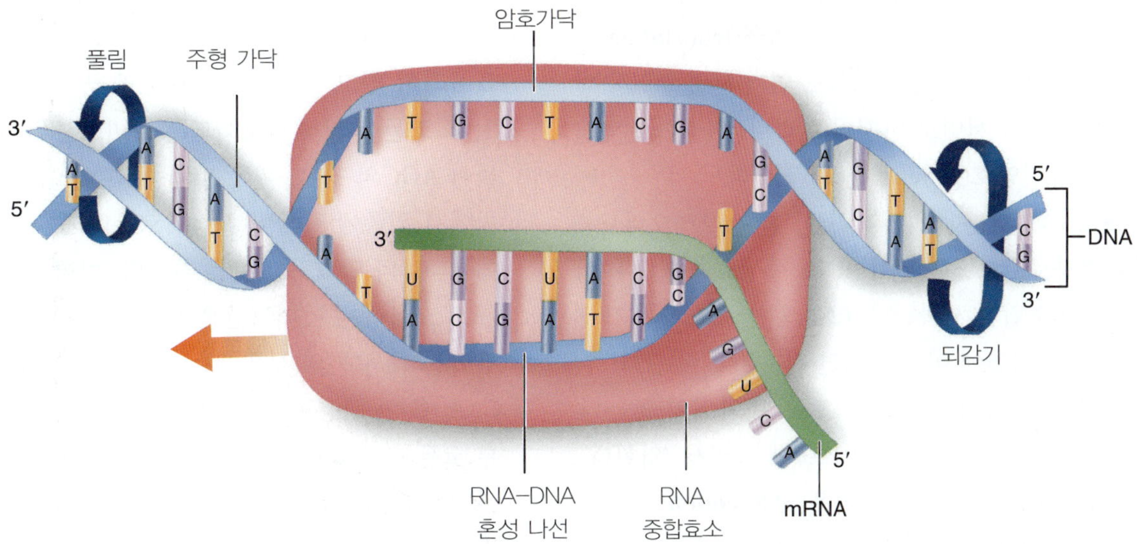

그림 12.3 전사

DNA 가닥 중 한 가닥은 주형으로 사용되고, 그 가닥을 따라 움직이는 RNA 중합효소에 의해서 DNA 뉴클레오티드가 mRNA의 형태로 조립된다.

(U)로 이루어져 있다는 사실을 제외하고는 DNA와 같다는 것을 기억하라(**그림 3.9** 참조).

전사과정

세포에서 폴리펩티드를 생성하기 위한 유전자의 RNA 복사본을 **전령 RNA(messenger RNA, mRNA)**라 한다. 그것은 핵 안에 있는 정보를 세포질로 이동시키는 전령이다. mRNA를 만드는 복사과정을 전사라고 한다. 마치 문자를 충실하게 필사하여 원고의 복사본을 만드는 것처럼, 여러분의 세포에 존재하는 핵 안 효소들은 충실하게 각 뉴클레오티드를 보완하여 유전자의 mRNA 복사본을 만들고 있다.

세포 안의 필사자(전사자)는 **RNA 중합효소(RNA polymerase)**라 하는 크고 정교한 단백질이다. 그것은 DNA 이중가닥 나선형의 단일가닥 프로모터 위치에 결합하고, 기차 철로를 지나가는 기차 엔진처럼 DNA 가닥 위를 움직인다. DNA가 이중가닥이지만, 두 가닥들을 동일한 염기 서열을 가졌다고 하기보다는 서로 상보적인 염기 서열을 지닌다. 그래서 RNA 중합효소는 단지 두 가닥 DNA 가닥 중 한 가닥에만 결합할 수 있다(중합효소가 인지하는 프로모터 부위를 가진 가닥). RNA 중합효소가 DNA 가닥을 움직임에 따라 5′ 에서 3′ 방향으로 전령 RNA의 사슬을 형성하면서 유전자가 복사되고, 각 뉴클레오티드는 RNA가 가지는 상보적 염기와 쌍을 이룬다(G는 C, A는 U) (**그림 12.3**).

주요 학습 요점 12.2 전사는 RNA 중합효소에 의해서 유전자의 mRNA 복사본을 생성하는 것이다.

12.3 번역

유전암호

멘델유전의 핵심은 부모로부터 자식으로 전해지는 유전형질을 결정하는 정보가 암호화되어 있다는 것이다. 그러한 유전 정보는 염색체 속에 있는 **유전자(genes)** 블록 안에 존재한다. 유전자는 특정한 단백질을 생성하여 멘델의 유전형질에 영향을 끼친다. 유전자 발현의 핵심은 DNA 내에 암호화된 정보를 읽고, 단백질을 생성하기 위해 그 정보를 사용하는 것이다.

유전자를 바르게 읽기 위해서는 세포는 DNA에 암호화된 정보를 단백질의 언어로 번역해야 한다. 즉, **번역(translation)**이라는 과정을 통해서 DNA의 뉴클레오티드 염기 서열 순서를 폴리펩티드 내의 아미노산 서열로 바꾸어야 한다. 이러한 번역을 지배하는 규칙을 **유전암호(genetic code)**라 한다.

mRNA는 프로모터 부분에서 시작하여, 한 뉴클레오티드씩 선형 서열의 유전자로부터 전사된다. RNA 중합효소가 DNA에 결합하고 mRNA의 조립을 시작한다. RNA 중합효소가 정지 신호를 가진 특정 염기 서열에 이르게 되면 전사는 끝이 난다.

그러나 mRNA는 전사와 같은 방식으로 번역되지 않는다. mRNA는 3개 뉴클레오티드 단위로 리보솜에 의해서 '읽힌다'. mRNA의 3개 뉴클레오티드 단위 서열을 **코돈(codon)**이라 한다. 3개의 예외를 제외하고는 각 코돈은 특정 아미노산을 암호화 한다. 생물학자들은 다양한 시행착오 실험들을 거쳐서 실험용 튜브 내에서 어떠한 코돈이 어떠한 아미노산을 암호화하는지 밝혔다. 이러한 실험에서 연구자들은 튜브 내에서 폴리펩티드 합성을 하기 위한 인공 mRNA를 사용하였고, 이후 새로 형성된 폴리펩티드의 아미노산 서열이 무엇인지 관찰하였다. 예를 들어 UUUUUU....를 가진 mRNA는 페닐알라닌(Phe)을 갖는 폴리펩티드를 생성하였는데, 이를 통해 코돈 UUU는 아미노산 페닐알라닌에 대응된다는 것을 알게 되었다. 전체 유전암호 사전은 **그림 12.4**에 나타나 있다. 코돈의 첫 번째 문자는 왼쪽 컬럼 아래에 분포하고 있고, 코돈의 두 번째 문자는 위쪽 열에 표시되어 있고, 세 번째 문자는 오른쪽 컬럼 아래로 분포되어 있다. 코돈에 의해 암호화되는 아미노산을 알기 위해서는, 예를 들어 AGC의 경우, 왼쪽 컬럼 아래쪽으로 'A'를 찾고, A행 위치에서 위쪽에 표시된 컬럼으로부터 'G', 오른쪽에 있는 컬럼에서 'C'와 일치하는 곳을 찾는다. 여러분들이 찾은 대로 AGC를 암호화하는 아미노산은 세린(serine)이다. 3개의 문자로 이루어진 각 코돈의 부위에는 4개의 서로 다른 뉴클레오티드(U, C, A, G)가 사용될 수 있으므로, 유전암호로서 64개의 서로 다른 코돈이 존재할 수 있다($4 \times 4 \times 4 = 64$).

유전암호는 모든 생물체에 적용되며, 사실 동일하다. 세균, 초파리, 독수리와 사람의 세포 모두 GCU 코돈은 발린(valine)을 암호화한다. 생물학자들이 발견한 이 규칙의 예외는 DNA를

유전암호

첫 번째 문자	두 번째 문자: U	C	A	G	세 번째 문자
U	UUU 페닐알라닌	UCU 세린	UAU 타이로신	UGU 시스테인	U
	UUC 페닐알라닌	UCC 세린	UAC 타이로신	UGC 시스테인	C
	UUA 루이신	UCA 세린	UAA 정지	UGA 정지	A
	UUG 루이신	UCG 세린	UAG 정지	UGG 트립토판	G
C	CUU 루이신	CCU 프롤린	CAU 히스티딘	CGU 아르기닌	U
	CUC 루이신	CCC 프롤린	CAC 히스티딘	CGC 아르기닌	C
	CUA 루이신	CCA 프롤린	CAA 글루타민	CGA 아르기닌	A
	CUG 루이신	CCG 프롤린	CAG 글루타민	CGG 아르기닌	G
A	AUU 아이소루이신	ACU 트레오닌	AAU 아스파라긴	AGU 세린	U
	AUC 아이소루이신	ACC 트레오닌	AAC 아스파라긴	AGC 세린	C
	AUA 아이소루이신	ACA 트레오닌	AAA 라이신	AGA 아르기닌	A
	AUG 메티오닌; 시작	ACG 트레오닌	AAG 라이신	AGG 아르기닌	G
G	GUU 발린	GCU 알라닌	GAU 아스파테이트	GGU 글라이신	U
	GUC 발린	GCC 알라닌	GAC 아스파테이트	GGC 글라이신	C
	GUA 발린	GCA 알라닌	GAA 글루타메이트	GGA 글라이신	A
	GUG 발린	GCG 알라닌	GAG 글루타메이트	GGG 글라이신	G

그림 12.4 유전암호(RNA코돈)

3개의 뉴클레오티드로 구성된 코돈은 순서대로 읽는다. 예를 들면 ACU는 트레오닌을 암호화한다. 첫 번째 문자 A는 왼쪽 첫 번째 문자 컬럼에 있다: 두 번째 문자 C는 두 번째 문자 열에 있고, 세 번째 문자 U는 세 번째 문자 컬럼에 있다. 대부분 아미노산은 1개 코돈 이상으로 암호화되어 있다. 예를 들면, 트레오닌은 마지막 세 번째 문자만 다른 4개의 코돈(ACU, ACC, ACA, ACG)으로 암호화되어 있다.

가지는 세포소기관(미토콘드리아, 엽록체)이 DNA를 암호화하는 방식과 몇몇의 미세 원생생물이 '정지' 암호를 읽는 방식에서 찾을 수 있다. 그러나 이를 제외하고 유전암호는 모든 생물체에서 동일하게 이용된다.

RNA에서 단백질로의 번역

전사과정의 최종 생성물은 유전자의 mRNA 복사본이다. 사진 복사본처럼, mRNA는 원본에 조금의 손상 없이 사용될 수 있다. 유전자의 전사가 완료된 후 mRNA는 핵을 통과하는데(진핵생물의 경우), 핵공을 통해서 세포질로 나간다. 거기서 유전 전령 암호는 번역된다. 번역과정에서는 **리보솜(ribosome)**이 유전암호에 따라서 폴리펩티드를 생성하기 위해 전사에 의해서 생성된 mRNA를 이용한다.

단백질 합성공장 리보솜은 세포내 단백질 합성공장이다. 각 리보솜은 50개의 서로 다른 단백질과 **리보솜 RNA(ribosomal RNA, rRNA)**의 여러 절편들을 포함하고 있으며 매우 복잡하다. 리보솜은 단백질로 만들어지는 폴리펩티드의 조립을 위해서 핵 유전자의 '청사진'인 mRNA를 이용한다.

리보솜은 두 부분의 구성 요소로 이루어져 있는데, 손바닥 안에 주먹이 들어 있는 것처럼 하나가 다른 하나에 포개어진 형태이다. '주먹'에 해당하는 것은 리보솜의 요소 중 **그림 12.5**의 자주색 구조로 표시된 작은 부분이다. rRNA는 구성물의 바깥 부분에 노출된 짧은 뉴클레오티드 염기 서열을 가진다. 이렇게 노출된 뉴클레오티드 서열은 모든 유전자의 시작 부위에 있는 리

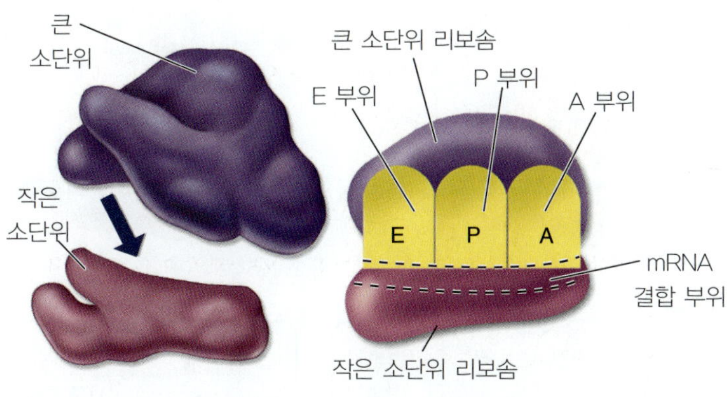

그림 12.5 리보솜은 두 부분으로 구성되어 있다

리보솜 작은 구성물은 큰 구성물의 안쪽 표면의 움푹 들어간 곳에 맞도록 구성되어 있다. 리보솜에 존재하는 A, P, E부위는 단백질 합성에서 중요한 역할을 한다.

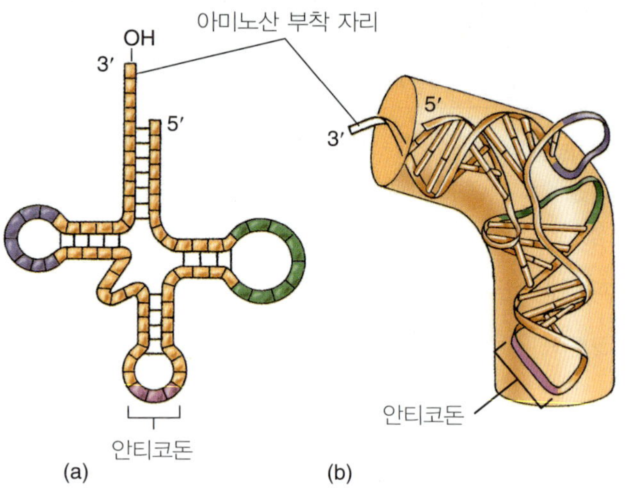

그림 12.6 tRNA의 구조
mRNA처럼 tRNA는 뉴클레오티드의 긴 가닥이다. 그러나 mRNA와는 달리 뉴클레오티드 사이에 수소 결합이 발생하여, (*a*)에서 보는 것처럼 줄기 고리를 형성한다. 이후, 고리들은 그림 (*b*)에서 보는 것처럼, 더 밀집된 구조를 형성하기 위하여 서로 접힌다. 아미노산은 단일가닥 tRNA 분자 끝의 −OH쪽으로 결합한다. tRNA의 아래쪽 루프에 존재하는 안티코돈이라고 하는 3개의 뉴클레오티드 서열은 mRNA의 상보적인 코돈과 결합하게 된다.

더 영역(leader region)이라고 하는 서열과 동일하다. 이러한 이유로 mRNA 분자는 *끈끈이*에 붙은 파리처럼, 리보솜 작은 구성물들이 노출된 rRNA에 들러붙어 있다.

tRNA의 핵심 기능 노출된 리보솜RNA 서열에 직접적으로 결합하는 부위는 리보솜 표면에 존재하는 A, P, E 라는 3개의 작은 주머니이다(**그림 12.5**). 이 주머니 부위들은 RNA의 세 번째 종류인 **운반 RNA(transfer RNA, tRNA)**에 결합할 수 있는 모양을 가진다. tRNA 분자는 약 80개의 뉴클레오티드 길이를 가진다. **그림 12.6*a***에서 보는 것처럼, 이들은 서로 결합하여 3개의 고리 구조를 형성한다. **그림 12.6*b***에서 볼 수 있듯이, 이러한 고리 구조들은 한쪽 끝 부위에 3개의 뉴클레오티드 서열(분홍색 고리)과 다른 한쪽 부위에는 아미노산과 결합하는 부위(3말단)를 가지며, 더 밀집된 모양으로 접힌다.

안티코돈(anticodon)이라고 하는 3개의 뉴클레오티드는 매우 중요하다. 그것은 유전암호 64코돈 중 하나에 상보적이다! 세포질에서 *활성화 효소*라고 하는 특이 효소는 tRNA와 아미노산을 매치하여 결합시킨다. 따라서, 안티코돈은 특정 tRNA가 어떠한 아미노산과 결합할지 결정해 준다.

리보솜에 있는 첫 번째 주머니, A *부위*(아미노산을 만드는

핵심 생물학 과정: 번역

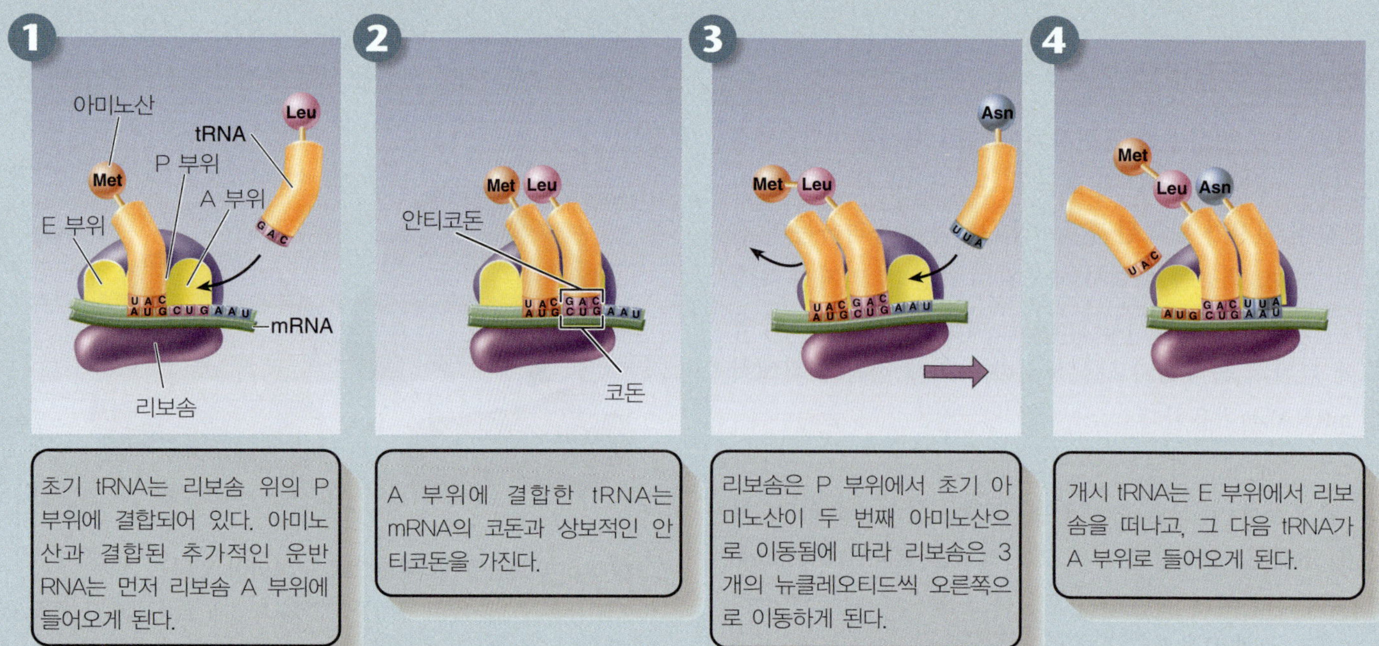

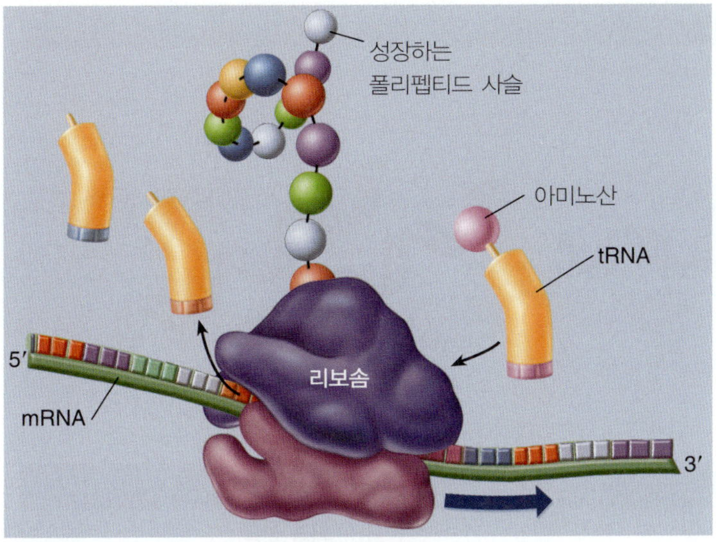

그림 12.7 리보솜은 번역과정을 안내한다
tRNA는 안티코돈 서열에 의해 결정된 아미노산과 결합한다. 리보솜은 mRNA가닥에 그것과 상호적인 서열을 가진 tRNA에 결합한다. tRNA는 자라나는 폴리펩티드 사슬에 아미노산을 붙이고, 완전한 단백질은 방출된다.

tRNA가 결합할 부위)가 mRNA와 rRNA가 결합할 부위에 인접하게 위치하기 때문에, mRNA의 3개의 뉴클레오티드는 tRNA의 안티코돈에 부위에 직접적으로 위치하게 된다. 편지에 있는 주소처럼, 안티코돈은 리보솜이 폴리펩티드로 조립할 mRNA의 정확한 위치(주소)에 아미노산이 운반될 수 있도록 해 준다.

폴리펩티드 생성 mRNA 분자가 리보솜의 작은 소단위체에 결합하기만 하면, 완전한 구조의 리보솜을 형성하기 위해 다른 큰 소단위체가 결합하게 된다. 그 이후, 리보솜은 주요 생물학 공정의 패널에서 설명하고 있는 번역을 시작한다. ❶은 도넛의 구멍을 통과하는 줄처럼, 어떻게 mRNA가 리보솜을 통과하여 지나는지 보여준다. mRNA는 한 번에 3개의 뉴클레오티드씩 이동하고, mRNA에 존재하는 새로운 3개 뉴클레오티드는 tRNA가 먼저 결합한 리보솜의 A 부위 반대쪽으로 위치하게 된다.

새로운 tRNA가 A부위에 존재하는 새로운 코돈에 아미노산을 운반함에 따라 이전 코돈과 쌍을 이루었던 이전의 tRNA는 새로 들어온 아미노산과 자라나는 폴리펩티드 사이에서 펩티드 결합을 형성하는 *P 부위*로부터 떨어져 나간다. P 부위에 존재하는 tRNA는 ❸에서 보는 것처럼 결국 *E 부위*(탈출 부위)로 이동하고, 새로 운반된 아미노산은 자라나고 있는 아미노산 사슬의 끝에 붙는다. 리보솜이 mRNA를 따라 전진함에 따라 mRNA 코돈의 서열에 상응하는 tRNA가 하나씩 결합한다. **그림 12.7**에서는 mRNA의 길이를 따라 움직이는 리보솜과 아미노산을 리보솜으로 운반하는 tRNA, 리보솜으로부터 확장되어 성장하는 폴리펩티드 사슬을 볼 수 있다. 번역은 '정지' 코돈이 나타날 때까지 계속되고, 정지 코돈은 폴리펩티드의 끝을 신호화한다. 리보솜 복합체는 분해되고, 새로이 합성된 폴리펩티드는 세포로 방출된다.

앞서 설명했듯이 소위 '중심이론'이라고 하는 유전 정보의 전체적인 흐름은 DNA에서 mRNA, mRNA에서 단백질로의 전달이다. 예를 들어, 핵심 생물학 과정에서 봤던 삽화에서 TACGACTTA DNA염기 서열은 먼저, AUGCUGAAU 서열을 가진 mRNA로 전사된다. 이후, 이러한 서열은 tRNA에 의해서 메티오닌-루이신-아스파라진이라는 아미노산 서열로 번역된다.

주요 학습 요점 12.3 유전암호는 특정한 뉴클레오티드 서열이 어떻게 특정 아미노산 서열을 지정하는지 설명해 준다. 유전자는 mRNA로 전사되고, 폴리펩티드로 번역된다. mRNA 코돈의 서열은 거기에 대응하는 폴리펩티드 사슬의 아미노산 서열을 지정해 준다.

12.4 유전자 발현

12.1절에서 언급했듯이 중심이론은 모든 생물체에서 동일하다. **그림 12.8**은 DNA 복제, 전사, 번역의 주요 과정에 필요한 요소와 합성되는 산물들을 개괄적으로 보여준다. 일반적으로 원핵생물이나 진핵생물 모두 그 과정에 필요한 주요 구성 요소들과 과정, 생성물 또한 같다. 그러나 진핵세포와 원핵세포, 이 두 세포들 사이에서의 유전자 발현에는 몇 가지 차이점이 있다.

유전자의 구조

원핵생물의 유전자는 아미노산을 생성하기 위해 한 번에 3개의 뉴클레오티드 코돈들을 번역할 수 있는 단일 전사체를 암호화하는 연속적인 형태의 DNA이다. 반대로 진핵생물의 유전자는 여러 조각들로 나누어져 있다. 이러한 복잡한 유전자에는 폴리펩티드를 이루는 아미노산을 암호화하는 DNA 서열인 **엑손**

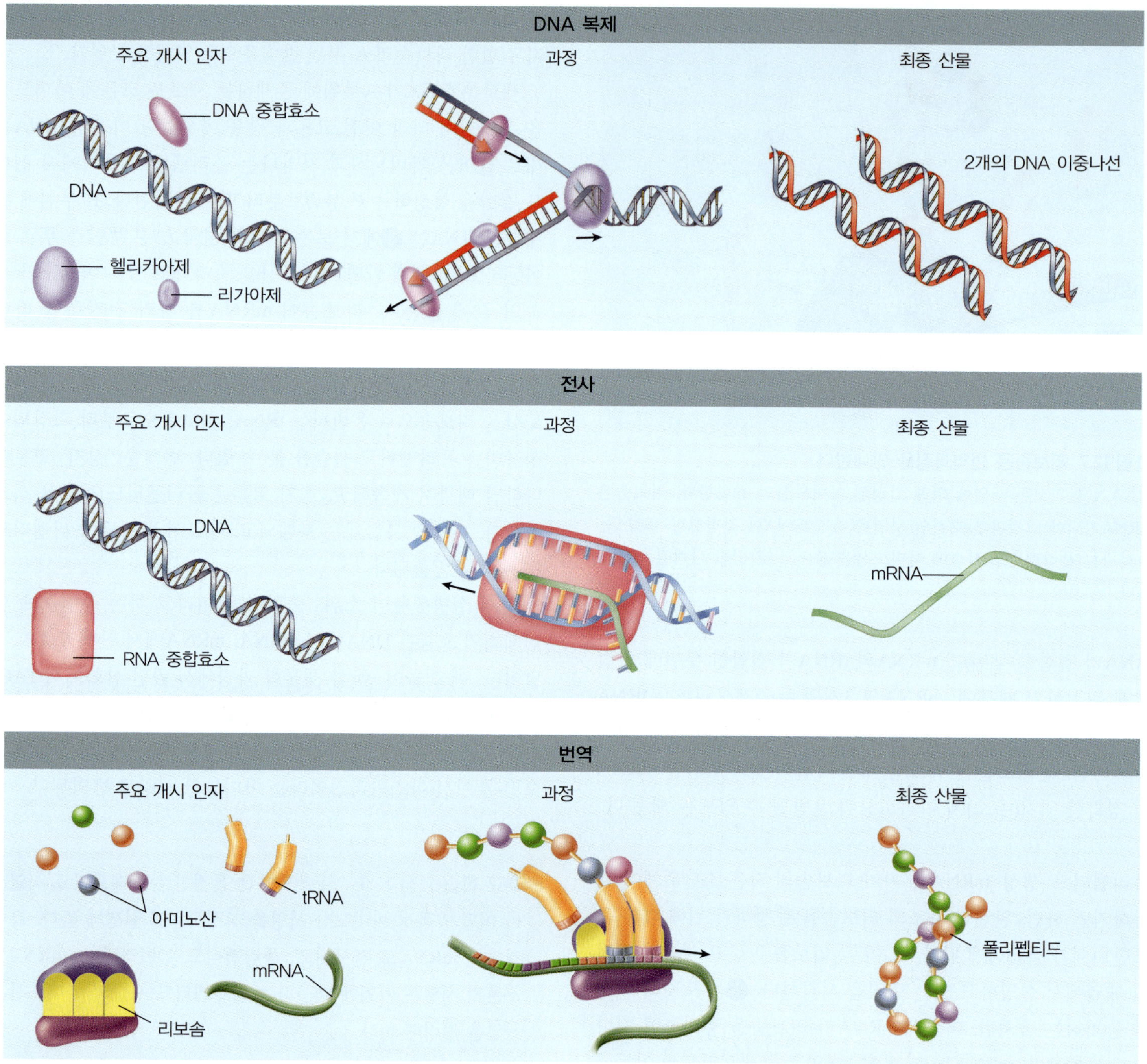

그림 12.8 DNA복제, 전사, 번역의 과정
이러한 과정들을 원핵생물과 진핵생물에서 일반적으로 동일하다.

(exon)이 있는데, 이들은 아미노산 합성에 쓰이지 않는 유전자 부분인 **인트론(intron)**으로 인해 연속적으로 연결되어 있지 않다. **그림 12.9**의 유전자 모식도에서 인트론과 엑손을 볼 수 있다. 엑손은 파란색 부분이고, 인트론은 주황색 부분이다. 인공위성에서 고속도로를 보는 것을 상상해 보라. 차들이 실처럼 연결된 도로 위에 분산되어 분포하는데, 어떤 차들은 조밀하게 모여 움직이고, 어떤 것들은 개별적으로 움직인다; 그러나 대부분의 길은 비어 있다. 그것이 바로 진핵생물 유전자의 모습과 유사하다. 여기저기 분산된 엑손은 훨씬 더 긴 인트론 서열에 끼여 있다. 사람의 경우 유전체 전체의 1~1.5%만이 폴리펩티드를 암호화하는 엑손으로 존재하는 반면, 약 24%는 비암호화 영역인 인트론으로 존재한다.

진핵세포가 유전자를 전사할 때 **그림 12.9**에서 녹색 부분으로 표현된 엑손, 주황색 부분으로 표현된 인트론을 가진 전체 유전자로부터 **1차 RNA 전사체(primary RNA transcript)**를 생성한다. RNA 분해로부터 전사체들을 보호하기 위해, 효소들

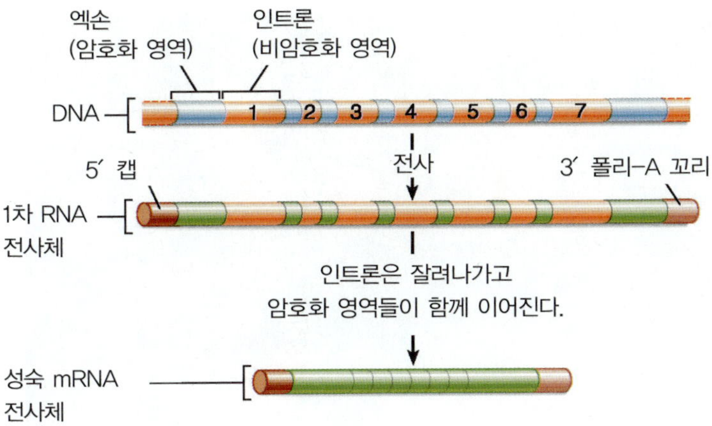

그림 12.9 가공되는 진핵생물의 RNA

그림에서 보이는 유전자는 ovalbumin(오브알부민) 단백질을 암호화하는 유전자이다. 유전자와 1차 전사체는 단백질 합성하는 리보솜에서 사용하는 mRNA에는 없는 7개의 DNA절편 부위를 포함한다.

은 *5′ 캡*(5′ cap)과 *3′ 폴리 A 꼬리*(3′ poly-A tail)라는 변형 과정을 수행한다. 이러한 변형 과정 이후, 1차 RNA 전사체는 가공된다. 효소-RNA 복합체는 인트론을 제거하고, 실제로 아미노산으로 번역되는 더 짧고 성숙된 mRNA를 만들기 위해 잘려진 부분들을 다시 이어준다. **그림 12.9**에서 인트론은 없고, 단지 엑손만을(녹색 절편) 포함한 성숙 mRNA를 주의 깊게 보라. 인트론이 전형적인 인간 유전자의 90% 이상을 차지한다는 사실에도 불구하고, 이들은 RNA 전사체가 폴리펩티드로 번역되기 전에 전사체로부터 잘려 나가기 때문에 이들이 폴리펩티드의 구조에 영향을 끼치지 못한다.

왜 이렇게 이상한 유전자의 구성을 갖는가? 사람의 많은 유전자들은 한 가지 방식 이상의 스플라이싱(유전자의 인트론이 제거되고 엑손이 재조합되는 과정)을 갖는다. 많은 경우, 엑손은 무작위적으로 존재하는 조각이 아니라, 다소 기능적인 단위이다. 하나의 엑손 조각은 단백질 부분 중에서 곧은 부위를 암호화할 수 있고, 다른 엑손은 구부러진 부분을 암호화할 수 있고, 또한 다른 엑손은 편평한 부분을 암호화할 수 있다. 조립 장난감 조각들을 조립하여 새로운 구성물을 만드는 것처럼, 같은 엑손 종류들을 이용하여 각기 다른 조합과 순서로 매우 다른 조립체들을 구성할 수 있다. **대체 스플라이싱(alternative splicing, 대체 조각 이어 붙이기)**을 통해서 인간 유전체에 존재하는 25,000개의 유전자들이 120,000개만큼의 많은 다른 종류의 mRNA를 암호화할 수 있는 것으로 생각된다. 인간에서 발견되는 복잡성이 더 많은 유전자의 획득(우리는 초파리가 가지는 유전자양의 단지 2배만을 가질 뿐이다)으로 기인했다고 생각하기보다는, 유전자 조각들을 자르고 이어 붙이는 다양한 방식들에 의해 이루어졌다고 생각된다.

단백질 합성

진핵생물에서 단백질 합성은 원핵생물보다 훨씬 복잡하다. 원핵세포는 핵이 없기 때문에, 전사가 일어나는 동안 mRNA가 합성되는 장소와 번역이 일어나는 동안 단백질이 생성되는 장소 사이에 장벽이 없다. 결과적으로 유전자는 전사와 동시에 번역될 수 있다. **그림 12.10**은 원핵생물에서 mRNA가 합성됨에 따라 어떻게 리보솜이 mRNA에 결합하는지 보여준다. mRNA에 결합한 리보솜 무리들을 *폴리리보솜*(polyribosome)이라 한다. 진핵세포에서는 단백질 합성이 더 복잡하게 이루어지며, 핵막이 전사와 번역을 구분한다. **그림 12.11**은 전체적인 번역과정을 보여준다. 전사(❶)와 RNA 가공(❷)은 핵 안에서 일어난다. ❸에서 mRNA는 리보솜과 결합하기 위해 세포질로 나간다. ❹에서는 tRNA는 안티코돈에 상응하는 적합한 아미노산과 결합한다. ❺와 ❻에서는 tRNA는 리보솜에 아미노산을 운반하고, mRNA는 폴리펩티드로 번역된다.

주요 학습 요점 12.4 유전자 발현의 일반적인 과정은 원핵생물과 진핵생물에서 유사하지만, 유전자 구조와 전사와 번역이 일어나는 세포내 장소는 서로 다르다.

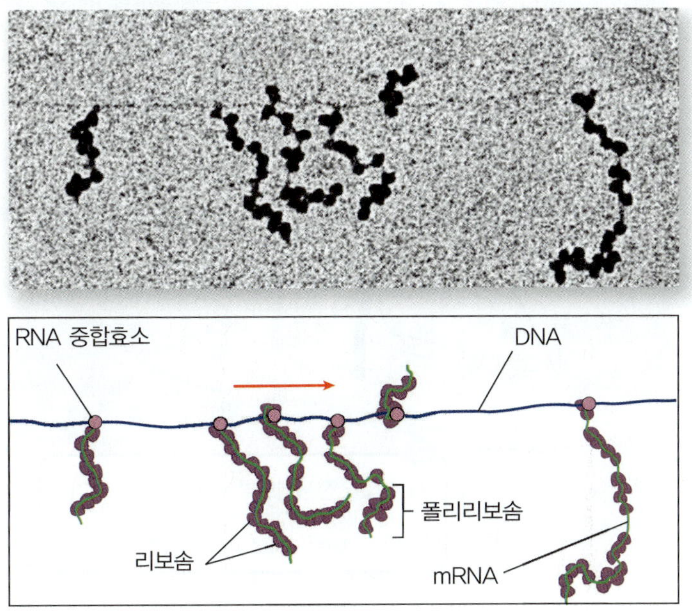

그림 12.10 원핵생물의 전사와 번역

mRNA가 전사된 후, 유전자 번역에 필요한 폴리리보솜을 형성하기 위해, mRNA는 합성되면서 리보솜에 결합한다.

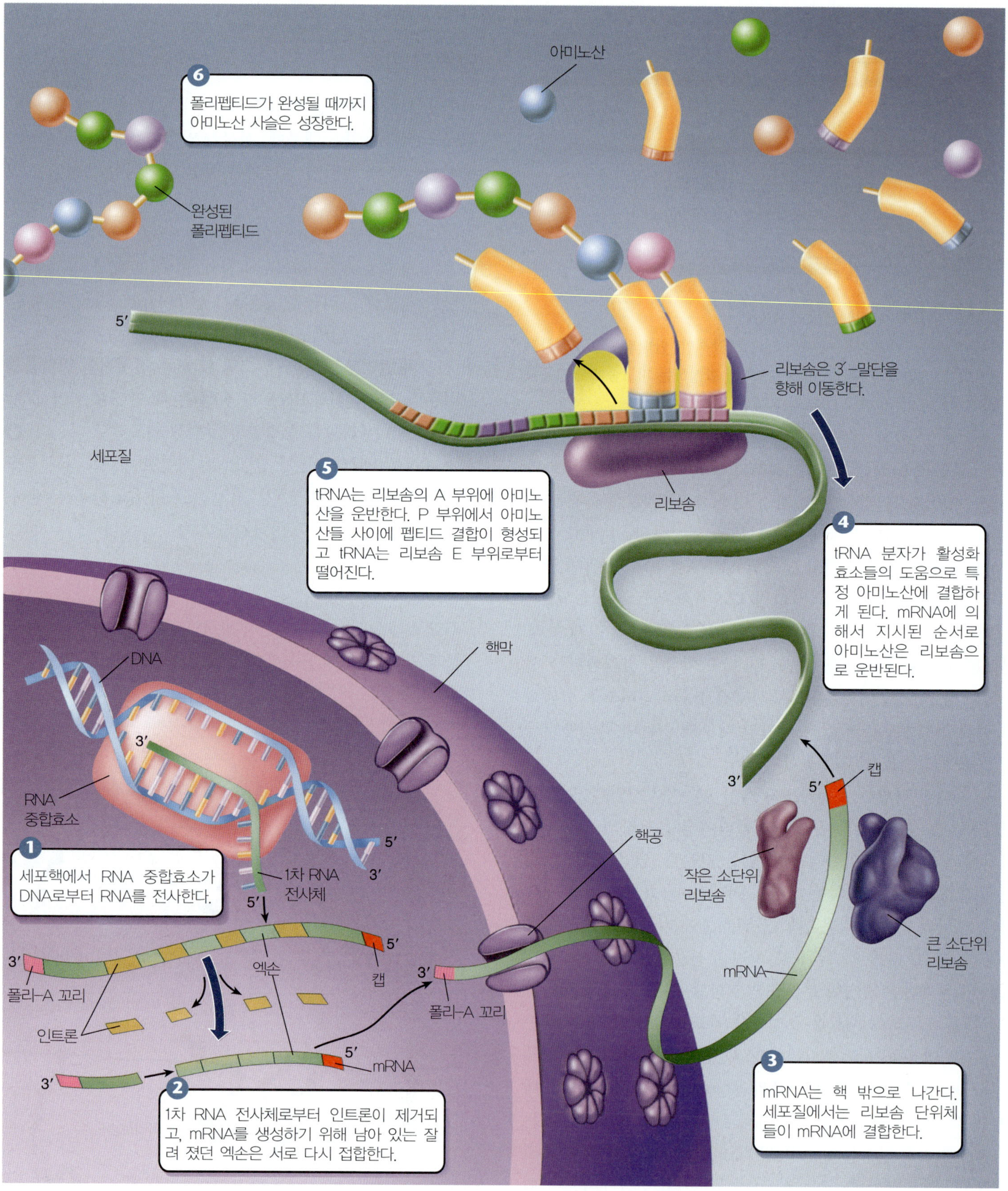

그림 12.11 진핵생물의 단백질 합성

12.5 원핵생물의 전사 조절 원리

유전자가 폴리펩티드로 번역되는 것은 단지 유전자 발현의 일부이다. 모든 세포는 언제 특정한 유전자가 사용될지 조절할 수 있어야 한다. 관현악단에서 관악기나 드럼과 같은 모든 악기들이 최대한의 크기로 항상 연주된다고 생각해 보라. 음악은 소음이 될 것이므로, 어떠한 관현악단도 이런 방식으로 연주하지는 않는다. 음악이란 소리의 조절된 표현이다. 같은 논점에서, 성장과 발달은 발생과정 동안 적절한 시기에 정교하고 세밀하게 이 과정들이 조절될 수 있도록 하는 유전자 발현조절의 결과이다.

유전자 발현조절은 복잡한 다세포 생물의 세포와 원핵세포에서 매우 다르게 이루어진다. 원핵세포는 제한된 자원을 이용하여 가능한 한 빨리 자라고, 분열하도록 진화되어 왔다. 원핵세포의 단백질은 빨리 분해되면서 합성된다. 유전자 발현의 패턴 변화는 원핵생물의 세포가 주위 환경의 변화에 빨리 반응하도록 해 준다. 원핵생물에서 유전자 조절의 일차적인 기능은 즉각적으로 변화하는 환경에 세포의 활성도를 맞추어 적응하게 하는 것이다. 유전자 발현의 변화는 존재하는 산소의 양과 사용 가능한 영양분의 종류와 양에 반응하여, 세포내에 어떠한 효소를 생성하게 할지 결정해 준다. 이런 변화의 대부분은 환경이 변화하면, 존재하던 효소의 양을 세포가 다시 재조정할 수 있도록 하는 가역적인 변화이다.

원핵세포가 유전자를 억제시키고 발현시키는 방식

원핵생물은 대부분의 경우, *언제*(when) 유전자가 전사될지 알려주어 유전자 발현을 조절한다. 각 유전자의 시작 부위에는 조절 부위로 기능하는 특정 조절 부위가 있다. 세포 안에 있는 특정 조절 단백질은 이러한 특정 부위에 결합하여 억제된 유전자의 발현을 시작하게 한다.

유전자가 전사되기 위해서는 RNA 중합효소가 유전자의 시작 부위를 신호화하는 특정 뉴클레오티드 서열인 **프로모터(promoter)**에 결합해야 한다. 원핵생물에서는 유전자 발현은 RNA 중합효소가 프로모터 영역에 결합하는 것을 억제하거나 허락하는 방식으로 조절된다. DNA에 결합하는 **억제 단백질(repressor, 억제자)**은 프로모터를 억제하여 유전자 발현을 억제시킬 수 있다. 또한, 프로모터로 RNA 중합효소가 더 잘 접근할 수 있도록 만들어주는 **활성 단백질(activator, 활성자)**이 DNA와 결합함으로써 유전자 발현을 시작하게 할 수 있다.

억제 단백질

많은 유전자들은 '음성적으로' 조절된다. 그 유전자들은 필요할 때를 제외하고는 늘 억제되어 있다. 이러한 유전자들의 조절 부위는 RNA 중합효소가 DNA에 결합하는 부위(프로모터 부위)와 유전자의 시작 부위의 가장자리 영역 사이에 존재한다. 억제 단백질이라고 하는 조절 단백질이 *작동 부위*(operator)라고 하는 조절 부위에 결합하면, 중합효소가 유전자로 이동하는 것을 방해한다. 저녁 식사를 하기 위해 어느 모임에 갔는데, 누군가가 여러분의 의자에 앉아 있다고 상상해 보라. 그 사람이 의자에서 일어날 때까지 여러분은 식사를 시작할 수 없을 것이다. 같은 방식으로 중합효소는 억제 단백질이 제거되지 않는 이상, 유전자 전사를 시작할 수 없다.

억제 단백질에 의해서 억제된 유전자의 전사를 다시 시작하기 위해서는 억제 단백질을 제거해야 한다. 세포는 억제 단백질에 특정 '신호' 분자를 결합하여 전사를 다시 시작한다. 그러한 억제 단백질과 신호 분자의 결합은 전사에 대한 장애물을 제거하기 위해 억제 단백질이 DNA와 결합하지 못하도록 억제 단백질의 모양을 변화시켜 DNA와의 결합을 떨어뜨린다. 억제 단백질이 작용하는 방식을 보여주는 특정한 예가 *대장균 박테리아(Escherichia coli)*의 *락 오페론*(*lac* operon)이라고 하는 유전자 세트이다. **그림 12.12**에 보여는 *락* 오페론은 폴리펩티드를 암호화하는 유전자(설탕 락토오스 분해 효소를 암호화하는 유전자 1, 2, 3)와 작동 인자(보라색 절편)와 프로모터(주황색 절편)인 조절 요소들로 구성된다. RNA 중합효소가 오퍼레이터에 결합할 수 없도록 억제 단백질이 오퍼레이터에 결합할 때 유전자 발현이 억제된다. 박테리아가 락토오스를 만나면, 알로락토오스(allolactose)라는 락토오스의 대사체는 억제 단백질과 결합하고, DNA와의 결합을 떨어뜨리기 위해 단백질의 꼬임(구조변형)을 유도한다. **그림 12.12*b***에서 볼 수 있는 것처럼, RNA 중합효소는 더 이상 억제되지 않고, 에너지를 얻기 위해 락토오스 분해에 필요한 유전자들을 전사하기 시작한다.

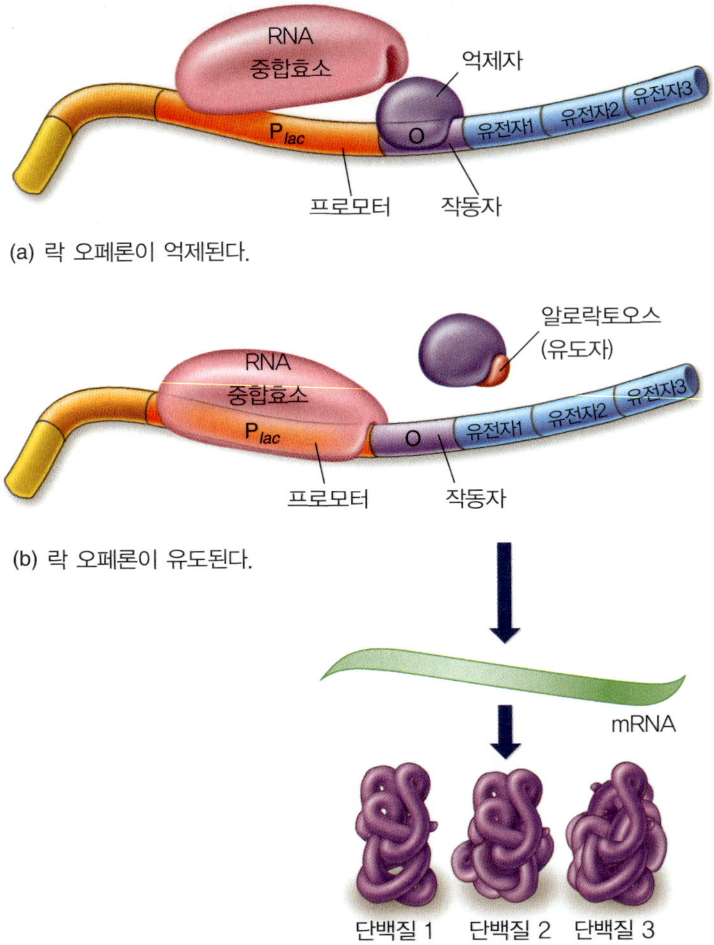

그림 12.12 락 오페론이 작동하는 방식

(a) 락 오페론은 억제 단백질이 작동부위(오퍼레이터)에 결합하면 "억제"된다. 프로모터와 오퍼레이터가 중첩되기 때문에 RNA 중합효소와 억제 단백질이 동시에 결합할 수 없다. *(b)* 알로락토오스가 억제단백질에 결합하면, 더 이상 억제 단백질이 오페레이터에 결합하여, RNA 중합효소 결합을 억제하지 못하도록 모양을 변화시켜서 오페론은 전사(유도)된다.

활성 단백질

RNA 중합효소는 DNA 한 가닥의 프로모터 부위에 결합하기 때문에 RNA 중합효소가 바른 자리에 위치할 수 있도록 이중가닥을 풀어주는 것이 필수적이다. 많은 유전자에서 이중가닥의 풀림은 활성 단백질이라고 하는 조절 단백질이 DNA에 결합하여 풀림을 도와주지 않고서는 일어날 수 없다. 앞서 설명한 억제 단백질의 경우와 같이, 세포는 활성 단백질에 '신호' 분자를 결합시켜 유전자 발현을 시작하고 억제할 수 있다. 이러한 분자들은 DNA와 활성 단백질의 결합을 억제하거나 촉진한다. 락 오페론에서 *이화 활성 단백질*(catabolite activator protein, CAP)은 활성 단백질로 기능한다. CAP는 DNA와 결합하기 전에 cAMP와 결합해야 한다. **그림 12.13**에서 볼 수 있듯이

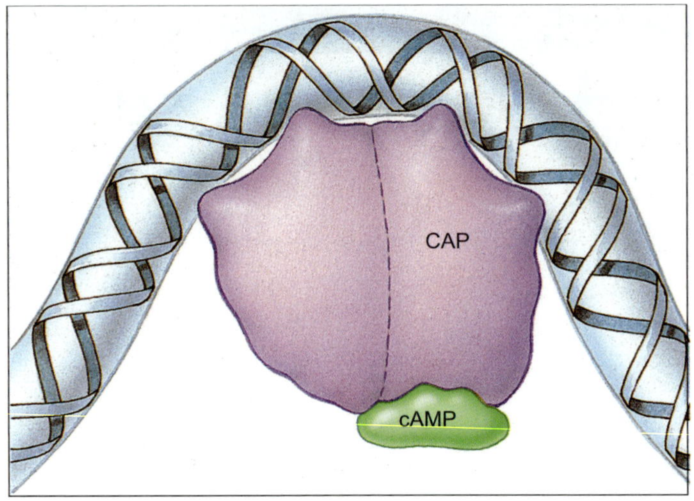

그림 12.13 활성 단백질이 작동하는 방식

이화 활성 단백질(CAP)/cAMP복합체가 DNA에 결합하여 DNA의 구부림을 일으킨다. 이러한 구조 변화는 RNA 중합효소의 활성도를 증가시킨다.

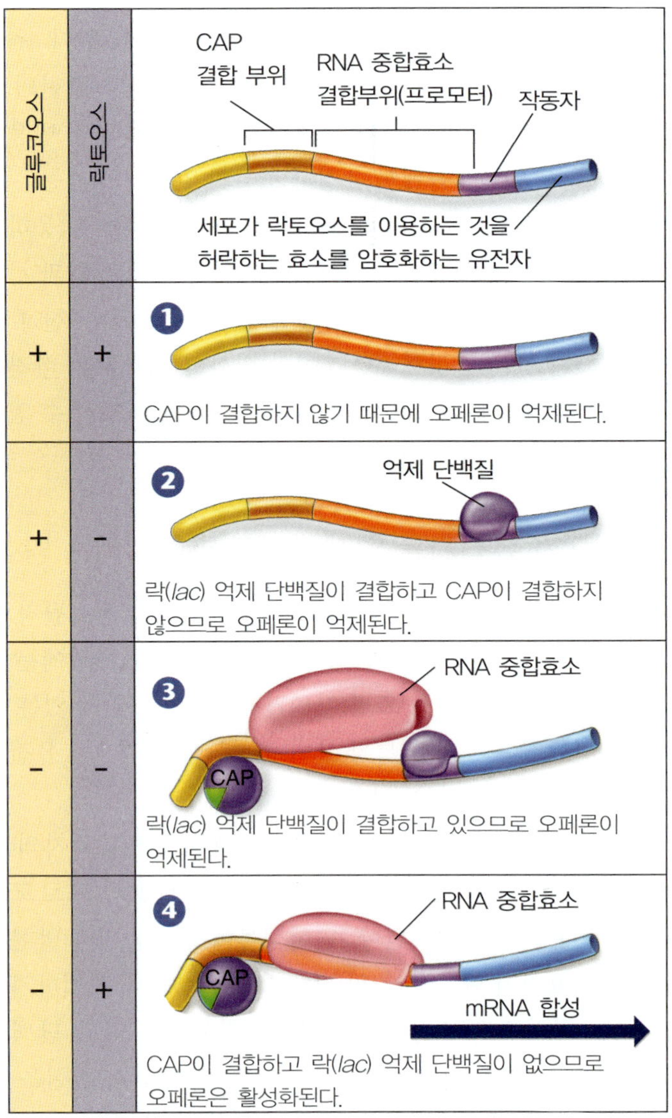

그림 12.14 락 오페론에서 활성 단백질과 억제 단백질

CAP/cAMP 복합체가 형성되면 그것은 DNA에 결합하고, RNA 중합효소가 프로모터 영역에 더 잘 결합하게 된다.

그렇다면 왜 활성 단백질을 방해하는 것이 필요할까? 만일 음식이 있는 것을 볼 때마다 그것을 먹어야 한다고 상상해 보라! 활성 단백질은 세포가 이러한 문제에 직면하도록 한다. 따라서 활성 단백질과 억제 단백질이 함께 전사를 조절하게 된다. 어떻게 이러한 일이 일어나는지 이해하기 위해서, **그림 12.14**의 락 오페론을 다시 살펴보도록 하자. ❶에서 보는 것처럼, 세균은 설탕 락토오스가 있을 경우 이미 글루코오스 형태의 많은 에너지를 가지게 된다. 그래서 더 이상 락토오스를 분해하지 않는다. CAP는 글루코오스 수치가 낮을 때 결합하여 유전자 전사를 활성화시킨다. RNA 중합효소는 그 기능을 위해서 활성 단백질을 필요로 하기 때문에 *락* 오페론은 더 이상 발현되지 않는다. **그림 12.12*a***와 **그림 12.14**의 ❷에서 보는 것처럼, 글루코오스가 존재하고 락토오스가 없다면 활성 단백질 CAP이 결합하지 못할 뿐만 아니라 억제 단백질 또한 프로모터 부위를 억제한다. 글루코오스와 락토오스가 모두 없는 경우에는 '글루코오스 저하' 신호인 cAMP 신호 분자(❸과 ❹에서 초록색으로 보이는 부채꼴)가 CAP에 결합하고, CAP이 DNA에 결합할 수 있다. 그러나 ❸에서 볼 수 있듯이 억제 단백질이 여전히 전사를 억제하고 있다. ❹의 경우처럼, 글루코오스 없이 락토오스가 존재하는 경우에만 억제 단백질은 제거되어 활성 단백질(CAP)이 결합하고 전사가 진행된다.

주요 학습 요점 12.5　세포는 언제 이들이 전사될지를 결정하여 유전자의 발현을 조절한다. 몇몇 조절 단백질은 RNA 중합효소가 DNA와 결합하는 것을 방해하고, 다른 조절 단백질은 그 과정을 촉진한다.

진핵생물의 유전자 발현조절

12.6 진핵생물의 전사 조절 원리

진핵생물에서 유전자 발현조절의 목적은 다르다

상대적으로 안정적인 내부 환경을 가진 다세포 생물에서는 세포의 유전자 조절의 일차적인 기능은, 원핵생물처럼 세포가 직면하는 환경에 반응하는 것이라기보다는 전체적인 신체를 조절하는 것이다. 어떤 경우, 유전자 발현 변화의 목적은 신체의 생리학적 환경의 변화를 보상하기 위함이다. 또 다른 경우, 유전자 발현은 발생과정 동안 적합한 장소와 시기에 특정 세포로 결정되는 것을 중개하기도 한다. 다세포 생물에서 성장과 발달은 연속적인 생화학 반응을 수반한다. 이미 계획된 유전자 프로그램을 따라 발생과정에 필요한 효소를 생성하기 위해서 특정한 시기에 각각 정해진 순서대로 다양한 유전자들이 면밀히 전사된다. 이러한 발생 프로그램을 이끄는 유전자들의 일시적인 발현은 원핵생물에서 락 오페론을 활성화하고 억제하는 것과 같이 환경에 세포들을 적응시켜 나가는 가역적인 대사 조절과는 기본적으로 다르다. 모든 다세포 생물체에서 특정 세포 안에서 발생하는 유전자 발현의 변화는 개개 세포의 생존이라는 생물체 전체의 필요를 충족하기 위함이다.

염색체 구조는 진핵생물의 유전자 발현에 영향을 끼친다

진핵생물의 전사에 있어 RNA 중합효소가 만나는 첫 번째 장애는 유전자에 대한 접근성이다. 진핵생물의 DNA는 염색체로 포장되어 있다. DNA가 뉴클레오솜으로 포장되고, 이들이 다시 염색체 구조(**그림 8.4** 참조)로 응축 포장되는 것은 유전자 발현의 조절과 직접적으로 연관되어 있다. **그림 12.15**에서 보는 것처럼 하위 단계의 염색체 구조는 DNA와 히스톤 단백질로 이루어진 뉴클레오솜 구성체이다. 이러한 뉴클레오솜은 프로모터에 RNA 중합효소나 전사인자라고 하는 전사 단백질이 결합하는 것을 억제할 수도 있다. 상위단계의 염색체 구조는 아직 완전히 이해되지 않았다. 상위 단계 구조로서 염색체 형성은 *크로마틴*(chromatin)이라는 염색질의 응축을 유도하는 히스톤 단백질 변형이 관여할 것이며, 이러한 변형은 유전자 프로모터로의 접근성에 제약을 줄 것이다.

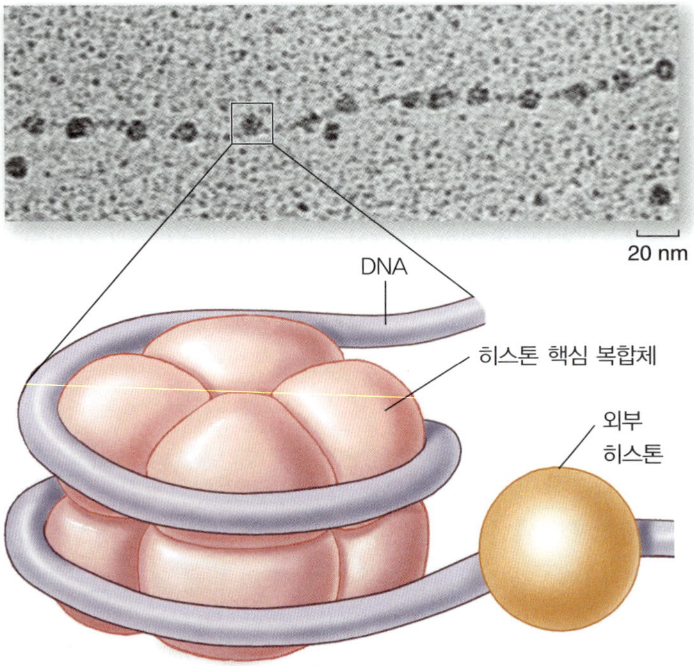

그림 12.15 DNA는 히스톤 주위를 감는다
염색체 안에 DNA는 뉴클레오솜 형태로 포장된다. 전자현미경 사진(위)에서 DNA는 부분적으로 풀려 있고 개개의 뉴클레오솜을 볼 수 있다. 한 개의 뉴클레오솜에는 DNA 이중나선이 8개의 히스톤 핵심 복합체를 둘러싼다; 한 개의 부가적인 히스톤이 뉴클레오솜 바깥쪽에 결합한다.

DNA 메틸화

DNA의 화학적 메틸화는 척추동물에서 유전자 발현을 조절하는데 중요한 역할을 한다고 생각되어 왔다. 시토신 염기에 메틸 그룹(—CH_3)을 첨가하여 5-메틸 시토신(5-methylcytosine)을 형성하게 하는 과정의 메틸화는 여전히 염기쌍을 이룬다. 과학자들은 포유류에 존재하는 비활성화된 많은 유전자들이 메틸화되어 있는 것을 관찰하였고, 이를 통해 연구자들은 DNA 메틸화가 유전자 발현의 비활성화를 일으킬 수 있다는 생각을 하게 되었다. 그러나 현재는 메틸화가 전사 조절에 직접적인 연관이 있다는 관점은 적다. 대신 DNA 메틸화는 억제된 유전자의 우연한 전사를 억제하는 듯하다. DNA 메틸화는 억제된 유전자가 갑작스런 전사를 수행하지 못하도록 비활성화 상태를 유지할 수 있게 한다고 생각된다.

염색체 구조와 전사 활성 단백질

원핵생물에서와 같이 진핵생물에서도 유전자 조절이 모두 전사 억제에 관여하는 것은 아니다. 적어도 어떤 경우에는, 전사되기 전에 유전자의 활성이 필요하다. 대부분의 활성인자들을 RNA 중합효소가 프로모터에 결합하는 것을 도움으로써 전사에 직접적으로 기능하는 것 같다. '공동활성인자(coactivator)'들은 프로모터로의 접근이 용이하도록 염색체의 구조를 변형시키는 역할을 한다. 최근 몇몇 공동활성인자들은 히스톤과 결합하는 것으로 알려졌다. 이 경우에는 히스톤에 메틸 그룹을 첨가시켜 전사를 증가시킬 것으로 생각된다. 히스톤의 메틸화는 DNA로의 접근성을 용이하게 하는 상위 단계의 염색체 구조 형성을 방해한다. 또한, 히스톤으로부터 메틸기를 제거하는 공동억제 인자를 통해, 히스톤 주위의 DNA코일을 더 단단하게 조여주어 DNA로의 접근성을 제한하여 활성인자와 반대로 유전자 발현을 조절한다.

주요 학습 요점 12.6 진핵생물에서 DNA를 뉴클레오솜으로 단단하게 포장하는 것에 의해 전사 조절을 영향 받을 수 있다. 활성 단백질은 RNA 중합효소가 DNA에 접근이 용이하게 될 수 있도록 DNA와 히스톤의 결합을 느슨하게 한다.

12.7 원거리에서의 전사 조절

진핵생물에서 전사는 상당히 복잡하고, 유전자 조절에 관련된 DNA의 양은 매우 많다.

진핵생물의 전사인자들

진핵생물의 전사는 RNA 중합효소뿐만 아니라 중합효소와 결합하는 *전사인자*(transcription factor)라는 많은 종류의 단백질들을 필요로 한다.

기본 전사인자(basal transcription factor)들은 프로모터로 RNA 중합효소의 이동과 전사 관련 요소들의 조립에 필수적이다. 이러한 전사인자들은 전사 시작에 필요하지만, 기본적인 수준 이상으로 전사의 속도를 증가시키지 않는다. **그림 12.16**에서 보는 것처럼, 녹색으로 표시된 전사인자들은 *개시 복합체*

(initiation complex)를 형성하기 위해 모두 모인다. 이러한 인자들은 단일 효소로 구성된 박테리아 RNA 중합효소보다 훨씬 더 복잡하다.

형성된 개시 복합체는 특이 인자들 없이는 기본 수준 이상의 전사를 일으키지는 않는다. **그림 12.16**에 황갈색으로 표시된 이러한 **특이 전사인자(specific transcription factor)**들의 수와 다양성은 압도적으로 많다. 다세포 생물은 특정 시간과 장소에 어떠한 특이 전사인자들이 존재할지 결정하여 어떠한 유전자가 발현될지 조절한다.

인핸서

오퍼레이터처럼 원핵생물의 유전자 조절 부위는 암호화된 유전자의 바로 상위 영역에 위치하지만 진핵생물의 경우에는 다르다. **인핸서(enhancer)**라는 원거리 영역이 전사의 속도에 큰 영향을 줄 수 있는 것으로 알려졌다. 인핸서는 DNA에 결합하여 활성인자로서 기능하는 특이 전사인자 결합 뉴클레오티드 서열이다. 인핸서가 원거리에서 작용할 수 있는 것을 DNA를 구부려 고리 구조를 형성할 수 있기 때문에 가능하다. **그림 12.17**에서 볼 수 있듯이 활성인자는 프로모터로부터 원거리에 있는 인핸서(노란색으로 표시)에 결합한다. DNA는 전사가 시작될 수 있도록 하기 위해서 활성인자들과 RNA 중합효소/개시 복합체가 서로 접촉할 수 있도록 고리를 만든다.

전사과정을 좀 더 복잡하게 만드는 수많은 다른 부가적인 전사인자들이 특이 전사인자들의 작용을 조절한다. 이러한 **공동 활성인자(coactivator)**와 **중개자(mediator)**들은 먼저 전사인자들과 결합하고 전사 관련 복합체와 결합함으로써 기능한다.

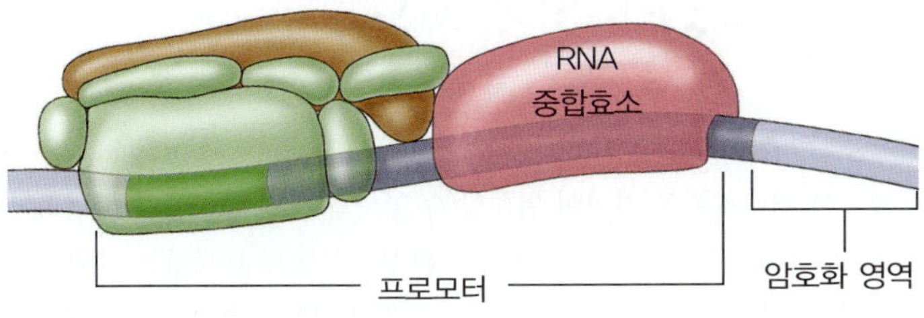

그림 12.16 진핵생물의 개시 복합체 형성
기본 전사인자(초록색)들은 DNA의 프로모터에 결합하고 개시 복합체를 형성한다. 수많은 특이 전사인자(황갈색)들은 기본 전사인자 복합체(개시 복합체)과 결합하여, 이들이 함께 RNA 중합효소가 프로모터로 이동하게 한다.

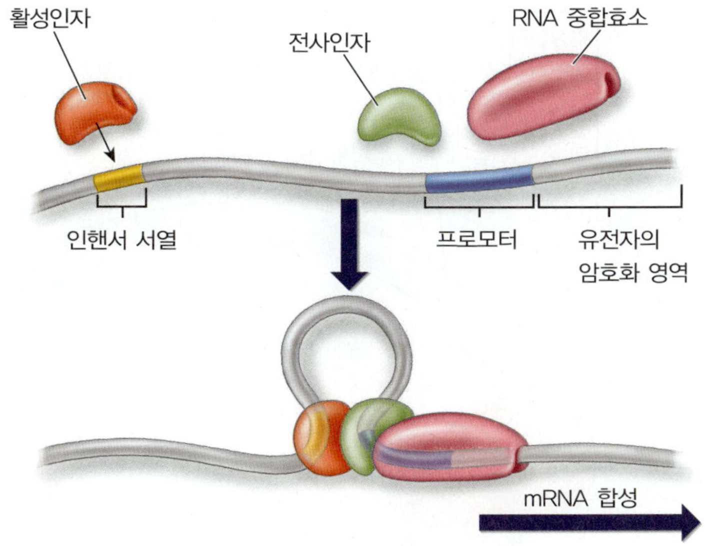

그림 12.17 인핸서가 작동하는 방식
인핸서나 활성인자 결합 부위는 종종 유전자와 멀리 떨어져 위치한다. 활성 단백질의 결합은 인핸서가 유전자와 접근하도록 한다.

전사 복합체 상호작용

어떻게 이런 극도의 복잡한 상황을 이해할 수 있을까? 사실상 진핵생물에서 RNA 중합효소에 의해서 전사되는 모든 유전자들은 개시 복합체를 형성하기 위해서는 같은 그룹의 기본 인자들을 필요로 하지만, 각 상황에 맞는 전사를 위해서 *전사 복합체*(transcription complex)로 이루어진 특이 전사인자들이 있어야 한다. 진핵생물에서 발견되는 전사 복합체에 의한 연합된 형태의 유전자 조절은 유전자 발현조절을 보다 유동적일 수 있도록 한다. 이것은 세포가 다양한 환경과 발달 과정에서 받는 많은 신호로부터 반응을 세밀하게 조절할 수 있게 해 준다. 또한 진핵세포는 많은 종류의 조절 단백질과의 결합을 통해서 높은 수준의 유전자 발현조절을 수행한다(**그림 12.18**). 이러한 조절은 두 개의 조절 단백질을 이용한 원핵생물의 락 오페론의 통합 조절과 기본적으로 비슷하지만, 진핵생물의 조절이 좀 더 정교하다.

주요 학습 요점 12.7 **전사인자와 인핸서는 진핵생물이 유전자 발현조절을 더 유연하게 조절할 수 있도록 해 주었다.**

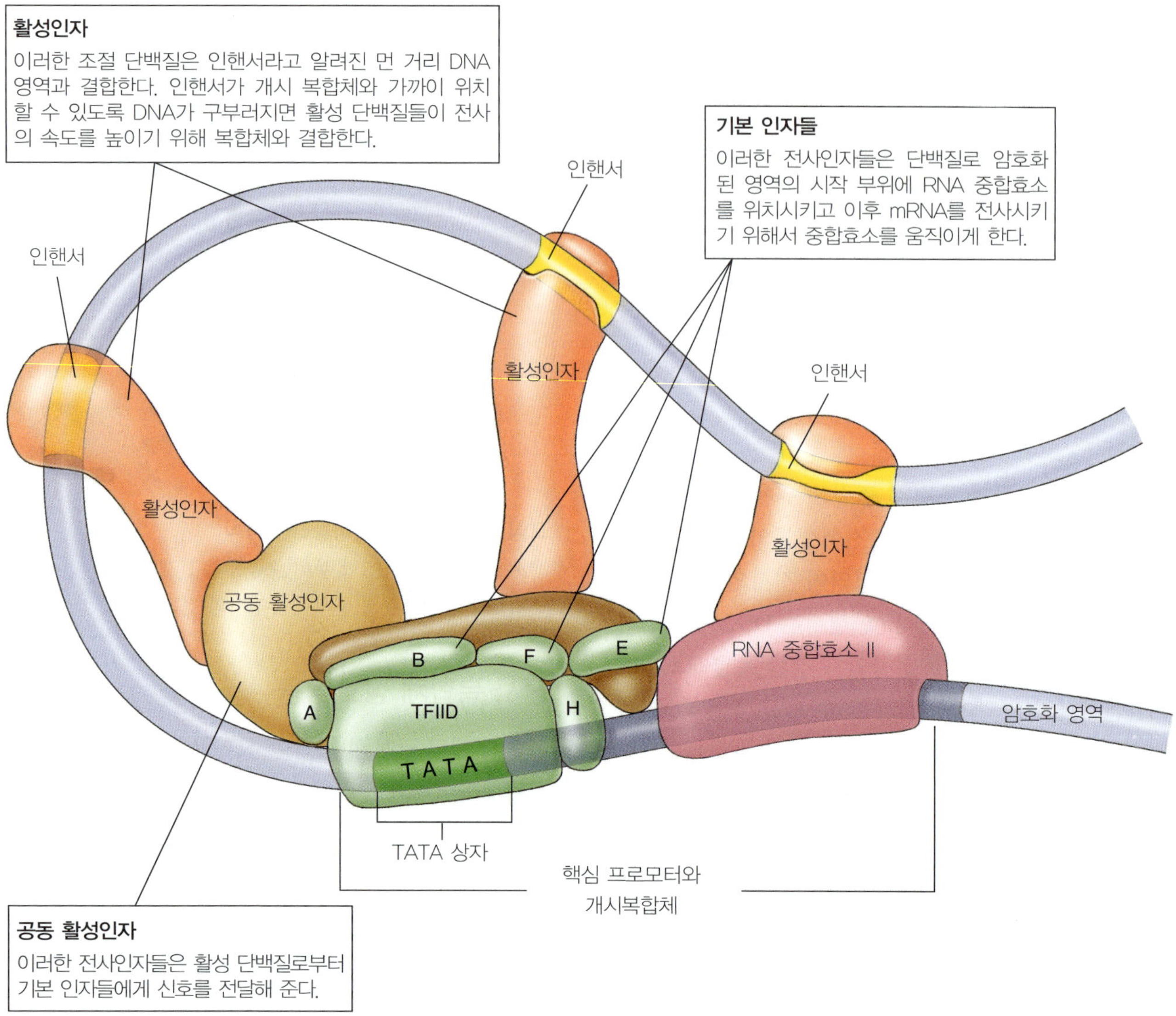

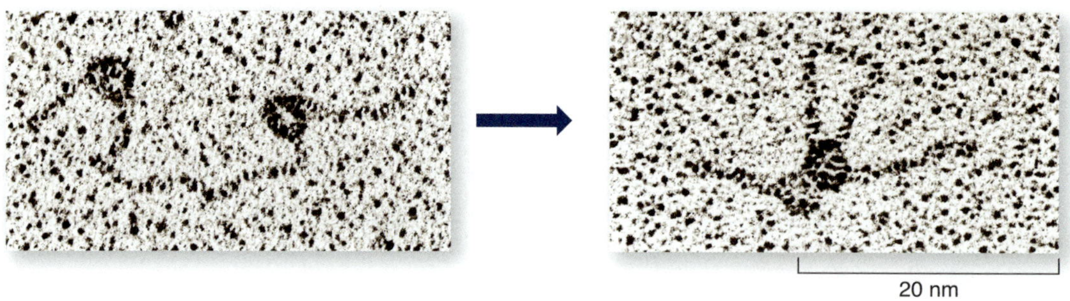

그림 12.18 전사 복합체 내에 다양한 인자들의 결합

모든 특이 전사인자들은 프로모터와 원거리에 있는 인핸서와 결합한다. 이러한 단백질들은 개시복합체 가까이 위치할 수 있도록 관련 인자들을 끌어 DNA 고리를 형성함으로써, 개시 복합체와 결합할 수 있다. 본문에 자세하게 설명된 대로, 어떤 전사인자들은 부가적인 공동 활성인자들을 요구하는 반면, 몇몇 전사인자와 활성인자들은 RNA 중합효소 II나 개시 복합체에 직접적으로 결합할 수 있다. 전자현미경 사진에서 보이는 것은 박테리아 활성인자 NtrC이다. 그것이 인핸서와 결합할 때, 어떻게 이것이 RNA 중합효소가 결합될 위치와 인핸서 사이에서 DNA 고리를 형성하게 하는지 볼 수 있을 것이다. 그러한 인핸서는 원핵생물에서는 거의 드물지만 진핵생물에서는 일반적으로 존재한다.

12.8 RNA 수준에서의 조절

지금까지는 RNA 중합효소에 의해 특정 유전자의 번역을 활성화 시키거나 억제시켜, 전사의 시작을 조절하는 단백질들을 살펴봄으로써 유전자 조절을 설명해 왔다. 그러나 지난 수십 년간 전사 이후 두 번째 단계에서 RNA 분자가 유전자 발현을 조절할 수 있다는 사실이 더 알려지고 있다.

RNA 간섭의 발견

제13장에서 설명할 것이지만 진핵생물이 가진 많은 양의 유전체들 모두가 단백질로 번역되지 않는다. 이러한 발견이 처음에는 매우 당황스웠지만 현재 생물학자들은 단백질로 번역되지 않는 부위의 RNA 전사체는 유전자 발현을 조절할 것으로 생각하고 있다. 인간과 침팬지 DNA의 차이가 이러한 비암호화 영역에 존재한다는 사실이 이와 같은 추측에 대한 신뢰를 더하고 있다.

이것은 1998년 이후에 2006년 노벨생리의학상을 수상한 미국의 Andrew Fire와 Craig Mello가 수행한 간단한 실험에 의해 이해되기 시작했다. 실험자들은 *Caenorphabditis elegans*라는 꼬마선충에 이중가닥 RNA 분자를 주입하였다. 그 결과, 다른 유전자 서열에는 존재하지 않고, 이중가닥 RNA의 상보적인 서열을 갖는 특정 유전자의 발현이 억제되었다. 연구자들은 이러한 현상을 매우 특이적인 **유전자 억제[유전자 침묵(gene silencing)]** 또는 **RNA 간섭(RNA interference)**이라 하였다. 무슨 일이 일어난 것일까?

제16장에서 배우겠지만, RNA 바이러스는 이중가닥 중간체를 통해서 그들을 복제한다. 주요 복제 단계에서, *역전사 효소*(reverse transcriptase)라는 바이러스 효소는 바이러스 RNA를 따라 이동하며 상보적인 가닥을 만들어낸다. 많은 바이러스들의 생활주기가 이중가닥 RNA 단계에 의존적이므로, RNA 간섭은 바이러스에 대항하는 세포의 방어 메커니즘으로 진화해 왔을 것으로 생각된다. 이러한 RNA 간섭에 의한 방어 메커니즘은 식물과 동물으로의 진화적 분기점에 앞서 존재했을 것이다. 실제로 이중가닥 바이러스 RNA들은 RNA 간섭에 관련된 세포내 요소들에 의해서 파괴될 수 있다. 선충 연구자들이 그 실험을 수행하지 않았다면 그들은 이러한 방어 메커니즘의 우연한 발견은 기대하지 못했을 것이다.

RNA 간섭의 방식

간섭 현상을 조사하던 중 연구자들은 유전자 발현을 억제하는 과정에서 식물이 억제되는 유전자와 일치하는 짧은 RNA 분자(약 21~28 뉴클레오티드 길이를 가지는)를 생산하는 것을 알게 되었다. 초기 연구자들은 꽤 큰 mRNA, tRNA와 rRNA에 대한 연구에만 집중하였고, 실험이 진행되는 동안, 작은 크기로 존재하는 RNA를 간과하여, 매우 작은 RNA 분자들은 인식조차 하지 못했다. 이러한 작은 RNA들은 특정 유전자들의 활성도를 조절하는 것으로 생각된다.

연구자들은 곧 많은 생물체에서도 작은 RNA가 존재함을 입증하였다. 효모에서는 작은 크기의 RNA가 응축된 유전체에서 유전자를 억제시키는 담당물질로서 동정되었고, *Arabidopsis thaliana*라는 식물에서는 작은 RNA들이 초기 발생에 매우 중요한 유전자들의 조절에 관여하는 물질로 발견되었다. 섬모를 가진 원생생물 *Tetrahymena thermophila*에서는 발생과정 동안 이러한 작은 RNA 분자들에 의해 주요 DNA 부분들의 손실이 이루어진다고 보고되었다.

어떻게 이러한 작은 조각의 RNA가 유전자 발현을 조절할 수 있는지에 대한 실마리는 연구자들이 꼬마선충 *C. elegans*에 주입한 RNA 가닥들이 분리된다는 것을 알았을 때 얻게 되었다. 각 단일 가닥들은 **그림 12.19**의 위쪽에 보이는 3개의 RNA 부분처럼 헤어핀 고리(hairpin loop)를 형성함으로써 이중가닥 RNA를 형성할 수 있다. 이러한 헤어핀 구조는 RNA 가닥에 상보적인 서열을 가지는 부분들이 결합하므로 형성될 수 있다. RNA가 고리를 형성할 때, 상보적 염기는 DNA가 이중가닥을 형성할 때처럼 각 가닥을 서로 당겨주는 염기쌍을 형성하게 된다.

어떻게 이러한 이중가닥 RNA가 이중가닥 RNA를 암호화하는 그 유전자의 발현을 정확하게 억제할 수 있는가? RNA 간섭의 첫 번째 단계에서는 *다이서*(dicer)라는 효소가 긴 이중가닥 RNA를 인식하여 이것을 *siRNA(작은 간섭 RNAs)라고 하는* 짧은 조각의 RNA로 자르게 된다❶. 다음 단계에서는 siRNAs는 *RISC(RNA 간섭 관련 침묵(억제) 복합체,* RNA Interfering Silencing Complex)라는 리보핵단백질(ribonucleo-proteins) 복합체를 형성하게 된다❷. 이후, RISC(RNA Interference Silencing Complex)가 이중가닥 siRNA를 분리하고, 그것과 상

질병 치료를 위한 유전자 발현 억제(침묵)

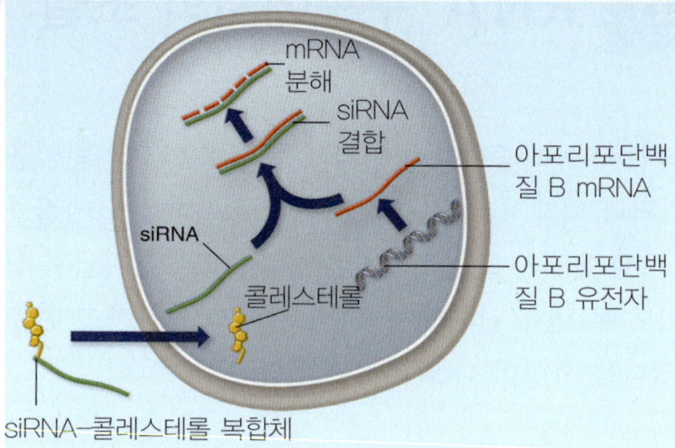

진핵생물이 특정 유전자의 전사체를 선택적으로 억제(침묵)하여 유전자 발현을 조절할 수 있다는 최근의 발견은, 많은 과학자들로 하여금 이것이 질병이나 감염의 치료법으로 활용될 수 있으리라는 기대를 가지게 하였다. 많은 질병이 한 개 또는 다수 유전자들의 발현에 의해 야기된다. 예를 들어, AIDS(에이즈)는 HIV 바이러스의 수많은 유전자의 발현을 필요로 한다. 많은 만성 질환은 과도하게 활성화된 유전자 발현으로 기인한다. 만약 의사들이 이러한 유전자들의 발현을 억제할 수 있다면 어떨까?

아이디어는 간단하다. 여러분이 질병에 관여하는 유전자를 동정할 수 있고, 이들의 염기 서열을 알 수 있다면 원칙적으로 그 유전자에 상보적인 '안티센스(anti-sense)' RNA 분자를 합성할 수 있을 것이다. 따라서 이러한 RNA는 그 유전자의 mRNA에 상보적인 서열을 가질 것이다. 세포 안으로 도입된 이러한 RNA는 mRNA 부위에 결합하고, 리보솜에 의해서 읽힐 수 없는 이중가닥 RNA를 형성할 수도 있을 것이다. 만약 이러한 안티센스 치료법이 실제적으로 값싸게 실행될 수 있다면 에이즈 전염을 중단시킬 수 있을 것이다. 실제로 어떠한 바이러스 감염도 이러한 방식으로 방지될 수 있다. 실행 가능한 안티센스 치료법이 바이러스가 퍼지기 전에 조류 독감 전염을 근절 시키는 방법을 제공할 수도 있을 것이다.

현재까지 가장 기대되는 안티센스 유전자 억제 치료법의 가능성은 실용적인 대체 암치료법으로의 적용이다. 제8장에서 설명했듯이 암은 다른 어떤 질병보다 미국인들의 사망에 큰 영향을 끼친다. 현재 우리는 암이 어떻게 발생하는지 상당히 구체적으로 알고 있다. 세포주기를 조절하는 유전자의 손상으로 암이 발생할 수 있다. RNA 억제(침묵) 치료법에 대한 가능성은 '분열(divide)' 신호의 효과를 증진시키는, 한 가지 또는 더 많은 암 원인 유전자로의 적용으로부터 발견할 수 있다. 이러한 유전자들이 억제(침묵)될 수 있다면 암을 멈추게 할 수 있을 지도 모른다.

지난 수년간 진핵생물에서 특정 바이러스에 대항하는 방어 시스템을 발견한 일이, 문제가 되는 유전자들을 억제하기 위해 상보적인 RNA를 적용해 볼 가능성을 증진시켰다. RNA 바이러스 감염으로부터 세포를 보호하기 위해서, 세포는 바이러스 RNA를 인지하고, 공격하여 분해하는 복잡한 시스템을 가지고 있다. 이러한 세포내 시스템은 자신을 감염시킨 바이러스의 취약점을 이용한다. 바이러스는 자신의 유전자를 복제하기 위해서 그들의 유전자를 발현시켜야 한다. 바이러스 단백질을 생성하기 위해서는 mRNA로 기능할 수 있는 그들의 상보적인 복사본을 만들어야 한다. 이때 바이러스 RNA 분자는 이중가닥으로 존재하므로 세포에서 공격당하기 쉽다. 왜냐하면 정상적인 세포에는 어느 곳에서도 이중가닥 RNA가 발견되지 않기 때문이다. 따라서 이중가닥 RNA는 분해의 표적이 되고 세포는 바이러스 감염을 방어할 수 있다.

RNA 간섭이라 명명되고 있는 상보적인 RNA로 유전자를 억제하는 이 방법은 사람들이 많은 질병의 성공적인 치료법이 바로 가까이에 있다는 희망을 갖게 하고 있다. 그러나 가장 먼저, 과학자들은 RNA 간섭 치료법이 실행될 수 있는 적합한 방법을 찾아야 한다. RNA 치료법 실행을 위해서 과학자들은 해결하기에 쉽지 않은 기술적인 문제에 직면해 있는데, 그것은 표적 세포 위치 쪽으로 또한, 그 세포 안으로 억제하는(간섭하는, interfering) RNA를 이동시킬 방법이 거의 없다는 것이다. 또한, 문제는 RNA가 혈액 내에서 빠르게 분해된다는 것과 RNA가 몸속으로 들어와 세포로 이동되더라도, 몸속 대부분의 세포들은 RNA들을 쉽게 흡수하지 않는다는 것이다. 어떤 연구자들은 이러한 RNA를 바이러스에 넣어 몸속으로 주입하려는 시도를 하고 있는데, 이러한 방식을 적용해온 유전자 치료법이 면역반응을 유도할 뿐 아니라 암까지 유발하게 할 수 있다고 알려져 있다. 따라서 현재 유전자 치료법을 연구하는 과학자들은 더 안전한 바이러스 유전자 전달자를 찾고 있다. 그들의 발견이 RNA 이동법에 대한 좋은 효과를 기대하게 할 수 있을 것이다.

다른 흥미로운 대체 방법은 세포에 의해 보다 쉽게 받아들여질 수 있고, 분해로부터 보호될 수 있도록 RNA를 변형하는 것이다. 이 방법은 콜레스테롤의 대사 작용에 관여하는 아포리포단백질(apolipoprotein) B를 암호화하는 mRNA를 이용하여 시도되었다. 높은 농도의 아포리포단백질은 콜레스테롤 수치가 많은 사람들에게도 발견되는데, 이는 관상 혈관 심장병 발병 위험의 증가와 연관되어 있다. 아포리포단백질 mRNA를 표적으로 하는 억제 RNA는 mRNA를 분해시켜 콜레스테롤 수치를 낮출 것이다. 조직에 이러한 RNA를 효과적으로 운반하기 위해서, 그림에서 보는 것처럼 콜레스테롤 분자에 각 간섭 RNA를 붙여 주었다. 아포리포단백질은 50~70% 정도로 감소하였고, 아포리포유전자가 제거된 양만큼 혈액 내 콜레스테롤 수치도 급격히 감소하였다. 이러한 방법이 많은 다른 RNA에도 사용될 수 있을지 확신할 수는 없지만, 유망한 대체법이 될 수 있을 것으로 기대된다.

질병과 연관된 유전자의 억제에 기반한 성공적인 치료법을 찾을 때 직면하는 또 다른 문제점은 유전자 억제의 특이성에 관련된 것이다. 이러한 유전자 억제가 표적 유전자만 억제되어야 하는 것이 매우 중요하다. 많은 사람들이 참여하는 임상 시도 전에는 반드시 이러한 간섭 RNA가 표적화된 바이러스 또는 암 유전자 이외에, 생명유지에 필수적인 인간 유전자들은 억제시키지 않아야 한다는 것을 확신해야 한다. 어떤 연구에서는 이것이 큰 문제가 아닐 것이라 하고, 또 다른 연구에서는 이러한 비특이적 유전자 억제 현상인 '오프타겟(off-target)' 효과가 중요하게 영향을 끼칠 수 있다고 말한다. 따라서 새로운 치료법이 발달될 때마다 이러한 가능성은 주의 깊게 평가되어야 할 것이다.

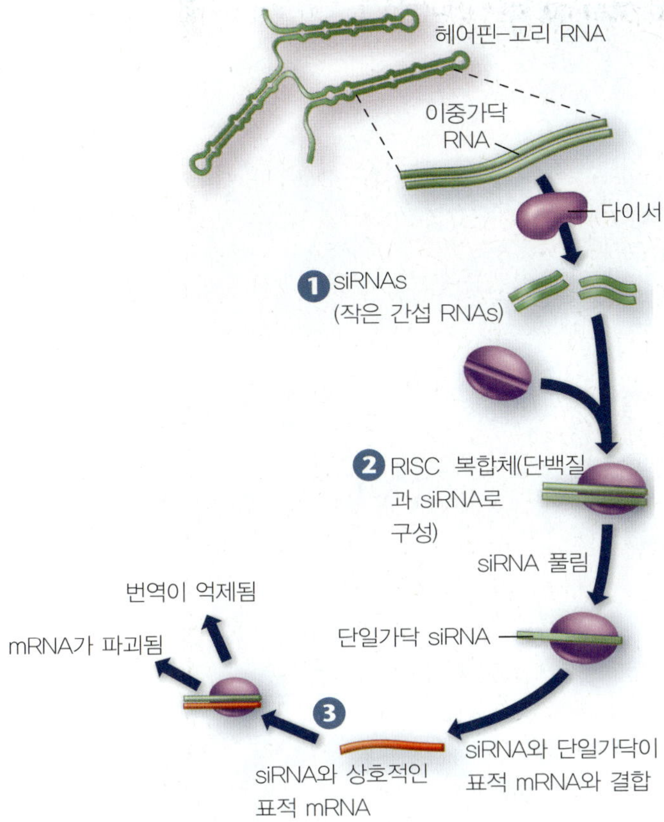

그림 12.19 RNA 간섭 방식

이중가닥 RNA는 다이서(dicer)에 의해서 잘린다. 만들어진 siRNA는 RISC라는 복합체를 형성하기 위한 단백질과 결합한다. siRNA는 단일 가닥으로 되고, 자신의 염기 서열과 같거나 유사한 표적 mRNA와 결합하고, 그 유전자의 번역을 억제한다.

보적인 서열을 가지는 mRNA에 결합할 수 있는 단일가닥 siRNA로 만들고❸, mRNA가 암호화하는 유전자의 발현을 억제한다.

siRNA가 mRNA에 결합하면 억제(침묵)과정은 두 가지 방식 중 하나로 진행된다; mRNA가 단백질로 번역되는 것을 억제하거나, mRNA가 분해되는 방식이다. 억제될 것인지 분해될 것인지에 대한 결정은 siRNA의 서열이 얼마나 mRNA와 유사한지에 의해 결정되는데, mRNA와 siRNA의 서열이 일치되면 mRNA는 분해된다.

주요 학습 요점 12.8 **siRNA라는 작은 간섭 RNA는 이중가닥 RNA 분자의 부분으로부터 형성된다. 이러한 siRNA는 세포 안에서 mRNA 분자와 결합하여 이들의 번역을 억제한다.**

12.9 유전자 발현의 복잡한 조절

진핵생물의 유전자는 구조적으로 원핵생물보다 복잡하고, 유전자 발현조절은 보다 더 복잡하다. 진핵생물의 유전자 발현은 **그림 12.20**에서 기술된 대로 많은 단계에서 조절된다. 염색체 구조는 RNA 중합효소가 유전자 영역에 접근할 수 있는지 여부를 결정하여 유전자 발현에 영향을 끼칠 수 있다. 또한, 세포내 이용 가능한 많은 인자들이 특정 유전자의 전사속도에 영향을 줄 수 있다. 전사 후 유전자 발현은 대체 스플라이싱에 의해서 변화되거나 RNA 간섭에 의해서 억제(침묵)로 조절될 수 있다. 유전자 발현조절은 주로 유전자 발현의 초반에 일어나지만, 어떤 경우에는 후반부에 일어나기도 한다. 번역 관련 단백질들의 유용성이 단백질 합성에 영향을 끼칠 수 있고, 단백질 합성 이후 단백질은 화학적인 변형을 겪기도 한다.

주요 학습 요점 12.9 **진핵생물의 유전자는 유전자 발현과정 동안 많은 부분에서 조절된다.**

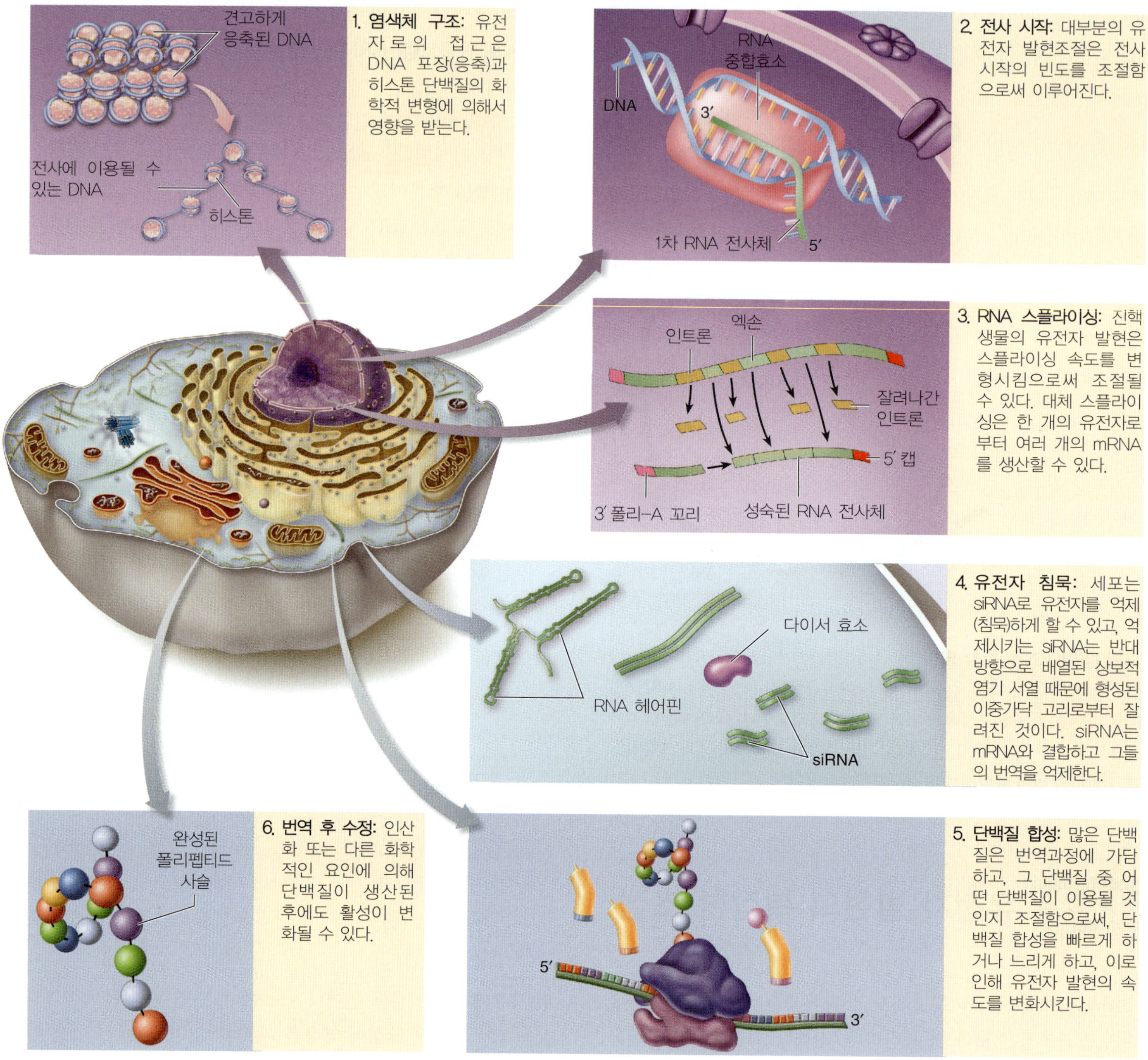

그림 12.20 진핵생물에서 유전자 발현조절

질문 & 분석

실험용 튜브에서 단백질 조립

단백질을 만들기 위해 세포가 사용하는 복잡한 메커니즘은 모두 한 번에 발견된 것이 아니다. 이에 대해 우리가 알고 있는 사실들은 다양한 실험 결과에 의해서 오랜 실험을 통해서 조금씩 알게 되었다. 오랜 기간에 걸쳐 이루어진 실험들의 속성과 각 실험 단계에서 느꼈을 흥분들을 조금이라도 이해하기 위해서, 알려진 것이 거의 없고, 이후 실험에 대해 불명확하기만 했던, 초기 연구자들의 실험들을 따라 살펴보는 것은 매우 필요한 일이 될 것이다.

첫 번째 실험은 단백질 합성의 초기 개척자, Paul Zamecnik가 했던 것이다. 1950년대 초반, Zamecnik는 Massachusetts General Hospital에서 동료들과 함께 연구하면서 가장 근본적인 질문을 던졌다. 세포의 어디에서 단백질이 합성되는 것인가? 이를 알기 위해, 그들은 방사성 동위원소로 표지된 아미노산들을 쥐에 주입하였다. 몇 시간이 지난 후, 동위원소로 표지된 아미노산들은 새로 합성된 단백질의 일부로, 쥐의 간에서 발견되었다. 그리고 주입 후, 몇 분 뒤에 간이 제거되고 관찰되었을 때, 방사성으로 표지된 단백질들이 세포질에서 작은 입자들과 결합하고 있는 것이 발견되었다. 단백질과 RNA로 구성된 이러한 입자들은 후에 리보솜으로 명명되었고, 이 같은 발견은 전자 현미경에 의해 세포 내용물이 알려지기 몇 년 전에 이루어진 것이었다. 이와 같이 초기 실험을 통해, 세포내 단백질 합성 장소가 동정되었다.

수년간의 시행착오 끝에 Zamecnik와 그의 동료들은 실험용 튜브 안에서 '세포가 없는 상태(cell-free)'에서 단백질을 합성하는 시스템을 구축하였다. 이 시스템은 리보솜, mRNA와 에너지를 공급하기 위한 ATP를 포함하였다. 또한 이 시스템에는 균질화한 쥐의 간에서 동정된 리보솜과 단백질 합성을 수행할 수 있는 수용성 '인자' 들이 포함되어 있었다. Zamecnik 연구팀이 단백질 합성에 필수적인 인자들을 알아보기 위해 이들을 동정하였을 때, 기대한대로 이들 대부분은 단백질이었고, 또한 전혀 예측하지 못했던 작은 RNA들도 발견하게 되었다.

이러한 작은 RNA들이 어떠한 역할을 하는 알아보기 위해서, 그들은 다음과 같은 실험을 수행하였다. 실험용 튜브 내에 서로 다른 양의 ^{14}C-루이신(즉, 방사선 동위원소로 표지된 아미노산 루이신)을 수용성 인자, 리보솜, ATP가 들어 있는 실험용 튜브(세포가 없는 시스템)에 넣어 주었다. 잠시 후, 튜브 안의 혼합체로부터 작은 RNA들을 분리하여 방사능을 측정하였다. 그래프 (*a*)에서 결과를 볼 수 있다.

다음 실험에서는 소포체가 존재하는 세포 추출물로부터 (단백질을 합성할 수 있게 하기 위해, 막 위에 존재하는 리보솜을 제공한 세포 시스템) 얻은 방사성 동위원소로 표지된 루이신-작은 RNA 복합체들을 섞어 주었다. 어디에서 방사능이 검출되는지 알아보기 위해 작은 RNA 뿐만 아니라 새로이 만들어진 단백질을 분리하였다(그래프 (*b*) 참조).

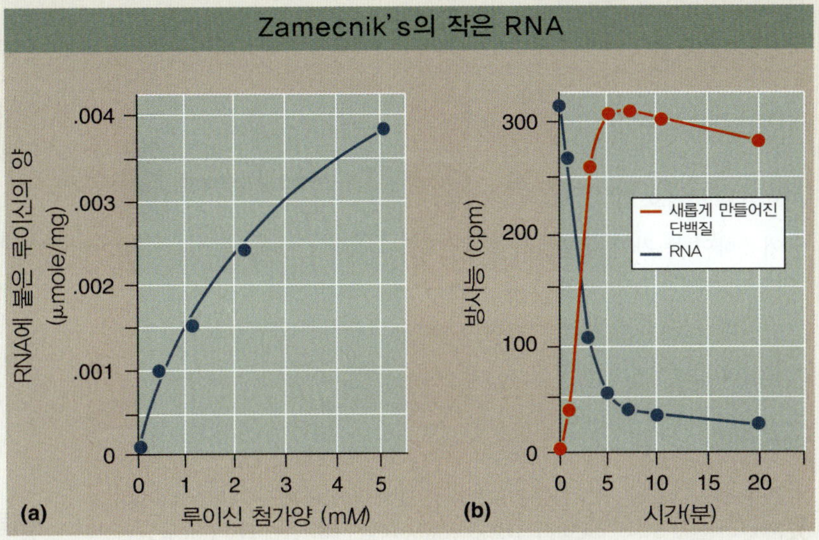

실험 A, 그래프 (a)

1. 개념 적용 무엇이 종속 변수 인가?

2. 자료 분석 실험용 튜브에 첨가한 루이신의 양이 작은 RNA에 결합하여 발견된 루이신의 양에 영향을 끼치는가?

3. 추론하기 작은 RNA에 결합하는 루이신의 양은 혼합물에 넣어준 루이신의 양에 비례하는가?

4. 결론 도출 이 결과로부터 여러분은 아미노산 루이신은 작은 RNA에 결합한다고 결론 지을 수 있는가?

실험 B, 그래프 (b)

1. 개념 적용 무엇이 종속 변수 인가?

2. 자료 분석

a. 세포 추출물에 방사성 동위원소 표지된 루이신-작은 RNA를 첨가한 후, 20분 동안의 방사능 정도를 관찰하면 작은 RNA(파란색) 내의 방사능 정도에 어떤 변화가 일어났는가?

b. 같은 시간 동안 새로이 합성된 단백질(붉은색) 내의 방사능 정도에는 어떤 변화가 일어났는가?

3. 추론하기 작은 RNA로부터 손실된 방사능의 양이 새로이 합성된 단백질에서 획득한 방사능 양과 같은가?

4. 결론 도출

a. 작은 RNA가 자라나는 단백질로 그들이 지녔던 아미노산을 주는 것이라 결론짓는 것이 타당한가? (힌트: 이 실험의 결과로 작은 RNA는 tRNA로 불렸다)

b. 여러분이 20분 이후에 이 실험으로부터 만들어진 단백질을 동정할 수 있다면, 어떠한 아미노산이 방사성으로 표지되어 있겠는가? 설명하시오.

단원 복습

유전자에서 단백질로

12.1 중심이론

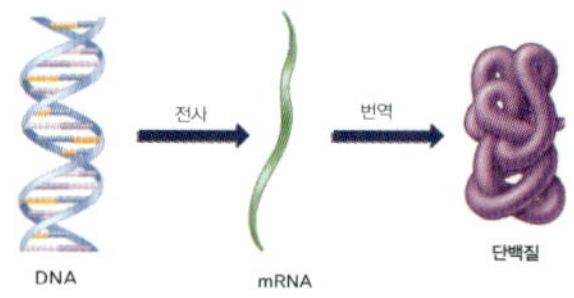

- DNA는 세포의 유전 정보를 저장하는 부분이다.
- 유전자 발현은 다른 종류의 RNA를 이용하여 두 가지 단계에서 발생한다. mRNA가 DNA로부터 복사되는 전사와 rRNA와 tRNA를 이용하여 mRNA의 정보가 단백질로 만들어지는 것을 번역이라고 한다.

12.2 전사

- 전사에서 DNA는 RNA 중합효소라는 단백질에 의해 수행되는 mRNA 합성의 주형으로 사용된다. RNA 중합효소는 단일 가닥 DNA의 프로모터 부위에 결합한다. RNA 중합효소는 DNA 중합효소가 기능하는 비슷한 방식으로 자라나는 mRNA에 상보적인 뉴클레오티드를 첨가한다(**그림 12.3**).

12.3 번역

- mRNA안의 정보는 뉴클레오티드 순서로 암호화되고 그것은 코돈이라는 3개 뉴클레오티드 단위로 읽혀진다. 각 코돈은 특정 아미노산에 대응된다. mRNA를 아미노산으로 만드는 코돈의 번역을 지배하는 규칙을 유전암호라 한다(**그림 12.4**).

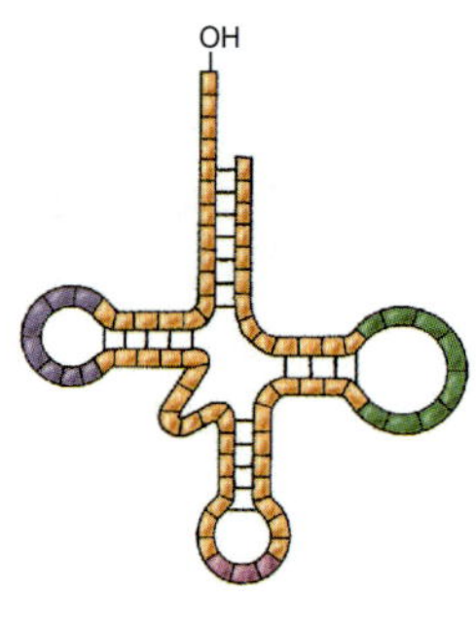

- 64개의 코돈을 포함하는 유전암호는 단지 20개의 아미노산을 암호화한다. 그러므로 중복이 존재한다. 많은 경우, 2개 또는 그 이상의 코돈이 같은 아미노산을 암호화한다.
- 번역에서 mRNA는 세포질로 정보를 전달한다. rRNA는 단백질 조립이 일어나는 리보솜이라는 구조를 형성하기 위해 단백질과 결합한다(**그림 12.5**). **그림 12.6**에 보는 것처럼 tRNA는 폴리펩티드 사슬을 형성하기 위해서 리보솜에 아미노산을 운반한다.
- 리보솜은 작은 rRNA 단위체와 큰 rRNA 단위체를 포함한다. mRNA가 작은 리보솜 단위체에 결합하면 번역이 시작되고, 완전한 리보솜을 형성하기 위해 이들의 결합이 큰 리보솜 단백질과의 결합을 유발한다.
- 코돈과 상보적인 안티코돈을 가지는 tRNA가 아미노산을 리보솜에 가져다주는 반면 리보솜은 mRNA 위를 움직인다. 아미노산은 자라나는 폴리펩티드에 첨가된다(**핵심 생물학 과정, 276쪽**).

12.4 유전자 발현

- 원핵생물의 유전자는 mRNA로 전사될 DNA를 가지며, 이들은 모두 번역된다. 진핵생물의 유전자는 암호화된 영역인 엑손과 비암호화된 영역인 인트론 부분으로 나누어져 있다.

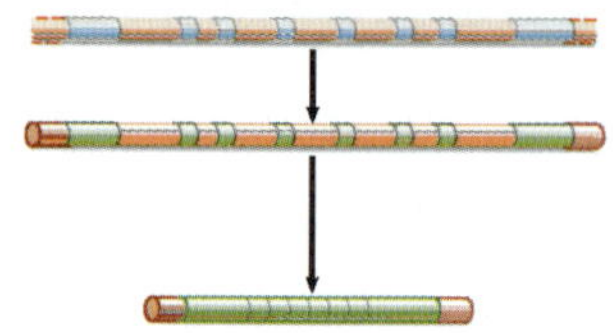

- 진핵생물의 유전자 전체가 RNA로 전사되지만, 인트론은 번역 전에 제거된다. 이러한 편집과정은 **그림 12.9**에서 볼 수 있다
- 엑손은 대체 스플라이싱이라는 다른 방법으로 제거될 수 있는데, 같은 DNA 부분으로부터 다른 단백질을 만들 수 있다.
- 원핵생물에서는 전사와 번역이 세포질에서 동시에 일어난다(**그림 12.10**). 진핵생물에서는 먼저 핵에서 RNA가 전사되고, 이후 가공된다(인트론이 제거된다). mRNA는 이후 폴리펩티드로 번역되기 위해서 세포질로 나간다(**그림 12.11**).

원핵생물의 유전자 발현조절

12.5 원핵생물의 전사 조절 원리

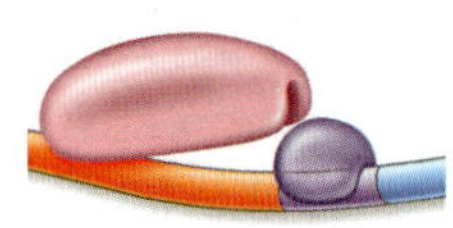

- 원핵세포의 유전자는 **그림 12.12**에서 보는 것처럼, 억제 단백질이 오퍼레이터라고 하는 부위에 결합하여 프로모터를 억제할 때 유전자 발현은 억제된다.
- 어떤 유전자는 활성인자라 불리는 단백질이 DNA에 결합하여 RNA 중합효소가 프로모터에 결합할 수 있도록 이중 나선을 풀어줄 때만 발현될 수 있다.
- 락 오페론은 설탕 락토오스를 분해하는 데 관련한 유전자 세트를 가진다. 락 오페론으로부터 생산되는 단백질이 필요하게 되면, 유도 분자는 억제 단백질과 결합하게 되어 DNA에 결합할 수 없게 되고, 그러므로 RNA 중합효소가 결합할 수 있도록 프로모터 부분을 비워준다(**그림 12.12**).
- 락 오페론은 활성인자에 의해서도 조절된다. DNA의 모양을 변화시키는 활성인자는 RNA 중합효소가 DNA에 결합할 수 있도록 해 준다(**그림 12.13**). 활성인자가 DNA에 결합하여 RNA 중합효소가 프로모터에 결합할 수 있도록 억제 단백질이 제거될 때에만 락 오페론 유전자들의 발현이 일어난다(**그림 12.14**).

진핵생물의 유전자 발현조절

12.6 진핵생물의 전사 조절 원리

- 히스톤 주위를 감는 DNA(**그림 12.15**)는 RNA 중합효소가 DNA에 접근하는 것을 제한한다. 유전자 발현조절은 DNA에 보다 더 잘 접근할 수 있도록 하는 히스톤의 화학적 변형도 포함한다.

12.7 원거리에서의 전사 조절

- 진핵세포에서 전사는 RNA 중합효소가 프로모터에 결합하기 전, 전사

인자들의 결합을 필요로 한다(**그림 12.16**). 진핵생물의 유전자 발현은 인핸서라고 하는 원거리 영역에서도 조절될 수 있다(**그림 12.17, 12.18**).

12.8 RNA수준에서의 조절

- RNA 간섭은 번역을 억제한다. siRNA라는 RNA의 작은 부위가 세포질에서 전령RNA에 결합하고, 그것은 유전자의 발현을 억제한다(**그림 12.19**).

12.9 유전자 발현의 복잡한 조절

- 진핵생물의 유전자 발현은 다양한 수준에서 조절된다(**그림 12.20**).

이해력 확인 문제

1. 다음 중 RNA 종류가 아닌 것은?
a. nRNA(핵 RNA) b. mRNA(전령 RNA)
c. rRNA(리보솜 RNA) d. tRNA(운반 RNA)

2. 폴리펩티드에 있는 각 아미노산은 __________에 의해 특정화된다.
a. 인핸서 b. 프로모터
c. 리보솜 RNA 분자 d. 코돈

3. 3개 뉴클레오티드 시스템은 ________의 조합으로 구성될 수 있다.
a. 16 b. 20
c. 64 d. 128

4. mRNA가닥의 형태로 유전자의 정보 복사본을 얻게 되는 과정을 ________(이)라 한다.
a. 중합효소 b. 발현
c. 전사 d. 번역

5. RNA 분자의 합성을 시작하기 위해서 RNA 중합효소가 결합하는 DNA 부위를 ________(이)라 한다.
a. 프로모터 b. 엑손
c. 인트론 d. 인핸서

6. mRNA가닥에 있는 정보를 얻어 단백질이나 그 일부분이 될 아미노산 사슬을 만드는 과정을 ________(이)라 한다.
a. 프로모터 b. 발현
c. 전사 d. 번역

7. mRNA 코돈이 UAC라면 그것과 상보적인 안티코돈은?
a. TUC b. ATG
c. AUG d. CAG

8. 다음 중 어떤 것이 원핵생물의 유전자 발현을 정확하게 설명하고 있는가?
a. 모든 세포에서는 필요한 아미노산을 얻기 위해 모든 유전자가 항상 발현된다.
b. 프로모터 부위가 활성화되지 않는 한, 어떤 유전자는 항상 억제되어 있다.
c. 프로모터 부위가 억제되지 않는 한, 어떤 유전자들은 항상 활성화되어 있다.
d. 억제 인자가 결합하고 있는 한, 어떤 유전자는 억제된 채로 존재한다.

9. 다음 진술 중 진핵생물의 유전자 발현에 대해서 바르게 설명한 것은?
a. mRNA는 제거되어야 할 인트론을 가져야 한다.
b. mRNA는 단지 하나의 유전자의 전사체를 포함한다.
c. 인핸서는 멀리 떨어져 있다.
d. 모두 옳음

10. 다음 중 진핵세포에서 유전자 발현을 조절하는 메커니즘이 아닌 것은?
a. siRNA로 번역을 억제한다.
b. 인핸서를 활성화시킨다.
c. 유전자가 전사 되는대로 유전자를 번역한다(전사와 번역이 동시에 이루어짐).
d. 1차RNA 전사체의 대체 스플라이싱

응용력 확인 문제

1. **272쪽**의 이 그림이 진핵세포에서 유전자 발현을 보여 주고 있다고 가정하시오. 이 과정에서 어떠한 단계가 빠져 있는가?

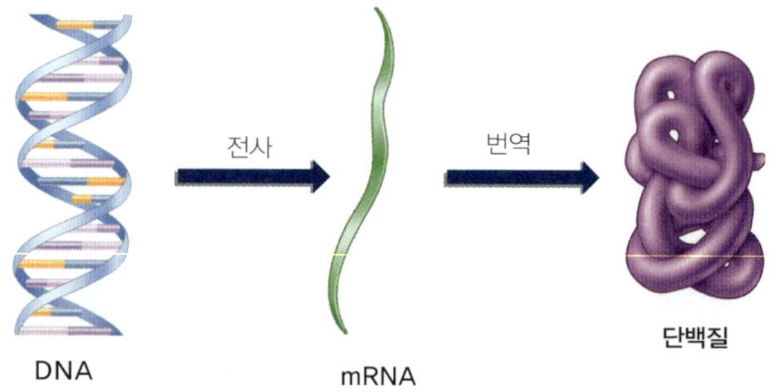

2. **그림 12.12** 유전자 1, 2, 3은 전사될 수 있는가? 유도 분자가 이 복합체에 첨가된다면 어떤 일이 발생할지 설명하시오.

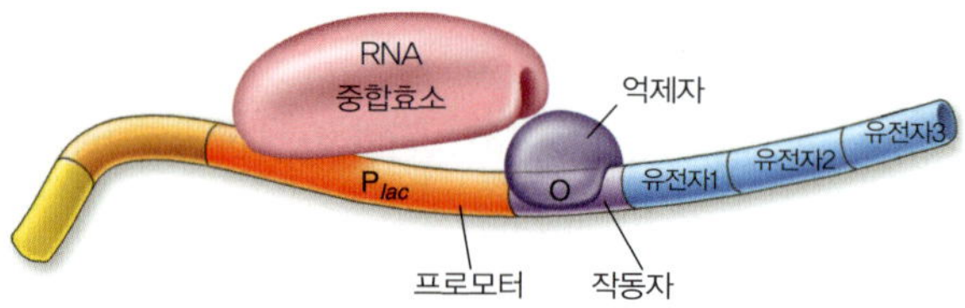

종합 학습

1. 텔레비전 프로그램 <엑스 파일(*The X Files*)>에서 Scully가 우리와 같은 DNA 유전체를 가진 외계 생명체를 발견하게 되었는데, 이들은 지구인이 가지는 3개 문자 유전암호를 가지는 대신 4개 문자를 유전암호를 가지는 것을 알게 되었다. 얼마나 많은 수의 아미노산들이 외계 생명체의 유전암호로부터 특정화될 수 있을까(외계 행성에서는 사용 가능한 많은 종류의 아미노산이 있다고 가정하시오)? 지구에 단지 22개의 아미노산이 존재하는데, 왜 지구의 유전암호가 64개의 조합으로 이루어졌다고 생각하는가? 또한, 왜 단백질에는 단지 20개의 아미노산만이 존재한다고 생각하는가?
2. 세포 안에 모든 유전자가 항상 활성화되어 있다면 어떠한 일이 발생하겠는가?
3. 가상 유전자의 뉴클레오티드 서열이 다음과 같다.

   TACATACTTAGTTACGTCGCCCGGAAATAT

   a. 위의 유전자가 전사된다면 mRNA의 염기 서열은 무엇이 되겠는가?

   b. 위의 mRNA가 번역된다면 어떠한 아미노산 서열을 가지게 되겠는가?

   c. 붉은색으로 강조된 뉴클레오티드에서 돌연변이가 생겨 A로 바뀌었다면 아미노산 사슬에는 어떠한 변화가 일어나겠는가?

13

새로운 생명과학

학습단원

전체 게놈 염기서열분석

13.1 유전체학
1. 게놈의 정의
2. DNA 서열분석의 네 단계

13.2 인간의 게놈
1. 인간 게놈 염기쌍의 수
2. 사람 단백질을 암호화하는 유전자의 수와 종류
3. 번역되지 않는 게놈의 양 예측과 DNA의 종류

유전공학

13.3 과학 혁명
1. 제한효소의 정의
2. 제한효소가 어떻게 유전자의 전달에 이용되는가
3. cDNA, DNA 지문분석, PCR 증폭의 정의

오늘날의 생명과학: DNA와 이노센스 프로젝트

13.4 유전공학과 의학
1. 피기백 백신이 만들어진 과정과 사용에 대한 설명

13.5 유전공학과 농업
1. 해충과 제초제에 대한 저항성이 작물에 생물공학적 적용
2. 유전자 조작 식량이 먹기에 안전한지 그리고 유전자 조작 작물이 환경에 유해한지 판단

오늘날의 생명과학: DNA 연대표

세포기술의 혁명

13.6 생식 복제
1. 복제를 성공으로 이끈 Keith Campbell의 중요한 통찰
2. Wilmut의 복제양 돌리
3. 복제성공에 있어서의 후생유전학의 역할

13.7 줄기세포치료
1. 배아줄기세포치료의 네 단계에 대한 도표
2. 윤리적 반대에 대한 개요와 Yamanaka의 발견이 제시하는 극복 방법

13.8 치료용 복제
1. 생식복제와 치료복제의 구별

13.9 유전자 치료
1. 유전자 전달 치료에 대한 설명과 유전자 벡터 문제

질문 & 분석: 유전자 조작 작물로부터 유전자가 탈출하는 문제를 해결할 수 있을까?

위의 사진은 돌리(Dolly)라는 이름을 가진 양으로 하나의 성체세포로부터 복제된 최초의 동물이다. 그 옆에 보이는 새끼양은 돌리의 자녀로 모든 면에서 정상이다. 연구를 통해 이 돌리로부터 유전자가 발달과정에서 상실되지 않는다는 것을 알아냈다. 즉, 하나의 성체세포에 적정한 조합의 유전자 발현조절을 통하여, 그 하나의 세포를 한 정상적인 개체로 발달시킬 수 있다. 배 발달과정 동안 몸의 모든 세포로 분화할 수 있는 배아줄기세포들의 경우가 바로 이와 같다. 이는 장애가 유전된 것이 아닌 한, 손상된 조직을 환자의 배아줄기세포들로부터 만들어진 건강한 조직으로 교체하는 것이 가능하다는 것이다. 이 방법은 현재 여러 종류의 장애를 가진 실험용 생쥐들을 치료하는 데 성공적으로 사용되고 있다. 하지만, 이 기술을 사람에 사용하는 것은 환자 자신으로부터 유래한 배아줄기세포를 이용해야 하고, 이 과정은 사람의 배아를 파괴하는 것이 포함되므로 아직 논란이 있다. 다른 방법으로는 결함이 있는 유전자에 의해 조직이 손상될 경우 바이러스를 이용하여 건강한 유전자를 결함이 있는 유전자를 가지고 있는 조직에 전달함으로써, 조직을 교체하기보다 손상된 유전자를 수리하는 방법이 있다. 이 장에서는 게놈 스크리닝, 의학 · 농학 분야에서의 유전자 기술의 응용, 동물복제, 줄기세포조직 교환치료, 유전자 치료를 비롯한 생물학을 다시 쓰고 있는 모든 분야에 대하여 다루게 될 것이다.

13.1 유전체학

근래에 서로 다른 생물체들의 전체 DNA를 비교하는 학문인 **유전체학(genomics)**에 대한 관심이 크게 증가하였다. 초기에는 유전자의 수가 비교적 적은 생물체에 집중하여 성공하였고, 현재는 우리 자신의 것을 포함한 진핵생물의 큰 게놈들의 전체 염기서열분석을 마쳤다.

생물체의 모든 유전자와 그 외의 다른 DNA에 대한 완전한 유전정보를 **게놈(genome, 유전체)**이라고 한다. 게놈을 연구하기 위해서는, 첫째 DNA의 염기서열분석, 즉 DNA 가닥의 뉴클레오티드를 읽을 수 있도록 순서대로 배열하는 과정을 마쳐야 한다. 처음으로 염기서열분석이 된 게놈는 박테리아에 감염되는 작은 바이러스인 ϕ-X174 (ϕ는 그리스 문자로 phi)의 것이었다. 1977년에 처음 DNA 서열화 실용화 기술을 발명한 Fredrick Sanger에 의해서 이 5,375뉴클레오티드의 게놈의 염기서열이 얻어졌다. 이어서 수십 종의 원핵생물의 게놈에 대한 서열화가 뒤를 이었다. 최근의 자동화된 DNA 서열화 장비의 개발에 의해 우리 자신을 포함한 좀 더 큰 진핵생물의 게놈의 염기서열을 분석할 수 있게 되었다(**표 13.1**).

DNA 서열화

DNA 서열화 방법은 먼 저 미지의 DNA를 잘라서 조각으로 만든다. 그리고, 각각의 DNA 조각을 증폭하여 수천 개의 같은 DNA 조각을 만든다. 그러고 나서 이 DNA 조각들은 DNA 중합효소(polymerase), 프라이머(primer, 제11장의 DNA 중합효소는 이미 존재하고 있는 뉴클레오티드 가닥의 말단에만 뉴클레오티드를 중합할 수 있다는 내용을 기억할 것), 4가지 뉴클레오티드, 그리고 4가지 서로 다른 사슬 종결자(chain-terminating) 화학적 표지들과 섞어 준다. 이 화학적 표지들은 DNA 합성과정에서 4개의 뉴클레오티드 중 하나처럼 작동하여 상보적인 염기결합에 참여한다. 첫째, 두 가닥인 DNA 조각을 하나로 분리(denature)하기 위해 열을 가한다. 둘째, 프라이머(**그림 13.1 ❶**의 연한 파란색 상자)를 한 가닥의 DNA와 결합시키기 위해 혼합용액을 차갑게 식히고, 상보적인 DNA 가닥의 합성이 진행된다. 언제든 화학적 표지가 뉴클레오티드 대신에 들어가면 그림에서 보여주는 것처럼 합성은 중지된다. 뉴클레오티드와 비교하여 화학적 표지의 농도가 작기 때문에, 예를 들어 DNA 조각의 G에 결합하는 표지가 첫 번째 G에 결합하지는 않는다. 따라서, 이 혼합용액은 중합효소가 프라이머로부터 사슬 종결자 표지가 들어오기 전까지의 길이가 다른 여러 개의 DNA 이중가닥(**그림 13.1 ❶**에 6개를 보여 줌)을 포함하게 될 것이다.

그러고 나서, 이 여러 개의 조각들이 겔 전기영동에 의해 크기에 따라 분리된다. 이 조각들은 사다리의 각 발판처럼 배열되고, 각 발판은 그 아래 발판보다 한 염기만큼 긴 DNA 조각이 된다. ❶의 조각들의 길이와 ❷에서 그들의 겔에서의 위치를 비교해 보자. 가장 짧은 DNA 조각은 단 하나의 뉴클레오티드만 프라이머에 추가되어 겔에서 가장 낮은 위치에 있다. 자동화된

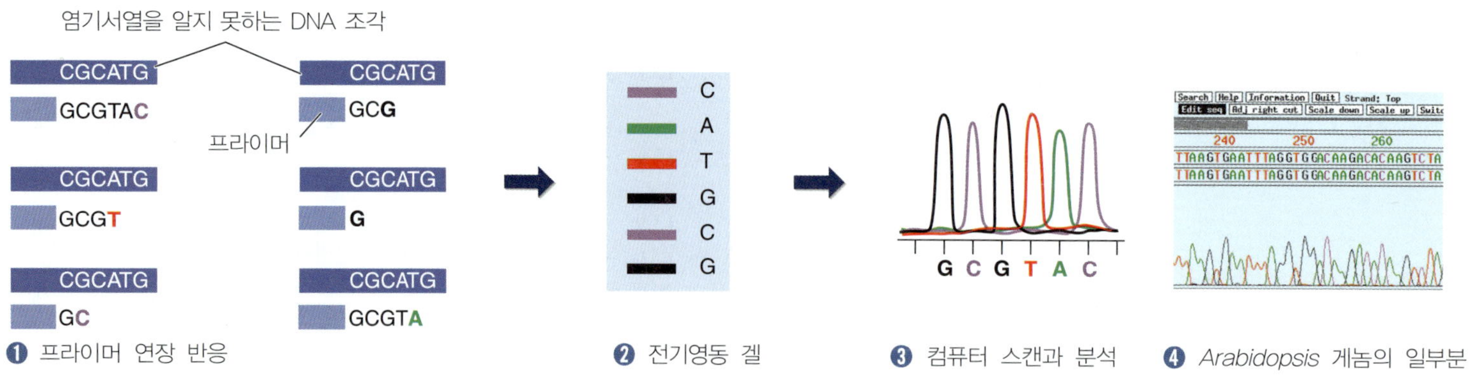

그림 13.1 DNA 서열화 방법

❶ DNA 서열화는 한 가닥의 DNA 조각에 상보적인 뉴클레오티드를 추가함으로써 이루어진다. DNA 합성은 화학적 표지가 뉴클레오티드 대신 삽입되는 순간 중지되고, 이 결과로 서로 다른 길이의 DNA 조각이 만들어진다. ❷ 서로 다른 길이의 DNA 조각들은 겔 전기영동에 의해 분리되어, 짧은 길이의 DNA 조각들이 겔 아래로 더 멀리 진행한다(진하게 표시된 글자는 과정 ❶에서 복제를 중지시킨 화학적 표지를 가리킨다). ❸ 컴퓨터가 겔을 스캔하고, 색깔피크의 배열로 DNA 염기서열을 표시한다. ❹ 자동화 DNA 서열화를 사용하여 *Arabidopsis*(식물) 게놈의 작은 부분의 염기서열을 보여준 자료.

표 13.1 진핵생물 게놈

생물체		추정되는 게놈 크기(Mbp)	유전자 수 (×1,000)	게놈의 성질
척추동물				
	*Homo sapiens*(인간)	3,200	20~25	최초로 서열화된 큰 게놈 전사되는 유전자의 양이 예상보다 턱없이 적음. 게놈의 많은 부분이 반복되는 DNA 서열로 채워져 있음
	*Pan troglodytes*(침팬지)	2,800	20~25	인간과 침팬지 간에는 매우 적은 수의 염기 차이(2%이하)만 존재. 하지만, 두 종이 나누어짐에 따라 많은 수의 작은 DNA 서열들이 사라짐
	*Mus musculus*(생쥐)	2,500	25	약 80%의 생쥐 유전자가 인간 게놈의 유전자와 기능적으로 동등함. 중요하게도, 생쥐와 사람의 비암호화 DNA의 많은 부분이 동일하게 보존되어 있음 전체적으로 설치류(생쥐, 쥐)의 게놈는 영장류(사람, 침팬지)의 게놈보다 두 배정도 빨리 진화상에 출현하였음
	*Gallus gallus*(닭)	1,000	20~23	인간 게놈의 1/3 크기. 가축화된 닭들 간의 변이가 인간보다 매우 큼
	*Fugu rubripes*(복어)	365	35	인간 게놈의 1/9 크기로 10,000개 이상의 유전자를 가지고 있음
무척추동물				
	*Caenorhabditis elegans* (선충)	97	21	*C. elegans*의 모든 세포가 확인되고 식별되었다는 사실은 이 동물의 게놈이 발달생물학에 특별히 중요한 도구가 되도록 만들었음
	*Drosophila melanogaster* (초파리)	137	13	초파리의 텔로미어 부분은 대부분의 진핵생물의 텔로미어가 특징적으로 가지고 있는 반복되는 조각이 없다. 게놈의 1/3정도가 gene-poor centric heterochromatin으로 구성되어 있음
	*Anopheles gambiae* (모기)	278	15	*Anopheles*와 초파리 간의 유사성이 인간과 복어 간의 유사성과 비슷한 정도임
	*Nematostella vectensis* (자포동물)	450	18	이 자포동물의 게놈은 선충 또는 곤충의 게놈보다 척추동물의 것과 비슷함
식물				
	*Oryza sativa* (벼)	430	33~50	벼의 게놈은 인간 게놈의 13% 정도의 DNA만을 가지고 있지만 약 두 배 정도의 유전자를 가지고 있다. 인간 게놈과 비슷하게 반복 DNA를 많이 가지고 있다.
	*Populus trichocarpa* (미루나무)	500	45	빠르게 자라는 미루나무는 목재와 종이 산업에 널리 이용된다. 소나무 게놈보다 50배가 작은 이것의 게놈은 1/3정도가 이질염색질이다.
균류				
	*Saccharomyces cerevisiae* (맥주효모)	13	6	*S. Cerevisiae*는 최초로 전체 게놈이 서열화된 진핵세포이다.
원생생물				
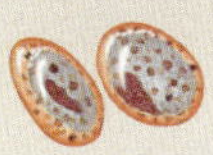	*Plasmodium falciparum* (말라리아 기생체)	23	5	*Plasmodium* 게놈은 특이하게도 아데닌과 티민 비율이 높다. 간신히 5000개 유전자가 진핵세포에 꼭 필요한 유전자를 구성하고 있다.

DNA 서열화에서는 형광색 화학 표지가 사용되어, 한 색깔이 한 종류의 뉴클레오티드를 나타낸다. 컴퓨터는 DNA 염기서열을 결정하기 위해 색깔을 읽고, 염기서열을 여러 개의 색깔피크(colored peak)로 보여준다(❸과 ❹). 1990년대 중반 자동화된 DNA 서열화 장비의 개발에 의해 진핵생물의 큰 게놈을 분석할 수 있게 되었다. 수백 개 정도의 이런 장비가 있는 한 연구기관에서 매일 1억 염기쌍을 분석할 수 있는데 사람은 단 15분만 신경을 쓰면 된다.

주요 학습 요점 13.1 강력한 자동화 DNA 서열화 기술이 전체 게놈들의 염기서열을 밝히고 있다.

13.2 인간의 게놈

2000년 6월 26일에 유전학자들은 전체 인간 게놈의 염기서열 분석이 완료되었다는 발표를 하였다. 현재까지 서열화된 게놈 중 가장 큰 30억 염기쌍을 가진 인간 게놈의 거대함을 생각할 때, 이 성과는 그저 작은 도전이 아니다. 이 성과의 거대함을 다른 말로 풀어보면, 인간 게놈의 32억 개 염기서열을 이 책의 페이지에 쓰면 500,000페이지를 가진 책이 되고, 이 책을 읽으려면 매일 8시간씩 60년 동안 초당 5자씩 읽어야 한다.

최초로 인간 게놈을 읽은 유전학자들은 다음 네 가지 매우 놀라운 사실을 발견하였다.

1. 유전자의 수가 매우 적다

사람의 게놈 서열은 단 20,000~25,000개의 단백질을 암호화하고 있으며 이는 전체 게놈의 1%에 해당한다. **그림 13.2**에서와 같이, 이는 선충(21,000개 유전자)에 비교하여 약간 많고 초파리(13,000개 유전자)에 비교하면 2 배가 채 되지 않는다. 과학자들은 밝혀진 것보다 적어도 4 배의 유전자가 인간 게놈에 있을 것으로 생각하였는데, 이는 인간의 세포에서 발견된 mRNA의 종류가 100,000개 이상이었기 때문이다.

어떻게 인간 세포는 유전자보다 더 많은 mRNA를 보유할까? 제12장의 전형적인 인간 유전자를 상기해보면, 단백질을 결정하는 DNA 서열이 많은 수의 작은 조각(exon, 엑손)으로 나누어져 있으며, 그 사이에는 엑손보다 큰 번역되지 않는 DNA 부분인 인트론(intron)이 존재한다. 이 문단이 인간 게놈이라고 상상해 보자. 모든 글자 "e"을 엑손이라고 가정하면 나머지는 모두 암호화되지 않은 인간 게놈의 24%에 이르는 인트론이라고 할 수 있다.

세포가 인간 유전자를 사용하여 단백질을 만들기 위해서는 우선 유전자의 mRNA 복사본을 만들고, 스플라이싱을 통하여 인

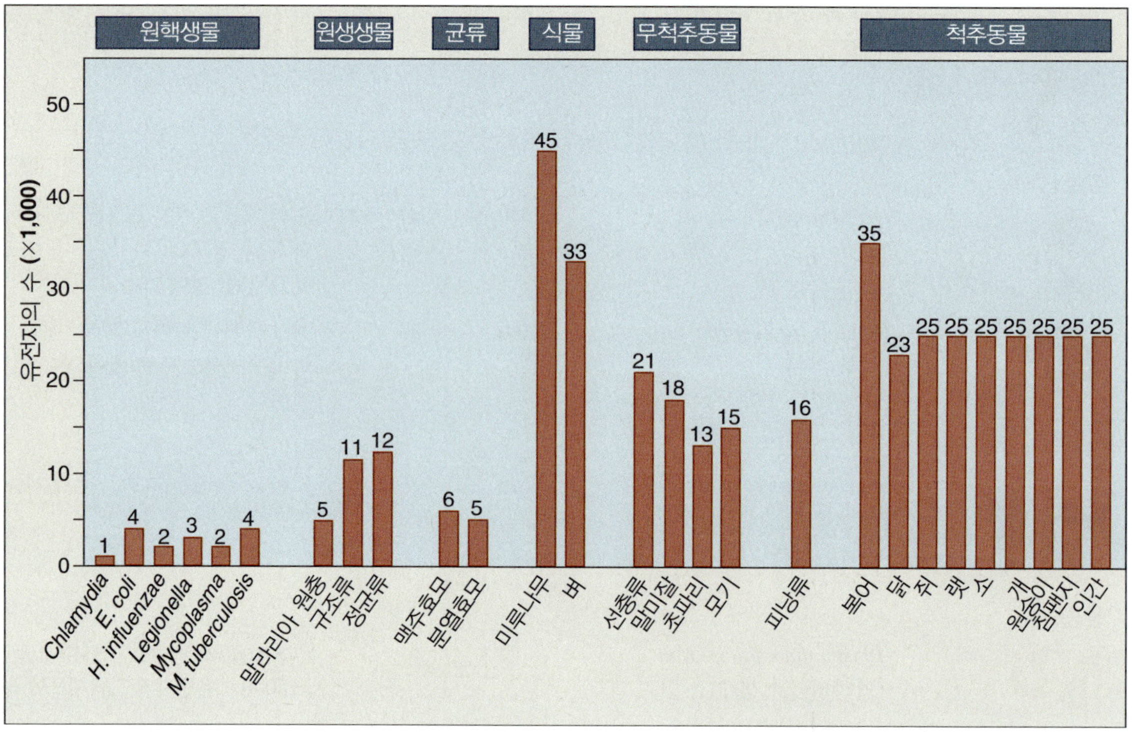

그림 13.2 게놈의 크기 비교
모든 포유동물은 20,000~25,000개의 단백질을 암호화하고 있는 같은 크기의 게놈를 가진다. 식물과 복어의 게놈의 크기가 예상보다 큰 것은 복잡성이 증가해서라기보다 전체 게놈가 2배 이상 중복되었기 때문이다.

트론 부분을 제거함으로써 모든 엑손을 서로 붙이는 과정을 진행한다. 여기에 과학자들이 예측하지 못했던 일이 일어난다. *선택적 이어맞추기*(alternative splicing)라고 하는 과정으로, 인간 유전자의 엑손들이 서로 다른 방법으로 스플라이싱되어 조합되는 것이다. 제12장에서 다루었듯이, 각 엑손은 실제로 모듈로 작용하여, 하나의 엑손은 단백질의 한 부분을 암호화하고, 또 다른 엑손은 단백질의 다른 부분을 암호화한다. 따라서 엑손이 조합되는 방법이 달라지면 모양과 기능이 다른 단백질이 만들어진다.

따라서 어떻게 25,000개밖에 되지 않는 유전자로 그 4 배의 단백질을 만들어내는지를 대체 mRNA 스플라이싱으로 쉽게 이해할 수 있다. 즉, 유전자 부분들이 각각 다르게 조합됨으로써 하나의 유전자로부터 여러 개의 다른 단백질이 만들어진다. 아름다운 음악이 간단한 선율의 조합으로 만들어지듯이 말이다.

2. 어떤 염색체들은 적은 수의 유전자를 가진다

유전자의 엑손 조각들이 전체 게놈에 뿔뿔이 흩어져 있는 사실과 더불어, 게놈의 구조적 관점에서 흥미 있는 사실을 발견할 수 있다. 즉, 유전자는 전체 게놈에 균일하게 분포되어 있지 않다. 크기가 작은 19번 염색체에는 많은 유전자, 전사인자 그리고 다른 기능적 요소들이 빽빽하게 들어 있다. 반면에, 그 보다 크기가 큰 4번, 8번 염색체에는 적은 수의 유전자들이 사막의 서로 떨어져 있는 마을들처럼 듬성듬성 분포되어 있다. 대부분의 염색체를 살펴보면, 유전자가 많은 무리들 사이에 광활한 황무지 같은 DNA에 펼쳐져 있는 것 같다.

3. 유전자들은 많은 복제 수로 존재한다

사람의 단백질을 암호화하고 있는 유전자는 대부분이 유전자의 복제 수(copy number)에 따라서 4개의 군으로 나눌 수 있다.

단일 유전자(single-copy gene) 많은 진핵생물의 유전자들은 염색체상의 특정위치에 단 하나만 존재한다. 이런 유전자의 돌연변이는 멘델의 유전법칙 중 열성 유전을 일으킨다. *위유전자(pseudogene)*는 돌연변이에 의해 불활성화되어 침묵하고 있는 유전자로 단백질을 암호화하는 유전자만큼이나 흔하게 발견된다.

부분 중복(segmental duplication) 사람의 염색체는 유전자들의 블록 전체가 한 염색체에서 다른 염색체로 복사된 많은 부분 중복을 가지고 있다. 즉, 게놈 전체에서 비슷한 유전자가 동일한 순서로 구성된 유전자 블록이 발견된다. 한 예로 19번 염색체는 거액의 차용자로 볼 수 있는데 16개의 염색체를 공유하고 있다.

다유전자군(multigene family) 많은 유전자들이 다유전자군의 한 부분으로 존재한다. 다유전자군은 서로 연관되어 있지만 엄연히 다른 여럿의 유전자들이 적게는 세 개부터 많게는 수십 개까지 모여 그룹을 형성하고 있는 것을 말한다. 비록 그 유전자들이 서로 다르지만, 다유전자군에 속한 유전자들은 분명히 그 서열이 서로 연관되어 있어서 단일 조상 서열(single ancestral sequence)로부터 유래되었음을 알 수 있다.

탠덤 클러스터(tandem cluster) 같은 염기서열이 수천 번 연이어서 반복되는 DNA 서열을 가진 유전자로 구성된 유전자들의 그룹을 탠덤 클러스터라고 한다. 세포가 탠덤 클러스터를 구성하는 모든 유전자를 동시에 전사시키면 유전자의 산물을 대량으로 빠르게 만들어낼 수 있다. 예를 들어 rRNA를 암호화 하고 있는 유전자들은 수백 개의 카피가 클러스터로 존재한다.

4. 대부분의 게놈 DNA는 비암호화이다

인간 게놈의 네 번째 중요한 특징은 놀라운 규모의 비암호화(non-coding) DNA를 가지고 있는 것이다. 단 1~1.5%의 인간 게놈만이 단백질을 만들 수 있는 유전자를 구성하는 암호화(coding) DNA이다. 즉, 각 세포마다 약 1.8m 길이의 DNA를 가지고 있지만 그 중에 단 2.5cm만 유전자에 해당하는 것이다! 우

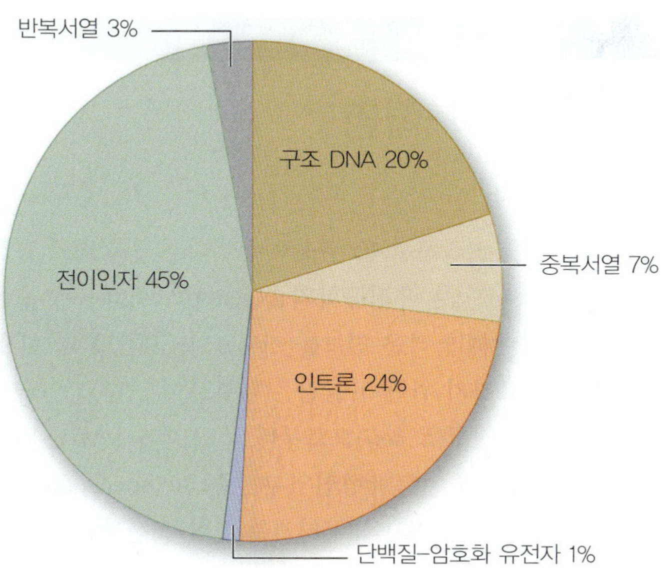

그림 13.3 인간 게놈

인간 게놈의 매우 작은 부분만이 단백질을 암호화하는 유전자 부위로 원형그래프의 연한 파란색으로 표시된 부분이다.

리 세포 DNA의 거의 99%가 우리가 누구인지를 알 수 있는 정보와는 거의 또는 아예 관계 없다는 것이다(**그림 13.3**).

사람의 비암호화 DNA는 네 종류가 있다.

유전자 안의 비암호화 DNA 이전에 다루었듯이, 인간의 유전자는 단백질 합성 정보를 암호화하는 많은 수의 엑손과 그 사이에 있는 훨씬 커다란 비암호화 DNA인 인트론으로 구성되어 있다. 한 예로, 인트론은 인간 게놈의 24%를 차지하지만 엑손은 단 1%밖에 되지 않는다.

구조 DNA 염색체의 어떤 부분들은 전체 세포 주기동안 단단히 꼬여져서 밀집되어 전사되지 않는다. 이러한 부분들은 약 전체 DNA의 20%를 차지하는데 동원체 주변, 말단소립 주변 또는 염색체의 끝부분에 존재한다.

반복서열 염색체의 여기저기에 흩어져 있으며 두 세 가지의 뉴클레오티드(예를 들어, CA 또는 CGG)가 수천 번 반복되는 DNA이다. 이는 약 3%의 인간 게놈을 차지하고 있다. 추가로 7%는 다른 종류의 반복서열들로 채워져 있다. C와 G가 대부분으로 구성된 반복서열은 유전자 주위에서 발견되는데 반해 A와 T가 많은 반복서열은 유전자가 없는 황량한 사막 같은 부위에 존재한다. 이는 염색체의 유전자형(karyotype)에서 옅은 띠 부분에 대한 설명으로 가능하다. 즉, 이 부분은 GC가 많은 부분으로 유전자가 많이 있는 부분이다. 어두운 띠부분은 AT가 많은 부분으로 유전자가 적게 존재하는 부분이다. 예를 들면, 8번 염색체는 유전자가 존재하지 않는 부분이 많기 때문에 이들이 어두운 띠들로 표시되고, 19번 염색체의 경우 유전자로 빽빽하게 차 있기 때문에 상대적으로 매우 적은 수의 어두운 띠를 가진다.

전이인자 전체적으로 45%의 인간 게놈이 이동 가능한 기생적 단위인 전이인자들로 구성되어 있다. Barbara McClintock에 의해 1950년에 발견되었고 그녀는 이 발견으로 1983년에 노벨 생리의학상을 수상하였다. 전이인자는 한 염색체의 한 위치에서 다른 위치로 이동이 가능한 DNA의 단위이다. 이들은 다른 위치로 이동할 때 복사본을 원 위치에 남기기 때문에, 세대가 지나갈수록 게놈에서 그 숫자가 증가한다. 고대 전이인자인 *Alu*는 인간 게놈에 50만 카피 이상 존재하며, 전체 인간 게놈의 10%를 구성하고 있다. 또한, *Alu* 전이인자는 유전자로 자주 끼어들어가서 많은 위험한 돌연변이를 일으킨다.

주요 학습 요점 13.2 **인간 게놈의 전체 32억 개 염기쌍이 서열화되었다. 단 1~1.5%의 인간 게놈만이 단백질을 암호화하고 있는 부분이다. 나머지 부분 중 많은 부분이 전이인자로 구성되어 있다.**

유전공학

13.3 과학 혁명

최근의 유전자를 조작하고 한 생명체에서 다른 생명체로 유전자를 이동시킬 수 있는 **유전공학기술(genetic engineering)**은 의학과 농학 분야에 놀라운 진보를 가져왔다(**그림 13.4**). 현재, 당뇨환자를 치료하기 위한 인슐린은 대부분이 인간의 인슐린 유전자를 가진 대장균(*E. coli*)으로부터 얻고 있다. 1990년 말에는 희귀 유전병인 중증복합형면역부전증(Severe Combined Immunodeficiency, SCID)을 일이키는 결함 유전자를 고치기 위해 사람 간의 유전자 이식이 처음 시행되었다. 이 유전병 환자는 평생을 격리된 무균환경시설에서 보내야 하기 때문에 일명 버블 보이 질환(bubble boy disorder)이라고도 한다. 또한, 농작물과 가축의 경우 해충저항성을 얻기 위해, 빨리 또는 더 크게 자라게 하기 위해 유전공학이 이용될 수 있다.

제한효소

모든 유전공학 실험의 첫 번째 단계는 옮기고자 하는 유전자의 카피를 얻기 위해 DNA 원료를 자르는 것이다. 이 첫 번째 단계는 성공적인 유전자 이식을 위해 매우 중요하며, 어떻게 이 일을 할 수 있는지 알아보는 것은 유전혁명을 이해하는 데 중요하다. 이 비밀은 DNA를 자르는 방법에 있다. 즉, DNA를 점착성 말단을 가지도록 잘라서 이후 다른 DNA 분자와 결합할 수 있도록 한다.

이 특별한 분자수술은 제한효소에 의해 수행되고 있다. **제한효소(restriction enzymes)**는 *restriction endonuclease*라고도 불리며 일반적으로 6개 뉴클레오티드 길이의 짧은 DNA 서열에 결합하여 이를 자른다. 이들 DNA 서열들은 매우 특이하게도 대칭적인 구조를 가진다. 즉, DNA 이중나선구조의 두 가닥

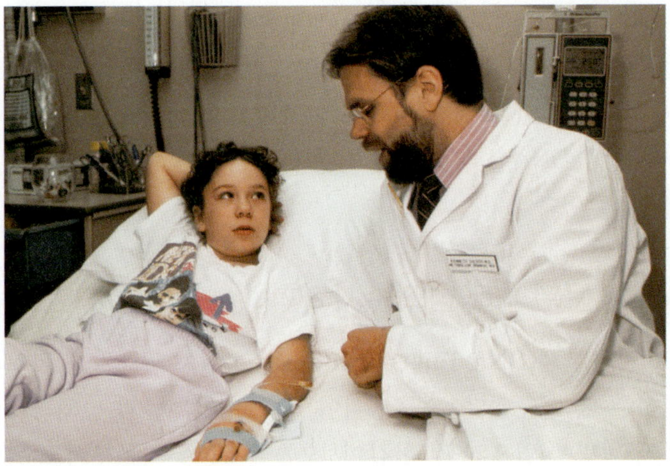

질병치료 결함이 있는 유전자를 가진 소녀의 몸에 건강한 유전자를 이식함으로써 최초로 유전병을 치료한 두 소녀 중 한 명이다. 1990년에 유전자 이식이 성공적으로 수행되었고 20년이 흐른 지금도 건강하다.

산출량 증대 오른쪽에 보이는 연어가 왼쪽에 보이는 일반 연어보다 더 짧은 생산기간 동안 더 크게 자라도록 유전공학을 통해 유전자를 변형시킨 것이다.

해충-방제 식물 오른쪽에 목화 바구미에 의해 먹히지 않도록 하는 유전자를 유전공학적으로 도입한 목화가 있다. 이 유전자가 없는 왼쪽 목화는 목화송이가 훨씬 적게 생산된다.

그림 13.4 유전공학의 예

들의 서열이 동일하고 진행방향이 반대인 것이다! 예를 들어 **그림 13.5**에서 보여 주듯이 GAATTC를 반대 방향으로 쓰면 CTTAAG가 되고 이것이 첫 서열의 상대 서열로 상보적인 결합을 하고 있다. 이 서열이 제한효소인 *Eco*RI에 의해 인지되고 다른 제한효소들 역시 각기 다른 서열을 인지한다.

대부분의 제한효소는 인지하는 서열의 정 중앙을 자르기보다 한 쪽 끝에 가깝게 자름으로써 DNA 조각을 '점착성(sticky)' 있게 한다. **그림 13.5 ❶**에서 보여주듯이, 두 가닥의 DNA가 똑같이 G와 A 사이가 끊어진다(G/AATTC). 이 끊어지는 과정을 통해 짧은 단일가닥의 DNA가 양 끝부분에 튀어나오게 된다. 이를 이용하여 튀어나온 단일가닥의 서열과 상보적인 서열을 말단에 가지는 자신의 또는 *동일한 제한효소에 의해 잘린 또 다른 DNA와 상보적인 결합*할 수 있고 끊어진 DNA부분은 DNA 리가아제(ligase, 연결효소)라는 효소로 인해 이어질 수 있다. **그림 13.5 ❷**에서는 완전히 다른 DNA(주황색 DNA)가 *Eco*RI으로 잘렸을 때 어떻게 같은 점착성 말단을 가지게 되는지 보여준다. 어떤 DNA라도 GAATTC라는 서열을 자르는 *Eco*RI에 의해 잘리면 동일한 점착성 말단을 가지고 이는 *DNA 리가아제*(DNA ligase)의 도움으로 서로 붙일 수 있다(**그림 13.5 ❸**).

cDNA 형성

이미 언급했듯이, 진핵생물의 유전자는 여러 조각으로 나누어진 엑손과 이를 나누고 있는 인트론으로 구성되어 있다. 전체 유전자는 RNA 중합효소에 의해 전사되어 1차 RNA 전사체(primary RNA transcript)를 만든다(**그림 13.6**). 진핵생물의 유전자는 번역되기 전에 1차 RNA 전사체로부터 인트론 부분이

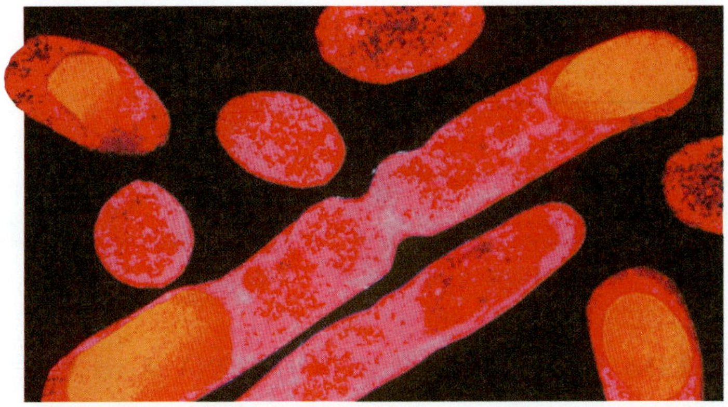

인슐린 생산 일반적인 박테리아 *Escherichia coli* (*E. coli*)를 유전공학을 사용하여 인슐린 단백질의 유전자를 넣을 수 있다. 이 박테리아는 당뇨환자들을 위해 많은 양의 인슐린을 생산할 수 있는 공장역할을 한다. 위 사진은 유전적으로 변형된 *E. coli*에서 인슐린이 생산되는 부분을 주황색으로 보여주고 있다.

제거되어야 한다. 인트론이 제거되고 남은 RNA가 스플라이싱에 의해 서로 결합하여 mRNA를 만들고 이들이 세포질에서 번역된다. 박테리아의 유전자에는 인트론이 없다. 따라서 진핵생물의 유전자를 박테리아로 옮길 경우, 인트론을 제거할 수 있는 효소가 박테리아에 없기 때문에 인트론 부분을 제거하여야 한다. 인트론이 없는 진핵생물의 DNA를 얻기 위해서, 유전공학자들은 특정 유전자의 mRNA를 세포질로부터 분리한다. 세포질의 mRNA는 정상적으로 스플라이싱되어 엑손들만 가지고 있다. 이를 *역전사효소*(reverse transcriptase)를 사용하여 mRNA에 상보적인 DNA 가닥을 만들어낸 다음, 이에 상보적인 상대 쪽 DNA 가닥을 만든다. 이런 과정을 거쳐 만들어진 유전자를 *상보적 DNA*(complementary DNA, **cDNA**)라고 한다.

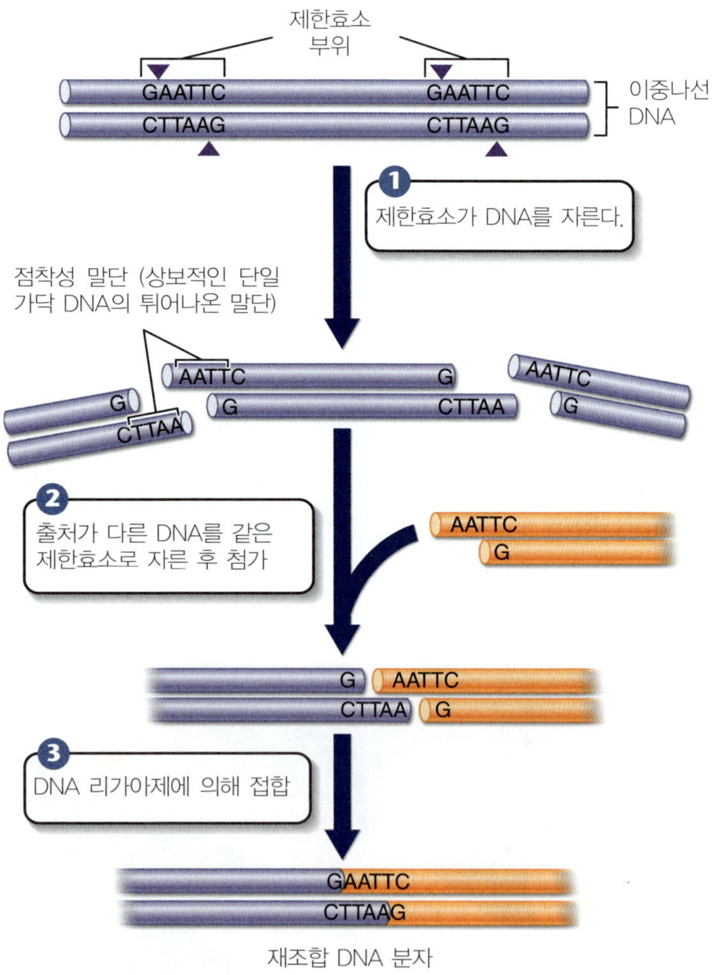

그림 13.5 제한효소가 점착성 말단을 가진 DNA 조각을 만드는 방법

*Eco*RI 제한효소는 언제나 GAATTC 서열의 G와 A 사이를 자른다. 양쪽의 DNA 서열이 반대방향으로 동일하므로 양쪽 다 잘리게 된다. 이 결과, 짧은 단일가닥의 서로 상보적인 DNA 꼬리(점착성 말단, sticky end)가 생긴다.

cDNA 기술은 서로 다른 세포 간의 유전자 발현 패턴을 분석하는 데도 이용될 수 있다. 한 개체의 모든 세포는 동일한 DNA를 가지고 있지만 유전자는 세포에 따라서 선택적으로 발현된다. 따라서 cDNA를 분석하면 어떤 유전자들이 발현되고 있는지를 알 수 있다.

DNA 지문분석과 범죄수사과학

DNA 지문분석(DNA fingerprinting)은 DNA 시료들을 비교 분석하는 데 이용된다. 지문분석이 1900년대 초반의 범죄과학 수사에 혁명을 일으킨 것과 같이, 오늘날 DNA 지문분석도 그 같은 혁명을 이끌고 있다. 소량의 머리카락, 혈액, 정액 등에서 나온 DNA가 유죄 또는 무죄를 입증하는 증거로 사용된다.

DNA 지문분석 과정은 게놈에 있는 수천 개의 다른 서열들로부터 특정한 서열을 분석해 내기 위한 탐침자(probe)를 사용한다. 사람들마다 가지는 DNA 서열이 서로 다르기 때문에, 제한효소에 의해 잘리는 위치가 서로 다르다. 따라서 제한효소로 자를 경우 서로 다른 크기의 DNA 조각이 만들어지기 때문에 겔 전기영동 시 이동하는 거리가 서로 다른 조각들이 만들어진다. 이어서, 전체 게놈상에 무작위로 다수 존재하는 특정한 DNA 서열에 결합할 수 있는 방사성 동위원소로 표지된 탐침자(radioactive probe)를 사

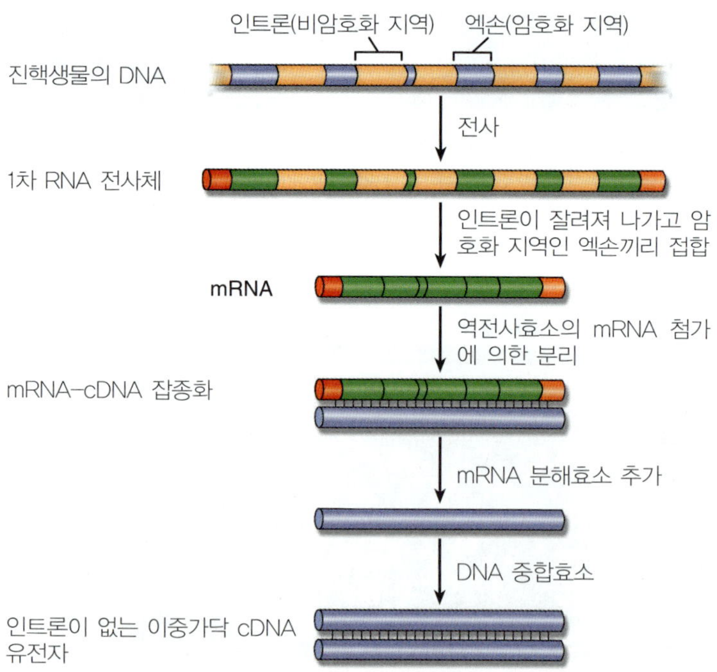

그림 13.6 cDNA: 유전공학적 이용을 위해 진핵생물의 유전자에서 인트론을 제거한 DNA

진핵생물에서는 1차 RNA 전사체에서 mRNA가 만들어진다. 분리된 mRNA를 cDNA로 변환시킨다.

용하면 그 서열을 가진 DNA 조각을 볼 수 있다. 여기에, 몇 가지 서로 다른 탐침자를 사용하면 두 사람이 같은 겔 패턴을 가질 확률을 10억분의 1 이하이다. 탐침자에 결합한 DNA 조각은 자동방사선 필름에서 어두운 줄 모양으로 표시된다. 이러한 자동방사선 겔 패턴은 DNA에 존재하는 '지문'으로범죄 수사와 여러 가지 신원 확인 목적으로 이용되고 있다.

최초로 DNA가 법정에서 증거로 사용된 것은 강간 피해자의 혈액에서 나온 DNA와 강간범의 남겨진 정액에서 나온 DNA를 구별할 수 있는 DNA 탐침자였다.

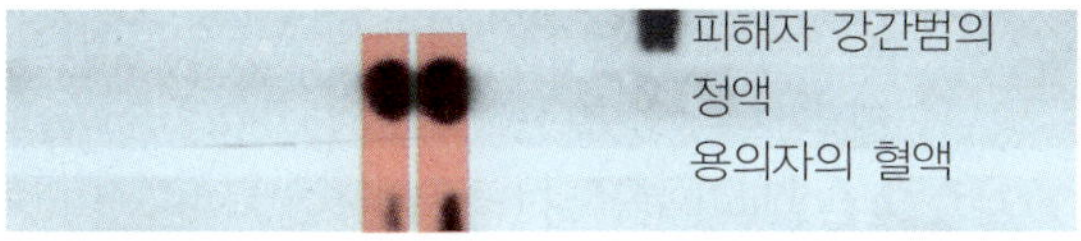

분홍색으로 표시된 부분이 용의자의 DNA 지문패턴으로 강간범의 것과 동일하지만 피해자의 것과는 다름을 보여준다. 다른 탐침자를 사용하였을 때도 같은 결과가 나왔다. 1987년 11월 9일 미국에서 최초로 배심원단이 DNA 증거를 채택하여 유죄로 평결하였다. 이 평결 이후로 수천 건의 재판에서 DNA 지문이 증거로 채택되었다.

PCR 증폭

PCR(중합효소 연쇄반응, polymerase chain reaction)은 사람의 머리카락 한 가닥에서 나오는 극소량의 DNA 시료를 1백만 복제 수 이상으로 증폭시킬 수 있는 과정이다. 때문에 범죄수사에 이용되는 DNA의 대부분은 1983년에 Kary Mullis에 의해 개발된 PCR에 의존한다. PCR은 이중가닥을 가진 한 DNA 조각에 열을 가하여 2개의 단일가닥 DNA로 만들고, 각각의 가닥이 DNA 중합효소에 의해 2개의 이중가닥 DNA 조각으로 복사된다. 이런 조각들에 다시 열을 가하고 복사되는 과정을 반복하여 4개의 이중가닥 DNA 조각을 만든다. 이 사이클이 여러 번 반복되어 DNA 카피가 각 사이클당 2배씩 증가하며, 이는 분석이 가능할 정도로 충분한 DNA 조각이 얻어질 때까지 진행된다(**그림 13.7**).

머리카락 한 가닥에서 얻어지는 DNA 양이 이런 증폭과정을 거친다. 생물학자들은 머리카락의 DNA는 모근세포가 있는 부분에만 존재하고 실지 케라틴으로 만들어진 머리카락 자체에는 없을 것으로 생각하였다. 하지만, 실제로는 모근세포가 자라나는 머리카락 구조에 끼어들어가서, 이들의 DNA가 박테리아나 곰팡이에 의해 분해되지 않게 하기 위해 케라틴으로 싸여 있음이 밝혀졌다.

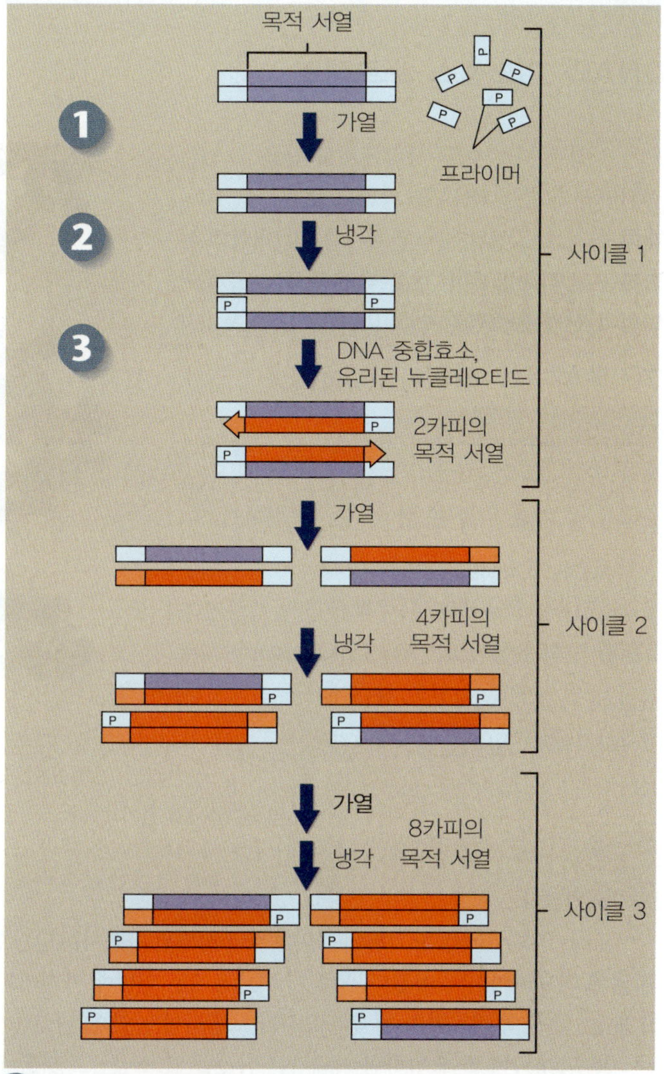

1 분리(denaturation) 이중가닥의 목적 서열에 열을 가하여 단일가닥으로 만든다.

2 프라이머 어닐링(primer annealing) 냉각이 진행되면 프라이머가 단일가닥의 목적 서열의 끝부분에 결합한다. 이때 프라이머의 양이 목적 서열보다 월등히 많기 때문에, 목적 서열끼리 다시 재형성되지는 않는다.

3 프라이머 연장(primer extention) DNA 중합효소가 프라이머의 말단에 뉴클레오티드을 붙여나감으로써 목적 서열에 상보적인 카피를 만들어 곧바로 처음 목적 서열과 동일한 이중가닥의 DNA가 만들어진다.

그림 13.7 PCR의 원리

주요 학습 요점 13.3 유전공학을 가능하게 한 핵심적인 도구인 제한효소는 특정 DNA의 짧은 서열에 결합하여 이를 자른다. 이 과정을 통해 잘려진 DNA에 점착성 말단이 만들어지고 점착성 말단은 다른 조합들로 다시 이어질 수 있다.

오늘날의 생명과학

DNA와 이노센스 프로젝트

모든 사람은 다른 어떤 사람에서도 찾을 수 없는 자신만의 고유한 DNA를 가지고 있다. 즉, 10억 개의 숫자로 구성된 주민번호처럼, 각 개인의 유전자는 범죄현장에 남겨진 범인의 DNA로부터 범인의 신원을 증명할 수 있다. 지문보다 목격자보다 더 나아가 용의자의 자백보다도 믿을 수 있는 증거를 제공한다.

이는 2006년 5월 16일 로체스터의 뉴욕 법정에서 명확하게 보여졌다. 한 판사가 살인죄로 유죄를 선고 받아 10년 동안 감옥에 수감되었던 죄수 Douglas Warney를 석방하였다.

이 살인사건은 1996년 새해 첫날 발생하였다. 유명한 사회 운동가였던 William Beason이 피투성이가 된 사체로 자신의 침대에서 발견되었다. 경찰은 피해자의 모든 지인들을 용의자로 소환하였다. 이때, 34세의 실업자로 8학년에 학교를 중퇴하고, 몇 번의 강도 전과가 있었으며, 남창으로 일하던 Warney는 형사가 살인에 관해 물어보고자 한다는 말을 듣고 심문을 받기 위해 경찰서에 갔었다. 그 후 몇 시간 만에 그는 살인죄로 기소되었다.

Warney의 심문과정은 기록되지 않았지만 서명된 자백서는 담당형사의 말에 기초하여 만들어졌다. 자백서의 내용에는 일반에 공개되지 않았던 살인현장의 정확하고 세세한 묘사가 포함되어 있었다. 담당형사가 전달한 Warney의 말에 의하면 피해자는 잠옷을 입고 있었고 닭을 요리하는 중이었으며, 범인은 30cm 톱니 모양의 칼을 사용하였다. 이런 세세한 묘사 덕분에 그의 살인 혐의에 대한 다른 의견은 전부 묵살되었다. 비록 Warney가 자신의 재판도중 자백을 철회하였지만 너무나도 정확한 그의 자백내용 때문에 유죄가 강력히 의심되었다. Warney가 형사에게 했던 진술은 범죄현장에 있었던 사람만이 할 수 있는 것이었다.

재판에서 그의 자백에 문제들이 있음이 알려졌다. 서명된 자백서의 그날 밤 사건내용에서 세 부분이 분명히 사실이 아니었다. 자백서에는 Warney가 동생의 차를 몰고 피해자의 집으로 갔다고 했지만 그의 동생은 차를 소유하지 않았다. 그리고 칼로 찌른 후 그의 피 묻은 옷을 집 뒤에 있는 쓰레기통에 버렸다고 했지만 사건당일부터 쓰레기통은 눈 속에 파묻혀 있었다. 공범자로 Warney의 친척을 지목하고 있었지만 그 친척은 그날 재활센터에 있었다.

서명한 자백서에 맞추기 가장 까다로운 증거는 범죄현장에서 발견된 혈흔 중 피해자의 것이 아닌 것들이었다. 이 핏방울들은 바닥과 수건에서 발견되었는데 Warney의 혈액형과 달랐기 때문에 설명하기 어려웠다.

재판에서 검사는 이 피가 공범자의 것일 수 있음을 지적하고 자백의 자세한 내용이 단지 이 범죄에 대해 바로 얻어진 가공되지 않은 사실임을 주장하였다.

짧은 재판 후, Douglas Warney는 William Beason의 살인 혐의로 25년형을 선고 받았다.

항소에 실패한 2004년에 Warney는 비영리 법정 병원으로 잘못된 유죄선고를 받은 사람들을 밝혀내어 자유를 얻을 수 있게 도와주는 이노센스 프로젝트에 도움을 청했다. 변호사인 Barry Scheck과 Peter Neufeld가 뉴욕의 Benjamin N. Cardoso 법대에 만든 이노센스 프로젝트는 DNA 기술을 이용해 무죄를 밝히는데 전문화되어 있다.

이노센스 프로젝트는 법원이 다른 평결을 이끌어 낼 수 있는 결정적인 증거를 제시할 수 있다고 주장하며 새로운 DNA 탐침자를 이용한 추가적인 DNA 검사를 요청하였다. 판사는 범죄현장의 혈액을 주정부가 이미 갖고 있는 다른 범죄자들의 혈액과 비교하려는 시도가 너무 추상적이고 개연성이 낮다고 판단하고 요청을 기각하였다.

하지만 검사실의 누군가는 이 문제에 수긍하였다. Warney의 법무팀인 이노센스 프로젝트와 법원에 통보없이, 이 동정심 많은 사람은 범죄현장에서 발견된 혈액으로 새로운 DNA 검사를 진행하였다. 뉴욕 주가 가지고 있었던 범죄인 DNA 데이터베이스와 비교한 결과, 정확하게 일치하는 데이터를 찾아냈다. 그 혈액은 Eldred Johnson의 것으로 Beason이 살해되기 2주 전에 유타 주에서 그의 집주인의 목을 자른 혐의로 수감 중이었다.

증거가 나오자 수감자였던 Johnson은 순순히 Beason을 칼로 찌른 혐의를 시인했다. 그는 단독으로 살인을 저질렀으며 단 한번도 Douglas Warney를 만난 적이 없었다.

이 일은 어떻게 Warney가 범죄현장에 대해 자세히 기록한 서명된 자백서를 쓰게 되었는지에 대한 질문을 던지게 하였다. 아마도 사건을 조사하던 형사에 의해 사건현장의 자세한 정보가 Warney에게 전달되었을 것이다.

DNA 검사는 미국의 범죄 수사에 중요한 축을 담당하고 있다. 즉, 수천 명의 용의자들 중에서 아무런 의혹 없이 범인을 찾아낼 수 있고, 또한 반대로 잘못된 유죄 판결을 받은 결백한 사람들을 찾아낼 수도 있다. 이노센스 프로젝트 그리고 이와 유사한 노력에 의해 수백 명의 잘못된 유죄판결을 받은 무고한 사람들을 찾아낸 사실은 이런 잘못된 유죄 판결이 전혀 동떨어지고 희귀한 사례가 아니라는 강력한 증거이다. DNA 검사는 이러한 잘못된 판결을 시정할 수 있는 가능성을 열었다.

13.4 유전공학과 의학

유전공학은 질병의 예방과 치료를 위한 의학 발전에 크게 기여할 것이라는 기대를 받아왔다. 주로 질병치료를 위한 단백질 생산과 감염성 질환 예방을 위한 새로운 백신 개발에서 큰 진전이 있었다.

'마법 총알' 제조

많은 질병이 유전자의 결함으로 인해 중요한 단백질이 만들어지지 못함으로써 발생한다. 어린이의 당뇨병이 바로 그런 질병이다. 혈액 내의 포도당 양을 조절하는 중요한 단백질인 **인슐린(insulin)**이 만들어지지 않아서 발생하는 질병이다. 이런 소아형 당뇨병 같은 결핍은 부족한 단백질을 공급함으로써 치료될 수 있다. 이럴 경우 주입되는 단백질은 진실로 질병과 맞서 싸울 수 있는 "마법 총알"이라고 할 수 있다.

현재까지, 조절 단백질을 약물로 사용하는 데 가장 큰 걸림돌은 단백질을 생산하는 것이다. 신체기능을 조절하는 단백질은 일반적으로 극소량만이 존재하기 때문에 치료에 필요한 양을 얻기가 힘들고 가격이 매우 비싸다. 유전공학은 희귀 단백질의 대량생산을 가능하게 하였다. 즉, 의학적으로 중요한 단백질의 유전자의 cDNA를 박테리아에 주입하는 것이다(**표 13.2**). 숙주로 이용되는 박테리아는 값싸게 대량으로 키울 수 있기 때문에 원하는 단백질을 쉽게 대량 생산할 수 있다. 1982년 미국 FDA는 유전공학 방법으로 박테리아에서 생산한 사람의 인슐린의 사용을 승인하였고 이는 최초의 유전공학을 이용한 상품이었다.

유전공학기술이 박테리아에서는 수많은 치료용 단백질을 생산할 수 있도록 하였지만, 그 응용 분야는 박테리아를 넘어 폭넓게 적용되고 있다. 현재 전 세계의 수백 개 제약회사들이 유전공학기술을 확장 응용하여 의약적으로 중요한 단백질을 생산하기 위해 분주히 움직이고 있다. 오른쪽 그림은 사람의 성장호르몬 유전자를 발현시키는 유전자를 생쥐에 추가하여 자신의 쌍둥이 형제보다 크기가 커진 생쥐를 보여주고 있다(**그림 13.8**).

유전공학의 효용성은 혈액응고를 촉진하는 단백질인 **인자 VIII**의 사례에서 명확하게 나타난다. 인자 VIII의 결핍은 제10장에서 다루었듯이, 출혈을 멈출 수 없는 유전병인 혈우병을 유발한다. 오랜 기간 동안 혈우병 환자들은 헌혈된 혈액으로부터 분리된 인자 VIII을 사용해 왔다. 불행히도, 헌혈된 피의 일부분은 에이즈, B형 간염 등과 같은 혈액 감염성 바이러스에 오염되어 있어서 수혈 받은 사람에게 전염되었다. 현재는 실험실에서 유전공학으로 생산된 인자 VIII를 사용함으로써 다른 사람의 혈액을 사용하는 위험으로부터 자유로워졌다.

표 13.2 유전공학을 이용한 약물

약품	효과와 사용용도
항응고제	혈전을 용해시키는 효과, 심장마비 환자에 사용
집락자극인자	혈액세포 생산을 촉진시키는 효과, 감염이나 면역결핍 치료에 이용
에리스로포이에틴	적혈구생산촉진효과, 신장질환을 가진 환자의 빈혈치료에 쓰임
인자 VIII	혈액 응고를 촉진시키는 효과, 혈우병 치료에 쓰임
성장인자	여러 유형의 세포의 성장과 분화를 촉진, 상처치료를 돕는데 쓰임
인간성장호르몬	난장이 치료에 쓰임
인슐린	혈당 수준을 조절, 당뇨병 치료에 쓰임
인터페론	바이러스의 증식을 억제, 암 치료에 쓰임
인터루킨	백혈구를 자극하여 활성화시킴, 상처, HIV 감염, 암, 면역결핍 등의 치료에 쓰임

그림 13.8 유전공학이 적용된 인간의 성장호르몬

위 두 생쥐는 오른쪽의 큰 생쥐가 인간의 성장호르몬 유전자를 추가로 가지고 있는 것을 제외하면 유전적으로 동일하다. 이 유전자는 유전공학기술에 의해 생쥐의 게놈에 추가되어 현재 생쥐 게놈의 한 부분으로 안정하게 자리 잡았다. 사람에서는 성장호르몬이 다양한 형태의 왜소증을 치료하는 데 사용되고 있다.

피기백 백신

또한, 유전공학은 간염, 포진(herpes) 등을 일으키는 바이러스에

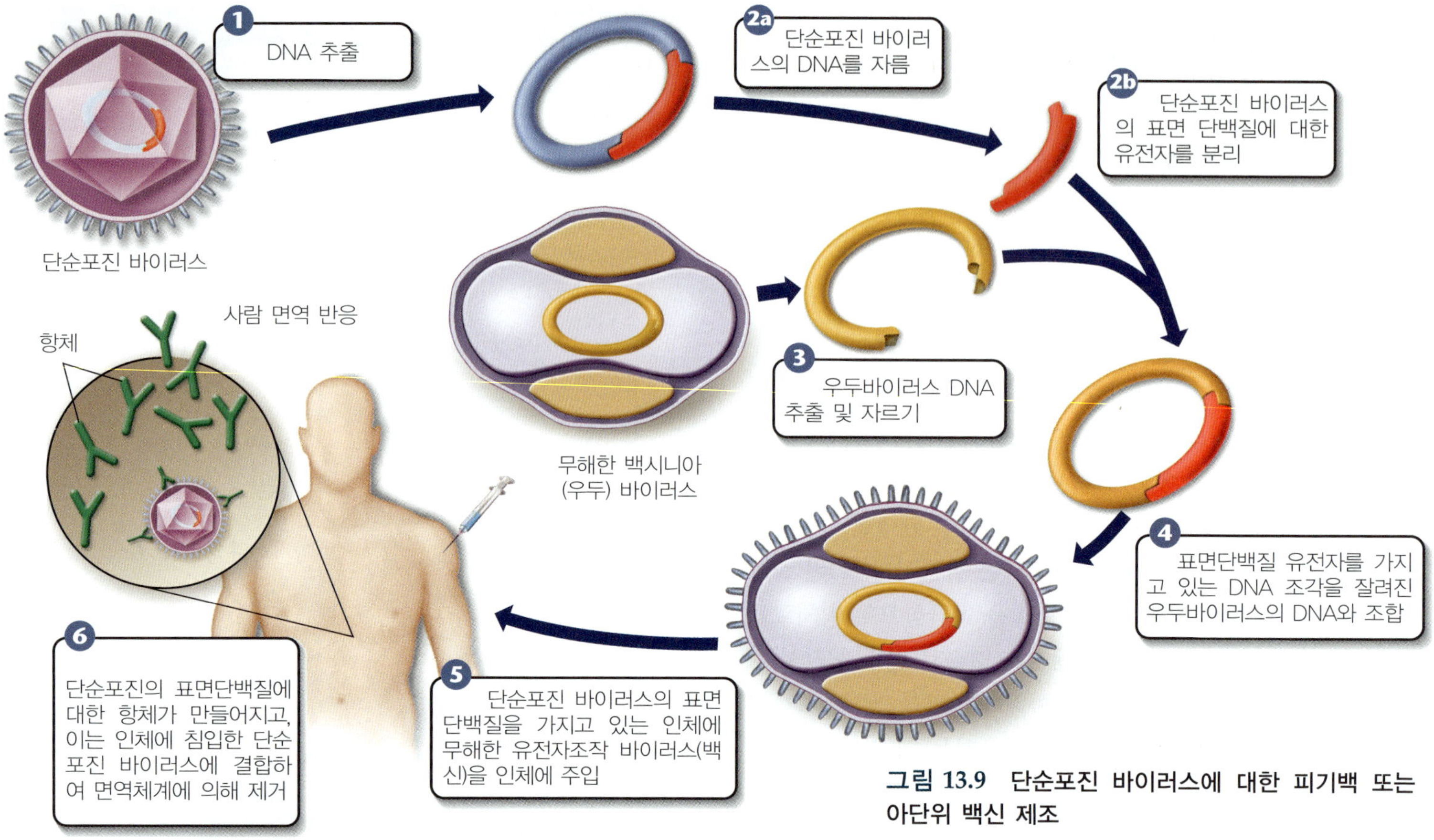

그림 13.9 단순포진 바이러스에 대한 피기백 또는 아단위 백신 제조

대한 아단위백신(subunit vaccine)을 생산하는 데 중요하게 응용되고 있다. 즉, 단순포진(herpes simplex) 또는 B형 간염 바이러스의 외피 당단백질(protein-polysaccharide coat)의 일부분을 암호화하는 유전자를 우두바이러스(vaccinia virus, cowpox)의 게놈에 끼워 넣었다. 우두바이러스는 Edward Jenner가 200년 전에 천연두(smallpox)에 대한 최초의 백신으로 사용한 바이러스로 사람에 기본적으로 유해하지 않다. **그림 13.9**에서 보여주듯이, 단순포진 바이러스에 대한 아단위백신을 만드는 첫 번째 단계는 ❶ 단순포진 바이러스의 DNA를 추출하고❷ 그 바이러스의 표면 단백질을 암호화하는 유전자를 분리한다. 우두바이러스의 DNA를 추출하고 이를 잘라서❸, 단순포진 바이러스의 유전자를 조합시킨다❹. 이 재조합 DNA(recombinant DNA)는 우두바이러스에 삽입된다. 이 과정을 통해 단순포진 바이러스의 표면단백질을 가지고 있는 많은 수의 우두바이러스가 생산된다. 이 재조합 바이러스가 인간의 몸에 주입되면❺, 인간의 면역체계는 재조합 바이러스의 표면단백질에 대한 항체를 만들어낸다❻. 따라서, 백신을 받은 사람은 이 바이러스에 대한 면역기능을 발달시킨다. 이러한 방법으로 생산되는 백신을 **피기백 백신(piggyback vaccine)**이라고 하며, 우두바이러스가 인체에 무해하고 질병 원인 바이러스의 DNA는 소량만이 재조합 바이러스에 들어가기 때문에 안전하다.

1995년에는 새로운 종류의 백신인 DNA 백신에 대한 임상실험이 시작되었다. 이는 바이러스 유전자를 가지고 있는 DNA를 주입하여 체내의 세포가 이를 받아들여 발현시키는 방법이다. 감염된 세포는 감염된 세포를 죽이는 킬러 T세포에 의한 세포면역반응을 일으킨다. 최초의 DNA 백신은 인플루엔자 바이러스의 핵단백질(nucleoprotein) 유전자가 삽입된 플라스미드를 생쥐에 주입한 것이다. 이 생쥐는 인플루엔자에 대해 강력한 세포면역반응을 일으켜 긍정적인 가능성을 보였다.

2010년에는 최초의 유효한 **암백신(cancer vaccine)**이 개발되었다. 암백신은 예방보다는 치료목적으로 외래미생물을 면역체계가 공격하듯이 면역체계를 자극하여 암세포를 공격하도록 하는 방법이다. 임상적인 사용을 최초로 허가 받은 암백신은 전립선암세포에서 유래한 단백질을 면역체계를 자극하여 전립선암세포를 공격하기 위해 사용한 방법이었다. 생쥐에서는 매우 효과적이었지만 사람에서 허가 받지 못한 또 다른 암백신은 유방암세포를 공격하기 위해 알파-락트알부민(alpha-lactalbumin)을 사용한 것이었다. 이 단백질은 모유수유를 하는 경우를 제외하고는 정상 유방세포에서는 발현하지 않는다. 유방암에 대한 여성의 위험도의 96%가 임신할 수 있는 연령대 이후이므로, 폐경 이후 이 백신을 사용하는 것이 진단할 수 없는 유방암에 대한 강력한 치료방법이 될 수도 있다.

주요 학습 요점 13.4　유전공학은 의학적으로 중요한 단백질의 생산을 쉽게 하고, 새로운 백신 개발에 기여한다.

13.5 유전공학과 농업

해충 저항성

농업에서 유전공학은 살충제 사용을 줄여 환경을 보존할 수 있도록 해충에 저항성을 가진 농작물을 만드는 데 주력하고 있다. 목화를 생각해 보면, 그 섬유는 옷을 만드는 데 매우 중요한 원료지만 식물의 입장에서는 많은 벌레들이 이를 공격하기 때문에 살아남기 힘들다. 현재 전체 사용량의 40%가 넘는 살충제가 목화를 먹는 벌레를 죽이기 위해 사용되고 있다. 만약 이 수천 톤에 달하는 살충제를 사용하지 않을 수 있다면 지구환경은 크게 개선될 것이다. 현재, 생물학자들은 해충에 저항성을 가진 목화 식물을 만들기 위해 노력하고 있다.

성공 가능성이 있는 방법 중 하나는 토양 미생물의 하나인 *Bacillus thuringiensis*(Bt)가 만드는 단백질을 이용하는 것으로 이 단백질은 나비 애벌레 같은 식물해충이 먹으면 독성을 보인다. 이런 Bt 단백질의 유전자를 토마토의 게놈에 삽입하면 토마토 식물은 Bt 단백질을 만들기 시작한다. 이 단백질은 사람에게는 해가 없지만, 토마토에 심각한 해충인 박각시벌레에게는 매우 강한 독성을 보인다.

또한 수많은 식물 해충들은 뿌리를 공격한다. 이런 해충들과 싸우기 위해, 유전공학자들은 *Bt* 유전자를 식물의 뿌리에서 사는 여러 가지 박테리아에 삽입하였다. 뿌리를 먹는 모든 해충은 박테리아를 같이 섭취하여 Bt 단백질의 공격을 받는다.

제초제 저항성

작물용 식물의 새로운 창조에 있어서의 중요한 진전은 대부분의 빨리 자라는 식물을 죽일 수 있는 강력한 제초제인 *glyphosate*에 저항성을 지닌 작물용 식물을 만든 것이다. Glyphosate는 과수원과 농경지에서 잡초를 제거하기 위해 사용된다. 자라나는 식물은 많은 양의 단백질을 생산해야 하는데 glyphosate는 방향족아미노산(aromatic amino acid, 이 아미노산은 phenylalanine처럼 고리구조를 가진다–**그림 3.5** 참조)을 만드는 데 필요한 효소를 부수어 단백질 생산을 억제한다. 사람의 경우는 방향족아미노산을 만들지 않고 식물로부터 섭취하기 때문에 glyphosate에 영향을 받지 않는다! 이 강력한 제초제에 저항성을 가진 식물을 만들기 위해, 유전공학자들은 glyphosate가 있는 환경에서도 방향족아미노산을 만들 수 있는 박테리아를 찾을 때까지 수많은 박테리아를 검색하였다. 그러고 나서 저항성을 가진 효소에 대한 유전자를 분리하고 이를 성공적으로 식물에 도입하였다. 유전자는 DNA 파티클 건(DNA particle gan) 또는 진 건(gene gun)이라고 하는 방법으로 식물에 삽입되었다(**그림 13.10**). 작은 텅스텐 또는 금 입자에 원하는 유전자를 가진 DNA를 코팅하고 DNA 파티클 건에 놓는다. 문자 그대로 DNA 파티클을 배양세포에 쏘아서 유전자가 식물 게놈에 삽입되어 발현되도록 한다. 이런 방법으로 유전자 조작된 식물이 **그림 13.11**에 보여지고 있다. 위쪽 두 식물이 유전자 조작되어 glyphosate에

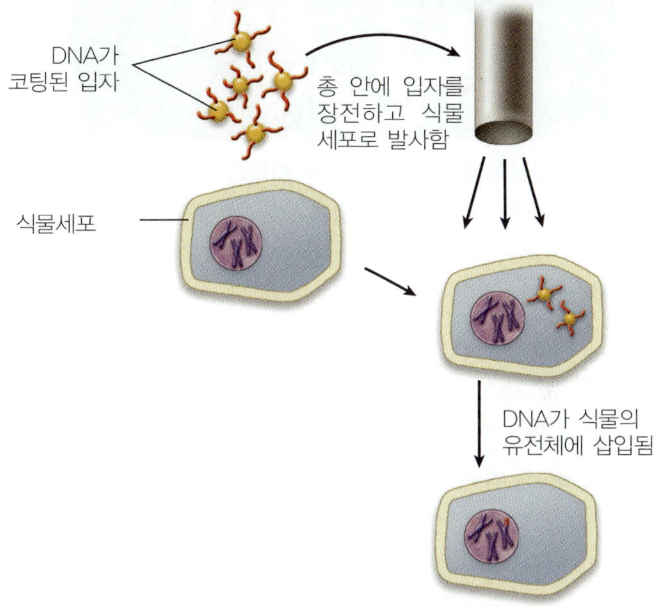

그림 13.10　세포에 유전자를 발사하는 방법

DNA 파티클 건 또는 진 건으로 불리는 방법으로 DNA가 코팅된 금 또는 텅스텐 입자를 식물세포에 발사한다. DNA가 코팅된 입자는 세포벽을 뚫고 들어가 이 DNA가 식물 DNA에 삽입될 수 있도록 하여 가지고 있는 유전자를 발현시킨다.

그림 13.11 유전공학을 이용한 제초제 저항성

4개의 페튜니아 모두 같은 양의 제초제에 노출시켰다. 위에 2개는 유전공학을 이용하여 제초제의 활성 성분인 glyphosate에 저항성을 지니도록 조작하였고 반면에 죽어 있는 아래쪽 2개는 조작하지 않았다.

저항성을 지닌 반면 아래쪽 두 식물은 제초제에 의해 죽었다.

Glyphosate에 저항성을 가진 작물을 개발하는 것은 환경을 보존하는 좋은 방법이다. 즉, glyphosate는 자연환경에서 매우 빨리 분해되기 때문에 오랫동안 분해되지 않는 다른 제초제를 사용하는 것보다 훨씬 환경을 개선할 수 있다. 또한, 잡초를 제거하기 위한 쟁기질을 하지 않음으로써 비옥한 윗쪽 토양이 침식으로 유실되는 것을 막을 수 있다.

영양분이 더 많은 작물

미국에서 유전자 조작된(GM) 옥수수, 목화, 콩 그리고 다른 작물(**표 13.3**)을 재배하는 것은 이미 일반화되어 있다. 2004년에 미국 콩의 85%가 제초제에 저항성을 가지도록 유전자 조작된 씨앗으로 심어졌다. 이로 인해 밭을 적게 경간할 수 있게 되어 토양의 침식이 획기적으로 줄어들었다. 2004년, 해충 저항성을 가진 GM 옥수수는 전체의 50% 이상, 목화는 전체의 81% 이상을 차지하였다. 두 경우 모두 이 작물들에 대한 화학적 살충제 사용량을 획기적으로 줄였다. 토양의 보존, 살충제 사용 감소 등의 이점들로 인해 농부들은 작물을 효율적으로 값싸게 생산할 수 있었다.

연극의 서막처럼 위에 소개한 발전상은 이제 일어날 일들에 대한 서막에 불과했다. 식물의 유전자 조작의 진면목은 바로 소비자에게 직접적으로 이익을 줄 수 있는 형질을 가진 작물을 만드는 것이다.

최근에 개발된 영양학적으로 개선된 '황금' 쌀은 우리에게 어떤 일이 다가오는지를 알려준다. 개발도상국가에서는 많은 사람들이 식물학자들이 미량영양소(micronutrients)라고 하는 미네랄과 비타민이 부족한 간단한 음식물에 의존하여 살아간다. 이들 중에, 철분결핍(14억 명의 여자, 세계인구의 24%에 영향)과 비타민 A 결핍(4천만 명의 아이들, 전 세계 인구의 7%에 영향)은 전 세계적으로 매우 중요한 두 가지 미량영양소 결핍증이다. 이러한 결핍증은 쌀을 주식으로 삼고 있는 개발도상국에서 특히 심각하다. 취리히 식물과학연구소의 유전공학자인 Ingo Potrykus의 최근 연구를 통해 이 문제의 실마리를 찾았다. 이 연구는 락펠러재단이 후원하여 개발도상국들에 무상으로

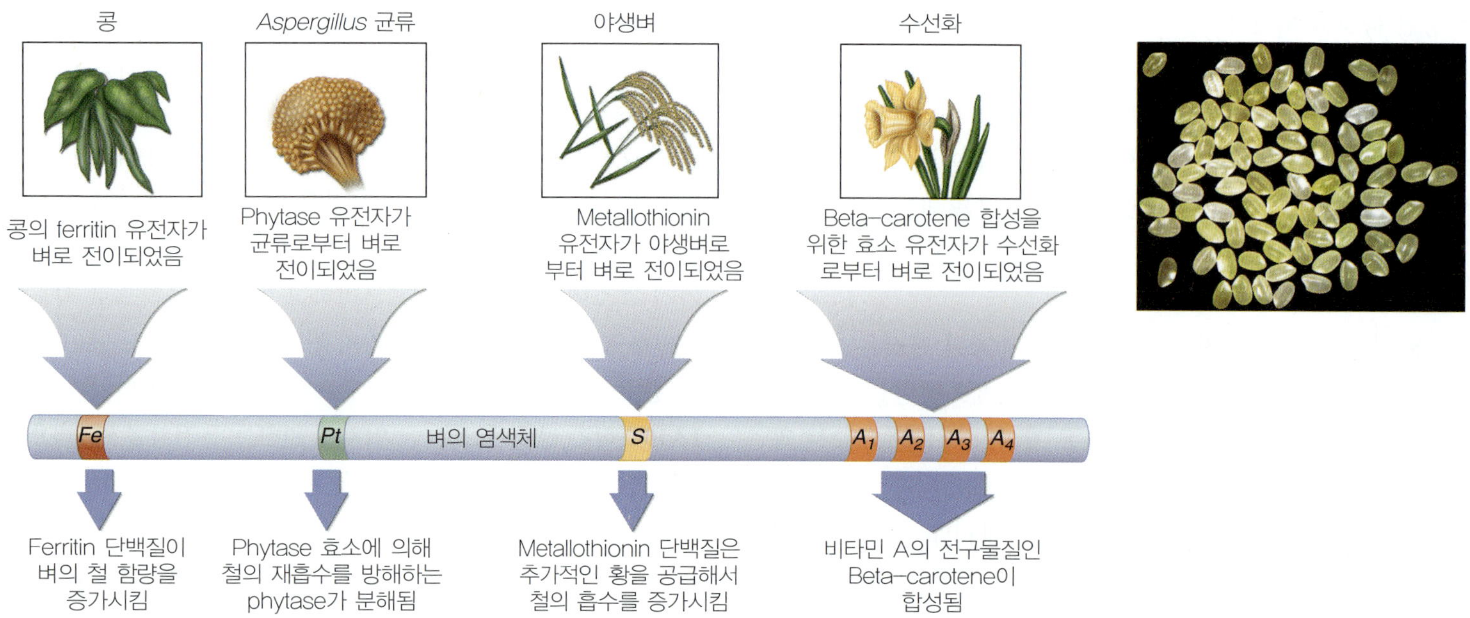

그림 13.12 형질전환 '황금' 쌀

제공되었고 유전공학이 어떤 일을 가능하게 하는지에 대한 좋은 예를 제시하였다.

쌀을 주식으로 하는 사람들의 철분결핍을 해결하기 위해, Potrykus는 쌀에 식이 철분이 왜 적은 지에 대해 질문하였다. 질문 그리고 답은 다음 세 부분에서 알 수 있다.

1. *너무 적은 철분* 쌀 배젖(endosperm)의 단백질은 이상할 정도로 적은 양의 철분을 가지고 있다. 이 문제를 해결하기 위해, 콩으로부터 유래한 페리틴 유전자(ferritin, **그림 13.12**에서 *Fe* 로 표시)를 쌀로 이식하였다. Ferritin은 매우 많은 양의 철분을 가지고 있는 단백질이므로 쌀의 철분을 획기적으로 증가시켰다.
2. *장에서 철분흡수를 억제* 쌀을 장에서 철분흡수를 막는 phytase를 대량으로 가지고 있어서 쌀이 철분을 많이 가지고 있더라도 장에서의 철분 흡수가 제대로 이루어지지 않는다. 이 문제를 해결하기 위해, 곰팡이로부터 유래한 phytase를 분해할 수 있는 효소인 phytase 유전자(*Pt* 로 표시)를 쌀로 이식하였다.
3. *철분 흡수를 돕는 황*(sulfur)*의 양이 너무 적음* 인체는 철분을 흡수하기 위해 적정량의 황이 필요하지만 쌀에는 황이 매우 적다. 이를 해결하기 위해, 야생 쌀로부터 유래한 황이 다량 함유된 단백질의 유전자(*S* 로 표시)를 쌀로 이식하였다.

비타민 A 결핍을 해결하기 위해, 같은 방법이 사용되었다. 첫째로 문제를 분석하였다. 문제는 바로 쌀은 비타민 A를 합성하는 과정이 중간에서 중단되는 것이었다. 즉, 쌀은 비타민 A를 만드는 마지막 4개 과정을 촉매할 수 있는 효소가 없었다. 이 문제를 해결하기 위해, 이에 해당하는 4개의 효소 유전자(A_1 , A_2 , A_3 , A_4 로 표시)를 수선화로부터 쌀로 이식하였다.

형질전환 쌀의 개발은 영양소 결핍과의 전투의 시작에 불과하다. 영양적 가치를 높이는 연구들은 이제 불과 사람에게 필요한 것의 절반 정도까지 진전되었을 뿐이고, 지역 환경에 적응한 작물에 이러한 유전자를 도입하려면 앞으로 많은 시간이 필요할 것이다. 하지만, 이는 매우 기분 좋은 출발이고 유전공학의 미래에 대한 대표적인 선례라고 할 수 있다.

유전자 조작 작물의 잠재적 위험을 분석하는 방법

유전자 조작 음식물을 먹는 것은 안전할까? 많은 소비자들은 유전공학자들이 새로운 유전자를 이식한 유전자 조작 작물을

표 13.3 유전자 조작 작물

작물	내용
쌀 	비타민 A를 공급하기 위해서 수선화, 철분을 추가로 공급하기 위해서 콩, 곰팡이, 야생 쌀에서 유전자가 상업용 쌀 품종에 추가되었다. 추위에 견딜 수 있는 형질전환 쌀도 개발 중이다.
밀 	제초제 glyphosate에 저항성을 지니고 표토 유실을 막을 수 있도록 경간을 줄일 수 있는 새로운 품종이 개발 중이다.
콩 	주요 사료작물인 콩의 경우, 2010년 전체 미국 콩 재배면적 90%에 제초제인 glyphosate에 저항성을 가진 콩이 심어졌다. 이외에도 해충에 저항성을 가지게 하는 *Bt* 유전자가 도입되었다. 콩의 영양학적인 가치를 높이기 위해 트립토판 (콩은 이 필수아미노산 함량이 낮다) 함량을 높이고, 트랜스 지방산 함량은 낮추고, 오메가-3 지방산 (물고기 기름에는 많지만 식물엔 적은) 함량을 높인 형질전환 콩이 개발 중이다.
옥수수 	해충에 대한 저항성을 가지는 다양한 옥수수들이 전체 미국 경작면적의 40%에 넓게 경작되고 있다. 또한, 이러한 옥수수들은 제초제인 glyphosate에 저항성을 가지도록 개발되었다. 영양적 가치를 높이기 위해 라이신, 비타민 A, 해로운 콜레스테롤을 줄일 수 있는 불포화지방산 함량이 높은 변종뿐만 아니라, 가뭄에 견딜 수 있는 품종이 개발 중이다.
목화 	목화작물은 목화나방, 목화다벌레, 그리고 다른 나비, 나방의 애벌레에 의해 공격을 받는다. 전체 화학살충제의 40% 이상이 목화에 사용되고 있다. 나비-나방 애벌레에만 독성을 보이고 다른 곤충에는 독성이 적은 형태의 *Bt* 유전자가 목화작물에 도입되었다. 전체 미국 목화재배 면적의 81%가 *Bt* 유전자를 가진 목화를 재배하고 있다.
땅콩 	명충나방의 애벌레는 땅콩작물에 심각한 피해를 준다. 이 해충에 저항성을 가진 품종이 유전공학을 이용하여 개발 중이다.
감자 	곰팡이에 의한 청고병은 감자의 수분흡수 조직에 감염되고 수확량의 40%를 줄인다. 알팔파로부터 유래한 항곰팡이 유전자는 이러한 감염을 6배 정도 줄일 수 있다.
카놀라 	카놀라는 주요 식물성 기름의 원료이고 사료작물로서 일반적으로 좁은 고랑에서 개간 없이 재배되므로 잡초를 없애기 위해 대량의 제초제가 사용된다. 새롭게 개발된 glyphosate-저항성 품종은 획기적으로 화학제초제 사용을 줄였다. 미국에서 카놀라 경작지 80%에 유전자 조작 카놀라가 재배되고 있다.

오늘날의 생명과학

DNA 연대표

2006 일본 세포생물학자인 Shinya Yamanaka가 단 4개의 전사인자(transcription factor)를 사용하여 성체 피부 세포를 배아줄기세포로 역분화시킴으로써 윤리적으로 치료용 줄기세포를 사용할 수 있는 가능성을 열었다.

2000 Celera의 Craig Venter, Clinton 대통령, Francis Collins의 인간 게놈 프로젝트 발표

2000 Craig Venter와 Francis Collins가 이끄는 두 팀이 인간 게놈 서열화를 완성하였다.

1998 Andrew Fire와 Craig Mello가 단 8년 만에 노벨상을 받은 RNA 간섭(RNA interference) 현상을 발견하였다.

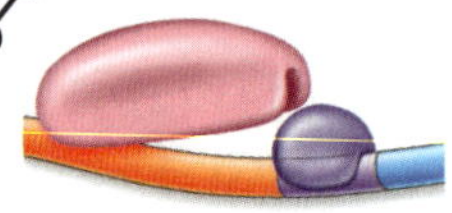

1996 Ian Wilmut는 성체세포핵을 이용하여 성공적으로 복제양돌리를 복제하였다.

1995 Craig Venter는 단세포 박테리아인 *Haemophilus influenza*의 게놈를 최초로 서열화하였다.

1992 변호사인 Barry Scheck과 Peter Neufeld는 120명 이상의 잘못된 판결을 받은 죄수들의 결백을 밝힌 이노센스 프로젝트를 시작하였다.

1985 영국 유전학자인 Alec Jeffreys는 DNA 지문분석을 개발하여 범죄현장에서 발견한 생물조직의 DNA를 이용한 범죄수사가 가능하도록 하였다.

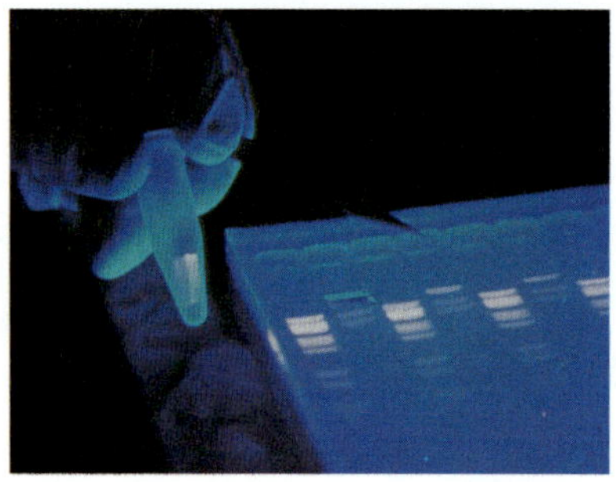

1973 Herbert Boyer와 Stanley Cohen은 양서류의 RNA 유전자를 다른 생물에 성공적으로 도입하여 유전공학을 소개하였다.

1983 Kary Mullis는 사람의 머리카락 한 가닥의 극미량 DNA의 증폭과 분석을 가능하게 한 중합효소 연쇄반응(polymerase chain reaction, PCR)을 개발하였다.

1964 Marshall Nirenberg와 Har Khorana가 아미노산당 3개의 뉴클레오티드로 구성된 유전암호를 밝혔다.

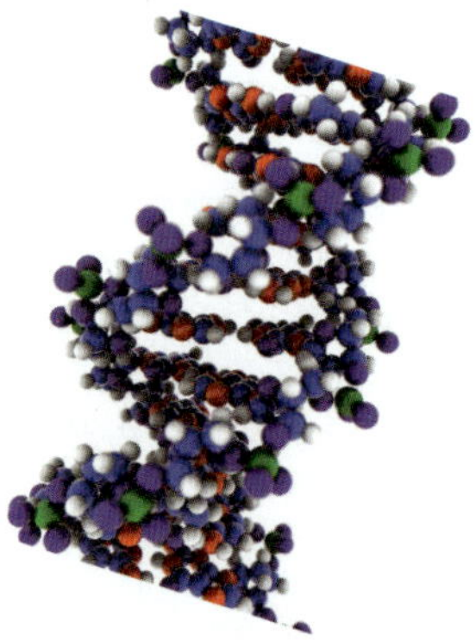

1956 Vermon Ingram은 겸상 적혈구 빈혈증(sickle cell disease)이 헤모글로빈 단백질의 한 개 아미노산이 DNA 돌연변이에 의해 바뀌어 발생한다는 것을 보였다.

1952 Alfred Hershey와 Martha Chase는 바이러스가 증식하기 위해 단백질이 아닌 DNA를 박테리아에 주입하는 것을 밝혔다. 이 실험으로 대부분의 생물학자들이 DNA가 유전물질이라는 것에 동의하였다.

1953 James Watson과 Francis Crick은 DNA 분자가 이중나선 구조로 두 가닥의 뉴클레오티드 서열이 서로 상보적임을 제안하였다.

1950 영국의 생화학자 Maurice Wilkins의 실험실에 일하던 대학원생 Ray Gosling은 최초인 X선 회절 패턴을 얻었다. 이후 2년 동안 Rosalind Franklin과 그는 더욱 정확한 그림을 얻었다.

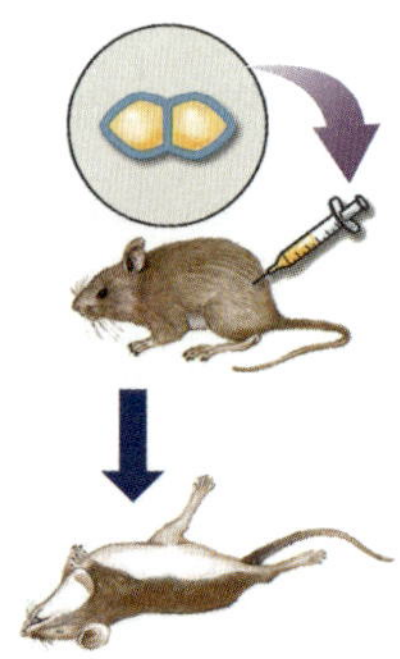

1928 영국의 미생물학자 Frederick Griffith가 죽은 미생물의 물질로 살아있는 미생물을 형질전환시키는 법을 발견하였다.

1944 미국의 생화학자 Oswald Avery는 Griffith의 물질이 DNA라는 것을 밝혔지만 이 결론은 인정받지 못했다.

1869 독일의 화학자 Friedrich Miescher가 DNA를 발견하고 정자의 핵(sperm nuclei)으로부터 분리한 물질이 약산성을 보여서 핵산(nucleic acid)이라고 명명하였다.

섭취하는 것이 위험한 결과를 초래할 것이라고 걱정하였다. 그 좋은 예가 glyphosate-저항성 콩의 경우이다. Glyphosate-저항성을 갖게 하기 위해 삽입한 유전자가 만들어내는 효소가 어떤 사람에게는 치명적인 면역반응을 일으킬 수 있지 않을까? 알레르기에 대한 잠재적 위험은 사실이기 때문에, GM 작물에 삽입되는 모든 유전자의 단백질은 엄격한 알레르기 유발 항원 검사(allergen test)를 받는다. 현재 미국에서 생산되는 모든 유전자 조작 작물은 사람에게 알레르기 반응을 일으키는 단백질을 갖고 있지 않다. 이 사실을 고려할 때 음식물에 대한 유전자 조작에 대한 위험도는 낮아졌다고 할 수 있다.

유전자 조작 작물은 환경에 유해할까? GM 작물의 사용이 확산되는 것은 아래 세 가지 우려를 불러 일으켰다.

1. **다른 생물에 피해를 준다** Bt 옥수수의 꽃가루가 이를 섭취할지도 모르는 해충이 아닌 다른 곤충에 해롭지 않을까? 많은 연구들에 의해 이 가능성은 매우 낮은 것으로 밝혀졌다.
2. **저항성** 농업에 사용되는 모든 살충제와 제초제는 박테리아가 항생제에 저항성을 가지도록 진화하는 것과 동일하게, 해충이나 잡초가 진화를 통해 저항성을 획득하는 문제가 있다. 이를 막기 위해 농부들은 적어도 20%의 non-Bt 작물을 Bt 작물과 나란히 심어서 저항성을 가지지 않은 해충들의 피난처를 제공함으로써 해충이 저항성을 갖는 속도를 늦추고 있다. 이 결과, 1996년 이래 옥수수, 콩, 목화와 같은 Bt 작물이 넓게 경작되었음에도 Bt작물에 대한 저항성을 가지게 된 곤충은 수건에 불과하다. 하지만 불행하게도, 제초제인 glyphosate의 사용에 대한 제한은 이루어지지 않아서 위의 결과와는 다른 결과를 보였다. 즉, 2010년까지 glyphosate에 내성을 가지는 잡초들이 성난 농부들에 의해 미국 22개 주에서 보고되었다.
3. **유전자 확산(gene flow)** 주입된 유전자가 GM 작물로부터 다른 친척관계 야생식물로 전이될 가능성은 어떨까? 중요 GM 작물에게는 일반적으로 조작된 유전자를 받을 수 있는 친척관계 식물이 없다. 예를 들어 콩은 유럽에서 친척관계에 있는 야생식물이 없다. 따라서 GM 콩의 유전자가 다른 식물에 전이될 확률은 여러분의 유전자가 여러분의 애완동물인 개나 고양이에게 전이될 확률과 같다. 하지만, 현재 유전자 조작이 이루어지고 있는 2차 작물들의 경우는 유전자가 전이될 가능성이 있는 GM 작물의 다른 친척관계 식물과의 종간교배를 막기 어렵다.

주요 학습 요점 13.5 **유전공학은 식량생산분야의 발전에 큰 가능성을 보여준다. 종합적으로 보아 위험도는 낮고, 잠재적 이득은 매우 크다.**

세포기술의 혁명

13.6 생식 복제

현대생물학에 있어서 가장 활동적이고 흥미진진한 분야 중 하나는 동물세포를 조작하는 기술의 발전이다. 이 장에서는 세포조작기술 분야에서 기념비적인 진전을 이뤄낸 세 분야(가축의 생식 복제, 줄기세포연구, 유전자 치료)에 대해 다루고자 한다. 세포조작기술 분야의 발전은 우리의 생활에 혁명적인 변화를 가져올 것이다.

동물복제에 대한 아이디어는 1938년 배아생물학의 아버지로 불리는 독일의 배아생물학자인 Hans Spemann에 의해 최초로 제안되었다. 그는 그의 말로 '환상적인 실험' 즉, 난자로부터 핵을 제거하고 다른 세포의 핵을 넣는 실험을 제안하였다. 시간이 지나, 이 실험은 개구리, 양, 원숭이를 비롯한 많은 다른 동물에서 실제로 성공하였다(**그림 13.13**). 하지만, 초기 배아세포로부터 유래한 핵을 주입해야만 성공할 수 있었다. 성체세포로부터 유래한 핵을 사용하여 많은 시도를 하였지만 실패하였고, 많은 생물학자들은 배아발생과정에서 몇 번의 분열 이후에는 동물세포가 비가역적으로 분화한다고 생각하였다.

Wilmut의 양

그 후, 1990년대에 가축의 세포주기에 대한 전문가인 스코틀랜드의 유전학자인 Keith Campbell에 의해 중요한 통찰이 이루어진다. 제8장의 진핵세포의 분열주기가 몇 개의 과정으로 구성되어 있음을 상기하자. Campbell은 "아마도 난자와 공여된 핵의 세포주기를 일치시키는 것이 필요할 것이다"라고 추론하였다. 이는 나중에 중요한 통찰로서 증명되었다. 1994년 연구자들은 세포를 굶주린 세포주기를 시작단계에 세워두고 발달한 배아로부터 가축을 클로닝하는 데 성공하였다. 2개의 굶긴 세포는 세포주기가 동일한 단계로 일치되었다.

Campbell의 동료인 Ian Wilmut는 과학자들이 할 수 없다고 생각했던 실험에서 중요한 돌파구를 열었다. 그는 완전히 분화된 성체의 세포로부터 얻은 핵을 핵이 제거된 난자에 넣어서 그 배아가 자라 대리모에서 발달하여 건강한 동물을 생산하는 실험을 계획하였다(**그림 13.14**). 약 5개월 후 그 대리모가 한 마리 양을 출산하였다. 그 양의 이름이 '돌리(Dolly)' 였고 최초로 성체세포로부터 성공적으로 생산된 복제동물이었다. 돌리는 이 장의 첫페이지의 그림처럼 건강한 성체로 자라서 건강한 새끼를 정상적으로 출산하였다.

생식 복제의 진보

1996년 복제양 돌리가 태어난 이후, 과학자들은 원하는 형질을 가지는 여러 가지 가축들, 소, 돼지, 염소, 말, 당나귀뿐만 아니라 애완동물인 고양이, 개를 성공적으로 복제하였다. **그림 13.15**의 스너피는 최초로 한국에서 복제된 개이다. 돌리의 성공 이후 대부분의 가축 복제과정은 그 효율이 증가되었다. 하지만 복제동물이 성체가 되는 발달과정에서 예상치 못한 문제가 발견되었다. 즉, 거의 대부분의 복제동물이 정상적인 수명을 다하지 못한다. 돌리조차도 정상적인 양의 수명의 절반에 불과한 8세로 2003년에 일찍 사망하였다.

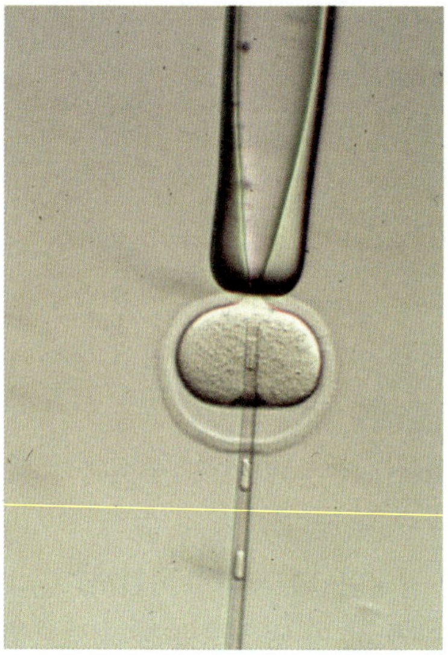

그림 13.13 복제 실험

이 그림에서는 피펫으로 고정된 핵이 제거된 난자 안으로 마이크로피펫으로부터 핵이 주입되고 있다.

유전자 재프로그래밍의 중요성

무엇이 잘못되었을까? 포유동물의 난자와 정자는 성숙과정에서 그들의 DNA가 조정되는 과정을 거치는데 이를 재프로그래밍 과정이라고 한다. 즉, 특정 유전자의 발현이 뉴클레오티드 서열의 변화 없이, DNA에 가해지는 화학적 변화에 의해서 조절되는 것이다. 돌리 이후 수년간 과학자들은 이러한 유전자의 재프로그래밍과정에 대해 많은 사실을 밝히고 이를 **후성유전학(epigenetics)**이라고 명명하였다. 후성유전학은 세포가 특정 유전자를 읽는 것을 막음으로써 작동한다. 발현되지 않는 유전

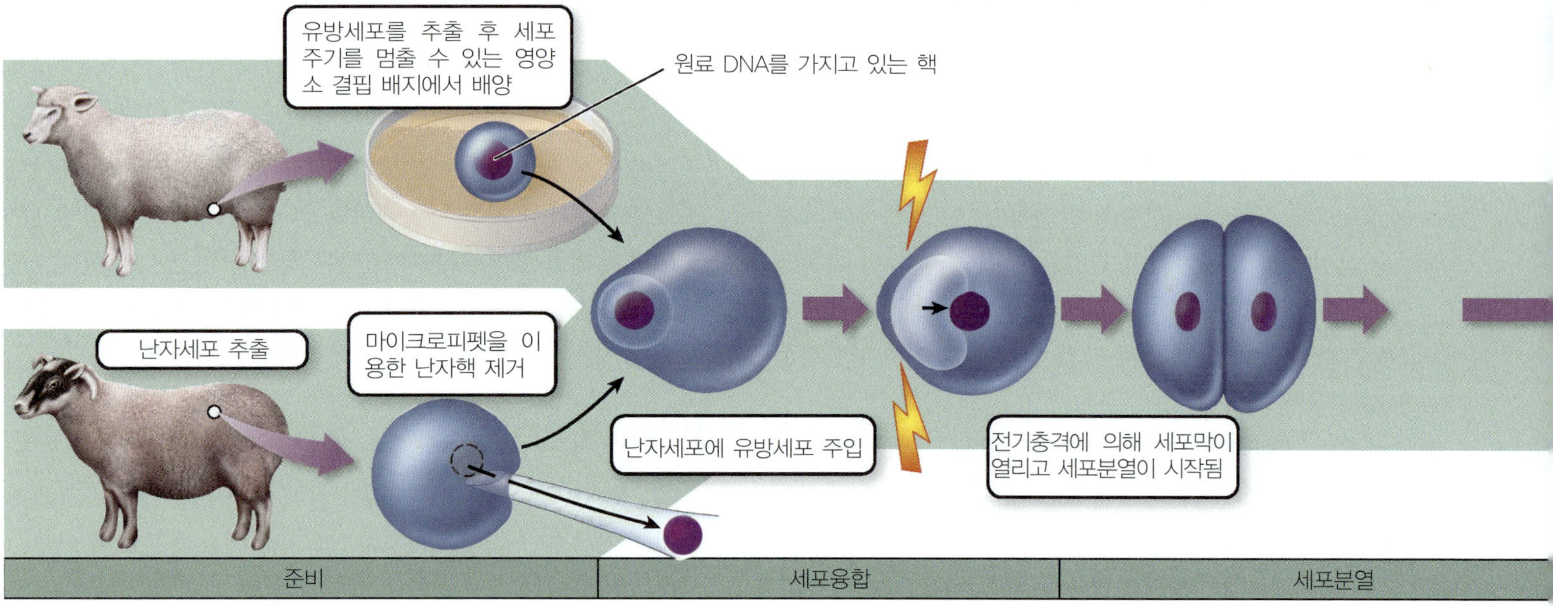

그림 13.14 Wilmut의 동물 복제 실험

그림 13.15 복제 애완동물 가족
이 강아지는 최초의 복제 견, 스너피이다. 그의 옆에는 스너피의 복제를 위해 성체 표피 세포를 제공한 수컷 개이다. 오른쪽의 개는 스너피의 대리모이다.

자는 그 안의 사이토신뉴클레오티드에 메틸(—CH_3) 그룹이 추가됨으로서 꺼진(off) 상태를 유지한다. 이렇게 유전자가 변형되고 나면, 유전자를 읽는 중합효소 단백질이 이 유전자를 더 이상 인식하지 못한다. 이 유전자는 꺼진 상태가 되는 것이다.

인간 DNA가 어떻게 재프로그램되는 지에 대한 연구는 이제 걸음마 단계에 불과하기 때문에, 사람을 복제하고자 하는 시도는 보이지 않는 곳에 돌을 던지며 목표에 맞추기를 바라는 것과 같다. 이런 이유와 더불어 많은 다른 여러 이유들로 인해 사람의 생식복제는 매우 비윤리적인 것으로 간주된다.

주요 학습 요점 13.6 최근 성체의 조직으로부터 동물을 복제할 수 있는 가능성을 보였지만 후생유전학적 재프로그래밍 없는 가축의 복제는 빈번히 실패하고 있다.

13.7 줄기세포치료

그림 13.16은 인간의 배아줄기세포 덩어리를 보여주고 있다. 많은 수가 신체의 모든 세포로 분화 가능하고 심지어 전체 동물을 만들 수 있는 능력을 가지고 있다. 무엇이 배아줄기세포이고, 왜 이들은 전능한 성질을 가지는가? 이 질문에 답하기 위해, 배아는 어디서 출발하는지 살펴볼 필요가 있다. 인간 생명의 출발은 난자와 정자가 수정을 통해 아기가 될 운명을 지닌 하나의 세포를 만드는 데서 출발한다. 발달과정이 시작됨에 따라, 세포는 분열하기 시작하고 4번의 분열을 거친 후 16개의 **배아줄기세포(embryonic stem cell)**로 구성된 세포 덩어리를 만든다. 각 배아줄기세포들은 하나의 개체를 만드는 데 필요한 모든 유전자를 가지고 있다.

발달과정의 진행에 따라, 배아줄기세포의 일부분이 신경조직과 같은 특정조직을 만들기로 결정되고 이 과정 이후에는 다른 종류의 조직을 만들 수 없다. 신경조직의 경우, 이렇게 결정된 세포를 신경줄기세포라고 한다. 어떤 배아줄기세포는 혈액세포를, 어떤 줄기세포는 근육조직을, 또 다른 줄기세포들은 몸

의 여러 가지 조직들을 각기 만들 수 있도록 특성화된다. 각 중요 조직들은 그의 조직의 특이적인 **성체줄기세포(adult stem cell)**로부터 만들어진다. 성체줄기세포는 하나의 조직만 만들 수 있기 때문에 전능하지 않다.

손상된 조직을 복구하기 위한 줄기세포 사용

배아줄기세포는 손상된 조직을 복원할 수 있는 흥미진진한 가능성을 보여준다. 어떻게 가능한지를 이해하기 위해 **그림 13.18**을 살펴보자. 수정이 되어 며칠이 지난 후, 배아의 단계는 *배반포*(blastocyst)라고 하는 단계가 된다 ❶. 배아줄기세포는 이 단계의 내부세포괴(inner cell mass)로부터 또는 더 늦은 단계의 배아로부터 분리되어 얻어진다 ❷. 이런 배아줄기세포들은 **그림 13.16**에서 보여주듯이 조직배양을 통해 키울 수 있고 기본적으로 신체의 모든 조직을 만들 수 있다 ❸. 이렇게 만들어진 건강한 조직은 환자의 손상된 조직으로 주입되어 성장하고 손상 조직을 건강한 조직으로 대체한다 ❹. 다른 방법으로는 성체줄기세포를 분리하여 이를 몸에 주입하여 원하는 종류의 조직세포를 만들 수도 있다.

성체줄기세포와 배아줄기세포 모두 생쥐에서 성공적으로 이식실험이 수행되었다. 성체혈액줄기세포는 백혈병 치료에 사용되었다. 생쥐의 배아줄기세포에서 만들어진 심장근육세포는 살아 있는 생쥐에서 손상된 심장근육세포를 성공적으로 대체하였다. 다른 실험으로는, 손상된 척추신경이 일부분 복구되었다. 생쥐의 뇌에 있는 DOPA를 생산하는 신경세포가 손실되면 파킨슨병이 발생하게 되는데 배아줄기세포를 사용하여 이 세포를 성공적으로 대체하였다. 또한 췌장의 인슐린을 분비하는 세포(이 세포가 손실되면 소아당뇨병의 원인)도 배아줄기세포로 대체되었다.

발달과정은 모든 포유동물에서 비슷하기 때문에, 생쥐에서의 성공사례는 사람의 치료에 사용할 수 있다는 가능성을 제시하였다. 이런 희망의 Michael J. Fox(**그림 13.17**)와 같이 파킨슨병을 가진 사람들에게 줄기세포치료로 일부분 또는 완전한 치료가 가능하다는 희망을 보여줬다. 이 분야의 연구는 매우 밀도 있게 진행되고 있다.

윤리적인 문제로 인해 배아줄기세포의 사용이 거부되고 있지만, 새로운 실험결과들은 이 미로를 벗어날 길에 대한 힌트를 제공한다. 2007년, 두 개의 서로 다른 실험실에서 사람의 정상적인 표피세포로부터 배아줄기세포와 비슷한 세포를 만들었다는 보고를 하였다. 그들이 만들어낸 세포는 다양한 세포로 분화

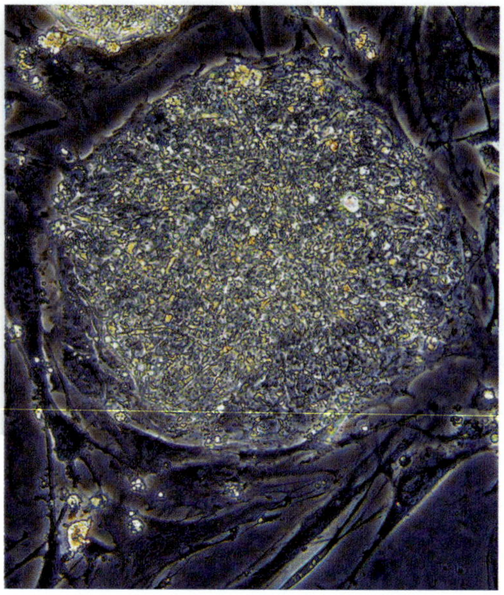

그림 13.16 인간 배아 줄기 세포 (×20)
이 덩어리는 사람의 배아줄기세포 콜로니로서 'feeder layer'인 섬유아세포에 둘러싸여 조직배양되고 있다.

그림 13.17 파킨슨병 치료 증진
Michael J. Fox는 영화 〈Back to the future〉와 TV 쇼 〈Family ties〉에 출연했던 배우로 파킨슨병에 걸렸다. 그는 같은 병으로 고통 받는 환자들을 대변하고 있다. 이 사진은 미국 상원에서 그의 변호사 Mary Tyler Moore와 함께 치료방법을 찾는 연구에 활발한 지원의 필요성을 증언하는 모습이다.

할 수 있는 만능(pluripotent)한 세포였다. 이러한 만능성이 전능성까지 연장될 수 있을지는 아직 연구 중이다. 어떻게 이 세포들이 전환되었을까? 핵심적인 힌트는 이보다 6년 일찍 보고되었다. 즉, 만능화를 결정하는 인자를 성체세포에 전달할 수 있도록 성체세포를 배아줄기세포와 융합시키면 성체세포가 만능한 세포로 전환된다는 것이다. 그 후 2006년, 일본의 세포생물학자인 Shinya Yamanaka는 성체세포에 배아줄기세포의 전체 내용물이 아닌 단지 4개의 전사인자들을 도입하였다. 세포 안

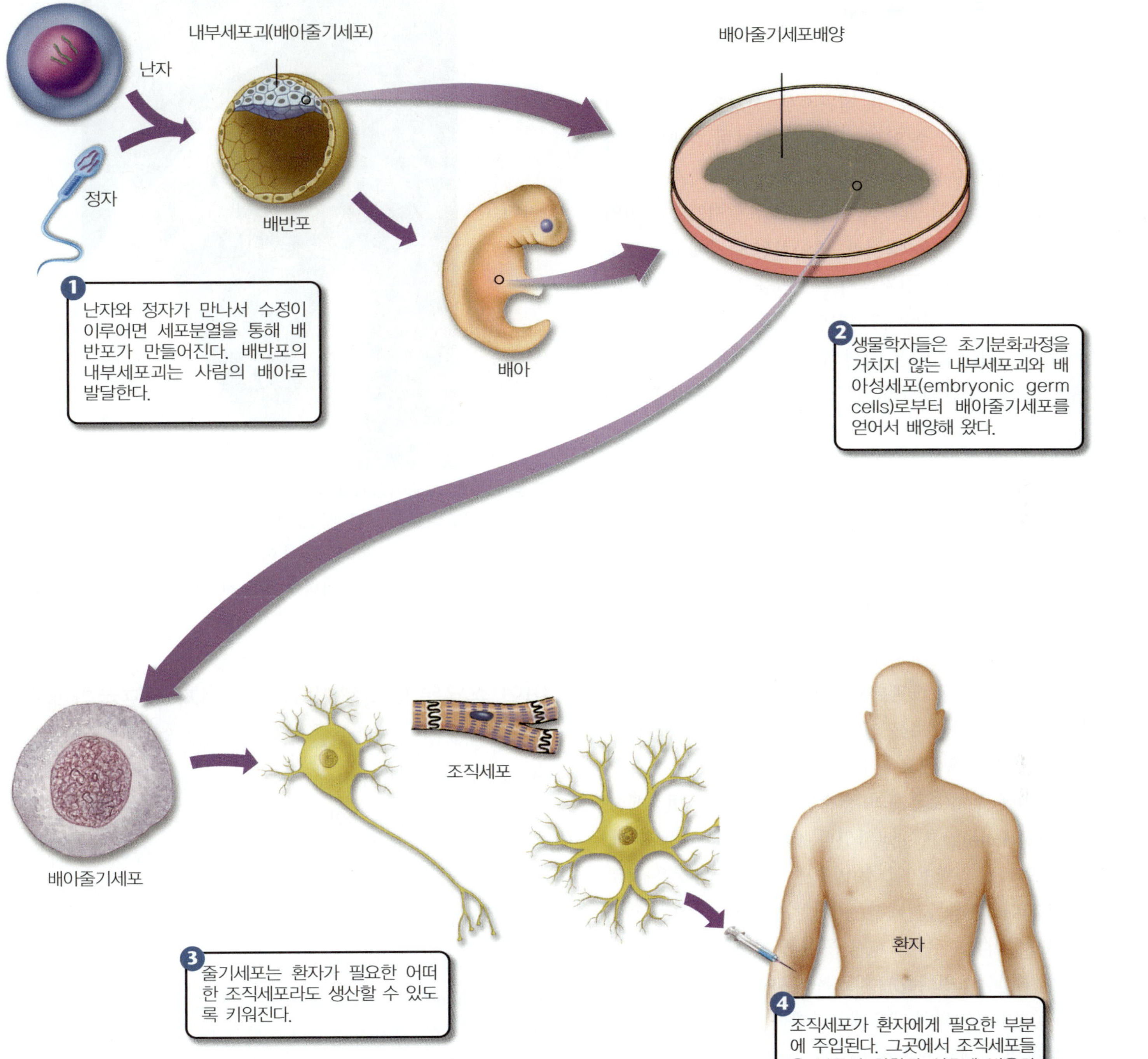

그림 13.18 손상된 조직 복구를 위한 배아줄기세포 사용

배아줄기세포는 신체의 어떤 조직으로도 발달할 수 있다. 조직을 키우는 이 방법은 다발성 경화증 환자의 뇌세포, 심장근육, 척수신경 등의 성체의 손상된 조직을 복구하는 데 사용될 수 있다.

으로 들어간 이들 4개 전사인자들은 성체세포가 다시 만능성을 가지도록 변환시키는 일련의 과정을 유발시켰다. 이 결과, 그는 성체세포를 배아줄기세포로 재프로그램하는 방법을 발견하였다. 실험실의 배양 접시 안에서 원리를 증명하는 것에서 부터 실제적인 의학적 적용에 이르는 과정은 매우 멀지만, 가능성은 우리의 가슴을 뛰게 한다.

> **주요 학습 요점 13.7 인간의 성체와 배아줄기세포들은 손상되거나 유실된 인간조직을 대체할 수 있는 가능성을 보여준다.**

13.8 치료용 복제

백혈병, 제1형 당뇨병, 파킨슨병, 심근손상, 신경조직손상의 치료에 줄기세포를 이용할 수 있는 가능성은 충분히 기대되는 가능성이지만, 실제로 수행된 실험들은 모두 면역체계가 기능하지 않는 생쥐에서 수행되었다. 왜 이것이 중요할까? 만약 면역체계가 완전히 기능을 하는 생쥐라면, 이식된 줄기세포를 모두 면역시스템이 외부물질로 인지해서 거부반응을 일으켰을 것이기 때문이다. 인간 역시 정상적인 면역체계를 가지고 있는 사람이면 이식된 줄기세포가 다른 사람의 것이기 때문에 거부반응을 일으킬 것이다. 인간에게 줄기세포치료를 적용하기 위해서는 이 문제에 대해 고심하여 답을 찾아야 한다.

면역 수용을 달성하기 위한 복제

2001년 초반, Rockefeller 대학교의 연구팀은 이 잠재적인 심각한 문제를 해결할 수 있는 방법을 보고하였다. 그들의 해결책은 무엇인가? 연구팀은 쥐의 피부세포를 분리하여 돌리를 만들었던 방법을 동일하게 사용하여 120개의 배아를 만들었다. 손상조직을 대체하기 위한 줄기세포이식을 위해, 이 배아들을 파괴하여 이들의 배아줄기세포를 얻어내고 이를 세포배양하였다(**그림 13.19**). 이 과정을 **치료복제(therapeutic cloning)**라고 한다. **그림 13.20**에서 치료복제와 복제양돌리를 만든 **번식복제(reproductive cloning)**를 비교하였다. ❶에서 ❺까지는 두 과정이 기본적으로 동일함을 알 수 있지만 그 이후 과정은 서로 다르게 진행된다. 번식복제에서는, 배반포(blastocyst) 단계에서 ❺ 대리모에 이식되어(6a) 핵을 공여한 동물과 유전적으로 동일한 새끼가 만들어진다(7a), 치료복제에서는, 배반포단계에서 ❺ 줄기세포가 분리되어 세포배양단계를 거친다 ❻. 이 줄기세포들은 췌장의 성세포(pancreatic islet cell)와 같은 특정 조직으로 발달되어❼, 당뇨병 환자와 같이 필요한 사람들에게 이식되어 새로운 성세포(islet cell)를 만들어 인슐린을 생산한다.

치료복제 또는 더 기술적인 말로, *체세포 핵 치환*(somatic cell nuclear transfer)은 배아줄기세포를 인간의 손상조직 복구에 사용할 때 가장 큰 문제인 면역 수용을 해결할 수 있는 방법이다. 환자의 체세포로부터 배아줄기세포가 복제되기 때문에, 이 줄기세포는 환자 체내의 면역체계가 자기 것으로 인식하여 받아들이게 된다.

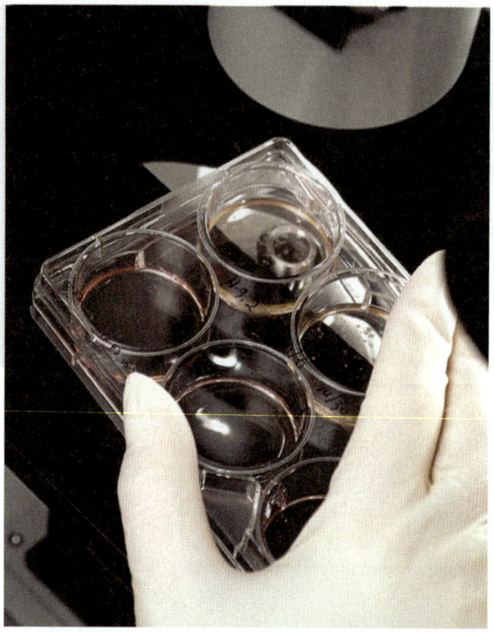

그림 13.19 세포배양되고 있는 배아줄기세포
배아줄기세포는 초기 인간 배아로부터 유래한 배아줄기세포는 조직배양을 통해 무한히 자란다. 이 세포들이 이식되면, 이 세포들은 조직을 대체할 수 있는 새로운 세포를 만들어낸다. 이는 치료용 복제의 놀라운 가능성을 보여준다.

면역 수용을 달성하기 위한 유전자 재프로그래밍

치료복제에 있어서, 배아줄기세포를 얻기 위해 복제된 배아가 파괴된다. 6일이 지난 인간 배아에 대한 도덕적 가치는 어떨까? 이 배아가 살아 있는 개인으로 고려된다면, 많은 사람들이 치료복제를 도덕적으로 받아들일 수 없을 것이다. 앞에서 소개한 최근 연구는 이 문제를 피해가기 위한 다른 방법을 제시하고 있다. 즉, 성체세포에 몇 개 유전자를 도입하여서 배아줄기세포로 재프로그래밍시키는 방법이다. 이 유전자들은 전사인자(transcription factor)라고 하는 것들로 성체 발달과정에서 일어나는 'shut off' 후생유전학적 변화를 되돌릴 수 있는 유전자들이다. 이것이 가능하다 할지라도 인간에의 적용은 먼 미래의 일이 될 것이다. 하지만 성체세포를 재프로그래밍하는 것은 충분히 흥분되는 일이다.

주요 학습 요점 13.8 **치료복제는 환자 조직의 핵을 핵 치환 과정을 통해 배반포로 발달시켜 환자의 손상되거나 손실된 조직을 대체하는 방법이다. 성체세포의 유전자 재프로그래밍 방법은 도덕적 비난에서 자유로울 수 있다.**

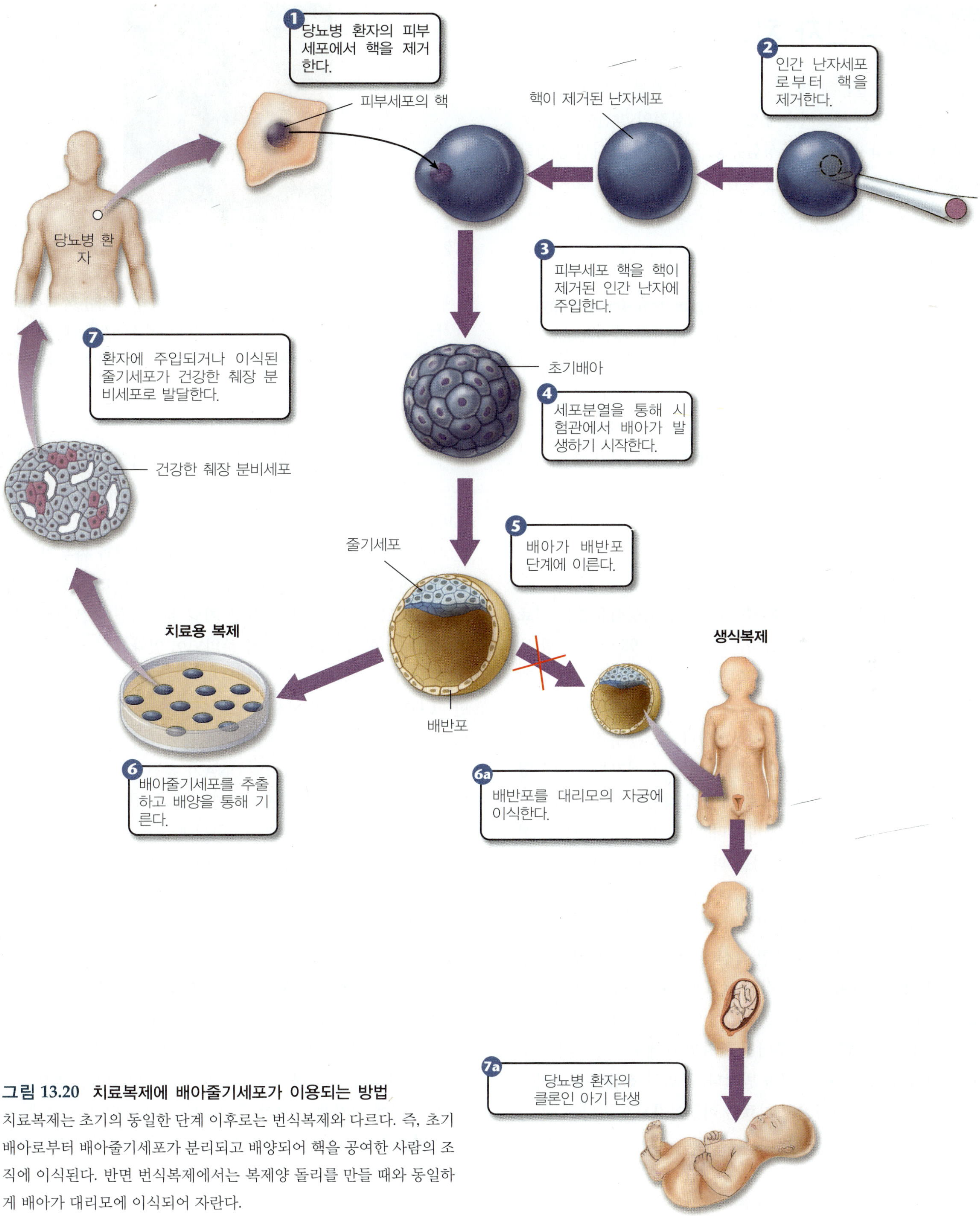

그림 13.20 치료복제에 배아줄기세포가 이용되는 방법
치료복제는 초기의 동일한 단계 이후로는 번식복제와 다르다. 즉, 초기 배아로부터 배아줄기세포가 분리되고 배양되어 핵을 공여한 사람의 조직에 이식된다. 반면 번식복제에서는 복제양 돌리를 만들 때와 동일하게 배아가 대리모에 이식되어 자란다.

13.9 유전자 치료

특정 유전자가 결손된 세포에 건강한 유전자를 도입하는 유전자 치료기술 또한 세포기술에 있어서 핵심적인 발전이었다. 수십 년 동안 과학자들은 낭포성섬유증, 근육위축증, 다발성 경화증 등의 유전병을 유발시키는 결함 있는 유전자를 정상 기능을 가진 유전자로 대체함으로써 치료할 수 있는 방법을 찾아왔다.

초기의 성공

1990년에 처음 성공적인 **유전자 치료(gene transfer therapy)**가 이루어졌다(13.3절 참조). 아데노신 디아미네이즈(adenosine deaminase) 효소 유전자의 결함에 의해 발생하는 희귀한 혈액 유전병을 가진 두 소녀의 치료에 성공하였다. 과학자들은 이 소녀들의 골수 세포를 채취하여 이 세포에 정상기능을 가진 유전자를 도입시켰다. 정상 유전자가 도입된 골수세포를 증식시킨 다음 이를 소녀들에 다시 이식하였다. 이들 소녀들은 회복하여 건강하게 살고 있다. 이것이 유전병을 유전자 치료로 고친 최초의 사례이다.

낭포성섬유증을 치료하기 위한 시도

과학자들은 심각한 유전질환 중 하나인 낭포성섬유증을 치료하는데 이 새로운 기술을 적용하고자 하였다. 1989년에 결함 유전자인 *cf*가 분리되었다. 5년 후인 1994년, 과학자들은 *cf* 유전자에 결함을 가진 생쥐에 건강한 *cf* 유전자를 이식하여 생쥐의 낭포성섬유증을 치료하는 데 성공하였다. 즉, *cf* 유전자를 가진 바이러스를 폐에 감염시켜서 폐세포에 그 유전자를 전달하였다. 감기를 유발하는 바이러스로 폐에 잘 감염이 되는 아데노바이러스(**그림 13.21**의 빨간색 바이러스)가 '벡터(vector)'로 선택되었다. 다른 실험의 복잡성을 피하기 위해, 실험에 사용된 쥐들은 면역체계가 불활성화되었다. 이 결과에 고무되어 몇몇의 실험실에서 인간 환자에 건강한 *cf* 유전자를 전달하고자 하는 시도가 있었다. 성공에 대한 확신에 찬 과학자들은 *cf* 유전자를 가진 아데노바이러스를 직접 낭포성섬유증 인간 환자에 주입하였다. 8주 동안 성공한 듯 보였던 이 시도는 결국 재앙을 가져왔다. 유전자 변형이 이루어진 환자의 폐세포들이 환자 자신의 면역시스템에 의해 공격을 받았다. 주입된 건강한 유전자는 그 세포들과 같이 사라졌고 치료는 이루어지지 않았다.

벡터에 대한 문제

다른 유전자 치료 시도들도 비슷하게 8주 동안 희망에 젖어 있다가 그 이후 실패하였다. 돌아보면, 이 초기 시도들의 문제는 두드러지지는 않았을지라도 예측이 가능했을 수 있었다. 아데노바이러스는 감기를 일으킨다. 이 세상에 감기에 걸리지 않았던 사람이 있을까? 감기에 걸리면 신체는 감염과 싸우기 위해 항체를 만들기 때문에, 우리 모두는 아데노바이러스에 대한 항체를 가지고 있다. 즉, 우리 몸은 치료 유전자를 넣은 바이러스 벡터를 파괴할 수 있도록 항상 준비되어 있다.

두 번째 심각한 문제는 아데노바이러스를 세포에 감염시키면 그 DNA가 사람의 염색체에 끼어들어 가는 것이다. 불행히도 이는 무작위로 아무 곳에나 끼어들어간다. 즉, 이러한 삽입 과정에 의해 만약 바이러스의 DNA가 유전자의 중간에 끼어들어가면, 그 유전자에 돌연변이가 일어날 수 있다. 아데노바이러스가 삽입되는 위치가 무작위적이기 때문에, 돌연변이의 일정 부분은 용인될 수 없는 부작용인 암을 유발할 수도 있다.

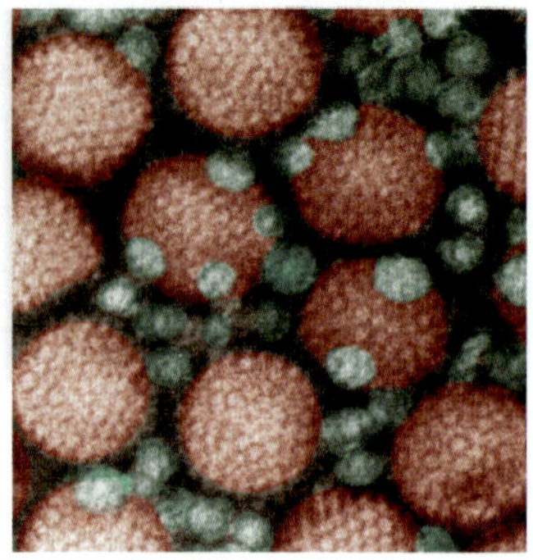

그림 13.21 아데노바이러스와 AAV 벡터(×200,000)
위 그림의 붉은색 입자로 보이는 아데노바이러스는 유전자 치료의 임상시험에서 건강한 유전자를 전달하기 위해 사용되었다. 하지만 이 바이러스의 사용은 문제점을 드러냈다. 위 그림에서 파란색을 띠는 녹색으로 보이는 좀 더 작은 바이러스는 AAV로 아데노바이러스의 많은 문제점들이 없기 때문에 더욱 장래성이 밝은 유전자 전달 벡터이다.

가능성 있는 벡터

현재 과학자들은 좀 더 가능성 있는 벡터로서 소형 바이러스인 *adeno-associated virus*(AAV, **그림 13.21**의 파란색의 작은 바이러스)로 단 2개의 유전자만을 가진 바이러스를 연구하고 있다. 유전자 전달을 위한 벡터를 만들기 위해서, 과학자들은 AAV의 2개의 유전자 모두를 제거하였다. 바이러스의 껍질은 감염성이 높고 그 안에 환자에 전달할 유전자를 가지고 있다. AAV는 강한 면역반응을 일으키지 않기 때문에 환자의 면역체계에 의해 제거되지 않는다. 더 나아가, AAV는 아데노바이러스보다 훨씬 낮은 빈도로 인간의 DNA에 삽입되므로 암을 유발하는 돌연변

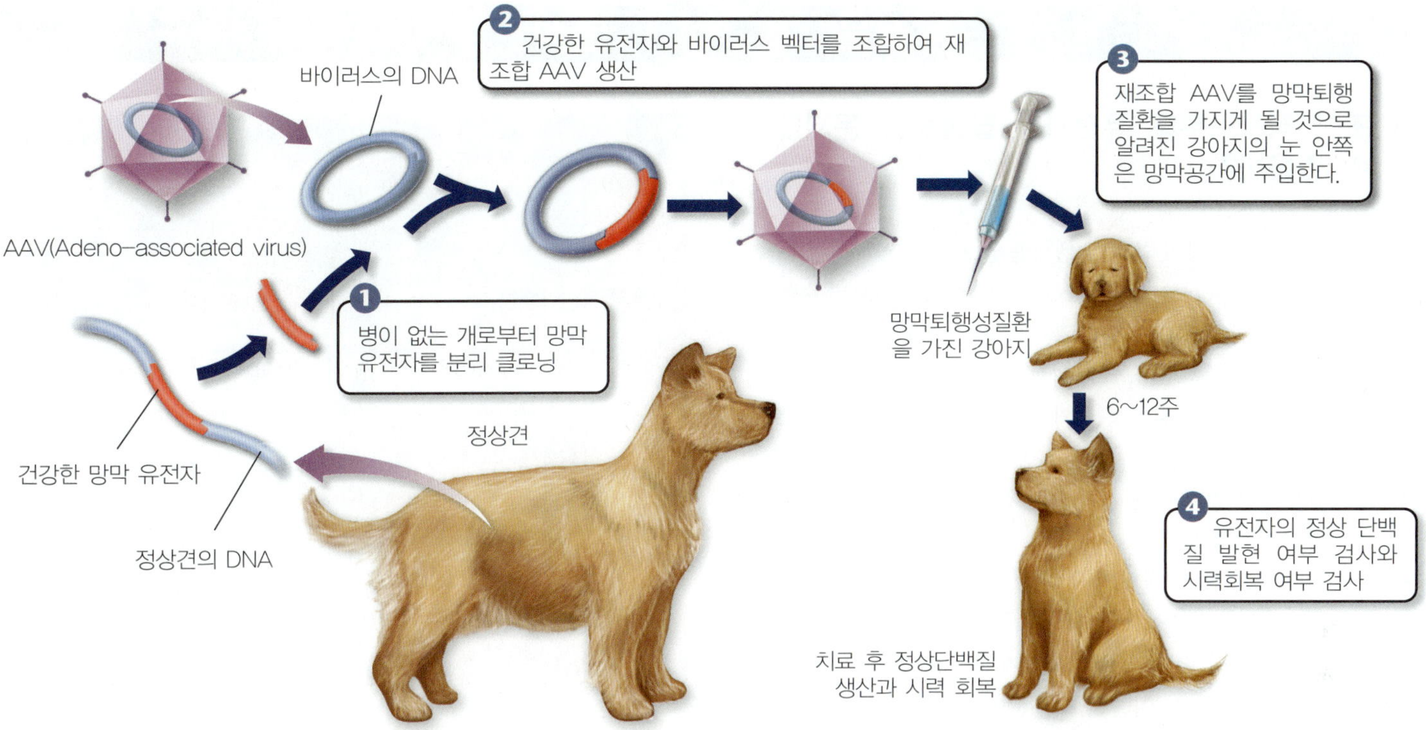

그림 13.22 망막퇴행질환을 치료하기 위한 유전자 치료의 사용

과학자들은 건강한 개의 유전자를 사용하여 유전병인 망막퇴행질환으로 앞을 볼 수 없는 개를 치료하였다. 이 유전병은 사람에서도 발병하는데, 결함 유전자로 인해 망막 퇴행이 일어나 어릴 때 시력을 잃는다. 이 유전자 치료 실험에서는 유전병이 없는 개의 유전자들을 결함유전자를 지닌 3개월 된 출생 시부터 앞을 보지 못하는 개에 주입하였다. 치료 후 6주가 지난 후, 개의 눈에서 정상 유전자의 단백질이 발현되었고, 3개월이 지난 후에는 개의 시력이 회복되었다.

이를 발생시킬 확률이 낮다.

새로운 벡터들을 이용한 성공사례

1999년에는, AAV는 성공적으로 붉은털원숭이의 빈혈증을 치료하였다. 사람을 포함하는 포유동물에서는, *에리스로포이에틴*(erythropoietin, EPO) 단백질에 의해 적혈구 생산이 활성화된다. 투석을 받는 환자처럼 적혈구 수가 적은 사람의 경우 정기적으로 EPO를 주사 받는다. 과학자들은 이 EPO 유전자를 가지고 있는 AAV를 사용하여 원숭이의 빈혈을 영구적으로 치료하였다.

AAV를 이용한 비슷한 시도를 통해 망막이 퇴행되어 앞을 보지 못하는 개를 치료하는 데도 성공을 거두었다. 이 유전병을 지닌 개들은 결함유전자가 돌연변이 형태의 망막과 관련이 있는 단백질을 생산한다. 건강한 유전자를 지닌 재조합 바이러스 DNA가 **그림 13.22**의 과정 ❶, ❷와 같이 만들어진다. 필요한 유전자를 지닌 AAV가 망막 뒤쪽의 액체로 차 있는 부분에 주입되고 ❸, 시력이 회복된다 ❹. 이 방법은 최근에 인간 환자에도 적용되어 성공을 거두었다.

2003년에는 SCID(severe combined immune deficiency)를 치료하려던 임상시험 도중에 20명의 환자 중 5명에서 백혈병이 발생하여 중단되었다. 벡터의 작은 부분이 백혈병을 일으키는 인간 유전자와 상동(homologous)하였음이 분명하다. 벡터가 이 위치에 삽입되었을 때, 백혈병을 유발하는 유전자가 활성화되었다.

과학자들은 이 벡터로부터 백혈병을 일으키는 부분을 제거하고 새로운 유전자 치료 임상시험을 시작하였다. 2009년에는 Leber's congenital blindness 유전병 환자 12명을 개선된 벡터를 사용하여 성공적으로 치료하였다. 또 다른 연구로는 2009년에, 영화 〈Lorenzo's Oil〉로 유명한 치명적인 뇌질환인 adrenoleukodystrophy (ALD) 환자 두 명을 치료하였다. 이 치료로 질환의 진행이 멈추었고, 3년 후에도 환자는 안정적으로 학교에 다닐 수 있었다.

2010년에는, 2003년 임상시험에서 백혈병이 발생되지 않은 모든 환자에서 SCID를 치료할 수 있었던 결과에 고무된 과학자들은 개선된 벡터를 사용한 새로운 SCID 임상시험을 시작하였다. 또한, 다양한 여러 다른 질병에 대한 임상시험이 진행되고 있다.

주요 학습 요점 13.9 **이론적으로는 대상 조직에 건강한 유전자를 전달함으로써 낭포성섬유증과 같은 유전 질환은 치료가 가능하다. 아데노바이러스를 이용한 초기 시도들은 그리 성공적이지 못했다. 초기 벡터들의 문제를 해결한 새로운 바이러스 벡터들은 유전자 치료에 가능성을 보여준다.**

유전자 조작 작물로부터 유전자가 탈출하는 문제를 해결할 수 있을까?

GM 작물의 유전자가 누출되어 환경에 문제를 일으킬 수 있는지에 대한 질문을 다루었다. Environmental Protection Agency가 2004년 수행한 현장 실험에서 골프코스의 GM 잔디로부터 다른 식물로 조작된 유전자의 이동 가능성을 조사하였다. 조사관들은 제초제 저항성을 가지게 하는 유전자(glyphosate에 저항성을 가지게 하는 EPSP synthetase 유전자)를 골프장 겨이삭띠(*Agrotis stolonifera*)에 삽입하고 이 GM 작물로부터 유전자가 같은 종의 다른 개체 또는 친척관계의 다른 종으로 전이될 수 있는지 조사하였다.

아래 지도는 이 정교한 현장 실험의 구성을 보여준다. 전체 178개의 *A. stolonifera*가 골프코스 바깥에 배치되었고, 이 대부분은 바람이 부는 방향을 따라 배치되었다. 추가로 69개의 자생하는 겨이삭띠가 바람이 부는 방향에서 발견되었고, 이들은 대부분이 친척관계 식물인 *A. gigantea*였다. 이들 식물들로부터 씨앗을 각각 모아서 GM 골프코스 잔디의 유전자가 전이되었는지를 확인하였다. 위쪽의 적색 그래프는 다양한 거리의 *A. stolonifera*에서 GM 작물의 유전자가 발견되는 상대 빈도수를 나타낸다. 아래쪽의 파란색 그래프는 친척관계 식물의 *A. gigantea*에서 같은 내용을 조사한 것이다.

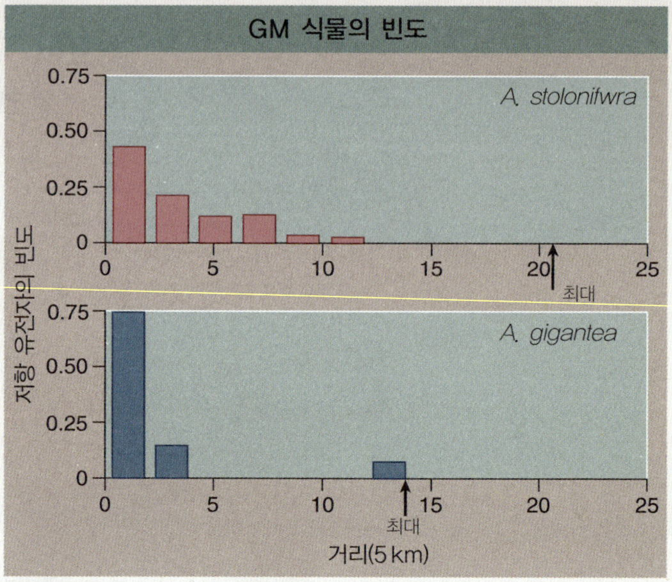

1. 개념 적용

a. 히스토그램 읽기 제초제 저항성 유전자가 다른 *A. stolonifera*로 전이되었는가? 친척관계 식물인 *A. gigantea*로는 전이되었는가?

b. 동종식물로 전이될 수 있는 최대 거리는 얼마인가? 친척관계 식물로 전이될 수 있는 최대거리는 얼마인가?

2. 자료 분석

a. 제초제 저항성 유전자가 다른 식물로 전이될 수 있는 가능성에 서로의 거리가 미치는 영향에 대한 일반적으로 서술하시오.

b. 유전자의 전이에 있어서 *A. stolonifera*와 친척식물인 *A. gigantea*와는 중대한 차이점이 있는가?

3. 추론하기

a. 이 유전자의 전이에 대해 여러분이 제안할 수 있는 기전은 무엇인가?

4. 결론 도출

a. 유전자 조작 형질이 다른 식물로 전이될 수 있다는 결론이 정당한가? 여러분의 결론에 대해 어떤 증명을 제시할 수 있는가?

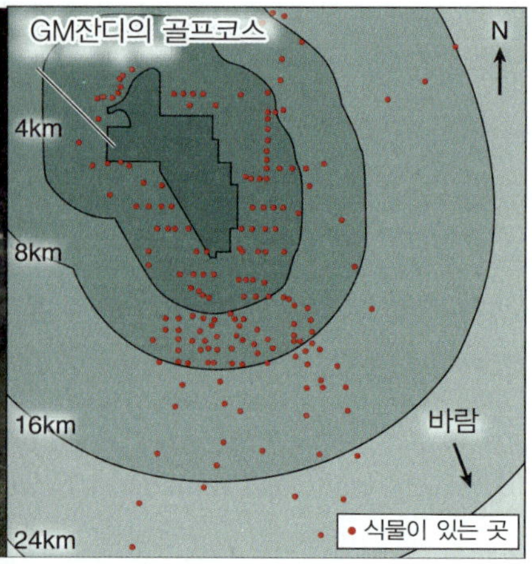

단원 복습

전체 게놈 염기서열분석

13.1 유전체학

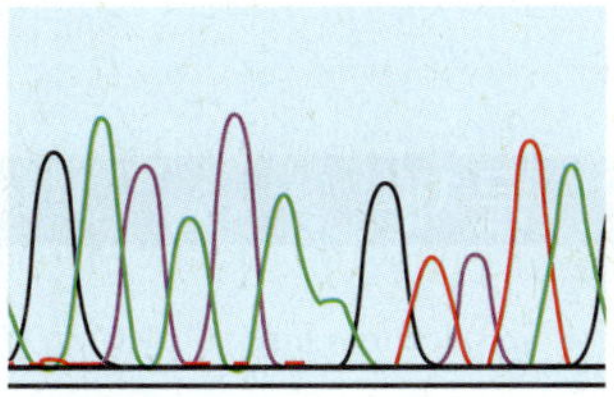

- 생물의 유전정보(유전자와 다른 DNA)를 게놈이라 한다. 서열화와 게놈에 대한 연구를 유전체학이라고 한다(**표 13.1**).
- 자동화된 시스템에 의해 빠르고 쉽게 전체 게놈의 서열화를 할 수 있다(**그림 13.1**).

13.2 인간의 게놈

- 인간의 게놈은 20,000~25,000개의 유전자를 가지고 있으며(**그림 13.2**), 이는 우리 세포에 존재하는 mRNA 개수로 예측되는 숫자보다 매우 적은 것이다.
- 인간의 게놈는 거의 99%의 비암호화 DNA로 구성되어 있다(**그림 13.3**).

유전공학

13.3 과학 혁명

- 유전공학은 유전자를 한 개체로부터 다른 개체로 옮기는 과정이다. 이는 의학과 농학 분야에 큰 영향을 끼쳤다(**그림 13.4**).
- 제한효소는 짧은 DNA 서열에 결합하여 특정한 위치를 자르는 효소이다. 두 개의 다른 DNA 분자를 같은 제한효소로 자르면 점착성 말단을 만들 수 있으며 이는 다른 DNA와 합쳐질 수 있다(**그림 13.5**).
- 진핵세포의 유전자를 박테리아로 옮기기 전에 인트론 부분이 반드시 제거되어야 한다. 이는 유전자로부터 만들어지는 인트론을 가지지 않는 cDNA를 사용함으로써 해결될 수 있다(**그림 13.6**).
- DNA 지문분석은 탐침자를 사용하여 두 개의 DNA 시료를 비교하는 방법이다. 탐침자는 DNA 시료에 결합하여 제한효소 패턴을 만들어 이를 비교할 수 있다.
- PCR은 소량의 DNA를 증폭하는 방법이다(**그림 13.7**).

13.4 유전공학과 의학

- 유전공학은 질병을 치료하는 데 사용되는 의료용 단백질을 생산하는 데 이용된다(**표 13.2**).
- 백신의 개발에 유전공학이 사용된다. 병원성 바이러스의 단백질의 유전자를 해가 없는 비병원성 바이러스의 DNA에 삽입하여 벡터로 사용한다(**그림 13.9**). 이런 재조합 DNA를 가진 벡터를 인간에 주입한다. 벡터는 인간을 감염시키고, 증식하며, 바이러스 단백질을 만들어낸다. 인체는 이 단백질에 대한 면역반응을 일으키며 이는 미래에 병원성 바이러스 감염을 막는다.

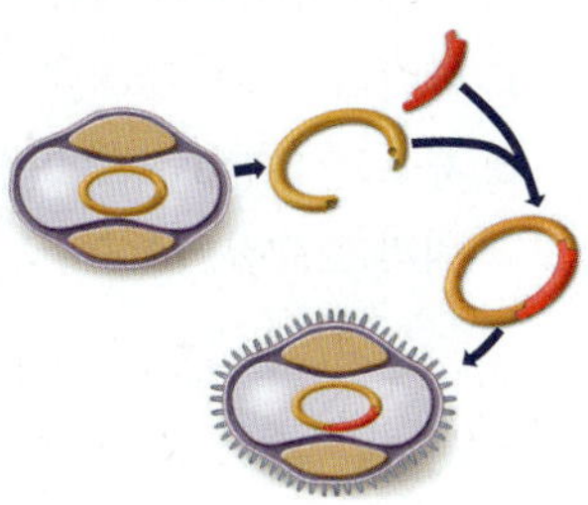

13.5 유전공학과 농업

- 유전공학은 효과적으로 잘 자라는(**그림 13.11**) 또는 영양적으로 우수한(**그림 13.12**) 작물을 만들기 위해 이용되어 왔다. 하지만 GM 작물은 그 작물에 의해 야기될지도 모르는 위험들 때문에 논란이 되고 있다.

세포기술의 혁명

13.6 생식 복제

- Ian Wilmut는 공여 핵과 난자의 세포 주기를 같게 동기화시켜서 양을 복제하는 데 성공하였다(**그림 13.14**).
- 다른 동물들도 성공적으로 복제되었지만 복제동물의 수명이 짧다는 것이 알려진 후 여러 문제들이 제기되었다. 후생유전학적 재프로그래밍이라고 하는 유전자 온-오프(on-off)에 관계하는 DNA 분화 과정이 생략되어서 이러한 문제들이 발생한다.

13.7 줄기세포치료

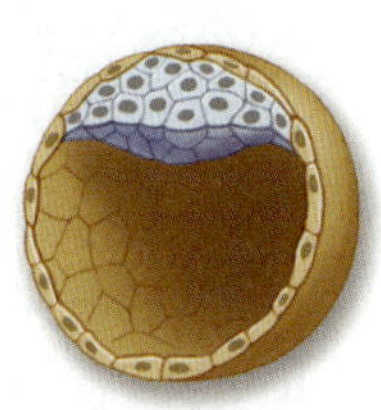

- 배아줄기세포는 신체의 모든 세포를 만들 수 있고 심지어 몸 전체를 만들어낼 수도 있는 전능한 세포이다. 이 세포들은 초기 배아에 존재한다. 이러한 배아줄기세포의 전능한 성질 때문에 사고나 질병에 의해 손상 또는 손실된 조직을 대체하는 데 사용할 수 있다(**그림 13.18**).

13.8 치료용 복제

- 배아줄기세포를 사용하여 손상된 조직을 대체하는 방법은 이식거부반응이라는 큰 문제점을 가지고 있다. 배아줄기세포는 환자의 몸에서 외부물질로 인식되어 거부반응을 일으켜 제거된다. 치료복제방법은 이러한 문제를 해결할 수 있다.
- 치료복제는 환자 자신의 세포를 복제하는 방법으로 환자와 유전적으로 동일한 배아를 만든다. 복제된 배아로부터 배아줄기세포를 얻고 이를 같은 환자에 주입하는 방법이다. 배아줄기세포는 면역거부반응 없이 손상 조직에서 다시 자라게 된다(**그림 13.20**). 하지만 이 방법 역시 다른 배아줄기세포 치료법들과 마찬가지로 논란거리이다. 성체세포를 후생유전학적으로 재프로그램시켜서 배아줄기세포로 만들 수 있다면 큰 도움이 될 것이다.

13.9 유전자 치료

- 유전자 치료를 통해 결함을 가진 유전병환자의 유전자를 건강한 유전자로 대체함으로써 치료할 수 있다. 이론적으로는 성공적이었지만, 낭포성섬유증 유전병 환자에 대한 치료시도는 건강한 유전자를 전달하기 위해 사용한 아데노바이러스에 대한 면역반응 때문에 실패하였다.
- 최근의 유전자 치료연구는 아데노바이러스 사용에서 불거진 문제를 해결할 수 있는 벡터를 구축하는 것이다. AAV (adeno-associated virus)라고 하는 파보바이러스를 이용한 연구들은 아데노바이러스의 문제점을 해결할 새로운 벡터의 가능성을 보여준다(**그림 13.22**).

이해력 확인 문제

1. 유전자와 다른 모든 DNA를 포함하는 생물의 전체 DNA는 무엇이라 하는가?

a. 유전성　　c. 게놈
b. 유전학　　d. 유전체학

2. 과학자들의 예상을 깨고 인간의 유전자 수가 매우 적었던 설득력 있는 이유는 다음 중 어느 것인가?

a. 인간은 25,000개 이상의 유전자가 필요 없다.
b. 특정 mRNA를 만들기 위한 엑손 재배열에 의해 같은 유전자로부터 다른 단백질을 만들 수 있다.
c. 인간 게놈을 서열화하기 위한 샘플 크기가 작아서, 예측된 유전자 수가 적었다.
d. 과학자들이 비암호화 서열이 어떤 일을 하는지 밝히면 유전자의 개수는 증가할 것이다.

3. 특정 DNA 서열을 자르는 단백질은 무엇인가?

a. DNase　　c. 제한효소
b. DNA 리가아제　　d. DNA 중합효소

4. cDNA를 만드는 방법은 무엇인가?

a. 유전자를 박테리아 세포에 주입
b. 진핵생물의 mRNA를 역전사효소에 노출시킴
c. DNA를 제한효소에 노출시킴
d. DNA를 탐침자에 노출시킴

5. 다음 중 옳은 것은?

a. 법정에서 DNA 지문분석은 받아들여지지 않는다.
b. DNA 지문분석은 100%의 정확도로 두 DNA 시료가 동일인임을 증명할 수 있다.
c. DNA 지문 분석은 더 많은 탐침자를 사용 할수록 더욱 더 정확해진다.
d. 세상에 어떤 두 사람도 제한효소 패턴이 동일할 수 없다.

6. 유전자 조작된 박테리아로부터 생산된 약물은 다음 중 어떤 일을 가능하게 하는가?

a. 과거보다 훨씬 많은 양의 약물을 생산할 수 있다.
b. 결손된 유전자를 가진 유전병 환자를 영구적으로 치료할 수 있다.
c. 낭포성섬유증 유전병을 치료할 수 있다.
d. 모두 옳음

7. 유전자 조작된 생물을 농업에 이용하는 장점은 무엇인가?

a. 수확량 증가
b. 현재 영양적 가치 유지
c. 대량생산 단백질
d. 유전병 치료

8. 다음 중 유전자 조작 작물을 이용하는 데 문제점이 아닌 것은 무엇인가?

a. 섭취 후 인간에게 위험할 가능성
b. 해충이 살충제 저항성을 가지게 될 가능성
c. 야생의 친척관계 식물들로 GM 작물의 유전자가 누출될 가능성
d. 돌연변이에 의해 작물 자체에 가해지는 위해

9. 손상조직을 대체하기위해 배아줄기세포를 사용하는 데 있어서 가장 중요한 생물학적 문제점은 무엇인가?

a. 환자의 이식조직에 대한 면역거부반응
b. 줄기세포가 적절한 조직으로 목적화 되지 않을 수도 있는 것
c. 충분한 양의 조직을 얻기 위해 자랄 시간이 필요한 것
d. 선택된 줄기세포의 돌연변이가 장래에 문제를 만들지도 모른다는 것

10. 유전자 치료에서, 건강한 유전자가 동물세포에 주입되는 방법은 무엇인가?

a. DNA 파티클 건
b. 미세피펫(주사바늘)
c. 바이러스
d. 세포는 유전적으로 변형되지 않는다. 그 대신 건강한 조직을 키워서 환자에 이식한다.

응용력 확인 문제

1. **그림 13.1** 아래의 DNA 조각들을 이용한 분석을 통해 서열화를 할 수 있는가?

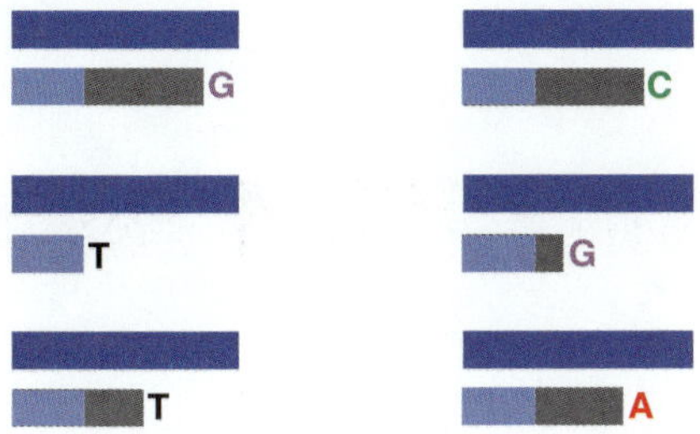

2. **그림 13.14** 여러분의 친구가 과학자들이 핵이 있는 난자를 그대로 사용하여 충격을 통해 분열을 유도하지 않는 이유를 알고 싶어 한다. 여러분의 대답은 무엇인가?

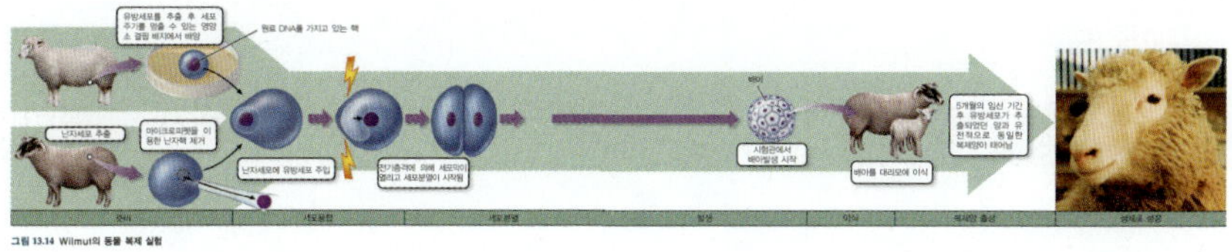

종합 학습

1. 치료복제의 목적은 사고나 유전병이 아닌 질병에 의해 손상된 조직을 대체하는 것이다. **그림 13.20**에서 보여주는 치료복제가 유전병에 의해 손상된 조직을 대체할 수 있을까?
2. 낭포성섬유증과 같은 유전병에 걸린 사람은 유전자 치료를 통해 치료할 수 있으리라는 희망을 가지고 있다. 만약 유전자 치료가 성공한다면, 그 치료된 환자들의 결함 있는 *cf* 유전자는 다음 세대로 전달되지 않는가?
3. GM 식량을 생산하는 기술의 대부분은 다국적 기업이 가지고 있으며 그들은 그들의 GM 작물에 대한 특허권을 지키려고 한다. 한 가지 예로, Monsanto Corporation은 농부들이 다음해에 올해 남은 glycophosate 저항성 콩을 다시 심지 못하도록 계약서를 작성하고 있다. 이 회사는 계약을 어긴 농부들에게 소송을 걸고 있다. 한편으로는, GM 작물을 개발하는 비용은 천문학적으로 크기 때문에 이들 회사는 GM 작물로부터 이득을 챙기는 것이 필요하다. 만약 이득을 볼 가능성이 없다면, GM 작물은 개발되지 못할 것이다. 다른 한편으로는, 세계의 인구 밀도가 높은 많은 지역들이 씨앗의 가격을 지불할 형편이 되지 않아 매년 기근에 시달리고 있다. 이 문제를 슬기롭게 풀기 위한 여러분의 견해는 무엇인가?

Unit 4 | 진화와 생명의 다양성

14

진화와 자연선택

위 사진에서 보여주는 4종류의 핀치(finch) 새들은 남미 해안으로부터 멀리 떨어진 화산섬들로 이루어진 Galápagos 제도에 살고 있다. 오래 전에 남미 대륙으로부터 이주해온 한 조상의 후손들인 Galápagos 핀치들은 Darwin에게 어떻게 자연선택이 종의 진화를 형성하는지에 대한 중요한 증거들을 제공하였다. 위 열의 두 핀치는 땅에 서식하며 모양이 다른 부리들은 다른 크기의 씨들을 섭취하는 데 적응되어 있다. 왼쪽의 새는 작고 긴 모양의 씨들을 섭취하며, 오른쪽 새는 통통하고 단단한 부리를 가져 크고 건조한 씨들을 깰 수 있다. 아래 열 왼쪽의 새는 딱따구리 핀치로서 나무에 서식하는데, 선인장 가시를 가지고 다니며 깊은 구멍에 있는 벌레를 찾는 데 사용한다. 아래 오른쪽 새는 지저귀는 새로서 기어다니는 곤충들을 잡아먹는다. 이러한 종들의 각각은 다른 먹이 자원을 사용한다. 이들이 사는 군집과의 다른 상호작용 방법들은 Darwin의 핀치와 같은 집단의 진화를 형성하는 선택적인 압력을 발생시킨다.

학습단원

진화

14.1 HMS Beagle호를 탄 Darwin의 항해
1. Beagle호를 탄 Darwin의 항해 이야기

14.2 Darwin의 증거
1. Darwin이 관찰한 화석들과 생명의 양상 기술

14.3 자연선택 이론
1. Malthus의 제안과 자연선택의 정의

Darwin의 핀치: 진화의 활동

14.4 Darwin의 핀치들의 부리
1. Darwin, Lack 및 Grants의 연구 비교

14.5 자연선택이 다양성을 창출하는 방법
1. Galapágos 핀치들이 점유한 4가지 생태적 지위와 부리 진화에 미치는 영향

진화 이론

14.6 진화에 대한 증거
1. 화석들을 사용하여 진화를 조사하기 위한 4단계 절차
2. 상동구조와 상사구조의 차이

오늘날의 생명과학: Darwin과 Moby Dick

14.7 진화에 대한 비평가들
1. 진화 교육과 진화 비평가들의 역사 회고

자세히 관찰하기: 지적설계를 검증하기

집단은 어떻게 진화할까?

14.8 집단 내에서의 유전적 변화: 하디-바인베르크 법칙
1. 하디-바이베르크 법칙과 이에 대한 5가지 가정

14.9 진화의 요인들
1. 하디-바이베르크 비율에 영향을 주는 5가지 요소
2. 안정화 선택, 분단성 선택 및 방향성 선택 비교

집단 내에서의 적응

14.10 겸상적혈구 빈혈증
1. 안정화 선택이 겸상적혈구 빈혈증을 유지시키는 방법 설명

14.11 회색가지나방과 산업화에 의한 흑화현상
1. 자연선택이 나방을 검게 만든 방법 추정

14.12 구피들에 있어서 색깔에 대한 선택
1. 포식작용이 구피들의 피부 색깔을 변화시키는 방법 분석

저자 코너: 새를 잡아먹는 고양이들은 더 좋은 새들을 만드는 자연적인 방법일까?

종은 어떻게 형성될까?

14.13 생물학적 종의 개념
1. 생물학적 종의 개념과 수정 후 격리에 대해 규정

14.14 격리 메커니즘
1. 5가지 수정 전 격리 메커니즘들에 대해 설명

질문 & 분석: 효소 다형성에 자연선택이 작용하는가?

14.1 HMS Beagle호를 탄 Darwin의 항해

세균에서부터 코끼리와 장미에 이르는 지구상 생명의 매우 다양함은 시간이 지남에 따라 생물들의 형질들에서 나타나는 변화들인 **진화(evolution)**라는 긴 과정의 결과이다. 1859년 영국의 자연주의자인 Charles Darwin(1809~1882; **그림 14.1**)은 최초로 왜 진화가 일어나는지에 대한 설명을 그가 *자연선택*(natural selection)이라 부른 한 과정에 의해 일어난다고 제안하였다. 생물학자들은 곧 Darwin이 옳았음을 확신하게 되었으며, 현재는 진화가 생물 과학의 중추적인 개념들의 하나라고 여기고 있다. 이 장에서는 Darwin과 진화에 대해 상세하게 알아볼 것인데, 등장하는 개념들은 여러분들이 생명 세계를 탐구하기 위한 확고한 기반을 마련해 줄 것이다.

진화 이론은 한 집단이 시간이 지남에 따라 변화할 수 있으며, 때로는 하나의 새로운 종을 형성하기도 한다고 주장한다. 하나의 **종(species)**이란 유사한 형질들을 갖고 상호교배가 가능하여 가임성 자손을 낳는 한 집단 또는 여러 집단이다. 이 유명한 이론은 어떻게 한 과학자가 한 가설을 세우고(이 경우에는 어떻게 진화가 일어나는가에 대한 한 가설), 많은 검증 후에 어떻게 이 가설이 궁극적으로 한 이론으로서 받아 들여 졌는가를 보여주는 좋은 한 예가 된다.

Darwin은 영국의 자연주의자로서, 30년간의 연구와 관찰을 통해 역사상 가장 유명하고 영향력 있는 책들 중 하나를 저술하였다. 이 책이 〈자연선택을 통한 종의 기원〉 또는 〈생존경쟁에서 유리한 종들의 유지〉로 발행되자 큰 이야깃거리를 불러 일으켰으며, Darwin이 이 책에서 표출한 사고들은 이후 인간의 사고 발달에 있어서 중추적인 역할을 담당해왔다.

Darwin이 살았던 시대에서는 대부분의 사람들이 다양한 종류의 생물들과 개별적인 생물들의 구조들이 창조자의 직접적인 활동에 의해 만들어진 결과라고 믿었다. 종들은 특별하게 창조되었으며, 시간이 지나면서 변하지 않는다고 여겨졌다. 이러한 관점들과는 대조적으로 많은 초기 철학자들은 생물들이 지구상 오랜 역사를 통해 변화해 왔음이 틀림이 없다는 견해를 제시하여 왔다. Darwin은 이러한 과정에 대한 논리적이고 조리있는 설명의 하나로서 자신이 자연선택이라고 부른 한 개념을 제안하였다. Darwin의 책은 그 제목이 말해주듯이 보통의 지혜와는 완전히 다른 하나의 결론을 나타내 준다. 그의 이론이 신성한 창조자의 존재를 부정하지는 않았지만, 이러한 창조자가 단순하게 사물들을 창조하여 영원히 변하지 않도록 내버려두지 않았다고 주장하였다. 대신에 Darwin이 말하는 신은 시간이 지남에 따라 변화를 일으키는 자연법칙의 운용인 진화를 통해 그 자신을 표출하였다.

그림 14.1 자연선택에 의한 진화 이론은 Charles Darwin에 의해 제기되었다
새로 찾아 낸 이 사진은 위대한 생물학자를 찍은 마지막 사진으로 보인다. Darwin이 죽기 전인 1881년에 이 사진을 찍었다.

Darwin과 그의 이론에 대한 이야기는 그가 22세인 1831년 시작된다. **그림 14.2**에서 보듯이 영국 해군의 작은 함선인 HMS Beagle호는 5년간에 걸쳐 남미 해안 주위의 항해지도 작성을 위한 탐사를 떠나려 할 참이었다. **그림 14.3**에서 빨간색 화살표는 HMS Beagle호가 항해한 경로를 나타낸다. 당시 26세였던 HMS Beagle호의 어린 선장은 승무원과 사적 접촉을 금하는 것이 그 당시 영국 해군의 전통이었으므로, 수년간 지속될 수 있는 항해 동안 대화를 할 수 있는 동반자로의 신사를 원하였다. 실제로 과거 Beagle호의 선장은 집을 떠난 3년간의 외로운 항해 끝에 좌절하여 자살한 바 있었다.

Cambridge 대학 교수의 추천을 받아 부유한 의사의 아들이며 훌륭한 신사였던 Darwin은 오랜 항해 동안 주로 저녁 식사마다 같은 식탁에 앉기 위한 선장의 동반자로 선택되었다. Darwin은 항해 비용을 지불했을 뿐만 아니라 한 명의 하인을 대동하였다.

Darwin은 배의 자연애호가(naturalist) 직을 맡았다(공식적으로 임명되었던 Robert McKormick은 1년이 채가기도 전에 배를 떠났다). 오랫동안 항해하면서 Darwin은 대륙, 섬 및 먼 바다에

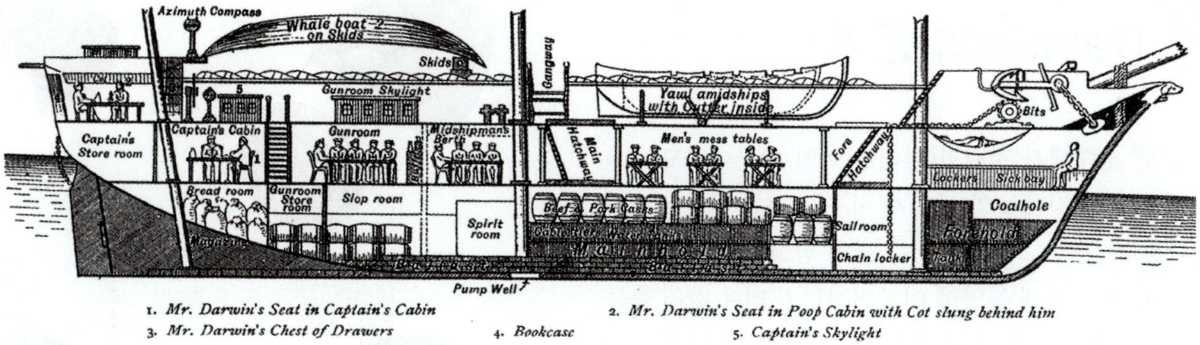

그림 14.2 HMS Beagle호의 단면도

HMS Beagle호는 20개의 대포를 갖춘 범선으로, 무게 242톤, 길이 90피트(27.5미터)로서 승무원 74명을 태울 수 있었다. 이 배를 처음 보고 Darwin은 지도 교수인 Henslow에게 보낸 글에서, "방이 절대적으로 부족함이 누구도 견디기 어려운 죄악이다"라고 서술하고 있다.

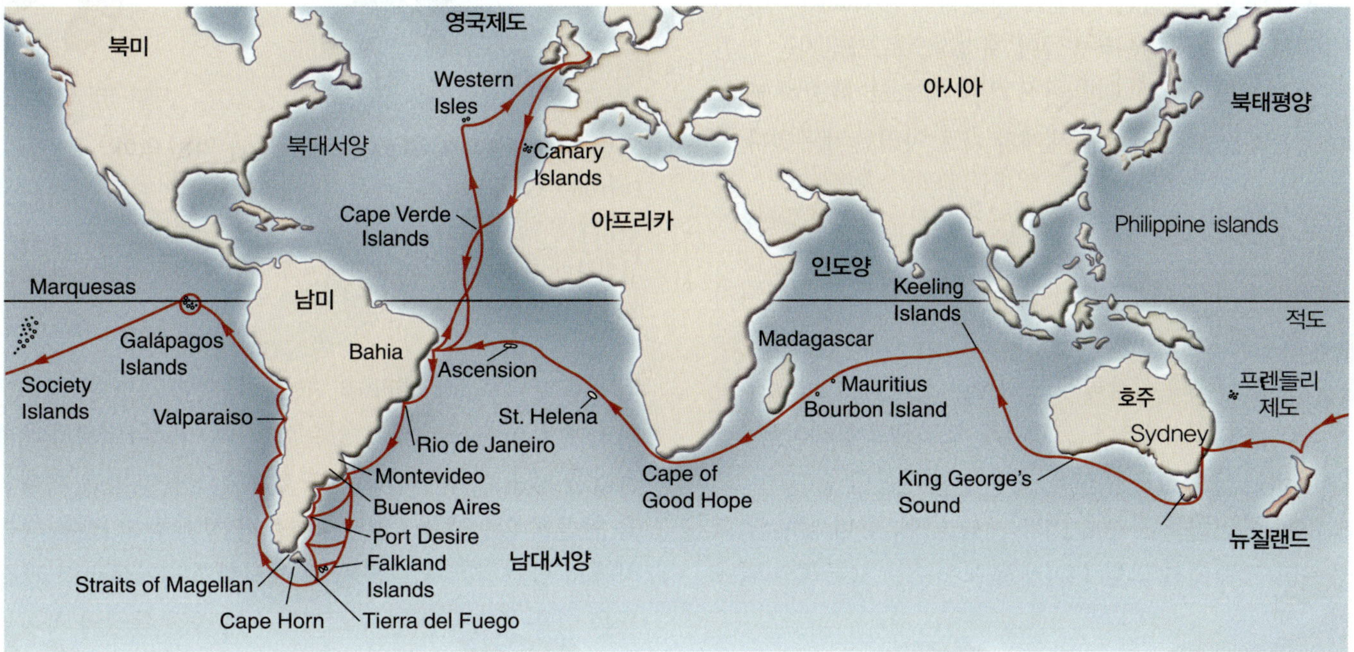

그림 14.3 HMS Beagle호의 5년 동안의 항해

배가 세계를 일주했지만, 대부분의 시간을 남미 해안과 Galápagos 제도와 같은 주변 섬들을 탐험하는 데 소비했다. 이러한 섬들에 사는 동물들에 대한 Darwin의 연구가 자연선택에 의한 진화의 이론을 정립하는 데 중요한 역할을 하였다.

서식하는 매우 다양한 동식물들에 대해 연구할 수 있는 기회를 갖게 되었다. 그는 열대 삼림들의 생물학적 풍부함을 탐험하고, 남미 대륙의 남쪽 끝에 있는 Patagonia에서 거대한 멸종 동물들의 특이한 화석들을 조사하며, **Galápagos 제도(Galápagos Island)**에서는 일련의 관련은 있지만 먼 형태의 생물들을 관찰할 수 있었다. 이러한 기회는 그가 지구상의 생명 특성에 대한 사고를 형성하는 데 중요한 역할을 하였다.

27세 되던 해에 항해로부터 돌아오자 Darwin은 오랜 기간 연구와 묵상을 시작하였다. 이후 10년 동안 그는 산호초로부터 바다의 섬이 형성됨과 남미의 지질을 포함한 다양한 주제들에 대한 중요한 책들을 편찬하였다. 그는 또한 껍데기를 갖고 바위와 바다에 박힌 말뚝에 붙어사는 따개비 연구에 8년을 쏟아 부은 후에, 마침내 따개비 분류와 역사에 대한 4권의 책을 서술하였다. 1842년 Darwin과 그의 가족들은 London을 떠나 Kent 주에 있는 Down으로 이사를 가게 되었는데, 향후 40년간 이 편안한 환경에서 살며 연구하고 책을 저술하였다.

주요 학습 요점 14.1 Darwin은 최초로 자연선택이 지구상의 다양한 생물들을 창출하는 진화의 메커니즘이라고 제안하였다.

14.2 Darwin의 증거

Darwin이 살던 시대에서는 진화에 대한 어떤 이론이라도 수용하지 못하게 만드는 장애물의 하나가 지구가 수천 년밖에 오래되지 않았다는 것으로 그 당시로서는 널리 믿고 있었던 그릇된 사고였다. Darwin의 시대 동안에 이루어졌던 두터운 바위 층들, 광범위하고도 오랜 기간 동안에 걸친 침식의 증거들 및 점점 증가하는 다양하고 생소한 화석들의 발견들로 인해 지구가 오래되지 않았다는 주장은 점점 더 신뢰를 잃어가고 있는 듯 했다. Darwin이 HMS Beagle호를 타고 항해할 때 열심히 탐독했던 〈지질학 원론〉(1830)을 지은 위대한 지질학자인 Charles Lyell (1797~1875)은 식물과 동물 종들이 계속적으로 사라지는 한편 새로 생겨났던 고대 세계의 이야기를 최초로 서술하였다. Darwin이 설명을 찾고자 했던 세계가 바로 이러한 세계였다.

Darwin이 본 것들

HMS Beagle호가 항해를 떠날 때 Darwin은 종들은 변화되지 않는다는 확고한 신념을 갖고 있었다. 실제로 종들은 변화할 수 있다는 가능성에 대해 심각하게 고려하기 시작한 때는 그가 돌아온 지 2~3년이 지나서였다. 그럼에도 불구하고 항해하는 5년 동안 Darwin은 궁극적으로 그의 결론을 내리는데 핵심적으로 중요한 많은 현상들을 관찰하였다. 예를 들면, 남미 남부의 화석이 풍부한 지층에서 **그림 14.4**에서 보여주는 오른쪽의 멸종된 아르마딜로(armadillo)의 화석들을 관찰하였다. 이들은 같은 지역에서 아직까지 살고 있는 왼쪽의 아르마딜로들과 형태가 놀라울 정도로 유사하다. 선조 형태의 생물이 같은 형태의 생물을 만들지 않는다면, 같은 지역에서 현재 살고 있는 생물과 화석에서 발견되는 생물들이 왜 유사할까? Darwin이 관찰한 것들은 이후 계속적인 변화를 보여주는 중간 특징의 화석들이 발견됨에 의해 더욱 확신을 갖게 되었다.

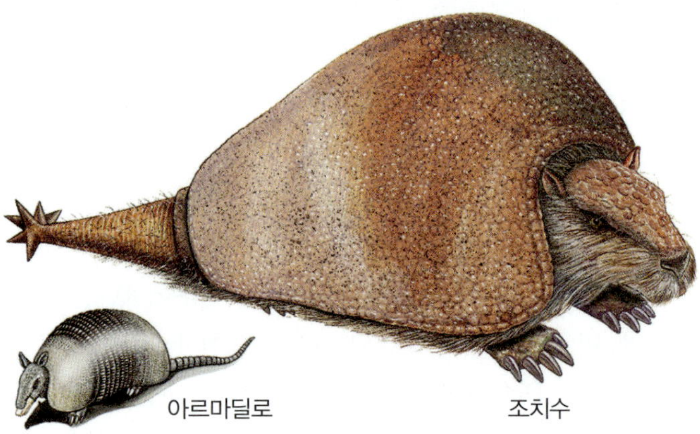

그림 14.4 진화가 일어났다는 화석 증거
현재는 사라진 조치수(glyptodont, armadillo류)는 무게가 2,000kg (소형차 크기)이나 나가는 남미 아르마딜로로서, 무게가 약 4.5kg으로 고양이만한 크기의 현재 아르마딜로보다 훨씬 몸집이 컸다. 같은 지역에서 발견된 조치수 화석과 현재 살고 있는 생물들과의 유사성은 Darwin에게 진화가 일어났음을 암시해주었다.

그림 14.5 4종의 Galápagos 핀치들과 먹는 먹이
Darwin은 Galápagos 제도에서 부리와 먹이 습성이 다른 14종의 다른 핀치들을 관찰하였다. 여기에서 보여주는 4가지 핀치들은 매우 다른 먹이들을 섭취하며, Darwin은 부리 모양이 매우 다름은 먹이 섭취를 위한 진화적인 적응을 나타낸다고 추측하였다.

Darwin은 유사한 종들의 특징들이 지역에 따라 다소 변이가 있음을 반복적으로 관찰하였다. 이러한 지리적인 변이 양상들은 그로 하여금 생물의 후손들이 개별적으로 새로운 서식지로 이동하면서 점차적으로 조금씩 변화한다는 의견을 제시하게 만들었다. Ecuador 해안으로부터 900km 떨어진 Galápagos 제도에서, Darwin은 다양한 핀치들이 섬들에서 살고 있음을 관찰하였다. 14종의 핀치들은 관련은 있지만 모습에서 약간의 차이가 있었다. Darwin은 이 모든 새들이 수백만 년 전 남미대륙으로부터 바람에 의해 휩쓸려 온 한 공통 조상의 새들의 후손이라고 가정을 내리는 것이 가장 합리적이라는 느낌을 가졌다. 다른 섬들에서 다른 먹이들을 섭취하면서 이 새의 종들은 가장 눈에 띄는 것이 부리의 크기와 같은 다른 방법들로 변화하였다. **그림 14.5**의 왼쪽 위에서 보여주는 땅에 사는 핀치의 큰 부리는 이들이 섭취하는 큰 씨들을 깨고 여는 데 더욱 적합하게 되어 있다. 공통 조상으로부터 후손들이 형성되면서 땅에 사는 핀치들은 변화하고 적응하며 Darwin이 "변형된 후손"이라고 하는 진화를 겪게 되었다.

Darwin은 비교적 역사가 오래되지 않은 화산섬들로 이루어진 Galápagos 제도에 서식하는 동물과 식물들이 인근 남미 대륙의 해안에 서식하는 생물들과 유사하다는 사실에 충격을 받았다. 이러한 동물과 식물들의 각 개체가 독립적으로 창조되어 Galápagos 제도에 놓이게 되었다면, 예를 들어 아프리카 해안으로부터 떨어진 섬들처럼 비슷한 기후를 갖는 곳에 자라는 동물과 식물들과는 왜 유사하지 않을까? 대신에 왜 인접한 남미 해안의 생물들과 유사할까?

주요 학습 요점 14.2 **Darwin은 HMS Beagle호를 타고 항해하면서 관찰한 화석과 생물 양상들을통해 궁극적으로 진화가 일어났다는 확신을 갖게 되었다.**

14.3 자연선택 이론

진화의 결과들을 관찰하는 것과 진화가 어떻게 일어났는가를 이해하는 것은 별개의 일이다. Darwin의 위대한 성과는 진화가 자연선택 때문에 일어난다는 가설을 설정하는 데 있다.

Darwin과 Malthus

Darwin의 통찰력 증진에 기여했던 아주 중요한 것에는 〈Thomas Malthus의 인구론〉(1798)에 대한 연구가 있었다. 이 책에서 Malthus는 식물과 동물(인간을 포함하는)의 수는 기하급수적(등비수열적)으로 증가하는 경향이 있는 반면, 먹이 공급을 증가시킬 수 있는 인간의 능력은 단지 등차수열적으로만 증가한다고 지적하였다. 기하급수적 수열이란 요소들이 일정한 비율로 증가함을 말하는데, **그림 14.6**에서 파란색 선은 2, 6, 18, 54의 수열을 보이며 3배씩 증가한다. 반면에 등차수열 수열은 요소들이 일정한 차이로 증가함을 말하는데, 그림에서 빨간색 선은 2, 4, 6, 8의 수열을 보이며 차이값이 2씩 증가한다.

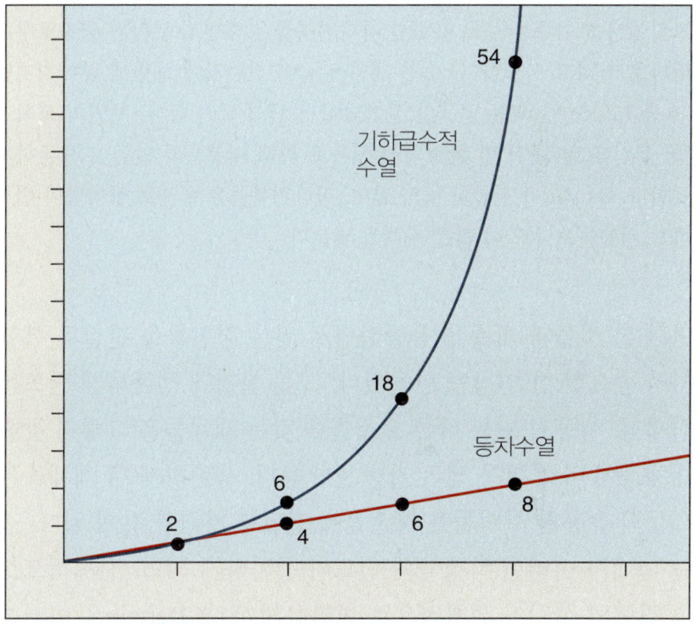

그림 14.6 기하급수적 및 등차수열들
등차수열은 일정한 차이만큼 증가(예를 들면 1, 2 또는 3 차이씩)하는 반면, 기하급수적 수열은 일정한 곱의 수만큼 (예를 들면 2, 3 또는 4배씩) 증가한다. Malthus는 인간 성장 곡선이 기하급수적이지만, 인간의 식량 생산 곡선은 단지 등차수열적이라고 주장하였다. 여러분들은 이러한 차이점이 야기하는 문제점들을 알아볼 수 있는가?

인구는 기하급수적으로 증가하기 때문에 사실상 어떤 종류의 식물이나 동물이라도 방해 없이 증식한다면 아주 짧은 시간에 지구 표면을 온통 덮어버리게 될 것이다. 이에 비해 종의 집단 크기는 해마다 꽤 일정하게 유지되는데 그 이유는 사망이 집단 수를 제한하기 때문이다. Malthus의 결론은 Darwin이 진화가 자연선택에 의해 일어난다는 가설을 설정하는 데 필요했던 중요한 요소를 제공해 주었다.

자연선택

Malthus의 사고가 도화선이 되어 Darwin은 모든 생물들이 생존할 수 있는 개체보다 더 많은 자손을 생산할 수 있지만 오직 제한된 수만이 실제로 생존하여 자손을 생존할 수 있음을 보게 되었다. 많은 예들을 자연에서 볼 수 있다. 예를 들면 바다거북은 알을 낳기 위해 부화한 해변으로 돌아오며, 한 마리의 암컷이 약 100개의 알을 낳는다. **그림 14.7**에서 보듯이 해변은 물가로 가려는 수많은 부화 거북들로 뒤덮이게 된다. 실제로는 성숙 거북으로 자라서 번식을 위해 해변으로 돌아오는 비율은 부화 거북의 10%도 안 된다. Darwin은 HMS Beagle호를 타고 항해하

그림 14.7 부화된 바다거북들

그림에서 보여주는 새로 부화한 바다거북들은 해변의 부화된 둥지로부터 바다로 가려고 시도한다. 수천 개의 알들이 산란기에 해변에 낳아지지만 그 중 10%도 안 되는 알들만 살아남아 성체 거북이 된다. 자연의 포식자들, 인간의 알 채취 및 환경의 방해들로 인해 대부분의 알들이 생존하지 못한다. Darwin이 관찰한 바와 같이, 바다거북들은 실제로 살아남아 번식하는 개체들보다도 더 많은 자식을 낳는다.

그림 14.8 Darwin이 그의 원숭이 조상을 반갑게 맞이하고 있다

그 당시 Darwin은 1874년 발간된 책으로 인해 종종 이 그림에서와 같이 냉담하게 묘사되었다.

면서 본 것들과 가축을 육종하면서 얻은 경험들을 관찰과 복합시켜 중요한 한 연상을 만들었다: 그들 환경에 생존하게 만드는 신체적, 행동적 또는 다른 요소들을 갖는 개체들은 그렇지 못한 개체들에 비해 더욱 생존 가능성이 높다. 생존하게 된 개체들은 그들의 유용한 특성들을 자손들에 전달할 기회를 갖게 된다. 집단 내에서 이러한 특성들의 빈도가 증가하게 되면, 전체적으로 그 집단의 성질이 점차적으로 변화하게 된다. Darwin은 이러한 과정을 **자연선택(natural selection)**이라 불렀다. 그가 확인한 추진력은 흔히 *적자생존*(survival of the fittest)이라 불려왔다. 그러나 이는 가장 크거나 강한 개체들이 항상 생존할 수 있다는 말이 아니다. 이 같은 특성들은 어떤 환경에서는 유용할 지라도 다른 환경에서는 덜 유용할 수도 있다. 그들의 독특한 환경에 "가장 적합"한 생물들은 더욱 생존하여 그렇지 못한 개체들보다 더 많은 자손을 생산하며, 이러한 의미에서 "가장 적합"하다 할 수 있다.

Darwin은 가축들에서 나타나는 변이에 대해 잘 알고 있었으며, 비둘기 육종에 대한 상세한 설명과 함께 〈종의 기원〉을 시작하였다. 그는 육종학자들이 그가 **인공선택(artificial selection)**이라고 하는 과정을 통해 어떤 특성들을 갖는 개체들을 생산하기 위해 특정한 변이형질을 갖는 비둘기나 개와 같은 동물들을 선택함을 알고 있었다. 일단 특정 형질을 갖는 개체에 대한 선택이 이루어지면, 동물들은 그러한 선택된 특성에 대해 순종으로 육성된다. Darwin은 또한 가축화된 계통들 또는 육종된 개체들 사이에 인위적으로 만든 차이들이 서로 떨어져 서식하는 야생종들의 것보다도 더욱 크다는 것을 관찰하였다. 예를 들면, 육종된 비둘기는 전 세계에 걸쳐 발견되는 수백 종의 모든 야생 비둘기들보다 훨씬 큰 변이를 나타낸다. 이러한 관계들은 Darwin에게 진화적 변화는 자연에서도 역시 일어날 수 있음을 제시해 주었다. 비둘기 육종가들이 '인공선택'에 의해 이러한 변이를 만들어낸다면, 자연도 또한 Darwin이 *자연선택*이라고 하는 과정을 통해 다음 세대를 선택하는 데 있어서 육종가의 역할을 하며 환경의 압력들을 통해 같은 일을 할 수 있다.

Darwin의 이론은 생물학적 다양성 또는 왜 동물들은 서식지들에 따라 다르게 나타나는가에 대해 간단하면서도 직접적으로 설명하고 있는데, 서식지들은 필요한 것들과 기회들이 차이가 있어서, 자연선택에 의해 지역적으로 유용한 특성을 갖는 생물들은 다른 서식지들에서 다른 경향이 있다. 14.9절에서 살펴볼 것처럼, 생물 다양성에 영향을 줄 수 있는 5가지의 진화 추진력이 있으며, 자연선택은 *적응적* 변화들을 만들어내는 유일한 진화 추진력이다.

Darwin은 그의 주장에 대한 초안을 작성

Darwin은 1842년 자연선택에 의해 진화가 일어난다는 전체적인 주장에 대한 초안을 작성하였다. 그러나 그 원고를 가까운 몇몇 과학자 친구들에게 보여준 후에는 서랍에 넣어두고는 16년 동안 다른 연구로 돌아섰다. 왜 Darwin이 그의 사고를 매우 철저하고도 상세하게 서술하고 있는 처음 원고를 발행하지 않았는지에 대해서는 잘 알려져 있지 않다. 어떤 역사학자들은 Darwin이 그의 진화 사고들에 대한 대중적 및 사적 비난에 불을 지필까 우려했다는 의견을 제시하고 있는데, 자연선택에 의

한 진화 이론이 논란을 촉발시킬 것이라는 그의 생각에 대해서는 의심의 여지가 없었다. 다른 사람들은 Darwin이 단지 그의 이론을 재조율하고 있었다고 주장하였지만, 그가 처음 원고를 수정하였다는 증거는 없다.

같은 사고를 가졌던 Wallace

Darwin으로 하여금 최종적으로 원고를 발행하게 만든 자극은 1858년 그가 받은 한 논문이었다. 영국의 한 젊은 자연학자였던 Alfred Russel Wallace(1823~1913)는 말레이시아로부터 Darwin에게 논문을 보냈는데 그 논문은 정확하게 자연선택으로 진화가 일어난다는 이론을 펴고 있었으며, 이 이론은 Wallace가 Darwin과는 무관하게 세운 것이었다. Darwin처럼 Wallace도 Malthus가 지은 1798년 책에 의해 크게 영향을 받았다. Darwin의 연구를 알고 있었던 Wallace의 친구들은 Wallace로 하여금 Darwin과 교류하도록 독려하였다. Wallace의 논문을 받은 후, Darwin은 London의 한 세미나에서 여러 학자들의 사고들에 대한 합동 발표회를 주선하였다. 이후 Darwin은 그렇게 오랜 기간 동안 집필해 온 1842년 원고의 부피를 늘려 책을 완성하고 발간을 위해 제출하였다.

Darwin 이론의 출간

Darwin의 책은 1859년 11월에 등장하였으며 발간되자 즉각적인 반향을 일으켰다. 비록 그 당시 사람들은 인간이 여러 가지 특성들에 있어서 원숭이들과 매우 유사함을 수긍하고는 있었지만, 직접적으로 진화적인 유연관계를 가질 가능성이 있다는 사고는 많은 사람들이 받아들이기 어려운 것이었다. Darwin은 그의 책에서 실제로 이러한 사고에 대해 논의하고 있지는 않지만, 그가 서술한 원리들로부터 직접적으로 알아볼 수는 있었다. 그 다음 발간된 〈*인간의 유래*(*The Descent of Man*)〉에서 Darwin은 인간과 현존 원숭이들이 공통 조상을 가짐을 예로 들면서 그의 주장을 직접적으로 제시하였다. 많은 사람들은 인간이 원숭이와 같은 조상으로부터 유래된 후손이라는 주장에 의해 깊은 혼란에 빠졌으며, 그 책으로 말미암아 Darwin은 그 당시 풍자가들의 희생양 중의 하나가 되었는데, **그림 14.8**의 만화는 생생한 예이다. 그러나 자연선택에 의한 진화 이론에 대한 Darwin의 주장들은 너무나 설득적이어서 1860년 이후 영국 지식사회 내에서 거의 완전하게 받아들여지게 되었다.

> **주요 학습 요점 14.3　집단(집단)이 실제로는 기하급수적으로 증가하지 않는다는 사실은 자연이 집단 수를 제한함을 암시한다. 생존하여 더 많은 자손을 생산하게 만드는 생물의 형질들은 미래 세대들에 있어서 더욱 흔하게 나타나게 되는데, 이것이 Darwin이 자연선택이라 일컬은 과정이다.**

Darwin의 핀치: 진화의 활동

14.4 Darwin의 핀치들의 부리

Darwin이 관찰한 Galápagos 핀치들은 자연선택에 의해 진화가 일어난다는 그의 주장에서 중점적인 역할을 했다. 그는 1835년 Galápagos 제도를 방문했을 때 3개의 섬들로부터 31마리의 핀치 표본들을 수집하였다. 새에 대한 전문가가 아니었던 Darwin은 그 새 표본들을 동정하는데 어려움을 겪었는데, 부리들을 검토해 본 바, 수집한 표본들에 굴뚝새, gross-beaks, 검은새(지빠귀 무리)들이 포함되어 있다고 믿었다.

부리의 중요성

Darwin이 영국으로 돌아오자 조류학자인 John Gould는 핀치들을 조사하였다. Gould는 Darwin이 수집한 표본들이 사실상 부리를 제외하고는 서로가 유사한 밀접한 종들의 한 집단임을 밝혔다. 현재는 총 14종이 밝혀져 있는데, 13종은 Galápagos, 1종은 멀리 떨어진 Cocos 제도에 사는 것이다.

그림 14.9에서 큰 부리를 갖는 땅핀치들은 부리로 깨서 씨를 먹는 반면, Warbler 핀치(대륙의 새와 유사해서 이름을 붙임)를 포함하는 가느다란 부리를 갖는 핀치들은 곤충들을 잡아먹는다. 이밖에 다른 핀치들로는 열매, 새싹, 선인장 열매 및 유인해서 곤충을 잡아먹는 종들이 포함되는데, 끝이 날카로운 부리를 가진 땅 핀치의 어떤 집단에는 심지어 바다 새들에 접근해 날카로운 부리를 이용해 피를 빨아 먹는 흡혈 핀치들이 포함된다. 가장 주목할 만한 것들 중에는 그림 상단 왼편의 딱따구리 핀치

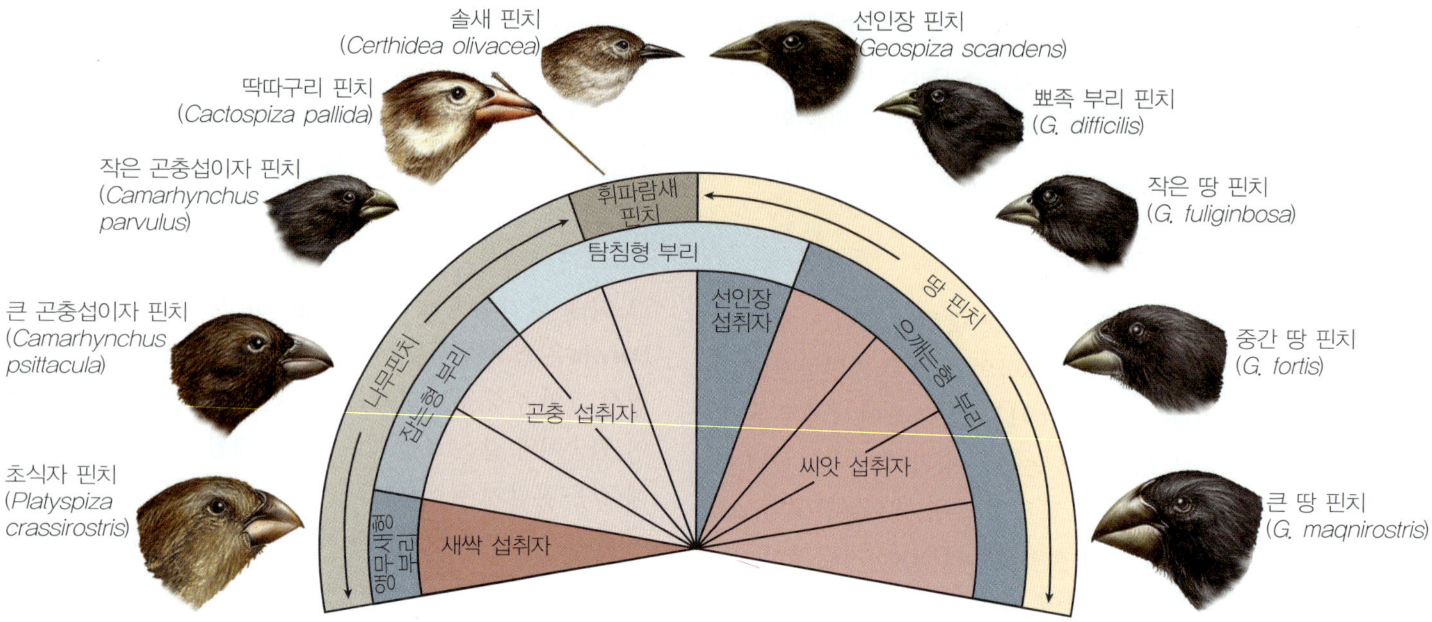

그림 14.9 한 섬에 사는 핀치들의 다양성

Galápagos 제도의 하나인 Isla Santa Cruz 섬에 사는 10종의 핀치들. 이 10종들은 부리와 먹이 습성에서 차이를 보인다. 이러한 차이점들은 아마도 핀치들이 도착하여 작은 새들이 살지 않는 서식지에 직면했기 때문에 생겨났을 것이다. 과학자들은 이 모든 새들이 한 공통 조상에서 유래되었다고 결론을 내렸다.

그림 14.10 한 개의 유전자가 Darwin 핀치들의 부리 모양을 만든다

"뼈 형성 단백질 4(bone morphogenic protein 4)"라고 하는 한 세포신호 분자가 핀치들의 부리 형태를 조절한다고 DNA 연구자들에 의해 밝혀졌다.

같이 도구를 사용하는 핀치로서 작은 가지, 선인장 가시 또는 잎자루를 집어 부리로 다듬은 후, 죽은 가지들 속으로 찔러 넣어 먹이를 끄집어낸다.

Darwin의 핀치들이 부리가 다른 것은 유전자 차이들에서 비롯된다. 생물학자들이 큰 땅 핀치들(큰 씨를 깨먹기 위해 단단한 부리를 갖는)과 작은 땅 핀치들(좀 더 가느다란 부리를 갖는)의 DNA를 비교하여 보니 두 종 사이에 차이가 있었던 유일한 성장요소 유전자는 *BMP4* 였다(**그림 14.10**과 **그림 1.15** 참조). 이러한 차이는 어떻게 그 유전자를 사용하는가에 있었는데, 더 큰 부리를 갖는 큰 땅 핀치들은 작은 땅 핀치들보다 더 많은 BMP4 단백질을 만든다.

14종 핀치들의 부리들과 먹이자원들 사이에서의 일치는 즉각적으로 Darwin에게 진화가 그러한 부리 모양을 만들었다고 제시하였다.

매우 가까운 새들의 한 작은 집단에 있어서 이러한 구조의 차이와 다양성이 나타나는 것을 보면, 이 군도에서 최초의 작은 수의 새들로부터 한 종이 선택되어 다른 목적들로 변형되어 왔다는 것은 아주 엄청난 일이다.

Darwin이 옳았는지 확인하기 위한 검증

한 조상 핀치의 부리가 다른 목적들로 변형되어 왔다는 Darwin의 제안이 옳다면, 다른 종의 핀치들이 각각 특정한 먹이를 얻기 위해 부리를 사용하는 그들의 진화적인 역할들을 실행하는지를 알아보는 것이 가능해야 할 것이다. 예를 들면, 부리로 물어 열매를 깨는 4종의 핀치들은 더욱 단단한 부리를 갖는 것들이 더욱 깨기 어려운 씨들을 먹으며 다른 종류의 씨들을 먹어야 할 것이다.

Darwin 이후에도 많은 생물학자들이 Galápagos 제도를 방문했지만, Darwin 가설의 검증 해결에 열쇠가 되는 시도는 100년이 지나서 이루어졌다. 위대한 자연학자인 David Lack은 마침내 1938년에 이러한 검증을 시도하고 5개월 동안 새들을 밀착 관찰하였는데 그의 관찰들은 Darwin의 제안과는 대치되는 것처럼 보였다! Lack은 많은 다른 종의 핀치들이 같은 씨들을 먹는 것을 종종 관찰하였다. 그의 데이터는 단단한 부리를 갖는 새들과 약한 부리를 갖는 새들이 모두 같은 종류의 씨들을 섭취함을 제시해 주었다.

현재는 Lack이 불운하게도 비가 많이 와 먹이가 풍부한 해에 새들을 관찰하였다고 알려져 있다. 핀치 부리의 크기는 먹이가 풍부한 시기에는 거의 중요하지 않다: 약하거나 강한 부리들은 모두 똑같이 풍부한 부드럽고 작은 씨들을 모을 수 있다. 나중의 연구들은 가물어 씨들이 줄어든 해에는 아주 다른 광경이 벌어짐을 밝혔다.

좀 더 자세히 살펴보기

Princeton 대학의 Peter 및 Rosemary Grant와 이들의 학생들은 Galápagos 제도 가운데에 위치한 작은 섬인 Daphne Major에 서식하는 중간 땅 핀치 *Geospiza fortis*에 대한 연구를 1973년부터 시작해왔다. 이들 핀치들은 주로 작고 부드러운 씨들을 먹는데, 이러한 씨들은 비가 많이 오는 해에는 매우 풍부하다. 새들은 작은 씨들을 찾기 어려울 때에는 단단해 깨기 어려운 더 크고 건조한 씨들에 의존한다. 이렇게 먹이가 부족한 시기는 건조기 동안에 나타나며, 이때 식물들은 크든 작든 거의 씨를 생산하지 못한다.

매년 많은 새들의 부리 형태를 조심스럽게 측정함으로써, Grant 연구팀은 연구 진화가 일어나고 있다는데 대한 상세한 초상을 최초로 그려낼 수 있었다. 그들은 부리의 깊이가 한 해에서 다음 해로 예측이 가능한 유형으로 변했음을 발견하였다. 가뭄 기간 동안에 식물들은 거의 씨를 생산하지 않았으며, 그나마 있는 작은 씨들은 모두 빠르게 먹어 치워 큰 씨들만 주요한 먹이 자원으로 남겨 놓았다. 그 결과, 큰 씨들을 깨어 먹을 수 있는 큰 부리를 갖는 새들은 더욱 생존하게 되었다. 결과적으로, 생존한 큰 부리 새들의 자손들로 인해 집단 내에서 새들의 평균 부리 크기는 다음 해에 증가하게 되었다. 가뭄의 해를 견뎌낸 새들의 자식들은 더 큰 부리를 가졌으며, 이는 하나의 진화적인 반응으로서 **그림 14.11**의 그래프에서 볼 수 있는 절정(피크)들이다. 그림에서 그래프가 안정된 절정 곡선이 아닌 절정들로 나타나는 이유는 비가 오는 계절이 다시 돌아 왔을 때 평균 부리 크기가 다시 감소하기 때문인데, 이때는 씨들이 풍부하고 작은 부리를 갖는 새들도 살아남아 자식을 낳게 되므로 부리가 더 커서 유리한 점이 더 이상 없게 되었다.

부리 크기에서의 이러한 변화들이 자연선택이 일어나고 있

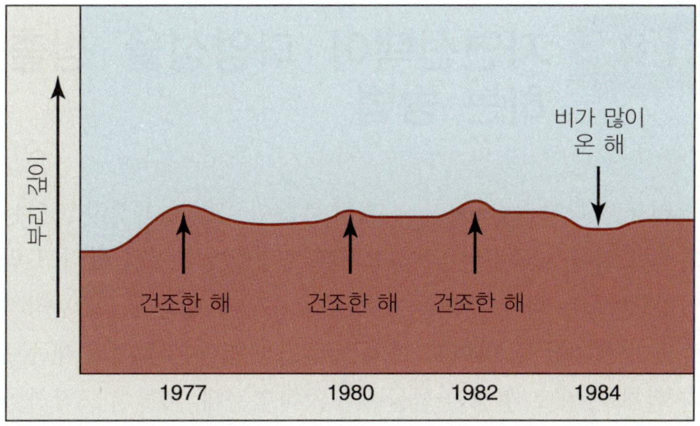

그림 14.11 자연선택이 *Geospiza fortis*의 부리 크기를 변화시켰다는 증거

가뭄이 있었던 해에는 오직 크고 단단한 씨들만 먹을 수 있어서 평균 부리 크기가 증가하였다. 비가 많이 온 해에는, 먹을 수 있는 작은 씨들이 많이 있으므로 작은 부리를 갖는 새들이 더욱 흔하다.

음을 보여줄 수 있었을까? 다른 한 가능성은 부리 크기의 변화들이 유전자 빈도들의 변화라기보다는 단지 작은 부리를 가진 새들이 잘 먹지 못한 먹이에 대한 한 반응을 보여줌에 불과하였다는 것이다. 이러한 가능성을 배제하기 위해, Grant 연구팀은 수 년 동안 많은 자식들을 조사하여 양친의 부리 크기와 자식들의 부리 크기의 관계를 측정하였다. 부리의 크기는 한 세대로부터 다음 세대로 정확하게 전달되어 부리 크기 차이가 실제로 유전자 차이들 때문에 나타났음을 제시해 주었다.

Drawin에 대한 지지

부리 크기가 해마다 변화를 가뭄이 일어나는 시기들의 양상으로 예측될 수 있었다면, Darwin은 결국 옳았다고 할 수 있으며, 자연선택은 유용한 먹이 자원에 따라 부리 크기에 영향을 준다. 여기서 다룬 연구에서 단단한 부리를 갖는 새들은 유일한 식량원인 크고 건조한 씨들을 깨 먹을 수 있기 때문에 건조기에 유리한 점을 갖고 있다. 다시 우기가 돌아와 작은 씨들이 풍부해질 때, 작은 부리는 더 작은 씨들을 수집하는데 더욱 효율적인 도구가 된다.

주요 학습 요점 14.4 Darwin의 핀치들에 있어서 자연선택은 먹이 공급 속성에 반응하여 부리의 모양을 조절하는데, 이는 오늘날에도 일어나고 있는 조절들이다.

14.5 자연선택이 다양성을 창출하는 방법

Darwin은 각각의 Galápagos 핀치 종들이 이들이 서식하고 있는 특정한 섬에서 특정한 먹이나 다른 조건들에 적응해 왔다고 믿었다. 섬들은 다른 기회들을 제공해 주었기 때문에, 한 무리의 종들이 생겨났다. 아마도 핀치들의 조상은 다른 육지의 새들보다 먼저 이 새로 형성된 섬들에 도착하였는데, 이들이 도착하였을 때, 대륙에서는 새들이 가졌었던 모든 생태적 지위들이 아직 이 섬에서는 점유되지 않은 상태였었다. 생태적 지위는 생물학자들이 이른바 한 종이 살아가는 방법이라고 일컫는 것으로, 한 생물이 생존하고 자손을 퍼뜨리고자 할 때 상호작용하는 생물학적(예, 다른 생물들)이며 물리적인 조건들(기후, 온도, 은신처 등)이다. Galápagos 제도에 새로 도착한 핀치들이 아직 비어 있는 생태적 지위들로 이동하고 새로운 생활양식을 받아들이면서 다양한 선택적인 압력 세트들에 직면하게 되었다. 이러한 상황에서, 조상 핀치들은 빠르게 일련의 집단으로 나뉘고, 그 중 어떤 것들은 다른 종들로 진화해 나갔다.

한 지역 내에서 일련의 다른 서식지들을 점유하며 한 종의 무리들이 변화하는 현상을 *적응방산*(adaptive radiation)이라고 한다. **그림 14.12**는 Galápagos 제도와 Cocos 제도에 사는 14종의 Darwin 핀치들이 진화해 온 것으로 여겨지는 가계도다. 가계도 맨 아래 조상 집단은 약 200만 년 전 제도로 이동해 적응 방산을 거쳐 14개의 다른 종들이 생겨났다.

Galápagos 제도에 도착한 조상 핀치들의 후손들은 현재 섬들에 있는 많은 다른 종류의 서식지들을 점유하고 있다. Galápagos와 Cocos 제도에 서식하는 14종들은 4가지 형태의 생태적 지위들을 점유하고 있다.

1. **땅 핀치** *Geospiza*의 6종 핀치들이 있으며 대부분 씨들을 먹고 산다. 부리의 크기는 섭취하는 씨들 크기에 달려 있다. 어떤 땅 핀치들은 주로 선인장 꽃과 열매를 먹으며, 더 길고 크며 뾰족한 부리들을 갖는다.
2. **나무 핀치** 곤충을 먹는 5종이 존재하며, 4종은 곤충을 먹기에 알맞은 부리들을 갖는다. 딱따구리 핀치는 끌 모양의 부리를 갖는다. 이 독특한 핀치는 나뭇가지와 선인장 가시를 갖고 다니며 깊은 구멍 속에 있는 곤충들을 탐지하는 데 사용한다.
3. **채식 핀치** 싹을 먹으며 매우 무거운 부리를 갖고 있는데,

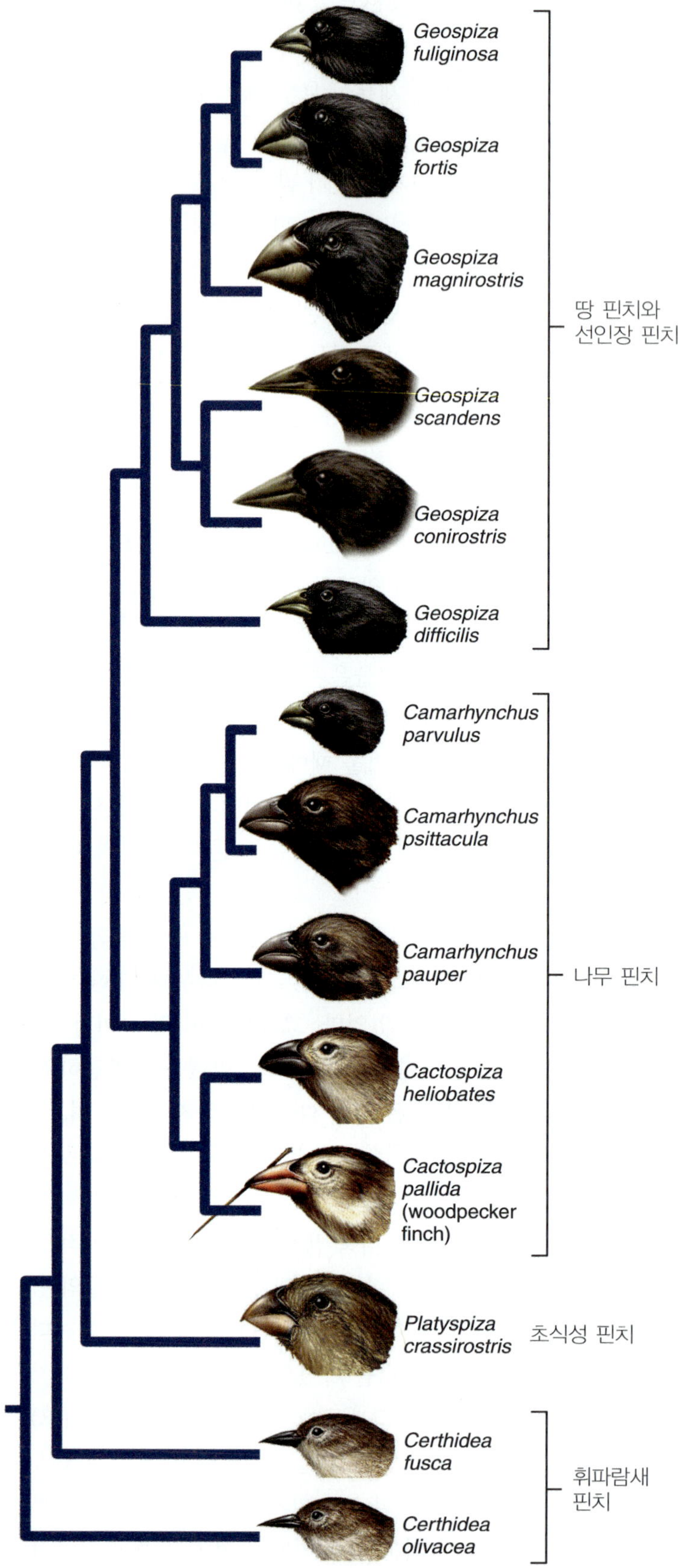

그림 14.12 Darwin 핀치들의 진화 가계도

이 가계도는 14종의 DNA를 비교하여 작성되었다. 가계도의 분기점 기부들의 위치는 warbler 핀치들이 Galápagos에서 진화하기 위한 최초의 적응 형태임을 제시해 준다.

가지로부터 싹을 비틀어 떼어내는 데 사용한다.

4. **Warbler 핀치** 이 특이한 새는 휘파람새들이 대륙에서 생태학적 역할을 갖듯이 Galápagos 숲에서 같은 생태학적 역할을 갖는데, 끊임없이 잎과 가지를 날아다니며 곤충을 찾는다. 가늘며 휘파람새와 같은 부리를 가졌다.

주요 학습 요점 14.5 Darwin의 핀치들은 모두 하나의 유사한 대륙 종으로부터 유래되었는데, 다양한 방법으로 점유되지 않았던 생태적 지위(niche)들을 채워가며 Galápagos 제도에서 광범위하게 퍼져 나갔다.

진화 이론

14.6 진화에 대한 증거

Darwin이 그의 진화 이론을 뒷받침하기 위해 〈종의 기원〉에 서 제시한 증거는 강했다. 이 절에서는 화석, 해부학적 특징들 및 DNA와 단백질과 같은 분자들을 조사하여 밝혀진 정보를 포함하여 Darwin의 이론을 뒷받침하기 위한 일련의 다른 증거들을 조사해 볼 것이다.

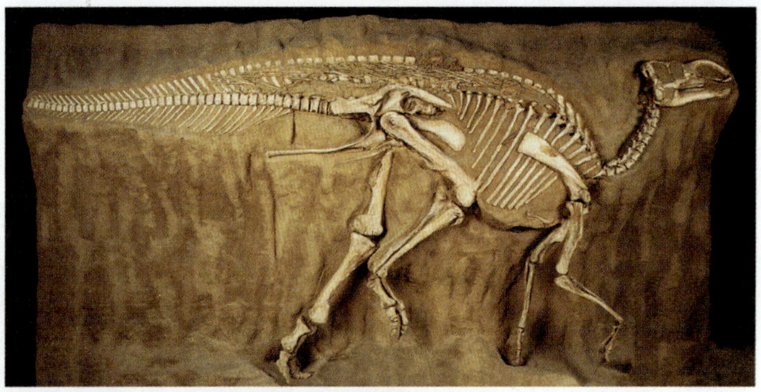

그림 14.13 *Parasaurolophus*의 공룡 화석

화석 기록

대진화의 가장 직접적인 증거는 화석 기록에 나타나있다. **화석(fossil)**은 한 때 살았던 생물들의 보존된 사체, 자국 또는 흔적이다. 화석들은 생물들이 퇴적물에 파묻혀서 만들어진다. 뼈나 딱딱한 다른 조직 속에 칼슘은 광물화되며, 주변의 퇴적물들은 궁극적으로 고화되어 암석을 형성한다. 대부분의 화석들은 실제로 골격들이다. 드문 경우지만 화석들이 매우 미세한 퇴적물에서 형성될 때 깃털들이 화석이 될 수도 있다. 그러나 사체가 얼거나 호박(화석화된 식물 수지) 속에 담길 경우, 몸 전체가 보존될 수도 있다. 퇴적암에 함유된 화석들은 지구 생명 역사를 밝혀준다.

화석이 형성된 바위의 연대를 추적해보면, **그림 14.13**에서 보듯이 얼마나 화석이 오래되었는지 정확한 추정이 가능하다. 바위들 속에 함유된 어떤 방사능 동위원소들의 양을 측정하여 연대를 알 수 있다. 한 방사능 동위원소는 분해 또는 붕괴하여 다른 동위원소나 원소들로 변화한다. 이러한 분해 속도는 일정하므로 바위가 함유한 방사능 동위원소의 함량은 그 바위가 얼마나 오래 되었는지를 알려주는 지표이다.

화석을 사용하여 진화 이론을 검증하기

진화 이론이 옳다면, 암석에 보존된 화석은 진화적 변화의 역사를 나타내야 한다. 진화 이론은 첫 번째 변화가 일어나고 또 다른 변화가 일어나듯 연속적인 변화들의 행진을 보일 수 있는 명확한 예측을 만든다. 진화 이론이 옳지 않다면, 이러한 순서 있는 변화는 예측되지 않을 것이다.

이러한 예측을 검증하기 위해 다음의 논리적인 절차를 따른다.

1. *수집한 한 특정 생물들 집단의 화석들을 조립한다.* 예를 들면, 약 5,000만 년에서 3,500만 년 전 사이에 살았던 발굽 가진 포유동물인 titanothere의 화석들을 모아볼 수 있다.
2. *각 화석들의 연대를 추정한다.* 화석의 연대를 추정함에 있어서, 화석이 어떤 것과 비슷한지 참고하지 않는 것이 중요하다. 화석은 바위라는 블랙박스 속에 숨겨져 있으며, 단지 그 박스의 연대를 밝히는 것이라고 상상한다.
3. *연대별로 화석들의 순서를 정한다.* 블랙박스들의 안을 들여다보지 말고, 가장 오래된 것부터 시작하여 가장 역사가 짧은 것에 이르기까지 순서대로 배열한다.
4. *이제 화석들을 살펴본다.* 화석들 사이에 차이점들은 뒤죽박죽처럼 보이는가 또는 진화가 예측하듯 연속적으로 변화하였다는 증거는 있는가? 여러분 스스로 **그림 14.14**에서 판단해 볼 수 있다. 여기에서 보여주는 1,500만 년 동안 나타난 titanothere 화석들은, 5,000만 년 전 코 위에 작은

그림 14.14 Tiatanotheres 화석으로 진화 이론을 검증

여기서 여러분들은 약 3,500만 년~5,000만 년 전에 살았던, 말굽을 가진 포유동물의 한 집단에서 일어났던 변화를 볼 수 있다. 이 기간 동안에 5,000만 년 전 코 위에 나 있던 작은 골질성 돌출 구조가 비교적 크고 두툼한 뿔들로 진화하였다.

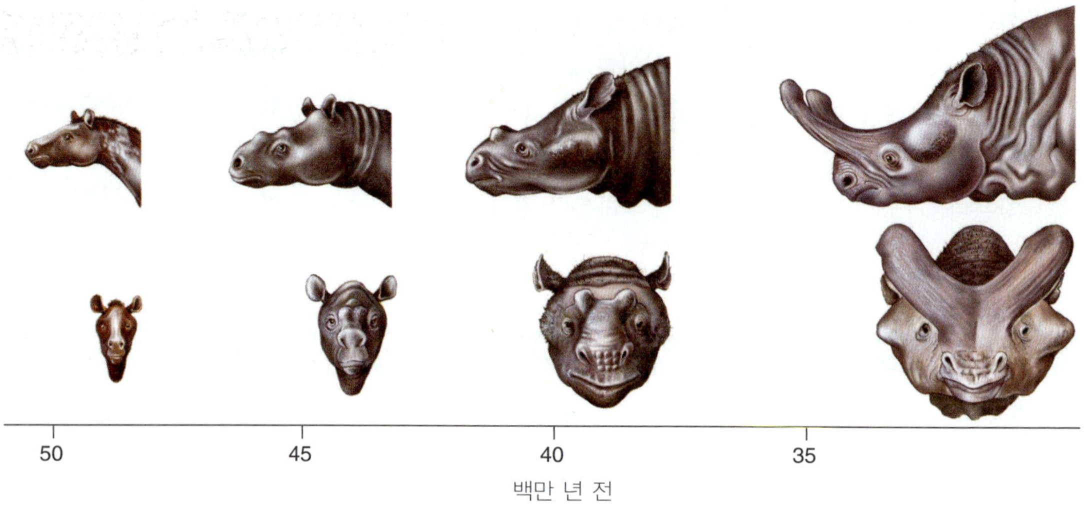

그림 14.15 초기 진화 역사를 보여주는 배들

여기의 배들은 다양한 척추동물들의 것인데, 인두낭과 꼬리와 같이 모든 척추동물들이 배 발달 초기에 공유하는 원시적인 특징들을 보여준다.

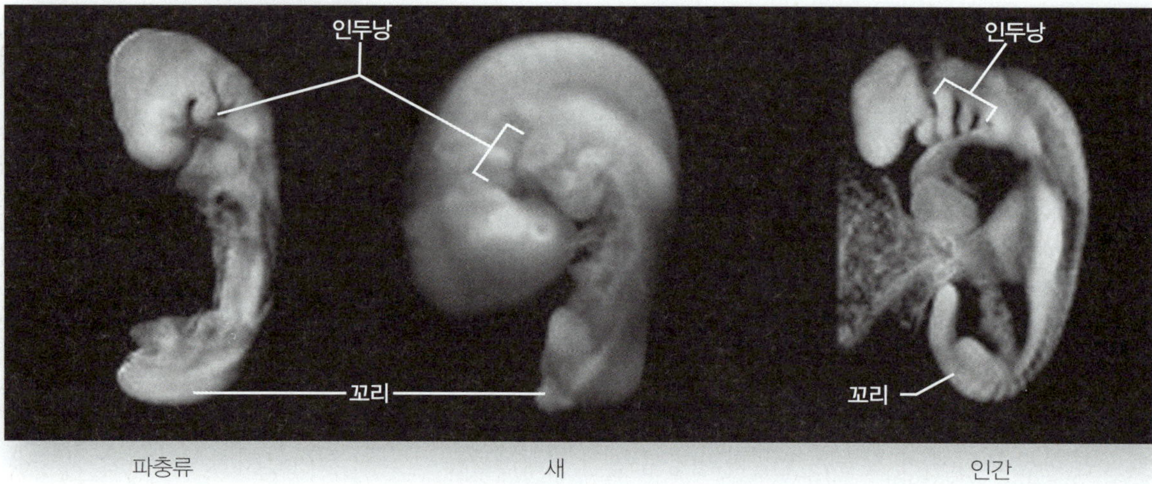

골질의 돌출 구조가 일련의 연속적인 변화와 함께 비교적 크고 무딘 뿔들로 진화하였음을 보여준다.

그림 14.14에서 보여주듯이, 여러분들이 알아볼 수 있는 결과의 중요한 점을 놓치지 않는 것이 중요하다: 진화는 하나의 관찰이지 결론이 아니다. 표본의 연대 추정은 그 표본이 무엇과 같은가와는 별개의 것이기 때문에, *시간이 지남에 따른 연속적인 변화는 그런 일이 일어났음을 보여주는 하나의 진술이다.* 진화가 자연선택의 결과라는 진술은 Darwin이 내세운 한 이론인 반면, 대진화가 일어나고 있다는 진술은 하나의 사실에 입각한 관찰이다.

많은 다른 예들이 Darwin 이론의 주요 예측에 대한 명확한 확인을 보여준다. 복잡한 어금니와 함께 몸집이 크고 하나의 말굽을 가진 오늘 날의 말이 더욱 간단한 어금니와 함께 몸집이 더 작고 4개의 발가락을 가진 선조로부터 진화했음은 잘 알려진 명확하게 문서화된 예의 하나이다.

해부학적 기록

척추동물들의 진화역사 대부분은 배가 발달하는 과정에서 관찰될 수 있다. **그림 14.15**는 초기발달 중에 있는 세 가지 다른 생물들의 배들을 보여주는데, 여기서 보듯이 모든 척추동물들의 배들은 인두(목구멍) 낭(물고기에서는 아가미로 발달)을 가진다. 또한 완전히 발달된 동물들에서는 꼬리가 나타나지는 않지만 모든 척추동물의 배들은 긴뼈의 꼬리를 갖는다. 이러한 잔존적인 발달 형태들은 모든 척추동물들이 하나의 기본적인 발달 지침들의 세트를 공유함을 강하게 제시해 준다.

척추동물들이 진화하면서 똑 같은 뼈들이 때때로 여전히 존재하지만 다른 용도들로 사용되며, 이들의 존재가 과거의 진화 역사를 보여준다. 예를 들면, 척추동물들의 사지는 모두 **상동기관(homologous structure)**들로서, 뼈들의 구조와 기능들은 다르게 진화하였지만, 한 공통 조상의 같은 신체 부위로부터 유래되었다. 여러분들은 **그림 14.16**에서 어떻게 사지의 뼈들이 다른

오늘날의 생명과학

Darwin과 Moby Dick

Melville이 지은 소설 〈모비딕〉에서 Ahab 선장에 의해 사냥된 흰색 고래 Moby Dick은 일종의 향고래(sperm whale)다. 바다의 위대한 포식자의 하나인 이 거대한 향고래는 길이가 18미터, 무게가 50톤에 달하는 식욕이 왕성한 육식동물이다. 하지만 향고래는 물고기가 아니다. 영화 〈죠스〉에서 등장하는 백상어와는 다르게, 이 고래는 털이 있으며, 암컷은 젖샘을 가져 어린 고래에게 젖을 준다. 향고래는 여러분과 마찬가지로 포유동물인 것이다! 이러한 점은 한 가지 흥미로운 의문을 불러일으킨다. 만약에 화석 기록이 과거 생명의 진화를 나타낸다는 점에서 Darwin이 옳았다면, 화석들은 공룡이 살았던 시기에 육지에 사는 파충류로부터 포유동물들이 진화했음을 말해 준다. 그러면 어떻게 이들은 다시 물로 돌아가게 되었을까?

고래들의 진화 역사는 오랫동안 생물학자들을 매료시켜왔지만, 최근에 와서야 이러한 흥미로운 문제들을 풀 수 있는 화석들이 발견되었다. 일련의 발견들로 인해 현재는 생물학자들이 지구상에 살았던 가장 거대한 동물들을 포유동물 시대의 태동기에서의 시작까지 거슬러 추적하는 것이 가능해졌다. 결국은 밝혀졌듯이 물개나 바다코끼리처럼 고래들은 약 5,000만 년 전 바다로 다시 돌아간 네 발 달린 포유동물들의 후손들이다. Moby Dick의 조상들이 아시아의 대초원에 살았으며, 몇 미터의 길이와 22.5kg 정도의 무게가 나가며 발가락이 네 개인 중간 크기의 돼지 같은 모습을 가졌었다는 것은 매우 놀라운 일이다.

어떤 육지 포유동물로부터 고래들이 유래하였을까? 연구자들은 세 개의 발가락을 가지며 발굽이 있는 육식동물로서 코뿔소와 관련이 있는 것으로 알려진 *mesonychid* 일지 모른다고 오랫동안 의문을 가져왔다. 어금니 위에 있는 융기선들의 배열, 두개골에서 귀 뼈들의 위치 같은 미세한 단서들이 이 같은 사실을 제시해 준다. 그러나 2001년에 발표된 발견들은 이러한 미세한 단서들이 잘못 해석되어 왔음을 밝혔다. Michigan 대학의 Philip Gingerrich에 의해 발견된 두 새로운 5,000만 년 전 고래들의 발목뼈는 하마, 가축 및 돼지와 관련이 있는 네 개의 발가락을 갖는 포유동물인 우제류의 것이었다. 최근에는 DNA를 연구하는 일본 연구자들이 오늘날 고래들과 하마들만이 독특한 유전적 표식자(marker)들을 공유함을 밝혔다.

오늘날 생물학자들은 하마들처럼 고래들이 5,000만 년 전 아시아와 유럽에서 많이 살았던 돼지 모습을 가진 중간 크기의 초식동물인 *anthracotheres*로 불리는 초기 네 발굽의 포유동물들의 한 집단으로 유래되었다고 결론 내렸다.

1994년 Pakistan에서 생물학자들이 이들의 후손인 가장 오래된 고래의 화석을 발견하였다. 이 화석은 4,900만 년이나 되었으며, 4개의 다리를 가졌고, 각 다리는 4개의 발가락이 있으며 각 발가락 끝에 한 개의 작은 발굽을 갖고 있었다. 이 Dubbed *Ambulocetus* (걸어 다니는 고래)는 날카로운 이빨을 가졌으며, 커다란 바다사자만한 크기였다. 이빨의 무기물들을 분석해 본 결과, 이 고래는 담수를 마셨으며 물개처럼 완전히 해양 포유동물로 변환되지 않은 상태였음이 밝혀졌다. 이들의 콧구멍들은 개처럼 코끝에 나 있었다.

수백만 년 후의 화석기록에 나타난 것은 *Rodhocetus*로서 역시 물개와 같은 모습을 가졌으나 더 작은 뒷다리들과 바닷물을 마시는 이빨을 갖고 있었다. 콧구멍들은 두개골의 더 높은 위치로 이동되어 머리의 중간 쪽으로 향하고 있었다.

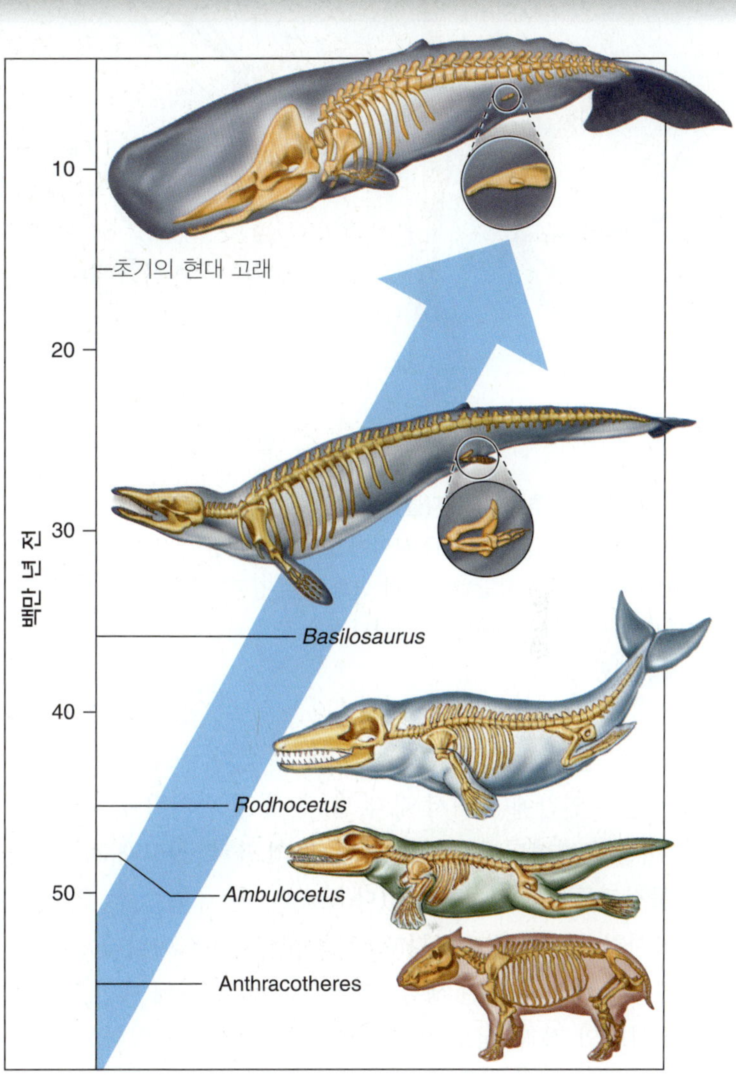

약 3,700만 년 전인 1,000만 년 후에, 짧아진 뒷다리들이 여전히 이어진 무릎과 발가락들까지 완전히 내려왔으며 길이가 18미터의 거대한 뱀 모양의 고래인 *Basilosaurus*를 대표하는 최초의 것들이 나타났다.

초기의 현대 고래들은 1,500만 년 된 화석에서 나타난다. 콧구멍들은 이제 머리 꼭대기에 위치하여, 멈추거나 머리를 위로 치켜 올리지 않고도 표면을 가르고 숨을 들여 마시며 다시 잠수할 수 있는 물 뿜는 구멍(blowhole)이 되었다. 뒷다리들은 골반 뼈에 부착되지 않은 작은 흔적의 뼈만 남아 있는 채로 사라졌다. 오늘날의 고래들은 여전히 다리 형성에 사용되는 모든 유전자들을 보유하고 있어서, 때때로 한 개 또는 두 개의 다리가 튀어나온 고래가 태어나기도 한다.

이 같은 결과들을 볼 때 돼지 모습의 하마 조상으로부터 고래가 진화하는 데에는 3500만 년이 걸린 것 같으며, 중간 단계들의 생물들을 화석기록에서 찾아볼 수 있다. 척추동물 화석 기록에서 나타나는 공백들은 궁극적으로 채워질 것이라 항상 믿었던 Darwin으로서는 아주 기뻐했을 것이다.

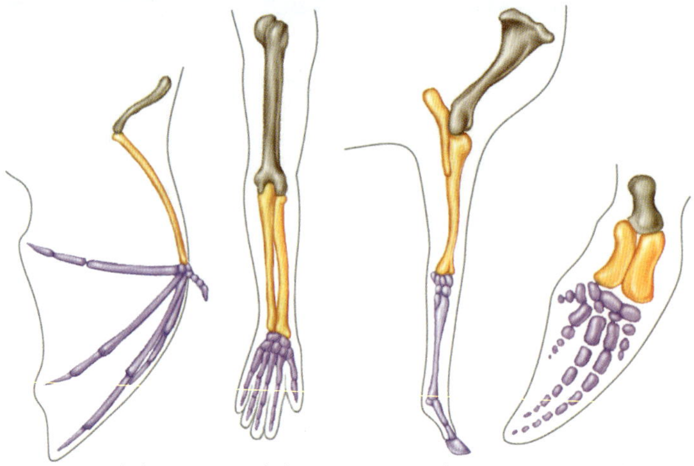

그림 14.16 척추동물 사지들에서 볼 수 있는 상동성
네 종류의 포유동물의 사지들 사이에 상동성은 뼈들의 상대적 비율이 각 생물의 특징적인 생활방법에 따라 변화해 온 경로를 보여준다. 형태나 구조에 있어서 상당한 차이들이 나타나지만 같은 기본적인 뼈들이 각 사지들에 존재한다.

기능들로 변화되어 왔는지를 알아볼 수 있다. 노란색과 자주색의 뼈들은 인간에 있어서 각각 팔, 손목 및 손가락에 해당되는데, 이들이 변형되어 박쥐의 날개, 말의 다리, 돌고래 지느러미의 물갈퀴들을 구성하게 되었다.

유사한 생김새를 갖는다고 모두 상동기관은 아니다. 때때로 다른 것들에서 유래된 생김새들이 비슷한 환경에 대한 평행적 적응진화의 결과, 서로 유사하게 되는 경우들도 있다. 이러한 진화적 변화 형태를 *수렴진화*(convergent evolution)라고 하는데, 이 같이 유사하게 보이는 생김새들을 **상사구조(analogous structure)**라고 한다. 예를 들면, 새, 익룡 및 박쥐의 날개들은 상사기관들로서 자연선택을 통해 변형되어 같은 기능과 모양을 갖도록 변형되었다(**그림 14.17**). 마찬가지로 태반동물들로부터 격리되어 진화한 Australia 유대류 포유동물들은 같은 선택 압력들로 인해 매우 유사한 동물들로 나타나게 되었다.

때때로 구조들이 전혀 사용되지 않게 될 때도 있다! 발굽을 갖는 포유동물들로부터 진화한 현존 고래에서 이전에는 뒷다리들에 부착되어 있었던 골반의 뼈들이 현재는 뒷다리의 흔적으로 남아 있는데, 다른 뼈들과 떨어져 있고 아무 기능도 갖지 않는 것으로 보인다(작아진 골반 뼈들은 이전 페이지에 있는 "오늘날의 생물학"의 그림에서 볼 수 있음). *흔적기관*(vestigial organ)의 또 다른 예는 사람의 충수다. 인간과 가장 가까운 친척인 대형 유인원들은 인간의 것보다 훨씬 큰 충수를 갖는데, 소화관에 붙어 있으며 이들이 섭취하는 식물의 셀룰로오스로 구성된 세포벽을 분해하는 세균들을 저장한다. 인간의 충수는 이러한 구조의 흔적으로 남아 있으며, 더 이상 소화에서 기능을 갖지 않는다(하지만 림프계에서 다른 기능을 후천적으로 갖게 되었을 수 있음).

분자적인 기록

진화적 과거의 흔적들은 또한 분자적 수준에서도 명백하다. 현재의 인간은 조상들과 같은 세트의 시각 유전자들을 갖고 있으며, 단지 좀 더 복잡하고, 초기 배 발달 동안 모든 동물들이 공유하는 패턴 형성 유전자들(pattern formation genes)을 사용한다. 실제로 이러한 점에서 생각해 본다면, 생물들이 일련의 좀 더 간단한 조상들로부터 진화해 왔다는 사실은 진화적 변화의 기록이 우리 신체 각 세포들, 우리의 DNA 속에 존재함을 암시해 준다. 진화 이론에 따르면, 새로운 대립유전자들(alleles)은 오래된 것들의 돌연변이들로부터 나타나서 유용한 선택을 통해 우위를 차지한다. 그러므로 일련의 진화적 변화들은 DNA에 계속적으로 유전적 변화들을 축적함을 암시해 준다. 이러한 점으로부터 여러분들은 진화 이론이 다음을 명확하게 예측해줌을 알 수 있다: 더욱 유연관계가 먼 생물들은 더욱 가까운 두 종들에서보다도 더 많은 진화적 차이들을 축적해 왔다.

이러한 예측은 현재 직접적인 검증에 직면하고 있다. 최근의 DNA 연구로 인해 직접적으로 다른 생물들의 유전체(genome)를 비교하는 것이 가능해졌다. 그 결과는 명확하다: 광범위한 척추동물들에 걸쳐서 두 생물들의 유연관계가 더욱 멀수록 유전체의 차이가 더욱 크다. 이러한 연구는 다음의 344~345쪽에 걸쳐 나타내었다.

이 같은 발산 형태는 단백질 수준에 있어서도 명확하게 나타난다. **그림 14.18**에서 사람과 다른 종들의 헤모글로빈 아미노산 서열을 비교해 보면 인간과 더욱 가까운 종들은 헤모글로빈 아미노산 구조에 있어서 더 적은 차이가 나타남을 알 수 있다. 인간과 가까운 영장류인 짧은 꼬리원숭이(macaque)는 개(32개 아미노산 차이)와 같이 더욱 먼 동물들에 비해 인간과 더욱 적은 차이(단지 8개의 아미노산 차이)를 갖는다. 포유동물이 아닌 육지 척추동물들은 더욱 차이가 크며, 해양 척추동물들은 가장 차이가 크다. 다시 한 번 진화 이론의 예측이 매우 확고함을 알 수 있다.

분자적 시계 이 같은 양상은 한 유전자의 DNA 서열을 훨씬 광범위한 생물들에 걸쳐서 비교하였을 때 나타난다. 많이 연구된

그림 14.17 수렴진화: 한 가지 목표로 가는 많은 경로들

진화 과정 중에 형태는 종종 기능을 수반한다. 매우 다른 집단에 속하는 구성원들은 비슷한 기회들에 봉착했을 때 흔히 비슷한 방식으로 적응한다. 여기에 예를 들은 현상들은 수렴진화의 많은 예들 중 일부에 지나지 않는다. 포유류(박쥐), 파충류(pterosaur) 및 조류(파랑새)는 날아다니는 척추동물들의 대표적인 예들이다. 둘씩 비교한 육지 척추동물들은 북미의 태반동물과 Australia의 유대류들을 비교한 것이다.

출처: *"Taking Flight" image from* The New York Times, *December 15, 1988*, The New York Times. *Reprinted with permission.*

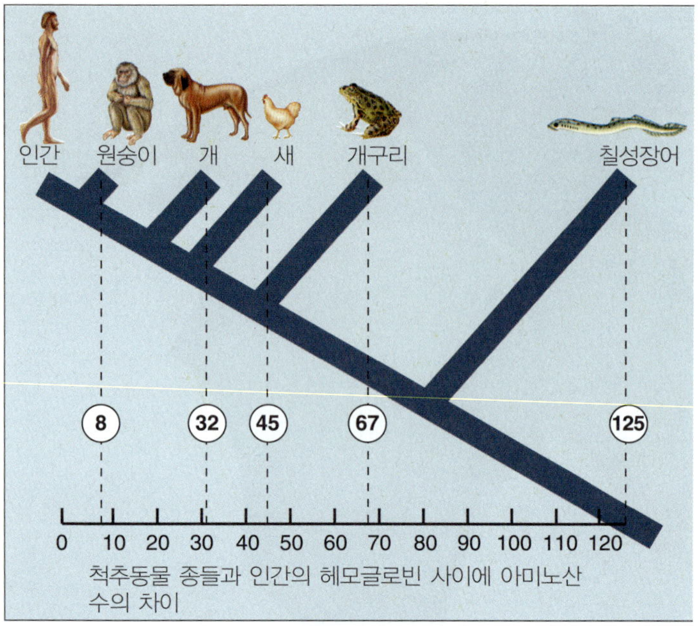

그림 14.18 분자들은 진화적 발산을 나타낸다
인간과 진화적 거리가 멀수록(화석 기록에 바탕을 두고 작성된 청색의 진화 계통수가 나타내듯) 척추동물 헤모글로빈 폴리펩티드에서 아미노산 차이들이 더욱 커진다.

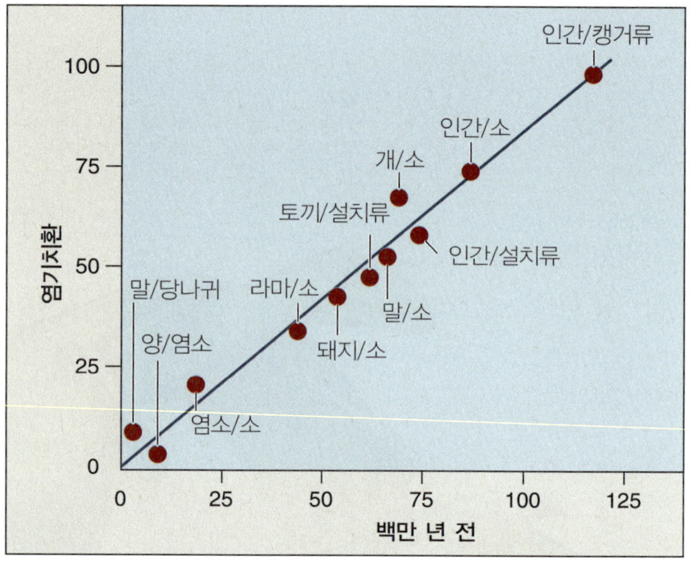

그림 14.19 시토크롬 *c*의 분자적 시계
각 비교 쌍의 동물들이 발산된 대략적인 시간을 시토크롬 *c*에서의 뉴클레오티드 차이 수에 대한 그래프로 그려본 결과 직선을 나타냈는데 이는 *cytochrome c* 유전자가 일정한 비율로 진화하고 있음을 제시해 준다.

한 예가 포유동물의 시토크롬 *c* 유전자(*cytochrome c*는 산화적 대사에서 중요한 역할을 갖는 단백질)이다. **그림 14.19**는 두 종들이 *x*축에서의 발산된 시대와 *y*축에서의 시토크롬 *c* 유전자 차이 수들을 비교한 것이다. 이러한 데이터 세트 사용을 숙지하기 위해 약 7,500년 전 인간과 설치류의 공통 조상까지 거슬러 올라가 보자. 이 당시에는 시토크롬 *c*에서 약 60개의 염기 차이가 존재했었다. 이 그래프는 매우 중요한 발견을 보여주는데, 진화적 변화들이 점들을 연결하는 청색 선이 직선으로 나타남으로 보아 일정한 비율로 시토크롬 *c*에 축적되는 것처럼 보인다. 이러한 항상성을 때로는 분자적 시계라고 하기도 한다. 데이터로 사용이 가능한 대부분의 단백질들은 다른 단백질들이 매우 다른 속도들로 진화하긴 하지만 이러한 방식으로 시간이 지나면서 축적되는 것처럼 보인다.

주요 학습 요점 14.6 화석 기록은 연속적인 진화적 변화의 명확한 기록을 보여준다. 비교해부학 또한 진화가 일어났다는 증거를 제공해 준다. 끝으로, 유전적 기록은 생물들의 DNA가 시간이 지남에 따라 더 많은 변화들을 축적하는 연속적 진화를 보여준다.

14.7 진화에 대한 비평가들

생물학의 모든 주요한 사고들 중에서 진화는 아마도 일반인들에게 가장 잘 알려져 있는 것인데, 그 이유는 많은 사람들이 진화가 그들의 종교적인 신념들에 대한 도전으로서 잘못 믿고 있기 때문이다. 신에 대한 충실한 영감을 갖고 있는 사람은 또한 훌륭한 과학자, 즉 진화학자일 수도 있다. Darwin의 진화 이론은 종종 심한 대중의 반발 주제거리이기 때문에, 왜 과학자와 대중 사이에 이러한 단절이 존재하는 가에 대해 알아보기 위해 상세하게 진화 비판자들의 반대 내용들을 검토해 보고자 한다.

논쟁의 역사

과거의 마찰 〈종의 기원〉이 발간된 직후 영국의 성직자들은 Darwin의 책을 이단이라고 공격하였다. 영국의 수상이자 유명한 정치가였던 Gladstone도 이 책을 비난하였다. 한편 이 책은 Thomas Huxley와 다른 과학자들에 의해 옹호를 받았는데 이들은 점차적으로 과학적인 단체들을 이들 편에 끌어들이고, 세기가 바뀌면서 진화는 세계 과학 사회에서 일반적으로 인정받게 되었다.

근본주의자들(Fundamentalist)의 운동 1920년대까지 미국 공립학교에 있어서 진화를 가르치는 일은, Darwin의 진화론을 기독교 믿음에 대한 위협으로 본 보수적 진화 비평가들이 경계심을 일으키기에 충분한 일이었다. 1921년과 1929년 사이에, 근본주의자들은 37개 주 의회들에 진화를 가르치는 것이 불법이라는 법안을 도입하였다. 이중 4개 주인 Tennessee, Mississippi, Arkansas, Texas가 법안을 통과시켰다.

시민 인권 단체들은 Tennessee 법에 반대하기 위해 1925년 법안이 통과된 후 수 개월 내에 고등학교 교사인 John Scope 소송을 이용하였다. 이 재판은 전국적인 관심을 끌었는데 영화 "*침묵의 소리(Inherit the Wind)*"에서 이 장면을 보았을 수도 있다. 새로운 법률을 명백하게 위반한 Scopes는 재판에서 패했다.

1920년대 이후에 진화 교육을 막는 주법을 통과시키려는 몇몇 다른 시도들이 있었다. 오직 한 가지 법안이 1930년과 1963년 사이에 도입되었다. 그 이유는 진화론을 지지하는 근본주의자들에 대한 비평가들이 조용히 승리의 길을 걷고 있었기 때문이다. 1930년대에 발간된 교과서들은 진화를 무시하였으며, 새로운 판들은 *진화*와 *Darwin*이란 단어들을 색인에서 삭제하였다. 예를 들면, 1920~1929년 사이에 93개 중학교 교과서에서 인간의 진화와 관련된 평균 단어 수는 1,339개였는데, 1930~1939년에는 439개로 감소하였다. 이 후 1950~1959년에는 614개였다. 생물학자인 Ernst Mayr의 말을 인용해 보면, "진화(EVOLUTION)라는 단어는 그저 미국 학교 교재에서 사라졌다".

이러한 진화에 대한 반대 법률들은 오랜 세월 동안 책들에 적용되었다. 1965년 교사인 Susan Epperson은 1928년 Arkansas 법에 따라 진화 교육을 이유로 기소되었다. 1968년 미국 대법원은 Arkansas의 진화 반대 법이 위헌이라 판결하였고, 이 1920년대의 법은 곧 폐기되었다.

1960년대 초기 Russia의 우주 기술에서의 진보는 좀 더 나은 미국 과학 교육에 대한 대중적인 호소를 불러 일으켰다. 새로운 생물학 교재들은 진화를 재도입하였으며 새로운 강조를 부여하였다. 교재당 인간의 진화와 관련된 단어 수는 1950~1959년의 614개에서 1960~1969년에는 8,977개로 증가하였다. 1970년대까지 진화는 다시 대부분의 생물학 교재들에서 핵심 내용이 되었다.

과학적 창조주의(Scientific creationism) 운동 공립학교 생물학 수업에서 진화가 핵심내용으로 등장함에 또 다시 놀란 진화 비평가들은 새로운 접근을 시도하였다. 이는 1964년 창조주의 연구소의 한 제안으로 시작되었는데, 이 제안은 "창조주의는 진화처럼 과학이며, 진화는 창조처럼 종교와 같다"는 것으로서 이러한 제안은 *창조주의 과학*(creationism science)으로 알려지게 되었다. 곧 주 의회들에서 기원에 대한 모든 이론들은 동등한 시간으로 교육되어야 한다고 명령하는 법안 도입이 이어졌다. 창조주의는 진화와 같은 과학 이론처럼 (기원에 있어서) 대표적인 것이며, 학생들은 이 논리에 접해야 되는 권리를 갖는다는 것이었다.

1981년 Arkansas와 Louisiana 주 의회들은 동등한-시간에 대한 법안을 통과시켰다. 공립학교에서 창조-과학과 진화-과학을 균등하게 다룰 것을 요구하는 Louisiana의 동등한 시간 법안은 1987년 대법원에서 통과되지 못했는데, 판결에 따르면 창조과학은 사실상 과학이 아니고 공립 과학 교실에서 다루어야 될 것이 아닌 종교적인 관점으로 보아야 된다는 것이었다.

지역적 활동 이후 수십 년 동안 Darwin 반대론자들은 법안 제정을 위한 학교 위원회를 바꾸기 시작했다. 학교 교과과정을 하나의 중앙 교육부에서 정하는 대부분의 유럽 국가들에서와는 달리 미국의 교육은 매우 분권화되어 있어서, 선거에 의해 선발된 교육위원회들이 주와 지역들에서의 과학 표준들을 정한다. 이러한 표준들은 주 전체에 걸친 평가 시험들의 내용을 결정하고 교실에서 가르치는 내용에 주요한 영향을 미친다.

Darwin 반대론자들은 미국 전체에 걸쳐 주 및 지역 교육위원회의 자리들에 성공적으로 당선되어 왔으며, 그들 위치에서 교실에서 진화의 영향을 최소화시키기 위한 표준들을 변화시키기 시작했다. 대대적인 공표에 이어 1999년 및 2005년에 재차 Kansas 주 표준에서 진화를 삭제했지만, 많은 다른 주들에서는 이 같은 효과들이 좀 더 조용하게 이루어져 왔다. 현재 22개의 주들만이 자연선택 교육을 명하고 있다. 4개 주들은 진화를 모두 삭제하였다.

지적설계론 최근에 들어서 Darwin의 반대론자들은 교실에서 진화 교육에 맞서기 위한 새로운 시도들을 시작해 왔는데, 주와 지역 교육위원회 앞에서 생명은 자연선택에 의해 이루어지기에는 너무 복잡해서 이를 설명하기 위해서는 지적 설계(intelligent design)를 적용해야 한다고 주장한다. 계속해서 이들은 이러한 지적설계론(theory of intelligent design, ID)을 진화론 대신에 과학 교실에서 가르쳐야 한다고 주장하고 있다.

과학자들은 ID를 하나의 과학 이론으로 취급하려는 데에 강하게 반발하고 있다. 과학의 본질은 설명들을 찾는 것으로서, 관찰되고 검증되며 다른 사람들에 의해 반복되고 오류일 가능성도 있다. 검증되거나 오류로서 거부될 가능성이 없는 설명들은 과학이 아니다. 어떤 사람들이 그들의 연구에서 비자연적인 한 원인, 즉 초자연적인 힘을 주장하고 여러분들이 이것을 검증하기로 결정한다면, 어떤 방법으로든 이 주장이 오류일(거부될) 수 있다고 검증할 수 있을까? 초자연적인 원인은 과학이 아니다.

격렬한 대중적 논쟁거리가 된 지적설계론은 과학 단체들에 의해 압도적으로 거부되어 왔는데, 지적설계론은 전혀 과학으로 간주될 수도 없으며 약간은 위장된 창조주의로서 과학 교실에서는 가르칠 수 없는 하나의 종교적 관점으로 간주된다.

Darwin 비평가들에 의해 제기된 주장들

진화 비평가들은 자연선택에 의한 Darwin 진화론에 대해 대양한 반대들을 제시하였다:

1. **진화는 확고하게 증명되지 않는다.** 이론은 정보가 부족하며 일종의 추측을 의미하듯 *"진화는 단지 한 이론이다"*라고 비평가들이 지적하였다. 그러나 과학자들은 이론이란 단어를 일반적인 대중들이 사용하는 것과는 매우 다른 의미로 사용한다(1.8절 참조). 이론들은 확고한 과학의 기초로서 많은 실험적 증거들에 의해 지지를 받는 우리가 가장 확신하는 것들이다. 우리들 거의가 중력이론이 단지 한 이론이기 때문에 의심하지는 않는다.
2. **지적설계론 주장.** *"생물체들의 기관들은 무작위 과정으로 형성되기에는 너무 복잡하다."* 이러한 고전적 '설계로부터의 주장'은 200여 년 전 William Paley가 〈자연신학(Natural Theology)〉이란 책에서 최초로 주장하였는데, 하나의 시계는 시계 만드는 사람이 있어야만 존재할 수 있다고 주장한다. 마찬가지로 Darwin 비평가들은 포유동물의 귀와 같은 기관들은 너무 복잡하기 때문에 애매한 진화로 만들어질 수는 없다고 주장한다. 고안자가 있어야만 된다는 것이다. 생물학자들은 이들 주장에 동의하지 않는다. 포유동물 귀의 진화에 있어서 중간 단계들이 화석 기록에 잘 나타나 있다. 소리를 조금이라도 증폭하는 것은 전혀 증폭하지 않는 것보다도 더 좋듯이 이러한 중간 형태들은 각각 가치가 있기 때문에 자연선택에 의해 선택되었다. 포유동물 귀 같은 복잡한 구조들은 약간씩 증진되면서 진화했다. 이러한 해결책이 항상 적절한 것은 아니다. 예를 들면 척추동물의 눈은 잘 고안되지 않았다. 빛에 의해 자극되는 척추동물 눈 속에 시각 색소들은 빛 방향과는 반대 방향을 갖는 망막 조직에 들어 있다. 빛은 신경섬유❶, 신경세포❷, 수용기 세포❸를 통과하여 색소❹에 도달한다. 지적 설계가 눈을 역방향으로 고안하지는 않았을 것이다!

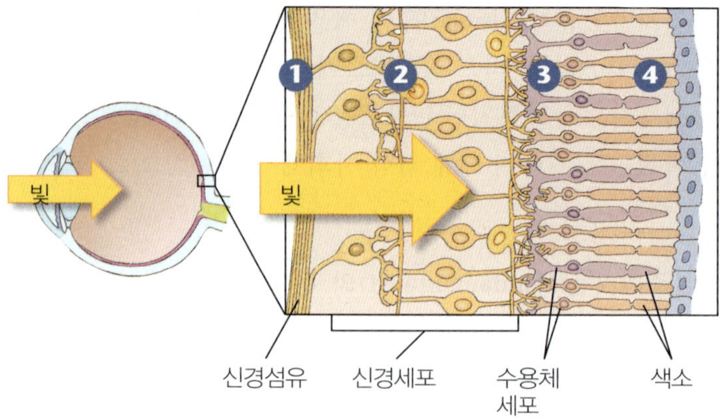

3. **중간 과정을 보여주는 형태의 화석은 존재하지 않는다.** *"아무도 다리로 발전하기 위한 중간 형태인 지느러미를 보지 못했다"*라고 비평가들은 주장함으로써 Darwin이 살았던 시대에 있어서 진화를 보여주는 화석 기록들에서의 많은 공백들을 지적하고 있다. 그러나 그후 대부분의 척추동물 진화에서 중간 형태의 화석들이 실제로 발견되고 있다. 명확한 일련의 화석들은 이제는 어류와 양서류, 파충류와 포유류 및 유인원과 인간 사이에 전환을 추적하는 데 사용된다. 아래의 화석을 생산한 동물은 대략적으로 3억 7500만 년 전 살았다가 멸종된 잎-모양의 지느러미를 가진 물고기(*Tiktaalik* 속)다. 발견자들에 의해 "fishopod"로 명명된 이 화석은 분명히 물고기류들이 갖는 특성들을 갖고 있었는데, 약 3억 8,000만 년 전에 살았던 물고기와 약 3억 6,500만 년 전에 살았던 초기 네발동물(tetrapods)로 보이는 동물들과 유사하였다. *Tiktaalik*은 물고기와 양서류 사이에 있는 전환동물로 보인다.

4. **진화는 열역학 제2법칙을 위반한다.** “*어지럽게 널려진 음료수 깡통들이 저절로 깔끔하게 쌓여지지는 않는다. 사물들은 무질서 과정들에 의해 더욱 혼란스럽게되지 정돈되는 것이 아니다.*” 생물학자들은 이 같은 주장이 열역학 제2법칙이 실제로 의미하는 것을 무시하는 것이라고 지적한다. 혼란은 닫힌 체계에서는 증가하지만 지구는 닫힌 체계가 아니다. 태양으로부터 에너지가 지구로 유입되며 생명과 생명을 조직화하는 모든 과정들에 에너지를 공급한다.
5. **자연선택은 진화를 수반하지 않는다.** “*어떤 과학자들도 물고기가 개구리로 진화하여 포식자들로부터 뛰어 도망가는 (급진적으로 차이가 큰 형태의 생물을 만드는) 실험을 하지 못한다.*” 소진화(한 종 내에서의 진화)는 대진화(종들 사이에서의 진화)를 만들어 온 메커니즘일까? 이런 문제를 연구해온 대부분의 생물학자들은 그렇다고 생각한다. 치와와, 닥스훈트 및 그레이하운드 같이 인공선택에 의해 만들어진 육종 개들 사이의 차이점들은 야생 개종들 사이의 차이점들보다 더욱 크다. 곤충들을 대상으로 하는 실험실에서의 선택실험들은 상호 짝짓기를 할 수 없어서 다른 종으로 여겨지는 형태들을 쉽게 만들어낸다. 그렇기 때문에 급격하게 다른 형태들의 생산은 실제로 반복적으로 관찰되어 왔다.
6. **생명은 물속에서 진화할 수 없었다.** “*펩티드 결합은 물속에서 자발적으로 형성되지 않기 때문에 아미노산들은 자발적으로 연결되어 단백질들을 형성할 수는 없었다. 생물체의 단백질들은 D-이성체가 아닌 L-이성체만 함유하는지에 대한 어떠한 화학적 이유도 없다.*” 이러한 두 주장들은 맞긴 하지만 진화를 거부해야 되는 이유가 되지 않는다. 그보다는 초기 생명의 진화가 용액 속에서보다는 표면에서 일어났다고 제안한다. 예를 들면 아미노산들은 진흙의 표면에서 자발적으로 연결되는데, 이때 L-이성체를 선택하는 방식을 가질 수 있었다.

축소할 수 없는 복잡성의 오류

William Paley의 150년 된 “지적 설계” 주장은 Lehigh 대학의 생화학 교수인 Michael Behe에 의해서 최근에는 하나의 새로운 분자적 위장의 형태로 표현되었다. 그의 1996년에 발간된 〈*Darwin의 블랙박스-진화에 대한 생화학적 도전*〉이라는책에서 Behe는 우리 세포들의 복잡한 분자적 기구는 매우 정교하고 신체 과정들은 매우 복잡하게 연결되어 있기 때문에 진화론자들이 포유동물 귀의 진화를 설명하는 방식으로는 이렇게 복잡한 구조가 더욱 간단한 단계들로부터 진화했다고 설명될 수는 없다고 주장한다. 세포의 분자적 기구는 축소할 수 없는 복합체이다. Behe는 하나의 축소할 수 없는 복합체계를 “한 가지 부품이라도 빠지게 되면 효과적으로 기능이 멈추게 되는, 잘 맞고 서로 작용해서 기본 기능을 갖게 만드는 여러 부품들로 구성된 한 단일 체계”로 정의하고 있다. 각 부품은 한 가지 중요한 역할을 맡고 있다. 하나만 제거하더라도 세포의 분자적 기구는 기능을 발휘하지 못한다고 Behe는 강조한다.

이러한 축소할 수 없는 복합 체계의 한 예로서 Behe는 우리 신체가 부상을 입었을 때 혈액을 응고시키는 데 관여하는 12가지 이상의 일련의 혈액 응고 단백질들을 들고 있다. 혈액 응고를 일으키는 복잡한 연쇄반응들 중에서 한 단계만 제거해도 파손된 관에서 물이 새나오듯 잘린 부위로부터 피가 새 나오게 된다고 Behe는 말한다. 상처 바로 근처에서 혈액을 응고하게 만드는 보완체계로부터 한 가지 효소를 제거하면 신체 모든 혈액은 굳어지게 된다. 이 두 경우 모두는 치명적이다. 이러한 복합체계들이 작동되기 위해 모든 부품들이 필요하다는 사실이 Behe가 자연선택에 의한 Darwin의 진화이론을 직접적으로 비난하게 된 이유이다. Behe는 “축소할 수 없는 복합체계들은 Darwin의 진화방식으로는 진화할 수 없다”고 쓰고 있다. 수십 종의 다른 단백질들 모두가 혈액 응고를 위해 바르게 작용해야 한다면, 자연선택은 어떻게 각각의 개별적인 단백질들이 적합하도록 작용할 수 있었을까? 어떤 단백질도 시계의 한 부분이 시간을 알려 줄 수 없듯이, 한 개만으로는 그 체계의 어떤 기능도 나타낼 수 없다. Paley가 말한 시계와 같이, 혈액응고체계는 한 개의 기능을 나타내는 기계처럼 단 한 번에 모든 것이 고안되었어야 할 것이라고 Behe는 주장한다.

Behe의 주장이 무엇이 문제인지 진화 과학자들이 신속하게 지적할 수 있는 것은, 한 개의 복합적인 분자적 기계의 각 부품은 Behe가 마땅히 그렇게 되어야 된다고 주장했음에도 불구하고 혼자 저절로 진화한 것이 아니라는 것이다. 진화는 체계에 작용하는 것이지 그 부품들에 작용하는 것이 아니기 때문에 여러 개의 부품들은 함께 조화를 이루며 정확하게 진화했다. 이러한 점이 Behe 주장의 근본적인 오류이다. 자연선택은 한 복합 체계에 작용할 수 있는데 그 이유는 체계가 진화하는 각 단계마다 이 체계가 기능을 갖기 때문이다. 한 사다리의 두 번째 단이 세 번째 단을 더하면 필수가 되는 것처럼, 기능을 증진시키는 부품들이 더해지면, 이후에 변화들 때문에 결국 이들도 필수가 된다.

자세히 관찰하기

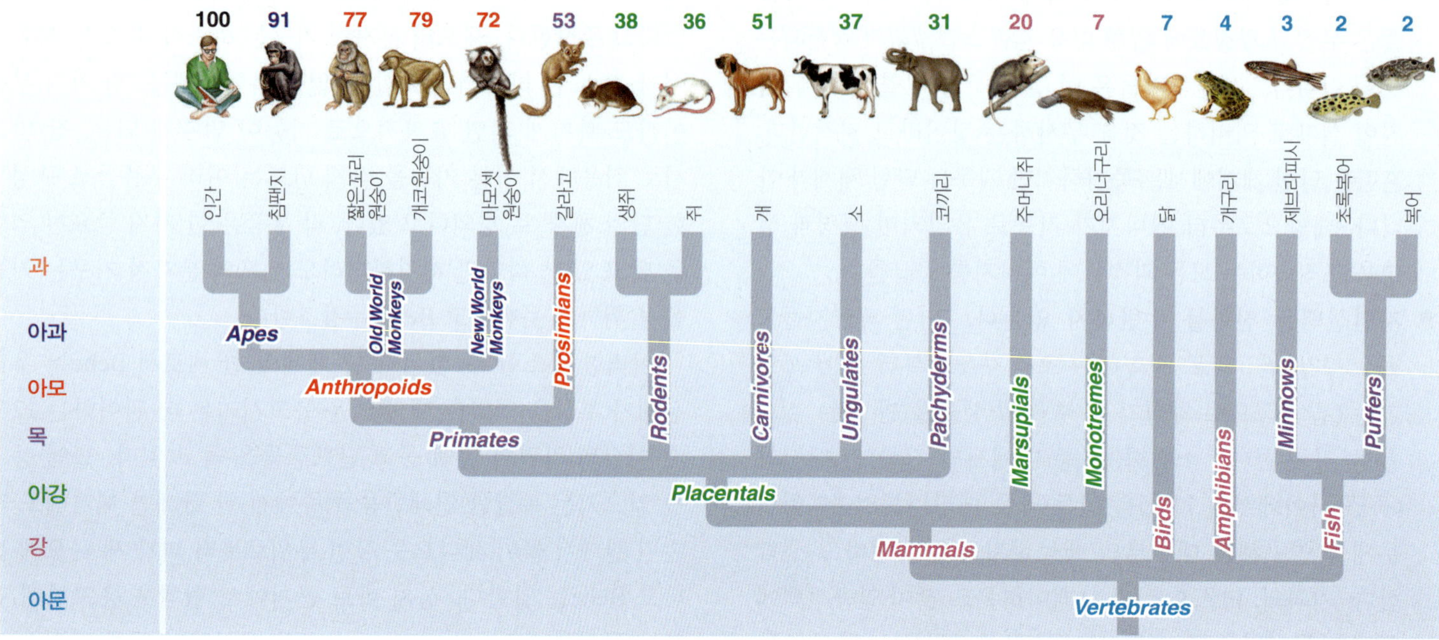

지적설계론 검증하기

2006년 봄 미국 South Carolina 교육위원회는 학생들이 진화론을 비평적으로 분석하는 것을 요구하도록 고등학교 교육과정의 변경을 요청하는 제안을 거부하였다. 그 위원회는 그러한 제안이 진화론 교육의 회피를 도모하는 책략으로 보인다고 말했다. 학생들이 비판적으로 진화론을 분석해야 한다고 요구하는 유사한 제안들이 Utah와 Ohio 교육위원회에 의해 그 해에 더 먼저 거부된바 있었으며, 현재에도 몇 개 주들에서 고려 중에 있다.

무엇이 이러한 거부 결정을 만들게 하고 있을까? 분명히 어떤 과학자도 어떤 이론을 비판적으로 분석하는 데 반대하지 않는다. 이것이 바로 과학이라는 것이며, 관찰되고 검증되고 반복되어지며 오류가 있을 수도 있는 것에 대한 설명들을 찾고 있는 것이다. 실제로 생물학자들은 Darwin의 진화론은 과학 역사에 있어서 하나의 이론으로서 많은 비판적 분석에 직면해 왔다고 주장한다.

그렇다면 고등학교 교육과정에서 이러한 변화를 반대하는 이유는 무엇일까? South Carolina 주 교육위원회를 포함한, 많은 과학자들과 교사들은 이러한 변화가 단지 의도적으로 교실에서 진화 대신에 비과학적 내용에 대한 교육을 증진시키기 위한 것이라고 느끼고 있다.

검증할 수 있는 주장과 검증할 수 없는 주장 사이에 차이가 바로 과학의 성질이다. 실제로 South Carolina의 진화 비판가들이 그렇게 요구했던 비판적 분석보다 이러한 차이를 명확하게 해주는 것은 없다. 그러므로 비판적 분석, 즉 Darwin의 주장을 검증해 보도록 하자.

이 장의 서론에서 설명하였듯이, 생물들이 조상 종들로부터 진화했다는 Darwin의 주장이 옳다면, DNA에서의 진화적 변화를 추적해 볼 수 있다. 종들 사이에서 우리가 볼 수 있는 변이는 환경 변화들에 대한 적응으로 DNA에서의 변화들로부터 비롯된 결과이다. 그렇기 때문에 일련의 진화적 변화들이 DNA에서 유전적 변화들의 축적에서 나타나야 한다. 진화의 변화들이 DNA에서의 변화들의 축적을 나타낸다는 이러한 가정은 다음과 같은 예측을 낳는다. 더욱 먼 친척인 두 종들(예를 들면, 인간과 쥐)은 더욱 가까운 종들(예를 들면, 인간과 침팬지)보다 더 큰 진화적 변화들을 축적해 왔어야 할 것이다.

그래서 이러한 변화들이 실제로 축적되어 있을까? 이를 알아보기 위해 척추동물 종들을 비교해 보자. 위 그림은 얼마나 18종의 척추동물 종들이 친척관계인지 생물학자들이 신뢰하는 계통수다. 영장류와 원숭이들은 같은 목(영장목)에 속하므로 생쥐나 쥐(설치류)처럼 다른 목에 속하는 동물들보다는 서로 더욱 가까운 친척으로 여겨진다.

인간 유전체프로젝트의 완료 이래 염기서열이 밝혀진 유전체들(한 유전체는 한 생물이 갖고 있는 모든 DNA)의 풍부함으로 인해 이러한 18종 척추동물들의 DNA를 직접 비교하는 것이 가능해졌다.

이러한 과업의 크기를 줄이기 위해 California 대학 Santa Cruz 분교에서 연구하고 있는 국립 인간 유전체 연구소의 연구원들은 척추동물 유전체들에서 분산되어 있는 44개의 소위 말하는 ECODE(발현되는) 부위들에 대해 초점을 맞추고 있다. 이들 지역들은 30Mb 또는 총 인간유전체의 1%에 상당하는 곳들로서, 단백질을 만드는 유전자들뿐만 아니라 단백질로 발현되지 않는 DNA를 함유하며 전체 유전체를 대표할 수 있는 부위로 선택되었다.

각각의 척추동물 종에 대해 연구자들은 인간의 DNA와의 유사성, 즉 그 생물의 44개 ENCODE 부위들에서 인간의 유전체의 것과 일치하는 뉴클레오티드의 비율을 결정하였다.

각 예의 결과를 척추동물 계통수에서 각 생물들 그림의 상단에 숫자로 나타낸 것을 볼 수 있을것이다. Darwin의 이론이 예측하듯이, 근연종일수록 유전체 차이가 적어짐을 볼 수 있다. 침팬지의 유전체(91%)는 원숭이 유전체들(72~79%)보다 더욱 인간 유전체와 비슷하다. 더욱이 모두 영장목에 속하는 5개의 이러한 유전체들은 설치류(생쥐나 쥐)와 같은 다른 목들에 비해 서로가 더욱 유사하다.

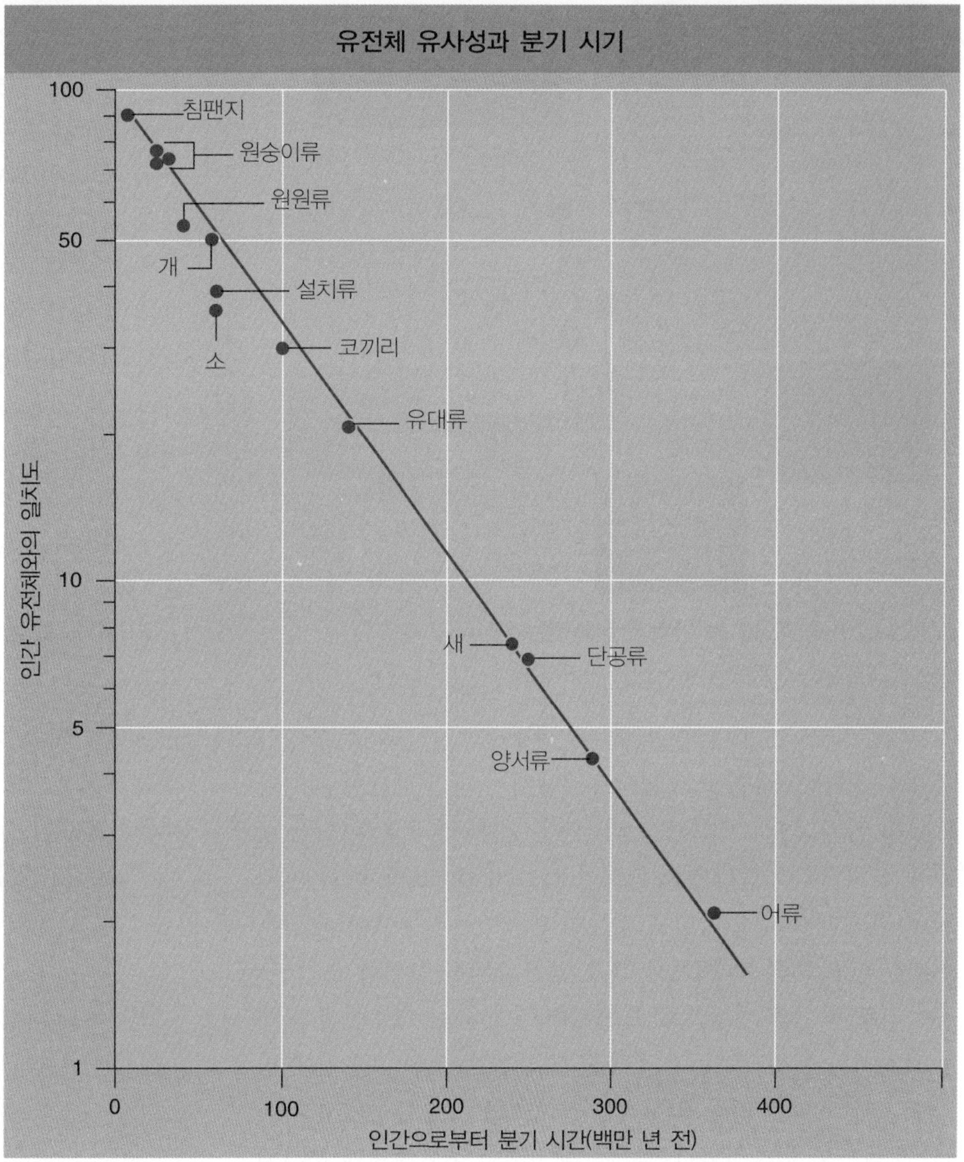

일반적으로 오른쪽의 매우 먼 종들(일부 종은 인간과 같은 강에 포함)로부터 왼쪽의 매우 가까운 종들(인간과 같은 과에 포함)에 이르기까지 척추동물 계통수를 살펴보면, Darwin의 이론이 예측하듯, 분류학적 거리가 감소할수록 유전체의 유사성이 증가하게 됨을 분명히 알 수 있다. 진화이론의 예측이 매우 확고한 것이다.

분석은 여기에서 끝나지 않는다. 척추동물의 진화역사는 화석을 통해 매우 잘 알려져 있으며, 이러한 화석들 중 많은 것들이 방사능 연대 추정과 같은 방법들을 사용해 개별적으로 연대가 확인되어 왔기 때문에, 구체적인 시간 간격들의 측면에서 분석을 재조명하고 직접적으로 척추동물의 유전체들이 Darwin의 이론이 예측하듯 긴 기간에 걸쳐 더욱 많은 차이를 축적해왔는지 알아보는 것이 가능하다.

분석된 18종들 각각에 대해 위의 그래프는 유전체의 유사성(척추동물 ENCODE 부위들의 DNA 염기서열들이 인간 유전체의 것들에 비해 얼마나 유사한지 정도)을 경과된 시간(즉, 척추동물과 인간이 화석기록에서 나타나는 한 공통 조상을 가지 이래 경과된 수 많은 시간)에 따라 그린 것이다. 그렇기 때문에 닭과 인간이 공유했던 마지막 공통 조상은약 2억 5천만 년 전에 살았던 *dicynodont*라 불리는 한 초기 파충류로서, 그 이후 두 종들의 유전체들은 많이 변해서 현재는 ENCODE 서열의 단지 7%만 같을 뿐이다.

그래프에서 볼 수 있는 결과는 놀랍고도 매우 명확하다. 3억 년 이상의 역사를 거치면서 척추동물들은 DNA에서 더욱 많은 유전적 변화를 축적해왔다. "변형된 후손"은 진화에 대한 Darwin의 정의로서 이 그래프에서 정확하게 알아볼 수 있다. 척추동물 유전체의 진화는 하나의 이론이 아닌 관찰인 것이다.

인간유전체 사업으로 인한 풍부한 데이터는 Darwin의 예측에 대한 강력한 검증을 가능하게 만들었다. 이러한 검증들로 인해 우리가 내린 결론은 진화가 척추동물들의 진화에서 명확하게 밝혀진 하나의 관찰된 사실이라는 것이다.

이러한 검증의 결론은 진화가 척추동물 DNA에서 명확하게 밝혀졌듯이 하나의 관찰된 사실이라는 것이다.

이러한 검증은 과학이 요구하는 비판적 분석의 일종이며, 진화 이론이 또 다시 검증을 통과한 경우를 보여준다. 지적 설계론과 같은 진화에 대한 하나의 비과학적 대체 주장이 진화를 대신하는 하나의 다른 과학적 설명을 제공해 줄 수 있다고 제시하기만 한다면 어떤 사람들이라도 기꺼이 여기서 우리가 사용한 비판적 분석에 대상이 될 수 있다. 여러분들은 그렇게 할 수 있는 방법을 생각해 낼 수 있는가? 정확하게 말하면 지적 설계 주장은 비판적으로 분석될 수 없으며, 어떠한 검증할 수 있는 예측도 내릴 수 없기 때문에, 과학도 아니고 과학 수업의 대상이 될 수 없다.

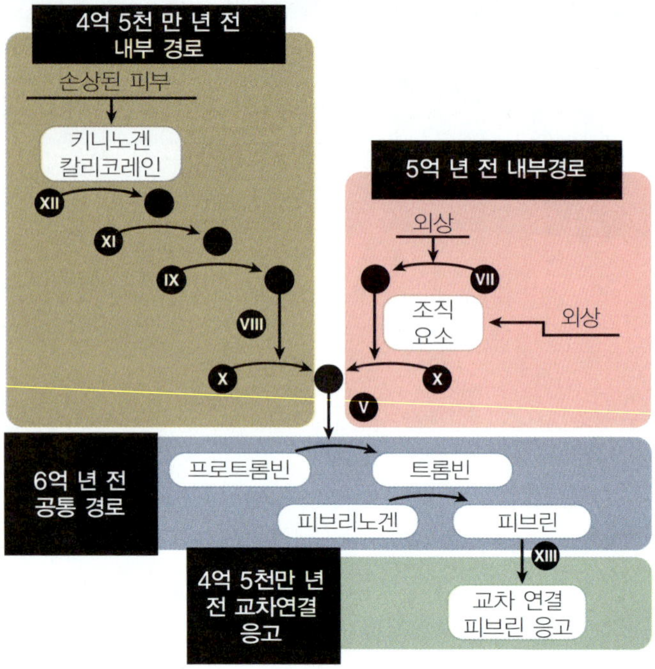

그림 14.20 혈액응고는 어떻게 진화했는가?
혈액응고체계는 새로운 단백질들이 이전 단계에 부가되면서 단계적으로 진화해 왔다.

예를 들면, 포유동물의 혈액응고체계는 훨씬 간단한 체계들로부터 단계적으로 진화해 왔다. 많은 단백질들의 아미노산 서열들을 비교함으로써 생화학자인 Russell Doolittle은 각 단백질이 진화한 이래 얼마나 오랫동안 존재했는지를 추정하였다. 여러분들은 **그림 14.20**에서 그가 얻은 결과를 살펴볼 수 있다. 공통경로(파란색 배경으로 표시된)라고 불리는 척추동물 혈액응고체계의 핵심경로는 척추동물 여명기인 약 6억 년 전에 진화했으며 오늘날 가장 원시적인 물고기인 칠성장어에서 나타난다. 척추동물이 진화하면서, 단백질들이 응고체계에 부가되어 효율성을 증진시켰다. 소위 말하는 외래 경로(extrinsic pathway, 분홍색 배경으로 나타냄)는 손상된 조직으로부터 방출된 물질들에 의해 촉발되었으며, 약 5억 년 전에 부가되었다. 경로에 각 단계는 이전 경로를 증폭시켰으며, 외래 경로 부가는 증폭을 크게 증가시켜 응고체계의 민감성을 증가시켰다. 5천만 년 후에 소위 말하는 *내부 경로*(intrinsic pathway, 황갈색 배경으로 나타냄)인 세 번째 구성요소가 부가되었다. 이 경로는 상처에 의해 만들어진 베인 표면들과의 접촉으로 촉발되었다. 또다시 증폭과 민감도가 증가되어 궁극적으로 피브린(fibrin)이 교차 연결되어 형성된 혈액응고(초록색을 배경으로 나타냄)가 나타나게 되었다. 응고체계가 더욱 복잡하게 진화하는 각 단계에서 체계의 전체적인 수행성은 첨가된 요소들에 의존하게 되었다. 포유동물의 응고는 세 가지 경로들 모두를 사용하며, 이 중 하나만 작동이 되지 않아도 더 이상 기능을 나타내지 못한다. 혈액응고는 Darwin의 진화 방식의 결과 "축소할 수 없는 복합체"가 되었다. 복합적인 분자와 세포의 과정들이 Darwin의 진화로 설명될 수 없다는 Behe의 주장은 틀렸다. 실제로 인간 유전체에 대한 조사는 혈액응고 유전자들의 집단이 유전자 복제를 통해 일어났으며 변화의 양이 증가되었음을 밝혀준다. 혈액응고체계의 진화는 하나의 관찰이지 추측이 아니다. 이 체계가 축소할 수 없는 복합체라는 것은 오류이다.

주요 학습 요점 14.7 Darwin의 진화 이론은 과학자들에 의해 압도적으로 수용되고는 있지만 반대자들도 있다. 반대자들의 비평들은 과학적 가치를 갖지 못한다.

집단은 어떻게 진화할까?

14.8 집단 내에서의 유전적 변화: 하디-바인베르크 법칙

집단 유전학(population genetics)은 집단 내에서 유전자들의 특성들을 연구하는 학문이다. 자연적인 집단 내에서의 유전적 변이는 Darwin이나 당시의 학자들이 설명할 수 없었다. 감수분열이 잡종 자손들 사이에 유전적 분리를 만드는 방법은 그 당시로서는 아직 발견되지 않았었다. 또한 Mendel이 그 당시에 그의 실험들을 수행하기 하였지만, 연구결과들은 대부분 잘 알려져 있지 않았다. 그리고 과학자들은 선택이 항상 유용한 형태를 선호하게 되며 변이는 제거되는 경향이 있다고 생각했다.

하디-바인베르크 평형

실제로 집단 내에서 변이는 많은 과학자들을 혼란스럽게 만들었는데 우성인 **대립유전자들(alleles**, 한 유전자의 다른 형태들)

은 적절한 형태를 선호하는 선택의 일환으로 집단으로부터 열성 대립유전자들을 제거하는 것으로 여겨졌다. 왜 유전적 변이가 지속되는지의 혼란스러움에 대한 해결책이 1908년 G.H. Hardy와 W. Weinberg에 의해 제기되었다. Hardy와 Weinberg는 모든 개체들의 모든 대립유전자들을 포함하는, 한 집단의 모든 유전자들의 총합인 유전자 풀(gene pool)에서 **대립유전인자 빈도(allele frequency**, 한 집단 내에서의 특정한 대립유전인자의 비율)를 연구하였다. Hardy와 Weinberg는 무작위 교배가 일어나는 하나의 큰 집단에서 대립유전자의 빈도를 변화시키는 힘이 존재하지 않는다면, 본래의 유전자형 비율들은 세대가 거듭되어도 변하지 않는다고 지적하였다. 사실상 우성 대립유전자들은 열성 대립유전자들을 대체하지 않는다. 이렇게 대립유전자 비율들이 변하지 않고 유지될 때, 그 유전자형들은 **하디-바인베르크 평형(Hardy-Weinberg eqillibrium)** 상태에 있다고 말한다.

하디-바인베르크 법칙은 한 집단 내의 대립유전자 빈도들이 비교될 수 있는 기준선으로 여겨진다. 대립유전자 빈도들이 변하지 않는다면(하디-바인베르크 평형 상태에 있다면), 그 집단은 진화하지 않고 있는 것이다. 그러나 어떤 시기에 어떤 지점에서 수집한 대립유전자 빈도들이 하디-바인베르크 평형 상태에서 예측되는 빈도들과 다르다면, 그 집단은 진화적 변화를 겪고 있는 중이다.

Hardy와 Weinberg는 연속적인 세대들에서 대립유전자들의 빈도들을 분석한 후 그들의 결론에 도달하게 되었다. 어떤 것의 **빈도(frequency)**란 전체 집단과 비교하여 어떤 하나의 특성을 갖는 개체들의 비율로 정의된다. 그렇기 때문에 **그림 14.21**에서 나타낸 1,000마리의 고양이들로 이루어진 집단에서 검은색 고양이가 840마리, 흰색 고양이가 160마리가 있을 때, 검은색 고양이의 빈도를 계산하면 840을 1,000으로 나누어(840/1,000) 0.84가 되고, 흰색 고양이는 160/1,000 = 0.16이 된다.

그 표현형의 빈도를 알면, 그 집단에서의 유전자형과 대립유전자들의 반도를 계산할 수 있다. 규약에 의해 두 대립유전자들 중에서 더욱 흔한 것(여기서는 검은 고양이 *B*)을 *p*로 상대적으로 덜 흔한 것(흰색 고양이 *b*)을 *q*로 나타낸다. 이 경우 오직 두 개의 대립유전자들만 존재하므로 *p*와 *q*의 합은 항상 1이다($p + q = 1$).

대수학적인 용어들을 사용해 하디-바인베르크 평형을 한 등식으로 나타낸다. 두 개의 대립유전 *B*(빈도 *p*)와 *b*(빈도 *q*)를 갖는 한 유전자에 대한 등식은 다음과 같다.

$$p^2 \quad + \quad 2pq \quad + \quad q^2 \quad = \quad 1$$

대립유전자 *B*에 대한 동형접합성 개체들	대립유전자 *B*와 *b*에 대해 이형접합성 개체들	대립유전자 *b*에대한 동형접합성 개체들

대립인자들의 합은 1이 될 뿐만 아니라 유전자형들의 빈도들의 합도 1이 됨을 알 수 있다.

한 집단에서 대립유전인자들의 빈도들을 안다고 그 집단이 진화하고 있는지 아닌지를 알 수 있는 것은 아니다. 이것을 결정하기 위해서는 미래 세대들에서 살펴볼 필요가 있다. 고양이들의 집단에서 우리가 계산한 대립유전자 빈도들을 사용하여

표현형			
유전자형	*BB*	*Bb*	*bb*
집단(1,000마리 고양이군)에서의 유전자형 빈도	고양이 360마리 360/1,000 = 0.36	고양이 480마리 480/1,000 = 0.48	고양이 160마리 160/1,000 = 0.16
집단에서의 대립유전자들의 수(고양이 한 마리당 2)	720 *B*	480 *B* + 480 *b*	320 *b*
집단에서의 대립유전자 빈도(총 2,000)	720 *B* + 480 *B* = 1,200 *B* 1,200/2,000 = 0.6 *B*		480 *b* + 320 *b* = 800 *b* 800/2,000 = 0.4 *b*

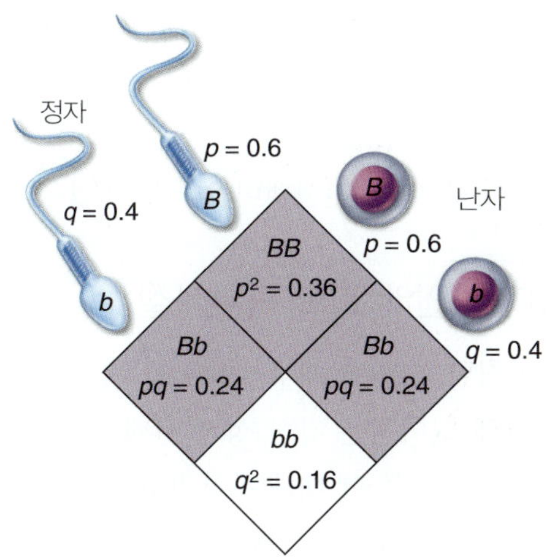

그림 14.21 하디-바인베르크 평형에서 대립유전자 빈도들의 계산

여기에서는 1,000마리의 고양이들을 예로 들었는데, 160마리는 흰색, 840마리는 검은색 고양이다. 흰색은 *bb*, 검은색은 *Bb* 또는 *BB*다.

미래 세대들에서의 유전자형과 표현형의 빈도들이 어떻게 될 것인가를 예측할 수 있다. **그림 14.21**의 오른쪽에 나타낸 퍼넷사각형(Punnett square)은 왼쪽 표 밑줄에서 얻은 *B*에 대한 빈도 0.6과 *b*에 대한 빈도 0.4를 이용하여 구성되었다. 이러한 빈도들을 0.6을 집단의 60%, 0.4를 집단의 40%와 같이 퍼센트 빈도로 나타내는 것이 도움이 될 수 있다. 하디-바인베르크 법칙에 따르면, 이 집단에서 정자의 60%가 *B* 대립유전자를 가지며 (퍼넷사각형에서 $p = 0.6$으로 표시), 정자의 40%는 *b* 대립유전자를 가진다($q = 0.4$).이러한 정자들이 같은 대립유전자 빈도들 ($p = 0.6$, $q = 0.4$)을 갖는 난자들과 교배된다면, 예측되는 유전자 빈도들을 간단하게 계산할 수 있다. *BB* 유전자형 빈도는 *B* 빈도 (0.6)와 *B* 빈도(0.6)를 곱한 것($0.6 \times 0.6 = 0.36$)과 같다. 이 집단이 진화하지 않는다면, *B* 유전자형 비율은 같게 유지될 것이며, 미래 세대들에서 0.36 또는 36%의 고양이들은 색깔에 대해 동형접합성 우성(*BB*)이 될 것이다. 마찬가지로 고양이들의 0.48 또는 48%는 이형접합성 *Bb*($0.24 + 0.24 = 0.48$)가 되고 0.16 또는 16%의 고양이들은 동형접합성의 열성인 *bb*가 된다.

하디-바인베르크 가정들

하디-바인베르크 법칙은 몇 가지 가정들에 근거를 두고 있다. 347쪽에 있는 등식은 다음 5가지 가정들을 충족할 때에만 적용될 수 있다.

1. 집단의 크기가 매우 크거나 무한할 때
2. 개체들이 서로 무작위로 짝짓기 할 때
3. 돌연변이가 없을 때
4. 외부로부터 어떤 대립유전가 도입(근처 집단으로부터 이주해 옴)되거나 외부로 대립유전자가 이주하지(개체들이 그 집단을 떠남) 않을 때
5. 모든 대립유전자들이 세대와 세대 사이에서 동등하게 대체될 때 (자연선택이 일어나지 않을 때)

하디-바인베르크: 귀무가설

많은 집단, 그리고 대부분의 인간 집단은 크며 대부분의 형질들 (인간에 있어서는 강한 성적 선택을 겪는 외모에 영향을 주는 몇 가지 형질들)에 대해 무작위로 짝짓기가 일어난다. 그러므로 많은 집단은 Hardy와 Weinberg에 의해 설명된 이상적 집단과 유사하다. 그러나 어떤 유전자들이 경우, 관찰된 이형접합체의 비율은 그 대립유전자 빈도들로부터 계산된 값과 일치하지 않는다. 이런 일이 일어날 때는 무엇인가가 선택, 무작위적이지 않은 짝짓기, 이주 또는 다른 요소들을 통해 그 집단에 작용하여 하나 이상의 유전자형 빈도들을 변화시키고 있음을 나타낸다. 이러한 측면에서 살펴보려면 하디-바인베르크 법칙은 한 *귀무가설*(null hypothesis)로 검토될 수 있다. 귀무가설은 측정되는 매개 변수들 사이에 아무런 차이가 없다는 한 예측이다. 수 세대들에 걸쳐서 그 집단의 유전자형 빈도들이 하디-바인베르크 등식으로 예측되는 값과 일치하지 않는다면 그 귀무가설은 거절되며, 어떤 힘이 그 집단에 작용하여 대립유전자들의 빈도들을 변화시키고 있다는 가정이 만들어진다. 한 집단에서 대립유전자의 빈도들에 영향을 주는 요소들은 이 장의 후반부에서 상세하게 다룰 것이다.

연구 예: 인간에 있어서 낭포성섬유증

하디-바인베르크 등식으로 이루어진 예측들은 얼마나 확실할까? 많은 유전자들에서 이러한 예측들이 매우 정확함이 증명되었다. 한 예를 들어, 심각한 인간 질병인 낭포성섬유증을 일으키는 열성 대립유전자를 고려해 보자. 이 대립유전자(q)는 북미의 코카시아인들(Causcasians)에서 0.022의 빈도로 존재한다. 이 빈도를 사용해 이 병증을 보이는 북미 코카시아인들의 비율을 예측할 수 있다. 이중 열성 개체들(q^2)의 빈도는 다음과 같이 예측될 수 있다.

$$q^2 = 0.022 \times 0.022 = 0.00048$$

이 값은 1,000명당 0.48명 또는 2,000명당 1명의 꼴로서 실제 추정치에 가깝다.

이형접합성의 보인자들 비율은 얼마나 될까? 열성 대립유전자 p의 빈도가 0.022라면, 우성 대립유전자 q의 빈도는 $p = 1 - q$ 또는:

$$p = 1 - 0.022 = 0.978$$

이형접합성 개체들의 빈도 ($2pq$)는 다음 값으로 예측된다.

$$2 \times 0.978 \times 0.022 = 0.043$$

미국에서 1,200만 명이 낭포성섬유증 대립유전자의 보인자들로 추정된다. 2억 9,800만 명으로 구성된 한 집단에서 이 추정치는 0.041의 비율로서 하디-바인베르크 등식으로 계산한 값에 매우 가깝다. 그러나 미국에서 낭포성섬유증 대립유전자의 빈도가 변화한다면, 이는 집단이 더 이상 하디-바인베르크 법칙

의 가정들을 따르지 않음을 제시해 줄 것이다. 예를 들면, 대립유전자를 갖는 양친들이 자녀를 갖지 않는다면, 대립유전자의 빈도는 후세대들에서 감소될 것이다. 대립유전자를 갖는 사람들이 짝짓기를 하지 않기 때문에 짝짓기는 더 이상 무작위적이 되지 못한다. 또 다른 시나리오를 고려해 보자. 유전자 치료법들이 개발되어 낭포성섬유증 증세를 치료한다면, 환자는 더 오래 살고 더 많은 생식 기회를 갖게 될 것이다. 이렇게 되면 후 세대들에서 대립유전자의 빈도는 증가할 것이다. 빈도의 증가는 또한 미국으로 이민 오는 사람들에서 대립유전자 빈도가 더욱 높다면, 이주에 의해 대립유전자가 집단으로 유입될 경우에도 나타난다.

많은 요소들이 대립유전자 빈도들을 변화시킬 수 있다. 그러나

주요 학습 요점 14.8 하디-바인베르크 가정들을 충족하며 무작위로 짝짓기가 일어나는 하나의 큰 집단에서는 대립유전자 빈도들이 하디-바인베르크 평형을 유지할 것으로 예측된다. 이러한 평형을 유지하지 않는다면, 그 개채군은 진화적인 변화를 겪고 있는 중이다.

14.9 진화의 요인들

단지 5가지 요소들만이 하디-바인베르크 법칙으로 예측되는 비율로부터 심각하게 벗어날 정도로 동형접합체와 이형접합체의 비율을 변화시킨다.

1. 돌연변이
2. 무작위적이지 않은 짝짓기
3. 유전적 부동
4. 이주
5. 선택

돌연변이

돌연변이(mutation)는 DNA의 뉴클레오티드 서열에서의 변화이다. 예를 들면, T 뉴클레오티드는 돌연변이가 일어나 A 뉴클레오티드로 바뀔 수 있다. 한 대립유전자가 다른 대립유전자로 돌연변이되면 한 집단에서 특정 대립유전자들의 비율이 변화될 수 있다. 그러나 돌연변이율은 일반적으로 너무 느려 보통의 대립유전자들의 하디-바인베르크 비율들을 크게 변화시키지는 않는다. 많은 유전자들은 100,000번의 세포분열당 1~10번 돌연변이가 일어난다. 이러한 돌연변이들 중 어떤 것들은 해롭지만 아무런 효과가 없거나 심지어는 이로운 것들도 있다. 또한 돌연변이들은 생식세포들(정자나 난자)의 DNA에 영향을 미쳐야 되며, 그렇지 않으면 자손들에 전달되지 않을 것이다. 돌연변이 속도는 너무 느려서 거의 집단은 심각한 수의 돌연변이들을 축적할 정도로 오랫동안 존재하지 않는다. 그러나 아무리 드물게 일어나더라도 돌연변이는 한 집단에서 궁극적인 유전자 변이의 근원이다.

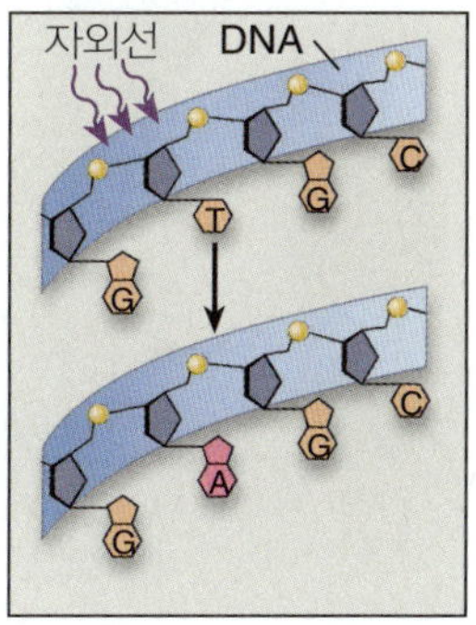

비무작위 짝짓기

어떤 유전자형들을 갖는 개체들은 때대로 무작위로라기보다는 특정 상대들과 짝짓기 하는 다소 덜 흔한 형태로 서로 짝짓기를 수행한다. 이러한 짝짓기 형태의 하나는 **유성선택(sexual selection)**으로서 어떤 신체적 특징들을 보고 짝짓기 상대를 결정한다. 또 다른 형태의 **비무작위적 짝짓기(nonrandom Mating)**는 근친교배(inbreeding)로서 한 꽃의 자가수정과 같은 것이다. 근친교배는 개체가 다른 유전자형이 아닌 자신의 것과 짝짓기 하므로 동형접합성 개체들의 비율을 증가시키다. 대체로 근친교배된 집단은 하디-바인베르크 법칙으로 예측되는 것보다 더욱 많은 동형접합성 개체들을 함유한다. 이러한 이유 때문에 자가수정 식물들의 집단은 주로 동형접합성 개체들로 이루어져 있는 반면에 자신과 다른 개체들과 교배하는 타가수정 식물들은 높은 비율의 이형접합성 개체들로 구성된다. 비무작위적 짝짓기는 유전자형 빈도를 변화시키지만 대립유전자 빈도들을 변화시키지는 않는다. 대립유전자 빈도들은 같게 유지하되 대립유전자들

이 자식들 사이에 다르게 분포될 뿐이다.

유전적 부동

작은 집단에서 특정 대립유전자들의 빈도들은 우연한 기회만으로도 급격하게 변화될 수 있다. 극단적인 경우, 주어진 유전자의 개별적인 대립유전자들 모두가 각각 소수의 몇 개체들에서 나타나며, 그 중 어떤 대립인자들은 그 유전자를 갖는 개체들이 사고에 의해 생식을 못하거나 죽게 되면 그 집단에서 사라질 수도 있다. 개체들과 그들 대립유전자들의 이러한 손실은 이러한 대립유전자들을 갖는 개체들의 적합성 여부보다는 무작위 사건들 때문에 일어난다. 이는 대립유전자들이 항상 유전자 부동으로 인해 손실된다는 것이 아니라, 빈도들이 표류하듯이 유전자 빈도들이 무작위로 변화함을 보여준다; 이렇기 때문에 대립유전자들에서의 무작위 변화들을 **유전적 부동(genetic drift)**이라 한다. 서로가 격리된 일련의 작은 집단은 유전자 부동의 결과 크게 달라질 수도 있다.

하나 또는 몇 개의 개체들이 이주하여 원래 살던 곳으로부터 멀리 떨어져 격리된 새 집단의 창시자(founder)가 되면, 이들이 갖고 있는 대립유전자들은 그 새로운 집단에서 특히 중요하게 될 수도 있다. 이러한 대립유전자들이 본래의 집단에서 흔하지 않은 것들이라 할지라도 새로운 집단의 유전적 구성에서 중요한 비율을 차지하게 되기도 한다. 이 같은 현상을 **창시자효과(founder effect)**라고 한다. 창시자효과의 결과 드문 대립유전자들과 조합들이 격리된 새로운 집단에서 더욱 흔하게 나타난다. 창시자효과는 Darwin이 방문하였던 Galápagos 제도들과 같은 바다의 섬들에서 일어나는 생물들 진화에서 특히 중요하다. 이러한 지역에서 사는 생물 종들의 대부분은 아마도 하나 또는 몇 개체의 처음 창시자들로부터 유래되었을 것이다. 이와 유사한 방법으로, 격리된 인간 집단에서 특히 아주 적은 수의 개체들로부터 처음부터 시작할 때 창시자의 특성을 갖는 유전적 특성들이 우세하게 되는 경우가 흔히 나타나기도 한다(**그림 14.22**).

그림 14.22 창시자효과
사진에 암만파(Amish) 신도 여성이 Ellis-van Creveld 증후군을 앓고 있는 아기를 안고 있다. 이 병의 증세는 짧은 사지, 작은 키 및 더 많은 손가락들 함유로 나타난다. 이 병은 18세기에 이주한 창시자들 한 명이 Amish 교단에 포함되어 생식적 격리가 일어나 지금까지 지속되어 왔다.

생물들이 다른 장소로 이동하지 않더라도 때때로 집단이 급격하게 크기가 감소되기도 한다. 이러한 감소는 홍수, 가뭄, 지진 등 자연적인 힘이나 환경의 점진적인 변화들에 의해 일어난다. 생존하는 개체들은 본래 집단의 한 무작위적 유전적 표본을 구성한다. 유전적 변이에서의 이러한 감소는 **병목효과(bottleneck effect)**라고 불러왔다(**그림 14.23**). 오늘날 아프리카치타에서 볼 수 있는 매우 낮은 수준의 유전적 변이는 과거에 멸종 될 뻔했던 사건이 있었음을 보여준다.

이주

이주(migration)는 유전적 용어로 집단 사이에 개체들의 이동이라고 정의된다. 이주는 강력한 힘으로 자연적인 집단의 유전적

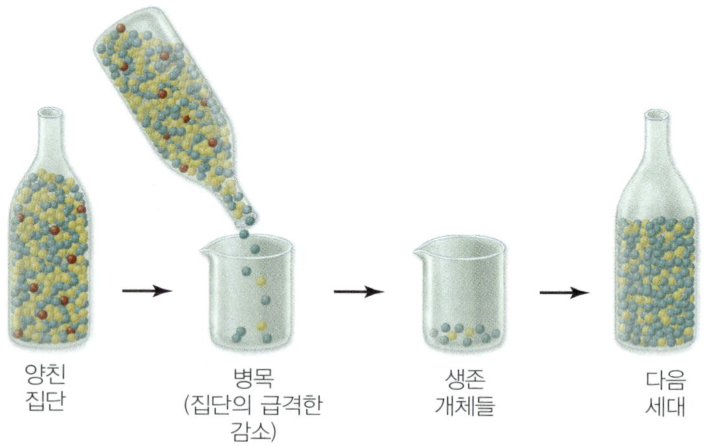

그림 14.23 유전적 부동: 병목효과
양친 집단은 대략적으로 비슷한 수의 녹색과 황색 개체들, 적은 수의 적색 개체들로 구성되어 있다. 우연한 기회에 남아서 다음 세대에 기여하게 되는 개체들은 대부분이 녹색 개체들이 된다. 병목효과는 흔히 풍토병이나 재난으로 인해 아주 적은 수의 개체들이 다음 세대를 구성하기 때문에 일어난다.

안정성을 와해시킬 수도 있다. 이주에는 한 집단으로 개체들이 이동하는 *이입*(immigration)과 한 집단으로부터 개체들이 이탈하는 *이출*(emigration)이 있다. 새로 도착한 개체들의 특성들이 기존에 존재하는 개체들의 것들과 다르고, 이 개체들이 새로운 지역에 적응하여 짝짓기를 한다면, 이들 개체들을 수용하는 집단의 유전적 조성은 변화될 수 있다.

때때로 이주는 분명하지 않다. 미묘한 이동에는 식물 꽃가루들이나 미성숙 단계의 해양생물들의 한 장소에서 다른 장소로의 이동이 포함된다. 예를 들면, 한 벌이 한 집단에서 꽃가루를 묻혀 다른 집단의 꽃으로 전달할 수 있다. 이렇게 함으로써 벌은 새로운 대립유전자들을 한 집단으로 도입할 수 있다. 이주가 일어나게 되면, 집단의 유전적 특성들이 변화되고 한 집단이 하디-바인베르크 평형에서 벗어나게 만들 수 있다. 그러므로 이주는 진화적 변화의 원인이 된다. 이주의 효과 정도는 두 가지 요소들에 의존한다: (1) 그 집단에서 이주한 개체들의 비율, (2) 이주한 개체들과 본래 집단 사이에 대립유전자 빈도들의 차이. 이주의 실질적인 진화에 대한 영향은 추정하기 어려우며, 주로 집단이 존재하는 다른 지역들 사이에서 일어나는 선택적인 힘들에 달려 있다.

선택

Darwin이 지적하였듯이, 어떤 개체들은 다른 개체들보다 더 많은 자식을 낳으며, 그렇게 할 수 있는 가능성은 유전적 특성들에 의해 영향을 받는다. 이러한 과정의 결과를 **선택(selection)**이라 하며, Darwin이 살았던 시대에서도 말이나 가축 육종가들에게는 익숙한 일이었다. 소위 말하는 **인위선택(artificial selection)**에서는 육종가들이 바람직한 특징들을 선택한다. 예를 들면, 몸집이 큰 동물들끼리 교배시키면 큰 자식을 자식을 얻을 수 있다. **자연선택(natural selection)**에서, Darwin은 한 집단에서 어떤 종류의 개체들이 가장 적합(그들 환경에 가장 적합한 개체들을 의미; 14.3절 참조)하는지를 결정하는 자연의 조건들에서 환경이 이러한 일을 맡으며 미래 집단의 개체들 사이에 유전적 비율에 영향을 준다고 제안하였다. 환경은 선택의 결과들을 결정하는 조건들을 부과하여, 진화의 방향을 결정한다(**그림 14.24**).

그림 14.24 쥐의 털색에 대한 선택
미국 남서부에서는 화석 용암이 흘러 주위 밝은색의 사막 모래와는 뚜렷하게 대조를 이루는 검은색의 바위를 형성하였다. 이러한 바위들에서 서식하는 많은 동물 종들의 집단은 색깔이 검은 반면, 모래에 거주하는 집단은 훨씬 더 밝다. 예를 들면, 주머니쥐의 경우 선택은 이들이 사는 주위 환경들과 일치하는 털색을 선호한다. 털색과 배경색의 밀접한 조화는 쥐를 눈에 잘 띄지 않게 만들어 날아다니는 포식자들로부터 보호되게 해준다. 이러한 쥐들을 반대 색깔의 서식지에 놓아두면 눈에 매우 잘 띄게 된다.

선택의 형태들

선택은 축구 경기에서 기술이 작용하듯 한 종의 자연 집단에서 작용한다. 어떠한 한 경기에서 승자를 예측하기는 어려운데, 그 이유는 기회가 그 결과에 있어서 중요한 역할을 할 수 있기 때문이다. 그러나 긴 경기 시즌에서는 기술이 가장 좋은 선수들을 확보하고 있는 팀이 대개는 가장 많이 이긴다. 자연에서는 비록 기회가 어떤 한 개체의 생애에서 중요한 역할을 할지라도 그들 환경들에 가장 적합한 개체들이 자손을 가장 많이 남김으로써 진화 게임에서 이기는 경향이 있다. 어떤 한 개체의 운명 또는 동전을 던져 앞면과 뒷면이 나올지를 예측할 수는 없지만, 여러 번 동전을 던진 후 앞면이 나올 비율을 예측하는 것이 가능하듯이 어떤 종류의 개체가 한 종의 집단에서 더욱 흔하게 되는 경향이 있는지는 예측이 가능하다.

자연에서 아마도 많은 형질들의 대부분이 한 유전자 이상에 의해 영향을 받는다. 유전자들 사이에 상호작용들은 제10장에서 보았듯이 대개는 복잡하다. 예를 들면, 많은 다른 유전자들의 대립유전자들이 인간의 키를 결정하는 데 관여한다(**그림 10.12** 참조). 이러한 경우들에서는 선택이 모든 유전자들에 작용하며, 표현형에 가장 큰 기여를 하는 유전자들에게 가장 강하게 영향을 미친다. 어떻게 선택이 집단을 변화시키는지는 어떤 유전자형들이 선호되는지에 달려 있다. 세 가지 형태의 자연선택들이 확인되었다: 안정화 선택, 분단성 선택, 방향성 선택

안정화 선택

표현형들의 배열에서 선택이 작용하여 두 개의 극단적인 형태들, 예를 들면 더 크거나 더 작은 신체 크기를 제거하면, 그 결과 이미 가장 많이 나타나는 중간 표현형(중간의 신체 크기 같은) 빈도의 증가가 일어난다. 이러한 선택을 **안정화 선택(stabilizing selection)**이라 한다.

1898년 2월 1일, 눈, 비 및 진눈깨비를 동반한 강한 폭풍이

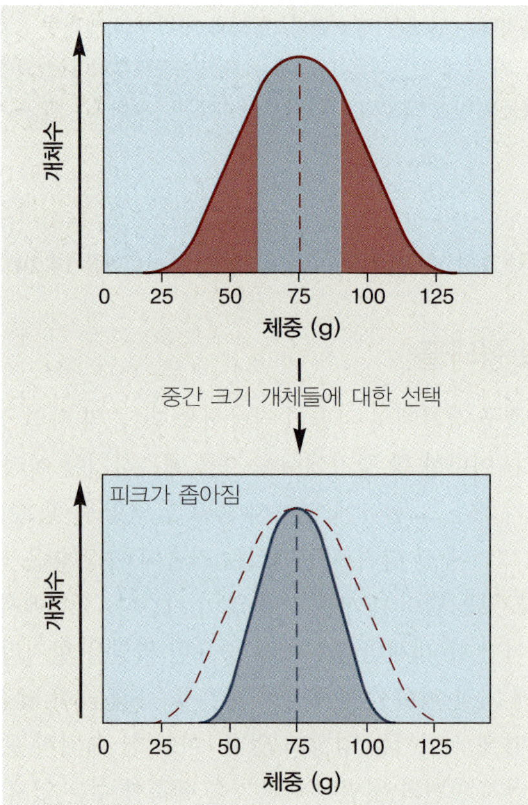

몰아친 후에 수행된 한 고전적 연구에서, 136마리의 굶고 있는 영국 참새들이 수집되어 Rhode Island, Province에 있는 Brown 대학교 H. C. Bumpus 교수의 실험실로 보내졌다. 이 중에서 64마리가 죽었고 72마리가 살아났다. Bumpus는 모든 새들을 대상으로 기본적인 측정들을 수행한 후 수컷들 중에서 생존하는 새들은 방향성 선택(나중에 설명)이 일어날 때 예측되듯이, 더 몸집이 큰 경향이 있음을 발견하였다. 그러나 암컷들에서는 생존한 새들이 평균 크기에 가까웠다. 죽은 암컷의 새들 가운데에는 많은 개체들이 매우 크거나 매우 작은 극단적인 측정값들을 갖고 있었다.

Bumpus가 한 흥미 있는 말은 "선택적 제거 과정은 무슨 방향으로 변이가 일어나더라도 매우 변이가 심한 개체들이 존재할 때 가장 크게 나타난다"는 것이었다. 생물체의 우수성 기준에서 기준에 훨씬 못 미치는 것이 매우 위험한 것처럼, 월등하게 기준 이상이 된다는 것도 아주 위험하다. 그것이 자연이 선호하는 선택의 형태다.

Bumpus의 연구에서 선택은 이러한 극단적인 크기를 갖는 암컷 새들에게 가장 강하게 작용하였다. 안정화 선택은 집단에서 가장 흔한 표현형(평균 크기의 새들은 이미 가장 흔한 표현형)을 변화시키는 것이 아니라 오히려 극단적인 형태들을 제거함으로써 흔한 것들이 더욱 많이 나타나게 만든다. 사실상, 선택은 중간값으로부터 멀어지는 변화가 일어나지 않도록 작용하고 있다.

Bumpus의 암컷 참새들과 유사한 많은 예들이 알려져 있다. 예를 들면, 사람의 경우, 태어날 때 중간값의 체중을 갖는 아기들이 가장 높은 생존율을 보여준다.

더욱 자세하게 살펴보면, 인간 영아의 사망률은 위 그래프에

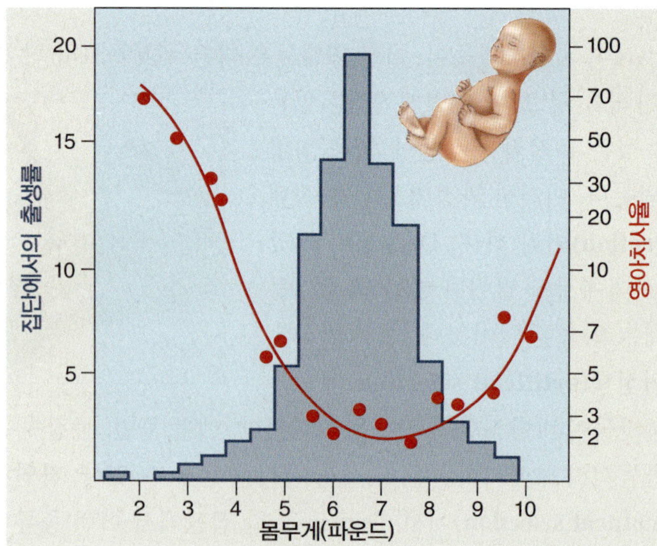

서 적색 선으로 표시된 바와 같이 태어날 때 몸무게가 3~3.5kg인 중간 체중값을 가질 때 가장 낮았는데, 이 데이터는 여러 해 동안의 미국의 출생 기록들로부터 집계된 것이다. 중간 체중은

또한 집단에서도 가장 흔한 형태인데, 위 그림에서 청색으로 표기된 지역이다. 더 크거나 더 작은 아기들 모두 더 낮은 빈도로 나타나며 출산 시 또는 출산에 임박해서 더 높은 사망률을 보인다. 이와 유사하게, 중간 무게의 달걀들이 부화율이 가장 높다.

분단성 선택

어떤 상황들에서는 선택이 중간 형태를 제거하도록 작용하여 그 집단에서 두 극단적인 표현형들이 더욱 흔하게 나타나는 결과를 낳는다. 이러한 형의 선택을 **분단성 선택(disruptive selection)**이라 한다:

명확한 한 예는 African black-bellied seedcracker 핀치(*Pyrenestes ostrinus*)의 부리 크기 차이이다. 이 새들의 집단은

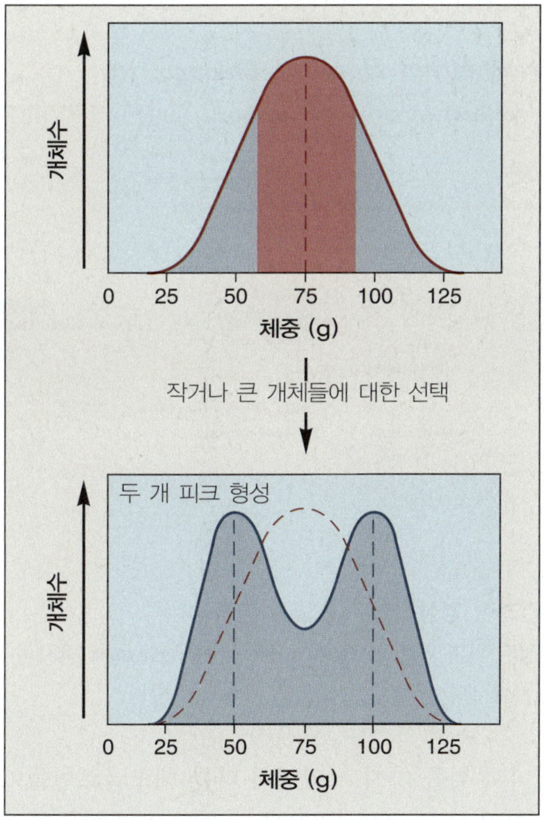

크거나 작은 부리들을 갖는 개체들로 구성되지만, 중간 크기의 부리를 갖는 개체들은 드물다. 이름이 암시하듯 이 새들은 씨들을 먹으며, 씨들은 크거나 작은 두 부류의 크기를 갖는다. 아래 그림의 왼쪽의 새처럼 큰 부리를 갖는 새들만 큰 씨의 딱딱한 껍질을 깨어 열 수 있는 반면에, 오른쪽의 것들처럼 작은 부리들을 갖는 새들은 작은 씨들을 다루는 데 더욱 숙련되어 있다. 중간 크기의 부리를 갖는 새들은 두 크기 씨들을 먹는 데 불리하다: 큰 씨를 깨서 열지도 못하고 작은 씨들을 효율적으로 다루기에도 너무 불편하다. 결과적으로 선택은 중간 표현형들을 제거하도록 작용하여 집단을 뚜렷한 두 개의 표현형들을 갖는 집단으로 분할하게 되었다.

방향성 선택

다른 상황들에서는 선택이 표현형들의 분포에 있어서 하나의 극단적인 형태를 제거하도록 작용하여 그 집단에서 반대되는 한 극단적인 형태가 더욱 흔하게 나타나게 된다. 이러한 선택 형태를 **방향성 선택(directional selection)**이라 한다.

예를 들면, 아래 실험에서, 빛 쪽으로 이동한 초파리

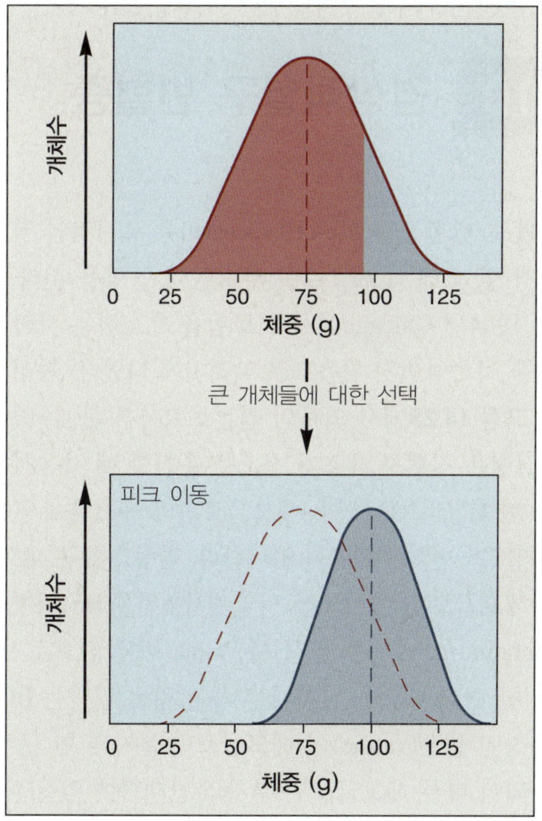

(*Drosophila*)들은 집단으로부터 제거되고, 빛의 반대 방향으로 이동한 초파리들은 다음 세대의 양친들로 사용된다. 이러한 선

별적 짝짓기의 20세대 후에는 빛 쪽으로 이동하는 초파리들의 빈도가 집단에서 훨씬 낮아지게 된다.

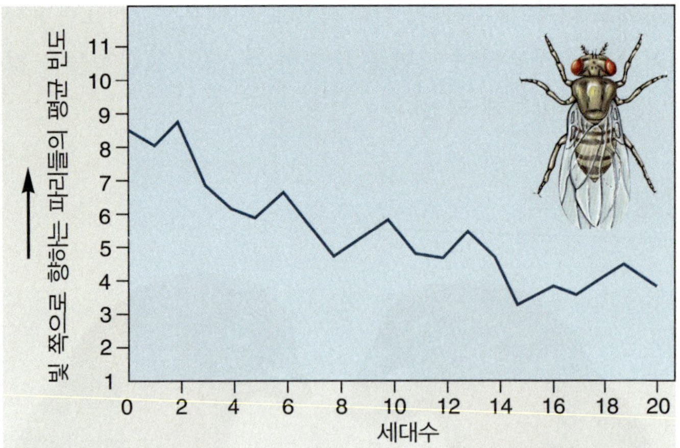

주요 학습 요점 14.9 다섯 가지 진화적 힘들이 집단에서 대립유전자와 유전자형 빈도들을 크게 변화시킬 수 있다: 돌연변이, 비 무작위적 짝짓기, 유전적 부동, 이주 및 선택. 선택은 중간 형태 또는 양 극단적인 형태들을 선호할 수 있다.

집단 내에서의 적응

Darwin이 진화에서 자연선택의 중요한 역할을 제안한 이래, 자연선택이 뚜렷하게 작용하여 종들의 유전적 구성을 변화시킨 많은 예들이 발견되어 왔다. 여기 세 가지 예들을 들어 검토해 보고자 한다.

14.10 겸상적혈구 빈혈증

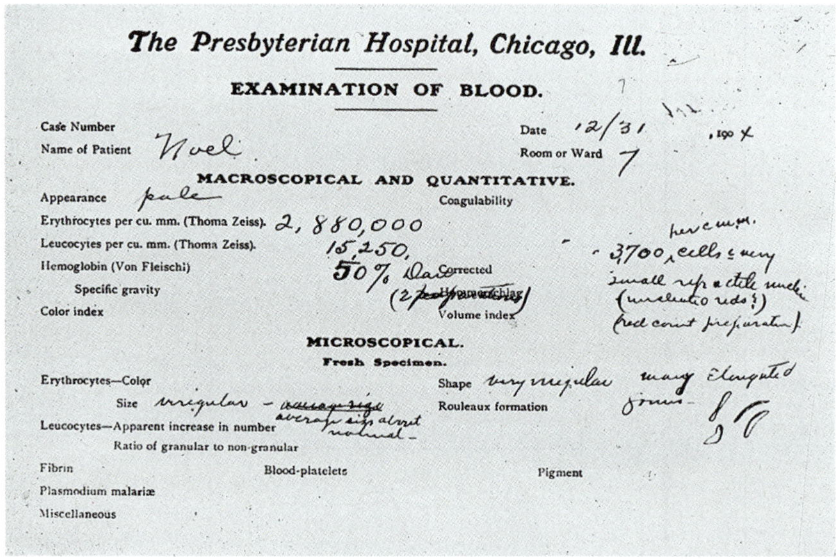
The Presbyterian Hospital, Chicago, Ill.

EXAMINATION OF BLOOD.

Case Number
Date 12/31, 1904
Name of Patient Noel
Room or Ward 7

MACROSCOPICAL AND QUANTITATIVE.

Appearance pale
Coagulability
Erythrocytes per cu. mm. (Thoma Zeiss). 2,880,000
Leucocytes per cu. mm. (Thoma Zeiss). 15,250
Hemoglobin (Von Fleischi) 50%
Corrected
Specific gravity
Hæmoglobin
Color index
Volume index

MICROSCOPICAL.

Fresh Specimen.

Erythrocytes—Color
Shape very irregular many elongated forms
Size irregular — average size about normal —
Rouleaux formation
Leucocytes—Apparent increase in number
Ratio of granular to non-granular
Fibrin
Blood-platelets
Pigment
Plasmodium malariæ
Miscellaneous

그림 4.25 최초로 알려진 겸상적혈구 빈혈증 환자

1904년 12월 31일 작성된 환자 Walter Clement Noel에 대한 Ernest 박사의 혈액 검사 보고서로 환자의 특이하게 생긴 적혈구 세포들을 기록하고 있다.

겸상적혈구 빈혈증(sickle-cell disease)은 유전적인 질병으로서 혈액 내 헤모글로빈 분자들에 영향을 준다. 이 병은 1904년 Chicago에서 피로함을 호소하는 사람의 혈액을 검사하면서 처음으로 알려지게 되었다. 여러분들은 **그림 14.25**에서 의사의 원본보고서를 볼 수 있다. 이 질병은 적혈구 세포가 산소를 운반할 때 사용하는 주요 단백질의 하나인 β-헤모글로빈의 유전자에서 한 개 뉴클레오티드가 변화됨으로써 일어난다. 겸상적혈구 세포 돌연변이는 β-헤모글로빈 아미노산 서열에서 6번째(B6 위치) 아미노산인 glutamic acid(매우 극성)를 valine(비극성)으로 변화시켰다. 이러한 변화 때문에 나타나는 좋지 않은 결과는 B6 위치에서 비극성인 *발린*(valine)이 헤모글로빈 분자의 한 구석으로부터 돌출되어 다른 헤모글로빈 분자의 반대쪽에 있는 움푹 들어간(주머니 형태의) 비극성 부위에 꼭 들어맞게 된다는 것이다; 비극성 부위들은 서로가 잡아당겨 결합하게 된다. 이렇게 결합한 두 분자들은 여전히 한 개의 B6 발린과 한 개의 반대 쪽 비극성 주머니 부위를 가지고 있어서 다른 헤모글로빈들이 결합하게 되어 **그림 14.26*a***에서와 같이 뭉쳐 긴 가닥 형태를 만들게 된다. 이러한 결과 **그림 14.26*b***에서와 같은 기형의 낫 모양 적혈구 세포들이 형성된다. 이에 비해 정상 헤모글로빈들은 극성 아미노산인 *글루탐산*이 B6 위치에 존재한다. 이 극성 아미노산은 비극성 주머니에 이끌리지 않기 때문에 헤모글로빈들이 뭉치지 않고 세포는 **그림 14.26*c***에서와 같이 정상의 모양을 갖게 된다.

β-헤모글로빈 유전자에서의 겸상적혈구 세포 돌연변이를 두 개 갖는 동형 접합성인 사람은 대개 수명이 짧다. 그 이유는 낫 모양의 헤모글로빈이 산소를 잘 운반하지 않으며, 겸상의 적혈

어 적혈구 세포들을 건강하게 유지한다.

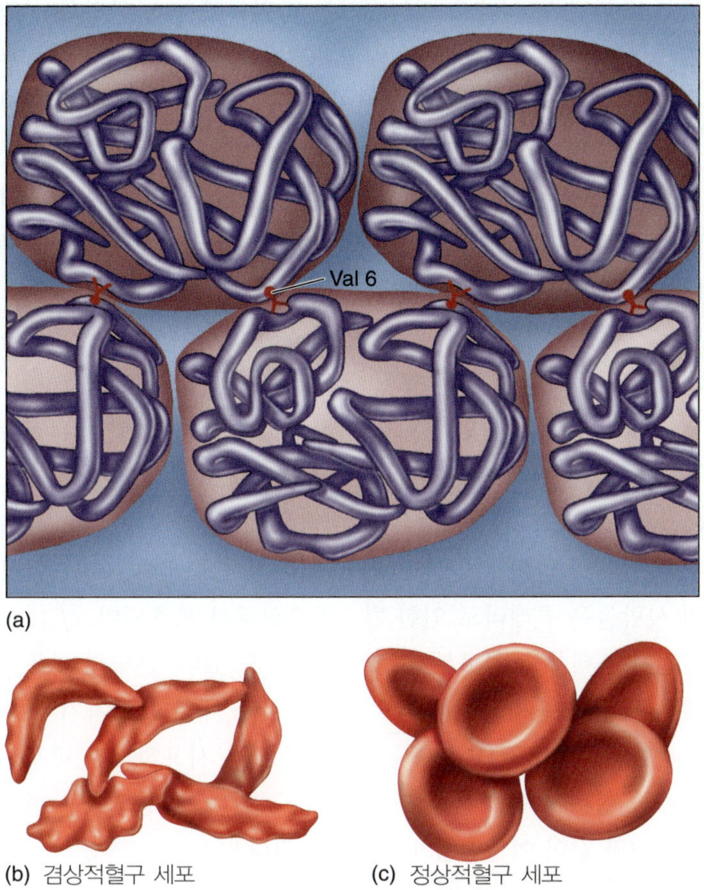

그림 14.26 왜 겸상적혈구 세포 돌연변이는 헤모글로빈을 뭉치게 만들까?

구 세포들은 좁은 모세혈관을 잘 통과하지 못하고 막혀서 혈액의 흐름을 막기 때문이다. 돌연변이 및 정상의 유전자를 모두 갖는 이형접합성 사람은 기능성의 헤모글로빈을 충분히 만들어 적혈구 세포들을 건강하게 유지한다.

수수께끼: 그렇다면 왜 그렇게 흔하게 나타나는가?

현재 이 질병은 겸상적혈구 대립유전자의 빈도가 약 0.12인 중앙아프리카에서 유래된 것으로 알려져 있다. 100명 중 한 명은 이 대립유전자에 대한 동형접합성으로 치명적 질환으로 발전한다. 겸상적혈구 질환은 1,000명당 약 2명의 비율로 아프리카계 미국인들에서 나타나지만, 다른 인종들에서는 그 비율이 잘 알려져 있지 않다.

만약 Darwin이 옳고, 자연선택이 진화를 추진한다면, 왜 자연선택은 아프리카에서 이 결함 대립유전자를 제거하는 방향으로 작용하여 그곳 인간 집단에서 이 대립유전자를 제거하지 않을까? 왜 이러한 치명적 대립유전자가 오히려 그곳에서 매우 흔한 형태가 되었을까?

답: 안정화 선택

이 결함 대립유전자는 겸상적혈구 대립유전자에 대해 이형접합성인 사람들이 중앙아프리카에서 가장 치명적 질병에 하나인 말라리아에 훨씬 덜 감수성이 있으므로 중앙아프리카에서 제거되지 않았다. **그림 14.27**의 지도를 살펴보면, 겸상적혈구 빈혈증과 말라리아 사이에 명확한 관계가 있음을 알 수 있을 것이다. 왼쪽 지도는 겸상적혈구 빈혈증 대립유전자의 빈도를 보여주며, 진한 녹색 지역은 이 대립유전자의 빈도가 10~20%인 지역이다. 오른쪽 지도는 짙은 주황색으로 나타낸 말라리아의 분포를 보여준다. 분명하게 왼쪽 지도의 진한 녹색 지역들이 오

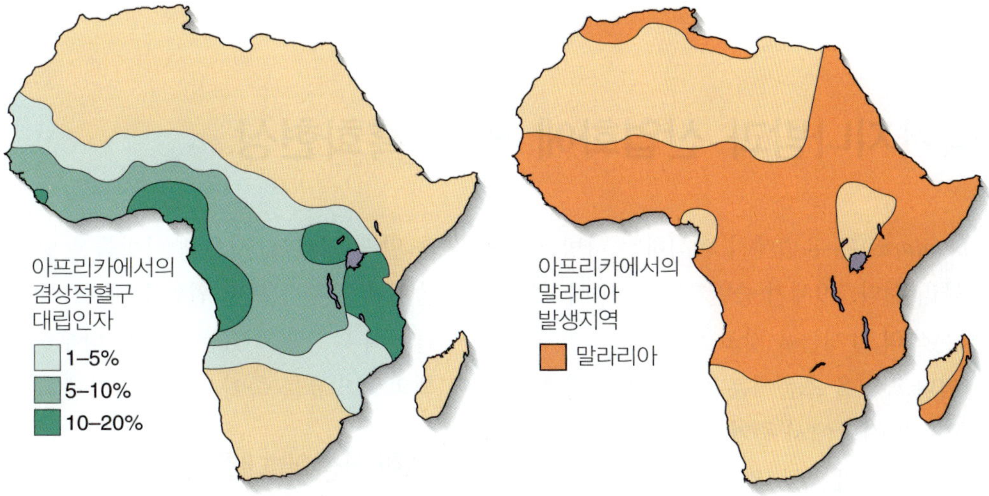

그림 14.27 안정화 선택은 어떻게 겸상적혈구 빈혈증을 유지하는가?

위 그림들은 겸상적혈구 빈혈증 대립인자들의 빈도(왼쪽)와 말라리아의 발생 분포(오른쪽)를 보여준다. 말라리아는 매우 강력한 치명적 질병들 중 하나이다. 여러분들이 보듯이 아프리카에서의 말라리아 분포는 겸상적혈구 대립유전자의 분포와 밀접한 관계가 있다.

른쪽 지도의 진한 주황색 지역들과 많은 곳에서 중첩된다. 각 세대에서 겸상적혈구 빈혈증 대립유전자에 대해 동형접합성인 많은 개체들이 사망하는 높은 대가를 치르긴 하지만, 이러한 사망률은 이형접항성 개체들이 말라리아 저항성이 아니라 할지라도 말라리아로 죽는 사망률보다는 훨씬 낮은 것이다. 5명 중 1명(20%)은 이형접합성으로서 말라리아에 걸리지 않는데 반해 100명 중 1명(1%)만이 동형접합성으로서 겸상적혈구 빈혈증으로 사망한다. 겸상적혈구 빈혈증 대립유전자의 유사한 유전양상들이 말라리아에 빈번하게 노출된 지중해, 인도 및 인도네시아 주위 지역들 같은 다른 나라들에서도 나타난다. 자연선택은 말라리아가 발생하는 중앙아프리카와 다른 지역들에서 동형접합성인 사람들이 죽는 사람들의 수보다도 이형접합성으로서 생존하는 사람들의 수가 더 많기 때문에 겸상적혈구 대립유전자를 선호해 왔다. 이러한 현상은 **이형접합체우세(heterozygote advantage)**의 한 예이다.

위와 같은 이유로 안정화 선택(또한 균형 선택이라고도 함)이 겸상적혈구 빈혈증 대립유전자에 작용한다: (1) 선택은 동형접합성 개체들에 대한 치명적 효과 때문에 겸상적혈구 빈혈증 대립유전자를 제거하는 경향이 있으며, (2) 선택은 이형접합체들을 말라리아로부터 보호해 주기 때문에 겸상적혈구 대립유전자를 선호하는 경향이 있다. 한 상점의 재고 상품들의 균형을 맞추는 매니저처럼 자연선택은 무엇인가? 이득이 있는 한 소비되는 비용이 이익과 균형을 맞출 때까지 한 종에서 한 대립유전자의 빈도를 증가시킨다.

말라리아 저항성이 치명적인 겸상적혈구 빈혈증을 상쇄시키기 때문에 안정화 선택이 일어난다. 말라리아는 열대의 질병으로서 1950년 초 이래로 미국에서는 박멸되었으며, 안정화 선택이 그 곳에서는 겸상적혈구 대립유전자를 선호하지 않았다. 수세기 전에 미국으로 온 아프리카인들은 겸상적혈구 대립유전자에 대한 이형접합체로서 얻는 진화적 이점을 그 동안 얻지 못해왔다. 어쨌든 말라리아에 걸릴 위험성이 없다면 말라리아 저항성을 갖는 것의 이익은 없다. 그 결과 미국에서 겸상적혈구 대립유전자에 대한 선택은 어떠한 이점으로도 상쇄되지 않으며, 그 대립유전자는 중앙아프리카 원주민들에 비해 아프리카계 미국인들 사이에서는 훨씬 낮은 빈도로 나타나게 되었다.

안정화 선택은 이와 유사한 방식으로 많은 다른 인간 유전자들에게 영향을 준 것으로 여겨진다. 낭포성섬유증(cystic fibrosis)을 일으키는 열성의 *cf* 대립유전자는 특이하게도 북서부 유럽에서 많이 나타난다. *cf* 대립유전자에 대해 이형접합성인 사람들은 콜레라로 인한 탈수증으로부터 보호되며, *cf* 대립유전자는 티푸스 열로부터 보호해줄 수도 있다. 분명히 티푸스열을 일으키는 세균들은 감염시키는 세포 내로 들어가기 위해 건강한 형태의 CFTR 단백질(90쪽 참조)을 사용하지만 낭포성섬유증 형태의 단백질을 사용하지는 못한다. 겸상적혈구 빈혈증에서와 같이 이형접합체들은 보호된다.

주요 학습 요점 14.10 **아프리카 집단에서 겸상적혈구 빈혈증이 만연함은 자연선택의 활동을 나타낸다. 자연선택은 겸상적혈구 빈혈증 대립유전자를 하나만 가지는 개체들을 선호하는데, 그 이유는 이들이 아프리카에서 많이 발생하는 말라리아에 저항성을 갖고 있기 때문이다.**

14.11 회색가지나방과 산업화에 의한 흑화현상

회색가지나방(*Biston betularia*)은 유럽에서 서식하는 나방으로 낮에는 나무줄기에 머물러 쉰다. 19세기 중반까지 잡힌 이 종의 거의 모든 개체들이 밝은색의 날개들을 갖고 있었다. 그 이후부터 산업혁명이 한창 일어나고 있을 즈음에는 검은색의 날개를 갖는 개체들의 빈도가 이 나방 집단에서 증가되기 시작하여 거의 100%에 이르게 되었다. 검은 개체들은 1850년 이전에는 집단에서 매우 드물게 존재했었던 우성 대립유전자를 한 개 갖고 있었다. 생물학자들은 곧 산업화된 지역들에서 검은색의 나방이 많이 나타나고, 나무줄기들이 공해로 인한 그을음으로 거의 검은색임을 알게 되었다. 검은색 나방들은 밝은색 나방들에 비해 검은색 줄기에 앉아 있으면 훨씬 눈에 덜 띄었다. 더욱이 산업화된 지역들에서 확산되고 있는 공해는 나무줄기들에 서식하고 있는 밝은색의 지의류를 죽여서 나무줄기를 더욱 검게 만들었다.

흑화현상에 대한 선택

Darwin의 이론은 검은색 대립유전자의 빈도 증가를 설명할 수 있는가? 왜 검은색 나방들은 1850년경에야 생존에 있어서 이점을 얻게 되었는가? 아마추어 나방 수집가였던 J. W. Tutt는

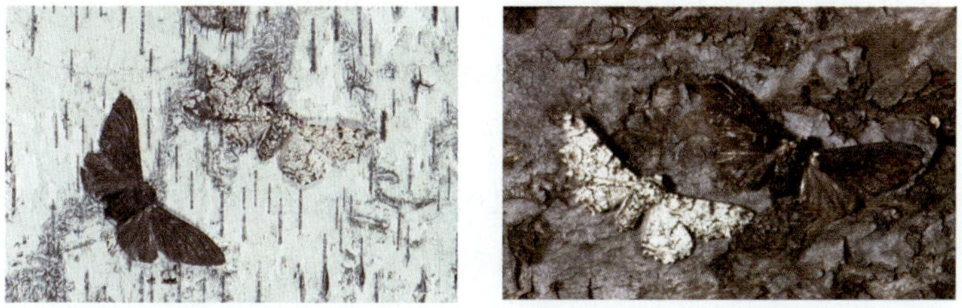

그림 14.28 산업적 흑화주의를 보여주는 Tutt의 가설
회색가지나방(*Biston betularia*)의 색깔 변이체들. Tutt는 검은색 나방이 오염되지 않는 나무들(*위*)에서는 포식자의 눈에 더욱 잘 띄게 되지만, 밝은색의 나방은 산업오염에 의해 검게 변한 수피에서 포식자의 눈에 더욱 잘 띄게 된다고 제안하였다.

1896년 밝은색 나방들의 쇠퇴를 설명함에 있어서 가장 일반적으로 받아들여지게 된 한 가설을 제기하였다. 그는 밝은 형태들은 지의류가 죽고 그을음이 묻은 나무줄기에 앉아 있을 때 포식자들에게 더욱 눈에 띄게 된다고 제안하였다. 결국 새들은 낮에 나무줄기에 앉아 있는 회색가지나방을 잡아먹는다. 이에 비해 검은색 형태들은 위장되었기 때문에 생존에 이점이 있었다(**그림 14.28**). Tutt의 처음 제안에 대한 증거는 없었지만, 영국의 생태학자인 Bernard Kettlewell은 1950년대에, 동등한 수의 밝은색과 검은색 개체들로 구성된 회색가지나방 집단을 길러서 그 가설을 검증하였다. Kettlewell은 이러한 집단을 두 세트의 숲으로 방출하였다: 하나는 오염이 심한 Birmingham 근처였고, 다른 하나는 오염이 되지 않은 Dorset에 있는 것이었다. Kettlewell은 얼마나 많은 두 종류의 나비들이 생존했는가를 알아보기 위해 숲에 트랩(trap)들을 설치하였다. 생존한 개체들의 수를 세기 위해, 그는 새들이 볼 수 없도록 날개 밑에 페인트로 한 개의 점을 찍어 나방을 방출했다.

Birmingham 근처 오염된 지역에서, Kettlewell은 밝은 나방의 19%와 검은 나방의 40%를 포획하였다. 이러한 결과는 검은 나방들이 나무줄기들이 검은 오염된 숲에서 더욱 높은 생존 기회를 가졌다는 것을 보여준다. 비교적 덜 오염된 Dorset 숲에서는 밝은 나방의 12.5%와 검은 나방의 6%만이 포획되었다. 이러한 결과는 나무줄기들이 아직 밝은색을 띠는 곳에서는 밝은 나방들이 더욱 높은 생존 기회를 가졌음을 보여 준다. Kettlewell은 후에 나무들에 죽은 나방들을 붙이고 먹이를 찾는 새들의 사진을 찍어서 그의 주장을 굳혔다. 때때로 새들은 실제로 배경과 같은 색깔의 나방 바로 위를 그대로 지나쳤다.

산업적 흑화주의

산업적 흑화주의(industrial melanism)는 자연선택에 의한 결과로서 산업혁명이래 검은색 개체들이 밝은색의 개체들보다 더 우세하게 되는 진화적 과정을 묘사하는 데 사용되는용어다. 이 과정은 Kettewell이 제안한 바와 같이 어두운 색깔의 생물들이 그을음이나 다른 형태의 산업적 오염으로 인해 검은색으로 변한 서식지들에서 그들의 포식자들로부터 눈에 띄지 않게 더욱 잘 숨을 수 있기 때문에 광범위하게 일어나는 것으로 여겨진다.

많은 다른 종의 나방들도 유라시아와 북미주에 걸쳐 산업화된 지역들에서 19세기 중반부터 산업화가 확산되면서 회색가지나방처럼 검은 형태들이 더욱 많이 나타나게 되는 방식으로 변해왔다.

흑화주의에 반하는 선택

20세기 후반에 들어서 오염 제거가 광범위하게 일어나면서, 이러한 추세들은 영국의 여러 지역들에서의 회색가지나방뿐만 아니라 북반부 대륙에 걸친 많은 다른 종의 나방들에 있어서 역방향으로 일어나기 시작했다. 이러한 예들 중에는 환경에서의 특정한 요소들 때문에 일어나는 자연선택의 한 결과로서 자연집단의 대립유전자 빈도들에서의 변화들을 가장 잘 기록한 예들을 보여주는 것도 있다.

영국에서는 산업적 흑화주의를 증가시키는 공해가 1956년 공기정화법이 발효되면서 감소되기 시작했다. 1959년에 시작해서 Liverpool 교외 Caldy Common에서의 Biston의 집단이 매년 수집되었다. 검은색의 나방들은 1960년 94%에서 1995년 19%로 감소하였다(**그림 14.29**). 이와 비슷한 감소들이 영국 전

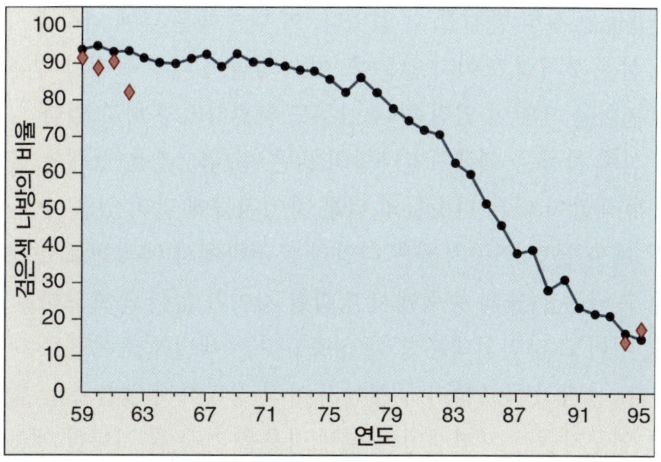

그림 14.29 흑화주의에 반하는 선택
원으로 표시된 그래프 선은 1959~1995년 사이에 영국 Caldy Common에서 연속적으로 수집한 검은색의 *Biston betularia* 나방들의 빈도를 나타낸다. 적색 다이아몬드 선은 1959~1962년과 1994~1995년 사이에 Michigan에서 나타난 검은색 *B. betularia*의 빈도들을 나타낸다.

역에 걸쳐 많은 다른 곳들에서도 일어났다. 감소는 공해 특히 나무를 검게 만드는 황산 가스와 용해된 입자들의 감소와도 관계가 있었다.

흥미로운 것은 이 같은 산업적 흑화주의의 감소가 영국에서 일어났던 똑같은 시기에 미국에서도 일어난 것처럼 보인다는 것이다. 미국에 서식하는 회색가지나방 아종들에서의 산업적 흑화주의는 영국에서처럼 광범위하게 나타나지는 않았으나 Detroit 근처의 지역 관측소에 잘 기록되어 있다. 1959년부터 1961년까지 그곳에서 채집된 578마리의 회색가지나방들 중에서 515마리가 검은색으로서 89%를 차지하였다. 미국 공기정화법이 1963년 통과되면서 공해는 상당히 감소하였다. 1994년 다시 채집되었을 때, 그 곳의 검은색 나방들은 15%에 불과하였다. Liverpool과 Deoroit에 있는 나방들 모두 같은 자연적 실험의 일부로서 자연선택에 대한 강력한 증거를 제시해 준다.

자연선택의 대상을 재고려

Kettlewell의 연구들에 의해 조명되어 널리 받아들여졌던 Tutt의 가설은 현재 재평가되고 있는 중이다. 문제가 되는 것은 흑화주의에 반대되는 최근의 선택이 나무 지의류의 변화와 관련이 있어 보이지 않는다는 것이다. Caldy Common에서 회색가지나방의 밝은색 형태는 지의류가 나무에서 재등장하기 오래 전에 이미 빈도가 증가하기 시작했다. Detroit 관측소에서 지의류는 검은색 나방들이 처음에 우세하게 되었다가 이후 지난 30년 동안에 걸쳐 감소할 때까지 크게 변화된 적이 없다. 사실상 연구자들은 지의류로 덮여 있든 아니든 Detroit의 나무들에서 회색가지나방들을 전혀 발견할 수 없었다. 이 나방들은 낮에 나무줄기에서 쉬는 것처럼 보이지 않는다. 이 나방들이 나무 꼭대기 잎들에서 쉰다는 제안이 있긴 하나 아무도 확신하지 못하고 있다.

선택 활동은 회색가지나방의 밝은 형태와 검은 형태는 물론 날개 색깔이 다른 나방들의 다른 차이점들에 달려 있을 수도 있다. 예를 들면 연구자들은 다양한 조건하에서 애벌레로서 생존할 수 있는 이들의 능력에서 명확한 차이가 있다고 보고하고 있다. 아마도 자연선택은 또한 성충보다는 애벌레를 목표로 하고 있다. 선택의 목표들이 무엇인지 아직 정확하게 말할 수는 없지만, 연구자들은 자연선택의 실제 작용을 가장 잘 기록한 예들의 하나인 이러한 사항을 실제로 연구하고 있다.

쥐에서의 흑화주의에 대한 자연선택

흑화주의는 곤충들에만 국한되지 않는다. 고양이와 많은 다른 포유동물들은 나방들과 아주 같은 방법으로 자연선택에 직면하는 흑화주의적 형태들을 갖는다. 다른 색깔을 띠는 바위 서식지들에서 사는 사막주머니쥐의 털색은 흑화주의에 작용하는 자연선택의 명확한 한 예를 보여준다. Arizona와 New Mexico에서는 이 작은 야생의 주머니쥐들이 떨어져 있는 검은색의 화석 용암들과 이들 사이에 존재하는 빛깔이 엷은 흙에 산다. 주머니쥐의 털이 발달하는 동안 멜라닌 색소 합성은 수용체 유전자인 *MC1R*에 의해 조절된다. *MC1R*을 불능하게 만드는 돌연변이들이 흑화주의를 만든다. 이러한 돌연변이들은 우성 대립유전자들이기 때문에, 한 집단에서 나타날 때마다 검은색의 주머니쥐들이 나타난다. 주머니쥐의 야생 집단을 Arizona 대학의 생물학자들이 조사해본 바 털색과 주머니쥐 집단이 사는 바위의 색깔 사이에 주목할 만한 관계가 있었다.

위 두 사진들에서 볼 수 있듯이, 털색과 배경 색깔 사이에 밀접한 조화로 쥐들이 특히 올빼미와 같은 조류 포식자들의 공격으로부터 눈에 안 띄어 보호를 받을 수 있다. 이들 쥐들을 반대 색깔의 서식지들로 옮겨 놓으면 아주 눈에 잘 띄게 된다(아래 두 사진들).

주요 학습 요점 14.11 **자연선택은 심한 오염 지역에서 검은색 형태의 회색가지나방을 선호하는데, 그 이유는 검은색 나무줄기 위에서는 나방을 잡아먹는 새들에게 잘 눈에 띄지 않기 때문일 것이다. 선택은 그 이후 오염이 줄어들면서 밝은색 형태를 선호하게 되었다.**

14.12 구피들에 있어서 색깔에 대한 선택

진화를 연구하기 위해 생물학자들은 전통적으로 과거, 때로는 수백만 년 전 일어난 일들을 조사한다. 공룡에 대해 알기 위해, 고생물학자는 공룡의 화석을 들여다본다. 인간의 진화를 알기 위해 인류학자들은 인간 화석을 들여다보고 수백만 년 동안 인간 DNA에 축적되어온 돌연변이들의 가계도를 검토하기도 한다. 이러한 전통적인 접근을 시도하는 생물학자들에게 진화생물학은 천문학이나 역사처럼 과거의 사건들에 대한 사고를 검토하기 위하여 실험보다는 관찰에 의존한다.

그럼에도 불구하고 진화생물학은 전적으로 관찰에만 의존하는 과학은 아니다. Darwin은 여러 가지 면에서 옳았지만, 그가 실수한 영역은 진화가 일어나는 속도에 대한 것이었다. Darwin은 진화가 매우 느리게, 거의 느끼지 못할 속도로 일어난다고 생각하였다. 그러나 최근의 많은 사례연구들이 어떤 상황들에서 진화적 변화가 빠르게 일어날 수 있음을 보여주어 왔다. 결과적으로, 진화 가설들을 검증하기 위한 실험연구들을 수립하는 것이 가능하다. 초파리나 다른 생물들에 대한 실험실 연구들은 50년 이상이나 익숙해져 왔지만, 과학자들이 자연에서 진화에 대한 실험 연구들을 수행하게 된 것은 불과 최근이다. 어떻게 자연세계에 대한 관찰들이 실험실과 야외에서 전적으로 수행되는 실험들과 복합될 수 있었는지에 대한 좋은 예가 구피(guppy, *Poecilia reticulata*; 송사리 일종의 민물고기)에 대한 연구이다.

구피들은 다른 환경들에서 서식

구피는 밝은색을 띠고 완성한 번식으로 인해 인기가 있는 관상어이다. 자연에서 구피들은 남미 북동부와 근처 Trinidad에 있는 작은 개울에서 발견된다. Trinidad에서는 구피들이 많은 계곡들에서 발견된다. 이 계곡들의 한 가지 특징은 폭포들이 있다는 점이다. 놀랍게도 구피들과 다른 물고기들 일부는 폭포 위에 있는 계곡 물들에 군락들을 형성할 수 있다. 킬리피시(killifish, *Rivulus hartii*; 송사리과 물고기)는 특히 군락을 잘 이루는데; 비가 오는 밤이면 꿈틀거리며 물에서 나와 축축한 낙엽들 더미 속으로 이동한다. 구피들은 그렇게 능숙하지는 않지만 상류로의 수영을 잘한다. 홍수가 오는 계절이면, 강들은 때때로 범람하여 숲을 통과하여 흐르는 이차 수로들을 만든다. 이런 일이 일어나면, 구피들은 상류로 이동하여 폭포 위에 있는 웅덩이들로 갈 수도 있다. 이에 비해 모든 종들이 이렇게 분산할 수 있는 것은 아니기 때문에, 첫 번 째 폭포 밑에 있는 개울들에서만 사는 것들도 있다. 폭포 때문에 이동을 못해 분산이 제한된 종으로는 창고기 시크리드(pike cichlid, *Crenicichla alta*; 구피를 포함해 다른 물고기들을 먹어 치우는 포식자)가 있다.

이러한 분산 장벽들 때문에 구피들은 매우 다른 두 환경들에서 발견된다. **그림 14.30**에서 폭포 바로 밑웅덩이들에 살고 있는 구피들은 창고기 시크리드에 의해 포식 당할 위기에 처한다. 이러한 실질적인 위험은 생존율을 상대적으로 낮추게 만든다. 이에 비해 폭포 바로 위 유사한 웅덩이들에서 포식자로 존재하는 것은 킬리피시뿐이며, 이 포식자는 구피들을 거의 잡아 먹지 않는다. 폭포 위와 아래의 구피 집단은 많은 차이점들을 보여준다. 포식이 높은 웅덩이들에서는 **그림 14.30**의 폭포 아래 구피들에서 보는 것처럼, 수컷 구피들이 어두운 황갈색을 나타낸다. 더욱이 이들은 더 어린 나이에 새끼를 낳는 경향이 있으며 성숙

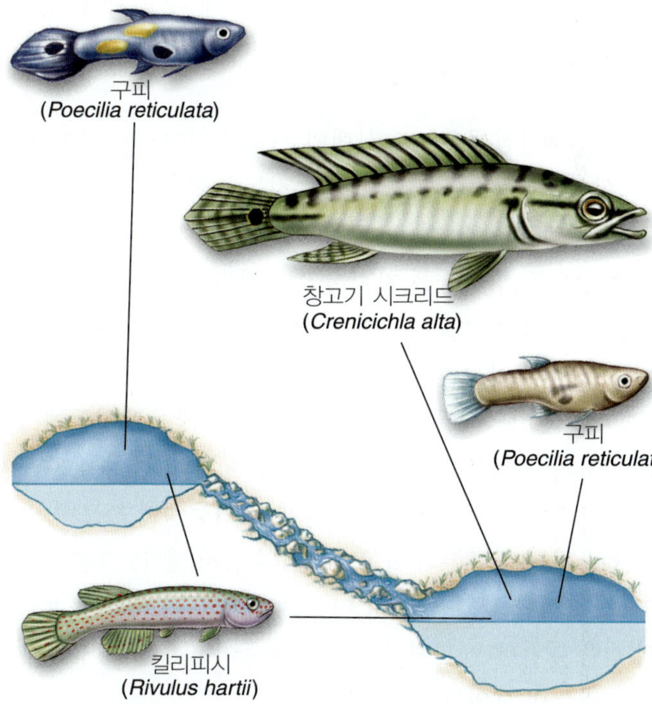

그림 14.30 구피들에 있어서 보호색의 진화

포식 활동이 높은 폭포 아래 웅덩이들에서 수컷 구피들(*Poecilia reticulata*)은 화려하지 않은 칙칙한 색깔을 띤다. 포식성이 강한 창고기 시크리드(*Crenicichla alta*)가 없는 폭포 위 웅덩이들에서는 수컷 구피들이 훨씬 화려하고 암컷들에게 매력적이다. 킬리피시(*Rivulus hartii*) 또한 포식자이지만, 구피들은 거의 잡아먹지 않는다. 구피들에서의 이러한 차이점들의 진화는 실험으로 검증될 수 있다.

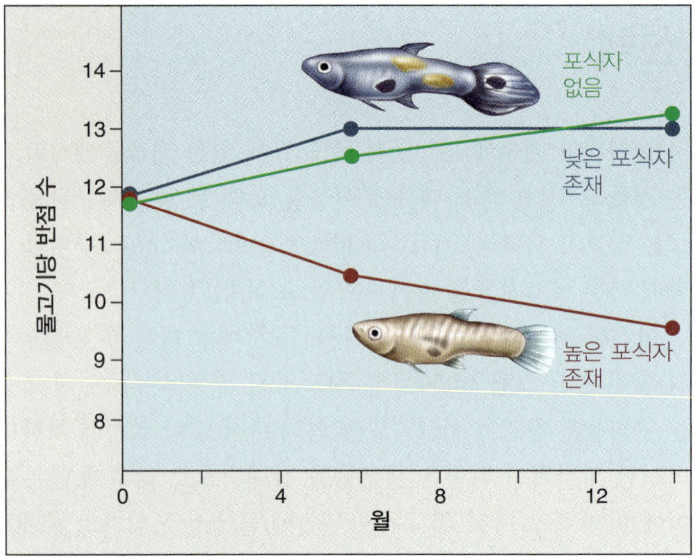

그림 14.31 반점 수의 진화적 변화

실험 온실에서 낮은 포식 활동 또는 전혀 포식 활동이 없는 환경들에서 기른 구피들은 많은 반점들을 갖지만, 창고기 시크리드처럼 강력한 포식자가 들어 있는 웅덩이들 같이 더욱 위험한 환경들에서 일어나는 선택은 반점들이 더욱 적은 구피들을 만들어낸다. 같은 결과들이 폭포 위와 아래에 있는 웅덩이들에서 수행한 야외 실험들에서 나타났다(사진).

되어도 상대적으로 키가 더 작다. 이에 비해 폭포 위 수컷 구피들은 화려한 색깔을 띠어 암컷들을 유혹한다. 늦게 성숙하며, 더 크게 자란다.

이러한 차이점들은 자연선택의 기능이 나타남을 제시해 준다. 포식 활동이 낮은 환경에서, 수컷들은 짝짓기에 도움을 주는 화려한 색깔과 반점들을 갖는다. 더욱이 더 큰 수컷들은 가장 성공적으로 영역들을 차지하고 암컷과 짝짓기 하며, 더 큰 암컷들은 더 많은 알을 낳는다. 그렇게 때문에 포식자가 없으면 더 크고 화려한 물고기가 더 많은 자식들을 낳아 이러한 형질들의 진화가 일어나게 된다. 그러나 폭포 아래에 웅덩이들에서는, 자연선택이 다른 형질들을 선호하게 된다. 화려한 수컷은 포식자인 창고기 시크리드의 주의를 끌게 할 가능성이 높으며, 높은 포식율로 인해 대부분의 물고기들이 수명이 짧다; 그렇기 때문에 더욱 칙칙한 색깔을 띠며 더 크게 생장하려고 하기 보다는 일찍 알을 낳는데 에너지를 쏟는 개체들이 자연선택에 의해 선호되는 것처럼 보인다.

실험들

폭포 위와 아래에 살고 있는 구피들 사이에 차이들이 포식 강도의 차이들에 대한 진화적 반응임을 제시하고는 있지만, 이에 대한 다른 설명들 또한 가능하다. 예를 들면, 아마도 매우 큰 물고기들만이 폭포를 거슬러 헤엄쳐 올라가 웅덩이들에서 군락을 형성할 수도 있을 것이다. 이렇게 된다면 창시자효과가 일어나 큰 키의 유전자들을 갖는 개체들 만에 의해 새로운 집단이 확립될 수 있다.

실험실에서의 실험 이러한 다른 가능들을 배제시킬 수 있는 유일한 방법은 대조구가 있는 실험을 수행하는 것이다. 현재 California 대학교 Santa Barbara 캠퍼스의 교수인 John Endler는 실험 온실의 대형 풀들에서 최초로 이러한 실험을 수행하였다. 실험 시작에 앞서 2,000마리의 구피들을 10개의 대형 풀들에 같은 숫자로 나누어 넣었다. 6개월 후에 창고기 시크리드와 킬리피시를 각각 4개의 풀들에 넣고, 나머지 2개의 풀들은 포식자가 없는 대조군들로 남겨 두었다. 14개월 후(구피의 10세대가 이루어진 시기)에, 연구자들은 집단을 비교하였다. 그들의 결과들을 **그림 14.31**에서 볼 수 있다. 킬리피시가 들어 있는 풀(파란색 선)과 대조군 풀들(초록색 선)에 들어 있는 구피들은 매우 크고, 개체당 13개의 다채로운 반점들과 함께 밝은색을 띠고 있었다. 이에 비해 창고기 시크리드가 들어 있는 풀의 구피들은 크기가 작고, 감소된 반점 수(개체당 약 9개)와 함께 칙칙한 색깔을 띠고 있었다. 이러한 결과들은 포식으로 인해 빠른 진화적 변화가 일어났음을 명확하게 제시하고 있으나, 이러한 실험실의 실험들이 자연에서 일어나는 현상들을 반영해 줄 수 있을까?

야외 실험 이 같은 의문을 해소하기 위해 Endler와 현재 California 대학교 Riverside 캠퍼스에 근무하는 Daviod Reznick

새를 잡아먹는 고양이들은 더 좋은 새를 만드는 자연적인 방법일까?

이른 아침 현관에서 죽은 사체를 발견한다는 것은 아름다운 일은 아니다. 어느 날 아침 현관에서 한 조그만 죽은 새가 어느 순간 날아 도망이라도 갈 듯이 신문 옆에 누워 있었다. 이내 그 새가 살아 있지 않음을 알게 된다. 이전에 놓였던 다른 새들처럼, 그것은 우리 집에서 기르는 고양이 Feisty의 짓이다. Feisty는 새를 죽이는 살인자로 집세를 내듯 자주 우리 앞에 한 마리씩 갖다 놓는다.

우리 집은 네 마리의 고양이들을 키우는데 다른 세 마리는 진짜 집고양이들로서 새를 가지고 어떻게 해야 할지도 모른다. Feisty는 다른데, 긴 갈색 털을 갖는 페르시안 고양이로서 사냥 본능을 갖고 있다. 밤에 다른 세 마리들이 집안에서 우리와 함께 잠을 잘 때, Feisty는 어슬렁거리며 집 밖을 배회한다. Feisty가 밤에 잡은 선물(동물)들은 우리 가족들이 받기 힘든 것이었다. 죽은 새를 쓰레기 통에 버릴 때면, Feisty가 야생에서 사는 것이 더 행복할 것이 아닌지 자주 이야기 한다.

생물학자로서 나는 좀 더 과학적인 관점에서 보려고 노력한다. 나는 딸들에게 Feisty를 내보내는 것은 바람직하지 않다고 말하는데, 그 이유는 Feisty와 같은 포식성의 고양이들이 진화적인 관점에서 보면 새들을 도와주기 때문이다. 나는 진화적인 질적 조절 점검과 같이 포식자들은 한 집단에서 그들 환경에 덜 적합한 개체들을 제거해줌으로써 더욱 적합한 개체들만이 다음 세대에 공헌하게 만들어 준다고 설명한다. 병들고 약해 포식으로부터 탈출하는 능력이 떨어지는 새들을 붙잡음으로써 Festy는 그 지역 집단을 추려내어 평균적으로 좀 더 나은 개체들이 남게 만든다.

이 같은 내용들이 내가 우리 딸들에게 하는 이야기다. 생물학적인 관점에서, 이러한 이야기들은 모두 의미가 있으며, 이전에도 〈*Never Cry Wolf*〉나 〈*The Lion King*〉과 같은 영화에서 딸들이 들어 온 이야기다. 그래서 Feisty는 형 집행이 유예된 채 살아남아 오늘 밤에도 사냥을 하고 다닌다.

내가 딸들에게 말하지 않고 있는 것은 어떻게 작은 증거가 실제로 Feisty 행동에 대한 이렇게 멋진 변호를 뒷받침해줄 수 있는가에 대한 것이다. 나의 설명은 과학적 언어로 표현되어 있을 수도 있지만, 이러한 증거가 없다면 "정화장치로서의 포식자" 이야기는 하나의 가설에 불과할 뿐이다. 이 이야기는 맞을 수도 있고 틀릴 수도 있다. 이러한 가느다란 끈에 의해 우리 가족과 함께 Feisty의 미래가 매달려 왔다.

최근 그러한 끈은 강한 케이블이 되었다. 두 프랑스 생물학자들이 내가 Feisty를 변호하기 위해 사용해온 가설을 검증하였다. 기쁘게도 그 가설이 지지를 받은 것이다.

파리에 있는 Universite Pierre et Marie Curie의 Anders Moller 박사와 Johannes Erritzoe 박사들은 이 가설을 검증하기 위한 한 간단한 방법을 고안하였다. 그들은 Feisty와 같이 가정에서 키우는 고양이들에 의해 죽은 새들의 건강을 유리창에 부딪치거나 움직이는 차에 부딪히는 등의 사고로 죽은 고양이들의 것과 비교하였다. 유리창은 약하거나 노쇠한 새들을 선택하지 않는다. 건강한 새가 창문으로 돌진하여 부딪히면 병에 걸려 약한 새들처럼 쉽게 목이 부러진다. 고양이가 실제로 덜 건강한 새들을 선택한다면, 그들의 먹이에는 유리창으로 돌진하여 떨어진 개체들에서보다도 더 높은 비율의 병약한 개체들이 포함되어야 할 것이다.

어떤 새가 병약한 새들인지 어떻게 알 수 있을까? Moller와 Erritzoe 박사들은 죽은 새들의 지라 크기를 조사하였다. 지라의 크기는 새가 얼마나 건강한지를 알려주는 좋은 척도이다. 감염이 심하거나 기생충들을 갖고 있는 새들은 건강한 새들보다 더 작은 지라들을 갖는다.

이들은 18종의 500마리의 개체들을 조사하였다. 두 종들(robins와 goldcrests)을 제외한 모두에서 고양이에 의해 죽은 새들의 지라들이 사고로 죽은 것들의 지라들보다 유의성 있게 더 작았다. 우리가 여기서 시시콜콜 따지고자 하는 것이 아니라, 어떤 사소한 통계적인 차이에 대해 말하고 있는 것이다. 지라는 평균적으로 고양이에 의해 죽은 새들이 1/3 정도 작았다. 다섯 종들(blackcaps, house sparrows, lesser whitethroat, skylarks, spotted flycatchers)에서는 고양이 공격으로 죽은 새들의 지라 크기가 유리창에 부딪히거나 차에 부딪혀 죽은 새들의 것들의 절반 크기에 불과했다.

대조군은 다른 요소들이 영향을 주지 않는다고 확신시켜줌으로서 파리의 생물학자들은 고양이에 의해 죽은 새들과 사고로 죽은 새들 사이에 다른 차이점들에 대해 점검하였다. 무게, 암수 구별 및 날개 길이 등 여러분들이 중요할 것이라 생각하는 모든 것들에서 유의적인 차이가 나타나지 않았다. 고양이에 의해 죽은 새들은 사고로 죽은 새들과 비교하여 평균적으로 같은 무게, 암컷 비율 및 날개 길이를 갖고 있었다.

한 가지 차이가 있었던 다른 요소는 나이였다. 사고로 죽은 새들의 약 50%가 어렸지만, 고양이에 의해 죽은 새들의 70%가 어렸다. 분명히 고양이가 미숙한 어린 새들에 비해 노숙한 새들을 잡는 것은 쉬운 일이 아니다.

Feisty는 Darwin의 의무를 수행하고 있었기 때문에, 나의 딸들에게 그가 잡은 새들이 어쨌든 곧 죽어 사라질 것이라고 말하며 항변하였다. 그러나 현관 앞에 놓인 죽은 새는 어떤 과학이 하는 것보다도 더욱 크게 항변하고 있으며, 이들이 실제로 그러한지에 대해선 확인될 수 없다.

내가 말한 상대는 나의 딸들로서, 이들은 싸우지 않고는 굴복하지 않는다. 인터넷을 열심히 찾아보고 나의 딸들은 다음과 같은 반대-논쟁을 준비하였다. Feisty처럼 포식활동을 하는 집고양이들과 집에서 키우다 야외에 버려진 고양이들은 영국, 뉴질랜드 및 호주는 물론 미국의 우리가 살고 있는 곳에서 야생 새 집단에 대해 큰 문제들을 일으키고 있다. Feisty 같은 집고양이들은 그들 조상들이 가졌던 포식 본능을 갖고 있지만, 야생종들이 갖는 자제력이 결여된 것처럼 보인다. 대부분의 야생 고양이들은 배고플 때만 사냥하지만, 애완용 및 버려진 고양이들은 먹이를 얻기 위해서가 아니라 운동으로서 죽이기를 좋아하는 것 같다.

그래서 Darwin과 나는 이 논쟁에서 패하였다. 결국은 Feisty의 사냥 행보를 제한하지 않으면 안 될 듯하다. 조금 추려내는 것은 새 집단에게 이득이 될 수 있지만, 대량 학살자는 집단을 황폐화시킬 뿐 일지도 모른다. 배회하고 있는 Feisty를 볼 때마다 한 마리의 사자를 보는 것 같지만, 그 사자는 실내에서 사냥하도록 제한된 것일 것이다.

을 포함한 동료들은 폭포 밑 웅덩이들에는 구피들이 살고 있지만 폭포 위 웅덩이들에는 살고 있지 않는 두 개의 개울들을 실험장소로 선정하였다(**그림 14.31** 참조). 다른 Trinidad이 개울들에서처럼, 창고기 시크리드가 폭포 아래 웅덩이에는 살고 있지만, 오직 킬리피시만이 폭포 위 웅덩이들에서 발견되었다. 연구자들은 다음 단계로 집단의 변화를 조사하기 위해 구피들을 위에 있는 웅덩이들로 옮겼다가 몇 년 간격을 두고 다시 아래 웅덩이들로 돌려보냈다. 포식 활동이 매우 높았던 집단에서 유래되었지만, 옮겨졌던 집단은 포식 활동이 낮은 환경의 구피들이 특징적으로 갖는 형질들을 빠르게 진화시켰다. 이들 구피들은 늦게 성숙하며, 더 커졌고 화려한 색깔을 갖게 되었다. 이에 비해 아래 웅덩이들에 사는 대조군의 집단은 칙칙하고 빨리 성숙하였으며 크기가 더 작았다. 실험실 연구들은 집단 사이에 차이들이 유전적 차이들의 결과임을 확신시켜줬다. 이러한 결과들은 실질적인 진화적 변화가 12년도 안 되어서 나타날 수 있음을 보여준다. 또한 어떻게 과학자들이 진화가 일어나는지에 대한 가설을 세우고 이러한 가설들을 자연조건들에서 검증할 수 있는지를 보여준다. 이러한 결과들은 자연선택에 의한 진화이론을 강력하게 지지해 준다.

주요 학습 요점 14.12 진화가 어떻게 일어나는지에 대한 가설들을 검증하기 위한 실험들은 (실험실이 아닌) 자연에서도 수행될 수 있다. 이러한 연구들은 자연선택이 빠르게 진화적 변화를 일으킴을 보여준다.

종은 어떻게 형성될까?

14.13 생물학적 종의 개념

Darwin 진화론의 한 가지 주요한 점은 적응(소진화)이 궁극적으로 종의 형성과 더 높은 계층의 분류학적 집단에 이르게 되는 큰 규모의 진화(대진화)를 일으키게 된다는 제안이다. 자연선택이 새로운 종을 형성하는 방법은 많은 다른 식물, 동물 및 미생물들에서 종-형성 과정 또는 **종분화(speciation)**의 단계들을 관찰해 온 생물학자들에 의해 잘 기록되어 왔다. 종분화는 대개 단계적 변화를 포함한다. 첫 번째, 지역 집단이 점점 특이화되고, 다음으로 충분히 다르게 되면 자연선택이 그러한 방식을 유지하도록 작용할 수 있다.

어떻게 한 종이 다른 종을 낳게 하는지를 다루기에 앞서서 정확하게 종이 무엇인지에 대해 이해할 필요가 있다. 진화 생물학자인 Ernst Mayr은 **생물학적 종의 개념(biological species concept)**을 세웠는데, 이 개념에 따르면 '종이란 다른 집단과 생식적으로 격리되어 실제로 또는 잠재적으로 서로 짝짓기 하는 집단의 집단'으로 정의된다.

다른 말로 표현하자면, 생물학적 종의 개념은 한 종이 그 구성원들이 서로 짝짓기를 하거나 접촉하여 가임성 자식을 낳는 집단으로 구성된다고 말한다. 역으로 말하면, 구성원들이 서로 짝짓기를 하지 않거나 가임성 자식을 낳지 않는 집단은 **생식적으로 격리(reproductively isolated)**되었으며, 그렇기 때문에 다른 종의 구성원들이 된다고 한다.

무엇이 생식적 격리를 만들까? 생물들이 서로 짝짓기를 하지 않거나 가임성 자식을 낳을 수 없다면 이들은 명확하게 다른 종에 속한다. 그러나 다른 종이라고 간주되는 어떤 집단은 서로 짝짓기하여 가임성 자식을 낳지만 원래는 자연적인 조건들에서 그렇게 하지 않는다. 이들은 여전히 한 종으로부터 유전자들이 대개 다른 종의 유전자 풀로 들어가지 않는다는 면에서 생식적으로 격리되었다고 여겨진다. **표 14.1**에 성공적인 생식을 막는 장벽들이 나타날 수 있는 단계들을 요약하였다. 이러한 장벽들을 종들 사이에 유전적 교환을 방해하므로 **생식적 격리 메커니즘(reproductive isolating mechanisms)**이라 한다. 여기서는 먼저 수정체의 형성을 방해하는 *수정 전 격리 메커니즘*(prezygotic isolating mechanisms)에 대해 알아보고자 한다. 그런 다음 수정체가 형성된 후에 적절한 기능을 방해하는 *수정 후 격리 메커니즘*(postzygotic isolating mechanisms)에 대해 검토해 볼 것이다.

한 종을 구성하는 것이 무엇인가를 규정하는 것이 진화 생물학에 있어서 근본적으로 중요하긴 하지만, 이러한 문제는 여전히 해결되지 못하였으며 현재 많은 연구와 논쟁의 주제거리들이다. 예를 들면, 생물학적 종의 개념은 많은 문제점들을 지녀왔다. 다른 종의 식물들은 처음에 생각했던 것보다 훨씬 높은 빈도로 이종교배가 일어나서 가임성 잡종들을 만들어낸다. 잡종 형성(hybridization)은 흔하게 일어나므로 생식적 격리가 식

표 14.1 격리 메커니즘들		
메커니즘		**설명**
수정 전 격리 메커니즘		
지리적 격리		종들이 흔히 강이나 산맥과 같은 물리적 장벽에 의해 분리된 다른 지역들에서 나타남
생태적 격리		종들은 같은 지역 내에서 나타나지만, 다른 서식지들을 점유한다. 잡종들은 그들 양친의 양쪽 환경들에 적응되어 있지 않으므로 생존율이 낮다.
시간적 격리		종들이 다른 계절들 또는 하루 중 다른 시간에 생식한다.
행동 격리		종들 사이에 구애 의식이 다르다.
기계적 격리	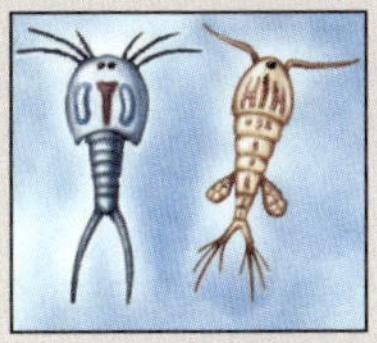	종들 사이에 구조적 차이로 인해 짝짓기를 못한다.
배우자 수정 방해	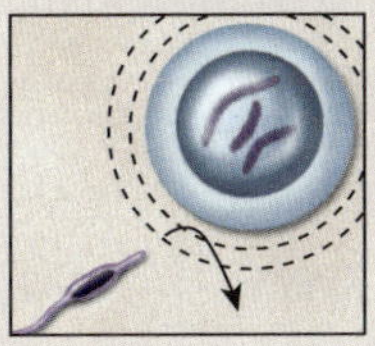	한 종의 배우자들이 다른 종의 배우자들과 직접 또는 다른 종의 생식기관 내에서 수정이 잘 안 된다.
수정 후 격리 메커니즘들		
잡종 약세 또는 불임		잡종의 배가 적절하게 발달하지 않거나, 성숙한 잡종이 자연에서 생존하지 못하거나, 성숙한 잡종이 불임 또는 임신이 잘 안 된다.

물 종의 진실성을 유지하는 유일한 힘인가에 대한 의문을 갖게 만들기에 충분하다.

주요 학습 요점 14.13 한 종은 일반적으로 자연에서 다른 집단과 광범위하게 유전자들을 교환하지 않는 유사한 생물들의 한 집단이라 정의된다.

14.14 격리 메커니즘

수정 전 격리 메커니즘

지리적 격리 이 메커니즘은 아마도 가장 이해하기 쉬운 것이다. 다른 지역들에 사는 종들은 서로 짝짓기 할 수 없다. **표 14.1**의 첫째 사진에 있는 두 꽃 집단은 한 산맥에 의해 분리되어 있어서 서로 짝짓기 할 수 없다.

생태적 격리 두 종들이 같은 지역 내에서 살지만, **표 14.1**의 두 번째 사진에 있는 도마뱀들 같이 그 환경의 다른 부분들을 이용하므로 서로 만나지 못해 짝짓기를 하지 않는다. 한 종은 땅에 살고 다른 종은 나무에 산다. 자연에서의 또 다른 예는 인도에서 호랑이와 사자들이 사는 지역들이다. 이들 지역들은 약 150년 전까지는 중첩되어 있었다. 그러나 중첩되었다 할지라도 자연적으로 짝짓기가 일어났다는 기록은 없다. 사자들은 주로 대지의 초원에서 머물며 집단으로 사냥을 한다. 호랑이들은 숲에서 혼자 사는 경향이 있는 동물이다. 이들의 생태적 및 행동적 차이 때문에 사는 지역이 수천 평방킬로미터가 겹치더라도 사자와 호랑이들은 직접 서로 만나지 않는다. **그림 14.32**는 잡종이 가능함을 보여준다; **그림 14.32*c***에서 보여주는 tigon은 사자와 호랑이의 잡종이다. 이러한 짝짓기는 야생에서는 일어나지 않지만 동물원과 같은 인공 환경들에서는 일어날 수 있다.

시간적 격리 두 종의 상추 *Lactuca graminifolia*와 *L. canadensis*

그림 14.32 사자와 호랑이는 생태적으로 격리되어 있다
인도에서 사자와 호랑이가 사는 지역들은 대개 겹쳐져 있다. 그러나 사자들과 호랑이들은 야생에서는 짝짓기하지 않는데 그 이유는 그 서식지의 다른 부위들을 이용하기 때문이다. (*a*) 호랑이들은 숲에서 혼자 살지만, (*b*) 사자들은 나대지의 초원에서 산다. (*c*) Tigon과 같은 잡종은 사육하면 낳을 수 있지만, 야생에서는 짝짓기(잡종 형성)가 일어나지 않는다.

그림 14.33 표범개구리들에서 일어나는 수정 후 격리

숫자는 서식 지역에 따른 종들을 나타낸다. (1) *Rana pipiens*, (2) *Rana blairi*, (3) *Rana sphenocephala*, (4) *Rana berlandieri*. 이러한 네 종들은 서로 외부 모습들이 아주 비슷하다. 이들이 서로 다른 종들일지 모른다고 의심을 갖게 된 것은 실험실에서 이들 사이에서 잡종이 형성되면 비정상적인 배가 만들어진다는 것을 발견하면서 이다. 이후에 계속된 연구에서 네 종들의 짝짓기 상대를 유혹하는 구애 울음소리가 본질적으로 차이가 있음이 밝혀져서, 이 종들이 수정 전후의 격리 메커니즘들을 갖고 있음을 보여준다.

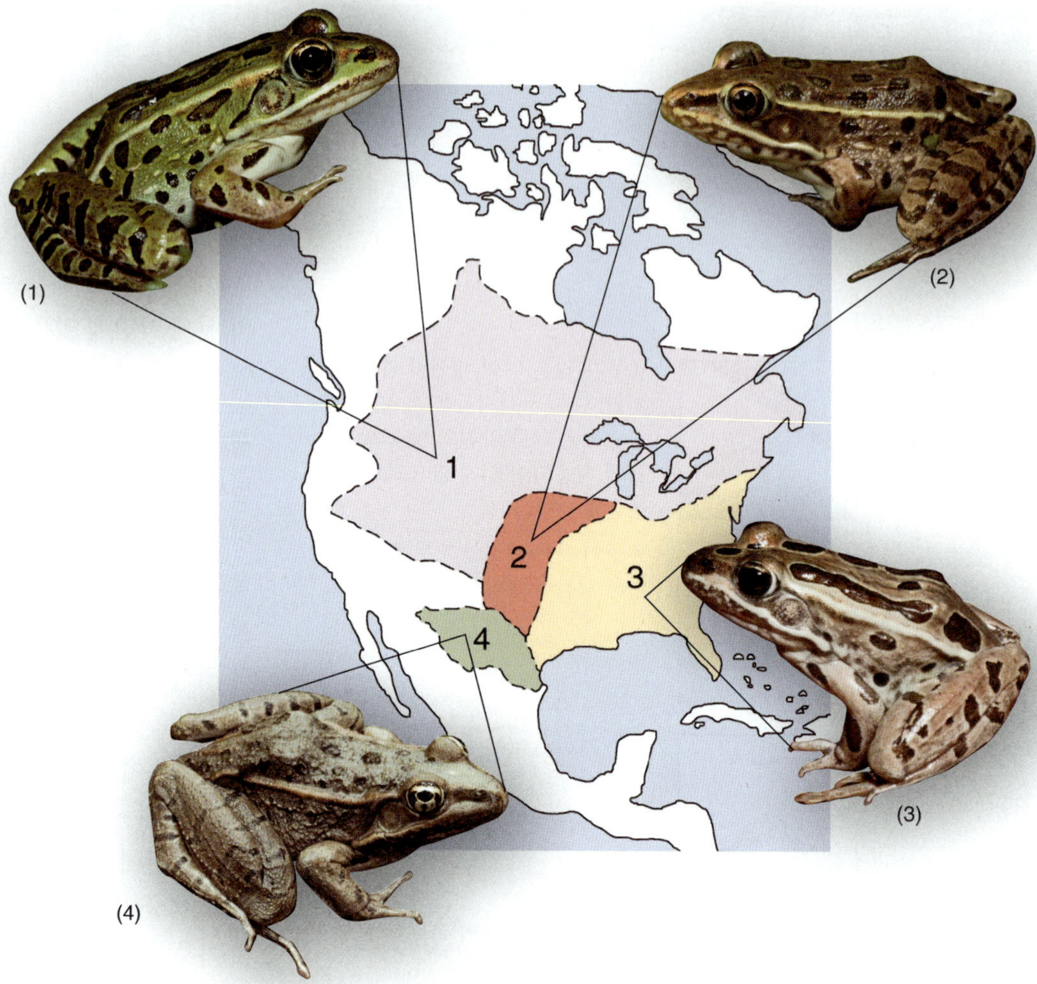

는 남동부 미국 전역에서 길가를 따라서 함께 자란다. 이들 두 종들 사이에 잡종들은 인위적으로 쉽게 얻을 수 있으며 잡종도 완벽하게 가임성이다. 그러나 이러한 잡종들은 자연에서는 거의 나타나지 않는데 그 이유는 *L. graminifolia*가 이른 봄에 꽃을 피우고, *L. canadensis*는 여름에 꽃을 피우기 때문이다. 이 같은 현상을 시간적 격리라고 하며, **표 14.1**의 세 번째 사진에서 볼 수 있다. 이들 두 종들의 개화기가 겹치면 종종 이런 일이 나타나기도 하는데, 두 종들은 잡종을 만들어내며 지역적으로 이 잡종들이 많이 나타날 수 있다.

행동적 격리 제37장에서는 동물들의 일부 집단에서 나타나는 정성을 들인 구애 의식과 짝짓기 의식을 살펴보게 될 것인데, 이러한 행동들은 같은 장소들에서 살더라도 이 종들을 자연에서 독특하게 유지시키려는 경향이 있다. 이러한 행동적 격리는 **표 14.1**의 네 번째 칸에서 설명하였다. 예를 들면, 청둥오리와 고방오리는 북미에서 가장 많이 나타나는 담수 오리들이다. 이들을 사육하면 짝짓기하여 완전한 가임성 자식을 낳지만, 야생에서는 나란히 둥지를 틀더라도 거의 짝짓기를 하지 않는다.

기계적 격리 동물과 식물들에서 관련된 종들 사이에 짝짓기를 방해하는 구조적 차이들을 기계적 격리라 하며, **표 14.1**의 다섯 번째 칸에서 설명하였다. 관련된 식물 종들의 꽃들은 모양이나 구조가 크게 다르다. 이러한 차이점들 중 일부는 한 식물 종으로부터 다른 종으로 꽃가루가 전달되지 못하게 한다. 예를 들면, 벌들은 신체 어떤 부위들에 한 종의 꽃가루를 묻히게 되는데, 만약 벌들의 이 부위가 다른 식물 종 꽃들의 꽃가루를 받는 구조들에 닿지 않는다면 꽃가루는 전달되지 않게 된다.

배우자 수정 방해 배우자(정자와 난자)들을 직접 물로 방출하는 동물들에서는, 한 종으로부터 방출된 알이나 정자들이 다른 종들을 이끌지 않을 수도 있다. 많은 육지 동물들은 한 종의 정자가 다른 종의 생식 기관 내에서 매우 기능이 약하여 수정이 전혀 일어나지 않기 때문에 잡종을 성공적으로 만들지 못한다. 식물들에서는 다른 종들 사이의 잡종들에서 꽃가루관의 성장이 방해될 수 있다. 식물과 동물들 모두에서, 이러한 격리 메커니즘들이 성공적으로 짝짓기가 이루어졌다 할지라도 배우자들의 수정을 방해하게 된다. **표 14.1**의 여섯 번째 칸에 이러한 격리 메커니즘을 설명하였다.

수정 후 격리 메커니즘들

지금까지 다룬 모든 요소들은 잡종 형성을 막는 경향이 있다. 만약 짝짓기가 일어나 수정체가 형성된다고 해도, 여전히 많은 요소들이 이러한 수정체들이 정상적으로 발전하여 가임성 개체들로 형성됨을 방해할 수 있다. 어떠한 종에 있어서도 발생은 복잡한 과정이다. 잡종들에서는 두 종들의 유전적 구성요소들이 매우 달라서 배 발생 시에 함께 정상적으로 기능을 발휘하지 못할 수도 있다. 예를 들면, 양과 염소 사이에 형성된 잡종은 배를 형성하지만 대개 발생 초기 단계들에서 죽게 된다.

그림 14.33은 4가지 종들의 표범개구리(leopard frog, *Rana* 속)를 보여주는데 이들은 북미 전역에 걸쳐 서식하고 있으며, 오랜 기간 동안 이들이 한 종을 구성한다고 추측되었다. 그러나 자세한 조사로 인해 이 개구리들이 유사한 모습을 갖지만 수정된 난들의 발생에 있어서 문제들이 나타나기 때문에 이들 사이에 성공적인 짝짓기가 거의 일어나지 않음이 밝혀졌다. 심지어 실험실에서도 여러 종들을 교배시키면 잡종들이 생기지 않는다. 유사한 종들이 짝짓기를 시켜보아야만 종이 다른지 알 수 있는 비슷한 예들이 식물들에서는 흔하게 나타난다.

잡종들이 배 단계에서 생존하더라도 정상적으로 성숙하지 못하기도 한다. 잡종들이 양친들보다 더 약하다면, 자연에서 거의 확실하게 제거되게 된다. 이들이 활동적이고 강하더라도 암말과 수당나귀의 잡종인 노새의 경우처럼, 여전히 불임으로 후세대들에 기여하지 못하게 된다. 잡종에서의 불임은 성 기관들의 발달이 비정상이거나, 양친들에서 받은 염색체들이 적절하게 쌍을 이루지 못하거나, 그 밖의 다양한 다른 원인들로 인해 나타난다.

주요 학습 요점 14.14 **수정 전 격리 메커니즘들은 잡종 수정체의 형성을 방해하여 생식적 격리를 일으킨다. 수정 후 격리 메커니즘들은 잡종 수정체가 정상적으로 성숙하지 못하게 하거나, 잡종이 자연에서 확립되지 못하게 한다.**

효소 다형성에 자연선택이 작용하는가?

Darwin 진화론의 본질은 자연에서 선택이 여러 유전자 형태들 중에서 어떤 형태를 선호하는 것이다. 자연선택의 많은 연구들은 자연에서의 집단이 그들이 함유한 효소들의 많은 다양한 대립유전자들(효소 다형성이라고 하는 현상)을 갖는 경향이 있기 때문에 유전자들로부터 형성된 효소들에 초점을 맞추어 왔다. 연구자들은 흔히 기후가 특정 대립유전자들을 자연 집단에서 더욱 흔하게 나타나게 하는데 영향을 주는지 알아보고자 하였다. 특히 이러한 좋은 예의 연구가 북미 동부 해안에 걸쳐 서식하는 물고기 킬리피시(mummichog, *Fundulus heteroclitus*)를 대상으로 수행되었다. 연구자들은 피루브산을 젖산으로 전환하는 반응을 촉매하는 젖산탈수소효소(lactate dehydrogenase) 유전자의 대립유전자들의 빈도들을 조사하였다. 제7장에서 배운 바와 같이, 이 반응은 특히 산소 공급이 부족할 때 일어나는 에너지 대사의 주요한 한 단계이다. 이들 물고기 집단에서는 젖산탈수소효소 유전자의 두 가지 대립유전자들이 많이 존재하는데, 대립유전자 *a*가 낮은 온도에서 대립유전자 *b*보다 더 높은 촉매 활성을 갖는다.

한 실험에서 연구자들은 Florida의 Jacksonville (북위 31°)로부터 Maine의 Bar Harbor(북위 44°)에 이르는 14°의 위도에 걸쳐 존재하는 41개 물고기 집단에서 샘플을 수집해 대립유전자 *a*의 빈도를 조사하였다. 위도가 1°가 변할 때마다 연중 평균 수온이 1℃ 변한다. 자연선택이 이러한 효소 다형성에 작용한다는 가설의 한 예측을 검증하기 위해 실험 계획이 수립되었다. 이 가설이 맞는다면 더 우수한 저온 효소를 형성하는 대립유전자 *a*는 북쪽 위도로 올라가며 수온이 차가워질수록 더 많이 나타나게 될 것이라고 예측할 수 있다. 오른쪽의 그래프는 이 조사의 결과들을 보여준다. 그래프의 점들은 지도의 20개 집단에서 보여준 원그래프(pie chart)로 부터 얻은 것이다(한 **원그래프**에는 각 변수의 비율을 한 조각으로 할당하였는데; 조각의 크기는 그 변수가 전체 중에서 차지하는 비율을 말한다). 그래프의 청색 선은 직선 회귀곡선이다(이 **회귀곡선**은 **회귀분석**이라고 하는 과정에 의해 통계적으로 결정되었다).

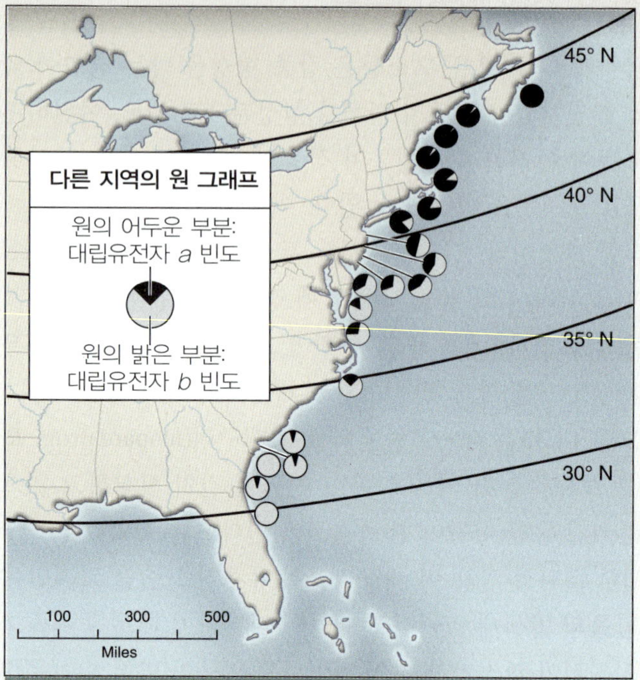

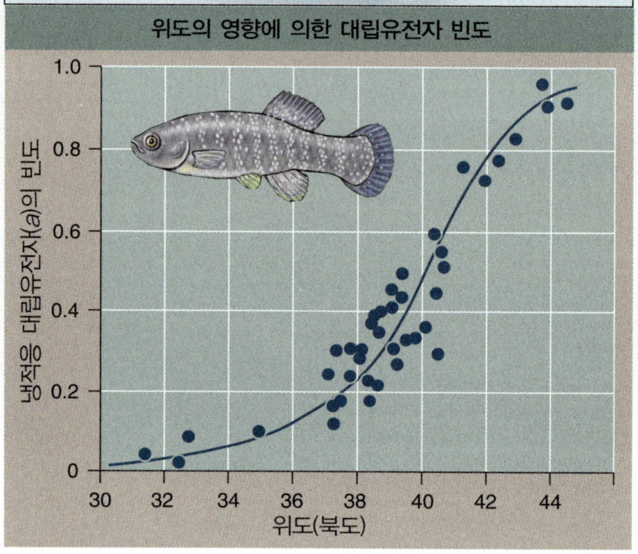

1. 개념 적용

a. 변수 그래프에서 독립 변수는 무엇인가?

b. 원그래프의 분석 북위 35°에 위치하고 있는 물고기 집단에서, 대립유전자 *a*의 빈도는 얼마인가? 그래프에서 이 점을 찾으시오.

c. 연속 변수의 분석 북위 44°의 물에서 포획한 물고기들의 대립유전자 *a*의 빈도와 북위 31°의 물에서 포획한 물고기의 대립유전자 *a*의 빈도를 비교하시오. 어떤 양상이 존재하는가? 그것을 설명하시오.

2. 자료 분석 어떤 위도에서의 물고기 집단이 대립유전자 *a*의 빈도에서 가장 큰 변이를 나타내는가?

3. 추론하기

a. 북위 44° 근처의 차가운 물에 사는 물고기 집단은 북위 31°의 따뜻한 물에 사는 물고기 집단에 비해 이형접합성 개체들을 더 많이 또는 더 적게 함유할 것같은가? 왜 이런 차이가 나타나는가? 또는 왜 차이가 없는가?

b. 대립유전자 *a* 빈도에 있어서의 이러한 위도에 따른 기울기를 따라 어디에서 가장 큰 빈도의 이형접합성 개체들이 나타날 것으로 예상되는가? 왜 그런가?

4. 결론 도출 대립유전자 *a*의 집단 빈도들에서의 차이들은 자연선택이 이러한 효소를 만드는 대립유전자들에 작용한다는 가설과 부합되는가? 설명하시오.

5. 심층 분석 북위 32°에서 잡은 물고기들을 북위 44°에서 사는 집단으로 방출하여, 그 지역 집단이 두 대립유전자들의 동일한 빈도를 갖게 되면, 후 세대들에서 빈도들의 어떤 변화가 일어날 것으로 예측되는가? 이러한 예측을 여러분들은 어떻게 검증할 것인가?

단원 복습

진화

14.1 HMS Beagle호를 탄 Darwin의 항해

- Darwin에 의해 제시된 한 이론으로서, 자연선택을 통한 진화 이론은 과학자들에 의해 압도적으로 수용되었으며 생물과학의 뼈대로 여겨진다.

14.2 Darwin의 증거

- Darwin은 남미에서 살아 있는 종들과 유사한 멸종 종들의 화석을 관찰하였다(**그림 14.4**). Galápagos 제도에서, Darwin은 섬들 사이에 외모가 약간 다르지만 남미 대륙의 것들과 유사한 핀치들을 관찰하였다(**그림 14.5**).

14.3 자연선택 이론

- Darwin이 가설을 세우는데 크게 기여한 것은 먹이 공급이 집단 성장을 제한한다는 Malthus의 관찰이었다. 한 집단은 집단의 기하학적 성장을 제한하는 유용한 먹이들이 충분할 때에만 크게 성장한다(**그림 14.6**).
- Malthus의 관찰과 자신의 관찰을 통해, Darwin은 환경에 더욱 적합한 개체들이 생존하여 자식을 낳아, 자신의 특징들을 후세대들에 전달할 기회를 얻게 되는, Darwin 자신이 명명한 자연선택을 제안하였다.

Darwin의 핀치: 진화의 활동

14.4 Darwin의 핀치들의 부리

- Galápagos 제도의 매우 가까운 친척들인 핀치들에서 부리들의 다른 크기와 모양들을 관찰하고(**그림 14.9**), 부리를 먹이 형태와 연관시킴으로써, Darwin은 이 새의 부리들이 유용한 먹이에 따라서 그 먹이에 적합하게 한 조상종으로부터 변형되었다고 결론을 내렸다. 과학자들은 다른 모양의 부리들을 가진 새들에서 다르게 발현되는 한 유전자 *BMP4*를 확인하였다.

14.5 자연선택이 다양성을 창출하는 방법

- 남미 해안으로부터 떨어진 섬들에서 발견된 14종의 핀치들은 적응 방사라고 하는 한 과정인, 다른 생태적 지위들에 적응된 한 대륙 종으로부터 유래되었다(**그림 14.12**).

진화 이론

14.6 진화에 대한 증거

- 진화에 대한 증거에는 화석 기록이 포함된다. Titanothere와 그 조상들은 화석기록으로만 알려져 있다(**그림 14.14**). 화석기록은 중간 단계 형태의 생물들을 밝혀준다.

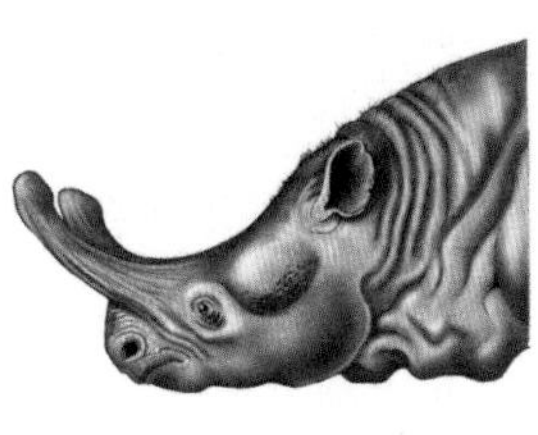

- 진화에 대한 증거에는 또한 종들 사이에 구조상의 유사점들을 밝혀주는 해부학적 기록도 포함된다(**그림 14.15**). 상동구조들은 구조가 유사하지만 기능들이 다르다(**그림 14.16**). 상사구조들은 기능은 유사하지만 기본적인 구조가 다르다.
- 분자적 기록들은 시간이 흐름에 따른 종들의 유전체와 단백질들에서의 변화를 추적한다(**그림 14.18, 14.19**).

14.7 진화에 대한 비평가들

- 자연선택을 통한 Darwin의 진화이론에 대한 비평가들은 항상 존재한다. 그러나 진화에 대한 그들의 비판들은 과학적인 장점들이 결여되어 있다(**삽입 그림, 342쪽**과 **그림 14.20**).

집단은 어떻게 진화할까?

14.8 집단 내에서의 유전적 변화: 하디-바인베르크 법칙

- 한 집단이 하디-바인베르크의 다섯 가지 가정들을 따른다면, 그 집단 내의 대립유전자들의 빈도는 변화하지 않는다(**그림 14.21**). 그러나 한 집단이 작고, 선택적인 짝짓기가 일어나며, 돌연변이들과 이주가 일어나고, 자연선택의 영향을 받고 있으면, 대립유전자 빈도들은 하디-바인베르크 법칙에 의해 예상되는 것과는 다르게 될 것이다.

14.9 진화 요인들

- 다섯 가지 요소들이 집단에 작용하여 그들의 대립유전자와 유전자형 빈도들을 변화시킨다(**삽입 그림, 349~351쪽**). 돌연변이들은 DNA에서의 변화들이다. 개체들이 어떤 형질들을 기준으로 짝짓기 상대를 찾으면 비무작위적 짝짓기가 일어난다. 유전적 부동은 적합성이 아닌, 기회에 의해 한 집단에서 일어나는 무작위적인 대립유전자들의 손실이다(**그림 14.22, 14.23**). 이주는 개체들 또는 대립유전자들이 한 집단으로 들어가거나 나오는 이동이다. 선택은 어떤 형질들을 갖는 개체들이 그들의 형질들로 인해 그들의 환경 요소들에 더욱 잘 반응하게 되어 더 많은 자식들을 남길 때 일어난다(**그림 14.24**).
- 선택은 여러 가지 방법들로 그 집단의 유전자들에 작용한다(**삽입 그림, 352~354쪽**). 안정화 선택은 극단적인 표현형들을 감소시키는 경향이 있다. 분단성 선택은 중간 표현형들을 감소키는 경향이 있다. 방향성 선택은 집단으로부터 하나의 극단적인 표현형을 감소시키는 경향이 있다.

집단 내에서의 적응

14.10 겸상적혈구 빈혈증

- 겸상적혈구 빈혈증은 이형접합체 이점의 한 예로서, 한 형질에 대해 이형접합성인 개체들이 말라리아가 창궐하는 지역들에서 더 잘 생존하는

경향이 있다(**그림 14.26, 14.27**).

14.11 회색가지나방과 산업화에 의한 흑화현상

- 자연선택은 오염이 심한 지역에서 검은색의 생물들 또는 배경과 일치하는 색깔을 갖는 생물들을 선호한다(**그림 14.28, 14.29**).

14.12 구피들에 있어서 색깔에 대한 선택

- 실험들은 자연선택으로 인해 구피 집단에서 진화적인 변화가 일어남을 보여주었다(**그림 14.30, 14.31**).

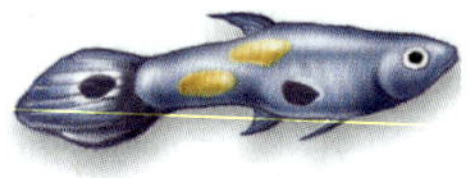

종은 어떻게 형성될까?

14.13 생물학적 종의 개념

- 생물학적 종의 개념은 한 종이 서로 짝짓기를 하여 가임성 자식들을 낳거나, 서로가 접촉하면 자식을 생산하는 한 집단의 생물이라고 말한다. 개체들이 짝짓기를 하지 못하거나, 짝짓기를 하더라도 가임성 자식을 낳지 못한다면 이들은 생식적으로 격리되었다고 말한다(**표 14.1**).

14.14 격리 메커니즘

- 두 형태의 격리 메커니즘들이 존재한다: 수정 전 격리 및 수정 후 격리. 수정 전 격리 메커니즘은 잡종의 수정체 형성을 방해한다. 수정 후 격리 메커니즘은 잡종 수정체의 정상적인 발달을 막거나 불임의 자식을 만든다(**그림 14.33**).

이해력 확인 문제

1. Darwin은 Thomas Malthus의 영향을 크게 받았는데, Thomas Malthus가 지적한 것은?

a. 먹이 공급은 기하학적으로 증가한다.
b. 집단은 산술적으로 증가한다.
c. 집단은 기하학적으로 증가하지만, 일정한 수준으로 유지된다.
d. 먹이 공급은 대개 그것에 의존하는 집단보다 더 빠르게 증가한다.

2. Darwin은 개체들로 하여금 그들 환경에서 살아가도록 도움을 주는 형질들을 갖는 개체들이 그러한 형질들을 갖지 않는 개체들보다도 더욱 생존하여 번식을 한다고 제안하였다. Darwin은 이런 현상을 무엇이라고 하였는가?

a. 자연선택　　c. 진화 이론
b. 등차수열　　d. 등비수열

3. 지난 70년 동안, Darwin의 핀치들에 대한 많은 연구들이 수행되어 왔다. 이 연구들은 어떠한가?

a. 흔히 Darwin의 본래의 사고들과 반대되는 것 같다.
b. 흔히 Darwin의 본래의 사고들과 일치되는 것 같다.
c. Darwin의 본래의 사고들을 지지하거나 지지하지 않는 어떤 명확한 양상을 보여주지 않는다.
d. 핀치들의 진화에 대한 다른 설명을 제안한다.

4. 진화를 뒷받침해주는 증거들의 주요 근원들의 하나는 생물들의 비교해부학이다. 다른 모습을 갖지만 유사한 구조적 기원을 갖는 것은?

a. 상동구조들　　c. 흔적구조들
b. 상사구조들　　d. 동등구조들

5. 한 큰 집단의 생물들이 크고 안정된 한 생태계에서 살고 있다. 자원들에 대한 경쟁도 없다. 개체들은 특정한 형질의 짝짓기 상대를 선호하지도 않는다. 가장 최근의 자식 세대로서 다른 털색과 무늬를 갖는 몇몇 개체를 제외하고는 모든 생물들은 동일한 모습을 갖고 있다. 이 생태계와 집단은 지리적으로 같은 생물의 다른 집단과 격리되어 있다. 다음의 하디-바인베르크 가정들 중 어떤 것을 위반하고 있는가?

a. 큰 집단 크기
b. 집단 내에서의 무작위 짝짓기
c. 집단 내에서 돌연변이가 안 일어남
d. 외부로부터 새로운 대립유전자의 투입 또는 손실이 없음

6. 1000개체들로 구성된 한 집단에서 200개체들은 동형접합성 열성 표현형을 보이며, 800개체들은 우성 표현형을 보인다. 이 집단에서 동형접합성 열성 개체들의 빈도는 얼마인가?

a. 0.20　　c. 0.45
b. 0.30　　d. 0.55

7. 우연히 일어난 한 사건으로 인해 한 집단에서 일부 개체들이 죽었다면, 이로 인한 그 집단에서의 대립유전자들의 손실 원인은 무엇인가?

a. 돌연변이　　c. 선택
b. 이주　　d. 유전적 부동

8. 한 가지 극단적인 표현형이 한 집단 내에서 더욱 많이 나타나게 만드는 선택은 무엇인가?

a. 분단성 선택　　c. 방향성 선택
b. 안정화 선택　　d. 동등 선택

9. Ernst Mayr의 생물학적 종 개념의 중요한 요소의 하나는?

a. 상동성 격리　　c. 수렴 격리
b. 발산 격리　　d. 생식적 격리

10. 다음 중 수정 전 격리 메커니즘이 아닌 것은?

a. 행동격리　　c. 잡종 열세
b. 생태적 격리　　d. 모두 옳지 않음

응용력 확인 문제

1. **352~354쪽** 지속되는 가뭄으로 인해 한 섬의 나무들이 더욱 두껍고 딱딱한 껍질을 갖는 견과를 생산하고 있다. 먹이로 이 견과들을 먹는 새들에게 무슨 일들이 일어날 것으로 예상되는가? 어떤 형태의 선택이 나타날 것인가?

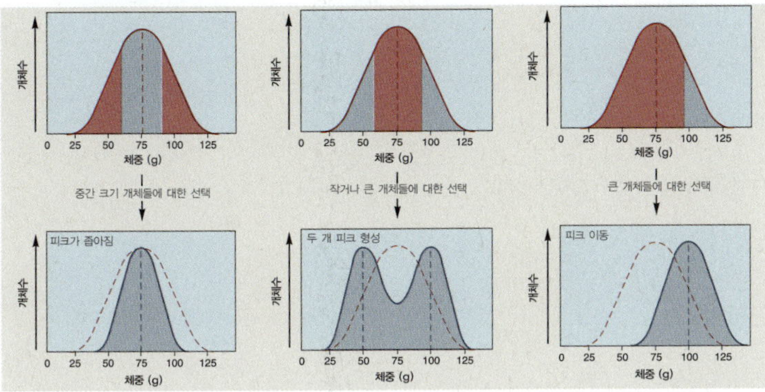

2. **표 14.1** 매우 강력한 폭풍우로 한 산의 강이 범람하여 물길을 바꾸며 계곡 하류에 있는 초지의 부드러운 토양을 파헤쳐 깊은 협곡을 만들었다. 계곡 양 쪽들에 사는 쥐 집단은 어떤 영향을 입을 수 있는가?

표 14.1 격리 메커니즘들

메커니즘	설명
수정 전 격리 메커니즘	
지리적 격리	종들이 흔히 강이나 산맥과 같은 물리적 장벽에 의해 분리된 다른 지역들에서 나타남
생태적 격리	종들은 같은 지역 내에서 나타나지만, 다른 서식지들을 점유한다. 잡종들은 그들 양친의 양쪽 환경들에 적응되어 있지 않으므로 생존율이 낮다.
시간적 격리	종들이 다른 계절들 또는 하루 중 다른 시간에 생식한다.
행동 격리	종들 사이에 구애 의식이 다르다.
기계적 격리	종들 사이에 구조적 차이로 인해 짝짓기를 못한다.
배우자 수정 방해	한 종의 배우자들이 다른 종의 배우자들과 직접 또는 다른 종의 생식기관 내에서 수정이 잘 안 된다.
수정 후 격리 메커니즘들	
잡종 약세 또는 불임	잡종의 배가 적절하게 발달하지 않거나, 성숙한 잡종이 자연에서 생존하지 못하거나, 성숙한 잡종이 불임 또는 임신이 잘 안 된다.

종합 학습

1. 자연선택은 유전적으로 동일한 클론(clone)들에서도 일어날 수 있을까? 답한 이유를 설명하시오.
2. 조치수로부터 아르마딜로, 맘모스로부터 코끼리로 진화된 것처럼 서로 관련이 있는 생물들의 어떤 집단은 시간이 지남에 따라 더 큰 생물들로부터 더 작은 생물들로 변화되어온 진화 경로들을 갖는 것 같다. 그러나 관련된 생물들의 다른 집단은 eohippus로부터 말로 진화된 것처럼 시간이 지나면서 종의 크기가 커져온 경향이 있다. 어떻게 이런 일이 일어날 수 있는지 설명하시오.
3. 2005년 한 법정에서, 생물학자 Ken Miller는 지적설계론에 대한 주장들을 비판하였다. 지구상에 살았던 생물들의 99.9%가 현재는 사라졌음을 언급한 후, 99.9%가 지속되지 않는 생물들을 설계한 지적 설계자가 확실히 지적이지는 않은 것 같다고 말했다. Miller의 비평을 평가하시오.

15

생물의 명명법

학습단원

1799년, 호주의 New South Wales에 있는 영국인 범죄자 유배지의 총독인 John Hunter 대위는 아주 희한하게 생긴 동물의 가죽을 영국으로 보냈다. 이 동물은 부드러운 털로 뒤덮여 있고 그 길이는 약 60cm 정도였다. 또한 새끼에게 젖을 줄 수 있는 젖샘이 있었으므로 확실히 포유류였지만, 다른 면에서는 파충류에 가까워 보였다. 수컷의 고환은 복강 내에 있으며, 암컷에서는 요로와 생식도관이 통합되어 배설강이라고 하는 곳에 있다. 암컷은 파충류처럼 알을 낳고, 수정란의 난황은 파충류의 알처럼 분할되지 않는다. 그래서 이 동물은 포유류와 파충류 특성들의 복합체로 보였다. 생김새도 이상했다. 비버와 비슷한 꼬리, 오리와 비슷한 부리와 물갈퀴가 달린 발을 가졌다! 이것은 마치 어린 아이가 무작위로 각 신체부위를 갖다 붙인 것과 같은 지금까지 본 것 중 가장 이상한 동물이었다. 위 사진과 같이 생긴 동물들은 오늘날 호주 동쪽 지방의 강가에 아주 많다. 이런 '짐승'을 사람들은 무엇이라 불렀을까? 1799년 이 동물에 대한 원래의 기재에서는 *Platypus anatinus*(납작한 발을 가진 오리 같은 동물)로 명명되었으나 후에 *Ornithorhynchus anatinus*(새 부리를 가진 오리 같은 동물)로 바뀌었으며, 일반이름(영명)은 오리너구리(duckbill platypus)이다. 이 장에서는 생물학자들이 그들이 발견한 생물에 어떻게 이름을 붙이는가에 대해 다룰 것이다. 여러분은 학명에 포함된 두 단어에 얼마나 많은 정보가 함축되어 있는지에 대해 알게 되면 놀랄 것이다.

15.1 린네식 명명법의 발명

지구에는 1,000만에서 1억 종류에 달하는 생물들이 살고 있을 것으로 추정된다. 이 생물들에 대하여 이야기하고 연구하기 위해서는 사람에게 이름이 있는 것처럼 각 생물들에게도 이름을 지어줄 필요가 있다. 또한 모든 생물들의 이름을 다 기억할 수 있는 사람은 없기 때문에, 생물학자들은 생물들을 여러 단계의 집단으로 나누는 **분류(classification)**라는 방법을 사용한다.

생물들은 2000년 전보다도 더 이전에 그리스의 철학자 Aristotle에 의해 처음으로 분류되었는데, 그는 최초로 생물을 식물과 동물로 구분하였다. 그는 동물을 육지, 물, 공중 중 어디에서 생활하는지에 따라 분류하였고, 식물을 줄기의 차이에 따라 세 가지로 나누었다. 이 단순한 분류법은 그리스인과 로마인들에 의해 알려졌는데, 이들은 동물과 식물을 고양이, 말, 참나무 등과 같은 기본적인 단위로 묶어서 정리하였다. 결국 이 단위들은 라틴어로 집단(group)이란 뜻의 단어인 **속(genera**, 단수로는 **genus**)이라고 불리게 되었다. 중세부터 사용되기 시작한 이 이름들은 그 당시의 학자들이 사용했던 라틴어로 체계적으로 기록되기 시작하였다. 즉, 로마인들은 고양이에게는 *Felis*속, 말에게는 *Equus*속, 그리고 참나무에게는 *Quercus*속이라는 이름을 붙여주었다.

중세의 분류시스템은 *다명체계*(polynomial system)라고 하는데 이 체계는 수백 년간 사용되었다. 그러나 약 250년 전 Linnaeus에 의해서 **2명체계(binomial system)**가 도입된 이후 이 분류체계로 대체되었다.

다명체계

1700년대 중반까지 **종(species)**이라고 불렸던 어느 특정 생물을 나타내고 싶을 때, 생물학자들은 속명의 뒤에 그 종의 특징을 설명하는 용어를 연속적으로 덧붙이곤 했다. 속명으로 시작된 이 이름은 **다명식(polynomials**, '*poly*' 많은, '*nomial*' 이름을 의미)으로 알려졌는데, 라틴어로 된 단어들과 많게는 12개 이상의 단어로 구성된 일련의 구절들로 되어 있다. 예를 들어, 야생 들장미(briar rose)를 어떤 사람들은 *Rosa sylvestris inodora seu canina*라 불렀고 다른 이들은 *Rosa sylvestris alba cum rubore, folio glabro*라고 불렀다. 이것은 마치 New York 시장이 한 특정 시민을 "Brooklyn 주민: 민주주의자, 남성, 백인, 중산층, 기독교인, 노인, 적극적 유권자, 단신, 대머리, 건장함, 안경 착용자, Bronx의 신발가게에서 일함"이라고 기술한 것과 비슷한 것이다. 여러분이 상상할 수 있듯이 이 다명식 이름은 길고 복잡했다. 더 좋지 않은 점은 이 이름들이 이후의 학자들에 의해서 마음대로 바뀌었으므로, 한 생물이 야생 들장미의 경우처럼 고유한 자신의 이름을 가지지 못했다는 점이다.

(a) *Quercus phellos* (펠로스 참나무) (b) *Quercus rubra* (루브라 참나무)

그림 15.1 Linnaeus는 참나무 2종의 이름을 어떻게 지었나?
(a) 펠로스 참나무(Willow oak), *Quercus phellos*. (b) 루브라 참나무(Red Oak), *Quercus rubra*. 이 두 종은 분명히 참나무들(*Quercus*속의 구성원들)이지만 잎의 형태나 크기뿐만 아니라 지리적인 분포를 포함한 많은 다른 면에서 확실한 차이를 보인다.

2명체계

동물, 식물 및 다른 생물에 이름을 부여하는 훨씬 간단한 체계는 스웨덴의 생물학자 Carolus Linnaeus(1707~1778)의 연구에서 시작되었다. Linnaeus는 그 이전의 생물학자들이 실패한 연구인 모든 종류의 생물 목록 작성에 도전하면서 일생을 헌신했다. 스웨덴과 세계 각지의 식물을 연구한 식물학자인 Linnaeus는 식물의 분류체계를 식물의 생식 구조(reproductive structure)에 근거하여 개발하였다. 이 체계는 식물들을 겉모습으로 구분하는 것이 아니므로 보편적인 방법으로 받아들여지지 못했다. 그러나 그는 1750년대에 그의 초반기 저서들에서처럼, 다명법(polynomial system)을 수용하는 몇 가지 중요한 업적을 남겼다. 그런데 그는 저서에서 생물 각 종에 대해서 일종의 약칭인 두 부분으로 된 이름도 표기했다. (다른 학자들도 때때로 이 방법을 사용하였으나

Linnaeus는 이 약칭을 지속적으로 사용하였다.) 이 두 부분으로 된 이름 또는 **2명식(binomials**, *bi*는 둘을 나타내는 라틴어 접두사)은 결국 오늘날 종들을 표기하는 표준적인 방법이 되었다. 예를 들어, 그는 펠로스 참나무(Willow oak; **그림 15.1*a***의 작고 갈라지지 않은 잎을 가짐)를 *Quercus phellos*로, 루브라 참나무(Red Oak; **그림 15.1*b***의 크고 깊게 갈라진 잎을 가짐)를 *Quercus rubra*로 명시하고, 다명식 이름과 함께 표기했다. 우리 인간도 스스로 2명식 이름, 즉 성(性)과 이름을 사용한다. 따라서 이 명명 체계는 New York 시장이 한 사람의 Brooklyn 주민을 Sylvester Kingston이라고 부르는 것과 같다.

Linnaeus는 명명법을 더 진보시켜 유사한 생물들을 그들의 유사한 특성을 근거로 묶어 높은 단계의 범주에 포함시켰다. 이것에 대해서는 후에 논할 예정이다. 서로 다른 생물들 사이의 진화적 연관성을 보여주려는 의도는 아니었지만, 이 계층적 체계는 다른 집단들과 구별되는 종의 집단들 사이에 많은 공통점이 있음을 알려주었다.

주요 학습 요점 15.1 두 부분으로 된 (2명식) 라틴어 이름은 Linnaeus에 의해서 처음 사용되었는데, 오늘날에는 생물학자들이 생물의 이름을 지어주는 데 일반적으로 이용되고 있다.

15.2 종명

한 분류체계 내의 특정 단계의 생물집단을 **분류군(taxon**, 복수 **taxa)**이라고 하며, 이러한 생물 집단을 동정하고 이름을 붙이는 생물학 분야를 분류학(taxonomy)이라고 한다. 분류학자들은 생물들을 동정하고 이름을 붙이기 위해서 반드시 생물의 생김새와 행동과 같은 증거들을 이용해야 하므로 진정한 의미의 수사관들이라 할 수 있다.

전 세계 분류학자들의 공식적 합의에 의해서, 서로 다른 두 생물은 같은 이름을 가질 수 없게 되었다. 따라서 어떤 나라도 쓰지 않는 언어인 라틴어가 학명에 쓰이게 되었다. 한 생물의 학명은 세계 어디서나 통용되므로, 특정 생물학자의 언어가 중국어, 아랍어, 스페인어, 또는 영어이든지 상관없이 학명의 체계는 모든 생물학자들에게 의사소통의 기준과 정확성을 제공한다. 이것은 지역에 따라 일반 이름이 제각각인 점을 극복한 대단한 발전이다. **그림 15.2**에서 보는 것과 같이 미국에서는 corn(옥수수)이 그림의 왼쪽 상단에 있는 식물을 의미하지만, 유럽에서는 미국에서 wheat(보리)라고 하는 왼쪽

(a) (b) (c)

그림 15.2 일반 이름으로는 생물종의 표시를 올바르게 하지 못한다

(*a*) corn(옥수수), (*b*) bear(곰), (*c*) robin(개똥지빠귀)은 우리들에게 특정한 생물을 연상시킨다(위 사진). 그러나 유럽이나 호주에 사는 사람들에게 연상되는 생물은 매우 다르다(아래 사진). 일반 영문명은 같지만 아주 다른 종을 나타내기도 한다.

하단의 식물을 의미한다. Bear(곰)는 미국에서는 태반이 있는 큰 잡식성 동물(중앙 상단 사진)이지만, 호주에서는 초식성 유대류(중앙 하단 사진)인 코알라를 가리킨다. 북미의 robin(개똥지빠귀, 우측 상단 사진)과 유럽의 robin(울새, 우측 하단 사진)은 서로 다른 새이다.

관례에 따르면 2명식 이름의 첫 단어는 그 생물이 속하는 속(genus)명이다. 속명은 언제나 대문자로 시작한다. *종소명*(specific epithet)이라고 하는 두 번째 단어는 특정한 종을 의미하며 대문자를 사용하지 않는다. 두 단어를 합하여 **학명(scientific name)** 또는 종명(species name)이라 하며, 이탤릭체로 나타낸다. Linnaeus에 의해 만들어진 동물, 식물, 그 외 생물에 대한 명명 체계는 약 250년간 생물과학 분야에 공헌해 왔다.

주요 학습 요점 15.2 관례적으로, 2명식 종명의 처음 단어는 이 종이 속하는 속명에 해당하며, 두 번째 단어는 그 속의 다른 종과 구별되는 이 종만의 특별한 이름이다.

15.3 상위 범주

New York 시장처럼 생물학자는 지구상의 생물을 분류하기 위해서 두 개 이상의 범주가 필요하다. 분류학자들은 서로 비슷한 특성을 가진 속들(genera)을 **과(family)**라는 범주 안에 둔다. 예를 들어, **그림 15.3**의 맨 아래쪽의 동부회색큰다람쥐(eastern gray squirrel)는 프레리도그(prairie dogs), 마르모트(marmot), 다람쥐(chipmunk)를 포함하는 다른 다람쥐형 동물들과 함께 과(family)에 속한다. 이와 비슷하게, 중요한 특성을 공유하는 과들은 같은 **목(order)**에 속한다(예를 들어, 다람쥐는 다른 설치류와 함께 같은 목에 속한다). 공통된 형질을 가지는 목들은 같은 **강(class)**에 속하고(다람쥐 등의 설치목은 포유강에 속한다), 유사한 형질을 나타내는 강들은 동일한 **문(phylum**, 복수 **phyla)**에 속한다[포유강은 척색동물문(Chordata)에 속한다]. 식물학자(botanists, 식물을 연구하는 사람들)들은 식물의 문(phylum)을 부(division)라고 부르기도 한다. 마지막으로, 문들은 여러 개의 큰 **계(kingdom)**들 중 한 가지 계에 속한다. 생물학자들은 최근 여섯 가지 계를 인정했다. 즉 두 종류의 원핵생물(prokaryotes; 고세균계 Archaea와 박테리아계 Bacteria), 대체로 단세포성 진핵생물(원생생물계 Protista), 그리고 세 가지 다세포성 생물(균계 Fungi, 식물계 Plantae, 동물계 Animalia)이다. 이들의 올바른 일곱 가지 범주를 기억하기 위해 다음과 같은 구절을 외우는

그림 15.3 생물의 분류에 쓰이는 계층 체계

이 예에서는 이 생물이 처음에는 하나의 진핵생물(영역; 진핵생물영역 Eukarya)로 인식된다. 두 번째로 이 영역 중에서는 동물(계; 동물계 Animalia)로 인식된다. 동물계의 문들 중에서는 척추동물(문; 척삭동물문 Chordata, 아문; 척추동물아문 Vertebrata)이다. 이 생물이 가진 털은 이 생물을 포유류(강; 포유강 Mammlia)로 간주한다. 이 강 중에서는 갉아 먹는 이빨(목; 설치목 Rodentia)을 가지므로 다른 목들과 구별된다. 다음으로, 네 개의 앞발가락과 다섯 개의 뒷발가락을 가지므로 이 동물은 청설모(과; 청설모과 Sciuridae)이다. 이 과 중에서는 나무 위에 사는 청설모(속; 청설모속 *Sciurus*)로서, 회색 털로 덮이고, 꼬리털의 끝은 흰색이다(종; 동부회색큰다람쥐 *Sciurus carolinensis*).

것이 유용할 것이다. "**K**indly **p**ay **c**ash **o**r **f**urnish **g**ood **s**ecurity" 또는 "**K**ing **P**hilip **c**ame **o**ver **f**or **g**reen **s**paghetti" (계-문-강-목-과-속-종: **k**ingdom-**p**hylum-**c**lass-**o**rder-**f**amily-**g**enus-**s**pecies).

이외에 영역(domain)이라고 하는 여덟 번째 범주도 때때로 쓰인다. 영역은 가장 넓고 포괄적인 분류군으로서 생물학자들은 박테리아(Bacteria), 고세균(Archaea), 진핵생물(Eukarya) 등 세 가지 영역을 인정하는데, 이에 대해서는 이 장의 후반부에 다룰 것이다.

이러한 린네식 **분류체계(Linnaean system of classification)**의 각 범주는 그 생물에 대한 정보를 가지고 있다. 예를 들어, 꿀벌에 대해서 생각해 보자.

1단계: 꿀벌의 종명, *Apis mellifera*는 꿀벌류에 속하는 특정한 한 종임을 말한다.

2단계: 꿀벌의 속명, 꿀벌속(*Apis*)은 이 종이 꿀벌임을 말한다.

3단계: 꿀벌의 과, 벌과(Apidae)는 모든 벌을 말하며 어떤 벌은 단독생활을 하며, 다른 벌들은 *A. mellifera*처럼 벌집에서 생활한다.

4단계: 꿀벌의 목, 벌목(Hymenoptera)은 침을 쏠 수도 있고 군집 생활을 하는 종류도 있음을 말한다.

5단계: 꿀벌의 강, 곤충강(Insecta)은 *A. mellifera*의 몸이 세 개의 분절로 되어 있고, 이 중 가운데 분절에 날개와 세 쌍의 다리가 붙어 있음을 의미한다.

6단계: 꿀벌의 문, 절지동물문(Arthropoda)은 꿀벌이 키틴질로 된 단단한 각피와 관절로 된 부속지를 지녔다는 것을 말해준다.

7단계: 꿀벌의 계, 동물계(Animalia)는 꿀벌이 세포벽이 없는 다세포 종속영양생물임을 말해준다.

8단계: 린네식 체계에 한 가지 더하여, 꿀벌의 영역(domain)인 진핵생물(Eukarya)은 꿀벌의 세포에 막성의 세포소기관이 있음을 말해준다.

주요 학습 요점 15.3 계층 체계는 생물의 분류에 쓰이며, 상위 범주는 그 집단의 보다 일반적인 정보를 말해 준다.

15.4 종이란 무엇인가?

린네식 분류체계의 가장 기본적인 생물학적 단위는 종(species)이다. 영국의 성직자이자 생물학자인 John Ray (1627~1705)는 종의 일반적인 정의에 대하여 제안한 사람 중 한 명이었다. 그는 1700년경에 종을 간단하게 식별하는 방법을 제안했다. 한 종에 속하는 모든 개체는 다른 개체와 교배가 가능하고 생식 능력이 있는 새끼를 낳을 수 있다. Ray가 제안한 종의 정의에 따르면, 한 부모로부터 태어난 새끼들은 그 생김새가 다르더라도 서로 교배가 가능하다면 모두 같은 종에 속한다. 집고양이는 모두 한 종이지만(이들은 모두 교배가 가능하다), 잉어는 금붕어와 같은 종이 아니다(이들은 서로 교배가 불가능하다). **그림 15.4**에 있는 당나귀는 말과 같은 종이 아니다. 왜냐하면 이들이 교배해서 태어난 노새는 불임이기 때문이다.

그림 15.4 Ray의 종의 정의

Ray에 따르면 말과 당나귀는 같은 종이 아니다. 당나귀와 말은 교배하여 자손인 노새를 낳는데, 이 노새는 불임으로 자손을 낳을 수 없다.

생물학적 종의 개념

Ray의 관찰을 기점으로 종은 분류할 수 있고 이해할 수 있는 중요한 생물학적 단위(biological unit)로 간주되기 시작했는데, Linnaeus는 Ray의 다음 세대에 이러한 분류학적 과업을 위해서 헌신했다. Linnaeus는 Ray의 종의 개념을 사용하였고 이것은 오늘날에도 아직 널리 사용되고 있다. 1920년대에 Darwin의 진화학적 견해와 Mendel의 유전학적 견해가 결합되어 집단유전학이라는 분야가 생겼을 때, 종이라는 범주를 보다 명확하게 규정해야 할 필요가 생겼다. 제14장에서 논의한 새롭게 부각된 소위 *생물학적 종*의 개념에서는 종을 생식적으로 격리된 집단이라 규정한다. 다시 말해서 같은 종에 속하는 개체들은 자유로운 교배가 가능하지만, 잡종(다른 두 종의 개체가 교배하여 낳은 새끼)은 자연에서 좀처럼 나타나지 않는다.

제14장에서 학습한 것처럼, 생물학적 종의 개념은 종들 간의 잡종화를 막는 강한 장벽이 있는 동물에게는 적용이 잘 된다. 그러나 나머지 계(kingdom)의 생물들에게는 적용이 잘되지 않는다. 문제점은 생물학적 종의 개념은 생물들이 주기적으로 이계교배(outcross)하는 것을 전제로 하는 데 있다. 즉 자신들과 같은 무리가 아닌 다른 무리의 개체, 다시 말하면 같은 종 내에서 자신과는 다른 유전자를 가지는 개체들과 교배한다는 것이다. 동물은 주기적으로 이계교배를 하므로 이 개념은 동물에게는 잘 적용된다. 그러나 나머지 다섯 계에서는 이계교배가 동물보다는 흔하지 않다. 원핵생물(prokaryotes), 다수의 원생생물(protists), 균류(fungi), 그리고 약간의 식물에서는 무성생식이 많다. 이런 종들을 이계교배를 하는 동물이나 식물들과 같은 방식으로 규정할 수 없다. 이들은 서로 교배할 수 없으며 다른 종의 개체들과는 더더욱 그러하다.

보다 더 복잡한 것은 생물학적 종의 개념에서 주된 요소가 되는 생식적 장벽(reproductive barriers)이 동물 종들에서는 일반적이지만 다른 생물들에서는 보통 그렇지 않다는 것이다. 사실, 참나무(oak) 등의 수목이나 난(orchids)과 같은 다른 식물들에서는 근본적으로 이종교배의 장벽이 없다. 동물들 중에서도 물고기들은 비록 야생에서는 그렇지 않지만, 이종 교배에 의해서 생식이 가능한 잡종을 생산할 수 있다.

실제로는 오늘날 생물학자들이 서로 다른 종들을 구별할 때, 언제나 그래왔던 것처럼 눈에 보이는 외부형태로 구분한다. 동물들에 대해서는 생물학적 종의 개념이 아직도 널리 이용되지만 식물과 다른 계에서는 그렇지 않다. 분자생물학적 자료에 의해서 전통적인 분류 체계가 재평가되었고, 과학자들은 식물, 원생생물, 균류, 원핵생물 및 동물을 분류할 때, 형태, 생활주기, 물질대사 및 그 외의 다른 특성들도 고려하여 분류하게 되었다.

얼마나 많은 종들이 있을까?

Linnaeus 시대 이후 약 150만 종에 이름이 붙여졌다. 그러나 지구상에 현존하는 종들은 의심의 여지없이 이보다 훨씬 많은데, 지금까지도 수 없이 많은 종들이 발견되고 있다는 점에서도 알 수 있다. 어떤 과학자들은 최소한 1000만 종들이 지구상에 존재할 것으로 생각하고 있으며, 이 중 2/3는 열대지방에 있을 것으로 추정한다.

주요 학습 요점 15.4　동물계에서는 종은 일반적으로 생식적으로 격리된 집단이라고 정의되어 있다. 그러나 다른 계(kingdom)에서는 이종 교배에 대한 장벽이 일반적으로 더 약하므로 이런 정의가 적당하지 않다.

계통발생 추론

15.5 계통도 작성법

약 150만 생물에 이름을 붙이고 분류한 이후 생물학자들은 무엇을 연구했는가? 식물, 동물 그리고 다른 생물에 속하는 특정한 종들을 분류할 수 있게 된 매우 중요한 장점 중 한 가지는 음식이나 약으로 이용할 수 있는 유용한 종을 식별할 수 있게 되었다는 점이다. 예를 들어 푸른곰팡이(*Penicillium*)와 누룩곰팡이(*Aspergillus*)를 구분하지 못했다면 항생물질인 페니실린을 생산할 기회는 없었을 것이다. 어떤 방법이든지 단지 생물의 이름을 안다는 것 자체만으로도 현대에서는 매우 중요한 일인 것이다.

분류학은 또한 지구상에서 일어난 생명의 진화학적 역사를 엿볼 수 있게 해준다. 유사한 분류군일수록 서로 더 밀접하게 연관되어 있는데, 여러분이 군중 속의 낯선 사람들보다는 형제 · 자매와 더 닮아 있는 것도 같은 이유에서이다. 생물학자들은 생물들의 유사점과 차이점으로부터 계통도를 복원해 볼 수 있으며, 어떤 생물이 어떤 다른 생물로부터 어떤 순서로 언제 진화했는지 추론할 수 있다. 한 생물의 진화학적 역사와 다른 종과의 관계를 **계통발생(phylogeny)**이라고 한다. 생물의 명명과 분류를 포함해서, 진화계통수 또는 **계통수(phylogenetic tree)**를 복원하고 연구하는 분야를 계통분류학이라고 한다.

분지론

간단하고 객관적인 계통수 구축 방법은 일부 생물들이 공유하고 있는 주요형질에 집중하는 것인데, 생물들은 공통 조상으로부터 이 형질들을 물려받기 때문이다. **단일계통군(clade)**은 같은 조상에서 유래한 생물 집단인데, 이 접근법으로 계통수를 구축하는 것을 **분지론(cladistics)**이라고 한다. 분지론은 공통 조상으로부터 유래한 유사점, 즉 **파생형질(derived character)**에 따라 계통발생을 추론한다(즉, 계통도를 구축한다). 파생형질은 공통조상에는 없는 형질이지만 공통 조상으로부터 유래된 생물 집단에는 존재하는 형질이라고 정의된다. 이 접근법의 핵심은 공통 조상에서 유래된 생물들 사이의 형태적, 생리적, 행동학적 차이의 특성을 식별하는 것이다. 생물들 간의 이러한 특성들의 분포를 조사함으로써 계통발생을 나타내는 **분기도(cladogram)**를 구축할 수 있다. 척추동물의 분기도가 **그림 15.5**에 제시되어 있다.

분기도는 화석 기록처럼 조상과 후손의 관계를 뒷받침해 주는 자료에 근거하고 있지만, 진정한 계통도는 아니다. 대신, 분기도는 유연관계에 대한 정보를 전달한다. 분기도에서는 서로 가까운 생물일수록 멀리 떨어진 생물들보다 최근의 공통 조상에서 유래한다. 분석은 비교를 통해서 이루어지므로, 비교 가능한 견고한 기준이 필요하다. 이를 위해서 각 분기도에는 반드시 **외군(outgroup)**이 포함되어야 하는데, 외군은 **내군(ingroup)**이라고 하는 평가대상 생물들과는 다른 생물(그러나 크게 다르지 않은 생물)로서, 비교를 위한 기준이 된다. 예를 들어, **그림 15.5**에서 칠성장어는 턱을 가지는 동물들로 구성된 단일계통의 외군이다. 그리고 칠성장어와 상어로부터 시작하여 파생형질에 근거한 비교군들이 분기도를 구성한다. 예를 들어 상어는 턱이 있다는 점에서 칠성장어와 다르며, 턱은 칠성장어에는 없는 파생형질이다. 파생형질들은 분기도의 주요 선상에 배열되어 있는 유색 상자 안에 적혀 있다. 도롱뇽은 폐가 있다는 점에서 상어와 다르며, 이로 인하여 분기도에서 상위에 위치한다.

분지론은 생물학에 있어 비교적 새로운 접근법이며 진화론을 연구하는 학자들에게 선호되어 왔다. 이것은 일련의 진화적 사건들이 일어난 *순서*(order)를 묘사하기에 매우 유용하기 때문이다. 분기도의 큰 강점은 완벽하게 객관적일 수 있다는 점이다. 데이터가 입력된 컴퓨터는 몇 번이고 되풀이해서 똑같은 분기도를 생성할 것이다. 실제로 대부분의 분지론적 분석에는 많은 특징이 포함되며 컴퓨터는 이들을 비교하는 데 필요하다. 계통수는 객관적이지만 완벽하지는 않다. 계통수는 가설로서 생물들이 어떻게 진화해 왔는지에 대한 의견을 제시한다.

때때로 분기도는 형질들에 "무게"를 더하도록 조정되거나, 또는 형질 가령 지느러미의 크기 또는 위치, 폐의 유용성의 "강도"(중요성)에 대한 변이성을 고려하도록 조정된다. 예를 들어, 다음 사항들을 2001년 9월 11일에 일어난 다섯 개의 특이한 사건이라 가정하자. (1) 고양이의 발톱이 뽑혔다. (2) 사랑니를 뽑았다. (3) 첫차를 팔았다. (4) 테러리스트들이 상업용 비행기를 이용하여 미국을 습격했다. (5) 물리학 시험에 합격했다. 사건들에 가중치를 주지 않으면 각 사건들이 모두 똑같이 중요하다. 가중치를 주지 않은 분지론적인 면에서는 이 사건들은 모두 같다(모두 한 날에 단 한 번 일어났다). 그러나 실제로는 현실적인 면에서 분명히 똑같지 않다. 테러리스트의 습격이라는 사건은 다른 사건들에 비해 훨씬 큰 영향력과 중요성을 갖는다. 진화적인 성공은 이처럼 매우 큰 영향력 있는 사건에 의해서 결정되므로, 분기도에 가중치를 주는 것은 주요형질의 진화적인 의미에 더 큰 무게를 실어주려는 것이다.

가중치를 준 분기도는 논란의 여지가 있다. 문제는 각 형질이 얼마나 중요한지 계통분류학자들이 늘 알 수 없다는 것이다. 계통분류학의 역사에서 지나치게 강조하거나 의존했던

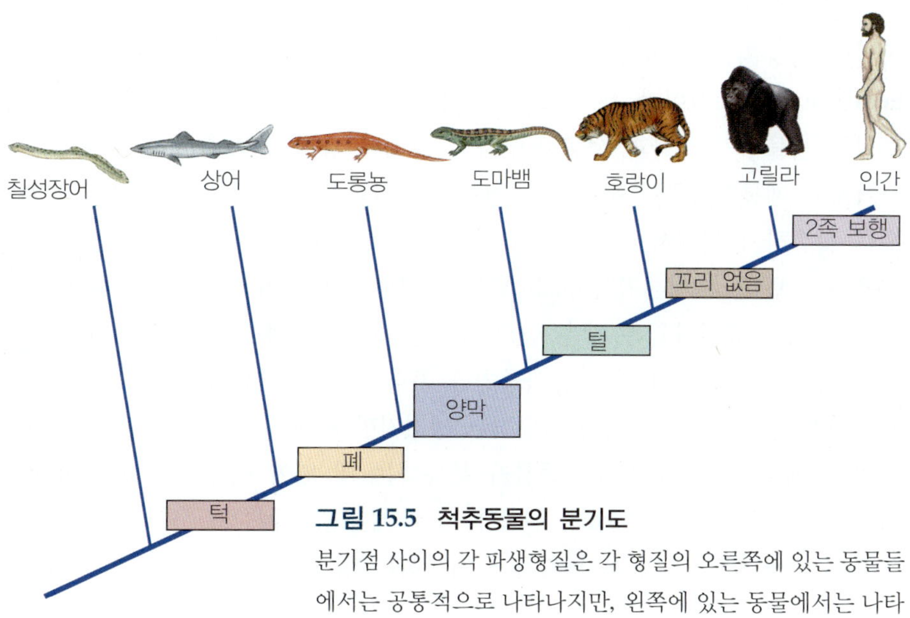

그림 15.5 척추동물의 분기도

분기점 사이의 각 파생형질은 각 형질의 오른쪽에 있는 동물들에서는 공통적으로 나타나지만, 왼쪽에 있는 동물에서는 나타나지 않는다.

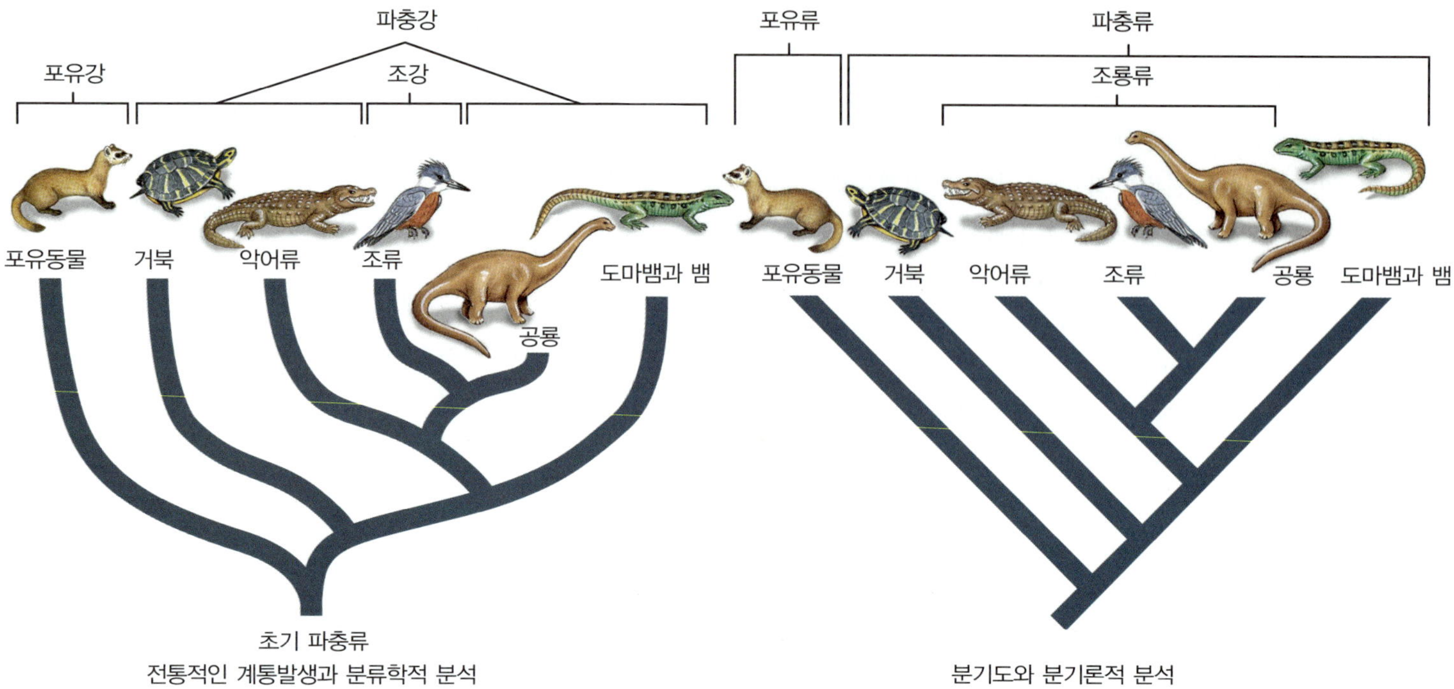

그림 15.6 육상 척추동물의 두 가지 분류법

전통 분류학적 분석에서는 새들을 그들만으로 구성된 조강(Aves)으로 설정하는데, 이는 새들이 여러 가지 면에서 파충류와는 구별되는 특이한 적응을 하며 진화해 왔기 때문이다. 그러나 분기론적 분석에서는 악어, 공룡, 새를 같은 집단(조룡류, archosaurs)에 두는데, 이는 이들이 파생형질을 많이 공유하기 때문이며, 이러한 사실은 이들의 최근 조상이 같다는 것을 의미한다. 실제로는 많은 생물학자들이 전통적인 분류를 받아들여서 새를 파충강보다는 조강에 속한다고 생각하고 있다.

형질이 추후에는 생각했던 것보다 덜 중요한 것으로 밝혀진 예가 많다. 그래서 오늘날 계통분류학자들은 분기도에 이용되는 모든 형질에 똑같은 가중치를 부여한다.

전통적 분류학

형질에 가중치를 부여하는 것은 **전통적 분류학(traditional taxonomy)**의 핵심이다. 이 접근법에서는 오랜 시간에 걸쳐 수집한 생물의 형태학과 생물학에 대한 방대한 양의 정보에 근거하여 계통발생학이 구축된다. 전통적 분류학자들은 계통수를 작성하기 위해서 조상형질과 파생형질 두 가지 모두를 이용하는 반면, 분지론자들(cladists)은 파생형질만을 이용한다. 전통적 분류학자들은 많은 양의 정보를 가지므로 형질들의 생물학적 중요성에 따라서 가중치를 준다. 전통적 분류학자들에게는 관찰하는 능력과 판단력이 생겼지만 편견도 갖게 되었다. 예를 들어, 육상 척추동물을 분류하는 데 있어 전통적 분류학자들은 **그림 15.6**의 왼쪽에 있는 계통발생에서 보여주는 것과 같이, 깃털처럼 힘차게 비상하는 형질에 큰 가중치를 주어, 새들을 그들만으로 구성된 조강(class Aves)에 소속시켰다. 그러나 **그림 15.6**의 오른쪽에 있는 척추동물 진화의 분기도에서는 새를 공룡이나 악어 등과 같은 파충류에 포함시켰다. 이것은 그들의 혈통을 정확히 반영하는 반면, 깃털과 같은 파생적 형질의 방대한 진화학적 영향을 무시한다.

총체적으로 전통적 분류학에 기초한 계통수는 정보가 풍부한 반면, 분기도는 진화학적 역사를 판독하는 데 보다 유용하다. 전통적 분류학은 형질에 가중치를 주기 위한 정보가 매우 풍부할 때 쓸 수 있는 접근법이다. 예를 들어 **그림 15.7**에 있는 고양이의 계통도에는 고양잇과의 여러 집단에 대한 많은 정보가 반영되어 있다. 그러나 분지론은 생물의 삶에 형질이 어떻게 영향을 미치는지에 대한 정보가 거의 없을 때 선호된다.

계통도를 어떻게 읽을 것인가?

공식적으로는 계통발생(phylogeny)이라고 하는 진화계통수(evolutionary tree)는 현대 생물학의 중요한 도구로 자리 잡게 되어, 광우병의 확산 경로를 알아내고, 한 개체의 선조를 추적하며, 어떤 말이 Kentucky Derby에서 우승할지를 예측하는 데 이용되고 있다. 가장 중요한 것은 진화계통수가 진화에 대한 증거를 평가하는 주된 골격을 제공한다는 것이다.

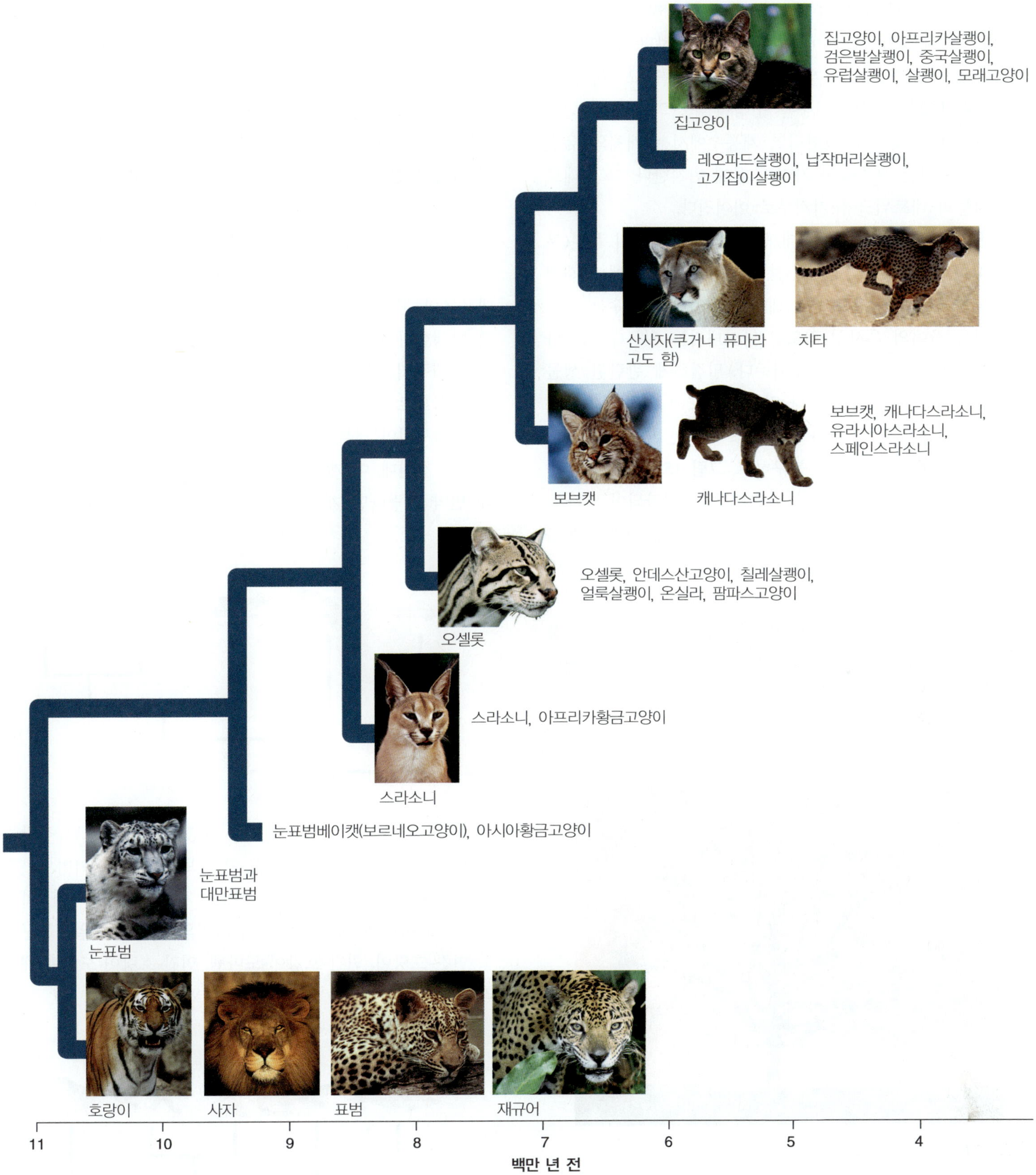

그림 15.7 고양잇과의 계통수

생물학자들은 최근 2006년에 보고된 DNA의 유사성에 대한 연구를 이용해서 고양잇과에 속하는 8개의 중요 계통과 각 계통에 속하는 종들에 대한 계통수를 구축했다. 가장 오래된 고양이류는 네 가지의 큰 표범류(panthers)로서 호랑이, 사자, 표범(leopard) 및 재규어이다. 다른 큰 고양이류는 치타와 산사자(mountain lion, 퓨마 또는 쿠거라고도 함)로서, 훨씬 젊은 계통이며 위의 네 종류와는 가깝지 않다. 집고양이는 가장 최근에 진화하였다.

생물학에서 계통수의 주된 역할이 수행되려면, 계통수를 바르게 '읽는(read)' 법을 배우는 것이 중요하다. 간단히 말해서, 계통발생 또는 진화계통수는 혈연관계를 묘사하는 것이다(**그림 15.8**). 이것의 기능은 구성원들 간의 진화적 연관성을 나타내는 것이다. 전형적인 계통수에서는 개체의 유전자, 종 또는 다른 요소들이 가지의 끝에 위치한다. 그 아래로는 가지들의 네트워크가 기저부로 이어진다.

이와 같은 계통수를 읽는 데 필수적인 점은 마디 부분(분기점, branching point) 가지를 뻗는 지점들이 과거에 존재했던 생물에 해당된다는 점을 이해하는 것이다. 계통수는 가지 끝 지점들 사이의 유사성 정도를 나타내지는 *않는다*. 그러나 실질적인 역사적 연관성을 보여준다. 밀접하게 관련된 생물들은 서로 닮은 경향이 있으나 진화의 속도가 일정하지 않을 경우에는 그렇지 않다. 누가 보더라도 악어는 새보다 도마뱀과 그 생김새가 비슷함에도 불구하고, **그림 15.6**에서 본 것과 같이 악어는 도마뱀보다 새와 더 밀접하게 연관되어 있다.

계통수를 역사상의 기록이라고 보면, 친족에 대한 혼돈을 피하기 쉬워진다. 규칙은 간단하다. 두 종이 공유하는 조상이 최근의 것일수록 그들은 더욱 밀접하게 관련되어 있다. 이러한 사실이 생소할 것은 없다. 이것은 여러분의 친척에 적용시키는 방법과도 같다. 여러분은 육촌 형제보다 사촌 형제와 더 가까운 관계를 갖는데, 이것은 사촌과의 마지막 공통 조상은 2세대 전에 살았고(조부모), 육촌과의 공통 조상은 3세대 전에 살았기(증조부모) 때문이다.

그림 15.8 상징으로서의 나무

Darwin은 '생명나무(tree of life)'라는 은유법을 개발했는데, 이는 나무에서 갈라진 두 개의 잔가지를 역으로 추적하면 같은 가지에 달하는 것과 같은 방법으로 살아 있는 생물의 시간을 역으로 추적하면 공통조상에 이어진다는 것이다.

이제, 혈통을 나타내는 진화계통수에서는 어떤지 알아보자. 아래의 수형도(tree diagram)에 대하여 생각해 보자. 어떤 사람들은 개구리가 인간보다 상어와 더 가깝게 연관되어 있다고 잘못된 결론을 내린다. 실제로는 개구리는 상어보다 인간과 더 가깝게 연관되어 있는데, 그 이유는 개구리와 인간의 마지막 공통 조상(그림에 *x*로 표기)은 개구리와 상어의 마지막 공통 조상(그림에 *y*로 표기)의 후손으로서, 보다 최근까지 살아 있었기 때문이다. 이처럼 단순하다. 진화계통수를 읽을 때의 대부분의 문제는 사람들이 그 계통수의 끝자락을 따라 읽을 때 발생한다. 아래의 수형도를 이러한 접근법으로 보면 상어부터 개구리, 인간에 이르기까지의 순차적 차례를 보여준다. 이런 식으로 읽는 것은 옳지 않다. 왜냐하면 이런 식으로 읽으면 원시적인 것부터 진화한 것까지 직선형으로 진보했음을 말하는 것인데, 이 계통수로는 이것을 입증할 수 없기 때문이다. 만약 그렇다면, 개구리는 현존하는 인간의 조상이 된다.

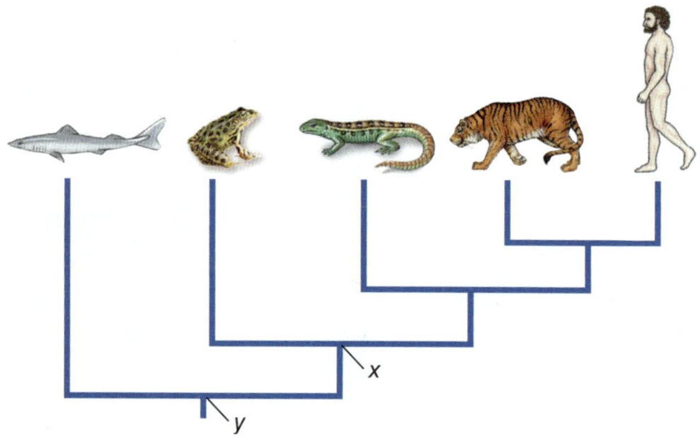

계통수를 읽는 올바른 방법은 계층적으로 내포된 집단들(hierarchically nested groups)을 한 세트로 읽는 것이며, 각 집단은 **그림 15.5**에서 본 것처럼 단일계통군(clade)이다. 아래 그림에서 나타낸 계통수에는 세 가지의 중요한 단일계통군들로 인간-호랑이, 인간-호랑이-도마뱀, 인간-호랑이-도마뱀-개구리가 있다.

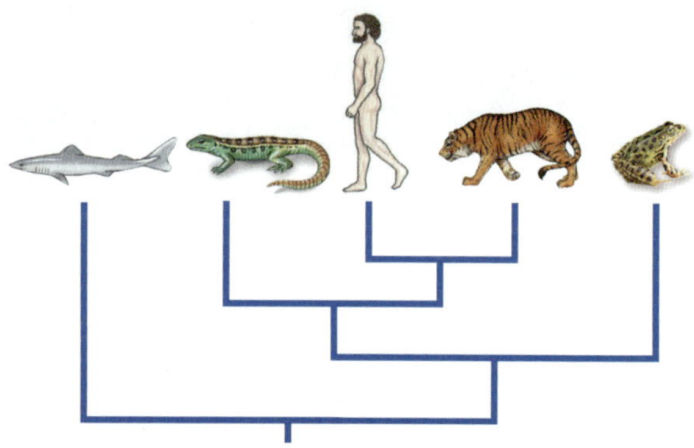

만약 가지가 회전해서 나무 위쪽에 있는 가지 끝의 순서가 달라진다면, 가지의 끝을 읽는 것과 단일계통군을 읽는 것의 차이는 명백해진다. 가지 끝의 순서가 다르더라도, 혈통의 분기 패턴 그리고 단일계통군의 구성은 왼쪽(그림)의 배열과 같다. 진화계통수는 단일계통군의 구조에 초점을 맞추어 읽어야 하며, 이는 진화가 직선형으로 진보한 것이 아님을 강조하는 데 도움이 된다.

> **주요 학습 요점 15.5** **진화계통수는 혈통을 묘사하며 단일계통군에 초점을 맞추면 가장 잘 읽을 수 있다. 분기도는 집단들이 진화한 순서에 근거를 두지만, 전통적 분류에 의한 수형도는 중요하다고 생각되는 형질에 가중치를 준다.**

계와 영역

15.6 생물계

분류체계는 **그림 15.9**에 나타낸 것과 같이 나름대로 발전해 왔다. 최초의 분류체계에서는 살아 있는 생물을 단지 두 개의 계(kingdom)로 인지하였는데, 이들은 **그림 15.9*a***에 파란 색으로 표시된 동물과 초록색으로 표시된 식물이었다. 그러나 미생물이 발견되고(**그림 15.9*b***의 노란 상자), 원생생물(청록색)과 균류(옅은 갈색)와 같은 다른 생물들이 연구됨에 따라, 생물학자들은 이들의 근본적인 차이를 인정하여 계를 추가하였다. 현재 대부분의 생물학자들은 University of Illinois의 Carl Woese가 처음으로 제안한 6-계 체계(six-kingdom system; **그림 15.9*c***에 여섯 가지 다른 색으로 표시)를 이용하고 있다.

이 체계 내에서 네 개의 계는 진핵생물들이다. 가장 친숙한 계(kingdom)는 **동물계(Animalia)**와 **식물계(Plantae)**로서 그 생애의 대부분의 기간은 다세포 생물체로 보낸다. 동물과 식물 집단은 친숙한 생물이다. **균계(Fungi)**는 버섯류과 곰팡이류 등의 다세포 생물과 단세포생물인 효모류(원래의 선조는 다세포 생물인 것으로 추측되고 있음)로 구성된다. 이 세 가지 계는 기본적 차이로 인해서 나뉜다. 식물은 기본적으로 운동성이 없지만 어떤 것들은 운동성의 정자를 가지고 있고, 균류에는 운동 세포가 없으며, 동물은 대부분 운동성을 가진다. 동물은 먹이를 섭취하고, 식물은 이들의 먹이를 생산하며, 균류는 세포 밖으로 효소를 분비하여 소화시킨다. 이들 각 계의 생물들은 아마도 각각 다른 단세포 생물로부터 진화했을 것이다.

많은 수의 단세포 진핵생물이 임의로 **원생생물계(Protista)**로 분류되어 있다(제17장 참조). 이 계에는 조류(algae)와 많

그림 15.9 생물 분류의 다양한 방식

(*a*) Linnaeus는 2-계 방식을 보급시켰는데, 이 방식에서는 균류와 광합성을 하는 원생생물은 식물로, 광합성을 하지 않는 원생생물은 동물로 분류되었다. 원핵생물은 식물로 생각되었다. (*b*) Whittaker는 1969년에 5-계 방식을 제안했고 곧 널리 수용되었다. (*c*) Woese는 원핵생물을 2계로 나누어 6-계의 방식을 지지했고, 이 2계를 각각의 영역으로 배정했다. 또한, 세 번째 영역에는 모두 진핵생물로 이루어진 4계를 포함시켰다(*d*).

DNA "바코드(bar code)"

지구상의 엄청난 생물 다양성은 우리 별(planet)이 받은 큰 축복 중 하나이다. 어디를 둘러보더라도 우리는 많은 생물들로 둘러싸여 있다. 정원에는 수백 종의 동 · 식물이 있으며, 열대우림 지역에서는 같은 크기의 정원이라도 그 수십 배에 이르는 종류가 있다. 북미에만 709종의 새가 서식하는데, 자동차 길이 정도의 날개폭을 가진 독수리부터 엄지손가락보다 더 작은 벌새에 이르기까지 크기가 다양하다.

이와 같이 종들이 다양하다는 점으로부터 처음에는 예상하지 못했던 문제들이 야기되었다. 이렇게 많은 종들을 어떻게 일일이 구별할 수 있겠는가? 동물과 식물 각 개체들은 어느 종인지 알려주는 이름표를 가지고 있지 않다. 다음 쪽에 있는 두 마리의 흰등굴뚝새(marsh wrens)를 예로 생각해 보자. 오른쪽의 어두운 색 개체는 New Jersey산이고, 왼쪽의 밝은색 개체는 California산이다. 이 두 개체의 서로 다른 색깔로부터 New Jersey의 표본을 동부 흰등굴뚝새(Eastern Marsh Wren)로, California의 표본을 서부 흰등굴뚝새(Western Marsh Wren)로 동정할 수 있지만 이런 방법은 부적절하다. 왜냐하면 두 집단 모두에서 색깔이 매우 다양한 개체들이 발견되므로 단순히 색깔만으로 동정을 하는 것은 부적절하기 때문이다. 동부 흰등굴뚝새 중에서도 보다 밝은색의 개체가 있고, 서부 흰등굴뚝새 중에서도 보다 어두운 색의 개체가 있으므로 분류에 어려움이 발생하는 것이다. 한 마리의 흰등굴뚝새와 마주쳤을 때 그것이 어떤 종류인지 어떻게 알아낼 수 있을까?

이 딜레마에 대한 한 가지 해결책은 부리의 모양, 깃털 그리고 그 외 많은 다른 특성들을 평가하여 그 새를 올바로 동정해줄 수 있는 전문적인 조류 분류학자에게 가져가는 것이다. 이것은 Galápagos에서 Charles Darwin이 연구할 때 쓰던 방법이다. 그가 섬에서 잡은 방울새(핀치새, finches), 흉내지빠귀(mocking birds) 및 그 외 다른 새들은 수년 후 London의 브리티시박물관에서 연구되고 동정되었다. 그러나 분류학자의 수는 그리 많지 않으며, 우리가 알아야 할 생물들은 어마어마하게 많다.

캐나다 Ontario주에 있는 University of Guelph의 Paul Hebert 박사는 아주 단순한 의견을 제시했는데, 생물들은 읽기 쉬운 인식표를 가지고 있다는 것이었다. 몇몇 유전자들은 한 종 내의 개체들 사이에서 거의 다르지 않지만, 종이 달라지면 이 유전자들은 다르다. 이런 유전자들이 인식표(ID tag)의 역할을 할 수 있지 않겠는가? DNA 염기순서 분석기는 한 번에 약 650개 염기의 뉴클레오티드 순서를 읽어낸다. 그래서 그는 시토크롬 *c* 산화효소 서브유닛 1(cytochrome oxidase subunit 1, *CO1*)이라고 하는 유전자의 첫 648개 뉴클레오티드를 사용해 볼 것을 제안했다. 왜 이 유전자(*CO1*)인가? 거기에는 네 가지 이유가 있는데, 첫째, 이 유전자는 핵 염색체가 아니라 미토콘드리아 DNA상에 위치하기 때문이다. 이것은 모계 유전되므로, 감수분열 때 일어나는 세대간 유전물질의 뒤섞임에서 제외된다. 둘째, 미토콘드리아 DNA는 핵 DNA보다 안정적이므로, 박물관에서 20년 된 표본들로부터도 얻을 수 있다. 셋째, 거의 대부분의 동물 종에서 이 유전자의 DNA 결실이나 삽입은 일어나지 않으므로, 모든 *CO1* 염기순서가 차례로 나열되어 직접 비교가 가능하다.

넷째가 가장 중요한데, 한 종에 속하는 개체들 간의 *CO1* 차이는 놀라울 정도로 적다. 겨우 2%의 개체들만이 648개 뉴클레오티드 전반에 걸쳐 다르다. 이와 같은 종 내의 균일성은 특이한 일이다. 전형적인 유전자에서는 한 종의 개체들 간에 많은 차이가 발견되고, 유연관계가 가까운 종들의 개체들 간에는 중복이 보이는 개체들도 많다. *CO1*은 그렇지 않다. 아마도 시토크롬 산화효소가 산화적 대사에서 결정적인 역할을 하기 때문에 종 내 변화는 드물며, 변화가 일어난다면 그 종의 모든 개체들에게 빠르게 확산된다. 그러나 두 종으로 분화한 후에는 한 종에서 드물게 일어난 변화가 나머지 종으로 퍼지지 않으므로 양 종에 차이가 생긴다.

Herbert의 제안이 실제로는 어떻게 적용되는가? 그는 실제로 박물관에서 얻은 새들의 표본으로부터 미토콘드리아 DNA *CO1* 유전자를 추출하여 첫 648개 뉴클레오티드를 비교하는 실험을 시작했다. 그는 북미에서 알려진 709종의 새 중, 341종의 특징을 밝혀냈고 이 종들의 독특한 염기순서의 특징을 알아냈다. *CO1*이 변별력 있는 표식을 제공한다는 것을 입증하기 위해서는 훨씬 더 많은 샘플들, 특히 서로 가까운 관계에 있는 종들을 이용해서 조사해야 하지만, 이 첫 결과들은 매우 희망적이다. 다음 쪽에서는 Herbert가 알아낸 두 마리의 흰등굴뚝새의 염기순서를 볼 수 있다. 동부와 서부의 흰등굴뚝새는 21군데의 염기에서 차이가 나는데, 두 가지 색깔로 된 "바코드"사이의 선들로 표시되어 있다. Herbert가 제안한대로, *CO1*의 염기순서는 사진의 두 개체 중 한 개체를 흰등굴뚝새의 한 종이며 나머지 종은 아니라고 확실히 동정할 수 있는 쉬운 인식표이다.

Herbert 박사는 그의 연구를 'DNA 바코딩(bar coding)' 이라고 불렀는데, 이는 슈퍼마켓 상품의 바코드와 유사한 개념이다. 바코딩의 큰 가능성은 이 절에서 소개한 문제점에 해결책을 제공하는데, 종명을 모르는 표본이라도 누구든지 직접적이고 모호하지 않고 정확하게 동정할 수 있게 한다.

물론 모든 표본들이 새는 아니다. 다른 종류의 생물에서도 *CO1*을 이용한 연구결과가 바코드처럼 좋은 성과를 낼 수 있겠는가? 지금까지는 동물에서는 성과가 좋지만 식물의 경우는 별로 좋지 않다. 식물학자들은 이 유전자를 대신해서 엽록체 DNA에서 발견한 두 유전자를 이미 시험하기 시작했으며, 식물종을 식별하기에는 이들이 더 적합한 것으로 보인다. 바코딩의 중심생각은 표준 유전자(standard gene)를 기준으로 사용한다는 것이지만, 다른 주요 집단들에 다른 유전자를 사용하는 것은 큰 문제가 되지 않는다. 새와 식물을 혼돈하는 학자는 거의 없다.

바코딩 사용의 확산으로 인해서 과학이 편향될 수 있음을 두려워하는 분류학자들 사이에서는 바코딩의 사용이 약간 저항에 부딪치고 있다. 이들을 주저하게 하는 이유를 다음 쪽에 있는 흰등굴뚝새의 바코드로 쉽게 설명할 수 있다. 21개의 바코드의 차이를 보이는 각각의 개체를 특별한 바코드를 가지고 있는 '기준' 표본('type' specimen)과 비교할 수 있다. 만약 그 표본이 다른 종이라면 시험한 개체도 마찬가지로 다른 종인 것이다. 그러나 21개의 차이가 저절로 생겨난 것이 아니므로

두 개체는 각각 다른 종에 속하는 개체들인 것이다. 기재된 종의 동정은 간단히 할 수 있지만 분류학은 그리 간단한 일이 아닌 것이다.

CO1 유전자에 근거한 DNA 바코드가 조류와 다른 많은 동물종들에게 유용한 인식표를 제공하는데, 다른 한편으로는 바코드가 식별해 내는 집단의 본질을 밝히는 것도 중요하다. 생식적으로 격리된 어떠한 혈통에서도 특이한 *CO1* 바코드가 만들어질 수 있고, 실제로 만들어질 것으로 기대되고 있다. 그러나 바코드가 새로 만들어진다고 해서 이 집단이 다른 종으로 된다는 것은 아니다. 예를 들면, 호주의 원주민은 여러 세기 동안 생식적으로 격리되었는데, 만약 그들에게 특이한 *CO1* 바코드가 만들어졌다고 해도, 이로 인해서 다른 종으로 되지는 않는 것이다. 이것은 유전적 격리의 이상도 이하도 아니라는 것을 의미한다.

이에 대한 중요한 예로 Costa Rica의 나비에 대한 최근의 연구를 들 수 있다. 팔랑나비의 일종인 *Astrates fulgerator*는 1775년에 처음으로 기재되었고, 미국의 Texas에서 Argentina에 걸쳐 분포한다. 25년의 연구기간 동안 University of Pennsylvania의 생태학자 Daniel Janzen은 *Astrates*의 팔랑나비 2500마리의 애벌레를 사육했다. 그림에서 보는 대로 이들은 10가지 형태로 나뉘며 각각 다른 식물을 먹지만 다 자란 성충은 모두 외관이 같아서 같은 종으로 간주되고 있다.

Hebert에 의해서 개발된 바코드 기술에 대해서 듣게 된 Janzen은 보관 중이던 수많은 팔랑나비 성충으로부터 다리 하나씩을 떼어 Hebert 박사에게 보내 분석을 의뢰했다. 새들의 동정에 아주 유용하다고 밝혀진 방법과 똑같은 *CO1* 바코드 분석법을 이용하여 Hebert는 Janzen이 수집한 팔랑나비들이 정확하게 10개의 바코드 무리로 나뉜다는 것을 발견했다. 각 무리에 속하는 모든 개체는 거의 같은 바코드를 가지지만, 나머지 9개 다른 무리의 바코드들과는 달랐다. 중요한 것은 각각의 바코드 무리들은 각 애벌레 집단들과 일치했다는 것이다! 각 애벌레형은 고유의 *CO1* 서명(signature)을 가지고 있었다. 이 연구자는 Costa Rica에는 한 종이 아니라 10종의 팔랑나비가 있으며, 각 종의 애벌레는 매우 다르다고 결론지었다. Janzen은 각 무리의 *CO1* 차이의 정도로부터 이 나비 집단들은 아마도 400만 년 전에 분화했을 것이며, 각 집단별로 애벌레의 먹이가 특수화했을 것으로 추론했다. 이 방법이 종의 동정에 좋은 방법일까? 어떤 분류학자는 이 방법을 좋아하고, 다른 학자들은 조심스러워한다.

은 종류의 미세한 수생생물이 포함되어 있다. 이 계에 속하는 많은 생물들은 서로의 연관성이 크지 않으므로 이 계는 인위적인 집단이라 할 수 있다. 즉 원생생물의 분류는 안정되어 있지 않다.

나머지 **고세균계(Archaea)**와 **박테리아계(Bacteria)**는 원핵생물들인데, 다른 모든 생물들과 아주 다르다(제16장 참조). 원핵생물 중 질병을 일으키거나 산업에 이용되어 우리에게 가장 친숙한 생물은 박테리아계의 생물들이다. 고세균계는 메탄생성세균(methanogens)과 극단적 호열생물(thermophiles)을 포함하는 다양한 집단으로 이루어져 있으며 많은 면에서 박테리아와 매우 다르다. 이들 6계의 특성들은 **표 15.1**에 정리되어 있다.

영역

생물학자들이 고세균류에 대하여 더 많이 알게 되면서, 이 원시적인 생물 집단은 다른 모든 생물들과는 아주 다르다는 것이 점차 명백해졌다. 1996년, 고세균과 박테리아의 전체 게놈의 DNA 염기서열을 처음으로 비교했을 때, 둘의 차이가 매우 크다는 것이 밝혀졌다. 고세균류와 박테리아는 진핵생물과 박테리아가 차이나는 것만큼이나 큰 차이가 난다. 이것이 알려지면서 생물학자들은 최근 몇 해 동안 계보다 높은 분류 단계로서 세 **영역(domain)**이 있음을 받아들였다(**그림 15.9*d***). 박테리아(노란색 부분)가 첫 번째 영역, 고세균(붉은색 부분)이 두 번째 영역, 그리고 진핵생물(네 가지 진핵생물계를 나타내는 네 개의 보라색 부분)이 세 번째 영역이다. 진핵생물영역은 네 개의 계를 포함하지만, 박테리아영역과 고세균영역은 각각 하나씩의 계를 갖는다. 이런 이유로 생물학자들은 박테리아와 고세균에 대해서는 계 단계의 분류는 종종 생략하고 그들의 영역과 문(phylum)의 이름만 사용한다.

주요 학습 요점 15.6 생물은 영역이라고 하는 세 분류 범주로 나뉜다. 그 중 하나인 진핵생물영역(Eukarya)은 네 가지 계, 즉 원생생물계(Protista), 균계(Fungi), 식물계(Plantae), 동물계(Animalia)로 나뉜다.

표 15.1 6계의 특징

영역	박테리아	원핵생물	진핵생물계			
계	박테리아	원핵생물	원생생물	식물	균류	동물
	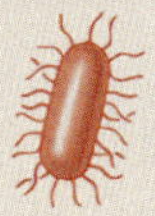		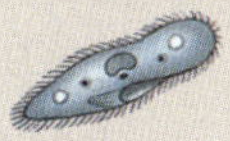			
세포 유형	원핵세포	원핵세포	진핵세포	진핵세포	진핵세포	진핵세포
핵막	결여	결여	출현	출현	출현	출현
미토콘드리아	결여	결여	출현 또는 결여	출현	출현 또는 결여	결여
엽록체	없음(일부에는 광합성막이 있음)	없음[한 종에서 세균로돕신(bacteriorhodopsin)이 있음]	일부에서 출현	출현	결여	결여
세포벽	대부분 출현; 펩티도글리칸	대부분 출현; 다당류, 당단백질, 단백질	일부에서 출현; 다양한 형태	섬유소와 다른 다당류	키틴 및 섬유소를 제외한 다른 다당류	결여
유전자 재조합이 출현하는 경우의 유전자 재조합 방법	접합, 형질도입, 형질전환	접합, 형질도입, 형질전환	수정과 감수분열	수정과 감수분열	수정과 감수분열	수정과 감수분열
영양	독립영양(화학합성, 광합성) 또는 종속영양	독립영양(한 종에서는 광합성) 또는 종속영양	광합성 또는 종속영양 또는 양쪽 모두	광합성, 엽록체 *a*와 *b*	흡수	소화
운동성	세균(박테리아)의 편모, 활주 또는 비운동성	일부에서 특이한 편모를 가짐	9+2 섬모와 편모; 아메바형 수축성 원섬유	대부분 없음, 일부 배우자에서 9+2 섬모와 편모	비운동성	9+2 섬모와 편모, 수축성 원섬유
다세포성	결여	결여	대부분 결여	모두 출현	대부분 출현	모두 출현

15.7 박테리아영역

박테리아영역에는 같은 이름을 가진 하나의 계가 포함되어 있다. 박테리아는 지구상에 가장 많은 생물이다. 사람의 입속에 살고 있는 박테리아의 수는 지구상에 살아 있는 포유류 수보다 더 많다. 너무 작아서 육안으로 볼 수는 없지만 박테리아는 생물권에서 매우 중요한 역할을 한다. 이들은 생물이 사용하는 모든 질소를 공기 중에서 모으고, 탄소와 황을 순환시키는 데 중요한 역할을 한다.

박테리아에는 다양한 종류가 있고 그들이 진화학적으로 어떻게 서로 연결되어 있는지는 잘 알려지지 않았다. 박테리아의 세부적인 분류에 대해서는 분류학자들 간에 상당한 의견 대립이 있지만 대부분의 학자들이 12개에서 15개의 주요 박테리아 집단을 인정하고 있다. 리보솜 RNA (rRNA) 분자의 뉴클레오티드 순서를 비교함으로써, 이 집단들이 어떻게 서로 연관되어 있는지, 그리고 나머지 다른 두 영역과는 어떻게 연관되어 있는지가 밝혀지기 시작했다. 고세균과 진핵생물과의 연관성은 박테리아와의 연관성보다 더 크다. 고세균과 박테리아는 둘 다 원핵생물임에도 불구하고 **그림 15.10**에서 보는 바와 같이 계통수에서 각각 다른 가지 위에 있다.

주요 학습 요점 15.7 박테리아는 진핵생물과 다른 만큼 고세균과도 다르다.

15.8 고세균영역

고세균영역(domain Archaea)은 고세균계(kingdom Archaea)라는 같은 이름을 가진 하나의 계를 포함한다. *고세균*(archaea)이라는 용어(그리스어, *archaio*, ancient)는 원핵생물 집단에서 오래 전에 유래했음을 나타내며, 아마도 박테리아로부터 오래 전에 갈라져 나온 것 같다. **그림 15.10**에서 볼 수 있듯이, 붉은색으로 표시된 고세균은 원핵생물형 선조로부터 갈라져 나와서, 진핵세포의 진화로 이어졌다. 오늘날, 고세균은 지구상의 가장 극한적인 환경 중에 서식한다. 다양한 집단임에도 불구하고 모든 고세균은 특정한 주요형질을 공유한다. 이들의 세포벽에는 박테리아의 세포벽이 나타내는 펩티도글리칸의 특성이 결핍되어 있다. 이들은 매우 특이한 지질과 특유의 리보솜 RNA 순서를 갖는다. 또한 이들 중 일부 유전자는 박테리아의 유전자와 달리 인트론을 포함한다.

고세균은 일반적으로 세 범주, 즉 메탄생성세균, 극한생물, 및 비극한고세균으로 나뉜다.

메탄생성세균(methanogens; 예를 들면, *Methanococcus*)은 수소가스를 이용해서 이산화탄소를 메탄가스로 바꾸어 에너지를 얻는다. 이들은 철저한 혐기성 미생물로 극소량의 산소도 독이 된다. 이들은 늪지대, 습지, 그리고 포유류의 장에 주로 서식한다. 메탄생성세균은 매해 약 20억 톤에 달하는 메탄가스를 공기 중에 방출한다.

극한생물(extremophiles)은 우리에게 아주 극한 상황이라고 여겨지는 조건에서 자랄 수 있다.

호열생물(thermophiles, 'heat lovers')은 주로 60~80°C의 매우 뜨거운 곳에 서식한다. 많은 호열성 세균은 황(sulfur)을 이용하여 물질대사를 한다. 따라서 미국의 Yellow Stone 국립공원의 70~75°C의 유황온천에 사는 *Sulfolobus*는 황을 황산으로 산화시켜 에너지를 얻는다. 최근에 보고된 *Pyrolobus fumarii*은 열안정성이 있으며, 최적 온도는 106°C, 최고 온도는 113°C로 기재된 바 있다. 이 높은 온도는 이 생물이 발견된 심해 열수구(hydrothermal vents)의 특징이다. *P. fumarii*는 가압 멸균기(autoclave) (121°C)에서 1시간 동안 처리해도 죽지 않는 내열성이 있다!

호염성 생물(halophiles, 'salt lovers')은 미국 Utah 주의 Great Salt Lake, California 주의 Mono Lake, 그리고 이스라엘의 Dead Sea와 같이 극도로 염도가 높은 곳에 서식한다. 바닷물의 염도는 약 3%인데, 이 원핵생물들은 15~20%의 높은 염도의 물에서 잘 자라며 또 이것을 필요로 한다.

pH 내성 고세균은 강한 산성(pH = 0.7)과 강한 염기성(pH = 11) 환경에서 자란다.

내압성 고세균은 심해에서 분리되었는데, 살아남기 위해 최

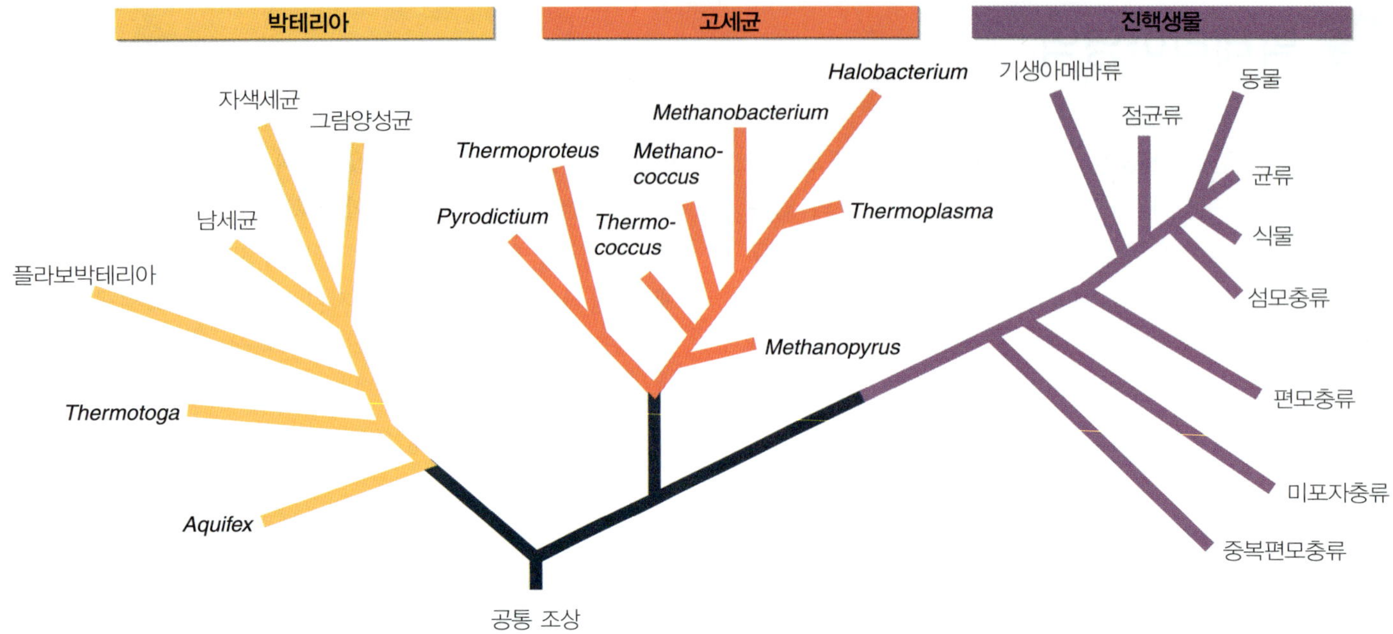

그림 15.10 생물계통수

리보솜 RNA(rRNA) 분석에 의한 이 계통발생은 세 영역 간의 진화적 연관성을 보여준다. 계통수의 기저부는 세 영역 모두에서 중복되는 유전자를 분석해서 결정되는데, 중복은 아마도 공통조상에서 일어났을 것이다. 유전자 중복 중 하나가 계통수를 구축하는 데 사용되면 나머지는 뿌리를 만드는 데 쓰일 수 있다. 이 방식은 계통수의 뿌리가 박테리아영역 안에 있음을 가리킨다. 고세균과 진핵생물은 그 후에 분화되었고, 이들 사이의 연관성은 이들 각각과 박테리아와의 연관성보다 크다.

소한 300기압이 필요하며, 최고 800기압에 견딘다.

비극한고세균(nonextreme archaea)은 박테리아와 같은 환경에서 자란다. 고세균의 게놈이 잘 알려짐에 따라 미생물학자들은 모든 고세균에는 나타나지만 다른 어떤 생물에는 없는 DNA의 **서명 순서(signature sequences)**를 발견할 수 있었다. 토양이나 바닷물에서 채취한 샘플의 유전자들이 이 서명 순서와 일치하는지의 실험을 통하여, 이런 곳에 사는 많은 원핵생물들이 고세균임이 증명되었다. 명백히 고세균은 미생물학자들이 생각해 왔던 것처럼 극한적인 서식지에만 사는 것은 아니다.

주요 학습 요점 15.8 고세균은 특이한 원핵생물로서 다양한 환경에 살지만, 이들 중 일부는 극한적인 환경에 산다.

15.9 진핵생물영역

최소 약 10억 년 동안 원핵생물이 지구를 지배했다. 이들을 먹이로 하거나 경쟁하는 생물은 없었고 이 작은 생물은 세상에서 가장 오래된 화석을 형성했다. 세 번째로 큰 생물 영역인 진핵생물은 훨씬 후인 15억 년 전에 화석기록으로 나타났다. 물질대사면에서 진핵생물은 원핵생물보다 일관성이 있다. 두 영역의 원핵생물은 모든 진핵생물보다 물질대사면에서 더 다양하다.

크게 세 가지로 구성된 다세포성 계

균류, 식물 및 동물은 구별이 아주 잘되는 진화적 집단들인데, 이들은 각기 다른 단세포성 진핵세포 조상에서 분화되었다. 이들은 대개 다세포성 생물로서 각각 원생생물계로 분류되는 조상으로부터 분화한 것이다.

그러나 원생생물의 다양성은 매우 커서, 원생생물에서 분화된 다세포성의 3계들 사이 또는 각 계 내의 다양성보다 훨씬 크다. 식물, 동물 및 균류의 크기와 생태적 우점성 때문에, 그리고 이들이 대부분 다세포생물이라는 점 때문에, 이들을 원생생물과는 구별되는 계들로 인정하고 있다.

매우 다양한 네 번째 계

다세포 생물이 진화했을 때, 그 당시에 존재했던 다양한 단세포 생물들이 단순하게 사라져가지는 않았다. 현재 매우 다양한 단세포 진핵생물과 이들과 근연한 생물이 존재하고 있지만, 이들은 균류, 식물 및 동물과 다르다는 이유로 원생생물계라는 집단 안에 같이 포함되어 있다. 원생생물은 매우 흥미롭고도 생물학적 의의가 큰, 많은 생물을 포함하는 매력적인 집단이다.

진핵생물의 공생과 기원

진핵생물의 특징은 복잡한 세포 구성이다. 이 중 대규모의 세포내막계가 가장 특징적인데, 이 내막계는 진핵세포를 세포소기관(organelle)이라고 하는 기능적인 구간으로 나눈다(제4장 참조). 그러나 모든 세포내소기관이 세포내막계에서 유래하지는 않았다. 미토콘드리아와 엽록체는 세포내 공생(endosymbiosis, *endo*는 '내부'의 의미)이라는 과정을 통해서 초기 진핵세포 안에 유입된 것으로 생각되고 있다. 즉 박테리아와 같은 생물이 세포 안에 들어가 세포 안에서 기능을 하게 되었다는 것이다.

거의 예외 없이 모든 현대의 진핵세포들은 에너지를 생산하는 세포소기관인 미토콘드리아를 가진다. 미토콘드리아는 박테리아의 크기와 거의 같고, DNA를 포함한다. 미토콘드리아 DNA의 뉴클레오티드 순서와 다른 다양한 생물들의 뉴클레오티드 순서를 비교하면, 미토콘드리아는 초기 진핵생물 시대에 진핵세포 안으로 유입된 자색세균(purple bacteria)에서 유래했음을 분명히 시사한다. 원생생물계에 속하는 일부 문(phylum)들은 진화하는 과정 중에 엽록체도 가지게 되어 광합성을 하게 되었다. 엽록체들은 여러 원생생물의 초기 시대에 이들과 공생을 하게 된 남세균(Cyanobactreia)에서 유래했다. **그림 15.11*a***에는 이런 일이 어떻게 일어났는지가 설명되어 있는데, 녹색의 남세균이 초기의 원생생물에 의해서 휩싸여서 세포 내부로 들어가는 모습을 보여준다. 광합성을 할 수 있었던 원생생물의 일부가 육상의 식물이 되었다. 세포내 공생은 옛날에만 일어난 일이 아니라 현재도 일어나고 있다. 광합성을 하는 원생생물 중의 일부는 일부 진핵생물의 세포 내에서 공생하는 공생체이다. 그 예로 해면동물, 해파리류, 산호류(**그림 15.11*b***에서 산호 내부의 녹색 구조물은 세포내 공생을 하고 있는 원생생물이다) 및 문어류에 속하는 약간의 종들이 있다. 제4장에서 미토콘드리아와 엽록체의 세포내 공생의 기원에 대한 가설에 대하여 논의했고, 제17장에서 또 다시 논의할 것이다.

> **주요 학습 요점 15.9** **진핵세포는 세포내 공생에 의해서 미토콘드리아와 엽록체를 획득했다. 진핵생물영역에 속하는 생물은 4계, 즉 균류, 식물, 동물 및 원생생물로 나뉜다.**

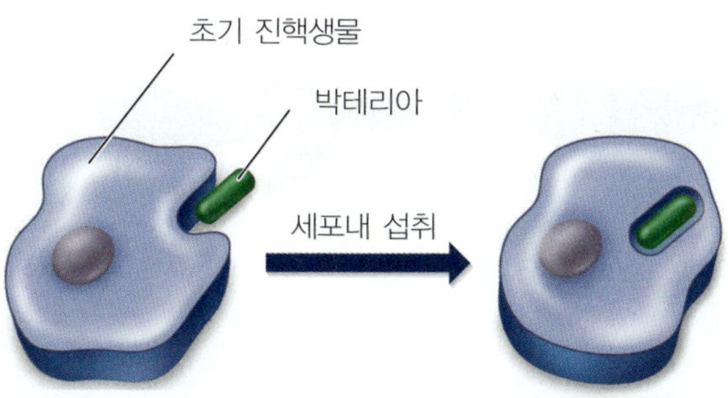

(a)

(b)

그림 15.11 세포내 공생

(*a*) 이 그림은 세포내 소기관이 초기 진핵생물 시대에 어떻게 세포내 공생이라는 과정을 통해서 생겨났는지를 보여준다. 박테리아와 같은 생물이 세포내 섭취(endocytosis)와 유사한 과정을 통해서 세포 안으로 유입되어 숙주세포 안에서 기능을 보전한다. (*b*) 많은 종류의 산호들은 세포내 공생체를 함유한다. 이것은 황록공생조류(zooxanthellae)라고 하는 조류로서 광합성을 하고 산호에 영양분을 제공한다. 이 그림에서는 황록공생조류는 녹갈색 알갱이로서 산호의 촉수 안을 가득 채우고 있다.

질문 & 분석

어떻게 새로운 생물이 탄생될까?

생물학자들은 한 때 새로운 형(new forms), 가령 속, 과, 목은 대규모의 지질학적 교란 시기에 가장 자주 일어났다고 했는데, 이는 이 시기의 환경변화로 인해서 자극을 받았다고 생각했기 때문이다. 그러나 이런 관련성은 없다. 진화학자인 George Simpson은 1953년에 다른 가설을 발표했다. 그는 새로운 진화적 혁신과정, 즉 생물이 새로운 "적응 지대(adaptive zone)"에 거주하게 되는"발명(inventions)" 후에 다양화가 뒤따랐다고 제안했다. 중요한 집단을 설정하는 새로운 목(order)들이 폭발적으로 생겨난 후, 그 뒤에 일어난 특수화로 인해서 새로운 속(genus)들이 생겨났을 것이라고 했다.

철갑상어(sturgeon 오른쪽 아래 그림)로 대표되는 초기의 경골어류는 아주 약한 턱과 길고 상어와 같은 꼬리지느러미를 가졌는데, 데본기(어류시대)에 번성했다. 트라이아스기(공룡 출현시대)에는 동갈치(gar pike)와 같은 어류들이 번성했는데 이들은 먹이를 먹기 좋은 더 짧고 더 힘 있는 턱과 운동성이 좋고 기동력 있는 꼬리를 가졌다. 다음으로는 농어(perch)와 같은 경골어류가 번성했는데, 빠르고 민첩하게 수영할 수 있는 꼬리를 가졌고, 또한 입을 벌렸을 때 위턱이 움직여서 앞으로 미끄러지는 복잡한 입의 구조를 가졌다.

이들 생물의 역사로 Simpson의 가설을 테스트할 수 있다. 이들 세 목(order)이 출현한 후에 Simpson이 예상한대로 폭발적인 진화, 즉 섭식과 운동의 새로운 혁신이 뒤따랐는가? 만약 그렇다면 새로운 목들이 출현한 직후 새로운 속들이 화석기록으로 남아 있어야 한다. 만약 그렇지 않다면, 새로운 목들이 출현한 후에 그 뒤를 이어 새로운 속들이 출현하지 않았을 것이다.

다음 그래프는 경골어강(Osteichthyes)의 진화적 역사, 즉 약 4억 2천만 년 전 실루리아기에 최초로 출현한 시기로부터의 역사를 보여준다.

1. **개념 적용** 종속변수는 무엇인가?
2. **자료 분석** 턱과 꼬리에서의 세 가지 혁신이 경골어류로 진화하는 동안에 일어나, 철갑상어, 그 다음으로는 동갈치, 그리고 경골어류의 순으로 상목(superorder)을 만들어냈다. 각각의 혁신은 어느 시대에 일어났는가?
3. **추론하기** 새로운 속들의 폭발적인 출현도 같은 세 시대(데본기, 트라이아스기, 백악기)에 일어났는가? 또는 그 후에 일어났는가?
4. **결론 도출** 그래프에 제시된 자료가 Simpson의 가설을 지지하는가? 설명하시오.
5. **심층 분석** 만약 Simpson이 옳을 경우, 새로운 물고기의 과(family)가 생겨나는 비율을 그래프에 그린다면, 새로운 목과 비교해서 어떤 일반적인 패턴이 그려지겠는가? 설명하시오.

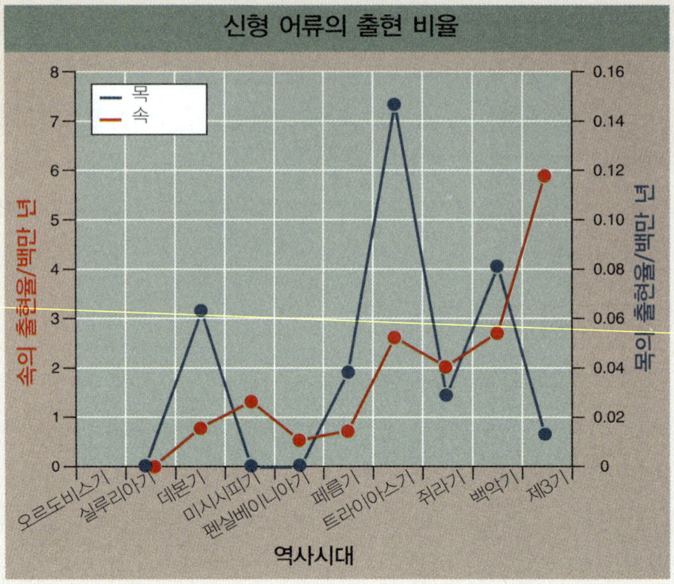

농어(Perch)

동갈치(Gar pike)

철갑상어(Sturgeon)

단원 복습

생물의 분류

15.1 린네식 명명법의 발명

- 과학자들은 유사한 생물들을 같은 집단으로 묶는, 분류라고 하는 체계를 사용한다. 초기의 철학자와 과학자들이 사용한 언어가 라틴어였으므로 라틴어가 사용되었다.
- 다명식 분류체계에서는 생물의 이름에 그 생물을 설명하는 많은 형용사를 사용한다. 2명식 체계는 두 부분으로 된 이름을 사용하며, 처음에는 다명식 이름에 대한 "약칭"으로 개발된 것이다. Linnaeus는 두 부분으로 된 명명법을 지속해서 사용했으며 이 명명법은 널리 확산되었다(**그림 15.1**).

15.2 종명

- 분류학은 생물을 동정하고 명명하고 관련된 집단을 묶는 생물학 분야이다. 학명은 두 부분 즉 속과 종으로 구성되어 있다. 속명의 첫 글자는 대문자이지만 종은 소문자로만 되어 있다. 학명의 두 부분은 이탤릭체로 되어있다. 학명은 표준화되어 전 세계적으로 쓰이며, 일반 이름보다 혼란스럽지 않다(**그림 15.2**).

15.3 상위 범주

- 생물은 종과 속뿐만 아니라 분류의 상위 수준에도 배정된다. 상위범주일수록 특정 집단의 생물에 대한 일반적인 정보를 내포하고 있다. 가장 일반적인 범주인 영역(domain)은 가장 큰 집단이며, 계(kingdom), 문(phylum), 강(class), 목(order), 과(family), 속(gneus), 종(species)의 순으로, 점차 구체적인 정보가 늘어나는 범주들로 이어진다(**그림 15.3**).

15.4 종이란 무엇인가?

- 생물학적 종의 개념에서는 종은 생식적으로 격리된 생물 집단임을 말한다. 이 개념은 그 집단에 속하는 개체들끼리 교배를 하여 임성이 있는 자손을 생산하지만, 다른 종의 개체들과는 그렇지 않다는 것을 의미한다.
- 이 개념은 동물 종에 잘 적용되는데, 동물은 주기적으로 이계교배(다른 개체들과 교배-**그림 15.4**)하기 때문이다. 그러나 이 개념은 교배하지 않고 무성생식으로 번식하는 다른 생물들(균류, 원생생물, 식물, 원핵생물)에게는 적용되지 않는다. 이 생물들의 분류는 생리적, 행동적, 분자적 형질에 더 많이 의존한다.

계통발생 추론

15.5 계통도 작성법

- 분류학적 연구는 수많은 생물을 정리할 뿐 아니라 지구상의 생명에 대한 진화적 역사를 엿볼 수 있게 한다. 유사한 특징을 가진 생물은 서로 좀 더 가깝게 연관되어 있다. 한 생물의 진화적 역사와 다른 종과의 관계를 계통발생(phylogeny)이라고 한다.
- 계통수는 특정 생물들이 공유하는 주요형질, 즉 아마도 공통 조상으로부터 물려받았을 형질들을 이용해서 만들 수 있다. 혈통 관계에 있는 생물 집단을 단일계통군이라고 하며, 이런 방식으로 만들어진 계통수를 분기도라고 한다(**그림 15.5**).
- 진화에 현저하게 영향을 준 것으로 보이는 형질을 강조하여 그 형질들에 가중치를 줄 경우 분기도는 가끔 잘못 만들어질 수 있다. 이 체계의 문제점은 처음에는 중요해 보이던 형질이 나중에는 덜 중요한 것으로 바뀌는 것이다. 따라서 분기도는 모든 형질에 같은 가중치를 줄 때 가장 유용하다.
- 전통적인 분류학은 형질의 일반적인 면이 아니라 형질의 의의 또는 진화적인 영향에 더 초점을 맞춘다. 예를 들면, 전통적인 분류학에서는 **그림 15.6**에 나타낸 것처럼, 새들은 자신들만으로 된 고유의 강에 속한다. 그러나 진화상으로는 새들은 파충류 집단에 속한다. 전통적인 분류학은 풍부한 정보가 있어서 더 뚜렷해 보이는 형질에 가중치를 줄 수 있을 때 사용되며(**그림 15.7**), 분기도는 특이하고 파생적인 형질이 나타나는 순서나 시간을 더 중요시한다.

계와 영역

15.6 생물계

- 분류에 있어 두 번째로 높은 범주인 계의 범위는 시간이 지나면서 생물에 대한 정보가 점점 더 밝혀짐에 따라 바뀌었다. 현재는 여섯 계가 알려져 있다. 즉, 박테리아계, 고세균계, 원생생물계, 균계, 식물계, 동물계이다(**그림 15.9, 표 15.1**).
- 영역의 범주는 1990년대 중반에 설정되었고 세 가지의 기본적으로 다른 세포의 형을 인정하고 있다. 즉 진핵생물영역(진핵세포), 고세균영역(원핵세포성 고세균), 박테리아영역(원핵세포성 박테리아)이 있다(**그림 15.10**).

15.7 박테리아영역

- 박테리아영역은 박테리아계의 원핵생물을 포함한다. 이 단세포 생물들은 지구상에서 가장 풍부하며, 생태계에서 핵심적인 역할을 한다.

15.8 고세균영역

- 고세균영역은 고세균계의 원핵생물들을 포함한다. 비록 이들은 원핵생

물들이지만, 진핵생물에서 유래했으므로 박테리아와는 다르다. 이 단세포 생물들은 다양한 환경에서 발견되는데, 가장 흥미로운 것은 매우 극한적인 환경에서 발견된다는 점이다.

15.9 진핵생물영역

- 진핵생물영역은 진핵생물로 구성된 4계의 다양한 생물을 포함한다. 균류, 식물 및 동물은 다세포생물이며, 원생생물은 기본적으로는 단세포로 되어 있지만 다양하다. 진핵생물은 세포내 공생을 통해서 획득한 세포소기관을 포함한다(**그림 15.11**).

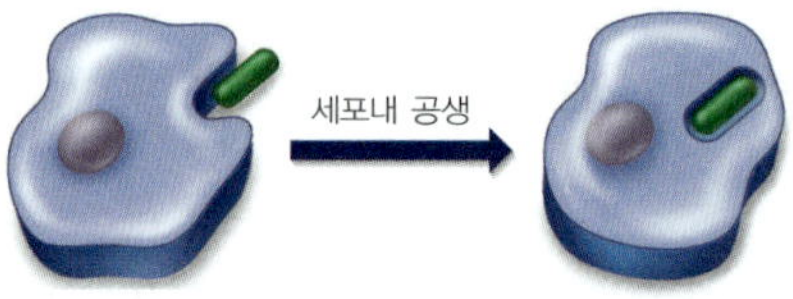

이해력 확인 문제

1. 늑대, 개, 붉은여우는 모두 같은 과인 개과(Canidae)에 속한다. 늑대의 학명은 *Canislupus*, 개는 *Canis familiaris*, 붉은여우는 *Vulpes vulpes*이다. 이것이 의미하는 것은?
a. 붉은여우는 개 및 늑대와 같은 과에 속하지만, 속이 다르다.
b. 개는 붉은여우 및 늑대와 같은 과에 속하지만, 속이 다르다.
c. 늑대는 개 및 붉은여우와 같은 과에 속하지만, 속이 다르다.
d. 세 생물 모두 다른 속에 속한다.

2. 생물의 진화적 연관성과 다른 종과의 연관성에 대한 분야는?
a. 분류학
b. 계통발생
c. 개체발생
d. 계통분류학

3. 생물은 무엇에 근거하여 분류되는가?
a. 신체적, 행동적 및 분자적 형질
b. 생물이 서식하는 장소
c. 생물의 먹이
d. 생물의 크기

4. 분기도 상에서 더 가까운 생물들은?
a. 같은 과에 속하는 생물들이다.
b. 외군을 형성하는 생물이다.
c. 멀리 떨어져 있는 생물들 보다 더 최근의 공통 조상을 공유하는 생물들이다.
d. 멀리 떨어져 있는 생물들 보다 더 적은 파생형질을 공유하는 생물들이다.

5. 생물의 6계는 무엇에 근거하여 세 영역으로 나뉘는가?
a. 생물이 서식하는 장소
b. 생물의 먹이
c. 세포의 구조
d. 세포의 구조와 DNA 염기서열

6. 모든 극한생물(extremophiles)은 어떤 영역에 속하는가?
a. 박테리아
b. 고세균
c. 원핵생물
d. 진핵생물

7. 박테리아가 고세균과 유사한 점은?
a. 세포내 공생을 통해서 생겨났다.
b. 다세포생물이다.
c. 극한 환경에 산다.
d. 원핵생물이다.

8. 식물, 동물 및 균류로 진화한 조상 생물은 어느 계에서 유래한다는 가설이 있는가?
a. 박테리아
b. 고세균
c. 원생생물
d. 위의 세 가지(a, b, c) 모두이며, 각각 위의 3계 중 한 가지로 진화하였다.

9. 진핵생물영역의 원생생물계와 나머지 다른 3계의 차이는 나머지 계들의 어떤 특징 때문인가?
a. 원핵세포 생물
b. 다세포 생물
c. 진핵세포 생물
d. 단세포 생물

10. 진핵생물의 미토콘드리아와 엽록체는 무엇으로부터 유래한 것인가?
a. 내막계의 발달
b. 원생생물
c. 돌연변이
d. 세균(박테리아)의 세포내 공생

응용력 확인 문제

1. **그림 15.5** 그림 중 어떤 생물이 태아를 둘러싸는 양막을 가지고 있는가?

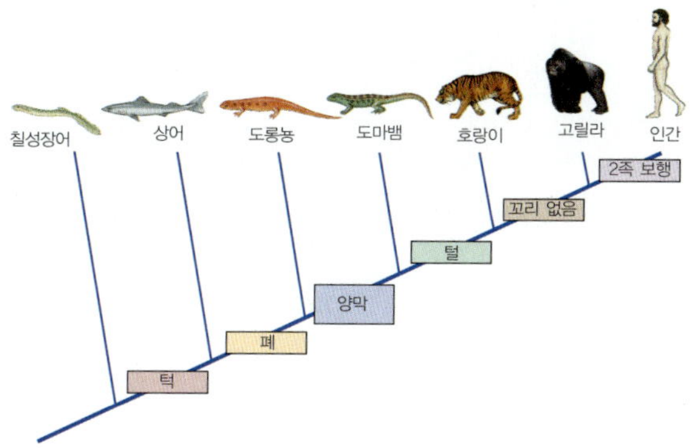

2. **그림 15.10** 박테리아와 고세균과의 차이와 비교해서 식물과 동물은 얼마나 유사한가?

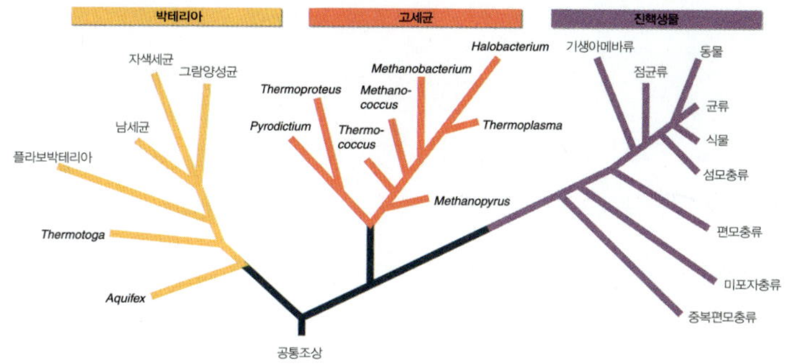

종합 학습

1. 분류체계는 생물의 많은 정보를 요약한다. 한편 하나의 주요형질은 종종 두 가지 다른 생물을 쉽게 구별할 수 있게 한다. 우리들 대부분은 애완용 동물인 개나 고양이와 매우 친밀하다. 여러분은 어떤 주요형질로 인해서 개와 고양이가 항상 구별될 수 있다고 생각하는가?

2. 조류와 포유류는 네 개의 방으로 된 심장을 가지지만 현생의 파충류는 세 개의 방으로 된 심장을 가진다. 이런 기본적인 차이로부터 조류와 포유류는 같은 단일계통군임이 시사된다. 그러나 많은 학자들이 조류를 파충류의 단일계통군에 소속시키고 있다. 이들의 결정에 대하여 평가하시오.

16

원핵생물: 최초의 단세포 생물

학습단원

두 아이가 1995년 5월 콩고(이전의 자이르) 도시 키크위트에 있는 한 병원 밖에서 기다리고 있다. 이 도시에서는 이들의 부모와 여러 사람들이 에볼라 바이러스(Ebola virus)에 감염되어 격리 수용되고 있었다. 이 병에 감염된 환자 중 78%가 생명을 잃었다. 단백질에 둘러싸인 RNA 또는 DNA 조각에 불과한 바이러스는 생명체는 아니지만, 살아있는 생명체에 치명적인 영향을 줄 수 있다. 바이러스는 가장 단순한 생명체인 원핵생물에도 감염, 여기에서 증식하여 이 세포를 파괴시키고 궁극적으로 치사에 이르게 한다. 에볼라 바이러스에 감염된 사람도 이러한 유사한 과정을 거치게 된다. 즉, 바이러스가 결합조직을 감염시켜 혈관을 파괴하여 치명적인 결과를 초래하게 한다. 생명체와 무생명체의 전이 단계로서 바이러스를 일컫는 것이 통상적이지만, 생물학자는 더 이상 이러한 관점을 고수하지 않는다. 오히려 바이러스는 생명체 유전체의 이탈된 조각으로, 염색체로부터 조각난 DNA 또는 RNA 부분으로 숙주의 세포를 이용하여 여전히 자신의 복제품을 생산하게 할 수 있다. 이 장에서는 우리는 가장 단순한 생명체인 원핵생물을 살펴보게 될 것이며, 또한 이를 감염시키는 바이러스도 다루게 된다. 생명의 기원으로부터 시작하여 세균과 고세균을 알아보게 된다. 식물과 동물을 감염시키는 바이러스를 좀 더 면밀히 조사하며 이 장을 마치고자 한다. 이들 대부분은 인체 건강에 뚜렷한 영향을 미친다. 예를 들어, 인플루엔자는 수백만 명의 사람을 사망에 이르게 한다.

16.1 생명의 기원

모든 생명체는 제3장에서 기술한 동일한 네 종류의 거대분자로 구성되어, 이들 물질들이 서로 어우러져 세포를 이루게 된다. 최초의 거대분자가 어디에서 유래되었는지 그리고 이들이 어떻게 세포를 이루었는지, 즉 생명 자체의 기원을 이야기해 주는 질문은 생물학에서 가장 밝혀지지 않은 영역이다.

최초의 생명체(현대의 세균으로 이해되는)가 어디에서 유래되었는지 누구도 확실히 알지 못한다. 시간을 거꾸로 돌려 어떻게 생명체가 유래되었는지를 지켜보는 것은 불가능하며, 이러한 증거들도 없다. 그럼에도 불구하고 지구상에 최초의 생명체 형상이 어떤 것인지, 무엇인지에 관한 생명의 기원에 대한 의구심을 가질 수밖에 없고, 여기에서는 최소한 세 가지 가능성을 제시하고자 한다.

1. **외계기원** 생명체는 지구에서 기원하지 않고 대신에 먼 행성에서 유래한 포자가 지구로 감염되었을 수 있다. 그 행성에서는 어떻게 생명체가 기원되었는지 우리가 가까운 미래에 해결할 수 없는 질문이다.
2. **특수 창조** 생명체 형상이 초자연적 또는 신의 능력에 의해 지구상에 기원되었을 수 있다. 이러한 관점을 *창조설* 또는 *지적 디자인*이라고 하고 대부분 서방 종교에 만연해 있다. 그러나 거의 모든 과학자들은 창조설과 지적 디자인을 부정한다. 왜냐하면, 창조설을 받아들이는 것은 과학적 접근을 부정하는 것이기 때문이다.
3. **진화** 생명은 무생명체 물질들이 상호 연결에 의해 더욱 복잡해지면서 유래되었을 수 있다. 이러한 관점에서 생명을 유래시키는 원동력은 선택이다. 분자구조에서 안정성을 높인 변화가 이렇게 선택된 분자들을 더 오래 유지하게 했다.

이 책에서는 세 번째 가능성에 초점을 두었다. 진화의 힘이 생명체의 기원을 이끌어 내었는지, 어떻게 이러한 과정이 일어났는지를 이해하려 한다. 이는 세 번째 가능성인 진화가 유일하게 옳다고 이야기하는 것은 아니다. 신의 능력이 진화를 통해 일어났을 수도 있으며, 오히려 이러한 탐사의 영역을 과학적 사실로 국한시키려 한다. 이러한 세 가지 가능성 가운데 세 번째 가능성만이 가설을 세우고 실험에 의해 이 가능성을 증명 및 부인할 수 있는, 즉 유일하게 과학적 설명이 허용된다.

생명체의 기본물질 형성

어떻게 최초의 세포 기원에 대해서 알 수 있을까? 한 가지 방법은 25억 년 전 생명이 탄생할 당시의 지구가 어떠했을지를 재구성하는 것이다. 암석들의 자료로부터 그 당시 지구 대기에는 산소가 거의 없고, 황화수소(SH_2), 암모니아(NH_3), 메탄(CH_4)과 같은 수소 충진 가스가 충만한 것으로 알고 있다. 이들 기체 속에 있는 전자들은 태양으로부터 유래된 광자와의 충돌 또는 번개의 전기에너지(**그림 16.1**)에 의해 높은 에너지 수준으로 올라가 있었을 것이다. 오늘날 높은 에너지 전자들은 대기 중 산소(광합성 작용에 의해 공기의 21%가 산소)에 의해 빠르게 흡수되는데, 이는 산소가 이러한 높은 에너지 전자에 큰 친화성을 갖기 때문이다. 그러나 산소가 없을 경우, 높은 에너지 전자들은 쉽게 생명체 물질을 형성하는 데 도움을 준다.

Stanley Miller와 Harold Urey는 실험실에서 산소가 없는 초기 지구의 대기를 재구성하고, 그 당시에 있었을 번개와 자외선을 허용하게 했다. 이때 이들은 많은 생명체 구성의 기본물질(예, 아미노산, 핵산)이 자연적으로 형성되는 것을 발견하게 되었다. 이들은 생명이 원시지구 대양 속에 존재했을 생체물질들이 높은 농도로 존재한 원시액상물에서 진화되었을 것으로 결론을 내렸다.

그림 16.1 번개는 분자를 형성하기 위한 에너지를 제공한다
지구가 진화하기 전에 지구 대기에 존재하는 단순 물질들이 합해져 더 복잡한 물질을 이루었다. 이러한 화학반응을 일으키는 에너지는 자외선 방사, 번개 그리고 여러 형태의 지열에너지에서 유래되었을 것으로 추정된다.

최근 지구상 생명의 기원에 대한 '원시액상물(primordial soup)' 가설에 관한 관심이 일어났다. Miller와 Ureay가 가정한 것처럼(대부분의 증거들이 이 가설을 뒷받침하고 있음), 지구 형성 직후 대기 속에 산소가 없었다면 그 때 태양으로부터 오는 치명적인 UV 방사능을 막아

그림 16.2 버블을 이루는 화학반응은 생명의 기원을 이끈다

1986년 지구물리학자인 Louis Lerman은 생명진화로 이끄는 화학과정이 대양 표면의 버블 속에서 발생했다고 제안했다.

줄 오존 보호층이 없었을 것이다. 오존층이 없다면 과학자들은 UV가 대기 중에 있는 암모니아와 메탄을 붕괴했을 것이라고 생각하고 있다. 이때 이들 가스가 없다면 **밀러-우레이 실험(Miller-Urey experiment)**에서는 아미노산과 같은 주요 생물학적 분자를 생성하지 못한다. 필요한 암모니아와 메탄이 대기 속에 존재하지 않았었다면, 과연 이들은 어디에 있었을까?

지난 20여 년의 세월동안 **버블모델(bubble model)**이라고 불리는 주장이 과학자들의 지지를 얻어왔다. 이 모델은 1986년 지구물리학자인 Louis Lerman에 의해 제안되었고 원시액상물 가설이 갖는 문제가 이 모델이 제시되면서 사라졌다. **그림 16.2**에서 보듯 버블모델은 생명의 기본물질을 형성하게 하는 주요 화학반응이 원시액상물에서 일어난 것이 아니라 바다 표면의 버블 속에서 일어났다고 제안한다. 바다 속에서 폭발하는 화산에 의해❶ 형성된 버블은 다양한 기체를 포함한다. 물 분자는 극성이기 때문에 물방울은 다른 극성 분자들을 끌어 당겨 버블 내에 효과적으로 농축한다❷. 화학반응은 버블 속에서 매우 빠르게 일어나 극성물질들을 농축시킨다. 버블모델은 원시액상물 가설이 갖는 주요 문제를 해결한다. 버블 내에서는 버블 표면에서 UV를 반사시키기 때문에 아미노산을 형성하는 메탄과 암모니아를 UV의 파괴로부터 보호한다. 버블이 물 표면에 이르게 되면 터지고❸ 대기 중으로 화학 내용물을 방출한다❹. 결국 생성된 분자들은 강우로 뒤덮이면서 바다로 다시 들어가게 된다❺.

바닷물이 연안으로 밀려 왔을 때, 출렁이는 파도에 의해 물거품이 형성되는 것을 보게 된다. 원시대양의 가장자리는 자외선과 이온화 방사에 의해 충돌이 일어나고 메탄과 다른 단순 물질들을 포함한 대기에 노출된 잡동사니 장소였을 것이다.

주요 학습 요점 16.1 **생명은 25억 년 쯤 전에 지구상에 나타났다. 이는 자발적으로 일어났을 것이고, 이 자발적 과정에 대해서는 아직 명확하게 이해되고 있지 않다.**

16.2 세포의 탄생 과정

아미노산이 자연적으로 형성되는 것과 이들이 모여 단백질을 구성하는 것은 전혀 다른 이야기이다. 펩티드 결합을 형성하는 **그림 3.6**을 기억해 보면, 이 반응의 결과로서 물 한 분자가 생산된다. 이 과정이 아주 가역적이기 때문에 물속에서는 자연적으로 일어나지 않는다(과잉물은 역반응으로 이끌게 된다). 현재 과학자들은 최초로 형성된 거대분자가 단백질이 아니라 RNA 분자로 여기고 있다. 고에너지 인산기로(다량의 무기질에 포함된) 준비된 후 RNA 뉴클레오티드들은 자연적으로 폴리뉴클레오티드 사슬을 구성하고, 서로 접힘을 통해 최초 단백질들의 형성이 촉진되어 왔을 것이다.

최초의 세포

우리는 최초의 세포가 어떻게 형성되었는지 알지 못하나, 대부분의 과학자들은 이들이 자연적으로 모여 이루어졌을 것으로 추정하고 있다. 탄소로 구성된 복잡한 거대분자가 물속에 존재할 때 이들은 서로 모이려는 경향이 있고 때때로 현미경 없이도 볼 수 있을 만큼 큰 크기로 덩어리를 만들게 된다. 기름성 식초 샐러드드레싱 병을 세게 흔들어보면 **미세구형(microsphere)**이라는 작은 방울이 저절로 형성되어 식초 속에 떠 있게 된다. 이와 유사한 미세구형이 세포 기관의 진화과정에 첫 번째 단계로 간주되어 왔다. 비눗물에서 형성되는 것처럼 하나의 방울은 속이 빈 구형이다. 특별히 소수성 영역을 지닌 분자들은 물속에서 자연적으로 방울을 만들 것이다. 이러한 방울 구조는 그 물질의 소수성 영역이 물과의 접촉을 막게 한다. 미세구형은 여러 세포의 특징을 지니게 되는데, 이들의 바깥 경계는 두 층으로 구성된 세포막(84~85쪽 참조)과 유사하며, 미세구형은 크기 및 분할이 증가할 수 있다. 앞쪽의 Lerman 모델에서 이야기하였듯이 버블 모델은 수백 년 이상의 세월에 걸쳐 물질과 에너지를 보다 잘 지닐 수 있는 미세구형들이 다른 것들보다 더 오래 유지될 수 있다고 가정하고 있다. 비록 지질 미세구형이 물에서 훨씬 잘 형성된다 할지라도, 이렇게 향상된 성질을 부모 미세구형에서 자손으로 전달할 유전 기작은 없어 보인다.

앞에서도 배웠듯이 과학자들은 형성된 최초의 거대분자는 RNA 분자라고 보고, RNA 분자가 효소처럼 작동하여 자신의 재구성을 촉매할 수 있는 최근의 발견에 따라 이 RNA가 초기 물질 유전의 가능성을 제공하고 있다. 아마도 최초의 세포 구성 물질은 RNA 분자이고, 진화의 첫 단계는 더욱 복잡하고 안정적인 RNA 분자를 형성하도록 유도하였다. 이후 RNA 안정성은 구형으로 둘러싸일 때 더 향상되었을 것이다. 결국 DNA가 RNA의 유전정보의 저장 역할을 떠맡게 된다. 이처럼 이중나선형 DNA는 단일가닥인 RNA보다 더 안정적임을 보여왔다.

세포가 형성되기까지는 수백만 년이 소요되었겠지만, 사람과 같이 복잡한 생명체가 나타나는 데 충분하였는지 믿기 어렵다. 그러나 이러한 이야기 속에서 인류는 최근에 나타난 부가물이다. **그림 16.3**에서 보듯 45억 년 전 한밤중에 지구의 탄생 속에 생명체의 발육을 24시간 생물시계로 바라본다면 인류는 하루가 끝나기 수분 전에야 비로소 나타났다.

과학자가 바라보는 생명의 기원은 잘 알듯이 아주 불투명하다. 생명체가 자연계에서 스스로 기원되었다는 가설을 부정하지 않지만, 실제로 어떻게 일어났는지에 관해 거의 알려지지 않고 있다. 여러 시나리오들이 가능해 보이며, 이 가운데 일부는

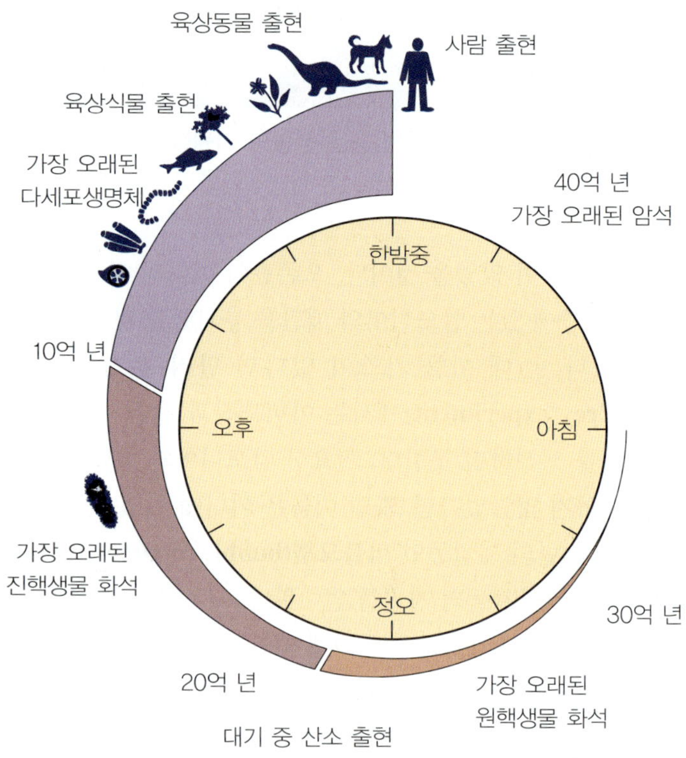

그림 16.3 생물시대 시계

10억 초 전에 이 교과서를 이용하는 학생들은 아직 태어나지 않았다. 10억 분 전에 예수님은 살아 계셔서 갈릴리를 걸어 다니셨다. 10억 시간 전에 첫 현대 인류가 나타나기 시작했다. 10억 일 전에 인류의 조상은 도구를 사용하기 시작했다. 10억 달 전에 최후의 공룡이 아직 부화하지 않았다. 10억 년 전에 어떠한 생명체도 지구상에서 걸어 다니지 않았다.

실험적으로 결정적인 뒷받침을 갖고 있다. 심해 열수 배출공은 흥미로운 가설로서 이 배출공으로 나오는 원핵생물은 살아 있는 생명체 가운데 가장 원시적이다. 다른 연구들은 생명체가 지표 깊숙이에서 기원했다고 주장한다.

DNA, RNA 그리고 유전기작들이 처음에 어떻게 발달하였는지 잘 알지 못하지만 과학은 현재 생명의 기원에 관해 논쟁을 해결하지 못하고 있다. 생명이 어떻게 자연계에서 스스로 생겼는지는 과학자들 사이에 흥미로운 주제이며, 연구 대상이자 논쟁거리이다.

주요 학습 요점 16.2 **최근 세포의 출현이 어떻게 일어났는지 거의 알려지지 않았다. 최근의 가설은 버블 속에서 화학진화를 포함하나 이는 추후 밝혀야 할 연구의 관심거리이다.**

원핵생물

16.3 가장 단순한 생명체

고대 암석에 있는 화석으로부터 판단해볼 때, 원핵생물은 무려 25억 년에 걸쳐 지구상에서 풍부하게 존재했었다. 다양한 초기 생명체의 형태 가운데 일부가 현재 존재하는 다양한 생명체의 조상이 되었다. 시아노박테리아를 포함하여 여러 조상형이 생존해 있고, 일부는 다른 원핵생물 및 두 번째 다양한 원핵생물 분류군인 고세균을 출현시켰으며, 이 외에는 수백만 년 또는 수십억 년 전에 멸종되었다. 화석 자료에 의하면 원생생물보다 훨씬 크고 여러 면에서 정교한 형태를 보이는 진핵세포는 15억 년 전에 비로소 나타나기 시작했다. 따라서 적어도 10억 년 동안은 원핵생물이 유일하게 존재하는 생명체였다.

오늘날 원핵생물은 지구상에서 가장 단순하며 가장 풍부한 생명체이다. 한 숟가락의 농지 토양에 25억 마리의 세균이 존재할 수 있다. 영국의 밀밭 1ha(10,000m^2)에 차지하는 세균의 무게는 대략 양 100마리의 체중과 동일하다!

원핵생물이 지구상에서 생명체의 먹이사슬에서 매우 중요한 위치를 차지하고 있다는 사실은 놀랄 일이 아니다. 이들은 지구 생태계에서 미량원소의 재순환에 중요한 역할을 담당한다. 실제로 광합성 세균은 전체적으로 볼 때 지구 대기에 산소를 공급하는 역할을 담당한다. 세균은 인체질환을 포함하여 여러 동물 및 식물의 질병에 관여한다. 세균과 고세균은 우리 주변에 항상

그림 16.4 원핵생물의 다양한 형태

생명체가 외계에서 유래했을까?

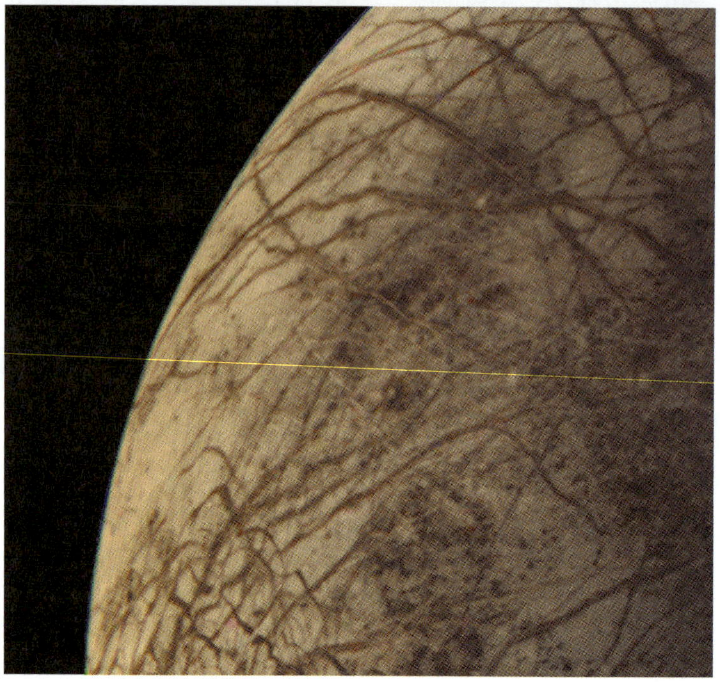

생명체가 다른 행성에서 다른 방법으로 진화했을 수 있는 가능성을 간과할 수 없다. 변화를 축적하고, 복제시키며, 적응과 진화가 가능한 기능적 유전시스템이 다른 환경에서는 이론적으로는 탄소, 수소, 산소 이외의 분자들로부터 진화했을 수 있다. 규소는 탄소처럼 최외각에 4개의 전자를 가지며 암모니아는 물보다 더 극성이다. 아마도 매우 다른 온도 및 압력 조건에서는 지구에서 탄소가 형태를 이룬 것처럼 이들 다른 원소들이 분자를 이루었을 수 있다.

우주는 우리의 태양과 유사한 별이 10^{20} (100,000,000,000,000,000,000)개 존재한다. 이들 가운데 얼마나 많은 별이 혹성을 가지고 있는지 알 수 없지만 점점 더 많은 수의 별들이 태양과 유사할 것으로 추정된다. 최소한 10%의 별들이 혹성계를 가질 것으로 생각된다. 이들 혹성들 가운데 1/10,000이 지구와 동일한 크기이며, 태양에서 지구까지 떨어진 거리와 동일한 거리로 떨어져 있는 경우라면 생명체가 지구에서 유래한 동일한 조건을 가진 것으로 이러한 '생명 기원 실험'은 10^{15}(10억의 100만)번 반복되었다는 것을 의미한다. 이는 우리가 이 우주 속에서 유일하다는 것을 의미하지 않는다.

1984년 남극에서 채집된 암회색의 돌덩이는 이 암석에 생명체의 흔적에 관한 보고서와 함께 화성에 고대 생명체의 존재를 부각시켰다. 이 암석 내 작은 공간들에서 채집된 기체를 분석한 결과, 이 암석이 화성으로부터 온 운석이라는 것을 알아냈다. 이는 실제로 과학계에서 알려진 가장 오래된 암석으로 45억 년 이상 된 것으로 추정하고 있다. 2004년 화성탐사(아래의 스피리트 화성탐사선이 찍어 보내온 화성표면 사진)로 얻어진 증거는 화성 표면이 지금은 차갑고 건조하지만, 45억 년 전 남극의 운석이 형성되었을 당시에는 훨씬 온화했고, 물이 화성 표면으로 흘렀으며, 대기 중에 이산화탄소가 있어 지구에 생명체가 번성했을 조건과 다르지 않는 상태로 여겨진다.

고성능의 전자현미경으로 운석 내부의 탄산염 조각 부위를 관찰한 결과, 길이가 20~100nm 크기의 미세화석 구조를 발견하였다. 현재 알려진 세균의 1/100 크기로 이들이 실제로 화석인지 분명하지 않지만 세균과 흡사한 모습에 충격적이다.

전반적으로 볼 때 화석 운석에 연관된 세균 생명체의 존재는 확실하지 않다. 분명히 좀 더 면밀한 연구가 진행되어, 이 발견이 과학적 공감대를 이룰 필요가 있다. 그러나 이 운석에 연관된 세균 생명체의 결정적 증거는 없다하더라도 생명체가 우리가 살고 있는 지구 외에서도 진화되었을 가능성이 높아 보인다.

화성 외에도 지구와 조건이 크게 다르지 않은 조건을 가진 혹성들이 존재한다. 목성의 큰 달인 유러파(위의 사진)는 가능성이 있는 후보이다. 얼음으로 덮여 있는 유러파는 1998년 겨울에 궤도 가까이에서 찍은 사진으로 볼 때 얇은 얼음판 아래 액체 물바다를 가지고 있다는 것을 보여 주었다. 1999년 또 다른 위성사진들은 얼음판 아래로 수킬로미터 내려가면 지구보다 큰 액체 바다를 이루며, 목성의 수많은 위성체로부터 미치는 만유인력의 당기고 미는 힘에 의해 따뜻해졌다. 현재 유러파의 상태는 초기 지구의 바다에 존재했던 조건과 다르게 생명체가 살기에 어려운 환경이다. 수십 년 내에 위성탐사가 이 생명체의 바다를 탐험할 계획이 되어 있다.

공존하여 우리가 먹고, 만지는 모든 곳에 존재한다.

원핵생물의 구조

원핵생물의 기본적인 특징은 간단한 문장으로 전달될 수 있다: **원핵생물(prokaryote)**은 작고 단순하게 구성되며 조직화된 핵이 없는 단세포 생명체이다. 그러므로 세균과 고세균은 원핵생물이며, 이들의 한 개의 고리형 DNA는 진핵생명체와 달리 핵 내 핵막에 둘러싸여 있지 않다. 원핵생물의 세포는 너무 작아 맨눈으로는 볼 수 없고, 형태도 단순하다. **그림 16.4**는 다양한 형태의 원핵생물을 보여주고 있다. 대부분은 단일세포로 구성되고 막대형(bacilli), 구형(cocci), 나선형(spirilla)이며, 이 가운데 일부는 큰 편모를 지닌다. 다른 종류의 원핵생물은 가는 실 모양으로 연결되며, 또 다른 종류는 엽병형이다.

원핵생물의 원형질막은 세포벽에 둘러싸인다. 세균의 세포벽은 펩티도글리칸(peptidoglycan)으로 구성되었고, 이는 폴리펩티드에 의해 연결된 다당체 분자들의 망상구조이다. 많은 종류의 세균은 여러 층의 펩티도글리칸으로 이룬 세포벽을 가지며, 모식도에서 보여주는 자주색 막대구조를 이룬다.

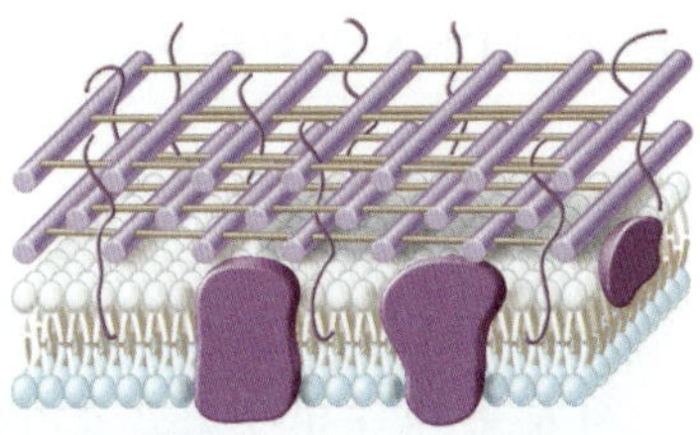

다른 종류는 많은 분자의 지질다당류(lipopolysaccharide, 오른쪽 모식도의 적색 지질)로 구성된 외막을 가진다. 여러 당 사슬이 붙은 이 외막은 얇은 펩티도글리칸 세포벽을 덮고 있다. 세균은 보통 이 외막의 존재에 따라 분류되어 외막이 없으면(왼쪽 모식도) **그람양성균(gram-positive)**, 외막이 있으면(여기에서 본 모식도) **그람음성균(gram-negative)**이다. 이 이름은 이들 세포를 구분하는 염색 기술을 개발한 덴마크 미생물학자인 Hans Gram의 이름을 따른 것이다. 자주색 염색물질이 그람양성균의 세포벽에 두꺼운 펩티도글리칸 층에 스며 들어 자주색을 띠게 된다. 외막을 가진 세균에게서는 세포벽이 얇아 자주색 염색물질이 충분히 스며들지 않고 쉽게 씻겨 제거된다. 적색 염색물질로 대칭염색을 실시하면 이들 세포는 적색으로 염색되지만 자주색은 띠지 않게 된다. 그람음성세균의 외막은 세균벽을 공격하는 항생제에 내성을 나타낸다. 이러한 이유로 세포벽의 단백질 상호결합을 공격하는 페니실린이 그람음성균에만 효과를 보인다. 세포벽과 세포막 밖으로 많은 세균은 젤라틴층의 **협막(capsule)**을 갖는다.

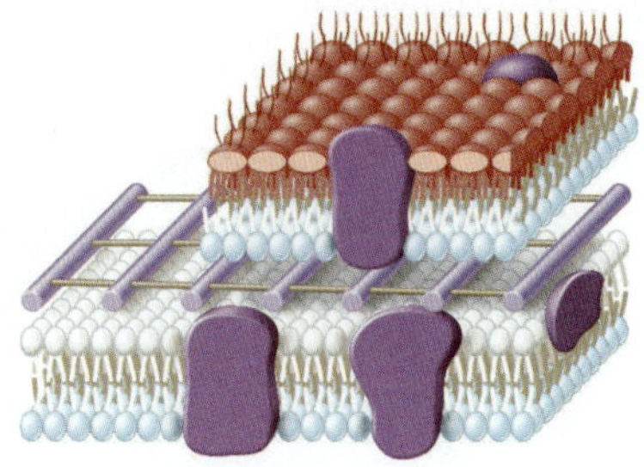

많은 종류의 세균은 실 모양의 **편모(flagella)**를 갖는데, 이는 세균 자신의 몸길이에 여러 배 길게 신장된 단백질 사슬로 구성

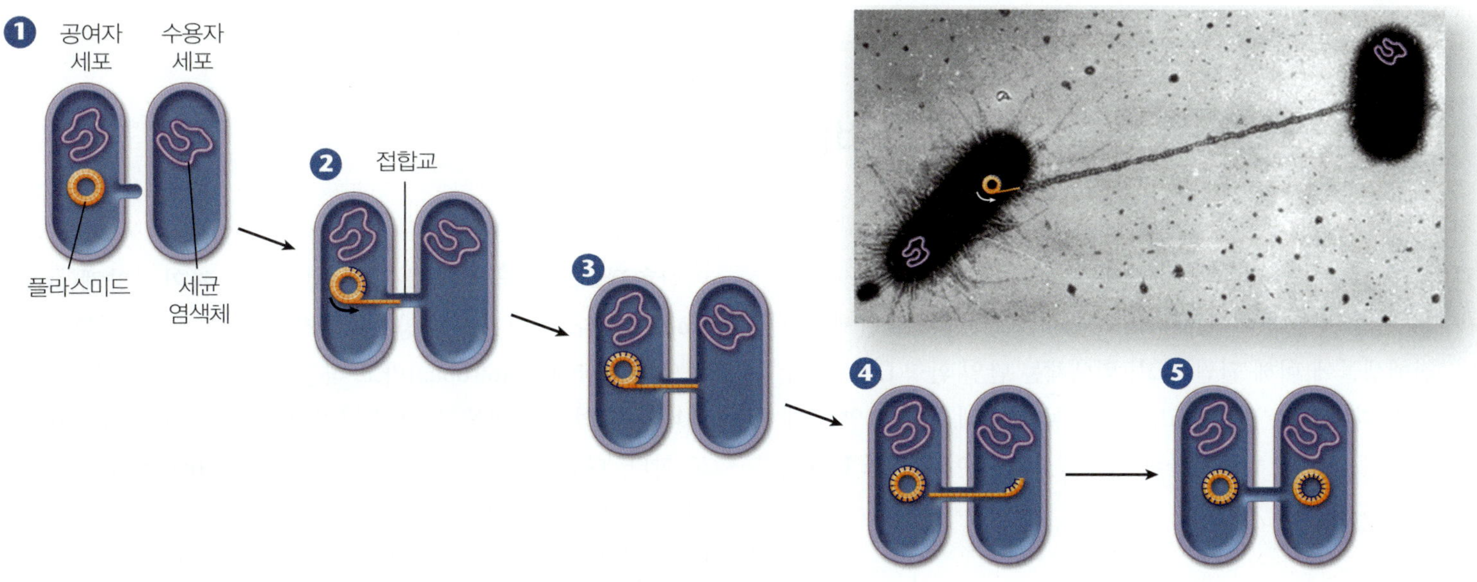

그림 16.5 세균 접합

공여자 세포는 수용자 세포가 없는 플라스미드를 갖고 있다. 플라스미드는 독립적으로 복제하여 복제 가닥을 접합교를 통해 전달하게 된다. 남은 플라스미드 가닥은 복제를 위한 주형으로 이용되어 완성된 두 가닥을 형성하게 된다. 단일가닥이 수용자 세포로 들어가면 이는 복제를 위한 주형으로 이용되어 두 가닥의 플라스미드를 이루게 한다. 이 과정이 종료될 때 두 세포는 완전한 플라스미드 복제물을 각각 갖게 된다.

박테리아 편모의 운동

되어 있다. 세균은 이들 편모를 코르크마개 따개 모양으로 돌리면서 유영하게 된다. 일부 세균은 또한 다수의 짧은 편모인 **섬모(pili, 단수 pilus)**를 지니고 있으며 이는 접착케이블로서 작용하여 세포가 다른 물질의 표면 또는 다른 세포에 부착할 때 작용한다. 일부 세균은 열악한 조건(건조, 고온) 상황에 놓이면 두꺼운 세포벽 내에 자신의 DNA와 일부 세포질을 함유하는 **내생포자(endospore)**를 형성한다. 이들 내생포자는 환경 스트레스에 높은 내성을 보이는데, 어떤 경우에는 심지어 수 세기의 시간이 경과한 후에도 내생포자에서 새로운 활성 세균을 형성시킬 수도 있다.

원핵생물의 생식

원핵생물은 **이분법(binary fission)**이라고 하는 과정으로 생식한다. 이분법은 한 개체의 크기가 성장하고 이후 동일한 두 개로 나뉘는 과정을 거친다. 원핵생물의 DNA 복제 이후에 세포막과 세포벽이 안으로 함입하여 자라고, 궁극적으로 새로운 세포벽을 형성하여 세포가 나뉜다.

일부 세균은 **접합(conjugation)**이라는 과정을 통해 한 세포에서 다른 세포로 플라스미드를 전달하여 유전정보를 교환한다. 플라스미드는 작고 원형의 DNA 조각을 지니며, 세균 염색체와 떨어져서 독립적으로 복제한다. **그림 16.5**에서 보듯, 세균 접합과정 중에서 공여자 세포의 섬모가 길게 신장하여 수용자 세포에 연결되고❶, 이때 *접합교*(conjugation bridge)라고 하는 연결통로가 두 세포 사이에 형성된다. 이 섬모는 두 세포를 더욱 가깝게 밀착시킨다. 공여자 세포의 플라스미드는 자신의 DNA를 복제하고❷, 복제된 DNA 한 가닥이 접합교를 지나 수용자 세포로 전달되고❸, 여기서 상응 가닥을 합성하여 두 가닥 DNA를 형성한다❹. 수용자 세포는 이제 공여자 세포의 일부 유전물질을 포함한다❺. 세균에서 항생제 저항성을 유발하는 유전자가 종종 한 세포에서 다른 세포로 접합을 통해 전달된다. 접합과 더불어 세균은 또한 환경으로부터(형질전환, **그림 11.1** 참조) 또는 세균 바이러스(이 장 뒷부분, **그림 16.11** 참조)로부터 직접 DNA를 획득할 수 있다.

> **주요 학습 요점 16.3** **원핵생물은 가장 작고 단순한 생명체로서 세포 내 구획이 없고 소기관이 없는 단세포 생명체이다. 이들은 이분법으로 분열한다.**

16.4 원핵생물과 진핵생물의 비교

원핵생물은 여러 면에서 진핵생물과 차이가 있다. 원핵생물의 세포질에서 세포내 소기관이 거의 없다. 원핵생물은 단세포이며, 진핵생물에 비해 훨씬 작고, 염색체는 단일 환형 DNA이며, 세포분열과 편모는 단순하고, 진핵생물에 비해 훨씬 다양한 대사 활동을 보인다. 원핵생물과 진핵생물의 차이점은 **표 16.1**에서 보여준다.

원핵생물의 대사

원핵생물은 성장과 생식에 필요한 탄소원과 에너지를 얻기 위해 진핵생물과는 다른 많은 방식을 개발해왔다. 대부분은 무기 이산화탄소로부터 탄소를 얻는 생명체인 **자가영양체(autotrophs)**이다. 에너지를 태양으로부터 얻는 자가영양체를 *광 자가영양체*(photoautotrophs)라고 하는 반면, 무기 화합물로부터 에너지를 얻는 생명체를 *화학 자가영양체*(chemoautotrophs)라고 한다. 다른 원핵생물은 **타가영양체(heterotrophs)**라고 하며, 최소한 포도당과 같은 유기분자에서 탄소원을 구하는 생명체이다. 태양으로부터 에너지를 얻는 타가영양체는 *광 타가영양체*(photoheterotrophs)라 하며, 유기분자에서 에너지를 얻는 생명체는 *화학 타가영양체*(chemoheterotrophs)라고 한다.

광 자가영양체 대부분의 원핵생물은 태양에너지를 이용하여

표 16.1 원핵생물과 진핵생물의 비교

특징	예
내부구획화 진핵생물과 달리 원핵생물은 내부 구획, 생체막 및 핵이 없다.	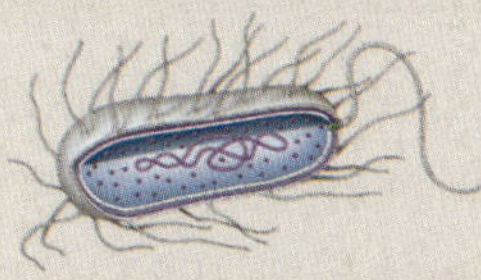 원핵세포
세포크기 대부분의 원핵세포는 직경이 불과 약 1μm인 반면 진핵세포는 대략 10배 이상의 큰 크기를 보인다.	 원핵세포 진핵세포
단일세포성 모든 원핵생물은 기본적으로 단세포이다. 일부가 기질에 연결되어 서로 붙어 실 모양으로 존재해도 이들의 세포질은 서로 직접적으로 연결되지 않고, 진핵생물과 달리 서로 통합 조절되지 않는다.	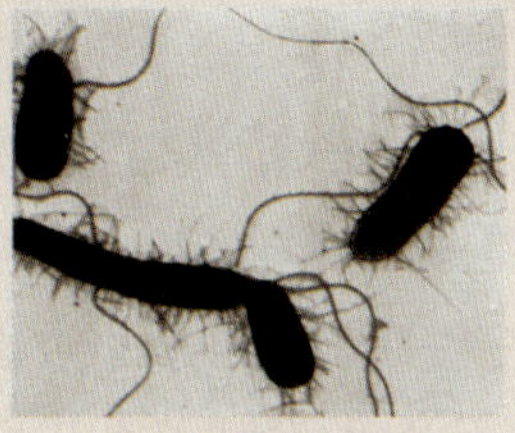 단일세포성 세균
염색체 원핵생물에서는 진핵생물과 달리 단백질과 DNA가 복합체를 이루는 염색체가 없다. 그 대신 원핵생물의 DNA는 세포질에 단일 고리로서 존재한다.	 원핵생물의 염색체 진핵생물의 염색체
세포분열 원핵생물에서 세포분열은 이분법으로 일어난다(제8장 참조). 세포는 단순히 둘로 쪼개진다. 진핵생물에서는 세포분열이라는 분열기에 미세소관이 염색체를 양극으로 끌어당긴다.	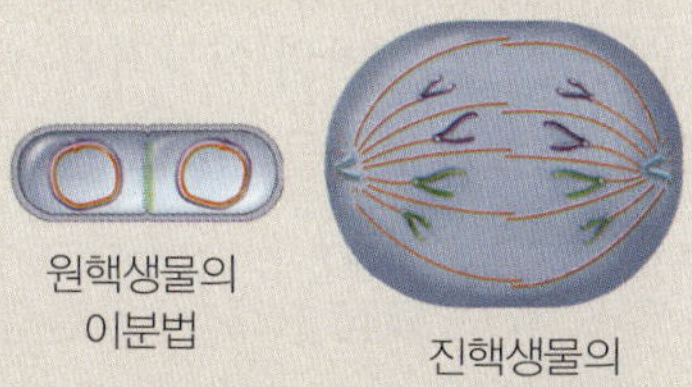 원핵생물의 이분법 진핵생물의 세포분열
편모 원핵생물의 편모는 단순하며 프로펠러 구조처럼 짜여진 단일 섬유 단백질로 구성된다. 진핵생물의 편모는 더 복잡하여 미세소관이 9 + 2의 배열로 이루며, 원핵생물의 돌림운동과 달리 채찍운동으로 움직이게 된다.	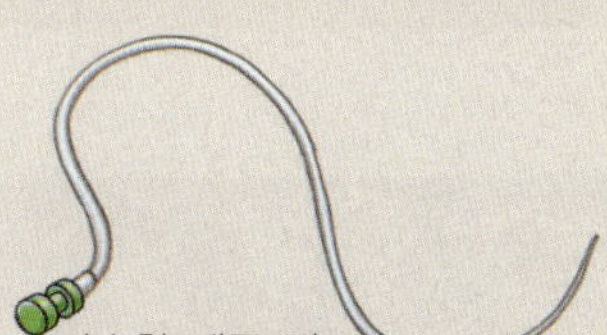 단순한 세균 편모
대사작용 다양성 원핵생물은 진핵생물이 갖지 못한 다양한 대사능력을 보유하고 있다. 원핵생물은 다양한 혐기적, 호기적 광합성 반응을 수행한다. 원핵생물은 무기화합물을 산화시켜(화학 자가영양체) 에너지를 얻을 수 있고, 대기 중 질소를 고정시킬 수 있다.	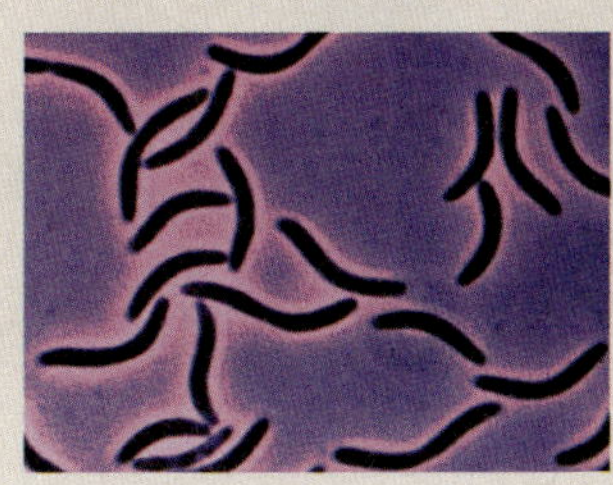 화학 자가영양체

이산화탄소를 유기분자로 만드는 광합성을 한다. 시아노박테리아는 주요 광포집 색소로 엽록소 a를 이용하고, 전자 제공자로서 물 분자를 이용하여 산소를 부산물로 내보낸다. 다른 원핵생물은 이들의 색소로서 세균성 엽록소을 이용하고, 전자 제공자로서 이황화수소를 이용하여 황 원자를 부산물로 배출한다.

화학 자가영양체 일부 원핵생물은 무기물을 산화시켜 자신의 에너지를 얻는다. 예를 들어, 질산화 작용자는 암모니아나 아질산을 산화시켜 질산을 형성시켜 식물이 이용하게 한다. 약 2,500m 깊이의 심해 바닥에서는 전 생태계가 화산 배출공에서 나오는 이황화수소를 산화시키는 원핵생물에 의존하고 있다.

광 타가영양체 소위 자줏빛 비황 세균은 태양광을 에너지원으로 이용하나 다른 생명체가 만든 탄수화물이나 알코올과 같은 유기분자로부터 탄소원을 얻는다.

화학 타가영양체 대부분의 원핵생물은 유기분자로부터 탄소원과 에너지를 얻는다. 이들은 분해자이고 대부분 병원체(병원성 세균)이다.

> **주요 학습 요점 16.4** **원핵생물은 핵이 없고, 내부 구획이 없으며, 다양한 대사활동 및 기본적 면에서 진핵생물과 다르다.**

16.5 원핵생물의 중요성

원핵생물과 환경

원핵생물은 지난 20억 년 동안 대기와 토양의 성질을 만드는 역할을 담당했다. 이들의 대사활동은 진핵생물에 비해 훨씬 다양하여, 광범위한 조건의 서식지에서 원핵생물들이 거주할 수 있는 이유도 여기에 있다. 많은 자가영양체 세균은 이들이 광 자가영양체 또는 화학 자가영양체와 상관없이 육상, 민물 및 해양 서식지에서 전체 탄소 균형을 이루는 데 큰 몫을 담당하고 있다. 다른 타가영양체 세균은 전 생태계에서 유기물을 분해하는 역할을 담당하였다. 생명체를 이루는 탄소, 질소, 인, 황 그리고 다른 원소들은 환경으로부터 왔고, 생명체가 죽고 분해될 때 다시 이들 원소들이 환경으로 돌아간다. 원핵생물과 곰팡이와 같은 생명체는 이러한 물질 순환의 분해 영역을 수행하기에 *분해자*(decomposer)라고 한다. 지구 생태계에서 다른 생명체는 수행하지 못하는 원핵생물의 또 다른 주요한 역할로서 몇 개의 속(genera)에 속한 세균이 대기 중의 질소를 고정할 수 있고 이를 다른 생명체가 이용하게 한다.

세균과 유전공학

유전공학 기술을 응용하여 상업적 목적으로 새로운 균주의 세균을 생산하는 것이 향후 막대한 기약을 예고하고 있다. 세균은 환경오염이 없는 해충방제제로서 많은 연구의 대상이 되어왔다. *Bacillus thuringiensis*는 일부 곤충이 섭식할 경우, 독성을 일으키는 단백질을 합성하는데, 이 기능을 더욱 향상시켜 만든 특수한 *B. thurigiensis* 균주가 생물 방제제로서의 효용성이 높아졌다. 유전적으로 변형된 세균은 인슐린과 다른 치료 단백질을 생산하는 데 아주 높은 효용성을 나타내고 있다. 유전자변형 세균은 또한 환경오염을 제거하는 역할을 담당한다. 기름정화 세균은 알래스카 해안에 *엑손 발데스(Exxon Valdez)* 호의 원유 유출을 제거하는 데 사용되었다. **그림 16.6**의 왼쪽 돌들은 기름 유출에 오염된 모습이고, 오른쪽 돌들은 이 세균에 의해 정화된 모습을 보여 주고 있다.

세균, 질병, 생물테러

일부 세균은 사람을 포함한 식물과 동물에 주요 질병을 유발한다. 사망에 이르게 하는 주요 인체 세균성 질환 가운데 탄저병, 콜레라, 역병, 폐렴, 결핵, 티푸스가 있다. 콜레라와 같이 많은 병원성(질병을 일으키는) 세균은 음식과 물에 퍼져 있다. 티푸스와 흑사병과 같은 일부 전염병은 벼룩을 통해 설치류와 사람에 퍼진다. 결핵균과 같은 세균류는 (기침 또는 재채기에 의해 형성되는) 작은 물방울 형태로 공기를 통해 전파되어 이 물방울을 흡입하는 대상을 감염시킨다. 이들 흡입 병원체 가운데에는 탄저병이 있고, 이는 가축 질환을 일으키나 사람에게는 치명적이지 않다. 대부분 인체 감염은 피부성이고, 피부의 상처를 통해 감염되거나 다량으로 탄저병균의 내생포자를 흡입할 경우 유발되는 폐감염은 치명적이다. 미국과 구소련의 생물전쟁프로그램은 비록 실전에 사용되지 않았으나 거의 이상적인 생물무기로서 탄저병에 관심을 두었다. 생물테러자들은 2001년에 탄저균으로 미국을 공격했다.

주요 학습 요점 16.5 원핵생물은 탄소와 질소 순환의 주요 역할을 담당하여 지구 생태계에 지대한 공헌을 하고 있다.

그림 16.6 기름 유출 정화에 세균을 사용하는 기술

세균은 2010년처럼 멕시코 걸프만에 원유유출 시 방출된 탄화수소와 같은 환경오염을 제거하는 데에도 사용될 수 있다. 엑손 발데스 호 원유유출에 오염된 지역(*왼쪽* 돌들)에서 기름정화세균은 극적인 효과를 나타냈다(*오른쪽* 돌들).

16.6 원핵생물의 생활양식

고세균

오늘날까지 생존하는 많은 고세균은 **메탄발생균(methanogens)**으로 수소(H_2) 기체를 이용하여 이산화탄소(CO_2)를 메탄(CH_4)으로 환원시키는 원핵생물이다. 메탄발생균은 절대 혐기성 세균으로 산소 기체에 의해 독성화된다. 이들은 늪이나 습지에서 서식하며, 이곳에서는 다른 미생물들이 모든 산소를 소모한다. 이들이 생산하는 메탄은 '습지가스'로서 거품처럼 솟아오른다. 메탄발생균은 섬유소를 주식으로 하는 소나 다른 초식성 동물의 소화관에도 서식하여 소화작용에 의해 발생되는 이산화탄소를 메탄가스로 전환시킨다. 가장 잘 알려진 고생균은 호극한성세균(extremophiles)으로 과도한 염분 농도의 사해나 Salt Lake(바닷물의 10배 이상의 염분 농도)와 같은 극한 환경에 서식한다. **호열산성균(theromoacidophiles)**은 고온 산성 온천수에 서식하는데, 예를 들어 이들이 서식하는 옐로우스톤 국립공원(**그림 16.7**)의 유황 온천수는 거의 80°C이고 pH 2 또는 3의 산성을 띠고 있다.

세균

과학자들에 의해 알려진 거의 모든 원핵생물은 세균계에 속한다. 대부분은 자신들의 생명력을 유지하기 위해 유기분자를 소비하는 타가영양체이지만, 일부는 광합성을 하여 태양으로부터 자신의 에너지를 얻는다. **시아노박테리아(cyanobacteria)**는 광합성을 진행하는 세균 가운데 대표적이다. 이 오래된 생물 분류군에 속한 종류들이 지구 역사상 대기 중 산소를 형성하는 중요한 역할에 대해서 이미 언급했다. 시아노박테리아는 **그림 16.8**에서 보듯 *Anabaena*와 같이 가는 실 모양의 세균이다. 질소고정은 거의 대부분의 시아노박테리아에서 **헤테로시스트(heterocyst**; *Anabaena* 및 여러 다른 실 모양 세균들에서 가는 실 모양 몸을 따라 나타나는 비대세포)라고 하는 특정 세포에서 일어난다. **질소고정(nitrogen fixation)**에서 대기 질소는 생명체가 이용할 수 있는 형태로 전환된다.

광합성을 하지 않는 다양한 분류군의 세균이 있다. 일부는 화학 자가영양체이지만, 대부분은 타가영양체이다. 이들 타가영양체의 일부는 부패균으로서 유기물을 분해한다. 세균과 곰팡이는 생물적 과정에서 형성된 유기물질을 분해하는 데 주요 역할을 담당하여 이들 유기물질들에 포함된 영양소를 재순환시켜 다시 가용할 수 있게 만들어준다. 분해는 광합성만큼이나 지구상의 생명체가 영속하는 데 필수적인 요소이다.

세균은 단세포생명체이지만 때때로 *Anabaena*와 같이 연합체를 이룬다. 또한 **생물막(biofilms)**이라고 하는 세균 세포층이 기질 표면에 형성될 수 있다. 이들 세균류는 생물막을 형성하면서 자신들의 성장을 도모하는 국소환경을 이룬다. 생물막은 자

그림 16.7 온천에 사는 호열산성균

와이오밍 옐로우스톤 국립공원의 유황 온천수에 사는 고세균은 높은 산도와 고온을 견딜 수 있다.

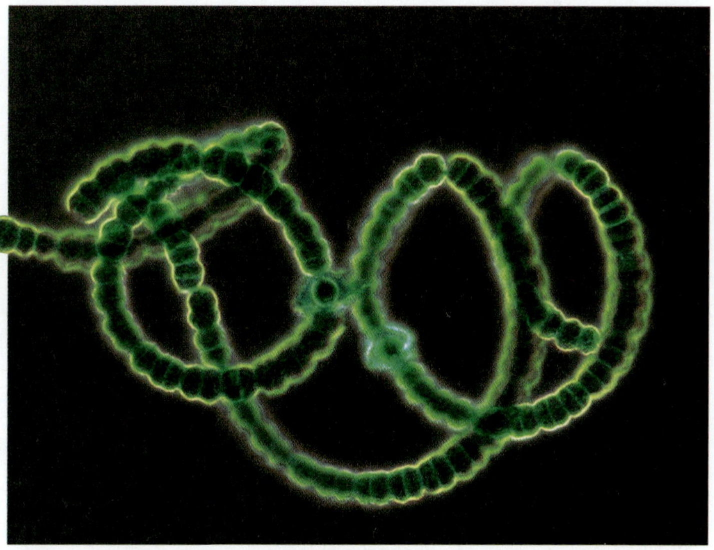

그림 16.8 시아노박테리아 *Anabaena*

각 세균 세포가 가는 실 모양으로 붙어 있다. 비대세포(가는 실 모양에 부풀어 올라 있는 모습)는 헤테로시스트이며, 질소고정이 일어나는 특수 세포이다. 이들 생명체는 세균 가운데 다세포 생명체와 가장 근접한 생명체의 하나이다.

표 16.2 주요 인체 세균 질환

질병	병원체	벡터/병원체보유고	증상과 감염경로
탄저병 (anthrax)	*Bacillus anthracis*	농장 동물류	내생포자의 호흡기 감염 및 접촉과 섭식에 따라 세균 감염. 간헐적 돌발발생을 제외하고 발생이 희귀함. 호흡감염에 따라 폐 탄저병은 치명적이나 상처를 통해 감염되는 피부 탄저병은 항생제로 쉽게 치료 가능. 탄저병 내생포자는 생물무기로 이용됨
보툴리누스 중독 (botulism)	*Clostridium botulinum*	부패 음식물	부패 음식물 섭취로 감염. 세균의 내생포자가 묻은 음식 용기가 포자를 사멸시킬 만큼 충분히 높은 온도로 가열되지 않을 경우 캔과 병에 잔류함. 급성독성을 보이며 치명적임
클라미디아 성병 (chlamydia)	*Chalmydia trachromatis*	사람	눈과 호흡기를 통해 전파될 수 있는 비뇨생식기 감염. 전 세계적으로 발병. 최근 20년간 지속적으로 증가 추세
콜레라 (cholera)	*Vibrio clorerae*	사람(변), 플랑크톤	심한 설사로 인해 나타나는 탈수로 치명적. 치료되지 않으면 최대 50% 사망률. 밀집 및 비위생 조건에서 최대 발병 치사 요인. 1994년 르완다에서 콜레라 발병으로 약 100,000명 사망
충치 (dental caries)	*Streptococcus*	사람	치아 표면에 이 세균의 밀집 분포는 치아 에나멜 층을 부식시키는 산을 분비시킴. 당분이 충치를 유발하는 것이 아니라 이 당분을 먹는 세균이 충치를 유발
디프테리아 (diphtheria)	*Corynebacterium diphtheriae*	사람	점막에 급성염증 및 장애유발. 감염자와 접촉을 통해 전파. 백신 치료 유효
임질 (gonorrhea)	*Neisseria gonorrhoeae*	사람	전 세계적으로 증가 추세의 성병. 치명적이지 않음
한센병 (Hansen' s disease)	*Mycobacgterium leprae*	사람, 야생 아르마딜로	피부 만성 감염. 전 세계적으로 1,000만 명 또는 1,200만 명 감염으로 특별히 극동아시아 지역 편중. 감염자와 신체 접촉으로 전파
라임병 (lyme disease)	*Borrelia burgodorferi*	진드기, 사슴, 소형 설치류	감염진드기에 물림으로 전파. 장애는 불안, 고열, 현기증, 통증, 뻣뻣한 목, 두통 등으로 진행
위궤양 (peptic ulcers)	*Helicobacter pylori*	사람	스트레스나 다이어트로 유발. 대부분 위궤양은 현재 이 세균이 원인. 항생제로 치료 가능
흑사병 (plague)	*Yersinia pestis*	야생설치류(쥐, 다람쥐)의 벼룩	14세기에 전 유럽인의 1/4 사망. 1990년대 서부 미국에서 야생 설치류에 감염
폐렴 (pneumonia)	*Streptococcus, Mycoplasma, Chlamydia, Klebsiella*	사람	폐에 급성 감염으로 치료되지 않으면 사망 유발
결핵 (tuberculosis)	*Mycobacterium tuberculosis*	사람	폐, 림프 및 뇌막에 급성 세균 감염. 항생제에 내성을 보이는 새로운 균주 출현으로 복합 발생 증가 추세
장티푸스 (typhoid fever)	*Salmonella typhi*	사람	전 세계적 발병의 전신 세균 감염병. 염간 최소 500건이 미국에서 보고됨. 식음료와 음식(청결치 못한 야채 과일)으로 전파. 백신 치료 유효
티푸스 (typhus)	*Rickettsia*	이, 쥐벼룩, 사람	역사적으로 밀집 및 비위생 조건에서 주요 발병치사요인. 이와 벼룩을 통해 사람끼리 전파. 치료되지 않으면 최대 70% 사망률

연적으로 발생되며 인체에게 영향을 주어 치아 및 카테터나 콘택트렌즈와 같은 의료기구 표면 위에도 형성된다. 형성된 생물막은 이들 세균이 방부제로부터 보호를 받게 한다.

세균은 인체에 콜레라, 디프테리아 및 한센병과 같은 다양한 질병(**표 16.2**)을 유발한다. **결핵(tuberculosis, TB)**은 가장 심각한 세균병의 하나로 *Mycobacterium tunerculosis*라는 세균이 유발하는 호흡기 질병으로 지구상에서 가장 높은 사망률을 나타내는 질병 중의 하나이다. 결핵은 공기 중으로 전파하여 전염력이 높고 1950년대 이를 저지하는 효과적 약이 개발되기까지 미국에서 가장 무서운 위험 요소였다. 1990년대에 결핵약에 저항성 균주가 나타나면서 의약계에 다시 주요 관심거리가 되어 새로운 결핵 치료제를 개발하려는 연구가 집중되고 있다.

주요 학습 요점 16.6　가장 일반적으로 존재하는 원핵생물은 세균이다. 일부는 인체에 심각한 질병을 유발한다.

바이러스

16.7 바이러스의 구조

생물학자에게 살아 있는 생명체와 죽은 생명체 사이의 경계는 명확하다. 살아 있는 생명체는 세포 구조를 이루며, 암호화된 정보를 DNA를 통해 성장과 생식이 독립적으로 진행할 수 있다. 오늘날 이러한 조건을 만족시키는 지구상에 생존하는 가장 간단한 생명체는 원핵생물이다. 한편, 바이러스는 생명체 성질의 일부만을 갖고 있기에 '살아 있는'에 대한 조건을 만족시키지 못한다. **바이러스(virus)**는 문자 그대로 '기생성' 화학물질로 단백질 외피에 싸여 있는 DNA(또는 간혹 RNA) 조각으로 구성된다. 바이러스는 스스로 생식할 수 없어 생물학자들은 이들을 살아 있는 생명체로 간주하지 않는다. 그러나 이들은 세포 내에서는 생식이 가능하며, 숙주 생명체에 치명적 결과를 초래하게 한다.

바이러스는 매우 작다. 가장 작은 바이러스는 직경이 17nm에 불과하다. 바이러스는 세포내 여러 물질 분자보다도 더 작을 만큼 작다. 대부분의 바이러스는 높은 배율의 전자현미경을 통

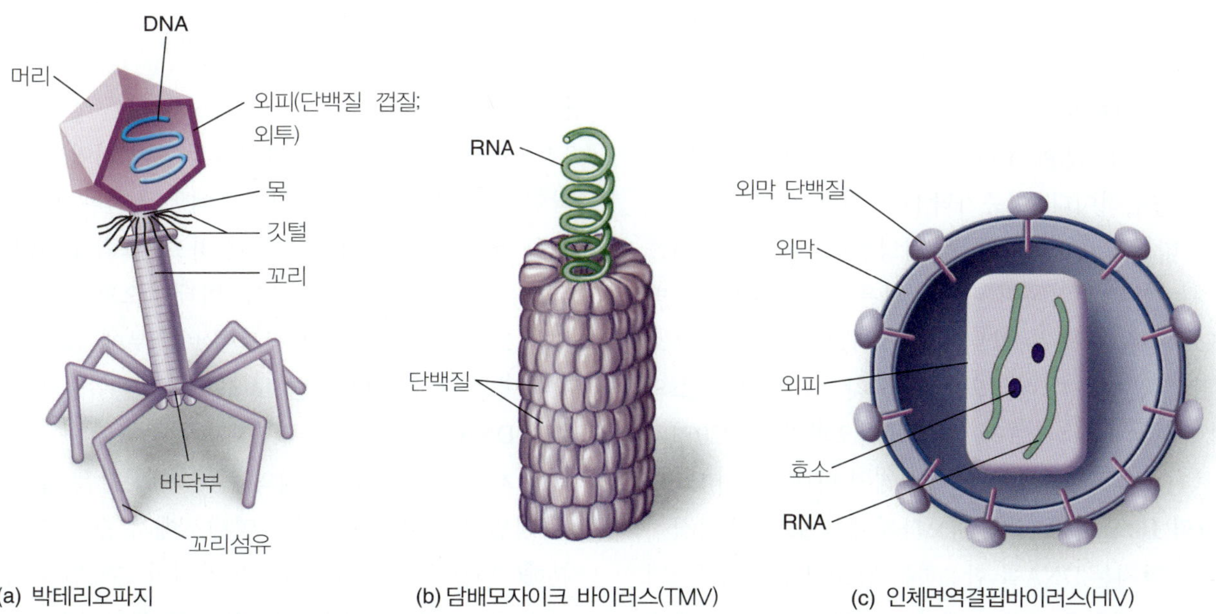

그림 16.9 세균, 식물 및 동물 바이러스 구조

(*a*) 세균 바이러스(일명 박테리오파지)는 종종 복잡한 구조를 가진다. (*b*) TMV는 식물을 감염하고 단일가닥 RNA(초록색)를 감싸는 원통형 외피를 이루는 2,130개의 동일한 단백질(자주색)로 구성된다. RNA 중심축은 바이러스의 형태를 결정하고 이를 촘촘히 둘러싸는 동일 단백질층에 의해 보호 받는다. (*c*) 인체면역결핍바이러스(HIV)에서 RNA 중심부는 하나의 단백질막으로 덮여 있는 외막 단백질 내외 안에 존재한다.

해서만 볼 수 있다.

바이러스의 진정한 본질은 1935년에 생물학자인 Wendell Stanley가 *담배모자이크바이러스*(tobacco mosaic virus, TMV)라고 불리는 식물바이러스추출물로부터 분리를 시도하였다. 놀랍게도 TMV는 결정 형태로 침전(즉, 용매로부터 분리) 되었다. 침전은 단지 화학물질 같은 반응을 나타냈다. 즉, TMV 바이러스는 생명체라기보다는 일종의 화학물질로서 작용했다. Stanley는 TMV가 살아 있는 생명체라기보다는 화학물질로서 간주하는 것이 가장 적합할 것으로 결론지었다.

TMV 바이러스 각 입자는 실제로 RNA와 단백질 화학물질의 복합체이다. TMV 바이러스는 **그림 16.9*b***에 보듯이 RNA 중심부(초록색 용수철 구조)에 단백질 외피(RNA를 둘러싸는 자주색 구조)가 둘러싼 관 형태의 트윙키(Twinkie) 과자 모양이다. 그 이후 연구자들은 단백질로부터 RNA를 분리하여 각각의 화학성분을 보관할 수 있었다. 그런 다음, 다시 이들을 재구성시켰고, 재구성된 TMV 입자는 건강한 담배식물을 감염시킬 수 있었다. 즉, 단순히 바이러스로부터 파생된 화학물질이 아니라 다시 완전한 바이러스로 복귀될 수 있었다.

바이러스는 세균에서 사람에 이르기까지 모든 생명체에 나타나고, 어떠한 경우에도 핵산 중심부에 단백질 외피가 둘러싸는 바이러스의 기본 구조는 동일하다. 그러나 자세한 구조에서는 상당한 차이점이 있다. **그림 16.9**에서 세균, 식물 및 동물 바이러스의 구조를 비교하여 보면 서로 상당한 차이를 발견하게 되며 각 분류군 내에서도 형태와 구조에서 상당한 변이를 보인다. 세균 바이러스, 즉 *박테리오파지*(bacteriophages)는 정교한 구조를 가져 **그림 16.9*a***에서 보듯 바이러스라기보다는 위성체 형상을 나타낸다. 핵산중심부를 갖고 있다. 다양한 단백질과 함께 여러 다른 형태의 DNA 또는 RNA가 동물 바이러스 입자에서 발견된다. TMV와 같이 대부분 바이러스는 단백질 외투 즉 **캡시드(capsid)**가 핵산 중심부를 둘러싼다. 또한 많은 바이러스는(HIV 처럼) 단백질, 지질 및 당단백질이 풍부한 막질성 **외막(envelope)**이 캡시드를 둘러싼다(**그림 16.9*c***).

주요 학습 요점 16.7 **바이러스는 DNA 또는 RNA 유전체를 지니며 단백질 외피에 둘러싸인 구조로 세포에 침입하여 자신을 복제한다. 바이러스는 화학물질의 단순 복합체로서 세포도 살아 있는 생명체도 아니다.**

16.8 박테리오파지의 원핵생물로의 주입 방법

박테리오파지(bacteriophages)는 세균에 감염하는 바이러스이다. 이들은 구조와 기능면에서 다양하나 세균 숙주에서만 발생한다는 면에서 공통적이다. 이중가닥 DNA를 가진 박테리오파지는 분자생물학에서 중요한 역할을 담당한다. 대부분의 이들 박테리오파지는 매우 복잡하며 비교적 많은 양의 DNA와 단백질을 함유하고 있다. 이들 중 일부는 T(T1, T2 등) 계열의 요소이고, 다른 종류는 다양한 형태의 이름을 갖는다. 바이러스의 다양성을 보여주는 예로서 T3와 T7 박테리오파지는 정20면체이고, 꼬리를 지닌다. 한편, 소위 T 짝수계열 박테리오파지(T2, T4, T6)는 **그림 16.9*a***의 T4 박테리오파지에서 보듯 더 복잡하다. T 짝수계열 파지는 DNA를 함유하는 정20면체 머리구조가 주로 세 종류의 단백질로 구성된 캡시드(외피)를 이루며, 깃과 깃털(whiskers)로 구성된 연결부, 그리고 긴 꼬리 및 복잡한 바닥부로 구성된다. 대부분 이들 구조는 **그림 16.10*a***의 T4 박테리오파지의 현미경사진에서 보인다.

용균성 생활환

T4 박테리오파지의 세균 감염과정 동안 적어도 하나의 꼬리 가닥이 세균 세포벽의 지질다당류에 접촉한다. 다른 꼬리 가닥은 세균 표면 위에 수직으로 서게 하고, **그림 16.10*b***에서 보듯이 바닥부가 세포벽에 밀착한다. 박테리오파지가 제자리에 있게 되면 꼬리는 줄어들고 꼬리관이 바닥부에 있는 개구부를 지나 세균벽을 뚫게 된다(**그림 16.10*b***의 오른쪽). 머리의 내용물은 주로 DNA이고, 이때 숙주세포질로 주입된다.

T 계열의 박테리오파지와 람다(λ)와 같은 다른 파지들은 모든 병원성 바이러스로서 감염세포에서 증식하고 결국 숙주를 분해(파괴)시킨다. 바이러스가 자신이 복제된 감염세포를 치사시킬 때, 이 생식 생활사는 *용균성 생활환*(lytic cycle; **그림 16.11**)이라고 한다. 세포에 주입된 바이러스 DNA는 숙주세포에 의해 전사 및 번역되어 각 바이러스 구성 성분을 형성하고 이들이 다시 숙주세포에서 조립된다. 결국 숙주세포는 파괴되

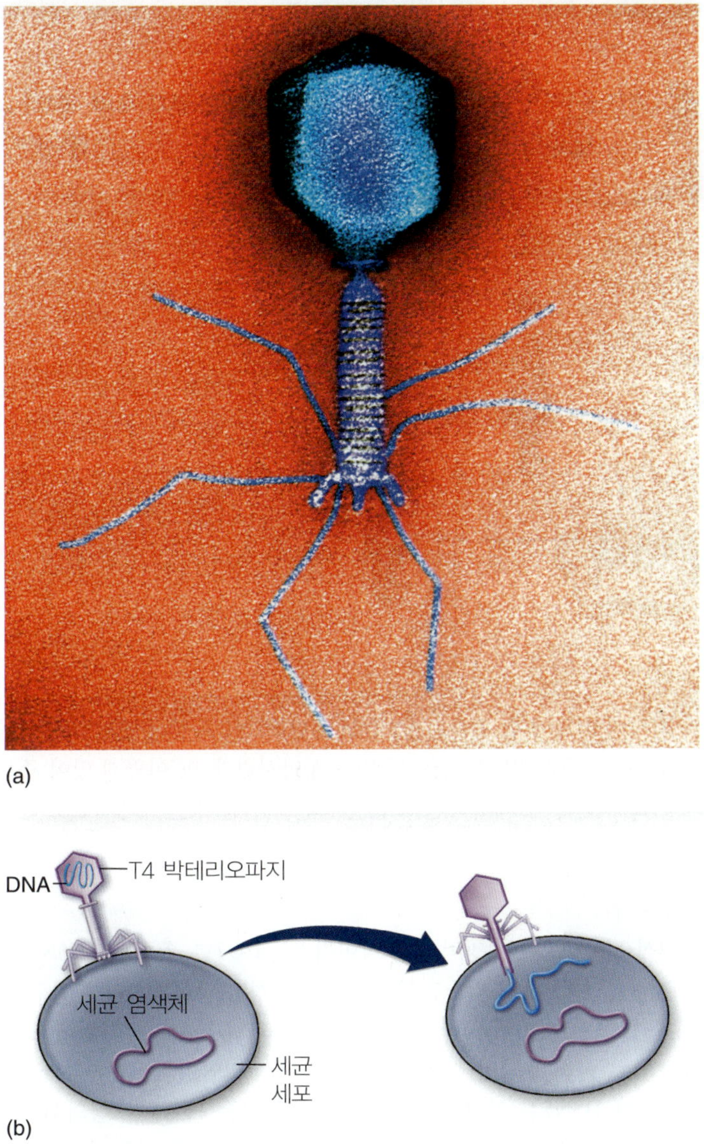

그림 16.10 T4 박테리오파지

(*a*) T4의 전자현미경 사진 (*b*) T4 박테리오파지의 세균 세포 감염 모식도.

고 새로운 람다 파지가 방출되어 다른 세포에 감염한다.

용원성 생활환

많은 박테리오파지는 이들이 감염하는 세포를 즉시 치사시키지 않고 자신의 핵산을 감염 숙주의 유전체에 주입한다(**그림 16.11**의 아래 생활환). 숙주세포 유전체에 머무르는 동안 이 바리어스를 **프로파지(prophage)**라고 부른다. 박테리오파지 중에서 프로파지를 형성하는 박테리오파지는 대장균(*Escherichia coli)* 파지로서 용균성 파지이기도 하다. 이 파지에 대해서는 다른 생명체 비해 많은 것이 알려져 있으며, 이 파지의 유전체가 48,502개의 염기로 구성되어 있다는 것도 밝혀져 있다. 적어도 23개 단백질이 박테리오파지의 발육과 성숙에 관여하며 많은 다른 효소는 이 바이러스가 숙주 유전체에 주입될 때 관여한다.

바이러스가 특정세포 유전체에 병합하는 것을 **용원성(lysogeny)**이라고 한다. 프로파지는 유전체에서 빠져나와 바이러스 복제를 진행한다. 유전체 주입을 포함하여 이러한 생식환을 *용원성 생활환*(lysogenic cycle)이라 한다. 자신의 숙주세포 유전체에 안정적으로 병합하는 바이러스는 용원성 바이러스 또는 온건성 바이러스(temperate virus)라 부른다.

유전자 전환과 콜레라

세균 염색체에 병합된 바이러스 유전자의 발현을 **유전자 전환(gene conversion)**이라고 부른다. 세균 염색체에 주입되는 바이러스 유전자들 가운데 가장 심각한 문제를 일으키는 중요한 예가 종종 치명적인 인체 콜레라를 유발하는 세균에 의해 제공된다. *Vibrio cholerae*라는 세균은 종종 무해한 형태로 존재하나 병을 유발하는 부차적 병원성 형태로 나타나기도 한다. 이 세균은 병원성 형태로서 치명적인 콜레라병을 유발한다. 최근의 연구는 이 세균(*V. cholerae*)에 감염한 박테리오파지가 숙주 세균 세포에 콜레라 독소를 암호화하는 유전자를 제공한다고 밝혔다. 이 유전자가 세균 DNA에 들어가서 다른 숙주 유전자들과 함께 번역되고 무해한 세균을 병 유발 세균으로 전환시킨다.

용원성 전환은 디프테리아병을 유발하는 *Corynebacterium diphtheriae*, 성홍열병을 유발하는 *Streptococcus pyogenes* 그리고 보툴리누스 식중독을 유발하는 *Clostridium botulinum*과 같은 병원체에서 독소 유전자 출현에 관여한다.

> **주요 학습 요점 16.8** 박테리오파지는 세균을 공격하는 다양한 그룹의 바이러스이다. 일부는 용균성 생활환으로 숙주를 치사시키는 한편, 다른 부류는 숙주 유전체에 합병되어 용원성 생활환을 시작한다. 박테리오파지는 *Vibrio cholerae* 또는 다른 세균들을 병 유발형으로 전환시킨다.

조류독감과 돼지독감

인플루엔자 바이러스는 인류 역사상 가장 치명적 바이러스 가운데 하나이다. 이 독감 바이러스는 11개 유전자를 지닌 동물 RNA 바이러스이다. 각 독감 바이러스는 두 종류의 단백질로 구성된 스파이크(spike, 대못 모양의 돌기)들이 튀어나온 공 모양과 흡사하다. 다른 독감 바이러스 균주는 아형(subtype)으로 단백질 대못에서 차이가 있다. 이들 단백질의 하나는 hemaglutinin(H)으로 바이러스가 세포 안으로 침입하는 데 도움을 준다. 다른 단백질은 neuraminidase(N)로 일단 바이러스 복제가 종료되면 자손 바이러스를 숙주를 파괴하고 빠져나오는 데 도움을 준다. 현재 독감 바이러스는 13종류의 H 아형과 9종류의 N 아형으로 분류되어 이들 각각의 감염을 억제하기 위해서는 서로 다른 백신 주사를 맞아야 한다. 따라서 1968년에 발생한 홍콩 독감을 유발한 바이러스는 제3형 H 분자와 제2형 N 분자가 결합된 H3N2라 불린다.

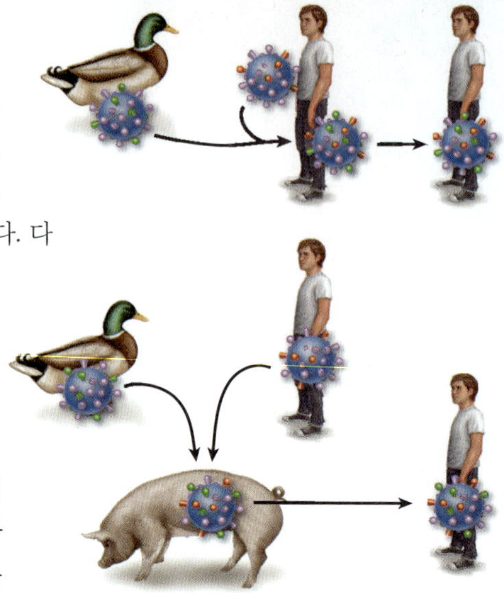

인체 내 재조합
독감 바이러스에 감염된 사람은 새와 직접적 접촉을 통해 독감 바이러스의 또 다른 형태에 감염된다. 두 종류의 바이러스는 유전적 재조합을 통해 제3의 바이러스를 형성하게 되고, 이는 사람과 사람 사이에 전염된다.

돼지 내 재조합
돼지가 새와 인간으로부터 독감 바이러스를 감염받는다. 독감 바이러스는 돼지에게서 유전적 재조합이 이루어져 새로운 종류의 독감 바이러스를 생산하고, 이는 다시 돼지로부터 사람으로 전염된다.

신종 독감 균주 생성

지난 세기 동안, 전 세계적 독감 전염병은 독감 바이러스 H-N 조합의 변화로 유발되었다. 1918년에 발생한 '살인 독감'인 H1N1은 조류에서 인체로 직접 옮겨진 것으로 추정되고 전 세계적으로 4천만~1억 명의 목숨을 앗아갔다. 1957년 아시아 독감은 H2N2로서 10만 명의 미국인을 사망시켰고, 1968년 홍콩 독감은 H3N2로서 7만 명의 미국인을 죽였다.

새로운 독감 균주가 극동지역에서 비교적 자주 발생한다. 인플루엔자 바이러스의 가장 흔한 숙주는 오리, 닭, 돼지로서 아시아에서는 종종 이들이 사람과 가깝게 지낸다. 돼지는 조류 바이러스와 사람 바이러스의 공통 감염 대상이고 여러 균주들로 동시에 감염된다. 이는 위에서 언급한 바와 같이, 균주들 간에 유전적 교환이 일어나게 하는 조건을 형성하고 때때로 H와 N 스파이크 단백질의 새로운 조합이 일어나서 과거의 형태에 특이적 인식을 보이는 인체의 면역계를 피하게 된다. 예를 들어, 홍콩 독감은 오리의 H3N8과 인체의 H2N2 사이에 재조합으로 발생되었다. H3N2의 경우에 새로운 인플루엔자 균주는 인류 이전에 경험하지 못한 H-N 조합이기에 인체로 들어가면 바로 전염병을 유발한다.

유행성 전염병 조건

모든 새로운 인플루엔자 균주가 전 세계적 독감 전염병을 유발하는 것은 아니며, 다음과 같이 세 가지 조건이 충족되어야 한다. (1) 새로운 균주는 H와 N 스파이크의 새로운 조합을 형성하여 감염에 따라 인체의 과도한 면역반응 유발이 일어나지 않아야 한다. (2) 새로운 균주는 인체에서 복제되고, 치사를 유발할 수 있어야 한다. 많은 조류 인플루엔자 바이러스는 인체 세포에서 증식할 수 없기 때문에 무해하다. (3) 새로운 균주는 사람들 사이에서 효과적으로 전파가 가능해야 한다. 1918년의 H1N1 살인 독감은 감염자가 내뱉는 수포를 주변의 사람들이 호흡기관지로 흡입하여 전파되었다.

새로운 균주가 유행성 전염병(pandemic)이 되기 위해서 모든 감염자를 치사에 이르게 할 필요는 없다. 1918년 H1N1 독감은 전체적 사망률이 2%에 불과했지만 4천만~1억 명을 사망시켰다. 왜 이렇게 많이 죽음에 이르게 했을까? 왜냐하면 그 많은 많은 사람들이 전 세계적으로 감염되었기 때문이다.

조류독감

잠재적으로 새로운 치명적 독감 바이러스는 1997년 홍콩에서 H5N1 형태로 나타났다. 1918년의 유행성 전염 균주형과 같이 H5N1은 감염 조류, 즉 닭 또는 오리로부터 사람으로 직접 옮겨진 것으로 파악되어 '조류독감'으로 불리게 되었다. 조류독감은 유행성 전염병의 두 가지 조건을 충족한다. H5N1은 인체 면역이 인식하지 못하는 새로운 조합의 H와 N 스파이크 단백질 조합으로 구성되어 치명적 균주를 이루어 (1918년 H1N1의 2%에 비해 훨씬 높은) 59%의 사망률을 기록하였다. 다행히 유행성 전염병의 세 번째 조건이 미치지 못하였다. 즉, H5N1 독감바이러스 균주는 사람과 사람 사이에 쉽게 전염되지 않아 감염자 수가 많지 않다.

돼지독감

두 번째 주요 유행성 독감 바이러스는 2009년 멕시코에서 발병된 H1N1으로, 감염 돼지로부터 사람으로 전달되었다. 이 바이러스는 사람, 조류 및 돼지 사이에 여러 번의 유전적 교환에 의해 발생한 것으로 여겨진다. 1918년 H1N1 바이러스와 같이 이 독감(일명 "돼지독감")은 사람과 사람 사이에 쉽게 전염되고 또한 전 세계적으로 연중 지속적으로 전염된다. 1918년 바이러스와 같이 돼지독감 감염의 초기 전염은 대부분의 사람에게서 약한 증상으로 나타난다. 1918 H1N1 바이러스는 2차 전파에서 이 바이러스가 인체보다 잘 적응된 형태로 진화하면서 치명적이게 된다. 조류독감과 같이 공중위생관리자는 2차 전파는 매우 심각한 치사 효과를 나타낼 수 있다는 두려움 속에 세심하게 돼지독감을 지속적으로 관찰하고 있다.

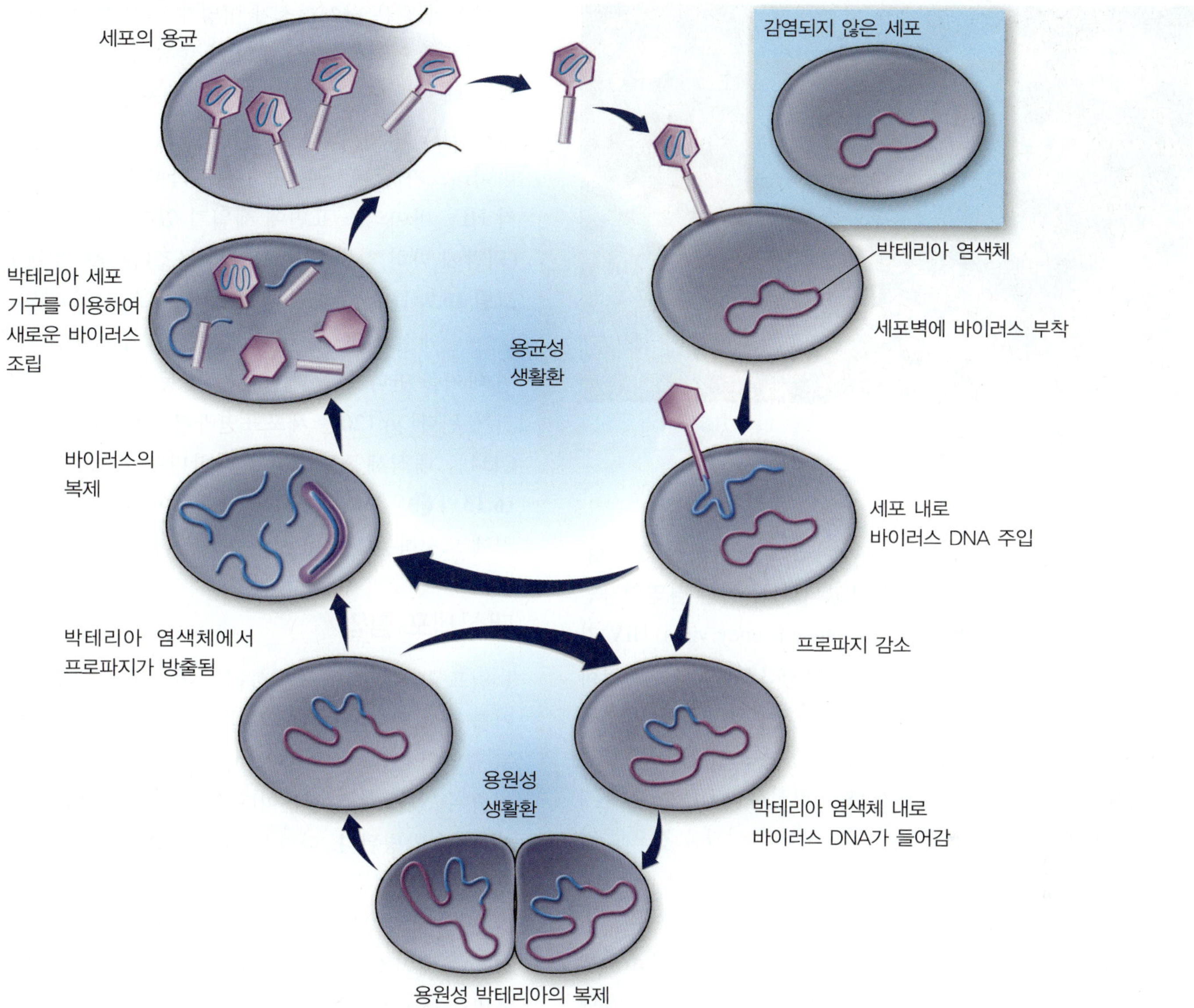

그림 16.11 박테리오파지의 용균회로와 용원환

용균회로에서 박테리오파지는 바이러스 DNA로 존재하고 박테리아의 숙주세포의 세포질에 존재한다. 바이러스 DNA는 바이러스가 용해에 의해 세포를 죽을 때까지 숙주세포를 이용하여 새로운 바이러스 입자를 생성한다. 용원환에서 박테리오파지 DNA는 숙주 박테리아의 큰 환형 DNA로 끼어들어가고 재생산된다. 이것은 용원세균에서 계속해서 복제하고 생산하거나 용균회로도 들어가서 세포를 죽일지도 모른다. 박테리오파지는 이 삽화된 다이어그램에서 보다 상대적으로 그들의 숙주에 비해 더 작다.

16.9 동물 바이러스의 세포 주입 방법

방금 언급하였듯이, 세균 바이러스는 세균벽에 구멍을 내고 이들 DNA를 내부로 주입한다. TMV와 같은 식물 바이러스는 상처 부위 세포벽에 작은 틈을 타서 세포 안으로 들어간다. 동물 바이러스는 전형적으로 막 융합 또는 세포막이 안으로 음폭 파이면서 바이러스 입자를 둘러싸고 삼키는 세포내 섭취(endocytosis)에 의해 숙주세포 안에 들어간다.

다양한 종류의 바이러스가 동물들 사이에 나타난다. 이들이 어떻게 세포 안으로 들어갔는지 좋은 아이디어를 얻는 최적의 방법은 한 동물 바이러스를 자세히 관찰하는 것이다. 여기에서는 비교적 새롭고 치명적 병인 후천성면역결핍증(acquired immunodeficiency

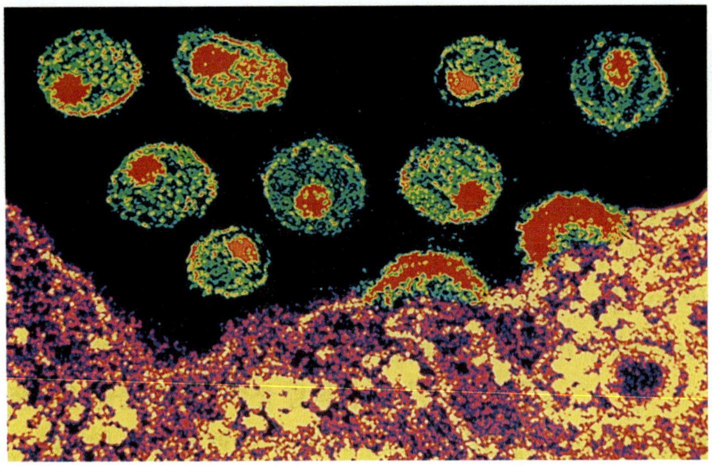

그림 16.12 AIDS 바이러스

HIV 입자가 한 세포를 탈출하여 이웃 세포를 감염시킨다.

syndrome, AIDS)을 유발하는 바이러스를 살펴볼 것이다. AIDS는 1981년 미국에서 처음 보고되었다. 이는 감염인자인 인체면역결핍바이러스(human immunodeficiency virus, HIV)가 실험실에서 동정될 때였다. HIV는 **그림 16.12**에서 보듯 출아하는 모습으로 보인다. 세포는 아랫부분의 자주색 및 노란색 구조이고, HIV는 세포표면 위에 떠 있는 원형 구조이다. HIV 유전자는 침팬지 바이러스 유전자와 매우 밀접하여 HIV가 침팬지로부터 아프리카 사람에게 처음 침입하여 들어갔을 것으로 가정된다.

AIDS의 가장 잔인한 모습 가운데 하나는 HIV 바이러스가 감염되고 오랜 시간(초기 감염 이후 보통 8~10년)이 지날 때까지 전형적인 병리적 증상은 나타나지 않는다는 것이다. 이 오랜 시간 동안 HIV 보균자는 어떠한 병리적 증상도 나타나지 않지만 HIV의 확산을 제어하기 어려울 정도로 전체적으로 완전 감염 상태로 진행된다.

부착

HIV가 인체 혈류로 들어가게 되면 바이러스 입자는 온 몸으로 순환되지만 *대식세포*(macrophage, 라틴어 '대식자' 의미)라고 하는 특정 세포만 감염시킨다. 대식세포는 체내 폐기물 수집장치로서 파괴된 세포나 유기물 부스러기들의 수집과 재순환을 담당한다. HIV는 특이적으로 한 종류의 세포를 감염시킨다. 이는 다른 많은 동물 바이러스도 유사하게 이러한 요구 범위에서 비교적 좁게 나타나고 있다. 예를 들어, 폴리오바이러스는 운동신경에 친화도를 보이고, 간염바이러스는 주로 간세포를 감염시킨다.

HIV와 같은 바이러스가 어떻게 대식세포와 같은 특정 종류의 세포를 인식할까? 인체의 각 종류의 세포는 그 세포를 동정하는 데 이용되는 분자인 특이적 세포표면 마커단백질을 갖고 있다. HIV 바이러스는 대식세포표면 단백질을 인식할 수 있다. 바이러스가 닿는 어떤 세포에도 박히게 하는 스파이크 구조가 각 HIV 바이러스 표면에 세워져 있다. 이러한 스파이크 구조(외막에 박혀 있는 대못 모양의 구조)를 보여주는 HIV 모습을 **그림 16.9c**를 통해 다시 살펴보자. 각 스파이크 구조는 *gp120*이라는 단백질로 구성된다. gp120은 그 구조에 들어맞는 세포표면 마커를 만나게 될 때 HIV는 그 동물세포에 부착되고 감염시키게 된다. gp120은 세포표면마커인 **CD4**에 정확히 들어맞고 CD4는 대식세포표면에 존재한다는 것이 판명되었다. **그림 16.13**의 ❶은 HIV의 gp120 단백질이 대식세포의 CD4 표면 마커에 도킹하는 모습을 보여주고 있다.

대식세포 침입

T 림프구 또는 *T 세포*라 불리는 면역계의 특정 세포가 CD4 마커를 갖고 있다. 그런데 왜 이 T 세포는 대식세포처럼 즉각적으로 감염되지 않을까? 이는 바로 긴 AIDS 잠복기의 궁금증을 풀어줄 수 있는 주요 질문이다. T 림프구가 감염되어 죽게 될 때 AIDS가 발병된다. 따라서 어떤 요인이 T 세포 감염을 그렇게 오랫동안 묶어두었을까?

연구자들은 HIV가 대식세포의 CD4 수용체에 도킹한 후 제2의 수용체인 **CCR5**를 요구하고 이를 통해 자신을 잡아당겨 세포막을 통과하게 한다. gp120이 CD4와 결합한 후 gp120의 구조가 틀어지면서(화학자는 이를 구조변화를 진행한다고 이야기한다) CCR5 공동수용체에 맞는 새로운 구조로 변형된다. 연구자들은 구조 변경 후에 공동수용체 CCR5가 세포막 융합을 야기하면서 gp120-CD4 복합체를 세포막을 가로 지르게 한다. 대식세포는 ❶에서 보듯 CCR5 공동수용체를 가지고 있는 반면 T 림프구는 갖고 있지 않다.

복제

❶은 HIV 바이러스 입자가 일단 대식세포 안으로 들어가면 바이러스 보호 외피를 벗게 된다. 이를 통해 바이러스 핵산(여기서는 RNA)이 자유롭게 나와 바이러스 껍질 속에 있었던 바이러스 효소와 함께 세포질에 부유하게 된다. **역전사효소(reverse transcriptase)**라고 하는 이 효소는 바이러스 RNA 끝에 붙어서 사슬을 따라 아래로 내려가면서 DNA를 합성하게 되고, ❷에서

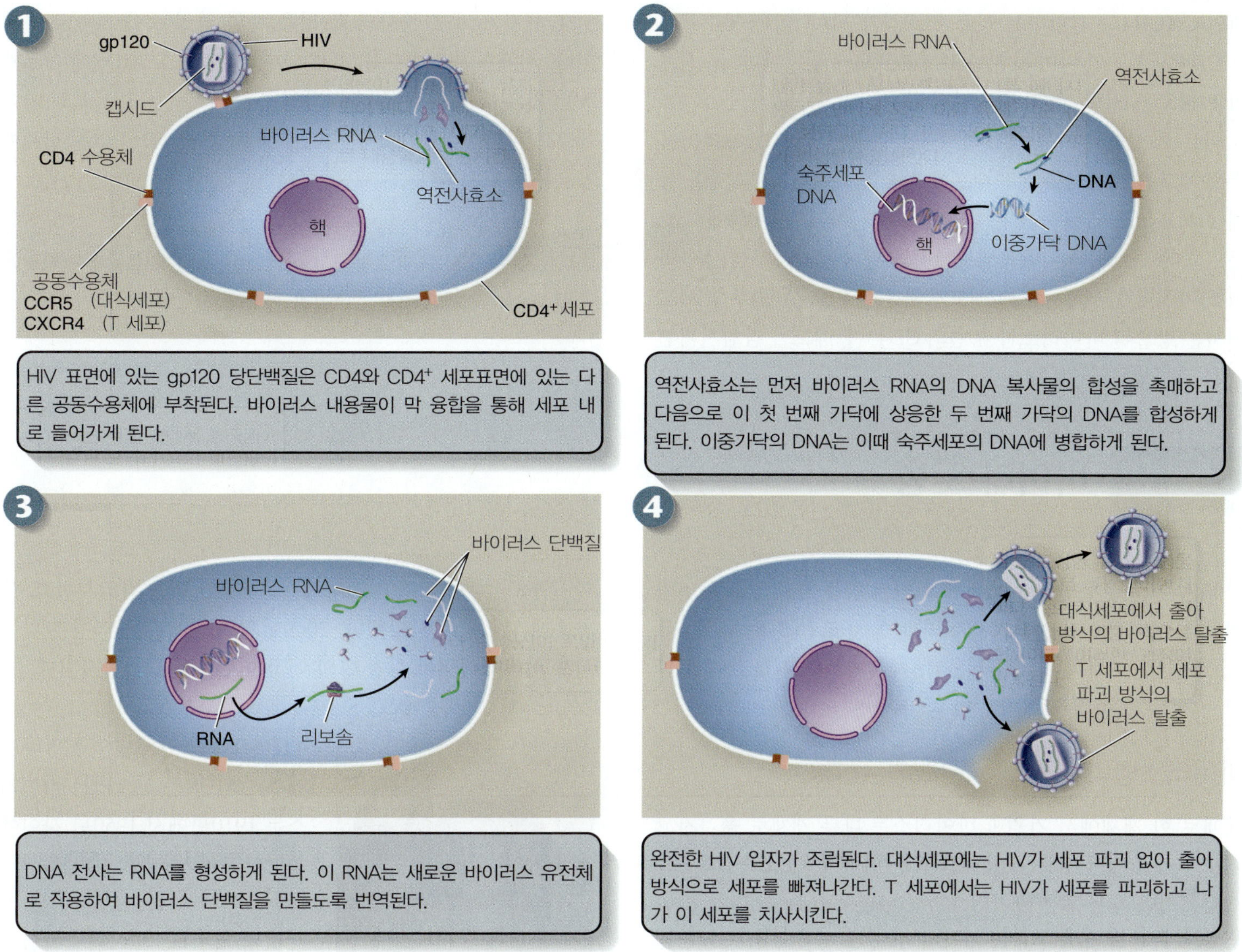

그림 16.13 HIV 감염 순환

보듯이 DNA는 바이러스 RNA에 포함된 정보와 정확히 일치하는 정보를 포함하게 된다. 중요한 사항은 HIV 역전사효소는 DNA 합성 작업을 정확히 수행하지 않는다는 점이다. 이 효소는 종종 HIV RNA를 읽는데 오류를 범하고, 따라서 새로운 많은 돌연변이를 형성한다. ❷에서 보듯이 효소의 오류에 따른 이중가닥 DNA는 숙주세포의 DNA에 주입된다. ❸에서 보듯 이때 숙주세포의 기구를 이용하여 많은 수의 바이러스 복제물을 생성한다.

이 모든 과정에서 숙주세포에는 뚜렷한 손상이 일어나지 않는다. HIV는 이들이 감염한 대식세포를 파괴하거나 치사시키지 않는다. 그 대신에 (❹의 윗부분에 보듯) 새로운 바이러스가 세포로부터 출아 방식으로 방출된다. 이 출아 방식은 마치 세포외 배출(exocytosis)과 같아 새로운 바이러스가 감염 초기에 바이러스가 세포 내로 들어왔던 방식에 역으로 밖으로 돌출되게 된다.

이때 이는 AIDS의 특징인 오랜 잠복기의 기틀을 형성한다. 여러 해를 기반으로 대식세포를 통한 HIV 바이러스는 생활환을 가지고 보다 더 증폭하게 되나 신체에는 눈에 띄는 아무런 손상을 주지 않는다.

에이즈 발병: T 세포 침입

이러한 오랜 잠복기 동안 HIV는 대식세포의 연속적 세대를 통해 생활환을 이루면서 지속적으로 복제되고 돌연변이를 형성한다. 궁극적으로 우연히 HIV는 gp120 단백질로 하여금 이에 상응한 공동수용체 적합성을 변경하도록 gp120 유전자를 변경시킨다. 이렇게 새로운 형태의 gp120 단백질은 다른 공동수용체인 **CXCR4**와 결합하는 것을 선호하게 되며, 이 공동수용체는 CD4 세포표면 마커를 지닌 T 세포표면에 위치한다. 곧 신체의 T 세포는 HIV로부터 감염된다.

이는 치명적 결과를 초래하여 새로운 바이러스가 세포막을 통해 세포를 깨뜨리면서 T 세포를 탈출하게 된다. 이 과정을 통해 T 세포의 물리적 구조는 파괴되고 치사하게 된다(❹에서 보듯). 그러므로 HIV는 대식세포에서와 같이 세포로부터 출아하여 나가거나 T 세포에서는 세포분해를 유도할 수 있다. T 세포에서는 방출된 바이러스가 주변의 $CD4^+$ T 세포를 감염시키면서 T 세포가 세포 치사의 폭 넓은 순환 과정 속에 차례로 파괴된다. 신체의 면역반응을 억제하여 직접적으로 AIDS에 이르게 하는 것은 바로 신체에 다른 감염원을 대처하는 T 세포의 파괴에 기인한다. 이때 암과 일시적 감염은 방어기작이 없는 신체에 자유롭게 침입한다.

주요 학습 요점 16.9 동물 바이러스는 특이적 수용체 단백질을 사용하여 세포막을 가로질러 세포에 침입한다.

16.10 바이러스 병

인체는 수천 년 동안 바이러스에 기인된 병을 알고 있고 두려워해왔다. 바이러스가 일으키는 이러한 병들(**표 16.3**)은 AIDS, 독감, 황열병, 소아마비, 수두, 홍역, 헤르페스(포진), 감염성 간염, 천연두 및 아직 알려지지 않은 많은 병들이다.

바이러스병의 기원

때때로 한 개체에서 기원한 바이러스는 다른 개체로 옮겨지고 새로운 숙주에서 병을 유발시킨다. 이러한 방식으로 나타나는 새로운 병원체는 *출현바이러스*(emerging viruses)라고 하고 동물들의 비행 운반이나 교역이 감염 인체 및 동물을 전 세계적으로 신속하게 이동시켜 감염을 퍼뜨리게 하기에 과거보다 현재 더 큰 위협을 주고 있다.

독감(influenza) 아마도 인류 역사상 가장 치명적 바이러스는 독감 바이러스일 것이다. 1918년부터 1919년까지 19개월 동안 독감으로 4천만~1억 명의 목숨이 잃는 놀라운 기록을 나타냈다. 인플루엔자 바이러스의 자연계 보균체는 중앙아시아의 오리, 닭, 돼지이다. 주요 유행성 독감 전염병(즉, 전 세계적 전염병)은 아시아 지역 오리에서 발생하는데, 이때 다중 감염 개체 내에서 재조합에 의해 인체 면역계가 인식하지 못하는 새로운 바이러스 표면 단백질의 조합으로 형성된다. 1957년 아시아 독감은 무려 10만 명의 미국인의 목숨을 앗아갔다. 1968년 홍콩 독감은 미국에서만 5천만 명을 감염시켰고, 이 가운데 7만 명이 사망했다. 2009년의 돼지독감 전염병은 앞에서도 이야기했듯이 수천 명의 미국 어린이들을 사망시켰다.

AIDS(HIV, 인체면역결핍바이러스) AIDS를 일으키는 바이러스는 1910년에서 1950년 사이에 중앙아프리카 일부 지역에서 침팬지로부터 사람으로 감염된 것으로 추정한다. 유인원면역결핍바이러스(simian immunodeficiency virus, SIV)로 불리는 침팬지 바이러스는 1년에 1%의 속도로 빠르게 돌연변이를 보이며, 사람에게 감염된 후에도 계속 돌연변이를 일으켜 현재 우리가 알고 있는 HIV로 전환되어 감염자와 성관계를 통해 전 인류에 전파되고 있다. AIDS는 1981년에 질환으로 처음 보고되었다. 이후 30년 동안 2,500만 명이 AIDS로 사망했고 현재 3,300만 명이 이 질환을 앓고 있다. 침팬지는 어디서 SIV를 획득했을까? SIV 바이러스는 아프리카 원숭이에게 만연했고, 침팬지는 원숭이를 식육한다. 원숭이 SIV 바이러스들의 염기서열 연구는 침팬지 바이러스 RNA의 한쪽 말단이 빨간모자망가비원숭이(red-capped mangabey monkeys)에게 발견된 SIV와 아주 밀접하고, 다른 말단 부위는 긴점코원숭이(greater spot-nosed monkeys)의 바이러스와 유사하다는 것을 발견했다. 따라서 침팬지는 이들이 먹는 원숭이로부터 SIV를 획득한 것으로 보인다.

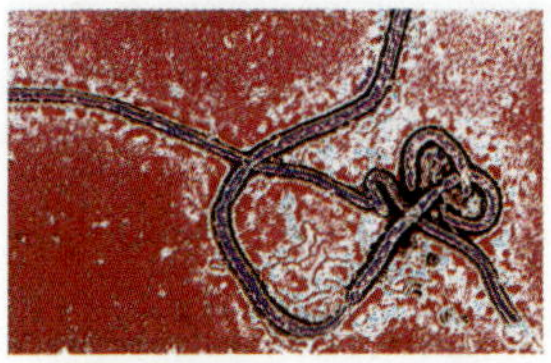

에볼라 바이러스(Ebola virus) 중앙아프리카에서 비롯된 선형 바이러스류가 사람의 결합조직을 공격하면서 현재까지 출현된 바이러스 가운데 가장 치명적이다. 치사율이 50%를 넘으면서 이들 소위 필로바이러스(filovirus)는 알려진 가장 치명적 감염질환을 일으키고 있다. 한때 에볼라 바이러스는 중앙아프리카의 고립된 발병지역에서 90% 이상의 사망률을 기록했다. 다행히 감염자는 더 이상의 전염이 이루어지지 않을 만큼 빨리 치사하였다. 연구자들은 에볼라 바이러스의 숙주로서 과실 박쥐가 관련되어 있다고 밝혔다. 이 큰 박쥐들은 중앙 아프리카 전 지역에서 식용으로 처리되어 이러한 발병이 이루어졌다.

한타 바이러스(Hantavirus) 1993년 미국 남서쪽에서 발생된 매우 치명적인 출혈성 감염은 설치류와 연관된 RNA 바이러스 일종인 한타 바이러스 특정 균주에 기인되었다고 밝혀졌다. 이 균주는 흰발새앙쥐(deer mouse)에서 비롯되었다. 이 흰발새앙쥐 한타 바이러스는 사람 주거지에서 배설물 감염을 통해 인체로 옮겨졌으며, 흰발새앙쥐 집단을 억제함으로써 이 병의 발생이 줄어들었다.

사스(SARS) 최근에 출현한 코로나 바이러스의 균주는 2003년의 전 세계적인 질병이었던 *사스*(severe acute respiratory syndrome, SARS; 급성중증호흡기증후군) 발병의 원인체이다. 폐렴처럼 사스는 호흡기계 감염으로 감염자 가운데 8% 이상은 치명적이다. 사스 바이러스의 29,751개 염기서열이 밝혀졌으며, 코로나 바이러스의 완전히 새로운 균주로서 현재 알려진 세 종류의 어느 형태와도 연관성이 낮다. 2005년 바이러스 학자들은 사스 바이러스의 자연 숙주를 중국투구게박쥐(Chinese horseshoe crab)로 밝혔다. 이들 박쥐는 이 바이러스에 의한 병징을 보이지 않아 건강했고, 아시아 지역에 공통적으로 발생하기 때문에 향후 이 병의 발생을 억제하는 것이 어렵게 되었다.

웨스트 나일 바이러스(West Nile Virus) 모기류 매개 바이러스인 웨스트 나일 바이러스는 1999년에 처음으로 북미에 주거하는 사람들을 감염시켰다. 감염된 까마귀나 다른 새들의 의해 보균되면서 이 바이러스는 미국 전 지역으로 퍼졌고, 2002년에 4,156건이 발생하여 이 가운데 284명이 사망했다. 2005년에 이 병의 확산이 크게 줄었다. 이 바이러스는 감염 새를 흡혈했던 모기를 통해 사람에게 감염시킨다고 알려졌다. 유럽에 퍼졌던 이 바이러스의 초기 확산은 몇 년 후 줄어들었다.

주요 학습 요점 16.10 **바이러스가 일부 가장 치명적 병의 원인이 된다. 이들 가운데 가장 두드러진 예가 여러 다른 숙주로부터 사람에게 전달되어지는 바이러스들이다.**

표 16.3 주요 인체 바이러스 병

질병	병원체	벡터/보균체	증상과 감염경로
에이즈	HIV 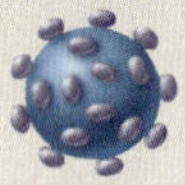	사람	면역 방어 붕괴로 질병 또는 암으로 사망. 전 세계적으로 약 3,300만 명이 HIV에 감염되어 있음
수두	Human herpes virus 3 (HHV-3 또는 varicella-zoster) 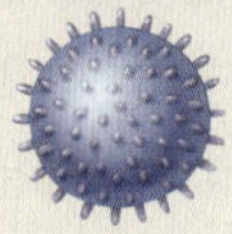	사람	감염체와 접촉으로 확산. 치료하지 않으면 희귀한 경우 치명적일 수 있음. 1995년 초 미국에서 백신 등록
에볼라 출혈열	Filovirus (예, 에볼라 바이러스) 	미확인	급성 출혈열. 연결조직으로 바이러스 감염으로 과다출혈 및 사망 유도. 치료되지 않으면 최고 사망률은 50~90%. 발생은 중앙아프리카에 국한됨
B형 간염(바이러스)	Hepatitis B virus (HBV) 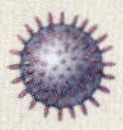	사람	감염체 체액 접촉을 통해 고감염성. 약 1%의 미국인 감염. 백신 가용. 치료하지 않으면 사망할 수 있음
포진(헤르페스)	Herpes simplex virus (HSV 또는 HHV-1/2) 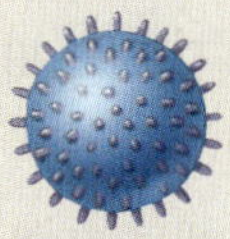	사람	열 포진. 감염체 타액 접촉으로 주로 감염. 전 세계적으로 널리 분포. 치료하지 않으면 수년간 질병 잠복기
독감	Influenza virus 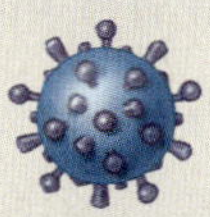	사람, 오리, 돼지	치명적 주요 질환으로 기록(1918~1919년에 4천만~1억 명 사망). 아시아 지역의 야생 오리, 닭, 돼지가 주요 보균자. 오리는 독감바이러스로 감염되지 않지만 체내에서 증식되면서 독감 병원 유전자의 재구성이 이뤄져 새로운 균주를 생성함
홍역	Paramyxoviruses 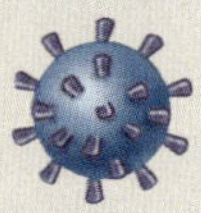	사람	감염 환자와 접촉으로 극도 전염성. 백신 가용. 유년기 주로 감염되나 심각하지 않으나 성년기에 감염은 매우 위험
소아마비	Poliovirus 	사람	중추신경계 급성 바이러스 감염으로 마비를 일으키고 치명적임. 1954년 Salk 백신을 개발하기 전에는 미국에서만 매년 6만 명이 감염
광견병	Rhabdovirus 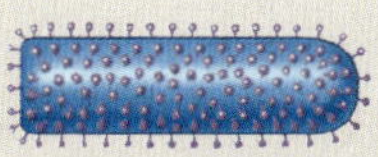	야생 및 가축형 Canidae (개, 여우, 늑대, 코요테 등)	감염 동물의 물림에 의한 급성 바이러스성 뇌척수염. 치료하지 않으면 치명적임
사스	Coronavirus 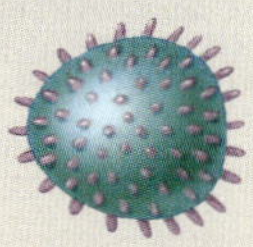	소형 포유류	급성 호흡계 감염. 치명적이나 질병 발생과 함께 이 질병은 빠르게 변화함
천연두	Variola virus 	사람으로 알려졌으나, 미국 정부 실험실	치명적 주요 질병으로 기록. 천연두의 가장 최근 기록은 1977년이었다. 전 세계적 백신 투여는 이 질병을 완전히 사라지게 하였다. 구소련 연구실에서 없어진 이후 현재 테러범죄자들에게 있는지 우려됨
황열병	Flavivirus 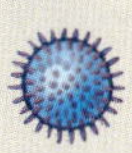	사람, 모기	모기 흡혈로 개체 간 병원체 이동. 파나마 운하를 건설하는 동안 기록적 발병. 치료하지 않으면 이 질병은 60%의 높은 사망률 가져올 수 있음

질문 & 분석

HIV는 모든 백혈구 세포를 감염시킬까?

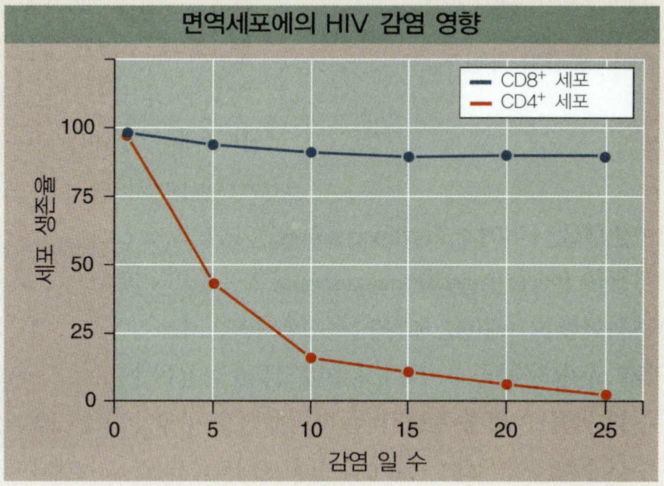

인체는 혈액에 순환하는 세포군인 면역계에 의해 미생물 감염으로부터 보호받는다. 크게 보아 "백혈구 세포"로 불리며 이 무리는 실제로 다양한 세포 종류를 포함한다. 이들 가운데 일부는 CD4 세포표면 인식마커(ID 표지로 고려하라)를 포함한다. 이들이 바이러스 감염세포를 감지하여 항체 형성을 유도하는 세포들과 세균 감염 초기에 공격하는 대식세포들이 CD4 ID 표지를 갖고 있다. 바이러스 감염세포에 구멍을 뚫는 자연치사세포와 같은 다른 세포는 CD8 ID 표지를 갖고 있다. 에이즈 환자의 CD4와 CD8 세포는 HIV 감염에 대해서 적극적으로 방어하지 못한다. 이들 둘 중 어느 세포가 HIV 바이러스에 의해 치사될까?

이 질문에 답하기 위해 연구자들은 CD4 (일명 $CD4^+$세포)로 표지된 세포와 CD8 (일명 $CD8^+$세포)으로 표지된 세포를 섞었고, 이 혼합체에 HIV를 첨가했다. 여기서 보는 전자현미경에서 빨간색으로 표시된 HIV는 이들 두 세포 모두를 감염시킬 수 있다. 백혈구 세포 배양은 5일 간격으로 25일 동안 추적하였으며, 조사 간격 마다 시료를 채취하여 여기에 얼마나 많은 $CD4^+$ 및 $CD8^+$ 세포를 포함하고 있는지 계수하였다. 각 시료에 따라 세포 종류별 생존율을 오른쪽 상단에 그래프로 보여 준다.

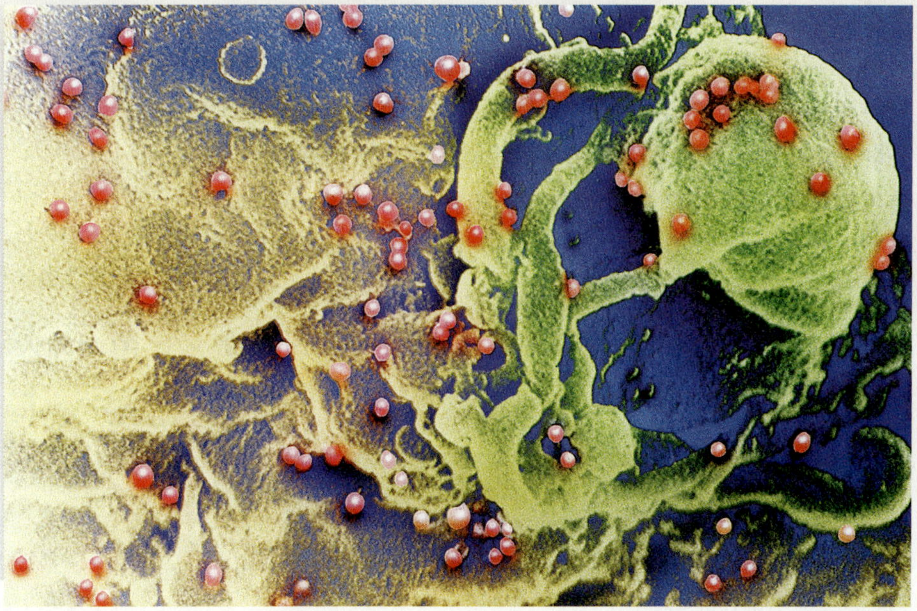

1. **개념 적용**
   - **a. 변수** 그래프에서 무엇이 종속변수인가?
   - **b. 백분율** 세포 생존율이 감소한다면 절대세포수치에 관해 무엇을 의미하는가? 생존율이 감소하여도 절대세포수치가 증가할 수 있는가? 설명해 보라.
2. **자료 분석**
   - **a.** $CD4^+$ 세포가 3주간의 기간 동안 세포 생존율의 변화를 보이는가?
   - **b.** 3주간의 기간 동안 이들 두 세포 종류의 생존율에서 차이가 있는가? 기술하시오. 이러한 차이를 어떻게 정량화할 수 있을까? [힌트: 감염 일수에 따라 $CD4^+$ 세포와 $CD8^+$ 세포의 생존비율을 그려보시오.]
3. **추론하기** 이들 두 세포 사이에 생존율의 차이를 어떻게 설명할 수 있는가? 이러한 추론을 어떻게 검정할 수 있는가?
4. **결론 도출**
   - **a.** 이 연구 과정동안 어느 형태의 뱍혈구 세포가 HIV 감염으로 완전히 제거되는가?
   - **b.** 어느 한쪽 세포가 실제로 제거되는가? 그렇다면 어느 것일까?
   - **c.** 어느 종류의 세포가 HIV 감염에 의해 영향을 크게 받지 않는가? 왜 이 세포 종류의 생존율이 크게 변화하지 않는 이유를 설명할 수 있는가? 이 가설을 어떻게 검정할 수 있을까?
5. **심층 분석** $CD4^+$ 또는 $CD8^+$ 세포는 적극적으로 에이즈 환자를 보호하지 못한다. 만약 이들 세포 중 하나가 HIV에 의해 제거되지 않아도 HIV에 감염된 에이즈 환자를 보호하지 못한다고 왜 가정하는가? 이 가능성을 분석할 방법을 구상할 수 있는가?

최초 세포의 기원

16.1 생명의 기원

- 지구상 생명체는 외계 기원으로 또는 조물주의 능력으로 또는 무생명체로부터 진화를 통해 유래될 수 있다. 이점에서 세 번째 설명이 과학적으로 검정될 수 있다.
- 실험적으로 초기 지구 상태의 재구성을 통하여 생명이 생체분자들의 '원시액상물'에서 자연적으로 진화했다는 가설을 세우게 한다. 이 가설은 아직 의문 속에 있지만 '버블모델'은 생체분자들이 **그림 16.2**에서 보듯 방울에 포함되어 화학반응을 통해 생명의 기원에 이르게 한다.

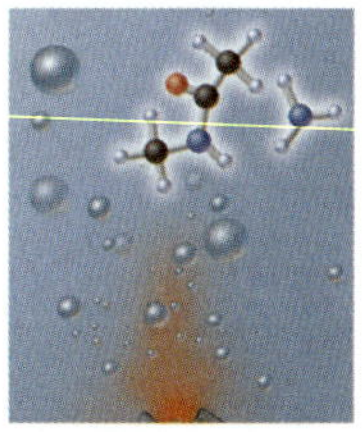

16.2 세포의 탄생 과정

- 최초의 세포가 어떻게 형성되었는지 모르는 가운데 최근 가설은 이들이 아마도 RNA와 같은 물질이 방울에 둘러싸이면서 자연적으로 생성되었을 것으로 제시하고 있다.
- 과학자들은 미세구형이라고 하는 버블이 자연적으로 형성되고, 이때 촉매능력을 지닌 RNA와 같은 유기물질이 미세구형에 포획되면서 이 구조가 유전정보를 지니는 능력을 갖게 되고, 이로 인해 이들이 자신의 복제물을 만든다는 가설을 제안했다.

원핵생물

16.3 가장 단순한 생명체

- 세균은 최소 25억 년 전에 발생한 가장 원시적 생명체이다. 이러한 초기 원핵생물은 지금 시대의 세균과 고세균으로 발전했다.
- 원핵생물은 매우 간단한 세포내 구조를 지니며 핵이나 다른 막이 있는 구조물을 지니지 않는다.
- 원핵생물의 세포막은 세포막에 둘러싸인다. 세균의 세포벽은 펩티도글리칸으로 구성되나, 고세균의 세포벽에는 펩티도글리칸 없이 단백질 또는 탄수화물 또는 이들 두 물질 모두로 구성된다. 세균은 세균벽의 구조에 기초하여 그람양성균과 그람음성균의 두 종류로 구분된다(**삽입 그림 참조, 399쪽**).
- 세균은 편모나 섬모를 가질 수 있으며 내생포자를 형성할 수도 있다. 세균은 이분법으로 자신을 둘로 나누어 생식하며 접합을 통해 상호 유전물질을 교환할 수 있다.
- 접합은 두 세균 세포가 밀접하게 붙어서 일어나며 공여자 세포의 섬모가 수용자 세포와 밀착한다. 이 두 세포 사이에 접합교가 형성된다. 공여자 세포의 플라스미드가 복제되고 이 DNA의 한 가닥이 접합교를 지나 수용자 세포로 전달된다. 수용자 세포로 들어가면 이에 상응된 가닥이 합성되고 완전한 플라스미드를 이루게 된다. 이제 수용자 세포는 공여자 세포의 플라스미드에 있는 동일한 유전정보를 포함하게 된다(**그림 16.5**).

16.4 원핵생물과 진핵생물의 비교

- **표 16.1**에서 보는 바와 같이 원핵생물은 진핵생물과 여러 가지 면에서 차이를 보인다. 즉, 원핵생물은 핵과 같은 내부 소기관이 없지만 대사면에서는 보다 다양하다.

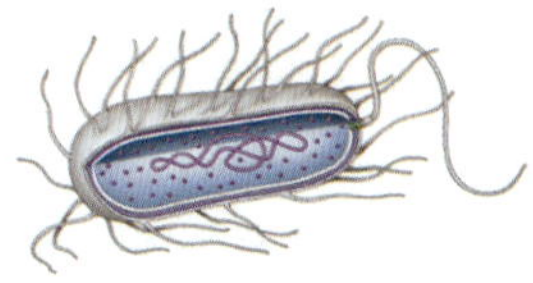

16.5 원핵생물의 중요성

- 세균은 지구상에서 대기와 토양의 성질을 형성하는 데 중요한 도구이다. 이들은 탄소와 질소 순환에 주요 관여자이다. 세균은 유전공학 발달에 핵심적이나 여러 질환을 유발하기도 한다.

16.6 원핵생물의 생활양식

- 고세균은 여러 다른 환경에 살지라도 가장 잘 연구된 대상은 호극한성 세균으로 이들은 매우 극한 환경에서 살아간다.
- 세균은 지구상에 가장 많은 생명체이다. 이들은 아주 다양한 분류군으로 일부는 광합성으로 진행하며, 일부는 질소를 고정하며, 일부는 분해자이다. 일부 세균은 또한 병원성으로 인체 질환을 유발한다(**표 16.2**).

바이러스

16.7 바이러스의 구조

- 바이러스는 살아 있는 생명체가 아니고 생명체 세포 속에 침입하여 복제하는 기생성 화합물이다. 이들은 핵산 중심부를 캡시드(capsid)라고 하는 단백질로 둘러싸는 구조를 이룬다. 일부는 막질성 외막(envelope)이 추가되기도 한다. 바이러스는 세균, 식물, 동물을 감염시킨다. 모든 바이러스가 유사한 동일 구조를 지니지만, 이들의 형상과 크기는 크게 차이가 있다(**그림 16.9**).

16.8 박테리오파지의 원핵생물로의 주입 방법

- 세균을 감염시키는 바이러스를 박테리오파지라 부른다. 박테리오파지가 숙주세포로 들어가지 않고, **그림 16.10**에서 보듯 자신의 핵산을 숙주로 주입한다. 바이러스는 이때 용균성 또는 용원성 생활환에 들어가게 된다. 용균성 생활환에서는 바이러스 DNA가 숙주세포에서 다수의 복제물을 생성하게 하여 궁극적으로 세포를 붕괴시키고 빠져나와 다른 세포를 감염시킨다. 용원성 생활환에서는 바이러스 DNA가 숙주 DNA와 함께 복제되고 다음 세대로 전달된다. 이때 특정한 시기에

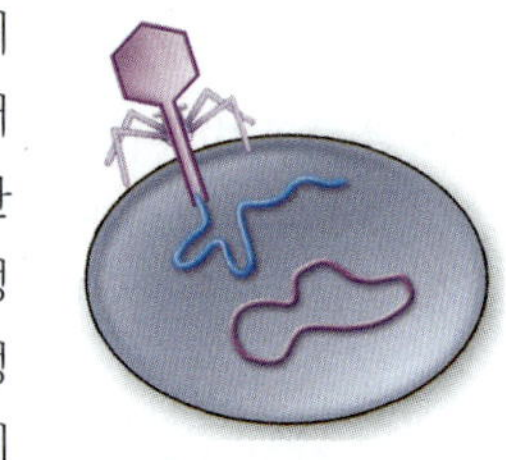

바이러스 DNA는 용균성 생활환으로 전환된다(**그림 16.11**).

16.9 동물 바이러스의 세포 주입 방법

- 동물 바이러스는 세포내 섭취나 막융합을 통해 숙주세포로 주입된다. HIV 바이러스는 숙주세포 막 수용체에 붙어 함입하여 들어간다. 일단 세포 안으로 들어가면 HIV는 역전사 효소에 의해 자신의 바이러스 RNA로부터 DNA를 합성한다. 이 바이러스 DNA는 숙주 DNA에 주입되고 새로운 바이러스를 만들도록 지시하여 감염세포에서 출아하여 나가게 한다(**그림 16.13**). HIV는 다시 일부 변형되어 CD4$^+$ T 세포 수용체에 결합된다. 이 CD4$^+$ 감염은 세포 붕괴로 이르게 하여 T 세포를 죽이고 다른 T 세포 감염으로 이어지게 한다.

16.10 바이러스 병

- 바이러스는 **표 16.3**에서 보듯 독감 바이러스와 같이 종종 동물에서 인체로 전염된다. 1918년 수백만 명을 사망하게 한 치명적 바이러스인 인플루엔자는 지속적 위협을 주고 있다.

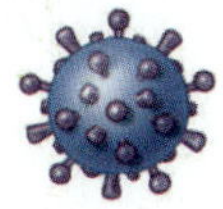

이해력 확인 문제

1. 다음 중 Miller와 Urey 실험에서 사용된 가정이 아닌 것은 무엇인가?
   a. 지구의 원시대기는 메탄을 포함했다.
   b. 지구의 원시대기는 현재의 산소와 동일한 양을 포함했다.
   c. 번개가 화학반응 에너지를 제공했다.
   d. 대형 유기 분자들을 이루는 데 사용된 소형 무기화합물이 대기와 물에 존재했다.

2. 최초의 세포가 어떻게 형성되었는지 아직 잘 모르지만 과학자들은 첫 생물체 활성 거대분자는 다음 중 무엇이라고 가정하는가?
   a. 단백질　　b. RNA
   c. DNA　　d. 탄수화물

3. 세균에 대한 설명으로 옳은 것은?
   a. 원핵생물이다.
   b. 적어도 25억 년 동안 지구에 생존했다.
   c. 지구상에 가장 풍부한 생물형이다.
   d. 모두 옳음

4. 일부 원핵생물 종은 이산화탄소에서 탄소를 얻고, 무기물 화합물을 산화시킴으로 에너지를 얻을 수 있다. 이러한 생물종들을 다음과 같이 부른다.
   a. 광 자가영양체　　b. 광 타가영양체
   c. 화학 자가영양체　　d. 화학 타가영양체

5. 다음 중 어느 것이 세균에 해당하는가?
   a. 죽은 유기물의 분해
   b. 대기에 산소 수준을 증가시킨다.
   c. 식물에 곤충 저항성
   d. 모두 옳음

6. 시아노박테리아는 어떠한 이유로 지구 역사에 매우 중요하다고 고려되고 있는가?
   a. 핵산을 형성하기 때문에
   b. 단백질을 형성하기 때문에
   c. 대기에 있는 이산화탄소를 생산하기 때문에
   d. 대기에 있는 산소를 생산하기 때문에

7. 바이러스는에 대한 설명으로 옳은 것은?
   a. DNA 또는 RNA를 포함하는 단백질 외피
   b. 단순한 진핵생명체 세포
   c. 단순한 원핵생명체 세포
   d. 살아 있는 생명체

8. 바이러스가 세포에 침입하여, 세포 구조물을 이용하여 더 많은 바이러스를 만들고 그 때 새로운 세포를 방출시키기 위해 세포를 붕괴시키는 바이러스 생식 생활환은 무엇인가?
   a. 용원성 생활환　　b. 람다 생활환
   c. 용균성 생활환　　d. 프로파지 생활환

9. 동물 바이러스는 무슨 방법으로 동물세포에 침입하는가?
   a. 세포외 배출
   b. 바이러스 표면 마커와 세포표면에 상응한 마커를 연결하면서
   c. 단백질 꼬리 섬유를 숙주세포에 밀착시키면서
   d. 바이러스 단백질 외피를 숙주세포막 어떤 곳에든 밀착시키면서

10. HIV는 RNA를 함유하는 바이러스이다. 유전물질을 세포 유전체로 주입되기 위해 HIV는 다음 단계를 거쳐야 한다.
   a. 숙주세포 리보솜과 RNA를 읽어 거꾸로 DNA를 형성하게 하는 효소를 이용해야 한다.
   b. 아무 것도 하지 않는다. 단지 바이러스 RNA가 변화 없이 그대로 숙주 DNA에 주입된다.
   c. 바이러스 RNA를 DNA로 전환시키는 소위 역전사효소를 이용하여 세포 염색체로 주입된다.
   d. 모두 옳지 않음

응용력 확인 문제

1. **그림 16.2** 생명현상은 지구가 폐쇄계가 아니기 때문에 열역학 제2 법칙에 위배된다. 에너지는 연속적으로 추가된다. 무엇이 이 그림에서 보여주는 분자를 형성할 수 있는 에너지를 제공하는가?

2. **그림 16.9** 바이러스는 서로 매우 다른 형태와 모양새를 보인다. 어떤 부분이 모든 바이러스의 공통적 형상인가?

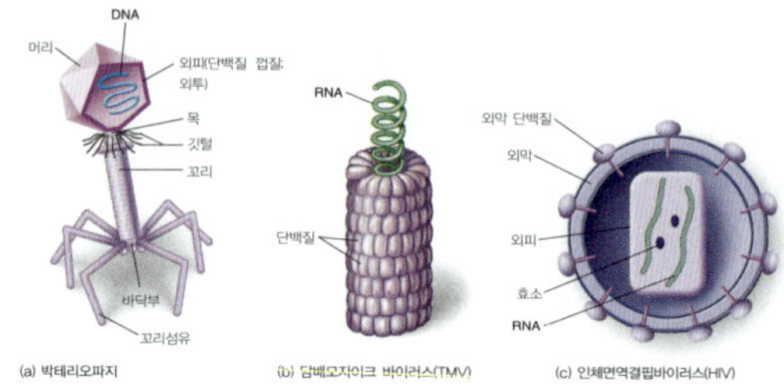

종합 학습

1. *Pelomyxa palustris*는 미토콘드리아가 없는 특이한 단세포 진핵생물[그 자체가 분류군의 문(phylum)을 이룬다!]이다. *Pelomyxa*는 산소 조건에서 생활할 수 있는데 이는 자신의 세포질에 공생세균을 가지고 산화적 대사를 수행할 수 있기 때문이다. *Pelomyxa*의 음식물 분자를 산화시킬 수 있는 능력이 진핵생물의 기원에 대한 내부공생자 이론의 찬반론에 대해서 어떻게 논의될 수 있을까?

17
원생생물: 진핵생물의 출현

학습단원

진핵생물의 진화

17.1 진핵세포의 기원
1. 진핵생물의 정의
2. 핵과 소포체의 기원
3. 미토콘드리아와 엽록체의 공생적 기원을 지지해주는 증거들에 대한 평가

17.2 성의 진화
1. 유성생식과 유성생식의 비교
2. 성의 진화 방법과 이유
3. 우성생식의 세 가지 유형

원생생물

17.3 가장 원시적인 진핵생물인 원생생물의 일반생물학
1. 대부분 원생생물의 유성생식과 무성생식의 차이
2. 다세포성 개체, 세포응집, 균총을 형성하는 생물체의 차이

17.4 원생생물의 분류
1. 원생생물의 정의
2. 계통도를 이용한 세 가지 전형적인 원생생물 무리의 비교

17.5 원생생물 계통도의 기초
1. 현재 멸종되기 시작하는 원생생물과 유사한 두 가지 원생생물의 설명

17.6 다양한 계
1. 편모충인 유글레나류 간의 광합성
2. 섬모충, 와편모류, 포자충 사이의 운동 차이

17.7 식물로의 진화
1. 적조류와 녹조류의 차이
2. 조류가 녹색식물을 만든 증거의 평가

17.8 동물로의 진화
1. 동물의 직접적인 조상으로 생각되는 원생생물의 기술과 가설을 지지해 주는 증거들에 대한 평가

17.9 "아직 원생생물 계통도에 분류되지 못하다"
1. 원생생물 계통도에 아직 분류되지 않은 5개 무리의 이름과 서술

질문 & 분석: 말라리아에 대한 일련의 차단에 대한 정의

여러분은 진핵생물이며, 핵을 가진 세포들로 구성된 생물체이다. 주위에서 눈으로 볼 수 있는 모든 생명체 또한 진핵생물이며, 원핵생물은 눈으로 보기에는 너무 작아서 현미경으로 확대해서 관찰해야 한다. 생물학자들은 생물계에 존재하는 진핵생물을 크게 4개로 나누어서 계(kingdom)라고 한다. 이 장에서는 동물, 식물, 균(곰팡이), 그리고 네 번째 계인 원생생물을 다룬다. 사진의 아름다운 꽃과 같은 생물체는 원생생물로 녹조류인 *Acetobularia*이다. 이 생물은 광합성을 하며 엄지손가락 크기로 가는 줄기처럼 자란다. 지난 세기에 몇몇 생물학자들은 이 생물을 단순한 식물의 한 종류로 생각하였다. 그러나 오늘날, 대부분 생물학자들은 이 생물을 원생생물로 분류하며, 식물계를 다세포성 광합성 육지생물로 정의한다(약간의 바다 또는 수생종(수련)들은 지상의 조상에서 유래되었다). *Acetobularia*는 바다생물로 육지생물은 아니며, 단세포 생물로 줄기의 기저에서 한 개의 핵이 발견된다. 이 장에서 우리는 어떻게 원생생물이 진화를 하고, 다양한 생물계에서 발견되는 생물체 분류를 다룰 것이다. 다세포성 생물은 원생생물 내에서 오랜 시간동안 진화해 왔으며, 동물계, 식물계, 균계의 조상을 만들었을 뿐만 아니라 나무와 같은 큰 일부 다세포성 조류도 만들었다.

17.1 진핵세포의 기원

최초의 진핵세포

17억 년 이상 된 모든 화석들은 작고 단순한 세포이며, 오늘날의 세균과 유사하다. 약 17억 년된 바위에서 최초의 미세화석을 관찰할 수 있고, 이들 화석들은 세균보다 훨씬 크고, 내막과 세포벽을 가진다. **진핵생물(eukaryote**, 그리스어로 *eu*는 '진짜', *karyon*은 '핵'의 의미)이라는 새로운 종류의 생명체가 나타났다. 진핵세포의 주된 특징 중 하나는 핵이라는 내부구조체가 있다는 점이다(4.5절 참조). 제15장에서 기술한 것처럼 동물, 식물, 곰팡이, 원생생물은 모두 진핵생물이다. 이 장에서 진핵생물로 진화된 것으로 생각되는 원생생물을 탐구하고자 한다. 그러나 먼저 진핵생물의 통일된 특징을 살펴보고, 어떻게 유래되었는지 알아보고자 한다.

먼저, 어떻게 핵이 나타나게 되었을까? 많은 세균들은 안쪽으로 뻗어 나오는 외막이 함입되고 이것들이 표면과 세포 내부 사이의 통로 역할을 하였다. 진핵생물에서 내막의 네트워크는 소포체로 불리는데, 함입에서 유래된 것으로 생각되며, 핵막도 마찬가지다(**그림 17.1**). 가장 왼쪽으로 보이는 원핵세포는 세포막 함입을 가지며, DNA는 세포의 중앙에 위치한다. 원시 진핵세포에서 이들 내막의 확장은 세포로 진행되도록 진화해 왔고, 세포의 내막과 외막 사이에서 통로로서 그들의 기능을 유지하였다. 궁극적으로 이들 막들은 오른쪽에서 보이듯이 DNA를 둘러싼 구조를 형성하게 되었고, 핵막을 만들었다.

최초의 진핵세포는 어떻게 생겼을까? 확실하게 알 수 없지만 좋은 모델로 *Pelomyxa palustris*가 있다. 이 생물은 단세포 생물로 광합성을 하지 않으며, 일부 과학자들은 진핵세포의 진화 초기 단계의 대표 종으로 생각한다. *Pelomyxa* 세포는 세균보다 훨씬 크며, 복잡한 내막구조를 갖는다. 이들이 가장 큰 초기 진핵생물의 화석과 비슷하지만 다른 종류의 진핵세포와는 다른 것처럼 보인다. *Pelomyxa*는 미토콘드리아가 없으며 체세포분열이 드물다. 이 생물은 미토콘드리아를 가지지 않은 것보다는 잃어버렸을 것으로 생각된다. 이 원시세포는 독특해서 Caryoblastea 문으로 분류되어 있다.

DNA 유사성으로 보아 최초의 진핵세포는 고세균류(archaea)의 광합성을 하지 않는 후손으로 추정된다.

공생

내막과 핵 이외에 진핵세포는 몇 가지 다른 세포소기관들이 있다. 이들 세포소기관들은 제4장에서 다루었다. 이들 세포소기관 중에서 2개의 소기관인 미토콘드리아와 엽록체는 특히 독특한데, 이들이 세균과 유사하며 자신만의 DNA를 가지고 있기 때문이다. 4.7절과 15.9절에서 살펴보았듯이 미토콘드리아와 엽록체는 공생에 의해 나타난 것으로 생각되며, 한 생명체가 다른 생명체 안으로 들어온 것으로 보인다. **공생이론**

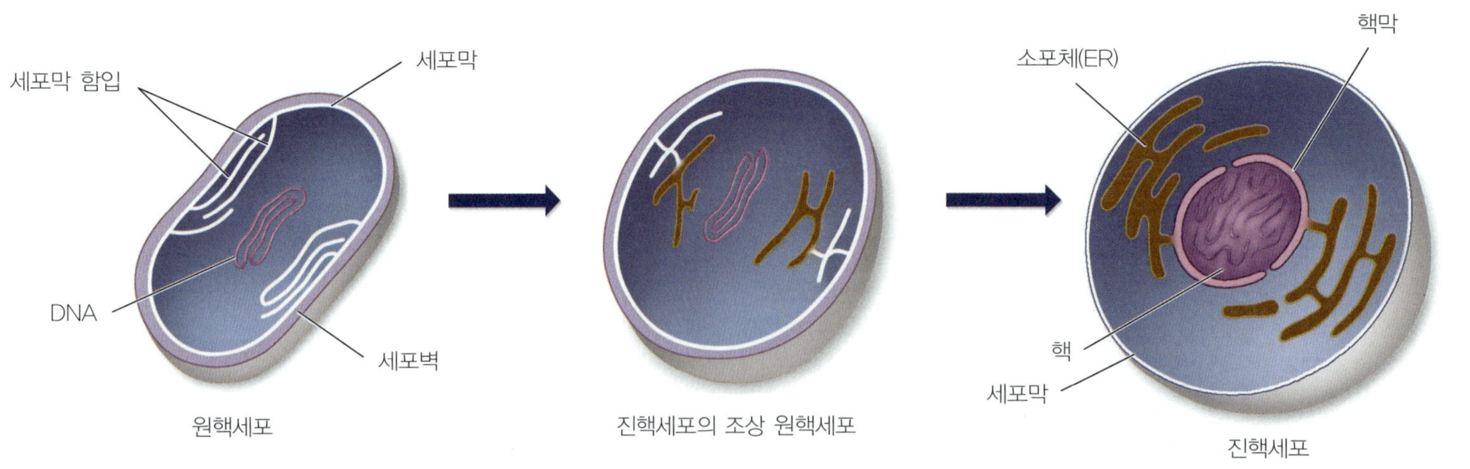

그림 17.1 핵과 소포체의 유래

오늘날 많은 세균은 세포막으로 싸여 있다. 소포체와 핵막이라고 하는 진핵세포의 내막계는 진핵세포를 만드는 원핵세포의 세포막의 함입에서 진화하였을지 모른다.

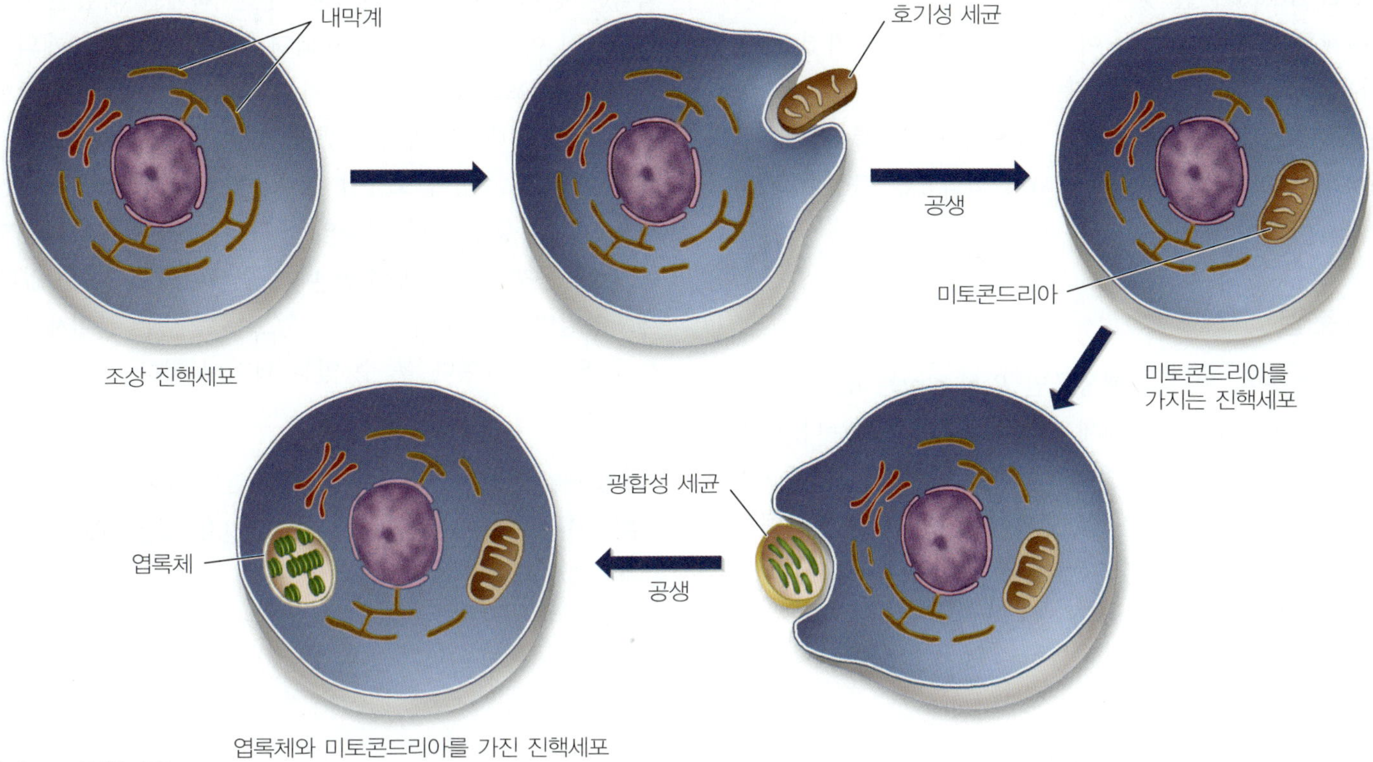

그림 17.2 공생이론

과학자들은 원시 진핵세포가 호기성 세균을 받아들인 것을 제안하였고, 후에 진핵세포에서 미토콘드리아가 되었다. 엽록체는 진핵세포가 엽록체가 될 광합성을 하는 세균을 받아들여 앞에서 언급한 방식과 같은 방법으로 유래되었을지도 모른다.

(endosymbiotic theory)은 현재 많은 과학자들이 인정하는 이론으로 진핵세포의 진화에서 중요한 단계인 에너지를 만드는 호기성 세균이 크기가 큰 초기 진핵세포에서 공생적으로 자리 잡게 되었다는 것이 우리가 알고 있는 미토콘드리아가 세포소기관으로 진화하였다는 것을 설명해 준다. 유사하게 광합성을 하는 세균은 초기 진핵세포 내에 살게 되어 식물과 조류의 광합성을 하는 소기관인 엽록체의 진화를 이끌었다(**그림 17.2**). 공생이론을 지지하는 증거들을 좀 더 가깝게 살펴보자.

미토콘드리아 미토콘드리아는 진핵세포의 에너지를 만드는 소기관으로 소시지 모양이며, 1~3μm 길이로 세균의 길이와 비슷하다. 미토콘드리아는 *2개의* 막으로 구분된다. 외막은 부드럽고 세균 주변을 둘러싼 것처럼 분명하게 숙주에서 유래된 것이다. 내막은 산화과정의 단백질이 매립되어 있는 많은 층으로 접혀 있다. 미토콘드리아가 진핵세포 내에서 공생체로 존재한 15억 년 동안 미토콘드리아 유전자는 숙주세포의 염색체로 이동하였으나 전부는 아니다. 각 미토콘드리아는 여전히 자신의 유전체를 가지고 있고, 닫힌 환형의 DNA 구조는 세균의 것과 유사하다. DNA 상에 산화과정에 필수적인 일부 단백질을 만드는 유전자들이 위치한다. 이들 유전자들은 미토콘드리아 안에서 전사되고, 진핵세포의 리보솜과 유사한 미토콘드리아, 리보솜을 사용하는데, 세균의 리보솜과 크기와 구조가 또한 유사하다. 세균이 분열하듯이 미토콘드리아는 단순한 쪼개짐으로 분열하고, 세포내 핵분열 없이 분열이 가능하다. 미토콘드리아는 복제되고, 세균처럼 DNA를 정렬한다. 그러나 세포의 핵 내 유전자들이 과정을 조절하고 미토콘드리아는 세포가 없는 환경인 진핵세포의 바깥에서는 자라지 못한다.

엽록체 많은 진핵세포들은 미토콘드리아 외에 다른 공생세균을 가진다. 식물과 조류는 세균과 유사한 엽록체를 가지며 엽록체는 공생 광합성 세균에서 유래되었다. 엽록체는 복잡한 내막구조와 환형 DNA를 가진다. 미토콘드리아가 한 번의 공생과정에서 나타났다고 생각되는 반면에 엽록체는 확실한 과정을 말하기 어렵다. 엽록체에서 3개의 생화학적인 분류체계가 존재하며, 이 체계를 근거로 남세균(cyanobacteria)에서 기원을 한 것처럼 보인다.

적조류와 녹조류는 공생체로 남조류를 얻어 가까운 자매

관계(sister group)가 된 것처럼 보인다. 다른 조류들은 2차 기원 엽록체를 가지며 과거에 이들 조류의 한 종을 가졌다. 유글레나류(euglenoids)의 엽록체는 기원에서 녹조류일 것으로 생각된 반면, 갈조류와 규조류의 엽록체는 적조류 기원처럼 생각된다. 와편모류(dinoflagellates)의 엽록체는 복잡한 기원으로 규조류를 포함할 수 있다.

체세포분열

먼저 언급했듯이, 원시 진핵생물인 *Pelamyxa*는 진핵세포의 일반적인 세포분열과정인 체세포분열을 보이지 않는다. 어떻게 체세포분열이 진화하였을까? 현재 일반적인 진핵세포의 방식인 체세포분열 기작은 한 번에 발전하지 않았다. 매우 상이하고, 가능한 중간적인 기작의 흔적들은 일부 진핵생물에서 남아 있다. 곰팡이와 원생생물의 일부에서 예를 들면, 핵막은 분리되지 않고 체세포분열은 핵에만 국한된다. 체세포분열이 이들 생물에서 완료되면 핵은 분열하여 2개의 딸핵이 되고, 세포의 남은 부분만이 분열한다. 체세포분열에서 핵분리 상태는 대부분의 원생생물, 식물, 동물에서는 보이지 않는다. 이러한 과정이 오늘날 대부분의 진핵생물의 특징인 체세포분열 형성을 위한 여행의 중간적 과정을 나타내는지 또는 같은 문제를 푸는 단순한 다른 방식인지는 알 수 없다. 체세포분열의 역사를 추적할 수 있도록 충분한 분열세포의 내부를 우리가 들여다 볼 수 있는 화석이 없다.

주요 학습 요점 17.1 공생이론은 미토콘드리아가 호기성 세균에서 유래되었고, 두 번째 공생과정으로 엽록체가 광합성 세균에서 유래되었다고 제안한다.

17.2 성의 진화

이전 절에서 우리는 원핵생물과 진핵생물 간의 몇몇 구조적 차이점을 설명하였다. 그러나 진핵생물의 가장 중요한 특징 중의 하나는 생식능력이다. 사실, 원생생물의 많은 종류가 유성생식을 한다. **유성생식(sexual reproduction)**에서 두 다른 부모는 배우자가 후손이 되도록 기여한다. 배우자는 대개 감수분열을 통해 형성되며 제9장에서 다루었다. 대부분의 진핵생물에서 배우자는 반수체(n, 각 염색체의 한쪽만 있는 상태)이며, 배우자의 결합으로 생성되는 후손은 이배체($2n$, 각 염색체 두 쪽이 다 있는 상태)이다. 이 절에서는 진핵생물에서 유성생식과 어떻게 발전하였는지 알아본다.

성이 없는 생명

유성생식을 이해하기 위해 진핵생물에서의 무성생식을 먼저 알아보자. 해면생물을 예를 들어 생각해 보자. 해면생물은 몸을 단순히 분리하여 *출아*(budding) 과정을 통해 증식할 수 있다. 이것은 **무성생식(asexual reproduction)**의 한 예로, 배우자 없는 증식을 말한다. 무성생식에서 후손은 돌연변이가 없다면 유전적으로 어미(부모)와 동일하다. 대부분의 원생생물 주로 무성생식으로 증식한다. 녹조류 같은 일부 원생생물은 유성생식을 보이지만, 단지 일시적이다. 원생생물인 짚신벌레(*Paramecium*)의 무성생식이 **그림 17.3*a***에 설명되어 있다. 하

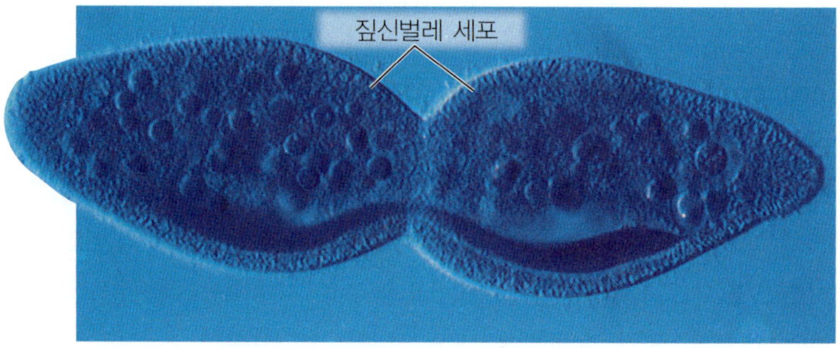

(a)

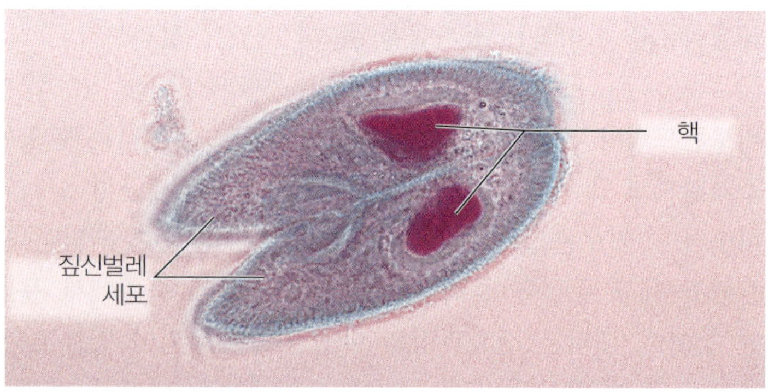

(b)

그림 17.3 짚신벌레 간의 생식
(*a*) 짚신벌레가 무성생식할 때 성숙된 개체가 분열하고 유전적으로 동일한 두 개체가 만들어진다. (*b*) 유성생식에서 성숙된 두 세포는 접합이라는 과정에서 결합하고(×100) 반수체 핵을 교환한다.

나의 세포는 DNA를 복제하고 크게 성장하고, 2개로 분열한다. 이배체 접합자를 형성하기 위한 두 반수체 세포의 결합은 유성생식의 필수과정으로, 자극이 있는 상태에서만 일어난다. 짚신벌레는 **그림 17.3*b***에서 유성생식을 하고 있다. 이 경우, 세포는 반으로 쪼개지지 않는다. 두 세포가 가깝게 연결된 상태로 *접합*(conjugation)을 통해 반수체 핵에서 유전물질이 교환된다.

무수정란에서 성체로 발달은 **단위생식(parthenogenesis)**이라고 부르는 무성생식방법이다. 단위생식은 곤충에서 생식의 일반적인 과정이다. 예를 들면 벌에서 수정된 알은 암컷으로 발달하지만 무수정란은 수컷이 된다. 일부 도마뱀, 어류, 양서류는 단위생식으로 생식한다. 무수정란은 세포질 분리 없이 체세포분열하여 이배체 세포가 된다. 그 후 2개 배우자의 성적 결합에 의해 만들어진 세포처럼 발달한다.

많은 식물과 바다어류는 성의 상대와 관계없는 유성생식을 한다. **자가수정(self fertilization)**에서 각 개체는 암컷과 수컷 모두의 배우자를 제공한다. 제10장에서 다룬 Mendel의 완두콩은 자가교배를 통해 자손(F_2)을 만든다. 왜 이런 방식은 무성생식이 아닐까? (결국 1개체의 부모임에도) 이 과정은 무성생식보다는 유성생식으로 인식된다. 그 이유는 후손이 유전적으로 부모와 일치하지 않기 때문이다. 감수분열로 배우자가 만들어지는 동안 많은 유전적 재정렬 과정이 일어난다. 이러한 과정이 Mendel의 자손 식물이 모두 같지 않은 이유이다.

왜 성이 필요할까?

만일 현제 무성생식이 진핵생물에서 일반적이라면, "왜 성이 모두에게 있을까?"라는 물음은 좋은 질문이다. 진화는 개체의 생존과 생식 수준에서 일어나는 변화의 결과이고, 유성생식과 관계된 후대가 얻게 되는 이익은 바로 나타나지 않는다. 사실, 감수분열에서 나타나는 염색체 분리는 새롭고 더 발전된 것을 결합시키기보다는 대개 유전자에 도움이 되는 재조합을 막는 경향이 있다. 만일 부모가 무성생식을 한다면 모든 군집이 부모의 성공적인 유전자 조합을 유지하기 때문에 진핵생물 사이에 유성생식의 넓은 분포는 다음과 같은 궁금증을 유발한다. 유성생식을 진화시킨 성이 주는 장점은 무엇일까?

성은 어떻게 발달하였을까?

이 물음에 대한 답을 하려는 시도에서 생물학자들은 원생생물 중에서 성이 먼저 발달하였는지 더 유심히 관찰해 왔다. 왜 많은 원생생물들이 자극에 대한 반응으로 이배체 세포를 형성할까? 생물학자들은 이러한 현상이 이배체 세포에서 일부 염색체 손상(DNA에서 이중나선의 절단)만이 효율적으로 복구된다고 생각하였다. 예를 들면, 이중나선 손상은 수분제거에 의한 건조(desiccation)로 유도된다. 감수분열 초기단계에서 각 염색체의 한 쌍이 열을 지어 있고, 서로 짝을 이룬다. 이것은 손상된 염색체를 고치도록 이끄는 주형이 손상받지 않은 염색체를 이용해서 DNA에 대한 이중나선 복구를 위한 기작으로 발전한 것처럼 생각된다. 효모에서 염색체의 이중나선 손상을 복구하는 체계를 불활성화시키는 돌연변이는 또한 교차가 일어나지 않게 한다. 그러므로 유성생식과 감수분열동안 일어나는 염색체 쌍 사이의 가까운 연관은 주형으로 염색체의 두 번째 복제를 이용하여 염색체 손상을 복구하기 위한 기작으로 발전시킨 것처럼 보인다.

왜 성이 중요할까?

진핵생물에서 가장 중요한 진화적인 발전의 하나는 성의 발견이다. 유성생식은 유전자 조합의 강력한 도구를 제공하고 개체들 간의 다른 유전자 조합을 빠르게 만든다. 유전적 다양성은 진화를 위한 재료이다. 많은 경우 진화의 속도는 행동이 따르는 선택을 위해 사용 가능한 유전적 변이 수준에 속도를 붙이는 것처럼 보인다. 유전적 다양성이 클수록 진화의 속도도 더 빨라진다. 예를 들면, 보다 큰 소나 양을 선택하기 위한 프로그램은 초기에 빠르게 진행되지만 존재하는 유전적인 조합이 고갈되면 느려진다. 추가적인 진화는 새로운 유전자 조합의 생성이 필요하다. 유성생식이 만드는 유전적 재조합은 거대한 진화적 결과를 가지는데 커다란 유전적 다양성을 빠르게 만드는 능력에 기인한다.

생식주기

많은 원생생물은 반수체이지만 일부 예외를 가지며 동물과 식물은 일부 단계에서 이배체 상태이다. 다시 말하면 대부분 동물과 식물의 체세포는 염색체가 쌍으로 있으며, 하나는 부계, 다른 하나는 모계에서 온 것이다. 유성생식에서 두 배우자 결합이 수반되는 감수분열에 의한 반수체 배우자 생산을 생식주기라고 한다.

진핵생물은 세 가지의 **생식주기(sexual life cycle)** 형태로 특징 지을 수 있다(**그림 17.4**).

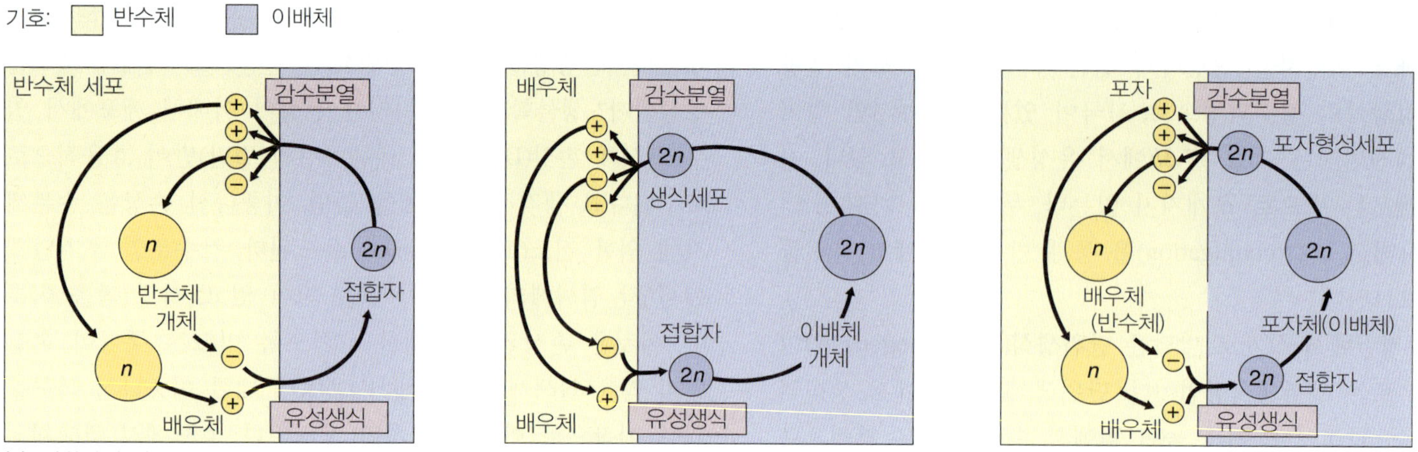

(a) 접합자의 감수분열 (b) 배우체의 감수분열 (c) 포자의 감수분열

그림 17.4 진핵세포의 세 가지 생활환

(*a*) 접합자의 감수분열, 대부분의 원생생물에서 관찰되는 생활환. (*b*) 배우체의 감수분열, 동물의 전형적인 생활환. (*c*) 포자의 감수분열, 식물에서 발견되는 생활환

1. 많은 조류에서 발견되는 가장 단순한 생물에서, 배우체의 결합으로 생산되는 접합자(zygote)는 유일한 이배체이다. **그림 17.4*a***에서 보이는 생활환의 순서는 **접합자 감수분열(zygotic meiosis)**이라고 하는데, 조류에서 접합자가 감수분열하기 때문이다. 반수체세포는 노란사각형으로 표시하였듯이 생활환의 주된 부분을 차지한다. 이배체 접합자는 형성된 후 바로 감수분열을 한다.
2. 대부분 동물에서 배우체는 유일한 반수체세포이다. 이들 세포는 **배우체 감수분열(gametic meiosis)** 하는데 동물에서 감수분열이 배우체를 형성하기 때문이다. **그림 17.4*b***의 파란 사각형에서 보듯이 이배체 세포가 생활환의 주된 부분을 차지한다.
3. 식물은 **포자 감수분열(sporic meiosis)**을 하는데 식물에서 포자를 형성하는 세포가 감수분열을 하기 때문이다. 식물에서 일정한 **세대교번(alternation of generations)**이 반수체 상태(**그림 17.4*c***의 노란색 사각형)와 이배체 상태(**그림 17.4*c***의 파란색 사각형) 사이에 존재한다. 이배체 상태는 반수체 상태를 만드는 포자를 생산하고, 반수체 상태는 이배체 상태를 만들기 위해 결합하는 배우체를 생산한다.

성의 생성은 부모가 관여하는 감수분열과 수정에 관련이 있다. 어떤 두 세균은 접합으로 짝을 이루어 유전체 부분을 교환하지만, 세균이 정확한 유성생식을 하지 않는다고 말한다. 원생생물에서 진정한 유성생식의 진화는 중요한 큰 다양성과 생활방식의 독특한 범주의 적응에 기여해 왔고 이러한 내용은 17.3절에서 다룰 것이다.

주요 학습 요점 17.2 성은 염색체 손상을 복구하기 위한 기작으로서 발전해 왔지만, 성의 중요성은 세대의 다양성에 있다.

원생생물

17.3 가장 원시적인 진핵생물인 원생생물의 일반생물학

원생생물은 가장 원시적인 진핵생물로 한 가지 부정적 특징을 기반으로 묶여 있다. 원생생물은 곰팡이, 식물, 동물이 아니다. 모든 관점에서 원생생물은 묶을 수 있는 특징이 없이 매우 다양하다. 많은 원생생물이 단세포성으로 **그림 17.5**에서 보이는 *Vorticella*처럼 수축성 줄기가 있지만, 많은 균총(colony; 군집)을 형성하는 다세포성 종들도 있다. 대부분 현미경에서 관찰되지만 나무처럼 큰 것들도 있다. 우리는 원생동물의 중요한 몇몇 특징에 대해 살펴볼 것이다.

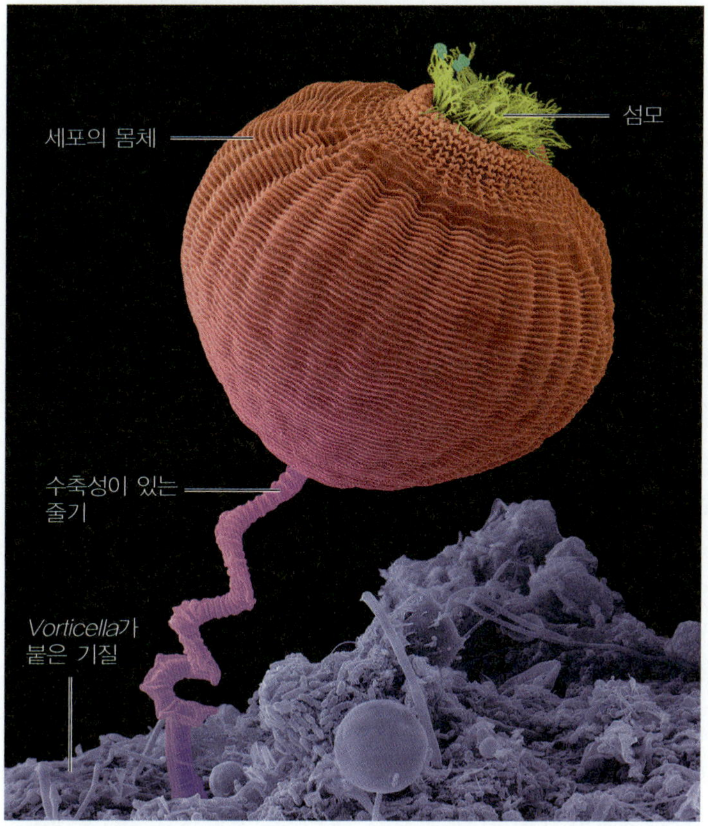

그림 17.5 단세포성 원생생물
원생생물계는 종속영양체로 세균을 먹이로 하며 수축성 줄기가 있는 *Vorticella*(Ciliophora, 유모동물문)와 같은 다양한 단세포성 생물의 무리를 가진 다양한 생물계이다.

세포표면

원생생물은 다양한 형태의 표면을 가지고 있다. 모든 원생생물은 세포막을 가진다. 그러나 일부 원생생물은 조류나 곰팡이(mold)처럼 딱딱한 세포벽으로 둘러싸여 있다. 규조류(diatom)와 방산충(radiolarian)처럼 여전히 다른 원생생물은 실리카(silica)와 같은 투명한 껍질을 분비한다.

운동소기관

원생생물에서 운동은 다양한 기작에 의해 수행된다. 원생생물은 편모, 섬모, 의족 또는 미끄러짐 기작을 통해 이동한다. 많은 원생생물은 1개 또는 그 이상의 편모로 요동쳐서 수중에서 이동하는 반면, 다른 원생생물은 짧고, 편모와 비슷한 구조의 각이 진 섬모를 이용해서 먹이활동이나 추진력을 위해 물의 흐름을 만든다. 아메바의 *위족*(pseudopodia)은 주된 운동수단으로, 큰 *엽상위족*(lobopodia)이라고 하는 세포체의 뭉툭한 확장 형태이다. 다른 관련된 원생생물은 *사상위족*(filopodia)이라고 하는 가늘고 가지처럼 돌출되어 확장된 형태이다. 다른 원생생물은 *축족*(axopodia)이라고 하는 길고 가는 위족을 확장시키는데, 이 구조는 미세소관의 장축이 지지한다. 축족은 확장되거나 움츠려질 수 있다. 끝이 인접한 표면에 접착될 수 있기 때문에 세포는 돌아가는 동작을 통해 움직일 수 있는데, 전면에서는 축족을 짧게 하고 후면에서는 확장시킨다.

낭포형성

섬세한 표면을 가진 많은 원생생물은 매우 살기 어려운 서식처에서 성공적으로 생존한다. 어떻게 잘 살아남을 수 있을까? 원생생물은 살기에 부적절한 환경에서 **낭포(cyst)**를 형성하여 살아남는다. 낭포는 환경에 저항적인 표면을 가지는 세포의 휴면상태로 세포대사가 거의 정지된다. 예를 들어 척추동물에서 아메바성 기생체는 낭포를 형성하여 위의 산성에 상당한 저항성을 보인다(이들 기생체가 건조나 고온에 견디지 않는다 할지라도).

영양

원생생물은 화학적 자급영양을 제외한 모든 형태의 영양습득이 가능하다. 화학적 자급영양은 원핵생물에서만 관찰된다. 일부 원생생물은 광합성을 하는 자가영양체로 **광영양생물(phototroph)**이라고 한다. 다른 원생생물은 종속영양생물(heterotroph)로 영양분을 다른 유기체가 합성한 유기분자로부터 얻는다. 종속영양생물인 원생생물 중에서 먹이를 섭취하는 원생생물은 **섭식생물(phagotroph)** 또는 **완전동물성 영양생물(holozoic feeder)**이라고 한다. 수용성 형태의 먹이를 섭취하는 원생생물은 **삼투영양생물(osmotroph)** 또는 **부생동물성 영양생물(saprozoic feeder)**이라고 한다.

섭식생물은 먹이를 섭취하여 **먹이액포(food vacuole)** 또는 **식포(phagosome)**라고 하는 세포 간 소낭으로 보낸다. 리소좀은 먹이액포와 결합되어 효소가 먹이를 소화하도록 돕는다. 액포의 막을 통해 소화된 분자들이 흡수되면 먹이액포는 점차 작아진다.

생식

원생생물은 전형적으로 무성생식을 하며, 스트레스가 가해지면 유성생식을 한다. 무성생식은 체세포분열과 관련이 있으나 다세포 동물에서 보이는 체세포분열과는 다소 차이가 있다. 예를 들면, 핵막이 체세포분열동안 유지되고 그 안에 미세소관 섬유(microtubular spindle)가 형성되어 있다. 일부 그룹에서 무성생식은 포자형성과 관련이 있고, 다른 그룹에서는 단순 분열과 관련이 있다. 단순분열의 가장 일반적인 형태는 세포가 단순히 거의 같은 반쪽으로 나누어지는 것(**이분법; binary**)이다. 후대세포가 모세포보다 훨씬 작을 때, 그리고 성체크기로 자랄 때, 단순분열과정을 **출아(budding)**라고 한다. 다중 단순분열 또는 **증원생식(schizogony)**은 원생생물에서 일반적이며, 단순분열은 여러 핵분열로 진행되어 거의 동시에 여러 개체를 형성한다.

유성생식 또한 원생생물에서 많은 형태로 일어난다. 섬모충에서 **배우체 감수분열(gametic meiosis)**은 배우체 형성 직전에 일어나는데 대부분의 동물에서도 마찬가지다. 포자충에서 **접합자 감수분열(zygotic meiosis)**은 수정 후 직접적으로 일어나면 만들어지는 모든 개체는 다음 접합자가 형성될 때까지 반수체이다. 조류에서 **포자 감수분열(sporic meiosis)**은 식물에서 보이는 유사한 세대교번을 형성하며 반수체 또는 이배체 형태로 생활환의 중요한 부분을 형성한다.

다세포성

단세포는 제한성이 있다. 심각한 표면-부피 문제를 직면하지 않고는 단세포는 단지 커지기만 할 수 있다. 간단히 말해, 세포가 커짐에 따라 커지는 부피에 대해 표면적이 매우 작아지는 것이다. 다세포 개체의 진화는 이 문제를 해결한 많은 세포로 구성되어 있다. **다세포성(multicellularity)**은 유기체가 영속적으로 서로 연관된 세포로 구성된 환경이며 세포는 활성을 종합한다. 다세포성의 가장 큰 이점은 특성화가 가능하다는 것이다. 세포, 조직, 기관의 독특한 형태는 한 개체 내에서 분화될 수 있고 각각은 다른 기능을 가진다. 체내에서 기능적인 역할의 분리로 다세포 생물은 몸을 보호하는 세포, 몸을 움직이게 하는 세포, 짝을 찾거나, 먹이를 찾게 하는 세포, 활성을 가지는 숙주에 대해 임무를 수행할 수 있는 세포를 가질 수 있다. 이러한 사실들이 생명체를 기능하게 하고 단세포 조상에게는 불가능했던 복잡성을 가지게 한다. 이러한 방식으로 5만 명이 거주하는 작은 도시가 축구경기장 안의 5만 관중보다 훨씬 복잡하고 기능적이다. 각 도시 거주자는 군중 내에 단지 다른 개체라기보다는 특정 활동 내에서 특성화되어 있고, 모든 사람이 서로 연관되어 있다.

균총 **균총을 형성하는 생명체(colonial organism)**는 지속적으로 연관 있는 세포의 집합체이지만 세포활성이 종합되거나 하는 일은 거의 일어나지 않는다. 많은 원생생물은 균총 결합을 형성하며 분화나 결합을 거의 보이지 않는 많은 세포로 구성되어 있다. 일부 원생생물에서 균총을 형성하는 것과 다세포체 사이의 특징은 모호하다. 예를 들면 **그림 17.6**에 보이는 녹조류인 *Volvox*에서 운동성을 가진 각 세포가 속이 빈 공 모양을 가진 세포 안에 뭉쳐 있고, 각 세포의 조율된 편모운동에 의해 움직인다. 마치 노 젓는 사람들처럼 협력적으로 모두 그들의 노를 잡아당긴다. 움직이는 균총 뒤쪽에 있는 일부세포는 생식이 가능한 세포지만 대부분은 상대적으로 덜 분화되어 있다.

그림 17.6 군집을 이루는 원생생물
움직일 수 있는 단세포성 녹조류 개체는 원생생물인 *Volvox*로 묶이며, 안이 비어 있는 구형균총세포는 각 세포의 편모가 운동을 하면서 이동한다. *Volvox* 일부 종은 균총 활동을 조절하는 세포질 결합을 가진다. *Volvox* 균총은 매우 복잡한 형태로 다세포성 생활의 많은 특징이 있다.

집합체 **집합체(aggregation)**는 일시적인 세포의 집합으로 어느 특정 시기에 모였다가 분리된다. 예를 들면 세포성 점균류(slime mold)는 단세포 생물로 단세포 아메바처럼 일생의 대부분 시간을 움직이거나 섭식활동에 쓴다. 이들은 썩은 나무나 댐 토양에서 일반적이며, 움직이면서 세균과 다른 미생물들을 섭취한다. 아메바 개체가 주어진 영역에서 세균의 공급을 고갈시키고 기아상태에 가까워질 때, 모든 개체들은 인접한 영역에서 모여들어 커다란 세포성 덩어리(slug)를 만든다. 다른 장소로 이동하여 밀집은 먹이를 찾을 기회를 높인다.

다세포성 개체 정확한 다세포성은 각 세포개체의 활성이 조절되고 세포들이 서로 접촉하는 것으로 진핵생물에서만 일어나고 생물학적 특징 중의 하나이다. 원생생물의 세 그룹이 독립적으로 다세포성을 유지하지만 단순한 다세포성이다. 갈조류(Phaeophyta 문), 녹조류(Chlorophyta 문), 적조류(Rhodophyta 문) 등이 있다. **다세포성 생물(multicellular organism)**에서 개체들은 많은 세포들로 이루어져 있고 이들은 서로 상호작용을 하며 활성을 조절한다.

단순 다세포성은 작은 크기나 제한된 적응성을 말하는 것은 아니다. 일부 바다 조류는 거대하게 자란다. 갈조류의 하나인 바닷말 개체는 길이에서 10m까지 자란다. 미국삼나무보다 약간 크다. 적조류는 바다에서 매우 깊이 자라고, 바닷말이나 다른 조류들이 발견되는 곳보다 낮다. 그러나 모든 조류가 다세포성은 아니다. 예를 들면 녹조류는 많은 다세포성 생물을 포함하지만 비슷한 수의 단세포성 녹조류도 있다.

주요 학습 요점 17.3 **원생생물은 다양한 형태, 운동성 영양, 생식을 보여준다. 이들 세포들은 일시적인 결합에서 지속적인 다세포성 생물에 대한 지속적인 균충까지 다양한 종분화의 정도에 따라 무리를 형성한다.**

17.4 원생생물의 분류

원생생물은 진핵생물영역의 4개 분류계에서 가장 다양하다. 원생생물계에서 20만 개의 다른 형태는 많은 단세포성, 군집성, 다세포성 그룹을 포함한다. 원생생물은 핵을 가진 최초의 생물로 17.1절에서 서술하였다. 사실, 조직화된 내막체계는 세포소기관의 구획을 만들고 원생생물과 다른 진핵생물을 고생물군과 세균으로부터 구별하게 하는 중요한 특징이다. 초기 원생생물의 진화는 **그림 17.7**의 화석조류에서 보이듯이 생명체 진화에서 가장 중요한 단계 중의 하나이다.

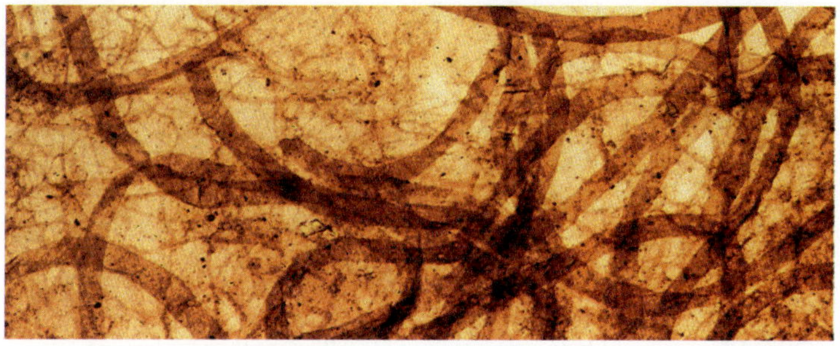

그림 17.7 초기 진핵생물 화석
10억 년 전 시베리아에서 살았던 조류 화석

아마도 원생생물계 분류를 다루는 가장 중요한 것은 분류체계가 인위적이라는 것이다. 중요성으로 볼 때, 단세포성 진핵생물은 대개 원생생물계로 포함된다. 원생생물은 매우 다르고, 단지 먼 관계의 형태도 함께 포함되어 있다. 분류학자들은 원생생물계가 단일계통이 아니라고 말할 수도 있다. 다시 말하면, 많은 그룹들이 공통 조상을 공유하지 않는다.

대개 생물학자들은 원생생물을 인위적으로 기능적으로 관련 있는 종류로 분류하였으며, 대부분 19세기에 수행되었다. 원생생물은 대개 광합성을 하는 생물(조류), 종속영양생물(protozoa), 곰팡이와 비슷한 원생생물(absorber)로 나뉜다.

광범위한 분자수준의 방법론을 활용한 새로운 적용은 다른 원생생물 무리 간의 진화관계에 대한 중요하고 새로운 시각을 제공하고 있다. 처음으로, 얼마나 많은 원생생물들이 관련이 있는지를 알 수 있게 되었다. 분자분류학자들은 17개의 주된 원생생물문에서 12개를 7개 단일계통 또는 분기로 나누었다. 각 분기에 속하는 모든 원생생물은 똑같은 공통 조상을 공유한다. 많은 것들이 확실하지는 않지만 7개 그룹은 **그림 17.8**에서 보는 것처럼 원생생물 계통도 상에 임시로 나눌 수 있다. 7개 그룹을 연결하는 분지는 과학적 지식이 더 많이 알려질수록 바뀔 수 있다.

남은 주된 5개 원생생물문은 확실하게 계통도에 아직 분류할 수 없다. 그러나 다른 원생생물문과 함께 **표 17.1**에서 기술하였다. 이들 5개 문은 아메바 같은 매우 유사한 원생생물의 일부를 포함한다. 연구자들인 좀 더 세밀한 DNA 수준의 비교를 수행하면 이들 다섯 무리에 대한 과학적 이해가 더 많이 축적될 것이다.

수년이 지나면 원생생물계의 전형적인 편리성에 다른 분류는 매우 다양한 원생생물계 사이의 진화적 관계를 표현하는 배열이 밝혀지면 대체될 것이다.

주요 학습 요점 17.4 **17개 원생생물문 중에서 12개 문이 원생생물 계통도에서 위치가 정해졌다. 다른 다섯 문의 관계에 대해서는 여전히 연구가 진행 중이다.**

표 17.1 원생생물의 종류

그룹	문	대표적 예	주요 특징
중복편모충류			
중복편모충류	중복편모충류 문	*Giardia intestinalis* 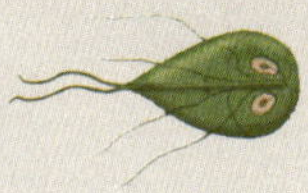	편모로 이동; 두 개의 핵
부기저체류			
부기저체류	부기저체류 문	*Trichomonas vaginalis*	물결치는 듯한 막; 일부는 병원성, 다른 종들은 흰개미의 장에서 셀룰로오스를 분해
유글레나조아류			
유글레나류	유글레나조아류	*Euglena* 	단세포성; 일부 종은 광합성; 일부 종은 종속영양체; 엽록소 a, b를 포함하거나 없음
트라파노좀	유글레나조아류	*Trypanosomes*	종속영양체; 단세포성
부등편모조류			
갈조류	Phaeophyta	대형갈조류 	다세포성; 엽록소 a, c가 있음
규조류	Chrysophyta	*Diatoma*	단세포성; 탄수화물인 chrysolaminarin을 합성; 독특한 실리카, 이중 껍질, 엽록소 a, c를 가짐
수생균류	Oomycota	*Phytophthora infestans*	육상과 민물 생활
피하낭류			
섬모충	Ciliophora	*Paramecium* 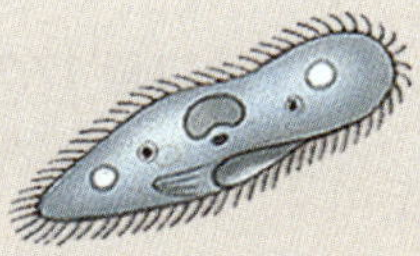	종속영양성 단세포 원생생물로 많은 섬모와 2개 핵을 가지는 고정된 모양의 세포를 가짐; 매우 복잡하고 독특한 소기관을 가짐
와편모류	Pyrrhophyta	적조	단세포성, 2개 편모가 있음; 엽록소 a, b가 있음
포자충류	Apicomplexa	*Plasmodium* 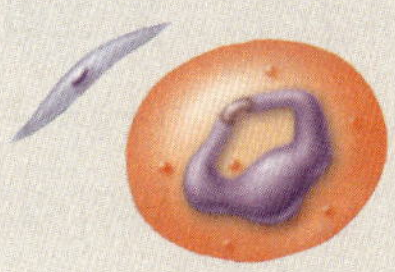	비운동성으로 단세포성임; 포자끝부분에 소기관들의 복잡한 구조를 가짐
홍조류			
적조	Rhodophyta	산호말류	대부분 다세포성; 엽록소 a, b 적색색소를 가짐
녹조류			
녹조	Chlorophyta	*Chlamydomonas, Ulva* 	단세포성 또는 다세포성; 엽록소 a, b 를 가짐; 식물의 조상
깃편모충류			
깃편모충	Choanozoa	Choanoflagellates	편모화된 섭식 공; 동물의 조상
계통도에서 분류되지 않은 원생생물			
아메바류	Rhizopoda	*Amoeba* 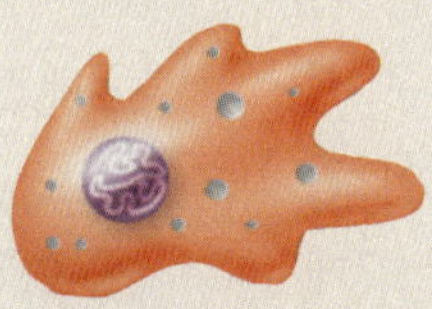	위족으로 이동
유공충류	Foraminifera	유공충	딱딱한 껍질; 원형질 유동으로 이동
방산충류	Actinopoda	방산충	투명한 골격; 바늘 모양 위족
세포성 점균류	Acrasiomycota	*Dictyostelium* 	개체세포가 균총을 형성하는 집합체를 이룸; 대부분 아메바와 가까움
원형질성 점균류	Myxomycota	*Fuligo*	세포질이 다핵화되어 있는 덩어리로 구성된 연속된 구조

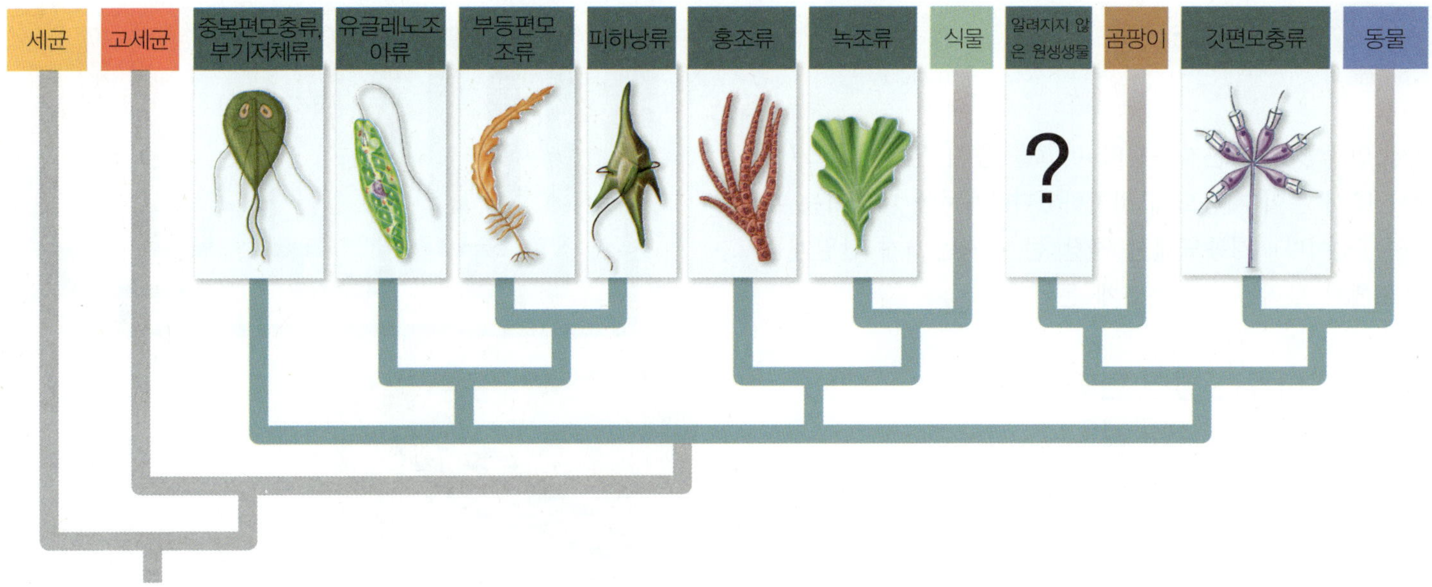

그림 17.8 주된 원생생물의 계통분기

17.5 원생생물 계통도의 기초

원생생물의 17개 문에서 2개의 단일세포 무리는 원생생물의 계통도의 시작에서 초기 진핵생물에 더 가깝게 연관된 것처럼 보인다. 두 무리 모두 편모를 가지지만 미토콘드리아는 없다. 이 무리의 핵에서 미토콘드리아 유전자가 발견되었기 때문에 미토콘드리아를 가지지 않은 것이 아니라 미토콘드리아를 잃어버린 것처럼 보인다.

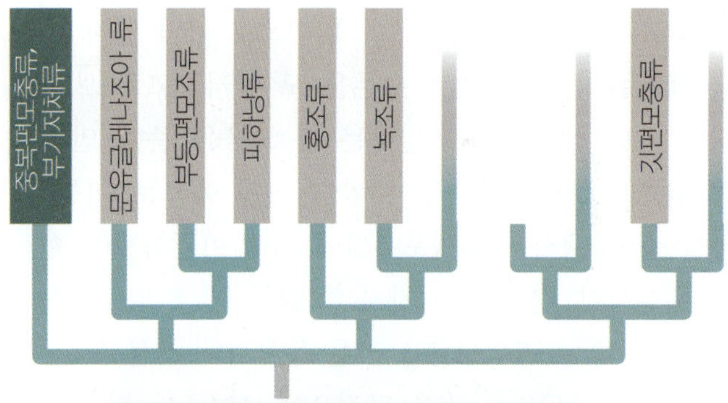

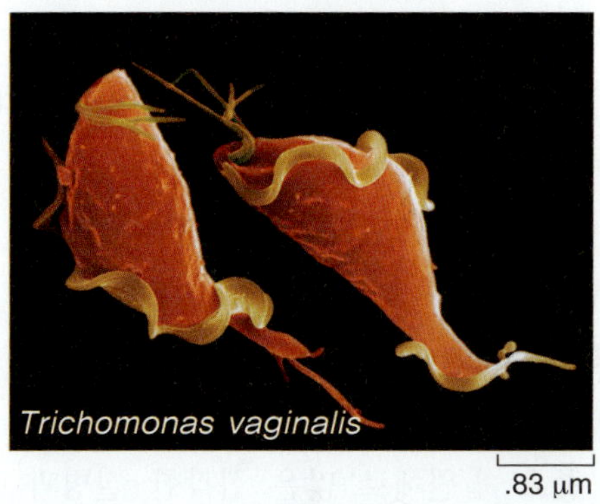

중복편모충류는 2개 핵을 가진다

중복편모충류(diplomonads)는 편모를 이용하여 물에서 추진력을 가지며, 2개의 핵을 가진다는 면에서 독특하다. 중복편모충류에 속하는 *Giardia intestinalis*는 일반적인 기생체로 오염된 물을 통해 사람들 사이에서 전염되며, 설사를 일으킨다.

부기저체류는 물결모양 막으로 헤엄친다

부기저체류(parabasalids)는 편모뿐만 아니라 물결 모양 막을 통해 추진력을 얻는다. 사진에서 보이는 *Trichomonas vaginalis*는 기생체로 성병인 질염을 유발한다. 부기저체류의 다른 종들은 산림생태계에서 주된 역할을 한다. 그들은 흰개미의 장에서 살며 셀룰로오스를 분해하지만, 일부 흰개미는 분해하지 못한다. 이러한 공생은 낙엽에 존재하는 탄소의 재활용에서 산림에 도움을 준다.

주요 학습 요점 17.5 분자수준의 증거는 중복편모충와 부기저체류는 현재 멸종된 초기 진핵생물과 가장 가까운 살아 있는 원생생물이다.

17.6 다양한 계

앞에서 언급했듯이, 분자수준의 비교를 통해 원생생물 17개 문에서 12개 문이 계통도에 위치하였다(5개문에 대해서는 후에 다룰 것이다). 계통도에서 가장 큰 분지는 3개 단일계통 무리 내에서 무리를 이루는 7개 문이다.

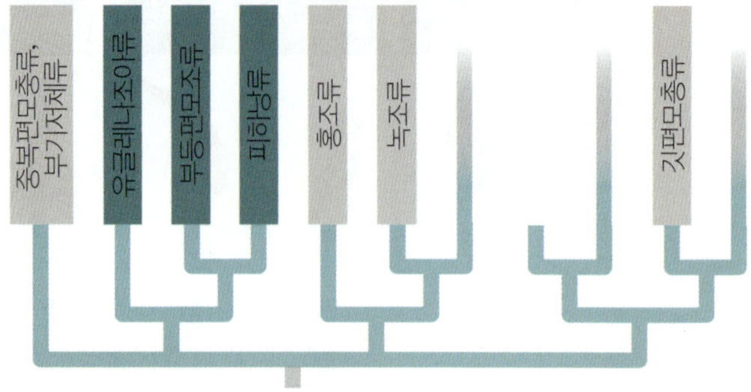

유글레나조아류는 앞면 편모를 가지며 자유생활을 하는 원생동물이다

유글레나조아류는 2개 편모를 가지며 민물에 사는 원생생물이다. 유글레나조아류문에 속하는 2개 무리는 유글레나류(euglenoid)와 트리파노좀(trypanosome)이다.

유글레나류(Euglenoids)는 유글레나(*Euglena*)처럼 유글레나조아류로 2개의 편모가 있다. **그림 17.9**에서 보듯이, 편모는 세포 앞쪽에 위치한 저장고라고 하는 플라스크 모양의 구멍(공간) 기부에 붙어 있다. 한쪽 편모는 길고 한쪽 면을 따라 늘어진 가늘고 머리카락처럼 길게 뻗어 있다. 두 번째 편모는 짧고, 저장고 안에 있으며, 바깥으로 나와 있지 않다. 수축성 액포는 몸 전체에서 수분을 모아 저장고로 보낸다. 이 과정은 체내 삼투압을 조절하는 데 도움을 준다. 안점은 빛에 민감하며, 광합성 생물이 빛이 있는 쪽으로 이동하는데 도움을 준다. 생식은 체세포분열에 의해 이루어지며, 이 무리에서 유성생식과정은 알려지지 않았다.

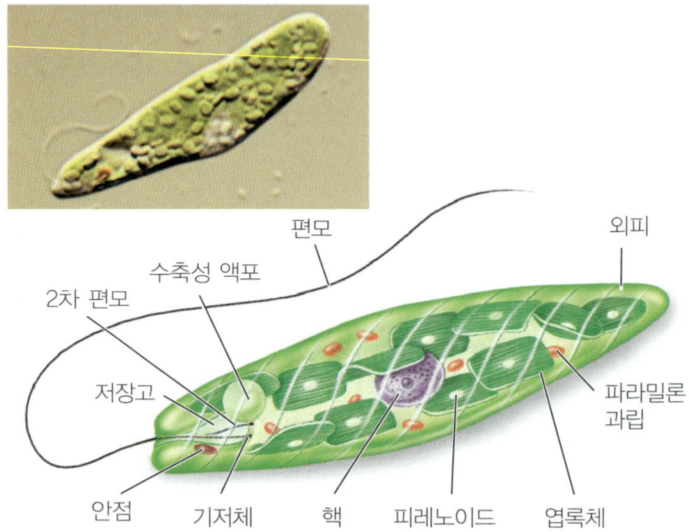

그림 17.9 유글레나(*Euglena*)

유글레나 같은 유글레나류에서 전분은 피레노이드를 형성하고, 다른 먹이 저장은 파라밀론 과립에서 한다.

유글레나류는 원생생물을 작은 동물이나 식물로 분류하려는 시도가 잘못됐다는 것을 단적으로 보여준다. 알려진 1,000종 중에서 1/3은 엽록체를 가지며, 광합성을 한다. 다른 종들은 엽록체가 없고 먹이를 섭취하고, 종속영양체이다. 빛이 없는 조건에서 많은 광합성을 하는 유글레나류는 엽록체의 크기를 줄이고(사라질 수도 있다), 이들 생물이 빛에 의존할 때까지 종속영양체가 된다.

트리파노좀(trypanosomes)은 유글레나조아류로 독특한 1개 미토콘드리아가 있고, 2개 환상 DNA를 가진다. 트리파노좀은 인간의 중요 병원체로 많은 심각한 질병과 관련이 있다. 가장 심각한 것은 아프리카 수면병으로 감염된 개체는 극도의 수면상태와 피로감을 경험한다. 트리파노좀은 **그림 17.10*a***에서 보이는 체체파리처럼 보균체의 혈액과 침에서 생활환의 일부를 이룬다. 파리가 사람을 물면 트리파노좀은 인간숙주 전체에 퍼지며, 혈액 내에서 순환한다. **그림 17.10*b***에

(a)

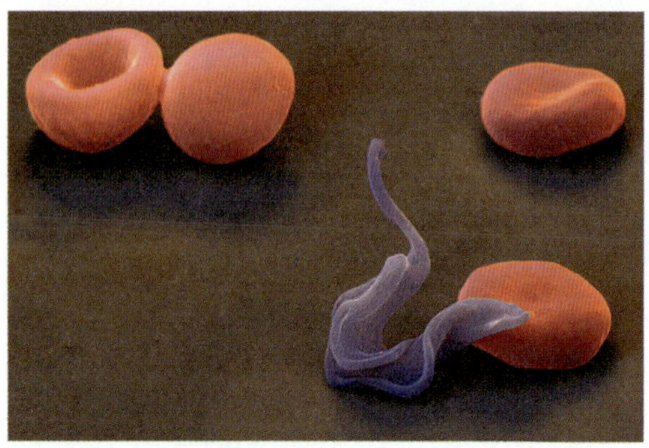

(b)

그림 17.10 트리파노좀은 수면병을 일으킨다

(*a*) 체체파리는 동아프리카 탄자니아에서 사람의 팔에서 혈액을 빨아먹는다. 이 파리의 침은 트리파노좀 을 전파할 수 있고 사람을 물어 수면병을 유발한다. (*b*) 이 사진에서 Trypanosoma가 파동치며 변화하는 모습이 사람의 적혈구 사이에 보인다.

서 트리파노좀을 볼 수 있으며, 순환하는 적혈구 사이에서 벌레 모양을 한다.

Leshimaniasis는 모래파리가 전파하는 트리파노좀 전염병으로 심각한 피부 염증을 일으킨다. 만일 원생생물이 내부 장기에 도달하면 죽음에 이를 수 있다. 매년 약 150만 명의 감염보고가 있다.

부등편모조류는 가는 미모를 가진 원생생물이다

원생생물 계통도에서 다른 무리는 편모에 가는 미모를 가지는 3개의 문이 있다. 이들 편모가 있는 세포는 일생동안 특정 시기에만 나타나고, 규조류에서처럼 완전히 없어질 수 있다.

(a)

(b)

그림 17.11 일반적인 부등편모조류의 두 종

(*a*) 갈조류인 대형갈조류의 큰 수풀이 지구상의 가장 큰 생물의 일부를 포함한다. (*b*) 규조류는 독특한 실리카로 된 두 부분의 껍질을 가진다.

갈조류(brown algae)는 Phaeophyta 문에 속하며, 가장 길고 빠르게 자라며, 대부분 광합성을 하는 생물로 대형이다. 대형갈조류(kelp)는 길이가 100m 넘는 개체들이 민물산림을 형성한다. 갈조류의 1,500종은 다세포성이며, 대부분 해양성으로 눈에 띄는 해초이다. **그림 17.11*a***에서 큰 갈조류는 편평한 칼, 말뚝, 부착기저를 가지며 흔히 식물처럼 복잡한 내부 수직형 조직을 가진다. 생활환은 세대교번을 하며 큰 개체는 이배체의 포자체(sporophyte) 세대이다.

규조류(diatoms)는 Chrysophyta 문에 속하며, 광합성을 하는 단세포성 원생생물로 실리카(silica, 규소)로 된 2중 껍질이 있다. 다른 작은 패류처럼 껍질은 뚜껑이 있는 작은 상자처럼 생겼으며, 한 개가 다른 한 개의 내부를 고정시킨다.

규조류는 바다나 호수에서 풍부하다. 두 부류에서 11,500종이 넘는다: 일부는 원형 대칭성을 가지며, 작은 바퀴처럼 생겼으며, 다른 종들은 좌우동형의 대칭성을 가진다(**그림 17.11*b***). 화석 규조류의 껍질은 두꺼운 퇴적물을 형성하며, 규조토처럼 상업적으로 채굴되어, 연마용이나 또는 페인트 광택제로 사용된다. 규조류는 복잡한 방식으로 이동하는데, 여전히 연구가 진행 중이다. 그들의 이동은 껍질 내에서 홈에 따른 원형질 유동(streaming)과 홈 내에서 미세진동에 따른 파동과 관계가 있다.

물곰팡이(water mold)는 Oomycota 문으로 습한 환경에서 흔히 보이는 부드러운 흰곰팡이이다. 580종이 명명되었고, 이들 모두는 생물에 기생하며, 유기물을 먹이로 한다. 많은 oomycete는 중요한 식물병원체로 *Phytophthora infestans*가 있는데 감자잎마름역병을 유발한다. 이 곰팡이는 1845~1847년까지 아일랜드 감자기근을 일으켜, 이 기간 동안 4만4천 명의 사람들에게 기아를 유발하였다.

피하낭류는 막 안에 소포를 가진 원생생물이다

원생생물의 계통도에서 또 다른 주된 분지는 3개 문을 포함하며, 모두 세포막 안에 편평한 모양의 피낭(alveoli)을 가진다. 피낭은 세포바깥의 물질 이동에 관여하는 것으로 생각되며 골지체와 유사하다.

섬모충(ciliate)은 Ciliophora 문에 속하며, 매우 복잡하고, 몸체 바깥을 덮는 다수의 섬모(가늘고 요동치는 털)를 가진 독특한 단세포성 종속영양체이다. 섬모충은 다른 유전자 코드를 사용한다는 면에서 다른 진핵생물과 다르다. 많은 분류학자들은 섬모충을 다른 계로 분류해야 한다고 주장하였고, 여기에는 약 8천 종이 명명되었다.

섬모충은 외피를 가졌으며, 세포막 내부에 단백질 골격으로 모양을 바꿀 수 있으며, 세포벽을 거칠게 만들지만 유연성이 있다. 내부는 매우 복잡하며, 일부 생물학자는 섬모충이 단세포라기보다는 세포 영역이 없는 다세포 생물로 생각한다. **그림 17.12**의 짚신벌레(*Paramecium*)는 전형적인 섬모충이다. 짚신벌레는 복잡한 소화과정을 가지며, 세균과 먹이를

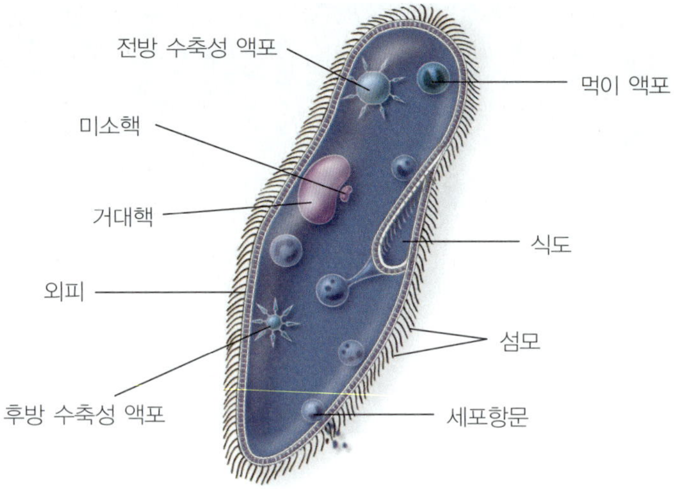

그림 17.12 섬모충

잘 알려진 섬모충인 짚신벌레의 주된 특징을 보여준다.

흡수하는 통로인 구기를 가지고 있다. 일단 흡수되면, 먹이는 먹이소포라는 막구조로 둘러싸고 효소에 의해 소화된다. 생식은 대개 몸체 절반을 나눠서 분체생식하지만, *접합*이라는 유성생식을 하기도 하며(**그림 17.3*b***), 감수분열에 의해 만들어진 반수체 핵이 서로 교환된다.

와편모류(dinoflagellates)는 Pyrrhophyta 문에 속하며, 광합성을 하는 단세포성 원생생물로 다른 길이의 2개 편모를 가지며, 약 1,000종이 있다. 일부는 민물에서 살지만 대부분은 해양성이다. 생물형광을 띠는 와편모류는 때로는 밤에 반짝거리는 빛을 내기도 한다. 대부분 와편모류는 셀룰로오스로 구성된 딱딱한 외피가 있고, 대개 섬모로 표면 껍질을 만들고 독특한 모양을 갖는다. **그림 17.13**에서 보이는 와편모류의 4개 속은 다른 문의 편모들과는 다르게, 편모의 독특함을 보여준다. 한쪽이 벨트처럼 몸체를 도는 홈에서 치면, 다른 쪽은 홈에서 그것에 직각으로 친다.

소수의 와편모류는 독성이 있는 적조 같은 강력한 독소를 생산하는데, 적조는 개체군의 폭발적 증식을 의미한다. **그림 17.14**에서 보듯이 적조라고 부르는 이유를 알 수 있는데, 바다색을 빨갛게 물들이는 데에서 그 이름이 유래되었다. 독소는 인간에게 영향을 줄 수 있으며, 적조로 오염된 해물을 섭취하였을 때 나타난다. 편모충은 반쪽으로 분열하여 생식한다.

포자충(sporozoans)은 포자를 형성하는 동물의 단세포성 기생체로 *Apicoplexa* 문에 속한다. 이들은 독특한 미세소관과 말단복합체라는 세포 끝에 있는 소기관의 독특한 정렬에서 명명되었다. 이 복합체는 숙주세포 침입을 촉진하는 데 이용된다.

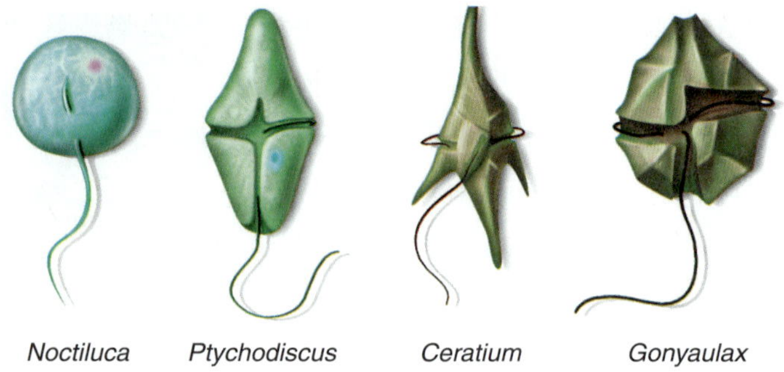

그림 17.13 와편모류

*Notiluca*는 대부분 와편모류의 셀룰로오스를 가지는 외형적 특징이 없고, 생물형광을 띠며 1년 중 특정시기에 따뜻한 바다에서 번쩍거리는 파동을 일으킨다. 다른 속에서는 더 짧게 에워싸는 편모가 홈 주변에서 보이고, 더 긴 편모는 튀어나간다.

그림 17.14 적조

적조는 와편모류의 폭발적 개체증식으로 일어난다. 와편모류의 색소 또는 다른 경우의 다른 생물이 물들인다.

포자충은 인간과 가축의 많은 질병을 일으킨다. 포자충은 숙주 간에 옮겨지는 작은 포자로 동물을 감염시킨다.

포자충은 복잡한 생활환을 가지는데, **그림 17.15**처럼 무성생식과 유성생식 상태와 관련 있다. 변형체(*Plasmodium*) 속에 속하는 포자충은 말라리아를 일으키며, *Anopheles* 속의 모기가 인간 사이에 전파시킨다. 모기의 구기가 인간에 삽입하였을 때, 약 천 마리의 종충(sporozoite)이 혈액으로 들어간다 ❶. 이들은 수분 내에 간으로 이동한다. 1개 종충이 간에 감염된다 할지라도 간에서 빠르게 증식하여 말라리아를 일으킨다 ❷. 종충은 간 내에서 변환되어 혈액으로 퍼지고 몇몇 과정을 통해 발달한다 ❸. 일부과정은 생식모세포(gametocyte)에서 일어난다 ❹. 모기가 생식모세포를 섭취하고 ❺, 거기에서 수정이 일어나서 종충을 형성하고 ❻, 생활환은 새로운 주기를 시작한다.

말라리아는 세계에서가장 심각한 질병 중의 하나이다. 약 5억 명이 한 번 정도 말라리아로 고통을 받았고, 약 2백만 명(대부분 어린이)이 매년 죽는다.

주요 학습 요점 17.6　원생생물 계통도의 가장 큰 분지에서 무리를 이루는 7개 문은 형태와 기능에서 놀라운 다양성을 보인다.

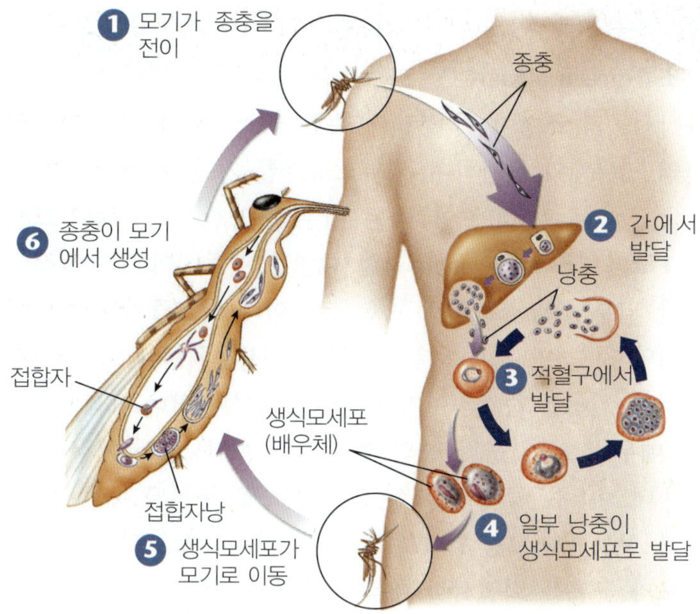

그림 17.15　포자충의 생활환

변형체(*Plasodium*)은 포자충으로 말라리아를 일으킨다. 변형체는 복잡한 생활환을 가지며, 모기와 척추동물 사이에서 세대교번한다.

17.7 식물로의 진화

원생생물 계통도에서 또 다른 주된 분지인 홍조류와 녹조류는 식물의 진화를 이끈 것으로 알려져 있다. 홍조류와 녹조류는 유사한 엽록체를 가지며, 분자수준의 분석은 두 조류 모두 단일 공생기원을 가짐으로써 공통 조상임을 보여주었다. 홍조류는 녹조류로부터 식물에 이르는 진화적인 분지 이전에 나타난 것처럼 보인다.

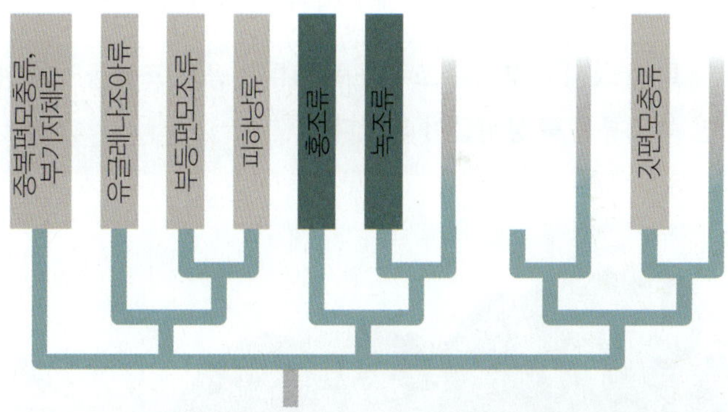

홍조식물는 고대 광합성체이다

홍조류(red algae)는 홍조식물문에 속하며 **그림 17.16**에서 보듯이 특징적인 색깔을 보여주는 phycobilin이라는 적색 색소를 가진다. 약 4,000종의 홍조류가 다세포성이고 해양에 살며, 다른 광합성 생물보다 더 깊은 곳에 자란다. 홍조류는 세포의 섞인(interwoven) 필라멘트로 이루어진 복잡한 몸체를 가진다. 실험실에서 쓰는 한천은 홍조류의 세포벽으로 만들어진다. 홍조류의 생활환은 복잡하며 식물처럼 대개 세대교번을 한다. 홍조류는 편모나 중심체를 가지지 않는데, 이것은 홍조류가 다른 진핵세포 무리보다 더 오래된 생물체임을 보여준다.

그림 17.16　홍조류

홍조류는 굴껍질을 만드는 물질인 칼슘카보네이트로 포화되어 있는 셀룰로오스 세포벽을 가진다. 홍조류는 딱딱하고 산호초를 먹기 때문에 산호질성 조류라고 한다.

녹조식물은 식물의 직접적 조상이다

녹조류(green algae)는 녹조식물 문에 속하며, 흥미로운 것은 육상식물의 조상이 이 무리에 속한다. 녹조류의 엽록체는 식물의 엽록체와 유사하며, 엽록소 *a*, *b*를 가진다.

녹조류는 7,000종이 넘는 매우 다양한 무리이며, **그림 17.17*a***의 *Chlamydomonas*처럼 대부분 이동성이고, 수생성이지만 일부 *Chlorella*처럼 습한 토양이나 나무줄기에서 비이동성인 것도 있다. 대부분 녹조류가 미생물처럼 작고, 단세포성지만, 일부는 중간적이거나, 균총을 형성하거나 다세포성이다. 매우 정교한 군집 중의 일부는 볼복스(*Volvox*)에서 관찰되는데, 이 종은 500개 또는 그 이상으로 구성된 속이 빈 구체를 형성한다(**그림 17.17*b***). 각 세포의 두 편모는 모든 다른 편모가 균총을 회전시킬 때를 맞추어 움직이는데, 결국에 균총은 생식세포를 가진다. 볼복스가 다세포성에 대해 경계를 이루는 반면, 녹조류인 파래(*Ulva*)는 다세포성이다. 파래에서 유성생활환은 *배우체*(gametophyte)인 다세포성 반수체와 포*자체*(sporophyte, **그림 17.18**)인 다세포성 이배체 사이의 교번이다. 포자체는 외형에서 배우체와 유사하다.

주요 학습 요점 17.7 홍조류와 녹조류는 공동 조상을 공유하지만 녹조류는 육상식물이 되었다.

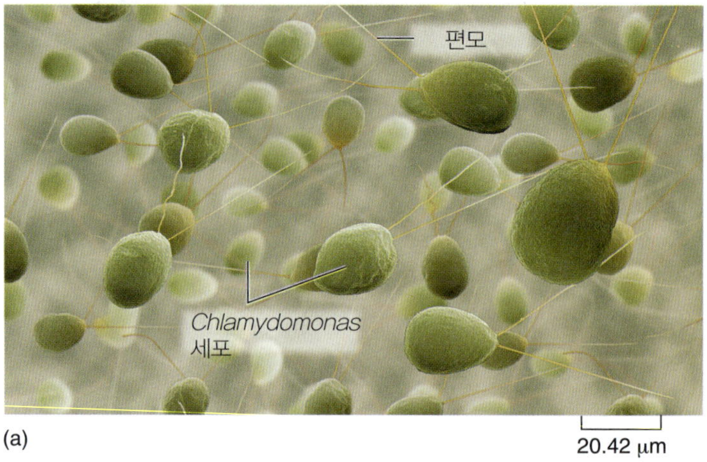

(a)

그림 17.17 녹조류
(*a*) *Chlamydomonas*는 단세포성이면서 이동가능한 녹조류이다. (*b*) *Volvox*는 균총을 형성하고 중간체가 다세포성으로 간다.

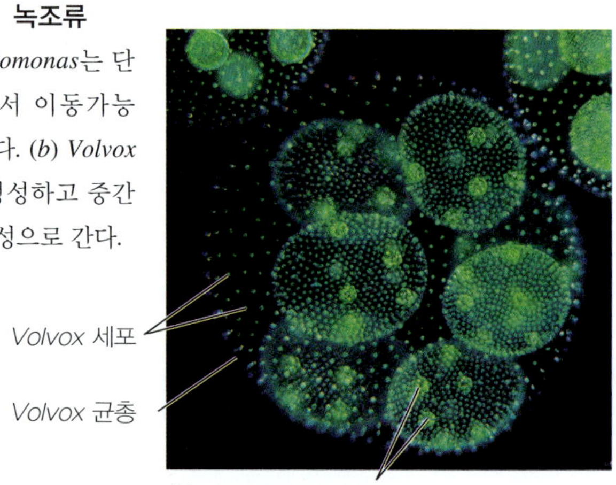

(b) 새로운 균총을 만드는 *Volvox*

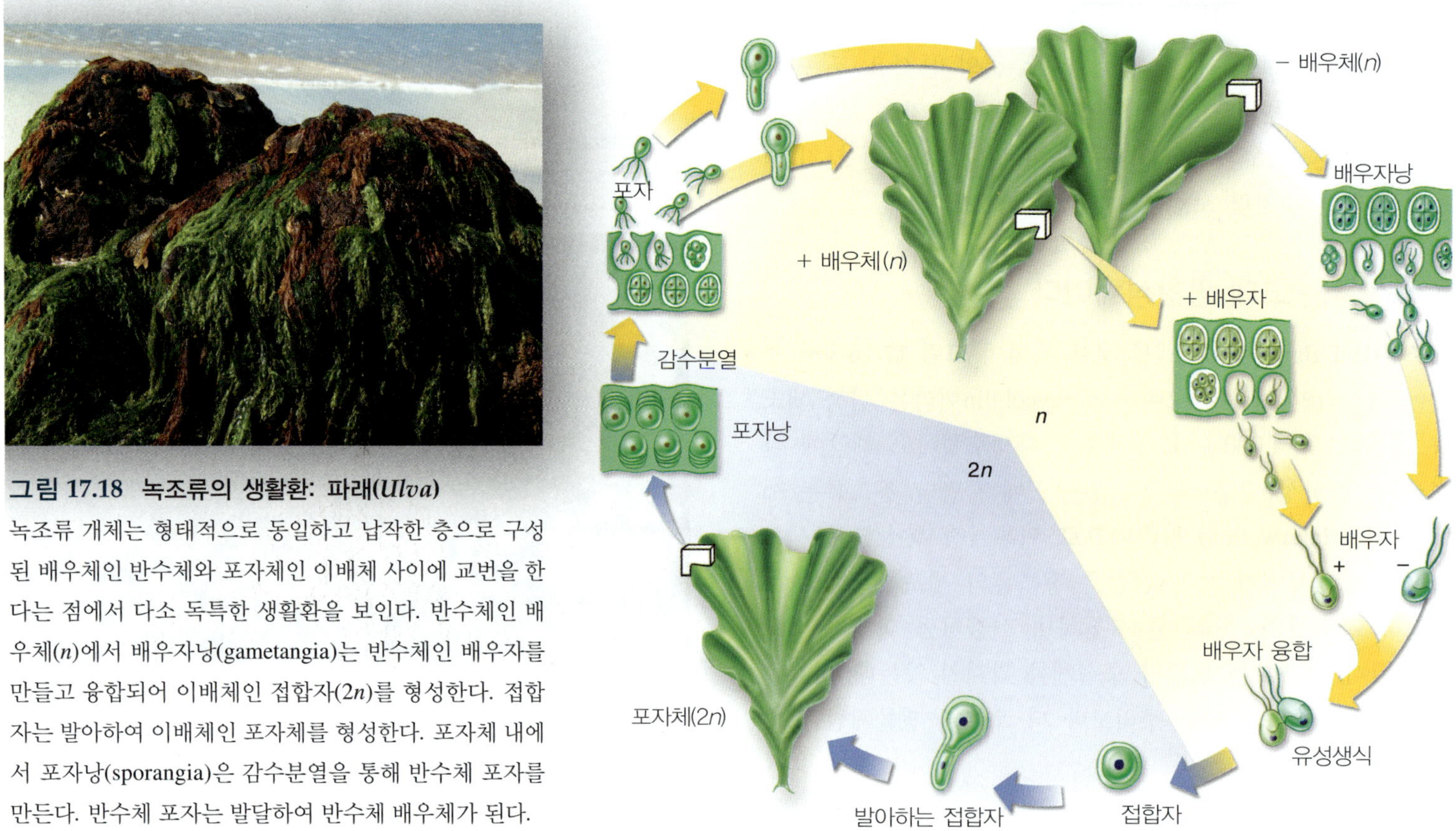

그림 17.18 녹조류의 생활환: 파래(*Ulva*)
녹조류 개체는 형태적으로 동일하고 납작한 층으로 구성된 배우체인 반수체와 포자체인 이배체 사이에 교번을 한다는 점에서 다소 독특한 생활환을 보인다. 반수체인 배우체(*n*)에서 배우자낭(gametangia)는 반수체인 배우자를 만들고 융합되어 이배체인 접합자(2*n*)를 형성한다. 접합자는 발아하여 이배체인 포자체를 형성한다. 포자체 내에서 포자낭(sporangia)은 감수분열을 통해 반수체 포자를 만든다. 반수체 포자는 발달하여 반수체 배우체가 된다.

17.8 동물로의 진화

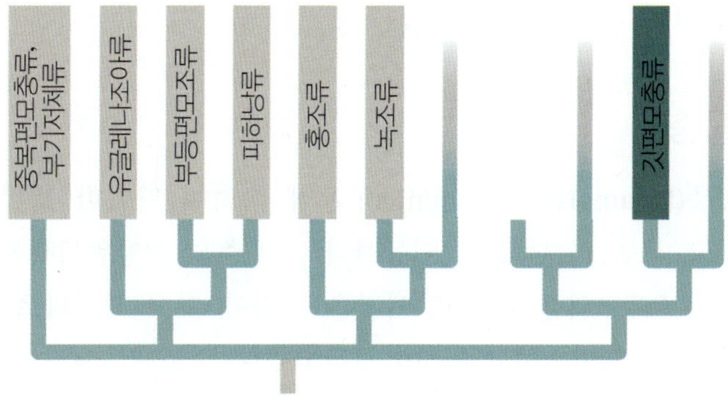

식물과 균류가 원생생물을 조상으로 갖는 것처럼 동물도 마찬가지이며, 이러한 경우는 독특한 단세포성 종속영양생물인 깃편모충이 공동조상에 해당된다.

깃편모충은 직접적인 동물의 조상이다

깃편모충(choanoflagellate)은 단세포성 종속영양 원생생물로 1개의 긴 편모를 가진다. 편모는 필라멘트에 가까운 깔때기 모양의 수축성 목(collar)으로 둘러싸여 있지만, 바구니처럼 짜인 가닥은 아니다. 편모의 움직임은 물을 빨아들여 깔때기로 보내, 필라멘트를 통과하게 하여 물에서 세균을 걸러내고 이들 세균을 먹는다. 걸러내는 역할을 하는 세포는 해면동물에서 발견되는데, 가장 원시적인 동물이다(제19장 참조).

깃편모충은 다세포성이 없는 반면, 일부는 균총을 형성하고, 구형 복합체를 형성하는데(**그림 17.19**) 민물에 사는 해면동물과 비슷하다. 깃편모충과 동물 사이의 근연성은 또한 분자수준의 비교에서도 발견된다. 세포 간 신호전달 시작에 이용되는 세포표면 수용체는 깃편모충과 해면동물에서 같다. 자세한 유전체 비교는 활용할 수 없지만 이러한 관계가 확인될 것으로 기대된다.

그림 17.19 균총을 형성하는 깃편모충

균총을 형성하는 깃편모충은 가까운 동물인 해면동물과 닮았다.

> **주요 학습 요점 17.8 깃편모충은 해면동물에서도 발견되는 독특한 세포구조를 가지며 동물의 직접적인 조상으로 생각된다.**

17.9 "아직 원생생물 계통도에 분류되지 못하다"

원생생물의 5개 문은 아직 계통도에 분류되지 못하고 있다. 아메바, 유공충, 방산충, 세포성 및 원형질성 점균류는 지속적인 이동기구가 없고, 대신 세포질을 이동에 이용한다.

아메바

아메바는 Rhizopoda 문에 속하고 편모와 세포벽이 없으며 수백 종이 보고되었다. 이들은 이동할 때 **위족(pseudopodia**; *pesudo* '가짜', *podium* '발'의 의미)을 이용하여 바깥쪽으로 세포질을 펼쳐서 확장한다. **그림 17.20*a***에서 아메바가 위족을 밖으로 뻗어 따라가는 것을 볼 수 있다. 아메바는 토양에 풍부하며, 많은 종은 동물의 기생체이다. 아메바에서 생식은 단순한 분할로 이루어진다(**그림 17.20*b***). 아메바는 감수분열

그림 17.20 아메바

(*a*) *Amoeba proteus*는 상대적으로 크기(×45). 돌출부는 위족이며, 아메바는 세포질을 위족으로 흐르게 함으로써 이동한다. 핵이 명확히 보인다. (*b*) 아메바는 단순히 둘로 쪼개져서 분열한다.

과 어떤 유성생식도 하지 않는다.

유공충

유공충(forams)은 Foraminifera 문에 속하며 딱딱한 껍질을 가지고 *세포질 유동*으로 이동한다. 유공충은 해양원생생물로 구멍이 있는 껍질이 있고, 이것은 직경이 수 센티미터로 연장될 수 있으며, 수백 종들이 보고되었다. 주로 칼슘카보네이트로 구성된 껍질은 흔히 매우 밝은색 가령, 밝은 노랑, 밝은 적색, 살색을 띠며, 작은 달팽이를 닮은 둥근 모양으로 열지어진 많은 구멍이 있다. 이러한 많은 구멍을 가진 구조가 **그림 17.21**에서 관찰된다.

많은 유공충은 모래에서 살지만, 일부는 해양의 플랑크톤 군집의 부분으로 자유롭게 부유생활을 한다. 길고 가는 세포질의 *돌출부*(podia)는 원생생물 껍질의 구멍을 통해 여러 방향으로 퍼지며, 유영하거나 먹이를 잡는 데 사용한다. 유공충의 생활환은 매우 복잡하며, 반수체와 이배체 세대 간의 교번과 관련이 있다. 유공충은 2억 년 이상 동안 껍질의 많은 퇴적물을 저장해 왔다. 석회암은 유공충이 존재하는 곳에서 매우 풍부하다. 도버(Dover) 해협의 흰 암벽은 영국 남쪽 해안의 유명한 이정표로 **그림 17.22**에서 보이는데, 유공충 껍질로만 이루어져 있다.

방산충

방산충(radiolarians)은 독특하게 아메바성 원생생물로 Actinopoda 문에 속한다. 대부분 아메바성 세포가 부정형인 것에 비해, 방산충은 몸체에 독특한 모양을 갖게 하는 실리카로 구성된 투명한 외골격을 분비한다. 원형 또는 대칭형이거나 다른 종들의 껍질은 정교한 모양을 형성한다. **그림 17.23**에서 보이는 *Actinosphaerium*의 위족은 세포에서 사방으로 뻗어 있는 가시처럼 투명한 외골격의 뾰족한 돌출을 따라 바깥으로 나와 있다.

그림 17.21 유공충
Foraminifera 문의 대표종인 살아 있는 유공충에서, 가는 세포질의 돌출부가 석회질 껍질(calcareous test) 또는 껍질의 구멍을 통해 확장한다.

세포성 점균류

점균류는 종속영양 원생생물로 곰팡이와 닮지는 않았지만 때로는 곰팡이와 혼동된다. 예를 들면, 점균류는 셀룰로오스로

그림 17.22 도버 해협의 흰 암벽
암벽을 형성한 석회암이 foraminifera를 포함한 원생생물 화석으로 구성되어 있다.

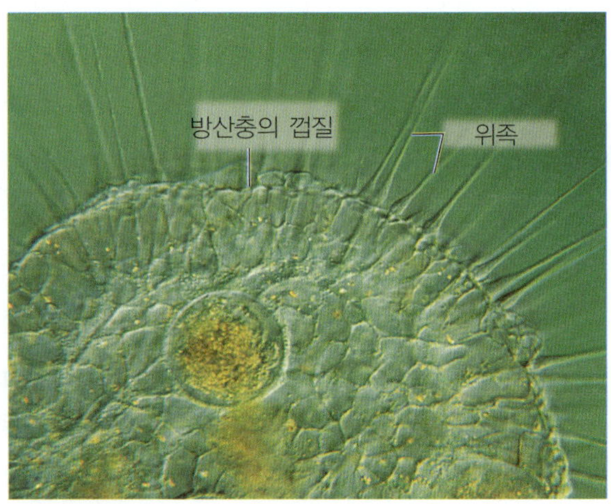

그림 17.23 방산충
아메바 비슷한 방산충인 *Actinosphaerium*(×300)는 Actinopoda 문에 속해 있고 매우 뾰족한 바늘 모양의 위족을 가진다.

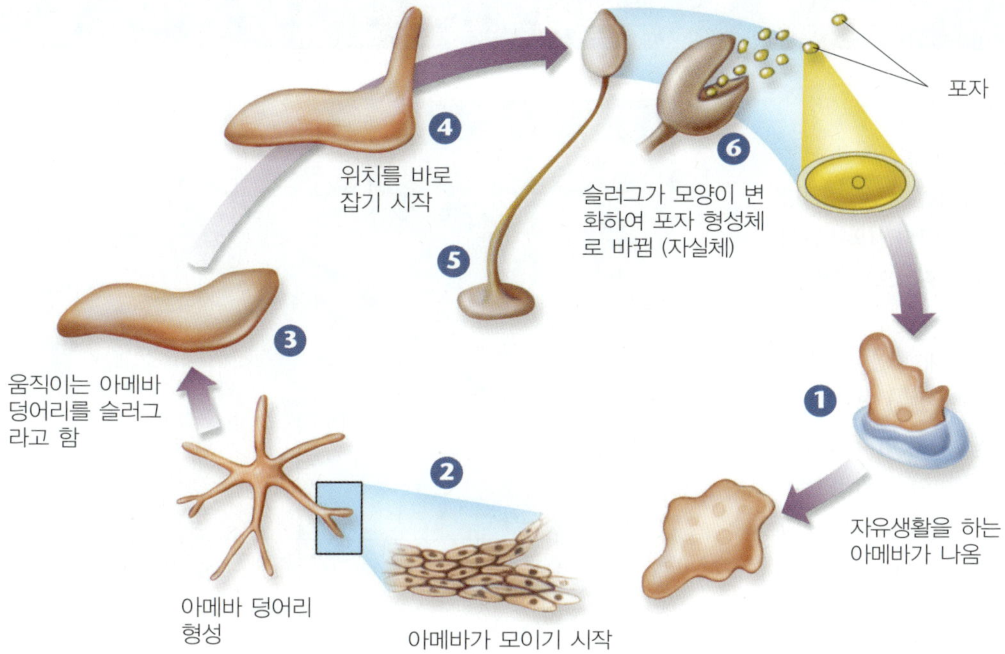

그림 17.24 점균류

세포성 점균류인 *Dictyostelium discoideum* (*Acrasiomycota* 문)의 생활환. ❶ 발아된 포자가 아메바를 형성한다. ❷ 아메바가 모이고 고정된 중심으로 이동한다. ❸ 2~3mm 길이의 다세포성 덩어리를 형성하여 빛이 있는 쪽으로 이동한다. ❹ 덩어리가 이동을 멈추고 분화를 시작하여 자실체(sorocarp)라고 하는 포자가 형성하는 몸체를 만든다❺. 자실체의 머리 내에 아메바가 포자로 포낭을 형성한다❻.

구성된 세포벽이 있지만 곰팡이의 체벽은 키틴으로 구성된다. 또한, 점균류는 정상적인 체세포분열한다. 균류는 제18장에서 다룰 것이다.

점균류의 주된 두 종류는 다른 시대에서 유래되었고, 유연관계가 멀다. Acarsimycota 문에 속하는 **세포성 점균류(cellular slime molds)**에서 각 세포는 뭉쳐서 분화하여 복잡한 *덩어리*(slug)를 만든다. 덩어리는 이동성이지만 진정한 다세포성은 아니며 진화와는 관계가 없다.

세포성 점균류는 다른 문에 속하는 원생생물보다 아메바에 더 가깝다. 70종이 보고되었고, 가장 잘 알려진 것은 *Dictyostelium discoideum*이다. *Dictyostelium*는 기본적으로 단세포성 부식성생물로 **그림 17.24**에서 보이듯이 흥미로운 생활환을 가지고 있다. 먹이가 고갈되면 수천의 *Dictyostelium*이 모여 ❶ 덩어리를 형성(❷에서 ❹단계를 거침)하고, 새로운 서식지로 이동한다. 균총이 기저(base), 줄기(stalk), 부풀어 오른 뾰족한 끝(swollen tip)으로 분화하고 ❺, 포자를 발달시킨다. 각 **포자(spore)**는 방출되어 ❻ 새로운 아메바가 되고 먹이를 먹기 시작해서 생활환을 다시 시작한다.

원형질성 점균류

원형질성 점균류(plasmodial slime molds)는 Myxomycota 문에 속하며, 500종이 보고되었다. 이들은 세포질의 벽이 없는 다핵성 덩어리인 변형체(*plasmodium*)처럼 흘러나온다. **그림 17.25**에서 보이는 노란색 덩어리는 각 세포를 분리하는 세포벽이 없이 한 무리의 세포로 구성되어 있다. 이들은 모두 하나로 이동한다. 변형체는 장애물 주변으로 흘러갈 수 있고, 심지어 망사옷을 통과할 수 있다. 이들이 이동하면서 위족을 확장시키고, 변형체가 건조되거나 세균과 다른 유기물을 삼켜 소화시킨다. 먹이가 부족하면, 빠르게 이동하여 멈춰 많은 작은 무리(mound)로 분열한다. 이들 각각은 포자가 달린 구조를 만든다. 포자는 좋은 환경이 되면 발아한다.

> **주요 학습 요점 17.9** **아메바, 유공충, 방산충, 점균류는 종속영양생물로 제한된 운동성을 가지며, 많은 종들이 결합체를 형성한다. 이들의 원생동물 계통도에서 위치는 아직 확실히 정해지지 않았다.**

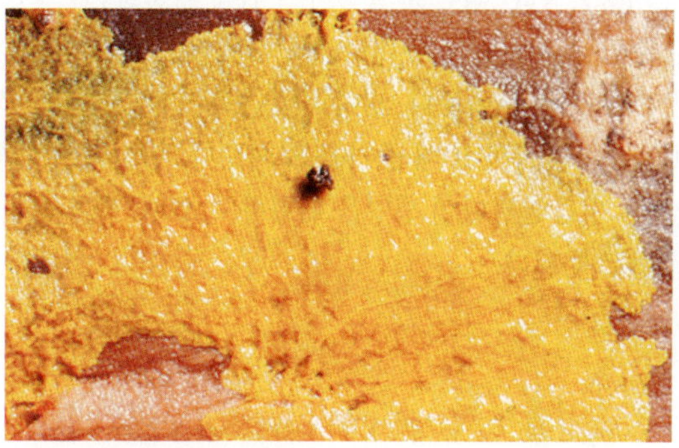

그림 17.25 원형질성 점균류

다핵성 변형체(plasmodium, Myxomycota 문)는 세균과 유기물질을 먹이로 찾기 위해 이동한다.

질문 & 분석

말라리아에 대한 일련의 차단에 대한 정의

말라리아가 다른 전염병보다 매년 많은 사람들을 죽이는 동안, 모기방제와 효과적인 처방은 미국에서 말라리아를 퇴치하였다. 1941년에 4,000명 이상이 말라리아로 죽었으며, 2006년에는 대조적으로 5명 이하의 사람이 말라리아로 죽었다.

말라리아 방제에 대한 핵심은 생활환의 이해하는 데에 있다. 첫 중요한 발전은 1897년에 인도 Secunderabad의 야외병원에서 영국 내과의사 Ronald Ross가 말라리아에 감염되지 않은 사람이 망이나 스크린으로 차단된 상태보다 차단되어 있지 않은 상태에서 병이 더 발달한다. 관찰에서 이루어졌다. Ross는 보다 더 자세히 관찰하여 차단이 되어 있지 않은 환자는 *Anopheles* 모기에 물린다는 것을 알았다. Ross는 말라리아 환자를 물었던 모기를 해부하여 변형체의 기생을 발견하였다. 아직 흡혈을 하지 않은 모기는 말라리아에 감염되지 않은 혈액을 흡혈할 때 말라리아 기생체를 얻지 못한다. Ross는 모기가 사람들 사이에 말라리아를 전파하며, 흡혈하는 동안 기생체가 옮겨간다는 결론에 도달하였다. *Anopheles* 모기가 멸종한 모든 국가에서 말라리아 발생 사례가 급락하였다.

두 번째 중요한 발전은 말라리아 희생자를 치료하기 위한 약제발달이다. 영국은 1800년대 중반 인도에서 기나나무의 껍질에서 얻은 퀴논이라는 쓴 맛을 내는 물질이 말라리아 공격을 억제하는 데 유용하다는 것을 발견하였다. 사진에서 보이는 소년들은 퀴논의 정맥주사용액으로 처방받는 모습을 보여준다. 퀴논은 또한 말라리아 공격동안 열을 낮춰주지만, 병을 치료하지는 못한다. 오늘날 내과의사는 합성약제인 chloroquine 과 primaquine을 사용하며, 이들 약제는 퀴논보다 훨씬 효과적이며 부작용이 거의 없다.

퀴논과 달리 이들 두 약제는 환자들을 완벽하게 치료하는데, 이들 약제가 변형체의 생활환 중에서 감염 며칠 후 혈관으로 방출되는 낭충(merozoite)을 공격하여 파괴하기 때문이다. 그러나 흡혈 후 감염이 시작될 때 약제들이 적절히 관리될 때에만 가능하다.

성공적인 처방을 위한 시간을 결정하기 위해 의사들은 주의 깊게 시간경과에 따른 말라리아 감염에 대한 연구하였다. 위에서 제시된 표는 의사들이 발견한 것을 보여준다. 낭충 수는 *y*축에 로그로 표시되어 있다. 각 단계는 수치상에서 10배 증가를 보여준다. 말라리아 감염은 만일 적혈구의 1%가 감염된다면 생명을 위협하고, 20% 적혈구가 감염된다면 죽음에 이르게 된다.

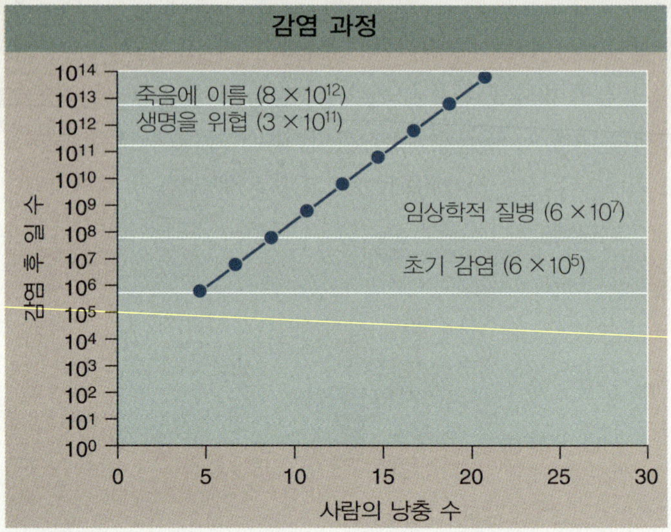

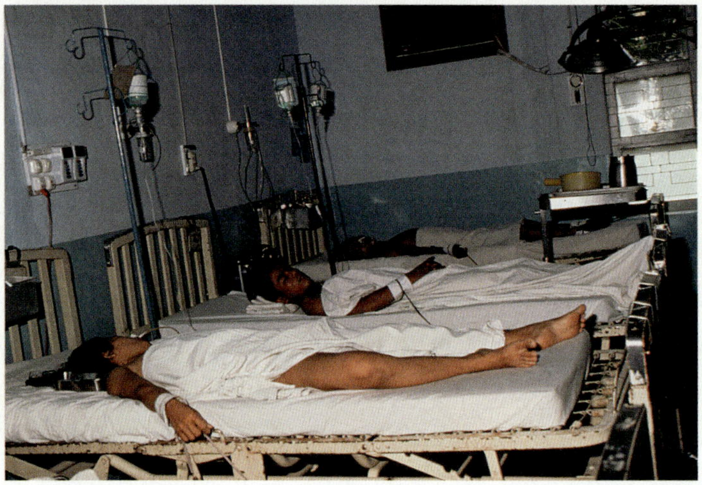

1. **개념 적용** 종속변수는 무엇인가?
2. **추론하기**
   a. 간이 낭충을 혈류로 방출하기 전에 감염 후 얼마나 오래 지났는가? (다시 말하면 낭충에 의한 초기감염) 생명을 위협하기 전인가? 죽음이 필수불가결한가?
   b. 낭충이 10배 증식하는 데 얼마나 시간이 걸리는가?
3. **결론 도출** 임상적으로 질병증상이 처음 나타난 후에 질병이 생명을 위협하기 전에 며칠정도 질병에 대해 치료할 수 있는가? 선행 치료가 환자의 생명을 구하는데 효과가 없거나 기회가 없는가?

단원 복습

진핵생물의 진화

17.1 진핵세포의 기원

- 내부 세포소기관을 가진 진핵세포는 약 17억 년 전 처음으로 미소화석으로 나타난 것처럼 보인다.
- 많은 세균들이 세포막 함입을 가지며, 세포 안쪽으로 확장되어 있다. 이러한 형태의 막 함입은 소포체를 만들고 핵막을 형성하게 한 것으로 생각된다(**그림 17.1**).
- 일부 진핵세포 소기관은 에너지를 만드는 세균이 초기 진핵세포에 병합되어 미토콘드리아를 만드는 공진화로에서 만들어졌을 것이다(**그림 17.2**). 유사하게 광합성을 하는 세균이 일부 진핵세포에 병합되어 엽록체가 되었을 것이다.

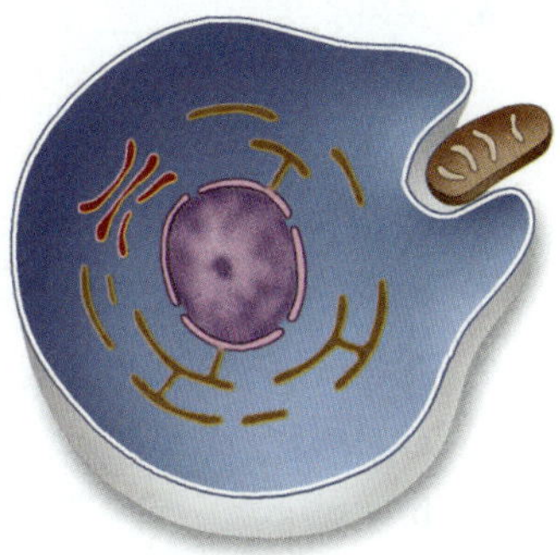

17.2 성의 진화

- 진핵생물의 주된 특징은 유성생식으로 2개의 배우자가 결합하여 후손을 만든다. 많은 진핵생물은 출아, 단성생식, 한쪽 성만의 생식(자가수정)으로도 무성생식할 수 있다. 그러나 생물학자들은 유성생식이 먼저 생식의 수단으로 발전된 것이 아니라 오히려 상동염색체가 정렬될 때 감수분열동안 손상된 염색체의 복구수단으로서 발전된 것으로 생각한다.
- 유성생식은 유전적 재조합이 가능하게 하고 다음 세대에서 유전적 다양성을 이끈다.
- 유성생식 생활환의 세 가지 주요 형태가 있다: (1) 접합자 감수분열; 반수체 상태가 생활환의 주를 형성한다. (2) 배우자 감수분열; 배수체 상태가 우점적인 형태를 이룬다. (3) 포자 감수분열; 반수체와 배수체 사이에서 생활환이 동등하게 교번한다(**그림 17.4**).

원생생물

17.3 가장 원시적인 진핵생물인 원생생물의 일반생물학

- 원생생물은 가장 초기적인 진핵생물이지만 생명체 중에서 다양한 계를 형성한다.
- 원생생물은 다양한 세포표면을 가진다. 원생생물은 이동에서 다양한 형태를 보여준다. 일부 원생생물은 좋지 않은 환경조건에서 자신을 보호하기 위해 포낭을 형성한다. 원생생물은 다양한 영양섭취 방식이 있다. 대부분 원생생물은 시간적 제약이 있을 때만 유성생식을 하는 것을 제외하고 무성생식한다. 일부 원생생물은 단세포로 존재하는(**그림 17.5**) 반면, 다른 원생생물은 균총으로 존재하거나(**그림 17.6**), 세포가 뭉쳐진 형태를 취한다. 완전한 다세포성은 조류에서 나타난다.

17.4 원생생물의 분류

- 원생생물계에서 분류는 끊임없이 변화하는 상태에 있다. 전형적으로 원생생물은 3개의 기능적 관련이 있는 범주로 묶인다: 광합성이 가능한 생물(조류), 영양의존성 생물(원생동물), 곰팡이와 비슷한 원생생물(absorber)인 옵서버. 인위적인 범주는 진화적 관련성을 나타내지 않는다. 다양한 형태의 원생생물을 분석하는 분자수준의 방법들은 분류를 도우면서 원생생물 무리 간의 진화적인 관계에 대한 이해를 돕는다.
- 17개 주된 원생생물문에서 12개는 7개 단일분지 무리에 위치한다. 잠적정인 원생생물의 계통도는 변화할 것이다(**그림 17.8**, **표 17.1**).
- 5개 주 원생생물문은 아직 계통도에 위치하지 않지만, 연구자들은 연구를 통해 이들 그룹 간의 진화적인 관계를 명확하게 할 것이다.

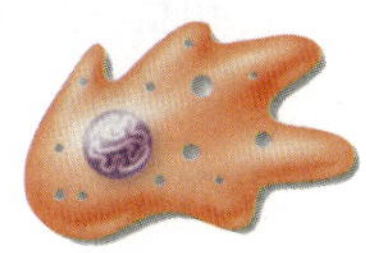

17.5 원생생물 계통도의 기초

- 두 원생생물 무리, 중복편모충류와 부기저체류는 단세포성 원생생물로 원시적인 진핵생물에 대해 가장 가까운 살아 있는 근연관계일 수 있다. 두 무리 모두 편모를 가지지만 미토콘드리아가 없다. 분자수준의 분석은 미토콘드리아 유전자들이 핵에 존재한다는 것을 보여주며, 이들 원생생물은 소기관을 가지지 않았다기보다는 미토콘드리아를 잃어버린 것처럼 보인다.

17.6 다양한 계

- 원생생물 계통도에서 가장 큰 분지는 유글레나조아류, Stramenopila, Alveolata를 포함한다. 유글레나조아류의 아래 분지와 문은 두 그룹을 가지는데, 유글레나류 (Euglenoid)와 트리파노솜이다. 두 그룹 모두 민물에 사는 원생생물로 2개 편모가 있다(**그림 17.9**, **17.10**).
- Stramenopila 아래 분지는 3개 원생생물문(Phaeophyta, Chrysophyta, Pomycota)을 가지며, 편모에 가는 미모가 있다. 갈조류(Pharophyta 문)는 빠르게 자라는 대형갈조류가 있다(**그림 17.11*a***). 규조류(Chrysophyta 문)는 단세포성으로 광합성을 하는 원생생물로 실리카로 만들어진 독특한 이중 껍질(**그림 17.11*b***)를 가진다. 수생균류(Oomycota 문)는 죽은 생물을 먹는다.
- Alveolata 아래 분지는 섬모충, 와편모류, 포자충을 포함한다. 섬모충(Ciliophora 문)은 몸체 전체를 덮는 많은 섬모가 있다(**그림 17.12**). 와편모류(Pyrrhophyta 문)는 광합성을 하며, 2개 편모를 가진 단세포성 원생생물이이다(**그림 17.13**). 일부는 생물형광을 보이며, 일부는 독성 적조와 같은 강력한 독소를 만든다(**그림 17.14**). 포자충은 Apicomplex 문에 속하며, 단세포성으로 비운동성 포자를 형성하는 원생생물이다(**그림 17.15**).

17.7 식물로의 진화

- 원생생물 계통도에서 또 다른 분지는 광합성을 하는 홍조류(Rhodophyta 문, **그림 17.16**)와 녹조류(Chlorophyta 문 **그림 17.17, 17.18**)가 있다. 녹조류는 직접적인 식물의 조상이다.

17.8 동물로의 진화

- 동물을 포함하는 원생생물 계통도 상의 분지는 깃편모충 무리를 포함한다. 일부 깃편모충은 균총을 형성하며, 세포의 구형 복합체를 만든다(**그림 17.19**).

17.9 "아직 원생생물 계통도에 분류되지 못하다"

- 주된 5개 문은 아직 원생생물 계통도에 위치하고 있지 않다: 아메바, 방산충, 세포성과 원형질성 점균류(**그림 17.20~17.25**).

이해력 확인 문제

1. 진핵세포의 기원에 대한 공생이론을 지지해 주는 증거의 하나는?
a. 진핵세포는 내막을 가진다.
b. 미토콘드리아와 엽록체는 그들 자신의 DNA를 가진다.
c. 골지체와 소포체는 원시세포에 존재한다.
d. 핵막은 다른 세포에서만 유래될 수 있다.

2. 많은 원생생물은 ________을 만들어서 좋지 않은 환경에서 살아남는다.
a. 배우자
b. 접합자
c. 포낭
d. 집합체

3. 원생동물은 ________을 포함하지 않는다.
a. 조류
b. 아메바
c. 다세포성 생물
d. 버섯

4. Euglenozoa 문에 일부 원생생물은 ____________________.
a. 엽록체를 가지지 않는다.
b. 광합성을 한다.
c. 인간 병원체이다.
d. 앞에서 말한 모두 해당한다.

5. 대형갈조류는 때로 큰 형태를 수중 산림을 형성하는데, 실제로 ________라고 하는 원생동물이다.
a. 규조류
b. 갈조류
c. 와편모류
d. 홍조류

6. 포자충은 ________ 생활환을 가진다.
a. 유성과 무성 상태 모두를 보이는
b. 무성상태
c. 유성상태
d. 새로운 개체를 만들기 위한 조각화(fragmentation)가 필요한

7. 식물의 조상은 어떤 종류의 원생동물일까?
a. 갈조류
b. 피하낭류
c. 녹조류
d. b와 c

8. 과학자들은 원시 동물세포가 ________ 원생동물로부터 유래되었다고 믿는다.
a. 섬모충
b. 깃편모충
c. 와편모류
d. 유글레나류

9. 아메바, 유공충, 방산충은 ____________을 사용하여 움직인다.
a. 세포질
b. 편모
c. 섬모
d. 강모

10. 집합체를 형성하고 셀룰로오스 세포벽을 가지며, 영양의존성인 원생동물은 아마도 ________이다.
a. 섬모충
b. 방산충
c. 점균류
d. 유글레나류

응용력 확인 문제

1. **그림 17.18** 아래 생활환 중에 노란부분의 잎 모양 구조와 생활환의 파란 부분에서 잎 모양 구조 사이의 차이점은 무엇인가?

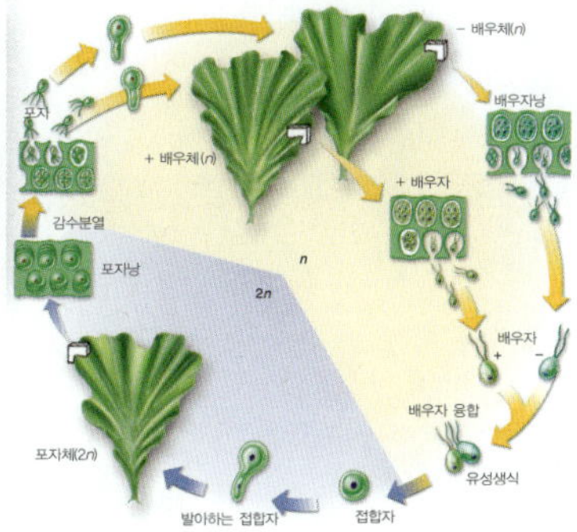

2. **그림 17.24** 점균류는 다세포성 생물이거나 많은 수의 단세포성 생명체가 같이 작용할 수 있을까? 설명하시오.

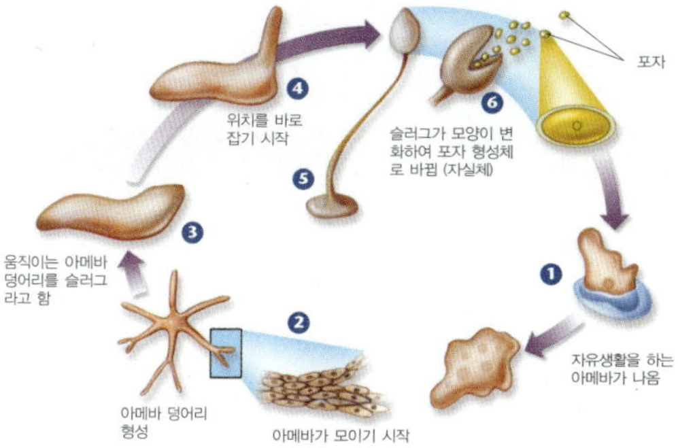

종합 학습

1. 식물체에서 미토콘드리아, 엽록체, 핵의 유전체는 모두 리보솜 RNA 유전자를 가진다. 식물의 미토콘드리아의 리보솜 RNA는 엽록체와 비슷할까? 아니면 핵의 리보솜 RNA 유전자와 더 가까울까? 남조류의 리보솜 RNA는 어떨까? 설명하시오.
2. 세포성 점균류, 원형질성 점균류, 수생균류 모두 제한적인 이동성을 갖지만, 유사한 수단이 있다. 이들 균류가 서로 가깝다고 생각할 수 있을까? 설명하시오.
3. 편모를 가지는 원생동물인 *Giardia*는 미토콘드리아를 가졌다기보다는 마이토좀이라는 작은 소기관을 가진다. 마이토좀이 미토콘드리아로부터 유래되었다는 가설을 검증하기 위해 어떤 특징을 찾아야 할까?

18

곰팡이의 지상 침입

학습단원

생명체는 바다에서 진화하여 10억 년 이상 지구의 대양 속에서만 살았다. 지상에는 맨바위만 있었다. 이 으스스한 환경이 5억 년 이전에 변화하기 시작하였는데, 이때 곰팡이가 지상에 침입한 것으로 생각된다. 이 처음 침입이 겪은 도전의 어려움은 매우 험난했다. 동물은 첫 번째 침입자가 될 수 없었다. 동물은 종속영양생물이다. 그들이 무엇을 먹었을까? 곰팡이도 역시 종속영양생물이고 똑 같은 문제에 처했다. 조류는 광합성 생물이기 때문에 그들이 지상 침입 시에는 먹이 때문에 그런 도전을 받지 않았다. 그들은 필요한 모든 에너지를 태양광에서 얻을 수 있었다. 그러나 그들이 어떻게 영양물질을 얻었을까? 조류는 생명에 필수적인 인과 질소와 철과 그 밖의 많은 화학 성분을 맨 바위로부터 얻을 수 없었다. 이 난제에 대한 해답은 마치 "네가 내 등을 긁어줘 봐. 그러면 내가 네 등을 긁어줄게"하는 협력과 같다. 자낭균류라고 하는 곰팡이가 광합성 조류와 집합체를 만들었는데, 이것이 두 구성원이 맺은 동업관계인 지의류이다. 이 사진의 지의류는 맨바위 위에서 자란다. 그 속의 조류는 태양광의 에너지를 얻고 곰팡이는 바위로부터 무기물을 얻는다. 이 장에서 곰팡이를 더 잘 알게 될 것이고 그 후 조류와 식물 사이의 협력관계를 살펴볼 것이다.

18.1 복잡한 다세포체

조류는 단세포 원생생물과 더 복잡한 다세포 생물(곰팡이, 식물, 동물) 사이의 진화적 간격을 메우는 구조적으로 간단한 다세포 생명체이다. **복잡한 다세포 생명체**에서는 개체는 서로 협력해서 활동하는 여러 종류의 특화된 세포로 구성되어 있다. 복잡한 다세포를 가지는 세 종류의 계가 있다.

1. **식물계** 다세포 녹조류가 거의 확정적으로 식물의 직접 조상인 듯하며(제17장 참조), 19세기에는 이들을 식물로 다루었다. 그러나 녹조는 근본적으로 수생이고 식물보다 구조가 훨씬 더 간단하여 오늘날 널리 이용되는 6계 분류체계에서는 원생생물로 다루어진다.
2. **동물계** 동물은 단세포 원생생물로부터 생겼다. 가장 간단한(가장 원시적으로 보이는) 동물인 강장동물은 분명히 편모충(flagellate)의 일종으로부터 진화한 것 같다.
3. **곰팡이(진균계)** 진균계 역시 동물의 조상과는 다른 단세포 원생생물의 조상으로부터 생겼다. 변형균류와 물곰팡이를 포함한 어떤 원생생물은 곰팡이(사상균; molds)로 생각되었지만, 그들은 보통 원생생물로 분류되었고 곰팡이의 조상과 닮은 것으로 생각되지는 않았다. 곰팡이의 진정한 원생생물 조상은 아직까지 알려지지 않았다. 이것은 분류학에서 풀리지 않은 큰 문제 중 하나이다.

아마도 복잡한 다세포 생명체의 가장 중요한 특성은 *세포 분화*이다. 만일 그것에 대하여 생각한다면, 한 개체 속에 다양한 종류의 세포를 가지는 것은 개체의 유전자에 대해서 특별한 생각을 하게 한다: *서로 다른 세포는 서로 다른 유전자를 사용한다!* 한 세포(인간에서는 수정란)가 다양한 종류의 세포를 가진 다세포 개체가 되는 과정을 **발생(development)**이라 한다. 복잡한 다세포 생명의 전형적인 특징인 세포분화는 다른 유전자를 활성화함으로써 서로 다른 방향으로 성장 발달하는 세포들의 직접적인 결과이다.

복잡한 다세포 생명체의 두 번째 중요 특징은 *세포 간 협력*, 즉 다른 세포가 무엇을 하는가에 대한 반응하여 즉 한 세포의 활동을 조절하는 것이다. 복잡한 다세포 생명체의 모든 세포는 호르몬이라 불리는 화학 신호로 서로 교신한다. 강장동물 같은 어떤 생명체에서는 세포 간의 협력 수준이 낮지만, 인간 같은 다른 동물에서는 거의 모든 세포가 복잡하게 협력한다.

주요 학습 요점 18.1 곰팡이와 식물과 동물은 복잡한 다세포체이며, 분화된 세포 유형을 가지며 세포 간에 협력한다.

18.2 곰팡이는 식물이 아니다

곰팡이(진균계)는 명명된 종이 74,000가지나 되는 생물계이다. 곰팡이를 연구하는 **균학자(mycologists)**는 이보다 더 많은 종이 있다고 믿는다. 일반적 외형에서 식물과 비슷하고 운동성이 없어 곰팡이가 한 때는 식물계에 포함된 적도 있지만 곰팡이는 엽록체를 가지고 있지 않다. 곰팡이와 식물의 커다란 차이점은 아래와 같다.

곰팡이는 종속영양생물이다 아마도 가장 분명히 버섯은 엽록체를 갖지 않아서 초록색이 아니다. 거의 모든 식물은 광합성을 할 수 있지만 곰팡이는 광합성을 하지 못한다. 그 대신 곰팡이는 그들이 붙은 곳에 소화 효소를 분비하고 이 효소에 의해서 방출되는 분자를 흡수하여 먹이를 얻는다.

곰팡이는 사상체이다 식물은 기능적으로 서로 다른 여러 세포로된 조직을 이용하여 만들어지며, 서로 다른 부분은 여러 다른 조직으로 이루어진다. 이에 비해 곰팡이에서는 성장 형태가 실 모양이며[즉, 이들의 몸체는 *균사*라 불리는 가늘고 긴 실(filament)로 조직화된 세포로 구성된다, **그림 18.1**], 이 균사가 모여서 *균사체*라고 하는 덩어리를 형성한다.

곰팡이는 비운동성 정자를 가진다 어떤 식물은 편모를 가진 운동성 정자를 가지만 대부분의 곰팡이는 운동성 정자를 가지지 않는다.

곰팡이는 키틴으로 만들어진 세포벽을 가진다 곰팡이의 세포벽은 키틴(chitin)을 포함하는데, 이 물질은 게 껍질을 만드는 데에도 똑같이 쓰이는 질긴 물질이다. 식물의 세포벽은 섬유소로 만들어지는데 이것 또한 튼튼한 건축 재료이다. 그러나 키틴은 섬유소보다 미생물에 의한 분해에 더 저항성을 가진다.

그림 18.1 균사 덩어리가 균사체를 형성한다
곰팡이의 몸체는 세포가 실 모양으로 붙은 균사로 구성되었는데 이 균사가 모여 이 그림에서 보는 Maryland의 숲 바닥의 나뭇잎 위에서 자라는 빽빽하고 서로 얽힌 매트와 같은 균사체를 형성한다. 곰팡이 몸체의 대부은 균사체가 차지한다.

곰팡이는 핵 유사분열을 한다 곰팡이에서의 유사분열은 식물과 대부분의 다른 진핵생물에서의 유사분열과 다르다. 핵막이 없어지고 다시 형성되지 않는다. 그 대신 모든 유사분열이 핵 속에서 일어난다. 방추사가 형성되어 핵(다른 진핵세포에처럼 세포가 아닌)의 서로 다른 방향으로 염색체를 끌어간다.

더 긴 목록을 만들 수 있지만 강조점은 분명하다: 곰팡이는 전혀 식물이 아니다! 그들이 가진 많은 독특한 특징은 생명체의 다른 그룹과는 밀접하게 연관되지 않는다는 강력한 증거이다.

곰팡이의 몸체

곰팡이는 가는 실 모양으로 존재하는데, 이것은 맨눈으로 거의 보이지 않으며 **균사(hyphae, 복수 hypha)**라고 한다. 균사는 세포로 된 긴 끈이다. 서로 다른 균사가 서로 합쳐져서 **그림 18.2**의 나무에서 자라는 선반 버섯 같은 더 큰 구조를 형성한다.

곰팡이의 주 몸체는 일시적인 생식구조인 버섯이 아니고, 곰팡이가 자라는 토양과 나무와 사체를 파고 들어가 넓게 퍼진 균사의 망이다. 균사 덩어리를 **균사체(mycelium**, 복수 **mycelia)**라 하며, 각 균사가 수 미터가 되는 것도 있다.

곰팡이 세포는 그런 구조 안에서 고도의 교신을 하는데, 이는 곰팡이 균사의 대부분의 세포가 *격벽*(septa, 단수 septum)이라는 가로 세포벽에 의해서 서로 분리되어 있지만 이들 격벽이 완벽한 장벽으로 거의 작용하지 않고, 그 결과 세포질이 균사 전체를 통해서 한 세포에서 다른 세포로 흐르기 때문이다. **그림 18.3**의 사진은 곰팡이의 두 세포의 접속부위를 보여주며 격벽은 부분적으로 그들을 격리한다. 곰팡이의 한 세포로부터 인접한 세포로 세포질이 격벽의 터진 부분을 통해서 균사를 관통하여 흐른다. 균사와 균사체 사이의 확대비율에 대해서 잊지 마라; **그림 18.3**의 균사는 전체길이가 3.4μm이고 **그림 18.1**의 균사체는 맨눈으로도 보인다.

그림 18.2 선반 곰팡이인 *Trametes versicolor*

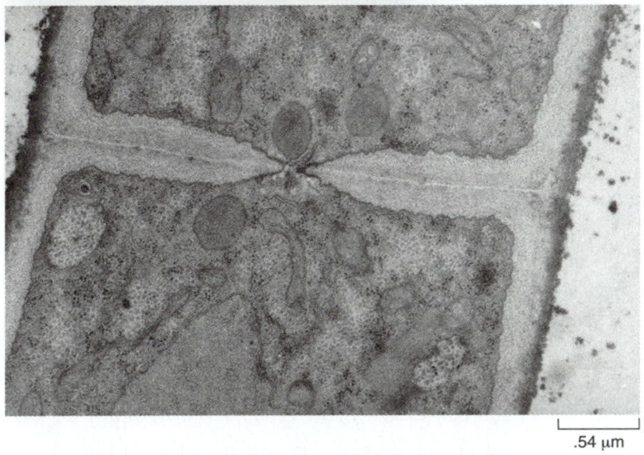

그림 18.3 균사 세포들 사이의 격벽과 구멍
이 현미경 사진은 곰팡이 균사의 인접한 세포들 사이에 있는 격벽의 구멍을 통한 세포질의 흐름을 분명하게 보여준다.

그런 세포질의 흐름 때문에 균사의 다른 부위에서 생산되는 단백질이 균사의 말단으로 운반될 수 있다. 이런 신기한 몸 구조는 진균계의 가장 중요한 혁신이다. 그 결과 곰팡이가 환경변화에 빨리 반응하여 먹이와 수분이 많고 온도가 적절할 때 아주 빠르게 자란다. 이런 몸 구조는 곰팡이와 환경 사이의 독특한 관계를 만든다. 곰팡이 몸체의 모든 부분은 대사적으로 활동적이므로 소화 효소를 분비하여 곰팡이가 접촉하는 어떤 유기물질이라도 분해하여 흡수한다.

세포질의 흐름 때문에 여러 핵이 곰팡이 균사체의 공유된 세포질에 의해서 연결된다. 어떤 핵도(예외 생식 세포) 한 세포 속에서 고립되지 않는다. 어느 세포든지 균사체 내의 모든 세포와 세포질적으로 연결되어 있다. 다세포체 개념 전체가 곰팡이에서는 새로운 의미를 가지는데, 곰팡이는 다세포 생명체 중에서 최고의 공동 공유자이다.

주요 학습 요점 18.2 **곰팡이는 결코 식물이 아니다. 곰팡이 몸체는 기본적으로 세포로 이루어진 긴 끈인데, 이들은 서로 연결된다.**

18.3 곰팡이의 생식과 영양

곰팡이는 어떻게 생식하는가?

곰팡이는 무성적으로 또는 유성적으로 생식할 수 있다. 접합체를 제외한 모든 곰팡이 핵은 반수체이다. 곰팡이의 유성생식에서 가끔은 서로 다른 교배형의 개체가 참여해야 하며, 이는 인간의 교접에 양성이 요구되는 것과 같다. 유성생식은 유전적으로 서로 다른 교배형의 균사가 서로 접하여 합쳐질 때 시작된다. 그 다음에는 어떤 일이 일어날까? 식물과 동물에서는 두 반수체의 배우체가 융합할 때 두 반수체의 핵이 즉시 융합하여 접합자의 이배체의 핵을 만든다. 지금쯤은 여러분이 예상할 수 있듯이, 곰팡이에서는 다른 일이 일어난다. 거의 대부분의 곰팡이에서는 두 핵이 곧바로 융합하지 않는다. 대신 그들은 같은 집에서 살면서도 결혼하지 않은 동거인처럼 지내는데, 두 핵은 곰팡이의 일생의 거의 대부분 동안 공동의 세포질 속에서 공존한다. 두 핵을 가진 곰팡이 균사는 **양핵성(dikaryotic)**이라 한다. 만약 두 핵이 유전적으로 다른 개체로부터 왔으면 그 핵을 **이종핵(heterokaryon**, 그리스어 *heteros*는 '서로 다른', *karyon*는 '핵'의 의미)이라고 한다. 유전적으로 동일한 핵을 가진 균사의 핵은 **동종핵(homokaryon**, 그리스어로 *homo*는 '하나'의 의미)이라 한다.

곰팡이에서 생식구조가 형성될 때 세포들 사이에 완벽한 격벽이 형성되는데, 이것이 곰팡이 몸체에서 세포들 사이에 세포질의 자유로운 흐름에 대한 유일한 예외가 된다. 세 종류의 생식구조가 있다. (1) **배우자낭(gametangia)**은 반수체 배우체를 형성하여 이들이 융합하여 감수분열을 하는 접합자를 형성한다. **(2) 포자낭(sporangia)**은 퍼질 수 있는 포자를 만들며, **(3) 분생자병(conidiophores)**는 빨리 생성되어 새로운 먹이를 빨리 점령하기 위한 **분생자(conidia)**라고 하는 무성적인 포자를 생산한다.

포자(spore)는 많은 곰팡이에서 공통적인 생식 수단이다. **그림 18.4**에 보이는 먼지버섯곰팡이는 약간 폭발적인 방법으로 포자를 방출한다. 포자는 한 장소에 정착된 생명체의 필요에 잘 맞는 것이다. 이들은 작고 가벼워 장기간 공기 중에 머물러 먼 곳에 운반될 수 있다. 포자가 적절한 장소에 정착하면 포자가 발아하여 분열하기 시작하여 곧 새로운 곰팡이 균사를 만든다.

곰팡이는 영양분을 어떻게 얻을까?

모든 곰팡이는 주위 환경 속으로 소화 효소를 분비하고 **체외소화(external digestion)**에 의해서 생성된 유기분자를 흡수함으로써 먹이를 얻는다. 많은 곰팡이는 목재 속의 섬유소를 분해할 수 있어 포도당 단위체 사이의 결합을 끊어 나온 포도당을 먹이로 흡수한다. 이런 이유 때문에 나무 위에서 자란 곰팡이를 자주 볼 수 있다.

파리지옥풀(Venus flytrap)과 같은 식물이 식충식물인 것처럼, 어떤 곰팡이는 포식자이다. 예를 들면 나무에서 자라는 식용 굴버섯(*Pleurotus ostreatus*, 느타리버섯)은 나무를 먹는 작은 회충(선충의 일종)을 유인하여 마비시키는 물질을 분비한다(**그림 18.5**). 이 선충이 느려지고 못 움직이면 곰팡이 균사가 그 몸체를 둘러싸고 침투하여 그들의 구성 물질을 흡수하는데, 이것은 (생태계에서 거의 모든 때에 결핍되기 쉬운) 풍부한 질소 공급원이다.

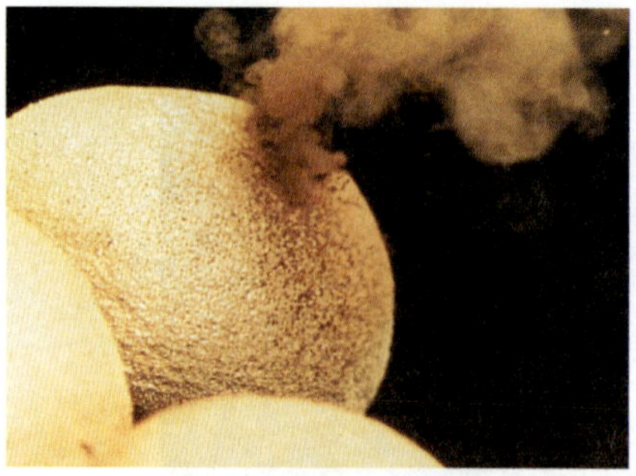

그림 18.4 많은 곰팡이는 포자를 생산한다
먼지버섯곰팡이의 표면으로부터 포자가 폭발한다.

그림 18.5 굴버섯
이 느타리버섯(*Pleurotus ostreatus*) 종은 선충을 움직이지 못하게 하는데, 곰팡이는 이 선충을 먹이 공급원으로 사용한다.

주요 학습 요점 18.3 곰팡이는 무성생식과 유성생식을 한다. 그들은 주위로 소화효소를 분비하여 영양분을 얻으며, 그런 다음 소화된 분자들을 몸체로 재흡수한다.

곰팡이의 다양성

18.4 곰팡이의 종류

곰팡이는 적어도 4억 년 이상으로 오래된 생명체이다. 곰팡이에는 다섯 그룹(**표 18.1**)으로 74,000종이 기술되어 있지만 더 많은 종이 발견될 것이다. 먹이를 얻는 과정에서 여러 물질을 부패시키고, 썩게 하고, 못쓰게 만들며, 때로는 동물과 특별히 식물에서는 위험한 병을 일으키기 때문에 많은 곰팡이는 해롭다. 그러나 다른 곰팡이는 아주 이롭다. 빵과 맥주의 제조는 효모의 생화학적 활성에 의존하는데, 이 효모는 단세포 곰팡이로 많은 양의 이산화탄소와 에탄올을 생성한다. 흔한 복잡한 유기물을 다른 유기물로 변환시키기 위한 산업에 곰팡이가 대규모로 사용된다; 많은 상업적으로 중요한 스테로이드가 이런 방식으로 생산된다.

진균계의 주된 네 가지 문(phyla)이 주로 유성생식 방법의 차이에 의해서 구분되며, 이들은 접합균류(zygomycetes), 자낭균류(ascomycetes), 담자균류(basidiomycetes), 병꼴균류(chytriomycetes)이다(-cetes -류는 분류학적으로 정확한 명칭이 아닌 일반 명칭이고, 분류적으로 정확한 명칭인 문은 -cota). 다섯 번째 그룹은 불완전균류(imperfect fungi)로 유성생식이 발견되지 않은 곰팡이를 모아 놓은 인위적인 분류군이다. 이들 균류는 후에 유성생식 방식이 밝혀지면 적절한 다른 그룹으로 배치된다. 분자생물학적인 자료가 곰팡이의 계통분류학에 대한 이해에 기여하며 분자생물학적인 증거가 더 얻어지면서 새로운 곰팡이 계통분류학이 나타날 것이다. 그러나 이미 곰팡이는 식물보다는 동물에 더 가깝다는 것이 분명한 것 같다.

주요 학습 요점 18.4 곰팡이 문은 주로 유성생식 방식의 차이에 의해서 구별된다. 그러나 미래에는 분자생물학적인 염기서열 데이터가 곰팡이 계통분류학에서 변화를 가져올 것이다.

표 18.1 진균계

문	대표적 예	주요 특징	종수
접합균문 (Zygomycota)	*Rhizopus* (검은빵곰팡이) 	무성생식이나 유성생식을 함, 생식구조 이외에서는 다핵 균사는 격막이 없음, 균사가 융합하여 접합체를 만들어 이들이 발아하기 직전에 감수분열이 일어남	1,050
자낭균문 (Ascomycota)	효모, 송로, 곰보버섯 	유성적으로 생식,자낭포자가 자낭 속에서 만들어짐, 무성적인 생식도 흔함	32,000
담자균문 (Basidiomycota)	버섯, 독버섯, 녹병균 	유성생식, 담자포자는 곤봉 모양의 담자기위에 달림, 포자를 형성하는 말단 균사를 담자기라 함, 무성적인 생식도 가끔 일어남	22,000
병꼴균문 (Chytridiomycota)	*Allomyces* 	편모가 있는 배우체인 유주자를 생산, 주로 수생이고 일부는 담수 또는 해수에 삼, 곰팡이 중에서 가장 오래된 그룹	1,500
불완전균(문이 아님)	누룩곰팡이 (*Aspergillus*) *Penicillium* 	유성생식이 발견되지 않음, 대부분은 유성생식할 수 있는 능력을 잃은 자낭균류로 생각됨	17,000

18.5 접합균류

접합균류(zygomycetes)는 접합균문(Zygomycota)의 일원으로서 균사의 융합이 이종핵(서로 다른 두 개의 반수체 핵을 가진 세포)을 생성하지 않는다는 점에서 곰팡이에서 아주 독특하다. 대신 두 핵이 융합하여 한 이배체 핵을 만든다. 식물과 동물에서 정자와 난자가 융합하듯이 이 융합은 접합체를 생성한다. 접합균류라는 이름은 '접합체를 만드는 곰팡이'를 의미한다.

접합균류는 곰팡이 사이의 이 규칙에 대한 예외이며, 서로 다른 종이 그렇게 많지 않다. 1,050가지의 명명된 종이 있다(곰팡이 전체의 약 1%). 이 균류에 속한 것 중에 가장 흔한 빵곰팡이(검은빵곰팡이)가 있고 딸기나 다른 과일을 포함한 썩는 유기물에서 발견되는 현미경적 곰팡이가 여기에 속한다. 접합균류의 중요한 다른 그룹은 *Glomales*라 불린다. 이 땅속 곰팡이는 지상 식물의 뿌리와 공생관계를 형성하며 아마도 지상 식물의 진화에도 기여하여 토양으로부터 무기물과 물의 흡수를 도왔을 것이다.

접합균류에서의 생식은 전형적으로 무성적이다. 균사 말단에 있는 세포는 완전한 격벽에 의해서 격리되며, 반수체 포자를 생성하는 포자낭을 말단에 가진 곧은 줄기를 형성한다. 이것들이 **그림 18.6**의 생활환에서 보이는 막대사탕 모양의 구조이다. 이 포자가 바람에 불려 새로운 장소에 떨어지면, 그 장소에서 포자가 발아하여 새로운 균사체가 시작된다. 유성생식은 흔하지 않지만 스트레스가 많은 시기에 나타날 수 있다. 그것이 그림의 아래 부분에 나타나 있는데, 교배형이 다른 두 종으로부터 생긴 균사(⊕는 초록색, ⊖는 빨간색)가 융합하고 그 후에 핵도 융합하여 이배체 접합체를 형성한다. 두 균사가 융합할 시점에 딱딱하고 튼튼한 구조인 **접합포자낭(zygosporangium)**을 형성한다. 이 접합포자낭은 매우 효과적인 생존 기작인데, 조건이 좋지 않을 때 오랜 기간 휴면 상태로 남을 수 있게 하는 휴면 구조이다. 환경이 좋아지면 접합포자낭은 포자낭을 말단에 가지는 줄기 구조를 형성한다. 유사분열이 포자낭 안에서 일어나 반수체 포자가 방출되는데, 이는 생활환에서 무성적인 부분에서와 마찬가지다.

> **주요 학습 요점 18.5** 　**접합균류는 전형적으로 무성생식하는 곰팡이이다; 균사가들이 융합하여 이종핵(2개의 반수체 핵)이 형성되는 대신 접합자(1개의 2*n* 핵)가 형성된다.**

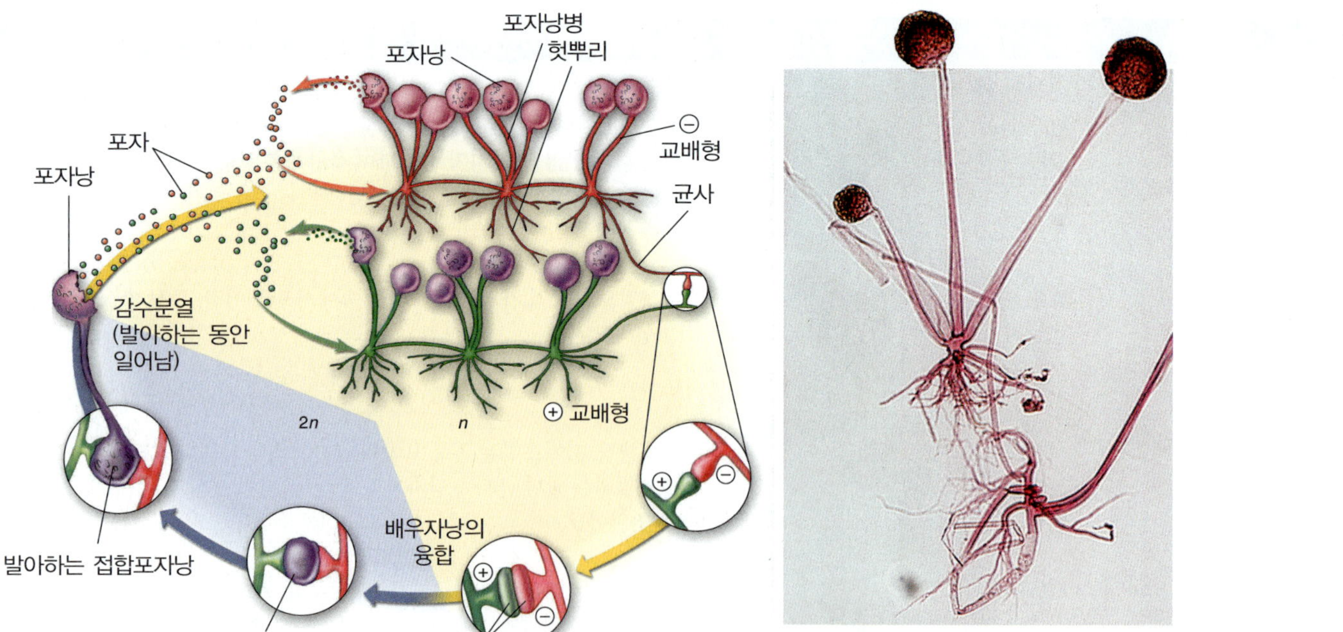

(b) *Rhizopus*의 포자낭을 가진 구조는 키가 약 1cm이다.

그림 18.6 접합균류의 생활환

(*a*) *Rhizopus*의 생활환, 이 곰팡이는 습한 빵과 다른 비슷한 기질에서 자라며, 곰팡이가 먹는 빵과 다른 물질의 표면에서 균사가 자라며, 무더기로 포자낭을 가진 곧은 줄기를 생성한다. 확대한 그림이 (*b*)에 있음. 두 균사가 서로 자라면 그들의 핵들이 융합하여 접합체를 형성한다. 이 접합체가 생활환에서 유일한 이배체 세포이며 두껍고 검은 외피를 얻는데(이 그림에서 자주색), 이때는 접합체를 접합포자낭이라고 한다. 감수분열이 발아 중에 일어나며 이 과정에서 생긴 반수체 포자로부터 정상적인 반수체 균사가 자라나온다.

18.6 자낭균류

자낭균문(Ascomycota) 즉 **자낭균류(ascomycetes)**는 가장 큰 곰팡이문으로 32,000종이 명명되었고, 많은 수가 매년 발견되고 있다. 자낭균류에는 누룩곰팡이(*Neurospora* 유전학의 연구에서 역사적으로 중요한)와 네덜란드단풍나무병(Dutch elm disease) 곰팡이와 밤나무 마름병 곰팡이뿐만 아니라 효모와 곰보버섯과 송로 같은 친숙하고 경제적으로 중요한 곰팡이가 있다.

접합균류의 생식에서와 같이 자낭균류의 생식은 흔히 무성적이다. 자낭균류의 균사는 세포들을 분리시키지만 그 속에 큰 중앙 구멍을 가진 불완전한 격벽을 가지고 있어서 위 아래로 세포질이 흐르는 것이 방해받지 않는다. 균사의 말단이 균사체의 다른 부분으로부터 완전히 격리되어 *분생자*라고 하는 무성포자를 만들 때 무성생식이 일어나며(**그림 18.7*a***, 확대된 환상 지역), 각 분생자는 흔히 여러 개의 핵을 가진다. 이들 분생자 중 하나가 방출되어 바람에 날려 새로운 장소에 옮겨져 그 곳에서 발아하여 새로운 균사체를 형성할 수 있다.

분생자 속에 있는 핵의 숫자에 혼동되지 않는 것이 중요하다. 이 다핵 포자는 *반수체*이고 이배체가 아닌데, 이는 유전체에 한 세트만 있고 이배체 세포에서는 유전적으로 서로 다른 두 세트의 염색체가 있기 때문이다.

자낭균류는 유성생식 구조에 따라 명명되었는데, **자낭(ascus**, 복수 **asci)**은 *자낭과*라고 하는 커다란 구조 속에서 분화되었다. **그림 18.7*b***는 곰보버섯의 자낭과를 보여준다. 자낭은 자낭과 균사의 말단에 생성되는 현미경적인 세포로 이곳에서 접합체가 형성된다. 이 접합체가 자낭균류의 생활환에서 유일한 이배체 핵이며, 생활환에서 옅은 청색으로 표시되었다. 접합체는 감수분열을 거쳐서 *자낭포자*라 불리는 반수체 포자를 생성한다. 성숙한 자낭이 터질 때 각 자낭포자는 30cm 이하로 퍼질 수 있다. 자낭이 얼마나 작은지 안다면 이 거리는 참으로 놀라운 거리이다. 이것은 야구공을 쳐서 1.25km 날아가게 하는 것과 같은데 이는 Babe Ruth의 가장 긴 홈런 기록보다 10배나 먼 거리이다.

주요 학습 요점 18.6 대부분의 곰팡이가 자낭균류로, 이는 자낭이라고 하는 생식구조에서 접합체를 형성한다.

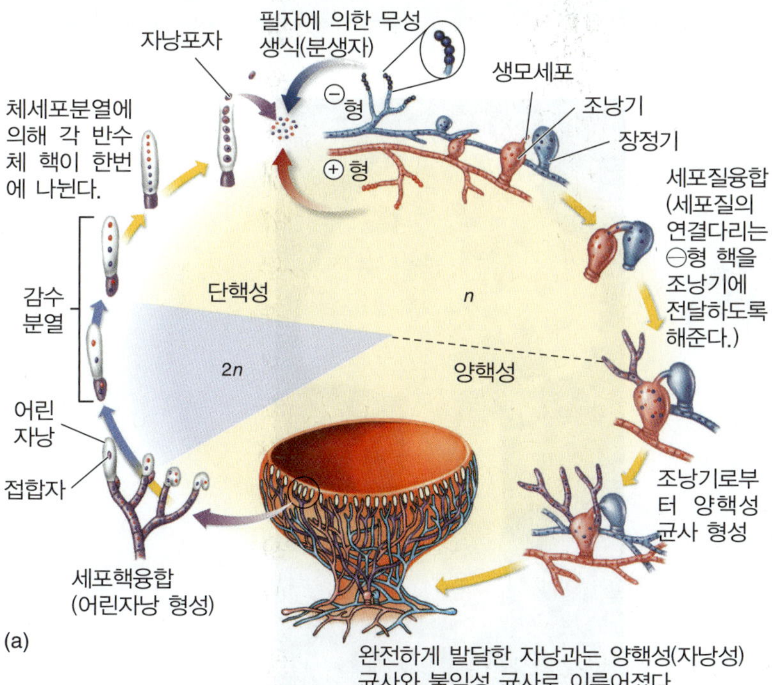

(a)

(b) 노란색 곰보버섯은 자낭균이다.

그림 18.7 자낭균류의 생활환

(*a*) 분생자로 무성생식이 일어나며, 변형된 균사의 말단에서 격벽에 의해서 포자가 분리된다. 유성생식은 조낭기(ascogonium)라고 하는 자성 배우자낭이 장정기(antheridium)라고 하는 웅성 배우자낭과 생모세포(trichogyne)라고 하는 구조를 통해서 융합할 때 일어난다. 이 자낭과(*b*)는 양핵성 불임성 균사로부터 발생한다. 핵은 융합하여 자낭 속에서 이배체 접합체를 형성한다. 이 접합체는 생활환에서 유일한 이배체 세포인데 이것이 두껍고 검은 외피(위 그림에서 자주색)를 얻고 이때에 접합포자낭(zygosporangium)이라 한다. 발아 중에 감수분열이 일어나며 이 결과로 생기는 반수체 포자로부터 정상적인 반수체 균사가 자라게 된다.

18.7 담자균류

명명된 22,000종이 있는 담자균문(Basidiomycota)에는 가장 친숙한 곰팡이 즉 버섯, 독버섯, 먼지버섯, 선반버섯 등이 있다. 많은 버섯이 음식으로 사용되지만 다른 것은 치명적으로 독성이다. 어떤 종은 작물로 재배되기도 된다 양송이버섯(*Agaricus bisporus*)은 70개 국가 이상에서 재배되어 연 생산량이 1998년에 150억 달러 이상이다. **담자균류(basidiomycetes)** 에는 빵 효모와 녹병균과 깜부기병균 등을 포함한 식물병원균이 있다. 녹병균의 감염은 금속에 녹이 생기는 것과 같으며 깜부기병균의 감염은 포자 때문에 검은 분말처럼 보인다.

담자균류의 생활환(**그림 18.8*a***)은 발아하는 포자로부터 생긴 균사의 생성으로부터 시작된다. 접합균류에서처럼 이 균사는 처음에는 격벽이 없다. 최종적으로 핵 사이에는 격벽이 생성되지만 자낭균류에서와 같이 격벽에는 구멍이 있어서 세포질이 세포들 사이를 자유롭게 흐를 수 있다. 이 균사가 자라 복잡한 균사체를 형성하고 서로 다른 교배형(⊕과 ⊖)의 균사가 융합하지만 핵은 융합되지 않고 남아 있는 세포를 형성한다. 균사의 각 세포 속에 두 개의 서로 다른 핵이 있어 이런 상태를 양핵성이라 하며, 이것은 생활환의 $n + n$의 옅은 갈색 지역으로 표시되었다. 이렇게 생긴 양핵성 균사는 양핵성 균사체를 형성하게 된다. 이 균사체가 *담자과(basidiocarp)* 또는 버섯이라 불리는 양핵성 균사(**그림 18.8*b***)로 이루어진 복잡한 구조를 만든다.

양핵성의 균사의 각 세포의 두 핵은 융합하지 않고 오랜 동안 공존할 수 있다. 다른 두 곰팡이문과 달리 담자균류에서는 무성생식은 흔치 않으며, 담자균류는 전형적으로 유성적으로 생식한다.

유성생식에서 접합체(생활환에서 유일한 이배체 세포)는 양핵성 세포의 두 핵이 융합할 때 형성된다(생활환의 오른쪽). 이런 과정은 곤봉 모양의 생식구조인 **담자기(basidium,** 복수 **basidia)**에서 일어난다. 감수분열은 각 담자기 안에서 일어나 담자포자라고 하는 반수체 포자를 형성한다. 담자기는 버섯 모자 아래쪽의 두꺼운 층에서 생기는데 이곳에서는 그 표면이 아코디언 같이 접혀 있다. 8cm의 머리를 가진 버섯은 시간당 4,000만 포자를 생성하는 것으로 추산된다.

주요 학습 요점 18.7 버섯은 담자균류이며, 버섯은 담자기라 불리는 곤봉 모양의 생식구조를 만든다.

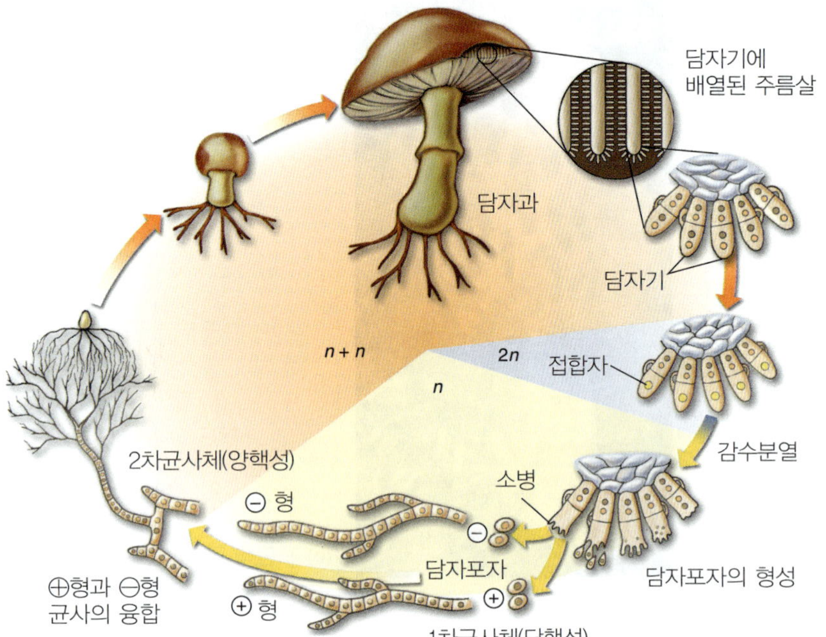

(a)

(b) *Amanita* 버섯

그림 18.8 담자균류의 생활환

(a) 담자균문은 보통 유성적으로 생식하는데, 담자기 속의 핵이 융합하여 접합체를 만든다. 감수분열이 배우자합체(syngamy) 후에 따르며 그 결과 최종적으로 담자포자를 생성하는 담자과를 형성한다.

18.8 병꼴균류, 불완전균류 그리고 효모

병꼴균류

병꼴균문(chytridiomycota)은 대부분 수생 생명체이지만, 어떤 것들은 토양 속과 다른 지상의 환경 속에서도 발견된다. 호산균(Chytrid)은 가장 원시적인 곰팡이며 그들의 원생생물 조상들로부터 얻는 편모가 있는 배우체(유주자 zoospore라 불림)를 아직도 가진다. 곰팡이 진화 역사의 초기에 다른 그룹의 곰팡이는 편모 단계를 잃어버렸다. 호산균의 몇 종류는 가벼운 질병을 일으키는 식물병원균이다. 호산균의 한 종인 *Batrachochytridium dendrobatidis*는 개구리의 잠재적 병원균인 것이 밝혀졌다. 곰팡이에 의해서 방출된 포자가 개구리 피부에 정착하여 호흡과 같은 보통의 피부 기능을 방해한다. 감염된 개구리의 다리와 배에 있는 피부가 발개진 것은 *B. dendrobatidis* 감염의 한 증상이다(**그림 18.9**). 이 치명적인 질병은 최근 세계적으로 양서류가 급격하게 감소한 원인인 것 같다.

불완전균류

유성생식의 방식이 서로 다른 4개의 곰팡이문 외에도 유성생식이 발견되지 않은 곰팡이가 17,000종이 있다. 유성생식하는 4개의 곰팡이문에 집어넣을 수 없는 곰팡이를 편의상 **불완전균문(imperfect fungi)**으로 묶었다(**그림 18.10**). 불완전균문은 유성생식능력을 잃었다. 담자균류도 여기에 속하지만 대부분의 불완전균문은 자낭균류이다. 이들은 균사의 무성생식의 특징에 따라 구분된다. 무좀과 백선을 포함한 피부병을 일으키는 대부분의 곰팡이는 불완전균류이다. 곰팡이 병은 약학적으로 처리하기 어려운데 이는 동물과 곰팡이 사이의 조상관계로서, 곰팡이 세포를 죽이는 대부분의 약이 동물 세포에도 악영향을 주기 때문이다.

그림 18.9 호산균 감염

병원성 호산균 *Batrachochytridium dendrobatidis*가 이 개구리를 감염시켰다.

그림 18.10 불완전균류

불완전균류는 유성생식이 알려지지 않은 곰팡이다. *Verticillium alboatrium*은 알팔파의 중요한 병원균인데 윤생의 분생자를 가진다. 불완전균문인 이 균의 단세포성의 분생자는 분생자병의 말단에 달려 있다.

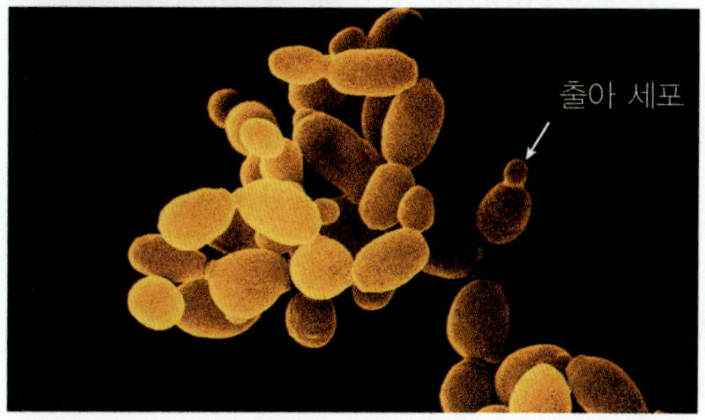

그림 18.11 *Saccharomyces*에서의 출아

이 효모의 세포들은 연쇄상으로 서로 모이는 경향이 있는데, 이런 특징은 다세포 조상으로부터 단세포 효모가 생겼다는 것을 상기시킨다.

효모

효모는 단세포 곰팡이에 주어진 일반적인 이름이다. 효모는 단세포이지만 다세포 조상으로부터 생겨난 것이 거의 확실하다. 수천 년 동안 빵, 맥주, 포도주를 만드는데 사용된 *Saccharomyces cerevisiase*(양조효모)를 포함한 명명된 약 250종이 효모에 속한다. 다른 효모는 병원균인데, 여기에는 질 감염 원인균인 캔디다(*Candida*)가 포함된다.

자낭균류에서처럼 대부분의 효모는 무성적으로 생식하며 분열하거나 출아(커다란 세포의 한 부분으로부터 조그만 세포를 형성하는 것, **그림 18.11**)한다. 효모에서의 유성생식은 두 효모 세포가 융합할 때 일어난다. 두 핵을 가진 새로운 세포는 자낭처럼 작용한다. 두 핵이 융합한 후 감수분열이 네 개의 자낭포자를 형성하여 이들이 새로운 효모 세포로 발생한다.

주요 학습 요점 18.8 **병꼴균류는 조상 곰팡이와 아주 밀접하게 관련된 곰팡이 무리이다. 불완전균류는 유성적으로 생식할 능력을 상실했다. 효모는 단세포 곰팡이이다.**

18.9 곰팡이의 생태학적 역할

분해자

박테리아와 함께 곰팡이는 생물권에서 주요한 분해자이다. 그들은 유기체를 분해시키고 이 분자들에 붙잡혀 있던 물질을 생태계에서의 순환에 되돌려준다. 곰팡이는 목재의 한 구성성분인 리그닌을 분해할 수 있는 거의 유일한 생명체이다. 그런 물질을 분해함으로써 곰팡이는 죽은 생명체의 몸체 속으로부터 탄소, 질소, 인을 다른 생명체가 이용할 수 있게 한다.

유기물질을 분해하는데 있어서, 어떤 곰팡이는 유기물질 공급원으로서 살아 있는 식물과 동물을 공격하지만 다른 곰팡이는 죽은 것을 공격한다. 곰팡이는 식물과 동물에서 병을 일으키는 생명체로 작용한다. 뽕나무버섯균(*Armillaria*) (**그림 18.12**)이라는 곰팡이는 침엽수림을 감염시킨다. 원으로 표시된 지역의 중앙에서 생긴 균이 밖으로 자라나간다. 곰팡이 매년 수십억 달러의 농업손실을 야기한다.

그림 18.12 세상에서 가장 큰 생명체

뽕나무버섯균은 병원성 곰팡이로 Montana의 침엽수림의 다른 세 지역을 감염시키고 있는 것이 보이는데, 이들이 중앙의 초점으로부터 하나의 복제생물(클론)로서 자라 나온다. 아래쪽의 큰 부분은 거의 8헥타르($80,000 m^2$)이다.

상업적 이용

곰팡이를 생태학적으로 중요하게 만드는 공격적인 물질대사가 여러 가지 방법으로 상업적으로 이용된다. 빵과 맥주의 제조는 많은 양의 이산화탄소와 에탄올을 생성하는 단세포 곰팡이인 효모의 생화학적인 활성에 의존한다. 어떤 곰팡이의 대사 과정을 통해서 치즈와 포도주의 미묘한 맛을 얻는다. 방대한 산업이 배양 곰팡이에 의한 구연산(citric acid)과 같은 유기물질의 생화학적 제조에 의존한다. 페니실린을 포함한 많은 항생제가 곰팡이로부터 얻어졌다.

(a) (b) (c)

그림 18.13 식용과 독성 버섯

식물버섯은 (*a*) 단추버섯(양송이), (*b*) 노란살구버섯(*Cantharellus cilarius*)은 포함한다. 독버섯은 (*c*) 독버섯(*Amanita muscaria*; 광대버섯속)을 포함한다.

식용 및 독성 곰팡이

많은 종류의 자낭균류와 담자균류의 곰팡이가 식용가능하다 (**그림 18.13*a*,*b***). 이들을 상업적으로 재배하거나 야생에서 채취할 수 있다. 담자균류 양송이는 야생에서 자랄 수 있지만 가장 널리 재배되는 버섯 중에 하나이다. 어릴 때는 "단추 버섯(botton mushroom)"이라 하지만, 클 때는 portobello 버섯으로 팔린다. 식용버섯의 다른 예는 노란살구버섯(chanterelle)과 곰보버섯(**그림 18.7*b*** 참조)과 표고버섯(*Lentinula edodes*)이다. 먹기 위해 버섯을 고를 때 아주 조심해야 한다. 왜냐하면, 함유한 독성물질로 인해서 많은 종이 독성이 있기 때문이다. 독성 버섯은(**그림 18.13*c***) 가벼운 알레르기, 소화 반응으로부터 환각, 기관 고장 및 사망에 이르는 다양한 증상을 야기할 수 있다.

곰팡이 집합체

곰팡이는 조류와 식물과의 밀접한 집합체에 관여하며, 이 집합체는 생물계에서 아주 중요한 역할을 한다. 이들 집합체는 전형적으로 종속영양생물(곰팡이)과 광합성 생물(조류와 식물) 사이에 능력을 공유하는 것을 포함한다. 곰팡이는 환경으로부터 물과 다른 영양물질을 아주 효과적으로 흡수하는 능력을 공급하며, 광합성 생물은 유기물질을 만드는데 태양을 이용하는 능력을 공급한다. 곰팡이 혼자서는 먹이 원천이 없고 광합성 생명체는 영양물질의 원천이 없다. 따라서 협력하여 서로 먹이와 영양물질에 대한 접근권을 가지면서 두 참여자가 이익을 얻는 동반자관계이다.

균근 곰팡이와 식물 사이의 집합체를 **균근(mycorrhizae**; 그리스어로 *myco*는 '곰팡이', *rrhizos* '뿌리'의 의미)이라 한다. 80%의 식물 뿌리가 이런 집합체에 관여하고 있다. 사실 곰팡이가 전 세계 식물뿌리 무게의 15%를 차지한다. **그림 18.14**는 이런 집합체가 얼마나 광범위한지를 보여준다. 좌측의 뿌리는 소나무 뿌리로 곰팡이와 집합체를 만들지 않는다. 중앙과 우측에 있는 뿌리는 균근을 보인다. 균근이 뿌리의 표면적을 증가시키는 것을 확실하게 볼 수 있다. 균근에서 곰팡이의 필라멘트는 아주 효과적인 뿌리털로 작용하여, 뿌리 말단의 표면 또는 가장 바깥층으로부터 바깥으로 뻗쳐 나온다. 곰팡이 필라멘트는 인과 다른 물질을 직접 토양에서 식물의 뿌리로 운반하는 것을 돕고, 식물은 유기 탄소를 공생하는 곰팡이에게 공급한다.

아주 초기의 식물 화석은 가끔 균근의 뿌리를 가지는데, 이 균근은 식물이 지상에 침투하는 데 아주 중요한 역할을 했을 것으로 여겨진다. 그 시기의 토양은 유기물질이 거의 완벽하게 없어 균근 식물은 그런 척박한 토양에서 특히 성공적이었을 것이다. 현재까지 살아남은 가장 원시적인 식물은 아직도 균근에 강하게 의존한다.

지의류 **지의류(lichen)**는 곰팡이와 광합성하는 상대의 집합체이다. 15,000종의 지의류 속에서 20개만 예외로 하고 다른 모든 지의류 속에서는 자낭균류가 곰팡이의 상대편이다. 지의류의 눈에 보이는 몸체는 대부분 곰팡이로 구성되며, 곰팡이의 균사가 섞어 짜인 곰팡이의 균사층의 사이에 남조류 또는 녹조류가 있거나 어떤 때는 두 종이 같이 있다. 충분한 양의 햇빛이 곰팡이의 반투명한 균사층을 뚫어 광합성을 가능하게 한다. 특수한 균사가 광합성 세포를 둘러싸거나 때로는 침투하여 광합성 세포에 의해서 만들어진 당과 다른 물질을 수송하는 고속도로로 작용한다. 곰팡이는 특수한 생화학 신호를 보내서 남조류 또는 녹조류가 혼자 독립적으로 살았을 때는 만들지 않았을 물질을 만들도록 한다. 곰팡이는 광합성하는 상대가 없이는 성장하거나 살아갈 수 없다. 많은 생물학자들은 이 특별한 공생관계를 서로 협력하는 관계라기보다는 노예적인 관계로 특징짓는데, 이를 곰팡이 숙주에 의한

그림 18.14 소나무 뿌리 위의 균근
왼쪽에서 오른쪽으로 곰팡이가 없는 소나무뿌리, *Rhizopogon*에 의해서 생성된 백색의 균근, *Pisolithus*에 의해서 생성된 황갈색 균근이다.

광합성 생물의 조절된 기생이라 한다.

곰팡이의 튼튼한 건축물은 상대의 광합성능력과 합쳐져 지의류가 산정상에서나 사막의 맨 바위 표면에 이르는 가장 열악한 서식지를 침입할 수 있게 했다. **그림 18.15**에서 바위에서 자라는 주황색 물질은 지의류이다. 그런 가혹하고 노출된 지역에서는 보통 지의류가 가장 최초의 외래생물인데, 이들이 바위를 깨며 다른 생명체의 침입을 위한 무대를 만든다.

지의류는 대기 중의 공해물질에 극히 예민한데 이는 그들이 비와 이슬에 녹아 있는 물질을 잘 흡수하기 때문이다. 이런 연유로 도시 속에서와 주변에서 지의류가 자라지 못한다. 이들이 자동차 교통량과 산업 활동에 의해서 생성되는 이산화황에 아주 예민하다. 그런 공해물질은 그들의 엽록체 분자를 파괴하여 광합성을 감소시켜 곰팡이와 조류나 남조류 사이의 생리적인 균형을 깬다.

주요 학습 요점 18.9 **곰팡이는 주 분해자이며 경제적으로 상업적으로 중요한 역할을 한다. 균근은 곰팡이와 식물 뿌리 사이의 집합체이다. 지의류는 곰팡이와 광합성 상대(남조류나 조류) 사이의 공생관계이다.**

그림 18.15 바위 위에서 자라는 지의류

질문 & 분석

호산균이 개구리를 죽이는가?

이 장에서 전에 배웠듯이 호산균은 전 세계적인 양서류 멸종의 물결에 주요한 역할을 하는 것으로 생각되고 있는데, 제38장에서 이것을 더욱 자세히 다룰 것이다(936쪽). 호산균이 역할한다는 가능성이 1993년 Queensland (호주의 북동쪽)에서 인식되기 시작했는데, 이때에 개구리가 대량으로 죽은 것이 보고되었다. 모든 종류의 개구리가 영향을 받은 것처럼 보였으며 개구리 집단 전체가 죽었다. 북쪽 Queensland의 열대림에 사는 코가 뾰족한 급류 개구리(*Tasdactylus acutirostris*)가 심각하게 영향을 받아서 멸종위기에 처할 정도였다. 이 종을 보전하기 위하여 포획 식민지가 James Cook 대학, Melbourne과 Taronga 동물원에 설치되었다. 불행하게도 종의 보전은 실패하였다. 식민지의 모든 개구리가 죽었다.

무엇이 개구리를 죽였을까? 이 질문에 대한 답이 1998년에 밝혀졌는데 이때 연구자들이 병든 개구리의 상피(피부)를 주사현미경으로 조사하였고, 오른쪽의 현미경사진에서 보이는 것을 관찰하게 되었다. 건조된 개구리의 상피는 보통 매끄러운데 병든 개구리에서는 표면에서 구형체가 돌출되어 표면이 매끄럽지 않았다.

이 돌기가 호산균 곰팡이의 무생생식 구조인 유주자낭이었다. 그 중 하나를 확대하여 보았다(삽입 그림). 각 유주자낭은 대략 구형이고, 하나에서 수 개의 뾰족한 관이 있다. 이 유주낭에서 수백만의 유주자가 발생된다. 이 관의 끝을 막는 마개가 사라지면 이 포자들이 근처의 피부 세포의 표면에나 또는 물속으로 방출되는데, 포자에는 편모가 있어서 포자가 헤엄쳐 또 다른 숙주를 만나게 한다. 한 유주자가 다른 개구리의 피부에 접촉하면 이 피부의 표피층에서 새로운 유주자낭을 형성하여 새로운 감염환을 새롭게 시작한다.

감염시키는 호산균에 대한 연구를 통해 이들이 *Batrachoytrium dendrobatides*로 밝혀졌다. 이것은 기대하지 않은 결과였다. 호산균은 전형적으로 물과 토양에서 발견되었고, 식물과 곤충을 감염시키는 몇 종류가 있지만 척추동물을 감염시키는 호산균은 이때까지 알려지지 않았다.

이 주사전자현미경의 초기결과는 호산균이 Queensland에서의 개구리가 대량으로 죽어가는 것 원인이라는 것을 거의 확정적인 증거처럼 보였다. 그러나 더 직접적인 증거를 제공하기 위해서 호산균 곰팡이가 개구리를 죽이는 능력을 분석하기 위한 여러 가지 실험이 수행되었다.

많은 실험 중 전형적인 실험의 하나로 *Dendrobates* 속의 일부는 개구리는 호산균으로 감염시키고 나머지는 감염시키지 않았다. 3주 후에 개구리를 죽이는 병의 징후인 오두막 피부(shed skin)를 가졌는지를 모든 개구리에서 조사하였다. 그 결과가 위의 원그래프에 보인다.

1. 개념 적용 이 실험에서 의존적인 변수가 있는가? 있다면 무엇인가?

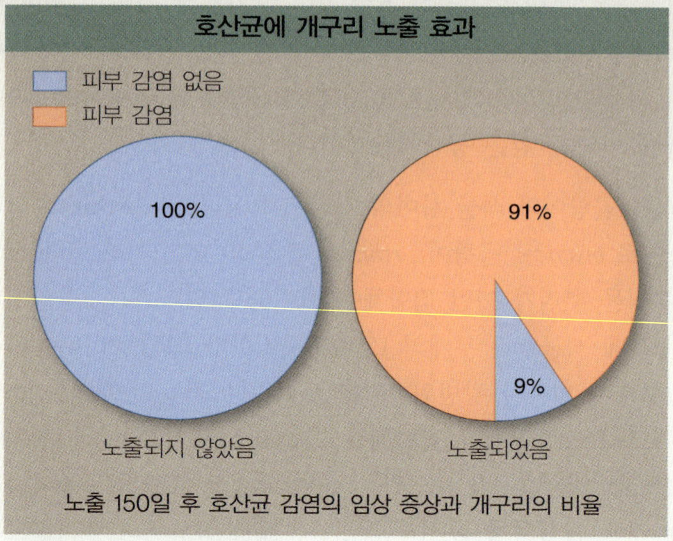

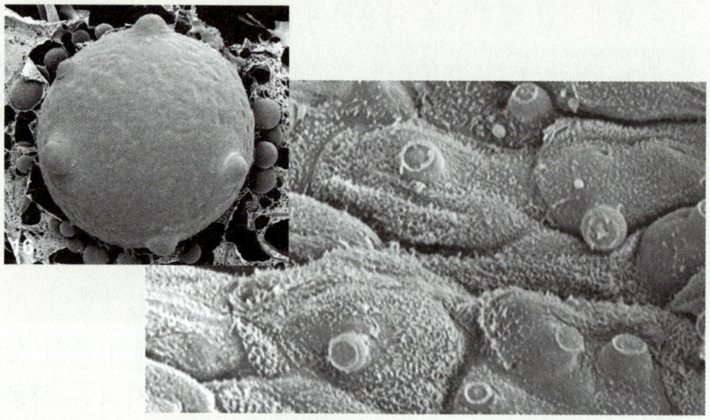

2. 자료 분석 노출되지 않은 개구리와 노출된 개구리에서 발병율은 얼마인가?

3. 추론하기 호산균 *Batrachoytrium dendrobatides*에 노출된 것과 개구리에서 생명을 위협하는 병의 임상적 징후인 피부 감염의 발생과 어떤 연관이 있는가?

4. 결론 도출 개구리를 죽이는 병의 발생 가능성에 미치는 호산균 노출의 영향은 무엇인가?

5. 심층 분석

a. 여러 종의 개구리와 도롱뇽이 전 세계에서 죽어가고 있다. 이 실험이 호산균 감염에 대한 양서류의 예민도가 얼마나 일반적인지를 결정할 수 있는 방법을 제시하고 있는가?

b. 과거에도 개구리가 죽는 일이 일어났는데, 어느 것도 이 만큼 심각하지는 않았다. *B. dendrobatides*가 새로운 종이라고 생각하는가? 그렇지 않으면 세계적 기온상승 또는 오존층의 고갈로 인한 UV 조사 증가 등과 같은 환경 변화가 원인인가? 이에 대하여 논하시오.

다세포 생명체로서의 곰팡이

18.1 복잡한 다세포체

- 곰팡이와 식물과 동물은 복잡한 다세포 생명체이며, 구조적으로 단순한 다세포 생명체인 조류와는 다르다. 곰팡이는 아주 특수한 세포 종류를 함유하며 세포 간의 연락을 보인다.
- 세포 분화는 서로 다른 세포는 서로 다른 유전자를 사용한다는 것을 요구한다. 발생 동안 다른 종류의 세포에서는 다른 유전자가 활성화된다.
- 세포 간 연락은 세포 사이를 다니는 호르몬 같은 화학 신호를 방출하여 세포가 서로 연락할 수 있을 때 확립된다.

18.2 곰팡이는 식물이 아니다

- 곰팡이는 어떤 때는 식물과 비교되지만 곰팡이는 움직이지 못한다는 점에서만 식물과 같다. 이들은 식물과 여러 가지 면에서 다르다. 식물과는 달리 그들은 종속영양생물이고, 그들은 광합성을 통해 자신의 먹이를 만들지 않는다. 또한 곰팡이의 몸체는 균사라고 하는 가는 필라멘트로 되어 있는데, 균사가 뭉쳐서 균사체를 이룬다(**그림 18.1**). 식물과는 달리 대부분의 곰팡이는 비운동성의 정자를 가졌다. 곰팡이는 키틴으로 만들어진 세포벽을 가지는데, 이 세포벽은 섬유소로 만들어진 식물의 세포벽과 다르다. 곰팡이에서도 핵 유사분열이 일어나고 핵은 분열하는데, 세포는 분열하지 않는다. 대부분 곰팡이 세포는 격벽이라 불리는 불완전한 격벽에 의해서 분리되는데(**그림 18.3**), 불완전한 격벽 통해서 세포 간의 연락을 위한 세포 간의 세포질 흐름이 가능하게 된다.

18.3 곰팡이의 생식과 영양

- 곰팡이는 유성생식과 무성생식을 한다. 유성생식은 서로 다른 교배형 사이에 일어난다. 곰팡이에서는 서로 다른 교배형의 균사가 융합한다. 이종핵의 경우에서처럼 그들의 반수체 핵은 세포 속에서 서로 떨어져 있기도 한다. 특화된 생식 구조에서는 이 핵들은 융합하여 바로 감수분열하는 접합체가 된다.
- 곰팡이에서는 세 가지 형태의 생식구조가 발견되었다: 배우자낭, 포자낭, 분생자병.
- 곰팡이는 체외 소화를 통해서 영양물질을 얻는데, 체외 소화에서는 효소가 먹이 속으로 방출된다. 이 먹이가 곰팡이의 몸 밖에서 소화되어 영양물질이 곰팡이에 의해서 흡수된다. 곰팡이는 섬유소를 분해할 수 있는데, 이 때문에 곰팡이가 **그림 18.5**의 굴 버섯과 같이 나무에서 자라는 것이 발견된다.

곰팡이의 다양성

18.4 곰팡이의 종류

- 곰팡이는 지구상의 생명에 영향을 끼치는 생명체 중에서 오래된 그룹이다. 많은 곰팡이가 해로워 음식을 썩게 하고, 부패시키며, 식물과 동물의 병을 야기한다. 다른 곰팡이는 산업적으로 이로운데, 빵과 맥주를 제조하는 데에 다른 상업적 용도에 사용된다.
- 곰팡이는 그들의 유성생식 방식에 따라서 분류된 4개의 문으로 나뉜다: 접합균문, 자낭균문, 담자균문, 병꼴균문.
- 다섯 번째 그룹인 불완전균문은 유성생식이 발견되지 않은 모든 곰팡이를 모아둔 범주이다(**표 18.1**).

18.5 접합균류

- 접합균류는 보통 무성적으로 생식하는데, 포자낭에서 반수체 포자를 방출한다. 어려운 시기에는 유성생식도 한다. 다른 교배형의 균사가 융합하여 이배체 접합포자낭을 형성하는데, **그림 18.6**과 같이 말단에서 이것이 발아하여 말단에서 포자낭을 형성한다. 포자낭의 안쪽에서 감수분열이 일어나 교배 종과는 다른 반수체 포자가 방출된다. 빵곰팡이가 이 문의 구성원이다.

18.6 자낭균류

- 자낭균류는 가장 큰 곰팡이문을 구성하며 곰보버섯과 송로와 많은 식물 병원균을 포함한다. 그들은 일반적으로 분생자라고 하는 반수체 포자를 방출하여 무성생식한다. 생식기관은 자낭인데, 이 자낭은 교배형이 다른 두 종의 융합으로 생성되는 양핵성 균사의 말단에서 생성된다. 자낭 속의 반수체 핵은 융합하여 이배체 접합체를 만든다. 이 접합체가 감수분열하여 자낭으로부터 방출되는 자낭포자를 형성한다(**그림 18.7**).

18.7 담자균류

- 담자균류는 눈에 띄는 버섯과 독버섯과 먼지버섯과 선반버섯 곰팡이이다. 그들은 두 서로 다른 교배형의 융합을 통하여 유성적으로 생식한다. 이 융합된 균사가 자라 담자과라고 하는 양핵성 균사체로 된다(**그림 18.8**). 담자기라고 하는 생식 구조는 버섯의 모자 속에 있다. 담자기에서 반수체 핵이 융합하여 이배체 접합체를 형성하고 이것이 감수분열하여 방출되는 반수체 담자포자를 생성한다.

18.8 병꼴균류, 불완전균류 그리고 효모

- 곰팡이 중에서 가장 원시적인 병꼴균류는 수생이며 유주자라 불리는 편모가 있는 배우자를 가진다. 호산균 종 *Batrachoytrium dendrobatides*는 개구리의 병원균으로 치명적인 피부감염을 일으킨다(**그림 18.9**)
- 불완전균류는 유성생식이 관찰되지 않은 종을 모아 놓은 것이다(**그림 18.10**).

- 효모는 단세포 곰팡이에 주어진 일반적인 이름이다(**그림 18.11**). 이들을 흔히 출아하여 무성적으로 생식한다.

곰팡이의 생태

18.9 곰팡이의 생태학적 역할

- 곰팡이는 환경에서 분해자와 상업적 쓰임새로서 중요한 역할을 한다.
- 곰팡이는 균근으로서 어떤 식물의 뿌리 밀접한 집합체에 관여하거나(**그림 18.14**), 또는 **그림 18.15**처럼 지의류로서 남조류나 조류와 밀접한 집합체에 관여한다.

이해력 확인 문제

1. 복잡한 다세포 생명체의 가장 중요한 특성은 ______이다.
a. 세포 간 연락
b. 세포 발생
c. 세포 분화
d. 세포 생식

2. 다음 중에서 진균계의 특징이 아닌 것은?
a. 종속영양
b. 섬유소 세포벽
c. 핵 유사분열
d. 운동성 정자

3. 곰팡이의 주된 몸체는 ______이다.
a. 균사
b. 격벽
c. 버섯
d. 균사체

4. 곰팡이는 ______ 생식한다.
a. 무성적으로 또는 유성적으로
b. 성적으로만
c. 무성적으로만
d. 분열포자로

5. 곰보버섯과 송로는 다음의 곰팡이문에 속한다.
a. 접합균문
b. 자낭균문
c. 담자균문
d. 병꼴균문

6. 접합균류는 ______를 생산하지 않기 때문에 다른 곰팡이와 다르다.
a. 균사체
b. 결실체
c. 이종핵
d. 포자낭

7. 자낭균류는 ______ 속에서 생식포자를 생성한다.
a. 자낭이라 불리는 특별한 주머니
b. 담자과의 아가미
c. 포자낭병
d. 균사체

8. 담자균류에서 감수분열은 ______ 속에서 일어난다.
a. 균사
b. 담자기
c. 균사체
d. 담자과

9. 지의류는 ______ 사이의 공생 집합체이다.
a. 식물과 곰팡이
b. 조류와 곰팡이
c. 흰개미와 곰팡이
d. 산호와 곰팡이

10. 균근은 식물이 ______ 을 얻는 것을 돕는다.
a. 물
b. 산소
c. 이산화탄소
d. 무기물

응용력 확인 문제

1. **그림 18.8*a*** 곰팡이 생활환의 어떤 부분이 상점에서 보는 익숙한 버섯에 의해서 대표되는가?

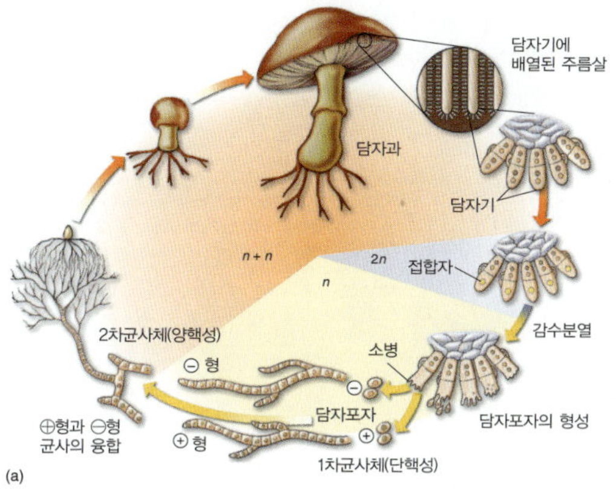

2. **그림 18.14** 사진의 왼쪽에 보이는 뿌리의 표면적이 가운데와 오른쪽에서 보이는 식물의 뿌리의 표면적보다 훨씬 작은 이유를 설명하시오. 표면적의 차이가 식물이 영양분을 흡수하는 능력에 어떻게 영향을 주는가?

종합 학습

1. 지의류 관계에서 곰팡이가 조류보다 더 많은 혜택을 받는다는 가설을 검사할 실험을 고안하시오.
2. 숲의 나무껍질에서 삐쳐 나온 버섯과 같이 생긴 물체를 발견했다. 이 물체가 나무의 조각인지 또는 버섯의 조각인지를 결정할 수 있는 세 가지 이상의 기준을 기술하시오.
3. 여러분의 친구가 무좀이 있고 이것을 제거하는 데 얼마나 걸릴까에 대하여 기뻐하지 않는다. 혐오감을 느끼며, 그가 여러분에게 살균제로 인간의 곰팡이 감염을 치료하는 것은 비효과적이지만 페니실린(곰팡이로부터 개발된)과 테트라사이클린과 같은 항생제가 인간의 박테리아 감염에서는 훨씬 더 효과적인 이유를 물었다. 여러분은 그에게 무엇이라고 대답할 것인가?

19 동물문의 진화

학습단원

동물의 소개

19.1 동물의 일반적인 특징
1. 동물이 가지는 일반적인 5가지 특징

19.2 동물의 가계도
1. 2가지의 동물계통수 비교
2. 촉수담륜동물과 탈피동물의 비교

19.3 신체 체제의 6가지 단계 특징
1. 동물 신체 체제의 6가지 단계 특징
2. 방사대칭과 좌우대칭의 비교

가장 단순한 동물

19.4 해면동물: 조직이 없는 동물
1. 해면동물의 핵심 신체혁신에 대해 알아보기
2. 깃세포의 정의

19.5 자포동물: 조직이 다양하게 특화됨
1. 자포동물 신체혁신의 두 가지 핵심 특징과 두 가지의 기본형 비교
2. 가시세포에 대해 알아보기좌우대칭

좌우대칭 동물의 출현

19.6 무체강동물: 좌우대칭
1. 솔리드웜(solid worm)의 신체혁신의 핵심 특징

체강의 출현

19.7 회충: 체강의 진화
1. 선형동물의 신체혁신
2. 무체강, 의체강, 진체강에 대해 알아보기

19.8 연체동물: 진체강동물
1. 연체동물의 신체혁신의 핵심 특징
2. 연체동물 신체의 세 부분 구분

19.9 환형동물: 체절의 발달
1. 환형동물의 신체혁신의 핵심 특징
2. 환형동물 신체의 3가지 특징

19.10 절지동물: 관절로 된 부속지의 출현
1. 절지동물 신체의 혁신에 대한 2가지 핵심 특징
2. 협각아문과 대악아문을 구분

배의 재설계

19.11 선구동물과 후구동물
1. 선구동물과 후구동물 간의 4가지 차이

자세히 관찰하기: 다양성은 피부 한 층 차이이다

19.12 극피동물: 첫 번째 후구동물
1. 극피동물 2가지 신체혁신

19.13 척삭동물: 골격의 발달
1. 척삭동물의 2가지 핵심 신체혁신과 이들의 4가지 원칙적인 특징

질문 & 분석: 단절적 평형: 사례사의 평가

동물은 모든 진핵생물들 중에서 가장 다양한 모습을 나타내고 있다. 사진의 쌍살벌(*Polistes*)은 모든 동물군 중 가장 다양한 분류군인 곤충류 중의 하나이다. 지금까지 수백만 종에 이르는 동물 종류를 분류해내는 것은 생물학자들의 중요한 도전이 되어 왔다. 이 말벌은 몸이 마디로 이루어져 있고 외골격과 분화된 부속지를 가지는 특징으로 인해 절지동물문(arthropoda)으로 분류된다. 그러나 절지동물이 어떻게 달팽이 같은 연체동물이나 지렁이 같은 환형동물과 연관성이 깊을까? 현재까지 생물학자들은 그들 모두가 체강을 가지는 진체강을 공유하기 때문에 동물들을 함께 분류해 오고 있는데 체강을 가지는 특성은 아주 근원적이어서 오직 한 번에 진화할 수밖에 없는 것으로 추정되고 있다. 현재 분자생물학적 연구들에 의해 이와 같은 추정이 틀렸을 수도 있는 것으로 나타나고 있다. 대신에 연체동물과 환형동물은 같은 방법으로 이미 존재하는 신체에 부가적인 부피를 추가하는 것에 의해서 성장하는 다른 동물들과 함께 분류되는데 비해 절지동물은 탈피하는 동물들과 함께 분류된다. 이 동물들은 오직 한 번에 진화되어 온 것처럼 보이는 능력인 그들의 외골격 탈피에 의해 신체 크기를 증가시킨다. 따라서 오랫동안 확립되어 온 영역인 분류학, 생물학이 지속적으로 변화해온 것에 대하여 배운다.

19.1 동물의 일반적인 특징

생물학자가 최선을 다해 결정할 수 있듯이, 우리와 모든 동물들은 깃편모충이라고 하는 원생생물의 일종으로부터 진화해 왔다. 이와 같은 초기동물조상으로부터 거대한 동물의 다양성은 진화하고 있다. 다른 유형의 동물들 사이의 진화학적 유연관계가 논란 중에 있는 반면(19.2절 참조), 모든 동물들은 몇 가지 공통적인 특징을 가진다(**표 19.1**): (1) 모든 동물들은 종속영양생물이고 식물, 원생생물(조류) 또는 자가영양생물의 영양물에 직·간접적으로 의존한다. (2) 모든 동물들은 다세포성이며 식물이나 원생생물과는 달리 세포벽이 없다. (3) 많은 동물들은 먹이를 찾기 위해 이곳저곳을 이동할 수 있다. (4) 동물들은 형태와 서식처에 있어 매우 다양하다. (5) 대부분의 동물들은 유성생식을 한다. (6) 동물들은 특징적인 조직과 배발달 유형을 가진다.

주요 학습 요점 19.1 **동물들은 복잡하고, 다세포성이며, 종속영양을 하는 생물이다. 대부분의 동물들은 내부조직을 가진다.**

표 19.1 동물의 일반적인 특징

종속영양 자가영양을 하는 식물이나 조류와는 달리 동물들은 무기화학물질로부터 유기 분자를 형성하지 못한다. 모든 동물들은 종속영양생물이다. 이들은 다른 생물을 소화시켜서 유기 분자와 에너지를 얻는다. 어떤 동물(초식동물)들은 자가영양체를 소비하며 다른 동물(육식성)들은 종속영양체를 소비한다. 또 아래의 곰처럼 잡식성도 있는데 이들은 자가영양생물과 종속영양생물을 모두 소비한다. 또한 그 외에 분해자들은 썩은 유기체를 소비한다.

다세포성 모든 동물들은 다세포성이며 종종 아래의 거미불가사리처럼 복잡한 몸을 가진다. 이들을 원생동물이라고 하며 가장 단순한 동물로 취급되는 단세포성 종속영양동물들은 제17장에서 언급한 것처럼 현재 가장 큰 원생생물계 소속분류군으로 취급되고 있다.

세포벽이 없음(무세포벽) 동물세포는 단단하고 세포벽이 없으며 아래 사진의 암세포처럼 대개 유연하기 때문에 다세포 생물 중에서 독특하다. 동물의 많은 세포들은 콜라겐과 같은 구조단백질의 세포외 격자들에 의해 결합되어 있다. 다른 단백질들은 동물세포 사이의 독특한 세포 간 결합체들을 형성한다.

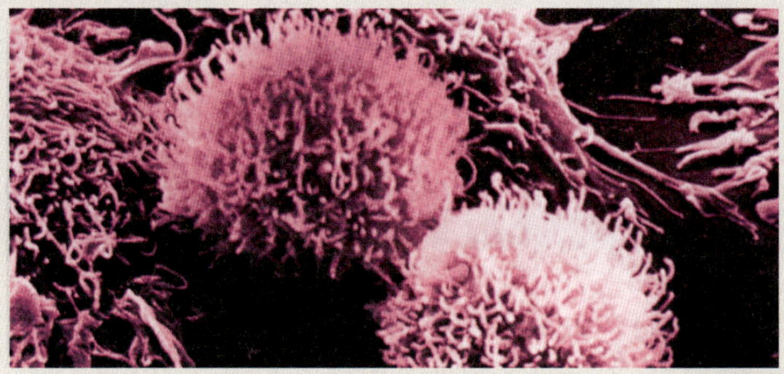

활동적인 이동성 다른 계의 분류군보다 더 복잡한 방법과 보다 빠르게 움직이기 위한 동물들의 능력은 그들의 두드러진 특성이고, 이것은 그들 세포의 유연성 및 신경과 근육조직의 진화와 직접적으로 관계한다. 동물에 대한 이동의 두드러진 형태는 나는 것이고, 이 능력은 나비와 같은 곤충과 척추동물에게서 잘 발달되었다. 오직 비행하는 능력을 결코 가지지 않은 육상 척추동물의 양서동물이다.

표 19.1 동물의 일반적인 특징(계속)

형태의 다양성 거의 대부분의 동물(99%)은 척추가 없는 다지류 같은 **무척추동물(invertebrates)**이다. 1천만 종으로 추산되는 동물 중 단지 42,500종이 **척추동물(vertebrates)**이다. 동물들은 형태에 있어 그 크기가 매우 작은 것으로부터 육안으로 보기에 매우 큰 고래와 거대오징어에 이르기까지 매우 다양하다.

다양한 서식처 동물계는 약 35개의 문(phylum)이 포함되는데 대부분은 해파리(자포동물문)처럼 바다에 서식한다. 매우 적은 동물문들이 담수나 육지에 산다. 성공적인 3개 문[절지동물문(곤충), 연체동물문(달팽이), 척삭동물문(척추동물)] 등은 육상에 우점한다.

유성생식 대부분의 동물들은 아래 사진의 거북이처럼 유성생식을 한다. 스스로 움직일 수 없는 동물의 난자는 보통 편모가 발달되어 움직임이 있는 작은 정자보다 매우 크다. 동물에서 세포들은 생식체로 직접 감수분열 기능으로 형성된다. 반수의 세포들은 유사분열에 의해 나누어지지 않으며 식물과 진균에서는 나누어지지만 오히려 접합체를 형성하기 위해 다른 것과 함께 직접적으로 융합한다. 그 결과로 몇몇의 예외적인 경우와 함께 식물의 반수(배우체)와 배수(포자체)의 세대 특성의 교번에 대해 동물들 중에서 닮은 것이 없다.

배의 발달 대부분의 동물들은 유사한 배발달 유형을 가진다. 그 접합체는 처음 난할이라는 일련의 유사분열의 *분할*을 거치고 아래의 개구리 알처럼 **상실배(morula)**인 세포의 단단한 공처럼 되고, 그 후 모든 동물들에서 발생하는 발달단계인 **포배(blastula)**로 오목한 공이 된다. 대부분의 경우에 포배는 **원구(blastopore)**라고 하는 한끝에서 열리는 것과 함께 오목한 낭을 형성하는 한 점에서 안으로 접힌다. 이 단계의 배를 **낭배기(gastrula)**라고 한다. 낭배의 세포의 다음에 일어나는 성장과 이동은 동물문마다 광범위하게 다르다.

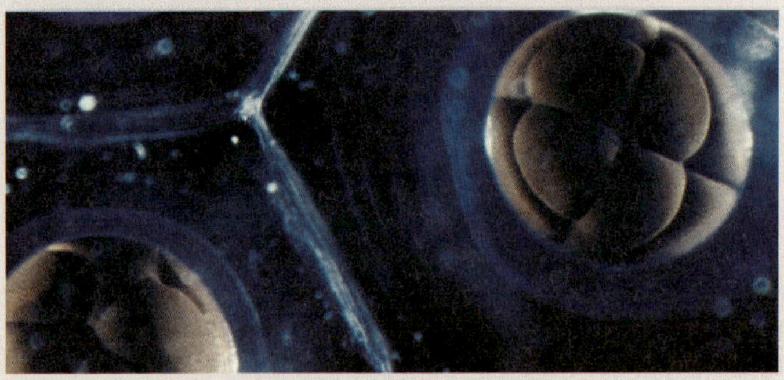

독특한 조직 해면동물을 제외한 모든 동물들의 세포는 **조직(tissues)**이라고 하는 구조적이고 기능적인 단위로 조직된다. 조직은 특수한 기능을 수행하기 위해 서로 합쳐진 세포의 연합체라고 할 수 있다. 동물은 이동에 관련된 두 가지 조직을 갖는 점에서 독특하다: (1) 동물 이동에 동력을 주는 근육조직. (2) 세포 간의 신호전달 역할을 수행하는 신경조직. 사진은 근육조직과 연결된 신경조직인 신경근접합부이다.

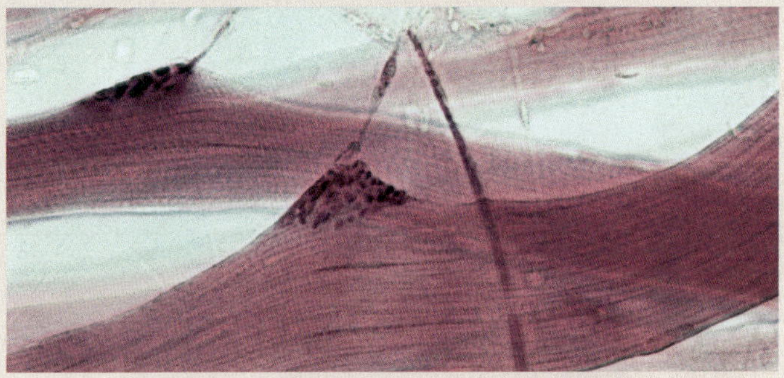

19.2 동물의 가계도

이전 절에 설명한 특징들은 수백만 년에 걸쳐 진화한 것이다. 오늘날 동물의 엄청난 다양성은 이와 같이 장구한 진화학적 여정의 결과인 것이다. 다세포동물(또는 후생동물)들은 전통적으로 35개의 뚜렷하고 독특한 별개의 문으로 나뉜다. 이와 같은 문들이 어떻게 서로 연관되어 있을까 하는 과제는 생물학자들 간의 수많은 논의의 원천이 되어 왔다.

전통적인 관점

분류학자들은 해부학적 특징과 배발달 양상을 비교함으로써 동물 **계통**(**phylogeny**, 계통수; 15.5절 참조)을 그리기 위해 시도해 왔다. 지난 세기 동안 동물 가계도에 대한 주요 분지점들에 관련한 폭넓은 합의가 도출되었다.

첫 번째 가지: 조직(tissues) 분류학자들에 의해 동물계는 전통적으로 두 개의 주요 그룹으로 나뉜다. (1) **측생동물**(**Parazoa**, 동물 이외의 그룹) – 정확한 대칭성이 없고 조직과 기관이 없는 대부분의 동물군. 대부분 해면동물문으로 구성된다. (2) **진정후생동물**(**Eumetazoa**, 진정동물계) – 정확한 모양과 대칭성을 가지며 대부분의 경우 조직과 조직으로 이루어진 기관 및 기관계를 갖추고 있는 동물군. **그림 19.1**에서 측생동물의 우측에 보이는 모든 동물들은 진정후생동물들이다.

동물 가계도의 모든 분지점은 계통학에 기초하여 한 조상으로 거슬러 올라간다. 이와 같이 공통된 조상은 아마도 깃편모충일 것이다. 이들은 7억 년 이전부터 살아왔으며 선캄브리아기에 살았던 원생생물이다.

두 번째 가지: 대칭성(symmetry) 동물 가계도에서 진정후생동물의 가지는 두 개의 원칙적인 가지가 있는데 이들은 배발달 과정에서 형성되어 성체의 조직으로 분화해 가는 배엽의 본성이 다르게 나타난다. 진정후생동물의 하위그룹 중 **방사대칭동물**(**Radiata**, 방사대칭성을 가지는 동물)은 소위 이배엽성이라고 하는 *외배엽*과 *내배엽*의 두 층을 가진다. 이외의 모든 진정후생동물들은 **좌우대칭동물**(**Bilateria**, 양면 대칭을 가지는 동물)이며 3배엽성으로 내배엽과 외배엽 사이에 *중배엽*을 만든다.

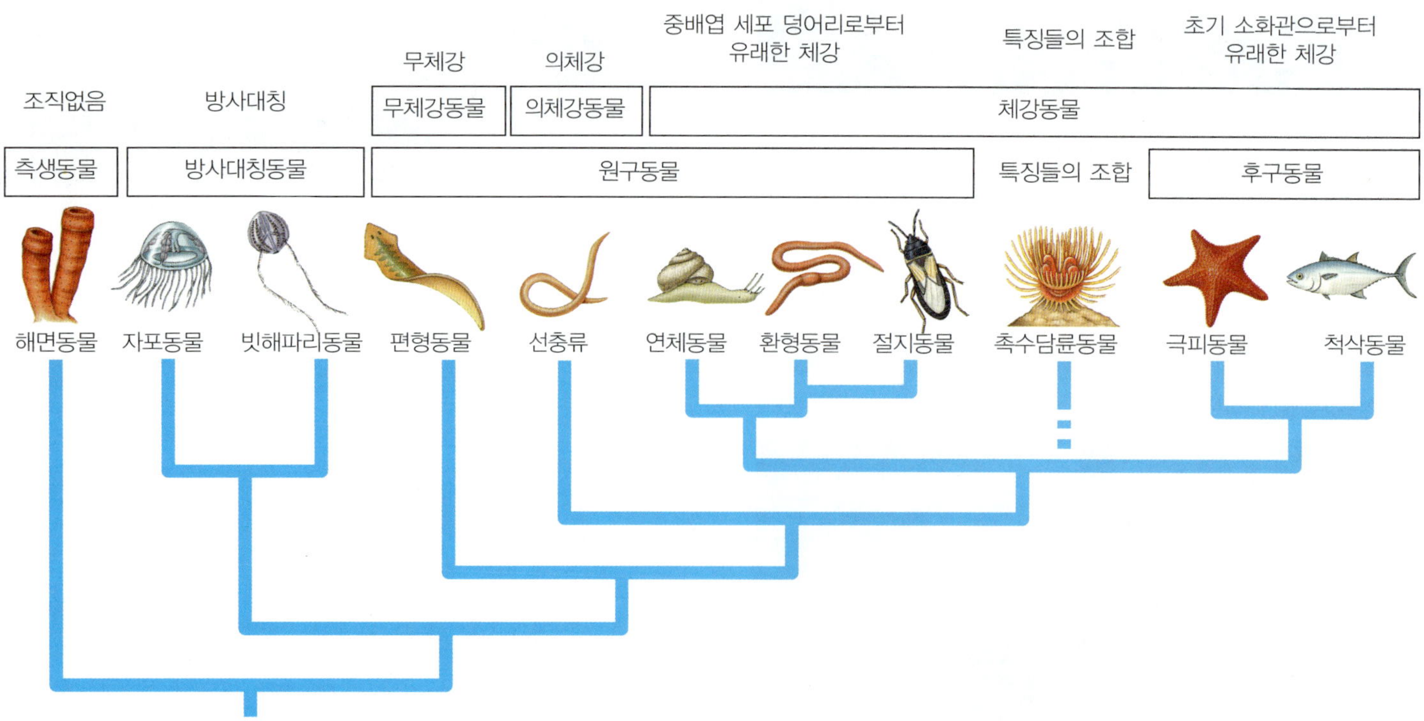

그림 19.1 동물 가계도: 전통적인 관점

생물학자들은 전통적으로 동물들을 35개의 뚜렷한 문으로 구분하여 왔다. 위의 그림은 주요 동물문의 그룹 간 상호 연관관계를 보여주고 있다. 좌우대칭동물(위 그림의 방사대칭동물의 오른쪽에 나타난 그룹)은 체강의 특징에 따라 무체강동물, 의체강동물, 진체강동물 등 3개의 그룹으로 나뉜다.

추가적인 가지 동물 가계도에 또 하나의 가지가 있는데 이들은 동물들이 공통으로 갖는 신체 체제로 동물문별로 진화 역사상 매우 중요한 것으로 보이는 특징들을 비교분석하여 분류학자들에 의해 구분된다. 따라서 좌우대칭동물은 체강을 가지는 그룹과 체강이 없는 그룹으로 나뉜다. 또한 체강을 가지는 동물은 다시 체강이 중배엽에 의해 싸여 있는 진체강류와 의체강류로 나뉜다. 이외에 체강을 가지는 동물은 그들의 체강이 소화관으로부터 유래한 그룹과 아닌 그룹 또는 그 외의 그룹으로 나뉜다.

전통분류학자들에 의해 수립된 분류 범주의 자연성의 이분법적 특성 때문에 이와 같은 접근방식은 **그림 19.1**과 같은 가계도를 제시하고 있다. 이와 같은 구분법의 임의적 자연성은 항상 생물학자들에게 명백한 것으로 여겨져 왔다. 그러나 대부분의 생물학자들은 그것들이 후생동물의 진화 역사의 일반적인 자연성을 충실히 제시하고 있다고 느끼고 있다.

동물 가계도에 대한 새로운 관점

지난 세기 동안 생물학자들에 의해 폭넓게 받아들여져 왔던 전통적인 동물계통이 재평가되고 있다. 단순한 이분법적 분류체계는 분명한 몇 가지 문제점을 보여주고 있다. 복잡한 소형 그룹들은 이들 표준체계에 잘 들어맞지 않는다. 연구결과들은 생물학자들이 동물계통 수립을 위해 전통적으로 사용하고 있는 외부 형태의 중요 특징들 즉 체절, 체강, 부속지 및 그 외의 것들이 추정해온 것처럼 항상 잘 보존된 특징이 아니라는 것을 강력하게 시사하고 있다. 이와 같은 특징들은 어떤 특이한 동물들의 진화과정 중에 얻었거나 또는 다시 잃어버린 것으로 보인다. 이와 같이 기본적 특징들의 변화 양상이 사실로 드러난다면 다양한 동물문들이 어떻게 서로 연관되어 있는 가에 대한 관점은 대폭적으로 재검토되어야 할 것이다.

지난 수십 년간 다양한 동물을 대상으로 새로운 분자로서의 RNA와 DNA 염기서열 등에 있어 풍성한 연구결과들이 있었다. **분자계통학(molecular systematic)**의 새로운 분야에서는 근연그룹 간의 유사영역을 판정하는 특정 유전자를 이용한다. 이와 같은 분자생물학적 데이터의 활용을 통해 지난 수십 년간 다양한 분자계통학적 결과들이 쏟아져 나왔다. 많은 중요한 점에서 분류군들을 구분해 오면서 새로운 분자계통학은 전통적인 동물 가계도와 같이 깊이 있는 분지 구조를 가지게 되었다(신분류체계인 **그림 19.2**의 계통도와 전통분류체계인 **그림 19.1**의 계통도 하단부를 비교해 보자). 선구동물(후구동물보다 다른 발달양식을 가짐-이후 이 장에서 다시 의논할 주제임)은 두 개의 뚜렷하게 분지된 그룹으로 나뉜다. **그림 19.2**는 DNA, rRNA, 단백질 연구 등으로부터 발달된 분자계통도이다. 이 그림에서는 전통적인 선구동물이 촉수담륜동물과 탈피동물로 나뉜다.

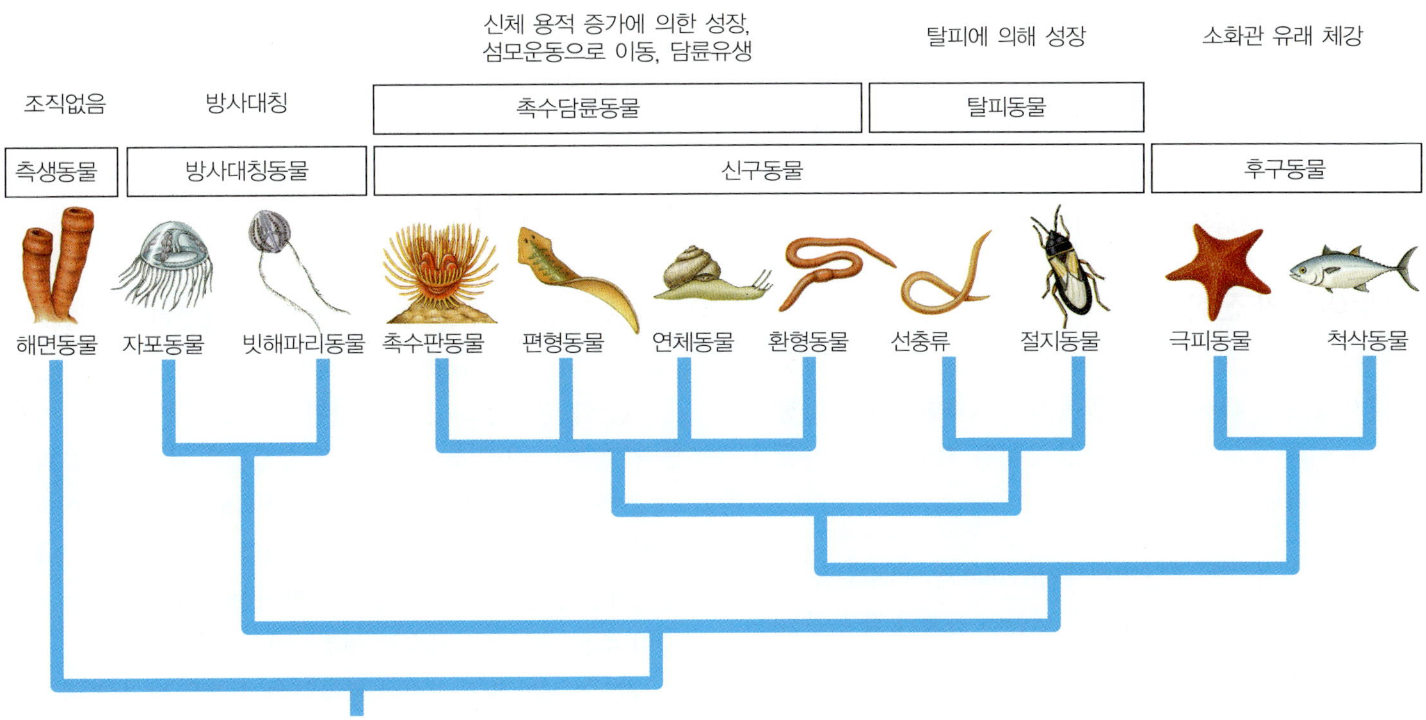

그림 19.2 동물의 가계도: 새로운 관점

새로운 계통이론들은 신체 용적이 증가하면서 성장하는가 탈피에 의해 성장하는가에 따른 선구동물을 더 바람직한 분류체계로 제안하고 있다.

촉수담륜동물(Lophotrochozoans)은 자신의 몸에 신체 용적을 늘려가면서 성장하는 동물이다. 이들은 분자생물학적으로 밝혀진 일부 그룹에서 *촉수관*(lophophore)이라고 하는 특이한 섭식기구에 따라 이름이 붙여졌다. 대부분 수서생활을 하며, 섬모로 이동하고 담륜유생을 가지는 이들은 편형동물, 연체동물, 환형동물 등이 포함된다.

탈피동물(Ecdysozoans)은 성장하기 위해 반드시 허물을 벗는 외골격을 갖는다. 이와 같은 허물을 벗는 과정을 *탈피*(ecdysis)라 하며 그렇기 때문에 여기에 속하는 동물들을 탈피동물이라고 부른다. 탈피동물류에는 선형동물문과 절지동물문이 포함된다. 어떻게 동물이 성장하는가는 전통적인 분류방법에서는 중요한 특징이 아니었다. 그러나 분자생물학적으로 동물을 분류하는데 있어서는 중요한 특징이라는 것이 입증되고 있다.

이와 같은 후생동물 계통수의 새로운 관점은 개략적인 윤곽일 뿐이다. 최근의 동물계에 대한 분자계통학적 분석은 유아기 단계에 있다. 다른 분자로부터 발달한 계통은 종종 상당히 다른 진화학적 유연관계를 제시한다. 이와 같은 이유로 이 책에서는 전통적인 동물 가계도에 의해 동물 다양성을 탐구하게 될 것이다. 그러나 이 새로운 분자학적 시도의 유아기는 그리 길지 않을 것 같다. 몇 년 후면 거대한 추가적인 분자계통학적 데이터가 예상된다. 더 많은 자료가 가해질수록 혼란은 경감될 것이고 분류군 간의 유연관계는 명백하게 해결될 것이다.

주요 학습 요점 19.2 주요 그룹들은 형태와 구조에 기반한 전통적인 접근에서 보다 분자계통학적 측면에서는 매우 다른 경로에서 유연관계를 나타냈다.

19.3 신체 체제의 6가지 단계 특징

동물의 진화는 6가지의 핵심단계로 뚜렷하게 나타난다: 여기에는 조직의 진화, 좌우대칭성, 체강, 체절, 탈피, 후구동물발생 등이 있다. 이와 같은 6가지 신체 체제의 단계는 **그림 19.3**과 같이 동물계통수의 분지점에서 나타난다.

1. 조직의 진화

측생동물과 같이 단순한 동물은 뚜렷한 조직이나 기관이 없다. 해면동물에 의해 특징지어지듯이, 이들은 최소의 세포 간 조합에 의해 모여서 개체를 이룬다. 진정후생동물과 같이 다른 모든 동물들은 고도로 특화된 세포로 이루어진 뚜렷한 조직을 갖는다.

2. 좌우대칭의 진화

해면동물은 불규칙한 몸체로서 비대칭적으로 성장하며 대칭성을 가지지 않는다. 확실히 다른 동물들은 정확한 모양과 대칭성을 가지며 이와 같은 대칭성은 동물의 몸을 가로지르는 가상의 축을 따라 나타난다.

방사대칭 대칭적인 몸체는 **방사대칭(radial symmetry)**을 보이는 해양동물에서 먼저 진화하였다. 이들의 몸체의 각 부분들은 몸의 어느 부분에서 나뉘든지 거울이미지를 보는 것 같이 중앙축을 중심으로 대칭성을 나타낸다.

좌우대칭 그 외 모든 동물들은 기본적으로 **좌우대칭(bilateral symmetry)**을 보인다. 이와 같은 몸 체제는 마주보는 거울처럼 왼쪽과 오른쪽으로 나뉜다. 이러한 독특한 형태구조는 각 기관들이 서로 다른 부위에 위치하도록 하여 몸의 각 부위들이 다양한 방법으로 진화하게 해준다. 이외에도 좌우대칭동물들은 대부분 고착하거나 수동적으로 떠다니는 방사대칭동물들보다 효율적으로 이곳저곳으로 이동한다. 이와 같이 발달된 이동력으로 인해 좌우대칭동물들은 먹이를 찾거나 교미 및 천적 회피 등에 효율적이다.

3. 체강의 진화

동물체내에서 기관을 지탱하고, 물질들을 배분하며, 복잡한 발달작용을 조성하도록 체강이 진화하지 않았다면 효율적인 조직의 진화는 가능하지 않았을 것이다.

체강의 존재는 크고 긴 소화관이 가능토록 하였다. 이와 같은 긴 통로는 미처 소화되지 않은 음식물을 저장하고 보다 완전한 소화를 위해 오랫동안 효소에 노출되도록 해준다. 이와 같은 방식은 동물들로 하여금 그들이 안전할 때 많이 먹고 소화시간 동안에는 은신처에 숨어 있도록 하여 천적에 노출되는 시간을 줄여 주는 것이 가능하도록 해주었다.

내부의 체강은 생식선이 팽창하여 수많은 난자와 정자가 수용되도록 공간을 제공해 준다. 이와 같은 저장능력은 보다 발달한 동물들에서 특화된 번식전략의 다양한 변형이 가능하도록

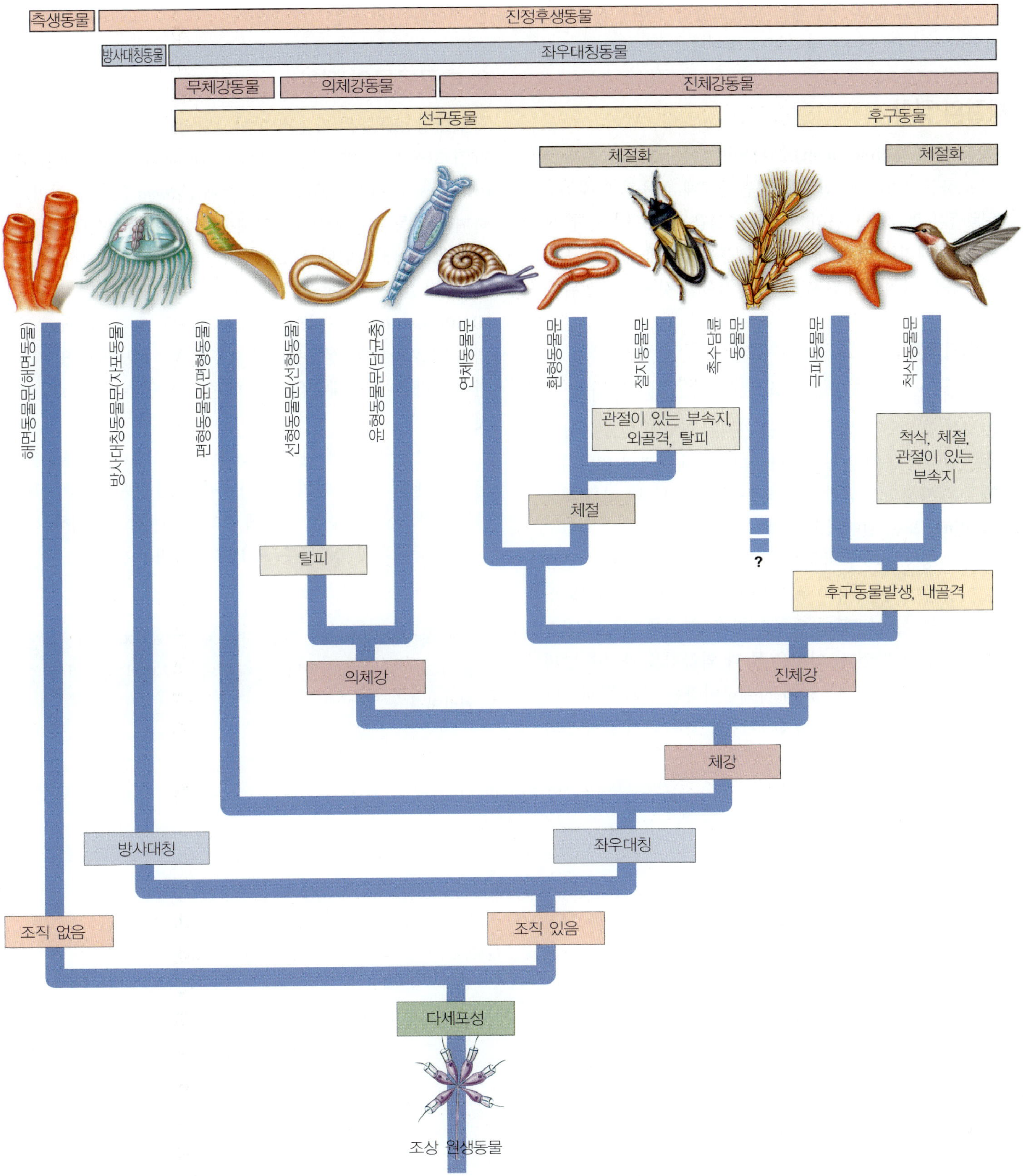

그림 19.3 동물들 내에서의 진화의 경향

이 장에서 우리는 계통수 가지 내에서 보여지는 동물 신체 체제에서 일련의 중요한 진화의 혁신을 학습한다. 주요 핵심 동물문들은 이 계통수에 제시되어 있다. 촉수담륜동물은 선구동물과 후구동물의 특징을 함께 보여준다. 여기에 나타난 전통적인 계통수는 체절화는 무척추동물 사이에서 단지 한 번에 일어난 반면, 탈피는 선형동물과 절지동물에서 독립적으로 일어났다는 점을 추정하고 있다. 새롭게 제안된 분자계통은 탈피는 단지 한 번에 일어났으며, 체절화는 선형동물과 절지동물 그리고 척삭동물에서 독립적으로 일어난 것으로 추정하고 있다.

해준다. 게다가 수많은 배우체는 저장되었다가 어린개체들이 생존하기에 좋도록 조건이 좋아지면 배출될 수 있다.

4. 체절의 진화

네 번째는 몸이 **체절(segment)**로 나뉘게 하는 것이다. 같은 조립식 구조물들이 터널을 만드는 일꾼들에게 효율적인 것처럼 체절동물들은 똑같은 모양의 체절의 연결을 통해 구성된다. 체절은 신체 체제의 상당한 개선으로 전통분류학적 측면에서 보면 무척추동물 사이에서 단지 한 번에 진화한 것으로 추정된다.

5. 탈피의 진화

대부분의 체강동물들은 신체 용적의 증가를 통해 성장한다. 그러나 이것은 그 안에 수많은 조직을 가지는 단단한 외골격 동물들에게는 심각한 문제를 야기한다. 보다 크게 자라기 위해서는 각 개체들은 자신의 단단한 외골격을 벗어야 하는데 이를 **허물벗기(molting)** 또는 탈피라고 한다.

탈피는 선형동물과 절지동물에서 일어난다. 전통적인 분류에서는 이것들이 두 가지의 독립적인 진화과정으로 취급되었다. 새로운 계통학 연구들이 탈피는 단지 한 번에 일어난 진화라는 점을 제안하고 있다. 이것은 둘 다 외골격을 가지며 탈피를 하는 절지동물과 선형동물이 자매군이라는 점과 탈피보다 체절화가 무척추동물 사이에서 한 번 이상 여러 번에 걸쳐 진화한 것이라는 점을 암시하고 있다.

6. 후구동물의 진화

좌우대칭동물들은 기본적인 발달양상에 차이점으로 인해 두 가지 그룹으로 나뉠 수 있다. 이 중 하나는 **선구동물(Protostomes**, 그리스어 *protos* '첫 번째', *stoma* '입' 의 의미)이라 하며 편형동물, 선형동물, 연체동물, 환형동물, 절지동물들이 속한다, 두 개의 외형상으로는 다른 극피동물과 척삭동물들은 일부 작은 근연 동물문들은 두 번째 그룹인 **후구동물(Deuterostomes**, 그리스어 *deuteros* '두 번째', *stoma* '입' 의 의미)에 포함된다. 선구동물과 후구동물은 배발달의 몇 가지 측면에서 다르며 이 내용은 이후 다른 장에서 추가적으로 논의될 것이다.

6억 3천만 년 전에 선구동물로부터 진화한 후구동물, 후구발생의 일관성, 선구동물의 것보다 특수한 점 등은 이것이 모든 동물의 공통조상으로부터 한 번에 진화했다는 점을 제시하고 있다.

주요 동물문의 특징들은 **표 19.2**에 설명되어 있다.

주요 학습 요점 19.3 **동물 신체 체제의 6가지 핵심진화단계는 우리가 알고 있는 주요 동물문의 대부분의 차이점의 주된 원인이다.**

표 19.2 주요 동물문

문	전형적인 예	주요 특성들	개략적인 기재종 수
절지동물문 (절지동물)	곤충, 게, 거미, 노래기 	모든 동물문에서 가장 성공적으로 번성; 쌍으로 된 부속기관을 가지며 체절화된 몸체를 덮고 있는 키틴질의 외골격; 대부분의 곤충류는 날개를 가짐; 거의 대부분이 담수나 육지에 서식	1,000,000
연체동물문 (연체동물)	달팽이, 조개, 문어, 갯민숭이 	몸이 세 부분으로 나누어져 있는 부드러운 몸체를 가지는 체강동물; 머리-발, 내장낭, 외투막; 많은 연체동물들이 껍질을 가짐; 대부분이 치설이라고 하는 특수한 혀를 가짐; 대부분은 해양이나 민물에 살지만 35,000종은 육지에 서식	110,000
척삭동물문 (척삭동물)	포유류, 어류, 파충류, 조류, 양서류 	척삭을 가지며 체절화된 체강동물; 일생의 몇몇 단계에 배신경삭, 인두낭, 꼬리를 가짐; 척추동물에서 척삭은 발육하는 동안에 척추로 대체; 대부분은 해양에 서식하며 많은 종들이 민물에 서식. 20,000여 종이 육지에 서식	56,000
편형동물문 (편형동물)	플라나리아, 촌충, 흡충 	단단하고, 체절화되어 있지 않고 좌우대칭인 벌레; 체강은 갖지 않음; 소화강이 존재할 경우 단지 열려 있는 정도; 해양, 민물에 서식하서나 기생생활	20,000
선형동물문 (선형동물)	회충, 요충, 십이지장충, 사상충 	의체강을 가지며 체절화되어 있지 않으며 좌우대칭인 벌레; 입에서 항문에 이르는 관 모양의 소화관을 가짐; 크기가 작음; 섬모를 갖지 않음; 많은 종류들이 토양과 수서의 침전물에 서식; 몇몇 종은 동물에 중요한 기생자	20,000
환형동물문 (환형동물)	지렁이, 갯지렁이, 거머리 	체강을 가지며 연속적으로 체절화되어 있고 좌우대칭인 벌레; 완전한 소화관; 대부분은 기어가는 동안에 그들을 지탱해 줄 수 있는 강모라고 하는 센털을 마디마다 가짐; 해양, 민물, 육지에 서식	12,000

표 19.2 주요 동물문(계속)

문	전형적인 예	주요 특성들	개략적인 기재종 수
자포동물문	해파리, 히드라, 산호, 말미잘 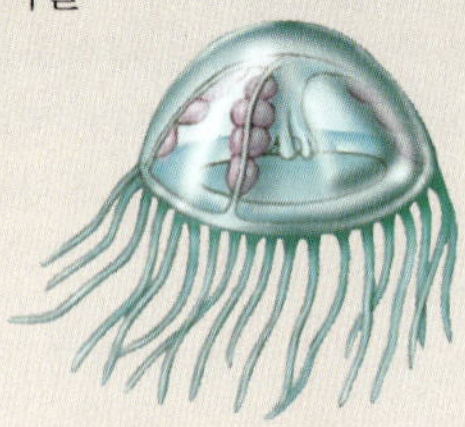	하나의 열린 소화강을 갖고 있으며, 부드럽고, 젤라틴으로 된 방사대칭인 몸체로 되어 있음; 자세포라고 하는 쏘는 세포로 무장한 촉수를 가지는데 이들은 가시세포라고 하는 날카로운 작살을 내뻗어 찌름; 거의 대부분 해양서식성	10,000
극피동물문	불가사리, 성게, 해삼 	방사대칭의 성체를 갖는 후구동물; 칼슘 판의 내골격; 다섯 부분으로 나뉜 신체 체제와 독특한 관족을 갖는 수중 도관체계; 몸의 일부를 잃어도 재생가능; 모두 해양서식성	6,000
해면동물문	원통해면, 송곳해면, 바구니해면, 항아리해면 	뚜렷한 조직이나 기관이 없는 비대칭의 신체; 많은 구멍에 의해 트인 2층으로 된 자루 모양의 몸체; 안쪽에 깃세포(choanocyte)라고 하는 먹이여과 세포들로 이루어진 내부의 강; 대부분은 해양서식성 (150종은 민물에 산다)	5,150
촉수담륜동물문	*Bowerbankia*, *Plumatella*, 이끼벌레 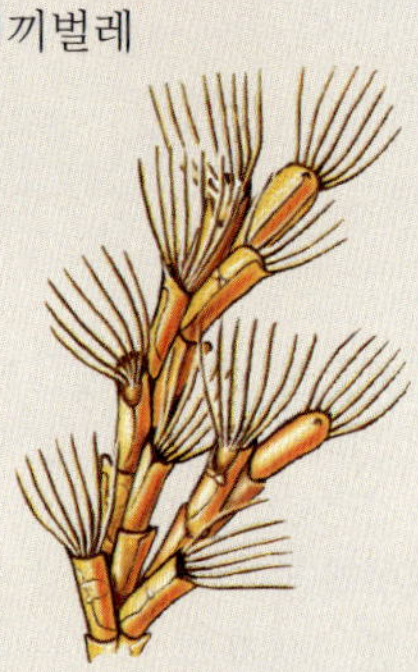	현미경적 구조, 수서후구동물로 가지를 내뻗어 군체를 형성; 먹이활동을 위해 촉수관이라고 하는 원형 또는 U자형의 섬모상 촉수의 배열을 가지는데 이들은 대개 단단한 외골격의 구멍을 뚫고 튀어나와 있음; 태형동물은 외항동물이라고도 하는데 그 이유는 항문 또는 직장이 촉수관 부위까지 뻗어 있기 때문임; 해양이나 민물에 서식	4,000
윤형동물문	담륜충 	바퀴를 닮은 입 주위에 섬모상 화관을 가지는 작은 수서 체강동물; 거의 대부분 민물에 서식	2,000

19.4 해면동물: 조직이 없는 동물

해면동물문에 속하는 **해면동물(sponges)**은 가장 단순한 동물이다. 대부분의 해면동물들은 완벽하게 비대칭이며 그들 세포의 몇몇은 높은 수준으로 분화되어 있긴 하지만 그들은 조직을 구성하지는 않는다. 해면동물의 몸은 젤로(젤리에 과일이 박혀 있는 후식의 상품명)에 박혀 있는 과일같이 젤과 같은 세포 간질(matrix)에 끼워져 있는 분화된 세포의 덩어리들에 지나지 않는다. 그러나 해면동물의 세포들은 동물세포의 중요한 속성을 갖는다: 세포인식. 예를 들면 해면동물이 미세한 실크그물망을 통해 통과할 때 각각의 세포들은 분리되지만 통과한 후 다시 반대편에서 재결합하여 해면동물을 이룬다. 세포들의 응집은 전체적으로 새로운 해면동물을 초래하는 하나의 해면동물로부터 분리된다. 어떤 해면동물로부터 떨어져 나온 세포의 무리는 완벽하게 다시 합쳐져서 새로운 해면동물이 된다.

약 5,000종이 존재하고 대부분은 바다에 산다. 몇몇은 크기가 작고, 다른 것들은 직경이 2미터보다 큰 것도 있다(**그림 19.4*a***). 성체가 된 해면동물의 몸은 바다 밑에 자리를 고정하고 있으며 꽃병과 비슷한 모양을 하고 있다(**그림 19.4*b***). 해면동물의 외부는 해면동물을 보호하는 상피세포라고 하는 편평한 외피로 덮여져 있다.

오른쪽의 해면동물에 대한 모식도는 해면동물의 세계로 여행하게 해줄 것이다. 해면동물의 몸은 작은 구멍들로 뚫려 있다. 해면동물문이라는 이름은 구멍들의 구조에서 기인한다. 이들은 **깃세포(choanocyte)**라고 하는 독특한 편모세포들이 체강 안쪽을 채운다. 수많은 깃세포들의 편모의 퍼덕거림에 의해 그 구멍들을 통해서 물을 안으로 끌어 들이고 (그림의 검은색 화살표) 그것을 체강을 통해서 내보낸다. 해면동물조직의 $1cm^3$는 하루 동안 통과하는 물의 양을 20리터가 넘게 처리할 수 있다. 물의 움직임이 왜 이렇게 많을까? 해면동물은 "여과하여 먹는 동물(filter-feeder)"이기 때문이다. 각각의 깃세포 편모의 퍼덕거림에 의해 말뚝 울타리를 닮은 머리털 같은 작은 돌기로 이루어진 깃을 통해서 물을 끌어 들인다. 물에 있는 원생생물과 같이 작은 동물과 같은 먹이입자들은 그 울타리에서 걸러지게 되고 이후 깃세포나 다른 세포들에 의해 소화된다.

해면동물의 깃세포들은 거의 확실하게 해면동물의 조상으로 보이는 깃편모충이라고 하는 원생생물의 한 종류와 매우 비슷하게 닮았다. 비록 해면동물이 보다 더 복잡한 다른 모든 동물들의 직접적인 조상이라는 점을 밝혀내기에는 어려움이 많지만 실제로 이들은 거의 모든 동물들의 조상일지 모른다.

> **주요 학습 요점 19.4** **해면동물은 특화된 세포를 갖춘 다세포성 몸체를 가진다. 그러나 정확한 대칭성과 체계적인 조직이 없다.**

(a)
(b)

그림 19.4 해면동물들

이들 두 가지의 해양해면동물들은 원통해면이다. 그들은 매우 잘 구성된 형태를 갖는 가장 큰 해면동물들이다. 많은 종들이 직경 2m보다 크며 (*a*) 다른 것들은 그것보다 작은 것들도 있다 (*b*).

해면동물문: 해면동물

핵심 진화적 혁신: 다세포성

해면동물(해면동물문)의 몸체는 **다세포성**이다 – 이들은 각각 뚜렷하게 다른 종류의 많은 세포들이 들어 있고 몸체의 활동은 서로 공동으로 작용된다. 해면의 몸체는 대칭적이지 않고 기관조직이 없다.

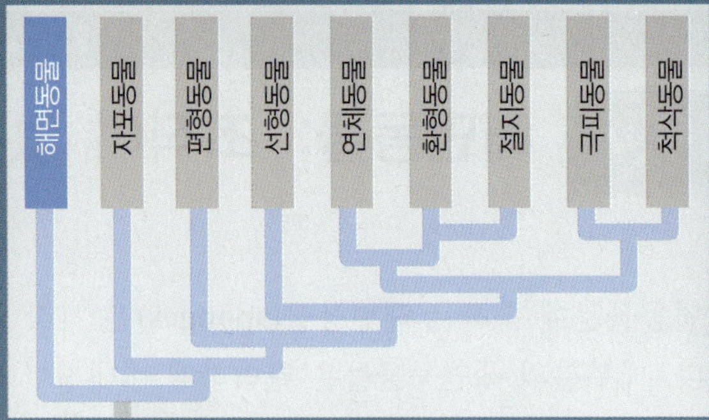

해면의 몸체는 깃세포라고 하는 세포의 줄로 되어 있고 아주 작은 모공을 통한 물의 주입에 의해 관통된다.

해면은 다양한 세포를 포함하고 있는 다세포성이다. 이들의 세포 유형은 조직으로 구성되지 않고 대칭을 이루지 않는다.

해면의 체강과 외벽 사이에 교미침이라는 단단한 무기질의 침과 해면질이라고 하는 강한 단백질 섬유를 분비하는 변형세포라고 하는 아메바 세포로 되어 있다. 이들의 구조는 해면동물을 튼튼하게 하고 보호되도록 해준다.

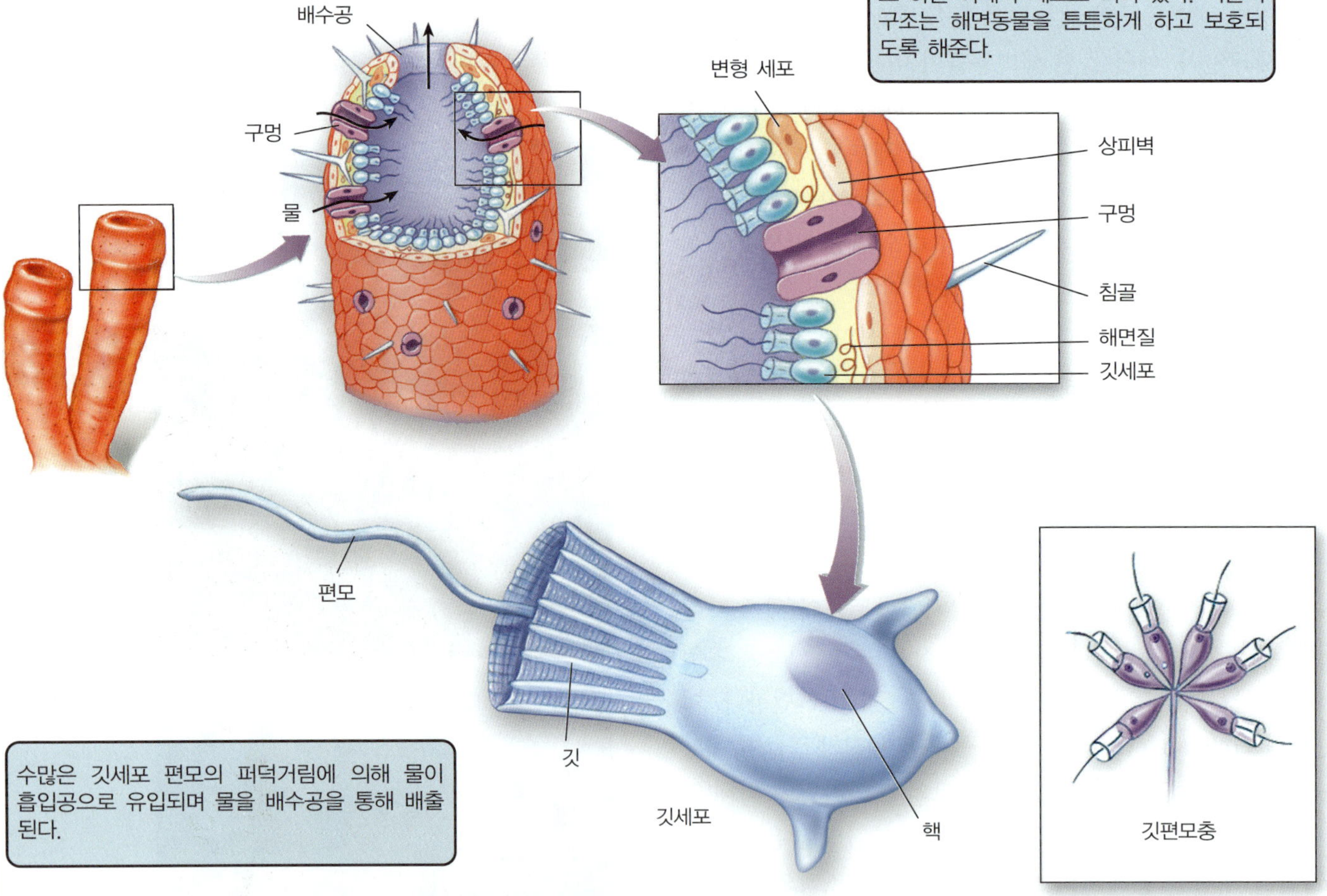

수많은 깃세포 편모의 퍼덕거림에 의해 물이 흡입공으로 유입되며 물을 배수공을 통해 배출된다.

깃세포들이 편모를 퍼덕일 때 물은 깃의 틈새로 끌려 들어오며 이곳에서 먹이입자들이 걸리게 된다. 이들 입자들을 세포내 섭취작용으로 잡아먹는다.

각각의 깃세포는 깃편모충이라고 하는 군락성 원생생물과 형식이 매우 닮았다. 이들 원생생물은 해면동물의 조상형인 것이 확실해 보이며 아마도 모든 동물의 조상으로 여겨진다.

19.5 자포동물: 조직이 다양하게 특화됨

해면동물 이외의 모든 동물들은 대칭성과 조직을 가지는데 이와 같은 특징 때문에 진정후생동물로 취급된다. 진정후생동물의 구조는 해면동물의 것보다 훨씬 복잡하다. 모든 진정후생동물들은 뚜렷한 배엽을 형성한다. **방사대칭(radially symmetrical)** 진정후생동물(즉, 중앙 축 주위에 배열되어 있는 신체부분을 가짐)들은 2개의 배엽을 가진다; 표피를 형성하는 **외배엽(ectoderm**, 맞은편 페이지의 자포동물 모식도에 보라색 외층세포)과 위층(gastrodermis)을 형성하는 내부의 **내배엽(endoderm**, 노란색의 내측세포)이 그것이다. *중교*(mesoglea; 간충 겔로도 불림)라고 하는 젤리 같은 층(적색으로 표시된 부분)은 표피층과 위층 사이에 형성된다. 이 층들은 체내에 많은 조직들을 분화시켜 기본적인 신체 체제를 이루도록 한다. 이와 같은 조직은 해면동물에서는 나타나지 않는다.

대칭과 조직을 보이는 대부분의 원시 진정후생동물들은 국화의 꽃잎처럼 입쪽과 그 반대쪽을 잇는 축 주변에 신체가 형성되는 2개 방사대칭동물문이다. 동물의 구두(oral) 측은 입을 포함한다. 방사대칭은 표면에 부착하거나 유지하려는 동물들이나 자유 유영하는 동물들에게 이점을 준다. 이 동물들은 그들의 환경으로 지나가는 것보다는 오히려 모든 측면의 환경과 상호작용을 하게 된다. 이 두 가지의 문은 히드라(**그림 19.5*a***), 해파리(**그림 19.5*b***), 산호(**그림 19.5*c***), 말미잘(**그림 19.5*d***)들을 포함하는 자포동물문(Cnidaria)과 빗해파리를 포함하는 작은 문인 유즐동물문(Ctenophora)이다. 이 두 문은 함께 방사대칭동물(Radiata)이라고 한다. 다른 모든 좌우대칭동물 즉, 진정후생동물들의 신체들은 기본적인 좌우대칭에 의해 특징지어진다(19.6절에서 논의됨). 성체가 방사대칭인 불가사리도 유생기에는 좌우대칭이다.

방사대칭동물들 중에서 주요 진화적 혁신은 먹이의 **세포외 소화(extracellular digestion)**이다. 해면동물에서 깃세포에 의해 포획된 먹이는 직접 세포내 섭취에 의해 소화되거나 먹이가 소화되는 순환 아메바 세포로 흡수된다. 방사대칭동물들에서 소화는 *위수관 강*(gastrovascular cavity)이라고 하는 내장강인 *세포 밖에서* 시작된다. 먹이를 작은 조각으로 부순 후에 소화관 내벽에 배치된 세포들은 세포내에서 소화를 끝낼 것이다. 세포외 소화는 그들의 몸 밖에서 먹이를 소화하는 진균을 제외하고 진균에 의해 추구되는 동일한 종속영양의 전략이다. 반면에 동물들은 그들의 신체, 강 내에서 먹이를 소화한다. 이와 같은 진

(a) (b) (c) (d)

그림 19.5 대표적인 자포동물

(*a*) 히드라류는 대부분 해양서식성이며 군체를 이루는 자포동물류이다. 그러나 위의 종은 단독생활을 하며 민물에 사는 *Hydra*속의 일종이다. (*b*) 해파리는 투명하며 해양에서 산다. (*c*) 산호. (*d*) 말미잘은 대형 자포동물들을 포함한다.

자포동물문: 자포동물

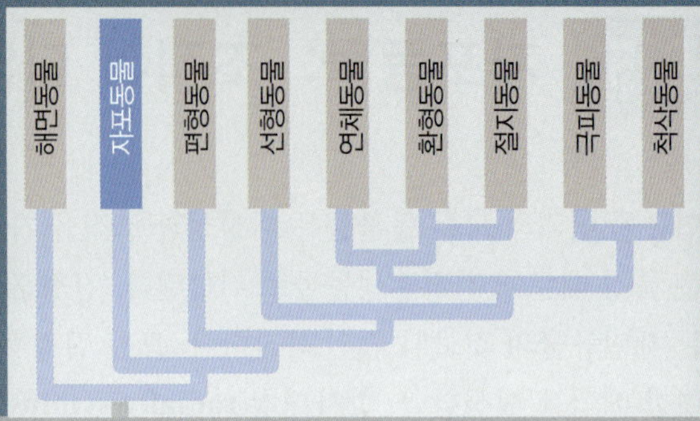

핵심 진화적 혁신: 대칭성과 조직

히드라(자포동물문)의 세포는 특화된 조직을 만든다. 내부 소화강은 **세포외 소화**로 특화되어 있다 – 즉, 각 세포내가 아니라 소화강 내 소화가 일어난다. 해면동물과는 달리 **방사대칭**이고, 데이지의 꽃잎처럼 중심축을 기준으로 배열되어 있다.

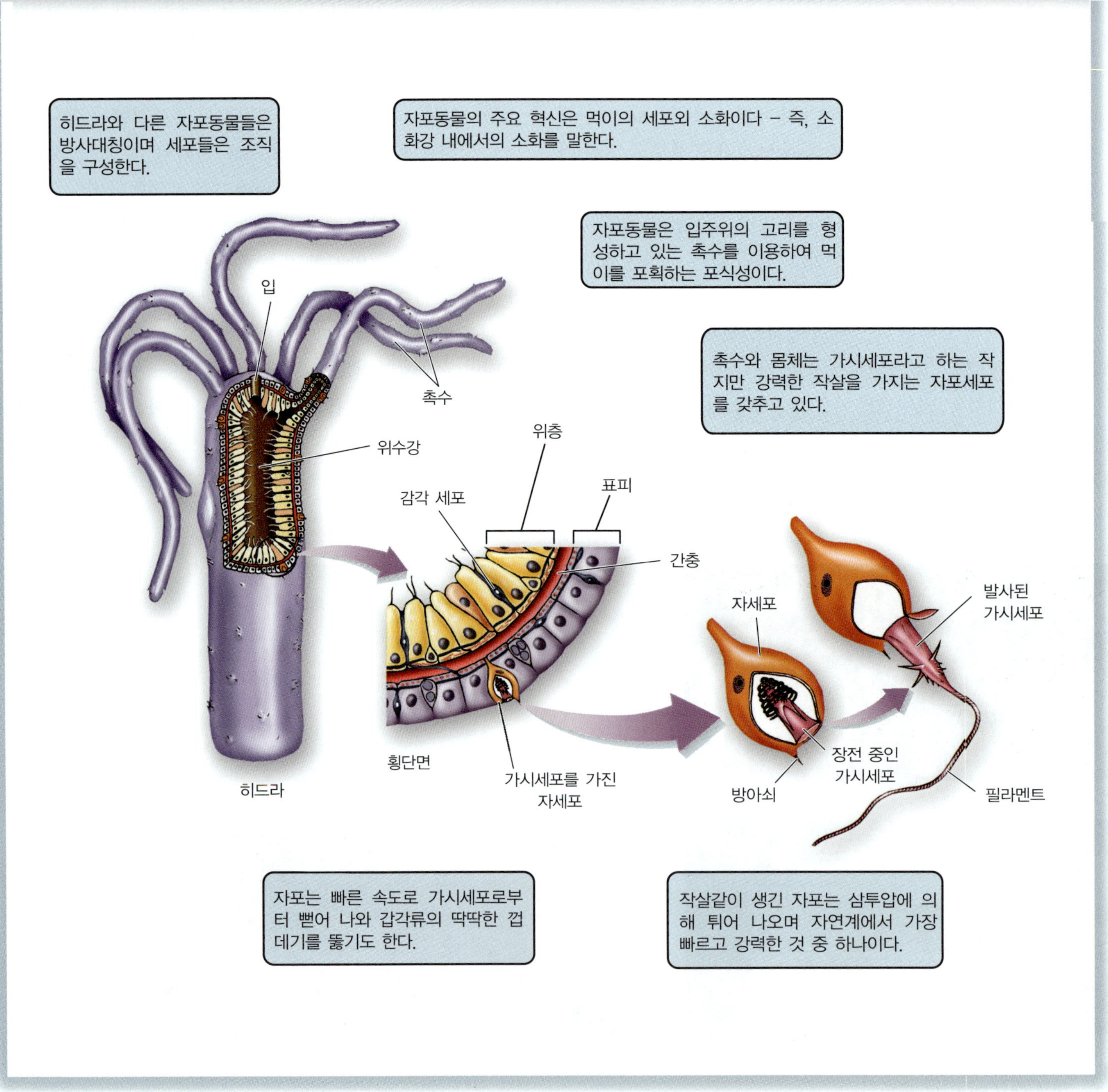

화적 진보는 보다 진보된 동물 그룹을 갖추어져 왔다. 이와 같은 진화를 통해 동물들은 처음으로 자신보다 큰 동물을 소화하는 것이 가능하게 되었다.

자포동물

자포동물(Cnidarian, 자포동물문)은 그들의 입을 울리는 촉수로 물고기나 조개와 같은 먹이를 포획하는 포식자이다. 이 동물문의 모식도는 입 주변에 위치한 스파게티 같이 생긴 촉수를 포함하여 자포동물의 검색기를 차례로 보여준다. 이 촉수들과 때때로 이 신체 표면의 세포들은 다른 생명체에서 발생하지 않고 이들 문에게 주어진 이름인 **자세포(cnidocyte)**라고 하는 독자적인 찌르는 세포를 갖는다. 각각의 자세포들은 자포동물이 먹이를 찌르고 나서 찌른 먹이를 자세포를 가지는 촉수로 끌어들이는 **자포(nematocyst)**라고 하는 작지만 강력한 작살을 가진다. 발사되거나 발사되지 않은 자세포는 앞의 모식도에서 확대 그림으로 볼 수 있다. 자세포는 매우 높은 삼투압을 형성하여 외부로 폭발적인 힘으로 발사되어 게의 껍데기도 뚫을 수 있다.

자포동물들은 두 가지 기본적인 형태를 가진다: **메두사형 (medusae)**은 **그림 19.6**처럼 떠다니는 유형이다. 그리고 **폴립형 (polyp)**은 고착형이다. 많은 자포동물들이 오직 메두사의 형태로만 존재하고 다른 몇몇은 폴립의 형태로만 존재하는데 아직도 다른 것들은 생활사의 과정 중에 이들 두 유형을 교대한다. **그림 19.7**은 두 가지 유형을 교대로 하는 자포동물의 생활사를 보여 주고 있다. 메두사는 자유롭게 떠다니고 젤라틴으로 되어 있으며 종종 배우체를 생산하는 우산 모양이다. 그들의 입은 가

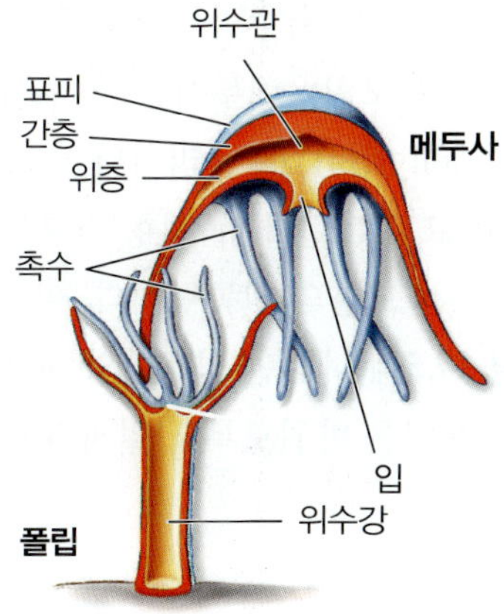

그림 19.6 자포동물의 두 가지 형태

메두사(위)와 폴립(아래)는 많은 자포동물의 생활 중 교대로 일어나는 두 가지 과정이다. 그러나 몇몇 종(산호, 말미잘)은 단지 폴립형만이 나타난다.

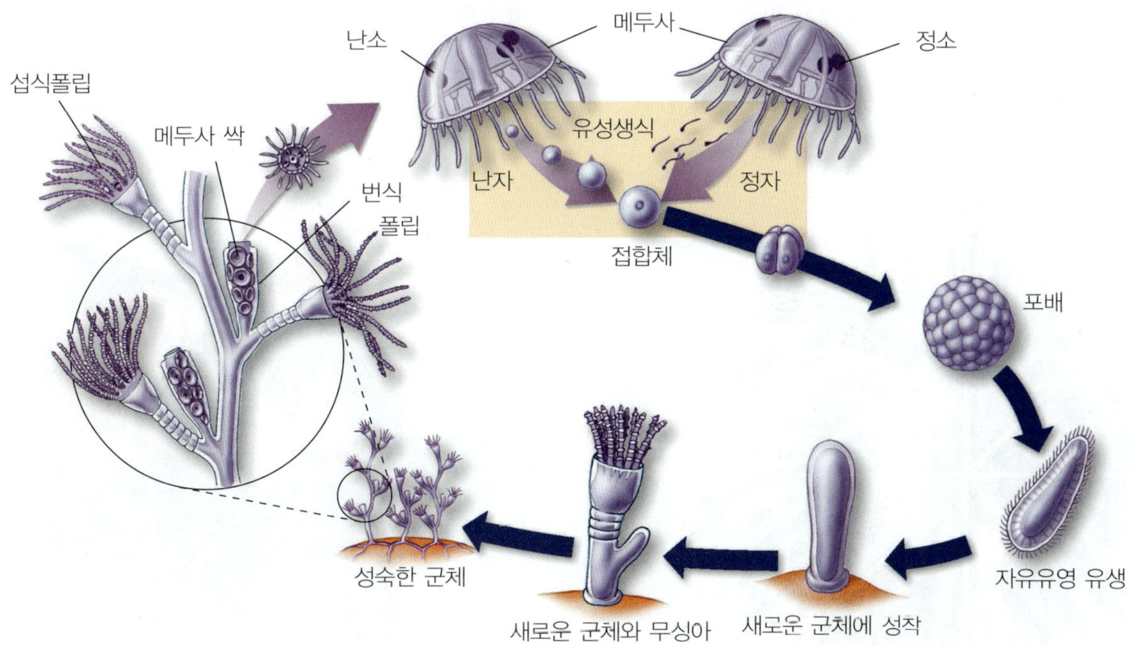

그림 19.7 해양서식 군체성 히드라인 *Obelia*속의 생활사

폴립은 출아법에 의해 군체를 형성하면서 무성생식한다. 그들은 배우체를 생산하는 메두사를 만드는 특화된 발아체를 형성하여 유성생식을 하기도 한다. 이들 배우체는 합쳐져서 플라눌라 유생으로 발달한 후 폴립으로 안정되는 접합체를 생산한다.

장자리 주위에 늘어져 있는 촉수의 고리와 함께 아래로 향한다(이로 인해 방사대칭을 보임). 메두사는 흔히 젤라틴으로 된 내부로 인해 "해파리(jellyfish)"로 불리거나 또는 그들이 가지는 자포 때문에 쐐기라고도 불린다. 폴립형 자포동물은 대개 바위 등에 부착하여 사는 관 모양의 원통형이다. 이들은 역시 방상대칭을 이룬다. **그림 19.5**에 나타난 히드라와 산호는 폴립형의 예이다. 폴립형의 경우 입은 바위로부터 멀리 놓여 있으므로 종종 위를 향한다. 은신처로 또는 보호처를 위해 산호는 외부에 칼슘 성분의 골격을 분비하고 그 안에서 산다. 이것이 보통 산호를 알아볼 수 있는 구조이다.

주요 학습 요점 19.5 자포동물은 방사대칭과 특화된 조직을 가지며 세포외 소화를 한다.

좌우대칭 동물의 출현

19.6 무체강동물: 좌우대칭

자포동물문과 유즐동물문을 제외한 모든 진정후생동물은 **좌우대칭(bilaterally symmetrical)**이다. 즉 그들은 오른쪽 절반과 왼쪽 절반이 서로 거울상이다. 이것은 **그림 19.8**의 방사대칭인 말미잘과 좌우대칭인 다람쥐를 비교해 보면 확실히 알 수 있다. 말미잘을 어떠한 세 가지 면에서 절반으로 잘라도 거울의 이미지를 보인다. 그러나 다람쥐의 경우는 녹색의 시상면 한 면에서만 거울이미지를 보인다. 좌우대칭인 동물을 볼 때 위쪽 반을 **등쪽(dorsal)**, 아래쪽 반을 **배쪽(ventral)**이라고 한다. 그 앞은 **앞쪽(anterior)**, 뒤는 **뒤쪽(posterior)**이라고 한다. 좌우대칭은 동물들 내에서 중요한 진화적 진보인데 그것은 신체의 다른 부분은 다른 방향으로 특화되도록 하였기 때문이다. 예를 들어 대부분의 좌우대칭동물은 **두화(cephalization)**라고 하는 뚜렷한 전파중계소를 가지도록 진화하였다. 머리를 갖는 동물은 전면에 나타나는 먹이, 위험, 배우자를 확인하기 위해서 몸의 앞쪽으로 집중된 신경기관을 가지는데, 어떤 환경이 그들의 주변을 지나갈 때와 새로운 환경에 들어갈 때에 흔히 활동적이고 이동성이 있다.

좌우대칭 진정후생동물은 신체의 각 조직으로 발달할 세 개의 배엽을 생산한다: 외부의 외배엽(ectoderm, **그림 19.9**의 편형동물의 청색 부분), 내부의 내배엽(endoderm, 황색 부분), 그

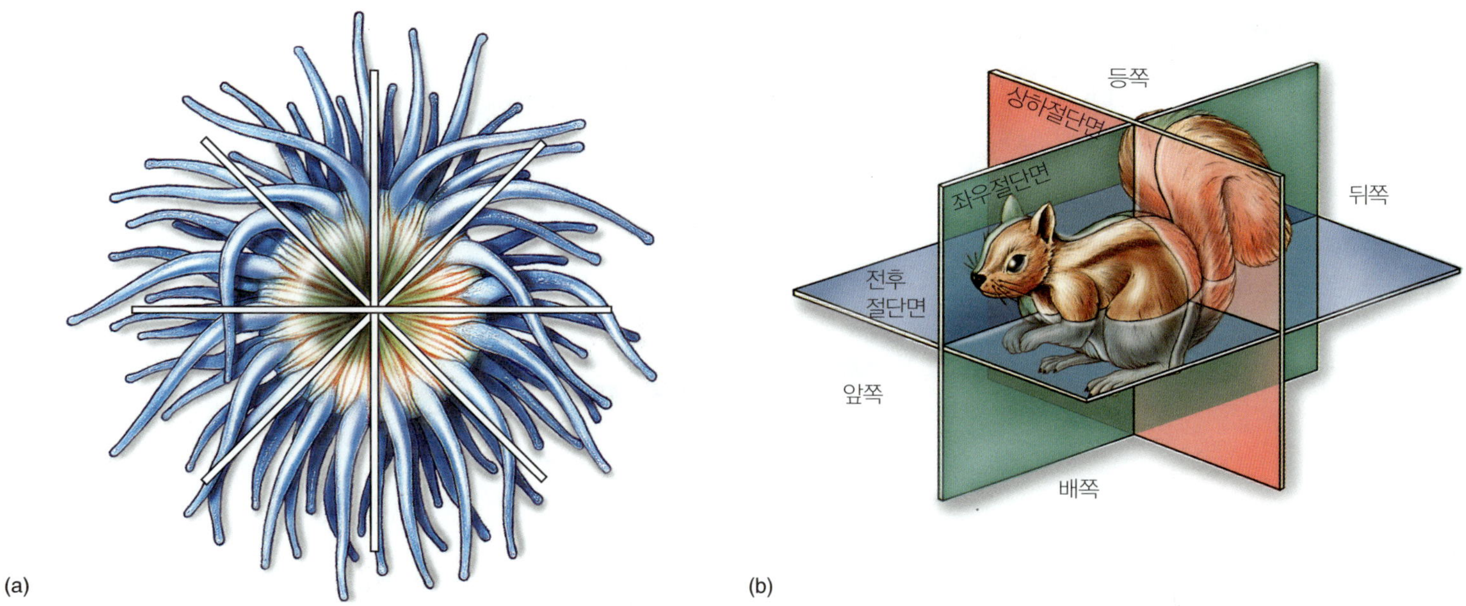

그림 19.8 방사대칭과 좌우대칭은 어떻게 다른가

(*a*) 방사대칭은 어떤 중심축을 기준으로 일정한 배열을 말한다. (*b*) 좌우대칭은 왼쪽과 오른쪽을 가지는 신체 유형을 반영한다.

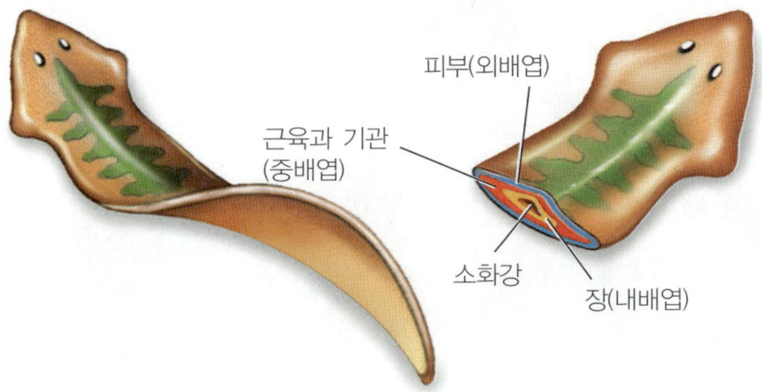

그림 19.9 솔리드웜의 신체 체제

모든 좌우대칭 진정후생동물은 배발달 동안 세 개의 배엽을 가진다: 외부의 외배엽, 중간에 중배엽, 내부의 내배엽. 이들 배엽은 성체가 되면서 피부, 근육, 기관, 내장 등을 각각 형성하도록 분화한다.

리고 세 번째 층인 외배엽과 내배엽 사이의 **중배엽(mesoderm**, 적색 부분). 일반적으로 신체의 바깥쪽 덮개와 신경계는 외배엽으로부터 발달하고, 소화 기관과 장은 내배엽으로부터 발달하며 뼈와 근육은 중배엽으로부터 발달한다.

모든 좌우대칭동물들 중에서 가장 간단한 동물은 **솔리드웜(solid worm)**이다. 약 20,000여 종을 가지는 이 동물의 가장 큰 문은 편형동물을 포함하는 편형동물문이다. 편형동물은 기관이 발생한 가장 간단한 동물이다. 기관은 하나의 단위로서 기능을 하는 서로 다른 조직의 집합체이다. 예를 들면 편형동물의 정소와 난소는 생식기관이다. 머리에 있는 검은 점은 비록 그들이 여러분의 눈처럼 물체에 초점을 맞출 수는 없지만 빛을 감지할 수 있는 안점이다.

솔리드웜은 내부에 소화관 이외의 어떠한 체강도 없다. 편형동물은 테이프나 리본의 한 조각처럼 상하로 편평하고 부드러운 몸의 동물이다. **그림 19.9**처럼 편형동물의 몸을 횡단면으로 자른다면 이들의 그 장이 완벽하게 조직과 기관에 의해 둘러싸여 있다는 것을 볼 수 있을 것이다. 이 단단한 신체 구성은 체강이 없는 것을 의미하는 **무체강(acoelomate)**이라고 한다.

편형동물

비록 편형동물이 간단한 신체구조를 갖고 있다 할지라도 그들은 앞쪽 끝에 뚜렷한 머리를 가지고 있으며 기관을 가지고 있다. 편형동물의 크기는 1mm에서부터 촌충(조충)의 경우에는 수 미터에 달하는 경우도 있다. 대부분의 편형동물 종들은 다른 여러 종류들의 동물 몸 안에서 발생하는 기생성인 경우가 대부분이다. 다른 편형동물은 육지에서 축축한 곳뿐만 아니라 해양

(a) (b)

그림 19.10 편형동물

(*a*) 일반 편형동물(플라나리아). (*b*) 해양성 자유유영 편형동물.

과 민물의 서식지 등 광범위한 곳에서 발생하며 자유생활을 한다(**그림 19.10**). 자유생활을 하는 편형동물은 포식자(carnivore)이고 청소부(scavenger)이다: 그들은 다양한 작은 동물과 작은 유기물 조각을 먹는다. 그들은 배쪽 표면에 집중되어 있는 섬모가 있는 상피세포를 이용해 이곳저곳으로 움직인다.

다른 동물들의 몸 안에서 생활하는 기생성 편형동물들은 두 개의 강(class)이 있다: 흡충(flukes)과 촌충(조충, tape worm). 이들은 두 집단 모두 소화효소에 강한 상피층을 가지며 그들의 기주에 의해서 생산되는 방어물질에 면역성이 있다. 이것은 이들의 기생성 생활에 있어 중요한 특징이다. 몇몇 기생성 편형동물은 오직 하나의 기주를 요구하지만 많은 흡충은 그들의 생활사를 마치기 위하여 둘 이상의 기주를 필요로 한다. 간디스토마(**그림 19.11**)는 사람(또는 다른 포유류) 이외에 2개의 기주를 필요로 한다. 알은 포유류에서 배출된다❶. 그리고 이들은 달팽이에게 먹히며 이후 올챙이 같은 유생기를 지내는 물속으로 방출된다❷. 이들은 낭종이 형성되는 장소에서 물고기의 근육을 먹어 들어간다❸. 이 기생성 생활유형은 궁극적으로 기생자에 의해 사용되거나 요구되는 특징을 결과적으로 소실했기 때문이다. 기생성 편형동물들은 확실한 자유 활동 편형동물의 특징인 성체 단계에서의 섬모, 안점, 그리고 다른 동물의 몸 안에서 사는 동물에 있어서 적응의 중요성이 없는 감각기관들을 잃었다. 이

들은 때때로 이 소실은 "퇴화적 진화"라고 일컬어진다. 이 동물에 대한 모식도는 퇴화적 진화의 고전적인 예를 보여준다. 부연 설명된 이들의 특징을 보면 편형동물의 몸은 먹고 번식하는 두 가지 기능만 가지는 것으로 퇴화되어 있다.

인간의 간디스토마(*Clonorchis sinensis*)는 인류에게 심각한 영향을 주어왔다. 또 다른 중요한 흡충은 *Schistosoma*속의 주혈흡충(the blood fluke)이다. 이들은 열대아시아, 아프리카, 라틴아메리카, 중동에 걸쳐 전 세계 인구의 1/20에 달하는 2억 명 이상의 인간에게 영향을 준다. *Schistosoma*속의 3종은 주혈흡충병 또는 빌하르츠 주혈흡충병이라고 하는 질병을 야기한다. 이 질병으로 인해 매년 2만 명이 사망한다.

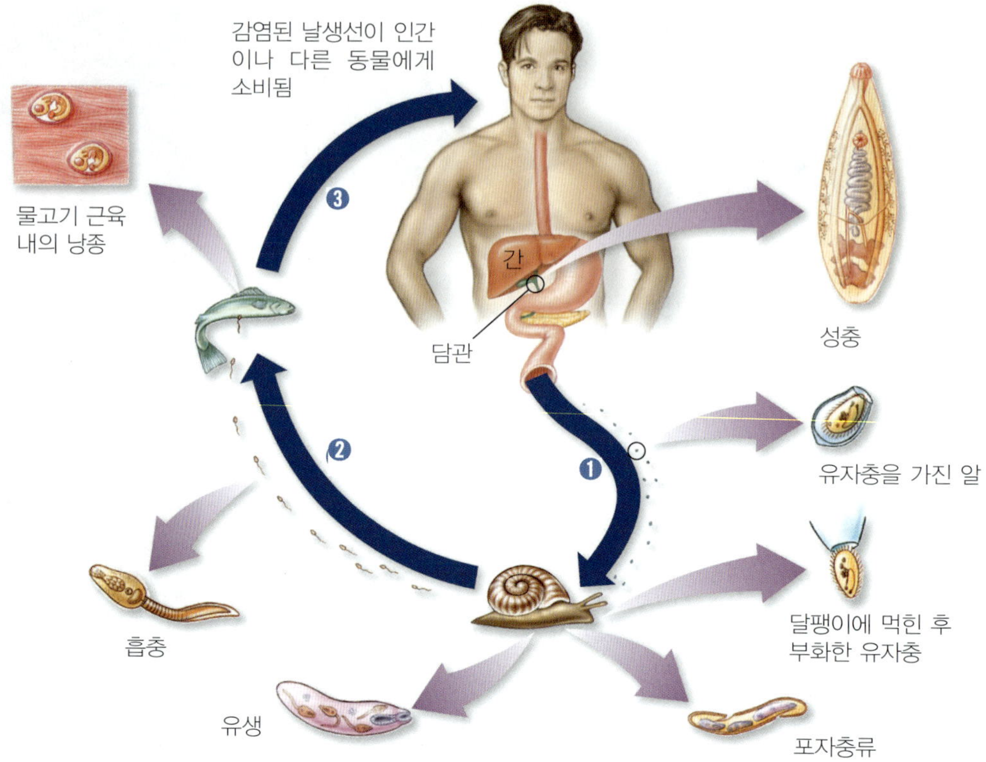

그림 19.11 간디스토마(*Clonorchis sinensis*)의 생활사
성충의 길이는 1~2cm 정도이며 간의 담즙관에 서식한다. 완전한 첫 번째 단계의 유충 또는 유자충이 들어 있는 알은 배설물과 함께 물속으로 이동하고 달팽이에게 잡아먹힌다❶. 달팽이 몸 안에서 이 알들은 포자충이 되는데 이들은 이생흡충류 유생이라고 하는 유충을 만든다. 이들은 자라서 미충이라고 하는 올챙이 모양의 유충이 된다. 미충은 탈출하여 물속으로 들어간다❷. 그곳에서 이들은 어떤 물고기의 근육을 먹어 들어가면서 낭종을 형성한다(금붕어나 잉어과에 속하는 종류). 포유류는 날 것의 물고기를 먹으며 낭종을 함께 섭취한다❸. 흡충은 낭종에서 깨어 나오게 되고 이들은 담즙관을 따라 이동하는데 이곳에서 흡충들은 성숙하며 간에 피해를 주며 들끓게 된다.

편형동물들의 특징

소화강을 갖는 이 편형동물들은 단지 한쪽만 열리는 하나의 불완전한 장을 갖는다. 이러한 결과로 그들은 동시에 먹이의 소화되지 않은 입자들을 먹고 소화시키고 제거할 수 없다. 그러므로 보다 발달된 동물들은 할 수 있겠지만 편형동물들은 연속적으로 먹이를 먹을 수 없다. 이들의 장은 소화와 먹이를 이동하는 기능을 하도록 신체 전체에 가지 뻗듯이 퍼져 있다(**그림 19.12**의 플라나리아에서 장은 녹색으로 표시). 이 장의 안을 구성하는 세포들은 식작용(phagocytosis)에 의해 먹이 입자들의 대부분을 삼키고 소화한다; 하지만 자포동물에서처럼 몇몇 입자들은 부분적으로 세포 밖에서 소화된다. 그들은 그들의 먹이를 체벽을 통해 직접 흡수한다.

자포동물과는 달리 편형동물은 몸 전체에서 작동하는 훌륭한 세관 네트워크로 이루어진 배설계를 가진다. 섬모는 세관의 옆 가지에 위치해 있는 전구 같은 **불꽃세포(flame cell)**의 속이 텅 빈 중심을 채운다(**그림 19.12**). 불꽃세포에 있는 섬모들은 세관으로 물과 배설물을 이동시키고 그 후 상피세포 사이에 위치한 구멍으로 내보낸다. 불꽃세포는 섬모의 깜빡거리는 움직임 때문에 붙여진 이름이다. 그들은 우선적으로 생명체의 수분균형을 조절한다. 불꽃세포의 이 배설 기능은 이차적인 것으로 나타난다. 편형동물에 의해 배설되는 대사 폐기물의 큰 부분은 아마도 직접적으로 장으로 확산되고 입을 통하여 제거된다.

해면동물, 자포동물, 유즐동물처럼 편형동물은 신체의 부분에 액체, 산소, 그리고 먹이 분자를 운반하는 도관의 네트워크인 **순환계(circulatory system)**가 없다. 결과적으로 모든 편형동물 세포는 산소와 먹이의 확산거리 내에 존재하는 것이 틀림없다. 편형동물은 가는 신체와 그러한 관계가 가능하게 하는 고도로 분지된 소화강을 갖는다.

편형동물의 신경계는 매우 간단하다. 몇몇 원시적인 편형동물은 단지 느슨하게 조직된 신경망만을 가지고 있다. 그러나 이 문의 대부분의 종류들은 간단한 중앙 신경계를 구성하는 세로의 신경삭(위 그림의 절단면 중 배쪽의 청색 구조)을 가지고 있

편형동물문: 솔리드웜

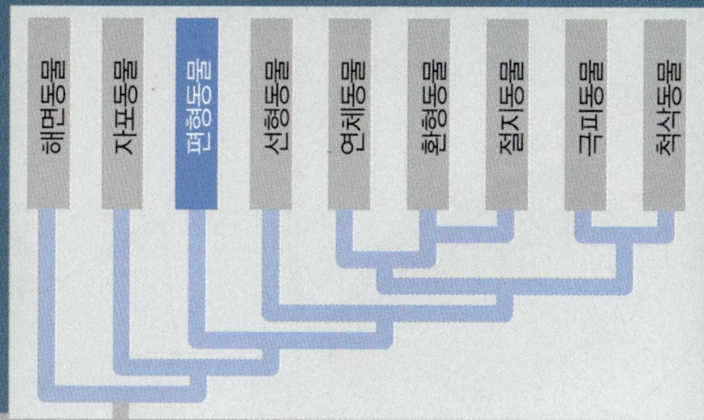

핵심 진화적 혁신: 좌우대칭

솔리드웜(편형동물문)과 같은 무체강동물은 처음으로 **좌우대칭성** 동물이 되었으며 뚜렷한 **머리**를 가진다. 무체강동물의 중배엽의 진화는 소화기관 및 다른 기관이 형성되도록 해주었다.

촌충은 그들의 머리를 숙주의 창자에 부착하고 생활하는 기생자이다. 이들의 성숙한 몸은 길이가 10 m에 이르기도 한다.

솔리드웜은 좌우대칭인 무체강동물이다. 그들의 몸은 중앙 소화관을 둘러싸는 단단한 조직의 층으로 구성되어 있다. 많은 편형동물의 몸은 테이프나 리본 조각처럼 부드럽고 편평하다.

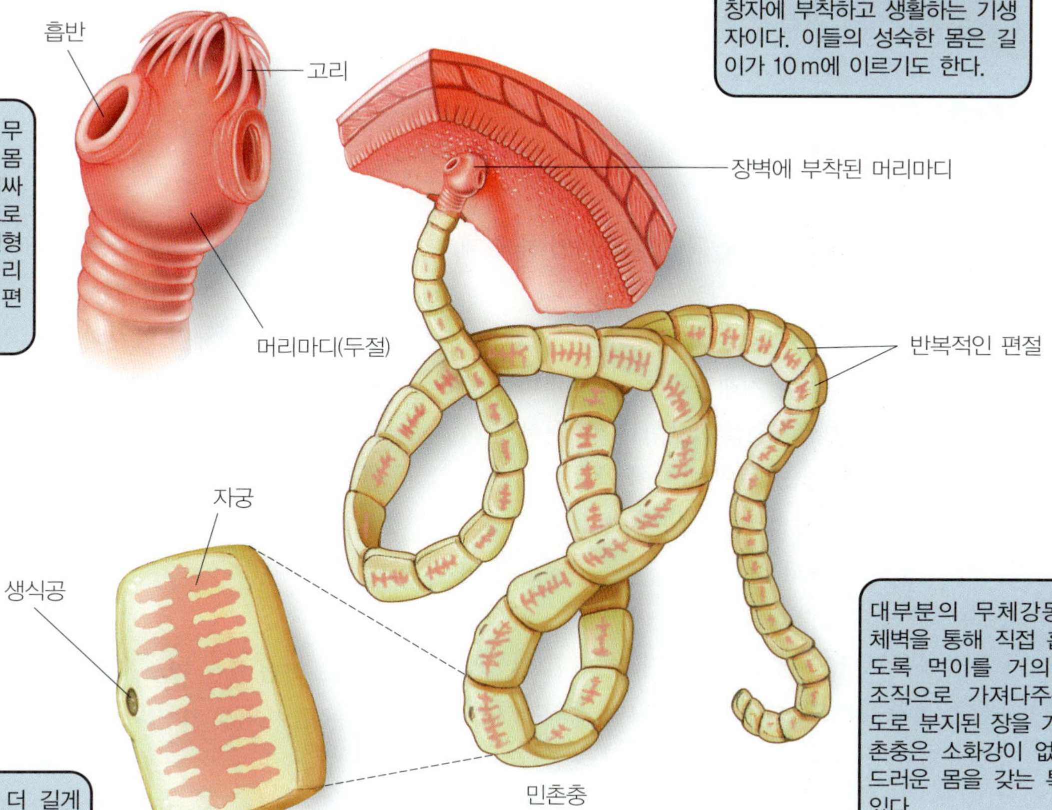

대부분의 무체강동물은 체벽을 통해 직접 흡수되도록 먹이를 거의 모든 조직으로 가져다주는 고도로 분지된 장을 가진다. 촌충은 소화강이 없는 부드러운 몸을 갖는 특징이 있다.

촌충의 몸은 머리로부터 더 길게 크기를 늘여주는 편절이라고 하는 연속적인 체절로 이루어져 있다. 각 편절은 생식기관을 가진다. 촌충의 한 조각이 인간의 배설로 나오게 될 때 배아는 가축이나 다른 인간에 의해 먹히는데 이때 기생자는 새로운 숙주로 감염된다.

몸의 끝 부근의 편절이 끊어질 때 배아는 생식공 또는 장기파열을 통해 배출된다.

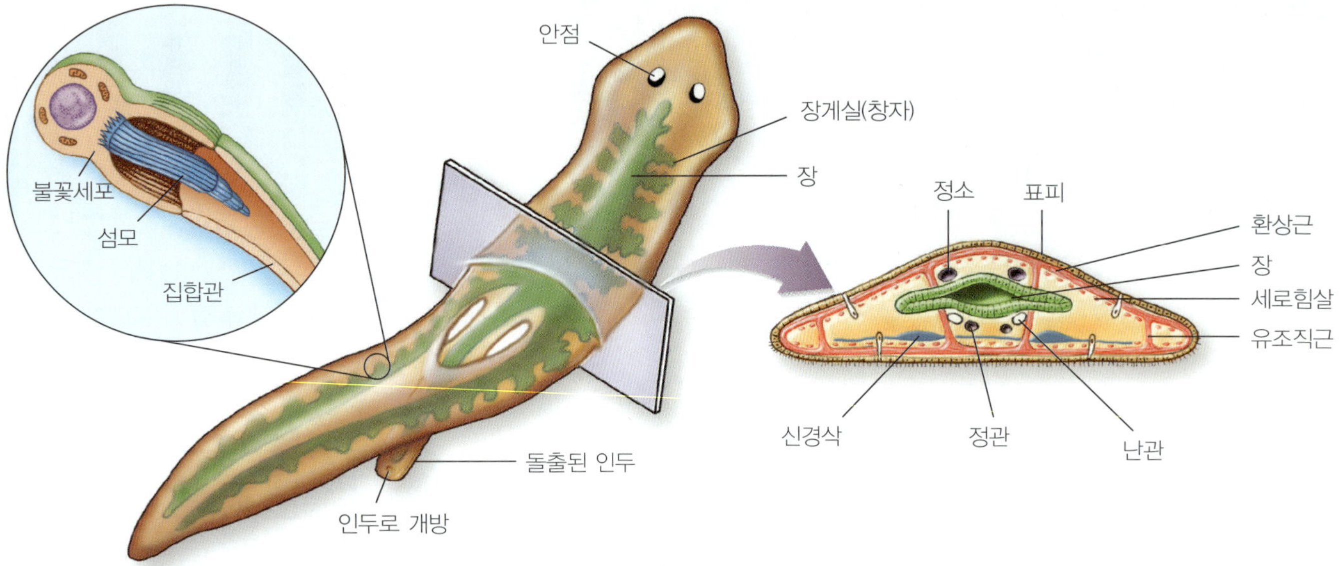

그림 19.12 편형동물 해부도

이 동물은 많은 생물시험에 사용되는 친숙한 민물 플라나리아인 *Dugesia*이다.

다. 절단면에서 세로의 신경삭들은 모두 교차-연결되어 몸 전체에 뻗어 있는 편형동물 신경계는 사다리를 닮았다.

자유생활을 하는 편형동물들은 먹이, 화학물질 및 그들이 살고 있는 곳에서의 액체의 흐름을 감지하기 위해 그들의 머리 측면을 따라 나있는 감각구멍이나 촉수를 사용한다. 이 문에서 자유생활을 하는 구성원들은 또한 그들의 머리에 안점을 가지고 있다. 이것들은 신경계와 연결된 빛에 민감한 세포들로 구성되었으며 뒤집힌 색소 컵(pigmented cups)이다. 이들 안점들은 이 동물들이 어둠 속에서 빛을 구별하도록 해준다. 편형동물들은 자포동물이나 유즐동물보다 훨씬 활동적이다. 이러한 활동성은 좌우대칭동물들의 특징이다. 편형동물에 있어서 이와 같은 활동성은 감각기관의 집중 및 어느 정도까지는 이 동물들의 머리에 있는 신경계 요소와 관련이 매우 깊다.

편형동물들의 생식계는 매우 복잡하다. 대부분의 편형동물들은 각각의 개체가 암컷과 수컷의 성적 구조를 갖는 **자웅동체(hermaphroditic)**이다. 몇몇 기생성 편형동물의 경우 뚜렷한 유충형이 복잡한 연속성이 있다. 편형동물들의 몇몇 속은 무성생식도 가능하다; 단일개체가 두 부분이나 혹은 더 많은 부분으로 나뉠 때 각각의 부분들은 전체적으로 새로운 편형동물로 재생성될 수 있다.

주요 학습 요점 19.6 편형동물은 내부기관, 좌우대칭성 및 뚜렷한 머리를 가진다. 그들은 체강을 가지지 않는다.

체강의 출현

19.7 회충: 체강의 진화

동물 신체 체제의 진화에서 중요한 변화는 체강의 진화이다. 무체강동물을 제외한 모든 좌우대칭동물은 그들의 신체 내에 하나의 체강을 갖는다. 내부 체강의 진화는 세 가지 이유로 동물 신체 체제에서 중요한 발달이었다.

1. **순환(circulation)** 체강 내에서 움직이는 액체들은 몸의 한 부분에서 다른 부분으로 물질들의 빠른 이동을 가능하게 하여 순환계로의 역할을 할 수 있게 해준다.
2. **이동(movement)** 체강에서 액체는 동물의 몸을 근육 수축에 대한 저항성을 높여주어 신체를 단단하게 만든다. 그

로 인해 신체 운동을 이끄는 근육에 길을 연다.

3. **기관 기능(organ function)** 장내를 가득 채운 액체에서 기관은 주변의 근육에 의해 변형되어지는 것 없이 기능을 한다. 예를 들어 먹이는 동물이 움직일 때 그것이 의해 간섭받지 않는 정도로 체강 내에 고정된 장을 통해 자유롭게 통과할 수 있다.

체강의 종류

좌우대칭동물들에서 발견되는 신체 체제에는 기본적으로 세 가지 종류가 있다. 이전 절에서 논의된 것처럼 **그림 19.13**의 상단에서 보는 바와 같이 솔리드웜과 같은 무체강동물은 체강을 가지고 있지 않다. **의체강동물(pseudocoelomates)**은 중배엽(빨간색)과 내배엽(노란색) 사이에 위치한 **의체강(pseudocoel)**이라고 하는 체강을 가진다. 신체를 조직하는 세 번째 방법은 체액이 차 있는 체강이 내배엽과 중배엽 사이가 아니라 오히려 전체적으로 중배엽 내에서 발달하는 것이다. 그러한 체강은 **진체강(coelom**, 그림의 하단부의 지렁이의 두 개의 아치형의 공간)이라고 하며 이와 같은 체강을 갖는 동물들은 **체강동물(coelomates)**이라고 한다. 체강동물에서 내장은 체강 내에서 그 동물의 기관계와 함께 고정된다; 결국 진체강은 전체적으로 중배엽으로부터 유래된 상피세포의 층에 의해서 둘러싸이게 된다.

체강의 발달은 체강 내에 액체를 교유(churning; 마구 휘돌다)하는 것에 의해 의체강동물에서는 해결된 문제(순환)를 제기한다. 체강동물에서 내장은 무체강동물에서처럼 확산에 대해 장벽을 나타내는 조직에 의해 다시 둘러싸인다. 체강동물에서 이 문제는 순환계의 발달로 해결된다. 체액이나 혈액을 순환시켜 모든 조직에 영양분과 산소를 날라주며 이산화탄소와 노폐물을 제거한다. 혈액은 대개 하나 또는 그 이상의 근육질 심장의 수축에 의한 순환계를 통해 흐르게 된다. 개방혈관계에서 혈액은 체액과 혼합되어 혈관에서부터 공동(sinuses)으로 이동하고 그 다음에 다른 위치에서 혈관으로 다시 들어온다. 폐쇄혈관계에서 혈액은 체액으로부터 분리되고 개별적으로 조절될 수 있다. 또한 혈액은 개방혈관계보다 폐쇄혈관계에서 더 빠르고 좀 더 효율적으로 이동한다.

체강동물, 의체강동물, 무체강동물 사이의 진화적 관계는 불분명하다. 예를 들어 무체강동물은 체강동물의 시초가 될 수 있는 것은 틀림없지만 과학자들은 무체강동물이 체강동물로부터 파생되었다는 가능성을 배제할 수 없다. 의체강동물의 다른 문은 밀접한 관계가 없어 보이는 두 그룹을 형성한다.

회충: 의체강동물

앞서 알아보았듯이, 무체강동물을 제외한 모든 좌우대칭동물은 내부에 체강을 가지고 있다. 그것들 중에서 7개 문은 의체강을 가지는 것으로 특징지어진다. 모든 의체강동물에서 의체강은 유체골격으로 작용한다: 액체로 채워진 압력하에서 단단하게 되는 것. 동물의 근육은 이 골격에 의지하여 움직인다. 그래서 의체강동물의 이동이 무체강동물의 것보다 훨씬 효율적이다.

7개의 의체강동물문 중에서 단지 한 문만이 다수의 종들을 포함한다. 그것이 선형동물인데 약 2만 종이 알려져 있으며 **선충(nematodes)** 및 그 외 회충들이 포함된다. 과학자들은 이 분류군의 실제 종수는 알려진 것보다 100배는 더 많을 것이라고 추정하고 있다. 선충들은 해양과 민물 서식처에서 풍부하고 다양하며 이 문의 많은 종류들은 회충과 같이(**그림 19.14*a***) 식물과 동물들의 기생자이다. 많은 선충은 크기가 매우 작으며 토양

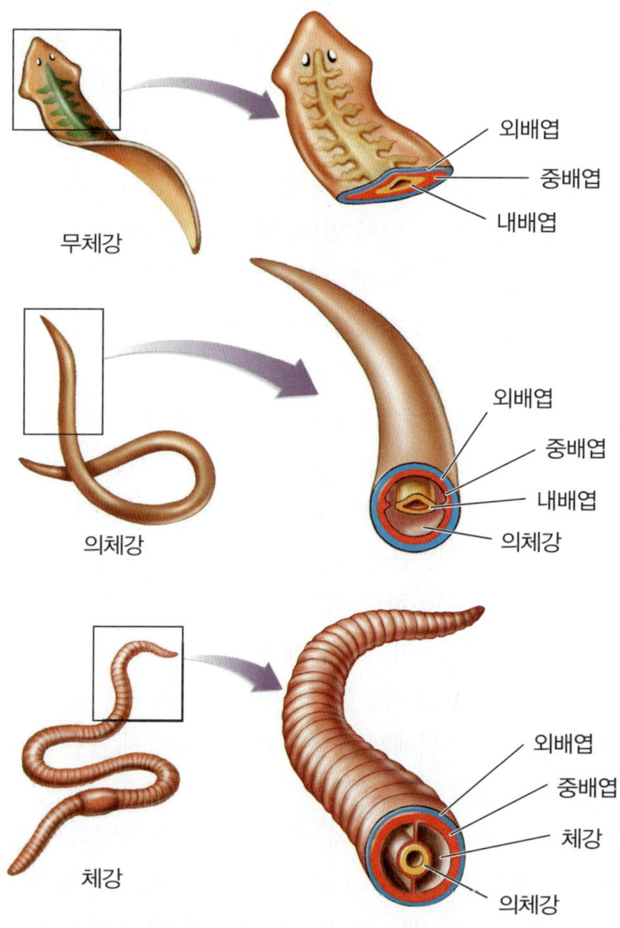

그림 19.13 좌우대칭동물의 신체 체제
편형동물 같은 무체강동물은 소화관(내배엽)과 외층(외배엽) 사이에 체강을 가지지 않는다. 의체강동물은 내배엽과 중배엽 사이에 의체강을 가진다. 진체강동물은 전체적으로 중배엽 내에서 발달한 체강을 가지며, 그로 인해 중배엽 조직에 의해 양쪽으로 줄여 쳐진다.

에서 서식한다. 한 삽 정도의 비옥한 토양에는 평균 1백만 마리의 선충을 포함할 것이라고 추정되고 있다.

두 번째 문은 의체강의 신체 체제를 갖는 동물인 윤형동물문이다. **담륜충(rotifers)**은 윤형동물 중 가장 흔하고 작으며 기본적으로 그들의 머리에 관상의 섬모를 가지는 수서동물이다. 이들은 길이가 0.04~2mm로 육안으로는 관찰하기가 어렵다(**그림 19.14*b***). 전 세계적으로 대략 2,000종들이 존재한다. 좌우대칭이고 키틴질로 덮여 있는 담륜충은 운동과 세균, 원생동물 및 작은 동물들을 먹거나 소화하기 위해 그들의 섬모에 의존한다.

모든 의체강동물은 뚜렷한 순환계를 갖지 않는다; 순환계의 역할은 의체강 속을 이동하는 액체에 의해 이루어진다. 대부분의 의체강동물은 하나의 완벽한 조립라인처럼 작용하는 한 방향의 소화관을 갖는다. 먹이는 부서진 후 흡수되고 처리되고 저장된다.

선형동물문: 회충

선충은 좌우대칭이고 원통형의 체절이 없는 벌레이다. 선형동물문 도식도에서 세로방향 및 횡단면에 보듯이 이들은 성장에 따라서 허물이 벗어지는 유연하고 두꺼운 큐티클로 덮여 있다. 그들의 근육은 표피 밑의 층을 구성하고 그것의 몸의 둘레를 싸는 것보다는 길이방향으로 뻗쳐 있다. 횡단면으로 보면 몸체의 외층에 부착되어 있는 것으로 관찰되는 이 세로근육들은 유체골격을 형성하는 큐티클층과 의체강을 의지하여 잡아당긴다. 선충이 움직일 때, 그들의 신체는 좌우로 채찍질하듯이 움직인다.

선충의 입 주위에 앞쪽 끝부위(그림의 왼쪽면을 향하여)에는 보통 16개의 솟아 있는 털 같은 감각 기관이 존재한다. 입은 흔히 *탐침*(stylet)이라고 하는 뚫는 기관을 가지고 있다. 먹이는 **인두(pharynx)**라고 하는 근육의 작은 공간에서 빨아들이는 행동을 통해 입을 거쳐 이동한다. 인두의 짧은 통로를 통해 먹이가 이동한 후에 그 먹이는 이것을 잘게 부순 후 소화시키는 소화관의 다른 부분으로 계속 이동한다. 먹이와 함께 혼합된 물의 일부는 소화관의 끝 부위에서 재흡수되고 소화되지 않은 물질들은 항문을 통해 배출된다.

선충들은 정모세포에서조차 편모나 섬모가 완벽하게 없다. 선충에서의 생식은 성이 구분되어 있는 유성생식이다(암컷의 난소, 수란관 등은 모식도 참고). 그들의 발달은 간단하며 성체는 매우 적은 세포들로 구성되어 있다. 이러한 이유로 인해 선충들은 유전학이나 발생학 연구를 위해 매우 중요한 연구재료이다, 1mm 길이의 꼬마선충(*Caenorhabitis elegans*)은 단 3일 만에 성숙한다. 몸은 투명하고 오직 959개의 세포만을 가지고

(a)

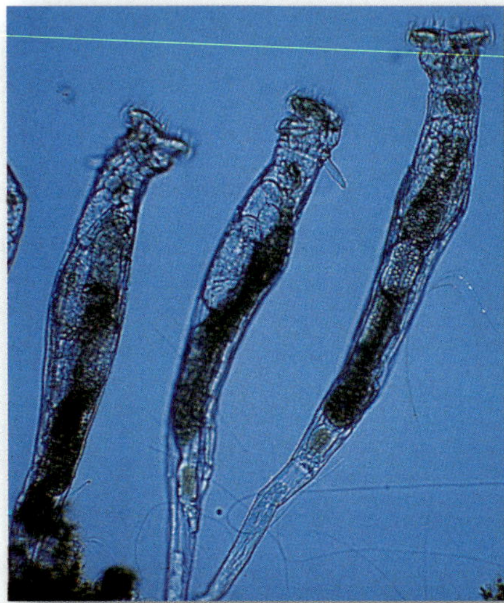

(b)

그림 19.14 의체강동물

(*a*) 이 선충(선형동물문)들은 사람이나 다른 동물에 감염되는 회충이다. 이들의 수정된 알은 배설물과 함께 배출되며 수년간 땅속에서 살아남을 수 있다. (*b*) 담륜충(윤형동물문)은 일반적으로 먹이활동과 이동을 위해 관상의 섬모에 의존하는 수서동물이다.

있다. 발달세포의 해부학적 구조를 완벽하게 알고 있는 것은 오직 이 동물뿐이며 유전자 염기서열이 전체적으로 밝혀진 동물도 이 종이 처음이다(21,000개 이상의 다른 유전자를 암호화하는 9천7백만 개의 DNA 염기).

몇몇 선충은 사람, 고양이, 개 그리고 소나 양 같은 경제성 동물에 기생한다. 개나 고양이의 사상충 감염은 동물의 심장에 들끓는 기생성 선충에 의해 일어난다. 미국에서 흔한 몇몇 종을 포함해서 약 50종은 정기적으로 사람에 기생한다. 온대 지역에서 선충이 일으키는 선모충병(trichinosis)은 *Trichinella*속의 벌레에 의해 야기된다. 이 벌레는 돼지의 소장에 서식하며 여기서 수정된 암컷은 장벽 내로 파고든다. 일단 그것이 이 조직에 침투하면, 각각의 암컷들은 약 1,500개의 어린 새끼들을 생산한다. 이 새끼들은 림프관으로 들어가서 그들이 성숙하고, 포낭

선형동물문: 회충

핵심 진화적 혁신: 체강

회충(선형동물문)의 주요 신체혁신은 장과 체벽 사이의 체강이다. 이 체강은 의체강인데 영양물질을 몸 전체로 순환시켜주고 근육운동에 의해 기관들이 변형되는 것을 막아준다.

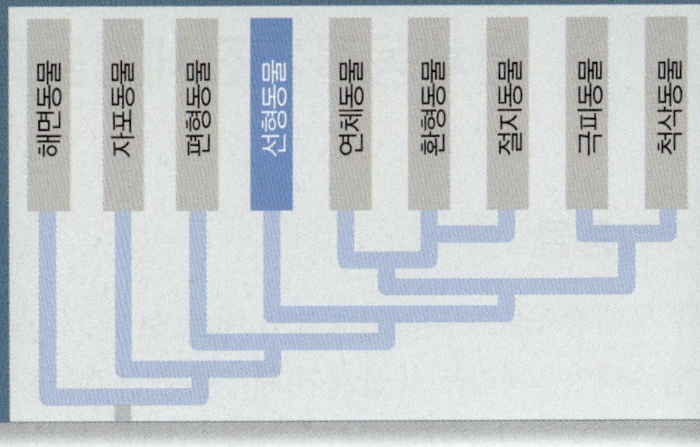

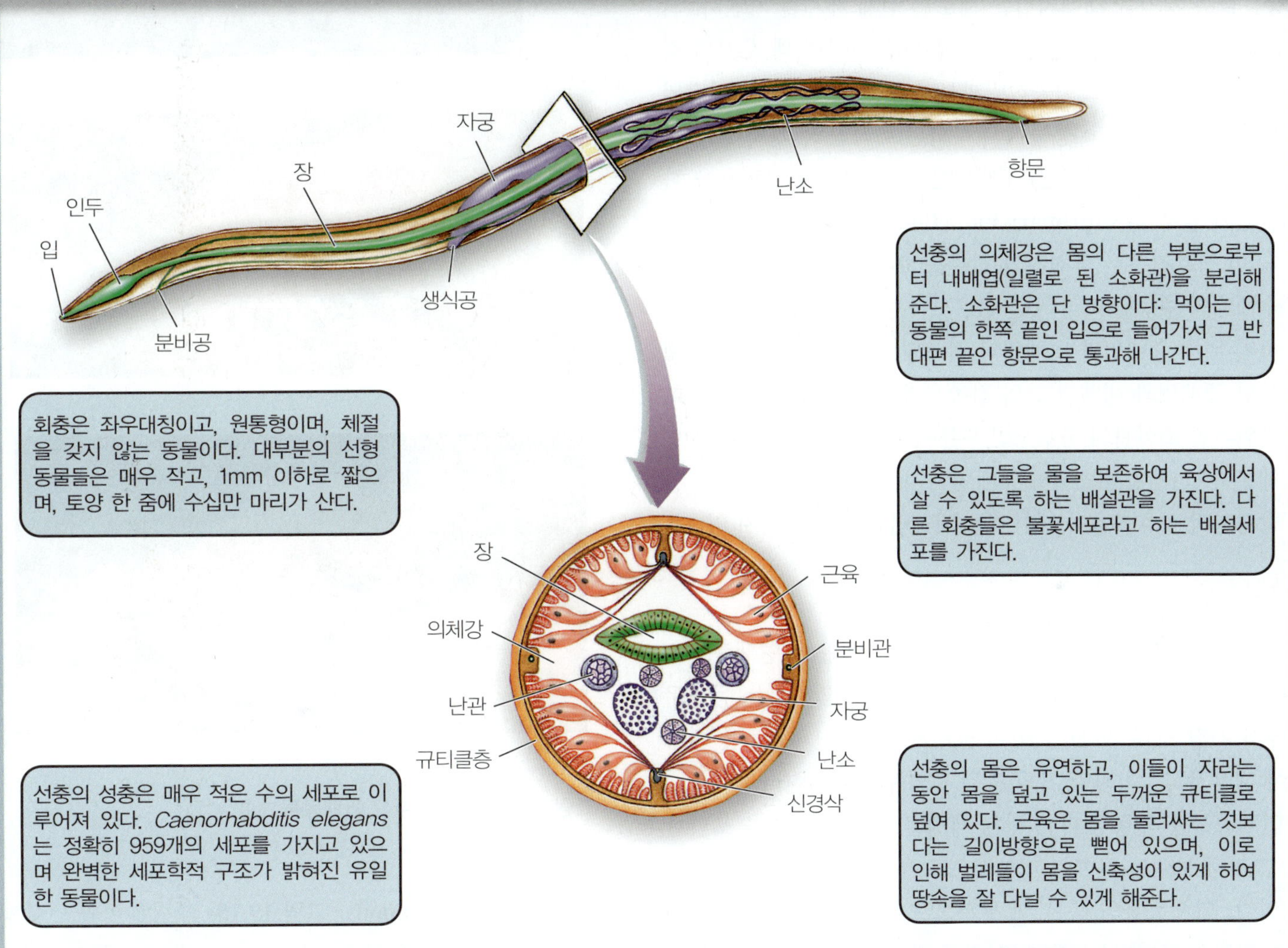

(cyst)을 형성하는 장소인 신체 각 부분의 근육 조직으로 이동한다. 사람이나 다른 동물에서의 감염은 *Trichinella*의 포낭이 있는 요리하지 않았거나 익히지 않은 돼지고기를 먹었을 때 야기된다. 만약 그 벌레가 만연하면 치명적 감염이 일어날 수 있지만 이러한 감염은 희귀하다.

보다 많은 사람들에 기생하는 선충은 *Ascaris lumbricoides*이다. 장에 기생하는 이 기생충은 거의 전 세계 사람의 1/6을 감염시키지만 현대식 화장실이 있는 지역에서는 드물게 발생한다. 이 기생충은 사람의 장내에 살며, 땅속에서 수년간 살아남을 수 있는 수정된 알을 배설물과 함께 퍼뜨린다. 길이가 30cm 이상인 암컷 성충은 3억 개 이상의 알을 가지고 있으며, 하루에 20,000개 이상의 알을 낳는다.

> 주요 학습 요점 19.7 **몇몇 체강은 내배엽과 중배엽(의체강동물) 사이, 다른 것들은 중배엽(체강동물) 안으로 발달한다. 회충은 의체강을 갖는다. 회충의 한 종류인 선충은 땅속에서 매우 흔하고 몇몇은 기생자이다.**

19.8 연체동물: 진체강동물

진체강동물

비록 무체강동물과 의체강동물이 매우 성공적으로 분포되었다고 입증되었을지라도 동물계의 대부분은 체강동물이 차지한다. 체강동물은 체액을 재배치하는 새로운 신체 체제를 가진다. 의체강과 진체강 사이의 기능적 차이점은 무엇이며 왜 후자의 경우가 훨씬 압도적으로 성공적일까? 그 해답은 동물의 배발달의 자연성과 관련이 있다. 동물에서 특화된 조직인 세 가지 일차 조직(내배엽, 중배엽, 외배엽)의 발달은 각각 서로 상호작용을 하는데 있어 **일차 유도(primary induction)**라고 하는 과정을 수반한다. 이 상호작용은 물질적인 접촉을 요구한다: 체강을 가지는 신체 체제의 주요한 이점은 일차 유도가 발달과정에서 일어나도록 하기 위해 중배엽과 내배엽이 접촉되도록 한다는 점이다. 예를 들면 중배엽과 내배엽 간의 접촉은 위장과 같이 고도로 특화된 부위처럼 소화관의 국부적인 부분이 복잡한 구조로 발달하도록 해준다. 의체강동물에서 중배엽과 내배엽은 이들 조직들 간에 발생학적 상호작용을 제한하는 체강에 의해 나누어져 있다.

연체동물

체절이 없는 진체강동물 중 유일한 주요 동물문은 연체동물문이다. 이 **연체동물(mollusk)**은 절지동물을 제외하고는 동물문 중에서 가장 크며 약 11만 종이 알려져 있다. 연체동물은 대부분이 해양서식성이지만 거의 모든 지역에서 발생한다.

연체동물은 외형상 다른 신체 체제를 갖는 세 그룹을 포함한다. 그러나 보이는 차이는 기본적으로 유사한 신체 체제를 감추고 있다. 연체동물의 몸은 세 부분으로 뚜렷하게 구성된다. 신체의 기관을 포함하는 내장낭이라고 하는 중앙 부분인 머리-발, 외피가 그것이다. 연체동물의 발은 근육이 잘 발달되어 있고 이동, 부착, 먹이 포획(오징어와 문어), 또는 이 기능의 다양한 조합에 대해 적응되기도 한다. **외투막(mantle)**은 외투의 안감처럼 내부 표면에 위치한 아가미를 가지며 갑옷처럼 내장낭을 둘러싸는 조직의 단단한 주름이다. **아가미(gill)**는 외투막과 내장낭 사이에서 물을 순환시켜서 산소를 얻고 이산화탄소를 내놓는 혈관이 풍부한 조직의 실 모양으로 된 돌출부이다.

이러한 기본 구조에서 모두 다른 변이를 보이는 연체동물의 주요한 세 집단은 복족류, 부족류, 두족류이다.

그림 19.15 세 가지 주요 연체동물그룹
(*a*) 복족류, (*b*) 부족류, (*c*) 두족류

1. **복족류(gastropods**, **그림 19.15*a***의 달팽이와 민달팽이)는 기어가기 위한 근육의 발을 사용한다. 그들의 외피는 종종 단일의 단단한 보호껍질을 분비한다. 모든 육서 연체동물은 복족류이다.
2. **부족류(bivalves**, 대합조개, 굴, 가리비)는 그들의 이름이 의미하듯이 경첩을 갖는 두 부분의 껍데기를 분비한다(**그림 19.15*b***). 그들은 물을 그들의 껍데기 안으로 빨아들여서 먹이를 여과하여 섭취한다.
3. **두족류(cephalopods**, **그림 19.15*c***의 문어와 오징어)는 물을 통해 빠르게 추진할 수 있는 분사 반동 추진체제를 만들도록 외피강의 모양을 변형시켜왔다. 대부분의 그룹에서 그들의 껍데기는 내부 구조로 급격하게 축소되었거나 없어졌다.

연체동물문: 연체동물

핵심 진화적 혁신: 체강

이 달팽이(연체동물문)처럼 연체동물의 **체강(coelom)**은 중배엽 내에 싸인 진체강이다. 이것은 중배엽과 내배엽을 물리적으로 접촉하게 해주어 위장과 같이 고도로 특화된 기관의 발달이 되도록 상호작용하게 해준다.

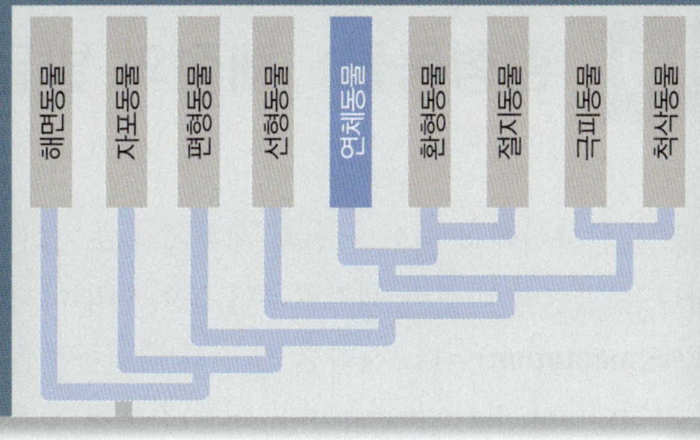

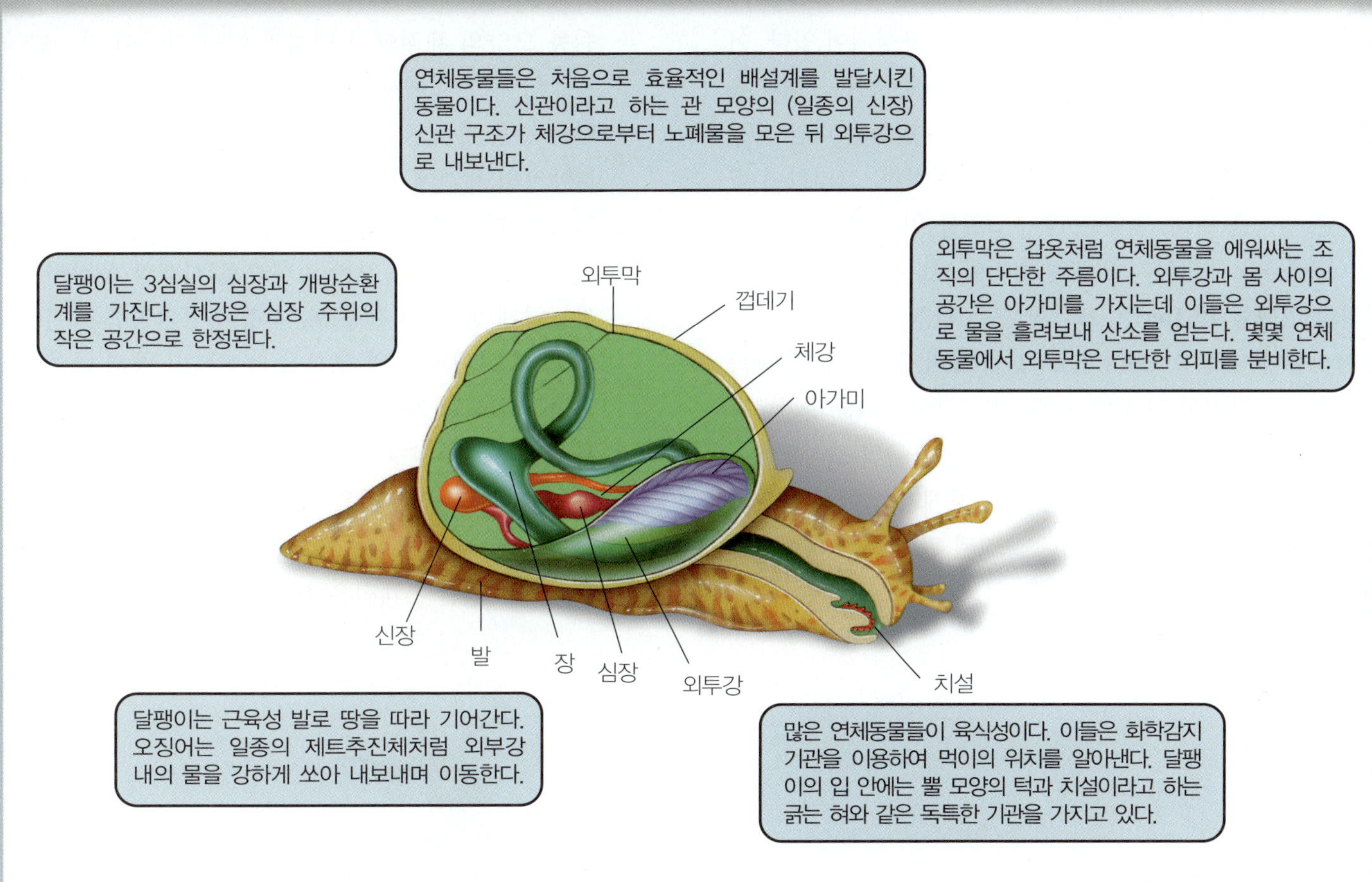

연체동물 모식도는 긁는 혀와 비슷한 기관인 **치설(radula)**과 같은 연체동물의 독특한 특징을 포함하여 연체동물의 특징을 자세히 보여준다. 날카롭게 배열되고, 이가 뒤로 구부러진 치설은 몇몇 달팽이들이 바위에 난 조류를 긁어 먹기 위해 사용된다. 굴 껍데기에서 관찰되는 작은 구멍들은 보통 굴을 죽이고 그 안에 있는 몸을 뽑아 먹기 위해 복족류가 뚫은 구멍이다.

앞서 알아본 것처럼, 대부분의 연체동물에서 외피의 바깥쪽 표면도 역시 보호껍데기를 분비한다. 그 껍데기는 침식으로부터 칼슘이 풍부한 하단의 두 층을 보호하는 단백질이 풍부한 뿔 모양의 바깥층으로 구성된다. 내부층은 진주층이며 진주의 모체로 사용된다. 진주는 그것들 스스로가 모래조각 같은 외부물질이 대합조개와 굴을 포함하는 부족류의 내부 껍데기 층과 외피 사이에 머무를 때 형성된다. 외투막은 자극을 줄이기 위한 껍데기 물질의 층으로 외부를 껍데기가 덮고 있다. 그 껍데기는 몇몇 연체동물이 위협받았을 때 그 안으로 쏙 들어갈 수 있는 일차 보호용으로 이용한다.

주요 학습 요점 19.8　연체동물은 진체강을 가지지만 체절을 가지지는 않는다. 이들은 다양하지만 신체 체제는 기본적으로 발, 내장낭, 외피 등을 포함한다.

19.9 환형동물: 체절의 발달

체강동물들 사이에서 일어난 신체 체제에서 초기의 주요 변화 중 하나는 일련의 비슷한 체절로부터 몸이 이루어지는 **체절화 현상(segmentation)**이다. 진화한 첫 번째 체절동물은 **환형동물문**의 **지렁이(annelid worms)**이다. 이들 진보된 체강동물은 기차의 화차처럼 거의 같은 체절이 연쇄적으로 구성되어 있다. 이러한 체절화의 가장 위대한 이점은 그것이 제공하는 진화의 유연성이다. 체절이 존재하는데 있어서의 작은 변화는 다른 기능을 갖는 새로운 종류의 체절을 만들어낼 수 있다. 그리하여 몇몇 체절은 생식을 위해, 몇몇은 먹이 섭취를 위해, 그리고 다른 것들은 노폐물을 제거하기 위해 변형되어 왔다.

갯지렁이(**그림 19.16*b***)를 포함한 모든 환형동물의 2/3는 바다에 서식한다(대략 8,000여 종): 그 외 나머지 대부분은 땅속에서 올라오는 지렁이(약 3,100종)들이다(**그림 19.16*a***). 환형동물의 기본 신체 체제는 관속의 관이다: 환형동물의 모식도에서 밝은 분홍색으로 그려진 소화관은 그것 자체가 입에서부터 항문까지 연결되는 관으로 체강 내에 고정된 관이다. 환형동물의 몸 체계에는 세 가지의 특징이 있다.

1. **반복되는 체절** 환형동물의 신체 체절은 마치 도넛의 다발처럼 보이면서 몸의 길이 방향으로 발달한 고리 같은 구조의 연속으로 보인다. 체절들은 건물의 방들을 나눠주는 벽처럼 다른 부분들과 내부적으로 나누어져 있다. 각각의 원통 모양의 체절에서 배설과 이동 기관이 반복된다. 각 체절의 체강 내에서 체액은 팽창한 풍선처럼 체절의 단단함을 주는 유체골격을 만든다. 각 체절 내에서 근육은 체강에서의 체액에 기대어 작용한다. 각각의 체절이 분리되어 있기 때문에, 각각은 확장되거나 독립적으로 수축될 수 있다. 이것은 꽤 복잡한 방향으로 신체가 움직이는 것을 가능하게 한다. 예를 들어, 지렁이가 편평한 표면에서 기어갈 때 신체의 몇몇 부분을 늘이는데 반해 다른 부분은 줄어든다(**그림 22.8** 참조).
2. **특화된 체절** 환형동물의 앞 체절은 감각 기관을 포함한다. 이것의 몇몇은 빛을 감지하는 기관이다. 수정체와 망막을 갖는 정교한 눈이 몇몇 환형동물들에서 진화되어 왔다. 앞쪽 첫 번째 체절은 잘 발달된 대뇌의 신경절이나 뇌

그림 19.16 대표적인 환형동물

(*a*) 지렁이는 육상 환형동물이다. 이 *큰지렁이*(*Lumbricus terrestris*)가 자신이 파놓은 굴속에 있다. (*b*) 이 갯지렁이는 수서 환형동물(다모류) 이다.

환형동물문: 환형동물

핵심 진화적 혁신: 체절화

양 다모류와 지렁이(환형동물)들은 연속되는 체절에 기초한 신체 체제로 진화한 첫 번째 동물이다. 대부분의 **체절은 같은 모양이며** 구획에 의해 다른 체절과 분리된다.

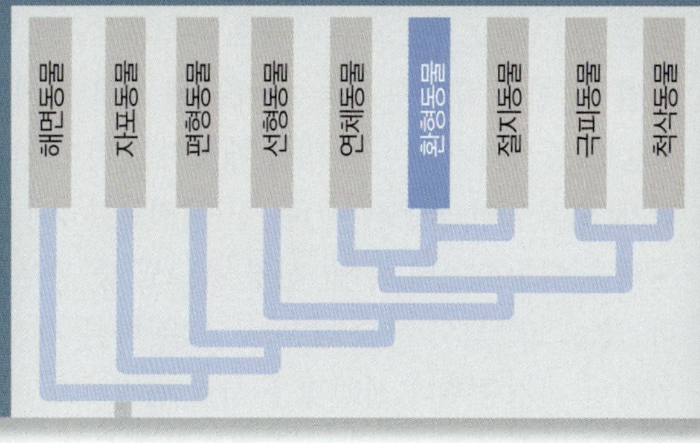

각 체절은 한 세트의 배설기관(신관)과 신경중추를 가진다.

지렁이는 고정융모로 그들을 맞끌거나 땅 위를 기어간다.

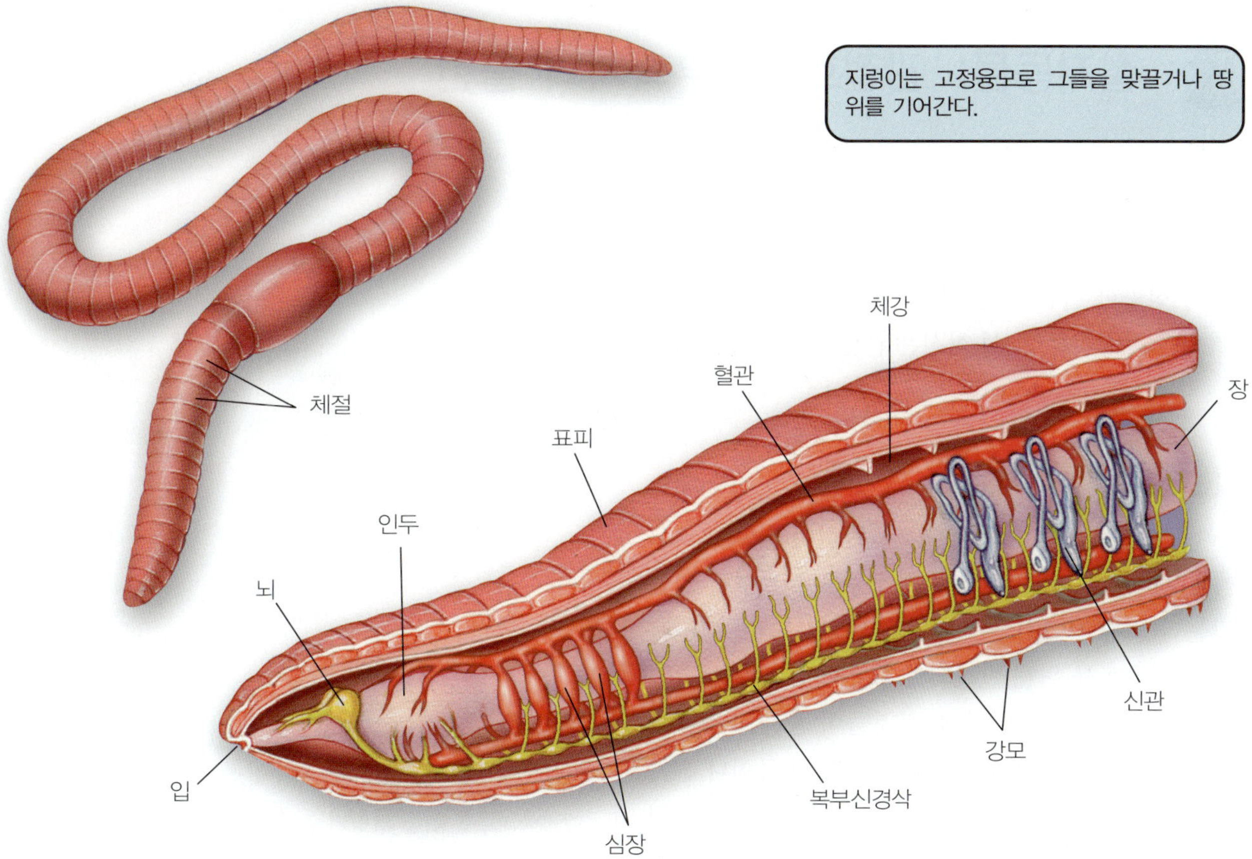

체절들은 순환계와 신경계로 연결되어 있다. 앞쪽 끝의 일련의 심장은 혈액을 추진해 준다. 앞쪽 체절에 위치한 잘 발달된 뇌는 모든 체절의 활동을 조정해 준다.

각 체절은 체강을 가진다. 근육들은 각 체절들을 팽팽한 풍선처럼 단단하게 해주면서 체강의 체액을 밀어 보내준다.

를 포함한다(모식도의 노란색으로 부푼 모양).

3. **연결** 분할은 체절을 나누기 때문에 체절 간에 물질과 정보를 이동시키기 위한 방법을 제공하는 것이 필요하다. 순환계(모식도의 붉은색 관)는 한 체절로부터 다른 체절로 혈액을 이동하는데 반해, 신경삭(그림 중 복부 벽을 따라 나 있는 노란색의 사슬 같은 구조)은 다른 각각의 체절에 위치한 신경중추나 신경절을 서로 연결하고 이들을 뇌와 연결시킨다. 그로 인해 뇌가 벌레의 활동을 조정할 수 있다.

체절 구성은 환형동물뿐만 아니라 절지동물(갑각류, 거미류, 곤충류) 그리고 척삭동물(대부분의 척추동물) 등을 포함한 모든 복잡한 체강 동물의 신체 구조의 기초가 된다. 척추동물의 체절화는 매우 비슷한 척추골의 다발인 척추에서 볼 수 있다.

주요 학습 요점 19.9 환형동물은 체절화된 동물이다. 대부분의 종들은 해양서식성이지만 일부(1/3 정도)는 육상에 서식한다.

19.10 절지동물: 관절로 된 부속지의 출현

환형동물 사이에서 체절 구성의 진화는 체각동물들 중 신체 구조에서 주요한 변혁을 특징짓는다. 보다 주요한 혁신은 모든 동물 중에서 가장 성공한 집단인 **절지동물(arthropod)**의 신체 체제 특성의 기원을 특징짓는다. 이 혁신은 관절이 있는 부속지의 발달이다.

관절이 있는 부속지

*절지동물*이라는 이름은 그리스어 *arthros*, 관절이 있는 그리고 *podes*, 발에서부터 유래되었다. 모든 절지동물은 관절이 있는 부속지를 갖는다(**그림 19.17**). 부속지 중 몇몇은 다리이고, 그 외의 것들은 다른 용도를 위해 변경되었다. 관절이 있는 부속지의 중요성에 대한 생각을 얻기 위해, 그것들이 없는 스스로를 상상해 보라. 엉덩이, 무릎, 발목, 어깨, 팔꿈치, 손목이나 손가락 관절. 관절이 있는 부속지 없이 걷거나 물건을 움켜쥘 수 없다. 절지동물은 이동을 위해 다리와 날개, 그들의 환경을 감지하기 위해 더듬이, 그리고 먹이를 빨아들이고, 찢고, 씹기 위해 구기의 관절이 있는 부속지를 이용한다. 예를 들어 전갈은 큰 집게로 변형된 구기의 부속지로 먹이를 붙잡거나 찢는다.

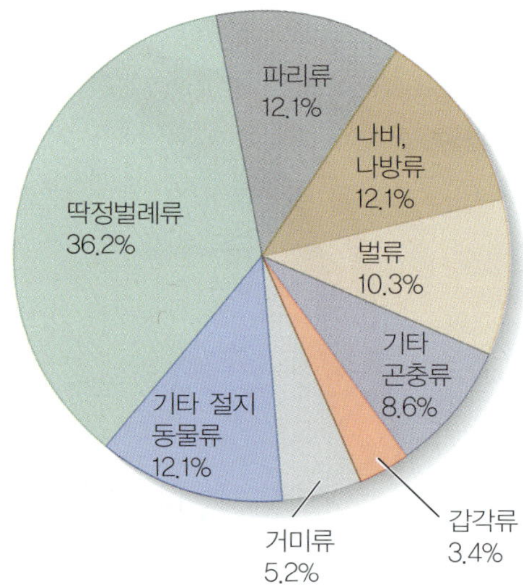

그림 19.17 절지동물은 성공한 그룹이다

지구상에 명명된 종의 2/3가 절지동물이다. 모든 절지동물 중 약 80%가 곤충이며, 곤충 중 명명된 종의 절반가량이 딱정벌레이다.

단단한 외골격

절지동물의 신체 체제는 두 번째 주요 혁신을 가지고 있다: 절지동물은 단단한 외부의 뼈대나 키틴으로 만들어진 **외골격(exoskeleton)**을 가진다. 어떤 동물이든지 골격의 주요 기능은 근육 부착을 위한 장소를 제공하는 것이고 절지동물에서 근육은 포식자로부터 보호하고 수분손실을 방지하는 단단한 키틴질 껍질의 내부 표면에 부착된다.

그러나 키틴질이 단단하고 튼튼하더라도 잘 부러지며 많은 무게를 지탱할 수 없다. 결과적으로 외골격은 작은 곤충보다 큰 곤충에서 근육의 당김을 견디기 위해 훨씬 두꺼워야만 하고 그 때문에 절지동물 신체는 커지는데 한계가 있다. 이것이 새만한 딱정벌레나 소만한 크기의 게를 볼 수 없는 이유이다: 외골격은 너무 두꺼워서 그 동물이 그것의 큰 무게를 견디며 움직일 수 없다. 크기에 대한 또 하나의 제한은 곤충을 포함하여 많은 절

절지동물문: 절지동물

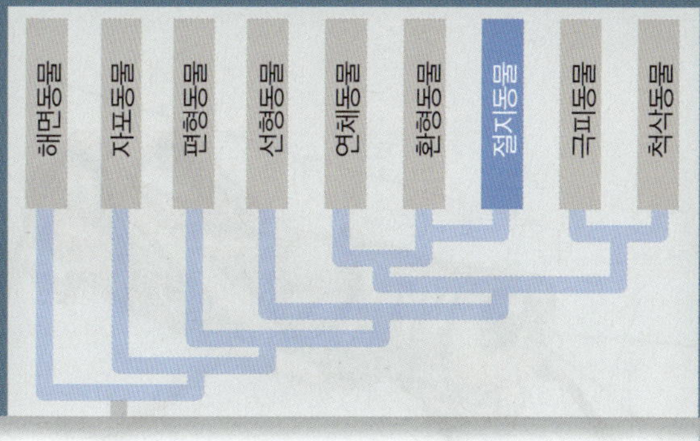

핵심 진화적 혁신: 관절화된 부속지와 외골격

곤충과 다른 절지동물(절지동물문)은 체강, 체절화된 몸, 관**절화된 부속지**를 가진다. 곤충 몸의 세 부분(머리, 가슴, 배)은 많은 체절들이 발달과정에서 합쳐진 것이다. 모든 절지동물들은 키틴질로 만들어진 강력한 **외골격**을 가진다. 절지동물문의 한 강(class)인 곤충강은 이들을 공중에서 신속하게 날 수 있게 해주는 **날개**가 진화했다.

곤충들의 관절화된 부속지는 더듬이, 구기, 다리, 날개 등으로 변형된다. 몸의 중앙부에 부착된 가슴에는 세 쌍의 다리와 거의 대부분 두 쌍의 날개를 가진다(파리와 같은 일부 곤충들은 한 쌍의 날개만 있다). 날개는 낱장의 키틴으로 되어 있다.

곤충은 소화관으로부터 혈액 속으로 뻗어 있으며 노폐물을 제외하고 액체를 재흡수하는 말피기씨관에서 삼투적으로 순환되는 체액을 처리하면서 노폐물을 제거한다.

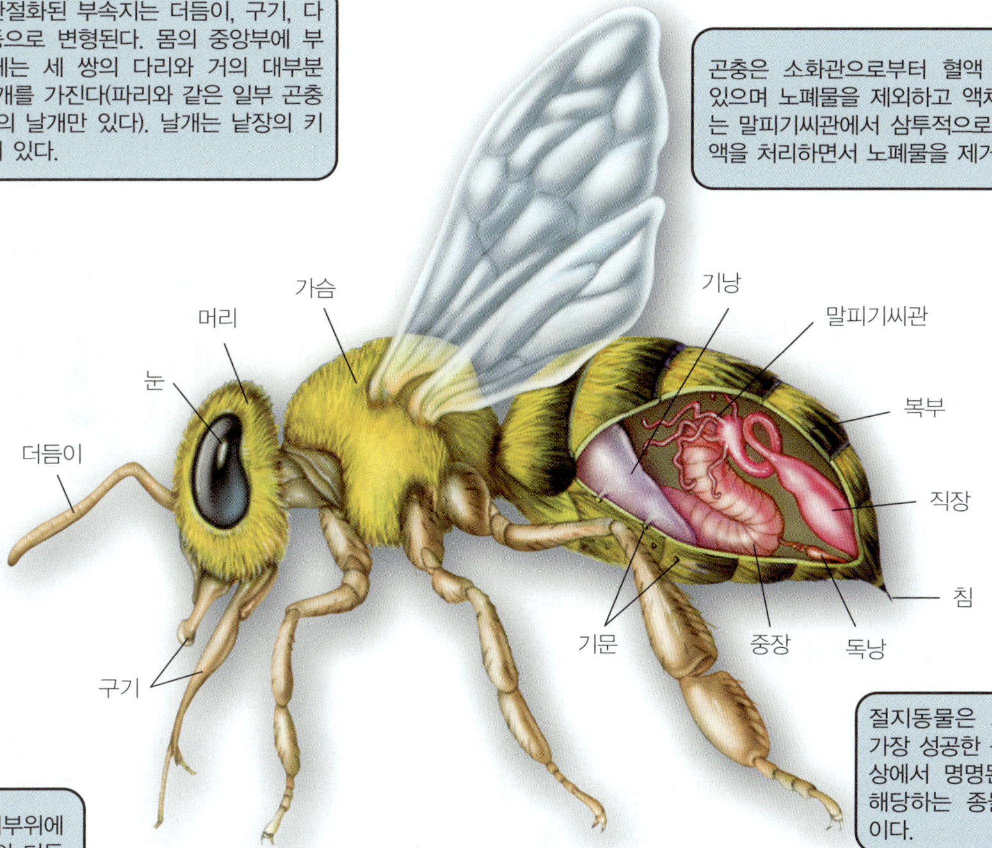

절지동물은 모든 동물 중 가장 성공한 동물이다. 지구상에서 명명된 종의 2/3에 해당하는 종들이 절지동물이다.

곤충들은 머리부위에 위치한 한 쌍의 더듬이와 수많은 단안이 모여서 된 복안과 같은 복잡한 감각기를 가진다.

곤충은 몸 전체에 퍼져 있고 기공에 의해 외부로 연결되어 있는 기관이라고 하는 작은 관을 통해 호흡한다.

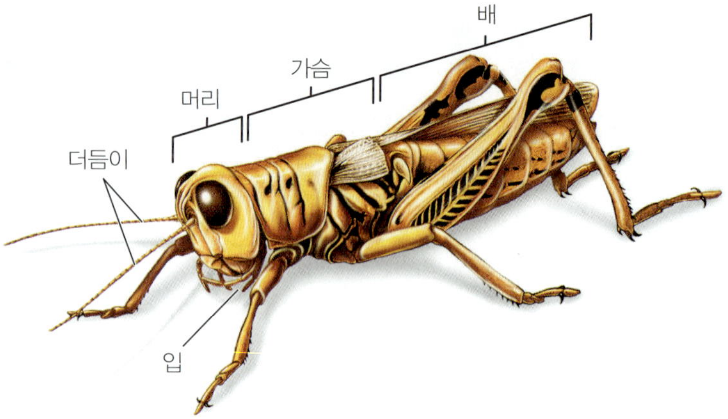

그림 19.18 곤충의 체절화
이 메뚜기는 곤충의 성충에 볼 수 있는 몸의 체절을 보여준다. 곤충의 유충기에 보였던 많은 체절들은 성충이 되면서 머리, 가슴, 배의 세 부분으로 합쳐진다. 부속지들(다리, 날개, 구기, 더듬이)은 관절화된다.

지동물에 있어서 산소를 얻기 위해 몸의 모든 부분이 호흡기(24.1절 참조) 근처에 위치해야 한다는 사실이다.

사실상 절지동물 종의 거의 대부분은 작은 동물들로 구성되어 있다는 것이다(거의 대부분이 길이가 대략 1mm 정도). 그러나 이 절지동물문의 몇몇은 성체 크기에서 길이가 80μm(몇몇의 기생성 응애)에서부터 가로길이가 3.6m(일본해에서 발견되는 거대게)에 달한다. 몇몇 바닷가재는 길이가 거의 1m이다. 현존하는 가장 큰 곤충은 길이가 33cm이지만, 3억 년 전에 살았던 거대잠자리는 60cm의 날개길이를 가진 것으로 기록되어 있다.

절지동물의 몸은 이들이 거의 확실히 진화해 온 환형동물의 것처럼 체절화되어 있다. 그러나 각각의 체절은 단지 초기 발달 동안 종종 존재하며 성충 때는 기능적 그룹으로 합쳐진다. 예를 들면 애벌레(유충시기)는 많은 체절을 가지는 반면에 나비(그리고 다른 곤충의 성충들)는 단지 세 부분의 신체 구역(머리, 가슴, 배)을 가지는데 이들은 몇 개의 체절들이 합쳐져서 된 것이다. 체절화의 몇몇은 여전히 메뚜기(**그림 19.18**)의 복부에서 볼 수 있다.

절지동물은 관절로 된 부속지와 외골격의 혁신을 통해 매우 성공적임이 입증되었다. 절지동물의 모식도는 절지동물의 특징을 간결하게 보여준다. 지구에서 명명된 모든 종들의 2/3 정도가 절지동물이다. 과학자들은 어느 한 시기에라도 10억 종의 곤충이 살고 있다고 추산하고 있다 — 각각의 인간의 일생 동안 2억 마리의 곤충.

그림 19.19 투구게
투구게(*Limulus*)들이 교미를 위해 바다에서 올라오고 있다.

협각아문

거미, 응애, 전갈 그리고 몇몇 큰턱이 없는 *절지동물*들을 **협각아문(chelicerates)**이라고 한다. *협각*(chelicerae)으로 알려진 구기는 깡충거미에서처럼 동물들의 앞쪽 끝의 부속지로부터 진화했다. 협각은 머리의 가장 앞부분에 있는 부속지이다.

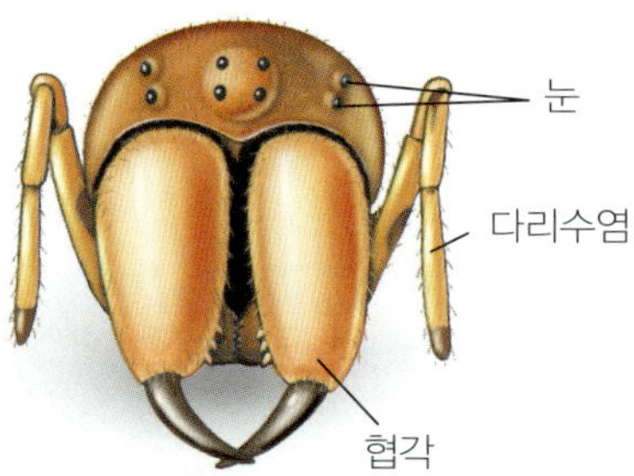

협각아문 화석기록은 약 6억3천만 년 전의 어떤 다세포성 동물로 거슬러 올라간다. 가장 오래된 그룹은 현생종 5종을 포함하는 투구게이다. 투구게는 복부판을 움직여서 뒤로 수영하며 다섯 쌍의 다리로 걷는다. 투구게의 몸은 단단한 껍데기로 덮여 있으며 긴 꼬리조각을 가진다(**그림 19.19**); 껍데기에는 두 개의 단안과 두 개의 복안이 있다. 투구게는 야간에 연체동물이나 환형동물을 먹는다.

협각아문의 세 개의 강(class) 중에서 가장 큰 강은 널리 육상에 분포하며 거미(북아메리카에는 **그림 19.20**와 같이 2종의 독거미가 있음), 진드기, 응애, 전갈, 장님거미를 포함하여 5만7천 종이 알려진 거미강이다. 거미강은 한 쌍의 협각, 한 쌍의 촉수, 네 쌍의 걷는 다리를 가진다. 협각은 단단한 기부와 움직일 수 있으며 종종 독샘과 연결되어 있는 독니를 가진다. 협각부속지 다음에 한 쌍의 *촉수*(pedipalps)는 다리를 닮았지만 한 마디가 적다. 전갈에서 촉수는 크고 집는 형태이다. 일부 응애류는 식물을 가해하는 습성을 가지지만 대부분의 **거미강(arachnids)**은

(a)

(b)

그림 19.20 거미류

(*a*) 미국과 캐나다에서 독거미 중 하나인 흑거미(*Latrodectus mactans*). (*b*) 이 지역의 또 하나의 독거미인 갈색독거미(*Loxosceles reclusa*). 두 종 모두 북아메리카의 온대와 아열대 지역에서 흔하지만 사람을 무는 경우는 많지 않다.

육식성이다. 진드기는 척추동물의 외부기생자로 흡혈을 하며 몇몇 종들은 로키산 홍반열이나 라임병과 같은 질병을 옮긴다.

바다거미도 역시 협각아문에 속하며 특히 연안수에서는 상대적으로 흔하다. 이 강에서는 1천 종 정도가 기록되어 있다.

대악아문

그 외의 절지동물들은 앞쪽의 한 쌍의 부속지가 변형되어서 생겼으며 필수적이지는 않은 가장 앞의 부속지 세트인 큰 턱을 가진다. 아래의 그림처럼 황소개구리개미의 가장 앞의 부속지 세트는 더듬이와 그 다음의 부속지 세트를 이루는 큰턱이다. **대악아문(mandibulata)**이라고 하는 이들 절지동물은 갑각류, 곤충, 지네 및 그 외 일부 그룹을 포함한다.

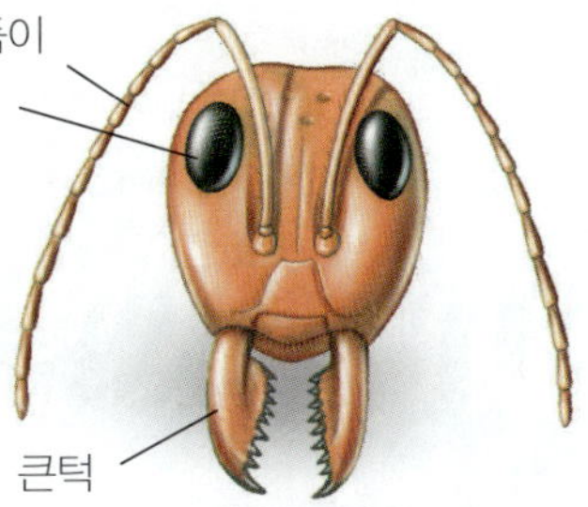

갑각류 갑각류(**crustacean**, 갑각아문)는 크고 다양하며 일차적인 수서동물이며 게, 새우, 바닷가재, 가재, 물벼룩, 쥐며느리, 따개비 및 기타 근연 그룹 등을 포함하여 3만5천여 종이 알려져 있다(**그림 19.21**). 종종 해양이나 민물 서식처에서 엄청나게 많으며 모든 수서생태계에서 실질적으로 매우 중요한 역할을 하는 갑각류는 "물속의 곤충"이라고 한다. 모든 갑각류는 두 쌍의 더듬이(**그림 19.22**에서처럼 첫 번째 쌍은 짧으며 종종 소

(a)

(b)

(c)

그림 19.21 갑각류

(*a*) 검은손가락산호게, (*b*) 쥐며느리(*Porcellio scaber*), (*c*) 따개비들은 단단한 물체에 자신들을 영구적으로 부착한 후 고착생활을 한다.

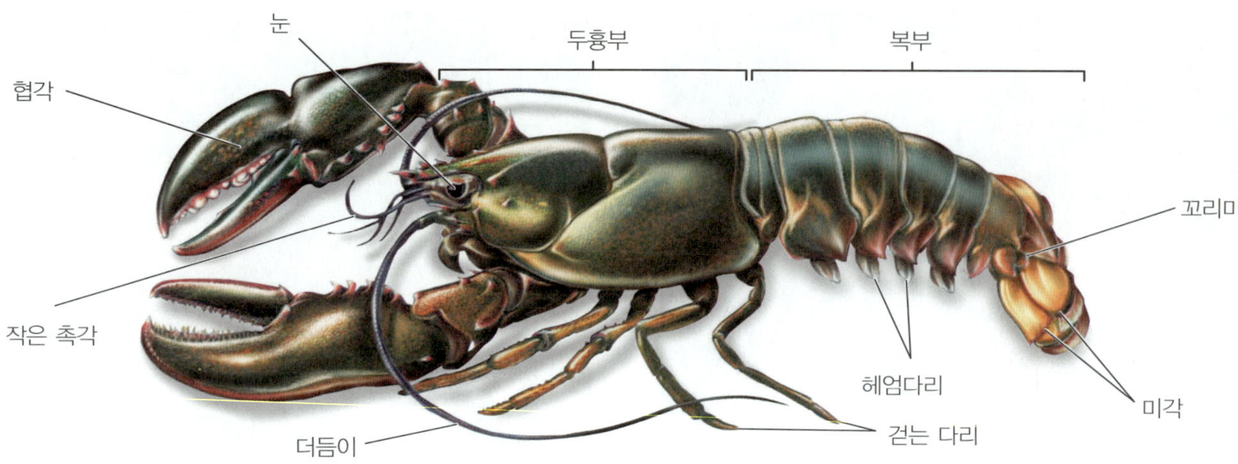

그림 19.22 바닷가재(*Homarus americanus*)

갑각류를 기재하기 위해 사용되는 몇몇 특별한 용어들은 위의 그림에 표시되어 있다. 예를 들면, 머리와 가슴은 서로 합쳐져서 두흉부(cephalothorax)가 된다. 수염다리라고 하는 부속지는 복부의 측면을 따라 발달해 있는데 이들은 생식이나 수영하는데 사용된다. 미지(uropod)로 알려진 납작한 부속지는 복부의 끝부분에서 일종의 노 또는 주걱을 형성한다. 바닷가재는 또한 꼬리마디 또는 꼬리뼈를 가지기도 한다.

촉각으로 불림), 세 쌍의 씹는 부속지(한 쌍은 큰턱), 그리고 다양한 쌍의 다리들을 가진다. 모든 갑각류가 거치는 노필리우스(nauplius) 유생기는 다양한 그룹들이 모두 공통의 조상으로부터 이어져 내려왔다는 증거를 제공한다. 노필리우스 유생은 세 쌍의 부속지를 가지고 부화하며 성숙하기까지 여러 단계를 거치면서 변태를 한다. 많은 그룹에서 이 노필리우스 단계는 알에서 거치며 부화로부터 성충으로 직접 발달한다.

갑각류는 머리와 가슴이 합쳐져서 두흉부를 이루는 특징으로 곤충과 구분된다. 이들은 가슴뿐만 아니라 복부에도 다리를 가진다. 많은 갑각류들이 복안을 가지고 있다. 추가적으로 그들은 몸의 전반에 걸쳐 큐티클 층으로부터 나온 예민한 촉모를 가진다. 대형 갑각류는 다리의 기부부근에 깃털 모양의 아가미를 가지고 있다. 이 강의 소형 종들은 가스교환이 큐티클 층의 얇은 부위를 통하거나 몸 전체에서 이루어진다. 대부분의 갑각류는 유성생식을 한다. 많은 특화된 교미의 다른 종류는 갑각류 사이에서 일어난다. 몇몇 목(order)에 속하는 종류들은 낱개로든 알집에 넣어서든 그들의 알을 부화할 때까지 가지고 다닌다.

갑각류는 해양성, 민물서식성, 육서성이다. 새우, 바닷가재, 게, 가재 등은 10개의 다리를 가졌다는 의미로 십각류로도 불린다(**그림 19.22**). 쥐며느리들은 육서성이나 대개 축축한 곳에 산다. 따개비는 성충시기에 고착생활을 하고 유생기에는 자유유영 생활을 하는 갑각류이다. 유생들은 그들의 머리를 바위 또는 물속의 물체 등에 부착하며 깃털다리를 움직여서 먹이를 흔들어 입으로 집어넣는다.

노래기와 지네 노래기(millipedes)와 지네(centipedes)는 머리와 연결되는 여러 개의 비슷한 체절로 구성된 몸을 가진다. 지네는 체절마다 한 쌍의 다리를 가지며 노래기는 두 쌍씩을 가진다. **그림 19.23*a***의 지네류와 **그림 19.23*b***의 노래기류의 다리 배열상

(a)

(b)

그림 19.23 지네와 노래기

지네류는 활발한 포식자인 반면 노래기류는 많이 움직이지 않으며 식식성이다. (*a*) 지네류(*Scolopendra*), (*b*) 북캐롤라이나의 노래기류(*Sigmoria*).

(a) (b) (c)

그림 19.24 곤충류의 변형된 세 가지 구기

(*a*) 모기(*Culex*), (*b*) 알팔파나비(*Colias*), (*c*) 집파리(*Musca domestica*).

태를 보면 이 차이점을 분명히 알 수 있을 것이다. 지네류는 모두 포식성이며 주로 곤충을 잡아먹는다. 첫 번째 체절의 부속지는 한 쌍의 독침으로 변형되었다. 반면에 노래기류는 대부분 썩은 식물류를 먹는 식식성이다. 노래기류는 주로 낙엽밑 또는 썩은 고목, 수피틈, 돌밑 또는 땅속 등과 같은 보호된 지역의 축축한 곳에 산다. 육상에 처음으로 살게 된 동물은 노래기류이다; 2004년에 이들의 4억 2천만 년 된 화석이 발견되어 보고된 바 있다.

곤충 곤충(**insect**, 곤충강)은 종 수로 보나 개체수로 보나 절지동물 중에서 가장 큰 분류군이다; 보통 말하는 이들은 지구상 진핵생물 중 가장 번성한 그룹이다. 대부분의 곤충들은 상대적으로 길이가 0.1mm~30cm가량으로 작은 편이다. 곤충의 몸은 세 부분으로 구분된다.

1. **머리(head).** 곤충의 머리는 매우 정교하다. 머리에는 한 쌍의 더듬이와 각자의 먹이에 맞도록 정교한 구기가 있다. 예를 들면 **그림 19.24*a***의 모기의 입은 피부를 뚫기에 적합하도록 변형되어 있다. **그림 19.24*b***의 나비의 구기는 꽃 속으로 뻗어 들어 갈 수 있도록 풀릴 수 있다; **그림 19.24*c***에서 보는 바와 같이 집파리의 짧은 입은 액체먹이를 적셔서 빨아들일 수 있도록 변형되었다. 대부분의 곤충들은 각각의 시각 감지기관인 단안들의 모여서 된 복안을 가지고 있다.
2. **가슴(thorax).** 가슴은 세 마디로 구성된다. 각 마디에는 한 쌍의 다리가 있다. 대부분의 곤충들은 가슴에 두 쌍의 날개를 부착하고 있다. 딱정벌레, 메뚜기, 귀뚜라미 같은 몇몇 곤충에서는 외부의 날개가 나는 것보다는 보호기능을 하도록 적응되어 있다.
3. **배(abdomen).** 배는 12마디로 되어 있다. 소화는 우선적으로 위에서 일어난다. 배설은 *말피기씨관(malpighian tubules)*이라고 하는 기관에서 일어난다. 말피기씨관에서는 수분을 보존하는 효율적인 기작을 갖추고 있는데 이것은 육상에 침입한 모든 동물에 있어 핵심적인 기능이라 할 수 있다.

비록 일차적인 육상동물이라도 곤충은 육지나 민물 등 상상할 수 있는 모든 곳에 살며 일부는 바다로 침입하기도 한다. 약 1백만 종이 알려져 있으나 아직도 탐색되어 분류되기를 기다리는 많은 종들이 있다(**그림 19.25**).

주요 학습 요점 19.10 **동물문 중 가장 성공적인 절지동물은 관절화된 부속지, 단단한 외골격, 곤충의 경우 날개 등을 가지고 있다.**

(a) (b) (c) (d) (e) (f) (g)

그림 19.25 곤충의 다양성

(*a*) 몇몇의 곤충은 사슴벌레처럼 단단한 외골격을 가지고 있다(딱정벌레목). (*b*) 벼룩, *Pulex irritans*(벼룩목). 벼룩은 옆면이 납작하여 털을 통해 쉽게 미끄러진다. (*c*) 꿀벌, *Apis mellifera*(벌목)은 광범위하게 길들여지고 현화식물의 효율적인 화분매개자이다. (*d*) 항아리잠자리(잠자리목)는 연약한 외골격을 가진다. (*e*) 파나마에 서식하는 노린재, *Edessa rufomarginata*(노린재목). (f) 교미하는 메뚜기(메뚜기목). (*g*) 버지니아에 서식하는 산누에나방(*Actias luna*). 산누에나방과 그들의 근연종들은 가장 화려한 곤충 중 하나이다(나비목).

19.11 선구동물과 후구동물

지금까지 살펴본 동물들은 필수적으로 같은 종류의 배발달을 갖는다. 수정된 난자의 세포분열을 통해 포배가 생성된다. 포배는 밖으로 열리는 원구(blastopore)를 갖는 두꺼운 2중층의 구를 형성하기 위해 움푹 들어간 세포의 오목한 구이다. 연체동물, 환형동물, 절지동물의 경우, 입은 원구나 원구 근처에서부터 발달한다. 이러한 방식으로 입이 발생하는 동물을 **선구동물(protostomes)**이라고 한다(**그림 19.26 *위***). 만약 앞에서 언급한 동물들이 뚜렷한 항문이나 항문 구멍을 가지는 경우 이것은 배아의 다른 부위에서 나중에 발생된 것이다.

배 발생의 뚜렷한 두 번째 양식은 극피동물과 척삭동물에서 발생한다. 이러한 동물들에서 항문은 원구로부터 혹은 원구 근처에서 형성되고, 입은 그 다음에 이어서 포배의 다른 부분에서 형성된다. 이 동물문들은 **후구동물(deuterostomes)**이라고 한다(**그림 19.26 *아래***).

후구동물은 배의 발생에서 혁신을 나타낸다. 원구뿐만 아니라 후구동물은 선구동물과는 아래의 세 가지 다른 발생학적 특징을 가진다.

1. 배의 성장 동안의 세포분열을 *난할*(cleavage)이라고 한다. 배의 극축과 관계 있는 난할의 패턴은 세포가 어떻게 배열된 것인지를 결정한다. 거의 모든 선구동물에서 각각의 새로운 세포는 극축에 대해 비스듬히 자라 나온다. 이러한 결과로 새로운 세포는 빽빽하게 가득 찬 배열 안에서 먼저 만들어진 세포 옆 공간에 자리 잡게 된다(선구동물 16세포기 참조). 이와 같은 패턴은 **나선 난할(spiral cleavage)**이라고 한다(선구동물 32세포기 파란 화살표 참조). 왜냐하면 극축으로부터 밖으로 향하는 세포분열의 연속적인 순서에 의해 나선형으로 형성되기 때문이다. 후구동물에서 그 세포들은 극축의 수평과 직각으로 분할된다. 결과적으로 매 분열로부터 세포들의 쌍은 서로 위와 아래에 위치하게 된다(후구동물 16세포기 참조). 이와 같은 패턴은 **방사 난할(radial cleavage)**이라고 한다(후구동물 32세포기 파란 화살표 참조). 왜냐하면 이 과정을 통해 느슨한 세포배열이 일어나며 극축으로부터 세포분열이 밖으로 연속적인 방사형으로 그려지기 때문이다.

2. 선구동물에서 배에서의 각각의 세포의 발생운명은 세포가 처음으로 나타날 때 고정된다. 4세포기에서조차 각각의 세포는 다르고 만약 다른 것들로부터 나뉘어졌다면 발

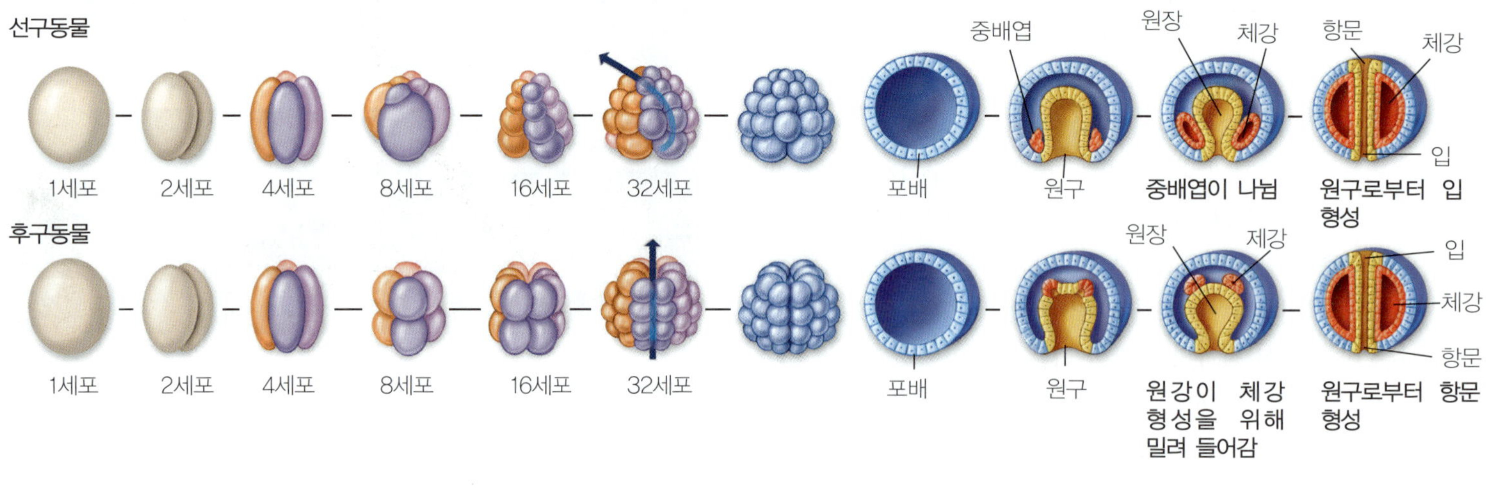

그림 19.26 선구동물과 후구동물에서 배의 발생

난의 난할은 포배라고 하는 세포의 오목한 구를 형성한다. 포배의 함입이나 안으로 접히는 것은 원구를 생성한다. 선구동물에서 배의 세포들은 나선형의 패턴에서 쪼개지고 강하게 형성된다. 원구는 동물의 입이 되고 체강은 중배엽의 쪼개짐으로부터 비롯된다. 후구동물에서 배의 세포들은 방사형으로 쪼개지고 느슨하게 포개진 배열을 형성한다. 원구는 동물의 항문이 되고 입은 그 다른 것의 끝에서 발생한다. 체강은 후구동물에서 원장의 팽출이나 외낭형성(outpouching)으로부터 비롯된다.

자세히 관찰하기

다양성은 피부 한 층 차이다

다양성은 단지 근소한 차이에서 비롯된다. 동물다양성 연구로부터 나타난 가장 중요한 교훈은 아마도 벌레와 거미로부터 영양에 이르는 믿을 수 없는 다양성뿐만 아니라 깊은 유사성에 있다. 모든 동물의 신체 체제는 마치 이들은 같은 기본 청사진에 의해 만들어진 것처럼 유사한 경로를 따라 조립된다. 동일한 유전자들이 동물계에서 같은 중요한 역할을 하는데, 그들 유전자들의 활성에 따른 작은 변화가 어떻게 서로 다른 몸의 형태를 만드는 것일까?

발달을 세심하게 조직하는 데 사용된 분자학적 기작은 다세포생물의 역사 중 가장 일찍 진화한 것으로 생각된다. 12.7절에서 논의한 것처럼 동물들은 전사인자를 그들이 발생하는 동안 어떤 발생과정이 일어날 것인지, 어디서, 언제인지 등을 결정하는 특정한 유전자 세트를 켜거나 끄는 데 이용한다. 모든 동물에서 그런 것은 아니더라도 대부분 많은 사례에서 같은 유전자들이 같은 발생과정을 조정하는 것으로 나타나고 있다. 예를 들면 쥐에서 *Pax6*이라고 하는 유전자는 눈의 발생을 시작하는 전사인자를 암호화한다. 이 유전자의 기능적 복제본이 없는 쥐는 전사인자를 만들어내지 못하며 눈이 없다. 눈이 없는 초파리에서 한 유전자가 발견되었을 때 이 유전자는 필수적으로 쥐의 유전자와 같은 염기서열을 가진 것으로 나타났다. 같은 *Pax6* 조절유전자는 곤충이나 척추동물에서도 눈의 발생을 시작하는 데 관여한다. 실제로 스위스의 생물학자인 Walter Gehring이 쥐의 *Pax6* 유전자를 초파리의 유전체에 삽입했을 때 복안(파리가 가지고 있는 복안)이 파리의 다리에 만들어진 바 있다. 비록 곤충과 척추동물이 5억 년 전 이전에 공통의 조상으로부터 나뉘어졌다 하더라도 그들은 여전히 비슷한 유전자(척추동물의 유전자가 통상적으로 곤충의 유전체에서 작동하는)로 그들의 발생을 조정하는 것으로 보인다.

많은 동물에서 *Pax6* 유전자는 눈을 발생시키는 똑같은 역할을 한다. 심지어 해양 유형동물(끈벌레)도 이 유전자를 자신의 안점을 발생시키는 데 사용한다. 이와 같은 동물들 모두의 *Pax6* 유전자는 오늘날 *Pax6* 유전자를 사용하는 모든 동물의 공통조상이 살던 5억 년 이전에 눈의 발달에 있어 단지 한 번 진화학적 역할을 획득했다는 점을 제시하면서 비슷한 염기서열을 가진다.

보다 오래된 *Hox*라고 하는 조절유전자는 기본적인 신체 형태를 결정한다. *Hox* 유전자는 동물과 식물이 분지되기 전에 나타났다. 식물에 있어서 그들은 신초의 생장과 잎의 형태를 조절한다. 그리고 동물에서는 기본적인 신체 체제를 수립한다.

모든 체절동물은 그들의 발생을 조절하기 위해 *Hox* 유전자의 조직화된 클러스트를 사용하는 것으로 나타난다. 몇 개의 체절화 유전자의 순차적인 작용 후에 이들 초기의 배아는 기본적으로 체절화된 신체 체제를 가지게 된다. 이것은 지렁이, 초파리, 쥐, 인간 등의 배아에서도 들어맞는다. 동물 신체의 추가적인 발달에 대한 핵심은 이제 체절 각각에 독자

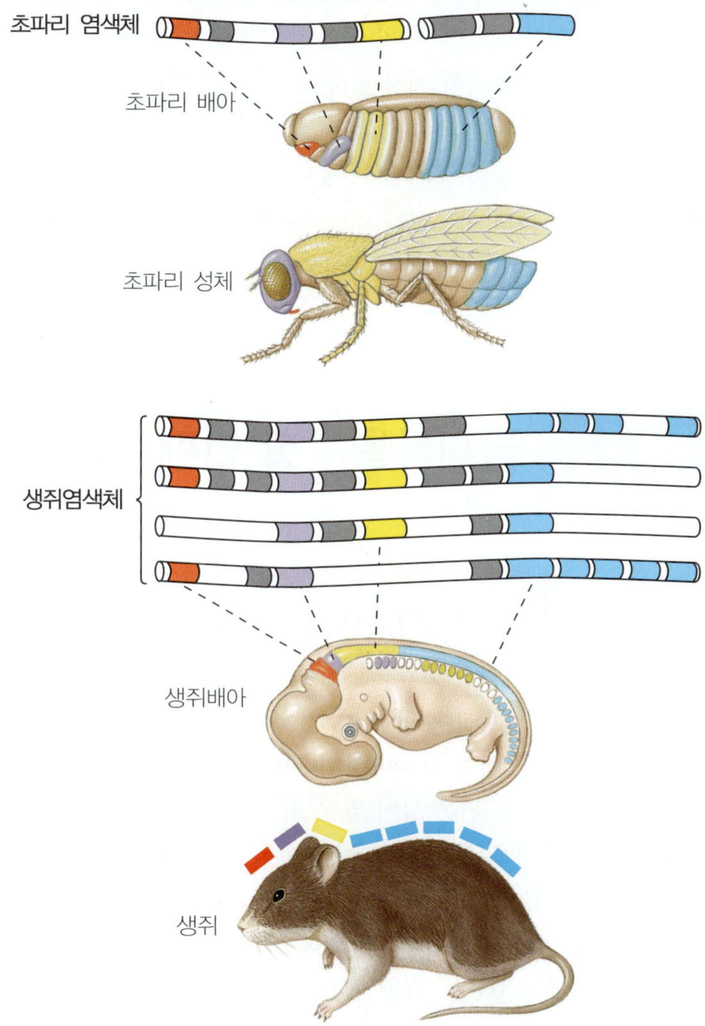

성을 부여하는 것이다. 예를 들면 어떤 체절이 등이 되고, 또는 목이 되고 아니면 머리가 되는가를 결정하는 것이다. 초파리, 쥐에 있어서 유사한 *Hox* 유전자의 클러스터가 이 과정을 조정한다. 파리는 염색체상에 위치하는 하나의 *Hox* 유전자 세트를 가지는 반면에 쥐는 4세트를 가지며 각각은 염색체상에 있다. 초기 척추동물 진화 동안 두 개의 완전한 복제본들을 가졌었던 것으로 나타난다. 이 책의 그림은 그들이 표현되는 몸의 부위와 일치시키기 위해 이 유전자는 적색으로 암호화되어 있다.

어떻게 *Hox* 유전자 클러스터가 체절 발달을 조정하기 위해 함께 작동할까? 각각의 *Hox* 유전자는 전사인자로서 DNA에 부착하도록 하고 그렇게 함으로써 이들이 부착한 곳의 유전자를 작동하게 하는 60아미노산의 똑같은 분절을 가지는 단백질을 생산한다. 한 세트 내에서 각 *Hox* 유전자 간의 차이는 Hox 단백질이 어느 곳에 부착하는가 그리고 어떤 유전자를 작동시키는가를 결정한다.

동물 진화에 있어서 조상 *Hox* 유전자 클러스터가 방사형과 대칭형 동물의 분지보다 앞선 것이라는 것을 제시하면서 *Hox* 유전자는 히드라 같은 방사대칭 자포동물들에서 다발로 발견되었다.

생의 신호로 작용하는 화학물질이 이미 난의 다른 부분에 서 배치되어졌기 때문에 하나의 세포는 하나의 완벽한 동물로 발달할 수 없다. 반면에 후구동물에서 수정된 배의 첫 번째 난할 구역은 동일한 딸세포를 생성하고 만약 나뉜다면 단일 세포는 하나의 유기체로 발달할 수 있다.

3. 모든 체강동물에서 체강은 중배엽을 기원으로 한다. 선구동물에서 체강은 단순하고 직접적으로 발생한다. 중배엽 세포들은 체강이 중배엽 내에서 확장됨에 따라 다른 것으로부터 단순히 이동한다. 그러나 후구동물에서 세포의 전체 집단은 보통 새로운 조직 군집을 형성하기 위해 주위로 이동한다. 보통 **원장(archenteron)**의 팽출에 의해 생성되는 체강은 또한 원시의 장으로 불린다. 내배엽과 함께 형성되는 이 체강은 원구를 통해 밖으로 열려 있고 결과적으로 장강이 된다. 팽출된 세포는 중배엽을 만들어 주고 체강으로부터 중배엽을 확장시킨다.

주요 학습 요점 19.11 선구동물에서 난할은 나선상이고 원구는 입이 된다. 후구동물에서 난할은 방사상이고 원구는 항문이 된다.

19.12 극피동물: 첫 번째 후구동물

첫 번째 후구동물로 극피동물문에서 **극피동물(echinoderms)**이라고 하는 해양동물은 6억 5천만 년 전에 나타났다. *극피동물*이라는 용어는 "가시가 있는 피부"를 의미하고 섬세한 피부 바로 밑에 있는 골편(ossicles)이라고 하는 단단하고 칼슘이 풍부한 판으로 구성된 **내골격(endoskeleton)**을 나타낸다. 처음으로 형성되어졌을 때 그 판은 살아 있는 조직으로 싸여져 있었고 그래서 이것들은 비록 성체 시기에 합쳐져서 단단한 껍데기를 형성할지라도 진정한 내골격이다. 현재 약 6,000종의 극피동물들이 존재하며 거의 대부분이 바다의 바닥에서 서식한다(**그림 19.27**). 해변에서 보이는 대부분의 친숙한 동물들의 다수는 불가사리, 성게, 해삼 등을 포함하는 극피동물이다.

극피동물의 신체 체제는 발생 과정 중에 근본적인 변화를 받는다: 모든 극피동물들은 유생기 때에는 좌우대칭이지만 성체가 되면 방사대칭이다. 많은 생물학자들은 초기에 극피동물이 착생생물이었으며 착생생활에 적응하기 위한 방식으로 방사상태로 진화되었다고 믿고 있다. 좌우대칭은 각자의 환경 속에서 여행하는 동물에 대한 적응치인데 반해, 방사대칭은 몸의 모든 면에서 환경을 맞는 동물의 적응치이다. 극피동물의 성체는 불가사리의 다섯 팔에서 쉽게 볼 수 있는 것처럼 다섯 부분의 신체 체제를 갖는다. 그것의 신경체계는 다섯 방향으로 가지를 뻗은 것으로부터 시작되는 신경의 중앙고리로 되어 있다. 이 동물은 복잡한 반응 패턴의 능력을 가진 반면, 기능의 집중화는 없고 "뇌"도 없다. 갯고사리와 같은 몇몇 극피동물들은 10개 혹은 15개의 팔을 가진다. 그러나 이들은 항상 5의 배수이다.

극피동물의 중요한 진화의 혁신은 이동을 돕는 유압장치의 발달이다. **수관계(water vascular system)**라고 하는 액체를 가득 채운 장치는 각각의 팔로 뻗은 다섯 개의 방사상 도관으로부터 중앙 고리 도관으로 구성된다(극피동물 모식도 참조). 각각의 방사 도관으로부터 작은 도관은 짧은 쪽의 가지를 통해 수천 개의 작고 오목한 관족(true feet)으로 뻗어 있다. 각 관족의 기부는 판막작용을 하는 ("팽대부"로 표기된 노란색의 작은 구) 액체로 가득 찬 근육의 주머니이다. 이 주머니가 수축할 때 그들의 액체들이 방사의 도관으로 다시 들어가는 것이 방지되고, 대신에 관족에 힘을 주게 되어 뻗을 수 있게 된다. 관족을 뻗을 때 관족은 그 자체가 바다 바닥에 부착되며, 이때 종종 흡반의 도움을 받는다. 그래서 불가사리는 이 관족에 대고 당길 수 있으며 해저 위에서 자신을 끌어당긴다.

대부분의 극피동물들은 유성생식을 한다. 그러나 그들은 무성생식으로 이끌 수 있는 손상된 부분을 재생할 수 있는 능력을 가진다. 소수의 불가사리들에서 무성생식은 몸이 분할되는 것을 통해 일어나며 불가사리의 부서진 조각들은 때때로 원래 형태로 재생될 수 있다.

주요 학습 요점 19.12 극피동물은 종종 함께 합쳐진 단단한 판의 내골격으로 이루어진 후구동물이다. 성체는 방사대칭이다.

극피동물문: 극피동물

핵심 진화적 혁신: 후구동물 발생과 내골격

불가사리와 같은 극피동물(극피동물문)은 **후구동물**발생을 하는 체강동물이다. 연약한 피부와 바로 밑에 단단하고 칼슘이 많은 가시층 판으로 구성된 **내골격**이 차지하고 있다.

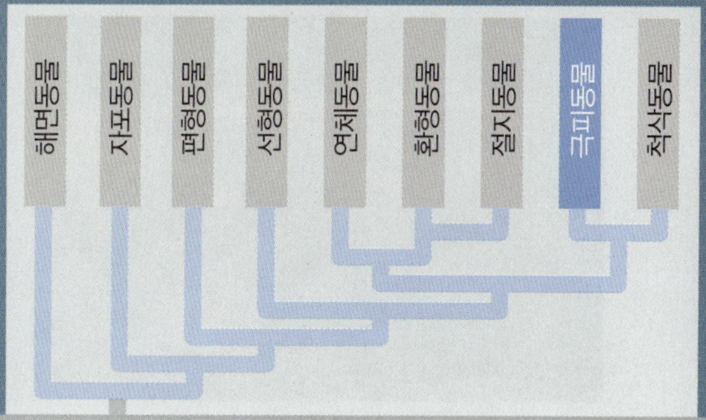

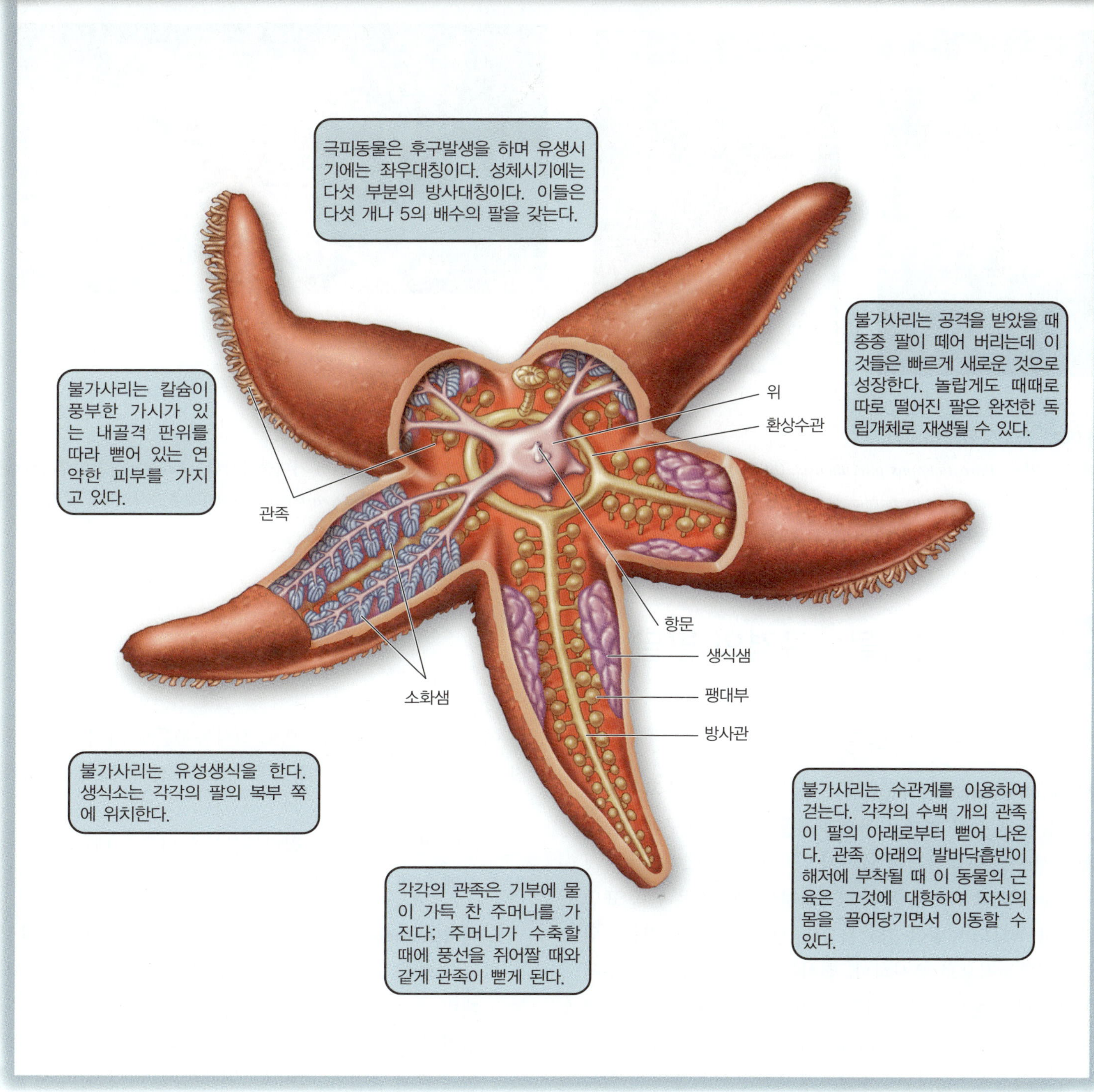

(a) (b) (c) (d) (e) (f)

그림 19.27 극피동물의 다양성

(*a*) 해삼의 일종, *Parastichopus parvimensis*. (*b*) The Great Barrier Reef(호주)의 갯고사리(바다나리강). (*c*) 거미불가사리, *Ophiothrix*(거미불가사리강). (*d*) 연잎성게, *Echinarachnius parma*. (*e*) 둥근홍해성게, *Strongylocentrotus franciscanus*. (*f*) 불가사리, *Oreaster occidentalis*(불가사리강), 캘리포니아만(멕시코)에서 발견된다.

19.13 척삭동물: 골격의 발달

척삭동물의 일반적인 특징

척삭동물(chordates, 척삭동물문)은 동물계에서 역시 후구동물인 극피동물과 가장 가까운 유연관계를 가지는 후구체강동물이다. 척삭동물은 내골격에 있어서 극피동물에서 보여주는 것보다 엄청난 발달을 보여준다. 극피동물의 내골격은 안쪽 표면에 근육이 부착되며 몸을 감싸는 단단한 껍데기인 절지동물의 외골격과 기능적으로 유사하다. 척삭동물은 진정한 몸 내부의 것인 매우 다른 종류의 내골격을 가진다. 척삭동물 소속 분류군들은 배아의 등을 따라 **척삭(notochord)**이라고 하는 유연한 막대에 의해 특징지어준다. 이 봉상체에 부착된 근육은 초기 척삭동물이 그들의 등을 물속에서 수영을 할 수 있도록 앞과 뒤로 흔들 수 있도록 해준다. 이와 같이 내부 요소에 근육이 부착되는 이 중요한 진화적 혁신으로 척삭동물들로 하여금 처음으로 진정한 대형동물인 척추동물로 이끄는 진화경로를 따라가기 시작했다.

약 5만6천 종에 달하는 척삭동물들은 다음의 네 가지 원칙적인 특징에 의해 구분된다.

1. **척삭(notochord)** 초기배아에 신경삭의 아래에서 형성되는 딱딱하지만 유연한 막대(척삭동물 모식도 중 노란색 막대)
2. **신경삭(nerve cord)** 몸의 각기 다른 부분으로 뻗은 신경이 부착된 단일의, 속이 빈, 등쪽(등을 따라서)의 신경삭
3. **인두낭(pharyngeal pouches)** 몇몇 동물에서 입 뒤에 발달한 일련의 틈. 이 틈들은 근육으로 된 관이며 입으로부

터 소화관이나 기관으로 연결된 (모식도에 아가미구멍으로 표시된 부분) 인두쪽으로 열려 있다.

4. **항문후방의 꼬리(postanal tail)** 척삭동물은 항문후방에 꼬리를 가지고 있는데 이 꼬리는 항문을 지나서 뻗어 있다. 이 꼬리는 만약 성체 때에는 없더라도 적어도 그들의 배발달 과정 중에 존재한다. 거의 모든 다른 동물들은 몸의 끝쪽에 항문을 갖는다.

모든 척삭동물은 일생동안 언젠가는 이 네 가지 특징을 모두 갖는다. 예를 들어 **그림 19.28*a***의 피낭류(truncate)를 보면 피낭동물은 척삭동물이라기 보다는 해면동물로 보이지만 올챙이를 닮은 이들의 유생기에는 위에 언급한 네 가지 특징을 가진다. 사람의 배아도 인두낭, 신경삭, 척삭, 항문후방의 꼬리를 가진다. 척삭은 사람이 성체가 되어도 남아 있으며 뇌, 척수와 구별된다. 인두낭과 항문후방의 꼬리는 사람이 발생하는 과정에서 없어지고 척삭은 척추로 대체된다. 그들의 신체 체제에 있어서 모든 척삭은 체절화되며 근육들의 분명한 구분들이 여러 형태에서 확실하게 보인다(**그림 19.29**).

척추동물

피낭동물(**그림 19.28*a***)과 창고기(lancelets, **그림 19.28*b***)를 제외하고 모든 척삭동물은 **척추동물(vertebrata)**이다. 척추동물은 피낭동물과 창고기와 두 가지 중요한 측면에서 다르다.

(a)

(b)

그림 19.28 무척추 척삭동물

(*a*) 아름다운 청색과 금색의 피낭류(*blue and gold tunicate*). (*b*) 두 마리의 창고기(*Branchiostoma lanceolatum*)가 부분적으로 조개껍데기 더미에 묻혀서 앞부분을 내밀고 있다. 근육절은 이 사진에서 확실하게 보인다.

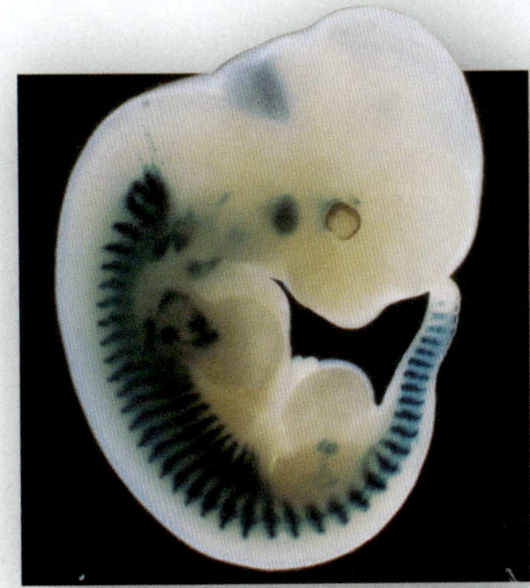

그림 19.29 쥐의 배아

11.5일된 배아에서 근육들은 이미 근본적으로 나뉘는 모든 척삭의 자연성을 반영하면서 원체절(somites)이라고 하는 체절로 나뉜다.

1. **등뼈(backbone)** 척삭은 둘러 싸여지며 배의 발생 과정 중에 소매같이 등쪽 신경삭을 감싸는 *척추뼈*라고 하는 뼈의 뭉치인 골질의 척추로 대체된다.
2. **머리(head)** 초창기 물고기를 제외한 모든 척추동물들은 뇌와 두개골을 갖는 뚜렷하고 잘 구별이 되는 머리를 갖고 있다.

모든 척추동물들은 근육 작용에 대하여 뼈나 연골로 된 내골격을 가지고 있다. 이 내골격은 척추동물이 특징지어주는 큰 크기나 이동의 놀라운 힘을 가능하게 만든다.

주요 학습 요점 19.13 **척삭동물은 일생 중 어느 한 시기에 척삭을 갖는다. 척추동물의 성체에서 척삭은 척추로 대체된다.**

척삭동물문: 척삭동물

핵심 진화적 혁신: 척삭

척추동물, 피낭류 그리고 창고기는 단단하지만 유연한 봉상 **척삭**을 가지는 체강동물로서 척삭동물(척삭동물문)이다. 척식동물들은 또한 **인두낭**(수서생활은 한 조상의 유물)과 척추동물들은 배발달과정에 척추로 대체되는 척삭인 **속이 빈 신경삭**을 가진다.

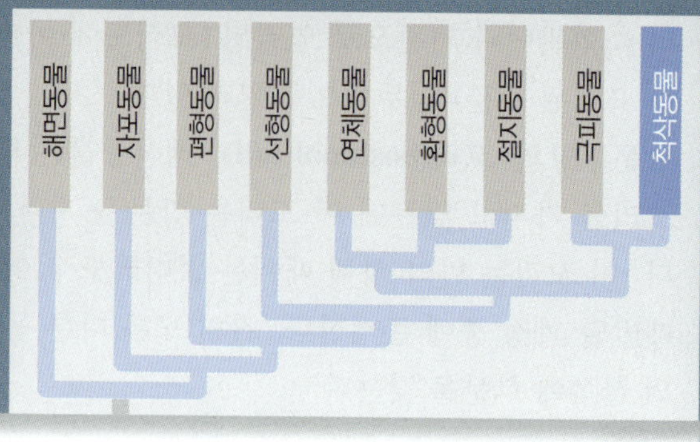

창고기의 경우 가장 단순하며 유연한 척삭이 평생 유지되며 의지하여 밀어낼 수 있도록 근육이 주어지면서 수영하는 데 도움을 준다. 창고기의 경우 이 근육들은 쉽게 보이는 일련의 구획된 구간들을 형성한다.

창고기는 피부에 색소가 없어서 투명하게 보인다.

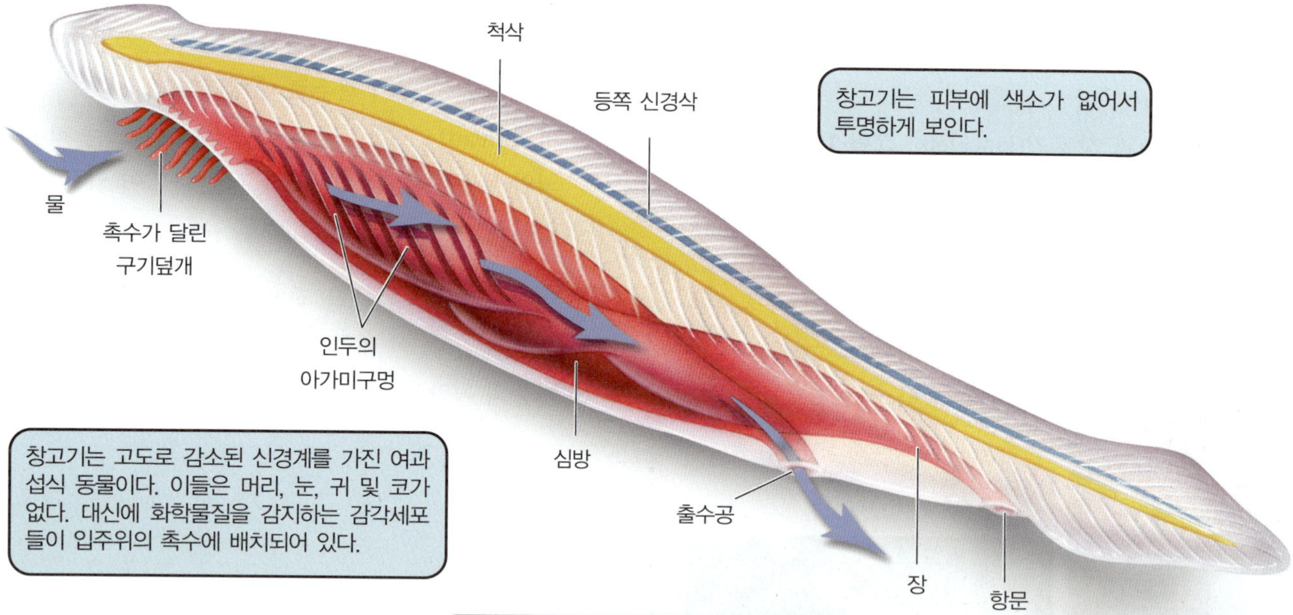

창고기는 고도로 감소된 신경계를 가진 여과섭식 동물이다. 이들은 머리, 눈, 귀 및 코가 없다. 대신에 화학물질을 감지하는 감각세포들이 입주위의 촉수에 배치되어 있다.

창고기는 섬모와 인두열의 아가미를 통해 아주 작은 원생생물을 걸러서 먹는다. 이들은 소화기통로의 앞쪽 끝부분에 배열된 섬모를 흔들면서 입안으로 물을 끌어들여서 인두를 통해 아가미구멍 방향으로 흘려보낸다.

척추동물의 것과는 달리 창고기의 피부는 단지 한 층의 세포를 가진다.

질문 & 분석

단절적 평형: 사례사의 평가

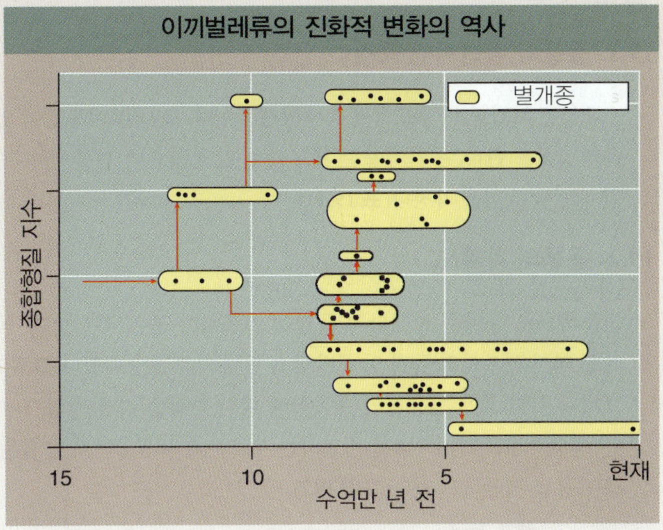

생물학자들은 오랫동안 진화가 일어나 속도에 대해 논쟁해 왔다. 어떤 개체는 점진적으로 진화(점진주의)하는 것으로 나타나는 반면, 다른 것들은 갑자기 진화하는 것으로 보인다(punctuated equilibrium). 이와 같은 두 가지 유형은 화석기록에서 증거를 찾아볼 수 있다. 아마도 가장 유명한 단절적 평형의 주장은 해양 이끼벌레(태형동물문) 연구자들에 의해 만들어졌다. 이끼벌레는 가지뻗기 군체 형성을 하는 현미경적 크기의 수서동물이다. 화석기록은 특별히 카리브 해의 *Metrarabdotos*속에 속하며 중단 없이 1억5천만 년 전으로 거슬러 올라가는 화석기록을 가진 이끼벌레류에 대해 잘 입증되어 있다(**화석(fossil)**은 무기물질로 오랫동안 죽어있는 돌 같은 개체이다. **화석기록(fossil record)**은 학계에 알려진 특정한 생물종에 대한 화석의 종합적인 모음이다).

그래프의 상단 우측은 *Metrarabdotos*속의 화석기록의 분석을 보여준다. 연구자들은 처음으로 이끼벌레 특성에 대한 폭넓은 집합체를 기초하여 종합적인 형질지수를 만들어냈다(**형질지수(character index)**는 그들의 형태적 형질에 근거하여 표본에 주어지는 수치이다. 다른 형질들은 정량적으로 측정되고 정리되며 형질지수는 표본에 적용되는 개별적인 형질수치들을 서로 통합함으로써 결정된다. 형질지수가 두 표본들에서 가까울수록 그들은 더욱 유연관계가 깊어진다). 그 다음에 각각의 화석들의 모든 형질들이 측정된다. 그들은 화석들에 대한 지수를 계산하며 이것들을 검은색 점으로 그래프에 표시한다. 타원 안에 점들의 묶음 각각은 뚜렷한 별개의 종을 의미한다.

1. 개념 적용

a. 변수 그림상에서 독립변수가 있는가? 만약 그렇다면 어떤 것인가?

b. 그림 분석 이 그림에서 제시된 것 중에 몇 종이 있는가? 이들 중 몇 종이 멸종되었는가?

2. 자료 분석

a. 각각의 종들에 대해 화석기록상 얼마나 오랫동안 생존했었나 하는 것을 측정한다. 간단히 단지 한때만 발견된 종은 1백만 년 정도의 기간으로 정한다. *Metrarabdotos*류의 진화학적 평균기간은 얼마일까?

b. 종 생존기간 측정결과를 가지고 막대그래프를 그려보자(x축에 생존기간, y축에는 종 수를 표시한다). *Metrarabdotos*류의 생존기간 분포와 관련한 일반적인 개요는 무엇인가?

3. 추론하기

a. 종합적인 형질지수에 있어서 얼마나 많은 종들이 변이를 보였는가?

b. 어떻게 이 종내 변이의 규모는 종간 변이와 비교되는가?

4. 결론 도출 이 종합적인 형질지수에서 뚜렷한 변화가 측정된 것처럼 중요한 진화적 변화가 점진적으로 일어났는가? 또는 갑작스럽게 일어났는가?

5. 심층 분석 *Metrarabdotos*류를 1백만 년 단위로 기간(수백만 년 전)의 수치를 점으로 찍어보자. 결과를 특징지어 보자. 이것의 원인이 되는 것이 무엇일까? 어떻게 이 가능성을 계속해서 평가할 것인가?

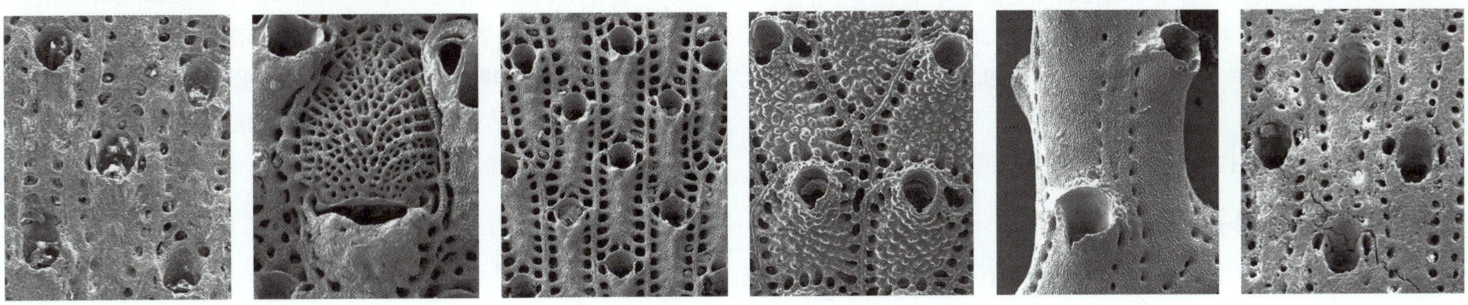

여섯 종의 *Metrarabdotos*류 화석

단원 복습

동물의 소개

19.1 동물의 일반적인 특징

- 동물들은 복잡한 다세포의 종속영양생물이다. 그들은 이동성이 있으며 유성생식을 한다. 동물세포는 세포벽을 갖지 않으며 동물 배아는 유사한 배발달 유형을 가진다(**표 19.1**).

19.2 동물의 가계도

- 전통적으로 동물은 형태학적 특징에 기초하여 분류되어 왔다. 동물의 계통 역시 해부학적 특징 및 배발달 유형에 의해 결정되었다(**그림 19.1**). 그러나 이와 같은 전통적인 계통학에 대한 관점은 지금 재평가되고 있다. 동물의 RNA와 DNA를 비교하는 새로운 분자생물학적 방법은 새로운 계통을 제안하고 있다(**그림 19.2**).

19.3 신체 체제의 6가지 단계 특징

- 동물의 엄청난 다양성은 6가지의 신체 체제 혁신을 통해 추적해 볼 수 있다. 조직, 좌우대칭, 체강, 체절, 탈피 등의 진화, 후구동물발생 등이 그것이다. **그림 19.3**에서 보는 딱정벌레는 후구동물 배발달을 제외하고 5가지의 신체 체제 혁신을 보여준다.

가장 단순한 동물

19.4 해면동물: 조직이 없는 동물

- 측생동물아계에서 해면동물은 수서성이고, 분화된 세포를 갖지만 조직이 없는 특징을 가진다. 꽃병 모양을 한 성체는 기질에 고착하고 있다(**그림 19.4**). 해면동물은 여과 섭식동물이다. 깃세포라고 하는 특화된 세포로 물을 걸러서 물속의 유기물, 미생물을 먹이로 섭취한다(**동물문 모식도: 해면동물, 470쪽**).

19.5 자포동물: 조직이 다양하게 특화됨

- 자포동물은 방사대칭 신체를 갖고 두 가지 배아세포층인 외배엽과 내배엽을 가진다(**동물문 모식도: 자포동물, 472쪽**). 자포동물은 포식성으로 먹이를 포획하여 위수관을 통해 세포외 소화를 한다. 많은 자포동물은 단지 폴립 형태 또는 메두사 형태로 존재한다(**그림 19.6**). 그러나 다른 종류들은 이런 두 형태를 교대로 취한다(**그림 19.7**).

좌우대칭 동물의 출현

19.6 무체강동물: 좌우대칭

- 모든 다른 동물들은 좌우대칭성을 가진다(**그림 19.8**). 좌우대칭 후생동물들은 내배엽과 외배엽 이외에 추가로 이들 둘 사이에 중배엽 층을 갖는다.
- 가장 단순한 좌우대칭동물은 편형동물(**그림 19.10**), 디스토마류(**그림 19.11**), 그리고 기생충 등이 포함되는 무체강동물이다. 그들은 3가지 배의 조직층과 소화관을 가지지만 체강이 없는 무체강동물이다. 많은 편형동물들의 소화관은 가지처럼 나누어져 뻗어 있으며 소화와 순환기능을 모두 한다(**동물문 모식도: 편형동물문, 477쪽**). 편형동물은 불꽃세포라고 하는 특화된 세포로 노폐물을 몸 밖으로 내보내는 배설계를 가진다(**그림 19.12**).

체강의 출현

19.7 회충: 체강의 진화

- 체강의 진화는 순환, 이동성, 신체 기능 등을 개선하였다. 회충은 내배엽과 외배엽 사이에 체강을 가지고 있다. 그러나 이것은 진정한 체강이 아니어서, 의체강동물이라고 헌다(**그림 19.13; 동물문 모식도: 선형동물문, 481쪽**).

19.8 연체동물: 진체강동물

- 연체동물은 체강동물이다: 그들의 체강은 중배엽 내에서 형성된다. 연체동물에는 3개의 주요 분류군이 포함된다: 복족류(달팽이, 민달팽이), 이매패류(조개, 굴), 두족류(문어, 오징어). 그들은 모두 두족, 내장낭 그리고 외투막을 가진다. 또한 이들은 치설이라도 하는 긁는 혀와 같은 구조를 가진다(**동물문 모식도: 연체동물문, 483쪽**).

19.9 환형동물: 체절의 발달

- 체절 구성은 특화된 다른 기능을 할 다른 체절과 함께 진화적 유연성을 제공하면서 환형동물에서 처음으로 진화되었다. 환형동물의 기본적인 신체 체제의 특징은 원통모양의 관상 내에 관, 소화관과 다른 기관들이 체강내부에 있다는 것이다(**동물문 모식도: 환형동물문, 485쪽**).

19.10 절지동물: 관절로 된 부속지의 출현

- 절지동물은 가장 성공적인 동물문이다. 지구상 모든 종의 약 2/3가 절지동물이다. 절지동물은 체절들이 세 부분(머리, 가슴, 배)으로 합쳐진 형태를 취한다(**그림 19.18**). 이동성과 움켜쥐기, 물기, 씹기 기능을 개선시킨 관절이 있는 부속지는 처음으로 이 그룹에서 진화되었다. 단단한 외골격은 이 동물을 보호해 주고 근육의 부착점 역할을 한다(**동물문 모식도: 절지동물문, 487쪽**). 절지동물은 거미, 응애, 전갈, 갑각류, 곤충, 지네, 노래기 등을 포함한다(**그림 19.19~19.25**).

배의 재설계

19.11 선구동물과 후구동물

- 체강동물에는 두 가지의 다른 발달유형이 있다. 선구동물에서는 원구가 입으로 발달한다. 연체동물, 환형동물, 절지동물은 선구동물이다. 후구

동물(극피동물, 척삭동물)에서는 원구가 항문으로 발달한다. 발달과정의 다른 점은 선구동물은 나선형으로 후구동물은 방사형으로 난할이 진행된다는 점이다(**그림 19.26**).

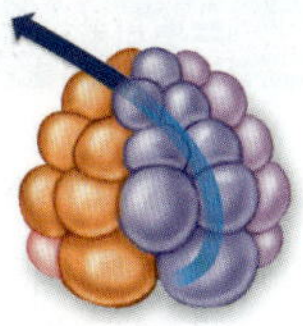

19.12 극피동물: 첫 번째 후구동물

- 극피동물은 피부 아래에 깔려 있는 골질의 판으로 구성된 내골격을 가지고 있다. 성체는 주변 환경에 적응한 것으로 나타난 방사대칭형이다.

19.13 척삭동물: 골격의 발달

- 척삭동물은 진정한 내골격을 가지며 척삭, 등쪽의 신경삭, 인두열, 그리고 척삭 및 항문후방의 꼬리의 존재에 의해 구별된다(**동물문 모식도: 척삭동물, 498쪽**). 척삭은 후에 척추동물의 등뼈로 대체된다.

이해력 확인 문제

1. 전통적인 동물의 계통수는 다음 중 어느 것에 주로 근거하여 작성되었는가?
a. DNA 염기서열　b. 단백질 구조
c. 보존된 해부학적 특징　d. 리보솜 구조

2. 해면동물은 독특하며 깃이 있는 편모세포를 갖는데 있는데 이것을 무엇이라 하는가?
a. 자포　b. 깃편모충
c. 깃세포　d. 상피세포

3. 균류와 자포동물이 공유하는 특징은 무엇인가?
a. 키틴질 구조의 지지　b. 포자형성
c. 세포외 소화　d. 자포

4. 편형동물문에서 볼 수 없는 특징은 다음 중 어떤 것인가?
a. 두화　b. 중배엽
c. 소화관의 특화　d. 좌우대칭

5. 선형동물문(회충)에서 발견되는 무체강과 환형동물문(지렁이)에서 발견되는 체강사이의 한 가지 차이점은 회충의 중배엽과 사이에서 발달한 의체강과 지렁이의 에서 발달한 체강이다.
a. 외배엽, 중배엽　b. 내배엽, 중배엽
c. 외배엽, 내배엽　d. 내배엽, 외배엽

6. 다른 체강동물문과 달리 연체동물에 없는 것은?
a. 체절　b. 3개의 조직층
c. 두화　d. 체강의 유형

7. 환형동물에서 처음으로 보이는 체절화는 다음 중 어떤 진화적 이점을 주었는가?
a. 적은 에너지로 보다 많은 체액의 이동을 가능하게 해주었다.
b. 다른 기능들을 수행할 수 있도록 체절의 전문화를 가능하게 해주었다.
c. 체강의 발달을 가능하게 해주었다.
d. 이동방향에 있어서 감각 및 신경조직과 기관을 집중시켜 주었다.

8. 절지동물 크기에 있어서 가장 큰 제한 요인은 무엇인가?
a. 개방 순환계의 비효율
b. 몸을 움직이기 위해 필요한 근육의 무게
c. 매우 큰 크기의 곤충을 지탱하기 위해 필요한 두터운 외골격의 무게
d. 만약 몸체의 전체 무게가 너무 높다면 탈피하는 동안 절지동물의 부드러운 몸체는 으스러질 것이다.

9. 극피동물은 유생시기를 자유 유영생활로 시작하고 좌우대칭이며 성체가 되면 방사대칭으로 변하는데 몇몇의 생물학자들은 이와같은 대칭형태의 변화는 어떤 것에 적응한 것으로 설명하는가?
a. 생활형태가 고착성인 것보다 자신의 환경에서 여행하는 동물
b. 환경 내에서 움직이는 것보다 고착생활을 하는 동물
c. 여과섭식성동물 보다는 포식자
d. 민물환경에서 보다 해양환경에서 사는 동물

10. 다음 중 척삭동물이 아닌 것은 무엇인가?
a. 개　b. 피낭류
c. 해삼　d. 창고기

응용력 확인 문제

1. **그림 19.17** 지금까지 배운 것 중 가장 중요한 것을 질문했을 때 유명한 진화학자가 말했다. "신은 딱정벌레에 대해 지나친 애정이 있다." 지구상에서 명명된 종 중 2/3가 절지동물이다. 여기에 있는 절지동물에 대한 원형도표를 보고 명명된 종 중 딱정벌레가 몇 퍼센트인지 계산해보시오.

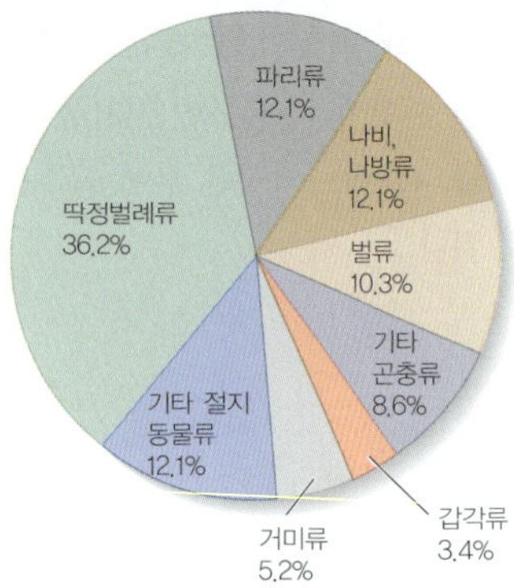

2. **그림 19.18, 19.22** 전형적인 곤충인 메뚜기에 있어서 다리가 있는 체절은 어느 것인가? 전형적인 갑각류인 가재에 있어서 다리가 있는 체절은 어느 것인가? 만약 이 사실이 아니라면 모두 절지동물이라고 생각하는가?

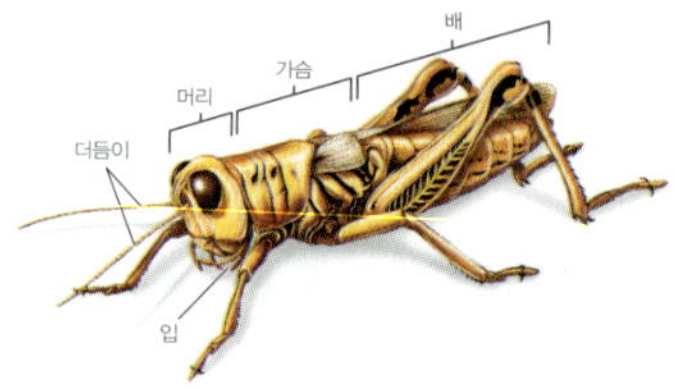

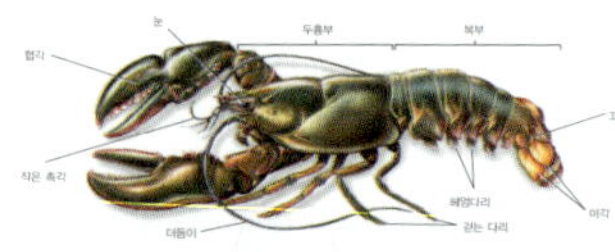

종합 학습

1. 여러분들이 깊은 정글에서 새로운 생물체를 발견하였다. 만약 그것이 아주 느리게 움직이는 동물이거나 빛이나 촉각에 반응하는 식물인지를 알아보려 한다. 어떤 특징이 이 결정을 하는데 도움을 줄 것인지 기술하시오.
2. 해면동물과 자포동물을 비교하시오. 이 두 가지 동물에 있어서 음식물과 노폐물물이 어떻게 섭취되고 배설되는가? 유사성은 어떻게 설명되어질 수 있는가?
3. 모든 동물을 모두 합친 것보다 알려진 곤충이 더 많은 반면에 매우 적은 수의 곤충이 해양환경(대부분이 바다표면 또는 해안가)에서 산다. 곤충이 해양에서 진화적으로 성공하지 못한 요인은 무엇인지 설명하시오.
4. 여러분은 척추동물이 다른 동물보다 훨씬 크게 해준 것이 내골격이라 생각하는가? 설명하시오.

20

척추동물

학습단원

척추동물 진화의 개요

20.1 고생대
1. 생물학자들이 구분하는 고생대의 4개의 기
2. 대부분의 동물 문들이 출현하는 기
3. 처음 육상으로 이주한 동물 문: 육상으로 이주한 첫 동물문의 이름
4. 페름기의 대량 멸종의 원인과 그 결과

20.2 중생대
1. 중생대의 3개의 기
2. 중생대에 육상을 지배했던 동물
3. 판게아, 로라시아, 곤드와나 구분
4. 소행성 충돌설(Alvarez hypothesis)과 이를 뒷받침하는 증거

20.3 신생대
1. 신생대 초기와 말기의 기후를 비교하시고, 기후가 식생과 포유동물에 끼친 영향

척추동물의 변천

20.4 바다를 지배하는 어류
1. 물고기의 중요한 4가지 특성
2. 갑주어류, 무악류, 판피류 및 가시상어류 구분; 각각 수중에서 포식자로부터 생존하기 위한 적응 방법
3. 상어와 경골어류의 유영 방식의 차이
4. 경골어류의 3가지 주요 적응

20.5 육지로 올라온 양서류
1. 양서류가 성공적으로 육상으로 상륙할 수 있었던 5가지 주요 특성
2. 현존하는 양서류의 3개 목과 그들 모두가 습한 환경에서만 서식하는 이유

20.6 육지의 정복자, 파충류
1. 살아 있는 모든 파충류가 공통적으로 지니고 있는 5가지 특성
2. 양막성 알의 구조
3. 조치류
4. 용각류(초식공룡)와 수각류(두발로 보행하는 육식성 공룡) 비교

자세히 관찰하기: 공룡

20.7 하늘의 정복자, 새
1. 현존하는 파충류와 구별되는 조류의 3가지 특성
2. 왜 조류를 살아 있는 공룡이라고 하는 이유

자세히 관찰하기: 조류는 공룡인가?

20.8 추위에 적응한 포유류
1. 모든 포유류가 공통적으로 지닌 3가지 특성
2. 현대 포유류에 볼 수 있는 4가지 부가적인 특성
3. 단공류, 유대류 및 태반류 간의 차이점

질문 & 분석: 멸종률은 일정한가?

생명의 세계에서 가장 눈에 띄는 생명체들 중에 척추를 지닌 동물들이 있다. 약 54,000여 종이 넘는 척추동물들은 엄지손가락과 벌새보다 더 작은 피그미 두더지의 크기에서부터 앞에 설명한 동물들이나 고래보다 더 큰 코끼리에 이르기까지 실로 다양한 몸의 크기를 지니고 있다. 척추동물은 처음 바다에서 진화하였고, 오늘날 척추동물의 반 이상이 물고기류이다. 그러나 척추동물의 가장 큰 성공은 약 3억 5천만 년 전에 육상으로의 성공적인 진출에 있다. 현재 척추동물은 절지동물과 함께 육상에서 우점하는 동물의 생활을 영위하고 있다. 이런 성공의 열쇠는 그들 내부 기관계의 복잡성의 증가, 그리고 특히, 큰 몸체 크기로 성장이 가능하게 했던 척추동물의 특징인 내부 골격에 기인하고 있다. 앞서 언급한 코끼리처럼 인간도 새끼를 모유로 키우는 척추를 지닌 포유동물이다. 최초의 포유동물은 공룡과 같은 시대에 살고 있었으나 1억 5천만 년 동안은 아주 소수의 동물 그룹이었다. 공룡이 6천5백만 년 전에 멸종하고 나서야 비로소 포유동물들은 생존이 가능하게 되었고 그 후부터 공룡들이 그동안 해왔던 생태적 역할을 포유동물들이 대신 수행하게 되었다.

20.1 고생대

과학자들이 처음으로 화석을 연구하고 연대를 추정하기 시작했을 때, 화석들이 출현한 연대를 체계화시킨 어떤 방안을 찾아내어야만 했다. 과학자들은 크게 일련의 **대(era)**라는 기간으로 지구의 연대를 구분하였다(**그림 20.1**의 가장 위에 있는 표시줄). 대는 다시 **기(period)**로 더 세분화하여 지구 연대를 구분하였고(대(era) 표시줄의 바로 아래 푸른 표시줄), 그리고 몇몇 기는 **연대(age**; 그림에는 표기되지 않음)로 나눌 수 있는 **세(epoch)**로 세분화시켰다. 이 장에서 대와 기를 구분하여 논

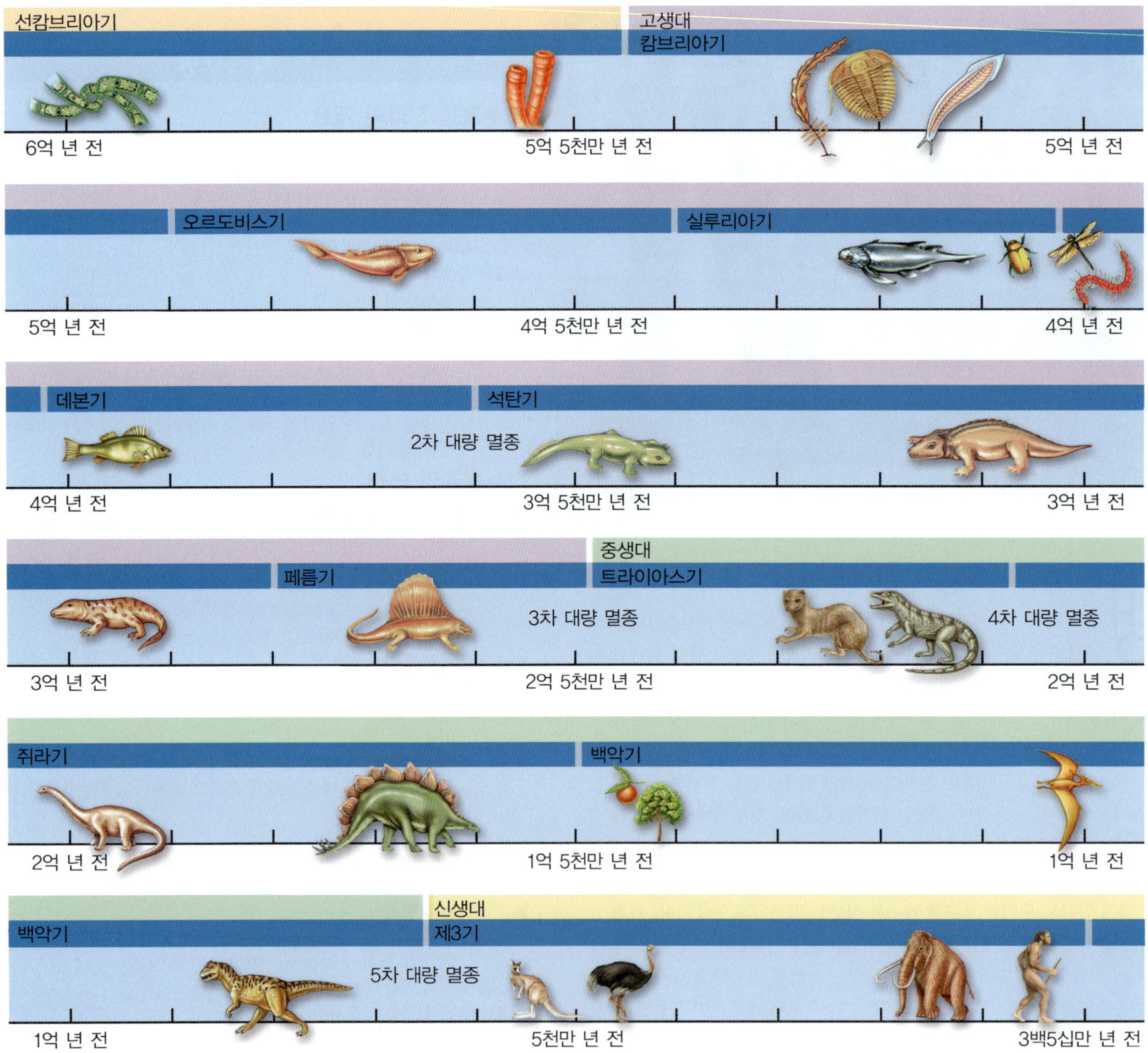

그림 20.1 진화 연대

척추동물은 약 5억 년 전에 바다에서 진화했으며 1억 5천만 년 후에 육상으로 올라왔다. 공룡과 포유류는 약 2억 2천 만년 전인 삼첩기에 진화했다. 공룡은 6천 5백만 년 전 갑자기 멸종함으로써 포유류가 번성할 수 있게 만들기 전까지 1억 5천만 년 이상 지상의 지배자로 살아 왔다.

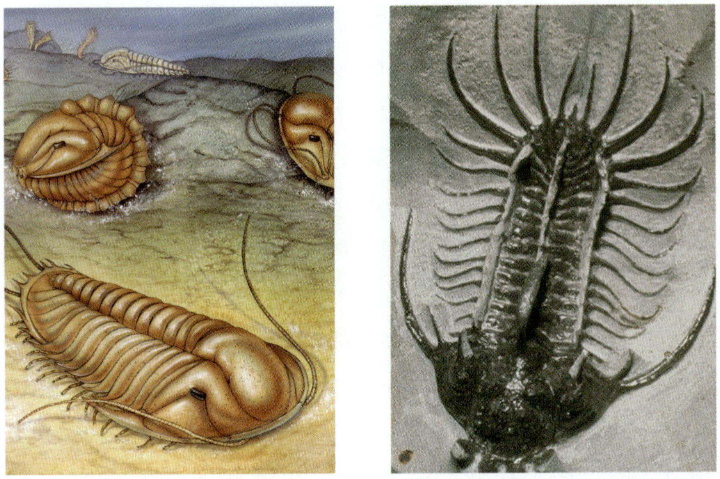

(a) (b)

그림 20.2 **캠브리아기의 생명체**

(*a*) 삼엽충을 5억 4천 5백만 년에서 4억 9천만 년 전인 캠브리아기의 해양 생명체 군집을 재현하여 보여주고 있다. (*b*) 삼엽충 화석.

그림 20.3 **쥐라기의 암모나이트 화석**

의할 때 이 그림을 참고하는 것은 매우 큰 도움을 줄 것이다.

사실상 현재 살아가는 모든 동물 그룹들은 캄브리아기(5억 4천5백만년~4억 9천만 년 전)나 그 직후의 **고생대(paleozoicera)** 초기에 바다에서 기원하였다(맨 위의 자주색 표시줄). 그래서 지구에 사는 주요 동물의 다양성은 바다에서 발생하였으며, 초기 고생대의 화석은 바닷가의 화석기록에서 찾아 볼 수 있다.

그림 20.2의 기묘한 생김새의 삼엽충 같이 캄브리아기에서 출현하는 대부분의 동물 문들은 그들과 유연관계가 가까운 종들이 현존하지 않는다. 고생대에서 기원한 연체동물의 패각을 지닌 두족류인 암모나이트는 1억 년 전에는 지구에서 매우 풍부한 생명체 중에 하나였다(**그림 20.3**).

약 5억 년 전에 해양에서 첫 번째 척추동물인 턱이 없는 물고기가 진화하였다. 그들은 쌍으로 된 지느러미가 없거나, 그들 중 대부분이 한쪽 끝에는 한 개의 구멍이 다른 쪽 끝에는 한 개의 지느러미를 지닌 편평한 핫도그(hotdog) 같은 모양이었다. 1억 년 이상 동안, 지구상의 유일한 척추동물은 단지 몇몇 종류의 물고기들뿐이었다. 그들은 바다를 우점하는 동물이 되었으며, 몇몇 물고기들은 자동차보다 더 큰 10m 정도의 몸체를 지니고 있었다.

그림 20.4 **초기의 파충류: 펠리코사우르(Pelycosaur)**

육상으로의 진출

대부분의 나머지 동물들은 해양에 그냥 남게 되었다. 5억 년 전에 육상으로 이주한 최초의 생명체들은 곰팡이류와 식물류였다. 제18장에서 언급한 바와 같이 식물이 처음 육상으로 진출이 가능했던 것은 곰팡이와의 공생관계를 통해서 가능했던 것으로 보인다.

동물의 경우, 육상으로의 성공적인 첫 진출은 관절로 된 다리와 체절적인 몸체를 지닌 딱딱한 외골격의 절지동물에 의해 이루어졌다. 절지동물의 육상 진출은 약 4억 1천만 년 전에 이루어졌다.

척추동물은 석탄기(3억 6천만 년~2억 8천만 년 전) 동안에 육상으로 진출하였다. 육상에서 살게 된 첫 척추동물은 오늘날 개구리, 두꺼비, 도롱뇽, 무미류(다리가 없는 양서류) 같은 양서류였다. 알려진 가장 초기의 양서류는 데본기에 살았다. 그러고 나서 약 3억 년 전에 첫 파충류가 나타났다. 5천만 년 내에 물 밖에서 살기에는 양서류보다 더 적합한 파충류가 지구상에 우점하는 육상 동물이 되었다. **그림 20.4**의 등에 지느러미를 지닌 동물인 펠리코사우르(pelycosaur)가 초기의 파충류였다. 페름기 동안에 육상에서 주요 진화 기작이 일어나고 확장되었다.

대량 멸종

지구 생명체의 역사는 주기적인 멸종의 사건들에 의해 재구성 되어 왔는데, 종의 소실은 새로운 종의 분화를 야기하였다. 특히 종 다양성에서 급격한 감소를 **대량 멸종(mass extinction)**이라 한다. 5번의 대량 멸종이 있었는데, 그 첫 번째가 약 4억 3천 8백 년 전인 오르도비스기이며, 이 시기에 매우 흔한 해양 절지동물이었던 대부분의 삼엽충류(**그림 20.2** 참조)가 멸종하게 되었다. 또 다른 대량 멸종이 약 3억

6천만 년 전인 데본기 말기에 일어났다.

지구 역사상 가장 강렬했던 세 번째 멸종은 고생대의 말기에 해당하는 페름기의 마지막 1천만 년 동안에 일어났다. 그 당시에 지구상에 살았던 해양동물의 96%가 멸종하였다. 모든 삼엽충류가 멸종하였다. 다른 먹이 여과 방식을 지닌 연체동물과 유사한 해양성 동물인 완족동물들은 페름기 동안에는 매우 다양성이 높았고 넓게 분포했다; 단지 몇 종만이 생존하였다. 대량 멸종은 다시 채워야 할 많은 생태적 지위를 남겨 놓음으로써 멸종에서 살아남은 몇몇 식물들, 동물들 그리고 다른 생명체들로부터 급속한 진화가 대량 멸종 이후에 일어나게 된다. 대량 멸종의 원인은 거의 알려지지 않았는데, 페름기의 대량 멸종의 원인에 대해 몇몇 과학자들은 판게아라는 하나의 큰 '초대륙' 형성과정 동안에 지구의 대륙덩어리들(landmasses)의 충돌에 의한 대규모의 화산작용의 결과로 인해 바다에 이산화탄소의 점진적인 축적에 기인한 것으로 추측하고 있다. 이런 이산화탄소의 증가는 물질대사를 수행하고 패각을 만드는 동물들의 기능을 심각하게 손상시켰을 것이다.

비록 명확하지는 않지만 잘 알려지고 연구된 멸종 사건이 백악기(6천5백만 년 전) 말기에 일어났다. 그 당시 공룡과 다양한 다른 생명체들이 멸종했다. 최근의 증거는 이 다섯 번째 대량 멸종 사건이 큰 소행성 하나가 지구와 충돌하여 범지구적인 숲의 화재와 여러 달 동안 대기 중에 분진의 확산으로 인한 태양의 차단을 야기하여 촉발되었다는 가설을 증명해 주고 있다.

우리는 새로운 제 6번째의 대량 멸종 시대에 살고 있다. 오늘날의 지구에 사는 생물의 종수는 그 당시보다 훨씬 많다. 그러나 불행하게도 인간 활동에 의해 종수 가 위험수준에 도달할 정도로 감소하고 있다. 몇몇 학자들은 백악기 이후로 지구에서 볼 수 없었던 멸종률로 모든 생물의 1/4 정도가 가까운 장래에 사라질 것으로 평가하고 있다.

주요 학습 요점 20.1 **동물 문(Phylum)의 다양성은 바다에서 일어났다. 매우 성공적으로 육상으로 올라 온 두개의 동물 문은 절지동물과 척삭동물(척추동물)이다.**

20.2 중생대

중생대(mesozoic era, 2억 4천8백만 년~6천5백만 년 전)는 3개의 기로 세분된다: 트라이아스기, 쥐라기 그리고 백악기(**그림 20.1** 참조). 트라이아스기 말기 동안에 모든 대륙은 판게아라고 하는 한 개의 초대형 대륙으로 붙어 있었다. 내륙이 넓게 사막으로 펼쳐 있었고 건조하고 불모지였고 거대하게 길게 뻗은 육지에 산맥은 거의 없었다. 쥐라기 동안에 이 초대형 대륙인 판게아는 분리되기 시작하였다. 해양의 긴 물길(long fingers)은 로레이시아 대륙(훗날 북아메리카, 유럽 및 아시아 대륙이 됨)이라고 하는 북부 지역을 곤드와나 대륙(훗날 남아메리카, 아프리카, 오스트레일리아 및 남극 대륙이 됨)이라고 하는 남부지역으로부터 분리시키게 되었다. 두개의 큰 땅덩어리는 쥐라기 말기에 완전히 분리되었다. 세계의 바다 수위는 높아지기 시작했고, 로레이시아 대륙과 곤드와나 대륙의 많은 부분이 바닷물로 범람하였고 얕은 내륙성 바다를 이루게 되었다. 세계의 기후는 점차 따뜻해지고 육상의 많은 부분이 해양과 인접하였기에 기후조건은 점차 온화해지기 시작했다. 백악기 동안에 로레이시아 대륙과 곤드와나 대륙은 우리가 지금 알고 있는 대륙으로 단편화되었다. 바다의

그림 20.5 **몇몇 공룡들은 정말로 거대했다**
여기 고생물학자 Jim Jensen이 그 가 발견한 용각류(Sauropod) 화석의 다리 를 재구성하고 그 옆에 서 있다. 용각류는 무거운 기둥 같은 다리와 매우 긴 목과 꼬리를 가진 엄청난 원통 같은 몸체를 가진 초식공룡이었다. 어떤 개체는 몸무게가 55톤, 키 높이가 10m, 몸 길이는 30m에 달했다.

수위는 계속 올라갔고 백악기 중엽에는 바다의 수위가 전례 없이 높아졌으며, 북아메리카의 내부는 광활한 내륙의 바다였다. 많은 지역의 세계 기후는 온실과 같은 덥고 습한 열대

(a) 트라이아스기

(b) 쥐라기

(c) 백악기

그림 20.6 공룡들

모든 육상 척추동물가운데 가장 성공한 공룡은 약 1억5천만 년 동안 육상을 지배하였다. 이 3개의 그림은 중생대의 3 기(periods)의 공룡의 모습을 묘사한 것이다. 공룡은 삼첩기에서 쥬리기와 백악기를 지나는 기나긴 진화적 역사과정을 통해 크게 변화되었다. 이 그림들은 화석기록에서 본 공룡의 엄청난 다양성 중 극히 일부분만을 보여주고 있다.

기후였다. 매우 주목할 만한 일은 백악기 초기에 꽃피는 식물인 피자식물이 출현하였다.

중생대는 육상 식물과 동물의 폭발적인 시기였다. 파충류의 번성으로 인해 척추동물은 명실공히 지상을 우점하게 되었다. 많은 종류의 파충류가 닭보다 더 작은 크기에서 대형 화물트럭 같은 크기의 동물로 진화하였다. **그림 20.5**의 대형동물을 의미하는 용각류(sauropod)의 다리는 약 5.5m가 넘었다. 몇몇은 날수 있었고, 다른 몇몇은 유영을 하였다. 파충류의 조상으로부터 공룡, 새 및 포유류들이 진화했다. 비록 공룡과 포유류가 화석기록상 2억 년~2억 2천만 년 전의 같은 시기에 출현했지만, 공룡은 빠르게 큰 동물로 진화적 지위를 채워 갔다. 1억 5천만 년 이상 공룡은 지구상에 우점하는 동물이었다(**그림 20.6**). 생각해 보라! 이 기간은 1백만 세기(a million centuries)가 넘는 엄청난 긴 시간이었다. 만약 당신이 그 먼 과거를 뒤돌아 볼 수 있다면 여러분의 눈에는 1세기가 짧은 순간처럼 빠르게 지나가 버릴 것이며, 이런 속도로 모두 뒤돌아보는 데에도 수천 일이 걸릴 것이다. 중생기 동안에 대부분의 포유동물은 고양이보다 크지 않았다. 공룡은 쥐라기와 백악기 동안에는 그들의 다양성이 최저에 달했고 육지를 우점하였다.

고생대 말기(**그림 20.1** 참조)의 대규모 멸종 때문에, 단지 4%의 종만이 중생대에 살아남게 되었다. 그런데, 앞서 언급한 바와 같이 이들 생존자들이 새로운 속들(genera)과 과들(families)로 분화하는 새로운 종들을 양산했다. 육지와 바다에서 거의 모두 생명체 그룹의 수많은 종들이 과거 2억 5천만 년 동안 꾸준히 증가했고, 지금은 역대 최고의 높은 수준을 유지하고 있다. 고생대 페름기의 대량 멸종으로부터 이 엄청난 회복은 또 한 번 큰 멸종사건을 겪게 된다. 백악기 말엽인 약 6천 5백만 년 전에 **그림 20.7**의 시조새라고 하는 하늘을 나는 파충류, 거대한 해양 파충류와 암모나이트 같은 다른 동물들과 함께 공룡이 사라졌다. 이 멸종이 중생대의 종말을 가져왔고, 포유동물이 재빠르게 공룡의 자리를 차지하게 되었고 오늘날처럼 다양하고 풍부하게 되었다.

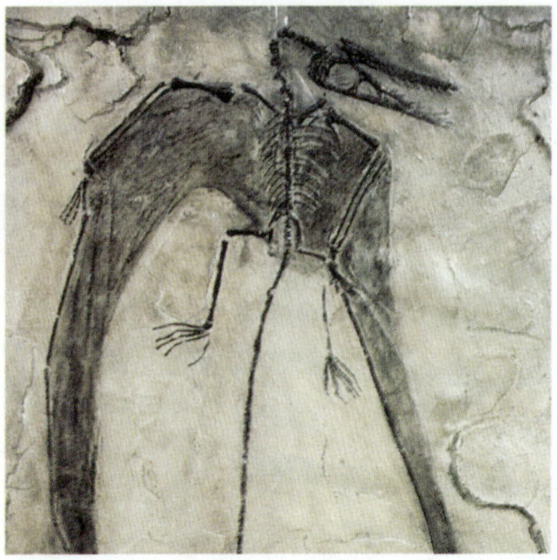

그림 20.7 멸종된 날으는 파충류

그림의 화석처럼 프테르사우러스(Pterosaurs)는 약 6천 5백만 년 전에 멸종한 공룡이다. 비행 능력은 척추동물가운데 3번의 각각 다른 시기에 진화되었다: 그런데, 새와 박쥐는 아직도 생존하는 대표적인 동물이다.

공룡에게 무슨 일이 생긴 것일까?

공룡이 6천5백만 년 전에 2백만 년도 되지 않은 짧은 기간에 급작스럽게 화석 기록에서 사라져 버렸다. 공룡의 멸종으로 중생대가 끝나게 되었다. **그림 20.8**은 노란 선으로 표시한 이 대량 멸종 이후에 생존한 동물 그룹을 보여 주고 있다: 노란색 선 우측에는 공룡이 없다.

왜일까? 화산 폭발과 전염병을 포함한 많은 해석들이 나왔지만 가장 설득력 있게 받아들여지는 이론은 한 소행성이 그 당시에 지구와 충돌했다는 것이었다. 물리학자 Luis W. Alvarez와 그의 동료들은 세계도처에서 희귀한 이리듐(iridium) 원소가 백악기 말기의 얇은 퇴적층에 풍부한 것을 발견하였다. 이리듐은 지구에서는 희귀한 원소이지만 운석에서는 흔한 원소이다. Alvarez와 그의 동료들은 직경이 10km 정도되는 거대한 운석이 6천5백만 년 전에 지구 표면과 충돌해서 거대한 먼지구름이 발생했을 가능성을 제시하였다. 이 먼지구름 속에는 이리듐 원소가 풍부했을 것이며, 이 원소가 그 당시에 침적되는 퇴적암층에 섞였을 것으로 추정되며, 점차 세상은 어두워짐에 따라 먼지구름은 엄청 느리게 이동했을 것이고, 한동안 광합성이 멈추고 많은 생명체들이 멸종 상태에 처하게 되었다.

Alvarez 가설은 비록 논란의 여지가 있지만 생물학자들에겐 넓게 인정받고 있다. 비판론자들은 한 소행성의 충돌로 인해 공룡이 갑작스럽게 멸종했다는 확신이 없다고 반론하고 있다. 그리고 다른 종류의 동물과 식물들은 소행성의 충돌의 결과로 인해 예견될 수 있는 현상을 똑같이 겪었을지에 대해서도 의문을 갖고 있다. 이 가설은 Yucatán 반도 연안의 바다에서 충돌에 의한 분화구 같은 엄청난 웅덩이가 발견되었을 때 많은 과학자들에게 공감대를 얻었다. 직경 수백 킬로미터의 웅덩이가 엄청난 충격에서만 생성되는 충격의 흔적을 지닌 석영 결정체(예를 들어, 이 물질은 핵실험의 부산물로써도 생성된다)를 포함한 운석 충돌의 흔적들이었다. 대규모의 화재가 발생했었음을 알게 하는 엄청난 양의 검댕이(soot)가 이 멸종 시기에 전 세계의 바위에 부착되었다. 방사선 동위원소의 연대 측정을 통한 유카탄 지역의 충돌은 언제인가? 바로 6천5백만 년 전이었다.

주요 학습 요점 20.2 **중생대의 공룡의 시대였다. 공룡은 아마 운석 충돌의 결과로, 6천5백만 년 전에 멸종하게 되었다.**

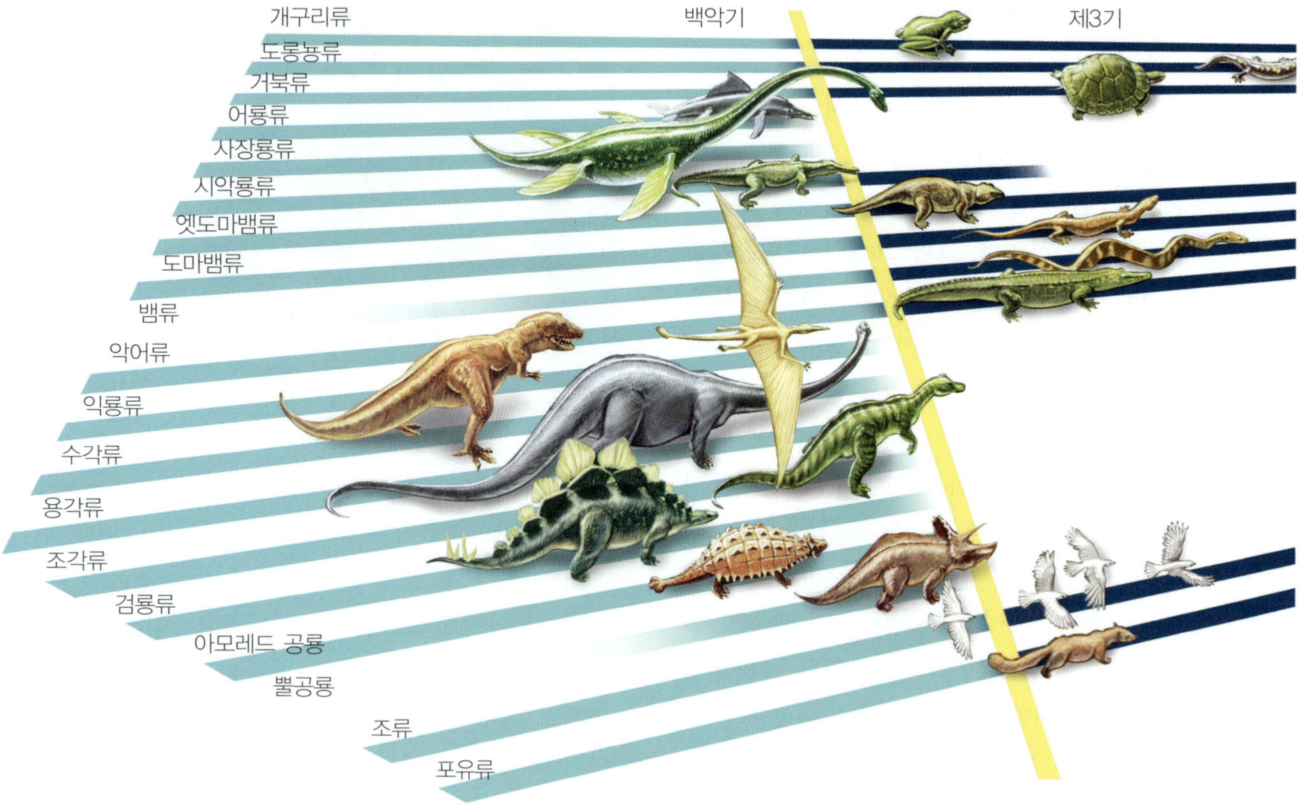

그림 20.8 공룡의 멸종

공룡은 거대한 원시 포유류뿐만 아니라 모든 대형 해양 파충류(수룡장과 어룡)를 사리지게 한 대량멸종 사건이 있었던 6천5백만 년 전(노란선)인 중생대 말기에 멸종하게 되었다. 새 와 작은 포유류는 생존했고, 공룡에 의해 살 수 없었던 하늘과 육지의 빈 공간들을 점유해 나갔다. 악어, 작은 도마뱀 그리고 거북이 또한 생존했다. 그러나 파충류는 결코 다시 백악기의 다양성으로 돌아가지 못했다.

20.3 신생대

비교적 따뜻하고 습한 **신생대**(**cenozoic era**, 6천5백만 년 전에서 현재) 초기의 기후는 점차적으로 오늘날의 춥고 건조한 기후로 변해갔다. 신생대 전반부는 극지방에 정글 같은 숲이 있을 정도로 매우 따뜻했다. 공룡과 많은 다른 생명체들의 멸종, 그리고 기후의 변화와 함께 새로운 생명체가 새로운 서식처로 옮겨 갈 수 있게 되었다. 포유동물들은 초기의 작은 크기의 야행성 종류에서 많은 새로운 종류로 다변화하였다. 현시대를 살고 있는 대부분의 포유동물의 목들이 그 당시에 출현한 것으로 엄청난 다양성을 보인 시기였다.

약 4천만 년 전에 기후가 다시 추워지기 시작했고 극지방에 빙하가 쌓이기 시작했으며 세계가 빙하시대로 들어섰다. 남극대륙과 북반구가 약 1천3백만 년 전에 빙하기로 들어서면서 국지적으로 기후는 엄청나게 추운 날씨를 보였다. 기나긴 빙하기 시대는 약 1만 년 전이 되어서야 끝나게 되었다. 마스토돈(mastodons), 매머드(mammoths), 검치호랑이(saber-toothed tigers) 및 대형 동굴 곰을 포함한 많은 대형 포유류들이 빙하기 시기에 진화하였다(**표 20.1**).

이 빙하기 때에 만들어진 남극, 북극 및 그린란드의 빙하들은 이전보다 극지방의 기후는 춥고, 적도 지역은 더 따뜻하고 그리고 중간 위도 지역은 더 건조하게 만들었다.

일반적으로 약 1천5백만 년 전까지 북극을 제외한 대부분의 대륙은 숲으로 덮여 있었는데, 그 후로 숲들이 급속도로 소멸되고 현재의 식물 군집들이 나타났다. 과거 수백만 년 동안, 북아프리카, 중동 및 인도에서 광활한 사막의 형성은 아프리카와 아시아 사이에 열대림에 사는 생물체들의 이동을 어렵게 만들었다. 무엇보다도 중생대는 좁은 지역 내에서조차도 서식지 간의 극명한 차이를 보이고, 식물과 동물들의 별개의 그룹으로서의 국지적인 진화로 특징지어지는 시대였음에 틀림이 없었다. 비록 전반적으로 포유동물의 종 수가 감소했지만, 이런 현상은 많은 다른 새로운 종들의 급속한 분화를 촉진시켰다.

주요 학습 요점 20.3 **우리는 포유류의 시대인 신생대에 살고 있다. 빙하기 때 흔하게 살았던 많은 큰 포유류가 지금은 멸종하였다.**

표 20.1 멸종한 포유류의 몇몇 종류들

동굴 곰
빙하기에 많이 개체수가 있었고, 곰들 무리에서 이 거대한 초식성 곰은 겨울 동안 동면을 하였다.

아일랜드 엘크
엘크 종류가 아니라 사슴종류인 큰뿔사슴(*Megaloceros*)은 전에 살았던 사슴류 중 가장 컸으며 뿔의 직경만 거의 4m가 되었다. 프랑스의 동굴 벽화를 보면 그들이 최소한 7천7백 년 전도 살았던 것으로 보인다.

매머드
오늘날 비록 2종류의 코끼리만 생존하고 있지만 제3기 말엽에는 코끼리 과가 훨씬 더 다양했다. 많은 종류들이 얼로 덮힌 추위에 적응한 코끼리들이었다.

대형 나무늘보
메카테리움(*Megatherium*)속의 종들은 6m나 컸고 무게가 3톤이나 되었으며 지금의 코끼리와 같은 크기의 나무늘보였다.

검치호랑
큰 턱을 지닌 사자같은 고양이는 입을 120도 정도까지 벌릴 수 있어 이 거대한 윗이빨(saber teeth)로 먹이를 잡아먹는다.

20.4 바다를 지배하는 어류

일련의 중요한 진화적 진보는 척추동물이 처음에 바다를 정복하고 그 다음에 육지를 정복하게 만들었다. **그림 20.9**는 척추동물의 계통도를 보여주고 있다. 가계도의 분지점은 거대한 다양성을 이끌어내는 주요 분화 형질을 가리키고 있다. 모든 척추동물의 반이 **어류(fish)**이다. 이들 최상의 다양성과 번성은 훗날 양서류가 육상으로의 진입이 가능하도록 진화적 기틀을 마련하였다.

어류의 특성

손톱만한 작은 cichlid 물고기에서부터 12m가 넘는 고래상어에 이르기까지 어류는 크기, 모양, 색깔, 외형 등이 매우 다양하다. 그런데 그런 다양한 어류들은 4가지 중요한 공통적인 특성을 지니고 있다:

1. 아가미 어류는 물속을 유영하는 생명체이다. 따라서 물속에 녹아 있는 용존 산소를 추출하여야만 한다. 입으로 유입되는 물을 아가미로 빠져나가게 하면서 산소를 얻는다. 아가미는 혈관이 풍부한 조직의 세사로 구성되어 있다. 아가미는 입의 뒤쪽에 위치하고 있다. 물고기가 물을 삼켜 아가미 쪽으로 보내면 산소 가스는 물로부터 물고기 혈액으로 확산되어 들어간다.

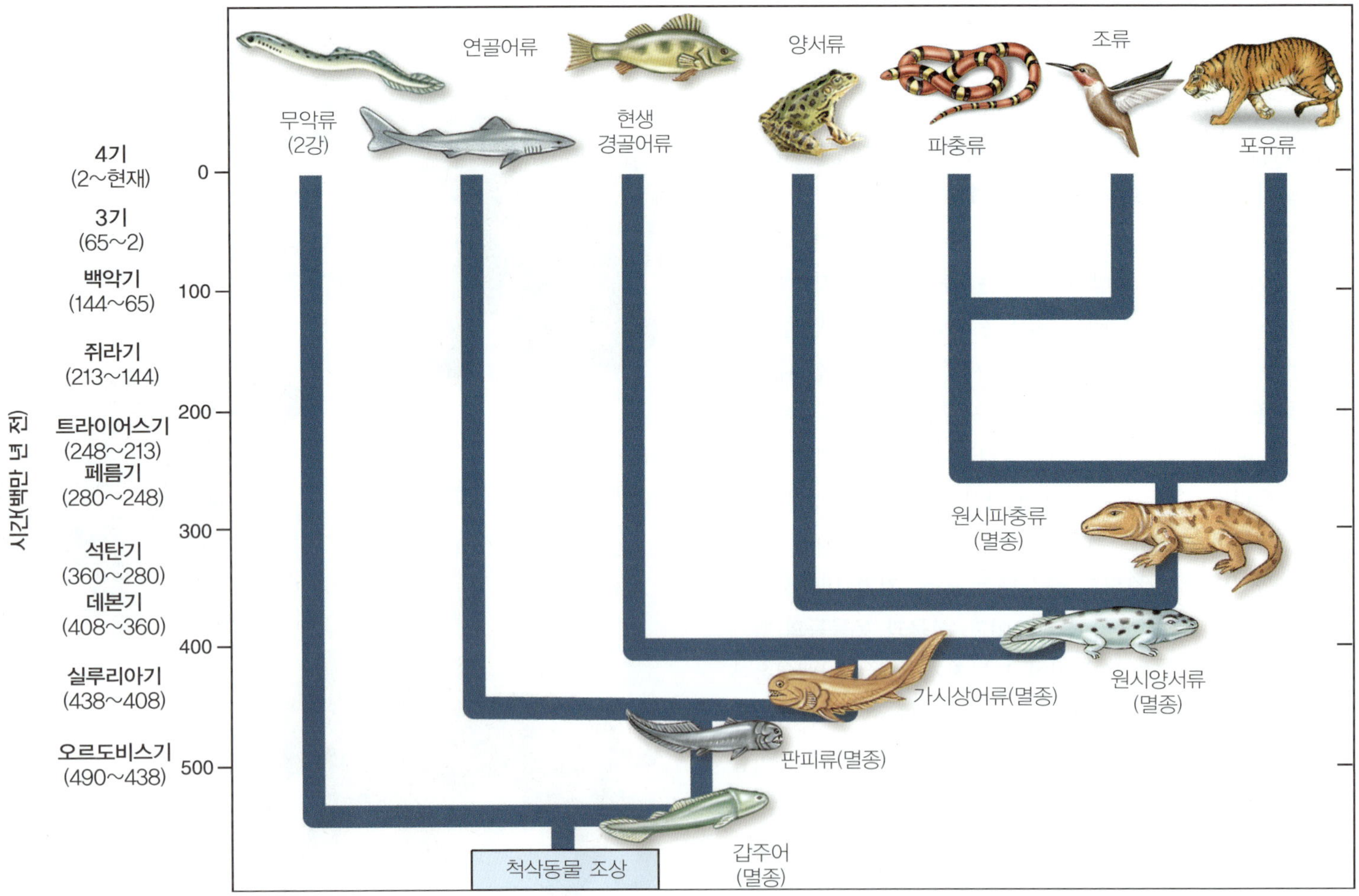

그림 20.9 척추동물 가계도

원시 양서류는 총기류에서 분화되었다. 원시 파충류는 양서류에서 분화되었고 오늘날 새의 조상인 공룡과 포유류가 차례로 분화되었다.

2. **척주** 모든 물고기는 비록 뼈로 만들어질 필요는 없지만 등쪽 신경삭을 둘러 싼 척주를 지닌 내골격을 지니고 있다. 뇌는 경골 또는 연골로 된 두개이라고 하는 보호 상자 안에 완전히 싸여 있다.
3. **단일 혈액 순환** 혈액은 심장에서 아가미로 보내지게 된다. 아가미로부터 산소가 유입된 혈액은 몸을 순환하고 다시 심장으로 돌아온다. 심장은 질서정연하게 수축하는 4개의 방으로 구성된 근육성 튜브펌프(tube-pump)이다.
4. **영양 결핍** 물고기는 방향족의 아미노산을 합성할 수 없다. 그래서 음식물에서 그것을 섭취해야만 한다. 이런 현상은 모든 척추동물 후손들이 물려받았다.

그림 20.10 특수화된 칠성장어의 입

칠성장어는 그들의 먹이원인 물고기에 부착하기 위해 흡반같은 입을 사용한다. 먹이를 먹을때, 그들은 이빨로 물고기에 구멍을 내고 피를 빨아 먹는다.

첫 물고기

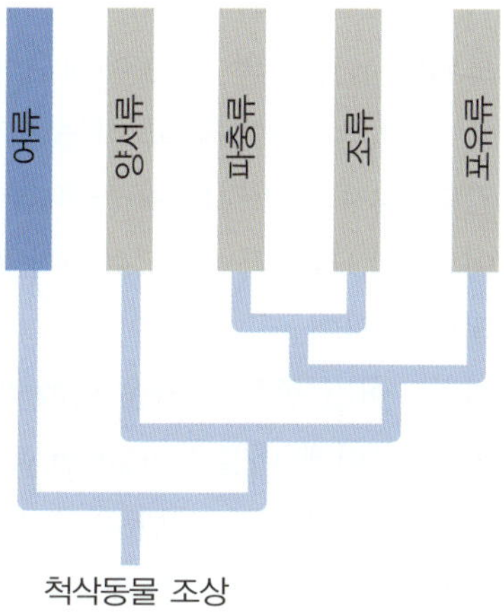

첫 등뼈를 지닌 동물은 약 5억 년 전에 바다에 출현한 무악류였다. 이 물고기는 '패각 피부'라는 의미를 지닌 *갑주어*(ostracoderm)라고 하는 무리의 종류였다. 이들은 머리 부위만이 뼈로 구성되어 있었다: 그들의 정교한 내부 골격은 연골로 구성되어 있었다. 물속을 꿈틀거리면서 턱과 이빨이 없는 이 물고기는 바다 바닥에 있는 작은 먹잇감을 삼켰다. 발 길이보다 대부분 작은 초기의 물고기들은 단순히 물을 유영할 수 있는 원시적인 꼬리가 있을 뿐 지느러미가 없는 아가미로 호흡하였다. 이들 물고기는 약 1억 년 동안 전 세계의 대양에 우점하는 진화적으로 큰 성공을 거두었다. 이 시기가 끝나면서 몇몇 갑주어 그룹들은 물에서 잘 유영할 수 있도록 원시적인 지느러미와 몸을 보호하기 위한 뼈로 된 대형 방패막을 발달시켰다. 그들은 결국 새로운 종류의 사냥 물고기로 대체되었다. **그림 20.10**처럼 먹장어와 기생성 칠성장어 같은 **무악류(agnathans)**는 현재에도 살고 있다.

턱의 진화

물고기의 진화는 물속에서의 포식자로서 생존을 위한 두 가지 도전의 극복에 의해 특징 지어졌다:

1. 잠재적인 먹잇감을 움켜잡을 수 있는 최선의 방법은 무엇인가?
2. 물속에서 먹이를 추격할 수 있는 최선의 방법은 무엇인가?

3억 6천만 년 전에 무악류로부터 대체된 물고기는 두 가지 진화적 도전을 잘 극복한 강력한 포식자였다. 기본적으로 중요한 진화적 진보가 약 4억 1천만 년 전에 이루어졌다. 즉, 턱의 발달이었다. **그림 20.11**에서처럼 턱은 아가미틈 사이의 조직을 지지해 주는 연골로 된 일련의 아가미궁들(빨간색과

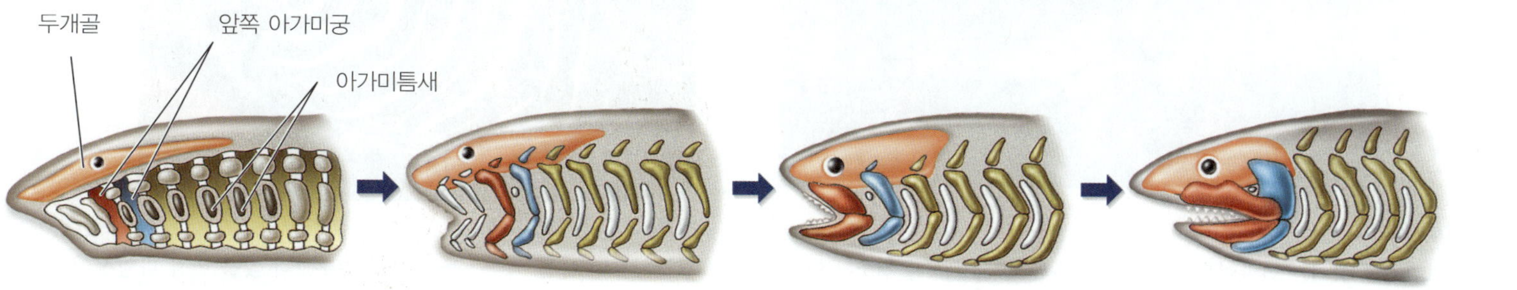

그림 20.11 물고기들의 주요 적응: 턱의 진화

턱은 조상인 무악류의 앞쪽 아가미궁으로부터 진화했다.

파란색)의 가장 앞쪽에서부터 진화한 것으로 보인다. 그림의 왼쪽에서 오른쪽으로 살펴보면 아가미궁이 어떻게 턱으로 변화되는지 알 수 있다.

*placoderms*이라고 하는 멸종된 갑주어류와 *acanthodians*이라고 하는 가시 있는 물고기는 둘 다 턱이 있고 쌍으로 된 지느러미를 지니고 있었다. 가시물고기류는 포식자였고, 유영에 도움이 되는 7쌍의 지느러미를 지니고 있어 갑주어류보다 훨씬 더 빨리 유영을 할 수 있었다. 더 큰 판피어류는 딱딱한 뼈로 무장된 큰 머리를 지니고 있었다. 많은 판피어류는 거대한 길이의 몸체로 성장했고 어떤 종은 9m 이상이 되었다.

가시물고기류와 판피어류 모두는 현재 멸종했고, 대신에 물속을 더 잘 유영할 수 있도록 진화한 상어나 경골어류 같은 종으로 대체되었다. 초기의 상어와 경골어류는 가시물고기류와 판피어류가 사라지고 나서 곧 화석기록에 나타나게 된다. 그런데 그들은 1억 5천만 년 동안 바다에 공존해 오다가 기나긴 경쟁은 기동성이 좀 떨어지는 초기의 턱을 지닌 물고기의 완전한 사라짐으로 마침내 끝나게 된다. 지난 2억5천만 년 동안 세계의 대양과 강을 유영하던 모든 턱을 지닌 물고기는 상어(그리고 가까운 유연관계를 지닌 가오리)거나 경골어류였다.

상어

상어의 유영에 있어서 속도와 기민성을 개선하는 문제는 초기의 무거운 경골성 골격을 가볍고 유연한 연골로 만들어진 골격으로 대체하여 해결되었다. 연골어강(Chondrichthyes)에 속하는 종들은 상어, 홍어, 가오리가 있다. 상어는 매우 강력한 유영자이고 물속에서 추진력을 조절해 주는 등지느러미와 꼬리지느러미 그리고 쌍으로 된 옆지느러미를 가지고 있다(**그림 20.12**). 홍어와 가오리는 물속의 바닥을 유영하는 편평한 상어류이다; 그들은 상어가 처음 출현한 후 약 2억 년을 진화해 왔다. 오늘날 약 750종류의 상어, 홍어, 가오리류가 있다.

가장 큰 상어류의 어떤 종들은 무악류처럼 물속에서 그들의 먹이를 여과해 먹는다. 그러나 대부분은 포식자로서 그들의 주둥이가 단단하고 예리한 이빨들이 열을 지어 무장되어 있다. 상어는 고도로 정교한 감각계를 지니고 있어 잘 적응된 포식자 생활을 하고 있다. 먼 거리에서도 상어는 잘 발달된 감각기관을 이용해 먹이를 감지할 수 있다. 또한 *측선 감각계*(lateral line system)라고 하는 감각계는 상어가 물속에서 어떤 교란을 감지할 수 있게 한다. 상어의 머리에 위치한 특별한 전기수용체는 가까운 범위 내에서 모두 동물을 에워싸고 있는 전기장을 감지할 수 있다. 연골어류의 생식 방법은 어떤 물고기보다 가장 진보되었다. 상어의 알은 체내수정에서 된다. 짝짓기 동안에 수컷은 기각(clasper)이라고 하는 변형된 지느러미로 암컷에 밀착시킨다. 정자가 기각의 홈을 따라 암컷의 몸 안으로 들어간다. 상어, 홍어, 가오리의 약 40%가 수정된 알을 낳는다. 이들 종의 몇몇은 인어공주 지갑이라고 하는 딱딱한 캡슐 안에 알을 넣는다. 또 어떤 종들은 알을 암컷의 몸 안에서 발생하여 새끼가 나온다. 그런데 이들의 배(embryo)가 암컷 뱃속에서 발생하고 암컷의 분비선 또는 태반 같은 부위에서 영양분을 공급받는다(포유류 태반에 관해서는 20.8절에서 논의한다).

경골어류

유영에서의 속도와 기민성을 개선하는 문제를 경골어류에서

그림 20.12 연골어류

갈라파고스 상어는 연골어류의 일종인데, 주로 포식자 또는 청소부 역할을 하면서 우아한 움직임으로 평생을 보낸다. 그들이 움직일 때, 물을 아가미로 통과시켜서 산소를 공급받는다.

그림 20.13 경골어류

경골어류는 다른 척추동물을 합한 종수보다 많을 만큼 다양성이 높다. 피지에 사는 이 한국산 에인절피쉬(*Pomacanthus semicircularis*)는 열대 바다의 산호초 주변에 사는 많은 멋있는 물고기 중의 하나이다.

표 20.2 어류의 주요 강

강	대표적인 종		주요 특징	대략적인 현 종 수
가시상어강	가시상어		턱을 가진 물고기; 현재 모두 멸종; 예리한 가시로 지지 받았던 느러미 쌍을 가짐	멸종
판피강	갑주어강		머리에 무거운 투구가 있는 턱을 가진 물고기; 종종 아주 크다	멸종
경골어강 조기아강 (아강)	기조류		척추동물에서 가장 다양한 그룹; 부레와 뼈 골격을 가짐; 경조에 의해 지지를 받는 쌍으로된 지느러미를 가짐	30,000
육기아강 (아강)	총기류		경골어류에서 대규모 멸종이 일어남; 양서류의 조상; 쌍으로된 엽상지느러미를 가짐	8
연골어강	상어, 가오리, 홍어		유선형 구조의 사냥꾼; 연골 골격; 부레 없음; 체내 수정	750
먹장어강	먹장어		쌍으로된 부속기관이 없는 턱없는 물고기; 청소부; 대부분 시각이 발달되어 있지 않으나 냄새를 매우 잘 맡는다.	30
두갑강	칠성장어		대규모로 멸종된 쌍으로된 부속기관이 없는 턱없는 물고기; 기생성과 기생성이 아닌 타입이 있음; 모두 담수에서 산란한다.	35

는 매우 다른 방식으로 해결하였다(**그림 20.13**). 상어처럼 연골성 골격으로 몸을 가볍게 하여 속도의 문제를 해결하는 대신에 경골어류는 완전하게 경골로 된 단단한 내골격을 적응시켰다. 그런 내골격은 매우 강한 근육이 부착하여 당겨질 수 있는 근간을 제공한 매우 강력한 것이었다. 경골어류는 **부레(swim bladder)**를 갖고 있어 부력이 생기게 된다. 이 부레는 물고기가 부력을 조절할 수 있는 가스주머니로 물속 깊이에 상관없이 유영을 쉽게 할 수 있게 만들어 주었다. **그림 20.14**는 부레가 어떻게 작용하는지 보여주고 있다. 부레에 공기의 양은 부레 근처의 혈관을 통해 이동하는 혈액으로부터 가스를 추출함에 의해 또는 가스를 혈액으로 방출함에 의해 조정된다. 부레를 사용함에 의해 경골어류는 잠수함과 같은 방식으로 물속에서 오르고 내려갈 수 있다. 부레에 의한 유영 도전의 문제점 해결은 경골어류가 큰 성공을 거두었음을 증명해 주었다. 반대로 상어는 그들의 간에 있는 오일로 부력을 증가시켰다. 그러나 아직도 유영을 계속 유지시켜야만 하는데(또는 물속을 계속 움직여야만 함) 그렇지 않으면 가라앉게 된다. 왜냐하면 상어의 몸은 물보다 밀도가 높기 때문이다.

경골어류(경골어강)는 총기류(총기아강)와 기조류(조기아강)로 구성되어 있으며, 오늘날의 물고기 대다수를 포함하고

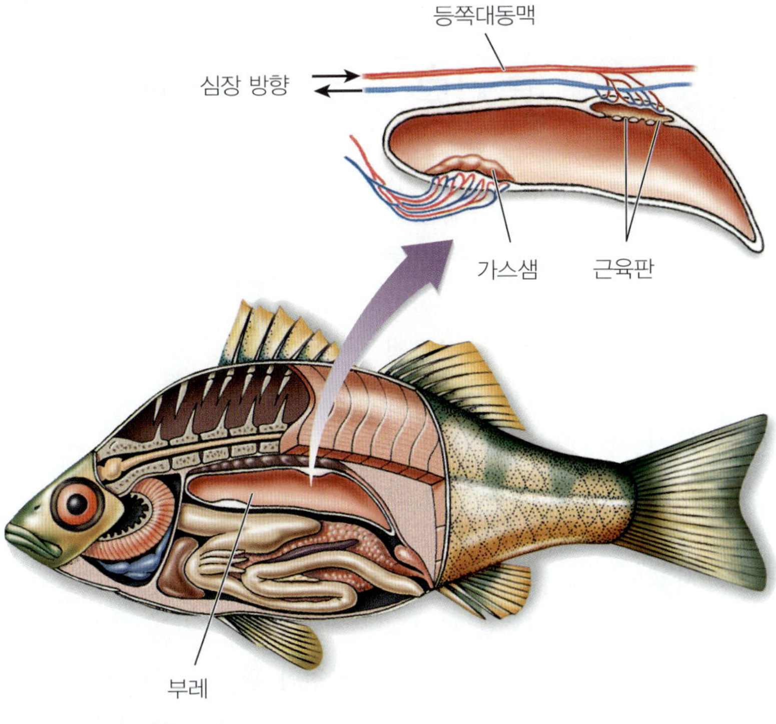

그림 20.14 부레의 구조
경골어류는 물속에서 부력을 조절하는데 인두의 등쪽 주머니에 진화된 부레를 이용한다. 물고기는 부레에 가스를 넣거나 배출함으로써 부력을 조절하게 된다. 가스는 혈액에서 형성되며 가스샘 이 가수를 부레로 분출하게 된다; 가스는 근육판에 의해 방출되게 된다.

있다. 기조류 물고기에서 지느러미는 지지 역할만하고 근육이 없는 경골 기조만을 가지고 있다; 지느러미는 몸체내의 근육에 의해 움직인다. 총기류 물고기에서 지느러미는 서로 관절을 형성하는 뼈의 핵심(core of bones)을 감 싼 육질의 근육엽으로 구성되어 있다; 경골 기조는 단지 각 엽상지느러미의 끝 부위에만 있다(**그림 20.15 ①**). 각 엽 내의 근육은 기조를 서로 독립적으로 움직이게 할 수 있다. 총기류 물고기는 경골어류가 나타난 직후 3억9천백만 년 전에 진화했다. 오늘날 실러캔스(coelacanth) 2종과 폐어 6종을 합하여 8종이 살아 있다. 비록 오늘날 희귀어종이지만 총기류는 그들이 첫 사지동물(네발을 지닌 동물)인 양서류로 분화하게 되는 진화적으로 매우 중요한 역할을 했다.

현생 어종과 멸종 어종을 포함하여 물고기의 주요 그룹은 **표 20.2**에서 요약되어 있다. 경골어류는 모든 물고기에서 실로 모든 척추동물 가운데에서 가장 성공한 종류이다. 대략 30,800여 종의 현생 어류 가운데 약 30,000종이 부레를 가진 경골어류이다. 그 숫자는 다른 모든 척추동물을 합한 수보다 많은 종수인 것이다. 사실, 만약 여러분이 한 곳에 서서 번갈아가며 당신 옆을 지나가는 오늘날 살아있는 모든 척추동물들을 만난다면, 그들 중의 반이 경골어류일 것이다. 경골어류의 뚜렷한 성공은 일련의 중대한 적응력에서 초래되었다. 부레와 더불어 그들은 물의 압력의 변화를 감지할 수 있음으로 해서 물속에서 포식자와 먹이의 움직임을 알아낼 수 있는 감각계의 하나인 **측선 시스템(lateral line system)**을 크게 발전시켰다. 측선 시스템에 관해서는 제29장에서 더 상세히 다룰 것이다. 또한 대부분의 경골어류는 머리의 양 측면에 있는 아가미를 덮고 있는 **아가미덮개(operculum)**라고 하는 딱딱한 판을 가지고 있다. 아가미덮개의 유연성은 경골어류가 물을 아가미로 내보낼 수 있게 하였다. 아가미덮개가 매우 효과적인 골풀무처럼 사용함에 따라 경골어류는 유속이 없는 물속에서도 물을 아가미 밖으로 내보낼 수 있다. 그것이 바로 어항에 있는 금붕어가 입을 뻐끔거리는 모습인 것이다.

주요 학습 요점 20.4 물고기는 아기미에 의한 단순한 1차 순환계와 척주를 지니고 있다. 상어는 매우 빠른 유영을 한다. 반면에 경골어류의 성공적인 특성은 부레와 측선 감각계를 가지고 있다는 것이다.

20.5 육지로 올라온 양서류

피부가 촉촉한 척추동물인 개구리, 도롱뇽, 무족류 등은 물고기의 직계 후손들이이다. 그들은 매우 성공적인 그룹의 유일한 생존자들로서 육상으로 걸어간 첫 척추동물인 **양서류(amphibian)**인 것이다. 양서류는 총기류의 물고기로부터 진화한 것으로 보이는데, 이 총기류 물고기는 서로 완전한 관절의 형태를 가진 뼈의 중앙 코어에 의해 지지를 받는 길고 도톰한 근육성 엽으로 구성된 지느러미 쌍을 가지고 있었다. 2006년에 새로운 화석 물고기(*Tiktaalik*)의 발견은 물고기에 양서류로의 추가적인 변이 단계를 보여 주었다(**그림 20.15 ②**).

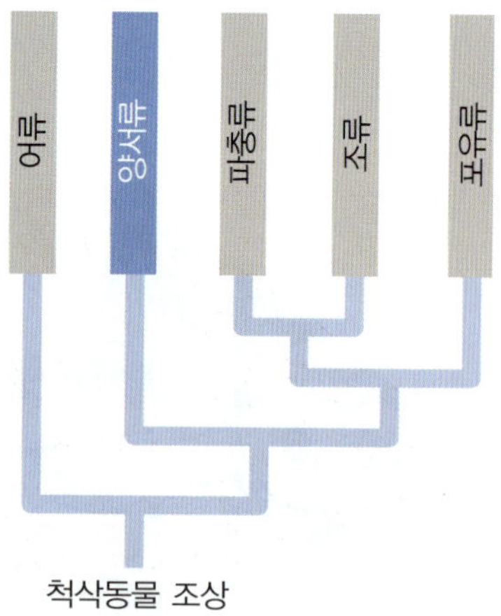

양서류의 특성

성공적으로 육지로 올라 올 수 있었던 양서류는 5가지 주요 특성을 가지고 있다:

1. **다리** 개구리와 도롱뇽은 4개의 다리를 가지고 있고 육지에서 아주 잘 이동할 수 있다. 다리가 지느러미에서 진화했다고 생각되는 이유를 **그림 20.15**에서 설명하고 있다. 초기 양서류의 사지 ③의 뼈의 배열은 총기류 물고기 ①와 *Tiktaalik* ②에서 볼 수 있는 뼈의 배열과 비슷한 것을 주목해 보자. 다리는 육상 생활에 주요 적응의 하나인 것이었다.
2. **폐** 대부분의 양서류는 비록 폐의 내부 표면이 잘 발달해 있지는 않더라도 1쌍의 폐를 가지고 있다. 물고기 아가미의 섬세한 구조는 물고기를 지탱해 주기 위한 부력이 필요하기 때문에 폐가 필요했다.
3. **피부호흡** 개구리, 도롱뇽, 무족류 모두는 피부로 직접

호흡함에 의해 폐 사용의 보조로 작용하며, 피부는 축축해야 하며 넓은 표면적을 제공한다. 넓은 표면에 대한 체적의 비율에는 최고의 효율성이 있기 때문에 피부 호흡 방식은 양서류의 몸체 크기에 제한을 주었다.

4. **폐정맥** 혈액이 폐를 통해 주입된 후 폐정맥이라고 하는 두 개의 큰 혈관은 산소가 공급된 혈액을 재주입하여 다시 심장으로 되돌아간다. 심장은 혈액이 폐를 나갈 때보다 더 높은 압력으로 산소가 들어있는 혈액을 조직으로 내보내게 된다.

5. **부분적으로 분할된 심장** 육지에서의 움직임과 생활을 위해 근육은 더 많은 양의 산소가 요구된다. 양서류의 심장의 방은 허파에서 나온 산소가 함유된 혈액이 몸체를 돌고 심장으로 되돌아가는 산소가 없는 혈액과 섞이는 것을 막기 위해 구분된 벽에 의해 분리되어 있다. 이것은 혈액 순환을 두 가지 분리된 순환 방식인 폐순환과 체순환으로 분리시켰다. 그런데 이 분리방식은 완벽하지 않아 약간 혈액 혼합이 생긴다.

양서류의 역사

양서류는 약 1억 년 동안(**그림 20.16**) 우점하는 육상 척추동물이었다. 그들은 처음으로 석탄기에는 흔한 종이 되었으며 석탄기에는 육상의 많은 부분이 저지대의 열대 습지대로 덮여 있었다. 양서류는 페름기 중간 기간에 40과(family)에 있을 정도로 가장 높은 다양성을 가지게 되었다. 양서류의 60%가 골판과 갑옷 같은 방호복이 몸을 감싸고 있는 완전 육상 생활형 양서류였다. 많은 육상 양서류가 매우 크게 자랐고

그림 20.15 양서류의 주요 적응: 다리의 진화
기조류에서 지느러미는 경조(bony rays)를 가지고 있다. ❶ 총기류에서는 지느러미가 경조와 더불어 뼈의 중심핵(내부에 두툼한 엽)을 지니고 있다. ❷ *Tiktaalik*의 불완전한 화석(뒷다리가 없음)에서 어깨, 앞다리, 손목뼈는 양서류의 골격과 닮았다. 그러나 다리의 끝은 총기류를 닮았다. ❸ 초시 양서류에서 다리 뼈의 위치가 바뀌고 발가락이 존재한다.

그림 20.16 페름기 초기의 육상 양서류
페름기 초기에 양서류의 많은 유형들은 대부분 육상에서 살았고, Cacops 같은 일부 종들은 몸에 큰 갑옷을 두루고 있었다.

표 20.3 양서강의 목(Order)

목	대표적인 종류		주요 특징	대략적인 현생 종수
무미목	개구리, 두꺼비		완전히 꼬리가 없는 몸체; 몸통과 융합한 큰 머리; 점프를 위해 발달된 뒷다리	4,200
유미목(또는 도롱뇽목)	도롱뇽, 영원류		가는 몸체; 긴 꼬리와 몸체와 직각을 이루는 사지	500
무족목(또는 나사목)	무족영원류		뱀같은 몸체를 지닌 열대성 양서류; 사지가 없고 꼬리가 조금 있거나 전;혀 없음; 체내수정	150

어떤 종은 조랑말 정도의 크기를 가지고 있었다. 페름기의 대멸종 이후, 육상형 양서류는 감소하기 시작했고 공룡이 진화한 시기에는 단지 15과만이 남았고 모두 수서형이었다.

현재 3목 37과의 약 4850종의 양서류가 살고 있는데(**그림 20.17**), 이들 모두는 다시 물속으로 들어가 파충류와의 경쟁에서 생존한 수서형 양서류 3과의 후손들인 것이다. 양서강의 살아 있는 3목(order)은 다음과 같다. 무미류-개구리 및 두꺼비, 유미류-도롱뇽과 영원류(newts), 무족류-caecilians (**표 20.3**). 오늘날의 대부분의 양서류는 조상의 생식 방식을 지니고 있다. 물속에 낳은 알은 아가미를 지닌 수서 유생으로 부화하고, 이 유생은 결국 폐를 가진 성체로 *변태 과정*(metamorphosis)을 거치게 된다. 많은 양서류에서 이런 패턴에서 예외적인 방식이 나타나고 있지만 모두 그들의 얇은 피부 때문에 수서 환경이 아니면 습한 조건에 의지해야 한다. 습한 서식지에서 특히 열대지역에 사는 양서류는 종종 현재 살아 있는 양서류 중 가장 풍부하고 성공적인 척추동물이다.

그림 20.17 오늘날의 대표적인 양서류.
이 빨간눈의 나무개구리(Agalychnis callidryas,)는 개구리와 두꺼비 등이 속하는 양서류 그룹(무미목)의 한 종이다.

주요 학습 요점 20.5 양서류는 성공적으로 육상에 올라온 최초의 척추동물이다. 그들은 다리, 폐, 그리고 폐정맥을 발전시켰고, 폐정맥은 산소가 포함된 혈액을 재순환시켜 몸의 근육에 훨씬 효율적으로 산소를 공급시키게 된다.

20.6 육지의 정복자, 파충류

파충류의 특징

우리가 육상에서의 생존에 관한 원고의 첫 대상자로 양서류를 생각했다면, 그 다음으로는 **파충류(reptiles)**가 이어서 책으로 발간했을 것이다. 모든 살아 있는 파충류가 양서류에서 우점하는 육상 척추동물로서 대치되었던 시기에 파충류가 가졌던 어떤 기본적인 특징을 공유하고 있다. 공유하는 형질 중에 매우 중요한 것은:

1. 양막난 양서류는 결코 육상동물로 완전히 성공할 수 없었다. 왜냐하면 양서류의 알은 건조되는 것을 피하기 위해 물속에 낳아야만 한다. 대부분의 파충류는 건조를 막을 수 있는 여러 층으로 되어 있는 방수성 알을 산란한

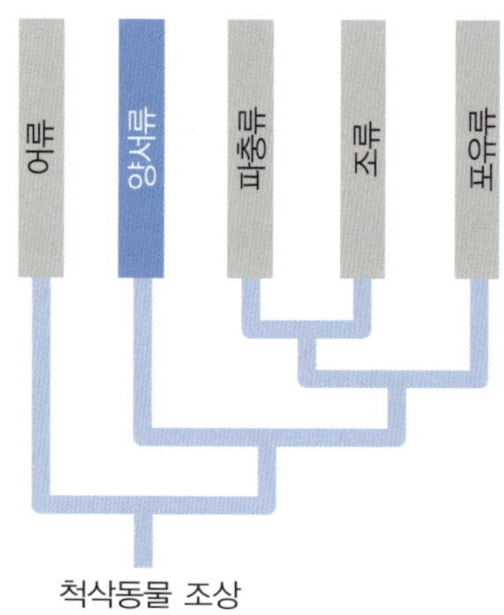

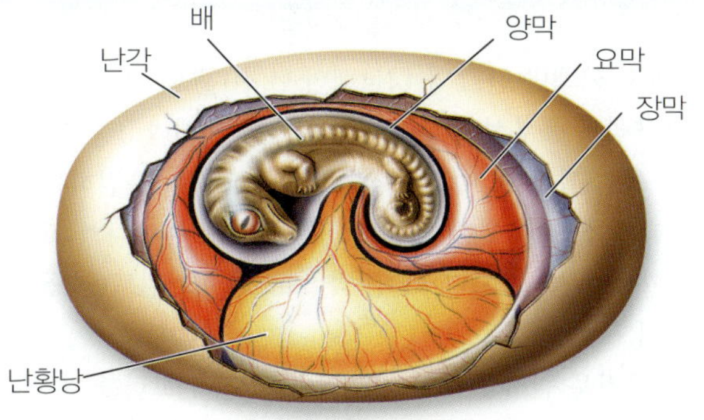

그림 20.18 방수성 난

방수성 양막난은 파충류가 다양한 육상 서식지에서 사는 것이 가능하도록 했다.

다. 파충류의 **양막난(amniotic egg, 그림 20.18)**은 영양분(난황)을 함유하고 있고 4개의 막인 장막(가장 바깥층), 양막(배를 둘러싸고 있는 막), 난황막(난황이 있는), 요낭(빨간 구조)이 있다.

2. **거친 피부** 양서류는 젖은 피부와 건조한 것을 피하기 위한 축축한 곳에 머물러야만 한다. 파충류에서 비늘층이나 갑옷 같은 것이 몸을 덮고 있어 수분 소실을 막는다.
3. **흉부 호흡** 양서류는 목을 압축함에 의해 공기를 허파를 밀어 넣음으로써 호흡을 한다. 이것은 그들의 호흡 능력의 입의 부피에 한정될 수밖에 없다. 파충류는 늑골을 팽창과 수축하여 공기를 허파로 빨아들이고 나서 다시 밀어내는 흉부호흡을 발달시켰다.

더불어 파충류는 양서류에 의해 처음으로 시도되었던 혁신을 개선하였다. 파충류가 더 커지고 달릴 수 있도록 다리가 몸무게를 더 효과적으로 지지할 수 있게 배열되었다. 또한 허파와 심장이 훨씬 더 효과적으로 작용하도록 변했다. 오늘날 파충강(**표 20.4**)의 7,000여 종이 지구상의 습하고 건조한 모든 서식지에서 발견되고 있다. 현재 파충류는 4그룹으로 구분되고 있다: 거북류(turtles, tortoises), 악어류(crocodiles, alligators), 뱀과 도마뱀류(snakes, lizards), 큰도마뱀류(tuataras).

파충류의 역사

파충류는 지구가 오랜 기간 건조한 시기로 들어갔던 약 3억 년 전에 진화하였다. 이 당시에 파충류의 세 부류의 계통이 형성되었다. 'sail-back'이라고 하는 **펠리코사우르(pelycosaurs)**의 계통(**그림 20.4**)이 출현하였다. 길고 예리한 '스테이크나이프'라고 하는 이빨을 가진 펠리코사우르가 자기

그림 20.19 조룡류

조치류인 *Euparkeria*는 현재의 악어(crocodiles and alligators) 처럼 척추의 측면에 골판이 열 지어 있었다.

와 비슷한 몸체를 지닌 동물을 죽일 수 있는 첫 육상 척추동물이었던 것이다. 펠리코사우르는 5천만 년 동안 우점하였고 절정기에는 모든 육상 척추동물의 70%를 차지하였다. **테랍시드(therapsid, 그림 20.22)**가 약 2억5천만 년 전에 펠리코사우르에서 대체되었고 네발로 엎드린 모습의 펠리코사우르보다 더 직립한 자세를 보였다. 2천만 년 동안 테랍시드는 육지를 우점하는 척추동물이었다. 1억7천만 년 전에 대부분의 테랍시드는 멸종되었다. 그러나 한 그룹이 생존하게 되고 결국에는 포유동물로 분화하게 되었다.

두 번째 계통이 분기되었고 결국에는 2억 년 전에 거북이의 조상으로 분화되었다. 거북이는 중생대 삼첩기 이후로 크게 변화하지 않았고 바로 파충류 계통의 조상이 되었다.

테랍시드가 약 2억 3천만 년 전에 덜 흔한 종이 되어감에 따라 세 번째 계통의 파충류 계보가 생겨나 뱀, 도마뱀, 큰도마뱀의 조상인 해양 파충류의 **어룡(ichthyosaurs)**, **익룡(plesiosaurs)**, **조룡(archosaurs)**으로 분화되었다.

초기 조룡(archosaurs)은 **악어(crocodiles)**와 닮았으나(**그림 20.19**) 후에 **조치류(thecodonts)**라고 하는 유형인 두발로 서는 첫 파충류였다. 초기 조룡은 트라이아스기 동안에는 크게 번성했으나 결국 주요 4개의 그룹으로 분화하게 되었다: **공룡(dinosaurs)**, 매우 다양한 그룹으로 분화하고 일부는 말보다 더 크게 됨; **악어(crocodiles)**, 지금까지 크게 변화되지 않음; **익룡(pterosaurs)**, 하늘을 나는 파충류가 됨; 새, 우리가 더 논의할 것임. 공룡이 모든 육상의 척추동물들 중에서 가장 성공한 동물이었다. 그러나 6천5백만 년 전에 그들은 해양 파충류와 익룡을 따라 멸종하게 되었다.

> **주요 학습 요점 20.6 파충류는 육상 생활에 잘 적응하기 위한 3가지 특징을 가지고 있다: 방수성(양막) 난, 건조한 피부 및 흉부 호흡.**

자세히 관찰하기

공룡

공룡은 가장 성공한 육상 척추동물이다. 공룡은 1억 5천만 년이라는 엄청난 기간 동안 육상을 점령한 동물이었다. 공룡과 비교해 보면, 인간은 고작 1백만 년을 지구에 살고 있는 셈이다. 이런 긴 기간 동안 공룡은 엄청나게 변화되었다. 왜냐하면 그들이 살았던 세계가 변화되었기 때문이다. 대륙이 이동했고 기후가 급격하게 변화하였다. 그러므로 우리는 마치 공룡을 대표적인 어떤 한 유형으로 묘사할 수 있는 특정한 동물 분류군인 것처럼 연구할 수 없다. 오히려 우리는 변화와 적응의 긴 행렬의 '이야기' 로서 공룡을 바라보아야만 한다.

공룡의 기원

첫 공룡은 지금은 멸종한 고기를 먹는 파충류의 악어 같은 그룹인 조치류에서 진화하였다. 우리가 어떤 분명한 근거를 가지고 있는 가장 오래된 공룡은 약 2억 3천5백만 년이 된 아르헨티나의 트라이아스기 후기의 바위에 그 화석을 남겼다. 모두 고기를 먹는 이들 초기의 공룡은 중요한 공룡의 몸 구조를 가진 첫 척추동물이었다. 그들의 다리가 직접 몸의 아래에 위치해서 먹이를 잽싸게 추적할 수 있었다.

공룡의 전성시대

쥐라기(2억 1천3백만 년~1억 4천4백만 년 전)를 이 시기 동안에 살았던 공룡의 다양성과 풍부성 때문에 공룡의 전성시대라고 한다. 역사상 가장 큰 육상 동물 가운데, 대형 **용각류(sauropod)**는 우점하는 초식성(식물을 먹는) 동물이었다. 어떤 종은 몸무게가 55톤이나 되고 키는 10m나 되었으며, 농구코트보다 더 긴 약 30m(약 100피트)의 몸길이를 가지고 있었다.

그들은 무거운 원기둥 모양의 다리와 긴 목과 꼬리를 가진 엄청나게 거대한 원통 모양의 몸체를 가졌다. 쥐라기 후기에 바로 포악한 육식성 **수각류(theropod**; 신선한 고기를 먹는 공룡)가 진화했다. 강력한 다리와 짧은 앞발, 큰 머리를 가진 두발로 걷은 수각류는 빠르게 달리고 잽싸고 맹렬하게 공격할 수 있는 적합한 몸 구조를 가지고 있었다. 어떠한 공룡의 몸체 크기에 비해 가장 큰 뇌를 가진 밸로키랍토르(*Velociraptor*)는 발가락에 있는 크고 면도칼 같은 발톱을 이용해 먹이를 죽이는 매우 유능한 포식자였다. 동물계에서 가장 큰 뇌를 가진 동물 중에 하나인 티라노사우루스(*Tyrannosaurus*)는 일찍이 알려진 가장 큰 육상 포식자 중에 하나였으며, 20cm의 커다란 이빨을 가진 엄청나게 큰 두개골을 가지고 있었다.

용각류(sauropod)의 몸 구조

저작성 공룡의 승리

백악기(1억 4천4백만 년~6천5백만 년 전) 초기에 피자식물의 출현과 함께 용각류라는 저작 이빨을 가진 식물을 먹는 공룡으로 대치되었다. *Iguanodon*, *Triceratops*, *Hadrosaurus* 의 턱은 매우 질긴 피자식물조차도 조각내고 빻고 갈 수 있는 거대한 연삭용 이빨들을 가지고 있다. 900m의 몸길이와 5톤의 몸무게를 가진 많은 저작성 공룡은 현재의 탱크보다 더 컸다.

공룡의 멸종

6천5만백만 년 전, 모든 공룡이 화석 기록으로부터 사라져 버렸다. 1억 5천만 년 동안 번성한 후 갑작스럽게 공룡이 멸종한 이유가 무엇일까? 지금 대부분의 생물학자들은 유카탄 해안에 거대한 운석(지름이 8~16km 정도)의 충돌에 의한 것이라는 데 동의하고 있다. 그 충돌은 직경 300km의 엄청난 분화구를 만들어 냈으며, 대기로 엄청난 분진을 날려 상당기간 동안 태양 빛이 차단되고 지구의 기온이 크게 떨어지게 되었다. 깃털이나 털로 단열이 가능했던 온혈(항온)성 새와 포유류는 생존하게 되었다. 그리고 냉혈(변온)성 파충류와 양서류는 또한 생존했다. 냉혈동물은 단순히 그들의 활동 수준이 낮아졌다. 그런데 대부분의 백악기 공룡이 온혈성이 아니었다고 하더라도 생물학자들은 단열을 할 수 없어 공룡들은 운석 충돌 후 매우 추운 기간에 몸의 열을 유지할 수 없었을 것으로 생각하고 있다.

수각류(theropod)의 몸 구조

표 20.4 파충류의 목			
목	대표적 종류	주요 특징	대략적인 현생 종수
조반목	검룡 	새의 골반처럼 두개의 골반이 뒷쪽을 향해 있는 공룡: 거북이 입의 윗쪽 부리 모양같은 초식성; 다리가 몸의 아래에 위치	멸종
용반목	티라노사우루스 	도마뱀의 골반처럼 한개의 골반이 앞쪽으로 나머지는 뒷쪽을 향해 해 있는 공룡; 초식성과 육식성이 있음; 다리는 몸의 아래에 위치	멸종
익룡목	익룡 	날으는 파충류; 날개는 4번째 손가락과 몸체 사이에 피부가 뻗어서 형성됨; 초기 익룡의 날개 길이는 60cm, 후기에는 가장 큰 익룡이 12m에 달하는 날개를 가짐; 초기의 익룡은 이빨 과 긴 꼬리를 가졌으나 후기의 몇몇 종들은 속이 빈뼈, 용골 가슴 뼈, 축소된 꼬리, 이빨의 퇴화 및 딘열성 솜털 등을 포함해서 새들과 비슷한 깃털을 갖고 있었다	멸종
장경룡목	장경룡 	날카로은 이빨과 큰 노 모양의 지느러미를 가진 나무통 모양 같은 해양 파충류; 일부 종은 뱀처럼 목의 길이가 몸의 두배정도나 되었다	멸종
어룡목	어룡 	상어나 현생 물고기와 비슷한 몸채를 지닌 유선형의 해양 파충류	멸종
뱀목, 도마뱀아목	도마뱀 	도마뱀; 사지가 몸에 직각으로 위치; 항문이 가로로(옆으로) 갈라져 있음; 대부분 육상형	3,800
뱀목, 뱀아목	뱀 	뱀; 다리 없음; 미그러지듯이 움직임; 비늘피부는 주기적으로 탈피; 대부분 육상형	3,000
거북목	거북이, 육지거북, 바다거북 	뼈와 늑골이 융합된 골판의 껍질을 가진 조상형 아머드파충류; 이빨이 없는 예리하고 뿔 모양의 부리를 가짐	250
악머목	악어류 (Crocodiles, alligators, gavials, caimans) 	4개의 방으로 구성된 심장과 턱 에 박혀 있는 이빨; 항문이 세로로 (종으로) 갈라져 있음; 살아있는파충류 중에서 새와 가장 가깝다.	25
옛도마뱀목	큰도마뱀 	공룡시대 전에 대량으로 사라졌던 한때 번창했지만 현재 유일하게 살아 남 은 생존자; 융합되고 쐐기 모양이며 턱뼈에 박혀 있지 않은 이빨; 앞이마의 피부 밑에 있는 원시적인 3번째 눈	2

20.7 하늘의 정복자, 새

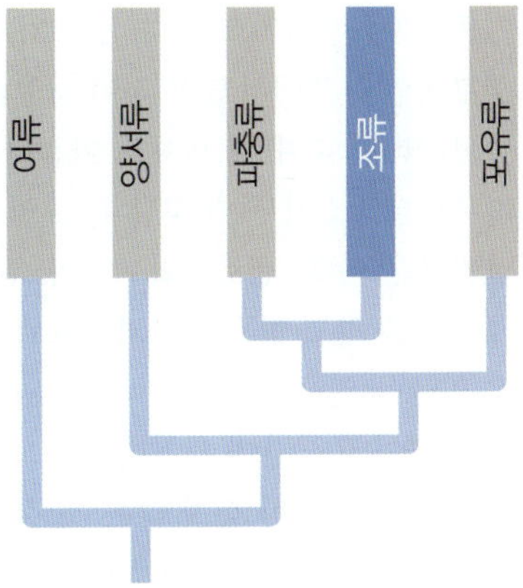

새(bird)는 약 1억 5천만 년 전에 두발로 걷는 작은 공룡에서 진화했으나 그들은 익룡이라고 하는 하늘을 나는 파충류가 공룡과 함께 멸종하기 전까지는 흔하지 않았다. 익룡과 달리 새들은 깃털로 몸이 덮여 있다. 새들은 거의 모든 면에서 구조상 공룡과 매우 유사하게 때문에 새들이 공룡의 직계 후손임을 의심할 바 없다.

그런데 몇몇 분류학자를 제외하고는 대다수가 아직도 새를 파충강 대신에 조류강의 분류 범주에 넣고 있다. 그 이유는 새가 매우 특징적이고 중요한 그룹이기 때문이다.

새의 특징

현생 조류는 이빨이 없고 단지 퇴화한 가함이 없이 깃털 구조를 유지하게 시켜준다. 비늘같이 깃털은 다시 자랄 수 있다. 현생동물 중에 깃털은 새에게만 있다. 몇몇 종류의 공룡도 깃털을 갖고 있으며, 어떤 종류는 색깔이 있는 무늬를 가지고 있기도 했다. 꼬리를 갖고 있으나 그들에겐 아직도 많은 파충류의 특징이 여전히 남아 있다. 예를 들어 비록 새의 난각이 가죽보다 더 단단하지만 새는 양막이 있는 난을 낳는다. 또한 파충류성 비늘이 새의 다리와 발가락에 있다. 무엇이 새들만의 특성이고 살아있는 파충류와의 차이점은 무엇인가?

1. **깃털** 파충류의 비늘에서 파생한 깃털은 두 가지 기능을 갖고 있다. 비행을 도와주는 양력을 제공하고 열을 보존하는 것이다. 깃털은 우지가 뻗어 나온 중심의 깃축으로 구성되어 있다(**그림 20.20**). 우지는 서로 갈고리처럼 걸려 있는 우소지(barbules)라고 하는 2차적인 가지로 서로 연결되어 있다. 이것은 무게를 더 추가함이 없이 깃털 구조를 유지하게 시켜준다. 비늘같이 깃털은 다시 자랄 수 있다. 현생동물 중에 깃털은 새에게만 있다. 몇몇 종류의 공룡도 깃털을 갖고 있으며, 어떤 종류는 색깔이 있는 무늬를 가지고 있기도 했다.
2. **비행 골격** 새의 골격은 얇고 속이 비어 있다. 많은 골격들이 융합되어 파충류 골격보다 더 단단하고 비행하는 동안 고정근육이 잘 부착될 수 있도록 튼튼한 뼈대를 제공한다. 왕성한 비행능력은 새의 전체 무게의 30% 정도를 차지하는 큰 가슴근육에서 나온다. 근육은 날개에서 아래로 뻗어 있고 흉골에 밀착되어 있는데, 흉골은 근육이 부착될 수 있도록 크게 확장되어 있고 현저한 용골을 가지고 있다. 근육은 또한 소위 창사골이라고 하는 융합된 쇄골에도 붙어 있다. 새를 제외한 척추동물의 어떤 종들도 융합된 쇄골과 용골형태의 흉골을 가지고 있지 않다.

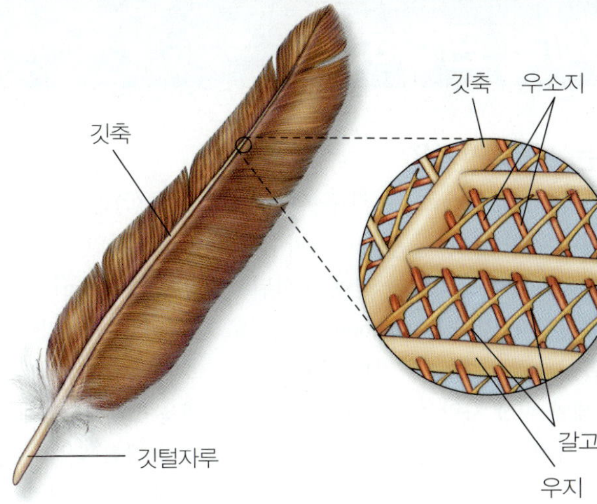

그림 20.20 깃털
깃털의 주요 깃축에서 우지는 우소지라는 2차적인 가지를 갖고 있다. 인접해 있는 우지의 우소지는 미세한 갈고리로 다른 우지에 부탁되어 있다.

새도 포유류와 마찬가지로 온혈동물이다. 그들은 높은 체온을 유지하기 위해 물질대사를 통해 충분한 열을 발산한다. 새들은 포유류보다 더 높은 체온을 유지해야만 한다. 높은 체온은 빠른 물질대사를 가능하게 하며 이것은 비행에 필요한 더 많은 에너지의 요구를 충족시켜 줄 수 있기 때문이다.

조류의 역사

화석에서 나타난 가장 오래된 새는 **시조새(*Archaeopteryx*,** 조상의 날개란 의미, **그림 20.21**)인데, 이 새는 까마귀 정도의

그림 20.21 시조새
던 시조새(*Archaeopteryx*)는 약 1억5천만 년 전에 살았고 가장 오래된 조류화석이다.

조류는 공룡인가?

시조새(*Archaeopteryx*; '알-키-옵-테-익스' 라 발음함)는 인간이 화석에서 발견한 확실한 첫 조류이다. 까마귀와 비슷한 크기인 이 첫 조류 화석은 1861년 1억 5천만 년 전에 형성된 석회암층인 Bavaria의 채석장에서 발견된다. 창사골(wishbon)과 깃털로 된 새의 날개를 가진 시조새는 발톱이 있는 발가락과 긴뼈로 된 공룡의 꼬리를 지니고 있다.

한 세기 이상 사람들은 시조새에 관해 논쟁을 했다. 시조새는 공룡에서 진화했을까? 아니면 다른 어떤 파충류에서 진화했을까? 설득력 있는 증거는 공룡 조상으로부터 분화한 것에 무게를 주고 있다. 시조새는 벨로키랍토르(*Velociraptor*)라고 하는 수각룡과 분명히 닮아 있다. 영화 〈쥐라기 공원〉에서 부엌에서 어린 아이들을 추적하는 무서운 창조물인 벨로키랍토르를 기억할 것이다. 벨로키랍토르처럼 시조새는 평범하지 않은 회전하는 발목 관절을 지니고 있다: 길고 매우 깊은 견갑골; 융합된 쇄골(칠면조의 창사골과 비슷한); 그리고 많은 공유 형질 등을 가지고 있다.

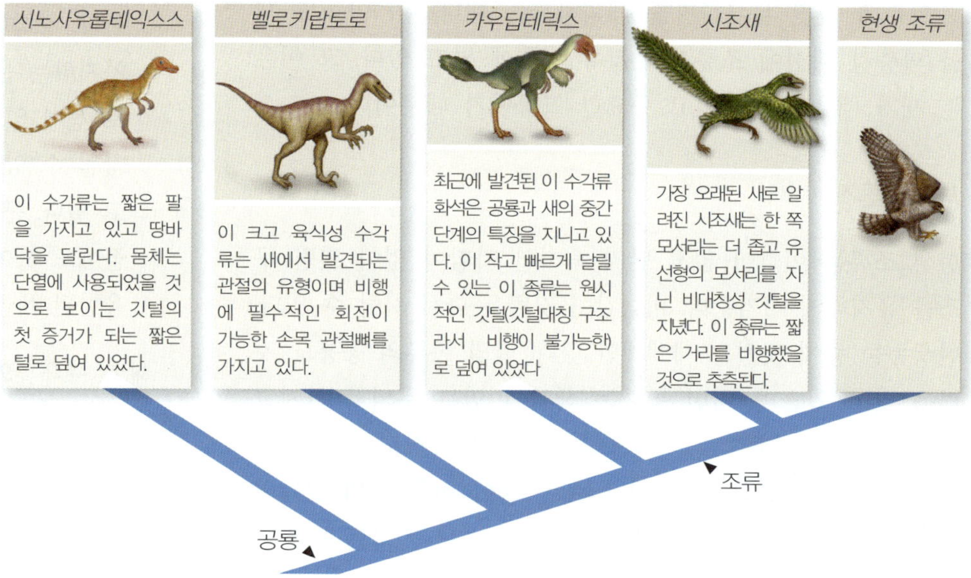

공룡과 새의 직접적인 연계의 설득력 있는 증거는 1996년 중국에서 깃털을 지닌 공룡의 발견이었다. 시노사이롭테릭스(*Sinosauropteryx*)라고 불리는 이 화석에는 날개가 없는 대신에 가벼운 깃털 같은 잔털이 덮여 있었다. 깃털 외피를 가진 공룡 아니면 단순히 털로 덮인 공룡?

2010년에 연구자들은 그 질문에 답을 찾았다. 영국 Bristol 대학의 고생물학자 Mike Benton과 그의 동료들은 시노사이롭테릭스의 단순한 깃털 같은 짧은 털은 멜라니소체라고 하는 아주 작은 주머니 같은 소기관을 가지고 있으며, 각 소기관들은 검은 멜라닌 색소(검은색의 까마귀를 만드는 같은 색소) 또는 적갈색 색소인 페오멜라닌(많은 경주마에서 볼 수 있는 색과 비슷한 밤색)를 가지고 있었다. 멜라니소체의 존재는 동물계에서 흔하게 나타나는 현상이다. 멜라니소체는 척추동물의 모든 분류군의 외부 세포내에서 나타나고 있다. Bristol 대학의 연구팀에 의한 색소세포(멜라니소체)의 발견은 시노사이롭테릭스를 덮고 있는 강모가 콜라겐 섬유의 잔털이 아니고 정말로 깃털이라는 사실을 증명해 주었다.

오늘날의 새들에게 있어서 색소세포(멜라니소체)의 모양과 배열은 새의 깃털 색의 형성에 도움을 주고 있다. 공룡 깃털의 표면을 주사전자현미경을 사용하여 관찰함으로써 Bristol 대학의 연구팀은 시노사이롭테릭스의 색소세포가 꼬리 깃털을 따라 무작위로 위치해 있는 것이 아니라 다소 넓은 띠에 위치하고 있었다. 공룡은 오렌지색과 흰색 고리가 번갈아 꼬리에 배열되어 있었다.

시노사이롭테릭스가 발견된 그해에 또 다른 매우 흥미로운 화석이 중국의 같은 화석 발굴지에서 나왔다. 그리스어로 '꼬리 깃털' 이라는 의미를 지닌 카우딥테릭스(*Caudipteryx*)라는 공룡 화석은 꼬리와 앞발에 큰 깃털을 가지고 있다. 강모가 아닌 큰 깃털은 현생 조류의 깃털과 세부적인 구조에서 많은 점이 닮았다. 이들 두 공룡은 1998년에 발견되었고, 몇 년 후에 세 번째로 아름다운 화석 표본이 발견이 보고되었다. 카우딥테릭스가 새의 깃털 같은 일부 특징을 가진 반면에 짧은 앞다리, 날카로운 이빨, 벨로키랍토르와 유사한 골반, 눈 뒤에 있는 안와(bony bar) 등을 갖고 있는 벨로키랍토르와 많은 공통점을 가지고 있다. 새로운 화석을 연구한 고생물학자들은 카우딥테릭스를 벨로키랍토르와 시조새 사이의 중간에 위치한 계통으로 분류하였다. 그들의 깃털은 조류의 깃털과 확연히 같지 않은 것 같다. 그들은 공룡들로부터 처음에 진화했다. 카우딥테릭스의 앞다리는 너무나 짧아 날개로 사용할 수 없기 때문에 깃털은 아마 비행을 위해 진화되지 않은 것 같다. 대신에 짝을 유혹하는 데 아름다운 구애행동(오늘날의 공작처럼)에 사용되었거나 단열(오늘날의 펭귄처럼)에 사용되었을 것으로 보인다.

비행은 어떤 공룡이 그들의 앞발이 길게 진화됨에 따라 일어난 현상이다. 우리는 이들 공룡을 새라고 한다. 왜 새들은 조류강으로 분류되어 계속 유지되고 있는 것인가? 만약 새들이 공룡이라면 왜 공룡이 그랬던 것처럼 파충류로 분류하지 않을까? 왜냐하면 분류라는 것은 유기체들이 진화된 계통만을 반영하는 것이 아니기 때문이다. 분류는 또한 매우 실질적인 기능을 제공한다. 오늘날의 새들의 깃털과 비행능력은 대부분의 생물학자들이 그들이 공룡에서 분화되었음을 잘 알면서도 새들을 아직까지 조류강으로 분류하는 근본적인 기준으로 구별하고 있다. 그런데 일부 어떤 이들은 조류강을 없애고 파충류의 한 부류로 새를 분류하고 있다. 아직 판결이 결정 난 것은 아니다.

표 20.5 조류의 주요 목들

목	대표적 종류	주요 특징	대략적인 현생 종수
참새목	까마귀, 지빠귀, 울새, 참새, 찌르레기, 휘파람새	명금(songbirds) 잘 발달된 구강 기관; 횃대에 앉기 편리한 다리; 의존적인 유조	5.276(조류의 목들 중 가장 큰 그룹; 새들의 60% 이상이 이 목에 속함)
칼새목	벌새, 칼새	빠른 비행 짧은 다리; 작은 몸체; 빠른 날개 짓자	428
딱따구리목	벌꿀길잡이새, 큰부리새, 딱따구리	딱따구리나 큰부리새 움켜잡는 다리; 끌 같은 뾰족한 부리는 나무를 쪼갤 수 있다.	383
앵무목	코카투, 앵무새	앵무새 씨앗을 쪼갤 수 있는 크고 강한 부리; 잘 발달된 구강 기관	340
도요목	바다쇠오리, 갈매기, 물떼새, 도요새, 제비갈매기	도요새(또는 물떼새) 긴 장다리; 길다란 부리	331
비둘기목	비둘기류	비둘기 횃대에 앉기 편한 다리;둥글고 두툼한 몸체	303
매목	독수리, 매	사냥꾼 새 육식성; 예리한 시각; 먹이를 찢기 위한 날카로운 부리; 주간 행동	288
닭목	닭, 뇌조, 꿩, 메추라기	사냥감 새 종종 비행능력의 한계를 가짐; 둥근 몸체	268
두루미목	알락해오라기, 물닭, 두루미, 뜸부기	습지 새 긴 장다리; 다양한 몸체 유형; 습지 거주새	209
기러기목	오리, 거위, 백조	물새 물갈퀴를 가진 다리; 부리 양쪽 가장자리가 먹이를 걸러 먹기에 좋은 빗살처럼 생긴 넓적한 부리	150
올빼미목	올빼미, 부엉이	올빼미 밤에 먹이 사냥; 강한 부리; 힘 있는 다리	146
황새목	왜가리, 따오기, 황새	섭금류 긴 다리; 큰 부리	114
슴새목	알바트로스(신천옹), 슴새	바닷가 새 관 모양의 부리; 오랜시간 비행할 수 있는 능력가짐	104
펭귄목	황제펭귄, crest 펭귄	펭귄 해양성; 수영을 위한 변형된 날개; 비행능력 상실; 남반구에서만 발견; 단열할 수 있는 깃털로 된 두터운 모피	18
모아목	위새키	키위새 비행능력 상실; 작고; 원시형; 뉴질랜드에 국한	2
타조목	타조	타조 강력한 달릴 수 있는 다리; 비행능력 상실; 두개의 발가락; 매우 큼	1

크기이며 많은 특징이 두발로 걷는 작은 육식성 공룡을 닮았다. 예를 들어, 이빨과 긴 파충류 꼬리를 가지고 있다. 오늘날의 새들처럼 속이 빈 뼈를 가지고 있지 않고 단단하다. 최근 중국에서 발견된 공룡 화석에서 여러 종류들이 깃털을 가지고 있거나 비슷한 구조를 지니고 있었다. 그런데 이들에게서 깃털은 대부분 보온이나 구애행동을 위해 사용된 것 같지는 않다. 백악기 초기에, 시조새 이후 불과 수백만 년 사이에 다양한 새의 종류들이 진화했고 많은 종들이 현시대의 새와 같은 깃털을 지니게 되었다. 백악기의 다양한 새들은 7천만 년 동안 익룡과 하늘을 공유했다.

오늘날 약 8600여 종의 새들(조류강)이 전 세계의 다양한 서식처를 점유하고 있다. 새들의 주요 목(order)을 **표 20.5**에서 보여주고 있다. 여러분도 새들의 부리를 비교하면서 그들의 생활 패턴에 관해 많은 내용을 이야기 할 수 있다. 예를 들어 매와 같은 육식성 새는 먹이를 찢기 위해 날카로운 부리를 가지고 있다. 오리의 부리는 먹이를 흙속에서 파기 위해 평평한 모양이고, 핀치새의 부리는 씨앗을 깨기 위해 짧고 두껍다.

주요 학습 요점 20.7 **새는 공룡의 후손들이다. 깃털과 강하고 가벼운 골격은 비행을 가능하게 만든다.**

20.8 추위에 적응한 포유류

포유류의 특성

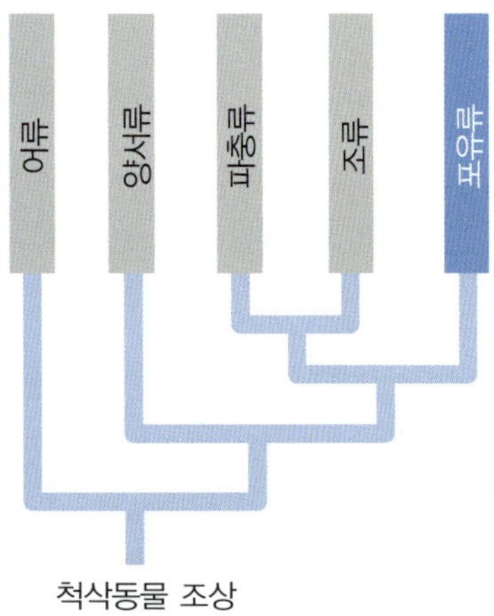

대부분의 육상에 거주하는 척추동물은 **포유류(mammal)**이다. 공룡과 함께 살았던 약 2억 2천만 년 전에 첫 진화한 포유류(포유강)는 우리에게 이상하게 보였을 것으로 결코 현재와 같은 사자, 호랑이, 곰을 닮지는 않았다. 그들은 현재 살고 있는 포유류와 3가지 특성을 공유하고 있다.

1. **유선** 암컷 포유류는 유선을 가지고 있는데 새로 태어난 새끼에 영양을 공급하기 위한 우유를 생산한다. 고래새끼도 그들의 어미 우유를 통해 영양을 공급받는다. 우유는 매우 높은 칼로리 음식(인간의 우유는 1리터당 750kcal에 해당)으로 새로 태어난 포유류 새끼가 빨리 성장하는 데 필요한 높은 에너지를 제공함으로 매우 중요하다.
2. **털** 살아 있는 척추동물 가운데, 포유동물만이 털을 지니고 있다(고래와 돌고래들조차도 그들의 주둥이에 몇몇 감각 강모를 지니고 있다). 털은 케라틴이라는 단백질로 충만한 죽은 세포로 구성된 섬유인 것이다. 털의 일차적인 기능은 절연이다. 모피에 의해 제공되는 절연은 공룡에게 시달림을 받을 때에도 포유류의 생존을 가능하게 하였다.
3. **중이** 모든 포유류는 3개의 중이뼈(이소골)를 가지고 있다. 이것은 파충류의 턱에서 진화하였다. 이들 뼈는 고막에 전달된 음파의 진동을 증폭시킴에 의해 소리를 듣게 하는 데 중요한 역할을 한다.

그림 20.22 수궁류
이 작은 족제비같은 수궁류는 그들의 후손이 포유류처럼 모피를 가지고 있었다.

포유류의 역사

우리는 화석을 통해 포유류의 진화 역사에 관해 많은 것을 알게 되었다. 첫 공룡이 조룡류(archosaurs)에서 조치류(thecodont)로 진화한 것처럼 최초의 포유류는 트라이아스기 말기인 약 2억 2천만 년 전에 수궁류(therapsid, **그림 20.22**)에서 출현하였다. 곤충을 잡아먹는 사는 작고 뾰족뒤쥐 같이 생긴 대부분의 포유류는 공룡에 의해 지배를 받고 있는 육지에서는 단순히 미비한 생명체였다. 화석을 통해 이들 초기의 포유류가 야행성이었을 것으로 추측할 수 있는 큰 안와를 가지고 있었다.

1억 5천5백만 년 동안, 공룡은 꾸준히 번성한 반면에 포유류는 소수의 그룹이었다. 공룡과 많은 육상과 해양동물들이 멸종하게 된 6천5백만 년 전인 백악기 말기에 포유류들은 급속하게 다양성을 갖게 되었다. 포유류는 약 1천5백만 년 전인 제3기 동안에 최대의 다양성을 갖게 되었다.

오늘날 4500종의 포유류가 한때 공룡만이 갖고 있던 큰 몸체의 특성을 차지하게 되었다. 현재 포유류의 크기는 1.5g의 뾰족뒤쥐에서 100톤의 고래에 이르기까지 다양하다. 거의 모든 포유류의 반이 설치류인 쥐나 쥐와 유연관계가 있는 종이 었다. 모든 포유류의 거의 1/4이 박쥐이다. 장경룡(plesiosaur)과 어룡(ichthysaur) 같은 파충류가 이전에 수백만 년 동안 바다에 성공적으로 적응한 것처럼, 포유류도 바다에 적응하여 고래와 돌고래 79종이 오늘날 바다에 살고 있다고 하였다. 포유류의 주요 목들을 **표 20.6**에서 보여주고 있다.

현생 포유류의 다른 특성

내온성 포유류는 그들이 낮이나 밤의 어느 시간대에도 활동이 가능하고, 사막에서부터 빙하 지역까지 악조건의 환경에서도 살 수 있게 한 결정적 적응력인 온혈성이다. 단열 역할을 하는 털 같은 많은 특성은 온혈이 가능하게 하는 중요한 역할을 한다. 또한 4개의 방을 가진 심장에 의해 제공되는 좀 더 효율적인 혈관계와 *횡격막*(호흡에 도움을 주는 늑골 밑에 있는 특별한 근육막)에 의해 제공되는 좀 더 효율적인 호흡 방법은 열 발생을 시키는데 더 높은 신진대사율이 가능하게 만들었다.

이빨 파충류는 동형 치아 배열을 가지고 있다. 모든 치아가 같은 모양이다. 그런데 포유류는 특별한 먹이 습성에 따라 크게 분화된 다른 모양의 치아를 가진 이형 치아 배열을 지니고 있다. 이빨을 비교해 봄으로써 쉽게 포유류의 먹이 유형을 알아볼 수 있다. 개의 송곳니는 먹이를 물고 잡는 데 효율적이고, 어금니는 고기 덩어리를 찢기 위해 날카롭다. 대조적으로 말에게는 송곳니가 없다; 끌과 같은 앞니를 써서 식물을 한입 가득 자른다. 말의 어금니는 효과적으로 거친 식물 조직을 갈고 분쇄하기 위해 맷돌 같은 모양을 하고 있다. 다람쥐 같은 이빨을 갉는 설치류는 견과류나 씨앗 같은 먹이

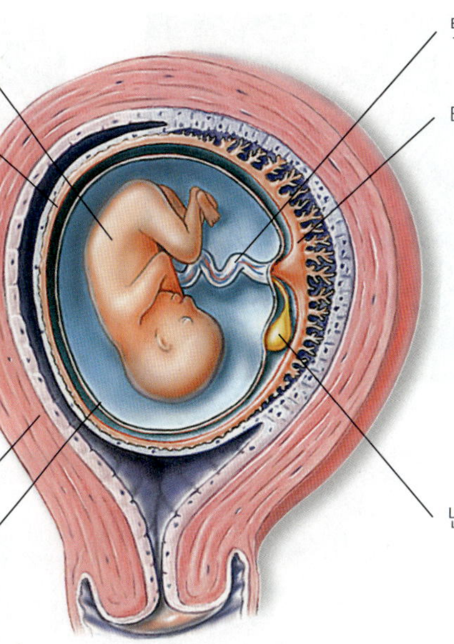

그림 20.23 태반
태반은 양막난의 막으로부터 발달한다. 탯줄은 요막으로부터 발달한다. 장막은 대부분의 태반에서 형성된다. 태반은 모체와 태아의 혈액은 혼합하지 않고, 태아에게 잠정적으로 폐, 내장, 신장의 역할을 제공한다.

를 깨기 위해 긴 앞니를 가지고 있다. 설치류의 앞니를 갉기 때문에 앞니가 자라도 그 끝은 날카롭고 일정한 길이를 유지하게 된다.

태반 대부분의 포유류 경우에 암컷은 그들의 새끼를 발생 시기 동안 자궁에 품어서 *태반*(placenta)을 통해 영양을 공급하고 어린 새끼를 출산하게 된다. 태반은 태아의 혈류를 엄마의 혈류와 밀접하게 연결시키는 엄마의 체내에 있는 특별한 기관이다. 태반은 양막이 있는 난에서 막의 출현으로부터 진화했다. **그림 20.23**은 자궁 내에 있는 태아를 보여주고 있다. 오른쪽에 탯줄(제대)이 붙어 있는 것이 태반이다. 음식, 물 및 산소가 어미로부터 태아로 전달되며, 노폐물은 어미의 혈액으로 전달되어 빠져 나간다.

발굽과 뿔 털의 단백질인 케라틴은 또한 발톱, 손톱 및 발굽의 구성 물질인 것이다. 발굽은 말, 소, 양, 영양 및 다른 잘 뛰는 포유류의 발가락에 있는 특수화된 케라틴 덩어리인 것이다. 이 덩어리는 딱딱하고 각질로서 발가락을 보호하고 충격으로부터 완충 역할을 한다.

소, 양, 영양들의 뿔은 고밀도의 케라틴 판에 의해 둘러싸인 골질(core of bone)로 구성되어 있다. 두개골은 골질이 부착되어 있고 뿔은 새로운 뿔갈이(허물벗기)를 하지 않는다.

그림 20.24 오늘날의 포유류

(*a*) 바늘두더지(*Tachyglossus aculeatus*)는 단공류이다. (*b*) 캥거루 같은 유대류는 주머니에 어린 새끼를 넣어 다닌다. (*c*) 아프리카 암컷 사자(*Panthera leo*(육식목))는 유태반류이다.

사슴의 뿔은 케라틴 단백질이 아닌 뼈로 만들어졌다. 수컷 사슴은 매년 뿔이 자라고 뿔갈이를 한다.

현생 포유류

단공류: 알을 낳는 포유류 오리너구리와 가시두더지류 2종(**그림 20.24*a***)은 유일한 현생 단공류이다. 단공류는 껍질이 있는 알을 낳는 것을 포함하여 많은 파충류의 특성을 지니고 있으나 포유류의 특성도 또한 지니고 있는데, 털과 유선의 기능이다. 암컷은 잘 발달된 젖꼭지를 갖고 있지 못해 새로 부화한 새끼에게 젖을 먹이지 못한다. 대신에 우유가 어미의 모피 피부에 흘러나와 새끼는 혀로 그것을 핥아 먹게 된다. 오스트레일리아에서만 발견되는 오리너구리는 대부분 물에서 생활하기 때문에 수영을 잘한다. 오리의 부리처럼 생긴 부리를 이용해 진흙 바닥에 사는 지렁이나 다른 작은 동물 등의 먹잇감을 찾는다.

유대류: 주머니를 지닌 포유류 유대류(**그림 20.24*b***)와 다른 포유류와의 주요 차이점은 태아의 발달 양상에 있다. 유대류는 수정난이 융모막과 양막에 의해 둘러싸이나 난을 에워싸는 패각이 단공류에서처럼 없다. 유대류의 배(embryo)는 패각이 없는 난 내에 있는 풍부한 난황에서 영양을 공급받는다. 태어나기 전에 융모막에서 형성된 태반에서 짧은 기간 성장하게 된다. 매우 작고 털도 나지 않은 배의 상태로 태어나 주머니 안으로 있는 곳으로 기어들어가 젖꼭지를 물고 매달려서 발생을 계속하게 된다.

태반을 가진 포유류 배의 전 발생과정 동안 영양을 공급해 주는 진정한 태반을 가진 포유류를 태반 포유류(**그림 20.24*c***)라고 한다. 사람을 포함하여 현재 살고 있는 대부분의 포유류는 이들 유형에 속한다. 유대류와 달리 태어나기 전에 오랜 기간 발생단계를 보내게 된다.

주요 학습 요점 20.8 **포유류는 그들의 새끼를 모유로 키우는 온혈성 동물이며 여러 종류의 이빨이 있다. 모든 포유류는 최소한 일부 털들을 가지고 있다.**

표 20.6 포유류의 주요 목들

목	대표적 종류		주요 특징	대략적인 현생 종수
쥐목	비버, 생쥐, 고슴도치, 쥐		*작은 초식성* 끌같은 앞니 가짐	1,814
박쥐목	박쥐		*날으는 포유류* 일차적으로 과일 또는 곤충을 먹음; 긴 손가락; 얇은 막성 날개; 야행성; 초음파를 이용한 항해	986
식충목	두더지, 뾰족뒤쥐		*작고 땅굴을 파는 포유류* 식충성; 매우 원시적인 태반성 포유류; 많은 시간을 땅속에서 보냄	390
유대목	캥거루, 코알라		*주머니가 있는 포유류* 새끼가 복부의 주머니에서 성장	280
식육목	곰, 고양이, 너구리, 족제비, 개		*육식성 포식자* 먹이를 베는데 적합한 이빨; 호주에는 원래 식육목의 과들이 없었다; 두눈의 시각;	240
영장목	유인원, 인간, 여우원숭이, 원숭이		*나무의 거주자* 큰 뇌; 두눈의 시각; 마주보는 엄지손가락; 초기에 다른 포유류로 부터 갈라져 나와 한 계보를 형성	233
우제목	소, 사슴, 기린, 돼지		*발굽을 가진 우제류* 2 또는 4개의 발가락; 대부분 초식성	211
고래목	돌고래, 알락돌고래, 고래		*완전 해양성 포유류* 유선형의 몸체; 앞다리가 지느러미 형태로 변형; 뒷다리가 없음; 머리 위에 숨구멍 있음; 코와 주둥이 부근을 제외하곤 털이 없음	79
토끼목	토끼, 산토끼, 새앙토끼		*설치류 같은 점프하는 포유류* 4개의 위쪽 앞니(설치류는 2개); 점프에 적응한 형태로 뒷다리가 종종 앞다리보다 길다	69
물개아목	바다사자, 물개, 바다코끼리		*해양성 육식자* 주로 육식성; 사지가 유영에 적합하도록 변형	34
빈치목	개미핥기, 아르마딜로, 나무늘보		*이빨이 없는 식충류* 많은 종들이 이빨이 없으나 일부는 퇴화되어 마개 모양의 이빨을 가짐	30
말목	말, 코뿔소, 얼룩말		*한개 또는 세개의 발가락을 가진 우제류* 씹는데 적응한 초식성 이빨을 가짐	17
장비목	코끼리		*긴 코를 가진 초식성 포유류* 위쪽 앞니가 길게 신장한 이빨을 가짐; 육지에 살고 있는 가장 큰 동물	2

멸종률은 일정한가?

공룡시대 이후부터 현생종의 수가 꾸준히 증가해 왔다. 오늘날 수천 기재종을 포함한 해양동물의 700여 개의 과들이 있다.

그런데 종 수가 크게 감소한 대량 멸종이라는 주요 종 감소의 사건이 여러 번 있어 왔다. 5번의 대량 멸종이 있었는데 가장 심각한 대량 멸종은 대략 2억 2천5백만 년 전인 페름기 말기에 일어났는데, 이 시기에 모든 과(family)의 50%와 모든 생물의 96% 정도가 사라졌다.

가장 잘 알려졌고 잘 연구된 대량 멸종 사건은 백악기 말기인 6천5백만 년 전에 일어났다. 그 당시에 큰 운석이 지구에 충돌함에 의해 공룡과 다른 다양한 생물이 사라졌다. 그렇지만 이 대량 멸종은 한 가지 긍정적인 효과를 가져왔다: 공룡이 사라짐에 의해 이전에 비교적 작고 눈에 잘 띄지 않았던 포유류들이 궁극적으로 코끼리, 호랑이, 고래, 인간 같은 다양한 포유동물들이 생성되는 광대한 진화적 분화가 빠르게 일어났다. 비록 다양성이 생물체에 따라 똑같지는 않더라도, 정말로 상당한 수준의 종풍부도에 도달할 만큼 대량 멸종 이후 생물다양성이 빠르게 다시 일어나는 경향을 보인 것이다.

오늘날, 지구상의 생물수가 인간 활동 때문에 놀라울 정도로 감소하고 있다. 우리는 지금 제6번째 대량 멸종시대에 살고 있다. 일부는 백악기 대량 멸종 이후 경험하지 못한 속도로 종들이 멸종하고 있다고 평가하고 있다. 백악기의 대량 멸종과 현재의 대량 멸종이 갖는 공통점은 종들이 그들 스스로의 의지와는 상관없이 멸종된다는 것이다. 이것이 일반적인 멸종 현상인가 아니면 특별한 경우인 것인가?

진화학자 Lee Van Valen는 1973년에 멸종은 종의 특별한 적응력과는 상관없이 무작위적 사건을 통해 보통 일어난다는 4번째 가설을 내놓았다. 만약 이것이 사실이라면, 어떤 종이 멸종할 것 같은 가능성은 아주 오랜 기간 관찰한다면 사실상 꾸준히 예견될 수 있을 것이다.

Van Valen의 가설은 다양한 그룹을 대상으로 진화학자들에 의해 실험되어 왔다. 그러한 실험이 가능한 가장 완벽한 화석 기록 중에 하나가 바로 해양 극피동물(성게와 연잎성게)이다. 사진에서 보는 바와 같이 화석 극피동물인 *Cidaris*는 약 7천5백만 년 전인 백악기 시대의 것이다. 그래프에서 2억 년 전의 극피동물 화석을 비교해 보자. 수치는 2억 년 동안 생존한 성게류의 과의 수를 나타내고 있다. 빨간 점선은 Van Valen에 의해 예견되었던 이론적인 멸종률의 일정성을 나타내고 있다. 파란색 선은 통계학적 회귀분석을 통해 나온 적정 곡선을 보이고 나타내고 있다.

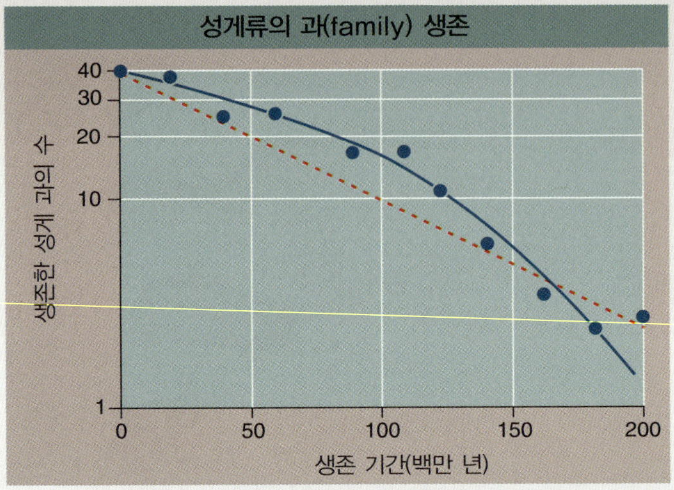

1. **개념 적용** 의존 변수는 무엇인가?
2. **자료 분석** 어떤 선이 사진에 있는 성게의 화석 시대에 생존했던 성게 과의 수를 잘 나타내 주는가?
3. **추론하기** 2억 년 이상의 성게화석의 기록을 보면 어느 선이 적절한 수치를 보이는 것으로 생각되는가?
4. **결론 도출** 이 분석이 Van Valen의 가설을 지지해 주는가?

단원 복습

척추동물 진화의 개요

20.1 고생대

- 과학자들이 참조할 수 있는 기준이 되는 표준을 제공하기 위해 지구의 역사를 시간의 구간으로 구분하였다. 가장 큰 구간은 '대(era)' 라고 한다. 대는 '기(period)' 로 세분하고, 기는 '세(epoch)' 를 포함한다. 세는 '년(age)' 으로 다시 세분된다.
- 동물의 삶은 고생대(**그림 20.1**) 동안에는 일차적으로 바다에서 시작되었다. 어떤 동물문은 **그림 20.2**에서 보는 삼엽충처럼 현재는 살아 있는 종들이 없다.

- 종의 소실이 새로운 종의 형성을 야기하는 대량 멸종은 지구의 역사를 통해 일어났다. 가장 큰 대량 멸종은 고생대 말기에 일어났는데, 그 당시 해양생물의 96%가 멸종했다. 더 잘 알려진 대량 멸종은 규모가 고생대의 대량 멸종보다 작지만 백악기 말기에 일어났다. 그 당시 공룡과 다양한 생물들이 멸종하게 되었다.

20.2 중생대

- 중생대는 3개 '기' 로 세분된다: 트라이아이스기, 쥐라기, 백악기. 이 시기에 지구는 판게아라고 하는 하나의 거대한 대륙이 북부지역의 로레이시아 대륙과 남부지역의 곤드와나 대륙으로 갈라졌다. 이 대륙들이 더 갈라져 현재와 같은 대륙을 형성하였다. 세계 대부분의 기후는 열대 기후였다. 양서류가 육지로 올라오고 파충류가 분화하였다. 초기의 파충류는 공룡, 새, 파충류로 분화하였다.
- 중생대는 약 6천5백만 년 전(**그림 20.8**)에 아마 한 운석이 지구와 충돌함에 의해 공룡의 멸종과 함께 끝나게 되었다.

20.3 신생대

- 현재의 신생대 동안에 지구는 비교적 온화하고 습한 기후에서 춥고 건조한 기후로 변화해 왔다. 공룡의 멸종과 추운 기후는 포유류가 많은 큰 동물(**표 20.1**)로 분화하게 만들었고, 비어져 있던 생태적 지위를 채워 나갈 수 있게 했다.

척추동물들의 변천

20.4 바다를 지배하는 어류

- 물고기는 모든 척추동물의 조상이다(**그림 20.9**). 비록 물고기가 매우 다양한 그룹이지만 모든 물고기는 4가지 공통적인 특징을 가지고 있다: 아가미, 척주, 단일 순환계, 영양학적 결핍.
- 초기의 물고기는 턱이 없었다. 그러나 턱의 진화(**그림 20.11**)는 포식자로서 생존에 필수적인 것이었다. 궁극적인 포식자로 보이는 상어는 유연한 연골을 가지고 있고 매우 빠르게 유영할 수 있다. **표 20.2**에 보는 바와 같이 경골어류는 물속에서 부력을 조절하기 위한 부레(**그림 20.14**)를 가지고 있으며, 그들은 가장 성공한 척추동물 그룹이다.

20.5 육지로 올라온 양서류

- 개구리, 두꺼비, 도롱뇽, 영원류, 무족류를 포함한 양서류는 육상에 올라온 첫 척추동물이었다. 그들은 두툼한 근육성 엽의 지느러미를 가진 총기류에서 진화한 것 같다. 이 엽은 관절뼈에 의해 지지를 받는다. 물고기 화석은 지느러미에서 다리로 일부 전이의 모습을 보여 주었다(**그림 20.15**)
- 다리, 폐, 피부호흡, 폐정맥, 구획된 심장의 발달은 육상 환경의 적응을 의미한다. 양서류에서 나타나는 두드러진 적응은 공기에서 조직으로 산소를 추출하고 전달하는 문제의 개선인 것이다.

20.6 육지의 정복자, 파충류

- 육상환경에서 양서류보다 더 적합한 생활이 가능하도록 한 주요 적응이 파충류에서 나타나는데 바로 방수성의 양막난(**그림 20.18**), 몸을 건조에서 보호하는 방수성 피부, 그리고 폐의 용량을 확장시켜주는 흉부 호흡의 진화였다.
- 파충류의 역사는 포유동물이 분화되는 수궁류(therapsid)와 그 다음에 나타난 펠리코사우르(pelycosaur) 같은 육지를 우점하였던 초기 동물들을 포함하고 있다. 초기 파충류의 다른 그룹은 현생의 파충류, 새, 여러 멸종한 그룹으로 분화하였다. 오늘날 **표 20.4**에서 보여주는 뱀 같은 파충류는 모든 습하고 건조한 환경에서 발견된다.

20.7 하늘의 정복자, 새

- 새는 약 1억 5천만 년 전에 진화되었으나 익룡이 멸종하기 전에는 하늘을 우점하지 못했다. 비록 새들은 파충류와 매우 연관이 있으나 조류강이라는 특정 분류학적 위치를 점유하고 있다.
- 두 가지 주요 적응이 조류에서 나타나고 있다: 깃털과 비행을 위해 변형된 골격이다. 조류의 골격은 가벼운데, 얇고 속이 비어 있으나 근육이 부착될 수 있는 단단하다. 새는 온혈동물이어서 신생대의 추운 날씨에 적응할 수 있었다.
- 새는 공룡에서 진화했으며 신생대 동안에 다양해졌다(**표 20.5**). *시조새*(Archaeopteryx)는 화석에서 찾아 볼 수 있는 가장 오래된 새이다(**그림 20.21**).

20.8 추위에 적응한 포유류

- 포유류(**표 20.6**)는 공룡시대에 분화되었으나 공룡이 멸종한 이후인 제3기 이전에는 그들의 최상의 다양성에 도달하지 못했다.
- 포유류는 그들 새끼에게 먹이는 유선, 체온을 유지시키는 털, 그리고 소리를 증폭시키는 중이의 뼈의 존재에 의해 특징지어진다. 새처럼 포유류도 온혈동물이다.
- 태반의 진화(**그림 20.23**)는 포유류가 그들의 새끼를 몸 안에서 영양분을 공급시킬 수 있게 했다. 현생 포유류의 주요 세 그룹이 있다: 단공류, 유대류, 태반류(**그림 20.24**).

이해력 확인 문제

1. 고생물학자들은 지구의 과거를 다음과 같은 계층적 체계로 나누고 있는데, 큰 시간의 구간부터 나열한 것은?
a. 년, 대, 기, 세
b. 대, 기, 세, 년
c. 세. 년, 대, 기
d. 기, 세, 년, 대

2. 동물 문에서 육상의 서식지에서 종수와 개체 수에서 가장 성공적으로 사는 두 동물 그룹은?
a. 절지동물과 환형동물
b. 해면동물과 척삭동물
c. 자포동물과 절지동물
d. 절지동물과 척삭동물

3. 고생대에서 육상에 성공적으로 살기 시작한 첫 척추동물은?
a. 양서류
b. 파충류
c. 조류
d. 포유류

4. 포유동물은 어느 시기부터 몸집이 더 커지게 진화하고 다양하게 분화되었는가?
a. 백악기 멸종 후
b. 트라이아이스기 동안에
c. 큰 몸체를 가진 공룡이 진화하던 시기에
d. 위의 모든 시기에

5. 살아 있거나 멸종한 모든 물고기는 ________을 제외하곤 모두 나머지의 특징들을 공유하고 있다.
a. 아가미
b. 턱
c. 등쪽 신경을 가진 내부 골격
d. 단일 순환계

6. 연골어강(상어)와 경골어강(경골어류)은 유영 속도와 조절을 증가시키기 위한 해부학적 해결책을 진화시켰다. 경골어류에서 찾아볼 수 없는 특징은 무엇인가?
a. 측선 감각계
b. 부레를 통한 부력 조절
c. 연골로 된 내부 골격
d. 아가미 덮개

7. 파충류의 적응에 해당하지 않는 것은?
a. 양막난
b. 피부에 있는 비늘층
c. 중이뼈
d. 호흡계의 변형

8. 새들의 비행이 가능하도록 진화된 특징은?
a. 다리에 파충류 같은 비늘
b. 단단한 난각을 지닌 양막난
c. 체내수정
d. 골격이 얇고 속이 빈 뼈

9. 새와 포유류는 온혈성의 생리적 특성을 공유하고 있다. 이들 동물들은 높은 체온을 어떻게 유지하는가?
a. 따뜻한 환경에 살기 때문에
b. 물질대사율을 높여서
c. 열을 생성하기 위해 날아서
d. 많이 먹어서

10. 대부분의 포유류에는 있고 다른 척추동물에게는 없는 유일한 특징은?
a. 온혈성
b. 단열과 탈수 방지를 위한 피부
c. 털
d. 척삭

응용력 확인 문제

1. **그림 20.18** 바깥쪽에 난각이 있는 외피막으로 덮인 알을 낳는 파충류의 장점은 무엇인가? 이것이 장점으로 간주된다면 왜 당신은 새들이 단단한 난각을 지닌 알을 진화시킨다고 생각하는가?

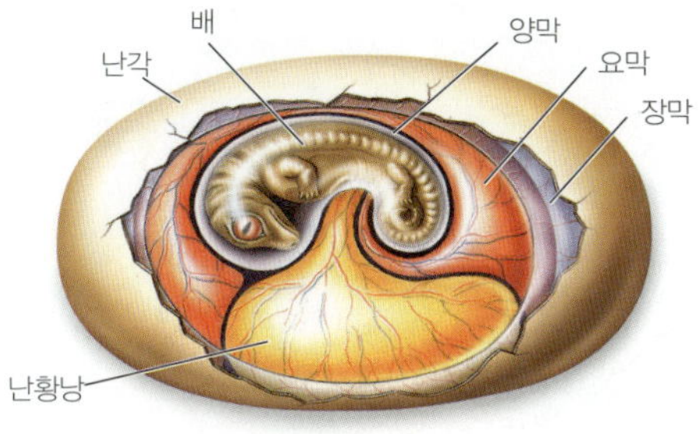

2. **그림 20.24** 가시두더지는 곤충을 먹고, 캥거루는 식물과 버섯을 먹고, 사자는 고기를 먹는다. 여러분은 이들 세 유형의 포유류가 가진 이빨의 차이점이 무엇일 것이라 생각되는가?

종합 학습

1. 육상 척추동물 가운데 비행은 세 번 진화했다. 육상 척추동물의 강(class)들 중에 어떤 강이 결코 비행능력을 진화시키지 않았는가? 왜 그랬는지 생각해 볼 수 있는가?
2. 새와 포유류의 어떤 특징이 온혈성의 생활양식에 기여했는가?
3. 양서류는 파충류 전에 진화했고 아직도 전 세계에 잘 생존하고 있는 진화 역사상 아주 성공적인 사례의 하나이다. 슬프게도 최근 양서류가 급격하게 감소하고 있다. 양서류의 어떤 특성이 인간의 그들 환경에 대한 변화에 특별히 악영향을 받게 되었는가?

이 사진은 1961년 초여름에 이스라엘의 Amud 동굴에서 발견된 성인 남자의 해골이다. 이 동굴은 갈릴리 바다로 흘러드는 한 하천에서 30m 위쪽에 자리 잡고 있으며, 주변에는 일 년 내내 물이 솟는 샘이 있다. 전자자기공명기술을 이용하여 추정한 결과, 이 동굴에는 4만 년 전에서 5만 년 전 사이에 인간이 거주했었다. 아마도 물 때문에 이곳으로 모였을 것으로 보인다. 두개골 사이의 연접부위의 접합 정도를 볼 때, 이 남성은 25세 정도에 사망한 것으로 보이는데, 옆머리를 강하게 맞아서 죽은 것이 분명해 보인다. 그는 길쭉한 얼굴, 돌출한 안와골, 볼링 공처럼 완벽하게 동그란 두정부 등을 가지고 있는 것으로 보아 명백히 네안데르탈인이다. 이 해골의 연대는 네안데르탈인이 살았던 시대의 후기에 해당하는데, 무엇보다 주목할 만한 것은 이 해골의 두뇌 용적이다. 현대인의 두뇌 크기는 약 1,500cc인데 비해, 이 네안데르탈인의 뇌는 무려 1,740cc나 된다! 이 만큼은 아니더라도 네안데르탈인 화석에서는 전형적으로 현대인보다 두뇌 용적이 더 크게 나타난다. 이런 면에서 매우 흥미로운 질문을 제기할 수 있다. 인류가 진화하는 동안 두뇌의 크기는 점진적으로 증가하였는가? 그렇다면, 이것은 과연 네안데르탈인이 현대인보다 머리가 좋았다는 것을 시사해 주고 있는 것일까?

21

인류의 진화

학습단원

영장류의 진화

21.1 인류의 진화 경로
1. 영장류가 나무 위 생활에 성공적으로 적응할 수 있게 하였던 두 가지 특징
2. 원원류와 진원류의 비교
3. 신대륙원숭이와 구대륙원숭이의 차이

21.2 유인원의 진화
1. 일반 원숭이류와 유인원류의 비교
2. 현존하는 유인원류 무리와 인류와 가장 가까운 친척
3. 유인원과 인류의 해부학적 차이 비교

최초의 인류

21.3 직립보행
1. 인류의 정의
2. 인류의 진화에 결정적 계기가 된 변화
3. 척추동물에서 나타났던 다섯 번의 변화

21.4 인류의 계통수
1. 크게 나누는 분류학자의 입장에서 볼 때, *Homo*속에 속하는 3종
2. *Homo*속이 유래한 인류

최초의 인간

21.5 아프리카 기원: 초기 *Homo*속
1. 초기 인류의 직접적인 조상이 된 종
2. 다음의 초기 인류의 3종: *Homo ergaster, Homo habilis, Homo rudolfensis*

21.6 탈아프리카: *Homo erectus*
1. Dubois의 *Homo erectus* 발견
2. *Homo habilis*와 *Homo erectus*의 두개골 비교
3. *Homo erectus*의 이주 역사

현대 인류

21.7 사람종 역시 아프리카에서 기원하다
1. 세분해서 분류할 경우, *Homo*속에 속하는 현대 인류의 3종
2. 이 3종의 두뇌 용적 크기와 기원 비교
3. 최신 탈아프리카 모델과 다지역 가설을 비교와 각각의 유효성

오늘날의 생명과학: 호빗 사촌과의 만남

21.8 유일한 현생 인류
1. 네안데르탈인과 크로마뇽인의 비교
2. 현생인류를 같은 조상에서 유래한 다섯 개의 지역집단으로 나뉘게 한 두 가지 진화 과정
3. *Homo sapiens*만이 가지고 있는 특설

오늘날의 생명과학: 인종과 의학

질문 & 분석: 두뇌 용적은 인류 진화와 더불어 증가하였는가?

21.1 인류의 진화 경로

인간은 생물의 역사에 이제 막 등장한 셈이다. 50년 전에 발명된 활동사진은 인간의 출연을 생생하게 보여준다. 7억 5천 7백만 년 전에 시작한 활동사진은 1년을 한 컷으로, 초당 24 프레임의 동영상으로 구현하면 하루에 210만 년을 나타내므로, 이 동영상을 모두 다 보려면 1년이 걸릴 것이다. 1월 1일에 시작해서 4월 1일까지 육지에는 별다른 생물체가 보이지 않는다. 5월에 첫 식물체가 지상을 덮는다. 공룡이 9월 말부터 12월 초까지 세계를 지배한 뒤 갑자기 사라진다. 12월 말에는 오늘날의 포유동물이 나타나지만, 12월의 마지막 날 한낮까지는 인류의 직접 조상은 아직 모습을 보이지 않고 있다. 드디어 제야의 9시 반에서 10시 사이에 *Homo sapiens*가 아프리카에서 유럽과 아시아, 그리고 미국으로 이동한다. 밤 11시 54분에는 인류 역사의 기록이 시작된다.

인류 진화의 이야기는 약 6천 5백만 년 전, *Archonta*라고 하는 나무 위에 사는 작은 포유동물의 한 무리가 폭발적으로 적응방산하면서 시작된다. 이 포유동물은 식충동물이었고, 눈이 크고 야행성인 것으로 보인다. 이 동물로부터 다양한 포유동물, 즉 박쥐, 나무두더지, 그리고 인류를 포함하는 포유동물의 한 목인 **영장류(primates)** 등이 비롯되었다.

초기 영장류

영장류는 다음의 두 가지 특징을 가진 포유동물로, 나무 위에 사는 식충동물로서 성공할 수 있었다.

1. **움켜쥘 수 있는 손가락과 발가락** 영장류는 나뭇가지를 움켜쥘 수 있는 손과 발을 가지고 있어서, 나뭇가지에 매달리고, 먹이를 쥐고, 심지어 어떤 영장류는 도구를 사용할 수 있게 되었다. 영장류 중 다수의 무리는 첫째 발가락이 다른 발가락과 반대 방향을 향할 수 있다.
2. **양안 시각** 영장류는 얼굴의 전면을 향해 두 눈의 시각이 교차한다. 이러한 양안 시각을 통해 두뇌는 물체와의 거리를 정확하게 판별하는데, 이러한 양안 시각은 나무 사이로 움직이는 데 중요하다.

다른 포유동물들도 양안 시각을 가지고 있지만, 양안 시각과 움켜쥘 수 있는 손을 동시에 가지고 있는 영장류만이 그들의 환경에 특히 더 잘 적응할 수 있게 되었다.

원원류와 진원류의 진화

약 4,000만 년 전에 초기 영장류는 원원류와 진원류의 두 그

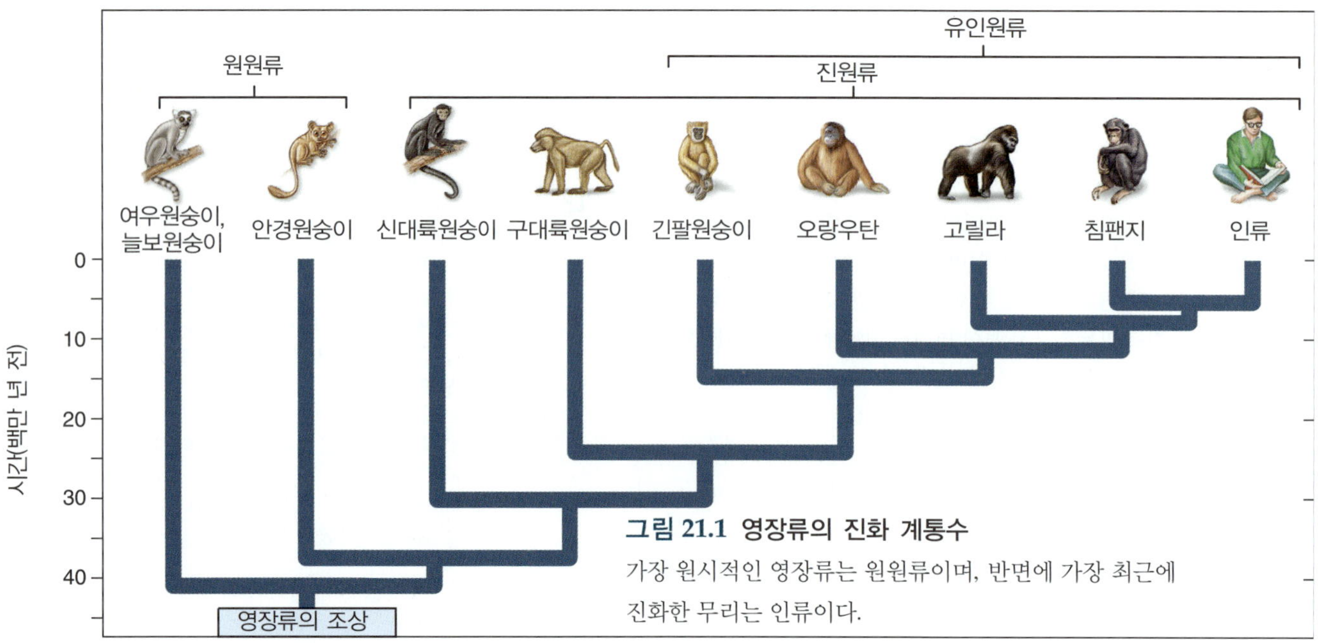

그림 21.1 영장류의 진화 계통수

가장 원시적인 영장류는 원원류이며, 반면에 가장 최근에 진화한 무리는 인류이다.

륨으로 갈라졌다(**그림 21.1**). **원원류(prosimians)**의 조상은 다람쥐와 고양이의 중간쯤을 닮았는데, 현생 원원류는 여우원숭이, 안경원숭이, 로리스원숭이 등이 남아 있다. 대부분의 원원류는 야행성이다.

진원류(anthropoids)는 원숭이류, 유인원류, 인류를 포함한다. 최초의 진원류는 아프리카에 서식하였던 것으로 추정하는데, 현재는 멸종하였다. 이들의 직접 후손이 원숭이류로 아주 성공적인 무리이다. 3,000만 년 전에 일부 진원류가 남아메리카로 이주하여 신대륙원숭이가 되었는데, 이들은 모두 나무 위에서 생활하고, 납작한 코와 물체를 감을 수 있는 꼬리를 가진다는 점이 특징적이다. 이와 대조적으로, 구대륙원숭이는 나무 위와 땅 위 양쪽에서 생활하고, 개를 닮은 얼굴을 하며, 감을 수 있는 꼬리를 갖지 않는다.

주요 학습 요점 21.1 초기 영장류는 나무 위에 사는 작은 식충동물로, 원원류와 진원류로 진화하였다.

21.2 유인원의 진화

유인원류는 진원류의 조상에서 기원하였다. **유인원상과(Hominoids)**는 긴팔원숭이(gibbons, *Hylobates*), 오랑우탄(*Pongo*), 고릴라(*Gorilla*), 침팬지(*Pan*) 등의 **유인원류(apes)**와 **인류(hominids)**를 포함하는데, 인류에는 사람(*Homo sapiens*)과 이미 멸종된 사람의 직접 조상종들이 있다. 유인원류는 원숭이들보다 큰 두뇌를 소유하며, 긴 꼬리가 없다. 유인원류는 사람을 제외하고는 포유동물 중에서 가장 적응적인 행동을 나타낸다. 한 때는 아프리카와 아시아에 널리 퍼져 살았지만, 오늘날에는 희귀해졌고, 상대적으로 좁은 범위의 지역에서만 서식하고 있다. 남북아메리카에는 유인원류가 출현하지 않고 있다.

유인원류 중에서 사람과 가장 가까운 친척은 누구인가?

유전자 분석은 현생 유인원류가 어떻게 진화하였는지에 대해 잘 설명해 주고 있다. 아시아에 사는 유인원류가 제일 먼저 진화하였는데, 약 1,500만 년 전에 긴팔원숭이가 분지하였고, 오랑우탄이 약 1,000만 년 전에 갈라져 나왔다. 이들 모두 인간과 밀접한 혈연관계를 가지고 있지는 않다.

아프리카 유인원류는 좀 더 최근에 나타났는데, 600~1,000만 년 전에 출현하였다. 이들 아프리카 유인원류는 현생하는 유인원류 중 사람과 가장 가까운 친척으로서, 고릴라보다는 침팬지가 더 인간과 가깝다. 침팬지가 다른 유인원류 계열에서 떨어져 나온 지는 채 600만 년이 안 된다. 침팬지의 분지가 매우 최근에 일어난 사건이기 때문에, 인간과 침팬지는 핵 DNA 유전자의 98.6%가 동일하다. 이 정도의 차이는 한 속에 속하는 2종의 자매종(sibling species) 사이에서의 차이 수준이다! 한편, 고릴라는 인간의 DNA와 약 2.3%가 다르다. 침팬지보다 더 차이가 나는 것은 고릴라가 침팬지보다 더 이른, 즉 약 800만 년 전에 갈라져 나갔기 때문이다.

유인원류와 인류의 비교

유인원류와 인류의 공동조상은 나무 위에서 생활한 것으로 추정된다. 인류로의 진화 과정은 여러 가지의 운동 양식과 관련이 있다. 인류가 두 다리로 직립보행을 한 데 반해, 유인원류는 체중을 손가락의 등쪽에 실으며 걸었다(원숭이류는 이와 대조적으로 손바닥을 사용한다).

인류는 두 다리 보행과 관련하여 유인원류와 해부학적으로 몇 가지 다른 점이 있다. 두 다리로 걷기 때문에 척주(**그림 21.2**에서 녹색으로 표시된 부분)는 유인원류에서 보다 굽어져 있으며, 척수가 두개골 뒤쪽에 위치하는 것이 아니라 아래쪽으로 빠져나온다(녹색으로 나타낸 척주와 노란색으로 표시된 두개골이 만나는 지점을 주목). 인간의 골반(파란색)은 유인원류의 골반보다 더 폭이 넓고, 절구처럼 가운데가 움푹 꺼졌는데, 뼈들이 앞으로 휘어져서 몸의 무게중심을 다리 위로 맞추는 역할을 한다. 엉덩이, 무릎, 발(엄지발가락은 더 이상 양옆으로 벌어지지 않음)들도 모두 비율이 변하였다.

인류가 두 다리로 직립보행을 하게 되면서, 몸무게의 상당부분(몸무게의 32~38%)을 뒷다리(다리)에 싣게 되었고, 앞다리(팔)보다 더 길어졌다. 인류의 앞다리는 단지 몸무게의

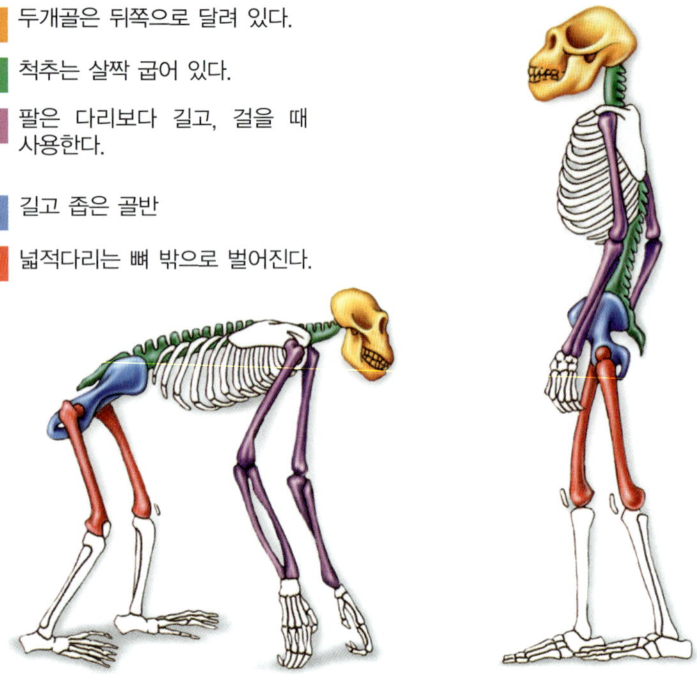

그림 21.2 유인원류와 인류의 골격 비교
오스트랄로피테쿠스와 같은 초기 인류는 서서 걸을 수 있었다. 왜냐하면, 팔이 짧았고, 척수가 두개골의 아래쪽에서 삐져나오며, 골반은 절구 모양으로 몸무게의 중심을 다리 위로 전달해 준다. 그리고 대퇴골은 안쪽으로 틀어져 있으며, 몸의 아래쪽에서 몸무게를 지탱하고 있다.

7~9%만을 지탱하게 되었다. 아프리카 유인원류는 네 다리를 모두 사용하여 걷는데, 앞 · 뒷다리 모두 몸무게를 지탱한다. 즉, 고릴라에서는 긴 앞다리(자주색)가 몸무게의 14~16%를, 훨씬 짧은 뒷다리가 약 18%를 지탱한다.

주요 학습 요점 21.2 **유인원류와 인류는 진원류의 조상에서 비롯되었는데, 현생 유인원류 중에서는 침팬지가 인류와 가장 혈연관계가 깊다.**

최초의 인류

21.3 직립보행

500만 년에서 1,000만 년 전에 지구의 기후는 서늘해지기 시작하였고, 아프리카의 커다란 숲은 대부분 사바나나 개활지로 대체되었다. 이러한 변화에 따라 새로운 유인원류가 탄생하였는데, 바로 직립보행을 하는 무리였다. 이러한 새로운 유인원류를 인류라고 분류한다.

인류의 주된 그룹은 *Homo*속에 속하는 3~7종(어떻게 분류하느냐에 따라 종수는 다를 수 있음)과 더 오래되고 작은 두뇌를 가진 *Australopithecus*속의 7종, 그리고 그 보다 더 오래된 몇 개의 계열을 포함한다. 이 모든 무리에서 공통적으로 나타난 특징은 두 다리로 직립보행을 한다는 것이다. 직립보행은 인류에서만 나타난 특징은 아니지만(**그림 21.3**), *Homo*속이 새로운 진화 경로에 들어설 수 있도록 한 것만은 틀림없는 것 같다.

직립보행의 기원

아프리카에 묻혀 있던 화석의 보고는 직립보행이 400만 년 전으로 거슬러 올라간다는 것을 시사해 주고 있다. 그리고 무릎 관절, 골반, 다리뼈 등 모든 것이 직립을 증거하고 있었다. 한편, 실질적인 두뇌의 증가는 대략 200만 년 전까지는 나타나지 않았다. 인류의 진화에서 직립보행은 두뇌 크기의 증가보다 명백히 앞선 사건이었다.

초기 인류가 직립보행을 했다는 놀라운 증거는 동아프리

그림 21.3 직립보행은 척추동물의 진화 과정에서 여러 번 나타났다

(*a*) *T. rex*(파충류), (*b*) 대왕펭귄(조류), (*c*) 타조(조류), (*d*) 캥거루(포유류), (*e*) 오스트랄로피테쿠스(포유류).

카의 Laetoli에서 발견된 69개의 발자국이다(**그림 21.4**). 키가 차이가 나는 두 명이 나란히 걸었던 흔적이 27m에 걸쳐 나타나 있는데, 그들의 발자국은 370만 년 동안 화산재에 묻혀 보존돼 있었던 것이다.

주요 학습 요점 21.3 직립보행으로의 진화는 인류 진화의 시작을 나타낸다.

그림 21.4 Laetoli 발자국

이 오스트랄로피테쿠스의 발자국들은 370만 년 전의 것이다. 화산재 위에 찍힌 이 발자국에는 강한 발꿈치 흔적과 깊은 엄지발가락 자국이 남아 있는데, 마치 우리가 모래사장 위에 발걸음을 내딛을 때 찍힌 것과 유사한 것이다. 중요한 것은 엄지발가락이 밖으로 벌어지지 않았다는 것인데, 이것은 원숭이나 유인원류가 아닌 명백히 인류가 남긴 발자국이었다.

21.4 인류의 계통수

가장 오래된 인류

최근에 인류학자들은 600만~700만 년 전으로 거슬러 올라가는, 일련의 초기 인류의 화석들을 발견하였다. 이 화석들은 때로는 원시적인, 때로는 현대적인 특징들이 뒤섞여 있어서, 초기 인류 연구를 혼란스럽게 하였다. 이 화석들이 인류에 포함되는 것은 분명해 보이지만, 초기 인류 속(genus)에서는 아주 일부의 표본만이 발견되었으므로, 이들과 오스트랄로피테쿠스나 인간과의 유연관계에 대해 확신을 줄 정도의 충분히 많은 정보를 제공하지는 못하고 있다. 초기 인류의 화석에 대한 연구는 계속 진행 중이다.

최초의 오스트랄로피테쿠스

1995년 케냐의 Rift 계곡에서 420만 년 전의 인류 화석이 발견되었다. 화석은 단편적이었지만, 완전한 상 · 하악골과 두개골의 일부, 팔뼈, 정강이뼈의 일부를 포함하고 있었다. 이 화석은 *Australopithecus anamensis*(anam은 투르카나어로 '호수'의 의미)로 명명되었다. 이 화석은 명백히 오스트랄로피테쿠스류에 속하지만, 여러 가지 면에서 유인원류와 300만 년 전의 보다 완전한 화석이 남아 있는 *Australopithecus afarensis*의 중간 단계에 위치한다. 이후로 *Australopithecus anamensis*의 수많은 화석 파편들이 발견되고 있다.

대부분의 학자들은 *A. anamensis*가 인류 계통수에서 진정한 기저부를 나타내며, *Australopithecus*속의 첫 번째 구성원이라는데 동의하고 있다. 따라서, *A. anamensis*는 *A. afarensis*나 화석이 계속 발견되고 있는 오스트랄로피테쿠스류의 몇몇 다른 종들(**그림 21.5**)의 조상이 된다.

인류 계통수에 대한 서로 다른 견해

아프리카에서 발견된 다양한 인류 화석들에 대해 연구자들은 두 가지의 서로 다른 철학적 접근 방법을 가지고 있다. 어떤 연구자들(럼퍼, lumpers)은 여러 가지 화석들에서 공통적인 요소에 초점을 맞추고, 주요 형질들을 공유하는 화석들은 같은 무리로 크게 무리짓는 경향이 있다. 이때 화석들 사이의 차이는 같은 집단 내의 다양성(변이)으로 다루어진다. 또 다른 연구자들(스플릿터, splitters)은 인류 화석 사이의 세세한 차이에 초점을 맞춘다. 그들은 다른 종 사이의 차이를 드러내는 데 더 관심이 많다. 예를 들면, **그림 21.5**에 나타난 인류의 진화 계통수에서 럼퍼들은 *Homo*속에서 3종(그림에서 붉은색 띠, 짙은 주황색 띠, 옅은 주황색 띠로 나타냄)만을 인정한다. 이에 반해, 스플릿터들은 적어도 7종(각각의 종들은 각 1개씩의 막대로 나타남)을 인정한다. 더 많은 화석을 확보할 때까지는 아직 어느 편이 옳은지 판정할 수 없다.

주요 학습 요점 21.4 **지금까지 기재된 오스트랄로피테쿠스류 중 가장 오래된 종은 *A. anamensis*로, 400만 년 전에 존재하였다. 어떤 학자들은 *Homo*속의 화석들을 3종으로 크게 나누는 반면, 다른 학자들은 7종으로 세분하고 있다.**

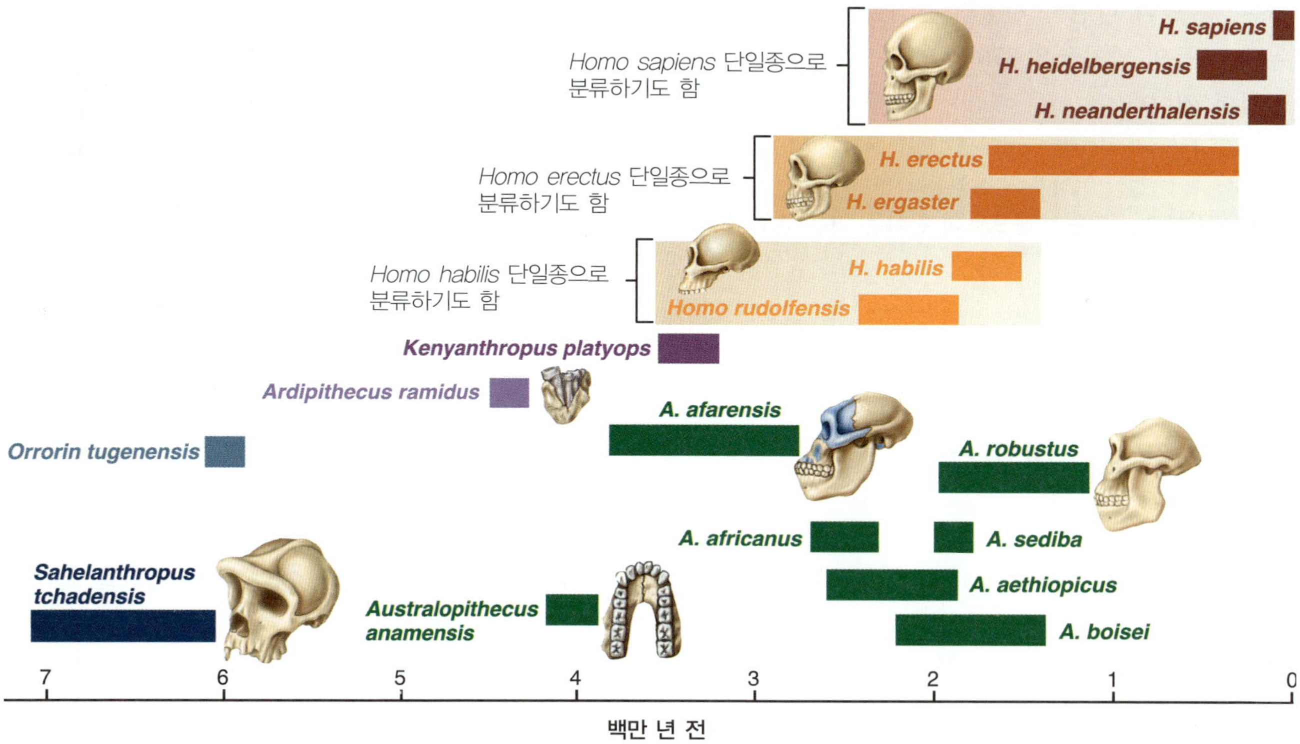

그림 21.5 인류 계통수

가장 널리 받아들여지고 있는 이 계통수에서 가로 막대는 한 종의 처음과 마지막 출현 사이의 시기를 나타낸다. 이 계통수는 *Australopithecus*속 7종과 *Homo*속 7종, 그리고 초기 인류 속으로 새롭게 기재된 4속을 포함하고 있다.

21.5 아프리카 기원: 초기 *Homo*속

최초의 인간은 약 200만 년 전에 오스트랄로피테쿠스류 계열의 조상에서 진화하였다. 이 조상은 아직 정확하게 확인되고 있지는 않지만, 일반적으로 *A. afarensis*라고 알려져 있다. 지난 20여 년 동안 상당수의 초기 *Homo*류 화석이 발견되었다. 그리고 지난 몇 년 동안 이 분야에 대하여 폭발적으로 관심이 증가한 덕분에, 집중적인 현장 탐사가 이루어지게 되었고, 해마다 새로운 발견의 성과가 발표되고 있다. 매년 인간의 진화계통수의 기초는 점점 뚜렷해지고 있다.

Homo habilis

1960년 초에 *A. boisei*가 출토된 곳과 아주 가까운 곳에 인류의 뼈 사이에 석기들이 흩어져 있는 것이 발견되었다. 화석들은 심하게 부서져 있었고, 힘든 재복원 과정을 통해 두개골의 용적은 약 680cc라는 것을 밝혀냈는데, 이는 오스트랄로피테쿠스류의 400~550cc보다 훨씬 크다. 이 초기 인간은 도구를 사용하였기 때문에(**그림 21.6**) '손재주가 있는 사람'이란 의미의 *Homo habilis*라고 명명되었다. 1986년에는 부분적인 골격이 발견되었는데, *Australopithecus*와 닮은 왜소한 체구와 다리보다 긴 팔을 가졌기 때문에 처음에는 많은 연구자들이 이 화석을 두고 과연 인간인지 여부에 대해 의문을 갖게 했었다.

Homo rudolfensis

1972년 케냐 북부의 Rudolf 호수 동쪽에서, 리처드 리키(R. Leakey)는 *Homo habilis*와 동시대의 거의 완전한 두개골 화석을 발견하였다. 190만 년 전의 이 두개골은 두뇌 용적이 750cc로서, 인간 두개골의 특징을 다수 보유하고 있었는데, 완연히 오스트랄로피테쿠스류가 아닌 인간의 두개골이었다. 어떤 인류학자들은 이 두개골을 *Homo habilis*에 속하는, 몸이 큰 성인 남자의 것으로 주장하기도 한다. 또 다른 학자들은 두개골의 용적이 실제로 증가한 것으로 인정하여, 별개의 종, 즉 *Homo rudolfensis*로 분류하기도 한다.

Homo ergaster

일부 초기 *Homo*류의 화석은 위의 두 종과 일치하지 않는다.

그림 21.6 ***Homo habilis***
그림을 통해 *Homo habilis*가 어떠하였는지 잘 묘사되어 있다. 훨씬 더 커진 두뇌와 도구를 사용한다는 점에서 *Homo habilis*는 오스트랄로피테쿠스류와 구별된다.

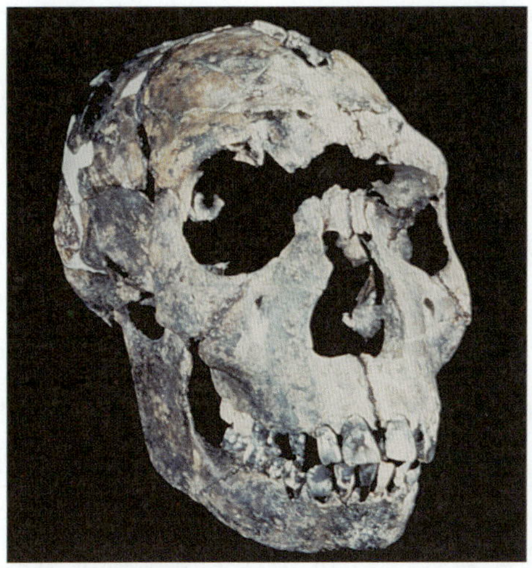

그림 21.7 ***Homo ergaster***
분명히 사춘기 초반에 죽은 것으로 보이는 이 소년의 해골은 160만 년 전의 화석으로, *Homo ergaster*로 명명되었다. 초기 인류보다 훨씬 몸이 커서 키가 약 1.5m, 몸무게가 대략 47kg 정도이다.

이 화석들은 보다 뇌가 더 크고, 몸의 크기와 비율에서 오스트랄로피테쿠스류보다는 현대 인류에 더 가깝다. 흥미롭게도 이 화석들은 현대 인류에서처럼 작은 어금니를 가지고 있다. 인류학자들은 이 화석들은 초기 *Homo*속의 3번째 종, *Homo ergaster*(*ergaster*는 그리스어로 '일꾼'의 의미)로 분류한다(**그림 21.7**).

초기 *Homo*류의 다양성

초기 *Homo*류의 화석이 매우 희소하므로, 이 종들을 모두 *H. habilis* 한 종으로 묶을 것인가, 아니면 *H. rudolfensis*와 *H. habilis*의 두 종으로 나눌 것인가에 대한 논쟁이 지금도 치열하다. 만약 두 종으로 나누는 설을 받아들인다면(이 설을 받아들이는 학자들이 점점 더 많아지고 있다), *Homo*속은 적응방산을 하여(제14장 참조), 가장 오래된 종인 *H. rudolfensis*에 이어 *H. habilis*가 분화한 셈이다. 한편, 현대적인 골격 구조 덕에 *H. ergaster*는 *H. erectus*와 같은 종으로 묶이기도 하는데, 후기 *Homo*류의 조상형이 될 가능성이 매우 높다.

주요 학습 요점 21.5　우리가 속해 있는 *Homo*속의 가장 오래된 초기 종들은 오스트랄로피테쿠스류보다 명백히 두뇌가 더 크고, 도구를 사용한 것으로 보인다. *Homo*속의 초기에는 서로 다른 몇 종이 존재하였던 것으로 추정된다.

21.6 탈아프리카: *Homo erectus*

초기 *Homo*류에 대한 상세한 기술을 할 수 없는 이유는 단지 극소수의 표본에 의존할 수밖에 없기 때문이다. 일부 과학자들은 아직도 *H. habilis*가 오스랄로피테쿠스류에서 크게 벗어나 있지 않으므로, *H. habilis*를 진정한 인간이라고 하는데 대해서 논란의 여지가 남아 있다고 주장한다. 하지만 *H. habilis*를 대치한 다음 종 *Homo erectus*는 의심할 여지없이 진정한 인간이다.

그림 21.8 *Homo erectus*가 발견된 곳

Eugene Dubois는 1891년 Solo 강 제방 위의 한 언덕을 파다가 인간의 기원을 1백만 년 전으로 거슬러 올라가게 한 최초의 화석을 발견하였다.

자바원인

1859년에 Darwin의 〈종의 기원〉이 출간된 이후, 인간과 유인원의 공동조상에 대한 논의가 널리 이루어지게 되었다. Darwin은 인간의 기원이 아프리카에서였다고 확신하였다. 이러한 의문에 사로잡힌, 의사이자 해부학자인 한 네덜란드인이 있었는데, 바로 Eugene Dubois였다. 그는 인간이 아프리카가 아닌 동남아시아에서 기원하였다는 Alfred Wallace의 확신에 마음이 흔들렸다. 그는 특히 "숲속의 옛사람"이란 뜻의 자바와 보르네오산 오랑우탄에 흥미를 느꼈다. 오랑우탄의 해부학적 특징은 "잃어버린 고리"의 그림에 아주 잘 들어맞았다. 그래서 Dubois는 해부학 실습에 뒤이어 곧바로 오랑우탄의 고향인 자바(Java) 섬에서 잃어버린 고리에 대한 화석 증거를 찾아 나섰다.

Dubois는 네덜란드 왕실 동인도제도 주둔군(Royal Dutch East Indies Army)의 의무 장교로 입대를 하고, 화석 찾기를 실행에 옮기는데, 처음에는 수마트라에서, 이어 자바 동부의 Solo 강변의 한 작은 마을에서 화석 탐사를 시도하였다. 1891년, 마을 사람들이 "용의 뼈"가 있다고 주장하는, Solo 강 옆의 한 언덕을 파다가(**그림 21.8**), 두개골의 윗부분을 발굴하였고, 이어 상류지역에서 넓적다리뼈 한 개를 더 발견하였다. 그는 자기의 발견에 매우 흥분했으며, 비공식적으로 **자바원인(Java man)**이라고 명명하였다. 여기에는 다음과 같은 세 가지 이유가 있었다.

1. 넓적다리뼈의 구조는 명백히 이 개체가 길고 곧은 다리를 소유하였으며, 아주 잘 걷는 사람이었다는 것을 증명하고 있다.
2. 두개골의 상부는 두뇌의 용적이 약 1,000cc에 달하는 매우 큰 두뇌임을 시사해 주고 있다.
3. 가장 놀라운 것은 이 뼈들은 함께 출토된 다른 화석들로 미루어 볼 때 50만 년 전의 것으로 보인다는 것이었다.

Dubois가 발견한 화석은 그 당시까지 발견된 어떤 인류 화석보다 오래된 것이었다. 그리고 그 당시에는 그것이 인류의 한 종이라는 것을 감히 받아들이려 한 학자는 거의 없었다. Dubois가 죽고 나서 자바에서는 그의 화석과 유사한 연대와 형태적 특징을 가진 40여 개체가 발견되었는데, 특히 1969년에는 거의 완전한 성인의 두개골이 발견되었다.

북경원인

또 한 세대가 지나서야 과학자들은 Dubois가 옳았다는 것을 받아들일 수밖에 없었다. 1920년대에 중국 북경(지금의 베이징)에서 남쪽으로 약 40km 떨어진 "용골산(Dragon Bone Hill)"의 한 동굴에서 두개골 한 개가 발견되었는데, 자바원인과 매우 흡사하였다. 그 지점을 계속 발굴하여 아래턱과 다른 뼈들이 아주 잘 보존된 두개골 14개를 발견하였다. 조악한 도구들도 함께 출토되었는데, 흥미로운 것은 캠프파이어의 흔적이 되는 재가 나왔다는 것이다. 이 화석들의 주형물은 연구를 위해 전 세계의 여러 연구실로 배분되었다. 그러나 진품들은 제2차 세계대전 중 일본 침략 초기인 1941년 12월에 발굴하여 트럭에 실었으나, 역사의 혼란 중에 사라져 버리고 말았다. 이후 이 트럭과 이 트럭에 실린, 값을 매길 수 없을 정도로 귀중한 화석들에 무슨 일이 생겼는지 아무도 알지 못한다.

매우 성공한 종

자바원인과 북경원인은 현재 같은 종 *Homo erectus*에 속하는 것으로 인정되고 있다. *Homo erectus*는 *H. habilis*보다 훨씬 커서 키가 약 1.5m에 달한다. *H. habilis*처럼 직립보행을 하였는데, 두개골의 용량은 더 커져서 약 1,000cc에 달한다. 이 두뇌 용적은 *Australopithecus*와 *Homo sapiens*의 중간쯤 된다. 두개골은 현대 인류처럼 돌출한 이마와 둥근 턱을 보여준다. 특히 흥미로운 것은 두개골의 내부 형태가 *H. erectus*가 말을 할 수 있었음을 보여준다는 것이다.

*Homo erectus*는 어디에서 유래하였을까? 아마 *H. erectus*가 아프리카에서 기원하였다고 답해도 놀라지 않을 것이다. 1976년에 *H. erectus*의 완전한 두개골이 동아프리카에서 발견되었다. 연대는 150만 년 전이었으며, 자바원인과 북경원인보다 100만 년 더 오래된 것이다. *H. erectus*는 *Homo habilis*보다 훨씬 더 성공적으로 아프리카에 널리 퍼지고 개체수를 늘릴 수 있었다. 그리고 100만 년도 채 안 되는 기간에 유럽과 아시아로 이주하였다. *H. erectus*는 사회적 종으로서, 20~50명이 집단을 이루어 주로 동굴 속에서 생활하였다. 이들은 커다란 동물들을 성공적으로 사냥하였고, 돌칼이나 뼈 조각을 도구로 사냥한 짐승들을 도축할 수 있었으며, 불을 사용하여 요리를 하였다. 중국에서 발견한 곳에서는 말, 곰, 코끼리, 사슴, 코뿔소의 잔해가 발견되었다.

*H. erectus*는 100만 년 넘게 생존하였는데, 사람 무리 중에서는 가장 오래 생존한 셈이다. 적응력이 뛰어났던 이 종은 현대 인류가 출현하였던 약 50만 년 전 쯤에 아프리카에서 사라졌지만, 흥미롭게도 아시아에서는 훨씬 더 오래 생존하였다.

> **주요 학습 요점 21.6** ***Homo erectus*는 아프리카에서 기원하여 유럽과 아시아로 이주하였다.**

현대 인류

21.7 사람종 역시 아프리카에서 기원하다

현대 인류의 진화적 여정은 약 60만 년 전에 아프리카에서 처음 출현하였을 때 그 마지막 단계에 들어서게 된다. 인류의 다양성에 초점을 맞추어 연구하는 과학자들은 *Homo heidelbergensis*, *Homo neanderthalensis*, *Homo sapiens* 등 3종의 현대 인류가 존재하였다고 생각한다.

현대 인류 중 가장 오래된 종은 *H. heidelbergensis*인데, 아프리카 에티오피아에서 약 60만 년 된 화석이 출토되었다. 아프리카에서는 *H. erectus*와 함께 존재하였는데, *H. heidelbergensis*가 *H. erectus*에 비해 더 진보한 해부학적 특징, 즉 두개골의 한가운데 중심선을 따라 능이 있고, 안와골이 발달하며, 두뇌가 더 크다든지 하는 것들을 보여준다. 또한, 앞이마나 코뼈를 보면 *H. sapiens*의 그것과 매우 닮아 있다. *H. heidelbergensis*는 아프리카, 유럽, 서아시아 등 몇몇 지역으로 퍼져 나간 것으로 보인다.

*Homo erectus*가 희소해졌을 무렵인 약 13만 년 전 유럽에서 *Homo neanderthalensis*가 출현하였다. *H. neanderthalensis*

호빗 사촌과의 만남

지난 수년 동안 고인류학계는 인도네시아에서 출토된 작은 화석에 골몰하였다. 이 이야기는 호주의 고인류학자 Michael Morwood가 인도네시아의 보르네오 섬 남쪽으로 480km떨어진 플로레스 섬의 한 지점에서 석기 도구를 발굴하고 보고한 1996년으로 거슬러 올라간다. 출토 지점은 지층의 연대가 거의 100만 년 전이었는데, 이 시기는 이곳으로 인간이 도착하기 훨씬 이전이었다. 게다가 플로레스 섬은 해구에 의해 아시아의 다른 지역과 고립된 곳이다. 이 깊은 바다의 해구 장벽은 월리스 라인(Wallace Line)이라고 부르는데, Darwin과 동시대인인 Alfred Russell Wallace가 이 해구의 양쪽 동물 사이에서 뚜렷한 차이를 발견한 후에 이름 붙여진 생물 분포의 장벽이다. 장벽의 한쪽은 오스트레일리아 종을 닮았고, 다른쪽은 아시아 종과 유사하다. 과연 초기 인간들은 어떻게 이곳을 건너 왔을까?

Morwood와 인도네시아인 동료들은 월리스 라인의 양쪽에서 화석을 탐색하였다. 2001년에 다른 고생물학자들이 이미 탐사하였던 동굴들을 다시 조사하기 시작하였는데, 2003년에 드디어 Liang Bua("서늘한 동굴")에서 엄청난 발견을 하였다. 동굴 바닥에서 6m 내려간 곳에 18,000년 전의 지층이 있었는데, Morwood팀은 여기에서 거의 완전한 초기 인간의 골격 화석을 발견하였다. 치아는 마모되어 있었고, 두개골 뼈들은 성인에서처럼 잘 연접해 있었다. 따라서 이 화석 개체는 성인임이 분명했지만 이 성인은 키가 겨우 1m 정도였고, 두뇌 용적은 겨우 380cc 밖에 되지 않았다! 이 정도의 키와 두뇌 용적은 침팬지의 두뇌에 해당하는 것이다. 발은 거의 완벽하였는데 대단히 컸다. 그곳에서 현장 인부들은 이 새롭게 발견한 인간을 반지의 제왕의 캐릭터에 빗대어 "호빗"이라고 별명 붙였다. 이 화석을 두고 학계에서는 불 같은 논쟁이 벌어졌다. Morwood가 이름붙인 *Homo floresiensis*는 그 동안 고인류학자들이 인류의 진화를 다루면서 조금씩 조각을 맞추어 나갔던 것에 비추어 보면 전혀 말이 되지 않았다. 먼저, 이 인간은 연대가 너무 최근에 속한다. 300만 년 전의 인류의 조상에 비해서 이 화석은 겨우 18,000년 밖에 되지 않는다. 이것은 *Homo sapiens*(현대 인류)가 종분화하고, 월리스 라인을 가로질러 오스트레일리아에 도착할 때 아직 살아 있었다는 의미가 된다.

또 다른 점은 플로레스인은 너무 키가 작다는 것이다. 오스트랄로피테쿠스라고 불렀던 아프리카의 초기 인류의 조상이 이 정도의 크기였는데 몸무게가 20kg, 키가 약 1m이었다. 하지만 성체 성인의 화석의 경우에는 모두 몸집이 훨씬 더 컸고 키도 컸다. 18,000년 전에 살았던 인간들은 오늘날 인간들과 비교해서도 그다지 작지 않았다.

플로레스 화석은 존재할 수 없다는 이러한 반론에도 불구하고 굳건한 데이터들이 존재한다. 과연 우리는 이 사실을 어떻게 이해하여야 할까? Morwood는 플로레스 화석이 오래 전에 플로레스 섬에 도착한 뒤 고립되어 진화하였던 고대 인류의 한 종이라고 설명한다. *Homo sapiens*의 조상인 *Homo erectus*와 이 플로레스 화석 사이에 공통점이 존재하므로, *Homo erectus*가 플로레스 화석의 조상일 가능성이 있다. 이어서 Morwood는 멀리 떨어진 작은 섬에 이주하여 정착한 대형 포유동물 중에는 종종 크기가 작은 난쟁이형으로 진화하는 경향이 나타난다고 주장한다. 이와 유사한 사례가 다수 알려져 있는데, 난쟁이하마, 땅나무늘보, 사슴, 심지어 공룡 등에서 이런 난쟁이 화석이 보고되어 있다. 실제로 같은 시기에 플로레스 섬에는 난쟁이코끼리가 살았는데, 지금의 소보다 크기 않았으며, 리앙부아 동굴에서는 사냥한 이런 동물들의 뼈 화석이 함께 발견되었다. 그렇다면, 고립된 섬에서 왜 난쟁이 종들이 진화하는가? 섬에는 포식자가 거의 없으므로 몸집이 크다고 유리하지 않다. 그리고 섬에서는 식량이 한정되어 있으므로, 오히려 몸집이 작은 것이 훨씬 더 유리하다. 플로레스 섬에서는 아프리카에서 펼쳐졌던 인류의 진화 역사와 다르게, 작은 것을 선호하는 진화가 전개되었다고 Morwood는 말한다.

"잠깐!" 2006년에 플로레스화석을 신종으로 분류하려 시도했었던 시카고 박물관의 연구자들이 외친다. "아무리 난쟁이 종이라 해도 뇌가 너무 작지 않은가?" 라고 그들은 주장한다. 고립되어 진화한, 다른 피그미 종의 사례들을 고려해 볼 때, 두뇌 용적이 380cc라면 플로레스인의 키는 1피트(약 30cm) 밖에 안 되었어야 했다. 이 연구자들은 대신에 이 화석이 소뇌증을 앓고 있는 현대 인류일 수도 있다는 주장을 하였는데, 유전 질환 때문에 뇌의 크기가 아주 작아졌다는 것이다.

Morwood팀은 이 논쟁에 대해서 물러서지 않았다. 그들은 발굴을 계속하여 2004년 리앙부아 동굴에서 모두 여덟 명의 더 작은 개체들을 발견하였다. 여덟 구 모두 이전에 발굴하였던 화석보다 훨씬 더 작은 개체들이었다. 이 사람들이 모두 소뇌증을 앓았다고 상상의 나래를 펼칠 수는 없지 않은가! 플로레스 화석들이 현대 인류가 아니라는 주장을 보강해주는 사실로서, 두 개의 완전한 하악골이 발견되었는데, 이 하악골들에는 아래턱(chin)이 없었다. 아래턱은 현대 인류에 속하는 모든 화석에서 발견되는 것이다.

리앙부아 지역의 플로레스인들은 13,000년 전 다수의 화산 폭발 이후에 멸망한 것으로 보인다. 그러나 Morwood 박사는 그들이 플로레스 섬의 어딘가에 훨씬 더 오랫동안 생존해 있었다고 믿는다. 더 많은 화석을 찾는 탐사는 지금도 계속되고 있다.

현대 인류 여성과 *Homo floresiensis*(왼쪽)를 비교해 놓았다. *H. floresiensis*는 플로레스 섬에서 발생한 난쟁이 코끼리 종을 사냥하였다.

는 50만 년 전에 현대 인류를 이끌어낸 한 조상 계열에서 분지한 것으로 보인다. 현대인과 비교하면, 네안데르탈인은 짧지만 건장한 체구를 가졌다. 두개골이 육중하고, 얼굴은 다소 앞으로 돌출하였으며, 눈썹 위 안와골이 발달하였고, 뇌가 더 컸다.

탈아프리카–다시 한 번?

우리와 같은 종인 *Homo sapiens*의 가장 오래된 화석은 약 13만 년 전의 것으로, 에티오피아에서 발견되었다. 아프리카와 중동 지방 밖에서는 4만 년 전의 것이 분명한 화석은 별로 없다. 이것이 함축하는 의미는 *Homo sapiens*는 아프리카에서 기원하여 유럽과 아시아로 이주하였다는 것이다. 이 가설은 **최신 탈(脫)아프리카 모델(Recently-Out-of-Africa Model)**로 불린다. 이에 반대적인 견해는 **다지역 가설(Multiregional Hypothesis)**인데, 현생 인류가 세계의 여러 지역에서 *Homo erectus*로부터 각각 독립적으로 진화하였다고 주장한다.

최근에 과학자들은 이 논쟁을 해명하기 위해 인간 DNA 분석의 도움을 받았다. 연구자들은 미토콘드리아 DNA, 그리고 Y 염색체, X 염색체, 상염색체 위의 다양한 핵 유전자에 대한 염기서열 분석을 통해서 모든 *Homo sapiens*는 17만 년 전에 하나의 공동조상에서 유래하였음을 밝혀냈다. 이제 폭넓은 유전자 데이터로부터 얻은 결론, 즉 '다지역 가설은 오류이다'라는 데 일반적으로 동의한다. 인간의 계통수는 동일한 한 줄기로부터 비롯한 것이다.

DNA 데이터는 52,000년 전에 *Homo sapiens*의 계통수에서 새로운 가지, 즉 아프리카 인류로부터 비아프리카 인류(non-Africans)가 갈라져 나갔음을 밝혀냈다. 이것은 인간이 아프리카에서 기원하여 전 세계로 퍼져나갔다는 가설과 일치하며, 50만 년 전에 *Homo erectus*가 취했던 행로를 되밟는 것이다. **그림 21.9**는 *Homo*속의 3종이 취한 가설적 경로를 나타내 주고 있다. *Homo erectus*는 제일 먼저 진화하여 아프리카를 벗어나 유럽과 아시아로 퍼져나갔다(흰색 화살표). 다음으로 진화한 *H. heidelbergensis*는 *H. erectus*와 유사한 경로를 취했다(노란색 화살표). 마지막으로 *H. sapiens* 역시 같은 패턴을 반복하였으나, 앞의 두 종보다 훨씬 더 멀리 이동하였다(붉은색 화살표).

현대 인류의 네 번째 종

13,000년 전 쯤에 또 다른 인류 종이 인도네시아의 한 작은 섬에서 숨어 있었다는 증거가 속속 드러나고 있다. 키가 겨우 1m 밖에 안 되는 *Homo floresiensis*는 놀라운 발견이라 하지 않을 수 없는데, 아직까지 검증 작업이 진행 중이다.

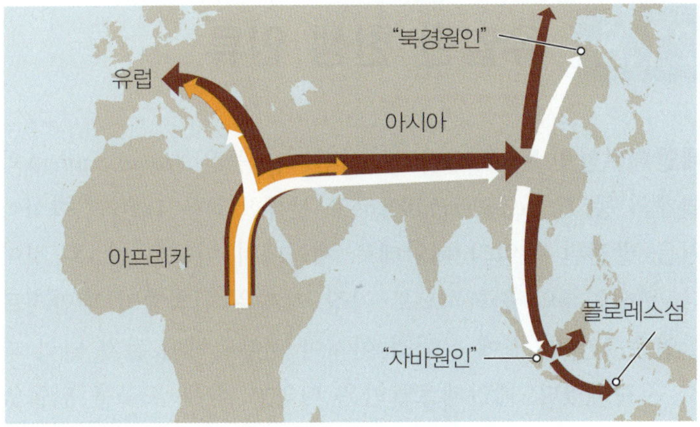

그림 21.9 탈아프리카–여러 차례 반복되었다
그림에서 선들은 *Homo*속의 종들이 반복적으로 아프리카를 떠나 유럽과 아시아로 퍼져 나간 것을 나타내 주고 있다. 맨 처음, *H. erectus*(흰색 화살표)는 자바와 중국까지 당도하였다. 다음, *H. heidelbergensis*(오렌지색 화살표)는 아프리카를 떠나 유럽과 서아시아로 이주하였다. 이 패턴은 나중에 *H. sapiens*(붉은색 화살표)에 의해 반복되는데, 아프리카를 떠나 유럽과 아시아로 이동하였으며, 나아가 오스트레일리아와 북아메리카까지 퍼져 나갔다. 당시에는 빙하기였으므로 해수면이 낮아져서, 오늘날 바닷물에 의해 갈라진 대륙과 대륙 사이의 이동이 가능하였다. *H. neanderthalensis*의 화석은 유럽과 지중해 지방에서만 알려져 있는데, 이것은 이 종이 유럽에서 기원하였음을 의미한다.

다섯 번째 종?

아주 최근인 2010년에 현대 인류의 다섯 번째 종이 존재하였을 가능성이 있다는 증거가 제시되었다. 이들은 4만 년 전에 아시아에서 네안데르탈인과 *H. sapiens*와 함께 존재하였다. 시베리아 남부의 추운 산악 동굴에 보존된 손가락뼈에서 추출한 DNA로부터 아쉽도록 미세한 증거가 나왔다. 이 동굴에서 석기 도구가 다수 출토되었지만 인간의 뼈는 아주 산발적인 것뿐이었다. 미토콘드리아 DNA의 염기서열을 분석한 결과, 인류의 염기서열임에는 틀림없지만 네안데르탈인도 *H. sapiens*도 아니었다. 이 데이터는 약 100만 년 전에 미지의 한 부류가 아프리카를 떠났음을 암시하는 것으로, 이것은 과거에는 알려지지 않은 또 다른 이동이다.

주요 학습 요점 21.7 ***Homo sapiens*는 아프리카에서 출현하여, *H. erectus*나 *H. heidelbergensis*가 그랬듯이 아프리카를 벗어나 유럽과 아시아로 이주하였다.**

21.8 유일한 현생 인류

네안데르탈인(Neanderthals, 어떤 학자들은 *Homo sapiens*와 별개의 종, *H. neanderthalensis*로 분류한다)은 1856년 화석이 처음 발견된 독일의 네안데르 계곡에서 이름을 따 온 것이다. 현생인류와 진화적으로 가장 가까운 친척뻘인 네안데르탈인은 7만 년 전에 유럽과 아시아 서부지역에 걸쳐 널리 퍼져 존재하였다. 네안데르탈인은 다양한 석제 도구를 만들었는데 긁개, 창과 화살촉, 손도끼 등 다양한 도구를 만들었으며, 오두막집이나 동굴에서 살았다.

2010년에 38,000년 이전에 크로아티아에 살았던 3명의 여성 네안데르탈인의 뼈로부터 DNA 파편을 추출하여 유전체를 분석하였다. 이 유전체의 염기서열로부터 네안데르탈인은 *Homo sapiens*와 매우 다른 DNA를 가졌다는 사실이 확인되었으며, 이 결과는 네안데르탈인이 *H. sapiens*와 별개의 종이라는 견해를 지지해 준다. 흥미로운 사실은, 네안데르탈인의 유전체와 세계 여러 지역 출신의 현대인 다섯 명에서 추출한 완전한 유전체를 비교해 보면 오늘날의 유럽인과 아시아인 모두 전체 염기서열 중 약 1~4%가 네안데르탈인으로부터 유전된 것임을 보여준다. 이것은 초기 현생 인류가 네안데르탈인과 상호교배 했었을 수도 있음을 암시해 주고 있다. 비록 유전자의 공유 정도는 매우 낮지만, 어쨌든 우리가 네안데르탈인의 유전자를 조금이나마 공유하고 있다는 것은 확실히 논란을 불러 일으킬만한 것이다.

네안데르탈인의 화석은 약 34,000년 전에 갑자기 사라져 버리고, 대신 크로마뇽인(화석이 처음 발견된 프랑스의 계곡 이름을 따서 붙여진 이름)이라고 불리는 *Homo sapiens*의 화석으로 대치되었다. 우리는 이러한 갑작스러운 사건이 왜 발생하였는지 단지 추정만 할 뿐 이지만, 그 사건은 단기간 내에 유럽 전역에서 완벽하게 일어났다. 크로마뇽인이 아프리카에서 왔다는 증거가 남아 있는데, 10만 년 정도의 화석들이 그 곳에서 발견되고 있다.

크로마뇽인은 잘 고안된 석기 도구를 사용하였고, 완벽한 사회제도를 가졌으며, 충분한 언어 능력을 가졌다고 추정된다. 그들은 수렵을 하며 살았다. 당시 세계는 지금보다 더 추웠는데(마지막 빙하기), 유럽 지역은 초식동물들이 큰 무리를 이루며 사는 초원 지역이었다.

현생 인류는 시베리아를 가로질러 북아메리카로 건너갔으며 그 곳에는 적어도 13,000년 전에 도착하였는데, 이 시기에 빙하는 북쪽으로 퇴각하기 시작하였지만, 시베리아와 알래스카가 아직 육지로 연결되어 있었다. 1만 년 전에 지구상에는 약 500만 명의 인간이 거주하였다(오늘날의 60억 인구와 비

그림 21.10 ***Homo sapiens*는 아직 진화 중**

52개의 현대 인류 개체군에 대해 DNA 유전체를 비교 연구한 결과 5개의 주요 유전 집단으로 나뉜다. 이 5개 집단은 주요 지리 구역과 대체로 일치한다.

교해 보라). 2002년에 실시한 전 세계의 인류 집단별 유전체 조사 결과는(**그림 21.10**) 우리 *Homo sapiens*가 아프리카를 떠나 전 세계로 퍼졌다는 명백한 증거를 제시해 주었다. 뒤에서 더 알아보겠지만, 인류 집단은 뚜렷이 5개의 집단으로 갈라졌는데, 각각 오늘날 5대륙에 사는 인류 집단과 잘 대응한다. 인류 집단 간의 DNA를 서로 비교해 보면, 각 집단 별로 특이한 진화적 변화가 나타났는데, 동아시아인에서는 당(sugar) 대사와 관련한 유전자, 유럽인 집단에서는 피부 색소화와 젖산 내성 유전자, 아프리카인 집단에서는 만노오스 당 대사 유전자 등이 그것이다. 분명한 것은 인류는 아직도 계속해서, 그리고 지역별로 각각 진화 중이라는 사실이다.

*Homo sapiens*는 특이한 종이다

인간은 진화의 긴 역사에서 현재라는 단계에 서 있다. *Homo* 속의 진화는 두뇌 크기의 점진적인 증가로 특징지어진다. 비록 우리가 사고 능력을 가진 유일한 동물은 아니지만, 우리는 이런 능력이 *Homo sapiens*를 대표하는 특징이 되도록 더 연마하고 발전시켜 왔다. 우리는 예전에는 결코 가능할 수 없었던 길로 우리의 생물학적 미래를 조절해 나가고 있는데, 이것은 짜릿한 잠재적 가능성이면서 동시에 무시무시한 책임을 내포한다.

주요 학습 요점 21.8 ***Homo sapiens*는 훌륭한 사고 능력과 도구의 사용, 그리고 상징적 언어를 사용하는 유일한 동물이다. *Homo sapiens*는 계속 진화하고 있다.**

인종과 의학

생물학에서 인종 문제보다 더 사회적인 논쟁을 일으킨 것은 거의 없다. 인종은 믿을 수 없을 정도로 매우 단순하게 정의할 수 있는데, 인종은 조상-후손 관계를 가진 한 무리의 사람들로서 그와 다른 무리들과는 구별되는 집단을 말한다. 논쟁은 사람들이 인종이라는 개념을 인간을 모독하는 것을 정당화하는 데 사용하였기 때문에 발생한다. 아프리카인의 노예무역이 명백한 사례이다. 이러한 불의에 대응하는 의미로서, 과학자들은 인종의 개념을 대체적으로 포기하고 있으며, 단지 사회적인 의미로서만 이해하고 있는 추세이다. 1972년에 유전학자들은 사람들의 얼굴 생김새를 주목하기보다 유전자에 주목해 본다면, 한 사람의 아프리카인과 한 사람의 유럽인 사이의 유전자 차이가 두 유럽인 사이의 유전자 차이보다 더 크지 않을 것이라고 지적하였다. 이후 38년 동안, 유전자 데이터를 통하여 이러한 관찰의 정당성은 더욱 강화되었으며, 이제 유전적 인종 개념은 대부분 폐기되었다.

최근 전 세계 사람들의 유전체(게놈)를 상세하게 비교한 결과, 인간의 특징을 결정하는 특정 대립 유전자들은 흔히 염색체상에서 밀접하게 연관되어 나타난다. 대립유전자들이 서로 매우 가깝게 위치하기 때문에, 수세기 동안 유전자 재조합이 거의 일어나지 않았다. 한 사람이 갖고 있는 대립 유전자의 특정 조합은 그 사람의 자손에서도 대부분 그와 같은 조합이 유지될 것이다. 단상형(haplotype; 일배체형)이라고 부르고 있는 이 대립유전자 세트는 한 조상에서 유래한 다수의 후손들에서 공동조상 관계를 나타내 준다.

피부색과 눈의 모양을 무시하고, 대신 인간 유전체 내의 수백 개의 위치에서 DNA 염기 서열을 비교함으로써 전 세계의 방대한 인류 집단의 단상형들을 비교하였다. 그 결과, 유사한 변이 클러스터를 보유하는 5개의 대집단, 즉 유럽, 동아시아, 아프리카, 아메리카, 그리고 오스트랄라시아 집단을 확인할 수 있었다. 문제는 단지 이것이 전통 인류학에서 다뤘던 대집단과 얼마간 유사하다는데 있지 않다. 중요한 것은 각 집단들은 이 다섯 지역에서 서로 고립되어 진화하였으며, 오늘날 각 집단들은 각자의 공동 조상으로부터 유래한 개체들로 구성된다는 것, 그리고 각 개체들의 DNA를 분석하면 어떤 조상에서 유래하였는지 유추할 수 있다는 것이다.

왜 이런 괴상하고 사회적으로 논란을 불러 일으킬만한 이야기를 거론하는가? 그 이유는 인류의 질병은 이 5가지 인류 계통이 서로 갈라질 때 생겨난 대립유전자에 의해 영향을 받으며, DNA 돌연변이가 초래한 질병이 최초로 발생하였던 집단에서 훨씬 더 흔하다는 것이 인간의 유전체를 통해 밝혀지고 있기 때문이다. 예를 들면, 철분 대사 이상인 혈색소증을 일으키는 돌연변이는 인도인이나 중국인에게서는 매우 희소하거나 아예 없다. 그러나 북유럽인들 사이에서는 흔한 질환이다(스웨덴인의 약 7.5%가 질환자이다). 이런 질환자들은 성인의 젖산 분해 이상을 나타내는 대립유전자를 소유하는 경우가 흔한데, 이런 경우는 다른 인류 집단에서는 흔하지 않다. 이와 유사한 사례는 겸상적혈구빈혈증을 유발하는 헤모글로빈 S 유전자의 돌연변이가 반투계 아프리카인들에게서는 흔한데, 아마도 그 계열에서만 이 돌연변이가 발생한 것으로 추정된다.

많은 다른 그룹에 이것은 우리가 다시 다른 지역에 사는 사람의 유전체를 비교하면서 유사한 많은 사례를 알게 되었고, 또한 매우 중요한 결과를 낳았다. 같은 조상에서 유래한 까닭에 유전 질환은 지리적 분포와 밀접한 상관성을 나타낸다. 아프리카계 미국인 남성을 괴롭히는 고혈압성 심장 질환 또는 전립선암은 유럽계 미국 남성보다 3배 더 많이 발병한다. 한편, 유럽계 미국인은 낭포성 섬유증 또는 다발성 경화증을 더 많이 앓는 경향을 보인다.

이런 DNA 변이가 유전적 차이로 나타나 각 개인의 치료에 영향을 미치게 된다. 예를 들면, 아프리카계 미국인은 베타 수용체 차단제 및 안지오텐신 효소 저해물질과 같은 심장병 치료약의 주성분이 잘 듣지 않는다.

이런 유감스런 사실을 잘 알고 있는 과학자와 의사는 인종차별 주의자가 아니다. 그들은 모든 사람들에게 똑같이 치료하는 것보다는 전통 인류학에서 말하는 인종에 따라 처치와 치료를 하는 것이 더 개선된 치료 방법이라는 것에 대해 완전히 동의하고 있다. 피부색이나 유전적 차이를 그저 무시하는 것보다 개별 환자들의 유전적 변이에 대한 광범위한 분석을 하는 것이 훨씬 더 좋을 것이다. 불과 몇 년 전만 하더라도 불가능했겠지만, 이제는 우리 모두를 위해서 보다 향상된 치료의 길을 열어 주게 되었다.

각 개인별 조상형을 찾는 이유가 혈연관계에 따라 잘 맞는 잠재적 치료 방법을 알아내는 것을 목적으로 한다는 것을 분명히 기억해야만 한다. 그것은 사람들을 인종적 카테고리에 강제로 할당하려는 것이 아니다. 이러한 시도는 펜실베이니아 주립 대학에서 하나의 교과 과정으로 진행되고 있는데, 약 90명의 학생에서 DNA를 채취한 뒤 4~5개의 대그룹으로 분류되어 상호 비교를 하고 있다. 이 학생들의 상당수는 스스로 100% 백인으로 믿고 있지만, 실제로는 극히 일부만 그렇다. 어떤 백인 학생은 자기 DNA의 14%가 아프리카에서, 그리고 6%가 동아시아에서 왔다는 사실을 알게 되었다. 마찬가지로 어떤 흑인 학생은 자기의 전체 유전자 중 절반 정도가 유럽으로부터, 그리고 상당량이 아시아로부터 유래하였음을 알게 되었다.

중요한 것은 자기 정체성에 대한 경직된 생물학적 사고는 잘못되었다는 점이다. 인간성은 2, 3개의 유전자에 의해 발현되는 피부색이나 눈동자 모양보다 훨씬 더 복잡하다. 우리가 그러한 복잡성에 대해 더 잘 이해할수록 우리는 더 많은 의학적 성과를 거둘 수 있을 것이고, 인간의 다양성이 제공하는 위대한 가능성을 누리게 될 수 있을 것이다.

질문 & 분석

두뇌 용적은 인류 진화와 더불어 증가하였는가?

이 장에서 언급한 것처럼 인류가 진화하면서 점차 뇌의 크기는 증가해왔다. 흥미 있는 사실은 네안데르탈인의 화석(아래 사진의 왼쪽)이 약 1,650cc로서 약 1,500cc인 현대 인류의 화석(아래 사진의 오른쪽)보다 두뇌 크기가 더 크다. 그렇다면 네안데르탈인이 현대 인류보다 더 똑똑하다는 의미일까?

오른쪽 그래프는 인류의 주요 종들의 존재 시기와 두뇌 용적을 좌표로 나타낸 것이다. 각 인류 종마다 화석에 따라 두뇌 용적에는 약간의 변이가 존재하는데, 그래프상에는 괄호 안에 대표값으로 나타내었다. 예를 들어, 네안데르탈인의 경우, 전형적으로는 1,650cc이지만, 이스라엘의 Amud 동굴(533쪽)에서 발견한 두개골은 이 보다 90cc가 더 크다. 일부 고생물학자들 중에는 *H. ergaster*는 *H. erectus*의 변이형이고, *H. heidelbergensis*와 *H. neanderthalensis*는 *H. sapiens*의 변이형으로 간주하는 사람도 있지만, 분석을 위하여 스플릿터(splitter; 잘게 나누는 분류학자)의 입장을 반영한다. 논란의 소지가 있기는 하지만, 대부분의 인류학자들은 *H. neanderthalensis*와 *H. sapiens*는 서로 다른 종이고, 둘 다 *H. heidelbergensis*에서 유래하였다고 느끼고 있다.

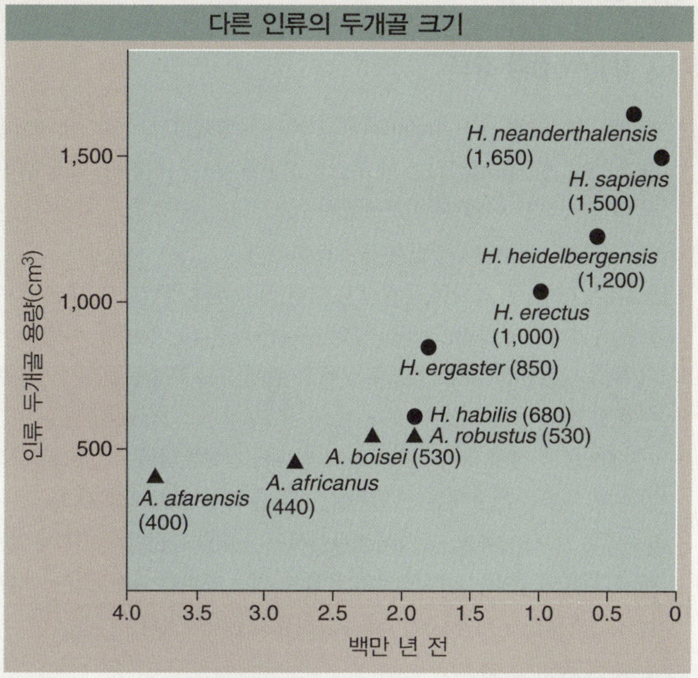

네안데르탈인 *Homo Sapiens*

1. **개념 적용** 그래프에서 종속변수는 무엇인가?
2. **자료 분석**
   - **a.** *Homo*속의 종 중에서 두뇌가 가장 큰 것은? 한편 가장 작은 종은?
   - **b.** 오스트랄로피테쿠스류 중에서 두뇌가 가장 큰 것은? 또한 가장 작은 종은?
   - **c.** 오스트랄로피테쿠스류 중에서 현생 인류만큼 두뇌가 큰 종이 있는가?
3. **추론하기**
   - **a.** 200년이 넘도록 오스트랄로피테쿠스류의 두뇌 크기는 변하였는가? 변하였다면 얼마나 변하였는가? 그 증가율은?
   - **b.** 200여 년 동안 *Homo*속에서 두뇌 크기의 변화가 있었는가? 얼마나 변하였고, 그 증가율은 어느 정도인가?
4. **결론 도출**
   - **a.** 두뇌 크기의 변화는 오스트랄로피테쿠스류에서 보다 *Homo*속에서 더 빨리 증가하였는가? 얼마나 빨리 증가하였는가?
   - **b.** 명백하게 네안데르탈인의 두뇌 크기가 더 크다는 것을 인정한다면, 문제 **a**에서 도출한 결론에 비추어 네안데르탈인이 현대 인류보다 더 똑똑하였을까?
5. **심층 분석** 이러한 결론이 검증받지 못한 가정에 기초하고 있다면? 만약 여러분이 이 결론을 받아들이지 못하겠다면, 왜 두뇌의 크기가 *Homo*속에서의 경우와 같이 급작스럽게 진화하였다고 생각하는가?

단원 복습

영장류의 진화

21.1 인류의 진화 경로

- 영장류 진화의 역사는 Archonta하고 라는 야행성이고, 나무 위 생활을 하였으며, 곤충을 섭식하는 한 무리의 포유류에서 시작한다. 약 6,500만 년 전에 시작한 이 동물의 적응방산으로부터 여러 무리가 기원하였는데, 박쥐, 나무두더지, 영장류 등이 포함된다.
- 영장류는 다음 두 가지의 특징으로 다른 포유류와 구별한다: 움켜쥘 수 있는 손가락과 발가락, 그리고 양안 시각을 가진다는 것이다. 이런 두 가지 특징의 결합을 통해, 영장류는 나무 위에 사는 식충동물로서 성공할 수가 있었다.
- 약 4,000만 년 전에 초기 영장류는 원원류와 진원류의 두 그룹으로 갈라졌는데, 후자는 원숭이류, 유인원류, 인류를 포함한다(**그림 21.1**).
- 진원류는 더 분지하여, 남아메리카에서는 신대륙원숭이로 진화하였는데, 신대륙원숭이는 납작한 코와 감을 수 있는 꼬리를 가진다. 아프리카에서 진원류는 구대륙원숭이와 유인원류로 진화하였다.

21.2 유인원의 진화

- 유인원류에는 유인원(긴팔원숭이, 오랑우탄, 고릴라, 침팬지)과 인류가 포함되는데, 인류에는 사람(*Homo sapiens*)과 이미 멸종된 사람의 직접 조상종들이 있다. 현생하는 사람과 가장 가까운 친척은 침팬지이다.
- 유인원류와 인류가 분지한 것은 인류가 새로운 이동 방법에 적응하게 되면서부터, 즉 인류가 두 다리로 직립보행을 하게 되면서부터이다. 유인원과 인류에서 나타나는 골격의 변화 중 다수는 이동 방법의 차이가 반영된 결과이다(**그림 21.2**).

최초의 인류

21.3 직립보행

- 직립보행은 인류의 진화에 결정적 계기가 된 적응으로서 중대한 기여를 하였다(**그림 21.4**). 그러나 어떻게 또는 왜 이런 이동 방법으로 진화하였는지는 아직 명확하지 않다.

- 직립보행은 유일하게 인류에게서만 볼 수 있는 것은 아니다. 그러나 직립보행과 커다란 두뇌 용적은 *Homo*류가 새로운 진화 경로를 시작할 수 있게 하였다. 화석 증거를 보면, 직립보행이 뇌 크기 증가보다 시간상으로 앞선 사건으로 보이는데, 직립보행이 나타난 이유에 대해서는 아직까지 밝혀지지 않고 있다.

21.4 인류의 계통수

- 인류의 진화 계통수는 완전하지 않아서 학자들에 따라 다르게 해석된다(**그림 21.5**). 크게 묶는 분류학자들(lumpers)은 공통적인 특징에 기초하여 표본들을 함께 묶는 반면, 잘게 나누는 분류학자들(splitters)은 표본들 간의 차이에 초점을 맞추며 더 많은 종으로 나누는 경향을 보인다.

최초의 인간

21.5 아프리카 기원: 초기 *Homo*속

- 초기 인간은 *Homo*속에 속하며, 약 200만 년 전에 *Australopithecus*속의 한 무리를 조상으로 하여 진화하였다. *Homo habilis*는 아프리카에서 발견되었고, 뇌의 용적이 더 크다는 것 외에는 오스랄로피테쿠스류와 매우 유사하다(**그림 21.6**). *Homo rudolfensis* 역시 아프리카에서 발견되었는데, 명백히 인간의 한 무리이며 뇌의 크기가 더 커지고 두개골의 형태 또한 더욱 인간에 가까웠다. *Homo ergaster* (**그림 21.7**)는 초기 인류의 세 번째 종으로서 *Homo habilis*와 *Homo rudolfensis*보다 더 인간에 가까운 모습을 보인다. *Homo rudolfensis*는 이어 나타난 *Homo*속 종들의 조상인 것으로 추정된다.

21.6 탈아프리카: *Homo erectus*

- *Homo erectus*는 의심할 여지없이 진정한 인류 종이다. 자바원인은 남아 있는 *Homo erectus*의 화석 표본 중 가장 오래된 것이다(**그림 21.8**). 자바원인의 다리뼈는 직립보행을 하였고, 두개골은 두뇌 용적이 오스랄로피테쿠스류보다 2배 정도이었음을 보여준다. 화석은 약 50만 년 전의 것이다.
- 북경원인은 나중에 중국에서 발견되었는데, 자바원인과 유사한 것으로 보아 *Homo erectus*로 볼 수 있다. *Homo erectus*의 화석은 아프리카에서도 발견되었는데, 아프리카의 화석은 150만 년 전의 것으로 판명되었다. 즉, *Homo erectus*는 아프리카에서 기원하여 유럽과 아시아로 이동하였음을 알 수 있다.

현대 인류

21.7 사람종 역시 아프리카에서 기원하다

- 현대 인류는 약 60만 년 전에 아프리카에서 처음으로 출현하였다. 과학자들은 *Homo heidelbergensis*, *Homo neanderthalensis*, *Homo sapiens* 등 3종의 현대 인류가 존재했다고 주장한다. *H. heidelbergensis*는 아프리카에서 출현하여, 과거 *Homo erectus*가

취한 경로를 따라서 유럽과 서아시아로 이동하였다.

- *Homo neanderthalensis*는 *Homo erectus*가 희소해지는 시기에 맞춰 유럽에서 출현하였다. *Homo neanderthalensis*는 현대 인류의 조상 계열에서 벗어난 하나의 곁가지로 추정된다. *Homo sapiens*는 약 13만 년 전에 아프리카에서 출현하였다. *Homo erectus*나 *Homo heidelbergensis*처럼 *Homo sapiens*도 아프리카를 벗어나 유럽과 아시아로 이주하였으며, 나아가 오스트레일리아와 북아메리카까지 이동하였다(**그림 21.9**).

21.8 유일한 현생 인류

- 네안데르탈인(*Homo neanderthalensis*)는 유럽과 아시아에서 번성하였으나, 약 34,000년 전에 갑자기 사라졌다. 그리고 크로마뇽인이라고 하는 *Homo sapiens*에 의해 대체되었다. 크로마뇽인은 매우 영리한 도구 사용자였으며, 사회 제도와 언어를 가졌고 사냥을 하며 살았다.
- 사람종은 계속 진화하여 각각의 지역적 조건에 적응하며, 각각 다른 인류 집단으로 진화하였다(**그림 21.10**).

이해력 확인 문제

1. 많은 포유동물이 공통적으로 양안 시각을 가지고 있음에도 불구하고, 영장류가 다른 포유동물과 차별되는 해부학적 적응은?
a. 붙잡이 꼬리
b. 서로 마주 볼 수 있는 손가락
c. 젖샘
d. 털로 덮인 피부

2. 초기 인류가 나타났던 곳은?
a. 아프리카
b. 아시아
c. 오스트레일리아
d. 유럽

3. 다음 중 진원류에 속하지 않는 것은?
a. 원숭이
b. 유인원
c. 여우원숭이
d. 인류

4. 다음 중 인류의 직립보행에 기여한 해부학적 특징은?
a. 길고 튼튼한 뒷다리
b. 휘어진 척추
c. 절구 모양의 골반 뼈
d. 모두 옳음

5. 인류의 초기 조상에서 나타났던 특징은?
a. 언어
b. 뇌 용적 증가
c. 도구의 사용
d. 직립보행

6. *Australopithecus*속과 *Homo*속과의 차이는?
a. 뇌의 크기
b. 아프리카에서 출현
c. 직립보행
d. 모두 옳음

7. 다음 중 최초의 인류는?
a. *Australopithecus boisei*
b. *Australopithecus anamensis*
c. *Australopithecus afarensis*
d. *Australopithecus robustus*

8. 다음 중 *Australopithecus*류와 가장 유사한 종은?
a. *Homo sapiens*
b. *Homo heidelbergensis*
c. *Homo neanderthalensis*
d. *Homo habilis*

9. 유럽과 아시아로 광범위하게 이주한 최초의 인류는?
a. *Homo sapiens*
b. *Homo heidelbergensis*
c. *Homo neanderthalensis*
d. *Homo erectus*

10. DNA와 염색체 연구를 통해 볼 때 *Homo sapiens*는 다음 중 어디에서 기원하였을까?
a. *Homo erectus*가 발견되는 여러 지역
b. 아프리카
c. 아시아
d. 유럽

응용력 확인 문제

1. **그림 21.2** 오스랄로피테쿠스류의 골격을 보고 어떻게 두발로 서서 걸었는지 설명하시오.

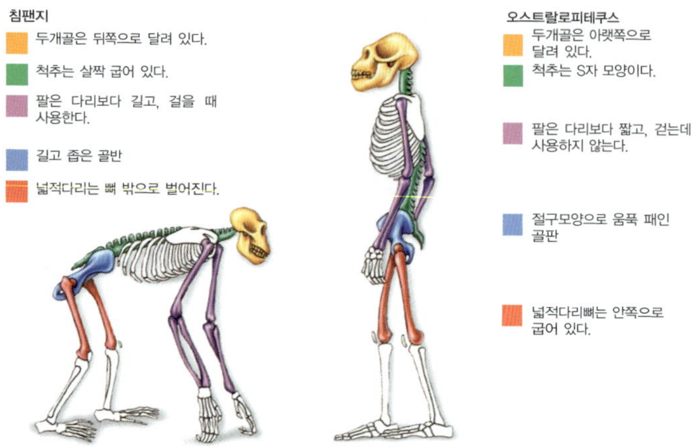

2. **그림 21.9** 유전체적 증거로 볼 때 현대 인류는 아프리카에서 전 세계적으로 퍼져나갔음을 알 수 있는데, 이주는 여러 번에 걸쳐서 일어났고 그때마다 각 지역의 환경에 적응하면서 이주가 일어났다. 화석상의 증거는 이러한 관점을 얼마나 지지하고 있는가 설명하시오.

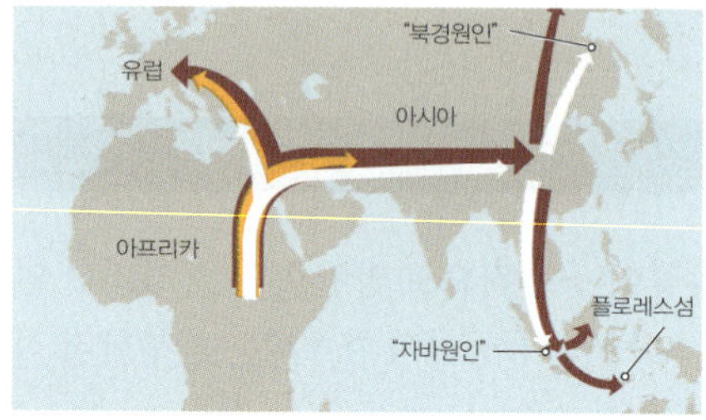

종합 학습

1. 초기 인류가 진화할 때 아프리카 사바나의 건조하고 서늘한 기후에 대처하여야 했을 텐데, 직립보행이 이런 기후 변화에 유리하였다는 증거는 무엇인가? 사바나 기후에서 직립보행의 이점은 무엇인가?
2. *Genyornis newtoni*는 날지 못하는 대형 조류인데, 한때는 오스트레일리아에서 흔했지만 지금은 멸종된 새이다. 이 지역에서 화석으로 남아 있는 알 껍질을 통해 볼 때 이 새는 5만 년 전에 살았음을 알 수 있다. 인간이 오스트레일리아에 정착한 것이 5만 년 전인데, 과연 인간이 이 새들을 사냥해서 멸종에 이르게 했다는 증거가 있는가?
3. 미토콘드리아 DNA는 알 속의 미토콘드리아 속에 있어서 유전자 재조합이 나타나지 않는다. 따라서 모친에서 자녀로, 여러 세대를 거치는 동안에도 변화 없이 전해진다. 마찬가지로, Y 염색체상의 유전자는 유전자 재조합이 일어나지 않으므로 부친에서 아들로 그대로 전해진다. 만약 과학자들이 인류에 속하는 모든 종들이 아프리카에서 기원한다는 가설을 증명하려고 시도한다고 할 때, 미토콘드리아 DNA 변이 연구와 Y 염색체 변이 연구로부터 같은 결론을 도출해낼 수 있을 것으로 기대하는가?

22

동물의 몸과 운동방식

흔히 동물이라고 하면 대부분의 사람들은 애완동물이나 동물원, 농장, 수족관, 야생의 동물들을 생각한다. 이러한 차이점에도 불구하고, 동물들은 거의 동일하게 작동하는 종류의 조직과 장기와 기초체제를 공유한다. 이 장에서는 동물과 그들 몸의 흥미로운 구조와 기능에 대해 상세하게 살펴 볼 것이다. 척추동물의 주요 조직에 대해 알아본 뒤, 어떻게 동물의 몸이 처한 환경에 적합하게 신경, 근육, 골격의 복잡한 활동을 조직화하는지에 대해 초점을 맞춘다. 동물의 생태계에서 이동은 타의 추종을 불허한다. 동물은 수면 아래, 땅 위, 하늘에서 수영하고, 파고들고, 기어 다니고, 미끄러지며, 걷고, 뛰고, 달리고, 활공하고, 솟구치고, 날아 다닌다. 위 그림의 사이드와인더 방울뱀은 사막에서 근육의 공동적인 수축운동과 물결모양으로 자신의 몸을 던지며 대단히 빨리 움직인다. 땅에서 오직 척추동물과 절지동물이 재빠른 표면 운동능력을 수단으로서 발전시켰다.

학습단원

동물 운동 체제

22.1 몸 구조의 혁신

1. 방사대칭과 좌우대칭의 대조, 진체강 구조와 의체강 구조의 대조, 체절성 몸과 비체절성 몸의 대조, 성장과 탈피의 대조, 선구발생과 후구발생의 대조

22.2 척추동물의 몸 구조

1. 조직의 정의와 4가지 일반적 조직
2. 척추동물의 11가지 주요 기관계의 열거

척추동물의 조직

22.3 보호조직의 역할을 하는 상피

1. 척추동물의 상피세포 구조에 대한 3가지 방법의 논의와 3가지 종류에 대한 표현
2. 단층 상피세포와 중층 상피세포, 내분비샘과 외분비샘의 구별

22.4 몸을 지지하는 결합조직

1. 결합조직의 3가지 기능별 분류와 그들이 일반적으로 지닌 구조상 특징의 표현
2. 3가지 주요 골격 결합조직의 표현
3. 골격 구조의 표현
4. 조골세포와 골세포의 대조

생명과학과 건강 유지: 뼈의 상실: 골다공증

22.5 몸을 움직이는 근육 조직

1. 근필라멘트와 근원섬유의 구별
2. 민무늬근(평활근), 골격근, 심근의 비교

22.6 신호를 신속히 안내하는 신경조직

1. 신경계 세포의 2가지 일반적 종류의 구별
2. 뉴런 몸의 3분류의 표현과 3가지 일반적 뉴런 범주의 열거

골격계와 근육계

22.7 골격의 종류

1. 동물 골격 체계의 3가지 종류의 표현
2. 중축골격과 부속골격의 대조와 관절의 주요 등급의 식별

22.8 근육과 그들의 작동 구조

1. 힘줄의 표현
2. 왜 근육은 미는 것이 아닌 당기는 것밖에 못하는가에 대한 설명
3. 등장성수축과 등척성수축, 얇은(액틴) 필라멘트와 굵은(미오신) 필라멘트의 대조
4. 칼슘 이온의 역할을 설명하는 근육 수축의 슬라이딩 필라멘트 모델의 표현

저자 코너: 저자의 운동

질문 & 분석: 가장 효율적인 운동 유형이 있을까?

22.1 몸 구조의 혁신

제19장에서 다루었듯이 동물 몸 기획의 6가지 진화적 혁신들은 동물계에서 보이는 다양성으로 이어진다.

1. 조직

몸 기획의 첫 번째 혁신은 조직의 발달이다(**표 22.1**의 ❶). 가장 간단한 형태의 동물인 해면은 세포 분화가 있기는 하지만 대부분의 조직은 결핍된 상태다. 다만 약간의 기본적인 조직을 갖고 있을 뿐이다. 반면 다른 모든 동물들은 고도로 분화된 조직과 세포를 갖는다.

2. 방사대칭과 좌우대칭의 대조

모든 해면은 어떠한 뚜렷한 대칭성도 갖고 있지 않으며, 대신 불규칙한 덩어리와 같이 비대칭적으로 성장한다. **표 22.1**의 ❷에서 보이는 바와 같이, 대칭형 몸은 자포동물(해파리, 말미잘, 산호)과 빗해파리류(빗해파리)에서 최초로 진화하였다. 이 두 종류 동물의 몸은 몸의 부분들이 중심축을 둘러서 배열된 **방사대칭(radial symmetry)**의 특징을 보인다.

다른 모든 동물은 몸이 오직 한 면을 따라 좌우 절반으로 나뉜 **좌우대칭(bilateral symmetry)**으로 특징 지어진다. 좌우대칭은 몸 장기의 분리와 각 부분들의 다양한 방식의 진화를 허락한다. 극피동물 등 일부 고등생물의 경우 성체는 방사대칭형이지만 유충은 좌우대칭형을 보인다.

3. 진체강 구조와 의체강 구조의 대조

동물 체제의 진화에서의 다른 전환은 **표 22.1**의 ❸에서 보다시피 체강의 진화이다. 체강은 효율적인 기관계와 더 빠른 체내 유체순환, 동물 몸의 복잡한 활동의 진화를 허용한다.

생태계에서 우리는 3가지의 몸 배열 형태를 볼 수 있다: 일부 동물들은 **무체강동물(acoelomates)**이라고 하는 체강이 없는 형태이고 다른 두 형태는 체강의 두 종류인데, 주로 3배엽의 어디서 발달했는가로 분류된다. 내배엽과 외배엽 사이를 형성하는 체강은 의체강이라 하고 그러한 형태를 **의체강동물(pseudocoelomates)**이라 한다. 외배엽 안에서만 형성하는 것을 체강이라 하고 그러한 형태를 **체강 동물(coelomates)**이라 한다.

4. 체절성 몸과 비체절성 몸의 대조

동물 체제의 한층 나아간 전환은 **표 22.1**의 ❹와 같이 **체절(segments)**에 의한 세분을 포함한다. 체절은 다음과 같이 진화적 이점들을 허용한다.

1. 환형동물류와 다른 고등분절 동물류에서 각 체절은 성체 기관계의 완전한 배치로 발달할 수 있다. 어떠한 체절에 미치는 손상도 다른 체절이 손상당한 체절의 기능을 모방하기 때문에 개체에게 치명적이진 않다.
2. 각각의 체절이 독립적으로 움직일 때 동물의 움직임 전체로서는 더욱 유연해지므로 이동이 더욱 효과적이다. 체절은 비록 명확하지는 않을지라도 환형동물류, 절지동물류, 척색동물류에서 볼 수 있다.

5. 성장과 탈피의 대조

대부분의 체강 동물은 점진적으로 몸의 덩어리를 더해가며 성장한다. 반면, 선충류와 절지동물류는 이와는 매우 다른 방식으로 성장한다. 그들의 몸은 단단한 외골격에 들어가 있다. 그리고 이 외부의 껍질은 더 큰 몸의 공간을 만들기 위해 **표 22.1**의 ❺의 탈피라고 하는 과정에 의해 주기적으로 벗겨져야 한다.

6. 선구발생과 후구발생의 대조

극피동물류와 척색동물류는 다른 동물 종족과 공유하는 것과는 다른 일련의 발생학적 특징을 갖는다. 이러한 특징들이 몇 번이고 진화하는 것은 가망이 거의 없기 때문에, 이 두 개의 매우 다른 종족은 공동의 조상을 공유하는 것으로 믿어진다. 그들은 **표 22.1**의 ❻의 **후구동물(deuterostomes)**이라 하는 군이다. 모두 다른 체강 동물들은 **선구동물(protostomes)**이라 한다. 후구동물은 발아기 성장의 3가지 측면에서 선구동물과 근본적으로 다르다.

1. **난할의 세포구 다발을 어떻게 형성할까**
   후구동물은 발달의 가장 간단한 단계의 하나인 어디에서 세포가 나뉠지의 정도를 결정하는 분할에서 선구동물과 다르다. 대부분의 선구동물은 나선형의 난할을 거친다. 반면 후구동물은 방사형의 난할을 거친다.

표 22.1 몸 기획의 혁신들

혁신	기획의 차이	기관/장기
❶ 전문화된 세포와 조직의 대조 	많은 해면의 경우 특정화된 세포의 형태는 남아 있지만 그것들은 조직으로 체계화되어 있지 않다. 다른 모든 동물의 경우 세포는 조직들로 체계화되어 있고 세포 간의 조화에 의해 이러한 조직은 유기체의 다른 세포, 조직과 통합되어 있다.	조직이 없음: 해면의 대부분; 조직: 그 밖의 모든 동물들
❷ 방사대칭과 좌우대칭의 대조 	방사성대칭에서 몸의 각 부분들은 입 등의 중심축을 둘러 배열되어 있다. 좌우대칭의 경우 몸은 좌우 반씩 각각의 경상으로 나뉜다. 좌우대칭은 머리부위와 같은 몸의 분화를 가져온다.	방사대칭성: 자포동물과 성숙한 극피동물; 좌우대칭성: 그 밖의 모든 동물들
❸ 견고한 몸통과 체강의 대조 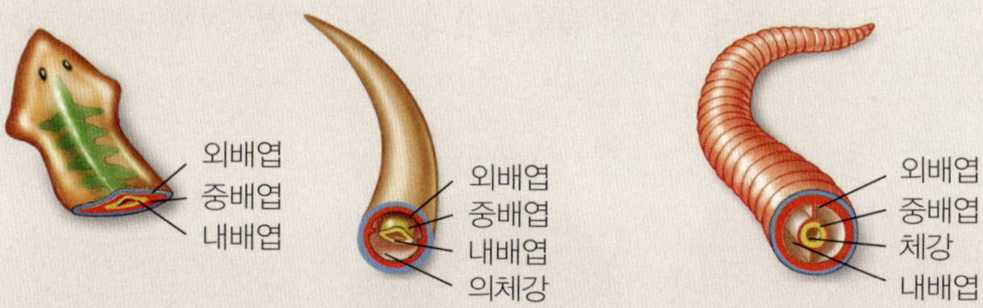	체강의 진화는 체강 내에서 지지 받으며 몸의 장기체계의 확장을 초래한다. 체강이 결핍된 동물들은 무체강 동물이다; 의체강 동물들의 체강은 배엽 사이를 형성한다; 체강 동물의 체강은 중배엽 내에서 형성된다.	무체강동물: 편형동물; 의체강동물: 선충; 진체강동물: 연체동물, 환형동물, 절지동물, 극피동물, 그리고 척삭동물
❹ 체절성 몸과 비체절성 몸의 대조 	체절분절동물류에서 몸은 체절이라 하는 구획으로 세분화된다. 분절은 일부 체절의 손상이 있을 때에 '예비' 로서 다뤄지는 여분의 구조를 초래한다.	비체절성 체강동물: 연체동물과 극피동물; 체절성 동물: 환형동물, 절지동물, 그리고 척삭동물
❺ 성장과 탈피의 대조 	그들의 몸이 단단한 외골격에 담겨 있기 때문에 절지동물류와 회충류는 그들이 몸 부피의 증가에 적응하며, 성장할 때 반드시 그들의 강한 외부 외골격을 주기적으로 벗어야 한다. 허물벗기 과정을 일반적으로 탈피라고 한다. 이러한 바는 점진적으로 몸이 성장하는 인간과 다른 모든 체강 동물들의 그것과 대비된다.	변태: 절지동물과 선충; 점진적 성장: 그 밖의 모든 동물
❻ 선구발생과 후구발생의 대조 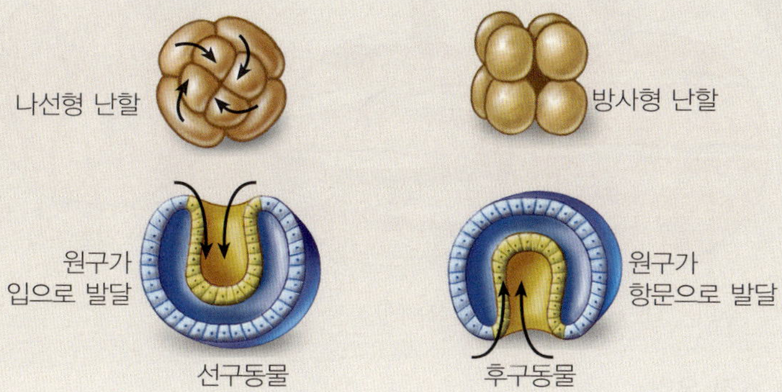	원구가 항문으로 발달한 선구동물의 세포들은 나선형 난할을 겪으며 원구는 입이 된다. 각 배아세포의 운명은 빨리 정해진다. 후구동물의 발생에서 세포는 방사형의 난할을 겪으며 원구는 항문이 된다. 각 배아세포의 운명은 유동적이며 각 세포는 완전한 개체로 발달될 공간을 보유한다.	후구동물: 극피동물과 척삭동물; 선구동물: 다른 모든 좌우대칭성 동물

2. 원구가 몸의 축을 어떻게 결정할까

후구동물은 배의 성장 방식이 선구동물과 다르다. 선구동물의 원구는 동물의 입이 되고, 항문은 반대쪽 끝부분에서 발달한다. 후구동물에서는 반대로 원구는 동물의 항문이 되고 반대쪽 끝에서 입이 발달한다.

3. 배의 생물학적 운명은 어떻게 정해질까

대부분의 선구동물은 매우 빨리 각 세포의 운명을 완고히 결정짓는 명확한 난할을 겪는다. 심지어 4세포기가 일반적인 개체를 형성할 수 있지만 어떠한 세포로도 분리될 수 없다. 뚜렷하게 상대적인 양상으로 각각의 세포가 완전한 개체로 발달할 용량을 유지하는 후구동물은 불명확한 난할을 겪는다.

주요 학습 요점 22.1 동물 몸의 6개의 핵심 혁신을 통해 생태계에서 커다란 다양성이 나타난다.

22.2 척추동물의 몸 구조

모든 척추동물은 동일한 일반적 구조물을 가지고 있다: 입에서 항문까지 뻗어있는 내부 체강에 걸려 있는 *진체강*(coelom)이라고 하는 긴 내부관이 많은 육생 척추동물의 진체강도 부분으로 나뉜다: 심장과 폐를 포함한 *가슴속*과 위의 장, 간을 포함한 *뱃속*으로. 척추동물의 몸은 관절보골격으로 구성된 내부 뼈대에 의해 지지된다. 척추뼈가 척수를 둘러쌈과 동시에 두개골 뼈는 뇌를 둘러싸고 보호한다.

모든 동물처럼 10~100조 개의 척추 신체 세포로 구성된다. 이것이 얼마나 많은 숫자인지 상상하기 어렵다. 10조 개의 자동차를 세웠을 때 지구와 태양을 50만 번 왕복할 수 있는 숫자이다. 아직 우리 몸에는 동일한 숫자의 세포가 있다. 만약 세포들이 몸에 없다면 우리의 몸은 비정상적일 것이다. 척추동물은 서로 100여 종의 세포로 구성된다.

조직

동형세포의 집단은 몸내에서 척추동물의 구조적, 기능적 구성인 **조직(tissue)**으로 구성된다. 조직은 몸 내에서 특징적인 기능을 수행하는 동형세포들의 집단이다.

조직은 척추동물의 발달로 형성된다. 발달 초기에 성장한 동물의 차이점이 될 3가지 기초 세포층 집단은 내배엽, 중배엽, 외배엽이다. 이 3종류의 배아세포층은 성체에서 100종류 이상의 세포로 차례차례 분화한다.

100종류의 세포로부터 많은 다른 종류의 조직을 모으는 것은 가능하다. 하지만 생물학자들은 전통적으로 성체 조직들을 4가지 일반적 강으로 분류해왔다: *상피조직*, *결합조직*, *근육조*

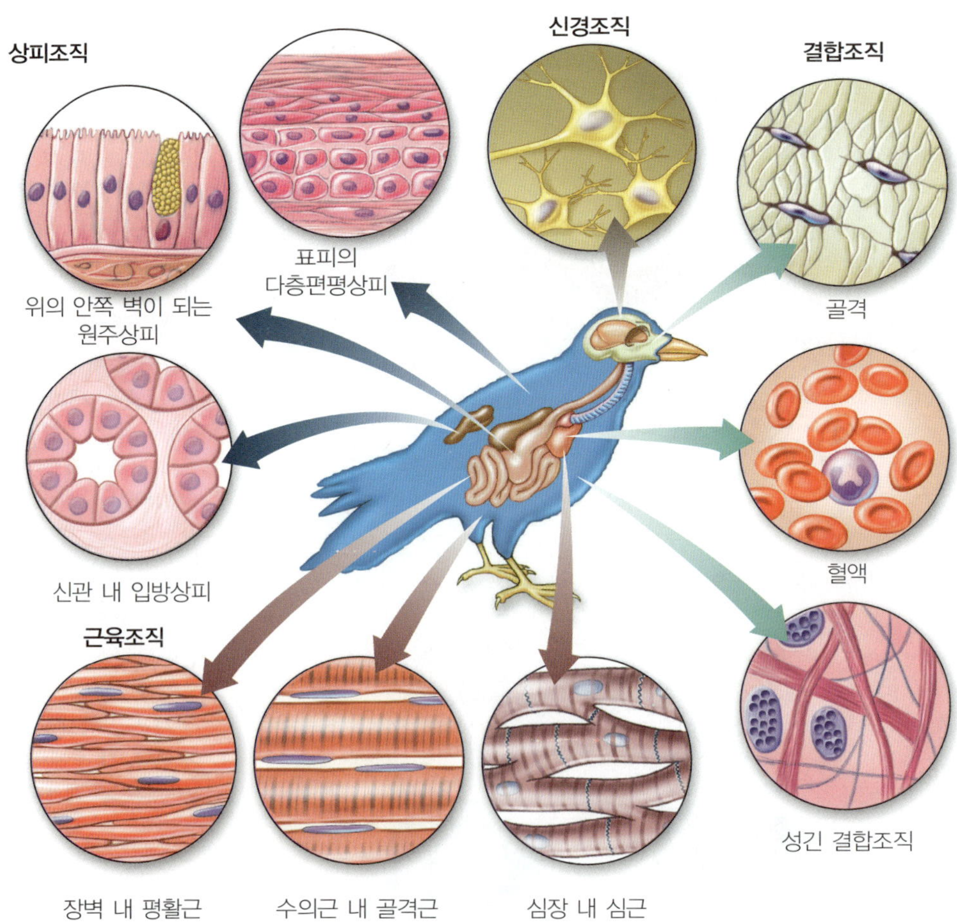

그림 22.1 척추동물의 조직 유형

네 가지 기본조직의 종류는 상피조직, 신경조직, 결합조직, 그리고 근육조직이다.

직, 신경조직. **그림 22.1**의 새는 4가지 모든 조직들을 포함하고 있으며, 확대된 원에서 볼 수 있듯이 조직의 각 강은 다른 집단의 세포를 포함하고 있다. 밝은 초록색 화살표로 표시된 신경연계 조직들은 특히 다르다.

기관

기관(organ)은 다른 조직들이 함께 무리지어 큰 구조적, 기능적 단위로 구성된 몸의 구조물이다(공장의 다른 일을 하는 사람들이 무언가를 만들기 위해 모인 사람의 집단인 것과 같이). 심장은 조직이다. 그것은 신경연계 조직 내에서 싸여 많은 신경과 연결된 심근 조직을 포함한다. 이 조직들은 모두 함께 체내의 피를 뿜아내는 펌프의 기능을 한다: 심근들은 피를 밀어내기 위해 심장을 짜내며 수축한다; 신경연계 조직들은 심장을 적당한 모양으로 유지시키고 적당한 때에 다른 심실들이 심장을 짜내는 것을 확실히 하기 위한 주머니로서 기능한다; 그리고 신경들은 심장박동의 속도를 조절한다. 어떤 단일조직도 심장의 기능을 해낼 수 없다(하나 이상의 피스톤만이 자동차 엔진의 기능을 할 수 있듯이). 대부분의 척추동물 몸의 주요 기관에 대해서는 아마 친숙할 것이다. 폐는 육상 척추동물이 공기에서 산소를 뽑아내는 데에 쓴다. 위는 음식을 소화시키는 기관이며 간은 혈액내의 당분과 다른 화학물질의 양을 조절하는 기관이다. 기관들은 척추동물의 기계이다. 각각의 기관들은 다른 조직들로 만들어졌으며 특징적인 기능을 수행한다. 다른 기관들은 몇 개나 이름을 댈 수 있을까?

기관계

기관계(organ system)는 함께 중요한 기능을 수행하는 기관들의 집단이다. 예를 들어 척추동물의 소화계는 음식을 부수고(부리와 치아), 음식을 위로 보내고(식도), 음식을 분해하고(위, 장), 음식을 흡수하고(장), 고체 잔류물을 방출하는(직장) 각 기관으로 구성된 기관계이다. 이러한 기관들이 제 역할을 온전히 수행한다면 몸은 음식으로부터 에너지와 중요 구성요소를 얻게 된다. 소화계는 많은 다른 종류의 세포로 구성된 특히 많은 다른 기관들의 복잡한 기관계이다. **그림 22.2**의 순환계는 더 적은 수의 다른 종류의 기관을 포함한다. 하지만 구성의 단계는 동일하여 기관계는 기관으로 구성되어 있다. 기관은 조직으로 구성되어 있고 조직들은 세포로 구성되어 있다.

척추동물의 몸은 11가지 주요 기관계를 포함한다.

1. **골격(skeletal)** 아마 척추동물의 몸에서 가장 두드러진 특징은 내부 골격일 것이다. 골격계는 몸을 보호하고 이동과 활동을 지지해주며, 주로 뼈, 두개골, 연골, 인대로 구성되어 있다. 절지동물과 같이, 척추동물은 관절 기관을 가진다(팔, 손, 다리, 발바닥).
2. **순환(circulatory)** 순환계는 산소, 영양분, 화학신호를 몸의 세포로 옮기고 이산화탄소, 대사잔유물, 물을 제거한다. 순환계는 주로 심장, 혈관, 혈액으로 구성된다.
3. **내분비(endocrine)** 내분비계는 호르몬의 분비를 통해 체내 활동을 통합하고 조화시킨다. 내분비계는 주로 뇌하수체, 부신, 갑상선, 그 외 내분비선들로 구성된다.
4. **신경(nervous)** 몸의 활동은 신경계에 의해 조화된다. 신경계는 주로 신경, 감각기관, 뇌, 척수로 구성된다.
5. **호흡(respiratory)** 호흡계는 산소를 붙잡고 가스를 교환한다. 폐, 기관, 그 외 공기 통로로 구성된다.
6. **면역과 림프(immune and lymphatic)** 면역계는 림프구,

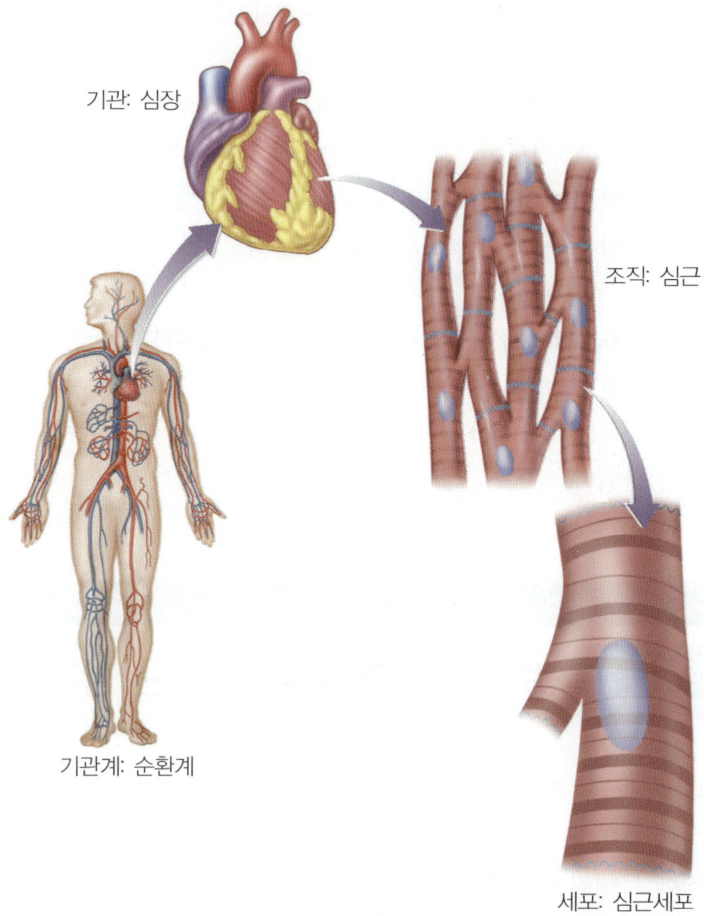

그림 22.2 척추동물 내 조직화 수준
유사한 유형의 세포들은 함께 작동하고 조직을 형성한다. 기관 내에서 조직은 함께 움직인다. 몇 가지 기관이 함께 작용하여 몸에서 기능을 다하는 것을 기관계라고 부른다. 순환계는 기관계의 한 예이다.

대식세포, 항체 등의 특수세포를 사용해 혈류에서 외부물체를 제거한다. 림프계는 세포외액과 지방들을 순환계로 옮기는 혈관을 제공하며, 면역세포의 보관을 위한 림프절, 가슴샘, 편도선, 지라 등의 장소를 제공하기도 한다.

7. **소화(digestive)** 소화계는 섭취한 용액으로부터 가용성 영양분을 획득한다. 소화계는 입, 식도, 위, 장, 간, 췌장으로 구성된다.
8. **비뇨(urinary)** 비뇨기계는 혈류에서 신진대사 분비물을 제거한다. 비뇨기계는 주로 신장, 췌장, 관련 관들로 구성된다.
9. **근육(muscular)** 근육조직은 몸과 수족 내에서 운동을 생산한다. 주로 골격근, 심근, 평활근으로 구성된다.
10. **생식(reproductive)** 생식계는 번식 기능을 수행한다. 남성에서는 고환, 여성에서는 난소와 관련 생식 구조물들로 구성된다.
11. **피부(integumentary)** 피부기관은 몸을 덮고 보호한다. 주로 피부, 머리카락, 손톱, 땀샘으로 구성된다.

주요 학습 요점 22.2 동형세포의 집단은 척추동물의 몸에서 조직으로 구성된다. 기관은 다른 조직들로 구성된 몸의 구조이다. 기관계는 중요한 기능을 수행하기 위해 함께 일하는 기관의 집단이다.

척추동물의 조직

22.3 보호조직의 역할을 하는 상피

바깥에서부터 조직에 대한 이야기를 시작해보자. 상피세포는 몸의 파수병이자 보호자이다. 그것은 표면을 덮어주며 어떤 물질에 들어갈지 말지를 결정한다. 척추동물 몸의 구성은 기본적으로 하나의 관(소화관)이 내부의 다른 관(체강)을 지지하는 관형이다(타이어의 내부튜브와 같이). 몸의 외부는 배의 *외배엽* 조직으로부터 발달한 세포(피부)로 덮여 있다; 체강은 배의 *중배엽* 조직으로부터 발달한 세포로 정렬된다; 소화관의 빈 안쪽 중심부는 *내배엽*으로 정렬된다. 모든 배엽들은 상피세포를 발달시킨다. 배의 근원은 다르지만 모든 상피세포는 형태와 기능면에서 대체로 비슷하며, **상피(epithelium)**라고 한다.

몸의 상피층은 세 방식으로 기능한다.

1. 건조와 마찰손상으로부터 *기저조직을 보호한다.* 상피는 표면을 덮고 있기 때문에 모든 몸을 통과하는 물질은 반드시 상피층을 지나게 된다(**그림 22.3**의 아메리카 독도마뱀처럼 두꺼운 경우에도).
2. *감각중추의 표면을 제공한다.* 척추동물 감각기관의 상당수는 실질적으로 상피세포에 의해 변한다.
3. *물질을 분비한다.* 분비샘들은 대개 상피세포의 배아 발달기에 함께 끼워진 상피세포의 주머니에서 기원한다.

그림 22.3 탈수를 방지하는 상피
아메리카 독도마뱀(gila monster)의 단단한 비늘 모양은 건조와 상처에 대한 한 층의 보호를 제공한다. 모든 육지 척추동물을 위한 표면상피의 상대적인 불투과성은 수중에 대해 건조화와 풍매 병원균으로부터의 필수적인 보호를 제공한다.

상피세포 조직의 유형들

상피세포는 모양에 따라 세 가지 유형으로 분류된다: 편평상피세포, 입방상피세포, 원주상피세포. 상피 조직의 층은 대개 오직 하나 또는 소수의 세포 두께이다. 개개의 상피세포는 오직 적은 양의 세포질을 소유하고, 상대적으로 낮은 신진대사 속도를 가진다. 모든 상피의 특징은 세포판들이 사이에 아주 작은 공간만을 남기고 함께 단단히 묶여있다는 것이다.

상피는 두드러진 재생기능을 소유한다. 상피층의 세포들은 생물의 삶 내내 끊임없이 교체된다. 이 세포들은 소화구역에서 정렬한다. 예를 들어 소화구역의 세포 또한 며칠마다 교체된다. 피부를 형성하는 표피와 상피는 2주마다 바뀐다. 상피 조직의 으

표 22.2 상피 조직

<table>
<tr><th>조직</th><th>위치</th><th>조직 기능</th></tr>
<tr><td>단층상피
❶ 편평상피
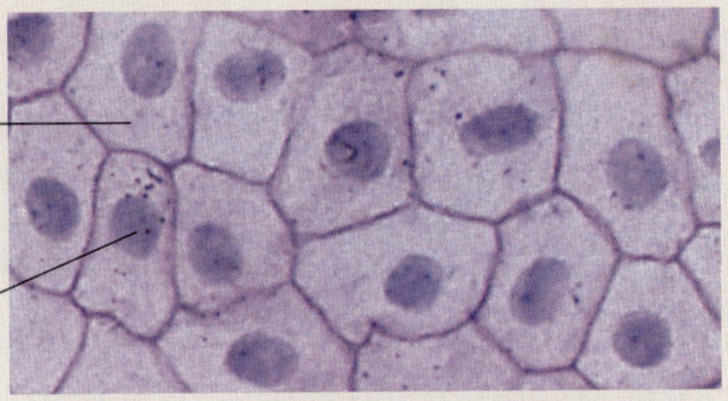
</td><td>폐, 모세혈관 벽, 그리고 혈관의 내벽</td><td>납작하고 얇은 세포들; 확산이 즉시 발생할 수 있는 얇은 층을 제공; 표면에 보이는 세포들은 바닥의 타일처럼 보임</td></tr>
<tr><td>❷ 입방상피
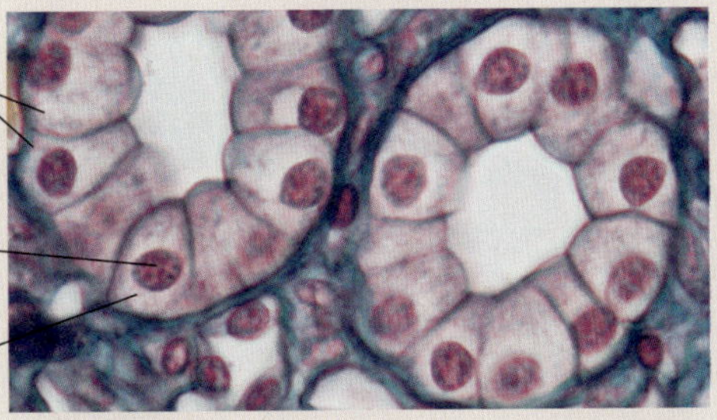
</td><td>일부 샘과 신관 그리고 난소의 벽</td><td>특정한 전달 경로가 풍부한 세포들; 분비와 특정 흡수의 기능을 함</td></tr>
<tr><td>❸ 원주상피
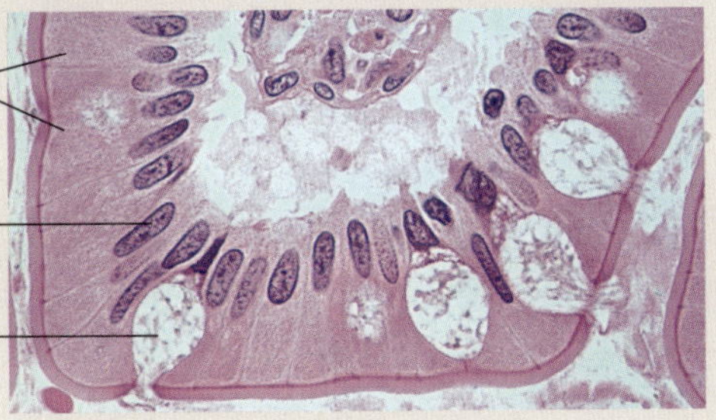
</td><td>위, 장, 그리고 호흡관 중 일부분의 내벽</td><td>두꺼운 세포층; 보호를 제공하고 분비와 흡수의 기능을 함</td></tr>
<tr><td>단층상피
❹ 편평상피
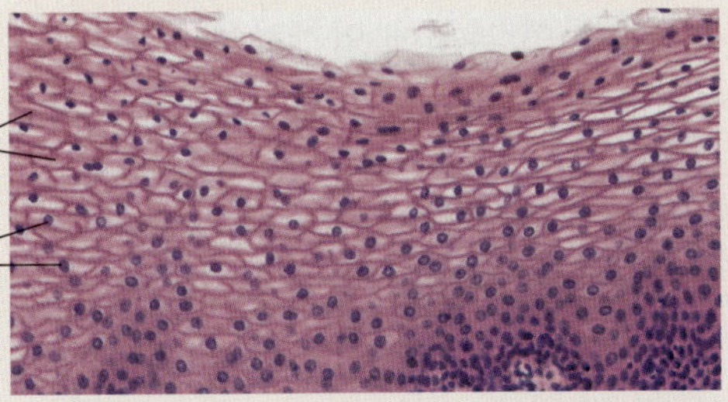
</td><td>피부 바깥층; 구강 내벽</td><td>세포의 단단한 층; 보호 기능을 함</td></tr>
<tr><td>위다층상피
❺ 원주상피
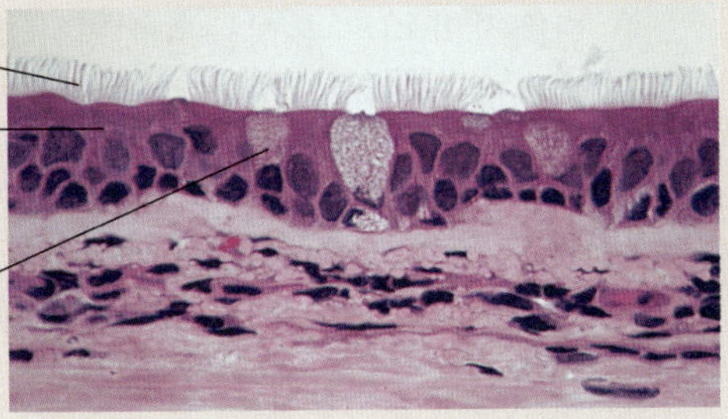
</td><td>호흡관 중 일부 내벽</td><td>점액분비의 기능; 점액의 움직임을 돕는 작고, 매우 가는 돌기체인 섬모도가 밀집되어 있어 보호 기능을 함</td></tr>
</table>

로 형성된 축구공 크기의 샘인 간은 수술 중 제거된 상당부분을 즉시 재생해 낸다.

두 가지 일반적 종류의 상피 조직이 있다. 첫째는 폐에 정렬되어 있는 피막들과 몸의 주요 강들로 이들은 오직 하나의 세포 두께의 **단층상피(simple epithelium)**이다. **표 22.2**의 ❶, ❷, ❸이 단층상피이다. 각각의 기능들을 살펴보면 이 층들이 단층만으로 구성되어 있는 이유를 볼 수 있다. 표면은 많은 수의 물질을 통과시켜야만 한다. 몸 구성물을 들여보내고 내보내고 하며, 또한 들어오고 나가는 몸의 '길' 이 너무 길지 않아야 하는 것도 중요하다. 둘째로 피부, 혹은 표피는 ❹와 같이 상피세포들이 여러 두께로 더욱 복잡하게 구성된 **다층상피(stratified epithelium)**이다. 여러 층들은 적당한 완충, 보호, 층의 세포를 지속적으로 교체하도록 허용하기 때문에 필요하다. ❺와 같이 호흡통로의 정렬된 부분인 상피도 중층상피로 보이지만, 실제로는 단층의 **위다층상피(pseudostratified epithelium)**이다. 그것은 여러 층으로 보이는데, 그 이유는 세포핵이 다른 세포의 다른 장소들에 배치되어 있고 그래서 세포의 다층의 모습을 주기 때문이다.

단순한 분비기능을 하는 상피 조직 유형은 몸의 **샘(glands)**에서 발견되는 입방상피이다. 내분비샘들은 혈액으로 호르몬을 분비한다. 몸의 바깥으로 열려 있는 관인 외분비샘은 땀, 젖, 침, 소화효소 등을 몸 밖으로 분비한다. 외분비샘은 또한 위로 소화효소를 분비하기도 한다. 분비에 대해 생각할 때 외분비샘은 몸을 통과하는 내부관이므로 위와 소화구역은 몸의 바깥으로 볼 수 있다. 물질은 이 소화구역을 통해 입에서 항문까지 모든 곳을 지나는 것이 가능하다. 그리고 몸으로는 절대 들어가지 않는다. 물질이 진정으로 몸을 통과하려면 반드시 상피층을 통과해야 한다.

> **주요 학습 요점 22.3** **상피 조직은 척추동물의 보호 조직이다. 게다가, 지지를 제공하고 척추동물 상피 조직은 주요 요소들을 분비한다.**

22.4 몸을 지지하는 결합조직

결합조직(connective tissue) 세포는 동물에게 구조적 건축 벽체와 또한 가장 강력한 방어를 제공한다. 중배엽에서 얻어진 이러한 세포는 때로 함께 빽빽하게 채워지고, 때로 넓게 분산된다. 신경조직세포는 세 가지 기능적 분류로 나뉜다: (1) 몸을 보호하는 면역계 세포들, (2) 몸을 지지하는 골격계 세포들, (3) 체내에 물질들을 저장하고 분배하는 혈액과 지방세포들. 이 다양한 세포의 분류를 집단화하는 것은 이상해 보일 수도 있으나, 모든 조직들은 일반 구조적 특징을 공유한다. 그것들은 넓게 위치한 세포들 사이에 풍부한 세포외의 "기반" 물질을 갖고 있다.

면역결합조직

면역계의 세포들 중 **표 22.3**의 ❶에 있는 "백혈구"라고 하는 많은 종류들은 혈류 내에서 몸속을 돌아다닌다. 그것들은 침입한 미생물과 암세포에 대한 재빠른 사냥꾼이다. **표 22.3**의 면역계 세포의 주요 2종류는 침입한 미생물을 집어삼키고 소화하는 **대식세포(macrophage)**와 항체를 생성하고 바이러스에 감염된 세포를 공격하는 **림프구(lymphocyte)**이다. 면역세포들은 몸을 통해 *혈장*(plasma)이라고 하는 유체기반에서 옮겨진다.

골격결합조직

신경조직의 3종류는 골격계의 주요 구성물이다: 섬유신경조직, 연골, 골격은 비슷한 세포로 구성되었다. 기질은 개별적인 세포 사이에 놓인 본성에 입각하여 비록 유사한 세포로 조성되었다 할지라도 그들의 본성에는 차이가 있다.

1. **섬유성결합조직(fibrous connective tissue)** 척추동물 몸 신경조직의 가장 일반적인 종류로, **표 22.3**의 ❷에 있는 섬유신경조직은 편평하게 배열되어 있고, 불규칙한 파생세포는 섬유모세포라고 하며, 세포들 사이의 공간으로 구조적으로 강한 단백질들을 분비한다. 그들이 함유하고 있는 단백질의 다른 유형들은 이러한 조직에게 다른 힘들을 부여한다. **표 22.3**의 *느슨한 결합조직*은 힘의 최소량을 제공한다. *밀집결합조직*은 매우 강한 반면, *탄성 있는 조직*은 힘과 폈다 구부렸다 하는 기술을 제공한다. 대부분 자주 분비되는 단백질인 콜라겐은 인간의 체내에서 가장 흔한 단백질이다 – 실제로, 몸의 모든 단백질 중 1/4이 콜라겐이다! 섬유모세포는 또한 상처치료에도 유능하다. 상처

표 22.3 결합조직

조직	소재 유형	조직 기능	세포 유형의 특성
면역			
❶ 백혈구 	순환계	침투한 미생물과 바이러스 감염된 세포를 공격한다.	대식세포; 림프구; 비만세포
골격			
❷ 섬유성 결합조직 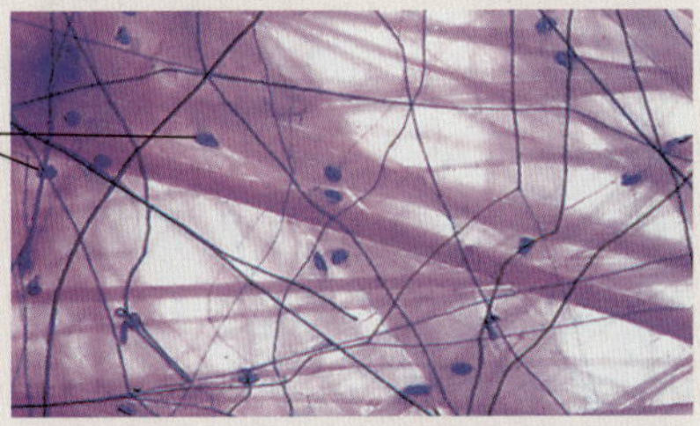			
성긴	피부나 다른 피하조직	지지; 체액 저장소로서 상피조직에 도움을 줌	섬유모세포
조밀	힘줄; 근육을 둘러싼 덮개; 근육; 신장; 간; 피하조직.	유연하고 강한 결합에 도움을 줌	섬유모세포
탄성	인대; 대동맥; 폐조직; 피부	조직을 확장시켰다가 원상태로 되돌릴 수 있음	섬유모세포
❸ 연골 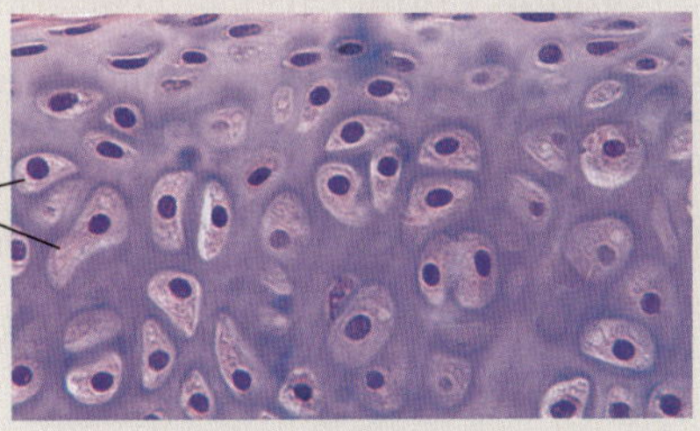	폐 조직; 피부; 추간연골판; 무릎과 다른 관절; 귀; 코; 기관연골환	탄성 지지, 충격 흡수, 힘을 견디는 표면의 마찰 감소에 도움을 줌	연골세포 (분화된 섬유모세포 형 세포)
❹ 뼈	대부분의 골격	장기관을 보호하는 근육 부착 시 지지체로 도움을 줌	골세포 (분화된 섬유모세포 형 세포)
저장과 수송			
❺ 지방조직 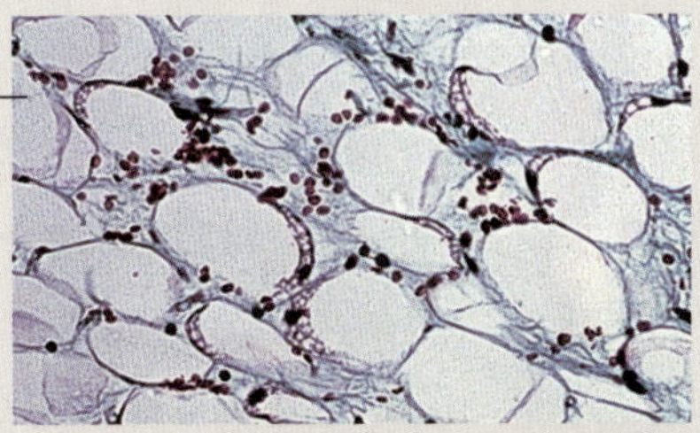	피부 아래	지방 저장	분화된 섬유모세포(지방세포)
❻ 적혈구 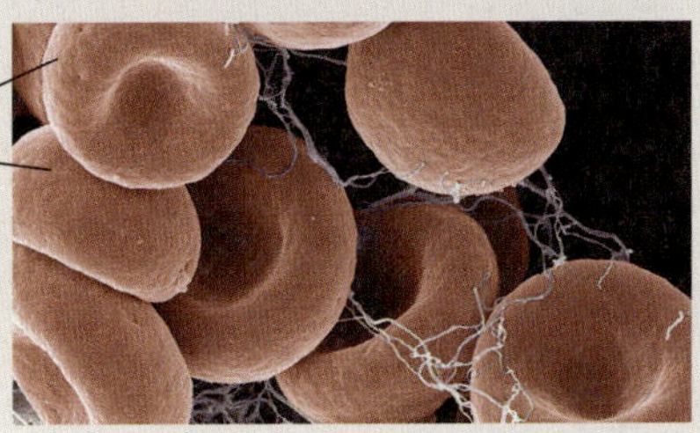	혈장 내	산소 수송	적혈구

조직은 콜라겐 기반을 소유한다.

2. **연골(cartilage)** **표 22.3**의 ❸에 있는 연골에서 전문용어로 **연골세포(chondrocyte)**라고 하는 연골세포 사이의 콜라겐 기반은 구조적 압력의 선을 따라서 긴 평행대열로 형성된다. 결과로 단단하고 유연한 큰 힘의 조직이 나온다(긴 평행대열로 놓인 나일론 분자 다발이 강하고, 유연한 밧줄을 만드는 것과 같이). 연골은 현대 무악류와 연골어류의 전체적 골격계를 이룬다. 하지만 대부분의 성체 척추동물에서 연골은 자유로이 움직이는 관절과 그 외의 특정 지점의 관절표면에 제한된다.
3. **뼈(bone)** **표 22.3**의 ❹에 있는 골격은 연골과 유사하게 칼슘인산염으로 입혀진 콜라겐 섬유를 제외하고 조직을 단단하게 만든다. 골격의 구조와 그것의 형성 방식은 간략의 논의한다.

결합조직의 저장과 수송

조직의 3번째 일반적 강은 특정 분자의 축적과 수송에 특화된 세포로 만들어졌다. 그것들은 **표 22.3**의 ❺에 있는 지방축적 세포인 **지방조직(adipose tissue)**을 함유한다. **표 22.3**의 지방조직의 크고, 비아 보이는 공간은 실제로 지방세포 내의 지방함유 소강이다. ❻에 있는 붉은 혈액세포는 **적혈구(erythrocyte)**라고 하는데 또한 수송과 저장 기능을 한다. 혈액 1ml에는 약 50억 개의 적혈구가 존재한다. 적혈구는 혈액에서 산소와 이산화탄소를 수송한다. 그것이 성숙하는 중에 대부분의 세포핵, 미토콘드리아, 소포체를 포함한 세포기관을 잃는 것은 흔치 않다. 대신, 각 지방의 내부를 점유한 것은 산소를 운반하는 단백질인 약 30억 개의 헤모글로빈 분자이다.

적혈구의 움직임인 유체, 혹은 **혈장(plasma)**은 척추동물의 몸에서 "연회석"형과 "쓰레기더미"형 모두이다. 나트륨이나 칼슘과 같은 무기염, 체내 노폐물, 지방질, 아미노산을 포함한 당분과 같은 음식 분자 등 세포로 사용된 사실상 모든 물체는 혈장에서 용해된다. 항체와 혈액에 *끈끈함*을 부여하는 알부민을 포함한 혈장은 또한 광범위한 단백질 종류를 포함한다.

골격에 대한 정밀관찰

뼈의 구조적 특징에 의해 척추동물의 내골격은 단단하다. 뼈는 구조적 단백질 콜라겐과 여러 미네랄로 구성된 부동기반 내에서 둘러싸인 살아 있는 골격세포로 이루어져 있다. 뼈는 *수산화인회석*(hydroxyapatite)과 콜라겐 섬유로 칠해져서 만들어진다; 그 결과 깨짐 없는 강한 소재가 된다. 인산염과 콜라겐 섬유로 칠하는 것이 어떻게 그러한 이상적인 구조의 소재를 만들어내는가를 이해하려면 유리섬유를 생각하면 된다. 유리섬유는 에폭시 접착제를 박은 유리섬유로 구성되어 있다. 각 섬유는 단단하고 강한 힘을 주지만 또한 깨지기 쉽다. 에폭시 접착제는 반면 유연하지만 약하다. 합성인 유리섬유는 압력이 각 섬유를 깨뜨리고, 깨짐이 또 다른 섬유와 닿기 전에 풀과 만나 강하고 유연하다. 접착제는 압력의 밀집을 비틀고 없앤다. 실제로 접착제는 많은 섬유를 넘은 압력에 퍼진다.

뼈의 형성은 유리섬유와 비슷하다: 작은 바늘 모양의 칼슘인산염, 수산화인회석의 수정이 뼈 내에서 콜라겐 섬유를 둘러싸고 스며든 어떠한 깨짐도 수산화인회석을 부수는 어떠한 압력도 분산시켜 버리는 콜라겐 기반은 통과할 수 없기 때문에 뼈까지 관통할 수는 없다. 수산화인회석 미네랄은 단단함을 제공한다. 반면, 콜라겐 풀은 유연함을 제공한다.

일반적으로 뼈를 돌처럼 단단하다고 생각한다. 하지만 실제로 뼈는 끊임없이 재건설되는 강한 조직이다. **그림 22.4**의 뼈 단면은 뼈의 외층이 매우 빽빽함을 보여주는데 그 때문에 **치밀골(compact bone)**이라고 한다. 내부는 덜 빽빽하나, 더 많은 격자구조를 가져 **해면골(spongy bone)**이라고 한다. 적혈구는 해면질골에서 적색골수를 형성한다. 새로운 뼈는 두 가지 단계를 만든다: 첫째로 콜라겐은 압력의 선에 따라 섬유의 기반에 놓인 **조골세포(osteoblasts)**라고 하는 세포에서 분비된다. 그리고 칼슘미네랄이 섬유를 스며들게 한다. 뼈는 얇고, 집중적인 층에 놓인다(마치 낡은 파이프 위를 덮은 페인트 층들처럼). 층들은 뼈의 길이와 평행하게 나아가는 **중심관(central canal)** 혹은 *하버스관*이라고 하는 좁은 가운데 관 주위로 일련의 관들을 형성한다. 많은 뼈 내의 중심관들은 생존에 생명줄을 제공하는 혈관과 신경, 골격 형성세포를 포함해 모두 상호연결되어 있다.

뼈가 배아에서 처음으로 형성되었을 때 골아세포는 골격정보의 원형으로서 연골골격을 사용한다. 뼈는 유년기에 활동적으로 성장한다. 대조적으로 건강한 청소년의 전체 골격은 1년 후 그만큼은 변하지 않지만, 변화가 일어나지 않는다는 것을 의미하지는 않는다. 다량의 칼슘과 수천 개의 **골세포(osteocyte;** 성숙한 골모세포)는 끊임없이 제거되고 교체되지만 축적과 이동이 거의 같은 속도로 발생하므로 전체 골격 부피는 변화하지 않는다.

두 가지 세포유형은 이러한 역동적인 뼈의 "재구성"에 있어 믿을만하다: *골모세포*는 뼈를 축적하고, **용골세포(osteoclast)**

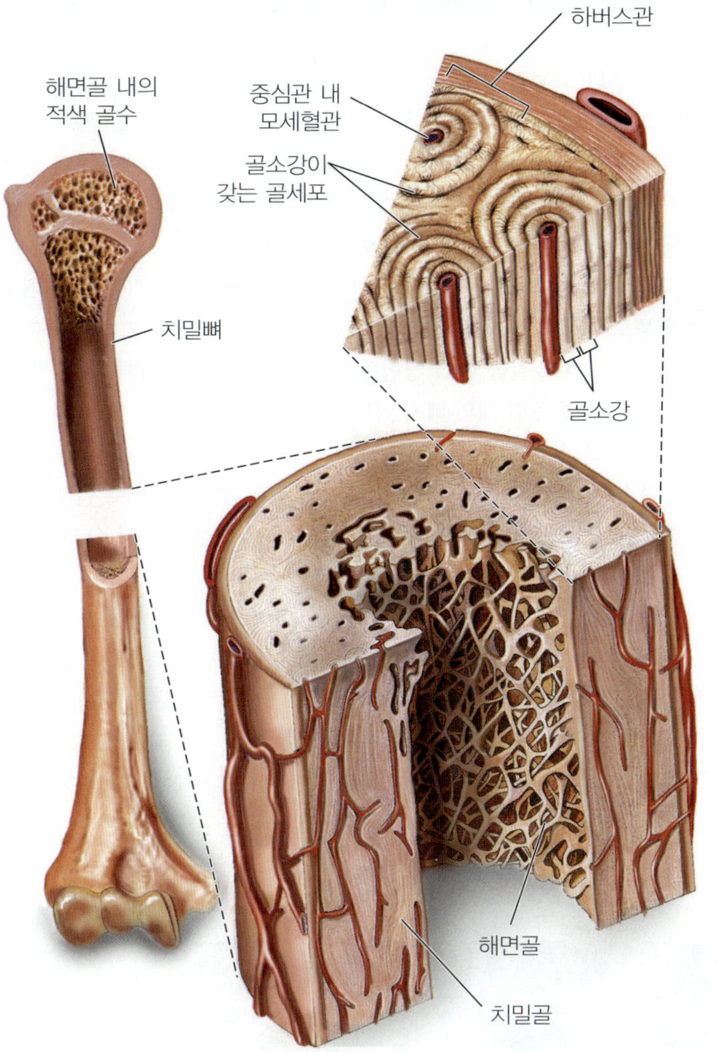

그림 22.4 뼈와 구조

뼈의 일부분은 매우 빽빽하며, 뼈에 힘을 준다. 다른 부분은 다공성이며, 적혈구가 골수에서 만드는 더 많은 개방격자를 가진다. 성숙한 골모세포인 골세포는 골소강이라 하는 꽉 찬 공간에 놓인다.

는 **그림 30.9**와 같이 혈류에 의한 재흡수를 위해 뼈의 유기 기반을 소화시키는 효소를 분비하고 칼슘을 유리시킨다. 뼈의 역동적인 리모델링은 뼈의 힘을 작업량에 알맞게 조화시킨다, 새로운 뼈는 압력선을 따라 형성된다. 뼈가 압축에 종속되었을 때

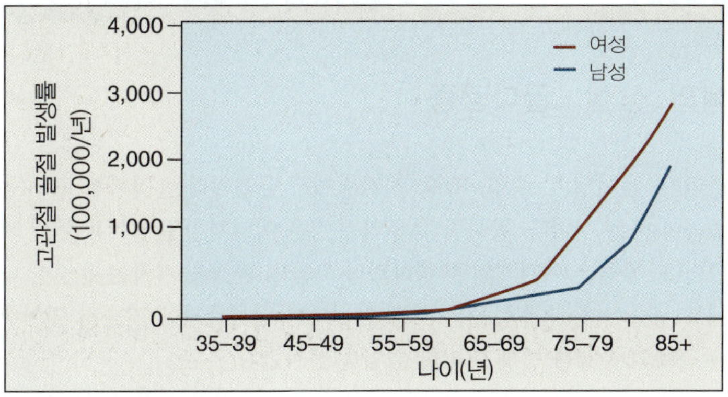

그림 22.5 골다공증

젊은 여성과 남성에 비해 나이든 여성에게서 더 흔하다. 골다공증은 뼈가 점차적으로 미네랄을 잃는 골격질환이다. 이 그래프는 남성과 여성에게서 골다공증에 의한 고관절 골절의 발생을 보여준다.

골아세포에 의한 미네랄 퇴적물이 용골세포에 의해 물러남을 넘어선다. 그것은 장거리 경주자들이 반드시 천천히 그들의 시도하는 거리를 증가시켜야 하는 이유이며, 그들의 뼈가 압력의 정도에 따라 강화하도록 하는 것이다. 그렇지 않으면 압력 골절이 그들을 해칠 것이다.

사람이 나이 먹음에 따라 등뼈의 부피가 감소하는 경향을 보인다. 과도한 뼈의 상실은 **골다공증(osteoporosis)**이라 하는 상태이다. 골다공증의 발병 이후, 칼슘과 기타 미네랄의 대체물은 뼈조직이 점차 파괴되는 속도를 따라가지 못한다. 심지어 뼈는 약하고 깨지기 쉽다. **그림 22.5**는 골다공증이 남자와 여자에게 미치는 영향을 보여준다. 여성은 남성에 비해 골다공증이 일어날 확률이 2배 이상 높다.

주요 학습 요점 22.4 신경조직은 척추동물 몸을 지지하고 세포 밖의 기반에 들어 있는 세포로 구성되어 있다. 그것들은 면역계와 골격계의 세포와 혈액, 지방세포처럼 몸 주변에 있는 세포들을 포함한다. 뼈는 일종의 신경조직이다.

22.5 몸을 움직이는 근육 조직

근세포는 척추동물 몸의 모터이다. 그것들을 특별하게 만드는 근세포의 구별되는 특징은 그 안의 단백질 섬유 수축성의 풍부함에 있다. **근필라멘트(myofilament)**라고 하는 이 섬유들은 액틴단백질과 미오신으로 만들어진다. 척추동물 세포들은 적절한 연결망의 근필라멘트를 갖는다. 하지만 근세포는 다른 세포보다 더욱 많은 근필라멘트를 지닌다. 그것들은 밧줄이 섬유에

뼈의 상실: 골다공증

달리기, 높이뛰기, 수영, 비행, 진흙탕에서 꿈틀거리는 것까지 모두 동물들이 하는 것이다. 동물들 특유의 특징은 이리저리 움직이는 이런 기술이다. 동물은 여기저기 여행하거나 그들의 환경을 거치는 유일한 다세포 생물이다. 척추동물은 뼈로 만들어진 내부골격에 거슬러 밀어내는 근육의 운동을 통해 이러한 위업을 성취한다.

골격을 구성하는 뼈는 건물의 발판과 같이 죽어있는 것이 아니다. 오히려 성장을 계속하고, 전 생애에 걸쳐 변화하는 살아 있는 조직이다. 단지 일정한 신장에 도달했다는 것이 뼈가 성장을 멈추었다는 것을 의미하지는 않는다. 그것들은 길어짐을 멈췄지만 그건 단지 골격 성장의 한 면일 뿐이다. 살아 있는 동안 몸의 요구에 맞추어 골격을 재형성하면서 뼈는 새로운 조직을 더하고 오래된 조직을 부순다. 뼈가 부러진다면 몸은 골절부위에 새 골격조직을 더하면서 골절을 치료할 것이다. 하지만 새 뼈를 형성하는 과정이 제 기능을 못하면 뼈는 약해지고 스스로 치료하지 못할 것이다.

이러한 골격 실패의 충격에 대한 놀라운 예는 거리를 걷는 굽은 등을 가진 노인 여성에게서 볼 수 있다. 그녀 등에 가해진 충격은 초라한 자세보다도 골격 신진대사에 있어서의 불균형을 가져왔다. 나이가 들수록 척추와 고관절, 다른 뼈는 새로운 뼈 부피가 생산되는 것보다 더 빨리 뼈의 부피를 잃는 경향이 있다. 과도한 뼈의 소실은 *골다공증*이라고 하는 상태이다(560쪽에서 논의함). 일반 뼈의 단면은 아래의 *왼쪽* 사진이고, 환자의 뼈 단면은 아래 *오른쪽* 사진이다. 골다공증으로 인해 현재 얼마나 적은 골격조직이 존재하는지 볼 수 있다.

불행하게 골다공증을 겪는 사람과, 구부리고 들어 올리는 등의 매일의 활동도 골절을 불러올 수 있다. 등이 굽은 노인 여성은 그녀의 척추뼈에서 다중의 뼈골절을 미리 경험해 왔다. 비록 우리가 대개 '척추' 라고 말하지만, 척추는 한 개의 뼈가 아니며 오히려 블록을 쌓는 것과 같이 다른 것의 위로 쌓인 작은 뼈의 기둥이다. 척추 뼈는 상체가 곧추서도록 지지한다. 그리고 골다공증에 걸린 사람의 경우, 약해진 뼈로 인해 단지 체중 정도의 압력에도 척추 위아래에서 작은 골절을 일으킬 수 있다. 복합적인 척추 골절은 등뼈의 이상만곡과 구부정한 자세를 낼 수 있다. 1인치 혹은 더 많은 신장의 상실은 종종 골다공증의 빠른 신호가 된다.

어떻게 사람들은 골다공증을 갖고 있는지 아닌지를 알 수 있을까? 불행히도 부러진 뼈가 대체로 골다공증을 알려주는 주요 위험 신호이다. 골다공증인 사람의 골밀도를 측정할 수 있는 진단 테스트가 있지만 그들은 종종 검사를 받지 않는다. 45세가 넘었거나 뼈가 부러지거나 혹은 여러 골절을 겪은 45세 이하의 사람의 경우 골밀도 검사는 이행되어

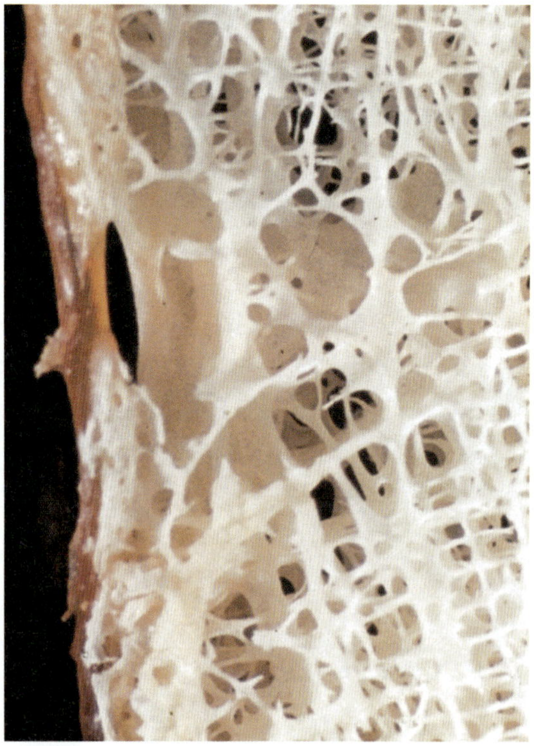

(a) 정상 뼈 조직

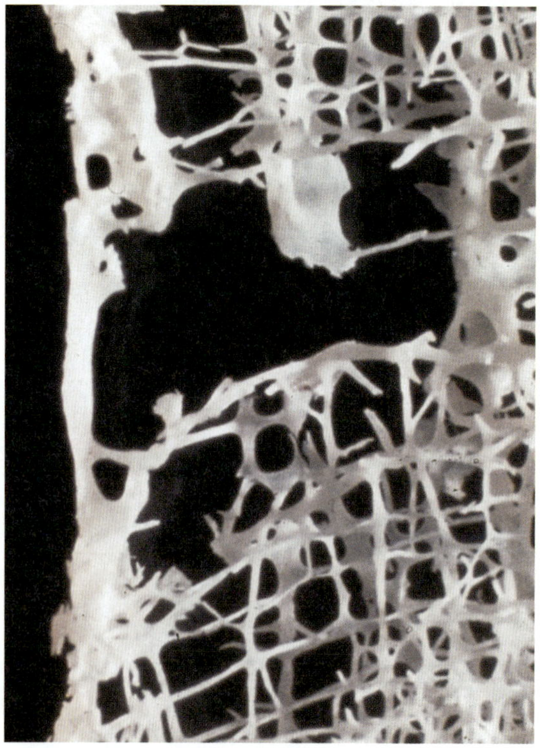

(b) 골다공증이 진행 중인 조직

야만 한다. 뼈의 밀도와 질량을 측정하는 골밀도 검사가 골다공증을 진단하는 데에 쓰인다. 골다공증으로 인해 가장 흔하게 부러지는 엉덩이, 척추, 손목이 종종 검사에 이용된다.

두 개의 X-선 흡광분석법을 사용하는 DXA라고 하는 골밀도검사는 골다공증의 진단에 있어 최상의 표준검사로 여겨진다. 검사는 비침투성의 저용량 X-선으로 한다. 실제로 두 개의 다른 에너지 준위(혹은 다른 파장)의 X-선은 뼈와 부드러운 조직을 구분하는 데에 쓰인다. 이것은 매우 정확한 골밀도의 측정을 제공한다. 환자의 골밀도는 남성과 여성 골밀도가 가장 높은 때인 건강한 30대와 비교된다. 그리고 T 스코어로 알려진 숫자가 부여된다. 1이나 그 이상의 T 스코어는 정상이다. 음 수치의 T 스코어는 어떠한 뼈의 소실이 일어났음을 가리킨다. −2.5와 −1 사이의 수는 골절의 증가한 위험(10~30%에 달하는 골밀도 손실에 따른)을 시사한다. 반면, −2.5 아래의 값은 골다공증을 가리킨다.

골다공증은 골절이 일어나기 전까지는 알 수 없으므로, 종종 "조용한 병"이라고 한다. 그러나 모든 50대 이상 여성 2명중 1명은 약간은 임상적으로 뼈의 손실을 경험한다. 남자에게서 골다공증의 발생정도는 상당히 적으며 모든 남자의 4명중 1명이 골다공증을 겪는다. 미국 내의 1천만 명 이상의 사람들은 골다공증을 갖고 있으며, 그보다 2배의 사람들은 골다공증에 걸릴 위험한 상태이다. 골다공증은 남성과 여성 모두에서 매년 약 150만 건의 골절을 일으키는데, 척추와 엉덩이 골절이 그중 대부분을 차지한다.

1천만 명의 미국인들은 골다공증에 의해 영향을 받으며 그 중 80% 이상은 나이든 여성이다. 골다공증은 50대 이상 폐경기의 여성에서 매우 만연해 있다. 제30장에서 확인할 것과 같이, 뼈의 형성과 붕괴 과정은 다양한 호르몬과 몸의 기능을 제어하는 혈류에서 방출된 화학신호에 의해 제어된다. 여성의 몸은 폐경기 이후 호르몬 수준이 다양하게 변한다. 주기적인 골격 조직의 형성과 붕괴를 포함한 일부 몸의 기능들이 변화한다. 가족내력, 식단에서의 칼슘과 비타민 D의 부적절한 섭취, 흡연, 민족(백인과 아시아 여성들은 높은 위험도를 가짐), 운동부족 등을 포함한 다른 요소들 또한 골다공증의 원인이다.

어떻게 골다공증을 피할까

골다공증은 피할 수 없을까? 결코 피할 수 없는 것은 아니다. 의사들은 골다공증의 치료법과 예방법에 대해 계속 연구중이다. 비록 골다공증은 노년기에 가장 빈번히 발견되는 질병이지만, 어렸을 때부터 취해진 행동에 따라 예방될 수 있다.

나이 들어 골다공증을 어떻게 피할 수 있을까? 뼈의 "형성"은 전 생애에 걸쳐 일어난다. 하지만 새로운 뼈가 골격조직의 부러짐에 따른 소실보다 더 빠른 비율로 증가하는 때는 유년기와 청소년기이다. 이러한 골격조직의 그물망 추가는 사람이 30대에 이를 때까지 계속된다. 뼈 소실 방향의 끝쪽으로 균형이 시작되는 뼈가 약해지고 깨지기 쉬워지는 시점에서 뼈 교체의 속도를 뼈 소실의 속도가 넘어설 때 골다공증이 발병한다.

558쪽에서 논의되는 것처럼 뼈는 칼슘 인산염이 강화할 때 콜라겐 섬유를 둘러싸고 형성된다. 그리고 또한 건강한 뼈 형성에 있어서 적당한 칼슘의 공급은 중요하다. 이 때문에 어린이들과 청소년들이 그들의 식단에서 뼈 발달의 요구를 충족시키도록 충분한 칼슘을 섭취하게 하는 것은 다른 신체 활동들도 칼슘을 필요로 하는 것과 같이 중요하다.

그러므로 노년기의 골다공증을 피하는 최선의 방법은 충분한 양의 칼슘을 30대가 되기 전에 섭취하는 것이다. 이는 강하고, 건강하고, 빽빽한 뼈를 만드는 것(30대가 되기 전에)을 의미한다. 노년기에 뼈 상실의 상쇄로 쓰일 많은 칼슘을 얻는 것은 덜 효율적이다. 칼슘을 흡수하기 위해 50대 이상의 사람들은 실제로 고칼슘 음식인 저지방 유제품, 진한 녹색 잎이 있는 채소들, 오렌지 주스를 포함하여 매일 1,200mg 이상의 칼슘 섭취를 필요로 하며 충분한 양의 칼슘 섭취를 위해 많은 사람들은 칼슘 보충제를 섭취하기도 한다.

신체 활동은 또한 골다공증 예방의 핵심이지만 걷기나 조깅과 같은 체중을 실은 운동을 포함하는 것이 중요하다. 새로운 골격 조직은 강해지도록 압력을 받은 뼈의 부분에 더해진다. 체중을 실은 운동들은 어리거나 나이가 들었거나 가장 골절에 취약한 뼈의 부분을 강화시키는 데에 도움을 준다.

성공적인 치료는 가능하지만 골다공증의 최고 치료법은 어렸을 때 뼈가 형성되므로, 어린시절에서의 예방이 가장 중요하다.

잔뜩 들어 있는 것과 같이 근세포 부피의 거의 대부분을 차지하고 있다. 액틴과 미오신이 서로 미끄러질 때 근세포는 수축한다. 그것들은 근세포의 용수철이 든 문을 미는 것과 같이, 근세포 내에서 이 섬유를 모두 한꺼번에 짧게 하는 것은 상당한 힘을 만들어낸다.

척추동물 몸은 세 가지 다른 종류의 근세포를 갖는다: 평활근, 골격근, 심근(**표 22.4**). 평활근에서 근필라멘트는 유일하게 느슨하게 조직되어 있다(**표 22.4**의 ❶ 참조). 골격근과 심근에서 근필라멘트는 *근원섬유*(myofibrils)라 하는 섬유로 함께 다발로 묶여 있다. 동시에 서로 미끄러질 때 최대한의 힘을 공급하기 위해 각각의 근원섬유는 모두 나란히 되어 있다. 골격근과 심근은 종종 가로무늬근이라고도 하는데, **표 22.4**의 ❷와 ❸에서 볼 수 있듯이, 현미경에서 종축으로 관찰할 때 그것들의 세포가 횡단하는 줄무늬로 나타나기 때문이다.

평활근

평활근(smooth muscle) 세포는 길고 방추형이다. 각각의 평활근 세포는 단일 세포핵을 함유한다. 그러나 개별 근섬유는 골격근과 심근에서는 정돈된 집합체로 정렬되어 있지 않다. 평활근 조직은 세포의 판으로 되어 있다. 일부 조직들에서 평활근 세포들은 수축한다. 오직 그것들이 자극될 때 신경 혹은 호르몬에 의해 많은 혈관들의 벽으로 정렬되는 근육과, 척추동물 눈의 홍채를 만드는 근육이 그 예이다. 내장의 벽에서 발견되는 것과 같은 다른 평활근 조직에서 각각의 세포들은 동시에 그리고 느리게 지속적으로 수축한다.

표 22.4 근육 조직

조직		위치	조직 기능
❶ 평활근	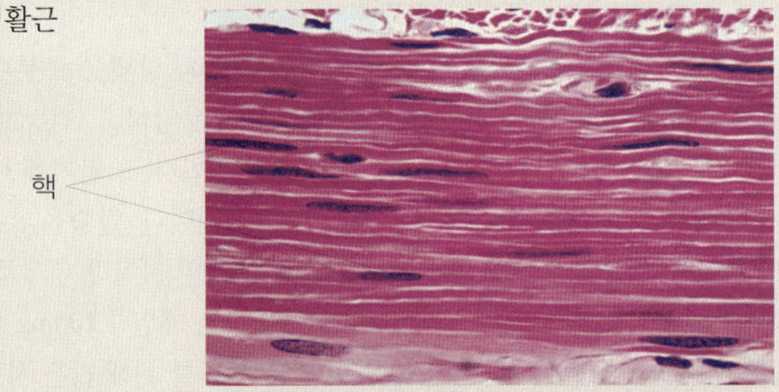	혈관, 위, 그리고 장의 벽	규칙적으로 움직이게 함, 무의식적인 수축들을 중앙 신경계에 의해 통제되게 함
❷ 골격근	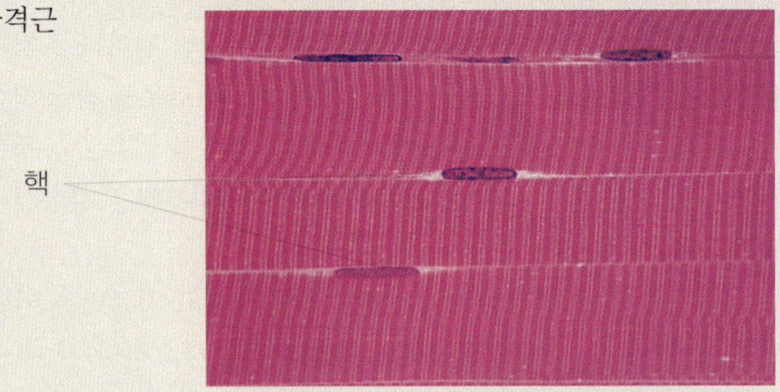	수의근	걷기, 들어올리기, 말하기, 모든 다른 의식적 운동을 가능하게 함
❸ 원주상피	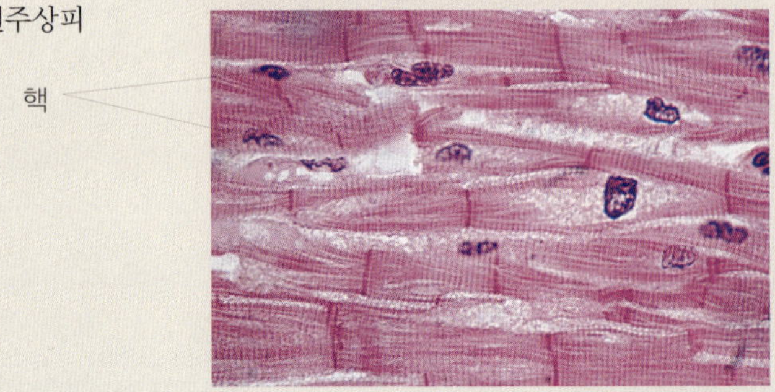	심장의 벽	상당히 상호연결되어 있는 세포; 신호의 시작에 의한 수축의 빠른 확산을 촉진시킴

골격근

골격근(skeletal muscle)은 골격의 뼈를 움직이게 한다. 매우 긴 섬유를 만들기 위해 그것의 끝에서 일부 세포들의 융합에 의해 발생하는 동안 골격근 세포가 생산된다. 이러한 근세포 섬유 각각은 세포질의 주변부로 밀려난 모든 고유한 세포핵을 여전히 함유한다. **그림 22.6**을 보면, 세포핵이 근섬유의 외곽에 자리 잡는 방법을 볼 수 있다. 각 **근섬유(muscle fiber)**는 많은 긴 **근원섬유(myofibril)**로 구성된다. 그리고 각 근원섬유는 차례차례 단백질 필라멘트 액틴과 미오신인 근필라멘트로 구성된다. 근원섬유와 근필라멘트는 **그림 22.6**의 근세포로부터 이끌어냈기 때문에 근섬유에서 조직의 단계를 볼 수 있다. 근세포의 주요 구성물질은 근세포에게 수축을 가능하게 하는 상대적으로 풍부한 액틴과 미오신이다. 이러한 단백질 필라멘트는 모든 진핵세포의 세포골격의 부분으로 존재한다. 하지만 그것들은 훨씬 더 많이 거의 근세포로 되어 있다.

심근

척추동물 심장은 가로무늬의 **심근(cardiac muscle)**으로 구성된다. 심근의 섬유는 골격근의 섬유와는 매우 다르게 배열되어 있다. 매우 길고 다핵인 세포는 근육의 길이를 따라 달린다. 심근은 단일 세포 고리로 되어 있다. 각각은 그것들만의 세포핵을 가지고 있다(**표 22.4**의 ❸ 사진에서 이미 언급했듯이), 세포의 고리는 섬유로 분리되고 구분되는 격자를 형성하고 있다. 심근의 기능에 있어서 격자 구조는 중요하다. 각 심근 세포는 세포강 각각을 접촉한 지역에서 세포막의 혈장을 뚫는 *간극결합*(gap junction)이라고 하는 작은 구멍들에 의해 이웃한 세포와 전기작용으로 짝지어져 있다. 단일 방향에서 세포막을 가로질러 이온을 연결시키는 막을 통해 생기는 길의 열림에 의해 심장 수축이 시작된다. 이는 세포막의 전기적인 구성물을 변화시킨다. 이때 발생하는 전기적 충격이 세포에서 세포로 간극결합을 가로질러 심장이 수축하는 것을 유발하며 규칙적인 맥박으로 이어진다.

주요 학습 요점 22.5　근육 조직은 척추동물 몸이 그것의 팔다리를 움직이고 기관을 수축시키며 순환계를 거쳐 혈액을 펴올리는 데 사용되는 도구이다.

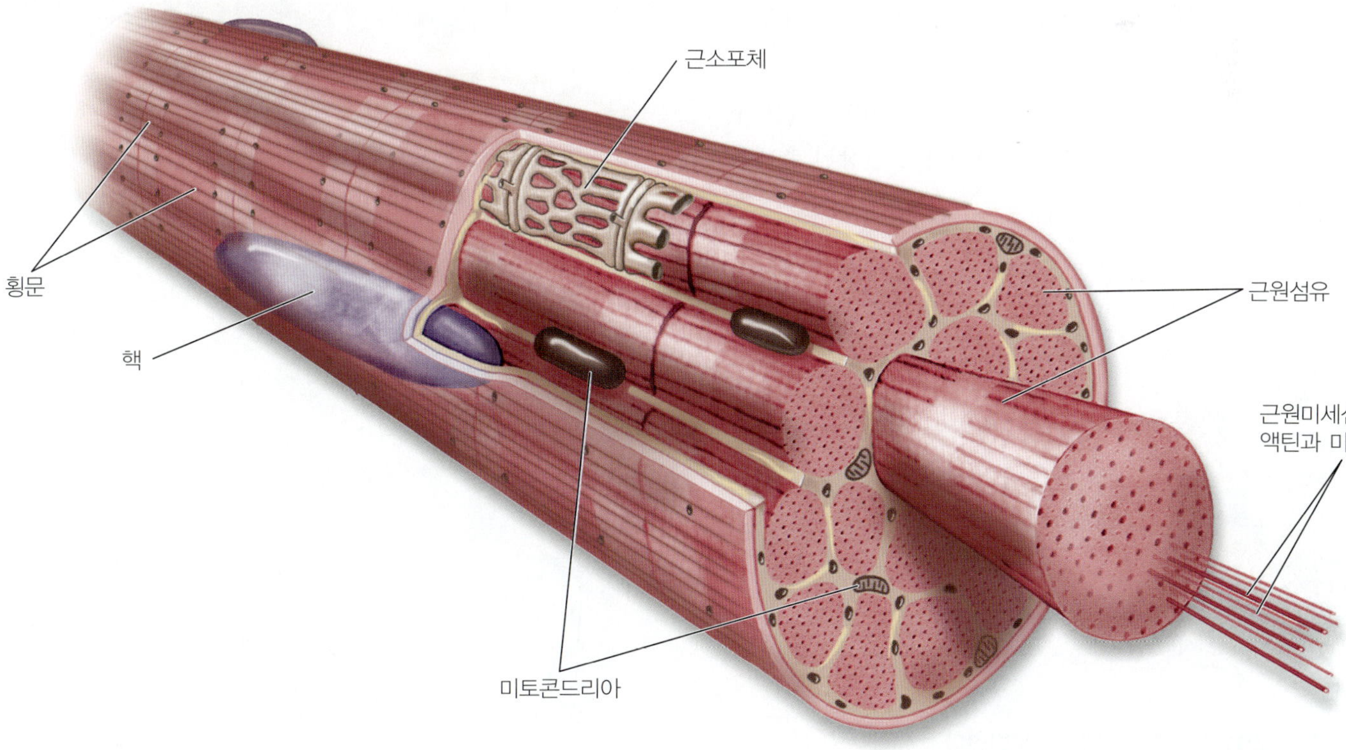

그림 22.6　골격근 섬유, 또는 근세포

각 근육은 근세포, 혹은 섬유 다발로 구성되어 있다. 각 섬유는 많은 근원섬유로 구성되어 있다. 각각은 차례차례 근필라멘트로 구성되어 있다. 근세포들은 근육의 칼슘 이온의 통제 안에서 관련된 근소포체라고 하는 수정된 소포체를 가진다.

22.6 신호를 신속히 안내하는 신경조직

신경세포는 한 척추동물의 기관에서 다른 기관으로 정보를 재빨리 운반한다. 척추동물의 4대 주요 신경조직은 두 종류의 세포로 구성되어 있다: (1) 신경충격의 전달을 위해 특수분화된 **뉴런(neuron),** (2) 영양, 지지, 절연으로 뉴런을 보조하는 **신경교세포(glial cell)**

뉴런은 재빨리 신호를 안내하는 것을 가능하게 하는 체내에서 매우 특화된 세포 구조를 갖는다. 그것들의 혈장 세포막은 세포의 내부와 외부 전압 차이를 유지하는(배터리에 상응) 이온선택성 통로가 풍부하다. 세포막의 국소 부위 내의 이온 통로가 열릴 때, 이온은 외부로부터 일시적으로 전위의 차이를 쓸어버리고 밀려 들어온다. 탈분극이라 하는 이 과정은 전기 활동의 파도에서 신경충동으로서 뉴런의 전체 길이가 이동한 결과이며 뉴런 세포막의 민감한 전압과 가까울 때 열리는 경향이 있다.

각 뉴런은 세 부분으로 구성되어 있다. **그림 22.7**에서 표현된 바와 같이: (1) 세포핵을 갖고 있는 **세포체(cell body)**, (2) 안테나의 기능을 하며 다른 세포 혹은 감각계에서 세포체로 신경충동을 가져다주는 실 모양의 확장물인 **수상돌기(dendrite)**라고 하는 구조물, (3) **축색돌기(axon)**라고 하는 단일의 긴 확대로서 신경 충격을 세포체로부터 운반해오며 축색돌기들은 상당히 먼 거리에서 신경 충격들을 종종 운반하는 축색이라고 하는 구조물: 기린의 경우 두개골에서부터 골반에까지 연장된 축색돌기는 거의 3m이다!

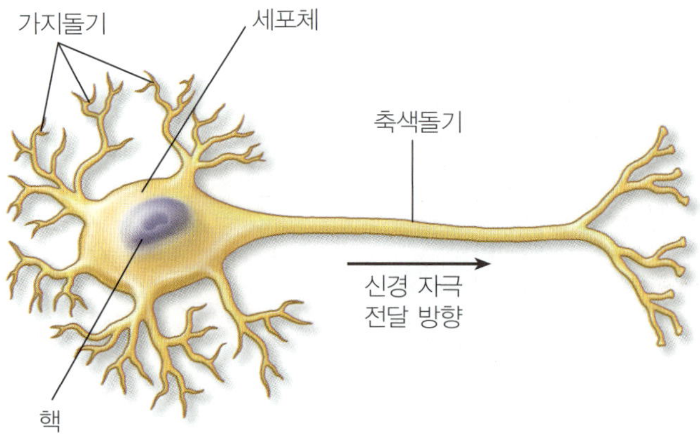

그림 22.7 뉴런들은 신경 충격들을 운반한다

뉴런은 전기신호인 신경충격들을 수상돌기에서 부터 세포체에까지 운반한다. 그리고 축색돌기의 길이를 따라 그것들이 통과하게 되는 이웃한 세포로 신호를 갖고 내려간다.

몸은 다양한 크기와 모양의 뉴런들을 갖는다. 일부는 작고 오직 소수의 돌출부를 가진다. 다른 것들은 숱이 많고 많은 돌출부를 갖는다. 그리고 여전히 다른 것들은 몇 미터나 되는 확장을 가진다. 하지만 **표 22.5**에서 볼 수 있듯이 모두는 뉴런의 세 카테고리 중 하나에 들어맞는다. ❶의 *감각뉴런*(sensory neuron)은 일반적으로 몸으로부터 중추 신경계(CNS)로 전기충격들을 운반한다. ❷의 *운동뉴런*(motor neuron)은 일반적으로 중추신경계에서 근육으로 전기충동을 전달한다. ❸의 *연합뉴런*(Association neuron)은 중추신경계 내에서 발생하며 감각과 운동뉴런 사이에서 "연결자"로서 행동한다. 이러한 것들은 제28장에서 더욱 자세히 다뤄질 것이다. 뉴런들은 일반적으로 다

표 22.5 뉴런의 유형

뉴런	위치	기능
❶ 감각뉴런 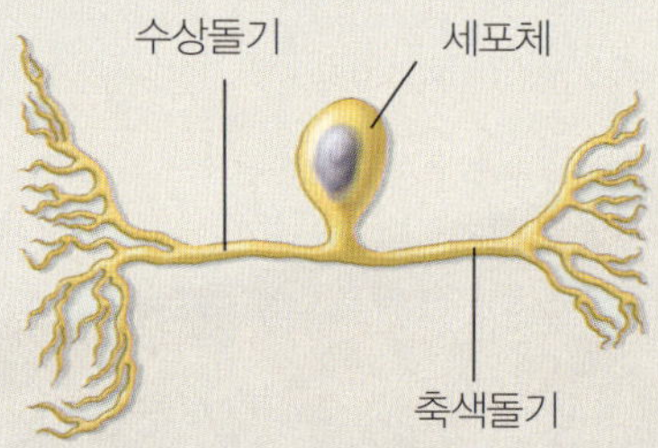	눈; 귀; 피부 표면	몸의 상태와 외부 환경에 대한 정보의 수신; 감각 수용기에서 CNS까지 충격의 전달
❷ 운동뉴런 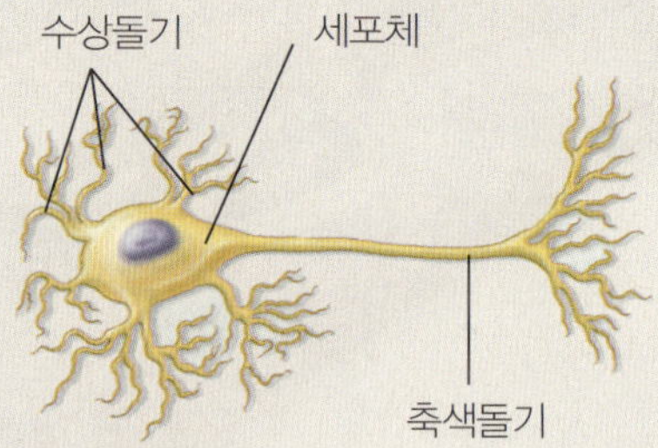	뇌와 척수	근육과 샘의 자극; 충격들을 CNS에서 근육과 샘으로 인도
❸ 연합뉴런 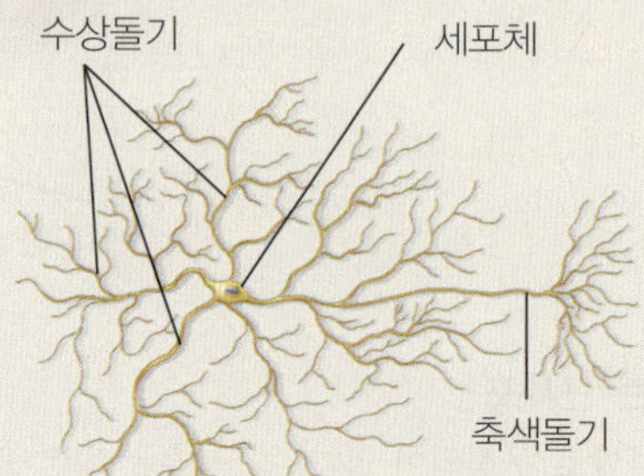	뇌와 척수	정보를 통합; CNS 내의 뉴런 사이에서 충격을 인도

른 뉴런과 직접 연결되지 않는다. 대신 **시냅스(synapse)**라고 하는 작은 틈이 그것들을 갈라놓는다. 뉴런들은 다른 뉴런들과 틈 사이로 **신경전달물질(neurotransmitter)**이라고 하는 화학 신호를 통과시키며 상호작용한다.

척추동물의 신경은 육안으로 볼 때 가는 흰색 실처럼 보인다. 하지만 실제로는 축색돌기의 묶음으로 되어 있다. 신경들은 독립된 상호작용 통로의 많은 수를 포함한다. 수백 개의 축색돌기들로 구성된 묶음, 근섬유 혹은 다른 세포의 유형으로 각각이 연결하는 신경세포는 뉴런과 함께 신경을 혼란스럽게 하지 않는 것이 중요하다. 신경은 케이블이 많은 선들로 이루어졌듯이 많은 뉴런의 축색돌기로 구성된다.

주요 학습 요점 22.6 신경조직은 척추동물 몸에 상호작용과 조화의 방법을 제공한다.

골격계와 근육계

22.7 골격의 종류

동물의 몸은 근육 하나로 움직일 수 없다. 단지 근육들이 수축과 이완을 통해 헛된 주기로 단순히 진동할 뿐이다. 근육이 움직임을 만들기 위해, 그것은 반드시 힘을 다른 사물의 반대로 지휘해야 한다. 동물들의 근육들은 반대편 끝들이 붙어있기 때문에 엄격한 비계, 혹은 **골격(skeleton)**에 의해 움직일 수 있다. 때문에 근육들은 반대편으로 밀 무언가를 가지게 된다. 동물의 골격계에는 세 종류가 있다: 수압골격, 외골격, 내골격

수압골격(hydraulic skeleton)은 지렁이나 해파리와 같은 연조직 무척추동물에서 찾아볼 수 있다. 이 경우, 수축할 때 유체 압력이 증가하는 근육 섬유에 의해 유동성의 채워진 체강으로 둘러싸인다. **그림 22.8**의 지렁이는 앞으로 먼저 움직이기 시작하고 몸을 압축하는 환상근의 수축 파동을 통해 움직인다. 따라서 유체 압력은 그것을 앞쪽으로 민다. 경도 근육의 수축들은 몸의 나머지 부분을 따라 그 후에 당긴다.

외골격(exoskeleton)은 뻣뻣하고 단단한 골격 내부에 근육이 붙어있는 몸을 둘러싼다. 근육이 수축할 때 그것이 붙어있는 외골격을 움직이게 한다. **그림 22.9**의 갑각류, 곤충류와 같은 절지동물류는 다당류인 *키틴질*로 만들어진 외골격을 갖는다. 외골격을 가진 동물은 외골격의 붕괴를 막기 위해 두껍고 무거워져야 하므로 몸이 매우 크지는 않다. 만약 곤충의 사이즈가 코끼리만 하다면 외골격은 너무 두껍고 무거워서 거의 움직일 수 없을 것이다.

척추동물류와 극피동물류에서 찾을 수 있는 **내골격(endoskeleton)**은 근육이 붙어있는 단단한 내부 골격이다. 척추동물류는 늘어나는 골격의 움직임을 수용하기 위한 연하고 유

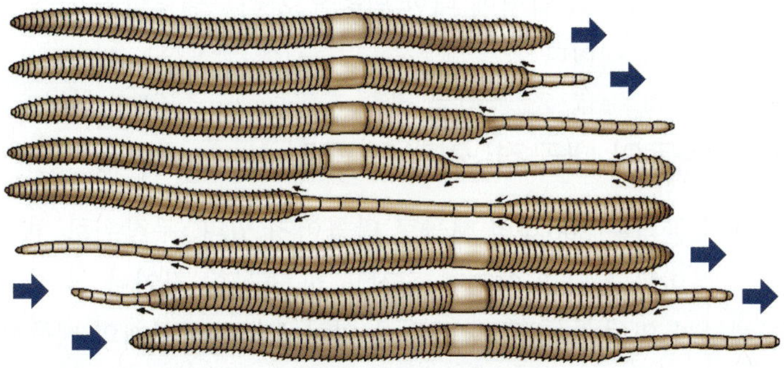

그림 22.8 지렁이는 수리학적 골격을 갖는다
지렁이의 환상근이 수축하면 종주근에 내부 압력이 가해져 지렁이의 신장된 체절에 힘이 들어가게 된다. 지렁이가 몸을 수축하여 파동을 일으키면 몸을 앞으로 이동할 수 있다.

그림 22.9 갑각류는 외골격을 갖는다
이 바위게의 외골격은 주황색이다.

그림 22.10 뱀은 내골격을 가진다

대부분의 척추동물 내골격은 접속력을 갖고 만들어진다. 뱀의 골격은 빠른 사행을 위하여 분화되었다.

연한 외부를 가진다. 대부분 척추동물들의 내골격은 **그림 22.10** 처럼 뼈로 구성되어있다. 키틴질과 달리 뼈는 세포이며 성장, 자가회복, 물리적 압력에 대한 반응으로 리모델링함이 가능한 살아 있는 조직이다.

척추동물의 내골격: 인간의 골격

사람의 골격은 206개의 뼈들로 만들어져 있다. 무작위로 섞인 뼈의 더미로 본다면 어떠한 짐작도 하지 못할 것이다. 골격을 이해하기 위해, 그것들의 기능과 위치에 따라 206개의 뼈들을 체내에서 그룹화하는 것이 필요하다. **중축골격(axial skeleton)**의 80개의 뼈들은 **그림 22.11**에서 보라색으로 칠해진 뼈들이며, 중심 몸 축을 지지한다. 반면 나머지 **부속골격(appendicular skeleton)**의 126개의 뼈들은 황갈색으로 칠해져 있고, 팔과 다리를 지지한다. 이러한 두 골격들은 거의 독립적으로 기능한다. 즉, 중축골격을 통제하는 근육인 자세 근육들은 뇌에 의해 개별적으로 부속물들을 통제하는 근육들을 관리한다.

외골격

외골격은 두개골, 등뼈, 흉곽으로 구성된다. 머리의 28개의 뼈에서 오직 8개만이 뇌를 감싸는 두개골을 형성한다; 나머지는 얼굴뼈와 중간귀뼈를 형성한다.

두개골은 등뼈의 위쪽 끝과 붙어있다. *척추*(spine) 또는 **척주(vertebral column)**라고 하는 척추는 26개의 척추뼈가 차례로 쌓여 구성된다. 척수를 둘러싸고 보호하는 척추뼈로부터 앞으로의 곡선은 가슴뼈, 혹은 흉골을 향해 맞닿아 있는 12쌍의 갈비뼈들이며, 새장처럼 형성되어 주위로부터 심장과 폐를 보호한다.

부속골격

부속골격의 126개 뼈들은 외골격에 소속되어 있는 어깨와 엉덩이에서 맞닿아 있다. 어깨, 혹은 **흉대(pectoral girdle)**는 두 개의 크고, 납작한 어깨뼈로 되어 있고 각각은 흉골의 최상단에서 얇고 곡선의 쇄골에 의해 연결되어 있다. 팔은 흉대로 맞닿아 있다; 각 팔과 손은 30개의 뼈를 포함한다. 쇄골은 몸에서 가장 빈번히 부러지는 뼈이다. 이유를 추측해 볼 수 있을까? 당신이 죽 뻗은 팔로 떨어진다면 힘의 큰 구성물은 쇄골로 전달되기 때문이다.

요대(pelvic girdle)는 반드시 몸의 무게를 견뎌야 하는 다리로 강한 연결을 제공하는 그릇 모양을 형성한다. 각 다리와 발은 총 30개의 뼈들을 포함한다.

관절(joint)은 두 뼈가 합쳐 단단한 내골격에 유연성을 제공하며, 관절의 유형에 따라 움직임의 범위를 단정할 수 있다. 가동성에 따라 관절을 주요 세 분류로 나눌 수 있다. 두개골의 봉합선과 같은 *부동 관절*은 작거나 움직임이 없게 하는 것이 가능하다. 척주의 척추뼈 사이의 관절과 같은 *미동가동 관절*은 뼈에게 약간의 움직임을 가능하게 한다. 그리고 *자유가동 관절*이 움직임의 범위를 가능하게하며 팔다리 뼈(예를 들어, 어깨, 팔꿈치, 엉덩이, 무릎), 턱, 손가락과 발가락의 관절에서 볼 수 있다. 관절에서의 연골, 섬유 연결 조직, 혹은 윤활액이 더해진 섬유성 피막에 의해 관절 유형이 달려 있고 뼈는 형태를 유지한다.

주요 학습 요점 22.7 **동물의 골격계는 몸의 근육들이 당길 수 있는 것에 대응하는 뼈대를 제공한다. 많은 연조직 무척추 생물류는 유체골격을 사용한다. 한편, 절지동물류는 그들의 몸을 둘러싸는 빳빳하고 단단한 외골격을 갖는다. 극피동물류와 척추동물류는 근육들이 붙어 있는 내부의 내골격을 가진다.**

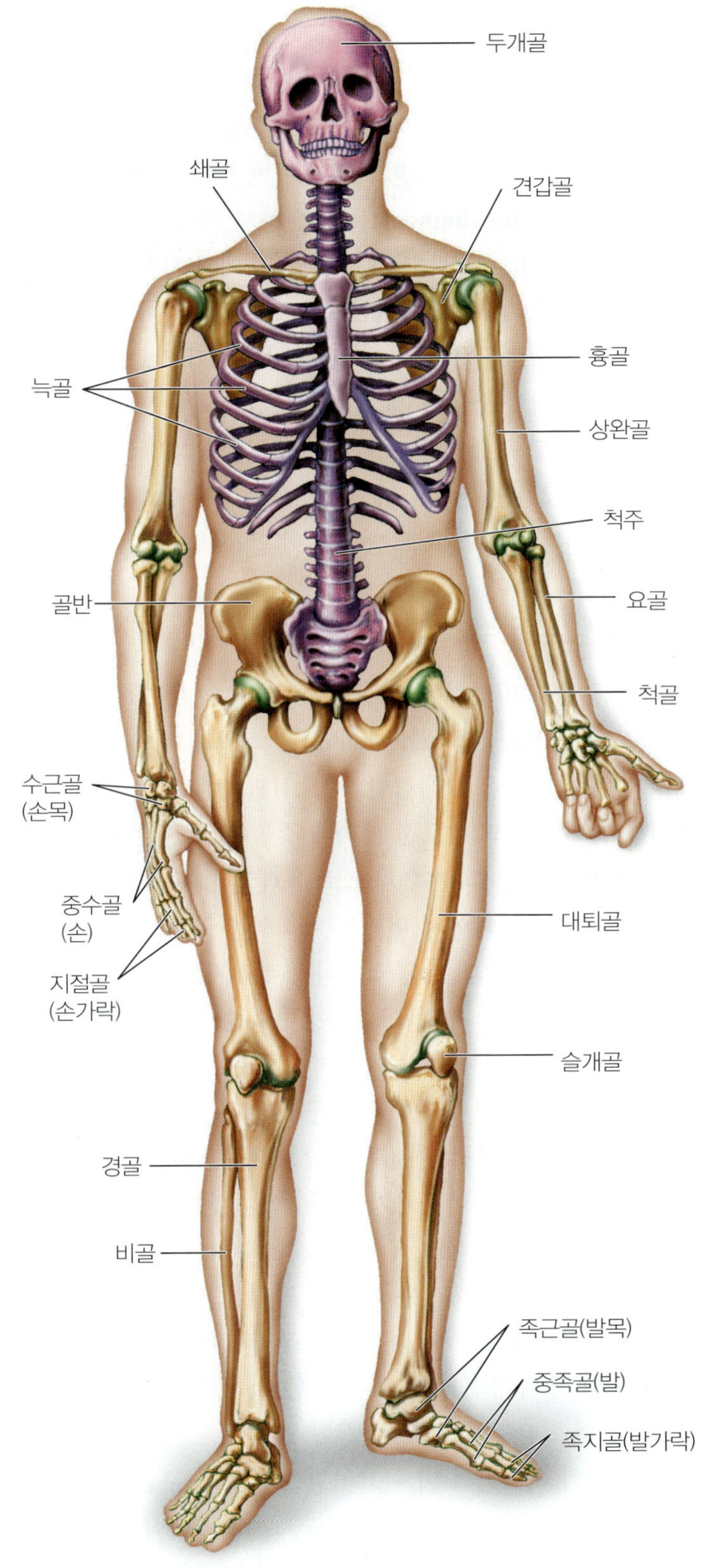

그림 22.11 중축골격과 부속골격

중축골격은 *보라색*, 부속골격은 *황갈색*, 일부 관절은 *초록색*으로 나타내었다.

22.8 근육과 그들의 작동 구조

척추동물의 근육체계는 세 종류의 근육과 함께 형성된다. 앞서 논의했듯이, 척추동물 몸은 *골격근*이 상당한 힘으로 뼈를 당기기 때문에 움직일 수 있다. 심장은 *심근*이 수축하여 혈액을 분출한다. 음식은 *평활근*이 율동적으로 수축하여 소장을 통해 움직인다.

골격근의 운동

골격근은 골격의 뼈를 움직인다. 주요 인체근육의 일부는 **그림 22.12**의 오른쪽에 표시되어 있다. 근육들은 **힘줄(tendon)**이라

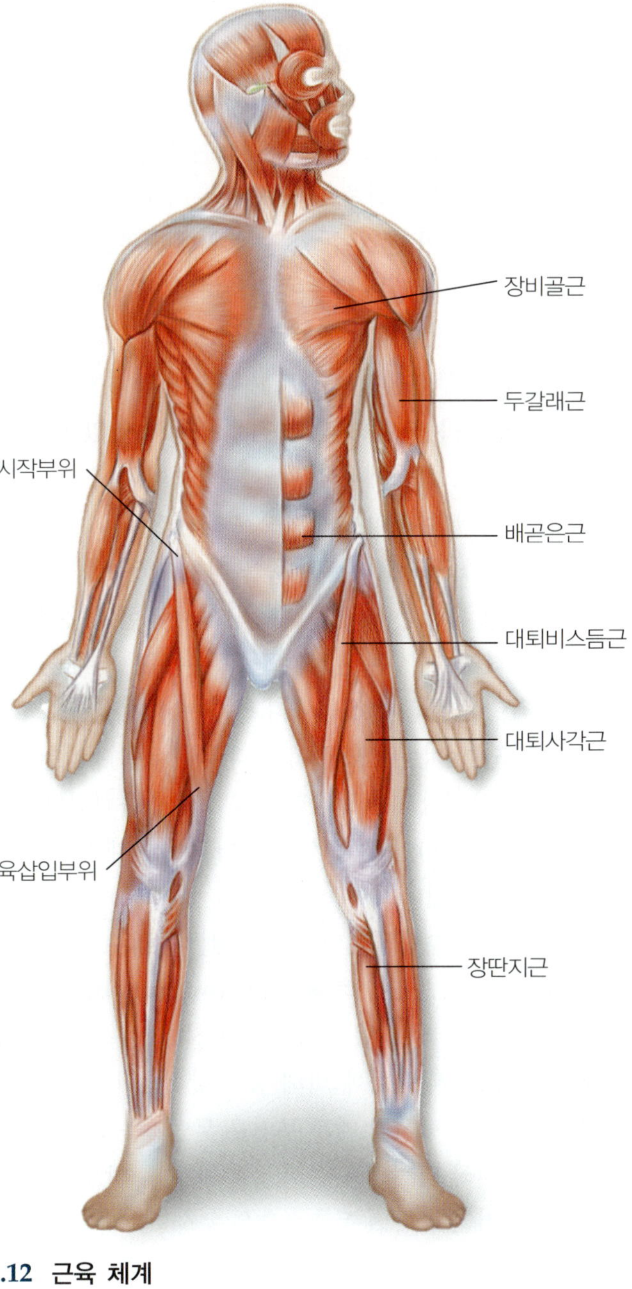

그림 22.12 근육 체계

인체 주요 근육의 일부가 표기되어 있다.

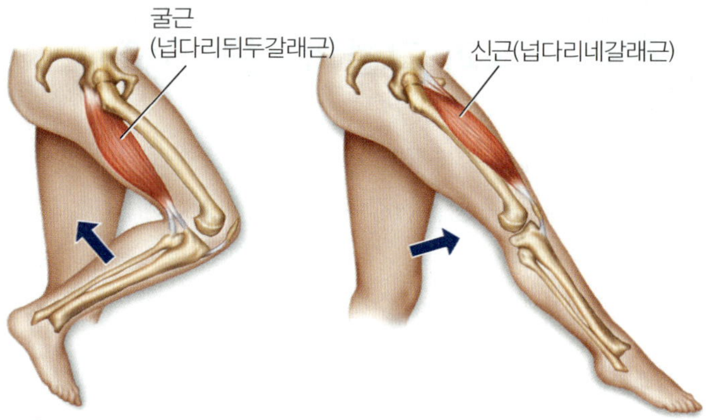

그림 22.13 굴근과 신근

다리운동은 언제나 근육확장이 아닌 근육수축의 결과이다. 다리를 오므리는 근육은 굴근이라고 하며 다리를 확장시키는 것은 신근이라고 한다.

고 하는 밀접한 연결조직에 의해 뼈에 붙어 있다. 뼈들은 그것에 붙은 근육에 의해 앞뒤로 당기며 *관절*이라고 하는 유연한 접합부 주위를 회전한다. 각각의 근육은 특정한 뼈를 당긴다. 한 근육의 끝인 *기점*은 힘줄에 의해 수축 시에 정지하는 뼈에 붙는다. 이것이 근육이 당길 수 있는 것에 대한 목표를 제공한다. 근육의 다른 끝인 *삽입*은 근육이 수축하면 이동하는 뼈에 붙는다. 봉공근의 기점과 삽입의 예는 **그림 22.12**의 왼쪽에 표시되어 있다. 이 근육은 무릎을 가슴으로 가져오며 엉덩이에서 다리를 구부리는 것을 돕는다. 근육의 기점은 엉덩이에 있으며 정지한 상태를 유지한다. 무릎에서의 삽입은 근육이 수축하는(짧아지는) 것과 같은 때에 무릎이 가슴쪽으로 당겨진다.

근원섬유가 팽창보다는 수축을 하기 때문에 근육은 미는 것이 아닌 오직 당기는 것만 할 수 있다. 이러한 이유로 인해 척추동물이 움직일 수 있는 관절의 근육은 수축 시 뼈들을 반대방향으로 움직이는 굴근과 신근이라고 하는 반대 쌍으로 붙어 있다. **그림 22.13**에서 본 바와 같이 윗다리를 뒤쪽에서 **굴근(flexor)**이 수축 시 아랫다리는 넓적다리에 가깝게 움직인다. 윗다리 앞의 **신근(extensor)**이 수축 시 아랫다리는 반대방향인 넓적다리에서 멀게 움직인다.

모든 근육은 수축하지만 근수축에는 등장수축과 등축수축의 두 종류가 있다. **등장수축(isotonic contraction)**에서 근육은 서술된 바와 같이 뼈를 움직이며 짧아진다. **등축수축(isometric contraction)**에서 근육에 비해 힘이 발휘되나 근육은 짧아지지 않는다. 이것은 당신이 매우 무거운 무언가를 들어 올리려할 때 발생한다. 결국 당신의 근육이 충분한 힘을 발생시키려고 물체를 들어 올리려 한다면 등축수축은 등장수축이 된다.

근육 수축

그림 22.6에서 근원섬유가 근필라멘트의 묶음으로 이루어졌음을 떠올려보자. 척추동물 근육의 각각의 근필라멘트는 육안으로 보기에는 너무 희미한데 8~12nm 두께이다. 각각의 근필라멘트는 길고 얇은 액틴 혹은 미오신 단백질의 필라멘트이다. **액틴 필라멘트(actin filament)**는 느슨하게 꼬아진 두 개의 진주목걸이처럼 서로가 감싸고 있는 두 줄의 액틴 분자로 구성된다. **미오신 필라멘트(myosin filament)**도 또한 각자가 감싸고 있는 단백질의 두 줄로 구성되나, 액틴 필라멘트의 것보다 2배 가량 더 길고 예외적인 모양을 가진다. 미오신 필라멘트의 한쪽 끝은 매우 긴 막대로 구성된 반면 다른 쪽 끝은 머리가 두 개인 구형 혹은 "머리"로 구성된다. 결과적으로 미오신 필라멘트는 양두뱀처럼 보인다. 이러한 독특한 구조이 근육 작동의 핵심이다.

근필라멘트의 수축방식

핵심 생물학 과정 그림에서 보이는 근수축의 **미끄러지는 필라멘트 모형(sliding filament model)**은 액틴과 미오신이 근수축을 야기하는 방식을 묘사한다. 미오신필라멘트 수축 그림에서 ❶의 손잡이 모양의 미오신 머리에 주목하라. 근수축이 시작될 때 근필라멘트의 머리는 처음으로 움직인다. 손목 아래로 손을 구부리는 것처럼, ❷에서 머리는 아래와 안쪽으로 구부러진다. 이것은 그것들을 막대 같은 척추와 구부러지는 방향의 몇 nm로 가깝게 움직인다. 이것 자체로는 이 미오신 머리-구부림은 아무것도 성취하지 않으나 미오신 머리는 액틴 필라멘트에 붙게 된다. 결과적으로 액틴 필라멘트는 구부러지는 방향의 미오신 필라멘트에 의해 액틴 필라멘트가 미끄러짐을 야기하며 구부러지는 미오신 머리와 마찬가지로 당겨진다(❷의 점으로 표현된 원은 액틴 필라멘트의 움직임을 표시). 차례로 미오신 머리가 구부러짐에 따라 미오신은 사실상 액틴을 따라 한걸음씩 "걷게" 된다. 각각의 단계는 다음의 구부러짐을 준비하며 미오신이 액틴(❹)에 다시 붙기 전에 머리(❸)를 덧칠하기 위해 ATP의 분자를 사용한다.

미오신 위의 액틴의 이 미끄러짐은 어떻게 근섬유의 수축과 근세포의 움직임을 이끌까? 액틴 필라멘트는 핵심 생물학 과정에서 보듯이 미끄러지는 필라멘트 모형 그림의 앞방향 테두리에 라벤더 색으로 표기된 Z선이라고 하는 줄이 난 근육의 위치에서 한 끝에서 매어진다. 액틴과 미오신 섬유로 된 Z선 두 분자짜리로 형성된 수축단위를 **근절(sarcomere)**이라 한다. 이것과 같이 잡아매었기 때문에 액틴은 쉽게 떠나지 못한다. 대신

저자의 운동

내 허리를 두르고 있는 지방의 고리를 보았다면 나를 육상선수로 여기지 않을 것이다. 나의 기억에서 오직 새 소리를 듣고 일어나 신발끈을 묶고 나서 문을 뛰쳐나온다. 그렇게 출근 전에 워싱턴 대학 주위를 달린다. 이 5km 달리기는 30년이 된 기억이다. 나의 달리기에 관한 기억만이 딸의 웃음소리와 아내의 재미있어하는 모습을 불러올 뿐이다. 기억은 정확할 때 가장 잔인하다.

내가 달리기를 그만둔 날을 명확히 기억한다. 1978년의 시원한 가을 아침이었다. 그리고 나는 5-K(특별한 경험이 없이 대학 주위의 언덕을 굽이돌아 5km를 달림) 레이스의 군중의 한 무리였다. 무릎 아래의 정강이통에서 번쩍하는 순간적인 고통을 받았다. 고통은 점차 심해졌다. 여러분들의 뼈에 불꽃이 쏟아지는 것을 상상해보라. 그래서 달리는 것을 멈추었느냐고? 아니다. 멍청이처럼 계속 달렸다. 고통과 싸우며. 그리고 달리기를 끝마쳤다. 그때부터 절대 달리는 일이 없었다.

통증이 느껴지는 넓적다리의 근육을 당겨봤다. 하지만 그것이 전부가 아니었다. 고통은 아랫다리 정강이통이 아니었다. 그것은 사라지지 않았다. 의사는 나의 증상이 양쪽 다리에의 다중 피로골절임을 알려주었다. 다리를 찍은 X-선 사진은 작은 실들이 이발소 간판기둥의 붉은 실처럼 각 뼈의 기둥을 감싸고 있는 것처럼 보였다. 고통 없이 걸은 것은 여름 전이었다.

무엇이 잘못되었을까? 달리기가 적합지 않다고 생각되는가? 나의 건강해지고 싶은 열망에서 나는 몇 가지 기본적인 규칙을 무시하고 그 대가를 치룬 것이다. 무시했던 생물학적 가르침은 뼈가 자라나는 방식에 관한 것이었다. 긴뼈는 돌로 만들어진 것도 단단하고 영구적인 것도 아니다. 그것들은 역동적인 구조물로서 끊임없이 그것을 지배하는 압박에 반해 재형성되고 강화된다.

뼈가 자라나는 방식에 대해 이해하기 위해 우리는 먼저 뼈가 무엇과 같은가에 대해 조금 상기할 필요가 있다. 뼈는 지금까지 배운바와 같이, 유연한 연골을 만들기 위해 함께 쌓여 콜라겐이라고 하는 단백질의 섬유질로 만들어진다. 배아기에 모든 뼈들은 연골로 구성된다. 몸이 성인으로 발달함에 따라 작은 바늘 모양의 칼슘 인산염은 깨지기 쉽지만 단단한 크리스탈로 가득 스며들게 된다. 연골에서 뼈로 변하면서 뼈에 상당한 힘이 부여된다. 콜라겐은 유연하지만 약하다. 그러나 섬유유리의 에폭시풀과 같이, 그것은 골절에 대한 뼈의 저항을 만들어주며 어떠한 압력도 많은 크리스탈을 통해 흩어지게 하는 역할을 한다. 결과적으로 뼈는 강하고 유연하다.

달리기 등을 통해 체내에서 뼈에 압력이 가해질 때 큰 노동량에 견디기 위해 뼈는 성장한다. 압력이 다리뼈의 콜라겐 섬유질을 변형시킬 때 뼈는 더 많은 재료를 어디에 더할지를 어떻게 "아는" 걸까? 자켓을 열면 안의 셔츠가 보이듯이 콜라겐 섬유질의 내부는 드러난다. 섬유질의 내부는 극히 작은 전기적 전위를 생산한다. 섬유아세포라고 하는 세포들은 전등에 벌레가 달라붙듯이 전기에 붙어 있다. 그리고 그곳에서 더 많은 콜라겐을 분비한다. 결과적으로 새로운 콜라겐 섬유질들은 압력의 선을 따라 느리게, 몇 개월에 걸쳐 뼈 위에 쌓인다. 다리의 칼슘 인산염 크리스탈은 새로운 콜라겐에서 새로운 뼈로 전환된다. 새로운 뼈는 뼈의 자루를 따라 굽이치는 긴 압력의 선을 따라 형성된다.

이제 30년 전으로 돌아가 보자. 그리고 내가 콘크리트 보도를 매일 아침 행복하게 달리는 것을 상상해보자. 보도를 달리는 것을 단지 얼마 전에 시작했을 뿐이다. 그리고 한 시간 혹은 더 많은 스트레칭을 한다. 내가 매일 달리는 것은 정강이뼈를 강타하는 것과 같다. 내 뼈에의 압력은 압력의 나선을 따라 콜라겐을 형성함에 의해 반응하기 시작하는 것임에 의심의 여지가 없다. 내가 더 부드러운 바닥에서 달린다면 매일의 압력은 훨씬 덜 심할 것이다. 내가 점차 속도를 높여 달리면, 새로운 뼈가 더해진 압력에 적절히 반응해 형성될 시간을 얻을 것이다. 나는 다리뼈들에게 많은 압력을 주었다. 그리고 그것에 반응할 시간을 주지 않았다. 너무 심하게, 너무 빠르게 그것들을 밀어붙였다. 결국 그것들은 부러졌다.

부적절한 달리기는 다리뼈에만 무리를 준 것이 아니다. 당기는 넓적다리 근육을 기억하는가? 과도한 열정 때문에 달리기 전에 절대 몸을 풀지 않았었다. 그러한 세부사항을 걱정하기엔 너무 신나있었다. 지금은 당기는 넓적다리 근육은 달리기 전의 충분한 스트레칭 실패에의 직접적인 결과임을 더욱 현명하게 확신한다.

최근에 당기는 근육을 상기하며 아내의 친구가 매일 이른 아침 스트레칭이나 준비운동 없이 장거리 달리기를 하는 얘기를 들었다. 그녀를 내 마음의 눈으로 볼 수 있다. 그녀는 마치 자신을 차가운 아침에 따뜻하게 둘러싸는 건강을 찾아서 포장도로를 달리는 열정적인 가젤로 여길 것이다. 그녀는 내가 했던 것처럼 더 많은 신경을 쏟지 않는다면 아마 그것을 찾는 것에 실패할 것이다.

액틴은 그것과 함께 고정된다! 액틴이 미오신 앞으로 움직임에 따라 그것은 Z선을 미오신 쪽으로 끈다. 근수축의 비밀은 각각의 미오신이 ❶에서 보이듯이 Z선의 양 끝에서 끌리는 두 쌍의 액틴 필라멘트 사이에 끼워지는 것이다. 한쪽은 왼쪽으로 움직이고 다른 쪽은 오른쪽으로 움직인다. ❷와 ❸에서 점선으로 보이는 것처럼 그것들이 미오신 핵의 쪽으로 미끄러지듯이 액틴 분자의 두 쌍은 Z선을 각각의 쪽으로 끈다. Z선이 함께 가까이 당겨지듯이, 그것들이 붙어있는 혈장막은 다른 그것의 쪽으로 움직이며 세포는 수축한다.

칼슘 이온의 역할

근육이 이완되었을 때 미오신 머리는 "구부러(cocked)" 지고 준비하게 되지만 액틴을 감싸는 것은 불가능하다. 이것은 액틴의 미오신 머리를 위한 부착 장소가 **트로포미오신(tropomyosin)**으로 알려진 다른 단백질에 의해 물리적으로 막혀 있기 때문이다. 그러므로 미오신 머리는 이완된 근육에선 액틴을 감쌀 수 없으며 필라멘트는 미끄러지지 않는다.

근육이 수축되기 위해 트로포미오신은 반드시 먼저 움직여져서 미오신 머리가 액틴을 감싸도록 해야 한다. 이것은 칼슘 이온(Ca^{++})을 필요로 한다. 근세포 세포질의 칼슘 이온 집약이 증가할 때, 다른 단백질을 통해 기능하는 칼슘 이온은 트로포미오신이 이동을 야기한다. 이 위치 이동이 생겨날 때 미오신 머리는 ATP 에너지를 사용해 액틴으로 붙으며 점차적인 구조에서 액틴을 따라 근섬유가 짧아지게 이동한다.

근섬유는 **근소포체(sarcoplasmic reticulum)**라고 하는 변형된 소포체 망상조직에서 칼슘 이온을 저장한다. 근섬유가 수축되도록 자극받을 때 칼슘 이온은 근소포체로부터 방출되고 수축이 시작되는 근섬유로 확산된다. 매우 심하게 근육 운동할 때 칼슘 이온 관들은 칼슘 이온의 소량을 방출하며 잘 새게 되어 근수축을 약하게 하고 근육피로를 불러온다.

주요 학습 요점 22.8 **근육은 많은 작은 실과 같은 근섬유라고 하는 액틴과 마이오신 섬유들로 구성된다. 근육은 ATP를 사용하여 근섬유가 수축하도록 이끄는 액틴을 따라 미오신의 미끄러짐에 힘을 부여하여 작동한다.**

핵심 생물학 과정: 미오신필라멘트 수축

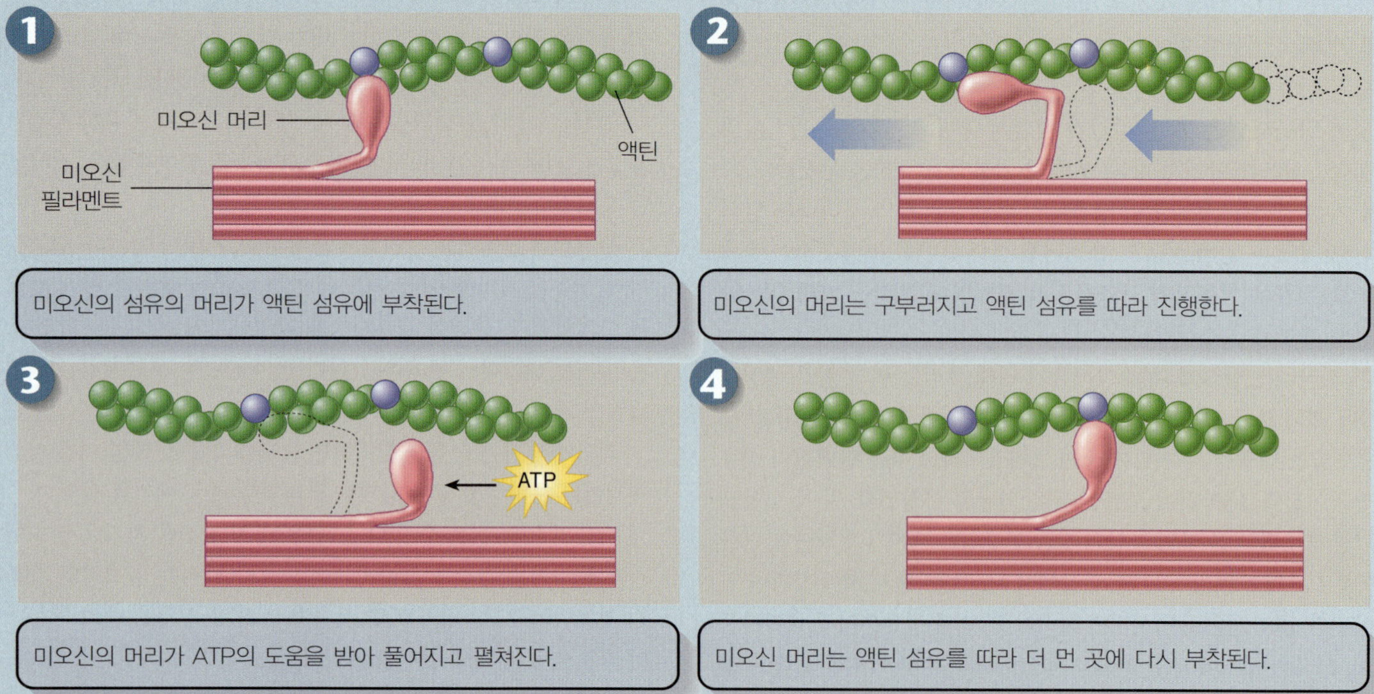

미오신의 섬유의 머리가 액틴 섬유에 부착된다.

미오신의 머리는 구부러지고 액틴 섬유를 따라 진행한다.

미오신의 머리가 ATP의 도움을 받아 풀어지고 펼쳐진다.

미오신 머리는 액틴 섬유를 따라 더 먼 곳에 다시 부착된다.

핵심 생물학 과정: 미끄러지는 필라멘트 모형

1

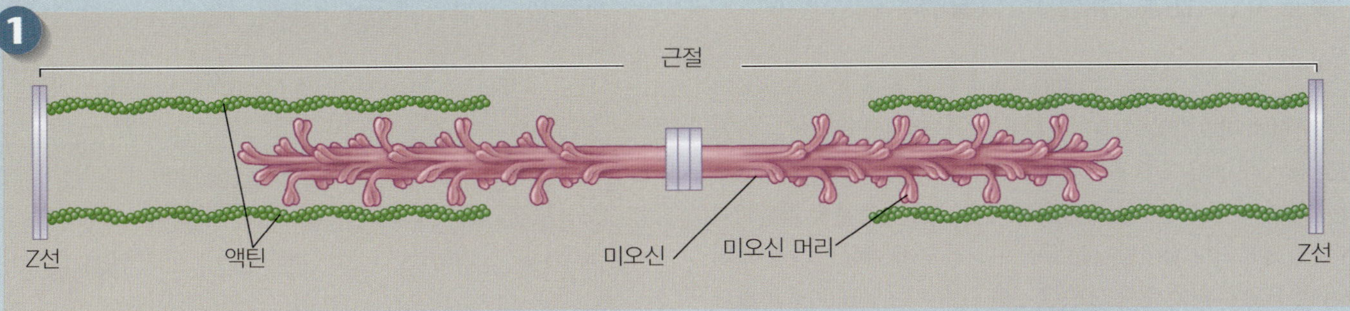

미오신 섬유의 양 끝 머리는 반대 방향으로 향한다.

2

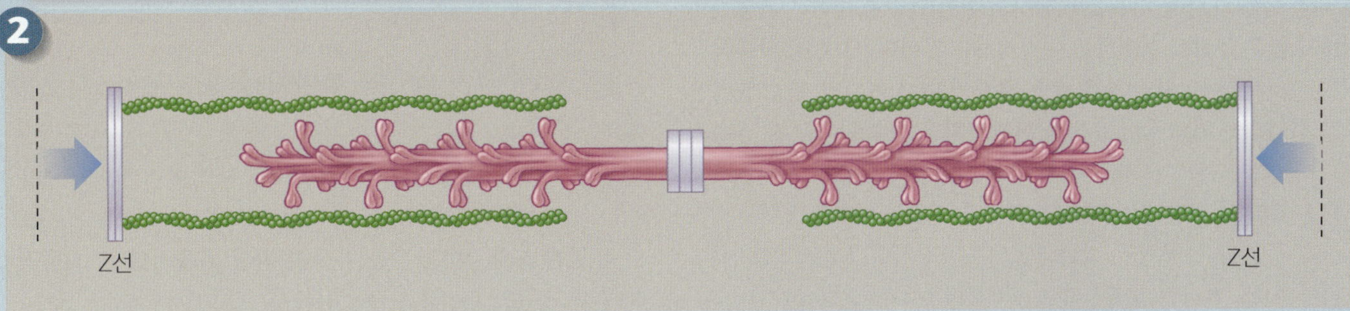

그래서 중심을 향해 왼쪽에서 액틴 섬유와 액틴이 부착된 Z-선을 끌어당기는 액틴 분자를 따라 진행하는 미오신 분자의 오른쪽 끝을 '걸으며', 중심을 향해 오른쪽에서 액틴 섬유와 액틴이 부착된 Z-선을 끌어당기는 액틴 분자를 따라 진행하는 미오신 분자의 왼쪽 끝을 따라 '걷는다'.

3

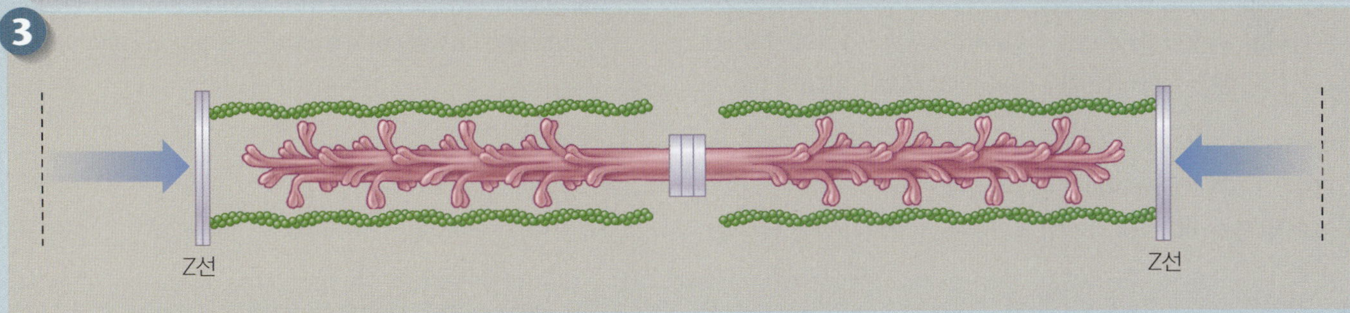

결과는 중앙으로 향한 양 Z-선의 이동과 수축의 발생이다.

질문 & 분석

가장 효율적인 운동 유형이 있을까?

달리기, 비행, 수영은 서 있는 상태보다 훨씬 많은 열량을 요구하지만 그것들을 어떻게 비교할 수 있을까? 육지, 대기, 물에서 이동하는 가장 큰 차이는 물이나 공기 조건에서 이동을 위한 지지와 방해의 차이로부터 생겨난 결과이다. 수영하는 동물에게 주변에 물이 충분히 지원되어야 하는 반면 달리거나 날아다니는 동물은 그들 몸에 체중이 충분히 지원되는 동안 몸의 유지를 위해 다른 조건을 갖추려는 노력은 필요 없다는 것이다. 한편, 물에서 이동시 고려할만한 제한은 공기의 부족이다. 비행과 달리기는 이 같은 방식에서 벗어나 적은 열량을 필요로 한다.

서로 다른 동물의 운동 비용을 비교하기 위한 단순한 방식은 운동을 위해 얼마나 많은 열량을 섭취하는지 결정하는 것이다. 달리고, 비행하고, 헤엄치기 위한 에너지 비용은 운동 유형에 따른 거리의 한 단위에 대한 몸을 하나의 단위로 삼아 운동을 위해 열량을 필요로 하는 각 경우로 삼는다(열량은 킬로칼로리(kcal)와 같은 미터법으로 측정하거나 기술적으로 4.184kJ로 표현한다: [음식물 열량을 측정하여 기록된 대문자 C는 1kcal과 동등하다] 체중은 킬로그램으로 측정하며, 1킬로그램[kg]은 2.2파운드이고, 거리는 킬로미터로 측정하며 1킬로미터[km]는 0.62마일이다). 오른쪽의 그래프는 이러한 3가지 "운동의 경비" 연구를 발표한 것이다. 파란색 사각형은 달리기, 붉은색 원은 비행, 초록색 삼각형은 수영을 나타낸다. 각 연구에서 선은 점들의 통계적으로 최고의 적합성을 그린 것이다. 사람과 같은 어떤 동물은 자료상 두 개의 선을 가져 그들은 달리기도 하고(잘) 수영도 한다(겨우). 오리는 3개의 선을 모두 가져 그들은 비행할 뿐 아니라(매우 잘) 달리고 헤엄도 친다(겨우).

1. 개념 적용

a. 변수 이 그래프에서 의존적 변수는 무엇인가?

b. 지속적 변수 비교 세 가지 유형의 운동은 같거나 다른 비용을 갖는가?

2. 자료 분석

a. 어떤 주어진 이동의 유형을 위해서라도 운동 비용에 몸의 크기의 무엇이 영향을 미치는가?

b. 3가지 이동 유형에 대한 체중의 영향력이 있는가? 만약 그렇지 않다면 어떤 유형의 비용이 체중에 따라 가장 적게 영향을 미치는가? 이것이 왜 그렇다고 생각하는가?

3. 추론하기

a. 동일한 크기의 동물의 비행에 대한 달리기의 열량 비용 소모 시 어떤 유형의 운동이 가장 값이 비싸겠는가? 이것이 왜 그렇다고 생각하는가?

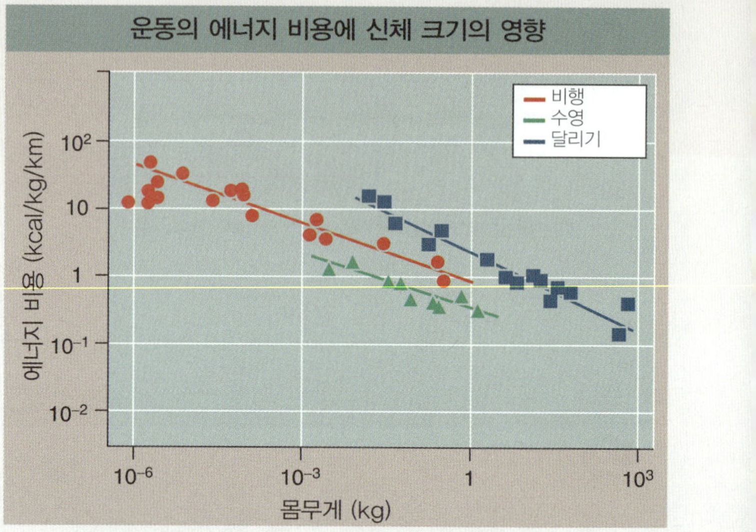

b. 수영에 대한 비행의 비용을 비교하면 어떤 것이 열량을 가장 덜 사용하는가? 이것이 왜 그렇다고 생각하는가?

4. 결론 도출 어떤 운동 유형이 가장 효율적인가? 효율적이지 못한 것은? 그 이유는 무엇인가?

5. 심층 분석

a. 뱀의 미끄러지듯 나아가는 운동은 3가지 유형의 운동과 비교 시 어떤 결과를 낳을 것으로 생각하는가? 그 이유는 무엇인가?

b. 훈련에 따른 육상(달리기) 능력의 감소에 의한 달리기 비용을 생각하는가? 왜? 이것을 어떻게 측정할 것인가?

단원 복습

동물 운동 체제

22.1 몸 구조의 혁신

- 동물계에서 보이는 다양성의 핵심은 몇 가지 혁신이 조직, 방사대칭에 대한 좌우대칭, 체강, 분절화, 비비례적 성장에 대한 변태, 선구동물에 대한 후구동물의 발생이다(**표 22.1**).

22.2 척추동물의 몸 구조

- 모든 척추동물은 동일한 일반적 구상을 갖는데 관(소화관 또는 소화기관계)이 많은 육서 척추동물에서 흉강과 복강으로 분리되는 강소(체강)에 떠 있다.
- 척추동물의 몸은 구조적이며 구조적 복잡성의 수준의 증가가 보이는 세포들로 구성된다.
- 세포는 함께 모여 기능적 단위로서 작용하는 조직이 된다(**그림 22.1**). 몸의 기관은 높은 수준의 기능으로 서로 역할을 감당하기 위해 작용하는 여러 가지 상이한 조직으로 구성된다. 기관은 대규모 몸의 역할을 수행하기 위해 기관계 내에서 함께 일한다(**그림 22.2**). 척추동물의 몸은 11가지 주요 기관계를 가진다.

척추동물의 조직

22.3 보호조직의 역할을 하는 상피

- 상피 조직은 다른 유형의 상피세포들로 구성된다. 그것은 몸의 내표면과 외표면을 덮어 보호기능을 제공한다.
- 상피 조직의 구조는 기능을 결정짓는다(**표 22.2**). 어떤 유형의 상피 조직은 물질이 통과할 수 있는 단층으로 펼쳐진 단순한 유형의 세포가 있다. 일부 상피는 보호기능을 제공한다. 위다층상피는 여러 층으로 나타나지만 실제 다안 세포는 단층으로서 핵의 위치만 균일하지 않을 뿐이다.

22.4 몸을 지지하는 결합조직

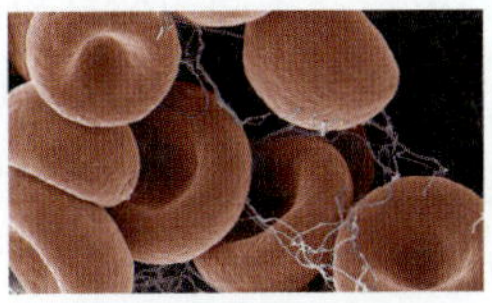

- 몸의 결합조직은 구조와 기능상 매우 다양하나 모든 세포는 세포간질(세포외액)에 묻혀있는 상태로 구성된다. 이 외액(세포외액)은 뼈에서는 단단하고, 섬유성 결합조직에서는 탄성이 있고, 지방조직, 연골이나 또는 혈액 내액 등이고 적혈구 세포 등은 **표 22.3**에 제시하였으며 혈장이라 하는 체액에 떠 있는 것을 보여주고 있다. 몸이 제공하는 결합조직의 역할은 구조적 지지, 저장, 영양분과 기체의 수송 및 면역세포 수송이다. 골은 살아있는 조직이다. 골모세포라고 하는 골세포는 섬유기질에 놓여 있다. 그러고 나서 칼슘염은 견고한 뼈를 경화시키려는 까닭에 기질에 섬유를 주입한다(**그림 22.4**).

22.5 몸을 움직이는 근육 조직

- 근조직은 몸을 움직이기 위해 수축하는 역동적인 조직이다. 3가지 유형의 근조직이 있는데 **표 22.4**와 같이 평활근, 골격근 그리고 심근이 있다. 3가지 유형의 근육은 모두 액틴과 미오신 근섬유를 포함하나, 근섬유의 구성상에 차이가 있다.
- 평활근세포 길고 방추형으로 공간적 구조를 갖춘다. 평활근에서 수축은 신경이나 호르몬에 의해 시작된다. 평활근은 혈관벽이나 소화관에서 나타난다.
- 골격근 세포는 섬유에 융합된다(**그림 22.6**). 그것들을 신경에 의해 자극받을 때 작은 단위로 수축한다. 골격근이 골격에 부착되었을 때 근육이 수축하면 골격은 이동한다.
- 심장에서 나타나는 심근 세포는 규칙적인 박동 중 그것들은 수축하기 위해 서로 내부적으로 연결된다.

22.6 신호를 신속히 안내하는 신경조직

- 신경조직은 뉴런으로 구성되며(**표 22.5**) 신경교세포를 지지한다. 몸의 소통과 조화라는 의미를 제공하는 뉴런(**그림 22.7**)은 몸의 한 부위로부터 다른 곳으로 전기적 자극을 운반한다.

골격계와 근육계

22.7 골격의 종류

- 골격계는 몸을 움직이기 위해 근육이 활동하는 곳에 뼈대를 제공한다. 유액이 채워진 강소에서 근육이 활동하는(**그림 22.8**) 연한 몸을 가진 무척추 동물은 수역학적 구조를 갖는다.
- 몸의 외부를 단단히 둘러싸고 안쪽으로부터 근육이 부착된 절지동물은 외골격을 갖는다(**그림 22.9**).
- 몸의 내부 골격이나 연골에 근육이 결합된 척추동물이나 극피동물은 외골격을 갖는다(**그림 22.10**). 사람의 골격은 중축골격과 부속골격으로 구성된 206개의 단위골을 갖는다(**그림 22.11**).

22.8 근육과 그들의 작동 구조

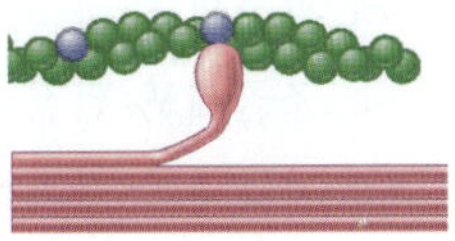

- 골격근은 골에서 두 지점에 부착한다. 편평골이 부착한 말단을 시발점이라고 한다. 삽입이라고 하는 점에서 근육은 관절로 통과하고 다른 뼈의 관절로 부착한다(**그림 22.12**). 근육이 수축하는 까닭에 시발점은 가까워지고 관절은 구부러진다. 구부러지거나 펴는 관절에 대해 근육은 마주보는 짝으로 활동한다(**그림 22.13**).
- 질서정연한 정렬을 만드는 액틴과 미오신 가닥은 서로 다른 윗부분에 겹쳐쌓기를 한다. 액틴에 부착한 미오신은(**핵심 생물학 과정, 572쪽**) 근섬

유가 서로의 범위를 넘어 미끄러질 수 있으므로 액틴을 따라 길이만큼 끌어당긴다. 액틴 근섬유는 Z선이라고 하는 구조의 각 끝부분에 고정시킨다. 액틴이 미오신을 따라 미끄러지면 고정지점은 함께 이끌려가고 근육은 짧아지는 결과를 낳는다(**핵심 생물학 과정, 573쪽**). 근섬유가 분리되고 재부착하고 미끄러지는 동작이 자극받기 위하여 ATP로부터 열량이 필요하다. 이것을 미끄러지는 섬유 모형이라고 한다.

- 이 과정은 근세포 내에서 Ca^{++}에 의해 조절된다. 근 수축은 액틴의 미오신 결합부위 차단에 따라 단백질 트로포미오신에 의해 저해된다. Ca^{++}이 존재하면 트로포미오신을 위치전환해야 하는 까닭에 미오신 결합부위는 노출된다. 액틴에 결합할 수 있는 미오신은 결합부위의 노출에 따라 근육수축의 계기가 된다.

이해력 확인 문제

1. 동물 몸의 기획과 체절화 혁신 중 하나를 허용하면 ___________.
   a. 효율적인 내장 기관계로 발달한다.
   b. 서로 독립적으로 움직일 수 있는 개별적 마디로서 보다 신축성 있는 운동을 한다.
   c. 몸의 서로 다른 부위에 존재하는 기관이다.
   d. 발생 세포의 초기 결정된다.

2. 동물에서 소형으로부터 대형의 구조물 순서로 옳은 것은 무엇인가?
   a. 세포, 조직, 기관, 기관계, 개체
   b. 개체, 기관계, 기관, 조직, 세포
   c. 조직, 기관, 세포, 기관계, 개체
   d. 기관, 조직, 세포, 개체, 기관계

3. 상피 조직의 기능이 아닌 것은 무엇인가?
   a. 물질 분비
   b. 감각표면 제공
   c. 몸의 이동
   d. 손상과 탈수로부터 조직 아래 보호

4. 결합조직의 예는 무엇인가?
   a. 손가락에 있는 신경세포
   b. 피부세포
   c. 뇌세포
   d. 적혈구

5. 어떤 사람에게 골다공증이 있다면 ______의 작용에 따라 ______의 작용이 떨어지기 때문이다.
   a. 파골세포, 조골세포
   b. 조골세포, 파골세포
   c. 파골세포, 콜라겐
   d. 조골세포, 콜라겐

6. 신경자극을 하나의 신경세포로부터 다른 세포로 전달 시 ___을 사용한다.
   a. 호르몬
   b. 신경전달자
   c. 페로몬
   d. 칼슘 이온

7. 걸어가려면 다리를 움직이기 위하여 쓰이는 근육 유형은 무엇인가?
   a. 골격근
   b. 심근
   c. 평활근
   d. 모두 옳음

8. 척추는 ______의 일부이다.
   a. 부속골격
   b. 중축골격
   c. 정수성골격
   d. 외골격

9. 양방향의 다리운동은 한 쌍의 근육을 ______ 때문에 필요로 한다.
   a. 단일 근육은 당길 수 있으나 밀지 못하기
   b. 단일 근육은 밀 수 있으나 당길 수 없기
   c. 팔을 움직이려면 하나의 근육을 작동할 수 있는 힘 이상을 필요로 하기
   d. 답 없음

10. 근수축 과정에서 칼슘의 역할은 무엇인가?
   a. 미오신이 사용하려고 ATP를 모은다.
   b. 근섬유를 수축하는 동안 미오신 두부의 위치를 들어 옮기려고 한다.
   c. 근육을 이완시키려는 까닭에 액틴으로부터 미오신 두부를 다시 결합하려고 한다.
   d. 미오신에 액틴 결합부위를 노출시킨다.

응용력 확인 문제

1. 562쪽 골단면은 칼슘을 함유하는 무기질의 열린 격자구조로 구성된다. 강해지려면 왜 뼈에 더욱 신경을 써야하는지 그 이유를 설명하시오.

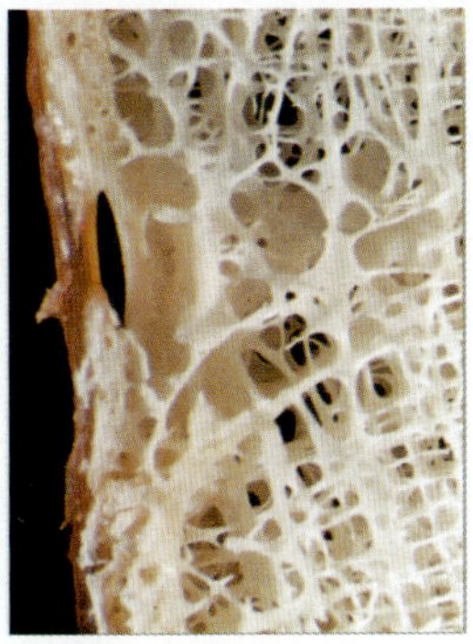

2. **그림 22.11**에서 머리와 몸통을 형성하는 3가지 새장형 구조물을 두개골, 흉부 및 골반부라 한다. 이와 같은 배열의 기능적 중요성은 무엇인지 설명하시오.

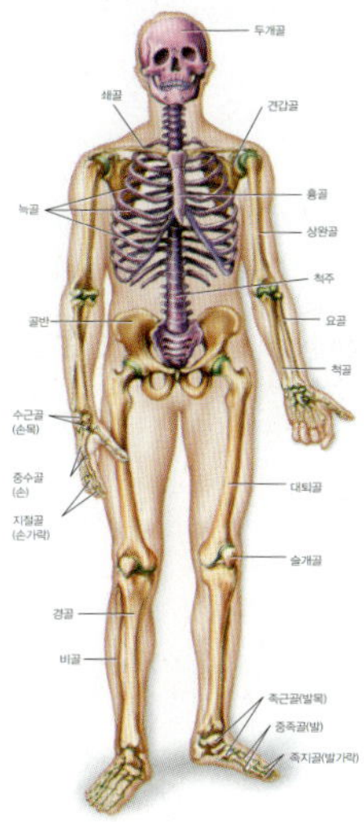

종합 학습

1. 제한에 가까운 생존에 적합한 포유동물의 체온조절 범주는 약 36°C로부터 40°C까지이고, 조류는 그보다 약간 높은 38°C로부터 42°C까지이다. 왜 포유동물보다 조류의 체온이 높을 것이라고 짐작하는가? 독수리와 벌새가 같은 체온을 유지한다고 생각하지 않는가? 이들 내용을 설명하시오.

2. 여러분이 어떤 척추동물 유형의 생물체를 설계하고 있다고 추정해보자. 여러분의 설계에 따라 서로 다른 주요 기관계가 어떻게 상호작용하는지 간략히 설명하시오.

3. 여러분이 테니스를 치거나 빠른 음악에 맞춰 춤을 추거나 에어로빅을 하는 등 강력한 운동을 하면 호흡은 빨라지기 시작하고 심작박동수가 증가한다. 만약 계속한다면 "숨이 차서" 얼굴은 홍조를 띠게 된다. 왜 몸이 이 상황에서 반응하는가?

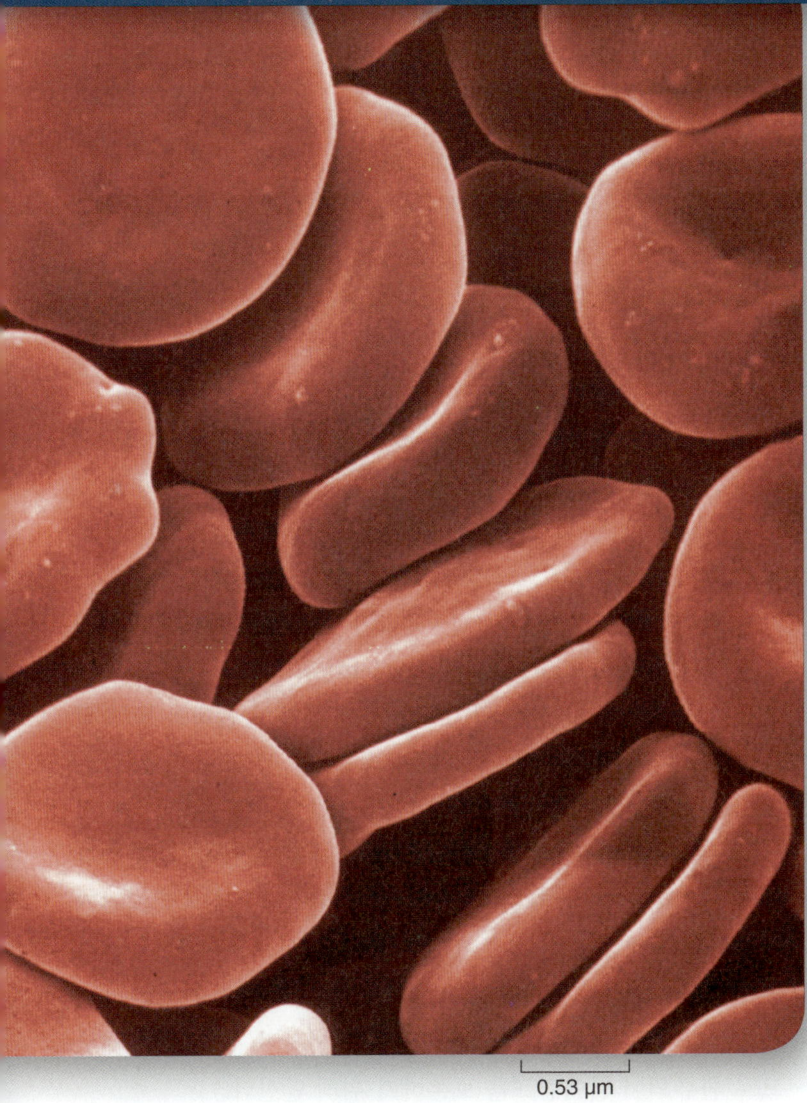

23

순환

학습단원

순환

23.1 개방형과 폐쇄형 순환계
1. 순환계의 결핍에 의해 부과되는 한계
2. 개방형과 폐쇄형 순환계의 대조
3. 림프와 세포 간 유체의 구별
4. 척추동물 순환계의 세 가지 주요 기능

23.2 척추동물 순환계의 구조
1. 심혈관계의 세 가지 주요 구성물
2. 동맥, 모세혈관, 정맥의 구조 비교
3. 동맥의 팽창 이유와 방법의 설명
4. 소동맥의 동맥과의 차이점
5. 모세혈관의 좁은 직경이 그것들의 기능에서 중요한 이유
6. 비어 있는 정맥의 붕괴 이유와 동맥은 그렇지 않은 이유
7. 정맥의 직경이 동맥의 것보다 큰 이유

23.3 림프계: 잃은 유체의 복구
1. 림프계의 주요 네 가지 기능
2. 림프가 림프계를 통해 순환하도록 유도되는 방법

23.4 혈액
1. 혈장에서 용해된 세 가지 물질
2. 여러분 혈액의 혈청 알부민의 $\frac{1}{2}$파운드의 기능
3. 섬유소와 섬유소원의 대조
4. 세 가지 주요 혈액의 주요 세포 구성물의 나열과 그 기능

척추동물 순환계의 진화

23.5 어류의 순환
1. 어류 심장 네 개의 방 이름을 대고, 그것들이 심장의 수축에서 기능하는 방법
2. 이 디자인의 위대한 이점의 서술과 그것의 주요 한계

23.6 양서류와 파충류의 순환
1. 어류와 양서류 순환계의 주요 차이점
2. 어류와 양서류 심장의 비교와 양서류와 파충류 심장의 비교
3. 양서류와 파충류 심장 내에서 섞임을 막는 두 가지 주요 요인

23.7 포유류와 조류의 순환
1. 파충류와 포유류 심장의 구조 비교
2. 폐정맥, 동방결정, 방실다발, 푸르키네 섬유의 기능 설명

생명과학과 건강 유지: 심장질환이 수많은 인간을 죽인다

질문 & 분석: 큰 심장의 박동이 더 빠를까?

혈액은 생명의 강이라고 한다. 모든 척추동물 몸의 조직에서 혈액은 기체, 영양소, 호르몬, 항체, 체내 노폐물들을 빠르게 운반하는 유일한 유체 조직이다. 혈액을 액체로 만드는 물질은 대략 혈액의 55%를 구성하고 단백질이 풍부한 혈장이라는 유체이다. 그 외의 45%는 대부분 적혈구와 백혈구로 구성된다. 적혈구는 앞에서 보는 바와 같이 척추동물 순환계의 산소 운반자이다. 1μl의 혈액 내에는 약 500만 개의 적혈구가 있다! 각각의 적혈구는 가운데가 짓눌린 원형의 방석과 같이 생겼고, 붉은색을 띠는 철분 함유 분자인 헤모글로빈이라고 하는 단백질로 가득 채워진 상태이다. 산소가 헤모글로빈 안의 철분과 쉽게 결합하는 이유는 적혈구가 효율적인 운반자를 만들어내기 때문이다. 단일 적혈구는 약 2억 5천만 개의 헤모글로빈 분자를 포함하며 각 적혈구는 약 10억 개의 산소 분자를 한 번에 운반한다. 적혈구의 평균 수명은 단 120일이다 – 죽거나 닳아진 것을 대체하기 위해 매 초 골수에서 약 200만 개의 새로운 적혈구가 생산된다. 이 장에서 우리는 척추동물이 이처럼 세포를 사용하는 방법과 그것을 둘러싼 산소, 음식, 체내의 정보를 옮기는 유체에 대해 알아볼 것이다.

23.1 개방형과 폐쇄형 순환계

척추동물 몸의 모든 세포는 생존을 위해 반드시 몸 밖의 유기 분자로부터 자신이 필요로 하는 에너지를 얻어야 한다. 시골의 농장에서 음식을 구하는 도시의 거주자와 같이, 몸의 세포들은 음식을 옮길 트럭, 트럭이 이동할 고속도로, 도착한 음식을 요리할 방법이 필요하다. 척추동물의 몸에서 트럭은 혈액이고, 고속도로는 혈관이며, 산소 분자는 음식을 요리하는 데에 쓰인다. 제7장에서 설탕과 포도당을 태울 때 산소의 사용과 이산화탄소의 발생을 통하여 세포가 에너지를 얻음을 상기하라! 동물에서 트럭과 고속도로를 제공하는 기관계를 *순환계*(circulatory system)라 하고 산소 연료를 통해 이산화탄소 노폐물을 배치하는 기관계를 *호흡계*(respiratory system)라고 한다. 우리는 이 장에서 순환계의 기능에 대해 논의하고, 제24장에서 호흡계의 기능에 대해 알아볼 것이다.

모든 진핵생물이 순환계를 가진 것은 아니다. 단세포 원생생물 중 일부 종은 산소와 영양분을 수서 외부환경으로부터 단순한 확산을 통해 직접 얻는다.

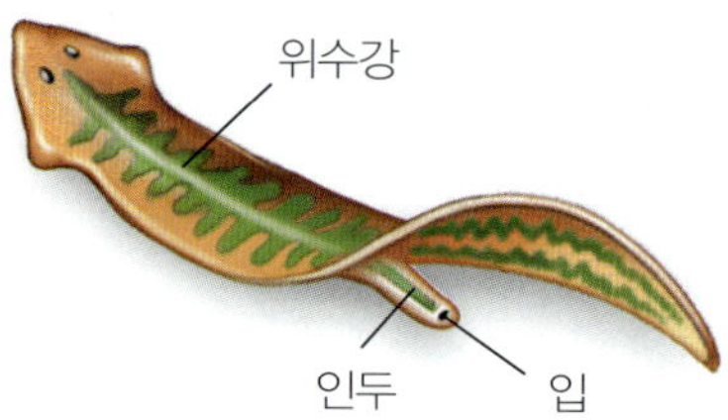

플라나리아: 위수강

동물은 체강과 함께 확산력을 증폭시킨다. 히드라와 같은 자포동물군, 위의 플라나리아와 같은 편형동물류는 외부환경 또는 **위수강(gastrovascular cavity)**이라고 하는 체강의 어느 한 쪽에 직접 드러나 있는 소화강으로부터 확산에 의해 직접 조직 세포로 영양분과 산소를 운반하며 소화와 순환의 기능이 있는 세포를 가진다. 히드라의 위수강은 심지어 촉수(622쪽 참조)까지 확장되고 위 그림의 플라나리아에서는 녹색으로 나타내었는데 산소와 소화로 얻은 영양분을 모든 세포에 광범위하게 공급하기 위해 뻗쳐 있다.

반면, 큰 동물은 여러 세포층으로 두꺼운 조직을 가지고 있어 많은 세포가 환경에서 직접 물질을 교환하기에는 몸의 표면 혹은 소화강으로부터 너무 멀어져 있다. 대신 산소와 영양분은 내부 유체에 의해 순환계 내에서 소화강과 몸의 세포로 전달된다.

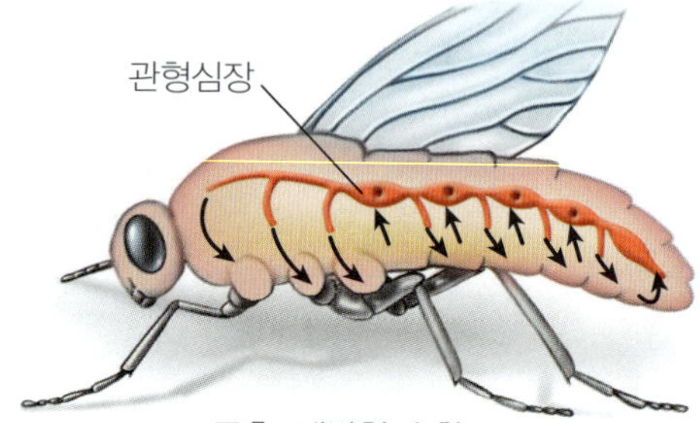

곤충: 개방형 순환

순환계에는 개방형과 폐쇄형의 2가지 주요 유형이 있다. **개방형 순환계(open circulatory system)**에서 절지동물이나 많은 연체동물에서 찾을 수 있는 순환하는 유체인 혈액과 몸 조직 밖의 유체 간에 차이는 없다. 그래서 이 유체를 *혈액림프*(hemolymph)라고 한다. 그림의 파리와 같은 곤충은 심장이 혈액림프를 분출하는 것을 돕는 근육관을 가진다. 이는 체내의 강으로는 비어 있는 넓은 관의 연결망을 통과하며 (아래로 지시된 화살표), 혈액 림프는 그곳에서 영양분을 몸의 세포로 운반한다. 그리고 그것은 심장의 작은 구멍들을 통과해 순환계로 다시 들어간다(위로 지시된 화살표). 구멍은 심장이 분출할 때 체강으로 환류되어 혈액림프를 보존하기 위해 닫힌다.

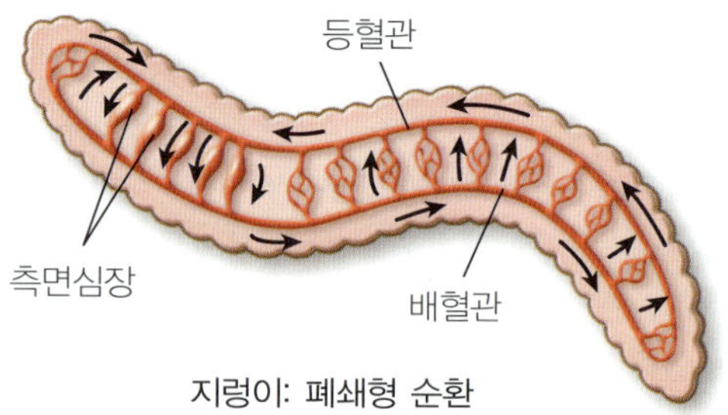

지렁이: 폐쇄형 순환

폐쇄형 순환계(closed circulatory system)에서는 *혈액*을 운반하고 *심장*으로 분출하여 되돌려 보내고 끌어오는 순환유체나 혈액이 언제나 혈관 내에 봉해져 있다. 심장에서 심장으로 분출이 이뤄지는 혈액은 혈관의 이 시스템 내에서 언제나 존재한다. 환형동물류와 모든 척추동물류는 폐쇄형 순환계를 가진다. 지렁이와 같은 환형동물류에서 등쪽의 혈관은 분출 기능을 감당하기 위해 규칙적으로 수축한다. 혈액은 측면 심장이라고 하는 5개의 소형 관을 통해 분출되며, 또한 혈액을 뒤로 운반하는 복부 혈관으로(아래 화살표의), 결국 등쪽의 혈관으로 다시 들어갈 때까지(위 화살표의) 분출 기능을 갖는 작은 연결관을 통과해 분출된다. 작은 관은 지렁이의 조직에 산소와 영양분을 공급하고 노폐물을 운반해가기 위해 복부와 등 뒤의 혈관 사이에서 뻗어간다.

척추동물에서 혈관은 관의 혈액이 심장으로부터 모든 체내의 세포로 흐르고 되돌아오는 것을 허용하는 연결망을 형성한다. *동맥*(artery)은 심장으로부터 혈액을 운반하는 반면, *정맥*(vein)은 심장으로 혈액을 되돌린다. 혈액은 *모세관*(capillary, 가장 얇고 혈관 중 가장 수가 많음)으로 동맥에서 정맥계로 통과한다.

혈장이 모세관을 통과함에 따라 혈액의 압력은 이러한 유체의 일부를 모세관 벽 밖으로 밀어낸다. 이러한 방식으로 얻어지는 유체를 **간질액(interstitial fluid)**이라고 한다. 이 유체 중 일부는 모세관으로 직접 되돌아오며, 일부는 위치해 있는 연결조직에 혈관을 둘러싼 **림프관(lymph vessels)**으로 들어간다. *림프*(lymph)라고 하는 이 유체는 특성상 정맥혈로 되돌아온다. 림프계는 순환계의 일부로 여겨지며 이 장의 뒤에서 논의할 것이다.

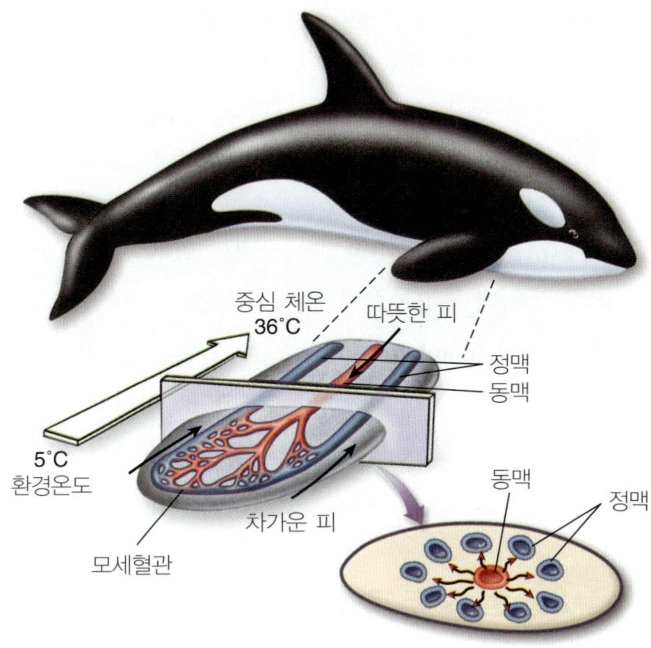

그림 23.1 역류 열교환
범고래와 같은 많은 해양 포유류들은 차가운 물에서의 역류흐름(정맥과 동맥 사이에서 열교환에 따르는)에 의한 열 손실을 제한한다. 동맥의 체내로부터 펌프질되는 따뜻한 피는 정맥의 피부로부터 돌아가는 차가운 피를 데운다, 그래서 평균 체온은 차가운 물에서도 일정하게 유지된다. 그림의 단면은 동맥을 둘러싼 정맥의 동맥과 정맥 사이에서 열교환을 극대화하는 방법을 보여준다.

척추동물 순환계의 기능

순환계는 운반, 조절, 보호라는 세 기능의 영역으로 나뉜다.

1. ***운반*(transportation)** 세포기능에 중요한 물질은 순환계에 의해 운반된다. 이러한 물질은 다음과 같이 분류될 수 있다:

   호흡(respiratory) 붉은 혈액 세포, 혹은 적혈구는 조직세포로 산소를 운반한다. 폐 혹은 아가미의 모세혈관에서 산소는 적혈구 내에서 헤모글로빈 분자에 붙고 유산소 호흡을 위해 세포로 운반된다. 세포호흡에 의해 생산되는 이산화탄소는 혈액을 통해 폐 혹은 아가미로 운반되어 제거된다.

   영양제공(nutritive) 소화계는 음식 분해에 책임이 있으므로 영양분은 장벽을 거치고 순환계의 혈관으로 들어가서 흡수될 수 있다. 혈액은 그 후에 소화되어 흡수된 영양분을 간을 거쳐 몸의 세포로 운반한다.

   배설(excretory) 신진대사 노폐물, 과도한 물과 이온, 그리고 다른 혈액의 유체인 혈장 분자는 신장의 모세혈관을 거쳐 걸러지고 오줌으로 배출된다.

   내분비(endocrine) 혈액은 떨어진 곳에 있는 표적기관을 조절하기 위해 내분비선으로부터 분비된 호르몬을 운반한다.

2. ***조절*(regulation)** 심혈관계는 두 가지 방식으로 체온 유지에 참여한다.

   체온 조절(temperature regulation) 온혈 척추동물 또는 항온동물에서는 주변 온도에 상관없이 일정한 체온이 유지된다. 이 일은 표피 바로 밑에 위치한 혈관의 일부가 수행한다. 주위 기온이 차가울 때에는 표피상의 관들은 더 깊은 관들로 따뜻한 혈액을 우회시키기 위해 수축한다. 주위 기온이 따뜻할 때 표피상의 관들은 복사에 의해 혈액의 온기를 사라지게 하므로 팽창한다.

   열교환(heat exchange) 몇몇 척추동물들은 또한 역류 열교환을 사용해 차가운 환경에서 열을 보유한다. **그림 23.1**은 **역류 열교환(countercurrent heat exchange)** 시스템이 범고래의 지느러미에서 작동하는 방법을 보여준다. 이러한 과정에서 체내의 깊은 곳에서(붉은색의) 따뜻한 혈액을 옮기는 관은 옆의 몸의 표면으로부터 차가운 피를 옮기는(푸른색의) 관으로 통과한다. 빠져나간 따뜻한 혈액은 몸의 표면으로 되돌아 온 차가운 피를 데운다(열은 횡단면에서 적색화살표로 표시된다). 그래서 그것이 몸의 내부에 도달할 때, 이 피는 더 이상 차갑지 않으며 체온 유지가 인정되도록 돕는다.

3. *보호*(**protection**) 순환계는 상처와 외부 미생물 혹은 몸으로 도입된 독성물질에 대해 보호한다:

혈액 응고(blood clotting) 응고 기작은 관들이 손상되었을 때, 혈액손실에 대한 보호장치이다. 이러한 응고 기작에는 혈장으로부터의 단백질과 혈소판(23.4절에서 논의)이라고 하는 혈세포 구조물 모두가 관여한다.

면역 방어(immune defense) 혈액은 많은 질병유발 요소에 대항해 면역성을 제공하는 단백질과 백혈구를 함유한다. 몇몇 백혈구는 식세포이고, 몇몇은 항체를 만들며, 몇몇은 몸을 보호하는 다른 기작에 따라 작용한다.

주요 학습 요점 23.1 순환계는 개방 또는 폐쇄 상태이다. 모든 척추동물은 폐쇄 순환계를 가지며, 혈액은 순환하여 동맥의 심장으로부터 정맥의 심장으로 들어간다. 순환계는 운반, 조절, 보호를 포함한 다양한 기능을 제공한다.

23.2 척추동물 순환계의 구조

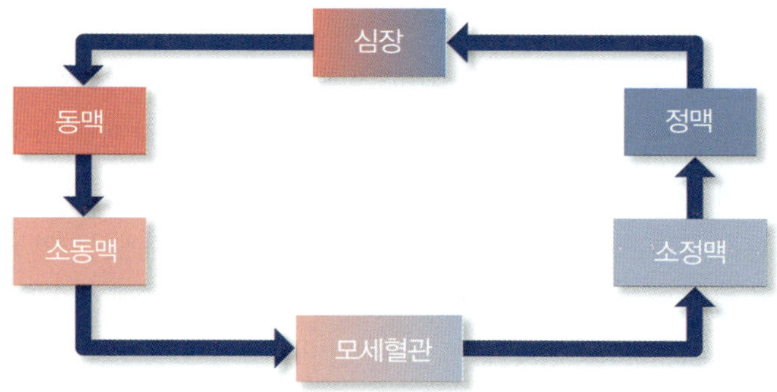

심혈관계(cardiovascular system)라고도 하는 척추동물의 순환계는 세 가지 구성요소로 이루어진다. (1) **심장(heart)**은 몸을 관통해 혈액을 분출시키는 근육 펌프이다. (2) **혈관(blood vessel)**은 혈액이 움직여 통과하는 관들의 연결망이다. (3) **혈액(blood)**은 이러한 관들 내에서 순환한다.

혈액은 심장으로부터 주기적으로 혈관계를 지나며 몸을 통과하며 이동한다. 동맥과 소동맥으로부터 모세혈관으로, 그리고 그 후 여기 보이는 바와 같이 소정맥과 정맥을 거쳐 심장으로 되돌아가서 **동맥(artery)**으로 알려진 관을 거쳐 심장을 떠난

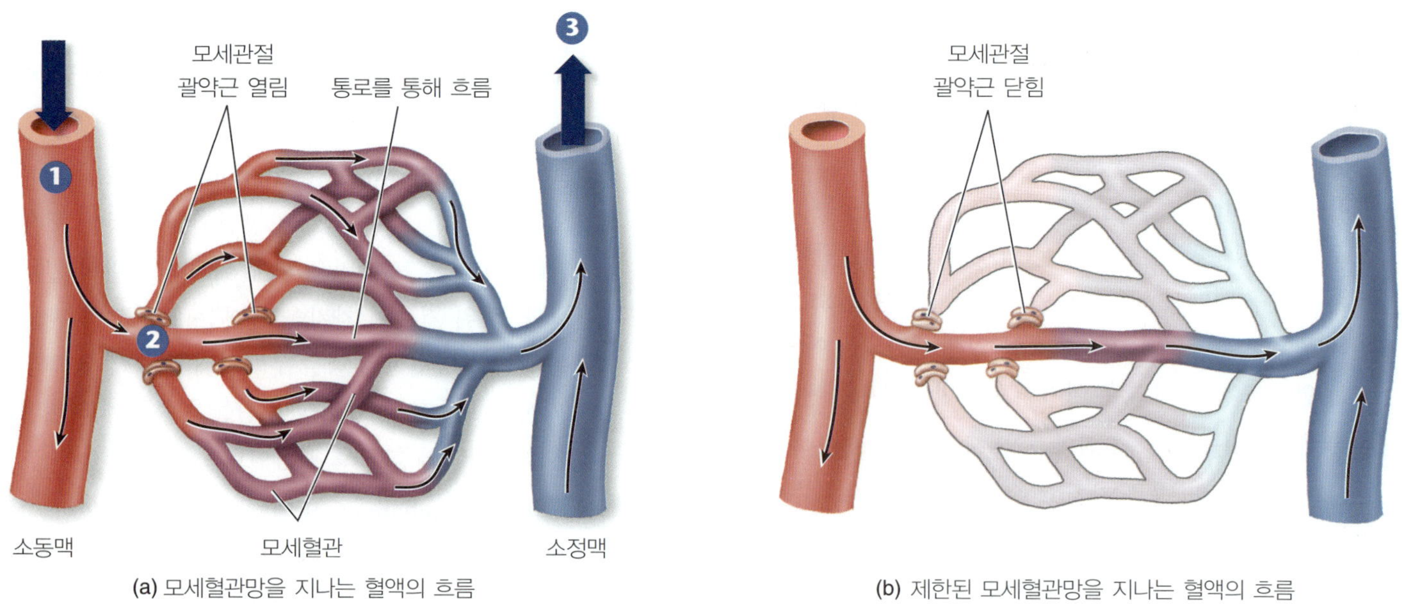

그림 23.2 모세혈관계는 정맥을 통해 동맥이 연결한다

맥관계 관은 소동맥이 직접 소정맥들로 연결한다. 이러한 맥관계 관으로부터의 분지는 세 관의 연결망인 모세혈관이다. 신체 조직과 적혈구 간의 대부분의 교환은 그것들이 이 모세혈관망에 있을 때 발생한다. 모세혈관으로의 혈액의 흐름은 각 모세혈관의 입구에 위치한 모세관전 괄약근이라고 하는 근육의 다발로 제어된다. (*a*) 괄약근이 열리면 혈액은 모세혈관을 흐른다. (*b*) 괄약근이 수축하면 그것은 모세혈관을 막는다.

다. 혈액은 동맥으로부터 **소동맥(arteriole)**이라고 하는 작은 동맥들의 연결망으로(**그림 23.2*a***의 ❶) 나아간다. 이와 같이 혈액은 결국 ❷의 **모세혈관(capillary)**이라고 불리는 매우 좁은 관으로 운반된다(라틴어 *capillus*는 '머리카락' 이라는 의미). 모세혈관을 지나는 동안, 혈액은 몸의 세포들과 함께 가스와 대사산물(포도당, 비타민, 호르몬 등의)을 교환한다. 모세혈관을 통과한 후, 혈액은 혈관의 네 번째 종류인 **소정맥(venule)**으로 들어간다. 소정맥들(**그림 23.2*a***의 ❸)의 연결망은 순환하는 혈액을 모으고 심장으로 다시 옮기는 큰 **정맥(vein)**으로 흘러간다.

모세혈관계는 조직의 생리학적 요구에 의해 열리거나 닫힐 수 있다. 평활근은 소동맥으로 혈액의 흐름을 제어할 수 있다. 게다가 모세혈관을 지나는 흐름도 *모세관 전괄약근*이라 하는 작은 심근의 이완 혹은 수축에 의해 제어될 수 있다. 수축에 의한 모세관전 괄약근의 닫힘은 혈액이 모세혈관계에 의해 나눠는 것과 함께 **그림 23.2*b***에서 볼 수 있다.

모세혈관은 몸의 다른 혈관보다 훨씬 작은 직경을 가진다. 포유류의 심장을 떠난 혈액은 대동맥이라는 대형 동맥을 통과한다. 직경이 약 2cm (대략 엄지와 비슷한)인 몸의 관이 대동맥이다. 하지만 혈액이 모세혈관에 도달할 때 그것은 1,250분의 1 정도로 감소되어 통과하여 평균 직경이 단지 8μm인 관을 지난다.

이러한 혈관 크기의 감소는 매우 중요한 결과를 갖는다. 비록 각각의 모세혈관은 매우 좁지만 모세혈관이 어느 다른 유형의 관보다도 가장 큰 전단면적 부분을 갖는 아주 많은 수가 있다. 결국 세포외액을 둘러싼 것과 물질을 교환하기 위해 혈액에게 더 많은 시간을 허용한다. 혈액이 모세혈관의 끝에 도달할 때까지 산소와 영양분 중 일부를 방출하고 이산화탄소와 다른 노폐물을 가져간다. 혈액은 광대한 모세혈관망을 지나는 동안, 그것의 압력과 속도의 대부분을 잃으며, 결국 그것이 정맥에 들어갈 때엔 매우 낮은 압력만이 남게 된다. 모세혈관을 흐르는 혈액은 물통의 스프링클러 머리에서 흘러나오는 물과 같아 혈액의 흐름은 많고 작은 흐름으로 퍼진다. 모세혈관계로 진입하는 거대한 흐름으로 이러한 작은 흐름이 힘으로 흐르지 않듯이, 빠르게 흐르지도 않는다.

동맥: 심장으로부터의 고속도로

동맥계는 동맥과 소동맥으로 구성되어 심장으로부터 혈액을 운반해 나간다. 동맥은 단지 관일 뿐이다. 혈액은 단조로운 흐름이라기보다는 오히려 심장으로부터 율동적으로 출발하며, 심장은 힘차게 수축을 통해 동맥에 굉장히 큰 힘을 가하여 혈액을 배출시킨다. 동맥은 심장의 각 수축으로 인한 압력을 견디기 위해 팽창할 수 있는 능력을 갖고 있다. 그 후, 동맥은 그것의 벽과

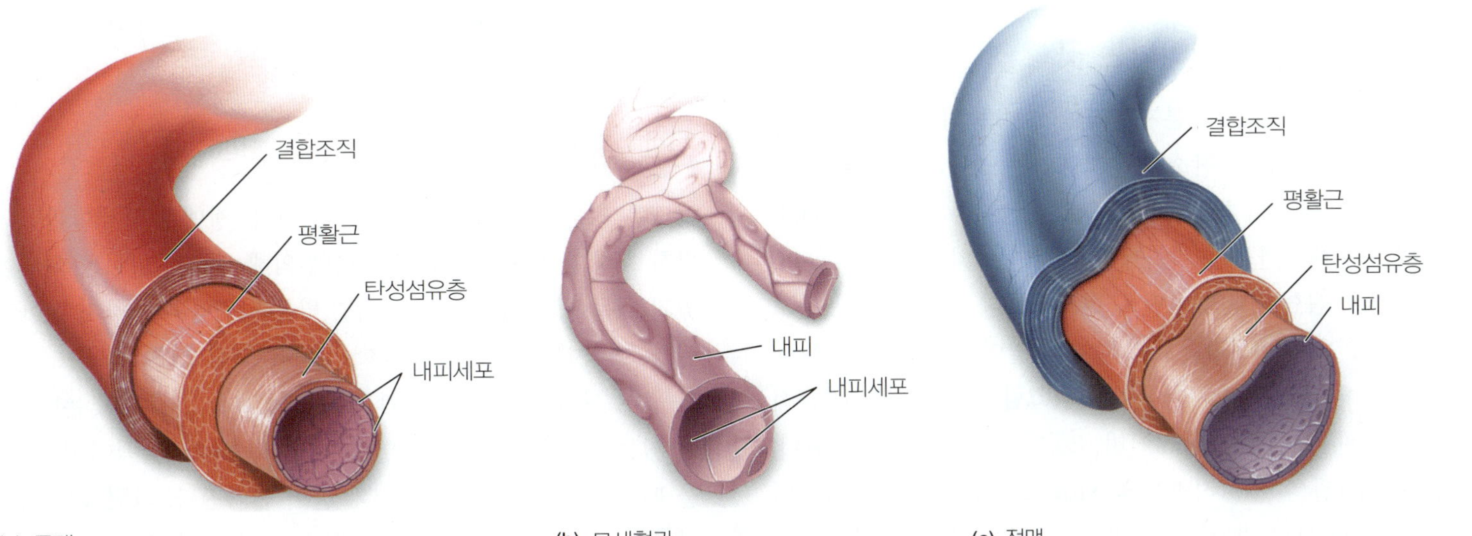

(a) 동맥 (b) 모세혈관 (c) 정맥

그림 23.3 혈관의 구조

(*a*) 혈액을 심장으로부터 옮기는 동맥은 소모될 수 있으며 조직의 층들로 구성되어 있다. (*b*) 모세혈관은 얇은 벽들이 혈액과 몸의 세포 간의 물질교환을 용이하게 하는 단순한 관이다. (*c*) 혈액을 심장으로 되돌리는 정맥은 동맥과 같이 견고함을 요하지는 않는다. 정맥의 벽은 동맥보다 얇은 근육층을 가진다. 그리고 그것은 비어 있을 때 무너진다. 유의할 점은 책의 그림은 실제 크기가 아니며; 동맥은 직경이 2 cm까지 될 수 있고, 모세혈관은 직경이 8μm이며, 가장 큰 정맥은 직경이 3cm까지 될 수 있다.

함께 조직의 네 층으로 구성된 신축성이 있는 관으로 구성된다. **그림 23.3*a***에서 이러한 층은 망원경과 같이 그것들이 더 잘 보이도록 동맥으로부터 당겨짐을 보여준다. 최심부의 얇은 층은 내피세포로 구성된다. 그것들을 둘러싼 것은 탄성섬유층과 보호결합조직의 덮개 내에서 차례로 봉해진 평활근의 두꺼운 층이다. 이러한 덮개가 탄성을 가졌기 때문에 심장이 수축했을 때 동맥은 그것의 부피를 상당히 팽창시킬 수 있고 동맥으로 혈액의 새로운 부피를 밀어 넣는다; 여러분이 더 많은 공기를 불어넣으면 팽창하는 관형의 풍선과 같이 평활근 층의 꾸준한 수축은 과대팽창에 대해 관의 벽을 강화시킨다.

소동맥은 두 가지 방식에서 동맥과 다르다. 그것들은 직경이 더 작아 소동맥을 둘러싼 근육층은 직경을 확대시키려는 호르몬의 영향하에서 더 이완될 수 있다. 물론 직경이 증가하면 혈액의 흐름은 높은 신체활동 중 이로운 기회를 증가시킨다. 또한 대부분의 소동맥은 신경섬유와도 접촉한다. 이 신경들에 의해 자극을 받으면 소동맥 근육은 관의 직경을 수축하여 압축시킨다. 그러한 수축은 낮은 온도나 스트레스가 있는 동안 한계에 이르기까지 혈액의 흐름을 제한시킨다. 겁에 질리거나 추위를 느끼면 피부의 소동맥들이 수축되므로 창백해진다. 하지만 얼굴은 반대로 일이 진행되기 때문에 붉어진다. 열이 나거나 당황하면 신경섬유는 소동맥을 둘러싼 근육들로 연결되어 평활근을 이완시키고 피부의 소동맥들을 팽창시켜 표면에 열을 전달하는 신경섬유들이 억제된다.

모세혈관: 교환이 일어나는 곳

모세혈관은 산소와 음식 분자를 혈액에서 몸의 세포로 운반하는 곳이며 노폐 이산화탄소를 수거해가는 곳이다. 이러한 앞뒤로의 통행을 원활히 하기 위해 모세혈관은 좁으며(**그림 23.4**) 가스와 신진대사물을 용이하게 통과시키는 얇은 벽을 갖는다. 모세혈관은 심혈관계의 어떤 구성요소보다 가장 단순한 구조를 갖는다. 그것은 청량음료의 빨대와 같아 벽과 단순한 관이 단지 세포 하나의 두께로 만들어졌다(**그림 23.3*b*** 참조). 평균적인 모세혈관 길이는 약 1mm이며 소동맥과 소정맥을 연결한다. 모든 모세혈관은 내부 직경은 약 8μm로 매우 좁으며 적혈구의 직경(5~7μm)보다 약간 클 뿐이다. 이러한 구조는 모세혈관의 기능에 있어 중요하다. 그것들이 통과하는 관의 반대편에 부딪힘으로써(**그림 23.4**의 세포와 같이) 적혈구는 모세혈관 벽에 가깝게 모여 교환이 쉽게 이루어진다.

대개 척추동물의 모든 세포는 모세혈관으로부터 100μm 이내에 있다. 어떠한 순간이라도 순환하는 혈액의 약 5%는 전체 길이가 수천마일에 달하는 연결망인 모세혈관에 있다. 만약 체내의 모든 모세혈관을 한 줄로 이어놓으면 그것은 미 대륙을 횡단할 정도로 길다. 개별적인 모세혈관은 그것이 작은 직경을 가졌기 때문에 흐름에 있어서 높은 저항을 가진다. 그러나 확장된 모세혈관망의 전체 횡단면 영역은 (다시 말하면 모든 모세혈관의 전체직경의 합, 구역으로 표현된) 모세혈관으로 이끄는 동맥의 그것보다 크다. 결과적으로 혈압은 실제로 동맥보다 모세혈관에서 더 낮아진다. 이것은 모세혈관의 벽들이 강하지 않기 때문에, 동맥이 일상적으로 맞닥뜨리는 압력에 노출된다면 그것들이 파열될 것이므로 중요하다.

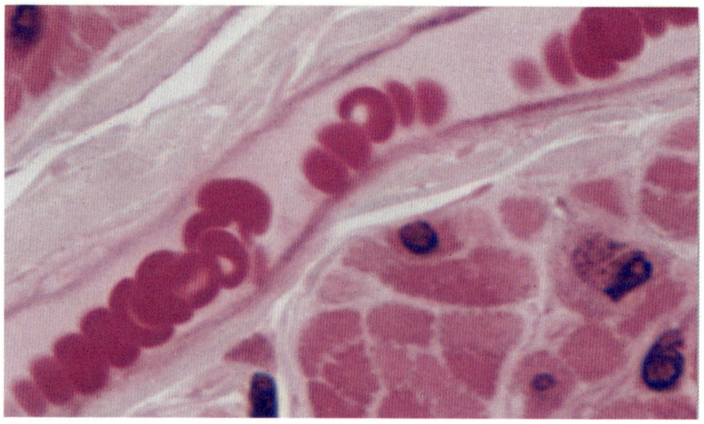

그림 23.4 모세혈관 내의 적혈구
적혈구는 이러한 모세혈관을 한 줄로 통과한다. 적혈구는 펌프질하는 심장의 압력에 의해 밀려나 멀어지며 심지어 자신의 직경보다 좁은 모세혈관도 통과할 수 있다.

정맥: 심장으로 피를 되돌리는 정맥

정맥은 피를 심장으로 되돌리는 관이다. 정맥은 모세혈관망의 강한 저항과 거대한 횡단면 영역에 의해 심박의 힘이 약화되어 있기 때문에, 동맥이 하는 것처럼 박동 압력을 수용하지 않아도 된다. 이러한 이유로 인해 정맥의 벽은 **그림 23.3*c***에서 보는 것과 같이 훨씬 더 얇은 근육과 유연한 섬유의 층들을 갖는다. 비어 있는 동맥은 관과 같이 열린 채로 지속되나 정맥이 비어 있을 땐 그것의 벽들은 빈 풍선과 같이 좁아진다. **그림 23.5**에서 나란히 배열된 정맥과 동맥을 볼 수 있다. 왼쪽의 정맥은 부분적으로 좁아지나 오른쪽의 동맥은 여전히 그 형태를 유지하고 있다.

정맥 내에서 흐르는 혈액은 압력이 낮기 때문에 혈액을 심장으로 되돌려 보내는 데 충분한 압력이 없으면 안 되므로 혈류상

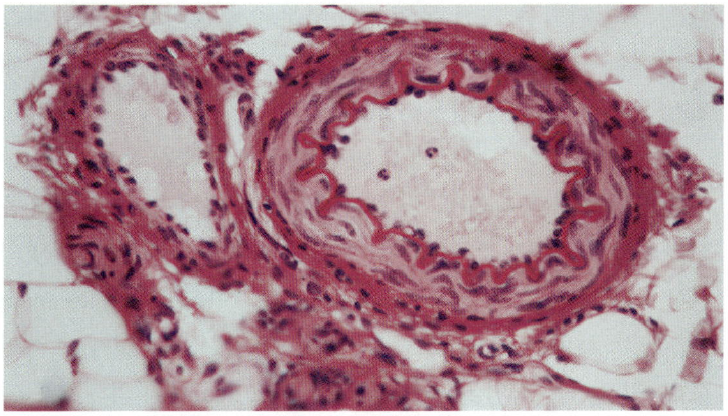

그림 23.5 정맥과 동맥
*왼쪽*의 정맥은 *오른쪽*의 동맥과 비슷한 일반적 구조를 가지지만 동맥은 비어 있을 때에 그 형태를 유지하는데 비해 정맥은 좁아진다.

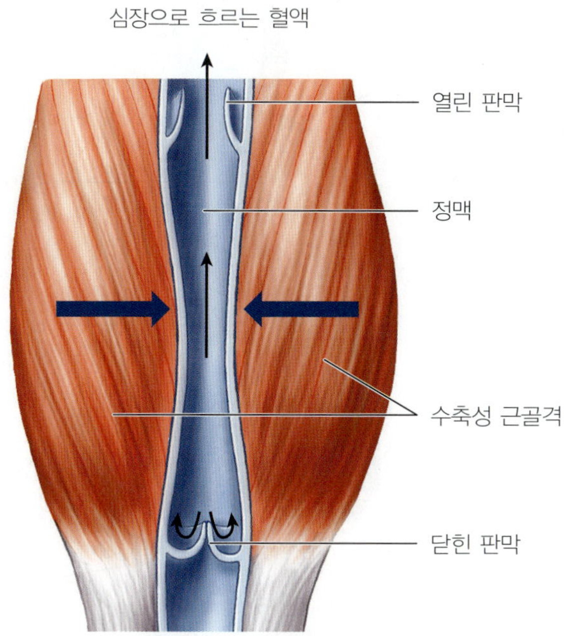

그림 23.6 정맥을 통과하는 혈액의 흐름
정맥의 관은 혈액이 심장을 향해 오직 한 방향으로 정맥을 통해 돌아오도록 한다. 혈액의 이 운동은 정맥을 둘러싼 근골격들의 수축에 의해 보조가 이루어진다.

어떠한 더 깊은 저항도 피하는 것이 중요하다. 넓은 관은 좁은 관보다 흐름에 더 적은 저항을 제공하기 때문에 정맥의 내부 통로는 종종 크고, 심장으로 피를 되돌리는 데에 오직 작은 압력 차이만이 요구된다. 인간 몸에서 가장 큰 정맥 혈액을 심장에 이르게 하는 대정맥은 최대 3cm이며 이것은 엄지손가락보다 넓다! 압력은 정맥에서 심장으로 흐르는 피를 되돌릴 수 없지만 몇 가지 특징들이 도움을 제공한다. 정맥을 둘러싼 근골격들이 수축할 때 정맥을 쥐어짜서 피를 움직인다. 정맥들은 또한 그것이 거꾸로 흐르는 것을 막아 이 피들의 귀환을 확실하게 하는 한쪽 방향만의 판(**그림 23.6**의 정맥 내의 작은 판)을 가진다. 이러한 구조적 특징에 의해 주기적인 순환계를 통한 피의 흐름이 유지된다.

주요 학습 요점 23.2 **척추동물 순환계는 다음의 요소들로 구성되어 있다. 그것들은 심장으로부터 혈액을 운반하는 동맥, 가스와 음식분자의 교환이 일어나는 얇은 벽을 가로지르는 좁은 관의 연결망인 모세혈관, 피를 모세혈관으로부터 심장으로 되돌리는 정맥이다.**

23.3 림프계: 잃은 유체의 복구

심혈관계는 매우 연약하다. 유체는 심장의 펌프질 압력에 의해 얇은 벽을 가로질러 모세혈관으로 밀려난다. 비록 이러한 손실은 피할 수 없지만 순환계는 가스와 신진대사물을 교환하는 일을 얇은 벽의 얇은 관 없이는 할 수 없어 손실이 발생되는 것은 중요한 일이다. 약 4리터의 유체가 몸에 공급되는 5.6리터의 절반 이상의 혈액을 매일 이러한 방식으로 심혈관계를 떠난다. 이 유체를 다시 모으고 순환하기 위해 몸은 **림프계(lymphatic system)**라고 하는 제2의 순환계를 사용한다. 림프계는 혈액 순환계와 같이 관의 망상조직으로 구성된다; 몸 전체에 걸친 분배는 **그림 23.7**에서 제시하고 있다.

유체는 **그림 23.8**에서 적색 화살표로 제시한 것과 같이, 혈압이 더 높은 소동맥 끝 주변 모세혈관으로부터 걸러진다. 유체 중 대부분은 삼투(옅은 보라색 화살표)에 의해 혈액 모세혈관으로 되돌아가지만, 녹색 화살표로 표시된 제약이 없는 림프모세혈관으로 과다한 유체가 들어간다. 이들 모세혈관은 세포를 둘러싼 공간으로부터 그것을 일련의 점차적으로 큰 관을 거치고

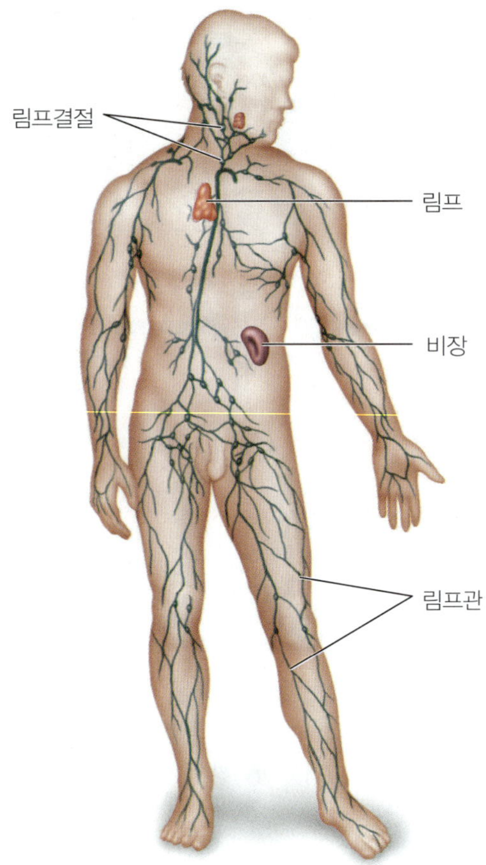

그림 23.7 인간의 림프계
림프계는 림프관과 모세혈관, 림프 결절, 림프 기관(비장과 흉실을 포함한)을 포함하고 있다.

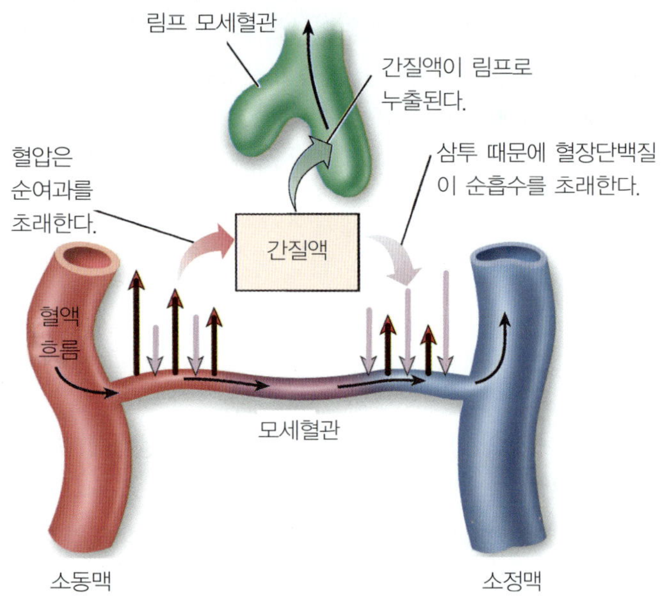

그림 23.8 림프 모세혈관은 세포 간의 유체로부터 유체를 되찾는다
혈압은 모세혈관으로부터 세포를 둘러싼 간질액으로 그것이 혈액으로 다시 들어가거나 또는 림프 모세관으로 배출되는 곳에서 힘을 제공한다.

한 방향의 판막을 거쳐 목의 아랫부분에서 정맥으로 배출하는 두 거대한 림프관으로 액체를 모으고 운반한다. 일단 림프계 내에 있으면 이 유체는 **림프(lymph)**라고 한다.

유체는 몸의 근육운동에 의해 림프관이 압박을 받게 되면, 림프계를 통과해 움직인다. 림프관은 단지 목에서 한 방향으로 움직이도록 허락하는 일련의 한 방향성 판막을 보유한다. 몇몇의 경우를 보면 림프관은 또한 규칙적으로 수축한다. 많은 어류, 모든 양서류와 파충류, 조류 배아류, 그리고 일부 성체 조류의 경우, 림프의 움직임은 **림프 심장(lymph heart)**에 의해 촉진된다.

림프계는 세 가지 다른 중요한 기능들을 갖는다.

1. **그것은 순환을 통해 단백질을 되돌린다** 그로 인해 혈액 단백질의 누출이 나타나는 것으로 여겨지는 모세혈관에 비록 모세혈관 벽이 단백질 침투성이 낮더라도 많은 혈액이 흐른다(단백질은 매우 거대한 분자다). 물론 잃은 유체를 다시 포착함에 따라 림프계는 이러한 잃은 단백질을 또한 다시 얻는다.
2. **그것은 장으로부터 흡수된 지방들을 운반한다** 유미관(lacteals)이라고 하는 림프 모세관들은 소장의 내부를 관통한다. 이러한 유미관은 소화관으로부터 지방들을 흡수하고 림프계의 역할에 따라서 그것들을 결국 순환계로 운반한다.
3. **그것은 몸의 방어에 도움을 준다** 림프관을 따르는 것은 **그림 23.7**에 보이는 방어에 특화된 백혈구로 차 있는 림프 결절이라 하는 팽창이다. 림프계는 파괴를 위해 림프 결절과 비장으로 박테리아를 옮긴다.

주요 학습 요점 23.3 림프계는 모세혈관을 거쳐 누출된 순환계 유체와 단백질을 되돌린다.

23.4 혈액

신체 질량의 약 5%는 동맥, 정맥, 모세혈관을 거쳐 순환하는 혈액으로 구성되어 있다. 이러한 피는 **혈장(plasma)**이라 하는 유체로서 유체 내에서 순환하는 세포의 몇몇 다른 종류와 함께 구성되어 있다.

혈장: 혈액의 유체

혈장(blood plasma)은 그 안에 매우 다른 세 가지 종류의 물질들이 녹아 있는 물의 복합 용액이다.

1. **신진대사 물질과 노폐물** 순환계가 척추동물 몸의 고속도로라면 혈액은 그 고속도로를 지나는 교통편을 포함한다. 혈장 내에 녹아 있는 것은 포도당, 비타민, 호르몬, 몸의 세포를 따라 순환하는 노폐물이다.
2. **소금과 이온** 생명이 출현한 바다와 같이 혈장은 묽은 소금 용액이다. 주요 혈장 이온은 나트륨, 염화물, 중탄산염이다. 게다가 소량의 다른 염분들도 칼슘과 마그네슘과 같은 무기물 이온, 구리, 칼륨, 아연을 포함한 금속 이온들과 같이 혈장에 존재한다. 혈장의 구성물은 바닷물과 다르지 않다.
3. **단백질** 혈장의 90%는 물이다. 몸의 모든 세포들은 그것을 지나가는 세포들에 비해 높은 단백질 농도를 갖고 있지 않다면, 세포들에게 삼투에 의해 혈액의 대부분의 수분을 곧 잃게 된다. 면역계에서 활동하는 혈장의 함유한 단백질의 일부는 항체이다. 몸의 세포 단백질 구성물상 균형에 필수적인 단백질 총량의 절반 이상은 삼투에 대항하여 혈액을 순환하는 단일 단백질인 **혈청알부민(serum albumin)**으로 구성된다. 사람의 혈액은 1리터당 46그램의 혈청알부민을 함유하며 그것은 약 0.5파운드(약 230그램) 이상이다. 기아와 단백질 결핍은 혈액에서 단백질 수준의 감소를 초래한다. 이러한 혈장 단백질의 결핍은 몸의 팽창을 만든다. 이제 혈액보다 높은 수준의 용질을 갖게 된 몸의 세포는 알부민 결핍 혈액으로부터 수분을 빼앗기 때문이다. 소아영양실조증과 같은 단백질 결핍 질병의 징후는 비록 다른 요소도 부종을 결과로 낼 수 있더라도 조직의 팽창인 부종이다.

간은 대부분의 혈장 단백질을 생산한다: 지방질과 스테로이드 호르몬을 운반하는 글로불린의 처음과 끝인 알부민과 혈액응고에 쓰이는 *섬유소원*(fibrinogen). 실험관의 혈액이 응고한다면 섬유소원의 응고 부분이 되는 불용성의 실인 섬유소로 전환된 것이다. 혈액 응고 형성을 **그림 23.9**에서 볼 수 있다. 디스크 모양의 세포인 적혈구는 섬유소의 실에 둘러싸여 덫에 걸린다. 섬유소원이 부족하여 응고되지 못하는 남아 있는 유체는 **혈청(serum)**이라 한다.

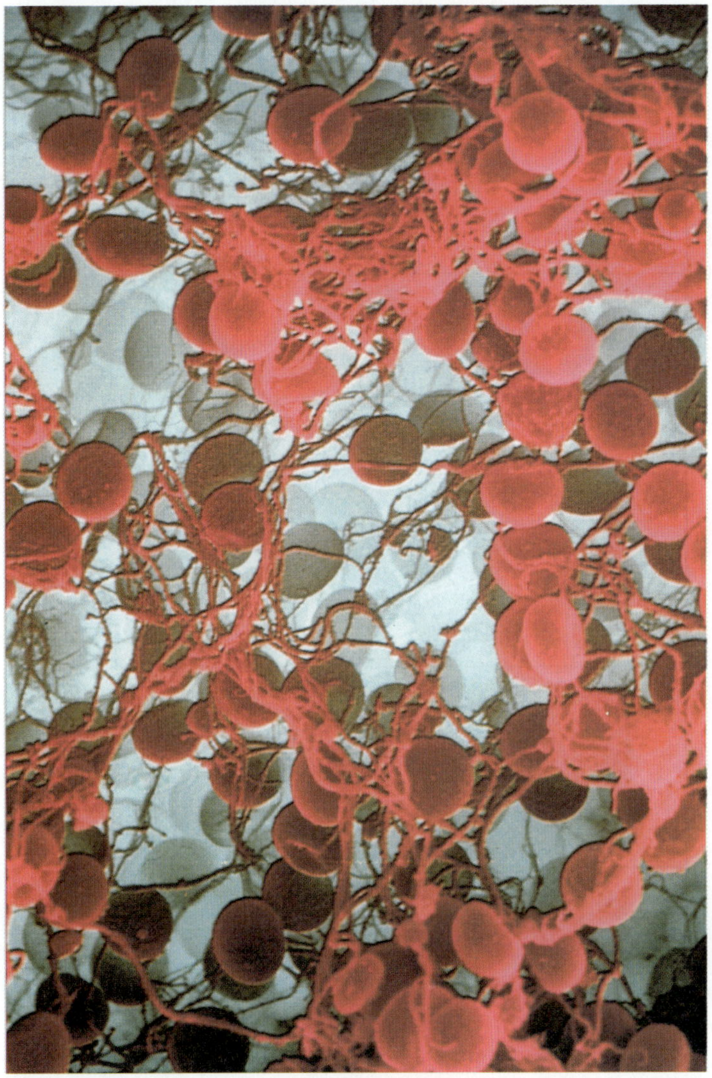

그림 23.9 섬유소의 실

이 주사전자현미경사진(×1,430)은 적혈구를 둘러싼 섬유소실을 보여준다. 섬유소는 혈관이 손상 입었을 때 혈장에서 혈액응고를 만들기 위해 용해 가능한 단백질인 섬유소로부터 형성된다.

혈액세포: 몸을 순환하는 세포들

혈액이 액체임에도 그 분량의 거의 절반은 실제로 세포에 의해 채워져 있다. 혈액의 세 가지 주요 세포 구성물은 적혈구, 백혈

혈구세포	혈구수명	기능
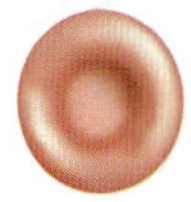 적혈구	120일	O_2와 CO_2 수송
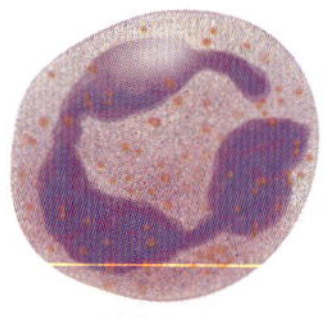 호중구	7시간	면역 방어
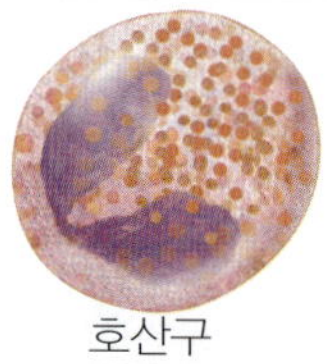 호산구	미확인	기생체에 대한 방어
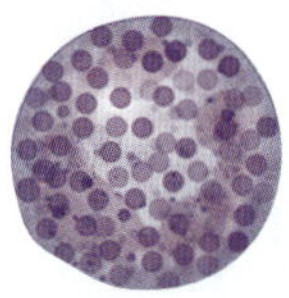 호염기구	미확인	염증성에 대한 반응
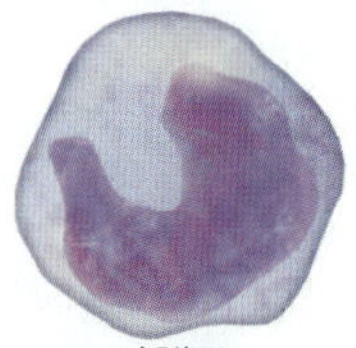 단핵구	3일	면역 감시(조직 거대세포의 전구세포)
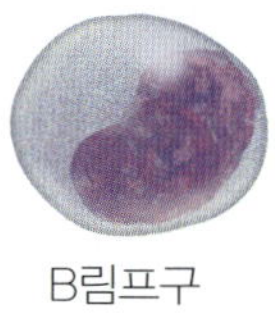 B림프구	미확인	항원 생성(혈장세포의 전구세포)
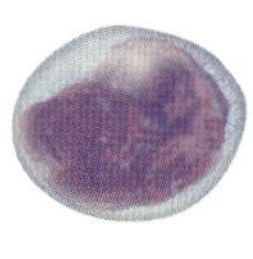 T림프구	미확인	세포성 면역 반응
 혈소판	7~8일	혈액 응고

그림 23.10 혈액세포의 유형

적혈구, 백혈구(호중성 백혈구, 산호성 백혈구, 호염기성 백혈구, 단핵백혈구, 림프구), 그리고 혈소판은 척추동물에서 혈액의 세 가지의 주요 세포 구성물이다.

구, 혈소판이라 하는 세포조각이다. 적혈구에 의해 점유된 혈액의 총 양의 일부는 혈액의 **헤마토크릿(hematocrit)**으로 언급된다. 인간에서 헤마토크릿은 대개 45% 정도이다.

적혈구는 헤모글로빈을 운반한다 혈액의 1μL당 약 5백만 개의 **적혈구(erythrocytes)**를 포함한다. **그림 23.10**의 최상단의 각 인간의 적혈구는 양면에서 중앙 부분이 움푹 패인 납작한 디스크로서 관통하지 않는 구멍을 가진 도넛과 같다. 적혈구는 산소를 체내의 세포로 운반한다. 적혈구의 내부 거의 전체가 폐에서 산소를 감싸고 그것을 몸의 세포로 전달하는 단백질인 헤모글로빈으로 가득 차 있다.

성체 포유류의 적혈구는 트럭보다는 수송기와 같이 기능한다. 엔진이 없는 자동차와 같은 적혈구는 세포핵과 단백질을 만드는 기구를 포함하지 않는다. 세포핵이 결핍되었기 때문에 이러한 세포들은 자기자신을 고칠 수 없으므로 보다 짧은 생애를 가져 어떠한 인간의 적혈구도 약 4개월만을 산다. 새로운 적혈구는 지속적으로 복제되며 부드러운 내부 골수 내에서 세포에 의해 혈액으로 방출된다.

백혈구는 몸을 방어한다 **백색 혈세포(white blood cell)**로 불리는 **백혈구(leukocyte)**는 몸을 보호하며 포유류의 혈액의 세포 중 1% 미만이 백혈구이다. 다소 투명한 세포인 **그림 23.10**에 제시된 크고 불규칙한 모양의 세포핵인 백혈구는 적혈구보다 크다. 그것들은 헤모글로빈을 갖지 않으며 원래 무색이다. 백혈구에는 여러 종류가 있으며 각각은 다른 기능을 갖는다. 호중성 백혈구는 백혈구류에서 가장 많은 수를 차지하며 림프구세포, 단핵백혈구, 산호성 백혈구, 호염기성 백혈구가 뒤를 잇는다. *호중성 백혈구*(neutrophils)는 자신들을 포함한 주위의 모든 세포를 죽이는 화학 물질을 방출하는 것으로 외부세포에 반응하며 가미카제와 같이 공격한다. 단핵백혈구를 공격하고 죽이는 외부세포는 크고 불규칙한 모양의 세포핵을 가진 다소 투명한 세포인 백혈구를 먹음으로 대식세포들을 생겨나게 하며 적혈구들보다 크다. 그들은 헤모글로빈을 갖지 않고 본래 무색이며 '거대한 포식자'를 의미한다. 백혈구는 항체를 생산하는 *B 세포*를 포함한다. 그리고 *T 세포*들은 감염된 체세포를 죽인다.

이러한 백혈구 유형들 모두와 나머지들은 제27장에서와 같이 미생물과 다른 외부 물질의 침략에 맞서서 몸을 보호하는 것을 돕는다. 다른 세포들과 달리, 백혈구는 혈류에 의해 가둬지지 않고 그것들은 종종 세포를 둘러싼 유체로 이주해 가는 기동성이 있는 병사들과 같다.

혈액 응고를 돕는 혈소판 혈소판은 일정하게 그것들의 세포질을 떼어내는 **거핵세포(megakaryocyte)**라고 하는 어떤 거대 세포들을 골수 내에서 혈액이 응고하도록 돕는다. **그림 23.10**의 바닥에서 보이는 **혈소판(platelet)**이라 하는 이러한 세포 조각은 세포핵을 갖지 않는다. 그것들은 혈류로 들어가며 혈액응고에서 주요 역할을 담당한다. 응고 시 혈관에서 파열을 막는 덩어리를 형성하기 위해 섬유소 단백질 섬유들의 *끈적끈적한* 그물(**그림 23.9** 참조)은 혈소판과 함께 결합한다. 응고는 튜브 없는 타이어 안의 뚫린 구멍을 내부 안감 정도로 팽팽하고 강하게 봉인하는 것과 같다. 응고를 형성하는 섬유질은 순환하던 혈소판이 처음으로 부상의 지점에서 마주쳤을 때 시작하는 일련의 반작용으로 만들어진다. 상처 입은 혈관으로부터 반응하여 방출되는 화학 물질에 혈소판은 응고 과정을 시작하는 혈액으로 단백질 요소를 방출한다.

주요 학습 요점 23.4 혈액은 혈장이라고 하는 단백질의 많은 염기유체 내에서 순환하는 세포들의 모임이다. 혈액에서 순환하는 세포들 중 몇몇은 가스 수송을 수행한다; 나머지들은 감염으로부터 몸을 보호하는 것에 관여한다.

척추동물 순환계의 진화

23.5 어류의 순환

제22장에서 동물 이동의 위대한 진화적 성취 중 하나를 알아보았다. 몸 크기와 동물의 생리적 기술들이 증가할수록 더 효율적인 구조를 위한 영양분과 산소를 운반하고 노폐물과 이산화탄소를 조직의 증가하는 질량으로부터 제거하여 양쪽에의 요구도 증가한다. 척추동물은 이러한 주목할만한 도전에 부응하기 위해 적응의 연장으로 진화해왔다.

척색동물의 조상으로부터 척추동물은 창고기 유생과 활유어에서 비슷한 단순한 관형심장을 가졌던 것으로 생각된다(제19장

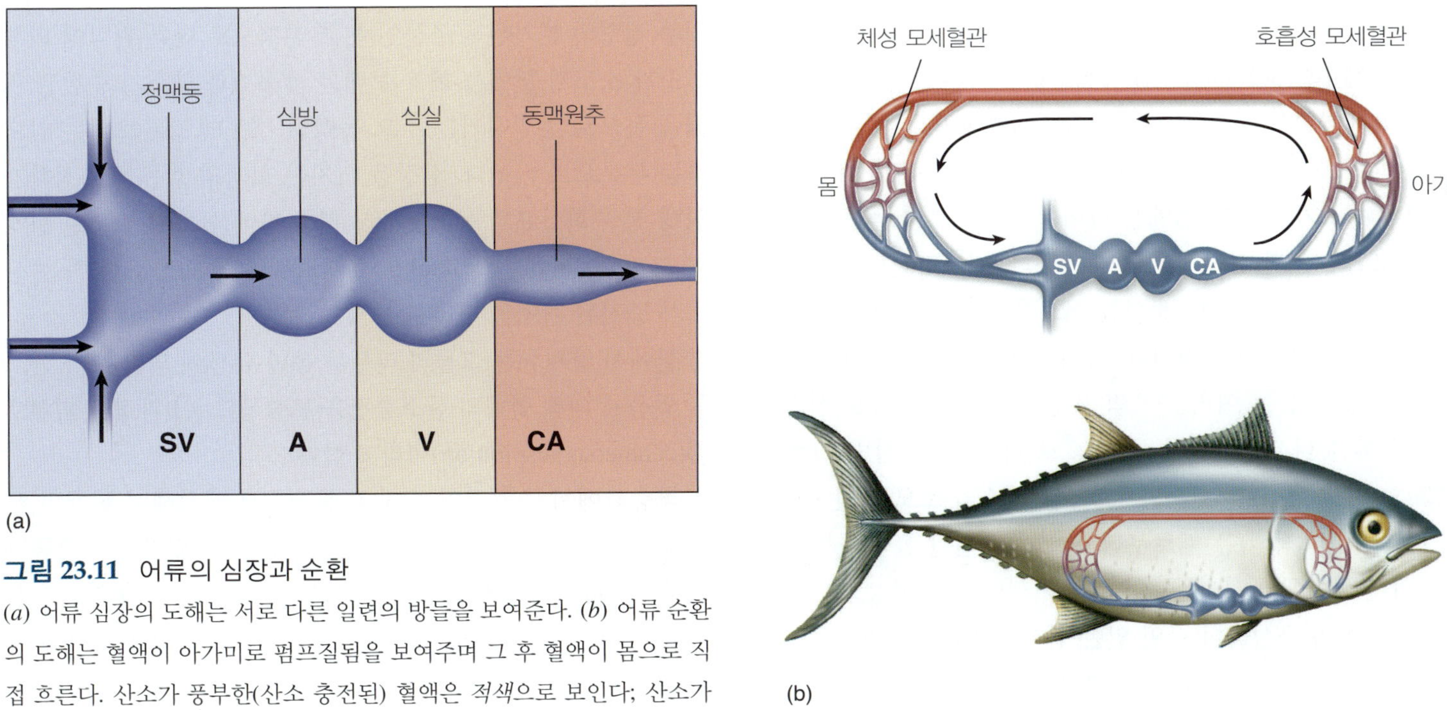

그림 23.11 어류의 심장과 순환
(*a*) 어류 심장의 도해는 서로 다른 일련의 방들을 보여준다. (*b*) 어류 순환의 도해는 혈액이 아가미로 펌프질됨을 보여주며 그 후 혈액이 몸으로 직접 흐른다. 산소가 풍부한(산소 충전된) 혈액은 *적색*으로 보인다; 산소가 적은(산소가 소모된) 혈액은 *청색*으로 제시된 것이다.

참조). 단순한 연동 파장에서 수축하는 심장은 더 심하게 근육질인 동맥의 나머지보다 복부동맥의 구역에서 약간 더 분화되었다.

어류는 아가미 발달을 수용하여 더 효율적인 분출을 필요로 하고 어류에서 방 모양의 진화를 볼 수 있다. **그림 23.11*a***에서 보이는 어류의 심장은 본질적으로 4개의 방이 차례로 나열된 관이다. 처음의 두 방은 모으는 방으로서 **정맥동(sinus venosus, SV)**과 **심방(atrium, A)**인 반면, 두 개는 분출하는 방으로서 **심실(ventricle, V)**과 **동맥원추(conus arteriosus, CA)**이다. 고등 척추동물에서는 정맥과 동맥원추 방은 아주 줄어들었다.

초기 척색동물 심장으로부터 어류심장이 진화한 것으로 예상되었듯이 어류에서 심방의 연속은 뒷부분(정맥동)에서 시작하여 앞(동맥원추)으로 움직이는 연동체의 연속이다. 수축하기 위한 네 개의 방 중 첫 번째는 정맥동이며, 뒤이어 심장, 심실, 동맥원추가 뒤따른다. 후에 진화한 척추동물에서 방의 상대적 위치가 변화했지만 이 심장박동 연속은 모든 척추동물들에서 유지되었다. 어류에서 수축을 만드는 전기적 충격은 정맥동에서 시작하는 한편 척추동물들의 경우 전기적 충격은 그들 정맥동의 동등한 구조물에서 시작된다.

어류의 심장은 아가미 순환 기관에 주목할만하게 잘 들어맞으며 척추동물에서 주요 진화적 혁신의 하나를 나타낸다. 그것의 위대한 이점은 아마 그것이 몸의 조직으로 전달하는 혈액이 **그림 23.11*b***의 순환주기에서 보듯이 아가미를 먼저 거쳐 분출되기 때문에 완전히 산소충전된다는 것이다. 그러나 이 배열은 한 가지 큰 한계를 갖는다. 혈액이 모세혈관을 지날 때 압력을 잃는다는 23.2절에서의 논의를 떠올려보면, 어류에서도 그리하여 심장의 수축에 의해 형성된 혈액은 아가미의 모세혈관을 거치며 대부분의 압력을 잃는다. 이러한 점 때문에 나머지 몸 전체를 거치는 아가미로부터의 순환은 느리다. 이 특징이 몸 전체로의 산소전달 속도를 조절한다.

> **주요 학습 요점 23.5** 어류 심장은 네 방의 묶음으로 구성된 변형된 관이다. 혈액은 먼저 심장이 만드는 파동과 같은 수축이 일어나는 정맥동에서 심장으로 들어간다.

23.6 양서류와 파충류의 순환

폐의 출현은 순환 유형에서 주요 변화를 수반하였다. 혈액이 심장에서 폐로 분출된 후 몸의 조직은 직접 가지 않는 대신 심장으로 돌아온다. 이것은 두 가지 순환으로서, 하나는 심장과 폐 사이를 다니는 **폐순환(pulmonary circulation)**과 다른 하나는 심장과 몸의 나머지 부분인 **체순환(systemic circulation)**의 결과이다.

심장의 구조에서 어떠한 변화도 일어나지 않는다면 폐에서 이루어진 산소가 충전된 혈액은 나머지 몸으로부터 돌아온 산소가 소모된 혈액과 심장에서 섞일 것이다. 결과적으로 심장은 완전히 산소가 충전된 혈액보다는 산소가 충전된 것과 소모된 것의 혼합물을 분출하는 것이다. 양서류의 심장은 이러한 혼합을 줄이는 것을 돕는 여러 구조적 특징을 가진다. 첫째로 심방은 *격막*(혹은 나누는 벽)의 두 방으로 나뉜다. 우심방(**그림 23.12*a***의 청색 영역)은 체순환으로부터 산소가 소모된 혈액을 받으며, 좌심방(적색)은 폐로부터 산소가 충전된 혈액을 받는다. 격막은 심방에서 섞이는 것으로부터 혈액의 두 저장소를 막지만 각 심방의 구성물이 단일 일반 심실로(보라색 영역) 들어갈 때 몇 가지 혼합이 예측되기도 한다. 하지만 놀랍게도 약간의 섞임이 실제로 발생한다. 두 가지 요인은 두 혈액 공급원의 분리에 기여한다. 먼저, 몇몇 양서류의 심실은 심방으로부터의 혈액의 흐름을 직접적으로 돕는 주름으로 나열된다. 둘째, 동맥원추(전경의 분기된 구조물인)는 부분적으로 다른 격막에 의해 산소가 소모된 혈액을 폐로 보내는 *폐동맥*과 산소가 충전된 혈액을 몸으로 순환시키는 주요 동맥인 *대동맥*으로 보내는 인도하는 부분으로 나뉜다. 심장을 거치는 혈액의 흐름을 추적하기 위해 청색 화살표의 몸으로부터 폐를 향해 산소가 소모된 혈액과 그리고 그 후 적색 화살표의 폐로부터 몸 밖으로 향하는 산소가 충전된 혈액을 따라가 보자.

물에서 양서류는 그들의 피부를 통한 확산에 의한 추가 산소를 얻음에 의해 혈액의 산소충전을 보충한다. 이 과정을 *피부호흡*(cutaneous respiration)이라고 한다.

파충류에서 추가적인 수정은 심장에서 계속해서 혈액의 섞임을 줄여왔다. 두 분리된 심방을 가지는 것에 덧붙여 파충류는 부분적으로 **그림 23.12*b***에서 심실이 적색과 청색 반쪽들로 심실로 나뉘는 격막을 가진다. 이것은 곧 심장 내의 산소가 충전된 혈액과 소모된 혈액의 큰 분리 결과가 된다. 분리는 완벽한 격막에 의해 2개의 격리된 방으로 분리된 심실을 가진 파충류

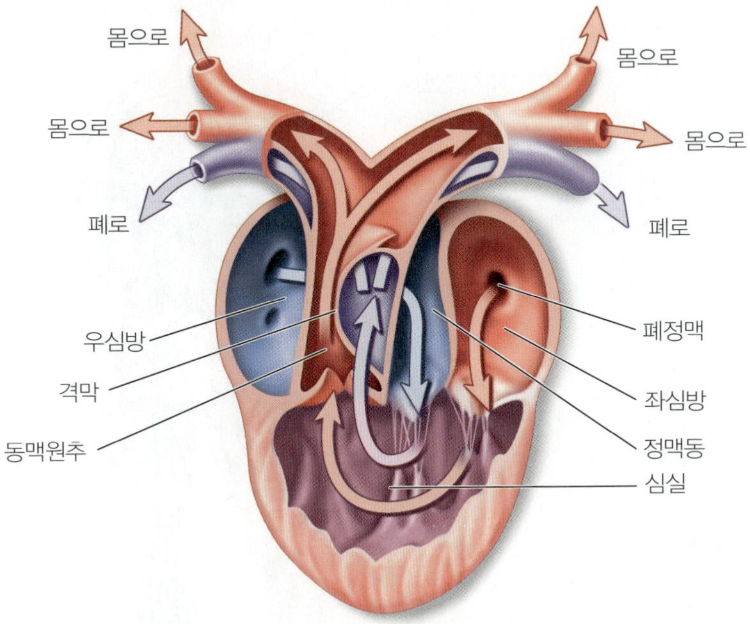

(a) 양서류 심장

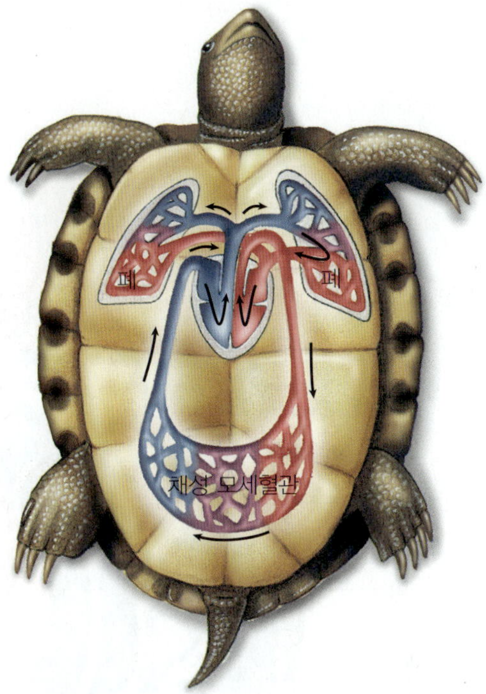

(b) 파충류의 순환

그림 23.12 양서류의 심장과 파충류의 순환

(*a*) 개구리의 심장은 2개의 심방을 가지나 폐와 몸으로 혈액을 분출하는 오직 1개의 심실을 가진다. 섞임의 잠재성에도 불구하고 산소충전된 혈액과 산소소모된 혈액(적색과 청색, 각각)은 그것들이 몸과 폐에 분출된 것과 마찬가지로 매우 조금 섞인다. (*b*) 파충류에서 분리된 2개의 심방만 있는 것이 아니라 심실 또한 부분적으로 분리된다.

의 한 종류인 크로커다일에서 완성되었다. 그러므로 크로커다일류는 완벽히 분리된 폐순환과 체순환을 가진다. 파충류의 순환에서 또 다른 변화는 동맥원추가 심장을 떠나는 거대한 동맥들의 간선으로 통합되어 온 것이다.

주요 학습 요점 23.6 **양서류와 파충류는 폐순환과 체순환을 가져 혈액을 폐와 폐를 제외한 몸 전체로 확실하게 전달하는 두 가지 순환을 가진다.**

23.7 포유류와 조류의 순환

포유류, 조류, 크로커다일류는 단일 개체 내에서 함께 작동하는 2개의 나뉜 분출시스템인 4개의 방으로 된 심장을 가진다. 그것들 중 하나는 혈액을 폐로 분출하는 반면 나머지는 혈액을 몸의 나머지로 분출한다. 왼편은 두 개의 연결된 방을 갖기 때문에 오른편도 마찬가지지만 양쪽의 각각은 연결되어 있지 않다. 포유류와 조류에서의 이중 순환계의 증가한 효율성은 내온성(온혈)의 진화가 매우 중요하다고 생각되나, 더 효율적인 순환은 높은 신진대사속도의 요구를 높이는 데 중요하기 때문이다.

심장을 통한 순환

산소가 폐로부터 심장으로의 풍부한 혈액의 입장과 시작되며 **그림 23.13*a***에서 포유류 심장을 통한 혈액의 여정을 따라가 보자. 폐에서 나온 산소충전혈액(분홍 화살표)은 **폐정맥 (pulmonary vein)**이라고 하는 거대한 관을 통해 **좌심방(left atrium)**으로 직접 흘러 들어가 심장의 왼쪽 심방으로 들어간다(그림에서 보기로는 오른쪽). 혈액은 통로를 거쳐 이웃한 방인 심방으로부터 **좌심실(left ventricle)**로 흐른다. 이 흐름의 대부분은 약 70%가 심장이 이완된 동안 발생한다. 심장이 수축을

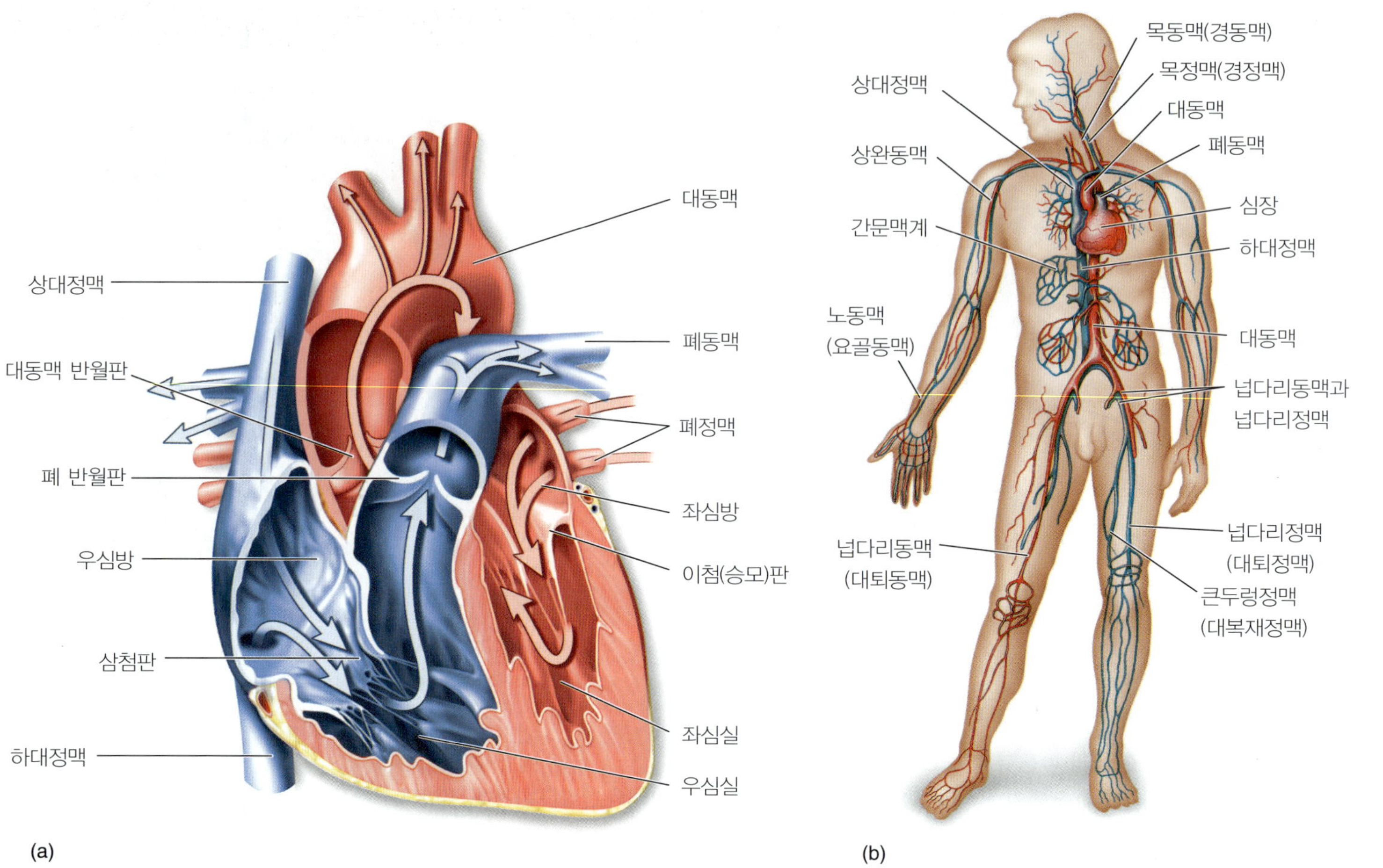

그림 23.13 포유류와 조류의 심장과 순환

(*a*) 양서류 심장과 달리, 이것들의 심장은 심실을 좌우 심실로 나누는 격막을 가진다. 폐로부터의 산소충전된 혈액은 폐정맥의 길을 따라 심장의 좌심방으로 들어간다. 이 혈액은 동맥에 들어가 몸을 통과하며 순환하고 조직에 산소를 전달하기 위해 좌심실로 들어간다. 가스 교환이 조직에서 일어났을 때 정맥은 혈액을 심장으로 되돌려 보낸다. 상대정맥과 하대정맥의 길을 통해 좌심방으로 들어간 이후, 산소소모된 혈액은 두 가지 심실로 나아가고 그 후 폐동맥을 통해 폐를 향해 폐의 관을 거쳐 나아간다. (*b*) 인간 순환계의 주요 동맥과 정맥들의 일부가 제시되었다.

시작하면 심장은 처음으로 자신의 혈액에 남아 있는 30%를 심실로 밀며 수축한다.

잠시 동안의 지연 후 심실은 수축한다. 심실의 벽은 심방의 벽보다(단면에서 보듯이) 훨씬 더 근육질이라서 이 수축은 더욱 강력하다. 이것은 단일의 강한 심박으로 대부분의 혈액을 심실 밖으로 밀어낸다. 혈액은 2개의 판이 닫히는 것이 심실수축과 같아 크고 한 방향의 판인 **이첨판(승모판)(bicuspid valve)** 혹은 좌방실계 판에 의해 심방으로 되돌아가는 것을 막는다.

심방에 다시 들어가는 것이 저지되며 수축하는 좌심실 내의 혈액은 오직 다른 출구를 취한다(부분적으로 막혀 있는 그림에서 거대한 청색 관에 의해). 대동맥은 한 방향의 판인 대동맥 반월판에 의해 좌심실로부터 분리된다. **대동맥(aorta)**이라고 하는 거대한 혈관으로 이끄는 두 번째 통로를 통해 움직인다. **대동맥판(aortic value)**은 혈액의 흐름을 허용하기 위해 심실 밖으로 향한다. 한번 이 바깥의 흐름이 발생하면 대동맥에서 심장으로의 혈액의 재유입을 막고 대동맥판은 닫힌다. 대동맥과 그것의 많은 가지들은 체동맥이며 산소가 풍부한 혈액을 몸의 모든 부위로 운반한다.

결국 이 피는 몸의 세포들에 산소라는 화물을 전달한 후에 심장으로 돌아온다. 되돌아오는 동안 그것은 심장의 우심방을 비운 2개의 정맥에서 끝을 맺으며 일련의 점진적으로 커가는 계속해서 거대한 정맥을 거쳐 나아간다. **상대정맥(superior vena cava)**은 심장으로부터 그림의 최상단까지 뻗어 있는 위 부분을 배수하고 **하대정맥(inferior vena cava)**은 심장 아랫부분으로부터 뻗어 있는 아랫부분을 배수한다.

심장의 오른편은 구성상 왼쪽과 유사하다. 혈액(청색 화살표)은 한 방향의 판인 **삼첨판(tricuspid valve)** 혹은 좌방실계 판을 거쳐 **우심방(right atrium)**에서 **우심실(right ventricle)**로 나간다. 그것은 수축하는 우심실 밖의 두 번째 판인 **폐반월판(pulmonary semilunar valve)**을 거쳐 산소가 소모된 혈액을 폐로 운반하는 **폐동맥(pulmonary artery)**으로 내보낸다. 혈액은 그 후 폐로부터 몸의 나머지 부위로 분출될 새로운 산소 화물과 함께 심장의 왼편으로 되돌아간다. **그림 23.13*b***는 주요 정맥과 동맥들을 보여준다. 정맥은 피를 심장으로 옮기고 동맥은 심장으로부터 피를 내보낸다.

전반적인 순환계는 닫혀 있기 때문에 혈액을 동일한 양으로 각 맥박과 함께 폐순환을 거쳐 훨씬 규모가 큰 조직의 순환으로써 작동해야만 한다. 그러므로 우심실과 좌심실들은 반드시 같은 양의 피를 분출해야만 한다. 그것들이 각각 수축할 때에 한 심실의 산출물이 다른 심실의 그것과 일치하지 않는다면 유체는 쌓이고 순회 중 한 부분에서의 압력은 증가할 것이다. 결과적으로, 모세혈관 밖으로 여과와 부종(예, 울혈성 심부전으로 발생)이 증가할 것이다. 두 심실에 의한 혈액펌프의 양이 동일함에도 발생시키는 압력은 그렇지 않다. 조직의 통로를 통해 혈액을 펌프질하는 좌심실은 우심실보다 더욱 근육질이며, 더욱 많은 압력을 발생시킨다.

다세포 생물의 진화는 결정적으로 몸 전체에 걸쳐 물질을 순환시키는 능력의 효율성에 의존해왔다. 척추동물들은 그들의 순환계의 작동을 정성들여 제어할 수 있고 그들 몸의 활동을 통합할 수 있다. 실제로 상이한 척추동물의 신진대사 요구는 순환계의 진화를 형성해왔다.

심장의 작업 모니터링

심박을 관찰하는 가장 간단한 방법은 청진기로 심장소리를 듣는 것이다. 이때 들리는 첫 번째 소리인 "*럽*(lub)"은 국제표준에 따라 심실 수축이 시작할 때의 이첨판과 삼첨판의 닫힘이다. 얼마 지나지 않아 심실 수축의 끝 부분에서의 폐와 대동맥 판의 닫힘 소리인 높은 "*덥*(dub)"을 듣게 될 것이다. 판이 완전히 닫히지 않았거나 불완전하게 열렸다면 심장 내에서 격동이 만들어진다. 이 격동은 액체가 출렁거리는 소리인 **심장잡음(heart murmur)**으로서 들을 수 있다.

심장박동의 결과를 알아보는 두 번째 방법은 혈압을 관찰하는 것이다. 이것은 혈압계라고 하는 장치를 팔꿈치(**그림 23.14**)의 팔 안쪽 상완동맥에서 혈액의 압력을 계측하여 수행한다. 상완 주위를 싼 가압대는 팔 ❶의 아랫부분에서 혈액 흐름을 막기 위해 충분히 팽팽하게 한다. 가압대가 느슨해짐에 따라 혈액은 동맥을 거쳐 고동치는 것을 시작하고 청진기를 통해 탐지한다. 두 측정을 기록한다: 심장수축압력 ❷는 맥박이 들릴 때 기록되고 심장이완 압력 ❸은 가압대의 압력이 매우 낮아서 소리가 멈출 때 기록된다.

이 측정을 이해하기 위해 심장에서 무엇이 일어나는지를 기억

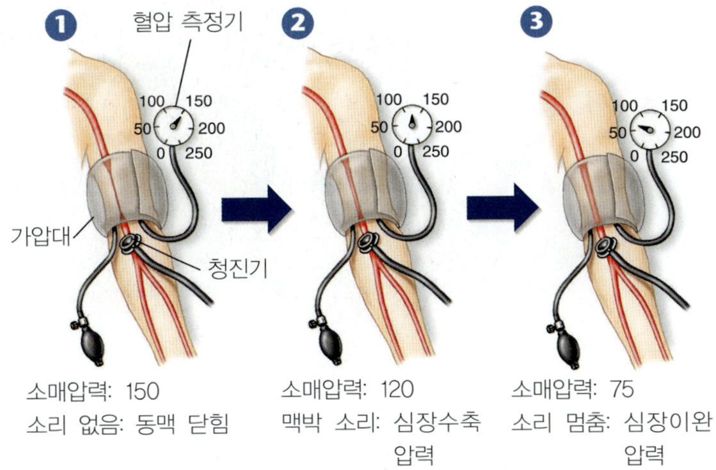

그림 23.14 혈압의 측정

혈압 가압대는 혈액 흐름을 막기 위해 상완 동맥 ❶을 거치며 조여진다. 가압대가 느슨해짐에 따라 청진기 ❷를 통해 들리는 맥박에서의 압력으로서 심장 수축 압력이 기록된다. 심장이완 압력은 ❸의 더 이상 들리지 않는 소리에서의 압력으로서 기록된다.

하는 것이 중요하다. 심장박동의 첫 번째 부분 중에 심방·심실이 채워진다. 이때 심장의 왼편으로부터 몸의 조직으로 이끄는 동맥의 압력이 약간 감소한다. 이러한 낮은 압력은 이완압력(diastolic pressure)으로 언급된다. 좌심실의 수축 중 혈액의 맥박은 그러한 관내에서 급격히 혈압을 높이며 기관 동맥계로 밀려나간다. 이 밀어내는 동안에 만들어지며 대동맥 판의 닫힘과 함께 끝나는 높은 혈압은 수축압력(systolic pressure)으로 언급된다. 정상 혈압값의 70~90은 심장이완이고 110~130은 심장수축이다. 동맥의 내부 벽이 지방을 축적시킬 때 *동맥경화*(atherosclerosis)로 알려진 상태에서 진행되는 바와 같이 통로의 직경들은 좁아진다. 이것이 일어나면 심장 수축 혈압이 상승된다.

심장은 어떻게 수축하는가

척추동물 심장의 진화 역사 내내 심장박동을 만드는 충격이 시작되는 장소인 정맥동은 심장박동조절장치로서 일해왔다. 그것이 어류심장에서 주요 방을 구성함에도 그것은 양서류에서는 규모가 줄어들며 파충류에서는 더욱 더 줄어든다. 포유류와 조류에서 정맥동은 더 이상 나누어진 방이 아니지만 그것의 조직 중 일부는 기관의 정맥이 심방에 흘러가는 지점 가까이 우심방의 벽에 남는다. **동방(sinoatrial, SA)** 결절이라고 하는 (**그림 23.15**의 ❶에 표시된) 이 조직은 여전히 각 심장박동이 시작되는 장소이다.

심장의 수축은 신중히 편성된 일련의 근수축으로 구성된다. 우선 심방수축과 함께 심실들이 뒤따른다. 수축은 동방결절에

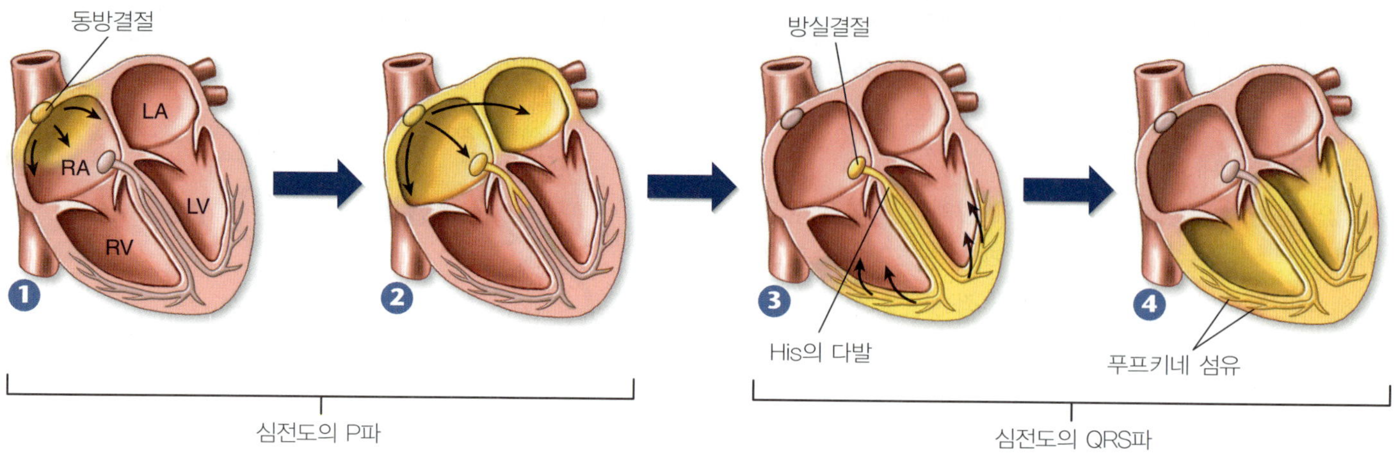

그림 23.15 포유류의 심장은 어떻게 수축하는가

❶ 포유류 심장의 수축은 동방결절의 전기신호(황색 표시)에 의해 시작된다. (심장의)전기활동은 오른쪽에 보이는 심전도(ECG 혹은 EKG)에 기록할 수 있다. ❷ 좌 · 우 심방을 건너 뛰고 그것들의 수축(ECG에서 P파를 형성)을 일으킨 후에 ❸ 신호는 방실다발에 의해 심실로 넘겨진 것으로부터 방실결절에 도달한다. ❹ 신호는 그 후 ECG에서 QRS 파를 형성하며 심실들이 서로 만나게 하는 것을 야기하는 푸르키네 섬유(Purkinje fibers)라고 하는 좋은 섬유의 묶음에 의해 심실의 표면을 넘어 재빨리 전달된다. ECG 위의 T파는 심실의 이완에 상응한다. ECG는 분당 60회의 맥박을 보인다. 최고점 사이에서의 시간은 맥박의 변화에 따라 변동한다.

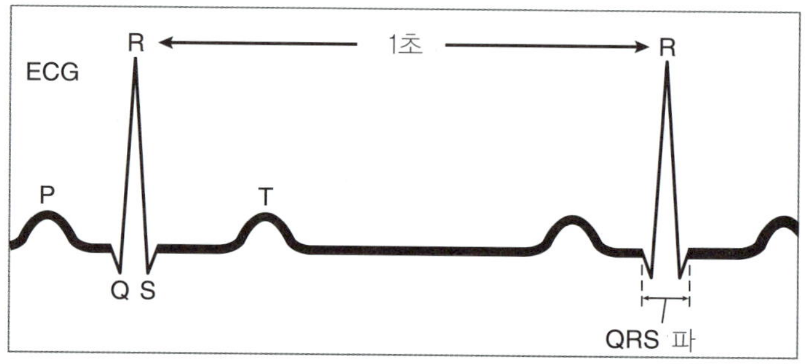

의해 시작된다. 그것의 막들은 심장박동의 리듬을 결정하는 일정한 리듬에 따른 전기신호로 만들며 자연스럽게 극성을 없앤다(다시 말하면, 그것이 더 적극적으로 충전되도록 야기하는 이온들을 들어오게 하는 것). 이런 방식으로 동방결절은 심장의 심장박동조절장치로서 기능을 갖는다. 이 심장박동조절장치 지역 내에서 시작되는 각 전기신호는 좌우 심방을 거의 동시에 감싸는 파동으로 빠르게 한 심근세포로부터 다른 심근세포로 지난다(**그림 23.15**의 ❶과 ❷에서 황색으로 표시). 하지만 전기신호는 즉시 심실로 퍼지지는 않는다.

심장이 수축을 시작할 때 절반 이하의 지연이 있다. 지연의 이유는 심장의 심방들이 전기신호를 전달하지 않는 신경 연계 조직에 의해 심실로부터 분리되어 있기 때문이다. 신호는 **방실결절(atrioventricular node)**(❸에 표시)로 알려진 심근세포의 빈약한 결합을 위한 모든 예외에서 신호는 심실로 지나지 못할 것이다. [방실다발, 혹은 **His의 다발(bundle of His)**로 알려진 세분화된 근육의 가닥 쪽으로 틈 사이를 연결] 다발의 가지는 심방 수축 이후 거의 0.1초에 좌우 심실의 모든 세포들에 거의 동시에 수축을 시작하는 빨리 전달되는 **푸르키네 섬유(Purkinje fibers)**로 나뉜다. 이 지연은 심방이 그러한 심실이 수축을 시작하기 전에 그들의 구성물을 유사한 심실로 비우는 것을 끝내도록 허용한다. 심실의 수축은 푸르키네 섬유의 감극이 전기신호를 일으키는 곳인 심장의 밑바닥인 정점에서 시작한다. 수축은 그 후 심방쪽으로 (❸과 ❹에서 황색으로 표시) 퍼진다. 이것은 결과적으로 혈액을 심장 밖으로 밀어내며 심실의 '비틀어 짬'을 일으킨다.

척추동물을 기본적으로 물로 구성되어 있기 때문에 전기 흐름을 더 잘 전달한다. 심장의 표면을 건너뛰는 전기신호는 몸 전체에 걸쳐 파동으로 나아가는 전기흐름을 발생시킨다. 이 전기충격의 규모는 작다. 하지만 그것은 피부에 위치한 감지기에 의해 감지될 수 있다. **심전도(electrocardiogram; ECG** 또는 **EKG)**라고 하는 기록은 심장 주기 동안 전기적으로 심장의 세포들이 반응하는 방식을 보여준다(**그림 23.15**). **심장주기(cardiac cycle)**는 심장의 수축과 이완의 한 순서로 구성된다. 기록의 첫 번째 최고점인 P는 심방의 전기신호에 의해 만들어진다. 두 번째로 큰 최고점인 QRS는 심실자극에 의해 나타난다; 이때, 심실은 수축하고 혈액을 동맥으로 내뿜는다. 마지막 최고점인 T는 심실이완을 반영한다.

주요 학습 요점 23.7 **포유류의 심장은 2회전 펌프이다. 왼편은 몸의 조직들로 산소충전된 혈액을 분출시키는 반면 오른편은 산소소모된 혈액을 폐로 분출시킨다. 심장의 활동은 여러 방식으로 관찰될 수 있다.**

심장질환이 수많은 인간을 죽인다

미국에서 심장질환 및 순환계에 따른 질환은 2005년 전체 사망의 거의 35%로 추정되는 사망의 주요 원인이다. 8,000만 명 이상의 미국인들은 심혈관계 질병의 형태를 갖고 있다. 주요 사망 요인인 심장마비는 하나 혹은 그 이상의 심근 부분에 도달하는 충분한 혈액 공급이 되지 못하여 그 부분들의 심근세포들이 죽기 때문에 기인하는 결과이다. 심장마비는 심근골절이라고도 하는데 종종 심근에 혈액을 공급하는 동맥인 관상동맥의 어딘가에서, 관에 돌이 낀 것과 같은 형성된 혈액응고(blood clot)가 심장의 근육으로 향하는 동맥을 통해 혈액의 통로를 막아서 발생한다. 혈액에 담긴 산소가 없으면 영향 받은 심근은 손상되고 심장은 적합하게 기능하는 것을 멈춘다. 만약 충분한 심혈관 근육이 영향 받으면 심장은 두드리는 것을 아주 정지하고 개체는 죽는다.

또한 나중에 논의되는 동맥경화에 의해 관상동맥이 막힌다면 심장마비의 결과가 될 수 있다. 만약 손상된 부분의 심장의 비율이 작다면 심장마비로부터의 회복은 가능하다. **협심증(angina pectoris**; 문자 그대로 '가슴의 고통'을 의미)은 심장으로의 피의 공급이 줄어들었을 때 발생할 수 있다. 고통은 심장에서 그리고 종종 또한 왼쪽 팔과 어깨에서 발생할 것이다. 협심증은 심장으로의 혈액공급이 부적절한 위험신호이지만, 그러나 아직 심근세포의 죽음은 충분히 피할 수 있다.

뇌졸중(strokes)은 뇌로의 혈액공급의 지장에 의해 야기된다. 그것들은 혈관이 뇌에서 터지거나 대뇌동맥의 혈액흐름이 혈전(혈액응고)에 의해 막혔거나 동맥경화에 의해 발생할 것이다. 뇌졸중의 상태는 손상의 정도와 뇌졸중이 일어난 뇌 부분의 위치에 따라 좌우한다.

동맥경화(**atherosclerosi**)는 지방성 물질들의 이 동맥 내에 쌓여 평활근의 양이 비정상적으로 되고, 콜레스테롤 혹은 피브린 혹은 여러 종류의 세포 잔해들이 축적된다. 이러한 퇴적은 혈액흐름의 감소를 야기한다. 동맥의 내강(내부)은 동맥경화의 결과로 형성되는 응고에 의해 규모가 더욱 줄어들 수 있다. 3가지 다른 관상동맥질환들은 아래에서 폐색의 다른 정도로 보인다. 왼쪽의 관상동맥질환은 단지 작은 폐색을 제시하는 반면 가운데의 동맥은 동맥의 내부 벽 위에서의 축적에 의해 상당수의 통로가 막힌 심한 동맥경화를 제시한다. 동맥경화는 유전적 요인, 흡연, 고혈압 그리고 고콜레스테롤에 의해 촉진된다. 저콜레스테롤 음식과 콜레스테롤을 만들 수 있는 포화지방들은 혈중 콜레스테롤의 수준을 낮추는 데에 도움이 되며 고혈압을 위한 치료법을 통해 위험요소를 줄일 수 있다. 금연은 흡연자가 동맥경화의 위험을 줄일 수 있는 유일한 가장 효과적인 행동이다.

동맥경화(arteriosclerosis) 또는 동맥들이 딱딱해지는 것은 칼슘이 동맥 벽에 쌓일 때 발생한다. 그것은 동맥경화가 심각할 때 발생하는 경향이 있다. 그런 동맥만이 혈액흐름을 제한하는 것이 아니라 일반 동맥이 심장에서 분출되는 혈액의 용량에 맞추기 위한 것으로서 확장하는 능력이 부족하기 때문에도 나타난다. 이러한 신축성은 심장이 더욱 힘들게 일하도록 한다.

동맥경화는 약물과 침습성 처치 두 방법 모두로 치료된다. 약물치료는 응고들을 용해하는 효소들을 포함한다; 항응혈제 형성으로부터 응고를 막고(아스피린은 약한 항응혈제로 기능한다, 그리고 혈관을 넓히는 니트로글리세린을 사용하고 침습성 치료)는 혈관성형술로 폐색을 줄이는 것을 포함한다. *혈관성형술*(angioplasty)은 부분적으로 폐색된 관상동맥에 작은 풍선을 장착하는 처치이다. 한번 폐색된 동맥에서 풍선이 팽창하면 팽팽해진 동맥경화는 동맥의 반대편으로 가라앉는다. 일부 경우 스텐트라고 하는 작은 금속 망사 슬리브로 동맥 개방을 받치기 위해 삽입될 수 있다. 더욱 적극적인 치료법은 혈관들의 건강한 부분들을 관상동맥으로 이어맞춘 혈액의 흐름(동맥의 폐색부분)을 전환하는 *관상 바이패스 수술*, 그리고 손상된 심장을 기증받은 심장으로 교체하는 방법인 *심장이식*을 포함한다.

심장질환의 가장 큰 비극은 폐암과 같이 주로 생활습관으로 인한 질병이라는 것이다. 담배를 피우지 않는 사람은 폐암으로부터의 위험이 적듯이 심장질환 발병에 대해서도 훨씬 낮은 위험을 갖는다. 규칙적으로 운동하고 '심장에 좋은' 저지방 식습관(low-fat diet)을 갖는 사람은 낮은 혈액 콜레스테롤 수준을 갖는 경향이 있다. 그래서 동맥경화 발생의 가능성이 낮다. 콜레스테롤을 과잉으로 생산하는 유전적 소인을 가진 많은 사람들은 신체에서 콜레스테롤을 생합성하는 효소 활동을 제어하는 리피톨과 유사한 스타틴(Statin) 약물을 사용함으로써 콜레스테롤 수준을 정상으로 유지할 수 있다.

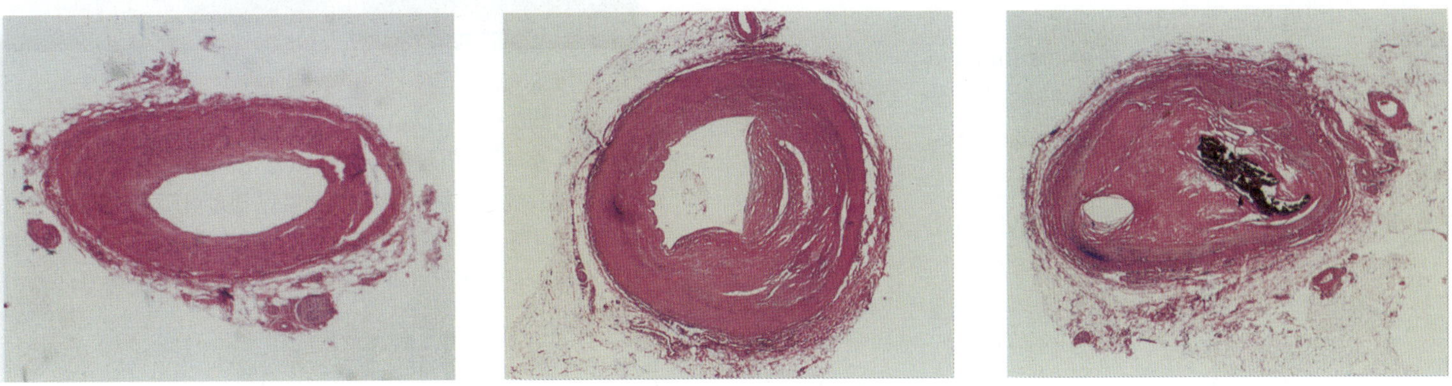

큰 심장의 박동이 더 빠를까?

작은 동물들은 큰 동물들보다 더 빠른 걸음을 유지한다. 그것들은 더 빨리 번식하고 더 짧은 삶을 산다. 대체로 그것들은 대부분 더 빨리 이동하는 경향이 있으며 그로 인해 개체 몸의 중량당 더 많은 산소를 소모한다. 흥미롭게도 작은 포유류와 큰 포유류는 몸 크기에 비해 (몸 질량의 약 0.6%) 거의 비슷한 크기의 심장을 가진다. 모든 포유류 심장의 박동이 같은 속도로 이루어지는지를 묻는 것은 흥미롭다. 7,000kg(1kg는 1000g이다)인 아프리카 황소코끼리의 심장은 20g인 쥐의 심장보다 반드시 훨씬 많은 피의 양을 체내로 밀어야 한다. 코끼리는 혈액의 흐름에 훨씬 적은 저항을 주는 직경이 더 큰 동맥을 통해 그렇게 하는 것이 가능하다. 근육에 더 많은 산소를 전달하기 위해 코끼리의 심박이 더 빠를까? 혹은 쥐의 심박이 더 빠를까? 아마 쥐의 심장박동은 더 좋은 혈관에서 증가한 저항 때문에 더 느릴 것이다.

오른쪽의 그래프는 많은 다른 크기의 포유류들의 파동의 속도를 나타낸다. **파동속도(pulse rate)**는 측정된 분당 심장박동의 숫자이다.

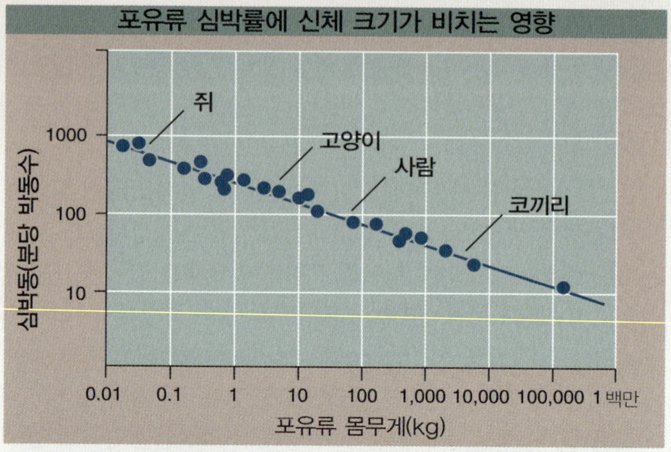

1. **개념 작용**
   a. **변수** 그래프에서 무엇이 의존적인 가변성인가?
   b. **그래프 읽기** 모든 포유류들은 그들 몸의 크기에 비해 상대적으로 비슷한 크기를 가진다. 그들의 심장박동도 비슷한 속도인가?
2. **자료 분석**
   a. 7,000kg인 아프리카 황소코끼리의 쉬고 있는 파동속도는 무엇인가?
   b. 20g인 쥐의 쉬고 있는 파동속도는 무엇인가? 초당 완전한 심장박동의 수는 얼마나 되는가?
   c. 움직이지 않는 성인 인간의 박동수는 분당 약 70회인데, 반면 고양이의 심장은 인간의 체중보다 10배가 적음에도 거의 2배 빠른 분당 120회이다. 포유류의 심장박동속도에서 몸 크기의 효과에 대해 어떤 일반적 진술이 나올 수 있는가?
3. **추론하기**
   a. 그래프의 데이터에서 대수좌표에 기입되어 있듯이(다시 말하면 스케일이 10의 파워까지 올라간) 직선에서 정확히 떨어진다. 선형 좌표의 표시점을 보기 위해 여러분은 무엇을 예측해야 하는가?
   b. 그래프를 좌에서 우로 설명함에서 선은 내리막이 된다; 이것은 음곡선(**negative slope**)이라 한다. 선에서 음곡선은 무엇을 의미하는가?
4. **결론 도출** 만약 여러분이 쉬고 있는 산소 소비에 대비한 몸 부피의 측정 실험을 위한 자료를 꾀한다면 정확히 같은 선의 기울기를 얻을 것이다. 이 그래프에서 보이는 바와 같이 왜 몸 크기가 포유류의 심장속도에 이렇게 영향을 미치는지에 대해 이것이 우리에게 말하는 것은 무엇인가?
5. **심층 분석** 포유류에서 폐 크기와 몸 부피의 연관관계를 예상했는가? 이유를 설명하시오.

순환

23.1 개방형과 폐쇄형 순환계

- 동물세포들은 주변에서 산소를 얻고, 먹는 음식으로부터 영양분을 공급받는다. 하지만 모든 동물이 같은 방식으로 이러는 것은 아니다(**삽입 그림, 580쪽**). 자포동물류와 편형동물류는 가스 교환과 소화된 산물이 순환하는 위수강을 가진다.
- 연체동물류와 절지동물류는 개방형 순환계를 가진다. 용혈은 체강으로 열린 혈관을 통하는 관형심장에 의해 분출된다. 용혈은 세포들로 산소와 영양분들을 운반하고, 그 후 용혈은 관형심장의 구멍들을 거쳐 순환계로 다시 들어간다.

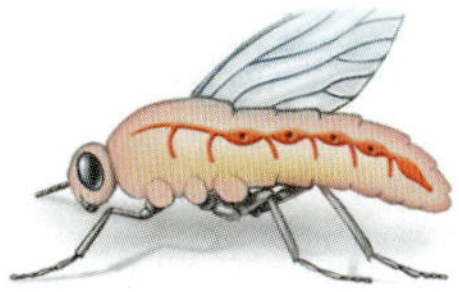

- 환형동물류와 모든 척추동물류는 폐쇄형 소화계를 가진다. 몸 전체에 뻗친 닫힌 관 내에서 혈액은 머무른다. 혈액은 심장의 분출에 의해 체내로 나아간다.
- 척추동물류에서 순환계는 몸 전체에서 물질의 운동, 체온의 제어(**그림 23.1**), 그리고 혈액응고를 통한 몸의 보호와 면역에서 기능한다.

23.2 척추동물 순환계의 구조

- 척추동물에서 혈액은 동맥과 소동맥들을 거쳐 심장으로부터 모세혈관으로 순환한다. 혈액은 모세혈관으로부터 심장으로 소정맥과 대정맥을 거쳐 되돌아 흐른다.
- 모세혈관은 가스, 영양분, 노폐물 교환의 장소들이다. 그 영역에 혈액의 흐름이 제한되면(**그림 23.2**) 모세혈관계는 닫힐 수 있다.
- 혈관은 크기와 구조에 따라 두꺼운 벽의 동맥에서 단일 세포층인 모세혈관까지 다양하다(**그림 23.3**).
- 정맥은 혈액을 심장으로 되돌린다. 혈액은 골격근 수축의 도움과 함께 정맥과 정맥 내부의 관에서 되돌아가는 것으로부터 혈액을 막는 한 방향의 판을 거쳐 움직인다(**그림 23.6**).

23.3 림프계: 잃은 유체의 복구

- 필요로 하는 몸의 조직 손실은 모세혈관 벽을 통해 유체는 유실된다. 간질액은 림프 모세혈관 내 림프계에 의해(**그림 23.7, 23.8**) 복구된다. 림프라고 하는 유체는 림프관으로 흘러나간다. 림프관은 유체를 되돌리고 잃은 단백질을 순환계로 되돌린다. 림프계는 소화와 면역에 연관된 다른 기능도 갖는다.

23.4 혈액

- 혈액은 순환계에서 몸을 거쳐 순환하는 염분 함유 고단백 유체이다. 혈액은 혈장, 가스 교환을 수반하는 적혈구(**그림 23.10**으로부터의 그림과 같은), 그리고 여러 유형의 이 그림에서 보이는 호중성 세포와 같은 몸을 감염으로부터 방어하는 백혈구 등의 유체를 함유한다. 혈소판은 혈액응고에 관련된 세포의 조각이다.

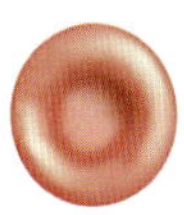

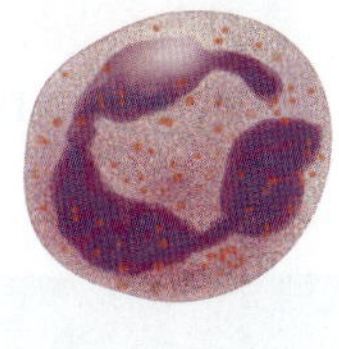

척추동물 순환계의 진화

23.5 어류의 순환

- 어류의 심장은 차례로 수축하는 방들로 구성된다. 혈액은 심장으로 들어간다. 그리고 처음의 2개의 방인 정맥동과 심방에서 모아진다. 그리고 혈액은 몸으로 세 번째와 네 번째 방인 심실과 동맥원추로 펌프질되어 통과한다. 그것은 먼저 가스 교환이 발생하는 아가미로 통과해 나간다. 그 후 산소가 충전된 혈액은 몸을 거쳐 여행한다(**그림 23.11**). 산소소모된 혈액은 다시 심장으로 돌아가 아가미로 펌프질된다.

23.6 양서류와 파충류의 순환

- 양서류와 파충류는 폐를 가진다. 이 때문에 혈액은 두 주기로 분출된다(**그림 23.12**): 심장과 폐 사이(폐순환)와 심장과 몸 사이(폐순환). 처음 주기에서 몸으로부터 산소소모된 혈액은 들어간다. 그곳으로부터 심장으로 우심방을 통해 그것은 심실로 나아간다. 산소가 충전된 혈액은 그 후 가스 교환이 일어나는 폐로, 그 후 폐들로부터 좌심실로 순환한다. 그 후 몸으로 분출되는 심실로 나아간다. 심실은 산소충전혈액과 산소소모혈액의 섞임이 줄어드는 파충류 심장에서 부분적으로 분리되었다.

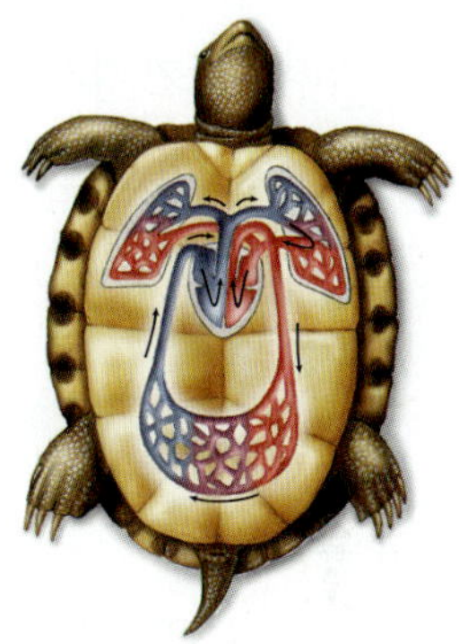

23.7 포유류와 조류의 순환

- 포유류와 조류의 심장은 2주기의 펌프들이지만 양서류나 파충류와는 달리 4개의 방을 가진다(**그림 23.13**). 이 폐와 순환계의 완전한 분리는 심장의 효율성을 향상시킨다.
- 폐로부터 산소가 충전된 혈액은 폐정맥을 통해 좌심방으로 흐르며 심장의 왼편으로 들어간다. 그곳으로부터 몸 밖으로 분출되는 혈액은 좌심실로 나간다. 산소를 몸의 조직으로 전달한 후 산소가 제거된 혈액은 심장으로 돌아오고 우심방으로 들어간다. 혈액은 그 후 좌심실로 들어간다. 심실이 수축할 때 혈액은 폐로 분출된다.
- 심장의 활동을 관찰하기 위한 상대적으로 쉬운 방법은 청진기를 사용하는 것이다. '럽-덥' 소리는 심장판의 닫힘이다. 심장의 활동은 또한 혈압의 측정에 의해 관찰될 수 있다. 심장의 수축압력과 이완압력의 측정은 심장이 체내로 혈액을 분출하는 것이 얼마나 어려운지를 나타낸다(**그림 23.14**).

• 동방(SA) 결절이라고 하는 심장박동조절장치는 심장박동속도를 제어한다. 동방결절에서 시작하는 전기적 충격은 심방에서 근육이 수축을 유발한다. 전기적 충격은 **그림 23.15**에서 보이듯이 심방을 통해 나아가고 방실결절(AV)을 자극한다. 그 후 전기적 충격은 방실결절로부터 아래 심실의 근육수축의 또 다른 파동을 시작하는 심장의 정점까지 이동한다. 심장의 전기적 충격은 발견될 수 있고, 심전도(ECG)에 의해 기록될 수 있다.

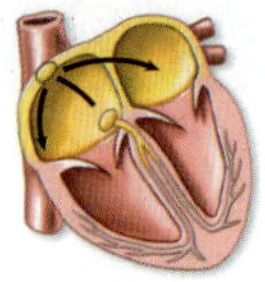

이해력 확인 문제

1. 다음 중 순환계의 기능이 아닌 것은?
a. 체온 조절
b 외상, 외부 독성, 미생물에 대한 보호
c. 체내에서 물질의 운동
d. 위의 모두가 순환계의 기능들이다.

2. 몇몇 척추동물들은 차가운 환경에서 어떻게 체온을 유지하는가?
a. 심장에서 차가운 혈액과 뜨거운 혈액을 섞는다.
b. 더욱 많은 더운 혈액을 말단으로 펌프질한다.
c. 말단에서 혈액을 덥히기 위해 차가운 혈액 주위로 뜨거운 혈액을 지나가게 한다.
d. 위의 모두가 차가운 환경에서 척추동물에 의해 사용된다.

3. 노폐물질, 산소, 이산화탄소, 염분과 음식 분자와 같은 신진대사물을 교환하는 곳은?
a. 모세혈관
b. 소동맥
c. 소정맥
d. 동맥

4. 림프계는 그들이 모두 __________라는 점에서 순환계와 같다.
a. 병원균을 걸러내는 결절을 가진다.
b. 동맥으로 구성된다.
c. 심장으로 혈액을 운반한다.
d. 유체를 운반한다.

5. 가장 많은 수의 혈구세포 유형은 __________(이)다.
a. 대식세포
b. 백혈구
c. 혈소판
d. 적혈구

6. 어류의 어떠한 진보가 더욱 효율적인 순환계로 이끌었는가?
a. 근육펌프는 어류에서 처음으로 나타난다.
b. 폐쇄형 순환계는 어류에서 처음으로 나타난다.
c. 분리된 방의 심장이 어류에서 처음으로 나타난다.
d. 이중 환상계는 어류에서 처음으로 나타난다.

7. 양서류와 파충류 심장의 추가적인 격막은 __________을/를 허용했다.
a. 혈액이 더 빠르게 움직이기 위한 높은 혈압
b. 산소가 충전된, 산소가 제거된 혈액의 더 나은 분리
c. 더 나은 체온 조절
d. 필요로 하는 조직으로의 더 나은 음식의 수송

8. 다음의 진술 중 틀린 것은?
a. 오직 동맥이 산소가 충전된 혈액을 운반한다.
b. 동맥과 정맥 모두 평활근의 층을 가진다.
c. 모세혈관층은 동맥과 정맥 사이에 놓여 있다.
d. 괄약근은 모세혈관을 통해 혈액흐름을 제어한다.

9. 네 개의 방으로 된 심장과 이중 환상관계는 __________의 진화에서 중요한 것으로 생각된다.
a. 이동
b. 변온
c. 발열
d. 온혈

10. 고혈압은 __________을/를 사용하여 탐지할 수 있다.
a. 청진기
b. ECG
c. 혈압계
d. 모두 옳음

응용력 확인 문제

1. **그림 23.6** 몰입하는 '카우치 포테이토' 혹은 '비디오게임 중독자'는 순환계에 문제가 생겨날 수 있음을 암시한다. 이것이 어떻게 일어날 수 있는지 설명하시오.

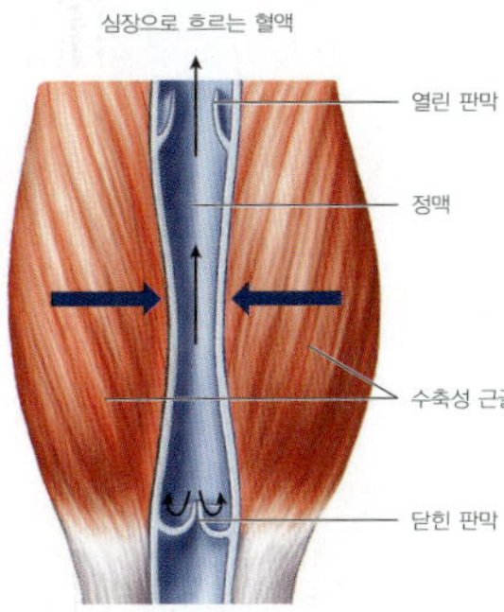

2. **그림 23.11** 어류(폐를 가진 어류 제외)의 순환계가 포유류의 것보다 더 효율적이라면 어류의 순환계를 포유류의 그것과 비교하여 설명하시오.

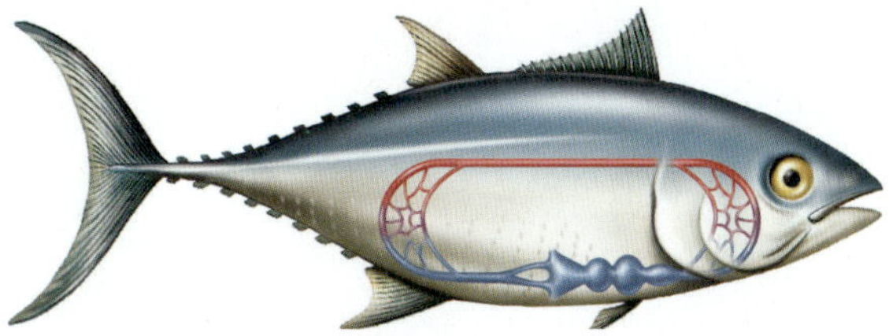

종합 학습

1. 플라그(plaque)의 축적에 의해 주요 동맥이 부분적으로 막힌다면 심장의 좌심실은 충분한 혈액을 분출하기 위해 더욱 계속해서 열심히 일해야 하나 결국 심장은 결국 나빠지기 시작한다. 울혈성 심부전으로 알려진 이러한 상태는 유체의 축적인 치명적인 폐부종으로 이끌 수 있다(액의 축적). 그 이유를 설명하시오.

2. "청색아"라 불리는 몇몇 아기들은 심장의 좌우 심실 사이의 벽에 작은 구멍을 갖고 태어난다. 왜 그것이 "청색"으로 불리는지 이유를 설명하시오. [힌트: 이 구멍이 아기의 심장에 의해 몸의 주요 순환으로 펌프질되어 나가는 혈액의 산소 용량에 영향을 미치는지 설명하시오.]

24 호흡

학습단원

호흡

24.1 호흡계의 종류
1. 호흡의 정의
2. 편형동물, 곤충류, 어류, 포유류의 호흡을 비교 및 각 동물의 호흡기관의 동정

24.2 수생 척추동물의 호흡
1. 대향류와 동향류의 구별
2. 대향류가 더 효율적인지 이유 설명
3. 어떻게 어류의 아가미 구조가 이런 효율을 달성할 수 있게 하는지 설명

24.3 육상 척추동물의 호흡
1. 양서류, 파충류, 포유류의 폐 구조 비교
2. 세기관지와 폐포의 정의
3. 조류의 호흡방식을 설명하고 호흡 효율이 더 좋은 이유 설명

24.4 포유동물의 호흡계
1. 포유류 호흡계의 구성요소 설명기
2. 늑막과 횡격막을 구분하고 각각의 기능 설명
3. 들숨과 날숨 과정을 비교하고 각각 흉강에 미치는 효과와 이로 인한 결과 설명

24.5 호흡은 어떻게 일어나는가: 가스교환
1. 헤모글로빈 분자의 구조와 기능을 설명하고, 혈액 내 어디에 존재하는지 서술
2. 헤모글로빈 분자 모양의 변화가 어떻게 체내 조직에서 산소를 해리시키는지 설명
3. 헤모글로빈에 결합하고 있는 혈액 내 CO_2의 비율 계산
4. 효과적인 CO_2 운반을 도와주는 탄산탈수효소와 중탄산염의 역할 설명
5. 혈액 내 슈퍼산화질소가 존재하는 위치와 기능 설명

폐암과 흡연

24.6 폐암의 특성
1. 암을 유발하는 환경요인 열거
2. 모든 암 유발 인자들이 공유하고 있는 특성 설명
3. 두 개의 종양 억제 유전자를 말하고 이들의 작용 설명
4. 미국 남성과 여성에서의 폐암 병력을 비교하고 차이점에 대하여 설명
5. 흡연이 폐암을 유발한다는 것을 증명해주는 p53에서 찾을 수 있는 증거
6. 비흡연자에서 폐암이 발병하는 비율과 이들 중 여성은 얼마나 되는지 추정

질문 & 분석: 라마는 어떻게 높은 곳에서 살까?

모든 동물은 다른 생명체를 섭식하고 여기서 얻은 유기 분자로부터 에너지가 풍부한 전자를 수확하여 ATP와 다른 분자를 합성하는 데 사용하며 살아가는 데 필요한 에너지를 얻는다. 이후 사용된 전자는 산소(O_2)에 공여된 다음 물(H_2O)을 형성하는 반면, 전자를 뺏기고 남겨진 탄소 원자는 산소와 결합하여 이산화탄소(CO_2)를 형성한다. 동물이 에너지를 획득하는 것은 실질적으로는 산소를 소비하고 이산화탄소를 생산하는 과정이다. 산소를 받아들이고 이산화탄소를 방출하는 것을 합쳐서 호흡이라 하는데, 이는 모든 동물이 직면하고 있는 주요한 진화상 도전의 하나로 어떻게 산소를 얻고 이산화탄소를 처리하는지를 결정해 준다. 척추동물의 호흡 메커니즘은 이 두 가스의 교환을 최대화시키는 변화를 선호하는 방향으로 진화되어왔다. 물속에서 진화한 가장 효과적인 호흡 메커니즘은 경골어류와 상어가 이용하는 아가미이다*(왼쪽 위 사진)*. 개구리와 같은 최초의 육상척추동물인 양서류는 단순 구조의 폐를 이용하면서 촉촉한 피부를 통해서도 호흡을 한다*(왼쪽 아래 사진)*. 악어와 같은 파충류는 신축 가능한 흉곽을 이용하여 폐로 공기를 흡입한다. 다람쥐와 같은 포유류의 폐는 내부표면적이 크게 넓어져 있어서 대단히 강력한 호흡 기구가 될 수 있다*(오른쪽 위 사진)*. 조류의 폐는 기낭이나 교차 흐름이 있는 향상된 호흡계 설계를 보여주고 있다.

24.1 호흡계의 종류

제7장에서 설명한 것과 같이, 동물은 에너지로 가득한 탄소-수소결합이 풍부한 분자를 산화시켜 필요한 에너지를 얻는다. 이러한 산화적 대사는 언제라도 공급될 수 있는 산소를 필요로 한다. 산소의 흡입과 동시에 일어나는 이산화탄소의 방출을 합쳐서 **호흡(respiration)**이라고 하는 가스교환 형태를 구성한다.

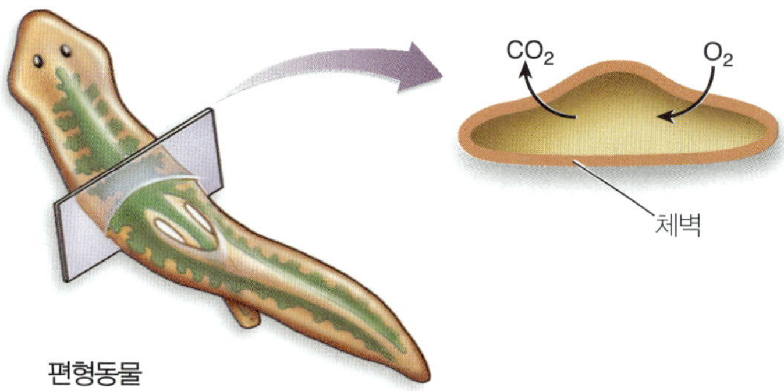

편형동물

원시 문(phyla)에 속한 대부분의 생명체는 리터당 10ml의 용해된 산소가 들어 있는 수생 환경으로부터 직접 확산을 통해 산소를 얻는다. 해면동물, 자포동물, 많은 편형동물과 회충, 몇몇의 환형동물 모두는 주변의 물로부터 확산을 통해 산소를 얻는다. 산소와 이산화탄소는 위에 편형동물에서 보이는 것과 같이 몸체의 표면을 통해 확산된다. 이와 유사하게 척추강 양서류의 몇몇 종류는 촉촉한 피부를 통한 직접 확산으로 기체를 교환한다.

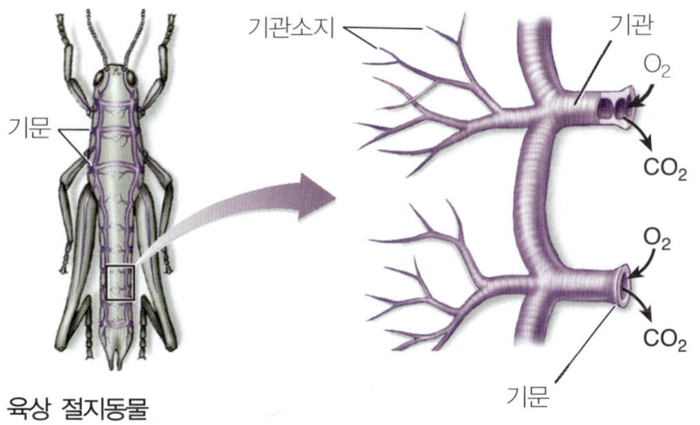

육상 절지동물

육상 절지동물에는 주 호흡기관이 없다. 대신에 점차 작은 크기의 관으로 갈라지는 **기관(trachea**; 위 그림에서 보라색으로 표시된 관)이라고 하는 공기 통로 네트워크가 체내 모든 곳에 공기를 운반한다. 기관은 열고 닫을 수 있는 **기문(spiracle)**이라고 하는 구조를 통해 몸 바깥쪽으로 열려 있다.

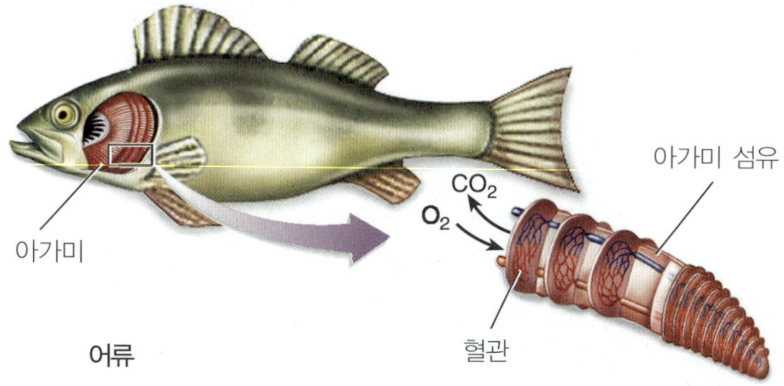

어류

좀 더 진화된 해양 무척추동물(연체동물, 절지동물, 극피동물)은 산소가 확산할 수 있도록 표면적이 증가되어 있는 아가미라고 하는 특별한 호흡기관을 가지고 있다. **아가미(gill)**는 기본적으로는 물속에서 물결치는 조직으로 이루어진 얇은 시트이다. 아가미에는 극피동물의 작은 돌기처럼 단순한 것이나 어류의 심하게 휘감긴 소용돌이 모양의 아가미처럼 복잡한 것도 있다. 어류에서 아가미는 아가미 덮개(operculum)라고 하는 덮개에 의해 보호되어 있다(위 그림에서는 생략). 이 때문에 어류의 아가미는 물에서 물결치지 않는다. 대신에 물이 아가미 위로 뿜어지며 아가미에 있는 모세혈관 벽을 통해 가스교환이 일어난다.

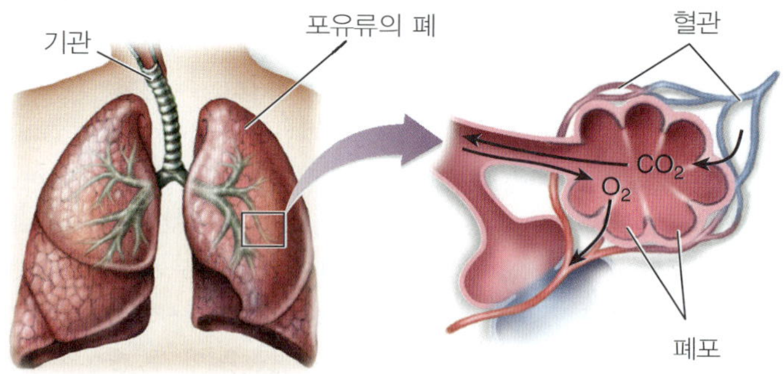

포유류

수생환경에서는 호흡기관으로서 아가미가 매우 효과적임에도 불구하고 대부분의 육상 척추동물에서 아가미는 **폐(lung)**라고 하는 한 쌍의 호흡기관으로 대체되었다. 아가미의 얇은 섬유들은 구조적으로 견고함이 부족하고 물이 있어야만 한다. 따라서 물 밖으로 나온 물고기는 아가미가 손상되어 곧 질식사하게 된다. 육상 척추동물의 폐는 기본적으로 커다란 공기주머니이고 가스교환은 폐로 들어온 공기와 폐낭의 벽에 있는 모세혈관을 따라 흐르는 혈액 사이에서 일어난다. 포유류에서 폐의 표면적과 이를 통해 산소를 모으는 능력은 *폐포*(alveoli)라고 하는 작은 부구획이 있어서 크게 증가되어 있다(앞 그림 확대부분).

주요 학습 요점 24.1 수생동물은 물에 용해된 산소를 추출하는 데 일부는 직접 확산을 통해, 그리고 다른 종류는 아가미를 통해 산소를 얻는다. 육상동물은 기관이나 폐를 이용한다.

24.2 수생 척추동물의 호흡

헤엄치는 물고기의 얼굴을 가까이에서 본 적이 있는가? 헤엄치는 물고기는 끊임없이 입을 열고 닫으면서 물을 구강으로 밀어 넣었다가 입 뒤쪽의 아가미로 물을 빼내는데 여기서 중요한 점은 아가미에서는 물이 한 방향으로만 흘러간다는 것이다.

매우 이상해 보이는 이런 삼킴 과정은 물고기 아가미 설계가 이루어낸 가장 발달된 특징이다. 삼키는 과정이 중요한 이유는 물이 어류의 아가미에서 *언제나 한 방향으로만 흘러간다*는 점이다. 물이 아가미를 한 방향으로만 흘러가게 하면 **대향류(countercurrent flow)**를 이용하여 산소를 매우 효율적으로 얻을 수 있게 된다. 어떻게 이것이 일어나는지 살펴보도록 하자.

각각의 아가미는 두 줄의 아가미필라멘트로 구성되어 있다(**그림 24.1**의 가운데 그림에서 두 개의 아가미의 절단면을 볼 수 있는데 각각에는 두 줄의 아가미필라멘트가 있다). 아가미필라멘트는 얇은 막성 판으로 구성되어 있는데 하나의 판 위에는 또 다른 판이 쌓여 있으면서 물이 흐르는 쪽으로 뻗어나와 있다. 물이 아가미필라멘트의 앞에서부터 뒤로 흐르면서(확대한 부분을 보면 파란색 화살표로 표시되어 있다) 물에서부터 산소가 아가미필라멘트 내부에서 순환하는 혈액으로 확산되어 들어간다. 각 아가미필라멘트 내부에서는 혈액이 물의 흐름과

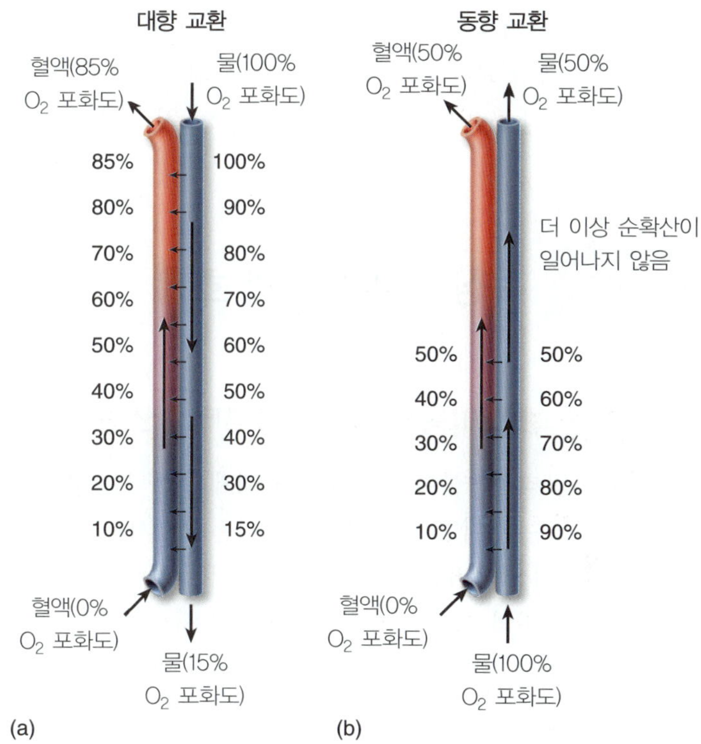

그림 24.2 대향류

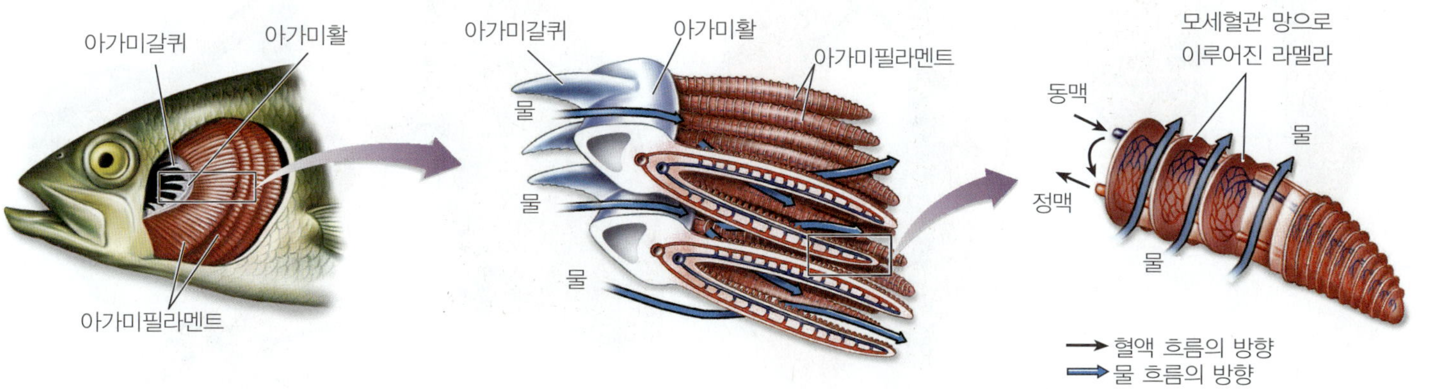

그림 24.1 물고기 아가미의 구조

물이 아가미활로부터 아가미필라멘트로 흘러간다(그림의 *왼쪽*에서 *오른쪽*으로). 물은 항상 일정한 방향으로 라멜라를 흘러가는데 이는 라멜라 위를 흐르는 혈류와는 반대 방향이다.

반대방향으로 흐르도록 혈액순환이 배열되어 있다. 대향류 시스템의 장점은 아가미필라멘트의 혈관에서 혈액이 언제나 산소 농도가 높은 물과 만남으로써 혈관 쪽으로 산소가 확산된다는 것이다. 이것을 이해하기 위해서 **그림 24.2*a***에 보이는 대향 교환 시스템과 **그림 24.2*b***의 동향 교환 시스템을 비교해 보자. 혈액과 물이 서로 반대 방향으로 흐르는 대향류 시스템을 보면 비록 바닥에서의 초기 산소농도 차이는 크지 않지만 (혈액은 10%이고 물은 15%) 산소가 확산하기에는 충분하다. 혈액이 위로 흐르면서 산소 농도가 증가하지만 이에 따라서 혈액은 더 높은 산소농도의 물과 계속해서 만나게 된다. 심지어는 혈액의 산소농도가 85%가 되더라도 여전히 산소 농도 100%인 물과 만나게 된다. 동향 교환 시스템을 보면 초기에는 혈액과 물 사이의 산소 농도의 큰 차이로 인해(0% 대 100%) 산소 확산이 빠르게 일어나지만, 산소 농도의 차이가 점점 작아지면서 포화도 50%인 평형 상태에 도달할 때까지 산소 확산 속도가 급속도로 느려지게 된다. 따라서 대향류는 물이 흐르는 과정 중에 혈액과 물 사이에 산소 농도기울기를 유지하여 아가미필라멘트 전반에 걸쳐 산소 확산이 이루어지도록 한다.

대향류 덕분에 어류 아가미에 있는 혈액은 아가미로 들어오는 물의 산소 농도만큼이나 높은 산소를 가진다. 경골어류의 아가미는 생명체에서 진화된 것 중 가장 효과적인 호흡 기구이다.

주요 학습 요점 24.2　물고기의 아가미는 대향류를 통해 산소를 매우 효과적으로 얻는다.

24.3 육상 척추동물의 호흡

양서류는 폐를 이용하여 공기로부터 산소를 얻는다

최초의 육상 척추동물이 직면한 주요 과제의 하나는 공기로부터 산소를 얻는 것이었다. 어류의 아가미는 물에서는 산소를 얻을 수 있는 최상의 기관이지만 대기중에서는 기능을 발휘하지 못한다. 아가미의 섬세한 막으로 이루어진 시스템은 대기에서는 소용이 없게 되면서 막이 또 다른 막 위로 찌부러지게 된다. 이런 이유 때문에 물고기가 물 밖으로 나오면 공기 중에 있어도 산소 부족으로 질식사하게 된다.

물고기와 다르게 개구리는 물 밖으로 꺼내어 마른 땅 위에 올려놓아도 질식사하지 않는다. 이는 부분적으로는 개구리가 촉촉한 피부를 통해 호흡할 수 있기 때문이지만 주요 원인은 폐를 가지고 있기 때문이다. **폐(lung)**는 가방 모양을 하고 있는 호흡기관이다. 양서류의 폐는 중심강으로 열려 있는 내부 곱슬 막을 가지고 있는 주머니에 불과하다(곱슬 막은 **그림 24.3*a***에서 볼

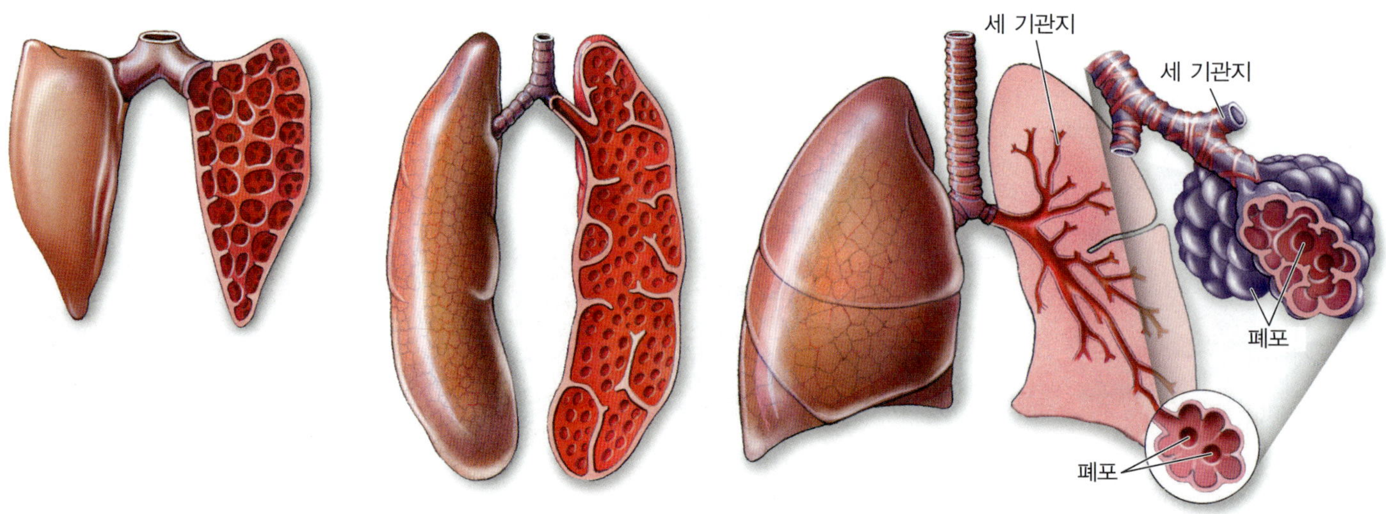

그림 24.3　척추동물 폐의 진화

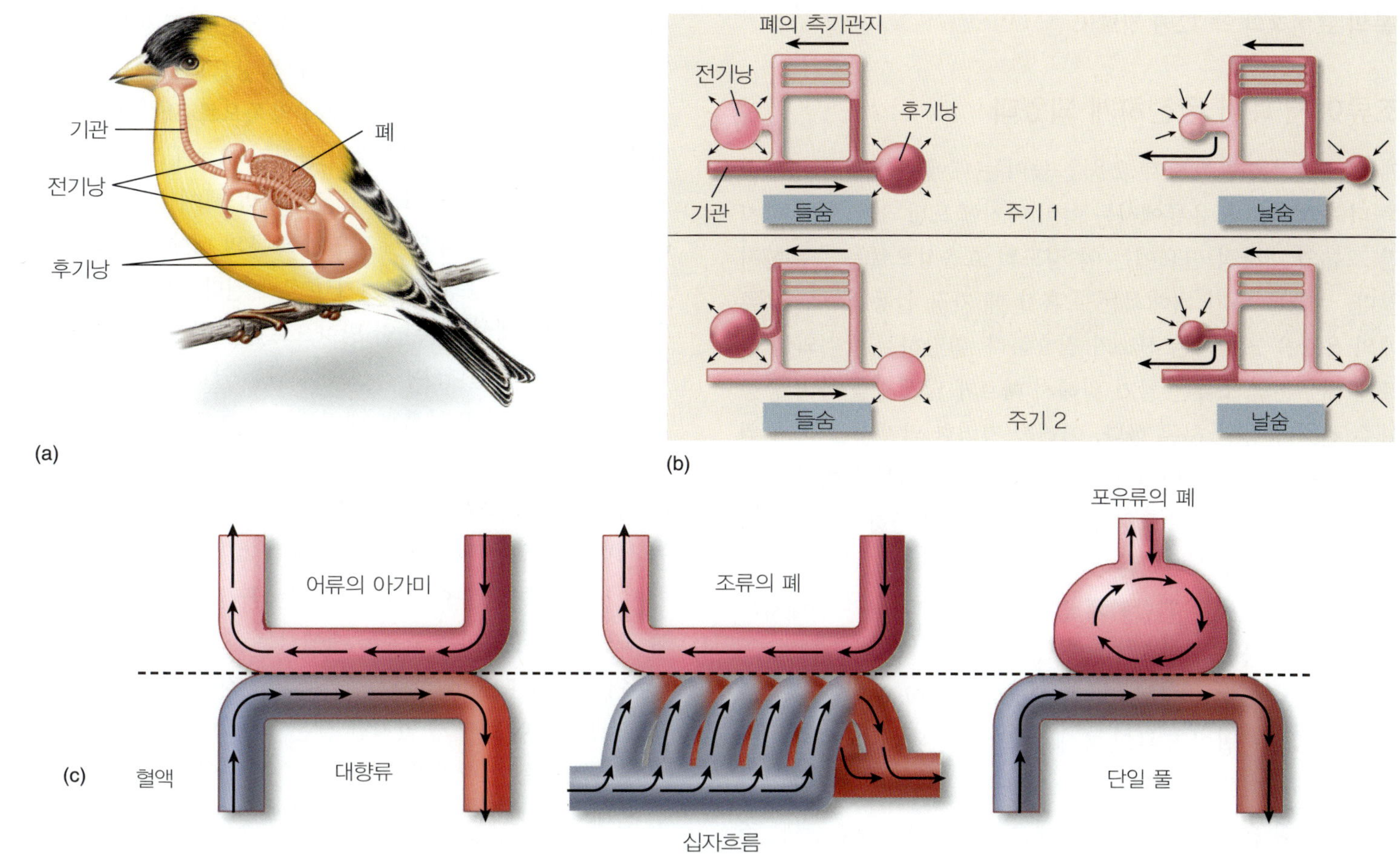

그림 24.4 새가 호흡하는 방식

(*a*) 새의 호흡계는 기관, 전기낭, 폐, 후기낭으로 이루어져 있다. (*b*) 호흡은 두 번의 주기를 거치면서 일어난다: 주기 1에서는 공기가 기관을 통해 후기낭으로 흡입된 다음 폐로 배출된다: 주기 2에서는 공기가 폐에서 전기낭으로 들어간 다음에 기관을 통해 배출된다. 폐에서 공기는 항상 같은 방향인 뒤쪽에서 앞쪽으로(*오른쪽*에서 *왼쪽*으로) 흐른다. (*c*) 호흡계의 효율은 어류(*왼쪽*)에서부터 조류(*가운데*), 그리고 효율이 가장 낮은 포유류(*오른쪽*) 순서로 감소한다.

수 있다). 공기는 머리에서부터 관 모양의 통로를 타고 주머니로 들어왔다가 같은 통로를 통해 빠져나간다. 폐는 흡입된 신선한 공기가 폐 속에 이미 들어 있는 공기와 만나 섞이기 때문에 아가미만큼 효과적이지는 않다. 하지만 공기에는 대략 리터당 210mL의 산소가 들어 있는데 이는 해수보다 20배나 많은 양이다. 따라서 공기 중에 산소가 훨씬 많기 때문에 폐가 아가미만큼 효과적일 필요는 없다.

파충류와 포유류에서는 폐 표면이 증가하였다

파충류는 양서류보다 훨씬 활동적이어서 더 많은 산소를 필요로 한다. 하지만 파충류는 양서류처럼 피부로 호흡을 할 수 없으며 물 손실을 막기 위해 방수가 되는 마른 비늘로 뒤덮인 피부를 가지고 있다. 대신에 파충류의 폐는 표면적이 훨씬 넓다. 내막은 곱슬한 모양을 하고 있지만 **그림 24.3*b***에서 작은 칸막이처럼 보이는 것 같이 중심강에는 많은 수의 소기실이 있어서 산소가 확산할 수 있는 폐의 표면적을 크게 증가시켜준다.

포유류는 대사 작용을 통해 열을 발생하여 체온을 일정하게 유지하기 때문에 파충류보다 대사적으로 더 많은 산소를 필요로 한다. 더 많은 산소를 얻기 위한 과제는 폐 속 표면적을 더욱 증가시키는 것으로 해결하고 있다. **그림 24.3*c***에서 보이는 것처럼 포유류의 폐 표면에는 포도송이처럼 생긴 **폐포(alveoli)**라고 하는 많은 수의 작은 방들이 있다. 각각의 송이는 **세기관지(bronchiole)**라고 하는 짧은 통로를 통해 폐 속 주 기낭과 연결된다. 폐 안의 공기는 세기관지를 통해 폐포로 이동하며 여기서 모든 산소 흡수와 이산화탄소 배출이 일어난다. 좀 더 활동적인 포유류에서는 각 폐포의 크기는 작은 반면, 수가 많아서 확산되는 표면적이 더욱 늘어나 있다. 인간의 폐에는 약 300만 개의 폐포가 있어서 확산이 일어나는 총 표면적이 약 $80m^2$나 된다

(몸의 표면적의 약 42배 정도)!

조류에서 폐가 완전하게 되었다

폐의 표면적을 증가시켜 효율을 높이는 데에는 한계가 있는데 좀 더 활동적인 포유류에서는 이미 여기에 도달되어 있다. 하지만 조류의 대사적 필요에는 이 정도의 효율성으로는 충분하지 않다. 비행을 하기 위해서는 호흡할 때 가장 활동적인 포유류 폐의 용량을 초과하는 산소가 필요하다. 활강하는 박쥐와는 다르게 대부분의 조류는 날기 위해서 빠르게 날갯짓을 하며 종종 아주 긴 시간동안 하곤 한다. 이러한 강렬한 날갯짓을 하기 위해 날개근육을 매우 빈번하게 수축해야 하기 때문에 빠른 시간 내에 많은 에너지를 소모하게 된다. 따라서 비행하는 조류에서는 비행근육에서 소비되는 ATP를 보충하기 위해 세포 안에서 산화적 호흡이 매우 활발하게 일어나고 있으며 이를 위해서는 엄청난 양의 산소가 필요하다.

폐의 표면적을 더 증가시키지 않으면서 폐의 효율을 늘릴 수 있는 새로운 방법이 조류의 폐에서 진화되어왔다. 이러한 높은 효율의 폐는 비행할 때 필요한 요구를 충족시킨다. 이것이 무엇인지 생각할 수 있는가? 사실상 새는 물고기처럼 호흡한다! 조류의 폐는 바깥쪽에 위치한 기낭들과 연결되어 있다. 새가 공기를 들이마시면 **그림 24.4*a***에서 보이는 것 같이 공기는 폐를 지나 저장탱크인 후기낭(posterior air sac)으로 들어간다. 새가 공기를 내쉬면 공기는 기낭에서부터 폐로 흘러가서 폐 앞쪽에 있는 전기낭(anterior air sac)을 거쳐 몸 밖으로 흘러나간다. **그림 24.4*b***는 조류 호흡계의 세 가지 구성성분인 후기낭, 측기관지(parabronchi)라고 하는 폐 내부에 위치한 공기통로와 전기낭을 보여주고 있다. 공기는 두 번의 호흡 주기를 거치면서 조류의 호흡계를 통과한다. 그렇다면 이러한 복잡한 경로의 이점은 무엇일까? 이 경로를 통해 공기가 폐를 한 방향으로만 지나가게 된다.

공기는 조류의 폐에서 뒤쪽에서 앞쪽으로 오직 한 방향으로만 흐른다. 이렇게 한 방향으로만 공기가 흐르게 되면 두 가지 중요한 향상이 이루어진다: (1) 포유류의 폐에 있는 무효 공간(dead space)이 생기지 않게 되면서 조류의 폐에 있는 확산 표면에는 항상 산소로 충만한 공기가 흐르게 된다, (2) 어류의 아가미처럼 폐를 흐르는 혈액은 한 방향으로만 흐르는 공기와는 다른 방향으로 흐르게 된다. 이 경우, 어류와는 달리 정반대 방향은 아니고 대신에 격자 모양으로 배열된 모세혈관이 공기의 흐름과 90° 의 각도로 가로지르고 있다. 이것을 **십자흐름(crosscurrent flow)**이라 한다(**그림 24.4*c***의 가운데 부분). 비록 어류에서 보이는 180° 로 배열된 형태(왼쪽 부분)처럼 효율적이지는 않지만 폐에서 나오는 혈액은 여전히 배출되는 공기보다는 더 많은 산소를 포함하게 되며 이는 포유류 폐에서는 (오른쪽 부분) 불가능하다. 이런 이유 때문에 참새는 안데스 산 정상 6,000m 고도에서도 비행하는 데 문제가 없지만 같은 체질량과 비슷하게 대사율이 높은 생쥐는 헐떡거리면서 걸을 수조차 없게 된다. 다시 말하면 참새가 쥐보다 더 많은 산소를 얻는 것이다.

어류의 아가미가 가장 효율적인 수중 호흡 기구인 것처럼 조류의 폐도 가장 효율적인 육상 호흡 기구이다. 둘 다 다른 종류의 공기흐름 시스템을 이용하여 높은 효율성을 이루어냈다.

주요 학습 요점 24.3 **육상 척추동물은 폐를 이용하여 대기로부터 산소를 얻어낸다. 조류의 폐는 십자흐름 형태를 이루고 있는 가장 효과적인 대기 호흡 기구이다.**

24.4 포유동물의 호흡계

포유동물이 산소를 모으는 기작은 비록 조류에 비해 덜 효율적이지만 육상 서식지에 맞게 적응되어 있다. 모든 육상 척추동물과 마찬가지로 포유동물도 산소 가스함량이 약 21%인 대기로부터 대사과정에 필요한 산소를 얻는다. 한 쌍의 폐는 가슴 또는 **흉강(thoracic cavity)**에 위치하고 있다. **그림 24.5**에서 볼 수 있는 것 같이 폐는 흉강 내에 자유롭게 매달려 있으면서 폐혈관과 공기관이 들어오는 한 지점에서만 몸의 나머지 부분과 연결되어 있다. 이런 공기관을 **기관지(bronchus, 복수 bronchi)**라고 한다. 기관지는 양쪽 폐와 **기관(trachea)**이라고 하는 긴 관을 연결하는데 기관은 위쪽을 지나면서 입 뒤쪽으로 열리게 된다. 기관 그리고 양쪽의 기관지는 C-모양의 연골 고리에 의해 지지되어 있다.

공기는 보통 콧구멍을 통해 비강으로 들어온 다음, 촉촉하고 따뜻하게 된다. 뿐만 아니라 콧구멍 안쪽에는 털로 덮여 있어서 먼지나 다른 입자들을 걸러낸다. 공기가 비강을 지나갈 때에도 광범위하게 배열되어 있는 섬모들이 먼지를 한 번 더 걸러낸다. 그런 다음 공기는 입의 뒤쪽으로 가서는 인두(pharynx, 공기와 음식의 공통된 통로), 후두(larynx, voice box)를 지나 기관으로 흘러간다. 공기가 목구멍 뒤에 있는 음식 통로를 지나기 때문에 후두개(epiglottis)라고 하는 특별한 덮개가 있어서 음식을 삼킬 때마다 음식이 '다른 통로'로 들어가지 않도록 기관을 덮어준다. 공기는 이 지점에서 시작하여 폐의 여러 기관지 분지점을 거치면서 최종적으로 폐포로 공기를 보내는 세기관지로 흘러간다. 기관과 세기관지에 있는 점액을 분비하는 섬모세포 역시 외부 입자를 잡아내 이들을 삼킬 수 있도록 인두 쪽으로 올려 보낸다. 폐에는 포도송이와 같은 작은 주머니인 폐포 수백만 개가 있다. 폐포는 엄청나게 복잡한 모세혈관 망으로 둘러싸여 있다. 혈액과 공기 사이의 모든 기체 교환은 폐포의 막을 가로질러 일어난다.

포유류 호흡 기관은 단일 주기 펌프로서 기능적 구조적으로 간단하다. 흉강은 양쪽은 갈비뼈에 의해 그리고 아래쪽은 복강과 흉강을 분리해 주는 **횡격막(diaphragm)**이라고 하는 두꺼운 근육층에 의해 둘러싸여 있다. 각각의 폐는 **흉막(pleural membrane)**이라고 하는 매우 얇고 부드러운 막으로 덮여 있다. 흉막은 또한 스스로 접힌 다음 폐가 매달려 있는 흉강 내부를 따라 배열되어 있다. 이 두 층의 막 사이 공간은 매우 좁으며 액체로 채워져 있다. 물의 얇은 막이 두 개의 유리판을 붙일 수 있는 것처럼 액체가 두 개의 막을 서로 붙여주어 폐를 흉강 벽에 효과적으로 연결시켜준다.

액체층이 흉강 안쪽과 폐의 흉막을 서로 붙어 있게 해주는 것과 비슷하게 폐포 내부의 액체 역시 기낭을 찌부러트릴 수 있다. 하지만 폐포 내부를 둘러싸고 있는 상피세포에서 *계면활성제*(surfactant)라고 하는 지질단백질 분자의 혼합물을 분비하고 있어서 이런 일은 일어나지 않는다. 계면활성제 분자는 폐포 내

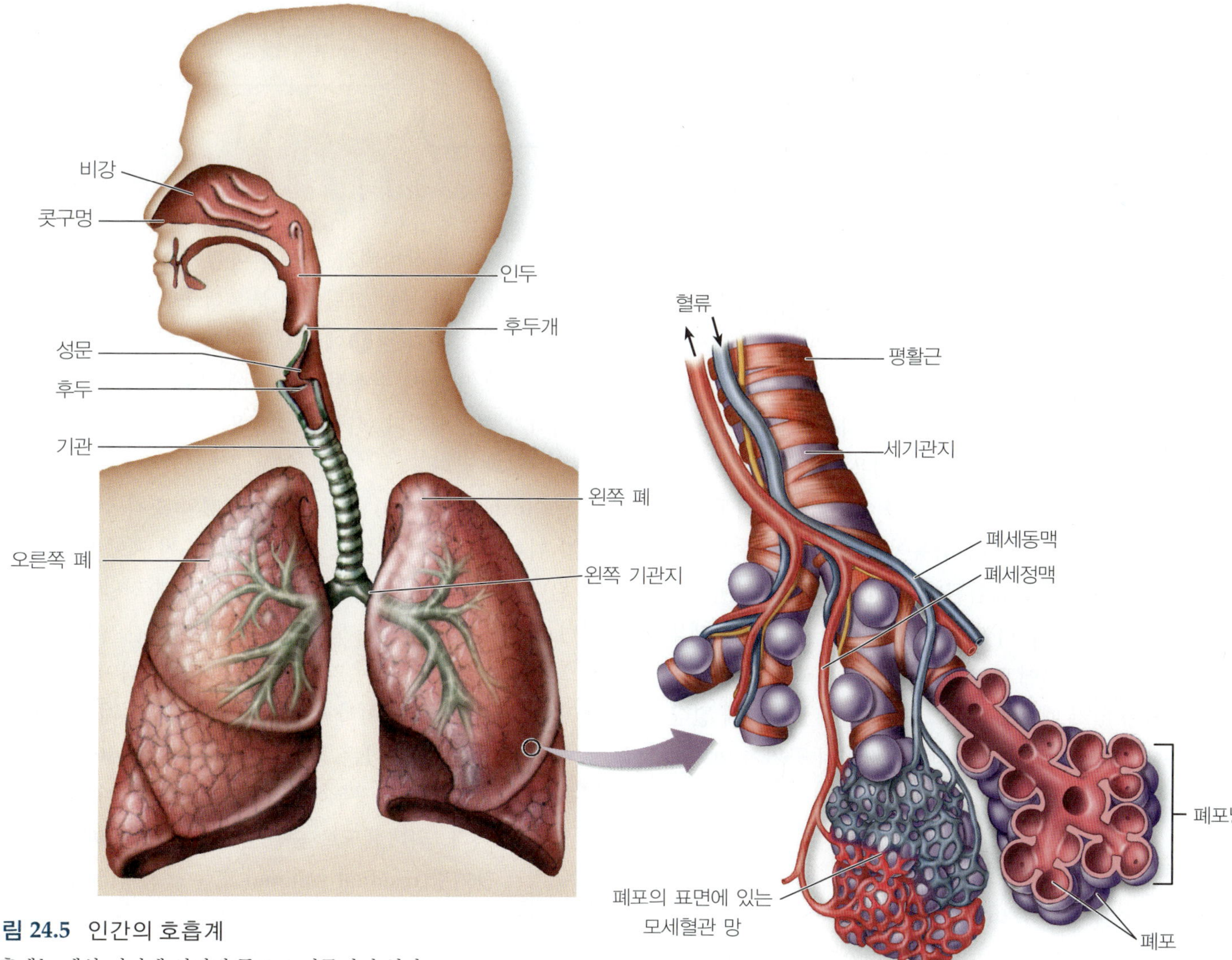

그림 24.5 인간의 호흡계

호흡계는 폐와 여기에 연결된 통로로 이루어져 있다.

핵심 생물학 과정: 호흡

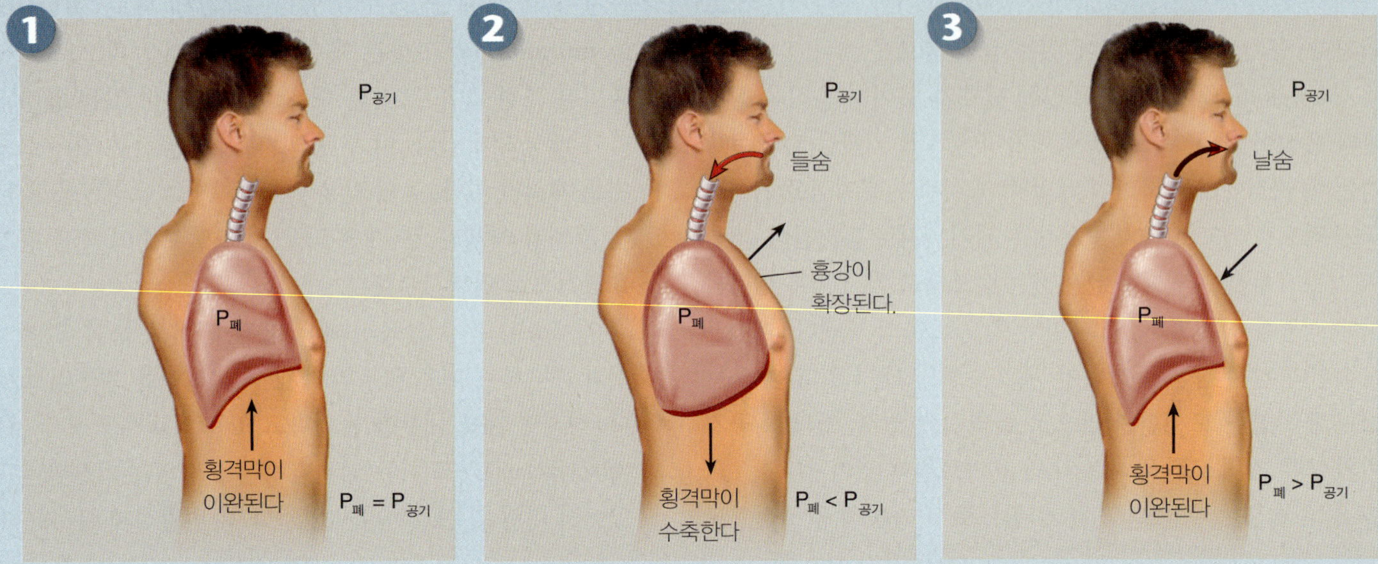

숨을 들이마시기 전에는 폐의 공기압($P_{폐}$)과 대기압($P_{공기}$)이 같다.

들숨에서 횡격막은 수축하고 흉강은 아래쪽과 바깥쪽으로 확장하게 된다. 이에 의해 흉강과 폐의 부피가 증가하게 되면 폐 내부의 기압이 감소하면서 몸 바깥의 공기가 폐 속으로 흘러 들어간다.

날숨에서 횡격막이 이완하면 흉강의 부피가 감소하게 된다. 폐 내부의 압력이 상승하면서 폐 속의 공기를 밖으로 밀어낸다.

벽에 얇은 층을 형성하면서 폐포를 찌부러트릴 수 있는 표면장력을 감소시켜준다. 조산아가 종종 호흡장애증후군으로 고통을 받는데 이것은 임신 7개월까지는 충분한 양의 계면활성제가 만들어지지 않기 때문이다.

공기는 폐의 압력이 대기 압력보다 낮아지면서 만들어진 음압에 의해 폐 안으로 들어온다. 폐의 압력은 폐의 부피가 증가하면 감소하게 된다. 이것은 풀무 펌프나 아코디언이 작동되는 원리와 비슷하다. 두 경우 모두 바람통이 확장되어 내부 부피가 늘어나면서 공기가 안으로 유입된다. 폐에서는 어떻게 이러한 일이 일어날까? 흉강을 둘러싸고 있는 근육이 수축하면 폐의 부피가 증가하게 되고 이에 따라 흉강의 크기가 늘어난다. 폐는 흉강에 부착되어 있기 때문에 폐의 크기도 역시 늘어나게 된다. 이러한 작용에 의해 폐에 음압이 만들어지면서 공기가 안쪽으로 유입된다.

호흡의 메커니즘

활발한 펌프질로 폐에 공기를 넣고 빼주는 것을 **호흡(breathing)**이라고 한다. *들숨*(inhalation) 동안에는 근육이 수축하여 흉강벽을 확장시키면 갈비뼈가 위쪽과 바깥쪽으로 움직이게 된다. 위의 주요 생물학 공정 그림에서 붉은색으로 표시된 폐의 아래쪽 경계면인 횡격막은 ❶에서처럼 이완되었을 때에는 반구형 모양을 하고 있지만 수축하는 동안에는 ❷에서처럼 아래쪽으로 내려가 편평해진다. 사실상 호흡은 아코디언의 바람통을 확대하는 것과 같다

날숨(exhalation, ❸) 동안에는 갈비뼈와 횡격막이 본래의 휴지기 위치로 돌아가게 되고 그렇게 함으로써 폐에 압력을 가하게 된다. 압력이 폐의 표면 전체에 균일하게 전달되면 내강에 있던 공기가 대기 쪽으로 밀려나가게 한다. 인간이 보통 가만히 있으면서 숨을 쉴 때에는 약 0.5L의 공기가 움직이는데 이것을 **통기량(tidal volume)**이라고 한다. 추가적으로 폐에 강제적으로 들어갔다 나올 수 있는 공기의 양을 **폐활량(vital capacity)**이라고 하는데 남성의 경우에는 약 4.5L 그리고 여성의 경우에는 약 3.1L이다. 최대한도로 숨을 내쉰 다음에도 폐에 남아 있는 공기는 **잔기량(residual volume)** 또는 불용량(dead volume)이라 하는데 보통은 약 1.2L이다.

폐의 확산 표면에서는 산소로 충만한 공기에 노출되지 못하

고 대신에 신선한 공기와 산소가 일부 들어 있는 공기와의 혼합물에 노출되기 때문에 포유류 폐의 호흡 효율성은 최대효율과는 거리가 멀다. 앞서 설명한 것과 같이 잔기량이 없는 폐를 가진 조류가 훨씬 더 높은 효율의 호흡을 할 수 있다.

주요 학습 요점 24.4 포유류의 폐는 근육으로 둘러싸여 있는 흉강 안에 위치한다. 근육이 수축과 이완을 함에 따라서 흉강의 부피를 늘렸다 줄였다 하면서 공기를 폐 안으로 들여보내거나 바깥으로 내보내게 된다.

24.5 호흡은 어떻게 일어나는가: 가스교환

산소는 대기로부터 폐의 안쪽 표면을 따라 분포하고 있는 촉촉한 세포 안으로 확산되어 들어가면서부터 여행을 시작한다. 이들 세포를 거쳐 혈류로 들어간 산소는 제23장에서 설명한 순환계를 따라 온몸으로 운반된다. 만일 순환계의 도움을 받지 않고 오직 확산에 의해서만 이동한다면 산소분자가 폐에서부터 발가락까지 확산되는데 3년이 걸린다는 계산도 있다.

순환계 내에서 산소는 단백질 **헤모글로빈(hemoglobin)**과 결합하여 운반된다. **그림 24.6**에서 보이는 것처럼 헤모글로빈 분자는 산소와 결합하는 철을 가지고 있다. 산소는 철과 가역적으로 결합하는데 이는 신체의 조직에 도달했을 때 산소를 해리하기 위해 반드시 필요하다. 헤모글로빈은 적혈구 내에서 만들어지고 적혈구의 색을 결정한다. 헤모글로빈은 화물선처럼 혈류를 따라 순환하는 적혈구를 결코 떠나지 않는다. 적혈구 안에 있는 헤모글로빈은 폐의 폐포를 둘러싸고 있는 모세혈관을 흘러갈 때 산소와 결합한다. 산소를 함유한 헤모글로빈 분자들은 적혈구 안에 있는 채로 운반되었다가 체내 여러 곳에서 활발하게 대사작용을 하는 세포에 산소를 방출한다.

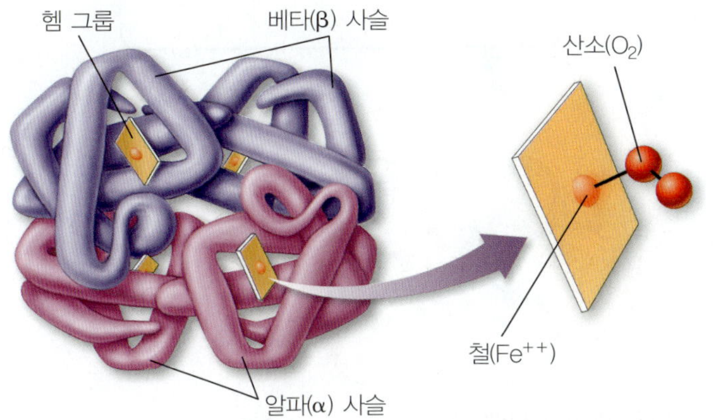

그림 24.6 헤모글로빈 분자
헤모글로빈 분자는 실제로는 두 개의 "알파 사슬"과 두 개의 "베타 사슬"이 합쳐진 네 개의 단백질 사슬단위로 구성되어 있다. 각 사슬은 헴 그룹과 연결되어 있고 각 헴 그룹의 중심에는 산소 분자와 결합할 수 있는 철 원자가 있다.

산소(O_2) 운반

헤모글로빈 분자는 마치 작은 산소(O_2) 스펀지처럼 적혈구 내에 있는 산소를 흡수하는데 이로 인해 더 많은 산소가 혈장으로부터 확산되어 들어오게 한다. 폐를 지나는 혈관처럼 산소 농도가 높은 곳에서는 (다음 페이지에 있는 핵심 생물학 과정 ❶) 대부분의 헤모글로빈 분자들은 산소 원자를 최대한도로 싣고 운반한다. 이후 조직으로 가면 산소농도가 훨씬 더 낮기 때문에 헤모글로빈은 결합한 산소를 방출한다(❸).

조직에서는 이산화탄소(CO_2)가 있어서 헤모글로빈 분자는 다른 모양을 띠게 되고 그 결과 산소가 더 쉽게 방출된다. 이것이 헤모글로빈으로부터의 산소 해리를 더욱 가속화시킨다. CO_2는 세포 대사가 일어나는 장소인 조직에서 생성되기 때문에 산소 해리 과정에서 CO_2의 영향은 아주 중요하다. 이런 이유 때문에 대사가 활발히 일어나며 CO_2를 생성하는 조직 내에서 혈액은 더 쉽게 산소를 해리하게 된다.

이산화탄소(CO_2) 운반

적혈구는 산소를 해리하는 동시에 조직으로부터 CO_2를 흡수한다(❸). 혈액 내 CO_2의 약 8%는 단순히 혈장 내에 녹아 있다. 다른 20%는 헤모글로빈에 결합되어 있기는 하지만 헴기(heme group)가 아닌 헤모글로빈 분자의 다른 부분에 결합해 있어서 산소결합에서 경쟁을 하지는 않는다. 나머지 72%의 CO_2는 적혈구 내에 퍼져 있다. 조직으로부터 혈장으로 확산되어 나오는 CO_2의 양을 최대한 늘리기 위해서는 혈장 내 CO_2 농도를 낮게 유지하는 것이 중요하다. 자연적으로는 CO_2는 적혈구를 떠나

핵심 생물학 과정: 호흡에서의 가스교환

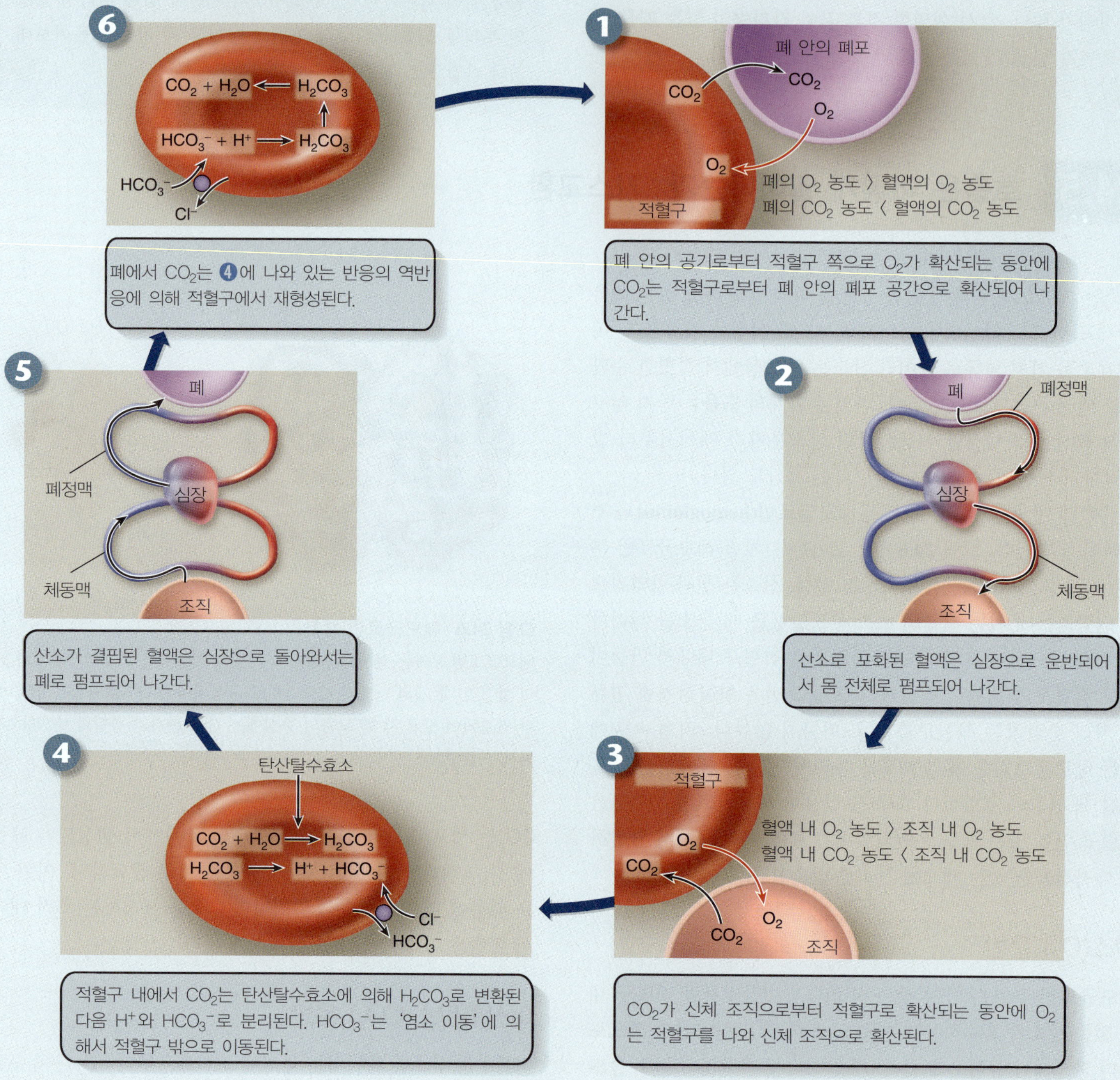

CO_2 농도가 낮은 혈장으로 퍼지는 경향이 있다. 이런 일이 일어나지 않게 하기 위해서 탄산탈수효소가 적혈구 내에서 물 분자와 이산화탄소 분자를 결합시켜서 탄산(H_2CO_3)을 형성한다(4). 탄산은 다시 **중탄산염(HCO_3^-)**과 수소 이온(H^+)으로 해리된다. 수소 이온은 헤모글로빈과 결합한다. 적혈구 세포막에 있는 수송 단백질이 중탄산염을 적혈구로부터 혈장으로 옮긴다. 이 수송 단백질은 *염화이동*(chloride shift)이라고 하는 과정을 통해 염소 이온 한 개와 중탄산염을 교환한다. 이 반응은 혈장 내 CO_2 농도를 낮게 유지하여 주변조직으로부터 더 많은 CO_2가 확산되어 나오도록 촉진한다. 조직과 혈액 사이의 CO_2 농도 차이가 크지 않기 때문에 (불과 5%) 이런 촉진효과는 CO_2 제거에 매우 중요하다. 탄산 형성 역시 혈액의 산-염기 균형을

유지하는 데 중요한데, 이는 탄산염이 혈장에서 주요 완충제로서 작용하기 때문이다. 제2장을 기억한다면 완충제가 용액 내의 수소 이온(H^+)의 농도를 조절하여 용액의 pH를 조절하는 물질이라는 것을 알 수 있을 것이다.

혈장은 중탄산염을 다시 폐로 운반한다. 폐 내부 공기의 CO_2 농도가 낮기 때문에 이번에는 탄산탈수효소 반응이 역방향으로 진행되면서 (❻) 기체 상태의 CO_2가 방출되는데 이는 혈액에서 폐포 쪽으로 확산되어 나간다. 다음 번 숨을 내쉴 때 이렇게 방출된 CO_2는 몸 밖으로 배출된다. 낮은 CO_2 농도에서는 헤모글로빈이 CO_2보다 O_2와 더 친화도가 높기 때문에 헤모글로빈과 결합한 CO_2도 5분의 1이 떨어져 나간다. 적혈구 바깥쪽으로 확산되어 나가는 CO_2에 의해 적혈구 내부에 있는 헤모글로빈과 결합한 CO_2가 떨어져 나가고 대신 O_2가 결합한다. 새로 O_2와 결합한 적혈구는 다음 번 호흡 여행을 시작하게 된다.

일산화질소(NO) 운반

헤모글로빈은 내피세포에서 생성되는 일산화질소(NO) 기체하고도 결합하거나 해리할 수가 있다. 일산화질소는 대기 중에 있는 유해한 가스이긴 하지만 체내에서는 많은 종류의 세포에 작용하여 모양과 기능을 바꾸어주는 중요한 생리적 역할을 하고 있다. 예를 들면, 혈관을 둘러싼 근육을 이완시키기 때문에 혈관에 있는 NO는 혈관을 확장시킨다. 따라서 혈류량과 혈압은 혈류 내로 방출되는 NO의 양에 의해 조절된다.

헤모글로빈은 슈퍼산화질소라고 하는 특별한 형태의 NO를 운반한다. 이 형태의 NO는 여분의 전자를 가지고 있어서 헤모글로빈에 존재하는 시스테인이라고 하는 아미노산에 결합할 수 있다. 폐에서는 CO_2를 방출하고 O_2와 결합하는 헤모글로빈이 슈퍼산화질소 형태의 NO와도 결합한다. 조직에서는 O_2를 해리시키고 CO_2와 결합하는 헤모글로빈이 NO 형태로 슈퍼산화질소를 방출하여 혈관을 확장시키고 조직으로의 혈류량을 증가시킨다. 또는 헤모글로빈은 산소를 방출하여 비어 있게 된 철 원자에 여분의 NO를 잡아둠으로써 혈관을 위축시키면서 조직으로의 혈류량을 감소시킨다. 적혈구가 폐로 돌아오게 되면 헤모글로빈은 CO_2를 버리고 철 원자에 NO를 결합시킨다. 이로서 O_2와 슈퍼산화질소와 결합할 준비가 된 헤모글로빈은 다시 순환을 계속하게 된다.

주요 학습 요점 24.5 **산소와 NO는 적혈구 내에 있는 헤모글로빈 단백질에 의해 순환계를 따라 운반된다. 대부분의 CO_2는 혈장에서 중탄산염 형태로 운반된다.**

폐암과 흡연

24.6 폐암의 특성

사람이 걸리는 모든 질병들 가운데 암보다 더 사람이 두려워하는 것은 없다(제8장 참조). 2009년에 미국에서는 4명 중 1명이 암으로 사망하였다. 미국 암학회의 추산에 의하면 2009년에 미국에서는 562,340명이 암으로 사망하였다. 이 가운데 약 28%(약 157,920명)가 **폐암(lung cancer)**으로 사망하였다. 1980년대부터 해마다 약 140,000건의 폐암이 진단되었는데 이 환자들 가운데 90%가 3년 안에 사망하였다. 오늘날 폐암은 전 세계 성인의 주요 사망 원인 중 하나이다. 어떻게 폐암이 미국인의 주요 사망 원인이 되었을까?

폐암과 같은 암의 발병 원인을 조사한 결과 암과 연관된 것으로 보이는 일련의 환경적 요인들을 찾아낼 수 있었다. 예를 들어 인구 1000명당 암 발생 비율은 미국 전역에서 균일하지 않다. 오히려 **그림 24.7**에 빨간색 구역으로 표시된 것처럼 인구가 밀집된 북동부 도시들과 빨간색과 갈색으로 표시된 미시시피 델타 지역에 집중되어 있는데, 이는 오염이나 살충제 유출과 같은 환경적인 요인이 암에 기여한다는 것을 제시해 준다. 암과 연관된 많은 환경적 요인들을 분석해 보면 명확한 패턴이 나타난다. 대부분의 암유발물질 혹은 발암물질은 강한 돌연변이원이라는 특성을 공유한다. 제11장에서 학습한 것처럼 돌연변이원은 DNA를 손상시키거나 유전자를 파괴하고 변화시키는 화학물질 또는 방사선이다(유전자의 변형을 돌연변이라고 한다). 돌연변이에 의해 암이 일어난다는 결론은 압도적으로 많은 증거에 의해 지지를 받고 있다.

어떤 종류의 유전자에 돌연변이가 일어날까? 최근 몇 년간 연구자들은 불과 몇몇 유전자의 돌연변이만으로도 정상적으로 분열하는 세포가 암세포로 변형될 수 있다는 것을 발견하였다.

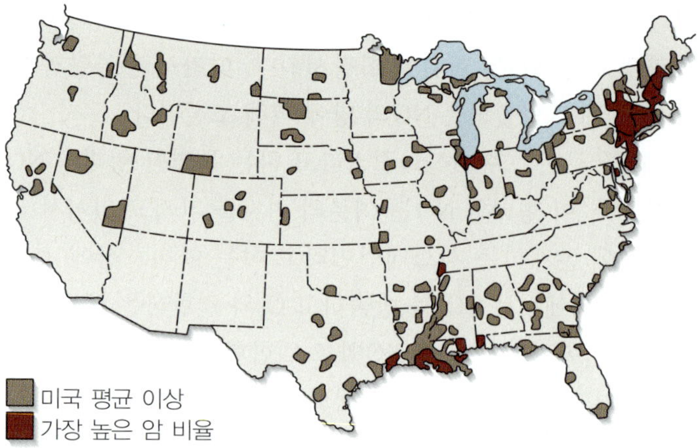

그림 24.7 미국에서의 암

1000명당 암의 발병 빈도는 미국 전국적으로 균일하지 않다. 화학 제조업이 발달한 도시들과 미시시피 델타 지역에 집중되어 있다.

연구자들은 이러한 암 유발 유전자들을 동정하고 발견함으로써 이들 모두가 세포증식을 조절하는 데 (세포가 빠르게 자라고 분열하는 방식) 연관되어 있다는 것을 알게 되었다. 이 조절 과정의 핵심 요소는 종양억제 유전자로서 이들은 종양 형성을 적극적으로 억제한다. 종양억제 유전자 가운데 가장 중요한 두 가지는 *Rb*와 *p53*이라고 하는 유전자이며, 이들이 만들어내는 단백질은 각각 Rb와 p53라고 한다(제8장에서 유전자는 보통 이탤릭체로 단백질은 표준체로 표기한다는 것을 배웠음).

Rb 단백질

Rb 단백질[Rb protein, 희귀 안암인 망막아세포종(retinoblastoma)에서 처음 발견되어 명명됨]은 세포가 DNA를 복제하는 데 사용하는 기구에 스스로를 부착시켜 세포분열에서 브레이크로서의 역할을 한다. 세포가 분열할 때에는 성장인자 분자가 Rb를 옭아매어서 세포분열 과정에서 브레이크로서 작용하지 못하게 한다. 만일 Rb를 만들어내는 유전자가 작동을 하지 못하게 되면 세포가 DNA를 복제하고 분열하는 것을 억제할 브레이크가 없게 된다. 이 조절 스위치는 '켜짐' 상태에 고정되어 있다.

p53 단백질

때로는 세포의 '수호천사'라고 하는 종양억제인자인 **p53 단백질(p53 protein)**은 DNA가 분열할 준비가 되어 있는지를 점검한다. p53은 손상되었거나 외부에서 온 DNA를 발견하게 되면 세포분열을 멈추고 세포의 DNA 복구 시스템을 활성화시킨다. 만약 적절한 시간 내에 손상이 복구되지 않으면 p53은 세포를 죽이는 과정을 시작시킨다. 이런 방법을 통해 암을 일으키는 돌연변이를 복구하거나 돌연변이가 생긴 세포를 제거한다. 만약 p53을 만드는 유전자 자체가 돌연변이에 의해 파괴된다면 그 후에 생기는 손상은 수정되지 못한 채 축적된다. 이런 손상들 가운데에는 건강한 p53에 의해 수정될 수도 있었던 암을 유발하는 돌연변이가 있다. 모든 암의 50%는 *p53* 유전자에 장애를 가지고 있다.

흡연이 폐암을 일으킨다

암이 성장조절 유전자의 손상에 의해 야기된다면 무엇이 미국 내에서 폐암을 빠르게 증가시켰는가? 두 가지의 증거가 특히 시사적이다. 첫 번째는 흡연자에서의 암 발생 비율에 대한 상세한 정보다. 비흡연자의 연간 폐암 발생은 100,000명당 17명 정도이지만 이 숫자는 하루에 피우는 담배에 따라 증가하는데 하루에 30개비를 피우는 흡연자에서는 놀랍게도 100,000명당 300명으로 늘었다.

두 번째 증거는 흡연 습관의 변화가 반영되면서 일어난 폐암 발생의 변화이다. **그림 24.8**에 있는 자료를 자세히 살펴보라. 위 그래프는 1900년부터 미국 남성의 흡연(파란색 선)과 폐암(빨간색 선) 발생정도를 보여준다. 1920년에는 폐암은 아직 드문 질병이었다. 약 30년 후 남성에서 흡연의 빈도가 증가하기 시작했고 폐암 또한 더 흔해지기 시작하였다. 이제 아래 그래프를 보면 여성에 대한 자료가 있다. 많은 사회 규범이 바뀌었던 시점인 제2차 세계대전이 끝날 때까지만 해도 사회적 관습 때문에 미국 여성의 상당수가 담배를 피우지 않았다(파란색 선). 1963년에만 하더라도 불과 6,588명의 여성이 폐암으로 사망하였다. 하지만 여성의 흡연 빈도가 증가함에 따라서 약 30년의 시차를 두고 폐암 발생(빨간색 선)도 증가하였다. 오늘날 여성의 흡연량이 남성과 비슷해지면서 여성의 폐암 사망률 역시 남성의 수치에 빠르게 접근하고 있다. 2009년에 대략 70,000명의 미국 여성이 폐암으로 사망하였다.

어떻게 흡연이 암을 야기할까? 담배 연기에는 벤조[*a*]피렌과 같은 다수의 강력한 돌연변이원이 들어 있고, 흡연에 의해 폐 조직에 이런 돌연변이원이 도입된다. 예를 들어 벤조[*a*]피렌은 *p53*유전자의 3개 부위에 결합하여 이 유전자를 비활성화시키는 돌연변이를 야기한다. 1997년에 이 종양억제 유전자를 연구하던 과학자들이 담배와 폐암 사이의 직접적인 연관성을 입증하였다. 그들은 모든 폐암의 70%에서 *p53* 유전자가 비활성화되어 있는 것을 발견했다. 비활성화된 *p53* 유전자를 조사한 결

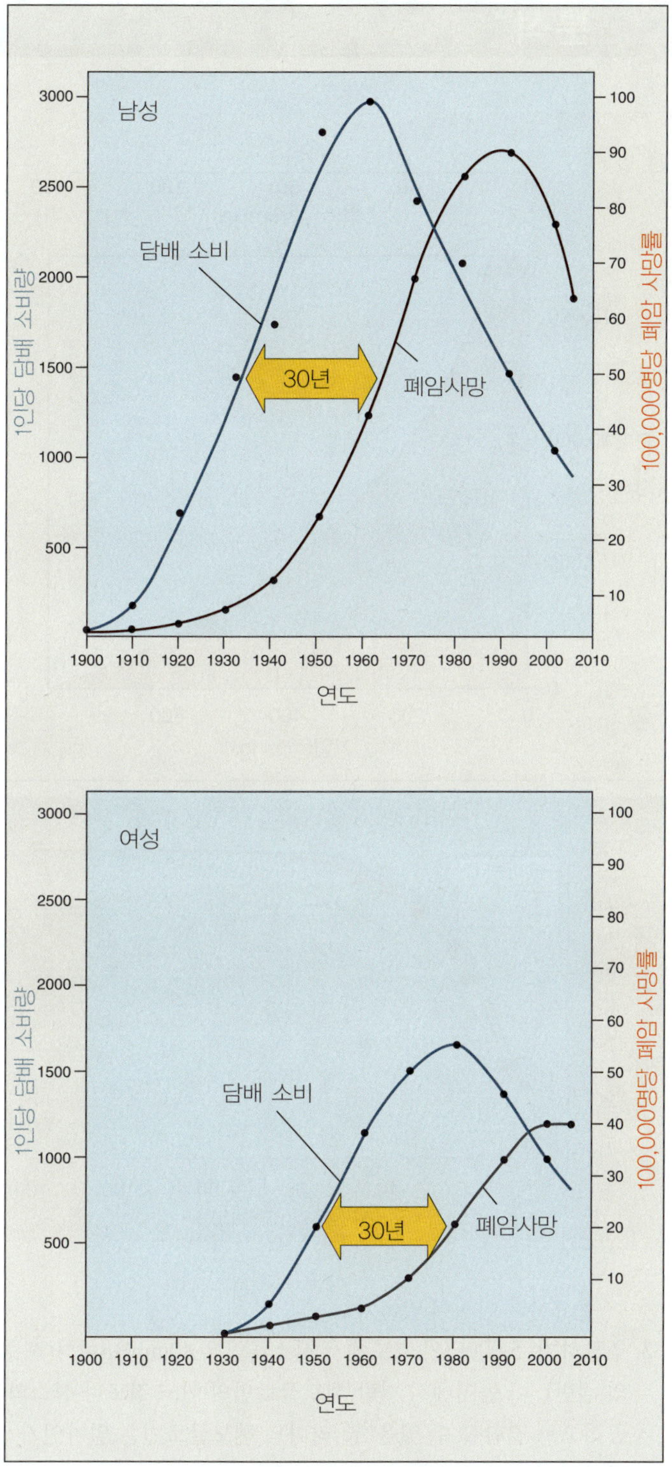

그림 24.8 남성과 여성에서의 폐암 발생률

1세기 전에는 폐암은 매우 드문 병이었다. 1900년대 초기에 미국 남성의 흡연율이 증가하면서 폐암 발병도 증가했다. 여성도 몇 년 후 이런 경향을 따랐고 2008년에 100,000명당 40명의 비율로 71,000명 이상의 여성이 폐암으로 사망하였다. 그 해에 여성의 약 20%, 남성의 약 25%가 흡연하였다.

과 벤조[*a*]피렌이 결합한 3개의 부위에서만 돌연변이가 일어남을 입증하였다. 담배에 들어 있는 화학물질이 폐암의 원인이라는 것이 명백하게 되었다.

이러한 사실을 직면하면서도 왜 많은 사람들이 계속해서 흡연을 할까? 이는 담배 연기에 들어 있는 니코틴이 습관성 약물이기 때문이다. 연구자들은 중추신경계 뉴런에서 니코틴과 결합하는 수용체를 동정하였으며 흡연이 뇌 속의 니코틴 수용체 수를 감소시켜 더 많은 담배를 갈망하도록 유도한다는 것을 입증하였다. 이런 니코틴 중독의 메커니즘은 코카인 중독의 메커니즘과 매우 유사해서 한 번 중독되면 끊기가 어렵게 된다. 금연을 시도한 사람의 약 절반만이 성공한다. 금연은 생명이 걸려 있기 때문에 노력할 가치는 충분히 있다.

확실하게 폐암을 막기 위한 효과적인 방법은 담배를 피우지 않는 것이다. 생명보험회사들의 통계에 근거하여 담배 한 개비를 피우면 예상수명이 10.7분 감소한다고 추산하기도 하였다(이는 담배 한 개비를 피우는 시간보다 더 김). 이는 마치 20개비 담배 한 갑에 이런 보이지 않는 표시가 있는 것과 같다: *이 담배 한 갑을 피우는 대가는 당신 인생의 31/2시간입니다.* 담배 한 개비를 피운다는 것은 총을 들고 가만히 있는 사람과 함께 완전히 캄캄한 방에 들어가는 것과 마찬가지다. 총을 든 사람은 여러분을 볼 수 없고 어디 있는지는 모르지만 무작위한 방향으로 한 번씩 총을 쏠 수 있다. 한 번에 맞을 가능성도 낮고 대부분의 총알도 비켜갈 것이다. 하지만 그 사람이 계속 총을 쏜다면 결국에는 총에 맞을 확률이 높아지게 된다. 한 사람이 담배를 피울 때마다 그 사람의 유전자에 돌연변이원이 발사되는 것과 마찬가지다. 어떤 통계 수치도 사람을 보호해 주지는 못한다. 어떤 것도 첫 번째 총알에 맞지 않을 것이라고 말하지 않는다. 더 나이 많은 사람들만이 폐암으로 죽는 것도 아니다.

한 가지 중요한 것은 2007년에 새롭게 진단된 폐암 환자의 무려 15%가 비흡연자였으며 비흡연자 폐암 환자의 2/3가 여성이었다. 그 해 비흡연자 여성 가운데 폐암으로 의한 사망자가 자궁경부암에 의한 사망자보다 3배나 많았다. 비흡연자 폐암이 왜 남성보다 여성에게 훨씬 더 많은 이유에 대해서는 연구된 바가 거의 없다. 따라서 더 많은 연구가 이루어져야 한다.

주요 학습 요점 24.6 **건강할 때에 세포로 하여금 세포분열을 통제할 수 있게 해주는 유전자의 돌연변이에 의해 암이 발생한다. 이러한 돌연변이의 많은 경우는 흡연에 의해 일어난다.**

질문 & 분석

라마는 어떻게 높은 곳에서 살까?

대기는 혼합물이기 때문에 동물이 마시는 대기는 심지어는 지구 표면 100km 위까지 어느 곳이든 산소가 21%이다. 그러나 공기의 양(단위 부피당 분자의 수)은 위쪽 그래프에서 보이듯이 고도가 올라감에 따라서 급격하게 감소한다. 5000m에서의 기압은 해수면의 절반이다. 공기가 부족하게 되면 등산가들이 잘 알고 있는 것처럼 사람에게 심각한 문제가 일어난다. 공기 내 산소의 양(산소분압으로 측정된다)이 낮아지면 등산하는 사람의 근육에 공급되는 산소가 매우 적어진다. 이 문제를 해결하기 위해 높은 고도를 올라가는 등산가들은 보통은 높은 고도에 익숙해지기 위해 몇 달을 보내는데, 이 기간 동안 이들의 신체는 적혈구에 있는 헤모글로빈의 양을 많이 증가시켜줌으로써 적혈구가 포집할 수 있는 산소의 양을 증가시켜준다. 많은 포유동물은 평생 동안 높은 고도에서 살아간다. 라마와 비큐나(그림 참조)는 둘 다 5000m 이상의 남미의 안데스 고원에서 서식한다. 이들도 마찬가지로 적혈구에 여분의 헤모글로빈을 가득 채우거나 또는 다른 방법으로 적은 산소의 문제를 해결하고 있는 것인가?

오른쪽 아래 그래프에는 헤모글로빈이 산소와 결합하는 효율성을 보여주는 세 개의 '산소포화곡선'이 있다. 헤모글로빈이 더 효율적으로 결합할수록 더 적은 양의 산소로도 완전히 포화될 수 있다. 그래프를 보면 y축에는 헤모글로빈 포화도(즉, 얼마나 많은 헤모글로빈이 산소와 결합할 수 있는 정도)가 표시되고 있으며 x축에는 산소분압(헤모글로빈 분자가 사용 가능한 산소 양의 측정)이 표시되어 있다. 세 종류 포유동물에서의 산소포화곡선이 표시되어 있다: 해수면에 사는 사람, 5,000m 이상의 안데스 산맥에 사는 라마와 비큐나.

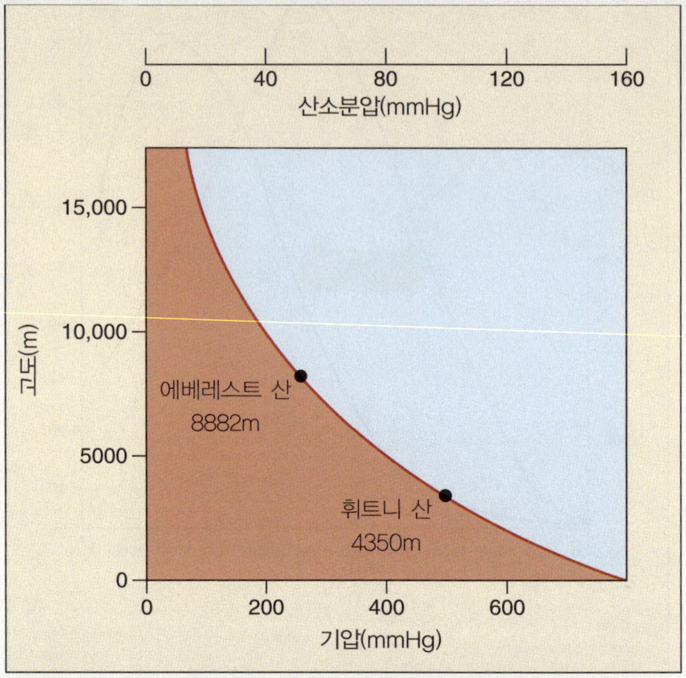

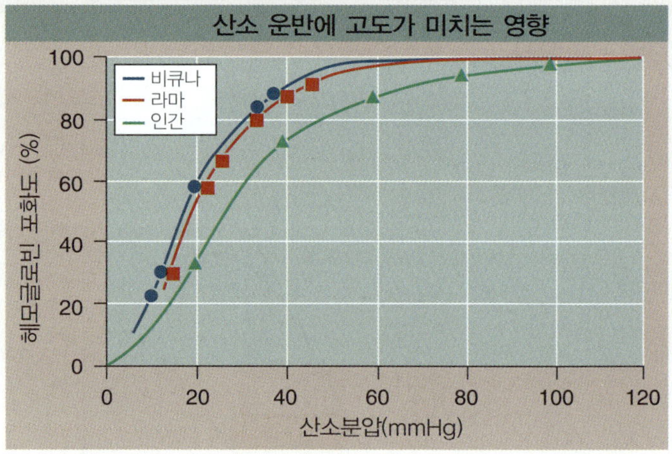

1. **개념 적용**
   a. **변수** 오른쪽 아래 그래프에서 무엇이 의존적 변수인가?
   b. **곡선 비교** 아래 그래프에서 추정해 볼 때 어떤 동물이 해수면의 분압(160mmHg)에서 산소에 쉽게 포화되는 헤모글로빈을 가지고 있는가? 어떤 동물의 헤모글로빈이 에베레스트 산에서 산소를 잘 받아들이는가(위 그래프의 자료를 활용하라)?
2. **자료 분석**
   a. 해수면에서 사람 근육조직 내 산소분압은 약 40mmHg이다. 이 분압에서 산소와 결합하는 각 동물들의 헤모글로빈 퍼센트는 얼마인가? 사람 헤모글로빈의 몇 퍼센트가 산소를 해리하는가? 라마는? 비큐나는?
   b. 높은 고도에 서식하는 두 동물의 헤모글로빈 포화도에는 어떤 중요한 차이점이 있는가?
3. **추론하기** 5,000m의 고도에서 산소분압은 80mmHg이다(해수면의 절반). 이 높이에서 사람 헤모글로빈의 어느 정도나 산소와 성공적으로 결합할 수 있을까? 라마의 헤모글로빈은 얼마인가? 비큐나의 헤모글로빈은 얼마인가?
4. **결론 도출** 산소포화곡선을 왼쪽으로 이동시키면 무슨 효과가 생기는가? 세 동물의 헤모글로빈의 산소 친화도에 대해서 어떤 일반적인 설명을 할 수 있는가?
5. **심층 분석** 워싱턴 D.C의 국립동물원에서 태어나 자란 라마는 어떤 포화도값을 가지게 되는가? 왜 그렇게 예상하는가? 어떻게 예측을 실험할 수 있는가?

호흡

24.1 호흡계의 종류

- 동물은 다양한 종류의 호흡계를 이용한다(**삽입 그림, 602쪽**). 일부 수생동물은 피부를 통해 산소를 얻고 이산화탄소를 배출한다.
- 고등 수생동물에서 아가미는 가스교환을 하는 표면적을 증가시키는 방향으로 진화되었다. 이런 동물 그룹에서 아가미의 복잡함은 극피동물의 간단한 돌기로부터 물고기의 심하게 구불거리는 아가미까지 매우 다양하다.
- 육상동물은 기관이나 폐를 가지고 대기로부터 산소를 얻는다. 절지동물의 기관계는 기문이라고 하는 외부로 열려 있는 공기 통로의 네트워크이다. 다른 육상 척추동물은 폐를 이용한다.

24.2 수생 척추동물의 호흡

- **그림 24.1**에서 보이는 물고기 아가미는 대향류 시스템 덕분에 물로부터 산소를 얻는데 매우 효과적이다. 흡입된 물은 모세혈관의 혈액 흐름과는 반대로 아가미필라멘트를 한 방향으로만 흐르는데 이를 대향류라고 한다. 이러한 흐름 패턴 때문에 아가미를 흐르는 물은 아래를 흐르는 혈액에 비해 언제나 산소 농도가 더 높다. 이런 농도 차이에 의해 혈액 내로 산소가 확산된다(**그림 24.2**).

24.3 육상 척추동물의 호흡

- 폐는 양서류부터 파충류로, 그리고 포유류의 폐까지 표면적을 증가시키는 방향으로 효율적으로 진화되었다(**그림 24.3**).
- 포유류의 폐에는 많은 기도가 있고 가지를 치고 있는데 그 끝에는 포도송이처럼 보이는 폐포라고 하는 작은 방이 있다. 폐포에는 가스 확산을 하는 표면적이 증가되어 있다.
- 조류의 폐는 교차 흐름 시스템을 사용하고 있어서 다른 육상동물의 폐보다 산소를 얻는 효율이 높다. 조류에서 공기는 혈액의 흐름과는 수직 방향으로 폐를 통과하여 후기낭으로 흘러가는데 이를 교차 흐름이라고 한다. 이 덕분에 포유동물에서 볼 수 있는 균일한 웅덩이 모양의 폐보다는 더 많은 산소를 얻을 수 있지만 물고기에서 볼 수 있는 대향류 시스템만큼 효율적이지는 않다(**그림 24.4**). 2차 들숨 동안에 공기는 폐로부터 전기낭으로 흘러갔다가 여기서부터 몸 바깥으로 배출된다.

24.4 포유동물의 호흡계

- 포유동물의 폐는 **그림 24.5**에서 보이는 것처럼 흉강이라고 하는 내부 공간에 위치해 있다. 기관지라고 하는 기도가 기관과 양쪽의 폐를 각각 연결해준다. 기관은 입의 뒤쪽까지 뻗어 올라와 있는 도관이다.
- 포유동물의 폐에 있는 기도의 끝에는 모세혈관으로 둘러싸인 폐포가 있다. 모세혈관 벽과 폐포의 단일 세포층을 가로질러서 가스교환이 일어난다.

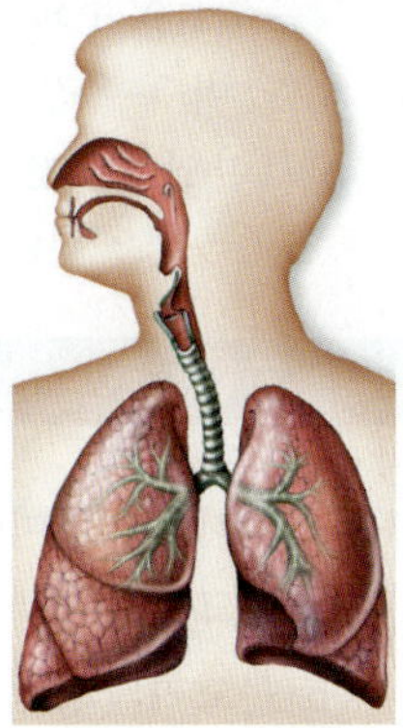

- 폐의 바깥쪽과 흉강의 안쪽 층을 따라 막이 배열되어 있다. 두 개의 막 사이에 있는 액체에 의해 흉강 벽에 폐가 붙어 있게 된다. 흉강 안쪽에 배열된 근육이 수축하면서 폐의 공간이 확장되면 공기가 폐 안으로 들어오게 된다. 근육이 이완하면 공기가 배출된다(**핵심 생물학 과정, 608쪽**).
- 통기량은 휴지기 때 폐로 들어왔다가 나가는 공기의 양을 말한다. 강제로 폐로 들어왔다가 나갈 수 있는 추가적 공기의 양을 폐활량이라고 한다. 강제로 숨을 내쉬고 난 다음에 폐 안에 남아 있는 공기를 잔기량 혹은 불용량이라고 한다.

24.5 호흡은 어떻게 일어나는가: 가스교환

- 적혈구에서 존재하며 **그림 24.6**에서 볼 수 있는 헤모글로빈은 폐로부터 체내의 세포로 산소를 운반한다. 산소농도가 높은 폐에서 산소는 혈액 내 적혈구로 확산된다. 산소는 헤모글로빈의 헴 그룹 안의 철 원자에 결합한다. 산소는 산소 농도가 낮은 신체의 여러 부분으로 운반된다. 산소는 농도기울기에 따라서 주변 조직에 있는 세포로 확산된다(**핵심 생물학 과정, 610쪽**).
- 적혈구는 산소를 해리하면서 이산화탄소와 결합한다. CO_2는 주로 중탄산염과 수소 이온 형태로 운반된다. 이산화탄소는 적혈구 내로 들어간 다음 탄산탈수효소에 의해 탄산으로 전환된다. 탄산은 중탄산염과 수소 이온으로 분리된다. 중탄산염은 염소 이온과의 역수송에 의해 세포 밖 혈장 내로 이동된다.
- 폐에서는 탄산탈수효소 반응이 역방향으로 일어나면서 중탄산염과 수소 이온은 원래대로 이산화탄소로 전환된 다음 혈액을 빠져나와 농도기울기에 따라서 폐포로 들어가게 된다. 폐로 들어온 CO_2는 내쉬어진다.
- 혈액은 또한 NO 가스를 슈퍼산화질소 형태로서 운반한다. NO는 내피세포에서 생성되며 혈관을 확장시키는 역할을 한다. 이것이 헤모글로빈에 의해 운반되지만 산소와 결합하는 부분이 아닌 헤모글로빈 분자의 다른 부분에 결합한다.

폐암과 흡연

24.6 폐암의 특성

- 암은 종종 환경에 존재하는 화학물질에 의해 야기된 DNA의 돌연변이

에 의한 결과로 생긴다. 환경 오염물질의 양이 높은 지역에서는 암의 발생 빈도가 더 높다(**그림 24.7**).

- 많은 암들이 주요 종양억제 유전자인 *Rb*와 *p53*의 돌연변이와 연관되어 있다. 이 두 유전자의 단백질 생성물은 세포분열을 조절하여 비정상적으로 분열하는 것을 억제한다. 만일 이 두 유전자가 돌연변이로 손상되면 세포는 통제가 불가능하게 분열할 수 있다.
- 폐암은 담배 연기에 있는 화학물질에 의해 야기된 돌연변이에 의해 생긴다. 담배를 피우는 정도와 폐암 발생 정도는 암을 야기하는 돌연변이가 축적되는 시간인 약 30년 간격을 두고 반영된다(**그림 24.8**).

이해력 확인 문제

1. 물고기의 아가미에서 대향류에 의해 일어나는 것은?
 a. 물고기의 혈액은 항상 낮은 산소 농도의 물과 접촉하게 된다.
 b. 물고기의 혈액은 항상 같은 산소 농도의 물과 접촉하게 된다.
 c. 물고기의 혈액은 항상 높은 산소 농도의 물과 접촉하게 된다.
 d. 더 넓은 표면적에서 가스교환이 일어나게 된다.

2. 아가미필라멘트와 폐의 폐포가 하는 역할은 무엇인가?
 a. 가스를 교환할 수 있는 표면적을 감소시킨다.
 b. 가스를 교환할 수 있는 표면적을 증가시킨다.
 c. 가스를 교환할 수 있는 부피를 감소시킨다.
 d. 가스를 교환할 수 있는 부피를 증가시킨다.

3. 일반적으로 다음의 어떤 경우에 폐포의 필요성이 증가하는가?
 a. 다른 종류의 척추동물에서 필요한 에너지가 증가하게 되었을 때
 b. 다른 종류의 척추동물에서 필요한 에너지가 감소하게 되었을 때
 c. 다른 종류의 척추동물의 서식지가 변화하게 되었을 때
 d. 다른 종류의 척추동물의 영양학적 요구가 증가하게 되었을 때

4. 어떤 종류의 동물이 가장 효율적으로 산소를 추출하는가?
 a. 파충류 b. 조류 c. 어류 d. 포유류

5. 조류의 호흡계에 대한 설명으로 옳지 않은 것은?
 a. 새는 공기와 혈액의 교차 흐름을 사용하여 호흡을 한다.
 b. 새는 폐에 추가적인 공기주머니가 있다.
 c. 공기가 새의 호흡계를 통과하기 위해서는 호흡주기가 세 번 반복되어야 한다.
 d. 새의 호흡계에는 들숨 동안에 공기를 가두어둘 수 있는 두 개의 부위가 있다.

6. 숨을 깊게 들이마셨을 때 가슴이 바깥쪽으로 움직이는 이유는 무엇인가?
 a. 들어오는 공기가 흉강을 확장시켜주기 때문이다.
 b. 복부의 근육들이 수축하면서 흉강을 바깥쪽으로 밀어내기 때문이다.
 c. 흉강을 둘러싼 근육들이 수축하면서 가슴을 밖으로 잡아당겨 주기 때문이다.
 d. 폐 안의 양압이 증가하면 흉강을 확장시키면서 가슴을 밖으로 잡아당겨 주기 때문이다.

7. 산소는 어떻게 운반되는가?
 a. 적혈구의 헤모글로빈에 의해서
 b. 혈청 내에 용해되어서
 c. 혈청 내에 있는 단백질과 결합해서
 d. 혈청 내에 혈소판에 의해

8. 대부분의 이산화탄소를 운반하는 것은?
 a. 적혈구의 헤모글로빈
 b. 혈장 내 중탄산염
 c. 혈장 내 단백질
 d. 적혈구 내 탄산

9. 다음 중 헤모글로빈에 의해 운반되지 않는 것은?
 a. 중탄산염
 b. 이산화탄소
 c. 산소
 d. 슈퍼산화질소

10. 다음 중 암을 일으킬 수 있는 것은?
 a. 흡연
 b. 오염
 c. *Rb*와 *p53* 유전자의 돌연변이
 d. 모두 옳음

응용력 확인 문제

1. 핵심 생물학 과정: 호흡에서의 가스교환

만일 어떤 사람이 탄산탈수효소 활성을 막는 화학약품에 의해 중독되었다면 이산화탄소 운반에는 어떤 일이 일어나는지 설명하시오.

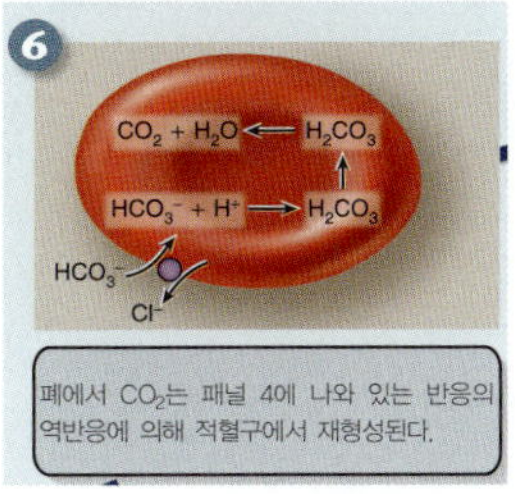

2. 그림 24.8 이 자료로부터 담배 흡연과 건강에 대해 어떤 결론을 내릴 수 있는가? 설명하시오.

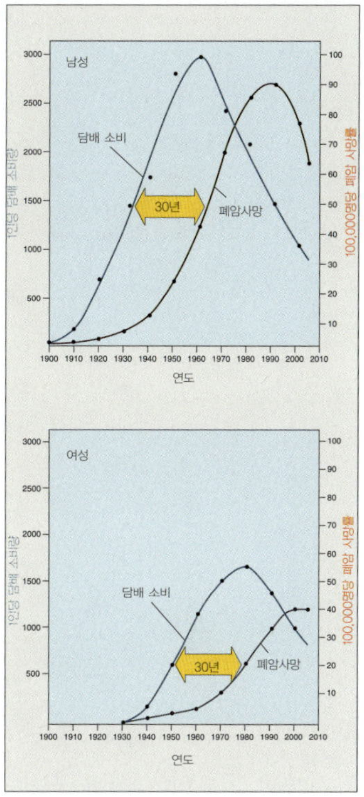

종합 학습

1. 사람이 음식을 먹을 때 너무 큰 덩어리를 먹거나 혹은 완전하게 씹지 않고 삼키게 되면 음식이 후두개(음식을 삼킬 때 기관을 덮는 덮개) 근처에 있는 식도 아래 부분을 막을 수가 있다. 음식이 이 부분을 막으면 대개 숨을 쉴 수가 없다. 이런 경우에는 폐를 압박하고 횡격막을 빨리 밀어 올리는 방법인 하임리히 구명법을 시도하라고 교육을 받는다. 이것이 어떻게 도움이 되는가?

2. 흡연이 폐암뿐만 아니라 많은 종류의 암 발생 증가와도 어떻게 연관되어 있는가?

25

동물의 몸을 통과하는 음식물의 경로

학습단원

음식물의 열량과 필수 영양소

25.1 열량과 성장을 위한 음식물

1. 탄수화물, 단백질, 지방의 그램당 칼로리의 비교
2. 신체용적지수(BMI)의 정의와 과체중이 우려되는 사람의 BMI 상태와 비만이 우려되는 인물의 BMI 상태의 정의
3. 기초대사율(BMR)의 정의

소화

25.2 소화계의 유형

1. 세포내 소화와 세포외 소화 비교
2. 선충류와 지렁이류의 소화관 비교
3. 소화를 정의

25.3 척추동물의 소화계

1. 척추동물 소화계의 구성요소
2. 선충류와 지렁이류의 소화관 비교
3. 맹장을 가진 동물의 식별과 맹장의 기능
4. 척추동물 소화관의 층들을 열거하고 기술

25.4 구강과 치아

1. 4가지 척추동물 치아의 기능
2. 늑대와 암소의 치아 비교
3. 치아의 내부 구조
4. 침과 아밀라아제의 기능
5. 삼키는 과정의 단계

25.5 식도와 위

1. 식도, 연동운동, 괄약근, 유미액의 정의
2. 속쓰림의 요인
3. 부세포와 주세포의 기능
4. 장액과 혈액의 pH 비교
5. 대부분의 위궤양 요인

25.6 소장과 대장

1. 십이지장, 공장, 회장의 위치와 기능
2. 소장 내 융모와 미세융모의 역할
3. 대장과 소장의 기능 비교

25.7 척추동물 소화계의 다양성

1. 암소의 위를 기술하고 식물질 소화에 어떤 기구의 도움이 있는지 기술
2. 자기분식성의 정의와 그것의 이점

25.8 소화부속기관

1. 간, 쓸개 그리고 이자의 기능

질문 & 분석: 당뇨환자는 왜 그들의 소변에 포도당을 배출시킬까?

광합성을 하는 동물은 없다. 동물은 그들의 삶에 힘을 얻고자 생체 내에 산화 유기분자의 소모에 따라 열량을 얻는 타가영양체다. 모든 동물은 생존하기 위하여 식물이나 다른 동물을 꾸준히 소모해야만 한다. 프레리도그(북미 대초원 지대에 사는 다람쥐과 동물)의 입에 있는 풀은 몸의 조직, 열량, 쓰레기로 그의 세포 안에서 쓰이려면 바뀌져야 한다. 초원에서 대부분의 분자들은 프레리도그가 편히 흡수하기에는 멀고 너무 크기 때문에 일단 작은 조각으로 쪼개져야 한다. 탄수화물은 단순한 당으로, 단백질은 아미노산으로, 지방은 지방산으로 분해된다. 이러한 소화라고 하는 과정을 이 장의 초점으로 삼고 있다. 프레리도그의 소화계는 당, 아미노산, 지방산을 몸에서 소화하여 몸에 흡수되도록 분화된 입으로부터 항문에 이르는 긴 관이다. 무엇이든지 몸으로부터 배설물과 같은 상태로 배출되어 떠난다. 최근 연구자들은 그들이 먹는 조류(algae)로부터 엽록체 역할을 하는 것으로 보여 광합성을 입증할 수 있는 것으로 보이는 갯민숭이를 발견했다. 어떤 프레리도그 또는 척추동물에게도 선택권이라는 혜택은 없다. 이 장에서 여러분은 척추동물의 몸을 통과하며 이동하는 음식물의 경로를 따라갈 것이다. 이제 놀랍고도 흥미로운 여행이 시작된다.

25.1 열량과 성장을 위한 음식물

동물들이 먹는 음식은 에너지와 스스로 만들 수 없는 아미노산, 지방과 같은 필요한 분자들을 제공한다. 최선의 식이요법은 지방보다 더 많은 탄수화물과 미연방정부에서 "영양분 피라미드"로 추천되는 중요한 양의 단백질을 섭취하는 것이다(**그림 25.1**). 피라미드는 사람이 먹어야 할 것의 일반적인 지침을 의미한다. 건강한 식이요법은 더 큰 범위에 의해 가리켜진 더 많은 음식을 포함해야만 한다. 예를 들어, 황금색 구역은 전체 곡물의 강조와 더불어 곡물과 시리얼을 가리킨다. 지방(노란색 구역)은 그것들은 훨씬 큰 고에너지의 탄소-수소 결합을 갖고 있어서 탄수화물이나 단백질의 1g보다 훨씬 큰 열량을 갖기 때문에 훨씬 적은 양이 추천된다. 탄수화물과 단백질은 이미 산소 충전된 것보다 더 많은 탄소-산소 결합을 가진다. 따라서 지방은 에너지 저장에 매우 효율적인 방식이다. 음식이 섭취될 때, 그것은 몸의 세포에 의해 신진대사가 이루어지거나 지방으로 전환되어 지방세포로 저장되거나 한다.

탄수화물은 주로 시리얼, 곡물, 빵, 과일, 채소로부터 흡수된다. 평균적으로, 탄수화물은 그램당 4.1칼로리를 함유한다. 그에 비해 지방은 그램당 9.3칼로리로 2배 이상이다. 식사의 지방은 기름, 마가린, 버터로부터 흡수되고, 튀긴 음식, 고기, 감자칩이나 크래커와 같은 가공된 스낵에 풍부하다. 탄수화물은 단백질과 같이 그램당 4.1칼로리를 가지며 유제품, 가금류, 생선, 고기, 곡물을 포함한 많은 음식으로부터 얻을 수 있다.

그림 25.1 영양의 피라미드

각 구획의 폭은 식량군에서 여러분이 얼마나 많이 음식을 소모하고 있는가를 나타내고 있다. 황금색 구획은 곡류이고, 초록색은 채소, 빨간색은 과일, 노란색은 지방, 파란색은 낙농제품, 자주색은 고기와 콩이다. 그러나 하나의 크기는 모두에게 적합한 것은 아니기 때문에 당신에게 적합한 식량 피라미드를 맞춤형으로 알아보려면 www.mypyramid.gov를 활용하도록 한다.

몸은 에너지를 위해 탄수화물을 사용하며, 지방은 세포막과 다른 세포구조물들을 만들고 신경세포를 감싸며 에너지를 제공하기 위해 사용한다. 적당한 건강에 필수적인 지용성비타민은 지방과 함께 흡수된다. 단백질은 열량을 위해서 사용되며 세포소기관, 효소, 헤모글로빈, 호르몬, 근육, 뼈 조직의 구성물질로 쓰인다.

미국, 유럽과 같이 부유한 나라에서 과체중이 되는 것은 습관적인 과식과 전체 칼로리 흡입에서 지방이 35% 이상을 구성하는 고지방 식사 결과로서 흔한 일이다. 신체용적지수(BMI; 체질량지수)의 국제 표준측정은 킬로그램으로 추산한 체중을 미터로 추산한 키의 제곱으로 나누어 측정한 것이다(BMI = kg ÷ m^2). 신체용적지수(BMI) 표는 **그림 25.2**에서 표시된다. 여러분들의 BMI를 결정하기 위해, 첫 번째 열(피트와 인치인)에서 신장을 찾고 체중을 파운드와 교차하는 지점을 찾아보라. 25의 BMI 값(어두운 청색 박스)과 30미만은 과체중으로 생각되며, 30이나 그 이상의 값은 비만으로 생각된다. 미국에서 국립보건협회의 2004년 조사에 따르면 성인의 66%인 1억3,360만 명의 미국인이 BMI 25 이상의 과체중이다. 이 사람들 중 6360만 명은 BMI 30 이상의 비만으로 생각된다. 과체중이 되는 것은 관상동맥질환, 당뇨병, 기타 많은 질병과 연관이 깊다. 그렇다고 해서 굶는 것 또한 해답은 아니다. 18.5 미만의 BMI 또한 건강하지 않으며, 종종 신경성 식욕부진증 등의 식이 질환이 원인이기도 하다.

심지어 완전히 쉬고 있는 동물이라도 신진대사를 위한 에너지를 필요로 한다. 이 *기초대사율*(basal metabolic rate, BMR)이라고 하는 에너지 소비의 최소 비율은 각 개체에서 상대적으로 일정하다. 운동은 신진대사 속도를 기초수준 이상으로 올리는 것으로서 몸이 매일 요구하는 에너지의 양은 BMR 뿐만 아니라 신체활동의 수준에 의해서도 결정된다. 그러므로 에너지 요구량은 식이요법의 선택이나 운동에서 에너지 소비의 양에 의해서도 변화한다.

음식의 한 가지 중요한 특징은 그것의 섬유 구성물이다. 섬

25 과체중 제한 | 과체중

체중 키	100	105	110	115	120	125	130	135	140	145	150	155	160	165	170	175	180	185	190	195	200	205
5' 0"	20	21	21	22	23	24	25	26	27	28	29	30	31	32	33	34	35	36	37	38	39	40
5' 1"	19	20	21	22	23	24	25	26	26	27	28	29	30	31	32	33	34	35	36	37	38	39
5' 2"	18	19	20	21	22	23	24	25	26	27	27	28	29	30	31	32	33	34	35	36	37	37
5' 3"	18	19	19	20	21	22	23	24	25	26	27	27	28	29	30	31	32	33	34	35	35	36
5' 4"	17	18	19	20	21	21	22	23	24	25	26	27	27	28	29	30	31	32	33	33	34	35
5' 5"	17	17	18	19	20	21	22	22	23	24	25	26	27	27	28	29	30	31	32	32	33	34
5' 6"	16	17	18	19	19	20	21	22	23	23	24	25	26	27	27	28	29	30	31	31	32	33
5' 7"	16	16	17	18	19	20	20	21	22	23	23	24	25	26	27	27	28	29	30	31	31	32
5' 8"	15	16	17	17	18	19	20	21	21	22	23	24	24	25	26	27	27	28	29	30	30	31
5' 9"	15	16	16	17	18	18	19	20	21	21	22	23	24	24	25	26	27	27	28	29	30	30
5' 10"	14	15	16	17	17	18	19	19	20	21	22	22	23	24	24	25	26	27	27	28	29	29
5' 11"	14	15	15	16	17	17	18	19	20	20	21	22	22	23	24	24	25	26	26	27	28	29
6' 0"	14	14	15	16	16	17	18	18	19	20	20	21	22	22	23	24	24	25	26	26	27	28
6' 1"	13	14	15	15	16	16	17	18	18	19	20	20	21	22	22	23	24	24	25	26	26	27
6' 2"	13	13	14	15	15	16	17	17	18	19	19	20	21	21	22	22	23	24	24	25	26	26
6' 3"	12	13	14	14	15	16	16	17	17	18	19	19	20	21	21	22	22	23	24	24	25	26
6' 4"	12	13	13	14	15	16	16	16	17	18	18	19	19	20	21	21	22	23	23	24	24	25

그림 25.2 여러분은 과체중인가?

이 표는 연방 건강당국이 과체중인 사람을 결정하기 위해 사용하는 신체용적지수(BMI) 값을 나타낸다. 여러분의 BMI 값은 신장과 체중의 교차점에 있다.

유는 사람이 소비할 수 없는 식물 음식의 부분이며 과일, 채소, 곡물에서 발견된다. 반면 다른 동물들은 상대적으로 높은 섬유를 함유한 음식 가공을 위한 다른 많은 방식으로 진화하였다. 미국에서 이제 흔한 저섬유 식단은 결장을 통해 음식이 느리게 통과되게 한다. 이 낮은 섬유 섭취는 세계에서 가장 높은 발생 수준을 가진 미국에서 결장암의 발생과 관련된 것으로 생각된다.

성장을 위한 필수 요소

그들의 진화 과정을 거쳐 많은 동물들은 그들이 필요로 하고 신진대사에서 종종 중요한 역할을 수행하는 일정 요소들을 만드는 능력을 잃어왔다. 가령 모기와 다른 많은 흡혈 곤충들은 콜레스테롤을 생산할 수 없으나 사람의 피에 콜레스테롤이 많기 때문에 그들의 식이요법으로 콜레스테롤을 얻는다. 많은 척추동물들은 단백질을 만드는 20가지 아미노산 중 하나나 그 이상을 제조할 수 없다. 사람은 리신, 트립토판, 트레오닌, 메티오닌, 페닐알라닌, 류신, 이소류신, 발린과 같은 8가지 아미노산을 만들 수 없다. 따라서 **필수 아미노산(essential amino acid)**이라고 하는 이 아미노산들은 반드시 먹는 음식의 단백질로부터 섭취해야 한다. 이러한 이유로 모든 필수 아미노산을 함유한 하나인 완전 단백질이라 불리는 것을 먹는 것이 중요하다. 게다가 수많은 척추동물에서는 그들 몸에 많은 종류의 지방 뼈대를 제공하기 위하여 어떤 다가불포화 지방의 합성 능력을 잃었다.

미량원소 게다가 에너지를 제공하기 위해 섭취된 음식은 매우 소량이 요구되는 무기질인 **미량원소(trace element)**의 다양한 종류와 마찬가지로 반드시 몸에 칼슘, 인과 같은 필수 무기질을 공급해야 한다. 미량원소에는 요오드(갑상선 호르몬의 구성물), 코발트(비타민 B_{12}의 구성물), 아연과 몰리브덴(효소의 구성물), 망간, 셀레늄이 있다. 셀레늄의 가능한 특성 함께 동물이 섭취한 식물로부터 직접 얻거나 식물을 먹은 동물로부터 간접적으로 얻으나 이 모든 것들은 식물의 성장을 위해서도 필요하다.

비타민 소량이 사용되는 필수 유기물질은 비타민이라고 한다. 사람은 적어도 13가지의 다른 **비타민(vitamin)**을 필요로 한다. 많은 비타민들은 세포 효소를 위한 공동 인자로서 요구된다. 가령 예를 들자면, 사람, 원숭이, 기니피그는 아스코르브산(비타민 C)을 합성하는 능력을 잃어왔다. 비타민 C가 식이요법에서 공급되지 않으면 약해지고, spongy gum이라고 하는 출혈성 잇몸처럼 점막과 피부에서의 출혈로 특징짓는 괴혈병이라 불리는 잠재적인 치명적 질병에의 위험이 증가할 것이다.

주요 학습 요점 25.1 **음식은 칼로리의 필수 공급원이다. 적절한 탄수화물, 단백질, 지방의 균형을 유지하는 것이 중요하다. BMI 25 혹은 그 이상의 개체는 과체중으로 여겨진다. 음식은 또한 미량원소나 비타민과 같이 몸이 스스로 만들지 못하는 주요 아미노산을 제공한다.**

소화

25.2 소화계의 유형

타가영양생물은 그들 음식 공급원의 주성분에 따라 세 그룹으로 나뉜다. 오로지 식물만 먹는 소, 말, 토끼, 참새 같은 동물들은 **초식동물(herbivores)**이다. 고기를 먹는 고양이, 독수리, 송어, 개구리와 같은 동물들은 **육식동물(carnivores)**이다. **잡식성 동물(omnivores)**은 식물과 다른 동물 양쪽을 먹는 동물이다. 사람는 돼지, 곰, 까마귀와 같이 잡식성 동물이다.

단일 세포성 생물(해면과 같은)은 세포내에서 소화효소로 음식입자를 분해하여 세포내의 음식을 소화시킨다. 다른 동물들은 음식을 세포외의 소화강 내에서 소화한다. 이 경우, 소화효소는 동물의 외부환경과 연속인 강으로 방출된다. 편형동물류(플라나리아와 같은)와 **그림 25.3**의 히드라와 같은 자포동물류에서, 몸 중심의 소화강은 꼭대기에 입(빨간색 화살표의 음식을 넣는)과 항문(파란색 화살표의 노폐물이 나가는) 모두의 기능을 하는 하나의 구멍만을 가진다. 모든 세포가 소화의 전 과정에 노출되어 있기 때문에 *위수강*이라고 하는 이러한 소화계 내에서 더한 세분화는 불가능하다.

세분화는 소화관 또는 영양관이 나뉜 입과 항문들 가질 때 발생한다. 그러므로 음식의 수송은 한 길로 이루어진다. **그림 25.4**

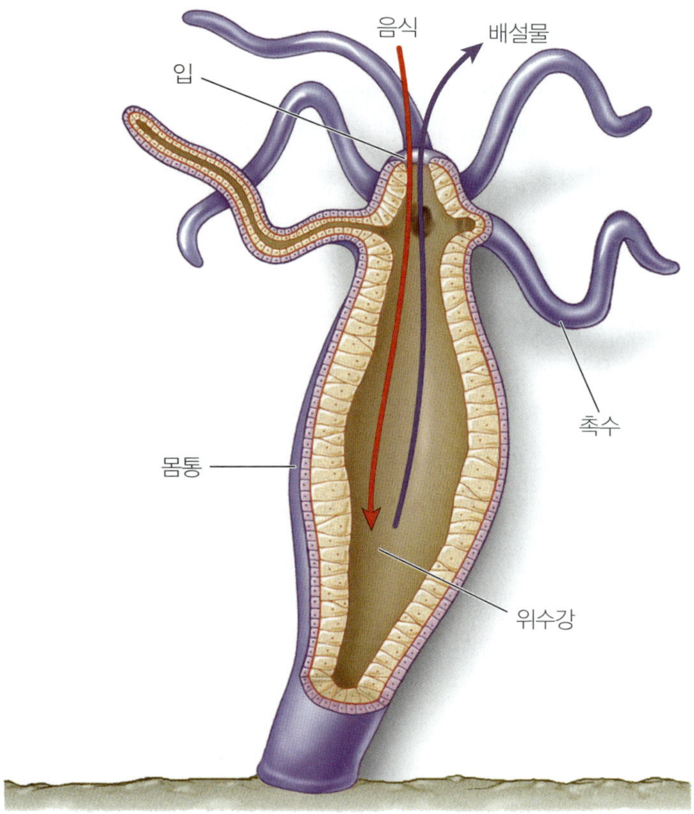

그림 25.3 두 방향의 소화관

음식 분자는 같은 구멍을 통해 히드라의 위수강을 들어오고 나간다.

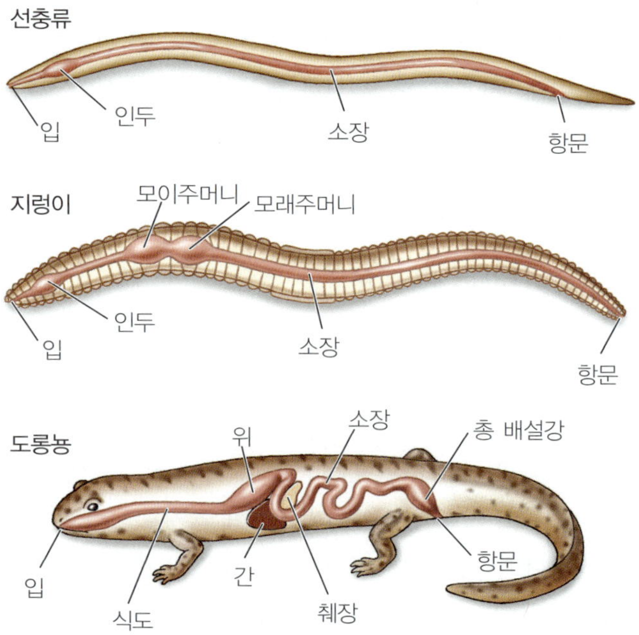

그림 25.4 한 방향의 소화관

소화관을 통한 한 방향의 운동은 소화계의 다른 지역이 다른 기능들을 위해 세분화되는 것을 허용한다.

에서 3가지 예시가 보인다. 가장 원시적인 소화관은 상피막에 의해 나열된 단순한 관형 내장이 있는 선충류(선형동물문)에서 볼 수 있다. 지렁이(환형동물문)는 섭취, 저장(모이주머니), 파쇄(모래주머니), 음식의 소화(장)를 위해 다른 부위에 세분화된 소화관을 갖는다. 도롱뇽과 같은 모든 고등생물들은 동일한 세분화를 보인다.

섭취된 음식은 소화관의 세분화된 지역에 저장되거나 먼저 이빨로 씹는 행동(많은 척추동물의 입에서)이나 조직들의 가는 행동(지렁이나 조류의 모래주머니)을 통해 물리적으로 분해될 수 있다. 그 후 화학적 **소화(digestion)**가 장에서 다당류, 지방, 단백질의 음식 분자를 작은 하위단위로 부수며 최초로 발생한다. 탄수화물 소화는 몇몇 동물의 입에서 시작되며 단백질 소화는 몇몇 동물들의 배에서 시작된다. 화학적 소화는 음식으로부터 주로 단당류, 아미노산, 지방산인 하위단위를 풀어 놓는 가수분해 반응을 포함한다. 이러한 화학적 소화의 산물은 장의 상피세포를 통과하고 흡수로 알려진 과정에서 궁극적으로 혈액으로 들어간다. 흡수되지 않은 음식의 어떠한 분자라도 그 동물에 의해 사용될 수 없다. 이러한 노폐물은 항문을 통해 배출된다.

주요 학습 요점 25.2 **대다수의 동물은 그들의 음식을 세포 밖에서 소화한다. 음식을 한 방향으로 수용하는 소화관은 다른 기능을 위한 지역의 세분화를 허용한다.**

25.3 척추동물의 소화계

사람과 다른 척추동물에서 소화계는 관형의 위장관과 부속 소화기관들(**그림 25.5**)로 구성된다. 그림을 위아래로 보면 위장관의 초기 구성물은 입과 구강과 비강의 일반적 통로인 인두이다. 인두는 일부 예비 소화가 일어나는 음식을 배로 운송하는 근육관인 식도로 이끈다. 배로부터 음식은 소화효소의 일련이 소화과정을 계속하는 소장의 첫 부분으로 지나간다. 소화의 산물은 그 후 소장의 벽을 지나 혈류로 나아간다. 소장은 남은 것들을 물과 무기질이 흡수되는 대장으로 옮긴다. 포유류 외의 대부분의 척추동물에서, 노폐물은 대장으로부터 또한 소변과 생식기계의 산물들을 받는 배설강이라고 하는 강(**그림 25.4**의 도롱뇽에서 보이는)으로 생겨난다. 포유류에서 비뇨생식기의 산물은 배설물의 재료로부터 대장(혹은 결장이라고 하는)으로 분리된다.

일반적으로 육식동물은 몸 크기에 비해 초식동물의 것보다 짧은 장을 가진다. 짧은 장은 육식동물에게는 적합하지만 초식동물은 소화가 잘 되지 않는 많은 양의 셀룰로오스를 섭취하므로 적절치 않다. 이러한 동물은 길고 말려진 작은 장을 가진다. 이에 더해 반추동물(소와 같은)이라고 하는 풀과 다른 식물을 섭취하는 포유류는 식물의 소화에서 박테리아가 돕는 여러 개의 방이 있는 위를 가진다. 토끼와 말을 포함한 다른 초식동물은 대장의 처음에 위치한 **맹장(cecum)**이라고 하는 무감각한 주머니에서 박테리아의 도움으로 셀룰로오스를 소화한다(이것은 25.7절에서 더 자세하게 논의된다). 간, 쓸개, 췌장을 포함한 부속 소화기관은 이 장에서 나중에 서술된다.

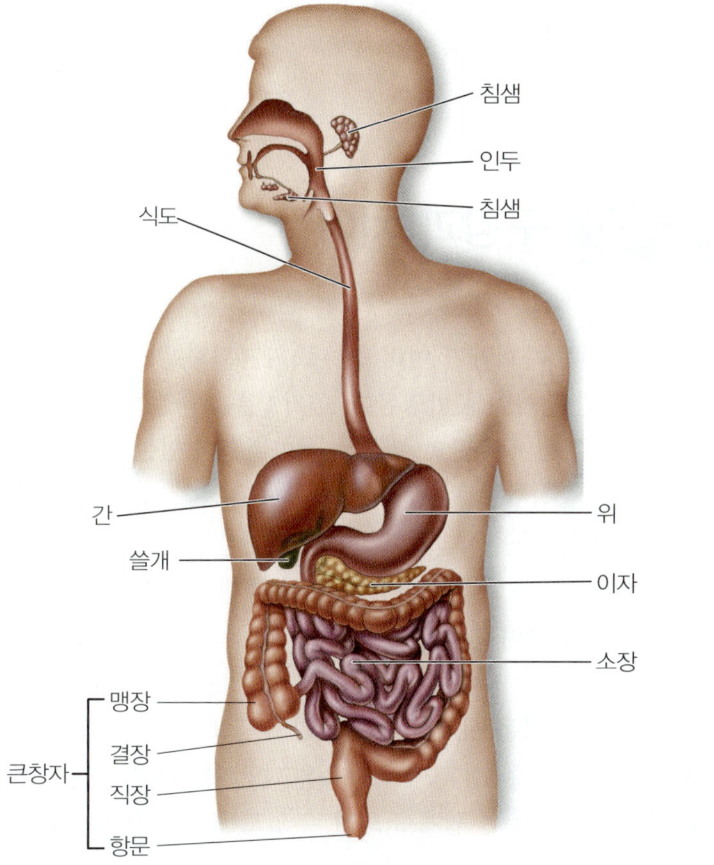

그림 25.5 사람의 소화관

관상 위장관과 부속 소화기관을 제시하고 있다. 결장은 맹장으로부터 항문에 이르기까지 돌출한 것이다.

그림 25.6에서 볼 수 있는 척추동물의 관형 위장관은 특징 있

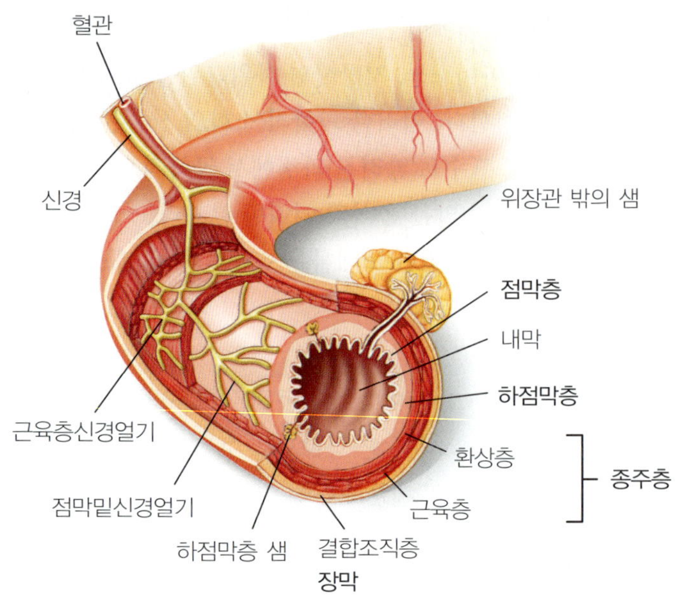

그림 25.6 위장관의 층

점막은 나열된 상피를 포함한다, 점막하조직은 결합조직(외부장막으로서의)과 평활근으로 구성된 점막근으로 이루어진다.

는 층을 이룬 구조를 가진다. 안쪽(내장)에서 바깥쪽으로 일하는 최심부의 층(연분홍색)은 내강을 나열한 상피인 점막이다. 결합조직으로 구성된 다음의 주요 조직 층은 점막하조직(어두운 분홍색)으로 불린다. 점막하조직의 바로 밖은 평활근의 이중층으로 구성된 점막근이다. 내부층의 근육은 순환 동향을 가지며 외부층의 근육은 세포로 배열된다. 외부결합조직층인 *장막*은 관의 외부표면을 덮는다. 지역에서 한데 얽힌 망이라고 하는 신경은 점막하조직에 위치해 있으며 위장활동의 제어를 돕는다.

주요 학습 요점 25.3 척추동물 순환계는 다른 동물들에선 수정된 일련의 조직 층으로 이루어진 관형의 위장관으로 구성된다.

25.4 구강과 치아

척추동물에서 소화계가 여러 종류로 세분화함은 이들 동물들 생활방식 간의 차이를 반영한다. 공기호흡을 하는 척추동물은 인두가 아주 제거된 반면, 어류는 아가미틈이 있는 큰 인두를 가진다. 많은 척추동물은 치아를 가지며 음식을 씹어(저작) 분해하여 작은 입자들로 만들고 그것을 분비된 유체와 섞는다. 치아가 없는 조류는 음식을 그들의 두 개의 방으로 된 위에서 부순다. 첫 번째 방인 전위(**그림 25.7**)에서는 두 번째 방인 모래주머니로 음식과 함께 나아가는 곳으로서 소화효소를 만든다. 조류의 모래주머니는 섭취된 자갈과 함께 근육운동에 의해 음식과 함께 휘저을 수 있다. 이 휘저음은 씨앗이나 다른 단단한 식물 재료를 장에서 더 쉽게 소화될 수 있도록 더 작은 덩어리로 쪼갠다.

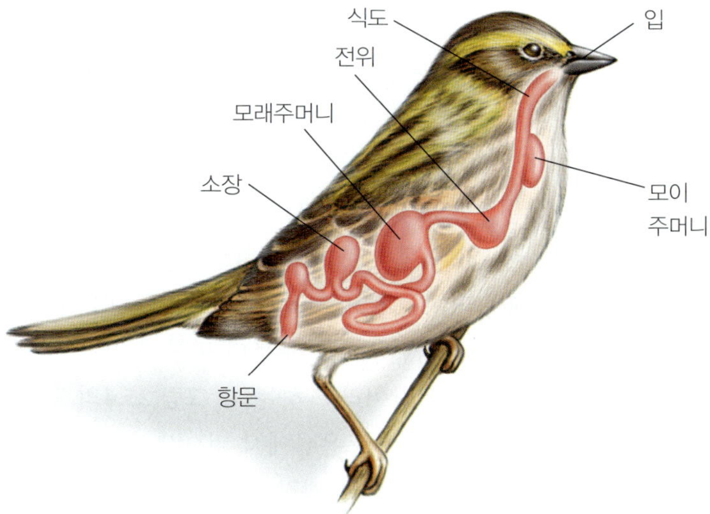

그림 25.7 조류의 소화관

조류의 음식은 입으로 들어가 모이주머니에 저장된다. 조류에게 치아가 없기 때문에 그것들은 모래주머니에서 머물며 음식의 분해를 돕는 모래나 조약돌을 삼킨다. 소화효소는 전위에서 만들어지며 장으로 나아가기 전에 모래주머니에서 음식과 모래 같은 것과 휘저어진다.

척추동물의 치아

제20장에서 파충류나 어류는 동형치아(이빨 모두가 동일한)를 가지는 반면, 대부분의 포유류는 다르게 특성화된 유형인 이형치아를 가짐을 상기해 보라. 치아의 네 가지 다른 유형인 물고 끊는데 사용되는 끌 모양의 앞니와 음식을 찢는데 쓰이는 날카롭고 뾰족한 치아인 송곳니와 음식을 갈거나 부수는데 쓰이며 대개 납작해져 있고 이랑이 있는 표면의 앞어금니(이두치)가 있다. 포유류의 위턱과 아래턱의 맨 앞부분 치아는 앞니이다. 앞니의 각 양쪽의 것은 송곳니이다. 송곳니 뒤의 것들은 어금니와 작은 어금니다.

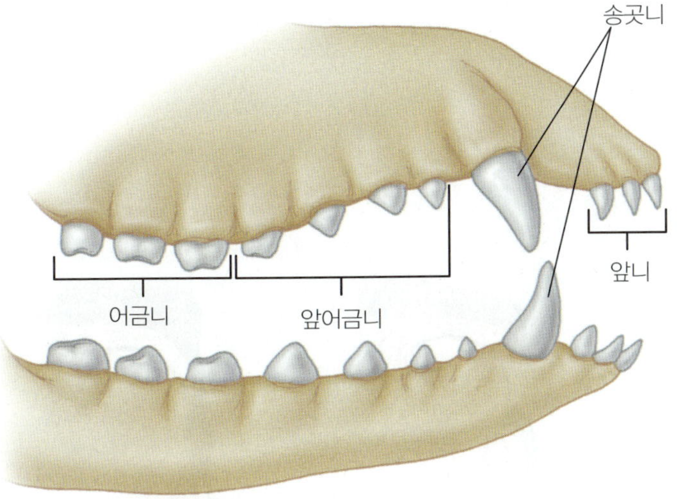

그림 25.8 이형 치아의 개요

여러 포유류는 포유류가 채식동물인지 육식동물인지 잡식동물인지에 따라 특징적인 이형치아의 변형물을 갖는다. 육식동물에서 음식을 찢는 것과 쪼개는 것에 적응하며, 송곳니는 튀어나와 있고 작은 어금니와 어금니는 접점이 뚜렷하다. 채식동물은 채소를 자르고 가는 것에 적응하며, 앞니의 일부는 거대하고 송곳니는 줄어들었거나 퇴화되어 있으며, 작은 어금니와 어금니는 납작해져 있다.

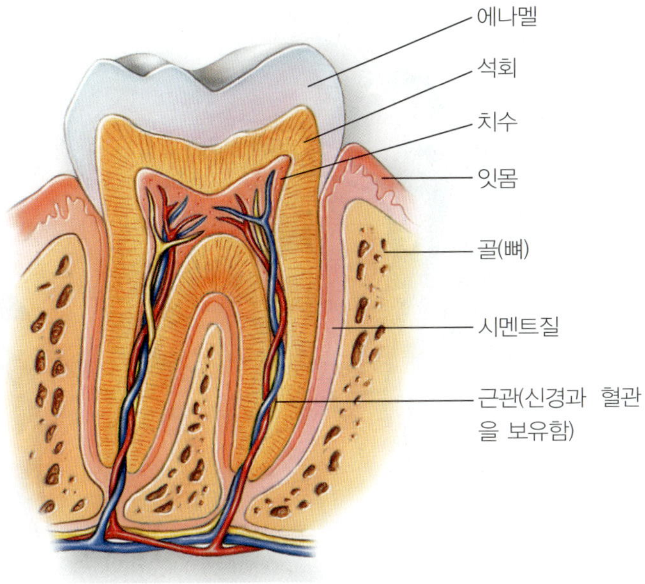

그림 25.9 인간의 치아

살아 있는 각 척추동물의 치아는 신경과 혈관을 보유하는 치수를 갖는다. 실제로 씹는 치아의 표면은 단단한 에나멜층이 더 연질인 상아질을 덮어 치아의 몸통을 형성한다.

이러한 이형치아의 일반적 양식은 다른 포유류들 각각의 식이요법에 의해 수정되었다(**그림 25.8**). 예를 들어 육식 포유류에서 송곳니는 돌출되어 있으며, 앞어금니와 어금니는 자르고 가는 역할에 적응된 날카로운 모서리로 더욱 칼과 같다. 육식동물은 종종 그들의 먹이를 조각으로 찢거나 소화효소가 동물세포에 직접 작용하기 때문에 그것들을 씹을 필요는 거의 없다(고양이나 개가 음식을 그냥 삼켜버림을 상기하라). 대조적으로 소나 말과 같이 풀을 먹는 채식동물은 소화 이전에 반드시 식물조직의 셀룰로오스 세포벽을 분해해야 한다. 이러한 포유류의 앞니는 잘 발달했으며 풀과 다른 채소들을 자르는 데 쓰인다. 송곳니는 줄어들었거나 퇴화되었으며 앞어금니는 복합적인 주름이 음식물 마쇄에 적합한 상태로 크고 넓적한 치아이다.

사람은 잡식성 동물이며 치아는 식물과 동물음식 모두를 먹는 것에 적응되어 있다. 단순히 고찰하면 사람 치아의 앞부분은 육식동물이고, 뒷부분은 채식동물이다. 아이들은 20개의 치아만을 갖지만 일시적인 이 치아들은 유아기에 사라지고 32개의 성인 치아로 교체된다. 세 번째 어금니는 사랑니로, 사람이 약간의 "지혜"를 얻는 것으로 추측되는 대개 10대 후반이나 20대 초반에 자라난다.

그림 25.9에서 보는 것처럼, 치아는 살아 있는 기관이다. 결합조직, 신경, 혈관으로 구성되며 턱의 이빨에 붙는 뼈와 같은 물질인 시멘트질에 의해 고정된다. 치아의 내부는 치수라고 하며 근관으로 확장하는 결합조직과 신경, 혈관을 포함한다. 상아질이라고 하는 석회질이 된 조직의 층은 치수강을 둘러싼다. 잇몸의 위로 돌출된 치아의 부분은 치관이라고 하며 극도로 단단하고 에나멜로 불리는 무생물 물질로 감싸져 있다. 에나멜은 마모와 입 안의 박테리아에 의해 만들어지는 산으로부터 생겨나는 훼손에 대해 보호한다. 충치는 박테리아 산이 에나멜이 파괴했을 때 박테리아가 치아 내부조직에 감염하도록 허용하게 되었을 때 형성된다.

입에서의 음식처리

입에서 혀는 음식을 점액성 용액인 **침(saliva)**과 섞는다. 사람의 침샘은 3쌍인데 입의 점액성 내면의 관을 통해 침을 입으로 분비한다. 침은 음식을 적시고 매끄럽게 하며, 음식을 삼키기 쉽게 하고, 식도를 통해 그것이 통과할 때 조직이 마모되지 않게 한다. 침은 또한 가수분해 효소인 이당류 말토오스로 다당류 녹말의 분해를 시작하는 타액의 **아밀라아제(amylase)**를 포함한다. 이러한 소화는 대부분의 사람들이 그들의 음식을 오랫동안 씹지 않기 때문에 대부분의 사람에서는 최소한으로 나타난다.

침샘의 분비는 인체에서 입에 음식이 하나도 없을 때 0.5mL/분의 양으로 지속적인 침의 흐름이 유지되도록 신경계에 의해 제

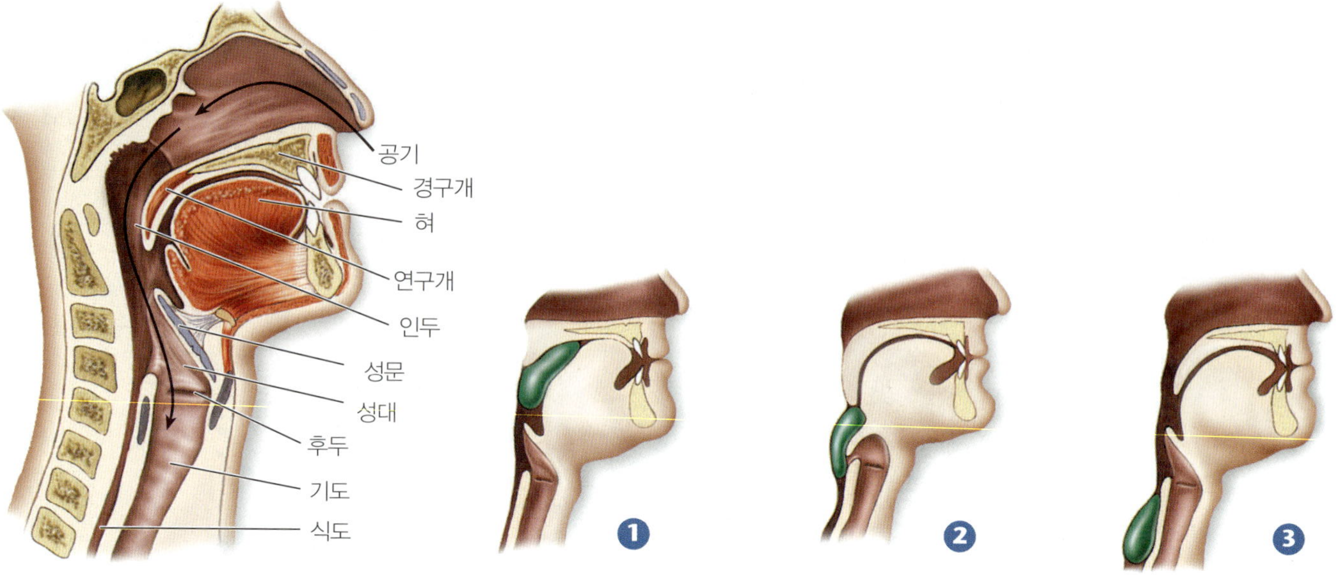

그림 25.10 인간의 인두, 연구개, 그리고 후두

어된다. 이러한 지속적인 분비는 입을 적셔준다. 침샘의 자극에 의해 반응하는 입의 맛을 느끼는 뉴런이 충격을 뇌로 보내는 것과 같이 입에서 음식의 존재는 침 분비의 정도 증가를 유발한다. 가장 효과적인 자극은 타액분비를 8배나 증가시킬 수 있는 레몬주스 등의 산성 용액이다. 음식의 보임, 소리, 냄새는 개에게는 현저하게 타액분비를 자극할 수 있지만 사람에게 그러한 자극은 음식에 대해 생각하거나 말하는 것에 비해 훨씬 덜 효과적이다.

삼킴

음식을 삼킬 준비가 되면 혀는 그것을 입의 위로 보낸다. 포유류에서 삼키는 과정은 연구개를 인두의 뒷벽에 대해 밀며 들어올릴 때 시작된다. 연구개를 들어올림은 비강을 봉쇄하고 음식이 ❶로 들어가는 것을 막는다. 인두(**그림 25.10**)에 대한 압력은 충격을 뇌의 삼키는 중추로 보내는 그것의 벽 내에서 뉴런을 자극한다. 이에 대응하여 근육은 수축하고 *후두*(발성기관)을 들어 올리도록 자극된다. 이것은 *후두개* ❷라고 하는 조직판에 대한 후두로부터 기관(바람관)으로의 통로인 성문을 민다. 이러한 운동은 음식을 직접 식도 ❸로 보내며, 대신 그것을 호흡통로에 들어가지 않게 한다.

주요 학습 요점 25.4 **대다수의 척추동물에서 섭취된 음식은 분화된 치아의 찢거나 마모하는 운동을 통해 분해된다. 조류에서 이것은 모래주머니에서 조약돌들의 가는 운동에 의해 일어난다. 타액과 함께 섞인 음식은 삼킨 후 식도로 들어간다.**

25.5 식도와 위

식도의 구조와 기능

삼켜진 음식은 인두를 위와 연결하는 **식도(esophagus)**라고 하는 근육관으로 들어간다. 성인의 식도는 약 25cm 길이로서 하위의 2/3는 비자발적인 평활근으로 둘러싸인 반면 자발적인 삼킴의 제어를 위해 상위의 1/3은 골격근으로 봉해져 있다. 삼킴의 중추는 식도를 따라 위로 음식을 보내는 그러한 근육을 수축의 연속적인 파동으로 자극한다. 근육은 **그림 25.11**과 같이 음식의 앞에선 자유로이 지나감을 허용하며 이완하고 음식의 뒤에선 앞쪽으로 그것을 밀며 수축한다. 이러한 율동적인 근육수축의 파동은 **연동운동(peristalsis)**이라 하며 그것은 사람과 다른 척추동물이 심지어 물구나무 상태에서도 삼킬 수 있도록 한다.

많은 척추동물에서 식도로부터 위로 향한 음식의 운동은 음식에 의한 압력에 반응해 열리는 환상 평활근의 고리인 **괄약근(sphincter)**에 의해 제어된다. 이 괄약근의 수축은 위에서 음식이 식도로 되돌아가는 것을 막는다. 설치류와 말은 이 장소에 전형적인 괄약근을 가지며 따라서 위의 내용물은 위로 돌아갈 수 없다. 사람은 전형적인 괄약근이 없고, 위의 내용물은 위와 식도 사이의 괄약근이 이완되어 위의 내용물이 입을 통해 강제적으로 방출되는 때인 구역질 중 다시 나올 수 있다. 이러한 괄약근의 이완은 또한 *속쓰림*이라고 하는 자극을 유발하는 식도로의 위산의 이동을 결과로 낼 수도 있다. 만성적이고 심한 *속쓰림*은 *산의 역류*로서 알려져 있다.

위의 구조와 기능

위(stomach)는 소화관의 주머니와 같은 부분이다. 이것의 내부 표면은 이것이 비었을 때 접히거나 음식이 가득 찼을 때 팽창하는 풍선과 같이 넓어질 수 있게 하며 매우 말려 있다. 그래서 사람의 위가 비었을 때 다만 50mL의 부피를 가졌다가 음식으로 가득 찼을 때는 2~4L를 보유할 수 있도록 팽창하게 된다.

위는 음식을 휘젓고 점액의 광현 위분비샘의 산성 분비물인 *위액*(gastric juice)과 섞기 위해 평활근의 여분의 층을 포함한다. 위분비샘은 **그림 25.12**의 확대로 보이는 위공의 깊게 패인 곳의 바닥에 놓여 있다. 이러한 외분비샘은 두 종류의 분비세포를 포함한다. 이는 염산(HCl)을 분비하는 부세포와 활동상 매우 낮은 pH를 요구하는 약한 프로테아제(단백질분해효소)인 펩시노겐을 분비하는 주세포이다. 이 낮은 pH 조건은 염산에 의해 주어진다. 활성화된 펩시노겐 분자들은 그 후 특정한 장소에서 훨씬 활동적 단백질분해효소인 펩신을 만들며 각자가 쪼개진다. 그 후 세포 밖에서 더 활동적인 효소로 전환된 상대적 불활성의 효소를 분비하는 이 과정은 그들 자신이 소화되는 것으로부터 주세포를 보호한다. 지방이나 탄수화물의 주목할 만한 소화는 없고, 오직 단백질만이 위에서 부분적으로 소화된다는 것에 주목해야 한다.

산의 활동

인체의 위는 위 내에서 강력한 산성의 용액을 만들며 약 2 L의 염산과 다른 위 분비물들을 매일 창조한다. 이 용액에서 염산의 농도는 pH 2에 상응하는 약 10 mM이다. 때문에 위액은 일반적인 pH가 7.4인 혈액보다 약 250,000배는 더 산성이다. 위에서의 낮은 pH는 소화가 쉬워지도록 만드는 음식물 단백질의 변성을 돕고 펩신이 최대한 활동적이게 하는 것을 유지시킨다. 활동적인 펩신은 음식물 단백질을 혼합물이 소장으로 들어갈 때까지 완전히 소화되지 않은 폴리펩티드의 짧은 사슬로 가수분해한다. 부분적으로 소화된 음식물과 위액의 혼합물은 **유미즙(chyme)**이라고 한다.

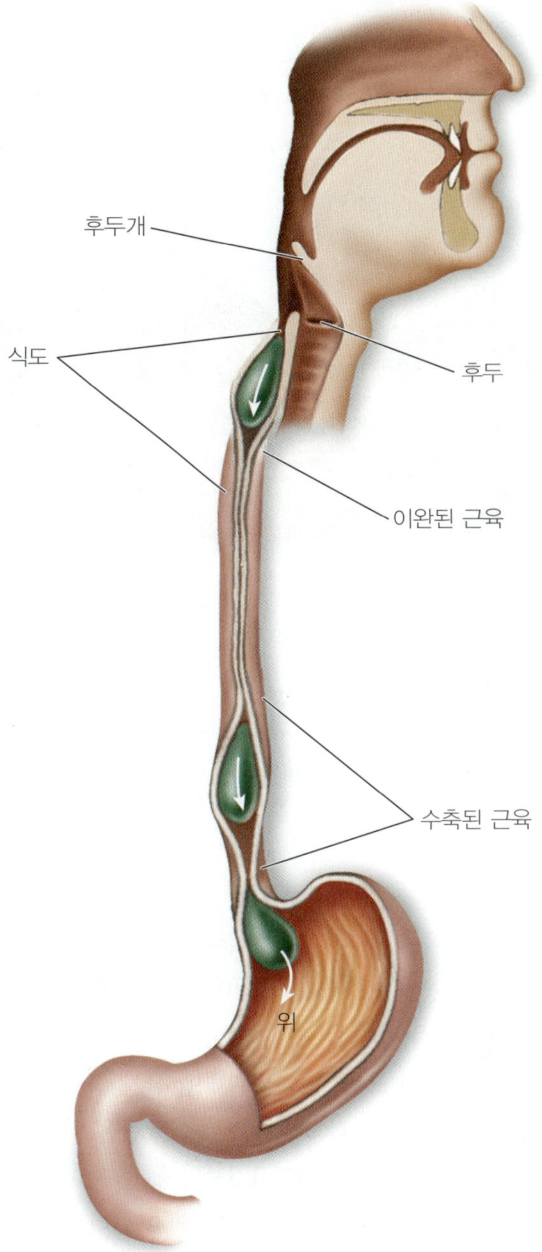

그림 25.11 식도와 연동운동

위 안에서 산성 용액은 또한 음식으로 섭취되는 박테리아의 대부분을 죽인다. 위에서 살아남아 온전히 장으로 들어간 일부 박테리아는 특별히 대장에서 성장하고 번식할 수 있다. 실제 대다수의 척추동물은 그들의 장 내가 박테리아의 번성한 집단의 서식지가 되고, 박테리아는 배설물의 주요 구성물이 된다. 후에 논의하겠지만 소와 다른 반추동물의 소화관 내에서 사는 박테리아는 이들 포유류가 셀룰로오스를 소화하는 데 있어서 핵심적인 역할을 한다.

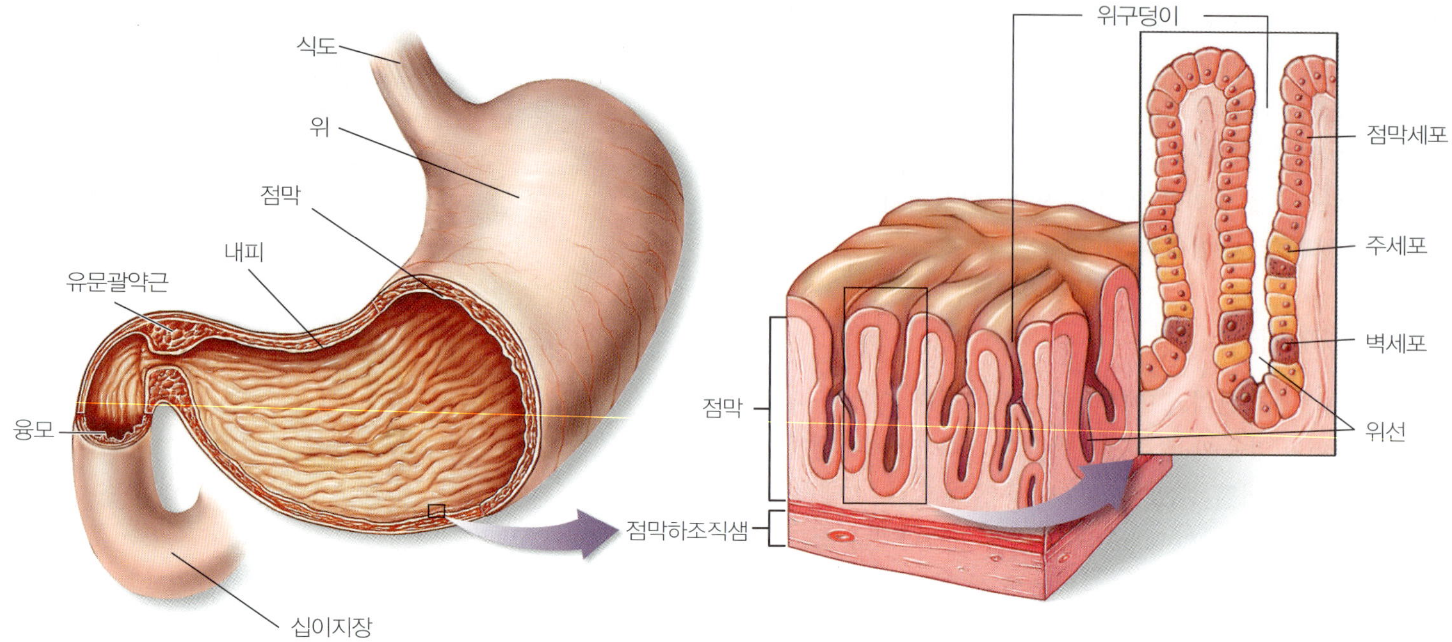

그림 25.12 위와 위선

식도로부터 위로 음식물이 들어온다. 위의 내피 벽은 위구덩이로 되어 있는데, 염산(HCl)과 펩시노겐 효소를 분비하는 선을 포함하고 있다. 위선은 점막세포, 펩시노겐을 분비하는 주세포, 염산(HCl)을 분비하는 벽세포로 이루어진다. 위구덩이는 위선이 열린 상태이다.

궤양

위가 너무 많은 산을 만들지 않는 것은 중요하다. 산을 과다하게 만들게 되면 몸은 나중에 소화의 마지막 단계를 위한 중요 과정인 소장에서 산을 중화할 수 없다. 산의 생산물은 호르몬에 의해 조절된다. 이러한 호르몬들은 위벽에 산재하여 분포된 내분비세포들에 의해 생산된다. 호르몬 가스트린은 위 구덩이의 체벽 세포에 의해 오직 위의 pH가 1.5보다 높을 때에만 염산이 만들어지도록 허용하며 염산의 합성물을 제어한다.

위산의 과다생산은 때때로 위의 벽을 부식시켜 구멍을 낼 수 있다. 그러한 **위궤양(ulcer)**은 희귀하다. 위의 점액 상피가 알칼리성 점액의 층에 의한 무엇인가로 보호되고 이와 같은 세포들이 손상되었을 때 세포 분할에 의해 재빨리 교체되기 때문이다(위 상피세포는 2~3일마다 교체된다). 90% 이상의 위궤양은 소장의 궤양인 십이지장 궤양이다. 이것들은 산성 유미즙의 과다한 양이 십이지장으로 전달될 때 만들어지며, 때문에 산은 적절하게 알칼리성 이자액의 운동을 통해 중화될 수 있다. 궤양의 감염성은 자가 소화에 대한 점액성 방어가 헬리코박터 파일로리(*Helicobacter pylori*) 세균의 감염에 의해 약화되었을 때 증가한다. 오늘날 항생물질의 치료법은 징후를 줄이고 종종 궤양을 치료할 수 있다.

염산의 생산에 덧붙여 위의 부세포는 또한 비타민 B_{12}의 장 흡수를 위해 필요한 폴리펩티드인 내인성 요소를 분비한다. 이 비타민들이 적혈구의 생산을 위해 필요하기 때문에 충분한 내인성 요소가 부족한 사람들은 *악성빈혈*(pernicious anemia)이라고 하는 빈혈(낮은 적혈구 수치)의 유형이 발병한다. 산의 생산물은 호르몬에 의해 조절된다.

위를 떠남

그림 25.12에서 위의 바닥에서 보듯이 유미즙은 *유문괄약근*(pyloric sphincter)을 통해 소장으로 들어가며 위를 빠져 나간다. 이것은 모든 탄수화물, 지방, 단백질의 말단 소화가 일어나고 소화의 산물인 아미노산, 포도당, 지방산이 혈액으로 흡수되는 곳이다. 오직 유미즙으로부터 물과 아스피린이나 알코올 정도의 물질만이 위벽을 통해 흡수될 수 있다.

주요 학습 요점 25.5 **수축의 연동파동은 음식을 식도를 따라 위로 나아가게 한다. 위액은 강한 염산과 단백질을 짧은 폴리펩티드로 소화시키기 시작하는 단백질 소화효소인 펩신을 포함한다. 산성 유미즙은 그 후 유문괄약근을 통해 소장으로 옮겨진다.**

25.6 소장과 대장

소화와 흡수: 소장

소화관은 위로부터 큰 분자들을 작은 것들로 분해하는 **소장(small intestine**; **그림 25.13**)으로 뻗어 있다. 오직 상대적으로 음식의 작은 부분만이 산이 중화되기 위한 시간과 효소가 활동할 시간을 허용 받으며 한 번에 소장으로 들어간다. 소장은 진정으로 몸의 큰 소화통이다. 그 안에서 탄수화물은 단순한 당으로, 단백질은 아미노산으로, 지방은 지방산으로 분해된다. 일단 이러한 작은 분자들이 생산되면 그것들은 소장의 상피벽을 통과하여 혈류로 들어간다.

이러한 소화과정을 위해 필요한 효소의 일부는 세포에 의해 장벽에서 분비된다. 하지만 대부분은 위와 소장의 접합점 가까이에 위치한 이자(25.8절에서 논의되는)라 불리는 거대한 샘에서 만들어진다. 그것은 몸의 주요 외분비샘(관을 통해 분비되는) 중 하나다. 이자는 그것이 분비물을 소장으로 흘러들어가는 관의 시작 구획인 **십이지장(duodenum)**으로 보낸다. 사람의 소장은 풀어서 늘여 놓았을 때 키보다 훨씬 길며 거의 6미터 정도이다! 전체 길이의 4%인 오직 처음의 25cm 만이 십이지장이다. 이자의 효소가 소장으로 들어가는 이 시작 부분 내에서 소화가 일어난다.

척추동물은 음식 에너지의 대부분을 지방으로부터 얻는다. 지방의 소화는 간으로부터 십이지장으로 분비되는 담즙산염으로 알려진 분자의 집합에 의해 이뤄진다. 지방이 물에 녹지 않기 때문에 그것들은 액체 유미즙과 섞여서 장으로 들어간다. 어느 정도 지방에도 녹고 물에도 녹는 담즙산염은 세척제와 같이 작동한다. 그것들은 유화라고 하는 과정에서 미세한 방울을 만들기 위해 지방과 결합한다. 그러한 작은 방울들은 리파아제라 불리는 지방 분해하는 효소가 작용할 수 있는 방대한 표면적을 제공하며, 이를 통해 지방의 소화가 더 빨리 진행되도록 허용된다.

두 영역인 **공장(jejunum)**과 **회장(ileum)**이 소장의 나머지(전체 길이의 96%)를 구성한다. 소화는 공장에서 계속되지만 회장은 물을 흡수하고 소화의 산물을 혈류로 보내는 데 힘을 다한다. **그림 25.13*a***에서처럼 소장의 안은 이랑으로 접혀 있다. 이랑은 첫 번째 확장된 그림에서 보이는 **융모(villi, 단수 villus)**라고 하는 가는 손가락과 같은 융기로 둘러싸여 있으나 각각은 육안으로 보기엔 너무 작다. 차례로 융모를 덮는 세포는 바깥 표면에서 **미세융모(microvilli)**라고 하는 세포질 융기의 장에 의해 덮여 있다. 융모의 확대는 융모를 가득 채운 상피세포들을 보여주며 이 세포들의 더욱 깊은 확대는 세포의 표면 쪽의 미세융모를 보여준다. **그림 25.13*b***와 ***c***의 주사전자현미경 사진(SEH)과 투과 전자현미경 사진(TEH)은 미세융모의 상이한 관점을 보여준다. 융모와 미세융모들은 소장 내면의 흡수성 표면적을 크게 증가시킨다. 소장의 평균적인 표면적은 약 300m^{2}로, 보통 수영장의 표면보다 넓다!

소장을 거쳐 가는 물질의 양은 놀랄만하게 크다. 평균적으로 사람은 매일 약 2L의 전체 부피를 위해 약 800g의 고체 음식, 1,200mL의 물을 섭취한다. 이러한 양에 침샘으로부터 약 1.5L의 유체, 위의 위샘으로부터 2L, 이자로부터 1.5L, 간으로부터 0.5L, 장 샘의 1.5L가 더해진다. 총 양은 주목할 만한 9L가 된다-몸의 총 부피의 10% 이상이다! 그러나 흐름이 거대함에도 총 통과량은 작다. 이러한 모든 유체와 고체는 소장을 통해 소장 막을 가로질러 8.5L가 그리고 대장 벽을 가로질러 0.35L가 그들의 길에서 거의 재흡수된다. 매일 소화관으로 들어가는 고체의 800g과 액체의 9L 중 고체의 약 50g과 유체의 100mL만이 배설물로서 몸을 나간다. 소화관의 유체흡수 효율성은 때문에 정말 매우 높은 99%에 달한다.

고체의 집중: 대장

대장(large intestine) 혹은 **결장(colon)**은 대략 1 m 길이로, 소장보다 훨씬 짧으나 그것의 거대한 직경 때문에 대장으로 불린다. 소장은 인체에서 더 이상 활발하게 쓰이지 않는 두 구조물인 맹장과 돌기가 접해 있는 접합점에서 바로 대장으로 흐른다. 대장 내에선 소화가 일어나지 않으며 단지 6~7%의 유체 흡수만이 이곳에서 일어난다. 대장은 말려 있지 않으며 대신 상대적으로 직선인 세 부분으로 놓여 있다. 그리고 내부 표면은 융털을 가지지 않는다. 결과적으로 대장은 소장의 흡수표면영역의 단지 1/30만을 가진다. 일부 물, 나트륨, 비타민 K가 이 벽을 통해 흡수되지만 대장의 주요 기능은 쓰레기 폐기장이다. 대장 내에서 대량의 식물 섬유와 셀룰로오스를 포함해 소화되지 않은 물질은 마지막 배출물인 **배설물(feces)**로 압축되고 저장된다. 대장 내에는 많은 박테리아가 살고 활발하게 분열한다. 박테리아에 의한 발효는 결장 내에서 매일 약 500mL의 정도로 가스를 만든다. 대장으로의 소화되지 않은 식물성 물질(섬유)의 통과

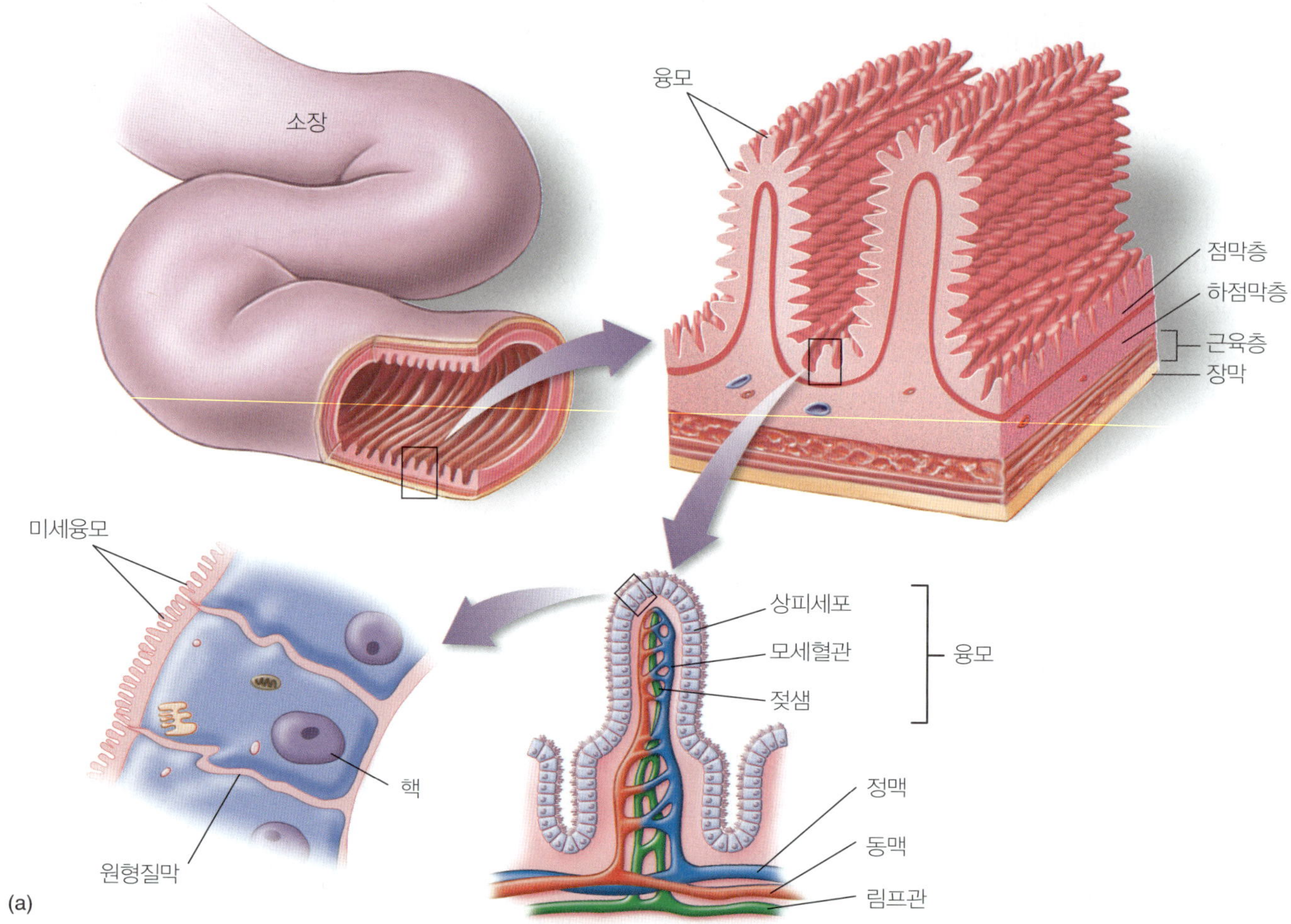

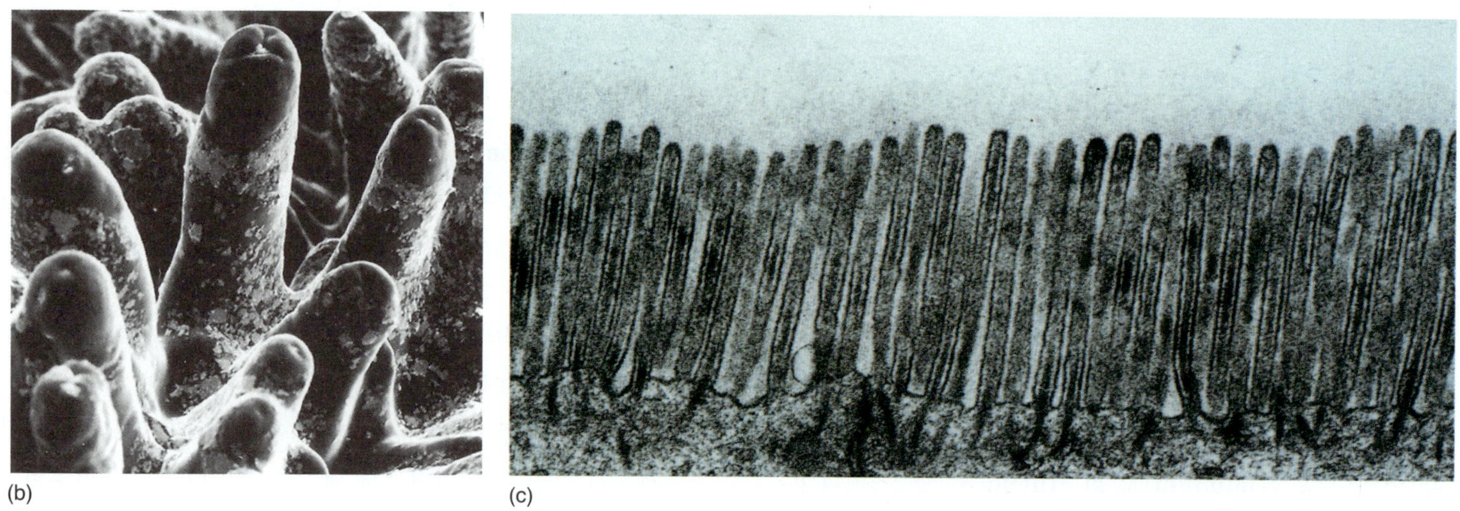

그림 25.13 소장

(*a*) 융모와 미세융모의 구조를 나타내는 소장의 횡단면. (*b*) 소장에 방대한 표면적을 제공하고 효율적 흡수를 위해 매우 중요한 주사전자현미경 상의 미세융모는 매우 높은 밀도로 분포한다. (*c*) 투과현미경상의 장내 미세융모이다.

가 발효를 위한 기질을 제공하기 때문에 이러한 정도는 콩이나 다른 채소류의 섭취 후에 크게 증가한다.

소화관의 마지막 부분은 **직장(rectum)**이라고 하는 대장의 짧은 확장 부분이다. 결장 내에서 압축된 고체는 대장을 감싸는 근육의 연동 수축의 결과로 직장으로 나아가고 그 후 **항문(anus)**을 통해 몸을 빠져나간다.

주요 학습 요점 25.6　대부분의 소화는 십이지장이라고 하는 소장의 처음 윗부분에서 일어난다. 소장의 나머지 부분은 물과 소화산물의 흡수에 전념한다. 대장은 남은 고체 노폐물을 압축한다.

25.7 척추동물 소화계의 다양성

대다수의 동물은 식물의 주요 구조적 구성물로서 기능하는 탄수화물인 셀룰로오스를 소화하는 데 필요한 효소가 결핍되어 있다. 하지만 일부 동물의 소화관은 셀룰로오스를 그 동물이 소화할 수 있는 물질로 전환하는 위액세포와 원생생물을 함유한다. 위장의 미생물에 의한 소화가 사람의 영양 섭취에서 상대적으로 작은 역할을 수행함에도 그것은 흰개미와 바퀴벌레와 같은 곤충이나 초식 포유류의 일부 집단을 포함한 많은 여러 동물의 영양섭취에서 중요한 요소이다. 이러한 미생물과 그것들의 숙주 사이의 관계는 상호적으로 유용하며 공생의 훌륭한 예를 보여준다.

반추동물(ruminants)로 불리는 소, 사슴, 그리고 다른 초식동물들은 크고, 나뉜 위를 갖는다. **그림 25.14**의 음식의 섭취되는 길을 따라가며 위의 영역을 탐구할 수 있다. 음식은 ❶의 길에 의해 위로 들어간다. 190L까지 지닐 수 있는 위액세포과 원생생물이 셀룰로오스와 다른 분자들을 단순한 압축의 종류로 전환하는 곳에서 발효통으로서 기능한다. 그것이 동물에게 유위의 구성물(되새김질을 통해 looping하고 다시 들어간 뒤 화살표가 위에서 빠져나감을 주목하라)을 *반추* 혹은 '되새김질'이라고 하는 활동인 토하고 다시 씹는 것을 허용하기 때문에 네 방의 맨 앞에서 혹위의 위치는 중요하다.되새김질은 그 후 삼켜져 제 2위인 ❷로 들어가고, 그것이 지나는 것으로부터 제 3위인 ❸으로, 그 후 최후로 섞이는 제 4위인 ❹로 들어간다. 따라서 오직 제 4위만이 기능에 있어서 사람의 위와 동등하다. 이 과정은 반추동물 말과 같이 반추위가 없는 포유류보다 더 효율적으로 셀룰로오스를 소화 할 수 있도록 한다.

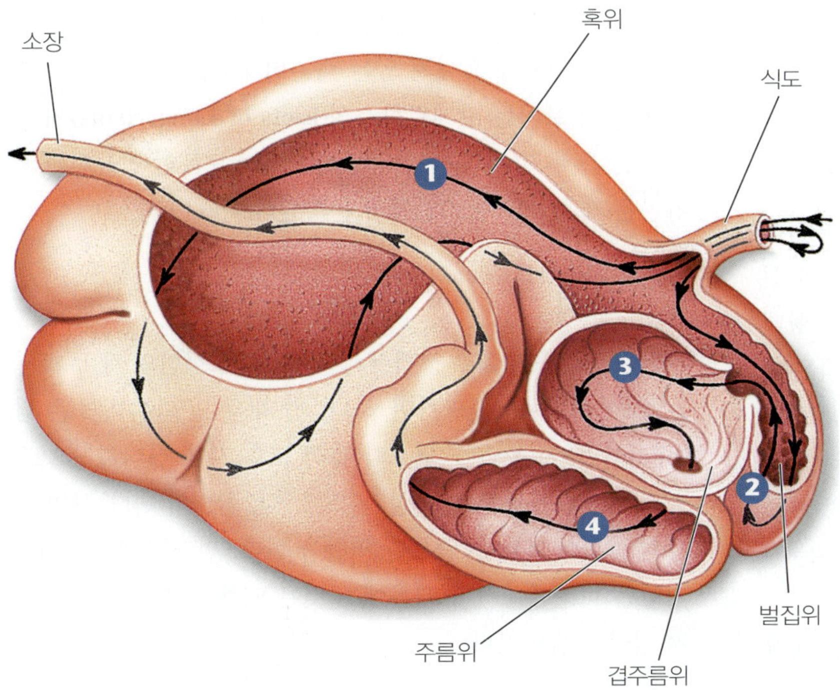

그림 25.14　되새김질하는 위의 4개의 방

암소와 같은 반추동물은 초본이나 다른 식물을 먹으면 혹위로 들어가 부분적으로 소화된다. 그곳으로부터 음식물을 뱉어낸 후 다시 씹는다. 그러고 나서 음식물을 남아 있는 3개의 방으로 옮긴다. 장액은 다만 주름위에서만 분비된다.

설치류, 말, 토끼목 포유류(토끼나 산토끼 등)와 같은 일부 동물들에선 미생물에 의한 셀룰로오스의 소화가 이 동물들에선 굉장히 큰 맹장에서 일어난다(**그림 25.15**의 반추동물이 아닌 초식동물인 토끼 참조). 맹장이 위를 넘어서 연결되어 있기 때문에 그것의 구성물들의 역류는 불가능하다. 그러나 설치류나 토끼목 포유류는 반추동물의 소화와 비슷할 정도로 효율성을 가지며 셀룰로오스를 소화하는 다른 방식으로 진화해왔다. 그들은 자신의 배설물을 먹고 소화함으로써, 소화관으로 음식을 두 번 통과시키게 된다. 두 번째 통과는 동물이 맹장에서 미생물에 의해 만들어진 영양분을 흡수하는 것을 가능하게 만든다. **분식성(coprophagy**; 그리스어로 *copros*는 '배설물'이고, *phagein*은 '먹음'을 의미) 이 습관에 종사하는 동물들은 그들의 배설물을 먹는 것이 저지될 때 건강을 유지할 수 없어진다. 소화계의 구성은 동물의 식이요법을 반영한다. 그렇기 때문에 토끼의 거대한 맹장은 식물을 먹는 식이요법을 반영한다. 대조적으로 **그림 25.15**의 맹장이 줄어들었거나 퇴화되어 있는 식충동물과 육식동물은 일차적으로 단백질을 소화한다. 앞서 논의된 토끼목 포유류 반추동물은 채소의 대부분의 소화가 위에서 이루어짐에도 거대한 네 방의 위와 또한 맹장을 가진다.

척추동물이 위장 미생물의 소화활동을 통해서만 음식 영양분으로 쓸 수 있는 유일한 식물이 셀룰로오스 뿐은 아니다. 지구상 대부분의 동물이 소화할 수 없는 물질인 밀랍은 벌집의 밀랍을 먹는 아프리카 조류인 꿀 안내새의 장에 사는 공생 박테리아에 의해 소화된다. 해양먹이사슬에서 밀랍은 요각류(플랑크톤에 사는 갑각류)의 주요 구성요소이며, 많은 해양 어류와 조류는 공생 미생물의 도움을 통해 밀랍을 소화할 수 있는 것으로 나타낸다.

그들의 동물 숙주의 신진대사에서의 위장 미생물 기능 방식의 또 다른 예시는 비타민 K의 합성에 의해 주어진다. 모든 포유류는 혈액응고에 필요한 이 비타민을 합성하기 위해 위장 박테리아에 의존한다. 이 박테리아가 결핍된 조류는 반드시 그들의 음식을 통해 필요로 하는 비타민 K의 양을 섭취해야 한다. 사람에서 항체의 장기적인 치료는 강에서 박테리아의 수를 크게 줄이나 그러한 상황 하에서 비타민 K의 보충은 필수적이다.

> **주요 학습 요점 25.7** **식물의 식품가치의 대부분은 셀룰로오스에 연관되어 있으며, 많은 동물의 소화관은 셀룰로오스를 소화할 수 있는 미생물 집단의 거처가 된다.**

25.8 소화부속기관

이자

위와 소장의 접합점 가까이에 위치한 거대한 분비샘인 **이자(pancreas**; **그림 25.5** 참조)는 소화관으로서의 분비에 기여하는 부속기관의 하나이다. 이자로부터의 유체는 **그림 25.16**에 보이는 이자관을 통해 십이지장으로 분비된다. 소장으로 들어가기 전에 이자관의 일반 담즙관(후에 논의되는)과 합침을 숙지하라. 이 유체는 효소와 단백질을 소화하는 트립신과 키모트립신을 포함한 다수의 효소를 포함한다. 이러한 효소의 비활성 형태는 십이지장으로 방출되고, 그 후 장의 효소에 의해 활성화된다. 이자액은 또한 녹말을 소화하는 이자 아밀라아제와 지방을 소화하는 리파아제를 포함한다. 이자 효소는 단백질을 더 작은 폴리펩티드로, 다당류를 더 작은 당의 고리로, 그리고 지방을 느슨한 지방산과 다른 산물들로 소화한다. 이 분자들의 소화는 장 효소에 의해 완료된다.

이자액은 또한 위로부터 염산을 통과하는 중탄산염을 함유하며 십이지장의 유미즙에 낮은 알칼리성 pH를 부여한다. 소화효소와 중탄산염은 소포로 알려진 분비세포의 다발에 의해 만들어진다.

이자는 소화기관일 뿐 아니라 외분비 역할까지 더해 혈액으로 포도당과 다른 영양분의 혈중농도를 제어하는 여러 호르몬을 분비함으로써 내분비샘의 역할도 담당한다. 이러한 호르몬들은 이자 전체에 흩어져 있는 내분비세포들의 묶음이며, **그림 25.16**에서 보이는 **랑게르한스섬(islets of Langerhans)**에서 만들어진다. 두 가지의 가장 중요한 이자호르몬인 인슐린과 글루카곤은 제26장과 제30장에서 논의된다.

간과 쓸개

간(liver)은 몸의 내부 장기에서 가장 크다. 성인의 간 무게는 약 1.5kg이며 축구공 크기만 하다. 간의 주요 외분비물은 **담즙(bile)**이며, 이는 담즙 색소와 음식 소화 시에 십이지장으로 전달되는 담즙산염으로 구성된 유체 혼합물이다. 담즙산염은 지방의 소화에서 매우 중요한 역할을 한다. 먼저 소개되었다시피 지방은 비수용성이며 때문에 그것은 액체 유미즙 내에서 떨어져 장으로 들어간다.

담즙산염은 지방의 큰 방울들을 더 작은 방울의 미세 현탁액으로 흩어지게 하는 세제와 같은 역할을 한다. 지방이 방울로 부수어짐 혹은 유화됨은 리파아제가 작동할 수 있는 지방의 거대한 표면을 만들며 그로 인해 지방의 소화가 더 빨리 진행하도

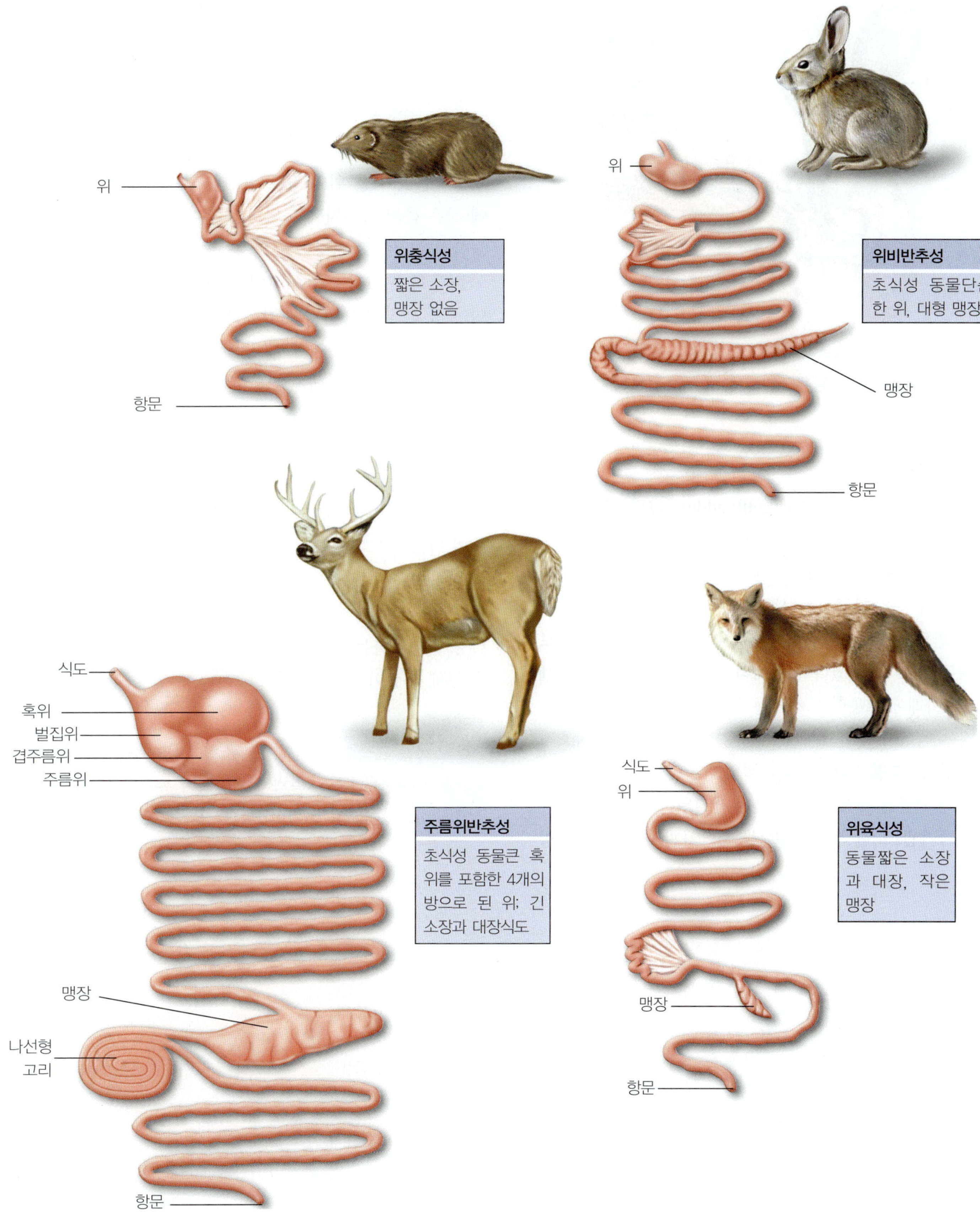

그림 25.15 음식물은 서로 다른 포유류의 소화계에 영향을 미침

초식동물은 식물의 분해를 위하여 분화된 구배를 갖춘 긴 소화관을 필요로 한다. 하지만 충식성이나 육식성 포유류는 단백질 음식이 쉽게 소화되어 분화된 주머니가 거의 필요 없으므로 더 짧은 길이의 소화관을 갖는다.

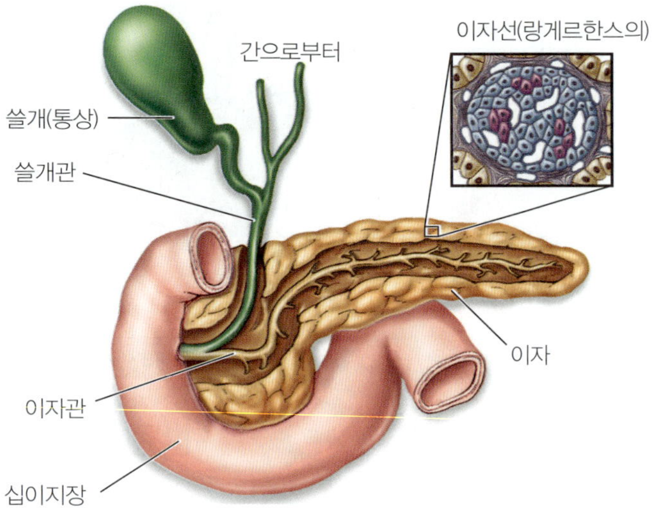

그림 25.16 이자관과 쓸개관은 십이지장으로 흘러들어간다(연결된다)

록 한다.

간에서 만들어진 담즙은 **쓸개(gallbladder**; **그림 25.16**의 초록색 기관)에 저장되고 집약된다. 지방성 음식이 십이지장에 도착하면 통상 담즙이 수담관을 통해 전달되고 십이지장에 주입되어 쓸개의 수축을 자극하는 신경계와 내분비계의 반사를 촉진시킨다. 만일 수담관이 *담석*(콜레스테롤의 굳어진 침전물로부터 형성됨)으로 막혀 있다면 쓸개의 수축은 일반적으로 어깨뼈(견갑골) 아래에 고통이 느껴지는 요인이 될 것이다.

소화계는 매우 세분화되어 있고 많은 다른 기관들의 상호작용에 연관된다. **그림 25.17**은 소화계의 다른 기능 영역들과 다른 기관들의 연관을 보여준다. 각각의 색칠된 원들은 빨간색은 단백질 소화기관, 노란색은 탄수화물 소화기관, 초록색은 지방 소화기관, 파란색은 핵산 소화기관(핵산은 식사 시 칼로리의 주요 대상이 아니므로 이 장에서는 논의하지 않음)으로 소화와 효소생산의 주요 영역들을 나타낸다.

간의 제어기능

대정맥은 혈액을 위와 장으로부터 직접 간으로 전달하기 때문에 간은 몸의 나머지에 도달하기 전에 위장관에서 흡수된 물질들을 화학적으로 변형하는 위치에 놓인다. 예를 들어 섭취된 알코올과 다른 약물들은 이것이 알코올과 약물남용의 결과로 간이 종종 손상되는 까닭에 간세포로 끌려들어가 대사가 진행된다. 간은 또한 독소, 농약, 발암물질, 그리고 다른 독성물질들을 독성이 더 약해진 형태로 전환하여 제거한다. 또한 혈액에서 받은 과다한 아미노산도 간 효소에 의해 포도당으로 전환된다. 이 전환의 첫 번째 *탈아미노*(deamination)라고 하는 과정인 단계는 아미노산으로부터의 아미노그룹(NH_2)의 제거이다. 식물과 달리 동물은 이러한 아미노 그룹들로부터 질소를 재사용할 수 없으며 반드시 그것을 질소 노폐물로서 분비해야 한다. 아미노산의 탈아민 산물인 암모니아(NH_3)는 요소를 형성하기 위해 이산화탄소와 결합한다. 간에 의해 혈류로 방출되는 요소는 신장이 나중에 제거하는 것으로, 제26장에서 배우겠지만 일련의 과정을 통해 신장이 제거한다.

주요 학습 요점 25.8 **이자는 소화효소와 중탄산염을 이자관으로 분비한다. 간은 쓸개에 저장되며 농축된 담즙을 만든다. 간과 이자호르몬은 혈액의 포도당 농도를 조절한다.**

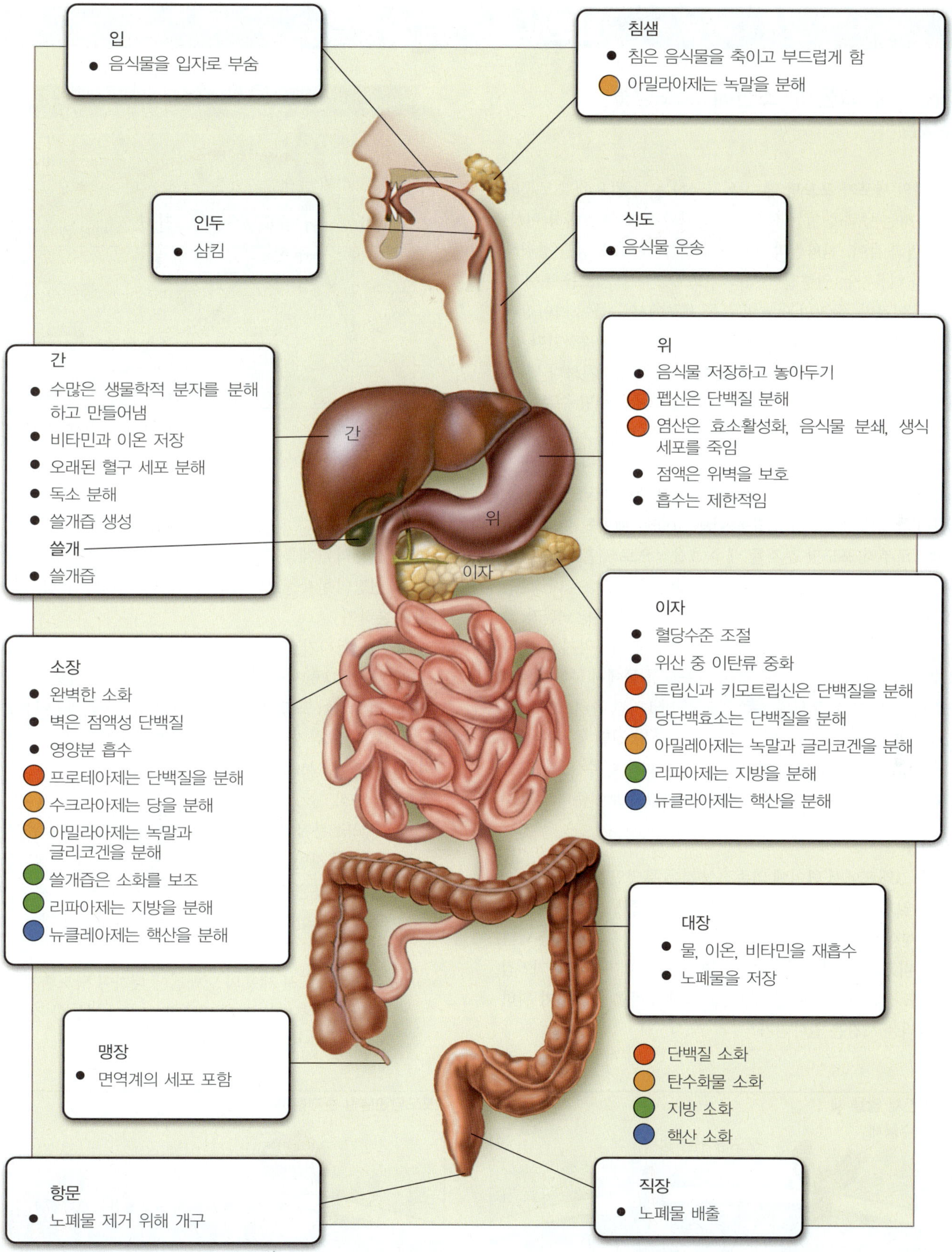

그림 25.17 소화계의 기관과 그들의 기능

소화계는 입에서 시작하여 항문으로 끝이 나는데, 소비하는 음식에 따라 역할이 다른 12가지 기관이 있다. 이 기관들은 모두 효율적으로 영양분을 얻기 위해 몸에 올바르게 작동해야 한다.

질문 & 분석

당뇨환자는 왜 그들의 소변에 포도당을 배출시킬까?

당뇨병은 신체의 세포가 포도당 흡수를 자극하는 데 필요한 호르몬인 인슐린에 반응하는 능력을 잃는 심각하고 증가 추세에 있는 질병(이상)이다. 아래 그림과 같이, 원형질막 수용체에 결합하는 포도당을 섭취하기 위해 세포가 허용하는 원형질막 내측의 포도당 수송 통로를 통해 빠른 삽입이 이루어진다. 하지만 당뇨병은 몸 세포에서 그들이 기아상태로 포도당이 결핍된 상태에서도 혈액 내에 포도당 분자를 축적한다. 약한 경우에는 혈중 포도당 분자 축적 수준이 4mM의 정상치보다 몇 배(정상보다 2~3배) 높게 증가하기도 하며, 심한 경우에는 혈당 수준이 정상치의 25배에 달할 정도로 엄청나게 증가한다. 미약한 당뇨병의 전형적인(특징적인) 증세는 소변에 많은 양의 포도당이 배출된다. 질병명인 당뇨병 diabetes mellitus는 '달콤한 오줌의 지나친 배출' 이라는 뜻이다. 정상인에게서는 상대적으로 포도당은 다만 소량이 배출될 따름이다. 신장은 체액으로부터 포도당 분자를 매우 효율적으로 재흡수한다. 당뇨환자는(신장에서) 그것이 정말 그렇지 않을까?

우측 상단의 그래프는, 말하자면 정상인(*파란색 선*)과 당뇨환자(*빨간색 선*)에 대한 포도당 내성 곡선을 보인 것이다. 음식물 먹지 않고 하루 밤을 보낸 후, 개인 별로 포도당을 100g의 농도를 물에서 분해하는지 확인하는 검사이다. 그 후 포도당 수준을 30분 및 1시간 간격으로 모니터링한다. 점으로 표시하고 연결된 선은 모든 포도당 전달 통로가 전체적으로 사용되고 체액으로부터 통과하는 동안 회수될 수 있도록 약 10mM의 혈당 분자의 최고 농도라는 신장의 역치값을 보여준다.

1. 개념 적용

a. 변이 그래프에서 변이에 의존적인 것은 무엇인가?

b. 곡선 읽기 포도당 농도 측정의 정상인 포도당 소모 수준에 관한 영향이란 무엇입니까?

c. 곡선 비교 당뇨환자 사이의 차이가 갖는 의미가 중요한가? 검사농도 전의 수준으로 당뇨환자의 혈당 수준을 돌이키기 위하여 걸리는 시간은 얼마인가?

혈당 수준에 대한 섭취 효과

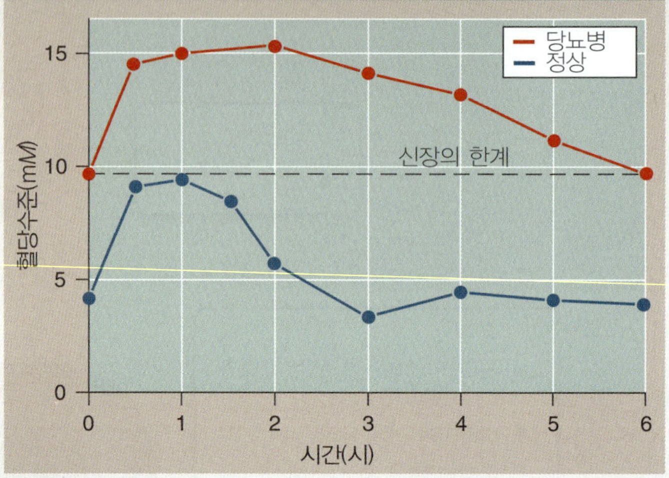

2. 자료 분석

a. 신장의 한계를 초과하는 정상인의 혈당 수준상 기준이 있는가?

b. 신장의 한계를 초과하는 당뇨환자의 혈당 수준상 기준이 있는가?

3. 추론하기

a. 당뇨환자가 측정농도를 극복하기 위하여 많은 시간이 필요하다. 왜 그럴지 여러분은 그 이유를 추정하시오.

b. 정상인이 포도당을 배출한다고 생각하는가? 이유를 설명하시오. 당뇨환자는 어떠한가? 설명하시오.

4. 결론 도출 당뇨환자는 왜 당뇨를 배출하는가?

5. 심층 분석

a. 포도당 분자가 당뇨로 배출된다면, 그 후 그것은 저장용 지방을 위한 지방산으로 변환되지 못한다. 이것은 심각한 당뇨병이 심지어 높은 열량의 음식공급에도 불구하고 체중을 잃어가는 뜻을 내포한다. 여러분은 이 측정과 예측에 대하여 어떻게 생각하는가?

b. 음식원으로서 세포의 단백질에 대하여 당뇨환자의 세포가 포도당을 거부하는 것이 예측하는 것이 가능할 것이다. 이 가설에 따른 여러분은 어떻게 생각하는가?

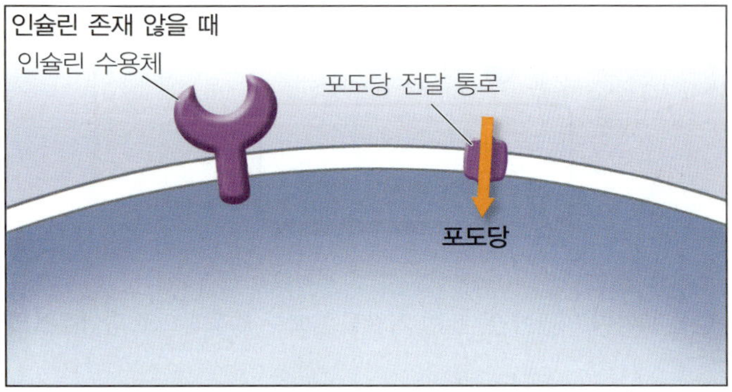

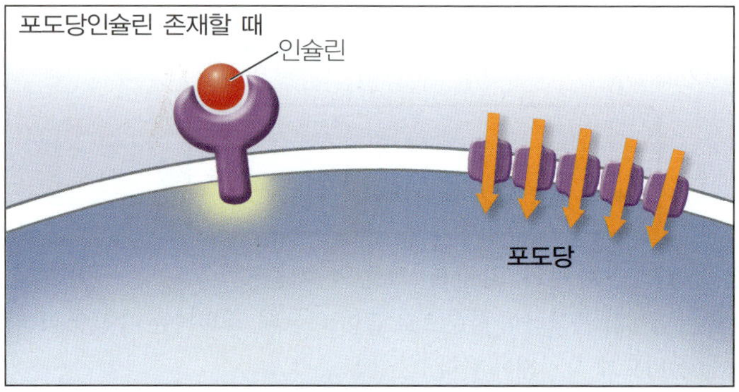

단원 복습

음식물의 열량과 필수 영양소

25.1 열량과 성장을 위한 음식물

- 동물은 음식을 열량의 원료로서 그리고 필수적인 분자와 무기질의 원료로 소모한다. 균형 있는 식사는 **그림 25.1**에 제시된 영양원의 피라미드에 나타난 바와 같이 높은 함량의 복합당류, 과일과 야채, 그리고 낮은 함량의 지방과 설탕의 내용이 권할 만하다.
- 음식에서 얻은 열량은 대사 활동을 통하여 사용되거나 지방으로서 지방세포에 저장된다. 신체용적지수(BMI)라고 하는 측정은 사람의 과체중 또는 비만을 결정하는 데 용이한 지침(기준)이다(**그림 25.2**).
- 많은 동물들은 그들의 식사 중 소화건강을 유지하기 위하여 섬유를 소모해야 한다. 동물은 필수 아미노산을 얻기 위하여 단백질, 과일, 야채뿐만 아니라 무기물과 몸이 필요로 하나 생산할 수 없는 비타민을 소모해야 한다.

소화

25.2 소화계의 유형

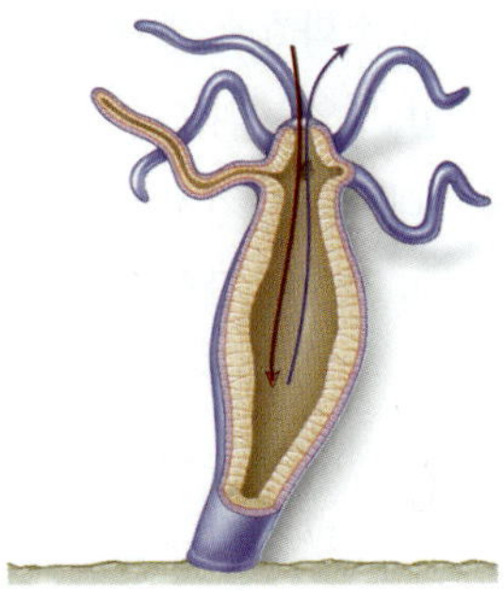

- 단세포 생물이나 해면과 같은 하등동물문에서 음식물을 세포 내에서 소화한다. 음식물은 개별적인 세포에 의해 흡수되고 세포 내에서 분해된다.
- 그 밖의 다른 동물들은 음식물을 세포 밖에서 소화한다. 소화효소는 음식물이 분해되는 곳인 강소나 관에 분비된다. 그 후 소화의 결과물은 몸 안에서 세포에 의해 흡수된다. **그림 25.3**의 히드라(*hydra*)에서 보여주는 바와 같이 편형동물과 선형동물의 소화강은 위수강이라고 한다.
- 다른 소화기능에 따라 다른 관의 부위가 나타나면 소화관의 분화는 소화관의 일방향성 소화관의 진화를 가능하게 할 것이다(**그림 25.4**).

25.3 척추동물의 소화계

- 척추동물의 소화는 서로 다른 소화기능을 위하여(**그림 25.5, 25.6**) 분화된 구역과 함께 소화계 내에서 나타난다.

25.4 구강과 치아

- 척추동물에서 음식물은 가장 먼저 구강으로 들어온다. 조류에서는 그들의 소화기관 구획이 되는 모래주머니 내에서 소화가 이루어진다(**그림 25.7**). 모래주머니에서 조류가 삼킨 자갈과 함께 음식물은 휘저어지고 마모된다. 다른 척추동물에서는 음식물을 씹는 데 치아가 사용되며 그것을 더 작은 조각으로 부순다(**그림 25.8, 25.9**).
- 씹힌 음식물은 구강 내에서 침과 함께 섞인다. 침은 음식물을 축이고 부드럽게 하여 녹말의 분해를 시작하는 침샘의 아밀라아제를 함유한다. 축축한 음식물은 그 후 입으로부터 삼켜진 후 식도로 들어간다(**그림 25.10**).

25.5 식도와 위

- 음식물은 근수축의 연동운동에 의해 식도를 따라 위까지 이동한다(**그림 25.11**).
- 위에서 근수축은 염산에 의하여 활성화된 단백질분해효소인 펩신과 염산을 보유하는 장액과 함께 교반된다(**그림 25.12**). 위 안의 산성 조건은 소장 내에서 단백질이 쉽게 소화되도록 변성을 돕는다. 위를 떠나는 일부 소화된 음식물과 장액을 유미즙이라 한다.

25.6 소장과 대장

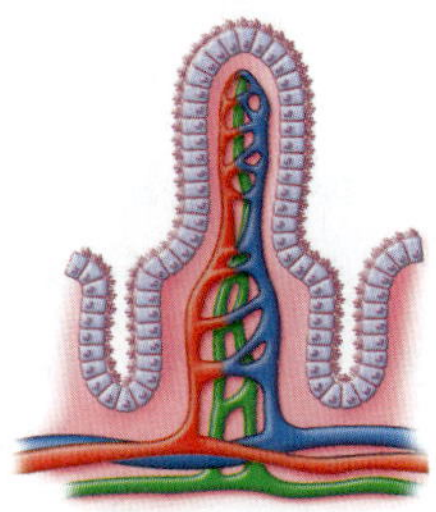

- 위로부터 나온 산성의 유미즙은 다른 소화효소와 함께 중화되고 혼합된 곳에서 소장의 윗부분을 통과한다. 몇 가지 효소는 소장의 벽에 배열한 세포에 의해 분비되나 대부분의 효소와 다른 소화물질은 이자나 다른 음식분자와 물을 흡수하는 데 관여한다. 소장의 배열은 융모라 부르는 손가락 모양의 돌기물들과 함께 덮은 가장자리로 접힌 것을 **그림 25.13**에서 보여준다. 세포성 돌기로 융모를 덮어 배열한 세포의 표면을 미세융모라고 한다. 융모와 미세융모는 흡수 표면적을 증가시킨다.
- 대장은 단단한 노폐물을 모으고 단단하게 하여 직장과 항문을 통해 내보낸다.

25.7 척추동물 소화계의 다양성

- 반추동물에서 혹위라고 하는 위의 방에 셀룰로오스를 소화하는 미생물이 살아 있다. 음식물은 미생물이 셀룰로오스를 소화하기 시작하는 곳인 혹위로 들어간다. 그 후 부분적으로 소화된 음식물을 토해내고 다시 씹은 후 다시 삼켜 벌집위로 보낸다. 결국 셀룰로오스 소화 산물을 위의 다른 부분을 통과하고 나서 그것들이 흡수되는 곳인 소장으로 간다(**그림 25.14**).
- 다른 동물에서 셀룰로오스 소화는 맹장에서 이루어지기도 한다. 셀룰로오스 소화의 영양값을 얻기 위하여 이 동물들은 그들의 배설물을 먹는다. 동물의 소화계 구조 차이는 그들의 식성에 의존한다(**그림 25.15**).

25.8 소화부속기관

- 이자는 단백질을 소화하는 효소인 트립신과 키모트립신, 탄수화물 소화

효소인 이자샘의 아밀라아제 그리고 지방 소화효소인 리파아제를 생산한다. 이자액에는 또한 유미즙을 중화시키는 중탄산염을 포함한다.

- 간은 지방을 분해하는 쓸개즙(쓸개즙 색소와 쓸개즙 염의 혼합물)을 생산한다. 쓸개즙은 **그림 25.16**과 같이 쓸개에 저장되며 소장으로 방출된다. 모든 소화기관은 함께 일한다(**그림 25.17**).

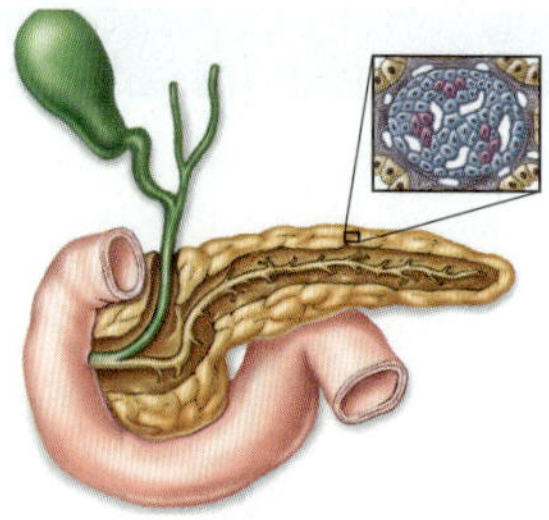

이해력 확인 문제

1. 많은 동물군의 소화계를 통과하는 일방향 진행 음식이 허용하는 것은?
- a. 세포내 소화
- b. 소화기관의 다양한 부위의 특수 분화
- c. 소화관 내 소화효소의 방출
- d. 세포외 소화

2. 분해하기 어려운 음식물을 소화하기 위해 긴 소화계를 가진 생물체를 보통 무엇이라고 하는가?
- a. 초식동물
- b. 육식동물
- c. 잡식동물
- d. 분해물섭식동물

3. 치아와 같은 모래주머니의 목적은 __________이다.
- a. 먹이를 붙잡기 위함
- b. 음식물의 화학적 소화를 시작함
- c. 효소를 방출함
- d. 음식물의 물리적 소화를 시작함

4. 포유동물이 음식물을 삼켰을 때 비강으로 들어가려는 것으로부터 보호하는 것은 어디인가?
- a. 식도
- b. 혀
- c. 연구개
- d. 후두개

5. 소화계에서 단백질 소화가 이루어지는 첫 번째 부위는 어디인가?
- a. 입
- b. 식도
- c. 위
- d. 소장

6. 아래 상황 중 거짓인 것은?
- a. 육식성은 맹장이 감소하거나 없다.
- b. 셀룰로오스를 분해할 수 있는 동물은 반추동물 뿐이다.
- c. 사람의 소화계가 미생물을 갖고 있으나 셀룰로오스의 소화로부터 영양값을 얻을 수는 없다.
- d. 반추동물은 음식을 토할 수 있다.

7. 음식물 분자 대부분의 흡수가 이루어지는 장소는 어디인가?
- a. 위
- b. 간
- c. 소장
- d. 대장

8. 소장 내 융모와 미세융모의 목적은 무엇인가?
- a. 위산의 중화
- b. 쓸개즙 생산
- c. 소화효소 생산
- d. 영양분의 흡수를 위한 소장의 표면적 증가

9. 대장의 일차적인 기능은 __________이다.
- a. 지방의 분해와 흡수
- b. 수분의 흡수
- c. 단단한 노폐물의 농축
- d. 비타민 C의 흡수

10. __________는 소화를 돕기 위해 소화효소와 중탄산염을 소장 내로 분비한다.
- a. 이자
- b. 간
- c. 쓸개
- d. 모두 옳음

응용력 확인 문제

1. **그림 25.10** "입에 하나 가득 채운 상태로 이야기하지 말라"고 하신 어른들의 충고는 사회적인 이유(매너)뿐만 아니라 의학적으로도 중요하기 때문이다. 음식을 먹고 있는 동안 이야기하면 질식하는 결과를 낳을 수 있다. 어떻게 이와 같은 일이 발생할 수 있는지 설명하시오.

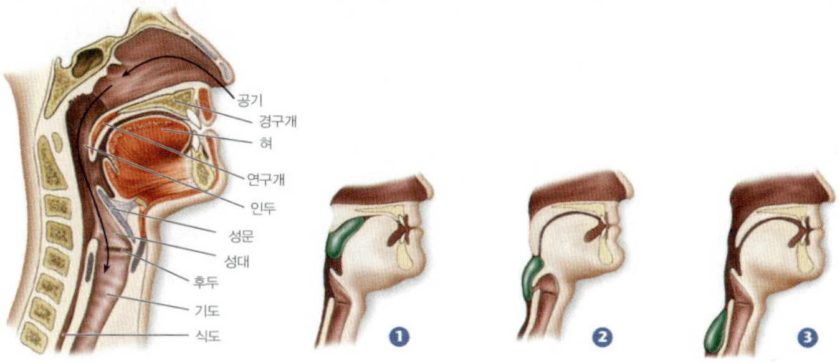

2. **그림 25.16** 그림에서 황갈색과 녹색으로 보이는 각 기관의 역할은 무엇인가?

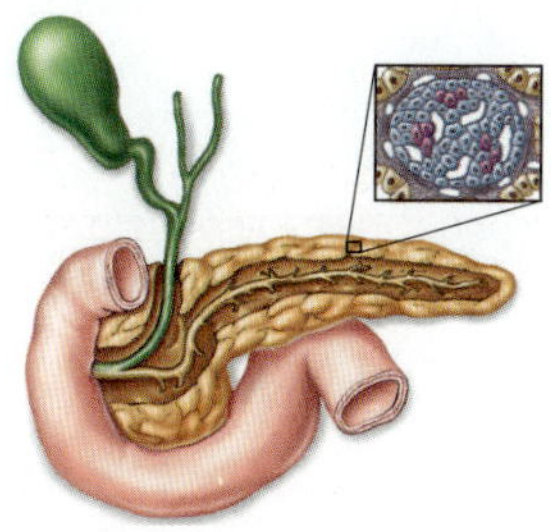

종합 학습

1. 시금치, 근대, 순무, 머스타드 그린, 브로콜리, 콜리플라워, 양배추와 같은 푸른 잎의 야채를 먹는 것이 중요하다면 그 까닭은 무엇인가?
2. 여러분이 세 친구와 함께 도보여행을 하려고 한다. 리사는 초콜릿 컵케이크를 간식거리로 꾸미길 원하고, 크리스는 소고기 육포를 원하고, 앙드레는 건포도와 땅콩이 섞인 고프 휴대용 식품을 고집했다. 그들은 여러분이 결정하면 변경할 것이다. 오랜 시간 걷게 될 여러분의 열량을 유지할 수 있는 빠른 간식이라면 무엇이 최적인지 그 까닭을 설명하시오.

26

내부 환경의 유지

학습단원

사진 속 남자는 땀을 흘리고 있다. 사람의 몸은 운동을 하거나 뜨거운 햇볕에 노출되어 체온이 상승하면 땀을 배출한다. 땀은 증발하면서 열을 흡수하여 피부를 시원하게 만든다. 조류나 포유류처럼 바깥 공기가 아무리 춥거나 더워도 일정한 체온을 유지하려고 시도한다. 땀 배출은 그 과정 중의 하나이다. 체온이 37°C 이상이 되면 땀을 배출되어 열을 발산한다. 만약 체온이 37°C 이하가 되면 몸 떨림으로 열이 발생한다. 일정한 체온 유지는 광범위한 생리조절 작용 중의 하나이다: 척추동물은 일정한 체내 생리조건들을 유지한다. 혈장 내 pH, 호흡률, 혈압, 혈액 내 수분, 염, 포도당은 아주 좁은 범위 내에서 조절되고, 우리 뇌가 이 모든 작용을 담당한다. 우리 몸은 외부 인자들에 의한 체내 환경 변화에 역동적으로 끊임없이 반응한다. 체내 상태의 일정한 유지, 즉 항상성은 이 장의 주요 내용이다. 생명과학의 주요 요점 중의 하나는 어떻게 동물이 항상성을 유지하는가이다.

26.1 동물의 항상성 유지 방법

동물의 몸은 진화 과정에서 많은 분업이 이루어졌다. 각 세포는 체내에서 정밀한 반응을 수행할 수 있는 아주 정교한 기계이다. 이러한 세포 작용의 분업화는 바깥 환경이 아주 좁은 범위 내에서 유지될 때만 가능하다. 세포는 온도, pH, 포도당과 산소 농도 등이 일정하게 유지되어야 효율적으로 작용하고 다른 세포와 상호작용을 할 수 있다.

항상성(homeostasis)은 체내 환경을 일정하게 유지하는 역동적 기작으로 정의될 수 있다. *역동적*(dynamic)의 의미는 환경 조건이 일정하지 않고 좁은 범위 내에서 변동성이 있다는 것이다. 항상성은 생명 유지에 필수적이고, 척추동물에서 대부분의 조절 기작은 항상성 유지와 관련되어 있다.

음성되먹임 회로

일정한 체내 조건을 유지하기 위해서 척추동물의 몸은 내부 환경의 각 상태를 측정할 수 있는 **감각기(sensor)**를 반드시 보유해야 한다(**그림 26.1**의 초록색 사각형). 이 감각기들은 외부 환경을 항상 측정하고 그 정보를 **통합센터(integrating center**, 노란색 삼각형)에 전달한다. 통합센터는 특정 조건에 대해 적절한 *설정값*(set point)을 갖고 있다. 이 설정값은 에어컨의 온도조절장치와 유사하다. 우리 몸은 체온, 혈중 포도당 농도, 힘줄에 대한 장력 등에 대한 각각의 설정값을 갖고 있다. 뇌와 척추의 특정한 부위가 통합센터로 작용하고 때로는 내분비샘이 그 역할을 맡기도 하다. 통합센터는 여러 감각기들로부터 신호를 받아서 해당 신호의 상대적 크기를 비교한 후 각 상태가 정해진 설정값과 차이가 많이 나는지를 판단한다. 만약 어떤 환경 조건이 크게 변하면 감각기에 의해 측정되고 통합센터로 정보가 전송되어 특정 **반응기(effector)**들의 작용을 증가 또는 감소시킨다. 반응기(파란색 사각형)는 대개 근육 또는 분비샘이며 체내의 변화된 상태를 설정값 방향으로 변경시킬 수 있다(보라색 타원형).

위에서 언급한 온도조절장치로 다시 돌아와서, 에어컨의 온도를 22°C로 설정하였다고 가정하자. 만약 실내 온도가 22°C보다 높으면, 온도조절장치는 온도 감각기로부터 신호를 받아서 설정된 온도와 비교한다. 두 수치가 다르다면 반응기로 신호를 보낸다. 이 경우에 에어컨은 원래의 설정 온도인 22°C로 온도를 낮춘다.

사람은 체온이 37°C보다 높아지면 뇌의 감각기가 이 변화를 감지한다. 이들 감각기들은 뇌의 통합센터를 통해서 반응기를 작동시켜 온도를 낮춘다. 반응기들은 우리 몸의 설정값을 변화로부터 보호한다. 반응기들이 생성하는 효과에 의해 반응기들의 작용이 조절되고, 이 조절은 순방향에 대해 역으로 일어나기 때문에 **음성되먹임 회로(negative feedback loop, 그림 26.1)**라고 한다.

음성되먹임 회로의 특징은 에어컨 또는 온도조절장치와 비교하면 명확해진다. 에어컨이 한참 동안 작동하면 실내 온도는 설정값 아래로 낮아지고 작동을 멈춘다. 온도가 높아지면 에어컨이 다시 작동하여 실내 온도를 낮춤으로써 온도의 일정함이 계속 유지된다.

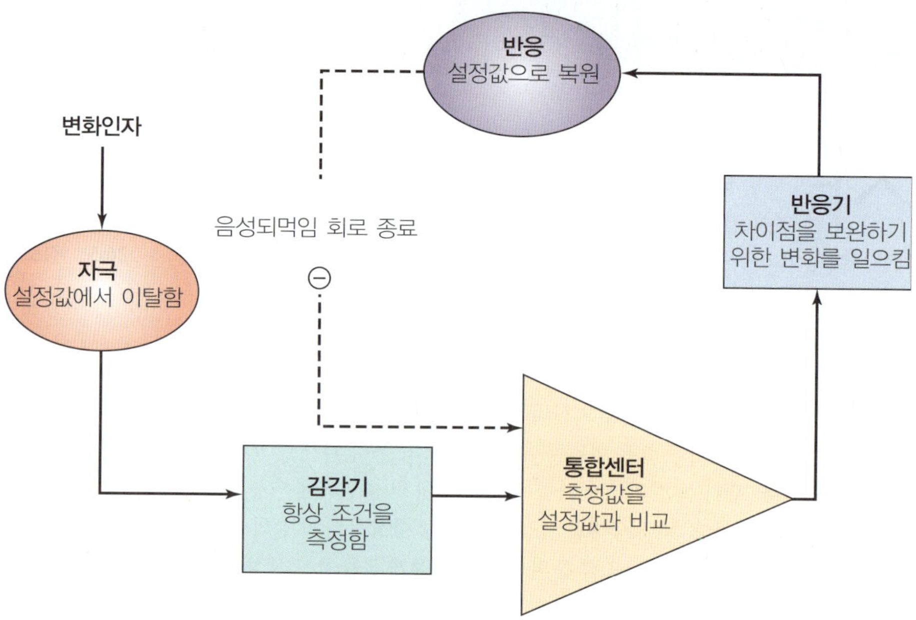

그림 26.1 음성되먹임 회로의 일반적 모식도

음성되먹임 회로는 체내 환경의 역동적 일정함인 항상성을 유지한다. 측정값이 설정값을 벗어나면 원상태로 회복하려고 한다.

체온 조절

다른 포유류나 조류와 마찬가지로 사람은 열을 발산한다. 사람은 외부 온도와 상관없이 상대적으로 일정한 온도를 유지한다. 우리 몸의 체온이 37°C를 넘어서면 시상하부라고 하는 뇌의 뉴런들이 온도 변화를 감지한다. 시상하부는 뉴런 조절을 통해 땀 배출과 피부 혈관 확장 방법으로 열을 발산시킨다. 이 작용들은 우리 몸의 온도 상승을 상쇄한다. 반대로 체온이 낮아지면 시상하부는 다른 작용을 일으킨다. 즉, 몸의 떨림과 피부 혈관 수축 방법으로 체온을 높여 항상성 변화 시도를 억제한다.

포유류와 조류 이외의 척추동물은 흡열동물에 속한다. 체온 조절은 상당부분 외부 환경의 온도에 의존적이다. 그렇지만 변온 척추동물들도 가능한 범위 내에서 온도 항상성을 유지하려는 시도를 한다. 참치, 다랑어, 상어와 같은 큰 어류는 몸의 특정 부분 온도를 수온보다 높게 유지할 수 있다. 파충류는 햇볕과 그늘에 적절히 몸을 옮겨 일정한 체온을 유지한다. 그런 이유로 인해 도마뱀이 일광욕을 하는 모습을 자주 볼 수 있다. 도마뱀은 아플 때 뜨거운 곳을 찾아서 자신에게 열을 제공하기도 한다.

대부분의 척추동물은 파충류처럼 체온을 조절하기 위해 특정 행동을 하기도 한다. 많은 나비들은 일정 체온에 도달해야만 비행을 시작할 수 있다. 나비들은 새벽의 차가움 속에서 햇볕을 최대한 받기 위해 해가 뜨는 방향으로 몸을 움직인다. 나방과 다른 곤충들은 비행에 필요한 근육을 따뜻하게 하기 위해 떨림 작용을 이용한다.

혈당 조절

탄수화물을 포함한 영양분의 소화과정에서 포도당은 혈액 내로 이동한다. 혈액 내 포도당 농도(혈당 농도)는 일시적으로 증가하지만 몇 시간 이내로 정상 농도로 돌아온다. 어떤 작용이 식후 혈당 농도를 상쇄시키는가?

혈당 농도는 이자의 랑게르한스섬에 위치한 세포들에 의해 끊임없이 관찰된다. 혈당의 농도가 증가하면, 이자에서 인슐린 호르몬을 분비하여 근육, 간, 지방세포로의 포도당 이동을 촉진시킨다. 근육과 간에서 포도당은 다당류로 전환되고, 지방세포에서 지질로 전환된다. 이 작용들은 혈당 농도를 낮추고 체내에서 나중에 사용할 수 있는 형태의 에너지로 저장된다. 충분한 양의 혈당이 흡수되어 설정값을 지나면 인슐린 분비가 멈춘다. 공복일 때나 단식, 운동할 때처럼 혈당이 설정값 이하로 떨어지면 간에서 포도당을 혈액으로 분비한다 (**그림 26.2*b*** 가운데 화살표). 이 포도당은 간에 저장된 글리코겐으로부터 얻어진다. 간 글리코겐의 분해는 랑게르한스섬에서 분비되는 *글루카곤*(glucagon) 호르몬과 부신에서 분비되는 아드레날린(adrenaline) 호르몬에 의해 두 가지 방법으로 일어난다.

주요 학습 요점 26.1 **음성되먹임 기작은 설정값과 다른 내부 변수에 대한 차이를 교정한다. 이 방법으로 온도, 혈당 등이 좁은 범위 내에서 조절된다.**

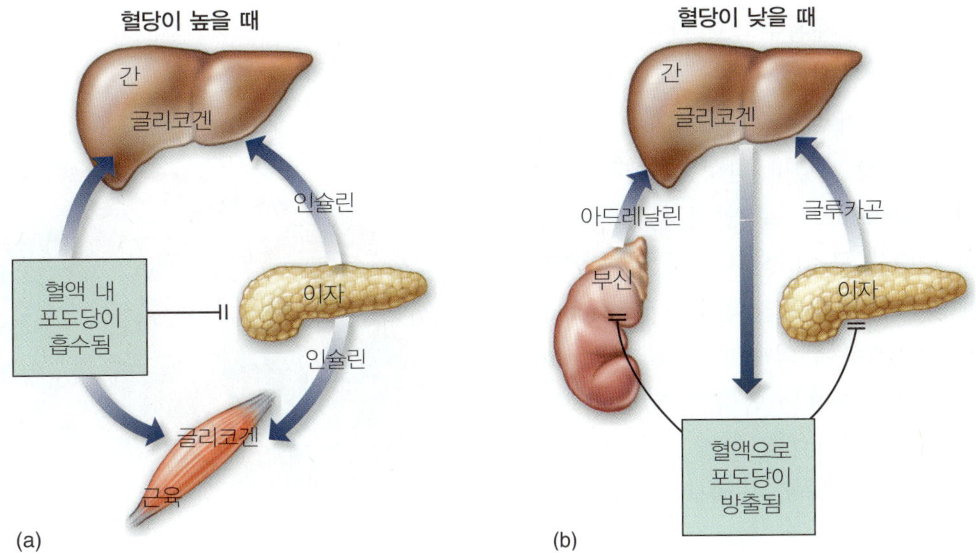

그림 26.2 혈당 농도 조절

(*a*) 혈당이 높아지면 이자의 세포는 인슐린을 분비하여 간과 근육에서 혈당을 글리코겐으로 전환한다. (*b*) 혈당이 낮아지면 이자의 다른 세포에서 글루카곤이 혈액으로 분비되고 부신에서는 아드레날린이 혈액으로 분비된다. 이 두 호르몬은 간에서 글리코겐이 포도당으로 분해되는 작용을 촉진한다.

26.2 체내 수분량 조절

동물들은 체내 수분 함량을 항상 측정해야 한다. 바다에서 진화한 최초의 동물들과 대부분 동물의 생리작용은 이 현상을 반영한다. 척추동물 몸의 대략 2/3는 물로 구성되어 있기 때문에 체내 수분 함량이 이 비율보다 감소하면 그 동물은 죽게 된다. 동물들은 다양한 방법으로 **삼투조절(osmoregulation)**을 하여 물과 염의 양을 조절한다. 많은 척추동물의 기관이 제대로 작동하기 위해서는 혈액 내 삼투 농도가 아주 좁은 범위 내에서 유지되어야 한다.

동물들은 수분 균형을 유지하기 위해 진화과정에서 많은 기작을 도입하였다. 많은 동물과 단세포 개체에서 체내의 물과 염의 배출은 분비계를 통한 영양분 배출과 연관되어 있다. *짚신벌레*(*Paramecium*)와 같은 원생동물들은 해면동물처럼 수축포를 통해 배출한다(**그림 26.3**). 물과 대사과정의 노폐물들은 소포체에서 수집되어 수축포로 수송된다. 수축포가 수축한 후 내용물을 밖으로 내보낼 때 물과 노폐물도 같이 방출된다. 다세포 동물들은 몸에서 체액과 노폐물을 배출하는 배설관을 갖고 있다.

편형동물에서 이런 관들은 *원신관*(protonephridia, **그림 26.4**의 초록색 구조)이라 한다. 원신관은 전구 모양의 **불꽃세포(flame cell)**로 몸 전체에 뻗어져 분포한다(**그림 26.4** 확대). 이 단순한 배출 구조가 외부로 열려 있는 동안에 내부는 닫혀 있다. 반면에, 불꽃세포 내 섬모의 수축/팽창(beating) 작용에 의해 액체가 체내로 흡수되어 수집관으로 모인다. 물과 대사물질은 재흡수되고 나머지는 분비관을 통해 방출된다.

다른 무척추동물들은 몸의 안팎으로 열리는 관을 갖고 있다. 환형동물에서 이 관들은 *신관*(nephridia)으로 알려져 있다(**그림 26.5**의 파란색 구조). 신관은 몸 밖의 액체를 깔때기 모양의 구조인 *신구*(nephrostome) 안으로 여과작용에 의해 모은다. *여과*(filtration)라고 하는 이유는 압력에 의해 생성된 작은 구멍을 통과하므로 일정 크기 이상의 분자는 통과하지 못하기 때문이다. 여과액은 체강의 액체와 같은 삼투 농도인 등장액이다.

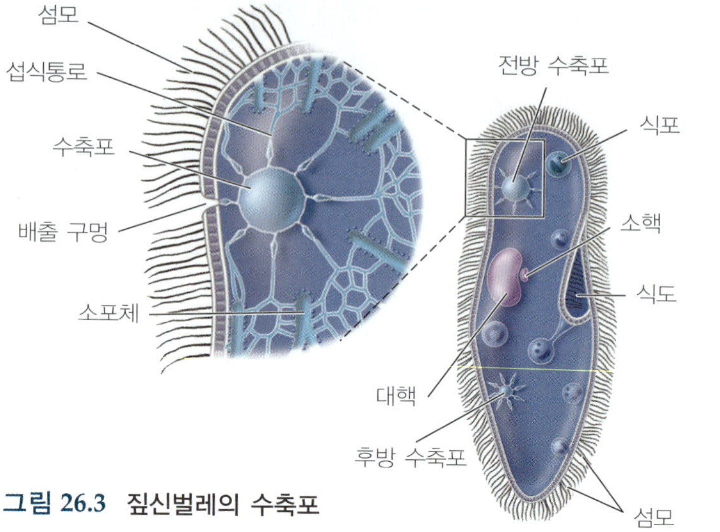

그림 26.3 짚신벌레의 수축포

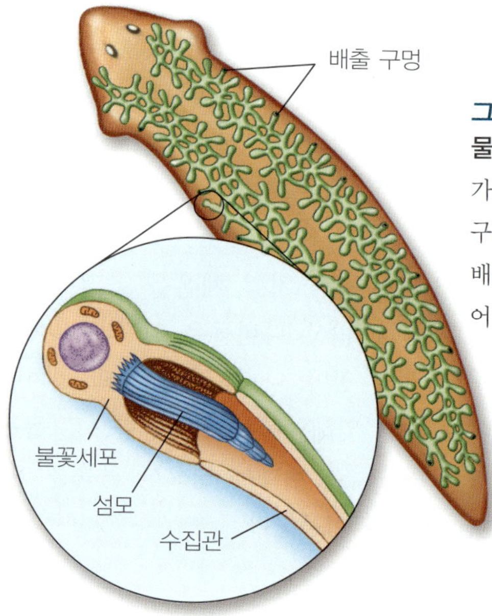

그림 26.4 편형동물의 원신관
가지 형태의 관과 전구모양의 불꽃세포, 배출 구멍으로 구성되어 있다.

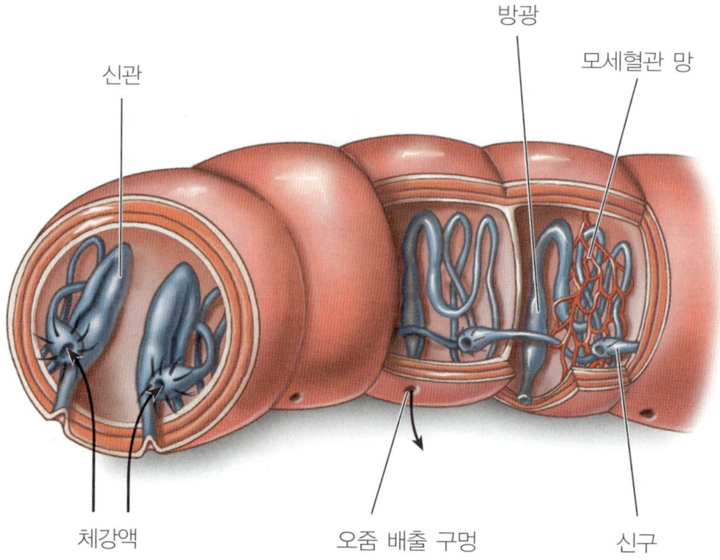

그림 26.5 환형동물의 신관
환형동물을 포함한 대부분의 무척추동물은 신관을 갖고 있다. 신관은 체강액의 여과액을 수집하는 관으로 구성되어 있다. 여과액은 깔때기 모양의 신구로 들어간다.

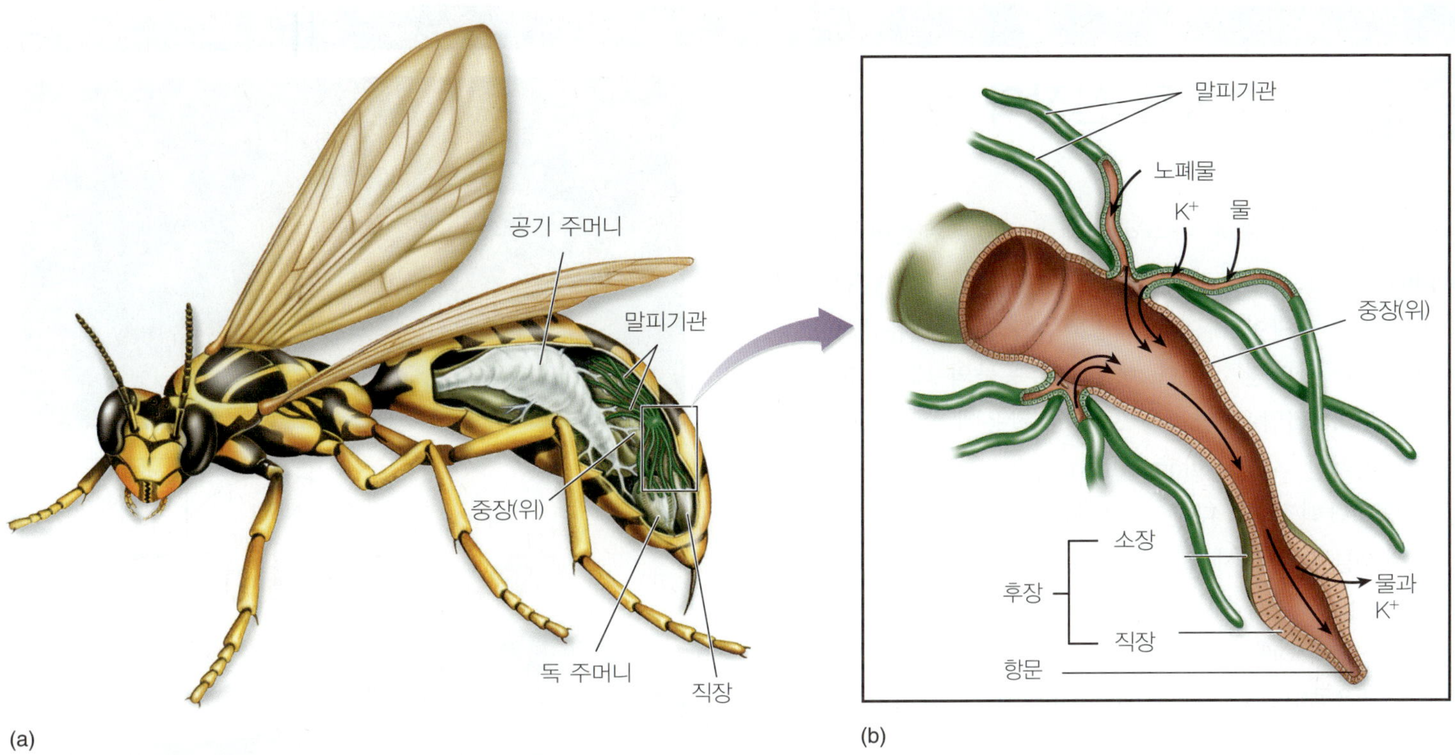

그림 26.6 곤충의 말피기관

(*a*) 곤충의 말피기관은 소화관의 연장으로 체내 순환계로부터 물과 노폐물을 모은다. (*b*) K^+이 말피기관으로 분비되고, 뒤따라서 물이 삼투에 의해 이동한다. 물과 K^+의 상당량은 후장의 벽에서 재흡수된다.

그렇지만 신관을 통과하는 동안 NaCl은 능동수송에 의해 제거된다. 신관에서 주위 체액으로의 이동을 *재흡수*(reabsorption)라고 한다. 여과 과정에서 염이 재흡수되므로 오줌은 체액보다 묽게 된다(즉, 저장액이 됨).

곤충의 분비 기관은 **말피기관(Malpighian tubule)**이라고 부른다(**그림 26.6**에서 초록색으로 표시된 기관). 말피기관은 소화관의 연장으로 앞쪽에서부터 후장(hindgut)까지 연장되어 있다. 체내 빈 공간과 말피기관 사이에 압력차가 없으므로 여과 과정에서 오줌이 생성되지 않는다. 그 대신에 물 분자와 K^+이 능동수송에 의해 말피기관 안으로 분비된다. *분비*(secretion) 과정에서 이온과 물 분자는 체액에서 말피기관 방향으로 수송된다. K^+ 분비는 삼투기울기를 만들어 물이 삼투압에 의해 개방순환계에서 말피기관으로 이동되게 한다. 물과 K^+의 대부분은 순환계에서 후장의 표피층을 통해 재흡수되므로 소량의 작은 분자들과 물만이 항문에서 변으로 방출된다. 이런 의미에서 말피기관은 매우 효율적인 물 보존 시스템이다.

신장(kidney)은 척추동물의 분비기관이다. 신장은 곤충의 말피기관과는 달리 혈액을 압력에 의해 여과시켜 세뇨관액을 생성한다. 여과액은 노폐물과 물 이외에도 포도당, 아미노산, 비타민과 같이 동물에게 중요한 작은 분자들을 포함한다. 이런 분자들과 대부분의 물은 세뇨관에서 혈액으로 재흡수되지만, 노폐물은 여과액에 남아서 최종적으로 오줌으로 배출된다.

척추동물의 신장이 분자량이 큰 단백질을 제외한 거의 대부분의 물질을 혈장에서 여과한 후 다시 에너지를 사용하여 재흡수 한다는 것은 이상하게 들릴 것이다. 그렇지만 선택적인 재흡수 과정은 생존에 유연성을 제공한다. 척추동물들은 서식지에 맞게 필수적인 다양한 분자들을 재흡수하는 능력을 진화적으로 발전시켜왔다. 이런 유연성은 척추동물이 다양한 서식지에서 성공적으로 정착하는 데 중요한 요소가 되었다.

주요 학습 요점 26.2 **많은 무척추동물들은 체액을 관으로 보내고 이온과 물을 재흡수한다. 남은 노폐물은 배출된다. 곤충의 분비액은 K^+이 세뇨관으로 분비 된 후 물이 삼투에 의해 수송되어 형성된다. 척추동물의 신장은 세뇨관을 거쳐서 여과액을 만들고 이 과정에서 물을 재흡수한다.**

26.3 척추동물 신장의 진화

신장은 진화과정에서 담수어류에 먼저 생겼으며 **네프론(nephron)**이라고 하는 1백만 개의 반복적인 배설 단위로 구성된 복잡한 기관이다. 아래 그림의 네프론은 포유류와 조류의 네프론을 나타낸 것이다. 다른 척추동물의 네프론은 고리 부분이 없다. 혈압은 혈액을 모세관 작용에 의해 네프론의 상부에 위치한 *사구체*(glomerulus) 속으로 보낸다. 사구체는 혈구세포, 단백질 및 다른 고분자는 머무르게 하지만 물과 작은 분자들을 용해시켜, 사구체를 둘러싸고 있는 컵 모양의 구조를 지나서 세뇨관으로 들어가게 한다. 여과액이 근위세뇨관으로 표시된 네프론의 첫 번째 부분을 지나는 동안에 당, 아미노산, 이온들이 능동수송에 의해 이동되고, 물과

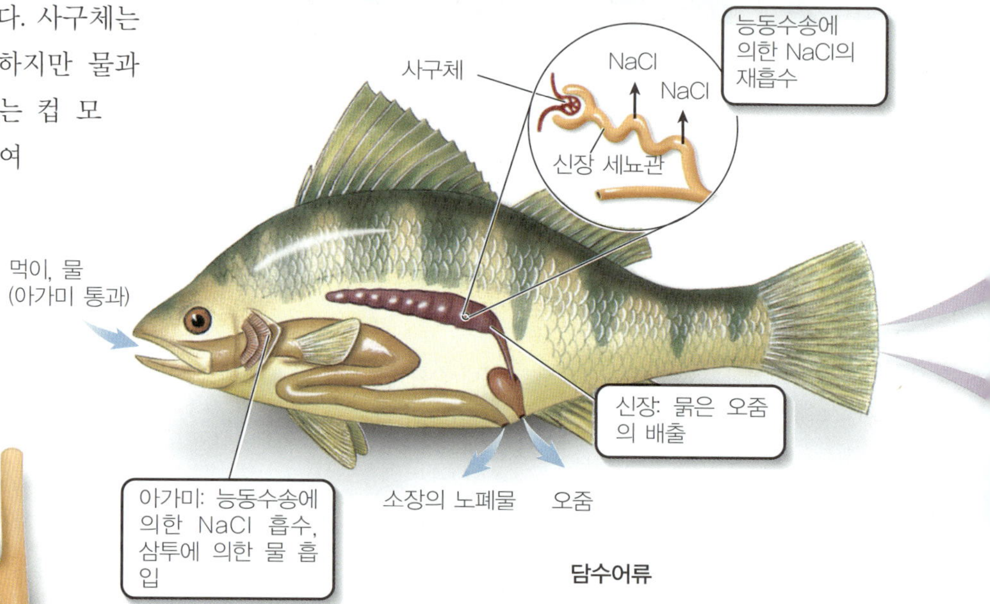

담수어류

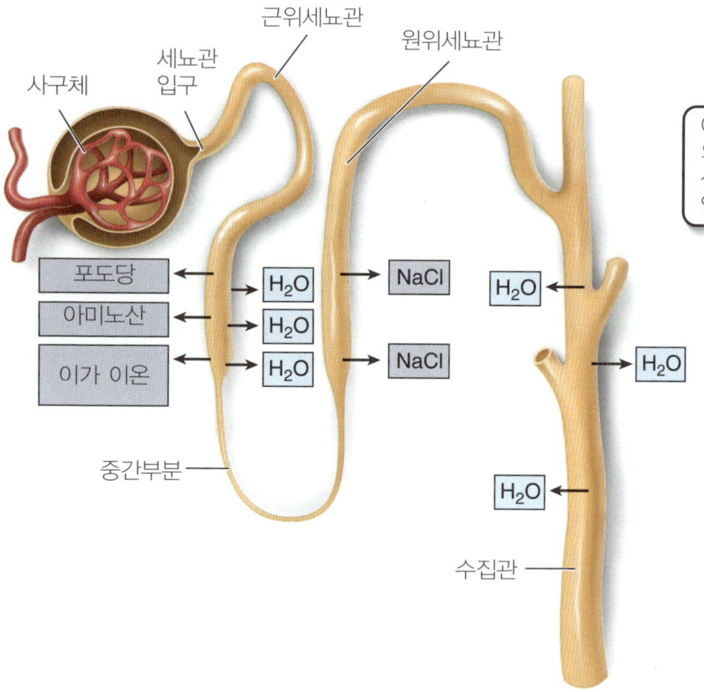

대사노폐물은 남아서 오줌이 된다. 물과 염은 네프론을 지나면서 재흡수가 된다.

척추동물의 신장은 기본적으로 같은 디자인을 갖지만 조금씩 변형이 있다. 사구체의 첫 여과액은 혈액과 같은 농도이기 때문에 척추동물은 이온을 흡수하여 혈액과 같은 농도이거나 또는 더 희석하여 혈액보다 낮은 농도를 만들 수 있다. 단지 포유류와 조류만이 사구체에서 여과를 통해서 혈액보다 농도가 진한 오줌을 만들 수 있다.

담수어류

신장은 담수에 서식하는 진골어류(teleost)에서 가장 처음 진화가 일어난 것으로 여겨진다. 담수어류의 체액은 주변의 물보다 삼투압이 높기 때문에 담수어류는 삼투와 확산으로 인해 두 가지 문제에 직면한다. (1) 물이 삼투에 의해 외부에서 내부로 들어오려고 한다. (2) 용질이 확산에 의해 몸에서 외부 환경으로 나가려고 한다. 담수 어류는 물을 마시지 않고(물이 입을 통해서 들어오지만 아가미를 통해 빠져나간다. 즉, 물을 삼키지는 않는다.), 또한 오줌을 물로 희석해서 첫 번째 문제를 해결한다. 그리고 네프론의 세뇨관에서 사구체 여과액으로부터 혈액으로 NaCl을 재흡수함으로써 두 번째 문제를 해결한다. 아가미에서도 주변 물에서 혈액으로 염을 능동수송으로 이동시킨다.

해양 경골어류

대부분의 동물들은 가장 처음 바다에서 생겼지만, 해양 경골어류는 담수 조상으로부터 진화하였을 것으로 추측된다. 그렇지만 육지의 물은 바닷물보다 저장액이기 때문에 새로운 문제에 직면하게 되었다. 결과적으로 물은 삼투에 의해 아가미에서 밖으로 이동하고 오줌으로도 방출된다. 물 부족을 보충하기 위해서 해양 어류는 많은 양의 물을 흡입해야 한다.

바닷물에 포함된 이가 양이온(Ca^{++}, Mg^{++})은 소화관에 머무른 후 항문으로 배출된다. 그렇지만 K^+, Na^+, Cl^-과 같은 일가 이온들은 혈액으로 흡수된다. 일가 이온은 대부분 아가미에서 능동수송에 의해 혈액으로 이동된다. 혈액으로 들어온 이가 이온은 네프론의 세뇨관으로 배출되어 오줌으로 방출된다. 이 두 가지 방법으로 해양 경골어류는 마시는 물속의 이온들을 제거할 수 있다. 그래서 오줌은 체액과 등장액이다. 담수어류의 오줌보다는 더 농축되어 있지만, 포유류와 조류의 오줌보다는 덜 농축되어 있다.

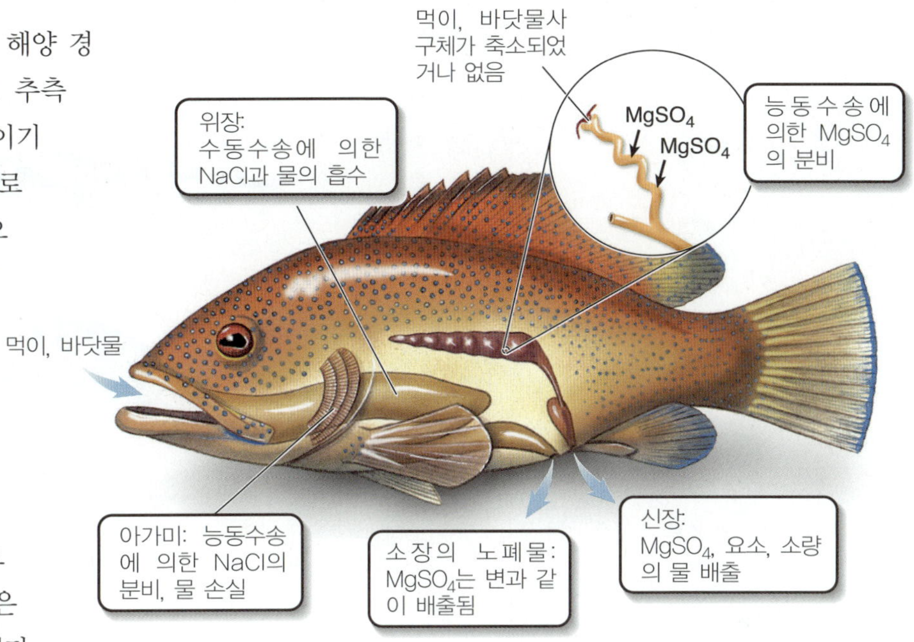

해양어류

연골어류

상어, 홍어, 가오리를 포함하는 연골어류는 연골어강에서 가장 흔하게 발견된다. 연골어류는 경골어류와는 다른 방법으로 삼투 문제를 해결하였다. 바닷물에 비해 저장액인 체액을 가지기 위해서 바닷물을 끊임없이 흡입하면서 이온들을 바깥으로 내보내야 한다. 연골어류는 네프론의 세뇨관에서 요소를 재흡수한다. 연골어류의 혈액은 포유류 혈액의 요소 농도보다 100배 높은 요소 농도를 유지하는데 이 작용에 의해 바닷물과 같은 삼투 농도를 유지할 수 있게 된다. 등장액 상태에서는 물의 순이동이 없기 때문에 물 손실을 방지할 수 있다. 연골어류는 삼투 균형을 맞추기 위해 바닷물을 마시지 않아도 되고, 신장과 아가미에서도 체액으로부터 많은 이온을 제거할 필요가 없어진다. 연골어류의 효소와 조직은 높은 요소 농도에 저항할 수 있도록 진화되었다.

연골어류

그림 26.7 척추동물의 삼투조절

조류와 포유류만이 고장액의 오줌을 만들어서 물을 효율적으로 보존할 수 있다. 바다에 서식하는 파충류와 조류는 바닷물을 마시고 여분의 염을 염류샘으로 분비한다.

양서류와 파충류

최초의 육상 척추동물은 양서류이다. 양서류의 신장은 담수어류의 신장과 동일한데, 양서류는 상당한 시간을 담수에서 보내기 때문에 특별히 놀라운 일은 아니다. 양서류는 육지에서는 습지에서 주로 머무른다. 담수에 서식하였던 조상처럼 양서류는 묽은 오줌을 만들고, 잃어버린 Na^+ 이온을 보충하기 위해 주위 물로부터 Na^+ 이온을 능동수송을 통해 피부로 흡수한다.

반면에 파충류는 다양한 서식지에서 산다. 대부분은 악어처럼 담수에서 살고, 담수어류 및 양서류와 비슷한 서식지를 차지하기 때문에 신장의 작용도 비슷하다. 바다악어와 거북, 바다뱀을 포함한 바다 파충류는 담수 파충류와 유사한 신장을 갖지만 정반대의 문제에 직면한다. 즉, 물을 잃고 염을 흡수한다. 해양 경골어류처럼 바닷물을 마시고 등장액의 오줌을 배출한다. 해양 경골어류는 여분의 염을 아가미로 내보내지만, 바다 파충류는 코나 눈 주위의 염류샘을 통해 여분의 염을 배출한다.

육상 파충류의 신장은 건조한 환경에서 혈액의 부피를 유지하기 위해 네프론 세뇨관에서 많은 염과 물을 재흡수한다. 그렇지만 어류와 양서류처럼 혈장보다 더 농축된 오줌을 만들지는 못한다. 그렇지만 오줌이 배설강(소화관과 비뇨관의 공통 배출구)에 도달하면 물의 추가 재흡수가 일어난다.

포유류와 조류

포유류와 조류는 체액보다 삼투 농도가 더 높은 오줌을 만들 수 있는 유일한 척추동물들이다. 노폐물을 적은 물 양과 같이 내 보낼 수 있으므로 몸에 많은 물을 유지할 수 있게 된다. 사람의 신장은 혈장보다 4.2배 농축된 오줌을 만들 수 있지만, 어떤 포유류의 신장은 오줌을 더 효율적으로 농축시킬 수 있다. 예를 들면, 낙타는 8배, 모래쥐는 14배, 주머니쥐는 22배나 혈장보다 오줌을 더 농축시킬 수 있다. **그림 26.8**의 캥거루쥐의 신장은 아주 효율적이어서 물을 마실 필요가 없다. 필요한 물은 음식에 포함된 물과 세포호흡에서 생성된 물이면 충분하다!

고장액 오줌은 네프론의 고리 부분에서 만들어지는데, 포유류와 조류만이 이런 고리를 갖고 있다. 헨레 고리로 불리는 긴 고리를 가진 네프론은 신장 조직에 깊숙이 위치하며 농축된 오줌을 만든다. 대부분의 포유류는 고리의 길이가 짧거나 또는 매우 긴 네프론을 가진다. 그렇지만, 조류에서 긴 고리를 가진 경우는 거의 없어서 조류는 포유류만큼 오줌을 농축시키지 못한다. 조류에서는 혈액보다 최대 2배 농축된

그림 26.8 사막의 포유류

캥거루쥐의 신장은 물을 흡수하여 오줌을 최대한 고농도로 농축함으로써 물 손실을 최소로 줄일 수 있다. 이 기능은 캥거루쥐가 건조하거나 사막 환경에서 서식하는 데 매우 중요하다.

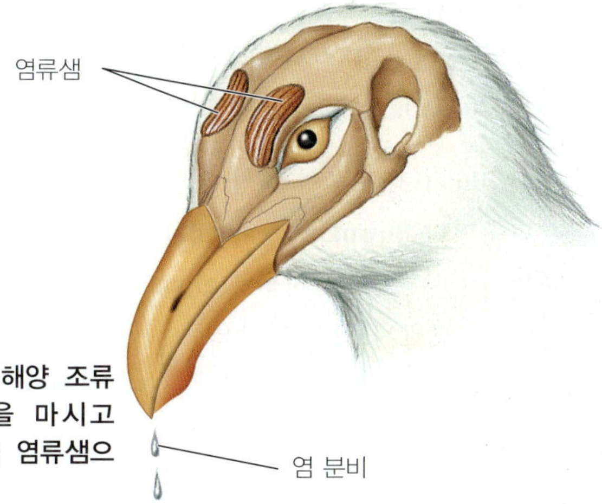

그림 26.9 해양 조류는 바닷물을 마시고 여분의 염을 염류샘으로 분비한다

오줌을 만들 정도의 물을 재흡수할 수 있다. 바다에 서식하는 조류는 바닷물을 마시고 눈 근처의 염류샘에서 필요 이상의 염을 배출하여 부리 쪽으로 흘려보냄으로써 물 손실 문제를 해결한다(**그림 26.9**).

상당히 고장액인 조류의 오줌은 다른 소화관의 내용물과 함께 총배설강으로 이동한다. 총배설강의 벽에서 물 재흡수가 일어나면 흰색의 반고체성 새똥이 만들어지고 배설된다.

> **주요 학습 요점 26.3** **담수어류의 신장은 많은 양의 묽은 오줌을 배출해야 한다. 반면에 해양 경골어류는 바닷물을 마시고 등장액의 오줌을 배출한다. 담수어류의 네프론의 기본적 디자인과 기능은 육상 척추동물에 잘 보존되어 있다. 헨레고리는 포유류와 조류가 물을 재흡수하고 고장액의 오줌을 생성할 수 있게 한다.**

26.4 포유류의 신장

사람의 신장은 등 아래쪽에 위치한 주먹 크기의 기관이다(**그림 26.10*a***). 신장 각각은 신장동맥으로부터 혈액을 공급받고 이 혈액으로 오줌을 만든다. 오줌은 각 신장으로부터 **요관(ureter)**를 거쳐서 **방광(urinary bladder)**에 모인다. 오줌은 **요도(urethra)**를 거쳐서 몸 밖으로 배출된다. 신장 내에서 요관의 입구는 깔때기 모양의 구조인 신우에 연결되어 있다. *신우*(renal pelvis)는 컵 모양의 구조를 가지고 있어서 오줌을 받을 수 있다. 이 조직은 **그림 26.10*b***에 나타낸 것 같이 혈액을 포함한 바깥쪽의 **신장피질(renal cortex)** 부분과 컵 모양의 구조를 가진 안쪽의 **신장수질(renal medulla)** 부분으로 나누어진다. 종합하면, 이 구조들은 여과, 재흡수, 분비, 방출의 구조를 수행한다.

포유류의 신장은 대략 1백만 개의 네프론으로 구성되어 있고(**그림 26.10*c***), 각 네프론은 4 지역으로 나누어진다.

1. **여과(filter)** 네프론의 가장 위에 위치한 여과 장치는 **보우만주머니(Bowman's capsule)**라고 불린다. 동맥이 각 주머니로 들어와서 **사구체**(**glomerulus**, ❶로 표시됨)라고 하는 혈관의 집합체 안으로 나뉜다. 모세혈관의 벽은 여과장치로 작용한다. 혈압에 의해 액체가 모세혈관의 벽을 통과하게 된다. 물, 작은 분자, 이온, 그리고 주요 대사산물인 요소는 모세혈관의 벽을 통과하지만 혈액 내의 단백질과 다른 큰 분자들은 이 벽을 통과하지 못한다.
2. **근위세뇨관(proximal tubule)** 보우만주머니는 내용물을 근위세뇨관으로 전달하는데, 여기에서 대부분의 물(75%)이 흡수되고, 몸에 유익한 탄수화물과 이온들도 흡수된다.
3. **신세뇨관(renal tube)** 근위세뇨관은 길고 좁은 관 모양의 신세뇨관으로 연결되어 있는데(그림에서 ❷~❹로 표시됨), 가운데서 굽은 모양을 이룬다. **헨레고리(loop of Henle)**라고 하는 이 머리핀 모양의 고리가 재흡수를 담당하는 장치이다. 여과액이 지나가면서 신세뇨관에서 10%의 물이 추가적으로 재흡수된다.
4. **수집관(collecting duct)** 세뇨관의 내용물은 수집관으로 이동한다(❺). 수집관은 물 보존 장치와 같은 역할을 해서 14%의 물이 오줌에서 추가적으로 흡수되어 손실이 일어나지 않게 한다. 사람의 오줌은 혈액보다 4배 농축되어 있다. 즉, 수집관은 신장을 통과한 여과액에서 대부분의 물을 흡수한다. 우리 몸의 신장은 이 놀랄만한 기작을 간단하면서도 뛰어나 방법으로 수행한다: 수집관은 네프론의 관을 따라서 다시 굽은 모양을 하고 있고 요소에 대해 투과성이 있다. 요소는 수집관에서 확산에 의해 이동한다. 이 작용에 의해 관 주변 조직의 염과 요소의 농도는 증가하고 오줌에 있는 물이 수집관에서 삼투작용에 의해 이동하게 한다. 그 다음, 신장에서 나오는 혈

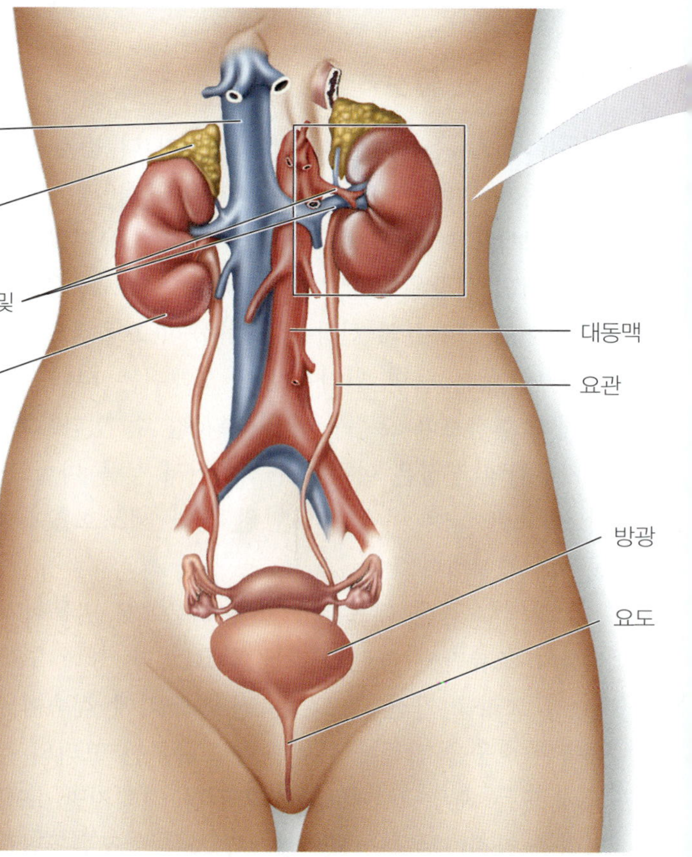

그림 26.10 포유류의 분비계는 2개의 신장을 갖는다. 각 신장은 피질과 수질에 위치하는 백만 개의 네프론으로 구성되어 있다

(*a*) 분비계는 신장, 요관, 요도로 구성되어 있다. 요관은 신장에서 방광까지 오줌의 통로이다. (*b*) 신장은 콩 모양의 적갈색 기관으로 약 1백만 개의 네프론으로 구성되어 있다. (*c*) 사구체는 여과장치인 보우만주머니로 둘러싸여 있다. 혈압에 의해 체액은 사구체와 근위세뇨관으로 이동한다. 근위세뇨관에서 포도당과 작은 단백질들이 재흡수된다. 여과액은 근위세뇨관, 헨레고리, 원위세뇨관을 거치면서 물이 재흡수된다. 물은 혈관에 의해 수집되고 신장 밖으로 이동되어 체내로 순환한다.

관에 다시 물을 공급하여 혈액으로 가게 한다.

신장의 작용

포유류 신장에서 오줌의 형성에는 네프론과 네프론을 둘러싸고 있는 모세혈관 사이에서 몇 종류의 분자들의 이동이 관여한다. 5단계로 나누면(**그림 26.10*c***), ❶ 압력에 의한 여과, ❷ 물의 재흡수, ❸ 이온의 선택적 재흡수, ❹ 세뇨관 분비, ❺ 추가적인 물의 재흡수.

압력에 의한 여과 혈압에 의해 작은 분자들은 사구체의 얇은 벽을 통과해서 보우만주머니 안으로 이동한다❶. 혈구 세포들과 단백질과 같은 큰 분자들은 통과하지 못하기 때문에, 결과적으로 사구체로 들어오는 혈액은 두 가지 경로로 나뉜다: 불여과성 혈액 구성 요소로서 사구체에 머무르다 혈액으로 되돌아가는 성분과 여과성 혈액 구성 요소로 사구체를 통과해서 오줌으로 되는 성분이다. 여과성 흐름은 **사구체 여과액(glomerular filtrate)**이라고 한다. 물과 질소 노폐물(주로 요소), 영양분(포도당, 아미노산), 이온들이 포함된다.

물의 재흡수 사구체로부터의 여과액은 근위세뇨관을 따라 아래로 향하여 헨레고리 하행지로 이동한다. 하행지의 벽은 물에 대한 투과성이 있지만 염이나 요소는 통과하지 못한다. 하행지 주위의 조직에 요소 농도가 높기 때문에 물은 삼투작용에 의해 이동하고 남은 여과액은 더 농축된다❷.

선택적 재흡수 헨레고리의 하행지에서 상행지로 바뀌는 지점부터 벽은 염에 대한 투과도는 증가하지만 물에 대한 투과도는 많이 감소한다. 농축된 여과액이 상행지를 통과하면서 영양분들은 주변 조직으로 이동해서 혈액으로 수송된다❸. 상행지의 윗부분에서 NaCl이 능동수송에 의해 바깥쪽으로 이동된다. 이제 여과액에는 질소 노폐물로 사구체를 통과하였던 요소가 매우 높은 농도로 남아 있다.

세뇨관 분비 원위세뇨관에서 세뇨관 분비 과정에 의해 내용물들이 오줌에 더해진다❹. 요산과 암모니아와 같은 질소 노폐물과 과량의 수소 이온들이 능동수송에 의해 오줌으로 분비된다.

물의 추가적 재흡수 세뇨관의 내용물은 수집관으로 다시 이동한다. 수집관의 아랫부분은 세뇨관과는 달리 요소에 대한 투과성이 있어서 요소의 일부분은 주변 조직으로 확산된다(이 때문에 헨레고리 하행지 주변 조직의 요소 농도가 매우 높다). 높은 요소 농도로 인해 여과액으로부터 많은 양의 물이 삼투에 의해 바깥쪽으로 이동한다❺. 이제 염, 영양분, 물이 제거된 성분이 오줌으로 남게 된다.

> **주요 학습 요점 26.4** **포유류의 신장은 노폐물을 여과장치로 보내고 여과액에서 물과 유용한 분자들을 재흡수한다. 남은 여과액은 오줌으로 배출된다.**

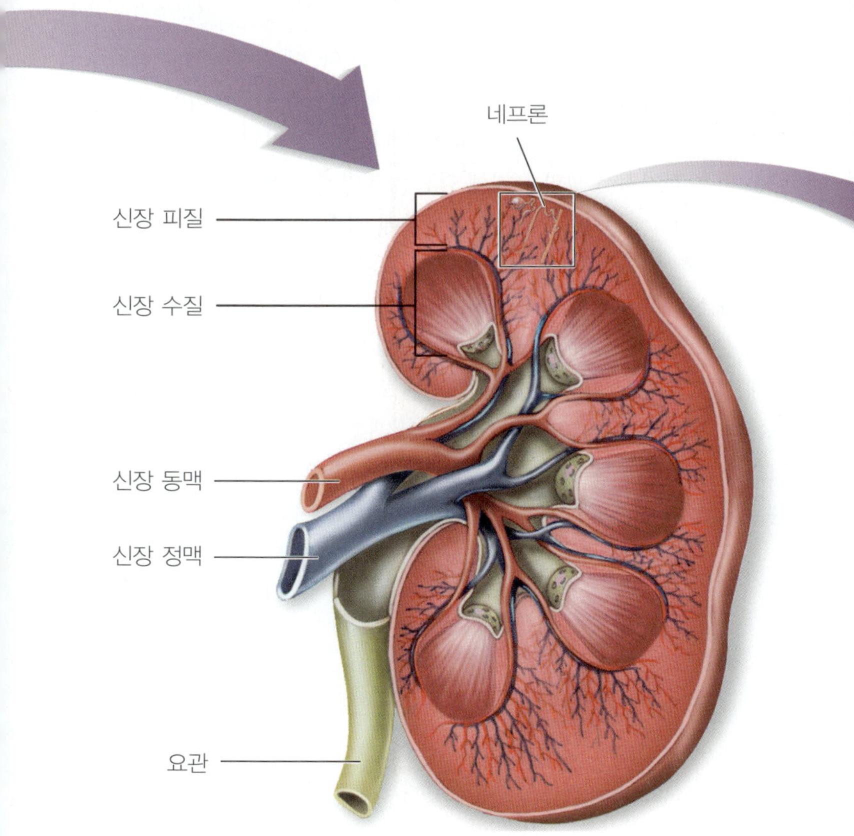

(b)

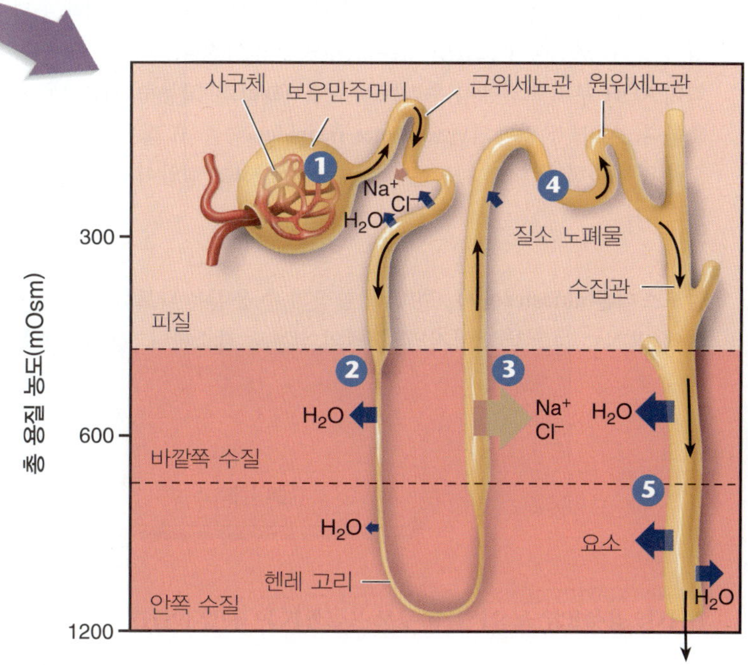

(c)

호르몬은 어떻게 신장 기능을 조절하는가?

모든 포유류와 조류에서 오줌의 양은 체내의 필요에 따라 달라진다. 이 장에서 기술된 바와 같이 우리 몸에서 물을 보존해야 할 때는 오줌의 농도를 높인다. 우리가 많은 양의 물을 마시면 오줌의 농도가 낮아진다. 결과적으로 혈액량, 혈압, 혈장의 염 농도는 신장에 의해 상대적으로 일정하게 유지된다. 신장은 혈장의 Na^+과 K^+의 농도뿐만 아니라 혈액의 pH를 근사한 범위 내에서 조절한다. 신장에 의한 항상성 유지 작용은 대부분 호르몬에 의해 조절된다.

항이뇨호르몬 항이뇨호르몬(antidiuretic hormone, ADH)은 우리 뇌의 시상하부에서 생성된다. 혈액으로 ADH를 분비하게 하는 주 자극은 혈액 내 혈장의 삼투(osmolality)의 증가이다. 몸에서 탈수가 일어나거나 짠 음식을 먹으면 혈액 내 염의 농도가 증가한다. 그림을 보고 탈수 현상의 작용을 이해해 보자. ❶ 탈수 현상은 ❷ 혈액 내 용질의 농도를 증가시킨다. ❸ 시상하부의 삼투수용체는 혈액 내 삼투 증가에 대해 ❹ 갈증 자극과 ❺ ADH의 분비로 반응한다.

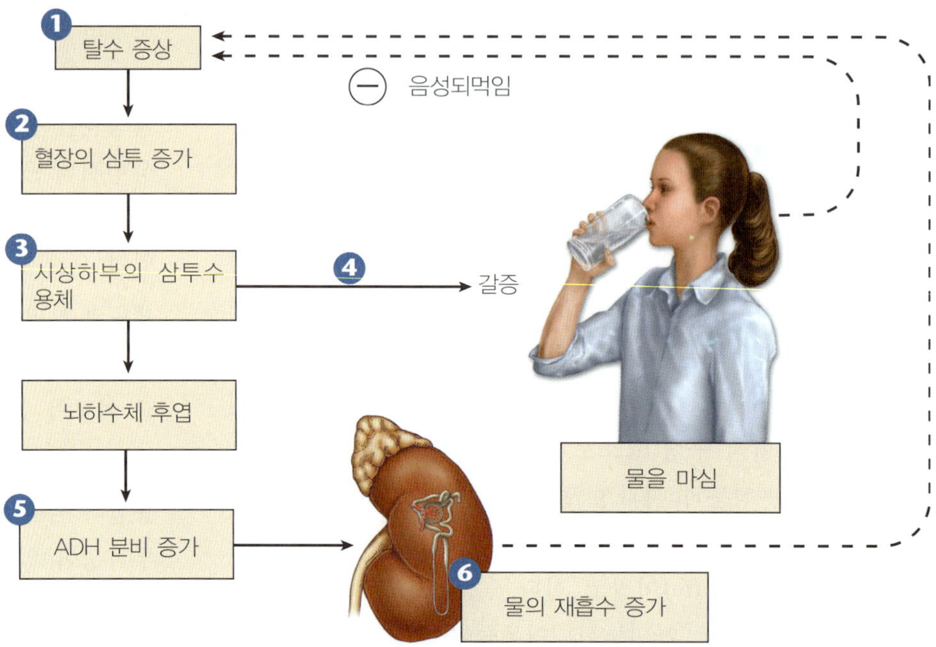

항이뇨호르몬은 신장에서 물의 재흡수를 촉진한다
음성되먹임 회로는 종료되고 혈액량과 삼투의 항상성이 유지된다.

ADH는 신장 내 원위세뇨관과 수집관의 물에 대한 투과성을 증가시켜 ❻ 오줌으로부터의 물 흡수량을 증가시킨다. 신장에서 물 흡수량이 증가해서 삼투수용체에 전달되면 ADH 분비가 감소하게 된다. 그리고 ADH 분비량이 감소하면, 원위세뇨관과 수집관의 벽은 물에 대해 투과성이 떨어지고, 다시 오줌이 되는 물의 양이 많아진다.

최대 ADH 분비 조건에서 우리는 하루에 600mL의 고농축된 오줌을 배출한다. ADH가 결핍되면 (diabetes insipidus라 불림) 많은 양의 묽은 오줌을 배출한다. 이런 사람은 탈수 증세가 심하고 혈압이 위험할 정도로 낮다.

알도스테론(aldosterone) 혈액 내 혈장의 주 용질은 나트륨 이온이다. 혈액 내 Na^+ 농도가 낮아지면, 혈액의 삼투도 감소한다. 삼투 감소는 ADH 분비를 억제하므로 많은 양의 물이 수집관에 남아서 오줌으로 분비된다. 결과적으로 혈액량과 혈압이 감소한다. 세포 밖의 Na^+ 증가하면 삼투에 의해 많은 양의 물이 세포 안에서 밖으로 이동하여 혈장 삼투와 혈액량이 감소하고 혈압도 낮추게 한다. Na^+ 손실이 심각하면, 혈액량은 너무 적어져서 생명 유지에 필요한 혈압이 유지되지 못할 수도 있다. 이런 이유 때문에 염은 우리 생명에 필수적이다. 많은 동물들은 "염"에 대해 배고픔을 느끼고 적극적으로 염을 찾아 나선다.

혈액 내 Na^+ 농도가 감소하면 대개의 경우 알도스테론 호르몬 작용에 의해 신장으로부터 Na^+가 보충된다. 알도스테론은 뇌에서도 분비된다. 최대 알도스테론 분비 조건에서 Na^+는 오줌에서 완전히 재흡수될지도 모른다. Na^+가 재흡수되면 Cl^-와 물의 재흡수가 뒷 따르기 때문에 알도스테론은 체내 염과 물의 양을 모두 증가시킨다. 그래서 알도스테론은 우리 몸의 혈액량과 삼투, 혈압의 유지를 돕는다.

26.5 질소 노폐물의 제거

아미노산과 핵산은 질소를 포함하는 생체분자이다. 동물은 아미노산과 핵산을 에너지원으로 분해하거나 또는 탄수화물과 지질로 전환시킨다. 이때 생성되는 **질소 노폐물(nitrogenous waste)**은 몸에서 반드시 제거되어야 한다.

아미노산과 핵산 대사의 첫 번째 단계는 간에서 아미노기($-NH_2$)를 H^+과 결합시켜 **암모니아(ammonia, NH_3)**를 생성하는 것이다(**그림 26.11**의 ❶). 암모니아는 세포에 대한 독성이 크기 때문에 농도가 매우 낮을 때만 안전하다. 경골어류와 올챙이에서는 대부분의 암모니아가 아가미로 배출되거나 또는 아주 묽은 오줌으로 배출되기 때문에 문제가 되지 않는다❷. 상어와 양서류, 포유류에서 질소 노폐물은 독성이 적은 형태인 **요소(urea)** 형태로 배출된다❸. 요소는 수용성이고 오줌으로 많은 양이 배출될 수 있다. 요소는 간에서 합성되어 혈액을 따라 신장으로 이동한 후 오줌으로 배출된다.

파충류와 조류, 곤충은 질소 노폐물을 **요산(uric acid)**의 형태로 배출한다❹. 요산은 물에 대한 용해도가 낮기 때문에 침전되어 매우 적은 양의 물과 함께 배출된다. 요산은 새똥에서 흰색 반죽 같은 형태를 이룬다. 이런 동물들은 껍질을 가진 알로부터 발생이 일어나는데, 배아가 성장함에 따라 질소 노폐물이 생성되므로 요산을 만들 수 있는 능력은 매우 중요하다. 요산의 생성 과정은 많은 에너지가 필요한 복잡한 과정이며, 결정으로 침전되는 화합물이 생성된다. 결과적으로 요산은 알의 안쪽에서 만들어지더라도 배아의 발생에 영향을 미치지 않게 된다.

포유류도 소량의 요산을 생성하는데, 이것은 퓨린 뉴클레오티드 분해 과정의 대사산물이다. 아미노산 분해과정에서는 생성되지 않는다. 대부분의 포유류는 *유리카아제*(uricase)라는 효소가 있어서 요산을 수용성이 큰 **알란토인(allantoin)**으로 전환시킨다. 사람과 유인원, 달마시안 개는 유리카아제 효소가 결핍되어 요산을 배출해야만 한다. 사람에서 관절 부위의 과도한 요산 축적은 *통풍*(gout)이라고 알려진 증상을 나타낸다.

주요 학습 요점 26.5 **아미노산과 핵산이 대사과정에서 분해되면 부산물로 암모니아가 생성된다. 암모니아는 경골어류에서는 배출되지만, 척추동물에서는 독성이 낮은 질소 노폐물인 요소와 요산의 형태로 전환된다.**

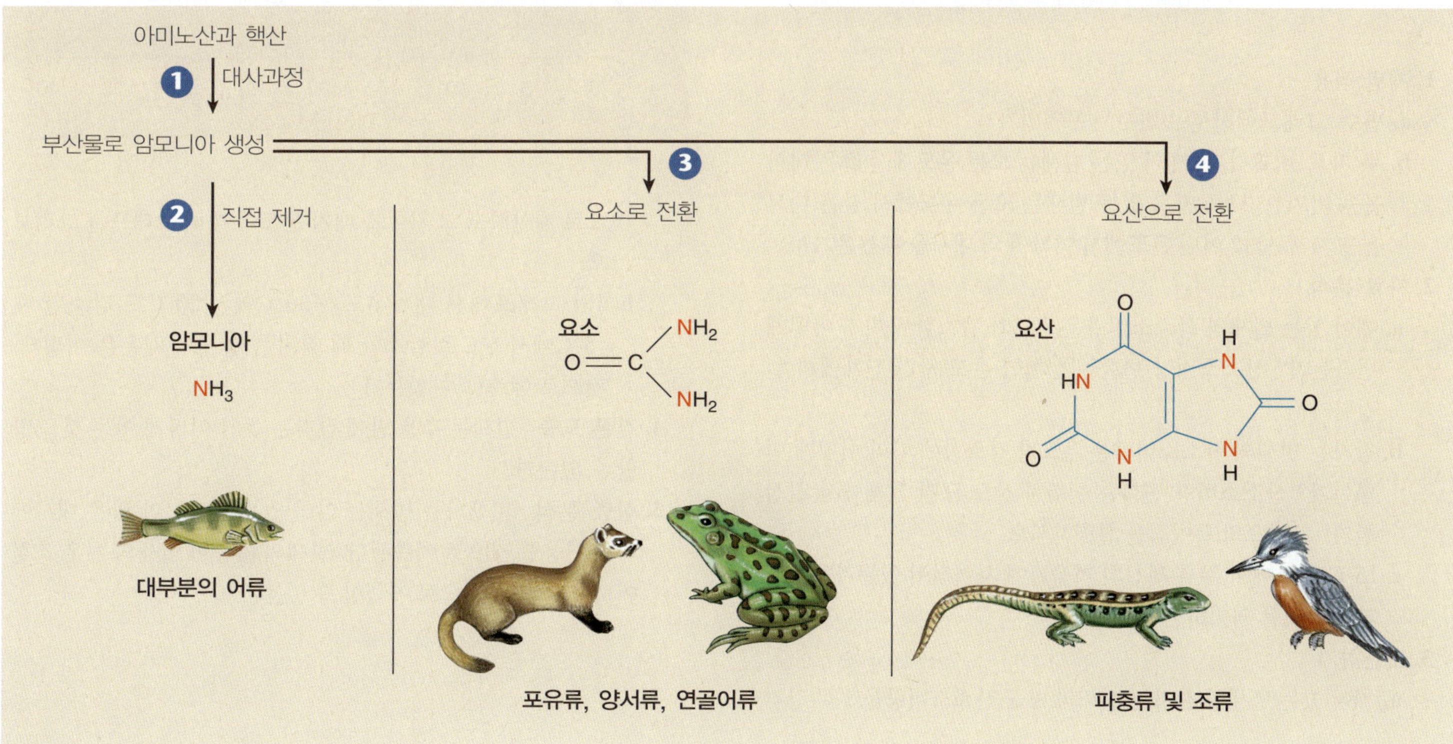

그림 26.11 질소 노폐물

아미노산과 핵산의 대사과정에서 질소 노폐물인 암모니아는 독성이 강하지만❶, 경골어류에서는 아가미를 통해 제거될 수 있다❷. 포유류는 암모니아를 독성이 덜한 요소로 전환한다❸. 조류와 육상 파충류는 암모니아를 물에 거의 녹지 않는 형태인 요산으로 전환한다❹.

질문 & 분석

새들은 잠자는 동안 어떻게 체온을 유지하는가?

포유류와 조류는 열을 흡수해서 주위 환경의 온도와 상관없이 항상 일정한 온도를 유지한다. 그래서 외부 온도가 낮아져도 대사과정은 계속 일어난다. 온도가 10°C 낮아질 때마다 효소 반응은 2~3배 감소한다. 우리 몸은 체온을 37°C로 유지하고 새들은 더 낮게 유지한다. 이 체온을 유지하기 위해서 포유류와 조류는 끊임없이 산화적인 대사과정을 수행하여 열을 발생시킨다. 이 과정은 평상시보다 몇 배나 많은 대사율을 필요로 하기 때문에 에너지가 많이 필요하고, 특히 동물이 활동하지 않을 때는 더욱 그렇다. 논리적인 해결책은 체온을 유지하려는 노력을 포기하고 잠자는 동안에 체온을 떨어뜨리는 것이다. 사람은 이 방법을 사용하지 않지만 다른 많은 포유류와 조류는 이 방법을 채택하였다. 흥미로운 질문이 생긴다: 잠자는 새가 얼지 않게 되는 것은 무엇 때문인가? 조류는 주위 환경의 온도를 단순히 따르는가? 아니면 체온이 어떤 온도 이하가 되면 어는 것을 방지하기 위해 대사과정에서 열을 발생시키는 기작이 따로 있는가?

오른편의 그래프는 열대성 벌새를 이용하여 대기 온도 감소에 따른 대사율을 측정한 실험과 결과를 나타낸 것이다. 3~37°C의 대기 온도 범위에서 깨어 있는 새(파란색)와 자고 있는 새(빨간색)들의 산소 소비량을 각각 측정하였다. 파란색과 빨간색의 추세선은 이 자료들을 가장 잘 만족하도록 통계학적 방법을 이용하여 그렸다.

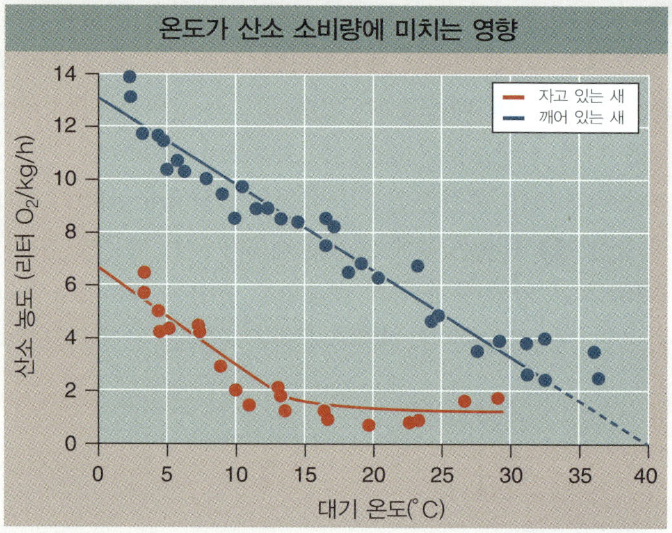

1. **개념 적용**
   a. **변수** 그래프에서 종속변수는 무엇인가?
   b. **두 자료 비교하기** 깨어 있는 벌새는 모든 온도에서 같은 대사율을 가지는가? 잠자고 있는 벌새는 모든 온도에서 같은 대사율을 가지는가? 어떤 온도에서 어느 새의 대사율이 높은가?
2. **자료 분석**
   a. 깨어 있는 벌새의 산소소비량은 온도가 감소함에 따라 어떻게 변하는가? 산소소비량 변화는 실험한 온도 구간 전체에서 일정한가?
   b. 잠자는 벌새의 산소소비량은 온도가 감소함에 따라 어떻게 변하는가? 산소소비량 변화는 실험한 온도 구간 전체에서 일정한가? 그래프의 특이점을 설명하시오.
   c. 15°C 이하에서 두 추세선의 기울기에 차이점이 있는가? 이 결과는 무엇을 의미하는가?
3. **추론하기**
   a. 깨어 있는 벌새와 잠자는 벌새의 평균 산소소비량을 5°C 간격으로 계산하고 그 차이를 대기 온도에 대해 그래프를 그려보시오.
   b. a의 그래프에서 대기온도가 30°C에서 20°C로 감소할 때와 15°C에서 5°C로 감소할 때 잠자는 벌새의 체온은 어떻게 될 것으로 예측할 수 있는가?
4. **결론 도출** 벌새는 추운 밤에 잠자는 동안 어떻게 어는 것을 방지할 수 있는가?
5. **심층 분석** 비행하는 벌새는 앉아 있는 벌새보다 많은 대사에너지를 사용할 것으로 예측된다. 벌새의 활동이 벌새의 체온 조절에 어떤 영향을 줄 것으로 예측할 수 있는가?

단원 복습

항상성

26.1 동물의 항상성 유지 방법

- 동물들은 상대적으로 일정한 내부 조건을 유지하며 이를 항상성이라 한다. 항상성은 내부 환경이 좁은 범위 내에서 역동적으로 일정하게 유지됨을 의미한다.
- 우리 몸은 감각기를 이용하여 내부 조건을 측정한다. 측정값은 통합센터로 보내진다. 통합센터에서는 특정 조건에 대한 설정값과 비교한다. 만약 측정값이 설정값과 차이가 나면 몸은 효과기와 근육, 분비샘을 통해 차이를 조정하여 우리 몸 상태를 측정값 상태로 복원한다(**그림 26.1**).
- 이런 형태의 조절시스템을 음성되먹임 회로라고 한다. 왜냐하면 차이를 교정하려는 반응이 역방향으로 작용하여 주어진 조건을 설정값으로 돌리려고 하기 때문이다.
- 항상성의 예는 체온 유지와 혈당 유지가 있다(**그림 26.2**).

삼투조절

26.2 체내 수분량 조절

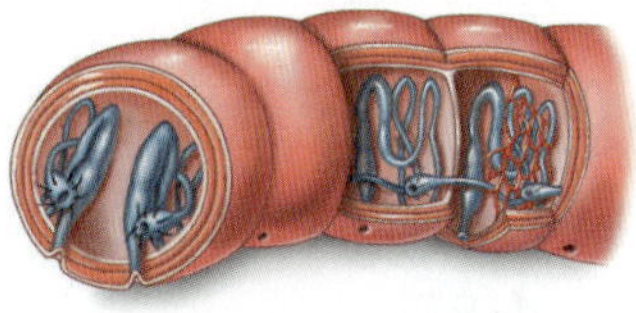

- 생명체는 수분 균형을 유지하기 위한 다양한 기작을 진화적으로 발달시켜 왔다. 많은 무척추동물은 신관을 이용하여 체액을 수집하고 물과 이온을 재흡수한다. 편형동물은 원신관이라 불리는 관 집합체를 이용한다(**그림 26.4**). **그림 26.5**의 환형동물의 예와 같이 신관은 체액을 여과하고 몸으로 NaCl을 재흡수할 수 있게 한다. 노폐물과 액체는 구멍을 통해 오줌으로 배출된다. 곤충은 말피기관으로 K^+을 분비하여 삼투기울기를 형성하여 물이 삼투압에 의해 관 안으로 들어오게 한다. 물과 K^+은 후장의 표피를 통해 흡수된다(**그림 26.6**).
- 신장은 척추동물의 분비기관이다. 신장은 압력이 작용하는 상태에서 액체를 여과하고 중요한 분자들을 재흡수한다.

척추동물의 삼투조절

26.3 척추동물 신장의 진화

- 신장의 기본 단위는 네프론이다(**삽입 그림 646쪽**). 혈액으로부터 액체가 유입되고 당, 아미노산, 이온, 물, 염과 같은 중요한 분자들은 재흡수된다.
- 담수어류의 신장은 묽은 오줌을 방출하고 해양 경골어류는 바닷물을 마시고 등장액인 오줌을 배출한다(**삽입 그림 646~647쪽**).
  연골어류는 해양 경골어류처럼 고장액 환경에서 살아간다. 연골어류는 삼투 균형을 맞추기 위해 요소를 재흡수해서 바닷물에 대해 등장액 상태를 만든다(**삽입 그림 647쪽**).
- 양서류와 파충류의 신장은 어류의 신장과 유사하다. 포유류와 조류는 농축된 오줌을 만든다(**그림 26.7**). 포유류와 조류에는 헨레고리가 있어서 혈액보다 고장액인 오줌으로 농축할 수 있다. 바닷새는 바닷물을 마시고 염류샘으로 불필요한 소금을 배출한다(**그림 26.9**).

26.4 포유류의 신장

- 신장은 신동맥으로부터 혈액을 받아서 신장에서 오줌을 생성하고 요관을 통해서 오줌을 방광으로 이동시킨다(**그림 26.10*a***).

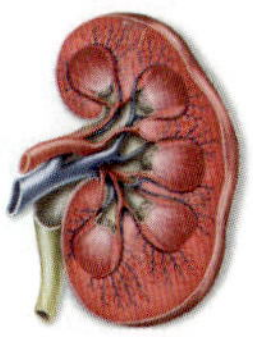

- 각 신장은 대략 1백만 개의 네프론으로 구성되어 있다(**그림 26.10*b***). 각 네프론은 보우만주머니와 헨레고리, 수집관으로 구성되어 있다. 네프론의 기능은 혈액으로부터의 여과액을 모으고 물과 이온을 선택적으로 재흡수하며 노폐물을 체내에서 배출하는 것이다.
- 혈액은 먼저 보우만주머니에 의해 둘러싸인 혈관 집합체인 사구체에서 여과된다. 물과 작은 분자들, 이온, 오줌은 보우만주머니 안으로 이동한다. 보우만주머니는 긴 관에 연결되어 있어서 체내로의 분자와 이온의 선택적 재흡수가 일어난다. 세뇨관은 헨레고리라는 머리핀 모양의 고리를 형성한다. 포유류의 헨레고리는 길이가 길어서 고장액인 오줌을 만들 수 있다. 세뇨관의 여과액은 수집관으로 이동하고, 수집관에서는 여과액으로부터 여분의 물이 추가적으로 재흡수된다(**그림 26.10*c***).
- 헨레고리의 각 부위는 물질에 대한 투과정도가 다르다. 근위세뇨관에서 물과 중요한 분자들이 재흡수된다. 헨레고리 하행지에서 물은 삼투압에 의해 주변조직으로 흡수되지만 염과 이온은 투과하지 못한다. 헨레고리 상행지에서는 염과 다른 분자들은 투과성이 있어서 상행지로 빠져나와 주변조직으로 이동한다. 이 결과로 네프론 세뇨관 주위 조직에는 높은 염 농도가 형성된다.
- 수집관은 물에 대한 투과성이 있어서 여과액은 삼투에 의해 주변 조직으로 흡수된다. 삼투는 헨레고리 상행지에서 재흡수된 이온과 다른 분자들을 포함한 용질로 인해 주변 조직이 고농도로 농축되어 있기 때문에 생긴다.
- 수집관에 남아 있는 액체는 고농도의 고장액 오줌이 되고 요관을 지나서 체내에서 배출된다.

26.5 질소 노폐물의 제거

- 아미노산과 핵산의 분해 대사물질은 간에서 암모니아를 생성한다. 질소 노폐물인 암모니아는 독성이 있어서 체내에서 반드시 제거되어야 한다. 동물들은 다양한 암모니아 배출방법을 활용한다(**그림 26.11**).
- 암모니아는 경골어류에서는 직접 배출되고, 올챙이에서는 아가미를 통하거나 묽은 오줌의 형태로 배출

된다.

- 상어와 양서류, 포유류에서는 암모니아가 독성이 낮은 요소로 전환된다. 요소는 수용성이기 때문에 혈액을 통해 신장으로 이동한 후 오줌으로 배출된다.
- 파충류, 조류, 곤충은 질소 노폐물을 요산으로 배출한다. 요산은 독성이 적고 물에 대한 용해도가 낮기 때문에 아주 적은 양의 물과 함께 배출될 수 있다. 새똥의 흰색 성분이 요산이다.

이해력 확인 문제

1. 온도, pH와 같은 체내 조건을 일정하게 유지하는 것을 무엇이라고 하는가?
   a. 발열반응
   b. 항상성
   c. 삼투조절
   d. 흡열반응
2. 다음의 조절방법 중 효과기의 반응이 설정값으로 복원되는 것을 가리키는 것은?
   a. 억제조절
   b. 항상성
   c. 양성되먹임 회로
   d. 음성되먹임 회로
3. 만약 혈당이 매우 낮아지면, 글루카곤이 이자에서 분비된다. 다음 중 글루카곤의 작용은?
   a. 인슐린 분비
   b. 글리코겐 분해
   c. 글리코겐 합성
   d. 지방 저장
4. 다음 중 삼투조절에 관여하지 않는 것은?
   a. 이자
   b. 신관
   c. 말피기관
   d. 불꽃세포
5. 다음 중 배출 시 말피기관을 사용하는 것은?
   a. 조류
   b. 개미
   c. 캥거루쥐
   d. 환형동물
6. 담수 경골어류가 체내의 적절한 물과 용질 농도를 유지하기 위해 사용하는 방법은?
   a. 많은 물을 마시고 체액보다 저장액인 많은 양의 오줌을 배출
   b. 물을 마시지는 않고 체액보다 저장액인 많은 양의 오줌을 배출
   c. 많은 양의 물을 마시고 체액과 등장액인 많은 양의 오줌을 배출
   d. 물을 마시지는 않고 체액과 등장액인 많은 양의 오줌을 배출
7. 다음 중 혈장과 비교하였을 때 가장 덜 농축된 오줌을 가진 동물은 무엇인가?
   a. 조류
   b. 담수어류
   c. 낙타
   d. 상어
8. 여과액 성분의 선택적 재흡수는 어디에서 일어나는가?
   a. 보우만주머니
   b. 사구체
   c. 헨레고리
   d. 요관
9. 물은 신장 여과액에서 어떤 방법에 의해 제거되는가?
   a. 확산
   b. 촉진 확산
   c. 능동수송
   d. 삼투
10. 사람은 질소 노폐물을 어떤 형태로 배출하는가?
    a. 요산 결정
    b. 단백질을 포함한 화합물
    c. 암모니아
    d. 요소

응용력 확인 문제

1. **그림 26.1** 아래 모식도를 이용하여 혈중 포도당 농도 조절에 대해 설명하시오. 혈당조절의 각 구성요소를 설명하고, 식사 후 혈당이 높아졌을 때 각 구성요소는 어떻게 조절되는지 설명하시오.

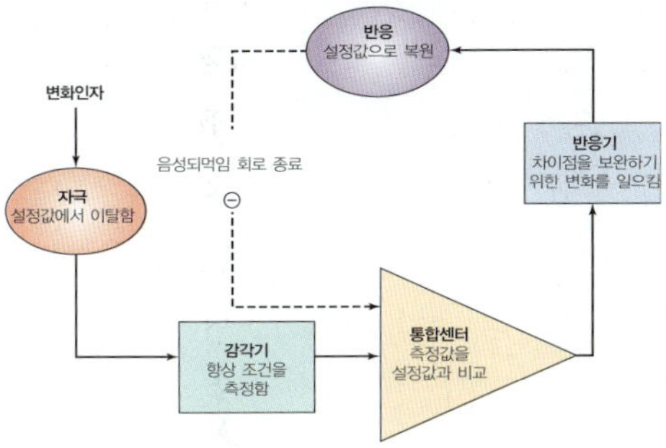

2. **그림 26.10*c*** 우리 몸은 탈수가 일어나면 ADH 호르몬을 분비한다. ADH는 신장 수집관의 물에 대한 투과도를 증가시킨다. 이 과정이 탈수 증상이 일어난 사람을 어떻게 도울 수 있는가? 이 사람의 오줌 농도는 어떤 영향을 받는가?

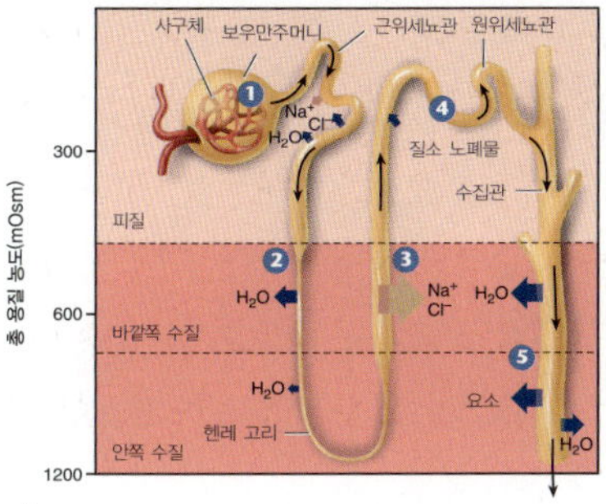

종합 학습

1. 벌새, 주머니쥐, 새끼 표범개구리는 크기가 비슷하고 모두 사막에 서식한다. 각각의 질소 노폐물을 비교하고, 오줌 속에 어떻게 그런 차이가 나타나는지 설명하시오.

2. 사구체는 우리 몸에서 많은 양의 물과 분자를 여과하고 재흡수한다. 곤충의 말피기관은 배출될 물질만을 분비함으로써 더 합리적인 분비계처럼 보인다. 분비작용만이 가능한 배설기관과 비교할 때 여과-재흡수 과정의 장점은 무엇인가?

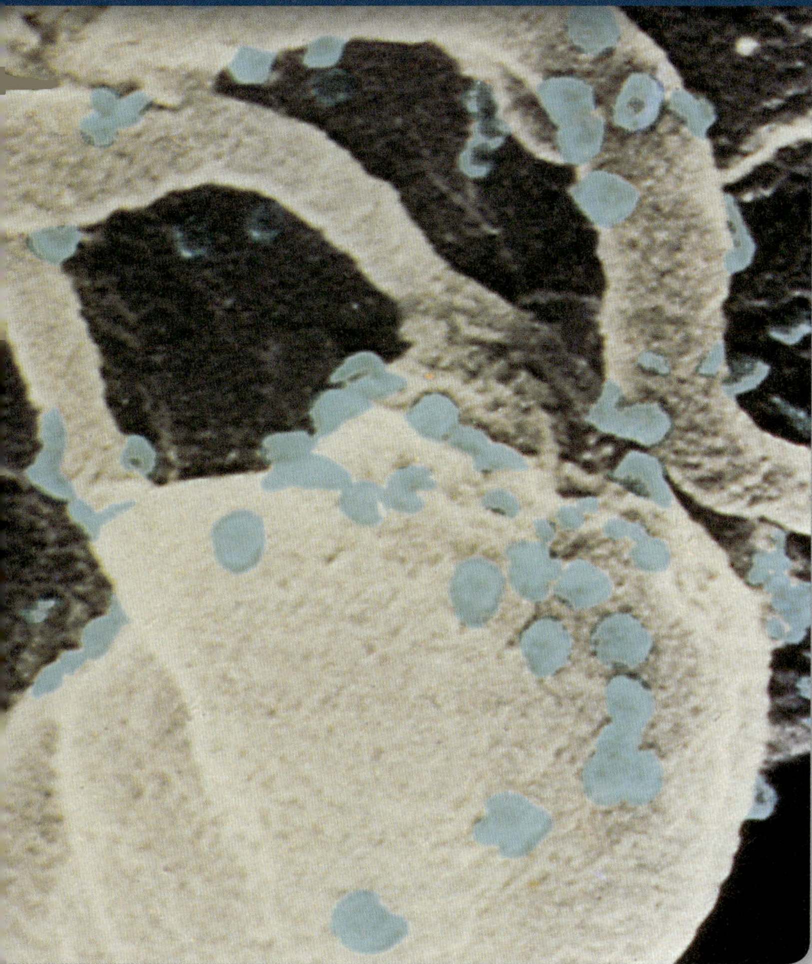

27

몸은 어떻게 스스로를 방어할까?

동물들은 세포 환경의 다양한 자원을 활용하여 자손을 증식하려는 세균 및 바이러스와 끊임없는 전쟁을 치르고 있다. 동물 자신의 세포가 암세포가 되어 성장을 계속할 때 또 다른 전쟁이 일어난다. 체내에 침입한 미생물과 암에 대한 두 종류의 전쟁에서 '면역계'라는 동일한 방어기작이 사용되고 있다. 이 장에서는 척추동물의 면역계를 소개하고, 이러한 공격에 대항해서 면역계가 어떻게 동물을 보호하는지를 다룰 것이다. 때때로 면역계 자신이 감염 대상이 되어서 체내 방어 기작을 잃는 경우도 있다. 사람면역결핍바이러스(HIV)에 의한 감염의 결과로 AIDS가 발생한다. 위에 보이는 세포는 사람 면역계의 세포인 대식세포이고 HIV에 감염되었다. HIV의 자손 바이러스들이 감염된 세포의 표면으로부터 방출되고 있는 중이다. 이 바이러스들은 이웃한 림프구로 퍼져서 이들 림프구들을 감염시키고 죽인다. 궁극적으로 대부분의 림프구가 HIV에 감염되고, 면역계는 파괴된다. 주사전자현미경사진에서 청색으로 표시된 바이러스 각 분자들은 크기가 매우 작다. 이 문장 끝의 마침표 위에만 2억 개의 바이러스가 위치할 수 있다.

학습단원

세 종류의 방어선

27.1 피부: 제1방어선
1. 피부가 제공하는 방어의 개요
2. 피부를 구성하는 두 층과 각 층의 기능

27.2 세포의 대응공격: 제2방어선
1. 감염 시 활성화되는 네 종류의 세포와 화학적 방어기작과 이를 돕는 보체
2. 염증반응의 3단계와 염증반응이 몸을 보호하는 방법

27.3 특이적 면역: 제3방어선
1. T세포와 B세포가 생성되는 과정의 차이
2. 감염 시 T세포와 B세포가 작용하는 방법

면역반응

27.4 면역반응의 개시
1. 면역반응을 개시하는 세포
2. MHC, 도움 T세포, 인터루킨-1의 역할
3. 세포 면역반응과 체액성 면역반응의 차이

27.5 T 세포: 세포반응
1. 세포 면역반응의 다섯 단계 및 인터루킨-2와 세포독성 T세포의 역할

27.6 B 세포: 체액성 반응
1. 5종류의 항체와 항체 활성화 설명
2. 항체 다양성이 형성되는 3단계 설명과 각 단계의 경우의 수 계산

27.7 클론 선택을 통한 면역 활성
1. 클론 선택 정의
2. 1차 면역반응과 2차 면역반응의 차이

27.8 예방접종
1. 독감 바이러스와 HIV 바이러스의 면역계 회피 방법. AIDS 백신개발의 연속된 실패 이유

27.9 의학 진단에 사용되는 항체
1. ABO 혈액형과 Rh 혈액형에서의 항원과 혈액 수혈 시 항원의 역할, 태아적모구증(erythroblastosis) 정의

면역계의 패배

27.10 과도한 면역작용으로 인한 부작용
1. 자가면역질환 5가지와 각각의 원인
2. 자가면역질환과 알레르기 반응 비교하고, 비만세포와 히스타민의 역할

27.11 AIDS: 면역계의 붕괴
1. HIV가 면역계를 공격하여 붕괴시키는 방법

생명과학과 건강 유지: HIV 감염 주기의 각 단계를 표적으로 하는 AIDS 치료약

질문 & 분석: 면역반응은 항원에 특이적인가?

27.1 피부: 제1 방어선

다세포로 구성된 동물의 몸은 세균이나 바이러스에게 풍부한 영양분과 함께 따뜻하고 보호된 환경을 제공한다. 우리는 미생물로 둘러싸인 환경에서 살고 있고, 어떤 동물도 방어체계 없이는 미생물과의 전쟁에 오래 저항하지 못한다. 그러나 동물들은 다양하고 효과적인 방어체계를 가지고 있어서 이 끊임없는 전쟁에서 살아남을 수 있다.

그림 27.1 피부는 몸의 제1방어선이다
아기 코끼리는 강하면서도 벨트보다 더 두꺼운 피부를 갖고 있어서 무리들을 따라 덤불숲을 상처 없이 지나갈 수 있다.

방어의 3단계 개요

척추동물은 중세 기사들이 도시를 방어했던 것과 같은 기작으로 자신을 보호한다. '벽과 성 주위의 구덩이'는 침입을 어렵게 만들고, '순찰대'는 수상한 사람을 공격하고, '경비병'은 배회하는 사람을 검문한 후 적절한 '신분증'이 없으면 공격신호를 보낸다.

1. **벽과 성 주위의 구덩이** 척추동물에서 가장 바깥쪽에 위치한 피부가 미생물 침입에 대항하는 첫 번째 방어막이다. 호흡기와 소화기의 점막도 침입으로부터 몸을 보호하는 중요한 방어막이다.
2. **순찰대** 첫 번째 방어막이 뚫리면 여러 종류의 세포와 화학분자를 이용하여 *세포수준에서의 대응공격*(celluar counterattack)을 펼쳐 미생물을 없애버린다. 이 단계는 매우 신속해서 감염된 후 즉시 일어난다.
3. **경비병** 마지막으로, 체내는 혈액을 따라 순환하는 세포에 의해 순찰되고 이 세포가 만나는 모든 세포의 표면은 검색을 받는다. 이것은 *특이적 면역반응*(specific immune response)의 한 부분이다. 어떤 종류의 면역세포는 외부에서 들어온 세포를 과감하게 공격해서 죽이는 반면에 다른 종류의 면역세포는 외부 세포나 바이러스에 표시를 해서 순찰대에 의해 파괴되도록 한다.

피부

그림 27.1의 코끼리의 두껍고 거친 피부처럼 피부는 척추동물의 가장 바깥쪽 층을 이루고 미생물 감염에 대한 제1방어선을 구축한다. 피부는 몸에서 체중의 약 15%를 차지하는 가장 큰 장기이다. 피부 1cm^2에는 200개의 신경말단과 10개의 털과 근육, 100개의 땀샘, 15개의 피지선, 3개의 혈관, 12개의 열 감지 기관, 2개의 차가움 감지 기관, 25개의 압력 감지 기관이 위치해 있다. 피부 단면은 **그림 27.2**와 같이 바깥쪽의 **표피(epidermis)**와 안쪽의 **진피(dermis)** 두 층으로 뚜렷이 구분된다. 진피 바로 아래에 **피하조직(subcutaneous layer)**이 위치한다. 바깥쪽 표피는 항상 닳아서 없어지고, 아래쪽에서 위로 이동하는 세포에 의해 대체된다. 대략 1시간에 150만 개 피부세포의 교체가 일어난다!

피부의 표피는 10~30겹의 세포로 되어 있는데 이 페이지의 두께와 비슷하다. **각질층(stratum corneum)**이라고 하는 바깥층은 얼굴이나 팔을 볼 때 보이는 피부층이다. 이 피부층은 손상을 입기 쉬워서 육체 활동을 하는 동안에 마찰과 스트레스에 의해 벗겨지고 상처받고 닳는다. 또한 수분을 잃고 건조해지기도 한다. 사람의 몸은 이들 세포를 복구하기보다는 대체하여 이 손상에 대처한다. 각질층의 세포들은 끊임없이 떨어져나가고 표피 아래쪽에 위치한 표피와 진피 경계지점의 짙은색 세포층에서 생성된 세포들로 새로 대체된다. 이 **기저층(basal layer)**의 세포들은 척추동물에서 가장 활발한 세포분열을 하는 세포들 중의 하나이다. 새로 생성된 세포는 위로 이동하는데, 이동과정에서 케라틴을 만들어서 세포 구조를 강하게 만든다. 모든 세포는 궁극적으로 가장 바깥 표면에 도달하고 다음 세포가 아래에서 올라올 때까지 한 달여 동안 각질층의 역할을 하게 된다. 만성 피부질환인 비듬은 새로운 세포들이 대략 3~4일마다 표피에 도달하면서 생기는데 보통의 경우보다 이동속도가 8배 정도 빠르다.

피부의 진피는 표피보다 15~40배 더 두껍다. 진피는 표피를 구조적으로 지탱하고 피부 내의 전문화된 세포들의 기질 역할을 한다. 나이가 들면서 생기는 주름도 진피에서 발생한다. 동물의 두꺼운 진피는 벨트와 구두의 가공에 사용된다. 진피 밑의

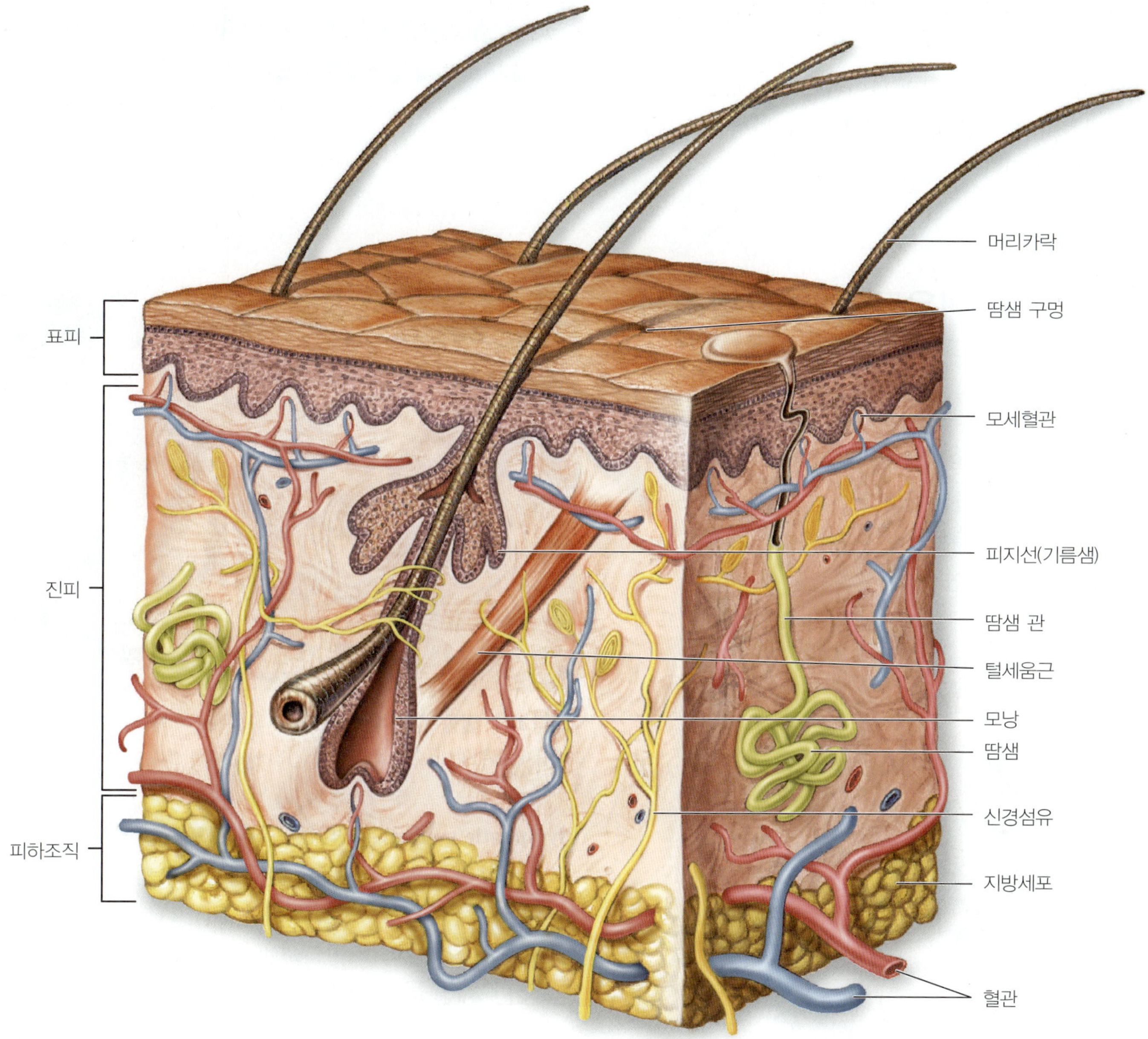

그림 27.2 사람의 피부 단면
피부는 몸에 물리적인 장벽을 만들고, 땀샘과 피지선의 분비물은 피부 표면을 산성으로 만들어 미생물의 성장을 억제한다.

피하조직은 지방이 풍부한 세포로 구성되어 충격을 흡수하고, 또 단열 효과가 있어서 몸의 열을 지킨다.

피부는 불투과성의 방어막을 제공하여 몸을 보호하며, 화학적 작용으로 보호 기능을 강화한다. 예를 들면, 모공과 땀샘을 따라 발달한 피지선은 피부 표면을 pH 4~5.5로 산성화시켜 미생물의 생장을 억제한다. 땀에도 리소자임 효소가 포함되어 있어서 많은 세균의 세포벽을 공격하고 분해한다.

다른 외부 표면들

눈을 포함한 다른 표면들이 피부처럼 외부에 노출되어 있다. 땀과 눈물에는 리소자임이 포함되어 있어 세균 감염에 저항한다. 바이러스와 세균이 침입하는 다른 두 가지 경로는 *소화관*(digestive tract)과 *호흡관*(respiratory tract)이다. 음식 내의 미생물들 역시 리소자임을 포함한 침, pH 2인 강산성의 위산 및 소장의 소화효소에 의해 파괴된다. 호흡하는 공기 중에도 미생물이 존재한다. 기관지와 세기관지를 둘러싼 세포들은 두꺼운 점액을 분비해서 따뜻하고 습도가 유지되어서 미생물이 서식하기에 최적 조건인 폐에 미생물들이 도달하는 것을 막는다. 이 통로의 다른 세포들은 섬모를 이용해서 미생물들을 목의 성문 쪽으로 마치 에스컬레이터처럼 쓸어 올린다. 그래서 잠재적인 침입자를 재채기를 하거나 삼켜서 폐로부터 보호한다.

표면 보호체계는 매우 효과적이지만 간혹 실패하기도 한다. 호흡, 식사, 상처 등을 통해 세균과 바이러스가 몸으로 침입한다. 이런 침입자들이 조직 깊숙이 침입할 때 제2방어선인 세포 수준 대응공격이 개시된다.

주요 학습 요점 27.1 피부와 더불어 소화관과 호흡관의 점막은 몸의 첫 번째 방어체계이다.

27.2 세포의 대응공격: 제2방어선

몸이 침범을 당하면 세포 방어와 화학적 방어 수단이 작동에 들어간다. 4가지가 특별히 중요하다: (1) 침입한 세균을 죽이는 세포, (2) 침입한 세균을 죽이는 단백질, (3) 면역계의 세포들을 감염 지점으로 신속하게 이동시키는 염증반응, (4) 체온을 높여서 침입한 세균의 성장을 지연시키는 온도반응

이들 세포와 단백질은 체내를 천천히 이동한다. **림프계(lymphatic system)**는 면역계 관련 세포와 단백질의 저장과 배송의 중심 역할을 한다. 림프계는 면역반응 외에도 순환과 관련된 역할을 한다.

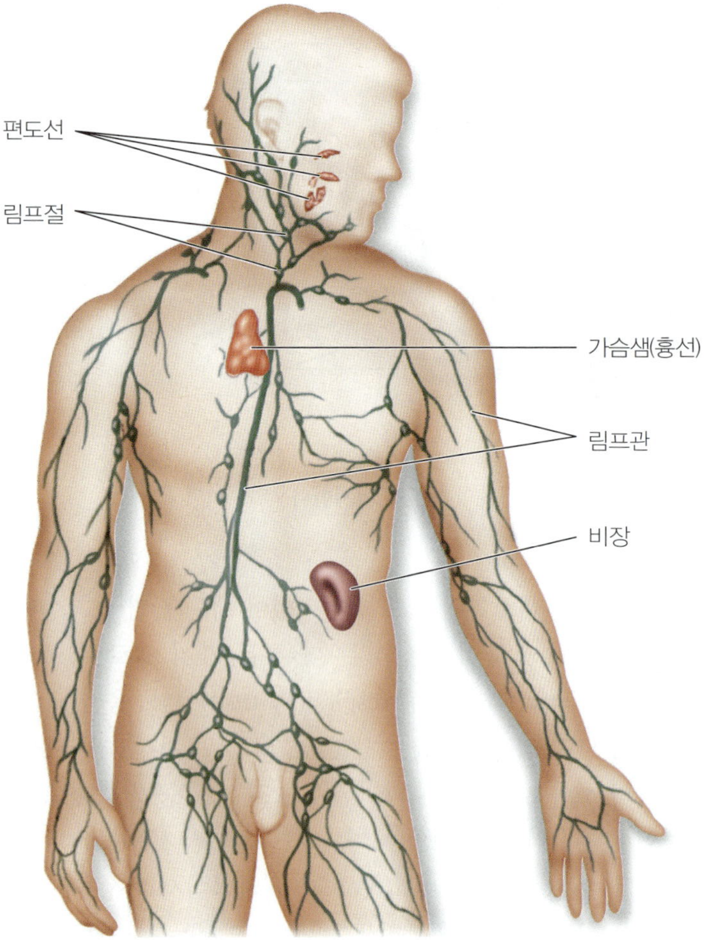

그림 27.3 면역계
주요 림프관, 장기, 림프절이 표시되어 있다.

그림 27.4 활동 중인 대식세포
대식세포가 막대 모양의 세균을 섭취하고 있다(주사전자현미경 사진).

침입한 세균을 죽이는 세포

감염에 대한 가장 중요한 대응공격은 백혈구가 담당하며 침입한 미생물을 공격한다. 백혈구는 혈액을 따라 순찰하면서 침입자가 조직 내에 나타나기를 기다린다. 세 종류의 기본적인 살상세포는 대식세포, 호중구, 자연살상세포이다. 우리 몸의 세포는 자기를 표지하는 MHC 단백질을 발현하기 때문에, 이들 세 종류의 세포들은 외부에서 침입한 세포로부터 자신의 세포를 구별할 수 있다. 이들 세포 각각은 침입한 세균에 대해 다른 전술을 사용하여 대응한다.

대식세포 백혈구의 일종인 **대식세포(macrophage)**는 마치 아메바가 음식을 삼키듯이 세균을 섭취한다. **그림 27.4**의 대식세포는 세포질의 성분을 밖으로 길게 내어서 소시지 모양의 세균을 세포 안으로 끌어들여 삼킨다. 어떤 대식세포들은 비장에 고정되어 있지만 대부분은 **단핵구(monocyte)**라고 하는 세포들로

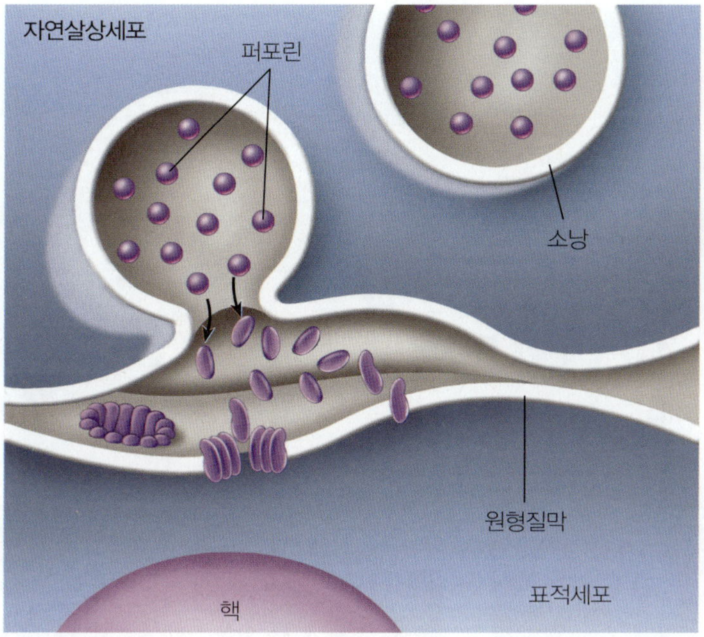

(a)

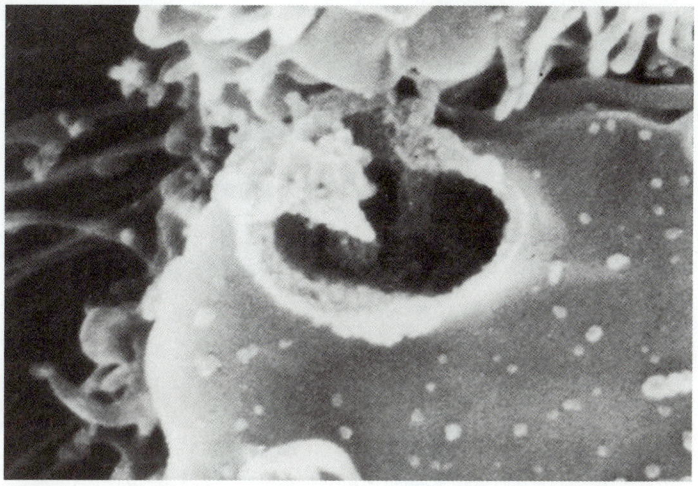

(b)

그림 27.5 자연살상세포는 표적세포를 공격한다

(*a*) 자연살상세포가 표적세포 표면에 결합하면 첫 반응이 일어난다. 자연살상세포에서 퍼포린이 분비되어 표적세포 세포막에 구멍을 내어 세포가 터지게 한다. (*b*) 자연살상세포는 암세포를 공격하여 세포막에 구멍을 냈다. 물이 세포 안으로 유입되어 세포가 부풀어 오른 상태이다. 곧 세포는 터질 것이다.

혈액, 림프, 세포사이액 등의 체내 곳곳을 순찰한다. 대식세포는 몸에서 가장 활동성이 높은 세포에 속한다.

호중구 **호중구(neutrophil)**라고 하는 백혈구는 가미카제 자살 공격대와 비슷하다. 미생물을 섭취할 뿐만 아니라 표백제와 유사한 화학물질을 방출해서 해당 지역을 중화시키고 이웃 지역에 위치한 세균까지 죽인다. 물론 이 과정에서 호중구도 죽는다. 호중구는 마치 감염된 지역으로 던져진 수류탄과 비슷해서 근처에 있는 모든 것을 죽게 한다. 반면에 대식세포는 침입한 세균을 한 번에 하나씩 죽이고 계속 생존해서 임무를 수행한다.

자연살상세포 **자연살상세포(natural killer cell)**라고 하는 백혈구의 세 번째 종류는 침입한 세균을 공격하는 대신에 그 세균에 의해 감염된 체내 세포를 죽인다. 자연살상세포는 감염된 세포의 세포막에 *퍼포린*(perforin)을 이용해서 구멍을 낸다. **그림 27.5*a***에 나타낸 것처럼 자연살상세포는 여러 종류의 퍼포린을 분비한다. 퍼포린이 감염된 세포의 막에 삽입되면 물이 세포 안으로 유입되어 세포가 터진다. 자연살상세포는 특히 바이러스에 감염된 체내 세포를 감지하고 공격하는데 탁월하다. 또한 암에 대한 강력한 방어체계이기도 하다. **그림 27.5*b***의 암세포는 종양으로 발전하기 전에 이미 죽었다.

침입한 미생물을 죽이는 단백질

척추동물의 세포수준 방어기작은 **보체(complement system)**라

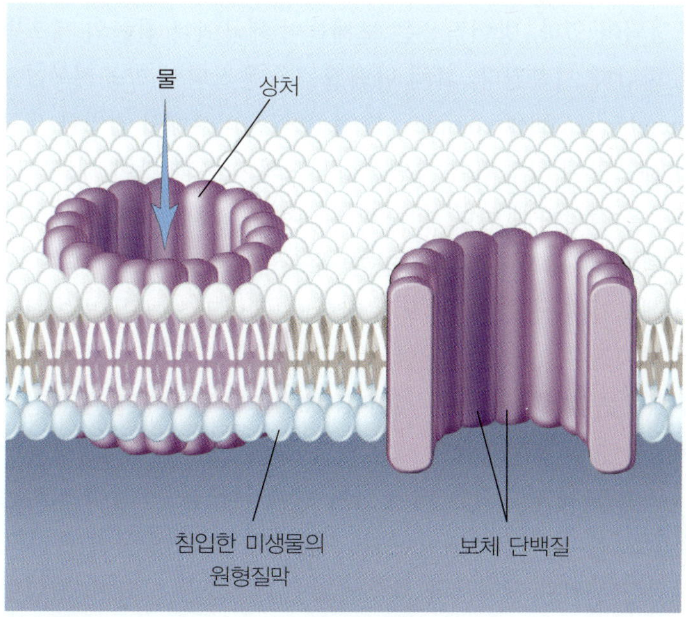

그림 27.6 보체 단백질은 침입자를 공격한다

보체 단백질은 자연살상세포가 퍼포린으로 만든 구멍과 유사한 통로를 만든다. 보체 단백질은 자유롭게 떠다니며 침입한 미생물에 직접 부착하지만, 퍼포린은 자신의 감염된 세포에 구멍을 만든다.

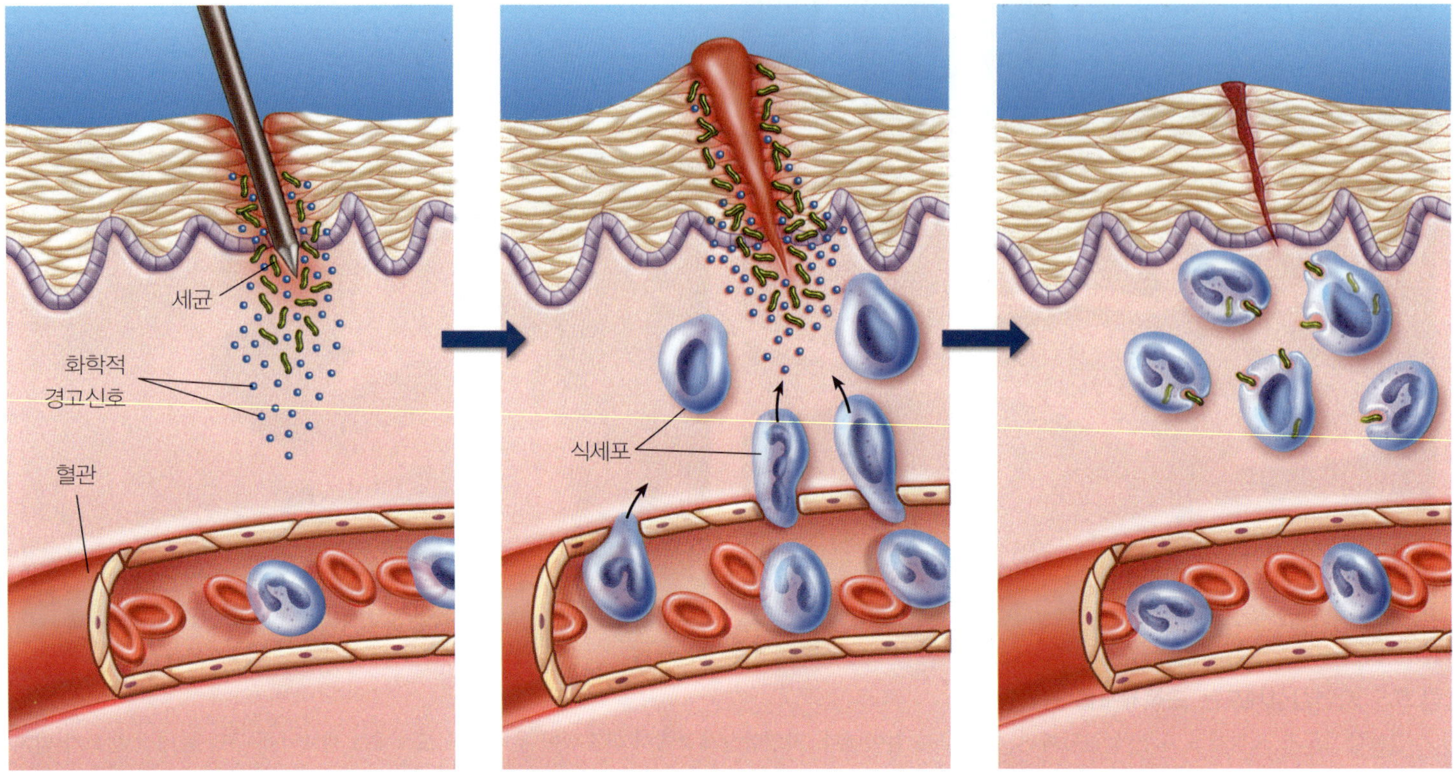

그림 27.7 국소 염증반응

미생물이 피부에 침입하면 경고신호로 히스타민이나 프로스타글란딘과 같은 화학물질이 분비되어 주위의 혈관을 확장시킨다. 혈류량 증가로 식세포들이 이동하여 침입한 세균을 공격하고 없앤다.

고 하는 매우 효과적인 화학무기에 의해 보완된다. 보체는 비활성 상태에서 혈액 내를 자유롭게 순환하는 20여 가지 단백질로 구성되어 있다. 방어작용은 보체들이 세균이나 진균의 세포벽을 만날때 시작된다. 보체 단백질들은 응집되어 *막공격복합체*(membrane attack complex)를 형성한 후 외부에서 침입한 세균의 세포막에 삽입되어 자연살상세포의 작용과 같이 세포막에 구멍을 형성하게 한다. 퍼포린에 의한 구멍처럼 막공격복합체(**그림 27.6**)는 외부에서 침입한 세포 안으로 물이 유입되게 하여 세포가 부풀어서 터지도록 한다. 퍼포린과 보체 두 방어체계의 차이점은 퍼포린은 감염된 숙주세포를 공격하고, 보체는 외부세포를 직접 공격하는 것이다. 보체 단백질의 응집은 침입한 미생물에 항체가 결합할 때도 일어난다.

또한 보체 단백질은 체내 다른 방어기작들이 작동하게 하는 역할도 한다. 히스타민 방출을 촉신하여 염증반응을 일으키고, 감염된 부위로 단핵구와 호중구 같은 식세포를 모으며, 침입한 미생물의 표면에 결합하여 식세포가 더 효과적으로 세균에 붙을 수 있도록 미생물의 표면을 울퉁불퉁하게 만든다.

면역작용에서 중요한 역할을 하는 또 다른 단백질은 인터페론(interferon)이다. 인터페론에는 알파, 베타, 감마의 세 종류가 있다. 이 폴리펩티드들은 바이러스 감염으로부터 주위의 세포들을 보호하는 전달자 역할을 한다. 그럼에도 불구하고 바이러스는 다른 세포에 침입하지만 바이러스의 복제능력과 조립능력은 억제된다.

염증반응

감염 후 공격적인 세포수준 및 화학적 대응공격은 **염증반응(inflammatory response)**에 의해 더 효과적으로 된다. 염증반응은 **그림 27.7**에서 막대 모양의 세균이 세포로 침입하는 것과 같이 세 단계로 나눌 수 있다.

1. 첫 번째 그림에서 감염된 또는 상처가 난 세포는 화학적 경고 신호를 방출한다. 히스타민과 프로스타글란딘이 대표적이다.
2. 이런 화학적 경고 신호들이 혈관을 확장시키면 감염되거나 상처가 난 부위로 혈액 공급이 원활하고 모세혈관의 얇은 막이 늘어나서 투과성이 증가한다. 이 작용에 의해 감염 시 빨갛게 부어오르는 현상이 생긴다.
3. 두 번째 그림에서 모세혈관의 증가된 혈류량은 혈액 내의

식세포가 모세혈관 벽의 세포들 사이를 뚫고 감염된 부위로 이동하는 것을 촉진한다. 호중구가 먼저 도착하여 미생물을 죽이는 화학물질을 방출한다. 다음으로 단핵구가 이동해서 대식세포로 된 후 병원균과 남은 죽은 세포들을 삼켜서 없앤다. 이 대응공격은 상당한 피해를 남기고 감염 시 발생하는 고름은 죽은 호중구, 조직세포, 병원체로 되어 있다.

온도반응

사람에 침입하는 병원성 세균은 높은 온도에서 잘 생장하지 못한다. 그래서 대식세포는 대응공격을 시작할 때 뇌로 체온을 높이라는 신호를 보낸다. 몸의 체온 중추는 화학신호에 반응하여 체온을 37°C보다 몇 도 더 높인다. 보통보다 높은 체온은 **열(fever)**이라고 한다. 열은 미생물 생장억제에 효과적이지만 아주 높은 고열은 세포 내 효소까지 불활성화시키기 때문에 위험하다. 일반적으로 39.4°C보다 높은 온도는 위험하다고 간주되며, 40.6°C 이상의 온도는 치명적이다.

세포수준 및 화학적 무기를 활용한 제2방어선은 미생물 감염에 대한 정교한 방어기작이다. 아주 드물게 세균이나 바이러스가 이 방어선을 뚫는 경우가 있다. 방어선이 뚫리면, 침입자가 지금까지 경험했던 것 보다 더 강력한 제3방어선이 위치해 있다. 그것은 특이적 면역반응으로 몸의 방어체계에서 가장 잘 발달해 있다.

주요 학습 요점 27.2 **척추동물은 감염 시 다양한 세포 및 화학무기로 대응한다. 이들 무기에는 침입한 미생물을 죽이는 세포와 단백질뿐만 아니라 염증반응과 온도반응이 포함된다.**

27.3 특이적 면역: 제3방어선

우리 몸의 특이적 면역 방어기작은 백혈구가 관여한다(23.4절 참조). 몸에서 백혈구의 숫자는 10~100조 개를 차지하며 혈액 내 세포 100개 중 2개의 비율이다. 대식세포와 호중구, 자연살상세포는 백혈구에 속한다. 덧붙여서 T 세포, B 세포, 혈장세포, 비만세포, 단핵구가 모두 백혈구이다(**표 27.1**). T 세포와 B 세포는 **림프구(lymphocyte)**라고 하며 특이적 면역반응에 필수적이다.

T 세포(T cell)는 골수에서 생성되어 심장 바로 위에 위치한 가슴샘(thymus, 'T' 의 유래)으로 이동한다. 가슴샘에서 T 세포는 미생물과 바이러스의 표면에 위치한 항원을 인식하는 능력을 갖는다. **항원(antigen)**은 특이적 면역반응을 촉진하는 분자이다. 항원은 주로 단백질처럼 크고 복잡한 분자들이며 일반적으로 세균이나 바이러스에서 유래한 외부 물질들이다. 단지 T세포 몇 개에만 인식되어도 침입자는 빠져나가지 못한다.

T 세포와는 달리 **B 세포(B cell)**는 가슴샘으로 이동하지 않고 골수에서 성장을 마친다(B 세포라는 이름은 가장 먼저 그 특성이 연구된 닭의 파브리시우스 낭(bursa)에서 왔다). B 세포는 골수에서 혈액과 림프로 순환한다. B 세포 각각은 T 세포처럼 외부 항원을 특이적으로 인식한다. B 세포는 외부 항원을 만나면 세포분열을 촉진하여 *형질세포*(plasma cell)와 기억세포를 신속하게 생성한다. 각 형질세포는 *항체*(antibody)를 만드는 작은 공장과 같다. 이 항체들은 특정 항원에 결합하여 항원들이 체내 어디에 있던지 간에 마치 깃발처럼 이 항원들이 파괴되어야 한다는 신호를 나타낸다. 그래서 B 세포는 외부 침입자를 직접 죽이지는 않지만, 이 외부에서 온 세포들을 분명히 표시함으로써 다른 백혈구들이 나머지 방어 작용을 하게 한다.

B 세포와 T 세포는 기억세포를 생성하여 항원에 대한 이전의 노출 정보를 불러옴으로써 같은 항원에 대한 공격이 매우 신속하게 만든다. 이번 장의 후반부에서 기술되겠지만, 처음 만나는 항원에 대한 초기 특이적 면역반응이 지연되면 병원균은 몸을 감염시킬 시간을 갖게 된다. 두 번째 감염은 기억세포 때문에 병원균에 더욱 신속하게 반응하기 때문에 아주 초기에 차단된다.

주요 학습 요점 27.3 **T 세포는 가슴샘에서 발생하고 B 세포는 골수에서 발생한다. T 세포는 항원을 지닌 세포를 공격한다. B 세포가 특정 항원을 만나면 B 세포는 형질세포로 전환되어 항체를 생산한다. 항체는 파괴할 세포에 표시를 부착한다.**

표 27.1 면역계의 세포 종류

세포 종류	기능	세포 종류	기능
도움T 세포 	면역반응의 사령관. 감염을 파악하고 경보신호를 발령하며, T 세포 반응과 B 세포 반응을 개시함	비만세포 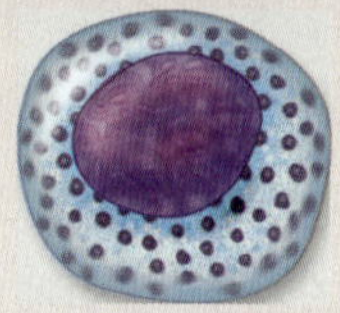	염증반응의 개시자로 감염 부위로 백혈구 이동을 촉진함. 히스타민을 분비하여 알레르기 반응에 중요함
기억T세포	이전에 감염된 적이 있는 항원에 대한 신속하고 효과적인 반응 제공	단핵구 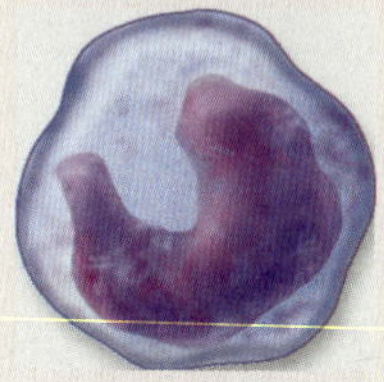	나중에 대식세포가 됨
세포독성T 세포	감염된 자신의 세포를 공격함. 도움T 세포에 의해 활성화됨		
억제T 세포	T 세포와 B 세포의 작용을 억제함. 감염 탐지 후 면역반응의 정도를 낮춤	대식세포 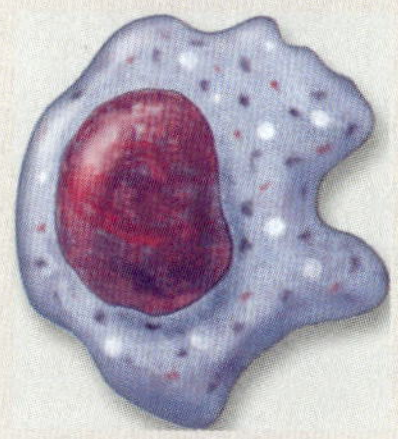	몸에서 제1방어선을 구축함. B 세포와 T 세포에 대해 항원제시세포 역할을 함. 항체로 표시된 미생물을 식세포 작용으로 섭취함
B 세포 	형질세포와 기억세포를 만듦. 외부 항원을 인식함		
기억B 세포	이전에 감염된 적이 있는 항원에 대한 신속하고 효과적인 반응 제공	자연살상세포 	다양한 침입자에 의해 감염된 자신의 세포를 인식하고 죽임
호중구 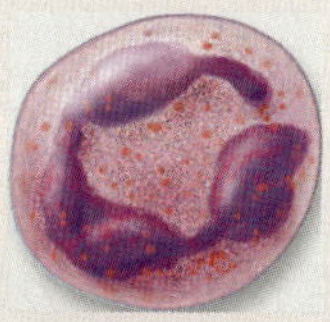	침입한 세균을 섭취하고 화학무기를 분비하여 이웃한 세균을 죽임		
형질세포 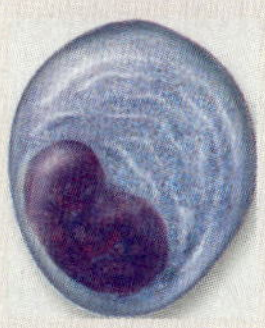	항체를 생산하는 공장		

면역 반응

27.4 면역반응의 개시

제3방어선이 어떻게 작동하는지 이해하기 위해서 독감에 걸렸다고 가정해 보자. 인플루엔자 바이러스가 작은 물방울 안에 들어가 호흡계로 들어오고, 그 다음 호흡계 막의 점액을 통과하고 대식세포를 피하게 되면 점막 세포는 감염되어 죽게 된다.

이 단계에서 대식세포는 면역반응을 개시한다. 대식세포는 만나는 세포의 표면을 모두 검사한다. 몸의 각 세포는 표면에 주조직적합성복합체(major histocompatibility complex) 또는 **MHC 단백질(MHC protein)**이라고 하는 특별한 표식을 지닌다. MHC 단백질은 마치 지문처럼 각 개인마다 다르다. **그림 27.8*a***에서 특정한 사람의 모든 세포 표면에는 같은 MHC 단백질이 발현되어 있다. 결과적으로 세포조직의 MHC 단백질은 '자기'를 표시하여 외부에서 침입한 세포로부터 개인의 면역계를 구별할 수 있게 한다. 예를 들면, **그림 27.8*b***의 외부 미생물은 다른 표면 단백질을 가지고 있어서 항원으로 인식된다.

외부 입자가 몸에 침입하면 대식세포에 의해 섭취되어 부분적으로 분해된다. 바이러스의 항원들은 대식세포의 표면으로

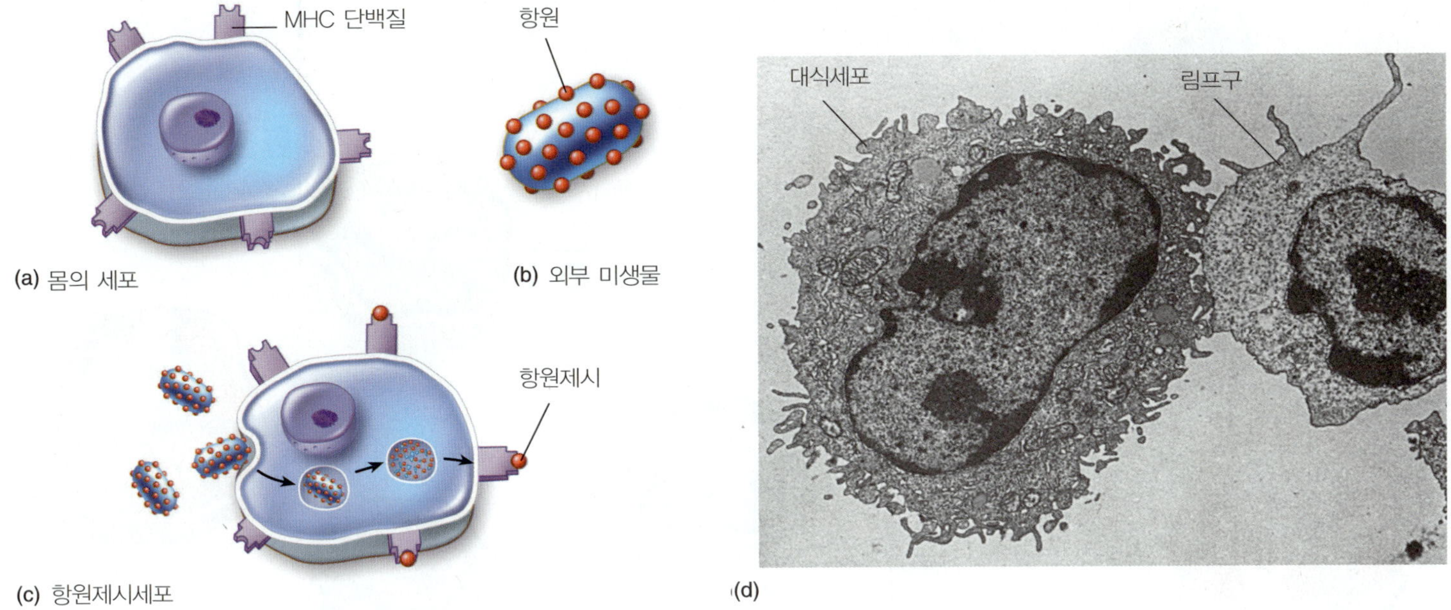

그림 27.8 항원이 제시되는 방법

(*a*) 몸의 세포에서 MHC 단백질을 가진 세포는 '자기' 로 표시된다. 면역계는 자기의 세포를 공격하지 않는다. (*b*) 외부 세포는 세포 표면에 항원을 갖고 있다. (*c*) 항원이 항원제시세포의 표면에서 MHC 단백질과 복합체를 이루어야만 T세포가 항원에 결합하고 공격이 시작된다. B세포는 항원제시세포의 도움 없이 항원을 직접 인식한다. (*d*) 전자현미경 사진, 림프구(오른쪽)가 대식세포(왼쪽)에 접촉하고 있다.

이동한다(**그림 27.8*c***). 이런 작용을 하는 세포를 **항원제시세포(antigen-presenting cell)**라 하는데 대부분은 대식세포이다. 세포막에서 처리된 항원은 MHC 단백질과 복합체를 형성한다. T 세포의 수용체는 항원이 항원제시세포에 의해서 제시될 때만 작동할 수 있기 때문에 이 과정은 T 세포의 작용에 매우 중요한 단계이다. B 세포는 직접 항원을 자유롭게 인식한다.

대식세포는 병원균을 만나면 화학적 신호를 방출한다. 이 경고신호는 **인터루킨-1(interleukin-1)**이라고 하는 단백질이다. 인터루킨-1은 **도움 T세포(helper T cell)**를 활성화시킨다. 도움 T 세포는 두 종류의 면역 방어체계를 작동시켜 인터루킨-1에 반응한다: T 세포에 의한 세포수준의 면역반응과 B 세포에 의한 항체 또는 체액성(humoral) 반응이다. T 림프구가 항원을 가진 세포를 공격하기 때문에 T 세포에 의한 면역반응은 *세포 반응*이라고 한다. B 세포 반응은 항체가 혈액과 체액으로 분비되기 때문에 *체액성 반응*(humoral response)이라고 한다(*humor*는 체액이란 뜻이다).

주요 학습 요점 27.4 대식세포가 적절한 MHC 단백질 표식이 없는 세포를 만나면 면역반응을 개시하는 화학물질을 분비한다.

27.5 T 세포: 세포반응

대식세포가 외부 항원을 처리하면 **세포 면역반응(cellular immune response)**이 개시된다(**그림 27.9**). 대식세포는 ❶ 인터루킨-1을 분비하여 세포분열과 T 세포 증식을 촉진한다. 도움 T 세포는 대식세포 표면의 항원과 MHC 단백질 복합체에 결합하면 활성화된다. 도움 T 세포는 ❷ **인터루킨-2(interleukin-2)**를 분비하여 ❸ **세포독성 T 세포(cytotoxic T cell)**의 증식을 촉진하여 감염된 세포를 파괴한다. 세포독성 T 세포는 감염된 세포의 표면에 항원과 MHC 단백질이 같이 표시되어 있을 때만 감염된 세포를 파괴한다❹.

몸은 수백만 종류의 다른 T 세포를 만든다. 각 T 세포는 세포

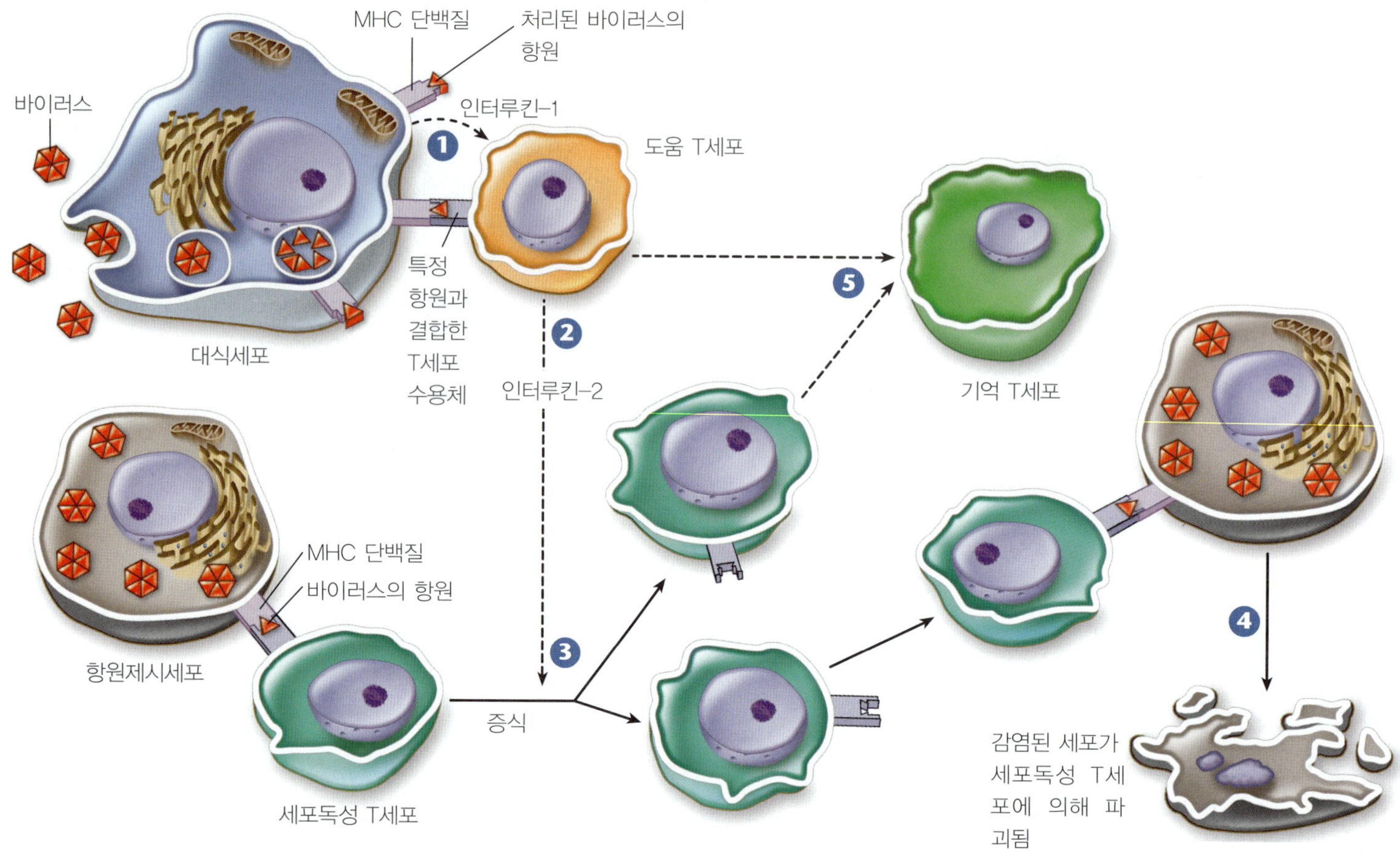

그림 27.9 T세포의 면역반응

대식세포는 항원을 처리한 후, 인터루킨-1을 분비하여 도움 T 세포가 항원-MHC 단백질 복합체에 결합하게 한다. 다음 단계로 도움 T 세포는 인터루킨-2를 분비하여 세포독성 T 세포의 증식을 촉진한다. 세포독성 T 세포의 증식은 또한 T 세포의 수용체가 항원제시세포 표면의 항원에 결합할 때에도 일어난다. 세포독성 T 세포는 병원체에 의해 감염된 몸의 세포를 죽인다.

막에 위치한 특정 항원-MHC 단백질에 결합할 수 있는 수용체를 갖고 있다. 세포독성 T 세포의 수용체가 체내의 특정 항원-MHC 단백질 복합체와 결합하면 세포분열을 개시하여 그 특정 항원을 인식할 수 있는 많은 수의 T 세포를 증식한다. ❸ T 세포 1개만 침입한 바이러스를 인식하더라도 수많은 똑같은 T 세포로 복제되기 때문에 감염된 세포 수가 많더라도 바로 제거할 수 있다. 바이러스에 감염된 어떤 세포라도 작은 흔적이 남으면 파괴된다. 세포독성 T 세포가 감염된 세포를 죽이는 데 사용하는 방법은 자연살상세포나 보체가 사용하는 방법과 비슷하다. 즉, 감염된 세포의 세포막에 구멍을 내는 것이다. ❺ 감염 후에 활성화된 T 세포 중 일부는 기억 T 세포가 되어서 체내에 머무르며 항원의 두 번째 출현 시 신속히 공격을 취할 수 있게 된다.

또한 세포독성 T 세포는 모든 외부 MHC 단백질을 공격한다. 척추동물에서 장기이식에 대한 면역계는 진화하지 않았지만, 면역계는 이식된 조직을 공격하여 면역거부반응을 일으킨다. 그래서 신장 이식의 경우, 가족의 MHC 단백질이 신장을 이식받을 환자의 MHC 단백질과 유전적으로 가깝다. 따라서 장기 제공자로 가까운 가족을 찾는다. 신장이식 환자에게는 세포독성 T 세포의 작용을 억제하기 위해 대개 사이클로스포린(cyclosporine)을 처방한다.

암세포는 면역세포에 의해 인식되는 '자기' 표식에 변형을 가해서 '암세포 특이적 항원'을 생성한다. 그렇지만 면역 감시 기능에서 변형된 세포 표면 항원의 역할은 아직 자세하게 알려져 있지 않다.

주요 학습 요점 27.5 **세포 면역반응은 T 세포가 수행하며 감염된 세포에 대한 즉각적인 공격을 취하여 세포 표면에 항원을 가진 세포들을 죽인다.**

27.6 B 세포: 체액성 반응

인터루킨-1에 의해 활성화된 도움 T 세포는 B 세포를 활성화시킨다. 세포독성 T 세포처럼 B 세포의 세포 표면에도 수용체가 있는데 각 B 세포는 다른 수용체를 갖는다. 세포독성 T 세포가 감염된 세포를 인식하는 것만큼이나 B 세포는 침입한 미생물을 인식한다. 그렇지만 세포독성 T 세포와는 달리 B 세포는 직접 공격을 취하지는 않는다. 반면에 B 세포는 파괴해야 할 병원균을 표시할 수 있다. **체액성 면역반응(humoral immune response)**로 알려진 면역반응 초기에서, 보체 단백질은 B 세포에 의해 표시가 부착된 세포를 공격한다. 면역반응 후기에서는 B 세포에 의한 표시 부착은 대식세포와 자연살상세포를 활성화시킨다.

B 세포가 표시를 부착하는 방법은 간단하면서도 확실하다. T 세포의 수용체가 항원제시세포 표면에 위치한 항원-MHC 단백질 복합체에만 결합하는 것과 달리 B 세포의 수용체는 자유로운 상태의 가공되지 않은 항원❶에 결합할 수 있다(**그림 27.10**). B 세포가 항원을 만나면, 항원은 세포내 섭취작용에 의해 B세포 안으로 들어와서 분해된 후 MHC 단백질과 복합체를 이루어 B 세포의 표면에 위치한다. 도움 T 세포가 항원을 인식하여 B세포❷ 표면의 항원-MHC 단백질 복합체에 결합하면 도움 T세포에서 인터루킨-2가 분비되어 B 세포의 분열이 촉진된다. 또한 아직 처리되지 않은 항원이 B 세포 표면의 항체에 결합하면 더 많은 B 세포의 증식이 일어난다. B 세포의 증식은 형질세포와 기억 B 세포를 형성한다. 짧은 수명을 가지는 형질세포는 항체❸를 만드는 공장 역할을 하고, 긴 수명을 가지는 기억 B 세포❹는 첫 번째 감염 이후에 체내에 남아서 같은 항원이 다시 체내로 들어올 경우 빠른 반응을 일으키게 된다.

항체(antibody)는 **면역글로불린(immunoglobulin,** 약자 **Ig)**

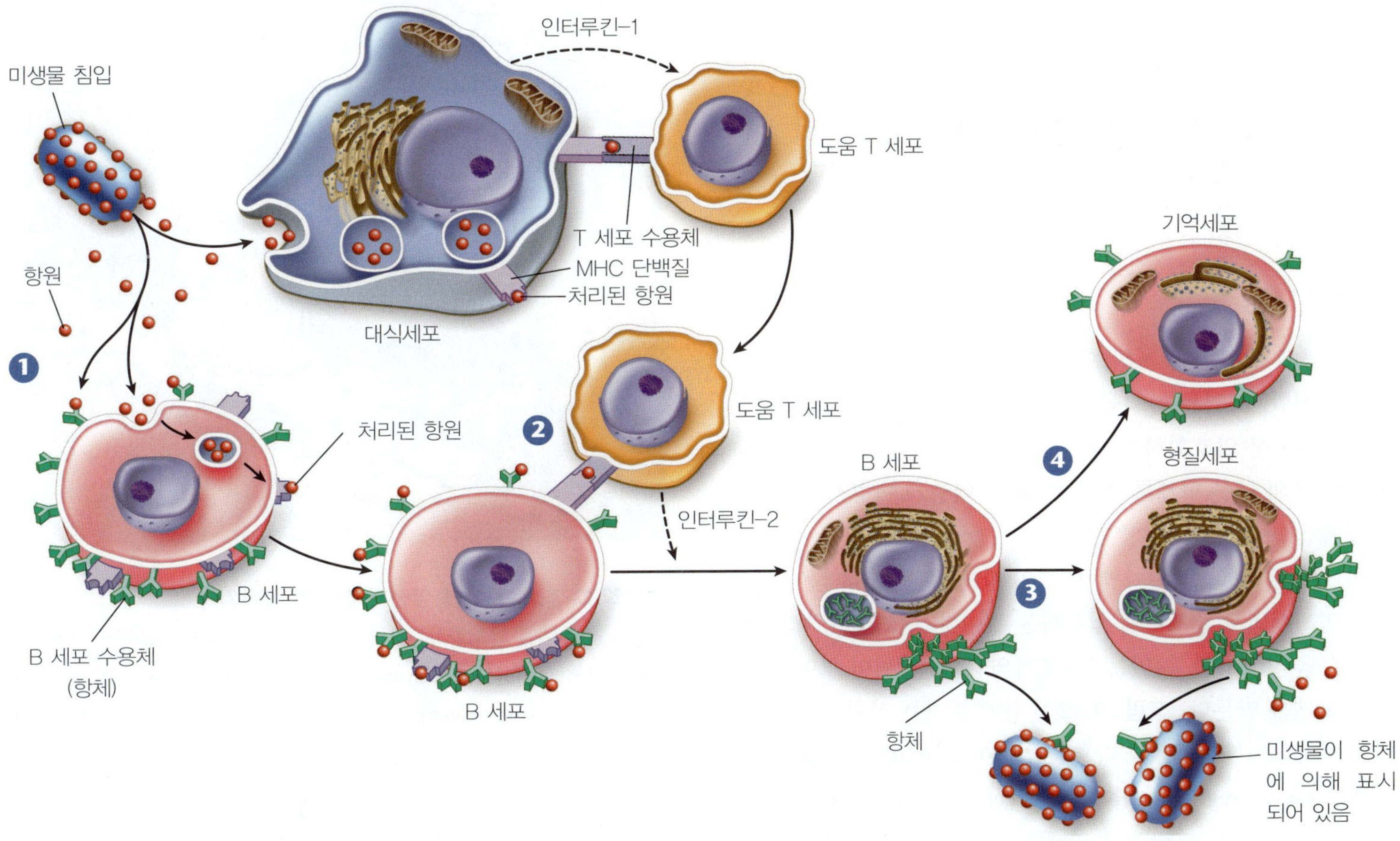

그림 27.10 B세포의 면역반응

침입한 입자가 B 세포와 만나면, 도움 T 세포가 활성화되어 B 세포의 증식이 일어난다. B 세포는 기억세포가 되거나 또는 항체를 분비하는 형질세포가 된다. 항체는 침입한 미생물에 결합하여 대식세포가 파괴할 수 있도록 표시한다.

이라고 하는 단백질로 항체의 구조와 작용에 따라 소그룹으로 나뉜다. 다섯 종류의 면역글로불린 소그룹은 다음과 같다.

1. **IgM** 항원이 B세포 표면의 수용체에 결합할 때 혈액으로 처음 분비되는 항체이다. 이 항체들은 응집반응(항원을 포함하는 입자들끼리 뭉치는 반응)을 촉진한다.
2. **IgG** 두 번째 또는 그 이후의 감염 시 분비되는 항체이고 혈액 내 혈장에 가장 많은 항체이다.
3. **IgD** 이 항체들은 B세포 표면에서 항원을 인식하는 수용체 역할을 한다. 자세한 기능은 아직 알려져 있지 않다.
4. **IgA** 눈물, 점액, 젖으로 분비되는 항체이다.
5. **IgE** 히스타민을 방출하여 알레르기성 비염과 같은 알레르기 반응을 일으키는 항체이다.

형질세포(plasma cell)는 B 세포로부터 유래하며 초기 면역반응에서 항원에 결합할 수 있는 동일한 항체를 많이 생산한다. 이 항체 단백질들은 혈액으로 대량 공급되어 항원을 갖는 어떤 세포나 미생물에 부착할 수 있다(**그림 27.11**). 보체 단백질과 대식세포, 자연살상세포는 항체가 결합한 세포와 미생물을 죽인다.

B 세포의 방어 기작은 초기 병원체 탐색을 1백만 배나 증가시킬 수 있기 때문에 매우 강력하다. 또한 B 세포 중 일부는 항체를 생산하지 않고 **기억 B 세포(memory B cell)**가 되어 체내 조직에 남아 순찰을 계속하기 때문에 지속 시간도 길다. 우리 일생의 끝까지 같이 갈지도 모른다.

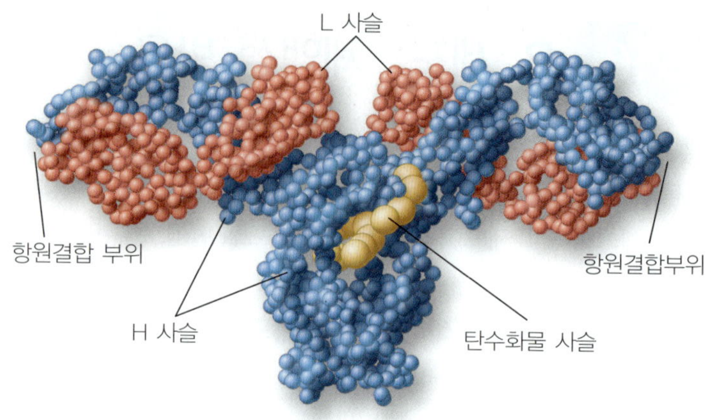

그림 27.11 항체 분자

이 분자 모델에서 항체의 각 아미노산은 작은 구로 표시되어 있다. 항체는 4개의 단백질 사슬로 구성되는데, 2개의 L 사슬(*붉은색*)과 2개의 H 사슬(*파란색*)로 되어 있다. 4개의 사슬은 조립되어 Y-자 모양을 이룬다. 항원이 Y-자의 팔 부위에 결합한다.

항체의 다양성

척추동물의 면역계는 거의 수백만 개의 외부 물질, 즉 항원에 대해 인식할 수 있는 능력을 갖고 있다. 염색체에는 단지 수백 개의 수용체를 암호화하는 유전자들이 있지만 사람의 B세포는 10^6~10^9개의 다른 항체를 만들 수 있다. 어떻게 이렇게 많은 수의 항체를 만들 수 있을까?

이 질문에 대한 답은 수백만 개의 항체 유전자 각각은 단일 핵산 염기서열로 존재하지 않는다는 것이다. 반면에 항체의 여러 부분을 암호화할 수 있는 3~4조각의 DNA 단편이 모여서 하나의 항체를 만든다. **그림 27.12**의 항체 분자는 복합 유전자에 의해 생성되었다: DNA의 다른 부위들이 constant region(C, 초록색), joining region(J, 빨간색), diversity region(D, 파란색), variable region(V, 노란색)을 만들었다. 이 과정을 **체세포재배열(somatic rearrangement)**이라고 한다.

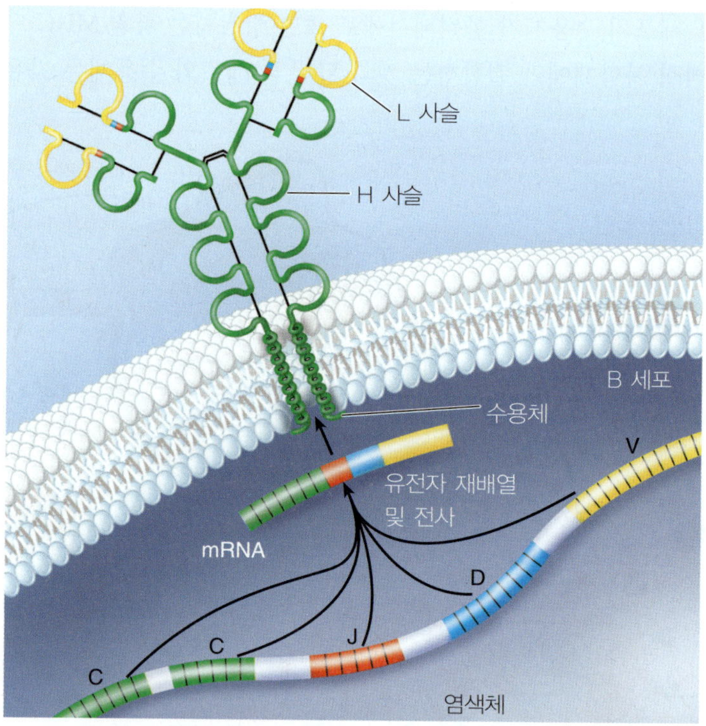

그림 27.12 항체는 복합 유전자에 의해 발현된다

항체의 각 부위를 암호화하는 서로 다른 부위의 DNA가 모여서 재조합을 거쳐 항체를 형성한다(C, constant region; J, joining regions; D, diversity regions; V, variable region). 재조합을 통해서 헤아릴 수 없을 만큼 많은 항체가 형성된다.

다른 두 과정을 거치면서 더 많은 서열이 만들어진다. 첫째, DNA 단편들에 한 개 또는 두 개의 핵산의 소실이 일어나면 유전자발현 시 열린 해독틀이 이동하여 전혀 새로운 아미노산 서열을 갖는 단백질이 만들어진다. 둘째, 림프구의 클론 확장

(clonal expansion) 시 DNA가 복제되는 동안 무작위적인 돌연변이가 일어난다. 이 두 가지 과정 모두에서 아미노산의 변화가 생긴다. 생식세포가 아니라 체세포에서 일어나는 현상이기 때문에 **체세포돌연변이(somatic mutation)**이라고 한다.

세포는 성숙과정에서 아무 H사슬(heavy chain)과 L사슬(light chain)을 가지면 되므로 가능한 항체의 경우의 수는 놀랄 만큼 많다: H사슬의 조합 수 16,000×L사슬의 조합 수 1,200=1,900만 항체. 체세포돌연변이에 의한 경우의 수를 고려하면 전체 수는 2억 개를 초과한다! 이 장에서는 B 세포에 대해서만 기술하였지만 T 세포도 체세포 재배열과 돌연변이 과정을 거치기 때문에 B 세포만큼이나 다양한 종류가 생성된다.

주요 학습 요점 27.6 체액성 반응에서 B세포는 감염된 세포에 항체를 부착하여 표시하여 이후에 보체 단백질, 자연살상세포, 대식세포에 의해 파괴되게 한다.

27.7 클론 선택을 통한 면역 활성

B 세포와 T 세포의 표면에는 특정 항원에 결합하는 수용체가 존재한다. 항원이 몸에 들어오면, 면역반응이 일어나기 위해서 적절한 수용체를 가진 특정 림프구와 우연히 접촉이 일어나야만 한다. 병원체가 몸에 침투할 때 그 병원체의 항원을 인식할 수 있는 항체를 가진 B 세포나 T 세포는 숫자가 몇 안 될지도 모른다. 그렇지만 항원이 림프구 표면의 수용체에 결합하면 세포 분열이 촉진되고, 유전적으로 동일한 세포의 집단인 클론(clone)이 만들어진다. 이 과정을 **클론 선택(clonal selection)**이라 한다. 예를 들면, **그림 27.13**에서와 같이 수두(chicken pox) 바이러스에 감염되면, 면역반응을 시작할 수 있는 세포가 몇 안 되기 때문에 반응은 상대적으로 약하다. 이것은 **1차 면역반응(primary immune response)**이라고 하는 이때 생성되는 항체의 양은 그래프의 왼쪽 작은 곡선과 같다.

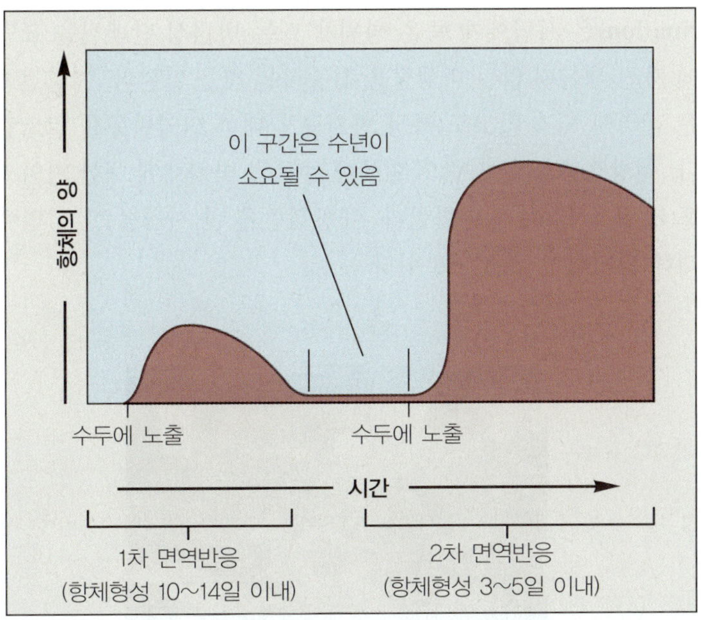

그림 27.13 면역의 발달 단계

수두에 대한 면역은 항원에 처음 노출된 후 수두바이러스에 대한 수용체를 갖는 림프구 클론이 생성된 후 일어난다. 클론 선택의 결과로 두 번째 노출이 되면 면역계는 많은 양의 항체를 더 빨리 생산하므로 다시 수두를 앓지 않게 된다.

초기 면역반응에서 B 세포가 관여하며 B 세포 중 일부는 항체를 분비하는 형질세포가 되고 (초기 감염 후 10~14일 정도 소요된다) 일부는 기억세포가 된다. 초기 면역반응에 관여한 T 세포의 일부도 기억세포가 된다. 초기 면역반응을 일으킨 항원에 특이적인 기억세포의 클론이 생성되기 때문에 같은 병원체에 의한 두 번째 감염의 경우는 매우 신속하고 강하다(그래프의 오른쪽 곡선). 많은 기억세포는 초기 반응 이후에 생성되고 만약 두 번째 감염이 일어날 경우 신속하게 항체를 생산할 수 있게 한다. 같은 병원체에 의한 재감염 시 면역계는 충분히 대비하고 있다. 첫 번째 감염의 결과로 해당 병원체를 인식할 수 있는 많은 림프구 클론이 존재한다. 항원에 노출되어 생기는 이와 같은 효과적인 반응을 **2차 면역반응(secondary immune response)**이라고 한다.

기억세포는 수십 년 동안 생존할 수 있기 때문에 사람들은 수두에 2번 걸리지는 않는다. 기억세포가 있기 때문에 예방접종도 효과적이 된다. 아이들에게 질병을 유발하는 바이러스의 표피 항원은 해가 지나도 거의 변화가 없기 때문에 같은 항체를 계속 사용해도 효과적이다. 독감과 같은 다른 질병은 표피 막단백질을 암호화하는 유전자에 돌연변이가 매우 빠르게 일어난다. 이와 같은 빠른 유전적 변화로 인해 매년 새로운 바이러스 변종이 생기고 이전의 독감으로 인해 생겼던 기억세포에 의해 인식되지 않는다.

세포 면역반응 및 체액성 면역반응이 구분되어 기술되었지만, 체내에서 이 두 가지 반응은 동시에 일어난다. 핵심 생물학 과정의 그림을 보자. 바이러스가 인체에 침입하면, 감염된 세포의 표면에 바이러스 단백질이 제시된다.

대식세포가 바이러스와 바이러스에 감염된 세포를 ❶ 식세포작용에 의해 없애고 ❷, 바이러스의 단백질은 대식세포의 표면에서 MHC 단백질과 결합되어 제시된다❸. 인터루킨-1은 도움 T 세포를 활성화시키는 경고신호이다❹. 활성화된 도움 T 세포는 인터루킨-2를 분비해서 세포반응(T 세포)과 체액성 반응(B 세포)을 개시한다❺. 그림에서 세포반응은 초록색 화살표를 따르고, 체액성 반응은 적색 화살표를 따른다.

활성화된 T 세포 중 일부는 기억 T 세포가 된 후 (5a) 체내에 남아 같은 종류 바이러스의 다음 번 침입에 대비하고, 인터루킨-2는 세포독성 T세포를 활성화시킨다. 세포독성 T세포가 활성화되면 바이러스 항원을 가진 감염된 세포에 결합하여 없앤다 ❻.

인터루킨-2는 B 세포의 증식을 촉진한다 ❼. 일부 B세포는 기억세포가 되어 ❽ 같은 종류 바이러스의 침입에 대비한다. 활성화된 다른 B 세포는 형질세포가 되어 ❾ 바이러스의 표면 단백질에 대한 항체를 생산한다 ❿. 체내에 분비된 항체는 바이러스 표면의 단백질에 결합한다. 항체가 결합한 세포나 바이러스는 체내를 순찰하는 대식세포에 의해 파괴된다⓫. 면역반응의 두 경로가 같이 효과적으로 작용해서 침입자를 제거한다.

주요 학습 요점 27.7　강한 면역반응은 침입한 세포가 소수의 B 세포와 T 세포를 활성화시키고, B 세포와 T 세포가 빠르게 증식하여 클론을 형성하기 때문에 가능해진다.

27.8 예방접종

1796년 Edward Jenner라는 영국의 시골의사가 면역학의 시작을 알리는 실험을 수행했다. 그 당시 천연두는 흔하면서도 무서운 질병이었다. Jenner는 목장에서 일하는 사람들이 천연두보다 약한 우두(cow pox)에 걸리면 천연두에는 거의 걸리지 않는 것을 보았다. Jenner는 우두가 천연두에 대한 저항성을 제공한다는 가설을 세우고 검증하기로 했다(**그림 27.14**). 그리고 Jenner가 예상했던 대로 많은 사람들이 천연두에 면역이 생겼다.

천연두와 우두가 서로 유사한 두 종류의 바이러스에 의해 생긴다는 것을 알고 있다. 우두 바이러스를 접종한 Jenner의 환자는 천연두에 대해서도 효과적인 방어체계를 만들었다. Jenner의 방법처럼 해롭지 않은 미생물을 접종해서 해로운 미생물에 대한 저항성을 갖는 것을 예방접종이라 한다. **예방접종(vaccination)**은 사람에게 죽은 병원체 또는 병원성 단백질을 표면에 가진 해롭지 않은 미생물을 접종하는 것을 말한다. 예방접종은 감염이 되지 않고도 특정 병원균체 대한 면역반응을 일으킨다. 예방접종을 한 사람의 혈액에는 특정 병원체에 대한 기억세포(B 및 T 세포)가 순환한다. 예방접종을 한 사람을 그 질병에 대해 면역력이 생겼다고 한다.

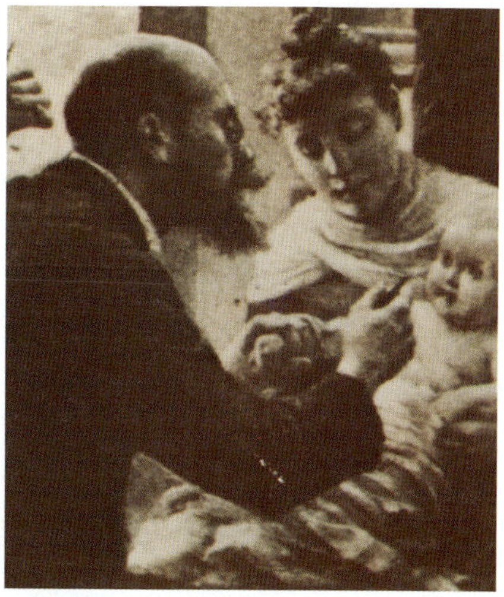

그림 27.14 면역학의 시작
1790년대 Edward Jenner가 어린아이에게 우두 백신을 주사하고 있다. 우두 백신은 천연두로부터 보호해 준다.

그림 27.15 1918년의 독감 유행은 18개월 동안에 전 세계적으로 2천만 명의 목숨을 앗아갔다
미국에서만 2500만 명이 감염되었고, 모든 사람이 충분한 간호를 받을 수는 없었다. 적십자사는 매시간 의료지원을 수행했다.

핵심 생물학 과정: 면역 반응

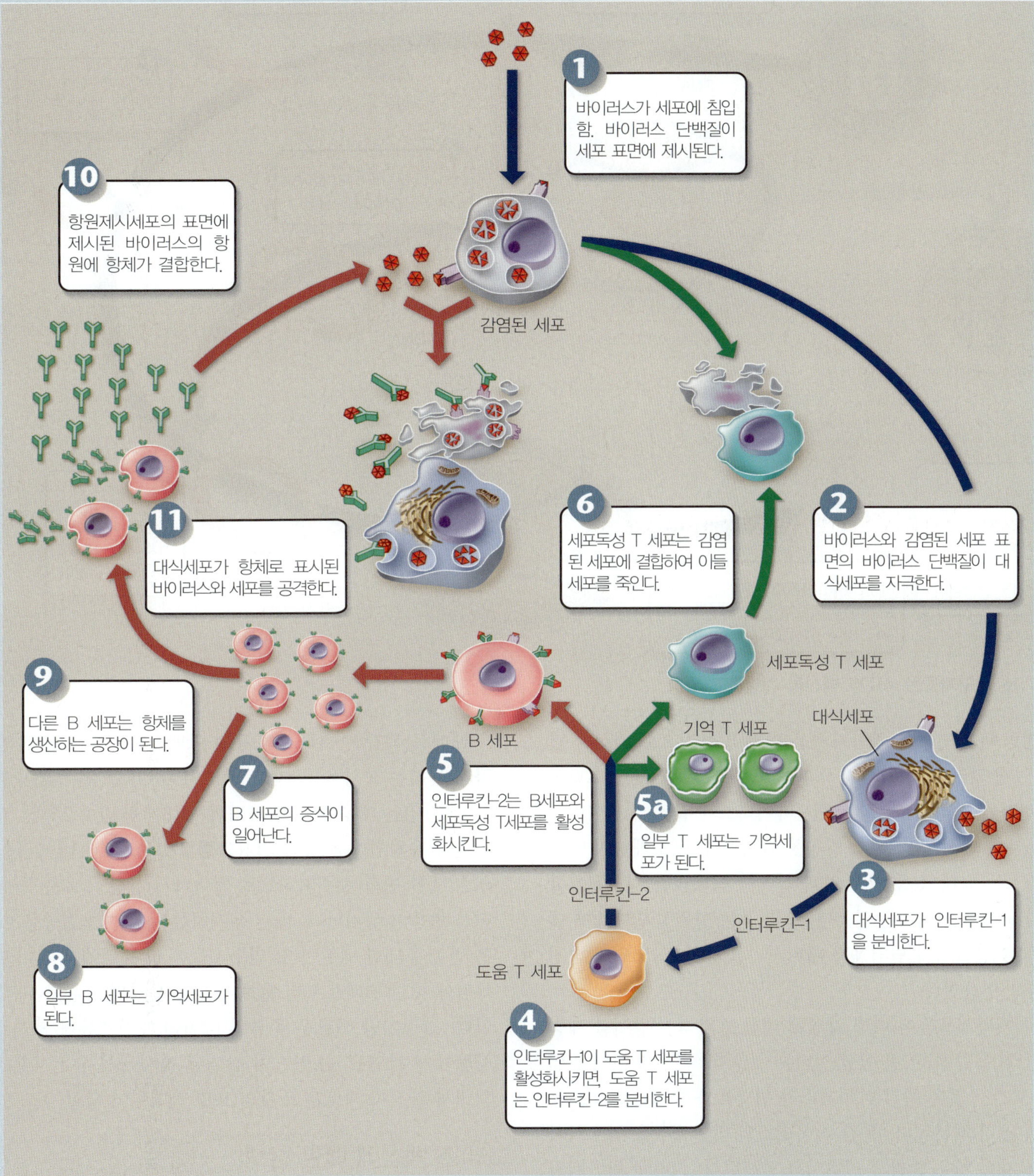

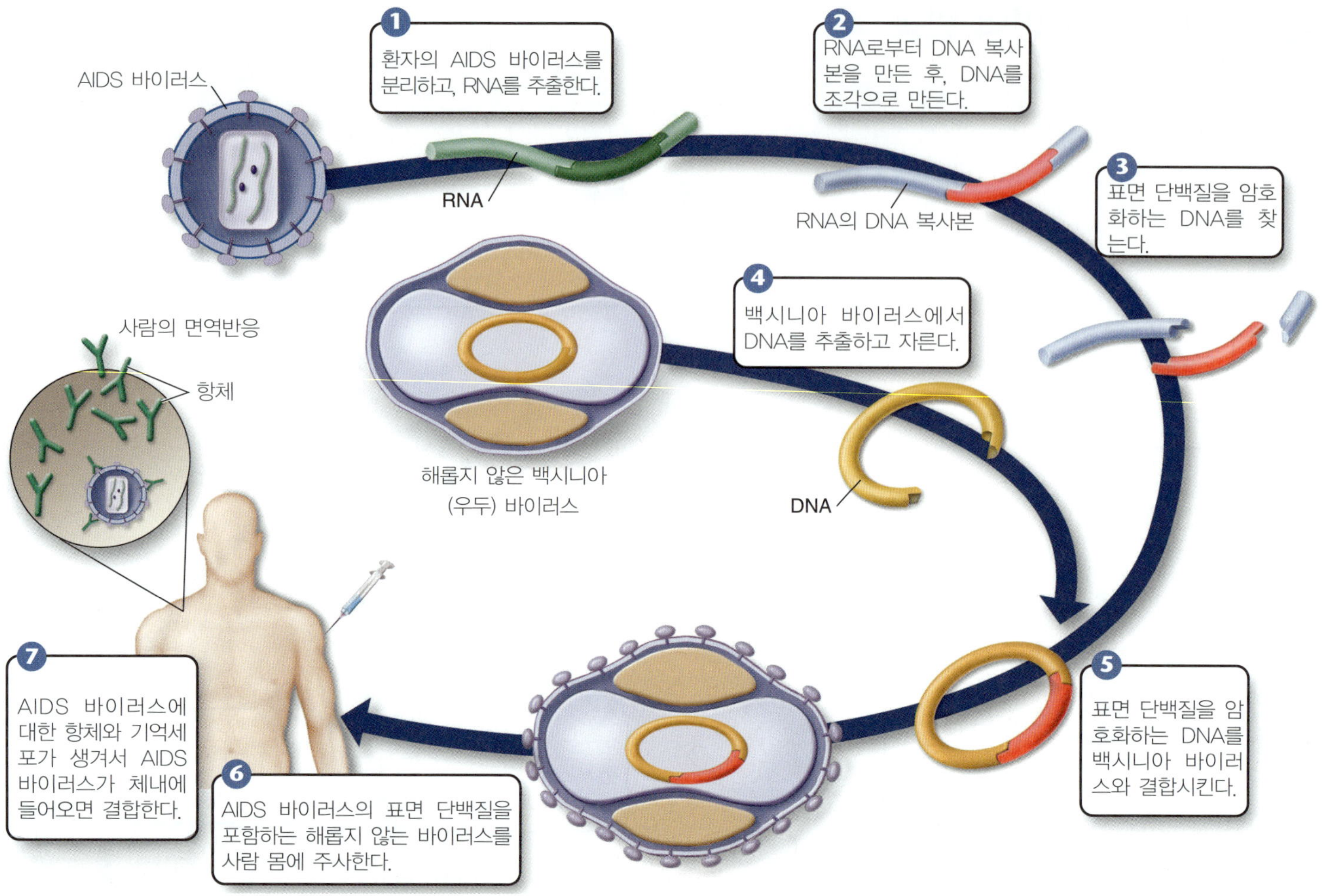

그림 27.16 연구자들은 AIDS 백신을 개발하고 있다

유전공학 방법으로 과학자들은 이제 일상적으로 백신을 만들 수 있게 되었다. 병원체의 표면에 노출된 단백질을 암호화하는 유전자를 잘라서 해롭지 않은 바이러스에 옮긴 후, 이 바이러스로부터 백신을 만든다. 병원성 단백질을 가진 해롭지 않은 바이러스는 늑대 옷을 입은 양과 같아서 늑대라는 경고신호를 보내지만 해를 입히지는 않는다. 우리 몸은 병원성 단백질에 대한 항체를 만들어서 면역계를 대비시키고 만일 그 병원균이 침입한다면 반응한다.

만약 기억세포들이 미래 감염에 대한 효과적인 방어를 제공한다면 왜 독감에 한 번 이상 걸리는 것일까? 독감에 대해 면역이 안 생기는 것은 독감 바이러스가 면역계를 회피하는 쪽으로 진화해 왔기 때문이다. 독감 바이러스의 막단백질을 암호화하는 유전자는 매우 빨리 돌연변이를 발생한다. 그래서 막단백질의 모양에도 변형이 많이 일어난다. 기억세포가 과거에 같은 바이러스를 효과적으로 격퇴했더라도 변형된 막단백질을 인식하지 못하는 것이다. 새로운 형태의 독감 바이러스가 체내에 침투하면 면역반응을 완전히 새롭게 시작해야 한다.

때때로 독감 바이러스의 표면 단백질은 면역계가 전혀 인식하지 못하는 모양을 할 때가 있다. 1918년 조류 독감이 발생했을 때 감염은 매우 빨리 전파되어서 18개월 만에 2천만 명의 미국인과 유럽인이 사망하였다(**그림 27.15**). 독감 바이러스 표면의 미세한 변화는 주기적으로 일어나서 항상 새로운 독감 바이러스 변종이 생겨난다. 매년 실시하는 독감 예방접종은 이 새로운 변종에 대한 백신이다. 연구자들은 전 세계에서 이미 발생한 독감에 대한 결과로부터 올해 유행할 독감의 종류를 미리 예측한다. 그렇지만 새로운 종류의 바이러스가 조류나 돼지로부터 사람에게 감염될 수 있으며 감염된 개체에서 유전자재조합에 의해서 완전히 새로운 조합의 표면 단백질이 생길 수도 있다.

AIDS 백신에 대한 탐색

의학 역사에서 가장 광범위한 노력 중의 하나는 HIV에 대한 효과적인 백신을 개발하는 것으로 현재도 연구가 진행 중이다. 연구자들은 **그림 27.16**에 나타낸 것과 같은 방법을 사용하고 있다. ❶~❸ 단계에서는 HIV 표면 단백질을 암호화하는 유전자를 분리하고, ❹~❺ 단계에서는 해롭지 않는 백시니아(vaccinia) 바이러스에 삽입했는지를 나타낸 것이다. 유전공학적으로 변형된 백시니아 바이러스가 체내에 주입되면 ❻, 체내에서 HIV 표면 단백질에 대한 항체와 기억세포가 생산되기 시작한다 ❼. HIV 바이러스는 9개의 유전자로 다양한 단백질을 암호화한다. 초기에는 HIV의 막을 만드는 *env* 유전자를 포함한 소단위체에 대한 백신을 만드는 데 노력이 집중 되었다.

그렇지만 HIV 바이러스는 독감 바이러스보다 돌연변이가 더 빨리 발생하여 한 변종에서 개발된 백신이 다른 변종에는 잘 듣지 않았다. AIDS 백신은 수백 가지 HIV 변종 중에서 한 개 또는 몇 개에만 작용하는 **좁은 범위의 중화항체(narrowly neutralizing antibody)**를 생성한다. 이와 같은 높은 돌연변이 발생률이 AIDS 백신을 개발하는 데 있어서 가장 큰 걸림돌이 되어 왔다.

새로운 백신을 개발하려는 시도는 희망적이다. 모든 HIV 변종 또는 다수의 변종에 저항성이 있는 **넓은 범위의 중화항체(broadly neutralizing antibody)**에 대한 연구는 긍정적인 결과를 나타내고 있다. HIV가 세포에 침입할 때 세포에 부착하는 부위는 돌연변이가 일어나지 않는 부위이다. 연구자들은 부착부위와 일치하는 탐침을 제작하여 항체를 만들었다. 2010년까지 6종류 이상의 넓은 범위의 중화항체가 개발되었으며 그 중 하나는 모든 HIV 변종에 대해 91% 중화를 보였다. 다음 단계는 넓은 범위의 중화항체들에 '역공학(reverse engineering)'을 통해 HIV의 탐침을 정확히 규명하는 것이다. 궁극적으로 연구자들은 변형된 탐침을 백신으로 사람에게 접종하여 폭넓게 작용하는 항-HIV 항체를 만들어서 AIDS에 대항할 수 있기를 희망한다.

주요 학습 요점 27.8 백신은 병원체와 유사하거나 동일한 항원을 주사하여 해당 병원체에 대한 면역반응을 일으킨다.

27.9 의학 진단에 사용되는 항체

혈액형 진단

사람의 혈액형은 적혈구 표면에 위치한 항원의 종류를 가리킨다. 적혈구 항원에는 몇 종류가 있지만 주요 그룹은 **ABO 혈액형(ABO system)**으로 알려져 있다. 적혈구 표면에 위치한 항원에 따라 사람의 혈액형은 *A형*(A항원만 보유), *B형*(B항원만 보유), *AB형*(A와 B항원 모두 보유), *O형*(A와 B항원 모두 없음)으로 구분된다.

면역계는 개체 자신의 적혈구 항원에는 반응하지 않는다. 예를 들면, A형인 사람은 항-A항체를 만들지 않는다. 그렇지만 A형인 사람은 B항원에 대한 항체를 만들고, B형인 사람은 A항원에 대한 항체를 만든다. AB형인 사람은 두 항원에 대한 저항성이 항-A항체와 항-B항체 모두를 만들지 않는다. O형인 사람은 항-A와 항-B항체를 모두 만든다.

만약 A형 혈액을 슬라이드 글라이스 위에 놓고 B형인 사람의 혈액과 섞으면, 항-A 항체는 A형 혈구 세포들끼리 응집되게 한다(**그림 27.17**). 혈액수혈 시 혈액형이 일치해야만 혈관에서 응집이 일어나지 않는다. 만약 응집이 생기면 염증과 장기 손상을 일으킨다.

Rh인자 대부분의 적혈구에서 발견되는 또 다른 항원은 *Rh인*

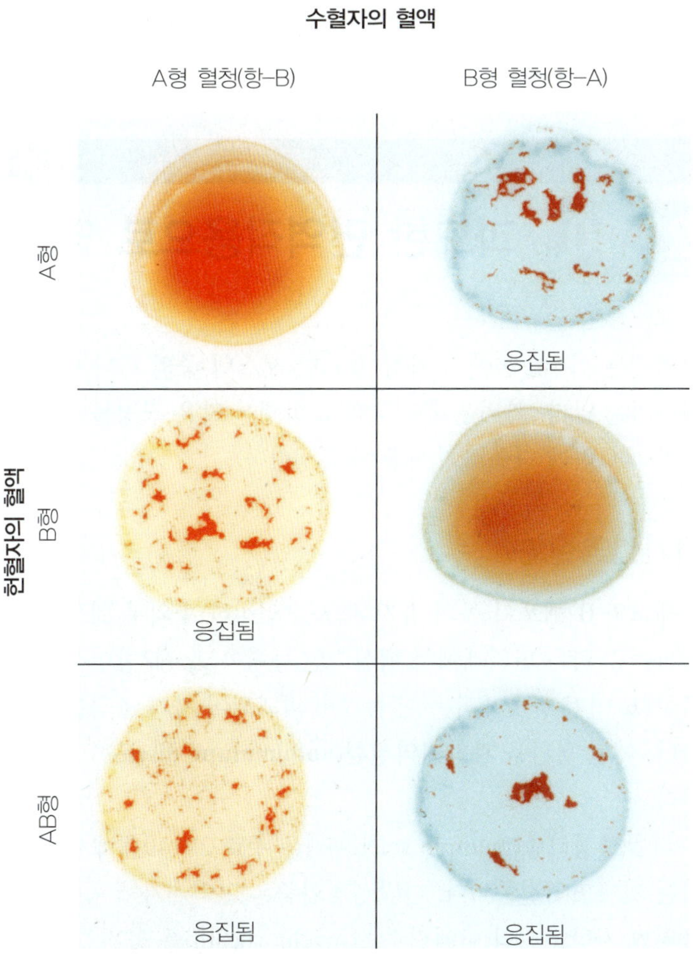

그림 27.17 혈액형 진단

A항원이나 B항원에 대한 항체를 갖는 혈액을 섞으면 적혈구의 응고가 일어난다. O형의 혈액은 다른 혈액형과 응고가 생기지 않는다.

자(Rh factor)이다[h는 이 항원이 처음 발견된 붉은털원숭이(rhesus monkey)를 가리킨다] 이 항원을 가진 사람을 Rh(+)라고 하고, 이 항원이 없는 사람을 Rh(−)라고 한다. Rh(+)인 유전자가 사람 집단에서 우성이기 때문에 Rh(−)인 사람의 수는 매우 적다. Rh인자는 Rh(−)인 엄마가 Rh(+)인 아이를 출산할 때 중요해진다.

태아와 엄마의 혈액은 태반을 경계로 분리되어 있기 때문에 Rh(−)인 엄마는 대개의 경우 임신기간 동안에 태아의 Rh 항원에 노출되지 않는다. 그렇지만 출산 시 Rh(+) 항원에 노출이 되게 되고, Rh(−)인 엄마의 면역계는 민감해져서 Rh 항원에 대한 항체를 생산한다. 만약 여성이 Rh 인자에 대한 항체를 생산하면, 이 항체들은 이후 임신에서 태반을 통과해서 태아의 Rh(+)인 적혈구의 용혈을 초래한다. 태아는 태아적모구증(erythroblastosis fetalis)라는 빈혈 또는 신생아 용혈성 질환을 가지고 태어난다.

태아적모구증은 Rh(+)인 아이가 태어날 때 마다 Rh(−)인 엄마에게 Rh 인자에 대한 항체를 주사하면 방지할 수 있다. 주사된 항체는 Rh 항원을 무력화시켜 엄마가 Rh 항원에 대해 면역력을 가지는 것을 방지한다.

단일클론항체

단일클론항체는 한 가지 항원에만 결합하는 항체이다. 단일클론항체는 매우 적은 양에 대해서도 반응하기 때문에 이미 많은 단일클론항체들이 임상병리 검사용으로 판매되고 있다. 임신검사 키트는 임신 시 분비되는 호르몬인 hCG에 대한 항체를 사용한다. 혈액을 이용한 임신진단에서는 이 항체가 임신한 여성의 혈액과 만나면 응집이 일어나서 임신으로 판정된다. 약국에서 구입하는 키트도 비슷한 원리인데, 임신한 여성의 오줌에 포함된 hCG가 테스트 스트립 속의 항체와 결합하면 양성 결과를 보인다.

주요 학습 요점 27.9 **적혈구 표면에 ABO 항원과 Rh 인자에 대한 다른 항체가 존재할 경우 혈청이 응집된다. 단일클론항체는 특정 항원에만 반응하는 항체로 상업적으로 생산된다.**

면역계의 패배

27.10 과도한 면역작용으로 인한 부작용

면역계는 척추동물에서 가장 정교한 시스템 중의 하나지만 완전하지는 않다. 가벼운 가려움을 포함해서 많은 질병들이 면역계가 과도하게 작동하기 때문에 발생한다.

자가면역질환

T 세포와 B 세포가 몸의 자기 세포를 인식하여 외부 세포와 구별하는 능력은 면역계에서 핵심적인 능력이고, 제2방어선을 구축한다. 어떤 질병에서는 이 능력이 파괴되어 자기 조직을 공격한다. 이런 질환을 **자가면역질환(autoimmune disease)**라고 부른다.

다발성경화증(multiple sclerosis)은 주로 20~40대에서 발병하는 자가면역질환이다. 다발성경화증은 면역계가 운동뉴런을 둘러싼 지방조직의 미엘린수초(myelin sheath)를 공격한다. 신경 충동은 신경세포를 따라 이동하기 때문에 미엘린수초가 퇴화하면 신경 충동의 전달에 지장을 초래한다. 손발의 움직임과 같은 자발적 기능과 방광조절과 같은 비자발적 기능을 모두 할 수 없고 최종적으로는 마비가 와서 죽게 된다. 과학자들은 아직 무엇이 미엘린수초에 대한 면역계의 공격을 자극하는지 모르고 있다.

다른 자가면역질환은 제1형 당뇨병으로 이자에서 인슐린이 생산되지 않기 때문에 세포 내로 포도당을 수송할 수 없다. 제1형 당뇨병은 이자에 있는 인슐린을 만드는 세포에 대한 면역계의 공격 때문인 것으로 여겨진다. 아직 왜 그런 공격이 일어나는지 모르고 있다. 다른 자가면역질환으로는 류머티스 관절염(면역시스템이 관절 조직을 공격하는 것), 루푸스(연결조직과 신장이 공격을 받음), 그레이브병(갑상샘이 공격을 받는 것) 등이 있다.

알레르기

면역계는 진균, 기생충, 세균, 바이러스로부터 효과적으로 몸을 방어하지만 때때로 너무 일을 잘해서 항원 제거에 필요 이상의 면역반응을 일으킨다. 이 경우에 항원을 **알레르겐(allergen)**이

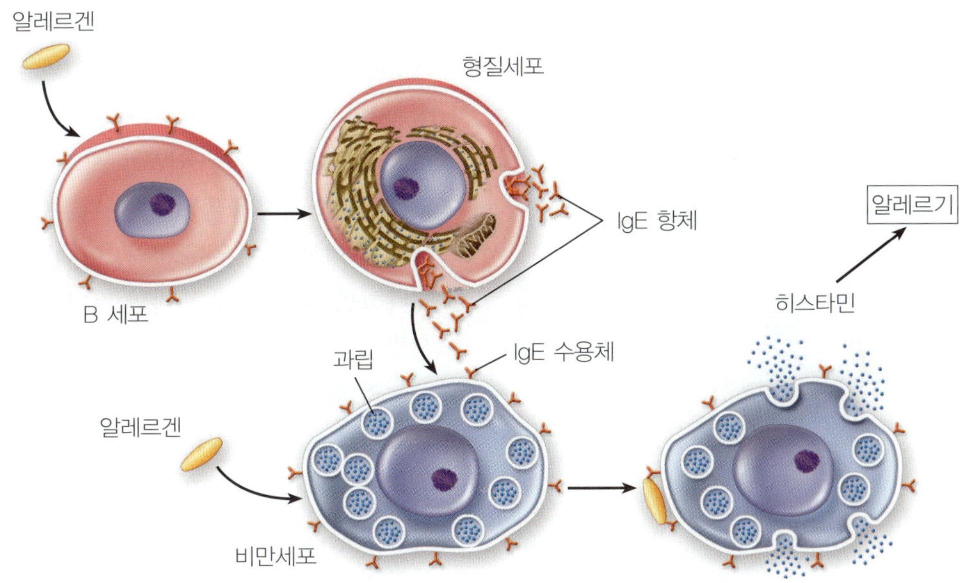

그림 27.19 알레르기 반응
B 세포에서 분비된 IgE 항체가 비만세포의 세포막에 결합하면, 항원-항체 반응의 결과로 비만세포는 히스타민을 분비한다.

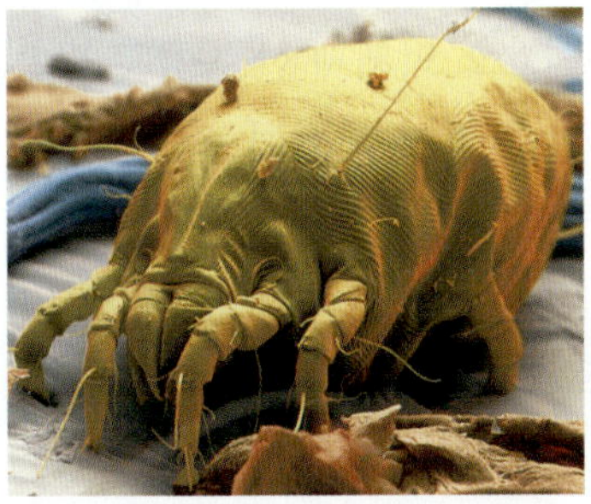

그림 27.18 집먼지진드기
집먼지진드기는 매우 작은 동물로 많은 사람들에게 알레르기 반응을 일으킨다.

라 하고 이런 면역반응을 **알레르기(allergy)**라 한다. 아주 적은 양의 꽃가루에도 민감한 알레르기성 비염은 알레르기의 친숙한 예이다. 많은 사람들이 견과류, 달걀, 우유, 페니실린, 집먼지진드기 분비물에 포함된 단백질에도 알레르기 반응을 보인다(**그림 27.18**).

알레르기 반응이 불편하고 때때로 위험하기도 한 것은 백혈구의 한 종류인 **비만세포(mast cell)**에 결합된 항체 때문이다. 비만세포는 염증에 대한 면역반응을 개시하는 역할을 한다. **그림 27.19**에서는 비만세포의 항체에 어떤 분자가 결합할 때 일어나는 현상을 보여준다. 비만세포는 히스타민을 분비하여 모세혈관이 부풀어 오르게 한다. **히스타민(histamine)**은 또한 점막세포에서 점액 분비를 촉진시켜 콧물이 나고 코가 막힌다(알레르기성 비염의 증상과 같다). 대부분의 알레르기 치료약은 히스타민의 작용을 억제하는 화학물질인 항히스타민 성분으로 이런 증상을 완화시킨다.

천식(asthma)은 히스타민이 폐의 기도를 좁게 만들어서 생기는 알레르기 반응이다. 천식 환자는 알레르기 물질에 노출될 때 호흡장애를 겪게 된다.

> **주요 학습 요점 27.10** 자가면역질환은 "자기" 세포에 대한 부적절한 면역반응이다. 반면에 알레르기 반응은 해롭지 않은 항원에 대한 부적절한 면역반응이다.

27.11 AIDS: 면역계의 붕괴

후천성면역결핍증(AIDS)은 1981년 처음 보고되었고, 2007년 말까지 미국에서만 583,298명이 AIDS로 숨졌고, 백만 명 이상의 사람이 AIDS를 일으키는 HIV에 감염된 것으로 추산된다. 전 세계적으로 3,300만 명이 감염되어 2,500만 명 이상이 숨졌고 매년 200만 명 이상이 숨진다. **HIV(human immunodeficiency virus)**는 아프리카에서 침팬지를 숙주로 하는 바이러스에 돌연변이가 생긴 후 사람의 세포 표면 수용체인 CD4를 인식하게 되었을 때부터 진화하였다. 이 수용체는 사람에서 특정 면역세포

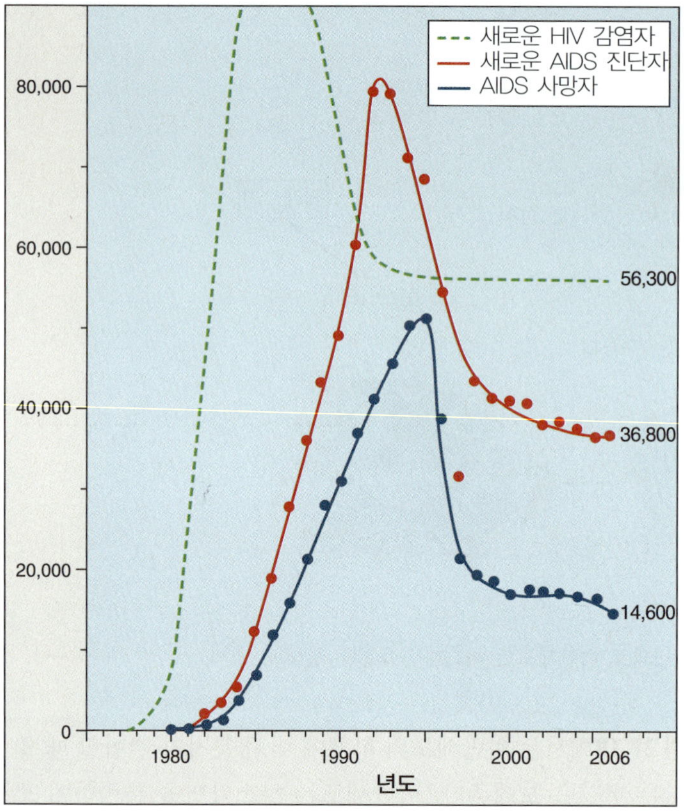

그림 27.20 미국에서의 AIDS의 발생 빈도

미국 질병관리센터는 2007년에 37,041건의 새로운 AIDS 환자가 발생했음을 보고했다. 지금까지 총 보고된 발생 수는 백만 건 이상이고 그 중에서 60만 명이 사망했다.

에만 있는데 특별히 대식세포와 도움 T 세포에만 존재한다. 면역계의 두 세포가 이 치명적인 질병을 일으킨 근원이 된 것이다.

HIV가 어떻게 면역계를 공격하는가?

HIV는 도움 T 세포와 같이 CD4 수용체를 가진 세포($CD4^+$ 세포)를 공격하여 면역계를 불구로 만든다. 도움 T 세포가 죽게 되면 면역계는 어떤 외부 항원에 대해서도 공격을 취할 수 없다는 데 도움 T 세포의 중요성이 있다. AIDS는 이 때문에 치명적인 질병이다.

HIV는 $CD4^+$ 세포를 공격해서 점차 면역시스템을 불구로 만드는데 HIV에 감염된 세포가 죽으면 증식된 바이러스가 방출되어 다른 $CD4^+$ T 세포를 감염시킨다. 시간이 지나면서, 체내 대부분의 $CD4^+$ T 세포는 파괴된다. 건강한 정상인에서 $CD4^+$ T 세포는 순환하고 있는 T 세포의 60~80%를 차지한다. AIDS 환자에서는 $CD4^+$ 세포는 숫자가 너무 적어서 헤아리기조차 어렵기 때문에 면역시스템은 붕괴된다. 감염에 대한 방어체계가 없기 때문에 가벼운 질병에 걸리더라도 치명적이 된다. 또한 암세포에 대한 인식과 공격능력이 없기 때문에 AIDS 환자에서 암사망률은 정상인보다 몇 배나 더 높다. 그래서 AIDS는 처음 카포시육종(Kaposi' s sarcoma)이라는 아주 드문 종양에 대한 보고로부터 알려졌다. AIDS 환자는 암으로 사망하는 경우가 가장 많다.

AIDS의 치사율은 100%이다. AIDS 증상을 보이는 환자 가운데서 회복한 경우는 없다. 이 질병은 전염성이 높지는 않다. 왜냐하면 개인 간에 체액의 전파로만 질병이 옮겨지는데 주로 성행위 시 정액이나 질분비물, 또는 AIDS 환자가 사용한 주사바늘의 혈액 등이 그 원인이다. 그렇지만 AIDS 증상은 HIV에 감염된 후 수년 간 잠복하기 때문에 바로 나타나지 않는다. 이러한 증상의 지연으로 인해 감염된 사람은 모른 채 HIV 바이러스를 다른 사람들에게 퍼뜨리게 된다(**그림 27.20**). 미국에서 바로 알기 캠페인을 통해 신규 AIDS 환자 수를 감소시킬 수 있었다.

HIV를 억제하는 다양한 약들이 개발되고 있다. 이 가운데에는 바이러스 핵산 복제를 억제하는 AZT의 유사체와 바이러스 단백질의 기능을 억제하는 단백질분해효소 억제제가 있다. AZT 복합제 두 종류와 단백질분해효소 억제제 한 종류로 많은 환자의 혈액에서 HIV 바이러스가 완전히 제거될 수 있다. 이 복합제제 치료법이 도입된 1990년 중반 이래로 미국에서만 AIDS로 인한 사망을 1995년의 51,414명에서 1996년 38,074명, 그리고 2006년 대략 14,600명으로 감소하였다.

불행히도 이런 복합제제 치료법도 체내에서 HIV 바이러스를 완전히 없애지는 못한다. 바이러스가 혈액에서는 사라지지만 환자의 림프 조직에서 아주 적은 양의 바이러스가 여전히 검출된다. 복합제 치료법이 중단되면 혈액 내 바이러스 수준은 다시 증가한다. 약을 먹는 횟수와 부작용 때문에 복합체 치료법은 장기적인 관점에서는 전망이 밝지 않다.

과학자들은 이 치명적인 불치병으로부터 사람들을 보호하기 위한 백신 개발을 끊임없이 추구하고 있다. 그렇지만 지난 30년 동안 백만 명이 넘는 AIDS 환자 발생에도 불구하고 아직 효과적인 AIDS 치료약은 나오지 않고 있다. HIV 바이러스의 돌연변이 발생률이 놀라울 정도로 높기 때문에, 감염된 환자들 중에서 같은 바이러스를 가진 경우는 거의 없다. 이런 이유로 한 종류의 HIV에 대한 백신의 임상시험은 다른 환자에서는 효과적이지 않다. HIV 바이러스에서 돌연변이가 일어나지 않는 부분은 효과적인 AIDS 백신 개발에 대한 동기부여가 되고 있다.

주요 학습 요점 27.11 HIV는 림프구를 파괴함으로써 척추동물의 면역계를 불구로 만든다.

HIV 감염 주기의 각 단계를 표적으로 하는 AIDS 치료약

AIDS는 감염에 대항하는 기작을 무장해제 시키기 때문에 매우 치명적이다. 과학자들은 AIDS 백신에 대한 연구를 진행하는 동안 바이러스가 체내에서 복제하거나 다른 세포를 감염시키는 것을 늦추거나 멈출 수 있는 방법을 찾고 있다. 이 방법은 환자를 치유하지 않으므로 여전히 다른 사람에게 HIV를 감염시킬 수 있다. 그렇지만 HIV가 체내에서 증식하는 속도를 늦춤으로써 이 약들은 HIV의 영향이 AIDS로 진행되는 것을 감소시킬 수 있다. 바이러스 감염 주기의 각 단계를 표적으로 하는 많은 약들이 개발되고 있다. 현재까지 6종류의 약이 개발되어서 HIV의 세포 내로의 이동과 HIV의 DNA 복제, 새로운 바이러스 입자의 조립 등을 억제한다. 아직 바이러스가 세포로부터 탈출하는 ❼ 것을 억제하는 약은 개발되지 않았다.

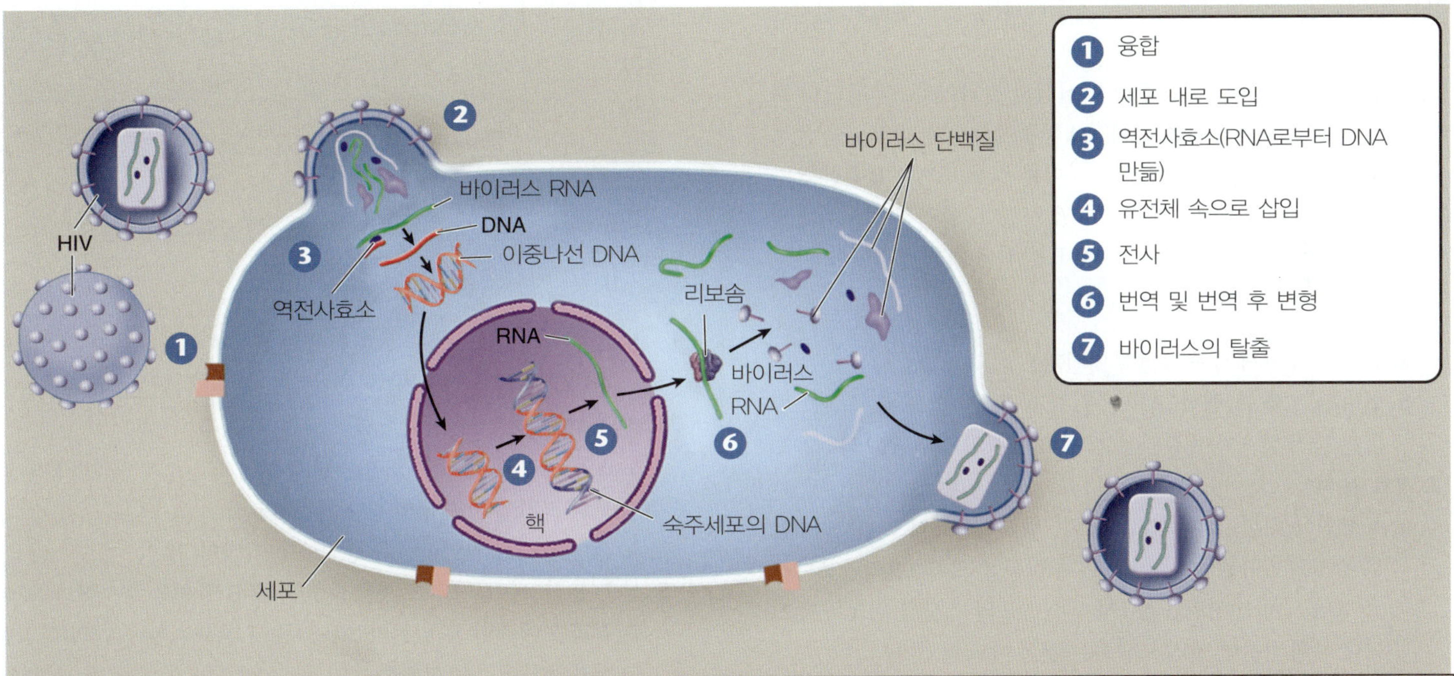

종류	예	승인받은 의약품 개수	작용기작
❶ 융합 억제제	Fuzeon	1	세포 표면 수용체에 결합하는 펩티드로 HIV가 세포막에 융합하는 것을 억제한다.
❷ 세포내 도입 억제제	Maraviroc	1	세포 표면 보조수용체에 결합하여 HIV의 세포내 도입을 억제한다.
❸ 역전사효소 억제제	Atripla	4	HIV 역전사효소의 활성부위에 결합하여 효소 활성을 억제한다.
❹ 인테그라아제 억제제	Raltegravir	2	HIV 인테그라아제 효소에 결합하여 HIV 유전자가 숙주세포 유전체에 삽입되는 것을 억제한다.
❺ 핵산 유사체	AZT	10	핵산에 삽입되었을 때 작동하지 못하는 핵산으로 HIV의 복제를 억제함, 대표적인 핵산 유사체로 AZT가 있다.
❻ 단백질분해효소 억제제	Prezista	10	HIV의 단백질분해효소에 결합하여 HIV의 복제를 억제한다.

질문 & 분석

면역반응은 항원에 특이적인가?

면역계는 이전 감염에 대한 기억을 하기 때문에 감염에 대한 효과적인 보호를 제공한다. 사람은 많은 감염에 대해 어린아이 때 노출된 다음 평생 동안 면역력을 유지한다. 이런 장기간 면역은 왜 백신이 작동하는 지를 설명한다. 면역 보호에 관한 핵심적인 질문은 이 보호가 특이적인지에 관한 것이다. 한 병원균에 대한 노출이 그 병원균에 대한 면역만 부여하는지 아니면 일반적이어서 다른 종류의 감염에도 면역이 생기는가?

오른쪽의 그래프는 이 질문에 대한 실험의 결과이다. 한 집단의 토끼들을 A항원을 주사하고 각 토끼에서 A항원에 대한 항체의 양을 측정하였다. 40일 후, 일부 토끼는 A항원을, 다른 일부 토끼는 B항원을 주사한 후, 각 항원에 대한 항체의 양을 측정하였다. 빨간색 선은 A항원에 대한 일반적인 결과이고, 파란색 선은 B 항원에 대한 결과이다.

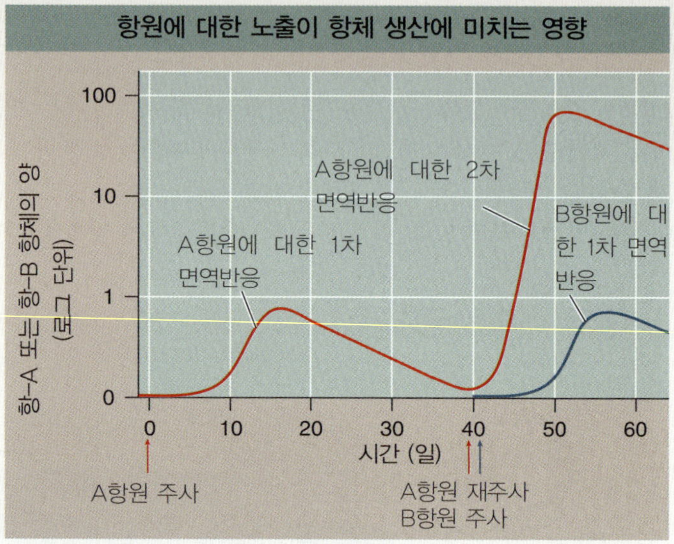

1. **개념 적용**
   a. **변수** 그래프에서 변수는 무엇인가?
   b. **연속된 그래프 해석** A항원을 각각 주사하였을 때 측정할 수 있는 양의 항체가 측정되었는가? B 항원의 경우도 그러한가?
2. **자료 분석**
   a. A 항원에 대한 초기 반응은 '1차' 면역반응이라고 한다. 40일 후 주사된 A항원에 대한 두 번째 반응을 '2차' 면역반응이라고 한다. 1차 면역반응과 2차 면역반응의 속도를 비교하시오. 최대 항체 반응에 빨리 도달하는 것은 어느 것인가?
   b. 1차 면역반응과 2차 면역반응의 크기를 비교하시오. 비슷한가 아니면 어느 반응이 다른 반응보다 몇 배 더 큰가?
3. **추론하기**
   a. 왜 A항원에 대한 2차 노출 시 2차 면역반응이 1차 면역반응과 다른가?
   b. B항원에 대한 반응은 A항원에 대한 1차 면역반응 또는 2차 면역반응과 더 유사한가?
4. **결론 도출**
   a. A 항원에 대한 이전 노출은 B 항원에 대한 1차 면역반응의 속도와 크기에 어떤 영향을 미치는가?
   b. 항원에 대한 면역반응은 항원에 특이적인가?
5. **심층 분석** 두 집단의 토끼에게 80일 후 B 항원을 주사한다면, 어떤 결과를 예측할 수 있는가? 이 접종에 대하여 두 집단의 면역반응 결과의 차이점을 설명하시오.

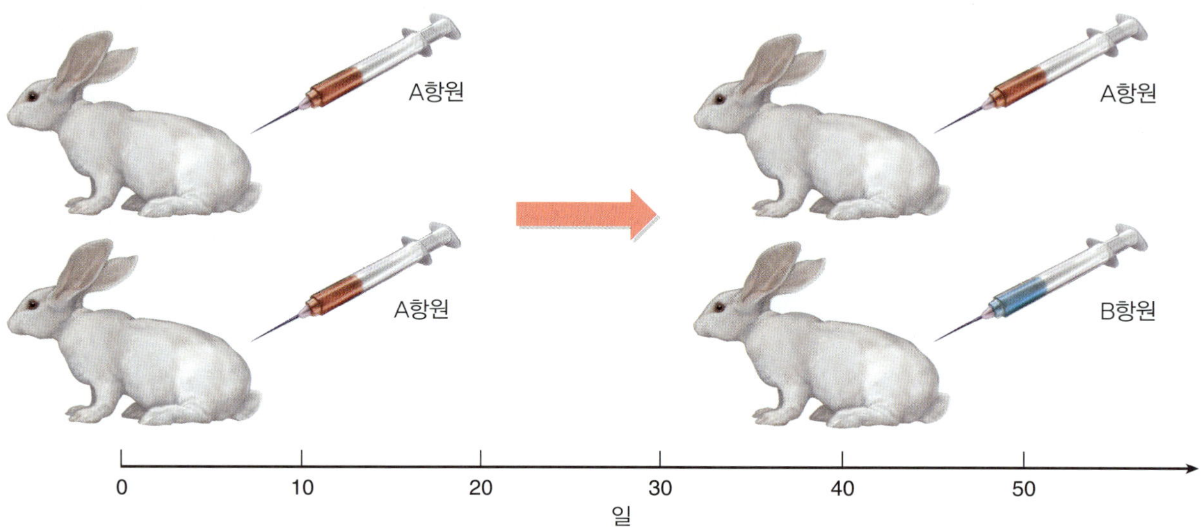

단원 복습

세 종류의 방어선

27.1 피부: 제1방어선

- 몸은 감염 시 3종류의 방어 전선을 형성한다. 제1방어선(**그림 27.2**)은 피부와 더불어 소화기와 호흡기의 점막으로 병원체에 대한 장벽을 형성한다.

27.2 세포의 대응공격: 제2방어선

- 제2방어선은 비특이적 세포 공격이다. 이 공격에서 세포와 화학물질이 외부에서 침입한 미생물을 공격한다. 일부 세포와 화학물질은 림프계에 저장되어 있다(**그림 27.3**).
- 대식세포와 호중구는 침입하는 병원체를 공격하고, 자연살상세포는 감염된 세포를 공격해서 죽임으로써 감염이 다른 세포로 퍼지는 것을 억제한다(**그림 27.4, 27.5**). 혈액을 따라서 이동하는 보체 단백질은 외부에서 침입한 세포의 세포막에 구멍을 형성하여 이들 세포를 죽인다(**그림 27.6**).
- 감염반응(**그림 27.7**)과 온도반응 또한 제2방어선을 형성한다.

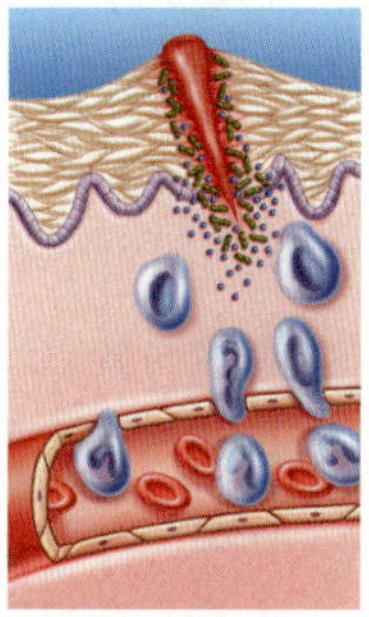

27.3 특이적 면역: 제3방어선

- 제3방어선은 특이적 면역반응으로 대식세포와 호중구, 자연살상세포 이외의 세포들이 관여한다(**표 27.1**). T 세포와 B 세포로 불리는 림프구는 특정 항원에 노출된 후 항원에 대한 기억이 프로그램 된다. 일단 프로그램이 되면, 이 항원이 표시된 세포를 찾아서 파괴한다.

면역반응

27.4 면역반응의 개시

- 침입한 미생물은 사람의 MHC 단백질과 다른 단백질을 세포 표면에 제시한다. 대식세포는 자기 MHC 단백질을 가진 세포를 검색한다. 비자기 단백질을 가진 세포는 대식세포에 의해 섭취되고 분해되어 일부분만 남은 후, 다시 대식세포의 표면에 제시된다. 이 상태를 항원제시세포(**그림 27.8**)라 한다. 항원제시세포는 항원을 T 세포에 제시하여 T 세포 반응을 개시한다. 인터루킨-1이 분비되어 도움 T 세포에 의한 매개 반응을 개시한다.

27.5 T 세포: 세포반응

- 세포반응에는 T 세포가 관여한다. 항원제시세포가 도움 T 세포를 활성화시키면, 도움 T 세포는 인터루킨-2를 분비한다. 인터루킨-2는 세포독성 T 세포를 증식시켜 세포막에 특정 항원이 제시된 세포를 죽인다. 감염 후 기억 T 세포가 생성되고 체내에 남아 이후 감염에 대응한다(**그림 27.9**).

27.6 B 세포: 체액성 반응

- 체액성 반응에는 B 세포가 관여한다. 도움 T 세포는 인터루킨-2를 분비하여 B 세포를 활성화시켜 많은 수로 복제되게 한다. B 세포는 항체를 분비한 후 외부 침입자에 결합시켜 표적으로 표시한다. 비특이적 면역반응에 의해 표적 세포들은 파괴된다. 활성화된 B 세포는 형질세포와 기억세포를 만든다. 형질세포는 항체를 생산하여 분비하고 기억세포는 혈액을 따라 순환한다. 같은 항원에 의한 재감염 시 기억세포는 형질세포가 된다(**그림 27.10**).
- 면역글로불린으로도 불리는 항체 단백질(**그림 27.11**)은 형질세포에 의해 생성되며 IgM, IgG, IgD, IgA, IgE의 다섯 그룹으로 나뉜다. 각 항체는 다른 역할을 수행한다.
- 척추동물의 면역계는 항체를 암호화하는 수백 개의 유전자로부터 대략 10^9개의 항체 단백질을 생산할 수 있다. 유전자의 체세포 재배열에 의해 이렇게 많은 수의 조합이 가능해진다. 각 항체들은 복합 유전자로부터 만들어진다(**그림 27.12**).

27.7 클론 선택을 통한 면역 활성

- 감염에 의한 최초의 면역반응을 1차 면역반응이라 한다. B 세포와 T 세포가 활성화되어 세포분열을 시작하고 세포 클론을 형성하며 이것을 클론 선택이라 한다. 1차 면역반응은 지연되고 강도가 약하다. 그러나 클론 선택에 의해 많은 기억세포가 체내에 남고 같은 항원에 의해 재감염 시 빠르고 큰 반응이 일어난다. 이것을 2차 면역반응이라 한다(**그림 27.13**).
- 세포반응과 체액성 반응은 체내에서 동시에 일어난다. 도움 T 세포는 양쪽 면역반응을 모두 개시할 뿐만 아니라 비특이적 세포 공격도 일으킨다(**핵심 생물학 과정, 673쪽**).

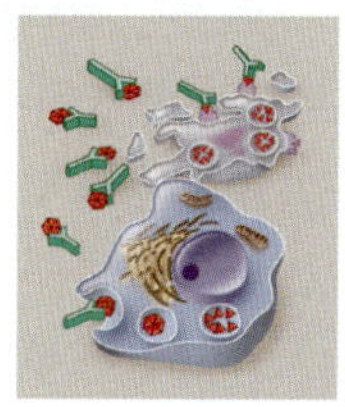

27.8 예방접종

- 예방접종은 1차 및 2차 면역반응의 기작을 활용한다. 백신은 해롭지 않는 항원을 몸에 주사하여 1차 면역반응을 일으킨다. 이후에 실제 감염 시 몸은 빠르고 더 강한 2차 면역반응을 나타낸다(**그림 27.16**).

27.9 의학 진단에 사용되는 항체

- 항체는 아주 소량의 항원에도 강하게 결합하며, 혈액형 진단과 단일클론항체 실험 등의 다양한 의학진단에 사용된다(**그림 27.17**).

면역계의 패배

27.10 과도한 면역작용으로 인한 부작용

- 때때로 면역계는 외부의 것이나 병원체가 아닌 항원을 공격한다. 자가 면역반응에서 몸은 자신의 세포를 공격한다. 알레르기 반응에서 몸은

해롭지 않는 물질에 대해서 공격을 퍼붓는다(**그림 27.19**).

27.11 AIDS: 면역계의 붕괴

- AIDS는 HIV 바이러스 감염에 의해 야기되는 치명적 질병이다. HIV는 대식세포와 도움 T세포를 공격해서 다른 감염으로부터 몸을 보호하는 세포들을 파괴한다(**그림 27.20**).

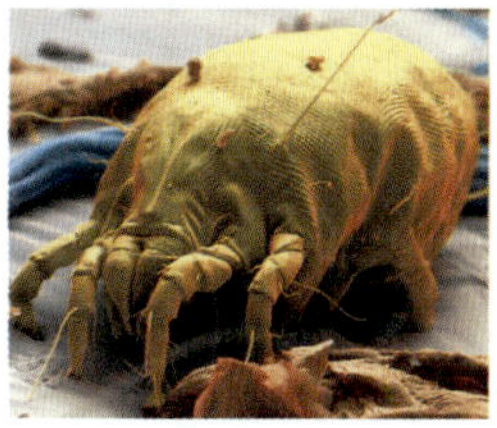

이해력 확인 문제

1. 피부는 물리적 장벽일 뿐만 아니라 ________으로 화학적 보호를 제공한다.

a. 땀샘과 피지선　　b. 피부의 기저층
c. 점액　　d. 피부의 각질층

2. 면역계는 혈액 내에 있는 외부 세포를 식별할 수 있다. 그 이유로 적절한 설명은?

a. 외부 세포가 다른 세포를 파괴하는 것이 면역계에 의해 관찰된다.
b. 외부 세포는 몸의 세포 표면 단백질과는 다른 세포 표면 단백질을 갖고 있다.
c. 외부 세포는 T 세포의 CD4 수용체와 유사한 CD4 수용체를 갖고 있다.
d. 모두 옳음

3. 염증반응의 목적은 __________이다.

a. 감염된 부위의 온도 상승
b. 감염된 부위의 고통 감소
c. 감염된 부위의 면역계 세포의 수 증가
d. 감염된 부위에 대한 물리적 장벽 형성

4. 사람의 체온을 높이면 (예, 열병) 면역계의 작용을 돕는다. 그 이유로 적절한 설명은?

a. 온도 상승은 면역계가 사용하는 화학반응의 속도를 증가시킨다.
b. 병원성 세균은 높은 온도에서 잘 자라지 않는다.
c. 온도 상승은 체내 세포의 단백질이 쉽게 변성되게 한다.
d. 모두 옳음

5. 특정 항원에 대한 면역반응에는 _______가 관여한다.

a. T 세포　　b. 단핵구
c. 대식세포　　d. 호중구

6. 항체 생산은 _________에서 일어난다.

a. T 세포　　b. 자연살상세포
c. B 세포　　d. 비만세포

7. 세포독성 T 세포는 ___________

a. 항체를 만든다.
b. 병원체를 직접 파괴한다.
c. 혈액 내를 순환하는 항체를 파괴한다.
d. 병원체에 의해 감염된 세포를 파괴한다.

8. 미래 어떤 병원체의 침입 시 면역은 다음에 의해 이루어진다.

a. 형질세포
b. 기억 T 세포와 기억 B 세포
c. 도움 T 세포
d. 단핵구

9. 우리 몸의 세포가 자신의 면역계에 의해 공격을 받는 것을 ______이라 한다.

a. 염증 반응　　b. 온도 반응
c. 자가면역반응　　d. 알레르기 반응

10. HIV에 감염되어 AIDS로 진행된 환자들은 일반적으로 감염성 질환이나 암으로 사망한다. 그 이유는 HIV가 _________을 공격하기 때문이다.

a. 도움 T 세포
b. 호중구
c. 기억 T 세포와 기억 B 세포
d. 비만세포

응용력 확인 문제

1. **그림 27.13** 홍역, 볼거리, 수두와 같은 질병은 어린아이 때만 주로 발생하기 때문에 성인이 되어서는 같은 질병을 다시 앓지 않는다. 그래서 부모가 되었을 때 어린아이들이 이들 질병으로 아플 때 보살필 수가 있다. 아래 그래프를 보고 그 이유를 설명하시오.

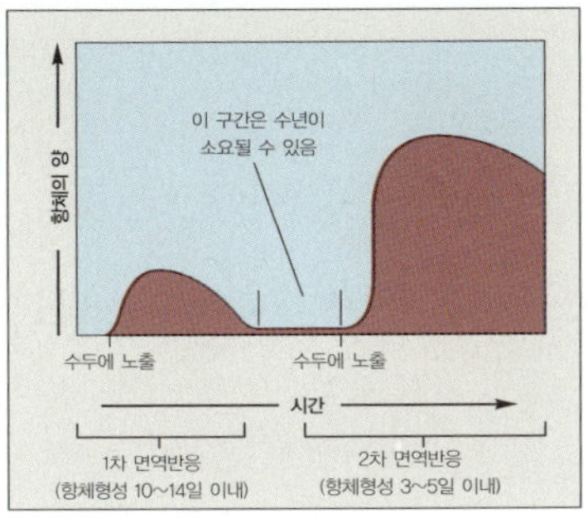

2. **그림 27.20** 아래 그래프를 보고 1980년대부터 1992년까지 AIDS 환자수의 증가와 그 이후의 급격한 감소, 그리고 지금의 일정 수준 유지에 대해 그 이유를 설명하시오.

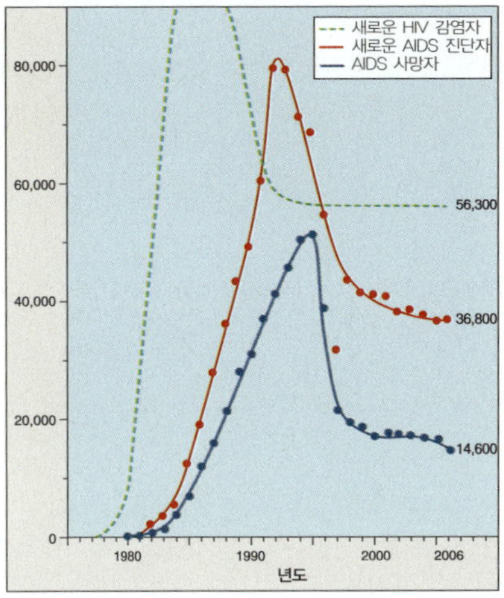

종합 학습

1. 친구가 어제 스케이트보드를 타다가 왼쪽 팔을 철사에 찔려 상처를 입었다는 얘기를 했다. 친구가 그 상처를 보이면서 얼마나 아픈지에 대해 불편을 얘기한다. 찔린 자국 주위가 빨갛고 부풀어 올랐다. 어떤 현상이 일어나고 있는지 친구에게 설명해 보시오.
2. 항원의 모양이 효소 활성 부위의 모양과 유사할 때, 이 항원과 결합하는 항체의 모양은 어떠한가? 무엇이 다른가?
3. 상처를 치료하지 않으면 피부 표면이 고름으로 가득 찰지 모른다. 고름이 무엇이고 상처 부위에 축적되는 이유는 무엇인가?
4. 나이가 적든 많든 수두를 피하는 방법은 2가지가 있다. 어릴 때 수두를 앓던지 아니면 예방접종을 미리 하는 것이다. 이 방법 각각은 어떻게 작용하며 무엇이 유사한가?

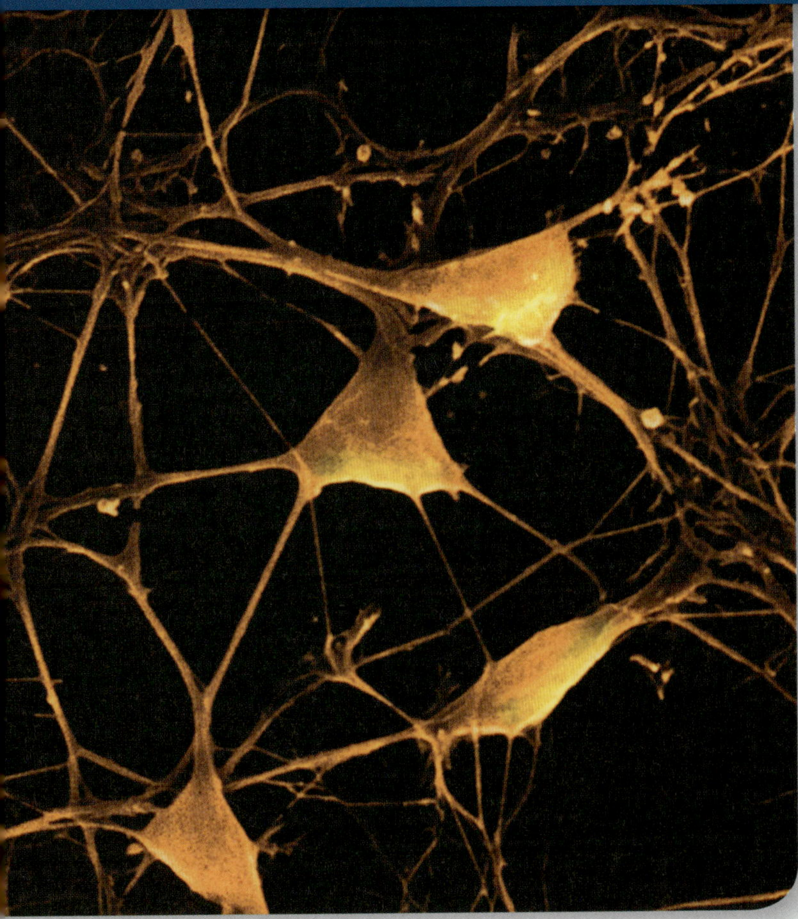

19.94 μm

28
신경계

학습단원

뉴런과 기능

28.1 동물 신경계의 진화
1. 동물 신경계에서 뉴런의 3가지 종류와 기능
2. 자포동물의 단순한 신경계
3. 편형동물에서 연합활동 발생
4. 편형동물 이후 신경계 진화의 5가지 점진적 경향

28.2 뉴런의 신경자극 발생
1. 뉴런의 기본적 구조
2. 랑비에결절의 역할
3. 신경교질 세포의 두 가지 종류와 기능
4. 신경자극의 4단계: 신호 전달을 위한 이온 운동
5. 분극, 안정막전위, 전위 의존성 통로, 활동 전위 그리고 내화성 주기

28.3 시냅스
1. 시냅스의 정의와 뉴런 사이의 물리적 연결
2. 흥분 시냅스와 억제 시냅스의 비교 및 신경 통합을 발생하는 방법
3. 신경 전달물질 ACh와 GABA의 비교

28.4 화학적 시냅스에서의 중독성 약물의 작용
1. 신경조절물질과 신경전달물질 사이의 비교
2. 코카인 중독으로 이어지는 현상
3. 흡연의 중독성 여부

중추신경계

28.5 척추동물의 뇌의 진화
1. 척추동물의 뇌의 세 부분 및 지배적 진화 경향
2. 포유류의 뇌가 다른 척추동물보다 큰 이유

28.6 뇌의 기능
1. 제어 기능을 하는 뇌의 부분
2. 뉴런 다발의 정의
3. 대뇌피질, 시상, 시상하부와 소뇌의 역할
4. 망양체를 가진 대뇌 변연계 비교
5. 알츠하이머의 원인을 설명하는 두 가지 가설

28.7 척수
1. 척수의 일반적 기능

말초신경계

28.8 체성신경계와 자율신경계
1. 체성신경계와 자율신경계 비교
2. 무릎반사 현상
3. 교감신경계와 부교감신경계의 반대적 행동

질문 & 분석: 더 큰 신경이 빠를까?

척추동물의 중추신경계는 수의근을 지시하는 신경세포라고 하는 특수화된 세포의 네트워크와 심장과 평활근을 자발적으로 제어하는 두 번째 네트워크를 사용하여 신체의 다양한 행동을 조정하고 조절한다. 모든 감각 정보는 감각신경 끝부분의 탈분극을 통해 감지된다. 뇌는 뉴런이 보내는 신호의 정보와 그 신호의 빈도로부터 신체 내부의 조건과 외부 환경에 대한 정보를 형성한다. 위에서 보이는 뉴런(신경세포) 네트워크는 1천 배 확대한 것으로, 대뇌피질이라고 하는 뇌의 부분으로 신호를 전송한다. 척추동물의 뇌는 믿기 어려울 정도의 많은 뉴런을 포함하며, 인간의 뇌는 약 1천억 개의 뉴런을 가지고 있다. 대뇌피질은 뇌의 외부 표면에서 단지 몇 mm 밖에 되지 않는 회색 물질의 층이다. 뉴런으로 빽빽하게 밀집되어 있고 매우 구불구불한 이곳은 높은 정신적 활동을 수행하는 부분이다.

28.1 동물 신경계의 진화

동물은 환경의 자극에 반응할 수 있어야 한다. 자극에 반응할 수 있는 것은 운동 효과 기관과 자극을 감지할 수 있는 감각수용기를 가지고 있기 때문에 가능하다. 대부분의 무척추동물문과 모든 척추동물에서 감각수용기와 운동 효과기관들은 **신경계(nervous system)**로 연결되어 있다. 제22장에서 설명하였듯이 신경계는 뉴런(**그림 28.1**)과 지지세포들로 구성되어 있다. **연합뉴런[association neuron, 중간뉴런(interneuron)]**이라고 하는 뉴런의 한 종류는 모든 척추동물과 대부분의 무척추동물의 신경계에 존재한다. 연합뉴런은 척수동물의 척수와 뇌에 위치하며, **중추신경계(central nervous system, CNS)**와 함께 **그림 28.2**에서 노란색 원에 설명된다. 연합뉴런은 더 복잡한 반사작용을 돕는다. 뇌와 그리고 학습과 기억을 포함하는 더 높은 연합 기능을 가진 뇌의 경우에 많은 감각 자극의 통합을 요구한다.

뉴런은 다른 두 종류가 있다. **감각뉴런[sensory neuron, 구심뉴런(afferent neuron)]**(**그림 28.1**의 **1**)은 감각뉴런은 감각수용체에서부터 중추신경계까지 자극을 전달한다. **운동뉴런[motor neuron, 원심성 뉴런(efferent neuron)]** **3**은 중추신경에서 효과기관인 근육과 분비선으로 자극을 이동시킨다. 연합뉴런**2**은 중추신경계에서 감각뉴런과 운동뉴런을 연결한다. 운동뉴런과 감각뉴런은 척추동물의 **말초신경계(peripheral nervous system, PNS)**를 구성한다(**그림 28.2**에서 괄호에 있는 황갈색 원).

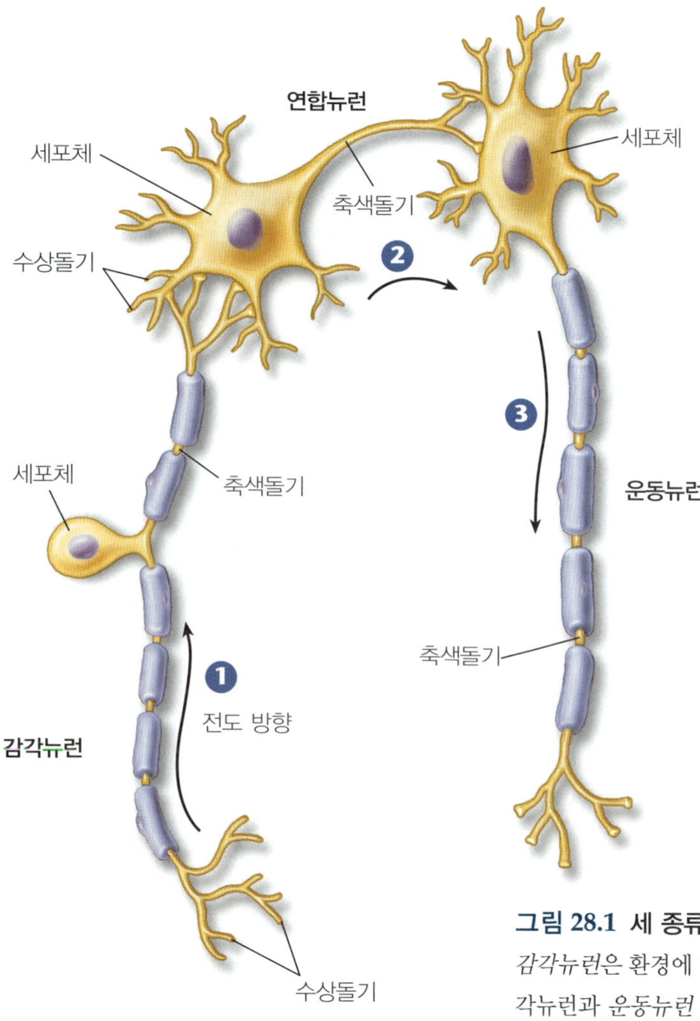

그림 28.1 세 종류의 뉴런
*감각뉴런*은 환경에 대한 정보를 뇌와 척수로 전달한다. *연합뉴런*은 뇌와 척수에서 발견되고 주로 감각뉴런과 *운동뉴런* 사이를 연결한다. 운동뉴런은 자극을 근육과 분비선(효과기)들에 전달한다.

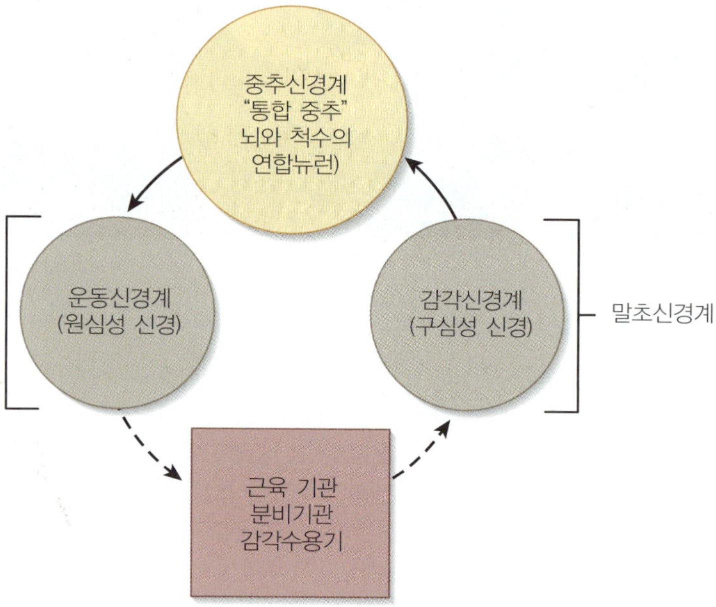

그림 28.2 척추동물 신경계의 구조
뇌와 척수로 구성된 중추신경계가 운동신경계를 통해 명령을 수행하고, 감각신경계로부터 정보를 수신한다. 운동신경계와 감각신경계는 말초신경계를 구성한다.

무척추동물 신경계

해면동물들은 다세포성 동물로 신경이 결핍된 유일한 주요 문이다. 만약 해면을 찌르면, 주변의 표면이 천천히 수축된다. 각각 개별적 세포의 세포질은 수 mm 내에서 자극을 전도한다. 해면동물은 모든 다른 다세포 동물들에서 그러하듯 해면 신체의 한 부분에서 다른 부분으로 정보를 전달한다.

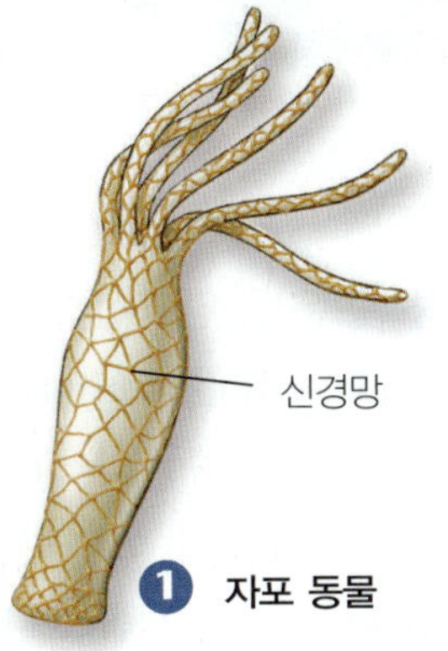

❶ 자포 동물

단순한 신경계: 반사 단순한 신경계는 *히드라*❶와 같은 자포동물에서 발생되었다. 모든 뉴런은 비슷하고 각각의 뉴런들은 거의 같은 길이의 섬유를 갖는다. 자포동물 뉴런은 몸에 분산된 망상조직 또는 *신경망*으로 서로 연결되어 있다. 전도가 느릴지라도 결국 자극은 전체 망으로 퍼질 수 있다. 약간의 조정능력만 있고 연합활동, 복합적인 행동의 제어는 존재하지 않는다. 그 결과 어떠한 운동은 신경자극의 자동적 결과이기 때문에 **반사(reflex)**라고 부른다.

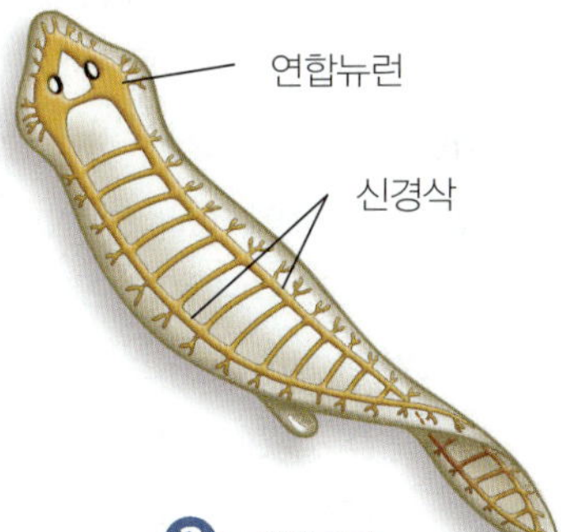

❷ 편형동물

조금 복잡한 신경계: 연합활동 신경계의 첫 번째 연합활동은 와충류❷ 편형동물문에서 나타났다. 편형동물의 몸체를 따라 사다리처럼 생긴 똑바른 두 개의 신경삭이 있다. 말초신경이 몸체 근육의 바깥쪽으로 뻗어 있다. 두 신경삭은 다른 뉴런과 연결하는 연합뉴런을 포함한 신경 조직의 확대된 무리를 형성하면서 몸의 전단부에 집중된다. 이 원시단계의 '뇌'는 가장 기본적인 중추신경계이고 자포동물에서 근육 반응의 훨씬 복잡한 제어를 가능하게 한다.

척추동물에서의 진화 경로 신경계에서 이후의 모든 진화는 편형동물에서 이미 나타난 특성인 복잡성의 연속이라 할 수 있다. 다섯 가지 경향은 더욱 복잡한 신경계로 진화되었음을 명확하게 증명한다.

1. *더 정교해진 감각 메커니즘.* 특히 척추동물 중에 감각계는 대단히 복잡하게 된다.
2. *중추신경계와 말초신경계로 분화.* 예를 들면, 지렁이❸는 몸체의 다른 모든 부분에 분포된 말초신경과 연결되어 있는 중추신경계가 나타난다.
3. *감각뉴런과 운동뉴런의 분화.* 특정한 방향의 조직상의 뉴런들은 점점 특수화가 된다. (뇌로 이동하는 감각 신호 또는 뇌로부터 이동하는 운동 신호)
4. *연합으로 인한 복잡성 증가.* 더 많은 중간뉴런 진화와 중추신경계는 상당히 연관 능력을 향상시켰다.
5. *뇌의 정교성.* 몸체의 조절력은 점점 연체동물❹, 절지동물❺에서 집중되었고, 척추동물의 뇌로 진화된 신경삭의 전단부에 대해서는 제29장에서 알아본다.

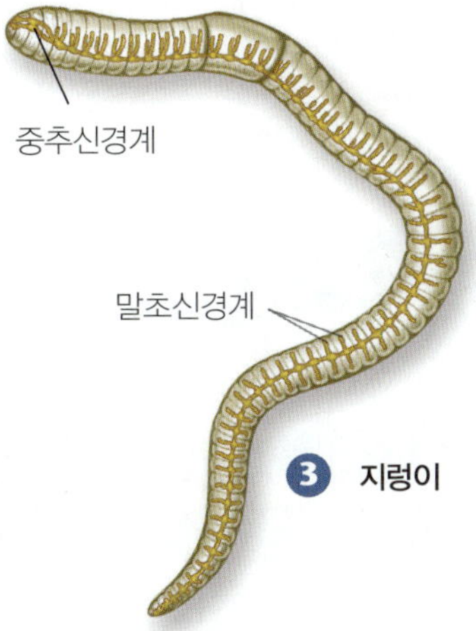

❸ 지렁이

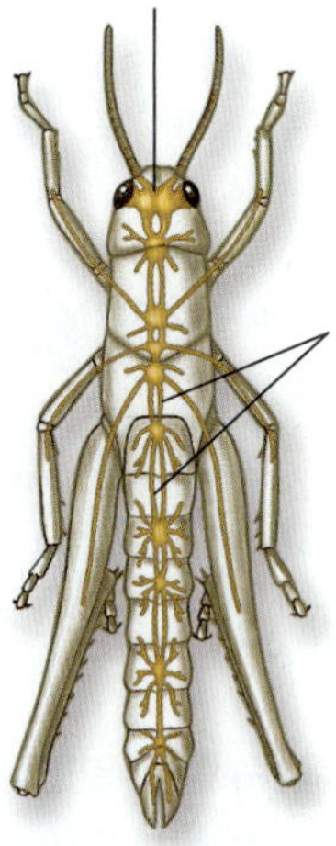

❺ 절지동물

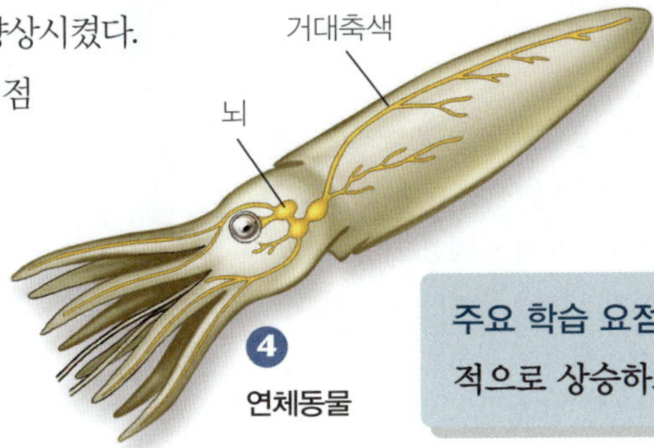

❹ 연체동물

주요 학습 요점 28.1 **신경계가 진화하면서 연합활동이 점진적으로 상승하고 점점 뇌에 집중되었다.**

28.2 뉴런의 신경자극 발생

뉴런

중추, 운동, 감각신경계의 기본이 되는 구조적 단위는 신경세포 또는 **뉴런(neuron)**이다. 모든 뉴런들은 **그림 28.1**의 세 가지의 세포 종류와 **그림 28.3*a***의 일반적인 세포와 비교하여 볼 수 있듯이 동일한 기본적인 구조를 가지고 있다. **그림 28.3*a***에서 **세포체(cell body)**는 핵이 포함되는 뉴런의 편평한 부위이다. 짧고 가느다란 가지는 **수상돌기(dendrite)**라고 하는데 이는 뉴런 세포체의 한 쪽 끝에서 다른 쪽 끝까지 연장된다. 수상돌기는 경로를 입력한다. 신경자극은 세포체 쪽으로 수상돌기를 따라 안쪽으로 이동한다. 운동과 연합뉴런은 수상돌기의 매우 많은 풍성한 가지를 가지며, 많은 다른 원천으로부터 세포가 동시에 정보를 받는 것을 가능하게 한다. 세포체의 다른 쪽 끝으로부터 밖으로 돌출되고 긴 관 모양으로 신장한 것을 **축색돌기(axon)**라고 한다. 축색돌기는 채널을 출력한다. 신경자극은 축색돌기를 따라 세포체로부터 표면상으로 떨어져서 다른 뉴런 또는 근육이나 샘 쪽으로 이동한다.

대부분의 뉴런은 오랫동안 혼자 살아남을 수 없다. 그들은 **신경교세포(neuroglial cell)**의 동행에 의한 영양상의 도움이 필요하다. 인간 신경계의 절반 이상은 신경교세포의 도움으로 구성된다. 신경교세포의 가장 중요한 유형 두 가지는 **슈반세포(schwann cell)**와 **아교세포(oligodendrocyte)**로 미엘린이라는 지방 재료의 싸개로 많은 뉴런의 축색돌기를 뒤덮는데 이것은 전기 절연체와 같이 행동한다. 슈반세포는 말초신경계에서 미엘린을 생산하지만 아교세포는 중추신경계에서 미엘린을 생산한다. **그림 28.3*b***의 위에서 볼 수 있듯이, 세포가 축색돌기와 어울려서 성장하는 동안 **미엘린 수초(myelin sheath)**가 서너 번 축색돌기 주위를 휘말기 시작하며, 이는 세포막의 다수의 막으로 되어 있는 절연을 위한 외피와 같다. 축색돌기에는 골수가 있고 수초를 가지고 있으며 그들은 무수초가 아니다. 그 수초는 간격에 의해 중단되며, **랑비에결절(nodes of Ranvier)**이라고 하는 절연 처리되지 않은 간격의 나머지이다(축색돌기 밑에서 볼 수 있는 노란 마디임). 마디 부분에서, 축색돌기는 주위의 유동체와 직접적으로 연결되어 있다. 마디에서 마디로 신경자극이 뛰어넘는 것, 속도위

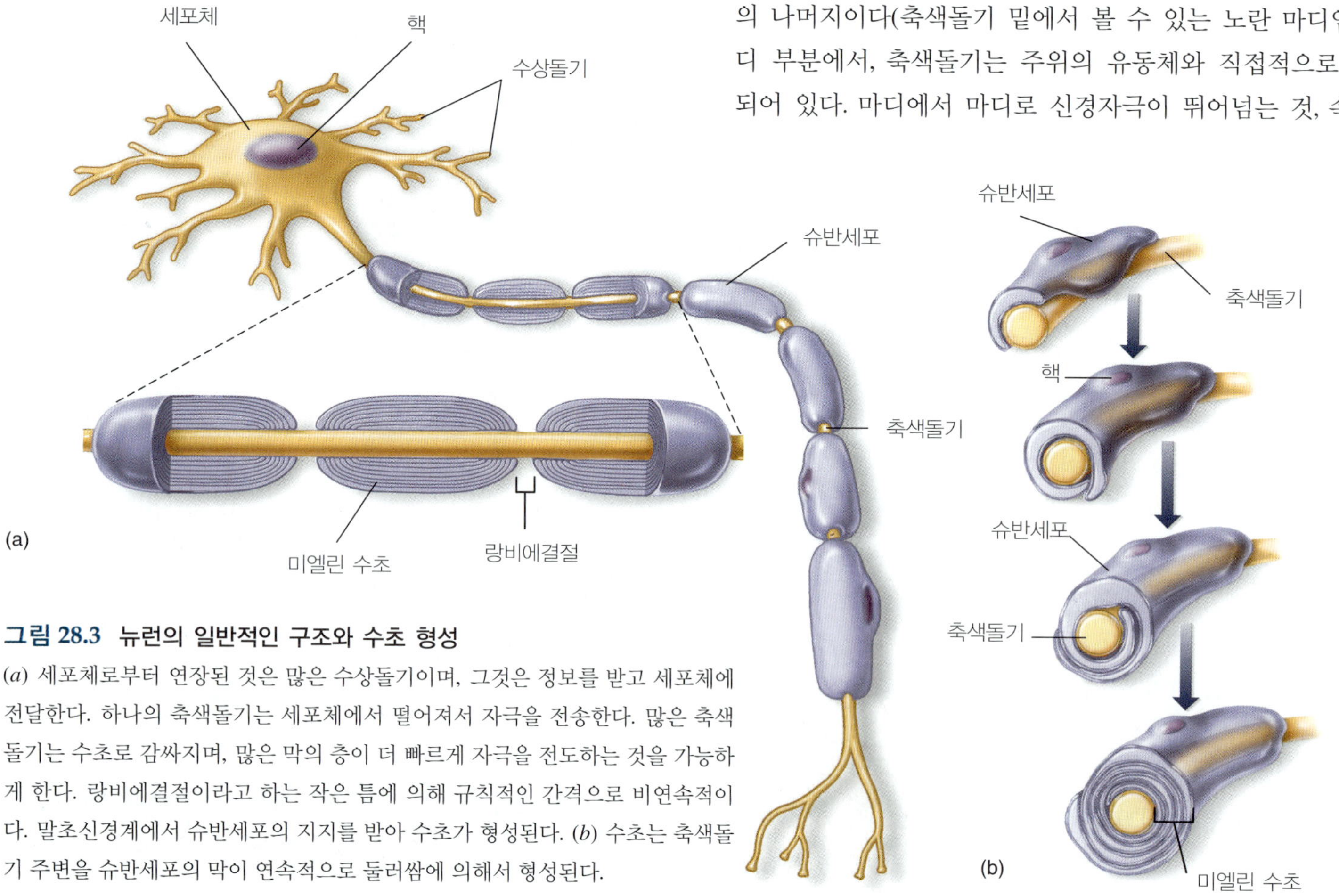

그림 28.3 뉴런의 일반적인 구조와 수초 형성

(*a*) 세포체로부터 연장된 것은 많은 수상돌기이며, 그것은 정보를 받고 세포체에 전달한다. 하나의 축색돌기는 세포체에서 떨어져서 자극을 전송한다. 많은 축색돌기는 수초로 감싸지며, 많은 막의 층이 더 빠르게 자극을 전도하는 것을 가능하게 한다. 랑비에결절이라고 하는 작은 틈에 의해 규칙적인 간격으로 비연속적이다. 말초신경계에서 슈반세포의 지지를 받아 수초가 형성된다. (*b*) 수초는 축색돌기 주변을 슈반세포의 막이 연속적으로 둘러쌈에 의해서 형성된다.

반은 축색돌기의 아래로 이동한다. 다수의 경화증(제27장 참조)과 테이-삭스병(제10장 참조)은 쇠약하게 하는 임상의 장애이며, 테이-삭스병의 경우 치명적이다. 그들은 수초의 악화에 의한 결과이다.

신경자극

뉴런은 자극을 하지 않을 때 휴식하며, 뉴런은 세포막에서 Na^+ 이온을 세포 밖으로 K^+ 이온을 세포 안으로 수송하는 데 있어 활동적인 수송채널이다. Na−K 펌프는 제4장에서 설명하였다. Na^+ 이온은 한 번 밖으로 펌프되면 쉽게 세포 안으로 거슬러 이동할 수 없다. 그래서 Na^+ 이온의 농도는 세포 밖에 축적된다. 비슷하게, 많은 K^+ 이온은 열려 있는 채널을 통해 밖으로 분산될 수 있기 때문에 매우 농축되지는 않지만, K^+ 이온은 세포 안에 축적된다. 휴지기는 핵심 생물학 과정 삽화의 ❶에서 노란색으로 표시되어 있다. 그 결과는 *휴지막전위*(Resting membrane potential)라고 하는데 이는 뉴런의 밖을 안보다 더 양전하로 만들기 위한 것이다. 휴지기 막은 "양극화되었다"고 말한다.

뉴런은 휴지막 유지를 위하여 세포 밖으로 Na^+ 이온을 내보내기 위해 끊임없이 에너지를 쏟는다. 세포 내부에서 대부분의 단백질들의 음전하 많은 전하 차이를 덧붙인다. 복잡한 방법을 사용해서 과학자들은 뉴런의 외부와 내부의 전압 차이 −70 mV를 측정할 수 있었다. 휴지막은 신경자극을 위한 시작점이다(❶).

신경자극은 **전압 개폐 채널(voltage gated channel)**을 통한 뉴런 안과 밖의 이온 이동에 의해 발생한 전자의 흐름에서 축색돌기와 수상돌기를 따라 이동한다(뉴런 막에서 단백질 채널은 전자의 흐름에 반응하여 열리고 닫힌다). 자극은 수상돌기의 Na^+ 채널을 열기 위한 압력이나 다른 감각입력이 뉴런 막을 방해할 때 시작한다(❷의 보라색 채널). 결과적으로 Na^+ 이온은 뉴런 밖에서 안으로, 그들의 농도 경사에 따라 이동한다. 그리고 막 안쪽 국부적인 지역에서 짧은 순간 축색돌기의 가장 가까운 지역에서 밖보다 더 양전하가 많은 것이 탈분극이다(❷의 분홍색).

탈분극된 막의 작은 부분에서 Na 채널은 약 0.5 ms 동안 계속 열려 있다. 그러나 전압의 변화에는 매우 충분하며 그것은 가까운 전압 개폐 Na^+/K^+ 채널을 열기 위한 원인이 된다(❸). Na^+ 채널 열림은 첫째로 뉴런 아래로 이동하는 탈분극의 물결에 시작된다. 개폐 채널이 열리는 것은 도미노 붕

핵심 생물학 과정: 신경자극

❶

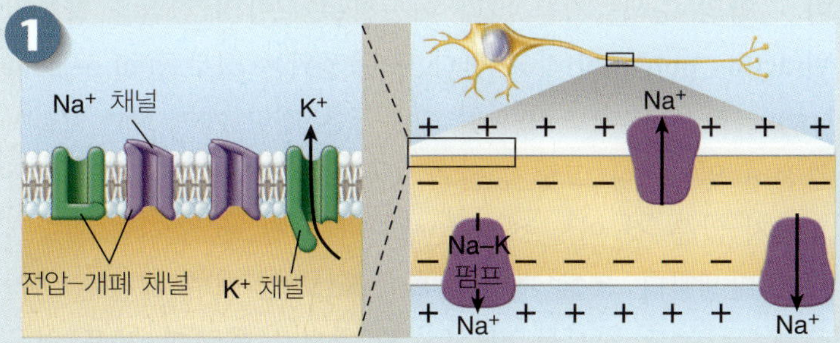

축색돌기의 휴지막전위에서 축의 안쪽은 Na^+/K^+ 펌프가 바깥쪽에 높은 농도의 Na^+을 유지하기 때문에 음전하를 가진다. 전압–개폐 이온 채널은 닫는다. 그러나 K^+를 일부 노출시킨다.

❷

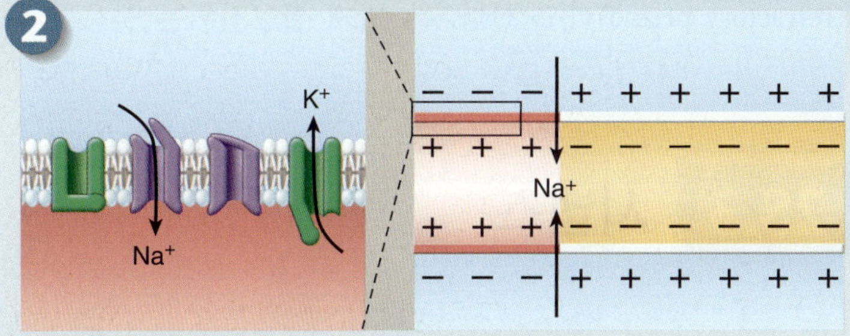

탈분극 자극에 대한 반응: 전압–개폐 Na^+ 채널은 열리고, Na^+는 세포 안으로 공급되어 안쪽은 더 양전하가 된다.

❸

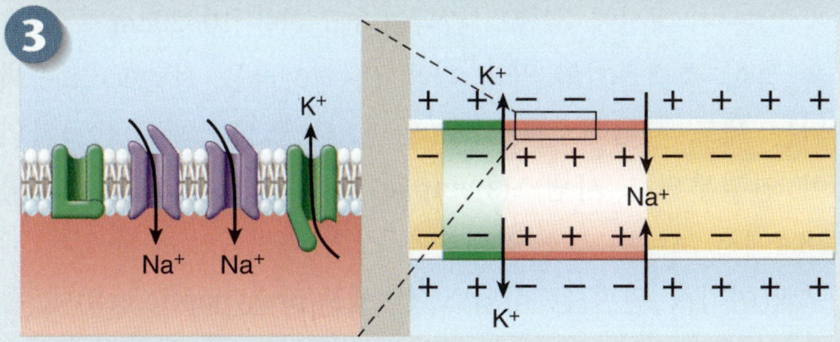

전압의 일부 변화는 인접한 전압–개폐 Na^+ 채널을 열고 활동전위를 만든다.

❹

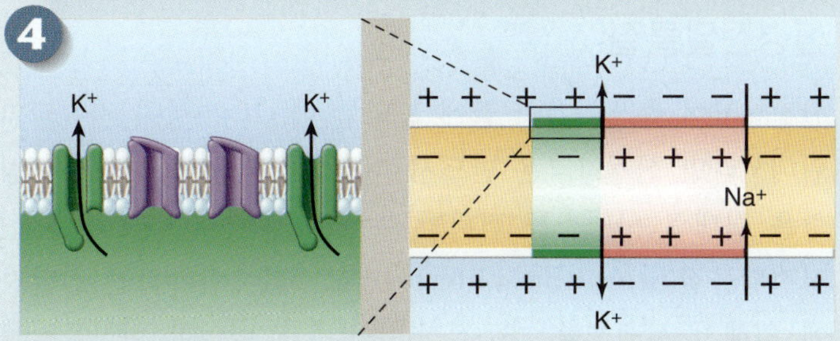

활동전위는 축색돌기 아래쪽으로 이동하며 전압–개폐 Na^+ 채널은 닫히고 K^+ 채널은 열려 K^+를 세포 밖으로 이동하게 하며 세포 안쪽을 음전하로 회복시킨다. 결국, Na^+/K^+ 펌프는 휴지막전위를 회복시킨다.

괴의 띠와 같이 가까운 전압-개폐 채널을 열기 위한 것이다. 이 지역의 축색돌기를 따라 이동하는 전압의 전환을 **활동전위(action potential)**라고 한다. 활동전위는 실무율(all or none law)에 따른다: 매우 충분한 탈분극은 전압 개폐 Na^+ 채널이 완전히 열리거나 그렇지 않기 때문에 완전한 활동전위 또는 그렇지 않은 것 어느 하나를 생산한다. 한 번 열리면 활동전위가 발생한다. 조금 지연된 후에 K^+ 전압-개폐 채널은 열리고 K^+는 농도 경사를 따라 세포 밖으로 흐르며, 세포 안을 더 음전하로 만든다. 전압-개폐 Na^+ 채널이 다시 닫혀서 점점 더 음전하의 막전위(❹의 초록색)가 일어난다. 활동전위가 지나간 후에 휴지막 이전의 기간은 회복기간이며 이를 *불응기*(refractory period)라고 한다. 두 번째 활동전위는 불응기 동안 일어날 수 없으며 휴지전위는 Na^+/K^+ 펌프의 작동에 의해서 비로소 회복된다.

휴지막전위의 탈분극과 회복은 오직 약 5 ms 동안 일어난다. 연속하여 발생할 수 있는 반복과 같이 완전한 100은 *신경*이라는 단어를 말하는 데 걸리는 시간이다.

주요 학습 요점 28.2 뉴런은 자극을 지휘하는 전문화된 세포이다. 신호는 보통 많은 수상돌기를 따라서 세포체 표면을 넘어 통과하여 하나의 긴 축색돌기를 따라 이동한다. 신경자극은 화학적, 전기적 자극에 반응하여 열리고 닫히는 특별한 단백질 채널을 통해 뉴런 세포막을 건너는 이온의 이동 결과이다.

28.3 시냅스

신경자극은 뉴런을 따라 다른 뉴런, 근육세포, 분비샘과 가장 가까이 자리하고 있는 축색돌기의 끝에 다다를 때까지 이동한다. 그러나 축색돌기는 다른 세포들과 직접적으로 연결되지 않는다. 대신에 *시냅스 간극*이라고 하는 10~20nm 폭의 좁은 틈이 축색돌기의 끝과 다른 (신경자극을 전달할) 표적이 되는 세포 사이에 자리하고 있다. 다른 세포와 축색돌기의 이 연결부위를 **시냅스(synapse)**라고 한다. 시냅스는 **그림 28.4**에서 보이는 것과 같다. 시냅스의 축색돌기 쪽에 있는 세포막(여기서 왼편)은 **시냅스 전 세포(presynaptic cell)**에 속한다. 시냅스의 자극을 받아들이는 쪽에 있는 세포(오른편)는 **시냅스 후 세포(postsynaptic cell)**라고 한다.

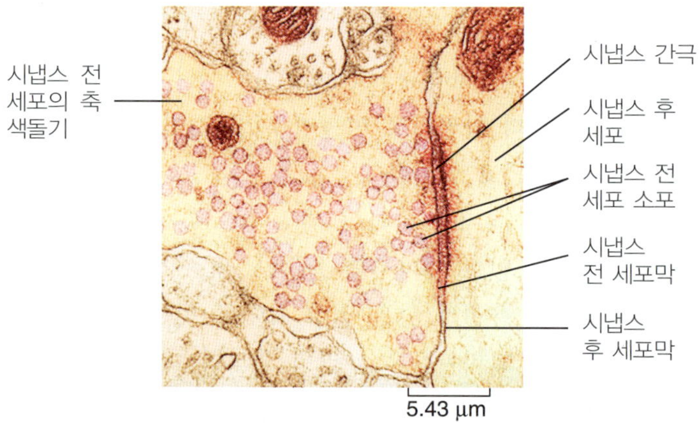

그림 28.4 두 뉴런 사이의 시냅스

이 현미경 사진은 시냅스 간극이라고 하는 시냅스 전과 시냅스 후 세포막 사이의 공간을 분명하게 보여준다.

신경전달물질

신경자극이 축색돌기의 끝에 도달할 때, 그 명령이 지속되기 위해서라면 신경자극은 반드시 시냅스를 거쳐야 한다. 이 명령은 절대로 시냅스를 건너뛸 수 없다. 대신에 그것들은 **신경전달물질(neurotransmitter)**이라고 하는 화학적인 전달자에 의해서 시냅스를 가로질러 운반된다. 이러한 화학물질들은 축색돌기의 끝에 있는 아주 작은 주머니 또는 소포 안에 싸여 있다. 신경자극이 축색돌기의 끝에 도달하면 이는 **그림 28.5*a***에서 보이는 대로 주머니 안의 화학물질들을 시냅스로 방출하게 만든다. 신경전달물질은 시냅스 간극을 가로질러 확산되고 시냅스 후 세포막 안의 수용기(보라색 구조)와 결합한다. 그 신호는 결합된 신경전달물질이 시냅스 후 세포로 이온이 들어가 세포막을 가로질러 전하량에 변화를 주도록 하는 특별한 이온통로를 열면 시냅스 후 세포를 통과한다. **그림 28.5*a***의 확대사진은 어떻게 이온(노란색 입자)이 통로를 열고 세포로 들어가는지에 대해서 보여주고 있다. 이러한 통로들은 화학적인 자극을 받을 때 열리기 때문에 *화학적 개폐*라고 한다.

이 모든 현상은 왜 일어나는 것일까? 왜 뉴런은 직접적으로 한 번에 전달할 수 없을까? 한 예로, 집에 있는 전선들이 한 번에 연결되어 있지 않은 대신 주 스위치에 의해 분리되어 있는 것을 들 수 있다. 스위치 하나를 켰을 때 집에 있는 불이

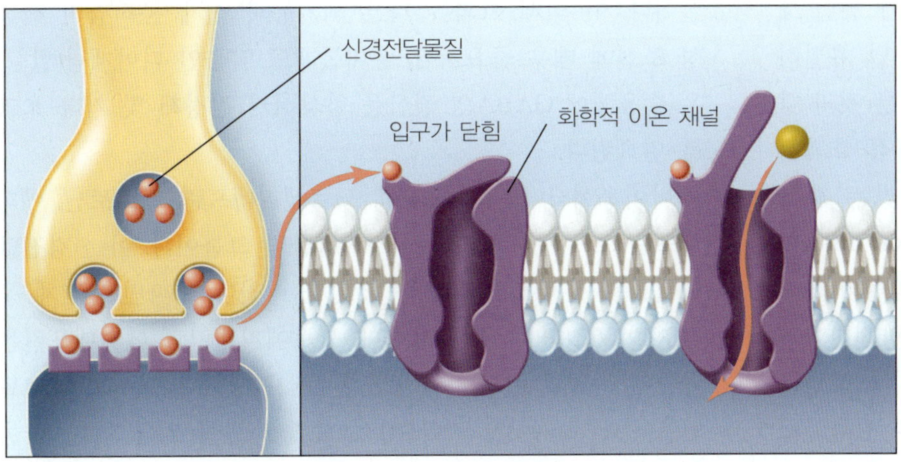

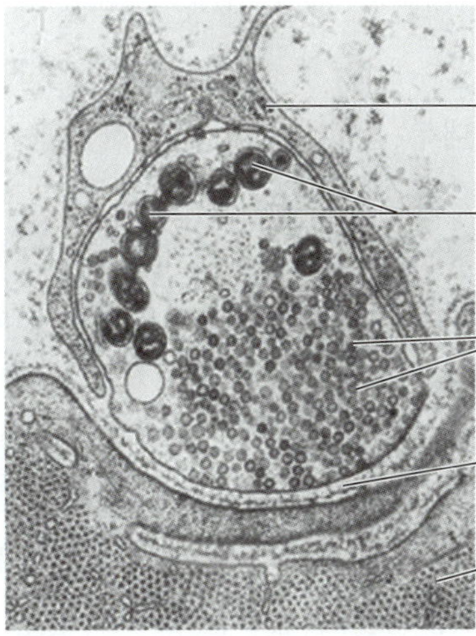

그림 28.5 시냅스에서 일어나는 일

(*a*) 신경자극이 축색돌기의 끝에 다다를 때, 신경전달물질을 시냅스 간극으로 방출한다. 신경전달물질 분자가 시냅스를 가로질러 확산되고 시냅스 후 세포 수용기에 결합하면 이온 통로가 열린다. (*b*) 시냅스 소포로 가득 차 있는 축색돌기 끝의 투과전자현미경 사진.

전부 켜지고, 토스트기가 데워지며 텔레비전이 켜지는 것을 원하지 않을 것이다. 만약 몸의 모든 뉴런이 다른 모든 뉴런과 연결되어 있다면, 몸의 다른 부분이 동시에 움직이지 않는 한, 손을 움직일 수 없을 것이다. 시냅스는 신경계의 스위치를 조절한다. 그러나 조절 스위치는 반드시 어느 지점에서 신경전달물질의 제거로 인해 꺼지거나 또는 시냅스 후 세포가 활동전위의 작동을 지속시키도록 해야 한다. 몇몇 경우, 신경전달물질 분자들은 시냅스로부터 분산되어 있다. 다른 경우, 신경전달물질은 시냅스 전 세포에 의해 재흡수 되거나 시냅스 간극에서 분해된다.

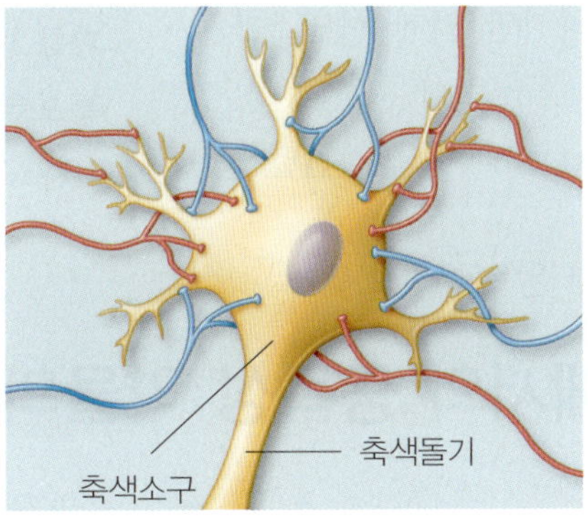

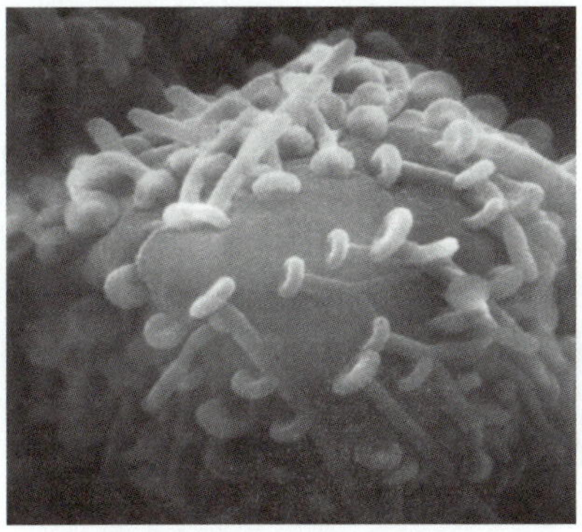

그림 28.6 융합

세포체에 있는 다양한 축색돌기 시냅스와 시냅스 후 뉴런의 수상돌기를 보여주고 있다. 흥분 시냅스는 빨간색, 억제 시냅스는 파란색으로 나타내었다. 축색소구에 가하는 이들 투입량의 총 영향은 신경자극이 아래쪽 축색돌기로 전해질 것인지를 결정한다. 전자현미경은 많은 시냅스로 연결된 신경세포체를 보여준다.

시냅스의 종류

척추신경계는 수용 세포의 특이적인 수용체에 의해 각각 인식된 신경전달물질의 여러 종류를 이용한다. 그들은 시냅스 후 세포를 자극하거나 억제하는 여부에 따라 두 종류로 나뉜다.

흥분 시냅스 내에서 수용체 단백질은 대개 화학적인 나트륨 경로로 연결되는데, 이것은 나트륨 경로를 통한 신경전달물질에 의해 세포막이 열린다는 것을 의미한다. 그것의 모양을 이루는 신경전달물질과 결합하면 나트륨 경로가 열려 나트륨 이온이 내부로 유입된다. 만약 나트륨 이온 경로가 신경전달물질에 의해 충분히 열리면 활동전위가 발생한다.

억제 시냅스 내에서 수용체 단백질은 화학적인 칼륨 또는 염화 경로로 연결된다. 그것의 신경전달물질과 결합하여 경로가 열리고, 양전하 칼륨 이온을 출구로 이끌거나 음전하 염화이온의 유입을 이끌면 수용 세포 내부의 음전하화가 증가한다. 이것은 활동전위의 발생을 방해하는데 그것은 음전하의 내부 전위가 바뀌는 것은 나트륨채널이 열리고, 활동전위가 생기는 것을 도미노 효과로 얻기 위해서 더 많은 나트륨 이온 경로가 열려야 한다는 것을 의미하기 때문이다.

그림 28.6에 있는 뉴런과 같은 각각의 신경세포는 다른 신경세포로 연결된 두 종류의 시냅스 연결을 가질 수 있다. 그림에서 흥분 시냅스는 빨간색, 억제 시냅스는 파란색으로 나

타내었다. 흥분 시냅스와 억제 시냅스로부터 신호가 뉴런 세포체에 도달하였을 때, 억제 효과(내부 음전하를 덜 유발하는)와 자극 효과(내부 음전하를 더 유발하는)는 다른 것과 상호작용한다. 그 결과 다양한 흥분과 억제의 전기적 효과는 서로의 작용을 취소하거나 강화하는 경향이 있는 **융합(integration)**과정이라고 할 수 있다. **축색소구(axon hillock)**라고 하는 축색돌기의 바닥 부분은 이러한 통합 과정의 장소이다. 융합의 결과, 매우 충분한 탈분극(이곳은 양전하화가 증가하는 세포 내)의 경우, 통합전위가 발생할 것이다. 뉴런은 종종 많은 투입을 받아들인다. 척수에 있는 하나의 운동뉴런은 무려 50,000개나 되는 시냅스를 가지고 있을 수 있다!

신경전달물질의 유형

아세틸콜린(ACh)은 뉴런과 근섬유 사이에 형성한 시냅스인 신경근 접합부에서 방출되는 신경전달물질이다. 아세틸콜린은 골격근과 함께 흥분 시냅스를 형성하지만 억제 시냅스를 만드는 심근과는 반대의 효과를 가진다.

*글리신*과 감마아미노뷰테릴산(GABA)은 억제 신경전달물질이다. 이 억제 효과는 다른 뇌기능과 신체 움직임의 신경성 조절에 매우 중요하다. 흥미롭게도 약물인 디아제팜(발륨)은 수용체에 GABA의 결합을 향상시켜 진정제 및 기타 효과를 일으킨다.

바이오제닉아민은 *도파민*, *노르에피네프린*, *세로토닌*, *에피네프린 호르몬*을 포함한 신경전달물질 그룹이다. 이 신경전달물질들은 신체에 여러 가지 영향을 미친다. 도파민은 신체 움직임을 조절하는 데 중요하다. 노르에피네린과 에피네프린은 나중에 논의할 것으로 자율신경계에 관여한다. 그리고 세로토닌은 수면 조절 및 기타 정서 상태에 관한 일을 한다. 약물 PCP(천사의 가루)는 시냅스로부터 바이오제닉아민의 소실을 막아 활동을 이끌어낸다. 증상은 복용량에 따라 다르다.

주요 학습 요점 28.3 **시냅스는 다른 세포와 축색돌기의 교차점이다. 세포는 이온 채널이 열림에 따라 흥분 또는 억제의 효과를 나타내는 신호를 전달하는 신경전달물질이 가로지르는 틈으로 구분된다.**

28.4 화학적 시냅스에서의 중독성 약물의 작용

신경조절물질

신체에서는 종종 시냅스를 가로지르는 신호 전달이 지속된다. 이러한 신호는 시냅스 특이적이며, **신경조절물질(neuromodulator)**이라고 하는 오래 지속되는 화학물질이다. 몇몇의 신경조절물질은 시냅스로부터 신경전달물질의 방출을 도와주며, 어떤 것은 신경전달물질의 재흡수를 방해하여 시냅스에 머물게 한다. 또한 그들이 재흡수된 후에 분해되는 것을 방해하여 다음 신호가 도착할 때 시냅스로 재방출되기 위해 뉴런의 끝에 남아 있다.

뇌의 특정 뉴런 그룹이 신경전달물질과 신경조절물질을 사용하여 기분, 즐거움, 고통 등 정신적인 상태를 결정한다. 예를 들어, 기분은 신경전달물질인 세로토닌에 의해 큰 영향을 받는다. 많은 연구가들은 우울증이 세로토닌의 결핍으로 인한 결과라고 생각한다. 세계에서 항우울증제로 가장 많이 판매된 프로작(Prozac)은 세로토닌의 재흡수를 방해하여 시냅스 내에 그 양을 증가시킨다. **그림 28.7**의 시냅스는 프로작

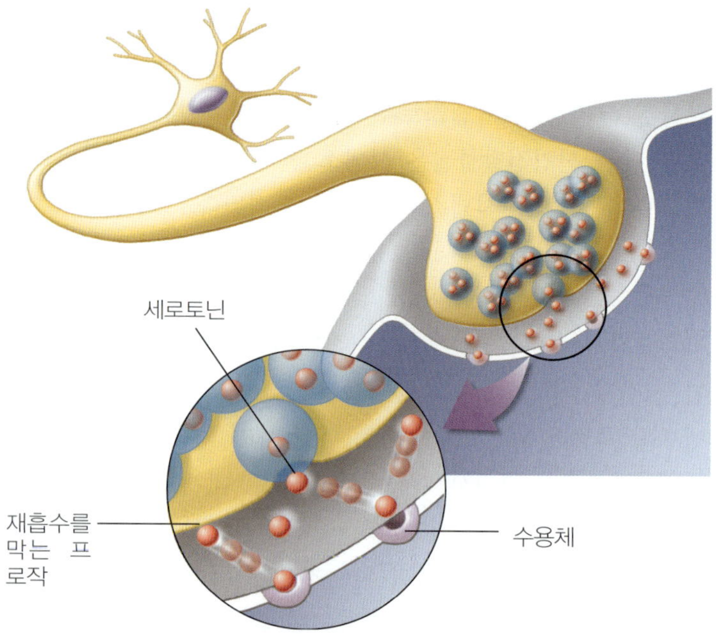

그림 28.7 약물이 시냅스를 가로지르는 자극을 변화시킨다
우울증은 신경전달물질인 세로토닌의 결핍에 의한 결과이다. 항우울제인 프로작(Prozac)은 세로토닌의 재흡수를 막아 시냅스에서 더 오래 머물 수 있도록 유지시켜 준다.

핵심 생물학 과정: 약물 중독

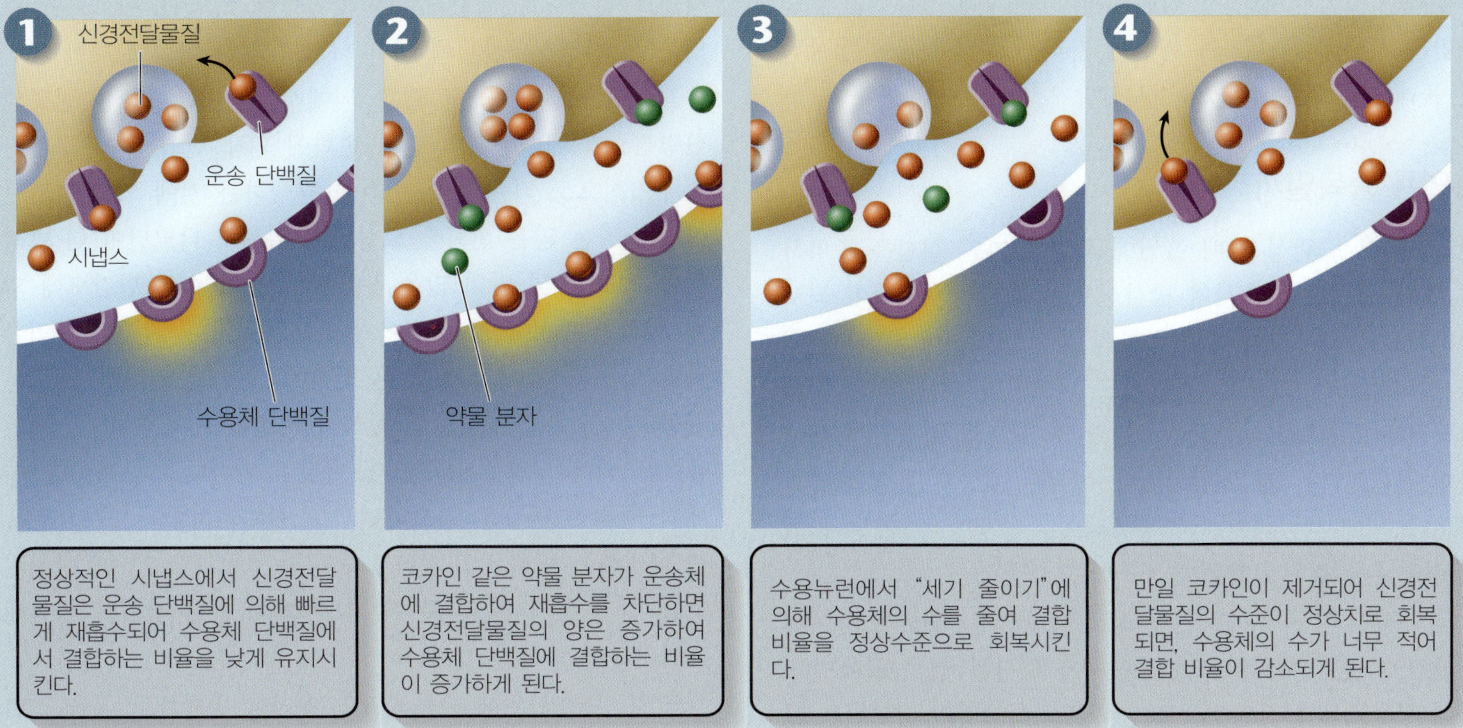

의 효과를 설명한다. 붉은색 세로토닌 분자는 시냅스 내로 배출되면 대부분 시냅스 전 세포에 재흡수되는데, 프로작은 이러한 재흡수를 방해하여 세로토닌이 시냅스로 이동할 수 있게 한다.

약물 중독

신체 내 세포는 지속되는 화학적 신호들에 노출되는데, 이러한 지속적인 노출은 기존 자극의 세기를 인지하는 능력을 감소시킨다(누구라도 이 같은 민감도의 감소를 경험하였을 것이다 – 의자에 앉아 있을 때 얼마나 오래 그 의자를 의식할 수 있을까?). 신경세포는 이처럼 민감도 상실이 잘 일어난다. 만일 시냅스 내의 수용체 단백질이 다량의 신경전달물질 분자에 오랫동안 노출되었다면, 그 신경세포는 막 내부의 수용체 단백질보다 더 적은 삽입에 의해 반응할 것이다. 이러한 피드백은 모든 뉴런의 정상적인 기능으로 막이라는 "작업장"에서 "도구"(수용체 단백질)의 수에 따라 적절한 작업량이 수행되는 것처럼 세포가 더 효율적으로 진화한 간단한 메커니즘이다.

코카인 코카인은 비정상적으로 많은 양의 신경전달물질이 시냅스 내에 오랫동안 남아 있게 만드는 신경조절물질이다. 코카인은 뇌에서 즐거움을 전달하는 경로의 신경세포에 영향을 미친다(이 경로는 변연체라고 하며, 뇌의 부분에 대한 논의는 28.6절에서 다룬다). 이러한 세포는 신경전달물질인 도파민을 통해 즐거움에 대한 정보를 전달한다. 핵심 생물학 과정의 ❶에서 그림으로 시냅스의 정상적인 활성을 보여주고, 빨간색 도파민 분자가 시냅스 전 세포에 재흡수되는 것을 보여준다. 방사선으로 코카인 분자를 표지하여, 이를 통해 시냅스 전 세포의 막에 코카인이 많이 붙는 부분을 찾을 수 있다(❷). 이러한 단백질은 보통 신경전달물질인 도파민이 활동한 후에는 제거된다. 음악을 틀어놓고 여러 개의 의자를 원형으로 둔 뒤 자리를 차지하는 게임에서 결국엔 의자가 모두 채워지는 것과 같이 비어 있는 수용체 단백질이 모두 차게 되면 도파민 같은 신경조절물질은 시냅스에 오랫동안 머무르게 되고, 수용체와 반복하여 결합하게 된다. 새로운 신호가 도착하면 점점 더 많은 도파민은 점점 더 자주 쾌락 경로를 작동시킨다.

변연체 신경세포의 수용체 단백질은 신경전달물질인 도파민에 다량으로 오랫동안 노출되면 표면의 수용체 단백질을 줄여 신호의 "세기 줄이기"를 시킨다(❸). 이들은 간단하게 타깃을 감소시킬 수 있도록 더 많은 수의 신경전달물질 분자와 반응한다. 현재 코카인 복용자는 중독된다. **중독(addiction)**은 약품에 지속적으로 노출되었을 때 신경계에서 생리적으로 적응되는 것이다. ❹에서 적은 수의 수용체에 정상수준의 도파민은 시냅스 후 세포에 활동에 자극을 주지 못하여 정상적인 둘레 계통의 활성을 유지시킨다.

흡연은 중독일까?

연구자들은 습관성 담배 흡연에 의한 코카인 실험을 증명하기 위해 담배에 노출시켜 방사선으로 표지된 니코틴이 뇌로 어떻게 이동하는지와 어떤 종류의 수송 단백질이 부착되는지를 알아보았다. 그들은 놀랍게도 니코틴이 시냅스 전 막의 단백질은 무시하고 대신에 시냅스 후 세포의 특정 수용체에 직접 결합한다는 것을 알아냈다. 이것은 예상치 못했던 결과였는데, 뇌에서는 니코틴이 정상적으로 발생할 수 없는데, 왜 그곳에 수용체가 있었을까?

심화적인 연구에 따르면, 정상적으로 신경전달물질인 아세틸콜린에 결합하는 니코틴 수용체가 있다는 것을 알아냈다. 담배 식물로부터 자연적으로 발생한 화학물질인 니코틴은 그곳에 결합할 수 있다. 그럼 과연 어떤 것이 정상적인 기능을 하는 수용체일까? 연구에 따르면 이 수용체들은 뇌에서 가장 중요한 역할을 하는 것으로 밝혀졌다. 두뇌는 행동의 다양한 감도를 미세조정하는 행동과 수용체의 많은 종류의 다른 활동을 조정하기 위해서 그들을 사용한다.

신경생리학자들은 흡연자와 비흡연자들의 변연계 신경세포를 비교하였을 때 니코틴 수용체와 수용체를 만드는데 사용하는 RNA의 수준이 변화됨을 발견하다. 그들은 뇌가 (1) 니코틴이 결합할 수 있는 수용체 단백질을 줄이는 방법과 (2) 니코틴 수용체의 활성 패턴 변화에 의한(즉, 신경전달물질에 대한 민감도) 방법들에 의해 "세기 줄이기"가 발생한다고 밝혔다.

이러한 두 가지 조절은 흡연이 뇌의 활성화에서 충분한 영향이 있다는 원인을 밝혀야 한다. 정상 시스템의 뇌에서 시냅스 간극으로 배출되는 아세틸콜린, 도파민, 세로토닌 등의 많은 신경전달물질에 의한 니코틴 패턴 변화에 대한 뇌의 움직임이 중요하다. 그 결과 뇌에서는 넓고 다양한 범위의 신경경로가 활성인자의 단계 변화에 의해 변화된다.

추가적으로 뇌는 다른 변화가 발생하는 것에 의해 니코틴이 유도하는 많은 변화를 보상하기 위해서 니코틴이 더 발생한다. 적응은 뇌 안의 많은 종류의 수용체 수와 민감도에 의해 적절한 활성 균형을 찾아가며 만들어진다. 갑자기 금연한다면 어떤 일이 생길까? 모든 것이 고장이 날 것이다! 새로운 공동 시스템은 신경경로의 활성이 적절한 균형을 이룰 수 있을 정도의 니코틴을 요구한다. 이것이 한마디로 중독이다. 신체의 생리적 반응은 심오하면서도 불가피하다. 니코틴 중독을 예방하는 방법은 의지력보다 러시안 룰렛을 할 때 장전된 총을 갖고 있지 않고서는 막기 어렵다. 만일 장기적인 담배 흡연자라면 중독될 것이다.

만일 흡연에 의해 중독된다면 어떠한 방법으로 끊을 것인가? 니코틴 같은 중독 약물을 사용하는 경우, 정상수준에서의 신호수준을 변화시켜 중지시킨다. 만일 약물이 다시 체내에 들어오지 않는다면, 변화된 신호수준은 결국에 정상적인 뇌에서 적절한 균형을 맞추는 쪽으로 신경계가 유도될 것이다. 시간이 경과함에 따라 수용체의 수와 그들의 민감도, 신경전달물질의 배출 패턴 모두 정상수준으로 회복되고 신호경로를 따라 정상적인 수준으로 생산될 것이다.

주요 학습 요점 28.4 **신경조절물질은 오랜 시간 지속되는 화학물질로 시냅스에서 신경 기능의 변화를 담당한다. 코카인이나 니코틴과 같은 많은 약물 중독은 신경조절물질로 작용한다.**

중추신경계

28.5 척추동물의 뇌의 진화

척추동물의 뇌의 구조와 기능은 오랫동안 과학적 연구의 대상이 되고 있다. 연구는 계속 진행 중이지만 과학자들은 여전히 어떻게 뇌가 많은 기능을 수행하는지 확신할 수 없다. 예를 들어, 과학자들은 기억을 저장하기 위해서 뇌를 이용하는 메커니즘을 계속해서 찾고 있지만 그들은 어떻게 일부의 기억들이 갇힐("locked away") 수 있는지 이해할 수 없었으

그림 28.8 노래를 잘하려면 연습이 필요하다
이 아기 코요테는 저녁 무렵이 되면 인사를 한다. 그의 울음은 그의 아빠만큼 인상적이지 않다. 좋은 발성에는 연습이 필요하다. 그의 뇌는 성대를 어떻게 제어할 수 있는지를 반복에 의해 학습한다.

며, 이것은 오직 스트레스 시기에 표면화되어 나타났다. 뇌는 진화하는 가장 복잡한 척추동물의 기관이며 놀랄만한 여러 가지 복잡한 기능들을 수행할 수 있다(**그림 28.8**).

턱이 없는 화석, 5억 년 전에 수영을 하던 어류의 머리 내부의 형태는 척추동물 뇌의 초기 진화 단계에서 거의 밝혀졌다. 크기가 작음에도 불구하고 이러한 뇌는 이미 세 개의 부분을 가지고 있었으며, 이것은 **그림 28.9**에서 볼 수 있고 이것은 모든 현대 척추동물 뇌의 특징이 된다: (1) 후뇌(노란색 부분); (2) 중뇌(초록색 부분); (3) 전뇌(파란색과 보라색 부분).

후뇌는 이들의 초기 뇌의 주요한 요소이며 오늘날의 어류에서는 여전히 그러하다. 소뇌와 연수로 구성되어 있으며, 어류의 후뇌는 아마도 주로 운동 반사작용을 조정하는데 몰두하는 척수의 신장을 고려할 것이다. 축색돌기의 많은 수를 포함하는 관은 케이블이 접속되고 끊어지는 것과 같이 후뇌로 척수를 작동시킨다. 후뇌는 근육으로부터 오는 많은 감각 신호를 통합하며 운동 반응의 패턴을 조정한다.

이러한 조정의 대다수는 소뇌라고 하는 후뇌의 작은 확장 지역 이내에서 계속 진행된다. 더 이전에 척추동물들에서 소뇌는 흥미롭게도 조정을 하는 중심으로써 중요한 역할을 수행하였으며, 상대적으로 어류의 소뇌보다 더 크기가 컸다. 모

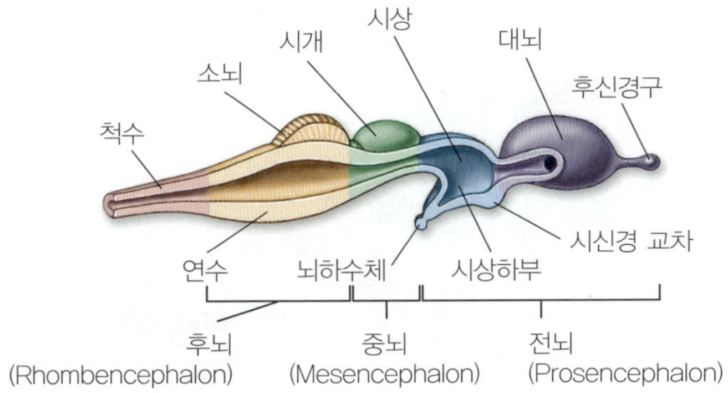

그림 28.9 초기 어류의 뇌
척추동물 뇌의 기초적인 조직은 초기 어류의 뇌에서 볼 수 있다. 뇌는 세 지역으로 나누어지는데 이것은 모든 척추동물에서 다른 부분을 발견할 수 있다: 후뇌는 어류의 뇌에서 가장 큰 부분이다. 중뇌는 어류에서 주로 시각적인 정보를 처리하는 데 몰두한다. 전뇌는 어류에서 주로 후각과 관계가 있다. 지구의 척추동물에서 전뇌는 어류에서 그것이 하는 것보다 신경처리에서 훨씬 더 지배적인 역할을 한다.

든 척추동물에서 소뇌는 현재의 위치와 각각 팔다리의 움직임, 휴식의 상태 또는 근육과 연관된 것의 수축과 몸의 일반적인 위치와 이것의 외부에서의 연관된 정보를 처리한다. 이러한 정보는 소뇌에서 모이며 합성되고 결과적으로 명령은 수출성 경로로 발행된다.

어류에서 뇌의 나머지는 감각적인 정보의 받아들임과 처리에 전념한다. 중뇌는 주로 **시엽(optic lobes)**으로 구성되는데, 이것은 시각적인 정보를 받아들이고 처리하는 반면에 전뇌는 *후각* 정보를 처리하는 데 전념한다. 어류의 뇌는 그들의 삶을 통해서 계속적으로 성장한다. 이러한 계속적인 성장은 척추동물의 다른 부류들의 뇌와 크게 달라서 일반적으로 유아기에 그들의 발달은 완성된다. 인간의 뇌는 초기 어린 시절을 거쳐서 계속적으로 발달하지만, 장기기억과 연관된 해마를 제외하고 한 번 발달이 중단되면 새로운 뉴런은 생성되지 않는다.

우성 전뇌

양서류에서 시작하여 파충류에서 더욱 눈에 띄게 지속되며 감각 정보는 흥미롭게도 전뇌에서 중심이 된다. 이러한 패턴은 척추동물 뇌의 발달에서 우성적인 진화경향이다. 뇌의 이러한 지역은 뇌 발달에서의 경향을 따라올 수 있게 하기 위해서 **그림 28.10**에서 색으로 구분해 놓았으며 포유류에서 전뇌의 대뇌는 더욱 커지게 된다.

파충류, 양서류, 조류, 포유류에서 전뇌는 두 가지의 요소,

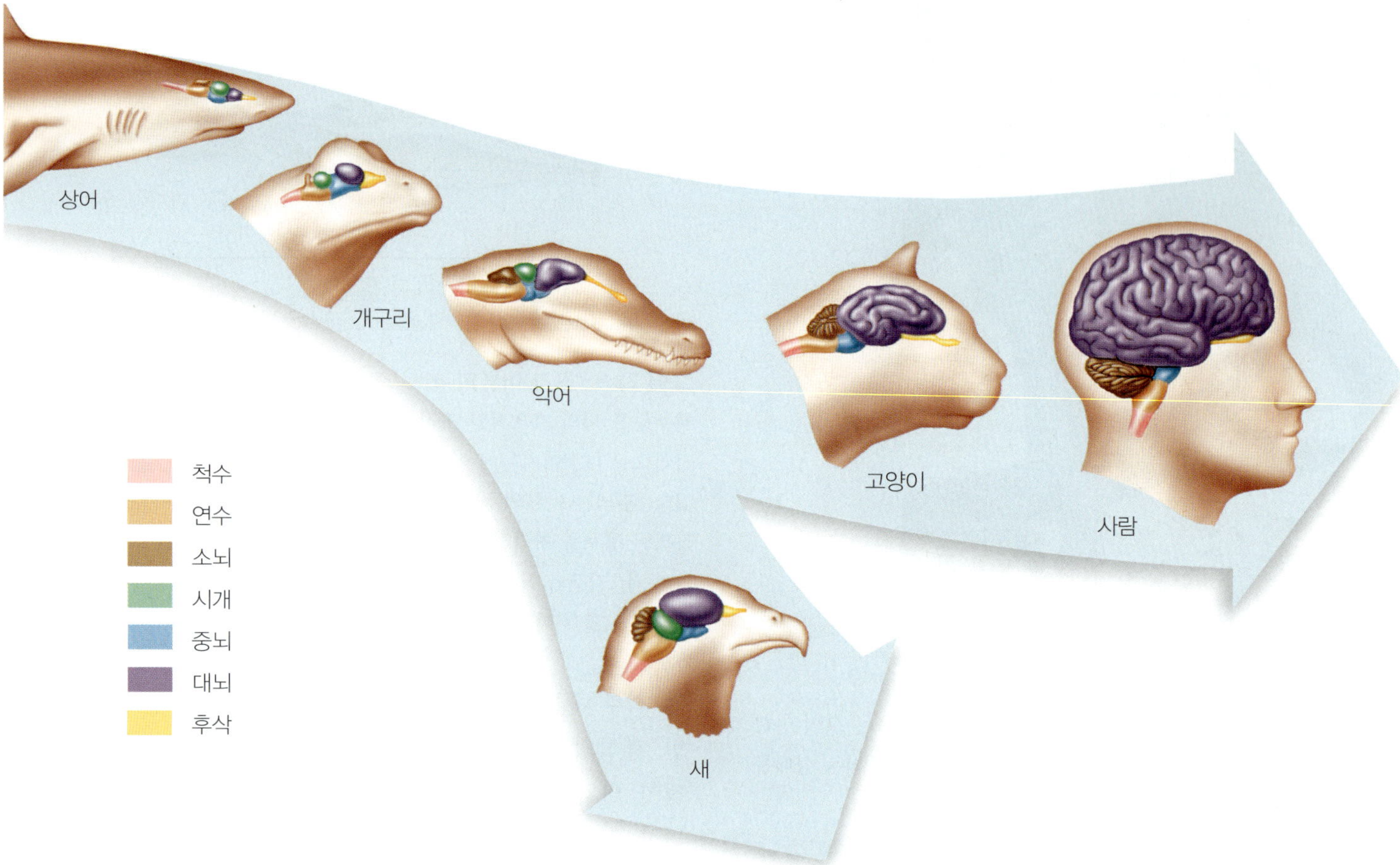

그림 28.10 척추동물 뇌의 진화

상어와 다른 어류에서 후뇌는 두드러지며 뇌의 나머지 부분은 주로 감각적인 정보를 처리하는 데 기여한다. 양서류와 파충류에서 전뇌는 훨씬 더 크고 이것은 연관활동에 몰두하는 더 큰 대뇌를 보유하고 있다. 파충류로부터 진화한 조류에서 대뇌는 훨씬 더 확연하다. 포유류에서 대뇌는 시개로 덮여 있으며 뇌의 가장 큰 부분이다. 대뇌의 지배는 인간에서 가장 크며, 이것은 뇌의 나머지 대부분을 덮는다.

간뇌와 종뇌로 구성되어 있다. 간뇌는 시상과 시상하부로 구성되어 있다(**그림 28.9**의 파란색). **시상(thalamus)**은 들어오는 감각 정보와 대뇌 사이에서 이들을 통합시키고 전달하는 중심이다. **시상하부(hypothalamus)**는 기초적인 구동에 참여하며 감정과 뇌하수체의 분비를 조절하며 몸의 많은 내분비선을 차례로 조절한다. 신경 시스템과 내분비 시스템의 연관성을 통하여, 시상하부는 많은 내부자극과 감정에서 신경과 호르몬의 반응을 조정하는 것을 돕는다. *종뇌*(telencephalon 또는 end brain)는 전뇌의 앞쪽에 위치해 있으며 크게 연관활동에 전념한다(**그림 28.9**와 **28.10**의 보라색). 포유류에서 종뇌는 **대뇌(cerebrum)**라고 한다.

대뇌의 확장

만약 **그림 28.10**에 나와 있는 동물에서 뇌의 크기와 몸의 크기 사이의 관계를 조사한다면, 어류, 양서류, 파충류(그림에서 분기점의 왼쪽), 조류와 포유류(그림에서 분기점의 오른쪽) 사이에 주목할 만한 차이점을 볼 수 있을 것이다. 특히 포유류는 그들의 몸 크기에 상대적으로 특히 큰 뇌를 가지고 있다. 이것은 알락 돌고래와 인간에서 특히 그러하다. 포유류에서 뇌 크기의 증가는 대뇌의 커다란 확장, 포유류 뇌의 우성적인 일부에 주로 반영된다. 대뇌는 포유류 뇌에서 상호작용, 연관성 그리고 학습에 중심이 된다. 이것은 몸을 통해서 감각적인 데이터를 받으며 몸에서 운동 명령을 발행한다.

주요 학습 요점 28.5 **어류에서 후뇌는 뇌의 대부분을 형성한다; 지구의 척추동물이 진화하는 것처럼 전뇌는 점점 더 두드러지게 되었다.**

28.6 뇌의 기능

대뇌는 뇌의 중심부이다

척추동물의 뇌는 서로 다른 구성 요소로 상대적 중요성에 차이가 있지만 인간의 뇌는 척추동물의 뇌가 어떠한 기능을 하는지 알 수 있는 좋은 모델이다. **그림 28.11**에서 황갈색의 뒤엉킨 부분인 대뇌가 인간의 뇌 무게의 85%를 차지한다. 대뇌는 홈을 기준으로 좌우 반구로 나뉘어 있으며, 크고 둥글다. **그림 28.11**에서 보여주는 뇌는 가운데 홈을 잘라 왼쪽의 대뇌 반구를 제거하고 오른쪽의 대뇌 반구를 보여준다. 대뇌 반구는 더 나아가 전두엽, 두정엽, 후두엽, 측두엽으로 나눈다. 대뇌는 언어 의식적인 생각, 성격개발, 시각, 그리고 '생각과 감정' 이라고 하는 등의 여러 가지 활동의 기능을 한다. **그림 28.12**는 대뇌의 일반적인 부분과 그 부분의 조절기능을 보여준다(다른 엽은 색으로 나누었다. 노란색은 전두엽, 주황색은 두정엽, 밝은 녹색은 후두엽, 밝은 보라색은 측두엽). 주름진 버섯 모양의 대뇌는 주먹을 쥐고 있는 손처럼 뇌의 나머지를 둘러싸고 있다. 대부분 대뇌의 신경활동은 두께가 몇 mm 이내인 **대뇌피질(cerebral cortex)**이라는 회색의 얇은 층에서 발생한다(피질은 라틴어로 나무껍질이라는 의미이다). 이 층은 뉴런세포가 빽빽하게 밀집되어 있어 회색으로 보인다. 사람의 대뇌피질은 신경세포 10억 개의 세포체를 포함하고 있으며, 이는 두뇌의 모든 뉴런의 10%를 차지한다. 대뇌피질의 주름진 표면은 세 부분으로 이루어진 표면적과 세포체의 수를 증가시킨다. 피질 아래의 유수신경섬유로 이루어진 단단한 흰색 부분은 피질과 뇌의 다른 부분 사이에 정보를 전달한다.

오른쪽과 왼쪽의 대뇌 반구는 **관(tract)**이라고 하는 뉴런다발과 연관되어 있다. 이 관들은 반쪽 뇌의 말하는 것과, 다른 반쪽 뇌의 행동하는 정보의 주요 통로 역할을 한다. 이 관들은 뇌의 *뇌량*이라고 부르는 곳(**그림 28.11**의 파란색 부분)에서 교차되기 때문에 뇌의 각 절반부분이 신체의 반대쪽 근육과 땀샘을 조절한다. 따라서 오른쪽 촉각은 왼쪽 대뇌 반구에 전달되고, 그 다음 촉각에 따라 대응하는 움직임을 할 수 있다.

연구팀은 대뇌는 양쪽 두 개의 뇌로 나뉘어 작동하는 것을 알아냈다. 예를 들어, 어떤 사람의 두 반구 사이는 사고 또는 수술에 의해 절단되었다. 이때 실험실 실험방법에서와 같은 '나누어진 뇌' 와 한쪽 눈이 덮여 있는 사람에게 새로운

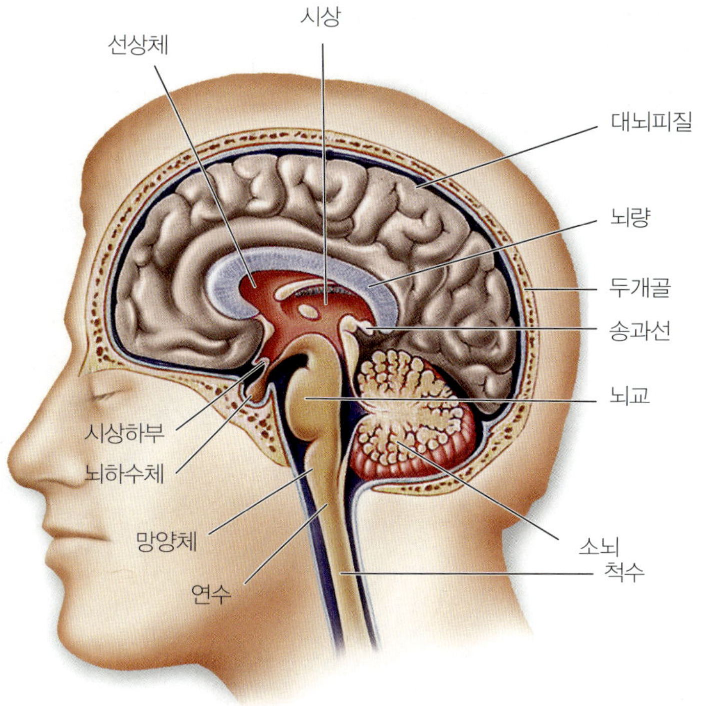

그림 28.11 사람의 뇌에 대한 절단면
대뇌는 뇌의 대부분을 차지하며 이 그림은 대뇌피질의 바깥쪽부분, 표면을 보여준다.

사람을 소개한다. 한쪽 눈이 덮여 있다면 사람 선량은 다른 눈을 통해 소개한 새로운 사람을 인식한다.

때로는 뇌의 혈관이 혈전에 의해 차단되어 **뇌졸중(stroke)**이라는 장애의 원인이 된다. 뇌졸중이 진행되는 동안 뇌의 지역 순환이 차단되고, 뇌세포는 죽고 있다. 뇌 한쪽의 심한 뇌졸중은 반대편 몸의 마비를 일으킬 수 있다.

시상과 시상하부는 정보를 처리한다

뇌는 아래 시상과 시상하부의 정보 처리를 위한 중요한 중심부이다. 시상은 뇌의 감각 처리의 주요 부분이다. 청각, 시각, 그리고 감각 수용체의 다른 정보는 시상을 통한 후 대뇌피질의 감각 영역으로 전달된다. 시상은 또한 균형을 조절한다. 근육에서 유래된 자세, 그리고 귀 안의 감각기에 의한 방향에 대한 정보는 소뇌의 정보와 결합하고 시상으로 전달된다. 시상은 대뇌피질의 해당 운동 중심부에 정보와 경로를 전달한다.

시상하부는 신체의 모든 내부 활동을 통합한다. 그것은 체온, 혈압, 호흡, 심장박동을 조절하는 뇌간의 중심부를 조절한다. 또한 뇌의 주요 호르몬 생산 분비기관, 뇌하수체의 분비물을 지휘하기 등을 수행한다. 시상하부는 대뇌피질의 일부 영역에 대한 뉴런의 광범위한 네트워크에 의해 연결되어 있

그림 28.12 사람의 뇌에서 중요한 기능을 하는 부분

대뇌피질의 특정 영역은 신체의 서로 다른 부분과 연관되어 있다.

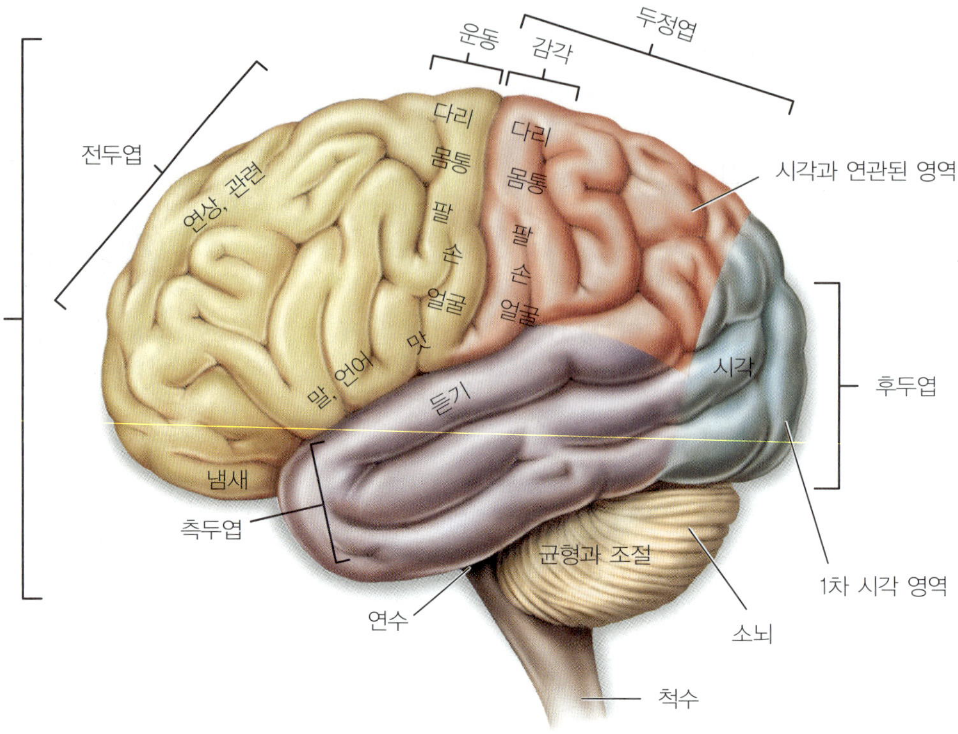

다. 이 네트워크는 뇌의 시상하부 지역의 일부와 함께 해마와 편도라고 하며, **변연계(limbic system)**를 구성한다. **그림 28.13**에서 녹색으로 강조 표시된 영역은 변연계의 구성 요소를 나타낸다. 변연계는 심각한 충동과 고통, 분노, 성별, 굶주림, 갈증, 즐거움을 포함한 척추동물의 가장 뿌리 깊은 심리와 감정 등 많은 책임을 담당하고 있다. 변연계가 코카인에 의해 영향을 받는 뇌의 영역이라는 것은 692쪽에서 볼 수 있다. 또한 해마를 중심으로 기억에 관한 일을 하고 있다.

소뇌는 근육의 움직임을 조절한다

뇌의 기저로부터 돌아오는 확장은 구조는 **소뇌(cerebellum)**라고 알려져 있다. 소뇌는 균형, 자세 및 근육 조정 등을 조절한다. 이러한 작고 콜리플라워 모양의 구조를 가진 소뇌는 인간과 다른 포유동물에서도 발달되어 있지만 특히 조류에서 더 잘 발달되어 있다. 그들은 가로, 세로, 높이로 공중을 이동하기 때문에 조류가 우리보다 균형의 더 복잡한 업적을 수행한다. 그것들이 사고 없이 정확하게 적당한 순간에 중지하고, 지점에 착륙하기 위해 조류에 필요한 균형과 조정의 종류를 상상해 보자.

뇌간은 중요한 신체 과정을 제어한다

뇌간(brain stem)은 중뇌, 뇌교, 연수를 연결하는 곳에 사용되는 용어로, 척수와 뇌의 나머지 부분을 연결한다. 이 줄기 같은 구조는 삼키고, 호흡을 조절하는 신경이 포함되어 있으며,

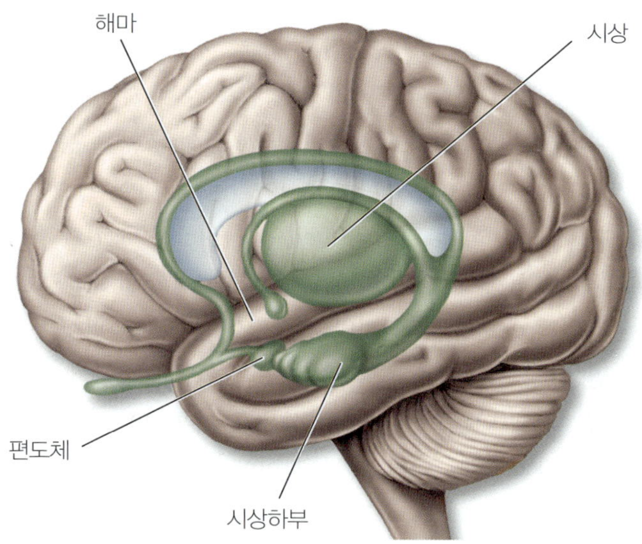

그림 28.13 변연계

해마와 편도체가 변연계의 대부분을 차지한다. 이것은 가장 깊은 곳에서 심리와 감정을 조절한다.

소화 과정뿐만 아니라 심장과 혈관의 직경도 조절한다. **망양체(reticular formation)**라고 하는 신경 네트워크는 뇌간을 통해 실행되며 뇌의 다른 부분에 연결되어 있다. 의식, 인식, 수면에 필수적인 그들의 광범위한 연결을 해주는 이러한 신경을 알아두어야 한다. 망양체 필터의 일부분은 감각 입력의 한 부분으로 반복적인 소음에 의한 각성으로 잠을 아직 들지 못한 때에 전화벨 소리에 깨어날 수 있게 해준다.

언어와 다른 기능

뇌에서 두 개의 반구는 구조적으로 비슷해 보이지만 각각 다른 활동들을 한다. 우뇌와 좌뇌의 기능이 분화되어 있음을 보여주는 가장 좋은 예는 바로 언어이다. 오른손잡이의 90%, 왼손잡이의 70% 정도에서 좌뇌는 언어에 우세한 반구인데, 언어와 관련된 대부분의 신경 과정이 수행되는 반구이다. 좌뇌에는 두 개의 언어영역이 있는데, 하나는 언어의 이해력과 생각을 말로 표현할 수 있는 중요한 부분이고, 다른 하나는 의사소통을 하려는 욕구를 표출하려는 동기를 발생하는 원인이 되는 부분이다. 다른 언어 활동은 **그림 28.14**에서 확인할 수 있듯이 뇌의 다른 부분들이 포함되어 있다.

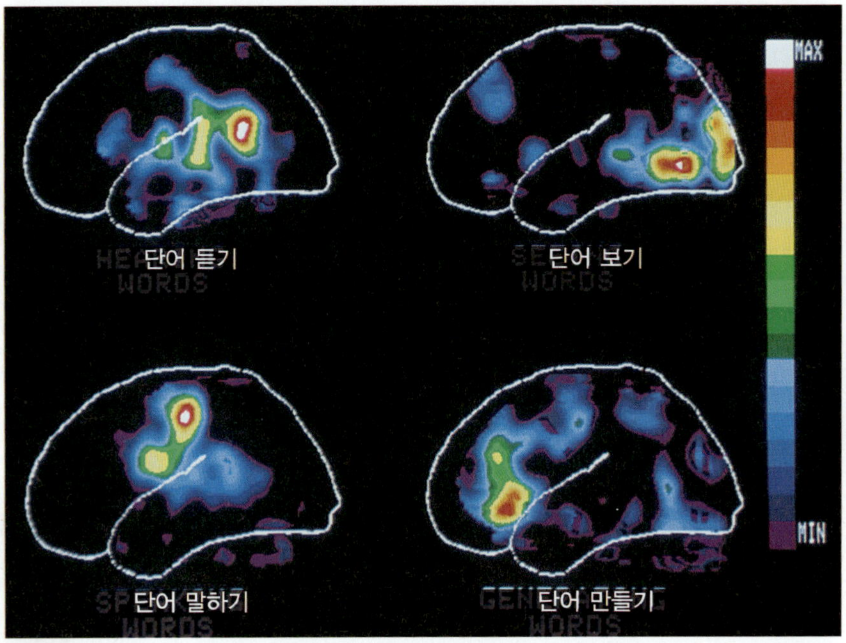

그림 28.14 뇌의 다른 부위들은 다양한 활동들을 조절한다
이 그림은 환자가 단어를 듣고, 같은 단어를 반복해서 읽거나 단어를 소리내서 읽기를 반복하고, 첫 번째와 관련된 단어를 말하는 등의 활동들을 한 후, 사람의 뇌가 어떻게 반응하는지를 보여주는 것이다. *흰색, 빨강색, 노란색*으로 된 부분은 활성이 가장 높음을 보여준다. 그림 28.12와 비교해 보면, *뇌의 각 부분*이 어떻게 만들어지는지 알 수 있다.

언어에 우세한 반구는 문장을 만들어낼 때 요구되는 것과 같은 순차적인 추리에 능숙한 반면, 언어에 우세하지 않은 반구(대부분 사람들의 우뇌)는 퍼즐 맞추기나 그림을 그리는 등의 추리를 요구하는 공간적인 추리에 능숙하다. 또한 주로 음악적인 능력도 포함한다(좌뇌의 말하기 영역에 손상을 입은 사람은 말을 할 수 없을 수도 있지만 노래는 할 수 있을 것이다). 비우세적인 뇌의 손상은 공간적인 관계를 판단하지 못하게 될 것이고, 노래와 같은 음악적인 활동을 감소시킬 것이다. 하지만 읽기, 쓰기, 회화의 이해는 정상적으로 할 수 있고, 또한 말로 형용할 수 없는 경험들의 기억의 통합에도 중요한 역할을 한다.

뇌의 가장 큰 의문점 중에 하나는 기억과 학습의 기초이다. 뇌에는 기억이 머무르는 것처럼 보이는 부분이 전혀 없다. 그렇지만 만일 뇌의 한 부분인 측두엽이 제거된다면 전부는 아니지만 기억이 손상된다. 많은 기억들은 손상에도 지속되며, 시간이 지날수록 기억은 점차 회복된다. 그러므로 기억에 관한 물리적인 메커니즘을 증명하려 했던 연구자들은 다른 것을 쫓고 있었기 때문에 종종 실패하였다. 비록 아직까지도 완벽히 이해하지는 못했지만, 우리는 기억이 형성되는 기본적인 과정을 배울 수 있게 되었다.

단기기억과 장기기억의 두 가지는 근본적인 차이점이 있다. 단기기억은 일시적이고 몇 분 정도 지속된다. 이러한 기억은 전기적인 충격에 의해 쉽게 사라질 수 있는데, 이전에 저장된 장기기억은 그대로 둔다. 이러한 결과는 단기기억이 전기적으로 순간적인 신경의 흥분 형태로 저장된다는 것을 말해 준다. 반면에 장기기억은 뇌에서 특정한 신경 접촉의 구조적인 변화를 포함하는 것처럼 보인다. 측두엽의 두 부분(해마와 편도체)은 단기기억과 단기기억이 합쳐진 장기기억을 둘 다 포함한다.

알츠하이머병 메커니즘의 미스테리

과거에는 알츠하이머병이 뇌의 기억과 사고 과정에 장애가 있는 상태로서 알려져 왔다. 과학자들은 이 질병의 생물학적 성질과 원인에 대해 동의하지 않았다. 그 결과, 두 가지 가설이 제안되었는데, 하나는 뇌의 신경세포가 바깥쪽이 안쪽으로 바뀌어 죽게 되는 것이고, 다른 하나는 안쪽이 바깥쪽으로 바뀌어 죽게 되는 것이다.

첫 번째 가설은 β-아밀로이드 펩티드(β-amyloid peptide)라고 하는 바깥쪽의 단백질이 신경세포를 죽이는 것인데, 단백질 과정의 착오는 합쳐지거나 플라크를 형성해서 비정상적인 펩티드의 형태를 유도한다. 플라크는 뇌에서 채워지기 시작하며 이것은 신경세포에 손상을 입히거나 신경세포를 죽게 한다. 그러나 최근 약물의 임상시험을 통해 *β*-아밀로이드가 알츠하이머병을 치료한다기보다는 악화시킨다는 것이 밝혀졌다.

두 번째 가설은 신경세포가 안쪽의 단백질이 비정상적인 형태로 되면서 죽게 된다고 주장한다. τ(타우, tau)라고 하는 이 단백질은 일반적으로 단백질이 미세소관으로 이동하게 하는 기능을 한다. τ의 비정상적인 형태는 엉킨 형태를 한 나선형 조각으로 조립을 하는데, 이것은 신경세포의 정상적인 기능을 방해한다. 연구자들은 엉킴과 플라크가 알츠하이머병에 어떻게 원인이 되는지, 어떠한 효과를 주는지에 관해서 연구를 계속 진행하고 있다.

주요 학습 요점 28.6 **뇌의 연합된 활동은 대뇌피질에 중점적으로 모여 있는데, 이것은 대뇌에 전반적으로 존재하는 것이다. 시상과 시상하부는 정보와 몸의 활동을 통합하는 과정에 관여한다. 소뇌는 근육의 움직임을 조절한다.**

28.7 척수

척수(spinal cord)는 **그림 28.15**에서 볼 수 있듯이, 뇌에서부터 등뼈 아래쪽으로 향하는 신경이 연장된 선이다. 척수의 교차 부분은 **그림 28.16**에서 보는 것처럼 가운데 부분에 어두운 회색으로 보이며, 이것은 신경세포체로 구성되어 있다. 이러한 기둥은 축색돌기와 수지상돌기로 덮여서 둘러싸여 있는데, 이것은 척수의 바깥부분을 형성하며 멜라닌으로 덮여 있기 때문에 흰색을 띤다. 척수는 척추골이라는 뼈들에 의해 둘러싸여 있고 보호된다. 척수신경은 몸 전체와 척추골을 지나간다. 몸과 뇌 사이의 신호는 정보 고속도로와 같이 척수에 잠깐 닿는다.

척추골 각각의 조각은 운동신경이 척수에서 근육까지 뻗도록 한다. 척추골의 운동신경은 머리 아래쪽에 있는 대부분의 근육들을 조절한다. 왜냐하면 척수의 손상은 종종 하반신의 마비를 일으키기 때문이다. 근육은 운동신경이 손상되었을 때 마비되거나 움직일 수 없게 된다.

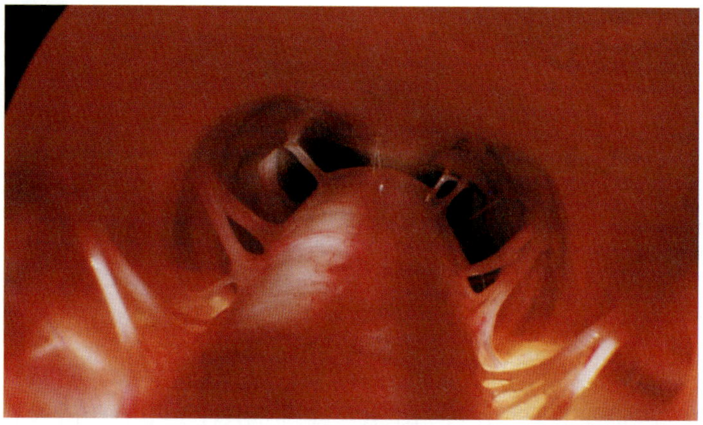

그림 28.15 아래에서 본 사람의 척수
척수신경 한 쌍은 척수로부터 뻗는 것처럼 보인다. 이러한 신경을 통하여 뇌와 척수는 몸과 신호를 주고받는다.

척수 재생

과거에 과학자들은 절단된 척수를 연결하고 몸의 다른 부분에 있는 신경을 연결함으로써 고치려고 노력하였다. 그러나 이러한 실험의 대부분은 실패하였다. 왜냐하면 신경교는 백색질에서 회백질로 이동하지 않을 뿐만 아니라 척수에서 신경이 자라는 것을 방해하는 요소가 있기 때문이었다. 섬유모세포 성장 인자가 신경 성장에 자극을 준다는 것을 발견한 후에 신경생물학자들은 섬유모세포 성장인자와 결합된 피브린을 이용하여 백색질에서 회백질로 신경을 접합시키려고 시도하였다.

3개월 후, 신경교(nerve bridge)를 가지는 쥐에서 하반신쪽에 이동이 이루어짐을 볼 수 있었다. 실험동물의 좀 더 나은 분석은 척수 틈새의 신경이 틈의 양쪽에서 재생되는 것을 염색법을 통하여 볼 수 있다. 많은 과학자들은 인간에게 사용되는 약물에 비슷한 처리를 사용할 수 있는 가능성을 보게 되었다. 그러나 사람 척수 손상의 대부분은 척수가 완전히 절단된 경우나 종종 으스러진 경우 등은 포함되지 않았다. 또한 이와 같은 실험에서 신경교를 가진 쥐가 운동능력을 다시 얻지 못했지만, 걷거나 서 있는 것을 겨우 할 수 있는 정도였다.

주요 학습 요점 28.7 **척추동물에서 척추골에 의해서 보호되는 척수는 머리 아래쪽에 있는 근육들로 운동신경을 확장시킨다.**

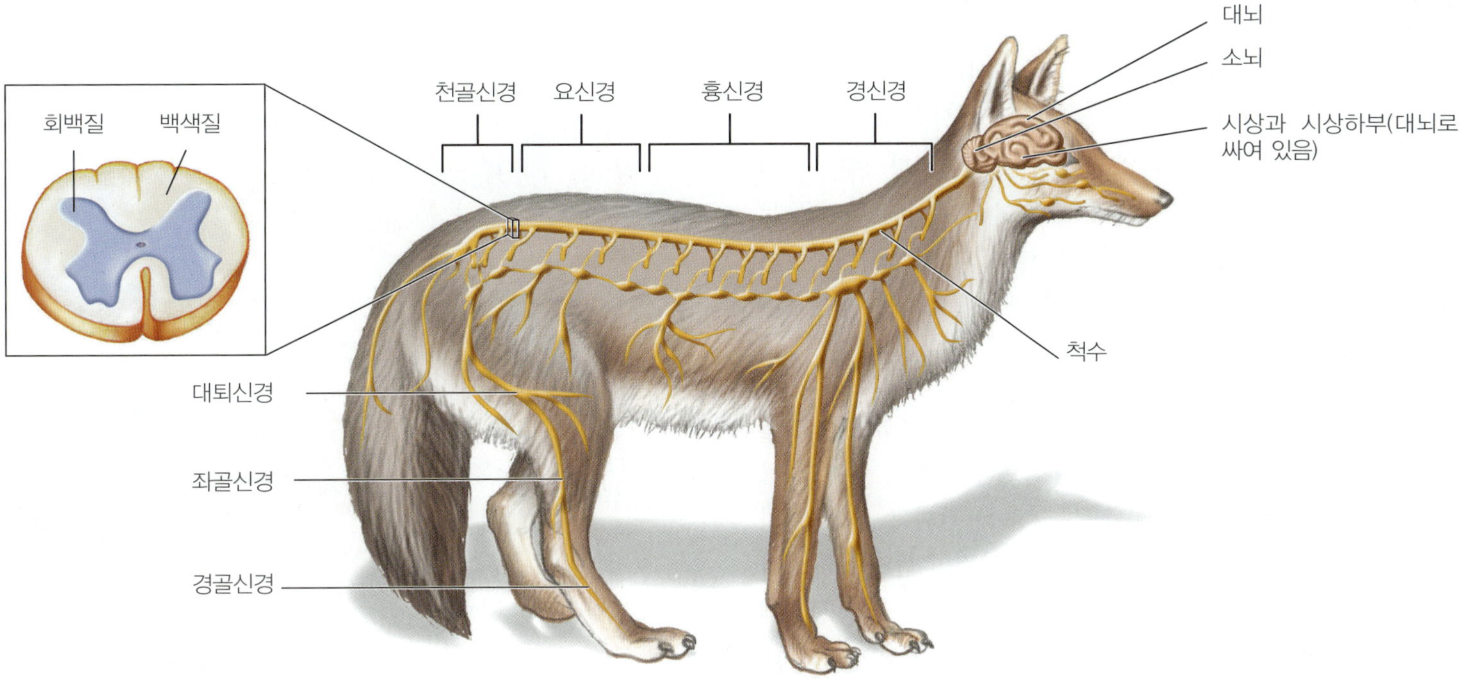

그림 28.16 척추동물의 신경계
뇌는 황갈색, 척수와 신경은 노란색으로 나타나 있다.

말초신경계

28.8 체성신경계과 자율신경계

28.1절의 도입 부분에서 배웠듯이 신경계는 두 가지 중요한 부분으로 나뉜다: 중추신경계(**그림 28.17**의 분홍색 박스, 뇌와 척수를 포함)와 말초신경계(파란색, 운동과 감각신경 경로). 척추동물의 말초신경계의 운동신경 경로는 골격근으로 신호를 전달하는 **체성신경계[somatic (voluntary) nervous system]**와 분비선을 자극하고 전신의 평활근과 심근으로 신호를 전달하는 **자율신경계[automatic (involuntary) nervous system]**로 더욱 세분화되어 나뉠 수 있다. 체성신경계는 의식적인 사고에 의해 조절될 수 있다. 예를 들어, 손이 움직일 수 있도록 명령을 내릴 수 있다. 그에 반해 자율신경계는 의식적인 사고에 의해 조절될 수 없다. 예를 들어, 소화기관의 평활근들이 그들의 활동을 빠르게 하라고 지시할 수 없다. 중추신경계는 체성신경계와 자율신경계 두 가지 모두에게 명령을 내린다. 그러나 단지 자율신경계의 명령만을 의식한다.

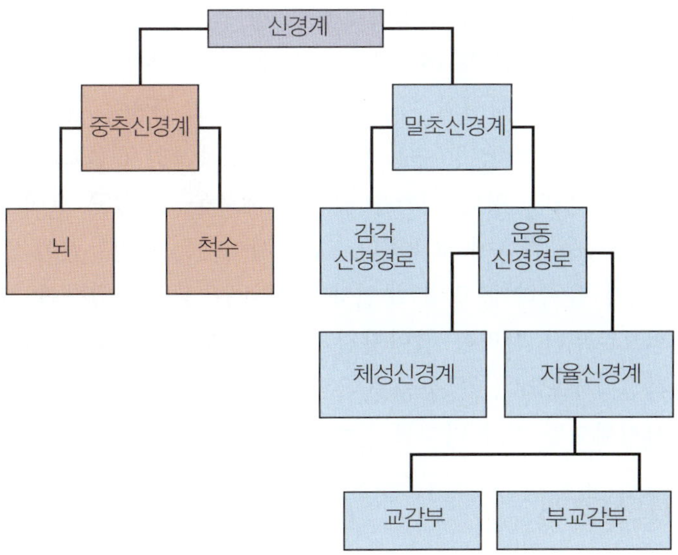

그림 28.17 척추동물 신경계의 분류
말초신경계의 운동 신호 전달계는 체성과 자율신경계이다.

체성신경계

체성신경계의 운동뉴런은 골격근을 수축시키기 위해 두 가지 방법으로 자극한다. 첫 번째, 운동뉴런은 의식적인 명령에 반응하여 수축시키기 위해 몸의 평활근을 자극한다. 예를 들어 농구공을 튀기고자 할 때, 중추신경계(CNS)는 운동뉴런을 통해 팔과 손의 근육에 메시지를 보낸다. 그러나 평활근은 의식적인 조절이 필요 없는 반사적인 행동에 의해 자극될 수 있다.

반사행동은 빠른 행동을 가능케 한다 몸의 운동뉴런은 동물이 의식적으로 위험에 두려워하기 전부터 위험한 순간에 몸이 특별히 빠르게 행동을 취할 수 있도록 감싸고 있다. 이와 같은 급작스러운 비자율적인 움직임을 일컬어 **반사(reflex)**라 한다. 위험에 대한 정보를 가진 감각신경세포는 운동신경세포에 직접적으로 정보를 전달하기 때문에 반사는 자극에 대한 신속한 운동 반응을 만들어낸다. 찰싹 때리는 것에 대한 파리의 탈출반응은 반사이다. 몸에서 가장 빈번하게 사용되는 반사 중 하나는 눈을 보호하기 위해 눈을 깜빡이는 것이다. 만약 곤충이나 흙먼지와 같은 것이 눈에 닿으면 어떤 일이 일어났는지 알기도 전에 눈꺼풀이 깜박인다. 반사는 대뇌가 눈이 위험하다는 것을 알기도 전에 일어난다.

그들은 몇몇의 신경세포 사이에 전달되는 정보를 전달하기 때문에 반사는 매우 빠르다. 많은 반사들은 절대 뇌에 닿지 않는다. "위험" 신경 충동은 단지 척수까지만 여행을 한 다음 운동 반응으로 다시 되돌아온다. 대부분 반사는 감각신경세포와 운동신경세포 사이에 단지 하나의 중간뉴런으로 연결되어 있다. **그림 28.18**의 무릎반사에서와 같은 몇몇은 단시냅스 반사이다. 자신의 힘줄을 두드렸을 때, 근육을 감싸 이완시키는 감각인 신장 수용기가 감각신경세포인 것을 그림에서 알 수 있다. 이런 이완은 근육에 해로울 수 있고 그래서 신경 충동은 척수에 보내진다. 그들 사이에는 중간뉴런이 없다. 이와 유사하게, 만약 무언가 날카로운 것을 밟았다면 그 위험으로부터 다리를 잡아당길 것이다. 찔림은 척수를 지나 감각신경세포의 신경 충동을 유발하고 다리를 수축시키는 운동신경세포를 지나 다리를 들어 올리게 된다.

자율신경계

몇몇의 운동신경세포는 잠 잘 때조차도 항상 활동적이다. 이러한 신경세포는 몸이 활동적이지 않을 때조차도 중추신경계로부터 메시지를 받는다. 이러한 신경세포들은 자율신경계를 만든다. *자율적*이라는 것은 본인도 모르게 한다는 의미다. 자율신경계는 동물성 알림 없이 일하는 근육과 샘으로 메시지를 보낸다.

자율신경계는 몸의 항상성을 유지시키기 위해 중추신경계에 의해 사용되는 명령 네트워크이다. 그것을 사용하여, 중추신경계는 심장박동을 조절하고 혈관 벽안의 근육 수축을 조절한다. 그것은 혈압, 숨쉬고, 소화계를 통해 음식을 이동시키는 것을 조절하는 근육과 직접 닿아 있다. 그것은 또한 눈물, 점액, 소화효소를 분비하기 위한 분비선 자극을 돕는다.

자율신경계는 하나의 것에 반작용하는 두 가지 분류로 구성된다. 한 가지는 **교감신경계(sympathetic nervous system)**로써 비상시에 두드러진다. 그것은 "싸움 또는 도주"반응, 증가되는 혈압, 심박수, 호흡, 혈류량을 조절한다. 교감신경계는 **그림 28.19**에서 분홍색으로 표시되었고, 그림 안에서 척수의

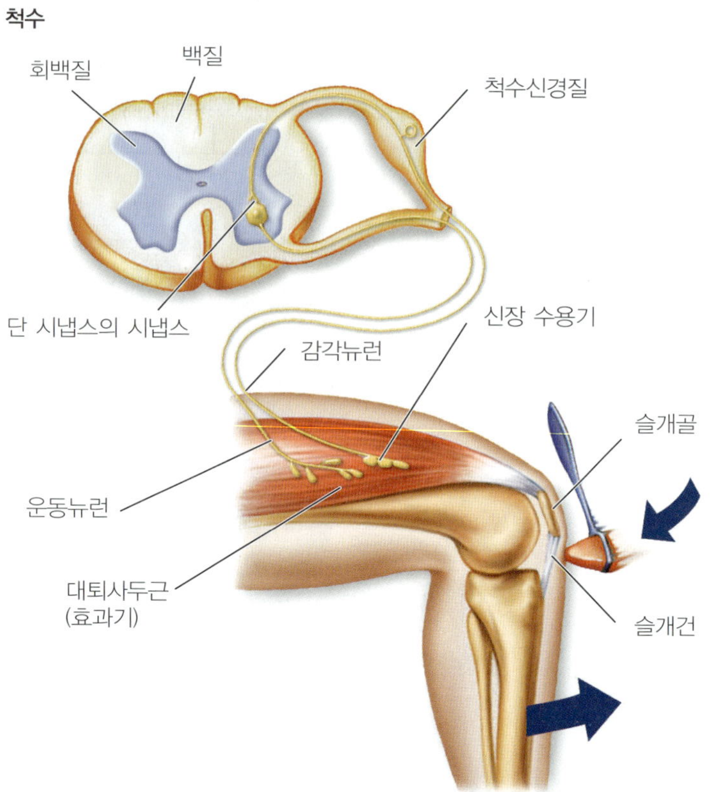

그림 28.18 무릎 반사
가장 유명한 자율 반응인 무릎반사는 대퇴사두근에서 신장 수용기의 활성에 의해 발생한다. 고무망치로 슬개건을 두드렸을 때 근육과 신장 수용기는 늘어난다. 신호는 척수 감각신경세포까지 전달된다. 척수는 감각신경세포가 운동신경경로를 자극하는 곳이다. 운동신경세포는 수축하기 위해 대퇴사두근까지 신호를 전달한다.

오른쪽에 위치한 어두운 색으로 표시된 **신경질(ganglia)**로 불리는 신경세포 몸체 덩어리의 척수로부터 뻗어 나온 짧은 운동 축색돌기의 네트워크로 구성된다. **그림 28.16**에서 신경질을 볼 수 있다. 신경질로부터 확장된 긴 운동신경세포는 기관을 목표로 삼는다. 또 다른 분류는 **부교감신경계(parasympathetic nervous system)**로서 반대 효과를 가진다. 그것은 소화와 배설을 향상시키고 심박수와 호흡을 느리게 함으로써 에너지를 아낀다. 부교감신경계는 파란색으로 표시되고 척수의 위와 아래 지점 안의 운동신경세포로부터 확장된 긴 축색돌기의 네트워크로 구성된다: 이러한 축색돌기는 기관의 바로 가까이에 있는 신경질까지 확장된다. 또한 그것은 신경질로부터 기관 가까운 곳까지 확장된 짧은 운동신경세포를 구성한다. 대부분의 분비선, 평활근, 심장근은 교감신경계와 부교감신경계 양쪽으로부터 끊임없이 신호를 받는다. 중추신경계는 기관을 자극하고 억제하기 위한 두 가지 신호 비율에 변화를 줌으로써 활성을 조절한다.

> **주요 학습 요점 28.8** **자율신경계는 골격근까지 명령을 전달하고 의식적인 생각에 의해 조절될 수 있다. 체성신경계는 근육과 샘까지 명령을 전달하고 샘은 의식적인 생각에 의해 조절될 수 없다.**

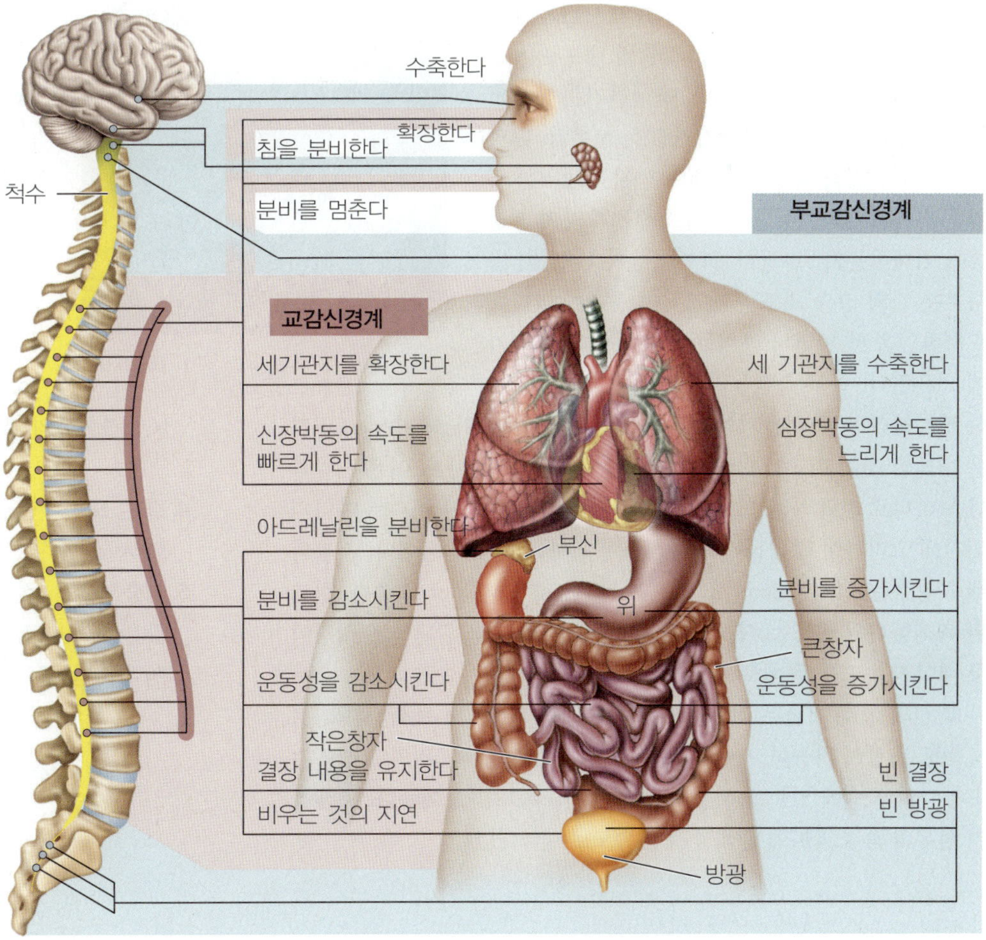

그림 28.19 어떻게 교감신경계와 부교감신경계는 상호 작용하는가?

신경경로는 양쪽 신경계로부터 아드레날린을 제외하고(아드레날린은 단지 교감신경계에 의해 자극된다) 모든 기관까지 길게 뻗어 있다.

질문 & 분석

더 큰 신경이 빠를까?

이 장에서는 신경의 축색돌기는 미엘린 수초라고 하는 절연체의 덮개를 가지고 있다고 배웠지만 많은, 신경의 축색돌기는 미엘린 수초를 가지고 있지 않다. 모든 축색돌기는 같은 것이 아니다. 몇몇은 가는 철사와 같이 가늘고 다른 것들은 더 굵다. 사람 체내의 운동 축색돌기는 직경이 1~5μm이지만 오징어의 외투근에 있는 거대 운동 축색돌기는 무려 직경이 500μm이다. 왜 크기에 큰 차이가 있는 것일까? 물리학에서는 신경 축색돌기의 전달속도와 직경과의 사이에 서로 관련이 있다고 말을 한다. 전도속도가 정확히 10배 증가하려면 섬유의 직경이 100배 증가해야 한다. 오징어의 거대 축색돌기는 사람의 운동 축색돌기보다 100배 두껍다. 그럼 그것은 10배 더 빠른가? 그렇다. 사람의 전도속도는 2m/s로 측정되었고 오징어의 거대 축색돌기의 전도속도는 25m/s로 측정되었다.

사람과 같은 척추동물의 몸에 있는 거의 모든 운동신경 축색돌기는 미엘린 수초로 절연되어 있다. 그리고 그것들은 전기 신호가 축색돌기의 절연 처리된 부분을 점프하여 신호를 더 빠르게 전송한다. 오른쪽 사진은 신경 축색돌기의 묶음을 보여준다. 그들의 대부분은 절연되어 있고 도넛처럼 보인다. 축색돌기는 피부의 온도감지 수용체의 축색돌기처럼 5μm부터, 다리 근육의 섬유질의 직경처럼 20μm까지 광범위한 크기를 가지고 있다. 굵고 절연된 축색돌기의 빠른 전송을 기대하는가? 그렇다. 그 이유는? 축색돌기 마디부분 간의 전송 속도는 전기적인 충격이 마디에 도착하였을 때 얼마나 많이 이온 채널이 열리는 가에 의존한다. 만약 축색돌기를 원통이나 파이프처럼 생각한다면, 축색돌기의 마디에 드러나는 이온 채널의 수와 표면적은 비례할 것이고, 큰 축색돌기의 표면적이 더 클 것이며, 이온 채널과 다음 마디로 전달되는 신호는 더 빠를 것이다. 표면적은 어디든 마디의 위치에 고려하여 축색돌기의 둘레를 확인하는 것이 관점이다. 지름의 배수 상수는 3.14159265이고 읽을 때는 "파이" 쓸 때는 π 로 쓴다. 절연된 축색돌기의 속도는 직경과 직접적으로 비례한다. 간단하게 직경이 두 배이면 속도를 두 배로 빠른가?

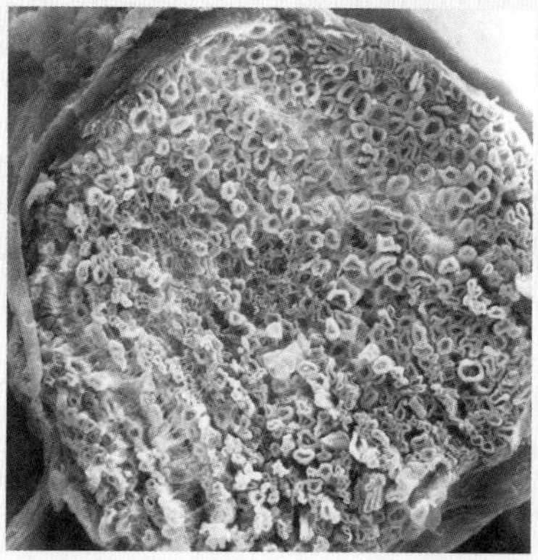
6.25 μm

최신의 전극 기술은 직접적으로 척추동물의 몸에서 축색돌기의 전도속도 측정이 가능하고 이 질문의 답을 얻을 수 있다. 위의 그래프는 고양이의 골수에 있는 축색돌기 섬유의 전도속도를 보여준다. 축색돌기 섬유의 측정 굵기에 반해서 측정 속도로 나타내었다.

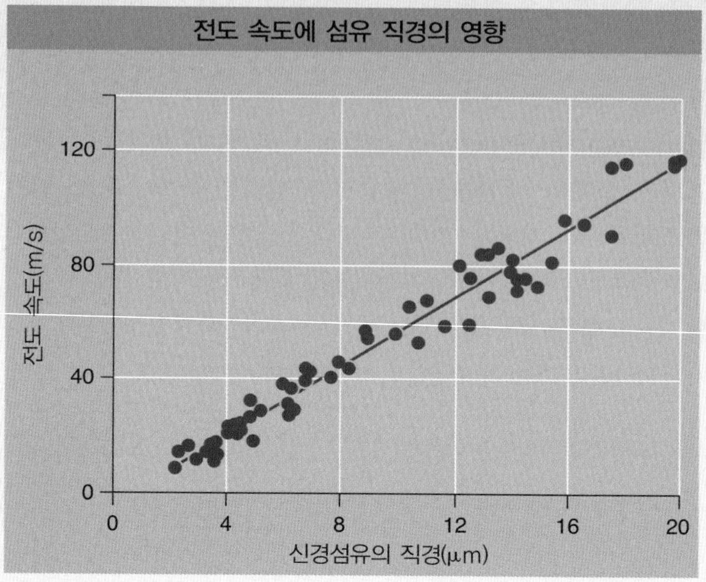

1. 개념 적용
- **a.** 종속변수는 무엇인가?
- **b. 범위** 조사한 신경섬유의 직경의 범위는?
- **c. 빈도** 좁은 것(8μm이내) 또는 굵은 것(12μm 이상)의 조사 빈도는?

2. 자료 분석
- **a.** 직경이 4μm의 신경섬유의 전도속도는?
- **b.** 직경이 8μm인 신경섬유의 전도속도는?
- **c.** 직경이 16μm인 신경섬유의 전도속도는?

3. 추론하기
- **a.** 전도속도는 섬유의 직경이 클수록 빠른가?
- **b.** 신경섬유의 직경이 두 배가 되었을 때, 전도속도에 미치는 효과는?

4. 결론 도출 이 자료들은 섬유의 직경은 전도속도와 직접적으로 비례한다는 결론을 나타낼까?

5. 심층 분석 절연된 축색돌기의 전달속도는 마디 사이의 거리가 짧은 것이 더 빠를까? 아니면 긴 것이 더 빠를까? 어떻게 실험을 수행할 것인가?

단원 복습

뉴런과 기능

28.1 동물 신경계의 진화

- 동물들은 그들의 환경에 대응하도록 신경계를 사용한다. 척추동물에서 주요 신경 시스템(뇌와 척수)은 감각신경계로부터 정보를 받아들이고 운동신경계를 통하여 명령을 내린다(**그림 28.2**).
- 신경계는 뉴런과 지지세포로 구성되어 있다. 신경계에서 세 종류의 뉴런을 찾아냈다. 감각뉴런, 운동뉴런, 연합뉴런이다(**그림 28.1**).
- 동물에서 신경계는 신경 그물로부터 더 복잡한 시스템으로 진화하였다(**삽입 그림, 687쪽**).

28.2 뉴런의 신경자극 발생

- 뉴런은 정보를 받는 수지상 조직과 세포로부터 충격을 전도하는 긴 축색돌기로 이루어진 하나의 세포체를 가진다.
- 뉴런은 신경계에서 세포의 큰 부분을 구성하는 신경교세포에 의해 도움을 받는다. 슈반세포와 희돌기교세포는 신경교세포의 두 가지 종류의 아주 중요한 세포이다. 이 세포들은 미엘린이라고 하는 지방질의 껍질로 싸여져 있는 축색돌기와 함께 빽빽하게 연결되어 있다(**그림 28.3**). 미엘린 수초의 존재는 신경 충격의 전도의 속도를 높여 준다.
- 뉴런이 휴식 상태일 때, 나트륨-칼륨 펌프는 뉴런의 외부를 내부보다 양전하를 띠게 만든다. 이와 같은 상태를 휴지막전위라고 한다.
- 신경자극은 뉴런의 세포막에 어떤 종류의 감각의 입력이 방해되었을 때 시작되고 이는 나트륨 통로 열림의 원인이 된다. 막의 일부분에서 일어나는 이온의 움직임은 전기적인 성질의 변화에 의해 일어나고 이를 탈분극이라고 한다. 만약 전압이 변화에 많이 필요로 하는 경우 인접한 이온 채널이 열리는 것의 원인이 된다. 이것은 활동전위의 계기가 되고, 탈분극의 증가는 축색돌기를 통하여 넓게 퍼지게 된다(**핵심 생물학 과정, 689쪽**).

28.3 시냅스

- 신경 충격이 축색돌기의 끝에 도달할 때, 뉴런과 다른 세포 사이의 틈을 교차하여 신호를 전달한다. 뉴런과 다른 세포들 사이의 교차점을 시냅스라고 한다(**그림 28.4**).
- 신호 전달은 축색돌기 끝에서 화학물질이 포장된 주머니에 있는 신경전달물질에 의해 시냅스 간극을 가로질러 전달된다. 신경 충격이 시냅스 전 세포의 끝에 도착하게 되면 신경전달물질이 발산하게 되고 시냅스 간극을 가로질러 분산되어 시냅스 후 세포의 수용체에 부착하게 된다. 이 부착 때문에 화학작용에 의해 이온 통로가 열리게 된다. 이온의 세포막 통과는 시냅스 후 세포에서 전기적 반응을 유발한다(**그림 28.5**).

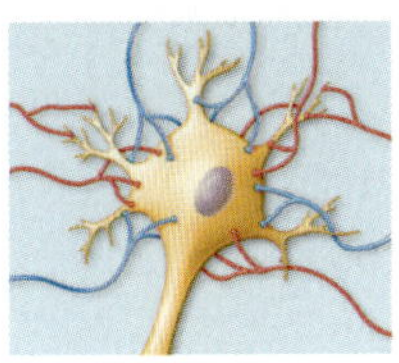

- 이온의 종류에 의존하는 세포에서 시냅스는 이온의 흐름을 자극하거나 억제한다. 모든 신경계의 입력은 **그림 28.6**에서 보는 것과 같이 시냅스 후 세포에서 통합되고 세포막전위에서 양성 또는 음성적 변화를 유발한다.
- 많은 다른 종류의 신경전달물질은 시냅스의 다른 종류에 활성을 갖고 그리고 서로 다른 반응을 유발한다.

28.4 화학적 시냅스에서의 중독성 약물의 작용

- 시냅스에서 분비되는 신경전달물질의 증가 또는 감소 효과를 가지는 분자를 신경조절물질이라고 한다. 많은 정신적 상태를 신경전달물질과 신경조절물질을 이용한 뉴런들의 그룹을 통하여 알아낸다(**그림 28.7**).
- 코카인이나 니코틴은 약물 반응에 대한 수용체인 신경계의 물리적인 변화를 만들게 되어 중독성을 가지게 되고, 그리고 약물에 다시 접했을 때 몸이 일반적인 기능으로 돌아가지 못하게 한다(**핵심 생물학 과정, 693쪽**).

중추신경계

28.5 척추동물의 뇌의 진화

- 척추동물의 진화에서 전뇌가 점점 더 중요해 지고 있다(**그림 28.10**).

28.6 뇌의 기능

- 대뇌는 사람의 뇌의 85%를 차지하고 언어능력, 의식적 사고, 기억, 성격발달, 시력, 그리고 많은 다른 높은 수준의 활동을 한다. 대뇌에서 많은 신경의 활동은 대뇌의 바깥부분에서 발생하고 이 부분을 대뇌피질이라고 한다(**그림 28.11, 28.12**).
- 시상과 시상하부는 대뇌의 밑에 있고, 정보를 진행하고 신체의 기능을 통합한다. 시상하부의 근처에는 추가로 소뇌의 해마와 편도체가 존재한다. 이것들은 변연계의 부분으로 심각한 충동과 고통, 분노, 성, 배고픔, 갈증 그리고 즐거움과 같은 감성을 포함한다(**그림 28.13**).
- 소뇌는 균형, 자세, 근육의 조절을 조절한다. 뇌간은 호흡, 삼킴, 심장박동, 소화 같은 생체기능을 조절한다.

28.7 척수

- 척수는 척추의 가시가 많은 척추 뼈에 감싸져 있는 뇌에서 아래까지 연결되는 뉴런의 연결선이다(**그림 28.16**). 운동신경은 몸을 뇌와 척수로부터의 충격에 보호하고, 척수는 신체에서, 그리고 감각뉴런은 뇌와 척수를 몸으로부터의 충격에 보호한다.

말초신경계

28.8 체성신경계와 자율신경계

- 체성신경계는 중추신경계와 골격 근육 사이에서 명령한다. 그리고 의식

적으로 조절한다. 그러나 **그림 28.18**에서 보여주는 무릎반사와 같은 반사작용은 의식적인 조절을 하지 못한다.

- 자율신경계는 교감신경과 부교감신경으로 서로 다르게 존재하고 무의식적으로 중추신경계와 근육과 분비선을 조절한다(**그림 28.19**).

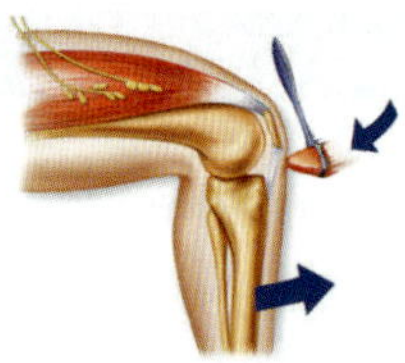

이해력 확인 문제

1. 동물의 신경계의 복잡성은 무엇의 증가로 인해 진화하는가?
 a. 동물 몸의 크기
 b. 동물 몸의 영양의 자격요건
 c. 연합뉴런으로 형성된 "뇌"
 d. 동물 행동의 유형

2. 말초신경계에서 찾을 수 없는 것은?
 a. 운동뉴런 c. 연합뉴런
 b. 감각뉴런 d. 슈반세포

3. 신경세포에서 막의 빠른 탈분극에 의한 활동전위의 원인은?
 a. 나트륨 이온의 유입 c. 칼륨 이온의 유입
 b. 나트륨/칼륨 펌프의 활성 d. 모두 옳음

4. 나트륨-칼륨 펌프는?
 a. 전파되는 활동전위를 이용한다.
 b. 휴지막전위의 유지에 중요하다.
 c. 시냅스에만 중요하다.
 d. 전압에 의한 채널이다.

5. 축색돌기와 다른 세포들 사이의 틈을 무엇이라고 부르는가?
 a. 축색 소구 c. 시냅스
 b. 축색돌기 말단 d. 활동전위

6. 자극적인 신경전달물질은 시냅스 후 뉴런에서 활동전위를 무엇에 의해 접하게 되는가?
 a. 시냅스 후 세포에서 나트륨 이온 게이트에서 접한다.
 b. 시냅스 후 세포에서 칼륨 이온 게이트에서 접한다.
 c. 시냅스 후 세포에서 염화이온 게이트에서 접한다.
 d. 시냅스 후 세포에서 칼슘 이온 게이트에서 접한다.

7. 대뇌의 대부분의 신경활동은 어디에서 발생하는가?
 a. 대뇌피질 c. 시상
 b. 뇌들보 d. 망양체

8. 몸의 내부의 활성의 통합은 무엇에 의해 조절되는가?
 a. 대뇌 c. 소뇌
 b. 시상하부 d. 뇌간

9. 변연계의 목적은?
 a. 코의 후각정보와 눈의 시각정보의 조절
 b. 비판적 생각과 배우는 과정
 c. 근육과 함께하는 시각 정보의 조절
 d. 감정 조절

10. 자율신경계의 목적이 맞는 것을 모두 고르시오.
 a. 분비선 자극
 b. 골격근육에서 정보전달 중계
 c. 심장과 평활근에서 정보전달 중계
 d. 몸의 항상성 조절

응용력 확인 문제

1. **그림 28.5*a*** 시냅스에서는 구성 요소의 구조에 돌연변이가 아니라 신호의 전송 여부에 얼마나 강하게 영향을 미칠까? 설명하시오.

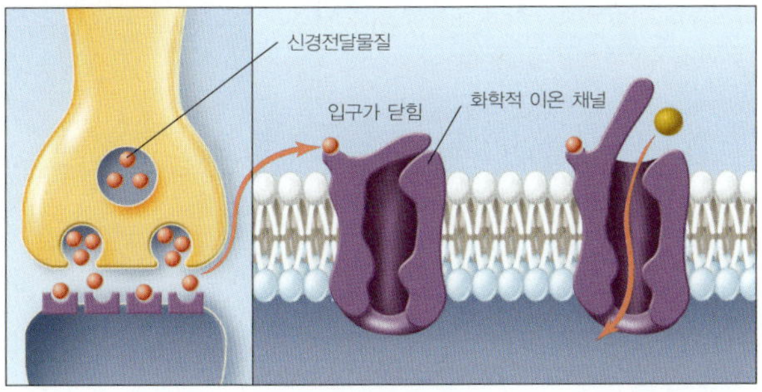

2. **핵심 생물학 과정: 약물중독(693쪽)** 아래 그림에서 보여주는 약물 중독에 대한 4단계에 대하여 설명하시오.

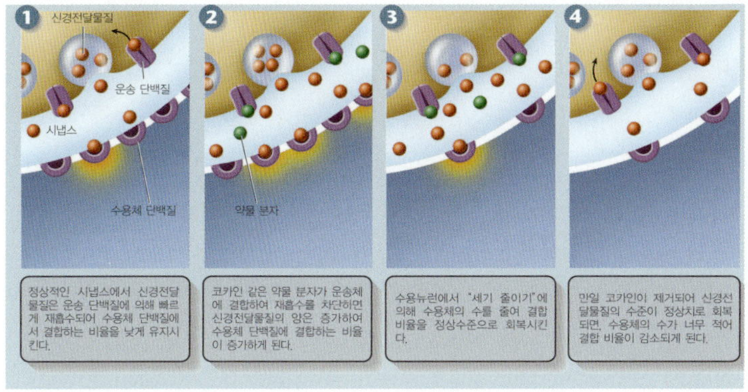

종합 학습

1. 실험자가 중앙에 전극으로 축색돌기를 자극하면, 활동전위는 양쪽 방향으로 생성된다. 만약 실험자가 축색돌기와 만나는 세포의 몸에 자극을 하면 활동전위는 단지 세포의 밖으로만 갈 것이고 세포의 안으로는 생성되지 않는다. 세포에서 축색돌기의 접합부에 어떻게 해야 더 멀리 활동전위가 퍼져나가는지 설명하시오.
2. 치명적인 식중독의 원인인 보툴리누스균 독소의 파생물인 보톡스는 신경 접합부에서 아세틸콜린의 방출을 억제하는 행동을 한다. 어떻게 사람들의 얼굴에 독소를 처리하여 성형과 같은 효과를 낳을 수 있는가?
3. 청산가리는 미토콘드리아 시토크롬 *c* 산화 효소의 억제에 의해 세포의 호흡이 멈추는 매우 치명적인 독이다. 열대 아프리카에서 주요 식량으로 카사바 뿌리를 사용하는 사람들은 청산가리의 낮은 수준에 만성 노출은 영구적인 마비로 이어질 수 있고, 또한 청산가리는 나트륨-칼륨 펌프를 사용할 수 없게 한다. 이러한 억제가 마비로 이어질 수 있는 방법에 대해 설명하시오.

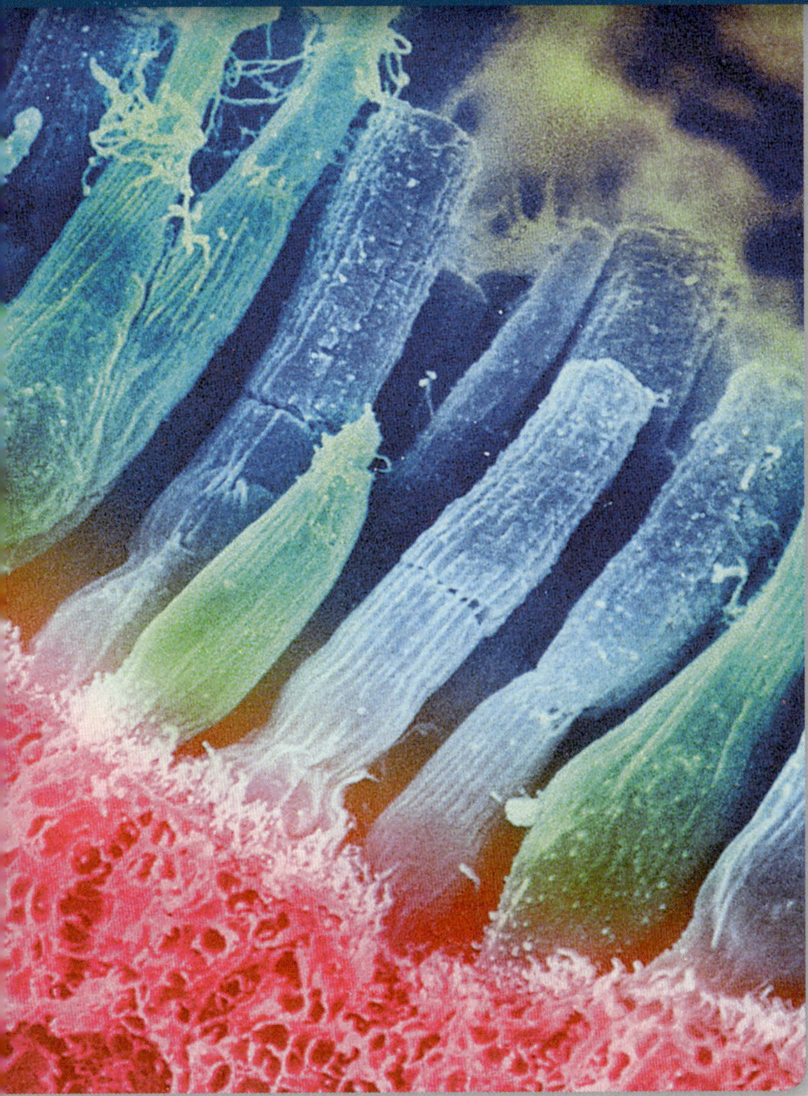

29

감각

학습단원

감각신경계

29.1 감각정보의 처리
1. 감각뉴런, 감각수용기, 감각기관 구분
2. 뇌는 어떻게 빛, 소리, 통증 등 여러 가지 자극들의 구분
3. 감각정보가 전달되고 처리되는 3단계를 나열
4. 자극에 의해 열리는 이온채널들이 어떻게 신경자극을 생성하는지 설명
5. 외부자극수용기와 내부자극수용기의 차이 구분
6. 몸의 상태에 대한 정보를 중추신경계에게 알려주는 6종류의 감각수용기

감각수용

29.2 중력과 움직임 감지
1. 어떻게 이석(otolith; 또는 평행모래)이 중력을 감지하는지 기술
2. 어떻게 반고리관이 가속을 감지할 수 있는지 기술
3. 한 방향으로 일정한 속도로 달리는 차안에서는 왜 움직이고 있다고 느껴지지 않는지 그 이유를 설명

29.3 화학물질 감지: 미각과 후각
1. 맛과 냄새 감지의 차이점 비교

29.4 소리 감지: 청각
1. 귀속 달팽이관의 소리수용체들이 어떻게 소리의 주파수 차이와 강도 차이의 식별
2. 사람이 들을 수 없는 소리를 어떻게 개들은 들을 수 있는지 설명
3. 물고기가 측선계를 통해 어떻게 주변 환경을 감지하는지 설명
4. 어두운 방에서 박쥐들이 어떻게 물체에 부딪치지 않고 날아갈 수 있는지 설명

29.5 빛 감지: 시각
1. 편형동물, 곤충, 연체동물 그리고 척추동물의 눈의 차이점을 구분
2. 사람 눈의 구조 그리기
3. 어떻게 섬모체근이 눈의 초점을 맞출 수 있는지 설명
4. 막대세포와 원뿔세포의 구분
5. 광자의 빛이 어떻게 감각신경자극을 유발하는지 설명
6. 새들이 어떻게 사람이 볼 수 없는 자외선에 가까운 빛을 볼 수 있는지 설명
7. 두눈보기가 무엇인지 정의하고 그 중요성에 대해 설명

29.6 기타 척추동물 감각
1. 독사가 어떻게 열을 감지하는지, 오리너구리가 어떻게 밤에 먹잇감을 감지하는지, 철새들이 어떻게 북쪽을 향해 날아갈 수 있는지 설명

자세히 관찰하기: 오리너구리는 눈을 감은 채 어떻게 볼 수 있을까?

질문 & 분석: 새들은 자성을 띤 입자를 나침반 바늘로 사용할까?

감각신경세포들은 위의 그림에 나와 있는 척추동물의 눈에서 발견되는 막대세포나 원뿔세포와 같은 다양한 감각수용기세포들로부터 정보를 받아들인다. 감각신경세포로부터 중추신경계로 들어오는 정보입력은 모두 같은 형태로 전달된다. 즉, 구심성 감각신경세포에 의해 활동전위의 형태로 전도된다. 서로 다른 감각신경세포들은 뇌의 서로 다른 부위로 신경정보를 투사하는데, 그 결과, 뇌의 서로 다른 부위는 서로 다른 감각유형을 인식하는 데 관여한다. 감각의 강도는 감각신경세포에 의해 전도되는 활동전위의 빈도에 의해 결정된다. 일몰, 교향곡, 심한 통증 등과 같은 자극들은 뇌에서, 어떤 감각신경세포로부터 활동전위가 전달되었는지(활동전위를 전달하는 감각신경세포의 정체), 그리고 이런 신경자극이 얼마나 높은 빈도로 전달되는지(신경자극의 빈도)의 차이에 의해서만 서로 구분이 가능하다. 그러므로 만약 청각신경을 인위적으로 자극하면, 뇌는 그 자극을 소리라고 인지하게 된다. 반면, 만약 똑같은 방식과 정도로 시신경을 인위적으로 자극하면, 뇌는 한줄기 빛을 인지하게 된다.

29.1 감각정보의 처리

여러분 주위에서 일어나는 일들에 대해 아무것도 모른다면 어떨지 상상해 본적이 있는가? 들을 수도, 볼 수도, 느낄 수도, 냄새를 맡을 수도 없다고 상상해 보라. 감각정보가 완전히 차단된다면 아마도 사람들은 얼마 견디지 못하고 정신이상자가 될 것이다. 감각은 경험으로 이어주는 다리이며, 우리를 둘러싼 모든 사물들과 우리 몸의 상관관계를 인식한다.

감각수용기들

감각신경계(sensory nervous system)는 무슨 일이 일어나고 있는지를 중추신경계에 알려준다. 감각신경세포들은 몸 내외의 변화를 감지하는 12종류 이상의 감각세포로부터 중추신경계로 신경신호를 보낸다. **감각수용기(sensory receptor)**라고 하는 특수한 감각세포들은 혈압의 변화, 인대의 당김 및 공기 중의 냄새 등과 같은 다양한 것들을 감지한다. 특히 다양한 종류의 세포와 조직으로 이루어진 복잡한 감각수용기를 **감각기관(sensory organ)**이라고 한다. 눈과 귀는 감각기관이며(**그림 29.1**), 입속의 맛봉우리(미뢰)도 역시 감각기관이다.

뇌로 들어오는 신경자극이 빛인지, 소리인지, 통증인지 뇌는 어떻게 알 수 있을까? 이런 정보는 전기회로와 같은 양식으로

그림 29.1 캥거루쥐는 특화된 귀를 가지고 있다

캥거루쥐(*Dipodomys*)의 귀는 야행성 생활에 잘 적응되어 있는데, 올빼미의 날갯짓이나 방울뱀의 비늘이 땅에 끌리는 소리와 같은 포식자가 내는 저음을 잘 들을 수 있다. 뿐만 아니라 소리 전달능력이 약한 건조한 사막 공기에도 잘 적응되어 있다.

이루어져 있다. 즉, 뉴런들은 중추신경계로 정보를 보내는 과정에 이 회로를 통해 정보를 교류하고, 뇌의 특정 부위로 정보를 보낸다. 따라서 어떤 신경신호가 빛에 대한 반응이라는 사실을 뇌가 알 수 있는 이유는, 감각신경세포로부터 오는 정보가 빛수용기세포(light receptor cell)들로 연결된 회로로부터 오는 정보이기 때문이다. 눈 가장자리를 가볍게 눌렀을 때 별빛 같은 것이 보이는 이유는, 바로 눈이 빛을 전혀 받지 않았다고 하더라도 뇌는 눈으로부터 오는 신경자극을 모두 빛이라고 인식하기 때문이다.

감각정보의 전달 경로

감각정보가 중추신경계로 전달되는 경로는 매우 간단하며, 세 단계로 이루어져 있다.

1. **자극(stimulation)** 자극은 감각수용기에 영향을 끼친다.
2. **변환(transduction)** 감각수용기는 감각신경세포에 있는 이온통로(ion channel)의 열림 또는 닫힘을 촉발시킴으로써 받아들인 자극을 전기적 신호인 전위차(electrical potential)로 변환시킨다.
3. **전도(transmission)** 감각신경세포는 구심성 신경경로를 따라 신경자극을 중추신경계로 전달한다.

모든 감각수용기들은 감각신경세포의 세포막에 존재하는 **자극개폐성 이온통로(stimulus-gated channel)**를 열거나 닫음으로써 신경자극을 촉발시킬 수 있다. 빛광수용기(photoreceptor)를 제외하고는 이런 이온통로들은 모두 세포막의 탈분극을 유도하여 신경신호를 시작할 수 있는 나트륨이온통로(sodium ion channel)이다. 만약 어떤 자극이 충분히 크다면, 그 자극에 의해 유도된 탈분극은 활동전위(action potential)를 촉발시킬 것이다. 감각자극이 크면 클수록 감각수용기는 더 큰 탈분극을 보이고, 그 결과 더 높은 빈도로 활동전위가 만들어진다. 이온통로들은 화학물질 또는 기계적 자극(건드림, 열, 낮은 온도 등과 같은 미세한 동요)에 의해 열린다. 이온통로의 열림을 촉발시킬 수 있는 환경적 자극요인의 특성에 따라 수용기들은 서로 구분된다. 신체에는 다양한 종류의 수용기들이 있는데, 각 수용기들은 서로 다른 측면의 신체 상태, 또는 서로 다른 성질의 외부 환

경에 민감하게 반응한다.

외부수용기(exteroceptor)는 외부 환경으로부터 유래된 자극을 감지한다. 대부분의 척추동물 외부 감각들은 척추동물이 육상으로 진출하기 전에 물속에서 진화되었다. 그 결과, 많은 육상동물의 감각은 (바다에서 육지로 옮겨올 때 이미 가지고 있던 감각수용기를 사용) 물속에서 자극이 잘 전달될 수 있도록 자극을 증폭한다. 예를 들어 청각의 경우, 원래 수중동물들에서 진화된 수용기와 유사한 수용기를 사용하여, 공기로 전달되는 자극을 수중자극으로 변환시킨다. 물고기의 전기기관(electric organ)과 같이 물속에서 잘 작용하는 몇몇 척추동물 감각계들은 공기 중에서 잘 작용을 못하며, 육상척추동물에서는 발견되지 않는다. 반면, 몇몇 육상거주 동물은 적외선수용기와 같이 바다에서 잘 작용할 수 없는 감각계를 가지고 있다. 게다가 몇몇 생명체는 지구의 자기장을 감지할 수 있는 듯하다.

내부수용기(interoceptor)는 몸의 내부로부터 오는 자극을 감지한다. 이런 내부수용기는 근육의 이완과 긴장, 사지(limb)의 위치, 통증, 혈액의 화학물 조성, 혈액의 양과 혈압, 몸의 온도 등과 관련된 자극을 감지한다. 대부분의 내부수용기는 외부자극을 감지하는 수용기에 비해 상대적으로 단순한 구조를 가지고 있으며, 원시적인 감각수용기와 유사한 성질을 가지고 있다고 여겨진다.

내부 환경의 감지

몸 내부의 감각수용기들은 몸의 상태에 대한 정보를 중추신경계로 보낸다. 대부분의 이런 정보는 항상성 조절 중추인 시상하부로 보내진다. 뇌에서 이 부위는 몸의 항상성 유지, 즉 몸의 내부 환경을 일정하게 유지시키는 일을 책임진다. 척추동물의 몸은 다양한 종류의 서로 다른 감각수용기를 사용하여 서로 다른 형태의 내부 환경에 반응한다.

온도 변화(temperature change) 피부에서 2종류의 신경말단이 온도 변화에 민감하게 반응하는데, 하나는 차가운 온도, 다른 하나는 따뜻한 온도에 의해 자극된다. 두 신경말단으로부터 온 정보를 비교함으로써 중추신경계는 온도가 어느 정도이며, 또 온도가 변화고 있는지 아닌지를 알 수 있다.

혈액의 화학적 조성(blood chemistry) 대동맥 벽에 있는 수용기는 혈액 내 CO_2 농도를 감지한다. 이 정보를 이용하여 뇌는 호흡률을 조절하는데, CO_2 농도가 정상보다 높을 경우 호흡률을 높인다.

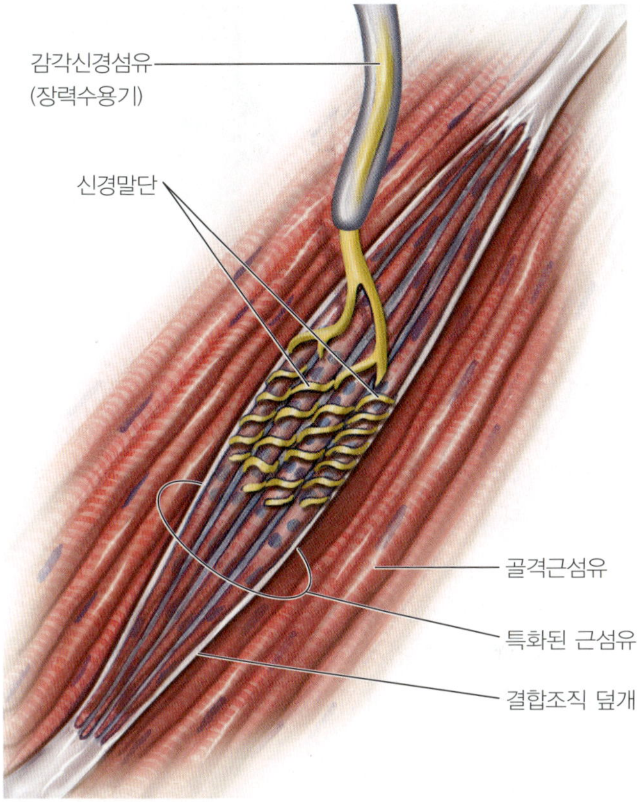

그림 29.2 골격근 속에 묻혀 있는 장력수용기
근육이완은 특수한 근 섬유를 늘어나게 하여 신경말단의 형체를 변형시킴으로써, 신경말단이 신경섬유를 따라 신경자극을 보내게 만든다.

통증(pain) 조직 손상은 조직 내에 있는 특수한 신경말단에 의해 감지되는데, 이들 신경말단은 대개 조직 손상이 일어나기 쉬운 표면 근처에 존재한다. 이런 신경말단이 물리적으로 손상되거나 형체가 변형되면, 중추신경계는 반사적으로 몸 부위를 피하는 반응을 하는데, 이런 반응은 종종 심장박동과 혈압의 변화를 동반한다.

근육수축(muscle contraction) 근육 깊숙한 곳에는 장력수용기(stretch receptor)라는 감각수용기가 존재한다(701~703쪽 참조). **그림 29.2**에 나와 있는 것과 같이, 각 감각신경의 말단은 근섬유 주위를 감고 있다. 근육이 이완되면, 근섬유가 길어져서 휘감고 있는 신경말단을 잡아당김으로써 (마치 스프링을 당기는 것과 같음) 지속적인 신경자극을 뇌로 보내게 한다. 이와 같은 신호를 통해 뇌는 특정 순간에 근육의 길이가 어느 정도 변하는지를 알게 된다. 이런 정보를 이용하여 중추신경계는 숨쉬기나 운동 등과 같이 여러 근육들의 조화로운 작용이 요구되는 움직임을 조절하게 된다.

혈압(blood pressure) 혈압은 기압수용기(baroreceptor)에 의해 감지되는데, 그 신경말단은 주요 동맥의 벽 속에 여러 갈

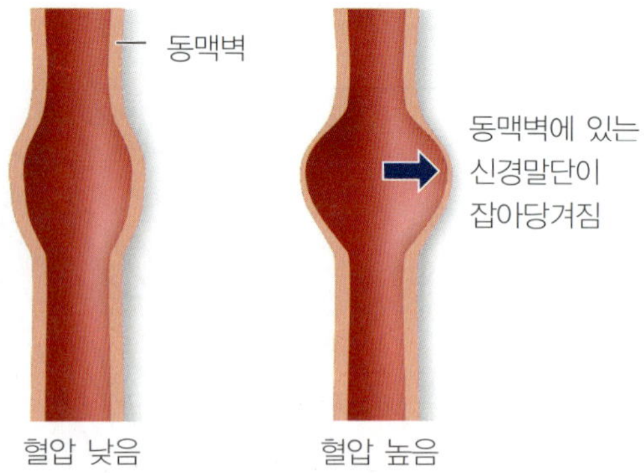

그림 29.3 기압수용기가 작동하는 원리
신경말단 네트워크가 벽이 얇은 동맥 부위를 뒤덮고 있다. 혈압이 높아지면, 얇은 벽 부위는 풍선처럼 부풀어 올라서 신경말단을 이완시켜 신경자극을 촉발시킨다.

래의 가지를 쳐서 분포한다. 혈압이 올라가면, 동맥벽의 이완에 의해 (**그림 29.3** 참조) 감각뉴런이 중추신경계로 보내는 신경자극의 빈도가 높아진다. 동맥벽이 이완되지 않을 경우, 감각뉴런이 보내는 신경자극의 빈도는 낮아진다. 따라서 신경자극의 빈도는 중추신경계가 지속적으로 혈압을 측정할 수 있게 해준다.

촉감(touch) 촉감은 피부표면 아래에 묻혀 있는 압력수용기에 의해 감지된다. 매우 다양한 종류의 압력수용기가 있는데, 어떤 것은 압력의 급속한 변화를 감지하고, 다른 것은 가해지는 압력의 강도와 지속시간을 감지하며, 또 다른 것은 진동에 민감하다.

주요 학습 요점 29.1 **감각수용기는 자극에 반응하여 신경자극(nerve impulse)을 유도한다. 모든 감각신경자극는 기본적으로 동일한데, 다만 그것을 촉발시키는 자극의 종류, 그리고 그것이 최종적으로 도달되는 뇌 부위가 다를 뿐이다. 다양한 감각수용기가 몸 내부 환경의 여러 측면에 대한 정보를 시상하부로 보냄으로써 몸의 항상성 유지를 가능하게 해준다.**

감각수용

29.2 중력과 움직임 감지

귀 속에 있는 두 종류의 수용기들이 3차원 공간에서 몸의 위치에 대한 정보를 뇌로 보낸다. 이런 정보는 동물이 자유롭게 움직이고 균형을 잡을 수 있게 해준다. **그림 29.4**는 내이의 해부학적 구조와 이런 수용기가 존재하는 위치를 보여주고 있다.

균형 몸의 균형을 유지하려면 뇌는 일종의 비교 지표가 필요한데, 중력을 그 지표로 이용한다. 중력을 감지하는 감각수용기는 내이의 타원주머니(utricle)과 둥근주머니(saccule) 속에 있는 털세포이다❶. 털세포의 끝은 **이석(otolith)**을 포함하고 있는 젤라틴성 기질을 향에 뻗어 있다❷. 이 수용기가 어떻게 작용하는지를 이해하려면, 컵 속에 세워져 있는 연필을 상상해 보자. 컵을 어떤 방향으로 기울이더라도 연필은 컵의 가장자리를 따라서 굴러갈 것이며, 이때 컵이 기울어지는 방향의 가장자리 쪽으로 압력이 가해지는데, 이것을 통해 컵이 기울어지는 방향을 알 수 있다. 이와 유사하게, 타원주머니와 둥근주머니 속의 이석은 중력이 가해지는 방향으로 젤라틴 기질을 움직여서 털세포를 자극하는데, 이를 이용하여 뇌는 공간적 위치를 측정한다.

움직임 움직임을 감지하는 수용기속의 액체는 움직이는 방향과 반대방향으로 섬모를 구부러뜨리는데, 뇌는 이런 수용기이 도움으로 움직임을 감지한다. 내이 속에는 액체로 채워져 있는 3개의 **반고리관(semicircular canal)**이 있는데, 각 관은 서로에 대해 각각 직각 방향의 평면으로 향하고 있어서❶ 어떤 방향의 움직임도 감지 가능하다. 관속에는 감각세포로부터 섬모가 뻗어 나와 있다. 각 세포로부터 뻗어 나온 섬모들은 *마루*(cupula)라고 하는 천막 모양의 구조물 속에 배열되어 있는데, 그림의 ❸에 나와 있는 것과 같이, 머리가 움직이는 방향의 반대쪽으로 세반고리관 속의 액체가 움직이면 마루가 눌려진다. 3개의 관이 3차원 공간에서 모든 방향으로 향하고 있으므로, 어떤 방향으로의 움직임이던지 적어도 하나의 관에 의해 감지되며, 뇌는 각 관으로부터 오는 감각정보를 비교하여 복잡한 움직임을 분석할 수 있다.

신체가 직선으로 일정하게 움직일 때 관 속의 액체는 움직이

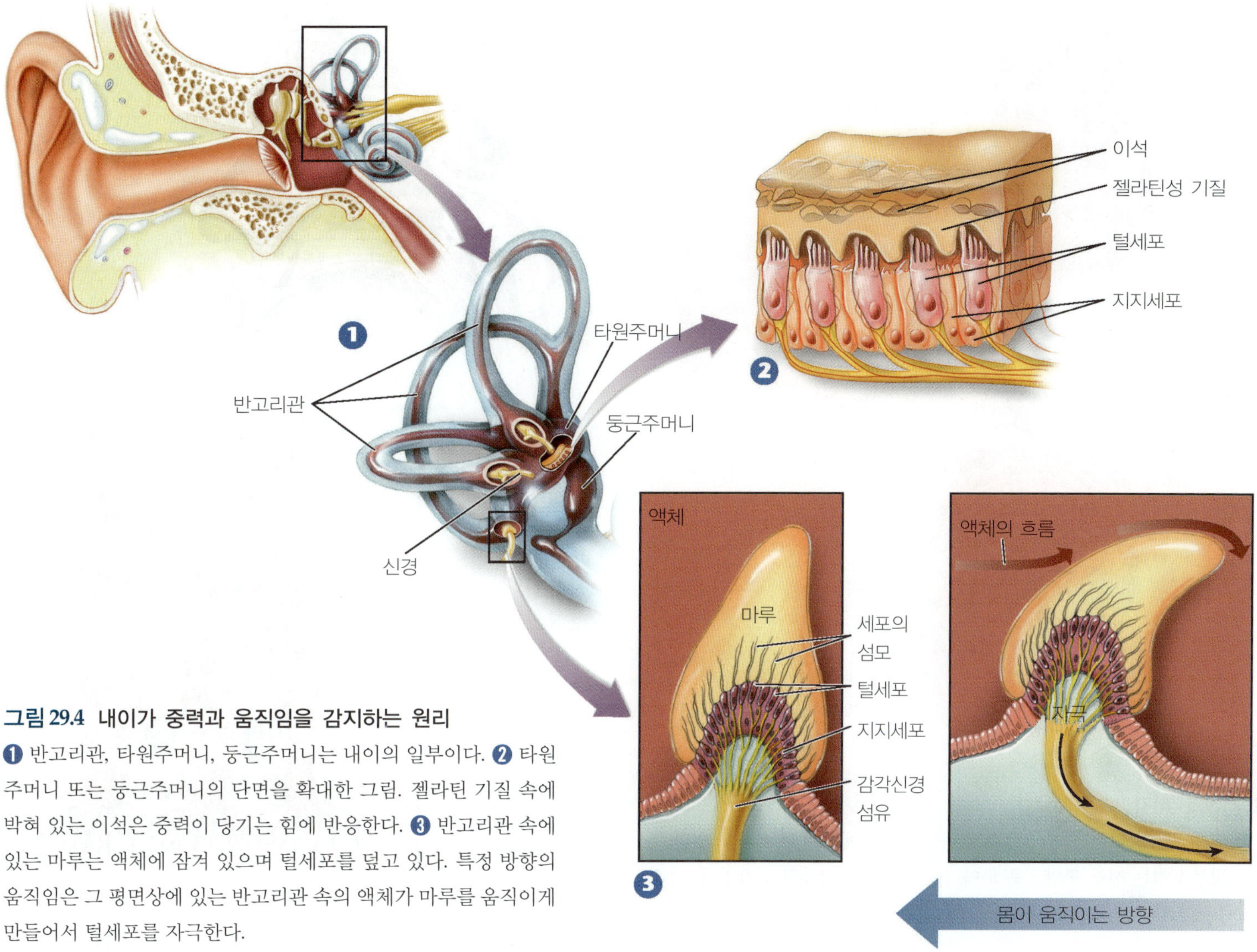

그림 29.4 내이가 중력과 움직임을 감지하는 원리
❶ 반고리관, 타원주머니, 둥근주머니는 내이의 일부이다. ❷ 타원주머니 또는 둥근주머니의 단면을 확대한 그림. 젤라틴 기질 속에 박혀 있는 이석은 중력이 당기는 힘에 반응한다. ❸ 반고리관 속에 있는 마루는 액체에 잠겨 있으며 털세포를 덮고 있다. 특정 방향의 움직임은 그 평면상에 있는 반고리관 속의 액체가 마루를 움직이게 만들어서 털세포를 자극한다.

지 않기 때문에, 반고리관은 반응하지 않는다. 한 방향으로 일정한 속도로 움직이는 차나 비행기 속에서 움직이지 않는 것처럼 느껴지는 것은 바로 이런 까닭이다.

주요 학습 요점 29.2 **이석이나 액체의 움직임에 의해 야기되는 섬모의 구부러짐을 통해 신체는 중력과 가속도를 감지한다. 신체는 일정한 방향으로 등속운동을 하는 움직임은 감지하지 못한다.**

29.3 화학물질 감지: 미각과 후각

척추동물은 공기나 음식물 속에 있는 여러 가지 화학물질을 감지할 수 있다.

미각(맛)

혀의 표면 깊숙이에는 *맛봉오리*(또는 미뢰; taste bud)가 들어 있는데, 맛봉오리는 **그림 29.5**에 나와 있듯이 혀 표면에 돋아 올라 있는 부위인 *유두*(papillae)에 분포하고 있다. 유두를 확대해서 보면 맛봉오리는 양파세포 모양의 구조를 하고 있으며, 많은 미각수용세포(taste receptor cell)를 포함하고 있는데, 각 수용세포는 손가락 모양의 미세융모(microvillus)를 혀 표면으로 나

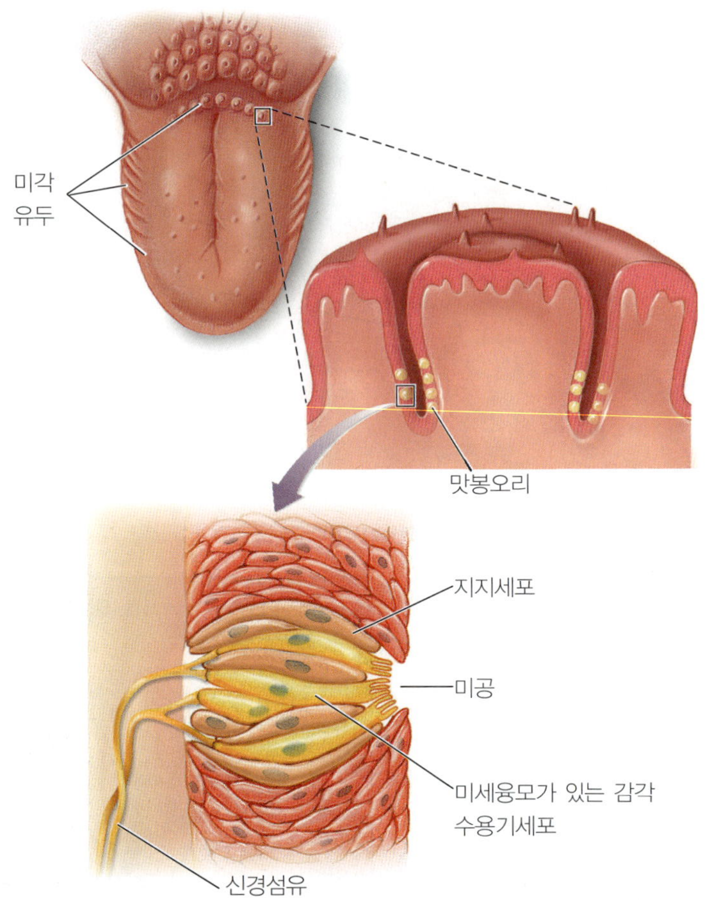

그림 29.5 미각

사람 혀의 맛봉오리는 대개 유두라고 하는 돌출부에 무리를 이루고 있다. 개별 맛봉오리는 전구 모양으로 모여 있는 미각수용기들의 집합인데, 미각수용기는 미공을 통해 입 속으로 노출되어 있다.

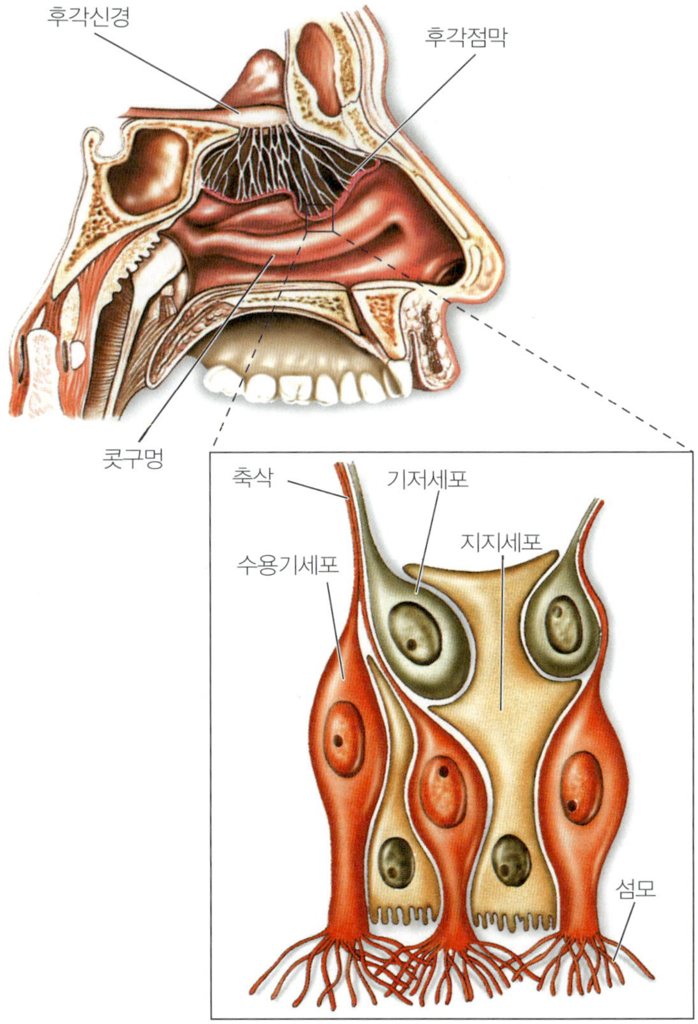

그림 29.6 후각

사람은 콧구멍의 펴면에 위치하고 있는 수용기 세포를 이용하여 냄새를 맡는다. 수용기 세포는 뉴런의 일종이다. 이 감각뉴런으로부터 뻗어나온 축삭은 후각신경을 거쳐 직접적으로 뇌로 들어간다.

있는 구멍인 미공(taste pore) 속으로 뻗고 있다. 음식 속의 화학물질은 침 속에 녹아서 미공을 통해 미각세포와 접촉한다. 음식물 속의 서로 다른 화학물질은 맛봉오리에서 서로 다른 방식으로 감지되기 때문에, 짠맛, 신맛, 단맛, 쓴맛, 감칠맛(고기맛, 우마미)으로 구분되어 인식된다. 혀에 화학물질이 닿으면, 미각세포로부터 정보가 감각뉴런으로 전달되고, 감각뉴런은 뇌로 신호를 보낸다.

후각(냄새)

코 속에는 화학물질에 민감하게 반응하는 뉴런들이 있는데, **그림 29.6**의 단면도에 나와 있듯이 그들의 세포체는 콧구멍의 상피층 속에 박혀 있다. 화학물질이 발견되면, 이 감각뉴런(확대한 그림에서 빨간색 세포들)은 후각정보를 처리하고 분석하는 뇌로 정보를 보낸다. 많은 척추동물에서 (개가 좋은 예) 이 뉴런들은 사람보다 훨씬 민감하다.

맛뿐만 아니라 냄새는 동물에게 먹이에 대한 정보를 제공하는데 있어서 매우 중요하다. 심한 감기에 걸려서 코가 막혔을 때, 음식 맛을 제대로 못 느끼는 것은 이와 같은 이유 때문이다. 그 외 다른 수용기들도 또 다른 역할을 한다. 예를 들면, 음식에서 고추맛과 같은 매운 맛은 화학수용기가 아니라 통각수용기에 의해 감지된다.

주요 학습 요점 29.3 **맛과 냄새는 화학적 감각이다. 많은 척추동물은 후각이 매우 잘 발달되어 있다.**

29.4 소리 감지: 청각

소리를 듣는 것은 귀를 두드려서 고막을 앞뒤로 흔드는 공기압력의 파동인 공기의 진동을 감지하는 것이다. **그림 29.7**에서 볼 수 있듯이, 고막의 안쪽에는 진동의 힘을 증폭시키는 지렛대 역할을 하는 이소골(ossicles)이라고 하는 3개의 작은 뼈가 있다. 이 뼈들은 증폭된 진동을 또 다른 막을 거쳐서 내이 속에 있는 액체에 전달한다. 내이의 액체로 채워져 있는 방은 탄탄하게 감겨 있는 달팽이 껍질 모양이어서 라틴어로 "달팽이"라는 뜻에서 유래된 달팽이관(와우, cochlea)이라고 한다. 이소골이 있는 중이(middle ear)는 유스타키오관을 통해 목구멍으로 연결되어 있어서 신체 외부와 중이의 공기압은 차이가 없다. 이와 같은 이유로 비행기에서 내릴 때 고막 양쪽의 기압이 같아져서 귀는 종종 "펑"하고 뚫린다. 이처럼 기압이 같아져서 고막이 제대로 작동할 수 있다.

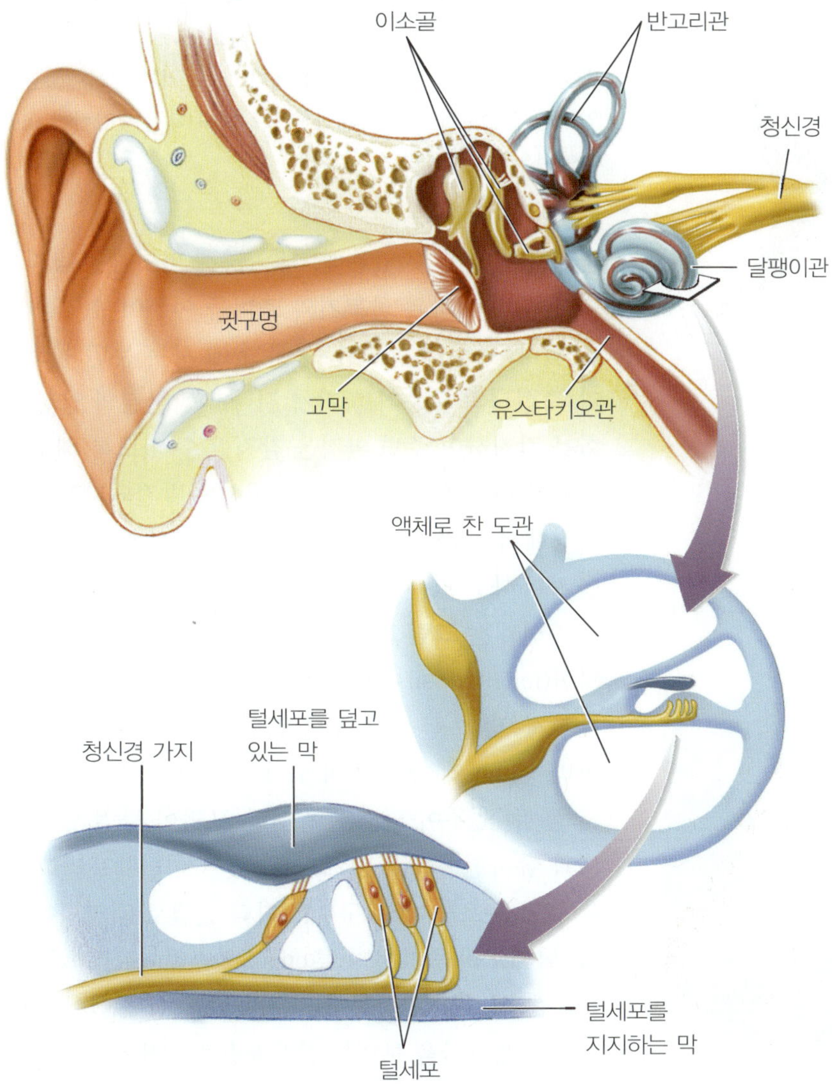

그림 29.7 사람 귀의 구조 및 기능
귓구멍을 통해 들어온 소리 파동은 고막을 두드려서 3개의 작은 뼈인 이소골을 내부의 막 쪽으로 누른다. 이는 달팽이관 속의 관을 채우고 있는 액체를 출렁거리게 하여 파동운동을 유도한다. 이런 파동은 털세포를 덮고 있는 막을 털세포에 대하여 앞뒤로 움직이게 만들며, 이는 연결되어 있는 뉴런들이 신경신호를 촉발하도록 유도한다.

달팽이관 속의 청각수용기는 털세포들인데, 이들은 나선 모양으로 감겨 있는 달팽이관의 중앙을 따라 길게 뻗어 있는 막 위에 위치하고 있다. 확대된 그림에 나와 있듯이, 이 막은 달팽이관 내부를 액체가 찬 아래 위의 방으로 나눈다. 털세포들은 달팽이관의 액체가 찬 방으로 직접 닿아 있지는 않고, 그 대신 또 다른 막으로 덮여 있다(그림에서 진한 파란색). 소리 파동이 달팽이관에 도달하면, 방속의 액체를 움직이게 한다. 움직이는 액체는 이 같은 막 "샌드위치"를 진동시켜서, 털세포의 강모가 구부러지게 만들어 감각뉴런으로 신경신호를 보내서 뇌로 전달하도록 유도한다.

서로 다른 주파수의 소리는 막의 서로 다른 부위를 진동시켜 서로 다른 감각뉴런을 자극한다. 따라서 중추신경계는 어떤 부위의 감각뉴런이 신경신호를 내고 있는지를 분석하여 소리자극의 주파수를 파악한다. 고주파수의 소리 파동은 [초당 약 20,000진동(또는 주기) 또는 20,000Hz] 중이에 가장 가까운 쪽에 있는 막 부위를 움직인다. 중간 길이 주파수는 (약 2,000Hz) 달팽이관을 따라서 중간쯤 되는 부위의 막을 움직인다. 가장 낮은 주파수의 소리 파동은 (약 500Hz) 달팽이관의 맨 끝 부위의 막을 움직인다.

소리의 강도는 감각뉴런이 *얼마나 빈번하게* 신경신호를 생성하느냐에 의해 결정된다. 청력은 달팽이관 속에 있는 막의 신축성에 의존적이다. 사람은 초당 20진동 이하의 저음은 들을 수 없다. 사람은 어릴 때는 초당 최고 20,000진동까지의 고음을 들을 수 있지만, 나이가 들면서 청력이 감소된다. 개는 초당 40,000진동의 소리도 어렵지 않게 들을 수 있어서, 사람에게는 아무 소리가 나지 않는 것처럼 느껴지는 고음의 강아지 호루라기에 반응한다.

시끄러운 소리에 오랫동안 노출되거나 자주 노출되면 털세포와 막(특히 고주파에 반응하는 달팽이관의 막 부위)이 손상될 수 있다. 고주파 소리에 대한 청력 감퇴는 특히 주위가 시끄러운 상황에서 특정 소리를 들을 수 있는 능력에 영향을 떨어뜨린다.

측선계

측선계는 물고기의 청각을 보완한다. 이것은 또 다른 감각 구조물에 의해 작동하는데, "원거리 촉감(distance touch)"에 대한 감각을 제공해 준다. 물고기는 파동과 저주파 진동을 반사하는

그림 29.9 초음파를 이용한 나방의 위치 확인

이 박쥐는 고주파의 "찍찍" 소리를 내보낸다. 그런 후 나방에 반사되어 되돌아오는 소리를 듣는다. 그 소리가 되돌아오는데 얼마나 걸리는지 시간을 계산함으로써 이 박쥐는 캄캄한 어둠 속에서도 나방을 "볼 수" 있다.

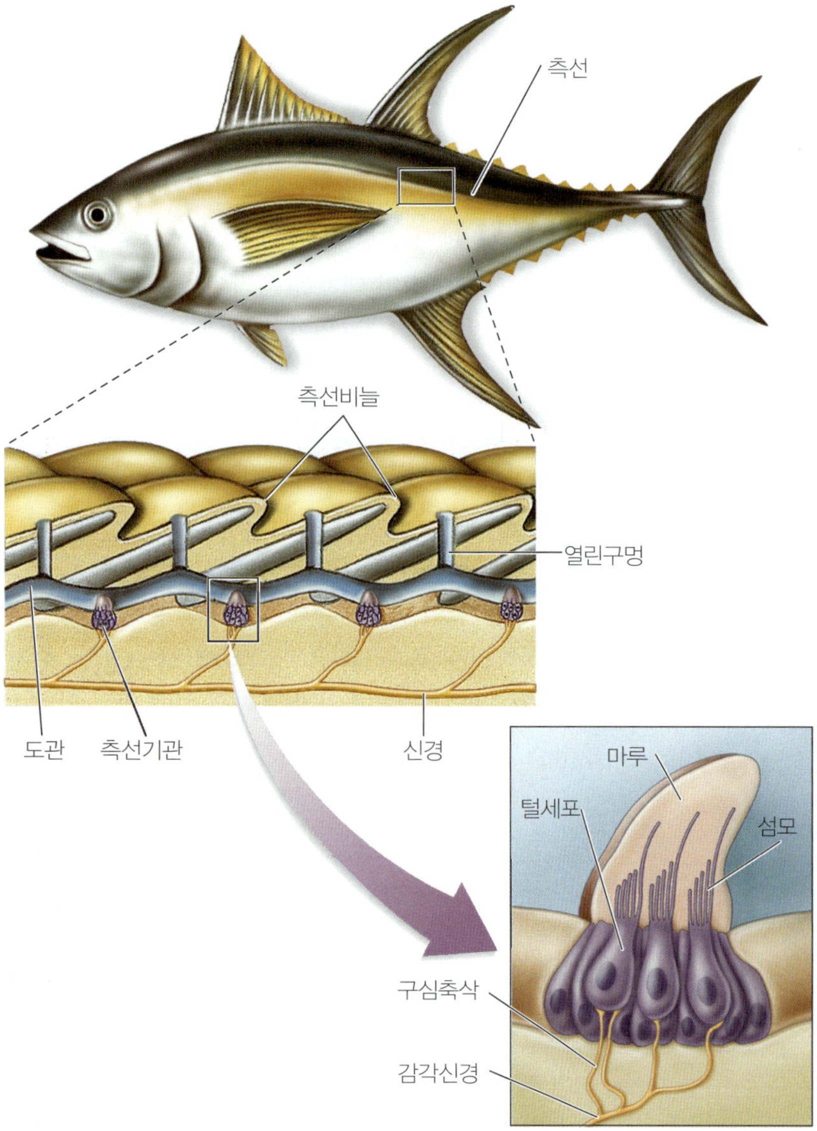

그림 29.8 측선계

이 시스템은 물고기 피부의 아래에서 몸의 길이를 따라 길게 배열된 관들로 구성되어 있다. 이 관속에는 젤라틴성 마루를 향에 강모를 뻗고 있는 털세포가 포함된 감각구조물이 있다. 관속의 물을 따라 흐르는 파동은 강모를 구부러뜨리고 나아가 털세포에 연결되어 있는 감각뉴런을 탈분극시킨다.

물체를 감지할 수 있는데, 이를 통해 먹잇감을 탐지하거나 무리의 다른 물고기와 조화를 이루어 수영을 할 수 있다. 측선계는 또한, 동굴 속에 사는 눈먼 물고기가 측선계의 수용기를 거쳐 지나가는 물결의 양상 변화를 감지하여 주변 환경을 감지할 수 있도록 해준다. 동일한 시스템이 양서류 유충에서도 발견되지만 변태 과정에서 사라지며, 육상척추동물의 경우 이 시스템을 보유하고 있는 경우는 없다.

측선계는 **그림 29.8**에 나와 있는 물고기 피부의 세로관(longitudinal canal) 속에 있는 감각 구조들로 이루어져 있다. 관은 몸의 양 측면을 따라 뻗어 있는데, 머리에는 여러 개의 관이 있다. 아래의 확대한 그림에서 볼 수 있듯이 관으로 통하는 구멍이 뚫려 있는데, 털과 유사한 돌기들이 표면에 있어서 털세포라고 하는 감각 구조물이 이 구멍을 따라 일렬로 배열되어 있다. 털세포의 돌기는 *마루*(cupula; *라틴어로 '작은 컵'이라는 의미*)라고 하는 젤라틴성 막을 향해 뻗어 있다. 뇌로 신경자극을 보내는 감각뉴런은 털세포로부터 신경신호를 받을 수 있도록 신경분포를 하고 있다. 물고기의 환경으로부터 들어와서 관속으로 전달되는 진동은 마루를 움직이고, 이것은 털을 구부러지게 한다. 털이 구부러지면, 연결되어 있는 감각뉴런이 자극되어 뇌로 보내는 신경자극을 생성한다.

음파탐지

어둠 속에서 살고 먹이를 구하는 몇몇 종류의 동물들은 어둠이라는 악조건을 극복해 왔다. 완전한 암흑 속에서 날아다니는 박쥐는 직경 1mm 이하의 얇은 줄과 같이 아무리 미세한 물체라고 할지라도 앞을 막고 있는 물체를 쉽게 피한다. 땃쥐(shrew)들은 땅속에서 이와 유사한 "빛 없이 보기" 방법을 이용하며, 돌고래와 고래들도 물속에서 유사한 방법을 이용한다. 위의 모든 동물들은 모두 음파탐지(sonar) 방법을 이용하여 먼 곳에서 물체를 인식한다. 그들은 소리를 발사한 다음, 이 소리가 물체에 닿아서 되돌아오는데 걸리는 시간을 계산한다. 이런 과정을 **반향위치결정법(echolocation)**이라고 한다. 예를 들면, **그림 29.9**의 박쥐는 2~3msec 정도 길이의 "짤각"하는 소리를 내는데, 1초에 수백 번 이상 반복해서 낸다. 이와 같은 음파탐지 시스템을 이용하여 구성된 3차원 영상은 매우 정교해서 이 박쥐가 나방을 찾는데 도움을 줄 것이다.

주요 학습 요점 29.4 **청각수용기는 고막을 두드리는 공기 파동을 압력의 파동 형태로 감지한다. 청각기관 내부에서 이런 파동은 증폭된 후 뇌로 신호를 보내는 털세포를 자극한다. 물고기는 귀가 소리를 감지하는 것과 매우 유사한 방식으로 물속에서 물결 파동을 감지한다. 여러 척추동물은 물체에 부딪쳐서 돌아오는 소리를 이용하여 먼 거리에 있는 물체를 감지한다.**

29.5 빛 감지: 시각

빛보다도 더 외부 환경에 대한 정보를 자세히 제공해 주는 자극은 없다. 시각, 즉 빛 감지는 눈이라고 하는 특수한 감각 장치에 의해 수행된다. 지금까지 설명한 모든 감각수용기는 화학 또는 기계적 수용기였다. 눈은 빛의 광자에 반응하는 막대세포(rod) 및 원뿔세포(cone)라고 하는 감각수용기를 포함하고 있다. 빛에너지는 막대세포와 원뿔세포에 있는 색소에 의해 흡수되며, 이에 반응하여 막대세포와 원뿔세포는 감각뉴런에서 신경자극을 촉발한다.

눈의 진화

시각은 빛수용기(photoreceptor)에 의한 빛에너지 포획과 함께 시작되었다. 빛은 일직선으로 이동하고 거의 즉각적으로 도달하기 때문에, 시각정보는 물체의 방향과 거리를 측정하는 데 모두 이용될 수 있다. 다른 어떤 자극도 이보다 더 자세한 정보를 제공해 주지 못한다.

여러 무척추동물은 빛수용기가 안점(eyespot)에 밀집되어 있는 단순한 시각계를 가지고 있다. **그림 29.10**의 편형동물은 안점을 가지고 있는데, 이것은 빛에 의해 자극되어서 빛수용기세포에서 신경자극을 촉발시키는 색소를 포함하고 있다. 비록 안점은 빛의 방향을 감지할 수는 있지만, 시각 영상을 구성하는 데 이용될 수는 없다. 네 문(phylum)인 환형동물, 연체동물, 절지동물, 척추동물에 속하는 동물들은 잘 발달된 영상을 형성할 수 있는 눈을 진화를 통해 획득하였다. 이들 동물 문에서 진정하게 영상을 형성할 수 있는 눈은 얼핏 보면 서로 유사해 보이지만 (**그림 29.11**에서 절지동물, 연체동물, 척추동물의 눈을 비교) 서로 독립적으로 진화된 것으로 여겨진다. 흥미롭게도, 모든 동물에서 광수용기는 빛을 포획하기 위해 동일한 분자를 이용하는데, 이는 이런 기능을 할 수 있는 다른 분자들이 거의 없음을 말해준다.

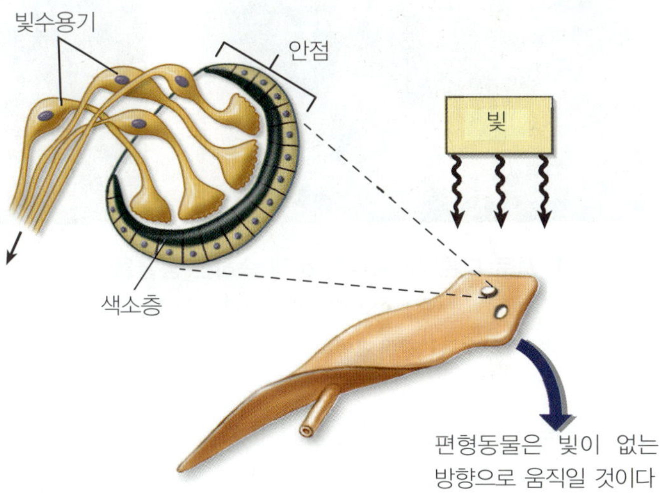

그림 29.10 편형동물에서 단순한 안점

안점은 빛의 방향을 감지할 수 있는데, 안점의 한쪽 측면에 있는 색소층은 동물의 뒤에서 오는 빛을 차단하기 때문이다. 따라서 동물의 전방에서 오는 빛이 더 쉽게 감지된다; 편형동물은 빛을 피함으로써 반응한다.

그림 29.11 서로 다른 세 종류의 문에 속하는 동물들의 눈

비록 겉으로 모두 비슷해 보이지만, 이 눈들은 구조적으로 매우 다르며 상동기관이 아니다. 각각은 독립적으로 진화되었고, 구조적으로 매우 복잡해 보이지만 단순한 구조로부터 진화되었다.

척추동물 눈의 구조

척추동물의 눈은 렌즈를 이용하여 초점을 맞추는 사진기와 유사하게 작동한다. 빛은 먼저 투명한 보호막인 **각막(cornea**; **그림 29.12**에서 연한 파란색 층)을 통과하는데, 눈의 후방에 빛의 초점이 맞춰지는 것이 각막에서 시작된다. 광선은 그다음 **수정체(lens)**를 통과하는데, 초점 맺히는 일이 수정체에서 완결된다. 수정체는 줄 모양의 *걸이인대*(suspensory ligament)를 통해 **섬모체근(ciliary muscle)**에 연결되어 있다. 이 근육이 수축하고 이완될 때, 수정체의 모양을 변화시켜서 멀리 또는 가까이 있는 물체를 눈이 볼 수 있게 해준다. 눈으로 들어가는 빛의 양은 각막과 수정체 사이에 있는 **홍채(iris**; 눈동자의 색깔을 띠는 부분) 라고 하는 셔터에 의해 조절된다. 홍채 중앙의 투명한 부분, 즉 **동공(pupil)**은 빛이 약할 때 커지고 빛이 밝을 때 작아진다.

동공을 지나 들어온 빛은 수정체에 의해 눈의 후방에 초점이 맺힌다. 빛수용기세포 무리들이 **망막(retina)**이라고 하는 눈 후

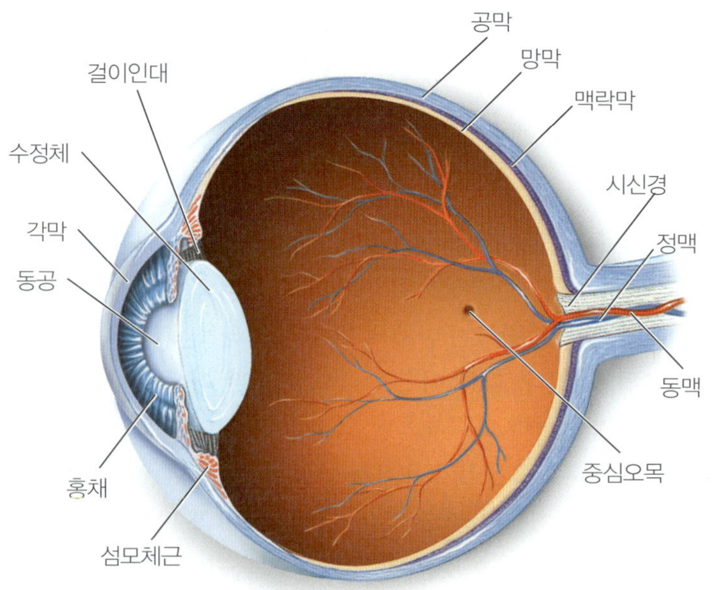

그림 29.12 사람 눈의 구조

투명한 각막을 통과한 빛은 수정체에 의해 눈의 후방 표면에 있는 망막에 초점이 맺힌다. 망막에는 빛수용기가 많이 존재하는데, 특히 중심오목이라고 하는 부위에 가장 높은 밀도로 밀집되어 있다.

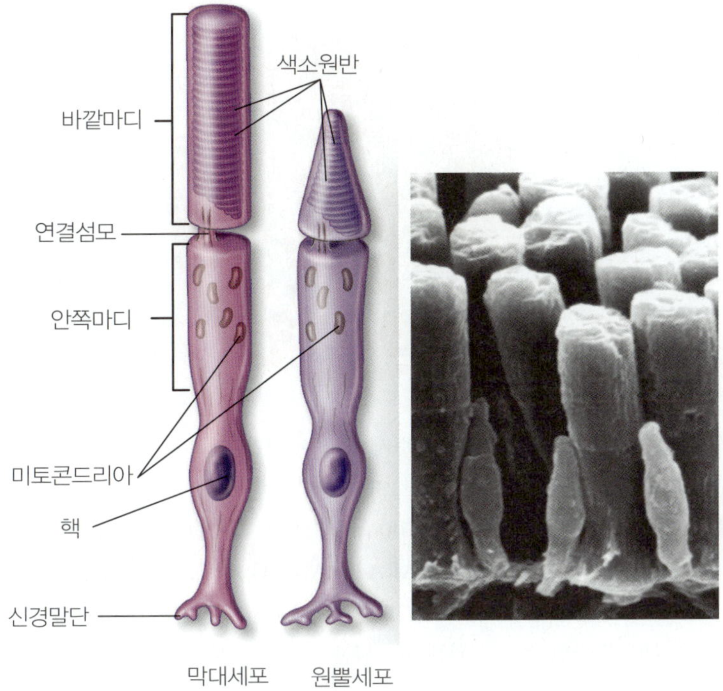

그림 29.13 막대세포와 원뿔세포

왼쪽에 있는 넓고 튜브모양의 세포가 막대세포이다. 그 옆에 있는 짧고 끝이 뾰족한 세포가 원뿔세포이다. 사람의 막대세포와 원뿔세포의 전자현미경 사진은 막대세포가 대개 더 크다는 것을 보여주고 있다.

방 부위에 일렬로 잘 배열되어 있다. 망막은 눈에서 빛에 반응하는 부위이다. 척추동물의 망막은 **막대세포(rod)** 및 **원뿔세포(cone)**라고 하는 2종류의 빛수용기세포들을 포함하고 있는데, 빛에 의해 자극되면 이들은 시신경이라고 하는 짧고 굵은 경로를 따라 뇌로 전달되는 신경자극을 만들어낸다. **그림 29.13**에서 더 길고 끝이 평평한 모양인 막대세포는 빛에 매우 민감한 세포인데, 빛이 매우 약할지라도 다양한 정도의 명암차이를 감지한다. 그렇지만 이 세포들은 색깔을 구분할 수 없고, 가장자리를 잘 파악하지 못하기 때문에 흐릿한 영상을 만들어낸다. 끝이 뾰족한 원뿔세포는 색깔을 감지하고 가장자리에 민감하게 반응하기 때문에 선명한 영상을 만들어낸다. 척추동물 망막의 중앙에는 **중심오목(fovea)**이라고 하는 미세하게 움푹 들어간 곳이 있는데, 약 3백만 개의 원뿔세포들이 이곳에 밀집되어 있다. 이 부위는 가장 선명한 영상을 만들어내는데, 이와 같은 이유 때문에 우리가 보고자 하는 물체의 상이 이곳에 맺히도록 눈을 움직인다.

척추동물 눈의 수정체는 짧은 파장의 빛은 걸러내도록 설계되어 있다. 이것을 통해 매우 어려운 광학적 문제[모든 균일한 렌즈는 긴 파장보다 짧은 파장의 빛을 더 많이 굴절시키는 현상인 광행차(chromatic aberration)의 문제]를 해결하였다. 결론적으로, 이런 짧은 파장은 긴 파장과 동시에 초점이 맺힐 수 없다. 초점 맺는 것을 불가능해서, 척추동물의 눈은 짧은 파장의 빛을 제거한다. 곤충의 경우, 눈은 빛을 초점으로 모으지 못하는데, 이런 짧은 파장의 자외선을 매우 잘 볼 수 있으며, 종종 먹이나 배우자를 찾는데 자외선을 이용한다.

막대세포와 원뿔세포의 작동 원리

눈의 막대세포 또는 원뿔세포는 단일 광자를 감지할 수 있다. 어떻게 이렇게 예민할 수 있을까? 시각에서 일차적인 감각 작용은 색소에 의해 빛의 광자가 흡수되는 것이다. 막대세포와 원뿔세포의 색소는 카로티노이드(carotenoid)라고 하는 식물 색소로부터 만들어진다. 이것이 왜 당근을 먹는 것이 야간 시력에 좋은지 이유에 대한 답이다. 당근의 주황색은 카로틴(carotene)이라는 카로티노이드가 존재하기 때문이 나타난다. 사람 눈의 시각 색소는 ***시스*-레티날(*cis*-retinal)**이라고 하는 카로틴 조각이다. 이 색소는 **옵신(opsin)**이라고 하는 단백질에 붙어서 빛을 감지하는 복합체인 **로돕신(rhodopsin)**을 구성한다.

빛의 광자를 받게 되면 색소는 그 모양이 변한다. 이와 같은 구조 변화는 색소가 붙어 있는 옵신 단백질의 구조를 변화시킬 수 있을 만큼 크게 변하여야 한다. *시스*-레티날 색소(**그림 29.14** 에서 위에 있는 분자)가 빛을 흡수하면, 이 분자의 끝 부분이 강하게 위쪽으로 회전하여 끝부분이 곧게 펼쳐진다. 새로운 형태의 이 색소를 ***트랜스*-레티날(*trans*-retinal)**이라고 하는데, 그림에서 점선으로 표시한 부분은 이 분자가 빛에 의해 자극되기 전

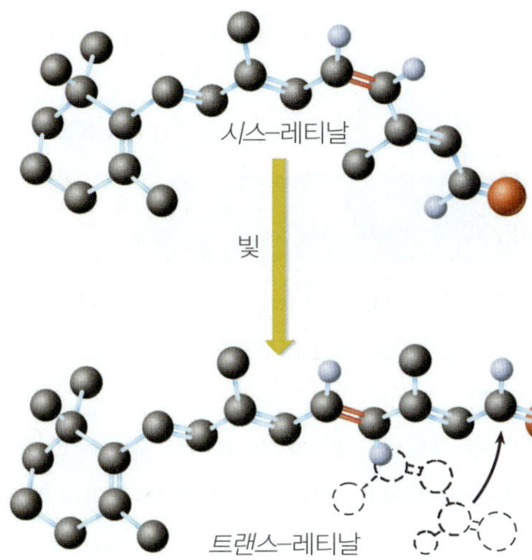

그림 29.14 빛의 흡수

시스-레티날에 의해 빛이 흡수되면, 이 색소는 모양이 변화되어 *트랜스*-레티날로 된다.

의 모양을 나타낸다. 색소 구조의 뼈대가 이렇게 변하는 것은 그 색소가 붙어 있는 옵신 단백질의 구조 변화를 유도하여, 신경자극을 발생시키는 연쇄반응을 촉발시킨다.

각 로돕신은 수백 개의 트랜스듀신(transducin)이라고 하는 단백질을 활성화시킨다. 각 트랜스듀신은 수백 개의 효소들을 활성화시키는데, 이 효소의 산물은 빛수용기 세포막에 있는 나트륨채널(sodium channel)을 초당 약 1,000회의 빈도로 자극한다. 이런 일련의 반응 절차는 단일 광자가 수용기에 큰 영향을 끼칠 수 있게 해 준다.

색각

세 종류의 **원뿔세포(cone cell)**는 우리에게 색각(color vision)을 제공한다. 서로 다른 종류의 원뿔세포는 각각 서로 다른 유형(즉, 아미노산 서열이 차이가 있어서 모양이 다름)의 옵신 단백질을 가지고 있다. 이런 구조적 차이가 붙어 있는 레티날의 유연성에 영향을 끼쳐서 그것이 흡수 하는 빛의 파장을 변화시킨다. **그림 29.15**의 흡수스펙트럼은 각 원뿔세포와 막대세포가 흡수하는 빛의 파장을 보여주고 있다. 막대세포에서 빛은 500 나노미터에서 흡수된다. 원뿔세포에서는 세 종류의 옵신이 빛을 420(파란색 옵신), 530(초록색 옵신), 560(빨간색 옵신) 나노미터에서 흡수한다. 세 종류의 원뿔세포로부터 오는 신호의 상대적 세기를 비교함으로써 뇌는 다른 색깔들의 강도를 계산할 수 있다.

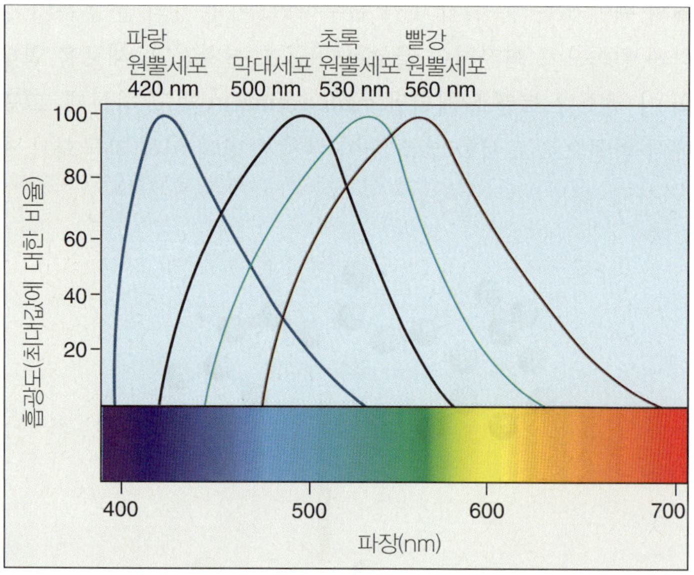

그림 29.15 색각

막대세포에서 500나노미터의 특성을 보이는 시스-레티날의 흡수스펙트럼은 원뿔세포에서 변동되어 있다. 변동된 정도에 의해 각 원뿔세포가 흡수하는 색깔이 결정된다; 420나노미터는 파란색 흡수; 530나노미터는 초록색 흡수; 560나노미터는 빨간색을 흡수한다. 빨간색 원뿔세포의 최대 흡수 파장은 스펙트럼의 빨간색 부위가 아니지만, 그들은 유일하게 빨간색을 흡수하는 원뿔세포이다.

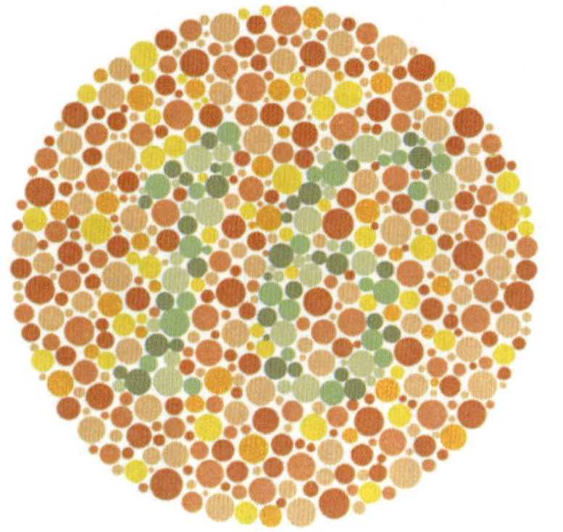

그림 29.16 색맹 검사

정상적인 색각을 가진 사람들은 숫자 16을 보지만, 적녹색맹인 사람들은 단지 점들만 볼뿐 뚜렷한 숫자를 보지 못한다.

출처: 이 그림은 이시하라(Ishihara)의 색맹 검사(Test for Color Deficiency; 출판-KANEHARA TRADING INC., Tokyo Japan)에서 복사한 것임. 그러나 이 그림을 이용해서 색맹검사를 하는 것은 금함. 정확한 검사를 위해서는 원본 검사지를 사용해야 함.

어떤 사람들은 세 가지 색깔을 모두 볼 수는 없는데, 이를 *색맹*(color blindness)이라고 한다. 색맹은 대개 하나 또는 그 이상의 원뿔세포 유형이 유전적으로 결손되어 생긴다. 정상적인 시각을 가진 사람들은 세 유형의 원뿔세포를 모두 가지고 있다. 두 종류의 원뿔세포만 가진 사람들은 나머지 한 종류의 색깔을 감지할 수 없다. 예를 들어, 적녹색맹인 사람들은 빨간색 원뿔세포가 없어서 빨간색을 초록색과 구분하는 것이 힘들다(**그림 29.16**). 색맹은 성연관유전형질(sex-linked trait)인데, 따라서 남성이 여성보다 색맹일 가능성이 훨씬 높다(제10장 참조).

대부분의 척추동물은, 특히 주행성(diurnal)인 경우는 많은 곤충들과 마찬가지로 색각을 가지고 있다. 실제로 꿀벌은 사람의 눈은 볼 수 없는 자외선 근처의 빛을 볼 수 있다. 색각을 위해서는 적어도 한 종류 이상의 색소가 각각 서로 다른 수용기세포에 있어야 되는데, 그렇다고 모든 색각을 가진 동물들이 사람이나 다른 영장류처럼 3색 시스템적 특징을 가지고 있는 것은 아니다. 예를 들면, 물고기, 거북, 새들은 4 또는 5종류의 원뿔세포를 가지고 있는데, 사람에 비해 추가적으로 존재하는 원뿔세포들은 이 동물들이 자외선에 가까운 빛을 볼 수 있도록 해준다.

뇌로 시각정보의 전달

양쪽 눈을 통과한 빛이 진행하는 경로는 우리의 예상과는 반대 방향이다. 막대세포와 원뿔세포는 망막의 맨 앞이 아니라 뒷부분에 있다. **그림 29.17**에서 빛이 진행되는 경로를 따라가 보면, 빛이 막대세포와 원뿔세포에 닿기 전에 신경절세포(ganglion cell) 및 쌍극세포(bipolar cell)로 이루어진 여러 세포층을 지나야 함을 알 수 있다. 빛수용기들이 활성화되면 쌍극세포를 활성화시키고, 이 세포는 다시 신경절세포를 활성화시킨다. 따라서 망막에서 신경자극이 전달되는 방향의 빛의 방향과 반대다.

신경절세포의 축삭을 따라 전파되는 활동전위는 시상의 *가측 무릎핵*(lateral geniculate nuclei)을 거쳐 대뇌겉질의 후두엽(occipital lobe)으로 투사된다. 이곳에서 뇌는 이 정보를 눈 수용영역(receptive field)의 특정 지점에서의 빛에 대한 정보로 해석한다. 전체 망막에 걸친 신경절세포들 사이의 활성패턴은 수용영역에 일대일로 대응하는 지도형식의 정보를 포함하고 있어서, 망막과 뇌가 시야에 들어온 공간상에 특정 물체를 형상화할 수 있도록 해준다. 뿐만 아니라 각 신경절세포의 신경자극 빈도는 각 점에서 빛의 강도에 대한 정보를 제공해 주며, (쌍극세포를 통해) 서로 다른 세 종류의 원뿔세포에 연결되어 있는 신경절세포들 사이의 상대적인 활성정도는 색깔에 대한 정보를 제공해 준다.

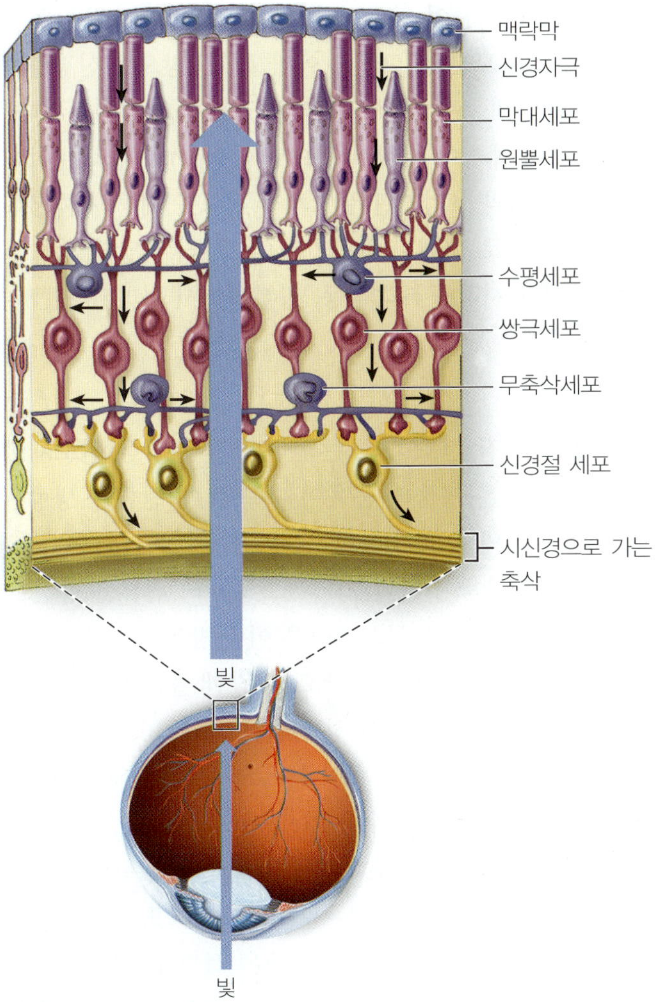

그림 29.17 망막의 구조

막대세포와 원뿔세포는 망막의 뒷부분에 있다. 망막에서 빛은 막대세포와 원뿔세포에 도달하기 전에 다른 네 종류의 세포로 이루어진 세포층을 지나야 한다. 검정색 화살표는 신경자극이 어떻게 쌍극세포를 거쳐 신경절세포로, 그리고 시신경으로 이동하는지를 나타낸다.

두눈보기

영장류(사람 포함)와 대부분의 포식자들은 2개의 눈을 가지고 있는데, 얼굴의 좌우에 각각 1개씩 있다. 두 눈이 하나의 물체를 바라보면, 각 눈은 그 물체를 서로 다른 각도에서 바라보기 때문에 각 눈이 보는 영상은 서로 약간 다르다. 이와 같이 영상의 위치가 약간 어긋나는 것은 3차원 영상을 인지할 수 있고 물체의 원근감을 감지할 수 있는 **두눈보기(binocular vision)**를 가능하게 해준다. 두 눈을 정면으로 바라보는 것은 **그림 29.18**에 나와 있는 사람에서 파란색이 겹치는 삼각형 부분과 같이, 입체적 시각이 일어나는 두 시야가 겹치는 부위를 최대화해준다. 각 삼각형은 각 눈의 시야를 나타낸다.

반면, 먹잇감인 동물들은 대개 눈의 머리의 양쪽 측면에 있어서, 두눈보기가 불가능하지만 전체 시야를 넓혀 주는 효과가 있다. 원근감 인식은 먹잇감에게는 다양한 각도로부터 있을지도 모를 적을 감지하는 것보다 덜 중요하다. 예를 들어 미국 멧도요새(American woodcock)의 눈은 각각 정확히 두개골의 정반대 부위에 있어서 머리를 돌리지 않고도 360도의 시야를 보

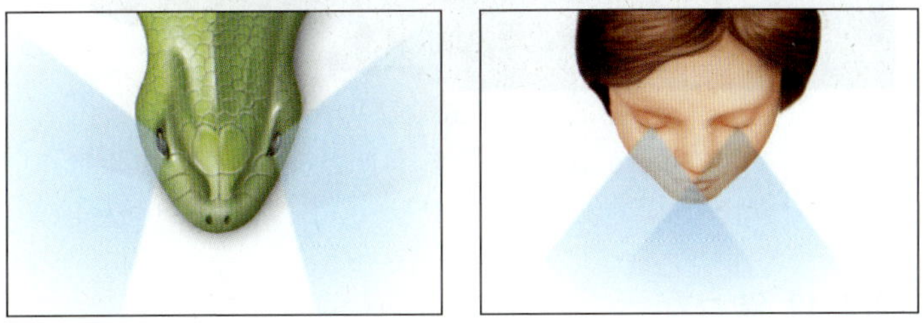

그림 29.18 두눈보기

눈이 머리의 측면에 위치하고 있을 때(*왼쪽*), 두 시야는 겹치지 않고, 두눈보기는 일어나지 않는다. 양쪽 눈이 모두 머리의 앞쪽으로 향하고 있어서(*오른쪽*) 두 시야가 겹칠 경우, 원근감이 감지될 수 있다.

유하고 있다! 대부분의 새들은 측면에 눈이 있는데, 진화적 적응 결과, 각 눈에는 2개의 중심오목이 있다. 하나의 중심오목은 포유동물의 중심오목처럼 선명한 전방 시각을 제공하고, 다른 하나의 중심오목은 좀 더 선명한 측면 시각을 제공한다.

주요 학습 요점 29.5 **시각수용기는 반사된 빛을 감지한다; 두눈보기는 뇌가 물체에 대한 3차원적 영상을 형성할 수 있게 해준다.**

29.6 기타 척추동물 감각

시력은 빛이 잘 쬐는 환경에 사는 모든 척추동물들이 이용하는 일차적 감각인데, 가시광선은 척추동물이 환경을 감지하기 위해서 사용하는 전자기파 스펙트럼의 일부에 불과하다.

열

가시광선보다 더 긴 파장의 전자기파 복사선은 너무 에너지가 낮아서 빛수용기가 감지할 수 없다. 이와 같이 전자기파 스펙트럼에서 *적외선*(infrared) 부분은 우리가 일반적으로 복사열이라고 알고 있다. 물속에서 열은 자극원으로서 매우 부적합한데, 그 이유는 물은 열용량이 크고 열을 잘 흡수하기 때문이다. 반면 공기는 열용량이 적어서 공기 중의 열은 좋은 자극원이 될 수 있다. 그러나 적외선을 감지할 수 있는 능력을 가진 유일한 척추동물은 살모사(pit viper)라고 알려진 뱀이다(*역자주: 실제로 흡혈박쥐도 적외선을 감지하는 척추동물임).

살모사는 한 쌍의 열감지용 구멍기관(pit organ)을 눈과 콧구멍 사이의 머리부위 좌우에 가지고 있다(**그림 29.19**). 구멍기관이 장님인 방울뱀은 따듯한 체온의 죽은 쥐를 정확하게 포획할 수 있게 해 준다. 각 구멍기관은 막으로 나눠진 2개의 방으로 이루어져 있다. 적외선은 이 막을 쬐어서 그것을 가열한다. 막 위에 있는 열수용기들이 자극된다. 구멍기관의 열수용기의 정체에 대해서는 잘 모른다. 그것은 아마 2개의 방으로 신경을 뻗어 있는 온도민감성 뉴런들로 구성되어 있을 것으로 추측된다(*역자주: 최근 이 예상이 사실인 것으로 밝혀짐). 2개의 눈이 그러는 것처럼, 2개의 구멍기관은 입체적 정보를 제공해 줄 것으로 예상된다. 실제로 뱀에서 구멍기관으로부터 전달된 정보는 다른 척추동물의 시각중추와 상동 뇌 부위에서 처리된다.

그림 29.19 열 보기

위 방울뱀의 콧구멍과 눈 사이에 옴폭 들어간 곳은 구멍기관으로 뚫려 있다. 그림의 단면을 보면, 구멍기관은 막으로 나눠진 2개의 방으로 이루어져 있음을 알 수 있다. 살모사라고 알려져 있는 뱀들은 적외선 복사열을 감지할 수 있는 이런 독특한 기관을 가지고 있다.

전기

공기는 전류를 잘 전도하지 못하지만, 물은 좋은 전도체이다. 모든 수생 동물은 그들의 근육이 수축될 때 전류를 생성한다. 여러 다른 종류의 물고기가 이런 전류를 감지할 수 있다. 전기물고기는 심지어 특수한 전기기관으로부터 전류를 방전할 수 있는 능력이 있다. 전기 물고기들은 이런 방전을 이용하여 먹잇감 및 짝짓기 상대의 위치를 찾고, 캄캄한 물속에서도 주변 환경에 대한 3차원적 영상을 구성한다.

연골어류(상어, 가오리, 홍어)는 로렌지니 팽대(ampullae of Lorenzini)라고 하는 전기수용체(electroreceptor)를 갖고 있다. 수용체 세포들은 몸속의 주머니에 위치하고 있는데, 이 주머니는 젤리성 물질로 채워져 있는 관을 지나 몸 표피에 있는 구멍으로 통한다. 젤리성 물질은 매우 좋은 전도체여서, 관 입구의 음전하는 기저부위에 있는 수용체들을 탈분극시킬 수 있는데, 그 결과 신경전달물질의 분비를 촉진하고 감각뉴런의 활성을 증가시킨다. 이런 작용은 일례로 상어가 먹잇감의 근육수축에 의해 발생하는 전기장을 탐지할 수 있도록 해준다. 비록 로렌지니 팽대는 경골어류의 진화과정에서 사라졌지만, 로렌지니 팽대와 상동인 감각장치를 이용하는 몇몇 경골어류 종류에서는 다시 보인다. 전기수용기는 위와는 다른 시기에 위와는 독립적인 경로를 통해서 알을 낳는 포유류인 오리너구리에서도 진화했다. 오리너구리의 부리에 있는 수용체는 새우나 물고기의 근육 수축에 의해 생성되는 전류를 탐지하여, 이 포유류가 어둡고 탁한 물속에서도 그 먹잇감을 찾을 수 있게 해준다.

자기

뱀장어, 상어, 꿀벌 및 여러 새들은 지구의 자기장을 따라 이동하는 것처럼 보인다. 심지어는 몇몇 박테리아도 그런 힘을 이용하여 방향을 잡는다. 시야가 차단된 새장 속에서 사는 새는 그들을 안내할 시각적인 신호 없이도 일 년 중 정상적으로 이동하는 적절한 시기에 그 방향을 향해 부리를 쪼고, 날아가려고 시도한다. 그러나 만약 강철을 이용하여 새장을 자기장으로부터 차단하면 그런 행동을 보이지 않는다. 실제로, 인공 자석을 이용하여 시야가 차단된 새장의 자기장을 시계방향으로 120도 회전시켜주면, 원래 북쪽을 향하던 새들이 동-남동쪽 방향으로 향하게 된다. 이런 포유동물에서 자기수용체(magnetic receptor)의 정체에 대해 여러 가지 추측이 있지만, 아직 그 기작에 대해 알려진 것이 미미하다.

주요 학습 요점 29.6 **살모사는 적외선 복사열을 이용하여 체온이 따뜻한 먹잇감의 위치를 알아차린다. 많은 수생 척추동물들은 전기수용체를 사용하여 먹잇감의 위치를 알아내거나, 주위 환경의 윤곽을 알아차린다. 자기수용기는 철새들의 이동에 도움을 줄 것으로 예상된다.**

자세히 관찰하기

오리너구리는 눈을 감은 채 어떻게 볼 수 있을까?

오리너구리(*Ornithorhynchus anatinus*)는 호주 동부의 담수에 풍부하게 존재한다. 이 포유류는 매우 독특한 형질 조합을 갖고 있다. 1799년 영국의 과학자들은 호주로부터 받은 오리너구리가죽이 (너무 상식 밖의 모양이어서) 인공적으로 날조된 것이라고 확신할 정도였다. 오리너구리는 부드러운 털로 덮여 있는데, 이것을 제외하면 마치 파충류처럼 보인다. 암컷은 파충류처럼 알을 낳고, 파충류의 알처럼 수정란의 난황은 분열하지 않는다. 뿐만 아니라 오리너구리는 비버와 유사한 꼬리를 갖고 있고, 오리와 유사한 부리를 갖고 있으며, 게다가 발에는 물갈퀴가 있다!

오리너구리는 몇몇 매우 독특한 행동도 갖고 있음이 밝혀졌다. 최근까지 오리너구리를 그들의 자연서식처에서 연구했던 과학자들은 거의 없었다. 오리너구리는 혼자 있는 것을 좋아해서 낮에는 강둑에 판 굴속에서 지낸다. 또한, 오리너구리는 대개 밤에 활동을 하는데, 개울이나 늪지대에 잠수해서 바닥에 서식하는 새우나 곤충 애벌레와 같은 무척추동물을 포획한다. 흥미롭게도, 고래나 다른 해양 포유류와는 달리 오리너구리는 물속에 오래 머물지 않는다. 대개 1분 30초 정도 잠수를 한다. (그 정도 숨을 참는 걸 시도해 보라!)

과학자들이 오리너구리의 잠수 행동을 연구하기 시작했을 때, 매우 신기한 사실을 곧 발견했다: 오리너구리의 눈과 귀는 근육성 홈 속에 있는데, 잠수를 할 때 이 홈의 양쪽 측면이 서로 닿아 단단히 닫힌다. 눈꺼풀을 볼까지 잡아당기는 걸 상상해 보라! 확실히 눈이 감겨서 아무것도 볼 수 없을 것이다! 물이 들어오는 것을 확실히 막기 위해, 주둥이 끝에 있는 콧구멍도 역시 닫힌다. 그렇다면 이 동물은 도대체 어떻게 먹잇감을 찾아낼까?

부드러운 오리너구리 부리의 표면에 수백 개의 작은 구멍이 뚫려 있다는 사실을 과학자들이 알아낸 것은 100년이 넘는다. 최근 호주의 과학자들(뇌와 신경계를 연구하는 과학자들)은 이 작은 구멍들 속에 예민한 신경말단이 있다는 사실을 알아냈다. 구멍 안쪽에 자리 잡고 있는 신경들은 부리에 의해 손상되는 것이 보호되고 있지만 작은 구멍을 통해 바깥쪽 강물에 노출되어 있다. 신경말단은 감각수용체와 같은 역할을 해서 이 동물의 외부 환경에 대한 정보를 뇌로 보내준다. 오리너구리 부리에 있는 이 작은 구멍들이 바로 잠수용 눈이다.

오리너구리는 이런 구멍에 2종류의 감각세포를 포함하고 있다. 앞쪽에 밀집되어 있는 것은 소위 기계수용체들인데, 이것들은 미세한 압봉(pushrod)과 같은 역할을 한다. 이것을 미는 어떤 자극도 신호를 촉발시킨다. 우리 귀도 같은 방식으로 작동하는데, 소리 파동이 귀속의 미세한 기계수용체에 압력을 가한다. 이런 압봉들은 오리너구리의 뇌에서 눈과 귀로부터 오는 자극보다 훨씬 넓은 영역에 걸쳐 반응을 유도한다. 잠수 오리너구리에서 부리는 가장 주요한 감각기관이다. 압봉은 어떤 반응을 유도할까? 미세한 유리막대로 부리를 건드려 보면 그 해답이 나온다. 번개처럼 빠르게 턱을 움직여 덥석 무는 행동이다. 오리너구리가 먹잇감에 닿으면 압봉 수용체들이 자극되고, 턱이 재빨리 덥석 물어서 먹잇감을 잡는다.

그렇지만 오리너구리는 어떻게 뿌연 물속에서 눈을 감고 먼 거리에 있는 먹잇감의 위치를 알아차릴까? 다른 한 종류의 감각수용체의 역할이 바로 여기에 있다. 오리너구리가 먹이를 먹을 때, 먹잇감을 발견할 때까지 부리를 초당 2~3회씩 좌우로 일정하게 흔들어서 바닥을 훑으면서 헤엄을 친다. 어떻게 오리너구리는 먹잇감 개체를 감지하고 그 방향으로 갈 수 있을까? 오리너구리는 박쥐처럼 소리를 내뿜지 않기 때문에 음파탐지가 정답일 가능성은 없다. 그 대신, 새우나 곤충 애벌레들이 다가오는 오리너구리를 피해 움직일 때 근육에서 생성되는 미세한 전류를 부리에 있는 전기수용체들이 감지한다!

어떤 원리가 작동하는지 알고 있다면 그것을 증명하기는 쉽다. 단순히 강물에 작은 1.5볼트 건전지를 넣어보라. 오리너구리는 최대 30 cm 떨어진 거리에서 즉시 그것을 향해 방향을 잡고 공격할 것이다. 몇몇 상어와 물고기들도 같은 종류의 감각계를 가지고 있다. 탁하고 어두운 물속에서 먹잇감이 될 개체의 근육운동을 감지하는 것이 먹잇감이 움직이는 것을 보거나 들으려고 노력하는 것보다 훨씬 낫다. 이것이 바로 위의 그림에 나와 있는 오리너구리가 눈을 감고 사냥을 하고 있는 이유이다.

질문 & 분석

새들은 자성을 띤 입자를 나침반 바늘로 사용할까?

몇몇 철새들은 초저음(infrasound)을 이용해 방향을 잡는다. 다른 철새들은 편광 각도나 일몰 방향 등과 같은 시각 신호를 이용한다. 먼 거리를 이동하는 많은 새들은 나침반 정보를 얻기 위해 지구의 자기장을 이용한다. 만약 시야가 차단된 "방향 새장(orientation cage)"의 자기장을 인공 자석을 이용하여 시계방향으로 120도 회전시키면, 원래 북쪽으로 방향을 잡던 새들이 남동쪽으로 방향을 잡게 된다.

이런 새들에서 자기나침반의 기초가 되는 감각계는 감각신경 생물학 분야에서 가장 큰 미스터리 중의 하나이다. 2개의 서로 대립되는 가설이 있다.

자철광 가설(The Magnetite Hypothesis) 그 가설 중 하나는 철새의 뇌 속에서 자기광물로 이루어진 자철광 결정이 소형 나침반 바늘 역할을 한다는 것이다. 몇몇 새의 뇌세포에서 실제로 미량의 자철광이 검출되기는 하지만, 집중적인 연구를 통해서도 이 세포내에 있는 자철광의 방향에 대한 정보가 다른 뇌 세포로 전달되는 것을 확인하는 데 실패했다.

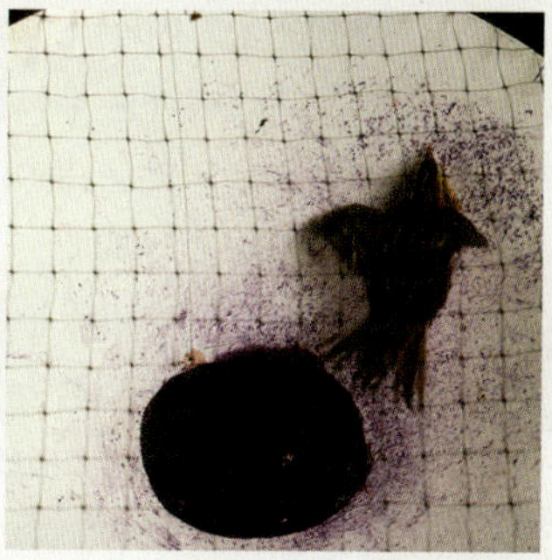

빛수용기 가설(The Photoreceptor Hypothesis) 또 다른 가설은 나침반의 기초가 되는 기본 원리는 새 눈의 빛수용기 내에서 일어나는 자기적으로 민감한 화학반응이라는 것이다. 지구의 자기장 속에서 빛색소 분자의 배열은 시각 패턴을 변화시켜 이것을 통해 방향 정보를 얻어낼 수 있을지도 모른다.

어떤 가설이 옳을까? 시야가 차단된 새장속의 새들이 이용하는 자기수용기는 빛에 민감한데, 빛수용기 나침반이라면 그럴 것이다. 그러나 빛에 의해 활성화되는 자철광 나침반의 경우라면 이것 또한 사실이다.

2004년 어바인 캘리포니아 주립대학의 연구자들은 두 가설을 구분할 수 있는 아주 현명한 실험을 고안했다. 그들은 철새인 유럽울새(European robin)를 '방향 새장' 안에 넣고 적절한 이동 방향으로 날기 위한 나침반 정보로 자기장을 이용하는 방법으로 연구를 했다. 그들은 울새들이 여름철 이동 시에 정북에서 16도 방향을 향하는 것이 적절한 방향이라는 사실을 발견했다. 자철광 가설과 빛수용체 가설을 구분하기 위해서 새장속의 울새를 낮은 강도의 진동성 라디오 주파수(7MHz)에 노출시켰는데, 이 라디오파는 자기장을 감지는 데 관여하는 모든 빛을 흡수하는 빛수용체 분자들의 에너지 준위를 비정상적으로 만들지만 자철광 입자의 배열에는 영향을 끼치지 않는다.

위의 표는 이 연구 결과를 나타낸다. 각 데이터는 3번 기록한 것의 평균이다. 각 기록을 위해서는 종이를 코팅한 35-인치 원뿔형의 방향 새장에 새를 넣고, 자석의 북극을 기준으로 상대적인 벡터(vector; 새가 종이에 처음 닿은 지점의 방향)를 기록하였다(북 = 360도; 동 = 90도; 남 = 180도; 서 = 270도).

라디오파 방해가 방향잡기에 미치는 영향

새	머리가 향한 방향의 평균값 (도)	
	지구자기장만 있는 경우	라디오파 방해
1	26	110
2	20	126
3	4	86
4	350	17
5	15	162
6	1	330
7	18	297
8	20	220
9	354	58
10	24	261
11	358	278
12	37	3

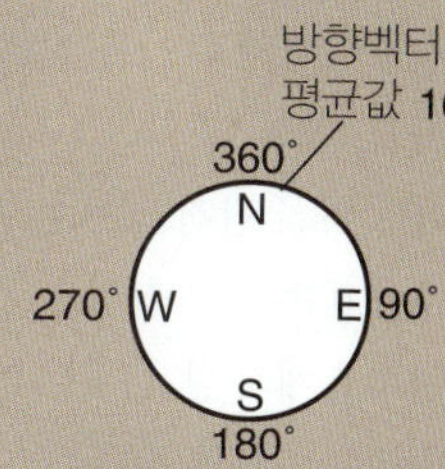

1. **개념 적용** 위의 표에서 어떤 연관관계가 있는 일관된 변이가 있는가? 있다면 무엇인가? 논의해 보시오.
2. **자료 분석** 각 열의 데이터를 원위에 표시하시오. 라디오파의 방해 없이 지구자기장에서 방향을 잡은 새들의 경우, 기록된 벡터와 평균 16도 사이에 가장 큰 차이를 보이는 것은 얼마인가(도 단위를 이용하여 나타내라)? 7MHz 라디오파를 사용하여 방향을 잡게 한 새들의 경우는 어떠한가?
3. **추론하기**
   - **a.** 라디오파의 방해 없이 지구자기장에서 방향을 잡은 새들의 경우, 평균 16도 벡터와 기록된 벡터 사이의 차가 +/− 30도 내인 새는 12마리 중 몇 마리인가? 7MHz 라이오파를 사용하여 방향을 잡게 한 새들의 경우는 몇 마리인가?
   - **b.** 만약 임의로 새를 한 마리 고르면, 라디오파의 방해가 없을 경우 +/− 30도의 오차 내에서 적절한 방향(북극에서 16도 방향)으로 향할 확률은 얼마인가? 라디오파 방해가 있는 경우는?
4. **결론 도출** 유럽울새가 지구자기장을 기준으로 정확한 방향을 향하는 능력은 7MHz 라디오파에 의해 저해가 되는가? 이 새의 나침반 감지에는 빛수용기와 같은 라디오파 방해에 예민한 분자가 관여하고 있다고 결론을 내리는 것은 적절한가? 즉, 라디오파 방해에 예민하지 않은 입자들은 관여하지 않는다고 결론을 내리는 것은 적절한가?

단원 복습

감각신경계

29.1 감각정보의 처리

- 감각수용체라고 하는 뉴런은 신체 전역으로부터 신경자극을 시작해서 중추신경계로 이를 전달한다. 이런 정보전달 경로는 3단계가 존재한다: 자극, 변환, 전도.
- 서로 다른 감각 세포는 서로 다른 종류의 자극원에 의해 자극된다. 외부수용체는 외부 환경으로부터 오는 자극들을 감지하고, 장력수용체나 기압수용체와 같은 내부수용체는 몸 내부의 자극원을 감지한다.
- 내부수용체의 종류는 다양하지만, 이들은 모두 몸의 상태에 대한 정보를 중추신경계에 제공하는 역할을 한다. 근육의 장력수용체는 중추신경계가 근육을 조절할 수 있게 해준다(**그림 29.2**). 혈관의 기압수용체(**그림 29.3**)는 혈압을 지속적으로 측정하여 중추신경계에 제공한다. 이들과 다른 수용체는 중추신경계와 교신을 하는데, 그래서 몸은 일정한 내부 환경을 유지하기 위한 반응을 할 수 있다.

감각수용

29.2 중력과 움직임 감지

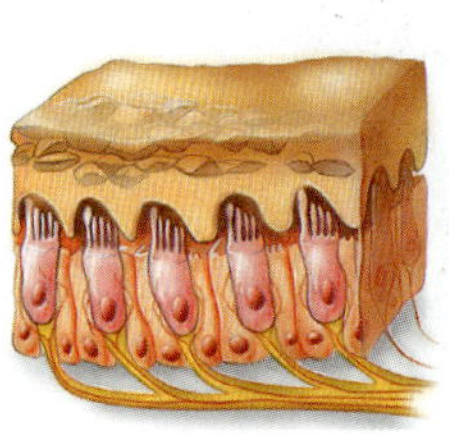

- 내이속의 감각수용기는 중력과 가속도를 감지한다. 이들 수용기가 어떻게 자극되느냐에 의존하여 몸은 균형을 유지하기 위한 반응을 할 수 있다.
- 내이의 타원주머니와 둥근주머니는 젤라틴성 기질속의 이석들의 움직임에 의해 자극되면 중력을 감지한다(**그림 29.4**).
- 움직임은 반고리관들 속의 마루에 있는 털세포들의 꺾임에 의해 감지된다(**그림 29.4**). 3개의 반고리관이 있는데, 각각은 서로 다른 평면상으로 향하고 있어서 어떤 3차원 평면상으로의 움직임도 감지될 수 있다.

29.3 화학물질 감지: 미각과 후각

- 화학물질들은 혀의 맛봉오리를 이용한 미각의 형태로 감지된다. 미각수용기세포들은 짠맛, 신맛, 단맛, 감칠맛(고기맛)을 감지할 수 있다(**그림 29.5**).
- 화학물질들은 또한 콧구멍의 벽에 정렬되어 있는 후각수용기를 이용한 후각의 형태로도 감지될 수 있다(**그림 29.6**).

29.4 소리 감지: 청각

- 소리는 공기가 진동하여 고막을 두드릴 때 귀에 의해 감지된다. 고막이 움직일 때, 이소골이라고 하는 3개의 작은 뼈들이 압력을 받아서 그 진동을 두 번째의 막을 거쳐 달팽이관이라고 하는 내이의 액체로 가득찬 방으로 전달한다.
- 달팽이관 안쪽 방 속에 있는 털세포들의 끝은 소리 파동에 반응하여 진동하는 막과 접촉하고 있다. 특정 주파수의 소리 파동이 달팽이관의 길이를 따라 이동할 때, 특정 그룹의 털세포들이 자극된다(**그림 29.7**).
- 물고기의 측선계는 청각을 보완하는 역할을 한다. 털세포를 포함하고 있는 마루는 액체로 찬 관을 향에 뻗어 있다. 관속의 물이 물결파동에 의해 출렁이면, 털세포들이 자극된다(**그림 29.8**).
- 어떤 동물들은 소리 파동을 이용하여 주위의 환경에 대한 영상지도를 만들기 위해 일종의 음파탐지기를 이용한다. 동물이 소리를 방사한 후, 주변 환경에 부딪혀 반사되어 돌아오는 소리를 감각수용체가 탐지한다. 반향위치결정법이라고 하는 이런 과정은 육상동물과 수생동물에도 모두 이용된다(**그림 29.9**).

29.5 빛 감지: 시각

- 빛수용체라고 하는 눈에 있는 감각수용체는 빛을 감지한다. 안점에 밀집되어 있는 빛수용체로 이루어진 단순한 시각계는 몇몇 무척추동물에서 볼 수 있다. 편형동물의 안점은 빛이 오는 방향을 감지할 수는 있지만 시각적 영상은 형성할 수 없다(**그림 29.10**).
- 다른 무척추동물 및 척추동물에서는 매우 잘 발달된 영상을 형성할 수 있는 눈이 서로 독립적으로 진화되었다(**그림 29.11**).

- 사람의 눈에서는 빛이 각막과 동공을 지나 수정체에 의해 눈의 뒤쪽 표피인 망막에 초점이 맺혀진다(**그림 29.12**).
- 척추동물의 망막에는 두 종류의 빛에 민감한 수용기(빛수용체)가 있는데, 각각 막대세포 및 원뿔세포라고 불린다. 막대세포는 매우 희미한 불빛아래에서도 명암을 구분할 수 있고, 원뿔세포는 서로 다른 색깔을 감지하고 선명한 형상을 만들어낸다(**그림 29.13**).
- 망막의 중심부위는 중심오목이라고 하는 원뿔세포가 밀집된 부위를 포함하고 있다.
- 막대세포와 원뿔세포는 색소분자를 포함하고 있기 때문에 빛을 감지할 수 있다. 사람의 시각색소는 *시스*-레티날이다. 빛의 광자를 흡수하면 *시스*-레티날의 구조는 감각수용기를 자극하는 *트랜스*-레티날로 변한다(**그림 29.14**).
- 막대세포는 500nm 파장의 빛을 흡수하며, 사람은 각각 서로 다른 파장의 빛을 흡수하는 세 종류의 원뿔세포를 가지고 있다. 파랑 원뿔세포는 420nm, 초록 원뿔세포는 530nm, 빨강 원뿔세포는 560nm 파장의 빛을 흡수한다(**그림 29.15**).
- 하나 또는 그 이상의 원뿔세포 종류가 결손 되었을 때 색맹이 되는데, 그 결과 가시광선 범위의 모든 색상을 볼 수 없다(**그림 29.16**).
- 빛은 막대세포와 원뿔세포를 자극하기 전에 망막에서 여러 다른 세포층을 통과한다. 그런 후 신경자극은 빛의 방향과는 반대방향으로 시신경을 향해 되돌아 흘러나온다(**그림 29.17**).
- 사람의 경우와 같이 얼굴의 앞쪽으로 위치하고 있는 눈은 원근감을 인식

하는 것을 도와주는 두눈보기를 가능하게 해준다. 머리의 측면에 눈이 있는 다른 동물들은 그들을 둘러싸고 있는 주위 환경에 대한 넓은 시야를 제공해 준다(**그림 29.18**).

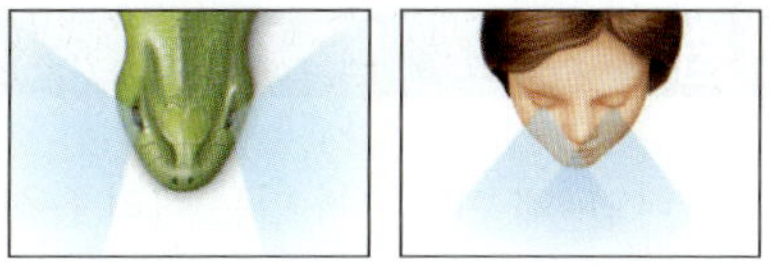

29.6 기타 척추동물 감각

- 살모사는 열을 감지하는 구멍기관을 이용하여 적외선을 감지할 수 있다(**그림 29.19**).
- 몇몇 종류의 수생 동물들에서는 전기수용체가 진화하였고, 많은 종류의 생명체는 지구의 자기장을 따라서 이동하는 것으로 여겨진다.

이해력 확인 문제

1. 감각 인식의 단계를 순서대로 올바르게 나열한 것은?
a. 변환, 자극, 전도　b. 전도, 변환, 자극
c. 자극, 전도, 변환　d. 자극, 변환, 전도

2. 다음 중 외부수용체는 어느 것인가?
a. 장력수용체　b. 막대세포와 원뿔세포
c. 기압수용체　d. 온도수용체

3. 심한 운동 후에 팔 근육이 아플 때 통증은 무엇을 통해 감지되는가?
a. 신경전달물질　b. 내부수용체
c. 연합신경　d. 외부수용체

4. 다음 움직임과 중력을 감지하는 귀의 구조는?
a. 달팽이관　b. 귀뼈(이소골)
c. 반고리관　d. 고막

5. 다음 중 동물에게 그들의 먹이에 대한 정보를 제공할 수 없는 것은?
a. 빛수용체　b. 미각수용체
c. 통각수용체　d. 후각수용체

6. 귀는 무엇이 움직이는 것을 통해 소리를 감지하는가?
a. 마루 속의 털세포
b. 달팽이관 속의 막
c. 젤라틴성 기질 속의 이석
d. 유스타키오관

7. 물고기의 측선계가 감지하는 것은?
a. 물결 파동　b. 빛
c. 맛　d. 자성

8. 다음 중 잘못된 것은?
a. 척추동물은 수정체의 모양을 바꿈으로서 눈의 초점을 맞춘다.
b. 절지동물과 척추동물의 눈에서 사용되는 빛흡수 분자는 같은 종류이다.
c. 막대세포는 서로 다른 색깔을 감지하며, 원뿔세포는 빛이 약한 어두운 곳에서 볼 수 있도록 서로 다른 회색 명암을 감지한다.
d. 빛은 *시스*-레티날을 *트랜스*-레티날로 변화시킨다.

9. 두눈보기에 관한 설명으로 옳은 것은?
a. 주로 먹잇감이 되는 동물들에서 흔히 사용된다.
b. 전체 수용영역을 확대해 준다.
c. 보다 나은 원근감 감지를 가능하게 해준다.
d. 시야가 서로 겹치지 않을 경우에만 가능하다.

10. 다음 중 몇몇 종류의 동물들이 그들의 주위 환경을 감지할 때 사용될 수 있는 것은?
a. 적외선 복사열　b. 자기장
c. 전기장　d. 모두 옳음

응용력 확인 문제

1. **그림 29.3** 여러분의 이모가 저녁 식사 중에 일어나시다가 갑자기 쓰러지셨다. 일어서다가 갑자기 쓰러지는 것은 어떤 감각수용체의 문제가 관여하고 있을 것을 예상되는가?

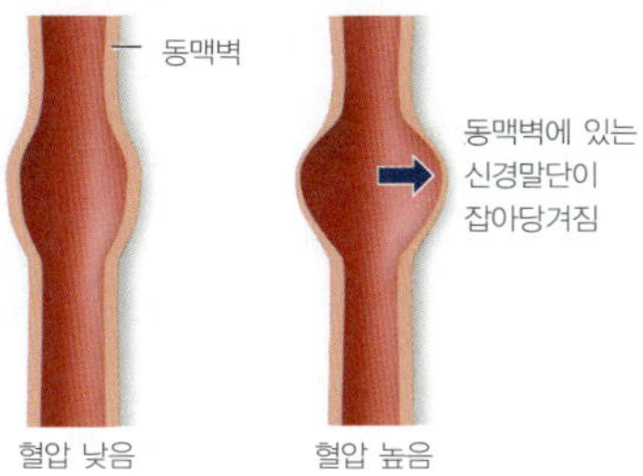

2. **그림 29.11** 비록 진화적으로 독립적으로 진화했지만, 환형동물, 연체동물, 절지동물, 척추동물 시각 신경계의 공통점은 무엇인가?

종합 학습

1. 여러분이 뱀을 무서워한다는 사실을 알고 있는 어떤 친구가 여러분에게 밤에 숲속을 갈 때 단열재를 몸에 감고가면 뱀은 여러분을 발견할 수 없을 것이라고 말해 주었다. 이 장을 읽고 나서, 여러분은 이제 그 친구가 한 말이 틀리지는 않았다는 것을 안다. 그 이유는 무엇인가?

2. 우주비행사의 이석들이 무중력상태에 어떻게 반응할 것으로 예상하는가? 우주비행사는 여전히 움직임 감지가 가능할까? 무중력 상태에서 반고리관은 각속도를 감지할 수 있는가?

3. 여러분이 단지 5가지 맛(짠맛, 쓴맛, 단맛, 신맛, 감칠맛)만 알 수 있다면, 왜 여러분이 먹는 여러 음식들은 각기 고유한 맛을 낸다고 생각하는가?

4. 황반변성이라고 하는 퇴행성 질병은 눈 중심부의 빛수용체들의 죽음을 야기한다. 전체 시야가 영향을 받을 것이라고 예상하는가? 설명하시오.

5. 암실에 들어가 처음에는 어둠 외에 아무것도 볼 수 없다. 그러나 몇 분 내에 희미하게 알아 볼 수 있게 되고, 10분에서 30분 후에, 꽤 자세히 볼 수 있다. 이런 효과를 보이기 위해서 우리 눈은 어떤 조절작용을 할 수 있을까? [힌트: 로돕신에 초점을 맞춤]

30

동물 체내의 화학적 신호전달

학습단원

신경내분비계

30.1 호르몬

1. 신경 충격 대신에 호르몬에 의한 정보전달의 3가지 이점
2. 내분비선과 외분비선의 차이점
3. 신경내분비계에서 시상하부의 역할
4. 방출 호르몬의 역할
5. 내분비 호르몬 4가지의 화학적 종류와 이름
6. 호르몬 신호전달의 4단계

30.2 호르몬 표적세포

1. 스테로이드 호르몬과 펩티드 호르몬의 구조와 작용방식
2. 인슐린을 예로 2차 전달자의 중요성

주요 내분비선

30.3 시상하부와 뇌하수체

1. 뇌하수체 전엽과 뇌하수체 후엽의 역할 차이
2. 뇌하수체 전엽에서 생성된 펩티드 호르몬 7가지
3. 시상하부의 뇌하수체 전엽 조절
4. 시상하부뇌하수체 문맥계의 정의와 기능

30.4 췌장

1. 인체에서 췌장 분비선의 위치
2. 랑게르한섬에서 생성된 호르몬을 구별하고 그 기능 정의
3. 제I형 당뇨병과 제II형 당뇨병 차이
4. 인슐린과 글루카곤 작용의 차이 비교

생명과학과 건강 유지: 제II형 당뇨병

30.5 갑상선, 부갑상선, 부신

1. 인체에서 갑상선 찾기
2. 갑상선에서 생성된 가장 중요한 2가지 호르몬 구별 및 차이 비교
3. 몸의 생존을 위해 절대적으로 필요한 2가지 호르몬 이름
4. PTH의 기능
5. 부신의 두 부분의 기능 비교

질문 & 분석: 흡연과 폐암의 연관성은 얼마나 강할까?

척추동물과 대부분 다른 동물에서 중추신경계는 생리적 활성의 효과 변화를 위해 호르몬이란 화학 신호를 사용하여 신체의 다양한 활동을 통제하고 조절한다. 여러분들은 이미 많은 호르몬[아드레날린(에피네프린), 에스트로겐, 테스토스테론, 인슐린, 갑상선호르몬]과 친숙하다. 그러나 이들 호르몬의 일부는 다른 동물에서는 매우 다른 역할을 한다. 예를 들어 갑상선호르몬은 양서류가 유충에서 성체로 변태될 때 필요하다. 올챙이의 갑상선을 제거하면 개구리로 변하지 않을 것이다. 반대로 미성숙 올챙이에 갑상선 조각을 먹일 경우, 조숙한 변태를 유발하여 작은 개구리가 될 것이다! 한편, 펩티드 호르몬의 일종인 멜라닌세포자극호르몬은 포유동물에서 그 역할을 모른다. 이 호르몬은 파충류와 양서류에서는 색깔 변화를 자극한다. 위에 보이는 사진의 녹색 아놀도마뱀(*Anolis carolinensis*)은 환경 또는 생리적인 신호에 반응하여 아래의 갈색 아놀도마뱀으로 바뀌었다. 이러한 색깔 변화는 카멜레온 피부 세포의 중심으로부터 색소를 포함하는 과립의 분산 결과로 피부가 어둡게 되는 것이다. 멜라닌세포자극호르몬에 의한 색깔 변화는 5분 내지 10분 정도 걸린다. 이 장에서 여러분들은 척추동물의 몸 상태를 조절하기 위해 사용되는 모든 호르몬들을 만나게 될 것이다.

30.1 호르몬

호르몬(hormone)은 체내의 한 부분에서 생성되는 화학적 신호로 생성된 곳에서 활성화 형태로 멀리 전달되어도 안전하며, 전형적으로 멀리 떨어진 곳에서 작용한다. 몸의 기관을 조절하기 위해 빠른 전기적 신호(신경에서 사용되는 것과 같은)보다는 전달자로서 화학적 호르몬을 사용하는 데는 3가지 큰 이점이 있다. 첫째, 화학 분자는 혈액을 경유하여 모든 조직으로 퍼질 수 있고(모든 세포에 신경이 뻗어 있는 것을 상상해 보시오!), 보통 소량이 요구된다. 둘째, 화학적 신호는 전기적 신호보다 훨씬 더 오래 지속될 수 있어, 성장과 발생같이 느린 반응은 호르몬이 조절하는 데 매우 유리하다. 셋째, 많은 다른 종류의 화학물질이 호르몬으로 작용할 수 있어, 다른 호르몬 분자가 다른 조직의 표적이 될 수 있다. 이러한 모든 이유로 호르몬은 긴 지속 반응, 느린 출발, 광범위한 신호전달을 위한 우수한 전달자이다.

일반적으로 호르몬은 대부분 중추신경계의 조절을 받아 분비선에서 생성된다. 이러한 분비선은 밖으로 노출된 분비관을 갖지 않고 조직 속에 완전히 밀폐되어 있어 **내분비선(endocrine gland,** 그리스어 *endon*, '내부')이라고 한다. 호르몬은 내분비선으로부터 직접 혈액 속으로 분비된다[이것은 땀샘과 같이 분비관을 갖는 **외분비선(exocrine gland)**과는 대조적이다]. 우리 몸은 **그림 30.1**에서 보는 바와 같이 12개의 주요 내분비선이 있는데, 이것들이 내분비계를 구성한다.

내분비계와 운동신경계는 중추신경계(central nervous system, CNS)가 몸의 기관에 명령을 전달하기 위하여 사용하는 2가지 주된 경로이다. 이들은 서로 밀접하게 연관되어 흔히 하나의 계인 **신경내분비계(neuroendocrine system)**로 여겨진다. **시상하부(hypothalamus)**는 신경내분비계의 주요 스위치 보드(board)로 생각할 수 있다. 시상하부는 항상성(homeostasis)으로 알려진 내부 환경을 일정하게 유지하기 위하여 몸 안의 조건을 계속해서 체크한다. 몸이 너무 뜨겁거나 너무 차가운가? 연료가 다 떨어지고 있는가? 혈압이 너무 높은가? 항상성이 더 이상 유지되지 않을 경우, 시상하부는 여러 가지 방법으로 모든 것이 다시 제자리로 돌아가도록 한다. 예를 들어 시상하부가 심박동수를 빠르게 할 필요가 있는 경우, 연수에 신경 신호를 보내거나, 화학 명령을 사용하여 부신에서 아드레날린 호르몬을 생성하게 하여 심박동수를 빠르게 할 수 있다. 시상하부가 어떤 명령을 사용할지는 효과가 지속되어야 할 기간에 달려 있다. 화학적 메시지는 신경 신호보다 전형적으로 훨씬 길게 지속된다.

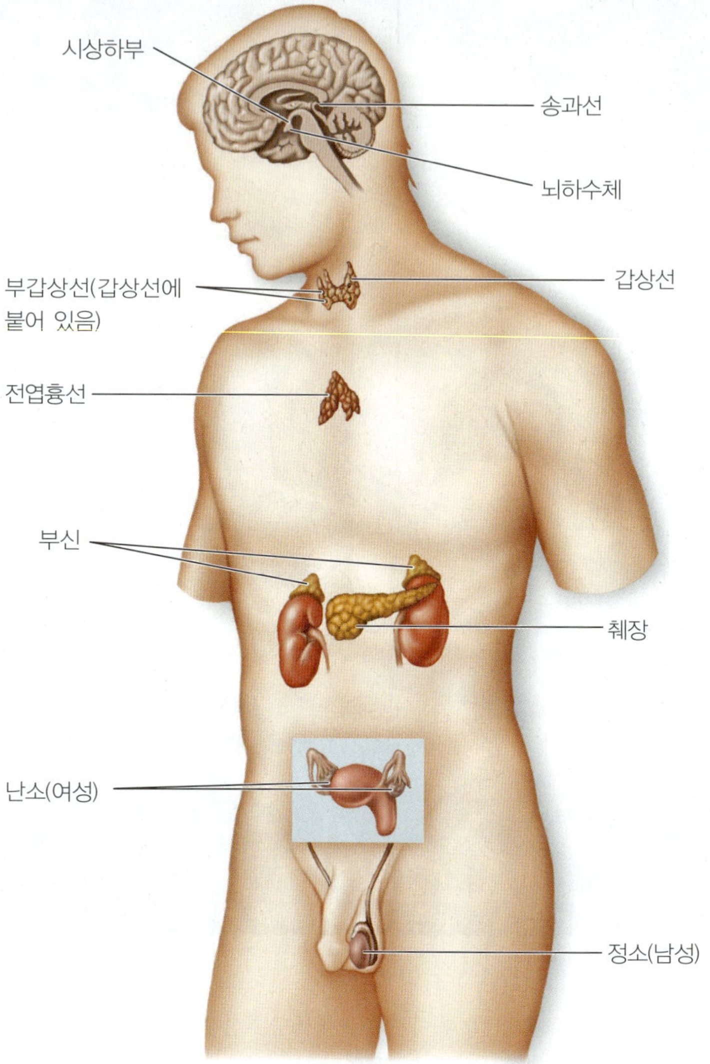

그림 30.1 인간 내분비계의 주요 분비선

호르몬을 분비하는 세포들은 내분비선 속에 밀집되어 있다. 뇌하수체와 부신은 각각 두 분비선으로 구성된다.

명령계통

시상하부는 가까이 있는 내분비선인 뇌하수체에 명령을 전달하고, 뇌하수체는 몸의 다양한 호르몬을 생산하는 분비선으로 차례로 화학적 신호를 보낸다. 뇌하수체는 시상하부에서 뇌하수체로 화학 메시지가 통과할 수 있도록 짧은 자루 모양으로, 시상하부에 부착되어 있다. 이러한 화학적 메시지가 처음 발견된 것은 갑상선자극호르몬방출호르몬(thyrotropin-releasing hormone, TRH)으로 짧은 펩티드이며, 1969년에 분리되었다.

핵심 생물학 과정: 호르몬 정보 전달

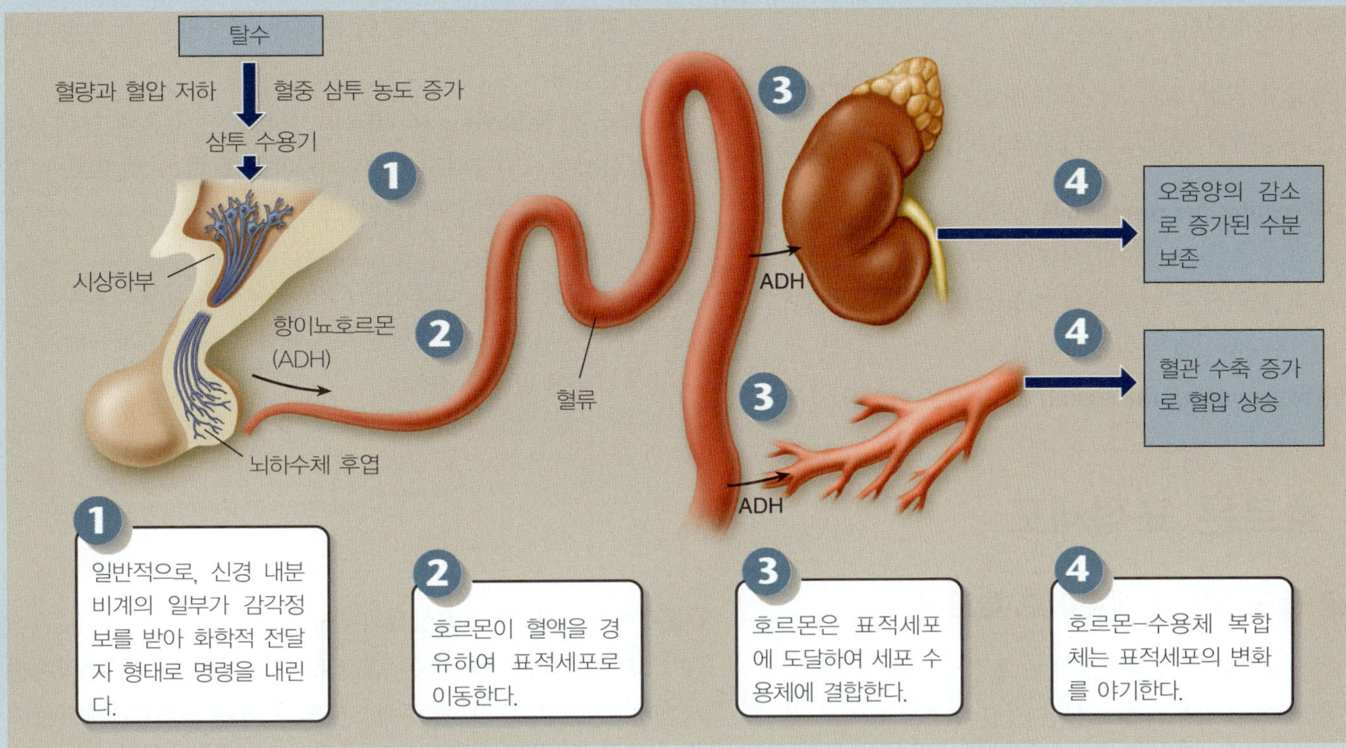

시상하부에서 TRH의 분비는 뇌하수체에서 티로트로핀(thyrotropin) 또는 갑상선자극호르몬(thyroid-stimulating hormone, TSH)의 분비를 야기하여 갑상선에서 갑상선호르몬(thyroid hormone)이 분비되도록 한다.

이후 몇몇 다른 시상하부 호르몬들이 분리되었으며, 이 호르몬들은 함께 뇌하수체를 조절한다. 따라서, CNS는 명령계통을 통하여 몸의 호르몬을 조절한다. 시상하부에서 만든 "방출(releasing)" 호르몬에 일치하도록 뇌하수체는 뇌하수체호르몬을 합성하고, 이러한 뇌하수체호르몬은 멀리 떨어진 내분비선으로 이동하여 특정 내분비 호르몬을 생산하도록 한다. 또한 시상하부는 특정 뇌하수체호르몬을 분비하여 뇌하수체를 유지하는 억제 호르몬을 분비한다.

호르몬의 작용

호르몬이 체내의 효과적인 전달자로 작용하는 이유는 특정 호르몬이 특이 표적세포에만 영향을 줄 수 있기 때문이다. 표적세포는 다른 세포들이 무시하는 그 호르몬을 어떻게 인지할 수 있을까? 원형질막에 박혀 있거나 표적세포 안에 글러브에 맞는 손과 같이 잠재 신호인 호르몬에 일치하는 수용체 단백질이 있다. 제28장에서 살펴본 바와 같이, 신경세포는 시냅스 내에 고도의 특이 수용체가 있으며, 각각의 수용체는 다른 신경전달물질 분자에 "반응"하기 위한 모양을 가지고 있다. 유사한 방법으로, 몸이 특정한 호르몬에 반응하기 위해 표적을 가진 세포는 그 호르몬에 맞는 모양으로 된 수용체 단백질을 갖는다. 이와 같이 몸 안의 화학적 정보전달은 2가지 요인을 포함한다: 분자 신호(호르몬)와 표적세포에 있는 각 단백질 수용체는 특정 호르몬에만 맞는 모양을 갖기 때문에 이러한 체제는 매우 특이적이다.

내분비선에서 분비되는 호르몬은 4가지의 다른 화학적 범주로 분류된다.

1. **폴리펩티드(polypeptide)**는 약 100개 미만의 아미노산 사슬로 구성된다. 예를 들면, 인슐린과 항이뇨호르몬(ADH)이 이에 속한다.
2. **당단백질(glycoprotein)**은 탄수화물이 부착된 100개 아미노산 이상의 긴 폴리펩티드로 구성된다. 예를 들면, 여포자극호르몬(FSH)과 황체형성호르몬(LH)이 이에 속한다.
3. **아민(amine)**은 아미노산인 티로신과 트립토판으로부터 유래되며, 부신 수질, 갑상선, 그리고 송과선에서 분비되는 호르몬이 이에 속한다.

4. **스테로이드(Steroid)**는 콜레스테롤에서 유래한 지질로 테스토스테론, 에스트로겐, 프로게스테론, 알도스테론, 코르티솔이 이에 속한다.

위의 핵심 생물학 과정 그림에서 호르몬 신호에 의한 정보전달 경로를 일련의 간단한 단계로 보여주고 있다.

1. **명령 실행(issuing the command)** CNS의 시상하부는 많은 호르몬의 방출을 조절한다. 시상하부에 있는 세포에서 생성된 어떤 호르몬은 뇌하수체 후엽에 저장되었다가 뇌의 신호에 반응하여 혈액으로 방출된다.
2. **신호전달(transporting the signal)** 호르몬은 인접한 세포에 작용할 수 있지만 대부분 혈액을 통해 온몸에 전달된다.
3. **표적 적중(hitting the target)** 호르몬이 적합한 수용체를 가진 세포, 즉 표적세포와 만나면 호르몬은 그 수용체에 결합한다.
4. **효과 발휘(having an effect)** 호르몬이 수용체 단백질에 결합하면, 그 단백질은 모양이 변함에 따라 반응이 시작되어 세포 활동을 변화시킨다.

주요 학습 요점 30.1 **호르몬은 특이 수용체에 의해 인식되므로 효과적이다. 따라서 적합한 수용체를 소유하는 세포만이 특정 호르몬에 반응할 것이다.**

30.2 호르몬 표적세포

세포 안으로 들어가는 스테로이드 호르몬

호르몬을 인지하는 어떤 단백질 수용체는 표적세포의 세포질이나 핵에 위치한다. 이런 경우의 호르몬은 지질-수용성 분자로 전형적으로 **스테로이드 호르몬(steroid hormone)**이다. 이들 분자의 화학적 형태는 철망과 같은 고리구조이다. 모든 스테로이드 호르몬은 콜레스테롤에서 만들어지고, 4개의 고리로 구성된 복합분자이다. 남녀의 2차 성징의 발달을 촉진하는 호르몬은 스테로이드이다. 이런 호르몬은 테스토스테론과, 여성의 생식계를 조절하는 에스트로겐, 프로게스테론이 이에 속하며, 제31장에서 논하게 될 것이다. 코르티솔 또한 스테로이드 호르몬이다.

그림 30.2에서 "E"로 표기된 에스트로겐 같은 스테로이드 호르몬은 세포의 원형질막의 지질 이중층을 통과할 수 있으며 ❶

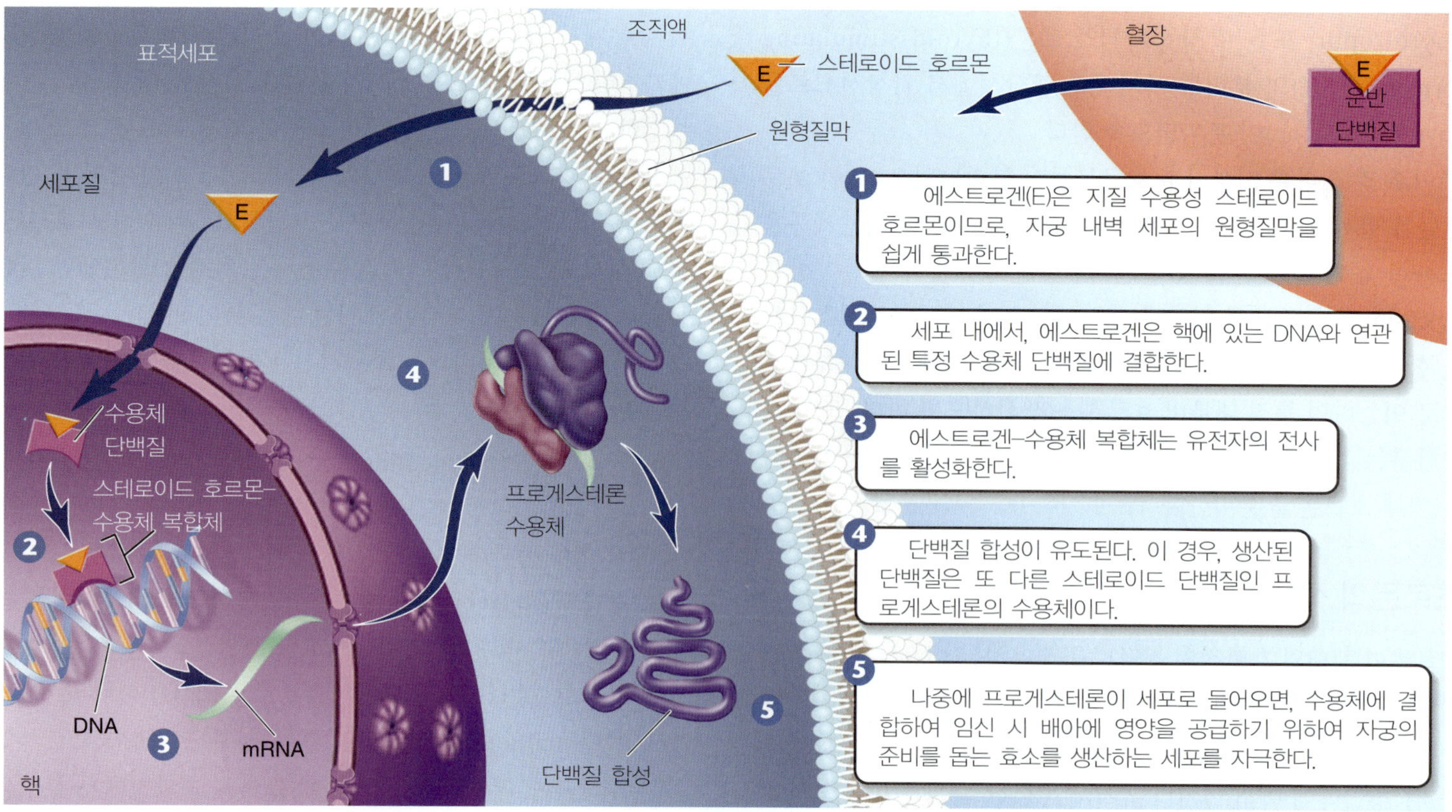

그림 30.2 스테로이드 호르몬의 작용기작

핵심 생물학 과정: 2차 전달자

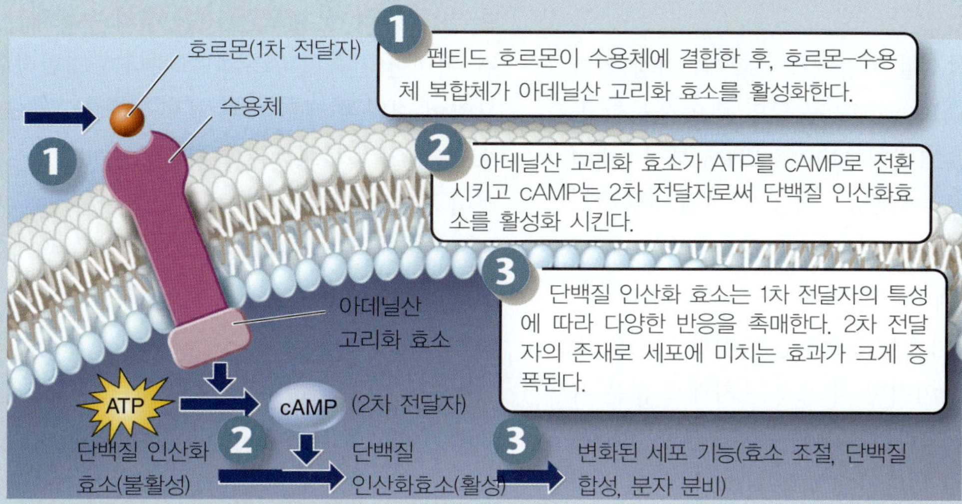

에스트로겐의 경우와 같이 세포 내 혹은 핵 내 수용체에 결합할 수 있다. 이 호르몬 수용체 복합체는 핵 속의 DNA와 결합하여 ❷, 프로게스테론 수용체 단백질 유전자를 활성화하여 전사시킨다 ❸. 단백질이 합성되고 ❹, 그 수용체는 프로게스테론이 세포 내로 들어오면 결합하여 ❺, 또 다른 유전자를 활성화한다.

단백 동화 스테로이드(anabolic steroid)는 일부 역도 선수나 운동선수들이 사용하는 남성 호르몬인 테스토스테론과 유사한 합성 화합물이다. 이것을 근육 내 주사하면 성장 유전자가 활성화되어 근육세포가 더 많은 단백질을 생산됨으로써 결과적으로 근육이 커지고 강해진다. 그러나 단백 동화 스테로이드는 남성과 여성에서 간 손상, 심장질환, 고혈압, 여드름, 탈모, 그리고 정신장애를 포함한 부작용이 따르며, 많은 위험이 있다. 또한 남성은 고환 기능의 억제와 여성화를 경험할 수 있고, 여성은 남성화를 겪을 수 있다. 또한 청소년기에 사용하면 발육이 멈추어 왜소해지고 사춘기의 변화가 앞당겨질 수 있다. 단백 동화 스테로이드의 사용은 불법이며, 많은 스포츠의 운동선수들에게 사용했는지를 검사하고 있다.

세포 표면에 작용하는 펩티드 호르몬

다른 호르몬 수용체들은 원형질막 안에 박혀 있으며, 인식 부위가 세포 표면의 바깥으로 향하고 있다. **그림 30.3**에서 수용체에 결합한 펩티드 호르몬은 ❶, 전형적으로 짧은 펩티드 사슬(일반 크기의 단백질일 경우에도)이다. 수용체에 **펩티드 호르몬(peptide hormone)**의 결합으로 수용체 단백질이 세포질 말단에

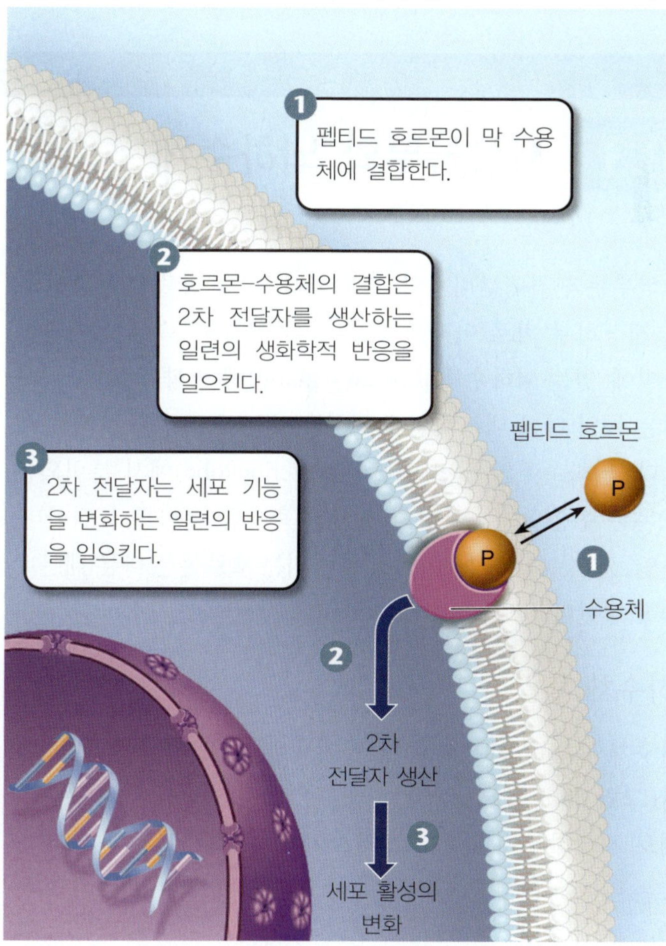

그림 30.3 펩티드 호르몬의 작용기작

서 변화를 일으킨다. 이 변화는 **2차 전달자(second messengers)**인 세포 내 중간 신호물질을 통해 세포질에서 그 다음 변화를 일으켜❷, 원래의 신호를 크게 증폭하여 결과적으로 세포 내 변화가 일어난다❸.

2차 전달자가 호르몬의 신호를 어떻게 증폭할까? 가장 일반적인 2차 전달자인 고리형 AMP(cAMP)를 위의 주요 생물학 공정 그림에서 보여 주고 있다. 고리형 AMP는 ATP로부터 2개의 인산 단위를 제거하여 AMP를 형성하는 효소에 의해 만들어진다. AMP의 끝을 연결하여 원형을 형성한다. 하나의 호르몬 분자가 원형질막에 있는 수용체에 결합하면 세포질 내에 많은 2차 전달자가 형성된다. 각각의 2차 전달자는 특정한 효소의 많은 분자를 활성화할 수 있고, 이러한 각 효소는 차례로 많은 다른 효소를 활성화할 수 있다. 따라서 2차 전달자는 각 호르몬 분자가 단지 세포에 들어가거나 하나의 표적을 찾았던 것 보다 훨씬 더 세포 안에 영향을 미칠 수 있다.

인슐린은 2차 전달자 시스템으로 작용하는 많은 호르몬 중 하나이며, 펩티드 호르몬이 어떻게 표적세포 안에서 그들의 효과를 발휘하는지 잘 연구된 예를 제공한다. 대부분의 인간 세포들은 막에 인슐린 수용체를 가지고 있다. 일반적으로 수 백 개가 있으나 포도당 대사에 관여하는 조직에는 훨씬 많다. 예를 들면, 하나의 간 세포는 10만 개의 수용체를 가지고 있다. 인슐린 이러한 인슐린 수용체 중 하나에 결합하면 수용체 단백질의 모양이 변하여 세포 내부에 인접한 신호 조절 단백질을 자극함으로써 Ca^{++}의 방출을 활성화한다. Ca^{++}은 2차 전달자로 작용하여 세포 내의 다양한 효소를 활성화시켜 원래의 신호 강도를 크게 증폭시키는 일련의 연속적인 반응을 유발한다.

주요 학습 요점 30.2 **스테로이드 호르몬이 원형질막을 통과하여 세포 내 수용체와 결합하여 특정 유전자의 전사를 위한 복합체를 형성한다. 펩티드 호르몬은 세포 내로 들어가지 못한다. 대신, 표적세포의 표면 수용체에 결합하여 세포 내의 연속적인 효소 활성을 일으킨다.**

주요 내분비선

30.3 시상하부와 뇌하수체

시상하부는 신경내분비계의 "통제센터"이며, 방출 호르몬의 조절로 시상하부 바로 아래 뇌의 우묵 들어간 뼈 속에 위치하여 가까이에 있는 **뇌하수체(pituitary gland)**에 영향을 준다. 뇌하수체는 몸의 다른 내분비선에 영향을 주는 호르몬을 차례로 생성한다. 뇌하수체의 뒷면인 *후엽*(posterior lobe)에서 분비되는 호르몬은 수분 보존, 여성의 자궁 수축과 젖분비를 조절한다; 앞면인 *전엽*(anterior lobe)에서 분비되는 호르몬은 다른 내분비선을 조절한다.

뇌하수체 후엽

뇌하수체 후엽은 시상하부 내의 세포에서 기원한 축삭을 포함한다(**그림 30.5** 참조). 뇌하수체 후엽에서 방출되는 호르몬은 실제로 시상하부에 있는 신경세포체에 의해 생성된다. 그러한 호르몬은 축삭돌기를 따라 뇌하수체 후엽으로 이동하여 뇌하수체 후엽에 저장되고 방출된다.

놀라운 의료사례가 보고된 뇌하수체 후엽의 역할은 1912년에 처음으로 증명되었다. 머리에 총상을 입은 사람에게 이상한 장애가 발생하였다. 그는 끊임없이 30분마다 소변을 보기 시작했다. 총알이 뇌하수체에 박혀 있었고, 뇌하수체를 제거한 연구에서도 이러한 이상 증상이 나타났다. 따라서 뇌하수체 추출물에 신장이 수분을 보존하는 물질을 포함하고 있음을 알았으며, 1950년대 초 펩티드 호르몬인 **바소프레신(vasopressin** 또는 항이뇨호르몬(**antidiuretic hormone) ADH**이라고 한다)이 분리되었다. 제26장에서 배운 바와 같이, ADH는 신장의 수분 유지를 조절한다. ADH가 없으면 신장은 수분을 유지할 수 없으며, 이것은 총상이 과도한 배뇨의 원인이었음을 말해준다. 한편, 과도한 알코올과 카페인은 ADH 분비를 억제하는 유사한 효과를 갖는다.

뇌하수체 후엽은 또한 매우 유사한 구조로 둘 다 9개의 아미노산으로 구성된 짧은 펩티드의 두 번째 호르몬인 **옥시토신(oxytocin)**을 방출하지만 그 기능은 매우 다르다. 옥시토신은 분만 시 자궁 수축과 산모의 젖 분비를 개시한다. 여기서 젖 분비가 어떻게 일어나는지 알아보자! 아기가 젖을 빨면 산모 유두의 감각 수용체가 시상하부에 신호를 보내고, 시상하부는 뇌하수체 후엽에서 옥시토신의 방출을 자극한다. 옥시토신은 혈액을 통해 유방으로 이동하여 유선이 젖을 분비하는 유관 주변의 근수축을 자극한다. 옥시토신과 ADH는 시상하부의 세포체에서 생산되지만, 그러나 뇌하수체 후엽에서 저장 및 방출된다.

뇌하수체 전엽

뇌하수체 전엽은 7가지의 주요 펩티드 호르몬(**그림 30.4**의 파란색)을 생산하고, 시상하부에서 분비된 특정 방출 신호에 의해 각각 조절된다.

1. **갑상선자극호르몬(thyroid-stimulating hormone, TSH)** TSH는 갑상선을 자극하여 갑상선호르몬인 티록신을 생산하고, 차례로 산소호흡을 자극한다.
2. **부신피질자극호르몬(adrenocorticotropic hormone, ACTH)** ACTH는 부신을 자극하여 다양한 스테로이드 호르몬을 생산한다. 일부는 지방으로부터 포도당 생성을 조절한다. 또 다른 작용은 혈중 나트륨과 칼륨 이온의 균형을 조절한다.
3. **성장호르몬(growth hormone, GH)** GH는 신체 전반의 근육과 뼈의 성장을 자극한다.
4. **여포(난포)자극호르몬(follicle-stimulating hormone, FSH)** FSH는 난세포의 성숙을 촉진하고 에스트로겐 분비를 자극하여 여성의 생리주기에 중요하다. 남성에서는 고환을 자극하여 정자의 발달을 조절한다.
5. **황체형성호르몬(luteinizing hormone, LH)** LH는 성숙한 난자가 방출되는 배란을 유도하여 여성의 월경주기에 중요한 역할을 한다. 또한 생식에는 직접 관여하지 않는 남성의 2차 성징의 발달을 개시하며 유지시키는 테스토스테론을 생산하는 남성의 생식선을 자극한다.
6. **프로락틴(Prolactin, PRL)** 프로락틴은 유방을 자극하여 젖을 생산하며, 옥시토신의 반응에 따라 분비된다.
7. **멜라닌세포자극호르몬(melanocyte-stimulating hormone, MSH)** MSH는 파충류와 양서류에서 표피의 색깔 변화를 자극한다. 인간에서 이 호르몬의 기능은 아직 잘 알려지지 않았다.

시상하부는 어떻게 뇌하수체 전엽을 조절할까

앞에서 언급했듯이 시상하부는 특정 호르몬 군에 의하여 뇌하수체 전엽 호르몬의 생산과 분비를 조절한다. 시상하부의 뉴런은 시상하부의 기저부에 있는 모세혈관으로 방출 호르몬과 억제 호르몬을 분비한다. **그림 30.5**는 시상하부에 있는 두 그룹의 뉴런에 대한 관계를 보여준다. 앞에서 논의된 바와 같이, 일부 뉴런은 (그림에서 파란색)은 뇌하수체 후엽까지 축삭돌기를 뻗어 호르몬을 전달하여 저장하고 방출한다. 시상하부의 다른 뉴런(그림에서 노란색)은 방출 호르몬과 억제 호르몬을 생산하여 모세혈관으로 방출한다. 이들 모세혈관은 뇌하수체 줄기 안을 지나 뇌하수체 전엽에 있는 두 번째 모세혈관망의 작은 정맥으로 다시 방출한다. 이런 특이한 혈관계를 *시상하부뇌하수체문맥계*(hypothalamohypophyseal portal system)라 한다. 이것은 첫 번째 모세혈관 아래 두 번째 모세혈관망을 가지므로 문맥계라고 한다; 이와 유사한 체제를 가진 유일한 신체 부위는 간이다.

이 문맥계를 통해 뇌하수체 전엽으로 전달된 각각의 방출 호르몬은 특정 뇌하수체 전엽 호르몬의 분비를 조절한다. 예를 들어 갑상선자극호르몬방출호르몬(TRH)은 TSH의 방출을 자극한다. 부신피질자극호르몬방출호르몬(CRH)은 ACTH의 방출을 자극한다. 생식선자극호르몬방출호르몬(GnRH)은 FSH와 LH의 방출을 자극한다. 성장호르몬방출호르몬(GHRH)은 GH의 방출을 자극한다. 프로락틴 분비인자(prolactin-

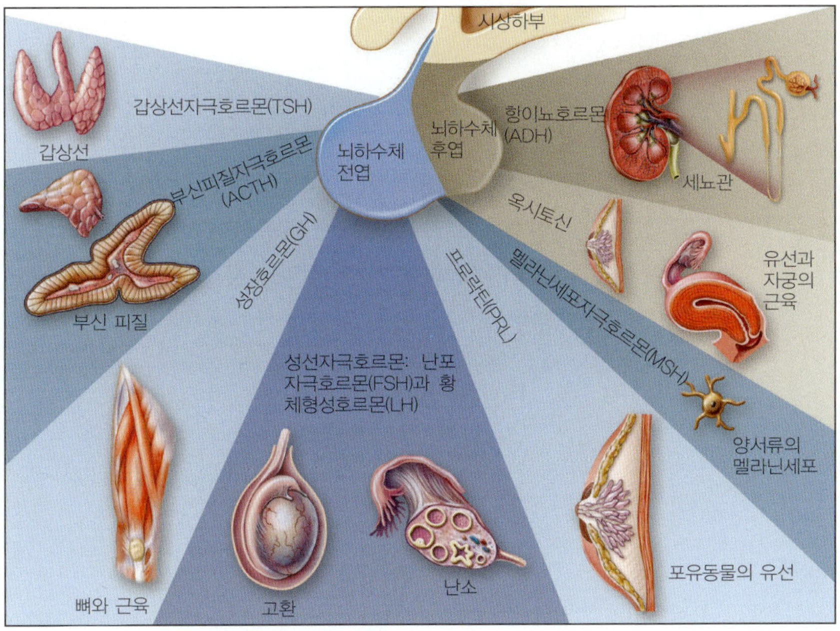

그림 30.4 뇌하수체의 역할

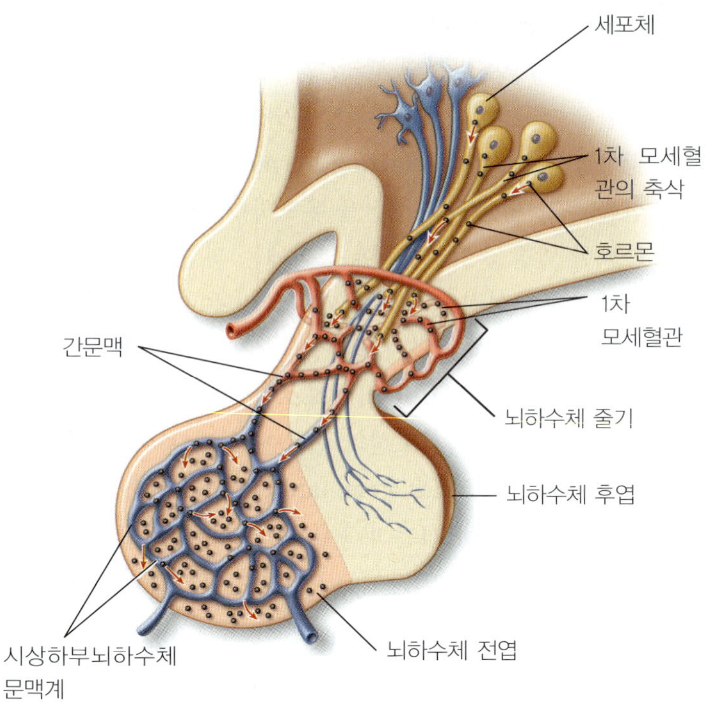

그림 30.5 시상하부에 의한 뇌하수체 전엽의 호르몬 조절
시상하부에 있는 뉴런은 뇌하수체 전엽으로 짧은 혈관을 통해 호르몬을 분비하여, 뇌하수체 전엽 호르몬의 분비를 자극 또는 억제한다.

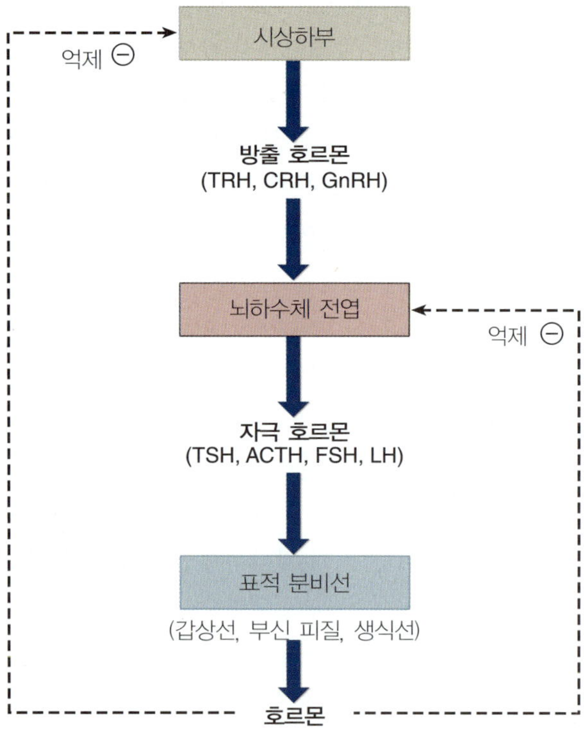

그림 30.6 음성되먹임 작용
일부 내분비선에 의해 분비된 호르몬은 시상하부 방출 호르몬과 뇌하수체 전엽 호르몬의 분비를 억제하기 위해 되먹임 작용을 한다.

releasing factor, PRF)는 프로락틴의 방출을 자극한다. 이 인자는 아직 화학적으로 규명되지 않았으나 갑상선자극호르몬방출호르몬과 유사한 화학물질로 추정된다.

시상하부는 뇌하수체 전엽 호르몬의 방출을 억제하는 호르몬도 분비한다. 지금까지 3가지 호르몬이 발견되었다. 소마토스타틴(somatostatin)은 GH의 분비를 억제한다. 프로락틴억제호르몬(prolactin-inhibiting hormone, PIH)은 도파민(dopamine)일 가능성이 있으며, 프로락틴의 분비를 억제한다. 그리고 멜라닌세포억제호르몬(melanotropin-inhibiting hormone, MIH)은 MSH의 분비를 억제한다.

시상하부 호르몬이 뇌하수체 전엽 분비선의 분비를 조절하고, 뇌하수체 전엽 호르몬은 다른 내분비선의 분비를 조절하므로, 시상하부 기능이 몸의 호르몬 분비를 담당하는 '주분비선(master gland)'으로 보인다. 그러나 이런 생각은 2가지 이유 때문에 일반적으로 타당하지 않다. 첫째, 부신 수질, 췌장과 같은 많은 내분비 기관은 이런 통제 시스템으로 직접 조절되지 않는다. 둘째, 시상하부와 뇌하수체 전엽 분비선은 자신이 자극하여 분비된 바로 그 호르몬에 의해 통제된다! 대부분의 경우 이것은 억제적 조절이다. **그림 30.6**은 표적분비선호르몬이 어떻게 시상하부와 뇌하수체 전엽을 억제하는지 보여준다. 표적 분비선 호르몬이 충분이 생산되면, 점선으로 표시한 것 같이 그 호르몬이 피드백하여 뇌하수체 전엽과 시상하부에서 자극하는 호르몬의 방출을 억제한다. 이런 유형의 조절계는 **음성되먹임(negative feedback** 또는 **피드백억제, feedback inhibition)**의 예이며, 제26장에서 논의되었다.

주요 학습 요점 30.3 뇌하수체 후엽은 호르몬을 생산하는 시상하부의 신경으로부터 유래된 축색돌기를 포함한다. 뇌하수체 전엽은 시상하부 호르몬 신호에 반응하여 한 무리의 뇌하수체호르몬을 생산하며, 특정 호르몬을 생산하는 멀리 있는 분비선으로 운반된다.

30.4 췌장

췌장(pancreas) 분비선은 위의 뒤쪽에 위치해 있으며 소장의 앞부분과 좁은 관으로 연결되어 있다. 이 관을 통해 소화기관으로 다양한 소화효소를 분비하며, 오래 동안 췌장은 단순히 외분비선으로만 생각되었다. 그러나 1869년 독일 의대생 파울 랑게르한스(Paul Langerhans)는 췌장 주변에 산재해 있는 특이한 세포 덩어리를 설명하였다. 1893년 의사들은 이 세포 덩어리이가 당뇨병을 예방하는 물질을 생산한다는 결론을 내리며, 랑게르한섬(islets of Langerhans)이라고 하였다. **당뇨병(diabetes mellitus)**은 혈당 수준이 높은 경우에도 각 세포가 혈액으로부터 포도당을 흡수하지 못하는 심각한 질환이다. 체중감소와 글자 그대로 굶어 죽는다. 다른 경우에는 혈액순환장애, 심한 경우 사지를 절단해야 하는 결과를 초래한다. 당뇨병은 성인에서 실명의 주원인이며, 모든 신부전증의 1/3을 차지한다. 미국에서 일곱 번째 사망의 주요 원인이다.

현재 알고 있는 펩티드 호르몬 *인슐린*(insulin)은 랑게르한섬에서 생성되는 물질로 1922년까지 분리되지 않았다. 토론토 병원에 근무하는 두 젊은 의사가 당뇨로 인해 몸무게가 29kg까지 빠져 생존 가능성이 없는 13세 소년에게 소의 췌장 분비선에서 분리된 추출물을 주사하였다. 병원기록은 시험에 대한 역사적인 중요성은 없었고, "15 cc의 매클라우드(MacLeod) 혈청. 양쪽 엉덩이에 7-1/2 cc씩 주사"라고 만 기록되었다. 이 한 번의 주사로 소년의 혈당 수치는 25% 떨어졌다. 그의 세포가 포도당을 흡수한 것이다. 더 강력한 추출물에 의해 곧 정상에 가깝게 수치가 떨어졌다.

이것이 성공적인 인슐린 치료의 첫 번째 사례이다. 췌장의 랑게르한섬은 혈액 내 포도당 수준을 조절하기 위해 상호작용하는 2가지 호르몬을 생산한다. 이들 호르몬은 *인슐린*(insulin)과 *글루카곤*(glucagon)이다. 인슐린은 영양분이 적은 시간 동안 영양분을 모을 수 있도록 하는 저장 호르몬이다. 인슐린은 간에서 글리코겐(glycogen)을, 지방세포에서는 트리글리세라이드(triglycerides)의 축적을 촉진한다. 음식을 소비할 때(**그림 30.7**의 왼쪽), 랑게르한섬의 베타세포(beta cell)는 인슐린을 분비하여, 몸의 세포가 포도당을 흡수하고 나중에 사용할 수 있도록 포도당을 글리코겐과 트리글리세라이드로 저장한다. 신체 활동은 연료를 소비하듯이 혈액 내 포도당 수준이 떨어지면(**그림 30.7**의 오른쪽), 알파세포(alpha cell)로 불리는 랑게르한섬의 다른 세포가 글리코겐을 분비하여, 에너지로 사용하기 위해

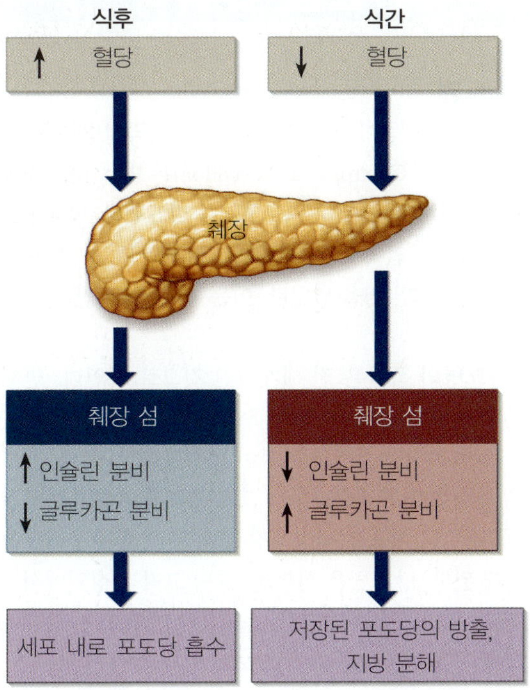

그림 30.7 췌장에서 분비되는 인슐린과 글루카곤은 혈당 수준을 조절한다

식후, 췌장의 랑게르한섬의 β 세포에서 인슐린의 증가된 분비는 혈액에서 조직 세포로 포도당 이동을 촉진한다. 식간에 췌장 섬의 α 세포에서 글루카곤의 증가된 분비와 인슐린의 감소된 분비로 저장된 포도당의 방출과 지방 분해가 일어난다.

간세포에서 저장된 포도당을 방출하고 지방세포는 에너지로 사용하기 위해 트리글리세라이드를 분해한다. 두 호르몬은 좁은 범위 내로 혈액 내 포도당 수준을 유지하도록 함께 작용한다.

미국인의 2,300만 명 이상, 전 세계인의 24,600만 명 이상이 **당뇨병(diabetes)**을 앓고 있다. 당뇨병은 2가지 종류가 있다. 제I형 당뇨병은 환자의 약 5~10% 정도이며, 면역계가 랑게르한섬을 공격하여 비정상적으로 낮은 인슐린 분비를 초래하는 자가면역질환이다. 이 유형은 일반적으로 20세 이전에 발병하여 청소년기발병당뇨병(juvenile-onset diabetes)이라 부른다. 이러한 병을 앓고 있는 사람은 매일 인슐린 주사로 치료 할 수 있다. 랑게르한섬의 이식 가능성에 대한 활발한 연구는 이러한 유형의 당뇨병에 대한 지속적인 치료로서 많은 가능성이 있다.

제II형 당뇨병은 혈액 내 인슐린 수치가 정상보다 오히려 높으나, 세포가 인슐린에 반응하지 않는다. 이 유형의 당뇨병은 보통 40세 이상의 연령에서 발병한다. 이것은 대부분 과체중으로 인한 결과이다. 미국에서 제II형 당뇨병을 앓고 있는 환자의 80%가 비만이다. 이런 제II형 당뇨병 환자의 세포는 음식이 너무 많아 인슐린에 대한 민감도가 떨어져 포도당이 적은 식사로 조절한다.

제II형 당뇨병

미국인들은 먹는 것을 좋아한다. 그런데 최근 미국질병통제예방센터에서(Center for Disease Control and Prevention)는 먹는 것은 그만큼 당뇨 질환으로 빠질 수 있음을 경고하는 보고서를 발표했다. 당뇨병은 1991년에 약 700만 명의 미국인에서 발병하였다. 2007년 말, 그 수는 전체 미국인의 7% 이상인 2300만 명을 넘었다. 이는 겨우 16년 만에 증가한 놀라운 수치이다.

이 같은 당뇨병의 폭발은 전 세계적인 것으로 보인다. 현재 당뇨병은 24,600만 명이 앓고 있으며, 매년 380만 명이 죽는다. 10초당 1명이 당뇨병으로 죽는다. 10초에 2명 이상이 발병한다.

당뇨병은 체세포가 혈액으로부터 포도당을 흡수하지 못하는 질환이다. 포도당에 굶주린 세포로 쇠약해진 조직은 자신의 단백질을 소비하도록 강요받게 된다. 당뇨병은 신부전, 실명 그리고 성인에서 신체절단의 원인이 되고 있다. 지난 10년간 당뇨병의 거의 모든 증가는 제II형 당뇨병인 "성인기발병(adult-onset)"으로, 당뇨 환자의 90%가 이 유형이다. 이런 환자들은 인슐린 호르몬의 사용 능력이 부족하다.

우리 몸은 식후에 높은 수준의 포도당이 들어옴을 세포에 알리는 방법으로 인슐린을 만든다. 인슐린 신호가 세포 표면의 특정 수용체에 결합하면, 세포는 포도당 운반기구를 작동하여 반응한다. 제II형 당뇨병을 앓고 있는 환자는 혈액 내 인슐린이 정상이거나 오히려 높은 수준이며, 정상의 인슐린 수용체를 가지고 있으나, 어떤 이유로 인슐린이 세포 수용체에 결합해도 포도당 운반기구가 작동하지 않는다. 30년 동안 연구원들은 왜 작동하지 않는지를 밝히려 노력해 왔다.

인슐린이 어떻게 작용하여 정상 세포의 포도당 운반기구를 작동시킬까? IRS 단백질로 불리는 단백질[*인슐린수용체기질*(insulin receptor substrate)]이 세포 안쪽의 인슐린 수용체 반대편에 들러붙는다. 인슐린이 수용체 단백질에 결합하면, 수용체는 IRS 분자에 인산기를 추가하는 반응을 한다. 이것은 뻘겋게 달구어진 부지깽이와 접촉하는 격이 되어 IRS 분자가 행동에 나선다. 이것은 곧 포도당 운반기구를 작동하는 효소를 포함하여 다양한 과정을 활성화한다.

IRS 유전자가 제거된 '유전자 제거(Knockout)' 생쥐가 행동할 때, 제II형 당뇨병의 결과가 나타난다. IRS 단백질 유전자 결핍이 제II형 당뇨병의 원인일까? 아니다. 연구자들이 유전성 제II형 당뇨병 환자의 IRS 유전자 변이를 조사했으나 발견하지 못했다. IRS 유전자는 정상이었다.

이것은 제II형 당뇨병 환자에서 무엇인가가 IRS 단백질의 작용을 방해하고 있음을 암시한다. 그것이 무엇일까? 제II형 당뇨병 환자의 약 80%가 바로 비만이다. 그래프를 보자. 16년의 같은 기간 동안 당뇨병이 폭발적으로 증가했고, 미국인구의 비만율은 12%에서 34%로 증가하였다.

당뇨병과 비만은 어떤 연관이 있을까? 최근 연구는 이러한 의문의 열쇠가 될 하나의 답을 제시한다. 미국 펜실베이니아 대학교 의과대학의 한 연구팀은 티아졸리딘디온(Thiazolidinediones,TZDs)이라는 이름의 약이 왜 당뇨병 퇴치에 도움이 되는지를 조사하는 중이었다. 그들은 TZDs이 신체의 세포가 좀더 효율적으로 인슐린을 사용할 수 있도록 한

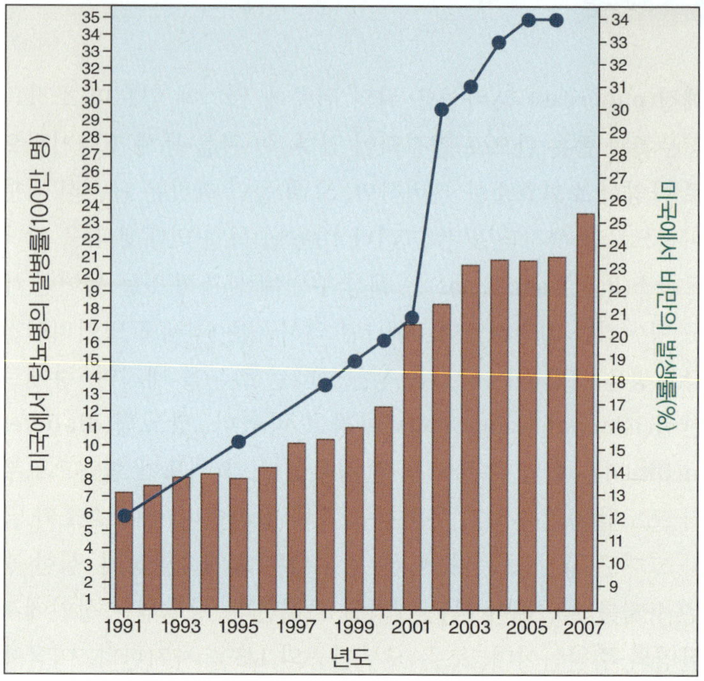

다는 것을 발견하였으며, 이것은 TZD 약물이 호르몬을 표적 할 수 있음을 암시하였다.

그 다음에, 연구자들은 쥐에서 그런 호르몬을 발견할 수 있는지를 보기 위해 조사하였다. 단서를 찾기 위해 그들은 TZD에 의한 생쥐(mice) 유전자의 활성화 또는 불활성화 여부를 보기 시작했다. 몇 가지가 있었다. 검사하면서 그들은 찾던 호르몬에 초점을 맞출 수 있었다. *레지스틴*(resistin)으로 명명된 이 호르몬은 지방세포에서 생성되며 인슐린에 저항하기 위해 조직을 자극한다. 동일한 레지스틴 유전자는 인간에서도 존재한다. 레지스틴이 굶주림 기간에 몸이 대처할 수 있도록 진화되었을 것으로 연구자들은 추측한다.

연구자들에 의해 레지스틴이 투여된 쥐는 혈당 유지 능력이 많이 떨어졌다. 레지스틴 수준을 낮추는 약물을 투여한 쥐는 잃었던 포도당 운반 능력을 회복하였다.

IRS 단백질의 작용을 막으면 가능성이 있을 것으로는 보이나, 레지스틴이 어떻게 작용하여 인슐린의 민감도를 낮추는지 연구자들은 아직 모른다.

중요한 것은 극단적으로 높은 수준의 호르몬이 과식으로 인한 비만 생쥐에서 발견되었다. 이 같은 유형의 결과에서 얻은 발견은 당뇨 연구자들에게 식사 벨을 울리는 것과 같다. 사람에서 지방이 레지스틴의 높은 수준이 원인으로 제II형 당뇨병으로 이어지면, 레지스틴을 낮춰 주는 약을 처방하여 당뇨병을 치료할 수 있을 것이다!

중요함을 감지한 레지스틴 연구자들은 이제 생쥐에서 사람으로 그들의 노력을 옮기려 하고 있다. 생쥐에서 일어나는 일들이 사람에서도 같은 방법으로 일어나리라는 보장이 없으므로 많은 확인이 필요할 것이다. 아직도 흥분이 생생하다.

약물에 지속적으로 노출된 마약 중독자의 뉴런의 신경전달물질 수용체 수가 줄듯이, 비만인 사람의 세포에 인슐린 수용체 수도 줄게 된다. 이것을 보상하기 위해 췌장 펌프는 전보다 많은 인슐린을 생산하게 되므로, 일부 사람들은 인슐린을 생산하는 세포가 과도한 인슐린 생산을 더 이상 유지할 수 없어 기능을 상실한다. 제II형 당뇨병은 보통 식이요법과 운동으로 치료할 수 있고, 대부분의 경우에 매일 인슐린 주사를 맞을 필요는 없다.

주요 학습 요점 30.4 췌장 내의 세포 덩어리가 호르몬인 인슐린과 글루카곤을 분비한다. 인슐린은 포도당을 글리코겐으로 저장하도록 자극하는 반면, 글루카곤은 글리코겐을 포도당으로 분해한다. 두 호르몬은 함께 작용하여 포도당의 수치를 좁은 범위 내로 유지한다.

30.5 갑상선, 부갑상선, 부신

갑상선: 대사성 온도조절장치

갑상선(thyroid gland)은 방패("shield"의 그리스어 *tyros*에서유래) 모양이며 목 앞쪽의 울대뼈(Adam's apple) 바로 아래 위치한다. 갑상선은 여러 호르몬을 만드는데 그 중 대사율 증가와 성장을 촉진하는 **티록신(thyroxine)**과 뼈로부터 칼슘의 방출을 억제하는 **칼시토닌(calcitonin)**이 가장 중요한 2가지 호르몬이다.

티록신은 몇 가지 중요한 방법으로 몸에서 물질대사 수준을 조절한다. 적절한 티록신이 없으면 성장이 지연된다. 예를 들어 저활동성 갑상선을 가진 아이는 정상적으로 탄수화물 분해와 단백질 합성을 할 수 없는 크레틴병(cretinism)으로 알려진 증세로 발육이 지연되는 결과를 초래한다. 지적장애 또한 발생하는데, 이는 티록신이 중추신경계의 정상적인 발달에 필요하기 때문이다. 갑상선은 시상하부의 자극에 의해 티록신 생산을 자극하는데, 이는 음성되먹임 작용으로 티록신에 의해 억제된다. 제26장의 음성되먹임 작용을 보면, 표적 분비선의 호르몬이 분비선의 자극을 억제한다. **그림 30.8*a***의 점선은 티록신이 시상하부와 뇌하수체 전엽에서 각각 TRH와 THS의 방출을 억제하는 것을 나타낸다. 티록신은 요오드(iodine)를 포함하는데, 식사에서 요오드의 양이 너무 낮으면, 갑상선은 시상하부의 억제를 유지하기 위한 적당한 양의 티록신을 만들 수 없다. 그 결과, 시상하부는 계속하여 갑상선을 자극하므로 갑상선은 더 많은 티록신을 생산하기 위한 헛된 시도로 더 크게 성장할 것이다. 이와 같이 크게 확대된 갑상선을 갑상선종(goiter; **그림 30.8*b***)이라 한다. 식탁용 소금에 왜 요오드가 추가되어야 하는지는 음식에 함유된 요오드의 이러한 필요성 때문이다. 아마 여러분은 갑상선 검사를 받은 경험이 있다. 의사는 당신의 목 주변에 덩어리나 비대해진 부분을 찾았을 것이다. 갑상선의 활동이 지나치면, 너

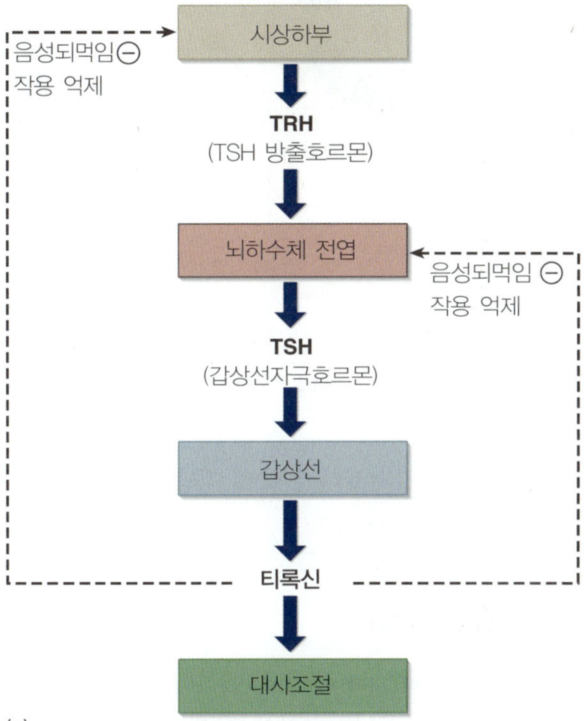

(a)

(b)

그림 30.8 갑상선은 티록신을 분비한다

(*a*) 티록신은 시상하부와 뇌하수체 전엽의 음성되먹임 작용 조절을 가한다. (*b*) 갑상선종은 식사 시 요오드의 결핍으로 인해 티록신 분비의 감소가 원인이다. 그 결과, 음성되먹임 작용의 감소로 TSH가 갑상선의 자극을 억제하지 않아 갑상선이 비대하게 된다.

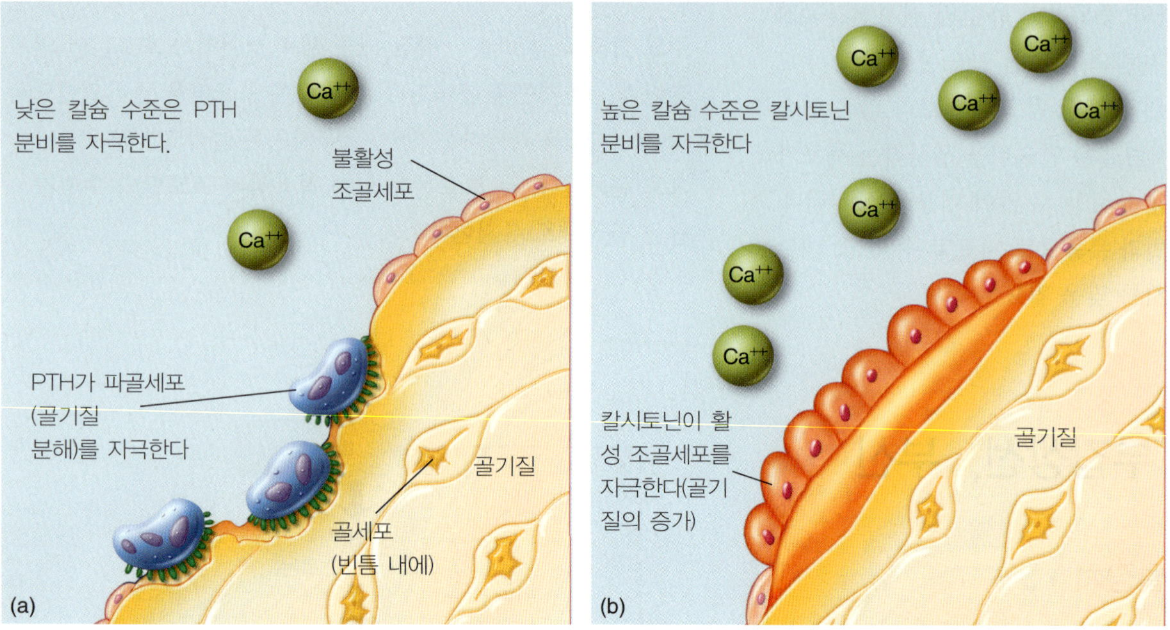

그림 30.9 혈액 내 적정 칼슘 수준의 유지

(*a*) 혈중 칼슘 수준이 너무 낮으면 부갑상선은 PTH를 생산하여, 뼈를 분해하여 칼슘 방출을 자극한다. (*b*) 반대로, 비정상적으로 혈중 칼슘 수준이 높으면 갑상선에서 칼시토닌을 분비하여, 뼈로부터 칼슘 방출을 억제하고, 혈중 칼슘을 제거하기 위해 조골세포의 활성을 촉진하여 뼈에 칼슘을 축적한다.

무 많은 티록신을 생성하는 갑상선기능항진증(hyperthyroidism)의 원인이 된다. 티록신의 과다 생성은 높아진 신진대사 때문에 심장박동 증가, 체중감소, 체온 증가 증상이 나타난다.

뒤에서 이야기할 칼시토닌은 몸에 적당한 칼슘 농도를 유지하는 데 중요한 역할을 한다.

부갑상선: 칼슘 조절

부갑상선(parathyroid gland)은 갑상선에 붙어 있는 4개의 작은 분비선이다. 작고 단순한 모양새로, 지난 세기까지 연구자들에게 무시되었다. 부갑상선이 호르몬을 생산한다는 첫 주장은 개(dog)의 부갑상선을 제거한 실험에서 유래한다. 개의 혈액 속 칼슘 농도는 정상 수준의 절반 이하로 급감하였다. 그러나 부갑상선(parathyroid gland) 추출물 투여로 칼슘은 정상 수준으로 되돌아 왔다. 과다 투여 시 혈액 내 칼슘 수준은 너무 높았으며, 개의 뼈는 추출물에 의해서 말 그대로 완전히 녹아 버렸다. 이것으로 부갑상선이 뼈로부터 칼슘의 방출과 흡수 작용에 관여하는 호르몬을 생산한다는 것이 분명해졌다.

부갑상선이 생산한 호르몬은 **부갑상선호르몬(parathyroid hormone, PTH)**이다. 이것은 생존을 위해 반드시 필요한 몸의 두 호르몬 중 하나이다(다른 하나는 다음 쪽에서 논하는 부신에서 생산한 호르몬인 알도스테론이다). PTH는 혈액 내 칼슘 수준을 조절한다. 칼슘 이온은 근수축에서 핵심임을 기억하자! 칼슘 방출의 개시로 신경 충격이 일어나 근육이 수축된다. 척추동물은 심장을 펌프하고 몸을 구성하는 근육 없이는 살수 없으며, 이런 근육은 칼슘 수준이 좁은 범위 내에서 유지되지 않으면 기능을 할 수 없다.

PTH는 칼슘 수준이 너무 낮게 떨어지지 않도록 하기 위한 안전장치로 작용한다. 이들의 작용은(**그림 30.9*a***),혈액으로 방출된 PTH가 뼈로 이동하여, 뼈 안의 **파골세포(osteoclast cell,** 파란색 세포)에 작용함으로써 뼈 조직의 와해를 자극하고, 혈액으로 칼슘을 방출한다. 또한, PTH는 신장에 작용하여 여과과정에서 칼슘 이온을 재흡수하며, 장(intestine)에서 칼슘 흡수에 필요한 비타민 D의 활성을 촉진한다. 비타민 D가 결핍된 식사는 빈약한 뼈를 형성하는 구루병(rickets)을 야기한다. PTH가 혈중 칼슘의 낮은 수준에 반응하여 부갑상선에서 합성되면, 몸은 기본적으로 뼈를 희생하여 근육과 신경 조직의 적당한 기능에 필요한 좁은 한도 내의 칼슘 수준을 유지한다. 앞에서 언급한 호르몬인 칼시토닌은 갑상선에서 방출되며, PTH의 반대로 작용한다. 혈액 내 칼슘 수준이 높으면(**그림 30.9*b***), 칼시토닌은 칼슘을 흡수하여 조골세포(osteoblast cell, 주황색 세포)를 활성화하여 뼈를 재구축한다.

부신: 하나에 두 분비선

포유류는 2개의 **부신(adrenal gland)**을 가지고 있는데, 각각 신장(**표 30.1** 참조) 바로 위에 위치하고 있다. 각각의 부신은 두 부분으로 구성되어 있다: (1) 안쪽 중심, 아드레날린(에피네프린)과 노르에피네프린 호르몬을 생산하는 **수질(medulla)**, (2) 바깥쪽 껍질, 스테로이드 호르몬인 코르티솔과 알도스테론을 생산하는 **피질(cortex)**이다.

부신 수질: 긴급경고 사이렌 수질은 스트레스를 받아 **에피네프린(epinephrine)**과 **노르에피네프린(norepinephrine)**을 방출한다. 이 호르몬들은 체온의 빠른 상승을 자극하는 긴급신호로서 작용한다. 이들 호르몬이 전신에서 작용하는 '긴급신호(alarm)'는 교감신경계에 의해 이루어지는 효과와 같으나, 훨씬 더 오래 지속된다. 이들 호르몬의 효과로 심장박동이 빨라지고, 혈압이 높아지며, 혈당이 증가하여, 심장과 폐로 들어가는 혈류량이 증가한다.

부신 피질 적정 양의 염 유지 부신 피질은 스테로이드 호르몬인 **코르티솔(cortisol)**을 생산한다. 코르티솔(하이드로코르티손)은 신체의 많은 세포에 작용하여 영양상의 웰빙을 유지한다. 코르티솔은 탄수화물 대사를 자극하고, 염증반응을 완화시킨다. 프레니드손(prednisone)과 같은 이 호르몬의 합성 유도체는 항 염증제로 광범위하게 사용되고 있다. 코르티솔은 또한 *스트레스호르몬*(stress hormone)이라고도 하는데, 몸의 심한 스트레스 처리를 돕기 위해 스트레스를 받을 때 분비된다. 문제는 몸이 만성 스트레스를 겪고 코르티솔 수준이 몸 안에서 높게 유지될 때 발생한다. 이는 고혈압, 면역 기능 저하, 지방 축적, 혈당 유지 문제로 이어질 수 있다. 이들 코르티솔의 만성효과는 건강을 저해한다.

부신 피질은 또한 **알도스테론(aldosterone)**을 생산한다. 알도스테론은 주로 신장에 작용하여 오줌으로부터 나트륨과 다른 염의 흡수를 촉진하고, 또한 물의 재흡수를 증가시킨다. 나트륨 이온은 신경전도와 많은 신체 기능에서 중요한 역할을 한다. 물은 혈액량과 혈압을 유지하는 데 필요하다. 알도스테론은 PTH와 함께 생존에 필수적인 내분비 호르몬이다. 따라서 부신의 제거는 예외 없이 치명적이다.

주요 학습 요점 30.5 갑상선은 대사율을 조절하는 호르몬을 분비하여, 대사성 온도조절장치로 작용한다. 부갑상선호르몬은 혈중 칼슘 수준을 조절한다. 부신 수질은 에피네프린과 노르에피네프린을 방출한다. 부신 호르몬인 알도스테론은 신장에서 나트륨과 다른 염의 흡수를 촉진한다.

표 30.1 주요 내분비선

내분비선과 호르몬		표적	주 기능
부신 피질	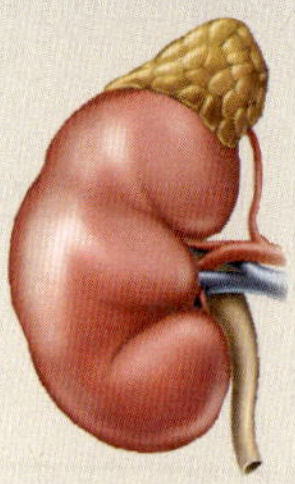		
알도스테론		세뇨관	나트륨과 칼륨 이온의 균형 유지
코르티솔		일반적인 조직	장기적 스트레스에 대한 적응: 혈당 증가; 지방 동원
부신 수질	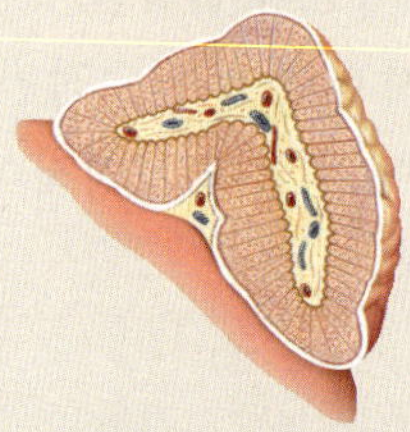		
에피네프린(아드레날린)과 노르에피네프린(노르아드레날린)		평활근, 심근, 혈관, 골격근	스트레스 반응 개시; 심박동, 혈압, 대사율 증가; 혈관 이완; 지방유통; 혈당 수준 증가
시상 하부	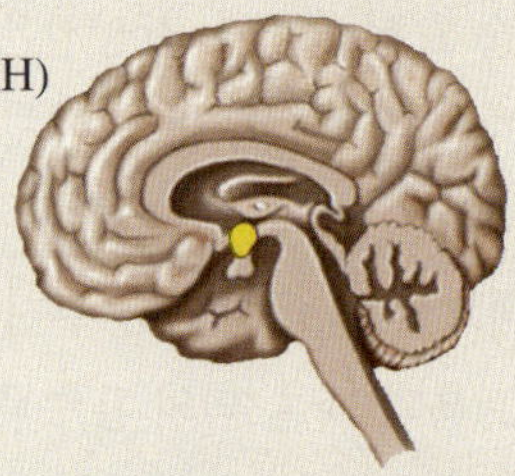		
갑상선자극호르몬방출호르몬(TRH)		뇌하수체 전엽	뇌하수체 전엽으로부터 TSH 분비 자극
부신피질자극호르몬방출호르몬(CRH)		뇌하수체 전엽	뇌하수체 전엽으로부터 ACTH 분비 자극
생식선자극호르몬방출호르몬(GnRH)		뇌하수체 전엽	뇌하수체 전엽으로부터 FSH와 LH 분비 자극
프로락틴 분비인자(PRF)		뇌하수체 전엽	뇌하수체 전엽으로부터 PRL 분비 자극
성장호르몬방출호르몬(GHRH)		뇌하수체 전엽	뇌하수체 전엽으로부터 GH 분비 자극
프로락틴억제호르몬(PIH)		뇌하수체 전엽	뇌하수체 전엽으로부터 PRL 분비 억제
성장호르몬억제호르몬(소마토스타틴)		뇌하수체 전엽	뇌하수체 전엽으로부터 GH 분비 억제
멜라닌세포억제호르몬(MIH)		뇌하수체 전엽	뇌하수체 전엽으로부터 MSH 분비 억제
난소	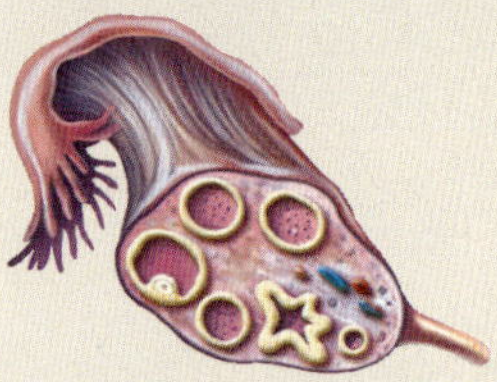		
에스트로겐		일반적인 조직; 여성 생식기	여성의 2차 성징 발달 자극과 사춘기 성기의 성장; 매달 임신을 위한 자궁 준비 촉진
프로게스테론		자궁, 유방	임신을 위한 자궁 준비 완료; 유방 발달 자극
췌장	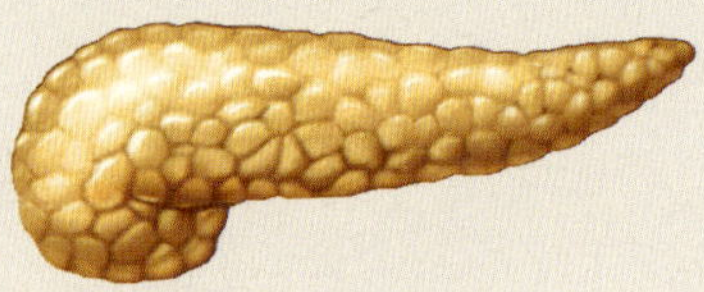		
인슐린		일반적인 조직	혈당 수준 낮춤; 간에서 글리코겐 저장 증가
글루카곤		간, 지방조직	혈당 수준 증가; 간에서 글리코겐 분해 자극
부갑상선	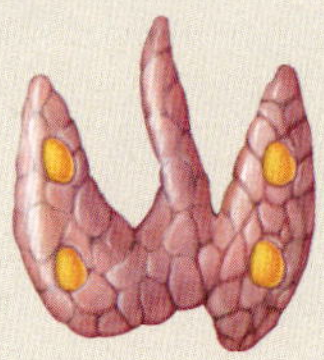		
부갑상선호르몬(PTH)		뼈, 신장, 소화관	뼈 분해를 자극하여 혈중 칼슘 수준 증가; 신장에서 칼슘 재흡수 자극; 비타민 D 활성화

표 30.1 주요 내분비선(계속)

내분비선과 호르몬	표적	주 기능
송과선 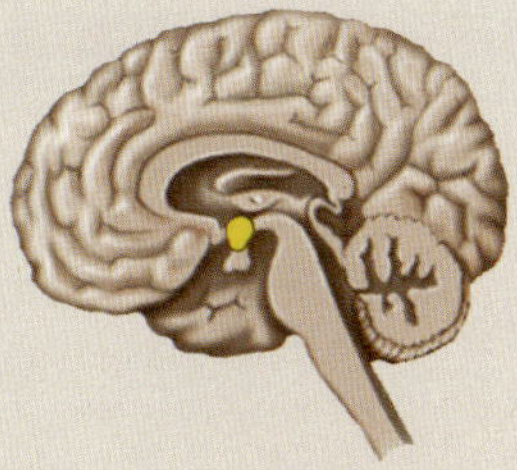		
멜라토닌	시상하부	기능 잘 알려지지 않음; 인간의 사춘기 개시 조절과 수면주기 조절에 도움을 주는 것 같음
뇌하수체 후엽 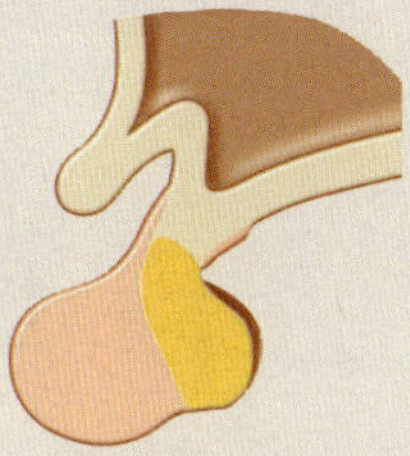		
옥시토신(OT)	자궁	자궁 수축 자극
	유선	젖 분비 자극
바소프레신(항이뇨호르몬, ADH)	신장	수분 보존; 혈압 증가
뇌하수체 전엽 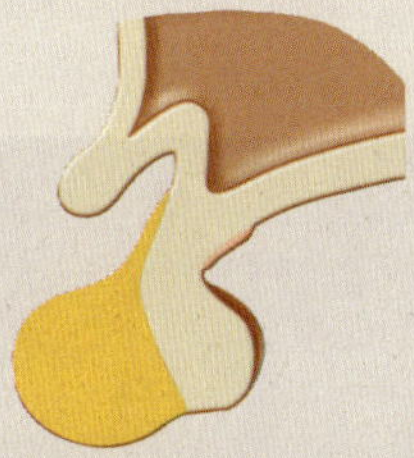		
성장호르몬(GH)	일반적인 조직	단백질 합성과 지방산의 분해를 촉진하여 성장 자극
프로락틴(PRL)	유선	분만 후 젖 생산 유지
갑상선자극호르몬(TSH)	갑상선	갑상선호르몬 분비 자극
부신피질자극호르몬(ACTH)	부신피질	부신피질 호르몬 분비 자극
여포자극호르몬(FSH)	생식소	여성에서 난자의 여포 성장과 에스트로겐 분비 자극; 남성에서 정자 생산 자극
황체형성호르몬(LH)	난소, 정소	여성에서 배란과 황체형성 자극; 남성에서 테스토스테론 분비 자극
멜라닌세포자극호르몬(MSH)	피부	파충류와 양서류에서 색깔 변화 자극; 포유류에서는 기능 알려져 있지 않음
정소 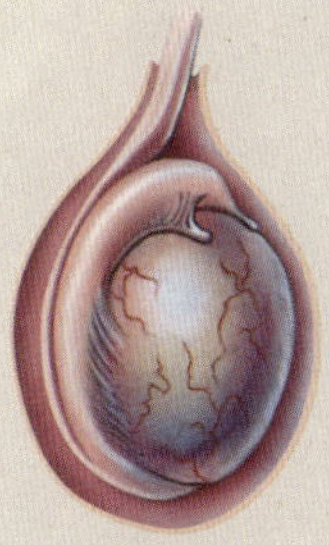		
테스토스테론	일반적인 조직; 남성 생식기	남성의 2차 성징 발달 자극; 사춘기 때 급 성장; 성기 발달 자극; 정자 생산 자극
갑상선 		
갑상선호르몬(티록신, T_4, 그 외 조직들)	일반적인 조직	대사율 자극; 정상적인 성장과 발생에 필수
칼시토닌	뼈	뼈로부터 칼슘 방출 억제로 혈중 칼슘 수준을 낮춤
흉선 		
티모	신백혈구 세포	백혈구의 생산과 성숙 촉진

질문 & 분석

흡연과 폐암의 연관성은 얼마나 강할까?

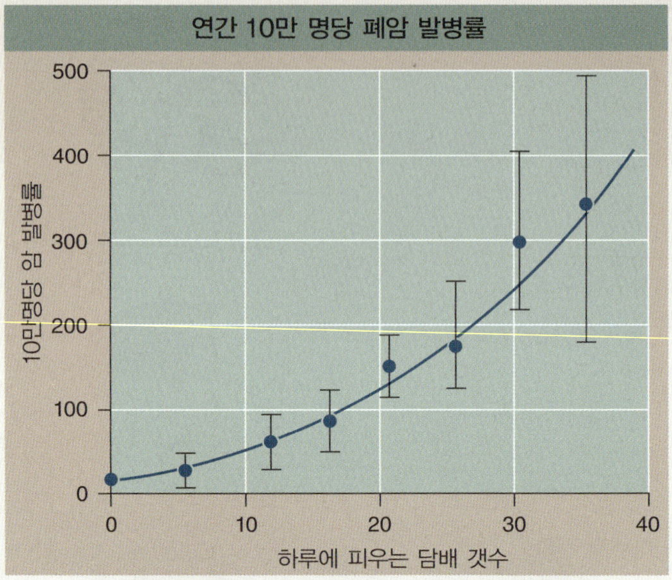

미국에서 모든 암의 약 3분의 1은 흡연이 직접적인 원인이다. 흡연과 암의 연관성은 특히 폐암에서 볼 수 있다. 아래 사진은 흡연자의 암 덩어리 폐이다. 암 종양이 위 부분 거의 절반을 완전히 차지하며, 타르 때문에 검게 퇴색되어 있다. 암 세포는 폐로부터 림프와 혈관을 통해 온몸으로 퍼질 수 있다. 흔히 폐암의 피해자는 뇌와 같은 신체의 다른 부위에서 형성된 2차 종양으로 죽는다. 2009년 미국에서 50만 명 이상이 암으로 사망하였다. 그 중 28%가 폐암으로 사망하였다.

모든 미국인은 죽는다. 그런데 이 통계자료의 비극은 그렇게 많은 사람이 곧 불필요하게 죽는 다는 것이다. 폐암 사망자의 87%는 흡연자였다. 흡연은 미국인들에게 하나의 인기있는 취미이다. 미국에서 21%의 성인과 23%의 청소년이 흡연자이며, 2005년에 미국 흡연자들이 3890억 개의 담배를 소비하였다. 이 담배에서 나오는 연기는 비닐 클로라이드, 벤조피렌, 그리고 N-니트로소노르니코틴 등 모든 강력한 돌연변이 유발 요인을 포함하며, 대략 3천 가지의 화학성분을 포함하고 있다. 흡연은 이런 돌연변이 유발 요인을 폐 조직에 직접 접촉시키므로, 결과는 암이다.

하루에 피우는 담배 수와 폐암 발생률과의 상관관계는 얼마나 강할까? 이에 대한 상세한 연구는, 미국 남성의 폐암 발병률과, 하루에 피우는 담배 수로 이루어졌다. 결과는 위 그래프에 나타낸다.

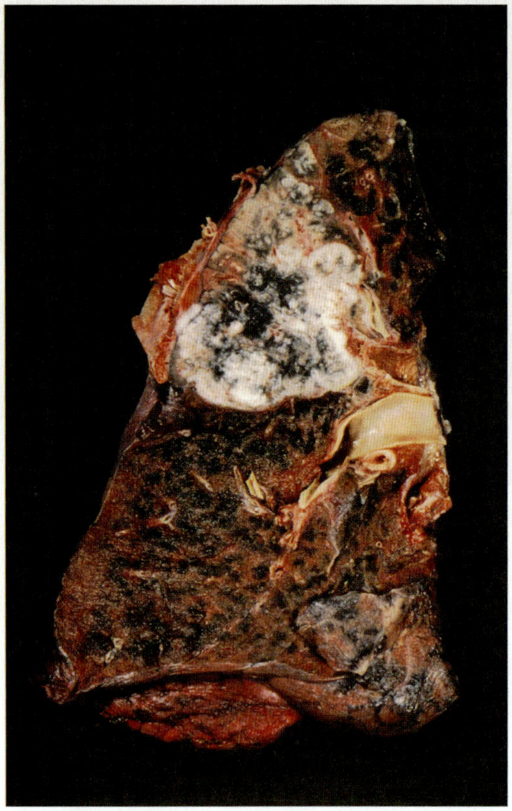

1. 개념 적용

a. 그래프에서, 종속변수는 무엇인가?

b. 그래프에 점을 통해 그려진 수직선은 'error bar' 이다. 하루 20개의 담배를 피우는 남자와 30개를 피우는 남자의 암 발병의 추정치와 추정오차는 얼마나 관련이 있는가?

2. 자료 분석

a. 암 발병률이 10만 명당 100명이면, 암에 걸린 남자는 몇 퍼센트인가?

b. 그래프에서 error bars의 규모에서 어떤 동향이 보이는가? 이것으로 무엇을 설명할 수 있는가?

3. 추론하기

a. 20개의 담배는 한 갑이다. '하루 한 갑' 을 피우는 흡연자의 암 발병률은 어떻게 되는가?

b. 비흡연자의 폐암 발병률은 무엇인가?

c. 비흡연자의 위험도와 하루 한 갑을 피우는 개인의 폐암 위험도를 비교하시오.

d. 폐암 발병 선과 하루에 피우는 담배 수 사이에 관계가 있 는가? 이것이 왜 관계가 있다고 생각하는가? 과다 흡연의 위험에 대해 이것이 말하는 것이 무엇이라 생각하는가?

4. 결론 도출 이들 결과는 흡연이 암의 원인이라는 가설을 지지하는가? 그것을 증명 하는가? 설명하시오.

단원 복습

신경내분비계

30.1 호르몬

- 호르몬은 분비선이나 다른 내분비 조직에서 만든 화학적 신호이며 몸의 먼 부위로 수송된다. 내분비선은 호르몬을 생산하여 혈액으로 방출한다(**그림 30.1**).
- 내분비선과 조직은 중추신경계, 주로 시상하부의 조절을 받는다. 시상하부의 명령은 내분비선에서 호르몬 방출의 원인이 된다. 호르몬에 대한 수용체를 가진 세포만이 반응하며 이 세포를 "표적세포"라고 한다. 호르몬은 수용체에 결합하여 흔히 세포의 활성 또는 유전자 발현의 변화로 세포의 반응을 유도한다(**핵심 생물학 과정, 731쪽**).

30.2 호르몬 표적세포

- 스테로이드 호르몬은 지질-수용성 분자이다. 그들은 표적세포의 원형질막을 통과하여 세포질이나 핵 속의 수용체와 결합한다. 호르몬-수용체 복합체는 DNA에 결합하여 유전자발현의 변화로 세포의 기능을 조절한다(**그림 30.2**).
- 펩티드 호르몬은 원형질막을 통과할 수 없다. 대신 막 투과 단백질 수용체와 결합한다(**그림 30.3**). 호르몬 결합은 2차 전달자를 활성화하는 수용체의 내부에서 변화가 일어나는 원인이다(**핵심 생물학 과정, 733쪽**). 고리형 AMP 같은 2차 전달자는 세포 내 효소를 활성화한다. 그 다음 효소는 세포 내 활성 변화를 야기한다. 2차 전달자 시스템은 신호를 증폭하고 세포의 활성 변화를 촉진하는 여러 단계의 반응이다.

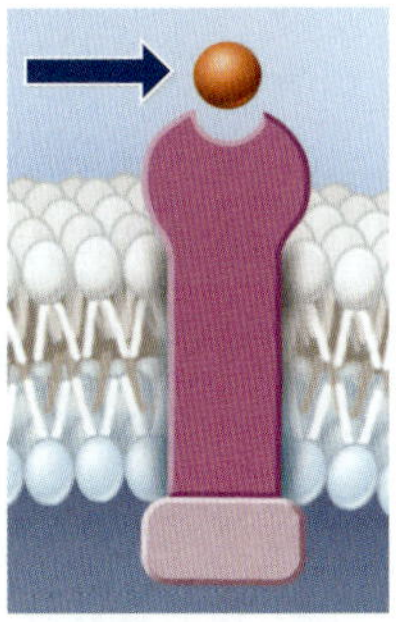

주요 내분비선

30.3 시상하부와 뇌하수체

- 뇌하수체는 실질적으로 2개의 분비선이다. 뇌하수체 후엽과 뇌하수체 전엽. 뇌하수체 후엽은 시상하부가 확장되어 발달한 것으로 시상하부의 세포체로부터 뻗어 있는 축삭돌기를 포함한다.

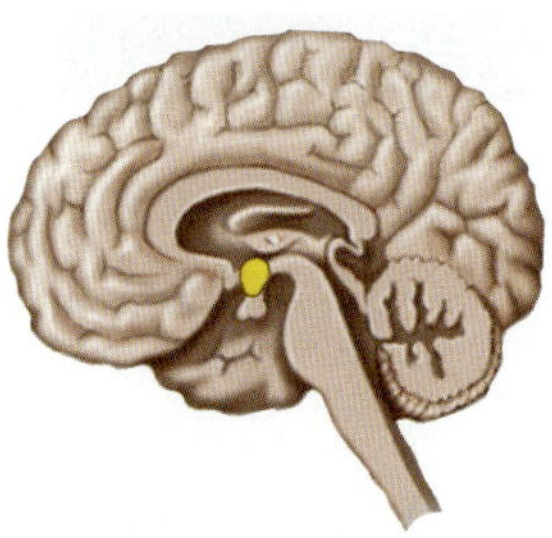

- 뇌하수체 후엽에서 방출되는 호르몬은 실질적으로 시상하부에서 생성되어 축삭돌기를 따라 뇌하수체 후엽으로 수송되고 저장되었다가 방출된다. 뇌하수체 후엽 호르몬인 항이뇨호르몬(ADH)은 신장에서 수분유지를 조절하며, 옥시토신은 출산 시 자궁수축과 산모의 젖 방출을 촉진한다.
- 뇌하수체 전엽은 상피조직으로부터 유래하며 방출 호르몬을 생산한다. 7가지 호르몬이 뇌하수체 전엽에서 생성된다(**그림 30.4**). 그들은 갑상선자극호르몬(TSH), 부신피질자극호르몬(ACTH), 성장호르몬(GH), 여포(난포)자극호르몬(FSH), 황체형성호르몬(LH), 프로락틴(PRL), 멜라닌세포자극호르몬(MSH). 시상하부는 전엽을 조절한다. 시상하부는 호르몬을 생산하여 시상하부뇌하수체 문맥계이라 불리는 뇌하수체 줄기 주변 모세혈관으로 방출한다. 그들은 뇌하수체 전엽으로 **그림 30.5**에서 보는 바와 같이 짧은 거리를 이동한다.

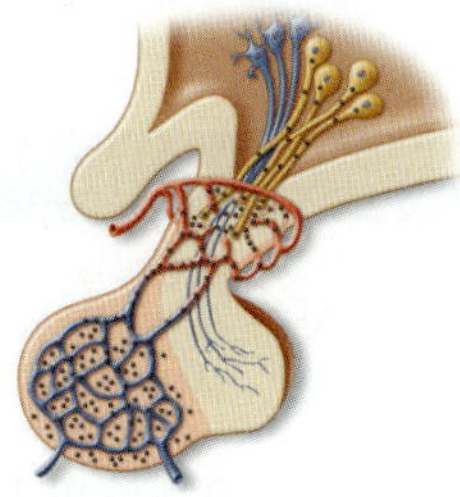

- 시상하부와 뇌하수체에서 방출되는 호르몬을 포함하여 많은 호르몬들은 음성되먹임 작용에 의해 조절된다. 호르몬이 충분히 방출되면, 호르몬-생산 과정을 억제하기 위해 되먹임 작용을 한다(**그림 30.6**).

3.4 췌장

- 췌장은 2가지의 호르몬인 인슐린과 글루카곤을 혈액으로 분비한다. 이 호르몬들은 안전한 혈당 수준을 유지하기 위해 상호작용한다. 인슐린은 세포를 자극하여 혈액으로부터 포도당을 흡수하게 한다. 글루카곤은 글리코겐을 포도당으로 분해를 자극한다. 랑게르한섬의 2가지 다른 유형의 세포는 인슐린과 글루카곤을 생산한다.
- 이 호르몬들은 서로 반대로 작용한다(**그림 30.7**). 혈액 내 혈당 수준의 증가는 인슐린의 방출을 야기하며 혈당 수준의 감소는 글루카곤의 방출을 야기한다. 인슐린이 부족하거나 세포가 인슐린에 반응하지 못하면, 당뇨병이 유발된다.

30.5 갑상선, 부갑상선, 부신

- 갑상선은 목 앞쪽의 울대뼈(Adam' s apple) 바로 아래 놓여 있는 방패 모양으로 된 기관이다. 갑상선은 몇 가지 호르몬을 만드나, 갑상선이 생산하는 가장 중요한 2가지 호르몬인 티록신은 대사와 성장을 증가시키고, 칼시토닌은 뼈로부터 칼슘 흡수를 자극한다. 티록신은 음성되먹임 작용으로 조절되며, 티록신의 과잉생산이나 부족은 심각한 건강 문제로 이어질 수 있다(**그림 30.8**).
- 부갑상선은 갑상선에 붙어 있는 4개의 조그만 분비선이다. 부갑상선은 부갑상선호르몬을 생산한다. PTH는 혈액 내 칼슘 수준을 조절한다. 낮은 칼슘 이온 농도는 부갑상선으로부터 PTH의 방출을 자극한다. PTH는 **그림 30.9**에서 보았듯이 골격에 작용하여 뼈 조직을 분해하여 혈액으로 Ca^{2+}을 방출한다. Ca^{2+}수준이 다시 증가하면, 칼시토닌이 갑상선으로부터 방출되어 뼈 세포에 의한 Ca^{2+}흡수를 자극하여 새로운 뼈 조직을 합성한다.

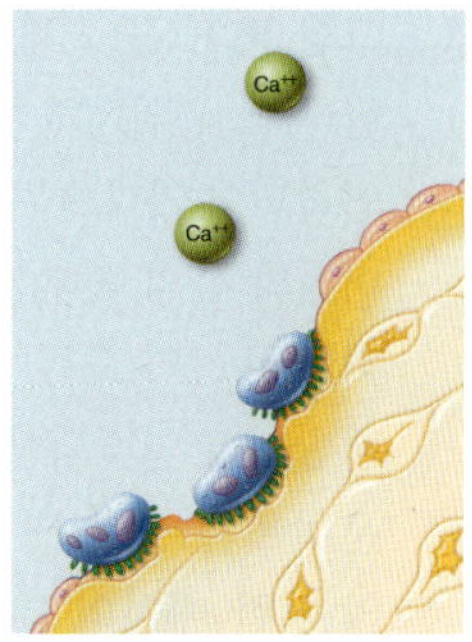

- 부신은 실제로 2개의 분비선이다: 부신 수질은 내부 중심이고, 부신 피질은 바깥 껍질이다. 부신 수질은 에피네프린과 노르에피네프린을 분비하고, 부신 피질은 PTH 같이 생존에 필요한 알도스테론을 분비한다. 알도스테론은 오줌으로부터 나트륨과 물의 흡수를 촉진한다.

이해력 확인 문제

1. 화학적 신호전달이 갖는 한 가지 이점은 전기적 신호전달에 비해 ________________.

a. 자극에 대한 반응이 매우 빠르게 일어날 수 있다.

b. 화학물질의 양이 많아도, 화학적 신호는 능률적이다.

c. 화학적 신호는 전기적 신호보다 오래 머무르고 느린 과정을 위해 사용될 수 있다.

d. 화학적 신호는 외부와 내부 자극에 대한 반응으로 사용된다.

2. 몇몇 내분비계의 통제 센터는 ______ 이다.

a. 시상하부 b. 부신 c. 갑상선 d. 췌장

3. 호르몬과 신경전달물질은 이들이 ______ 비슷하다.

a. 특별한 모양으로 된 수용체에 맞아서

b. 단백질이므로

c. 혈액으로 방출되므로

d. 모두 옳음

4. 스테로이드 호르몬의 작용은 _______ 때문에 펩티드 호르몬과 다르다.

a. 펩티드 호르몬은 작용을 개시하기 위해 세포로 들어가야 하는 반면, 스테로이드 호르몬은 세포막의 외부 표면에서 작용을 시작해야 하기

b. 스테로이드 호르몬이 작용을 개시하기 위해 세포로 들어가야 하는 반면, 펩티드 호르몬은 세포막의 외부 표면에서 작용을 시작해야 하기

c. 펩티드 호르몬이 DNA에 직접 작용하는 호르몬 수용체 복합체를 생성하는 반면, 스테로이드 호르몬은 효소를 작동하는 2차 전달자 방출의 원인

d. 모두 옳지 않음

5. 오줌에서 수분 농도를 조절하는 호르몬은 _________로부터 방출된다.

a. 갑상선 c. 뇌하수체 전엽

b. 흉선 d. 뇌하수체 후엽

6. ________ 는 부신을 자극하여 많은 스테로이드 호르몬을 생산한다.

a. ACTH b. LH c. TSH d. MSH

7. 제I형 당뇨병은 ________의 내분비세포의 비정상이 원인이다

a. 췌장 b. 흉선 c. 부신 d. 시상하부

8. 갑상선호르몬인 칼시토닌의 방출은 _______ 에 의해 야기된다.

a. 혈액 내 너무 많은 포도당

b. 혈액 내 너무 많은 나트륨

c. 혈액 내 너무 많은 칼슘

d. 혈액 내 너무 많은 요오드

9. 에피네프린은 __________의 효과와 동일하다.

a. 체성신경계 c. 부교감신경계

b. 중추신경계 d. 교감신경계

10. 갑상선종을 앓는 사람은 _________ (으)로 고생한다.

a. 요오드 결핍 b. 낮은 칼슘 수준

c. 과잉 티록신 d. 활동이 불충분한 시상하부

응용력 확인 문제

1. **그림 30.1** 몸의 체계는 주로 신체의 한 지역에 위치하거나, 또는 분명히 연결되어 있다. 예를 들어, 호흡계는 머리와 몸의 윗부분에 위치한다. 골격계는 거의 모든 뼈들이 다른 뼈와 결합되어 연결되어 있다. 그러나 내분비계는 서로 연결되어 나타나지 않는 한 배치의 분비선으로 떨어져 있다. 왜 그런지 추측해 보시오.

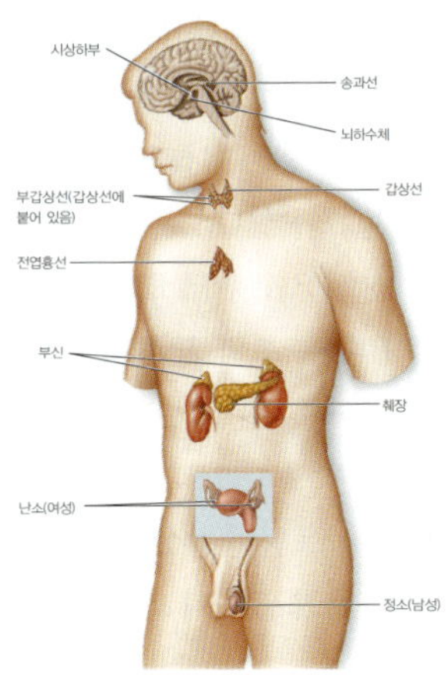

2. **그림 30.4** 시상하부의 질환을 가진 가상의 환자는 '억제' 호르몬을 더 이상 분비 할 수 없다. 어떤 뇌하수체 전엽 호르몬이 영향을 받겠는가?

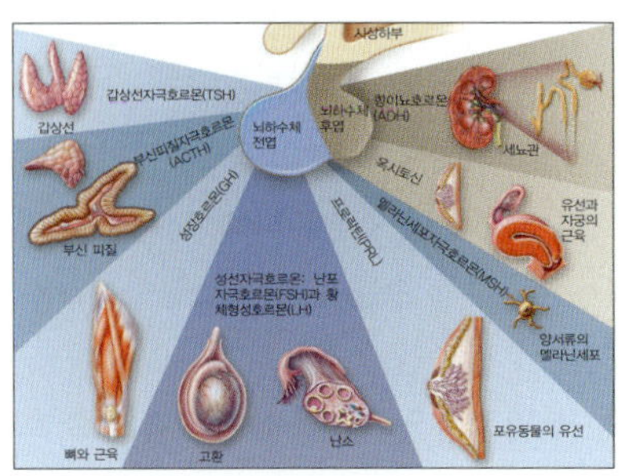

종합 학습

1. 여러분 친구의 남동생이 고등학교에서 스포츠 스타가 되길 원한다. 그는 아직 중학교 3학년인데, 내년 동안 '벌크업(bulk up)' 을 위해 친구로부터 얻은 스테로이드제를 복용할 거라고 자랑하고 있다. 가족에게 대학에 가는 것에 대한 짐을 덜 수 있도록 축구 장학금을 받기 위해 "2년 정도" 복용하길 원하고 있다. 여러분에게 그 나이의 청소년들에게 어떤 문제가 있는지 들은 적이 있느냐고 물었다. 여러분들은 어떻게 조언할 수 있는가?
2. 골격이 매우 중요한데도 왜 우리의 몸은 말 그대로 뼈 조직을 분해하는 파골세포를 포함하는 하나의 시스템이 필요할까?

31

생식과 발생

학습단원

일상생활에서 성보다 거의 매일 관심을 갖게 하거나 지속적인 주제는 없을 것이다. 성에 대한 관심은 갑작스런 일이 아니며, 강렬한 느낌으로 다가온다. 그것은 인간의 자연적인 한 부분이다. 모든 동물들도 성을 공유한다. 발정기에 고양이는 심하게 울고, 곤충은 창밖에서 찍찍거리고, 개구리는 늪에서 개굴개굴 울고, 늑대는 얼어붙은 북쪽 들판에서 울부짖는다. 이런 모든 모습들은 생명세계의 필수적인 활동의 소리이며, 긴 진화의 역사에 의해 패턴화된 방식으로 생식하기 위한 긴요한 바람이다. 그것은 우리 모두가 공유하는 방식이다. 우리 가족에 대한 생식은 적절성과 유지관리를 유도한다. 신생아의 미소를 다시 보게 하고, 아기를 돌보는 엄마의 얼굴에서 보이는 것처럼, 경탄과 기쁨의 모습에 의해 포근함을 느끼는 일은 어렵지 않다. 이 장에서는 성과 척추동물의 생식에 대해 다룰 것이다. 사람에 대해서도 척추동물의 한 종류로서 당연히 다룰 것이다. 학생들에게 성에 관한 주제보다 더 직접적인 관심을 갖게 하는 분야는 드물 것이다. 많은 학생들이 성과 관련된 중요한 결정들을 해야만 하기 때문에, 이 주제는 학문 외적인 면에서도 큰 관심을 가지며, 모든 학생들이 정확한 정보를 전달받아야 하는 분야 중의 하나이다.

31.1 무성생식과 유성생식

모든 생식 방식이 두 부모를 모두 필요로 하지는 않는다. 자손이 유전적으로 한 부모와 동일한 무성생식은 원생생물, 자포동물, 피낭류에서 보여주는 가장 기본적인 생식 수단인데, 보다 복잡한 동물에서도 종종 나타난다..

감수분열을 통해 한 부모 세포로부터 유전적으로 동일한 세포들이 생산된다. **그림 31.1**은 유글레나(*Euglena*)의 개체의 분열 또는 **분열(fission)**에 의한 무성생식의 과정을 보여준다. DNA가 복제되고, 편모와 같은 세포 구조물이 복제된다. 핵은 동일한 두 개의 핵으로 분열되어 각 딸세포로 들어간다. **출아(budding)**로 보통 생식하는 자포동물은 모세포의 일부분이 나머지 부분과 분리되어 새로운 개체로 분화된다. 새로운 개체는 독립적인 동물로 성장하거나, 모세포에 부착하여 군체를 형성한다.

무성생식과 다르게, 유성생식은 두 세포의 융합에 의한 새로운 개체를 생산한다. 융합되는 두 종류 세포를 **배우자(gamete)**라고 하며, 일반적으로 *정자*(sperm)와 *알*(egg) 또는 *난자*(ova)라고 한다. 정자와 난자의 결합은 수정란 또는 **접합자(zygote)**를 생산하는데, 접합자는 유사분열에 의해 새로운 다세포 생물로 발생한다. 접합자와 체세포분열에 의해 만들어지는 세포들은 이배체로, 각 염색체의 상동적인 쌍을 가진다. *정소*(testis)와 *난소*(ovary)로 구성된 성 기관 또는 **생식소(gonad)**에서 감수분열에 의해 생산된 배우자는 반수체이다(제9장 참조). 정자형성과정과 난자형성과정의 기작은 다음 절에서 다룰 것이다.

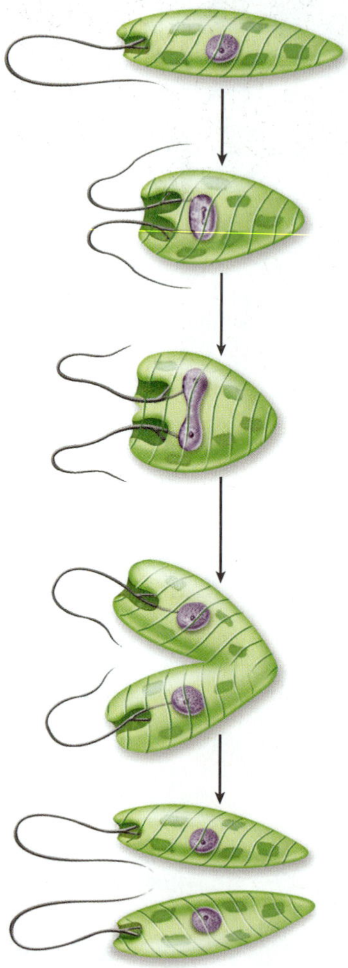

그림 31.1 원생동물의 무성생식
원생생물인 유글레나는 무성적으로 생식한다. 성숙한 개체는 분열에 의해 분열하여, 두 마리의 완전한 개체를 만든다.

성에 대한 다른 접근

단성생식(parthenogenesis)은 자손이 미수정란으로부터 생산되는 생식의 방식으로, 많은 종류의 절지동물에서는 일반적이다. 어떤 종은 전적으로 단성생식만을 하며, 어떤 종은 세대에 따라 유성생식과 단성생식을 모두 한다. 예를 들어, 꿀벌의 여왕벌은 단지 한 번의 교배를 통하여 정자를 저장한 후, 정자 방출을 조절할 수 있다. 정자가 방출되지 않으면, 알은 단성생식을 통해 수컷으로 발생하며; 알이 정자와 수정되면, 수정란은 암컷의 여왕벌이나 일벌로 발생한다.

러시아 생물학자인 Ilya Darevsky는 1958년에 척추동물의 특이적인 생식 방식에 대해 첫 번째로 보고하였다. 그는 어떤 악어속의 크기가 작은 악어 집단은 오로지 암컷으로만 구성된 것을 관찰한 후, 이 악어 종은 수정되지 않아도 부화되는 알을 낳는 것으로 결론을 내렸다. 즉, 정자 없이 발생하는 무성생식의 단성생식을 할 수 있다는 것이다. 그 후, 다른 악어속에서도 단성생식이 관찰되었다.

암수동체성(hermaphroditism)은 생식전략의 또 다른 형태로, 한 개체가 정소와 난소를 모두 가지므로, 난자와 정자를 모두 생산할 수 있다. **그림 31.2*a***의 햄릿배스는 암수동체성으로, 알과 정자를 모두 생산한다. 교미 동안, 한 파트너에 의해 생산된 알은 다른 파트너에 의해 생산된 정자와 수정된다. 촌충은 암수동체성으로 다른 개체와의 교배는 물론 자기자신과의 자가교배도 하는데, 숙주 체내에서 다른 촌충 개체를 만나기 쉽지 않기 때문에 이 방식은 유용한 생식 전략이 될 것이다. 그렇지만 대부분의 암수동체성 동물은 생식을 위해 다른 파트너를 필요로 한다. 예를 들면, 지렁이는 햄릿배스의 경우처럼 생식을 위해서는 암컷과 수컷의 역할이 각각 구분되는 두 마리가 필요하다. 수정란이 만들어진 후 서로 헤어진다.

암수교대 암수동체성(sequential hermaphroditism)은 개체들이 성을 때에 따라 바꿀 수 있는 방식으로, 많은 어류에서 관찰된다. 예를 들면, 산호초 물고기에서는 *난소선숙*(protogyny, "처음 암컷", 암컷에서 수컷으로 전환)과 *정소선숙*(protandry, "처음 수컷", 수컷에서 암컷으로 전환)이 모두 관찰된다. **그림 31.2*b***의 난소선숙 파란머리놀래기 물고기에

(a)

(b)

그림 31.2 암수동체성과 난소선숙

(*a*) 햄릿배스(*Hypoplectrus*)는 암수동체성로 깊은 바다에 사는 물고기이다. 단일 쌍의 교배(single pair-mating)에서는 한 물고기가 성을 4회까지 전환할 수 있다. 사진에서는 수컷으로 활동하는 개체가 움직이지 않는 파트너 주변을 빙빙 돌면서 위로 떠오르는 알을 수정시킨다. (*b*) 파란머리놀래기(*Thalassoma bifasciatium*)는 난소선숙성이다. 사진에서 한 큰 수컷 또는 성전환된 암컷이 훨씬 작은 크기의 암컷 무리 속에 보인다.

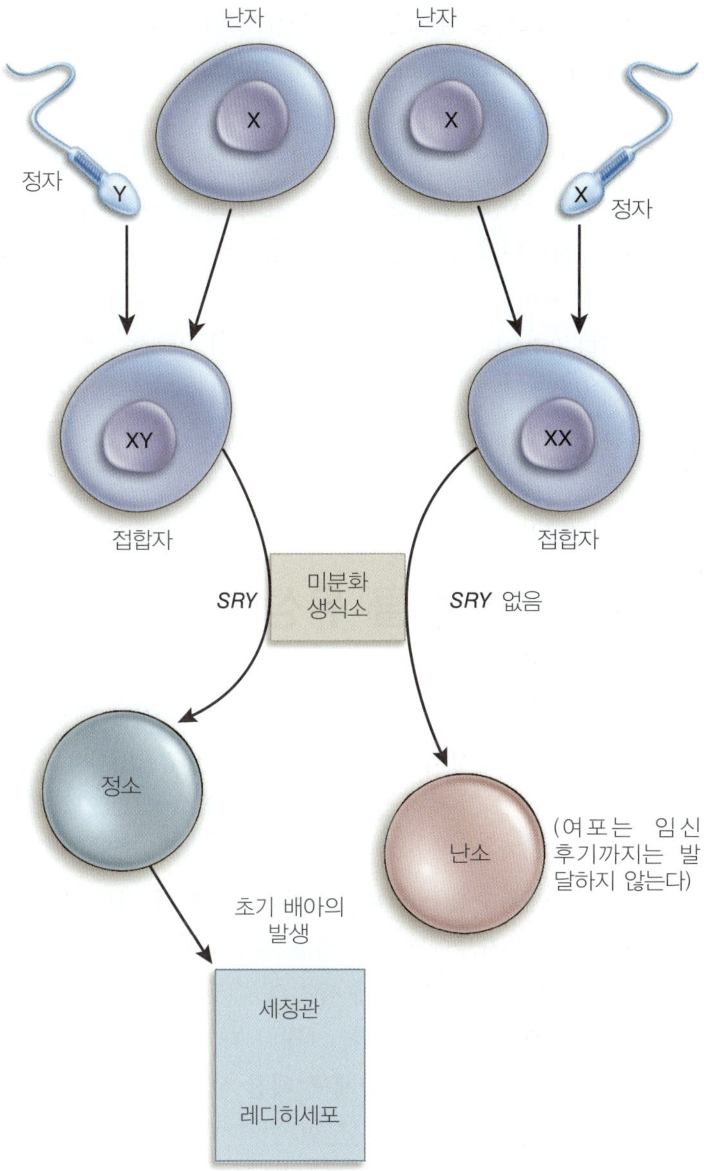

그림 31.3 성결정

포유동물의 성결정은 *SRY*로 표기되는 Y 염색체에 있는 하나의 유전자에 의해 이루어진다. 정소는 Y 염색체와 *SRY*가 존재할 때 형성되며, 난소는 이들이 없을 때 형성된다.

서 성전환은 집단의 조절에 의해 일어나는 것으로 보인다. 이 물고기는 보통 큰 그룹이나 무리를 지어 살아가지만, 성공적인 생식은 언제나 한 마리 또는 매우 제한된 수의 크고 우수한 수컷으로 제한된다. 만약 우수한 수컷이 제거되면, 가장 큰 암컷이 재빨리 성을 전환하여 힘센 우수한 수컷(사진의 파란머리 물고기)이 된다.

성결정

앞에서 설명된 물고기나 일부 파충류 종에서는 환경의 변화에 의해 동물의 성이 전환된다. 포유동물의 성은 배발생의 초기 단계에 결정된다. 사람의 남성과 여성의 생식기관은 수정 후 처음 40일까지는 비슷하다. 이 시기 동안, 세포는 분열하여 일부가 배아의 생식소로 이동하여 정자나 난자를 만드는데, 배아 생식소는 여성의 난소나 남성의 정소로 발생된다. 배아가 XY 성 염색체를 가지면, 남성으로 발생하며, 생식소를 정소로 전환시키는 단백질을 만드는 유전자를 Y 염색체에 가지고 있다(**그림 31.3**, 왼쪽). XX인 여성은 해당 Y 염색체 유전자와 그 단백질이 없으며, 생식소는 난소로 분화된다(그림의 오른쪽).

최근의 증거로부터 성결정 유전자가 **SRY**(*s*ex-determining *r*egion of the *Y* chromosome)로 밝혀졌다. *SRY* 유전자는 다른 척추동물들 간에 진화적으로 매우 잘 보존되었다.

정소가 일단 배아에 생성되면, 정소는 남성의 외부 생식기와 보조 생식기관(파란색의 네모로 표시)의 발생을 촉진하는 테스토스테론이나 다른 호르몬들을 분비한다. 정소가 형성되지 않으면, 배아는 여성 외부 생식기와 보조 생식기관들을 발생시킨다. 난소는 이런 여성 생식기관의 발생을 촉진하지 못하는데, 그 이유는 이 시기에 난소는 아직 기능을 못하기 때문이다. 만약 정소의 분비가 잘못되어 남성화되지 못하면, 모든 포유동물의 배아는 여성의 보조 생식기관과 외부 생식기를 발생시킬 것이다.

주요 학습 요점 31.1 유성생식은 동물계에서 가장 일반적이지만, 많은 동물은 분열, 출아, 및 단성생식과 같은 무성생식을 한다. 유성생식은 일반적으로 한 종의 다른 개체로부터 유래된 배우자 간의 융합을 포함하지만, 일부 종은 암수동체성이다.

31.2 척추동물 유성생식의 진화

척추동물에서 유성생식의 진화는 척추동물이 육지로 이주하기 이전인 바다에서 시작되었다. 바다의 대부분 경골어류의 암컷은 많은 수의 알을 물속에 낳는다. 수컷은 일반적으로 알이 있는 물속으로 정자를 방출하면, 배우자 간의 수정이 일어난다. 이런 기작을 **체외수정(external fertilization)**이라 한다.

바닷물은 배우자들에게 호의적인 환경은 아니지만, 배우자들을 빠르게 흩뜨리기 때문에 암컷과 수컷의 배우자 방출은 거의 동시에 이루어져야 한다. 그래서 대부분의 해양어류는 산란과 정자의 방출을 특별하게 정해진 시기의 짧은 기간 동안 이룬다. 일부 종은 1년에 한 번 번식하지만 다른 종은 여러 번 번식을 한다. 바다에서 생물들이 동시적인 생식을 위한 신호로 계절적인 요인을 사용하기도 하지만, 가장 널리 사용되는 신호 중의 하나는 달의 주기이다. 월에 따라 달이 평소보다 좀 더 지구에 가까워지면, 증가된 인력은 더 높은 조수를 유도한다. 많은 해양생물들은 조수의 변화를 인지하며, 생식과 배우자의 방출을 달의 주기와 동조시킨다.

대부분의 어류에서는 수정이 체외에서 일어나지만, 대부분의 다른 척추동물에서는 체내에서 일어난다. 척추동물이 육상으로의 생활 터전을 넓히면서 건조라는 새로운 위험이 제기되었는데, 특히 작고 상처받기 쉬운 배우자에게는 심각하였다. 육상에서는 정자나 알을 다른 파트너의 근처에 단순히 방출할 수 없는데, 그 이유는 방출된 배우자들은 곧 말라 죽을 수 있기 때문이다. 결과적으로 육상동물(일부 어류 포함)에 대한 강한 선택압은 수컷의 배우자를 암컷의 생식관 속으로 직접 주입하는 **체내수정(internal fertilization)**을 진화하도록 유도하였다. 이런 생식 방식에 의해, 완전한 육상동물조차도 마르지 않은 환경에서 수정을 하게 되었다. 체내수정을 수행하는 척추동물은 배아 및 태아의 발생을 위한 세 가지 전략을 가지는데, 배발생과 어미 및 알 사이의 관계에 따라 체내수정을 하는 척추동물은 난생, 난태생 및 태생으로 분류된다.

난생(oviparity) 체내에서 수정된 알은 어미 몸의 바깥으로 산란된 후 발생을 완성한다. 난생은 일부 경골어류, 대부분의 파충류, 일부 연골어류, 일부 양서류, 몇몇 포유동물 및 모든 조류에서 관찰된다.

난태생(ovoviviparity) 수정란은 어미 몸속에서 발생을 마치지만, 배아는 모든 영양분을 알의 난황으로부터 얻는다. 어린 개체는 충분히 발생한 후 알에서 부화하며 어미로부터 방출된다. 난태생은 일부 경골어류(구피, 모기물고기를 포함), 일부 연골 어류 및 많은 파충류에서 관찰된다.

태생(viviparity) 어린 배아 및 태아는 어미 몸속에서 발생하며, 영양분은 알의 난황으로부터가 아니라 어미의 혈액으로부터 직접 얻는다. 태생은 대부분의 연골어류(**그림 31.4**), 일부 양서류, 몇몇 파충류 및 대부분의 포유동물에서 관찰된다.

어류와 양서류

대부분의 어류와 양서류는 다른 척추동물들과 다르게 체외수정의 방식으로 생식한다.

그림 31.4 **태생을 하는 척추동물은 그들의 몸속에 살아서 움직이는 어린 배(태)아를 유지한다**
배아는 어미의 몸속에서 발생을 완성하며, 작지만 완전한 성체의 형태로 나온다. 사진은 어린 새끼를 방금 출산한 레몬 상어로서, 아직 탯줄로 연결되어 있다.

어류 대부분의 경골어류에서 수정은 체외에서 일어나며, 알은 짧은 기간 동안의 배발생을 유지하는 데 필요한 난황만을 갖는다. 처음 공급된 난황이 소모되면, 어린 새끼는 주변의 물에서 먹이를 찾아야 한다. 발생은 빠르게 진행되며, 살아남은 어린 새끼는 빠르게 성숙한다. 한 번의 교배로 수천 개의 알이 수정되지만, 대부분은 미생물 감염이나 포식으로 죽고 극소수만 성숙한 개체로 자란다.

대부분의 연골어류의 수정은 경골어류와는 매우 대조적으로, 체내에서 일어난다. 수컷은 정자를 변형된 배지느러미를 통해 암컷 내부로 들어가게 한다. 이런 척추동물에서의 어린 새끼의 발생은 보통 태생이다.

양서류 양서류는 육서 환경에 대한 충분한 적응 없이 육상으로 진출하였으므로, 생활사는 여전히 물에 의존한다. **그림 31.5**의 붉은 반점 영원처럼, 수중에서 생식하며 육상으로 이동하기 전에 수중 유생시기를 거친다. 대부분 양서류의 수정은 경골어류와 마찬가지로 체외에서 이루어진다. 수컷과 암컷으로부터 생산된 배우자 세포는 소화, 생식 및 배설기관으로 사용되는 총배설강을 통해 방출된다. 개구리와 두꺼비 중에는 수컷이 암컷을 꼭 껴안은 후 물속으로 산란된 알 위에 정액을 방출한다(**그림 31.6**). 대부분 양서류의 알은 수중에서 부화하지만, **그림 31.7**과 같은 몇 가지 흥미로운 예외도 존재

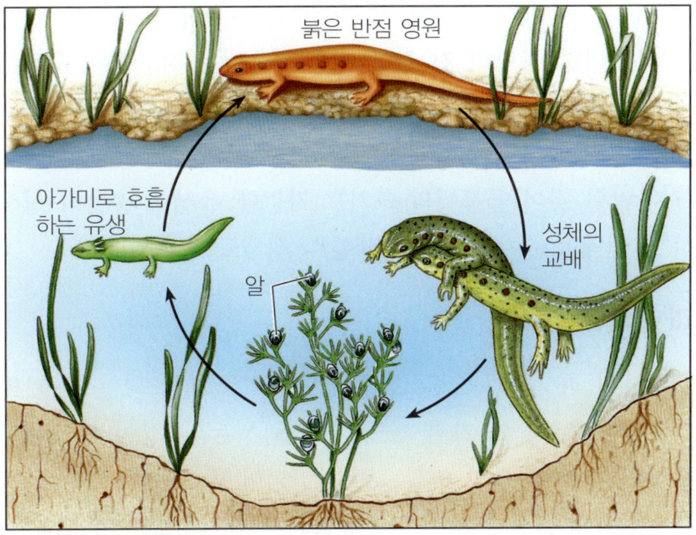

그림 31.5 **붉은 반점 영원의 생활사**
많은 영원류는 생활사에서 수서와 육서 생활기를 모두 가진다. 붉은 반점 영원(*Notophthalmus viridescens*)에서, 물속으로 산란된 알은 외부 아가미와 지느러미 모습의 꼬리를 가진 수서 유생으로 부화한다. 성장단계를 거친 후, 유생은 육서 생활의 "붉은 영원" 단계로 변태를 하며, 붉은 영원은 나중에 수서에서 생활하는 성체로 다시 변태를 한다.

그림 31.6 개구리의 알은 체외에서 수정된다
개구리가 교배를 할 때 수컷이 암컷을 꼭 껴안는 동작에 의해 암컷이 성숙한 수많은 알을 산란하도록 유도되며, 이때 수컷은 정자를 방출한다.

한다. 개구리의 두 종에서는(**그림 31.7*d***, 다윈개구리) 알이 울음주머니와 위에서 발생한 후, 새끼는 부모의 입을 통해 바깥으로 나온다.

대부분의 양서류가 발생하는데 걸리는 시간은 어류보다 훨씬 길지만, 양서류의 알이 특별히 많은 양의 난황을 함유하지는 않는다. 대신에 양서류의 발생 과정은 일부 곤충의 생활사에서 보여주는 것처럼, 배아기, 유생기 및 성체기로 나뉜다. 배아는 알 속에서 발생하며, 영양분은 난황에서 얻는다. 알에서 부화되면, 상당히 긴 기간의 수서 유생은 자유롭게 수영을 하면서 먹이를 찾는다. 유생은 빠르게 크기가 성장하는데, 일부 개구리와 두꺼비의 올챙이는 몇 주 동안에 연필심보다도 크지 않던 것이 금붕어의 크기로 자란다. 유생이 충분히 성장하면, 변태를 수행하여 육상생활의 성체로 전환된다.

파충류와 조류

대부분의 파충류와 모든 조류는 난생으로, 건조되는 것을 막기 위해 방수막을 가진 양막성 알을 낳는다. 알이 체내에서 수정되면, 어미 몸의 바깥으로 산란되어 발생을 완성한다. 체내수정을 하는 대부분의 척추동물과 마찬가지로, 대부분의 파충류 수컷은 교미를 하는 동안 정자를 암컷 몸속으로 주입하기 위해 성기로 불리는 원통형 기관을 사용한다(**그림 31.8**). 발기성 조직을 가지는 성기는 매우 딱딱해져서 암컷 생식관 속으로 삽입된다. 파충류에서는 세 종류의 체내수정이 관찰된다. 대부분은 난생으로 산란된 후 방치된다. 이런 알은 수란관을 통과할 때 침착된 가죽처럼 질긴 껍질로 둘러 싸여 있다. 수란관은 암컷 생식관의 일부로서 난소로부터 시작된다. 파충류의 다른 종은 난태생(배발생이 일어난 알이 어미의 몸속에서 부화)을 하거나 태생(어미의 몸속에서 알의 난황이 아닌 어미로부터 영양분을 공급받으면서 발생)을 한다.

대부분의 새는 성기가 없지만 모든 조류는 체내수정을 한

그림 31.7 개구리의 어린 새끼를 키우는 다양한 방식
(*a*) 독화살개구리는 수컷의 등에 올챙이를 올려서 키운다. (*b*) 수리남개구리의 암컷은 등에 있는 특별한 부화주머니에서 알의 발생이 일어난다. (*c*) 남아메리카의 난장이 유대류형 개구리는 암컷이 등에 있는 주머니 속에서 발생 중인 유생을 키운다. (*d*) 다윈개구리의 올챙이는 수컷의 울음주머니 속에서 자라며 입을 통해 바깥으로 나온다.

그림 31.8 교미를 통해 수컷의 정자가 암컷의 몸속으로 들어간다

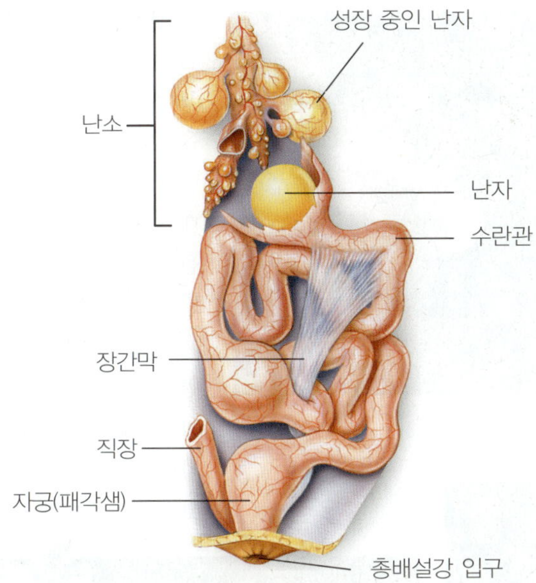

(a)

(b)

그림 31.9 조류에서 알의 형성과 포란

(*a*) 조류에서 알의 수정은 암컷 수란관의 윗부분에서 일어난다. 수정란이 수란관을 통과하여 내려오면서 알부민(흰자), 껍질 막 및 껍질이 분비되어 알을 둘러싼다. (*b*) 조류의 알은 산란된 후 따뜻하게 유지되어야 한다. 사진의 파란발가마우지(blue-footed booby)는 두 개의 알을 품고 있다.

다. 일부 큰 새(백조, 거위, 타조 등)에서 수컷은 총배설강이 확장되어 유사 성기(false penis)를 형성한다. **그림 31.9*a***는 조류의 알 형성 과정을 보여준다. 수정란이 수란관을 통과하면서 (그림의 위쪽에서 아래쪽으로) 분비샘은 알부민 단백질(알의 흰자)과 단단한 석회질의 껍질을 분비한다. 단단한 껍질은 파충류와 조류의 알을 구별시킨다. 파충류들은 변온동물(체온이 환경의 온도에 따라 변하는 동물)인 반면, 조류는 항온동물(주변 환경의 온도와 독립적으로 비교적 일정하게 체온이 유지되는 동물)이다. 따라서 대부분의 조류는 알을 낳은 후 따뜻하게 유지시키기 위해 포란을 한다(**그림 31.9*b***).

파충류와 조류의 껍질을 가진 알은 이들 척추동물이 육상생활을 하기 위한 가장 중요한 적응 중의 하나이다. 왜냐하면, 껍질을 가진 알은 건조한 장소에 산란될 수 있기 때문이다. 이런 알들은 양막성 알로 알려져 있는데, 배발생이 양막이라고 하는 막으로 둘러싸인 액체로 채워진 강 속에서 일어나기 때문이다. 양막은 배외막으로, 배아 몸체의 바깥에 위치하는 배아 세포로부터 형성된 것이다. 양막성 알은 세 층의 배외막을 가지는데, 그 중의 하나가 난황주머니이다. 대조적으로 어류와 파충류의 알은 오로지 하나의 배외막인 난황주머니만을 가진다.

포유동물

일부 포유동물은 계절적인 번식을 하여, 개, 여우, 곰 등은 1년에 단지 한 번만 생식을 하지만, 말이나 양과 같은 다른 동물은 연간 여러 번의 번식을 한다. 후자에서 암컷은 일반적으로 생식주기를 갖지만, 수컷은 생식력이 대체로 일정하게 유지된다. 암컷의 주기는 난소로부터 성숙한 난자를 주기적으로 배출하는 배란의 과정을 포함한다. 대부분의 암컷 포유동물은 배란기 시기에만 성적으로 수컷을 받아들이는 "발정(in heat)"을 보인다. 성적으로 수컷을 받아들이는 시기를 *발정기*(estrus)라 하며, 생식주기는 *발정주기*(estrous cycle)라고 한다. 암컷은 임신이 될 때까지 주기를 계속한다.

대부분 포유동물의 발정주기 동안, 뇌하수체 전엽에서 여포자극호르몬(follicle-stimulating hormone, FSH)과 황체형성호르몬(luteinizing hormone, LH)의 분비의 변화는 알의 발생과 난소의 호르몬 분비를 변화시킨다. 사람과 원숭이류는 월경주기(menstrual cycle)를 보이는데, 호르몬 분비와 배란의 주기적인 패턴의 측면에서 다른 포유동물의 발정주기와 비슷하다. 그렇지만, 발정주기를 가지는 포유동물과 달리, 여성과 일부 원숭이의 암컷은 자궁의 내막이 허물어질 때 월경이라고 하는 출혈과정을 거치며, 주기의 모든 시기에 성관계나 교배를 할 수 있다.

토끼와 고양이는 *유도 배란자*(induced ovulator)라는 점에서 대부분의 다른 포유동물과는 다르다. 성적 행동과 관계없이 주기적인 배란을 하는 방식과 다르게, 암컷은 LH 분비의 반사자극의 결과로 오로지 교미를 한 후에만 배란을 한다(나중에 다시 다룸). 이런 방식은 매우 높은 생식력을 나타내게 한다.

단공류(monotreme)는 가장 원시적인 포유동물로 오직 오리너구리와 가시두더지만 존재한다. 단공류는 파충류와 같은 난생을 한다. 그들은 알을 둥지나 특수화된 주머니에서 따뜻하게 유지시키며(**그림 31.10*a***), 갓 깨어난 어린 새끼는 어미의 젖샘으로부터 젖을 얻는데, 젖꼭지가 없기 때문에 어미의 피부를 핥아서 먹는다. 다른 모든 포유동물은 태생으로 어떻게 어린 새끼를 기르는가에 따라 두 가지 형으로 나뉜다.

유대류(marsupial)에는 주머니쥐와 캥거루가 있으며, 발생이 덜 진행된 태아의 상태로 출산시킨다. 그렇지만 어미의 피부에 있는 주머니 속에서 발생을 완성시키며, 어린 새끼는 어미 젖샘의 젖꼭지로부터 영양분을 섭취한다(**그림 31.10*b***).

태반 포유동물(placental mammals)은 어미의 자궁에서 훨씬 긴 발생기간 동안 태아를 유지시킨다(**그림 31.10*c***). 태아는 태반이라는 구조에 의해 영양분을 공급받는데, 태반은 배외막과 어미의 자궁막 양쪽으로부터 유래되었다. 태아와 어미의 혈관은 태반에서 매우 가깝게 위치하기 때문에, 태아는 어미의 혈액으로부터 확산에 의해 영양분을 얻을 수 있다. 태반에 대해서는 이 장의 뒤에서 더 자세하게 다룰 것이다.

(a) 단공류

(b) 유대류

(c) 태반포유류

그림 31.10 포유동물의 생식

(*a*) 사진의 오리너구리와 같은 단공류는 알을 둥지에 낳는다. (*b*) 캥거루와 같은 유대류는 덜 발생한 작은 태아를 출산한 후 주머니 속에서 발생을 완성시킨다. (*c*) 새끼를 돌보는 암사슴처럼, 태반포유류는 긴 기간 동안 어미의 자궁에서 발생한 후, 상대적으로 더 많이 발생한 모습으로 새끼가 태어난다.

> **주요 학습 요점 31.2** **개구리와 대부분의 경골어류에서는 수정이 체외에서 일어나지만, 다른 척추동물에서는 수정이 체내에서 일어난다. 조류와 대부분의 파충류는 단공류와 비슷하게 방수가 되는 알을 낳는다. 모든 포유동물은 태생을 한다.**

사람의 생식기관

31.3 남성

남성 배우자인 **정자(sperm)**는 유전 정보의 운반자로서의 역할을 완수하기 위해 매우 특수하게 분화되었다. 남성 신체의 일반 세포들이 46개의 염색체를 가지지만, 감수분열 후에 생산된 정자 세포는 23개의 염색체를 가진다. 정자는 정상적인 사람의 체온인 37°C(98.6°F)에서는 성공적인 발생을 마치지 못한다. 정자 생산 기관인 **정소(testis, 복수 testes)**는 태아 발생의 과정 동안 **음낭(scrotum)**이라고 하는 낭 속으로 이동한다(**그림 31.11**). 음낭은 남성의 두 다리 사이에 매달려 있으며, 신체의 다른 부위보다 대략 3°C 정도 낮은 온도로 두 정소를 유지한다. 정소는 남성 성호르몬인 **테스토스테론(testosterone)**을 분비하는 세포를 가진다.

남성 배우자는 정소에서 생성된다

그림 31.12❶의 정소의 내부 구조는 수백 개의 구획으로 구성됨을 보여주며, 각 구획은 **세정관(seminiferous tubule)**이라고 하는 심하게 꼬인 수많은 관으로 이루어져 있다(횡단면 참조, ❷). *정자형성과정*(spermatogenesis)은 세정관에서 일어난다. 정자형성과정의 기작은 관의 바깥쪽 방향에 존재하는 원생식세포에서 시작된다(확대 모습 참조, ❸). 원생식세포들이 감수분열을 수행해 감에 따라 관의 내강이 있는 방향으로 이동하여❹, 정자는 내강으로 방출된다❺. 생산되는 정자의 수는 믿을 수 없을 만큼 엄청 많다. 전형적인 성인 남성은 매일 수억개의 정자를 생산한다. 신체 밖으로 배출되지 않은 정자는 분해되며, 분해산물은 흡수되어 재사용된다.

정자세포가 감수분열의 여러 단계를 통해 정소 내에서 생산된 후, 매우 긴 길이의 꼬인 관인 **부정소(epididymis)**로 운반되며(**그림 31.12** 참조), 그곳에서 성숙한다. 정자세포는 부정소에 도달하기 전까지는 운동성이 없으며, 운동성을 갖기 위해서는 최소한 18시간을 부정소에서 머물러 있도록 해야 한다. 성숙한 정자는 머리, 몸체 및 꼬리를 가지는 비교적 단순한 세포이다(**그림 31.13**). 머리에는 농축된 핵이 들어 있고, 핵의 앞부분은

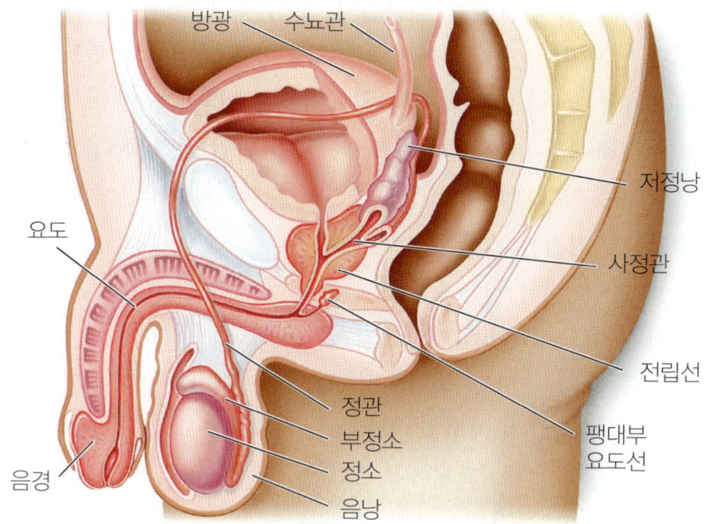

그림 31.11 남성 생식 기관

정소는 정자가 만들어지는 장소이다. 정소 위에 부정소가 있는데, 심하게 꼬인 통로로서 여기서 정자의 성숙이 완성된다. 부정소로부터 연장되는 관이 긴 통로의 정관이다.

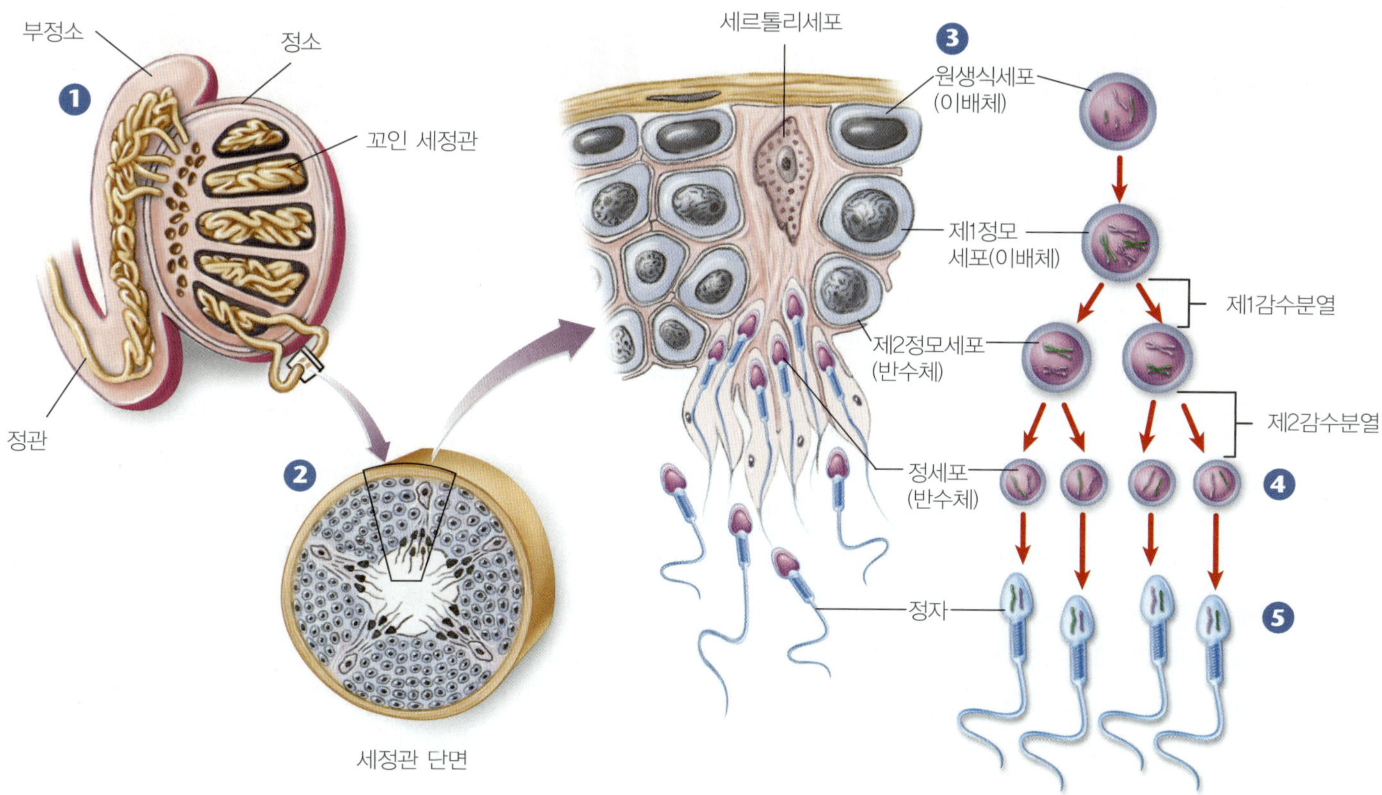

그림 31.12 정소와 정자의 생성

정소의 내부에서(❶), 세정관(❷)은 정자가 생산되는 장소이다. 세정관에 있는 원생식세포(❸)는 제1정모세포(이배체)가 되고, 이어 감수분열을 통해 반수체 정세포(❹)로 된다. 정세포는 운동성의 정자(❺)로 분화된다. 세르톨리세포는 세정관의 벽 내에 존재하는 비생식세포성 세포이다. 세르톨리세포는 여러 방법으로 정자형성과정을 돕는다.

*첨체(acrosome)*라고 하는 소포로 싸여 있다. 첨체는 난자를 둘러싸는 보호층을 뚫고 들어가도록 돕는 효소들을 함유한다. 몸체와 꼬리는 추진력을 제공한다. 꼬리 속에는 편모가 있으며, 몸체 안쪽에는 편모의 기저체로 작용하는 중심립과 편모 운동에 필요한 에너지를 발생시키는 미토콘드리아가 있다.

부정소에서 머문 정자는 또 다른 긴 관인 **정관(vas deferens)**으로 이동된다. 성교 시 정자가 방출될 때, 정자는 정관으로부터 여행을 하여 생식관과 비뇨관이 합쳐지는 **요도(urethra)**를 거쳐 음경으로 흘러 들어가 통과된다. 정자는 **정액(semen)**이라고 하는 액체로 배출되는데, 액체에는 또한 정자에 대한 물질대사 에너지원을 제공하는 **저정낭(seminal vesicle)**과 **전립선(prostate gland)**의 분비액을 포함한다. 전립선의 확대는 70세 정도의 노인남성 90%에서 나타나는데, 종양으로 전환될 수 있다. 전립선암은 남성에서 두 번째로 높은 빈도를 보이는 암으로, 퍼지기 전에 물리적 검사를 통해 조기에 발견된다면 효과적으로 치료될 수 있다.

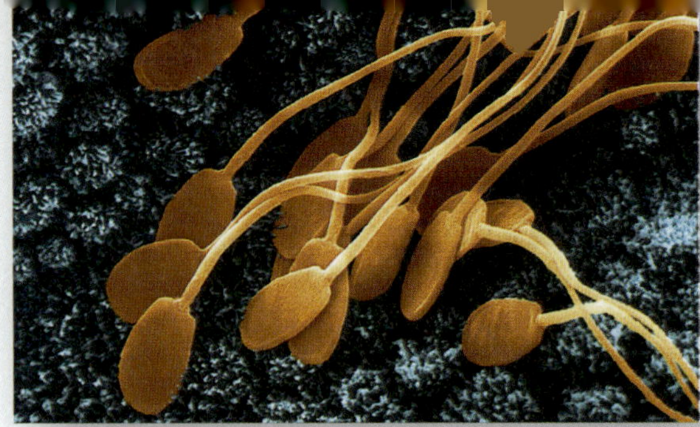

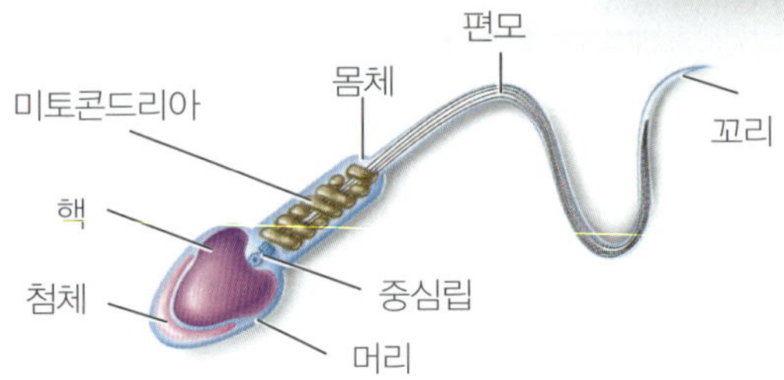

그림 31.13 사람의 정자 세포
각 정자는 정자를 추진시키는 긴 꼬리와 핵을 보유한 머리를 가진다. 첨체는 수정 동안 정자가 난자 속으로 들어가는 통로를 뚫는데 필요한 효소들을 가진다.

남성 배우자는 음경을 통해 방출된다

사람과 일부 다른 포유동물의 경우에 **음경(penis)**은 외부로 도출된 관으로, 두 개의 긴 해면조직의 실린더가 서로 가깝게 측면으로 배열되어 있다(**그림 31.14**의 횡단면 참조). 두 실린더 사이의 아래에 세 번째 해면조직의 실린더가 존재하는데, 이 실린더의 중앙에는 정액(사정 시)과 요(배뇨 시)가 통과하는 요도가 있다. 음경은 왜 특별한 구조를 가지는 것일까? 음경은 팽창할 수 있도록 디자인되어 있다. 세 개의 실린더를 구성하는 해면조직은 세포 사이사이에 작은 공간들이다. 중추신경계(CNS)로부터의 신경 신호는 조직 속의 소동맥을 확장시켜, 공간에 혈액이 모이게 된다. 풍선이 부푸는 것처럼, 혈관의 확장은 음경을 발기시키고 단단하게 한다. 발기를 지속하기 위해서는 CNS로부터의 계속적인 자극이 필요하다.

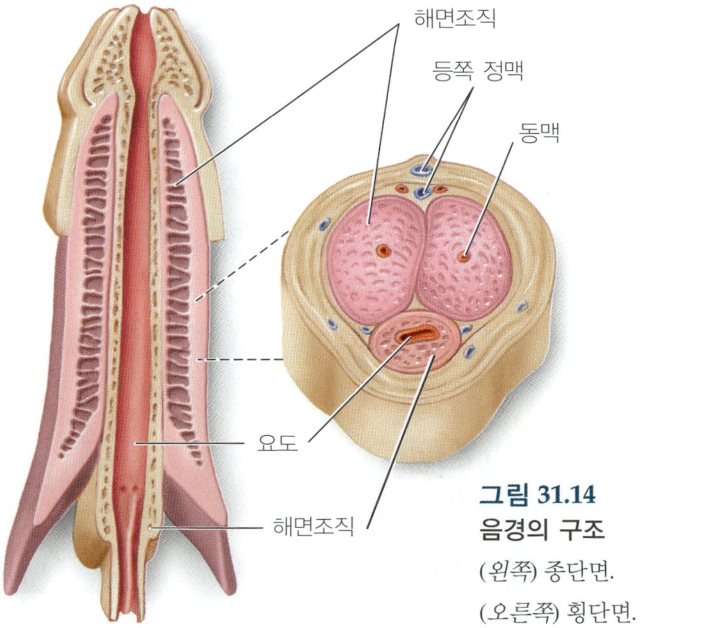

그림 31.14
음경의 구조
(왼쪽) 종단면.
(오른쪽) 횡단면.

발기는 음경에 대한 어떤 물리적 자극 없이도 될 수 있지만, 정액의 방출을 위해서는 물리적 자극이 필요하다. 여성의 질 속으로의 반복적인 밀어 넣기 같은 음경의 자극은 먼저 정자의 이동을 이끈다. 이 과정에서 정관을 둘러싸는 근육이 수축되고, 정자가 정관을 따라 요도로 이동한다. *팽대부 요도선*(bulbourethral gland)은 또한 맑고 미끈한 액을 분비하여, 요도관에 묻어 있는 요의 산성을 중화시키고 음경의 귀두를 미끄럽게 한다. 계속된 음경의 자극은 음경의 기저부에 있는 근육의 강한 수축을 유도한다. 그 결과 **사정(ejaculation)**으로, 2~5mL의 정액이 분출된다. 5mL의 작은 부피의 정액 속에는 수억의 정자가 들어 있다. 어떤 한 정자 세포가 난자로의 긴 여행을 성공적으로 마치고 수정에 참여하는 경우는 엄청나게 낮기 때문에, 성공적인 수정을 위해서는 많은 수의 정자가 요구된다. 어떤 남성의 정액 1mL에 정자가 2천만 개 이하로 들어 있으면 불임으로 간주된다.

주요 학습 요점 31.3 **남성의 정소는 연속적으로 수많은 남성 배우자인 정자를 생산하며, 정자는 부정소에서 성숙해지고, 정관에 보관되며, 음경을 통해 여성 속으로 운반된다.**

31.4 여성

여성에서 알은 **난모세포(oocyte)**라고 하는 세포로부터 만들어진다. 난모세포는 복강 속에 있는 **난소(ovary)**의 압축된 세포층의 바깥쪽에 위치한다(**그림 31.15**). 남성에서 배우자를 생산하는 세포는 끊임없이 분열한다. 그렇지만, 여성에서는 전체 일생 동안 필요한 난모세포는 모두 출생 전에 벌써 준비된다. 생식 주기 동안 하나 또는 여러 개의 난모세포가 발생을 개시하여 **배란(ovulation)**되고, 나머지는 발생이 멈춘 상태를 유지한다.

매달 오직 한 배우자만 성숙된다

출생 시, 여성의 난소에는 첫 번째 감수분열을 시작한 난모세포가 대략 2백만 개 정도 들어있다. 이 단계의 세포를 *제1 난모세포*(primary oocyte)라 한다(**그림 31.16**의 ❶). 각 난모

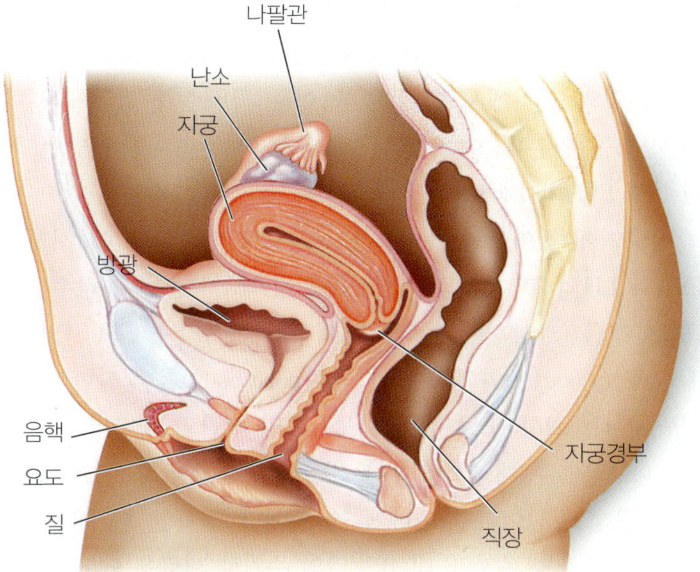

그림 31.15 여성 생식기관

여성 생식계의 기관들은 배우자를 생산하고 생산된 배우자가 수정이 되면 배발생의 장소를 제공하기 위해 특수하게 분화되었다.

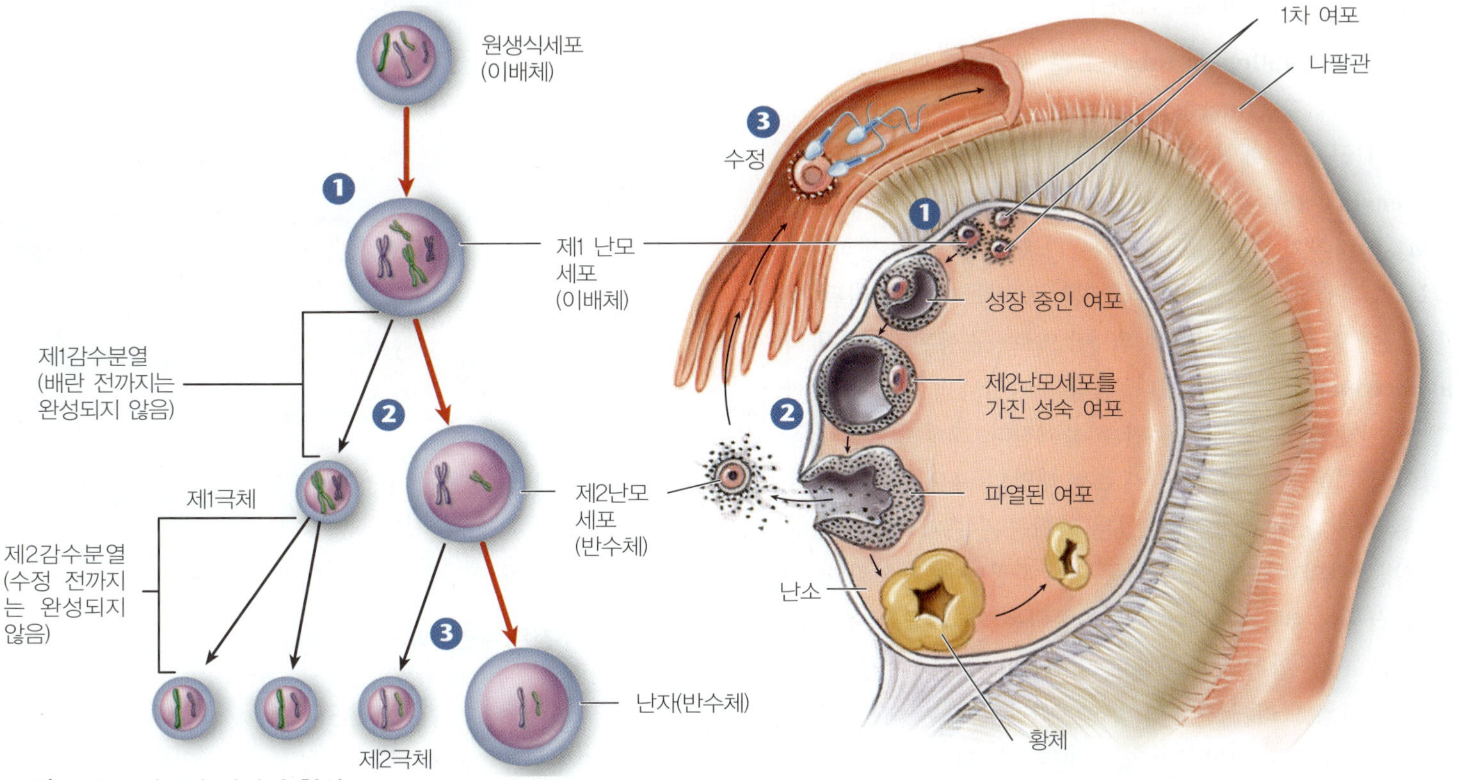

그림 31.16 난소와 난자의 형성

이 그림에서 감수분열을 통한 난자 성숙은 왼쪽에서 난자의 발생 여행은 각 단계별로 번호로 표시하고 오른쪽에서 보여준다. 출생 시 여성의 난소는 대략 2백만 개의 난모세포를 가지는데, 이 세포들은 모두 첫 번째 감수분열을 시작한 후 멈춘 상태이다. 이 시기를 제1난모세포라 하며(❶), FSH와 LH 호르몬의 적절한 발생 신호를 받을 때까지 더 이상의 발생 진행은 중단된다. 사춘기가 되면 호르몬 분비의 월별 주기가 확립된다. FSH와 LH 호르몬이 분비되면, 감수분열이 몇몇 세포에서 재개되지만 단지 한 난모세포만 완전히 성숙하고 나머지는 퇴화한다. 제1난모세포(이배체)는 제1감수분열을 마치면, 한 분열된 세포는 비기능성 극체가 된다. 다른 세포는 제2난모세포로서 배란동안 극체와 함께 방출된다(❷). 제2난모세포는 수정 시까지 제2감수분열을 완료하지 못하는데(❸), 2차 분열은 두 개의 추가적인 비기능성 극체와 한 개의 반수체 알(또는 난자)을 생산시킨다. 수정 동안 반수체 알이 반수체 정자와 융합되면, 이배체 접합자가 생산된다.

세포는 감수분열을 재개하기 전에, 적절한 발생의 "진행" 사인을 받을 때까지 기다란다. 이때까지 감수분열은 첫 번째 감수분열의 전기에서 멈춰 있다. 아주 극소수가 멈춤에서 대기 신호를 받는데, 이 신호는 제30장에서 논의된 바 있는 뇌하수체 FSH와 LH로 판명되었다.

사춘기에 접어들면서 여성은 성적으로 성숙한다. 이 시기에 FSH와 LH의 분비는 몇몇 난모세포에 대한 첫 번째 감수분열의 재개를 개시시킨다. 첫 번째 감수분열은 *제2난모세포*(secondary oocyte)와 비기능성 *극체*(polar body)를 생산한다(2). 사람에서는 보통 오로지 한 난모세포만 배란되고 나머지는 퇴화된다. 만약 두 개 이상의 난모세포가 생산되어 모두 수정된다면, 이란성 쌍둥이가 태어나게 될 것이다. 정확한 주기의 기간은 월에 따라 다르지만, 대략 28일의 주기로 새로운 난모세포가 성숙되어 배란된다. 대략 2백만 개의 난모세포를 가지고 태어난 여성이 단지 400여 개만 일생동안 성숙되어 배란된다.

수정은 수란관에서 일어난다

수란관[(나팔관, fallopian tube) 또는 자궁관으로도 불림]은 알을 난소에서 **자궁(uterus)**으로 운반한다. 사람의 자궁은 주먹 크기의 근육성 배 모양 기관으로 근육성 관 구조의 **자궁경부(cervix)**에서 좁아지며, 질(vagina)로 연결된다(**그림 31.17*a***). 영장류가 아닌 포유동물은 더 복잡한 암컷 생식관을 가지는데, 자궁의 일부분이 자궁 "뿔"로 만들어져 분리된다.

자궁은 층구조 상피세포의 막으로 구성된 **자궁내막(endometrium)**으로 덮여 있다. 사람의 자궁내막 표면은 대략 한 달에 한번 월경을 하는 동안 허물어진다. 그렇지만, 기저부는 남아서 다음 주기 동안에 새로운 내막의 표면을 준비한다. 배란 후, 나팔관 내층에 깔려 있는 평활근은 주기적인 수축을 하여 알을 관의 아래쪽으로 이동시켜 자궁에 도달시킨다. 이것은 음식물이 위장에서 아래로 이동하는 것과 같은 원리로, 알의 뒤쪽 관을 압착하여 아래로 밀어낸다. 알이 나팔관을 이동하는 여행은 느리게 진행되어, 완전히 통과하는 데는 5일에서 7일이 소요된다. 그렇지만, 알이 배란 후 24시간 이내에 수정이 되지 않으면, 알은 발생하는 능력을 소실한다.

성교 동안, 정자는 자궁의 입구와 연결되는 대략 7cm 길이의 얇은 막의 근육질 관인 질(vagina) 속으로 사정이 된다. 자궁으로 들어간 정자는 편모를 이용한 운동으로 나팔관으로 들어가진다. 정자는 여성의 생식관 속에서 6일까지 생존할 수 있다. 만약 성교를 배란 5일 전이나 배란 1일 후에 하였다면, 나팔관의 윗부분에서 살아 있는 알을 만날 수도 있을 것이다. 일반적으로 수억 개의 정자가 사정되지만, 단지 수십 개만이 알에 도달한다. 알에 도착하면, 정자는 제2난모세포를 둘러싸고 있는 두 개의 보호 층을 뚫고 들어가야 한다(**그림 31.17*b*** 1). 두 보호 층은 과립세포(granulosa cell)의 층과 투

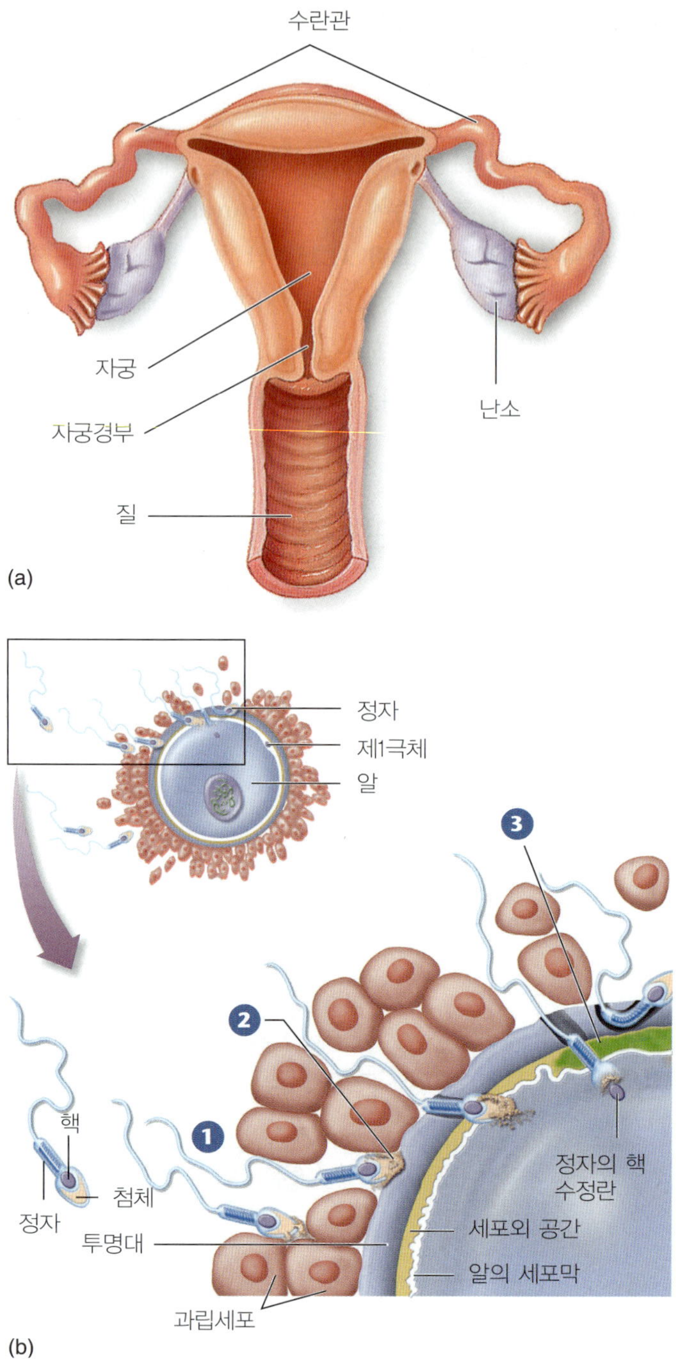

그림 31.17 수정은 수란관에서 일어난다

(*a*) 수란관은 자궁으로부터 확장되어 있다. 정자는 질 속으로 들어오면, 수란관으로 여행을 한다. (*b*) 수정은 수란관에서 일어나며, 정자는 알의 바깥층을 뚫고 들어가야 한다.

명대(zona pellucida)로 불리는 단백질 층이다. 정자의 머리 앞부분의 첨체(**그림 31.13** 참조)에 있는 효소들은 두 번째 층을 분해하는 것을 돕는다❷. 두 번째 층을 통과한 첫 번째 정자는 다른 정자의 침입을 막도록 난모세포를 자극하며❸, 제2감수분열을 완성한다. 제2감수분열은 **난자(ovum)**와 두 개의 추가적인 비기능성 극체를 생산한다(**그림 31.16** ❸ 참조). 난자 속의 여성 반수체 핵이 남성 반수체 핵을 만나면, 알은 수정되어 접합자가 된다. 접합자는 나팔관을 따라 아래로 이동하는 동안 연속적인 세포분열을 개시한다. 대략 6일 뒤, 접합자는 자궁에 도달하여 자궁내막에 착상한 후, 긴 발생의 여행을 계속하여 최종적으로 한 아기의 출생을 이끈다.

주요 학습 요점 31.4 **여성에서 호르몬은 28일 주기로 한 개 또는 여러 개의 난모세포의 성숙을 개시시킨다. 배란 후, 알은 나팔관을 따라 아래로 이동하는데, 수정이 되면 자궁의 벽에 착상된다.**

31.5 생식주기를 조율하는 호르몬

월경주기(menstrual cycle)라고 하는 여성 생식주기는 두 가지 특징적인 시기로 구성되는데, 두 시기는 알이 완전히 성숙하여 배란되는 *여포기*(follicular phase)와 신체가 임신을 준비하는 *황체기*(luteal phase)이다. 각 시기는 여성호르몬들에 의해 동조적으로 조절된다. 호르몬들은 사람의 생식과 관련해서 여러 가지 역할을 한다. 유성생식은 뇌하수체 전엽과 난소에서 분비되는 호르몬들에 의해 개시되며, 많은 종류의 조직에서 동시적인 발생이 진행되도록 동조시킨다. 배우자의 생산은 정확하게 조절되는 기작의 하나로 정교한 시간 조절이 이루지는 발생 기작을 포함한다. 성공적인 수정은 또 다른 발생 "프로그램"으로 임신으로 인한 여성의 신체의 많은 변화를 지속적으로 준비할 수 있도록 개시시킨다.

이런 모든 과정이 서로 조화를 이루게 하는 성호르몬의 생산은 시상하부에서 조절된다. 시상하부는 방출호르몬을 분비하여 뇌하수체의 특정 성호르몬 생산을 촉진시킨다. 제30장에서 다룬 음성되먹임은 시상하부의 이런 활동을 조절하는데 중요한 역할을 한다. 표적 기관이 어떤 뇌하수체 호르몬을 접하면, 자신의 호르몬 합성을 개시하여 혈관을 통해 시상하부로 보낸다. 그러면 시상하부는 뇌하수체 호르몬의 합성을 멈추게 한다. 또한, *양성되먹임*(positive feedback) 기작도 역시 작용하기도 한다. 이 경우에는 호르몬이 순환계를 통해 시상하부로 전달되면, 시상하부는 뇌하수체 호르몬의 생산을 증가시킨다.

난모세포 성숙의 촉발

월경주기의 첫 번째 시기인 **여포기(follicular phase)**는 **그림 31.18**에서 보여주듯이 주기의 0~14일에 해당된다. 이 기간

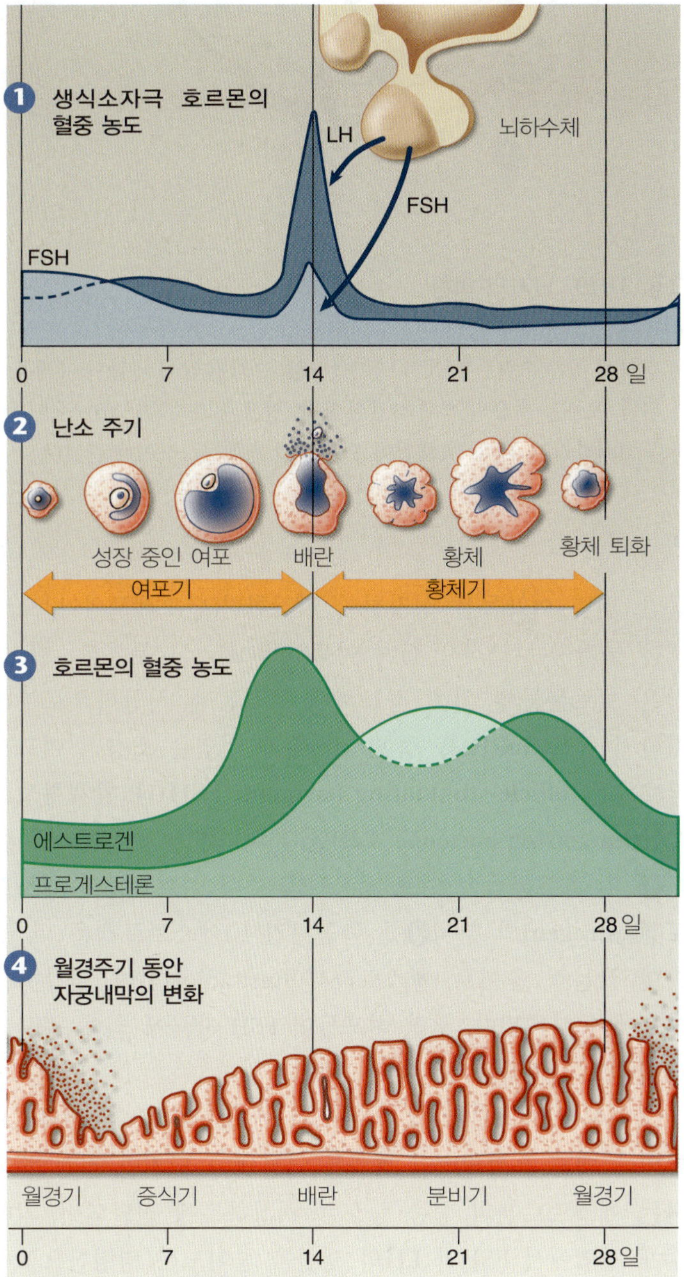

그림 31.18 사람의 월경주기
배란과 착상을 대비한 자궁내막의 준비는 월경주기 동안 4종류 호르몬에 의해 조절된다.

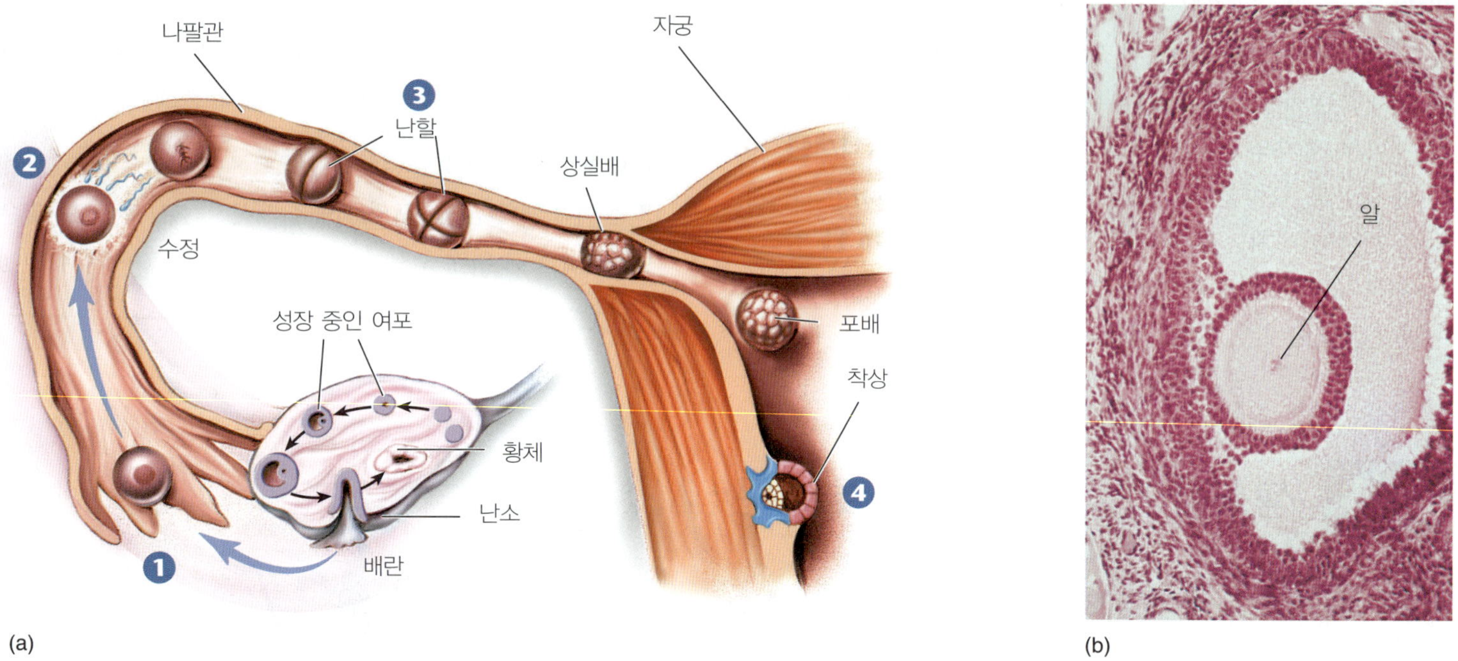

그림 31.19 난자의 여행

(*a*) 난자는 여포로부터 빠져나와 배란 동안 방출되어 나팔관으로 진입된 후❶, 나팔관 벽의 주기적인 수축으로 아래로 이동된다. 수정은 위쪽으로 운동해 온 정자에 의해 수란관 내에서 일어난다❷. 수정된 알이 나팔관 아래쪽으로 내려가는 동안 몇 번의 체세포분열이 일어나❸, 처음 상실배가 되고 이어 포배가 된다. 포배는 자궁의 벽에 착상된 후❹, 발생을 계속한다. (*b*) 난소의 여포 속에 있는 성숙한 알. 각 월경주기마다, FSH와 LH의 영향으로 몇몇 여포가 성장을 개시하지만, 대개 한 개만이 오로지 완전히 성숙하여 배란된다.

동안, 몇몇 여포들은 성장하기 시작한다(난모세포와 난모세포를 둘러싸는 조직을 합쳐 **여포(follicle)**라고 부른다). 이 성장은 호르몬들에 의해 정교하게 조절된다. 시상하부로부터 화학적 신호(GnRH)를 접한 뇌하수체 전엽은 소량의 **여포자극호르몬(follicle-stimulating hormone, FSH)**과 **황체형성호르몬(luteinizing hormone, LH)**을 분비하면서 주기를 개시한다❶. 이 호르몬들은 여포 성장과❷ 여성 성호르몬인 **에스트로겐(estrogen)**의 분비❸를 촉진시킨다. 에스트로겐은 더 정확한 학문적 용어로 *에스트라디올*(estradiol)이며, 성장하는 여포에서 분비된다. 몇몇 여포들이 FSH 자극에 의해 성장을 개시하도록 자극을 받는다.

초기에 상대적으로 낮은 농도의 에스트로겐은 FSH와 LH 분비에 대해 음성되먹임 효과를 나타낸다. 낮지만 점점 증가하는 에스트로겐의 혈중 농도는 시상하부에 전달되어, 뇌하수체 전엽에서 FSH와 LH의 생산을 줄이도록 명령함으로써 증가하는 에스트로겐에 대해 반응한다. FSH 농도가 떨어지면, 대개 단지 한 개의 여포가 성숙한다. 여포기의 후반부가 되면, 혈액의 에스트로겐 농도가 급격하게 증가하며, 높은 농도의 에스트로겐은 FSH와 LH 분비에 대한 양성되먹임 효과를 나타낸다. 에스트로겐 농도의 증가는 월경주기에서 여포기의 종결을 의미한다.

수정을 대비하는 신체

주기의 두 번째 시기인 **황체기(luteal phase)**는 주기의 14~28일에 해당되며, 여포기에 이어서 나타난다. 높은 농도의 에스트로겐에 의한 양성되먹임 반응으로 시상하부는 뇌하수체 전엽에게 신속하게 많은 양의 LH와 FSH를 분비하도록 지시한다(❶의 14일). LH의 파동은 FSH의 파동보다 더 크며, 24시간까지 지속될 수 있다. LH 분비의 높은 파동은 배란을 촉발시킨다. LH는 여포의 벽을 터지게 하며, 여포 속의 알은 난소에서부터 자궁까지 이어진 나팔관으로 방출된다(**그림 31.19**의 ❶ 참조).

알이 방출된 후에는 에스트로겐의 농도는 줄어들고, LH는 파열된 여포의 복구를 지시한다. 이때 노랗게 변한 여포를 **황체(corpus luteum)**라고 하는데, 라틴어로 단순히 "노란 물체(yellow body)"라는 뜻이다. 황체는 곧 **프로게스테론(progesterone)**(**그**

림 31.18 ❸에서 연두색 곡선)과 낮은 농도의 에스트로겐을 분비하기 시작한다. 프로게스테론과 에스트로겐의 증가된 농도는 FSH와 LH의 분비에 대해 음성되먹임 작용을 하여 더 이상의 배란을 막는다. 프로게스테론은 수정에 대비한 자궁의 준비를 완성하는데, 특히 자궁내막을 두텁게 한다(그림 31.18 ❹). 배란 후 곧바로 수정이 일어나지 않으면, 프로게스테론의 생산은 줄어들어 결국은 중단되는데, 이것은 황체기의 종료를 의미한다. 프로게스테론의 감소된 농도는 혈액이 풍부한 두터워진 내막층을 허물어지게 하여, 월경과 관련된 출혈을 초래한다. **월경(menstruation)**은 대개 두 연속적인 배란기의 중간에 나타나지만(그림 31.18에서 28일차), 그 정확한 날짜는 여성 개인에 따라 상당히 다양하다.

황체기가 끝날 무렵에는 에스트로겐과 프로게스테론은 모두 분비되지 않는다. 이 호르몬들의 부재 상황에서 뇌하수체 전엽은 FSH와 LH의 분비를 시작하여, 새로운 생식주기를 개시한다. 각 주기는 전 주기가 끝나면 곧바로 이어서 시작된다. 한 주기는 보통 28일로 한 달보다 약간 짧지만, 개인에 따라 다양하다. 생식주기를 월경주기(menstrual cycle)로 부르는 이유는 라틴어로 "월(month)"이 "*mens*"이기 때문이다.

수정이 나팔관의 윗부분에서 일어나면(그림 31.19의 ❷), 접합자는 자궁을 향해 이동하는 동안 난할이라고 하는 일련의 세포분열을 수행한다❸. 포배 시기에 자궁의 내막층에 착상한다❹. 작은 배아는 LH-유사 호르몬으로 융모성생식소자극호르몬(human chorionic gonadotropin, hCG)을 분비하여, 황체를 유지시킨다. 황체의 계속적인 활동으로 에스트로겐과 프로게스테론의 농도를 높게 유지함으로써 임신을 중단시킬 수도 있는 월경을 억제시킨다. hCG는 모체로부터 유래한 것이 아니라 배아로부터 생산된 것이기 때문에, 모든 임신 진단 검사에는 hCG의 양을 조사하는 것이다.

주요 학습 요점 31.5 **사람과 원숭이류는 호르몬 분비와 배란의 주기적 패턴에 의한 월경주기를 가진다. 이 주기는 여포기와 황체기의 두 특징적인 시기로 구분되며, 여러 호르몬들에 의해 조절된다.**

발생의 여정

31.6 배발생

난할: 발생을 위한 기본 단계의 확립

수정은 일련의 발생에서 일어나는 과정을 개시시킨다. 표 31.1은 수정에서 시작하여 포유류 발생의 주요한 단계를 요약한 것이다. 표에서 기술하고 있는 발생의 단계에 대해서는 이 절에서 논의할 것이다.

사람의 배발생에서 첫 번째 중요한 일은 접합자의 빠른 세포분열로, 세포 수가 점점 증가하는 반면, 세포의 크기는 점점 작아지는 단계로, 2세포기, 4세포기, 8세포기 등으로 진행된다. 첫 번째 세포분열은 정자와 난자가 융합된 후 대략 30시간에 일어나며, 두 번째는 30시간 후에 일어난다. **난할(cleavage)**이라고 하는 빠르게 분열하는 시기 동안 전체 크기는 처음 접합자와 비교할 때 증가되지 않는다. 대략 강하게 응축된 32세포로 구성된 덩어리를 **상실배(morula)**라 하며, 이때 각 세포를 **할구(blastomere)**라 한다. 상실배의 세포들은 계속 분열을 하며, 각 세포는 세포 덩어리의 가운데로 액체를 분비한다. 결국, 500~2,000개의 세포로 구성된 가운데가 빈 공 형태가 만들어진다. 이것을 **포배(blastocyst)**라 하며, **포배강(blastocoel)**이라고 하는 액체로 채워진 공간을 가진다. 공 내부에는 한쪽으로 치우쳐 세포들이 집중된 *내부 세포 덩어리*(inner cell mass)를 형성하는데, 세포 내부 덩어리는 발생하는 배아로 된다. *영양막세포*(trophoblast)라고 하는 세포의 바깥층은 앞에서 언급된 바 있는 hCG 호르몬을 분비한다.

난할 동안 상실배는 나팔관을 따라 아래로 이동한다. 대략 6일째 되는 날, 포배가 형성되어 자궁에 도착한 후, 자궁의 내막에 부착하고 내막 조직 속으로 침투한다. 포배는 빠르게 성장하기 시작하여 나중에 배아를 둘러싸서 보호작용과 영양분을 공급하는 역할을 하는 몇 가지 막을 형성하기 시작한다. 막 중의 하나가 **양막(amnion)**으로 발생 중인 배아를 둘러싸며, 영양막세포로부터 형성된 **융모막(chorion)**은 자궁 조직과 상호작용하여 **태반(placenta)**을 만든다. 태반은 자라는 배아에게 영양분을 공급한다(**그림 20.23**과 **31.21** 참조). 태반은 발생 중인 태아와 산모의 혈액 공급을 연결한다. 64세포기에 61개의 세포는 영양막세포로 되고, 단지 3세포만이 배아로 분화된다.

낭배형성: 발생학적 운동의 개시

수정 후 10일에서 11일 시기에 세포의 특정 그룹들이 세포 덩어리의 표면에서 안쪽으로 매우 잘 조율된 상태로 이동하기 시작하는데, 이 시기를 **낭배형성(gastrulation)**이라 한다. 첫째, 포배 세포 덩어리의 아래쪽 세포층은 세 종류의 기본적인 배아 조직 중의 하나인 **내배엽(endoderm)**으로 분화하며, 위쪽 층은 **외배엽(ectoderm)**으로 분화한다. 두 배엽이 분화된 직후, **중배엽(mesoderm)**은 위쪽 세포층의 세포가 안쪽으로의 함입에 의해 발생한다. 함입은 배아 정중선의 **원조(primitive streak)**에서 나타나는 고랑의 모서리를 따라 이루어진다.

낭배형성 동안, 포배 세포 덩어리의 대략 절반은 배아의 안쪽으로 이동한다. 이 운동은 배아의 발생 방향을 대략적으로 결정한다. 낭배형성의 끝 무렵에는 세 개의 기본 세포층으로의 세포 분포는 완료된다. 외배엽은 표피와 신경조직으로 분화되는 것으로 운명이 결정된다. 중배엽은 결합조직, 근육 및 혈관 요소로 분화된다. 내배엽은 내장의 내층과 이것으로부터 유래된 기관들로 분화된다. 세 기본 세포층의 운명은 다음과 같다.

외배엽	표피, 중추신경계, 감각기관, 신경능선
중배엽	골격, 근육, 혈관, 심장, 생식소
내배엽	소화관 및 호흡기관의 내층, 간, 췌장

신경관형성: 신체 구조의 결정

배발생의 3주차가 되면, 세 종류의 기본 세포 유형은 신체의 각 조직과 기관으로 운명에 따라 발생을 시작한다. 발생의 이 단계를 **신경관형성(neurulation)**이라고 한다.

첫 번째 척추동물의 특별한 특징은 유연한 막대인 **척삭(notochord)**을 형성하는 것이다. 낭배가 완성된 직후, 척삭은 등쪽 표면 아래에 배아의 정중선을 따라 형성된다. 두 번째 척추동물의 특징은 **신경관(neural tube)**이 척삭 위쪽으로 형성된다는 것인데, 신경관은 나중에 척수와 뇌로 분화된다. 신경관이 닫히기 직전에 두 개의 세포들의 줄이 떨어져 나와 **신경능선(neural crest)**을 형성한다. 신견능선 세포는 척추동물의 몸체에서 발견되는 신경 구조물의 근원이 된다.

신경관이 외배엽에서 분화되는 반면, 사람 신체의 기본 구조물의 나머지는 중배엽으로부터 변화된 내용에 따라 빠르게 결정된다. 발생 중인 척삭의 양 옆에는 조직의 체절화된 블록이 형성된다. **체절(somite)**라고 하는 이 블록들로부터 결국 근육, 추골, 결합조직이 분화된다. 발생이 계속됨에 따라, 점점 더 많은 체절이 형성된다. 체절과 나란히 배열된 중배엽의 다른 세포층에서는 신장, 갑상선, 생식소와 같은 여러 가지 신체의 중요한 분비샘들이 만들어진다. 중배엽층의 나머지는 이동하여 내부 내배엽 세포층을 완전히 둘러싼다. 결과적으로 중배엽은 두 개의 층으로 형성된다. 바깥쪽 층은 신체의 벽과 연관되고, 안쪽 층은 내장과 연관된다. 두 중배엽층 사이가 **체강(coelom)**으로, 성체의 체강이 된다.

발생 3주차가 끝날 무렵, 많은 체절이 명확해지고, 혈관과 내장이 발달하기 시작한다. 이 시기에 배아의 크기는 약 2 mm 정도이다(1/10 inch가 안 됨).

주요 학습 요점 31.6 **척추동물의 배아는 세 단계로 발생한다. 이 단계들은 안쪽이 빈 세포의 공이 형성되는 난할, 세포가 안쪽으로 이동하고 기본적인 조직이 결정되는 낭배형성, 기관들이 만들어지기 시작하는 신경관형성이다.**

표 31.1 포유동물 발생의 단계

<table>
<tr><th></th><th>단계(기간)</th><th>설명</th></tr>
<tr><td>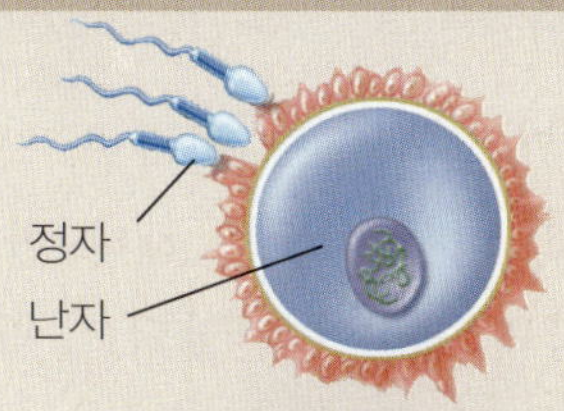
</td><td>수정
(1일)</td><td>반수체 수컷과 암컷의 배우자가 융합하여 이배체의 접합자를 형성한다.</td></tr>
<tr><td>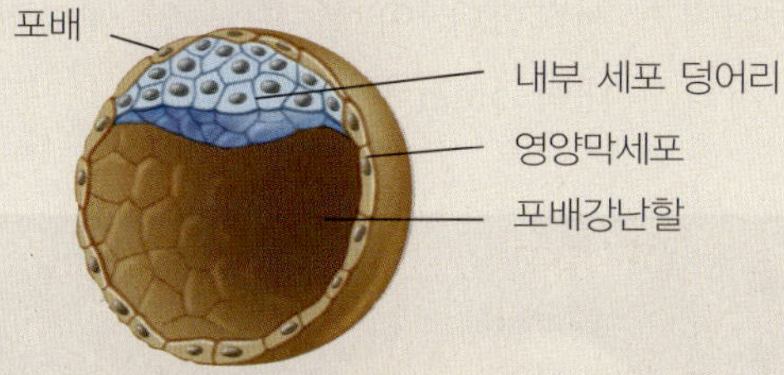
</td><td>난할
(2~10일)</td><td>접합자는 빠르게 분열하여 많은 세포로 되지만, 전체 크기는 증가하지 않는다. 이런 세포분열은 나중의 발생에 영향을 주는데, 서로 다른 세포는 다른 알의 세포질을 받아 다른 조절 신호를 가지기 때문이다.</td></tr>
<tr><td>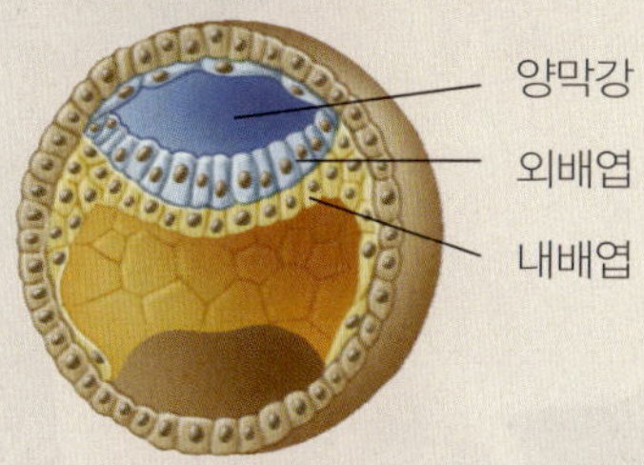

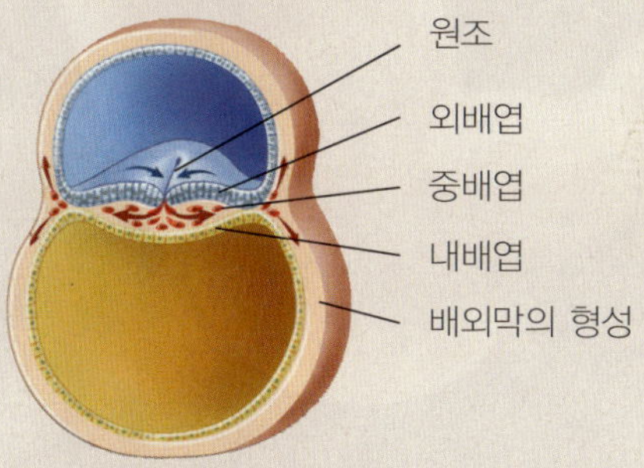
</td><td>낭배형성
(11~15일)</td><td>배아의 세포들은 이동하여 세가지 기본 세포층을 만든다: 외배엽과 내배엽이 먼저 형성되고, 이어서 중배엽이 만들어진다.</td></tr>
<tr><td>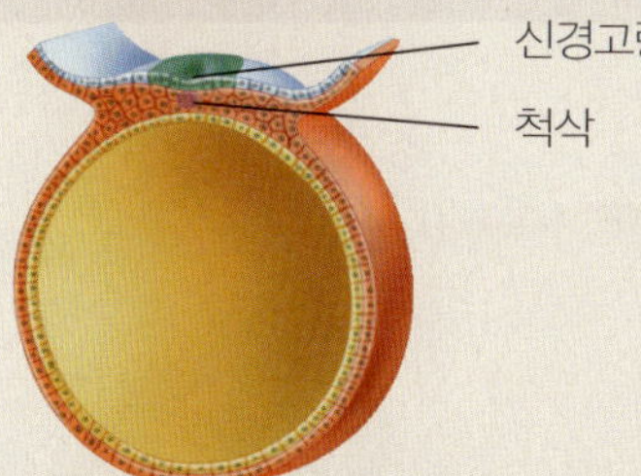
</td><td>신경관형성
(16~25일)</td><td>모든 척삭동물에서 첫 번째 형성되는 기관은 착삭이며, 두 번째는 신경관이다.</td></tr>
<tr><td>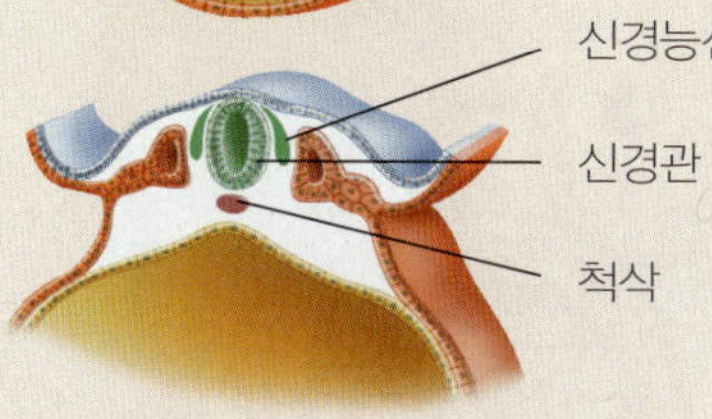
</td><td></td><td>신경배 동안, 신경능선이 신경관이 형성되면서 만들어진다. 신경능선은 감각신경, 교감신경, 슈반세포, 및 다른 세포 유형과 같은 몇 가지 척수동물 특이적인 구조의 기원이 된다.</td></tr>
<tr><td>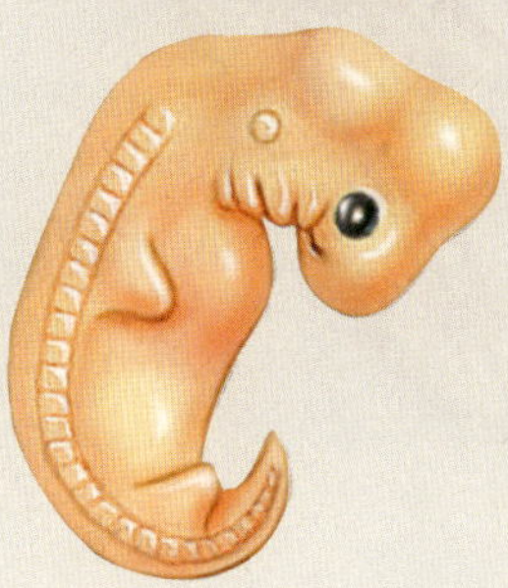</td><td>기관형성
(26일 이상)</td><td>세 가지 기본적인 세포층으로부터 세포들은 다양한 방법으로 합쳐져 신체의 기관들을 만든다.</td></tr>
</table>

31.7 태아의 발생

임신 4주: 기관형성

임신 4주차에는 신체 기관들이 **기관형성(organogenesis)**이라고 하는 과정에 의해 만들어지기 시작한다(**그림 31.20*a***, 아래 모식도는 사진의 구조를 이해하는 데 도움을 준다). 눈이 만들어지고, 심장은 규칙적인 박동을 시작하며 4개의 방실 구조(chamber)가 만들어진다. 분당 70회 박동을 한다면, 작은 심장은 70세가 될 때까지 25억 회 이상 박동을 해야 한다. 4주차가 끝날 무렵에는 30쌍 이상의 체절이 관찰되고, 팔과 다리 싹이 만들어지기 시작한다. 이 한 주 동안 배아의 길이는 두 배 이상 자라서 대략 5mm에 도달한다.

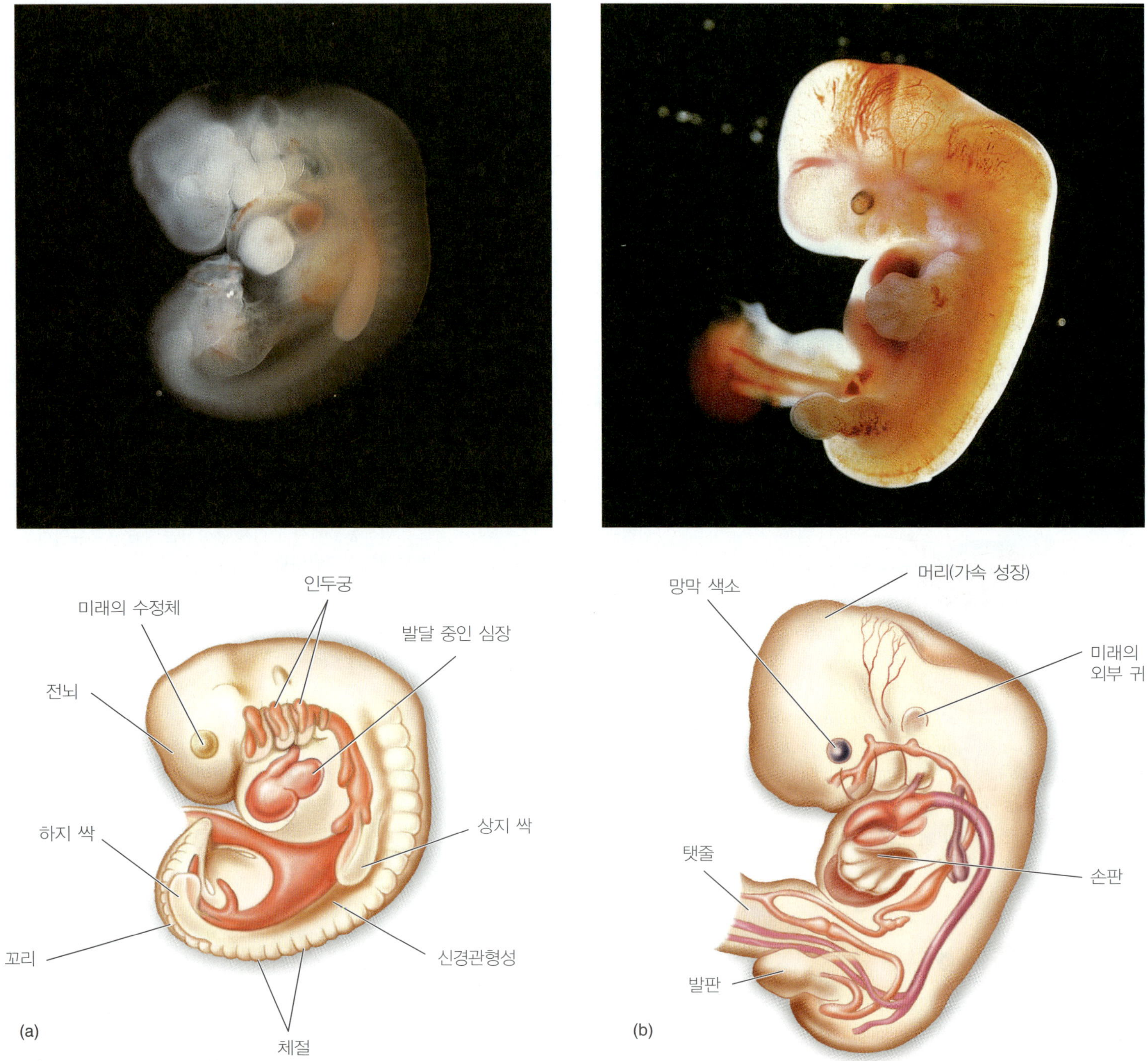

그림 31.20 발생 중인 사람

(*a*) 4주; (*b*) 7주

임신 4주차가 끝나는 시기에 대부분의 여성이 아직 임신 사실을 자각하지 못하지만, 발생 시나리오는 훨씬 진전되어 있다. 이 시기는 발생의 결정적인 시기인데, 그 이유는 적합한 발생의 경로가 쉽게 중단될 수 있기 때문이다. 예를 들면, 임신 첫 달 동안에 산모가 섭취한 알코올은 기형아 출산의 핵심 요인 중의 하나이다. 알코올 섭취에 의해 유발되는 **태아알코올증후군(fetal alcohol syndrome)**은 기형의 얼굴을 가진 아기를 태어나게 하는데, 때로는 심한 정신발달장애를 보인다. 미국에서 250명의 신생아당 1명이 태아알코올증후군으로 태어난다. 또한 대부분 이 시기에 자연 유산이 일어난다.

임신 2개월: 배아는 형태를 갖춘다

임신 둘째 달 동안 형태적으로 엄청난 변화가 일어나는데, 배아는 형태를 갖춘다(**그림 31.20*b***). 배아의 아주 작은 사지

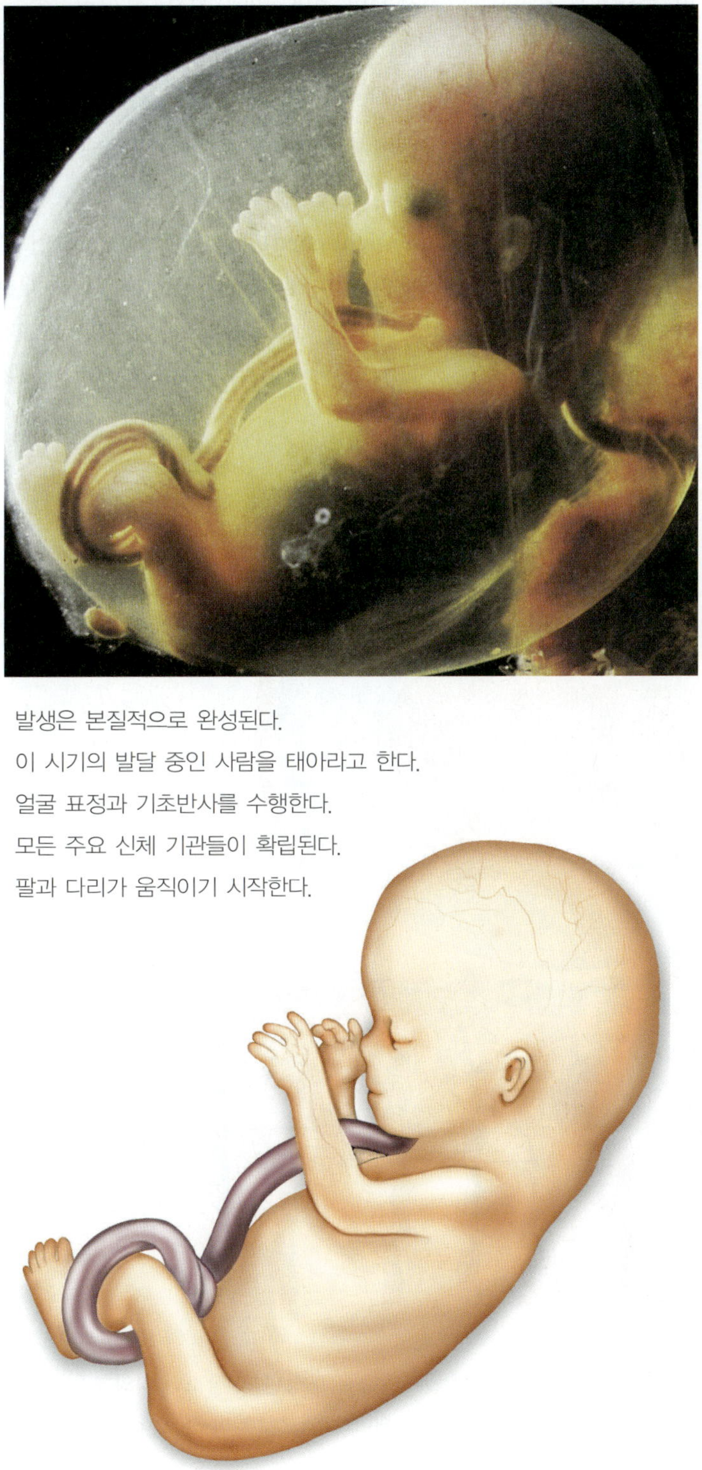

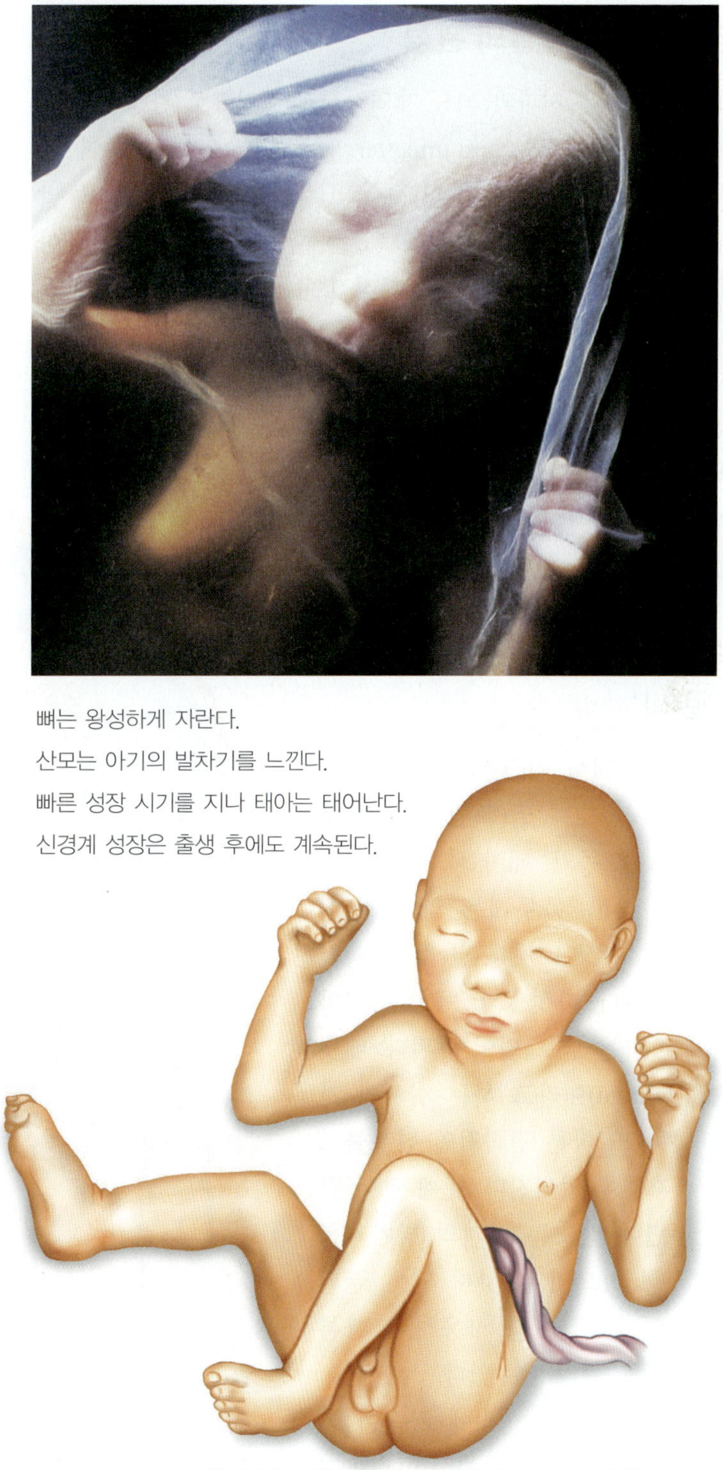

그림 31.20 발생 중인 사람(계속) (*c*) 3개월; (*d*) 4개월

는 성체의 모습과 닮았다. 팔, 다리, 무릎, 팔꿈치, 손가락, 발가락을 짧은 꼬리와 함께 볼 수 있다. 과거의 진화적 잔유물인 배아의 꼬리뼈는 나중에 융합되어 미추골(coccyx)로 된다. 체강 내에는 간과 췌장을 포함한 주요 내부 기관이 명확해진다. 임신 2개월이 끝날 시기에는 배아는 25mm의 길이로 자란다. 무게는 약 1g 정도이며, 뚜렷이 사람의 모습으로 보이기 시작한다.

임신 3개월: 발달의 완성

배아의 발달은 허파와 뇌를 제외하고 실질적으로 완성된다. 허파는 세 번째 3개월(third trimester, 임신 후기 또는 임신 제3분기)까지 발생이 완료되지 않으며, 뇌는 출생 이후에도 계속 발달한다. 이 시점부터 발생하고 있는 사람을 배아보다는 **태아(fetus)**라고 한다. 남은 일은 본격적인 성장이다. 신경계와 감각기관은 3개월 동안 발생한다. 태아는 얼굴 표현을 보이기 시작하고 놀람 반사와 빨기와 같은 기초적 반사를 수행한다. 셋째 달이 끝나는 시점에는 모든 신체의 주요 기관들이 확립되고, 팔과 다리가 움직이기 시작한다(**그림 31.20*c***).

두 번째 3개월: 태아는 열심히 자란다

두 번째 3개월 기간은 성장의 시간이다. 임신 넷째 달(**그림 31.20*d***)과 다섯째 달 동안, 태아는 175mm 크기로 자라고, 몸무게는 약 225g이 된다. 뼈 형성은 넷째 달 동안 활발히 일어난다. 다섯째 달 동안 머리와 몸체는 가는 털로 덮이게 된다. **배냇솜털(lanugo)**이라고 하는 신체의 가는 털은 또 다른 진화적인 잔유물로 발생 후기에 없어진다. 넷째 달이 끝날 무렵에 산모는 아기의 발차기를 느낄 수 있으며, 다섯째 달이 끝날 무렵에는 청진기를 사용하여 빠른 심장박동을 들을 수 있다.

여섯째 달에는 성장에 가속이 붙는다. 여섯째 달이 끝날 시점에 아기는 0.3m 크기로 자라며, 몸무게도 0.6kg이 되는데, 출생 전까지 성장은 계속된다. 이 시기에 태아는 자궁 바깥에서 특수한 의학적 장치 없이는 아직 생존할 수 없다.

세 번째 3개월: 성장 속도가 가속된다

세 번째 3개월 기간은 빠르게 성장하는 시기이다. 임신 7개월, 8개월, 9개월 동안, 태아의 몸무게는 두 배 이상씩 증가한다. 엄청난 증가는 크기에서만 일어나는 것은 아니다. 이 기간 동안 대부분의 주요 신경 트랙이 뇌에서 새로운 뇌 세포로부터 만들어진다.

이런 모든 성장은 태반에서 산모 혈액으로부터 태아의 혈액으로 전달되는 영양분의 공급에 의해 이루어진다. **그림 31.21**의 태반은 **탯줄(umbilical cord)**에서 자궁의 조직인 *탈락막*(decidua basalis)으로 확장된 태아 혈관을 가진다. 산모의 혈액으로 탈락막이 가득 차므로, 두 순환 시스템 간에 혈액의 섞임 없이 영양분은 산모의 혈액에서 태아의 혈관으로 이

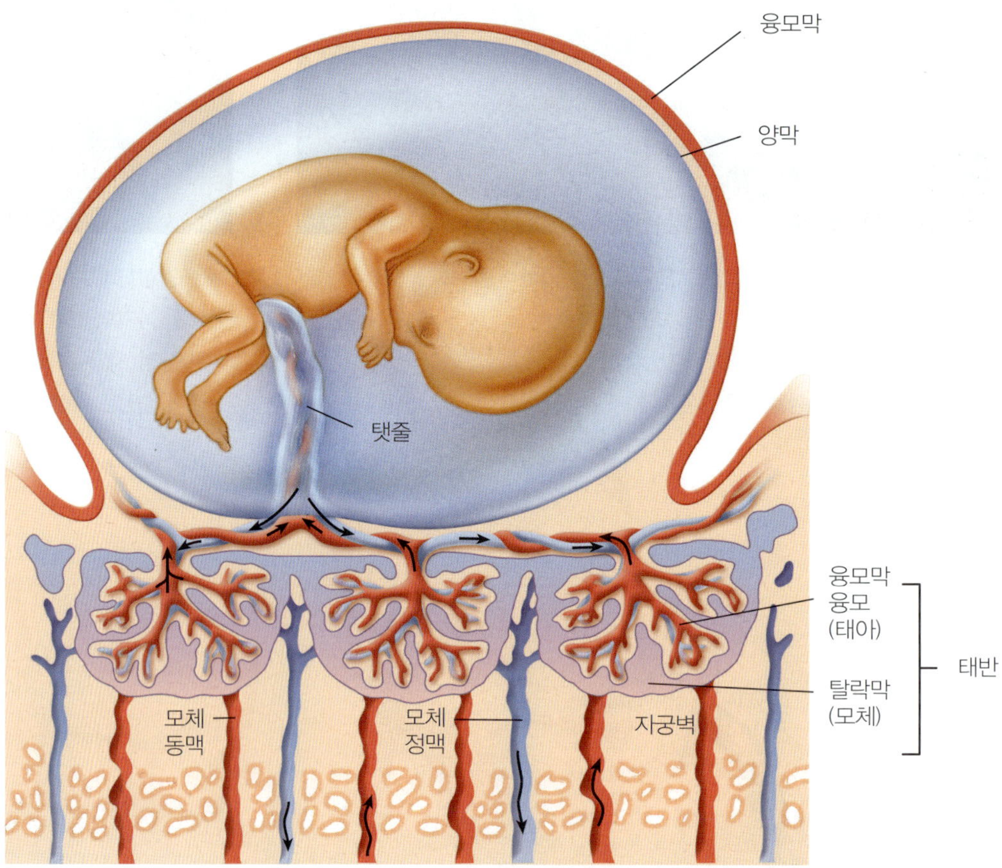

그림 31.21 태반의 구조

태반은 태아로부터 유래한 융모막과 산모로부터 유래한 탈락막으로 구성된다. 산소와 영양분은 산모 혈액으로부터 확산에 의해 태아 혈액으로 들어간다. 노폐물은 태아 혈액으로부터 산모의 혈액으로 역시 확산에 의해 들어가진다.

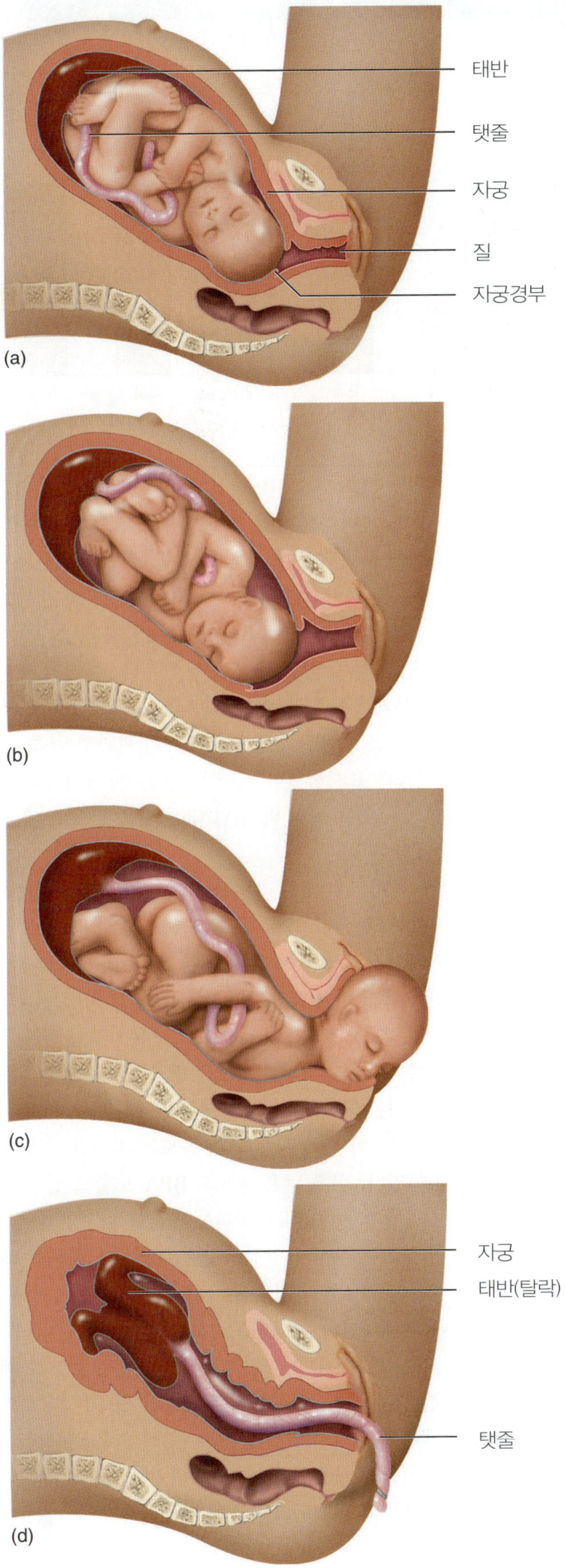

그림 31.22 분만의 단계

동할 수 있다. 산모의 영양결핍으로 인해 태아의 영양 부족 상태가 오면, 성장에 악영향을 끼치며, 신생아의 심한 발달장애를 일으킬 수 있다. 태아의 영양부족으로 인한 장애는 빈곤과 굶주림이 흔한 저개발 국가에서는 심각한 문제가 되고 있다.

세 번째 3개월이 끝나는 시점에 태아의 신경 발달만은 아직 완성이 되려면 멀었는데, 실제 출생 후에도 오랫동안 발달이 계속된다. 그렇지만, 이 시기에 태아는 스스로 생존할 수 있다. 태아는 왜 신경발달을 마칠 때까지, 자궁에서 발달을 계속하지 않을까? 무엇이 태아를 자궁으로부터 몰아내어 출생하게 하는 것일까? 그 이유는 육체적 성장이 잘 진행되고, 또한 태아는 스스로 자랄 수 있을 만큼 성장하였으며, 산모나 아기 모두에게 손상 없이 자궁경부를 통해 출산될 수 있기 때문이다. 임신 경험이 있는 여성도 임신은 꽉 차는 답답한 상태라고 증언한다. 생존의 확률이 높아지면 곧바로 출산이 일어난다.

출산

마지막 월경주기로부터 대략 40주가 되면, 출산의 과정이 시작된다. 태아로부터의 물리적이거나 또는 호르몬의 신호 이외에도, 산모의 호르몬 분비 변화는 **분만(labor)**을 개시시킨다. 분만(출산) 동안, 자궁경부는 점차 열리고(입구의 확장), 양수막이 터져서 양수가 질을 통해 흘러 나오고, 자궁수축은 반복적이고 강해져서, 결국 태아를 자궁 밖으로 밀어낸다. **옥시토신(oxytocin)**과 **프로스타글란딘(prostaglandin)** 호르몬은 양성 피드백 기작으로 자궁수축을 촉진한다. 태아는 임신이 끝날 무렵 보통 머리가 아래로 향하는 자세로 있다. 출산 때 태아는 자궁경부를 통과하여 질을 통해 밀고 나온다(**그림 31.22**). 탯줄은 여전히 아기에 연결되어 있는데, 의사, 간호사 또는 부모가 탯줄을 클램프로 죈 다음 자른다. 아기는 액체 환경의 생활에서 공기가 있는 바깥의 환경으로 옮겨지면서, 많은 기관들은 중대한 변화를 겪게 된다. 태아의 출산 후에도 계속된 자궁의 수축은 태반과 관련된 막들을 방출하는데, 이 과정을 통틀어 "후산(after-birth)"이라 한다. 일부의 경우, 질을 통한 출산이 태아나 산모에게 위험을 초래할 수 있는데, 태아와 태반은 *제왕절개*(caesarian section, C-section)라는 과정의 수술로 자궁에서 꺼내진다.

임신 후기가 되면, 출산 후 아기의 수유를 위해 산모의 호르몬은 *젖샘*(mammary gland)을 발달시킨다(20.8절 참조). 출

남자는 왜 유방암에 걸리지 않는가?

2007년, 미국에서는 240,510명과 2,030명의 새로운 유방암 환자가 각각 여성과 남성 중에서 발병한 것으로 추정하였는데, 새로운 유방암 환자의 99% 이상이 여성이다. 비슷하게, 그해 40,460명의 유방암 환자의 사망이 추정되었는데, 450명을 제외한 나머지는 모두 여성이었다. 왜 훨씬 적은 수의 남성만이 유방암에 걸리는 것일까? 한 가지 명백한 대답으로 남성은 유방을 갖지 않는다고 말할지 모르지만, 남성도 유방조직을 가지고 있다. 다만, 여성의 유방조직보다 덜 발달하였다. 그렇다면, 왜 남성에서는 훨씬 낮은 발병을 보일까?

유방암의 약 5%는 선천적인 유전적 돌연변이(*BRCA1*과 *BRCA2*)로 발병하는 반면, 대부분을 차지하는 95%의 원인은 아직 밝혀지지 않았다. 호르몬 차이가 논의를 시작하기에는 가장 적합한 주제로 보인다. 여성의 성호르몬인 에스트로겐은 여성 유방의 발달을 조절하지만, 대조적으로 남성에게는 생리적으로 유의할만한 양의 에스트로겐이 존재하지 않는다. 한 그럴듯한 가설로 유방암 환자에서는 유방세포에 대한 에스트로겐의 효과가 내분비 장애물질(endocrine disrupter)의 노출로 변형되었을 것이라는 제안이다. 내분비 장애물질은 호르몬을 모방한 사람이 만든 화학물질들이다. 어떤 기회에 이들 분자는 특정 호르몬 수용체의 결합부위와 완전히 결합되는 구조를 가진다. 만약 에스트로겐을 흉내 내는 화학물질이 있다면, 유방세포의 종양성 성장을 촉진할 수 있다.

한 후보물질이 비스페놀 A(bisphenol A, BPA)로, 이 분자는 양 끝에 OH기를 가진 탄소 고리를 가졌으며, 구조적으로 에스트로겐과 유사하다. BPA는 여러 음식물과 음료수를 포장하는 플라스틱은 물론, 금속성 음식과 음료 캔의 플라스틱 안감의 제조에도 사용되므로, 우리 모두가 매일 노출되는 물질이다. 세계적으로 연간 2억7천만 kg이 생산된다.

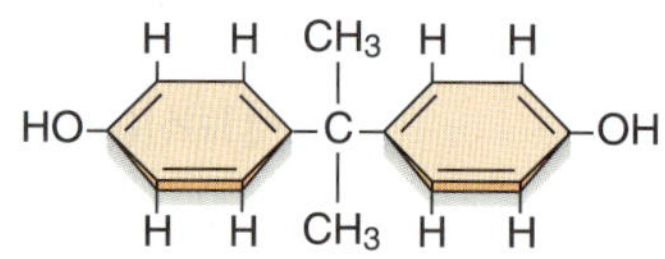

비스페놀 A

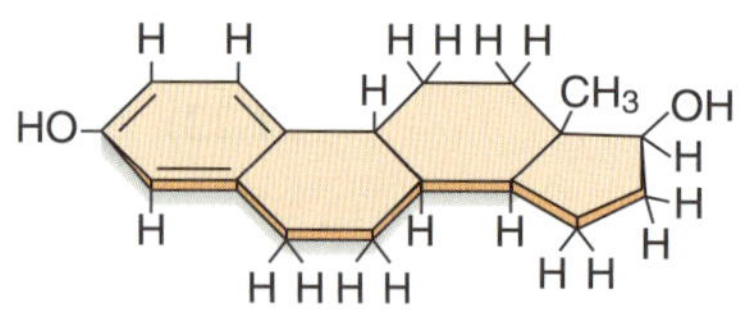

에스트로겐

1938년 이후, BPA는 쥐에서 과다한 에스트로겐 생산을 촉진함을 알았다. 놀라운 일로, 1993년에는 BPA가 배양 중인 사람의 유방암세포에도 동일한 효과를 나타냄을 관찰하였다. 더욱 놀라운 일은 BPA 효과가 2/10억의 낮은 농도에서도 나타나는데, 이 농도는 사람이 일상적으로 노출되는 농도보다 별로 높지 않다는 것이다.

그렇다면 정말 BPA는 암을 유발하는 것일까? 그 가능성을 조사하기 위해, 2006년에 Tufts 대학교 의과대학의 Ana Soto 박사와 그 연구팀은 그 효과를 사람과 비슷한 방식으로 유방암을 일으키는 쥐를 대상으로 검사하였다. 임신한 암쥐에게 일정한 농도 범위의 BPA를 50일간 투여한 후에 실험동물의 유방조직을 검사하였다. 연구자들은 사람과 쥐 모두에서 유방암의 전구세포가 될 수 있는 관과형성(ductal hyperplasia)이라고 하는 비정상적인 세포성장 패턴을 주목하였다. BPA는 4그룹의 쥐에게 투여되었다. 일부는 사람이 노출되는 농도와 다르지 않는 낮은 농도를 처리하였고, 다른 그룹들은 더 높은 농도를 처리하였다, 5번째 그룹은 대조군으로 BPA를 투여하지 않았다.

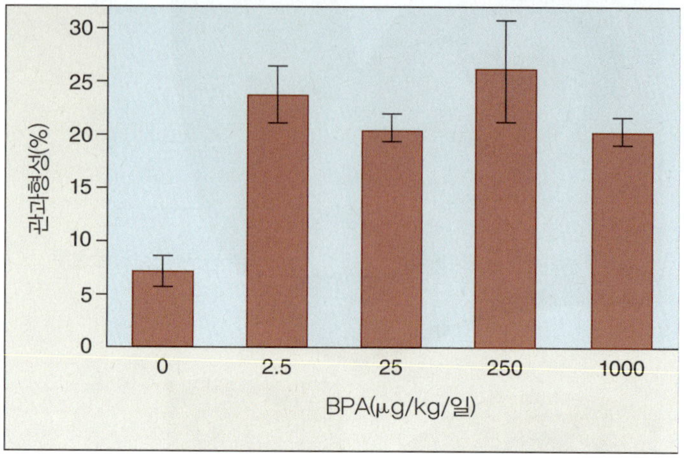

위의 그래프는 연구자들이 밝힌 내용을 보여준다. 쥐에게 투여된 BPA의 양은 매일 몸무게의 kg당 투여된 BPA의 μg으로 표시하였다. 관찰된 유방암의 발병률은 조사된 유방조직 중에서 관과형성(즉, 예비 종양성)을 보이는 비율로 표시하였다. 수직의 검은 선(에러 바)은 5% 신뢰 구간(반복실험의 95%는 에러 바 범위 내에 있을 것으로 예상)을 나타낸다.

연구자들이 얻은 결과로부터 우리는 어떤 분석을 할 수 있을까? BPA를 투여 받은 4그룹 중에서, BPA 대조 그룹보다 유의적으로 높은 관과형성의 발병 비율을 보인 그룹이 있는가? (힌트: 만약 에러 바가 대조군과 겹친다면, 그 차이는 유의적이지 않음) 그렇다, 4그룹 모두가 유의적인 결과를 보였다. BPA의 더 높은 농도는 관과형성의 발병률을 증가시키는가? BPA 투여 4그룹의 에러 바는 서로 겹쳐지는가? 아니오, 모든 처리 농도는 비슷한 결과를 산출하였다. 비록 낮은 농도의 BPA 노출도 실험실 쥐에게 관과형성을 유발한다는 결론을 피하기 어렵다. 이 결과는 우리가 일상생활에서 매일 노출되는 화학물질인 BPA가 유방암을 유발할 수 있다는 놀라운 결론을 제시한다. 이 연구는 사람이 아닌 작은 쥐를 대상으로 행하여졌지만, BPA가 발암원일 가능성의 제시는 앞으로 계속된 연구를 필요로 한다. 대부분의 정부-지원 유방암 연구는 더 효과적인 유방암 치료의 개발에 초점이 맞춰져 있다. 훨씬 적은 연구비로 유방암의 원인을 찾는 연구에 사용된다. 이 연구의 가장 큰 고무적인 점은 이런 연구가 우선권을 가지게 된다면 많은 결실을 볼 것이라는 제안이다.

산 후 처음 이틀 동안 젖샘은 *초유*(colostrum)라는 액을 생산하는데, 이 액은 단백질과 젖당을 함유하지만, 지방은 거의 없다. 보통 출산 3일후부터 뇌하수체 전엽 호르몬인 **프로락틴(prolactin)**에 의해 젖의 생산이 촉진된다. 신생아가 젖을 빨기 시작하면, 뇌하수체 후엽 호르몬인 옥시토신이 분비되면서 젖의 분비를 개시한다.

출생 후 발달

성장은 출생 후 빠르게 진행된다. 아기는 보통 출생 후 몇 달 이내에 몸무게가 두 배로 증가한다. 서로 다른 기관은 서로 다른 속도로 성장하므로, 신생아의 신체 비율은 어른의 비율과는 다르다. 예를 들면, 신생아의 머리는 비균형적으로 크지만, 출생 후 다른 신체 부위에 비해 상대적으로 느리게 자란다. 서로 다른 구성 요소는 서로 다른 비율로 자란다는 성장 패턴을 *상대성장*(allometric growth)이라 한다.

출생 시 사람의 발달 중인 신경계는 분당 250,000개 이상의 속도로 새로운 신경세포를 생산한다. 출생 6개월 이후가 되면, 새로운 신경세포의 생산은 본질적으로 멈춘다(최근의 연구에 따르면, 뇌의 일부 국부적인 지역에서는 새로운 신경세포가 어른이 되어도 계속 생산된다고 한다). 사람의 뇌가 처음 출생 후 몇 년 동안만 중요한 성장을 계속한다는 사실은 이 시기의 적절한 영양과 안전한 환경이 매우 중요함을 말해 준다.

주요 학습 요점 31.7 **태아 발생의 대부분 핵심 내용은 초기에 일어난다. 기관들은 4주차에 형성되기 시작하고, 둘째 달이 끝날 기간에는 발생 중인 태아는 확실히 사람처럼 보인다. 여성이 임신하였다는 사실을 아마도 인지하기 전에 본질적인 배아의 발생을 마친다. 두 번째 및 세 번째 3개월 기간 동안의 중요한 일은 1차적으로 성장이다.**

출산조절과 성병

31.8 피임과 성병

피임

성교는 부부의 감정과 정상적인 생활의 필수적이고 중요한 부분으로, 모든 부부가 부부관계를 가질 때마다 임신을 원하는 것은 아니다. 이 딜레마에 대한 해법은 성교를 회피하지 않으면서 임신은 피하는 방법을 찾는 일인데, 이런 접근을 일반적으로 **출산조절(birth control)** 또는 피임이라 한다.

금욕(abstinence) 임신을 피하는 가장 단순하고 확실한 방법은 전혀 성교를 하지 않는 것이다. 피임의 모든 방법들 중에서, 이 방법이 가장 안전한 방법이다. 그렇지만, 가장 제한적인 방법인데, 부부의 성관계에 의한 감정적인 조화를 부정하기 때문이다. 이 방법의 변형으로, 수정이 될 수 있을 것으로 생각되는 날만 성교를 하지 않는 것이다. 월경주기의 나머지는 성교를 하여도 상대적으로 "안전한" 날로 간주한다. 이런 월경주기에 따라 성교를 하는 방법을 리듬법 또는 **자연가족계획(natural family plan)**이라 한다. 이 방법은 원칙적으로 좋은 방법이지만, 배란을 정확히 예상하는 일이 어려우며 때로는 예상을 벗어나는 경우도 있기 때문에 실제 적용은 쉽지 않다. 실패율이 20~30% 정도로 높다.

난자성숙의 억제 미국에서 널리 상용화된 피임 방법으로, 매일 호르몬이나 **피임약(birth control pill)**을 복용하는 방법이다. 피임용 알약에는 노하수체 호르몬인 FSH와 LH의 합성을 멈추게 하는 에스트로겐과 프로게스테론을 함유하고 있다. 난소 속의 여포는 FSH 없이 성숙하지 못하며, LH 없이 배란이 되지 않는다. 호르몬 투여의 다른 방법으로는 3개월에 한 번씩 투여되는 메드록시 프로게스테론(Depo-Provera), 피부를 통해 호르몬이 유입되는 7일-피임 패치, 호르몬을 분비하는 캡슐의 수술을 통한 체내 삽입이 있다. 이런 방법의 실패율은 2% 미만이다.

플랜 B(plan B)로 불리는 응급(사후)피임은 아무런 피임법을 사용하지 않고 성교를 한 후에 배란을 막을 수 있는 고농도의 프로게스테론 알약을 빠른 시기에 투여 받는 방법이다. 실패율은 다양하며, 피임의 1차적 방법으로 사용해서는 안 된다.

착상의 억제 피임링이나 다른 물체를 자궁 속으로 삽입하는 방식으로 효과적인 피임법의 하나이다. 자궁의 자극은 배아가 자궁벽 속으로 착상되는 것을 억제시킨다. **자궁내 피임기구(intrauterine device, IUD)**는 매우 효율적인 방법으로, 한 번 삽입을 하면 잊어버릴 수 있다. 이 방법은 2% 미만의 실패율을 보인다.

배아의 착상을 막거나 초기 임신을 끝내는 약품으로는 **RU-486**이 있다. 이 약품은 프로게스테론의 활동을 막아 자궁내막이 허물어 내리게 한다. RU-486은 심각한 부작용이 우려되므로 반드시 의사의 처방이 있어야 한다.

정자 봉쇄 수정은 정자 없이 일어날 수 없다. 정자의 방출을 막을 수 있는 한 가지 방법은 **콘돔(condom)**을 음경에 착용시키는 것이다. 이 방법은 방법적으로 적용하기 쉽고 매우 안전해 보이지만, 실제로는 실패율이 15%에 이를 만큼 예상보다 덜 효과적인 방법이다. 정자의 침입을 막을 수 있는 두 번째 방법으로는 성교 직전에 **디아프램(diaphragm)**으로 불리는 고무막으로 자궁경부를 덮는 방법이다. 개인별 자궁경부의 크기가 다양하므로 디아프램은 병원에서 맞추어야 한다. 실패율은 평균 20%이다.

정자 파괴(살정) 피임의 세 번째 일반적인 방법은 질 내에서 정자를 죽이는 것이다. 성교 직전에 **살정 젤리(spermicidal jelly)**, **좌약(suppository)**, **거품(foam)** 등을 처리하면 정자는 죽게 된다. 실패율은 다양한데, 3~22% 정도이다.

성병

성병(sexually transmitted disease, STD)은 성적 접촉을 통해 한 사람에서 다른 사람으로 옮기는 병이다. 제27장에서 다른 AIDS는 치명적인 바이러스성 STD이다. 다른 중요한 성병은 다음과 같다.

임질(Gonorrhea) *Neisseria gonorrhoeae*라는 세균에 의해 발병되는 이 질병의 주요 증상은 음경이나 질로부터의 고름 방출이다. 이 병은 항생제로 치료될 수 있다. 만약 여성에서 치료하지 방치하면, 임질은 나팔관이 상처를 입어 막히는 증상의 골반염증병(pelvic inflammatory disease, PID)을 유발할 수 있다. PID는 최종적으로 불임을 유발시킨다.

클라미디아(Chlamydia) *Chlamydia trachomatis*라는 세균으로 발병하는 이 질병은 종종 "침묵 STD"로 불리는데, 여성은 대개 감염이 완전히 정착될 때까지 어떤 증상도 보이지 않기 때문이다. 임질과 마찬가지로 클라미디아는 치료하지 않으면 여성의 PID를 유발할 수 있다

매독(Syphilis) *Treponema pallidum*이라는 세균으로 유발되는 이 질병은 가장 심각한 STD 중의 하나이다. 치료하지 않으면, 이 병은 심장병, 정신장애 및 운동기능의 소실과 시력장애를 포함하는 신경손상으로 발전한다.

생식기 헤르페스(genital herpes) 2형 헤르페스 단순바이러스(HSV-2)에 의해 감염되는 질병으로, 미국에서 가장 흔한 STD이다. 바이러스는 음경이나 음순, 질, 자궁경부에 붉은 물집이 생기게 한다.

자궁경부암(cervical cancer) 자궁경부암의 대략 70%는 성적으로 전염되는 HPV(human papillomavirus)에 의해 유발한다. 아직 HPV에 감염된 적이 없는 여성에게 HPV의 감염을 억제하는 새롭게 개발된 백신인 가다실(Gardasil)은 세계적으로 사망을 2/3 정도로 줄일 수 있다(매년 약 290,000명의 여성이 사망함).

주요 학습 요점 31.8 **다양한 피임 방법이 있으며, 대부분은 상당히 효과적이다. 성병은 성적인 접촉을 통해 전파된다.**

질문 & 분석

STD의 발병률은 왜 다양한가?

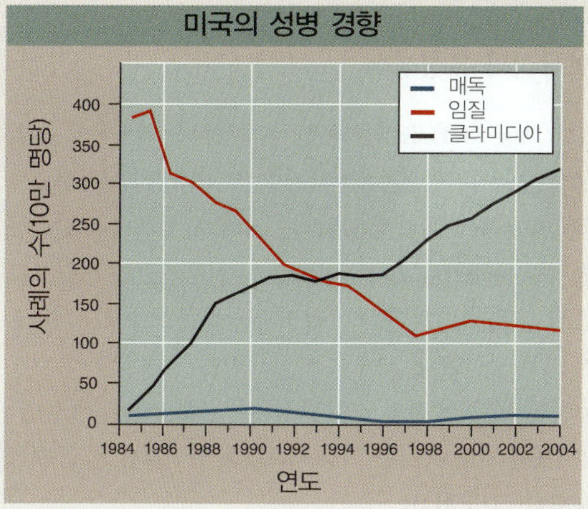

일반적으로 보호되지 않는 성 접촉의 빈도가 증가할수록 성병의 발병 빈도는 증가할 것으로 예상된다. AIDS의 출현에 대해서는 집중적인 홍보나 교육을 통해 무서운 발병을 감소시켜 왔다. 성적 파트너 대상의 수와 보호되지 않은 성교는 모두 지난 10년 동안 미국에서 상당히 감소하였다. 그렇다면, 매독, 임질이나 클라미디아와 같은 성병의 빈도도 역시 감소되어야 한다.

그렇지만 어떤 한 STD의 빈도가 감소하는 동안 때로 다른 STD는 증가하는 경우가 있다. 이런 현상을 우리는 어떻게 이해할 수 있을까? 이런 차이에 대한 가장 단순한 설명은 두 STD가 서로 다른 집단에서 발생한 것으로, 한 집단은 성적 활동의 증가를 보이고 다른 집단은 감소 수준을 보인다는 것이다. 그렇지만, 전 국가적인 통계는 모든 집단의 하위 그룹들을 포함하며, 하위 그룹이 서로 다른 STD을 가질 것이라고 예상할 이유는 없다. 확실히 각 주요 하위 그룹들은 위에서 언급한 주요한 세 STD를 모두 가진다. 그래서 한 STD의 빈도가 증가하는 동안 다른 STD의 빈도는 감소하는 현상을 설명할 방법이 없어 보인다.

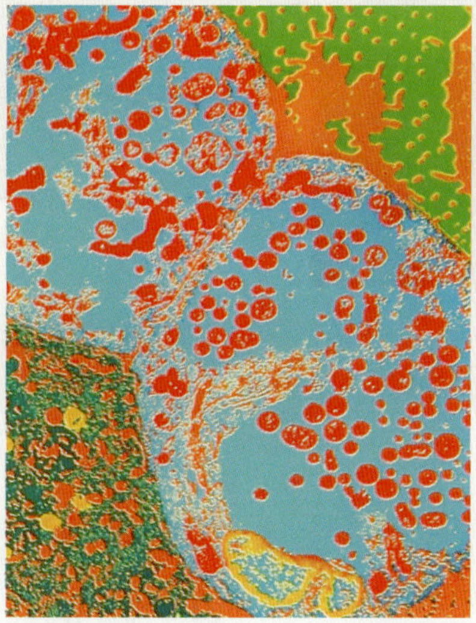

두 번째로 가능한 해석은 한 STD의 감염성이 바뀔 수 있다는 것이다. 감염성이 낮은 STD는 소수의 성 접촉자만이 감염된다는 단순한 이유로, 그 집단에서 빈도를 감소시킬 것이다. 이 가능성을 평가하기 위해서는 개인의 STD를 더욱 밀착해서 조사해야 한다.

매독은 처음 개시 단계에서에서 가장 감염성이 높지만, 이 단계는 약 한 달만 지속된다. 대부분의 전염은 훨씬 긴 기간의 붉은 발진과 입의 상처를 보이는 2단계에서 일어난다. 이 시기에 세균은 키스나 액체를 공유하는 행동으로 전염될 수 있다. 이런 STD의 감염성의 감소는 이 단계를 짧게 할 것으로 예상되지만, 이런 단축은 관측되지 않는다.

임질은 언제든지 보균자와의 다양한 형태의 성 접촉에 의해 전염될 수 있다. 성 접촉당 감염도가 감소한다는 어떤 보고도 아직 없다.

클라미디아는 특별한 본성 때문에 감염도 변화의 가장 흥미로운 가능성을 제시한다. *Chlamydia trachomatis*는 유전적으로 세균이지만, 절대세포내기생생물로 이런 면에서는 바이러스와 유사하며, 사람의 세포 속에서만 번식할 수 있다. 사진의 붉은 점들이 사람 세포 속에 있는 클라미디아 세균이다. 임질처럼, 클라미디아는 감염된 사람과의 질성교, 항문성교, 구강성교를 통해 전염될 수 있다. 클라미디아에 감염되었지만, 어떤 증상도 보이지 않을 수 있다. 병원균은 세포 속에서 살아가기 때문에, 성교 동안 파트너가 노출되는 감염된 사람의 세포 수가 바뀌는 거의 희박한 가능성을 제외하면 감염도가 바뀔 것으로 기대하기 어렵다. 그러므로 감염도의 감소는 아닌 것으로 보인다. 그렇지만, 세 번째 가능한 해석은 한 집단에서 어떤 STD 빈도는 증가하는 동안 동일한 집단에서 다른 STD는 왜 감소하는가이다. 이 세 번째 가능한 해석을 이해하기 위해서, 우리는 미국에서 임질, 클라미디아, 매독 출현율의 경향성을 자세히 조사해야 할 것이다. 자세한 연간 통계는 위의 그래프에 제시되어 있다.

1. 개념 적용 종속변수는 무엇인가?

2. 추론하기

a. 임질: 1985년과 1995년의 발병빈도는 얼마인가? 빈도는 감소하는가 증가하는가? 일반적으로 어떤 사람이 이 STD를 다른 사람에게 전염시킬 때, 자신이 감염되었음을 인식하고 있는가?

b. 클라미디아: 1985년과 1995년의 발병빈도는 얼마인가? 빈도는 감소하는가 증가하는가? 일반적으로 어떤 사람이 이 STD를 다른 사람에게 전염시킬 때, 자신이 감염되었음을 인식하고 있는가?

3. 결론 도출 공중의 높아진 경각심으로 인한 임질 빈도의 변화에 대한 경향성이 왜 클라미디아와 다른지를 어떻게 설명할 수 있겠는가?

척추동물의 생식

31.1 무성생식과 유성생식

- 분열이나(**그림 31.1**) 출아를 통한 무성생식은 원생동물과 일부 동물의 주유 생식 수단이지만, 대부분의 동물은 유성생식을 한다.
- 유성생식이 동물에서 가장 일반적이지만, 단성생식과 암수동체성의 변형된 방식도 존재한다. 단성생식에서는 자손이 미수정란으로부터 발생된다. 암수동체성은 한 개체가 정소와 난소를 모두 가지며, 정자와 난자를 역시 모두 생산한다.
- 포유동물의 성은 유전적으로 결정되며, 배발생 기간 동안 표현된다. XY 염색체를 가진 배아는 수컷으로, XX 염색체를 가진 배아는 암컷으로 발생한다(**그림 31.3**).

31.2 척추동물 유성생식의 진화

- 대부분의 어류와 많은 양서류의 수정은 **그림 31.6**에서 보여주듯이 체외에서 일어나지만, 대부분의 척추동물에서는 교미라는 과정을 통한 체내수정을 한다. 체내수정을 하더라도, 발생은 어미의 몸속이나 바깥에서 일어날 수 있다.
- 조류와 대부분의 파충류는 건조해지는 것을 막기 위해 방수형 알을 낳는다(**그림 31.9**).

사람의 생식기관

31.3 남성

- 정자는 정소에서 생산된다(**그림 31.11**). 정소는 강하게 꼬인 관으로 구성된 수많은 세정관을 가지는데, 여기서 정자형성과정의 과정으로 정자가 생산된다(**그림 31.12**). 정자는 점차 발달하고 감수분열을 수행하면서, 세정관의 내강으로 이동하며, 결국 내강을 통과하여 부정소로 들어간다. 정자는 부정소에서 성숙된 다음, 정관에 저장된다. 성교 동안 정자는 음경(**그림 31.14**)을 통해 여성 속으로 배달된다.

31.4 여성

- 여성 배우자인 알 또는 난자는 난소에서 난모세포가 발달하여 생산된다. 난소는 보부 아래쪽에 위치한다(**그림 31.15**). 한 여성은 약 2백만 개의 난모세포를 가지고 태어나지만, 모두 제1감수분열 단계에 멈춰져 있다. FSH와 LH 호르몬은 일부 난모세포에 대해 제1감수분열을 재개시키지만, 단지 한 개의 난모세포만이 완전히 발달한다.

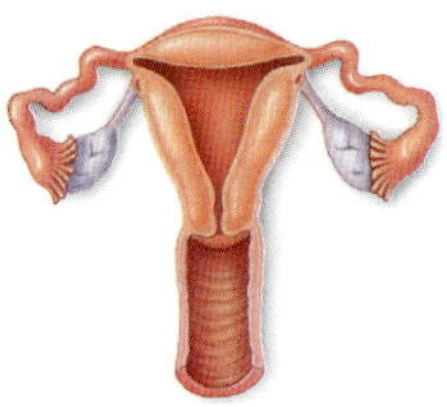

- 난소의 파열이 일어나는 배란의 과정동안 알은 난소로부터 나와서 나팔관으로 들어간다(**그림 31.16**). 질속으로 배출된 정자는 **그림 31.17**의 자궁경부, 자궁을 통해 나팔관 또는 수란관으로 들어가 알에 도달한다. 대개 한 개의 정자만이 알의 세포외 보호층을 뚫어 침투한다. 이 시기에 난모세포는 제2감수분열을 완성하고 수정이 일어난다. 접합자로 불리는 수정란은 수란관을 통해 자궁으로 운반된다. 접합자는 자궁내막에 부착한 후 발생을 완성한다.

31.5 생식주기를 조율하는 호르몬

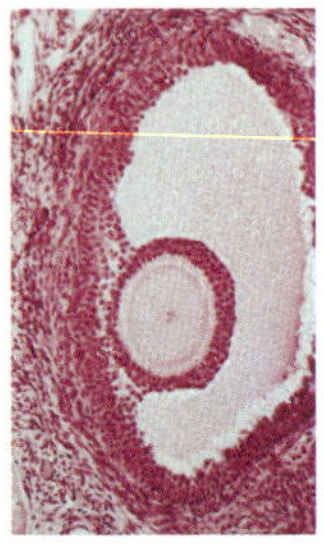

- 월경주기라고 하는 사람의 생식주기는 여포기와 황체기의 두 시기로 구분된다. 여포기는 FSH와 LH의 분비로 개시되는데, 이 두 호르몬은 난소발생을 재개시키고 에스트로겐의 분비를 촉진시킨다. 에스트로겐은 뇌하수체 전엽의 FSH 분비를 멈추게 하는 음성 피드백 신호로 작동한다. 황체기는 배란을 유도하고 황체를 형성시키는 LH 분비파동과 함께 시작된다(**그림 31.18**). 황체는 프로게스테론의 분비를 시작하는데, 프로게스테론은 접합자의 착상을 위해 자궁을 준비시킨다(**그림 31.19**).
- 접합자가 자궁의 내막에 착상하게 되면, 배아로부터 분비되는 사람융모성생식소자극호르몬(hCG)으로 인해 에스트로겐과 프로게스테론은 높은 농도를 유지한다. 자궁의 상태는 유지되며, 더 이상의 난자성숙은 일어나지 않는다.
- 수정이 일어나지 않으면, 에스트로겐과 프로게스테론의 농도는 떨어지며, 자궁내막의 바깥층이 허물어져 월경을 하게 되고, 새로운 주기가 시작된다.

발생의 여정

31.6 배발생

- 척추동물의 배발생은 3단계로 나뉜다. 난할이라 불리는 첫 번째 단계에는 수백 번의 세포분열을 수행하여 최종적으로 속이 빈 세포로 둘러싸인 공 모양인 포배를 형성한다(**표 31.1**). 두 번째 단계는 낭배로서, 세포의 조율된 운동이 일어나고, 내배엽, 외배엽, 중배엽의 세 배엽층이 형성된다. 세 번째 단계인 신경배 동안에는 척삭과 신경관이 형성된다.

31.7 태아의 발생

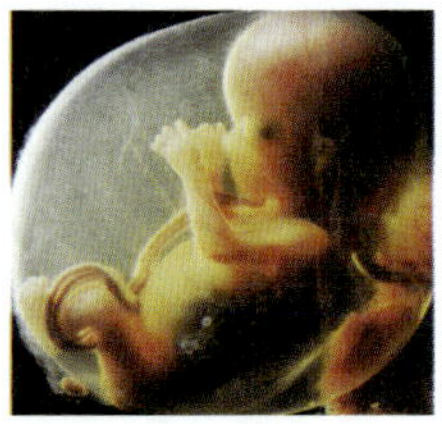

- 기관들이 4주차부터 만들어지기 시작하며, 둘째 달이 끝날 시기에는 배아는 뚜렷한 사람의 모습을 갖춘다. 셋째 달이 끝날 시기에는 뇌와 허파를 제외한 모든 주요 장기들이 발달한다(**그림 31.20**).
- 두 번째 및 세 번째 3개월의 기간 동안 태아는 영양분을 태반을 통해 공급받으면서 엄청난 성장이 일어난다(**그림 31.21**).
- 출산 동안, 태아와 태반은 자궁으로부터 밀려나온다(**그림 31.22**). 호르

몬은 신생아에게 젖을 먹일 수 있도록 산모의 젖 생산을 촉진시킨다. 출생 후에도 아기의 뇌는 계속 발달한다.

출산조절과 성병

31.8 피임과 성병

- 다양한 피임 방법이 존재하며, 원리적으로는 난자성숙의 억제, 배아 착상의 억제, 정자접근의 봉쇄 및 정자 파괴의 기작이 사용된다.
- 성병(STD)은 성적 접촉을 통해 전파된다. AIDS는 치명적인 STD이다. 다른 STD는 AIDS보다는 덜 치명적일 수 있으나, 특히 방치하면 매우 위험해진다.

이해력 확인 문제

1. 만약 자손이 서로 간 또는 부모와 유전적으로 동일하지 않다면, 그 생물체는 다음 중 어떤 방식으로 생식을 하는가?
   a. 분열
   c. 출아
   b. 유성생식
   d. 모두 옳음

2. 포유동물에서 배아의 생식소는 어떤 경우에 난소로 분화하는가?
   a. *SRY* 유전자가 발현될 때
   b. 성 염색체가 모두 X일 때
   c. 성 염색체가 X와 Y일 때
   d. 처음 40일 동안

3. 개의 배발생은 다음 어떤 예가 되겠는가?
   a. 태생
   b. 난태생
   c. 난생
   d. 단성생식

4. 남성의 정자형성과정의 온도 조절은 무엇의 위치에 따라 조절되는가?
   a. 세정관
   b. 부정소
   c. 정관
   d. 음낭

5. 여성에서 난소 발달을 위해서는 어떤 호르몬이 요구되는가?
   a. 에스트로겐과 테스토스테론
   b. FSH와 LH
   c. 프로게스테론과 테스토스테론
   d. 옥시토신과 프로락틴

6. 수정이 일어나면, 자궁내막은 무엇에 의해 유지되는가?
   a. hCG를 분비하는 배아
   b. 프로게스테론 농도의 감소
   c. GnRH를 분비하는 시상하부
   d. FSH의 증가된 농도

7. 사람의 배아는 어떤 발생 시기에 세 가지 간세포 층을 형성하는가?
   a. 상실배를 형성할 때
   b. 신경관형성이 완료될 때
   c. 포배를 형성할 때
   d. 낭배형성이 완료될 때

8. 사람의 배발생 과정에서, 처음으로 만들어지기 시작하는 조직은 무엇인가?
   a. 골격
   b. 근육
   c. 신경
   d. 소화관

9. 출산동안 자궁의 수축은 어떤 호르몬이 촉진하는가?
   a. 에스트로겐
   b. 프로락틴
   c. 옥시토신
   d. 프로게스테론

10. 다음 중 피임의 방식이 아닌 기작은 무엇인가?
   a. 난자의 파괴
   b. 난자성숙의 억제
   c. 정자 봉쇄
   d. 배아 착상의 억제

응용력 확인 문제

1. **그림 31.6** 여러분은 왜 많은 양서류와 어류는 체외수정을 하지만, 도마뱀류, 조류 및 포유동물은 그렇게 하지 않는다고 생각하는가?

2. **그림 31.17*a*** 접합자는 간혹 자궁이 아닌 나팔관에서 착상한다. 이런 현상을 자궁외 임신(ectopic pregnancy; ectopic은 "장소 바깥의"이란 뜻이다)이라고 한다. 자궁외 임신은 반드시 중단시켜야 하는데, 산모를 위험에 빠뜨리고, 태아는 살 수 없기 때문이다. 왜 산모가 위험해지고, 태아는 살 수 없는지를 설명하시오.

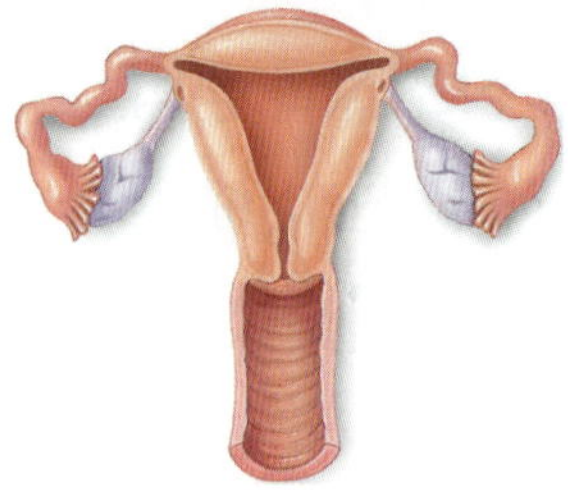

종합 학습

1. 왜 단성생식 자손의 부모는 언제나 암컷인가?
2. 남성은 정자를 평생 생산하는 반면, 여성은 성적 발달의 한 시기에만 모든 난자를 생산한다. 신생아가 가지는 대부분의 유전자 돌연변이는 부로부터 유래하였을 것으로 생각하는지, 아니면 양 부모가 비슷하게 돌연변이를 물려줄지 여러분은 어떻게 생각하는가? 그 이유를 설명하시오.
3. 딸이 나에게 가장 믿을 수 있는 피임 방법은 아기 돌봄이라고 말하였다. 딸이 말한 의미를 설명하시오.
4. 난생은 동물계에서 가장 흔하다. 곤충류, 어류, 양서류, 파충류에서는 일반적이며, 모든 조류는 난생을 한다. 포유동물 중에서도 가장 원시적인 가시두더지와 오리너구리는 난생을 한다. 그렇지만, 더 진화한 모든 포유동물(유대류와 태반포유류)은 태생을 한다. 여러분은 무엇 때문에 생식 전략에서 이런 중대한 변동이 일어났다고 생각하는가?

32 식물의 진화

학습단원

식물은 녹조류의 자손으로 생각된다. 식물은 4억 5천500만 년 전 균류와 공조하여 육지에 상륙하게 되었는데, 가장 오래된 식물은 균류와의 공생관계를 보여준다. 식물이 육상환경에 접하게 되는 많은 어려움 중의 하나는 한 지점에 뿌리를 내렸을 때 자신의 배우자를 찾는 일이다. 대부분의 초기 육상식물들이 선택한 해법은 수 그루의 배우자체인 꽃가루를 바람과 함께 날려 보내는 것으로 바람에 의해 화분이 가까이에 있는 암 그루에 도착하게 하는 방법이다. 이와 같은 방법은 가까이에 같은 종의 개체들이 빽빽하게 서식하고 있는 경우 아주 효과적인 방법이 된다. 여기 있는 거대한 삼나무 역시 육지에 서식하는 가장 큰 식물 중의 하나로 많은 개체가 밀집해서 자라고 바람에 의해 수분이 이루어진다. 그럼에도 불구하고, 또 다른 대안이 더 효과적인 방법으로 입증되었다. 식물들은 곤충들을 유혹하는 방법으로 꽃을 진화시켰다. 곤충들이 꿀을 얻기 위해 꽃을 찾아올 때 이들의 몸에 꽃가루가 묻게 된다. 더 많은 꿀을 얻기 위해 다른 꽃을 방문하게 되면 이 꽃가루 일부를 떨어뜨리게 되고 그 꽃을 수정시키게 된다. 이 두 식물이 아무리 멀리 떨어져 있더라도 결국 곤충들이 이 식물을 찾아 수정이 될 것이다. 이 장에서는 식물이 육지에 올라오면서 직면하게 되는 이와 같은 문제 외에도, 다양한 진화적 도전에 대해 배우게 될 것이다.

32.1 육상생활에 적응

그림 32.1 식물은 육지의 우점 생물이다

식물은 놀라울 정도로 다양하며 생물환경의 핵심적인 구성 요소이다. 예를 들어, 식물에 의해 이루어지는 광합성을 통해 대기 중에 산소를 공급하며, 식물은 인간과 다른 생물들에게 주요한 먹을거리를 제공하며(직 · 간접적으로), 또 인간에게 목재, 섬유, 종이와 다양한 식용이외의 산물을 제공해준다.

식물은 복잡한 다세포생물로 육상 **독립영양생물(autotrophs)**이라 하고, 이들의 거의 완전히 육상 환경에만 서식하며 광합성에 의해 살아간다. *autotroph*란 용어는 그리스어에서 왔는데 *autos*는 '스스로', *trophos*는 '먹고 살아가는 생물'이란 뜻이다. 오늘날, 식물은 지구 표면에 우점하는 생물로 자리매김하고 있다(**그림 32.1**). 약 30만 종이 존재하며, 거의 모든 육상 경관을 점유하고 있다. 이 장에서는 어떻게 식물이 육상에서 삶을 영위하게 되었는지 그 방법을 알아보고자 한다.

아마도 현존 식물들의 조상으로 여겨지는 녹조류는 수생생물로 육상에서 살기에는 적합한 형태가 아니다. 이들의 자손들이 육상에서 살 수 있기 이전에 많은 환경적인 도전을 극복해야만 했었다. 예를 들어, 이들은 암석의 표면으로부터 무기물을 흡수해야만 했다. 물을 저장할 수 있는 방법을 찾아야만 했다. 그들은 육상에서 생식하는 방법을 개발해내야 했다.

무기물의 흡수

식물은 비교적 양이 많은 6가지의 무기물인 질소, 칼륨, 칼슘, 인, 마그네슘, 황을 필요로 한다. 이 무기물 각각은 식물체 건 중량의 1% 혹은 그 이상을 차지한다. 조류는 이 무기물을 물로부터 흡수하지만, 육상식물은 어디에서 이것들을 흡수할 수 있을까? 토양이다. 토양은 풍화된 지각의 바깥층이다. 이것은 모래, 바위, 점토, 침적토, 부식토(부분적으로 부식된 유기물) 그리고 다양한 형태의 무기물과 유기물 등이 섞여 있는 복합체다. 토양 또한 유기사체를 잘 부수고 재사용하는 미생물로 가득하다. 식물은 이와 같은 물질들을 물과 함께 뿌리(제33장에서 설명)를 통해 흡수한다. 대부분의 뿌리는 표토에 위치하며, 이 표토는 무기물 입자, 살아 있는 생명체 그리고 부식토가 섞여 있다. 풍화작용을 통해 표토가 소실되면 토양은 물과 영양분을 간직하는 능력을 잃는다.

최초의 육상식물은 균류와 특별한 관계를 유지하는 능력을 갖게 되었을 것이고, 이것이 그들이 육상의 환경에서 무기물을 흡수할 수 있는 능력의 핵심적 요소였다. 쿡소니아(*Cooksonia*, **그림 32.6** 참조)와 리니아(*Rhynia*)와 같은 초기 화석식물의 뿌리나 지하경에서 이들을 구성하는 세포 안이나 사이에서 균류가 이들과 긴밀하게 연관되어 공존한 것으로 보인다. 제18장을 생각해보면, 이와 같은 공생관계를 **균근(mycorrhizae)**이라 한다. 균근과 함께 식물에서 균류는 식물이 인산이나 다양한 영양분을 암석토로부터 흡수할 수 있게 하고 식물은 균류에게 유기물을 공급해준다.

물의 보존

육지에서 살아가기 위한 핵심적인 도전 중의 하나는 건조를 막는

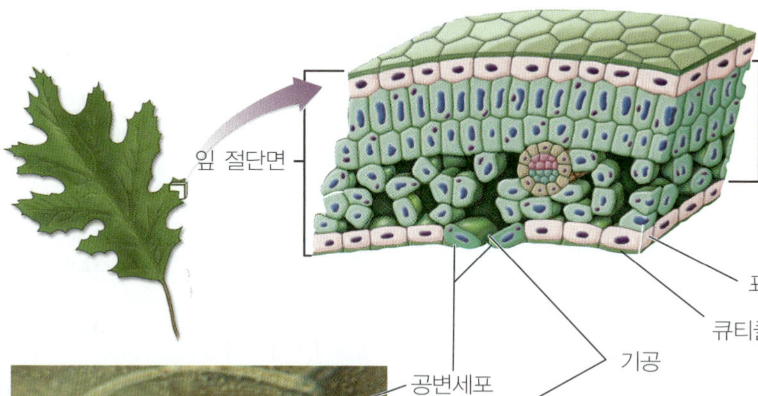

그림 32.2 기공

기공은 잎의 표피를 덮고 있는 큐티클에 나있는 통로이다(×400). 기공을 통해 물과 산소가 대기 중으로 배출되며, 동일한 문을 통해 이산화탄소가 식물체 안으로 들어오게 된다. 기공의 측면 세포를 공변세포라고 하며, 이들이 기공의 개폐를 조절한다.

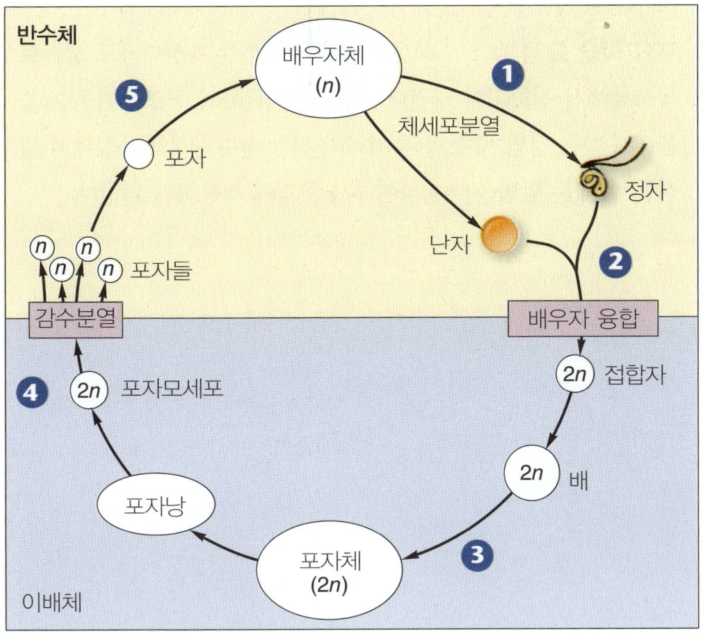

그림 32.3 일반적인 식물의 생활사

식물은 생활사를 통해 2배체와 반수체 세대가 번갈아 나타난다. 배우자체는 반수체(n)로 2배체($2n$)인 포자체와 교대로 나타난다. ❶ 배우자체는 체세포분열을 통해 정자와 난자를 생산한다. ❷ 정자와 난자는 결국 결합하여 포자체 세대의 최초 2배체 세포인 접합자가 된다. ❸ 접합자는 세포분열을 통해 결국 포자체를 형성하게 된다. ❹ 감수분열은 포자체에서 포자를 만들어내는 포자낭에서 일어나며, 만들어진 포자는 반수체로 ❺ 배우자체세대의 첫 번째 세포가 된다.

것이다. 이와 같은 문제를 해결하기 위해 식물은 방수역할을 하는 **큐티클(cuticle)**이라고 하는 덮개를 갖고 있다. 이 덮개는 물이 침투할 수 없도록 왁스칠이 되어 있다. 광택이 나는 차의 왁스처럼 큐티클층은 줄기와 잎에서 물이 들어오고 나가는 것을 막는다. 식물에 있어 물은 뿌리를 통해서만 들어올 수 있고, 큐티클은 물이 공기 중으로 소실되는 것을 막게 된다. 큐티클에는 통로가 존재하는데, 잎이나 일부 줄기의 녹색부분에서 특수화된 구멍 형태인 **기공(stomata**, 단수 **stoma)**이 그것이다. **그림 32.2**는 잎 아래면의 기공을 보여주고 있다. 잘라놓은 단면을 통해 잎에서 다른 세포에 대한 기공의 위치를 보여주고 있다. 단면 모식도는 잎에서 다른 세포와의 관계에서 기공의 상대적 위치를 보여준다. 선태류를 제외하고 모든 식물의 최소한 특정부위에 존재하는 기공은 이산화탄소가 광합성을 위해 식물체 안으로 들어가는(확산) 통로가 되며, 물과 산소를 방출해내는 통로가 된다. 기공을 감싸고 있는 두 개의 공변세포는 삼투현상에 의해 물이 세포 안으로 들어오고 나가는 과정을 통해 부풀거나(기공이 열림) 수축(기공이 닫힘)이 된다. 기공의 확장과 수축을 통해 잎으로부터 수분의 손실을 조절하며 이산화탄소가 들어올 수 있게 한다(**그림 33.13** 참조). 대부분의 식물에 있어 수분은 뿌리를 통해 액체 상태로 흡수되어 잎 뒷면의 기공을 통해 수증기 상태로 방출된다. 식물체에서 물이 어떻게 이동하는지는 33.6절에서 더 상세히 다루겠다.

육상에서의 생식

육상에서 유성생식을 하기 위해서는 한 개체에서 다른 개체로 배우자를 전달해야만 하는데, 이동할 수 없는 식물로서는 어려운 일이다. 최초의 식물에 있어 난자는 일련의 세포주머니로 둘러싸여 있었고, 정자가 난자에 까지 헤엄쳐가 수정시키기 위해서는 수막(water film)이 필요하였다. 이후, 식물들에 있어서는 꽃가루가 진화되어 마르지 않고 배우자를 이송하는 수단이 되었다. 꽃가루는 건조에 견딜 수 있으며 식물이 바람과 곤충에 의해 배우자를 이동시킬 수 있게 하였다.

생활사의 변화 대부분의 조류에 있어 반수체가 생활사의 대부분을 차지한다(17.2절 참조). 배우자의 수정을 통해 만들어진 접합자만이 2배체이며, 이마저 곧바로 감수분열을 거쳐 또다시 반수체로 돌아간다. 반면, 초기의 육상식물에 있어서는 이 감수분열 기간이 지연되고 접합자 세포는 분열하여 다세포의 2배체 구조를 만든다. 그래서 생활사의 상당한 기간 동안 2배체로 남게 된다. 이와 같은 변화를 **세대교번(alternation of generation)**, 2배체 세대와 반수체 세대가 교대로 나타나게 된다. **그림 32.3**은 세대교번을 나타내는 생활사를 보여준다. 식물학자들은 반수체세대(노란색 박스 부분)를 **배우자체(gametophyte)**라고 부르는데 이는 배우자체로부터 체세포분열을 통해 배우자가 만들어지기 때문이다❶. 2배체 세대(파란색 박스 부분)를 **포자체(sporophyte)**라고 하는데, 이로부터 감수분열을 통해 반수체 포자가 만들어지기 때문이다❹.

우산이끼류와 이끼류처럼 원시적인 육상식물을 보면, 대부분 아래 사진의 녹색의 엽상구조인 배우자체 조직이고, 포자체는 사진에는 보이지 않지만 더 작은 갈색 구조물로 더 큰 배우자체 조직에 붙어 있거나 감싸여 있다.

이후 진화한 소나무와 같은 식물을 보면 대부분이 포자체 조

자유생활을 하는 이끼는 배우자체

직이다. 이와 같은 식물의 배우자체는 항상 포자체보다 더 작고 종종 포자체 조직 안에 감싸여 있다. 아래 사진은 소나무의 웅성 배우자체(꽃가루)를 보여준다. 이들은 광합성을 하지 않는 세포들로 그들이 항상 감싸져 있는 포자체 조직에 기생한다.

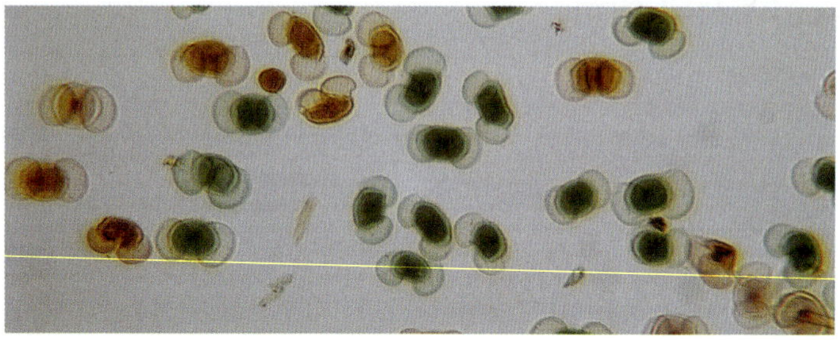

소나무의 웅성배우자체

주요 학습 요점 32.1 **식물은 광합성을 하는 육상다세포 생물로 녹조류에서 진화되어 나왔다. 식물들은 균류와 공조하여 무기물을 흡수하는 방법, 수분을 유지하기 위한 방수덮개와 육상에서 생식할 수 있는 방법을 계발하여 육상환경에 적응하게 되었다.**

32.2 식물의 진화

식물이 육상에 정착하게 되면서 이 새롭고 힘든 환경에서 진화적으로 성공할 수 있도록 하는 다양한 특징들을 식물들이 점진적으로 발달시켜왔다. 예를 들어, 최초의 식물들에서는 지상부와 지하부 사이에는 기본적인 차이가 없었다. 이후, 분화된 구조를 갖는 뿌리와 줄기가 진화되었고, 이것들은 이들이 서식하는 독특한 지상과 지하 환경에 적합하게 되었다. 분화된 *유관속 조직*(vascular tissue)의 진화는 식물들이 더 크게 자랄 수 있게 만들어 주었다. 예를 들어, 더 원시적인 유형의 이끼류와 더 최근에 진화한 목본류의 크기와 성장과정을 비교해 보면 알 수 있다.

식물의 다양성을 관찰하면서 오늘날 볼 수 있는 매우 다양한 식물들을 진화시켜 온 핵심적인 진화적 혁신을 조사해 볼 수 있다. **표 32.1**은 주요 식물의 목과 이들의 특징을 보여준다. 다른 흥미 있고 중요한 변화가 있었지만, 이 장에서 이야기하는 핵심적인 4가지 혁신이 식물계가 보여주는 진화적 경향의 주요사항이다. 이들 혁신에 의해 **그림 32.4**에서 보여주는 것 같이 식물의 주요 군이 진화되었다.

4가지 핵심적인 진화적 혁신이 식물계의 진화를 추적할 수 있게 한다:

1. **세대교번** 비록 조류에서도 반수체와 2배체 세대가 나타나지만 전체 생활사를 비교할 때 2배체 세대는 중요한 부분을 차지하지 못한다. 반면, 초기 육상식물(**그림 32.4**에서 비유관속식물은 첫 번째 수직 막대기에 해당함)조차도 2배체 포자체는 더 큰 구조로 난자와 발생중인 배를 보호해

그림 32.4 식물의 진화

주고 있다. 크기나 전체 생활사 중 차지하는 시간에 대해 포자체 우세는 식물의 진화 역사를 통해 더 커지게 된다.

2. **유관속 조직** 두 번째 핵심적 혁신은 유관속 조직의 출현이었다. 유관속 조직은 식물체를 통해 물과 영양분을 공급하며 식물체를 구조적으로 지지한다. 유관속의 진화와 함께 식물은 토양으로부터 흡수한 수분을 식물체의 지상부에 공급할 수 있었으며, 일부 식물체가 견고하게 되었고, 더 크게 자라고 더 건조한 지역에서도 자랄 수 있도록 하였다. 첫 번째 유관속식물은 비종자식물로 **그림 32.4**의 두 번째 수직 막대에 위치한다.

표 32.1 식물문

문	대표적인 예	주요 특징	종 수
비유관속 식물			
Hepaticophyta(liverworts)	*Marchania* 	진정한 유관속이 없고; 진정한 뿌리와 잎이 없다; 습기가 있는 곳에 서식하며; 삼투와 확산에 의해 물과 영양분을 얻는다; 수정을 위해 물이 필요하며 생활사에서 배우자체 세대가 우세하고; 과거에는 3개의 문이 하나로 묶여지기도 했다.	15,600
각태류(hornworts)	*Anthoceros*		
선류(moss)	*Polytrichum, Sphagum*		
비종자 유관속식물			
석송류(lycopods)	*Lycopodium* 	비종자 유관속식물; 겉으로 보기에는 선태식물과 유사하나 2배체; 수정을 위해 물이 필요함; 생활사 중 포자체 세대가 우세함; 습기가 있는 숲에 서식	1,150
고사리류(ferns)	*Azolla, Sphaeropteris* *Equisetum* *Psilotum* 	비종자 유관속식물; 수정을 위해 물이 필요함; 생활사 중 포자체 세대의 형태가 다양하며 우세	11,000
종자식물			
송백류(conifers)	소나무, 가문비나무, 전나무, 미국삼나무, 삼나무 	겉씨식물; 풍매화이며; 수분시 배주가 부분적으로 열림; 꽃이 없고; 바람에 의해 종자산포; 정자는 편모가 없다; 생활사를 통해 포자체 우세; 잎은 피침형 혹은 비늘 모양; 대부분 상록성이며 밀집해서 서식; 지구상에서 가장 흔한 나무류임	601
소철류(cycards)	소철, 사고야자 	겉씨식물; 풍매화 혹은 아마도 충매화; 천천히 자라고, 야자수 같은 나무; 정자는 편모를 갖고; 나무는 수 그루 이거나 암그루; 생활사에서 포자체 세대가 우세	206
매마등류(shrub teas)	몰몬차, 벨비치아 	겉씨식물; 비운동성 정자; 관목/덩굴설; 풍매화/가능한 충매화; 수 그루 혹은 암그루 생활사에서 포자체세대 우세	65
은행류(ginkgo)	은행나무 	겉씨식물; 부채 모양의 잎이 겨울에 떨어짐(낙엽성); 종자는 육질로 나쁜 냄새가 남; 정자는 운동성이 있음; 암그루와 수 그루가 있음; 생활사에서 포자체세대가 우세	1
속씨식물류	참나무, 옥수수, 밀, 장미 	꽃이 피고; 풍매화, 충매화 그리고 물에 의해 수정; 배주가 심피에 의해 완전히 싸이는 특징; 수정에는 2개의 정핵이 관여하며; 하나는 배를 형성하는데; 또 하나는 극핵과 만나 종자를 위해 배젖을 형성; 수정 후 심피와 수정된 배주(종자)가 합쳐 과실이 되고; 생활사에서 포자체 세대가 우세	250,000

3. **종자** 종자의 진화(32.6절 참조)는 식물이 육지 환경에 우점할 수 있게 해준 핵심적 혁신이었다. 종자는 영양분을 공급해 주고 딱딱하고 견고한 껍질로 성장 조건이 좋은 시기를 우연히 만날 때까지 배를 보호해 준다. 종자를 갖는 최초의 식물은 겉씨식물로 **그림 32.4**에서 세 번째 수직 막대에 위치한다.
4. **꽃과 과실** 꽃과 과실의 진화는 움직이지 못하는 생물이 성공적으로 생식할 수 있는 기회를 증가시키고, 그들의 종자를 산포하는 데 이용할 수 있게 한 핵심적 혁신이었다. 꽃은 난자를 보호하기도 하고 수정을 향상시키며 상당히 떨어져 있는 개체 간에 생식이 가능하도록 해 주었다. 종자를 감싸고 있는 과실은 종자의 산포를 도우며, 식물종이 새롭고 더 좋은 환경에 정착할 수 있게 해 주었다. **그림 32.4**의 네 번째 수직 막대기에 있는 속씨식물 만이 꽃과 과실을 만들어낸다.

주요 학습 요점 32.2 **식물은 담수의 녹조류에서 진화되어 나왔으며, 결국 생활사에서 더 우세한 2배체 세대와 유관속 조직의 수송 시스템, 배를 보호하는 종자, 수정과 종자 산포에 도움이 되는 꽃과 과실을 만들어냈다.**

비종자 식물

32.3 비유관속식물

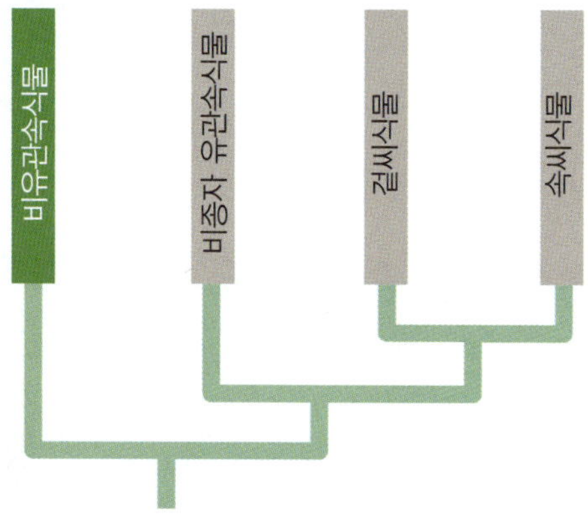

태류와 각태류

최초의 성공적인 육상식물은 관속계가 없었다. 식물체를 통해 물과 영양분을 수송할 어떤 관이나 파이프도 없었다. 모든 물질은 삼투와 확산에 의해서만 수송해야 되기 때문에 관속이 없다는 것은 식물체의 최대크기를 크게 제한하였다(제4장 참조). 하지만 이와 같은 아주 단순한 식물이 다양한 육상환경에 매우 잘 적응하고 있다. 현존 식물 중 오직 2개의 문인 **태류(liverwort**; phylum Hepaticophyta)와 **각태류(hornworts**; phylum Anthocerophyta)만이 완전히 유관속이 없다. *wort*란 의미는 이 식물이 이름 붙여질 당시인 중세 앵글로색슨시대에 *초본*(herb)이란 뜻이다. 태류는 모든 살아 있는 식물 중 가장 단순한 식물이다. 오늘날 6,000여 종의 태류와 100여 종의 각태류가 살고 있으며, 주로 습한 지역과 그늘진 곳에 서식하고 있다.

원시적 관속계: 선류

또 다른 문인 **선류(moss)**는 배우자체의 줄기 위로 물과 탄수화물을 수송하는 일련의 특수화된 세포를 진화시킨 최초의 식물이었다. 이 수송세포는 분화된 두꺼운 세포벽이 없고, 대신 유연한 관과 같으며 물을 매우 높은데까지 소송할 수 없다. 이 수송세포는 최소한 원시적 유관속이라고 보고 있기 때문에, 식물학자들은 태류와 각태류를 선류와 함께 "비유관속" 식물로 묶는다. 오늘날 약 9,500여 종의 선류가 전 세계적으로 습한 지역에 서식하고 있다. 북극과 남극에서 선류가 가장 다양한 식물이다. "피트모스"(*Sphagnum* 속)는 연료나 토양 개선제로 사용된다. 이끼인 *Physcomitrella patens*는 2006년에 유전체의 염기서열이 밝혀졌으며 다양한 유전연구에 이용되고 있다. **그림 32.5**에서 대부분 선류의 생활사는 반수체의 배우자체 세대(녹색 부분)로 구성되어 있으며 수 개체 혹은 암 개체로 존재한다. 2배체 포자체(부풀어진 머리를 갖는 갈색 자루)는 난자가 수정되고 나면 암 개체의 배우자체에서 자라나온다❸. 포자체에서 세포들이 감수분열을 통해 반수체의 포자❹를 만들고 그것이 배우자체❺로 자란다.

주요 학습 요점 32.3 **태류와 각태류는 완전히 유관속계가 없지만, 선류는 단순하고 부드러운 수송세포 가닥을 갖고 있다.**

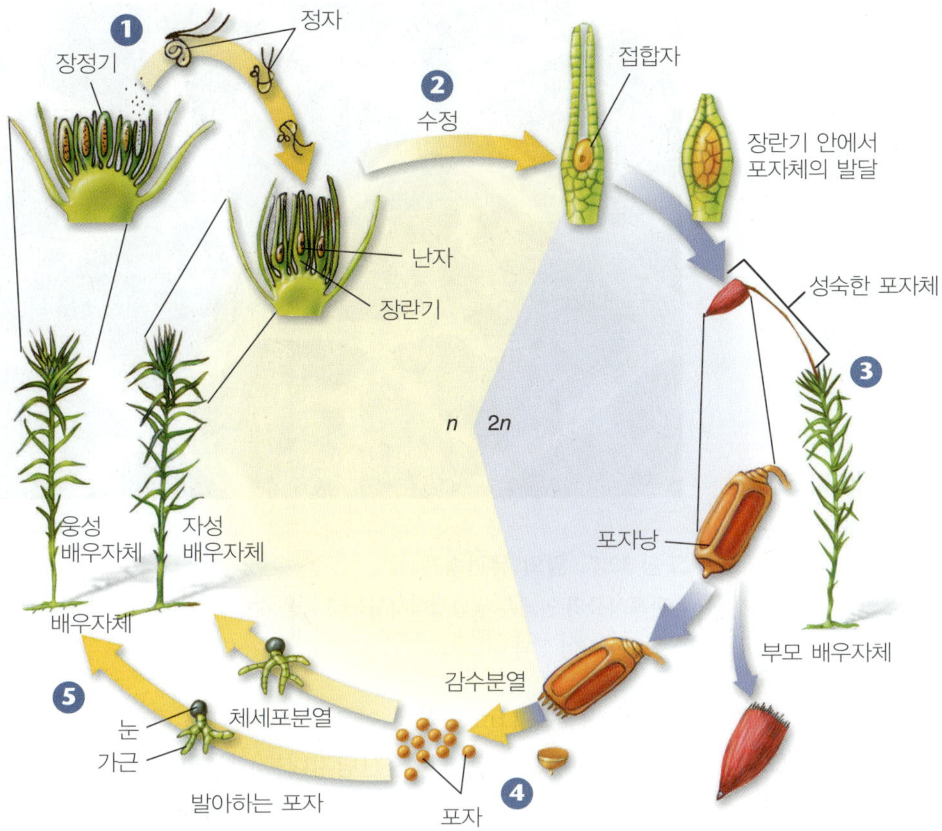

솔이끼, *Polytrichum*속

그림 32.5 선류의 생활사

반수체 배우자체에서 정자는 각각의 장정기(정자방출 구조)에서 만들어진다①. 그러고 나서 물속에서 헤엄쳐서 장난기(난자를 만드는 구조)로 이동하여 이곳의 목을 타고 내려가 난자와 만나게 된다. 거기서 수정이 일어나고②, 그 결과 접합자가 분화되어 이배체의 포자체가 된다. 포자체는 장난기에서 자라나 줄기 끝에 포자낭을 형성한다③. 포자체는 배우자체에서 자라나, 사진에서 보는 것처럼, 결국 감수분열결과 포자를 생산해내게 된다. 포자는 포자낭으로부터 방출된다④. 포자가 발아되어 배우자체가 된다⑤.

32.4 유관속 조직의 진화

식물에 있어 나머지 7개의 문은 잘 분화된 세포로 이루어진 효율적인 유관속 조직을 갖고 있기 때문에 **유관속식물(vascular plant)**이라 한다. 최초의 유관속식물은 약 4억 3천만 년 전에 나타났으나 단지 불완전한 화석형태로 남아 있다. 비교적 완전한 화석으로 존재하는 현존하는 최초의 유관속식물은 명종한 Rhyniophyta문으로 4억 1천만 년 전에 살았다. 이들 중 가장 오래된 유관속식물은 쿡소니아(*Cooksonia*)이다. **그림 32.6**의 화석에서 명확히 보이듯, 식물은 가지를 치고 있고 잎이 없는 줄기의 끝에 포자를 만드는 포자낭으로 부르는 구조를 보여준다.

쿡소니아와 이후에 나타나는 초기의 식물들은 **유관속조직(vascular tissue**, 라틴어로 *vasculum*은 '도관' 의미)이라는 물과 영양물질을 효율적으로 수송하는 시스템을 분화시켜 육상환경에서 성공적으로 정착하게 되었다. 이 조직은 제33장에서 상

그림 32.6 최초의 유관속식물

완전한 화석을 갖고 있는 최초의 유관속식물인 쿡소니아이다. 이 화석을 통해 4억 1천만 년 전에 이 식물이 살았음을 알 수 있었고, 직립한 줄기 끝에 포자를 만들어내는 포자낭이 있다.

세히 설명했지만, 분화된 관상 혹은 길쭉한 세포들로 식물체 전체에 네트워크처럼 연결되어 뿌리 끝에서, 줄기를 통해 잎(**그림 32.7**)까지 분포하고 있다. 유관속 조직의 한 종류로 *물관*(xylem)이 있는데 물과 무기물을 뿌리에서 위로 수송하며, 다른 한 종류는 *체관*(phloem)으로 탄수화물을 식물체 전체에 수송한다. 큐티클과 기종도 역시 유관속식물에만 존재하는 특징이다.

대부분의 초기 유관속식물들은 줄기와 뿌리 끝에서의 세포분열을 통해 성장한 것으로 여겨진다. 쌓여 있는 접시를 상상해 보면, 쌓이는 높이는 늘어나지만 둘레는 커지지 않는다. 이와 같은 성장을 **일차 생장(primary growth)**이라 하며 매우 성공적이었다. 대부분의 화석 연료가 만들어진 시기인 소위 석탄기(3억 5천~2억 9천만 년 전)의 유럽과 북미 저지대는 모두 늪지대로 석송류라고 하는 초기 형태의 비종자 교목이 우세하였다. 석송류는 10~35m에 달하지만, 가지는 완전히 자란 후에나 가지를 친다. 세계의 기후가 변했고 더 건조해지고 추워져서 진화의 속도는 빨라졌다. 지표의 습지는 점점 사라져 석송류가 사라졌으며, 화석 기록으로부터 갑자기 사라졌다. 이들은 나무크기의 고사리로 대체되었다. 이와 같은 유관속식물에 대해서는 32.5절에서 더 상세히 다루도록 하겠다. 나무고사리는 20m 이상 자라며 지름은 30cm 정도이다. 석송류와 마찬가지로 나무고사리 역시 전적으로 일차 생장에 의존한다.

약 3억 8천만 년 전, 유관속식물은 새로운 유형의 성장을 하게 되었는데, 수피 아래 일련의 세포가 분열하여 식물체 둘레로 새로운 세포를 만들게 되었으며 이와 같은 생장을 **이차 생장(secondary growth)**이라 한다. 이차 생장을 통해 식물체는 횡적으로 부피 자람을 할 수 있게 되어 줄기가 굵어졌고 그래서 높이 자랄 수 있게 되었다. 오늘날 세콰이어 나무는 117m까지 자라며 지름은 11m 이상에 이른다. 이와 같은 진화적 성장 덕분에 북미를 덮고 있는 키 큰 산림지대를 가능하게 하였다. 우리는 식물의 이차 생장을 통해 만들어진 **목재(wood)**에 익숙하다. 목재를 잘랐을 때 보이는 나이테는 이차 생장 지역(봄에서 여름까지 생장)과 생장이 멈춘 지역(가을에서 겨울)에 의해 만들어진 간격에 의해 나타난다.

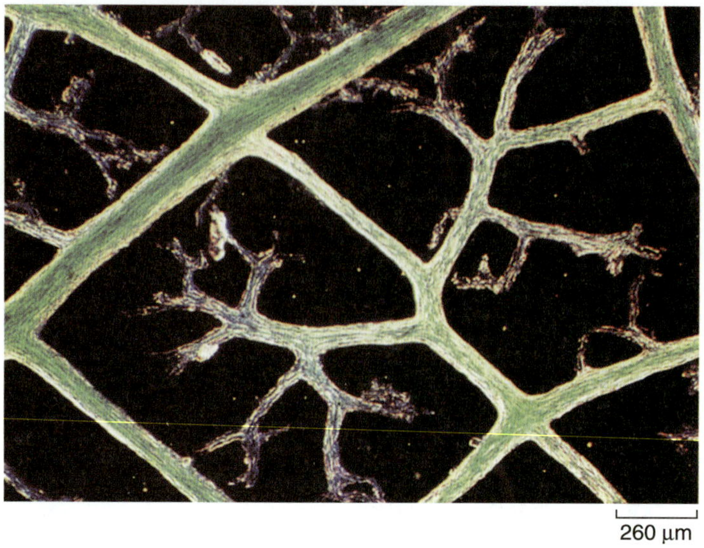

그림 32.7 잎의 유관속계

유관속식물의 엽맥은 광합성대사산물과 물을 수송하기 위한 분화된 세포의 관들로 구성되어 있다.

주요 학습 요점 32.4 유관속식물은 뿌리에서 잎으로 물을 수송하기 위해 빈 관으로 구성된 특수화된 유관속 조직을 갖고 있고, 또 다른 형태의 유관속 조직은 광합성 대사산물을 잎에서 식물의 다른 곳으로 수송하기 위한 관이 존재한다.

32.5 비종자 유관속식물

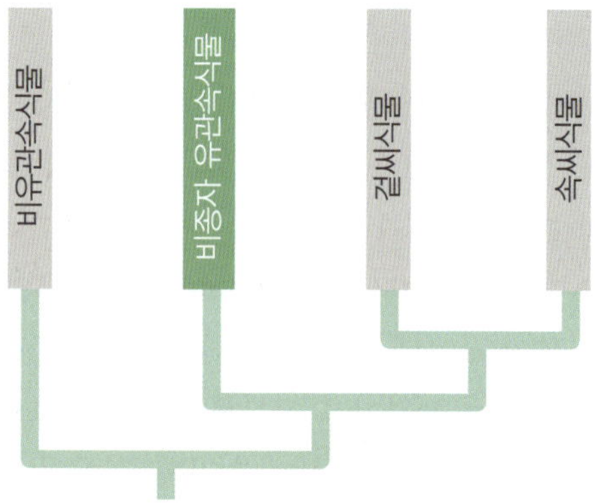

초기 유관속식물은 종자가 없었으며, 오늘날 유관속식물의 7개의 문 중 2개가 종자를 갖고 있지 않다. 현존하는 비종자식물 중의 하나는 고사리류로 고사리문(Pterophyta)이다. 이 문은 **그림 32.8*a*, *b***처럼 숲속의 하층에서 자라는 전형적인 고사리를 포함한다. 이것 역시 솔잎란류(whisk ferns, **그림 32.8*c***), 쇠뜨기류(horsetails, **그림 32.8*d***)를 포함한다. 다른 하나의 문은 석송식물문(Lycophyta)으로 석송(Club moss, **그림 32.8*e***)을 포함한다. 이들 군은 유영하는 정자를 갖고 있으며 수정을 위해 물이 필요하다.

지금까지 가장 널리 분포하는 비종자식물은 **고사리류(ferns)**로 11,000종이 현존한다. 고사리류는 세계적으로 널리 분포하나 열대지방에 가장 많이 분포한다. 대부분 작고 지름이 몇 cm 밖에

그림 32.8 비종자 유관속식물

(*a*) 말레이시아 산림 속 나무고사리(고사리문). 이 고사리는 포자를 생산해내는 유관속식물 중 현재까지 가장 큰 군이다. (*b*) 세콰이어 숲속 하층에 서식하는 고사리들. (*c*) 솔잎란류. 솔잎란류는 잎과 뿌리가 없다. (*d*) 쇠뜨기류, *Equisetum telmateia*. 이 종은 두 종류의 직립경을 갖고 있는데 하나는 녹색으로 광합성을 하며, 다른 하나는 포자를 만들어내는 구과가 줄기 끝에 있는 것으로 옅은 갈색이다. (*e*) 석송인 *Lycopodium lucidium*으로 최근에는 *Huperzia lucidula*로 새롭게 이름 지어졌다. 비록 겉보기에 선류의 배우자체와 유사하나 여기 있는 명확한 석송식물은 포자체이다.

되지 않으나, 어떤 것들은 가장 크게 자라는 식물 중의 하나다. 고대 나무고사리의 후예로서 줄기가 24m이고, 잎이 5m 이상 된다.

고사리의 생활사

고사리에 있어 궁극적으로 종자식물로 진화되기 전에 혁신적인 생화사의 변화가 있었다. 선류와 같은 비유관속식물들은 대부분 배우자체(반수체) 조직으로 구성되어 있다. 고사리류와 같은 비종자유관속식물은 배우자체와 포자체 개체를 둘 다 갖고 있으며 각각 독립적으로 살아간다. 배우자체(**그림 32.9**의 위에 있는 하트 모양의 식물체)는 난자와 정자를 만들어낸다. 정자가 헤엄쳐 난자와 수정하여 접합자가 포자체로 자란다. 포자체는 반수체 포자를 잎 이면의 낭퇴(sori, 단수 sorus)라 부르는 갈색의 포자낭의 집합체에서 만들어 낸다. 포자는 낭퇴로부터 방출되어 바닥에 떠다니다 발아되어 반수체 배우자체로 자란다. 고사리의 배우자체는 작고, 얇으며 하트 모양으로 광합성을 하며 축축한 곳에서 자란다. 고사리의 포자체는 더 크고 복잡하며, **양치엽(frond)**이라고 하는 길고 수직의 잎을 갖고 있다. 고사리를 볼 때, 거의 항상 포자체를 보게 된다.

> 주요 학습 요점 32.5 **고사리는 유관속식물로 종자가 없고 비유관속식물처럼 포자로 번식한다.**

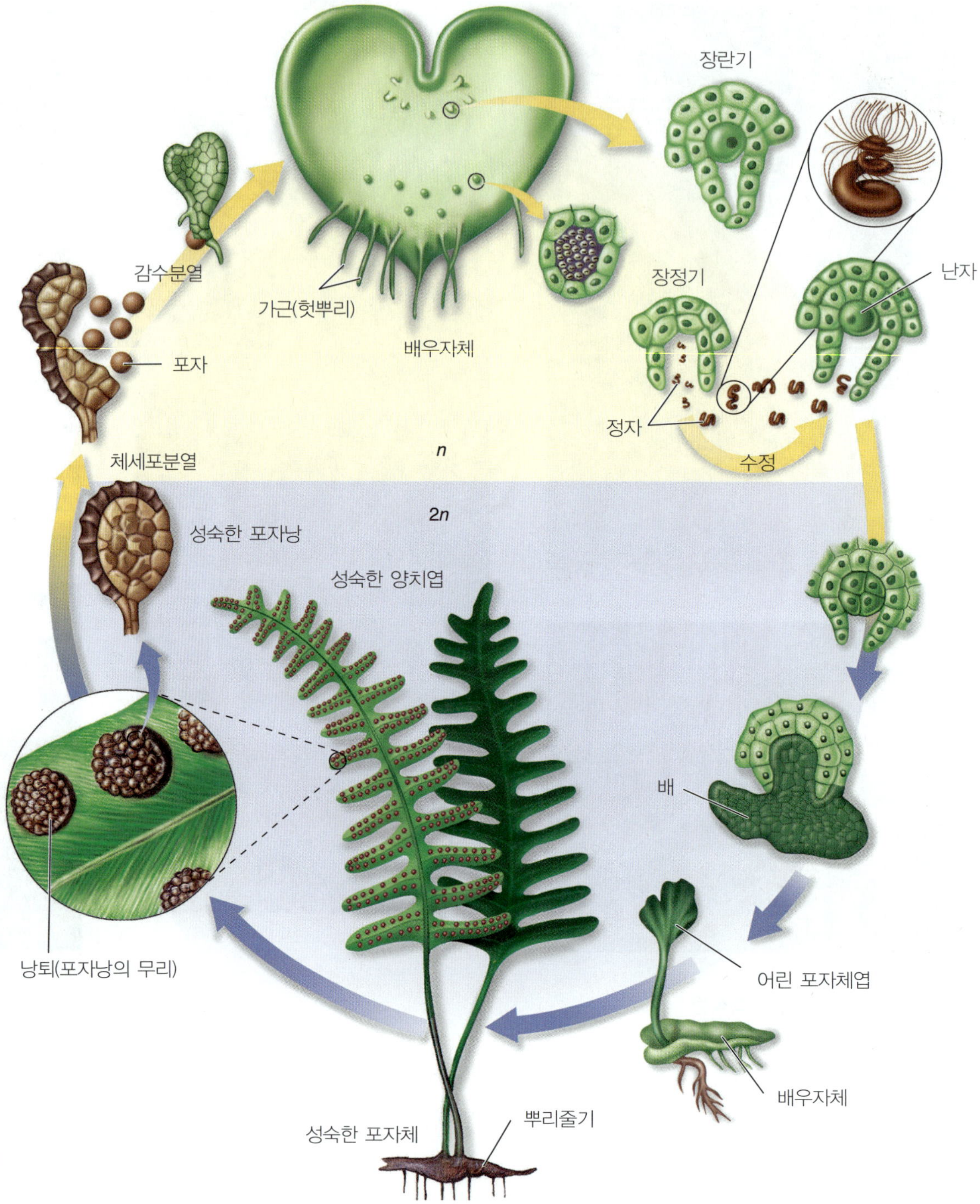

그림 32.9 고사리의 생활사
반수체인 배우자체는 습한 곳에 자란다. 헛뿌리(고정하는 구조)은 엽의 아래쪽에서 나온다. 난자는 장란기에서 만들어지며, 정자는 장정기에서 발달하는데 둘 다 배우자체의 아래쪽 표면에 위치한다. 정자가 방출되면 헤엄쳐서 장란기의 입구에서 들어가 하나의 난자와 수정을 하게 된다. 정자와 난자가 만나 접합자를 형성하면(이배체 포자체 세대의 첫 번째 세포) 접합자가 장란기 안에서 자란다. 결국 포자체인 고사리 식물체는 배우자체보다 훨씬 커진다. 대부분의 고사리류는 지하경이라는 수평의 줄기를 갖는데, 지표면 아래를 따라 포복경을 이룬다. 양치엽이라고 하는 포자체 잎 표면에 포자낭의 집합체(낭퇴라 부름) 안에서 감수분열을 통해 포자가 만들어진다. 대부분의 고사리에서 폭발적으로 포자가 방출되면 이것이 발아되어 새로운 배우자체가 된다.

종자의 출현

32.6 종자식물의 진화

유관속식물의 중요한 진화적 발전은 **종자(seed)**라고 하는 배를 보호하기 위한 덮개의 발달이었다. 종자는 식물이 육상환경에 적응하는 데 없어서는 안 되는 적응 방식인데, 왜냐하면 가장 취약한 단계인 배아를 보호하기 때문이다. **그림 32.10**은 소철류 식물로 이 식물은 종자는 구과(cone) 인편의 가장자리에서 만들어진다. 배아는 종자에 의해 보호되어지고 있는 안쪽에 존재한다. 종자의 진화는 식물이 육상에서 우점할 수 있게 한 결정적인 요소였다.

그림 32.10 종자식물

소철류의 종자처럼 대부분 종자는 식물 배아와 보호 덮개로 구성된다. 소철류는 겉씨식물이며 그 씨앗은 원뿔 비늘의 가장자리에 개방된 곳에서 발달한다.

유관속식물의 생활사 중 포자체 세대의 우세는 종자의 출현과 함께 절정에 달하게 되었다. 종자식물은 암/수 두 종류의 배우자체를 생산해내는데 각각은 단지 몇 개의 세포로 구성되어 있다. 두 배우자체 모두 포자체 안에서 독립적으로 발달하게 되고 영양공급은 전적으로 포자체에 의존한다. 일반적으로 **꽃가루(pollen grain)**라고 하는 웅성배우자체는 **소포자(microspore)**에서 기원한다. 꽃가루가 성숙되면 정자가 만들어진다. 정자는 주변의 물 도움 없이 자성배우자체인 난자에 도달하게 된다. 자성배우자체는 난자를 갖고 있으며 **배주(ovule)** 안에서 만들어진 **대포자(megaspore)**로부터 발달한다. 곤충, 바람 혹은 다른 요인에 의해 꽃가루를 배주에 전달하는 것을 **수분(pollination)**이라 한다. 꽃가루는 발아구가 열려 발아가 되면 정자세포를 포함하고 있는 화분관이 돌출되어 나와 정자를 직접 난자에 전달한다. 그래서 수분과 수정과정 동안에 물의 도움이 필요 없게 된다.

식물학자들은 일반적으로 모든 종자식물이 한 공통조상으로부터 기원되었다는 것에 동의하고 있다. 종자식물에는 5개의 현존하는 문이 존재하는데 이 중 4개를 합쳐 **겉씨식물(gymnosperm**, 그리스어 *gymnos*는 '벗은', *sperma*는 '종자' 의미)이라 하며, 수분 당시 배주가 포자체 조직에 의해 완전히 둘러싸여 있지 않다. 겉씨식물은 최초의 종자식물이었다. 겉씨식물로부터 종자식물의 다섯 번째 군이 진화되었는데, 이를 **속씨식물(angiosperm**, 그리스어 *angion*은 '껍질', *sperma*는 '종자' 의미), 즉 속씨식물문에 해당한다. 속씨식물, 혹은 현화식물은 모든 식물은 문 중 가장 최근에 진화된 군이다. 속씨식물은 수분과정 중 꽃에서 **심피(carpel)**라고 불리는 포자체 조직 껍질에 의해 완전히 둘러싸이는 특징에 의해 겉씨식물과 구분된다. 이후 이 장에서 겉씨식물과 속씨식물에 대해 이야기 하겠다.

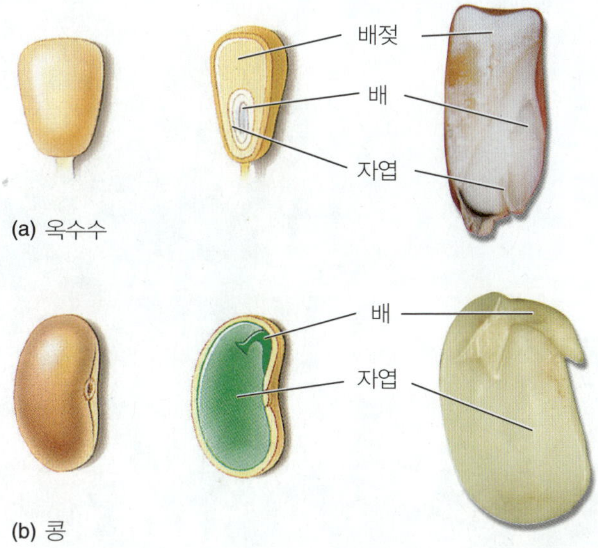

그림 32.11 종자의 기본 구조

종자는 포자체(2배체) 배와 영양분의 원천인 배젖(*a*) 혹은 떡잎(*b*)에 영양분이 저장되어 있다. 부모의 포자체조직으로부터 만들어진 종피는 종자를 감싸고 배를 보호한다.

종자의 구조

그림 32.11에서 보이는 옥수수와 콩 종자처럼 종자는 세 부분으로 나누어지는데, (1) 포자체 식물의 배, (2) 현화식물에서 **배젖(endosperm)**이라고 하는 배 발달에 필요한 영양물질(옥수수에 있어 배젖은 종자의 대부분을 차지하며, 팝콘의 흰 부분), 그리고 (3) 건조에 견딜 수 있는 보호 덮개이다. 일부 종자에 있어 배젖은 배의 발달에 사용되는데 이것은 배의 **떡잎(cotyledon)**이라고 하는 두꺼운 잎 모양으로 배에 영양물질로 저장된다. 콩에서처럼 배젖이 떡잎으로 대치되어 있다. 종자는 땅 한 곳에 뿌리를 박고 살아가는 식물이 자신의 자손을 새로운 곳으로 산포시키는 한 방법이다. 종자는 바람, 물, 동물과 같은 다양한 방법으로 이동된다. 공기 중에 날아다니는 종자들은 더 멀리 이동할 수 있는 다양한 장치를 가지고 있다. 예를 들어, 대부분의 소나무류에 있는 종자에는 납작한 날개가 붙어 있다. 이와 같은 날개는 기류를 타는데 도움이 되며 종자를 새로운 곳으로 이동시킨다. 종자 산포에 대해서는 후반부와 제34장에서 더 이야기하겠다.

한번 종자가 땅에 떨어지면 수년 동안 휴면상태로 있다가 조건이 좋아지면, 즉 습기가 있으면 종자가 발아되어 어린 식물로 자란다(**그림 32.12**). 많은 종자들은 풍부한 영양물질을 저장하고 있고, 어린 식물이 자라기 시작하면 이들에게 필요한 에너지원으로 사용된다.

그림 32.12 종자는 식물이 건기를 잘 보낼 수 있게 한다

종자는 성장에 좋은 환경이 될 때까지 휴면상태를 유지한다. 비를 맞으면 발아할 수 있게 되고, 식물은 물을 이용할 수 있는 짧은 기간 동안 급속히 성장한다. 이 Palo verde 사막 식물(*Cercidium floridum*)은 단단한 종자를 갖고 있으며 틈새가 갈라질 때만 발아할 수 있다. 비에 의해 종피에 있는 발아억제 화학물질 씻겨 내려가게 되고, 일시적인 홍수에 의해 물을 따라 내려가다가 단단한 종피가 깨어져 틈이 생기게 된다.

종자가 나타나면서 식물의 진화에 엄청난 영향을 미쳤다. 종자는 특히 4가지 견지에서 육상환경에 적응하였다:

1. **산포(dispersal)** 가장 중요하게 종자는 식물의 다음 세대를 새로운 서식처로 멀리 이동하고 산포가 가능하게 했다.
2. **휴면(dormancy)** 종자는 가뭄처럼 환경이 좋지 않을 때 분화를 연기하다가, 환경이 좋아질 때 까지 휴면상태로 있다.
3. **발아(germination)** 온도와 같은 환경적 요인에 의해 분화를 다시 시작함으로서, 종자의 배분화단계가 계절과 같은 식물 서식처의 민감한 요소와 동시에 일어나도록 한다.
4. **영양공급(Nourishment)** 종자는 발아 후 유식물이 스스로 생장해야만 할 어려운 시기에 영양분을 공급한다.

주요 학습 요점 32.6 종자는 단단한 보호 겹질로 싸인 휴면상태의 이배체 배이다. 종자는 식물이 다양한 환경에 성공적으로 번식할 수 있도록 해준다.

32.7 겉씨식물

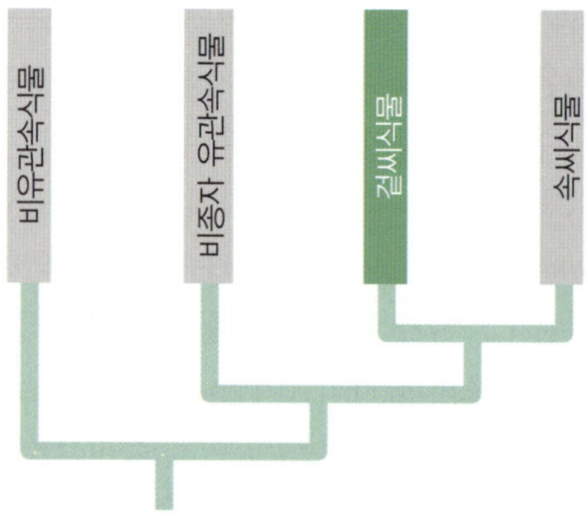

겉씨식물은 4개의 문으로 구성되어 있는데(**그림 32.13**) 구과식물문(Coniferophyta), 소철문(Cycadophyta), 매마등문(Gnetophyta), 은행나무문(Ginkgophyta). 구과식물류는 겉씨식물의 4개의 문중 가장 잘 알려진 군으로 소나무, 가문비나무, 솔송나무, 삼나무, 미국삼나무, 주목, 편백나무와 **그림 32.13*a***의 미송 같은 전나무가 있다. 구과식물은 구과 안에 종자를 형성하는 목본식물이다. 구과식물의 종자(배주)는 구과의 비늘 위에 생기며, 수분 시에는 나출되어 있다. 대부분의 구과식물은 침엽과 같은 잎을 갖고 있는데 이는 수분 손실을 지연하는 진화적 적응으로 볼 수 있다. 구과식물들은 종종 북반구의 거대한 타이가 기후 삼림지대를 포함하는 약간 건조한 지역에서 생육한다. 대부분 목재와 재지의 중요한 원료가 된다.

현존하는 구과식물은 약 600종 정도 된다. 현존하는 가장 키 큰 유관속식물로 캘리포니아와 오리건 해안가에서 서식하는 해변세쿼이아(*Sequoia sempervirens*)로 키가 100m에 달한다. 하지만 가장 큰 삼나무는 미국삼나무(*Sequoiadendron gigantea*)로 네바다 주에 분포하고 있다. 가장 큰 개체는 셔먼 장군의 별명을 딴 나무로 높이는 83m이고 둘레가 31m에 달한다. 좀 더 작은 크기의 구과로 네바다 주의 브리슬콘 소나무로 약 5,000년이나 된 세계에서 가장 오래된 나무로 여겨진다.

나머지 3개의 겉씨식물문들은 비교적 좁게 분포하는 군들이다. 소철류(**그림 32.13*b***)는 공룡의 황금시대인 쥐라기 때(2억 1천3백~1억 4천4백 년 전) 매우 널리 분포하였던 식물로 짧은 줄기와 야자수 잎과 유사한 잎을 갖고 있다. 이들은 아직까지도 열대지역에 널리 분포하고 있다. 매마등문의 매마등류는 단지 세 종류의 식물로 구성되며 모두 드물게 분포한다. 그 중하나로 가장 독특한 식물로 여겨지는 **그림 32.13*c***의 *Welwitschia*속은 서남아프리카 황량한 나미비아 사막에서 서식하고 있다. 이 식물은 마치 물구나무서기하고 있는 형태로 벨트와 같은 혁질의 두 개 잎은 식물의 기부에서 자라나와 모래사막 위로 갈라져 자라나오게 된다. 은행나무는 은행나무속의 현존하는 1종 식물로 부채꼴 잎(**그림 32.13*d***에는 보이는 것 같이)을 갖고 있으면 가을에 낙엽이 지게 된다. 은행나무가 공해에 강하기 때문에 도심의 가로수로 주로 대체되고 있다.

화석기록에 의하면 한때 은행나무문 식물은 북반구에 널리 분포한 것으로 보이지만, 오늘날에는 은행나무(*Ginkgo biloba*) 한 종만이 현존하고 있다. 은행나무는 암수 딴 그루에 나며 암나무의 종자를 감싸고 있는 육질의 껍질에서 부틸산과 이소부틸산에 의해 버터 썩는 듯한 지독한 냄새를 발산한다. 하지만, 많은 아시아 국가들에서는 은행 씨는 맛있는 음식으로 여겨지고 있다. 종자에서 풍기는 냄새 때문에 서양에서는 영양번식시킨 수나무를 재배에 이용한다.

겉씨식물의 생활사

구과식물을 전형적인 겉씨식물로 볼 수 있으며 이들의 생활사가 **그림 32.14**에 그림으로 나타나 있다. 구과식물은 두 종류의 구과를 만든다. 종자를 만드는 구과는 ❸ 암배우체를 갖고 있고, 그 안에 난자가 있다. 꽃가루를 만드는 구과는 ❶ 화분을 갖고 있다. 구과식물의 꽃가루는 ❷ 작고 가벼워 바람에 의해 종자를

(a)

(b)

(c)

(d)

그림 32.13 겉씨식물

(*a*) 구과식물의 일종인 미송은 종종 광활한 숲에 서식한다. (*b*) 소철문에 속하는 아프리카 소철인 *Encephalartos transvenosus*. 여기서 보는 것처럼 소철은 고사리와 유사한 잎모양과 종자를 생산하는 구과를 갖고 있다. (*c*) 매마등문의 *Welwitschia mirabilis*는 서남아프리카의 황량한 사막에 서식한다. 두 개의 거대한 혁띠 모양의 잎은 당근 모양의 뿌리 경단 주위의 환상의 세포분열 지대로부터 생장해 나온다. (*d*) 은행나무는 2억 년 전 번성했던 은행나무문 중 유일하게 현존하는 종이다. 현존하는 종자식물 중 단지 소철류와 은행나무만이 헤엄치는 정자를 갖고 있다.

만드는 구과로 날아가게 된다. 어떤 한 특정 꽃가루가 성공적으로 종자 구과에 안착하는 일은 쉽게 일어나기 힘들기 때문에(바람은 꽃가루를 어디든지 옮길 수 있음), 많은 양의 꽃가루를 생산하여 최소한 일부가 성공적으로 종자구과에 도달할 수 있게 한다. 이런 이유 때문에 아주 많은 양의 꽃가루가 구과로부터 떨어져 나와 연못이나 호수 그리고 유리창조차도 끈적끈적한 노란색의 막이 만들어진다.

꽃가루가 암 구과의 비늘에 앉게 되면 가느다란 관이 꽃가루 세포로부터 나와 비늘 안으로 자라게 되어 웅성배우자를 난자를 갖고 있는 자성배우자체에 날라준다. 수정은 정자와 난자가 만나면서 이루어지며❺, 접합자를 형성하여 이것이 배로 발달하게 된다. 이 접합자가 포자체세대의 시작이다. 다음에 일어나는 것은 종자식물에 의해 달성된 생식에 있어서의 본질적인 향상이다. 접합자가 사람의 접합자처럼 곧바로 자라 성체가 되는 것이 아니라 종자를 형성하게 된다❻. 소나무의 종자는 배 같은 구조를 갖고 있는데 이는 종자가 바람에 의해 이동되는 것을 도와 줄 수 있다. 그래서 종자는 새로운 서식처로 산포될 수 있다. 종자가 정착한 곳에 환경이 좋으면 종자가 발아되어 성장하기 시작되면 새로운 포자체 식물을 만든다❼.

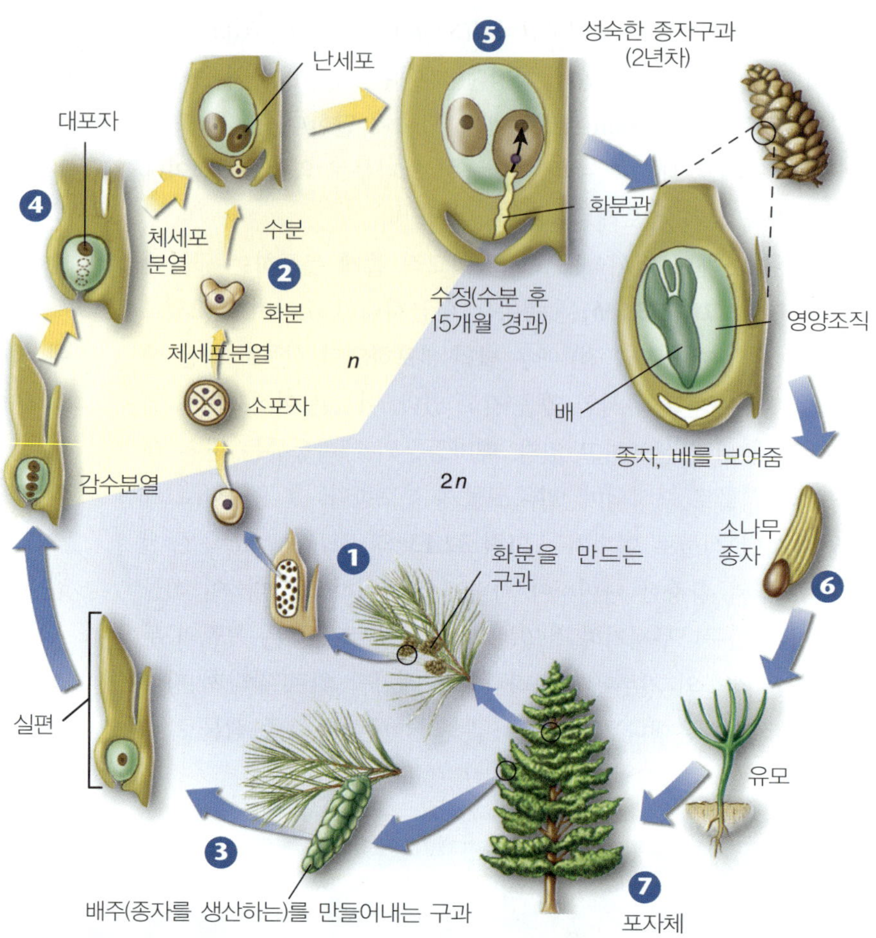

그림 32.14 구과식물의 생활사

모든 종자식물에 있어 배우자체 세대는 매우 축소되어 있다. 소나무와 같은 구과식물에서는 비교적 섬세한 꽃가루를 만들어내는 구과에는 소포자❷를 갖고 있으며, 이것은 꽃가루가 만들어지는 수배우자체❶이다. 소나무에 있어 종자를 만들어내는 친숙한 구과는❸ 화분을 만드는 구과보다 더 무겁고 단단한 구조를 갖고 있다. 두 개의 배주, 결국 두 개의 종자는 각 비늘의 위쪽 표면에서 만들어지는데 이곳에서는 암배우자체를 만드는 대포자를 갖고 있다. 꽃가루가 비늘에 닿게 되면 발아되어 난자를 향해 가느다란 화분관이 자라나오게 된다. 화분관이 암배우자체 근처에서 자라게 되면❹, 정자가 방출되게 되고❺ 난자를 수정시켜 접합자를 만든다. 접합자에서 배로의 분화는 배주 안에서 일어나며 종자로 성숙하게 된다❻. 결국 구과에서 종자가 떨어져 발아되면 배가 자라기 시작하여 새로운 소나무가 된다❼.

주요 학습 요점 32.7 겉씨식물은 수분 당시 배주가 이배체 조직에 의해 완전히 닫히지 않는 종자식물이다. 겉씨식물은 꽃을 갖고 있지 않다.

꽃의 진화

32.8 속씨식물의 출현

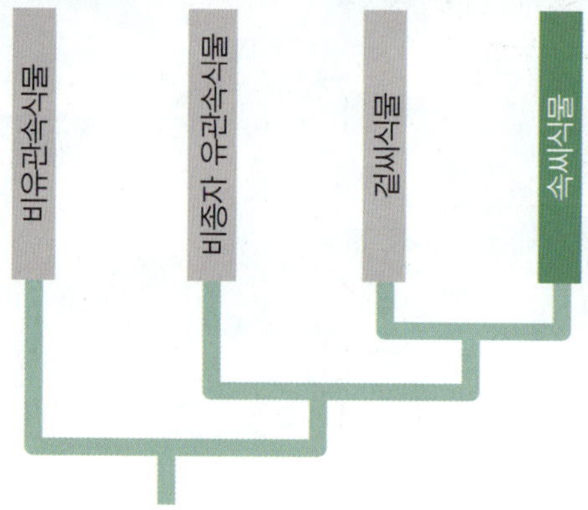

속씨식물은 수정 시 배주가 포자체 조직으로 완전히 둘러싸인 식물이다. 살아 있는 식물의 90%가 속씨식물이며, 교목, 관목, 초본, 곡류와 채소를 포함하여 약 250,000종 정도 된다. 간단히 말하자면 우리가 매일 보는 거의 모든 식물이 속씨식물이라 할 수 있다. 결국 우리 인간의 거의 모든 식량이 직간접적으로 속씨식물로부터 얻어진다. 실제로 우리가 소모하는 칼로리의 반 이상이 벼, 옥수수, 밀 등으로부터 얻어진다고 말할 수 있다.

비록 식물이 계속해서 진화하고 있지만 실질적으로 육상환경에 적응하는 속씨식물의 두드러진 진화적 성공은 명백히 정점에 도달했다고 볼 수 있다. 속씨식물은 육상환경에 적응하는데 있어 가장 어려운 마지막 조건을 성공적으로 충족시키게 되었는데, 즉, 영양분 획득의 필요성(한 장소에 식물을 고정하는 뿌리로 해결)과 배우자를 찾아야 하는 필요(동일종의 식물을 방문하게 하여 해결)를 해결하였다. 겉씨식물에 있어서는 이와 같은 도전이 실제로 극복된 적이 없었는데, 겉씨식물의 경우 꽃가루는 수동적으로 바람에 의해 이동되었으며 운이 좋으면 암배우자체 구과에 도달할 수도 있을 것이다. 이것이 얼마나 비효율적인가! 속씨식물의 경우에는 주소가 적힌 편지봉투처럼 직접 한 종의 개체로부터 다른 개체로 꽃가루를 직접 전달할 수 있다. 그러면 어떻게 가능할까? 곤충이나 다른 동물을 유혹하여 이것을 그들을 위해 이동시키도록 하였다. 속씨식물의 대단한 성공인 동물에 의한 수분을 가능하게 한 것은 꽃이다. 벼과식물처럼 일부는 최근에 성공적으로 진화한 군에서 풍매화로 다시 전환되었지만, 속씨식물에 있어 방향성이 있는 수분기작은 현상학적으로 진화적 성공을 이끌어냈다.

꽃

속씨식물에 있어 **꽃(flower)**은 생식기관이다. 꽃은 정교한 수분장치이다. 꽃은 밝은 색깔로 곤충을 유혹하며, 꿀샘을 통해 곤충이 꽃 안으로 들어오도록 유도한다. 꽃의 구조가 곤충이 꽃을 방문하게 되면 몸에 꽃가루를 묻히도록 구조를 하고 있다. 그래서 곤충이 다른 식물을 방문하게 되면 반드시 꽃가루를 전달하게 된다.

꽃의 기본 구조는 구심적인 원 혹은 **윤생(whorl; 나선형)**으로 구성되어 있으며, **화탁(receptacle)**이라고 하는 아래쪽에 서로 연결되어 있다:

1. 가장 바깥쪽 원은 꽃에 있어 **꽃받침(sepal)**이라 하며 주로 물리적 손상으로부터 꽃을 보호하는 역할을 한다. 위 그림에서 보여주는 녹색의 잎 같은 구조로 효과적으로 변형된 잎이며, 눈(bud) 안에 있을 때 꽃을 보호한다. 아래 왼쪽 그림에서 꽃받침이 화아(flower buds)를 둘러싸고 있다.
2. **꽃잎(petal)**으로 불리는 두 번째 윤생은 특별한 수분매개자를 유혹하는 역할을 한다. 꽃잎에는 특별한 색소를 함유하고 있는데 아래 꽃의 모식도에서 보여주듯 연한 보라색과 같은 생생한 색깔을 갖고 있다.
3. 세 번째 윤생은 꽃의 **수술(stamen)**이라 하며, 꽃가루를 생산하는 수술 부분을 포함한다. 수술은 가늘고 실 모양의 화사(filaments)와 그림에서 보는 것처럼 끝에 부풀어 오른 **약(anther)**을 갖고 있는데 이곳에 화분을 간직하고 있다.
4. 네 번째 그리고 가장 안쪽 윤생은 꽃의 **심피(carpel)**라고 하며 난자를 생산해내는 암컷 부분을 갖고 있다. 심피는 아래 그림처럼 화병 모양의 구조를 갖고 있다. 심피는 포자체 조직으로 배주를 완전히 감싸며 안에 난자가 분화된다. 배주는 **자방(ovary)**이라고 하는 심피의 아래쪽 팽창한 부분에 있으며, 자방에서부터 **화주(style)**라고 하는 가느다란 줄기가 있고 끝에는 끈적한 **주두(stigma; 암술머리)**가 위치하며 이곳에서 꽃가루를 받아드린다. 꽃이 수분이 되면 주두 위의 화분으로부터 화분관이 화주를 다라 만들어져 자방까지 도달하여 난자와 수정하게 된다.

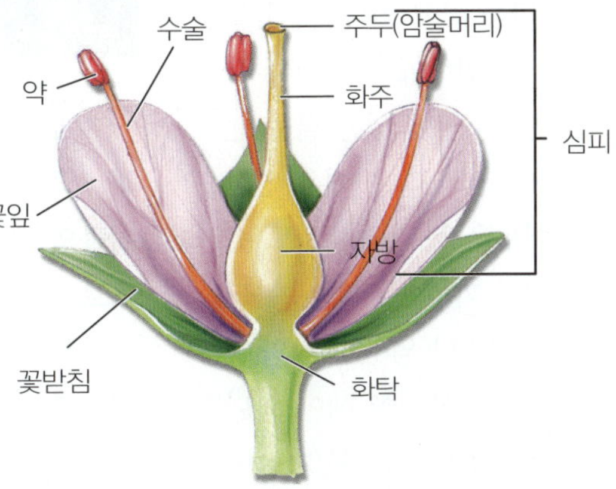

주요 학습 요점 32.8 **속씨식물은 수분 시 배주가 2배체 조직으로 완전히 닿쳐지고 그래서 꽃으로 수분매개자를 유혹한다.**

32.9 왜 다양한 꽃들이 존재할까?

꽃을 찾는 곤충들을 관찰해 보면, 곧 이들이 어떤 꽃이든 무작위적으로 방문하는 것이 아니라는 것을 금방 알 수 있다. 대신 특정 곤충은 특별한 꽃에만 유혹된다. 곤충들은 특별한 색깔과 향기의 유형을 감지하고, 이와 유사한 꽃들을 찾아 방문한다. 곤충과 꽃은 함께 진화(제34, 35장 참조)하게 되어 특정 곤충은 특별한 종류의 꽃들만 방문하도록 특수화되어 있다. 결과적으로 특정 곤충은 어떤 종의 꽃가루를 동일종의 다른 개체에게 전달하게 된다. 이것이 특정 종에게는 핵심적 부분으로 충매화가 매우 효과적인 방법임을 보여준다.

수분매개자 곤충들 중에서 가장 많은 것이 벌들이다. 벌들은 속씨식물이 출현한 후 곧바로 진화하였으며, 이는 약 1억 2천5백만 년 전이다. 오늘날 2만여 종이 있다. 벌들은 우선 향으로 꿀이 있는 곳을 알아내며(이것이 왜 꽃들이 향이 좋은지 그 이유임), 그리고 나서 꽃의 색과 모양에 초점을 맞춘다. 벌에 의해 수분이 이루어지는 꽃들은 **그림 32.15*a***의 노란색 꽃처럼 일반적으로 노란색이나 푸른색을 띤다. 꽃들은 종종 유도점이나 선이 있어 꽃들의 꿀샘 위치를 알려주는데, 주로 꽃의 목 부분이다. 하지만 이와 같은 표시가 인간의 눈으로는 항상 볼 수 있는 것은 아니다. 예를 들어, **그림 32.15*a***의 노란색 꽃은 적외선필터를 통해 **그림 32.15*b***처럼 전혀 다르게 보인다. 적외선으로 보면 꽃 중앙의 어두운 부분이 있는데 이곳이 꿀샘이 위치한 곳이다. 왜 이런 잘 알아볼 수 없는 표시를 할까? 그 이유는 적외선을 감지할 수 있는 벌들에게는 잘 볼 수 있기 때문이다. 꽃 안에 있는 동안 벌들은 **그림 32.15*c***처럼 화분을 온몸에 묻히며 꽃을 나와 다른 꽃을 방문하게 될 때 꽃가루도 함께 가져가 자연스레 이웃의 꽃들을 수분시키게 된다.

다른 많은 곤충들도 수분에 관여한다. 나비들은 협죽도와 같은 식물들을 방문하는 경우가 많은데, 이 경우 이들 식물은 나비가 앉을 수 있는 활주로 역할을 하는 판을 갖고 있다. 이 꽃들의 특징은 가늘고 긴 화통을 갖고 있고 그 안쪽에 꿀을 채우고 있으며, 나비는 긴 튜브 같은 혀를 펴서 깊은 곳에 있는 꿀을 빤다. 나방의 경우 밤에 주로 꽃을 방문하며 흰색 혹은 매우 연한 색의 꽃에 유혹되며, 냄새가 지독하여 어두운 빛 아래에서도 쉽게 위치를 찾는다. 박주가리과 식물과 같이 파리에 의해 수분되는 꽃의 경우 일반적으로 꽃 색깔이 갈색이거나 악취가 난다.

흥미롭게도 빨간색은 곤충들이 자주 방문하는 꽃 색이 아니며 대부분 빨간색을 구별할 수 없다. 이와 같이 꽃은 무엇이 수분매개자일까? 바로 벌새와 태양새(**그림 32.16**)들이다! 인간에게처럼 빨간색은 새들에게 매우 분명한 색이다. 새들은 후각이 잘 발달하지 못해서 냄새를 따라갈 수 없는데, 이는 새가 주로 수분시키는 빨간색 꽃들이 왜 향기가 약한지 그 이유가 된다.

그림 32.15 벌이 꽃을 보는 법
(*a*) 정상적인 빛으로 촬영한 노란색 꽃과 (*b*) 자외선을 선택적으로 투과시키는 필터를 설치하여 촬영한 사진. 벌의 입장에서 보면 이 꽃은 중앙에 분명한 중심이 존재한다. (*c*) 꽃 안에서는 벌이 꽃가루로 범벅이 되고, 이렇게 된 벌은 이웃의 꽃에 옮겨준다.

그림 32.16 벌새에 의해 수분되는 붉은색 꽃
Costa Rica의 숲에서 긴꼬리 벌새가 *Heliconica imbricata* 종의 붉은색 꽃으로부터 꿀을 채취하고 있다.

일부 속씨식물인 참나무, 사시나무 그리고 가장 중요한 화본과 식물들은 그들 조상이 해왔던 풍매화로 역진화 해왔다. 이들 식물의 꽃들은 작고 녹색이며, 향이 없다. 다른 속씨식물은 수생으로 일부는 특수화된 수분기작을 발전시켜왔는데, 즉 물속에서 꽃가루를 이동시키거나 물위에 떠서 식물에서 식물로 이동하며, 대부분의 수생 속씨식물들은 그들의 육상조상처럼 풍매화이거나 충매화이다. 이들 꽃들은 수면 위로 올라오게 된다.

주요 학습 요점 32.9 수분매개자를 유혹하는 특수 장치로 꽃을 볼 수 있으며, 다양한 수분매개자는 서로 다른 종류의 꽃들에게 매혹된다.

32.10 중복수정

겉씨식물의 종자는 종종 발아 후 중요한 시기에 발달하는 식물에 양분을 공급하기 위해 영양분을 갖고 있으나 속씨식물 종자의 경우 기능적 측면을 고려할 때 더 향상된 특징을 가지고 있다. 속씨식물은 그들의 종자 내부에 **배젖(endosperm)**이라고 하는 매우 영양이 높은 조직을 만들어낸다. 이것이 어떻게 일어나는지 보자. **그림 32.17**은 속씨식물의 생활사이지만 실재로 2개의 부분으로 나누어져 있는데, 즉 암술과 수술 부분으로 생활사 위쪽의 두 종류의 활살표로 표시되어 있다. 생활사 왼쪽의 포자체의 꽃에서부터 시작하자❶. 수배우자체(화분)의 발달은 약에서 시작되며 위쪽에 화살표로 표시되어 있다. 절개한 약을 통해 화분으로 발달하는 소포자모세포를 볼 수 있다❷. 심피(난자가 만들어지는 암술기관)의 최정상에 있는 주두에 붙으면서 화분은 화분관을 만들기 시작한다❹. 노란색 화분관이 심피 아래로 자라나서 자방의 배주에 도달한다❺. 두 개의 정자(작은 자주색 세포)가 화분관을 통해 아래로 내려가 자방 안으로 들어간다. 첫 번째 정자가 난자(자방 아래 있는 녹색 세포)와 결합하여, 모든 유성생식 생물과 마찬가지로, 배로 발전하는 접합자를 만든다. 또 다른 정세포는 극핵이라 부르는 감수분열의 두 개의 다른 산물과 결합하여 3배체(3개의 복사본을 갖는 염색체, $3n$)의 배젖 세포를 만든다. 이 세포는 접합자보다 더 빨리 분열하여 종자 안에(배를 감싸고 있는 황갈색 물질❻) 영양분이 가득한 배젖 조직을 형성한다. 두 정자와 함께 이 수정과정을 통해 접합자와 배젖을 형성하는 것을 **중복수정(double fertilization)**이라 한다. 배젖을 만드는 중복수정은 속씨식물에서만 나타난다.

일부 속씨식물, 예를 들어 콩 혹은 완두콩에는 종자가 성숙될 때 배젖이 완전히 사용된다. 영양물질은 배에 의해 부풀어 오른 자엽(cotyledons) 혹은 종자 잎이라 부르는 육질의 잎에 저장된다. 옥수수와 같은 다른 속씨식물에 있어서 성숙한 종자는 발아 후 사용되는 풍부한 배젖을 갖고 있다. 이들 역시 자엽을 갖고 있지만 이것은 식물을 보호하는 데 사용될 뿐 영양분은 아니다.

일부 속씨식물의 배는 2개의 자엽을 갖고 있어 쌍자엽식물 또는 **쌍떡잎(dicots)**이라 한다. 최초의 속씨식물은 이와 유사하였을 것이다. 쌍자엽은 통상적으로 망상맥의 잎을 갖고 있으며 꽃 부분은 4 혹은 5 배수성을 나타낸다(**그림 32.18**, *위*). 참나무와 단풍나무는 다른 많은 관목들처럼 쌍자엽식물이다.

이후 늦게 진화한 다른 속씨식물의 배는 하나의 자엽을 갖고

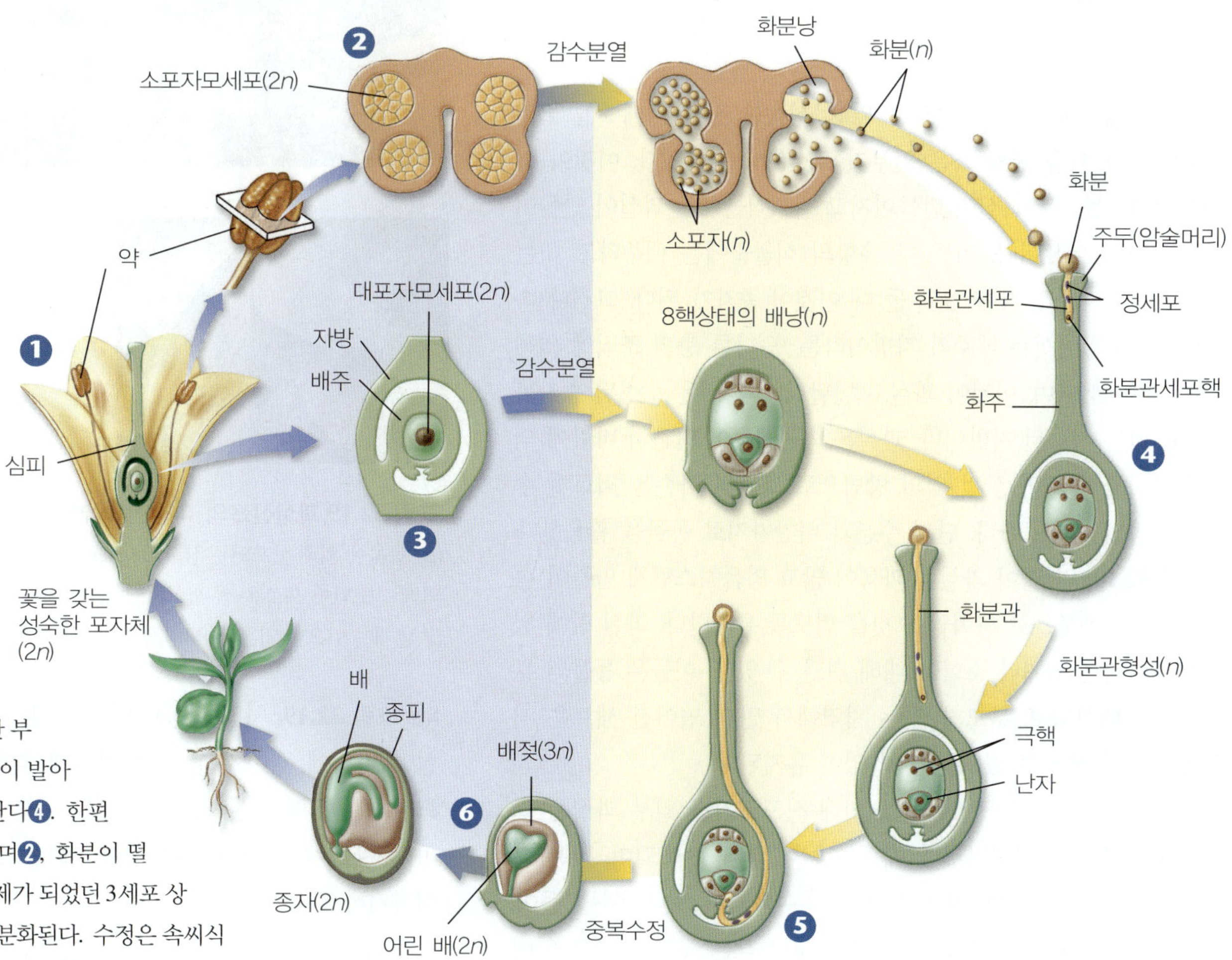

그림 32.17 속씨식물의 생활사

속씨식물은 겉씨식물과 마찬가지로 포자체 세대가 우세하다. 난자는 배주 내부의 배낭에서 형성되며, 심피 안에서 둘러싸여 진다❸. 대부분의 속씨식물에서 심피는 가느다란 부분인 화주로 분화되어 화분이 발아되는 표면인 주두로 끝이 난다❹. 한편 약 안에서 화분이 만들어지며❷, 화분이 떨어져 나오기 전이나 후에 언제가 되었던 3세포 상태인 완전히 성숙된 세포로 분화된다. 수정은 속씨식물에서 독특하게 이중의 과정이다❺. 정자와 난자가 만나 접합자를 만들고 이대 또 다른 정자가 두 개의극핵과 만나 일차적으로 3배체의 배젖 핵을 만든다. 접합자와 일차 배젖은 체세포 분열하여 배와 배젖을 각각 만들게 된다. 배젖은 거의 속씨식물에만 나타나는 조직으로 배와 유식물에 영양분을 공급해 준다.

있는데 이를 단자엽식물 또는 **외떡잎(monocots)**이라 한다. 외떡잎식물은 전형적으로 평행맥의 잎을 갖고 있고 꽃 부분은 3배수성을 나타낸다(**그림 32.18**, ***아래***). 화본과 식물은 모든 식물 중 가장 종수가 많은 군중의 하나로 바람에 의해 수분되는 외떡잎식물이다. 또한 외떡잎과 쌍떡잎 식물 사이에는 줄기에서 유관속 조직의 배열에서 차이가 있는데 제33장에서 더 상세히 알아볼 것이다.

그림 32.18 쌍떡잎과 외떡잎

쌍떡잎은 두 개의 자엽을 갖고 있고 망상맥이다. 이들의 꽃 부분은 4 혹은 5배수성이다. 외떡잎은 하나의 자엽, 평행맥과 3배수성의 꽃 부분으로 특징 지어진다.

주요 학습 요점 32.10 **두 개의 정자가 각각 속씨식물의 배주에서 수정한다. 하나는 난자와 만나 접합자를 형성하고, 다른 하나는 2개의 극핵과 만나 3배체의 영양이 풍부한 배젖이 된다.**

32.11 과실

배주가 성숙하게 되면 종자가 되고, 성숙한 자방은 배주를 둘러싸게 되어 이들 전체 혹은 일부가 **과실(fruit)**이 된다. 이것이 바로 속씨식물에는 과실이 만들어지고 겉씨식물에는 과실이 만들어지지 않는 이유이다. 이들 두 유형의 식물군에는 배주라고 하는 종자를 감싸는 조직이 있고 둘 다 이것이 종자가 된다. 그러나 속씨식물에 있어서는 배주가 자방이라는 또 다른 층의 조직에 의해 둘러싸이게 되며, 이것이 과실로 발달한다. 과실은 수정된 종자를 갖고 있는 성숙된 자방이다. 과실은 속씨식물이 단순히 바람에 의해 종자를 산포하는 것 외의 방법으로 그들의 자손을 퍼트릴 수 있는 방법을 제공한다. 단지 수분과 마찬가지로 동물을 활용한다. **그림 32.19*a***와 같이 과실을 과육이 많고 먹음직스럽게 만들어 속씨식물은 동물들로 하여금 그것을 먹도록 유혹한다. 과실 안에 있는 종자들은 씹거나 소화에 대해 견딜 수 있다. 이들은 동물의 분변으로 배설되며, 부모가 있는 지역에서 멀리 떨어진 새로운 지역에서 발아할 수 있도록 상처 없이 유지된다.

비록 많은 과실들이 동물에 의해 산포되지만 일부 과실은 **그림 32.19*b***의 코코넛나무 열매처럼 물에 의해 산포되며, 많은 다른 과실들은 바람에 의한 산포에 특수화되어 있다. 예를 들어, 민들레의 작고 과육이 없는 과실은 깃털 같은 구조를 갖고 있어 기류를 타고 멀리까지 이동할 수 있다. 많은 화본과 식물의 과실들은 작은 입자로 매우 가벼워 바람에 의해 쉽게 날아갈 수 있다. **그림 32.19*c***처럼 단풍나무는 과실에 긴 날개가 붙어 있어 과실이 바닥에 떨어지기 전에 바람에 의해 이동할 수 있게 했다. 회전초는 전체 식물체가 부러져서 바람에 의해 들판을 굴러다니며 종자를 흩뿌린다. 제34장에 가서 과실에 대해 더 상세하게 이야기하겠다.

그림 32.19 과실산포의 다양한 방법

(*a*) 동물에 의해 산포되는 장과(Berries) 과실. (*b*) 코코넛 나무의 열매는 물에 의해 산포되어 새로운 섬 서식처에 정착한다. (*c*) 단풍나무의 과실은 말라 있고 날개가 있으며 기류에 의해 작은 헬리콥터처럼 이동한다.

주요 학습 요점 32.11 **과실은 수정된 종자를 갖고 있는 성숙된 자방으로 종종 종자산포를 돕기 위해 특수화되어 있다.**

질문 & 분석

어떻게 지채식물이 염분에 견딜 수 있을까?

식물들은 노출되고 건조하고 생존을 위협하는 극한 상황에서도 세계 어디서나 잘 자라고 있다. 사막의 경우 식물에 있어 아주 일반적인 스트레스는 토양에 있는 높은 농도의 염분이다. 토양의 염성은 수백만 에이커의 농지를 불모화시키는 원인이 되는데, 왜냐하면 관개를 통해 축적된 소금이 식물의 성장을 제한하기 때문이다. 왜 토양에 과다한 염분이 있을 경우 식물의 성장을 제한할까? 이 중 하나는 뿌리에 의해 흡수되는 고농도의 나트륨 이온은 식물에 독이 되기 때문이다. 또 다른 이유는 식물뿌리는 염분 토양에서 물을 얻을 수 없다는 것이다. 삼투현상(물 분자가 용질의 농도가 높은 곳으로 이동하는 것, 107~108쪽 참조)은 물 분자를 반대방향으로 이동하게 하여 토양의 높은 염도에 의해 뿌리로부터 물이 빠져나가게 된다. 그런데도 이와 같은 토양에서는 식물이 자란다. 어떻게 이것들을 조절할까?

이것들을 조사하기 위해, 연구자들은 아래에서 보는 해안가에 서식하는 지채(*Triglochin maritima*)식물을 연구해왔다. 지채식물은 다른 식물이 자랄 수 없는 매우 염도가 높은 해안가 토양에서 잘 자란다. 어떻게 이들이 생존할 수 있을까? 연구가들은 이 식물의 뿌리가 염분을 받아드리지 않고, 그래서 해로운 수준까지 염분을 축적하지 않는다는 것을 알았다.

그러나 지채식물의 뿌리세포가 주위의 염분이 있는 토양에 물을 빼앗기지 않고 어떻게 유지할 수 있는지가 또 다른 의문으로 남았다. 어떻게 뿌리가 삼투의 균형을 유지할 수 있을까? 해답을 찾기 위해 연구자들은 지채식물을 염분이 없는 토양에 2주간 자라게 한 후 염도가 다른 다양한 토양으로 이식시켰다. 10일 후 수확을 하여 아미노산을 분석하였는데, 왜냐하면, 아미노산의 축적은 세포가 삼투균형을 유지하는 하나의 방법이기 때문이다. 결과는 그래프로 나타냈다.

1. 개념 적용

a. 변인 무엇이 의존성 변인인가?

b. 농도 약어 m*M*과 mmol/kg는 무엇을 의미하는가?

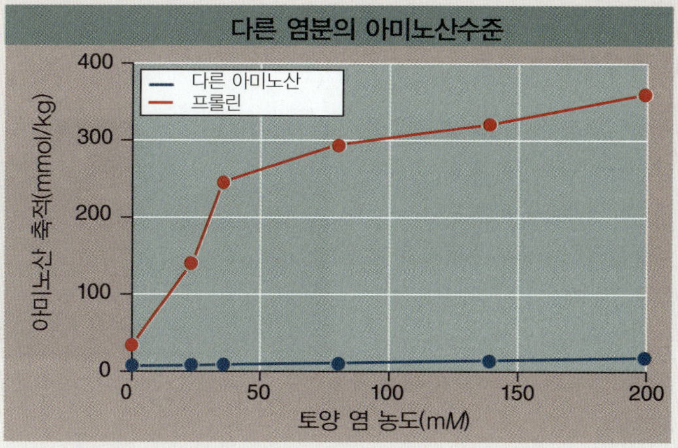

2. 자료 분석

a. 염분이 없는 토양에서 10일 후 얼마나 많은 양의 프롤린이 뿌리에 축적되었는가? 다른 아미노산은 얼마나 많은가?

b. 염도가 3.5m*M* 수준의 해안가 토양에서 10일 후 얼마나 많은 양의 프롤린이 뿌리에 축적되었는가? 얼마나 많은 다른 아미노산이 있는가?

3. 추론하기

a. 일반적으로 토양 염도가 지채식물의 아미노산인 프롤린 축적에 어떻게 영향을 미치는가? 다른 아미노산의 영향은?

b. 프롤린 축적에 미치는 염분농도는 낮을 때(50m*M* 이하)나 높을 때(50m*M* 이상) 동일한가?

4. 결론 도출 결과는 지채가 프롤린의 축적을 통해 염분토양에서 삼투균형을 유지한다는 가설과 일치하는가?

5. 심층 분석 고농도와 저농도의 염분토양에서 프롤린 축적 율이 다르다는 것은 무엇을 의미하는가? 이 가설을 검증할 수 있는 방법을 생각할 수 있는가?

단원 복습

식물

32.1 육상생활에 적응

- 식물은 복잡한 다세포성 독립영양생물로 광합성을 통해 자신에 필요한 영양분을 만든다.
- 식물은 토양으로부터 물과 무기물을 얻는다. 이들은 수분손실을 큐티클 층이라고 하는 방수층을 통해 조절한다. 기공의 개폐를 통해 공기와 기체교환을 가능하게 한다(**그림 32.2**).
- 꽃가루의 적응을 통해 육상식물이 건조한 육상환경에서 배우자의 이동이 가능하게 되었다. 화분은 배우자를 건조로부터 보호한다. 식물의 생활사는 세대교번을 통해 반수체 배우자체와 이배체 포자체가 교대로 나타나게 되는데, 식물이 진화되면서 생활사에서 포자체가 점점 더 우세해졌다(**그림 32.3**).

32.2 식물의 진화

- 식물은 녹조류에서 진화되어 4가지 혁신에 도움을 받았는데 생활사에서 세대교번, 유관속 조직, 종자, 그리고 꽃과 과실이다(**그림 32.4**와 **표 32.1**).
- 세대교번을 통해 식물은 생활의 일정기간 동안 배우자를 생산해 내는 다세포성 반수체 단계와 다세포에 있어 또 다른 단계인 이배체 기간을 갖게 되었다. 식물이 진화되면서 이배체 포자체가 생활사에 있어 크기와 기간에 있어 더 우세한 구조를 갖게 되었다.
- 유관속 조직의 진화는 식물로 하여금 물과 무기물을 토양으로부터 얻어 그들 식물체 구석구석까지 영양물질을 전달하고 식물이 더 높게 자랄 수 있게 했다.
- 종자는 발달하는 배를 보호하고 영양분을 공급하는 역할을 한다. 종자와 과실은 성공적으로 생식과 종자의 전파를 할 수 있는 기회를 증가시켰다.

비종자 식물

32.3 비유관속식물

- 태류와 각태류는 유관속 조직을 갖고 있지 않다. 선류는 딱딱한 유관속 조직은 아니지만 물과 탄수화물은 식물체에 전달할 특수화된 세포를 갖고 있다. 이들 식물은 비유관속식물로 합쳐진다. 이들 생활사에서 반수체 배우자체가 우세하다(**그림 32.5**).

32.4 유관속 조직의 진화

- 유관속 조직은 특수화된 관상 혹은 길쭉한 세포로 구성되어 식물체 전체에 네트워크를 형성한다. 이들 세포들은 뿌리로부터 물을 수송하고 식물체 전체를 통해 잎에서 만들어진 탄수화물을 수송한다(**그림 32.7**).

32.5 비종자 유관속식물

- 가장 원시적인 유관속식물에는 고사리류와 석송류가 있다(**그림 32.8**). 이들 식물들은 유관속을 갖고 있기 때문에 매우 높게까지 자랄 수 있지만 종자가 없고 수정을 위해 물이 필요하다. **그림 32.9**부터 여기에서 보여주는 포자체는 배우자체보다 더 크다.

종자의 출현

32.6 종자식물의 진화

- 종자식물에 있어 포자체는 생활사에 있어 우세한 구조가 되었다. 식물은 분리된 수배우자체와 암배우자체를 갖고 있다. 화분이라고 하는 수배우자체는 난자에 날라줄 정자를 만들고, 난자는 작은 암배우자체에 포함되어 있다. 종자식물에서 수분과정은 물을 필요로 하지 않는다.
- 종자는 식물의 배를 보호해 줄 수 있는 진화적 혁신이었다. 종자는 배와 가뭄에 피해가 없는 껍질 안쪽에 위치한 영양물질로 이루어졌다(**그림 32.11**). 종자는 육상생활을 하는 식물에게는 핵심적인 적응 형태인데, 그 이유는 배의 분산을 향상시켜주고 필요할 때 휴면을 할 수 있게 하며 조건이 좋아지면 발아되며, 발아과정에서 영양분을 공급해준다.

32.7 겉씨식물

- 겉씨식물은 민꽃종자식물로 구과류, 소철류, 매마등류와 은행류를 포함한다. 종자는 수분이 되면 구과에서 만들어지며, 더 작은 구과에서는 화분이 만들어지며 바람에 의해 종자를 만드는 구과로 이동하며 이곳에서 난자의 수정이 이루어진다. 배주는 속씨식물의 경우에서처럼 이배체 조직으로 완전히 둘러싸이지는 않는다. 종자는 **그림 32.14**로부터 여기에 가져와 보인 것처럼 배를 분산시킨다.

꽃의 진화

32.8 속씨식물의 출현

- 꽃피는 식물인 속씨식물은 배주가 포자체 조직으로 완전히 둘러싸인 식물이다.
- 꽃은 생식 구조이다. 꽃의 기본적인 구조는 네 개의 동심원 구조로 이루어져 있다(**삽입 그림, 791쪽**). 가장 바깥쪽의 녹색 꽃받침은 꽃을 보호한다. 다음은 화려한 색깔의 꽃잎으로 수분매개자를 유혹한다. 세 번째 동심원은 화분을 만들어내는 약과 화사가 있는 수술이다. 가장 안쪽 동심원은 화병과 같은 구조로 심피라 하며 이곳 자방 안에 난자를 갖고 있다. 꽃은 수정의 효율을 증가시킨다.

32.9 왜 다양한 꽃들이 존재할까?

- 꽃은 크기, 모양, 색깔에 있어 매우 다양하며 특정 수분 매개자에 의해서 인지된다. 이것은 꽃가루가 적합한 수정 대상 개체에게 전달되는 가능성을 높여준다(**그림 32.15, 32.16**).

32.10 중복수정

- 중복수정은 발아하는 식물체에게 영양분을 공급해준다. 화분은 2개의 정세포를 만들고 **그림 32.17**로부터 여기 보여 주는 것처럼 화분관을 통해 이동한다. 하나의 정세포는 난자와 융합하고 다른 하나는 2개의 극핵과 합쳐져 3배체의 배젖을 형성한다. 속씨식물은 쌍자엽과 단자엽식물로 나눈다(**그림 32.18**).

32.11 과실

- 속씨식물에 있어 더욱 발달한 것은 자방이 과실 조직 안에서 분화되는 것이었다. 과실은 종자가 새로운 서식처로 산포되도록 도와준다(**그림 32.19**).

이해력 확인 문제

1. 육상식물의 진화과정에서 가장 고려해야 하는 문제점은?
a. 너무 강한 햇빛
b. 포식자
c. 탈수
d. 탄소의 부족

2. 다음의 구조나 체계 중 식물의 진화에서만 나타나는 것이 아닌 것은?
a. 엽록체
b. 종자
c. 유조직
d. 꽃과 과실

3. 선류, 태류, 각태류가 높이 자라지 못하는 이유는 무엇인가?
a. 엽록소가 없다.
b. 높이 까지 물을 공급한 특수화된 유관속 조직이 없다.
c. 광합성이 빠른 속도로 일어나지 않는다.
d. 세대교번은 생식적 식물이 높이 자라지 못하게 한다.

4. 고사리류를 다른 유관속식물들과 분리시키는 것은 고사리류가 무엇을 갖고 있지 않기 때문인가?
a. 유관속계
b. 엽록체
c. 생활사에서 세대교번
d. 종자

5. 종자식물이 진화하면서 생활사에서 어떤 형태가 더 우세하게 될까?
a. 배우자체
b. 겉씨식물
c. 포자체
d. 속씨식물

6. 종자에 있어 배젖이 돕는 것은?
a. 수정
b. 광합성
c. 자양분
d. 산포

7. 무엇이 다른 종자식물로부터 겉씨식물을 분리시키는가?
a. 유관속계
b. 화분의 바람에 의한 이동
c. 배주가 포자체에 의해 완전히 감싸지지 안는 것
d. 과실과 꽃

8. 무엇이 다른 종자식물로부터 속씨식물을 분리시키는가?
a. 유관속계
b. 화분의 바람에 의한 이동
c. 배주가 포자체에 의해 완전히 감싸지지 안는 것
d. 과실과 꽃

9. 꽃의 모양과 색은 어떤 과정과 연관이 있는가?
a. 수분기작
b. 광합성
c. 발아
d. 2차 생장

10. 단자엽과 쌍자엽은 어느 것만 제외하고 다 다른가?
a. 엽맥 유형
b. 중복수정 과정
c. 꽃 부분의 수
d. 자엽의 수

응용력 확인 문제

1. **그림 32.4** 어떤 중요한 혁신이 각 군의 진화를 이끌었는지 알아내고, 왜 그런 혁신이 의미 있는 것인지 설명하시오.

2. **그림 32.11** 농부가 옥수수, 콩, 밀, 그리고 벼를 수확할 때 그들은 종자만 수확하고 나머지는 버린다. 왜 우리는 식물의 줄기나 뿌리보다 종자를 먹는가?

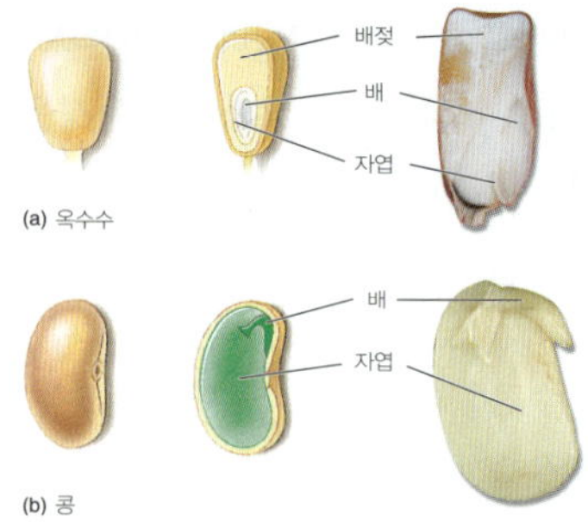

3. **그림 32.12** 이 나무에서 떨어진 종자들은 가까운 바닥에 흩어진다. (a) 종자에 발아를 억제하는 화학물질을 갖고 있을 때, 그리고 (b) 딱딱한 종피를 갖고 있을 때 어떤 점이 이 식물에게 이익이 되고 혹은 약점이 될까?

종합 학습

1. 뉴질랜드에는 거대한 겉씨식물이 큰 속씨식물들 보다 더 많이 서식하고 있다. 어떤 조건하에서 겉씨식물이 속씨식물보다 진화적인 장점을 갖고 있다고 생각하는가? 그리고 왜 그렇게 생각하는가?
2. 겉씨식물과 속씨식물은 석탄기 후기의 비슷한 시기에 나타났다고 생각되었다. 그럼에도 불구하고 그 당시에 나타난 수많은 겉씨식물의 화석은 존재하지만, 속씨식물의 화석은 쥐라기 시대 후기인 1억 5천만 년에 와서야 나타난다. 이와 같은 공백을 무엇으로 설명할 수 있는가?
3. 왜 100년 이상 살 수 있는 소나무가 그렇게 많은 에너지와 자원을 매년 한 구과당 30~50개 종자를 갖는 수백 개의 구과를 생산하는 데 사용하는가?

33

식물의 형태와 기능

학습단원

식물 조직의 구조와 기능

33.1 관속식물의 조직화
1. 식물의 기본적인 몸의 구조 그리기와 명명
2. 식물체와 동물체의 생장 비교
3. 1기와 2기 생장, 정단과 측생분열, 관속과 코르크형성층의 구별

33.2 식물조직 유형
1. 3대 주요 식물조직 유형의 기능
2. 유조직, 후각조직, 후벽조직 구별
3. 목질부와 사부의 구조와 기능

식물체

33.3 뿌리
1. 뿌리의 기본구조 그리기
2. 카스파리안대의 기능
3. 1기 뿌리분열조직 세 종류
4. 뿌리와 줄기의 분지 비교

33.4 줄기
1. 줄기의 1기와 2기 생장 구별
2. 쌍떡잎식물 줄기와 외떡잎식물 줄기의 관다발의 배열
3. 2기 생장에서 관속과 코르크형성층의 역할
4. 목재를 이루는 세포와 그 과정

33.5 잎
1 횡단면 잎 그리기와 크기 생장
2. 단잎과 복잎, 호생과 대생, 외떡잎과 쌍떡잎 잎맥 간 구별

식물 운반과 영양

33.6 물 이동
1. 무기염류와 탄수화물의 줄기 이동 방법
2. 물이 높은 나무 위까지 올라가는 방법
3. 물 분자가 토양에서 식물체를 통하여 대기로 이동하는 여정
4. 기공의 증산작용 조절

33.7 탄수화물 운반
1. 탄수화물이 에너지의 소비 없이 줄기를 이동하는 방법

질문 & 분석: 물은 물관부나 체관부를 통하여 나무 위로 올라갈 수 있을까?

수많은 식물 종류 중에서 나무는 가장 크고, 빛을 붙잡기 위하여 주변식생보다 높이 솟아 있다. 사진에서 보이는 봄의 푸른 잎이 달린 경목림은 거대한 광합성기계로 생각될 수 있다. 그 숲의 각 나무는 빛과 토양영양소에 대하여 이웃하는 식물과 경쟁하고, 붙잡은 원물질을 생장과 번식에 필요한 유기분자로 만든다. 전형적인 식물인 나무는 잎이 색을 나타내는 녹색색소-엽록소로 빛을 잡는다. 나무는 토양의 영양소를 주변 토양에 미세한 그물망계처럼 퍼진 뿌리로 붙잡는다. 나무의 잎과 뿌리를 연결하는 것은 줄기이다. 줄기는 나무 무게의 대부분을 차지하는 무겁고, 큰 목질성 원기둥이다. 큰 나무의 줄기는 공학적으로 신기한데 물과 용해된 토양영양소를 수십미터 위에 있는 잎으로 올리고, 잎에서 광합성으로 생산된 탄수화물을 뿌리로 되돌린다. 이 장에서는 지구의 가장 흥미로운 창조물의 하나인 식물체를 살펴볼 것이다.

33.1 관속식물의 조직화

대부분 식물은 동일한 기본적 체제와 동일한 3개 주요 기관인 뿌리, 줄기, 잎의 집합을 갖는다. 관속식물은 줄기 내에 관속조직을 갖는데, 이는 물과 무기영양소와 광합성산물을 식물 전체로 운반한다. 관속식물의 세포와 조직, 그리고 식물체가 생물체의 기능을 수행하는 방법이 이 장의 주 내용이다. 보통 지하에 있는 뿌리와 지상에 있는 줄기 간의 차이를 논의하고, 또한 이들 간의 구조적 기능적 관계를 살펴볼 것이다.

유관속식물은 수직축을 따라 조직화된다(**그림 33.1**). 지하부는 **뿌리(root)**라 하고, 지상부는 **줄기(shoot)**라 한다(어떤 경우에서 뿌리는 지상부위로 확장될 수 있고, 어떤 줄기는 밑으로 뻗칠 수 있다). 비록 뿌리와 줄기의 구조가 다르더라도 둘 다 정단부에서 생장하는 특징을 갖는다. 뿌리는 토양을 뚫고 들어가서, 물과 식물영양에 중요한 다양한 무기염류를 흡수한다. 또한 식물을 지지한다. 지상부는 **줄기(stem)**와 **잎(leaves)**으로 이루어진다. 줄기는 잎 배치의 뼈대로 작용하고, 잎에서 대부분의 광합성이 일어난다. 잎의 배열, 크기와 기태 특징은 식물의 생산에 결정적으로 중요하다. 꽃, 열매와 씨는 또한 줄기위에서 형성된다.

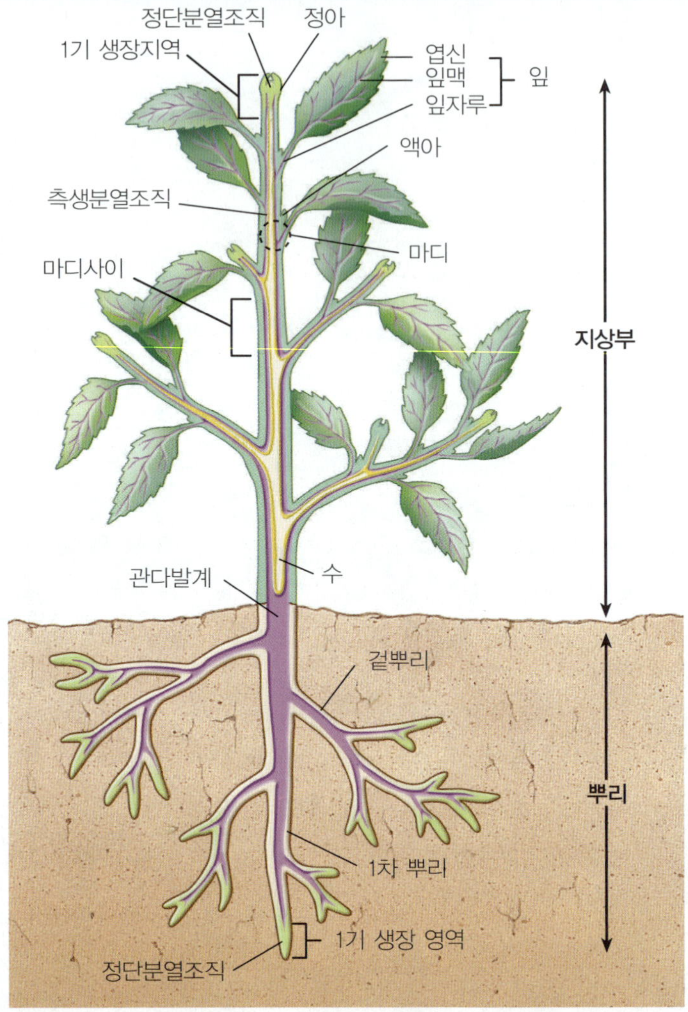

그림 33.1 식물의 몸
이 쌍떡잎식물체의 몸은 줄기(줄기와 잎)라고 하는 지상부와 뿌리라고 하는 지하부로 이루어져 있다. 1기 생장이라는 식물의 길이생장은 정단분열조직(연녹색)이라는 세포들의 덩어리가 뿌리와 줄기의 끝에서 분열할 때 일어난다. 2기 생장이라는 부피자람은 줄기의 측생분열조직(황색 영역)에서 일어나 허리띠가 늘어나드시 부피가 자란다.

분열조직

동물이 길게 자랄 때 몸의 모든 부분이 길어진다. 사람도 어릴 적 키가 자랄 때 팔과 다리가 길어지고 몸통도 길어진다. 식물은 이런 식으로 자라지 않는다. 대신 뿌리와 줄기의 끝에 조직을 더해간다. 아마도 사람이 식물처럼 자랐다면 다리와 머리는 길어지지만 몸의 가운데는 변하지 않을 것이다.

왜 식물은 이런 방법으로 자랄까? 식물체는 **분열조직(meristem)**이라는 비특이적 세포들의 생장지역을 갖는다. 분열조직은 활동적인 분열세포로 이루어진 지역으로 이를 통하여 식물생장과 끊임없이 식물체를 갱신한다. 즉, 한 세포는 분열하여 두 개의 세포가 된다. 하나는 분열조직으로 남고, 다른 하나는 분열하여, 식물체에 기여하고, 그 결과 식물생장이 이루어진다. 분열조직세포는 동물의 줄기세포와 매우 유사하게 작용한다(제13장 참조). 분자유전학적 증거는 동물줄기세포와 식물분열조직은 다소 공통의 유전자 발현과정을 공유한다는 가설을 지지한다.

식물에서 **1기 생장(primary growth)**은 뿌리와 줄기의 끝에서 일어나는 활동적인 세포분열지역(**그림 33.1**에서 연녹색)인 **정단분열조직(apical meristem)** 옆의 끝에서 시작된다. 이 분열조직의 생장은 식물체의 확장을 주로 가져온다. 정단부가 길이생장하면서 1기 식물체를 만드는데 이는 1기 조직으로 이루어져 있다.

2기 생장(secodary growth)은 두께의 생장으로 **측생분열조직(lateral meristem)**의 활동으로 이루어지는데 **그림 33.1**에서 노란색인 분열조직의 원기둥이다. 그 세포의 계속된 분열은 주로 식물체를 두껍게 한다. 두 종류의 측생분열조직이 있다: 2기 물관부와 2기 체관부의 두꺼운 축적을 일으키는 *관다발*과 뿌리와 줄기의 수피의 바깥층을 자라게 하는 *코르크형성층*이다.

주요 학습 요점 33.1 **관속식물의 몸은 연속된 구조로 뿌리로부터 잎까지 연결된 관의 집단이 분열조직과 함께 있는 것이다.**

33.2 식물조직 유형

식물의 기관은 사람의 다리가 뼈, 근육과 연결조직으로 이루어진 것처럼 서로 다른 조직의 조합으로 구성되어 있다. 조직은 같은 식으로 특수화된 유사한 세포들의 모임으로 구조적 기능적 단위로 조직화된다. 대부분 식물은 세 가지 주요 조직유형을 갖는다: (1) *기본조직*은 관다발조직이 끼여 있다. (2) *표피조직*은 식물의 외부보호덮개이다. (3) *관다발조직*은 물과 용해된 영양염류를 식물로 나르고, 광합성산물을 전부위로 운반한다.

각 주요조직 유형은 뚜렷이 다른 종류의 세포들로 이루어지고, 이 세포의 구조는 나타나는 곳의 조직의 기능과 관련된다. 예로, 관다발조직은 물과 용해성 무기염류를 나르는 *물관*과 식물이 먹이로 사용하는 탄수화물(주로 설탕)을 운반하는 *체관*으로 구성된다.

기본조직

유세포(parenchyma cell)는 가장 덜 분화되었고, 모든 식물세포 유형에서 가장 흔하다. 이것은 잎, 줄기와 뿌리에서 덩어리를 형성한다. 유세포는 다른 세포유형과는 다르게 특이하게 성숙해도 완전히 기능적인 세포질과 핵을 갖고 있어 살아 있다. 그것들은 광합성, 세포호흡과 먹이와 물 저장과 같은 생물의 기본적인 기능을 수행하는 세포들이다. 대부분 과일과 채소의 먹는 부분은 유세포들로 구성된다. 세포분열을 할 수 있고, 세포재생과 상처치료에서 중요하다. 그림과 같이 유세포는 **1차 세포벽(primary cell wall)**이라는 얇은 세포벽을 가지며, 이는 세포들이 계속 자라는 동안 쌓이는 대부분의 섬유소이다.

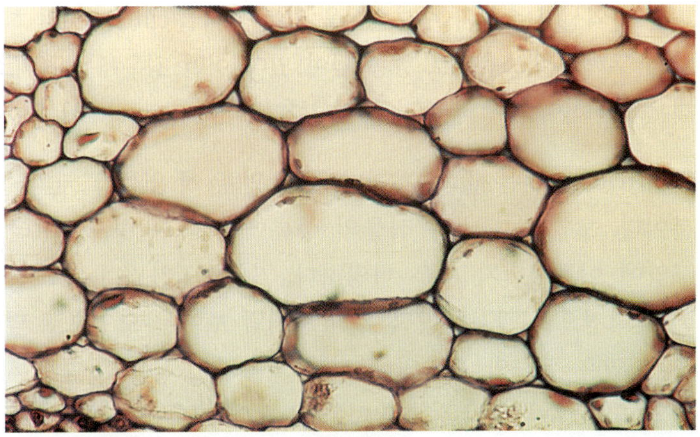

유세포

후막세포(collenchyma cell)는 유세포와 비슷하게 성숙해도 살아 있고 여러 해 동안 산다. 폭보다 길이가 약간 긴 세포들은 사진에서 보는 바와 같이 두께가 다양한 세포벽을 갖는다. 후막세포는 식물기관을 지탱한다. 비교적 탄력성이 있어 식물기관이 깨어짐이 굽을 수 있게 해 준다. 종종 줄기나 잎자루의 표피 밑이나 잎의 잎맥을 따라서 끈이나 연속된 원기둥을 형성한다. 후막세포의 줄은 2기 생장이 없는 식물에서 줄기를 대부분 지탱한다. 우리가 먹는 셀러리(줄기)의 대부분은 주로 후막세포와 관다발로 된 끈이다.

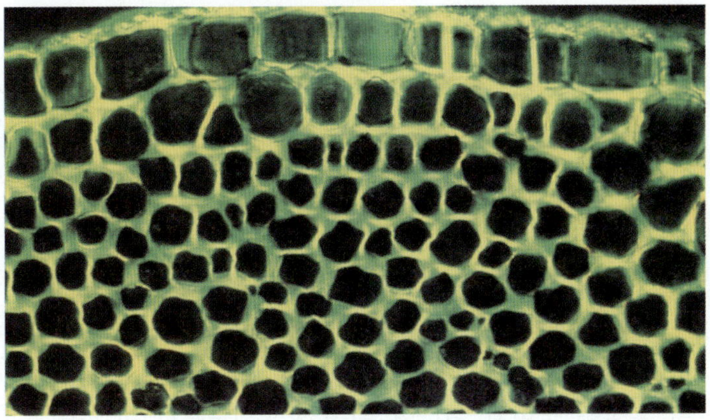

후막세포

후벽세포(sclerenchyma cell)는 유조직과 후각조직 세포들과는 다르게 **2차 세포벽(secondary cell wall)**인 거칠고 두꺼운 세포벽을 갖으며, 성숙하면 살아 있는 세포질을 갖지 않는다. 2차 세포벽은 세포들이 생장하고 크기가 확장하는 것을 멈춘 후 1차 세포벽의 안쪽에 쌓인다. 2차 세포벽은 세포를 튼튼하고, 단단하게 한다. 후각조직에는 두 가지 유형이 있다. 실을 만드는 길고 가는 세포인 **섬유(fiber)**와 모양이 다양하고 종종 가지를 친 **후막세포(sclereid)**이다. 사진에서 붉은 빛을 보이는 것을 흔히 석세포(stone cell)라고 한다. 석세포의 덩어리는 배의 과육에서 오돌오돌한 느낌을 만든다. 섬유나 석세포는 세포벽을 두껍게 하고, 이들이 발생하는 곳의 조직을 강하게 만든다. 석세포 세포벽의 두께와 그 둘레의 녹색으로 염색된 유조직을 서로 비교해 보면 그 차이를 알 수 있다.

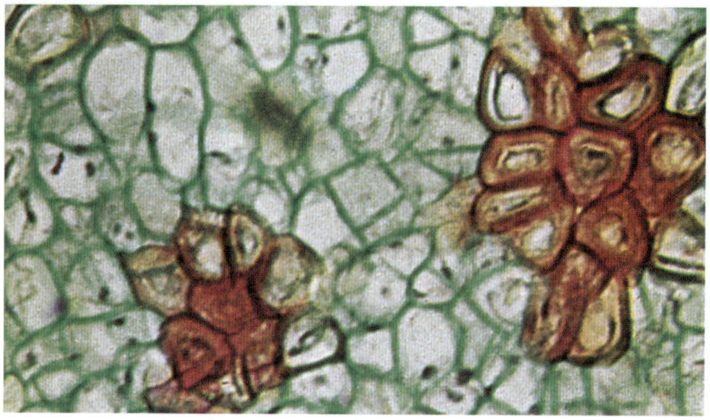
후벽세포

표피조직

1기 식물체의 외층의 모든 부분은 평평한 표피세포로 덮여 있다. 세포에서 가장 풍부한 세포는 *표피*(외덮개)이다. *외피*는 두꺼운 단일세포층이고 수분손실을 막는 효과적인 장벽을 제공하는 보호층이다. 외피는 자외선의 손상과 수분손실을 막는 **큐티클(cuticle)**이라 하는 하나의 두꺼운 왁스층으로 종종 덮여 있다. 어떤 경우에는 표피조직은 더 광범위하여 나무의 수피를 형성한다.

모영

모영(trichome)은 줄기, 가지나 잎 표면 위에 있는 표피의 돌출부분이다. 모영의 형태는 식물의 종류에 따라 원형으로부터 달걀모양에 이르기까지 매우 다양하다. 거칠거칠하거나 부드러운 잎은 현미경으로 관찰하면 섬유의 숲처럼 보이는 모영으로 덮여 있다. 모영은 동물의 표피의 털이 단열을 제공하는 것과 유사하게, 잎의 열과 수분수지를 조절하는 중요한 역할을 한다. 다른 모영은 여러 초식동물을 막는 끈끈하거나 독성 물질을 분비한다.

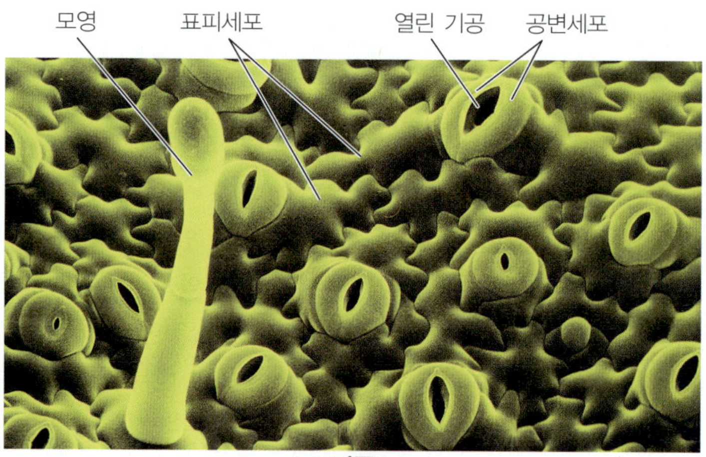

기공

공변세포(guard cell)는 **기공(stoma, 단수 stomata)** 사이에 있는 입 모양으로 열린 곳에 인접한 짝세포이다. 다른 표피세포들과는 다르게 엽록체를 갖는다. 공변세포와 기공은 잎의 표피조직에서 흔하고, 줄기나 열매와 같은 지상부의 다른 기관에서도 일부 나타난다. 산소, 이산화탄소와 수증기는 기공을 통하여 전적으로 표피세포를 통하여 이동하는데, 이는 수분과 빛의 공급과 같은 외부 조건에 대한 반응으로 열리고 닫힌다. 잎 표면 단위 제곱센티미터당 1,000~100,000개의 기공이 있다. 많은 식물에서 기공은 수분손실을 줄이기 위하여 위쪽 표피세포보다 아래쪽 표피세포에 더 많다.

뿌리털(root hair)은 어린뿌리의 끝에서 나온 원통형의 표피세포이다. 뿌리털은 단순히 하나의 세포질이 확장되고, 독립된 세포가 아니어서 표피세포와 격리되는 세포벽을 갖지 않는다. 뿌리털은 뿌리가 주변 토양 입자와 접촉을 하게 만든다. 뿌리털은 뿌리의 표면적을 크게 증가시키므로 뿌리에서 흙으로부터 흡수의 효율성을 현저히 증가시킨다. 실제로 수분과 무기염류의 흡수의 대부분은 특히 초본에서 뿌리털을 통하여 일어난다. 뿌리가 자라면서 세포벽은 벗겨져 나가고, 새로운 뿌리털은 자라는 뿌리의 끝 뒤에서 만들어진다.

뿌리털

관달발조직

관속식물은 두 종류의 관속조직인 물관부와 체관부를 갖는다.

물관부(xylem)는 식물의 주요 수분수송조직으로 식물체 전체를 이동하는 연속 계를 형성한다. 이 계 내에서 물(그리고 그 안에 용해된 무기염류)은 뿌리로부터 줄기를 통하여 끊임없는 흐름으로 이동한다. 물이 잎에 도달하면 그 대부분은 기공을 통하여 수증기 형태로 대기 중으로 나간다.

목질부에서 통도세포의 두 가지 주요 유형은 **헛물관(tracheid)**과 **도관요소(vessel element)**로 1차 세포벽 내에 쌓인 두꺼운 2차 세포벽을 갖는다. 이 세포들은 신장되었고, 성숙 시 살아 있는 세포질 없이 죽어 있다. 헛물관은 끝에서 중첩되는 신장된 세포들이다. 헛물관으로 구성된 도관요소에서 물은 2차 세포벽의 *벽공*이라는 공간을 통하여 헛물관에서 헛물관으로 흐른다. 대조적으로 도관요소는 끝과 끝이 서로 만나 직선을 이루는 신장된 세포이다. 도관요소의 끝 벽은 거의 다 열려 있거나 또는 물이 흐르는 구멍(천공판)이 난 조각을 갖는다. 도관요소의 연결된 줄은 도관을 형성한다(사진에서 붉은단풍나무의 주사전자현미경은 헛물관과 도관을 보여준다). 원시 속씨식물과 다른 관속식물은 오직 헛물관을 가지나 대부분의 속씨식물은 도관을 갖는다. 도관은 헛물관보다 훨씬 효율적으로 물을 운반한다.

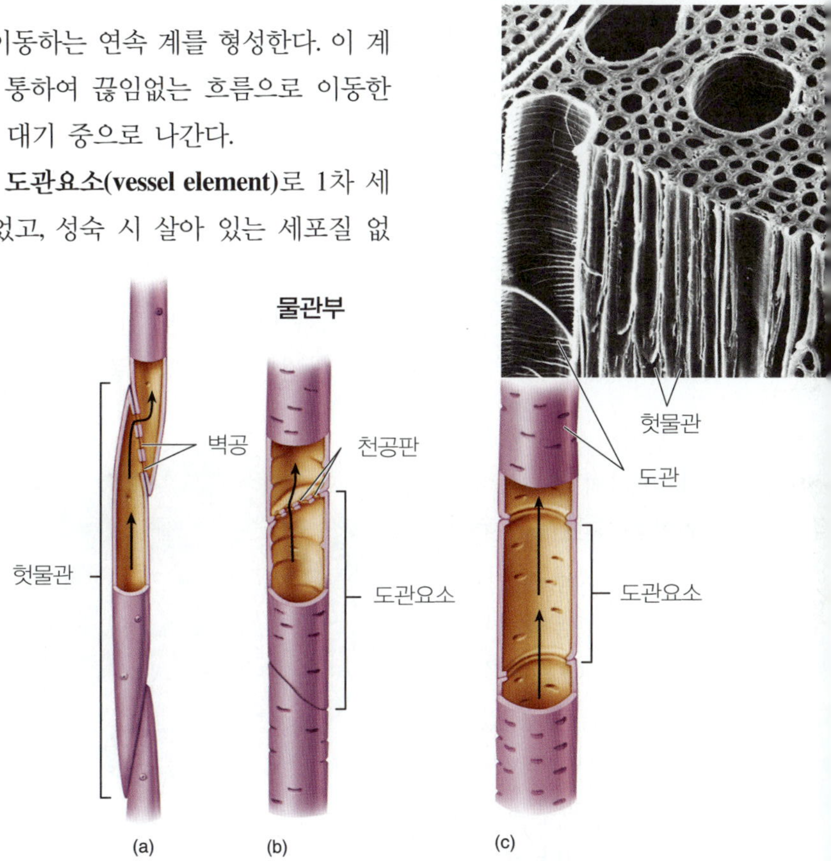

체관부(phloem)는 관속식물에서 주요한 동화산물 운반조직이다. 체관부에서 동화산물운반은 두 종류의 신장세포인 **체관세포(sieve cell)**, **체관요소(sieve-tube member)**를 통하여 이루어진다. 세포는 세포들 간 통과성의 정도가 다른데 체관세포는 작은 구멍을 갖는다. 무종자관속식물과 겉씨식물은 체관세포만을 갖지만 대부분 속씨식물은 *체관*요소를 갖는다. 체관지역이라고 알려진 구멍의 집단은 두 종류 세포에서 나타나고, 인접한 체관세포와 체관요소의 세포질을 연결한다. 이들 두 세포유형은 살아 있고 핵은 성숙하는 동안 사라진다.

사요소에서 어떤 체관지역은 *체관판*(sieve plate)이라는 큰 구멍을 가진다. 체관요소는 끝과 끝이 만나서 종단적으로 연속되는 **체관(sieve tube)**을 형성한다. **동반세포(companion cell)**라는 특수화된 유세포는 체관요소와 함께 규칙적으로 나타난다. 동반세포는 관련된 체관요소을 유지하는 데 필요한 물질대상의 일부를 수행한다. 동반세포의 세포질은 *원형질연락사*를 통하여 체관요소와 연결되어 있다.

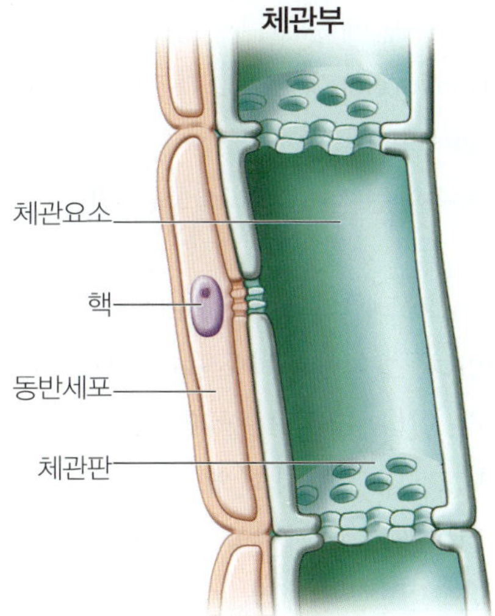

도관세포에서 물관부와 체관부는 또한 섬유(후벽조직)와 유세포를 포함한다. 유조직세포는 저장기능을 하고, 섬유소는 지지와 일부 저장하는 데 관여한다. 물관섬유는 종이생산에 이용된다.

주요 학습 요점 33.2 **식물은 다양한 기본조직, 표피조직(외부 덮개)과 관다발조직(통도조직)을 갖는다.**

식물체

식물의 몸을 이루는 뿌리, 줄기, 잎의 세 부분을 살펴보자. 기본구조를 알아보면서 이들 기관은 서로 다른 기능을 하기 위하여 변형되었다는 것을 이해하는 것이 중요하다. 예로, 뿌리와 줄기는 물과 양분저장을 위하여 변할 수 있고, 잎은 선인장 가시와 같이 방어를 위하여 변형될 수 있다.

33.3 뿌리

뿌리구조

뿌리는 줄기가 하는 것보다 조직과 발달이 단순한 유형을 갖는다. 비록 다른 유형이 있지만, 쌍떡잎식물에서 발견되는 뿌리의 종류를 보자.

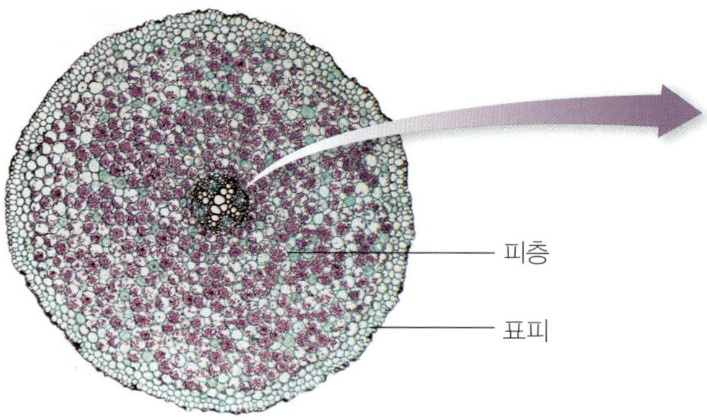

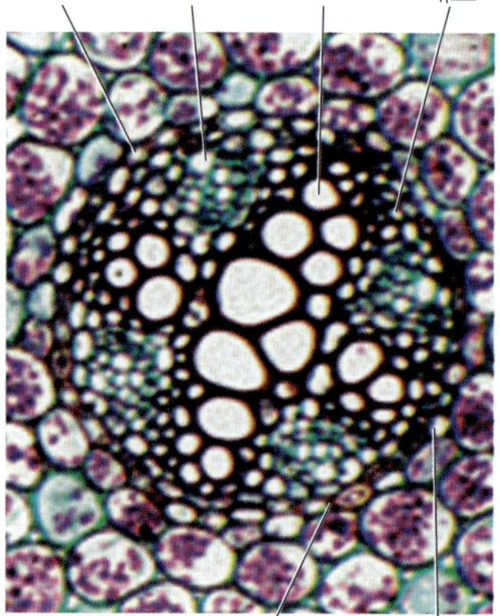

뿌리의 외층이 표피이다. 뿌리의 관다발조직이 위치한 유조직의 덩어리가 *피층*(cortex)이다. 위 사진에서 쌍떡잎뿌리는 물관부와 체관부를 포함하는 것을 볼 수 있다. 가운데를 보면, 방사상으로 펼쳐진 물관부의 중심열을 볼 수 있다. 물관부의 방사상의 발 사이에 교대로 1기 체관부의 줄이 있다. 관다발조직의 열 주변에는 외부 경계역을 이루는데 하나 혹은 여러 세포층의 원기둥으로 된 **내초(pericycle)**가 있다. 가지나 뿌리는 내초의 세포로부터 형성된다. 내초 바로 밖에는 **내피(endodermis)**가 있는데 이는 관다발조직과 뿌리의 외부 사이의 물의 흐름을 조절하는 특수화된 한 층의 세포들이다.

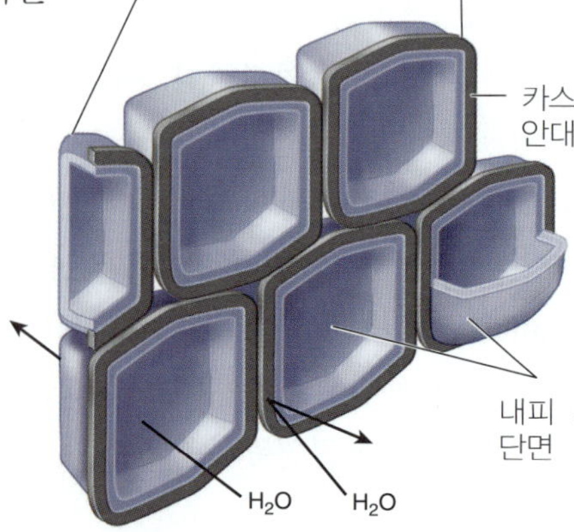

내피세포는 **카스파리안대(Casparian strip)**라고 하는 두껍고, 왁스질의 띠로 덮여 있다. 그림에서 카스파리안대를 구성하는 왁스가 어떻게 세포를 둘러싸는지를 볼 수 있다. 검은 화살표가 지시하는 바와 같이 카스파리안대는 세포 간 물의 이동을 막고 대신에 내피의 원형질막을 통하여 물이 이동하도록 유도한다. 이렇게 카스파리안대는 무기영양소가 물관부로 이동하는 것을 조절한다. 이는 내피를 통한 수송은 원형질막에 있는 특별한 통로에 의하여 조절되기 때문이다.

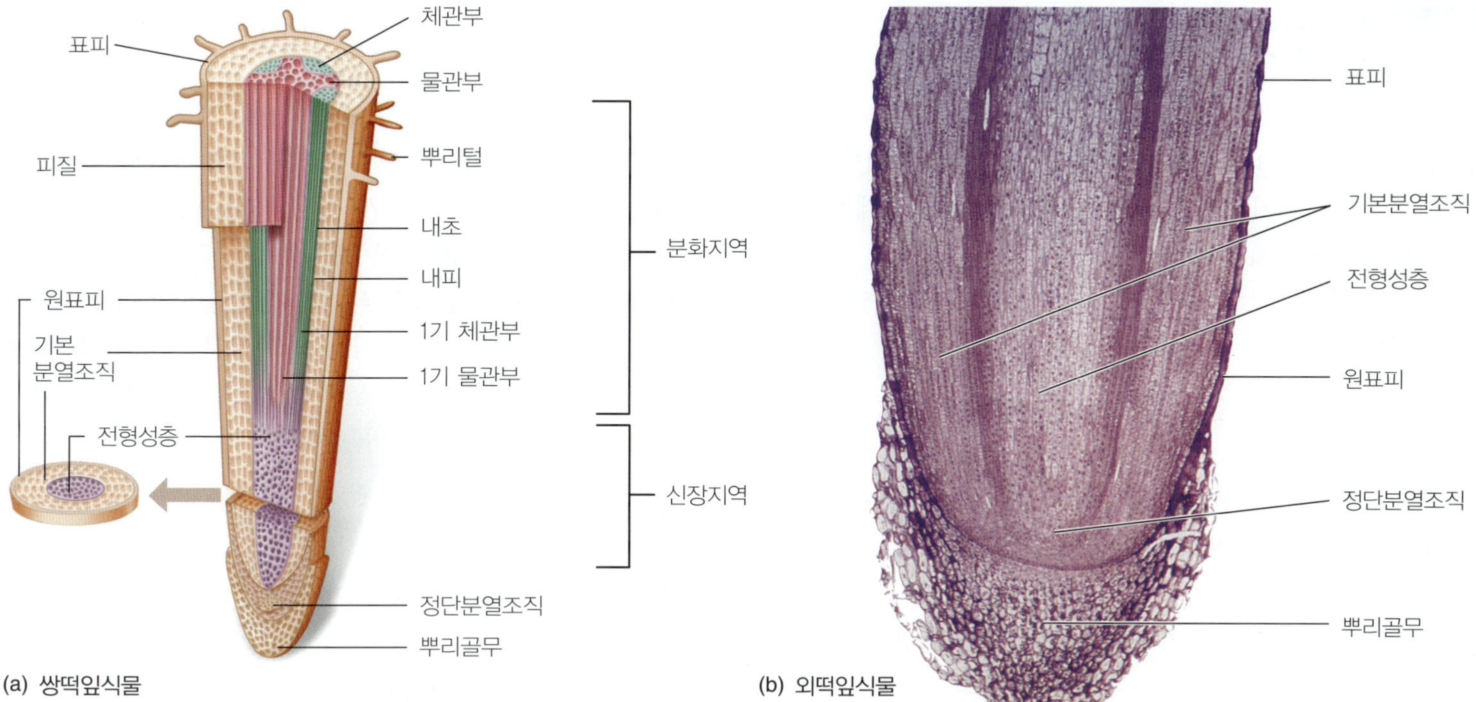

그림 33.2 쌍떡잎과 외떡잎식물의 뿌리 구조

(*a*) 쌍떡잎식물 뿌리의 1기 분열조직은 정단분열조직과의 관련성을 보여준다. 세 가지의 1기 분열조직은 후에 표피로 분화되는 원표피 1기 관다발로 분화되는 전형성층과 기본조직으로 분화되는 기본분열조직이 있다. (*b*) 옥수수의 외떡잎뿌리 끝의 중앙종단면으로 원표피, 전형성층과 기본분열조직을 보여준다.

분열조직

뿌리의 정단분열조직(**그림 33.2*a*,*b***)은 분열하여 식물체의 안과 바깥쪽으로 세포를 생산한다. 세 개의 1기 분열조직은 표피가 되는 **원표피(protoderm, 그림 33.2*a*)**, 1기 관다발조직(1기 물관부와 1기 체관부)을 만드는 **전형성층(procambium)**, 유조직세포로 이루어지는 기본조직으로 분화하는 **기본분열조직(ground meristem)**이 있다. 바깥으로의 세포분열은 사진에서 뚜렷하게 보이는 거의 조직화가 되지 않는 세포의 덩어리인 **뿌리골무(root cap)**를 형성한다. 뿌리골무는 흙에서 자라는 뿌리의 정단분열조직을 덮고 보호한다.

뿌리는 *신장지역* 바로 뒤에서는 비교적 빠르게 길이가 자란다. 많은 뿌리털(**그림 33.14** 참조)은 하나의 표피세포의 확장으로 되었는데 *분화지역*에서 만들어진다. 사실상 모든 물과 무기영양소는 뿌리의 표면적과 흡수능을 크게 증가시키는 뿌리털을 통하여 흙으로부터 흡수된다.

곁뿌리

뿌리와 줄기 간의 근본적인 차이의 하나는 가지치기와 관련되어 있다. 줄기에서 가지치는 것은 줄기표면의 눈으로부터 생긴다. 뿌리에서는 내초의 세포분열결과 뿌리끝 바로 뒤에서 시작된다. 발달하는 곁뿌리(**그림 33.3**에서 붉은색 염색)는 피질을 통과하여 뿌리표면 쪽을 향하여 자라서 결국에는 표면을 뚫고 곁뿌리로 된다. 어떤 식물에서 뿌리는 줄기를 따라, 혹은 뿌리 외 다른 곳에서도 나타난다. 이런 뿌리를 *부속근*(adventitious roots)이라 하고, 부속근은 담쟁이덩굴이나 양파와 같은 덩이줄기, 다년생 벼과식물 기는줄기(땅속에서 자라는 수평적 줄기)를 만드는 식물에 있다.

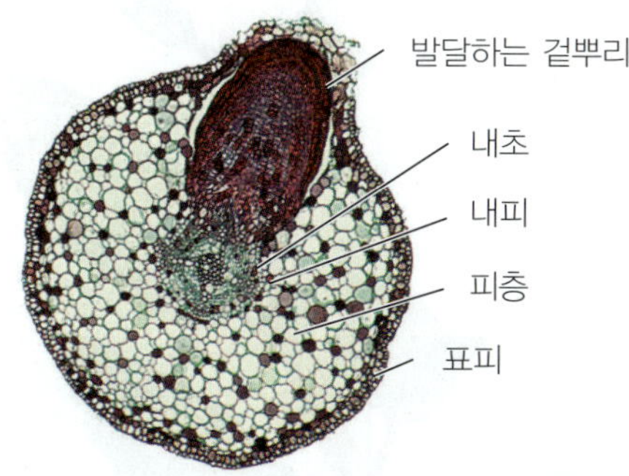

그림 33.3 곁뿌리

버드나무의 피질을 통과하여 자라는 곁뿌리. 곁뿌리는 주뿌리의 표면 밑에서 시작되는 반면에 줄기의 가지는 표면에서 생긴다.

주요 학습 요점 33.3 식물체의 지하부인 뿌리는 흙으로부터 물과 무기영양소를 흡수하는 데 적응되어 있다.

33.4 줄기

줄기는 식물의 주요한 구조적 지지와 잎의 배열을 위한 골격으로 기능한다. 1기와 2기 생장을 하는 줄기는 경제적으로 중요한 산물이 목재의 원료이다.

1기 생장

줄기의 1기 생장에서 잎은 먼저 잎원기(primordia)라는 정단분열조직 둘레에서 모여 있는 미성숙한 잎으로 포개어져 있다가 줄기가 신장하면서 자란다. 잎이 형성되는 줄기부분을 절(**그림 33.4** 작은 꺽쇠로 표시)이라 한다. 이들 부착하는 지점 간의 줄기 부위를 절간(큰 꺽쇠)이라 한다. 잎이 확장되어 성숙하면 작은 미발달된 측면가지인 눈은 잎의 **겨드랑이(axil**, 잎과 가지 사이)에서 발달한다. 이 눈은 자신의 미성숙한 잎을 가지는데 신장하여 옆가지를 형성하거나 작은 휴면상태로 남을 수 있다. 줄기의 끝눈에서 밑을 향하여 나오는 호르몬은 계속하여 줄기의 윗부분에 있는 곁눈의 확장을 억제한다. 곁눈은 줄기의 아랫부분에 도달하는 호르몬 양이 줄어들거나 끝눈이 제거되는 곳에서 줄기가 자랄 때 만들어지기 시작한다.

부드럽고 어린 줄기 내에서 관다발조직(물관부와 체관부)은 쌍떡잎과 외떡잎에서 각기 다르게 배열한다. 쌍떡잎식물에서 관다발은 물관부와 체관부를 포함하고, 줄기의 둘레에 원기둥 모양으로 배열되어 있다(**그림 33.5*a***). 외떡잎식물에서는 관다발은 줄기전체에 흩어져 있다(**그림 33.5*b***). 관다발조직의 이런 차이는 제32장에서 논의하였듯이, 속씨식물의 두 주요 집단 간의 차이를 보여주는 것이다. 관다발은 1기 물관부와 체관부를 포함한다. 오직 1기 생장만이 일어나는 단계에서 쌍떡잎줄기의 기본조직의 안쪽부분은 **수(pith**, **그림 33.5*a***의 가운데 분홍색으로 염색)라 하고 밖을 **피질(cortex**, 바깥쪽 연녹색으로 염색)이라 한다.

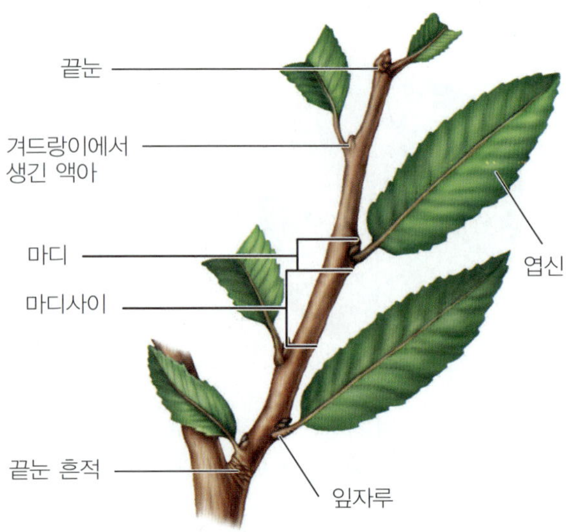

그림 33.4 목본성 작은 가지

이 잔가지는 마디, 마디사이, 겨드랑이의 액아, 잎과 같은 주요 줄기 구조를 보여준다.

2기 생장

줄기에서 2기 생장(줄기가 길어지는 것이 아닌 두꺼워지는

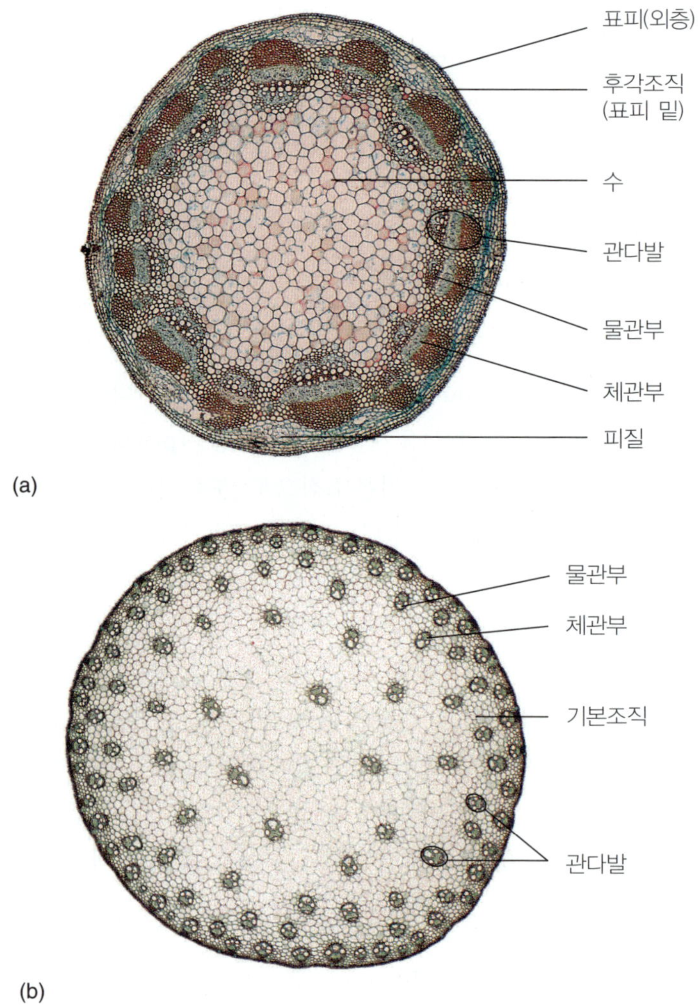

그림 33.5 쌍떡잎식물과 외떡잎식물 줄기의 비교

(*a*) 쌍떡잎식물 해바라기(*Helianthus annuus*) 어린줄기의 횡단면으로 관다발이 줄기 둘레에 배열되어 있다. (*b*) 외떡잎식물 옥수수 줄기의 횡단면으로 관다발이 흩어져 있다.

것)은 **유관속형성층(vascular cambium)**인 측생분열조직의 분화에 의하여 시작된다. 유관속형성층은 수피와 목본식물의 줄기 사이에 있는 세포분열이 활발한 얇은 원기둥 모양이다. 유관속형성층은 줄기의 관다발내의 물관부(**그림 33.6**의 보라색)와 체관부(**그림 33.6**의 연녹색) 사이에 있는 세포로부터 발달한다. 유관속형성층의 원기둥 형태는 관다발 사이에 있는 유조직세포의 분화로 완성된다. 일단 자라면 유관속형성층은 신장되고 큰 액포를 갖는 약간 편평한 세포로 이루어진다. 유관속형성층으로부터 바깥 코르크 쪽으로 분열하는 세포는 2기 체관부가 되고, 안쪽으로 분열하는 세포는 2기 물관부가 된다.

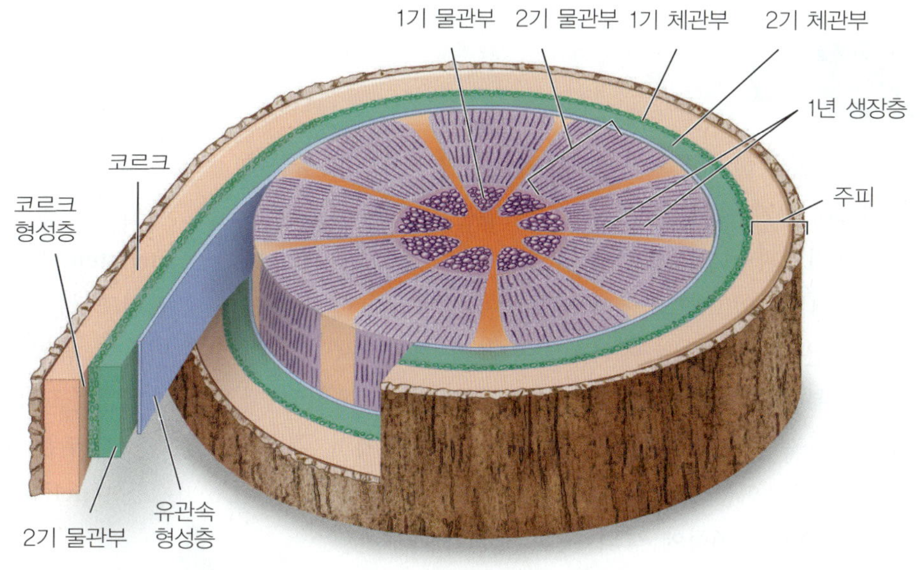

그림 33.6 유관속형성층과 2기 생장
유관속형성층과 코르크형성층(측생분열조직)은 2기 조직을 만들어 줄기의 부피를 증가시킨다. 매년 2기 조직의 새로운 한 층이 쌓여 목재에서 고리를 만든다.

유관속형성층이 생성되면, 측생분열조직인 **코르크형성층(cork cambium)**이 줄기외층에서 발생한다. 코르크형성층은 흔히 분열하면서 줄기 속으로 깊게 이동하여 분열하는 세포의 판으로 구성된다. 밖으로는 단단한 **코르크세포(cork cell)**로부터 분리된다. 코르크세포는 지방성 물질을 포함하고, 거의 불투수성이고, 성숙하면 죽는다. 안쪽으로 수피형성층은 분열하여 유조직세포의 한 층을 만든다. 코르크, 코르크형성층, 유조직세포의 층은 **주피(periderm, 그림 33.6)** 층을 이루는데 이는 식물의 외부 보호덮개이다.

코르크는 성숙한 줄기나 뿌리의 외부를 덮는다. **수피(bark)**는 성숙한 줄기나 뿌리의 관다발형성층의 밖에 있는 모든 조직을 말한다. 유관속형성층은 2기 식물체의 모든 곳에서 나타나는 얇은 세포벽을 갖기 때문에 수피는 축적된 2기 물관부를 부수고 나가는 층이 된다.

목재(wood)는 식물로부터 얻는 가장 유용하고 경제적으로 중요하고 아름다운 산물의 하나이다. 해부적으로 목재는 2기 물관부가 쌓인 것이다(**그림 33.6**의 연한 보라색). 2기 물관부가 나이가 들면서 그 세포들은 송진과 레진으로 충전되고, 목재는 진해진다. 이런 이유로 목재는 나무줄기의 중앙부분(심재)은 유관속형성층에 가까이 있고, 식물에서 수분이동을 능동적으로 담당하는 목재(연재)보다 점점 더 진하고 단단하게 된다.

목재는 축적되는 방식에 따라 보통 고리를 보여준다. **그림 33.7** 소나무의 단면에서 고리는 유관속형성층이 물이 풍부하고 기온이 생육에 적당한 봄과 여름이 물이 부족하고 추운 가을이나 겨울보다 더 활발하게 분열하는 사실을 반영한 것이다. 그 결과 생육기(밝은 부분)에 형성된 크고 얇은 세포들은 그 나머지 기간 동안에 만들어진 두꺼운 세포의 작고, 진한 층과 교대로 나타난다. 새 나이테는 매년 줄기 바깥을 향하여 쌓인다. 나무줄기에서 이런 1년 나이테 고리수를 세면 나무의 나이를 알 수 있고, 그 나이테의 폭은 환경요인에 대한 정보를 알려준다. 예를 들명, 나이테 폭이 좁은 지역은 장기간의 건조 조건 후 다습한 기간을 의미한다. **그림 33.7**의 나이를 추정해 보자.

그림 33.7 소나무 횡단면의 나이테
어떻게 만들어졌는지를 이해하는지를 검증하기 위하여 다음 질문에 답해 보자. 안쪽의 넓은 나이테는 바깥쪽의 좁은 나이테보다 나이가 많은가 아니면 적은가?

주요 학습 요점 33.4 식물체의 지상부 골격인 줄기는 그 끝에서 그리고 환상으로 자란다.

33.5 잎

잎은 보통 가장 현저한 지상부기관이고 구조적으로 다양하다(**그림 33.8**). 줄기정단부가 생장되면서 잎은 대부분 식물의 주요한 광포집기관이다. 식물의 엽록체를 포함하는 세포들의 대부분은 잎 내에 있고, 그곳에서 광합성이 일어난다(제6장). 선인장과 같은 식물에서는 예외적으로 녹색 줄기에서 광합성 기능을 대부분 수행한다. 광합성은 가장 효율적인 광합성 색소인 엽록소를 가지고 있는 식물체의 녹색부분에서 주로 일어난다. 어떤 식물에서 다른 색소가 나타나 녹색 외의 색을 보인다. 제6장에 광의 다른 파장을 흡수하는 부색소가 설명되어 있다. 따라서 적양배추나 적단풍과 같은 식물은 붉은 잎이 있어도 이들 잎은 엽록소를 포함하고 있고, 광합성 활동의 주요한 장소이다.

줄기와 뿌리의 정단분열조직은 적당한 조건에서는 무한정 자랄 수 있다. 대조적으로 잎은 **주변분열조직(marginal meristem)**으로 자라서 인접한 부분을 두껍게 한다. 이 주변분열조직은 밖으로 자라서 잎의 편평한 **엽신(잎몸, blade)**을 만들고 중앙 부분은 주맥이 된다. 잎이 완전히 확장되면 그 주변분열조직은 자라는 것을 멈춘다.

대부분의 잎들은 엽신과 함께 자루인 **잎자루(엽병, petiole)**를 갖는다. 잎자루 **기부(stipule)**는 줄기에 붙는다. 잎맥은 물관부와 체관부로 이루어졌는데 잎에 퍼져 있다. 제32장에서 같이 대부분 쌍떡잎식물에서는 그물맥이다(**그림 33.9b**). 많은 외떡잎식물에서는 잎맥이 나란히 있어 잎사귀를 수직적으로 통과한다.

그림 33.8 잎

잎은 참 다양하다. (*a*) 하나의 잎을 가지는 자작나무의 단엽. (*b*) 단엽이지만 거치가 발달한 단풍나무의 잎. (*c*) 주맥을 따라 소엽이 대상으로 난 호두나무의 복엽. (*d*) 한 지점에서 소잎이 방사선으로 배열된 침엽수의 복엽. (*e*) 소나무 잎은 거칠고 바늘 모양이다. (*f*) 변형된 특이한 잎들이 식물 종류에서 많이 나타난다. 어떤 식물은 꽃잎이나 포를 만든다. 포인세티아의 특이한 부분은 중앙의 작은 노란 꽃 주변에 변형된 잎인 붉은 포이다.

엽신은 알 모양에서 깊게 파인 막대기 모양에 이르기까지 그 형태는 다양하다(호두나무와 같이 하나의 잎자루에 소엽이 분리되어 붙어 있음; **그림 33.8*c***). 자작나무나 단풍나무와 같은 **단엽(simple leaf**, 그림 **33.8*a,b***)은 엽신이 하나이고, 나누어지지 않지만, 단풍나무나 참나무는 어떤 단엽은 거치가 있고, 굴곡이 심하고 귓불 모양이다. 물푸레나무와 호두나무, 등나무와 같은 **복엽(compound leaf)**에서 엽신은 소엽으로 나뉜다. 호두나무(**그림 33.8*c***)와 같이 소엽이 공통 축인 *주맥*(홑잎에서는 가운데 잎맥과 같다)을 따라 쌍으로 배열될 때 **우상복엽(pinnately compound)**이라 한다. 침엽수(**그림 33.8*d***)나 버지니아 담쟁이덩굴과 같이 잎자루의 잎 몸끝 한 지점에서 방사상으로 소엽이 나 있으면 **장상복엽(palmately compound)**이라 한다.

잎의 배열 또한 다양하다. 잎은 박주가리와 같이 **대생(opposite)**하거나 **호생(alternately**, 담쟁이덩굴과 같이 나선형 배열)적으로 배열될 수 있다. 드물지만 꼭두서니와 같이 세 개 이상의 잎이 한 곳에서 뭉쳐날 수 있다(**윤생, whorl**).

전형적 잎은 유조직의 덩어리인 **엽육(mesophyll)**을 갖는다. 이를 통하여 관다발과 잎맥이 연결된다. 잎의 위쪽 표피

그림 33.9 쌍떡잎식물과 외떡잎식물의 잎

(*a*) 쌍떡잎의 잎은 그물맥이고, (*b*) 외떡잎식물의 잎은 평행맥이다.

에는 **책상조직(palisade mesophyll)**으로 불리는 하나 혹은 매우 밀접하게 기둥 같은 유조직세포이 여러 층 있다(**그림 33.10**에서 붉은색 염색). 이들 세포들은 잎의 다른 세포보다 많은 엽록체를 가지고 있어 광합성을 더 잘할 수 있다. 이것은 표면의 세포가 빛을 더 많이 받을 수 있기 때문이다. 잎맥을 제외한 잎 내부의 나머지는 **해면조직(spongy mesophyll)**으로 이루어져 있다. 해면조직에는 세포 간의 큰 공간이 있어 가스교환을 하는데 특히 대기로부터 엽육세포로 이산화탄소가 이동되는 주요 통로이다. **그림 33.10**의 해면조직에서 공간이 이 조직기능의 기본임을 알 수 있다. 이 세포 간 내부공간은 잎 뒷면의 표피의 기공과 직간접적으로 연결된다.

> **주요 학습 요점 33.5** **식물체의 광합성기관인 잎은 형태와 배열이 다양하다.**

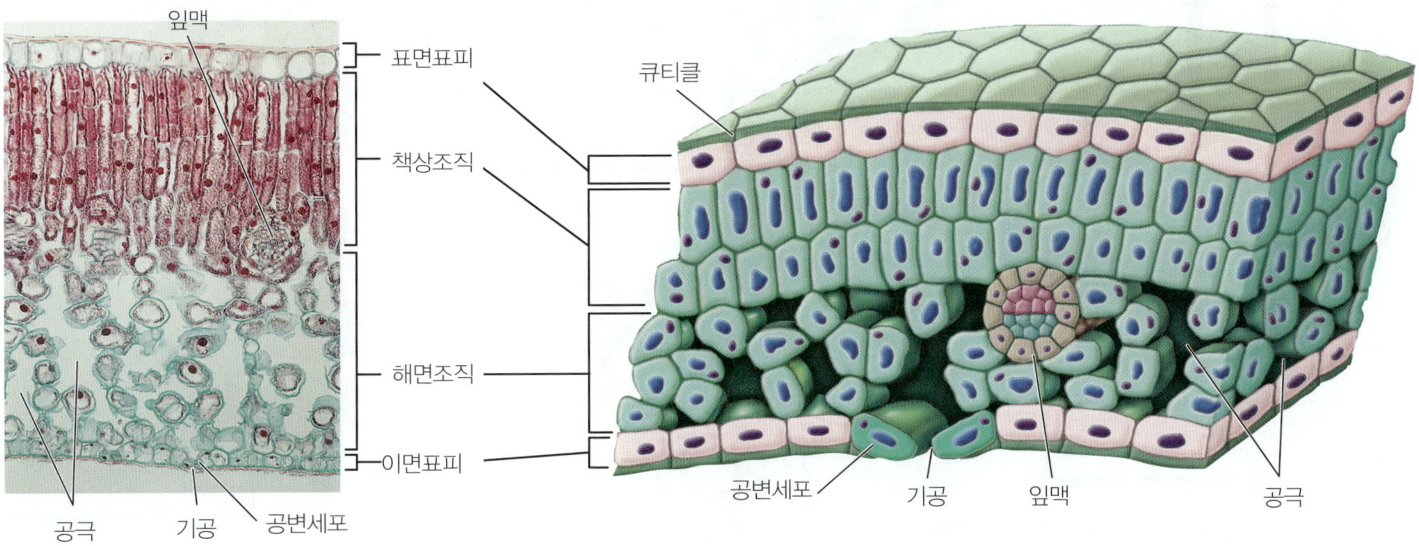

그림 33.10 잎의 횡단면

잎 횡단면은 책상과 해면조직, 관다발과 엽맥, 표피와 기공과 인접한 공변세포를 보여준다.

33.6 물 이동

관속식물은 사람과 같이 한 부분에서 다른 곳으로 영양액과 무기영양소를 운반하기 위하여 관계를 갖는다. 기능적으로 식물은 그 기부가 기본조직에 파묻혀 있는 관의 묶음이다. 이 묶음의 기저에는 뿌리가 있고 끝에는 잎이 있다. 식물이 기능하기 위해서 두 종류의 수송과정이 반드시 필요하다. 첫째, 광합성에 의하여 잎에서 생산된 탄수화물이 다른 살아 있는 세포로 전달되어야 한다. 이를 수행하기 위해서 탄수화물이 용해된 액체로 관의 상하로 이동하여야만 한다. 둘째, 흙의 무기영양소와 물은 뿌리에서 흡수되고 잎과 다른 세포로 전달되어야 한다. 이 과정에서 액체는 관 위로 이동된다. 식물은 이 두 과정을 특수화된 세포의 연결망을 통하여 수행한다. 체관부의 세포는 광합성으로 생산된 탄수화물을 식물의 위와 아래로 수송하고(**그림 33.11**의 붉은색 화살표), 물관부의 세포는 물과 무기영양소를 위로 나른다(**그림 33.11**의 파란색 화살표).

응집력-부착력-장력 이론

큰 나무의 수많은 잎을 쌓으면 10층 이상될 수 있다. 어떻게 나무는 그렇게 높은 곳까지 물을 들어 올릴까? 여러 요인들이 식물 높은 곳에 물을 나르는 데 작용한다. 식물의 뿌리로 물의 초기 이동은 삼투현상이다. 물은 물관부의 액체가 주변보다 더 많은 용질을 포함하고 있어 물은 뿌리세포로 이동한다(제4장에서 물은 막을 경계로 용질의 저농도의 지역에서 고농도 지역으로 이동할 수 있음을 알았다). 그러나 *근압*(root pressure)이라고 하는 이 힘은 물을 식물줄기로 끌어올리기에는 충분히 강한 힘이 되지는 못한다.

모세관작용은 끄는 것을 돕는다. *모세관작용*(capillary action)은 쌍극성 물 분자의 작은 전기적 인력이 전기적 전하를 띠는 표면에서 생기는 것으로 이 과정을 부착력(adhesion)이라 한다. 실험실에서 물기둥은 유리관을 타고 올라가는데 이는 물 분자의 인력이 유리관의 내부표면의 전하를 띤 분자에 작용하여 관에서 물을 당기기 때문이다. **그림 33.12**에서 이 과정을 설명하였는데 왜 관이 좁을수록 물은 더 높이 올라가는 걸까? 물 분자가 유리 분자에 결합하고 물은 관이 좁으면 좁을수록 높이 올라간다. 이는 응집하는 데 이용되는

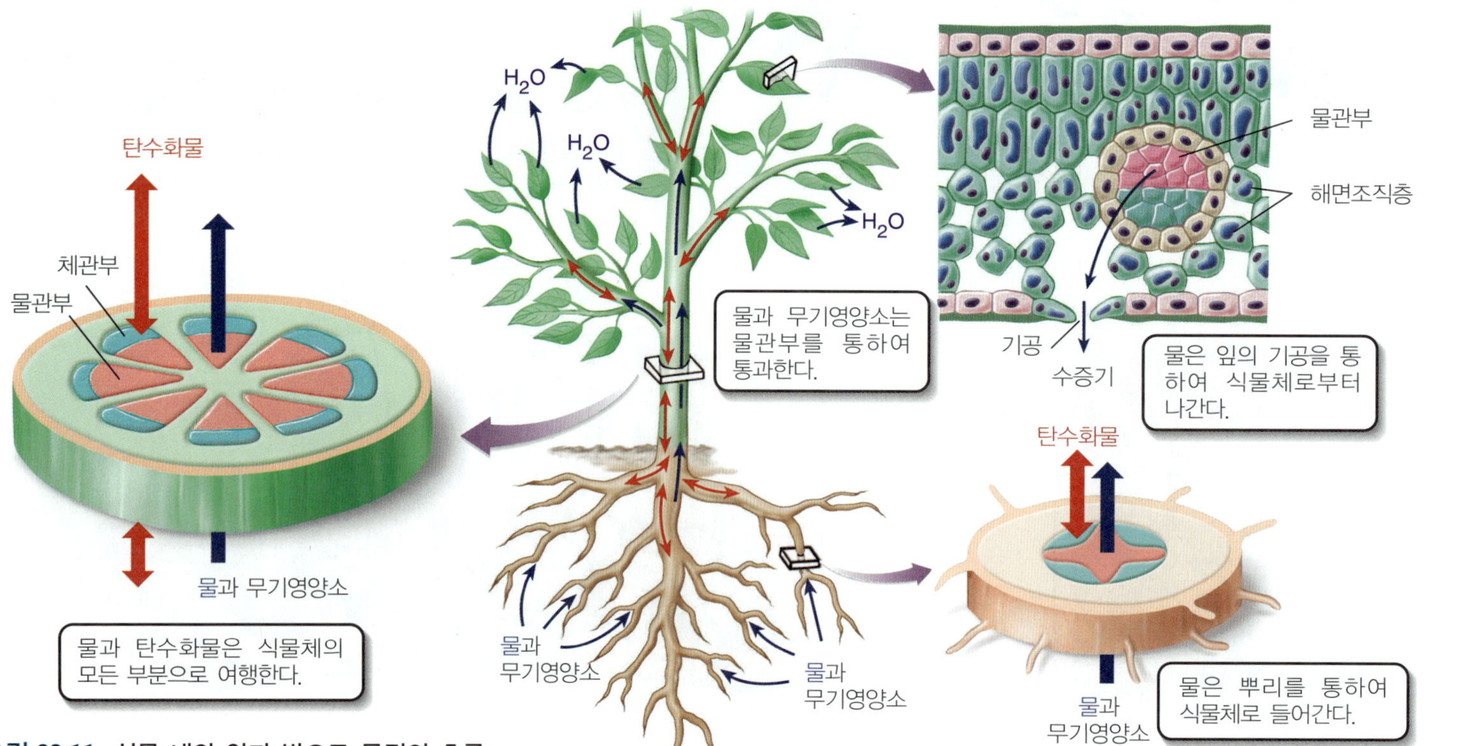

그림 33.11 식물 내와 안과 밖으로 물질의 흐름
물과 무기영양소는 식물의 뿌리를 통하여 들어가고 물관부를 통하여 식물체의 모든 부분으로 수송된다(파란색 화살표). 물은 잎에서 기공을 통하여 나간다. 잎에서 합성된 탄수화물은 체관부를 통하여 식물체 전체로 순환된다(붉은색 화살표).

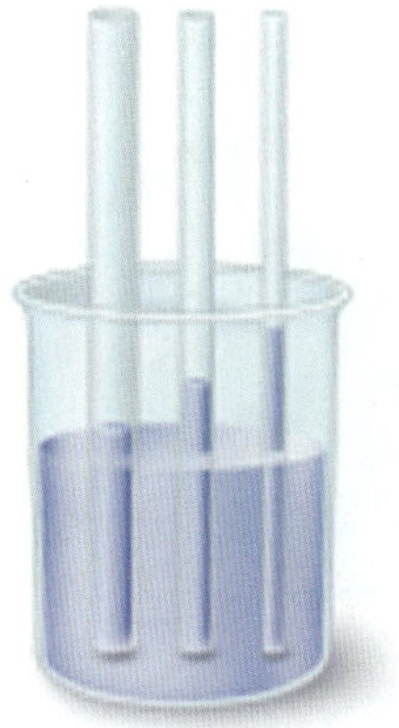

그림 33.12 모세관 현상

모세관작용은 좁은 관 내의 물을 주변의 물보다 위로 상승하게 만든다. 물 분자의 유리관표면에의 인력은 물을 아래로 잡아당기는 경향이 있는 중력의 힘보다 크게 위로 잡아당긴다. 관이 좁고 응집하는 데 이용되는 표면적이 클수록 관에서 물은 더 높이 상승한다.

표면적의 양이 큰 직경을 가지는 관보다 크기 때문이다.

그러나 모세관작용이 물을 1~2m 올릴 수 있으나 이것만으로 키가 큰 나무의 꼭대기까지 물의 이동을 설명할 수는 없다. 두 번째로 매우 강한 끄는 힘이 작용하는데, 이것은 나중에 서술하는 증산작용이다. 관을 열고 그 끝 위에 바람을 불게하면 증산작용이 어떻게 식물줄기 위로 물이 올라가는지를 증명할 수 있다. 비교적 건조한 공기의 흐름은 물기둥의 노출된 표면에서 물 분자를 관으로부터 증발하게 한다. 관의 물높이는 떨어지지 않는데 이는 물 분자가 위로부터 잡아당겨지는 만큼 밑에서 새로운 물 분자로 보충되기 때문이다. 뿌리로 들어가는 새 물 분자는 식물 위로 끌어올려진다. 식물의 좁은 도관벽으로 물 분자가 응집되는 것은 식물의 꼭대기까지 물의 흐름을 유지하는 데 도움이 된다.

물 분자는 서로가 수소결합을 하는 경향성에 의하여 나타나는 원래의 힘을 가지고 있기 때문에 큰 나무의 물기둥은 물 무게로 인하여 끊어지지 않는다. 이런 수소결합은 물 분자의 *응집력*(cohesion), 다시 말하면 물기둥은 분리되지 않으려는 현상을 일으킨다(제2장). 물방울의 거품은 응집력의 특성을 설명해 준다. 이러한 저항을 *장력*(tensile strength)이라 하는데 기둥의 직경에 반비례한다. 즉 기둥의 직경이 작을수록 장력의 힘은 세어진다. 따라서 식물은 장력의 이점을 갖기 위해서는 매우 좁은 수송 도관을 갖추어야만 한다.

중력, 부착력과 응집력에 의한 장력의 조합이 식물에서 물 수송에 영향을 미치는 방법이 **응집력-부착력-장력 이론(cohesion-adhesion-tension theory)**이다. 식물체에서 물이 상승하는 운동은 수동적인 과정이고 에너지 지출이 필요 없다는 것이 중요하다.

증산

물이 식물체를 떠나는 과정을 **증산(transpiration)**이라 한다. 뿌리로 흡수된 물의 90%이상이 대기로 나가고 그 대부분이 잎을 통과한다. 밑의 핵심 생물학 과정의 ❶에서 보는 바와 같이 그것은 수증기의 증발로 기공을 주로 통하여 밖으로 나간다. 식물 내부로부터 외부로의 여행에서 물 분자는 먼저 물관부로부터 잎의 해면조직으로 확산된다. 그런 다음 물은 세포 간 공극에 인접한 해면조직의 벽으로부터 증발로 인해 잎 내 공기 주머니로 통과한다. 이 세포 간 공극은 기공의 길을 따라 잎 밖으로 열린다. 해면엽육세포의 표면으로부터 증발한 물은 잎의 잎맥으로 끊임없이 보충된다. 물관부로부터

핵심 생물학 과정: 증산

건조한 공기가 잎에 흐르면서 수증기압을 기공 밖으로 증발시킨다.

잎으로부터 수분손실은 물관부를 통하여 줄기 위로 물을 끌어올리는 일종의 "흡입력"을 만든다.

새로운 물이 뿌리를 통하여 식물체로 들어가 줄기 위로 이동하는 물을 대체한다.

확산된 물 분자는 증발하는 물 분자를 계속하여 새롭게 대체한다. 물관부의 끈은 식물 내 물을 항상 뿌리로부터 잎까지 단절없는 흐름을 유도하기 때문에 세포 간 공간의 수증기의 부분은 기공을 통하여 밖으로 이동할 때 이 공극에 있는 수증기는 물기둥의 밑(❷)과 결국에는 뿌리(❸)로부터 연속하여 새롭게 된다. 증산의 과정은 증발에 의하여 좌우되기 때문에 증발에 영향을 주는 요인들은 또한 증산에 영향을 준다. 기공을 통한 공기의 이동 외에 전술한 바와 같이 대기 습도(다습은 감소시키고 저습은 증가시킨다)가 증발속도에 영향을 준다. 온도 또한 증발속도에 영향을 주는데 고온은 증가시키고 저온은 감소시킨다. 이 온도효과는 증발이 식물조직을 냉각시키기 때문에 특히 중요하다.

잎의 기공, 큐티클과 세포 공극과 같은 구조적 특성은 두 상반되는 요구 반응에 관여한다. 대기로의 수분 소실을 최소화하는 동시에 광합성에 필수적인 이산화탄소를 받아들여야 한다. 식물이 이 문제를 해결하는 방법을 다음에서 논의한다.

증산의 조절: 기공 개폐

식물이 단기간에 물 손실을 조절하는 유일한 길은 기공을 닫는 것이다. 많은 식물은 수분부족에 직면하면 이런 방법으로 해결한다. 기공은 최소로 열어 광합성에 필수적인 이산화탄소가 나갈 수 있다. 기공의 개폐에서 식물은 수분을 보전하고 이산화탄소를 받아들이는 두 가지 필요에 반응해야 한다.

기공은 공변세포의 수분압의 변화로 인하여 열리고 닫힌다. 공변세포는 긴 소시지형 세포로 끝이 붙어 있다. 이는 녹색 세포이다(**그림 33.13**). 세포벽의 섬유소 미세섬유가 세포를 둘러싸고 있어 공변세포가 **단단할(turgid**; 물로 부풀어 오른다) 때 길이 방향으로 팽창되어 세포가 휘어지게 되어 기공이 열리게 된다(그림에서 왼쪽). 공변세포의 팽압은 이온의 능동적 흡수로부터 발생하고, 그 결과 물이 삼투현상으로 들어가게 된다.

여러 환경요인인 기공의 개폐에 영향을 준다. 가장 중요한 것은 수분 손실이다. 시든 식물의 기공은 물의 부족으로 닫히게 된다. 이산화탄소 농도의 증가 또한 대부분 종의 기공을 닫히게 한다. 대부분 식물의 기공은 낮에 열리고 밤에 닫힌다.

뿌리에 의한 수분흡수

식물에 의해 흡수된 물의 대부분은 표피세포의 확장인 뿌리털을 통하여 들어온다. 이는 뿌리에게 깃털 모양을 만든다(**그림 33.14**). 이 뿌리털은 표면적을 크게 증가시켜 뿌리의 흡착력을 높인다. 뿌리털은 물로 부풀어 오른다. 뿌리털은 토양수보다 더 높은 농도의 무기영양소와 용질을 가지고 있기 때문에 물은 계속하여 안으로 이동하는 경향이 있다. 뿌리 안에서 물은 물관부의 도관요소 쪽으로 통과한다.

물만 뿌리털을 통과하여 뿌리로 들어가는 유일한 물질이 아니다. 무기영양소도 또한 뿌리로 들어간다. 뿌리털세포의 막은 능동적으로 특정 이온을 큰 농도기울기에 저항하여 식물체내로 끌어올리는 다양한 이온수송통로를 갖는다. 식물 무기영양소의 대부분이 이들 이온은 물관부를 통하여 흐르는 물의 하나의 구성원으로 식물체 전체로 수송된다.

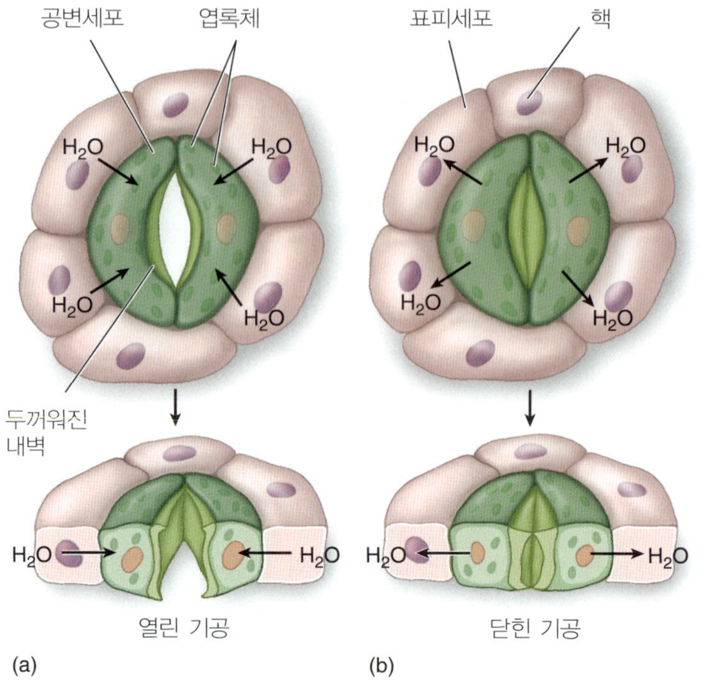

그림 33.13 공변세포가 기공의 개폐를 조절하는 방법
(*a*) 공변세포가 높은 농도의 용질을 가질 때 수분은 삼투현상에 의하여 공변세포 내로 들어가서 부풀어 밖으로 휘어지게 된다. 이 휘어짐이 기공을 연다. (*b*) 공변세포가 낮은 수준의 용질을 포함할 때 물은 공변세포를 떠나서 흐늘흐늘해진다. 이 흐늘흐늘해짐이 기공을 닫는다.

그림 33.14 뿌리털
풍부하고 미세한 뿌리털을 발아하는 배추의 어린식물의 뿌리 끝의 뒤에서 볼 수 있다.

주요 학습 요점 33.6 물은 잎에서 증산작용에 의하여 뿌리로부터 식물줄기로 끌어올려 진다.

33.7 탄수화물 운반

식물의 잎과 다른 녹색부에서 생산된 대부분의 탄수화물은 체관부를 통하여 식물의 다른 부분으로 이동한다. 이 과정은 **운반(translocation)**으로 식물의 활발한 생육 부위에 이용 가능한 적합한 탄수화물 저장체를 만든다. 탄수화물은 설탕과 같은 수송 가능한 분자로 전환되어 식물체로 전체로 운반된다.

당과 다른 물질이 식물체 내에서 운반하는 경로는 방사성 동위원소와 식물의 액을 빨아먹는 진딧물을 이용하여 정확히 증명되었다. 진딧물은 잎과 줄기의 체관부에 구기를 삽입하여 그곳에 있는 당을 얻는다. 진딧물을 잎으로부터 자르면 액체가 식물조직에서 돌출된 잘려진 구기로부터 계속하여 흘러나와서 이 순수한 형태를 분석에 사용할 수 있다. 사부의 액체는 10~25%의 가용성 고형물질로 거의 대부분이 설탕이다. 단풍나무 액도 유사하다. 겨울동안에 저장된 녹말은 식물체 전체를 통하여 운반되는 수액으로 바뀐다. 구멍을 나무에 뚫고 관을 사용하여 설탕이 풍부한 액체를 양동이에 채집하고 나면 이 액체가 단풍나무시럽으로 된다.

연구자들은 결정적인 표본을 얻기 위하여 진딧물과 방사선동위원소를 사용하여 체관부의 물질 이동은 시간당 50~100cm 속도로 매우 빠르게 이동함을 알아냈다. 이 운반운동은 에너지 지출이 없는 수동적인 과정이다. 체관부에서 운반된 물질의 **집단 흐름(mass flow)**은 삼투현상으로 나타나는 수압 때문에 일어난다. 핵심 생물학 과정의 그림을 통하여 운반 과정에 대하여 알 수 있다. 광합성의 결과 생성된 당은 능동적으로 유관속의 체관(또는 체관세포) 속으로 실려간다(❶). 이 실린 부하는 체관의 용질 농도를 증가시켜서 삼투현상으로 물이 안으로 들어가게 된다(❷). 당이 만들어지는 곳을 *공급원*, 당이 체관으로부터 전달되는 곳을 *수용원*이라 한다. 수용원은 뿌리나 광합성을 하지 않는 어린잎이나 익은 과일과 같은 식물의 다른 기관이다. 체관으로 들어오는 물은 체관에서 당 물질을 식물체의 밑으로 밀어낸다(❸). 당은 분리되고 수용원에서 저장된다(❹). 체관의 용질농도가 감소하는 곳에서 당은 제거된다. 이 과정으로 물은 당이 첨가되는 곳으로부터 체관을 통하여 당이 줄어드는 곳으로 이동한다. 당은 물과 수동적으로 이동한다. 이를 *압류설*이라고 한다.

주요 학습 요점 33.7 탄수화물은 운반의 수동적 삼투과정에 의하여 식물체 전체로 이동한다.

핵심 생물학 과정: 운반

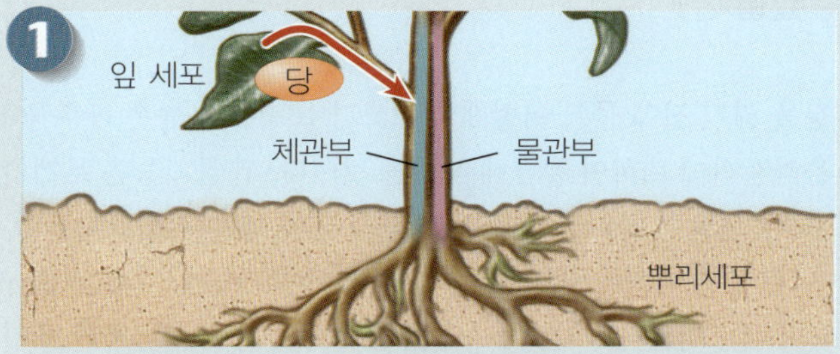

광합성에 의하여 잎에서 만들어진 당(공급원)은 능동수송으로 체관부로 들어간다.

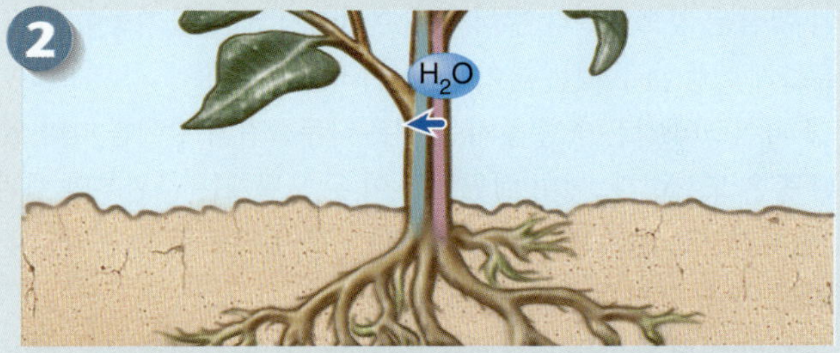

체관부에서 당 농도가 증가하면, 물은 삼투작용에 의하여 체관세포로 들어간다.

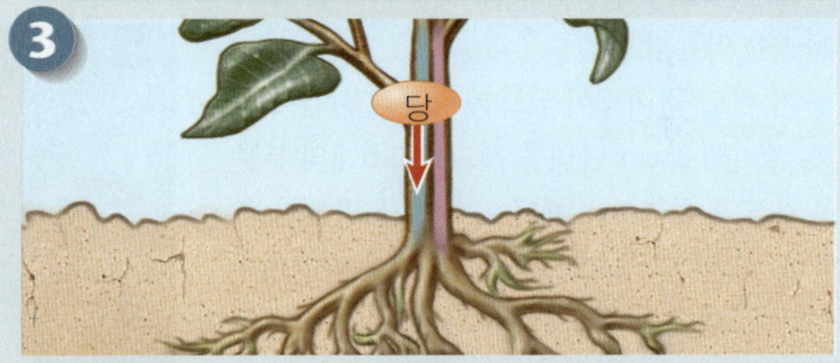

물관부로부터 물의 첨가는 체관부 내 압력을 상승시켜 당을 밑으로 내려가게 민다.

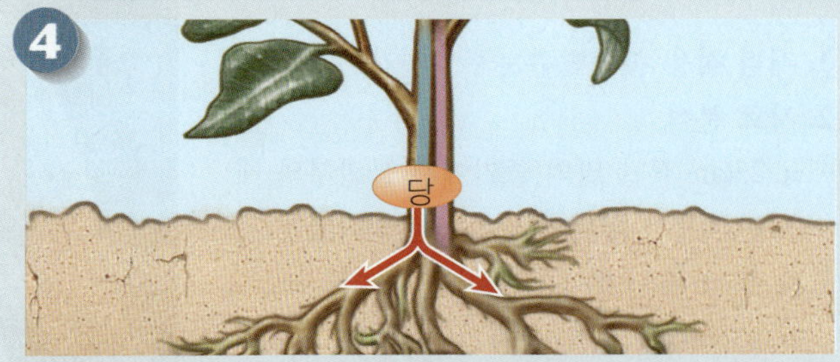

체관부 당은 능동수송에 의하여 뿌리세포(수용원)로 들어간다.

질문 & 분석

물은 물관부나 체관부를 통하여 나무 위로 올라갈 수 있을까?

이 장을 읽기 전에 물이 어떻게 뿌리보다 10층이나 높은 나무꼭대기가지 올라갈까에 대하여 궁금해 하였을 것이다. 긴 물기둥은 무게가 상당하다. 긴 음료수 빨대를 만들어 그곳에 물을 채운다면 빨아올릴 수 없다. 이런 수수께끼에 대한 답은 1911년 독일 생물학자 Otto Renner에 의하여 시도되었다. 그는 나뭇잎을 통과하여 흐르는 건조한 공기는 증발에 의하여 물 분자를 붙잡고, 이 물은 뿌리로부터 들어오는 다른 물 분자에 의하여 대체된다고 제안하였다. 근본적으로 옳은 Renner의 생각은 이 장에서 설명한 응집력-부착력-장력 이론의 핵심을 이룬다. 이론의 핵심은 잎으로부터 뿌리까지 깨어지지 않는 물기둥이 있어 물이 자유롭게 이동할 수 있는 파이프(관)이라는 것이다.

물 파이프와 같은 역할을 하는 것은 나무줄기의 길이를 따라 있는 연속된 좁은 도관이다. 이미 배웠듯이 이 두 도관계는 물관부와 체관부이다. 원칙적으로 물관부나 체관부는 나무줄기 위로 물을 올리는 분배하는 힘이 있다. 그것은 무엇인가?

근사한 실험은 이들 도관계중 무엇이 나무 줄기위로 물을 실어 나른다는 것을 증명한다. 줄기 바닥끝에는 방사성동위원소 ^{42}K가 담인 물에 놓는다. 왁스종이를 23cm 줄기 단면의 물관부와 체관부 사이에 조심스럽게 삽입하여 물관부와 체관부간 물의 측면 운반을 막는다.

줄기 위로 물 이동이 되도록 충분히 시간이 지난 후 줄기의 23cm 단면을 제거하고 6개의 부분으로 자른 후 물관부와 체관부에서 ^{42}K의 양을 측정한다. 마찬가지로 23cm 절편의 위와 아래에서 측정한다. 기록된 방사선량은 줄기의 바닥으로부터 물관부나 체관부를 통하여 상승 이동한 물의 양을 직접적으로 나타낸다. 그 결과는 위 그래프에 나와 있다.

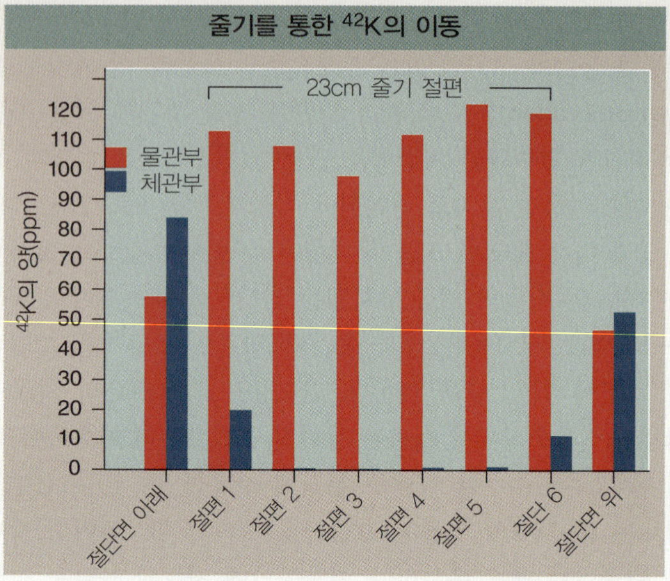

1. **개념 적용** 종속변수는 무엇인가?
2. **자료 분석**
   a. 23cm 절단 밑의 줄기에서 물관부와 체관부에서 둘 다 방사성이 검출되었는가? 23cm 절단 위에서는 어떤가?
   b. 23cm 절단면의 중앙부근 절편 2, 3, 4, 5에서 물관부와 체관부에서 둘 다 방사성이 검출되었는가?
3. **추론하기**
   a. 23cm 절편에서 물관부와 체관부 어느 곳에서 더 많은 ^{42}K가 발견되는가? 이로부터 어떤 결론을 내릴 수 있는가?
   b. 23cm 절편의 위아래 어느 곳에서 더 많은 ^{42}K가 발견되는가? 그 이유는 무엇인가?(이 절편은 물관부와 체관부 간의 측면이동을 막는 왁스가 없다)
   c. 23cm 절편 내에서 절편 1과 6의 체관부에서 내부 절편보다 더 많은 ^{42}K가 나타나는 이유는 무엇인가?
   d. 물은 물관부나 체관부를 통하여 줄기 위로 상승한다고 추론할 수 있는가? 설명하시오.
4. **결론 도출** 물은 물관부나 체관부를 통하여 줄기 위로 상승하는가? 설명하시오.
5. **심층 분석** 도관계가 식물 잎의 광합성으로 생산된 당을 뿌리의 세포로 운반한다는 것을 증명하기 위하여 유사한 실험을 설계하시오.

단원 복습

식물 조직의 구조와 기능

33.1 관속식물의 조직화

- 대부분 식물은 똑같아 보이지는 않지만 뿌리, 줄기와 잎을 소유한다. 관다발조직은 식물 전체에 퍼져 있어 뿌리, 줄기와 잎을 연결한다(**그림 33.1**).
- 생장은 분열조직이라는 지역에서 일어난다. 뿌리와 줄기의 끝은 1기 생장 장소인 정단분열조직을 갖는다. 1기 생장은 식물체를 길게 자라게 한다. 2차 생장이라는 식물의 두께, 즉 둘레는 증가는 원기둥의 분열조직인 측생분열조직에서 일어난다.

33.2 식물조직 유형

- 기본조직은 식물체의 주요 몸을 이루고, 여러 다른 세포유형을 갖는다(**삽입 그림, 801쪽**). 유조직세포는 식물에서 가장 흔한 유형이다. 이들은 광합성과 양분과 수분저장과 같은 기능을 수행한다. 과일과 채소의 먹는 부분은 주로 유조직세포이다.
- 후막조직은 지지를 제공하는 끈을 형성하고 특히 2기 생장이 없는 식물에서 그러하다. 보통 불균일한 두꺼운 세포벽을 가지는 신장된 세포이다.

- 후벽세포는 강도와 경도를 제공하는 두꺼운 2차 세포벽을 갖는다. 이 2차 세포벽은 세포들이 자라는 것을 멈추고 나면 쌓이는 것이다. 후벽세포나 석세포라고 하는 긴 섬유나 가지가 생기는 구조를 형성한다.
- 표피조직은 식물체의 외층을 구성하고 큐티클(뿌리세포는 없다)인 왁스로 덮인 표피세포로 이루어져 있다(**삽입 그림, 802쪽**). 이 외층은 식물을 보호하고 큐티클은 수분손실을 막는 장벽을 제공한다. 쌍 공변세포는 표피조직에서 특별한 세포이다. 두 공변세포 간의 공간이 기공인데 외부조건에 따라 반응하여 개폐(가스교환)한다.
- 모영과 털은 표피세포의 확장이다. 모영은 잎에서 열과 수분균형을 조절하고 어떤 것은 방어기작으로 독성물질을 분비한다. 뿌리털은 뿌리의 표면적을 증가시켜 토양으로부터 더 많은 물과 무기영양소를 흡수하게 한다.
- 관다발조직은 물관부와 체관부로 구성된다(**삽입 그림, 803쪽**). 물관부는 옆 그림과 같이 가도관이나 도관요소는 물 수송세포를 갖는다. 구조적으로 지지를 제공하는 두꺼운 2차 세포벽을 갖는다. 물이 통과하는 천공과 벽공에 의하여 연결된 긴 끈을 형성한다.

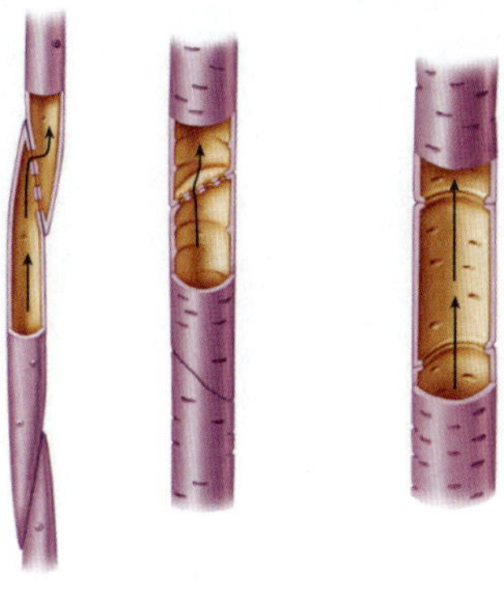

- 체관부는 양분전달세포인 체관세포와 체관요소로 되어 있다. 이 세포는 끝과 끝이 맞게 연결되어 있어 양분은 세포 간 구멍을 통하여 전달된다. 체관세포와 같이 있는 동반세포는 체관요소를 유지하는 데 필요한 물질기능을 수행한다.

식물체

33.3 뿌리

- 뿌리는 흙으로부터 물과 무기영양소를 흡수하기 위하여 적응된 기관이다. 관다발조직은 뿌리중심으로 확장한다.
- 내피라는 세포들의 단일층은 관다발조직을 둘러싼다. 왁스성 카스파리 안대는 내피세포를 둘러싸고 세포 간 물의 수송을 막는다(**삽입 그림, 804쪽**). 물은 세포를 통하여 물관부로 밀려들어 간다.
- 뿌리는 신장지역이라는 지역의 뿌리끝에서 자란다(**그림** 33.2). 새로운 세포는 정단분열조직에 의하여 첨가된다. 곰팡이와 세균과의 공생관계는 물과 무기영양소의 흡수를 증가시킨다.

33.4 줄기

- 줄기는 잎의 배치를 위한 골격역할을 한다. 1기 생장은 정단분열조직에서 일어난다. 잎은 마디 지역의 줄기에서 자란다(**그림 33.4**). 2기 생장은 관다발형성층이 물관부와 체관부로 분화되고, 코르크형성층이 수피 내 코르크 층으로 되는 측생분열조직에서 일어난다(**그림 33.6**). 목재는 봄과 여름에는 두꺼워 목재에서 나이테를 만드는 2기 물관부의 축적으로부터 형성된다.

33.5 잎

- 잎은 광합성을 위한 주요 장소이다. 잎은 엽신을 형성하는 주변분열조직에 의하여 줄기로부터 자란다. 크기, 모양과 배열이 다양하다(**그림 33.8**). 광합성 책상조직세포는 표면을 향하여 있다. 안쪽에 있는 해면성 엽육세포층은 가스교환을 담당하는 큰 세포 간 공간을 갖는다(**그림 33.10**).

식물 운반과 영양

33.6 물 이동

- 탄수화물과 물은 체관부와 물관부에 의하여 각각 수송된다(**그림 33.11**).
- 물은 삼투현상에 의하여 뿌리로 들어간다. 뿌리압과 모세관 작용(**그림 33.12**)은 물을 통도조직 위로 올려 통과시킨다. 그러나 긴 줄기 위로 여행하는 물은 응집력-부착력-장력 이론으로 알려진 이들 세 가지의 조합인 강력한 힘을 필요로 한다. 잎으로부터의 증발인 증산은 물을 물관부로 끌어올리는 당기는 인력을 생성한다(**핵심 생물학 과정, 811쪽**).

- 기공둘레의 공변세포는 물이 풍부하면 부풀어 오른다(**그림 33.13**). 이 팽압은 기공을 열어 수증기가 밖으로 빠져나가게 한다. 수분이 부족한 상태에서는 물이 공변세포를 떠나 기공은 닫히고 물손실을 줄인다.
- 무기영양소는 물과 함께 뿌리털세포의 이온채널을 통하여 식물로 들어간다(**그림 33.14**).

33.7 탄수화물 운반

- 잎에서 생산된 탄수화물은 체관부조직 내에서 식물 전체로 여행한다. 영양소 운반은 물이 삼투적으로 체관부세포에 들어가는 과정이 관여하는데, 당을 필요할 때까지 탄수화물의 수용원으로 밀어낸다(**핵심 생물학 과정, 813쪽**).

이해력 확인 문제

1. 유관속식물에서 생장은 어디에서 시작되는가?
a. 광합성조직
b. 뿌리조직
c. 분열조직
d. 잎 표피조직

2. 관속식물에서 체관부는 주로 _________.
a. 물을 수송한다.
b. 탄수화물을 수송한다.
c. 무기영양소를 수송한다.
d. 식물체를 지지한다.

3. 대부분의 물질대사와 저장기능을 하는 기본조직은 무엇인가?
a. 유조직세포
b. 후각조직세포
c. 후벽조직 세포
d. 석세포

4. 뿌리에서 측생분지의 생장은 어디에서 시작하는가?
a. 뿌리표피
b. 뿌리털
c. 기본분열조직
d. 내초

5. 줄기에서 2기 생장을 담당하는 조직은 무엇인가?
a. 후각조직
b. 수
c. 형성층
d. 피층

6. 쌍떡잎과 외떡잎식물 줄기의 차이점은 무엇인가?
a. 외떡잎식물 눈의 부재
b. 관다발조직의 조직화
c. 공변세포의 존재
d. 기공의 유무

7. 관다발식물 잎에서 가스는 어떤 구멍을 통하여 식물체로 들어가고 나오는가?
a. 기공
b. 기본분열조직
c. 엽록체
d. 모영

8. 다음 중 뿌리에서 잎으로 물의 이동에 직접적으로 관여하지 않는 과정은 무엇인가?
a. 광합성
b. 뿌리압
c. 모세관 작용
d. 증산

9. 식물전체로 탄수화물의 이동에 관여하는 수동적인 과정은 무엇인가?
a. 증산
b. 운반
c. 전환
d. 증발

10. 식물 전체로 탄수화물이 이동하는 것은 무엇에 의하여 유도되는가?
a. 촉진확산
b. 능동수송
c. 증발
d. 삼투

응용력 확인 문제

1. 그림 33.2 뿌리의 정단분열조직을 덮고 있는 뿌리골무가 하는 기능은 무엇인가?

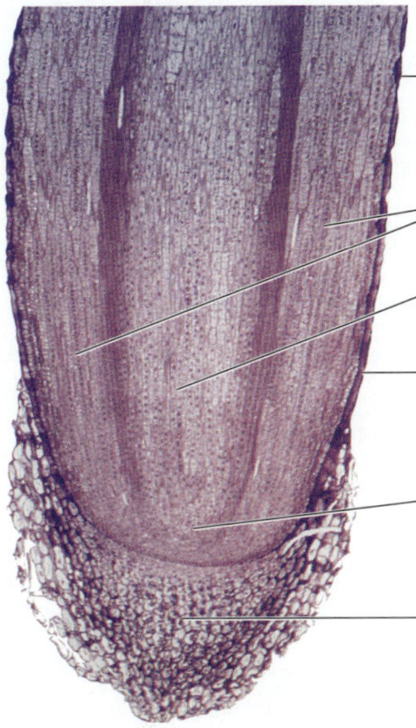

2. 그림 33.7 나무의 나이테를 만드는 계절적 변화는 어떻게 일어나는가? 건조한 해와 습한 해는 이에 어떻게 영향을 주겠는가?

3. 그림 33.13 만약 온난하고 낡은 아파트에 분재화초를 내버려둔 채 여러 날 휴가를 갔다면 기공의 모습은 아래의 그림 중 어느 쪽에 가깝겠는가? 그 이유를 설명하시오.

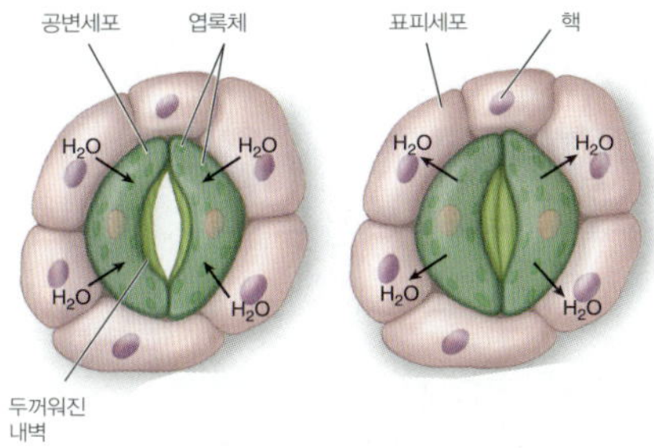

종합 학습

1. 육상식물은 왜 후벽세포가 필요한가?

2. 추운 기후에 있는 일부식물은 겨울에 잎을 떨어뜨린다. 그들은 수피를 가지고 있고 줄기는 녹색이 아니다. 사막기후에서 팔로버르드(palo verde)와 오코틸로(ocotillo) 같은 식물은 물 손실을 최소로 줄이기 위하여 잎 전부 혹은 일부를 떨어뜨린다. 이들 식물은 녹색줄기를 갖는다. 그 차이점은 무엇인가?

3. 한 친구가 미시건 북부로 가족여행을 다녀왔다. 그곳에서 그는 단풍나무 시럽을 만드는 나무농장을 방문하였다. 그들은 항상 단풍나무 수피에 하나의 비교적 작은 흠을 내고 수액을 모으기 위하여 그 밑에 양동이를 매달아 놓았다. 그는 왜 나무 둘레를 완전히 흠을 내면 더 많은 수액을 빠르게 모으지 않겠느냐고 물었다. 이에 대한 답은 무엇인가?

34

식물의 생식과 생장

학습단원

현화식물의 생식

34.1 속씨식물의 생식
1. 무성생식과 유성생식의 비교
2. 식물의 영양생식의 네 가지 유형 묘사

현화식물의 유성생식

34.2 꽃의 구조
1. 속씨식물의 생식기관이 동물의 생식기관과 두 가지 관점의 차이
2. 모든 주요부분의 이름과 꽃의 구조를 그림으로 표현
3. 자웅동주 식물과 자웅이주 식물의 비교
4. 난자와 화분 형성의 과정 서술

34.3 생식세포가 꽃 속에서 결합하다
1. 자가수분과 이종교배의 비교
2. 수분과 중복수정의 단계

34.4 종자
1. 접합체 형성부터 5일 후의 원숙한 배아까지 속씨식물 배아의 발달 과정

34.5 열매
1. 다육과의 세 가지 주된 유형 비교

34.6 발아
1. 발아를 일으키는 두 가지 필수요건
2. 외떡잎식물과 쌍떡잎식물에서 첫 광합성 작용을 하는 구조 비교

34.7 성장과 영양
1. 9가지 식물 다량영양소와 이 영양소들의 사용 방법
2. 7가지 식물 미량영양소와 이 영양소들의 사용 방법

식물생장의 조절

34.8 식물호르몬
1. 5가지 주요 식물호르몬의 이름과 기능
2. 성체 식물에서 분화된 조직을 실험에서 사용하는 방법

34.9 옥신
1. 옥신이 식물이 빛을 방향으로 굽게 하는 방법

환경 자극에 대한 식물의 반응

34.10 광주기와 휴면
1. 낮의 길이가 식물의 개화에 미치는 영향

34.11 굴성
1. 굴광성, 굴중성, 굴촉성의 비교하자

질문 & 분석: 꽃가루 매개자가 꽃색의 진화에 책임이 있는가?

씨앗은 식물의 가장 영리한 적응 방법 중 하나이다. 다음 세대인 씨앗을 바람이나 동물에 의해 먼 곳까지 운반하여 식물이 서식지를 점거하게 한다. 씨앗은 유전정보를 보호하는 상자와 같고, 씨앗 내부를 수분없이 유지하기 위한 방수와 같은 여러 가지 메커니즘에 의해 동면 상태에 있는 배아이다. 씨앗이 적합한 토양에 뿌리내리면 발아라는 과정을 통해 방수표면이 부풀어 터지고 배아가 자라기 시작한다. 대두식물의 씨앗은 잎은 위로 올라가고 뿌리는 아래 토양으로 내려간다. 많은 씨앗에 있어서 수분과 온난한 기온은 발아를 촉발하기에 충분하다. 그러나 어떤 종에게는 더욱 극단적인 계기를 필요로 한다. 예를 들어, 소나무의 종자는 산불과 같은 극심한 온도에 노출되지 않으면 발아하지 않는다. 주기적인 산불은 햇빛이 묘목에 도달할 수 있는 공간을 만들고 산불에 의해 탄 나무들의 조직으로부터 풍부한 영양분이 토양으로 스며든다.

34.1 속씨식물의 생식

식물계의 생식은 매우 다양하지만, 이 과에서는 현화식물의 생식에 중점을 둔다. 현화식물의 독특한 유성생식 특징인 꽃과 열매는 성공적으로 진화에 기여하였지만 속씨식물은 무성생식으로도 생식한다.

무성생식

무성생식(asexual reproduction)에서는 한 부모로부터 모든 염색체를 물려받아 부모와 유전적으로 동일하다. 무성생식은 부모의 "복제생물"을 생산한다.

안정된 환경에서 무성생식은 더 적은 에너지를 투자하여 생식하면서 성공적인 특성을 유지하기 때문에 유성생식보다 더 유리하다. 무성생식의 흔한 종류인 *영양생식*(vegetative reproduction)은 부모의 일부로부터 단순히 복제되면서 일어난다.

식물의 영양생식은 다양하다:

넝쿨 어떤 식물은 넝쿨을 이용하여 생식한다. 넝쿨은 길고 가느다란 줄기로써 토양의 표면을 따라 자란다. 여기 보이는 딸기식물은 넝쿨을 이용하여 생식한다. 줄기의 마디부분을 보면 부정근이 형성되어 토양 안으로 뻗어간다. 잎사귀와 꽃이 형성되고 새로운 새싹이 나와 넝쿨을 잇는다.

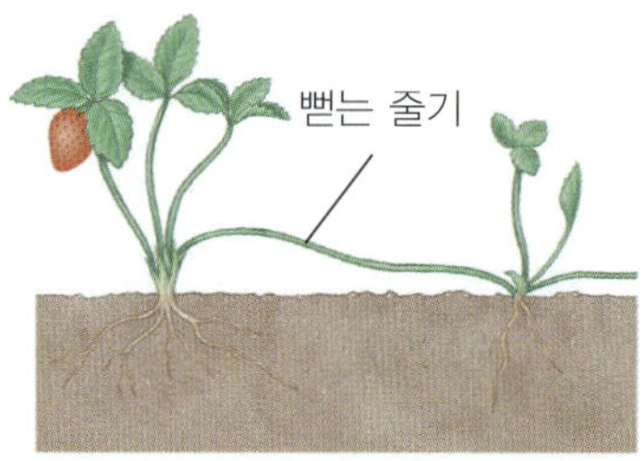

지하경 지하경은 지하의 수평 가지로써 지하망을 만든다. 넝쿨에서와 같이 마디는 새로운 꽃을 피우는 새싹이 생기게 한다. 많은 잡초의 유해한 성질은 이러한 성장패턴의 결과이지만 풀이나 붓꽃과 같은 많은 정원식물들도 이러한 성질을 갖고 있다. 덩이줄기라 불리는 특징적인 가지는 식품저장과 생식기능을 수행한다. 감자는 특수한 지하 가지에 음식을 저장하고 "눈" 부분이 새로운 식물이 생기게 한다.

흡지 어떤 식물의 뿌리는 "흡지" 또는 새순을 생산하여 체리, 사과, 산딸기, 블랙베리 식물과 같은 새로운 식물을 생기게 한다. 민들레의 뿌리부분을 땅에서 잡아당기면 찢어지는데, 각각의 뿌리조각은 새로운 식물이 생기게 한다.

부정묘목 소수의 종 중에는 잎사귀가 생식력을 갖기도 한다. 한 예는 *Kalanchoë daigremontiana* 실내용 화초이다. 이 화초는 많은 사람들에게 "모성적 식물" 또는 "수천 개의 어머니"로 잘 알려져 있다. 그림에서 보이는 것처럼, 잎사귀의 결을 따라 존재하는 분열 조직으로부터 생긴 많은 묘목에서 이 식물의 이름이 유래하였다. 모성적식물은 대개 이렇게 작은 식물이 흙에 떨어져 다 자라면 뿌리를 내림으로 번식된다.

유성식물

식물의 생식주기는 세대가 교체된다는 특징이 있다. 제32장에서 소개된 것처럼, 2배체 *아포체 세대*는 1배체 *배우체 세대*가 생기게 한다. 속씨식물에서 배우체 세대는 부모의 포자체에 전적으로 에워싸여 있다. 수배우체는 **화분립(pollen grain)**으로 소포자에서 성장한다. 암배우체는 *거대포자*에서 발달하는 **배낭(embryo sac)**이다. 소포자와 대포자는 뒤에 자세히 알아볼 것이다. 화분립과 배낭은 속씨식물의 꽃 중 독립되고 전문적인 구조에서 생산된다. 화분립은 꽃에서 연장된 화사에서 형성되고 배낭은 아래 보이는 것처럼 꽃의 제일 아래 부분에 있다.

주요 학습 요점 33.1 **속씨식물의 생식은 무성색식과 유성생식을 포함한다.**

34.2 꽃의 구조

꽃은 유성생식을 위한 기관을 갖고 있다. 속씨식물은 동물처럼 수 배우자와 암 배우자(정자와 난자)를 생산하기 위한 독립된 구조를 갖고 있지만 속씨식물의 생식 기관은 동물의 생식기관과는 두 가지 관점에서 다르다. 첫째, 속씨식물은 항상은 아니지만 거의 대부분 수컷 구조와 암컷 구조 모두 동일한 꽃에 존재한다. 둘째, 속씨식물의 꽃과 생식기관은 다 자란 식물의 영구적인 부분이 아니다. 속씨식물과 생식기관은 계절적으로 성장한다. 이 개화기는 수분작용과 꽃가루가 꽃의 암컷 부분으로 이동하기에 좋은 시기이다.

꽃은 종종 수컷과 암컷 부분을 포함한다. *수술*(stamen)이라고 하는 수컷 부분은 **그림 34.1*a***의 내부그림에서 볼 수 있는 것과 같이, 긴 섬유질의 구조이다. 각각의 필라멘트의 끝에는 부은 부분이 있는데, *꽃밥*이라고 하는 꽃가루를 포함하고 있다. 심피라고 하는 암컷 부분은 꽃병 모양의 구조이다. 심피는 아래 쪽의 툭 튀어나온 *씨방*, *화주(암술대)*라고 하는 가는 줄기, 그리고 꽃가루를 받는 끈적거리는 끝인 *암술머리*로 구성되어 있다. 씨방은 난세포를 포함한다. **그림 34.1*a***와 같이 꽃은 종종 수술과 심피를 모두 갖고 있지만 예외도 있다. 버드나무와 뽕나무와 같은 다양한 종의 꽃식물들은 수컷이나 암컷 부분 하나만을 갖고 있는 *불완전화*이다. 밑씨나 꽃가루 중 하나만을 가진 불완전화는 *자웅이주*(dioecious)라고 한다. 이는 두 집이란 뜻의 그리스어에서 유래하였다. 이 식물들은 자가수분 할 수 없고 이종 교배에 의지할 수밖에 없다. 또 다른 식물 중에는 각기 수컷과 암컷 꽃이 따로 있지만 동일한 식물에 존재한다. 이 식물은 하나의 집이란 뜻으로 *자웅동주*(monoecious)라고 한다. 자웅동주 식물은 수꽃과 암꽃이 각기 다른 시간에 성숙하여 이종교배가 일어날 가망성을 높인다.

각각의 꽃에 기능적 수술과 심피가 존재하는 식물의 경우에도 이 기관들이 성숙기에 다른 시점에 도달하여 스스로 수분하지 못하게 하기도 한다. 예를 들어 **그림 34.1*b,c***에서 분홍바늘꽃의 꽃은 수술과 심피 모두 갖고 있지만, 이 기관들은 각기 다른 시점에 성숙한다. **그림 34.1*b***와 같이 수술이 먼저 성숙하고 꽃밥은 꽃가루를 떨어뜨린다. 이틀 정도가 지나면 화주는 **그림 34.1*c***에 보이는 것처럼 수술 위로 길게 늘어나고, 수술의 네 부분의 둥근 돌출부는 꽃가루를 받을 준비를 마친다. 하지만 모든 꽃이 항상 똑같은 일정을 갖고 있지는 않다. 분홍바늘꽃의 경우에는 아래 꽃들이 먼저 열려 암컷단계가 되고, 더 위의 꽃들이 열려 꽃가루가 떨어진다. 이것은 꽃가루가 다른 꽃의 암술머리로 이동해 이종교배를 촉진시킨다.

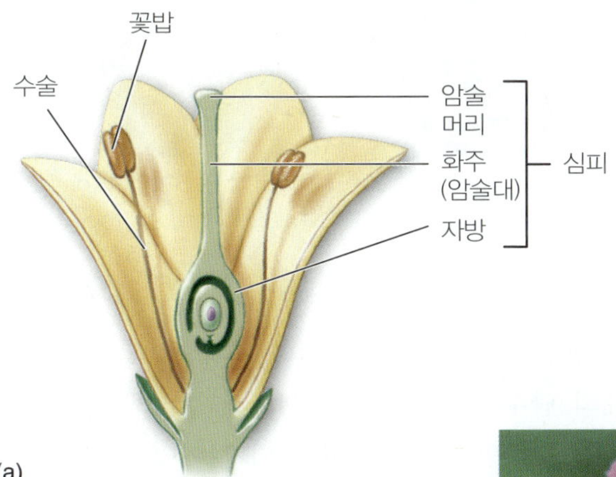

(a)

(b)

(c)

그림 34.1 꽃의 구조
(*a*) 대부분의 꽃은 수컷과 암컷 부분을 모두 포함한다. 분홍바늘꽃의 꽃 또한 수컷과 암컷 구조를 포함하지만 서로 다른 시기에 성숙한다. (*b*) 수꽃이 먼저 열린다. (*c*) 수술 위의 화주가 길어진 후 암컷 시기가 시작된다.

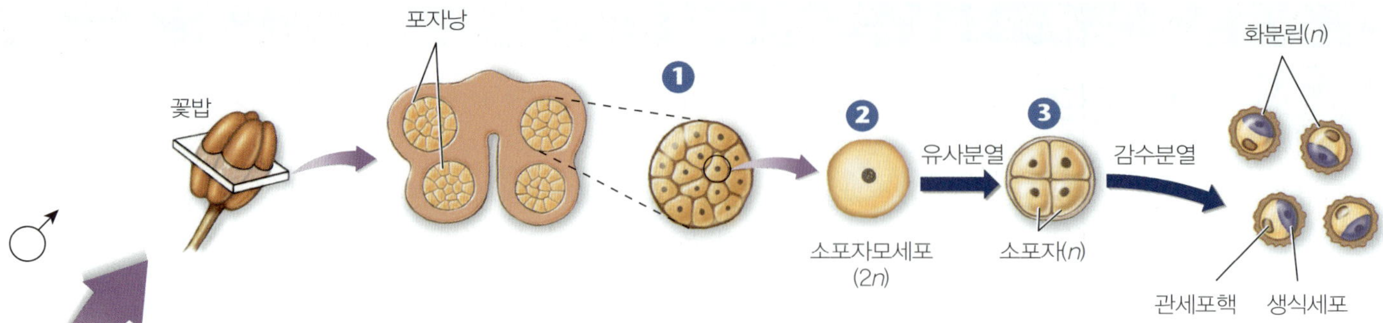

꽃가루 형성과정

위에 보이는 것처럼 여러분이 꽃밥을 이등분으로 자른다면, 네 개의 꽃가루 주머니를 볼 수 있다. 각각의 주머니는 화분모세포 집단을 포함하고 있다❶. 꽃가루 주머니 속의 화분모세포는 특수적인 방 안에 에워싸고 보호된다. 각각의 화분모세포는 감수분열을 겪지만 우리는 방으로부터 고립된 것 하나만 따라가 볼 것이다❷. 2배체(2*n*) 화분모세포는 감수분열로 분열하여 4개의 단수체 소포자(1*n*)를 형성한다❸. 그 뒤에 각각의 소포자는 감수분열로 분열하여 생식세포(화분립의 보라색 세포)를 포함하는 화분립과 관세포핵을 형성한다. 관세포핵은 화분관을 형성하고, 생식세포는 후에 암컷 세포를 수정시키는 두 정자를 형성하기 위해 분열하게 된다.

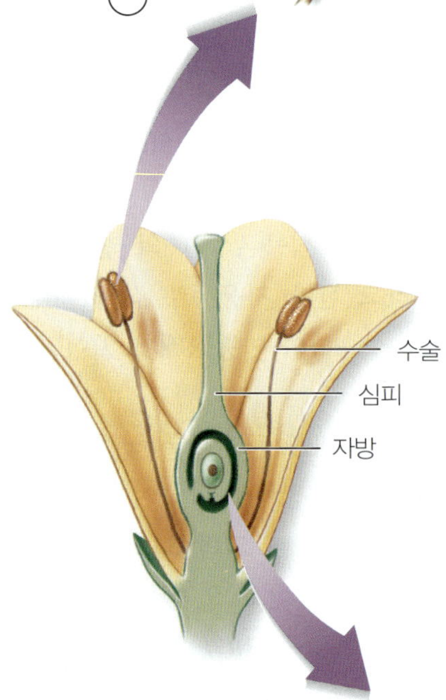

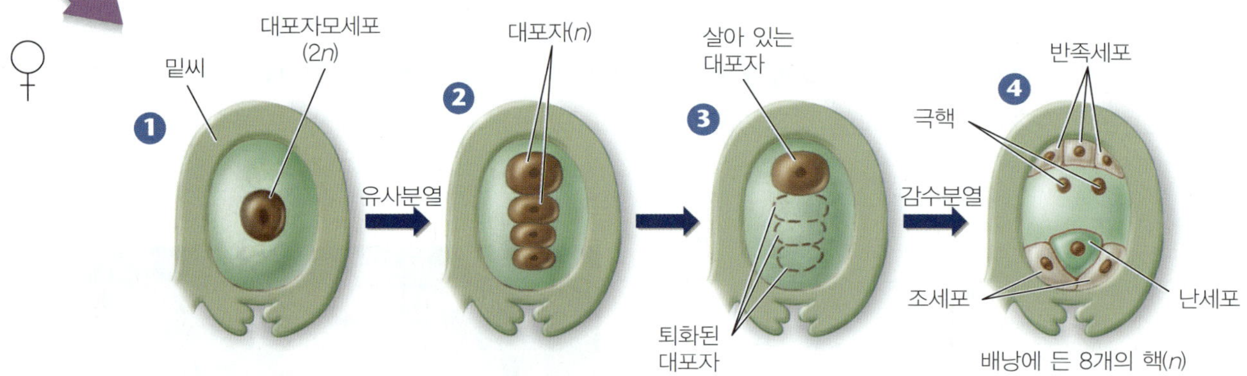

난자 형성과정

속씨식물의 **밑씨(ovule)**에서 난자는 형성되고, 심피의 맨 아랫부분 씨방에 들어 있다. 각각의 밑씨 안에는 대포자모세포가 있다❶. 각각의 배수체 대포자모세포는 4개의 단수체 거대포자를 생산하기 위해 감수분열을 겪게 된다❷. 하지만 대부분의 식물은 이 대포자모세포 중 하나만이 살아남고 나머지는 밑씨에 흡수된다❸. 혼자 남은 거대포자는 8개의 단수체 세포핵을 생산하기 위해 반복적인 유사분열을 겪고, *배낭* 안에 에워싸인다❹. 배낭 안의 8개의 핵은 정확한 위치에 배치된다. 하나의 초록색 난세포는 배낭의 앞부분에 위치한다. 난세포 위 쪽 하나의 세포에 위치하는 두 개의 세포핵은 극핵이라고 한다. 난세포의 측면에 접하는 세포에 있는 두 세포핵은 조세포라고 한다. 그리고 난세포 건너편의 배낭의 제일 위에 위치한 세포의 다른 세 개의 세포핵은 반족세포라고 한다.

그림 34.2 다른 종류의 꽃

여기에 있는 각양각색의 꽃들은 동일한 구조를 이용하여 식물번식을 하지만 모두 매우 다른 모습을 하고 있다. 왼쪽 제일 위에 있는 자작나무는 불완전화이다. 수꽃은 왼쪽에서 매달리고 있고 암꽃은 오른쪽에 있는 원뿔 모양으로 무리지어 있다. 자작나무는 풍매식물이고, 꽃은 칙칙하고 곤충에 의해 수분되는 다른 꽃처럼 멋진 색은 없다. 이외의 다른 식물들은 화려한 색의 꽃으로 꽃가루 매개자를 끌어들인다.

모든 꽃은 동일한 기본적인 구조와 동일한 기능을 수행하지만, 모두 똑같은 외형을 가지고 있지는 않다. 다양한 색, 모양, 크기와 특색의 꽃이 있다. **그림 34.2**는 꽃의 다양성을 보여주는 표본에 불과하다.

주요 학습 요점 34.2 **속씨식물의 유성생식은 수컷과 암컷 생식기관을 가진 꽃을 수반한다. 화분립은 꽃밥에서 생성되고 배낭은 밑씨에서 생성한다.**

34.3 생식세포가 꽃 속에서 결합하다

수분작용

수분작용(pollination)이란 꽃가루가 꽃밥에서 암술머리로 이동하는 과정이다(**그림 34.3 ①**). 꽃가루는 바람과 동물에 의해 꽃으로 운반되거나 한 꽃 안에서 만들어지기도 한다. 꽃밥에서 꽃가루가 동일한 꽃의 암술머리로 수분하는 것을 자가수분이라 하고, 이는 자가수정으로 이어지게 된다. 어떤 식물에서는 자가수분이 동물 꽃가루 매개자를 필요로 하지 않고 안정적인 환경에 이로운 표현형을 유지하기 위하여 *자가수분*과 *자가수정*이 발생한다. 하지만, 다른 식물들은 동종의 두 개의 다른 식물이 교배하는 *이종교배*에 적응하였다. 수컷이나 암컷 꽃 중 하나만 존재하는 자웅이주체 식물과 수컷과 암컷이 각각 다른 시기에 나타나는 꽃은 이종교배를 필요로 한다. 수술과 암술머리가 동시간에 성숙하더라도 어떤 식물은 **자기불화합성(self-incompatibility)**을 보이기도 한다. **그림 34.4*a***에 보이는 것처럼 자기불화는 꽃가루와 암술머리가 서로를 유전적으로 관련됨을 인식하고 수분작용이 차단될 경우에 발생한다.

많은 속씨식물의 경우, 화분립은 먹이나 다른 보상을 위해 꽃을 찾거나 꽃의 형질이 그런 보상을 줄 거라고 속은 곤충이나 다른 동물들에 의해 이 꽃에서 저 꽃으로 운반된다. 설탕, 아미노산 그리고 다른 물질들이 풍부한 **꿀(nectar)**이라고 하는 액체가 바로 동물들이 보통 찾는 그 보상이다. 성공적인 수분작용은 곤충이나 다른 동물들을 얼마나 충분하게 규칙적으로 끌어들여 꽃가루가 특정한 종의 한 꽃에서 다른 꽃으로 운반될 수 있도록 하느냐에 달려있다(**그림 34.4*b***).

*꽃가루 매개자*인 동물과 꽃식물과의 관계는 두 그룹의 진화에 중요한 역할을 해왔고 이는 **공진화(coevolution)**라고 한다. 곤충을 통해 꽃가루를 운반함으로써 꽃식물은 땅에 뿌리를 박고 있음에도 불구하고 그들의 생식세포를 규칙적이고 거의 통제된 환경에서 분산할 수 있다. 식물이 꽃가루 매개

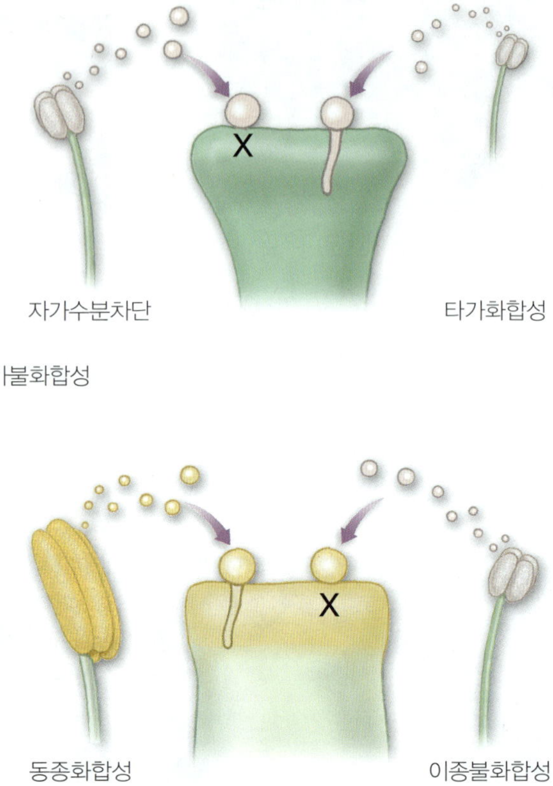

그림 34.4 수분의 불화합성
(*a*) 자기불화합성은 어떤 식물종에게는 허용되지 않는다. 동일한 식물의 화분립이 암술머리에 떨어지면 수분작용은 차단되지만 이종교배 상황에서는 수분작용이 일어난다. (*b*) 곤충이나 동물에 의한 인공수분은 식물이 다른 종이 아닌 같은 종에 의해 수분 될 확률을 증가시킨다.

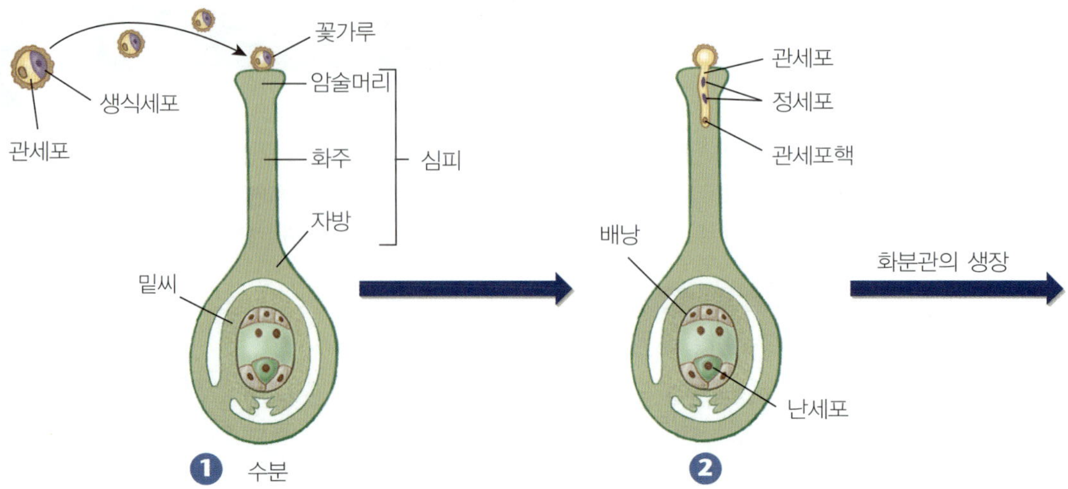

그림 34.3 수분과 수정
꽃가루가 꽃의 암술머리에 떨어지면 화분관세포가 배낭을 향하여 자라 화분관을 형성한다. 화분관이 자라는 동안 생식세포는 두 정자를 형성하기 위해 분열한다. 화분관이 배낭에 도달하면 조세포 중 하나가 터지고 정자를 놓아준다. 중복수정이라는 과정을 통해 하나의 정자핵은 난세포와 결합하여 2배체($2n$) 접합체를 형성하고 다른 정자핵은 두 개의 극핵과 결합하여 3배체($3n$)인 배젖핵을 형성한다.

자에게 더 매력적일수록 그 식물은 더 자주 방문을 받게 된다. 그러므로 식물의 표현형이 꽃가루 매개자가 더 자주 찾을 수 있도록 바뀌는 것은 선택이익을 제공한다. 이것은 **그림 34.2**처럼 매우 다양한 종의 속씨식물 진화를 초래하였다.

동물의 수분작용이 유효하기 위해서는 특정 곤충이나 동물이 같은 종의 식물을 찾아야 한다. 꽃의 색이나 형태는 특수화를 촉진하였다. 노란색과 파란색 꽃들은 벌에게 특별히 매력적인 반면 빨간색 꽃은 새는 끌어들였지만 곤충에게는 주목 받지 못한다(**그림 34.5*a***). 긴 화통을 가진 꽃들은 꿀이 깊숙한 곳에서 생산되어 길고 뾰족한 부리를 가진 벌새나 휘감긴 입을 지닌 나방이나 나비들만이 꿀에 도달할 수 있다. **그림 34.5*b***를 보면 꽃 깊은 곳에 도달하는 나비의 긴 입을 볼 수 있다.

특정 속씨식물과 모든 겉씨식물의 꽃가루는 바람의 의해 날려 암술머리에 수동적으로 도달한다. 이러한 시스템이 효율적으로 가동되려면 이 종의 식물들은 비교적 가까운 곳에서 자라야 한다. 바람은 곤충이나 동물처럼 멀고 정확하게 꽃가루를 운반하지 않기 때문이다. 가문비나무나 소나무와 같은 겉씨식물은 밀집함 지역에서 자라기 때문에 바람 수분작용이 굉장히 효율적이다. 바람으로 수분작용을 하는 자작나무, 풀, 돼지풀과 같은 속씨식물 또한 밀집한 지역에서 자라곤 한다. 바람으로 수분작용을 하는 속씨식물의 꽃은 대개 작고, 초록색을 띠며, 냄새가 없다. 그리고 꽃잎의 크기가 축소되었거나 아예 없다. 이들은 대부분 많은 양의 꽃가루를 생산한다.

(a)

(b)

그림 34.5 곤충 꽃가루 매개자

(*a*) 벌은 대개 노란색 꽃에 끌린다. (*b*) 알팔파나비(*Colias eurytheme*)는 긴 입을 가지고 있어 꽃 깊숙한 곳의 꿀을 먹을 수 있다.

중복수정

화분립이 바람, 동물, 자가수분에 의하여 확산된 후에는 암술머리를 덮고 있는 끈적하고 달콤한 물질에 달라붙어 **화분관(pollen tube)**이 화주를 뚫고 자라게 한다. 당분을 공급받은 화분관은 자라고, 화분립 관세포는 **그림 34.3②**에 보이는 두 정자세포를 형성하기 위해 분열한다. 화분관의 성장은 난소의 밑씨에 도달할 때까지 계속된다③.

화분립이 밑씨의 배낭으로 향하는 길에 도달하면 난세포 옆에 있는 세포핵 중 하나가 퇴화하여 화분립이 세포 속으로 들어간다. 화분립의 끝이 터지고 정자세포 2개를 방출한다④. 정자 중 하나는 난세포와 수정되고 접합체를 형성한다. 또 다른 정자는 배낭의 중앙에 위치해 있는 두 개의 극핵과 결합되어 삼배체(3*n*) 초생 배젖 핵을 형성한다⑤. 초생 배젖 핵은 결국 배젖으로 성장하여 배아에게 영양분을 공급한다. 두 정자가 사용되어 속씨식물을 수정하는 것을 **중복수정(double fertilization)**이라 한다.

주요 학습 요점 34.3 수분과정에서 꽃가루는 암술머리로 이동한다. 화분관이 자란 후, 중복수정은 배아와 배젖의 발달을 유도한다.

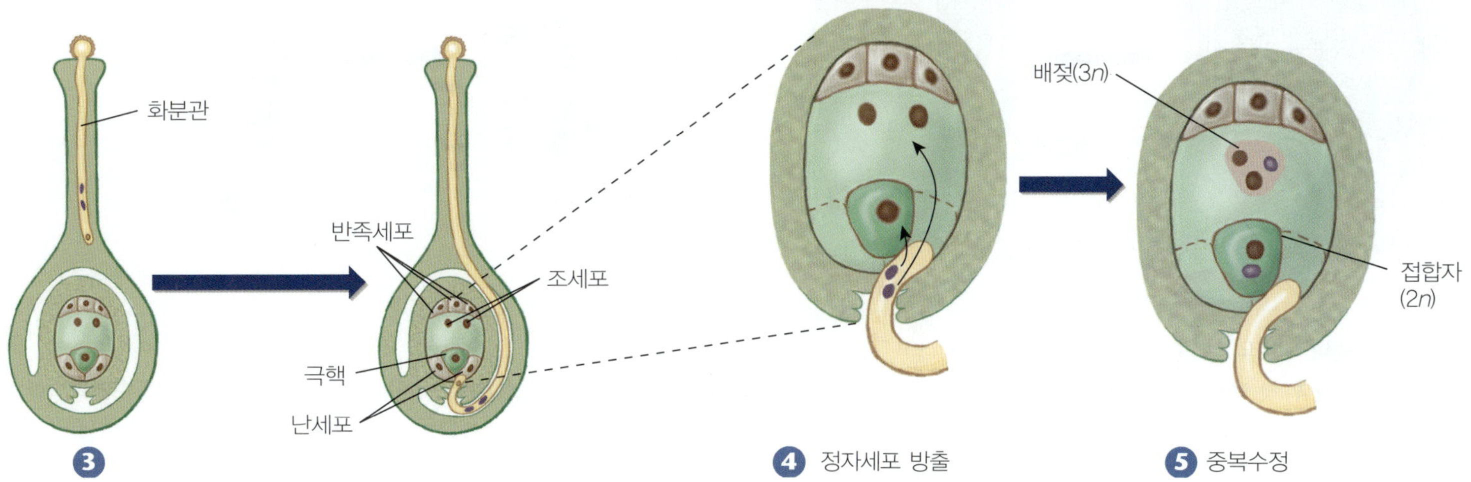

34.4 종자

수정과 성숙 사이에 일어나는 모든 일들을 *성장*이라고 한다. 성장기간 동안 세포는 점차 더 특수화되거나 분화된다. **그림 34.6**에서 보는 것처럼 식물 성장의 첫 단계는 ❻에 보이는 조직적인 세포 덩어리인 배아를 형성하기 위한 왕성한 세포 분열이다. 속씨식물은 배아 내의 세포들의 분화는 수정 후 거의 곧바로 시작된다. 다섯 째 날쯤 되면, ❽에 보이는 것처럼, 배아덩어리 내에는 주요 식물조직계, 뿌리와 경정분열조직을 발견할 수 있다. 성장하는 배아는 처음엔 배젖에게서 영양을 공급받고 다음엔 **떡잎(cotyledon)**이라고 하는 두꺼운 잎 모양의 영양 저장소에 의해 영양 공급을 받는다.

속씨식물 배아의 초기단계에서는 엄청 중대한 사건이 일어난다. 배아는 성장을 멈추고 건조로 인해 휴면 상태가 된다. 많은 식물의 경우, 배아성장은 ❽의 시점에 멈추고, 곧 끝분열조직과 떡잎은 구별된다. 식물의 밑씨는 이제 **종자(seed**, 씨앗) 로 성장한다. 이 씨앗은 밑씨 가장 바깥쪽을 덮는 막에서 만들어지는 비교적 불침투성의 씨앗껍질과 보호막으로 둘러 싸여 있는 휴면하는 배아와 저장된 영양분의 원천을 포함한다.

씨앗껍질이 배아 주변에 완전히 만들어지면, 배아의 신진 대사활동의 대부분은 멈춘다. 완숙한 씨앗은 10퍼센트 정도의 수분을 함유하고 있다. 이러한 상태에서 씨앗과 어린 식물은 안정적이다.

식물을 완전히 성장하게 하는 신진대사 활동의 재개인 **발아(germination)**는 수분과 산소가 배아에 도달할 때까지는 일어날 수 없다. 이 과정에서 씨앗은 갈라지기도 한다. 어떤 식물의 씨앗은 수백, 수천 년 동안 생존능력이 있는 상태로 지속될 수 있다고 알려져 있다. 식물의 생물에 적합한 조건이 되면 씨앗은 발아한다.

주요 학습 요점 34.4 **씨앗은 단단한 내건성 껍질로 휴면배와 상당한 식량저장소를 둘러싸고 있다.**

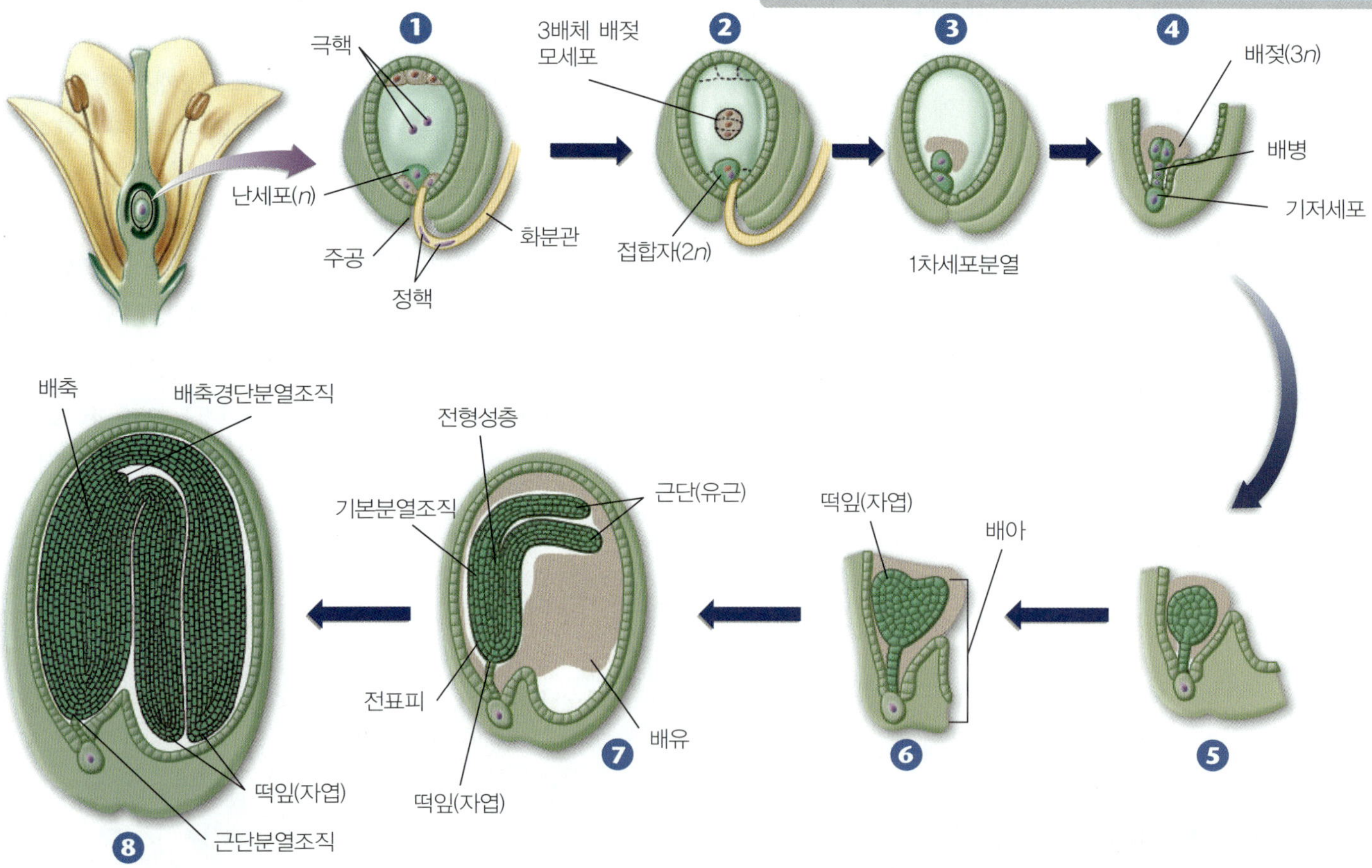

그림 34.6 속씨 배아의 발달

접합체가 형성된 후 첫 세포분열은 비대칭적이다❸. 또 다른 분열 이후 화분관이 들어가는 입구 근처에 있는 기저세포가 연속적으로 분열하여 배병이라 불리는 가느다란 세포 기둥을 형성한다❹. 다른 세 개의 세포는 계속해서 분열하여 층을 이루는 세포 덩어리를 형성한다❺. 세포분열 다섯 째 날쯤 이 덩어리 중 성장하는 식물의 기본 조직계를 찾을 수 있게 된다❼.

34.5 열매

씨앗이 형성되는 동안, 꽃의 씨방은 열매(과일)로 발달한다. 꽃의 진화는 속씨식물의 성공과 다양성의 비결이었다. 하지만, 종자분산을 가능하게 하는 열매의 진화 또한 속씨식물의 성공에 중요한 역할을 하였다. 열매는 여러 형태로 형성되고 다수의 특수성을 보인다.

세 겹의 씨방 벽은 과육이 많거나 건조하거나 단단한 것과 같은 열매 유형의 다양성과 운명에 영향을 준다. 과육이 많은 열매에는 산딸기류, 핵과류, 이과류 이렇게 세 종류가 있다. *산딸기류*에는 포도, 토마토(**그림 34.7*a***), 피망이 있는데 이들은 보통 씨가 많고, 씨방 벽의 내층이 과육이 많다. *핵과류*에는 복숭아(**그림 34.7*b***), 올리브, 자두, 체리가 있는데 열매의 내층이 핵화한 하나의 씨앗에 들러붙는다. *이과류*에는 사과(**그림 34.7*c***)와 배가 있고, 열매의 과육이 많은 부분은 화탁 부분에 박힌 부분에서 형성된다. 이 화탁은 꽃잎과 꽃받침을 붙드는 줄기의 끝부분으로 부어올라 있다. 씨방의 내피는 딱딱하고 질긴 막으로 씨를 둘러싼다.

검은색, 옅은 파란색, 빨간색(**그림 34.7*d***)의 과육이 많은 껍질을 가진 열매는 보통 새와 다른 척추동물에 의해 흩어진다. 이 열매를 먹은 동물은 고형폐기물로 배설하기 전에 이곳저곳으로 이동함으로써 씨앗을 운반한다. 동물소화시스템에서 손상되지 않은 씨앗은 다른 적합한 서식지로 운반된다. 바람이나 포유동물의 털이나 새의 깃털에 달라붙어 확산되는 열매를 마른열매라고 한다. 먹을 수 있는 열매의 과육이 많은 조직이 없고, 씨방은 과육이 많은 조직보다는 단단한 막을 형성하기 때문이다. 이 마른열매는 **그림 34.7*e***의 깃털이 있는 민들레나 **그림 34.7*f***의 가시가 있는 우엉처럼 확산을 쉽게 하는 구조를 가지고 있어 털이나 양말, 바지에까지 잘 들러붙어 새로운 서식지로 이동한다. 마지막으로 맹그로브, 코코넛과 같이 해변이나 습지 주변에서 자라는 열매는 물을 통해 이동한다.

주요 학습 요점 34.5 **열매는 바람, 물, 동물에 달라붙음, 과육이 많은 열매의 경우 먹힘으로써 먼 곳까지 분산된다.**

그림 34.7 열매의 종류와 흔한 분산 방법

(*a*) 토마토는 산딸기류에 속하는 과육이 많은 열매이고 많은 씨앗을 가지고 있다. (*b*) 복숭아는 핵과류의 과육이 많은 열매로 하나의 큰 씨앗을 가지고 있다. (*c*) 사과는 이과류의 과육이 많은 열매로 여러 개의 씨앗을 가지고 있다. (*d*) 새빨간 산딸기류의 인동인 *Lonicera*는 새들에게 매우 매력적이다. 새들은 씨앗을 먹거나 발에 붙여서 먼 곳까지 운반한다. (*e*) *Taraxacum officinale*라는 민들레의 씨앗은 낙하산 모양의 마른열매 속에 에워싸여 바람에 의한 확산을 돕는다. (*f*) *Xanthium strumarium*이라는 엉거시과의 열매는 지나가는 어떤 동물에게나 쉽게 달라붙는다.

34.6 발아

씨앗이 발아에 적합한 조건에 처하면 어떠한 일이 일어날까? 첫째, 씨앗은 수분을 흡수한다. 씨앗은 발아가 시작될 때 매우 건조하므로 큰 힘으로 수분을 흡수하며, 그 후에 물질대사가 시작된다. 초기에는 대사가 무기조건에서 일어나지만 씨앗껍질(종피)이 터지면 유기대사가 일어나게 된다. 식물체가 생장하기 위해서는 산소가 필요하므로 이 시점에 산소가 공급되어야 하며(제7장 참조) 마찬가지 이유로 식물을 물에 담그면 "익사"할 수도 있다. 비록 벼와 같은 식물은 진화 과정에서 무기조건에 대한 저항성을 획득하여 무기조건에서도 호흡하며 발아할 수 있지만 물속에서 발아할 수 있는 식물은 매우 드물다. **그림 34.8**은 쌍떡잎식물(왼쪽)과 외떡잎식물(오른쪽)의 초기 발달단계를 보여준다. 두 경우 모두 첫 번째 단계는 뿌리를 내리는 것이다. 그 후에 쌍떡잎식물에서는 떡잎이 줄기를 따라 땅 속으로부터 나와 넓어지지만 떡잎은 결국 시들어 죽고 첫 번째 잎은 광합성을 시작한다. 외떡잎식물에서는 떡잎이 땅 밖으로 나오지 않으며 *자엽초*(자라나는 어린 순을 감싸고 있는 고깔모자처럼 생긴 구조)가 지표면을 뚫고 나오는데 그 안에서 첫 번째 잎이 돌출하여 광합성을 시작한다.

주요 학습 요점 34.6 발아는 수분 공급에 의해 씨앗의 생장과 생식이 되살아나는 과정이다.

그림 34.8 속씨식물의 발달
쌍떡잎식물의 발달(콩) 발아 시 자라나는 첫 번째 구조는 배에서 형성된 뿌리이며 곧 이어 두 개의 떡잎이 자란다. 떡잎은 하배축(떡잎 아래의 줄기)을 따라 토양으로부터 끌려 나온다. 떡잎은 자라나는 식물에 영양을 공급하는 씨앗의 잎에 해당한다. 다른 잎들이 자라나 광합성을 하면서 영양을 공급하면 떡잎은 시들어 떨어진다. 꽃은 마디에 있는 눈에서 발달한다.
외떡잎식물의 발달(옥수수) 처음으로 자라 나오는 구조는 유근 또는 원뿌리라 부른다. 외떡잎식물의 떡잎은 하나이며 땅 밖으로 나오지 않는다. 자엽초는 고깔모자처럼 생긴 덮개이며 어린 순과 잎이 땅을 뚫고 나오는 동안 보호하는 역할을 한다.

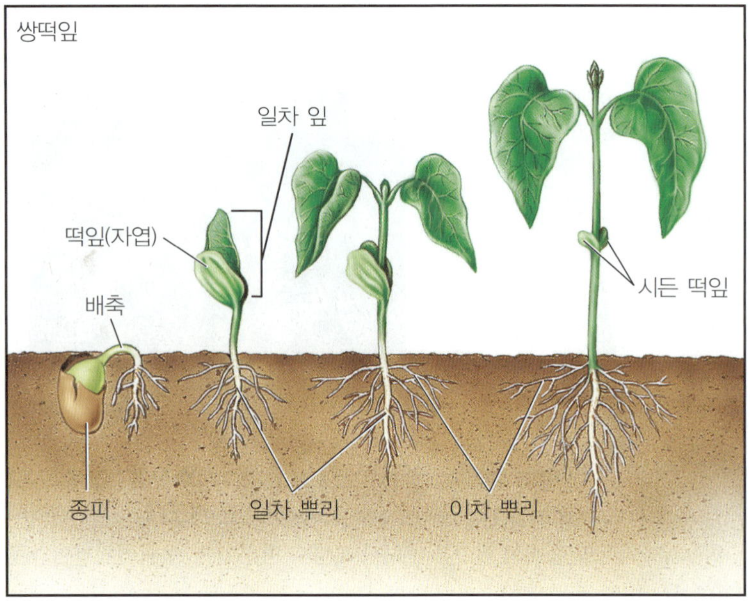

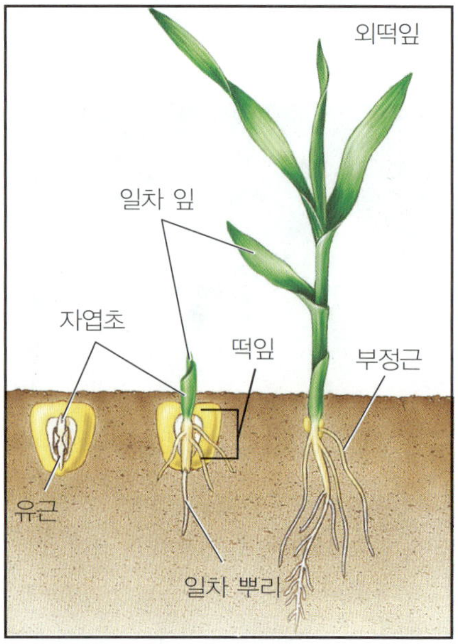

34.7 성장과 영양

인간이 생존하기 위해서 탄수화물, 아미노산, 비타민과 같은 특정한 영양소가 필요한 것처럼, 식물 또한 성장하고 건강을 유지하기 위해서 다양한 영양소가 필요하다. 중요한 영양소 결핍은 식물의 성장을 억제하거나 식물이 병이나 죽음에 더 약하게 한다.

다량영양소

식물에게 꼭 필요한 몇 가지 영양소가 있다. 그 중에는 비교적 많은 양을 필요로 하는 다량영양소와 극소량만 필요로 하는 미량영양소가 있다. 이 영양소는 식물이 생산할 수 없고 식물에게 공급되어야 하기 때문에 *필수적*이라고 한다. 예를 들어, 식물은 단백질을 만드는 데 필요한 아미노산은 생산 할 수 있지만 아미노산을 구성하는 탄소와 질소 원자는 생산할 수 없다. 그러므로 이것은 필수 영양소이다. 9가지의 다량영양소가 있는데, 모든 유기화합물에서 찾을 수 있는 탄소, 수소, 산소와 아미노산에 필요한 질소, 칼륨, 칼슘, 인, 엽록소 분자의 중심인 마그네슘과 황이다. 각각의 이 영양소는 건강한 식물의 건조한 무게의 1% 정도이거나 탄소의 경우는 훨씬 넘는다.

다량영양소는 식물 대사에 여러 방향으로 관련이 있다. 질소고정박테리아의 도움으로 흙으로부터 습득한 *질소*(N)는 단백질과 핵산의 중요한 부분이다. *칼륨*(K) 이온은 수분이 세포로 이동할 때 생기는 세포 안의 압력을 발생시키고, 공변세포가 **팽압(turgor pressure)**과 식물이 수분을 잃고 이산화탄소를 흡수하는 속도를 통제한다. *칼슘*(Ca)은 세포벽 사이에 있는 구조재인 중층을 구성하는 중요 요소이며 세포막의 물질적 완전성을 유지하는 것을 돕는다. *마그네슘*(Mg)은 엽록소 분자의 부분이다. 핵산과 ATP와 같은 많은 중요 생물학적 분자에 존재하는 *인*(P)은 앞에서 자세하게 설명되었다. *황*(S)은 단백질을 만들어내는 데 중요한 아미노산(cysteine)의 중요 요소이다.

미량영양소

7가지 미량영양소인 철분, 염소, 구리, 망간, 아연, 몰리브덴, 그리고 붕소는 1백만당 수백 부분보다 작은 양을 필요로 한다. 다량영양소는 대부분 지난 세기에 발견된 것에 반해 대부분의 미량영양소는 과학기술이 극히 작은 양을 찾고 연구할 수 있게 발달된 최근에야 발견되었다.

중요영양소 감별

그림 34.9에 보이는 것처럼 영양요구량은 수경 재배 환경에서 평가한다. 식물의 뿌리는 영양분을 함유한 탄산가스가 든 물속에 떠 있게 한다. 그 용액은 필요한 모든 영양소는 정확한 비율에 맞춰 넣되, 알려져 있거나 예상하는 특정한 영양소 하나는 뺀다. 그리고 성장을 관찰하면서 빠진 영양소를 필요로 하는 비정상적인 증상이 존재하는지 파악한다. 미량영양소의 양이 얼마나 작은지 보여주는 예로, 호주에서 영양소가 심각하게 결핍된 흙에 표준용량의 몰리브덴을 투여하면 10년마다 한 번씩 1헥타르당 34그램 정도를 필요로 하였다. 대부분의 식물은 수경재배법 환경에서 잘 자라고, 이 방법은 비용이 많이 들기는 하지만 간혹 상업적인 목적으로 잘 쓰인다. 분석화학은 식물 재료로 다른 분자들을 테스트하는 것을 보다 쉽게 하였다. 한 적용사례는 지구온난화로 인해 증가한 탄소의 양이 식물의 성장에 미치는 영향이다.

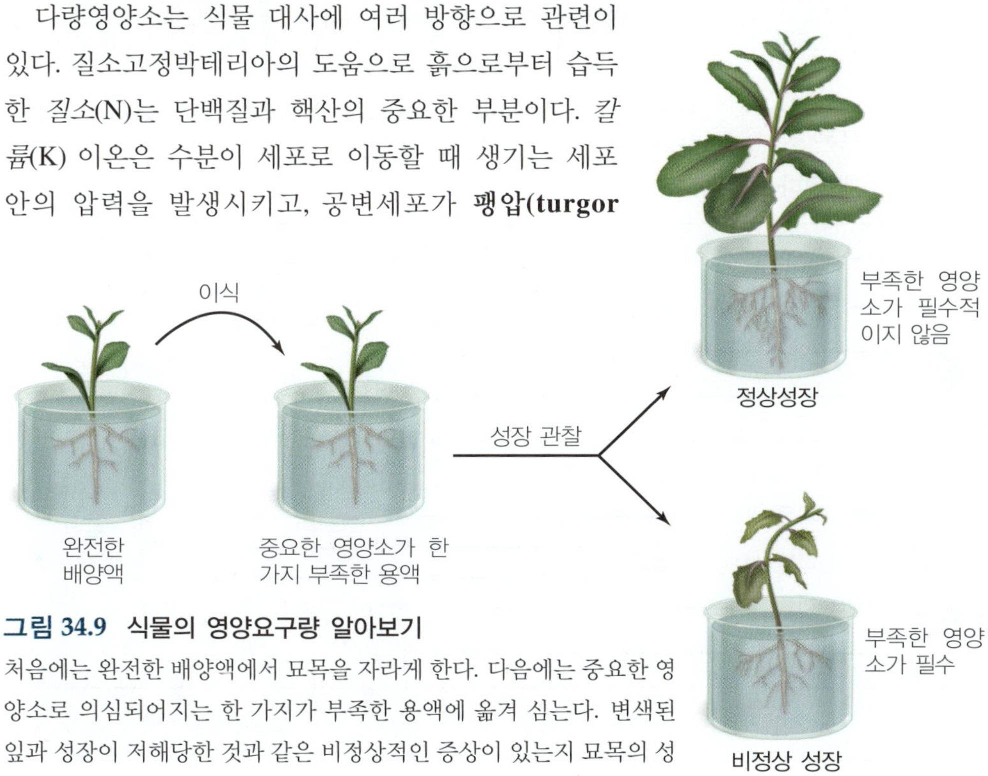

그림 34.9 식물의 영양요구량 알아보기
처음에는 완전한 배양액에서 묘목을 자라게 한다. 다음에는 중요한 영양소로 의심되어지는 한 가지가 부족한 용액에 옮겨 심는다. 변색된 잎과 성장이 저해당한 것과 같은 비정상적인 증상이 있는지 묘목의 성장을 관찰한다. 만약 묘목의 성장이 정상적이라면 빠진 영양소가 필수적이지는 않을 수도 있다. 만약 묘목의 발달이 비정상적이라면 빠진 영양소는 성장에 중요한 영양소이다.

이산화탄소가 증가함에 따라 어떤 식물의 잎사귀는 커졌지만 탄소대비 질소의 양은 줄었다. 이는 초식동물에게 제공하는 잎사귀의 영양학적 가치를 줄이게 된다.

주요 학습 요점 34.7 모든 식물은 생존하기 위해 9가지 다량영양소를 필요로 한다. 또한 다른 7가지 미량영양소가 필요하다.

식물생장의 조절

34.8 식물호르몬

종자 발아 후, 배아에서 형성된 생장과 분화의 패턴은 식물체가 죽을 때까지 무한히 반복된다. 그러나 식물의 분화는 동물에서와 달리 가역적인 경우가 많다. 1950년대에 개체에서 분리한 각각의 분화된 세포로부터 전체 식물이 형성되는 것이 발견되었다. **그림 34.10**에 당근에서 얻어낸 약간의 체관 조직으로부터 정상적인 외형을 지니고 증식 가능한 새로운 식물체를 얻어낸 F. C. Steward의 실험을 소개하였다. 분화된 조직으로부터 전체 식물체를 재생하는 작업은 목화, 토마토, 체리를 포함한 많은 식물에서 이루어졌다. 이들 실험들은 최초에 사용된 체관 조직이 전체 식물의 생장과 분화에 필요한 유전적인 잠재 능력을 모두 지니고 있다는 점을 분명히 보여주었다. 이들 세포들이 분화하는 도중에 어떠한 정보도 유실되지 않으며 모든 단계는 가역적이다.

일단 종자가 발아하면 그 이후의 식물체의 발달은 호르몬 작용을 통하여 환경에 대응하는 분열조직의 활성에 의존하게 된다

그림 34.10 Steward가 탈분화된 조직으로부터 식물체를 재생한 방법

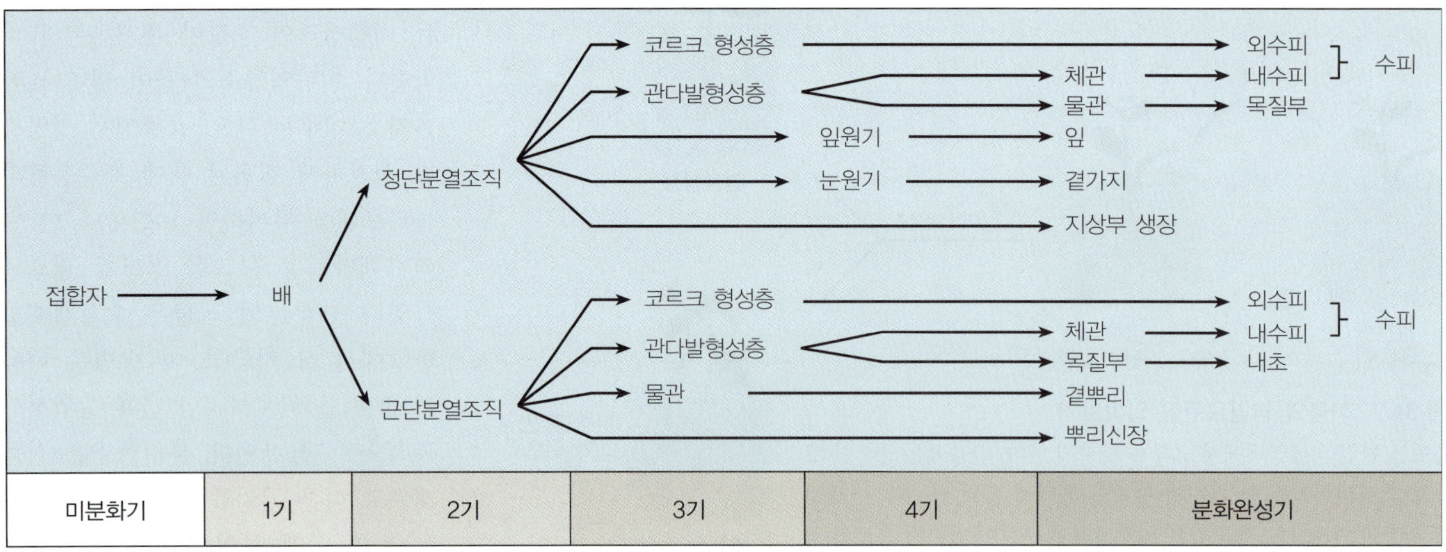

그림 34.11 식물분화의 단계

이 그림은 정단 및 근단 분열조직에서 유래한 서로 다른 식물 세포들과 조직들을 보여준다. 이 그림은 조직의 기원을 보여줄 뿐 위치를 나타내지는 않는다는 점에 유의하여야 한다. 예를 들어, 형성층에서 유래한 물관과 체관은 잎, 줄기뿌리를 포함하는 식물 전체에 존재한다.

(후반부 참조). 정단과 근단의 분열조직은 식물체에 세포를 공급한다. 분화(또는 특수화된 조직의 형성)는 **그림 34.11**에서 보듯이, 5단계를 거치며 일어난다. 정단과 근단 분열조직의 형성은 제2단계에서 일어나며 그 후에는 조직들이 더욱 더 분화하게 된다.

Steward와 다른 과학자들의 조직재생 실험으로부터 분화된 식물 조직에 존재하는 세포들도 적절한 환경 신호가 주어지면 이제까지 나타내지 않았던 모든 유전적인 정보를 발현할 수 있다는 결론이 도출되었다. 정상적으로 자라는 식물의 세포에서 무엇이 이들 잠재적인 유전자의 발현을 막는 것일까? 앞으로 살펴볼 바와 같이, 이들 중 일부 유전자들의 발현은 식물호르몬에 의하여 조절된다.

호르몬은 생물체의 한 부분에서 극소량으로 생산되어 생물체의 다른 부분으로 운반되는 화학물질로써 특정한 생리학적 과정을 활성화시키거나 억제한다. 이것이 특정시점에 어떻게 행동하는지는 어떤 호르몬이 존재하고 메시지를 받는 특정 조직이 어떤 영향을 받는지에 따라 결정된다.

동물에는 내분비샘이라고 하는 기관이 여러 개 있는데 이들의 기능은 호르몬을 생성하는 것이다(다른 기관에서도 호르몬이 생성되기는 함). 그러나 식물에서는 호르몬 생성만을 위하여 특수화된 조직이 아닌 여러 가지 다양한 기능을 수행하는 조직에서 호르몬이 생성된다.

식물에서는 옥신, 지베렐린, 시토키닌, 에틸렌, 앱시스산 등 최소한 5종의 호르몬이 발견되었다. 5가지 식물호르몬들의 구조와 특성은 **표 34.1**에 정리하였다. 다른 종류의 식물호르몬

표 34.1 주요 식물 호르몬의 기능

호르몬	주요 기능	식물내에서 만들어지거나 발견되는 곳	실제적으로 사용되는 곳
옥신(auxin, IAA) 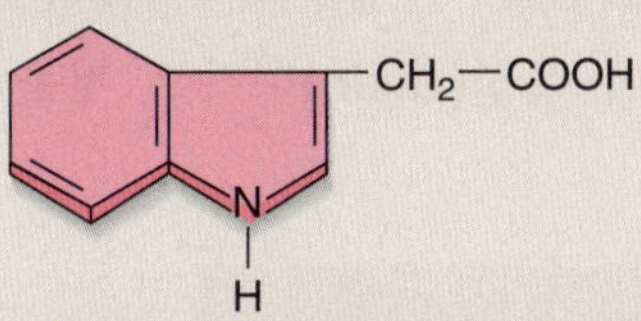	줄기의 신장과 성장을 촉진; 부정근 형성; 잎의 낙엽방지;세포분열 촉진(시토키닌과 함께); 에틸렌생성 유도; 곁엽의 휴면 촉진	정단분열조직; 식물의 다른 성숙되지 않은 부분	씨없는 열매 생성; 제초제로의 통합적 역할
지브렐린(gibberellins, GA_1, GA_2, GA_3 등) 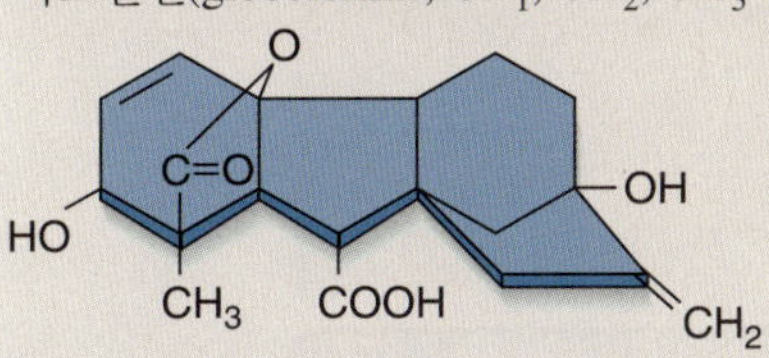	줄기신장촉진; 발아하는 씨앗의 자극효소 생성	뿌리나 줄기의 끝; 어린잎; 씨앗	보리맥아의 생산에 이용되는 씨앗의 발아; 2년생식물의 조기 채종; 성장에 있어서 더 많은 양을 얻기 위한 포도 크기의 증가
시토키닌 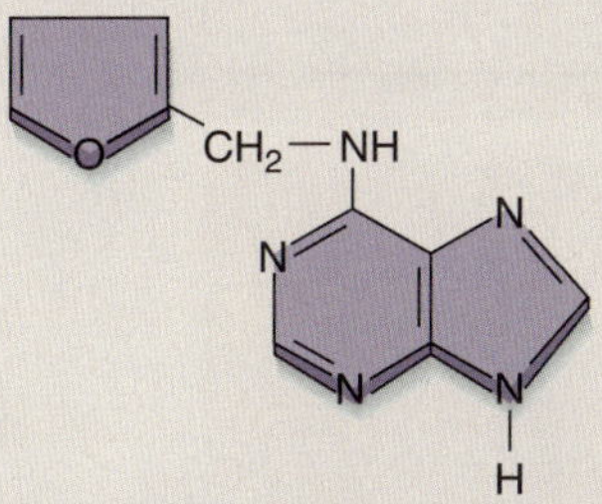	옥신이 존재할때에만 세포분열 자극; 엽록체발달을 촉진; 잎의 노화지연; 눈형성 촉진	근단분열조직; 미성숙 과일	조직배양과 생명공학; 교목과 관목의 가지치기
에틸렌 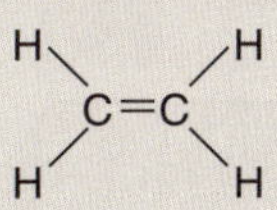	잎, 꽃 열매가 떨어지는 것을 조절; 열매의 숙성을 촉진	근단, 경단 분열조직; 액아; 노화된 꽃; 잘 익은 열매	신선도를 유지하기 위하여 일찍 열매를 딴 농작물의 숙성
엡시스산(ABA) 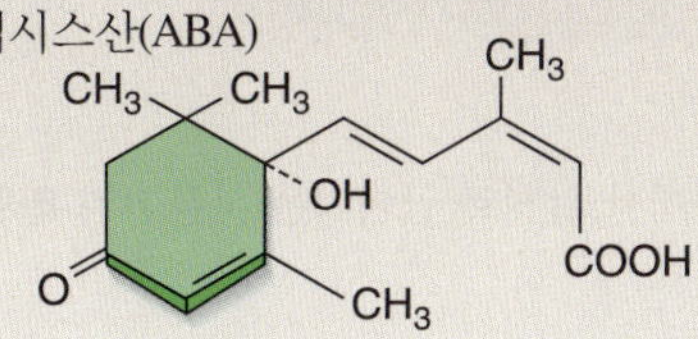	기공 개폐의 조정; 씨앗의 휴면 조절; 다른 호르몬의 효과 저해	잎, 열매, 뿌리골무, 씨앗	식물에서 스트레스 저항에 대한 조사; 특히 가뭄에 대한 저항 조사

들도 존재할 것이지만 아직 잘 이해되지 않았다. 하나의 식물 호르몬은 여러 가지 기능을 지닌다. 즉, 같은 호르몬이라도 식물의 부위, 시간, 다른 호르몬들과 상호작용하는 방식 등에 따라서 서로 다른 작용을 나타낼 수 있다. 식물호르몬 연구, 특히 식물호르몬이 어떤 효과를 나타내는지에 관한 연구는 매우 활발하게 이루어지고 있으며 중요한 연구 분야이다.

주요 학습 요점 34.8 식물 조직의 발달은 식물호르몬에 의하여 조절된다. 식물호르몬은 핵심 유전자들의 발현을 조절함으로써 식물에 작용한다.

34.9 옥신

진화론의 대가인 Charles Darwin은 노년에 점점 더 식물 연구에 몰두하였다. 그는 1881년에 그의 아들 Francis와 〈식물 운동의 동력(The Power of Movement in Plants)〉이라는 책을 출간하였는데, 이 책에서 **굴광성(phototropism)**, 즉 자라나는 식물이 빛의 방향으로 굽어지는 현상에 대하여 보고하였다.

그림 34.12에 나타난 바와 같은 일련의 실험을 수행한 뒤에 그들은 식물이 빛을 향하여 자라는 것을 관찰하였다(❶). 그러나 식물체의 정단에 불투명한 고깔을 씌워 가리면 식물은 빛을 향해 굽어지지 않았다(❷). 투명한 고깔을 이용한 대조군 실험은 정단을 가리는 것 자체가 굽어지는 특성을 바꾸지는 않는다는 것을 보여 주었다(❸). 또 다른 대조군 실험은 식물의 아래쪽을 가리는 것이 굴광성에 영향을 미치지 않는다는 점을 보여 주었다(❹). Darwin은 식물의 지상부에 한쪽에서만 빛이 비치면 상부에서 형성된 "영향력"이 아래로 전달되어 굽어진다는 가설을 세웠다. 후에 여러 식물학자들이 식물을 굽어지게 하는 물질이 **옥신(auxin)**이라는 것을 증명

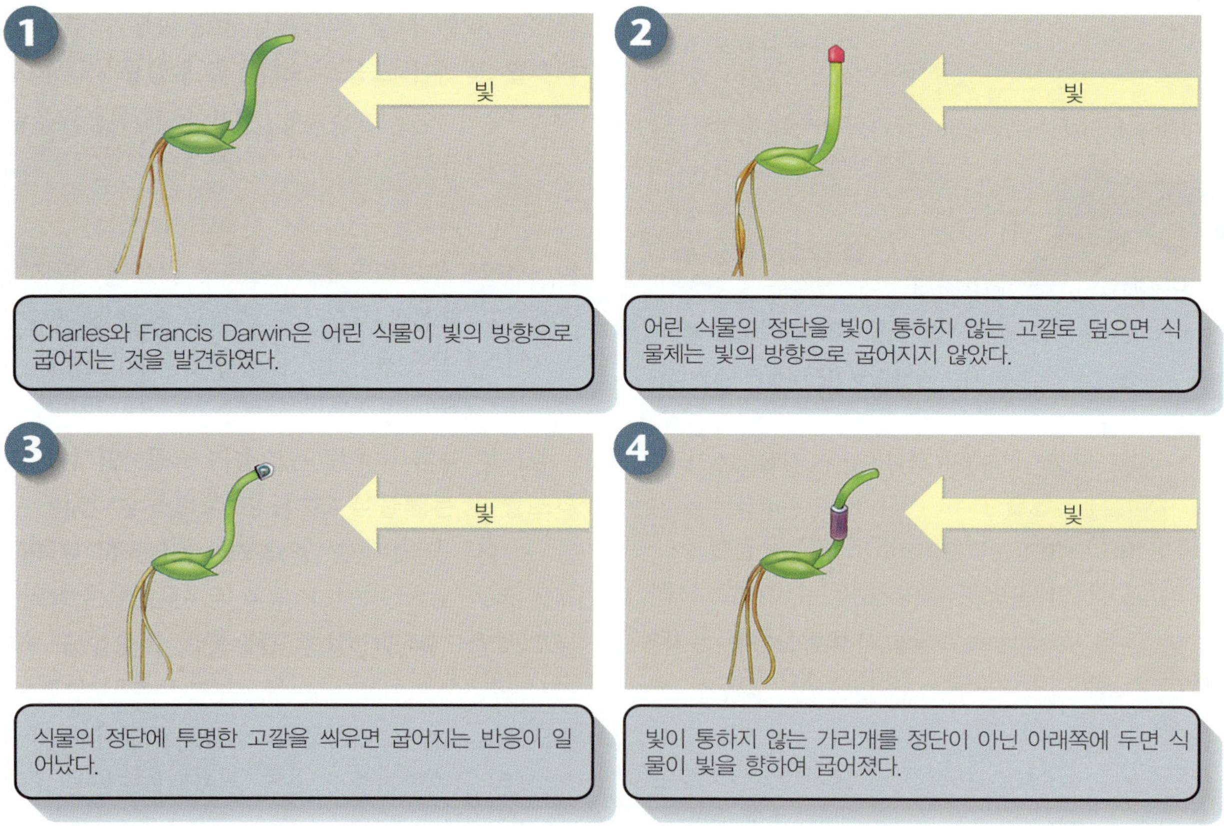

그림 34.12 굴광성에 관한 다윈의 실험

이 실험들로부터 다윈은 빛에 반응하여 식물을 굽어지게 하는 어떠한 "영향력"이 식물의 정단으로부터 그 아래쪽에서 실제로 굽어지는 부분까지 전달된다고 결론지었다.

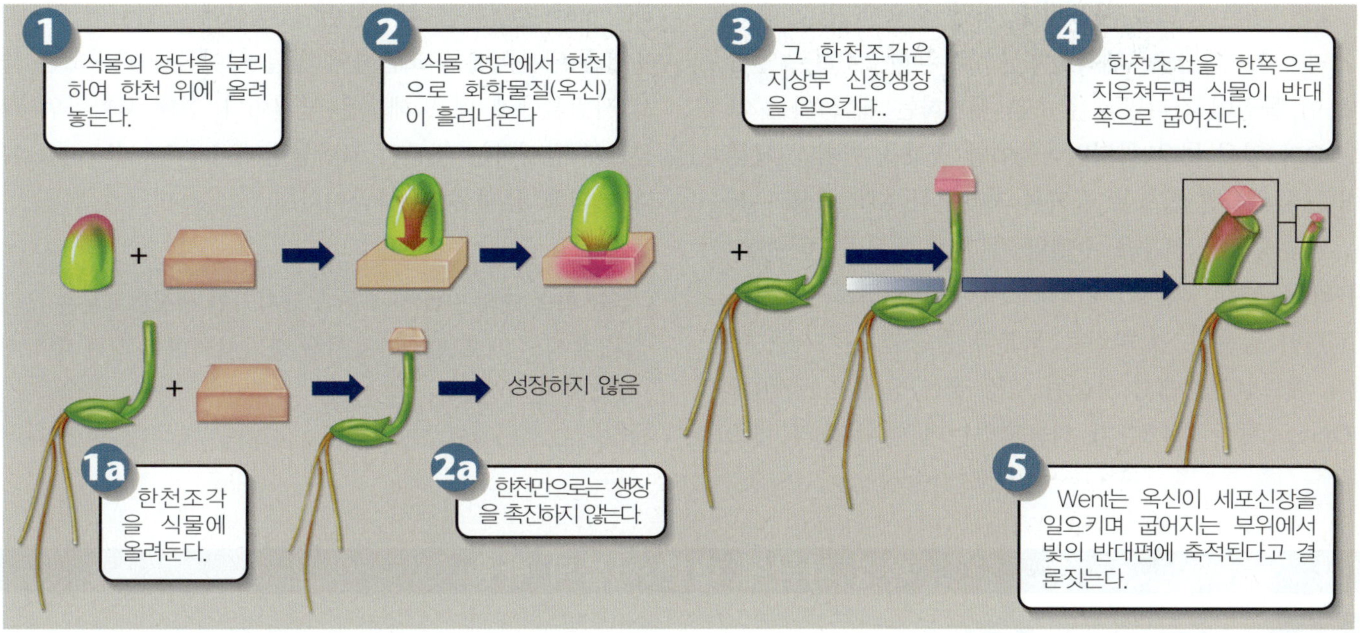

그림 34.13 Went가 식물의 생장에 대한 옥신의 효과를 증명한 방법
이 실험은 식물체의 정단에 있는 화학물질이 지상부의 신장생장과 굽어지는 반응을 일으키는지 보여준다. 단계 1*a*와 2*a*는 대조군 실험을 보여준다.

하는 실험을 수행하였다.

옥신이 어떻게 식물의 생장을 조절하는지는 1926년 네덜란드의 식물 생리학자인 Frits Went의 박사학위 논문을 위한 일련의 연구에서 밝혀졌다. **그림 34.13**에 기술된 그의 실험을 통해 Went는 빛에서 자란 단자엽 식물의 정단에서 한천조각으로 흘러나온 물질이(1과 2) 세포 신장을 촉진한다는 것을 밝혀내었다(3). 이 화학 신호가 흘러내려가는 쪽의 조직이 그 반대편의 조직보다 더 많이 자랐다(4). 대조군 실험은 이 효과가 한천조각의 성질 때문에 나타나는 것이 아니라는 점을 보여주었다(1a 와 2a). Went는 자신이 발견한 그 물질을 자라게 한다는 뜻을 지닌 그리스어를 따서 옥신이라 이름 지었다.

Went의 실험은 Darwin이 45년 전에 관찰하였던 반응을 이해하는 기초를 마련하였다. 어린 식물체는 빛을 받는 반대편에 옥신을 더 많이 함유한다. 그러므로 그늘진 쪽의 세포들이 빛을 받는 쪽의 세포보다 더 많이 신장하여 어린 식물은 **그림 34.14**에 나타난 것처럼 빛의 방향으로 굽어진다. 추후의 실험들은 옥신이 빛을 받은 쪽으로부터 그늘진 쪽으로 이동하며 이로 인해 식물이 빛의 방향으로 굽어진다는 것을 보여주었다.

옥신은 공급 후 수분 내에 세포벽의 "신장성"을 증가시킴으로써 작용한다. 연구자들은 세포벽의 다당류를 서로 연결하는 공유결합이 옥신에 의하여 변화하며 수분을 유입하고, 그 결과 세포가 커질 것으로 생각하였다.

인공 옥신은 일상적으로 잡초를 제거하기 위하여 사용된다. 제초제로 사용될 때, 인공 옥신은 정상적인 체내 옥신 농

그림 34.14 옥신은 세포 신장을 일으킨다
그늘진 쪽의 세포들은 옥신을 더 많이 함유하며 빛을 받은 쪽의 세포보다 더 빨리 신장하므로 식물체는 빛의 방향으로 굽어진다.

도보다 훨씬 높은 농도로 사용된다. 가장 중요한 인공 옥신 중 한 가지는 2,4-디클로로페녹시초산으로 흔히 2,4-D로 알려져 있다. 이 물질이 잔디밭의 잡초를 제거하는 데 쓰이는 이유는 2,4-D가 잎이 넓은 쌍떡잎식물에만 영향을 미치기 때문이다. 이를 처리하면 잡초는 급격히 자라면서 ATP 생성이 저해되어 다른 중요한 기능을 수행할 수 없게 되므로 죽는다.

2,4-D와 유사한 물질로 제초제 2,4,5-트리클로로페녹시초산(2,4,5-T)이 있는데 이 물질은 목본과 잡초를 제거하는 데 사용된다. 베트남전쟁에서 사용된 악명 높은 오렌지 제제(the Agent Orange)에는 2,4,5-T가 사용되었는데 이 약품의 제조 과정에서 발생하는 부산물인 디옥신에 오염되어 있었다. 디옥신은 내분비계를 교란하여 발달에 이상을 가져오는 물질로서 사람들에게 매우 해로운 물질이다. 현대 화학공업에서 부산물로 발생하는 내분비 **교란물질(endocrine disrupter)**은 커다란 환경 문제 중의 하나이다.

주요 학습 요점 34.9 식물의 일차적인 생장호르몬은 옥신이다. 옥신은 세포벽의 가소성을 증가시키며 특정한 방향으로 생장이 일어나도록 유도한다.

환경 자극에 대한 식물의 반응

34.10 광주기와 휴면

식물은 다른 환경자극에 각기 다르게 반응한다. 앞에서 언급한대로, 식물은 환경자극에 반응하여 빛의 방향으로 굽는다. 개화, 낙엽이 떨어지는 것 그리고 잎사귀가 엽록소를 잃어 잎사귀가 노란색으로 변하는 것 모두 다양한 환경자극에 의

핵심 생물학 과정: 광주기

초여름. 짧은 밤 시간은 붓꽃과 같은 장일식물에서는 개화를 유도하지만 미국미역취와 같은 단일식물에서는 개화를 유도하지 않는다.

늦가을. 긴 밤 시간은 미국미역취와 같은 단일식물에서는 개화를 유도하지만 붓꽃과 같은 장일식물에서는 개화를 유도하지 않는다.

지속되지 않는 밤. 섬광을 비추어 겨울의 긴 밤 시간을 단절시키면 미국미역취는 꽃을 피우고 붓꽃은 꽃을 피우지 않는다.

하여 유발된다.

광주기

기본적으로 모든 진핵생물은 밤과 낮 주기의 영향을 받으며 식물 생장과 발달의 여러 과정은 24시간 주기 중 낮과 밤의 비율이 어떻게 변화하는지에 따라 조절된다. 이러한 반응이 **광주기(photoperiodism)**이며 이를 통하여 생명체는 낮과 밤의 길이 변화를 측정하여 계절을 판단한다. 광주기 반응 중 아주 현저한 예가 바로 속씨식물의 개화이다.

낮의 길이는 계절에 따라 변하며 적도에서 멀리 떨어져 있을수록 변화는 더 크게 나타난다. 낮의 길이와 관련하여 식물의 개화반응은 장일식물, 단일식물, 중일식물이라는 세 가지 범주로 크게 나뉜다. ❶에서 보듯이 붓꽃과 같은 장일식물은 밤의 길이가 특정한 임계시간보다 짧아지는(즉 낮이 길어지는) 여름에 꽃을 피운다. 단일식물은 그와 반대로 밤이 임계시간보다 길어지면 꽃을 피운다. 즉, ❷에 나타난 것처럼 미국미역취는 여름에 꽃을 피우지 않고 가을에 꽃을 피운다. 이와 같이 많은 봄꽃 및 여름꽃은 장일식물이며, 많은 가을꽃은 단일식물이다. 실험의 ❸에서 밤에 불을 켜서 밤을 중단시킨 결과는 개화를 일으키는 것이 "중단되지 않은 밤"의 길이라는 것을 분명히 보여준다. 길게 지속되는 밤에 비춘 섬광은 붓꽃의 개화를 유도하지만 미국미역취의 개화는 억제한다.

장일식물, 단일식물 외의에 많은 식물은 중일식물로 분류된다. 중일식물은 낮의 길이와 관계없이 개화한다.

광주기의 화학적 기초

일광과 어둠에 대한 개화반응은 복잡한 방식으로 상호작용하는 몇 가지 화학물질들에 의하여 조절된다. 이 화학물질 중 몇몇의 본질은 추론되었지만 다양한 화학물질이 어떻게 작용하여 개화반응을 유도하고 억제하는지는 아직도 논란이 되고 있다.

식물은 P_r(inactive)와 P_{fr}(active) 이렇게 상호전환 가능한 두 가지 형태로 존재하는 **피토크롬(phytochrome)**을 가지고 있다. P_{fr}(active)의 존재는 개화와 같은 생물학적 반응에 영향을 끼친다. P_r이 적색 섬광(660nm, 주황빛을 띤 빨간색)을 흡수하는 순간, P_{fr}로 전환한다. 반대로, P_{fr}이 어두운 곳에 남겨지거나 짙은 적색 섬광(730nm, 짙은 빨간색)을 흡수하는 순간 P_r로 전환하고 생물학적 반응은 멈추게 된다.

단일식물에서는 활성화된 형태의 피토크롬이 개화를 억제하는 생물학적 반응을 유도한다. 활성화된 형태의 피토크롬은 어둠 속에서 지속적으로 감소하며 피토크롬은 불활성 형태로 전환된다. 만약 암기의 길이가 충분하면 개화 억제가 중단되어 꽃을 피우게 된다. 그렇지만, 단일 적색 섬광(파장 660nm)은 대부분의 피토크롬을 불활성 상태에서 활성화 상태로 전환하므로 개화반응은 차단된다.

휴면

식물체는 외부 환경에 반응하여 생장률을 변화시킨다. 식물체는 환경 조건이 불리할 때 생장을 멈추고, 휴면상태에 들어갈 수 있는 능력은 생존을 위하여 매우 중요하다.

온대지역에서 휴면은 주로 온도가 낮고 동결로 인하여 수분을 활용할 수 없는 겨울과 관련이 있다. 겨울 동안 낙엽수와 관목들은 휴면상태로 남아 있으며 정단 분열조직은 비늘 모양의 덮개에 잘 보호되어 있다. 다년생 풀들은 양분을 저장하고 있는 줄기나 뿌리 형태로 지하에서 겨울을 난다. 대부분의 일년생 식물을 포함한 다른 많은 종류의 식물들은 종자의 형태로 겨울을 난다.

주요 학습 요점 34.10　식물의 생장과 생식은 광주기에 민감하여 이는 화학물질을 이용하여 개화를 계절에 연계시킴으로써 이루어진다.

34.11 굴성

굴성(tropism)은 식물체가 외부의 자극에 대하여 나타내는 방향성을 지닌 비가역적인 생장반응이다. 굴성은 생장의 패턴을 조절하므로 외형에 영향을 미친다. 세 가지 대표적인 굴성반응은 굴광성(**그림 34.15*a***에 설명됨), 굴중성, 굴촉성이다.

굴중성

중력에 반응하는 **굴중성(gravitropism)**에 의하여 식물의 줄기는 위로 자라고 뿌리는 아래로 자란다. 이 두 가지 반응은 적응에 중요하다. **그림 34.15*b***에 나타난 것처럼 넘어진 화분에서 줄기는 위로 자라나 빛을 받기 쉽게 된다. 뿌리는 아래로 자라나 적절한 환경에 마주치게 된다.

굴촉성

흔히 발견되는 식물의 또 다른 굴성반응은 **굴촉성(thigmotropism)**이다. 굴촉성을 의미하는 용어 *thigmotropism*은 접촉을 뜻하는 그리스어의 어근 "thigma"에서 유래하였다. 굴촉성은 접촉에 대한 식물의 반응으로 정의된다. 굴촉성의 예는 식물의 덩굴손에서 볼 수 있는데 이것은 빠르게 줄기나 다른 물체를 휘감거나 타고 오르며, 메꽃과 같은 식물의 덩굴손의 물체 주변을 휘돌아 감는다(**그림 34.15*c***). 이것은 접촉에 따른 급격한 생장반응의 결과이다. 식물표피의 특수화된 세포들은 굴촉성과 관계가 있어 보이지만 뚜렷한 작용양식은 잘 알려지지 않았다.

주요 학습 요점 34.11 식물체의 생장은 빛, 중력 또는 물리적 접촉에 민감하다.

(a)

(b)

(c)

그림 34.15 굴성이 식물의 생장을 인도한다.

(*a*) 빛을 향하여 자라는 식물 *Coriandrum*에서 굴광성을 볼 수 있다. (*b*) *Phaseolus vulgaris*에서 굴중성을 볼 수 있다. 지상부는 음성 굴중성을 나타낸다. (*c*) 감는 줄기는 굴촉성에 의하여 접촉하는 대상의 주변을 휘감아 오른다.

질문 & 분석

꽃가루 매개자가 꽃색의 진화에 책임이 있는가?

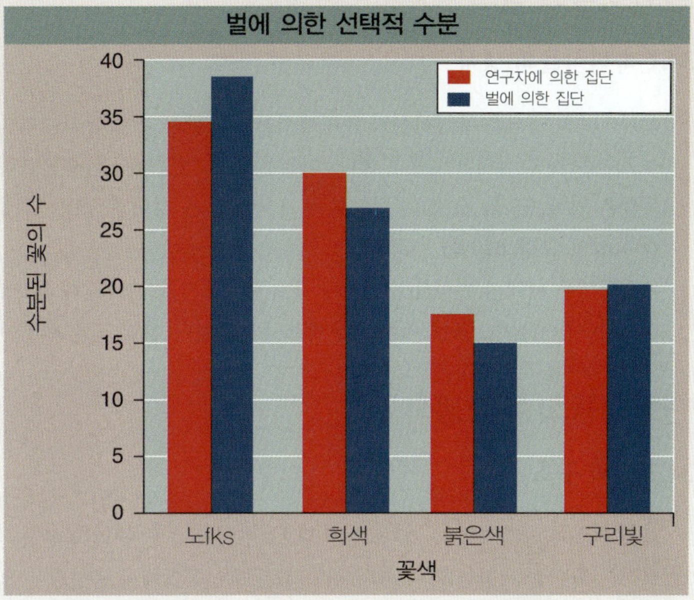

진화는 포식자와 피식자의 관계, 경쟁, 배우자 선택과 같은 유기체 간의 많은 종류의 상호작용의 결과이다. 식물과 동물 간의 공진화에는 식물의 개화와 꽃가루 매개자가 있다. 매개자는 식량을 위해 꽃이 필요하고 식물은 번식을 위해 매개자가 필요하다. 꽃의 모양, 크기, 향, 색의 진화과정의 변화는 벌과 같은 매개자가 큰 역할을 한다는 가설을 세울 수 있다. 곤충이 특정 특색을 지닌 꽃을 방문함은 곤충이 꽃의 특성의 차이에 반응한다는 뜻이다. 하지만 식물집단의 매개자 선택에 대한 반응을 예상하고 평가하는 연구는 많지 않다. 무아재비 집단에서 꿀벌은 노란 꽃이나 하얀 꽃을 우선적으로 방문하는 반면, 꽃등에는 분홍색 꽃을 선호한다. Davis 캘리포니아 대학의 Rebecca Irwin과 Sharon Stauss는 무아재비의 꽃 색깔이 자연집단의 매개자 선택에 어떻게 반응하는지 연구하였다. 그들은 두 무아재비 집단으로 네 가지 꽃 색깔(노란색, 흰색, 분홍색, 구리색)의 빈도를 비교하였다. 벌이 그들의 색상 선호도에 따라 꽃을 방문함으로써 첫 번째 집단을 생성한다. 두 번째 집단은 과학자들이 무아재비를 인공수분으로 꽃 색상의 차별 없이 만들어낸다. 하지만 인공수분에 사용되는 꽃가루는 자연의 각 식물의 개수에 따라 시시각각 다른 비율이다. 여기에 있는 그래프에 이 두 집단의 꽃 색상 분포를 볼 수 있다. 파란색 막대는 벌에 의해 수분되는 노란색, 흰색, 분홍색, 구리색 꽃의 수를 나타낸다. 그리고 빨간색 막대는 꽃 색상의 선택 없이 연구원에 의해 수분되는 각각의 꽃 숫자를 나타낸다.

1. **개념 적용**
   - **a. 변수** 표에서 종속 변수는 무엇인가?
   - **b. 막대그래프 읽기** 이 표가 꽃등에 수분 작용의 꽃 색상 데이터를 반영하는가?
2. **자료 분석**
   - **a.** 어떤 꽃 색상이 가장 흔한가?
   - **b.** 벌은 어떤 꽃 색상을 선호하여 방문하는 것으로 보이는가?
3. **추론하기**
   - **a.** 이 연구를 진행하는 지역에는 어떤 종류의 곤충이 풍부한 것으로 추정하는가? 그렇게 생각하는 이유는?
   - **b.** 이 집단에 분홍색 꽃이 있기 때문에 꽃등에는 이 지역에 꼭 있다고 생각하는가?
4. **결론 도출**
   - **a.** 곤충이 무아재비 집단의 꽃 색상 진화에 영향이 있다고 보여지는가?
   - **b.** 인공으로 수분된 집단의 꽃은 왜 벌에 의해 수분되는 집단의 꽃 색상 패턴과 비슷한 양상을 보이는가? 연구자들이 색상선별에서 실험편견을 가지고 있었는가?
5. **심층 분석** 이 연구의 무아재비 집단을 10년 뒤에 다시 관찰하였다고 가정하자. 노란색 꽃을 가진 식물의 수가 조금은 증가해 보였지만, 그 비율은 이 연구에서 예상한 것처럼 높지는 않았다. 노란색꽃 식물의 예상보다 느린 증가세를 설명하시오.

단원 복습

현화식물의 생식

34.1 속씨식물의 생식

- 속씨식물의 생식은 무성색식과 유성생식을 포함한다. 무성생식에서 자식은 부모와 유전적으로 동일하다. 이것은 종종 영양생식을 수반한다. 식물은 넝쿨, 근경, 흡지, 부정묘목을 포함한 많은 형태의 영양생식을 한다(**삽입 그림, 820쪽**).
- 유성생식은 세대의 변화를 수반한다. 2배체의 포자체는 난자와 꽃가루 생식세포를 생산하는 단수체의 배우체가 생기게 한다(**삽입 그림, 820쪽**).

현화식물의 유성생식

34.2 꽃의 구조

- 꽃은 수컷과 암컷 부분이 있다(**그림 34.1**). 수컷 부분은 수술, 화분을 생성하는 꽃밥을 포함한다. 수 배우체인 화분립은 꽃밥에서 생성된다. 암컷 부분은 암술머리, 화주, 심피를 만드는 씨방으로 이루어졌다. 배낭은 암배우자체로 씨방의 밑씨에서 형성된다(**삽입 그림, 822쪽**).

34.3 생식세포가 꽃 속에서 결합하다

- 화분립은 바람이나 동물에 의해 꽃으로 운반된다. 화분립은 암술머리에 도달하여 화주를 거쳐 밑씨의 가장 아랫부분까지 화분관을 길게 만든다(**그림 34.3**). 두 정자세포는 화분관 아래로 이동한다. 하나는 난세포와 수정하고 다른 하나는 두 극핵과 결합한다. 이 과정을 중복 수정이라 한다. 수분과 수정은 생식세포를 합친다.

34.4 종자

- 수정된 난세포는 분열을 시작하여 배아를 형성한다(**그림 34.6**). 새싹과 뿌리의 정단 분열 조직이 형성되면 배아는 성장을 멈추고 종자라는 구조 안에서 휴면기를 가진다.
- 배젖은 식물의 배아의 식량의 근원이다. 밑씨의 바깥 층은 씨앗의 껍질이 된다.

34.5 열매

- 종자 형성 동안 꽃의 씨방은 씨앗을 둘러싸는 열매로 발달한다. 씨방 벽의 각기 다른 발달은 열매의 다양성을 설명한다. 열매는 각기 다른 방법으로 확산된다. 다육과는 동물이 먹고 그들의 배설물을 통해 확산된다. 마른열매는 보통 바람이나 물, 동물에 의해 퍼진다. 마른열매는 그들의 확산을 돕는 구조를 가지고 있다(**그림 34.7**).

34.6 발아

- 종자는 유리한 여건에서 발아한다. 씨앗은 물을 흡수하고 배젖과 떡잎을 영양공급자로 삼는다. 씨앗의 껍질이 열리고 식물은 자라기 시작한다. 외떡잎식물과 쌍떡잎식물의 종합적인 성장 과정은 유사하지만 그 구조가 다르다(**그림 34.8**).

34.7 성장과 영양

- 모든 식물은 생존하고 번창하기 위하여 주요 요소가 필요하다. 식물이 필요로 하는 9가지의 다량영양소와 7가지의 미량영양소가 있다. 식물에게 필요한 영양소는 수경재배를 통해 평가할 수 있다(**그림 34.9**).

식물생장의 조절

34.8 식물호르몬

- 식물의 분화는 가역적이다. 새로운 식물은 어른 식물의 부분에서 자랄 수 있다(**그림 34.10**). 새싹과 뿌리 분열조직은 성장의 초기 단계에서 차별화되고 다른 모든 세포 종류가 생기게 한다(**그림 34.11**).
- 호르몬은 성장과 발달에 영향을 주는 아주 적은 양의 물질이다. 식물호르몬에는 다섯 개의 주요 종류가 있다. 이는 옥신, 지베렐린, 사이토카인, 에틸렌, 아브시스산이다(**표 34.1**).

34.9 옥신

- Darwin과 그의 아들을 포함한 초기의 연구자들은 식물이 빛을 향해 자라는 굴광성 과정을 묘사하였다. 여러 실험을 통하여 그들은 식물의 끝은 빛을 향해 자람을 보여주었다(**그림 34.12**). Went는 굴광성 작용이 일어나게 하는 호르몬이 옥신이라고 하는 화학물질임을 밝혔다(**그림 34.13**). 식물이 한쪽에서 빛에 노출되면 식물의 끝에서 옥신이 나오고, 이 옥신은 그늘이 진 다른 쪽의 세포들이 길게 늘어지게 한다. 이것이 식물이 빛의 방향으로 자라게 하는 것이다(**그림 34.14**).

환경 자극에 대한 식물의 반응

34.10 광주기와 휴면

- 낮의 길이는 광주성이라는 과정을 통해 개화에 영향을 준다. 어떤 식물은 짧은 낮에 반응하여 꽃을 피우고 어떤 꽃은 긴 낮에 반응하고, 또 어떤 꽃은 중일식물이다(**핵심 생물학 과정, 834쪽**). 식물 색소인 피토크롬은 두 가지 형태로 존재한다. 활성화 된 형태의 피토크롬은 개화를 억제한다. 어둠은 활성 피토크롬을 불활성 피토크롬으로 변환하여 개

화가 가능하게 한다. 식물은 성장을 멈추는 휴면단계를 통해 악조건에서 생존한다.

34.11 굴성

- 굴성은 외부자극에 반응하는 되돌릴 수 없는 성장패턴이다. 굴광성은 빛에 반응하는 성장반응이다. 굴중성은 중력에 반응하며 줄기는 위로 뿌리는 아래로 자라게 한다. 굴촉성은 촉각에 반응하여 성장한다(**그림 34.15**).

이해력 확인 문제

1. 속씨식물의 유성생식은 무엇을 필요로 하는가?
a. 화분
b. 넝쿨
c. 근경
d. 흡지

2. 꽃의 수컷부분이 아닌 하나는 무엇인가?
a. 꽃밥
b. 암술머리
c. 수술
d. 소포자

3. 암꽃과 수꽃을 모두 가지고 있는 속씨식물을 무엇이라고 하는가?
a. 자웅이주
b. 자웅동주
c. 불완전
d. 불충분

4. 속씨식물의 꽃의 모양, 향기, 색상 그리고 꿀의 존재가 수행하는 기능은?
a. 포식자를 단념시키기 위해
b. 동물 매개자를 유혹하기 위해
c. 해충을 억제하기 위해
d. 공생을 향상시키기 위해

5. 씨앗이 발아하기 위해서 휴면기 식물의 배아에게 필요한 것은?
a. 이산화탄소와 수분
b. 질소와 수분
c. 산소와 질소
d. 산소와 수분

6. 열매는 꽃의 어느 부분에서 형성되는가?
a. 씨방
b. 꽃받침
c. 심피
d. 암술머리

7. 분열조직은 식물 생장과 발달을 무엇을 사용함으로 조절하는가?
a. 탄수화물
b. 구할 수 있는 물의 양
c. 호르몬
d. 굴광성

8. 옥신 호르몬은 무엇을 초래하는가?
a. 물을 놓아줌으로 식물 줄기의 세포가 줄어들게 한다.
b. 열매가 익게 한다.
c. 식물 줄기의 세포가 늘어나게 한다.
d. 옆의 가지들이 더 자라게 한다.

9. 속씨식물의 개화는 무엇에 의해 통제되는가?
a. 온도
b. 지베렐린
c. 광주기
d. 마그네슘

10. 식물이 촉각에 민감한 것을 무엇이라 하는가?
a. 굴촉성
b. 광주성
c. 굴광성
d. 굴중성

응용력 확인 문제

1. **그림 34.5** 벌은 노란색 꽃을 수분하는 경향이 있어서 아래 보이는 나비가 있는 연분홍 꽃에게는 끌리지 않을 것이다. 벌이 이 분홍 꽃을 아마 수분하지 않을 다른 이유는 무엇인가?

2. **그림 34.7** 요리의 관점에서 달고 즙이 많은 식물생산물은 열매(과일)라고 하고 다른 먹을 수 있는 식물 부분은 채소라고 한다. 하지만 열매가 항상 달고 즙이 많은 것은 아니다. 아래 식물생산물을 보고 열매부분을 먹는지, 씨앗을 먹는지, 아니면 식물의 다른 부분을 먹는지 나타내보시오.

종합 학습

1. 2010년 1월 12일, 강도 7.0의 지진이 아이티 지역을 강타하였다. 수천 명이 파괴된 도시를 떠나 시골의 농장으로 피난하였는데, 농장이 그 많은 사람들을 먹이기엔 역부족이었다. 배고픈 사람들을 돕기 위해서 한 농업회사는 아이티 농부들에게 씨앗을 무료로 나누어 주었다. 유전자를 조작하지 않은 이 씨앗은 대단히 생산성이 좋은 혼합식물로 자란다. 이 지역의 농작물보다 더 생산성이 좋아 더 많은 사람을 먹일 수 있게 한다. 하지만 아이티의 농민 단체는 혼합농작물의 씨앗이 작고 연약해서 그 다음 해에 심을 씨앗을 모을 수 없다는 이유로 이 기부된 씨앗을 거부한다. 만약 아이티의 가난한 농부들이 그들의 친척을 먹이기 위해 혼합작물의 단기 이익을 받아들인다면, 다음해 농작물의 씨앗은 어디서 구할 것이냐고 묻는다. 여러분은 아이티 농부들에게 어떤 조언을 할 것인가?
2. 만약 담쟁이넝쿨이 건물 옆에 심어졌다면 이 줄기가 건물의 벽에 달라붙어 곧 담쟁이넝쿨은 위로 자라고 결국 건물 전체를 덮을 것이다. 담쟁이넝쿨이 이렇게 할 수 있는 이유는?

35 개체군과 군집

학습단원

어느 특정한 생태계에서 일어나는 가장 중요한 생태학적 사건들은 그곳에 사는 생물체들과 관련된다. 사진에서 볼 수 있듯이, 무리를 이루고 있는 곤충은 *Locusta migratoria*라는 학명을 가진 이동메뚜기로, 1988년에 북아프리카의 농장을 가로질러 이동하는 모습을 찍은 것이다. 매년 메뚜기들은 개체수가 많지 않고, 무리를 이루지도 않는다. 그러나 메뚜기들이 가장 선호하는 먹이가 풍부하고, 날씨가 적당하고, 기타 자원들이 풍부한 해에는 메뚜기들의 개체군 생장이 보통 때보다 더 빠르게 이루어진다. 높은 개체군 밀도에 이르렀을 때에는 메뚜기들은 다른 호르몬과 물리적인 특성을 나타내고, 무리를 이루어 날기 시작한다. 경관을 넘어서 이주하면서, 무리를 이룬 메뚜기떼는 모든 식물을 닥치는 대로 먹어치워 그 지역을 황폐하게 만든다. 비록 북아프리카에서 자주 일어나는 것은 아니지만, 무리를 이룬 메뚜기떼들은 아프리카와 유라시아의 넓은 지역에 큰 골칫거리이다. 이번 장에서는 개체군들이 어떻게 생장하고 무엇이 이런 생장을 제한하는지 살펴볼 것이다. 자연계의 생물체들은 복잡한 진화의 과정에서 정돈된 결과를 만들면서 함께 살아오고 있다. 이런 정돈이 비이상적인 날씨에 영향을 받거나 인위적 간섭으로 인해서 방해가 되었을 때, 그 결과는 큰 재앙의 결과를 낳을 수가 있다.

35.1 생태학은 무엇인가?

생태학(ecology)은 생물체들이 다른 생물체와 주변의 환경과 상호작용하는 방법에 대해 연구하는 학문이다. 또한 이 학문은 생물체의 분포, 종풍부도, 개체군 생장, 생장한계선, 생장에 대한 영향에 대해서 연구하는 학문이다. 생태학(ecology)이라는 용어는 1866년 독일 생물학자 Ernst Haeckel에 의해서 만들어졌고, 그리스어인 *oikos*(집, 사는 장소)와 *logos*(연구)에서 유래된 것이다. 그러므로, 생태학 연구는 생물체가 사는 장소에 관한 연구이다. 생태학이라는 단어에 내재된 간단한 비유를 잊지 않도록 하자. 우리 환경 문제의 대부분은 우리 자신의 집에서 처리하는 방법과 같은 방식으로 지구를 다룬다면 해결할 수 있을 것이다. 여러분은 자신의 집을 오염시킬 것인가?

생태적 조직체의 단계

생태학자들은 생물체의 집단을 6개의 점진적이고 포괄적인 조직체로 생각한다. 제1장에서 언급하였듯이, 창발성이라는 새로운 특징이 각각의 더 높은 단계에서 나타나며, 이는 각 단계의 요소들이 상호작용하는 방식에서 유래된다.

1. **개체군(population)** 같은 종의 개체들이 함께 모여 사는 구성원의 집합이다. 상호 간에 교배가 일어날 수 있고, 서식지를 공유하고 있으며, 서식지가 부여하는 같은 자원을 이용한다.
2. **종(specie)** 한 종류의 생물체로 이루어진 모든 개체군은 한 종을 형성한다. 한 종의 개체군은 상호작용하며 전반적으로 종의 생태학적 특징에 영향을 준다.
3. **군집(communitie)** 같은 장소에서 살아가는 다른 종의 개체군을 군집이라 한다. 전형적으로 다른 종들은 공유하는 서식지에서 다른 자원을 이용한다(**그림 35.1**).
4. **생태계(ecosystem)** 군집과 그들이 상호작용하는 무생물 요소들을 합쳐서 생태계라 한다. 생태계는 태양에서 유래되는 에너지의 흐름과 구성원 생물체들이 의존하는 필수원소의 순환에 의해서 영향을 받고 있다. **그림 35.1**에 있는 레드우드 산림 군집은 생태계의 일부이며, 이곳에서는 아주 큰 나무와 다른 생물체들이 서로 관계를 갖고 있거나 물리적 환경과 상호작용하고 있다.
5. **생물군계(biome)** 생물군계는 뚜렷한 물리적 특징을 갖고 지리적으로 넓은 지역에서 나타나는 식물, 동물, 미생물의 주요한 육상 집합체이다. 예로는 사막, 열대림, 초지, 등이 있다. 유사한 형태의 집합체는 해수와 담수 서식지에서도 나타난다.
6. **생물권(biosphere)** 해수와 담수의 집합체를 포함한 전 세계의 생물군계는 생물권이라 부르는 상호체계를 구성

그림 35.1 레드우드 군집

(*a*) 캘리포니아와 오리건 서남부 해안을 따라 분포하는 레드우드림은 레드우드(*Sequoia sempervirens*) 개체군으로 우점하고 있다. 레드우드 군집의 다른 종들은 (*b*) 수영(*Oxalis oregana*), (*c*) 창고사리(*Polystichum munitum*), (*d*) 고사리잎에서 민달팽이를 먹는 딱정벌레(*Scaphinotus velutinus*)를 포함한다.

하고 있다. 한 생물군계에서 어떠한 변화는 다른 생물군계에 대해 심각한 변화에 대한 결과를 가져올 수 있다.

생물체의 단계별 목록에서 더 높은 수준의 생태학적 조직으로 생물군계와 생물권을 포함하고 있지만, 생태계는"기본적 기능 단위"로 보아야 하며, 이는 조직이나 기관보다는 세포를 살아 있는 생물체의 기본 단위로 여기는 것과 같은 방식이다.

개체군 생태학자들은 특정종과 그 개체군이 생장하는 방법에 대해 집중 연구한다. 군집 생태학자들은 한 장소에서 살아가는 서로 다른 종들이 상호작용하는 방법에 대해 연구한다. 그러나 개체군 생태학자들은 생물학적 군집들이 그들의 물리적 환경과 상호작용하는 방법에 관심을 가지고 있다.

우리는 생태학 연구를 기초 단계에서 개체군 조사와 군집 조사를 할 것이다. 그러고 나서 생태계, 생물군계를 조사하여 계층구조를 확인하고, 생물권을 면밀히 조사할 것이다. 이런 주제를 여러 장으로 나누었지만, 생물체는 진공 조건에서 사는 것이 아니라는 사실을 간과해서는 안 된다. 개체들은 서로 간에 작용을 하며, 물리적 환경과도 상호작용하는데, 이러한 상호작용은 생존에 대한 도전과 장애를 포함하고 있다.

환경 변화

물리적 환경의 성질은 대부분 특정 기후나 지역에서 살아가는 생물체의 종류를 결정한다. 주요 환경 요소는 다음을 포함한다.

온도(temperature) 대부분의 생물체는 상대적으로 좁은 영역의 온도 범위에서 살아갈 수 있도록 적응하며, 온도가 더 올라가거나 내려가면 번성하지 못할 것이다. 예를 들어, 식물의 생육기는 온도에 의해서 영향을 많이 받는다.

수분(water) 모든 생물체는 수분을 필요로 한다. 육상에서, 종종 수분이 고갈되기 때문에 강우 형태가 생명에 중요한 영향을 미친다.

태양광선(sunlight) 거의 모든 생태계는 광합성에 의해서 획득한 에너지에 의존적이고, 따라서 태양광선의 이용도는 생태계가 지지할 수 있는 생물체의 양에 영향을 주며, 특히 해양 환경에서 해수면 아래에서 영향을 준다.

토양(soil) 토양에서 물리적 경도, pH, 광물 이용도는 종종 식물 생장에 있어서 중요한 제한요소가 되며, 특히 토양에서 질소와 인의 함량도 그러하다.

생물개체들은 매일, 계절적으로, 또는 살아가는 시간 동안, 여러 가지 생존 위협에 직면할 것이다. 많은 생물체들은 생리적, 형태적, 행동적 조절을 통해 환경의 변화에 적응한다. 예를 들어, 우리는 더울 때 땀을 흘린다. 이는 수분 증발을 통한 체내의 열 손실을 증가시켜 몸의 열을 낮출 수 있다. 어떤 포유류의 형태적 적응에서 겨울에 몸을 둘러싸고 있는 털을 더 두껍게 하여 추운 겨울을 무리 없이 보낸다(**그림 35.2**). 또한 많은 동물들은 부적절한 장소나 지역을 피하는 행동을 통해 환경의 변화에 대처한다. 예를 들어, 열대 파충류인 이구아나는 태양을 좋아하지만, 너무 더울 때는 그늘로 이동함으로써 일정한 체온을 유지하려 한다(**그림 35.3**). 이러한 생리적, 형태적, 또는 행동적 능력은 특정 환경에 오랜 시간 동안 적응하여 이루어진 자연 선택의 산물이며, 이런 적응을 하지 못한 생물체가 생존할 수 없는 이유를 설명해 줄 수 있다.

그림 35.2 늑대의 겨울나기
회색 늑대는 겨울에 몸을 따뜻하게 유지하기 위해서 몸의 털을 두텁게하여, 추위 때문에 몸의 체온이 빠져나가는 것을 털 주변의 공기가 열을 잡고 있게 하여 추운 겨울에 늑대의 체온을 유지하게 한다.

그림 35.3 코스타리카의 파충류 이구아나
이구아나는 한 낮 동안의 강렬한 햇빛을 피해 그늘로 이동하여 대기의 온도가 증가할 때도 이구아나의 온도를 낮게 유지한다.

주요 학습 요점 35.1 **생태학은 한 장소에서 살아가는 생물체들이 그들 서로간의 관계뿐만 아니라 물리적 환경과 상호작용하는 것을 연구하는 분야이다. 생태계는 생물체들이 변화하는 환경 조건에 적응하여 살아가기 위해 도전하는 아주 분주하고 역동적인 시스템이라 할 수 있다.**

35.2 개체군의 활동범위

한 장소에서 같은 시간에 함께 나타나는 생물개체들로 구성된 집단을 **개체군(population)**이라 한다. 개체군은 조류, 곤충, 식물, 또는 인간이 집단을 이루는 것을 말하며, 생태학자들은 개체군의 주요 요소를 연구하고, 의미를 발견한다.

"개체군"이라는 용어는 좁은 의미에서 폭넓은 개념으로 정의된다. 인간, 흰개미 장내에 사는 원생생물, 숲에 사는 사슴 등에 대해 개체군이라는 용어를 사용할 수 있다. 산 정상부에 위치한 호수의 가장자리 주변에 송어 개체군이 무리를 이루고 살면서 다른 서식지와 고립된 아주 뚜렷한 서식지 경계를 가지고 있는 경우가 있거나, 또는 두 산림 지역 사이에 옥수수밭이 존재하여 두 산림 사이를 옮겨 다니는 사슴 개체군 같이 살아가는 경계가 뚜렷하지 못한 경우도 있다.

개체군은 다섯 가지 측면이 특히 중요하다: 개체군이 보이는 *개체군 활동범위*, 그 범위 내에서 *개체군 분포*, 개체군이 포함하는 개체수로 나타내는 *개체군 크기*, 일정한 영역을 차지하는 *개체군 밀도*, 개체군이 어느 정도로 성장하고 축소하는지를 설명해주는 *개체군 생장* 등이다. 우리는 다섯 가지 측면에 대하여 차례로 알아볼 것이다.

개체군 활동범위

인간 개체군을 포함해서 세계 모든 지역에서 나타나는 개체군은 없다. 사실 대부분의 종은 상대적으로 제한된 지리적 범위를 가지고 있으며, 어떤 종의 범위는 극히 작다. 예를 들어, Devil's Hole 송사리류는 미국 네바다 주 남부의 한 온천에서만 서식하고, Socorro 등각류는 뉴멕시코 주의 한 온천에서만 사는 것으로 알려져 있다. **그림 35.4**는 고립된 서식지의 단일 개체군에서 발견되는 종들의 모임이다. 다른 한편으로, 어떤 종은 아주 넓게 분포한다. 예를 들어, 참돌고래(*Delphinus delphis*)는 거의 모든 해양에서 발견된다.

생물체들은 그들이 존재하는 환경에 적응할 수 있어야 한다. 북극곰은 북극의 추위에서 생존하기 위해 잘 적응하고 있으므로, 우리가 열대 우림에서 북극곰을 볼 수는 없다. 어떤 원핵생물들은 미국 옐로우스톤의 간헐천에서 거의 끓는 물에 살지만, 주변의 차가운 물에서는 나타나지 않는다. 각 개체군은 생존과 번식을 할 수 있는 장소인지를 결정하는 자신만의 필요조건, 즉 온도, 습도, 먹이 종류, 다수의 요인들을 가지고 있다. 게다가, 적당한 장소일 수 있어도, 포식자, 경쟁

그림 35.4 한 장소에서만 발견되는 종들
여기 보여지는 여러 종류들은 한 장소에서만 살고 있는 하나의 개체군으로 구성된 종들이며, 모든 종들이 멸종위기종이다.

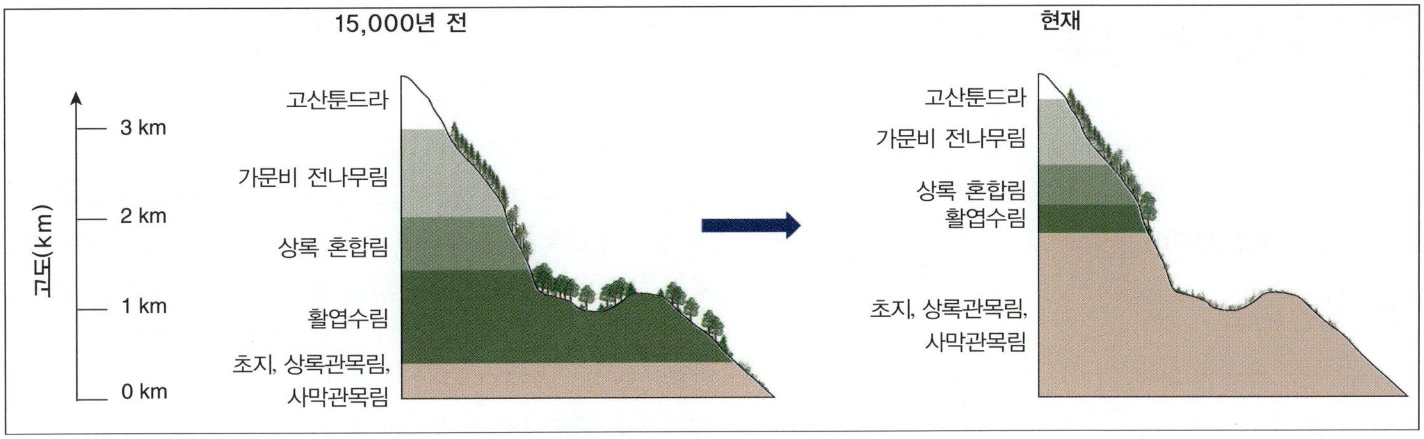

그림 35.5 북미 남서부 지역의 산악 지역에서 개체군 활동범위의 고도 변화
15,000년 전 빙하기 동안, 지금보다 낮은 온도를 갖고 있었다. 기후가 따뜻해짐에 따라 낮은 온도범위에서 생육하는 수목은 그들의 활동범위를 그들이 적응할 수 있는 기후조건에서 살기 위해서 높은 고도로 이동하였다.

자 또는 기생생물의 존재로 인해 개체군이 그 영역에서 살아갈 수 없다. 이러한 내용은 이 장의 끝부분에서 다루어질 것이다.

활동범위 확장과 수축

개체군 활동범위는 정적이지 않고 시간에 따라 변한다. 이러한 변화들은 두 가지 이유가 있다. 첫째는 환경의 변화다. 예를 들어, 약 10,000년 전 마지막 빙하기에 빙하들이 녹을 때, 북미 지역의 많은 동식물 개체군들은 북쪽으로 퍼져 나갔다. 또한 날씨가 따뜻해짐에 따라, 개체군들은 그들이 살 수 있는 낮은 온도를 갖는 고도를 찾아 이주하였다. 고도가 높아짐에 따라 온도는 점점 낮아지기 때문이다. 예를 들어, **그림 35.5**에서 보여주듯이, 온도가 높아지면 더 낮은 온도에서 생존하는 식물들의 활동범위는 온도가 낮은 고도 지역으로 이동한다.

덧붙여서, 개체군은 살기 힘들게 된 서식지로부터 살기에 적절해진 곳으로 이동할 수 있을 때 그들의 활동범위는 확장된다. 예를 들어, 아프리카에서 살았던 붉은백로가 1800년대 후반에 남미 북부에 출현했다. 이런 조류들은 아마도 아주 강한 바람의 도움으로 거의 3,200km에 해당하는 대륙을 이동 한 것이다. 그 후로, 그들은 활동범위를 서서히 확장시켰고, 이제는 미국의 모든 지역에서 발견된다(**그림 35.6**).

주요 학습 요점 35.2 개체군은 한 지역에 함께 공존하는 같은 종의 개체들 집단이다. 개체군이 차지하는 활동범위와 영역은 시간에 따라서 변한다.

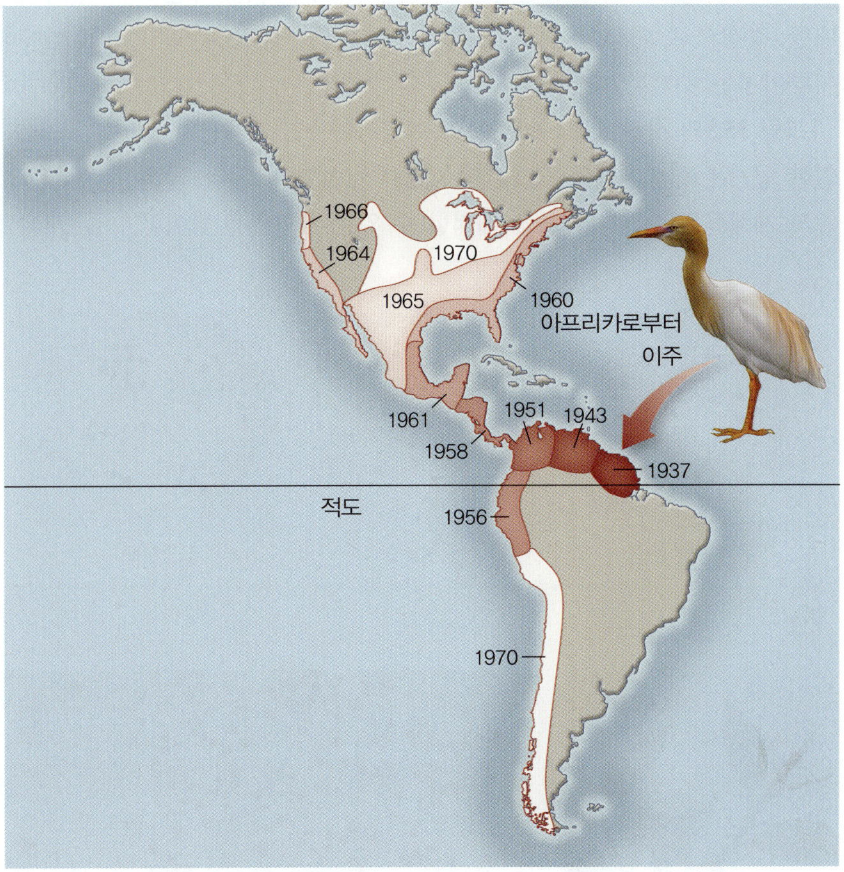

그림 35.6 붉은백로의 활동범위 확장
붉은백로(cattle egret)라는 이름은 소를 비롯한 발굽이 있는 동물을 쫓아다녀서 유래한 이름이며, 곤충이나 작은 포유류를 잡아먹는다. 1800년대 후반에 남미에 처음으로 왔다. 1930년대 이래로 이종의 분포범위가 점점 퍼져 나간 것은 잘 기록되어 있으며, 북미의 서쪽과 북쪽으로 이동하고 있고 안데스의 서쪽 아래로 퍼져 남미의 남쪽 땅끝 근처까지 퍼져 나갔다.

35.3 개체군의 분포

한 종의 활동범위에 영향을 주는 주요 특징은 개체군의 분포 방식이다. 개체들은 무작위적 공간배치, 균일한 공간배치, 또는 집중분포한다(**그림 35.7**).

무작위적 공간분포

개체들 간에 상호 작용을 하지 않거나 환경 조건이 균일하지 않을 때, 개체군 내에서 무작위적으로 공간 구조가 배치된다. 무작위적 분포는 자연에서 일반적이지 않으나 파나마의 열대 우림지의 어떤 수종은 무작위적으로 분포하는 것을 보여준다 (**그림 35.7*b***).

균일한 공간분포

개체군 내에서 균일한 공간분포는 종종 나타나지만, 자원에 대한 경쟁으로 이러한 분포가 생기며, 그러한 공간 분포가 이루어지는 수단은 다양하다.

그림 35.8의 사진에서 나타나듯이, 북양가마우지 개체군의 균일한 공간분포는 개체들 상호간의 행동에서 발단이 된다. 많은 종의 개체들은 다른 개체들을 배척할 수 있는 세력권을 방어한다. 이러한 세력권은 먹이, 물, 은신처, 또는 교배를 할 수 있는 공간 등과 같은 자원을 제공하고, 개체들이 서식지에서 균일하게 분포하도록 한다. 세력권을 갖고 있지 않은 종의 개체들도 종종 다른 동물들의 침입을 막는 방어 공간을 지키려고 한다.

식물의 균일한 공간분포는 자원경쟁의 일반적인 결과이다 (**그림 35.7*b***). 식물의 균일한 공간배치는 자원에 대한 직접적 경쟁으로 이루어진다. 가까이 위치한 각각의 식물들은 유용한 태양광선, 영양물질, 또는 수분에 대해 경쟁할 것이다. 이러한 경쟁은 한 식물이 다른 식물보다 빛을 더 많이 이용하고, 다른 식물은 그 식물의 그늘아래에 존재함으로써 직접적 경쟁을 하며, 공유 영역에서 두 식물들이 영양물질이나 수분을 빼앗을 때는 간접경쟁일 수 있다. 게다가 크레오소트(creosote)와 같은 식물은 다른 개체들에게 해가 되는 화학물질을 주변 토양에 방출한다. 이런 경우에, 적당한 거리를 두고 분포된 식물만이 공존할 수 있고 균일한 공간분포를 이루게 한다.

집중 공간분포

개체들에게 직접적인 영향을 주는 환경조건이 일정하지 않은

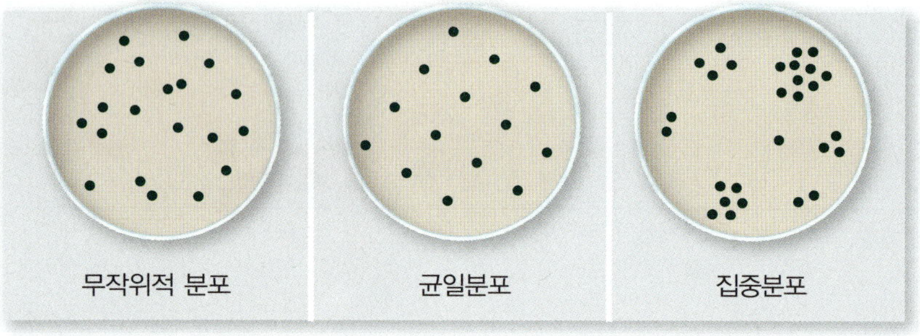

(a)

그림 35.7 개체군 분포

공간 분포의 유형들은 (*a*) 박테리아 군체의 다른 배열과 (*b*) 파나마의 같은 장소에서 세 가지 다른 수종들로 구성된다.

출처: 스미소니언 열대연구소, 열대림 과학 센터의 엘리자베드 로소스의 데이터

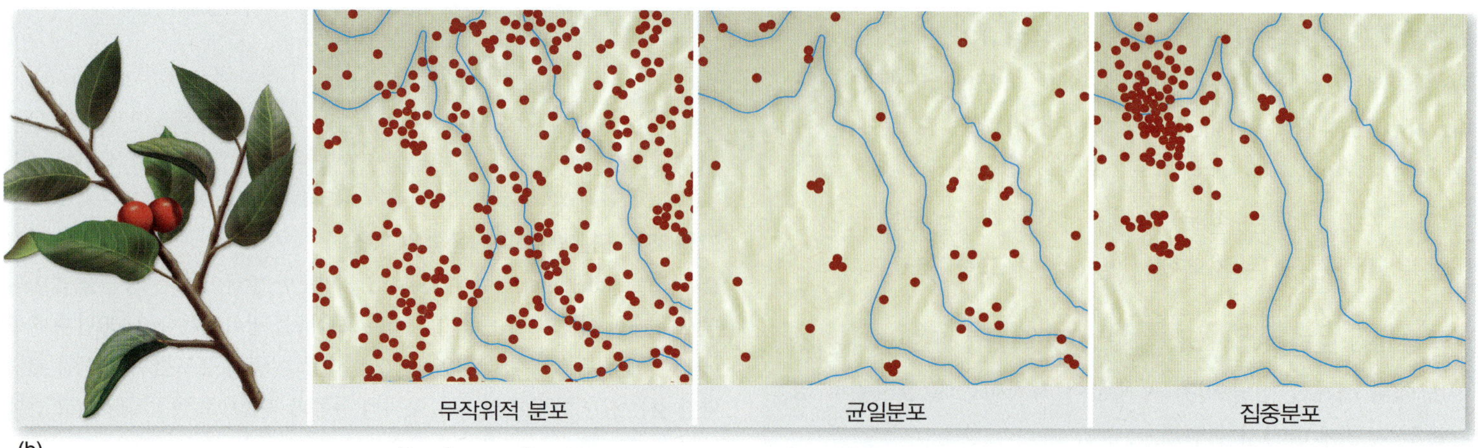

(b)

Brosimum alicastrum *Coccoloba coronata* *Chamguava schippii*

그림 35.8 뉴질랜드 해안가에 서식하는 북양가마우지 개체군의 균일분포

이유 때문에 개체들은 집단이나 무리를 이루게 된다(**그림 35.7*b***). 집중 공간분포는 자연계에서 아주 일반적인데, 이는 동물, 식물, 미생물 개체들이 최상으로 적응된 토양 유형, 수분, 또는 다른 환경요소로 구분된 미세서식지를 선호하기 때문이다.

사회적 상호작용도 집중 공간분포를 이루게 한다. 많은 종은 다양한 이름을 가진(예를 들어, 무리, 떼, 집단) 큰 집단으로 살고 활동한다. 그러한 집단화를 이루는 것은 많은 이점을 제공할 수 있는데, 특히 포식자에 대한 경계를 증대하고 방어력을 높이며, 공기와 물을 통한 이동으로 이동 에너지 비용을 감소시키며, 집단을 이룬 모든 개체군의 구성원들의 지식에 근접이 이루어지는 것을 포함한다.

더 넓은 의미에서, 개체군은 종종 그들의 활동범위의 중앙부에서 가장 밀도가 높으며, 가장자리에서는 밀집도가 낮았다. 그러한 양상은 다른 영역에서 환경이 변하는 방법에서 나타난다. 개체군이 종종 자신의 분포 중앙부에서 가장 잘 적응되어 있다. 환경이 변함에 따라, 개체의 적응도는 떨어지고, 밀도는 감소하는 것이다.

인간 효과

환경이 변함에 따라, 인간은 코요테와 같은 종의 활동범위를 확장시켜, 이전에 살지 않았던 영역으로 이동하게 할 수 있다. 인간은 많은 종들을 확산시키는 역할을 하고 있다. 이러한 확산의 몇몇은 아주 성공적이며, 제38장에서 더 자세하게 다룰 것이다. 예를 들어, 셰익스피어가 언급한 여러 종류의 새를 확보하기 위해 1896년 미국 뉴욕 시에 100마리의 찌르레기를 도입하게 되는 잘못된 시도를 하게 하였다. 1980년까지 그 개체군은 서서히 확산되었고, 지금은 미국 전역에서 나타나게 되었다. 유사한 인위적 도입종에 대한 이야기가 많은 식물과 동물에 대해서도 있었고, 도입종 목록은 매년 증가하고 있다. 불행하게도, 이런 침입종들의 성공적인 정착은 종종 토착종을 위협하는데, 이는 제38장에서 자세히 논의될 것이다.

확산 기작

새로운 영역으로의 확산은 여러 방법으로 나타날 수 있다. 예를 들어, 도마뱀의 개체들이나 알들이 식생 위에 있거나 식생과 함께 이동하기 때문에, 육지에서 멀리 떨어진 섬들에서도 군집화가 가능하다. 박쥐는 종종 날 수 있는 능력으로 육지에서 멀리 떨어진 섬에서도 서식 가능한 유일한 포유류이다. 많은 종류의 식물 종자는 여러 가지 방법으로 확산될 수 있다. 어떤 종류들은 바람에 의해서 아주 먼 거리로 날려갈 수 있도록 공기역학적으로 구조화되어 있다. 다른 종류의 식물들은 동물의 털이나 깃털에 붙어 멀리 이동하여 지상에 떨어지도록 된 구조를 가지고 있다. 또한 과육으로 덮여 있는 종자들은 포유류나 조류의 소화계를 거쳐 배설된 곳에서 발아하기도 한다. 마지막으로, 겨우살이(*Arceuthobium*)는 열매의 아랫부분이 터지면서 작은 종자가 멀리 확산되어 날아간다. 이 식물의 장거리 확산 성공률은 아주 적지만, 수백만 년 동안 그러한 기작이 지속적으로 일어났다.

주요 학습 요점 35.3 **개체군의 개체들은 무작위적, 균일적, 또는 집중적 분포로 구성되어 있고, 부분적으로는 자원의 이용도에 의해서도 결정된다.**

35.4 개체군의 생장

종은 전형적으로 활동범위 내에서 같은 종의 다른 개체군으로부터 어느 정도 분리된 지역개체군을 구성하며 살아간다. 여기에서는 개체군 생장 또는 수축에 영향을 주는 요소들과 영향을 주는 속도를 알아보고, 인간 개체군에서 중요하다고 생각되는 요소들에 초점을 맞추어 볼 것이다. 인간은 자연계에서 생활하는 다른 동물 개체군과 다른 양상일 것이라고 생각할지라도, 다른 동물 개체군에 영향을 주는 요소들은 인간 개체군에도 유사한 방법으로 영향을 준다.

어떠한 개체군에서도 중요한 특성 중에 하나가 **개체군 크기(population size)**이다. 예를 들어, 어떤 종이 하나의 개체군이나 적은 개체군을 구성하고 있다면, 그 종은 멸종하기 쉬울 것이며, 특히, 급변하는 영역에서 살아가고 있다면 그 가능성은 더욱 크다. 개체군 크기에 덧붙여서, 단위 면적당 나타나는 개체수로 이루어진 **개체군 밀도(population density)**가 또 다른 중요한 특징이다. 개체군 밀도, 즉, 개체들 상호간에 얼마나 밀접하게 연관되어 있는 지는 그들이 살아가는 방법에 대한 표지이다. **그림 35.9*a***에서 보이는 시베리아호랑이처럼 작은 가족 집단으로 살아가는 동물들은 종종 거의 포식자를 가지지 않고, 반면에 **그림 35.9*b***에서 보이는 누영양 무리처럼 큰 집단으로 살아가는 동물들은 다수의 안전지대를 찾아야 한다.

개체군 크기와 개체군 밀도와 더불어서, 또 다른 중요한 개체군 특징은 생장 수용력이다. 개체군을 이해하기 위해서는 이와 함께 현실적으로 **개체군 생장(population growth)**에 제한을 주는 요소들을 고려해야 한다.

지수적 생장모델

개체군 생장에서 가장 단순한 모델은 제한 없이 최고의 속도로 개체군이 생장한다고 가정하는 것이다. 이러한 생장 속도는 r로 표시되는데, **생물번식능력(biotic potential)**이라 하며, 주어진 종의 개체군이 제한 없이 증가하는 속도를 의미한다. 수학적 용어로는 다음과 같은 식으로 정의된다.

$$\textit{생장 속도} = G = r_i N$$

G는 시간에 따른 개체수의 변화율(생장 속도), r_i는 개체군에서 자연적 증가의 내재 비율, 즉, 생장에 대한 선천적 수용력이며, N은 개체수이다.

개체군 증가에 대한 실질적 비율, r은 개체군 안으로 유입(영역으로 이동, i) 또는 개체군 밖으로 유출(영역에서 밖으로 이동, e)되는 같은 개체들의 이동 개체수로 보정된 출생률 b와 사망률 d 사이의 차이로 정의된다. 그래서,

$$r = (b-d) + (i-e)$$

개체들이 개체군으로의 유입과 유출은 개체군 생장 속도에 중요한 영향을 줄 수 있다. 예를 들어, 20세기의 마지막 10년 동안, 미국의 인구 증가는 대부분이 이민자에 의해서 이루어졌다. 그곳에서 살고 있는 사람들의 출산으로 증가된 수는 절반 이하였다.

어떤 개체군의 증가에 대한 내재 수용력은 지수적이며, 이를 지수적 증가라고 한다. 증가 속도가 일정하더라도, 개체의 수증가는 개체군의 크기가 성장하면서 빠르게 가속화된다. 빠른 지수적 증가는 **그림 35.10**에서 붉은색으로 나타내어진 것이다. 이러한 종류의 생장 형태는 투자에 대한 복리이자에서 얻어지는 것과 유사하다. 실질적으로, 그러한 형태는 단기간에서만 만연하고, 보통 생물체가 풍부한 자원이 있는 새로운 서식지에 도달할 때 나타난다. 자연적인 보기로는 유럽과 북

(a)

(b)

그림 35.9 개체군밀도
(*a*) 시베리아호랑이들은 매우 커다란 세력권(보통 한 마리의 수컷당 60~100km^2)을 차지하는데, 특히 겨울에 밀도 높은 시베리아 숲에서 상대적으로 낮은 먹이 밀도 때문이다. (*b*) 케냐 남서부의 세렝게티의 누영양들은 1백만 마리가 넘게 무리를 이루는 동물들이다.

미의 평원, 초지, 방목지로 최초 유입된 민들레, 새로이 조성된 연못에서 군집을 이룬 조류, 또는 최근에 바다에서 솟아오른 섬으로 정착한 선구자 식물들이 있다.

환경수용력

개체군이 아무리 빠르게 생장하더라도, 결국에는 공간, 빛, 수분, 또는 영양물질과 같은 중요한 환경요소의 부족으로 인한 한계에 도달하게 된다. 일반적으로, 개체군은 살고 있는 특정 장소의 **환경수용력(carrying capacity)**이라는 어떤 크기에서 안정화되고, **그림 35.10**에서 파란색 선과 같이 개체군의 크기는 감소하게 된다. K로 표시되는 환경수용력은 특정 영역이 지지할 수 있는 최대 개체수이다.

로지스틱 생장모델

개체군이 환경수용력에 도달함에 따라, 생장속도는 아주 느려지고, 새로운 개체들이 이용할 수 있는 자원의 양이 적게 남겨지기 때문이다. 하나 이상의 환경요인에 의해서 제한을 받는 그러한 개체군의 생장곡선은 한정요인의 이용도 감소를 감안하기 위해서 생장속도를 조절하는 아래와 같은 **로지스틱 생장식(logistic growth equation)**에 근접하게 된다.

$$G = rN\left(\frac{K-N}{K}\right)$$

이러한 로지스틱 생장모델에서, 개체군의 생장 속도(G)는 증가 속도(r과 N의 곱으로, N은 어떤 시점에서 존재하는 개체들의 수이다)와 같고, 이용할 수 있는 자원의 양에 의해서 보정된다. 보정은 rN에 사용되지 않은 K의 부분 ($[K-N]/N$)을 곱함으로써 이루어진다. N이 증가하면(개체군의 크기가 증가하면), r에 곱해지는 부분(남겨진 자원)은 점점 더 작아지고, 개체군의 증가 속도는 감소하게 된다.

수학적 관점에서 N이 K에 가까워지면, 생장속도(G)는 느려지기 시작하고, N=K에 도달하면(**그림 35.10**에서 파란색 선) 생장속도는 0이 된다. 실질적인 관점에서, 주어진 자원에 대한 더 많은 개체들 사이의 경쟁 증가, 쓰레기 증가, 또는 포식 비율의 증가와 같은 요인들이 개체군 생장의 속도를 감소시킬 수 있다.

그래프에 t(시간)에 대한 N을 그려보면, 대부분의 생물학적 개체군에 대해 S-모양의 **시그모이드 생장곡선(sigmoid growth curve)** 특징을 볼 수 있다. 이 곡선은 모양이 S와 같이 이중 곡선이기 때문에 "시그모이드"라고 한다. 개체군의 크기가 환경수용력에서 안정화됨에 따라, 생장 속도는 감소하게 되고, 결국엔

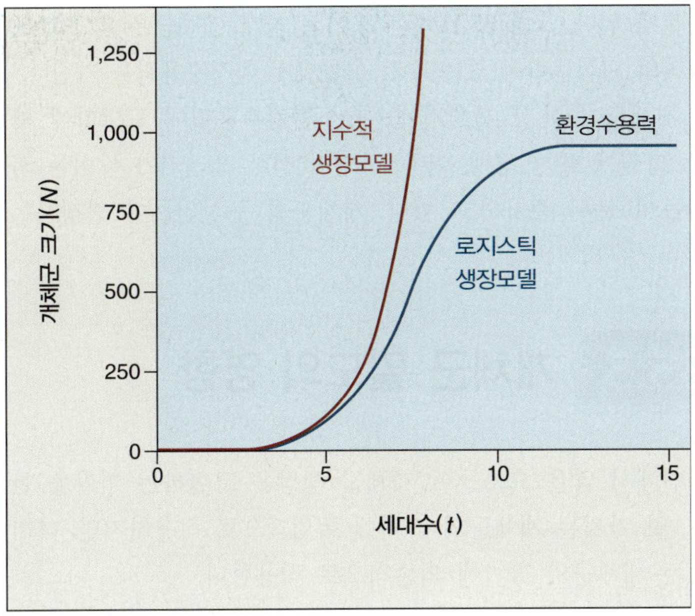

그림 35.10 개체군 생장의 두 모델

붉은색 선은 r값이 1.0인 개체군에 대한 지수적 생장모델을 나타낸다. 파란색 선은 r=1.0이고, K=1,000개체를 갖는 개체군의 로지스틱 생장모델을 나타낸다. 처음에, 로지스틱 생장은 지수적으로 증가하고 나서, 자원이 제한적일 때, 출생률은 감소하거나 또는 사망률은 증가하고 생장은 늦다. 생장은 사망률이 출생률과 동일할 때 정지한다. 최대 수용력(K)은 궁극적으로 환경에서 이용 가능한 자원에 의존적이다.

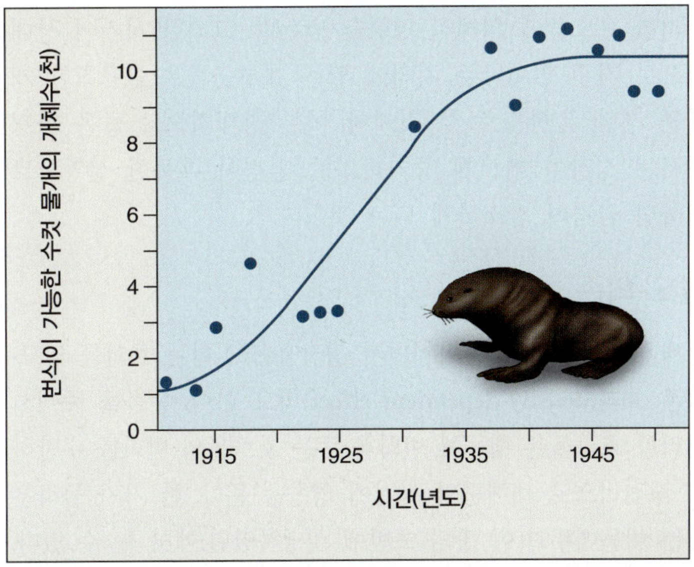

그림 35.11 대부분의 자연 개체군들은 로지스틱 생장을 나타낸다. 이 데이터는 미국 알래스카 주 세인트폴 섬에 사는 물개(*Callorhinus ursinus*)들의 과거 개체군을 나타낸다. 물개들은 1800년대 말에 사냥 때문에 거의 멸종될 위기에 있었는데, 1911년 물개 사냥이 금지된 이후로 다시 회복되었다. 여럿의 암컷들이 따라다니는 번식 가능한 수컷 물개 개체수는 현재에는 약 10,000개체까지 증가하였고, 그 수는 세인트폴 섬이 가질 수 있는 환경수용력을 볼 수 있다.

멈추게 된다. **그림 35.11**에서 보이는 물개 개체군은 약 10,000 마리의 번식능력이 있는 수컷 물개에서 환경수용력을 가진다.

개체군이 특정 서식지에 대한 환경수용력에 도달함에 따라, 자원에 대한 경쟁, 이주, 독성이 심한 쓰레기가 쌓이는 과정들이 모두 증가하고 있다. 개체군의 구성원들이 경쟁하는 원인으로는 먹이, 도피처, 빛, 교배지, 교배, 또는 생존과 생식에 필요한 다른 요소들이 될 수 있다.

주요 학습 요점 35.4 한 특정장소에서 하나의 집단이 안정화될 수 있는 규모를 종(species)을 위한 수용력이라 정의한다. 개체군은 환경의 수용력에 대한 규모까지 증가한다.

35.5 개체군 밀도의 영향

자연에서 많은 요소들이 개체군 생장을 조절하는 역할을 한다. 몇 가지는 개체군의 크기에 독립적으로 작용하지만, 나머지는 개체군의 크기에 의존적으로 작용한다.

밀도-독립 효과

개체군의 크기와 상관없이 생장을 조절하는 역할을 하는 것을 **밀도-독립 효과(density-independent effect)**라고 한다. 다양한 요소들이 밀도와는 무관하게 개체군에 영향을 주고 있다. 그 요소들 대부분은 극심한 추위, 가뭄, 폭우, 홍수와 같은 기후와 물리적 파괴를 가져오는 화산 폭발과 화재 등 극단적인 환경 측면이다. 종종 개체들은 개체군의 크기와 관계없이 이러한 요소들에 의해서 영향을 받는다. 그러한 사건이 상대적으로 자주 일어나는 지역에 있는 개체군들은 불규칙한 개체군 생장 유형을 보일 것이며, 이는 상대적으로 좋은 환경에서는 성장이 빠르게 증가하지만, 환경이 혹독한 상황으로 변하면 급격히 감소하게 되는 것이다.

밀도-의존 효과

개체군의 크기에 의존적이면서 생장을 조절하는 효과를 **밀도-의존 효과(density-dependent effect)**라고 한다. 동물들 중에서 이러한 효과들은 행동에 변화를 주는 호르몬의 변화를 수반하고 직접적으로 개체군의 크기에 영향을 준다. 한 가지 놀라운 예는 이동메뚜기(이 장의 초반에 설명하였던)에서 볼 수 있다. 서로 간에 매우 밀집한 메뚜기들은 이동하는 단계로 들어가게 되는 호르몬을 생산한다; 메뚜기들이 떼를 지어 새로운 서식지를 찾아서 멀리 이동하게 된다. 밀도-의존 효과들은 일반적으로 개체군의 크기가 증가하면 할수록 증가한다. **그림 35.12**에서 나타난 것처럼 노래참새의 개체군이 증가함에 따라, 개체군의 개체들은 제한된 자원에 대한 경쟁이 더 심해진다. Darwin은 개체들이 제한된 자원에 대한 경쟁을 할 때, 이런 효과들이

그림 35.12 밀도-의존 효과
노래참새(*Melospiza melodia*)의 생식 성공은 개체군 크기가 증가할수록 감소한다.

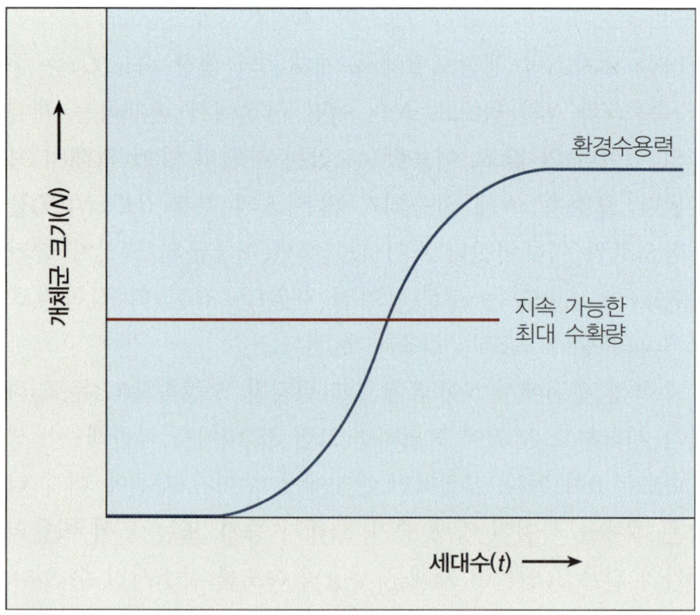

그림 35.13 지속 가능한 최대 수확량
상업 목적으로 생물체를 수확하는 목적은 현재의 생물체의 수확을 최대화할 뿐만 아니라 미래 수확을 위한 개체군을 유지하기 위한 것이다. 개체군의 시그모이드 곡선으로 빠른 생장 기간을 가질 때 생물체를 수확하고, 너무 과도하게 수확하지 않는 것이 지속 가능하게 수확할 수 있는 결과를 가져온다.

자연선택과 향상된 적응력을 이끈다고 제안하였다.

개체군 생산성의 극대화

양식장과 같이 인간들에 의해서 개발되는 자연계에서의 최대 목적은 시그모이드 생장 곡선의 상승 부분 초기에 개체군을 개발하여 생산력을 극대화하는 것이다. 그 시기에 개체군 내의 개체들이 아주 빠르게 생장하여, 생물체의 몸으로 흡수되는 영양 물질의 양, 즉 순생산성은 최대이다.

상업 양식장은 곡선이 빠르게 상승하는 부분에 있는 개체군을 얻는 것을 목적으로 경영을 한다. *지속 가능한 최대* 수확량(**그림 35.13**에서 붉은색 선)은 시그모이드 곡선의 상승 중간에 위치한다. 이 부분에서 경제적으로 가치 있는 종의 개체군을 얻는 것은 지속 가능한 최대 수확량을 가져올 것이다. 중요한 것은 개체군 크기보다 작은 개체군을 과도하게 획득하는 것은 여러 해 동안 생산력을 감소시키고 결국엔 멸종시킬 수도 있다. 1972년 El Niño에 의해 개체군이 감소한 후에, 이러한 일이 Peruvian 멸치 양식장에서 확연하게 발생하였다. 종종 상업적으로 가치 있는 종의 개체군 규모를 결정하는 것은 어려운 일이고, 이러한 정보가 없다면 장기간 생산력 있는 수확을 위한 최상의 적절한 수확량을 결정하는 것도 마찬가지로 어려운 일이다.

주요 학습 요점 35.5　밀도 독립 효과는 개체군의 크기에 관계없이 작용하는 요소들에 의해서 조절된다. 밀도-의존 효과는 특히 개체군 크기가 더 커질 때 작용하는 요소들에 의해서 발생되는 것이다.

35.6 생활사 적응

일년생 식물, 곤충, 대부분의 박테리아를 포함하는 많은 종의 개체군은 줄어드는 환경 자원에 의해서 제한을 받지 않을 때 빠른 생장 속도를 할 수 있다. 개체군이 필요로 하는 이용 가능한 자원이 많은 서식지에서 아주 빠른 번식력을 나타내며, 이전에 언급했던 지수적 생장모델에 근접하게 된다.

대부분의 동물 개체군은 이용 가능한 자원에 의해서 제한을 받는 느린 생장 속도를 갖는다. 생장은 이용 가능한 자원이 제한 받을 때 느려지고, 이전에 언급했던 로지스틱 생장모델에 가까운 시그모이드 생장 곡선을 보인다. 제한된 자원을 가진 서식지에선 자원에 대한 강한 경쟁이 일어나고, 더 효율적으로 생존과 성공적인 번식을 할 수 있는 개체들이 선호된다. 그러한 한계에서 생존할 수 있는 개체들의 수는 환경수용력, K이다.

생물체의 완전한 생활 순환은 *생활사*를 구성한다. 생활사는 아주 다양하고, 서로 다른 생물체들은 그들의 환경에 대한 다른 적응력을 가진다. 어떤 개체군의 생활사 적응력은 풍부한 자원이 있는 서식지나 이용 가능한 자원의 이점을 얻어야 하는 예측이 불가능하거나 변덕스러운 환경에서 빠른 생장을 선호한다. 이런 상황에서, 초기 번식, 빠른 성숙을 가지는 다수의 작은 자손 번식, "빅뱅"생식(일회생식)과 같은 자손 번식이 선호된다. 지수적 모델에서 높은 증가율 r을 선호하는 적응을 ***r*-선택 적응(*r*-selected adaptation)**이라 한다. r-선택 생활사 적응을 보이는 생물체의 보기로는 민들레, 진

그림 35.14 지수 생장의 결과

모든 생물체는 자연계에서 실제로 발생하는 것보다 더 큰 개체군을 생산할 가능성을 가지고 있다. 바퀴벌레(*Blatella germanica*)는 집에서 발생하는 주요 해충이며, 한 개체가 6개월간 80개체를 생산한다. 만약 부화된 모든 바퀴벌레가 3세대동안 생존한다면, 스미스소니언 자연사 박물관에서 꾸며서 그린 이런 가상적인 악몽 같은 부엌처럼 될지도 모른다.

딧물, 생쥐, 바퀴벌레를 들 수 있다(**그림 35.14**).

다른 생활사 적응은 개체들이 제한된 자원에 대해 경쟁하는 환경에서 생존하기를 선호한다. 특징으로는 느리게 성숙하고 부모의 양육을 집중적으로 받는 큰 자손을 소수만 가지는 번식력과 "수용력" 생식 측면이 있다. 로지스틱 모델에서, 이런 적응은 환경수용력 K에 가까운 번식을 선호하며, ***K*-선택 적응(*K*-selected adaptation)**이라 한다. 이러한 K-선택 생활사 적응을 보이는 예로는 코코넛 야자, 미국산 흰두루미, 고래 등이 있다.

생활사의 r/K 개념은 종종 다른 형태의 서식지에서 살아가는 밀접하게 연관된 생물체들을 조사하는 강력한 방법을 제

공한다. 일반적으로, 아주 빠르게 변화하는 서식지에서 살아가는 개체군은 *r*-선택 적응을 보이지만, 더 안정되고 경쟁적인 서식지에서 살아가는 밀접하게 연관된 생물체들의 개체군은 *K*-선택 적응을 나타낸다. 대부분의 자연적 개체군은 완전한 *r*-선택 특징에서 완전한 *K*-선택 특징까지 연결된 연속체 내에 존재하는 생활사 적응을 보인다. **표 35.1**은 연속체의 양쪽 말단에 있는 적응에 대해 나타낸 것이다.

주요 학습 요점 35.6 어떤 생활사 적응은 지수적 생장에 가까운 특징을 보이나, 반면에 다른 생활사 적응은 더욱 경쟁적인 로지스틱 생장을 보인다.

표 35.1 *r*-선택과 *K*-선택 생활사 적응

적응	*r*-선택 개체군	*K*-선택 개체군
첫 생식 나이	초기	후기
항상성	제한적	다양성
수명	짧다	길다
성숙 시기	짧다	길다
치사율	종종 높다	보통 낮다
생식으로 생긴 자손의 수	다수	소수
일생 동안 생식 횟수	보통	한 번
종종 다수부모 보살핌	없다	다양하다
자손의 수나 알의 수	적다	많다

35.7 개체군 통계학

개체군 통계학(demography)은 개체군에 대한 통계학적 연구 학문이다. 이 용어는 그리스어, *demos*, "사람들" (*민주주의*라는 단어에서 볼 수 있는 같은 어원)과 *graphos*, "측정"에서 나온 것이다. 그러므로 개체군 통계학은 사람의 수를 측정하는 것을 의미하며, 더 나아가서 개체군의 수에 대한 측정을 의미한다. 개체군 생태학은 미래에 개체군 크기가 어떻게 변할 지에 대해 예측하는 분야이다. 개체군의 크기는 출생자 수가 사망자 수를 넘어서면 증가하고 사망자 수가 더 많으면 감소한다. 출생률과 사망률 모두 나이와 성별에 의존적이기 때문에, 개체군 크기의 미래는 현존하는 연령 구조와 성비에 따라 결정된다.

연령 구조

많은 일년생 식물과 곤충은 1년 내에 특정 계절에 생식 시간을 맞추고 죽는다. 이런 개체군의 모든 구성원 나이는 같다. 다년생 식물과 더 오래 사는 동물은 한 세대 이상의 개체들을 가지며, 어떤 해에 다른 연령의 개체들이 개체군 내에서 생존한다. 같은 연령의 개체들 집단을 **동연령군(cohort)**이라고 한다.

개체군 내에서, 모든 동연령군은 특징적인 출생률과 특정 기간 내에 출생하는 자손의 수로 정의되는 **생식력(fecundity)**과 특징적인 사망률, 즉 그 시기에 사망하는 개체수들의 **치사율(mortality)**로 나타낸다. 개체군의 생장 속도는 이러한 두 비율 사이의 차이에 따라 다르다.

각 동연령군에서 상대 개체 수는 개체군의 연령 구조를 이룬다. 다른 연령의 개체들이 다른 번식력과 사망률을 가지기 때문에, 연령 구조는 개체군 생장 속도에 중요한 영향을 준다. 예를 들어, 다수의 어린 개체들을 가진 개체군은 생식력이 있는 개체들의 비율이 증가하기 때문에 빠르게 생장하는 경향이 있다.

성비

한 개체군에서 수컷과 암컷의 비율을 **성비(sex ratio)**라고 한다. 보통 출생 수는 암컷 수와 직접적으로 연관되어 있지만, 한 수컷이 여러 암컷과 교배할 수 있는 종에서 수컷 수와는 밀접한 관련이 없다. 사슴, 엘크, 사자와 다른 동물들에서, 생식력이 있는 수컷은 다른 수컷과 교배할 수 없도록 하기 위해서 자신이 교배할 암컷의 "하렘"을 보호한다. 그런 종에서, 수컷 수의 감소는 출생 자손 수를 감소시키지 않으면서 번식력 있는 수컷의 본성을 간단하게 변화시킬 수 있다. 반면에, 한 쌍이 오랜 기간 생식 관계를 가지는 조류와 같이 일부일처 종에서, 수컷의 수적 감소는 직접적으로 출생 수의 감소를 가져올 수 있다.

치사율과 생존 곡선

개체군의 내재적 증가 비율은 생물체의 연령과 다양한 연령 집단에서 개체들의 생식적 능력에 의존적이다. 개체군이 2~3세대 동안 균일한 환경에서 살아갈 때, **연령 분포(age distribution**; 다른 연령 범위에 있는 개체들의 비율)는 안정화되는 경향이 있다. 그러한 분포는 종마다 다르며, 주어진 종에서도 어느 정도 개체군에 따라 다르다. 종의 교배 체계에 의존하는 성비와 세대 시기도 개체군 생장에서 중요한 영향을 줄 수 있다. 오랜 시간에 걸쳐서 개체군의 크기가 일정하게 유지되는 경우, 이러한 개체군을 안정된 개체군이라 한다. 그러한 개체군에서, 출생과 유입의 합은 사망과 유출의 합과 균형을 이룬다.

개체군의 연령 분포 특징을 표현하는 한 가지 방법은 **생존 곡선(survivorship curve)**을 통해서이다. 생존은 주어진 연령에서 생존하는 원 개체군에서의 백분율로 정의된다. 다른 종류의 생존 곡선의 예는 **그림 35.15**에서 보인다. 해파리와 밀접하게 연관된 동물인 히드라에서, 어떠한 연령에서도 동일한 개체들이 죽어서 생존 곡선에서 직선(II형, **파란색 선**)으로 표현된다. 식물처럼, 굴은 많은 수의 자손을 생산하지만, 오직 소수만이 생식할 수 있다. 그러나, 일단 생식력 있는 개체로 확립되고 생장하면 사망률은 아주 낮다(III형, **붉은색 선**). 마지막으로, 인간의 어린 아이들은 높은 비율로 사망하기 쉽지만, 많은 동물들과 원생생물과 같이, 후생식 시기 사망률이 올라간다(I형 생존 곡선, **초록색 선**).

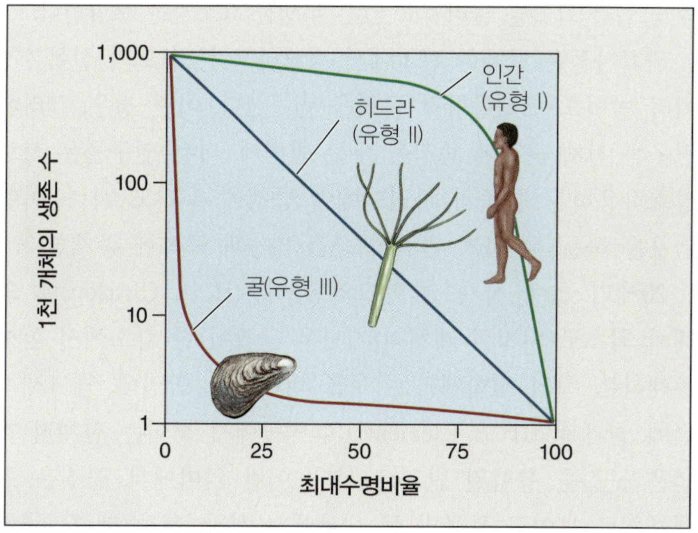

그림 35.15 생존곡선

생존율(수직축)은 일반적으로 로그로 표시한다. 인간은 유형 I의 생활사를 가지며, 해파리와 관련되어 있는 동물인 히드라는 유형II의 생활사를 갖고, 굴은 유형 III의 생활사를 갖는다.

주요 학습 요점 35.7 **개체군의 생장 속도는 연령 구조에 민감한 함수이다. 어떤 종에서, 치사율은 어린 개체들에서 높게 나타나고, 다른 종에서는 늙은 개체에서 높은 치사율이 나타난다; 단지 소수만이 연령에 무관하게 치사율을 나타낸다.**

경쟁을 통한 군집의 형성

35.8 군집

지구상의 거의 모든 장소에 종이 분포하는데, 때로는 아마존의 열대우림 지역처럼 수많은 종들이 있고, 미국 옐로우스톤 국립공원의 간헐 온천의 끓는점이 높은 지역 부근에서 서식하는 극히 소수의 종들(다수의 미생물종이 서식하고 있는)이 존재한다. **군집(community)**이라는 용어는 쉽게 볼 수 없는 (균류, 원생생물, 미생물과 같이) 종들과 **그림 35.16*a***와 같이 사바나 사진에서 볼 수 있는 식물과 동물들의 배열과 같이 특정 지역에서 나타나는 종을 의미한다. 군집은 존재하는 모든 종의 목록인 구성종에 의해서나 종 풍부도(현존하는 다른 종의 수)나 1차 생산성과 같은 성질에 의해서 특징지어진다.

군집 구성원 사이의 상호작용은 많은 생태학적, 진화적 과정을 지배한다. 포식(**그림 35.16*b***), 경쟁(**그림 35.16*c***), 상리공생과 같은 상호작용은 생태계를 통한 에너지와 영양물질의 순환 방법뿐만 아니라 특정 종의 개체군 생물학, 예를 들어 개체군이 풍부도에서 증가할지 또는 감소할지에 영향을 준다. 이에 대한 자세한 사항은 제36장에서 다룰 것이며, 생태계는 살아 있는 생물체

그림 35.16 탄자니아의 사바나 군집

군집 주변에 있는 식물, 동물, 균류, 원생생물 그리고 원핵생물을 포함한 모든 종들로 구성되어 있다. (*a*) 탄자니아의 마냐라국립공원(Lake Manyara National Park) 호수에 있는 사바나 군집과 군집 내 있는 종들 간에는 서로 포식 관계가 존재하며(*b*), 또한 자원에 대한 경쟁을 한다(*c*).

의 군집과 그들을 둘러싸고 있는 무생물 요소들을 포함한다.

과학자들은 자세한 관찰에서 정교하고 큰 규모의 실험까지 여러 방법으로 생물학적 군집을 연구한다. 어떤 경우, 그러한 연구는 전체 군집에 중점을 두는 반면에, 다른 연구들은 서로 상호작용하는 종들의 아집단에만 중점을 두기도 한다. 어떤 연구를 하든, 두 가지 관점이 군집 기능과 구조에 존재한다.

20세기 초에 시카고대학교의 글리슨(H. A. Gleason)에 의해서 최초로 지지된 개체적 개념은 군집이 한 장소에서 함께 존재하는 종의 집합체라는 것을 의미한다. 반면에, 약 1세기 전에, 클레멘츠(F. E. Clements)의 연구에서 보이는 전체적 개념은 군집을 통합된 단위로 본다. 이런 의미에서, 군집은 초생물체로 보이고 동물의 몸 내부에서 신장, 심장, 폐 모두 함께 기능을 수행하는 것처럼, 그 구성종은 더 큰 전체의 일부로서 기능할 수 있도록 어느 정도 공진화한다고 볼 수 있다. 그래서 이런 관점에서 군집은 부분의 합보다 더 크다.

오늘날 대부분의 생태학자들은 개체적 개념을 선호한다. 대부분의 경우, 종은 환경 조건의 변화에 독립적으로 반응하는 것처럼 보인다. 결국, 어떤 종이 나타나고 더욱 풍부해지며, 다른 종들은 풍부도에서 떨어지고 사라짐에 따라 군집 구성은 서서히 변화한다. 경쟁은 개체에 영향을 주고 결국엔 군집에도 영향을 주는 중요한 요인이다.

주요 학습 요점 35.8 군집은 한 장소에 나타나는 모든 종으로 구성된다. 그들의 상호작용은 생태학적, 진화적 형태를 갖추게 한다.

35.9 생태적 지위와 경쟁

군집 내에서 각 생물체는 특정 생물학적 역할, 생태적 **지위(niche)**를 차지하고 있다. 한 생물체가 차지하고 있는 생태적 지위는 환경의 자원들을 이용하는 모든 방법들의 총합이다. 생태적 지위는 공간 이용도, 먹이 소비, 온도 범위, 교배를 위한 적당한 조건, 습도 조건, 다른 요소들의 관점에서 설명될 수 있다. 생태적 지위는 한 생물체가 살아가는 **서식지(habitat)**와 동의어가 아니다. 서식지는 장소이고, 생태적 지위는 살아가는 형태이다. 많은 종들이 한 서식지를 공유할 수 있지만, 어떠한 두 종도 정확하게 같은 생태적 지위를 오랫동안 차지할 수 없다.

때때로, 종들이 다른 종의 유무에 따라서 완전한 생태적 지위를 차지할 수 없을 수도 있다. 종들은 다수의 방법으로 상호 간에 영향을 줄 수 있고, 이러한 상호작용은 도움이 될 수도 있고 해가 될 수도 있다. **경쟁(competition)**은 두 생물체를 만족시키기에 불충분한 자원을 함께 사용하려고 할 때 나타나는 상호작용이다.

다른 종들의 개체들 사이에서의 경쟁은 **종간경쟁(interspecific competition)**이라 한다. 종간경쟁은 유사한 방법으로 먹이를 획득하는 생물체들 사이와 외형적으로 유사한 면이 많은 생물체들 사이에서 가장 크게 나타난다. 다른 경쟁 형태인 **종내경쟁(intraspecific competition)**은 같은 종의 개체들 사이에서 일어나는 경쟁이다.

실제 생태적 지위

경쟁으로 인해서, 생물체들은 **기본 생태적 지위(fundamental niche)** 또는 이론 생태적 지위(theoretical niche)라고 하는, 그들이 이론적으로 이용할 수 있는 완전한 생태적 지위를 차지할 수 없다. 생물체가 경쟁 하에서 차지할 수 있는 실제적인 생태적 지위를 **실제 생태적 지위(realized niche)**라고 한다.

캘리포니아 대학교의 산타바바라 캠퍼스의 코넬(J. H. Connell)의 연구에서, 스코틀랜드의 해안가에 있는 바위에서 함께 자라는 두 종의 따개비 사이의 경쟁적 상호작용을 보여주었다. 따개비는 자유롭게 떠다니는 유생을 가진 해양동물(갑각류)이다. 유생들은 결국 정착하고 바위에 붙은 채로 살아간다. 코넬이 연구한 두 종 중에서, 작은따개비(*Chthamalus stellatus*)는 종종 대기에 노출되기 쉬운 얕은 곳에서 살고, 큰따개비(*Semibalanus balanoides*)는 대기에 거의 노출이 되지 않는 좀 더 깊은 곳에서 산다(**그림 35.17**). 더욱 깊은 지대에서는 큰따개비가 바위에서 밀어내고, 깎아 내며, 생장 초기에도 교체시켜서 항상 작은따개비보다 우세하다. 그러나 코넬이 그 지역에서 큰따개비를 제거하였을 때, 작은따개비가 쉽게 그 지역을 차지할 수 있었고, 이는 어떠한 생리학적, 또는 다른 일반적 장애물도 그들의 정착을 막지는 못한다는 것을 보여주는 것이다. 반면에, 작은따개비가 일반적으로 차지하고 있는 얕은 서식지에선 큰따개비는 생존할 수 없다. 명백하게 작은따개비가 그 지역을 차지하고 살아갈 수 있게 하는 생리학적, 형태학적 적응력을 큰따개비가 가지고 있지 않다. 그리하여, 스코틀랜드에서 Connell의 실험에서 작은따개비의 기본 생태적 지위(붉은색 점

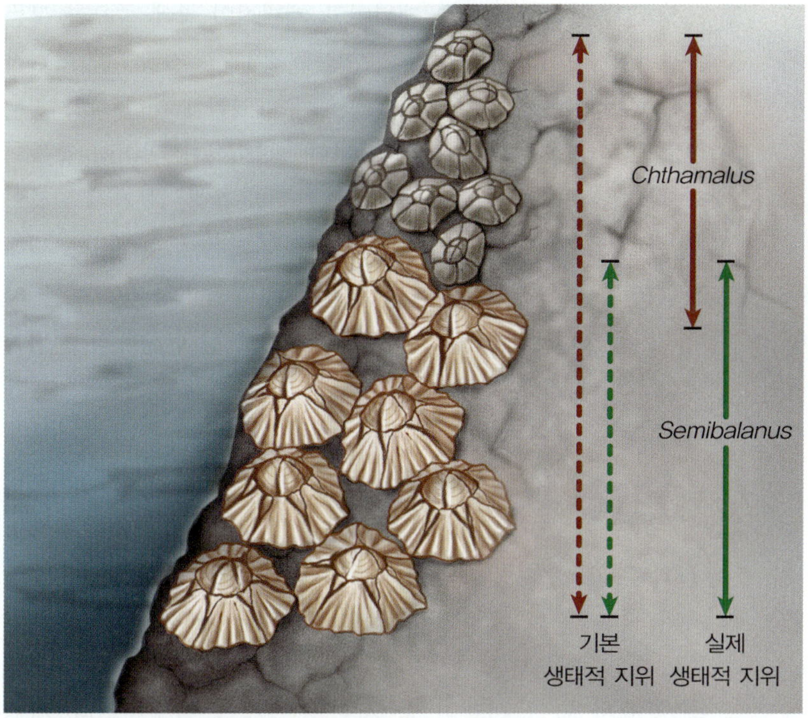

그림 35.17 두 종의 따개비의 상호경쟁은 생태적 지위 사용을 제한한다
작은 따개비는 기본 생태적 지위로 표현되며, 대체적으로 깊은 지역과 얕은 지역 모두에서 서식한다. 그러나 큰따개비는 현재 점유하는 실제 생태적 지위의 작은따개비와 생태적 지위가 중복되는 지역에서 작은따개비를 밀어낸다.

선 화살)는 큰따개비의 기본 생태적 지위에 포함되었지만, 실제 생태적 지위(붉은색 실선 화살)는 기본 생태적 지위에서 큰따개비에 의해서 추월을 당하기 때문에 더욱 좁게 되었다.

경쟁뿐만 아니라, 포식자들도 종의 실제 생태적 지위에 제한을 줄 수 있다. 이전의 보기에서, 경쟁에 없을 때, 작은따개비는 기본 생태적 지위를 완전히 차지할 수 있었다. 이는 적당한 자원이 있고 경쟁이 거의 없으며 포식자들도 거의 없는 새로운, 아주 선호되는 서식지에 종이 처음으로 유입되었을 때 나타날 수 있는 경우이다. 그러나 자원이 일단 제한되면, 개체군은 환경수용력에 근접하게 되고 다른 종이 같은 자원에 대해 경쟁을 시작하게 된다. 또한 포식자는 그 종을 더욱 자주 알아차리게 되며, 개체군은 실제 생태적 지위로 들어가게 된다. 예를 들어, 고추나물(St. John' s wort)이라는 식물이 캘리포니아의 개방된 목초지에 유입되고 확산되었다. 그 식물을 먹는 딱정벌레가 그 서식지에 유입될 때까지 자신의 기본 생태적 지위를 차지하였다. 그러나 후에 식물의 개체군은 빠르게 감소하였고, 이제는 딱정벌레가 번창하지 않은 곳인 그늘진 곳에서만 발견된다.

경쟁적 배제

1934년과 1935년 사이에 이루어졌던 고전 실험에서, 러시아 생태학자인 가우스(G. F. Gause)는 작은 원생생물인 짚신벌레(*Paramecium*) 3종 사이에서 일어나는 경쟁을 연구하였다. 3가지 종들은 모두 배양관에서 따로 키웠고(**그림 35.18*a***), 배양액에 있는 호밀을 먹고 사는 박테리아와 효모균

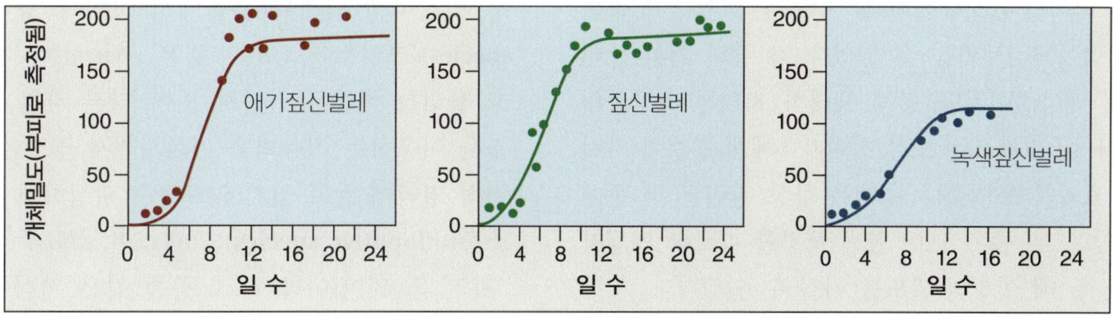

(a)

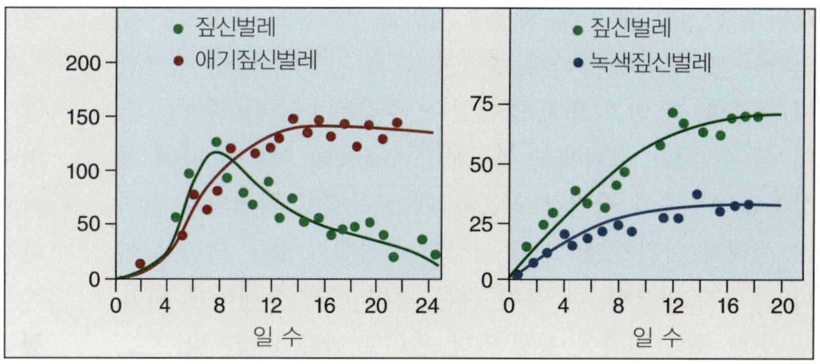

(b) (c)

그림 35.18 3종의 짚신벌레 간의 경쟁 배타
현미경하에서 짚신벌레는 포악한 포식자이다. 짚신벌레는 먹이를 감싸서 먹는다. 그들의 세포막은 세균 또는 효모균, 먹이세포를 포함하고 지속적으로 형성되는 식포로 둘러 싸여 있다. Gause의 실험에서, (*a*) Gause는 3종의 짚신벌레가 세균배양관에서 잘 자란 것을 발견했다. (*b*) 그러나, 짚신벌레는 애기 짚신벌레와 함께 배양되었을 때 소멸이 감소했다. 왜냐하면 그들은 현실적인 틈새까지도 같은 모양이고, 애기 짚신벌레는 음식 자원을 위한 짚신벌레와의 경쟁이적기 때문이다. (*c*) 짚신벌레와 녹색짚신벌레는 밀도가 적음에도 불구하고 공존할 수 있다. 왜냐하면 그 둘은 실제 생태적 지위가 달라서 서로 간에 경쟁을 피할 수 있기 때문이다.

을 먹이로 주었다. 그러나 Gause가 애기짚신벌레(*P. aurelia*)를 짚신벌레(*P. caudatum*)와 함께 배양하였을 때(**그림 35.18*b***), 애기짚신벌레의 수(초록색 선)는 항상 감소하여 멸종할 정도였지만, 짚신벌레만이 살아남았다. 그 이유는 무엇인가? Gause는 짚신벌레가 경쟁자인 애기짚신벌레보다 6배 빠르게 생장하여 제한된 자원을 더 잘 이용할 수 있었다는 것을 알았다.

이와 같은 실험으로부터, Gause는 경쟁 배타 원리를 만들어냈다. 이 원리는 만약 두 종이 한 자원에 대해 경쟁한다면, 자원을 더 효율적으로 이용할 수 있는 종이 결국엔 다른 종을 제거할 수 있다. 어떠한 두 종도 같은 생태적 지위에서 공존할 수 없다는 것을 말해 주는 것이다.

생태적 지위 중복

흥미로운 실험에서, Gause는 짚신벌레(*P. caudatum*) 이전의 실험에서 경쟁에 졌던 종을 3번째 종인 녹색짚신벌레(*P. bursaria*)와 함께 배양하였다. 이 두 종도 제한된 박테리아 먹이 공급에 대해 경쟁할 것이라고 예상했던 그는 이전에 실험에서처럼 한 종이 승리할 것이라고 생각했다. 그러나 그러한 일이 일어나지 않았다. 대신에, 두 종이 모두 배양관에서 생존하였다(**그림 35.18*c***). 짚신벌레들은 먹이 자원을 양분하는 방법을 찾았다. 어떻게 그렇게 할 수 있었을까? 배양관의 윗부분은 산소 농도와 박테리아 밀도가 높았고, 짚신벌레가 박테리아를 더 잘 먹을 수 있어서 우점하였다. 그러나 아랫부분에서는 산소 농도가 더 낮았고 다른 먹이인 효모균들이 잘 자랄 수 있었으며, 녹색짚신벌레가 이 먹이를 잘 먹을 수 있었다. 각 종의 기본 생태적 지위는 전체 배양관이지만, 실제 생태적 지위는 배양관의 일부분 일뿐이다. 이 그래프는 또한 참여자들에게 경쟁이 가져오는 부정적인 효과를 보여준다. 경쟁은 항상 관련된 두 종에게 해로울 수 있다. 두 종은 모두 함께 생장할 때보다 경쟁자 없이 생장할 때 두 배 이상의 밀도를 가질 수 있었다.

Gause의 경쟁 배타 원리는 다시 말하면, 어떠한 두 종도 자원이 한정될 때 같은 생태적 지위를 무기한으로 차지할 수 없다는 것이다. 분명하게, 종들은 같은 자원에 대해 경쟁할 때 공존할 수 있고 또한 공존한다; 우리는 이러한 관계를 많이 볼 수 있다. 그럼에도 불구하고, Gause의 이론에 따라 예상하면, 두 종이 장기간 공존할 때는 자원이 한정되지 않거나 생태적 지위가 한 가지 이상의 특징에서 항상 달라야 한다. 그렇지 않으면, 한 종이 다른 종에 비해 우세하게 되어, 두 번째 종의 멸종이 경쟁 배타 원리로 나타날 것이다.

생태적 지위는 복잡한 개념이고, 개별적인 종에 중요한 모든 환경적인 측면이 관련된다. 최근에, 군집 구조 결정뿐만 아니라 진화 과정 확립에 있어서 경쟁적 배제의 역할에 대한 다양한 논쟁이 일어나고 있다. 자원이 풍부할 때, 이용에 있어서 종들의 실질적인 중복이 일어난다. 그러나 가뭄과 같이, 한 가지 이상의 자원이 갑자기 제한되면 경쟁의 역할은 더욱 뚜렷해진다. 생태적 지위가 중복되면 두 가지 경쟁적 배제(승리자가 모두를 차지) 또는 자원분배(자원을 분배하여 2가지 실제 생태적 지위를 생성)의 결과가 가능하다. 종이 오랜 기간 동안 공존할 수 있게 하는 것은 다음 절에서 다루는 주제인, 자원 분배를 통해서이다.

자원 분배

Gause의 배타 원리는 아주 중요한 결과를 갖고 있다: 두 종 사이의 지속적이고 강력한 경쟁이 자연 군집에서는 드물다. 한 종이 다른 종을 멸종시키거나 **자원 분배(resource partitioning)**를 통해서 자연 선택이 둘 사이의 경쟁을 감소시킨다. 자원분배에 있어서, 같은 지리적 영역에서 살아가는 종들은 서식지의 다른 부분을 차지하거나 다른 먹이나 다른 자원을 이용함으로써 경쟁을 피한다. 이러한 예로 분명한 것은 *Anolis* 도마뱀이며(**그림 35.19**), 종들이 잔가지, 줄기, 또는 초원에서 살아가는 다른 종과 먹이와 공간에서 경쟁을 피하기 위해 나무 서식지의 서로 다른 부분에서 살아가고 있다.

자원 분배는 종종 같은 지리적 영역을 차지하고 있는 아주 밀접하게 연관된 종들에서 보인다. **동지역종(sympatric species)**(그리스어, *syn*는 '같은', *patria*는 '지역'을 의미)이라고 불리는 종들은 서식지, 먹이, 다른 자원들의 서로 다른 부분을 이용하는 적응력을 진화시켜서 경쟁을 피한다. 같은 지리적 영역에 살고 있지 않으면서 밀접하게 연관된 종들은 **이소종(allopatric species)**(그리스어, *allos*는 '다른', *patria*는 '지역'을 의미)이라 하고, 종종 같은 서식지와 먹이 자원을 이용한다. 그들은 경쟁이 없기 때문에, 자연 선택이 생태적 지위를 나누게 하는 진화적 변화를 선호하지 않는다.

한 쌍의 아주 밀접하게 연관된 종들이 같은 장소에서 나타날 때, 그들은 다른 영역에서 살아갈 때보다 형태와 행동에 있어서 더 큰 차이를 보인다. **형질대치(character displacement)**라고 하는 동지역종 사이의 분명한 차이는 자원 분배를 가속화시키고 경쟁을 감소시키는 기작으로서 자연선택이 선호하는 것이다. 형질대치는 다윈의 핀치에서 분명하게 보인다. **그림 35.20**에 있는 두 가지 갈라파고스핀치는 각자가 한 섬에서

자세히 관찰하기

Darwin이 연구한 핀치새들 간의 형질 대치

Geospiza. magnirostris

형질 대치의 증거가 많은 실험실 개체군에서 보일 수 있지만, 자연 생태계에선 과정을 보기가 어렵다. 최근 형질대치의 아주 뚜렷한 보기가 더 작은 갈라파고스 섬들 중의 하나인, 다프네 메이저(Daphne Major)에 있는 핀치새들 사이에서 보고되었다. 33년 동안, 프린스턴 대학교에서 온 Peter와 Rosemary Grant 부부 과학자들이 섬에 있는 모든 새들을 표시하였고, 출생과 사망, 부리 크기, 식습관, 많은 다른 정보를 기록하였다. 종자를 먹고 사는 중간 크기의 지상 핀치새(*Geospiza fortis*)는 다른 핀치새들과 먹이에 대한 경쟁이 없는 섬에서 살아간다. 뾰족한 부리를 사용하여 선인장 열매와 화분을 먹지만 종자를 먹지 않는 선인장 핀치새들만이 이들과 섬을 공유하고 있다. 다른 종자를 먹는 핀치새들이 없다는 것은 섬에 있는 모든 종자들을 지상 핀치새(*G. fortis*)만이 최대한 이용할 수 있다는 것을 의미한다. 작고 부드러운 종자를 선호하지만, 그것들이 이용할 수 없을 때는 지상 핀치새가 더 크고 거친 종자를 먹을 것이다. 그런 어려운 시기에는 더 큰 부리를 가진 지상 핀치새 개체들이 작은 부리를 가진 새들보다 크고 거친 종자를 더 잘 쪼아서 열 수 있게 되고, 더 나아가 생존하고 자손을 번식시키기에 유리하게 된다.

제14장에서 설명하였듯이, 1977년의 심한 가뭄이 다프네 메이저 섬에 사는 *G. fortis* 개체군을 없애버렸다. 중간 크기의 지상 핀치새들에게 남겨진 유일한 먹이는 더 큰 종자들이었다. 그 해에 다프네 메이저 섬에서 대부분의 핀치새들이 죽었지만, 더 작은 종자들을 먹고 사는 새들이 더 많이 죽었다.

가뭄 동안 더 큰 부리인 크고 건조한 종자의 딱딱한 껍질을 깨뜨릴 수 있는 부리를 가진 새들에 대한 선택이 진화 이론이 예상하는 것, 방향성 선택의 분명한 보기와 정확히 일치한다.

그러나 2003년과 2004년의 지독한 가뭄에선 커다란 다른 결과가 나타났다! 가뭄의 다음 해에 중간 크기의 지상 핀치새들의 개체군에서 부리의 크기는 더 작은 크기로 변하였음을 보여주었다. 2003/2004년 가뭄 동안에 무슨 일이 일어났는가?

과학자들이 발견한 해답은 새로운 경쟁자들이었다. 1977년의 심각한 가뭄 동안에, *G. fortis*가 경험한 유일한 경쟁은 큰 부리를 가진 개체와 작은 부리를 가진 자신의 종 사이에서 일어난 것이었다. 그러나, 2003년의 가뭄 동안엔, 새로운 종자를 먹는 핀치새들이 섬에 존재하고 있었고, *G. fortis*와 같은 제한된 먹이 자원에 대해 경쟁하였다.

이런 일이 어떻게 일어났을까? 1982년 이전에, 큰 지상 핀치새, *G. magnirostris*(사진)가 다프네 메이저에 가끔 방문하였지만, 머물거나 새끼를 낳지는 않았다. 1982년 폭우가 모든 것을 바꾸었다. 폭우 후에 섬에 있던 풍부한 먹이는 두 마리의 암컷과 세 마리의 수컷이 머물게 하였고 개체군은 번식하기 시작했다. 그들의 수는 이후 10년 동안 크게 늘어났다. 2004년까지, 30g의 무게가 나가고, 이는 *G. fortis*의 두 배인 큰 지상 핀치새는 그 섬의 지상 핀치새들의 40%를 차지하게 되었다.

그 후, 번식은 저하되기 시작했다. 그 해의 가뭄은 대단하였다. 섬의 가뭄에 타격을 받은 식물들이 어떠한 작은 종자도 새롭게 생산하지 못하였고, 두 종의 지상 핀치새들에게 이전에 남겨진 크고 건조한 종자의 공급이 고갈되었다. 그러한 고갈은 두 개체군들의 전멸을 가져왔다. 그러나 이전의 가뭄과는 달리, 작은 부리를 가진 *G. fortis* 개체들이 그 종의 큰 부리를 가진 새들보다 더 잘 살 수 있었다. 큰 부리를 가진 *G. fortis*의 13%만이 생존하였다.

일 년 동안에, 다프네 메이저 섬의 *G. fortis* 핀치새들 개체군의 평균 부리 크기는 가뭄 이전에 비해서 상당히 작아졌고, 이는 이전의 가뭄과는 완전히 반대의 결과를 가져온 것이었다. 두 가뭄은 다른 결과를 가져왔다. 왜? 1977년의 가뭄에서는 유일한 먹이인 크고 건조한 종자를 먹을 수 있게 더 큰 부리를 갖도록 하는 선택을 *G. fortis*가 경험하였다. 2003/2004년 가뭄에서는 *G. fortis*가 같은 선택압을 경험하였지만, 이전에 다프네 메이저에서 직면하지 않았던 경쟁자들에 의해서 발휘되는 새롭고 더 강력한 선택압을 경험하였다. 통통하고 큰 부리를 가진 큰 지상 핀치새가 *G. fortis*보다 더 큰 종자를 쪼기에 잘 적응되었고, 남겨진 대부분의 종자를 먹어 치웠다. 결국, 채집이 어려워졌지만, *G. fortis*는 더 작은 종자들을 많이 이용할 수 있게 되었고, 더 작은 부리를 가진 개체들이 더 생존하게 되었다. 가뭄이 끝났을 때, *G. fortis* 핀치새들은 더 작은 종자를 먹기에 적합한 더 작은 부리를 갖게 되었고 더 큰 종자들은 *G. magnirostris*에게 남겨지게 되었다.

이러한 경쟁에 의한 부리 크기의 변화는 형질대치의 분명한 보기이다. 종종 실험실 실험에서 관찰할 수 있었지만, 이 연구는 야생에서 보고된 최초의 것이다.

그림 35.19 도마뱀 종 간의 자원분할

카리브해 지역의 아놀리스(*Anolis*) 도마뱀은 몇몇 anoles 종은 나무의 덮개를(*a*), 다른 종은잔가지의 주변 지역을(*b*), 그리고 나머지 종들은 나무의 몸통 부분을 점령하고 있다(*c*). 게다가, 몇몇은 공공연하게 널려 있는 풀이 우거진 지역을 사용한다. 이와 같은 자원분할 양식은 독립적으로 다른 카리브 섬 지역에서 진화되었다.

살아갈 때는 비슷한 크기의 부리를 가지고 있다. 함께 살아가는 섬에서는 한 종이 큰 종자를 먹고 다른 종은 작은 종자를 먹도록, 두 종이 서로 다른 크기의 부리를 가지도록 진화하였다. 결국, 두 핀치들은 먹이 생태적 지위를 나누어서 두 가지 새로운 생태적 지위를 생성하였다. 이용 가능한 먹이 자원을 분배함으로써, 두 종은 서로에 대한 직접적인 경쟁을 피할 수 있게 되고, 같은 서식지에서 함께 살아갈 수 있게 되었다.

주요 학습 요점 35.9　생태적 지위는 생물체가 환경을 이용하는 방법으로 정의될 수 있다. 자원이 제한된 경우, 어떠한 두 종도 한 종의 멸종을 이끄는 경쟁 없이 무기한으로 같은 생태적 지위를 차지할 수는 없다. 동지역종은 유용한 자원들을 분배하여, 경쟁을 감소시킨다.

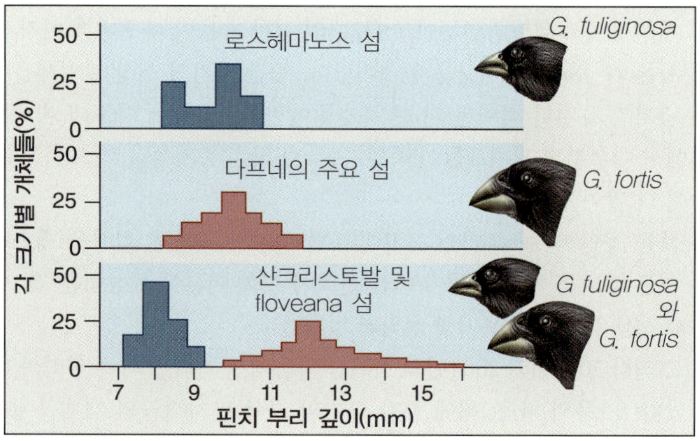

그림 35.20 특성대치

갈라파고스핀치새(*Geospiza*속)의 이 두 종은 서로 떨어져 살고 있을 때는 비슷한 크기의 부리를 가지지만, 함께 살고 있을 때는 서로 다른 크기의 부리를 갖는다.

종간 관계

35.10 공진화와 공생

이전의 절에서 생태적 지위가 중복되는 두 종 사이에서 경쟁의 결과는 "승리자가 모두 갖는다"고 설명하였다. 자연에서 다른 관계들은 덜 경쟁적이고 더 협력적이다.

공진화

군집을 이루면서 함께 살아가는 식물, 동물, 원생생물, 균류, 원핵생물들은 수만 년 동안 계속적으로 변화하고 상호 조절하여 왔다. 예를 들어, 현화식물의 많은 특징들은 식물의 배우자들이 동물에 의해서 확산되는 것에 관련되어 진화해왔다(**그림 35.21**). 계속해서 이러한 동물들은 방문하는 식물, 종종 식물의 꽃에서 먹이나 다른 자원을 효율적으로 얻을 수 있도록 그들의 많은 특성을 진화시켰다. 게다가, 많은 현화식물의 종자들은 호의적인 서식지의 새로운 영역에 더 잘 퍼져나갈 수 있는 특징을 갖고 있다.

생물학적 군집 구성원들의 특징이 장기간의 상호 진화적 조절이 이루어지는 상호작용은 **공진화(coevolution)**의 보기이다. 공진화는 둘 이상의 종이 상호 적응하는 것이다. 이 절에서, 우리는 종들이 상호 작용하는 방법을 알아볼 것이고 이러한 방법 중에서 몇몇은 공진화와 관련되어 있다.

공생은 만연하다

공생관계에서 둘 이상의 생물체들이 정교하고 다소 영구적인 관계를 갖고 함께 살아간다. 모든 공생관계는 관련 생물체 사이에서 공진화의 가능성을 갖고 있으며, 많은 경우에 이런 공진화의 결과는 어마어마하다. 공생의 보기들로는 지의류가 있으며, 이는 녹조류나 남세균과 균류의 협력 관계이다(제18장 참조). 다른 중요한 보기로는 균근으로, 대부분의 식물 뿌리와 균류 사이의 협력 관계이다. 균류는 식물이 어떠한 영양분을 흡수할 수 있게 도와주고, 식물은 균류에게 탄수화물을 제공한다. 유사하게, 콩과식물과 어떤 다른 종류의 식물에서 나타나는 균근은 대기 질소를 고정하고 숙주 식물에게 제공하는 박테리아를 갖고 있다.

공생관계의 주요 종류로는 다음을 포함한다. (1) **상리공생(mutualism)**, 관련된 두 종 모두 이득을 얻는다. (2) **기생(parasitism)**, 한 종은 이득을 얻지만, 다른 종은 해를 얻는다. (3) **편리공생(commensalism)**, 한 종은 이득을 얻지만, 다른 한 종은 이로움도 해로움도 얻지 않는다. 기생은 포식을 당하는 생물체가 반드시 죽는 것은 아니지만, 포식의 형태로도 보일 수 있다.

상리공생

상리공생은 모든 종이 이득을 얻는 공생관계이다. 상리공생의 보기들은 생물학적 군집 구조를 결정하는 데 있어서 중요한 역할을 한다. 가장 뚜렷한 보기는 현화식물과 방문자인 곤충, 조류, 박쥐와 같은 동물 사이에서 나타난다. 제32장에서 언급하였지만, 진화 과정 동안, 꽃의 특징들은 먹이를 찾으러 방문하는 동물들의 특징들과 관련되어서 많이 진화하고, 그렇게 함으로써, 개체 사이에 화분을 퍼뜨린다. 동시에 동물들의 특징들도 변하고, 특정 꽃에서 먹이나 다른 물질을 얻을 수 있도록 특성화를 증대시킨다.

상리공생의 다른 보기는 개미와 진딧물이 연관되어 있다. 진딧물은 날카로운 입구조로 살아 있는 식물의 체관부에서 수액을 빨아들이는 작은 곤충이다. 이 수액에서 어느 정도의 자당과 다른 영양분을 추출하지만 많은 부분은 항문을 통해서 변화된 형태로 배설한다. 어떤 개미는 이를 이용한다. 실제적으로는 진딧물을 길들인 것이다(**그림 35.22**). 개미들은 진딧물을 새로운 식물에게 운반하고 그 곳에서 새로운 먹이 자원을 얻게 되고, 진딧물이 배설하는 "감로"를 먹이로 소비한다.

그림 35.21 박쥐에 의한 수분
꽃을 많이 피우는 식물은 꽃가루 이동을 촉진하기 위해 다른 종들과 공진화한다. 곤충은 수분매개체로 널리 알려져 있지만, 그들만 있는 것은 아니다. 박쥐의 주둥이에 꽃가루를 볼 수 있다.

그림 35.22 상리공생: 개미와 진딧물
이 개미들은 진딧물(작은 녹색생물)을 돌보고, 진딧물이 계속 배설하는 "감로"를 먹고 살며, 진딧물을 이곳저곳으로 이동시켜 주고, 잠재적인 포식자에서 그들을 보호하고 있다.

기생

기생은 포식자/피포식자 관계의 특별한 형태로 볼 수 있는 공생관계이다. 이런 공생관계에서, 포식자, 또는 기생생물은 피포식자 또는 숙주보다 아주 작고, 서로 밀접하게 연관되어 있다. 기생은 숙주 생물체에게는 해를 끼치고, 기생생물에게는 이득을 주지만, 포식자/피포식자 관계와 달리, 기생생물은 종종 숙주를 죽이지는 않는다. 기생 개념은 분명하지만, 개별적 경우는 포식과 다른 종류의 공생과 구별하기 어려울 때도 종종 있다.

외부기생생물 생물체의 외부 표면에서 먹이를 먹고 사는 기생생물은 **외부기생생물(ectoparasite)**이라 한다. 척추동물(주로 조류와 포유류)의 몸에서 일생을 사는 이류는 주로 기생생물로 여겨진다. 모기는 조류와 포유류에서 이류와 유사한 방법으로 먹이를 얻지만, 숙주와의 관계가 너무 단순하여서 기생생물이 아닌 것으로 여긴다.

내부기생생물 척추동물은 다른 동물문의 구성원들이나 원생생물, 즉 **내부기생생물(endoparasite)**에 의해서 내부에서 기생된다. 무척추동물도 많은 종류의 기생생물을 가지고 있다. 보통 박테리아와 바이러스는 정의에 정확하게 맞을지라도 기생생물로 여기지 않는다.

인간을 감염시키는 많은 원생생물과 무척추동물 기생생물에 의해서 볼 수 있듯이, 내부기생은 일반적으로 외부기생보다 더욱 특성화된 것으로 알려져 있다. 내부기생생물의 구조는 종종 단순화되어 있고 불필요한 장식물이나 구조는 진화함에 따라 상실되었다.

편리공생

편리공생은 한 종에게는 이득이 있고, 다른 종에게는 이로움도 해로움도 없는 공생관계이다. 자연에서 한 종의 개체들은 다른 종의 구성원에 물리적으로 부착되어 있다. 예를 들어, 착생생물은 다른 식물의 가지에서 생장하는 식물이다. 일반적으로, 숙주 식물은 해로움을 겪지 않고, 착생생물은 그곳에서 자라면서 이로움을 얻는다. 유사하게, 따개비와 같은 다양한 해양생물은 고래와 같은 다소 활동적으로 움직이는 바다동물에서 생장하며, 숙주에 해를 주지 않고 수동적으로 장소를 이동할 수 있게 된다. 이러한 "탑승객"은 한 장소에서 고정되어 있으면서 겪게 되는 포식으로부터 보호를 받게 되고 또한 새로운 먹이 자원을 얻게 된다. 숙주가 움직임에 따라 얻게 되는 수순환의 증대는 아주 중요하며 탑승객이 여과섭식동물이라면 특히 그러하다.

편리공생의 보기 편리공생의 유명한 보기는 어떤 작은 열대어와 찌르는 촉수를 가진 해양동물인 말미잘(제19장 참조)의 관계이다. 촉수를 건드리는 다른 어류에게는 빠르게 마비를 일으키지만, 어떤 열대어종은 말미잘의 촉수 사이에서 살아갈 수 있게 진화하였다. 흰동가리는 숙주 말미잘이 먹고 남긴 음식 쓰레기를 먹고 사는데, 놀랍게도 전혀 상처를 입지 않는다.

육지에서는 유사한 관계가 아프리카산 찌르레기라고 하는 새와 소나 코뿔소와 같은 방목동물 사이에 존재한다. 아프리카산 찌르레기새는 동물에 매달려서 기생생물과 다른 곤충을 잡아먹고 숙주동물과 밀접하게 생활사를 이어간다.

편리공생이 언제일까? 각각의 경우, 두 번째 파트너가 이득을 얻는지 또는 해를 얻는지를 구별하는 것은 어렵다; 편리공생과 상리공생 사이의 명확한 경계는 없다. 예를 들어, 촉수에서 먹이 입자를 제거하는 것이 말미잘에게는 이로운 것이다. 그러면 다른 먹잇감을 더 잘 획득할 수 있게 된다. 비슷하게, 방목동물은 진드기나 벼룩과 같은 해로운 동물을 골라 내주는 찌르레기나 황로의 관계에서 이득을 얻는다. 그러하다면, 관계는 상리공생이다. 그러나 새들이 딱지를 쪼아서 출혈이 일어나고 감염을 일으킨다면 이런 관계는 기생일 것이다. 진정한 편리공생에서 단지 한 파트너만 이로움을 얻고 다른 파트너는 이로움이나 해로움을 얻지 않아야 한다. 만약 방목동물이 그들의 몸에 있는 진드기나 그들을 먹고 사는 찌르레기에 의해서 아무런 해를 입지 않는다면 이것이 편리공생의 보기이다.

주요 학습 요점 35.10 **공진화는 종들 사이의 장기간에 걸친 진화적 순응을 설명하는 용어이다. 공생관계로 두 가지 이상의 종이 함께 살아간다. 상리공생은 종 사이의 협력이고, 상호간에 이득을 주는 것이다. 기생에서는 한 생물체가 다른 생물체에게 숙주로서 역할을 하며, 일반적으로 숙주에게 불이익을 준다. 편리공생은 다른 생물체에 대한 한 생물체의 무해한 이용을 의미한다.**

35.11 포식자와 피포식자의 관계

이전의 절에서 공생관계 중의 하나인 기생을 포식자가 피포식자보다 더 작고 일반적으로 죽이지 않는 특수한 형태의 **포식자-피포식자 관계(predator-prey interaction)**로 간주하였다. **포식(predation)**은 일반적으로 비슷하거나 더 큰 크기의 다른 생물체에 의해서 한 생물체가 먹히는 것이다. 이런 의미에서 포식은 표범의 영양 사냥과 섭취에서 아주 작은 해양 플랑크톤을 먹는 고래까지 모든 것을 포함한다.

자연에서 포식자는 종종 피포식자 개체군에 큰 영향을 준다. 대표적인 예로 인간이 그 영역에서 포식자를 첨가하였거나 제거한 경우에 일어난다. 예를 들어, 미동부의 대부분 지역에서 큰 육식동물의 소멸은 흰 꼬리를 가진 사슴 개체군의 폭발적인 증가를 가져왔고, 그들은 접근 가능한 영역의 모든 식물 서식지를 없애버렸다. 유사하게, 미국의 서부 해안가에서 해달이 거의 멸종되었을 때, 해달의 주요 먹잇감인 성게의 개체군이 폭발적이었다. 그러나 때때로 외형상으로 속임을 당할 수 있다. 아주 추운 겨울에 슈피리어 호의 로열 섬에 무스가 빙하를 건너 도달하였고, 그곳에서 그들만 자유롭게 번식하였다. 늑대가 빙하를 건너 그 섬에 도달하였을 때, 동식물학자들은 늑대가 무스 개체군을 조절하기에 중요한 역할을 할 것이라고 생각하였다. 하지만 이 경우에 그러하지 않다는 사실을 더 정교한 연구들이 보여주었다. 늑대들이 먹은 무스는 더 이상 생존하기 어려운 늙거나 병든 동물들이었다. 일반적으로, 무스는 늑대가 아닌 먹이 이용성, 질병, 다른 요소들에 의해서 조절된다(**그림 35.23**).

그림 35.23 늑대들이 쫓는 무스, 어떤 결과가 될 것인가?
미국 미시건 주에 있는 작은 섬에서 큰 무리의 늑대들이 무스를 뒤쫓는다. 그들은 거의 2km 정도 추격한다. 그리고 무스들은 돌아서서 가슴 깊이의 눈을 뚫고 뛰느라 힘을 소진한 늑대를 마주한다. 늑대는 쫓기를 그만두고 무스들은 걸어서 달아났다.

포식자-피포식자 순환

개체군 순환은 나그네쥐와 같은 작은 포유류 종들의 특징이고, 포식자에 의해서 자극되는 것처럼 보인다. 생태학자들은 1920년대 이후 토끼 개체군에서의 순환을 연구하기 시작했다(**그림 35.24**). 그들은 북미의 눈덧신토끼(*Lepus americanus*)가 "10년 순환"을 따른다는 것을 알아냈다(실질적으로는 8~11년 사이로 다양하다). 전형적인 순환에서 10배에서 30배까지 수적 변화가 일어나고, 약 100배의 변화도 나타날 수 있다. 두 가지 요인들이 먹이식물과 포식자들의 순환을 일으키는 것으로 보인다.

> **주요 학습 요점 35.11** **피포식자 개체군은 그들의 포식자에 의해서 영향을 받을 수 있다. 포식자와 피포식자의 어떤 개체군들은 순환적 형태로 진동한다.**

그림 35.24 포식자–먹이주기
(*a*) 스라소니에게 쫓기는 눈덧신토끼 (*b*) 북부 캐나다에서 스라소니와 눈덧신토끼의 수는 서로 조화되어 진동한다. 그 자료는1945년부터 1935년까지의 동물털가죽의 수에 기초한다. 약 10년마다 반복되는 주기로 토끼의 수가 증가와 마찬가지로 스라소니의 수도 증가한다. 포식자(스라소니)와 가능한 음식 자원 모두 토끼의 수를 통제한다. 스라소니의 수는 먹이(눈덧신토끼)의 유효성에 의해 통제된다.

35.12 의태

포식을 저지시키기 위해서 피포식자들 사이에서는 여러 가지 전략이 진화되었다. 어떤 종은 물리적 또는 화학적 방어를 사용한다. 독성을 가진 생물체들은 경계색으로 그 사실을 알린다. 흥미롭게도, 진화 기간 동안 많은 무독성 동물들이 *경계색*을 나타내는 불쾌하거나 위험한 동물과 닮아가게 되었다.

베이츠 의태

베이츠 의태(Batesian mimicry)는 1857년 이 의태에 일반적 관심을 최초로 모았던 19세기 영국 동식물학자인 Henry Bates의 이름을 따서 지어진 것이다. 남미의 아마존 지대에서 여행을 하는 동안, Bates는 아주 현란하고 불쾌한 종을 닮은 맛이 좋은 곤충들을 많이 보았다. 그는 모방을 통해서 포식자가 불쾌한 모델일 것이라고 생각하게 만들어서 포식자로부터 벗어날 수 있을 것이라고 유추하였다.

베이츠 의태의 유명한 보기로는 나비와 나방에서 많이 나타난다. 분명한 것은 이런 체계에서 포식자들은 그들의 피포식자에 대한 힌트를 시각적 열쇠를 이용하여 찾는다; 그렇지 않다면, 비슷한 색채 형태가 잠재적 포식자에게 문제가 되지 않을 것이다. 인간들에게는 덜 분명하지만, 베이츠 의태가 후각과 같은 비시각적 열쇠와 연관될 수 있다는 증거들이 증가하고 있다.

베이츠 의태에서 본보기 나비의 여러 종류는 독성 물질에 의해서 강력하게 보호를 받는 하나나 소수의 밀접하게 연관된 식물과를 먹고 사는 유충을 가진 집단의 구성원들이다. 본보기 나비들은 식물에서 나온 독성 물질을 자신의 몸에 축적한다. 그러나 모방 나비들은 유충의 먹이 서식지가 그렇게 제한되지 않는 집단에 속한다. 그 나비들의 유충은 독성 물질에 의해서 보호되지 않은 다수의 다른 식물을 먹고 산다.

북미 나비 사이에서 종종 연구되는 모방 나비로는 바이스로이나비(*Limenitis archippus*)이다(**그림 35.25*b***). 이 나비는 독성이 있는 군주나비(**그림 35.25*a***)를 닮았으며, 캐나다 중부에서 미국 대부분과 멕시코까지 퍼져 있다. 유충들은 버드나무와 미루나무를 먹고, 유충이나 성충 모두 조류에게 해롭지는 않다고 생각되고 있는데, 최근의 연구들이 이에 대해 반박하고 있다. 흥미롭게도, 바이스로이나비의 성충에서 보이는 베이츠 의태는 유충에게서는 보이지 않는다. 바이스로이나비 유충은 잎에서 위장을 하여 조류의 배설물처럼 보이게 하지만, 군주나비의 불쾌한 유충은 매우 눈에 잘 띈다.

그림 35.25 베이츠 의태

(*a*) 모형. 왕나비들(*Danaus plexippus*)은 유충으로부터 먹는 유액을 분비하는 식물과 개정향풀을 포함하는 강심 배당체에 의해 새와 다른 포식자들로부터 보호받는다. 다 자란 군주나비는 경계색으로 그들의 독성 있는 본성을 알린다. (*b*) 의태. 바이스로이나비들(*Limenitis archippus*)은 독성 있는 군주나비의 베이츠 의태이다. 총독이 군주와 관계가 없을지라도 서로 많이 닮았고, 그래서 포식자들은 혐오스러운 군주들을 못 먹도록 배운 포식자들은 총독들을 피한다.

베이츠 의태가 척추동물에서도 나타난다. 아마도 가장 유명한 보기는 진홍색 왕뱀일 것이며, 그들의 붉고, 검으며 노란 밴드는 독성이 있는 산호뱀을 모방한 것이다.

뮐러 의태

다른 종류의 의태로는 **뮐러 의태(Mülleria mimicry)**가 있으며, 이는 1878년 처음으로 기술하였던 독일 생물학자 Fritz Müller의 이름을 따서 붙여진 것이다. 뮐러 의태에서 보면, 여러 가지 연관성이 없지만 보호받는 동물 종들이 서로 닮았다. 그래서 여러 종류의 말벌들이 노란색과 검은색의 띠 무늬의 복부를 가지고 있지만, 모두가 노랑-검정 줄무늬의 공통 조상에서 유래한 것은 아니다. 일반적으로, 노랑-검정과 밝은 붉은색은 시각에 의존하는 포식자에게 경고하는 일반적인 색깔 형태이다. 독성이 있거나 위험한 동물들이 모두 닮게 되면, 포식자가 피하는 방법을 더 빨리 알게 되기 때문에 그 동물들은 이점을 얻을 수 있다.

주요 학습 요점 35.12 **베이츠 의태에서, 보호받지 못한 종들이 불쾌한 종들과 닮게 된다. 두 종은 모두 경계색을 가진다. 뮐러 의태에서, 둘 이상의 무관하지만 보호받는 종들이 서로 닮아서 일종의 보호 집단을 이루게 된다.**

오늘날의 생명과학

살인벌의 침입

환경생물학의 가장 혹독한 교훈 중의 하나는 예상치 못한 일이 발생하는 것이다. 정확하게는 과학이 우리가 아는 것의 일부에서 작용하기 때문에, 과학자들은 때때로 예상치 못한 것에 걸려 넘어진다. 최근에 미동부 미시시피 강에 나타난 살인벌과 관련된 보고서에 이 교훈은 분명하게 상기되었다.

미대륙에는 온순한 유럽 꿀벌(*Apis mellifera mellifera*)이라는 아종이 많이 있다. 아프리카 아종인 *A. m. scutelar*는 아주 닮아 보이지만 온순하지 않다. 이들은 어깨부분에 침을 가진 아주 공격적인 생물이며, 무리를 지어 다니면서 문제를 일으키기 때문에 자극을 주면 안 되는 생물이다.

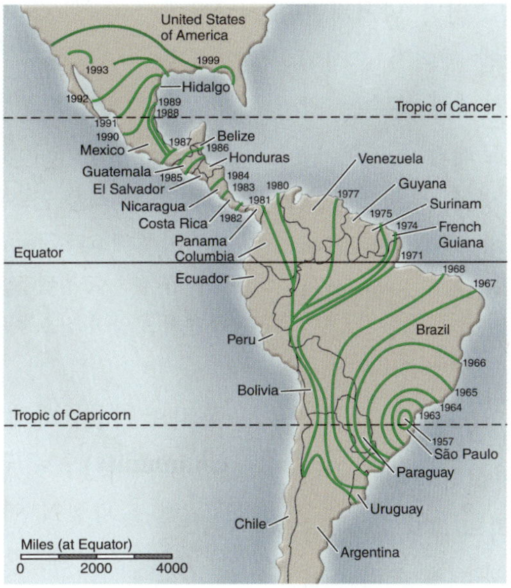

두세 마리의 개체들이 멀리서 당신을 발견하고 "참지 못하고" 수천 마리의 벌들을 이끌어서 협심하여 당신을 다치게 하려 할 것이다. 당신이 할 수 있는 유일한 방법은 빨리 달리는 것이다. 그들은 약 1.5km까지도 따라잡을 수 있다. 그들이 당신을 기다리고 있기 때문에 물 아래에 숨는 것이 결코 좋은 방법은 아니다.

그들이 "살인자"라는 별명을 가진 것은 이들의 침이 유럽종과 비교하여 더욱 해롭기 때문이 아니라 너무 많은 벌들이 공격하기 때문이다. 일반적으로 사람은 300마리 이상의 벌침에서는 생존할 수 없다. 살인벌의 공격에서 8,000마리 이상의 벌침을 맞은 경우는 특이한 것이 아니다. Costa Rica 정글에서 미국인 대학원생이 공격을 받고 사망한 것은 벌침 1만 마리에 의한 것이었다.

살인벌이 "의도하지 못한 결과의 법칙"으로 우리에게 남아 있는 이유는 이 살인벌의 미대륙 침입은 연구자들이 기대하지 못했던 일들에 의해 발생한 직접적인 결과이다.

살인벌은 유명한 브라질의 과학자 Warwick Estevan Kerr에 의해서 47년 전에 아프리카에서 브라질로 유입되었다. Kerr은 'U. S. National Academy of Sciences' 의 회원이 된 유일한 브라질 사람이었다. 1956년에 브라질 정부의 요청으로 그가 하던 일은 상업적 벌 산업(벌이 작물들을 수분시키고 상업적 꿀을 만든다)을 확장시키기 위해 브라질에 열대벌을 정착시키는 시도였다. 아프리카벌은 이상적인 후보자였고, 유럽벌보다 열대 지역에 더 잘 적응하였으며, 더 많은 꿀을 생산하였다.

Kerr은 Sao Paulo에 있던 그의 대학에서 수백 마일 떨어진 Rio Claro 시의 외곽에 있던 외딴 야외실험실에 아프리카벌의 격리된 집단을 정착시켰다. 그가 남아프리카에서 많은 여왕벌을 가져왔지만, 그 집단은 탄자니아에서 온 한 마리의 아주 생산성이 높은 여왕벌의 자손들에 의해서 우점되었다. Kerr은 그 여왕벌이 비정상적으로 공격적이라는 것을 알았다.

1957년 가을에 한 양봉가가 야외실험실을 방문하였다. 그 날 주위에 아무도 없을 때, 그 양봉가는 벌집을 관리하는 일상적인 방문을 이행하고 있었다. 여왕벌이 있던 벌집은 여왕벌이 탈출을 못하도록 문을 걸어 잠그는 막대가 설치되어 있었다. "여왕벌 제거장치"라는 막대기는 더 작은 일벌들이 끼어서 통과할 수 있을 정도의 틈을 가지고 떨어져 있었다. 일단 여왕벌이 알을 낳기 시작하면 여왕벌은 결코 벌집을 떠나지 않고 일벌들만이 끊임없이 벌집을 출입하기 때문에, 여왕벌 제거장치는 일상적으로 제거된다. 어느 날 방문자가 아프리카벌집에서 탄자니아 여왕벌이 알을 낳고 있는 것을 보았다. 그래서 그는 여왕벌 제거장치를 제거하였다.

하루 반나절 후에, 한 관리인이 아프리카벌 집단을 검사하였을 때, 탄자니아 여왕벌과 26마리의 딸 여왕벌이 달아난 것을 알았다. 벌들은 이웃한 숲으로 들어가 버렸다. 이것은 예상하지 못한 것이었다. 탄자니아 여왕벌은 알을 낳기 시작하면 결코 벌집을 떠나지 않는다. 어느 누구도 탄자니아 여왕벌이 다르게 행동할 것이라고 생각하지 못했다. 그러나 그 여왕벌은 다른 행동을 하였다.

1970년에 더욱 공격적인 아프리카벌이 브라질을 뒤덮었고, 전체적으로 그 지역 집단을 대체하였다. 1980년에 중앙아프리카에 도달하였고, 1986년엔 Mexico, 1990년엔 Texas에 다다랐으며, 33년 동안 500만 제곱 마일의 영역을 정복하였다. 그 과정에서, 약 1,000명의 사람들과 10만 마리의 소가 희생되었다. 최초로 사망한 미국인 Lino Lopez라는 목장주는 1993년 Texas에서 다수의 침에 의해서 사망하였다.

그 다음 10년 동안, 벌들은 계속해서 미국을 공격하였다. 모든 Arizona와 대다수의 Texas 지역이 공격을 받았다. 수년 전에, Los Angeles 카운티는 공식적으로 침탈당했음을 선언하였고, 적어도 California 주 윗부분의 절반에 아프리카벌이 이주할 것처럼 보인다.

그러나 California의 San Francisco에서 Virginia의 Richmond까지의 선에서 공격은 곧 멈추게 될 것으로 예상된다. 추운 날씨가 침입한 무리들이 북으로 진입하는 데 제한을 가할 것이라고 예상된다.

이 선 아래의 주들에 대해서는 태양이 뜨는 것처럼 당연하게 벌들이 올 것이며, 예견되지 않을 것이라는 추호의 고려도 없이 침입할 것이다. 예상하지 못한 일이 발생한다는 깊은 교훈은 수백만 마리의 아주 작은 공격적인 성향의 선생님이 가르쳐 준 것이다.

35.13 생태적 천이

경쟁, 포식, 협력은 종종 군집에서 커다란 변화를 가져올 수 있다. **천이(succession)**라는 과정으로 한 군집이 단순한 것에서 복잡한 군집으로 차례로 대체되는 생태계 변화를 가져온다. 이 과정은 빈 용지나 나무가 베어진 산림이 서서히 다수의 식물에 의해서 채워지거나 연못의 가장자리에서 침입한 식생에 의해서 연못이 건조한 육지로 변하는 것처럼 누구에게나 친숙한 과정이다.

이차 천이

숲이 우거진 지역에서 나무가 베어지고 덩그러니 남겨지면, 식물들은 서서히 그 지역을 개간한다. 결국엔 베어진 흔적이 없어지고 다시 숲이 된다. 이와 유사하게 강력한 홍수는 강바닥에서 많은 생물들을 제거하여 대부분 모래와 돌만이 남겨진다. 결국에 강바닥은 점진적으로 원생생물, 무척추동물, 다른 수중 생물에 의해서 다시 채워진다. 이런 종류의 천이는 기존의 군집이 교란을 받은 지역에서 일어나고 **이차 천이(secondary succession)**라 한다.

일차 천이

반면에 **일차 천이(primary succession)**는 바위와 같이 텅 빈 무생물 물질에서 나타난다. 일차 천이는 빙하의 후퇴 후에 남겨진 호수, 바다에서 솟아난 화산섬, 빙하의 후퇴로 드러난 육지에서 나타난다. 빙퇴석에서 일차 천이는 그 예이다. **그림 35.26**에서 나타난 그래프는 일차 천이 동안 토양의 질소 농도가 어떻게 변하는지를 보여주고 있다. 무기질이 부족한 벌거벗은 토양에서 지의류가 먼저 생장하고 작은 주머니 모양의 토양을 형성한다. 지의류에서 분비되는 산성 물질은 기질은 분해해서 토양의 축척을 도와준다. 그 후에 이끼류가 주머니 모양의 토양에 정착하고(**그림 35.26*a***), 나중에 오리나무 관목이 자랄 수 있도록 토양에 충분한 무기질을 제공한다(**그림 35.26*b***). 이런 최초의 식물은 **개척 군집(pioneering community)**을 형성한다. 100년 이상 오리나무(**그림 35.26*c***와 가운데 사진)는 전나무가 번창할 때까지 토양 질소 수준을 높이지만, 결국에는 오리나무를 몰아내고 밀집된 전나무 숲이 형성된다(**그림 35.26*d***).

일차 천이는 상대적으로 안정되고 그 지역의 전체로서 특징지어지는 개체군을 가진 군집인 **극상 군집(climax community)**으로 끝이 난다. 그러나 지역 기후가 계속 변하고, 천이 과정이 아주 느리게 진행되며, 인간 활동이 중요한 영향을 주기 때문에 많은 천이는 극상에 도달할 지 않는다.

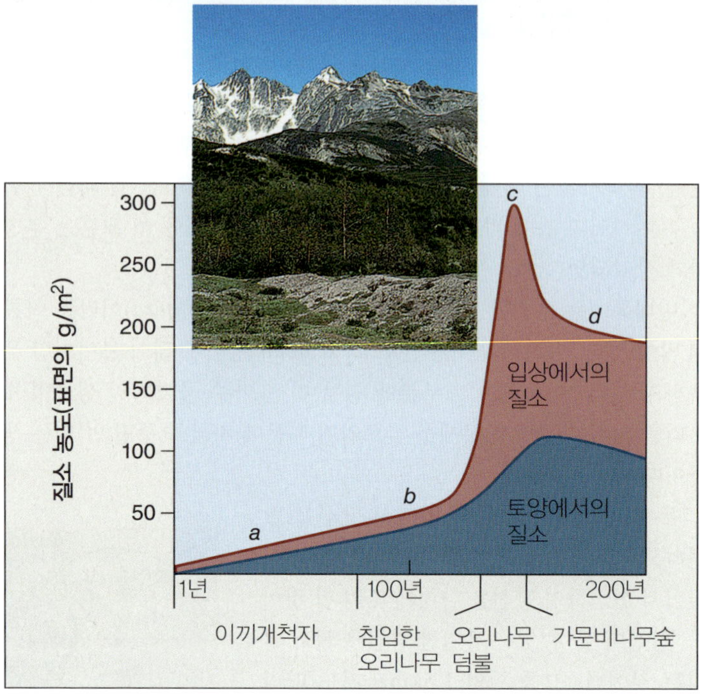

그림 35.26 식물 연속은 토양에서 점진적인 변화를 생산한다.
초기의 알래스카 Glacier Bay에서 빙하기의 빙퇴석은 질소 토양을 가지고 있지만 질소 고정된 오리나무(위의 그림)는 침엽수림의 차후 증가를 격려하면서 토양의 질소 비축을 이끈다.

천이는 왜 발생하는가

천이는 종들이 서식지와 이용 가능한 자원을 변화시키고 종종 다른 종들이 선호하는 방법으로 이루어지기 때문에 발생한다. 세 가지 역동적인 개념이 그 과정에서 아주 중요하다: 내성, 촉진, 억제.

1. **내성(tolerance)** 초기 천이 단계는 정착된 군집에선 경쟁력이 없지만 척박한 지역에서의 가혹한 무생물적 조건에선 잘 견디는 잡초성의 *r*-선택 종들로 특징지어진다.
2. **촉진(facilitation)** 잡초성의 초기 천이 단계는 다른 덜 잡초성인 종들이 선호하는 서식지로 변화를 가져온다. **그림 35.26**에서 보이는 Glacier Bay 천이에서의 이끼류는 질소를 고정하는데, 이는 오리나무의 침입을 도와주는 것이다. 결국, 오리나무는 그들의 잎이 떨어져서 분해되면서 토양 pH를 낮추게 되고, 이로 인해 산성 토양을 필요로

하는 전나무와 주목이 침입하는 것을 허용하게 된다.

3. **억제(inhibition)** 때때로, 다른 종이 선호하는 서식지로의 변화는 변화를 일으킨 종의 생장을 방해한다. 예를 들어, 산성 토양에서 전나무와 주목이 잘 자라는 것과는 달리, 오리나무는 잘 자라지 못하게 된다.

생태계가 성숙해지고, 더 많은 *K*-선택 종들이 *r*-선택 종들을 대체해 감에 따라, 종 풍부도와 전체 생체량은 증가하지만 순 생산성은 감소한다. 초기 천이 단계가 후기 단계보다 더 생산성이 높기 때문에, 농업 체계는 의도적으로 초기 천이 단계를 유지하여 순 생산성을 높이려 한다.

주요 학습 요점 35.13 천이에서 군집을 시간을 통해서 변화하고, 종종 예측 가능한 서열을 통해서 변한다.

질문 & 분석

섬에 사는 뮛종다리 개체군은 밀도 의존적인가?

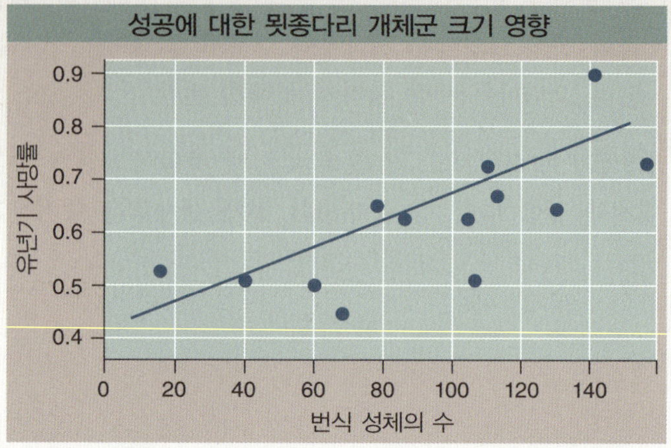

섬에 사는 개체군이 고립되어 다른 개체군으로부터 어떠한 방문도 받지 않을 때, 개체군의 생장 속도가 크기에 의해서 영향을 받는 정도를 시험해 볼 기회를 가질 수 있다. 개체군 내의 개체수가 증가하면 이용 가능한 자원을 고갈시키고 사망으로 이르게 되는 위험이 커지기 때문에, 개체군의 크기는 개체군의 생장 속도에 영향을 줄 수 있다. 또한 포식자는 흔한 피포식자에 관심을 두게 되어 개체군이 생장함에 따라 사망률이 증가하게 된다. 그러나 단순히 개체군의 수적 감소가 개체군의 크기에 의한 감소인지를 구별할 수는 없다. 심각한 기후, 화산 폭발, 인간에 의한 교란과 같은 여러 가지 요소들이 섬에 사는 개체군 크기에 영향을 줄 수 있다.

오른쪽 그래프는 Mandarte Island (아래 지도 참조)에 사는 13개의 뮛종다리 개체군에서 수집한 데이터를 보여주고 있다. 이 개체군들의 진화적 성공에 대한 개체군의 크기 영향을 알아보기 위해서, 각 개체군은 전수조사가 이루어졌고 유년기의 사망률이 추정되었다. 그래프에서, 유년기 사망속도가 번식 성체의 수에 대해 나타나 있다. 데이터가 알려져 있지만, "최상 적합" 회귀선이 통계학적으로 유의하다(통계학적으로 유의한의 의미는 실제적으로 종속 변수와 독립 변수 사이에 상관관계가 없을 확률이 5% 이하이다 라는 것이다).

1. 개념 적용

a. 변수 그래프에서 종속 변수는 무엇인가?

b. 분산 자료 분석 뮛종다리 개체군의 크기는(번식 성체에 비해서) 최하의 유년기 사망률을 가진 집단에서와 최고의 유년기 사망률을 가진 집단에서 각각 얼마인가?

2. 자료 분석

a. 그래프에서 추정하기로는, 모든 13개 개체군에서 평균 유년기 사망률은 얼마인가?

b. 유년기 사망률이 전체 평균값 이하의 수치를 나타내는 개체군은 몇 개인가? 이러한 개체군들의 평균 크기는 얼마인가?

c. 유년기 사망률이 전체 평균값 이상의 수치를 나타내는 개체군은 몇 개인가? 이러한 개체군들의 평균 크기는 얼마인가?

3. 추론하기 유년기 사망률이 낮은 개체군의 유년기 사망률이 높은 개체군보다 더 큰 가? 또는 작은가?

4. 결론 도출 뮛종다리 개체군 크기는 밀도 의존성을 나타내는가?

5. 심층 분석

a. 낮은 유년기 사망률을 가진 뮛종다리 개체군과 높은 유년기 사망률을 가진 뮛종다리 개체군의 크기는 다르다는 사실이 그 자체로는 통계학적 의미 있는 차이라고 할 수 없다. 유년기 사망률과 개체군 크기 사이의 관계가 실제로 있다면, 이러한 데이터를 검증할 방법은 어떤 것이 있는가?

b. 연구자들이 새들에게 이용 가능한 먹이를 제공한다면 어떤 일이 발생할지 예상할 수 있는가? 설명하시오.

c. 연구자들이 100마리 이상의 번식 성체를 가진 개체군에서 개체들을 제거하여 100마리의 번식 성체를 가지도록 한다면, 어떤 일이 발생하겠는가?

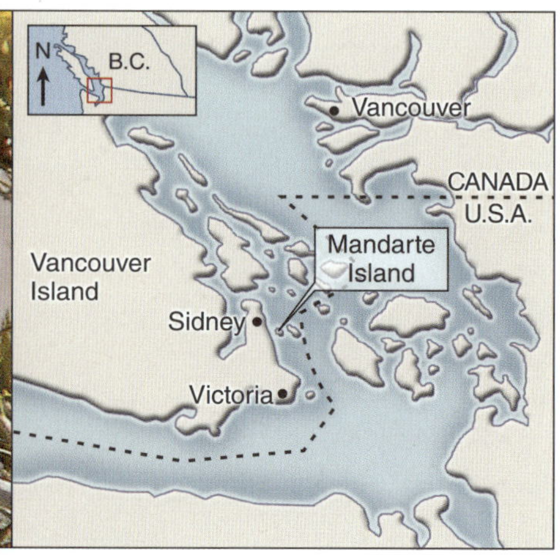

단원 복습

생태학

35.1 생태학은 무엇인가?

- 생태학은 생물체들이 서로 간, 환경과 관계를 맺는 방법을 연구하는 학문이다. 생태학적 조직체로는 6가지 수준이 있다-개체군, 종, 군집, 생태계, 생물군계, 생물권이다(**그림 35.1**).
- 개별적 생물체는 다양한 환경 조건에 대처해야 한다(**그림 35.2, 35.3**).

개체군

35.2 개체군의 활동범위

- 개체군은 함께 살아가면서 상호 생존에 영향을 주는 같은 종들의 개체 집단이다. 개체군이 차지하고 있는 영역, 개체군 활동범위는 환경 변화에 대해 반응하면서 변하거나 이전에 이용할 수 없었던 서식지로의 이주로 인해 변한다(**그림 35.5, 35.6**).

35.3 개체군의 분포

- 주로 자원의 이용도로 인해 개체군 내에서 개체들이 분포하는 방법이 결정된다(**그림 35.7**).

35.4 개체군의 생장

- 개체군 크기, 밀도, 생장은 개체군의 주요한 특징이다(**그림 35.9**).
- 생장에 있어서 어떠한 제한 요소도 없을 때, 개체군의 지수적 생장 곡선이 나타난다. 자원이 고갈되면 개체군의 생장은 느려지고 환경수용력이라는 크기에서 안정화된다(**그림 35.10**). 이 지점에서 개체군은 로지스틱 생장을 경험하게 되고, 시그모이드 생장 곡선을 나타낸다(**그림 35.11**).

35.5 개체군 밀도의 영향

- 기후와 물리적 교란과 같은 요소들이 밀도-독립 영향이고 개체군의 크기에 관계없이 작용한다.
- 밀도-의존 영향은 자원들과 같이 개체군의 크기가 증가하면 영향을 받게 된다. 자원이 고갈됨에 따라, 개체들은 죽게 되고 개체군의 크기는 감소한다(**그림 35.12**). 개체군이 시그모이드 생장 곡선의 증가 부분, 최대지속가능어획량이라는 지점에 있을 때는 손실에 의해 영향을 덜 받게 된다(**그림 35.13**).

35.6 생활사 적응

- 개체군은 자원이 풍부할 때, 경쟁을 거의 경험하지 않고 빠르게 번식한다. 이러한 생물체들은 *r*-선택 적응이라 한다. 제한된 자원에서 경쟁을 경험하는 개체군은 더욱 효율적으로 번식하려 하고 *K*-선택 적응을 보인다(**표 35.1**).

35.7 개체군 통계학

- 개체군 통계학은 개체군을 통계학적으로 연구하며, 미래에 개체군의 크기가 어떠할지에 대한 예측을 한다. 생존 곡선은 개체군의 다른 연령 집단에서 사망률에 대한 영향을 설명해 준다(**그림 35.15**).

경쟁을 통한 군집의 형성

35.8 군집

- 한 지역에서 함께 살아가는 생물체들의 집합체를 군집이라 한다. 개체들은 경쟁하고 협력하며 군집을 안정화한다(**그림 35.16**).

35.9 생태적 지위와 경쟁

- 생태적 지위는 생물체가 환경에서 모든 이용 가능한 자원을 이용하는 방법이다. 경쟁은 생물체가 완전한 생태적 지위를 이용할 수 없게 제한한다(**그림 35.17**). 두 종이 같은 생태적 지위를 사용할 수 없다; 하나는 다른 종을 경쟁해서 몰아내어 멸종시키는 경쟁적 배제(**그림 35.18a,b**)를 하거나, 자원 분배라고 하는 한 생태적 지위를 두 개의 작은 생태적 지위로 나누기도 한다(**그림 35.18c, 35.19**).
- 각 종이 생태적 지위의 일부에서 적응함에 따라, 자원 분배는 형태학적 특징에 영향을 주어서 형질 대치가 것이 나타난다(**그림 35.20**).

종간 관계

35.10 공진화와 공생

- 공진화는 둘 이상의 종이 서로에 적응하는 것이다. 공생관계는 함께 살아가면서 다소 영구적인 관계를 맺고 살아가는 다른 종들의 둘 이상의 생물체들이 관련되어 있다. 지의류와 균근류와 같은 공생관계는 공진화를 이끌 수 있다. 공생의 주요 종류로는 상리공생(**그림 35.22**), 기생, 편리공생이 있다.

35.11 포식자와 피포식자의 관계

- 포식자-피포식자 관계에서, 포식자는 피포식자를 죽이고 섭취한다. 때때로, 포식자가 없을 때, 피포식자 개체군은 빠르게 성장한다. 다른 시기에 포식자와 피포식자 사이의 관계는 아주 복잡하다(**그림 35.23**).

- 포식자와 피포식자 개체군은 순환을 나타내며, 피포식자 개체군이 수적으로 낮아지면 포식자의 개체군 크기에 부정적인 영향을 준다(**그림 35.24**).

35.12 의태

- 의태는 한 생물체가 다른 생물체의 경계색을 이용함으로써 나타난다. 베이츠 의태는 무해한 종이 해로운 종을 닮아서 피해를 막을 때 나타나는 것이다(**그림 35.25**). 뮐러 의태에서는 해로운 종들이 유사한 경계색 형태를 가진다.

군집의 안정성

35.13 생태적 천이

- 천이는 한 군집이 다른 군집에 의해서 대체되는 것이다. 이차 천이는 기존의 군집에서 교란이 일어난 후에 나타나는 것이고, 일차 천이는 어떠한 생명체도 없던 곳에 개척 군집이 나타나는 것이다(**그림 35.26**).

이해력 확인 문제

1. 생태적 조직체의 수준에서, 서로 가까이에서 살면서 같은 자원을 공유하고 잠재적으로 생식이 가능한 한 종의 개체들로 이루어진 가장 낮은 단계는 무엇인가?
   a. 개체군
   b. 군집
   c. 생태계
   d. 생물군계

2. 한 개체군에서 살고 있는 특정 장소에서 오랜 동안 생물체의 수가 똑같이 유지될 때, 이 개체군이 도달되었다고 하는 상태는 무엇이라 하는가?
   a. 확산
   b. 생물번성능력
   c. 환경수용력
   d. 개체군 밀도

3. 다음 중에서 개체군에 대해 밀도-의존적 영향은 무엇인가?
   a. 지진
   b. 먹이에 대한 경쟁 증가
   c. 인간에 의한 서식지 파괴
   d. 계절적 홍수

4. 다음 특색 중에서 K-선택 적응을 가진 생물체의 특징이 아닌 것은 무엇인가?
   a. 단기 수명
   b. 번식 시기당 적은 자손의 수
   c. 자손에 대한 부모의 집중적인 보호
   d. 낮은 사망률

5. 한 개체군의 연령 구조가 어린 개체들보다 나이 든 개체들을 많이 가진 것으로 보이면, 번식력은 어떻게 되는가?
   a. 증가할 것이고, 사망률은 감소할 것이다.
   b. 감소할 것이고, 사망률은 증가할 것이다.
   c. 사망률과 같은 것이다.
   d. 사망률과 모두 변하지 않을 것이다.

6. 같은 장소에서 살고 있는 모든 생물체는 무엇을 구성하는가?
   a. 생물군계
   b. 개체군
   c. 생태계
   d. 군집

7. 같은 장소를 차지하고 있는 유사한 종의 경우, 그들의 생태적 지위는 어떠한 방법으로 달라야 한다. 이런 종들이 모두 생존할 수 있는 방법 중의 하나는 무엇을 통했기 때문인가?
   a. 경쟁적 배제
   b. 종간 경쟁
   c. 자원 분배
   d. 종내 경쟁

8. 한 종은 이득을 얻고 나머지 한 종은 이득도 해도 입지 않는 두 종 사이의 관계를 무엇이라고 하는가?
   a. 기생
   b. 상리공생
   c. 편리공생
   d. 경쟁

9. 많은 종류의 쏘는 말벌들이 노랑-검정 줄무늬 형태를 가진 것은 무엇에 때한 예인가?
   a. 기생
   b. 뮐러 의태
   c. 상리공생
   d. 베이츠 의태

10. 버려진 농경지에서 나타나는 천이를 가장 잘 설명하는 것은 무엇인가?
   a. 공진화
   b. 일차 천이
   c. 이차 천이
   d. 초원 천이

응용력 확인 문제

1. **그림 35.10** 환경에서 어떤 요소가 개체군의 환경수용력을 감소시키게 하는가? 설명하시오.

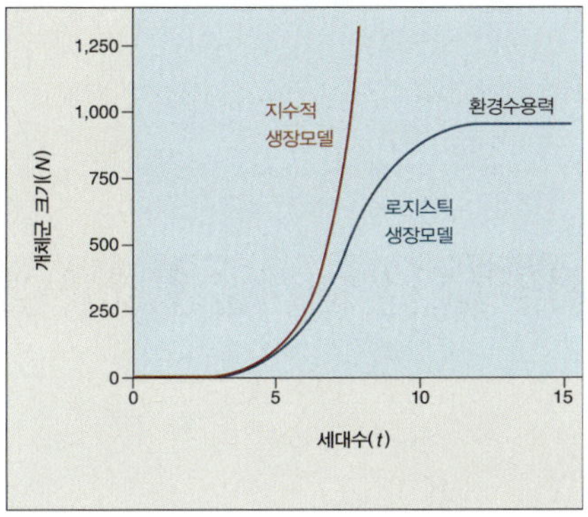

2. **그림 35.17** 큰따개비가 군집에서 제거되었다면, 작은따개비의 실제 생태적 지위는 어떻게 변하는가? 작은따개비가 군집에서 제거되었다면, 큰따개비의 실제 생태적 지위는 어떻게 변하는가?

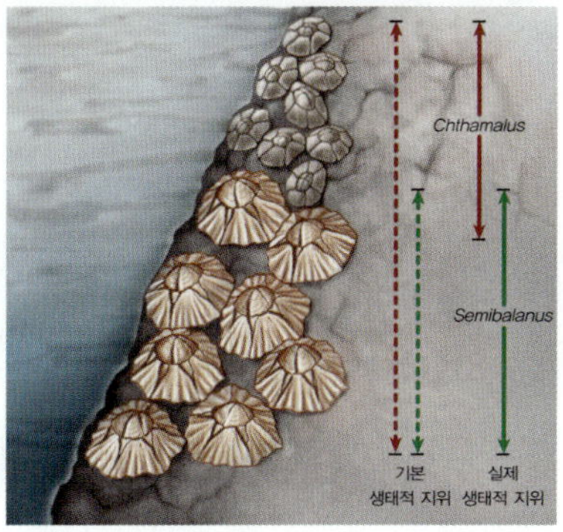

종합학습

1. 여러분 자신의 분야에서, 밀도-의존적 요소인 개체군에 대한 제한 요소, 최소한 2개 보기와 같은 개체군에서 밀도-독립 요소에 대한 보기를 2개 들어보시오.
2. 꽃과 그들의 수분매개체 사이에는 많은 공진화 보기가 있다. 스타펠리아속으로 알려진 꽃들은 죽은 동물 사체의 썩은 냄새가 난다. 이 꽃들을 수분하는 곤충은 어떤 것이라고 생각하는가? 그렇게 생각하는 이유를 설명하시오.
3. 많은 미국 지역 사회는 사슴 과잉 문제에 대해 노력하고 있다. 밀집 주거 개발에서도, 사람들은 사슴이 자신의 정원에 있는 모든 꽃을 먹는다고 불평한다. 또한 교외 지역 거리에서 사슴을 치는 교통사고가 일반적인 것으로 증가하는 추세이다. 이런 문제의 원인을 설명하시오. 어떠한 종류의 해결책을 제안할 수 있겠는가?
4. 극상 군집은 왜 희귀한가?

36

생태계

학습단원

생태계 내의 에너지

36.1 생태계 내의 에너지 이동
1. 군집과 서식지, 그리고 생태계의 차이와 독립영양생물과 종속영양생물 구분
2. 생태계의 영양 단계를 통해 이동하는 에너지
3. 기초생산량과 측정 방법
4. 습지와 우림지역의 순 1차 생산량이 다른 이유

36.2 생태학적 피라미드
1. 개체 수 피라미드의 개체군 수가 생체량과 에너지 피라미드와 다른 이유

생태계 내의 물질 순환

36.3 물의 순환
1. 환경적 물 순환과 유기적 물 순환 비교

36.4 탄소의 순환
1. 탄소순환에 있어 호흡과 연소, 침식 비교

36.5 토양의 영양소와 원소의 순환
1. 질소와 인의 순환 비교

생태계에 영향을 주는 기후

36.6 태양과 대기 순환
1. 지구의 모든 큰 사막들이 북위 30도 또는 남위 30도 근처에 존재하는 이유

36.7 위도와 고도
1. 비그늘이란 무엇이고, 이것의 발생 원리
2. 위도와 고도가 달라지는 것이 생태계에서 종종 동일한 효과를 나타내는 이유

36.8 해양의 물 순환 패턴
1. 해양의 물 순환 패턴이 만들어지는 이유와 이 물 순환 패턴이 주변 대륙에 미치는 영향
2. 엘니뇨란 무엇이고, 이것의 발생 원리

주요 생태계

36.9 해양 생태계
1. 근해, 외해, 심해에 존재하는 해양 군집 비교

36.10 담수생태계
1. 빈영양 호수와 부영양 호수 비교
2. 호수의 연안대, 준조광대, 심연대 구분
3. 봄과 가을에 커다란 호수에서 상하혼합이 일어나는 이유

36.11 육상생태계
1. 7종류의 육상 생물군계를 구분하고 각 생물군계 설명

질문& 분석: 숲을 개벌하면 영구히 피해를 주는 것인가?

지구는 살아 있는 생명체들이 서식하는 장소인 땅과 물을 제공해 주는 것 외에도 더 많은 것을 주고 있다. 많은 화학 물질들이 살아있는 생명체와 생명체를 둘러싸고 있는 주변의 물리적인 환경 사이를 순환한다. 생명체들은 비록 인간의 활동 등에 의해 쉽게 교란되기도 하지만, 생명체 주변을 둘러싸고 있는 물리적 환경과 정확하게 균형을 이루며 살아가고 있다. 일정 지역에서 살고 있는 생물 집단과 이들 생명체들이 살아가는 데 영향을 주는 주변 환경의 물리적 양상들이 생물학적으로 가장 기본적 단위인 생태계를 작동시킨다. 위 사진의 캘리포니아에 있는 High Sierras 산 주변의 풀밭은 하나의 생태계다. 또 Death Valley 사막 역시 또 다른 하나의 생태계다. 산과 사막 그리고 심해의 바닥과 같은 지구 환경은 생명체가 없는 것처럼 보이지만 실제로는 생명체가 넘쳐나고 있다. 그리고 이처럼 세세한 부분들이 많이 다름에도 불구하고, 육지와 바다를 포함한 지구상의 그 어떤 군집의 생태학적 원리는 똑같이 적용된다. 생태학은 생태계와 그 생태계 안에서 살아가는 생명체들에 대해 공부하는 학문이다. 이 장에서는 생물들이 모여 같이 살아가는 군집의 기능에 대한 원리와, 한 곳에서는 발견되고 다른 곳에서는 발견되지 않는 독특한 생물들이 존재하도록 하는 물리적 요소와 생물학적 요소들에 중점을 두어 학습하도록 한다. 생태계의 역할에 대한 올바른 이해는 새롭게 다가온 21세기의 생명체 보존에 중요한 역할을 할 것이다.

36.1 생태계 내의 에너지 이동

생태계란 무엇인가?

생태계는 가장 복잡한 상태의 생물학적 조직이다. 따라서 생태계 내에 서식하는 생명체들은 에너지의 포획과 소비, 뿐만 아니라 화학물질들의 순환 등을 총체적으로 조절해야 한다. 그리고 지구상에 살고 있는 모든 생물들이 그들을 구성하는 기본 성분들을 재순환 할 때에는 식물, 조류, 세균과 같은 다른 종류의 생물들의 도움을 받아야만 한다.

생태학을 연구하는 생태학자들은 지구 환경은 서로 다른 환경들이 누더기처럼 얽혀 짜깁기 한 것처럼 보이지만, 실제 이 모든 환경들은 서로에게 영향을 준다고 생각하고 있다. 생태학자들은 특정 지역에 살고 있는 생물체 전체의 집합을 **군집(community)**이라 한다. 즉, 숲에서 살고 있는 모든 동물, 식물, 곰팡이, 미생물들은 산림 군집을 이룬다. 또 생태학자들은 생물 군집이 살아가는 장소를 **서식지(habitat)**라 한다. 숲을 관통하여 흐르는 물과 토양은 산림 서식지의 주요 요소이다. 군집과 서식지 이 두 요소를 합하여 **생태계(ecosystem)**라 한다. 생태계란 특정 지역에서 살아가는 생물체의 집단과 그들을 둘러싸고 있는 주변의 물리적 환경을 일컫는다. 생태계는 큰 숲에서부터 조그마한 웅덩이까지 그 규모가 다양하다.

에너지 경로: 생태계 내에서 누가 누구를 포식하는가?

태양에서 발생하여 지구에 도달한 빛 에너지는 생물학적 에너지로 전환된다. 끊임없이 지구에 도달하는 빛 에너지는 광합성 과정을 통하여 포획된 후 화학 에너지로 전환되고, 이렇게 전환된 화학 에너지는 탄수화물, 핵산, 단백질, 지방과 같은 유기 분자를 만드는 데 사용된다. 이들 유기 분자들을 우리는 음식물(food)이라 부른다. 살아 있는 생물체들은 음식물 속의 에너지를 성장과 손상된 조직의 재생, 생식, 그리고 지금 현재 우리가 사용하고 있는 책의 페이지를 넘기는 것과 같은 에너지를 필요로 하는 다른 무수한 활동에 사용한다.

생태계에 존재하는 모든 생명체들은 광합성 과정을 통해 포획된 에너지에 의해 가동되는 화학 기계라 간주해도 무방하다. 빛 에너지를 바로 포획하는 생명체, 즉 광합성 과정을 통해 그들 고유의 에너지가 저장된 분자들을 생산해내는 식물과 조류 그리고 일부 세균을 **생산자(producer)** 또는 *독립영양생물*

그림 36.1 생태계의 영양 단계
생태학자는 군집에 속한 생명체들을 먹이 관계에 따라 여러 가지 영양 단계로 구분한다.

(autotrophs)이라 부른다. 그리고 식물 및 다른 동물들을 섭취하여 이들 생산자에서 에너지를 얻는 생태계 내의 다른 모든 생명체들은 **소비자(consumer)** 또는 *종속영양생물*(heterotrophs)이라 부른다. 생태학자들은 생태계 내의 모든 생명체들을 에너지원에 근거하여 **영양 단계(trophic level)** 또는 먹이 단계(feeding level)로 구분한다. 하나의 영양 단계는 생태계 내에서 태양 에너지로부터 멀어져가며 소비되는 동일한 단계에 속하는 생명체들로 구성되어 있다. **그림 36.1**에서 보는 것처럼 식물의 영양 단계는 1이고, 식물을 먹는 *초식동물*(herbivores)은 영양 단계 2, 그리고 이들 초식동물을 잡아먹는 *육식동물*(carnivores)은 영양 단계 3이 된다. 높은 영양 단계에 있는 동물은 먹이사슬 상위에 있는 동물들을 포식한다(**그림 36.1**의 최상위 포식자). 음식물에 함유된 에너지는 하나의 영양 단계에서 다음 단계로 이동하며 생태계를 관통한다. 이러한 경로가 사슬의 고리처럼 단순한 선형일 경우엔

우리는 **먹이사슬(food chain)**이라 한다. 먹이사슬의 끝에는 생명체의 배설물이나 죽은 생명체를 분해하는 *분해자*(decomposer)가 존재하고, 이들의 작용으로 유기물질은 토양으로 다시 되돌아간다.

생산자

모든 생태계의 가장 낮은 영양 단계에 있는 것은 생산자로 대부분의 육상생태계는 녹색 식물이, 그리고 담수에서는 조류가 주된 생산자로 활동한다. 식물은 태양 에너지를 이용하여 당(sugar)을 만든다. 이들은 또한 공기 중에서 이산화탄소를 흡수하고 토양으로부터 질소 및 다른 중요한 원소들을 흡수하여 이들로부터 생물학적 유기 분자를 만들어낸다. 그러나 식물도 에너지를 소비한다는 사실은 알아야 한다. 예를 들면, 땅속에는 빛 도달하지 않기 때문에 식물의 뿌리는 광합성을 하지 않는다. 식물의 뿌리는 잎에서 광합성으로 생산되어 저장된 분자들을 분해하여 에너지를 얻는다.

생산자와 초식동물

초식동물

영양 단계의 두 번째에 위치한 생명체는 식물을 먹는 **초식동물(herbivore)**이다. 그들은 생태계의 *1차 소비자*(primary consumer)다. 사슴과 얼룩말, 코뿔소, 닭, 송충이 등이 초식동물에 속한다. 대부분의 초식동물은 식물의 구성물질인 섬유소(cellulose)를 소화하는 데 있어 보조생물(helper)의 도움을 받는다. 예를 들어, 소는 섬유소를 분해해 주는 수많은 세균을 장 내에 가지고 있다. 흰개미도 마찬가지이다. 사람은 이러한 세균이 없어 섬유소를 소화할 수 없다. 소는 풀만 먹고도 살 수 있지만 사람은 그렇지 못한 것이 바로 이런 까닭이다.

육식동물

육식동물

영양 단계의 세 번째에 위치한 생명체는 초식동물을 포식하는 **육식동물(carnivore)**이다. 그들은 생태계의 *2차 소비자*(secondary consumer)이다. 사자, 늑대, 모기, 어치 역시 육식동물이다. 곰과 사람 같은 동물들은 식물과 동물을 동시에 먹기 때문에 **잡식동물(omnivore)**이라고 한다. 그들은 식물의 구조물인 섬유소는 이용하지 못하고 식물에 저장되어 있는 단순한 종류의 당과 녹말을 영양소로 이용한다. 많은 복합 생태계는 육식동물을 포식하는 동물로 구성된 네 번째 영양 단계를 가지고 있고, 이들을 *3차 소비자*(tertiary consumer) 또는 *최상위 육식동물*(top carnivores)이라고 한다. 어치를 먹는 족제비는 3차 소비자이다. 매우 드물지만 가끔 네 번째 이상의 영양 단계도 생태계에 존재한다. 이에 대해선 다음에 설명할 것이다.

잡식동물

잔사식생물과 분해자

잔사식생물

모든 생태계에는 **잔사식생물(detritivore)**과 **분해자(decomposer)**와 같은 특별한 부류의 소비자가 존재한다. 잔사식생물은 죽은 생물들을 섭취하고(이들은 또한 청소동물 '*scavengers*' 로 알려져 있다), 분해자는 유기 물질을 분해하여 다른 생명체에 유용한 영양소로 전환한다. 이들은 모든 종류의 영양 단계에서 에너지를 획득한다. 육상생태계에서 벌레, 절지동물, 콘도르 등은 잔사식생물이고, 세균과 곰팡이는 분해자다.

분해자

영양 단계를 통한 에너지 흐름

얼마나 많은 에너지가 생태계를 통해 흐르고 있을까? **1차 생산량(primary productivity)**은 단위 시간 동안 주어진 범위 내에서 광합성 생물에 의해 유기 물질로 전환되는 모든 빛 에너지 양이다. 생태계의 **순 1차 생산량(net primary productivity)**은 단위 시간 동안 광합성에 의해 생성된 에너지의 총 양에서 광합성 생물들이 물질대사 과정에서 소비한 에너지의 양을 뺀 값이다. 간략히 말해, 이것은 종속영양생물이 이용할 수 있는 유기 물질 안에 저장된 에너지를 뜻한다. 생태계 내 생물체의 총 중량을 **생체량(biomass)**이라고 하며, 생태계 내의 생체량은 순 1차 생산량에 따라 증가한다. 부들개비 늪 같은 습지 생태계는 높은 순 1차 생산량을 갖는다. 또 열대우림 지역 역시 상대적으로 높은 순 1차 생산량을 갖고 있다. 그러나 열대우림지역의 생체량은 습지보다 훨씬 높기 때문에 결과적으로 단위 생체량 당 순 1차 생산량은 훨씬 낮아지게 된다.

식물이 태양 에너지를 이용하여 섬유질 같은 구조 분자를 만들 때 많은 양의 에너지가 열에너지로 소모된다. 사실 식물에 의하여 포획된 에너지의 반 정도만이 식물 분자로 저장되고, 나머지 절반은 잃어버리게 된다. 이 과정은 생태계 전반에 걸쳐 일어나는 에너지 손실의 가장 첫 번째 단계이다. 생태계 내의 에너지 흐름을 각 영양 단계마다 비교해 보면 80~95%의 에너지가 다음 단계로 전달되지 못한다. 다시 말하면, 하나의 영양 단계에서 다음 단계로 넘어갈 때, 오직 5~20%의 에너지만이 다음 단계에서 이용된다. 예를 들면 딱정벌레의 몸에 있는 에너지는 그들이 섭취한 식물 분자 에너지의 약 17%만이 남아 있는 것이다(**그림 36.2**). 마찬가지로 육식동물이 초식동물을 포식할 경우에도 초식동물 분자 내에

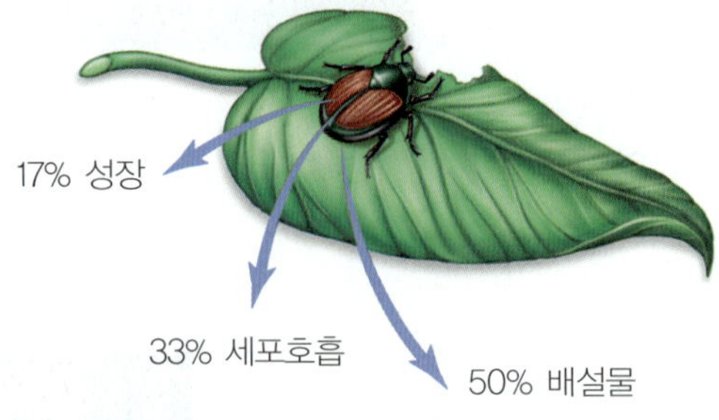

그림 36.2 종속영양생물의 에너지 이용

종속영양생물이 섭취한 에너지의 일부만이 생명체에 실제 이용된다. 예를 들면, 하나의 먹이에 500 J(1 Joule = 0.239 cal)의 에너지가 포함되어 있다면, 이중 50%인 250 J은 배설물로 방출되고, 약 33%인 165 J은 세포 호흡으로 연소된다. 그리고 약 17%인 85 J이 섭취자의 생물량으로 전환된다. 즉 이 85 J만이 다음 영양 단계로 이용될 수 있다.

그림 36.3 생태계 내의 에너지 손실

뉴욕 Cayuga 호수의 먹이그물 단계에 따른 에너지 흐름.

존재하는 에너지 중 이 정도의 양이 손실된다. 이 이유 때문에 먹이사슬은 보통 3~4단계로 이루어져 있다. 많은 양의 에너지가 각 단계마다 손실되기 때문에, 연속적인 네 번의 영양 단계를 거친 후에는 아주 적은 양의 가용 에너지만이 생물체의 몸으로 합류되어 존재하게 된다.

코넬 대학의 Lamont Cole 교수는 뉴욕 북부 지방에 위치한 Cayuga 호수의 담수생태계의 에너지 이동에 관하여 연구하였다. **그림 36.3**에서 각 블록은 각각 다른 영양 단계에서 획득한 에너지를 나타내고, 생산자인 조류와 시아노 세균의 블록이 가장 큼을 보여준다. 그는 이 연구에서 조류와 시아노 세균에 의해 저장된 잠재 에너지 1,000칼로리 중 150칼로리만이 작은 종속영양생물인 동물 플랑크톤 몸 안으로 들어간다고 계산하였다. 그리고 30칼로리만이 이 호수의 주된 2차 소비자인 바다 빙어류의 몸속으로 들어가며, 만약 사람이 바다 빙어를 잡아먹으면 처음 이 호수에서 발생한 1,000칼로리 중 6칼로리만을 이용하는 것이고, 만약 송어가 바다 빙어를 포식하고 사람이 그 송어를 섭취하였을 경우엔 1,000칼로리 중 오직 1.2칼로리만을 인간이 얻게 됨을 확인하였다. 이처럼 대부분의 생태계에서 일부 동물들이 종종 여러 영양 단계의 동물들을 잡아먹기 때문에 에너지 이동 경로는 단순한 직선형으로 나타나지 않는다. 바로 이러한 사실 때문에 **그림 36.4**에 나타난 것처럼 **먹이그물(food web)**이라고 하는 복잡한 에너지 이동 경로가 만들어진다.

주요 학습 요점 36.1 생태계 내에서 에너지는 생산자로부터 시작하여 초식동물, 육식동물을 거쳐 결국엔 모든 생물의 죽은 시체를 분해하는 잔사식생물과 분해자에게 전달된다. 각 먹이사슬 단계에서 대부분의 에너지가 손실된다.

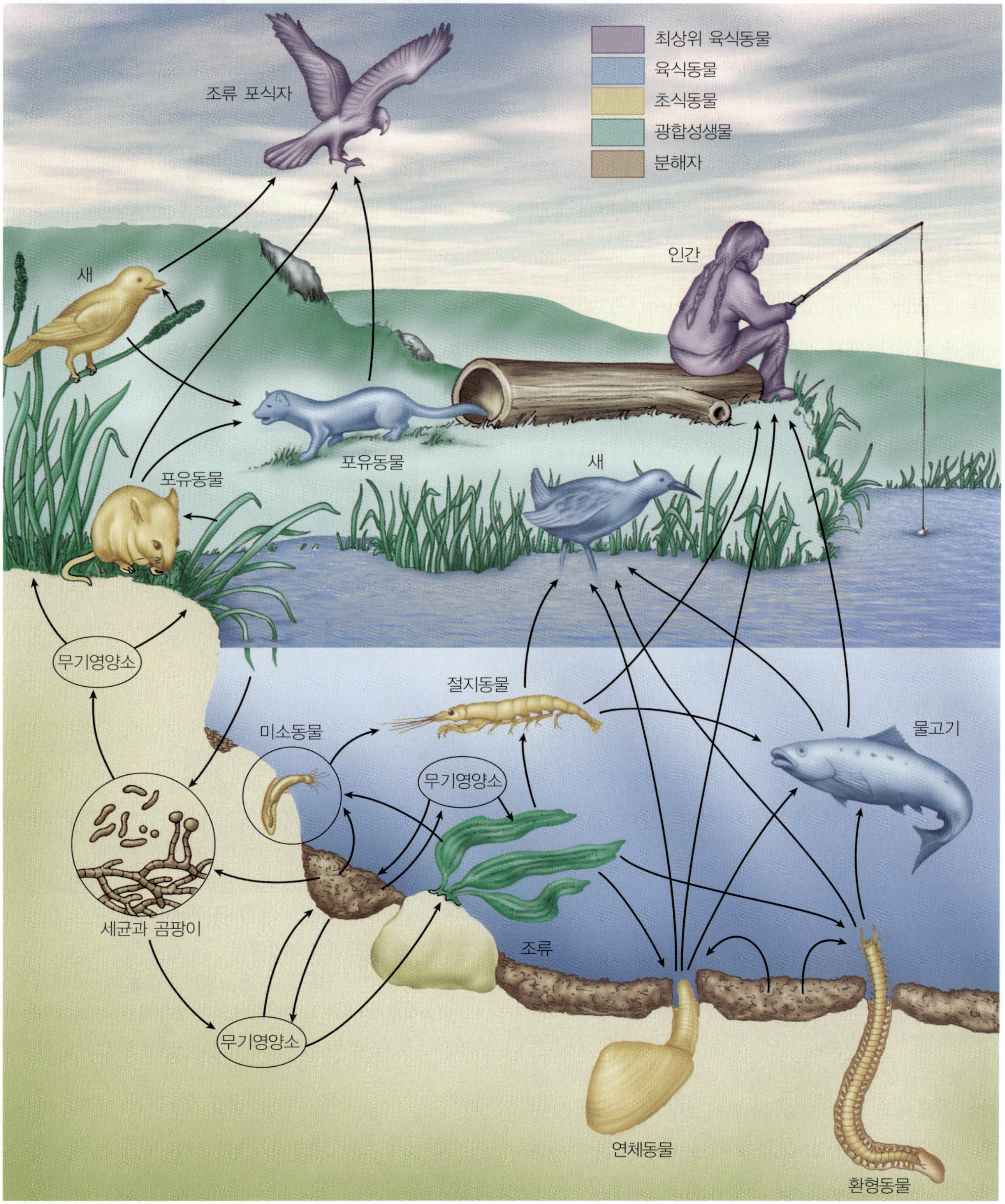

그림 36.4 먹이그물

먹이그물은 단순한 먹이사슬보다 훨씬 더 복잡하다. 에너지는 하나의 영양 단계에서 다음 영양 단계로 이동한 다음 복잡한 방법을 거쳐 다시 돌아오게 된다.

36.2 생태학적 피라미드

이미 앞에서 언급하였듯이, 식물은 태양 에너지 중 약 1%만을 자신의 에너지로 전환한다. 또 먹이사슬의 상위 단계에 있는 동물들은 섭취하는 생명체가 갖고 있던 총 에너지의 약 10%만을 그들의 몸속에 저장하며 이용할 수 있다. 따라서 영양 단계로 비교할 때, 일반적으로 하위 단계에 있는 개체 수가 상위 단계에 있는 개체 수보다 월등히 많다. 또 비슷한 이유로 주어진 생태계 내의 1차 생산자의 생체량은 1차 소비자의 생체량보다 많다. 즉 영양 단계가 높아질수록 낮은 생체량과 이에 해당하는 낮은 잠재 에너지를 갖는다. 그리고 높은 영양 단계로 갈수록 동물의 크기가 커지는 특성이 나타난다. 어느 정도까지는 높은 영양 단계의 생명체들은 그 아래 영양 단계에 있는 먹이를 포식할 수 있을 만큼 충분히 커야만 한다.

이러한 관계를 도표로 그려보면 피라미드 형태를 나타낸다. 생태학자들은 영역의 크기가 각 영양 단계의 개체 수를 반영할 때를 "개체 수 피라미드(pyramids of numbers)"라 한다. **그림 36.5*a***에서 보여주는 수중생태계에서 녹색 상자인 생산자의 개체 수는 매우 크게 나타난다. 비슷하게 **그림 36.5*b***에서 표시된 영역의 크기가 각 영양 단계의 모든 생명체들의 중량을 반영하는 "생체량 피라미드(pyramids of biomass)"에서도 생산자인 플랑크톤은 매우 큰 집단으로 나타나지만, 예외적으로 **그림 36.5*c***처럼 역 피라미드로 나타나는 경우도 있는데 이에 대해서는 바로 아래에서 설명한다. 그리고 **그림 36.5*d***에 나타난 것과 같이 영역의 크기가 각 영양 단계에 축적된 에너지의 양을 반영할 경우 "에너지 피라미드(pyramids of energy)"라 한다.

역 피라미드

그림 36.5*c*처럼 일부 수중 생태계는 거꾸로 된 생체량 피라미드를 가진다. 물속을 부유하는 작은 생명체들이 우점종인 플랑크톤 생태계에서 먹이사슬의 1차적인 생산자이며 가장 하위 단계에 있는 광합성을 하는 식물성 플랑크톤은 동물성 플랑크톤에게 아주 빠른 속도로 잡아먹히기 때문에 큰 집단으로 발전할 수 없을 뿐 아니라, 이로 인해 개체 수가 동물성 플랑크톤 보다 적어지게 된다. 그러나 식물성 플랑크톤은 매우 빠른 번식력을 가지고 있어 그들보다 더 많은 숫자와 생체량을 가지고 있는 종속영양생물 군집을 먹여 살릴 수 있다. 그러나 어쨌든 각 영양 단계에서 나타나는 막대 크기를 각 단계의 에너지 양으로 착각해서는 안 된다. 식물성 플랑크톤을 먹는 동물성 플랑크톤의 숫자가 훨씬 많다 해도 그들은 단지 식물성 플랑크톤이 갖는 에너지의 약 10%만을 갖고 있다.

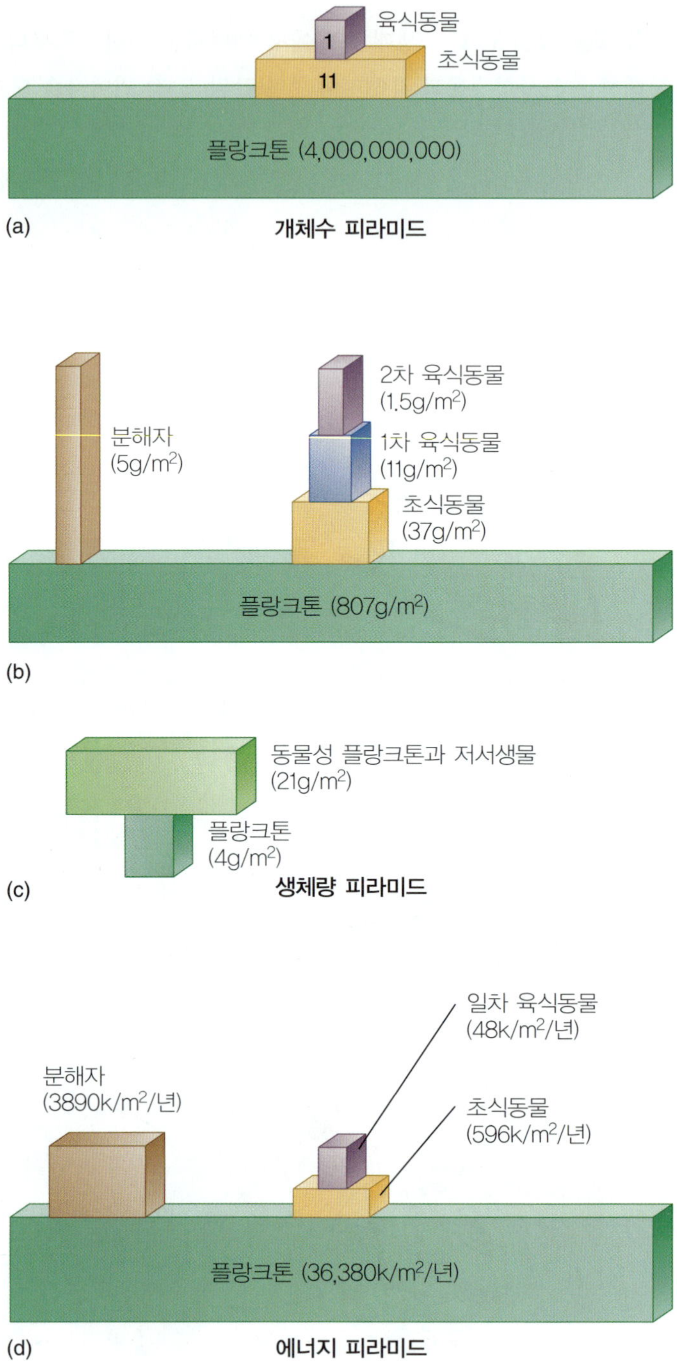

그림 36.5 생태학적 피라미드
생태학적 피라미드들은 각 영양 단계의 특성을 비교하는 척도가 된다. (*a*) 수 피라미드, 생체량 피라미드의 정상적인 피라미드(*b*)와 역 피라미드(*c*), (*d*) 에너지 피라미드. 위 그림에 나타난 수계에서의 생산자는 플랑크톤이다.

최상위 육식동물

각 영양 단계마다 에너지 손실이 일어나기 때문에 많은 종류의 최상위 육식동물 군집은 살아가는 데 한계가 있다. 우리가 살펴본 바와 같이 광합성을 통해 포획된 에너지의 오직 1천분의 1 정도만이 세 단계의 먹이사슬을 거쳐 뱀과 매 같은 3차 소비자에게 전달된다. 이런 이유로 사자와 독수리 같은 최상위 육식동물을 잡아먹는 동물이 존재하지 않는다. 즉, 사자와 독수리 같은 3차 소비자들의 생체량으로는 이들보다 상위의 영양 단계를 유지할 수 없다. 따라서 이들보다 상위의 소비자들이 존재할 수 없다.

개체 수 피라미드에서 상위 단계의 포식자는 보통 매우 큰 동물들로 구성된다. 따라서 이용할 수 있는 생체량이 얼마 안 되는 피라미드 꼭대기는 상대적으로 적은수의 개체만이 존재한다.

주요 학습 요점 36.2 **먹이사슬 각 단계마다 생기는 커다란 에너지 손실로 인하여, 광합성을 하는 1차 생산자의 생체량은 초식동물의 생체량보다 크다. 마찬가지로 초식동물은 그들의 포식자인 육식동물에 비해 큰 생체량을 가진다.**

생태계 내의 물질 순환

36.3 물의 순환

태양에서 발생하여 생산자와 소비자까지 지구의 생태계를 통해 한 방향으로 흐르는 에너지와는 달리, 생태계의 물리적 요소들은 생태계 내에서 순환되고 재사용 된다. 생태학자들은 물리적 요소들이 이처럼 계속 재사용되는 것을 재순환(recycling) 또는 좀 더 일반적으로 **순환(cycling)**이라 한다. 지속적으로 재순환되는 물질들로는 토양과 물, 그리고 공기를 구성하는 모든 화학물질들이 포함된다. 나중에 다시 설명할 여러 가지 많은 원소들도 중요하지만, 물과 탄소 그리고 토양의 영양소인 질소와 인, 이 네 가지 물질의 적절한 순환은 건강한 생태계에서 특히 중요하다.

물과 탄소, 그리고 토양의 영양소들은 주변 환경에 위치해 있다. 살아 있는 생명체들에 들어간 후, 다시 주변 환경으로 돌아오는 순환을 계속한다. 각 순환에서 화학물질들이 일정 시간 동안 살아 있는 생물체에 상주해 있다가 다시 무생물적인 주변 환경으로 돌아오는 이런 과정을 보통 *생물지구화학적 순환*(biogeochemical cycle)이라 한다.

생태계에 있는 모든 무생물 성분 가운데 물은 생명체에 가장 큰 영향을 끼친다. 물의 이용 정도와 물이 생태계에서 어떻게 순환하느냐에 따라, 얼마나 다양한 종이 살고 있고 또 각 종마다 얼마나 많은 개체 수가 살고 있는지에 대한 그 생태계의 생물학적 풍부도가 결정된다.

생태계 내에서 물 순환은 환경적 물 순환(environmental water cycle)과 유기적 물 순환(organismic water cylce) 두 종류로 구분된다. **그림 36.6**에 이 두 종류 물 순환을 나타내었다.

환경적 물 순환

환경적 물 순환은 물이 대기 중으로 증발되어 응축된 뒤 비 또는 눈의 형태로 지표면으로 떨어진다(**그림 36.6**의 강우). 그리고 지상으로 떨어진 물이 모인 호수, 강, 바다의 물은 태양으로부터 열을 받아 **증발과정(evaporation)**을 통해 다시 대기 중으로 들어간다.

유기적 물 순환

유기적 물 순환은 물이 직접 대기로 돌아가지 않고 식물의 뿌리를 통하여 흡수된다. 뿌리로 흡수된 물은 잎의 작은 구멍인 기공(stomata)을 통해 식물 표면에서 증발되어 대기로 돌아간다. 이렇게 잎 표면에서 물이 증발되는 것을 **증산작용(transpiration)**이라 한다. 증산작용은 또 태양열에 의해서 일어나기도 한다. 태양열에 의해 바람이 만들어지고, 이 바람에 따라 공기가 잎 위를 지나갈 때 식물로부터 물이 증발된다.

물 순환의 단절

열대우림과 같은 매우 밀집된 삼림 생태계의 경우 90% 이상

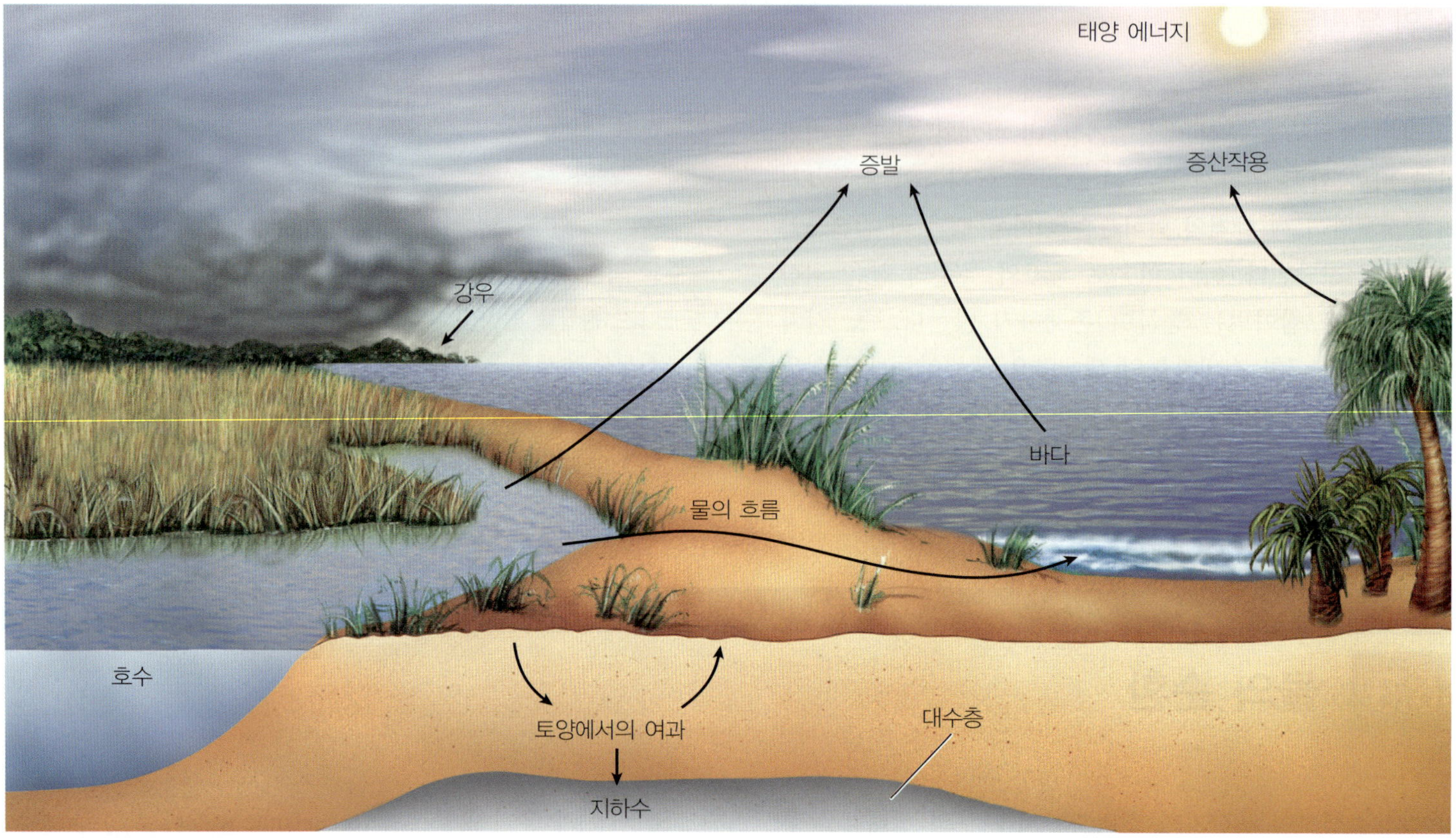

그림 36.6 물의 순환

땅에 내린 비는 지하수, 호수 그리고 강을 거쳐 바다에 도달한다. 태양 에너지는 물을 증발시켜 대기에 수분을 모아준다. 식물은 증산작용을 통해 수분을 증발시켜 역시 대기에 수분을 모아준다. 이렇게 모아진 대기의 수분은 비나 눈의 형태로 육지 또는 바다에 내리게 되어 물이 순환하게 된다.

의 물이 식물에 저장되었다가 증산작용에 의해 다시 대기로 돌아간다. 열대우림 지역의 수많은 식물들이 이와 같이 물을 흡수한 후 증발하므로, 결국 식물의 생장이 지역적 강우의 근본 원인이 된다. 어떤 면에서 이들 식물들은 그들만의 비를 만든다고 볼 수 있다. 식물에서 대기로 이동하는 수분은 비의 형태로 다시 지상으로 되돌아온다.

그러나 삼림이 파괴되면 유기적인 물 순환은 단절되어 수분이 대기 중으로 돌아가지 못하게 된다. 물은 증발한 후 구름을 형성하여 삼림으로 다시 돌아오는 대신 바다로 흘러가게 된다. 위대한 독일 탐험가 Alexander von Humbolt는 1799~1805년까지 콜롬비아의 열대우림 지역을 탐험한 후, 열대우림지역에서 나무를 베어내면 대기 중으로 수분이 돌아가는 것이 방해되어 비가 매우 적게 오는 사막이 만들어진다고 말하였다. 현재 열대와 온대우림 지역 같은 수많은 삼림지역들이 개발이라는 명목아래 잘려나가거나 불태워지고 있다는 사실은 비극이 아닐 수 없다(**그림 36.7**).

지하수

강, 호수, 연못과 같이 지표면에 보이는 물에 비해 거의 눈에 띄지 않는 물이 바로 지하수다. 지하수는 돌, 모래, 자갈로 이루어진 *대수층*(aquifer)이라고 하는 지하구조물에 물이 투과되고 스며들어 만들어진다. 지하수는 지구에서 가장 중요한 물 저장소이다. 미국에서는 담수의 96% 이상을 지하수가 차지하고 있다. 지하수는 지표수보다 훨씬 더 느리게 흐른다. 적게는 하루에 몇 밀리미터부터 많게는 몇 미터만큼 이동하기도 한다. 미국에서 이용되는 전체 물 중 25%가 지하수이고, 미국 인구의 50%가 지하수를 식수로 이용하고 있다. 또 농촌 지역은 사용하는 모든 물을 거의 지하수에 의존하기 때문에 지하수 사용량은 지표수 사용량의 두 배에 해당될 만큼 그 규모가 커지고 있다.

지하수 사용량이 급증함에 따라, 화학물질의 지하수 오염 증가도 심각한 문제로 부각되고 있다. 살충제, 제초제, 화학비료 등이 바로 지하수 오염의 주된 물질들이다. 지하수는

그림 36.7 연소와 개벌에 의한 물 순환 단절

삼림에 있는 수많은 식물들은 많은 양의 물을 대기로 증발시켜 삼림으로 다시 비를 내리게 한다. 이러한 방법으로 우림 지역은 그 지역을 유지하는 습한 기후를 형성한다. 열대 지역의 삼림 파괴는 이들 지역의 기후를 변화시켜 건조한 지역이 만들어지게 된다.

엄청나게 큰 부피를 차지하고 있고, 이동 속도도 매우 느리며 접근하기 어렵기 때문에, 대수층에 있는 지하수에서 오염물질을 제거하는 것은 사실상 불가능하다.

주요 학습 요점 36.3 물은 강수와 증발을 통하여 대기권 내의 생태계를 순환하고, 이 과정에서 약간의 물은 식물을 거치기도 한다.

36.4 탄소 순환

지구의 대기는 이산화탄소(CO_2) 형태의 탄소를 많이 함유하고 있다. 대기와 살아 있는 생명체 사이에서 일어나는 탄소 순환에 있어 가끔 탄소는 생명체의 몸 안 또는 깊은 지하에서 오랜 기간 붙잡혀 있기도 한다. 탄소 순환은 식물의 광합성을 통해 이산화탄소가 생명체를 구성하는 유기 분자에 합류되면서 시작된다. 광합성 결과 식물들은 살아 있는 생명체 속에 이산화탄소에 있던 탄소 원자를 가두게 된다. 그리고 생물체에 갇힌 탄소 원자는 호흡, 연소, 침식을 통하여 대기중의 이산화탄소로 돌아간다. 물의 순환보다 좀 더 복잡하게 구성된 탄소순환을 **그림 36.8**에 표시하였다.

호흡

생태계 내 대부분의 생명체들은 호흡을 한다. 즉, 이들은 유기 분자에서 탄소 원자를 조금씩 떼내며 에너지를 얻고, 이렇게 제거된 탄소는 산소와 결합하여 이산화탄소가 만들어진다. 식물을 섭취하는 초식동물, 그리고 초식동물을 포식하는 육식동물처럼 식물도 호흡을 한다. 호흡을 하는 모든 생명체들은 유기 분자에서 에너지를 얻어낼 때 산소를 이용하고, 이산화탄소는 이러한 호흡 과정이 끝났을 때 남는 물질이다. 그리고 호흡과정의 결과 생긴 이 부산물인 이산화탄소는 대기 중으로 방출된다.

연소

많은 양의 탄소는 나무 안에 고정되어 있다. 그리고 이들 탄소는 나무가 불타거나 분해되지 않는 한 오랜 기간 나무속에 머물러 있다. 종종 탄소는 정말 오랜 기간 동안 생물체에 머무르며 대기 속으로 나오지 못한다. 예를 들면 땅에 묻혀 퇴적된 식물들은 압력에 의하여 석탄과 석유 같은 **화석연료(fossil fuel)**로 전환되기도 한다. 이와 같이 식물에 붙잡힌 후 화석연료로 전환된 탄소들은 이들 화석연료가 연소되어야만 대기 중으로 되돌아오게 된다.

침식

바닷물 속에는 물에 용해된 형태의 이산화탄소가 많이 존재한다. 바닷물 속에 풍부하게 존재하는 이들 용해된 탄소는 바다 생물들에 의해 껍질이 만들어지는 과정에서 탄산칼슘의 형태로 붙잡히게 된다. 그리고 이들 바다생물들이 죽으면 껍질들은 대양 바닥에 가라앉고 침전되어 석회(limestone)가 형성된다. 그러다가 물이 빠지고 석회가 대기 중에 들어나 풍화되고 침식되면, 물에 씻긴 탄소가 다시 물속으로 용해된 후 확산되어 순환된다.

주요 학습 요점 36.4　광합성 과정으로 생명체에 합류된 대기 중의 탄소는 호흡, 연소, 침식을 통하여 다시 대기로 돌아간다.

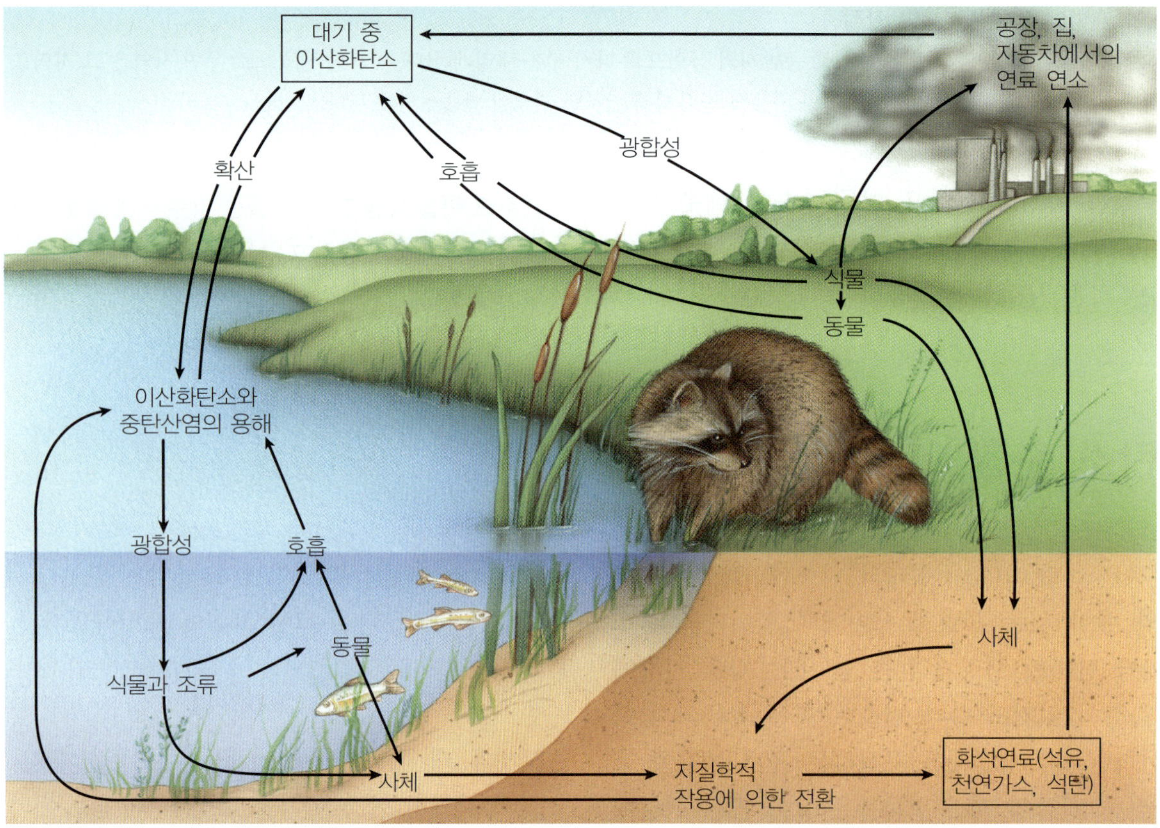

그림 36.8　탄소 순환

대기와 물에 있는 탄소는 광합성 생물에 의하여 고정된 뒤 호흡, 연소, 침식 과정을 거쳐 다시 방출된다.

36.5 토양의 영양소와 원소의 순환

질소 순환

생명체에는 단백질의 주성분인 질소가 많이 함유되어 있고, 대기의 78.08%도 질소 가스(N_2)로 구성되어 있어 지구에는 질소가 매우 풍부하다. 그러나 대부분의 생명체는 그들 주변에 풍부하게 존재하는 질소가스를 직접 이용하지 못하므로, 생명체와 대기 이 두 종류의 질소 저장소 사이의 화학적 연결은 매우 미약하다. 질소가스를 구성하는 두 질소 원자는 강한 결합인 삼중 공유결합으로 서로 연결되어 있어 떨어뜨리기 매우 어렵다. 다행히 일부 세균은 **질소 고정(nitrogen fixation)** 과정을 통해, 삼중 공유결합의 질소를 떨어뜨린 후 이 질소에 수소에 고정하여 암모니아(NH_3)를 형성[이 암모니아는 암모늄 이온(NH_4^+)으로 전환됨]할 수 있다.

광합성으로 지구 대기에 산소가 방출되기 훨씬 전, 생명의 역사가 시작된 초창기에 세균은 질소를 고정시키는 능력을 진화시켰다. 그 결과, 아주 작은 양의 산소조차 질소 고정을 억제시키기 때문에 지금도 일부 세균만이 질소를 고정할 수 있다. 따라서 산소가 풍부한 오늘날에는 질소 고정 세균들은 산소의 출입이 통제된 포낭(cyst)이라고 하는 특수한 구조물 안에 갇혀 살아가거나, 콩과식물과 포플러나무를 비롯한 일부 식물들의 뿌리에 뿌리혹(nodule)이라고 하는 특수한 형태의 밀폐된 세포 구조를 만들어 그 안에서 살아간다. **그림 36.9**는 질소순환 과정을 보여준다. 세균은 질소 순환 과정을 통해 다른 생명체들이 필요한 질소를 만든다. 질소는 한 생명체가 다른 생명체를 포식하고, 최후에는 그들의 사체나 배설물을 통해 돌아오게 되는 먹이사슬을 따라 움직인다. 분해 세균이 이들을 분해한 후, 암모늄세균(ammonifying bacteria)이 질소를 암모니아와 암모늄 이온 형태의 질소로 전환시킨다. 순환은 계속되어 질화세균(nitrifying bacteria)은 암모늄 이온을 질산염(NO_3^-)으로 변환시키고, 탈질세균(denitrifying bacteria)은 질산염을 공중질소로 변환시켜 다시 대기 중으로 돌려보낸다.

생태계에서는 종종 식물이 이용할 수 있는 토양 내 질소양에 따라 식물의 성장이 엄격하게 제한된다. 농부가 비료를 주는 것도 바로 이런 이유이다. 이러한 농사 방법은 원시시

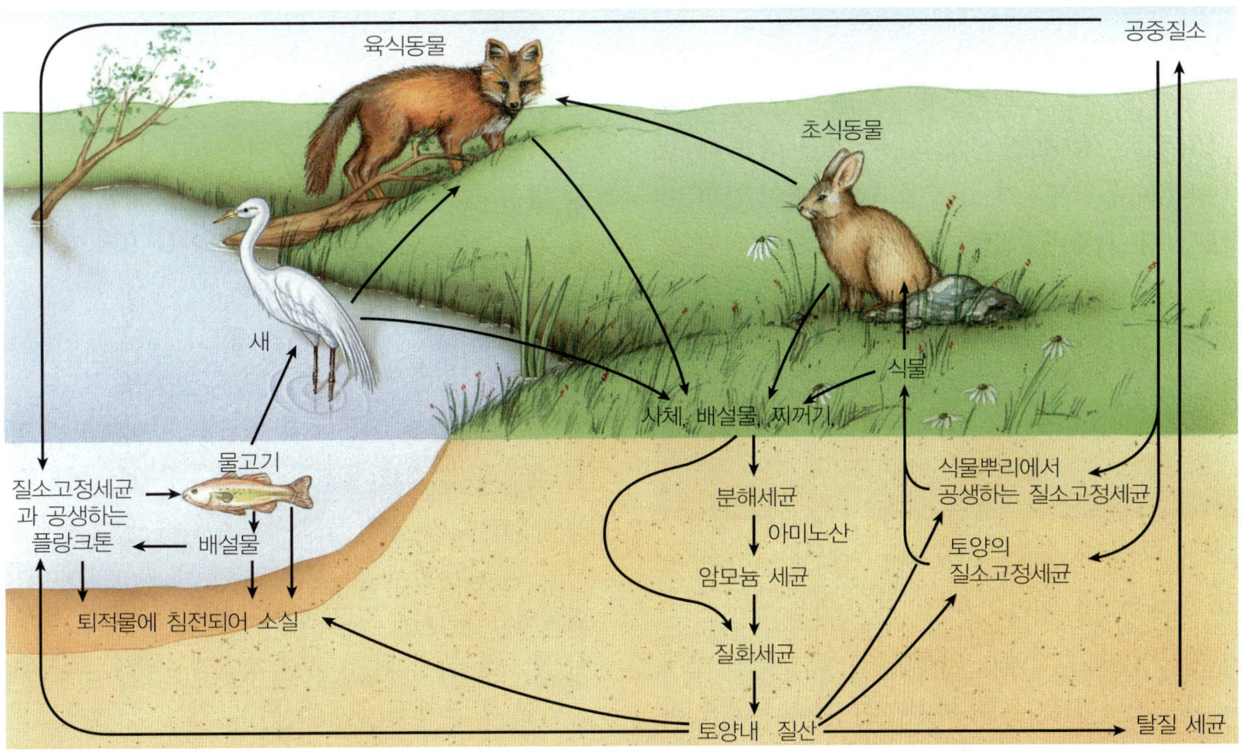

그림 36.9 질소 순환
세균에 속하는 아주 적은 종의 미생물만이 대기에 포함되어 있는 공중질소를 생물들이 이용할 수 있는 질소 형태로 전환시킬 수 있다.

그림 36.10 인 순환

질소 다음으로 식물의 영양소 공급에 중요한 역할을 하는 인은 생태계에서 매우 부족한 원소 중 하나로 식물의 성장을 제한한다.

대에도 알고 있어서 매우 오래전부터 시행되어 왔다. 미국 인디언들은 이주해 온 청교도들에게 옥수수 씨를 심을 때 고정된 질소가 풍부하게 함유되어 있는 물고기를 같이 묻어 비료로 사용하는 방법을 알려주었다. 오늘날 농부들에 의해 시비되어 토양에 첨가되는 대부분의 질소는 지구에서 순환되는 전체 질소의 30%에 해당되는 세균에 의해 고정된 질소가 아닌, 공장에서 생산된 비료다.

인 순환

인은 ATP와 DNA의 주요 성분으로 살아 있는 모든 생명체에 필수적인 원소이다. 인은 종종 특수한 생태계 토양에 매우 적은 양만 존재하기도 한다. 그리고 인은 기체 형태로 존재하지 않기 때문에 대기 중에는 이용할 수 있는 인이 존재하지 않는다. 대부분의 인은 **그림 36.10**에서 보듯 토양과 바위에 광물화된 인산칼슘(calcium phosphate)의 형태로 존재하고, 이것이 물에 녹아 인산 이온(phosphate ions)이 된다(코카콜라는 달콤한 인산 이온 용액이다). 그리고 이 인산 이온이 식물의 뿌리를 통하여 흡수되어 ATP와 DNA 같은 유기 분자를 형성하는데 사용되고, 식물이나 동물이 죽어 부패하면 토양 내 세균이 유기 인산을 인산 이온으로 전환시켜 순환이 계속된다.

담수인 호수 생태계의 인 농도는 가끔 너무 낮아, 이곳에 살고 있는 광합성 조류들의 성장을 제한하기도 한다. 이러한 생태계는 인간의 활동에 의해 무심코 버려지는 인에 대해 매우 취약하다. 예를 들면 농업에 사용되는 비료와 많은 합성세제에는 인이 많이 들어 있다. 인이 투입되어 호수가 오염되면 첫 단계로 호수 표면에 조류가 과도하게 성장되어 녹조현상이 나타나게 되고, 만약 그래도 오염이 계속 된다면 결국 호수가 죽게 된다. 오염 초기에 급속한 조류의 성장이 이루어진 후 오래된 조류가 죽고, 이 죽은 조류를 먹이로 하는 세균이 이들을 분해하면서 물속에 용해된 산소를 거의 소모해 버려 물속의 고기들과 무척추동물들이 질식하여 사멸한다. 이와 같이 물속 생태계에 과도한 영양분이 투여되어 조류가 급속히 통제 불능인 상태로 성장을 하게 되는 것을 **부영양화(eutrophication)**라 한다.

기타 화학물질들의 순환

다른 많은 화학물질들도 생태계 내에서 순환하고 있고, 건강한 생태계를 유지하기 위해 이들은 반드시 조화된 상태를 유지하여야만 한다. 적절한 조화는 매우 중요하다. 인의 예에서 보았듯이 일부 화학물질의 순환 과정에서 정상 농도를 넘어설 경우 해로움을 준다. 다른 화학물질들도 정상적인 순환 상태를 초과할 경우, 인과 유사하게 생태계를 황폐화시키기도 한다.

대기를 순환하는 화학물질인 황은 화석연료를 사용하는 공장의 연소를 통하여 많은 양이 대기로 유입될 때 생태계에 해로움을 주기도 한다. 과다한 황은 수증기와 산소와 결합하여 황산을 만든다. 이렇게 생성된 황산은 비를 통해 생태계로 다시 유입된다. 이 산성비에 대해서는 제38장에서 다시 언급할 것이다.

수은, 카드뮴, 납과 같은 중금속도 먹이 연쇄를 통해 순환하며 해를 끼친다. 이들 중금속들은 높은 영양 단계로 갈수록 점차 농축된다. 이 과정을 생물농축(*biological magnification*)이라 하고, 이에 대해서도 제38장에서 설명하기로 한다.

주요 학습 요점 36.5 대부분의 지구 대기는 거의 모든 생명체가 이용할 수 없는 이원자 형태의 질소 가스로 이루어져 있다. 일부 세균은 질소 고정을 통하여 이 질소가스를 암모니아로 변환시킬 수 있고, 고정된 이 질소 원자는 생태계를 순환한다. 생명체에 필수적인 인은 토양에 함유되어 있고 물속에선 용해되어 존재한다. 인은 생명체와 환경 사이를 순환하며, 종종 생태계에서 생명체가 살아 갈 수 있는지를 결정하는 제한 요소가 되기도 한다.

생태계에 영향을 주는 기후

36.6 태양과 대기 순환

지구는 각 지역에 따라 기후가 매우 다르기 때문에 지구 생태계는 엄청난 다양성을 갖고 있다. 같은 날에 Miami와 Boston은 종종 매우 다른 날씨를 보인다. 이것은 전혀 이상한 현상이 아니다. 태양 광선이 적도 근처에선 거의 직각으로 내려쬐기 때문에 열대지방은 온대지방보다 덥다. 적도에서 온대지방으로 위도를 옮기면 태양빛은 지구에 좀 더 비스듬한 각도로 내리쬐게 되어 넓은 지역으로 흩어져 버린다. 그 결과 적도 지역 보다 단위 넓이당 적은 에너지를 공급받게 된다(**그림 36.11**). 지구는 구형이기 때문에 일부 지역이 다른 지역보다 좀 더 많은 에너지를 받는다는 단순한 사실로 인해 다양한 기후를 형성하게 되고, 그 결과로 인해 간접적이긴 하지만 다양한 생태계가 나타난다.

지구가 태양을 1년에 한 번씩 도는 공전과 지축을 따라 매일 한 번씩 회전하는 자전 역시 지구 기후 형성에 있어 중요한 요소이다. 자전의 영향으로 같은 위도의 기후는 비교적 일정하다. 공전과 지축의 기울어짐에 의해 적도를 제외한 나

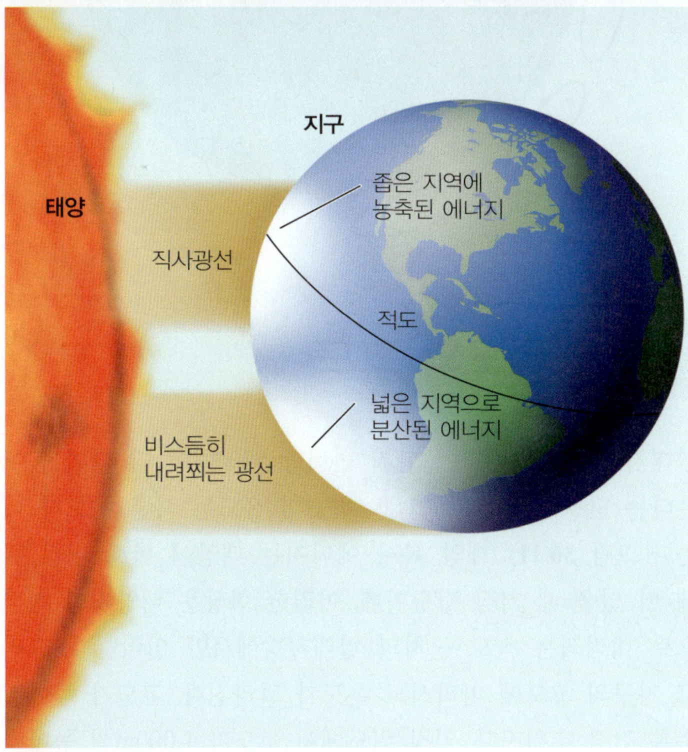

그림 36.11 위도에 의해 영향 받는 기후
태양은 지구의 자연환경과 생명체 분포에 결정적인 영향을 미친다. 열대지역은 태양광선이 수직으로 내려쬐어 단위면적당 더 많은 에너지를 공급하기 때문에 온대지역보다 뜨겁다.

머지 지역들은 계절의 변화를 겪는다. **그림 36.11**에서 보듯이, 남반구의 여름은 남반구가 태양을 향해 기울어져 있어 태양빛을 직접 받아 온도가 높아지게 된다. 지구가 공전하며 현재 공전 궤도의 반대 위치에 오게 되면 이번에는 태양빛을 직접 받게 되는 북반구가 여름이 된다.

지구의 주요 대기 순환 패턴은 여섯 개의 커다란 공기 덩어리의 상호 작용에 의해 형성되고(아래 화살표의 순환), 이 커다란 공기 덩어리들은 남반구와 북반구에서 한 쌍으로 나타난다. 하나의 공기 덩어리가 북쪽 위도에서 생기면 다른 하나는 같은 위도의 남쪽에서 생긴다. 이 공기 덩어리들의 상승과 하강은 수증기 함량과 관련 있는 온도에 변화를 주므로 기후가 영향을 받게 된다.

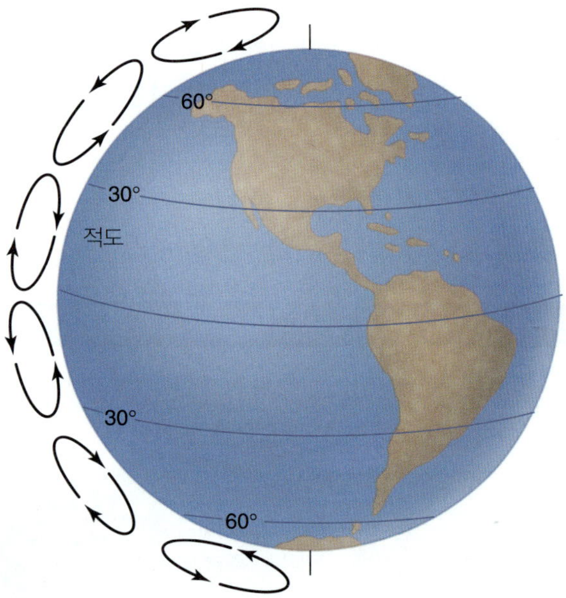

적도 근처에서 따뜻한 공기는 상승하여 극지방을 향해 흘러간다(화살표가 보여주듯 적도에서 공기가 상승해 극지방으로 순환). 공기가 상승하면 차가워지고 차가운 공기는 따뜻한 공기보다 적은 양의 수증기를 함유하기 때문에 이렇게 차가워진 공기는 대부분의 수분을 잃어버리게 된다(이러한 이유로 따뜻한 열대지방에 비가 많음). 이 공기가 남반구와 북반구의 위도 30도 정도까지 이동하면, 이 차갑고 건조한 공기가 하강하면서 재가열되어 따뜻해지고, 이 과정에서 스펀지처럼 주변의 물을 빨아들이기 때문에 이 지역은 넓은 범위에 걸쳐 비가 오지 않는다. 지구에 존재하는 거대한 사막 대부분이 남위와 북위 30도 주변에 존재하는 것은 결코 우연이 아니다. 이 위도에 있는 공기들은 극지방에 있는 공기들보다 아직 따뜻하므로 극지방을 향하여 계속 이동한다. 남반구와 북반구의 위도 60도 정도에서 상승한 공기가 식혀지는 과정에서 함유하고 있던 수분을 흩뿌린다. 지구의 커다란 온대 삼림 지역들이 위치하는 곳이 바로 이 지역이다. 마지막으로 이곳에서 상승한 공기들은 극지방에서 하강하면서 비가 매우 적게 오는 기후를 만든다.

> **주요 학습 요점 36.6** **태양이 대기 순환을 일으킨 결과 열대지방에는 비가 많이 오고, 위도 30도 근처에는 사막이 많이 존재한다.**

36.7 위도와 고도

열대지방의 위도에서는 단위 면적당 태양빛이 더 많이 들어온다는 단순한 이유로 인해 이곳의 온도는 다른 곳보다 더 높다(**그림 36.11**). 태양 복사 에너지는 태양이 바로 머리 위에 떠 있을 때 가장 강렬한데, 이러한 현상은 태양빛이 직각으로 내려쬐는 적도 근처의 열대지방에서만 일어난다. 그리고 지구의 고도에 따라서도 온도가 달라진다. 고도가 높아질수록 점점 추워진다. 일정 위도에서 고도가 1,000m씩 높아질수록 기온은 6℃씩 낮아진다. 고도에 따라 달라지는 온도에 의해 나타나는 생태학적 변화는, 위도의 차이에 따라 온도가 변해 나타나는 생태학적 변화와 동일하다. **그림 36.12**는 열대지방에서 고도가 높아지며 나타나는 생태학적 변화와 북 아메리카의 위도에 따라 나타나는 생태학적 변화가 근본적으로 동일함을 보여준다. 멕시코 남부에 위치하는 산(**그림 36.12*b***)의 고도가 1,000m 높아질 때의 산 온도는 북미대륙의 위도상 북쪽으로 880km 지점(**그림 36.12*a***)에서 나타나는 온도와 동일하게 나타난다. 일정 고도 이상에서 나무가 자라지 않는 수목 한계선(timberline)이 적도에서 멀어질수록 점점 낮은 고도에서 나타나는 것도 바로 이 이유 때문이다.

비그늘

이동하는 공기덩어리가 산과 마주치면 상승하게 된다. 고도가 높아질수록 공기는 식게 되는데 이때 수분 함유 능력 또한 감소하게 되어 아래 그림에서 보는 것처럼 바람이 불어오는 방향의 산 부분에 비를 뿌리게 된다. 따라서 습기를 머금은 태평양에서 발생한 바람이 Sierra Nevada 산맥과 마주치면 차가워진다. 바람이 차가워지면 습기를 갖는 능력이 감소되어 비가 내리게 된다.

그러나 바람이 불어가는 방향 쪽에 위치한 산의 다른 부분은 아주 다른 영향을 받는다. 공기덩어리가 산봉우리를 지나 산의 반대 부분을 내려오면서 따뜻해지면 수분 함유 능력이 다시 증가하게 된다. 그 결과 주변 지역의 모든 수분을 빨아들여 주변의 공기를 건조하게 만들고, 가끔 사막을 형성하기도 한다. 이런 현상을 **비그늘(rain shadow)**라 하고, Death Valley 사막도 시에라 네바다 산맥에서 가장 높은 산인 Whitney 산의 비그늘 현상에 의해 만들어진 것이다.

이와 비슷한 영향이 더 큰 규모로 일어날 수 있다. 지구의 다른 지역에 위치하면서도 유사한 지형으로 인하여 비슷한 기후를 나타낼 경우, 우리는 이를 지역 기후라고 한다. 지중해성 기후라고 하는 기후는 여름 동안 차가운 바다에서부터 따뜻한 육지로 바람이 불 때 형성된다. 그 결과, 바람이 불어가는 쪽의 산의 반대부분서 나타나는 현상과 동일하게, 공기의 수분 함유 능력이 증가하여 비가 거의 내리지 않게 된다. 이와 같은 이유로, 건조하고 뜨거운 여름과 춥고 습한 겨울을 갖는 이런 지중해성 기후는 미국 캘리포니아 남부, 오레곤 주, 칠레 중부, 호주 남서부, 남아프리카의 희망봉 지역에서 나타난다. 이러한 기후는 지구상에서 흔치 않다. 그래서 지중해성 기후 지역에서는 그 지역에 국한되어 독특하게 진화된 많은 동물과 식물들이 존재한다.

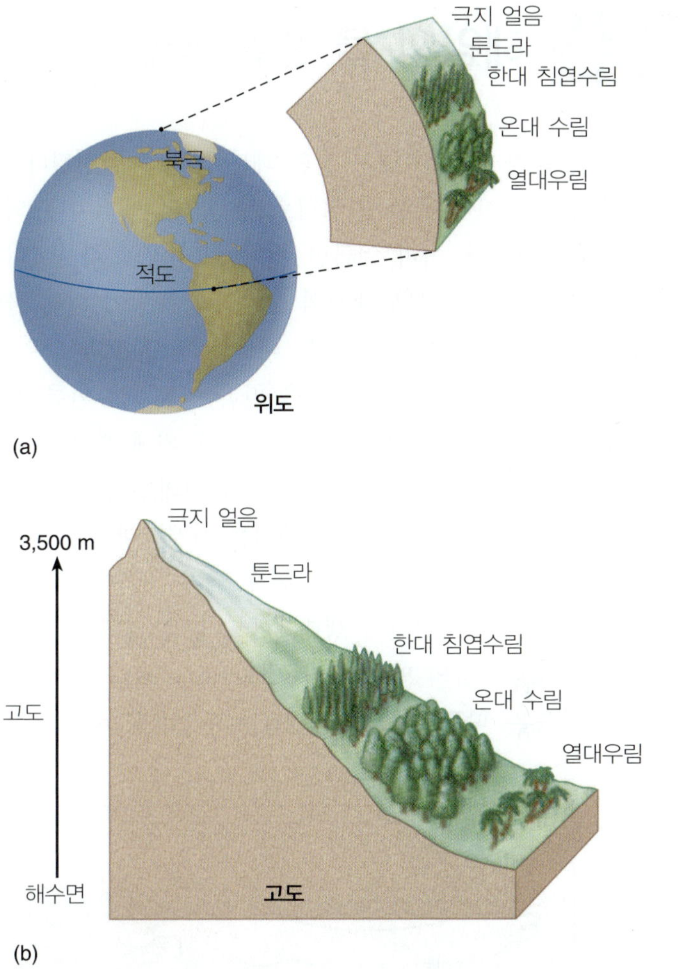

그림 36.12 고도에 의해 영향 받는 생태계

적도지역에서부터 남쪽과 북쪽으로 위도가 높아짐에 따라 나타나는 해수면의 육상생태계(*a*)와 동일한 생태계가 열대지방의 높은 산에서 고도가 높아짐에 따라 나타나고 있다(*b*).

주요 학습 요점 36.7　온도는 위도와 고도가 높아짐에 따라 낮아진다. 바람이 산을 따라 올라가면 수분을 잃어버리기 때문에 바람이 부는 방향의 산 부분은 비가 많이 내린다. 그러나 산봉우리를 지나 하강하는 산의 다른 부분에선 따뜻해진 건조한 공기가 수분을 흡수하기 때문에 사막이 만들어진다.

36.8 해양의 물 순환 패턴

해양의 물 순환 패턴은 대기 순환 패턴에 의해 결정된다. 즉, 해양의 물 순환인 해류는 간접적으로는 태양 에너지에 의해 만들어지는 것이다. 이미 언급한 것처럼, 태양의 복사에너지에 의해 대기가 움직이고, 대기의 움직임인 바람에 의해 물이 순환하게 된다. 해양의 물 순환은 대략 북위 30도와 남위 30도 사이의 고기압성 아열대 지역을 따라 이동하는 환류(gyre)라고 하는 거대한 해양 표면의 소용돌이에 의해 결정된다. 이 소용돌이는 **그림 36.13**의 붉은색과 푸른색의 화살표처럼 북반구에서는 시계방향으로 남반구에서는 시계반대방향으로 돈다. 이와 같은 해양의 물 순환을 통해 열이 재분배되는 과정은 해양뿐만 아니라 연안의 생태계에도 많은 영향을 끼친다. 예를 들어 북대서양의 멕시코 만류(Gulf Stream; 그림에서 붉은색 화살표는 따뜻한 물을 뜻함)는 North Carolina 주의 Cape Hatteras 부근의 북 아메리카에서부터 영국 남부 지역의 유럽까지 흘러간다. 멕시코 만류 때문에 서유럽은 비슷한 위도의 미국 동부보다 훨씬 따뜻하고 온화하다. 일반적으로 북반구 온대지역 내에 위치하는 대륙은 서쪽이 동쪽보다 따뜻하다. 남반구에선 정반대의 현상이 나타난다.

홈볼트 해류(Humboldt Current)는 인(phosphorus)이 풍부한 차가운 바닷물을 남아메리카 서해안을 따라 북쪽 지역까지 이동시킨다. 해류를 타고 이동한 인은 태평양과 경계를 이루는 산맥을 따라 해안에서부터 불어가는 바람에 의해 발생하는 차가운 바닷물의 용승류(upwelling)에 의해, 깊은 바다 속에서부터 표면으로 끌어올려진다. 이렇게 영양분이 풍부한 해류로 인해 페루와 북부 칠레 주변에는 물고기가 아주 풍부하여 많은 어장이 형성된다. 또 이렇게 풍부한 물고기

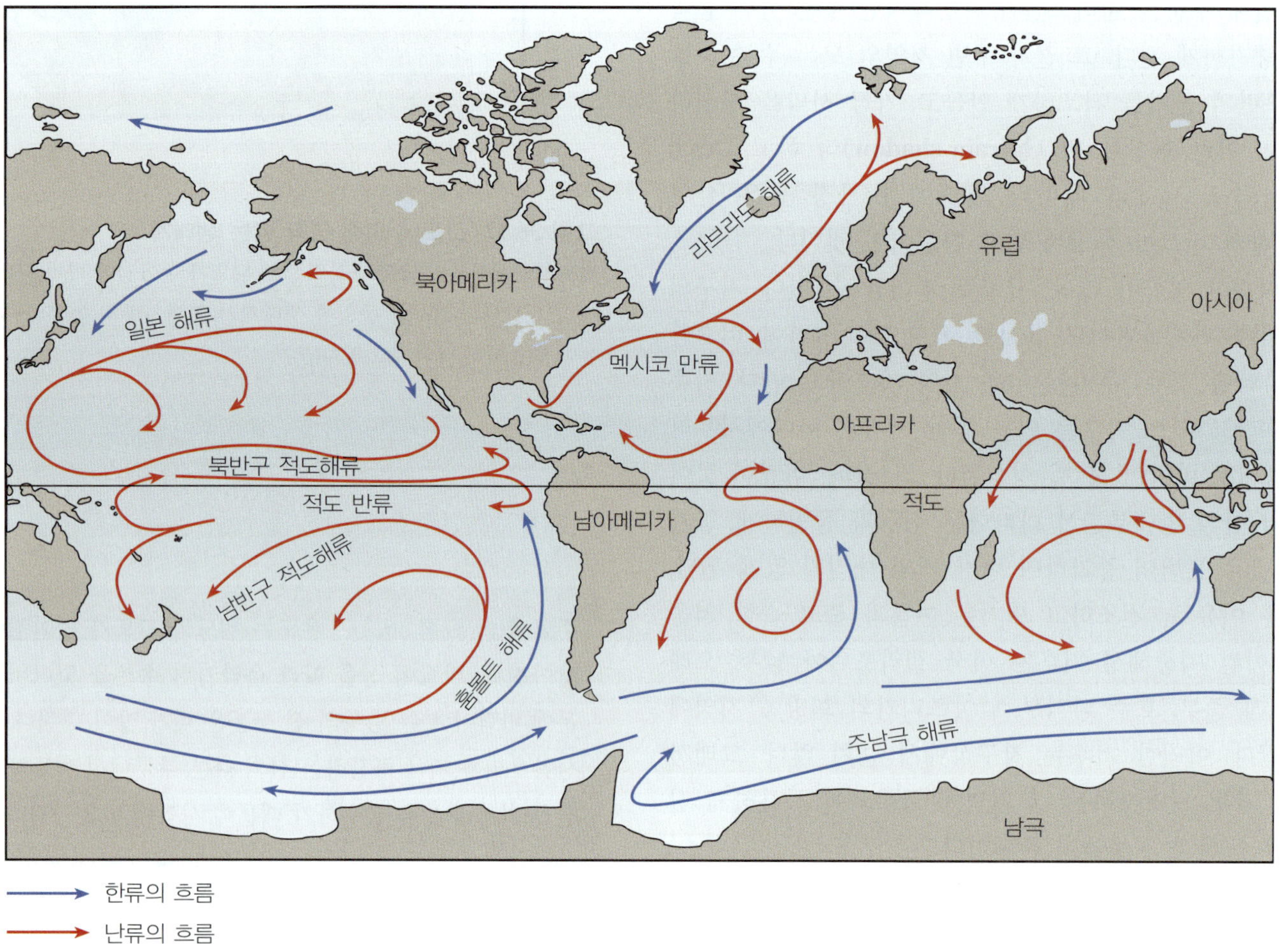

그림 36.13 해류의 순환

거대한 범위에 걸쳐 일어나는 해류의 나선형 순환을 환류(gyre)라고 한다. 해류의 순환은 인접한 육지의 기후에 커다란 영향을 미친다.

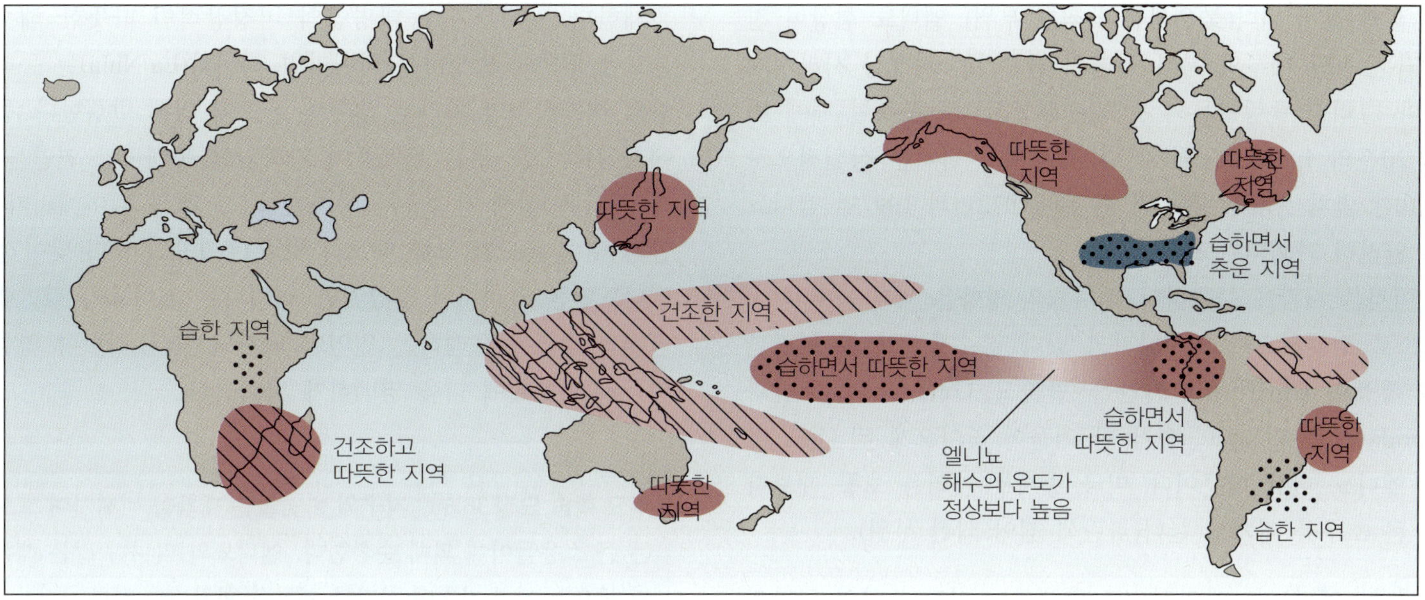

그림 36.14 엘니뇨 현상

서태평양의 따뜻한 해수가 동쪽으로 이동하는 엘니뇨 현상에 의해 전 세계에 비정상적인 기후 패턴이 형성된다.

때문에 이들을 잡아먹는 새들도 많아, 이곳 해안 지역에는 이들 조류가 배설한, 상업적으로 아주 중요한 인이 풍부한 구아노(guano, 조류의 배설물)가 대량으로 퇴적되어 있다.

엘니뇨와 해양생태학

매년 크리스마스 때마다 열대지방에서부터 발생한 따뜻한 해류가 페루와 에콰도르 연안을 휩쓸고 지나가면서 물고기 개체 수가 감소되어 그 지역 어부들은 물고기를 잡지 못하고 놀게 된다. 따라서 이 지역 어부들은 크리스마스 때 발생하는 이 해류를 *엘니뇨*(El Niño; 그리스도의 아이)라 불렀다. 과학자들은 2년에서 7년마다 발생하고, 남미 일부 지역에만 국한되지 않고 전 세계적인 규모를 가지는 거대한 규모의 동일 현상을 El Niño Southern Oscillation(ENSO)라고 한다.

과학자들은 이제 엘니뇨의 발생에 대하여 어느 정도 파악하고 있다. 보통 태평양에는 동쪽에서 서쪽으로 무역풍이 끊임없이 불고 있다. 이 바람은 페루와 에콰도르 그리고 칠레 지역의 태평양 동쪽으로부터 따뜻한 표면수를 서쪽으로 밀어내어 심해에 있던 차가운 바닷물이 용승할 수 있는 자리를 마련해 주고, 이렇게 용승되는 심해수는 영양분이 풍부해 플랑크톤이 번성하고, 따라서 이를 잡아먹는 물고기도 아주 풍부해 진다. 따뜻한 표면수가 오스트레일리아 그리고 필리핀 주변의 서쪽에 도달하면, 그 지역은 몇 도 더 따뜻하게 되면서 동쪽 해양보다 몇 미터 이상 물 높이가 높아지게 된다. 그러나 바람이 약해질 경우 서쪽의 높은 따뜻한 표면수가 태평양을 건너 다시 돌아오게 되어(**그림 36.14**의 호주와 남미 대륙 북부 연안 사이에 걸쳐있는 짙은 적색) El Niño 현상이 나타난다.

우리는 현재 이 무역풍의 약화가 바람 순환 패턴의 실질적 변화의 한 부분으로 2년에서 7년마다 불규칙하게 때때로 나타나는 현상임을 알게 되었다. 무역풍이 약화되면 동쪽 해양이 따뜻해지고, 동쪽 해양 상층부의 공기 역시 따뜻하고 가벼워져 서쪽 해양과 비슷한 공기를 형성하게 되어 해양을 가로지르는 기압의 차이가 줄어든다. 따라서 기압의 차이에 의해 바람이 만들어지기 때문에, 기압의 차이가 줄어들게 되면 동쪽으로부터 불어오는 무역풍은 점점 더 약해지고, 이로 인해 따뜻한 표면수는 계속해서 동쪽으로 흐른다.

그 결과, 태평양 서쪽의 기후 시스템이 6,000km 동쪽으로 옮겨가게 된다. 인도네시아와 필리핀 주변을 흠뻑 적셨던 열대지방의 폭풍우는 이들 섬 주변의 따뜻한 바다가 덥힌 공기들이 상승하며 식는 과정에서 구름의 형태로 농축된 수분들에 의하여 생성된 현상이었다. 그러나 따뜻한 바닷물이 동쪽으로 이동함에 따라 구름 역시 따라 이동하게 되기 때문에 이전에 형성되어 있던 강우 지역은 가뭄이 들게 된다(**그림 36.16**의 옅은 분홍색으로 가운데 평행선을 그은 지역). 그와 반대로 보통 추위 때문에 비가 잘 내리지 않던 남아메리카 서쪽 가장자리의 연안지대는 용승 현상이 줄어들고, 비가 내려 흠뻑 젖게 된다(붉은색점이 찍힌 부위). 엘니뇨 현상이 진행되는 동안 페루와 북부 칠레의 물고기는 사실상 사라지게 된다. 그리고 플랑크톤의 숫자는 정상적으로 풍부할 때에 비해 20분의 1 정도로 줄어든다. 페루에서 잡히는 상업적으로 중요한 멸치 종류인 앤초비 어장은 1972년과 1997년 엘니뇨 때 완전히 파괴되기도 하였다.

이것은 시작에 불과하다. 엘니뇨의 영향은 세계 기후 시스템으로 점진적으로 퍼져나가고 있다. 홍수를 동반한 맹렬한 눈 폭풍이 California 연안을 휩쓸고, Gulf Coast 주변과 Florida에 좀 더 춥고, 습기 찬 겨울이 찾아오게 된 것도 바로 엘니뇨 현상 때문이다. 미국 중서부 지역은 보통 때보다 더 큰 호우를 격기도 한다(파란색 점이 찍힌 부위).

라니냐 엘니뇨는 자연적으로 발생하는 기후 순환의 극단적인 현상이지만, 다른 모든 순환처럼 이와 반대되는 현상도 존재한다. 엘니뇨가 동태평양의 비정상적인 따뜻한 해수의 온도에 의하여 발생하는 것이라면, 라니냐(La Niña)는 동태평양의 비정상적인 차가운 해수의 온도에 의해 발생한다. 동쪽에서 서쪽으로 부는 무역풍이 강화되면 동태평양 연안을 따라 차가운 심해 용승류가 증가된다. 그 결과 남아메리카 연안의 해수 온도가 보통 때보다 약 7℉(−13℃)가 더 낮아진다. 엘니뇨만큼 알려지지 않았지만, 라니냐는 엘니뇨와 정반대의 극단적 결과를 초래하는 원인이 되기도 한다. 라니냐 영향은 미국의 겨울철에 더욱 명백하게 나타난다.

주요 학습 요점 36.8 지구의 바닷물은 대륙을 비껴가며 흐르는 큰 소용돌이에 의해 순환한다. 엘니뇨와 라니냐 같은 해류의 동요는 세계 기후에 심각한 영향을 끼치기도 한다.

주요 생태계

36.9 해양 생태계

지구의 거의 3/4은 물로 덮여 있다. 바다의 평균 수심은 3km 이상이고, 대부분의 바다는 차갑고 어둡다. 빛은 깊은 곳까지 투과하지 못하기 때문에 광합성 생물체는 빛이 투과하는 수심 몇 백 미터까지만 서식할 수 있다(**그림 36.15**의 밝은 청색 부위). 빛이 투과하는 깊이 그 아래에 살고 있는 거의 대부분의 생물들은 위에서 떨어지는 유기물 부스러기들을 섭취하며 살아가고 있다. 해양 생태계는 근해(shallow water), 외해(open-sea surface), 심해(deep-sea waters)의 세 가지로 구분한다(**그림 36.15**).

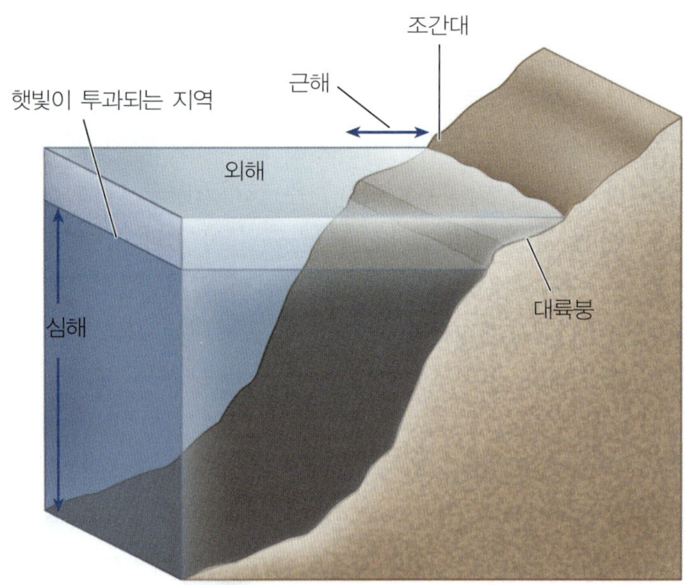

그림 36.15 해양 생태계

지구의 해양에는 세 개의 주요 생태계가 존재한다. 근해 생태계는 해안선과 산호초 지역을 따라 나타나고, 외해 생태계는 빛이 침투하여 광합성 생물이 생존할 수 있는 수심 100~200m에 걸쳐 나타난다. 그리고 심해 생태계는 수심 300m 이하에서 나타난다.

근해

바다에서 깊이가 얕은 곳은 대부분 해안선을 따라 존재하며, 깊이가 얕은 이곳은 전체 바다 중 아주 적은 부분만을 차지하고 있다. 그러나 이 적은 부분인 근해에는 다른 어느 바다 지역보다 훨씬 더 많은 종의 생명체가 살아간다(**그림 36.16*a***). 근해는 육지로부터 흘러들어온 영양분이 외해보다 훨씬 더 풍부하므로 세상에서 가장 큰 어장들은 연안의 대륙붕에 위치한다. 이 지역에는 조수가 빠져나갈 때마다 공기에 노출되는 **조간대(intertidal region)**가 있다. 보통 강과 바다가 만나

물의 일부가 바다로 빠져나가지 못하고 갇혀 있는 **하구(estuary)** 지역은 염분농도가 해수와 담수의 중간 정도이다. 하구지역은 세상에서 가장 비옥한 지대로 보통 많은 수의 침수식물과 추수식물, 그리고 조류와 미생물들의 서식지가 된다. 이곳은 강 하구와 외해에서 포획되는 대부분의 고기와 갑각류가 번식되는 장소이다.

외해

햇빛을 풍부하게 받는 외해의 상층부에는 다양한 동물성 플랑크톤과 식물성 플랑크톤이 존재한다. 대부분의 플랑크톤은 빛이 도달하는 100m 깊이 이내에서 서식하고, 많은 물고기들이 이 부분을 배회하며 플랑크톤뿐만 아니라 서로 잡아먹기도 한다(**그림 36.16*b***). 일부 조류와 세균을 포함한 몇몇 플랑크톤은 광합성을 하므로 식물성 플랑크톤(phytoplankton)이라 한다. 전체적으로 이 식물성 플랑크톤들이 지구에서 생산되는 광합성 총량의 약 40%를 생산한다. 그리고 이들 식물성 플랑크톤이 수행하는 광합성 양의 절반 정도는 생물로 정의할 수 있는 최소 크기인 직경 10μm 이하보다 작은 미생물들에 의해 수행되며, 이들 플랑크톤 대부분은 태양빛이 투과되는 바다의 표면 근처에서 서식한다.

(a)

(b)

그림 36.16 근해와 외해

(*a*) 물고기와 다양한 동물들이 근해지역의 산호초에서 살아가고 있다. (*b*) 외해의 상층부에는 플랑크톤이 많이 존재하고, 사진에 나타난 것과 같은 눈 큰 도미와 같은 수많은 물고기들이 이들을 포식하며 서식한다.

심해

해저 300m 이하의 심해에는 아주 적은 양의 빛만 투과될 수 있다. 따라서 해양의 다른 곳과 비교하였을 때 아주 적은 수의 생명체가 살고 있지만, 지구 그 어느 곳에도 볼 수 없는 괴상한 생명체들이 존재하기도 한다. 또 많은 심해 생물들은 서로 교통하거나 먹이가 되는 생물의 주의를 끌기 위해 몸의 일부에서 빛을 발산되는 발광성을 띠고 있는 것도 있다(**그림 36.17*a***).

산소의 공급은 심해 생태계에서 종종 중요한 문제가 된다. 물은 따뜻해질수록 산소를 함유할 수 있는 능력이 떨어진다. 따라서 따뜻한 바다의 심해 생물들에게 있어 이용할 수 있는 산소양은 중요한 제한요소로 작용한다. 이와는 반대로, 이산화탄소는 심해에서 모자라는 일이 절대 없다. 그리고 육지에 있는 토양의 광물질들은 이들 토양을 만드는 풍화된 모암의 성분에 따라 많은 차이가 나지만, 심해의 광물질은 육지보다 훨씬 더 균일하게 분포되어 있다.

지금까지는 심해 바다를 혹한의 삭막한 생물학적 사막이라 생각했었다. 그러나 최근 해양 생물학자들이 정밀하게 조사한 결과, 지금까지 생각된 것과는 전혀 다른 모습이 확인되었다(**그림 36.17*c***). 심해 바닥은 생명으로 넘쳐나고 있다. 수 킬로미터 아래, 가장 어둡고 높은 기압의 환경에서 아주 무성하게 번성하고 있는 해양 무척추동물들이 대서양과 태평양에서 채취된 수백 개의 심해 표본에서 발견되었다. 심해에는 어림잡아 수백만 종이 살고 있을 것으로 추정된다. 많은 종들은 일정 지역에서만 서식하는 고유종으로, 심해의 종은 매우 다양하여 열대우림 지역의 종 다양성과 비교할 만하다. 사실 심해에 이렇게 다양한 종이 있으리라고는 전혀 기대하지 않았다. 일반적으로 새로운 종이 다른 종에서 파생 되려면 어떤 종류의 장벽이 필요하지만(제14장 참조), 심해바닥은 지루할 정도로 일정하기 그지없다. 그렇지만 심해 생물들 사이에 아주 적은 소규모의 이동이 이루어지고, 이러한 이동의 부재가 지역적 특성과 고유종 형성에 기여했으리라 생각된다. 또 심해를 연구하는 생태학자들은 심해에서 비록 규모는 작지만 만만치 않게 장벽을 만드는 증거들을 발견했기 때문에, 육상생태계 같은 짜깁기 환경 역시 심해에서 종을 형성하는데 영향을 끼쳤을 것으로 생각하고 있다.

빛은 심해까지 도달하지 않는다. 그렇다면 심해 생물들은 어디에서 에너지를 얻는 것일까? 일부 생물들은 심해로 떨어지는 부스러기를 에너지로 이용하기도 하지만, 그 외 심해 생물들은 **심해 열 출수공(hydrothermal vent system)**에서 에너지를 얻는 독립영양생물들이다. 지각 밑에 존재하던 용암 물질들이 표면으로 올라오며 생성된 암석 중의 갈라진 틈인 열하 주위의 다공성 바위를 통해 바닷물이 순환하는 곳을 열수 출수공 또는 심해 열 출수공이라고 한다. 심해에는 열 출수공에서 에너지를 획득하여 살아가는 독립영양생물들이 존재하기 때문에, 이들을 포식하는 다양한 종속영양생물들이 살아갈 수 있다(**그림 36.17*b***). 열 출수공 주변의 물의 온도는 350℃가 넘고, 황화수소를 매우 높게 함유하고 있다. 따라서 이런 열 출수공에 살고 있는 원핵생물들은 광합성 대신 화학합성을 통하여 에너지를 얻어 탄수화물을 합성한다. 식물과 같이 이들 역시 독립영양생물이다. 식물이 태양 에너지를 이용하여 영양분을 생성해 내는 것과 같이 이들은 황화수소로부터 에너지를 얻어내 영양분을 만들어낸다. 이들 원핵생물들은 열 출수공 주변에 서식하는 종속영양생물의 조직 안에서 공생하고 있다. 종속영양생물은 원핵생물이 영양분을 얻으며 살아갈 수 있는 장소를 제공해 주고, 원핵생물은 종속영양생물에게 영양분으로 사용할 수 있는 유기물을 공급해 준다.

최근 심해에서 새로운 무척추동물이 많이 발견되고, 엄청난 생명체가 대양에 존재한다는 것이 알려졌음에도 불구하고, 기술되는 모든 생물종의 90% 이상은 육지에 서식하는 것들이다. 곤충, 진드기, 선충, 곰팡이, 그리고 식물과 같은 각 생물들의 커다란 그룹이 해양에도 유사하게 존재한다. 그러나 해양 생물들에 대해서는 지금까지 기술된 종중 아주 작은 부분만이 기술되어 있다.

주요 학습 요점 36.9　해양 생태계는 근해, 외해 상층부, 그리고 심해의 바닥으로 구분할 수 있다. 근해의 조간대와 심해의 바닥에는 매우 다양한 군집이 존재한다.

(a)

(b)

(c)

그림 36.17 심해

(*a*) 심해 물고기 눈 밑에 있는 발광기관은 물고기 몸에 공생하는 발광 세균에 의해 만들어진 기관이다. (*b*) 심해 열 출수공에서 뿜어져 나오는 350℃의 물과 이 고온의 물 주변의 차가운 물에 의하여 분출 즉시 2℃까지 식혀지는 열 출수공 주위에는 gaint beardworm과 같은 많은 생명체들이 살아가고 있다. (*c*) 해바라기 모양을 하고 있는 아네모네. 이 생명체는 식물이 아닌 동물로, 수 km 상층부에 위치한 바다 표면에서부터 심해 바닥으로 떨어지는 영양분의 잔재물인 바다의 눈(marine snow)을 포획하기 위해 해면과 같은 줄기를 사용한다.

36.10 담수생태계

호수, 연못, 강, 습지 같은 담수생태계는 해양 생태계와 육상생태계와는 뚜렷한 차이가 있고, 지구상에서 극히 일부지역에 국한되어 존재한다. 즉, 내륙 지방의 호수는 지표면의 1.8%를 차지하고 있고, 강, 시내, 습지는 약 0.4%만을 차지하고 있다. 모든 담수 서식지는 육상 서식지와 밀접하게 연결되어 있고, 늪과 소택지(습지)는 담수와 육상 서식지의 중간 성격을 띠고 있다. 또 많은 양의 유기물질과 무기물질이 담수 주변 육지에서 생성된 군집으로부터 끊임없이 담수 속으로 유입된다(**그림 36.18*a***). 많은 종류의 생물체들은 담수 서식지에서만 살 수 있다(**그림 36.18*b*,*c***). 담수에서 사는 생명체들이 강이나 시내에서 계속 살아가려면 물살에 떠내려가지 않고 살아갈 수 있도록 부착 능력이 있어야만 한다.

생물이 살아가는 연못과 호수는 바다와 같이 세 개의 영역으로 구분할 수 있다(**그림 36.19*a***). 즉 연안대(littoral

(a)

(c)

(b)

그림 36.18 담수생태계

(*a*) 캘리포니아 북쪽 연안에 위치한 산의 시내에도 다른 모든 시내처럼 주변의 군집으로부터 많은 영양물질들이 흘러 들어간다. 이러한 영양물질의 유입 때문에 시내 주변은 생물학적 생산력이 매우 풍부하다. 담수어인 speckled darter(*b*)와 알을 등에 싣고 있는 giant waterbug(*c*)는 민물 생태계에서만 서식 할 수 있다.

(a)

(b) 빈영양호수

(c) 부영양호수

그림 36.19 연못과 호수의 특성

(*a*) 연못과 호수는 살고 있는 생명체의 종류에 따라 3개의 영역으로 구분한다. 호수의 가장자리 부분에 형성되는 얕은 물가인 연안대에는 조류와 이들을 섭취하는 초식성인 곤충들이 많이 서식한다. 호수 한 가운데 준조광대는 호수 대부분을 차지하고 있으며 이곳에는 부유성 조류와 동물성 플랑크톤 그리고 물고기 등이 서식한다. 침전물로 덮여있는 어둡고 깊은 심연대에는 호수 바닥에 가라 앉아 있는 죽은 생명체를 섭취하는 수많은 세균과 벌레 같은 생물체들이 서식하고 있다. 호수는 유기물질이 아주 적은 빈영양 호수(*b*)와 유기물질을 많이 함유하고 있는 부영양 호수(*c*)로 구분된다.

zone)와 준조광대(limnetic zone), 그리고 빛이 침투되지 않는 심연대(profundal zone)가 그것이다. 또 호수는 유기물질의 생산 능력에 따라 두 부류로 나누어진다. **빈영양 호수(oligotrophic lake, 그림 36.19*b*)**는 유기물질과 영양분이 상대적으로 적다. 그리고 빈영양호수는 매우 깊은 곳까지도 산소가 풍부하다. 빈영양 호수는 비료, 하수, 세제로부터 유입되는 과다한 인에 의해 발생되는 오염에 매우 민감하다. 이와 반대로 **부영양 호수(eutrophic lake)**는 무기물질과 유기물질들이 가득 차 있는 호수로(**그림 36.19*c***), 여름철에는 풍부한 유기물을 분해하는 호기성 분해자들의 높은 산소 이용률로 인해 부영양 호수의 아래 부분은 산소가 고갈된다. 이렇게 산소가 고갈된 정체된 물은 가을에 상하혼합 과정을 거쳐(아래 설명하는 fall overturn) 표면으로 올라온 후 다시 산소를 공급받게 된다.

온대 지역의 거대한 호수에서 나타나는 호수의 **열층화(thermal stratification)**는 물의 밀도가 가장 높은 4℃ 물이 호수의 가장 아래에 위치하고, 그보다 밀도가 낮은 차갑거나 따뜻한 물이 위쪽에 위치하며 발생한다. **그림 36.20**에 거대 호수에서의 변화를 표시했다. ❶ 겨울철에는 4℃의 물은 밀도가 높아 물 밑으로 가라앉고, 0℃의 차가운 물은 표면에 위치하며 얼게 된다. 따라서 얼음 밑은 0℃와 4℃ 사이 물이 존재하여 얼지 않아 동물과 식물이 살 수 있게 된다. ❷ 봄이 되어 표면 얼음이 녹아 4℃의 물이 되면 밀도가 높아져 물 밑으로 가라앉게 되고, 이 과정에서 호수 바닥에 있던 영양분을 함유한 차가운 물은 밀도가 낮아져 표면으로 떠오르게 된다. 이러한 과정을 *춘계 상하혼합*(spring overturn)이라 한다.

❸ 여름철에 따뜻한 물은 위에 위치하고, 차가운 물은 아래에 위치하게 된다. 그리고 이 두 층 사이에 온도가 급격히 변하는 지역인 *수온약층*(thermocline)이 존재하게 된다. 아마도 여름철에 온대지역의 연못에서 다이빙을 해 본 사람은 이 두 층이 존재하는 것을 경험했을 것이다. 일부 지역은 기후에 따라 여름에 따뜻한 위층의 깊이가 20m에 도달하기도 한다. ❹ 가을철에 표면의 온도가 떨어져 바닥의 차가운 층과 비슷한 4℃에 도달하면 위층과 아래층의 혼합이 다시 이루어진다. 이 과정을 *추계 상하혼합*(fall overturn)이라고 한다. 그러므로 봄과 가을에 차가운 바닥물이 호수 표면으로 올라오면서 호수 아래에 용해되어 있던 영양분들을 물 위쪽으로 공급한다.

> **주요 학습 요점 36.10** **담수생태계는 지구 표면의 오직 2% 만을 차지한다. 모든 담수생태계는 육상생태계와 매우 밀접하게 연관되어 있다. 일부 담수생태계에는 유기물질이 풍부하지만, 일부 담수생태계는 유기물질이 결핍되어 있다. 온대 지역의 호수는 일 년에 두 번, 봄과 가을에 상하혼합이 일어난다.**

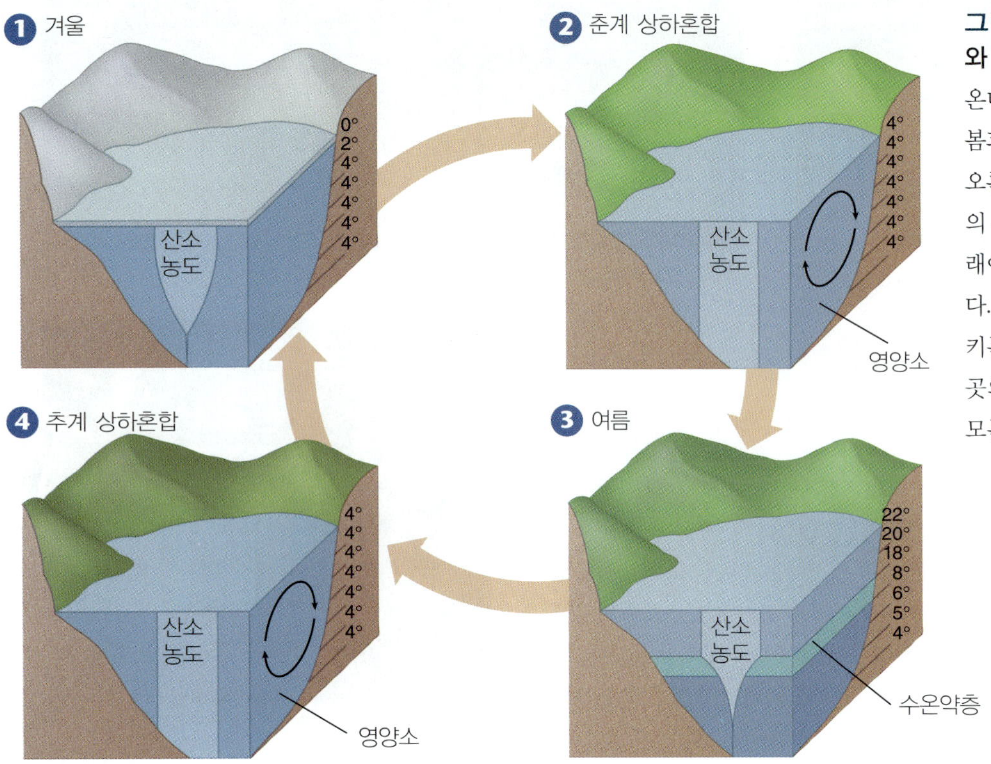

그림 36.20 깊은 연못과 호수에서 발생하는 춘계와 추계의 상하혼합

온대지방의 큰 연못과 호수에서 나타나는 층화 현상은 봄과 가을에 상하혼합으로 인해 뒤집어진다. 위 그림의 오른쪽 아래에 나타난 것처럼 한여름의 깊은 호수는 3개의 층으로 구분되는데, 맨 밀도가 높은 4℃ 물이 맨 아래에 위치하고 밀도가 낮은 따뜻한 물은 표면에 위치한다. 그리고 이 두층 사이에서 극심한 온도 변화를 일으키는 수온약층이 존재한다. 여름과 겨울에는 호수 깊은 곳의 산소농도는 매우 낮아지지만, 봄과 가을에는 거의 모든 깊이에서 산소농도가 비슷하게 나타난다.

36.11 육상생태계

인간들이 바로 육지에서 살고 있는 까닭에 우리는 육상생태계에 더 많은 관심을 갖고 있다. 넓은 지역에 걸쳐 발생하는 육상생태계를 **생물군계(biome)**라 하고, 각각의 생물군계는 그곳에 서식하는 생물 군집과 그곳의 기후에 의해 특징지어진다.

생물군계는 여러 방법으로 분류될 수 있지만 **그림 36.21**의 색으로 표시된 것처럼 (1) 열대우림(tropical rain forest; 진한 녹색) (2) 사바나(savanna; 분홍색) (3) 사막(desert; 담황색) (4) 온대 초원(temperature grassland; 황갈색) (5) 온대 낙엽수림 (temperature deciduous forest; 갈색) (6) 한대 침엽수림(taiga; 진홍색) (7) 툰드라(tundra; 옅은 청색)의 7개로 나누는 것이 가장 일반적인 분류방법이다. 지구에는 7개의 주요 기후가 존재하고, 각 생물군계가 그 지역의 기후에 맞게 진화했기 때문에 지구의 생물군계도 7개로 구분할 수 있다. 지구에 존재하는 7개의 생물군계는 서로 현저하게 다르지만, 같은 생물군계는 어디서나 일관성을 보인다. 즉 지구 어느 곳에 있는지에 관계없이, 특정 생물군계에는 모양뿐 아니라 그곳에 서식하는 생물의 종류도 비슷하다.

그림 36.21에 나타나 있듯이 지구에는 7개의 생물군계만큼은 아니지만, 조금 적은 지역에 걸쳐 분포하는 7개의 또 다른 생물군계가 존재한다. 즉 지중해성 관목지대, 극지 빙하, 고산지대, 온대 상록수림, 난대 상록수림, 열대 계절풍림과 준사막이 그것이다.

만약 지구에 산이 없고, 대륙의 불규칙한 경계와 이로 인해 대양의 온도 차이가 나타나는 그런 기후의 영향이 없었다면, 생물군계는 전 지구에 걸쳐 동일한 형태를 갖고 있었을 것이다. 사실 생물군계의 분포는 이들 요인에 의하여 크게

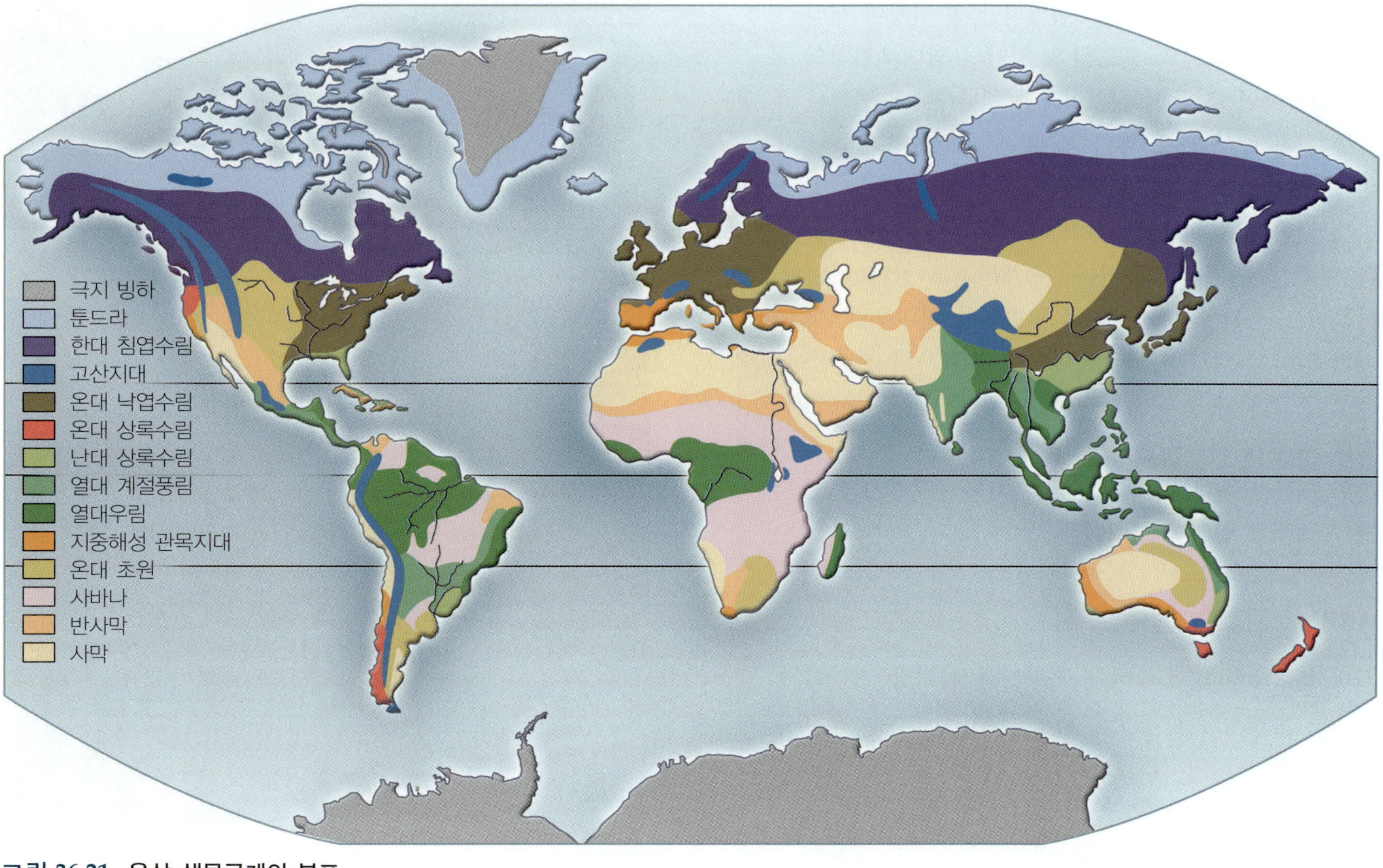

그림 36.21 육상 생물군계의 분포

그림에 7가지 주요 육상 생물군계인 열대우림, 사바나, 사막, 온대 초원, 온대 낙엽수림, 한대 침엽수림, 툰드라와 이보다 규모가 작은 추가적인 7가지 육상 생물군계를 표시하였다.

영향을 받고, 이들 요인 중 특히 고도의 차이에 따른 영향이 두드러지게 나타난다. 록키 산맥 정상의 식물 분포는 툰드라 지역의 분포와 비슷하고, 정상보다 밑에 자리한 숲들은 한대 침엽수림 지역의 식물과 비슷한 양상을 보인다. 생물군계의 분포가 불규칙한 것은 바로 이러한 이유들 때문이다. 보통 위도에 따라 발생하는 생물군계는 산의 높이에 따라 나타나는 생물군계와 유사하다. 즉, 적도지방에서 훨씬 북쪽이나 남쪽의 해수면에서 나타나는 생물군계가 열대지방의 높은 산에서 나타난다(**그림 36.12** 참조).

아래에서 열대우림, 사바나, 사막, 온대 초원, 온대 낙엽수림, 한대 침엽수림, 툰드라의 주요 7가지 생물군계와 좀 더 규모가 작은 몇 개 생물군계의 독특한 특징들에 대해 자세하게 설명한다.

우거진 열대우림

일 년에 250cm 이상 비가 내리는 열대우림 지역은 지구에서 가장 풍부한 생태계로, 이 지역에는 적어도 지구에 존재하는 육상 동·식물 중 절반 정도인 2백만 종 이상이 서식하고 있다. 브라질의 론도니아 지방의 열대우림지역의 1평방마일 구역 안에는 미국과 캐나다에서 발견된 종을 합친 수보다 두 배나 더 많은 1,200여 종의 나비가 살고 있다. 열대우림 지역에서 군집이 매우 다양하게 나타날 경우, 이들 지역의 동물, 식물, 미생물들은 아주 적은 수의 개체들이 존재하기도 한다. 남아메리카, 아프리카, 동남아시아 지역에 광범위한 열대우림 지역이 펼쳐져 있다. 그러나 지구상의 수많은 열대우림 지역들이 파괴되고 있고 이와 동시에 셀 수 없이 많은 종들도 사라져 가고 있다. 이렇게 사라지는 종들 중 많은 수는 인간이 발견조차 못한 것들도 있다. 아마 열대우림 지역 종들의 1/4 정도는 우리 세대에서 멸종될 것이다.

사바나: 건조한 열대 초원

사바나(savanna)라고 하는 지구상에서 가장 커다란 초원은 열대지방과 경계를 이루는 건조한 기후 지역에서 발견된다. 이 지역은 나무들이 넓은 간격을 두고 자라 아주 멀리까지 볼 수 있다. 그리고 비는 매년 일정 계절에만 오고 연평균 강우량은 75~125cm 정도이다. 많은 수의 동·식물들은 비가 오는 계절에만 활발히 활동한다. 아프리카 사바나의 목초지에서 살아가는 거대한 짐승 무리들은 우리에게 매우 잘 알려져 있다. 이 동물 군집들은 홍적세(Pleistocene epoch) 때 북아메리카에서 처음 나타났지만 현재는 주로 아프리카 지역에서 살아가고 있다. 전체적으로 사바나 생물군계는 열대우림 지역과 사막 지역 사이의 과도기적인 성격을 갖고 있다. 그러나 급속히 인구가 증가하고 있는 아열대 지역 인간들의 식량을 공급하기 위해 사바나 지역들을 점차적으로 농토로 개발하면서, 이곳에 살고 있는 동·식물들이 살 곳을 잃어가고 있다. 현재 코끼리, 코뿔소, 치타는 멸종위기에 처해 있다. 사자와 기린도 조만간 이들처럼 될 것이다.

열대우림

사바나

사막: 끓어오르는 뜨거운 모래지역

사막

세계에서 가장 큰 사막들은 대륙의 내륙지역에 위치한다. 특히 아프리카의 사하라(Sahara), 아시아의 고비(Gobi), 호주의 그레이트 샌디 사막(Great Sandy Desert) 등은 우리에게 잘 알려진 사막이다. **사막(desert)**은 강우량이 연간 25cm도 안 되는 건조한 지역으로, 이렇게 적은 강우량 때문에 식물이 거의 살지 못한다. 따라서 식물들의 생존 능력은 물의 보존 능력에 의하여 결정된다. 지구 육지 표면적의 약 1/4이 사막이다. 사막에 사는 동 · 식물들은 일년 중 물이 존재하는 시기에 주로 활동한다. 사막의 높은 온도를 피하기 위해 사막에 사는 대부분의 동물들은 땅속 깊은 곳, 서늘한 곳, 그리고 때때로 습기 찬 굴속에서 서식한다. 활발하게 활동하는 동물들은 상대적으로 온도가 낮은 저녁에만 밖으로 나와 활동한다. 낙타와 같은 일부 종은 한꺼번에 많은 양의 물을 흡수하므로 건조한 환경에서도 오랫동안 견딜 수 있다. 많은 동물들은 계절에 따라 음식물이 풍부한 지역으로 이동할 때 사막을 통과한다.

초원: 풀의 바다

온대 초원

적도와 극지방의 중간지점은 비옥한 초원으로 덮여 있는 온대 지역이다. 이러한 **초원(grassland)**은 한때 북아메리카 내륙의 많은 부분을 차지하고 있었고, 유라시아와 남아메리카에도 역시 널리 퍼져 있었다. 초원은 농업용으로 개간될 때 종종 높은 생산성을 보이곤 한다. 미국과 캐나다 남부의 비옥한 많은 농업 지대가 원래는 온대 초원의 또 다른 이름인 **대초원(prairie)**이었다. 다년생 풀들의 뿌리는 땅 속 깊숙이 침투하는 특성을 가지고 있기 때문에 초원의 토양의 깊이는 깊고 비옥한 성향을 보인다. 온대 초원은 종종 초식동물들이 살아가는 목초지로 사용되기도 한다. 한때는 북아메리카의 대초원에 수많은 들소와 영양이 살았었다. 그러나 이들 동물들의 대부분이 대초원이 비옥한 농경지대로 개간되면서 거의 모두 사라졌다.

낙엽수림: 단단한 나무가 많은 숲

온대 낙엽수림

따뜻한 여름과 추운 겨울이 있는 온화한 기후를 갖고 있으면서 강수량이 풍부한 유라시아와 미국의 북동부지역, 그리고 캐나다 동부 지역은 단단한 나무인

낙엽수(deciduous)가 많이 자라 **숲(forest)**을 이룬다. 겨울에 잎이 떨어지는 나무가 바로 낙엽수이다. 사슴, 곰, 비버, 너구리 등은 온대 지역의 대표적인 동물들이다. 수백만 년 전에는 온대 낙엽수림이 북아메리카와 유라시아 전역에 광대하게 펼쳐져 있었고, 동아시아와 북아메리카의 동쪽은 지금도 온대 낙엽수림이 일부 남아 있어, 한때 이 지역에 널리 분포되어 있던 동물과 식물들이 아직까지 이들 지역에서 발견된다. 예를 들면 악어의 일종인 앨리게이터(alligators)는 중국과 미국 남동부 지역에서만 발견된다. 동아시아의 낙엽수림은 기후환경이 일정하게 유지된 상태로 현재까지 남아 있기 때문에 이곳에는 많은 종들이 존재한다.

한대 침엽수림: 인적 없는 침엽수림

가문비나무, 북아메리카산 송솔나무, 낙엽송, 전나무들로 구성된 북반구 침엽수림의 거대한 고리는 아시아와 북아메리카의 광대한 지역에 걸쳐 존재한다. 바늘처럼 생긴 뾰족한 침엽수의 잎은 일 년 내내 떨어지지 않는다. 이런 생태계를 **한대 침엽수림(taiga)**이라고 하며, 이 생태계는 지구에서 가장 넓은 부분 중 하나이다. 한대 침엽수림의 겨울은 춥고 길며, 뜨거운 사막처럼 아주 적게 내리는 비는 대부분 여름에만 내린다. 따라서 이곳은 농사 기간이 매우 짧기 때문에 소수의 사람만이 거주한다. 엘크, 큰사슴, 사슴과 같은 큰 초식동물들과, 이들을 포식하는 늑대, 곰, 살쾡이, 오소리 같은 육식동물들을 비롯한 많은 수의 포유동물들이 이 지역에서 서식한다. 전통적으로 모피 사냥이 이 지역에서 광범위하게 자행되고 있다. 목재 생산 역시 주요 산업 중 하나이다. 이곳에는 습지, 호수, 연못이 많이 분포하고 있고 이들 주변에는 주로 버드나무와 자작나무가 자라고 있다. 이곳에서 자라는 대부분의 나무들은 하나의 종 또는 적은 수의 종들의 나무들만 밀집되어 자라난다.

툰드라: 추운 소택지 평원

거대한 침엽수림의 북쪽 지역과 극지 빙하지역 사이에는 적은 수의 나무만이 존재한다. **툰드라(tundra)**라고 하는 이곳 초원은 훤히 트여 있고, 바람에 노출되어 있으며 많은 습지가 존재한다. 광범위하게 펼쳐진 이 생태계는 지구 육지 표면의 1/5을 차지한다. 이 지역에는 아주 적은 양의 눈 또는 비가 내린다. 북극 지역의 짧은 여름 동안 비가 내리면, 이 비들은 얼어 있는 땅 위에 모여 습지의 바다를 형성하기도 한다. **영구 동토층(permafrost)**, 또는 영구 얼음층은 보통 표면에서 1m 내에 위치한다. 나무들은 크기가 작고 대부분 강가나 호수 가장자리에만 제한되어 자라난다. 사향소와 순록 등의 커다란 초식동물과 늑대, 여우, 살쾡이와 같은 육식동물이 이 지역에 서식하고 있다. 이들 동물들의 먹이가 되는 나그네쥐의 개체수는 오랜 주기를 두고 많아졌다 적어졌다 하면서 이들을 잡아먹는 동물들에게 커다란 영향을 미친다.

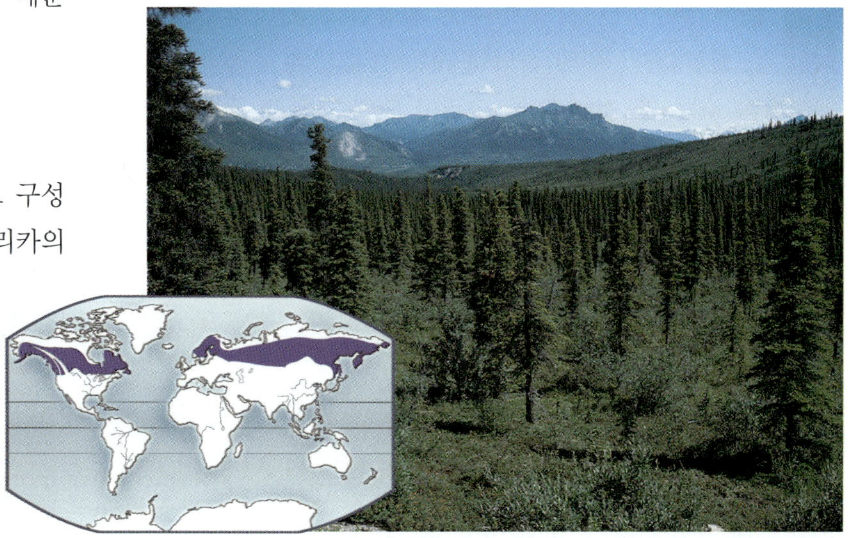

한대 침엽수림

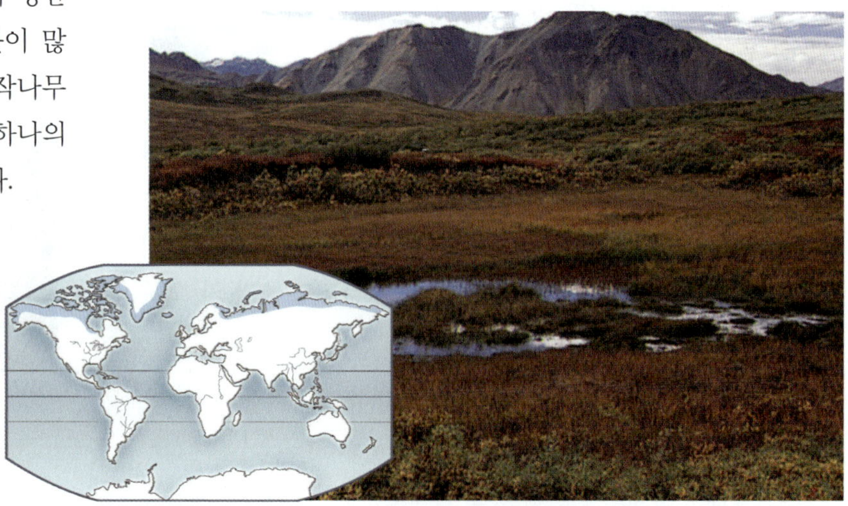

툰드라

지중해성 관목지대

건조한 여름 기후를 갖는 지중해 지역에서, 상록수와 일부 가시로 덮인 관목, 그리고 키 작은 나무들의 군집으로 이루어진 곳을 **지중해성 관목지대(chaparral)**라고 한다. 이런 기후를 가지는 지역들로는 지중해 지역을 포함해서, 캘리포니아, 칠레 중부, 남아프리카의 케이프 지역, 그리고 호주의 남서부 지역이 있다. 지중해성 관목지대에서 발견되는 많은 수의 식물들은 산불이 일어날 때 발생하는 높은 온도에 노출될 때에만 발아할 수 있다. 캘리포니아의 지중해성 관목지대와 이 근처 지역은 역사적으로 볼 때 낙엽수림으로부터 생겨난 것이다.

지중해성 관목지대

극지 빙하

극지 빙하(polar ice)는 북반구의 북극 해안과 남반구의 남극 대륙에 존재한다. 극지방에는 얼음이 풍부하다 할지라도 비가 거의 오지 않아 담수가 부족하다. 겨울철에는 해가 거의 뜨지 않는다. 남극지방의 생명활동은 대부분 연안지방에 국한되어 있다. 남극의 빙하가 대륙 전반에 걸쳐 펼쳐져 있는 까닭에, 해수의 순환으로 발생하는 잠열에 의해서도 따뜻해지지 않고 점점 추워진다. 그래서 원핵생물, 조류, 그리고 약간의 작은 곤충들만이 광대한 남극의 내륙지역에 서식하고 있다.

극지 빙하

열대 계절풍림

열대 고지대 삼림이라고 하는 이 지역은 열대우림지역보다 약간 높은 위도에 위치한 열대와 아열대 지역으로 국지적으로 건조한 기후를 가진다. 이 삼림지역에 있는 대부분의 나무는 낙엽수림으로, 건기에는 많은 잎을 떨어뜨린다. 그 결과, 태양빛이 삼림의 땅 표면과 하층까지 도달할 수 있게 되어 삼림 아래 부분에는 급성장하는 관목과 작은 나무들이 빽빽하게 자라게 된다. 강우는 계절에 따라 매우 특징적인 모습을 보여준다. 몬순 계절에는 매일 몇 인치씩 비가 내리는 반면, 건조한 계절에는 가뭄이 발생하곤 한다. 이런 변화는 특히 바다에서 멀리 떨어진 인도 중부지역과 같은 곳에서 확실히 나타난다.

열대 계절풍림

> **주요 학습 요점 36.11**　**생물군계는 주로 기후와 강우 패턴에 의하여 결정되어지는 주된 육상 생물 군집이다.**

질문 & 분석

숲을 개벌하면 영구히 피해를 주는 것일까?

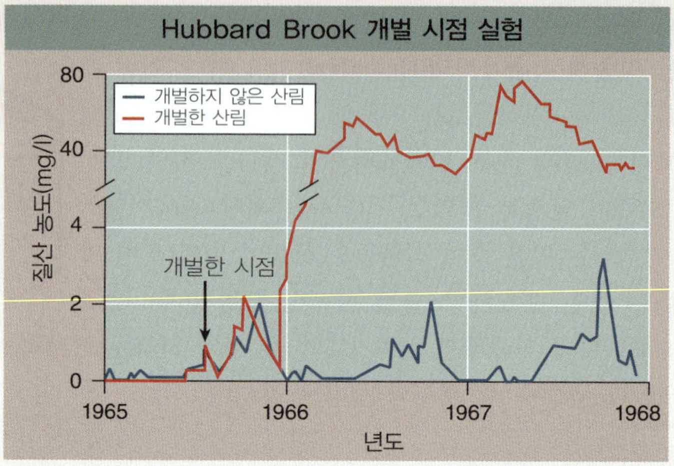

벌목 산업에서 소위 개벌(clear cutting: 임목을 일시에 모두 자르는 것)이라 부르는 벌목 방법은 미국의 많은 주에서 일반적으로 시행하고 있는 방법이다. 벌목꾼들은 가장 잘 발육한 나무만 선별적으로 자르는 것보다는 그저 한 유역의 모든 나무를 제거한 후 나중에 원하는 나무를 선별하는 것이 더욱 효율적임 잘 알고 있다. 그러나 이처럼 개벌을 한 곳을 본 많은 사람들은 산림이 황폐화되었다고 생각한다. 이에 대해 벌목꾼들은 숲을 완전히 베어낸 곳은 씨가 뿌려진 땅위까지 햇빛이 쉽게 도달하므로, 나무가 더 빨리 자라나 새로운 숲이 더 빨리 조성된다고 주장하고 있다. 그러나 생태학자들은 숲을 개벌하는 것은 다시는 숲을 원래 상태로 되돌려 놓지 못하게 영원히 변화시킨 것이라고 벌목꾼들의 주장에 반박하고 있다.

누가 맞는 것일까? 이 답을 푸는 가장 직접적인 방법은 일정장소를 개벌한 후 이에 따른 변화를 자세히 연구하는 것이다. 바로 이와 같은 거대한 야외 실험이 New Hampshire 주에 있는 Hubbard Brook 산림에서 실시되었다. Hubbard Brook은 거대 유역의 한 가운데를 흐르는 시내로 New Hampshire 주 북부의 온대 낙엽 산림지역의 배수로이다. 그 당시 Dartmouth대학 교수인 Herbert Bormann 교수와 Gene Kikens 교수가 이끄는 연구진들은 산림유역에 대해 많은 정보를 처음부터 수집하였다. 1963년 연구가 시작되었을 때, 이들은 나무의 개체 수를 조사하고, 유역을 통해 흘러나가는 물의 흐름을 측정하고, Hubbard Brook을 통해 생태계로 흘러나가는 물속의 무기물질과 여러 영양소의 양에 대해 세세하게 기록하였다. 그리고 개벌의 영향에 대한 증거를 모으기 위해 이들은 숲에서 흘러나가는 여섯 개의 시내를 가로지르는 콘크리트 댐을 건설하고, 흘러나가는 빗물의 양과 이 물의 화학적 성분을 분석하였다. 그 결과 훼손되지 않은 산림은 질소와 다른 영양소를 유지하는 데 매우 효율적임이 증명되었다. 비와 눈을 통해 생태계 안으로 소량 주입되는 영양소는 Hubbard Brook을 통해 골짜기 밖으로 흘러나가는 영양소의 양과 거의 비슷하였다.

이제 개벌할 시간이 다가 왔다. 1965년 겨울에 연구자들은 하나의 시내에 의해 배출되는 48 에이커의 모든 나무와 관목을 베어버리고 (사진) 물의 흐름을 관찰하였다. 이에 대한 직접적인 영향은 매우 충격적이었다. 골짜기를 통해 흘러가는 물의 양은 40%나 증가하였다. 식물들에 의해 붙잡혀 있거나 증발작용을 통해 대기 중으로 방출되어야 하는 물이 그냥 흘러나갔다.

산림은 더 이상 물을 담고 있지 못할 뿐 아니라 장차 숲의 비료가 사용되는 핵심성분인 영양소도 잡아두지 못하는 것이 확실해 졌다.

그래프의 붉은색 선은 개벌한 지역에서 배출되어 시내를 통해 흘러나가는, 즉 생태계를 떠나는 질소의 양을 나타내 준다. 파란색 선은 주변에 있는 개벌되지 않은 지역에서 배출되어 주변시내로 흘러나가는 질소 양을 나타내 준다.

1. 개념 적용

a. 변수 그래프에서 종속변수는 무엇인가?

b. 척도 세로축의 4와 40 사이의 끊어진 부분은 무엇을 뜻하는가?

2. 자료 분석

a. 개벌하기 전 자연 상태의 계곡을 통해 흘러나가는 물속의 질소량은 대략 얼마인가? 그리고 지금은 개벌이 되었지만 개벌하기 전의 이 계곡을 통해 흘러나가는 질소량은 얼마인가?

b. 개벌한 후 일 년이 지난 후 개벌하지 않은 다른 곳의 계곡을 통해 흘러나가는 질소량은 대략 얼마인가? 그리고 개벌한 후 일 년이 지난 후 개벌한 곳에서 흘러나가는 질소량은 얼마인가?

3. 추론하기

a. 개벌하지 않은 산림에서 흘러나가는 질소의 연간 패턴이 있는가? 이에 대해 설명하시오.

b. 개벌하지 않는 산림 생태계를 빠져나가는 질소 양과 비교할 때 개벌한 산림 생태계를 빠져나가는 질소량은 얼마나 되는가?

4. 결론 도출

a. 이들 숲에 있는 나무의 질소 보유능력에 충격을 준 것은 무엇인가?

b. 개벌이 생태계에 해를 끼쳤는가? 이에 대해 설명하시오.

단원 복습

생태계 내의 에너지

36.1 생태계 내의 에너지 이동

- 생태계는 특정 지역 내에 존재하는 군집과 서식지를 포함하고 있다. 에너지는 태양으로 부터 생태계로 끊임없이 흘러들어오고 있고, 이 에너지는 먹이사슬을 통해 생명체 사이를 통과한다. **그림 36.1**에 나타난 것처럼 태양 에너지는 광합성을 하는 생산자에 의해 포획되고, 이 생산자는 초식동물에 포식되고, 초식동물은 다시 육식동물에 포식되며 에너지가 흘러간다. 각 영양 단계에 있는 생물이 죽으면 분해자와 잔사식생물이 이를 먹어 분해시킨다 (**삽입 그림, 873쪽**).
- 생태계의 순 1차 생산량은 생산자에 의해 붙잡히는 전체 에너지양이다. 에너지는 먹이사슬의 각 단계마다 손실되며, 오직 5~20%의 에너지만이 다음 영양 단계로 넘어간다 (**그림 36.2, 36.3**).
- 먹이사슬은 직선 모양으로 구성된다. 그러나 자연계에서의 에너지의 흐름은 훨씬 복잡하므로 이를 먹이그물이라고 한다(**그림 36.4**).

36.2 생태학적 피라미드

- 먹이사슬의 영양 단계를 거치는 동안 각 단계에서 에너지가 손실되기 때문에 낮은 영양 단계에 있을수록 더 많은 개체 수가 존재해야만 한다. 마찬가지로 상위단계에 있는 생체량과 에너지양은 하위단계보다 적다. 생태학적 피라미드는 개체 수와 생체량, 그리고 에너지의 이런 분포를 나타내준다(**그림 36.5**).

생태계 내의 물질 순환

36.3 물의 순환

- 생태계를 구성하는 물리적인 성분들은 재활용되고 재사용되며 생태계를 순환한다. 순환하는 이 물리적 성분들은 종종 살아 있는 생물체를 경유하기 때문에 이들의 순환을 생물지구화학적 순환이라고 한다.

- 물의 이용 능력에 따라 생태계 내 생물의 수가 결정된다. 물의 순환은 환경적 물 순환과 유기적 물 순환 이렇게 두 종류가 있다. **그림 36.6**에 나타난 것처럼 환경적 물 순환은 대기로부터 지표로 비가 되어 떨어진 뒤, 증발과정을 거쳐 대기로 다시 돌아간다. 유기적 물 순환은 식물을 통해 순환하는데, 뿌리로 흡수된 뒤 잎 표면에서 증산작용을 통해 수증기의 형태로 대기로 들어간다. 지하의 대수층에 붙잡혀 있는 지하수는 물 순환과정을 거치되 아주 천천히 순환한다.

36.4 탄소의 순환

- 탄소는 대기와 식물체 사이를 순환한다. 대기 중의 이산화탄소는 광합성 과정을 통해 식물체에 고정되고, 식물체에 고정된 탄소는 세포호흡 과정을 통해 이산화탄소 형태로 대기로 돌아간다. 그러나 식물체에 고정된 탄소의 일부는 여전히 생명체의 조직에 남아 있게 된다. 그러다가 언젠가는 화석연료로 연소되고, 침식 후 확산되어 결국 대기로 되돌아간다(**그림 36.8**).

36.5 토양의 영양소와 기타 원소의 순환

- 대기에 존재하는 질소 가스는 생명체가 바로 이용할 수 없고, 일부 세균에 의해 고정되어야만 생명체에 의해 사용될 수 있다. 동물들은 고정한 질소를 가진 식물을 섭취한다. 질소는 동물의 배설과 분해과정을 통하여 생태계로 되돌아간다(**그림 36.9**).
- 인 역시 생태계를 순환한다. 만약 생태계에서 이용할 수 있는 인이 부족하면(**그림 36.10**) 생물체의 성장을 제한하지만, 수계에 인이 너무 많이 존재하면 생태계에 문제를 일으키기도 한다.
- 황과 중금속 같은 다른 화학 원소들 역시 생태계를 순환한다. 이들 원소들이 과도하게 존재하면 생태계에 문제를 일으키기도 한다.

생태계에 영향을 주는 기후

36.6 태양과 대기 순환

- 태양 에너지의 가열작용과 대기의 흐름은 증발작용에 영향을 주어, 열대지역 같은 지구의 특정 지역에는 많은 양의 비가 내린다(**그림 36.11**).

36.7 위도와 고도

- 온도와 강수량은 위도와 고도에 의해 비슷하게 영향을 받는다. 적도부터 극지까지의 생태계 변화는 해발 0m의 해수면 지역부터 산 정상까지 나타나는 생태계 변화와 비슷하게 나타난다(**그림 36.12**). 온도의 변화는 또한 비그늘을 만들어 바람이 불어오는 방향의 산 쪽에는 비가 집중되고, 바람이 불어가는 쪽에는 사막이 만들어지기도 한다.

36.8 해양의 물 순환 패턴

- 대양은 일정한 패턴을 가지고 순환하는데, 그 결과 지구는 따뜻한 물과 차가운 물이 각각 다르게 분포한다. 이러한 해류의 패턴은 전 세계의 기후에 영향을 준다(**그림 36.13, 36.14**).

주요 생태계

36.9 해양 생태계

- 지구의 바다는 근해, 외해, 심해 이 세 가지 주요 해양 생태계가 존재한다(**그림 36.15**). 그리고 이들 각 해양생태계는 빛과 온도에 의해 영향을 받는다.

36.10 담수생태계

- 담수생태계는 그 주변을 둘러싼 육상생태계와 밀접하게 연결되어 있다. 담수생태계는 빛, 온도, 영양분에 의하여 영향을 받는다. 호수는 빛의 투과 양에 따라 세 영역으로 나뉜다(**그림 36.19**). 호수는 열층화라고 하는 온도의 변화로 인해 물의 상하혼합이 일어나고 그 결과 호수의 영양소가 골고루 분포하게 된다(**그림 36.20**).

36.11 육상생태계

- 생물군계는 전 세계에 걸쳐 발견되는 육지의 생물군집이다. 각각의 생물군계는 온도와 강우 패턴에 따라 자신들만의 독특한 동물과 식물을 갖고 있다(**그림 36.21**).

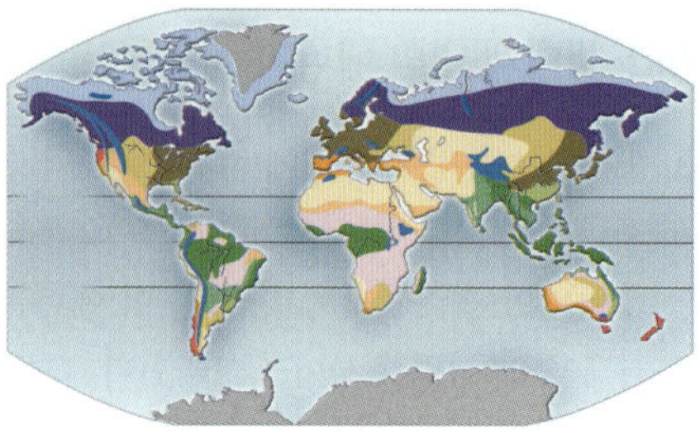

이해력 확인 문제

1 태양에서 온 빛 에너지를 붙잡아 생명체에 필요한 화학 에너지로 전환하는 생명체는 무엇인가?
a. 초식동물 c. 생산자
b. 육식동물 d. 잔사식생물

2. 한 영양 단계에서 그 다음 영양 단계로 에너지가 이동할 때 대부분의 에너지가 손실되는 과정은 무엇인가?
a. 소화되지 않는 생물량 c. 물질대사
b. 열 d. 모두 옳음

3. 생태학적 피라미드 최상위에서 발견되는 육식동물의 숫자가 제한되어 있는 이유는 무엇인가?
a. 최상위 육식동물 바로 아래 생명체의 수 때문이다.
b. 최상위 육식동물 바로 아래 영양 단계에 있는 생명체의 수 때문이다.
c. 최상위 육식동물 바로 아래의 생물량 때문이다.
d. 최상위 육식동물로 이동되는 에너지의 양 때문이다.

4. 물의 순환과 이동을 연구하는 수문학자들이 육상에서 대기로 물이 돌아가는 과정을 증발산이라고 한다. 이 단어의 첫 번째 부분은 증발을 의미하고, 두 번째 부분은 발산을 의미하는데, 이때 발산이란 무엇을 통해 물이 증발하는 것을 말하는가?
a. 식물
b. 동물의 발한 작용
c. 식물의 그늘진 곳
d. 강의 표면

5. 탄소 순환에서 화석연료에 들어 있는 탄소가 방출되는 기작은 무엇인가?
a. 호흡 c. 침식
b. 연소 d. 모두 옳음

6. 인은 생명체 내에서 무엇을 만드는 데 필요한가?
a. 단백질 c. ATP
b. 탄수화물 d. 스테로이드

7. 비그늘의 결과 나타나는 현상은 무엇인가?
a. 산맥 전반에 걸쳐 바람이 없기 때문에 극단적인 습한 환경이 만들어진다.
b. 건조한 공기가 극지를 향해 이동하다 남위와 북위 15도와 30도 사이에서 식어 하강한다.
c. 따뜻한 열대지방에서 수분을 거의 받지 못해 건조해진 지구의 극지가 만들어진다.
d. 공기가 데워지는 과정에서 바람의 수분 함유량이 증가해 산의 반대쪽은 사막 환경이 만들어진다.

8. 북부 캐나다에서 미국을 향해 남쪽으로 여행하면 수목 한계선의 고도는 점차 높아진다. 이것은 위도와 어떤 연관이 있는가?
a. 위도가 높아지고 온도가 높아지기 때문이다.
b. 위도가 낮아지고 온도가 높아지기 때문이다.
c. 위도가 높아지고 습도가 감소하기 때문이다.
d. 위도가 낮아지고 습도가 증가하기 때문이다.

9. 여름에 호수에서 온도가 급격하게 변하는 층을 무엇이라 하는가?
a. 부영양 상태
b. 심연대
c. 빈영양 상태
d. 수온약층

10. 다음 생물군계 중 적도의 남쪽에서 발견되지 않는 것은 무엇인가?
a. 극지 빙하
b. 사바나
c. 툰드라
d. 열대 몬순

응용력 확인 문제

1. 그림 36.3

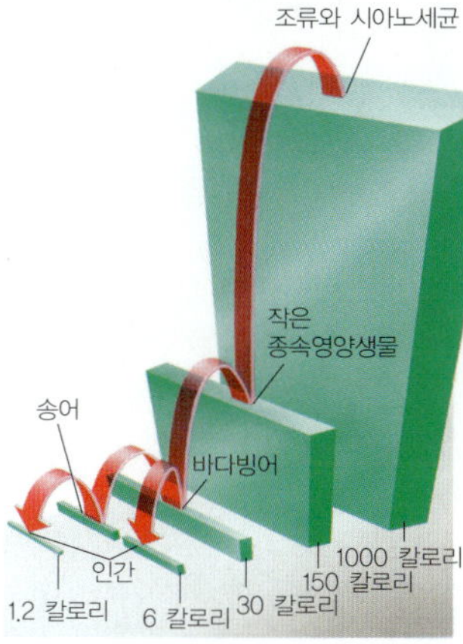

a. 천 칼로리의 에너지가 시내에 있는 조류에 의해 태양에서 포획되었다. 이 경우 사람이 다음 각각의 먹이를 먹음으로 발생할 것으로 생각되는 예상 효율에 대해 설명하시오. (1) 조류, (2) 종속영양생물, (3) 빙어, (4) 송어

b. 만약 조류만을 섭취한다면 얼마나 더 많은 사람들을 먹여 살릴 수 있는가?

c. 조류가 충분하다고 가정할 경우, 사람이 조류만 먹고는 생존할 수 없는 이유는 무엇인가?

2. 그림 36.6 여러분이 물 분자라고 가정해 보자. 빗방울이 되어 땅에 떨어지는 순간에서부터, 구름으로 돌아가 다시 빗방울로 떨어지기 직전까지의 여행과정을 설명해 보시오. 단, 여행 도중 식물을 거치는 과정을 포함시켜야 한다.

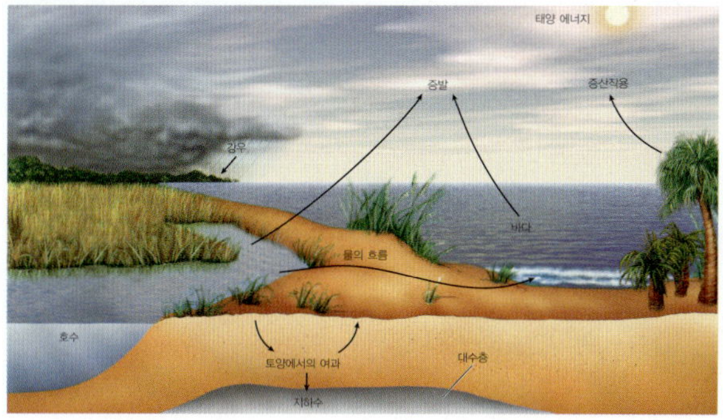

종합 학습

1. 식물은 지구에 도달하는 태양 에너지를 이용해 빠르게 성장하고 생식할 수 있는 능력을 가지고 있는 데도 불구하고 우리는 왜 모든 것을 식물에 의지하지 못하는지 그 이유를 설명하시오.

2. 생태학자들이 많은 실험을 한 결과, 종이 풍부한 군집은 종이 적은 군집보다 생산성이 뛰어나다고 보고 있다. 그렇다면 거의 모두 단일 경작을 하는 미국의 농업은 생산성이 있다고 생각하는가?

3. 위도와 고도가 높아짐에 따라 그 지역에서 서식하는 식물 종에 영향을 주는 이유를 설명하시오. 또 위도와 고도, 이 두 요인이 거의 같은 영향을 주는 이유에 대해 설명하시오.

4. 우리 주변에서 볼 수 있는 두 종류 육상 생물군계를 선택한 후 이 두 종류 생물군계의 일조량, 강우량, 주된 온도 특징, 그리고 각 생물군계에서 발견되는 동물과 식물을 비교하여 설명하시오.

37

행동과 환경

학습단원

이 개의 허리를 굽힌 행동은 다른 개에게 '같이 놀자' 라고 말하는 방법이다. 엉덩이를 공중으로 높게 들고, 앞발을 땅에 낮게 두고, 상대를 올려다보며, 상대가 동의하기를 기대한다. 사진과 같은 테리어 종부터 리트리버 종까지(심지어 늑대도) 모든 개는 정확이 이와 같은 방법으로 놀이상대에게 동의를 구한다. 이 행동은 개과 동물이라면 모두가 공유하고 있는 본능적인 행동이다. 다른 방법으로, 이 개는 다른 개들이 할 수 없는 것을 행동할 수 있다. 이것은 앉기 혹은 구르기 외에도 원반, 양떼 잡기 혹은 신문 가져오기를 학습하는 것이다. 이것은 복잡한 문제를 의외로 간단하게 해결할 수 있다. 늑대와 들개들은 사회적 동물이며, 사냥을 하고 그들의 새끼를 기르는데 협동하는 무리에서 생활한다. 물론, 아무리 많은 노력을 해도, 개들은 배울 수 없는 것들이다. 개들은 짖거나(bark), 울거나(howl), 낑낑거릴(whine) 수 있지만, 절대 말을 할 수는 없다. 행동학자들은 동물들이 어떻게 행동하는지, 그리고 왜 그들은 다른 방법이 아닌 그 방법으로 행동하는지에 대하여 연구하였다. 개들은 예를 들어 사람과 유인원의 언어와는 놀랍게도 약간 차이가 있는 언어를 학습하고 있었다. 여러분과 이 강아지는 예상보다 더 많은 행동을 공유하고 있을 수 있다.

37.1 행동 연구에 관한 접근

그림 37.1 행동을 보는 두 가지 방법
이 수컷 새는 테스토스테론 수치가 상승하였고, 뇌 속의 선천적인 '노래(song)' 프로그램이 작동되었기 때문에 노래할 수 있다. 이 새의 번식적응도를 증가시키기 위해 진화한 행동의 관점으로 보면, 자신의 영역을 지키고, 짝을 유혹하기 위하여 노래하는 것이다.

동물들은 많은 방법으로 그들의 환경에 대하여 반응한다. 비버는 호수를 만들기 위해 폭포에 댐을 만들고, 새들은 봄에 노래한다. 벌들은 꿀을 찾고, 꿀을 찾았을 때, 벌집으로 돌아와 좋은 소식을 알린다. 이런 행동을 이해하기 위해서 동물이 행동하는 방법에 대한 내부적 요인과 더불어 개체의 행동을 유발하는 외부 환경의 측면 두 가지 모두를 인식하는 것이 필요하다.

행동은 생물이 처한 환경에서의 자극에 대해 반응하는 것으로 정의된다. 이 자극은 먹이 냄새만큼 간단해야만 한다. 이 감각에서 박테리아 세포는 설탕의 농도가 높은 곳을 향하여 움직이는 행동을 한다. 동물에서의 행동은 박테리아보다 훨씬 복잡하다. 이것은 특히 신경기관을 가진 동물에서 적용된다. 눈, 귀 그리고 다양한 감각기관을 사용하는 동물은 환경적인 자극을 감지하고, 정보를 처리하며, 복잡하고 미묘한 몸의 반응을 적절하게 지시할 수 있다.

행동 설명

동물의 행동을 관찰할 때, 두 가지 다른 방법으로 그것을 설명한다. 첫 번째, 그 모든 행동에 대하여 '*어떻게*(How)' 라고 물어야 한다. 동물의 감각, 신경계, 내적상태는 생리적으로 어떻게 함께 작용하는가? 자동차를 연구하는 정비공처럼, 기계가 어떻게 움직이느냐고 묻는다. 심리학자들은 **근사원인(proximate causation)**에 관한 질문을 던질 것이다. 행동의 근사언인을 분석하기 위하여, 호르몬 수치 혹은 뇌의 특정 뉴런 자극의 기록을 측정해야 한다. 심리학분야는 자주 근사요인에 대해 초점을 맞춘다.

또한 '*왜*(Why)' 그것들이 그렇게 반응하는지에 대하여 물어야 한다. 왜 이런 방법으로 행동을 진화하였는가? 환경에 대한 특정반응의 적절한 가치는 무엇인가? 이것들은 **궁극원인(ultimate causation)**에 대한 질문이다. 행동의 궁극원인을 연구하기 위해 우리는 이것들이 어떻게 동물의 생존과 번식 성공에 영향을 주는지 찾기 위해 시도할 것이다. 일반적으로 동물행동 분야는 궁극원인에 집중한다.

어떤 행동들은 다른 방법으로 보일 수 있다. 예를 들어, 수컷 새(male songbird)는 번식기 동안 노래할 것이다(**그림 37.1**). 왜? 한 가지 이유는 봄날은 그의 몸에 스테로이드 성호르몬의 수치를 높여주며, 이 높은 수치는 수컷 새 뇌에서 호르몬 수용체와 잘 결합되게 하여 노래하는 것을 유발한다. 상승된 테스토스테론은 수컷 새 노래의 근사원인이다.

다른 이유는 수컷이 환경에 대해 더욱 적절하게 자연선택에 의하여 나타난 행동의 방식을 보여주는 것이다. 이렇게 생각해 보면, 수컷 새는 다른 수컷으로부터 자신의 영역을 지키기 위해서, 그리고 번식을 위해 암컷을 유혹하려고 노래한다. 이 번식의 동기는 수컷 새 행동의 궁극적이고 진화론적인 이유이다.

생물학의 논란이 많은 분야

행동학의 분야는 논란의 긴 역사를 가진다. 논란의 한 가지 자료는 동물의 행동은 개체의 유전자에 의해 결정되는 것인지, 경험에 의하여 학습하는 것인지에 대한 것이다. 다시 말하면, 행동은 자연(본능)의 결과로 인하여 행동하는가? 또는 양육(학습)의 결과로써 행동하는가?이다. 과거에는 이 질문이 양자택일의 문제로 간주되었지만, 지금은 본능과 학습 모두 중요한 역할을 하며, 최종행동을 만들기 위해 복잡한 방법들이 상호작용을 한다는 것을 알고 있다. 그들은 행동을 결정하기 위해 상호작용한다는 것과 본능과 학습의 직접적이고 궁극적인 방법에 대해 과학적인 연구를 더욱 자세히 조사함으로써 동물 행동에 대한 연구를 시작할 것이다.

주요 학습 요점 37.1 동물 행동은 어떤 환경의 상황에서 동물이 반응하는 방법이다. 어떤 생물학자들은 행동이 만들어지는 생리학적인 과정을 연구하고, 다른 이들은 동물의 발달에 책임이 있는 진화적 힘을 찾으려고 한다.

37.2 본능적인 행동 양식

동물 행동 분야에서 이전 학자들은 본능(내재된)에 의해 나타나는 행동양식에 집중하였다. 동물의 행동은 보통 정형화(종내 각 개체 간에 같은 방법으로 나타남) 되어 있기 때문에, 행동학자들은 행동이 신경계에 미리 놓인 길에 기초하여야만 한다는 것에 대하여 논쟁하였다. 그들의 관점에서, 신경 길(neural path)은 유전적 청사진으로부터 설계되었고, 동물이 삶에서 나타나는 같은 행동을 필수적으로 보여주는 원인이 된다.

동물행동의 본능적인 천성에 대한 연구는 일반적으로 실험실 내에서 이루어진다기보다 야외에서 더 많이 이루어진다. 자연 상태에서 동물행동을 연구하는 것을 **동물행동학(ethology)**이라 한다. 생태학에서 가장 저명한 과학자 3명은 칼 폰 프리시(Karl von Frisch), 콘라드 로렌츠(Konrad Lorenz), 니코 틴버겐(Niko Tinbergen)이다. 이 과학자들은 그들의 업적에 대해 1973년에 생리학 및 의학 분야에서 노벨상을 수여하였다.

본능적 행동의 예

거위의 알 회수행동에 대한 Konrad Lorenz의 연구는 생태학자들에게 본능적인 행동이 무엇을 의미하는지에 대하여 명백한 명제를 제공하였다. **그림 37.2*a***의 그림은 거위가 둥지에서 알을 품는 모습을 보여주고 있으며, 알이 둥지 밖으로 굴러가면, 거위는 알을 부리아래 밀어 넣기 위해 그의 목을 알을 향하여 늘이고, 몸을 일으켜 알을 다시 둥지로 굴려오는 연속 행동을 보여주고 있다. 만약 알이 회수되는 동안 제거되더라도, 마치 둥지 밖 알의 최초 신호에 의해 실행되는 프로그램처럼 거위는 완벽하게 행동할 것이다.

Lorenz 같은 생태학자에 따르면, 알 회수행동은 둥지 밖의 알 같은 **신호자극(sign stimulus)**[또는 열쇠자극(key stimulus)]에 의하여 유발된다고 한다. 신경이 거위의 뇌로 연결되는 방법

그림 37.2 신호자극과 고정된 행동패턴

(*a*) 그림에 나타난 거위의 알 회수행동은 고정적 행동양식이다. 일단 거위는 신호자극(이 경우에는 둥지 밖의 알)을 발견하고, 거위는 행동의 전체적인 과정을 생각한다: 알을 향해 목을 늘이고, 일어선 후, 부리아래 알을 두고 알을 둥지로 굴리는 목의 연속행동을 할 것이다. (*b*) 큰가시고기에서 빨간색은 수컷의 고정적 행동양식을 야기하는 신호자극으로 사용된다: 공격행동과 포즈. 찰흙모형을 수컷에게 보여주었을 때, 배만 빨간 모형들보다 수컷 큰가시고기와 더욱 닮은 첫 번째 모델에서 공격행동을 덜 자주 보여줄 것이다.

은 **본능적 유발기작(innate releasing mechanism)**과 같은 운동프로그램에 대한 신경지시를 제공하여 신호자극에 반응하거나, **고정적 행동양식(fixed action pattern)**처럼 복잡한 알 회수행동을 수행에 의한 것이다.

더욱 일반적으로, 신호자극은 행동을 유발하는 환경에서의 '신호(signal)' 이다. 본능적 유발기작은 뇌 안에 내장된 요소이고, 고정적 행동양식은 정형화된 행동이다.

조류나 다른 동물들에 대한 고정적 행동양식을 연구하는 행동학자들은 대상의 다양성이 고정적 행동양식을 유발하는 특정 상황에서 발견한다. 예를 들어, 거위는 야구공 심지어 맥주캔까지 굴려서 자신의 둥지로 가져올 것이다!

신호자극의 본능에 대한 명백한 예는 틴버겐에 의하여 연구된 수컷 큰가시고기(stickleback fish)의 짝짓기 행동에서 볼 수 있다. 번식 기간 동안, 수컷은 자신의 배를 붉은색으로 물들인다. 수컷은 자신의 영역을 가지며, 다른 수컷의 접근에 대하여 매우 공격적으로 반응한다. 그들은 우선 공격적인 모습(오른쪽 측면을 보여줌 **그림 37.2*b***)을 보이고, 만약 상대 수컷이 떠나지 않으면 공격을 시작한다. 반면, 틴버겐은 빨간 소방차가 창문 밖으로 지나갈 때 실험실내 수조에 있던 수컷 큰가시고기의 공격행동을 관찰하였고, 그는 빨간색이 신호자극이라는 것을 깨달았다. **그림 37.2*b***에서처럼 왼쪽 측면을 보여주는 모형을 이용한 실험실내 연구에서, 그는 빨간색을 입히기만 하면 물고기 모양이 아니더라도 공격적인 모형에게 공격행동이 나타난다는 것을 알 수 있었다.

주요 학습 요점 37.2 동물행동에 대한 행동학적 연구는 신경계의 틀에 박힌 경로의 결과인 선천적이고 본능적인 행동을 강조하고 있다.

37.3 행동의 유전적 효과

초기의 생태학자와 동물행동학자에 의해 연구된 것처럼 대부분의 동물들의 행동은 '내장' 된 본능이 아니지만, 이 초기의 연구자들을 따른 동물행동학자들은 많은 동물의 행동들은 부모로부터 자식에게 전달된 유전자에 의해 강력하게 영향을 받는다는 것을 명백하게 보여주었다. 다시 말하면, 본성은 행동의 패턴을 결정하는 데 중요한 열쇠이다.

만약 유전자가 행동을 결정한다면, 그것은 멘델이 완두의 꽃 색깔의 유전을 연구한 것처럼 행동의 유전에 대해 연구가 가능할 것이다. 이러한 연구를 **행동유전학(behavioral genetic)**이라 한다.

유전적 잡종의 연구

행동유전학 연구들은 멘델의 법칙에서 유전되는 것처럼 행동의 많은 예시들을 밝혀냈다. Cornell 대학교의 William Dilger는 둥지를 만드는데 재료로 잔가지, 종이, 다른 여러 종류의 재료를 옮기는 방법에 차이가 나는 모란앵무(lovebird) 두 종류로 실험하였다. 눈테모란앵무(fisher's lovebird)는 부리를 이용하여 재료를 옮겼고, 비눈테모란앵무는 꼬리깃털아래쪽에 둥지 재료를 밀어 넣어 옮겼다. 딜거는 두 종의 잡종을 만들었고, 잡종은 두 부모의 중간 형태의 방법으로 둥지 재료를 옮기는 것을 알 수 있었다: 잡종이 부리와 꼬리깃털 두 가지를 번갈아 사용하여 둥지 재료를 옮기는 것과, 크리켓 개구리(crickets frog)와 청개구리(tree frog)의 구애의 노래에 대한 연구는 잡종 행동의 중재된 본성을 보여주었다.

쌍둥이에 관한 연구

행동에 관한 유전자의 영향은 사람의 일란성 쌍둥이 행동 비교를 통하여 볼 수도 있다. 일란성 쌍둥이는 유전적으로 동일한 구조를 가진다. 일란성 쌍둥이의 행동이 일치하는 것은 유전자 때문인지 그들의 성장과정에서의 비슷한 경험의 공유 때문인지 알기 어려운 이유는, 그들이 비슷한 환경에서 함께 성장하기 때문이다. 하지만 몇몇 쌍둥이들의 경우, 태어날 당시 분리되어져 다른 가정에서 성장하기도 한다. 최근 이러한 쌍둥이에 대한 50건의 연구는 매우 다른 환경에서 성장했음에도 불구하고, 성격, 기질 심지어 여가 활동까지 매우 비슷하다는 것을 보여주었다. 이러한 결과는 유전자가 사람의 행동을 결정하는 데 있어 중요하다는 것을 보여주지만, 환경에 비하여 유전자가 상대적으로 중요하다는 것은 여전히 논쟁거리이다.

하나의 유전자가 행동에 어떻게 영향을 줄까

실험용 쥐의 유전자 돌연변이에 대한 하나의 실험은 특정 유전

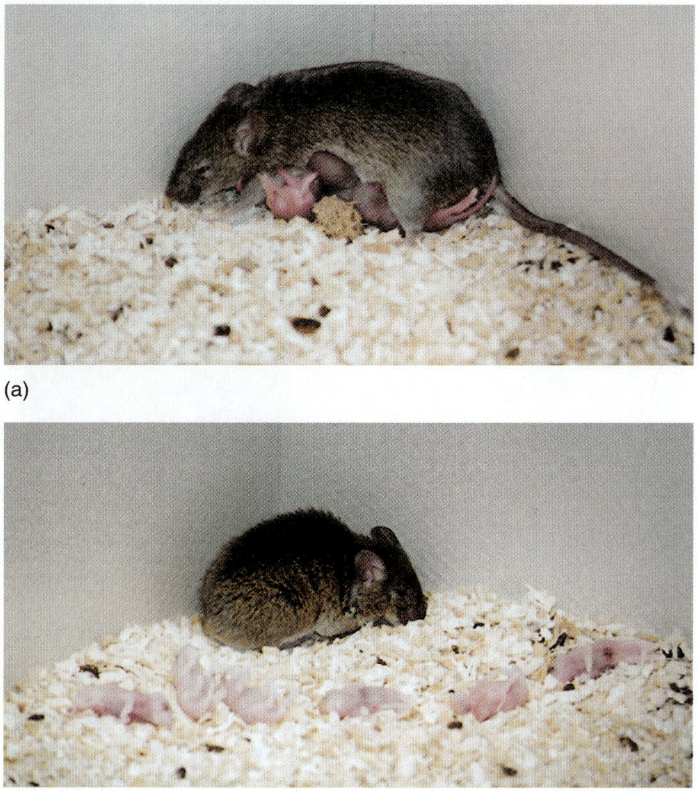

(a)

(b)

그림 37.3 유전자는 모성적 양육을 변화시킨다

실험용 쥐에서, 일반적인 어미(*a*)는 자신의 새끼들이 옮겨지면 되찾아오고 그들을 품어주며 매우 잘 돌본다. *fosB*유전자의 돌연변이를 가진 암컷(*b*)은 이 양육행동이 나타나지 않고, 새끼들을 되찾아오지 않는다.

자가 행동에 어떻게 영향을 미치는지에 대하여 잘 설명하고 있다. 1996년, 행동유전학자들은 암컷 실험용 쥐가 자신의 새끼를 잘 양육하는지 안 하는지를 결정하는 것으로 추측되는 *fosB*라는 새로운 유전자를 발견하였다. *fosB*가 실험적으로 제거된 암컷은 출산 초기에만 새끼를 살펴본 후 지속적인 양육은 거부할 것이며, 이와 대조적으로 보통의 암컷은 지속적으로 새끼들을 보호하고 양육할 것이다(**그림 37.3**).

이러한 양육부족은 연쇄반응에 의하여 나타난다. 새로운 새끼의 어미가 그들을 최초로 살펴볼 때, 청각, 후각, 촉각적인 정보들을 시상하부로 전달한다. 거기서, *fosB* 대립유전자가 활동하여, 시상하부 내의 신경회로에 영향을 줄 수 있는 효소와 다른 유전자들을 활성화시킬 수 있는 특별한 단백질을 생산한다. 뇌 속의 이러한 변화는 자신의 새끼를 향한 암컷의 반응으로부터 야기된다. 일반적으로, 새롭게 태어난 새끼를 돌봄으로 얻어진 정보는 신호자극이며, *fosB* 유전자는 본능적 유발 메커니즘, 모성행동은 행동패턴의 결과이다.

fosB 대립유전자가 부족한 암컷은 본능적 유발 패턴이 중간에서 정지된다. 활성화되는 단백질이 없으며, 뇌의 신경회로는 연결되지 않고 따라서 모성행동은 나타나지 않는다.

주요 학습 요점 37.3 유전자는 많은 행동에서 중요한 역할을 한다는 것에 대한 결과는 사람을 포함하는 많은 동물에 의한 연구의 넓은 분야에 의해 지지되고 있다.

행동은 학습에 의하여 영향을 받을 수 있다

37.4 동물은 어떻게 학습할까

동물을 통해 볼 수 있는 대부분의 행동은 본능에 의해서만 나타나는 것은 아니다. 많은 경우에서, 동물들은 **학습(learning)**이라고 하는 이전 경험의 결과에 의하여 그들의 행동은 변화된다. 학습의 가장 단순한 종류인 **비연상학습(nonassociative learning)**은 동물에게 두 가지 상황 또는 상황과 반응에 대해 연합하는 형태가 아니다. 비연상학습의 한 가지 형태는 반복적인 상황에 더 큰 반응을 만들어내는 *민감화*(sensitization)이다. 비연상학습의 다른 형태는 반복되는 상황에서 반응이 감소하는 *습관화*(habituation)이다. 많은 경우에서, 상황이 처음으로 노출되었을 때 강한 반응을 유발하며, 반복적으로 노출되면 반응은 감소한다. 일상적인 예를 들면, 의자에 앉을 때마다 의자를 인식하는가? 습관이란 학습되어진 상황에 대하여 반응하지 않는 것이라고 생각된다. 중요하지 않은 상황을 무시하는 것은 복잡한 환경에서 상황에 노출되었을 때 위험하게 된다.

두 가지 상황 또는 상황과 반응 사이를 연합하여 나타나는 행동의 변화는 **연상학습(associative learning)**이라 한다. 행동은 연합을 통하여 변경되거나 *수정*(conditioned)된다. 학습의 이러한 형태는 습관화보다 더욱 복잡하다. 연상학습의 두 가지 형태는 고전적 조건화와 작동적 조건화로 나뉜다. 이 둘은 연합하는 방법에서 차이가 난다.

고전적 조건화

고전적 조건화(classical conditioning)는 두 가지 조건이 짝을 이루는 방식으로 동물에게 조건들을 연합하도록 하는 것이다. 러시아의 심리학자 Ivan Pavlov가 *무조건 자극*(unconditioned stimulus)으로써 개에게 고기가루를 제시하였을 때, 개는 타액을 분비하였다. 만약 벨을 울리는 것 같은 연관되지 않은 조건이 고기가루와 함께 같은 시간에 제시되고, 이 시도가 개에게 반복적으로 이루어진다면, 벨소리만 들려주어도 개는 타액을 분비하게 될 것이다. 개는 연관되지 않는 소리자극과 고기가루 자극을 연합하여 학습한 것이다. 소리자극에 대한 이러한 반응은 조건반사된 것이다. 여기서 벨소리는 *조건자극*(conditioned stimulus)이다.

작동적 조건화

작동적 조건화(operant conditioning)는 동물이 행동에 따른 보상이나 벌로 인하여 학습한다는 것이다. 심리학자 B.F.Skinner는 '스키너 상자'라고 이름 붙여진 실험용 상자에 실험용 쥐를 넣어 작동적 조건화를 실험하였다. 박스 안을 탐색하던 실험용 쥐는 우연히 먹이가 나타나게 되는 손잡이를 누르게 된다. 처음에는 먹이를 제공하는 손잡이를 무시하고 계속 돌아다닌다. 하지만 곧 손잡이를 누르는 것(행동반응)과 먹이(보상)의 연합을 학습할 것이다. 실험용 쥐가 계속 배가 고프다면, 손잡이를 누르는 데 모든 시간을 보낼 것이다. 시행착오적 학습의 종류는 대부분의 척추동물에서 중요하게 여겨진다.

각인

동물적 성숙은 삶에서 행동에 대한 깊은 영향을 주게 될 다른 개체에 대한 선호나 사회적 애착을 형성하는 것이다. **각인(imprinting)**이라 하는 이 과정은 때때로 학습의 종류로 고려된다. *부모각인*(filial imprinting)은 부모와 새끼간의 사회적 애착을 형성한다. 예를 들어, 어떤 종류의 어린 새들은 부화 후 짧은 시간 내에 어미와 자식 간의 강력한 유대관계를 형성한다. 이것은 연상학습의 형태이다. 이것은 어린 새가 어떻게 각인을 형성할 것인지 결정하는 중요한 시간대 동안 형성한 연합이다(예를 들어 거위의 경우 거의 13~16시간동안임). 새는 부화한 후 처음으로 본 물체를 따르게 되는데, 새끼들의 어미 같은 그 물체에게 직접적인 사회적 행동을 보여줄 것이다. 동물행동학자 Lorenz는 거위를 부화시켜 자신을 각인에 대한 모델로 제공하자 새끼거위들은 그가 마치 그들의 어미인 것처럼 그를 충실히 따랐다(**그림 37.4**).

그림 37.4 닮지 않은 부모
열심히 따라가는 새끼거위들은 동물행동학자 Lorenz가 마치 그들의 어미인 것처럼 따른다. 그는 새끼들이 부화하여 처음으로 본 물체이고, 새끼들은 그를 각인의 모델로 사용하였다.

> **주요 학습 요점 37.4** 습관화와 민감화는 조건과 보상 사이의 연합이 없는 학습의 간단한 형태이다. 그에 비해, 연합학습(조건화와 각인)은 두 가지 조건 또는 조건과 보상 사이를 연합하는 형태를 포함한다.

37.5 본능과 학습의 상호작용

어떤 동물들은 확실한 연합을 형성할 수 있는 성향을 타고난다. 조건의 확실한 짝은 다른 것이 아닌 작동 조건 형성하기에 의하여 연결될 수 있다. 예를 들어, 비둘기는 먹이와 색을 연합하여 학습할 수 있지만 먹이와 소리는 연합할 수 없으며, 위험과 소리는 연합할 수 있지만 위험과 색은 연합할 수 없다. *학습전략*(learning preparedness)의 한 종류인 이것은 동물이 학습하는 것이 생물학적으로 어떤 영향을 주는지에 대하여 보여주고 있다. 즉, 학습은 오직 본능에 의하여 설정된 범위 내에서만 가능하다는 것이다.

동물의 본능을 형성하는 선천적인 프로그램은 각 프로그램들이 적절한 반응을 강화시켰기 때문에 진화하였다. 비둘기가 먹는 씨앗은 그들이 볼 수 있는 색으로 구별되지만, 그것은 비둘기가 들을 수 있는 소리를 내지는 못한다. 비둘기가 두려워하는 포식자의 접근은 소리를 발생시키지만 색으로 구별되지는 않는다.

행동은 자주 생태학적 요소를 반영한다

행동의 유전적 요소가 동물의 서식지에 대하여 그들을 일치시키기기 위해 진화한 것처럼 동물생태학의 지식은 동물의 행동을 이해하는 중요한 열쇠이다. 예를 들어, 캐나다 산갈까마귀(Clark's nutcracker) 같은 새들은 씨앗을 먹는다. 이들은 씨앗이 풍부할 때 땅 속에 씨앗을 묻어두고, 겨울동안 먹이로 먹는다. 수천 개의 씨앗들이 새들에 의해 묻혀 졌다가 간혹 9개월 이상이 흐른 뒤에 찾기도 한다. 이 새들은 비범한 공간기억능력을 가진다는 것을 예상할 수 있으며, 과학자들은 정말로 무언가를 찾아냈다. 한 마리의 캐나다 산갈까마귀는 씨앗의 위치를 기억하기 위해 공간적인 정보로써 주변 특징과 주변 사물을 이용하여 2000개까지의 씨앗의 위치를 기억할 수 있었다. 실험에서 캐나다 산갈까마귀는 뇌 속에 기억장치 중앙에 특이하게 큰 해마를 갖는 것으로 나타났다.

본능과 학습간의 상호작용

흰정수리북미멧새(white-crowned sparrow)에게서 구애의 노래를 얻은 첫 번째 방법은 행동을 발달시키는 본능과 학습 간의 상호작용에 대한 훌륭한 예를 제공하였다. 구애의 노래는 성숙한 새에 의해 불리며, 종 특이적이다. 방음시설에서 길러진 수컷 새에게 스피커와 마이크를 넣어주고, 동물행동학자 Peter Marler는 새가 성숙할 때까지 듣는 것을 조작하고, 성체가 될 때까지 낸 소리들을 소나그램으로 기록하였다. **그림 37.5*a***와 같이 일반적인 소나그램과 비교하여 볼 때, 성장하는 동안 아무런 소리도 듣지 못한 흰정수리북미멧새는 **그림 37.5*b***의 소나그램에서 보이는 것처럼 성체가 될 때까지 노래를 잘 발달시키지 못한 것을 알 수 있었다. 만약 다른 종의 노래만을 들었을 경우에도 같은 현상이 일어난다. 하지만 그들이 속한 종의 노래를 들었을 경우에는 성체가 되어서 완벽한 노래를 부를 수 있다. 만약 어린 개체가 격리되어서도 같은 종의 노래를 들었을 경우는

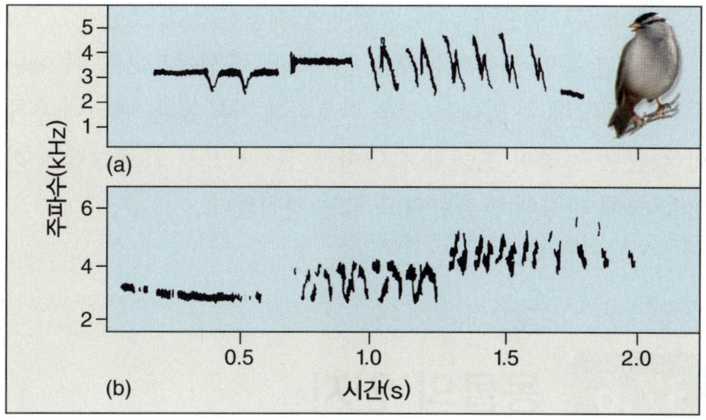

그림 37.5 새의 노래 발달은 본능과 학습 모두 포함한다
발달 기간 동안 동종의 노래에 노출된 수컷 흰정수리북미멧새에 의해 생성된 노래의 소나그램(*a*)은 양육기간동안 노래를 듣지 못한 수컷의 것(*b*)과 차이가 난다. 이러한 차이는 유전적 프로그램은 평범한 노래를 만들어내기에는 부족하다는 것을 보여주는 것이다.

노래를 부를 수 있다.

말러의 결과는 이 새들이 적절한 노래를 학습할 수 있도록 인도하는 유전적인 틀 또는 선천적인 프로그램을 가진다는 것을 제안한다. 발달에서 결정적 시기동안 그 틀은 모델처럼 완벽한 노래를 수용할 것이다. 즉, 노래 습득은 학습에 의지하지만, 종과 일치하는 노래는 오직 학습에 의한 것이다.

노래의 틀은 유전적으로 결정되지만, Marler는 학습 또한 노래 발달에 중요한 부분이라는 것을 찾았다. 만약 어린 흰정수리북미멧새가 결정적 시기동안 같은 종의 노래를 들은 후 귀머거리가 된다면, 그 새는 성체가 되어서도 완벽한 노래를 하지 못할 것이다. 새는 자신이 노래하는 것을 듣고 모델과 그의 소리를 연결시키는 '연습'을 해야만 한다.

어떤 새의 수컷들은 같은 종의 노래를 들을 기회가 없기도 한다. 이 경우에는 이 수컷들은 선천적으로 동종의 노래를 알고 있다는 것을 나타낸다. 예를 들어, 뻐꾸기는 탁란을 하는 종이다. 암컷은 타종의 둥지에 알을 낳고, 새끼는 수양부모에 의해 양육된다. 뻐꾸기가 성체가 되었을 때, 그들은 수양부모의 노래가 아닌 동종의 노래를 하게 된다. 탁란으로 성장한 수컷은 발달하는 동안 수양부모의 노래를 듣게 되지만, 그들은 '불일치' 조건으로써 그것을 거부한다. 그들은 동종 성체 수컷이 노래하는 것을 듣지 못하였지만, 수양부모의 노래를 따르진 않는다. 이 종에서, 자연선택은 본능에 의하여 완벽하게 이끌어진 유전

적으로 프로그램된 노래를 수컷에게 제공하였다.

수십 년 동안 동물행동학을 공부하는 학생들은 사람이 아닌 동물도 생각할 수 있다는 것을 단호하게 거부했다. 대신에 우세한 접근은 동물이 본능과 간단하게 선척적으로 프로그램된 학습을 통해 환경에 반응한다고 하는 것이었다.

주요 학습 요점 37.5 **행동은 본능(유전자를 포함하는)과 경험을 통한 학습으로 이루어진다. 유전자는 수정되어질 수 있는 행동과 만들어질 수 있는 연합의 종류에 대한 규모를 제한한다고 생각된다.**

37.6 동물의 인지

최근에 학자들은 동물의 의식의 주제에 대하여 주목하고 있다. 중요한 문제는 사람 외의 동물이 **인지행동(cognitive behavior)**을 보여주느냐이다. 즉, 그들은 생각이 제안하는 방법으로 정보와 반응을 처리하는가?

의식한 계획의 증거

어떻게 행동을 인식했다는 것을 보여줄까? 도시의 어떤 새들은 비균질유의 크림층 아래의 것을 얻기 위해 우유통의 호일 뚜껑을 제거한다. 일본원숭이(원숭이의 한 종류)는 모래로부터 곡물을 분류하기 위해 곡물이 물에 뜬다는 것을 학습하고, 이 방법을 다른 원숭이에게 가르친다. 침팬지는 나뭇가지의 잎을 뜯어내고 흰개미집의 입구를 살피고 개미를 모으는 막대로 사용하는데, 이것은 유인원이 어떠한 행동을 하기 위해서 미리 숙지하고 의식한 계획을 가진다는 것을 의미한다. 해달은 조개를 깨기 위한 모루로 돌을 사용하며, 종종 오랫동안 선호하는 돌을 지속적으로 사용하는데, 이것은 해달이 돌을 나중에 사용하겠다는 명확한 생각을 가진다는 것을 알 수 있다.

문제 해결

만약 우리가 문제 해결을 위해 무엇인가를 한다면, 그것을 추리(reasoning)라고 할 것이다. 1920년대에 행해진 고전적 실험의 시리즈를 예로 들어 보자. 침팬지는 천장에 매달린 바나나와 함께 우리에 남겨 졌다. 또한 방에는 각각 바닥에 놓여 있는 박스들이 있다. 점프하여 바나나를 잡으려던 시도가 실패한 후, 침팬지는 갑자기 상자들을 보고는 즉시 바나나 아래로 상자들을 옮겨 쌓고 바나나를 잡기 위해 상자들을 올라갔다. 사람들도 그렇게 빨리 문제를 해결하지 못했을 것이다.

침팬지처럼 사람과 매우 밀접한 관련이 있는 동물에서 확실

그림 37.6 큰까마귀에 의한 문제 해결
이전에 결코 만나보지 못한 문제와 직면하여 큰까마귀는 줄을 물어서 끌어올리고 그것을 밟는 것을 반복적으로 행하여 줄 끝에 매달린 고기를 어떻게 얻어야 하는지에 대하여 생각해냈다.

한 지능을 찾는 것은 어렵지 않다. 그럼에도 불구하고 아마 더욱 놀라운 것은, 다른 동물들 또한 인식의 증거를 보여준다는 최근 연구들일 것이다. 큰까마귀는 항상 가장 지능이 높은 새들 중 하나로 여겨진다. 버몬트 대학의 Bernd Heinrich는 새장 밖에 살지만 사람 손에 길들여진 큰까마귀 그룹을 이용하여 실험하였다. Heinrich는 끈에 고기를 매달아 새장 안의 큰 나뭇가지(branch)에 걸어 두었다. 큰까마귀는 고기 먹는 것을 좋아하며, 고기 얻기를 시도하기 전까지 절대 끈을 볼 수 없다. 고기를 주기적으로 봤지만 아무 시도도 하지 않은 시간이 흐르고, 한 큰까마귀가 나뭇가지로 날아와 앉았고, 그의 부리로 줄을 감아 끌어 올린 후 줄을 그의 발 아래 놓았다. 그리고 큰까마귀는 몸을 아래로 내리고 끈을 또 물어 올리는 행동을 여러 번 반복해서 고기에 꽤 가까워질 수 있었다(**그림 37.6**). 마침내 고기에 닿을 수 있는 거리에 왔고 큰까마귀는 고기를 먹었다. 완전히 새로운 문제를 만난 큰까마귀는 해결방법을 고안해냈다. 결국 5마리

중 3마리가 어떻게 고기를 얻을 수 있는지 생각해냈다. 이 결과는 큰까마귀가 인지능력을 발전시킨다는 것에 대한 의심을 덜 수 있게 하였다.

주요 학습 요점 37.6 동물의 인지능력에 대한 연구는 초창기이지만, 몇몇 예시들은 동물들이 추론할 수 있다는 것을 강력하게 주장하고 있다.

진화의 힘은 행동을 형성한다

37.7 행동생태학

동물행동의 연구는 세 가지 주제로 적절하게 나뉠 수 있다: (1) *동물행동의 발달에 관한 연구. 거위의 본능에 대한 로렌츠의 연구는 이러한 종류의 연구였다.* (2) *동물행동의 생리학적인 이유에 관한 연구. 실험용 쥐의 모성행동에서 fosB 유전자의 영향에 대한 연구는 이러한 종류의 연구였다.* (3) *동물행동의 기능(진화적인 중요성)에 관한 연구.* 세 종류의 연구는 **행동생태학 (behavioral ecology)**의 분야에서 일하는 생물학자들에 의하여 이루어졌다.

행동생태학은 행동의 생존가치를 연구한다. 동물의 행동이 어떻게 동물을 생존하고 번식하게 할까? 또는 그 자손들이 살아남아 번식을 하는 것을 가능하게 할까? 행동생태에 관한 연구 즉 행동의 적절한 중요성에 초점을 맞춘다. 즉, 행동은 동물의 번식성공, 적응도에 기여한다.

행동에서 모든 유전적 차이가 생존가치에 기여할 필요는 없다는 것을 기억하는 것은 중요하다. 자연 집단에서 대부분의 유전적 차이는 유전적 부동이라고 하는 갑자기 일어나는 무작위적인 돌연변이의 결과이다. 만약 특별한 행동이 자연선택에 의하여 선호된다면 우리는 학습 가능하다는 것을 실험할 것이다.

갈매기의 둥지 만들기에 대한 노벨상 수상자인 Niko Tinbergen의 선구적인 연구는 행동생태학자들이 행동의 잠재적 진화의 중요성을 어떻게 조사하는지에 대한 훌륭한 예시를 제공하였다. Tinbergen은 갈매기 새끼가 부화한 후, 부모 새가 둥지로부터 빠르게 알 껍질을 제거하는 것을 관찰하였다. 왜 그랬을까? 갈매기에게 주어진 이 행동의 진화적 이익은 무엇일까?

이것을 연구하기 위하여, Tinbergen은 달걀을 갈매기 둥지 근처의 주변 환경과 비슷한 갈매기 알처럼 색을 입혀서 갈매기 알로 위장하고(**그림 37.7**), 둥지 근처 곳곳에 위장한 알을 놓아두었다. 그는 몇몇 알 바로 옆에 깨진 알 껍질을 놓아두고, 대조

그림 37.7 알 껍질 제거의 적절한 가치

Niko Tinbergen은 갈매기 알로 위장하기 위해 달걀을 반점 있는 갈색으로 칠했다. 반점 있는 알은 갈매기 둥지 근처의 바위가 많은 지역처럼 보였다. 위장된 알은 포식자가 찾기 더 어렵다는, 즉 새끼의 생존 기회를 증가시킨다는 이론을 테스트하기 위해 사용되었다. 그리고 그는 깨진 알 껍질 안쪽의 흰색은 포식자를 유인한다는 이론을 테스트하기 위하여 위장한 알 근처에 부서진 알 껍질을 놓아두었다.

군으로 그는 알 껍질을 두지 않은 위장한 알을 놓아두었다. 그리고 그는 어떤 알이 까마귀에 의하여 더 쉽게 찾아 지는지 관찰하였다. 까마귀는 깨진 알 껍질 안쪽의 흰색을 이용하여 알을 찾기 때문에, 그들은 알 껍질 근처의 위장한 알을 반복적으로 먹었고, 홀로 떨어져 있는 위장한 알은 찾지 못하였다. Tinbergen은 알 제거 행동은 갈매기의 진화적 이점을 준다고 판단하였다. 둥지로부터 깨진 알 껍질을 제거하는 것은 부화하지 않은 알(그리고 새롭게 태어난 새끼)의 포식 위험을 감소시킴으로써 새끼가 생존할 기회가 증가되었다.

적절한 특성이 개체에게 어떤 진화적인 이점을 주는지에 대하여 아는 것은 쉽지 않다. 알 껍질 제거 같은 행동들은 포식 위험을 감소시킨다. 다른 행동들은 에너지 흡수를 증가시키고, 가

능한 자손의 수를 늘리려고 한다. 그리고 다른 행동들은 질병에 대한 노출을 감소시키거나 저항을 증가시키고, 배우자를 얻는 능력을 강화키시거나, 또는 개체의 적응도를 증가시키는 방법이나, 다음 세대를 위하여 자손에게 기여할 수 있는 능력을 강화시킨다.

주요 학습 요점 37.7 행동생태학은 자연선택이 어떻게 행동을 형성하는지에 대한 연구이다.

37.8 행동의 손해와 이익 분석

행동생태학자들이 행동의 진화적인 이익을 연구하는데 한 가지 중요한 것은 어떤 행동이 비용(cost)보다 더 많은 진화적 이익을 제공하느냐고 묻는 것이다. 즉, 예를 들어 만약 부모에 의한 먹이 섭취가 증가한다면, 그 행동은 자연선택에 의하여 선호될 것이다. 이것은 새끼의 생존을 증가시키는데 매우 적절한 이익이지만, 비용이 든다. 먹이를 찾거나 먹이 공급을 감당하는 것은 어미가 포식자에게 노출되고, 어미가 새끼를 양육하기 위한 생존 가능성을 감소시킨다. 행동의 이러한 형태를 이해하기 위하여 행동의 비용과 이익을 신중하게 평가할 필요가 있다.

그림 37.8 최적 먹이찾기
다람쥐(golden mantled ground squirrel)의 최적 먹이찾기는 번식 성공을 증가시키는 성과가 있다.

채집 행동

많은 동물들은 그들이 먹을 수 있는 먹이를 다양한 크기와 다양한 장소에서 찾을 수 있다. 동물들은 어떤 먹이를 고를 것이며, 얼마나 이동하여 먹이를 찾을지에 대하여 선택해야만 한다. 이러한 선택을 동물들의 **채집 행동(foraging behavior)**이라고 한다. 각 선택은 이익과 비용을 포함한다. 즉, 큰 먹이는 더 많은 에너지를 포함하지만, 그것은 잡기도 어렵고 흔하지도 않다. 게다가, 더욱 가치 있는 먹이는 다른 먹이들보다 더 잡기 어려울 것이다. 이런 이유로 동물의 채집 행동은 먹이에 포함된 에너지와 그것을 얻기 위한 비용 사이의 최적 수지균형을 포함한다.

먹이 섭취를 통한 순에너지(칼로리)는 먹이에 포함된 에너지에서 먹이를 잡기 위해 사용한 에너지를 뺀 값이다. 처음에 진화는 가능한 한 효과적이고 능률적인 채집 행동을 선호한다고 예상할 것이다. 이 추리의 형태는 채집시간에 따른 각 개체가 섭취하는 순에너지가 최대 먹이를 선택할 것으로 예상되는 **최적 먹이찾기 이론(optimal foraging theory)**이 무엇인지로 이어질 것이다.

최적 먹이찾기 이론은 옳은 것일까? 많은 동물들은 먹이에 소요된 시간당 돌아오는 에너지가 최대인 먹이를 선호한다. 예를 들어 꽃게(shore crabs)의 경우, 주로 최대의 에너지를 얻을 수 있는 중간 크기의 홍합을 선호한다(이 장 끝의 질문 및 분석에서 다룰 예정). 큰 홍합은 더 많은 에너지를 제공하지만 홍합을 열기 위해 더 많은 에너지를 써야만 한다. 다른 많은 동물들 또한 최대의 에너지를 얻기 위해 행동한다.

하지만 중요한 질문은 최적 먹이찾기에 의해 얻어진 많은 에너지는 번식 성공의 증가로 이어지는가 하는 것이다. 대부분의 경우는 그러하다. 얼룩다람쥐(**그림 37.8**), 금화조, orb-weaving spider를 포함하는 동물들은 성공적으로 양육하는 새끼의 수가 부모가 더 많은 에너지를 얻었을 때 증가한다.

하지만 채집활동의 비용이 이익보다 더 큰 경우도 있다. 스스로 먹이활동을 하는 것이 위험한 동물들은 종종 채집활동의 시간을 최소화하는 것이 이익이다. 많은 동물들이 먹이와 위험의 최적수지균형을 반영하여 포식자가 있을 때에는 채집 행동을 수정한다.

세력권 행동

동물들은 종종 넓은 지역 또는 *행동권*(home range)으로 이동한다. 대부분의 종은 다양한 개체의 세력권이 겹치지만, 각 개체는 세력권의 일부만을 방어하고 그것을 독점적으로 사용한다.

그림 37.9 영역권의 이해

아프리카에서 발견한 벌새와 생태학적으로 유사한 태양새는 꽃을 지켜 꿀을 얻을 수 있는 가능성을 높인다. 태양세는 침입자를 쫓는데 시간당 3,000칼로리를 소모한다.

이러한 행동을 **영역권(territoriality)**이라 한다.

영역은 영역을 점유하고 있다는 광고를 보여주거나 명백한 공격을 통해 방어된다. 새는 이웃의 새가 자신의 영역에 침범하는 것을 막기 위해서 자신의 영역 내의 횃대에서 노래를 한다. 만약 노래로써 침입자를 막지 못하였다면, 영역의 주인은 침입자를 향해 공격 또는 돌진할 것이다.

왜 모든 동물이 영역을 갖지 않을까? 그 답은 손익 분석을 포함한다. 동물의 세력권 행동의 실제 적정가는 행동의 이익과 비용 간의 최적수지 균형에 의지한다. 영역은 근처 자원으로 부터의 에너지 섭취증가(**그림 37.9**), 포식자로부터 회피, 배우자의 독점을 포함한 명백한 이익을 제공한다. 반면 영역권 행동의 비용은 중요하다. 예를 들어, 노래하는 새는 에너지 소모가 많으며, 경쟁자로 부터의 공격을 통해 부상당할 수도 있다. 게다가 노래나 시각적인 노출을 통한 광고는 포식자에게 자신의 위치를 노출시킬 수 있다. 많은 경우에, 특히 먹이 자원이 풍부할 때, 쉽게 얻어진 자원을 지키는 것은 비용이 거의 들지 않는다.

주요 학습 요점 37.8 자연선택은 얻어지는 에너지를 최대화할 수 있는 채집행동과 세력권 행동의 진화를 선호하는 경향이 있으며, 또한 포식자를 피하는 것 같은 고려사항도 중요하다.

37.9 이주 행동

많은 동물들은 지구의 한 지역에서 번식을 하고, 나머지 기간은 다른 곳에서 지낸다. 이처럼 먼 거리와 연간 두 번 이동하는 것을 **이주(migration)**라고 한다(**그림 37.11**). 이주 행동은 특히 조류에서 많이 나타난다. 오리와 거위는 가을과 겨울 동안 캐나다 북쪽에서 미국을 가로질러 남쪽으로 이주하고, 봄이 되면 번식을 위해 북쪽으로 돌아온다. 휘파람새(warbler)와 곤충을 먹는 많은 새들은 열대지방에서 겨울을 나고 곤충이 풍부한 봄과 여름에 미국과 캐나다에서 번식을 한다. 왕나비(monarch butterfly)는 가을에 북아메리카의 중앙과 동쪽, 멕시코에서 겨울을 나기 위해 멕시코 중앙의 지리적으로 격리된 침엽수림으로 이주한다. 귀신고래(gray whale)는 북극해에서 여름동안 먹이를 먹고, 10,000km를 수영하여 캘리포니아의 바자 지역에 정착하여 그곳에서 겨울 동안 번식한다.

생물학자들은 많은 관심을 갖고 이주를 연구한다. 동물들이 어떻게 먼 거리를 정확하게 방향을 찾는가에 대한 이해는 *방향감각*[compass sense; 방위(bearing)라고 하는 특정 방향으로 움

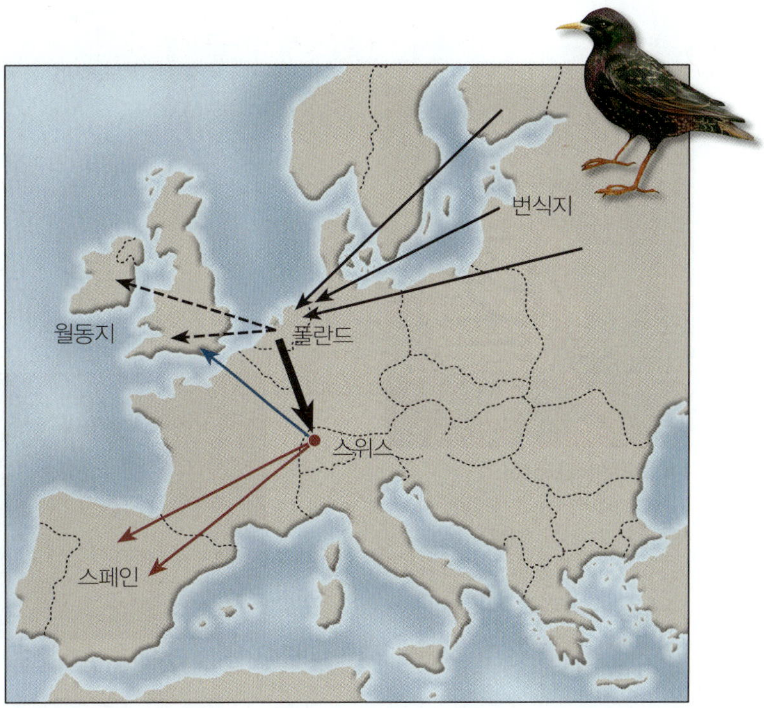

그림 37.10 찌르레기는 길 찾는 방법을 학습한다

경험 없는 새의 길 찾는 능력은 이전의 이주 경험이 있는 나이 많은 새와 차이가 난다. 찌르레기를 영국에서 겨울을 나고 번식지인 발트 해로 이어지는 이주 경로의 중간인 폴란드에서 포획하였다. 이렇게 포획된 새는 스위스로 옮겨져 방사되었다. 이주 경험이 있는 새들은 변화된 경로를 수정하여 원래의 월동지를 향해 날아갔다(푸른 화살표). 경험 없는 어린 새들은 채집 전에 이동하던 방향을 유지하며 스페인을 향해 이동하였다(붉은 화살표).

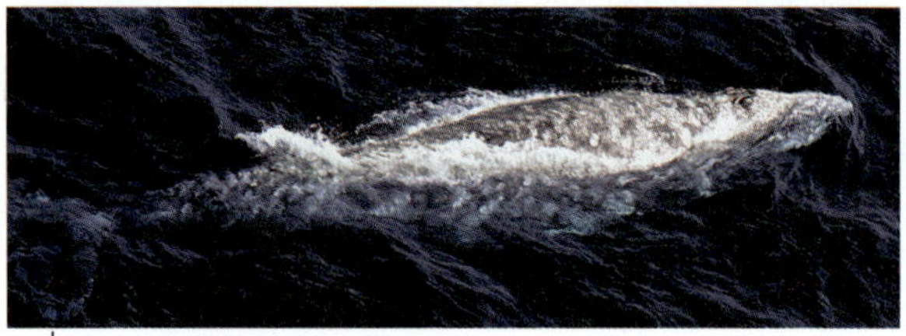

귀신고래(Gray whale)
귀신고래는 대서양과 북태평양에서 여름을 보내고, 멕시코 해안에서 번식하기 위하여 남쪽으로 이주한다. 약 21,000km를 이동하는 귀신고래의 이주는 포유류의 이주 중에서 가장 길다고 알려져 있다.

미국 솔새(American redstart)
미국 솔새는 '신열대구의 철새(neotropical migrant)'이며, 북아메리카에서 봄, 여름을 나며, 남쪽으로 날아가 중앙아메리카와 남아메리카에서 겨울을 난다. 많은 신열대구의 철새 집단들은 겨울과 여름 사이 서식지 단편화와 질적 저하 때문에 감소하였다.

인도기러기(Bar-headed goose)
인도기러기는 티벳에서 번식하고 인도에서 겨울을 나기 위해 남쪽의 히말라야로 날아간다. 1600km의 여행을 하는 동안 기러기는 에베레스트 트산을 넘어 날아갈 것이며, 세상에서 가장 높은 고도로 이주할 것이다.

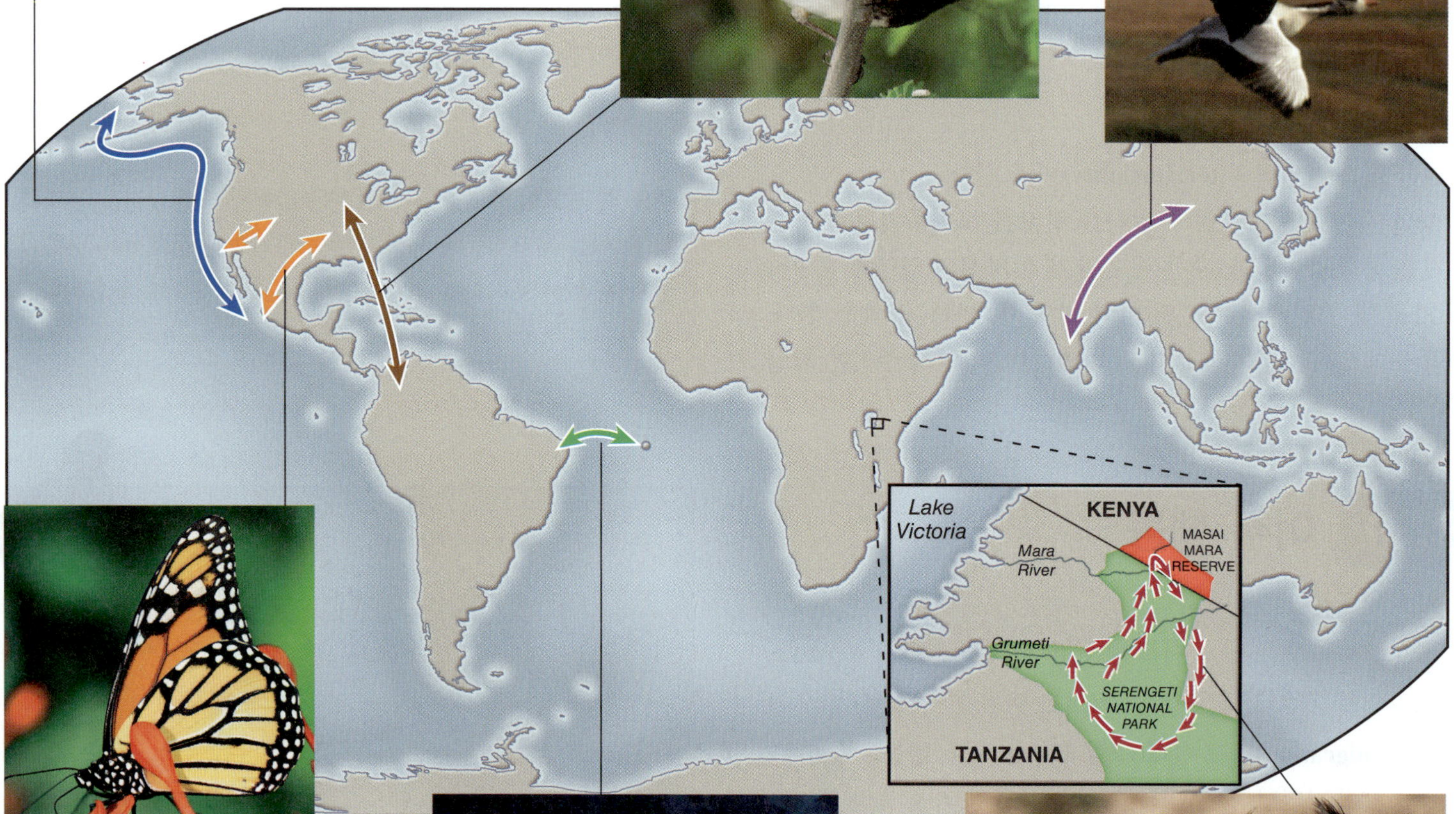

왕나비(Monarch)
가을에 왕나비는 겨울동안 나무에 둥지를 틀기 위해 4,000km를 이주한다. 로키산맥 서쪽의 왕나비는 남캘리포니아로 이주하고, 로키산맥 동쪽의 왕나비는 멕시코로 이주하는데, 놀라운 것은 이주하는 동안 2~5세대가 나타난다.

녹색바다거북(Green sea turtle)
녹색바다거북의 몇몇 개체들은 에센션 섬의 번식지와 먹이 채집 장소인 브라질해안 사이의 대서양을 가로질러 2000km를 이주할 것이다. 보통, 개체들은 그들이 태어난 해변으로 돌아와 둥지를 틀 것이다.

누(Wildebeests)
매년 140만 마리의 누와 함께 20만 마리의 얼룩말과 가젤이 비와 강을 따라 시계방향으로 이주한다. 무리는 북쪽의 케냐의 마사이마라부터 새끼가 태어나는 탄자니아의 남세렝게티의 북쪽까지 이동한다.

그림 37.11 이주의 예

직일 수 있는 선천적인 능력]과 *지도감각*(map sense; 동물의 위치에 따라 정확한 방위를 학습을 통해 얻는 능력) 사이의 차이를 이해하는 것이 중요하다. **그림 37.10**에서 보이는 찌르레기의 실험은 이주경험이 없는 새는 방향감각을 이용하고, 이주경험이 있는 나이 많은 새는 방향감각을 돕기 위해 지도감각을 사용한다는 것을 보여준다. 그들은 본질적으로 항로를 학습한다. 이주 중인 새를 그들 경로의 중간쯤인 폴란드에서 포획한 후, 스위스에서 방사하였다. 경험없는 새(붉은 화살표)는 그들의 원래 방향을 유지하였고, 반면 경험있는 새(푸른 화살표)는 항로를 수정하여 그들의 원래 월동지에 도착할 수 있었다.

방향감각

조류의 경우에 우리는 방향감각이 어떻게 성공할 수 있는지에 대해 잘 이해하고 있다. 이주하는 많은 조류들은 지구의 자기장을 탐지하고, 그것을 신뢰하고 이용한다. 실내의 케이지에서 새들은 외부의 시각적 단서 없이도 정확한 지리적 방향으로 이동했다. 하지만 케이지 근처에 강한 자석을 놓았을 때 새들의 이동방향은 변화하였다.

어린 새의 첫 이주는 지구의 자기장에 의한 선천적인 방법을 이용한다. 또한 경험이 없는 새는 이동하기 위해, 해 또는 특히 별을 이용하였다(이주하는 새는 대부분 밤에 이동).

멋쟁이새(indigo bunting)는 낮 동안 이동하며, 방향을 잡기 위해 해를 이용하고, 낮에 하늘의 해가 이동하는 것에 대한 보충으로 움직이지 않는 북극성을 함께 이용한다. 찌르레기는 하늘에서 해의 이동에 대한 보충으로 내부시계를 이용한다. 만약 붙잡힌 찌르레기에게 고정된 인공 해를 보여준다면, 그들은 시간당 15도씩 방향을 틀 것이다. 하늘을 가로지르는 해의 이동과 같은 비율이다.

지도감각

새들이 어떻게 이주하는지, 다른 동물들은 어떻게 지도감각을 얻는지에 대해 알려진 것은 많지 않다. 그들의 첫 이주 동안, 어린 새는 경로를 아는 경험 있는 나이 많은 새의 무리와 함께 이동하며, 이동하는 동안 산이나 해안지대 같은 정확한 신호를 인식하는 것을 학습한다.

평범한 지형을 통과하여 이주하는 동물들은 더욱 어려울 것이다. 녹색바다거북(green sea turtle)이 이에 해당된다(**그림 37.11**). 매년 180kg이 넘는 매우 많은 수의 거북들이 알을 산란하기 위하여 브라질에서 대서양을 지나 에센션 섬(ascension island)으로 2,250km를 헤엄쳐 온다. 머리로 파도를 헤치며, 수천 km를 지나 어떻게 지평선 너머의 작은 바위섬을 찾았을까? 확실히 아는 사람은 아무도 없지만, 최근 연구들은 파도의 움직이는 방향이 방향을 알려주는 중요한 단서를 제공한다고 주장하고 있다.

주요 학습 요점 37.9 많은 동물들은 예상 가능한 방법으로, 해와 별을 보며 길을 찾으며, 어떤 경우엔 자기장을 감지하며 이주한다. 많은 경우에 어린 개체는 경험 있는 개체와 함께하며 경로를 학습한다.

37.10 번식 행동

동물들의 행동에는 다른 종류가 많이 나타나는데(**표 37.1**), 번식행동은 특히 복잡하고, 구애와 부모의 양육이 포함되는 행동의 다양성을 포함한다. 동물의 번식 행동은 개체가 얼마나 오래 사는지, 얼마나 자주 짝짓기하는지, 배우자당 얼마나 많은 새끼를 생산하는지에 영향을 주는 행동들 때문에 직접적인 영향을 받는다. 이러한 요소들 중 두 번째인 짝짓기 기회를 위한 경쟁을 **성 선택(sexual selection)**이라고 한다.

성 선택은 *성내 선택*(intrasexual selection)이라고 하는 같은 성 간의 상호작용(다윈의 말한 것처럼 '경쟁에서 다른 수컷을 이기기 위한 힘')과 *성간 선택*(intersexual selection; '유혹하기 위한 힘') 두 가지가 있다.

성내 선택은 수컷 간의 전투(사슴의 뿔 또는 숫양의 뿔)를 이용하는 구조로 진화하였다. 의식적이든 실제이든 수컷 간의 전투는 공격, 과시 또는 실제 투쟁에 의해 벌어진 대립인 *세력권 투쟁 행동*(agonistic behaviour)의 형태이다.

배우자 선택(mate choice)이라고도 하는 성간 선택은 복잡한 구애 행동과 짝짓기를 위해 반대 성을 '설득'할 수 있는 긴 꼬리 깃털 또는 밝은 깃털 같은 장신구 형태를 진화시켰다. 예를 들어, 수컷 공작은 암컷 앞에서 꼬리 깃털을 보여주며 행진한다. **그림 37.12**는 수컷 꼬리 깃털의 더 많은 반점은 더 많은 배우자를 유혹한다는 것을 보여준다.

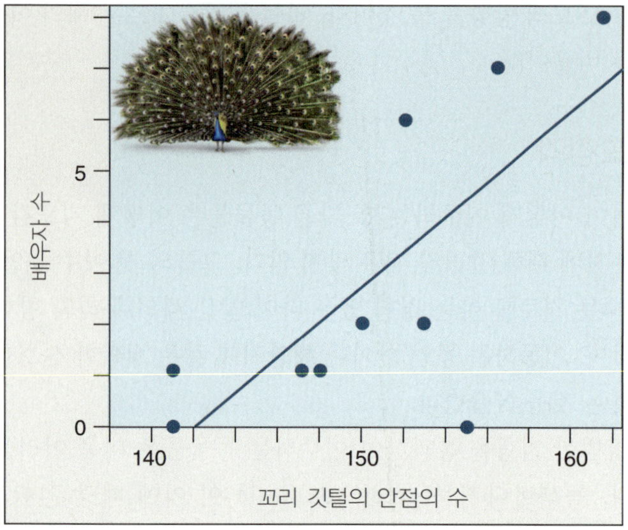

그림 37.12 수컷 공작 꼬리 깃털이 성 선택의 산물이다
이 실험은 꼬리 깃털이 평범한 암컷은 꼬리 깃털에 화려한 '안점(eyespot)'을 더 많이 가진 수컷과의 짝짓기를 선호한다는 것을 보여주고 있다.

배우자 선택의 이익

교배우선권(mating preference)은 왜 진화하였을까? 그들에게 적절한 가치는 무엇일까? 생물학자들은 다음과 같은 다양한 이유를 주장하였다.

1. 조류와 포유류의 많은 종에서 수컷은 새끼양육을 돕는다. 이런 경우, 암컷은 잘 양육할 수 있는 수컷을 선택하는 것이 이익이다. 수컷이 잘 할수록 암컷은 새끼를 성공적으로 양육할 것이다.
2. 수컷이 양육을 하지 않는 종의 경우에는 먹이 공급, 둥지 자리, 포식자 방어를 위하여 영역을 관리한다. 이런 종의 경우, 좋은 영역을 가진 수컷을 선택한 암컷은 번식 성공도가 최대가 될 것이다.
3. 몇몇 종의 경우, 수컷들은 암컷을 위해 어떤 종류의 도움도 주지 않는다. 만약 암컷이 더욱 건강한 수컷을 고른다면, 아마 암컷은 그녀의 새끼가 그들의 아버지로부터 좋은 유전자를 받을 것이라고 확신하는 좋은 유전적 보상을 받을 것이다.

교배 양식

동물들에서 번식 행동은 종에 따라 매우 다양하다. 어떤 동물은 번식기 동안 많은 배우자들과 짝짓기를 하고, 어떤 종은 오직 한 배우자하고만 짝짓기를 한다. 번식기 동안 갖는 일반적인 배우자의 수를 **교배양식(mating system)**이라고 한다. 동물들은 두 종류의 교배 양식을 갖는다: *일부일처제*(monogamy; 한 수컷이 하나의 암컷과 짝짓는다), *일부다처제*(polygyny; 한 수컷이 하나 이상의 암컷이 짝짓는다), *일처다부제*(polyandry; 한 암컷에 하나 이상의 수컷이 짝짓는다).

배우자 선택과 같은 교배 양식은 번식 적응도를 최대로 하기 위해 진화하였다. 예를 들어, 수컷은 하나 이상의 암컷에게 충분한 자원이 있는 영역을 방어할 것이다.

질 좋은 영역을 가졌지만 이미 배우자를 가진 수컷과 짝짓는 배우자는 없지만, 질 나쁜 영역을 가진 수컷과 짝짓는 것보다 새끼를 기르는 데 더욱 유리하다. 이 방법에서 자연선택은 일부다처제의 진화를 선호할 것이다.

일부다처제는 동물들에서는 흔하지만, 일처다부제도 많은 동물에서 알려져 있다. 예를 들어, 해변에 사는 조류인 쇠청다리도요사촌(spotted sandpiper)은 수컷이 모든 양육을 책임지고, 암컷은 둘 이상의 수컷과 짝짓기를 하고 알을 두고 떠난다.

번식 전략

번식기 동안 동물들은 배우자를 선택하는 것(배우자 선택), 얼마나 많은 배우자를 가질 것인가(교배 양식), 새끼를 양육하기 위해 얼마나 많은 시간과 에너지를 사용할 것인가(육아)를 포함하는 여러 중요한 '결정'을 한다. 이 결정들은 동물들의 번식 전략과 번식 성공도를 최대로 할 수 있게 진화한 행동들의 모든 방면이다. 종종 새끼를 낳고 기르는 것에 대해 각 성 간의 차이나는 양육 투자를 반영하는 번식전략이 차이가 나기도 한다. 대부분의 동물 종에서, 암컷은 배우자를 선택하는데 더 많은 연습(exercise)을 하는데 이러한 종의 암컷은 수컷보다 양육에 더 많은 투자를 한다. 암컷과 수컷이 함께 양육을 하는 종에서는 수컷과 암컷의 양육에 대한 투자가 매우 비슷하며, 암컷과 수컷 모두 배우자를 선택하기 위해 연습하는 경향이 있다.

주요 학습 요점 37.10 자연선택은 번식 성공도를 최대로 할 수 있는 배우자 선택, 교배 양식, 양육 행동의 진화를 선호해 왔다.

표 37.1 동물 행동

먹이찾기 행동	영역 행동	이주 행동
먹이의 선택, 습득, 섭취	자신의 영역을 방어하고 독점	연중 새로운 장소로 이동

검은머리물떼새는 절지동물과 연체동물을 찾기 위해 땅과 바위를 발로 구른다.	수컷 바다코끼리는 영역 소유를 위해 다른 수컷과 싸운다. 가장 큰 수컷만이 많은 암컷이 포함된 영역을 가질 수 있다.	누는 물과 새로운 초지를 찾기 위해 매년 이주를 한다. 이주하는 무리는 수백만 개체가 포함될 수 있으며, 수천 km 이상 이어지기도 한다.
구애	**양육**	**사회 행동**
잠재적인 배우자 유혹과 의사소통	새끼 생산과 기르기	정보 전달과 사회 그룹 원간의 상호작용

수컷 개구리는 암컷을 유혹하기 위하여 울음소리를 낸다.	암컷 사자들은 새끼를 성체로 생존하게 하기 위한 가능성을 증가시키기 위해 무리의 새끼를 양육하는 책임을 공유한다.	이 절엽개미(leaf-cutter ant)들은 곤충사회에서 다른 계급[또는 직업종류(worker classes)]의 구성원이다. 큰 개미는 둥지로 나뭇잎을 옮기는 일꾼이며, 작은 개미는 공격으로부터 일꾼을 보호한다.

37.11 사회적 집단내의 의사소통

많은 곤충, 어류, 조류, 포유류들은 구성원 간의 정보를 주고받는 사회적 그룹에서 살고 있다. 예를 들어, 포유류 사회에서 몇몇 개체는 '경비병' 역할을 한다. 포식자가 나타났을 때, 경비병은 **경계성(alarm call; 警戒聖)**을 내고, 그룹 구성원들은 은신처로 숨는다. 개미나 벌 같은 사회적 곤충들은 공격행동을 유발하는 **경보페로몬(alarm pheromone)**이라는 화학물질을 분비한다. 또한 개미는 먹이로 무리의 구성원들을 이끌기 위해 둥지와 먹이자원 사이에 **냄새추적 페로몬(trail pheromone)**을 놓아둔다(**그림 37.13**). 꿀벌은 무리 구성원들에게 꿀이 풍부한 곳을 알려주기 위해 매우 복잡한 **춤 언어(dance language)**를 사용한다.

그림 37.13 추적 페로몬을 따라가는 개미

추적 페로몬은 협동하는 먹이찾기를 나타나게 한다. 먹이를 찾기 위해 첫 번째 개미를 추적하는 것은 첫 번째 개미에 의한 페로몬 때문에 곧 대부분의 다른 개미들이 뒤따른다.

꿀벌의 춤 언어

유럽꿀벌(*Apis mellifera*)은 복잡한 군집에 동화되는 행동을 하는 30,000에서 40,000개체로 구성된 벌집에 산다. 일벌은 먹이를 얼마나 효율적으로 수거할 수 있을지를 기준으로 다양한 식물로부터 꿀과 꽃가루를 채집하기 위하여, 벌집에서 몇 km 떨어진 곳에서 먹이를 찾는다. 꿀벌에 의해 이용되는 먹이자원은 작은 지역(patch)에서 발생하는 경향이 있고, 각 지역은 한 마리의 꿀벌이 벌집으로 모아올 수 있는 먹이보다 더 많은 것을 제공한다. 집단은 벌집의 동료에게 지역의 위치를 *춤 언어*를 이용하여 알려주는 정찰벌의 행동으로 지역의 자원을 이용할 수 있다. 노벨상을 수상한 Karl von Frisch는 수년에 걸쳐 이 의사소통 시스템을 자세히 풀어냈다.

정찰벌이 벌집으로 성공적으로 돌아온 후, 그 벌은 벌집 안의 수직면에서 *8자 흔들기 춤*(waggle dance)이라고 하는 뛰어난 행동 양식을 수행한다(**그림 37.14**). 춤추는 동안 벌의 행동은 8자 비행을 닮았다. 지역의 위치에 대해 알려주기 위하여 벌은 소리를 낼 수 있는 자신의 복부를 흔든다. 그 벌은 주기적으로 동료에게 자신의 작물에서 가져다주던 꿀의 샘플을 나눠주는 것을 멈추고, 자신의 춤을 통해 곧 꿀을 찾는 벌이 될 다른 벌들을 이끌 것이다.

Frisch와 그의 동료들은 동료벌들이 먹이의 위치를 알기 위해 8자 흔들기 춤의 정보를 이용한다고 주장하였다. 그들의 설명에 따르면, 정찰벌은 먹이와 벌집 사이의 각도와 태양과 먹이자원 사이의 각도를 벌집 안 수직면에서 일직선으로 춤을 추는 각도로써 표현하여 먹이의 방향을 설명한다고 한다(즉, 만약 벌이 곧바로 위로 올라가는 춤을 춘다면, 먹이는 태양의 방향에 있는 것이고, 만약 먹이가 태양의 위치에서 30도 방향이라면, 벌은 수직면에서 30도 꺾어져 춤을 출 것이다). 먹이의 *거리*는 춤의 속도와 힘의 정도로 설명하였다.

캘리포니아 대학의 과학자 Adrian Wenner는 춤 언어로 먹이의 위치에 대한 정보를 의사소통한다는 것을 믿지 않고, 프리시의 실험에 도전하였다. Wenner는 꽃의 냄새가 새로운 먹이를 찾은 벌에게 요구되는 가장 중요한 요인이라고 주장하였다. 두

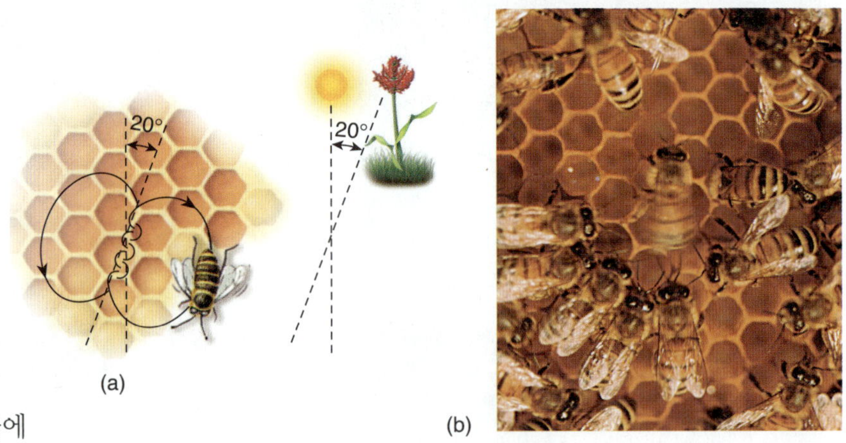

그림 37.14 꿀벌의 8자 흔들기 춤

(*a*) 먹이와 벌집 그리고 태양 사이의 각도는 벌집 내 수직면과 춤의 직선 부분 사이의 각도로써 춤추는 벌에 의해 표현된다. 먹이가 해의 오른쪽 20도에 있으면, 벌집에서 벌 춤의 직선 부분은 수직면에서 오른쪽으로 20도 기울어진다. (*b*) 정찰벌은 벌집 안에서 춤을 춘다.

(a)

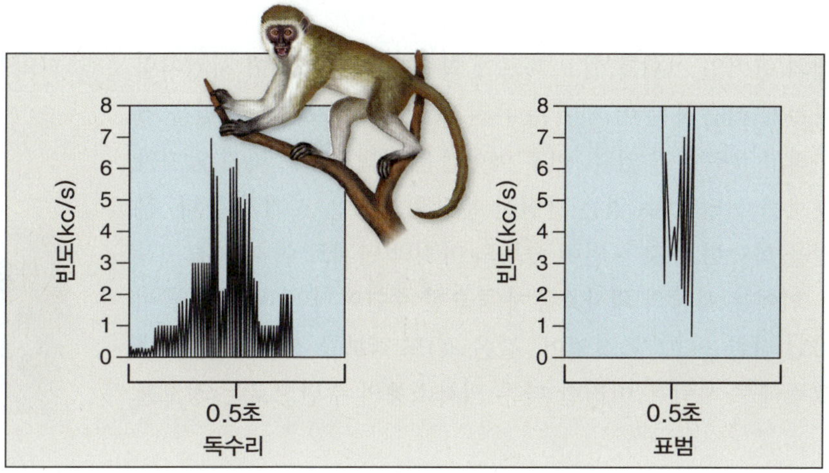

(b)

그림 37.15 의미론적인 영장류

(*a*) 영장류의 포식자인 표범은 버빗 원숭이를 공격하고 먹을 것이다. (*b*) 표범의 공격을 피하는 것은 독수리나 다른 원숭이의 주요 포식자를 피하는 것 보다 어렵다. 버빗원숭이는 표범이 시야에 나타나면 무리의 다른 동료들에게 독수리가 나타났을 때보다 더욱 어려운 경계성을 낸다. 각각 구별되는 소리는 다르고 적절한 회피 반응을 유도한다.

그룹의 연구자들이 뜨거운 논쟁거리에 대한 그들의 입장을 출판하였다.

이런 논쟁은 종종 혁신적인 실험을 발생시키기 때문에 매우 유익하다. 이 '춤 언어 논란' 은 James L. Gould의 창의적인 연구에 의해 1970년대 중반에 해결되었다(훌륭한 과학자의 마음에서). Gould는 동료를 정찰벌의 춤에 의해 주어진 방향을 잘못 해석하도록 속이는 실험을 고안했다. 결과적으로, 만약 동료 벌들이 시각적 신호를 사용한다면, Gould는 동료 벌들이 가는 곳을 조정할 수 있었다. 만약 냄새가 사용되는 신호라면, 동료 벌들은 먹이가 있는 곳에 나타날 것이지만, 벌들은 정확히 Gould가 예상했던 곳에 나타났다. 이것으로 Frisch의 주장이 명확해졌다.

최근에 연구자들은 춤 언어를 완벽하게 구사할 수 있는 로봇 벌을 이용하여 꿀벌의 춤 언어에 대한 연구를 확장시켰다. 그들의 춤은 컴퓨터에 의해 프로그램되어 있으며, 야생꿀벌에게 완벽하게 구사할 수 있다; 심지어 로봇은 먹이 샘플의 공급을 멈출 수 있다! 로봇 벌의 이용은 과학자들이 동료들에게 먹이에 대한 직접적인 신호가 무엇인지에 대하여 자세히 알 수 있게 하였다.

영장류 언어

몇몇 영장류들은 특정 포식자를 알리는 의사소통을 하는 '어휘(vocabulary)' 를 가진다. 예를 들어, 아프리카 버빗원숭이의 발성은 독수리, 표범, 뱀을 구분한다. **그림 37.15*b***의 2개의 소나그램은 무리 구성원들의 반응을 다르게 유도하는 독수리와 표범에 대한 경계성을 보여주고 있다. 침팬지와 고릴라는 많은 수의 기호 인식을 학습할 수 있으며, 추상적인 개념을 의사소통하기 위해 그것들을 사용한다.

인간 언어의 복잡성은 처음에는 생물학적인 이유를 거의 설명할 수 없었지만, 더욱 면밀한 실험을 통해 차이점이 사실 거의 없는 것으로 주장되었다. 모든 언어는 매우 비슷한 구조의 기초를 공유한다. 거의 3,000가지의 모든 인간 언어는 40개의 자음소리의 같은 형태로부터 그려졌고(영어는 그것들 중 24개를 사용), 어떤 사람이라도 그것을 학습할 수 있다. 과학자들은 이 비슷함이 우리 뇌가 추상적인 정보를 처리하는 방법을 반영하며, 모든 사람의 특징은 유전적으로 결정된다고 믿고 있다.

언어는 인간의 초창기에 발달되었다. 인간 아기는 다른 소리는 무시하는 반면에 자신들이 학습하게 될 특정 언어에 포함되지 않더라도 40개의 자음 소리 특징을 인식하여 이용할 수 있다. 대조적으로, 유아기 때 확실한 자음 소리를 듣지 못한 사람은 성인이 되어도 그것들을 구별하거나 소리 내는 것을 잘 못한다. 이것은 왜 영어사용자들은 프랑스어의 'r' 발음을 어렵게 하는지, 프랑스어 사용자들은 종종 영어의 'th' 를 'z' 로 대신하기도 하며, 일본어 사용자들은 종종 영어의 'r' 을 비슷하지 않은 'l' 로 대신하는 것의 이유이다. 어린아이들은 언어를 어떻게 소리 내는지에 대해 시도하고 틀리면서 학습하는 '수다쟁이' 시기를 겪는다. 심지어 청각장애를 가진 어린아이도 언어를 사용하는 수다쟁이 시기를 겪는다. 다음으로 어린아이들은 수천 개의 단어인 어휘를 쉽고 빠르게 학습한다. 수다쟁이 시기처럼 빠르게 학습하는 이 시기는 유전적으로 프로그램되어 있을 것이라고 추측하고 있다. 이후 아이들은 문법적으로 맞지 않지만 정보를 전달할 수 있는 간단한 문장을 만드는 시기가 온다. 문법을 학습하는 것은 언어 습득의 마지막 단계로 여겨진다.

언어는 사람의 의사소통에 중요한 수단이지만, 냄새나 말이 아닌 다른 신호('몸짓언어' 같은 것)도 정보를 전달할 수 있다. 그럼에도 사람은 이러한 다른 의사소통의 수단으로는 정보를 파악하는 것이 어렵다.

주요 학습 요점 37.11 **동물 의사소통의 연구는 신호의 특이성, 그들 정보 내용, 그리고 그것들을 만들어내고 보내는데 사용된 방법의 분석을 포함한다.**

37.12 이타주의와 집단생활

이타주의(altruism)는 자신의 비용을 들여 다른 개체에게 이익이 되는 행위를 보여주는 것으로 동물의 세계에서 여러 형태로 나타난다. 예를 들어, 대부분의 조류의 어미들은 자신의 새끼를 양육하는데 *양육 도우미*라고 하는 다른 새의 도움을 받는다. 포식자를 염탐하는 포유류와 조류 종들은 비록 소리를 내는 개체가 포식자의 관심을 받을지라도 무리의 동료들에게 경고하는 경계성을 낼 것이다. 마지막으로, 새끼를 기르는 암사자들은 다른 암컷의 새끼일지라도 무리의 모든 새끼들을 돌본다.

이타주의의 존재는 오랫동안 진화론적인 생물학자들을 당황하게 했다. 만약 이타주의가 개체에게 비용을 부과했다면, 이타주의의 대립유전자는 어떻게 자연선택을 받을 수 있었을까? 한 가지, 대립유전자는 불리하다는 것을 예상할 수 있는데, 즉 유전자풀(gene pool)에서의 빈도는 시간이 지날수록 감소할 것이다.

이타주의의 진화에 대한 많은 설명들이 계속되어 왔다. 텔레비전 다큐멘터리에서 종종 볼 수 있는 한 가지 설명은 종은 이익을 위해 진화한다는 것이다. 이 설명의 문제점은 자연선택은 종 전체에 작용하는 것이 아니라, 종내 개체에서 작용한다는 것이다. 즉, 자연선택은 자신의 비용을 들여 다른 개체에게 이익을 주는 방법을 사용하도록 하는 대립유전자를 선택하지 않는다는 것이다. 그것이 개체에게 이익을 준다면 이는 종 전체에게 해가 되는 특성도 진화하는 것이 가능하다.

몇몇 경우에, 선택은 개체들의 그룹에서 가능하지만, 극히 드문 경우이다. 예를 들어, 만약 동종포식을 위한 대립유전자가 개체군 내에서 진화한다면, 대립유전자를 가진 개체는 자연선택되며, 더 많은 먹이를 가질 것이다; 하지만, 그 개체군은 결국 멸종할 것이고, 그 대립유전자는 그 종에서 제거될 것이다. 특정 상황에서, **그룹선택(group selection)**은 일어날 수 있지만, 그런 상황은 자연에서는 극히 드물다. 결과적으로 대부분의 경우, '종의 이익'이 이타주의의 진화를 설명하지는 못한다.

그림 37.16 이타적 행동인가? 아닌가?
당번인 미어캣 보초병. 미어캣(*Suricata suricata*)은 서아프리카의 칼라하라 사막의 반건조 모래에 살고 있는 매우 사회적인 몽구스과 동물이다. 이 미어캣은 포식자에 대한 망을 보기 위해 주변을 둘러보고 있다. 이 경계 감시하에, 무리의 다른 동료들은 먹이 찾는데 집중할 수 있다. 이 보초병은 그가 경계성을 낼 때 위험에 처해지며, 이것은 누가 봐도 이타행동의 예이다.

다른 가능성은 겉보기에 이타적인 행동이 결국은 이타적이지 않다는 것이다. 예를 들어, 흔히 양육 도우미는 어리고, 그 영역의 어미들을 도움으로써 소중한 양육 경험을 얻는다. 더욱이, 영역을 배회함으로써, 그 개체는 영역의 주인이 죽었을 때 그 영역을 물려받을 수 있을 것이다. 비슷한 예로, 경계성을 내는 개체는 다른 동료들을 당황하게 하여 실질적인 이익을 얻을 것이다. 이어지는 혼란 속에서 경계성을 낸 개체는 들키지 않고 피하는 것이 가능할 것이다. 최근에 자세한 야외 실험의 몇몇 행동은 정말 이타적이라는 것을 보여주었지만 다른 것들은 그렇게 보이지 않았다.

호혜

Ruteger 대학의 Robert Trivers는 개체의 이타적인 행동이 상호교류를 통해 "파트너십"을 형성할 것이며, 그렇게 할 때 모두에게 이익이 된다고 주장했다. 호혜적 이타주의의 진화에서, '사기꾼(호혜적이지 않은 개체)'은 차별당하고 미래에 도움을 받을 수 없다. Trivers에 따르면, 만약 이타주의 행동이 비교적 가치가 없다면, 호혜적이지 않은 것에 의한 사기꾼에게 주어진 작은 이익보다 미래의 이익을 받지 않는 것의 잠재적 비용이 더 클 것이다. 이런 상황이라면 사기는 일어나지 않을 것이다.

예를 들어, 흡혈박쥐는 내부가 빈 공동목(hollow tree)에서 8~12개체가 무리를 이루며 서식한다. 이 박쥐들은 높은 대사율을 갖기 때문에, 최근에 먹이를 먹지 못한 개체들은 죽는다. 숙주를 찾은 박쥐들은 많은 양의 피를 마신다; 기증자에게 큰 에너지 소비를 주지 않도록 적은 양을 포기하며, 이것은 굶주린 무리의 동료를 보호할 수 있다. 흡혈박쥐는 과거의 호혜자와 피를 공유하는 경향이 있다. 만약 한 개체가 과거에 피를 받았던 개체에게 피를 주지 않는다면, 그 개체는 미래의 피공유(bloodsharing)에서 제외될 것이다.

혈연선택

이타주의의 기원에 대한 가장 영향력 있는 설명은 1964년에 William D. Hamilton에 의해 소개되었다. 이것은 뛰어난 유전학자 J.B.S. Holdane 집단에 의해 1932년 술집에서 일상적인 말을 하다 만들어진 것들 중 아마 최고의 명언일 것이다. Holdane은 자신의 두 형제와 8명의 사촌을 위해 기꺼이 자신의 인생을 내려놓을 수 있다고 말하였다. 그의 부모로부터 Holdane 유전자를 받았으며, 그의 형제는 각각 같은 대립유전자를 받을 가능성은 50%이기 때문에 Holdane의 말은 진화론적으로 이치에 맞는다. 결과적으로, Holdane 자신이 말한 것처럼 그의 두 형제는 다음 세대에 대립유전자의 많은 Holdane 특정조합을 남겨줄 것을 통계적으로 예상할 수 있었다. 비슷하게, Holdane과 그의 사촌은 그들의 대립유전자 중 8번째를 공유한다. 그들의 부모는 그들 대립유전자의 절반을 각각 공유하며, 그들의 자식들은 각각 그것의 절반을 받을 것이며, 이익의 절반을 공유할 것이다: $1/2 \times 1/2 \times 1/2 = 1/8$. 그러므로 8명의 사촌은 Holdane 스스로가 말했던 것처럼, 다음 세대에 그 대립유전자들을 가능한 한 많이 넘겨줄 것이다. Hamilton은 명확하게 Holdane의 중요사항을 보았다: 자연선택은 다음 세대에 넘겨지는 개체의 대립유전자의 순 양(net flow)을 증가시킬 수 있다면 어떤 방법도 선호한다.

Hamilton은 친족 또는 가까운 혈연관계에 직접적인 도움을 줌으로써, 이타주의는 자신의 적응도를 감소시키는 것에 대한 보상으로 충분히 친척의 번식성공도를 증가시킨다는 것을 보여주었다. 이타주의적 행동은 친척들에게서 자신의 대립유전자의 전달을 증가시키기 때문에 자연선택에서 선호된다. 친척들을 향한 직접적인 이타주의 선호의 선택은 **혈연선택(kin selection)**이라고 한다. 게다가 선호되는 행동은 협동적이며, 유전자가 정말 '이기적으로 행동하고' 있는 것은, 유전자들이 다른 개체를 통해 유전자 스스로 복사되는 것을 지원하기 위해 생명체를 고무하기 때문이다. 다른 말로 표현하면, 만약 개체가 이타주의를 야기하는 주요한 대립유전자를 가졌다면, 어떤 행동이 행동을 하는 개체에게 해로울지라도 친척의 적응도를 증가시키는, 즉 미래 세대에서 이 대립유전자의 빈도를 증가시키는 어떤 행동도 선호할 것이다.

혈연선택의 예시

Hamilton의 혈연선택 모델은 이타주의가 가까운 친척을 직접적으로 향할 것이라는 것을 예상했다. 더욱 가까운 두 개체일수록 잠재적인 유전자 전달이 뛰어날 것이다.

혈연선택의 많은 예시들이 동물의 세계로부터 알려져 있다. 벨딩땅다람쥐(Belding's ground squirrels)는 그들이 코요테나 오소리 같은 포식자를 발견했을 때 경계성을 낸다. 포식자는 소리 내는 다람쥐를 공격할 것이고, 신호를 주는 것은 소리내는 다람쥐를 위험에 처하게 한다. 땅다람쥐 무리의 사회적 단위는 암컷과 그의 딸들, 여자 형제들, 이모들, 그리고 조카딸들로 구성된다. 수컷들은 성숙하면 그들이 태어난 곳으로부터 먼 거리를 떠난다. 즉, 무리의 어른 수컷은 암컷들에게 유전적으로 관련이 없다. 무리의 모든 다람쥐를 구별하기 위해 개체마다 털을 염색하고 개체마다 내는 소리와 소리를 내는 상황을 기록함으로써, 연구자들은 가까운 친척을 가진 암컷은 가까운 친척을 갖지 않은 암컷보다 더 많은 경계성을 낸다는 것을 찾아냈다. 수컷은 무리의 대부분의 구성원들과 유전적으로 관련이 없기 때문에 예상되는 것처럼 더 적은 빈도의 소리를 내는 경향이 있었다.

혈연선택의 다른 예는 100~200마리가 무리지어 아프리카의 강가에 사는 흰목벌잡이새(white-fronted bee-eater)라고 하는 새에서 볼 수 있다. 땅다람쥐와는 대조적으로, 수컷이 태어난 곳에 머물고 암컷은 떠나서 새로운 무리에 들어간다. 많은 벌잡이새는 자신의 새끼를 낳지 않고, 다른 구성원들을 돕는다. 이 새들은 비교적 어리지만, 알품기에 실패한 나이든 수컷들도 포

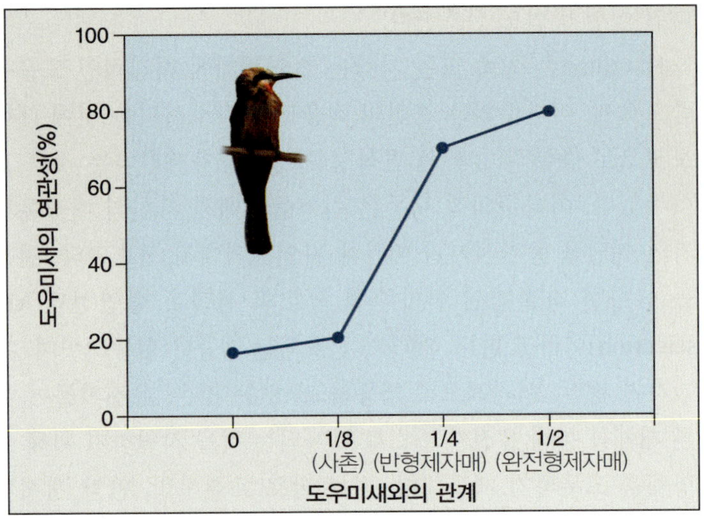

그림 37.17 혈연선택은 척추동물 사이에서 흔하다

흰목벌잡이새(*Merops bullockoides*)에서, 번식하지 않는 개체는 다른 개체의 새끼 양육을 돕는다. 대부분의 도우미는 혈연적으로 가까운 관계이며, 새가 다른 개체를 도울 연관성은 유전적 연관성과 함께 증가한다.

함된다. 평균적으로 한 마리의 도우미가 있으면, 새끼들의 생존율이 두 배가 된다. 두 가지 이유에서 혈연선택은 이 종의 도움행동 결정의 중요한 요인이라는 생각을 지지한다. 첫 번째, 도우미는 보통 무리에서 다른 수컷과 관련이 있는 수컷이며, 암컷도 관련이 없지 않다. 두 번째, 그들은 거의 변함없이 그들과 가장 가깝게 관련 있는 부모를 선택한다. **그림 37.17**의 그래프는 둥지의 도우미새의 연관성(probability; *y*축)과 도우미새와의 관계(relationship; *x*축)를 비교하고 있다. 도우미가 더 가까우면 가까울수록(표의 오른쪽을 향함), 둥지의 도우미가 될 연관성은 높아진다.

주요 학습 요점 37.12 많은 요소들이 이타적인 행동의 진화를 설명할 수 있다. 개체는 만약 이타적인 행동이 호혜적이라면 직접적으로 이익일 것이다; 또한 혈연선택은 만약 이타적인 행동이 직접적으로 친척들을 향한다면 이타주의 대립유전자가 어떻게 빈도를 증가시킬 수 있는지 설명하고 있다.

37.13 동물 사회

박테리아, 자포동물, 곤충, 어류, 조류, 프레리도그, 고래, 침팬지까지 다양한 생명체에는 사회적 그룹이 존재한다. 사회적인 현상의 다양성을 아우르기 위해, 우리는 협동적인 태도로 구성된 같은 종의 생명체로 이루어진 그룹을 **사회(society)**로 정의한다.

왜 어떤 종의 개체들은 그룹의 구성원이 되기 위해 단독 생활을 포기하는가? 우리는 한 가지 설명으로 가까운 친척으로 구성된 그룹에 대한 혈연선택을 들 수 있다. 다른 경우에는, 개체들은 사회적인 삶으로부터 직접적으로 이익이 볼 것이다. 예를 들어, 무리에 가입한 새는 포식자로부터 보호를 받을 것이다. 무리의 규모가 커질수록, 포식자가 훑어보는 개체들이 더욱 많아지기 때문에 포식 위험은 그만큼 감소한다.

곤충 사회

곤충에서, 사교성은 사회적인 종을 포함하는 다른 곤충들도 있지만 벌목(개미, 벌, 말벌)과 흰개미목(흰개미) 같은 두 개의 목(order)에서 주로 진화하였다. 이런 사회적 곤충의 집단은 크기와 형태가 차이나거나 일꾼과 군인 같이 업무가 차이나는 개체들의 그룹 같은 다른 **계급(caste)**들로 구성된다.

꿀벌 꿀벌에서, 여왕벌은 다른 암벌의 자궁이 발달하지 못하도록하여 불임인 일벌이 되도록 하는 '여왕물질(queen substance)'이라고 하는 페로몬을 분비하여 자신의 권위를 유지한다. 수벌들은 오직 번식을 위해서만 생산된다. 봄에 꿀벌 무리의 규모가 커질 때, 몇몇 개체들은 여왕물질의 압박 특성을 받지 못하고, 무리는 분봉을 만들기 시작한다. 일벌은 새로운 여왕벌이 자라날 여러 새로운 여왕벌의 방을 만든다. 정찰 일꾼들은 새로운 둥지자리를 찾고 무리에게 그 위치를 설명한다. 나이든 암컷과 암컷벌떼는 새로운 위치로 이동한다. 새로운 여왕벌이 나타나면, 동료를 향해 갑자기 달려들어 다른 잠재적 여왕벌들을 죽여 벌집의 '원칙'을 다시 세운다.

절엽개미 절엽개미는 사회적 곤충의 뛰어난 생활방식인 또 다른 흥미로운 예를 제공한다. 절엽개미는 수백만 개체가 무리

그림 37.18 사바나의 멋쟁이새는 무리지어 둥지를 형성한다

를 이루어 살며, 땅에 유익한 균류를 재배한다. 그들의 흙더미 같은 둥지는 $100m^2$ 규모의 땅 아래 5m 깊이에서 수백 개의 입구와 방으로 구성된 땅 아래 '도시(city)'이다. 일개미들 사이에서의 업무 분담은 그들의 크기와 관련 있다. 일개미들은 매일, 둥지에서 나무 또는 관목까지 길(trail)을 따라 이동하며, 잎을 작은 조각으로 자르고, 둥지로 작은 조각들을 옮긴다. 작은 일개미들은 작은 잎을 씹어서 땅 아래 균류의 방에 카펫처럼 깐다. 더욱이 작은 일개미는 식물의 뿌리 덮개에 진균 균사가 뿌리내리게 한다(최근의 분자 수준의 연구를 통해 개미가 5억 년보다 더 이전에 균류를 경작했다는 주장이 제기). 곧 균류의 풍성한 농장이 자랄 것이다. 반면 다른 일개미들은 원하지 않는 종류의 균류를 제거하고 간호사 개미(nurse ant)는 농장에서 애벌레가 먹을 수 있는 특정 장소로 애벌레를 옮긴다. 이 애벌레 중 몇몇이 둥지를 떠나 새로운 무리를 만들어 이 순환을 반복할 여왕개미로 자란다.

척추동물 사회

잘 구성되고 통합된 곤충 사회와 그들의 이타주의의 뛰어난 형태와는 대조적으로, 척추동물의 사회적 그룹들은 보통 급하게 구성되고 결합된다. 척추동물의 각 사회적 그룹은 확실한 크기, 구성원의 안정성, 번식 중인 수컷과 암컷의 수, 그리고 번식시스템의 종류를 갖는다. 행동학적 생태학자들은 척추동물의 그룹이 구성되는 방법이 대부분 먹이 종류와 포식에 의해 결정된다는 것을 알아냈다.

초목(vegetation)으로부터 둥지를 짓는 아프리카 멋쟁이새(african weaver bird)는 생태와 사회적 조직 간의 관계를 보여주는 훌륭한 예이다. 거의 90종에 달하는 멋쟁이새는 그들이 구성하는 사회적 그룹의 종류에 따라 나눌 수 있다. 어떤 종은 숲에 살며, 위장을 하고, 독립된 둥지를 만든다. 수컷과 암컷이 일부일처를 이룬다; 그들은 곤충을 잡아 그들의 새끼를 먹인다. 또 다른 종은 사바나의 나무에서 무리를 이뤄 둥지를 튼다(**그림 37.18**). 그들은 일부다처를 이루며 씨앗 위에 있는 털을 먹는다. 이 두 종의 먹이와 둥지 습관은 그들의 번식 시스템과 일치한다. 숲에서 곤충은 찾기 어렵고, 양쪽 부모는 새끼를 키우기 위해 협동해야만 한다. 새끼들을 위해 위장한 둥지는 새끼들을 위해 포식자의 관심을 끌 수 없다. 사바나에서는 숨겨진 둥지를 짓는 것은 필요 없다. 더욱이, 사바나의 멋쟁이새(savanna-dwelling weaver bird)는 부족한 둥지자리에서 포식자들로부터 새끼들을 보호해야 한다. 안전한 둥지자리가 부족하다는 것은 무리지어 새끼를 길러야만 한다는 것을 의미한다. 씨앗은 풍부하기 때문에, 암컷은 수컷의 도움 없이 새끼를 기르는 데 필요한 모든 먹이를 구할 수 있다. 양육의 업무로부터 자유로운 수컷은 암컷들과 교미하는 데 시간을 보낸다. 멋쟁이새는 일부다처제이다.

> **주요 학습 요점 37.13** **곤충 사회는 구조가 매우 다양하고 다른 계급들로 구성되어 있다. 척추동물 사회의 규모는 환경적 상태에 의해 영향을 받는다.**

37.14 인간의 사회 행동

생물학에서 가장 심오한 말 중 하나는, 인간은 침팬지와 매우 가까운 동물에서 시작했다는 것과 지구의 다른 생명체와 다르게 만들어진 특별한 형태가 아니라는 것이다. 이 인간의 삶의 생물학적 견해는 우리가 이 장을 끝내면서 중요한 주제를 제기한다. 인간의 사회 행동에 대한 특성에 관한 이 장에서 우리가 설명할 수 있는 동물의 행동은 어디까지일까?

유전자와 인간의 행동

지금까지 반복적으로 봐왔던 것처럼, 유전자는 동물 행동의 많은 측면을 결정하는 중요한 열쇠이다. 실험쥐의 양육 행동부터 조류의 이주 행동까지, 유전자의 변화는 심오한 효과를 나타내 준다는 것을 보여준다. 이것은 중요한 추측을 하게 한다. 만약 행동이 유전자에 기인되고, 행동이 생존하고 새끼를 양육하는 동물의 능력에 영향을 준다면, 확실하게 생존에 영향을 주는 어떤 다른 유전자로 전달되는 형질(gene-mediated traits)에 의해 행동은 자연선택의 주제가 된다. 자연 상태에서 동물의 행동을 연구하는 동물행동학은 행동이 정말로 진화하는지에 대한 충분한 증거를 제공하고 있다.

인간을 포함한 동물의 복잡한 사회 행동에서, 유전자에 의해 영향을 받는 사회 행동(이론과 증거들이 그러하다는 것을 강하게 말하고 있다)에는 정도가 있도록 진화해야만 했다. **사회생물학(sociobiology)**이라고 불리는 동물 행동의 이러한 면에 대한 연구는 Harvard 대학의 E. O. Wilson에 의해 개척되었다. 이것은 많은 논란들을 일으켰다.

유전자는 중요한 방법으로 사람의 행동에 명확한 영향을 준다. 사람의 얼굴 표정은 문화나 언어에 관계없이 전 세계적으로 비슷하고, 이것은 깊은 유전적 기초에 기인한다고 주장되었다. 시각장애를 갖고 태어난 아기도 심지어 다른 사람의 얼굴을 결코 보지 못했음에도 불구하고 얼굴을 웃고 찡그린다. 비슷하게, 일란성 쌍둥이에 대한 연구는 성격과 지능은 매우 유전적이라는 것을 보여주었다. 이 형질에서 변화(개체 간의 '흩어짐')의 50% 훨씬 이상은 유전자의 기여 때문이다.

이것 또한 사실이지만, 학습도 인간이 어떻게 행동하는지에 대하여 큰 영향을 미친다. 사람이 만들 수 있는 40개의 자음 소리 중 미국의 아기들은 24개를 학습하며, 다른 자음 소리를 만드는 능력을 비교적 빠르게 상실한다. 새가 경험 있는 성체로부터 노래하는 것과 이주 방식에 대하여 학습하는 것처럼, 사람의 아기는 그들 주위의 어른들로부터 듣고 말하는 것을 학습한다.

그림 37.19 뉴욕의 길거리 모습

다양성은 인간 문화의 특징이다

7개의 넓은 지역에서 침팬지의 사회 행동을 연구하는 생물학자 연구진의 연구를 비교했을 때, 몇몇 그룹에서는 흔하게 나타났지만 다른 그룹에서는 나타나지 않는 그들은 사회 행동, 구애, 도구 사용 같은 것을 포함한 39개의 행동이 확인되었다. 각 그룹들은 행동의 뚜렷한 목록을 가지는 것 같았다. 각 그룹은 각 세대가 자신의 새끼에게 가르쳤던 관습적인 행동의 모습을 발달시켜 온 것처럼 보였다. 즉, 침팬지는 문화를 가진다.

침팬지만큼 인간 집단에서 보여주는 정도의 문화 차이를 보여주는 동물은 없다(**그림 37.19**). 그들은 일처다부제, 일부다처제, 일부일처제의 사회이다. 이들은 전쟁이 흔하기도 하고 절대 일어나지 않는 인간 집단과 비슷하다. 몇몇 문화에서는 사촌과의 결혼은 금지되고, 다른 문화에서는 권해지기도 한다. 다른 종들의 사회 행동의 다양성은 인간 문화의 엄청난 다양성과 비교할 것이 거의 없다.

인간 문화의 어느 정도가 행동을 결정하는 유전자의 진화적 활동을 하게 하는지는 생물학자들 사이에서 굉장한 논란의 여지가 있는 질문이다.

하지만 이 질문에 대한 대답 한 가지는 대부분의 우리 행동이 경험에 의한 것은 확실하다. 인간 문화와 문화를 만드는 행동은 매우 빠르게 변화하고 더 빠르게 유전적 진화를 반영한다. 우리 인간 종의 특징인 문화의 다양성은 학습과 경험에 의해 중요하고 강력하게 영향을 받는다.

주요 학습 요점 37.14 **다른 동물에서와 같이 인간에서도 행동은 유전자에 의해 제한되는 경험에 의해 형성된다. 유전과 학습은 우리가 어떻게 행동하는지에 대한 중요한 열쇠이다.**

질문 & 분석

게들은 현명하게 먹을까?

많은 행동생태학자들은 동물들이 최적 먹이찾기 행동을 한다고 주장한다. 이 주장은 먹이를 찾는 동물의 선택은 먹이에 포함된 에너지와 그것을 얻기 위해 드는 비용 간의 최적수지 균형이 포함되기 때문이며, 진화는 적절한 최적수지 균형을 따르는 먹이찾기 행동을 선호한다.

이것을 이루기 위해, 동물들이 실제로 무엇을 하는지에 대해서는 명확하지 않다. 이 최적 먹이찾기는 중요한 가정을 하게 한다. 얻어지는 에너지의 최대 양은 번식성공을 진화하도록 한다. 어떤 경우에 이것은 명백한 사실이다. 이 장 이전에 토론한 것처럼, 땅다람쥐, 금화조, 무당거미에서 연구자들은 얻어지는 순 에너지와 성공적으로 양육된 새끼의 수 사이의 직접적인 관계를 찾아냈다.

그러나 동물은 에너지에 비해 다른 필요한 것들을 가지며 때때로 이 필요한 것들은 논쟁거리를 제공한다. 많은 동물들에게 중요한 한 가지 명백한 '다른 필요한 것'은 포식자를 피하는 것이다. 만약 잡아먹힐 가능성이 엄청나게 증가할 것을 안다면 먹이를 약간 더 먹는 것이 현명하다. 종종 섭취되는 에너지를 최대로 하는 행동은 포식 위험을 증가시킨다. 해변에서 홍합을 먹는 꽃게는 갈매기 포식자에서 노출되면 포식자에게 급습당한다. 즉 최대의 적응가를 갖는 행동은 포식위험을 최소화하면서 최대의 에너지를 얻는 최적수지균형을 반영하는 것이다. 놀랄 것도 없이, 동물들은 포식자가 보일 때 더욱 신중한 먹이찾기 행동을 한다. 활동을 최소화하고 은폐장소에서 더 가까운 곳에 머문다.

그래서 꽃게가 하는 것은 무엇일까? 연구자는 예상된 이론처럼 만약 꽃게들이 가장 많은 에너지를 제공하는 홍합들은 먹는지에 대하여 알아보았다. 그는 홍합의 크기 범위에 대한 연구를 통해 10mm 이하의 홍합은 껍질을 열어서 먹기는 쉽지만, 얻는 에너지의 양이 적고, 30mm 이상의 홍합은 껍질을 열기는 어렵지만, 얻는 에너지의 양은 더욱 많다는 것을 밝혔다. 가장 많은 순 에너지를 얻기 위한 최적의 접근은 위의 그래프에서 푸른색의 곡선으로 표시되었으며 22mm 정도 중간 크기의

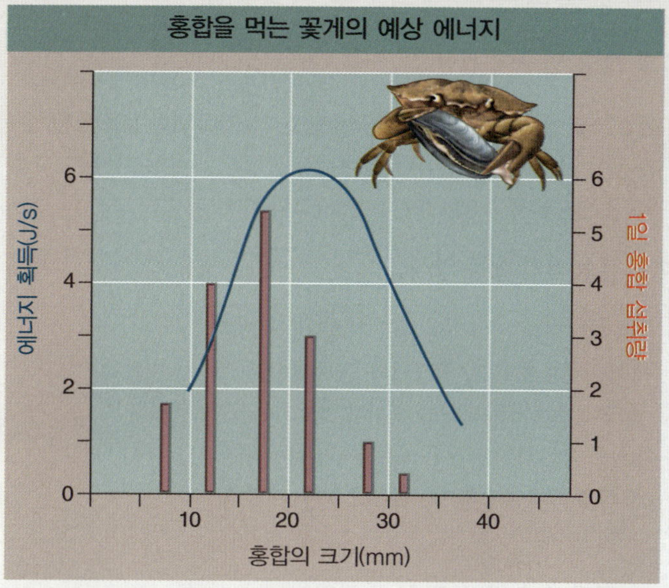

홍합을 섭취하는 것이다. 실제로 꽃게는 어떻게 하고 있을까? 이를 밝혀내기 위하여 연구자는 해변의 꽃게 집단에 의해 매일 포식당하는 홍합의 크기를 관찰하였다. 그 결과, 실제로 매일 포식당한 홍합의 수를 붉은색 막대그래프로 그릴 수 있었다.

1. **개념 적용** 곡선에서 종속변수는 무엇인가? 막대그래프에서 종속변수는 무엇인가?
2. **추론하기**
   a. 꽃게가 포식하기 위해 가장 효율적으로 적절한 홍합의 크기(mm)는 얼마인가?
   b. 어떤 크기(mm)의 홍합이 꽃게에 의하여 가장 많이 포식당하는가?
3. **결론 도출** 꽃게는 가장 많은 에너지를 제공하는 홍합을 포식하는 경향이 있는가?
4. **심층 분석** 어떤 요소가 최대 에너지를 얻을 수 있는 최적 크기와 실제 먹이 크기에서 약간의 차이를 발생하게 하였을까?

단원 복습

어떤 행동들은 유전적으로 결정된다

37.1 행동 연구에 관한 접근

• 환경 조건에 대하여 동물이 어떻게 반응하는지에 대한 동물 행동 연구는 행동이 어떻게 그리고 왜 나타나는지 실험한다. 본능(자연)과 학습(양육)은 행동에서 중요한 역할을 한다(**그림 37.1**).

37.2 본능적인 행동 양식

• 본능적이거나 선천적인 행동은 종 내의 모든 개체들에게서 같고, 신경계의 틀에 박힌 경로에 의해 조절되는 양상을 보인다. 신호 자극은 행동을 유발하며 이것은 고정행동양식이라 하고, **그림 37.2**에서 보이는 것처럼 거위의 알 회수 행동이 있다.

37.3 행동의 유전적 효과

• 대부분의 행동은 선천적으로 '내장(hard-wired)' 되어 있지 않다. 대신에 그것들은 유전자에 의해 강력하게 영향을 받으며 또한 물려받은 특성에 대하여 연구할 수 있다. 잡종, 쌍둥이, 유전적으로 변형된 실험쥐(**그림 37.3**)는 유전적으로 영향을 받는 행동 연구에 사용된다.

행동은 학습에 의하여 영향을 받을 수 있다

37.4 동물은 어떻게 학습할까

• 많은 행동은 학습되고, 이전에 경험에 의하여 형성되고 변화된다. 고전적 조건화는 동물이 두 조건을 연합하여 학습하는 것처럼, 두 조건이 짝을 이루었을 때 나타나는 결과이다. 작동적 조건화는 동물이 행동과 보상 또는 처벌을 연합할 때 나타나는 결과이다. 각인은 동물이 중요한 시기 동안 사회적인 애착을 형성하는 시기를 뜻한다(**그림 37.4**).

37.5 본능과 학습의 상호작용

• 행동은 보통 유전적으로 결정되거나(본능) 학습에 의하여 변화된다. 유전자는 학습에 의하여 변화할 수 있는 행동의 범위를 제한할 수 있다(**그림 37.5**). 생태학은 행동에 대하여 많은 부분을 차지하고 있으며, 동물의 생태학적 위치를 아는 것은 어떠한 행동에 대하여 더 많은 것을 밝혀낼 수 있다.

37.6 동물의 인지

• 인간은 인지사고에 대하여 뛰어난 능력이 진화한 것에 비해, 여러 연구들은 다른 동물들이 다양한 수준으로 인지 능력을 가진다는 것을 보여주고 있다. 동물의 어떤 행동은 의식하고 미리 계획을 세운다는 것을 보여준다. 반면 다른 동물들은 문제 해결 능력을 보여주기도 한다. 까마귀에게 가지 끝에 매달린 줄에 묶어 놓은 고기 조각 같은 새로운 상황을 보여주었을 때(**그림 37.6**), 까마귀는 문제를 해결하는 능력을 보여주었다.

진화의 힘은 행동을 형성한다

37.7 행동생태학

• 행동생태학은 자연선택이 어떻게 행동이 나타나게 하였는지에 대한 연구이다. 유전적인 기반과 생존 또는 번식에 이익을 주는 행동은 오직 자연선택을 통해서만 나타날 수 있다(**그림 37.7**).

37.8 행동의 손해와 이익 분석

• 개체에게 생존에 대한 이익을 제공하는 모든 행동은 보통 비용과 관련이 있다. 예를 들어, **그림 37.9**에 나타난 태양새의 먹이찾기와 영역 행동은 먹이 제공과 자신과 새끼들에게 주거지 제공의 이익을 제공하지만, 포식자에 대한 부모의 위험과 에너지 소비의 단점이 있다. 행동이 자연선택에 있어 선호되려면 비용보다 이익이 더 커야 한다.

37.9 이주 행동

• 이주는 동물의 인생 전체에 해당하는 행동이다. 경험이 없는 동물들은 방향감각(방향을 따름)에 의존하는 경향이 있고, 반면 경험이 있는 동물들은 지도 감각(위치에 기초하여 길을 찾는 능력)에 더욱 의존하는 경향이 있다(**그림 37.10**).

37.10 번식 행동

• 번식을 최대로 하는 행동은 자연선택에 의하여 선호된다. 종종 이 행동은 배우자 선택, 번식 시스템 그리고 양육 행동을 포함한다. 배우자 선택은 복잡한 구애 행동과 멋진 신체적 특징의 진화로 이어진다(**그림 37.12**).

사회 행동

37.11 사회적 집단내의 의사소통

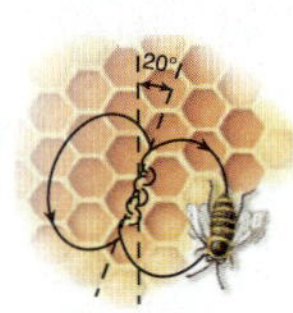

• 의사소통은 집단 또는 사회를 이루며 살아가는 동물에서 찾을 수 있는 행동이다. 어떤 동물들은 다른 개체와 의사소통을 위해서 화학적 페로몬을 방출한다

(**그림 37.13**). 집단의 개체들은 **그림 37.14**에서 볼 수 있는 꿀벌의 8자 엉덩이 흔들기 춤 같은 것을 이용하여 이동한다. 인간의 언어처럼 복잡하지 않음에도 불구하고 다른 동물들은 음성 신호를 통하여 많은 정보를 의사소통할 수 있다(**그림 37.15**).

37.12 이타주위와 집단생활

- 이타주의 행동은 집단생활을 하는 동물에서 진화하였다. 그 이유는 이타주의행동의 보답 또는 혈연선택이라 하는 친척을 위한 이익이 포함된다(**그림 37.17**).

37.13 동물 사회

- 동물의 많은 종류는 사회적 집단 또는 사회에서 살고 있다(**그림 37.18**). 어떤 곤충들의 사회는 매우 잘 구조화되어 있다.

37.14 인간의 사회 행동

- 유전적이거나 학습은 모두 인간의 행동에 있어 중요한 열쇠이지만 각각의 정도는 매우 논란의 여지가 있다.

이해력 확인 문제

1. 선천적인 행동 패턴에 대한 설명으로 옳은 것은?
a. 자극이 변하면 수정될 수 있다.
b. 뇌와 신경계에서 설계된 것이기 때문에 수정될 수 없다.
c. 만약 환경 상태가 일 년 또는 그 이상의 긴 기간 동안 변화한다면 수정될 수 있다.
d. 매우 어린 시절에 학습되었기 때문에 수정될 수 없다.

2. 쥐 양육 행동에 대한 실험은 ________ 때문에 사랑새 또는 인간 쌍둥이에 관한 연구보다 행동의 명백한 유전적 효과를 보여주었다.
a. 종 유전자의 존재와 부재, 종 특이적 대사 경로, 종 특이적 행동 사이의 명백한 연결이 있기
b. 쥐의 행동은 덜 복잡하고 사랑새와 인간 쌍둥이에 대한 연구보다 쉽기
c. 양육 행동은 사랑새와 인간보다 쥐에게 더 큰 영향 주기
d. 더 좋은 것은 없기

3. 언어적인 명령을 이용하여 속임수를 형성하여 개를 훈련시키는 것과 다루는 것은 ________의 예이다.
a. 비연합 학습 b. 작동적 조건화
c. 고전적 조건화 d. 각인

4. 행동은 ________을(를) 어떻게 증가시키는지에 대하여 생태적과 진화적으로 연관 지을 수 있다.
a. 몸 크기 b. 번식 장소의 수
c. 번식의 적응도 d. 각인

5. 먹이 선택과 먹이를 찾기 위한 여행은 ________이라고 한다.
a. 영역 b. 각인
c. 이주 행동 d. 먹이찾기행동

6. 구애의식은 ________을 통해 이루어진다고 생각된다.
a. 성 내 선택 b. 투쟁 행동
c. 성 간 선택 d. 혈연선택

7. 하나의 수컷보다 암컷의 수가 많은 번식 시스템은 ________이다.
a. 웅성성숙 b. 일처다부제
c. 일부다처제 d. 일부일처제

8. 배부른 흡혈박쥐와 배고픈 흡혈박쥐 사이의 피 먹이를 공유하는 것과, 이전에 피 먹이를 얻어먹은 적이 있지만 공유하지 않고 도망가는 흡혈박쥐는 ________의 예이다.
a. 도우미 b. 혈연선택
c. 호혜 d. 그룹 선택

9. 어린 새끼들을 위해 그들 부모의 양육을 돕는 조류의 새끼들은 ________을 보여 준다.
a. 탁란 b. 혈연선택
c. 호혜 d. 그룹 선택

10. 척추동물사회는 다른 동물 사회보다 더 느슨하게 건설된 반면에, 이 사회의 생명체는 ________에 의해 가장 영향을 많이 받는다.
a. 암컷은 번식에 대하여 수동적이라는 것
b. 이주 패턴
c. 큰 영역은 어떻게 이웃 사회와 비교되는가
d. 먹이 종류와 포식자 같은 생태학적인 요소

응용력 확인 문제

1. **그림 37.2b** 선천적인 행동에 대하여 밝혀내어 묘사한 고전적 실험은 무엇인가? 너는 사람의 선천적인 행동을 알아보기 위해 시도한 실험을 어떻게 수정할 것인가?

2. **그림 37.15b** 인간이 아닌 영장류도 의사소통을 한다는 이론을 지지하는 이 그래프에서 정보는 어느 정도인가?

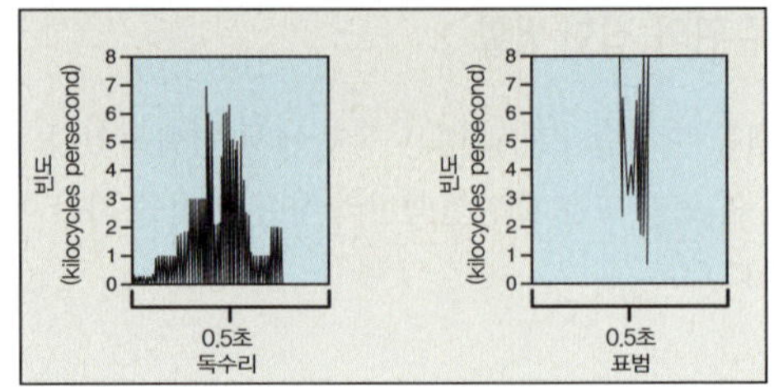

(b)

종합 학습

1. 미국 찌르레기는 자신의 알을 다른 새의 둥지에 탁란한 후, 다른 새에 의해 새끼가 성장하도록 하고 떠난다. 이 찌르레기는 공격적이고, 양부모에 의해 제공되는 영양분보다 더 많은 것을 요구하기 때문에 종종 원래 둥지의 새끼를 죽인다. 자연선택의 어떤 종류가 이러한 상황의 진화를 선호할까?
2. 어떤 행동들은 수행되기 위해 유전적(자연)인 것과 환경적(양육)인 것이 필요하다. 이 두 가지 요소는 흰정수리북미새의 노래에 영향을 주기 위해 어떻게 상호작용해야 하는지에 대하여 설명하시오.
3. 최적 먹이찾기 이론은 먹이를 찾는 것과 저장하는 다양한 방법과 포식자에게 노출되는 위험에 대하여 비용과 이익이 균형을 이룬다. 스컹크, 호저, 야생 쥐의 먹이 찾이 행동에서 나타나는 차이점을 토론해 보시오.

38

살아 있는 지구 생태계에 미치는 인간의 영향

학습단원

지구의 변화

38.1 오염
1. 생물농축이 어떻게 흰머리수리를 위태롭게 만들었는지에 대한 설명

38.2 산성 강수
2. 산성 강수의 원인과 영향에 대해 논의

38.3 지구온난화
1. 지구온난화가 대기 중 이산화탄소 농도의 증가로 생긴 결과라는 사실을 평가
2. 지구온난화에 의한 주된 3가지 영향에 대해 논의

38.4 오존 홀
1. 화학 냉매제가 어떻게 남극대륙 대기 중 오존층에 구멍을 내게 되었는지 설명

38.5 생물 다양성의 감소
1. 많은 생물종의 멸종에 핵심적인 역할을 하고 있는 3가지 원인들의 영향에 대해 논의

오늘날의 생명과학: 전 세계의 양서류 감소

환경보호

38.6 오염물질 감소
1. 생태학자들이 평가한 오염물질의 "적정량"에 대해 설명

38.7 대체할 수 없는 자원의 보존
1. 대체가 불가능한 3가지 자원의 중요성에 대해 평가

38.8 인구증가의 억제
1. 지난 10,000년간 인구의 증가에 대해 설명
2. 매년 세계인구의 성장률과 성장률의 변화에 미치는 요인이 무엇인지 설명
3. 저변이 넓은 인구피라미드의 경우 미래 인구성장률이 더 빠른 이유에 대해 설명

환경문제의 해결

38.9 멸종위기종의 보호
1. 생물종 다양성에 있어서 핵심종의 중요성에 대해 설명

38.10 청정에너지 자원의 탐사
1. 에너지원으로서의 가능성이 있는 바이오매스에 대해 논의

38.11 개인도 변화를 일으킬 수 있다
1. 개인의 노력을 통해 Washington 호수와 Nashua 강이 어떻게 복구되었는지 설명

질문 & 분석: 지구온난화는 어떻게 현실화되었을까?

잡지 〈National Geographic〉 표지에 실린 소녀는 불확실한 미래에 대해 걱정스러운 눈으로 카메라를 쳐다보고 있다. 아프가니스탄 난민인 그녀는 아프가니스탄 전쟁으로 가족과 집 그리고 그녀에게 친숙했던 모든 것을 잃어버렸다. 그녀의 표정은 우리 미래에 대한 메시지를 보여주고 있다. 인류와 관련된 문제들로서 불확실성의 증가, 인구과밀 및 지구환경의 오염 증가는 더 이상 상상 속의 일이 아니다. 이 문제들은 오늘날 우리와 함께 존재하고 있으며, 이에 대한 해결책이 요구되고 있다. 이번 장에서는 여러 문제들에 대한 개요에 대해 설명하고, 아주 현실적인 문제들에 대한 해결방안에 대해 집중적으로 논의할 것이다. 미래를 걱정하는 한 사람의 시민으로서 여러분들은 첫 번째로 문제의 본질에 대해 명확히 이해해야만 하며, 이해하지 못하는 것을 보호해야 한다는 막연한 상상을 해서는 안 된다. 세계적으로 환경문제들은 아주 심각하며, 생물학에 대한 지식은 이러한 환경문제들을 해결하기 위한 노력을 기울이는 데 필요한 수단이다. 우리는 종종 지구환경을 조상들로부터 물려받은 것이 아니라 후손들에게서 빌린 것이라고 이야기하곤 한다. 따라서 우리는 후손들이 살 수 있는 세상으로 보존해야만 하고, 그 일은 미래를 위한 일로서 우리에게 매우 큰 도전이 될 것이며, 머지않아 그 도전에 직면하게 될 것이다. 세계 곳곳에서 미래에서나 일어날 것으로 생각했던 일들이 현재 일어나고 있다.

38.1 오염

이 세계는 하나의 생태학적 대륙이고, 고도의 상호작용 관계를 맺고 있는 생물권이며, 한 생태계가 피해를 입게 되면 다른 여러 개의 생태계에 치명적인 영향을 미치게 된다. 일리노이 주의 고-유황(high-sulfur) 석탄의 대량 사용으로 버몬트 주의 나무들이 죽었으며, 뉴욕에서의 냉장고 냉매제 매립으로 남극대륙 대기 중의 오존층이 파괴되어 마드리드에서의 피부암이 증가하는 등의 결과를 가져왔다. 생물학자들은 전 세계 생태계에서 일어나고 있는 이와 같은 광범위한 영향을 **지구의 변화(global change)**라고 한다. 화학오염, 산성비, 오존구멍, 온실효과 및 생물종다양성의 감소를 포함하여 최근에 밝혀지고 있는 지구 변화의 양상은 인류의 미래에 직면한 가장 심각한 문제 중 하나이다.

화학오염

화학오염에 의해 제기된 문제는 최근 매우 심각하게 대두되고 있는데, 이는 중공업의 발전과 산업 국가들의 무관심에서 비롯되기 때문이다. 한 예를 들어, Exxon Valdez 호라 명명된 유조선은 1989년 알래스카 주변에서 운항되었는데, 북미 해안선을 따라 수 킬로미터에 달하는 지역에 기름유출 사고를 일으켰으며, 해안선을 따라 뒤덮인 두꺼운 기름찌꺼기로 인해 그 곳에 서식하고 있던 수많은 종류의 생물들이 죽임을 당했다. 만약 그 유조선이 수위(waterline)보다 높게 기름을 적재하지 않았다면, 아마도 소량의 기름만이 유출되었을 것이다. 하지만 안타깝게도 유조선에는 수위보다 훨씬 높게 기름을 적재하였으며, 적재된 기름의 무게는 수천 톤에 달하여 선체에 난 구멍을 통해 엄청난 압력으로 유출되고 말았다. 정책적으로 왜 이런 무리한 기름적재를 허용하게 하였을까?

화학물질은 대기와 수중으로 방출되어 그 효과는 멀리 도달하게 된다.

대기오염 대기오염(air pollution)은 전 세계의 대도시에서 주된 문제점이다. 멕시코시티에서 호흡을 하기 위해 시민들은 길거리에서 일상적으로 산소를 구매하고 있으며, 뉴욕, 보스턴과 필라델피아와 같은 대도시들은 회색대기도시(gray-air cities)로 알려져 있는데, 이는 대기 중에 산업시설에서 방출되는 유황산화물 등의 오염물질 때문이다. 그러나 로스앤젤레스와 같은 대도시들은 갈색대기도시라고 하는데, 이는 대기 중의 오염물질들이 햇빛에 의한 화학반응을 일으켜 스모그의 형태로 변하기 때문이다.

그림 38.1 DDT에 의한 생물농축
DDT는 동물 지방에 축적되기 때문에 먹이사슬의 영양단계가 높아질수록 농축량은 증가하게 된다.

수질오염 수질오염(water pollution)은 오염에 대한 우리의 태만이 가져온 아주 심각한 결과의 산물이다. 단순히 "싱크대에 버리는 것"은 더 이상 오늘날의 이 복잡한 세상에서는 통하지 않는다. 이제는 엄청난 인구가 지속적으로 생성하고 있는 다양한 물질을 희석할 만큼 물이 충분하지 않다. 하수처리방법의 개선에도 불구하고 지구상의 호수와 강은 하수로 인해 급속도로 오염이 되고 있다. 게다가 다양한 종류의 비료와 살충제까지 대량 수계로 흘러들어가고 있다.

농업용 화학물질

"현대" 농업의 확산과 특히 개발도상국에서 고집적 농업의 결과를 가져온 녹색혁명의 확산이 지구생태계로 대량 유입되고 있다. 새롭고 다양한 종류의 화학물질의 사용을 부추기고 있는데, 특히 살충제, 제초제 및 화학비료 등이 문제이다. 미국과 같은 선진국에서는 이들 화학물질들의 부작용에 대해 주의 깊게 감시하려고 하는 시도를 하고 있으며, 이 화학물질들은 더 이상 생산되지는 않지만 많은 종류의 독성 화합물들은 불행히도 여전히 생태계에서 순환되고 있다.

예를 들어 DDT, 클로르데인, 린덴, 디엘드린과 같은 염소화 탄화수소는 한때 널리 사용되었던 곳인 미국에서의 사용이 전면 금지되었다. 하지만 아직도 미국에서 생산이 되고 있으며, 이들 화합물을 사용하는 다른 나라로 수출되고 있다. 염소화 탄화수소 분자는 천천히 분해되고 동물의 지방조직에 축적된다. 게다가 이들 화합물은 먹이사슬을 따라 영양단계가 높아질수록 **생물 농축(biological magnification)**이라 하는 과정을 거쳐 축적되는 양이 증가하게 된다. **그림 38.1**은 수서생태계에서 플랑크톤 속의 DDT 극소량이 먹이사슬을 따라 영양단계가 높아질수록 그 농축 양이 얼마나 많이 증가하는지를 잘 보여주고 있다. 미국과 다른 지역에서 DDT는 송골매, 흰머리수리, 물수리, 갈색 펠리컨과 같은 다양한 종류의 포식성 조류들에게 껍질이 얇고 깨지기 쉬운 알을 산란하게 하는 심각한 생태학적 문제를 야기하였다. 1960년대 후반 DDT는 이들 조류의 멸종을 막기 위해 제때에 사용이 금지되었다. 염소계 화합물들은 다른 예상치 못한 부작용을 가지고 있으며, 동물체내에서 호르몬과 같은 역할을 한다.

주요 학습 요점 38.1　지구 전역으로 산업화가 증가함에 따라 오염의 정도도 점차 증가하고 있다.

38.2 산성 강수

그림 38.2에 있는 굴뚝은 뉴멕시코 주의 Four Corners (역주: 미국에서 4개 주가 만나는 지역의 지명) 발전소의 굴뚝이다. 이 발전소에서는 석탄을 이용한 발전과정에서 연소된 연기를 아주 높은 굴뚝을 통해 대기로 방출시키는데, 연기 속에는 대기 중의 수증기와 결합할 경우 산을 생성하게 되는 이산화황과 다른 종류의 황산화물이 다량 함유되어 있다. 높이가 높은 굴뚝은 1950년대 중반 영국에서 처음 설계되어 건설되었으며, 이후 이 굴뚝의 설계가 유럽과 미국으로 빠르게 전파되었다. 높은 굴뚝의 강점은 유황이 고농도로 함유된 연기를 대기 중 높은 곳으로 쉽게 방출시킬 수 있다는 것이며, 그곳에서 부는 바람에 의해 빨리 확산되며, 희석되게 되고 생성된 황산이 먼 곳으로 운반되게 된다는 것이다.

그러나 1970년대에 이르러 과학자들은 유황이 다량 함유된 연기에서 생성된 황산이 엄청난 부작용을 가져온다는 사실에 주목하기 시작하였다. 북유럽 전역에 걸쳐 호수에서 생물종 다양성이 감소하였으며 일부 호수에서는 생물이 사라졌다는 보고가 들어왔다. 독일의 거대흑림(The Great Black Forest)에서 나무들이 시들어 죽었으며, 유럽 전역에서 그 피해가 보고되었다. 미국 동부지방과 캐나다에서도 많은 지역의 산림과 호수가 피해를 입었다.

그림 38.2　오염물질을 배출하는 높은 굴뚝

뉴 멕시코 주의 Four Corners에 소재한 석탄연료 발전소의 굴뚝은 대기 상층부로 오염원을 배출한다.

유황이 대기 상층부에 방출되게 되면 대기 중의 수증기와 결합하여 황산을 생성하며 먼 곳으로 이동하게 되지만, 곧 산성비와 눈의 형태로 다시 떨어진다. 이와 같이 산성 강수 형태의 오염을 **산성비(acid rain)**라 한다[하지만 산성 강수(acid precipitation)라는 용어가 더 정확하다]. 보통 자연적인 강수의 산성도는 5.6 이하로 떨어지는 경우는 드물지만, 미국 내 여러 지역의 강우와 눈의 산성도는 5.3 이하이고, 미국 북부지방의 경우 산성도가 4.2이거나 더 낮은 경우도 기록되었으며, 종종 태풍으로 인해 3.0까지 떨어진 경우도 있었다.

산성 강수는 생명을 앗아가기도 한다. 미국 북동부 지역과 캐나다 여러 곳의 산림은 심각하게 피해를 입고 있으며, 사실 오늘날 북반구에서 최소한 140만 에이커(약 5,666km^2)에 달하는 지역이 산성 강수에 의해 영향을 받고 있는 것으로 조사되고 있다(**그림 38.3**). 게다가 스웨덴과 노르웨이의 수천 개에 달하는 호수에는 더 이상 물고기가 서식하지 못하며, 이 호수들은 불가사의할 정도로 투명하다. 미국 동부지방과 캐나다의 수천 곳의 호수 역시 생물학적으로 죽어가고 있으며 산성도는 5.0 이하로 떨어지고 있다. 산성도가 5.0 이하로 떨어지게 되면 많은 종류의 물고기와 다른 수서생물들은 죽거나 생식이 불가능하

그림 38.3 산성 강수
산성 강수는 북미와 유럽 산림 내 많은 수의 나무들을 죽이고 있다. 대부분의 이와 같은 피해는 나무뿌리의 세포 내에서 자라는 곰팡이인 mycorrhizae가 피해를 입어 생기는데, 나무는 토양 속의 양분을 추출하여 나무에 제공하는 mycorrhizae가 반드시 필요하다.

게 된다.

해결 방안은 아주 쉬워 보이는데, 그것은 배출되는 유황을 제거하는 것이다. 하지만 이 해결방안을 실행하는 데에는 심각한 문제가 존재한다. 우선 비용이 많이 든다는 것이다. 미국에서 필요한 집진기(scrubbers)를 설치하고 관리하는 비용을 산출한 결과 매년 약 50억 달러가 소요될 것으로 예상되었다. 또 다른 문제로서 오염배출지역과 오염피해지역이 서로 멀리 떨어져 있어 자기 자신이 아닌 다른 사람의 문제라는 인식에서 두 지역의 어느 누구도 엄청난 비용을 지불할 생각이 없다는 것이다. 비록 전 세계적인 법안 마련이 필요하기는 하지만, 미국에서는 배출가스의 제거를 의무화하여 이 문제를 다루는 대기오염 방지 법안이 발효되었다.

주요 학습 요점 38.2 **흔히 산성비라고 하는 산성 강수와 같은 오염은 유럽과 북미 산림과 호수 생태계를 파괴하고 있다. 그 해결책은 배출가스를 제거하는 것이다.**

38.3 지구온난화

150년 이상 동안 산업사회의 성장은 값싼 연료를 원동력을 이용하여 이루어졌으며, 대부분의 연료는 석탄, 원유, 천연가스와 같은 화석연료들이다. 석탄, 원유와 천연가스는 고대 식물의 잔재물들이 오랜 시간 강한 압력에 의해 탄소가 고농도로 함유된 "화석연료(Fossil fuel)"로 변형된 것이다. 이와 같은 화석연료가 연소하게 되면 탄소는 산소 원자와 결합하여 이산화탄소(CO_2)를 생성한다. 산업사회의 화석연료 연소는 대량의 이산화탄소를 대기 중으로 방출시킨다. 어느 누구도 이산화탄소의 방출에 관심을 갖지 않았는데, 그 이유는 이산화탄소는 무해하다고 생각했으며, 대기는 이산화탄소를 무한대로 흡수하고 방출할 수 있는 저장고로 생각했기 때문이다. 하지만 두 가지 추측은 사실이 아니며, 최근 수십 년 동안 대기 중의 이산화탄소의 농도는 아주 가파르게 상승하였고, 지속적으로 상승하고 있다.

문제가 되는 것은 이산화탄소는 아무런 변화도 일으키지 않고, 대기 중에서 가만히 있지도 않는다는 것이다. 이산화탄소 분자의 화학결합은 태양으로부터의 에너지는 통과시키지만 지구표면에서 반사된 파장이 긴 적외선이나 열을 가두고 우주공간으로 다시 방출되는 것을 막는다. 이와 같은 현상은 **온실효과(greenhouse effect)**라고 한다. 이와 같은 형태의 "열을 묶어두는(trapping)" 대기가 없는 혹성은 대기가 있는 혹성에 비해 기온은 더욱 낮을 것이다. 만약 지구에 이런 대기가 존재하지 않았다면 지구의 평균 기온은 현재 +15°C가 아닌 대략 −20°C일 것이다.

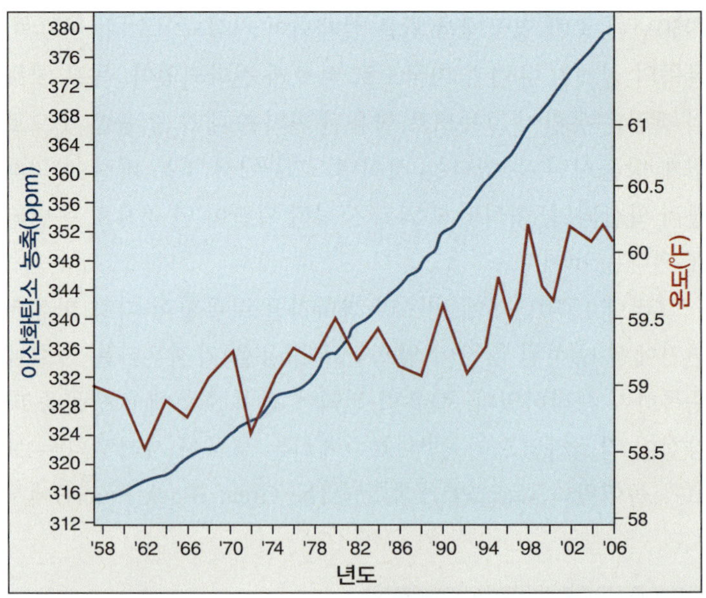

그림 38.4 온실효과
대기 중의 이산화탄소의 농도가 수십 년 동안 꾸준히 증가하고 있다(*청색선*). *적색선*은 같은 기간 평균 지구온도를 표시하고 있다. 일반적으로 1950년대 이후 온도가 증가하고 있으며, 특히 1980년대 초반 급격히 상승하고 있는 점을 주목하라(미국 국립기상연구소 자료 및 기타 자료).

온실가스에 의한 지구온난화

최근 수세기 동안 평균 지구온도의 상승, 즉 **지구온난화(global warming**, **그림 38.4**의 적색선)라고 알려진 지구대기의 극심한 변화는 대기 중의 이산화탄소(그림에서 청색선) 농도의 증가와 상관관계가 있다. 지구온난화가 대기 중에 온실가스(이산화탄소, CFCs, 질소산화물, 메탄)의 축적에 의한 현상이라는 제안은 많은 논란을 불러 왔으며, 이 장 끝부분의 '질문 & 분석'에 상세히 설명되어 있다. 지구온난화의 증거에 대한 진지한 검증이 이루어진 이후, 과학자들 사이에 압도적으로 합의를 이룬 의견으로 지구온난화를 유발하는 진정한 원인은 온실가스라는 것이다.

온실가스 양의 증가는 평균 지구온도를 1°C에서 4°C 증가시키며, 이는 곧 바로 강우 유형과 1급 농지에 심각한 영향을 주게 되고 해수면에 변화를 준다.

강우 패턴에 미치는 영향 지구온난화는 강우 유형에 주된 영향을 미칠 것으로 예견되어 왔다. 강우량이 적어 이미 가뭄을 겪고 있는 지역은 더욱 강우량이 적어져 더욱 심한 물 부족 현상을 겪고 있다. 최근 엘니뇨현상(제36장 참조)과 대규모 허리케인 발생 빈도의 증가는 이미 일어나고 있는 지구온난화로 인한 기후 변화에 의한 것임을 의미한다.

농업에 대한 영향 농업에 미치는 지구온난화의 긍정적 영향과 부정적 영향은 이미 예측되었었다. 대기 온도의 상승과 대기 중 이산화탄소 농도의 증가는 특정 작물의 수확량 증가를 예상할 수 있으나, 다른 작물에는 부정적인 영향을 미친다. 또한 지구온난화에 따른 가뭄은 작물에 부정적인 영향을 준다. 열대지역의 식물들은 생장에 있어서 최고 온도한계에 도달하게 될 것이고, 그 이상의 온도 상승은 열대지역의 농장에서의 수확량에 부정적인 영향이 시작될 것이다.

해수면 상승 지구의 존재하는 상당량의 물은 빙하나 극지방의 만년설로 저장되어 있다. 지구 온도가 상승함에 따라 얼음의 형태로 있던 물이 녹기 시작할 것이고, 빙하가 녹은 물은 대양으로 흘러들어가 해수면은 상승하게 될 것이다(북극의 빙하는 물에 떠 있으며, 녹더라도 해수면은 상승하지 않음. 물 컵의 물 수위는 컵 속의 얼음이 녹더라도 변하지 않은 원리와 같음). 해수면 상승은 저지대의 침수를 야기할 것이다.

지구온난화와 관련하여 무엇을 해야 하는지에 대해 국가 간에 중대한 이견이 있다. 1990년 대기오염방지법과 교토협약이 온실가스의 배출을 줄이기 위한 목표로 제정되었다. 세계 각국은 배출 감소를 위한 첫발을 내딛었으나 더 많은 노력이 요구되고 있다.

> 주요 학습 요점 38.3 **인류의 화석연료 사용은 지구온난화를 주도하는 CO_2의 대기 농도를 크게 증가시키고 있다.**

38.4 오존 홀

20억 년 동안 생명체는 바다 속에 갇혀 있었는데, 그 이유는 태양으로부터의 방사선이 지구 표면을 제멋대로 달구었기 때문이다. 그 어느 것도 파괴적인 에너지의 욕조 속에서는 생존할 수 없었다. 광합성 결과 생성된 후 대기 중에 축적되어 생긴 오존이라는 방패막이 생기면서 생명체는 바다를 떠나 육지에 정착하여 살 수 있게 되었다. 만약 이와 같은 방패막이 사라지게 된다면 어떤 일이 일어나게 될지 상상해 보라. 놀랍게도 우리는 우리 스스로를 파괴하고 있다는 것이다. 1975년을 기점으로 우리 지구의 방패막인 오존층이 붕괴되기 시작하였다. 1975년 9월에 찍힌 남극 상공의 인공위성 사진은 남극 상공의 오존농도가 예상 밖으로 다른 지역의 대기 중 농도보다 훨씬 더 낮다는 것을 보여주었다. 오존을 갉아먹는 어떤 물질이 남극 상공의 오존을 파괴하여 정상적인 오존 농도보다 얇은 층을 형성한 것이 **오존 홀(ozone hole)**이다. 이 현상이 발견된 이후, 오랜 기간 동안 오존은 더욱 감소하였고 오존 홀은 더욱 더 크고 깊어졌다. **그림 38.5**의 인공위성 사진은 옅은 보라색으로 남극 상공의 오존이 농도가 낮음을 보여주고 있다(남극대륙 역시 짙은 보라색으로 표시되어 있고, 오존 홀이 전체 남극대륙을 완전히 둘러싸고 있는 것을 보여주고 있음). 또한 도표는 2000년 9월에 나타난 가장 큰 오존 홀(청색선)과 함께 10년간의 오존 홀의 크기를 나타내고 있다.

무엇이 오존을 파괴하고 있을까? 과학자들은 곧 문제를 일으

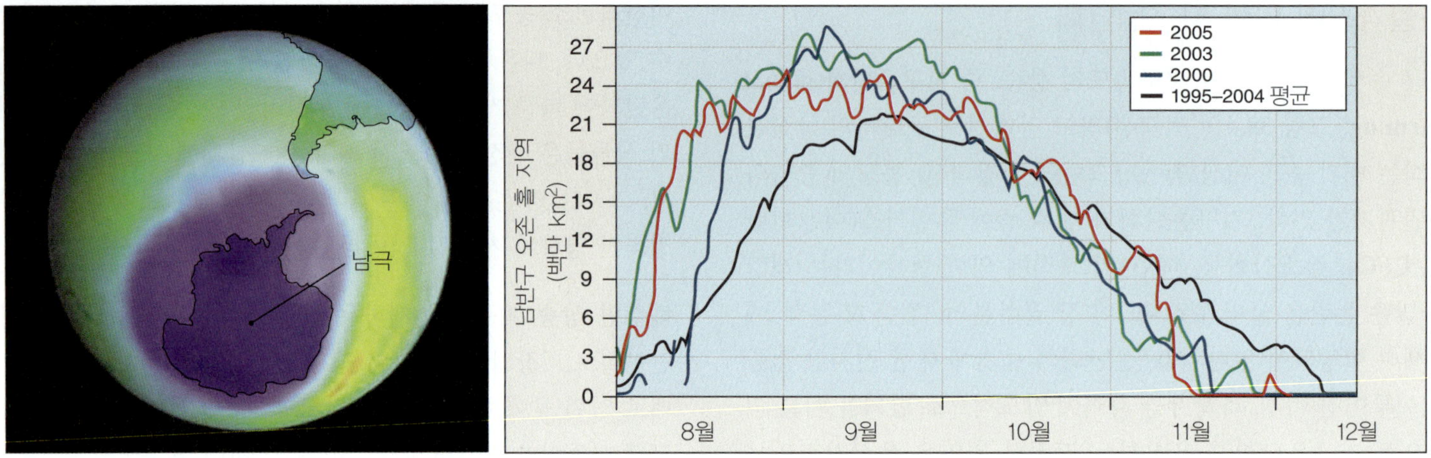

그림 38.5 남극 상공의 호존 홀

수세기 동안 NASA의 인공위성은 남극 상공의 오존 감소의 정도를 추적하여 왔다. 1975년 이후 매년 남극의 겨울기간 동안 남극 상공의 차가온 대기 중에서 태양빛이 화학반응을 일으키면서 오존 홀은 8월 중에 나타나고 있다. 오존 홀은 11월과 12월 온도가 상승하면서 화학반응이 약해지기 전 9월에 절정을 이룬다. 2000년 2,840만km^{2}에 달하는 오존 구멍(인공위성 사진의 보라색 부분)이 미국, 캐나다 및 멕시코를 합친 면적보다 더 큰 지역에서 나타났으며, 이는 지금까지 기록된 것 중 가장 큰 크기의 구멍이었다. 2000년 9월 오존 홀은 120,000명의 인구를 가진 칠레 남부지방의 푼타 아레나스(Punta Arenas)까지 확장되어 주민들은 매우 높은 수준의 자외선에 노출되었다.

킨 원인을 찾았는데, 그것은 이제까지 해롭지 않다고 생각했던 **프레온가스(chlorofluorocarbon, CFCs)**였다. 프레온가스는 1920년대에 개발되었는데, 이 기적의 화합물은 안정적이고 인체에 무해하며, 아주 이상적인 열 교환 물질이었다. 전 세계적으로 프레온가스는 냉장고와 에어컨의 냉매로서 대규모로 사용되고 있으며, 또한 에어로졸 분무가스 및 스티로폼 용기 제작 시 발포제로 널리 사용된다. 광범위하게 사용되는 프레온가스는 결국 대기로 방출되고 있으며, 최근까지 어느 누구도 여기에 대해 걱정하지 않았었는데, 그 이유는 프레온가스가 화학적으로 비활성 물질이며, 모든 사람들이 지구의 대기는 무한정하다고 생각했기 때문이었다. 하지만 프레온가스는 아주 안정적인 화합물이며, 지속적으로 대기에 축적되고 있다.

프레온가스는 화학자들이 문제점에 대해 미리 예상하지 못해 생겨난 피해인 것으로 드러나고 있다. 아주 추운 지역의 남극과 북극 상공에 거의 50km에 육박하는 높이의 프레온가스층은 대기 중의 응결된 수증기에 달라붙어 있으면서 화학반응의 촉매역할을 하고 있다. 마치 우리 몸속에서 스스로는 변하지 않고 세포 내 화학반응을 일으키고 있는 효소와도 같이, 프레온가스는 소모되지 않고 오존(O_3)을 산소(O_2)로 전환시킨다. 아주 안정적으로 프레온가스는 대기 중에서 멈추지 않는 조그만 기계처럼 계속 반복적으로 변화를 일으키고 있다. 프레온가스는 현재에도 여전히 존재하고 있으며, 여전히 영향을 주고 있는 것이다. 전 세계 오존의 감소는 현재 3%에 달한다.

자외선 방사는 인간의 건강에 심각한 영향을 주는 것 중 하나다. 대기 중의 오존이 1% 감소할 때마다 피부암의 발생률은 6%씩 증가한다. 중위도 지방에서 전 세계적으로 일어나고 있는 대략 3%의 오존 감소는 아마도 치명적인 흑색피부암을 20%정도 증가시키게 된다.

전문가들은 일반적으로 대기 상층에서 오존을 파괴하는 화학물질의 수준이 1980년대 180여 개 국가들이 대부분의 프레온가스의 생산을 단계적으로 중단하기로 협정한 국제협약 이후 감소하고 있다고 한다. 2005년 오존 홀의 크기는 대략 2천5백만km^{2}로 정점에 달했으며(북미대륙의 면적), 대략 크기가 2천8백4십만km^{2}에 달했던 2000년의 기록보다는 작았다. 최근의 컴퓨터 시뮬레이션에 의하면 남극의 오존 홀은 2065년에 정상수준으로 회복될 것이며, 상대적으로 피해가 적은 북극의 오존층은 2023년경에 회복될 것으로 예상된다.

주요 학습 요점 38.4 프레온가스(CFCs)와 다른 화학물질들은 대기 상층에서 촉매로서 오존을 파괴하고 있으며, 지구표면을 위험한 방사선에 노출시킨다. 이러한 문제를 해결하기 위한 국제적인 노력들은 성과를 거두고 있다.

38.5 생물 다양성의 감소

죽음이라는 것이 생식작용으로서 정상적인 생활환에 필요한 것처럼, 멸종 역시 한 종을 형성하는 안정적인 생태계에서는 지극히 정상적이고 필요한 일이다. 대부분의 종들 아니 거의 모든 종들은 결국 멸종하게 된다. 과학자들이 알고 있는 99% 이상의 종들은(대부분 화석기록) 지금 멸종되고 없다. 조류와 포유류의 멸종 비율은 1600년부터 1700년까지 한 세기당 한 종이었지만, 1850년부터 1950년까지의 기간에는 매년 1종 이상이 멸종하였으며, 1986년과 1990년 사이에는 매년 4종 이상이 멸종할 정도로 멸종비율이 증가하였다. 이와 같은 멸종 비율의 증가가 **생물다양성(biodiversity)** 위기의 핵심인 것이다.

멸종에 기여한 요인들

멸종에 기여한 요인들은 무엇일까? 기록된 멸종의 광범위한 조사와 멸종위기에 몰린 많은 종류의 생물들을 연구함으로서 생물학자들은 멸종에 주된 역할을 하는 3가지 요인들을 찾았는데, 그것은 서식지 파괴, 남획, 도입종이다(**그림 38.6**).

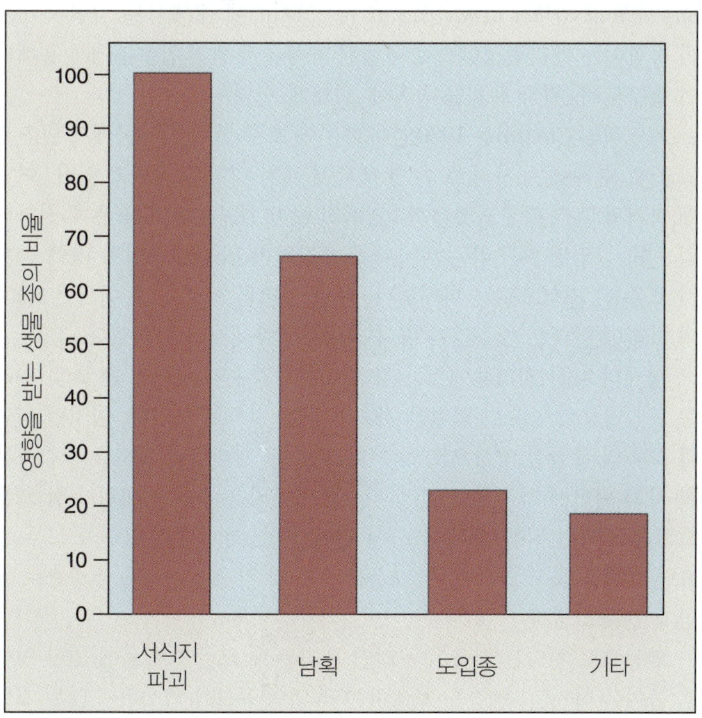

그림 38.6 동물의 멸종에 기여한 요인들

위 도표에 표시된 자료는 호주, 아시아 및 아메리카 대륙에서 멸종한 것으로 알려진 포유류에 관한 것들이다. 몇몇 멸종의 원인은 한 가지 이상의 요인에 의한 것이다.

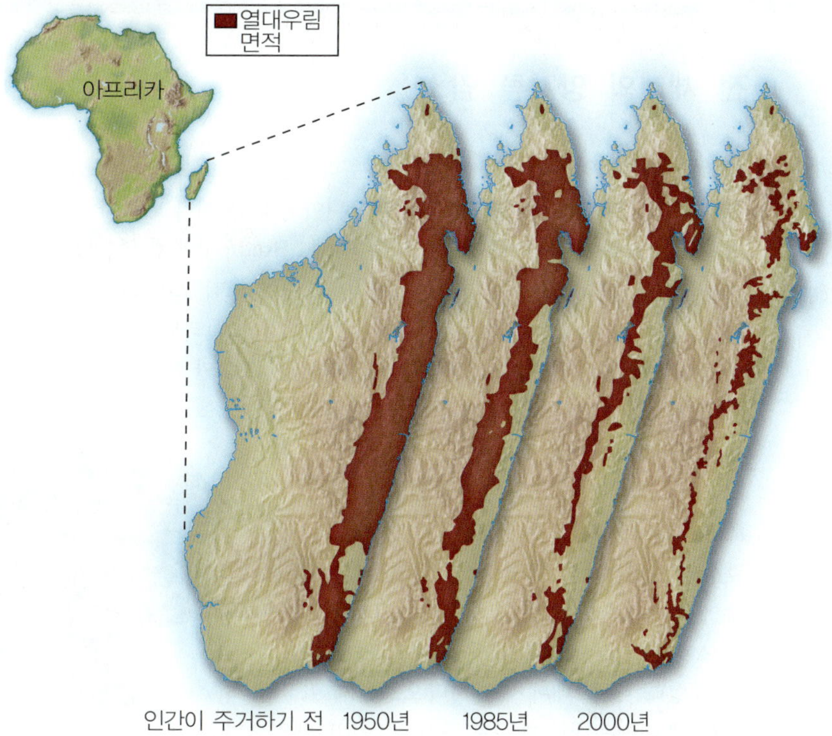

그림 38.7 멸종과 서식지 파괴

동 아프리카의 해안에서 떨어져 있는 마다가스카르 섬의 동부해안에 있는 강우림은 섬 인구가 증가하면서 지속적으로 개발되어 파괴되고 있다. 90%의 원시림이 사라졌으며, 많은 종류의 생물 종들이 멸종하였고, 마다가스카르의 31종의 토착종 중 16종을 포함한 또 다른 많은 종류의 생물들이 멸종위기에 처해 있다.

서식처 파괴 서식처 손실은 멸종과 관련된 원인들 중 가장 중요한 단일 요인이다. 강우림부터 해저 밑바닥까지 모든 종류의 서식처를 지속적으로 엄청난 규모로 파괴하고 있다는 사실은 결코 놀랄 만한 일은 아니다. 자연 서식지는 4가지 유형의 인간 활동에 의해 영향을 받게 되는데, 그것은 (1) 파괴, (2) 오염, (3) 인간에 의한 교란, (4) 서식지 분열(소규모의 격리된 지역으로 서식지를 나눔)이다. **그림 38.7**에서 볼 수 있는 것처럼 강우림 서식지의 파괴는 멸종위기 종들이 서식하고 있는 마다가스카르 섬에서 급속하게 진행되고 있다.

생물종의 남획 역사상 인간에 의해 포획되거나 수확되는 생물종들은 초기에는 개체수가 많았던 종이었다 하더라도 심각할 정도로 멸종의 위험에 처하였다. 생물종의 남획에 관한 최근의 역사적인 사례들을 많이 들 수 있는데, 나그네비둘기, 들소, 많은 종류의 고래, 대서양 참다랑어와 같은 상업용 어류 및 서인도 제도의 마호가니 나무 등이 몇 가지 예들이다.

전 세계의 양서류 감소

때로는 아무도 알아채지 못한 채 바로 우리 눈앞에서 중요한 일이 발생한다. 이 같은 일이 1988년 여름 캘리포니아 주의 시에라 네바다 산맥 정상의 고요한 호수를 바라보고 있던 David Bradford에게 일어났다. 생물학자였던 Bradford는 하루 종일 걸어 호수에 도착했고, 그곳에 도착했을 때 그가 가장 두려워했던 일이 결국 현실로 나타났다. 그 호수는 Bradford가 그해 여름, 노란색의 다리를 가진 조그만 개구리를 찾기 위해 선정한 장소 목록 중의 한 곳으로 세코이아 킹스 캐넌(Sequoia-Kings Canyon) 국립공원에 위치하고 있던 호수였다. 그 개구리의 학명은 *Rana muscosa*였으며, 많은 사람들이 오랫동안 관찰기록을 했던 그 국립공원의 호수에서 서식하고 있었다. 하지만, 그날의 고요한 여름밤, 조그만 개구리는 그 어디에도 없었다. 공원 내에서 마지막으로 이루어졌던 개구리 개체군에 대한 대규모 조사는 1970년대였으며, *R. muscosa*는 공원 내 여러 곳의 호수나 연못 등의 일반적인 서식지 어디에서나 서식하고 있었다. Bradford는 당시 개구리의 주된 서식지였던 연못에서 98%가 사라진 이유를 이해하지 못했다.

다른 생물학자들에게 실망을 안겨 준 Bradford의 수수께끼 같은 보고 이후, 뜻밖의 결과들이 곧 밝혀졌다. 전 세계적으로 토착 양서류(개구리, 두꺼비, 도롱뇽)들은 멸종하고 있었다. 멸종이란 파도는 미국 서부지역의 높은 고도에서 서식하고 있던 양서류의 개체수를 휩쓸고 지나갔으며, 중미와 호주 해안지역의 양서류 역시 무참히 휩쓸고 지나갔다.

양서류는 공룡들이 나타나기 훨씬 이전부터 대략 3억 5천만 년 동안 존재해 왔으며, 이들 양서류가 다양한 자연 서식지에서 갑자기 사라지는 현상은 생물학자들에게 어떤 경고의 의미로 받아들여지고 있다. 우리는 이 세상에 어떤 짓을 하고 있을까? 만약, 우리가 만들고 있는 이 세상에서 양서류가 생존할 수 없다면 우리는 생존할 수 있을까?

1998년, 미국국립학술협회(US National Research Council)는 이 문제를 다루기 위한 진지한 시도로서 다양한 방법들을 제시하고 있던 과학자들의 의견을 모았으며, 수년간의 집중적인 조사 끝에 과학자들은 전 세계적인 추세의 양서류 감소에 대한 원인들을 가려내기 시작하였다. 과학에 있어서 여러 중요한 의문점들처럼 이 문제에 대한 해답 역시 간단하지 않았다.

전 세계적인 추세의 양서류 감소와 관련된 주된 요인은 5가지인 것으로 추정되는데, 그것은 (1) 서식지 악화 및 파괴로서 특히 양서류에게 절대적으로 필요한 습도(대기 중 수분)를 급격히 감소시키는 산림벌목, (2) 토착 양서류 군집과 경쟁하는 외래종의 도입, (3) 양서류에 치명적인 화학오염물질, (4) 병원균에 의한 치명적인 감염, (5) 일부 서식지의 환경을 적합하지 않는 조건으로 변화시키는 지구온난화이다.

기생균에 의한 감염은 미국 서부지역과 호주 해안지역에서 특히 중요한 역할을 하는 것으로 알려지고 있다. 애리조나 주립대학의 양서류 생태학의 전문가인 James Collins은 양서류 감소를 주도하고 있는 감염의 명백한 예를 보고하였다. 콜린은 그랜드 캐넌(Grand Canyon) 주변의 Kaibab Plateau(역주: 그랜드캐니언 자연보호구역 내 북카이바브에 위치한 고도 2,700km에 달하는 고원)에 서식하고 있던 도롱뇽의 개체군을 조사하고 있었는데, 조사 도중 많은 수의 도롱뇽이 병든 것을 발견하게 되었다. 병든 도롱뇽의 피부는 흰색 농포로 뒤덮여 있었으며, 감염된 대부분의 도롱뇽은 심장과 지라의 기능이 멈춰 결국 죽었다. 이 감염원은 어류에서 주로 발견되는 라나바이러스(Ranavirus)인 것으로 밝혀졌다. Collins에 의해 병든 도롱뇽에서 분리된 라나바이러스는 건강한 도롱뇽에도 감염되어 카바이브 고원(Kaibab Plateau)에서 발생한 도롱뇽 감소의 주범이라는 것은 의심할 여지없이 분명하였다.

라나바이러스의 발생으로 작은 개체군은 사라졌지만, 보다 큰 개체군에서는 감염에도 불구하고 죽지 않고 결국 피부를 뒤 덮은 농포가 떨어져 살아남은 몇몇 개체에 의해 서서히 회복된다.

또 다른 종류의 감염은 미국뿐만 아니라 호주에서 아주 흔한 것으로 보다 광범위한 영향을 미치고 있다. 개구리 효모균병을 일으키는 Chytrid (발음은 "Kit-rid", 제18장 참조)라고 하는 곰팡이의 일종인 미생물에 감염된 개체군은 회복되지 못한다. 보통은 토양 속에서 식물질을 분해하는 무해한 토양진균이지만, 특정 종류의 Chytrid(학명은 *Batrachochytrium dendrobatidis*)는 양서류에 대해서는 치명적이다. 이 곰팡이는 케라틴성분으로 구성된 양서류 유생의 입부분에서 용해되어 흡수되며, 결국 유체를 죽음에 이르게 한다.

치명적인 Chytrid는 1980년대 초기에 호주 멜버른 인근에서 발견되었으며, 현재에는 거의 호주 전 대륙에 걸쳐 영향을 미치고 있다. 어떻게 이처럼 빨리 확산되었을까? 명백히 이 병원균은 트럭을 통해 전파되었으며, 감염된 개구리는 바나나를 포장하기 위한 나무상자 속에 숨어서 호주 전 지역으로 전파되었다. 매년 멜버른 시장 한 곳에서만 5,000여 마리에 달하는 개구리가 바나나 나무상자에서 포획되었다.

세계의 다른 지역들에서는 감염이 산성강수와 서식지 손실 및 외래종 도입만큼의 중요한 역할을 하지는 않는 것으로 보인다. 이처럼 원인과 효과의 복잡한 양상으로 미루어보면, 전 세계적인 양서류의 감소는 한 가지 원인에 의해서만 일어나는 것이 아님을 우리가 배워야 할 교훈으로 강조하기 위한 것이다. 사실 위에서 언급한 5가지 요인들 모두 중요한 역할을 하고 있으며, 이 모든 요인들이 지구의 균형을 멸종으로 치닫게 만들고 있다.

멸종으로 치닫는 것을 바꾸려면 우리는 이 모든 요인들에 의한 영향을 줄여야 하지만, 환경을 보호하는 직업의 규모를 억제하지 않는 것도 중요하다. 어떤 한 가지 요인에 우리가 관여하게 될 어떤 과정이라도 멸종이 아닌 생존의 방향으로 지구의 균형을 되돌리게 될 것이다. 우리가 어떤 행동도 하지 않고 그냥 내버려두게 된다면 멸종은 불가피한 일이다.

도입종 종종 새로운 종들이 서식지에 들어와 토착종들을 위협하며 정착하게 된다. 이와 같은 정착은 자연적으로는 거의 이루어지지 않고 보편적으로 인간들이 생태학적으로 엄청난 피해를 가져오는 과정을 유발한다. 이국적인 외래종의 도입은 많은 종의 토착종들을 위협하거나 없애버린다. 종의 도입은 보통은 고의가 아닌 여러 가지 방법으로 일어난다. 배, 자동차, 비행기로 운송되는 묘목 속에 묻혀서 식물이나 동물들이 도입되거나, 목재 안의 딱정벌레 유충들이 도입된다. 이들 도입종들은 개체수를 조절해 주는 천적이 없는 새로운 서식지로 침입하게 되면 토착종들을 몰아내고 정착하게 된다.

주요 학습 요점 38.5 생물 다양성의 손실은 서식처 파괴, 남획 및 도입종을 포함한 몇 가지 주된 요인 중 하나에 의한 결과일 것이다.

환경보호

38.6 오염물질 감소

이 세상에 일어나고 있는 지구환경의 변화양상은 매우 충격적이다. 인간의 여러 활동들은 이 생물권에 극심한 스트레스를 주고 있으며, 우리는 빠른 시일 내에 유해한 영향을 감소시킬 수 있는 방법들을 찾아야만 한다. 이러한 도전을 성공시킬 수 있는 특별히 중요한 4가지 핵심 분야가 있는데, 그것은 오염물질 감소, 대체 에너지원, 재생 불가능한 자원의 보존, 인구성장의 억제이다.

산업오염에 의한 문제를 해결하기 위해 첫 번째로 필요한 것이 문제의 원인에 대한 이해이다. 본질적으로 환경의 건강을 위해 우리 경제는 적절한 대가를 지불하는 데 실패하였다. 어떻게 이런 일이 발생하였는지를 이해하기 위해 우리는 잠시 돈에 대해 생각해야만 한다. 미국 경제(대부분의 나머지 산업 국가들도 포함하여)는 공급과 수요라는 단순한 피드백 시스템을 가지고 있다. 상품의 공급이 부족하면 가격은 상승하게 되고, 가격 상승으로 인한 잉여이익은 더 많은 상품의 생산을 늘리는 장려책으로 작용한다. 상품이 과잉 공급되게 되면 가격은 하락하고, 더 이상 이익을 창출하지 못하는 상품의 생산량은 감소한다.

이러한 시스템은 한 국가의 경제력에 아주 잘 적용되고 있으며, 원동력이기도 하지만 한 가지 단점이 있다. 만약 요구가 가격에 의해 결정된다면, 모든 비용은 상품가격에 포함된다는 사실이 아주 중요하다. 상품 판매자가 제3자를 위한 생산비의 일부를 조정할 수 있다는 것을 생각해 보자. 그럴 경우 판매자는 가격을 낮게 책정하여 보다 많은 상품을 팔 수 있다. 낮은 가격책정으로 구매자는 모든 비용이 가격에 포함되었다 하더라도 더 많은 상품을 구매할 것이다.

불행하게도 이런 종류의 잘못된 가격결정과 같은 오류는 산업활동 결과 생긴 환경오염에서도 일어나고 있다. 에너지 및 산업분야의 여러 생산품들의 실제비용은 재료비 및 인건비와 같은 직접비용과 생태계에 대한 오염과 같은 간접비용이 합쳐진 비용이다. 경제학자들은 오염의 허용 정도를 사회적 비용과 생태학적 비용을 비교하여 오염을 줄이기 위한 비용이 얼마인지에 근거를 둔 "적정" 오염치를 찾아내었다. 경제적 적정 오염치는 **그림 38.8**에서 청색 점으로 표기하였다. 적정치보다 많이 오염을 허용하게 되면 사회적 비용이 너무 들어가고, 적정치보다 적게 되면 경제적 비용이 더 많이 든다.

오염에 의한 간접비용은 일반적으로 전체 비용에 계상되지

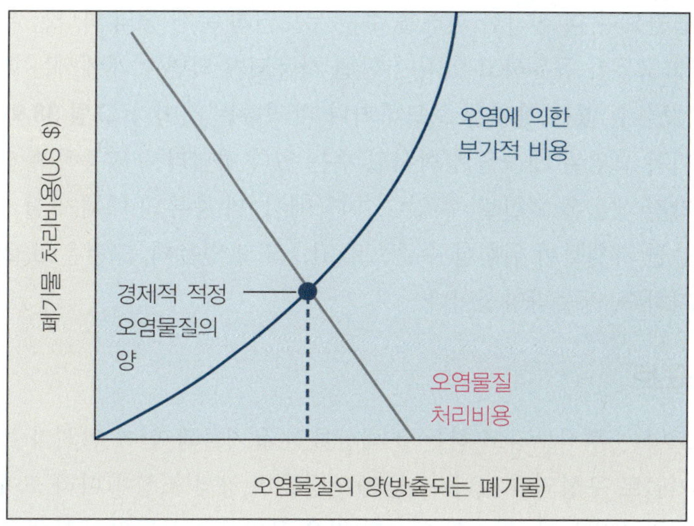

그림 38.8 적정 오염치가 있을까?
경제학자들은 특정치의 오염에 의한 부가적인 비용(오염 경감에 드는 부차적인 비용)과 특정치의 오염발생에 의한 피해처리 비용이 일치하여 상쇄되어지는 지점인 "적정" 오염치를 찾았다.

않는다. 그러나 간접비용은 우리가 무시하고 있을 뿐 사라지지는 않으며, 오늘날 우리 모두 의존하고 있는 생태계에 피해를 주어 미래에 그 대가를 치르게 될 다음세대에 물려 줄 뿐이다. 점점 더 그 미래는 다가오고 있다. 더 이상 피해를 감당할 수 없는 이 세계는 결국 우리가 갚아야 할 어떤 일들을 요구하고 있다.

공해방지법

미국에서 오염을 억제할 수 있는 두 가지 효과적인 접근방법이 제안되고 있다. 첫 번째 방법은 오염을 금지하는 법안을 통과시키는 것이다. 지난 20년 동안 많은 법안들이 엄격한 환경배출기준을 정하여 효과적으로 오염 확산을 억제하기 시작하였다. 예를 들면, 모든 자동차는 배출가스를 제거할 수 있는 효과적인 촉매 전환 장치의 장착이 의무화되었으며, 유사하게 1990년 대기오염방지법에 의해 발전시설들의 유황배출을 규제하였다. 발전소들은 비용은 더 많이 들어가지만 굴뚝에 집진기를 설치하거나 저유황석탄(청정석탄기술)을 사용하여 이 기준을 충족시키고 있다. 그 영향은 소비자가 환경에 대한 오염방지에 들어가는 비용을 지불하도록 한다는 것이다. 촉매 전환 장치의 장착은 자동차 가격을 올렸으며, 집진기의 설치는 에너지의 가격을 상승시킨다. 이와 같은 새롭고 비싼 비용은 점점 더 실비용과 가깝게 책정되고 있으며, 보다 적정수준으로의 소비감소를 부추기고 있다.

공해세

오염억제를 위한 두 번째 접근방법은 오염에 대해 세금을 부과하여 직접적인 소비비용을 높이는 것이며, 사실 정부가 생산품의 가격에 세금을 부가하여 인위적으로 가격을 대폭 인상하는 것이다. 이와 같은 가격인상은 소비를 억제시키기도 하지만 세금을 조정하여 정부가 환경의 안정성과 경제성장간의 균형을 조절할 수 있다는 것이다. 오염물질 배출권거래제(cap-and-trade pollution permits)로 종종 도입되고 있는 이와 같은 세금은 점점 더 중요한 공해방지법의 일환으로 인식되고 있다.

주요 학습 요점 38.6　자유시장경제는 가격에 환경비용이 부과되지 않아 종종 오염을 조장하고 있다. 각 종 법안과 세금은 환경오염에 대한 보상으로 고안되고 있다.

38.7 대체할 수 없는 자원의 보존

생태계에 피해를 주고 있는 여러 방법들 중에서, 다른 어떤 방법들보다 더 심각한 피해를 주는 두드러진 문제 중의 하나는 우리 모두가 공유하고 있지만 한번 사용되게 되면 미래에서는 대체될 수 없는 자원을 소모하거나 파괴하는 것이다(**그림 38.9**). 비록 오염된 개울을 정화시킬 수는 있다 하더라도 멸종하여 사라진 생물은 되살릴 수 없다. 미국에서 세 종류의 대체가 불가능한 자원들이 위험한 수준으로 감소되고 있는데, 그것은 표토, 지하수, 생물다양성이다.

표토

토양은 부식토라고 하는 분해산물인 유기물과 함께 암석과 무기물로 구성되어 있다. 식물의 생장은 토양의 조성에 따라 크게 영향을 받는다. 질소와 인산과 같은 무기물은 식물의 생장에 중요한 영향을 미치며, 이들 무기물들은 부식질이 풍부한 토양에 존재한다.

미국은 지구에서 가장 생산성이 높은 나라들 중 하나이며, 이는 미국 대부분의 지역이 특히 비옥한 토양으로 뒤덮여 있기 때문이다. 미국 중서부 지역의 농장지대는 한때 온대초원(프레리)이었던 지역에 걸쳐 있다. 이 지역의 토양은 인간들이 쟁기질을 하기 전까지 동식물들의 무수한 세대기간이 지나면서 유기물이 서서히 축적되어 부식질이 풍부한 토양이 지하 수 미터 아래까지 확장되어 있다.

우리는 이처럼 비옥한 **표토(topsoil)**를 재생할 수 없으며, 아무리 거대한 자본이 축적된 미국이라 할지라도 여전히 10년마다 몇 센티미터의 비율로 침식되고 있는 표토를 두고 보고만 있다. 미국에서는 1950년 이후로 표토의 1/4 정도가 사라져 버렸다. 잡초제거를 위한 반복적인 경운(토양을 갈아엎음)은 강우에 의해 더 많은 표토가 강으로 쓸려가게 되고 결국은 바다로 흘러 들어가도록 방치하고 있다. 집약재배 의존도를 줄이기 위한 고육지책의 새로운 방법들이 요구되고 있다. 몇 가지 실현 가능한 해결책들에는 제초제에 대해 작물이 저항성을 갖도록 하는 유전공학의 이용 및 상실된 표토를 다시 붙잡아두는 계단

"자유롭게 공유하는 것은 모두의 파멸을 가져 온다"

Hardin의 원작 수필의 핵심:

목장이 모든 사람들에게 개방되어 있다고 상상해 보자. 각각의 목동들은 (이러한) 공유지에서 가능한 많은 수의 소들을 키우려고 할 것이다. 가축 한 마리를 더 추가할 경우 얻는 이익은 무엇일까? 추가된 가축을 판매하여 모든 수익금을 목동이 갖기 때문에 (목동에게) 긍정적 유용성은 거의 +1이다. 그러나 과잉 사육의 효과는 모든 목동들이 공유하게 되므로, 가축을 추가로 결정하게 되는 특정 목동에게는 −1이라는 부정적 유용성을 가지게 된다. 부분적 유용성을 함께 고려하는 합리적인 목동은 그가 취할 수 있는 합리적인 방법으로서 가축무리에 다른 종류의 동물을 추가하는 것 뿐 이다. 그리고 또 다른 한 마리, 다른 한 마리... 그 안에는 비극적인 사실이 숨어 있다. 각 목동이 제한된 세상에서 제한 없이 그의 가축을 증가시키도록 하는(그렇게 유도하는) 시스템 속에 갇혀 있다 ... 자유롭게 공유하는 것은 모두의 파멸을 가져 온다.

- G. Hardin, <공유지의 비극(The tragedy of the commons)>,
Science 162, 1243(1968), p.1244

그림 38.9 공유지의 비극

생태학자인 Hardin은 오늘날 유명해진 그의 수필에서 환경의 파괴는 무책임한 자유의 결과로 초래된다고 설명하였다.

식 재배가 포함되어 있다.

지하수

대체할 수 없는 두 번째 자원이 **지하수(groundwater)**이다. 지하수는 지하 부분의 대수층이라고 하는 다공성 암반층에 고여 있는 물이다. 지하수는 12,000년 전 이전에 빙하기 동안 지하 저장소로 아주 천천히 스며들어간 물로서 우리가 대체할 수 없기 때문에 이 보물과 같은 자원을 낭비해서는 안 된다.

미국 대부분 지역에서의 지방정부는 지하수 사용에 관해 상대적으로 소홀히 관리하고 있다. 그 결과, 많은 양의 지하수가 잔디에 물주기, 세차, 분수 사용의 목적으로 이용된다. 더 심각한 문제는 화학폐기물의 처리 소홀로 의도와는 다르게 지하수가 오염되는 것이다. 오염물질이 단 한번 지하수로 흘러들어 가더라도 효과적으로 그 오염원을 제거할 수 있는 방법은 없다. 피닉스와 라스베이거스와 같은 몇몇 도시들의 경우 수세기 안에 지하수는 완전히 고갈되고 말 것이다.

생물다양성

인간이 살아가는 동안 멸종위기에 처한 종의 숫자는 공룡과 함께 멸종한 종의 숫자보다도 많다. 이처럼 엄청난 생물다양성의 손실은 우리 모두에게 중요한 의미를 가지는데, 그것은 이들 생물종이 사라져 버려 그들 생물에 관해 배울 기회와 함께 우리가 얻을 수 있었던 혜택들 역시 잃어버렸기 때문이다. 사람이 먹는 전체 식량자원은 250,000종류의 이용 가능한 식물들 중에서 20여 종의 식물에 불과하다는 사실은 잠시 생각할 여지를 준다. 책을 읽어보지도 못하고 도서관을 불태우는 것처럼 아직도 무엇을 낭비하고 있는지를 모르고 있다. 확신할 수 있는 것은 사람이 회복시킬 수 없다는 사실이다. 멸종은 영원한 것이다.

지난 20년 넘게 지구 열대우림의 절반 정도가 목장을 만들기 위해 태워졌거나 목재용 벌목으로 없어져(**그림 38.10**), 대략 600만km^2 이상의 산림이 파괴되었다. 매년 열대지역의 인구가 증가함에 따라 산림파괴의 비율도 증가하고 있다. 1990년대에는 매년 대략 16만km^2 정도가 벌목되었는데, 이는 초당 0.6헥타르(1.5에이커=6,000m^2)의 속도보다 빠른 비율인 셈이다. 이 추세로 나간다면 우리의 생애동안 모든 열대우림은 사라지고

(a)

(b)

(c)

그림 38.10 열대우림의 파괴

(*a*) 사진에서의 산불은 브라질에서 소 방목을 위한 목초지 개발을 위하여 열대우림을 파괴하고 있다. (*b*) 불길이 너무나 광범위하고 높아 그 연기가 우주공간에서도 확인될 수 있었다. (*c*) 산림파괴의 결과는 에콰도르의 경사지에서 찾아볼 수 있는데, 예전에는 높은 생산성을 지닌 산림이었으나, 현재는 낮은 등급의 목초지로만 이용되고 있다.

말 것이다. 이 과정으로 인해 이 지구상의 동물과 식물의 1/5 이상(1,000,000종 이상)이 멸종할 것으로 예상된다. 이와 같은 대규모 생물 종의 멸종은 공룡시대 이후 6천5백만 년에 처음 있는 사건이 될 것이다.

생물다양성의 손실은 열대지역에만 제한적으로 일어나는 일이라고 생각해서는 안 된다. 태평양 북서쪽의 원시림들이 오늘날 엄청난 비율로 벌목되고 있는데, 대부분 미국 정부에 의해 지원되는 엄청난 벌목비용(예를 들어, 산림청은 필요한 임도를 건설한다)으로 인한 대규모 일자리 창출(벌목된 목재는 수출된다)을 위한 것이다. 현재의 추세라면 한 세기 안에 극히 일부분의 산림만 남게 될 것이다. 이런 문제점은 한 지역에만 국한된 것이 아니다. 미국 전 지역에 걸쳐 자연림이 모두 개벌(삭베기, clear-cut)되고, 그 자리에 마치 옥수수를 줄지어 심는 것처럼 목재용 나무들을 식재하여 대체하고 있다. 자기나라의 생물다양성 보존에 소홀하고 있으면서 열대지역의 국가들에게 생물다양성을 보존하라고 꾸짖는 것은 매우 어려운 일이다.

그런데 종의 손실이 왜 그렇게 나쁜 일일까? 생물다양성의 가치는 무엇일까? 종의 손실은 3가지 대가를 지불하게 되는데, 그 가치는 (1) 생물 종으로부터 우리가 얻게 되는 생산물로서의 직접적인 경제적 가치, (2) 생태계에서의 영양물질 순환과 같이 우리가 생물들을 소비하지 않고서도 생물 종에 의한 유용성과 같은 간접적 경제적 가치, (3) 아름다운 자연환경이 조성되는 가치이다. 우리가 식량, 의약품, 의복, 에너지 및 은신처를 얻기 위해 이용하는 생물종 보호에 있어서의 가치를 찾아내는 데에는 어려움이 없지만, 건강한 생태계를 유지하는 다른 생물 종들 역시 매우 중요하다. 생물다양성을 파괴하여 생산성이 떨어지고 불안정한 상태의 환경을 만들고 있다. 모든 종들은 살아 있는 이 세계에 아름다움을 더해주고 있으며, 그 가치를 평가할 수 없기 때문에 모두 다 소중한 것이다.

주요 학습 요점 38.7 대체할 수 없는 자원들은 전 세계적으로 위험한 수준으로 감소하고 있으며, 자원들 중 핵심자원은 표토, 지하수 및 생물 다양성이다.

38.8 인구증가의 억제

만약 우리가 이 장에서 언급한 문제들을 해결하려고 한다면 우리는 단지 기본적인 문제만을 다루는 데 필요한 시간만을 벌 수 있을 것이다. 이러한 문제들은 우리 인구가 너무 많아 생긴 일이다.

인류는 대략 12,000년에서 13,000년 전에 북미대륙에 도달하였으며, 이들은 시베리아와 알래스카 사이의 좁은 해협을 건너 신속하게 남미대륙의 남쪽 끝부분까지 이주하였다. 1만 년 전 즈음 빙하가 사라지고 농업이 시작될 때 남극대륙을 제외하고 지구 전 지역에 흩어져 있던 인구는 대략 5백만 명 정도였다. 농업활동을 통해 확보할 수 있었던 새롭고 다양한 식량자원으로 인해 인구는 더욱 빠른 속도로 증가하기 시작하여, 예수 탄생시기였던 2000년 전 지구상의 인구는 1억 3천만 명 정도였던 것으로 추정된다. 1650년 즈음에 세계 인구는 2배가 증가하고 또 2배가 증가하여 5억 명에 달하게 되었다. 1700년대에 접어들면서 기술의 변화는 인간들이 식량공급을 보다 쉽게 조절할 수 있도록 하였으며, 여러 종류의 질병에 대한 치료법의 발전을 가져왔고 불확실한 기후에 취약한 인간들에게 식량 저장능력의 향상과 주거지 발전의 기회를 제공하였다. 제35장의 내용을 상기시켜보면, 환경수용력이라고 하는 환경의 한계에 도달할

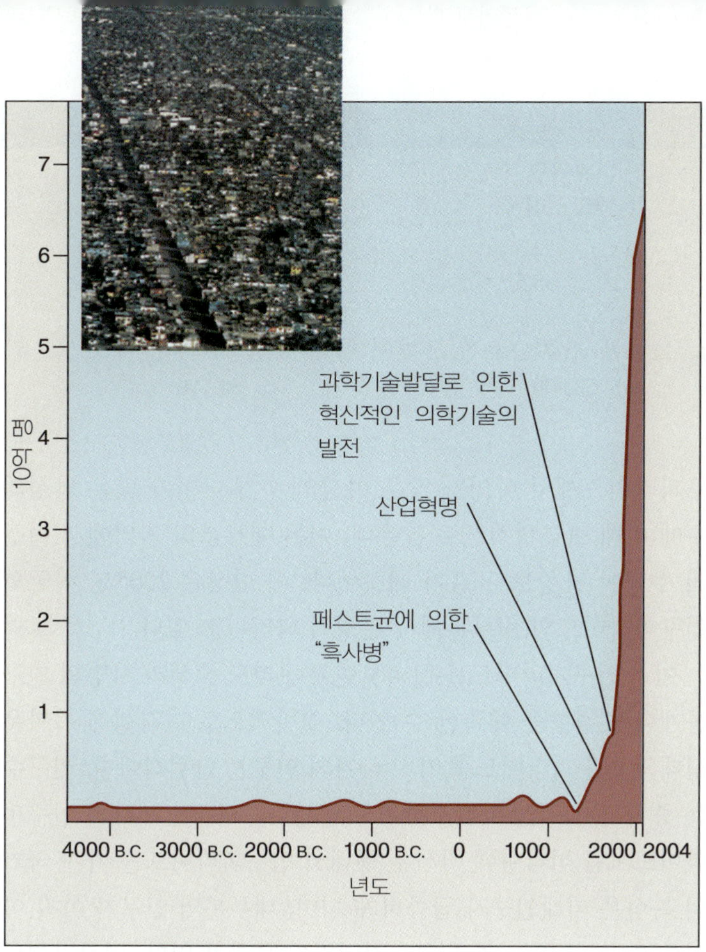

그림 38.11 인구증가 곡선
지난 300년 동안 세계 인구는 꾸준히 증가하고 있으며, 현재 지구에 살고 있는 인구는 60억 명이 넘는다. 세계에서 가장 큰 도시 중 하나인 멕시코 시티 (삽입된 사진)에 거주하고 있는 인구는 대략 2천 6백만 명이다.

때까지 인구는 지수적으로 증가하고 있다. 이 같은 변화는 인간들이 살고 있는 서식처의 한계수용력을 확장할 수 있게 하여 이상적인 성장을 벗어나 **그림 38.11**의 폭발적으로 인구가 급증하는 S형 성장곡선의 지수적 성장형태로 재진입하게 되었다.

비록 지난 300년간 인구는 폭발적으로 증가하고 있지만, 인간의 평균 출생률은 안정화되어 세계 인구 1,000명당 21명의 출생률을 보이고 있다. 그러나 위생 환경 개선 및 의료 기술 발달로 사망률이 꾸준히 감소하여, 현재 매년 1,000명당 9명의 수준으로 감소되었다. 이러한 출생률과 사망률의 차이는 매년 1.2%의 인구 증가율과 같은 수치로 보기에는 적은 것 같으나 인구 규모를 고려할 때 적은 수치는 결코 아니다.

2011년 세계 인구는 70억에 도달하였으며, 현재 대략 7천 8백만 명의 인구가 매년 증가하고 있으며, 이 추세로 간다면 대략 58년 만에 세계 인구는 2배로 증가하게 될 것이다. 다시 말하면, 매일 214,000명 이상이 혹은 1분마다 거의 150명의 인구가 증가된다는 것이다. 이 비율로 가면 세계의 인구는 계속 증가하여 아마 100억 명 정도의 수준에서 안정화될 것이다. 그러나 지구는 이렇게 많은 인구를 유지할 수 없기 때문에 이런 인구의 증가는 일어날 수 없다. 사람 몸속의 암세포가 사람을 죽이지 않고 끝없이 자랄 수 없는 것처럼, 인류 역시 생물권의 파괴 없이 억제되지 않은 채 지속적인 인구증가를 유지할 수 없다.

대부분의 국가들이 그들의 인구 성장률을 낮추기 위한 상당한 노력을 기울이고 있으며, 진척을 거둔 조짐도 보이고 있다. 그러나 세계 인구는 여전히 안정화되기도 전에 10억에서 40억의 인구가 더 증가하게 될 것으로 예상되고 있으며, 이 세상이 그렇게 많은 인구를 유지할 수 있을지 의문스러운 일이다.

인구증가율의 감소

세계인구의 증가율은 1965년과 1970년 사이의 2.0%의 높은 성장률에서 2004년 1.2%로 감소하고 있다. 그럼에도 불구하고 워낙 많은 인구로 인해 1960년대 매년 5천 3백만 명이 증가했던 것과 비교했을 경우, 오늘 날의 인구는 매년 7천 8백만 명이 증가하고 있다.

UN은 가족계획에 대한 노력의 증가와 여성의 경제권 및 사회적 지위 상승이 인구증가율 감소에 기여한다고 하였다. 선진국에서의 가족 규모가 축소하여 교육 프로그램이 향상되었고 이는 여성에 대한 교육 수준을 높이게 되어 결국 가족의 규모를 더욱 축소하는 경향을 가져오게 되었다.

아무도 미래의 예상 인구보다도 훨씬 적은 현재의 70억이라는 인구조차 지구가 유지할 수 있는지에 대해서 아무도 모르고 있다. 우리는 이 세계의 환경 수용력이 무한정 확장할 수 있을지에 대해 합리적으로 예측할 수는 없다. 단지, 지수적 성장유형을 예측해 봄으로써 인구의 규모는 비례적으로 축소되기 시작할 것으로 예상하였으며, 사실 이미 이런 일이 일어나고 있다. 아프리카 사하라 아래의 지역에서는 에이즈의 영향으로 현재 13억 3천만의 인구가 2025년에는 10억 5천만으로 감소할 것으로 예상되고 있다. 만약 우리가 아프리카 사하라 아래의 지역에서 일어나고 있는 이러한 비극적인 사망률의 증가를 피하기 위해서는 출생률을 반드시 급격하게 줄여야 할 것이다.

인구 피라미드

인구가 전반적으로 급속하게 계속 성장하고는 있지만, 이 성장은 지구의 전 지역에 걸쳐 획일적으로는 일어나지 않는다. 멕시코와 같은 몇몇 국가에서는 현재 인구가 급속하게 성장하고 있다. **그림 38.12**는 멕시코의 출생률(청색선)이 감소하고는 있지

표 38.1 선진국과 개발도상국에서의 2006년 인구자료 비교

	미국 (고도 선진국)	브라질 (중도 선진국)	에티오피아 (개발도상국)
임신율	2.1	2.3	5.4
인구가 2배로 되는 기간(년)	72.2	55.5	27.9
영아사망률(1000명당 영아사망 수)	6.5	27	77
기대수명(년)	78	72	49
1인당 국민소득(US$)	$44,260	$8,800	$1,190

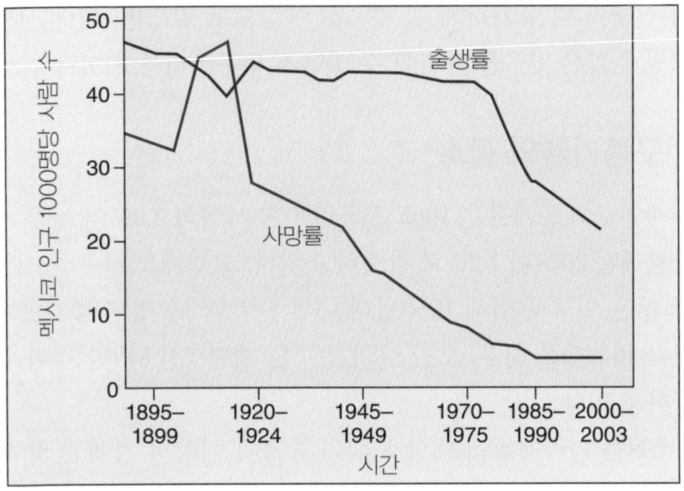

그림 38.12 멕시코의 인구는 왜 증가하고 있는가?

멕시코의 사망률(*적색선*)은 감소하고 있는 반면 출생률(*청색선*)은 1970년까지 상당기간 꾸준히 유지되었다. 사망률과 출생률의 차이는 높은 인구증가율을 유지하는 원동력이 되었다. 출생률을 줄이기 위해 1970년부터 시작된 노력들이 비교적 성공을 거두게 되었다. 비록 인구 성장률이 높게 유지되고는 있지만 출생률이 지속적으로 감소하게 되면서 가까운 미래에는 감소하게 될 것으로 예측되고 있다.

만 현재 안정된 양상을 보이고 있는 사망률(적색선)보다 현저히 높은 것을 보여준다. 종종 한 국가의 발달정도와 그 국가의 인구증가 속도 사이에는 상관관계가 있는 것으로 보인다. **표 38.1**은 3개국의 발달 정도의 차이를 비교하여 보여준다.

개발도상국인 에티오피아는 임신율이 높아 결과적으로 브라질이나 미국보다 출생률이 높지만 에티오피아에서는 또한 영아 사망률이 높아 기대 수명치가 낮다. 따라서 에티오피아에서의 인구가 두 배로 증가하는 데 걸리는 시간은 브라질이나 미국보다도 빠를 것이다. 미래 인구의 증가 비율을 각 연령대별로 숫자로 표시된 막대그래프로 표시한 인구피라미드라는 도표 형태로 나타낼 수 있다(**그림 38.13**에서 몇 가지 유형을 보여주고 있음). 남성은 통상 세로 연령축의 왼쪽(여기서는 청색)에 표시하고 여성은 오른쪽(적색)에 표시한다. 대부분의 인간의 인구피라미드에서 나이가 많은 여성의 수가 나이가 많은 남성의 수에 비해 불균형적으로 많은데, 이는 대부분의 지역에서 여성의 수명이 남성보다 길기 때문이다. 이 현상은 2005년 미국의 인구피라미드의 윗부분에서 분명히 나타나고 있다.

이런 인구피라미드를 살펴보면 누구라도 출생과 사망의 인구통계학적 경향을 예측할 수 있다. 일반적으로 사각형에 가까운 형태의 인구피라미드를 가진 국가의 인구는 안정적이며, 인구수는 증가하지도 않고 감소하지도 않는다. 2005년 케냐의 인구피라미드처럼 삼각형에 가까운 형태의 인구피라미드를 가진 국가의 특성은 미래인구가 급증하게 되며, 대부분의 인구가 아직 아이를 가질 수 있는 연령대에 진입하지 못하고 있다. 역삼각형의 인구피라미드의 특성은 인구가 감소하고 있다는 것을 의미한다.

그림 38.13에서 미국과 케냐의 인구피라미드의 차이를 비교해 보자. 2005년 미국의 가거의 사각형에 가까운 인구피라미드에서 40~59세의 연령집단(개인별 집단)은 제2차 세계대전이 끝나고 많은 수의 아이들이 태어났던 베이비 붐(baby boom) 세대를 나타낸다. 미국의 언론들이 노령화(graying of America)를 언급할 때, 이처럼 불균형적으로 수가 많은 연령집단이 미래의 보건의료시스템과 연령과 관련된 다른 시스템에 미치는 영향에 대해 다루고 있다. 반면, 아주 뾰족한 삼각형의 인구피라미를 가진 케냐는 20년 안에 2배에 달하는 인구가 증가할 것으로 예측되고 있다. 그러나 이 예측은 자연재해와 인구규모에 심각한 영향을 주는 에이즈와 같은 전염병에 의한 지대한 영향은 고려하지 않았다는 것이 중요하다. 아프리카 사하라 아래 지역에서 에이즈 전염병은 20년간 출생 당시의 기대수명을 감소시켰다. **그림 38.14**는 아프리카 보츠와나의 인구피라미드 통계 두 가지를 보여주고 있는데, 이 지역에서 인구의 36% 이상이 HIV에 감염되었거나 에이즈에 걸린 채 살고 있다. 도표에서 흰색 부분은 에이즈 전염병에 의한 영향이 없을 경우의 2025년 인구통계를 나타내는 것이며, 색이 칠해진 부분이 에이즈 영향으로 인한 실제 통계를 나타내고 있다.

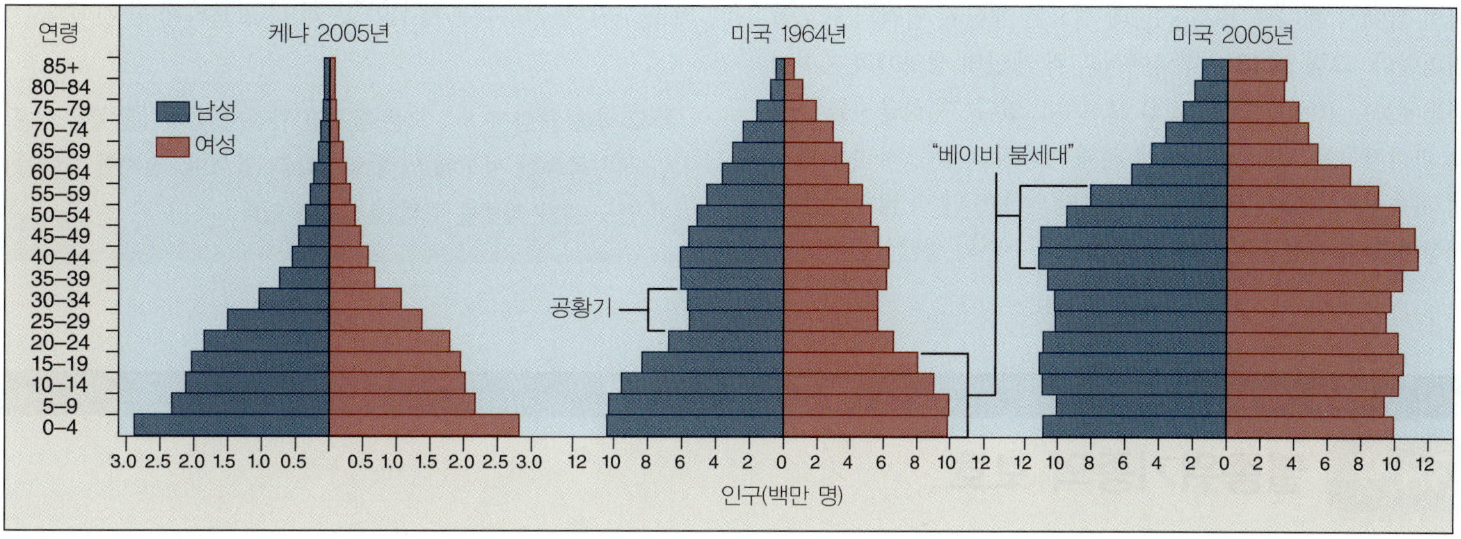

그림 38.13 인구피라미드

인구피라미드는 연령별 인구분포를 도표로 나타낸다. 케냐의 인구피라미드는 아이를 가질 수 있는 연령보다 어린 인구의 수가 많아 저변이 넓다. 이 어린 연령대의 인구가 아이를 갖기 시작할 때, 인구는 통상 급격히 증가하게 된다. 2005년 미국의 인구피라미드는 베이비 붐(baby boom) 세대로서 많은 수의 인구를 나타내고 있으며, 1964년 인구피라미드에서 보는 것처럼 1945년과 1964년 사이에 출생률이 증가하면서 인구피라미드가 불룩해지게 되었다. 1964년 인구피라미드의 25세에서 34세의 연령대는 경제공황기에 태어난 세대로 그 이전의 연령대나 이후의 연령대보다 그 규모가 작다.

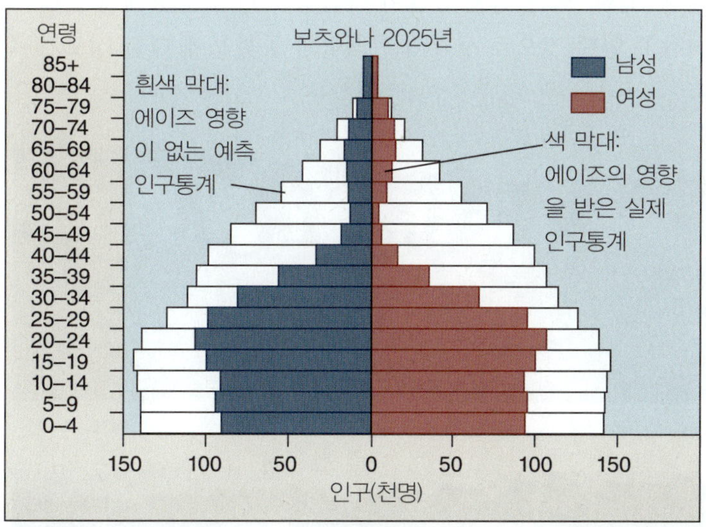

그림 38.14 보츠와나의 에이즈 영향에 의한 인구통계(2025년도)

선진국에서의 소비수준도 문제

세계의 인구는 대략 100억 수준으로 금세기 중에 안정될 것으로 기대하고 있다. 선진국들은 인간이 소비하고 있는 자원에 의한 영향을 줄이는 데 보다 많은 관심을 기울여야 한다. 사실 전체 지구 인구의 20%의 부유층이 지구 자원의 86%를 소비하고 있으며, 전체 이산화탄소 배출량의 53%를 차지하고 있다. 반면, 지구 인구의 20%의 빈곤층은 불과 1.3%의 자원만을 소비하고 있으면서 이산화탄소 배출량은 3%에 불과하다.

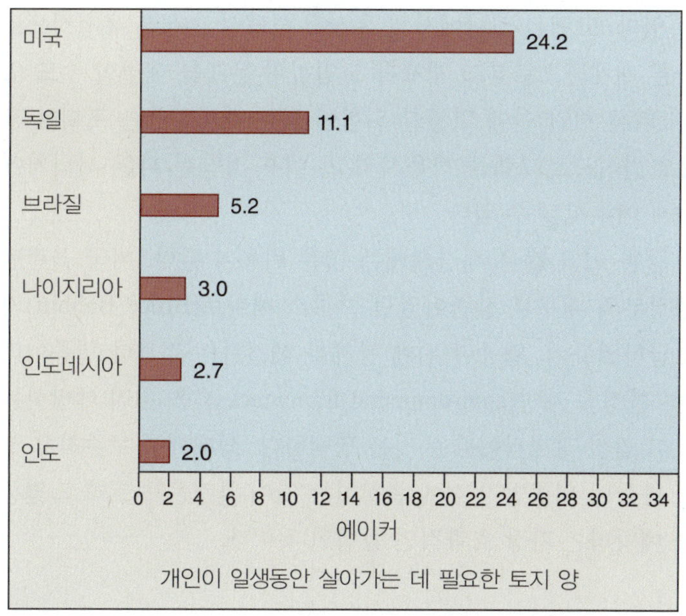

그림 38.15 2003년 여러 국가들의 개인별 생태학적 흔적

생태학적 흔적은 일생동안 개인이 살아가는 데 필요한 토지가 얼마인지를 계산한 것이며, 토지 면적은 식량 생산, 산림제품 생산 및 주거용 면적이며, 여기에 화석연료를 사용함으로써 발생된 이산화탄소의 흡수에 필요한 산림의 면적도 포함된다.

이와 같은 불공평한 격차를 정량화하는 한 가지 방법이 **생태학적 흔적(ecological footprint)**라 정의하는 계산방법에 의해 산출하게 되는데, 생태학적 흔적이란 특정 개체군이 일생동안 정상적인 삶에서 개체를 유지하는 데 필요한 생산지 면적의 규모를 의미한다. **그림 38.15**는 미국에서의 각 개인의 생태학적 흔적이 인도인보다 10배나 더 큰 것을 보여주고 있다. 이 산출치를 근거로 과학자들은 오늘 날 인간에 의해 이용되고 있는 자원은 자연이 지속적으로 대체할 수 있는 양보다 약 33%나 더 많다는 것을 계산하였다. 만약 모든 사람들이 선진국 수준의 생활기준으로 살게 된다면 지구와 같은 행성이 두 개 더 필요하게 될 것이다.

주요 학습 요점 38.8 **모든 환경적 관심사의 핵심문제는 세계 인구의 급속한 성장에 의해 일어나고 있으며, 진지한 노력들이 인구 증가 억제를 위해 추진되고 있다.**

환경문제의 해결

38.9 멸종위기종의 보호

특정 생물종이 멸종위기에 처해 있는 이유를 이해하게 되면 그 생물의 복원계획을 세우는 것도 가능하다. 만약 상업적 과잉수확이 문제라면 그 영향력을 줄이고 멸종위기 종을 보호할 수 있는 방안들이 강구될 수 있다. 만약 그 원인이 서식처 손실이라고 한다면 손실된 서식처를 복구하는 방향으로 계획이 수립될 수 있다. 고립된 집단에서의 유전적 다양성 손실은 유전적으로 다른 개체군으로부터 개체를 도입하여 문제를 해결할 수도 있다. 빠른 시간 안에 멸종할 위험이 있는 개체군들은 포획한 후 보호번식프로그램을 적용시키고, 이후 적당한 다른 서식처에 다시 이주시킬 수 있다.

물론 이와 같은 해결책에는 많은 비용이 든다. 미국 클린턴 행정부의 내무부 장관이었던 브루스 배비트(Bruce Babbitt)가 언급하였듯이, 멸종한 뒤에 문제를 해결하는 것보다 멸종이라는 "환경적 재앙(environmental trainwrecks)"을 미리 예방하는 것이 훨씬 경제적이라는 것은 명백하다. 생태계를 보존하고 생물 종들이 위협받기 전에 관찰하는 것이 환경을 보호하고 멸종을 예방하는 가장 효과적인 방법인 것이다.

서식지 복원

보존생물학은 전형적으로 수가 감소하거나 멸종의 위험에 처한 생물 종과 개체군의 보존에 대해 관심을 가진다. 그러나 보존은 보호되어서 무엇인가 후세에 남겨지는 것을 의미하지만, 많은 경우에서 볼 수 있듯이 보존은 더 이상 선택사항이 아니다. 전체 군집에서 몇몇 경우에서 보듯이 생물 종들이 사라지고 있거나 돌이킬 수 없을 정도로 변형되고 있다. 워싱턴 주 온대 산림의 벌목으로 인해 그 지역에서 보존할 수 있는 것들은 거의 남아 있지 않았을 뿐만 아니라 땅마저도 밀 경작지나 아스팔트 주차장으로 변형되고 말았다. 이와 같은 상황을 만회할 수 있는 방안으로 보존보다 복원이 요구된다.

서식지 복원을 위해서는 서식지 손실의 원인에 따라 확연히 다른 3가지 종류의 프로그램이 운용될 수 있다.

원상 복원 모든 생물 종들이 사실상 사라진 상황에서 원래 서식하고 있던 것으로 생각되는 식물과 동물들에 대한 정보가 주

(a)

(b)

그림 38.16 서식지 복원

Wisconsin-Madison 대학교 수목원은 생태복원분야를 개척하여 왔다. (*a*) 온대초원(프레리)의 복원이 1935년 11월 초기단계로 이루어졌다. (*b*) 초기단계로 조성된 온대초원의 현재의 모습의 사진으로서, 이 사진은 1935년에 촬영했던 거의 같은 지점에서 촬영된 것이다.

하고자 할 때 어떤 종류의 식물을 심어야 하는지 어떻게 알 수 있을까? 비록 이론적으로 원래 서식하고 있던 종들을 원래의 비율로 재구성하는 것은 가능하지만 군집을 재구성하기 위해서는 원래 서식하고 있던 모든 종들의 동정과 각 종의 생태학적 특성들을 파악해야 한다. 우리는 이와 같은 방대한 정보를 거의 갖고 있지 못하기 때문에 어떠한 복원도 진정한 의미의 원상 복원이라고 할 수 없다.

도입종의 제거 때때로 한 종의 서식지는 한 종의 도입종에 의해서도 파괴되기도 한다. 이런 경우 서식지 복원에는 도입종을 제거하는 것도 포함된다. 예를 들어, 아프리카의 빅토리아 호수에는 종 다양성이 놀랍도록 풍부하고 작은 농어와 유사하게 생긴 300여 종이 넘는 시클리드(Cichlid)가 서식하고 있었다. 그러나 1954년에 엄청난 식성을 자랑하는 나일 농어가 상업적 목적으로 빅토리아 호수에 도입되었다. 수십 년 동안 이들 농어가 뚜렷한 영향을 주지 않는 것으로 여겨졌으나, 어떤 이유로 나일 농어는 개체수가 폭발적으로 증가하였고 호수 전 수역으로 확산하여 시클리드를 잡아먹었다. 1986년에 이르러 개방수역에 서식하고 있는 모든 어류를 포함하여 70%가 넘는 시클리드 종이 사라졌다.

이와 같은 상황은 빅토리아 호수에 남아프리카에서 도입된 수초인 부레옥잠(*Eichornia crassipes*)에 의한 두 번째 요인과 복합적으로 일어난 것이었다. 부영양화에 의한 영양물질이 풍부한 환경에서 부레옥잠이 호수 전체의 개울입구와 만을 뒤덮게 되었고, 이러한 비개방수역의 연안서식지는 시클리드의 서식을 방해하였다.

빅토리아 호수에서 다양한 종의 시클리드를 다시 복원하기 위해서는 멸종위기에 처한 종들을 단순히 사육하여 방류하는 것보다 더 많은 일들이 요구된다. 부영양화를 감소시켜야만 할 것이고, 도입된 부레옥잠과 나일 농어의 개체수를 적정수준 이하로 감소시키거나 제거해야만 할 것이다.

정화와 복구 화학오염물질에 의해 심각하게 질이 떨어진 서식지는 오염물질이 정화될 때까지 복구될 수 없다. 이 장의 끝부분에 언급된 뉴잉글랜드의 내슈아 강의 성공적인 복구는 심하게 오염된 서식지를 거의 원상태의 서식지로 복구하는 데 얼마만큼의 합심된 노력이 필요한지를 보여주는 한 예이다.

보호번식

특별히 한 종이나 몇몇 종에 대한 집중적인 복원프로그램은 종 곧바로 멸종될 수 있는 위험을 피하기 위해 자연적인 개체군에 직접 적용되기도 한다. 야생에서 포획된 개체를 번식프로그램에 도입시킨 방법은 멸종위기에 처한 검은발족제비(*Black-footed ferret*)와 캘리포니아 콘돌(*California condor*)을 구하기 위한 시도로 이용되고 있다. 여러 사례에서 이와 같은 보호번식 프로그램들은 성공을 거두고 있다.

사례: 송골매 미국에서 송골매(*Falco peregrinus*)와 같은 맹금류의 개체수는 제2차 세계대전 이후 급작스럽게 감소하기 시작하였다. 1942년 미시시피 강 동부지역에서의 대략 350쌍에 달하던 맹금류가 1960년에 이르러 모두 사라지고 말았다. 문제를 일으킨 주범은 화학 살충제인 DDT 및 관련된 유기 염소계 살충제로 밝혀졌다. 맹금류는 특히 DDT에 취약한데, 그 이유는 DDT가 더 많은 양으로 농축되는 먹이사슬의 꼭대기에 있기 때문이다. DDT는 조류의 알껍질 생성에 필요한 칼슘 침착을 방해하여 대부분의 알들이 부화하기도 전에 깨지게 된다.

DDT의 사용은 미국 동부지역의 맹금류 개체수가 격감하여 1972년 연방법에 의해 금지되었다. 그러나 미국동부지역에서 자연적으로 개체수가 회복되기 위해 필요한 송골매는 단 한 마리도 남아 있지 않았다. 1970년 Cornell 대학교에서 다른 지역의 송골매를 포획하여 번식프로그램을 통한 미국 동부지역의 송골매의 개체수를 증가시키기 위한 프로그램이 가동되었다. 1986년 말 13개 주에 850마리가 넘는 송골매가 방사되었으며, 놀라울 정도로 그 개체수가 늘어나고 있다.

유전적 다양성 유지

성공적인 종 복원프로그램에 있어서 가장 주된 장애요인 중 하나는 복원프로그램이 시행되는 바로 그 시점에 일반적으로 심각한 문제에 처하게 되는데, 그것은 개체군이 너무 작아 대부분이 유전적 다양성을 잃게 된다는 것이다. 만약 프로그램이 어떤 식으로 성공하기 위해서는 가능한 많은 유전적 다양성을 유지하기 위한 모든 노력을 기울여야 한다.

사례: 검은코뿔소 코뿔소 5종 모두 심각한 위험에 처해 있다. 3종의 아시아 코뿔소는 빠른 속도로 파괴되고 있는 산림에서 서식하고 있으며, 2종의 아프리카 코뿔소는 뿔을 자르기 위해 불법으로 사냥되고 있다. 오늘날 5종을 다 합쳐도 11,000마리가 채 안 되는 숫자의 코뿔소가 살아남아 있다. 대부분의 코뿔소들은 아주 작고 격리된 개체군을 형성하고 살고 있으며, 점점 더 심해지고 있다는 것이 문제이다. 야생에서 살고 있는 검은코뿔

그림 38.17 유전적 다양성 유지

검은코뿔소는 75개의 작고 광범위한 지역에 격리된 소규모의 개체군으로 살아가는 고도의 멸종위기종으로 야생에서는 대략 2,400마리만이 서식하고 있다. 보존 생물학자들은 작고 격리된 개체군으로 살아가는 이 동물의 유전적 다양성을 유지할 수 있는 방법을 찾는 데 어려움을 겪고 있다.

소(*Diceros bicornis*, **그림 38.17**)의 개체수는 2,400마리에 불과하며, 이 종의 서식범위 안에 대략 75개의 광범위하게 흩어진 소규모 집단으로 서식하고 있다. 6개의 아종으로 구성된 검은코뿔소는 유전적 다양성이 매우 낮아 3개 아종의 코뿔소는 겨우 몇 십 마리만이 남아 있다. 미토콘드리아 DNA 분석에 따르면, 이들 개체군을 구성하는 각 개체는 유전적으로 매우 유사한 것으로 밝혀졌다.

이러한 유전적 다양성의 결핍은 앞으로 거대한 도전에 직면하게 될 것임을 의미한다. 대부분의 검은코뿔소들은 아직 인간의 간섭없이 개방된 공간에서 자유롭게 살고 있으나, 이 종을 성공적으로 복원시키기 위해서는 이 종이 가지고 있는 유전적 다양성을 유지하면서 종 복원프로그램을 진행시킬 수 있는 방법을 찾아야만 한다. 이형접합체빈도(잡종빈도, heterozygocity)는 단일 번식개체군 안에서 모든 검은코뿔소들을 함께 있게 하더라도 다양성을 유지시킬 수 있는 가장 좋은 방안일 것이지만, 현실적으로 가능한 것은 아니다. 보다 현실적인 방안은 개체군 사이에서 개체들을 옮겨주는 것이다. 유전적 다양성을 위해 검은코뿔소 개체군들을 잘 관리함으로써 유전적 다양성 손실을 막고 위험에 처한 이 종을 회복시킬 수 있게 된다.

유전적 다양성을 증가시키기 위해 서로 다른 지역에서 살고 있던 코뿔소들을 보호구역에 들여오면서 잠재적인 문제점들이 발생하게 되는데, 지역적인 아종들은 새로운 서식지에서 다른 방법으로 적응하게 될 것이다. 만약 이 같은 지역적 적응이 생존에 치명적인 문제를 야기한다면 어떻게 될까? 그들의 유전자를 한 곳에 모아 검은 코뿔소의 개체군은 균일하게 될 것이며, 결국 생존하기 위해 엄청난 대가를 치루고 획득한 지역적 적응을 파괴할 수도 있는 위험을 안게 되는 것이다.

핵심종의 보존

핵심종은 생태계의 구조와 기능에 보다 특별한 영향을 미치는 종을 말한다. 핵심종의 제거는 비참한 결과를 초래하게 된다.

사례: 날여우박쥐(과일박쥐) 구세계(Old World: 유럽, 아시아, 아프리카) 열대지역에서 많은 종류의 과일박쥐(Pteropodid bats) 혹은 날여우박쥐(Flying foxes)의 심각한 수준의 감소는 핵심종이 감소하였을 경우 한 생태계에 살고 있는 다른 생물들에게 일어나는 극적인 영향이 어떤 것인지를 보여주는 한 예이다. 가끔 이러한 영향은 연속적으로 멸종을 유발하기도 한다(**그림 38.18**). 이들 박쥐는 태평양과 인도양의 섬들에서 자라는 아주 중요한 식물들과 깊은 상관관계를 가지고 있다. 과일박쥐과(Pteropodidae)에는 거의 200종이 속해 있고 큰박쥐속(*Pteropus*)의 대략 1/4을 차지하고 있으며, 남태평양의 섬에 흩어져 분포하면서 종종 수분매개 혹은 열매를 확산시키는 등의 중요한 역할을 하고 있다. 사모아에서 진행되었던 한 연구에 따르면 80~100%의 열매가 건기동안 날여우박쥐에 의해 땅에 떨어진다고 하였으며, 많은 종류의 식물은 꽃가루 수정을 날여우박쥐에 전적으로 의존하고 있다.

두 종류의 날여우박쥐가 멸종되었거나 거의 멸종된 괌에서

그림 38.18 핵심종의 보존

날여우박쥐는 구세계 열대지역의 많은 섬에서 핵심종이다. 이 박쥐들은 많은 종류의 식물 꽃가루를 수정시키며, 열매를 퍼트리는 핵심종인 것이다. 이 박쥐들이 사냥과 서식지 파괴로 인해 사라지게 되면 남태평양의 여러 섬 생태계에 엄청난 영향을 주게 된다.

는 생태계에 엄청난 영향을 미친 것으로 드러나고 있으며, 많은 수의 나무들이 열매를 맺지 못하거나 열매를 맺더라도 정상보다 그 수가 적다. 열매는 모체로부터 멀리 확산되지 못해 모체 근처에서 집단적으로 새싹들이 자라고 있다.

날여우박쥐들은 인간의 사냥으로 인해 멸종으로 치닫고 있다. 박쥐들은 식량, 스포츠 사냥이나 유해생물로 인식하는 과수원 농부들에 의해 사냥되었다. 날여우박쥐들은 때로는 1백만 마리까지의 큰 무리를 지어 쉽게 눈에 띄는 약점을 가지고 있다. 또한 박쥐들은 항상 일정하고 예상 가능한 경로를 통해 이동하기 때문에 보금자리까지 쉽게 추적할 수 있어 사냥꾼은 한 번에 수천 마리씩 쉽게 잡을 수 있다.

특정 종의 날여우박쥐를 보존하기 위한 종 보존프로그램이 이제 막 시작되고 있다. 한 가지 성공한 사례로서 마다가스카르 근처의 인도양에 위치한 로드리게스 섬에만 서식하고 있는 로드리게스과일박쥐(*Pteropus rodricensis*)를 보존하기 위한 프로그램이 있다. 1955년 1,000마리에서 1974년에 이르러 100마리 미만으로 급격히 감소하였는데, 이와 같은 감소는 농경지를 위해 박쥐가 살고 있던 산림 서식지를 파괴하였기 때문이다. 1974년 이후 이 박쥐는 법적으로 보호하여 왔고 지속적인 식목사업으로 섬의 산림면적은 증가하였다. 11곳의 포획번식프로그램에 의한 집단이 형성되었으며 현재 박쥐의 개체수는 빠른 속도로 증가하고 있다. 법적보호, 서식지 복원 및 포획번식의 복합적인 방안이 이 경우에서처럼 효과적인 보호프로그램의 결과를 가져왔다.

생태계의 보존

서식지 분할은 생물다양성 보존 노력에 가장 만연된 피해 중 하나이다. 몇몇 생물 종의 경우 번성하기 위해 필요한 것은 오직 넓은 면적의 땅이며, 넓은 면적의 서식지를 제공하지 못하는 보전 노력은 실패하게 된다. 따라서 격리된 조그만 서식지가 넓은 면적의 서식지보다 더 많은 생물 종을 잃게 된다는 사실은 분명하며, 보존 생물학자들은 특히나 열대지역에서 Mega-reserve라 불리며 한 개 혹은 그 이상의 간섭받지 않는 서식지를 가지고 있는 거대한 면적의 지역을 만들어 내었다.

최근에는 넓은 보존지역을 유지하는 데 중점을 두는 것 외에도 보존 생물학자들은 또한 생물다양성을 보존하는 가장 좋은 방법은 특정 종에만 관심을 두는 것보다 생태계가 훼손되지 않도록 보존하는 것에 중점을 두는 것이라는 것을 알게 되었다. 이러한 이유로 많은 연구들의 관심이 종의 보존에 필요한 생태계를 분석하는 방향으로 바뀌었으며, 생태계를 구성하는 종뿐만 아니라 생태계 자체의 기능까지 보존하는 방법들을 고안하고 있다.

주요 학습 요점 38.9 종 단위에서의 복원 프로그램은 서식지 손실과 서식지 분할 문제를 반드시 다루어야 하며, 때로는 유전적 다양성의 감소 역시 다루어야 한다.

38.10 청정에너지 자원의 탐사

화석연료를 소모하는 현대사회의 경향은 지구 대기로 방출되는 엄청난 양의 CO_2를 재활용하는 것이다. 몇 가지 아이디어를 얻기 위해 잠시 우리 각 개인이 탄소 순환에 기여하는 것에 초점을 맞추어 보자. 우리는 자동차로 1마일 운행할 때마다 1파운드의 CO_2를 대기로 방출한다. 연간 우리가 자동차를 운행하는 거리는 몇 마일 정도일까? 무엇을 의미하는지 알겠는가? 각 가정마다 난방에 이용되는 천연가스와 불을 밝히기 위한 전기(대부분 화석연료를 연소시켜 생성되는)를 생각해 보자. 우리 개인의 삶은 지구의 탄소균형에 심각한 영향을 주고 있다. 그리고 우리는 혼자만이 아니다. 3억 명이라는 미국인들이 각자 유사한 영향을 주고 있다. 2005년 한 해에만 미국은 화석연료를 연소시켜 60억 톤에 달하는 CO_2를 대기로 방출하였다(5,973,000,000,000,000파운드!).

대기로 방출되는 엄청난 양의 이산화탄소는 지구온도가 상승하는 등의 예기치 못한 엄청난 결과를 초래하였다. 여기에 대해 우리는 무엇을 할 수 있는가? 다시 화제를 *대체 에너지*로 돌려보자.

많은 국가들이 점점 증가하고 있는 에너지 욕구를 위해 원자력으로 방향을 전환하고 있다. 2007년에 전력생산을 위한 436기에 달하는 원자로가 전 세계에 걸쳐 건설되었으며, 전 세계

그림 38.19 Three Mile 섬에 위치한 원자력 발전소
1979년 원자력 발전소 사고가 있고 나서 미국 내 원자력 발전소의 건설은 급격히 감소하였다.

전력생산의 14%를 차지하였다. 현재 프랑스 전력의 78%가 원자력에 의해 생산된다.

미국의 원자력 발전소는 다른 국가들에 비해 보편적이 못한데, 이는 보다 저렴하게 이용할 수 있는 석탄이 풍부하다는 것과 원자력 발전소의 사고에 의한 사회적인 공포 때문이다. 1979년 펜실베이나 주 Three Mile 섬의 원자력 발전소내 원자로 일부가 붕괴되어 적은 양의 방사능이 누출되었다. 이 사고로 인해 핵 발전에 대한 미국인들의 두려움은 급속히 커지게 되어 이 후 미국에서의 원자력 발전을 위한 개발은 거의 이루어지지 않고 있다(**그림 38.19**).

이론적으로 원자력은 값싼 에너지를 풍부하게 공급할 수 있지만, 현실은 그다지 힘을 실어주지 못하고 있다. 원자력은 몇 가지 문제점들을 안고 있는데, 안정성, 폐기물 처리 및 보안 등의 문제들로서, 미래에 사용될 에너지원으로 원자력을 사용할 경우 반드시 이 문제점들을 해결해야만 한다.

대체 에너지원

보다 깨끗한 에너지원으로서 다양한 에너지원들이 화석연료의 사용을 줄이는 데 도움을 줄 수 있다. 이들 에너지원의 대부분은 *재생 에너지*(renewable energy)들이며, 태양에너지와 같은

(a)

(b)

그림 38.20 대체 에너지원
(*a*) 태양에너지는 태양으로부터의 에너지를 포집하기 위해 거대한 크기의 거울을 사용한다. 이 태양 전지판들은 태양으로부터의 열을 흡수하여 물(혹은 다른 액체)을 끓여 증기를 발생시킨다. 발생된 증기는 거대한 터빈(사진 상에는 없음)을 돌려 전기를 생산한다. (*b*) 풍력 에너지는 오래된 기술이었으나 대규모 사용을 위해 현대화되었다. 대규모 풍력발전은 바람의 운동에너지를 전기에너지로 전환시킨다.

에너지원은 자연적으로 다시 보충될 수 있다. **그림 38.20*a***의 태양 전지판은 태양의 빛에너지를 포집하여 물을 데우거나 증기를 발생시켜 터빈을 돌려 직접 전기를 생산한다. 소규모 적용방법으로서 태양에너지를 전기에너지로 바로 전환시켜주는 광전지가 연결된 태양 전지판을 이용하는 것이다. 다른 재생 에너지원으로서 바람(**그림 38.20*b***)과 자동차 연료로 휘발유 대신 사용할 수 있는 에탄올을 생산하기 위한 옥수수와 사탕수수와 같은 식물 등의 바이오매스이다.

에탄올에 대한 접근

에탄올은 사슬 모양의 탄화수소 중 탄소의 수가 2개인 알코올로서 분자식은 CH_3CH_2OH이며 맥주와 포도주의 알코올과 같다. 탄소-수소결합을 통해 많은 에너지를 저장하고 있는 에탄올

은 아주 훌륭한 에너지이다. 자동차 연료로서 에탄올 1갤런(약 3.8리터)을 연소시킬 경우 휘발유 1갤런을 사용할 때 얻는 자동차 출력의 80%를 얻을 수 있다.

우리는 에탄올을 연소시키면서도 어떻게 대기 중으로 더 많은 CO_2를 방출하지 않을 수 있을까? 이 질문에서 우리는 "더 많은(more)"이란 단어에 초점을 맞추어야 한다. 에탄올은 식물에 존재하는 설탕의 효모 발효에 의해 생성되며, 동일한 과정을 거쳐 맥주와 포도주가 만들어진다. 만약 살아 있는 식물이 광합성을 통해 합성된 탄소 분자를 자동차에 의해 연소된다면, 결국 식물에 의해 흡수되었던 탄소 분자는 다시 대기 중으로 되돌아간다는 것을 의미한다! 따라서 대기 중의 CO_2 총량에는 변화가 없다.

이것을 이해한다면 탄소 원자가 어디에서 유래되는지에 초점을 맞춰 보자. 휘발유와 같은 화석연료의 연소는 지구 아주 깊숙한 곳에 매장되어 수천 년 동안 원유 속에 갇혀 있던 탄소가 대기 중으로 방출된다. 에탄올 연소 역시 탄소를 배출하지만, 이 탄소는 대기 중에 있던 이산화탄소가 식물에 의해 흡수되었다가 다시 방출되었다는 것이다. 대기를 분수에 비교해 보자. 분수는 공기 중으로 내뿜는 물을 재활용하고 있다. 분수대 속의 물은 항상 적정 수준을 유지하고 있는데, 이는 펌프에 빨려 들어가 공기 중으로 내뿜어진 물이 다시 분수대 안에 떨어져 재활용되기 때문이다. 이 현상으로서 이산화탄소의 배출과 관련된 에탄올의 역할을 설명할 수 있다. 대기 중의 이산화탄소는 식물에 의해 흡수되고 식물조직 내에 쌓이며, 식물조직은 다시 에탄올을 만드는 데 사용된다. 근처에 물이 가득 찬 탱크(물을 화석연료라 가정함)가 있고 탱크 속의 물이 분수대에 공급된다고 생각해 보자. 탱크 속의 물은 줄어들 뿐만 아니라 분수대 속의 물은 넘치고 말 것이다(마치 너무 많은 양의 이산화탄소처럼). 이와 같은 일들이 우리가 화석연료를 연소시킬 때 실제로 일어난다.

연료로 에탄올을 사용할 경우 에탄올 자체를 연소시키기 보다는 휘발유를 보통 첨가한다. 가변연료차량(flexible fuel vehicles, FFVs)이라고 하는 새로운 형태의 자동차는 엔진을 개량하여 100%의 휘발유뿐만 아니라 E85라고 하는 85%의 에탄올과 15%의 휘발유가 혼합된 연료를 연소시킬 수 있다. 이와 같이 자동차 연료를 위한 에탄올의 적용은 지구온난화와의 싸움에서 좋은 소식이다.

미국에서 상업용 에탄올 연료는 일반적으로 옥수수 알갱이 속의 녹말을 발효시켜 생산된다. 줄기, 잎, 옥수수 대와 같은 옥수수의 다른 부분에서 어떻게 하면 에탄올을 얻을 수 있으며, 그 성분은 무엇일까? 이들을 구성하는 물질은 대부분 3가지의 유기분자로 이루어져 있는데, 40%의 셀룰로오스, 40%의 헤미셀룰로오스와 10%의 리그닌이다.

우선 셀룰로오스에 초점을 맞추어 보자. 이 세상에 모든 유기탄소의 절반은 셀룰로오스이다. 녹말과 같이 셀룰로오스는 서로 결합된 포도당 사슬로 구성된다. 셀룰로오스의 설탕은 에탄올 생산에 왜 이용되지 않을까? 왜냐하면 녹말과 셀룰로오스는 미묘하지만 매우 중요한 화학적 차이점이 있다. 녹말 분자 속의 포도당은 마치 아이들이 서로 손을 잡고 원을 이루는 것처럼 고리형태를 이루는 6개의 탄소원자를 가지고 있다. 셀룰로오스 분자 속의 포도당 분자의 고리는 뒤집어져 있는데, 이는 마치 아이들이 중심에서 등진 채 손을 잡고 있는 모양과 같다. 효모의 효소는 이 형태의 설탕 결합에는 작용하지 못한다. 셀룰로오스에서 에탄올을 생산하기 위해서는 공학자들이 효모가 이와 같은 결합을 끊을 수 있는 방법을 찾아야만 한다.

이와 같은 결합을 끊을 수 있는 효소를 가진 미생물들이 있는데 만약 이 미생물들이 존재하지 않았다면 풀을 뜯어먹고 사는 소나무를 갉아먹는 흰개미는 생존하지 못했을 것이다. 제13장에서 논의된 유전공학기술들을 이용하게 되면서 "생물공학자(bioengineer)"들은 효모를 이용한 셀룰로오스의 발효가 가능하게 되었다. 스페인의 연구자들은 효모에 DNA를 주입하여 바이오매스 셀룰로오스로부터 상업용 에탄올을 성공적으로 생산하였다. 주입된 DNA는 흰개미의 장 속에 서식하는 식물분해세균으로부터 추출되었으며, 이 DNA는 셀룰로오스를 분해하고 유리된 포도당을 이용할 수 있는 유전자를 가지고 있다.

또한 우리는 전체 옥수수의 탄소 중 1/5을 차지하고 있는 헤미셀룰로오스도 잊어서는 안 된다. 헤미셀룰로오스는 셀룰로오스와 같지만 5탄당을 가지고 있다. 헤미셀룰로오스를 5탄당으로 분해하는 효소를 지닌 유전공학적으로 조작된 세균은 이미 만들어져 있다(미국 특허청 특허번호 5,000,000). 따라서 이와 같은 접근방안에 의한 돈벌이는 당연한 것처럼 보인다.

대량으로 재배하여 바이오매스를 생산할 수 있는 식물에 옥수수만 있는 것이 아니다. 빨리 성장하며 대체연료를 생산할 수 있는 식물로서 스위치그라스(Switchgrass)와 은사시나무(Hybrid poplar) 및 버드나무(Willows)와 같은 식물도 있다. 이들 식물은 옥수수와 같은 줄뿌림작물의 재배에 적당하지 않은 토양에서도 재배할 수 있으며, 특히 옥수수, 콩과 밀과 같은 소비용 작물을 연작하면서 토양 내 양분 손실이 되면서 침식이 심한 토양에서 재배가 가능하다. 다른 자원으로서 톱밥이나 종이펄프와 같은 산업 폐기물의 셀룰로오스 역시 에탄올을 생산할 수 있는 자원이며, 낙엽과 정원 부산물 및 각 지방자치단체의 쓰레기 매립장에 매립되는 종이와 골판지 등도 자원으로 이용될 수 있다.

녹말과 마찬가지로 셀룰로오스와 헤미셀룰로오스를 발효시켜 에탄올을 생산할 수 있는 미생물의 개발보다 미국의 미래를 위한 장기적인 투자가 더 매력적이라고 상상하기는 어렵다. 미국은 이 분야의 연구에 필요한 기금을 대규모로 늘여야 한다. 바이오매스를 이용한 에탄올 생산기술을 발전시켜야 하는 진지한 국가적 책무를 가지고서 멀리 않은 미래에 우리 모두는 이 세상의 거대한 이익을 위해서라도 화석연료 대신 농장에서 재배된 연료를 우리가 가진 탱크에 가득 채워야만 할 것이다.

주요 학습 요점 38.10　재생 가능한 대체 에너지, 특히 바이오매스를 이용한 자동차 연료는 청정 에너지원으로서 그 중요성이 점자 증가하고 있다.

38.11 개인도 변화를 일으킬 수 있다

세계의 환경문제를 적절히 해결하는 방안은 정치인, 경제인, 은행가, 공학자들이 떠안고 개발해야만 하며, 환경문제 해결에는 사회적이고 상업적인 다양한 활동들이 요구된다. 그러나 환경문제를 해결하는 데 있어서, 그 심각성을 인지하고 있는 각 개인들 역시 핵심적인 역할을 하고 있다는 사실을 놓쳐서는 안 된다. 종종 한 사람의 개인이 커다란 영향을 미치기도 하는데, 다음 두 가지 사례가 이러한 사실을 뒷받침해 준다.

그림 38.21　Nashua 강의 정화

왼쪽 사진에서 보는 것처럼 1960년대 내슈아 강은 강기슭에 설립된 각 공장들이 강에 산업폐기물을 직접 투기하면서 심각하게 오염되었다. 오른쪽 사진에서처럼 오늘날에는 강의 대부분이 정화되어 깨끗하다.

Nashua 강

뉴잉글랜드 주 가운데를 통과하는 Nashua 강은 1900년대 초 매사추세츠 주에 설립된 공장들로 인해 심각하게 오염되었다. 1960년대에 이르러 강에는 오염물질로 가득 찼고 생태학적으로 사망선고를 받게 되었다. 1962년 Nashua 강가에 위치한 한 마을로 이사 온 스토더트(Marion Stoddart)는 질겁하고 말았다. 그녀는 주 정부에 강을 따라 "녹색길"(greenway; 강 양쪽에 강의 길이만큼 나무를 식재함)을 조성해달라고 요구하였지만, 주 정부는 오염된 강 주변의 땅을 살 생각이 없었다. 그래서 스토더트는 Nashua 강 정화위원회(Nashua River Cleanup Committee)를 결성하여 강에 화학물질과 폐기물 투기를 금지하는 캠페인을 시작하였다. 위원회는 정치인들에게 오염된 강물을 병에 담아 보여주었으며, 마을회의에서 연설하기도 하였고 사업가들을 설득하여 폐기물처리시설에 필요한 기금을 조성하였으며, Nashua 강기슭의 쓰레기들을 청소하기 시작하였다. Stoddart에 의해 결성된 시민운동은 1966년 매사추세츠 주의 수질오염방지법(Clean Water Act)을 제정하는 데 큰 기여를 하였다. 오늘날 강에 산업폐기물을 투기하는 것은 법으로 금지되고 있으며,

그림 38.22 시애틀의 Washington 호수

시애틀의 Washington 호수는 주거시설, 기업체 및 산업체들로 둘러싸여 있다. 1950년대에 이르러 호수에 하수 및 비료가 흘러들어 부영양화에 의한 폭발적인 조류의 증가로 호수의 산소농도가 급격히 감소하게 되었다. 1956년에 시작된 호수 정화노력으로 현재 호수는 다시 깨끗해졌다.

Nashua 강은 대부분 회복되고 있다(**그림 38.21**).

Washington 호수

시애틀 동쪽에 위치하고 면적이 86km^{2}에 달하는 거대 담수호인 워싱턴 호수는 제2차 세계대전 이후 건설 붐이 일면서 생긴 시애틀의 위성도시들에 의해 둘러싸이게 되었다. 1940년과 1953년 사이에 10개의 주변 위성도시의 하수처리장에서 처리된 폐수는 호수에 방류되었고, 처리된 폐수는 안심하고 마실 수 있을 정도로 안전하다고 믿었다. 1950년대 중반까지 엄청난 양의 폐수가 호수로 방류되었다(하루 8천만 리터×365일×10년). 1954년 시애틀에 위치한 워싱턴 대학교의 생태학 교수였던 W. T. Edmondson은 그의 연구실 학생들이 호수에 실모양의 청녹색 조류가 서식하고 있다는 보고에 주목하였다. 이들 조류는 풍부한 영양물질을 요구하는 조류로서 일반적으로 폐기물에 의해 호수의 부영양화가 일어나지 않은 한 영양물질이 적은 수심이 깊은 담수호에서는 발생하지 않는다. 깜짝 놀란 Edmondson은 죽은 조류를 분해하는 세균에 의해 호수의 산소는 곧 바닥나게 되고 결국 호수는 죽게 될 것이라는 위험성에 대해 공무원들을 깨우치기 위한 캠페인을 1956년에 시작하였다. 5년 후, 공동지방자치세 제도를 통해 바다로 폐수를 방류하는 하수처리시설 건설에 필요한 비용이 마련되어 오늘날의 호수는 깨끗하게 되었다(**그림 38.22**)

환경문제들의 해결

세계적으로 많이 발생하고 있는 환경문제들을 고려하다 보면 쉽게 포기하고 싶지만, 환경문제를 다루면서 얻은 가장 중요한 한 가지 결론을 잊어서는 안 된다. 그것은 드러난 문제들은 각각 모두 해결이 가능하다는 사실이다. 오염된 호수는 다시 정화시킬 수 있고, 오염된 매연에서 유독가스를 여과시킬 수 있으며, 핵심자원의 낭비를 멈출 수 있다. 우리가 필요로 하는 것은 환경문제들을 명확히 이해하는 것이며, 문제를 해결하기 위한 어떤 행동을 실천하는 것이다. 미국 가정에서의 알루미늄 캔과 신문 **재활용(recycle)**의 확산은 사람들이 환경문제의 일부분이 되기보다는 문제 해결의 일부가 되고 싶어 하는지를 보여주는 척도이다.

주요 학습 요점 38.11 환경문제들을 해결하는 데 있어서 한 사람의 실천이 중요한 변화를 가져올 수 있다.

질문 & 분석

지구온난화는 어떻게 현실화되었을까?

지구온난화는 두 가지 관점에서 논란이 되어 왔다. 첫 번째 논란의 쟁점은 유의적으로 상승하고 있는 지구온도 및 지구대기와 대양의 엄청난 변화가 "지구온난화"를 대변하고 있다고 주장하는 것이다. 두 번째 논란의 쟁점은 지구온난화는 화석연료의 광범위한 연소의 결과로 대기 중의 이산화탄소의 농도가 상승하여 생겼다는 주장이다.

두 번째 쟁점의 합의는 정교한 과학적 견해가 요구되어져 오늘에 이르러서야 그 쟁점을 인정하는 합의가 도출되었다. 첫 번째 쟁점은 보다 단순한 문제인데 좀 더 근본적인 자료를 통해 설명할 수 있기 때문이다. 오른쪽 도표에서 그 쟁점에 대한 자료를 보여주고 있는데, 지난 세기동안의 지구 대기온난화는 현재 수준의 절반이었다. 아래 이미지 사진은 전 세계에 흩어져 있는 관측소에서 관측된 온도 자료들을 평균 내었다. 히스토그램의 각 막대는 1850년 이후 매년 지구의 평균 대기온도를 표시한 것이다. 해마다 생기는 불규칙적인 변화에 의한 영향을 줄이고, 서서히 증가하고 있는 영향을 더욱 잘 표현하기 위해서 자료들을 아노말리 히스토그램으로 표시하였다(아노말리 히스토그램에서 각 막대는 관측기간 동안 측정된 평균값의 편차를 나타냄). 이 경우에서 보듯이 아노말리 히스토그램은 1961년에서 1990년 사이의 30년간 동안의 표준 관측기간 동안 측정된 평균 지구대기온도와 매년의 온도편차를 비교하여 보여주고 있다.

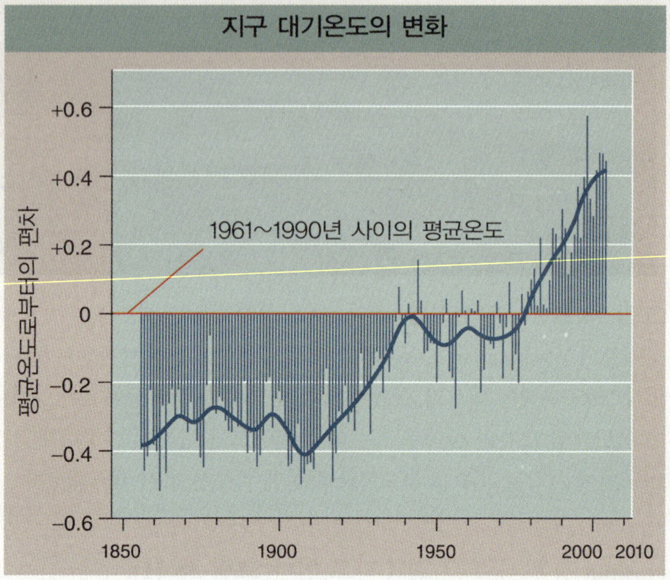

1. 개념 적용

a. 변수 그래프에서 적용변수가 있는가? 만약 있다면, 적용변수는 무엇인가?

b. 이상적인 히스토그램 1961년에서 1990년의 평균값과 비교했을 때 155년 도안 온도 편차가 없었던 횟수는? 온도 편차가 +0.2°C 이상 되었던 횟수는 무엇이며, −0.2°C 이상, +0.4°C 이상, −0.4°C 이상 온도 편차를 보였던 횟수는 각각 무엇인가?

2. 자료 분석

a. +0.2°C 이상 온도 편차를 보인 해는 1940년 이전에 몇 번 있었는가? 1940년과 1980년 사이에는 몇 번 있었으며, 1980년 이후에는 몇 번 있었는가? 1980년 이후에는 어떤 온도변화가 일어났는가?

b. +0.4°C 이상 온도 편차를 보인 해는 1980년 이전에 몇 번 있었으며, 2000년 이후에는 몇 번 있었는가? 2000년 이후에는 어떤 온도변화가 일어났는가?

c. −0.2°C 이상 온도 편차를 보인 해는 1940년 이전에 몇 번 있었는가? 1940년과 1980년 사이에는 몇 번 있었으며, 1980년 이후에는 몇 번 있었는가? 1980년 이후에는 어떤 온도변화가 일어났는가?

d. −0.4°C 이상 온도 편차를 보인 해는 1940년 이전에 몇 번 있었으며, 1900년 이전에는 몇 번 있었는가? 1900년 이후에는 어떤 온도변화가 일어났는가?

3. 추론하기 만약 1850년과 1900년 사이에서 임의로 한 해를 선택하였을 경우, 그 해의 온도 편차는 +0.2°C, +0.4°C, −0.2°C 혹은 −0.4°C일까? 1900년과 1940년 사이 중 한 해를 선택할 경우는 어떤가? 1940년과 1980년 사이의 경우는 어떻게 될까? 1980년 이후와 2000년 이후 각 각 한 해를 선택한다면 어떻게 될까?

4. 결론 도출 지구의 대기온도는 지난 세기 동안 지속적으로 상승하였으며, 온난화는 현재 수준의 절반정도 인가?

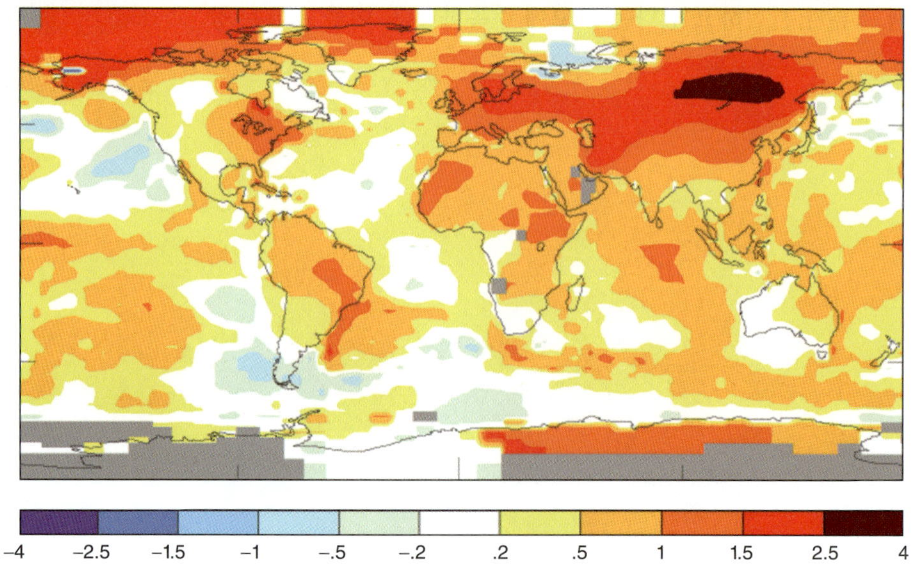

지구 각 지역에서의 1951년부터 1980년까지 평균 온도로 부터의 다양한 온도 편차

단원 복습

지구의 변화

38.1 오염

- 오염이 세계적인 변화를 주도하였는데, 그 이유는 오염에 의한 효과가 오염의 근원지로부터 먼 곳까지 확산되기 때문이다. 공기와 물은 생명체에 유해한 화학물질들이 생태계로 방출되면서 오염된다.
- 동물들에게 엄청난 비극을 초래하는 살충제, 제초제 및 비료와 같은 농업용 화학물질들이 광범위하게 사용되어져 왔다. 생물농축은 **그림 38.1**에서 보는 것처럼 이들 화학물질들이 먹이사슬을 통해 상위단계로 올라갈수록 더 많은 양이 축적되어 일어난다.

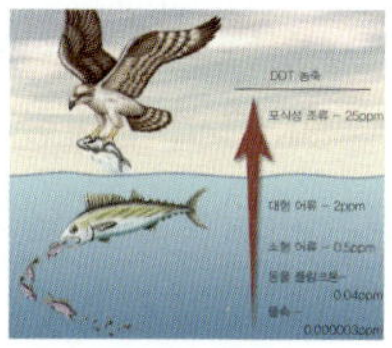

38.2 산성 강수

- 석탄 연소는 대기 중으로 유황을 방출하게 되며, 방출된 유황은 대기 중의 수증기와 결합하여 황산을 생성한다. 이렇게 생성된 황산은 보통 산성강수라고 하는 비와 눈의 형태로 다시 지구 표면에 떨어지게 되어 오염원과는 멀리 떨어진 곳의 동물과 식물을 죽이게 된다(**그림 38.2, 38.3**).

38.3 지구온난화

- 화석연료의 연소에 의해 이산화탄소는 대기 중으로 방출되고 생태계에서 순환되는 양보다 더 많은 이산화탄소가 방출된다. 방출된 이산화탄소는 대기 중에 남아 있게 되고 태양으로부터의 적외선(열)을 대기 중에 가두게 되는데, 이런 현상을 온실효과라고 한다.
- 지구의 평균온도는 지구온난화(**그림 38.4**)라고 알려진 과정으로서 점차 증가하고 있다. 지구온난화 지구의 강우패턴, 농업 및 해수면 상승에 주된 영향을 미칠 것으로 예측된다.

38.4 오존 홀

- 오존(O_3)은 대기 상층부에서 태양으로부터의 해로운 자외선을 차단하는 방패역할을 하고 있다. 1970년대 중반, 과학자들은 오존층이 감소하고 있다는 사실을 발견하였다.
- 냉매제로 사용되는 프레온가스(염화불화탄소, CFCs)는 오존과 반응하여 자외선 차단역할을 하지 못하는 산소가스(O_2) 형태로 변형시킨다. 오존 홀이라 명명된 이 현상은 오존의 양이 줄어들면서 **그림 38.5**에서 보는 것처럼 오존 홀이 남극대륙에서부터 확장되어 지구에 도달하는 자외선이 위험한 수준에 이르는 결과를 초래하고 있다.

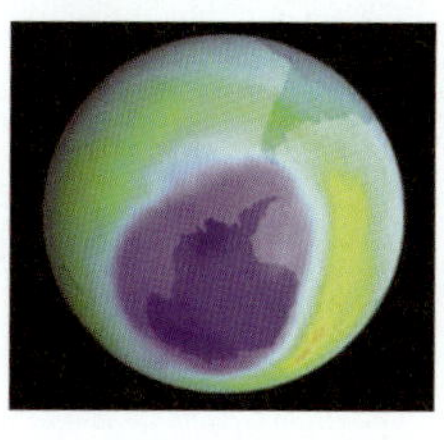

38.5 생물 다양성의 감소

- 멸종은 생명체에 있어서 부인할 수 없는 사실이나, 오늘날의 종 감소비율은 심상치 않을 정도로 높다. 오늘날의 멸종의 주된 원인은 크게 세 가지로 구분할 수 있는데, 서식지 파괴, 남획 및 외래종의 도입이다(**그림 38.6**). 이 중 서식지 파괴가 가장 큰 영향을 미친다(**그림 38.7**).

환경보호

38.6 오염물질 감소

- 인간의 활동으로 우리의 생물권은 심각한 스트레스를 받고 있다. 오염을 줄이기 위해서는 오염과 관련된 비용이 발생한다(**그림 38.8**). 오염방지법안들과 오염관련 세금이 이와 같은 오염방지와 관련된 비용을 마련하기 위한 방법들이다.

38.7 대체할 수 없는 자원의 보존

- 대체할 수 없는 자원의 소비 및 파괴는 아마도 인류가 직면한 문제들 중 가장 심각한 문제이다. 농업에 필요한 표토는 급속한 속도로 감소하고 있으며, 토양을 통해 지하 저장소로 스며드는 지하수는 인류의 중요한 식수원이지만, 남용으로 인해 고갈 및 오염되고 있다. 생물 다양성은 멸종으로 인해 감소되고 있는데, 이는 우림과 같은 서식지 파괴로 인한 것이다(**그림 38.10**).

38.8 인구증가의 억제

- 모든 환경문제의 근본적인 원인은 급속한 인구의 증가이다. 더 많은 인구는 더 많은 자원이 감소하고, 더 큰 면적의 땅이 개발되며, 더 많은 양의 오염물질이 발생한다는 의미이다.
- 현대기술들이 지난 300년 동안 65억 명이 넘는 현재의 인구로 증가하는데 기여하였다(**그림 38.11**).
- 인구는 다양한 비율로 증가하는데, 개발도상국의 인구는 선진국의 인구보다 빠른 속도로 증가한다. 그러나 선진국들이 그 인구를 유지하는 데 필요한 자원을 더 많이 가지고 있다(**그림 38.12~38.15**).

환경문제의 해결

38.9 멸종위기종의 보호

- 생물다양성의 손실을 늦추기 위한 시도로서 멸종 위기종을 보호하기 위해 종 복원프로그램을 고안되어 진행 중에 있다. 이들 프로그램에는 서식지 복원, 포획번식 및 생태계 보존 등이 포함되어 있다(**그림 38.16~38.18**).

38.10 청정에너지 자원의 탐사

- 화석연료의 연소는 오염, 소중한 자원의 감소 및 지구온난화를 야기하였다. 우리는 새로운 형태의 에너지원이 필요하게 되었고 일부 국가들은 원자력에 눈을 돌렸으나, 원자력은 여러 문제점을 가지고 있다. 태양, 풍력 및 에탄올과 같은 재생 에너지원들이 떠오르고 있는 대안이다(**그림 38.20**).

38.11 개인도 변화를 일으킬 수 있다

- 한 명 혹은 소수의 개인들이 변화를 일으키고 생태학적 재앙을 막은 성공한 여러 사례들이 있다(**그림 38.21, 38.22**).

이해력 확인 문제

1. "회색도시(Gray-air cities)"는 무엇의 결과인가?

a. 대기오염에 의한 생물농축

b. 주된 대기오염으로서 염소화탄화수소

c. 주된 대기오염 물질인 살충제

d. 주된 대기오염 물질인 황산화물

2. 산성비의 주된 원인은 무엇인가?

a. 자동차와 트럭의 배기가스

b. 석탄을 원료로 사용하는 산업시설

c. 불화탄화수소

d. 염소화탄화수소

3. 지구온난화가 영향을 미치지 않는 것은 무엇인가?

a. 강우 패턴

b. 해수면 상승

c. 오존 수준

d. 농업

4. 오존층의 파괴의 원인은 무엇인가?

a. 자동차와 트럭의 배기가스

b. 석탄을 원료로 사용하는 산업시설

c. 불화탄화수소

d. 염소화탄화수소

5. 오늘날 멸종의 가장 주된 원인은 무엇인가?

a. 서식지 파괴

b. 남획

c. 외래종의 도입

d. 모두 옳음

6. 자유시장경제는 종종 오염을 조장한다. 그 이유는 다음 중 어느 것인가?

a. 환경적 비용이 경제의 일부분으로 인식 되지 못하기 때문에

b. 공급이 수요에 못 미치기 때문에 산업은 수요에 대한 공급을 늘리기 위해 생산을 늘려야 하기 때문에

c. 에너지와 원료 가격이 유동적이기 때문에

d. 오염에 대한 법안이 강제적이지 못하기 때문에

7. 다양성 보존에 대한 설명으로 옳은 것은?

a. 신약과 같은 생물로부터 직접 얻을 수 있는 혜택 때문에 보존할 필요가 있다.

b. 멸종은 "자연적"으로 일어나는 일이므로 필요 없으며, 간섭해서는 안 된다.

c. 모든 환경은 생물들로 채워져야 하기 때문에 필요하다.

d. 산업발달로 인한 간섭에 의한 것으로 필요 없다.

8. 다음 중 지난 300년 이상 동안 인구 팽창의 원인으로 맞지 않은 요인은 무엇인가?

a. 현대 농업기술의 발달로 인해 인간이 의존하는 식량자원의 종류의 증가와 확대

b. 의학의 발달로 인한 사망률 감소

c. 국가들의 발전으로 인해 개활지의 증가

d. 위생시설의 증가

9. 동물원과 사육시설의 번식프로그램을 위해 야생의 검은발족제비(*Black-footed ferret*)와 캘리포니아 콘돌(*California condor*)을 포획하는 것은 다음 보존방안의 한 예이다. 무엇인가?

a. 원상복원

b. 서식지복원

c. 서식지재건

d. 보호번식

10. 만약 한 종이 재거되게 되어 생태계 전체가 무너지는 원인이 된다면 그 생물종은 무엇이라 하는가?

a. 핵심종

b. 멸종위기종

c. 절멸위기종

d. 정답 없음

응용력 확인 문제

1. **그림 38.5** 한 친구가 말하길 그의 아버지가 "환경보호자들이 '이 지구상에서 박멸해야 할 모든 벌레와 잡초를 구한다' 라며 불평한다" 라고 가정하자. "모든 생물들은 항상 멸종하고 마는데, 지금 왜 우리가 보호해야 되지?" 라고 말한다면, 그의 아버지의 말에 대해 그림의 막대그래프를 이용하여 설명하시오.

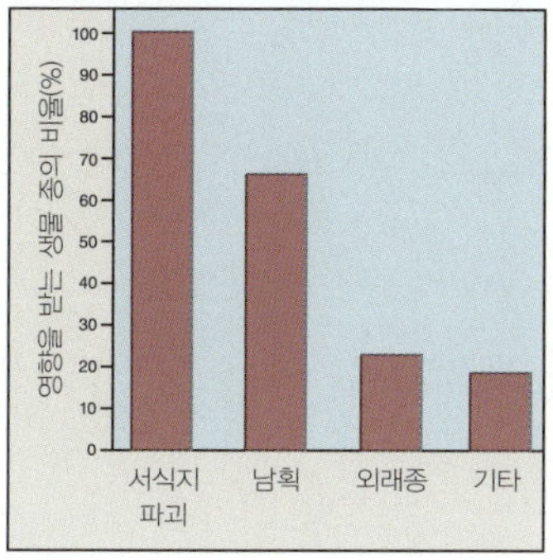

2. **그림 38.11**, **35.10** 오른쪽 그래프의 "한계수용력"의 의미로 왼쪽 그래프의 인구성장곡선을 설명하시오.

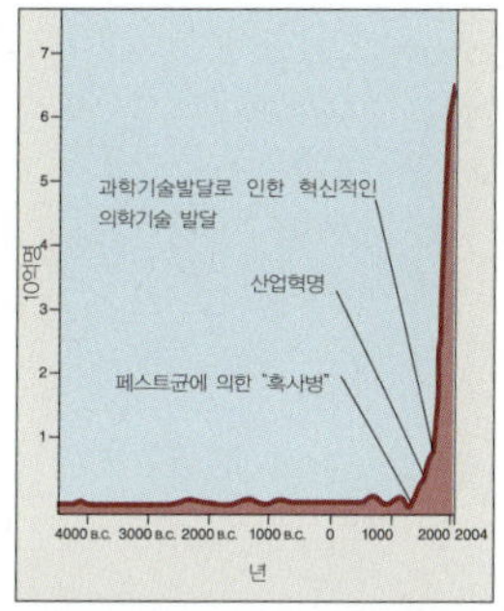

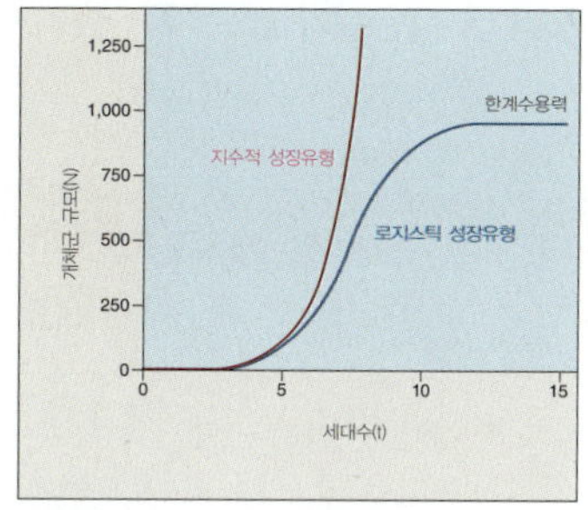

종합 학습

1. 에스트로겐과 유사한 BPA와 같은 화학물질에 아주 극소량에 노출되더라도 우리 건강에 왜 유해한지 그 이유를 설명하고, 남녀 중 한쪽 성이 다른 쪽 성보다 더 영향을 받는 이유가 무엇인지 설명하시오.

2. 경제학자들은 비용 측면에서 이 세상을 바라보는 경향이 있다. 그들은 "만약 인간이 오염을 증가시키고 있다면, 인류의 건강을 위한 사회적 비용을 늘려야 하지만, 인간들이 오염을 줄이기 위한 노력을 하게 된다면 오염물질을 정화시키기 위한 경제적 비용을 늘려야 한다" 라고 말한다. 이 두 가지 비용들이 같은 부류의 사람들에 의해 동일하게 지불되어야 하는지 논의하시오.

3. Marion Stoddart와 W. T. Edmondson의 이야기와 인류학자인 Margaret Mead가 언급했던 "소수의 생각이 깊고 헌신적인 시민들이 세상을 바꿀 수 있다는 것은 의심할 여지가 없다. 사실, 그와 같은 일은 이제까지 한 번도 없었던 일이다" 라는 말을 생각해 보자. 여러분의 이웃과 여러분이 살고 있는 보다 나은 지역사회를 위해 여러분은 어떤 일을 할 수 있으며, 무엇을 할 것인가?

Appendix A

Answers to Test Your Understanding Questions

Chapter 1 The Science of Biology

1. a. kingdoms 2. c. cellular organization 3. b. atom, molecule, organelle, cell, tissue, organ, organ system, organism, population, species, community, ecosystem 4. d. emergent properties 5. b. evolution, energy flow, cooperation, structure determines function, and homeostasis 6. a. inductive reasoning 7. b. test each hypothesis, using appropriate controls, to rule out as many as possible 8. c. After sufficient testing, you can accept it as probable, being aware that it may be revised or rejected in the future 9. d. all living organisms consist of cells, and all cells come from other cells 10. c. is contained in a long molecule called DNA

Chapter 2 The Chemistry of Life

1. b. an atom 2. c. an ion 3. d. ionic, covalent, and hydrogen 4. b. it can form four single covalent bonds 5. d. All of the above 6. a. hydrogen bonds between the individual water molecules 7. c. heat storage and heat of vaporization 8. a. cohesion 9. a. (1) acids and (2) bases 10. c. A buffer stops water from ionizing

Chapter 3 Molecules of Life

1. b. proteins, carbohydrates, lipids, and nucleic acids 2. c. polypeptides 3. c. structure, function 4. d. All of the above 5. d. are information storage devices found in body cells 6. a. Adenine forms hydrogen bonds with thymine 7. a. structure and energy 8. a. glycogen 9. d. All of these are characteristics of fats. 10. c. energy storage and for some hormones

Chapter 4 Cells

1. a. cells are the smallest living things. Nothing smaller than a cell is considered alive 2. b. a double lipid layer with proteins inserted in it, which surrounds every cell individually 3. d. prokaryotes, eukaryotes 4. a. a nucleolus 5. c. endoplasmic reticulum and the Golgi complex 6. d. mitochondria and the chloroplasts 7. b. Eukaryotic cells in plants and fungi, and all prokaryotes, have a cell wall 8. d. slowly disperse throughout the water; this is because of diffusion 9. b. endocytosis and phagocytosis 10. c. energy and specialized pumps or channels

Chapter 5 Energy and Life

1. c. energy 2. d. says that energy can change forms, but cannot be made or destroyed 3. b. says that entropy, or disorder, continually increases in a closed system 4. a. exergonic and release energy 5. b. enzymes 6. c. temperature and pH 7. d. All of the above 8. c. an inhibitor molecule competes with the substrate for the active site on the enzyme 9. a. active site 10. a. the breaking of phosphate bonds in ATP

Chapter 6 Photosynthesis: Acquiring Energy from the Sun

1. c. photosynthesis 2. b. with molecules called pigments that absorb photons and use their energy 3. c. a small portion in the middle of the spectrum 4. a. red and blue 5. d. All of the above 6. c. only go through the system once; they are obtained by splitting a water molecule 7. b. chemiosmosis 8. a. electron transport system of photosystem I, Calvin cycle 9. c. build sugar molecules 10. b. use C_4 photosynthesis or CAM

Chapter 7 How Cells Harvest Energy from Food

1. a. breaking down the organic molecules that were consumed 2. c. substrate-level phosphorylation 3. b. glycolysis 4. b. makes ATP by splitting glucose and capturing the energy 5. b. NAD^+, the electron transport chain 6. c. mitochondria of the cell and are broken down in the presence of O_2 to make more ATP 7. d. during the electron transport chain 8. b. fermentation 9. a. pyruvate 10. c. each type of macromolecule is broken down into its subunits, which enter the oxidative respiration pathway

Chapter 8 Mitosis

1. a. copying DNA then undergoing binary fission 2. c. in the production of genetically identical daughter cells 3. c. and most eukaryotes have between 10 and 50 pairs of chromosomes 4. c. carry information about the same traits located in the same places on the chromosome 5. d. All of the above 6. b. metaphase 7. c. cytokinesis 8. a. a series of checkpoints 9. b. cancer 10. d. All of the above

Chapter 9 Meiosis

1. d. the egg and sperm only have half the number of chromosomes found in the parents due to meiosis 2. d. 23 3. a. 1*n* gametes (haploid), followed by 2*n* zygotes (diploid) 4. a. Homologous chromosomes randomly orient themselves on the metaphase plate, called independent assortment 5. c. The duplicated sister chromatids separate 6. a. prophase I 7. c. homologous chromosomes become closely associated along their lengths 8. b. homologous chromosomes exchange chromosomal material 9. a. cells that are genetically identical to the parent cells/haploid cells 10. c. has a lot of genetic reasortment due to processes in meiosis I

Chapter 10 Foundations of Genetics

1. d. All of the above 2. a. all purple flowers 3. c. 3/4 purple and 1/4 white flowers 4. b. some factor, or information, about traits to their offspring and it may or may not be expressed 5. a. dihybrid cross 6. d. multiple genes 7. c. codominant traits 8. b. sex-linked eye color in fruit flies 9. d. All of the above 10. b. chromosomal karyotyping

Chapter 11 DNA: The Genetic Material

1. b. hereditary information can be added to cells from other cells 2. d. DNA 3. a. structure of DNA 4. c. the type of nitrogen base 5. d. adenine and guanine 6. b. TAACGTA 7. b. splits down the

middle into two single strands, and each one then acts as a template to build its complement 8. a. a primer 9. c. by mutation or by recombination 10. a. germ-line tissues and are passed on to future generations

Chapter 12 How Genes Work

1. a. nRNA (nuclear RNA) 2. d. a codon 3.c. 64 4. c. transcription 5. a. promoter 6. d. translation 7. c. AUG 8. d. some genes are always off as long as a repressor is bound 9. d. all of the above 10. c. translating a gene as if it is being transcribed

Chapter 13 The New Biology

1. c. genome 2. b. the exons used to make a specific mRNA can be rearranged to form different proteins 3. c. restriction enzyme 4. b. exposing the mRNA of the desired eukaryotic gene to reverse transcriptase 5. c. DNA fingerprinting becomes more and more reliable as more probes are used. 6. a. the drug to be produced in far larger amounts than in the past 7. a. increased yield 8. d. harm to the crop itself from mutations 9. a. immunological rejection of the tissue by the patient 10. c. viruses

Chapter 14 Evolution and Natural Selection

1. c. populations are capable of geometric increase, yet remain at constant levels 2. a. natural selection 3. b. seems to agree with Darwin's original ideas 4. a. homologous structures 5. c. no mutation within the population 6. a. 0.20 7. d. genetic drift 8. c. directional selection 9. d. reproductive isolation 10. c. hybrid infertility

Chapter 15 How We Name Living Things

1. a. the red fox is in the same family, but different genus than dogs and wolves 2. b. phylogeny 3. a. physical, behavioral, and molecular characteristics 4. c. share a more recent common ancestor than those organisms that are farther apart 5. d. cell structure and DNA sequence 6. b. Archaea 7. d. are prokaryotes 8. c. Protista 9. b. multicellular 10. d. endosymbiosis of bacteria

Chapter 16 Prokaryotes: The First Single-Celled Creatures

1. b. The primordial atmosphere of the earth contained the same amount of oxygen as today 2. c. RNA 3. d. All of the above 4. b. chemoautotrophs 5. d. All of the above 6. d. producing the oxygen that is in the atmosphere 7. a. protein coats that contain DNA or RNA 8. c. lytic cycle 9. b. matching a marker on the surface of the virus to a complementary marker on the surface of a cell 10. c. use an enzyme called reverse transcriptase to convert the viral RNA to DNA, which is then integrated into the cell's chromosome

Chapter 17 Protists: Advent of the Eukaryotes

1. b. mitochondria and chloroplasts have their own DNA 2. c. cysts 3. d. mushrooms 4. d. All of the above 5. b. brown algae 6. a. have both a sexual and an asexual phase 7. c. green algae 8. b. choanoflagellates 9. a. cytoplasm 10. c. slime molds

Chapter 18 Fungi Invade the Land

1. c. cell specialization 2. b. cellulose cell walls 3. d. mycelium 4. a. both sexually and asexually 5. b. Ascomycota 6. c. a heterokaryon 7. a. a special sac called the ascus 8. b. basidia 9. b. algae and funi 10. d. minerals

Chapter 19 Evolution of the Animal Phyla

1. c. conserved anatomical characteristics 2. b. choanocytes 3. c. extracellular digestion 4. c. specialization of digestive tract 5. b. endoderm; mesoderm 6. a. segmentation 7. b. specialization of segments to carry out different functions 8. c. weight of the thick exoskeleton needed to support very large insects 9. a. an animal with a sessile lifestyle, rather than one that moves through the environment 10. b. sea cucumbers

Chapter 20 History of the Vertebrates

1. b. era, period, epoch, age 2. d. arthropods and the chordates 3. a. amphibians 4. d. after the Cretaceous extinction 5. b. jaws 6. c. an internal skeleton made of cartilage 7. c. middle ear bones 8. d. thin, hollow bones in the skeleton 9. b. They have high metabolic rates 10. c. hair

Chapter 21 How Humans Evolved

1. b. opposable digits on hands 2. a. Africa 3. c. lemurs 4. d. All of the above 5. d. bipedalism 6. a. brain size 7. b. *Australopithecus anamensis* 8. d. *Homo habilis* 9. d. *Homo erectus* 10. b. Africa

Chapter 22 The Animal Body and How It Moves

1. b. more flexible movement as individual segments can move independently of each other 2. a. cells, tissues, organs, organ systems, organism 3. c. move the body 4. d. red blood cells 5. c. osteoblasts; osteoclasts 6. b. neurotransmitters 7. a. skeletal 8. b. axial skeleton 9. a. a single muscle can only pull and not push 10. d. expose myosin attachment sites on actin

Chapter 23 Circulation

1. d. All of the above are functions of the circulatory system 2. c. by passing warm blood near cold blood in the extremities to warm the blood 3. a. capillaries 4. d. carry fluids 5. d. erythrocyte 6. c. A heart with separate chambers is first seen in fishes 7. b. better separation of oxygenated and deoxygenated blood 8. a. Only arteries carry oxygenated blood 9. d. endothermy 10. c. sphygmomanometer

Chapter 24 Respiration

1. c. the animal's blood to be continually exposed to water of higher oxygen concentration 2. b. increase the surface area available for gas exchange 3. a. energy need for different vertebrate classes increases 4. c. fish 5. c. It takes three cycles of breathing for air to pass through the bird's respiratory system 6. c. contracting the muscles around the thoracic cavity pulls your chest out 7. a. hemoglobin in red blood cells 8. b. as bicarbonate in the blood plasma 9. a. bicarbonate 10. d. All of the above

Chapter 25 The Path of Food Through the Animal Body

1. b. specialization of different regions of the digestive system 2. a. herbivores 3. d. begin the physical digestion of food 4. c. soft palate 5. c. stomach 6. b. Only ruminants are able to digest cellulose 7. c. small intestine 8. d. increase the surface area of the small intestine for absorption of nutrients 9. c. the concentration of solid wastes 10. a. pancreas

Chapter 26 Maintaining the Internal Environment

1. b. homeostasis 2. d. negative feedback loop 3. b. glycogen to break down 4. a. pancreas 5. b. ants 6. b. no water and excrete large volumes of urine that are hypotonic to body fluids 7. b. freshwater fish 8. c. loop of Henle 9. d. osmosis 10. d. urea

Chapter 27 How the Animal Body Defends Itself

1. a. sweat and oil glands 2. b. have cell surface proteins that are different from the body's own cell surface proteins 3. c. increase the number of immune system cells in an infected area 4. b. pathogenic bacteria do not grow well at high temperatures 5. a. T cells 6. c. B cells 7. d. destroy cells infected by pathogens 8. b. memory T and B cells 9. c. an autoimmune response 10. a. helper T cells

Chapter 28 The Nervous System

1. c. the amount of associative neurons that eventually formed the "brain" 2. b. association neurons 3. a. influx of sodium ions 4. b. is important for maintenance of the resting membrane potential 5. c. synapse 6. a. sodium ion gates in the postsynaptic cell 7. a. cerebral cortex 8. c. hypothalamus 9. d. coordinate emotions 10. b. relay messages to skeletal muscles.

Chapter 29 The Senses

1. d. stimulation, transduction, transmission 2. b. rods and cones 3. b. interoceptors 4. c. semicircular canals 5. a. photoreceptors 6. b. a membrane within the cochlea 7. a. pressure waves 8. c. Rod cells detect different colors, and cone cells detect different shades of gray, allowing vision in dim light 9. c. allows for a better depth of perception 10. d. all of the above

Chapter 30 Chemical Signaling Within the Animal Body

1. c. chemical signals stick around longer than electrical signals and can be used for slow processes 2. a. hypothalamus 3. a. fit into receptors specifically shaped for them 4. b. steroid hormones must enter the cell to begin action, whereas peptide hormones must begin action on the external surface of the cell membrane 5. d. posterior pituitary gland 6. a. ACTH 7. a. pancreas 8. c. too much calcium in the blood 9. d. sympathetic nervous system 10. a. lack of iodine

Chapter 31 Reproduction and Development

1. b. sexual reproduction 2. b. if both sex chromosomes are X 3. a. viviparity 4. d. scrotum 5. b. FSH and LH 6. a. embryo releasing hCG 7. d. gastrulation is complete 8. c. neural 9. c. oxytocin 10. a. destruction of the egg

Chapter 32 Evolution of Plants

1. c. dehydration 2. a. chloroplasts 3. b. they do not have specialized vascular tissue to transport water very high 4. d. seeds 5. c. sporophyte 6. c. nourishment 7. c. ovules not completely covered by the sporophyte 8. d. fruits and flowers 9. a. pollination 10. b. the process of double fertilization

Chapter 33 Plant Form and Function

1. c. meristematic tissue 2. b. transports carbohydrates 3. a. parenchyma cells 4. d. at the pericycle 5. c. cambium 6. b. organization of vascular tissue 7. a. stomata 8. a. photosynthesis 9. b. translocation 10. d. osmosis

Chapter 34 Plant Reproduction and Growth

1. a. pollen 2. b. stigma 3. b. monoecious 4. b. attract animal pollinators 5. d. oxygen and water 6. a. ovary 7. c. hormones 8. c. cells in plant stems to elongate 9. c. photoperiod 10. a. thigmotropism

Chapter 35 Populations and Communities

1. a. population 2. c. carrying capacity 3. b. increased competition for food 4. a. short life span 5. b. will decrease, and the mortality will increase 6. d. community 7. c. resource partitioning 8. b. commensalism 9. b. Müllerian mimicry 10. c. secondary succession

Chapter 36 Ecosystems

1. c. producers 2. d. All answers are correct 3. d. amount of energy transferred to the top carnivores 4. a. from plants 5. b. combustion 6. c. ATP 7. d. desert conditions on the downwind side of a mountain due to increased moisture-holding capacity of the winds as the air heats up 8. b. decreases, temperature increases 9. d. thermocline 10. c. tundra

Chapter 37 Behavior and the Environment

1. b. cannot be modified, as these behaviors seem built into the brain and nervous system 2. a. there is a clear link between presence or absence of a specific gene, a specific metabolic pathway, and a specific behavior 3. b. operant conditioning 4. c. reproductive fitness 5. d. foraging behavior 6. c. intersexual selection 7. b. polyandry 8. c. reciprocity 9. b. kin selection 10. d. ecological factors such as food type and predation

Chapter 38 Human Influences on the Living World

1. d. sulfur oxides as a major air pollutant 2. b. coal-powered industry 3. c. ozone levels 4. c. chlorofluorocarbons 5. a. habitat loss 6. a. environmental costs are hardly ever recognized as part of the economy 7. a. needed to preserve possible direct value from species, such as new medicines 8. c. increasing amounts of open space as countries develop 9. d. captive propagation 10. a. keystone species

Index

A

B

C

D

T

U

V

W

X

Z

| 옮긴이 소개 |

- 경남대: **박기룡**
- 경성대: **윤명희, 이대원**
- 공주대: **김송자, 서승염, 유영한, 윤의수, 정기화**
- 대구대: **이창우, 장천영, 조영준**
- 대전대: **안광숙, 이인철**
- 부산대: **박현철, 박영훈**
- 삼육대: **김현희, 정훈**
- 서울시립대: **정연두**
- 서울여대: **이도희, 이훈복**
- 안동대: **김용균**
- 창원대: **조운행**
- 충남대: **이주용**
- 한남대: **김영민, 박경량, 변봉규, 이인수, 이진아, 조영복, 한규웅**
- 호남대: **이승휘**
- 호서대: **방인석**

(가나다 순)

Johnson's
생명과학 제7판
The Living World

지은이 George B. Johnson
옮긴이 김영민 외
발행인 강성관
발행처 드림플러스
주 소 우 413-756 경기도 파주시 문발동 535-7
세종출판벤처타운 108호
전 화 031-955-1587
팩 스 031-955-1586
메 일 dream-plus@dream-plus.co.kr

등 록 2011. 07. 26 제 406-2011-00097호
발행일 2013년 2월 25일 7판 1쇄 발행

ISBN 978-89-97546-08-8 93470

정 가 45,000원